이은서
동국대 의예과 2025년 입학
경북 포항제철고 졸

"약점 분석과 단권화로 사고를 확장하다. 자이스토리 지피지기 학습법!"

■ **단순히 문제만 푸는 공부법을 버리고 자이스토리를 이용하여 사고를 기록하고 확장하는 공부법으로 바꾸었어!**

처음 수능에 실패한 뒤 공부의 '양'보다 '방향'이 중요하다는 사실을 깨닫고 단순히 강의만 듣는 공부 대신, 스스로의 약점을 기록하고 분석하는 방식으로 공부법을 전면 수정했어. 그 핵심은 '지피지기 공부법'이었는데 자이스토리는 그 과정을 실현하기에 가장 적합한 교재였지. 문제마다 단계별 사고 흐름과 발상이 잘 정리되어 있어 내가 놓치는 사고의 방향을 구체적으로 잡을 수 있도록 도와주었어. 처음엔 해설을 보지 않고 문제를 스스로 풀고, 이후 자이스토리 해설지를 보며 나의 풀이를 비교, 보완했어. 또한, 자이스토리의 QR 강의는 '왜 이 접근을 해야 하는가'를 구체적으로 설명해주어, 스스로 풀다 막혔을 때 사고의 한계를 명확히 인식하게 도와주었어. 단순히 답만 맞히는 교재가 아니라, 사고를 확장시켜주는 교재였다는 점이 가장 큰 강점이었어.

■ **스스로 문제를 풀려고 노력하고 해설을 잘 활용해야 해!**

기출을 처음 풀 땐 답지를 멀리해야 해. 막히면 '조건을 다르게 해석할 수 없을까?'와 같은 질문을 던지며 한 문제를 며칠씩 붙잡은 후 자이스토리 해설의 '단서+발상'을 참고해 스스로 막힌 지점을 찾아 수정해 봐. 나는 틀린 문제에 표시를 달리하여 회독 효율을 높였는데 '풀이를 알고 있지만 불확실한 문제'는 네모, '전개했지만 접근이 막힌 문제'는 세모, '전혀 방향을 못 잡은 문제'는 별표로 분류했어. 이렇게 정리하니 재회독 시 집중 포인트가 뚜렷해졌고, 매 회독마다 사고의 깊이가 달라졌어.

또한, 자이스토리의 해설에 있는 '주의' 표시와 '정답률'은 내가 자주 틀리는 유형을 파악하는 데 결정적인 역할을 했고, 매력적인 오답을 분석하고, 함정 요소를 복기하며 문제를 읽는 시선 자체를 훈련할 수 있었어.

■ **단권화 노트를 만들어 실수를 줄이고, 모의고사를 통해 실전 감각을 길러야 해!**

문제를 단순히 다시 풀기보다, 문제를 통해 배운 '행동 강령'을 단권화 노트에 기록했어. 이 노트는 단순한 오답노트가 아니라 "이 조건에서는 어떤 사고를 해야 하는가"를 요약한 사고 기록이었지. 하루, 일주일, 한 달 주기로 이 노트를 복습하면서 단기 기억을 장기 기억으로 전환했고, 이동 중이나 식사 중에도 틈틈이 읽으며 사고를 체화했어. 결과적으로 다른 문제에서 비슷한 유형을 만났을 때 자동적으로 접근법이 떠오르더라구.

또한 실전 대비를 위해 자이스토리 연도별 모의고사를 주 1회 이상 풀었어. 이 과정에서 시간 운용, 실수 유형, 멘탈 관리를 점검하며 실전 감각을 다졌는데 특히, 연산 실수, 문제 오독, 개념 혼동으로 실수를 분류하고 각각의 대응법을 노트에 정리했어. 이 습관 덕분에 실제 수능에서는 실수로 인한 감점이 없었어. 기출, N제, 모의고사까지 전 과정을 자이스토리 중심으로 학습하면서 문제 접근법이 자연스럽게 체계화되었어.

■ **후회하지 않기 위해 수험 기간만큼은 내 자신에게 너무 관대해지면 안돼!**

수능은 하루 동안 평가받는 시험이지만, 그 하루는 매일의 작은 루틴이 쌓여 만들어지는 결과물이야. 나는 입시 실패 후, 단 하루도 빠지지 않고 독서실에 나갔고, 공부 외의 모든 변수를 통제했어. 성적이 오르지 않는 시기에도 자이스토리 문제집과 단권화노트를 붙잡고 매일 같은 패턴으로 공부했어. 불안할수록 기본에 충실해야 해. 문제를 많이 푸는 것보다 한 문제에서 '왜 이 풀이가 맞는가'를 끝까지 물어보고 틀린 문제를 두려워하지 말아야해!

My Story Xi Story [고3 수학Ⅱ]

자이스토리 33개년 역사

- 수능 난이도 **상** 빨간색
- 수능 난이도 **중** 검정색
- 수능 난이도 **하** 파란색

2025
11. 13
7년 만에 응시자가 최대였던 역대급 수능, 칸트를 너무 많이 사랑했다! 국어의 과학 지문, 칸트 지문으로 초반부터 완전 난감 ㅠㅠ. 영어에서도 칸트, 홉스 지문이 최고 오답률, 윤리에서도 칸트 문제..! 수학에서도 고난도 문항들이 많이 출제되었지만, 이번 입시 전략 최대 변수는 사탐런의 난이도 불균형으로 인한 유불리 발생이 아닐까.

2024
11. 14
축축하고 어색한 수능 날씨! 국어, 수학 난이도는 그냥저냥 했는데 영어는 까탈스러움. 선택과목별 난이도 편차가 커서 표준점수 영향력이 커질 듯. 의대 증원으로 21년만에 최대로 폭발한 최상위권 N수생. 과탐 응시자는 줄고 사과탐 혼합 응시는 늘고, 수능 등급을 짐작하기 너무나 어렵다 ㅠㅠ

2023
11. 16
킬러를 없앤다고 했는데, 국어·영어는 매력적 오답들을 지뢰밭처럼 쫙 깔아 놨네ㅠㅠ 수학은 킬러 문제 대신에 무늬만 준킬러 문제들을 우중충하게 많이 깔아 놓고ㅠㅠ 서울대가 과탐Ⅱ과목 필수 응시를 폐지해서 표준 점수가 요동치지 않을까? 이과생들의 문과 침공이 또 다른 입시 변수가 될까?

2022
11. 17
따뜻했지만 가슴은 쿵쿵! 떨렸던 1교시 국어, 휴~ 그렇게 어렵진 않았어. 수학은 킬러 문항은 없었지만 까다로운 문제가 많아서 등급이~ ㅠㅠ. 영어는 듣기 속도가 평소보다 빨라서 귀가 빨간 토끼처럼 되어버렸네. 통합 수능 2년차, n수생들이 많아서 입시 전략 짜기 머리가 뽀개질듯!

2021
11. 18
창문을 열어도 춥지 않던 따뜻한 수능날이었어. 선택과목이 생겨서 안 그래도 혼란스러운 수학은 빈칸추론 문제의 등장으로 우리의 머리를 뜨겁게 달구는데... 마음을 다잡으며 풀기 시작한 영어는 듣기 뒷부분이 마치 독해처럼 길고 어려워서 채 식지 않은 열이 더욱 활활 타올랐어 @_@!

2020
12. 03
코로나 때문에 플라스틱 칸막이 장벽을 마주하고 치러진 수능. 이러한 수험생들의 고충을 고려해서인지 대체로 평이하게 나왔어! 그렇지만 수학 가형 30번 문제는 까다로웠지. 마스크를 끼고, 쉬는 시간마다 창문을 열어 환기를 해서 춥고, 방호복까지 등장한 수능이었지만, 처음 겪는 멘붕 상황에서도 무사히 수능을 치른 것에 엄지 척! 올려 주고 싶어:)

2019
11. 14
별밭에 누워 너무 맑고 초롱한 눈으로, 8년 만에 바뀐 샤프로 수능을 보면 점수가 잘 나올까? 다행히 BIS비율 관련 지문을 제외하고 국어 난이도는 평이했어. 그러나 역시 수능은 수능! 수학 나형의 30번 문제, 좀 당황스럽더라. 국어와 영어는 까다롭지 않지만 수학으로 변별력을 키운 2020 수능, 작은 실수가 뼈 때릴 듯!

2018
11. 15
국어 너.... 좀 낯설다? 중국 천문학은 뭐고, 〈출생기〉는 또 뭐야? 국어는 독서와 문학 모두 낯섦의 결정체였어. 역대급 난이도의 국어를 풀고 나니 수학은 그래도 평이했어. 근데 작년보다 훨씬 어려워진 영어 때문에 또 다시 긴장 백배였지. 일명 "국어 쇼크, 역대 최저 등급 컷!" but, 내가 어려웠으면 남도 어려웠을 것이니 마음 편히 먹으면 좋은 결과가 있을 듯^^

2017
11. 23
어서 와~ 수능 연기는 처음이지? 일주일 동안 마음을 다잡고 힘겹게 수능 시험을 맞이했는데 날씨도 마음도 추운 시험 날이었어. 국어의 낯선 시와 긴 독서 지문, 수학은 그래프 유형 추론 문제, 어려워진 탐구 영역. 여진 올까 불안한데 문제까지 어려웠지. 올해 수능은 우리들의 정신력과 의지로 헤쳐 낸 〈강 건너간 노래〉였어.

2016
11. 17
지문을 다 읽었는데 기억이 안 난다ㅠ 생소한 주제의 제시문과 복합 유형까지! 1교시 국어 영역은 길고 낯설었다. 2교시, 세트 문제가 없어지고, 언어적 독해력을 묻는 문제도 출제된 수학(나형), 안 그래도 이미 쿠크다스처럼 깨진 내 정신은 이제 먼지가 되어 사라짐;; 덕분에 상위권 변별력은 커졌으나 우리는 그 누구랑 다르게 오직 실력으로 당당히 대학 가자!!

2015
11. 12
수능 날인데 날씨가 따뜻했다. 평가원에서는 포근한 난이도 출제를 발표하셨다. 하지만 EBS 체감 연계율이 하락한 영어와 국어에 수험생들은 당황했다. 수학 A형에서는 귀납적 추론 문제 때문에 중하위권 수험생들의 심장이 요동쳤다. 모의평가보다 상승한 난이도로 '매운맛 수능'이 된 2016 수능!

2014
11. 13
입시 한파가 수험생들을 꽁꽁 얼리고ㅠ.ㅠ 낯선 지문으로 까다롭게 출제된 국어 A·B형 때문에 수능 체감 난이도 급상승! 무난한 난이도인데 수학에서는 실수와의 싸움이 등급을 결정하고~ '쉬운 영어' 방침에 따라 변별력이 떨어진 영어의 등급 컷은 하늘을 찌를 듯... 들쭉날쭉한 난이도로 수험생들을 당황시킨 2015 수능!

2013
11. 07
출제 위원도 수험생도 떨렸던 첫 수준별 수능!! 국어 A형의 과학 지문이 최상위권을 나누다... 수학 A·B형은 모두 주관식이 최고난도 문항으로 출제되고ㅠ.ㅠ 영어 B형에 상위권 학생들이 몰려 대입 당락의 변수가 될 전망!! 고난도 문제들은 EBS 연계와 전혀 무관했던 2014 수능~ 상위권 수험생들의 입시 경쟁이 치열할 터!

2012
11. 08
수준별 A·B형 체제로 개편되기 전의 마지막 수능 – 변별력 있는 고난도 문제가 여러 개 나와 상위권의 수학 실력을 제대로 세분화시키고, 빈칸 추론 유형 때문에 난이도가 급상승한 외국어가 또 한 번 수험생들의 발목을 잡았다고 –_–

2011
11. 10
쉬운 수능이었지만 복병은 존재~ 비문학 지문이 까다로웠던 언어 때문에 1교시부터 쩔쩔 매다! 수리 가형은 조금 어려웠지만, 난이도 조절에 실패해서 너무 쉬웠던 외국어는 점수가 대폭 상승?? 변별력을 잃은 수능 때문에 논술이 더더욱 중요해지고~

2010
11. 18
EBS와 연계 출제되었다고 하지만 체감 난이도는 더욱 더 상승↑ 비문학 지문 때문에 시간이 부족했던 언어와 최상위권 변별력 확보를 위해 확 어려워진 수리 영역~!! 외국어마저 어려운 어휘와 고난도 독해가 출제되어, EBS만 믿고 공부한 수험생들 제대로 배신 당하다...

2009
11. 12
2009년을 휩쓴 신종 인플루엔자 때문에 공부하기도, 시험보기도 힘들었던 수험생들을 위해 언어와 수리는 몸풀기 난이도로 출제! 하지만 오후엔 강력 외국어 펀치를 날리고, 이어지는 들쑥날쑥 난이도의 사과탐 펀치! 이래저래 원서 접수로 머리가 뽀개질 2010 대학입시!!!

2008
11. 13
표준점수와 백분위가 다시 부활한 09수능! 언어와 외국어, 사·과탐은 대체로 평이하게 출제되었으나 ~ 수험들 간의 변별력 확보를 위해서인지 유독 까다로운 문항이 많았던 수리 가형과 수리 나형 때문에 체감 난이도 급상승↑ 수리 영역이 주요 변수로 작용하다!

2007
11. 15
등급제가 처음으로 적용된 08수능! 언어와 수리 나형은 어렵게, 수리 가형, 사·과탐, 외국어는 평이한 수준으로 출제돼 등급 블랭크를 없애기 위한 등급 간 변별력 확보는 성공~ 하지만 등급 내 동점자의 대거 발생으로 단 1점 차이로 희비가 엇갈리다!

2006
11. 16
수리 나형과 외국어는 만만~, 언어와 사·과탐은 지난해보다 유독 까다롭고 어려웠던 07수능! 결국 언어와 사·과탐 점수가 당락의 변수로 작용하다. 선택과목 간 난이도 조절 실패로, 휴~ 앞으로는 재수도 힘들다는데...

2005
11. 23
2006 수능 기상도 '맑다가 차차 흐림'– "너무 쉬웠어. 하하~"(언어 영역 종료 후)→"머릴 얻어맞은 느낌이야."(수리 영역 종료 후)→"그냥 찍었어."(외국어 영역 종료 후)→"망했어!!"(탐구 영역 종료 후)

2004
11. 17
♪♬외로워도 슬퍼도 나는 안 울어~. 언어 듣기에 느닷없이 등장한 캔디 주제곡은 일종의 복선이었을까…. 수험생들을 1교시는 웃게, 2·3교시는 내리 울게 만들었던 2005 수능, 그래도 모의평가 수준으로 평이하게 출제된 데자뷰 효과 덕이었는지 중·상위권 인플레 또 다시 야기.

2003
11. 05
대체로 교과서에 충실한 평이한 수준의 문제 출제가 이루어졌으나, 예상 지문 출제와 사상 첫 복수 정답 인정 논란으로 말도 많고 탈도 많던 2004 수능, 재수생의 연이은 강세로 고교 4학년 시대 가속화 되다!

2002
11. 06
너무 쉬웠던 2001 수능과 너무 어려웠던 2002 수능 사이의 적정선을 유지하며 널뛰기 논란을 일순간 잠재우는 듯 했으나, 고3의 학력 수준을 고려하지 않은 문제 출제로 난이도 조절 실패~

2001
11. 07
터무니없이 어려운 문제에 수험생들 쩔쩔~. 작년과는 반대로 언어와 수리가 오히려 점수 하락을 주도했으며, 쉬운 수능에 눈높이가 맞춰진 수험생들의 체감 난이도 상승으로 1, 2교시 이후 시험 중도 포기가 속출했다. 난이도 조절 大실패! 수능 평균 66점 하락↓

2000
11. 15
수능 만점자 66명, 풍년이로세! 수능 무용론이 나돌 정도로 변별력 상실 지속~ 변별력을 잃은 언어와 수리가 점수밭으로 작용하며 널뛰기식 난이도가 도마 위에 올랐다.

1999
11. 17
변별력을 아예 상실하다! 유독 깐깐했던 언어 영역을 제외하고 대체로 작년보다 쉽게 출제되면서 또다시 중·상위권 인플레 현상 야기. 1명의 수능 만점자 배출과 함께 300점 이상을 25만명까지 늘린 2000 수능!!

1998
11. 18
쉽게 낸다는 애초 발표와는 달리 수리가 어렵고 까다롭게 출제되는 바람에 수험생들 배신감에 부들부들~. 그러나 나머지 영역이 총점의 하락폭을 상쇄시켜 평균 27점 상승↑ 수능에서 첫 만점자가 탄생했으나, 쉽기로 소문난 99 수능 하마터면 만점자가 쏟아질 뻔!—;

1997
11. 19
교과서 내에서 자주 접해온 평이한 수준의 문제와 기출과 유사한 유형의 다수 출제로 평균 42점 상승↑ 변별력 논란을 일으키며, 상·하위권이 좁았던 기존의 항아리형에서 중·하위권이 비대한 꽃병형 점수대 분포로 변화!

1996
11. 13
1교시 언어가 예상보다 쉬워 내쉬던 안도의 한숨을 여지없이 끊어버린 수리와 사·과탐의 연이은 高난이도 출제는 재수생들을 두 번 죽이는 일이었다! 수능 사적으로 볼 때, 바야흐로 이 시기는 수리 주관식 문제와 총점 400점이 처음 도입되고, 영어 듣기가 17문항으로 늘어난 수능 과도기 시점.

1995
11. 22
영역별 난이도 예상과 달라 당황~ 수리&외국어=easy, 언어&사·과탐=hard 특히 생소한 지문으로 어렵게 1교시 언어와 통합 교과 소재의 高난이도 사·과탐이 수능 총점 초토화~! 지난해보다 평균 7점 down↓ 96 수능 시험 0점 지난해 3배!

1994
11. 23
수능 연 1회 시행의 시발점이었으나, 수능 高난이도 연속 행진 계속! 10문항이 늘어난 수리와 외국어는 무난했으나, 의외의 복병이었던 사·과탐의 난이도가 특히 높아 점수를 마구 갉아먹는다.

문제 유형을 촘촘히 분류해 개념을 적용시키면
수학이 쉬워집니다!

개념을 익히고 그 개념들을 단계별로
연결하여 파악하는 것이 수학 공부의 기본입니다.
만약 개념 이해 과정을 소홀히 하고, 문제만 반복하여 푼다면
개념 사이의 연계성을 파악할 수 없어
오랜 시간 공부해도 성적을 올릴 수 없습니다.

자이스토리 고3 수학은
최신 수능, 평가원, 학력평가 및 경찰대, 삼사 기출 문제를 정밀하게 분석해
개념의 연계성에 따라 문제 유형을 촘촘히 분류하였습니다.
따라서 유형별 기출 문제를 순서대로 차근차근 풀어가면
개념의 연계성이 명쾌하게 파악되어서 문제 풀이가 쉬워집니다.

또한, 자이스토리의 정확하고 자세한 단계별 해설과 풍부한 보충 첨삭은
문제를 풀어가면서 개념을 알맞게 적용하는 방법을
자연스럽게 익힐 수 있습니다.

이 책의 마지막 페이지를 넘길 때쯤 여러분은 이미
수학 1등급에 도달해 있을 것입니다.

– 대한민국 No.1 수능 문제집 자이스토리 –

🍀 학교시험 **1등급** 완성 학습 계획표 [35일]

Day	문항 번호	틀린 문제 / 헷갈리는 문제 번호 적기	날짜		복습 날짜	
1	**A** 01~60		월	일	월	일
2	61~118		월	일	월	일
3	119~146		월	일	월	일
4	147~183		월	일	월	일
5	184~212		월	일	월	일
6	**B** 01~50		월	일	월	일
7	51~91		월	일	월	일
8	92~121		월	일	월	일
9	122~144		월	일	월	일
10	**C** 01~57		월	일	월	일
11	58~96		월	일	월	일
12	97~144		월	일	월	일
13	145~179		월	일	월	일
14	**D** 01~48		월	일	월	일
15	49~90		월	일	월	일
16	91~138		월	일	월	일
17	139~159		월	일	월	일
18	160~177		월	일	월	일
19	**E** 01~61		월	일	월	일
20	62~102		월	일	월	일
21	103~132		월	일	월	일
22	133~166		월	일	월	일
23	**F** 01~53		월	일	월	일
24	54~98		월	일	월	일
25	99~139		월	일	월	일
26	140~182		월	일	월	일
27	183~221		월	일	월	일
28	222~253		월	일	월	일
29	**G** 01~55		월	일	월	일
30	56~93		월	일	월	일
31	94~133		월	일	월	일
32	134~162		월	일	월	일
33	모의 1회		월	일	월	일
34	모의 2회		월	일	월	일
35	모의 3회		월	일	월	일

- 나는 _____ 대학교 _____ 학과 _____ 학번이 된다.

- 磨斧作針 (마부작침) – 도끼를 갈아 바늘을 만든다. (아무리 어려운 일이라도 끈기 있게 노력하면 이룰 수 있음을 비유하는 말)

🍀 자이스토리 고3 수학 II 활용법+α

❶ 개념·공식 학습 후 수능 출제 경향 확인!

- 각 단원에 필수적으로 알아야 하는 핵심 개념과 관련된 보충 설명을 꼼꼼히 살펴보세요.
- 최신 출제 경향을 파악하고 앞으로의 수능을 예측하세요.

❷ 수능과 모의고사에 나오는 모든 유형을 촘촘히 섭렵하자!

- 촘촘히 분류된 모든 유형을 확인하고 유형별 풀이 비법을 확인하세요.
- 유형 안에서 난이도 순으로 다시 분류된 문제를 보면서 각 유형에서 쉬운 문제는 어떻게 출제되는지,
  고난도 문제는 어떻게 출제되는지 확인하세요.

❸ 부족한 유형을 다시 한 번 점검하자!

- 자신에게 부족한 유형을 찾아낸 후 부족한 부분을 여러 번 반복 학습해 보세요.
- 부족한 유형에 대한 특징과 핵심 개념을 다시 한 번 확인한 후 유형 해결 요령을 터득하세요.

❹ 1등급을 좌우하는 고난도 문항을 완벽하게 마스터하자!

- 1등급 대비 문제는 복합적인 개념을 묻기 때문에 여러 개념을 정확히 파악한 뒤 종합적 사고를 하세요.
- 1등급 문제의 핵심이 되는 (단서)로 조건을 파악하고 조건을 이용하여 접근하는 방법을 (발상)해서
  문제 풀이에 (적용)하는 방법을 익히세요.

❺ 쉽게 이해되는 입체 첨삭 해설을 공부해서 다시는 틀리지 말자!

- [첨삭 해설]과 [실수, 함정, 주의 첨삭]을 따라가다 보면 풀이 과정에서 놓치기 쉬운 부분이나
  이해가 어려운 부분을 쉽게 풀어 주어 해설을 완벽하게 이해할 수 있어요.
- 쉬운 풀이, 톡톡 풀이, 다른 풀이를 꼼꼼히 읽어서 시간을 줄일 수 있는 풀이법을 찾아보세요.
- 문제 해결 과정에 사용된 개념·공식을 다시 한 번 확인하여 놓치고 있었던 내용이 없는지
  확인하세요.
- 수능 핵강으로 문제에 대한 개념을 완벽하게 이해하세요.

❻ 오답노트를 만들어 100% 활용하자!

- 반드시 오답노트를 만들어 보세요. 해설에 제시된 단서 또는 접근법도 같이 기록하여 풀어 봤던
  문제는 다시는 틀리지 않도록 여러 번 풀어보세요.
- 시간이 지난 후 오답노트를 읽어 보며 해설의 아이디어를 바탕으로 풀이를 따라가 보고
  자신만의 풀이도 추가해 보세요.

 단원별 핵심 문제 + 최신·중요 문제
동영상 강의 QR코드

1. 개념 강의로 핵심 개념을 이해하고 개념이 문제에 적용되는 것을
   확인해 보세요!
2. 동영상 문제 풀이로 해설을 좀 더 빠르게 이해할 수 있어요!
3. 해설의 풀이를 읽어보고 동영상 강의를 시청하면 더 쉽게 이해될 거예요!
4. 풀기 어려운 고난도 문제는 동영상 강의를 여러 번 반복 시청해 보세요!

🍀 차 례 [총 133개 유형 분류]

Ⅰ 함수의 극한과 연속

Ⅱ 미분

Ⅲ 적분

F 부정적분과 정적분 – 26개 유형 분류

G 정적분의 활용 – 15개 유형 분류

 Special

수학 Ⅱ 실전 기출 모의고사

개념 & 문제 풀이 강의 선생님 유튜브 채널

셀프수학

개념 총정리 + 촘촘한 유형 분류 기출 문제 = 수능 1등급

1 핵심 개념 정리 –쉽게 이해되는 개념과 공식

가장 중요하고 꼭 알아야 하는 개념과 공식을 쉽게 이해할 수 있도록 요약 정리하였습니다. 또한, QR코드를 통해 제공되는 강의와 보충 설명으로 개념과 공식의 이해를 돕고 실전 문제에서 적절하게 개념을 사용할 수 있는 방법을 제시하였습니다.

- 중요도 ★★★ : 시험에 자주 나오는 개념과 유형의 중요도 제시
- +개념 보충 , 한걸음 더! , 왜 그럴까? : 공식이 유도되는 과정 중 반드시 알아야 하는 내용이나 확장 개념을 제시
- 출제 : 2026학년도 수능과 평가원 기출을 분석하여 출제된 개념과 경향을 제시

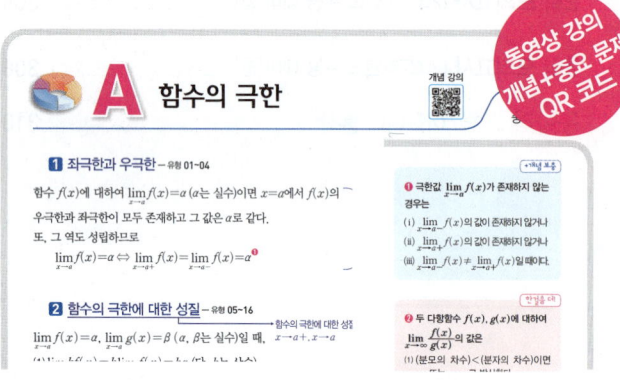

2 기본 기출 문제 –쉬운 기출 문제로 개념 점검

앞에서 공부한 핵심 개념을 잘 기억하고 있는지, 놓친 것은 없는지 확인할 수 있도록 기본 개념과 공식을 확인하는 기출 문제를 수록하였습니다. 이는 개념 이해를 강화하고 응용 문제를 풀 수 있는 초석을 쌓는 과정입니다.

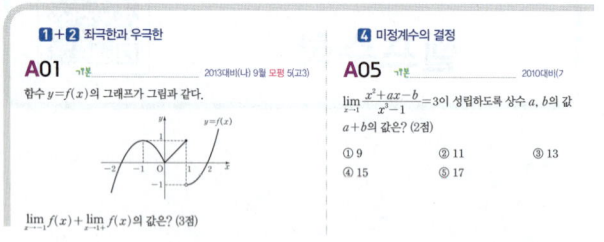

3 경찰대·삼사 기출 문제 –최신 중요 기출 문제 수록

경찰대 기출과 삼사 기출 문제 중 수능 출제 기준에 맞는 중요 문항을 엄선하여 수록하였습니다.

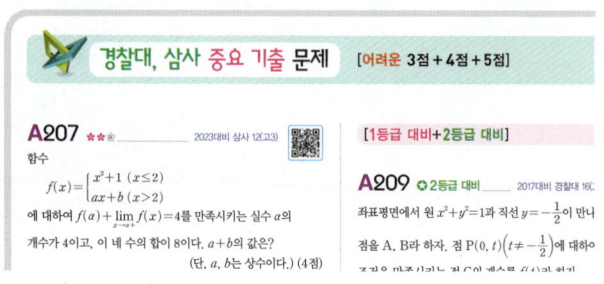

4 유형별 기출 문제 –유형+개념+난이도에 따른 문제 배열

최신 수능 경향을 꼼꼼히 분석하여 유형, 개념, 난이도 순서대로 문항을 배열하였습니다. 기출 문제가 부족한 단원이나 유형은 고품격 수능 기출 변형 문제를 출제하여 추가 수록하였습니다.

- tip : 유형에 따라 다시 한 번 더 상기해야 할 개념과 접근법을 제시하였습니다.
- QR코드 : 유형별 핵심 문제와 혼자 풀기 어려운 문제의 풀이 과정을 동영상 강의를 통해 한 번 더 학습할 수 있도록 하였습니다.

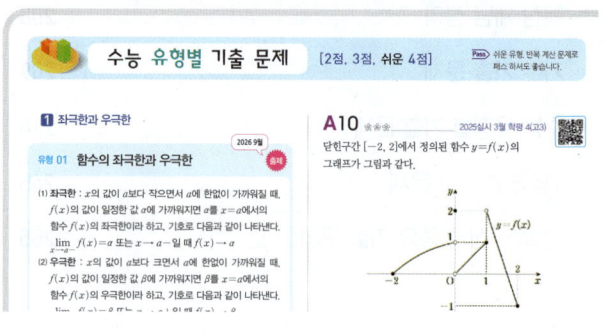

- 유형 분류 : 출제 – 2026 수능, 평가원에서 출제된 유형
  고난도 – 여러 개념을 복합적으로 묻는 고난도 유형

- 난이도 : ❀❀❀ – 기본 문제   ✿❀❀ – 중급 문제
  ✿✿❀ – 중상급 문제   ✿✿✿ – 상급 문제
- Pass : 간단한 계산 문제로 패스해도 좋은 문제

- 출처표시 : 수능, 평가원 – 대비연도, 학력평가 – 실시연도
  - 2026대비 수능 1(고3) : 2025년 11월에 실시한 수능
  - 2026대비 6월 모평 2(고3) : 2025년 6월에 실시한 평가원
  - 2025실시 4월 학평 3(고3) : 2025년 4월에 실시한 학력평가
  - 2026대비 9월 모평 2(고3) : 2025년 9월에 실시한 평가원
  - 표시 없는 문제 : 기출 변형 문제

5 수학Ⅱ 실전 기출 모의고사

기출 문제로 구성한 3회의 실전 모의고사입니다.
수능을 대비하여 실력을 점검하는 데 큰 도움이 될 것입니다.

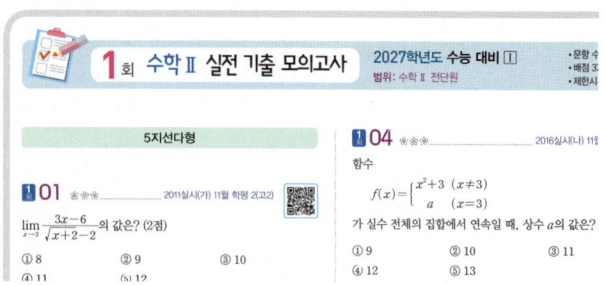

6 1등급 마스터 문제 – 1등급 대비, 2등급 대비, 4점 문제 수록

1등급을 가르는 변별력 있는 고난도 문제를 엄선하여 별도로
수록하였습니다. 종합적인 사고력과 응용력을 키워서 반드시
수학 1등급에 도달할 수 있습니다.

● ★★★ – 상급 문제

⭐ **2등급 대비** – 정답률이 21~30%인 문제로 1, 2등급으로
발돋움하는 데 도움이 되는 고난도 문제

⭐ **1등급 대비** – 정답률이 20% 이하인 문제로 1등급을 가르는
최고난도 문제

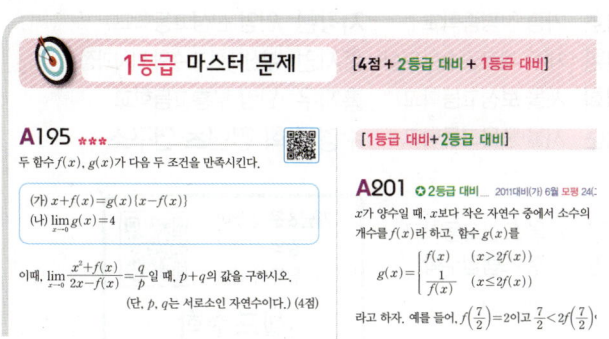

7 1등급 대비 · 2등급 대비 문제 특별 해설

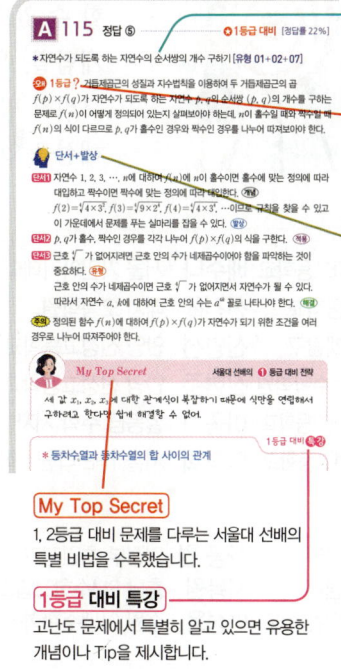

문제 분석
어떤 유형이 1, 2등급 대비
문제로 출제되었는지 알려줍니다.

왜 1등급, 왜 2등급
1, 2등급 대비 문제의 핵심 내용과
구하고자 하는 목표를 확실히
알도록 제시해줍니다.

단서+발상
(단서) 문제 풀이의 핵심이 되는
단서를 꼭 짚어 설명합니다.

(개념) 문제 풀이에 필요한 개념을
다시 한 번 확인합니다.

(유형) 숨어 있는 기출 유형을 찾아
설명합니다.

(발상) 핵심 단서로 문제 풀이 방법을
구체적으로 설명합니다.

(적용) 생각하기 힘든 개념이나 꼬여
있는 문제의 답을 얻기 위해 적용해야
할 내용입니다.

(해결) 찾아야 하는 것들을 다 찾은
뒤 공식을 적용하여 해결합니다.

My Top Secret
1, 2등급 대비 문제를 다루는 서울대 선배의
특별 비법을 수록했습니다.

1등급 대비 특강
고난도 문제에서 특별히 알고 있으면 유용한
개념이나 Tip을 제시합니다.

8 입체 첨삭 해설!

정답 공식
출제 의도를 짚어 주고, 문제 속에
숨은 조건을 해석하여 풀이 전략을
세우도록 도와줍니다.

단계별 명쾌 풀이
문제를 푸는 데 요구되는 사고의
순서를 구체적으로 단계를
나누어 제시하였습니다.

해설 적용 공식
해설에 직접적, 간접적으로
사용된 개념, 공식을 보여줍니다.

실수
문제를 푸는 과정이나 잘못된
개념을 적용하는 실수를 지적해
주고 해결의 열쇠를 제공해
주는 코너입니다.

다른 풀이
문제를 풀 때는 다각적으로
사고하는 연습이 필요합니다.
이에 다른 방법으로 문제에
접근할 수 있는 방법을
알려줍니다.

수능 핵강
문제를 조금 더 쉽고 빠르게
풀 수 있는 스킬 등을 자세히
설명하였습니다.

개념 공식
문제를 풀기 위해 요구되는
주요 개념과 공식을
정리하였습니다.

생생체험
수능을 먼저 정복한 선배들의 경험이
100% 녹아 있는 실제적인 조언을 담았습니다.

출제 개념
문제에 적용된 핵심 개념을
제시하여 비슷한 유형의
문제에서 같은 개념을 사용할 수
있도록 하였습니다.

정답률
교육청 자료, 기타 기관 공지
자료와 내부 분석 검토 과정을
거쳐서 제시됩니다.

핵심 단서
문제를 푸는 데 핵심이 되는 단서와
그 단서를 문제 풀이에 적용하는
방법을 설명하였습니다.

주의
풀이 과정에서 주어진 조건을
빼먹거나 잘못 이용할 가능성이
있을 때, 적절한 주의를 주어서
올바른 풀이로 나아갈 수 있도록
한 코너입니다.

함정
개념을 정확히 이해하지 못한다면
반드시 빠지게 되어 있는 함정을
체크해 주고 해결할 수 있는
방법을 제시하였습니다.

보충 설명
더욱 정확하고 완벽하게 해설을
이해할 수 있도록 해설에 내재된
내용을 설명하였습니다.

쉬운 풀이, 톡톡 풀이
직관적으로 풀거나, 교육과정
외의 개념 또는 특이한 풀이
방법을 알려줍니다.

평가원 해설
오답 이의제기된 문항에 대해 평가원 출제 위원들이
요구한 사고 과정을 확인할 수 있습니다.

집필진 · 감수진 선생님들

🌸 자이스토리는 내신 + 수능 준비를 가장 효과적으로
할 수 있도록 수능, 모의평가, 학력평가 기출문제를
개념별, 유형별, 난이도별로 수록하였습니다.
그리고 명강의로 소문난 학교·학원 선생님들께서 명쾌한
해설을 입체 첨삭으로 집필하셨습니다.

[집필진]

김덕환 대전 대성여자고등학교	배수나 서울 가인아카데미	위경아 서울 강남대성기숙의대관	전준홍 서울 압구정 Yestudy
김대식 경기 하남고등학교	신건률 대치 오름학원	장광걸 김포 김포외국어고등학교	조승원 수원 경기과학고등학교
김착한 서울 성북미래탐구	신명선 안양 신성고등학교	장경호 가평 청평중학교	지강현 안양 신성고등학교
민경도 서울 생각하는수학학원	신현준 안양 신성고등학교	장영환 제주 제로링수학교실	홍지언 부산대학교 수학 박사과정
박소희 안양 안양외국어고등학교	이종석 일등급 수학 저자	장철희 서울 보성고등학교	홍지우 안양 부흥고등학교
박숙녀 아산 충남삼성고등학교	이창희 서울 THE·다원수학	전경준 서울 풍문고등학교	수경 수학 컨텐츠 연구소

[다른 풀이 집필]

강성운 광주 더오름학원	사공 원 의정부 호연지기	이태경 서울 오산고등학교
김준호 대구 유신학원	서봉원 충남 SM수학교습소	정지민 청주 스텝업수학
김현지 하남 수능수학 전문컨설턴트	어성웅 수원 어쌤수학학원	

개념&문제 풀이
강의 선생님
유튜브 채널
셀프수학

[특별 감수진]

강태희 파주 한민고등학교	서민재 서울 관악GMS뉴스터디학원	이용환 원주 원주여자고등학교	최은미 서울 위플라이수학
박순지 고양 오르다입시종합학원	송은연 군포 오른수학	이준택 안산 신길고등학교	황미경 인천 MK수학전문학원

[감수진]

강다은 부산 코스터디	박문영 화성 (동탄)와이수학	이민규 인천 투스카이수학학원	조종희 춘천 유투엠수학
강동호 광주 별수학학원	박수진 안산 매스탑수학학원	이보라 부산 지혜플러스학원	진하영 화성 위투지학원
구재회 오산 오성학원	박승민 오산 피버수학	이상철 부천 G1230 옥길	차강일 순천 참수학학원
구주영 안양 거북선중등수학학원	박영선 세종 유얼수학	이세라 의정부 매쓰스탠다드학원	채송화 부산 채송화수학학원
권가영 서울 (목동)커스텀수학학원	박은아 울산 팍스학원	이승진 평택 (안중)호연수학	채희성 수원 이투스수학신영통학원
권두리 화성 (동탄)M&S학원	박정한 성남 (분당)수학의아침	이영주 제주 피드백수학학원	최경희 시흥 최강수학학원
김대한 인천 학산학원	박진한 화성 엡실론학원	이은경 전주 시그마수학전문학원	최선혜 고양 애플학원
김두비 성남 하이탑에듀	박진형 울산 송정JP수학과학학원	이지호 양주 에이치투에스학원	최승호 전주 SMT아카데미학원
김리안 인천 수리안학원	방선윤 울산 엘리트해법수학	이찬희 오창 미로수학	최영석 시흥 편한수학학원
김상윤 의정부 골드클래스학원	배지후 세종 해밀학원	이창무 대구 531수학학원	추병준 성남 깊은수학학원
김상혁 광주 프리마수학학원	부종민 부산 부종민수학	이태권 대구 보담학원	한철호 울산 수토바입시학원
김선화 화성 수학파트너학원	설성희 김포 설쌤수학학원	이한빛 고양 (일산)한빛수학학원	홍의찬 고양 (일산)원수학
김소영 대구 에이블수학교습소	손태성 대구 하늘수학	이형림 성남 (분당)원리를깨우치는수학	
김유삼 서울 현민수학학원	송미경 영천 이루지오학원	임병훈 수원 웅진프라임금곡학원	
김윤선 구리 국빈학원	신경미 서울 래미안수학전문교육원	임유진 대구 박진수학	
김윤진 오산 더쌤수학학원	신경미 서울 래미안수학전문교육원	장보영 인천 장보영수학연구소	
김정혁 서울 (대치)새론시대	신다혜 부천 일찬학원	장솔민 성남 우주수학학원	[My Top Secret 집필]
김춘식 서울 목동엠플러스수학학원	신정식 서울 (목동)미래탐구학원	장정우 광주 장정우수학교실	곽지훈 서울대 수학교육과
김현익 서울 더(The)수학학원	심혜진 인천 (송도)매쓰몽플러스학원	장준영 세종 지혜수입시학원	김진형 서울대 약학과
김혜성 서울 (노원)핏클래스학원	안영미 청주 라온수학	전준영 대구 옥수학원	문지원 서울대 의예과
김호연 광명 마이엠수학학원	안효진 서울 수준영재수학학원	정민수 광주 정경태수학아카데미	석민준 서울대 첨단융합학과
나원선 광주 라플라스수학학원	양 일 인천 비코즈수학학원	정용훈 성남 (분당)일비충천수학학원	장현준 서강대 수학과
문대승 광주 열성수학학원	어성웅 수원 어쌤수학학원	정은아 용인 별들의숲수학학원	정서린 서울대 약학과
문상경 대구 수아일체수학학원	엄시온 김포 유투엠	정지민 청주 스텝업수학	정호재 서울대 경제학부
문소영 창원 문소영수학관리학원	오상혁 서울 미듬수학학원	정진영 인천 정선생수학연구소	조선하 서울대 자유전공학부
박경민 대구 학문당입시학원	윤정민 부산 명진학원	조승혁 안산 뉴턴학원	황대윤 서울대 수리과학부
박래정 광주 RJ수학	윤희용 부천 매트릭스학원	조원진 안양 평촌RTS,안산S&T	

🍀 수능 선배들의 (비법) 전수 – 수험장 생생 체험 소개

긴장되고 떨리는 수험장에서 선배들이
문제를 풀면서 겪은 생생한 체험과 나만의 풀이 비법을
자이스토리 해설편에 수록했습니다.

•2025년

강다은	대구 계성고 졸 (서울대 의예과)
김연우	대구 정화여고 졸 (연세대 의예과)
김효원	제주 제일고 졸 (서울대 의예과)
박정빈	대구 남산고 졸 (서울대 아동가족학과)
배지오	성남 낙생고 졸 (연세대 약학과)
백승준	광주숭일고 졸 (카이스트 새내기과정학부)
서정후	광주 숭덕고 졸 (아주대 의학과)
성예현	대전전민고 졸 (건국대 의학과)
안한민	익산 남성고 졸
오현준	서울 한영고 졸 (경상대 약학과)
이정근	안양 평촌고 졸 (동국대 wise 의예과)
이지원	대구 성화여고 졸 (고려대 생명과학부)
임지호	부산 동아고 졸 (울산대 의예과)
장윤서	부산 사직고 졸 (중앙대 간호학과)
정규원	부산 남성여고 졸
최승우	광주서석고 졸 (서울대 약학계열)
최아람	서울 광영고 졸 (서울대 국어교육과)
한규진	대구 계성고 졸 (연세대 치의예과)

•2024년

곽지훈	서울 한영외고 졸 (서울대 자유전공학부)
권민재	서울 광영여고 졸 (강릉원주대 치의예과)
김동현	안성 안법고 졸 (연세대 실내건축학과)
김서현	대전한빛고 졸 (카이스트 새내기과정학부)
김신유	익산 남성고 졸 (순천향대 의예과)
김아린	대전한빛고 졸 (충남대 의예과)
김용희	화성 화성고 졸 (단국대 의예과)
김지희	광주 국제고 졸 (고려대 한국사학과)
김태현	부산 대연고 졸 (서울대 수리과학부)
류이레	광주대동고 졸 (연세대 의예과)
문지민	대구 정화여고 졸 (고려대 중어중문학과)
변준서	화성 화성고 졸 (건국대 수의예과)
심기현	대구 계성고 졸 (경북대 의예과)
오서윤	서울 광문고 졸 (충남대 의예과)
전성연	부산국제고 졸 (서울대 사회학과)
조수근	성남 태원고 졸 (순천향대 의예과)

👑 2026 응시

 강기헌
천안 천안고 졸업
– 독해 실전, 어법·어휘 실전

 **김연준**
안성 안법고 졸업
– 독해 실전, 어법·어휘 실전

 **김준영**
서울 강서고 졸업
– 고3 확률과 통계

 **박예서**
화성 안화고 졸업
– 고3 수학Ⅰ, 고3 수학Ⅱ

 **우다솔**
서울 중앙고 졸업
– 물리학Ⅰ

 **이지민**
광주대동고 졸업
– 동아시아사

 **임지안**
광주 금호중앙여고 졸업
– 문학 실전

 **정윤서**
부산 사직여고 졸업
– 생활과 윤리

 **한기주**
화성 삼괴고 졸업
– 고3 수학Ⅰ, 고3 수학Ⅱ

 **김서영**
서울 잠실여고 졸업
– 생명과학Ⅰ

 **김윤**
익산 이리남성여고 졸업
– 독해 실전, 어법·어휘 실전

 **김준희**
부산 동천고 졸업
– 세계지리

 **박준서**
부산 대동고 졸업
– 지구과학Ⅰ

 **원강희**
대전동산고 졸업
– 화법과 작문 실전

 **이현수**
부산 대동고 졸업
– 화학Ⅰ

 **전상훈**
서울 대원고 졸업
– 독서 실전

 **정희주**
익산 이리남성여고 졸업
– 윤리와 사상

 **홍서연**
남양주 도농고 졸업
– 사회·문화

 **김서호**
안양 신성고 졸업
– 고3 미적분

 **김준성**
부산 대연고 졸업
– 화학Ⅱ

 **박수현**
대구 대진고 졸업
– 수능 한국사

 **방진환**
부산 해운대고 졸업
– 고3 기하

 **이영서**
대구 대진고 졸업
– 생명과학Ⅱ

 **임준호**
광주 문성고 졸업
– 지구과학Ⅱ

 **전시원**
대전 한밭고 졸업
– 언어와 매체 실전

 **최경준**
광주서석고 졸업
– 한국지리

🍀 문항 배열 및 구성 [1326제]

❶ 개념 이해 체크를 위한 기본 기출 문제 (52제)

핵심 개념 정리과 공식을 확인할 수 있는 기출 문제를 제시하여 개념 이해도를 높이고 기초 실력을 쌓도록 구성하였습니다.

❷ 최신 5개년 수능, 평가원 및 학력평가 기출 전 문항 수록 (1094제)

- 최근 출제 경향을 파악할 수 있도록 최신 5개년 수능, 평가원 및 학력평가 기출 전 문항을 수록하였습니다.
- 2021~1994 수능, 평가원 및 학력평가 기출 문항 중 수능 출제 기준에 맞는 문항을 엄선하여 수록하였습니다.
- 수능 출제 유형 및 최신 출제 경향을 파악할 수 있도록 2028학년도 예시 문항을 추가 수록하였습니다.

❸ 경찰대, 삼사 중요 기출 문제 수록 (69제)

경찰대, 삼사 기출 문항 중 중요 문항을 선별하여 수록하였습니다.

❹ 수능 대비를 위한 고품격 수능 기출 변형 문제 (111제)

수능을 대비해서 충분한 문제로 훈련할 수 있도록 수능 기출 변형 문제를 추가 수록하였습니다.

[고3 수학 Ⅱ 수록 문항 구성표]

대비연도	3월	4·5월	6월	7월	9월	10월	수능	합계	비고
2026	11	11	11	11	11	11	11	77	
2025	11	11	11	11	11	11	11	77	*2027학년도 수능에 적합한 전 문항 수록
2024	11	11	11	11	11	11	11	77	
2023	11	11	11	11	11	11	11	77	
2022	11	11	11	10	10	11	11	75	
2021	23	11	10	10	10	11	11	86	
2020	0	3	7	9	8	10	8	45	
2019	0	3	9	8	9	9	9	47	
2018	0	4	8	9	9	9	8	47	
2017	0	3	6	7	8	7	9	40	
2016	1	5	7	8	8	9	8	46	*수능, 평가원, 학력평가 엄선 수록
2015	2	3	9	5	5	6	6	36	
2014	2	4	10	8	6	6	5	41	
2013	3	3	10	12	9	9	8	54	
2012	1	3	9	8	5	6	8	40	
2011이전	0	6	52	20	29	14	39	160	
2028, 2022, 2014, 2005 대비 예비 평가								28	
수능 기출 변형 문제								119	
고1/고2 학력평가								85	
삼사 및 경찰대								69	
총 문항 수								1326	

2026학년도 6월, 9월 평가원 + 수능
수학 Ⅰ + 수학 Ⅱ 문항 배치표

문항 번호	6월		9월		수능	
	수록 교재	수록 번호	수록 교재	수록 번호	수록 교재	수록 번호
1	수 Ⅰ	A27	수 Ⅰ	A25	수 Ⅰ	A23
2	수 Ⅱ	C80	수 Ⅱ	C81	수 Ⅱ	C79
3	수 Ⅰ	H17	수 Ⅰ	H15	수 Ⅰ	H33
4	수 Ⅱ	B09	수 Ⅱ	A09	수 Ⅱ	B08
5	수 Ⅱ	F66	수 Ⅱ	C36	수 Ⅱ	C35
6	수 Ⅰ	E82	수 Ⅰ	E128	수 Ⅰ	B67
7	수 Ⅱ	C48	수 Ⅱ	D15	수 Ⅱ	G40
8	수 Ⅰ	E129	수 Ⅰ	B54	수 Ⅰ	E114
9	수 Ⅱ	F108	수 Ⅱ	F57	수 Ⅱ	D134
10	수 Ⅰ	D89	수 Ⅰ	H13	수 Ⅰ	C149
11	수 Ⅱ	E90	수 Ⅱ	G110	수 Ⅱ	G109
12	수 Ⅰ	I40	수 Ⅰ	D36	수 Ⅰ	G112
13	수 Ⅱ	G30	수 Ⅱ	A136	수 Ⅱ	D57
14	수 Ⅰ	F56	수 Ⅰ	E86	수 Ⅰ	F54
15	수 Ⅱ	E142	수 Ⅱ	F229	수 Ⅱ	F205
16	수 Ⅰ	D67	수 Ⅰ	I07	수 Ⅰ	I19
17	수 Ⅱ	F15	수 Ⅱ	F16	수 Ⅱ	F14
18	수 Ⅰ	H34	수 Ⅰ	G27	수 Ⅰ	F67
19	수 Ⅱ	D112	수 Ⅱ	D114	수 Ⅱ	E57
20	수 Ⅰ	G75	수 Ⅰ	F52	수 Ⅰ	H129
21	수 Ⅱ	A204	수 Ⅱ	E141	수 Ⅱ	B131
22	수 Ⅰ	D165	수 Ⅰ	C164	수 Ⅰ	C171

- 수 Ⅰ : 2027 수능 대비 자이스토리 고3 수학 Ⅰ
- 수 Ⅱ : 2027 수능 대비 자이스토리 고3 수학 Ⅱ

 A 함수의 극한

★ 최신 3개년 수능＋모평 출제 경향

학년도		출제 유형	난이도
2028	예시	유형 16 함수의 극한을 이용한 다항함수의 결정	★★☆
2026	수능	출제되지 않음	
	9월	유형 01 함수의 좌극한과 우극한	☆☆☆
		유형 13 분수식의 극한값이 존재할 조건	★★☆
	6월	유형 14 새롭게 정의된 함수의 극한	★★★
2025	수능	유형 16 함수의 극한을 이용한 다항함수의 결정	★★☆
	9월	유형 01 함수의 좌극한과 우극한	☆☆☆
	6월	유형 01 함수의 좌극한과 우극한	☆☆☆
2024	수능	유형 14 새롭게 정의된 함수의 극한	★★★
	9월	유형 01 함수의 좌극한과 우극한	☆☆☆

★ 2026 수능 출제 경향 분석

• 올해 수능에서는 극한의 성질과 미분계수를 이용하여 조건을 만족시키는 함수를 구하는 문제가 출제되었다.

★ 2027 수능 예측

1. 함수의 그래프가 주어지고 우극한과 좌극한을 찾아 계산하는 문제 또는 $\frac{0}{0}$ 꼴, $\frac{\infty}{\infty}$ 꼴 등의 극한값을 구하는 쉬운 계산 문제가 출제 예상되므로 극한의 개념을 확실히 알고 있어야 한다.

2. 분수식의 극한값이 존재하는 조건에서의 분모와 분자의 미정계수를 결정하는 유형은 출제 가능성이 매우 높은 유형이다. 극한값이 존재하고 분모(또는 분자)가 0으로 다가갈 때, 분자(또는 분모)의 극한값이 어떻게 되는지 꼭 기억하자.

3. 좌표평면 위의 그래프에서 도형의 길이나 넓이 등에 대한 극한값을 구하는 문제에 대비하기 위해 함수의 그래프와 도형의 성질을 유기적으로 연결하여 해결하는 연습을 충분히 하자.

 **A 함수의 극한**

개념 강의

중요도 ★★○

1 좌극한과 우극한 — 유형 01~04

함수 $f(x)$에 대하여 $\lim\limits_{x \to a} f(x) = \alpha$ (α는 실수)이면 $x = a$에서 $f(x)$의

우극한과 좌극한이 모두 존재하고 그 값은 α로 같다.

또, 그 역도 성립하므로

$$\lim_{x \to a} f(x) = \alpha \Leftrightarrow \lim_{x \to a+} f(x) = \lim_{x \to a-} f(x) = \alpha ❶$$

출제 **2026 9월 모평 4번**

★ 주어진 불연속인 그래프를 보고 함수의 좌, 우극한을 찾는 쉬운 난이도의 문제가 출제되었다.

+개념 보충

❶ 극한값 $\lim\limits_{x \to a} f(x)$가 존재하지 않는 경우는

(i) $\lim\limits_{x \to a-} f(x)$의 값이 존재하지 않거나

(ii) $\lim\limits_{x \to a+} f(x)$의 값이 존재하지 않거나

(iii) $\lim\limits_{x \to a-} f(x) \neq \lim\limits_{x \to a+} f(x)$일 때이다.

2 함수의 극한에 대한 성질 — 유형 05~16

→ 함수의 극한에 대한 성질은 극한값이 존재할 때만 성립하고 $x \to a+, x \to a-, x \to \infty, x \to -\infty$일 때도 성립한다.

$\lim\limits_{x \to a} f(x) = \alpha$, $\lim\limits_{x \to a} g(x) = \beta$ (α, β는 실수)일 때,

(1) $\lim\limits_{x \to a} kf(x) = k\lim\limits_{x \to a} f(x) = k\alpha$ (단, k는 상수)

(2) $\lim\limits_{x \to a} \{f(x) \pm g(x)\} = \lim\limits_{x \to a} f(x) \pm \lim\limits_{x \to a} g(x) = \alpha \pm \beta$ (복호동순)

(3) $\lim\limits_{x \to a} f(x)g(x) = \lim\limits_{x \to a} f(x) \times \lim\limits_{x \to a} g(x) = \alpha\beta$

(4) $\lim\limits_{x \to a} \dfrac{f(x)}{g(x)} = \dfrac{\lim\limits_{x \to a} f(x)}{\lim\limits_{x \to a} g(x)} = \dfrac{\alpha}{\beta}$ (단, $g(x) \neq 0$, $\beta \neq 0$)

한걸음 더!

❷ 두 다항함수 $f(x), g(x)$에 대하여 $\lim\limits_{x \to \infty} \dfrac{f(x)}{g(x)}$의 값은

(1) (분모의 차수) < (분자의 차수)이면 ∞ 또는 $-\infty$로 발산한다.

(2) (분모의 차수) = (분자의 차수)이면 분모와 분자의 최고차항의 계수의 비로 수렴한다.

(3) (분모의 차수) > (분자의 차수)이면 0으로 수렴한다.

3 함수의 극한값의 계산 — 유형 06~20

→ 실수 k에 대하여 다항함수 $f(x)$의 $x = k$에서의 극한값은 $x = k$에서의 함숫값 $f(k)$와 같다. 즉, $\lim\limits_{x \to k} f(x) = f(k)$이다.

(1) $\dfrac{0}{0}$ 꼴 : 분모, 분자가 모두 다항식이면 분모, 분자를 각각 인수분해한 다음 약분한다. 분모, 분자 중 무리식이 있으면 근호가 있는 쪽을 유리화한다.

(2) $\dfrac{\infty}{\infty}$ 꼴❷ : 분모의 최고차항으로 분모, 분자를 각각 나눈다.

(3) $\infty - \infty$ 꼴 : 다항식은 최고차항으로 묶고, 무리식은 근호가 있는 쪽을 유리화한다.

(4) $\infty \times 0$ 꼴 : 통분이나 유리화하여 $\dfrac{\infty}{\infty}$ 꼴 또는 $\dfrac{0}{0}$ 꼴로 변형한다.

+개념 보충

❸ 두 다항함수 $f(x), g(x)$에 대하여 $\lim\limits_{x \to \infty} \dfrac{f(x)}{g(x)} = \alpha$ (α는 상수)일 때

(1) $\alpha \neq 0$이면 $\alpha = \dfrac{(f(x)의 최고차항의 계수)}{(g(x)의 최고차항의 계수)}$ 이고 $f(x)$와 $g(x)$의 차수가 같다.

(2) $\alpha = 0$이면 $g(x)$의 차수가 $f(x)$의 차수보다 크다.

4 미정계수의 결정❸ — 유형 11~13, 16

실수 a와 두 함수 $f(x), g(x)$에 대하여

$\lim\limits_{x \to a} \dfrac{f(x)}{g(x)} = \alpha$ (α는 상수)일 때,

(1) $\lim\limits_{x \to a} g(x) = 0$이면 $\lim\limits_{x \to a} f(x) = 0$이다.

(2) $\lim\limits_{x \to a} f(x) = 0$이면 $\lim\limits_{x \to a} g(x) = 0$이다. (단, $\alpha \neq 0$)❹

출제 **2028 예시 18번**
2026 9월 모평 13번
2026 6월 모평 21번

★ 예시에는 $\dfrac{0}{0}$ 꼴의 극한을 이용하여 다항함수를 결정하는 중상 난이도의 문제가, 9월에는 분수식의 극한값이 존재할 조건과 이차방정식의 근의 판별을 이용하는 중상 난이도의 문제가, 6월에는 절댓값 기호가 포함된 함수의 극한값이 존재할 조건을 이용하여 다항함수를 결정하는 상 난이도의 문제가 출제되었다.

왜 그럴까?

❹ $\alpha \neq 0$이라는 조건이 필요하다.
$f(x) = x-1, g(x) = x+1$이라 하면
$\lim\limits_{x \to 1} f(x) = \lim\limits_{x \to 1} (x-1) = 0$,
$\lim\limits_{x \to 1} \dfrac{f(x)}{g(x)} = \lim\limits_{x \to 1} \dfrac{x-1}{x+1} = \dfrac{0}{2} = 0$
이지만
$\lim\limits_{x \to 1} g(x) = \lim\limits_{x \to 1} (x+1) = 2 \neq 0$

5 함수의 극한의 대소 관계❺ — 유형 17

실수 a와 세 함수 $f(x), g(x), h(x)$에 대하여

$\lim\limits_{x \to a} f(x) = \alpha$, $\lim\limits_{x \to a} g(x) = \beta$ (α, β는 실수)일 때,

(1) $f(x) \leq g(x)$이면 $\alpha \leq \beta$

(2) $f(x) \leq h(x) \leq g(x)$이고 $\alpha = \beta$이면 $\lim\limits_{x \to a} h(x) = \alpha$

한걸음 더!

❺ a에 가까운 모든 실수 x에 대하여 $f(x) < g(x)$이지만 $\lim\limits_{x \to a} f(x) = \lim\limits_{x \to a} g(x)$인 경우가 있기 때문에 $f(x) < g(x)$의 양변에 $\lim\limits_{x \to a}$ 를 취하면 $\lim\limits_{x \to a} f(x) \leq \lim\limits_{x \to a} g(x)$이다.

1+**2** 좌극한과 우극한

A01 기본   2013대비(나) 9월 모평 5(고3)

함수 $y=f(x)$의 그래프가 그림과 같다.

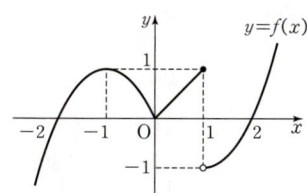

$\lim\limits_{x \to -1} f(x) + \lim\limits_{x \to 1+} f(x)$의 값은? (3점)

① -2 ② -1 ③ 0

④ 1   ⑤ 2

A02 기본   2013대비(나) 9월 모평 22(고3)

$\lim\limits_{x \to 2} \dfrac{x^2+x}{x+1}$의 값을 구하시오. (3점)

2+**3** 함수의 극한값의 계산

A03 기본   2012대비(나) 수능 22(고3)

$\lim\limits_{x \to 1} \dfrac{(x-1)(x^2+3x+7)}{x-1}$의 값을 구하시오. (3점)

A04 기본   2010실시(가) 7월 학평 3(고3)

$\lim\limits_{x \to -\infty} \dfrac{x-\sqrt{x^2-1}}{x+1}$의 값은? (2점)

① 1   ② 2   ③ 3

④ 4   ⑤ 5

4 미정계수의 결정

A05 기본   2010대비(가) 9월 모평 2(고3)

$\lim\limits_{x \to 1} \dfrac{x^2+ax-b}{x^3-1}=3$이 성립하도록 상수 a, b의 값을 정할 때, $a+b$의 값은? (2점)

① 9   ② 11   ③ 13

④ 15   ⑤ 17

A06 기본   2014대비(A) 6월 모평 25(고3)

두 상수 a, b에 대하여 $\lim\limits_{x \to 2} \dfrac{\sqrt{x+a}-2}{x-2}=b$일 때, $10a+4b$의 값을 구하시오. (3점)

A07 기본   2018대비(나) 9월 모평 12(고3)

다항함수 $f(x)$가 다음 조건을 만족시킨다.

> (가) $\lim\limits_{x \to \infty} \dfrac{f(x)}{x^2}=2$ (나) $\lim\limits_{x \to 0} \dfrac{f(x)}{x}=3$

$f(2)$의 값은? (3점)

① 11   ② 14   ③ 17

④ 20   ⑤ 23

5 함수의 극한의 대소 관계

A08 기본

실수 전체의 집합에서 정의된 함수 $f(x)$가
$$x^2+3x-4 \le f(x) \le 3x^2-x-2$$
를 만족시킬 때, $\lim\limits_{x \to 1} \dfrac{f(x)}{x-1}$의 값은? (3점)

① 1   ② 2   ③ 3

④ 4   ⑤ 5

1 좌극한과 우극한

유형 01 함수의 좌극한과 우극한

2026 9월 출제

(1) **좌극한** : x의 값이 a보다 작으면서 a에 한없이 가까워질 때, $f(x)$의 값이 일정한 값 α에 가까워지면 α를 $x=a$에서의 함수 $f(x)$의 좌극한이라 하고, 기호로 다음과 같이 나타낸다.

$$\lim_{x \to a-} f(x) = \alpha \text{ 또는 } x \to a- \text{일 때 } f(x) \to \alpha$$

(2) **우극한** : x의 값이 a보다 크면서 a에 한없이 가까워질 때, $f(x)$의 값이 일정한 값 β에 가까워지면 β를 $x=a$에서의 함수 $f(x)$의 우극한이라 하고, 기호로 다음과 같이 나타낸다.

$$\lim_{x \to a+} f(x) = \beta \text{ 또는 } x \to a+ \text{일 때 } f(x) \to \beta$$

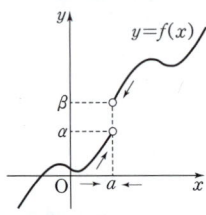

tip

x의 값이 a보다 크면서 a에 한없이 가까워지는 것을 기호로 $x \to a+$와 같이 나타내고, x의 값이 a보다 작으면서 a에 한없이 가까워지는 것을 기호로 $x \to a-$와 같이 나타낸다.

A09 ✲✲✲ ·········· 2026대비 9월 모평 4(고3)

닫힌구간 $[-2, 2]$에서 정의된 함수 $y=f(x)$의 그래프가 그림과 같다.

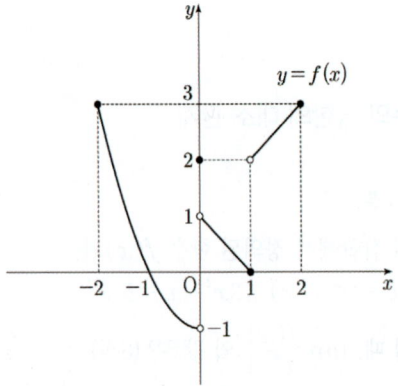

$\lim_{x \to 0-} f(x) + \lim_{x \to 1+} f(x)$의 값은? (3점)

① 1   ② 2   ③ 3

④ 4   ⑤ 5

A10 ✲✲✲ ·········· 2025실시 3월 학평 4(고3)

닫힌구간 $[-2, 2]$에서 정의된 함수 $y=f(x)$의 그래프가 그림과 같다.

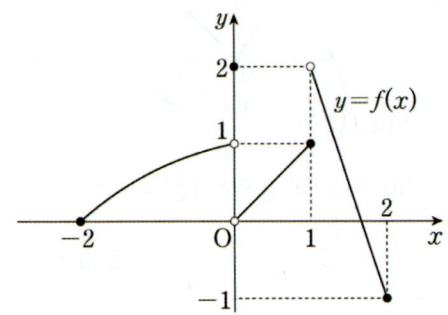

$\lim_{x \to 0-} f(x) - \lim_{x \to 1+} f(x)$의 값은? (3점)

① -2 ② -1 ③ 0

④ 1   ⑤ 2

A11 ✲✲✲ ·········· 2025실시 5월 학평 4(고3)

함수 $y=f(x)$의 그래프가 그림과 같다.

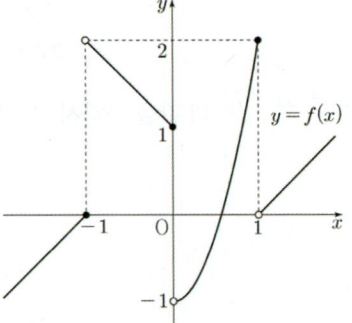

$\lim_{x \to -1-} f(x) + \lim_{x \to 0+} f(x)$의 값은? (3점)

① -1 ② 0   ③ 1

④ 2   ⑤ 3

A12 ✿✿✿ .... 2025대비 6월 모평 4(고3)

함수 $y=f(x)$의 그래프가 그림과 같다.

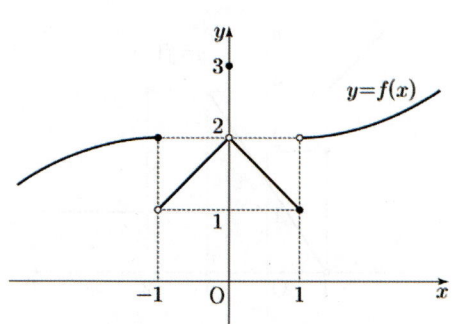

$\lim_{x \to 0+} f(x) + \lim_{x \to 1-} f(x)$의 값은? (3점)

① 1   ② 2   ③ 3

④ 4   ⑤ 5

A13 ✿✿✿ .... 2024실시 7월 학평 4(고3)

함수 $y=f(x)$의 그래프가 그림과 같다.

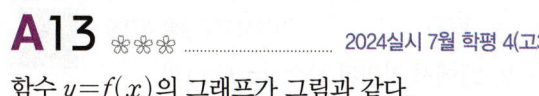

$\lim_{x \to 0-} f(x) + \lim_{x \to 1+} f(x)$의 값은? (3점)

① 1   ② 2   ③ 3

④ 4   ⑤ 5

A14 ✿✿✿ .... 2025대비 9월 모평 4(고3)

함수 $y=f(x)$의 그래프가 그림과 같다.

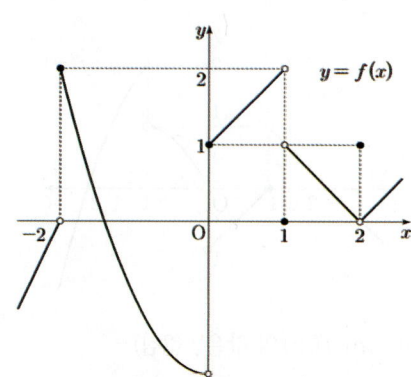

$\lim_{x \to 0-} f(x) + \lim_{x \to 1+} f(x)$의 값은? (3점)

① -2 ② -1 ③ 0

④ 1   ⑤ 2

A15 ✿✿✿ .... 2024대비 9월 모평 4(고3)

함수 $y=f(x)$의 그래프가 그림과 같다.

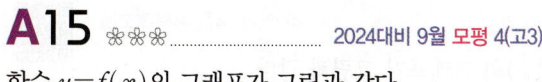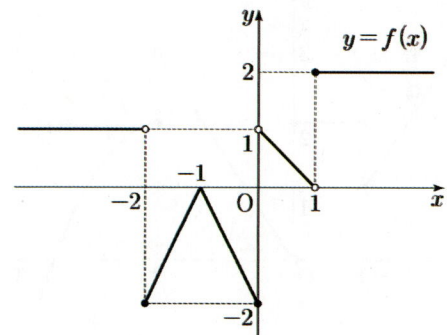

$\lim_{x \to -2+} f(x) + \lim_{x \to 1-} f(x)$의 값은? (3점)

① -2 ② -1 ③ 0

④ 1   ⑤ 2

A16 ✷✷✷ .... 2023실시 7월 학평 4(고3)

함수 $y=f(x)$의 그래프가 그림과 같다.

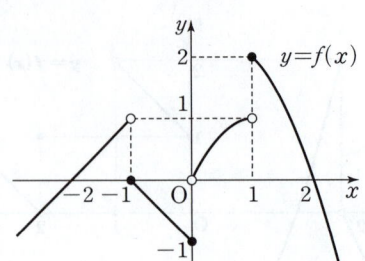

$\lim\limits_{x \to -1+} f(x) + \lim\limits_{x \to 1-} f(x)$의 값은? (3점)

① -1 ② 0 ③ 1
④ 2 ⑤ 3

A17 ✷✷✷ .... 2023실시 4월 학평 3(고3)

함수 $y=f(x)$의 그래프가 그림과 같다.

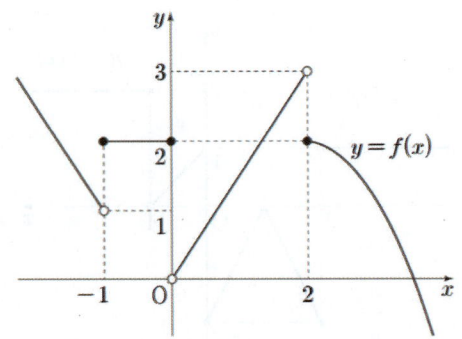

$\lim\limits_{x \to -1+} f(x) + \lim\limits_{x \to 2-} f(x)$의 값은? (3점)

① 1 ② 2 ③ 3
④ 4 ⑤ 5

A18 ✷✷✷ Pass .... 2022대비 수능 4(고3)

함수 $y=f(x)$의 그래프가 그림과 같다.

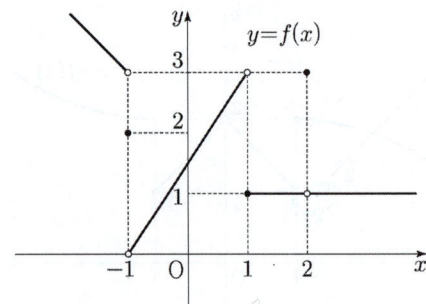

$\lim\limits_{x \to -1-} f(x) + \lim\limits_{x \to 2} f(x)$의 값은? (3점)

① 1 ② 2 ③ 3
④ 4 ⑤ 5

A19 ✷✷✷ Pass .... 2021실시 7월 학평 4(고3)

닫힌구간 $[-2, 2]$에서 정의된 함수 $y=f(x)$의 그래프가 그림과 같다.

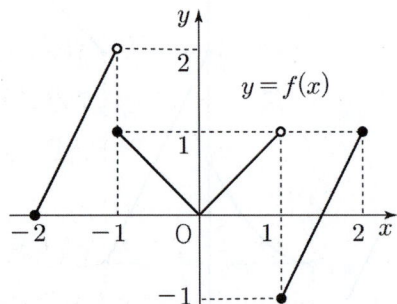

$\lim\limits_{x \to -1-} f(x) + \lim\limits_{x \to 1+} f(x)$의 값은? (3점)

① -1 ② 0 ③ 1
④ 2 ⑤ 3

A20 ✿✿✿ Pass〉⋯⋯⋯⋯⋯⋯ 2022대비 6월 모평 4(고3)

함수 $y=f(x)$의 그래프가 그림과 같다.

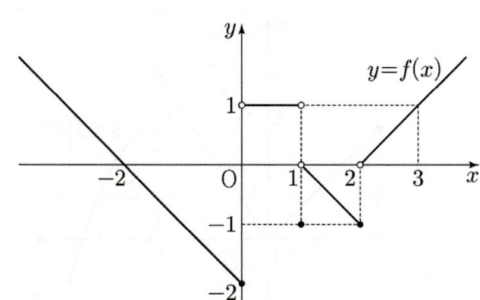

$\displaystyle\lim_{x \to 0-} f(x) + \lim_{x \to 2+} f(x)$의 값은? (3점)

① -2　　　② -1　　　③ 0

④ 1　　　⑤ 2

A21 ✿✿✿ Pass〉⋯⋯⋯⋯⋯ 2021실시 4월 학평 4(고3)

함수 $y=f(x)$의 그래프가 그림과 같다.

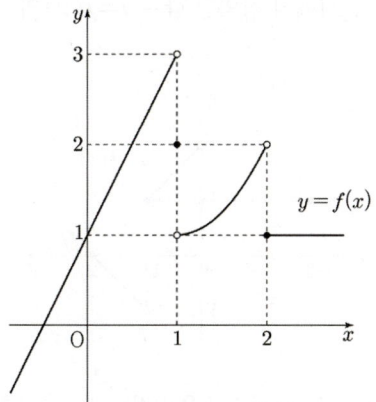

$\displaystyle\lim_{x \to 1-} f(x) + \lim_{x \to 2+} f(x)$의 값은? (3점)

① 1　　　② 2　　　③ 3

④ 4　　　⑤ 5

A22 ✿✿✿ ⋯⋯⋯⋯⋯⋯⋯⋯ 2022실시 3월 학평 4(고3)

함수 $y=f(x)$의 그래프가 그림과 같다.

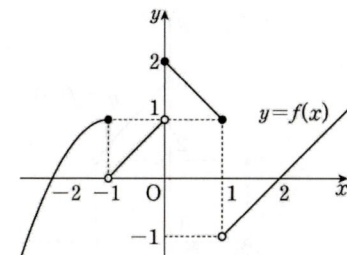

$\displaystyle\lim_{x \to -1+} f(x) + \lim_{x \to 1-} f(x)$의 값은? (3점)

① -2　　　② -1　　　③ 0

④ 1　　　⑤ 2

A23 ✿✿✿ ⋯⋯⋯⋯⋯⋯⋯⋯ 2023대비 6월 모평 4(고3)

함수 $y=f(x)$의 그래프가 그림과 같다.

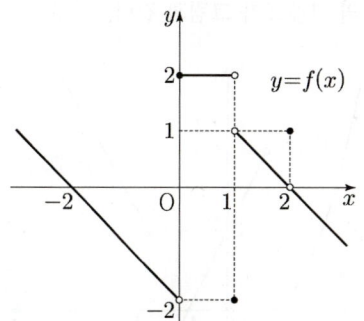

$\displaystyle\lim_{x \to 0-} f(x) + \lim_{x \to 1+} f(x)$의 값은? (3점)

① -2　　　② -1　　　③ 0

④ 1　　　⑤ 2

A24 ❀❀❀ 2022실시 7월 학평 4(고3)

함수 $y=f(x)$의 그래프가 그림과 같다.

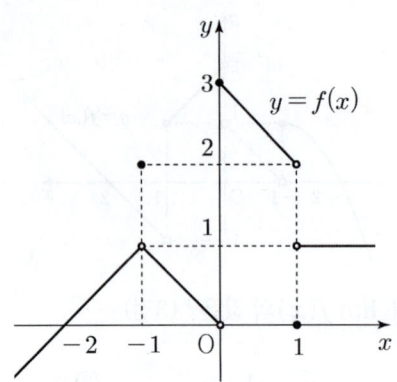

$\displaystyle\lim_{x \to -1} f(x) + \lim_{x \to 1+} f(x)$의 값은? (3점)

① 1   ② 2   ③ 3

④ 4   ⑤ 5

A25 ❀❀❀ 2022실시 10월 학평 4(고3)

함수 $y=f(x)$의 그래프가 그림과 같다.

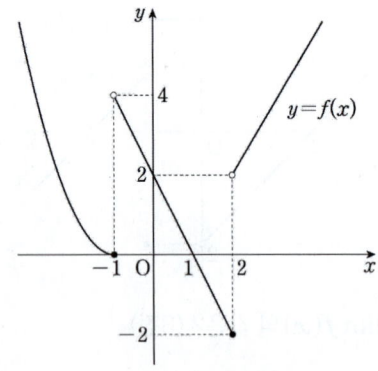

$\displaystyle\lim_{x \to -1+} f(x) + \lim_{x \to 2-} f(x)$의 값은? (3점)

① -4   ② -2   ③ 0

④ 2   ⑤ 4

A26 ❀❀❀ Pass 2021실시 3월 학평 5(고3)

함수 $y=f(x)$의 그래프가 그림과 같다.

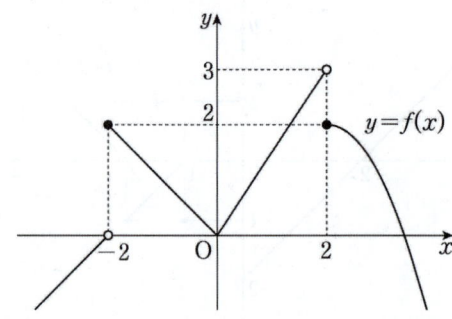

$\displaystyle\lim_{x \to -2+} f(x) + \lim_{x \to 2-} f(x)$의 값은? (3점)

① 6   ② 5   ③ 4

④ 3   ⑤ 2

A27 ❀❀❀ Pass 2021대비(나) 9월 모평 6(고3)

닫힌구간 $[-2, 2]$에서 정의된 함수 $y=f(x)$의 그래프가 그림과 같다.

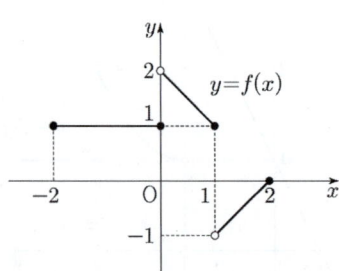

$\displaystyle\lim_{x \to 0+} f(x) + \lim_{x \to 2-} f(x)$의 값은? (3점)

① -2   ② -1   ③ 0

④ 1   ⑤ 2

A28 ❀❀❀ Pass ···················· 2020실시(나) 7월 학평 7(고3)

함수 $f(x)$의 그래프가 그림과 같다.

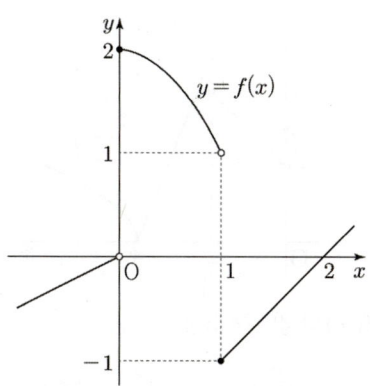

$\lim\limits_{x \to 0-} f(x) + \lim\limits_{x \to 1+} f(x)$의 값은? (3점)

① −1   ② 0   ③ 1

④ 2   ⑤ 3

A29 ❀❀❀ Pass ···················· 2021대비(나) 6월 모평 7(고3)

열린구간 $(0, 4)$에서 정의된 함수 $y=f(x)$의 그래프가 그림과 같다.

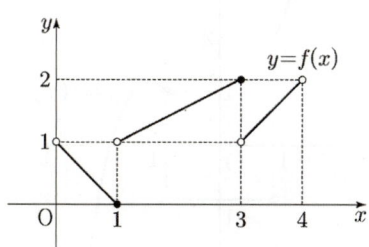

$\lim\limits_{x \to 1+} f(x) - \lim\limits_{x \to 3-} f(x)$의 값은? (3점)

① −2   ② −1   ③ 0

④ 1   ⑤ 2

A30 ❀❀❀ Pass ···················· 2020실시(나) 4월 학평 7(고3)

함수 $y=f(x)$의 그래프가 그림과 같다.

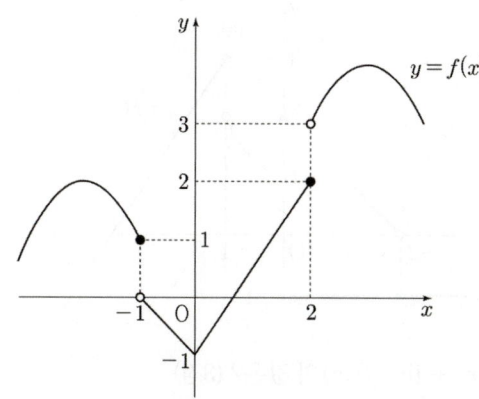

$f(-1) + \lim\limits_{x \to 2+} f(x)$의 값은? (3점)

① 1   ② 2   ③ 3

④ 4   ⑤ 5

A31 ❀❀❀ Pass ···················· 2020대비(나) 수능 8(고3)

함수 $y=f(x)$의 그래프가 그림과 같다.

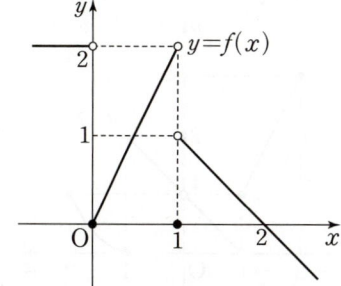

$\lim\limits_{x \to 0+} f(x) - \lim\limits_{x \to 1-} f(x)$의 값은? (3점)

① −2   ② −1   ③ 0

④ 1   ⑤ 2

A32 �֍֍֍ Pass .... 2019실시(나) 7월 학평 7(고3)

함수 $y=f(x)$의 그래프가 그림과 같다.

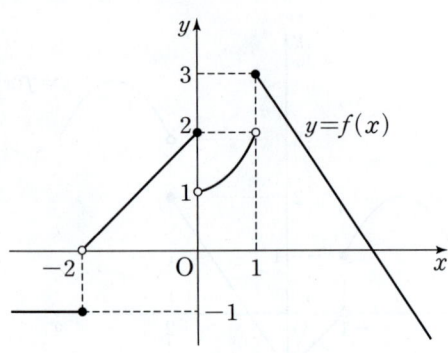

$\lim_{x \to -2-} f(x) + \lim_{x \to 1+} f(x)$의 값은? (3점)

① 1   ② 2   ③ 3

④ 4   ⑤ 5

A33 ✦✦✦ Pass .... 2020대비(나) 6월 모평 7(고3)

닫힌구간 $[-2, 2]$에서 정의된 함수 $y=f(x)$의 그래프가 그림과 같다.

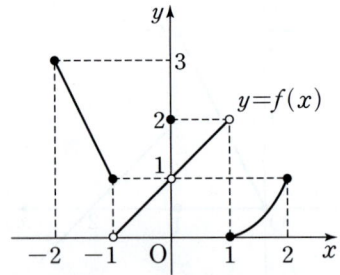

$\lim_{x \to -1+} f(x) + \lim_{x \to 1-} f(x)$의 값은? (3점)

① 1   ② 2   ③ 3

④ 4   ⑤ 5

A34 ✦✦✦ Pass .... 2019실시(나) 4월 학평 7(고3)

함수 $y=f(x)$의 그래프가 그림과 같다.

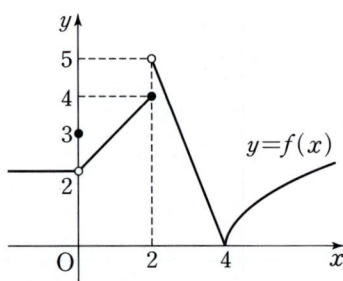

$f(0) + \lim_{x \to 2+} f(x)$의 값은? (3점)

① 5   ② 6   ③ 7

④ 8   ⑤ 9

A35 ✦✦✦ Pass .... 2019대비(나) 수능 7(고3)

함수 $y=f(x)$의 그래프가 그림과 같다.

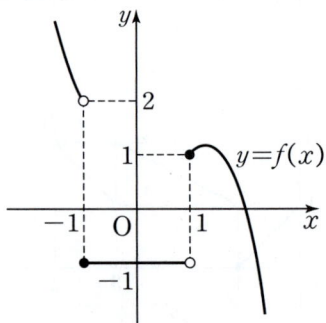

$\lim_{x \to -1-} f(x) - \lim_{x \to 1+} f(x)$의 값은? (3점)

① -2 ② -1 ③ 0

④ 1   ⑤ 2

A36 ❀❀❀ Pass⟩ .... 2018실시(가) 11월 학평 4(고2)

함수 $y=f(x)$의 그래프가 그림과 같다.

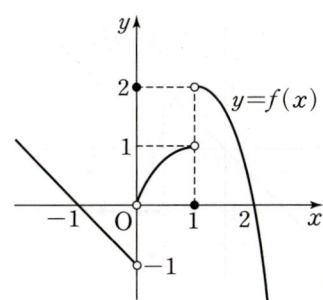

$\lim\limits_{x \to 0-} f(x) + \lim\limits_{x \to 1+} f(x)$의 값은? (3점)

① -1 ② 0 ③ 1
④ 2 ⑤ 3

A37 ❀❀❀ Pass⟩ .... 2018실시(나) 10월 학평 6(고3)

함수 $y=f(x)$의 그래프가 그림과 같다.

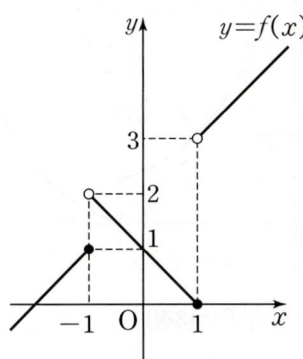

$\lim\limits_{x \to -1-} f(x) + \lim\limits_{x \to 1+} f(x)$의 값은? (3점)

① 1 ② 2 ③ 3
④ 4 ⑤ 5

A38 ❀❀❀ Pass⟩ .... 2019대비(나) 9월 모평 6(고3)

함수 $y=f(x)$의 그래프가 그림과 같다.

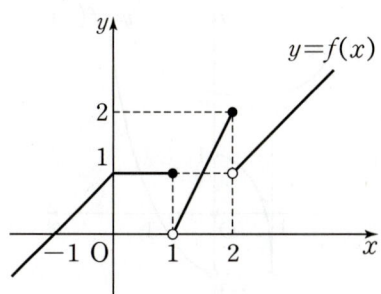

$\lim\limits_{x \to 1-} f(x) + \lim\limits_{x \to 2+} f(x)$의 값은? (3점)

① 1 ② 2 ③ 3
④ 4 ⑤ 5

A39 ❀❀❀ Pass⟩ .... 2018실시(나) 9월 학평 8(고2)

함수 $y=f(x)$의 그래프가 그림과 같다.

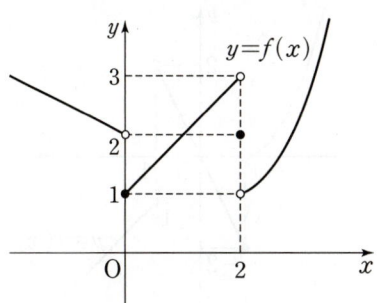

$\lim\limits_{x \to 0+} f(x) + \lim\limits_{x \to 2-} f(x)$의 값은? (3점)

① 1 ② 2 ③ 3
④ 4 ⑤ 5

A40 ❅❅❅ Pass⟩ .... 2018실시(가) 9월 학평 5(고2)

함수 $y=f(x)$의 그래프가 그림과 같다.

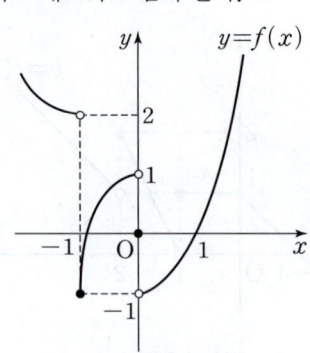

$\lim\limits_{x \to -1-} f(x) + \lim\limits_{x \to 0+} f(x)$의 값은? (3점)

① -1 ② 0 ③ 1

④ 2 ⑤ 3

A41 ❅❅❅ Pass⟩ .... 2018실시(나) 7월 학평 7(고3)

함수 $y=f(x)$의 그래프가 그림과 같다.

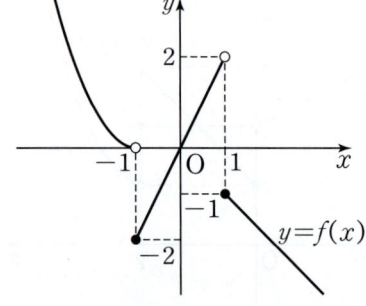

$\lim\limits_{x \to -1-} f(x) + \lim\limits_{x \to 1+} f(x)$의 값은? (3점)

① -2 ② -1 ③ 0

④ 1 ⑤ 2

A42 ❅❅❅ Pass⟩ .... 2019대비(나) 6월 모평 10(고3)

함수 $y=f(x)$의 그래프가 그림과 같다.

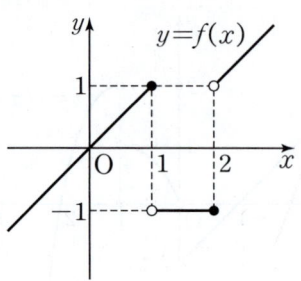

$\lim\limits_{x \to 1-} f(x) + \lim\limits_{x \to 2+} f(x)$의 값은? (3점)

① -2 ② -1 ③ 0

④ 1 ⑤ 2

A43 ❅❅❅ Pass⟩ .... 2018실시(나) 4월 학평 10(고3)

함수 $y=f(x)$의 그래프가 그림과 같다.

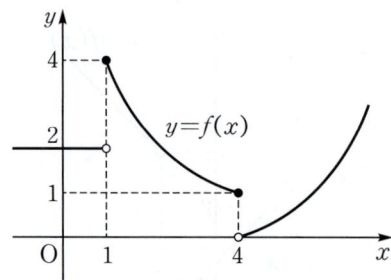

$f(1) + \lim\limits_{x \to 4-} f(x)$의 값은? (3점)

① 1 ② 2 ③ 3

④ 4 ⑤ 5

A44 ✿✿✿ Pass⟩ ‥‥‥‥‥‥‥‥ 2018대비(나) 수능 5(고3)

함수 $y=f(x)$의 그래프가 그림과 같다.

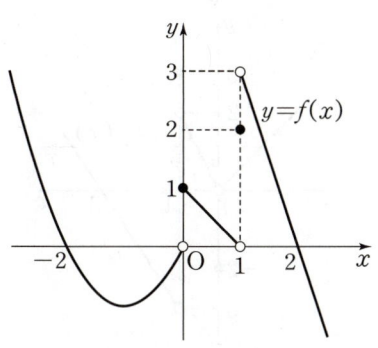

$\displaystyle \lim_{x \to 0-} f(x) + \lim_{x \to 1+} f(x)$의 값은? (3점)

① 1   ② 2   ③ 3

④ 4   ⑤ 5

A45 ✿✿✿ Pass⟩ ‥‥‥‥‥‥‥‥ 2017실시(나) 10월 학평 7(고3)

함수 $y=f(x)$의 그래프가 그림과 같다.

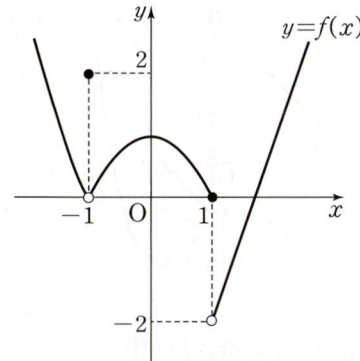

$\displaystyle \lim_{x \to -1-} f(x) + \lim_{x \to 1+} f(x)$의 값은? (3점)

① -2   ② -1   ③ 0

④ 1   ⑤ 2

A46 ✿✿✿ Pass⟩ ‥‥‥‥‥‥‥‥ 2018대비(나) 9월 모평 5(고3)

함수 $y=f(x)$의 그래프가 그림과 같다.

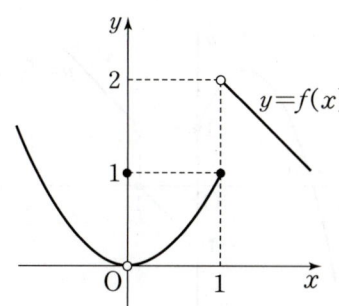

$\displaystyle \lim_{x \to 0} f(x) + \lim_{x \to 1+} f(x)$의 값은? (3점)

① -1   ② 0   ③ 1

④ 2   ⑤ 3

A47 ✿✿✿ Pass⟩ ‥‥‥‥‥‥‥‥ 2017실시(나) 7월 학평 8(고3)

닫힌구간 $[-2, 2]$에서 정의된 함수 $y=f(x)$의 그래프가 그림과 같다.

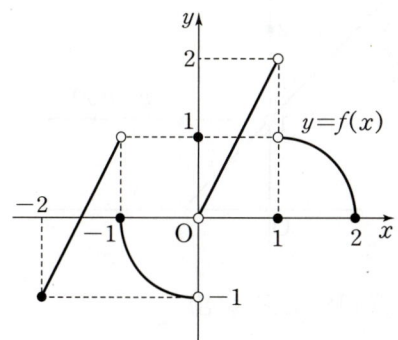

$\displaystyle \lim_{x \to -1+} f(x) + \lim_{x \to 1-} f(x)$의 값은? (3점)

① -1   ② 0   ③ 1

④ 2   ⑤ 3

A48 ✿✿✿ Pass .... 2018대비(나) 6월 모평 9(고3)

함수 $y=f(x)$의 그래프가 그림과 같다.

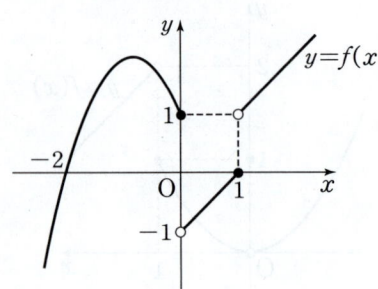

$\displaystyle\lim_{x\to0-}f(x)+\lim_{x\to1+}f(x)$의 값은? (3점)

① -2 ② -1 ③ 0

④ 1 ⑤ 2

A50 ✿✿✿ Pass .... 2017대비(나) 수능 8(고3)

함수 $y=f(x)$의 그래프가 그림과 같다.

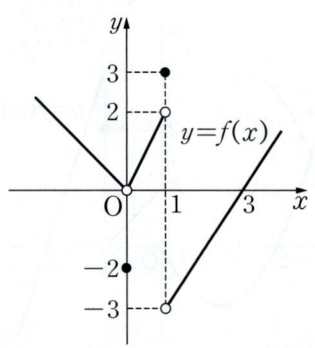

$\displaystyle\lim_{x\to0-}f(x)+\lim_{x\to1+}f(x)$의 값은? (3점)

① -1 ② -2 ③ -3

④ -4 ⑤ -5

A49 ✿✿✿ Pass .... 2017실시(나) 4월 학평 7(고3)

함수 $y=f(x)$의 그래프가 그림과 같다.

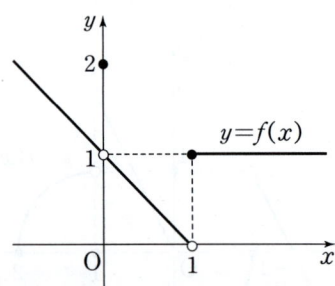

$f(0)+\displaystyle\lim_{x\to1-}f(x)$의 값은? (3점)

① 1 ② 2 ③ 3

④ 4 ⑤ 5

A51 ✿✿✿ Pass .... 2017대비(나) 9월 모평 8(고3)

함수 $y=f(x)$의 그래프가 그림과 같다.

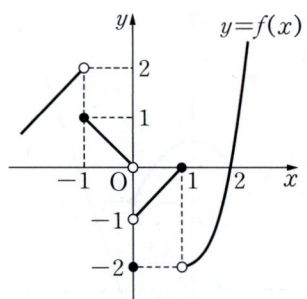

$\displaystyle\lim_{x\to0-}f(x)+\lim_{x\to1+}f(x)$의 값은? (3점)

① -2 ② -1 ③ 0

④ 1 ⑤ 2

A52 ✽✽✽ Pass .... 2016실시(나) 7월 학평 6(고3)

함수 $y=f(x)$의 그래프가 다음과 같다.

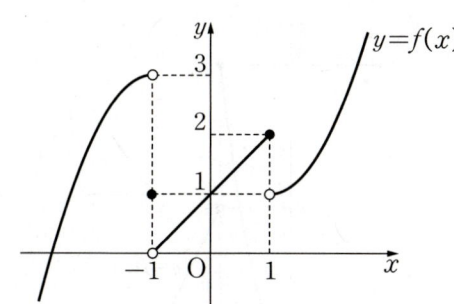

$\lim\limits_{x\to-1-}f(x)+\lim\limits_{x\to1+}f(x)$의 값은? (3점)

① 1   ② 2   ③ 3

④ 4   ⑤ 5

A53 ✽✽✽ Pass .... 2017대비(나) 6월 모평 10(고3)

닫힌구간 $[-1, 2]$에서 정의된 함수 $y=f(x)$의 그래프가 그림과 같다.

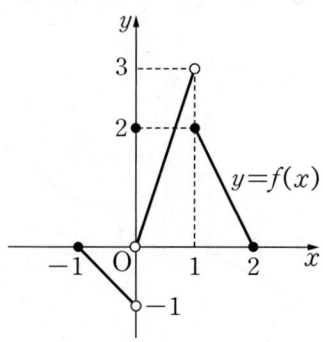

$\lim\limits_{x\to0-}f(x)+\lim\limits_{x\to1+}f(x)$의 값은? (3점)

① 1   ② 2   ③ 3

④ 4   ⑤ 5

A54 ✽✽✽ Pass .... 2016대비(A) 수능 8(고3)

함수 $y=f(x)$의 그래프가 그림과 같다.

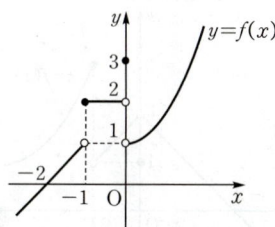

$\lim\limits_{x\to-1-}f(x)+\lim\limits_{x\to0+}f(x)$의 값은? (3점)

① 1   ② 2   ③ 3

④ 4   ⑤ 5

A55 ✽✽✽ Pass .... 2015실시(A) 10월 학평 9(고3)

함수 $y=f(x)$의 그래프가 그림과 같다.

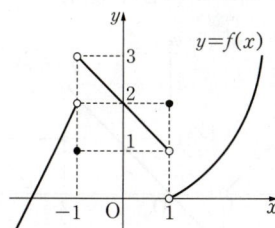

$\lim\limits_{x\to-1-}f(x)+\lim\limits_{x\to1+}f(x)$의 값은? (3점)

① 1   ② 2   ③ 3

④ 4   ⑤ 5

A56 ✳✳✳ Pass〉 .... 2016대비(A) 9월 모평 8(고3)

함수 $y=f(x)$의 그래프가 그림과 같다.

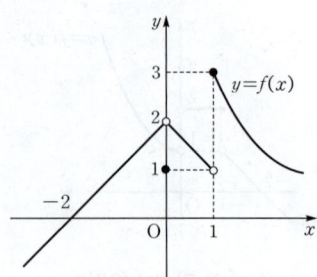

$\lim\limits_{x \to 0-} f(x) + \lim\limits_{x \to 1+} f(x)$의 값은? (3점)

① 1   ② 2   ③ 3

④ 4   ⑤ 5

A57 ✳✳✳ Pass〉 .... 2015실시(A) 7월 학평 7(고3)

함수 $y=f(x)$의 그래프가 그림과 같다.

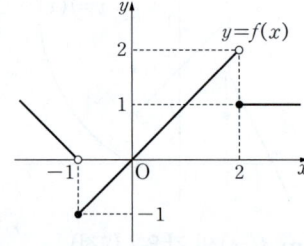

$\lim\limits_{x \to -1-} f(x) + \lim\limits_{x \to 2+} f(x)$의 값은? (3점)

① -2 ② -1 ③ 0

④ 1   ⑤ 2

A58 ✳✳✳ Pass〉 .... 2020실시(나) 10월 학평 8(고3)

함수 $y=f(x)$의 그래프가 그림과 같다.

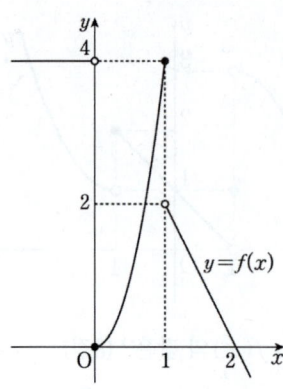

$\lim\limits_{x \to 1+} f(x) - \lim\limits_{x \to 0-} \dfrac{f(x)}{x-1}$의 값은? (3점)

① -6 ② -3 ③ 0

④ 3   ⑤ 6

A59 ✳✳✳ Pass〉 .... 2018실시(나) 11월 학평 15(고2)

$-3<x<3$에서 정의된 함수 $y=f(x)$의 그래프가 그림과 같다.

부등식 $\lim\limits_{x \to a-} f(x) > \lim\limits_{x \to a+} f(x)$를 만족시키는 상수 a의 값은?

(단, $-3<a<3$) (4점)

① -2 ② -1 ③ 0

④ 1   ⑤ 2

A60 ✽✿✿ .... 2014대비(A) 9월 모평 15(고3)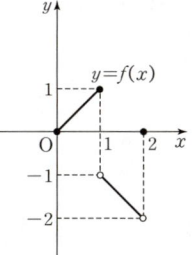

정의역이 $\{x \mid -2 \le x \le 2\}$인 함수
$y=f(x)$의 그래프가 구간 $[0, 2]$에서
그림과 같고, 정의역에 속하는 모든 실수
x에 대하여 $f(-x)=-f(x)$이다.
$\lim_{x \to -1+} f(x) + \lim_{x \to 2-} f(x)$의 값은? (4점)

① -3 ② -1

③ 0 ④ 1

⑤ 3

유형 02   함수의 극한값의 존재

$x=a$에서 함수 $f(x)$의 극한값이 존재하려면 $x=a$에서 함수
$f(x)$의 좌극한과 우극한이 모두 존재하고 그 값이 서로 같아야
한다. 즉,

$$\lim_{x \to a} f(x) = a \iff \lim_{x \to a-} f(x) = \lim_{x \to a+} f(x) = \alpha$$

tip

① 함수 $f(x)$의 $x=a$에서의 좌극한과 우극한이 모두 존재하더라도 그
값이 같지 않으면 함수 $f(x)$는 $x=a$에서 극한값이 존재하지 않는다.

② 함수의 극한값의 존재성을 확인할 때는 좌극한과 우극한을 각각 구하여
그 값을 비교해 본다.
(ⅰ) 좌극한과 우극한이 같으면 극한값이 존재한다.
(ⅱ) 좌극한과 우극한이 다르거나 수렴하지 않으면 극한값이 존재하지
않는다.

A61 ✽✽✽ .... 2005대비(가) 6월 모평 5(고3)

정의역이 $\{x \mid -1 \le x \le 3\}$인 함수
$y=f(x)$의 그래프가 그림과 같을
때, [보기]에서 옳은 것을 모두 고른
것은? (3점)

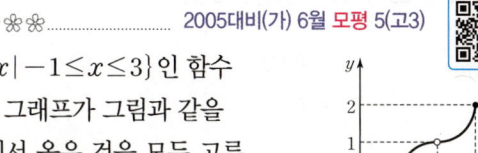

[보기]

ㄱ. $\lim_{x \to 1} f(x)$가 존재한다.

ㄴ. $\lim_{x \to 2} f(x)$가 존재한다.

ㄷ. $-1 < a < 1$인 실수 a에 대하여 $\lim_{x \to a} f(x)$가 존재한다.

① ㄱ   ② ㄴ   ③ ㄷ

④ ㄱ, ㄴ   ⑤ ㄴ, ㄷ

A62 ✽✽✽

함수 $f(x) = \begin{cases} 3x^3 + 5 & (x \ge 1) \\ 2x^3 + k & (x < 1) \end{cases}$에 대하여 $\lim_{x \to 1} f(x)$의 값이

존재하도록 하는 상수 k의 값은? (3점)

① 3 ② 4 ③ 5

④ 6 ⑤ 7

A63 ✽✽✽

그림은 함수 $y=f(x)$의 그래프이다. $0 < k < 5$일 때,
$\lim_{x \to k} f(x)$의 값이 존재하지 않는 모든 실수 k의 값의 합은?

(3점)

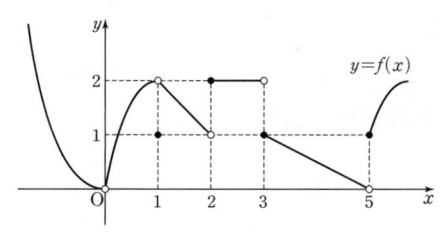

① 5 ② 6 ③ 7

④ 8 ⑤ 9

(1) 함수 $f(x)$가 다항함수이면 임의의 실수 a에 대하여
$$\lim_{x \to a} f(x) = f(a)$$

(2) 절댓값을 포함한 함수는 절댓값 기호 안의 식의 값이 0이 되는 x의 값을 기준으로 범위를 나누어 함수의 식을 구한 후 극한값을 계산한다.

tip

함숫값과 극한값의 개념은 다르지만, $\lim_{x \to a} f(x)$에서 $f(x)$가 다항함수이거나 $x=a$일 때 (분모)≠0인 유리함수 등 함수 $y=f(x)$가 $x=a$에서 정의되어 있고 그 그래프가 $x=a$에서 끊어져 있지 않으면 $\lim_{x \to a} f(x) = f(a)$이다. 즉, 함수의 극한값은 먼저 $x=a$를 식에 대입해서 구해 본다.

A64 ✿✿✿ Pass ⋯⋯⋯⋯ 2020실시(나) 4월 학평 2(고3)

$\lim_{x \to 0}(x^2 + x + 3)$의 값은? (2점)

① 1　　　　② 2　　　　③ 3
④ 4　　　　⑤ 5

A65 ✿✿✿ Pass ⋯⋯⋯⋯ 2020실시(나) 3월 학평 1(고3)

$\lim_{x \to 2}(x^2 + 5)$의 값은? (2점)

① 5　　　　② 7　　　　③ 9
④ 11　　　　⑤ 13

A66 ✿✿✿ Pass ⋯⋯⋯⋯ 2018실시(가) 6월 학평 22(고2)

$\lim_{x \to 1}(x^2 + 3x + 1)$의 값을 구하시오. (3점)

A67 ✿✿✿ Pass ⋯⋯⋯⋯ 2016대비(A) 6월 모평 22(고3)

$\lim_{x \to 2} \dfrac{x^2 + 7}{x - 1}$의 값을 구하시오. (3점)

A68 ✿✿✿ Pass ⋯⋯⋯⋯ 2015대비(A) 9월 모평 22(고3)

$\lim_{x \to 3} \dfrac{x^3}{x - 2}$의 값을 구하시오. (3점)

A69 ✿✿✿ Pass ⋯⋯⋯⋯ 2014대비(A) 수능 22(고3)

$\lim_{x \to 0} \sqrt{2x + 9}$의 값을 구하시오. (3점)

A70 ✿✿✿ Pass ⋯⋯⋯⋯ 2013대비(나) 6월 모평 3(고3)

$\lim_{x \to 0}(x^2 + 2x + 3)$의 값은? (2점)

① 1　　　　② 2　　　　③ 3
④ 4　　　　⑤ 5

A71 ✿✿✿ Pass ⋯⋯⋯⋯ 2012대비(나) 6월 모평 22(고3)

$\lim_{x \to 1} \dfrac{x + 1}{x^2 + ax + 1} = \dfrac{1}{9}$일 때, 상수 a의 값을 구하시오. (3점)

유형 04 $[x]$ 꼴을 포함한 함수의 극한

$[x]$를 포함한 함수는 다음을 이용하여 극한값을 구한다.
정수 n에 대하여

(1) $n \leq x < n+1$이면 $[x]=n$이므로 $\displaystyle\lim_{x \to n+}[x]=n$

(2) $n-1 \leq x < n$이면 $[x]=n-1$이므로 $\displaystyle\lim_{x \to n-}[x]=n-1$

(단, $[x]$는 x보다 크지 않은 최대의 정수)

tip

1 $[x] \leq x < [x]+1$이므로 $x-1 < [x] \leq x$이다.

2 $0 \leq \alpha < 1$인 실수 α에 대하여 $x=[x]+\alpha$, $[x]=x-\alpha$

A72 ✽✽✽

극한값이 존재하는 것만을 [보기]에서 있는 대로 고른 것은?
(단, $[x]$는 x보다 크지 않은 최대의 정수이다.) (3점)

[보기]

ㄱ. $\displaystyle\lim_{x \to -1}|x+1|$

ㄴ. $\displaystyle\lim_{x \to 2}\frac{|x-2|}{x^2-4}$

ㄷ. $\displaystyle\lim_{x \to 4}\frac{[x]^2}{x+4}$

① ㄱ ② ㄴ ③ ㄷ
④ ㄱ, ㄴ ⑤ ㄱ, ㄷ

A73 ✽✽✽

다음 중 극한값 a, b, c 사이의 대소 관계를 바르게 나타낸 것은? (단, $[x]$는 x를 넘지 않는 최대의 정수이다.) (3점)

$$\lim_{x \to 0-}\frac{x}{[x]}=a$$

$$\lim_{x \to 0-}\frac{[x+2]}{x+2}=b$$

$$\lim_{x \to 0+}\frac{[x-1]}{x-1}=c$$

① $a<b<c$ ② $a<c<b$ ③ $b<a<c$
④ $b<c<a$ ⑤ $c<a<b$

A74 ✽✽✽

함수 $f(x)=[x^2]-a[x]$에 대하여 $\displaystyle\lim_{x \to -2}f(x)$의 값이 존재할 때, $\displaystyle\lim_{x \to a-}f(x)$의 값은? (단, a는 상수이고, $[x]$는 x보다 크지 않은 최대의 정수이다.) (3점)

① -2 ② -1 ③ 0 ④ 1 ⑤ 2

2 함수의 극한에 대한 성질

유형 05 함수의 극한에 대한 성질

두 함수 $f(x)$, $g(x)$에 대하여
$\displaystyle\lim_{x \to a}f(x)=\alpha$, $\displaystyle\lim_{x \to a}g(x)=\beta$ (α, β는 실수)일 때,

(1) $\displaystyle\lim_{x \to a}kf(x)=k\lim_{x \to a}f(x)=k\alpha$ (단, k는 상수)

(2) $\displaystyle\lim_{x \to a}\{f(x)+g(x)\}=\lim_{x \to a}f(x)+\lim_{x \to a}g(x)=\alpha+\beta$

(3) $\displaystyle\lim_{x \to a}\{f(x)-g(x)\}=\lim_{x \to a}f(x)-\lim_{x \to a}g(x)=\alpha-\beta$

(4) $\displaystyle\lim_{x \to a}f(x)g(x)=\lim_{x \to a}f(x)\times\lim_{x \to a}g(x)=\alpha\beta$

(5) $\displaystyle\lim_{x \to a}\frac{f(x)}{g(x)}=\frac{\displaystyle\lim_{x \to a}f(x)}{\displaystyle\lim_{x \to a}g(x)}=\frac{\alpha}{\beta}$ $\left(\text{단, } \displaystyle\lim_{x \to a}g(x) \neq 0, \beta \neq 0\right)$

tip

1 함수의 극한에 대한 성질은 극한값이 존재할 때만 성립한다.

2 함수의 극한에 대한 성질은 $x \to a+$, $x \to a-$, $x \to \infty$, $x \to -\infty$ 일 때도 성립한다.

A75 ✽✽✽ 2019실시(나) 11월 학평 6(고2)

두 함수 $f(x)$, $g(x)$가 $\displaystyle\lim_{x \to 2}f(x)=1$, $\displaystyle\lim_{x \to 2}\{2f(x)+g(x)\}=8$을 만족시킬 때, $\displaystyle\lim_{x \to 2}g(x)$의 값은? (3점)

① 2 ② 4 ③ 6 ④ 8 ⑤ 10

A76 ✽✽✽ 2019실시(나) 4월 학평 8(고3)

함수 $f(x)$가 $\displaystyle\lim_{x \to 1}(x-1)f(x)=3$을 만족시킬 때, $\displaystyle\lim_{x \to 1}(x^2-1)f(x)$의 값은? (3점)

① 5 ② 6 ③ 7
④ 8 ⑤ 9

A77 ✿✿✿ .... 2013대비(나) 6월 모평 9(고3)

함수 $f(x)$에 대하여 $\lim\limits_{x \to 2} \dfrac{f(x-2)}{x^2-2x}=4$일 때, $\lim\limits_{x \to 0} \dfrac{f(x)}{x}$의 값은?

(3점)

① 2   ② 4   ③ 6

④ 8   ⑤ 10

A78 ✿✿✿ .... 2018실시(가) 6월 학평 12(고2)

함수 $f(x)$가 $\lim\limits_{x \to 2} \dfrac{f(x-2)}{x-2}=15$를 만족시킬 때,

$\lim\limits_{x \to 2} \dfrac{2xf(x-2)}{x^2+x-6}$의 값은? (3점)

① 12   ② 10   ③ 8

④ 6   ⑤ 4

A79 ✿✿✿ .... 2018대비(나) 수능 25(고3)

함수 $f(x)$가 $\lim\limits_{x \to 1}(x+1)f(x)=1$을 만족시킬 때,

$\lim\limits_{x \to 1}(2x^2+1)f(x)=a$이다. $20a$의 값을 구하시오. (3점)

A80 ✿✿✿ .... 2021실시 4월 학평 9(고3)

두 함수 $f(x)$, $g(x)$가

$$\lim_{x \to \infty}\{2f(x)-3g(x)\}=1,\ \lim_{x \to \infty}g(x)=\infty$$

를 만족시킬 때, $\lim\limits_{x \to \infty} \dfrac{4f(x)+g(x)}{3f(x)-g(x)}$의 값은? (4점)

① 1   ② 2   ③ 3

④ 4   ⑤ 5

A81 ✿✿✿

$x \neq 2$인 모든 실수 x에서 정의된 두 함수 $f(x)$, $g(x)$가 다음 두 조건을 만족한다.

> (가) $\lim\limits_{x \to 2}\{2f(x)+g(x)\}=1$
>
> (나) $\lim\limits_{x \to 2}g(x)=\infty$

이때, $\lim\limits_{x \to 2} \dfrac{4f(x)-40g(x)}{2f(x)-g(x)}$의 값을 구하시오. (4점)

A82 ✿✿✿

두 함수 $f(x)$, $g(x)$에 대하여 옳은 것만을 [보기]에서 있는 대로 고른 것은? (4점)

> ────────── [보기] ──────────
>
> ㄱ. $\lim\limits_{x \to a}f(x)$와 $\lim\limits_{x \to a}g(x)$의 값이 모두 존재하지 않으면 $\lim\limits_{x \to a}\{f(x)+g(x)\}$의 값도 존재하지 않는다.
>
> ㄴ. $\lim\limits_{x \to a}f(x)$와 $\lim\limits_{x \to a}\dfrac{g(x)}{f(x)}$의 값이 각각 존재하면 $\lim\limits_{x \to a}g(x)$의 값도 존재한다.
>
> ㄷ. $\lim\limits_{x \to a}\{f(x)+g(x)\}$와 $\lim\limits_{x \to a}\{f(x)-g(x)\}$의 값이 각각 존재하면 $\lim\limits_{x \to a}f(x)$의 값도 존재한다.

① ㄴ   ② ㄷ   ③ ㄱ, ㄴ

④ ㄴ, ㄷ   ⑤ ㄱ, ㄴ, ㄷ

3 함수의 극한값의 계산

$\lim\limits_{x \to 0} \dfrac{x^2+9x}{x}$ 의 값은? (2점)

① 1   ② 3   ③ 5

④ 7   ⑤ 9

유형 06 $\dfrac{0}{0}$ 꼴의 극한 – 분수식

두 다항함수 $f(x)$, $g(x)$와 임의의 실수 a에 대하여
$f(a)=g(a)=0$이면 $\lim\limits_{x \to a} \dfrac{f(x)}{g(x)}$ 는 $\dfrac{0}{0}$ 꼴이다. 이와 같은 꼴의
극한은 분모, 분자를 인수분해한 후 공통인수를 약분하여
극한값을 계산한다.

(tip)

$\lim\limits_{x \to 1} \dfrac{2(x-1)}{x-1}$에서 $x \to 1$의 뜻은 x가 1에 한없이 가까이 접근한다는 뜻으로
$x \neq 1$이다. 따라서 $\lim\limits_{x \to 1} \dfrac{2(x-1)}{x-1}$에서 분모, 분자를 0으로 만드는 인수인
$x-1$을 약분할 수 있는 것이다.

A83 ✿✿✿ .... 2023실시 4월 학평 16(고3)

$\lim\limits_{x \to 2} \dfrac{x^2+x-6}{x-2}$ 의 값을 구하시오. (3점)

$\lim\limits_{x \to 2} \dfrac{3x^2-6x}{x-2}$ 의 값은? (3점)

① 6   ② 7   ③ 8

④ 9   ⑤ 10

A84 ✿✿✿ Pass⟩ .... 2021대비(나) 수능 3(고3)

$\lim\limits_{x \to 2} \dfrac{x^2+2x-8}{x-2}$ 의 값은? (2점)

① 2   ② 4   ③ 6

④ 8   ⑤ 10

A88 ✿✿✿ Pass⟩ .... 2019실시(가) 9월 학평 3(고2)

$\lim\limits_{x \to 1} \dfrac{(x-1)(x+2)}{x-1}$ 의 값은? (2점)

① 1   ② 2   ③ 3

④ 4   ⑤ 5

A85 ✿✿✿ Pass⟩ .... 2021대비(나) 9월 모평 4(고3)

$\lim\limits_{x \to -1} \dfrac{x^2+9x+8}{x+1}$ 의 값은? (3점)

① 6   ② 7   ③ 8

④ 9   ⑤ 10

A89 ✿✿✿ Pass⟩ .... 2017실시(나) 7월 학평 3(고3)

$\lim\limits_{x \to 3} \dfrac{(x-3)(x+2)}{x-3}$ 의 값은? (2점)

① 1   ② 2   ③ 3

④ 4   ⑤ 5

A90 ✿✿✿ Pass ──────────── 2017실시(나) 4월 학평 22(고3)

$\lim\limits_{x \to 1} \dfrac{(x-1)(x+6)}{x-1}$ 의 값을 구하시오. (3점)

A91 ✿✿✿ Pass ──────────── 2016실시(나) 10월 학평 22(고3)

$\lim\limits_{x \to 2} \dfrac{(x-2)(x^3+5)}{x-2}$ 의 값을 구하시오. (3점)

A92 ✿✿✿ Pass ──────────── 2016실시(나) 7월 학평 3(고3)

$\lim\limits_{x \to 2} \dfrac{(x-2)(x+1)}{x-2}$ 의 값은? (2점)

① 3   ② 4   ③ 5
④ 6   ⑤ 7

A93 ✿✿✿ Pass ──────────── 2016대비(A) 수능 3(고3)

$\lim\limits_{x \to -2} \dfrac{(x+2)(x^2+5)}{x+2}$ 의 값은? (2점)

① 7   ② 8   ③ 9
④ 10   ⑤ 11

A94 ✿✿✿ Pass ──────────── 2015실시(A) 10월 학평 22(고3)

$\lim\limits_{x \to 1} \dfrac{(x+7)^2(x-1)}{x-1}$ 의 값을 구하시오. (3점)

A95 ✿✿✿ Pass ──────────── 2016대비(A) 9월 모평 5(고3)

$\lim\limits_{x \to 7} \dfrac{(x-7)(x+3)}{x-7}$ 의 값은? (3점)

① 6   ② 8   ③ 10
④ 12   ⑤ 14

A96 ✿✿✿ Pass ──────────── 2015실시(A) 7월 학평 3(고3)

$\lim\limits_{x \to 0} \dfrac{x^2+11x}{x}$ 의 값은? (2점)

① 10   ② 11   ③ 12
④ 13   ⑤ 14

A97 ✿✿✿ Pass ──────────── 2015실시(A) 4월 학평 22(고3)

$\lim\limits_{x \to 4} \dfrac{(x-4)(x+6)}{x-4}$ 의 값을 구하시오. (3점)

A98 ❀❀❀ **Pass** .... 2015대비(A) 수능 22(고3)

$\lim\limits_{x \to 0} \dfrac{x(x+7)}{x}$ 의 값을 구하시오. (3점)

A99 ❀❀❀ **Pass** .... 2015대비(A) 6월 모평 3(고3)

$\lim\limits_{x \to 2} \dfrac{(x-2)(x+1)}{x-2}$ 의 값은? (2점)

① 1   ② 2   ③ 3

④ 4   ⑤ 5

A100 ❀❀❀ **Pass** .... 2014대비(A) 9월 모평 3(고3)

$\lim\limits_{x \to 2} \dfrac{x^2-2x}{(x+1)(x-2)}$ 의 값은? (2점)

① $\dfrac{1}{6}$ ② $\dfrac{1}{3}$ ③ $\dfrac{1}{2}$

④ $\dfrac{2}{3}$ ⑤ $\dfrac{5}{6}$

A101 ❀❀❀ .... 2005실시(가) 7월 학평 5(고3)

$a > 1$일 때, $\lim\limits_{x \to 1} \dfrac{|x-a|-(a-1)}{x-1}$ 의 값은? (3점)

① 1   ② $\dfrac{1}{2}$ ③ 0

④ −1   ⑤ −2

유형 07 $\dfrac{0}{0}$ **꼴의 극한 − 무리식**

분모 또는 분자에 무리식이 있는 $\dfrac{0}{0}$ 꼴의 극한은 근호를 포함한 쪽을 유리화한 후 공통인수를 약분하여 극한값을 계산한다.

tip

$\lim\limits_{x \to 1} \dfrac{\sqrt{x}-1}{x-1}$ 에서 $x \to 1$이므로 $x \neq 1$이다. 따라서 다음과 같이 근호가 있는 분자를 유리화한 후 공통인수를 약분하여 극한값을 계산한다.

$\lim\limits_{x \to 1} \dfrac{\sqrt{x}-1}{x-1} = \lim\limits_{x \to 1} \dfrac{x-1}{(x-1)(\sqrt{x}+1)} = \lim\limits_{x \to 1} \dfrac{1}{\sqrt{x}+1} = \dfrac{1}{2}$

A102 ❀❀❀ .... 2022실시 4월 학평 3(고3)

$\lim\limits_{x \to 3} \dfrac{\sqrt{2x-5}-1}{x-3}$ 의 값은? (3점)

① 1   ② 2   ③ 3

④ 4   ⑤ 5

A103 ❀❀❀ .... 2010대비(가) 6월 모평 3(고3)

$\lim\limits_{x \to 1} \dfrac{x^3-x^2+x-1}{\sqrt{x+8}-3}$ 의 값은? (2점)

① 0   ② 3   ③ 6

④ 9   ⑤ 12

A104 ❀❀❀ .... 2007대비(가) 수능 3(고3)

$\lim\limits_{x \to 1} \dfrac{x^2-1}{\sqrt{x+3}-2}$ 의 값은? (2점)

① 7   ② 8   ③ 9

④ 10   ⑤ 11

A105 ✿✿✿ Pass .... 2005대비(가) 6월 모평 18(고3)

$\lim\limits_{x \to 2} \dfrac{\sqrt{x^2-3}-1}{x-2}$의 값을 구하시오. (3점)

A106 ✿✿✿ Pass .... 2004대비(인) 수능 26(고3)

$\lim\limits_{x \to -2} \dfrac{2x+4}{\sqrt{x+11}-3}$의 값을 구하시오. (2점)

유형 08 $\dfrac{\infty}{\infty}$ 꼴의 극한

$\dfrac{\infty}{\infty}$ 꼴의 극한은 분모의 최고차항으로 분모, 분자를 각각 나누어 극한값을 계산한다. 이때, 분모의 최고차항으로 분모, 분자를 나누는 이유는 $\lim\limits_{x \to \infty} \dfrac{c}{x^n}=0$ (n은 자연수, c는 상수)임을 이용하기 위함이다.

(tip)

$\dfrac{\infty}{\infty}$ 꼴의 극한에서

1. (분모의 차수) < (분자의 차수)이면 ∞ 또는 $-\infty$로 발산한다.
2. (분모의 차수) = (분자의 차수)이면 $\dfrac{(\text{분자의 최고차항의 계수})}{(\text{분모의 최고차항의 계수})}$로 수렴한다.
3. (분모의 차수) > (분자의 차수)이면 0으로 수렴한다.

A107 ✿✿✿ .... 2023대비 수능 2(고3)

$\lim\limits_{x \to \infty} \dfrac{\sqrt{x^2-2}+3x}{x+5}$의 값은? (2점)

① 1   ② 2   ③ 3
④ 4   ⑤ 5

A108 ✿✿✿ .... 2019실시(나) 4월 학평 26(고3)

두 상수 a, b에 대하여

$$\lim\limits_{x \to \infty} \dfrac{ax^2}{x^2-1}=2, \quad \lim\limits_{x \to 1} \dfrac{a(x-1)}{x^2-1}=b$$

일 때, $a+b$의 값을 구하시오. (4점)

A109 ✿✿✿ Pass .... 2009대비(가) 6월 모평 2(고3)

$\lim\limits_{x \to -\infty} \dfrac{x+1}{\sqrt{x^2+x}-x}$의 값은? (2점)

① -1 ② $-\dfrac{1}{2}$ ③ 0

④ $\dfrac{1}{2}$ ⑤ 1

A110 ✿✿✿ ....

$\lim\limits_{x \to \infty} \dfrac{f(x)}{x}=3$일 때, $\lim\limits_{x \to \infty} \dfrac{4x^2-xf(x)}{3x^2+f(x)}$의 값은? (3점)

① $\dfrac{1}{3}$ ② $\dfrac{2}{3}$ ③ 1

④ $\dfrac{4}{3}$ ⑤ $\dfrac{5}{3}$

A111 ✿✿✿ ....

함수 $f(x)=\begin{cases} x^2-4 & (|x|<2) \\ -x & (|x| \geq 2) \end{cases}$에 대하여

$\lim\limits_{x \to \infty} f\left(\dfrac{2x+1}{x}\right) - \lim\limits_{x \to \infty} f\left(\dfrac{1}{x}\right)$의 값은? (3점)

① -2 ② 0   ③ 2
④ 4   ⑤ 6

유형 09 $\infty - \infty$ 꼴의 극한

(1) 다항식은 최고차항으로 묶어 극한값을 계산한다.

(2) 무리식은 근호를 포함한 쪽을 유리화하여 $\dfrac{\infty}{\infty}$ 꼴로 변형하여 극한값을 계산한다.

tip

$\infty - \infty$ 꼴의 무리식의 예 :

$$\lim_{x \to \infty} (\sqrt{x^2+2x}-x) = \lim_{x \to \infty} \frac{2x}{\sqrt{x^2+2x}+x} = \lim_{x \to \infty} \frac{2}{\sqrt{1+\frac{2}{x}}+1} = 1$$

A112 ✳✳✳ .... 2024실시 5월 학평 2(고3)

$\displaystyle \lim_{x \to \infty} (\sqrt{x^2+4x}-x)$의 값은? (2점)

① 1   ② 2   ③ 3

④ 4   ⑤ 5

A113 ✳✳✳ ....

$\displaystyle \lim_{x \to \infty} (\sqrt{x^2+5x-8}-x)$의 값은? (2점)

① $\dfrac{1}{2}$ ② 1   ③ $\dfrac{3}{2}$

④ 2   ⑤ $\dfrac{5}{2}$

A114 ✳✳✳ ....

$\displaystyle \lim_{x \to \infty} \frac{1}{x-\sqrt{x^2-6x+3}}$의 값은? (2점)

① $\dfrac{1}{6}$ ② $\dfrac{1}{5}$ ③ $\dfrac{1}{4}$

④ $\dfrac{1}{3}$ ⑤ $\dfrac{1}{2}$

A115 ✴✳✳ .... 2018실시(가) 9월 학평 16(고2)

함수 $f(x) = a(x-1)^2 + 1$에 대하여

$\displaystyle \lim_{x \to \infty} \{\sqrt{f(-x)} - \sqrt{f(x)}\} = 6$일 때, 양수 a의 값은? (4점)

① 3   ② 5   ③ 7

④ 9   ⑤ 11

유형 10 $\infty \times 0$ 꼴의 극한

(1) 분모 또는 분자에 다항식이 있는 경우 통분 또는 인수분해한다.

(2) 근호가 있는 경우 근호가 있는 쪽을 유리화한다.

tip

$\infty \times 0$ 꼴의 극한은 통분, 인수분해, 유리화를 이용하여 $\dfrac{0}{0} \cdot \dfrac{\infty}{\infty}$, $\infty \times c$, $\dfrac{c}{\infty}$ (c는 상수) 꼴로 변형해야 한다.

A116 ✳✳✳ ....

$\displaystyle \lim_{x \to 2} \frac{1}{x-2}\left(\frac{1}{x-3}+1\right)$의 값은? (2점)

① -2 ② -1 ③ 0

④ 1   ⑤ 2

A117 ✳✳✳ ....

$\displaystyle \lim_{x \to 0} \frac{1}{x}\left\{\frac{1}{4}+\frac{x-1}{(x+2)^2}\right\}$의 값은? (2점)

① $\dfrac{1}{4}$ ② $\dfrac{1}{2}$ ③ $\dfrac{3}{4}$

④ 1   ⑤ $\dfrac{5}{4}$

A118 ✳✳✳ ....

$\displaystyle \lim_{x \to \infty} x\left(1-\frac{\sqrt{x+6}}{\sqrt{x}}\right)$의 값은? (2점)

① -1 ② -2 ③ -3

④ -4 ⑤ -5

4 미정계수의 결정

A119 ❋❋❋ .... 2021실시 7월 학평 16(고3)

두 상수 a, b에 대하여 $\lim\limits_{x \to -1} \dfrac{x^2+4x+a}{x+1} = b$일 때,

$a+b$의 값을 구하시오. (3점)

A120 ❋❋❋ .... 2018실시(가) 9월 학평 9(고2)

$\lim\limits_{x \to 3} \dfrac{2x^2+ax+b}{x^2-9} = 3$일 때, $a+b$의 값은?

(단, a와 b는 상수이다.) (3점)

① -33　　　　② -30　　　　③ -27

④ -24　　　　⑤ -21

A121 ❋❋❋ .... 2016대비(A) 6월 모평 7(고3)

두 상수 a, b에 대하여 $\lim\limits_{x \to 1} \dfrac{4x-a}{x-1} = b$일 때, $a+b$의

값은? (3점)

① 8　　　　② 9　　　　③ 10

④ 11　　　　⑤ 12

A122 ❋❋❋ .... 2013대비(나) 6월 모평 5(고3)

두 상수 a, b에 대하여 $\lim\limits_{x \to 1} \dfrac{x^2+ax}{x-1} = b$일 때, $a+b$의 값은?

(3점)

① -2　　　　② -1　　　　③ 0

④ 1　　　　⑤ 2

A123 ❋❋❋ .... 2012대비(나) 6월 모평 5(고3)

함수 $f(x) = x^2+ax$가 $\lim\limits_{x \to 0} \dfrac{f(x)}{x} = 4$를 만족시킬 때, 상수 a의

값은? (3점)

① 4　　　　② 5　　　　③ 6

④ 7　　　　⑤ 8

A124 ❋❋❋ .... 2011대비(가) 6월 모평 3(고3)

두 상수 a, b에 대하여 $\lim\limits_{x \to 3} \dfrac{x^2+ax+b}{x-3} = 14$일 때, $a+b$의 값은?

(2점)

① -25　　　　② -23　　　　③ -21

④ -19　　　　⑤ -17

A125 ✸✸✸ 2006대비(가) 수능 3(고3)

두 상수 a, b가 $\lim\limits_{x\to 2}\dfrac{x^2-(a+2)x+2a}{x^2-b}=3$을 만족시킬 때,
$a+b$의 값은? (2점)

① -6 　　 ② -4 　　 ③ -2

④ 0 　　 ⑤ 2

A126 ✸✸✸ 2006대비(가) 6월 모평 3(고3)

$\lim\limits_{x\to 2}\dfrac{x^2-4}{x^2+ax}=b$(단, $b\neq 0$)가 성립하도록 상수 a, b의 값을 정
할 때, $a+b$의 값은? (2점)

① -4 　　 ② -2 　　 ③ 0

④ 2 　　 ⑤ 4

A127 ✱✸✸ 2017대비(나) 수능 18(고3)

최고차항의 계수가 1인 이차함수 $f(x)$가
$$\lim_{x\to a}\frac{f(x)-(x-a)}{f(x)+(x-a)}=\frac{3}{5}$$
을 만족시킨다. 방정식 $f(x)=0$의 두 근을 α, β라 할 때,
$|\alpha-\beta|$의 값은? (단, a는 상수이다.) (4점)

① 1 　　 ② 2 　　 ③ 3

④ 4 　　 ⑤ 5

유형 12 유리화를 이용한 미정계수의 결정

두 함수 $f(x)$, $g(x)$에 대하여

(1) $\lim\limits_{x\to a}\dfrac{f(x)}{g(x)}=\alpha$($\alpha$는 실수)이고 $\lim\limits_{x\to a}g(x)=0$이면
$\lim\limits_{x\to a}f(x)=0$

(2) $\lim\limits_{x\to a}\dfrac{f(x)}{g(x)}=\alpha$($\alpha$는 0이 아닌 실수)이고 $\lim\limits_{x\to a}f(x)=0$이면
$\lim\limits_{x\to a}g(x)=0$

이를 이용하여 함수 $f(x)$ 또는 $g(x)$의 식에 포함되어 있는
미정계수를 구할 수 있다.

tip

① 분모 또는 분자에 무리식이 있으면 위의 (1) 또는 (2)에 의하여 한
미지수를 다른 미지수에 대한 식으로 나타내어 극한식에 대입한 후
근호가 있는 부분을 유리화하자.
② 유리화한 후 분모, 분자를 0으로 만드는 인수를 약분하여 극한값을
구한다.

A128 ✸✸✸ 2016실시(나) 4월 학평 25(고3)

두 상수 a, b에 대하여 $\lim\limits_{x\to 9}\dfrac{x-a}{\sqrt{x}-3}=b$일 때,
$a+b$의 값을 구하시오. (3점)

A129 ✸✸✸ 2010대비(가) 수능 3(고3)

두 상수 a, b에 대하여 $\lim\limits_{x\to 3}\dfrac{\sqrt{x+a}-b}{x-3}=\dfrac{1}{4}$일 때, $a+b$의 값은?

(2점)

① 3 　　 ② 5 　　 ③ 7

④ 9 　　 ⑤ 11

❖ 정답 및 해설 33~35p

A130 ❀❀❀ .... 2009대비(가) 9월 모평 3(고3)

$\lim\limits_{x \to -3} \dfrac{\sqrt{x^2-x-3}+ax}{x+3}=b$ 가 성립하도록 상수 a, b의 값을 정할 때, $a+b$의 값은? (2점)

① $-\dfrac{5}{6}$ ② $-\dfrac{1}{2}$ ③ 0

④ $\dfrac{1}{2}$ ⑤ $\dfrac{5}{6}$

A131 ❀❀❀ .... 2008대비(가) 9월 모평 2(고3)

두 상수 a, b에 대하여 $\lim\limits_{x \to 1} \dfrac{ax+b}{\sqrt{x+1}-\sqrt{2}}=2\sqrt{2}$일 때, ab의 값은? (2점)

① -3 ② -2 ③ -1

④ 1 ⑤ 2

A132 ❀❀❀ .... 2008대비(가) 6월 모평 3(고3)

두 상수 a, b에 대하여 $\lim\limits_{x \to 1} \dfrac{\sqrt{2x+a}-\sqrt{x+3}}{x^2-1}=b$일 때, ab의 값은? (2점)

① 16 ② 4 ③ 1

④ $\dfrac{1}{4}$ ⑤ $\dfrac{1}{16}$

A133 ❀❀❀ .... 2005대비(가) 수능 18(고3)

두 실수 a, b가 $\lim\limits_{x \to 2} \dfrac{\sqrt{x^2+a}-b}{x-2}=\dfrac{2}{5}$를 만족시킬 때, $a+b$의 값을 구하시오. (3점)

유형 13 분수식의 극한값이 존재할 조건   2026 9월 출제

두 함수 $f(x)$, $g(x)$에 대하여

(1) $\lim\limits_{x \to a} \dfrac{f(x)}{g(x)}=\alpha$ (α는 실수)이고 $\lim\limits_{x \to a} g(x)=0$이면
$\lim\limits_{x \to a} f(x)=0$

(2) $\lim\limits_{x \to a} \dfrac{f(x)}{g(x)}=\alpha$ (α는 0이 아닌 실수)이고 $\lim\limits_{x \to a} f(x)=0$이면
$\lim\limits_{x \to a} g(x)=0$

tip

$\lim\limits_{x \to a} \dfrac{f(x)}{x-a}=\alpha$ (α는 실수)에서 $\lim\limits_{x \to a} f(x)=0$과 $\lim\limits_{x \to a} \dfrac{f(x)}{x-a}=\alpha$라는 두 개의 조건을 찾아내어 이를 이용할 수 있어야 한다.

A134 ❀❀❀ .... 2014대비(A) 6월 모평 9(고3)

함수 $f(x)$에 대하여 $\lim\limits_{x \to 2} \dfrac{f(x)-3}{x-2}=5$일 때,

$\lim\limits_{x \to 2} \dfrac{x-2}{\{f(x)\}^2-9}$의 값은? (3점)

① $\dfrac{1}{18}$ ② $\dfrac{1}{21}$ ③ $\dfrac{1}{24}$ ④ $\dfrac{1}{27}$ ⑤ $\dfrac{1}{30}$

A135 ✱❀❀ .... 2009대비(가) 6월 모평 4(고3)

다항함수 $g(x)$에 대하여 극한값 $\lim\limits_{x \to 1} \dfrac{g(x)-2x}{x-1}$가 존재한다.

다항함수 $f(x)$가 $f(x)+x-1=(x-1)g(x)$를 만족시킬 때, $\lim\limits_{x \to 1} \dfrac{f(x)g(x)}{x^2-1}$의 값은? (3점)

① 1 ② 2 ③ 3

④ 4 ⑤ 5

A136 ✱✱❀ .... 2026대비 9월 모평 13(고3)

함수 $f(x)=x^2+6x+12$에 대하여 다음 조건을 만족시키는 모든 정수 k의 개수는? (4점)

> 모든 실수 a에 대하여
> $\lim\limits_{x \to a} \dfrac{x^2}{(f(x))^2-k(x+2)f(x)}$의 값이 존재한다.

① 5 ② 6 ③ 7

④ 8 ⑤ 9

2 + 3 + 4 함수의 극한에 대한 성질과 계산

유형 14 새롭게 정의된 함수의 극한

2026 6월
출제

두 함수 $f(x)$, $g(x)$에 대하여
$\lim\limits_{x \to a} f(x) = \alpha$, $\lim\limits_{x \to a} g(x) = \beta$ (α, β는 실수)일 때,

(1) $\lim\limits_{x \to a} \{f(x) \pm g(x)\} = \lim\limits_{x \to a} f(x) \pm \lim\limits_{x \to a} g(x)$
$= \alpha \pm \beta$ (복호동순)

(2) $\lim\limits_{x \to a} f(x)g(x) = \lim\limits_{x \to a} f(x) \times \lim\limits_{x \to a} g(x) = \alpha\beta$

(3) $\lim\limits_{x \to a} \dfrac{f(x)}{g(x)} = \dfrac{\lim\limits_{x \to a} f(x)}{\lim\limits_{x \to a} g(x)} = \dfrac{\alpha}{\beta}$ $\left(단, \lim\limits_{x \to a} g(x) \neq 0, \beta \neq 0\right)$

가 성립하므로 두 함수 $f(x)$, $g(x)$의 합, 차, 곱, 나누기
(분모$\neq 0$)로 새롭게 정의된 함수의 극한값도 계산할 수 있다.

tip

① $f(x) = f(-x)$, 즉 함수 $y = f(x)$의 그래프가 y축에 대하여 대칭이면
$\lim\limits_{x \to a+} f(x) = \lim\limits_{x \to -a-} f(x)$, $\lim\limits_{x \to a-} f(x) = \lim\limits_{x \to -a+} f(x)$

② 함수 $y = f(x)$의 그래프를 x축의 방향으로 k만큼 평행이동시킨 함수
$y = f(x-k)$의 그래프에 대하여 $\lim\limits_{x \to a} f(x) = \lim\limits_{x \to (a+k)} f(x-k)$

A137 ✽✽✽ .... 2013실시(B) 11월 학평 5(고2)

함수 $y = f(x)$의 그래프가
그림과 같을 때,
$\lim\limits_{x \to 1+} f(x) + \lim\limits_{x \to 1-} f(-x)$
의 값은? (3점)

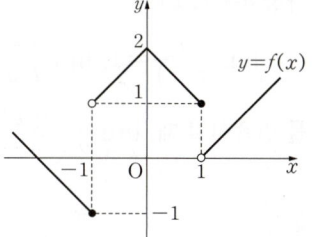

① -2　　　② -1

③ 0　　　④ 1

⑤ 2

A138 ✽✽✽ .... 2016실시(가) 6월 학평 11(고2)

함수 $y = f(x)$의 그래프가 그림과
같다.
$\lim\limits_{x \to 1-} f(x) + \lim\limits_{x \to 2+} f(5-x)$의 값은?

(3점)

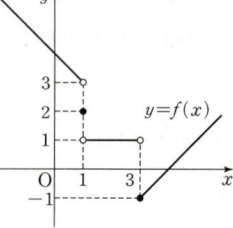

① 1　　　② 2

③ 3　　　④ 4

⑤ 5

A139 ✽✽✽ .... 2015실시(A) 4월 학평 11(고3)

함수 $y = f(x)$의 그래프가 그림과 같다.

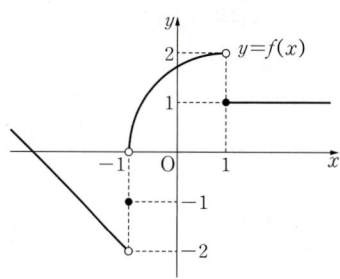

$\lim\limits_{x \to -1-} f(x) = a$일 때, $\lim\limits_{x \to a+} f(x+3)$의 값은? (3점)

① -2　　　② -1　　　③ 0

④ 1　　　⑤ 2

A140 ✽✽✽ .... 2014실시(A) 4월 학평 12(고3)

함수 $y = f(x)$의 그래프가 그림과 같다.

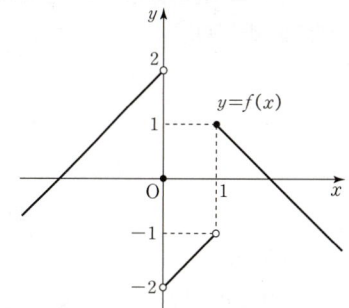

$\lim\limits_{x \to 1+} f(x)f(1-x)$의 값은? (3점)

① -2　　　② -1　　　③ 0

④ 1　　　⑤ 2

A141 ✱❀❀ 2013실시(A) 4월 학평 11(고3)

정의역이 $\{x \mid -2 \le x \le 2\}$인 함수 $y=f(x)$의 그래프는 그림과 같다. 이때, $\lim\limits_{x \to -1}f(x)+\lim\limits_{x \to 1+}f(x-1)$의 값은? (3점)

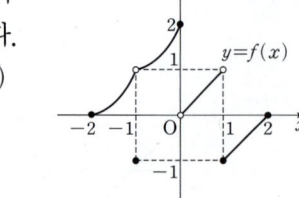

① -2 ② -1
③ 0 ④ 1
⑤ 2

고난도
유형 15 합성함수의 극한

합성함수 $(f \circ g)(x)$의 극한값은 $g(x)=t$라 하고 다음을 이용하여 구한다.

(1) $x \to a$일 때, $t \to b+$이면
$$\lim_{x \to a}(f \circ g)(x)=\lim_{x \to a}f(g(x))=\lim_{t \to b+}f(t)$$

(2) $x \to a$일 때, $t \to b-$이면
$$\lim_{x \to a}(f \circ g)(x)=\lim_{x \to a}f(g(x))=\lim_{t \to b-}f(t)$$

(3) $x \to a$일 때, $t=b$이면
$$\lim_{x \to a}(f \circ g)(x)=\lim_{x \to a}f(g(x))=f(b)$$

tip

합성함수 $f(g(x))$에 대하여 $\lim\limits_{x \to k}f(g(x))$의 값은
(ⅰ) $x \to k$일 때, $g(x) \to a$ (ⅱ) $g(x) \to a$일 때, $f(g(x)) \to b$
즉, 함수 $f(g(x))$에서 $g(x)$의 극한값을 먼저 따져준 후에 그것에 대한 함수 $f(g(x))$의 극한값을 따져준다.

A142 ✱❀❀ 2005실시(가) 10월 학평 10(고3)

함수 $f(x)$가
$$f(x)=\begin{cases} -x & (x<0) \\ 1 & (0 \le x<1) \\ x-1 & (x \ge 1) \end{cases}$$
이고, 그 그래프는 그림과 같다. 이때, [보기]의 설명 중 옳은 것을 모두 고른 것은? (4점)

[보기]
ㄱ. $\lim\limits_{x \to 1}f(x)=0$ ㄴ. $\lim\limits_{x \to 1+}f(f(x))=1$
ㄷ. $\lim\limits_{x \to 1-}f(f(x))=0$

① ㄴ   ② ㄷ   ③ ㄱ, ㄴ
④ ㄱ, ㄷ   ⑤ ㄴ, ㄷ

A143 ✱❀❀ 2020실시(가) 3월 학평 8(고3)

함수 $y=f(x)$의 그래프가 그림과 같다.

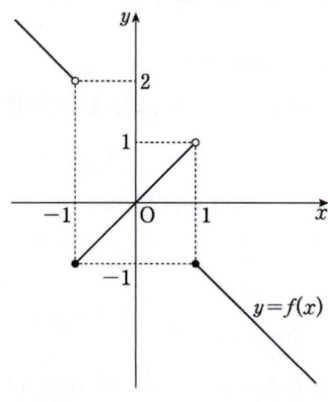

$\lim\limits_{x \to 0+}f(x-1)+\lim\limits_{x \to 1+}f(f(x))$의 값은? (3점)

① -2 ② -1 ③ 0
④ 1 ⑤ 2

A144 ✱❀❀ 2014대비(B) 6월 모평 6(고3)

다항함수 $f(x)$가
$$\lim_{x \to 0}\frac{x}{f(x)}=1, \quad \lim_{x \to 1}\frac{x-1}{f(x)}=2$$
를 만족시킬 때, $\lim\limits_{x \to 1}\dfrac{f(f(x))}{2x^2-x-1}$의 값은? (3점)

① $\dfrac{1}{6}$ ② $\dfrac{1}{3}$ ③ $\dfrac{1}{2}$
④ $\dfrac{2}{3}$ ⑤ $\dfrac{5}{6}$

A145 ✱❀❀ 2012대비(가) 9월 모평 11(고3)

정의역이 $\{x \mid 0 \le x \le 4\}$인 함수 $y=f(x)$의 그래프가 그림과 같다. $\lim\limits_{x \to 0+}f(f(x))+\lim\limits_{x \to 2+}f(f(x))$의 값은? (3점)

① 1 ② 2
③ 3 ④ 4
⑤ 5

A146 ✱✱✲

모든 실수 x에서 정의된 함수 $f(x)$가 다음을 만족시킨다.

$$\lim_{x \to a} \frac{f(x)}{x-a}=a, \ \lim_{x \to 0} \frac{f(x)}{x}=a^2$$

다음 [보기] 중에서 옳은 것만을 있는 대로 고른 것은?
(단, a는 $a \neq 0$인 실수이다.) (4점)

[보기]

ㄱ. $\lim_{x \to 0} \frac{f(f(x))}{x}=a^4$

ㄴ. $\lim_{x \to a} \frac{\{f(x)\}^2}{x(x-a)}=0$

ㄷ. $\lim_{x \to a} \frac{f(f(x))}{x^2-a^2}=a^2$

① ㄱ   ② ㄴ   ③ ㄱ, ㄴ

④ ㄴ, ㄷ   ⑤ ㄱ, ㄴ, ㄷ

유형 16 함수의 극한을 이용한 다항함수의 결정

`2028 예시` `출제`

(1) 다항함수 $f(x)$에 대하여 $\lim_{x \to \infty} \frac{f(x)}{x^n}=a$ (a는 실수)이면

　① $a \neq 0$일 때, $f(x)$는 최고차항의 계수가 a인 n차함수

　② $a=0$일 때, $f(x)$는 $(n-1)$차 이하의 함수

(2) 다항함수 $f(x)$에 대하여 $\lim_{x \to 0} \frac{f(x)}{x}=b$ (b는 실수)이면

　함수 $f(x)$의 일차항의 계수는 b이고 상수항은 없다.

`tip`

1️⃣ 부정형의 극한과 미정계수의 결정에 대한 이해능력을 판단하기 위한 유형으로 다항함수에 대하여 $\lim_{x \to \infty}$, $\lim_{x \to 0}$에 의하여 각각 최고차항의 차수와 계수, 일차항의 계수, 상수항의 유무를 결정할 수 있다.

2️⃣ 주어진 식에 $\frac{1}{x}$ 꼴이 나오면 $\frac{1}{x}=t$로 놓고 $x \to 0+$일 때, $t \to \infty$임을 이용한다.

A147 ✲✲✲   2023실시 4월 학평 18(고3)

다항함수 $f(x)$가

$$\lim_{x \to \infty} \frac{xf(x)-2x^3+1}{x^2}=5, \ f(0)=1$$

을 만족시킬 때, $f(1)$의 값을 구하시오. (3점)

A148 ✲✲✲   2022실시 7월 학평 8(고3)

다항함수 $f(x)$가

$$\lim_{x \to \infty} \frac{f(x)}{x^2}=2, \ \lim_{x \to 1} \frac{f(x)}{x-1}=3$$

을 만족시킬 때, $f(3)$의 값은? (3점)

① 11   ② 12   ③ 13

④ 14   ⑤ 15

A149 ✱✲✲   2020실시(나) 4월 학평 14(고3)

다항함수 $f(x)$가

$$\lim_{x \to \infty} \frac{f(x)}{x^2}=3, \ \lim_{x \to 2} \frac{f(x)}{x^2-x-2}=6$$

을 만족시킬 때, $f(0)$의 값은? (4점)

① -24 ② -21 ③ -18

④ -15 ⑤ -12

A150 ✱✲✲   2020대비(나) 수능 14(고3)

상수항과 계수가 모두 정수인 두 다항함수 $f(x)$, $g(x)$가 다음 조건을 만족시킬 때, $f(2)$의 최댓값은? (4점)

(가) $\lim_{x \to \infty} \frac{f(x)g(x)}{x^3}=2$

(나) $\lim_{x \to 0} \frac{f(x)g(x)}{x^2}=-4$

① 4   ② 6   ③ 8

④ 10   ⑤ 12

A151 ✽❀❀ 2019실시(나) 10월 학평 24(고3)

최고차항의 계수가 1인 이차함수 $f(x)$에 대하여

$$\lim_{x \to 5} \frac{f(x)-x}{x-5}=8$$일 때, $f(7)$의 값을 구하시오. (3점)

A152 ✽❀❀ 2020대비(나) 9월 모평 16(고3)

다항함수 $f(x)$가

$$\lim_{x \to \infty} \frac{f(x)}{x^3}=1, \ \lim_{x \to -1} \frac{f(x)}{x+1}=2$$

를 만족시킨다. $f(1) \le 12$일 때, $f(2)$의 최댓값은? (4점)

① 27   ② 30   ③ 33
④ 36   ⑤ 39

A153 ✽✽❀ 2028대비 4월 예시 18(고3)

최고차항의 계수가 1인 삼차함수 $f(x)$와 최고차항의 계수가 1인 이차함수 $g(x)$가 다음 조건을 만족시킬 때, $f(3)+g(8)$의 값은? (4점)

> (가) 두 곡선 $y=f(x)$와 $y=g(x)$는 모두 직선 $y=x$ 위의 서로 다른 두 점 A, B를 지난다.
> (나) $\displaystyle\lim_{x \to 0} \frac{(f(x)-x)(g(x)-x)}{x^3}$ 의 값과
> $\displaystyle\lim_{x \to 0} \frac{(f(x)+x)(g(x)+x)}{x^3}$ 의 값이 존재한다.

① 64   ② 68   ③ 72
④ 76   ⑤ 80

A154 ✽✽❀ 2020대비(나) 6월 모평 20(고3)

다음 조건을 만족시키는 모든 다항함수 $f(x)$에 대하여 $f(1)$의 최댓값은? (4점)

> $$\lim_{x \to \infty} \frac{f(x)-4x^3+3x^2}{x^{n+1}+1}=6, \ \lim_{x \to 0} \frac{f(x)}{x^n}=4$$인 자연수 n이 존재한다.

① 12   ② 13   ③ 14
④ 15   ⑤ 16

A155 ✽❀❀ 2018실시(나) 4월 학평 17(고3)

다항함수 $f(x)$가 다음 조건을 만족시킬 때, $f(1)$의 값은? (4점)

> (가) $\displaystyle\lim_{x \to \infty} \left\{ \frac{f(x)}{x^2}+1 \right\}=0$
> (나) $\displaystyle\lim_{x \to 0} \frac{f(x)-3}{x^2}=-1$

① 1   ② 2   ③ 3
④ 4   ⑤ 5

A156 ✽❀❀ 2017실시(나) 10월 학평 17(고3)

최고차항의 계수가 1인 이차함수 $f(x)$가

$$\lim_{x \to 0} |x| \left\{ f\left(\frac{1}{x}\right)-f\left(-\frac{1}{x}\right) \right\}=a, \ \lim_{x \to \infty} f\left(\frac{1}{x}\right)=3$$

을 만족시킬 때, $f(2)$의 값은? (단, a는 상수이다.) (4점)

① 1   ② 3   ③ 5
④ 7   ⑤ 9

A157 ❋ ❀❀ .... 2016실시(가) 6월 학평 24(고2)

이차함수 $f(x)$에 대하여

$$\lim_{x\to\infty}\frac{f(x)}{x^2+2x+3}=1,\ \lim_{x\to3}\frac{f(x)}{x-3}=5$$

일 때, $f(7)$의 값을 구하시오. (3점)

A158 ❋ ❀❀ .... 2016대비(A) 9월 모평 28(고3)

다항함수 $f(x)$가 다음 조건을 만족시킬 때, $f(2)$의 값을 구하시오. (4점)

> (가) $\lim_{x\to\infty}\dfrac{f(x)-x^3}{3x}=2$
>
> (나) $\lim_{x\to0}f(x)=-7$

A159 ❋ ❀❀ .... 2013실시(A) 4월 학평 25(고3)

다항함수 $f(x)$가 다음 조건을 만족시킬 때, $f(3)$의 값을 구하시오. (3점)

> (가) $\lim_{x\to\infty}\dfrac{f(x)}{x^3}=0$
>
> (나) $\lim_{x\to1}\dfrac{f(x)}{x-1}=1$
>
> (다) 방정식 $f(x)=2x$의 한 근이 2이다.

A160 ❋ ❀❀ .... 2012실시(나) 7월 학평 27(고3)

다음 두 조건을 모두 만족시키는 다항함수 $f(x)$에 대하여 $f(2)$의 값을 구하시오. (4점)

> (가) $\lim_{x\to\infty}\dfrac{x^2+3x+5}{f(x)}=\dfrac{1}{2}$
>
> (나) $\lim_{x\to1}\dfrac{f(x)}{x-1}=3$

A161 ❋ ❀❀ .... 2012실시(가) 4월 학평 4(고3)

다항함수 $f(x)$가 $\lim\limits_{x\to\infty}\dfrac{f(x)-2x}{x^2}=2,\ \lim\limits_{x\to-1}\dfrac{f(x)}{x^2-1}=3$을 만족시킬 때, $f(1)$의 값은? (3점)

① -4 ② -2 ③ 0
④ 2 ⑤ 4

A162 ❋ ❀❀ .... 2011실시(나) 4월 학평 25(고3)

다항함수 $f(x)$가 다음 조건을 만족시킬 때, $f(1)$의 값을 구하시오. (3점)

> (가) $\lim_{x\to\infty}\dfrac{f(x)-3x^3}{x^2}=2$
>
> (나) $\lim_{x\to0}\dfrac{f(x)}{x}=2$

A163 ✱❀❀ .... 2011대비(가) 9월 모평 5(고3)

다항함수 $f(x)$가 $\lim\limits_{x \to \infty} \dfrac{f(x)}{x^3}=0$, $\lim\limits_{x \to 0} \dfrac{f(x)}{x}=5$를 만족시킨다.

방정식 $f(x)=x$의 한 근이 -2일 때, $f(1)$의 값은? (3점)

① 6   ② 7   ③ 8

④ 9   ⑤ 10

A164 ✱❀❀ .... 2008대비(가) 6월 모평 5(고3)

최고차항의 계수가 1인 삼차함수 $f(x)$가

$$f(-1)=2, f(0)=0, f(1)=-2$$

를 만족시킬 때, $\lim\limits_{x \to 0} \dfrac{f(x)}{x}$의 값은? (3점)

① -1 ② -2 ③ -3

④ -4 ⑤ -5

A165 ✱✱❀ .... 2025대비 수능 21(고3)

함수 $f(x)=x^3+ax^2+bx+4$가 다음 조건을 만족시키도록 하는 두 정수 a, b에 대하여 $f(1)$의 최댓값을 구하시오. (4점)

> 모든 실수 α에 대하여 $\lim\limits_{x \to \alpha} \dfrac{f(2x+1)}{f(x)}$의 값이 존재한다.

A166 ✱✱❀ .... 2017실시(가) 6월 학평 28(고2)

다항함수 $f(x)$가 다음 조건을 만족시킨다.

> (가) 모든 실수 a에 대하여 $\lim\limits_{x \to a} \dfrac{f(x)-5x}{x^2-4}$의 값이 존재한다.
>
> (나) $\lim\limits_{x \to \infty} (\sqrt{f(x)}-3x+1)$의 값이 존재한다.

$f(3)$의 값을 구하시오. (4점)

A167 ✱✱❀ .... 2015대비(A) 6월 모평 29(고3)

다항함수 $f(x)$가

$$\lim\limits_{x \to \infty} \dfrac{f(x)-x^3}{x^2}=-11, \quad \lim\limits_{x \to 1} \dfrac{f(x)}{x-1}=-9$$

를 만족시킬 때, $\lim\limits_{x \to \infty} xf\left(\dfrac{1}{x}\right)$의 값을 구하시오. (4점)

5 함수의 극한의 대소 관계

유형 17 함수의 극한의 대소 관계

두 함수 $f(x)$, $g(x)$에 대하여
$\lim\limits_{x \to a} f(x) = \alpha$, $\lim\limits_{x \to a} g(x) = \beta$ (α, β는 실수)일 때,
(1) $f(x) \leq g(x)$이면 $\alpha \leq \beta$
(2) 함수 $h(x)$에 대하여 $f(x) \leq h(x) \leq g(x)$이고 $\alpha = \beta$이면
$\lim\limits_{x \to a} h(x) = \alpha$

tip

① 위의 대소 관계는 $x \to a+$, $x \to a-$, $x \to \infty$, $x \to -\infty$일 때도
성립한다.

② 함숫값이 크다고 해서 극한값도 큰 것은 아니다. 즉, 극한값이 같은
경우도 있으므로 $\lim\limits_{x \to a} f(x) = \alpha$, $\lim\limits_{x \to a} g(x) = \beta$ (α, β는 실수)일 때,
$f(x) < g(x)$이면 $\alpha < \beta$가 아닌 $\alpha \leq \beta$이다. 따라서 주어진 부등식의
각 변에 lim를 취하면 등호가 생김을 꼭 기억하자.

A168 ✳✿✿

두 함수 $f(x) = -\dfrac{1}{2}x^2 + 4x - \dfrac{3}{2}$, $g(x) = 2x^2 - x + 1$에 대하여
함수 $h(x)$가 모든 실수 x에 대하여 $f(x) \leq h(x) \leq g(x)$를
만족시킬 때, $\lim\limits_{x \to 1} h(x)$의 값은? (3점)

① 1   ② 2   ③ 3
④ 4   ⑤ 5

A169 ✳✿✿   2007실시(가) 5월 학평 7(고3)

함수의 극한에 대한 설명으로 항상 옳은 것을 [보기]에서 모두
고르면? (3점)

[보기]

ㄱ. $\lim\limits_{x \to 0} f(x) = 1$이면 $f(0) = 1$이다.

ㄴ. $\lim\limits_{x \to 1} f(x) = 1$이면 $\lim\limits_{x \to \infty} f\left(1 + \dfrac{1}{x}\right) = 1$이다.

ㄷ. $f(x) < g(x) < h(x)$이고 $\lim\limits_{x \to 0} f(x) = 0$, $\lim\limits_{x \to 0} h(x) = 0$
이면 $\lim\limits_{x \to 0} g(x) = 0$이다.

① ㄱ   ② ㄷ   ③ ㄱ, ㄴ
④ ㄴ, ㄷ   ⑤ ㄱ, ㄴ, ㄷ

A170 ✳✿✿

함수 $f(x)$가 모든 양의 실수 x에 대하여
$$3x + 1 < f(x) < 3x + 5$$
를 만족시킬 때, $\lim\limits_{x \to \infty} \dfrac{\{f(x)\}^2}{x^2 - x + 1}$의 값을 구하시오. (3점)

① + ② + ③ 함수의 극한의 활용

고난도

유형 18 도형의 길이에 대한 극한

(ⅰ) 주어진 조건에 따라 구하는 선분의 길이를 함수로 나타낸다.
(ⅱ) 함수의 극한에 대한 성질을 이용하여 극한값을 구한다.

tip

각 유형마다 존재하는 활용 문제, 즉 문제해결 능력을 판단하는 문제는
조건을 빠짐없이 나타내는 것이 중요하다. 따라서 무엇을 구하고자 하는지
파악하고, 문제의 조건에 맞는 수식을 적절하게 세워야 한다.

A171 ✳✿✿   2023실시 10월 학평 10(고3)

실수 t $(t > 0)$에 대하여 직선 $y = tx + t + 1$과 곡선
$y = x^2 - tx - 1$이 만나는 두 점을 A, B라 할 때, $\lim\limits_{t \to \infty} \dfrac{\overline{AB}}{t^2}$의
값은? (4점)

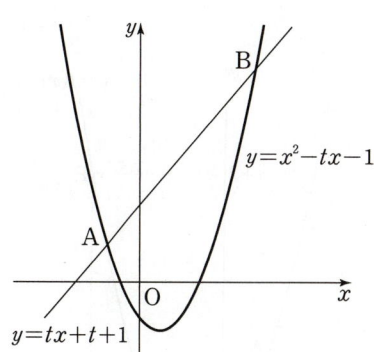

① $\dfrac{\sqrt{2}}{2}$ ② 1   ③ $\sqrt{2}$
④ 2   ⑤ $2\sqrt{2}$

A172 ✱❀❀ .... 2020실시(나) 7월 학평 13(고3)

곡선 $y=\sqrt{x}$ 위의 점 $\mathrm{P}(t, \sqrt{t})\,(t>4)$에서 직선 $y=\dfrac{1}{2}x$에 내린 수선의 발을 H라 하자.

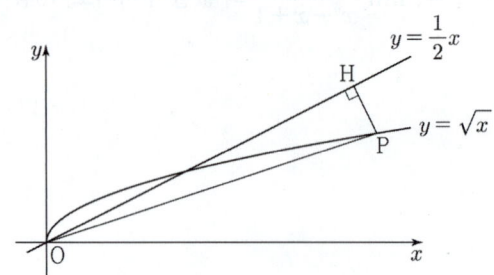

$\lim\limits_{t\to\infty}\dfrac{\overline{\mathrm{OH}}^2}{\overline{\mathrm{OP}}^2}$의 값은? (단, O는 원점이다.) (3점)

① $\dfrac{3}{5}$ ② $\dfrac{2}{3}$ ③ $\dfrac{11}{15}$

④ $\dfrac{4}{5}$ ⑤ $\dfrac{13}{15}$

A173 ✱❀❀ .... 2020실시(나) 3월/교육청 26(고3)

최고차항의 계수가 1이고 두 점 $\mathrm{A}(-2, 0)$, $\mathrm{P}(t, t+2)$를 지나는 이차함수 $f(x)$가 있다. 함수 $y=f(x)$의 그래프가 y축과 만나는 점을 Q라 할 때, $\lim\limits_{t\to\infty}(\sqrt{2}\times\overline{\mathrm{AP}}-\overline{\mathrm{AQ}})$의 값을 구하시오.

(단, $t\ne-2$) (4점)

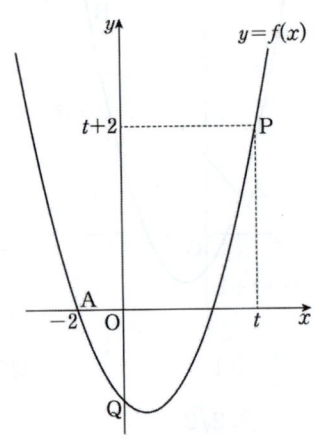

A174 ✱❀❀ .... 2016실시(나) 4월/교육청 14(고3)

세 함수 $f(x)=\sqrt{x+2}$, $g(x)=-\sqrt{x-2}+2$, $h(x)=x$의 그래프가 그림과 같다.

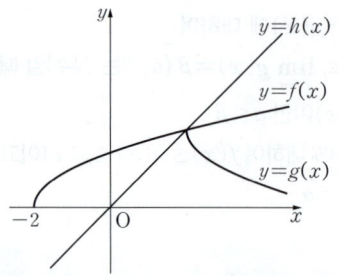

함수 $y=h(x)$의 그래프 위의 점 $\mathrm{P}(a, a)$를 지나고 x축에 평행한 직선이 함수 $y=f(x)$의 그래프와 만나는 점을 A, 함수 $y=g(x)$의 그래프와 만나는 점을 B라 하자. 점 B를 지나고 y축에 평행한 직선이 함수 $y=h(x)$의 그래프와 만나는 점을 C라 할 때, $\lim\limits_{a\to2-}\dfrac{\overline{\mathrm{BC}}}{\overline{\mathrm{AB}}}$의 값은? (단, $0<a<2$) (4점)

① $\dfrac{1}{5}$ ② $\dfrac{1}{4}$ ③ $\dfrac{1}{3}$

④ $\dfrac{1}{2}$ ⑤ 1

A175 ✱❀❀ .... 2015실시(A) 4월 학평 18(고3)

그림과 같이 곡선 $y=-x^2+6$과 직선 $y=x$가 제1사분면에서 만나는 점을 A라 하고, 점 A에서 x축에 내린 수선의 발을 B라 하자. 직선 $y=x$ 위의 점 $\mathrm{P}(a, a)$에서 선분 AB에 내린 수선의 발을 Q라 하고, 점 P를 지나고 y축에 평행한 직선이 곡선 $y=-x^2+6$과 만나는 점을 R라 할 때, $\lim\limits_{a\to2-}\dfrac{\overline{\mathrm{PQ}}}{\overline{\mathrm{PR}}}$의 값은?

(단, $0<a<2$) (4점)

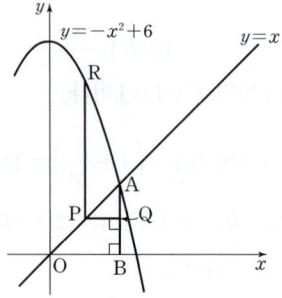

① $\dfrac{2}{15}$ ② $\dfrac{1}{5}$ ③ $\dfrac{4}{15}$

④ $\dfrac{1}{3}$ ⑤ $\dfrac{2}{5}$

A176 ✱❀❀ .... 2013실시(A) 10월 학평 18(고3)

그림과 같이 두 점 $A(a, 0)$, $B(0, 3)$에 대하여
삼각형 OAB에 내접하는 원 C가 있다. 원 C의 반지름의
길이를 r라 할 때, $\lim\limits_{a \to 0+} \dfrac{r}{a}$의 값은? (단, O는 원점이다.) (3점)

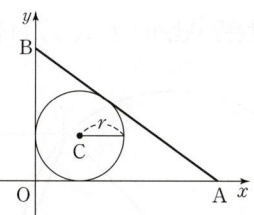

① $\dfrac{1}{6}$ ② $\dfrac{1}{5}$ ③ $\dfrac{1}{4}$

④ $\dfrac{1}{3}$ ⑤ $\dfrac{1}{2}$

A177 ✱❀❀ .... 2013실시(A) 4월 학평 13(고3)

그림과 같이 두 함수 $y=3\sqrt{x}$, $y=\sqrt{x}$의 그래프와 직선 $x=k$
가 만나는 점을 각각 A, B라 하고, 직선 $x=k$가 x축과 만나는
점을 C라 하자.

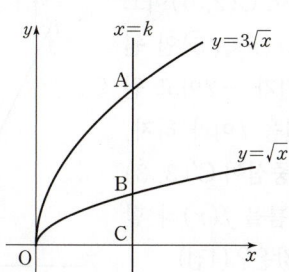

$\lim\limits_{k \to 0+} \dfrac{\overline{OA}-\overline{AC}}{\overline{OB}-\overline{BC}}$ 의 값은? (단, $k>0$이고, O는 원점이다.)

(3점)

① $\dfrac{1}{5}$ ② $\dfrac{1}{4}$ ③ $\dfrac{1}{3}$

④ $\dfrac{1}{2}$ ⑤ 1

A178 ✱❀❀ .... 2012대비(나) 수능 12(고3)

그림과 같이 직선 $y=x+1$ 위에 두 점 $A(-1, 0)$과
$P(t, t+1)$이 있다. 점 P를 지나고 직선 $y=x+1$에 수직인
직선이 y축과 만나는 점을 Q라 할 때, $\lim\limits_{t \to \infty} \dfrac{\overline{AQ}^2}{\overline{AP}^2}$의 값은? (3점)

① 1 ② $\dfrac{3}{2}$ ③ 2

④ $\dfrac{5}{2}$ ⑤ 3

A179 ✱❀❀ .... 2023대비 9월 모평 12(고3)

실수 $t(t>0)$에 대하여 직선 $y=x+t$와 곡선 $y=x^2$이
만나는 두 점을 A, B라 하자. 점 A를 지나고 x축에 평행한
직선이 곡선 $y=x^2$과 만나는 점 중 A가 아닌 점을 C, 점 B에서
선분 AC에 내린 수선의 발을 H라 하자. $\lim\limits_{t \to 0+} \dfrac{\overline{AH}-\overline{CH}}{t}$의
값은? (단, 점 A의 x좌표는 양수이다.) (4점)

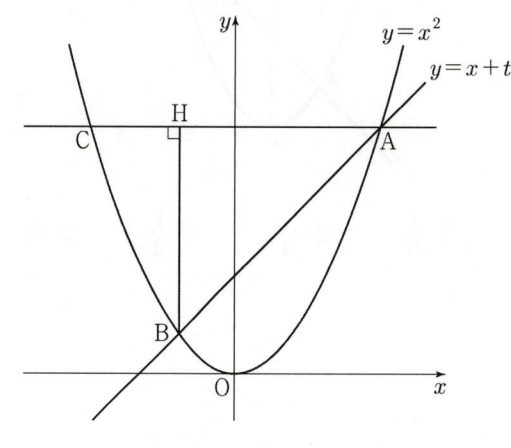

① 1 ② 2 ③ 3

④ 4 ⑤ 5

A180 ❋❋❋ .... 2006대비(가) 6월 모평 4(고3)

곡선 $y=\sqrt{x}$ 위의 점 $(t, \sqrt{t})$에서 점 $(1, 0)$까지의 거리를 d_1, 점 $(2, 0)$까지의 거리를 d_2라 할 때, $\lim_{t\to\infty}(d_1-d_2)$의 값은? (3점)

① 1 ② $\dfrac{1}{2}$ ③ $\dfrac{1}{4}$ ④ $\dfrac{1}{8}$ ⑤ 0

A181 ❋❋❋ .... 2023실시 3월 학평 12(고3)

곡선 $y=x^2$과 기울기가 1인 직선 l이 서로 다른 두 점 A, B에서 만난다. 양의 실수 t에 대하여 선분 AB의 길이가 $2t$가 되도록 하는 직선 l의 y절편을 $g(t)$라 할 때, $\lim_{t\to\infty}\dfrac{g(t)}{t^2}$의 값은? (4점)

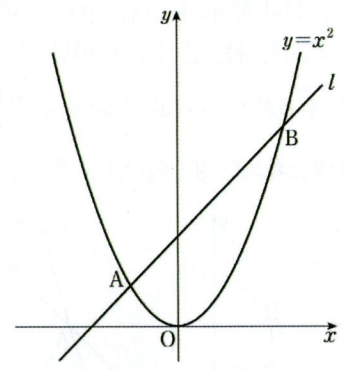

① $\dfrac{1}{16}$ ② $\dfrac{1}{8}$ ③ $\dfrac{1}{4}$ ④ $\dfrac{1}{2}$ ⑤ 1

A182 ❋❋❋ .... 2019실시(가) 11월 학평 19(고2)

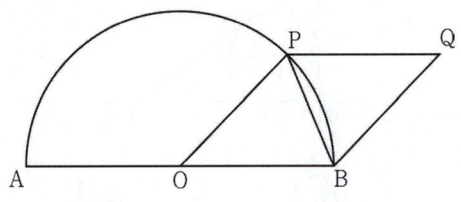

그림과 같이 길이가 2인 선분 AB를 지름으로 하는 반원과 선분 AB의 중점 O가 있다. 호 AB 위의 점 P에 대하여 점 P를 지나고 직선 AB와 평행한 직선과 점 B를 지나고 직선 OP와 평행한 직선이 만나는 점을 Q라 하자. $\overline{\mathrm{BP}}=t$라 할 때, $\lim_{t\to 0+}\dfrac{3-\overline{\mathrm{AQ}}}{t^2}$의 값은? (단, $0<t<\sqrt{2}$) (4점)

① $\dfrac{1}{6}$ ② $\dfrac{1}{3}$ ③ $\dfrac{1}{2}$ ④ $\dfrac{2}{3}$ ⑤ $\dfrac{5}{6}$

A183 ❋❋❋ .... 2012실시(나) 10월 학평 20(고3)

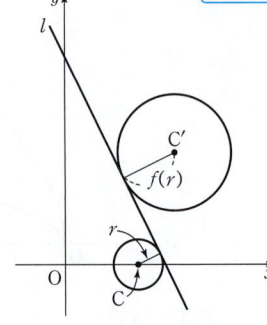

그림과 같이 중심이 C$(2, 0)$이고 반지름의 길이가 $r(r<\sqrt{5})$인 원 C가 있다. 기울기가 -2이고 원 C에 접하는 직선을 l이라 하자. 직선 l에 접하고 중심이 C$'(3, 3)$인 원 C$'$의 반지름을 $f(r)$라 할 때, $\lim_{r\to 0+}f(r)$의 값은? (4점)

① 1 ② $\sqrt{2}$
③ $\sqrt{3}$ ④ 2
⑤ $\sqrt{5}$

고난도
유형 19 도형의 넓이에 대한 극한

(i) 주어진 조건에 따라 구하는 도형의 넓이를 함수로 나타낸다.

(ii) 함수의 극한에 대한 성질을 이용하여 극한값을 구한다.

tip

주어진 조건과 도형의 성질을 종합하여 식을 세운 후 구하는 극한이 $\dfrac{\infty}{\infty}$ 꼴인지, $\dfrac{0}{0}$ 꼴인지 파악하여 함수의 극한값을 구하자.

A184 ✽ ※※ .... 2019실시(나) 11월 학평 16(고2)

그림과 같이 좌표평면에서 양의 실수 t에 대하여 함수 $f(x)=\sqrt{x}$ 의 그래프가 두 직선 $x=t$, $x=t+4$와 만나는 점을 각각 A, B라 하고, 점 A에서 직선 $x=t+4$에 내린 수선의 발을 C라 하자. 삼각형 ABC의 넓이를 $S(t)$라 할 때, $\lim\limits_{t\to\infty}\dfrac{\sqrt{t}\times S(t)}{2}$ 의 값은? (4점)

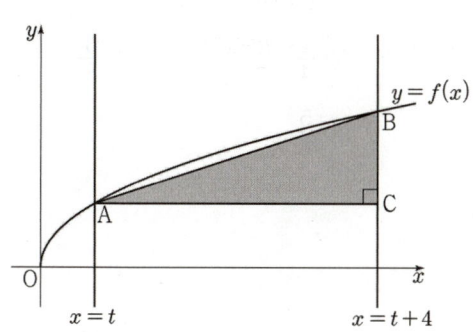

① $\dfrac{\sqrt{2}}{2}$　　　② 1　　　③ $\sqrt{2}$

④ 2　　　⑤ $2\sqrt{2}$

A185 ✽ ※※ .... 2018실시(나) 11월 학평 28(고2)

그림과 같이 곡선 $y=\sqrt{4x-3}$ 위에 두 점 A$(1, 1)$과 P$(t, \sqrt{4t-3})$이 있다. 점 A에서 x축에 내린 수선의 발을 B, 점 P에서 y축에 내린 수선의 발을 Q라 할 때, 삼각형 PAB와 삼각형 PQA의 넓이를 각각 $S(t)$, $T(t)$라 하자. $\lim\limits_{t\to 1+}\dfrac{T(t)}{S(t)}$ 의 값을 구하시오. (단, $t>1$) (4점)

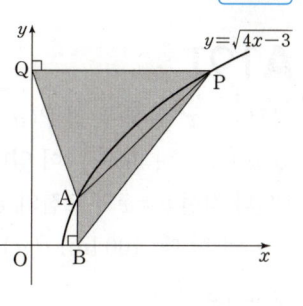

A186 ✽ ※※ .... 2017실시(가) 9월 학평 16(고2)

그림과 같이 두 곡선 $y=\dfrac{1}{x}$과 $y=\sqrt{x}$가 점 A$(1, 1)$에서 만난다. 직선 $y=t(t>1)$이 두 곡선 $y=\dfrac{1}{x}$, $y=\sqrt{x}$와 만나는 점을 각각 B, C라 하자. 점 C를 지나고 y축과 평행한 직선이 곡선 $y=\dfrac{1}{x}$과 만나는 점을 D라 하자. 삼각형 ACB의 넓이를 $f(t)$, 삼각형 ADC의 넓이를 $g(t)$라 할 때, $\lim\limits_{t\to 1+}\dfrac{g(t)}{f(t)}$의 값은? (4점)

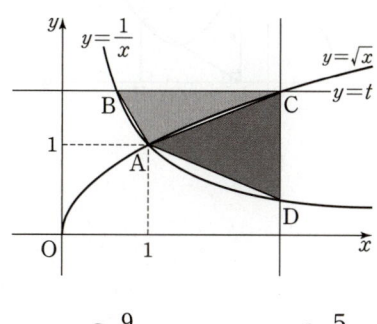

① 2　　　② $\dfrac{9}{4}$　　　③ $\dfrac{5}{2}$

④ $\dfrac{11}{4}$　　　⑤ 3

A187 ✽ ※※ .... 2015실시(B) 4월 학평 14(고3)

1보다 큰 실수 t에 대하여 그림과 같이 점 P$\left(t+\dfrac{1}{t}, 0\right)$ 에서 원 $x^2+y^2=\dfrac{1}{2t^2}$에 접선을 그었을 때, 원과 접선이 제1사분면에서 만나는 점을 Q, 원 위의 점 $\left(0, -\dfrac{1}{\sqrt{2t}}\right)$을 R라 하자. 삼각형 ORQ의 넓이를 $S(t)$라 할 때, $\lim\limits_{t\to\infty}\{t^4\times S(t)\}$의 값은? (4점)

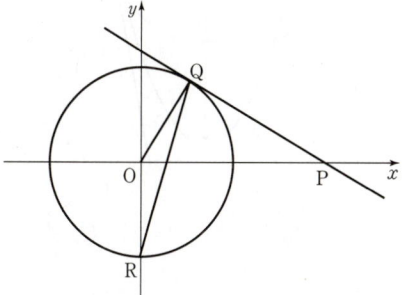

① $\dfrac{\sqrt{2}}{8}$　　　② $\dfrac{\sqrt{2}}{4}$　　　③ $\dfrac{1}{2}$

④ $\dfrac{\sqrt{2}}{2}$　　　⑤ 1

A188 ✱✱✱ _____

그림과 같이 함수 $f(x)=x^3-x^2+25$의 그래프 위의 두 점 A, P에서 x축에 내린 수선의 발을 각각 H, L이라 하자. 두 점 A, P의 x좌표가 각각 3, a일 때의 사각형 APLH의 넓이를 $S(a)$, 삼각형 ALH의 넓이를 $T(a)$라 할 때, $\displaystyle\lim_{a\to3-}\frac{S(a)}{T(a)}$의 값을 구하시오. (단, $a<3$) (4점)

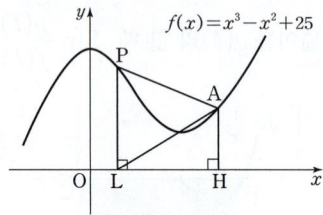

A189 ✱✱✱ _____ 2021실시 10월 학평 12(고3)

곡선 $y=x^2-4$ 위의 점 $P(t, t^2-4)$에서 원 $x^2+y^2=4$에 그은 두 접선의 접점을 각각 A, B라 하자. 삼각형 OAB의 넓이를 $S(t)$, 삼각형 PBA의 넓이를 $T(t)$라 할 때,

$$\lim_{t\to2+}\frac{T(t)}{(t-2)S(t)}+\lim_{t\to\infty}\frac{T(t)}{(t^4-2)S(t)}$$

의 값은? (단, O는 원점이고, $t>2$이다.) (4점)

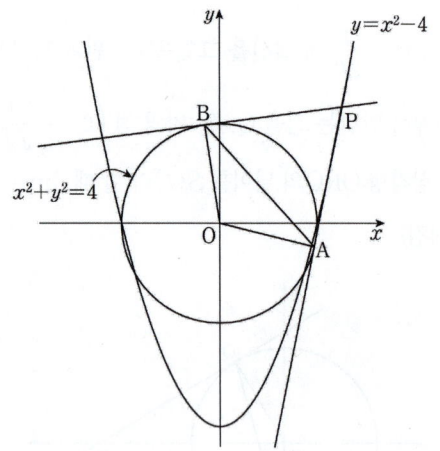

① 1   ② $\dfrac{5}{4}$ ③ $\dfrac{3}{2}$

④ $\dfrac{7}{4}$ ⑤ 2

A190 ✱✱✱ _____ 2017실시(나) 4월 학평 21(고3)

그림과 같이 곡선 $y=x^2$ 위의 점 $P(t, t^2)(t>0)$에 대하여 x축 위의 점 Q, y축 위의 점 R가 다음 조건을 만족시킨다.

> (가) 삼각형 POQ는 $\overline{PO}=\overline{PQ}$인 이등변삼각형이다.
> (나) 삼각형 PRO는 $\overline{RO}=\overline{RP}$인 이등변삼각형이다.

삼각형 POQ와 삼각형 PRO의 넓이를 각각 $S(t)$, $T(t)$라 할 때, $\displaystyle\lim_{t\to0+}\frac{T(t)-S(t)}{t}$의 값은? (단, O는 원점이다.) (4점)

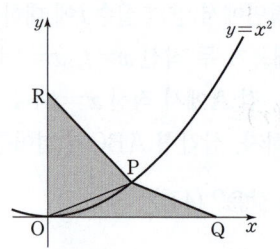

① $\dfrac{1}{8}$ ② $\dfrac{1}{4}$ ③ $\dfrac{3}{8}$

④ $\dfrac{1}{2}$ ⑤ $\dfrac{5}{8}$

[고난도]

유형 20   좌표평면에서의 여러 가지 극한

(i) 주어진 조건에 따라 구하는 점의 좌표, 교점의 개수, 절편 등을 식으로 나타낸다.

(ii) 함수의 극한에 대한 성질을 이용하여 극한값을 구한다.

tip

문제에서 마지막에 극한값을 묻는 함수의 형태에 주목해야 한다. 함수의 대략적인 식을 세웠다면 그래프를 통해 극한값을 구하는 연습도 충분히 하자.

A191 ✱✱✱ _____ 2014실시(A) 10월 학평 29(고3)

곡선 $y=x^2$ 위에 두 점 $P(a, a^2)$, $Q(a+1, a^2+2a+1)$이 있다. 직선 PQ와 직선 $y=x$의 교점의 x좌표를 $f(a)$라 할 때, $100\displaystyle\lim_{a\to0}f(a)$의 값을 구하시오. (4점)

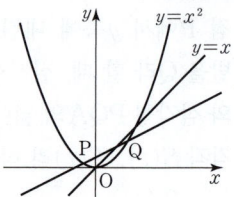

A192 ✽✽✽.............. 2014실시(A) 4월 학평 14(고3)

그림과 같이 좌표평면 위의 두 원

$C_1 : x^2+y^2=1$

$C_2 : (x-1)^2+y^2=r^2 \ (0<r<\sqrt{2})$

이 제1사분면에서 만나는 점을 P라 하자.

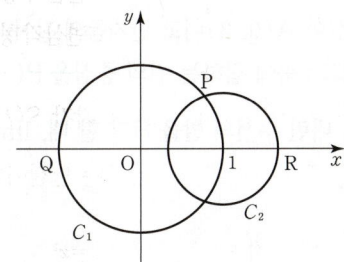

점 P의 x좌표를 $f(r)$라 할 때, $\displaystyle\lim_{r\to\sqrt{2}-}\dfrac{f(r)}{4-r^4}$의 값은? (4점)

① $\dfrac{1}{8}$ ② $\dfrac{1}{4}$ ③ $\dfrac{1}{2}$

④ 2   ⑤ 4

A193 ✽✽✽.............. 2004실시(가) 4월 학평 24(고3)

그림과 같이 곡선 $y=\sqrt{x}$ 위의 점
P$(t, \sqrt{t})$를 지나고 선분 OP에
수직인 직선 l의 x절편과 y절편을
각각 $f(t)$, $g(t)$라 할 때,
$\displaystyle\lim_{t\to\infty}\dfrac{g(t)-f(t)}{g(t)+f(t)}$의 값을 구하시오.

(단, O는 원점, $t\neq 0$) (4점)

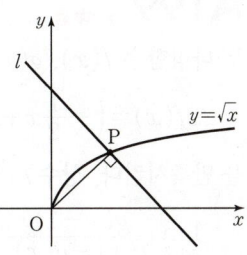

A194 ✽✽✽.............. 2020실시(가) 3월 학평 20(고3)

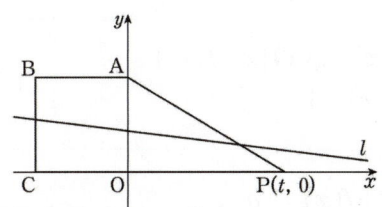

그림과 같이 좌표평면 위의 네 점 O$(0, 0)$, A$(0, 2)$,
B$(-2, 2)$, C$(-2, 0)$과 점 P$(t, 0)(t>0)$에 대하여 직선
l이 정사각형 OABC의 넓이와 직각삼각형 AOP의 넓이를
각각 이등분한다. 양의 실수 t에 대하여 직선 l의 y절편을 $f(t)$라
할 때, $\displaystyle\lim_{t\to 0+}f(t)$의 값은? (4점)

① $\dfrac{2-\sqrt{2}}{2}$ ② $2-\sqrt{2}$ ③ $\dfrac{2+\sqrt{2}}{4}$

④ 1   ⑤ $\dfrac{2+\sqrt{2}}{3}$

A195 ✽✽✽.............. 2012대비(나) 6월 모평 18(고3)

실수 t에 대하여 직선 $y=t$가 함수 $y=|x^2-1|$의
그래프와 만나는 점의 개수를 $f(t)$라 할 때, $\displaystyle\lim_{t\to 1-}f(t)$의 값은?

(4점)

① 1   ② 2   ③ 3

④ 4   ⑤ 5

A196 ★★★

두 함수 $f(x)$, $g(x)$가 다음 두 조건을 만족시킨다.

> (가) $x+f(x)=g(x)\{x-f(x)\}$
> (나) $\lim\limits_{x\to 0} g(x)=4$

이때, $\lim\limits_{x\to 0} \dfrac{x^2+f(x)}{2x-f(x)}=\dfrac{q}{p}$일 때, $p+q$의 값을 구하시오.

(단, p, q는 서로소인 자연수이다.) (4점)

A197 ★★★ .... 2011대비(가) 6월 모평 7(고3)

실수 전체의 집합에서 정의된 함수 $y=f(x)$의

그래프가 그림과 같다. $\lim\limits_{t\to\infty} f\left(\dfrac{t-1}{t+1}\right)+\lim\limits_{t\to-\infty} f\left(\dfrac{4t-1}{t+1}\right)$의

값은? (3점)

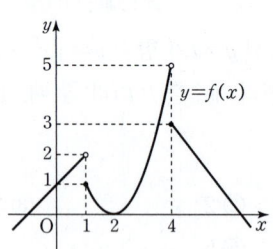

① 3   ② 4   ③ 5
④ 6   ⑤ 7

A198 ★★★ .... 2011실시(나) 10월 학평 16(고3)

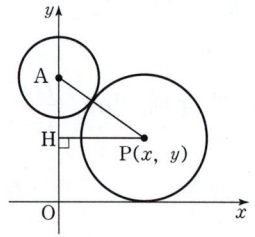

그림과 같이 중심이 $A(0, 3)$이고 반지름의 길이가

1인 원에 외접하고 x축에 접하는 원의 중심을 $P(x, y)$라 하자.

점 P에서 y축에 내린 수선의 발을 H라 할 때, $\lim\limits_{x\to\infty} \dfrac{\overline{PH}^2}{\overline{PA}}$의

값은? (4점)

① 2   ② 4   ③ 6
④ 8   ⑤ 10

A199 ★★★ .... 2024실시 5월 학평 20(고3)

두 다항함수 $f(x)$, $g(x)$가 모든 실수 x에 대하여

$$xf(x)=\left(-\frac{1}{2}x+3\right)g(x)-x^3+2x^2$$

을 만족시킨다. 상수 $k(k\neq 0)$에 대하여

$$\lim_{x\to 2} \frac{g(x-1)}{f(x)-g(x)}\times\lim_{x\to\infty} \frac{\{f(x)\}^2}{g(x)}=k$$

일 때, k의 값을 구하시오. (4점)

A200 ✽✽✽ .... 2022실시 10월 학평 20(고3)

최고차항의 계수가 1이고 다음 조건을 만족시키는
모든 삼차함수 $f(x)$에 대하여 $f(5)$의 최댓값을 구하시오. (4점)

> (가) $\lim\limits_{x \to 0} \dfrac{|f(x)-1|}{x}$ 의 값이 존재한다.
>
> (나) 모든 실수 x에 대하여 $xf(x) \geq -4x^2+x$이다.

A201 ✽✽✽ .... 2015실시(가) 6월 학평 15(고2)

그림과 같이 좌표평면 위의 점 $A(0, 1)$을 지나고
x축에 접하는 원 C가 있다. 원 C가 y축과 만나는 또 다른 점을
P라 하고, x축과 접하는 점을 $Q(t, 0)$이라 하자. 삼각형 APQ
의 넓이를 $S(t)$, 원 C의 반지름의 길이를 $r(t)$라 할 때,
$\lim\limits_{t \to \infty} \dfrac{S(t)}{t \times r(t)}$의 값은? (단, $t>1$이다.) (4점)

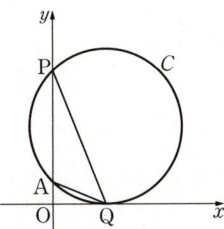

① $\dfrac{1}{2}$ ② 1 ③ $\dfrac{3}{2}$

④ 2 ⑤ $\dfrac{5}{2}$

A202 ✪ 2등급 대비 .... 2011대비(가) 6월 모평 24(고3)

x가 양수일 때, x보다 작은 자연수 중에서 소수의
개수를 $f(x)$라 하고, 함수 $g(x)$를

$$g(x) = \begin{cases} f(x) & (x>2f(x)) \\ \dfrac{1}{f(x)} & (x \leq 2f(x)) \end{cases}$$

라고 하자. 예를 들어, $f\left(\dfrac{7}{2}\right)=2$이고 $\dfrac{7}{2}<2f\left(\dfrac{7}{2}\right)$이므로

$g\left(\dfrac{7}{2}\right)=\dfrac{1}{2}$이다. $\lim\limits_{x \to 8+} g(x)=\alpha$, $\lim\limits_{x \to 8-} g(x)=\beta$라고 할 때,

$\dfrac{\alpha}{\beta}$의 값을 구하시오. (4점)

A203 ★ 1등급 대비 ...... 2015대비(A) 6월 모평 21(고3)

최고차항의 계수가 1인 두 삼차함수 $f(x)$, $g(x)$가 다음 조건을 만족시킨다.

> (가) $g(1)=0$
> (나) $\lim\limits_{x \to n} \dfrac{f(x)}{g(x)}=(n-1)(n-2)$ $(n=1, 2, 3, 4)$

$g(5)$의 값은? (4점)

① 4   ② 6   ③ 8
④ 10   ⑤ 12

A204 ✪ 2등급 대비 ...... 2026대비 6월 모평 21(고3)

함수 $f(x)=(x-1)(x-2)$와 최고차항의 계수가 1인 사차함수 $g(x)$가 다음 조건을 만족시킨다.

> 모든 실수 a에 대하여 $\lim\limits_{x \to a} \dfrac{g(x) \times |f(x)|}{f(x)}$의 값과 $\lim\limits_{x \to a} \dfrac{|g(x)-f(x)|}{g(x)}$의 값이 모두 존재한다.

$g(-1)$의 값을 구하시오. (4점)

A205 ✪ 2등급 대비 ...... 2024대비 수능 14(고3)

두 자연수 a, b에 대하여 함수 $f(x)$는

$$f(x)=\begin{cases} 2x^3-6x+1 & (x \le 2) \\ a(x-2)(x-b)+9 & (x > 2) \end{cases}$$

이다. 실수 t에 대하여 함수 $y=f(x)$의 그래프와 직선 $y=t$가 만나는 점의 개수를 $g(t)$라 하자.

$$g(k)+\lim_{t \to k-} g(t)+\lim_{t \to k+} g(t)=9$$

를 만족시키는 실수 k의 개수가 1이 되도록 하는 두 자연수 a, b의 순서쌍 (a, b)에 대하여 $a+b$의 최댓값은? (4점)

① 51   ② 52   ③ 53
④ 54   ⑤ 55

세 실수 $a\,(a \neq 0)$, b, k에 대하여 함수 $f(x)$를

$$f(x) = \begin{cases} ax^2 + (2b-3)x + a^2 - 3 & (x < k) \\ -\dfrac{1}{3}ax^2 + (b+5)x + a^2 - 1 & (x \geq k) \end{cases}$$

라 하자. 함수

$$g(x) = \lim_{t \to x+} \frac{|f(t)|}{f(t)} - \lim_{t \to x-} \frac{|f(t)|}{f(t)}$$

에 대하여 두 함수 $f(x)$, $g(x)$가 다음 조건을 만족시킨다.

> (가) 임의의 실수 a에 대하여 $\lim\limits_{x \to a} f(x)$가 존재한다.
>
> (나) 두 함수 $y = g(x)$와 $y = -4\left|\log_2 \dfrac{x}{2}\right| + 2$의 그래프의 서로 다른 교점의 개수는 5이다.

$k = p + q\sqrt{17}$일 때, $16(p+q)$의 값을 구하시오. (단, p, q는 유리수이다.) (4점)

이차함수 $f(x) = x^2 + 2x + 2$와 실수 t에 대하여 함수 $g(x)$는

$$g(x) = \begin{cases} f(x) & (x < 0) \\ |f(-x) - t| & (x \geq 0) \end{cases}$$

이다. 함수 $y = g(x)$의 그래프와 직선 $y = \dfrac{t}{3}$가 만나는 서로 다른 모든 점의 개수를 $h(t)$라 하자.

$$\lim_{t \to a-} h(t) \neq \lim_{t \to a+} h(t)$$

인 모든 실수 a를 작은 수부터 크기순으로 나열한 것을 a_1, a_2, $\cdots$, a_m (m은 자연수)라 할 때, $\sum\limits_{k=1}^{m} \{4a_k \times h(a_k)\}$의 값을 구하시오. (4점)

실수 k와 함수

$$f(x) = \begin{cases} 2^{x-2} & (x < 2) \\ 2^{-x+2} & (x \geq 2) \end{cases}$$

에 대하여 함수 $g(x)$를 $g(x) = |f(x) - k| + k$라 하자. 직선 $y = 2k$와 함수 $y = g(x)$의 그래프가 만나는 점의 개수를 $h(k)$라 할 때, $\lim\limits_{k \to \frac{1}{4}-} \left\{ h(k) h\!\left(k + \dfrac{1}{4}\right) \right\}$의 값을 구하시오. (4점)

A209 ★★❀ ‥‥‥‥‥‥‥‥‥‥ 2023대비 삼사 12(고3)

함수

$$f(x) = \begin{cases} x^2 + 1 & (x \le 2) \\ ax + b & (x > 2) \end{cases}$$

에 대하여 $f(\alpha) + \lim_{x \to a^+} f(x) = 4$를 만족시키는 실수 α의

개수가 4이고, 이 네 수의 합이 8이다. $a+b$의 값은?

(단, a, b는 상수이다.) (4점)

① $-\dfrac{7}{4}$ 　　② $-\dfrac{5}{4}$ 　　③ $-\dfrac{3}{4}$

④ $-\dfrac{1}{4}$ 　　⑤ $\dfrac{1}{4}$

A210 ★★❀ ‥‥‥‥‥‥‥‥‥‥ 2026대비 경찰대 13(고3)

최고차항의 계수가 1인 두 삼차함수 $f(x)$, $g(x)$가
다음 조건을 만족시킨다.

(가) $g(2) = 0$

(나) $n = 2, 3, 4, 5$일 때,
$$\lim_{x \to n} \frac{f(x)}{g(x)} = (n-2)(n-3)$$이다.

$g(6)$의 값은? (4점)

① 12 　　② 13 　　③ 14

④ 15 　　⑤ 16

A211 ★★★ ‥‥‥‥‥‥‥‥‥‥ 2015대비(A) 삼사 9(고3)

두 다항함수 $f(x)$, $g(x)$가 다음 조건을 만족시킨다.

(가) $\displaystyle\lim_{x \to \infty} \frac{f(x) - 2g(x)}{x^2} = 1$

(나) $\displaystyle\lim_{x \to \infty} \frac{f(x) + 3g(x)}{x^3} = 1$

$\displaystyle\lim_{x \to \infty} \frac{f(x) + g(x)}{x^3}$의 값은? (3점)

① $\dfrac{1}{5}$ 　　② $\dfrac{2}{5}$ 　　③ $\dfrac{3}{5}$

④ $\dfrac{4}{5}$ 　　⑤ 1

[1등급 대비+2등급 대비]

A212 ✪ 2등급 대비 ‥‥‥‥‥‥ 2017대비 경찰대 16(고3)

좌표평면에서 원 $x^2 + y^2 = 1$과 직선 $y = -\dfrac{1}{2}$이 만나는

점을 A, B라 하자. 점 $P\left(0, t\right)\left(t \ne -\dfrac{1}{2}\right)$에 대하여 다음

조건을 만족시키는 점 C의 개수를 $f(t)$라 하자.

(가) C는 A나 B가 아닌 원 위의 점이다.

(나) A, B, C를 꼭짓점으로 하는 삼각형의 넓이는 A, B,
　　 P를 꼭짓점으로 하는 삼각형의 넓이와 같다.

$f(a) + \lim_{t \to a^-} f(t) = 5$이고 $\lim_{t \to 0^-} f(t) = b$일 때, $a+b$의 값은?

(4점)

① 1 　　② 2 　　③ 3

④ 4 　　⑤ 5

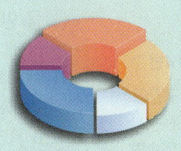 

B 함수의 연속

★ 최신 3개년 수능＋모평 출제 경향

★ 2026 수능 출제 경향 분석

• 구간에 따라 다르게 정의된 함수에 대하여 함수의 연속성을 이용하여 미정계수를 구하는 문제이다. [B08 문항]
• 극한의 성질과 미분계수를 이용하여 조건을 만족시키는 함수를 구하는 문제이다. [B131 문항]

★ 2027 수능 예측 ━━━━━━━━

1. 구간별로 나누어진 함수, 두 함수의 합성함수 등의 연속성과 관련되어 미정계수를 구하는 문제가 자주 출제되므로 연속의 정의를 정확히 이해하도록 하자.
2. 함수식 또는 함수의 그래프를 주고 두 함수의 합, 곱, 합성함수 등의 연속성을 묻는 진위형 문제는 연속의 정의를 이용하여 주어진 조건을 정리한 후, 불연속되는 점의 특징을 이해하는 것이 중요하다.
3. 두 함수의 그래프의 교점의 개수 등으로 정의된 새로운 함수의 연속에 대한 문제가 고난도로 출제될 가능성이 있다. 이 유형은 함수의 정의와 특징을 파악하고 그림 또는 그래프를 그려 불연속이 될 수 있는 점을 찾아내는 연습을 충분히 해야 한다.

B 함수의 연속

개념 강의

중요도 ⭐⭐⭐

1 함수의 연속[1] – 유형 01~09, 12~13

함수 $f(x)$가 실수 a에 대하여

(i) $x=a$에서 $f(x)$가 정의되어 있고

(ii) $\lim\limits_{x \to a} f(x)$가 존재하며

(iii) $\lim\limits_{x \to a} f(x)=f(a)$

일 때, 함수 $f(x)$는 $x=a$에서 **연속**이라 한다.

> 함수 $f(x)$가 세 조건 중 어느 하나라도 만족시키지 않으면 함수 $f(x)$는 $x=a$에서 불연속이다.

출제
2028 예시 2번
2026 수능 4번
2026 6월 모평 4번

★ 예시, 수능, 6월 모두 구간에 따라 다르게 정의된 함수가 연속이려면 경계에서 연속만 보이면 되는 쉬운 문제가 출제되었다.

2 연속함수의 성질 – 유형 02~09, 12~13

(1) 연속함수 → 다항함수는 실수 전체의 집합에서 연속함수이다.

함수 $f(x)$가 어떤 구간에 속하는 모든 실수에서 연속일 때, $f(x)$는 그 구간에서 연속 또는 그 구간에서 **연속함수**라 한다.

출제 2026 수능 21번

★ 극한의 성질과 미분계수를 이용하여 조건을 만족시키는 함수를 구하는 최상 난이도 의 문제가 출제되었다.

(2) 연속함수의 성질[2]

두 함수 $f(x)$, $g(x)$가 각각 $x=a$에서 연속이면 다음 함수도 $x=a$에서 연속이다.

① $kf(x)$ (단, k는 상수)

② $f(x) \pm g(x)$

③ $f(x)g(x)$

④ $\dfrac{f(x)}{g(x)}$ (단, $g(a) \neq 0$) → 두 다항함수 $f(x)$, $g(x)$에 대하여 유리함수 $\dfrac{f(x)}{g(x)}$는 $g(x) \neq 0$인 모든 실수에서 연속이다.

3 최대 · 최소 정리[3] – 유형 10

(1) 최대 · 최소 정리

함수 $f(x)$가 닫힌구간 $[a, b]$에서 연속이면 함수 $f(x)$는 이 구간에서 반드시 최댓값과 최솟값을 가진다.

(2) 함수 $f(x)$가 닫힌구간 $[a, b]$에서 불연속이면 함수 $y=f(x)$의 그래프를 그려서 최댓값, 최솟값을 구한다.

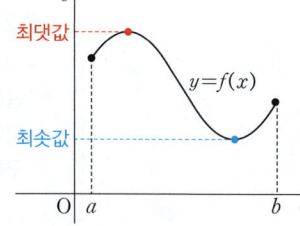

4 사잇값의 정리 – 유형 11

(1) 사잇값의 정리

함수 $f(x)$가 닫힌구간 $[a, b]$에서 연속이고 $f(a) \neq f(b)$일 때, $f(a)$와 $f(b)$ 사이의 임의의 값 k에 대하여 $f(c)=k$인 실수 c가 열린구간 (a, b)에 적어도 하나 존재한다.

(2) 사잇값의 정리의 방정식에의 활용[4]

함수 $f(x)$가 닫힌구간 $[a, b]$에서 연속이고 $f(a)$와 $f(b)$의 부호가 서로 다르면, 즉 $f(a)f(b)<0$이면 $f(c)=0$인 c가 열린구간 (a, b)에 적어도 하나 존재한다.

즉, 방정식 $f(x)=0$은 열린구간 (a, b)에서 적어도 하나의 실근을 갖는다.

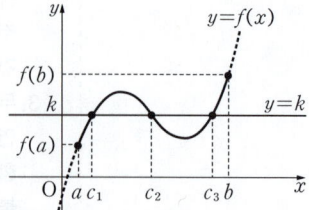

+개념 보충

[1] 불연속인 경우

(i)을 만족하지 않는 경우

$x=0$에서 $f(x)$의 함숫값은 정의되지 않았지만

$\lim\limits_{x \to 0} f(x) = \lim\limits_{x \to 0+} f(x)$
$= \lim\limits_{x \to 0-} f(x)$
$= 0$

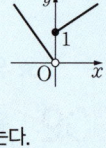

(ii)를 만족하지 않는 경우

$f(0)=1$로 정의되었지만

$\lim\limits_{x \to 0+} f(x)=1$,

$\lim\limits_{x \to 0-} f(x)=0$이므로

$\lim\limits_{x \to 0} f(x)$가 존재하지 않는다.

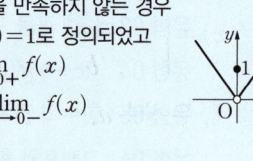

(iii)을 만족하지 않는 경우

$f(0)=1$로 정의되었고

$\lim\limits_{x \to 0+} f(x)$
$= \lim\limits_{x \to 0-} f(x)$
$= 0$

에서 $\lim\limits_{x \to 0} f(x)=0$이지만

$\lim\limits_{x \to 0} f(x) \neq f(0)$

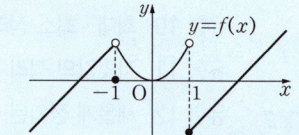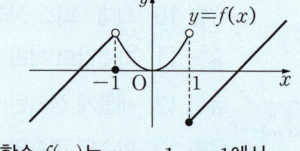

[2] 함수의 그래프의 불연속성

함수 $f(x)$는 $x=-1$, $x=1$에서 불연속이다. 함수 $g(x)$가 모든 실수에서 연속일 때, 함수 $f(x)g(x)$는 $x=-1$, $x=1$에서만 불연속인 것을 알아보면 된다.

즉, 주어진 함수가 두 함수의 사칙연산으로 나타내어진 함수일 때, 이 함수의 불연속인 점은 두 함수 각각의 불연속인 점 중에서 생길 수 있다.

따라서 각 함수의 불연속인 점에서의 연속성을 판단해 주자.

[3] (1) 함수 $f(x)$가 연속이 아니면 닫힌구간에서도 최댓값과 최솟값을 갖지 않을 수 있다.

(2) 함수 $f(x)$가 연속이어도 닫힌구간이 아닌 구간에서는 최댓값과 최솟값을 갖지 않을 수 있다.

한걸음 더!

[4] $f(a)f(b)>0$이면 방정식 $f(x)=0$은 열린구간 (a, b)에서 실근을 가질 수도 있고, 갖지 않을 수도 있다.

58 자이스토리 고3 수학Ⅱ

1 함수의 연속

B01 기본 ⎯⎯⎯⎯⎯⎯⎯⎯ 2014대비(A) 9월 모평 7(고3)

함수 $f(x)=\begin{cases} x+2 & (x\le 1) \\ -x+a & (x>1) \end{cases}$ 가 실수 전체의 집합에서 연속일 때, 상수 a의 값은? (3점)

① -4 ② -2 ③ 0
④ 2 ⑤ 4

B02 기본 ⎯⎯⎯⎯⎯⎯⎯⎯ 2012대비(가) 6월 모평 6(고3)

함수 $f(x)=\begin{cases} \dfrac{x^2+ax-10}{x-2} & (x\ne 2) \\ b & (x=2) \end{cases}$ 가 실수 전체의 집합에서

연속일 때, 두 상수 a, b의 합 $a+b$의 값은? (3점)

① 10 ② 11 ③ 12
④ 13 ⑤ 14

2 연속함수의 성질

B03 기본 ⎯⎯⎯⎯⎯⎯⎯⎯ 2012대비(나) 수능 18(고3)

함수 $y=f(x)$의 그래프가 그림과 같을 때, 옳은 것만을 [보기]에서 있는 대로 고른 것은? (4점)

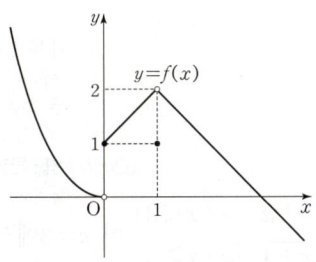

─────[보기]─────
ㄱ. $\lim\limits_{x\to 0+} f(x)=1$
ㄴ. $\lim\limits_{x\to 1} f(x)=f(1)$
ㄷ. 함수 $(x-1)f(x)$는 $x=1$에서 연속이다.
──────────────

① ㄱ ② ㄱ, ㄴ ③ ㄱ, ㄷ
④ ㄴ, ㄷ ⑤ ㄱ, ㄴ, ㄷ

B04 기본 ⎯⎯⎯⎯⎯⎯⎯⎯ 2017대비(나) 9월 모평 10(고3)

실수 전체의 집합에서 연속인 함수 $f(x)$가
$\lim\limits_{x\to 2}\dfrac{(x^2-4)f(x)}{x-2}=12$를 만족시킬 때, $f(2)$의 값은? (3점)

① 1 ② 2 ③ 3
④ 4 ⑤ 5

B05 기본 ⎯⎯⎯⎯⎯⎯⎯⎯ 2014대비(A) 6월 모평 13(고3)

함수 $f(x)=\begin{cases} x+2 & (x\le 0) \\ -\dfrac{1}{2}x & (x>0) \end{cases}$

의 그래프가 그림과 같다.
함수
$g(x)=f(x)\{f(x)+k\}$가
$x=0$에서 연속이 되도록
하는 상수 k의 값은? (3점)

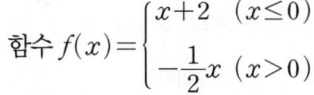

① -2 ② -1 ③ 0
④ 1 ⑤ 2

3 + 4 최대 · 최소 정리와 사잇값의 정리

B06 기본 ⎯⎯⎯⎯⎯⎯⎯⎯

구간 $[-1, 3]$에서 정의된 함수 $f(x)=\begin{cases} x^2-4x+9 & (x\ne 2) \\ 7 & (x=2) \end{cases}$
는 $x=k$에서 최댓값 M을 갖는다. $k+M$의 값을 구하시오. (3점)

B07 기본 ⎯⎯⎯⎯⎯⎯⎯⎯

방정식 $x^3-8x+10=0$이 오직 하나의 실근을 가질 때, 다음 중 이 방정식의 실근이 존재하는 구간은? (3점)

① $(0, 1)$ ② $(-1, 0)$ ③ $(-2, -1)$
④ $(-3, -2)$ ⑤ $(-4, -3)$

수능 유형별 기출 문제 [2점, 3점, 쉬운 4점]

Pass 쉬운 유형, 반복 계산 문제로 패스 하셔도 좋습니다.

1 함수의 연속

유형 01 함수의 연속을 이용한 미정계수의 결정

2026 수능, 6월 출제

함수 $f(x)$가 실수 a에 대하여 다음 세 조건을 모두 만족시킬 때, 함수 $f(x)$는 $x=a$에서 연속이라 한다.

(i) 함수 $f(x)$는 $x=a$에서 정의되어 있다.

(ii) 극한값 $\lim_{x \to a} f(x)$가 존재한다.

(iii) $\lim_{x \to a} f(x)=f(a)$

tip

1 $x \neq a$인 모든 실수 x에서 연속인 함수 $g(x)$에 대하여 함수 $f(x)=\begin{cases} g(x) & (x \neq a) \\ k & (x=a) \end{cases}$가 모든 실수 x에서 연속이려면 $\lim_{x \to a} g(x)=k$가 성립해야 한다.

2 $x<a$에서 연속인 함수 $g(x)$와 $x \geq a$에서 연속인 함수 $h(x)$에 대하여 함수 $f(x)=\begin{cases} g(x) & (x<a) \\ h(x) & (x \geq a) \end{cases}$가 실수 전체의 집합에서 연속이려면 $\lim_{x \to a-} g(x)=h(a)$가 성립해야 한다.

B08 2026대비 수능 4(고3)

함수 $f(x)=\begin{cases} 3x-2 & (x<1) \\ x^2-3x+a & (x \geq 1) \end{cases}$가 실수 전체의 집합에서 연속일 때, 상수 a의 값은? (3점)

① 1 ② 2 ③ 3 ④ 4 ⑤ 5

B09 2026대비 6월 모평 4(고3)

함수

$$f(x)=\begin{cases} -x^2+a & (x<3) \\ 5x-a & (x \geq 3) \end{cases}$$

이 실수 전체의 집합에서 연속일 때, 상수 a의 값은? (3점)

① 10 ② 11 ③ 12 ④ 13 ⑤ 14

B10 2025실시 7월 학평 4(고3)

함수

$$f(x)=\begin{cases} ax^3-5 & (x<2) \\ ax+1 & (x \geq 2) \end{cases}$$

가 실수 전체의 집합에서 연속일 때, 상수 a의 값은? (3점)

① 1 ② 2 ③ 3 ④ 4 ⑤ 5

B11 2025실시 10월 학평 4(고3)

함수

$$f(x)=\begin{cases} x^2+a & (x<3) \\ x+2a & (x \geq 3) \end{cases}$$

이 실수 전체의 집합에서 연속일 때, 상수 a의 값은? (3점)

① 6 ② 7 ③ 8 ④ 9 ⑤ 10

B12 2024실시 3월 학평 4(고3)

함수 $f(x)=\begin{cases} 2x+a & (x<3) \\ \sqrt{x+1}-a & (x \geq 3) \end{cases}$이 $x=3$에서 연속일 때, 상수 a의 값은? (3점)

① -2 ② -1 ③ 0 ④ 1 ⑤ 2

B13 ✽✽✽
2025대비 6월 모평 9(고3)

함수 $f(x) = \begin{cases} x - \dfrac{1}{2} & (x < 0) \\ -x^2 + 3 & (x \geq 0) \end{cases}$ 에 대하여

함수 $\{f(x) + a\}^2$이 실수 전체의 집합에서 연속일 때, 상수 a의 값은? (4점)

① $-\dfrac{9}{4}$ ② $-\dfrac{7}{4}$ ③ $-\dfrac{5}{4}$

④ $-\dfrac{3}{4}$ ⑤ $-\dfrac{1}{4}$

B14 ✽✽✽
2025대비 9월 모평 7(고3)

함수

$$f(x) = \begin{cases} (x-a)^2 & (x < 4) \\ 2x - 4 & (x \geq 4) \end{cases}$$

가 실수 전체의 집합에서 연속이 되도록 하는 모든 상수 a의 값의 곱은? (3점)

① 6   ② 9   ③ 12

④ 15   ⑤ 18

B15 ✽✽✽
2024실시 10월 학평 5(고3)

함수 $f(x) = \begin{cases} (x-a)^2 - 3 & (x < 1) \\ 2x - 1 & (x \geq 1) \end{cases}$ 이 실수 전체의

집합에서 연속이 되도록 하는 모든 상수 a의 값의 합은? (3점)

① -4 ② -2 ③ 0

④ 2   ⑤ 4

B16 ✽✽✽
2025대비 수능 4(고3)

함수 $f(x) = \begin{cases} 5x + a & (x < -2) \\ x^2 - a & (x \geq -2) \end{cases}$ 가 실수 전체의

집합에서 연속일 때, 상수 a의 값은? (3점)

① 6   ② 7   ③ 8

④ 9   ⑤ 10

B17 ✽✽✽
2024대비 수능 4(고3)

함수

$$f(x) = \begin{cases} 3x - a & (x < 2) \\ x^2 + a & (x \geq 2) \end{cases}$$

가 실수 전체의 집합에서 연속일 때, 상수 a의 값은? (3점)

① 1   ② 2   ③ 3

④ 4   ⑤ 5

B18 ✽✽✽
2024대비 6월 모평 4(고3)

실수 전체의 집합에서 연속인 함수 $f(x)$가

$$\lim_{x \to 1} f(x) = 4 - f(1)$$

을 만족시킬 때, $f(1)$의 값은? (3점)

① 1   ② 2   ③ 3

④ 4   ⑤ 5

B19 ✱✱✱ Pass ⟩.................... 2022대비 9월 모평 4(고3)

함수

$$f(x) = \begin{cases} 2x + a & (x \le -1) \\ x^2 - 5x - a & (x > -1) \end{cases}$$

이 실수 전체의 집합에서 연속일 때, 상수 a의 값은? (3점)

① 1   ② 2   ③ 3

④ 4   ⑤ 5

B20 ✱✱✱ Pass ⟩.................... 2020실시(나) 4월 학평 8(고3)

함수

$$f(x) = \begin{cases} ax + 3 & (x \ne 1) \\ 5 & (x = 1) \end{cases}$$

이 실수 전체의 집합에서 연속일 때, 상수 a의 값은? (3점)

① 1   ② 2   ③ 3

④ 4   ⑤ 5

B21 ✱✱✱ Pass ⟩.................... 2020대비(나) 9월 모평 23(고3)

함수 $f(x)$가 $x = 2$에서 연속이고

$$\lim_{x \to 2-} f(x) = a + 2, \quad \lim_{x \to 2+} f(x) = 3a - 2$$

를 만족시킬 때, $a + f(2)$의 값을 구하시오. (단, a는 상수이다.)

(3점)

B22 ✱✱✱ Pass ⟩.................... 2022실시 7월 학평 5(고3)

함수

$$f(x) = \begin{cases} x - 1 & (x < 2) \\ x^2 - ax + 3 & (x \ge 2) \end{cases}$$

가 실수 전체의 집합에서 연속일 때, 상수 a의 값은? (3점)

① 1   ② 2   ③ 3

④ 4   ⑤ 5

B23 ✱✱✱ Pass ⟩.................... 2019실시(나) 7월 학평 6(고3)

함수

$$f(x) = \begin{cases} x + 1 & (x < 2) \\ x^2 - 4x + a & (x \ge 2) \end{cases}$$

가 실수 전체의 집합에서 연속일 때, 상수 a의 값은? (3점)

① 1   ② 3   ③ 5

④ 7   ⑤ 9

B24 ✱✱✱ Pass ⟩.................... 2018실시(나) 9월 학평 10(고2)

함수

$$f(x) = \begin{cases} 2x^2 + ax + 1 & (x < 1) \\ 7 & (x = 1) \\ -3x + b & (x > 1) \end{cases}$$

이 실수 전체의 집합에서 연속일 때, $a + b$의 값은?

(단, a와 b는 상수이다.) (3점)

① 11   ② 12   ③ 13

④ 14   ⑤ 15

B25 ❀❀❀ Pass⟩ ········· 2018실시(나) 4월 학평 13(고3)

함수

$$f(x) = \begin{cases} \dfrac{x^2-2x-3}{x-3} & (x \neq 3) \\ a & (x=3) \end{cases}$$

가 실수 전체의 집합에서 연속일 때, 상수 a의 값은? (3점)

① 1   ② 2   ③ 3
④ 4   ⑤ 5

B26 ❀❀❀ Pass⟩ ········· 2017대비(나) 6월 모평 9(고3)

함수

$$f(x) = \begin{cases} 4x^2-a & (x<1) \\ x^3+a & (x \geq 1) \end{cases}$$

이 실수 전체의 집합에서 연속일 때, 상수 a의 값은? (3점)

① $\dfrac{3}{2}$ ② 2   ③ $\dfrac{5}{2}$

④ 3   ⑤ $\dfrac{7}{2}$

B27 ❀❀❀ Pass⟩ ········· 2023대비 9월 모평 4(고3)

함수

$$f(x) = \begin{cases} -2x+a & (x \leq a) \\ ax-6 & (x>a) \end{cases}$$

가 실수 전체의 집합에서 연속이 되도록 하는 모든 상수 a의 값의 합은? (3점)

① -1 ② -2 ③ -3
④ -4 ⑤ -5

B28 ❀❀❀ ········· 2021실시 4월 학평 8(고3)

함수

$$f(x) = \begin{cases} \dfrac{x^2+3x+a}{x-2} & (x<2) \\ -x^2+b & (x \geq 2) \end{cases}$$

가 $x=2$에서 연속일 때, $a+b$의 값은? (단, a, b는 상수이다.) (3점)

① 1   ② 2   ③ 3
④ 4   ⑤ 5

B29 ❀❀❀ ········· 2021실시 3월 학평 6(고3)

함수

$$f(x) = \begin{cases} \dfrac{x^2+ax+b}{x-3} & (x<3) \\ \dfrac{2x+1}{x-2} & (x \geq 3) \end{cases}$$

이 실수 전체의 집합에서 연속일 때, $a-b$의 값은? (단, a, b는 상수이다.) (3점)

① 9   ② 10   ③ 11
④ 12   ⑤ 13

B30 ❀❀❀ ········· 2021대비(나) 수능 26(고3)

함수

$$f(x) = \begin{cases} -3x+a & (x \leq 1) \\ \dfrac{x+b}{\sqrt{x+3}-2} & (x>1) \end{cases}$$

이 실수 전체의 집합에서 연속일 때, $a+b$의 값을 구하시오. (단, a와 b는 상수이다.) (4점)

B31 ✽✽✽ .... 2018대비(나) 6월 모평 14(고3)

함수

$$f(x) = \begin{cases} \dfrac{x^2-5x+a}{x-3} & (x \neq 3) \\ b & (x=3) \end{cases}$$

가 실수 전체의 집합에서 연속일 때, $a+b$의 값은?

(단, a와 b는 상수이다.) (4점)

① 1   ② 3   ③ 5

④ 7   ⑤ 9

B32 ✽✽✽ .... 2023대비 6월 모평 6(고3)

두 양수 a, b에 대하여 함수 $f(x)$가

$$f(x) = \begin{cases} x+a & (x < -1) \\ x & (-1 \leq x < 3) \\ bx-2 & (x \geq 3) \end{cases}$$

이다. 함수 $|f(x)|$가 실수 전체의 집합에서 연속일 때, $a+b$의 값은? (3점)

① $\dfrac{7}{3}$ ② $\dfrac{8}{3}$ ③ 3

④ $\dfrac{10}{3}$ ⑤ $\dfrac{11}{3}$

B33 ✽✽✽ .... 2018실시(나) 10월 학평 15(고3)

함수

$$f(x) = \begin{cases} x+2 & (x \leq a) \\ x^2-4 & (x > a) \end{cases}$$

에 대하여 함수 $|f(x)|$가 실수 전체의 집합에서 연속이 되도록 하는 모든 실수 a의 값의 합은? (4점)

① -3 ② -2 ③ -1

④ 1   ⑤ 2

B34 ✽✽✽ .... 2023실시 3월 학평 6(고3)

함수

$$f(x) = \begin{cases} x^2-ax+1 & (x < 2) \\ -x+1 & (x \geq 2) \end{cases}$$

에 대하여 함수 $\{f(x)\}^2$이 실수 전체의 집합에서 연속이 되도록 하는 모든 상수 a의 값의 합은? (3점)

① 5   ② 6   ③ 7

④ 8   ⑤ 9

B35 ✽✽✽ .... 2019대비(나) 6월 모평 28(고3)

이차함수 $f(x)$가 다음 조건을 만족시킨다.

> (가) 함수 $\dfrac{x}{f(x)}$는 $x=1$, $x=2$에서 불연속이다.
>
> (나) $\displaystyle\lim_{x \to 2} \dfrac{f(x)}{x-2} = 4$

$f(4)$의 값을 구하시오. (4점)

B36 ✽✽✽ .... 2006대비(가) 9월 모평 4(고3)

함수 $f(x) = \begin{cases} x(x-1) & (|x| > 1) \\ -x^2+ax+b & (|x| \leq 1) \end{cases}$ 가 모든 실수 x에서

연속이 되도록 상수 a, b의 값을 정할 때, $a-b$의 값은? (3점)

① -3 ② -1 ③ 0

④ 1   ⑤ 3

② 연속함수의 성질

유형 02 연속함수의 성질

두 함수 $f(x)$, $g(x)$가 $x=a$에서 연속이면 다음 함수도 $x=a$에서 연속이다.

(1) $cf(x)$ (단, c는 상수)　　(2) $f(x)\pm g(x)$

(3) $f(x)g(x)$　　(4) $\dfrac{f(x)}{g(x)}$ (단, $g(a)\neq 0$)

tip
다항함수는 실수 전체의 집합에서 연속이므로 두 다항함수 $f(x)$, $g(x)$에 대하여 함수 $f(x)+g(x)$, $f(x)-g(x)$, $f(x)g(x)$도 실수 전체의 집합에서 연속이고 함수 $\dfrac{f(x)}{g(x)}$는 $g(x)=0$을 만족시키는 x 이외의 모든 실수에서 연속이다.

B37 ❀❀❀ ································ 2028대비 4월 예시 2(고3)

실수 전체의 집합에서 연속인 함수 $f(x)$가
$$\lim_{x\to 1}(f(x)+5)=2f(1)$$
을 만족시킬 때, $f(1)$의 값은? (2점)

① 1　　② 2　　③ 3

④ 4　　⑤ 5

B38 ❀❀❀ ····················· 2018대비(나) 9월 모평 17(고3)

실수 전체의 집합에서 정의된 두 함수 $f(x)$와 $g(x)$에 대하여

$x<0$일 때, $f(x)+g(x)=x^2+4$

$x>0$일 때, $f(x)-g(x)=x^2+2x+8$

이다. 함수 $f(x)$가 $x=0$에서 연속이고
$\lim\limits_{x\to 0-}g(x)-\lim\limits_{x\to 0+}g(x)=6$일 때, $f(0)$의 값은? (4점)

① -3　　② -1　　③ 0

④ 1　　⑤ 3

B39 ❀❀❀ ································ 2014실시(A) 10월 학평 14(고3)

함수 $y=f(x)$의 그래프가 그림과 같다.

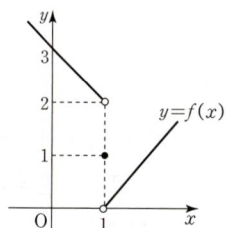

일차함수 $g(x)$에 대하여 $g(0)=\lim\limits_{x\to 1-}f(x)$이고, $f(x)g(x)$가 실수 전체의 집합에서 연속일 때, $g(-1)$의 값은? (4점)

① 0　　② 2　　③ 4

④ 6　　⑤ 8

B40 ❀❀❀ ································ 2013대비(가) 6월 모평 6(고3)

최고차항의 계수가 1인 이차함수 $f(x)$와 함수
$$g(x)=\begin{cases} -1 & (x\leq 0) \\ -x+1 & (0<x<2) \\ 1 & (x\geq 2) \end{cases}$$
에 대하여 함수 $f(x)g(x)$가 실수 전체의 집합에서 연속이다. $f(5)$의 값은? (3점)

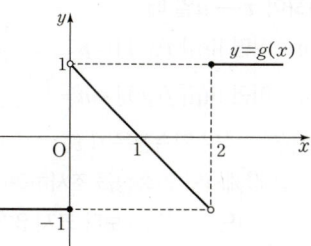

① 15　　② 17　　③ 19

④ 21　　⑤ 23

B41 ★★❋ 2007대비(가) 9월 모평 6(고3)

집합 $\{x|0<x<2\}$에서 정의된 함수 $f(x)$가

$$f(x)=\begin{cases} \dfrac{1}{x}-1 & (0<x\le1) \\ \dfrac{1}{x-1}-1 & (1<x<2) \end{cases}$$

일 때, 함수 $y=f(x)g(x)$가 $x=1$에서 연속이 되도록 하는 함수 $g(x)$를 [보기]에서 모두 고른 것은? (3점)

[보기]

ㄱ. $g(x)=(x-1)^2$ $(0<x<2)$

ㄴ. $g(x)=(x-1)^3+1$ $(0<x<2)$

ㄷ. $g(x)=\begin{cases} x^2+1 & (0<x\le1) \\ (x-1)^3 & (1<x<2) \end{cases}$

① ㄱ   ② ㄴ   ③ ㄱ, ㄷ

④ ㄴ, ㄷ   ⑤ ㄱ, ㄴ, ㄷ

1+2 함수의 연속과 연속함수의 성질

유형 03 [x]꼴을 포함한 함수의 연속

(1) 정수 n에 대하여 $x\to a$일 때

  ① $f(x)\to n+$이면 $\lim\limits_{x\to a}[f(x)]=n$

  ② $f(x)\to n-$이면 $\lim\limits_{x\to a}[f(x)]=n-1$

(2) 함수 $g(x)=[f(x)]$의 연속성은 $f(x)=n(n$은 정수)을 만족시키는 x의 값에서의 연속성을 조사하여 판단한다.

(단, $[x]$는 x보다 크지 않은 최대의 정수)

(tip)

연속함수 $f(x)$에 대하여 함수 $g(x)=[f(x)]$는 $f(x)$의 값이 정수가 아닌 x의 값에서는 연속이므로 $f(x)=n(n$은 정수)을 만족시키는 x의 값에서의 연속성을 조사하면 된다.

B42 ★★★

상수 a에 대하여 함수 $f(x)=[x]^2-4a[x]+a^2$이 $x=1$에서 연속일 때, 상수 a의 값은? (단, $[x]$는 x보다 크지 않은 최대의 정수이다.) (3점)

① $-\dfrac{1}{2}$ ② $-\dfrac{1}{4}$ ③ $\dfrac{1}{4}$

④ $\dfrac{1}{2}$ ⑤ 1

B43 ★❋❋

함수 $f(x)=-3(x+2)^2-1$에 대하여 함수

$$g(x)=\begin{cases} [f(x)] & (x\ne-2) \\ k & (x=-2) \end{cases}$$

가 $x=-2$에서 연속일 때, 상수 k의 값은? (단, $[x]$는 x보다 크지 않은 최대의 정수이다.) (3점)

① -2 ② -3 ③ -4

④ -5 ⑤ -6

B44 ★❋❋

함수 $f(x)=[x]^2-(ax-b)[x]$가 모든 실수 x에 대하여 연속일 때, $\lim\limits_{x\to a}\left|\dfrac{x^2-4b}{x-a}\right|$의 값을 구하시오.

(단, a, b는 상수이고, $[x]$는 x를 넘지 않는 최대의 정수이다.)

(3점)

유형 04 $(x-a)f(x)$ 꼴의 함수의 연속

연속함수 $g(x)$에 대하여 함수 $f(x)$가 $(x-a)f(x)=g(x)$를 만족시킬 때, $f(x)$가 모든 실수 x에 대하여 연속이면

$$f(a)=\lim_{x\to a}\frac{g(x)}{x-a}$$

tip

$(x-a)f(x)=g(x)$는 $x\neq a$일 때 $f(x)=\dfrac{g(x)}{x-a}$이고, 함수 $f(x)$가

모든 실수 x에 대하여 연속이면 $x=a$에서도 연속이므로

$$f(a)=\lim_{x\to a}f(x)=\lim_{x\to a}\frac{g(x)}{x-a}$$이다.

B45 ✽✽✽ .... 2024실시 10월 학평 10(고3)

최고차항의 계수가 1인 삼차함수 $f(x)$와
실수 전체의 집합에서 정의된 함수 $g(x)$가 모든 실수 x에
대하여 $(x-1)g(x)=|f(x)|$를 만족시킨다. 함수 $g(x)$가
$x=1$에서 연속이고 $g(3)=0$일 때, $f(4)$의 값은? (4점)

① 9   ② 12   ③ 15
④ 18   ⑤ 21

B46 ✽✽✽ .... 2020실시(나) 3월 학평 6(고3)

모든 실수에서 연속인 함수 $f(x)$가
$$(x-1)f(x)=x^2-3x+2$$
를 만족시킬 때, $f(1)$의 값은? (3점)

① -2 ② -1 ③ 0
④ 1 ⑤ 2

B47 ✽✽✽ .... 2019실시(가) 11월 학평 12(고2)

실수 전체의 집합에서 연속인 함수 $f(x)$가 모든 실수 x에
대하여
$$(x-1)f(x)=x^3+ax+b$$
를 만족시킨다. $f(1)=4$일 때, $a\times b$의 값은? (단, a, b는 상수
이다.) (3점)

① -2 ② -1 ③ 0
④ 1 ⑤ 2

B48 ✽✽✽

모든 실수 x에서 연속인 함수 $f(x)$가
$$(x+2)f(x)=ax^3+bx$$
를 만족시킨다. $f(1)=-3$일 때, $f(-2)$의 값을 구하시오.
(단, a, b는 상수이다.) (3점)

B49 ✽✽✽

실수 전체의 집합에서 연속인 함수 $f(x)$가 모든 실수
x에 대하여
$$(x-1)f(x)=\sqrt{x^2+8}-3$$
을 만족시킬 때, $f(1)$의 값은? (3점)

① $\dfrac{1}{6}$ ② $\dfrac{1}{5}$ ③ $\dfrac{1}{4}$
④ $\dfrac{1}{3}$ ⑤ $\dfrac{1}{2}$

B50 ✱❀❀

함수

$$f(x)=\begin{cases} \dfrac{x-2}{x+3} & (x\neq -3) \\ 5 & (x=-3) \end{cases}$$

에 대하여 함수 $g(x)=(x^2+ax+b)f(x)$가 $x\leq 0$인 모든 x에 대하여 연속일 때, $a+b$의 값을 구하시오. (단, a, b는 상수이다.) (3점)

[고난도]

유형 05 함수의 연속의 진위 판정

(1) 다항함수

$$f(x)=a_n x^n+a_{n-1}x^{n-1}+\cdots+a_1 x+a_0$$

$\quad\quad$ (a_0, a_1, $\cdots$, a_n은 상수, n은 음이 아닌 정수)

은 모든 실수 x에서 연속이다.

(2) 두 다항함수 $f(x)$, $g(x)$에 대하여 유리함수 $\dfrac{f(x)}{g(x)}$는

$g(x)=0$인 x의 값을 제외한 모든 실수 x에서 연속이다.

(tip)

함수 $f(x)$가 $x=a$에서 불연속인 경우는 다음과 같다.

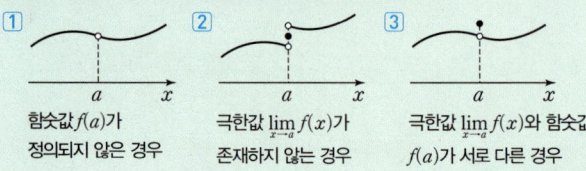

| ① 함숫값 $f(a)$가 정의되지 않은 경우 | ② 극한값 $\lim\limits_{x\to a}f(x)$가 존재하지 않는 경우 | ③ 극한값 $\lim\limits_{x\to a}f(x)$와 함숫값 $f(a)$가 서로 다른 경우 |

B51 ✱❀❀ 2013대비(나) 6월 모평 19(고3)

함수

$$f(x)=\begin{cases} x & (|x|\geq 1) \\ -x & (|x|<1) \end{cases}$$

에 대하여 옳은 것만을 [보기]에서 있는 대로 고른 것은? (4점)

[보기]
ㄱ. 함수 $f(x)$가 불연속인 점은 2개이다.
ㄴ. 함수 $(x-1)f(x)$는 $x=1$에서 연속이다.
ㄷ. 함수 $\{f(x)\}^2$은 실수 전체의 집합에서 연속이다.

① ㄱ   ② ㄴ   ③ ㄱ, ㄴ
④ ㄱ, ㄷ   ⑤ ㄱ, ㄴ, ㄷ

B52 ✱❀❀ 2009실시(가) 4월 학평 11(고3)

모든 실수에서 정의된 함수 $f(x)$가

$$f(x)=\begin{cases} \dfrac{ax}{x-1} & (|x|>1) \\ \dfrac{a}{1-x} & (|x|<1) \\ \dfrac{a}{2} & (|x|=1) \end{cases}$$

일 때, [보기]에서 옳은 것만을 있는 대로 고른 것은?

$\quad\quad\quad\quad\quad\quad\quad\quad\quad\quad$ (단, a는 실수이다.) (4점)

[보기]
ㄱ. 함수 $f(x)$는 $x=-1$에서 연속이다.
ㄴ. 함수 $f(x)$가 모든 실수에서 연속이 되도록 하는 a의 값이 존재한다.
ㄷ. 방정식 $f(x)=a$는 한 개의 실근을 갖는다.
$\quad\quad\quad\quad\quad\quad\quad\quad\quad$ (단, $a\neq 0$)

① ㄱ   ② ㄷ   ③ ㄱ, ㄴ
④ ㄴ, ㄷ   ⑤ ㄱ, ㄴ, ㄷ

B53 ✱❀❀ 2008대비(가) 9월 모평 7(고3)

함수 $f(x)$가

$$f(x)=\begin{cases} \dfrac{x^2}{2x-|x|} & (x\neq 0) \\ a & (x=0) \end{cases}$$

일 때, [보기]에서 옳은 것을 모두 고른 것은?

$\quad\quad\quad\quad\quad\quad\quad\quad\quad\quad$ (단, a는 실수이다.) (3점)

[보기]
ㄱ. $f(-3)=1$이다.
ㄴ. $x>0$일 때, $f(x)=x$이다.
ㄷ. 함수 $f(x)$가 $x=0$에서 연속이 되도록 하는 a가 존재한다.

① ㄴ   ② ㄷ   ③ ㄱ, ㄴ
④ ㄱ, ㄷ   ⑤ ㄴ, ㄷ

B54 ✦✦✦✧ .... 2013대비(나) 수능 20(고3)

두 함수

$$f(x)=\begin{cases}-1 & (|x|\geq1) \\ 1 & (|x|<1)\end{cases}, g(x)=\begin{cases} 1 & (|x|\geq1) \\ -x & (|x|<1)\end{cases}$$

에 대하여 옳은 것만을 [보기]에서 있는 대로 고른 것은? (4점)

─── [보기] ───

ㄱ. $\lim_{x\to1}f(x)g(x)=-1$

ㄴ. 함수 $g(x+1)$은 $x=0$에서 연속이다.

ㄷ. 함수 $f(x)g(x+1)$은 $x=-1$에서 연속이다.

① ㄱ   ② ㄴ   ③ ㄱ, ㄴ

④ ㄱ, ㄷ   ⑤ ㄱ, ㄴ, ㄷ

B55 ✦✦✧✧ .... 2006대비(가) 6월 모평 15(고3)

두 함수 $f(x)$, $g(x)$에 대하여 [보기]에서 옳은 것을 모두 고른 것은? (3점)

─── [보기] ───

ㄱ. $\lim_{x\to0}f(x)$와 $\lim_{x\to0}g(x)$가 모두 존재하지 않으면 $\lim_{x\to0}\{f(x)+g(x)\}$도 존재하지 않는다.

ㄴ. $y=f(x)$가 $x=0$에서 연속이면 $y=|f(x)|$도 $x=0$에서 연속이다.

ㄷ. $y=|f(x)|$가 $x=0$에서 연속이면 $y=f(x)$도 $x=0$에서 연속이다.

① ㄴ   ② ㄷ   ③ ㄱ, ㄴ

④ ㄱ, ㄷ   ⑤ ㄴ, ㄷ

유형 06 그래프와 함수의 연속

(1) 함수 $y=f(x)$의 그래프가 $x=a$에서 끊어져 있으면 함수 $f(x)$는 $x=a$에서 불연속이다.

(2) 어떤 구간에서 함수의 그래프가 끊어져 있지 않으면, 즉 불연속인 점이 없으면 그 함수는 그 구간에서 연속함수라 한다.

(tip)

그래프가 끊어져 있다는 것은 함수의 연속의 조건 중 어느 한 조건이라도 만족시키지 않는다는 것이다. 즉, 함숫값이 존재하지 않거나, 극한값이 존재하지 않거나 극한값과 함숫값이 서로 다른 경우이다.

B56 ✦✦✦ .... 2014대비(A) 6월 모평 11(고3)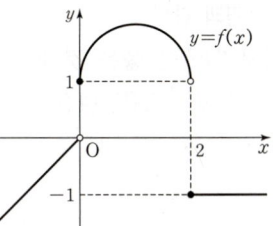

함수 $y=f(x)$의 그래프가 그림과 같다.
[보기]에서 옳은 것만을 있는 대로 고른 것은? (3점)

─── [보기] ───

ㄱ. $\lim_{x\to0+}f(x)=1$ ㄴ. $\lim_{x\to2-}f(x)=-1$

ㄷ. 함수 $|f(x)|$는 $x=2$에서 연속이다.

① ㄱ   ② ㄴ   ③ ㄱ, ㄷ

④ ㄴ, ㄷ   ⑤ ㄱ, ㄴ, ㄷ

B57 ✦✦✦ .... 2007대비(가) 6월 모평 6(고3)

함수 $f(x)$에 대하여 불연속점의 개수를 $N(f)$로 나타내자.

예를 들어 $f(x)=\begin{cases}1 & (x>0) \\ 0 & (x\leq0)\end{cases}$ 이면 $N(f)=1$이다.

다음 두 함수 $g(x)$, $h(x)$에 대하여

$$a_1=N(g+h),\ a_2=N(gh),\ a_3=N(|h|)$$

라 할 때, a_1, a_2, a_3의 대소 관계를 옳게 나타낸 것은?
(단, $(g+h)(x)=g(x)+h(x)$, $(gh)(x)=g(x)h(x)$, $|h|(x)=|h(x)|$이다.) (3점)

$$g(x)=\begin{cases}0 & (x\leq0) \\ 1 & (0<x\leq1) \\ 0 & (1<x\leq2) \\ 1 & (x>2)\end{cases}$$

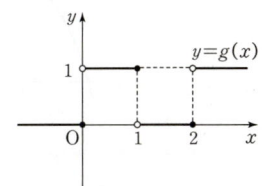

$$h(x)=\begin{cases}0 & (x\leq0) \\ -1 & (0<x\leq1) \\ 0 & (1<x\leq2) \\ 1 & (x>2)\end{cases}$$

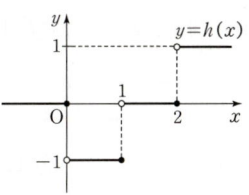

① $a_1=a_2=a_3$ ② $a_1<a_2=a_3$ ③ $a_1=a_3<a_2$

④ $a_2<a_1=a_3$ ⑤ $a_3<a_1=a_2$

B58 ✽❀❀ 2013실시(A) 10월 학평 16(고3)

함수 $y=f(x)$의 그래프가
그림과 같다.
[보기]에서 옳은 것만을 있는
대로 고른 것은? (4점)

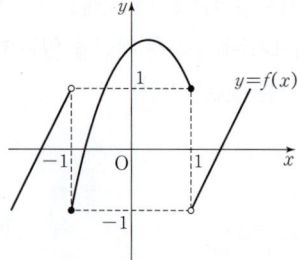

[보기]
ㄱ. $\lim\limits_{x \to -1-} f(x) + \lim\limits_{x \to 1+} f(x) = 0$

ㄴ. $\lim\limits_{x \to 1} f(-x)$는 존재한다.

ㄷ. 함수 $f(x)f(-x)$는 $x=1$에서 연속이다.

① ㄱ   ② ㄴ   ③ ㄱ, ㄷ

④ ㄴ, ㄷ   ⑤ ㄱ, ㄴ, ㄷ

B59 ✽❀❀ 2012실시(나) 4월 학평 9(고3)

실수 전체의 집합에서 정의된 함수 $y=f(x)$의 그래프의 일부
가 그림과 같을 때, 옳은 것만을 [보기]에서 있는 대로 고른 것
은? (4점)

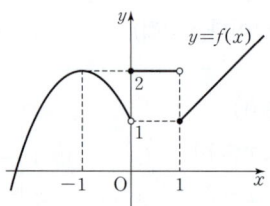

[보기]
ㄱ. $\lim\limits_{x \to -1} f(x) = 2$

ㄴ. $\lim\limits_{x \to -1+} f(-x) = f(1)$

ㄷ. 함수 $f(x)f(x+1)$은 $x=0$에서 연속이다.

① ㄱ   ② ㄴ   ③ ㄱ, ㄷ

④ ㄴ, ㄷ   ⑤ ㄱ, ㄴ, ㄷ

B60 ✽❀❀ 2009대비(가) 9월 모평 6(고3)

함수 $y=f(x)$의 그래프가 [보기]와 같이 주어질 때,
함수 $y=f(x-1)f(x+1)$이 $x=-1$에서 연속이 되는 경우만
을 있는 대로 고른 것은? (3점)

[보기]
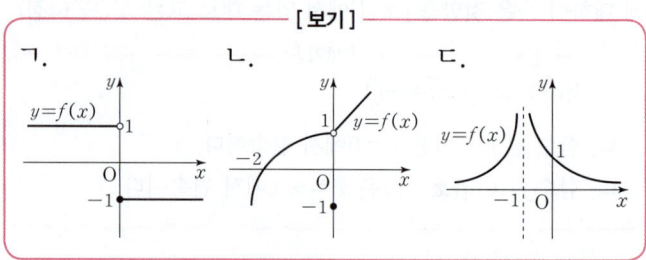

① ㄱ   ② ㄴ   ③ ㄷ

④ ㄴ, ㄷ   ⑤ ㄱ, ㄴ, ㄷ

B61 ✽❀❀ 2007실시(가) 4월 학평 12(고3)

다음은 두 함수 $y=f(x)$와 $y=g(x)$의 그래프이다.

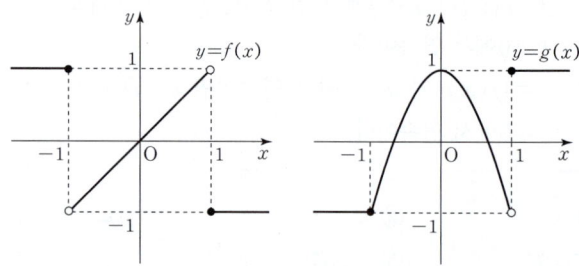

[보기]에서 항상 옳은 것을 모두 고르면? (4점)

[보기]
ㄱ. $\lim\limits_{x \to 1} f(x)g(x) = -1$

ㄴ. 함수 $y=f(x)g(x)$는 $x=-1$에서 연속이다.

ㄷ. 함수 $y=f(x)+g(x)$는 $x=1$에서 연속이다.

① ㄱ   ② ㄴ   ③ ㄱ, ㄷ

④ ㄴ, ㄷ   ⑤ ㄱ, ㄴ, ㄷ

B62 ★★✦

2019대비(나) 9월 모평 18(고3)

닫힌구간 $[-1, 1]$에서 정의된 함수 $y=f(x)$의
그래프가 그림과 같다.

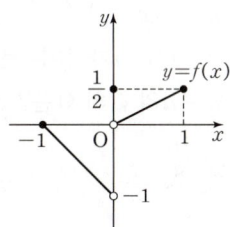

닫힌구간 $[-1, 1]$에서 두 함수 $g(x)$, $h(x)$가
$$g(x)=f(x)+|f(x)|, \quad h(x)=f(x)+f(-x)$$
일 때, [보기]에서 옳은 것만을 있는 대로 고른 것은? (4점)

[보기]

ㄱ. $\lim\limits_{x \to 0} g(x)=0$

ㄴ. 함수 $|h(x)|$는 $x=0$에서 연속이다.

ㄷ. 함수 $g(x)|h(x)|$는 $x=0$에서 연속이다.

① ㄱ   ② ㄷ   ③ ㄱ, ㄴ
④ ㄴ, ㄷ   ⑤ ㄱ, ㄴ, ㄷ

B63 ★★✦

2006대비(가) 수능 6(고3)

모든 실수에서 정의된 함수 $y=f(x)$에 대하여 함수
$y=x^k f(x)$가 $x=0$에서 연속이 되도록 하는 가장 작은 자연수
k를 $N(f)$로 나타내자. 예를 들어

$$f(x)=\begin{cases} \dfrac{1}{x} & (x \neq 0) \\ 0 & (x=0) \end{cases} \text{이면 } N(f)=2\text{이다.}$$

다음 함수 $g_i(i=1, 2, 3)$에 대하여 $N(g_i)=a_i$라 할 때, a_i의
대소 관계를 옳게 나타낸 것은? (3점)

$$g_1(x)=\begin{cases} \dfrac{|x|}{x} & (x \neq 0) \\ 0 & (x=0) \end{cases}$$
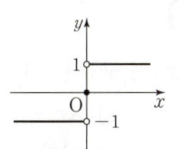

$$g_2(x)=\begin{cases} -x^2+1 & (x \neq 0) \\ 0 & (x=0) \end{cases}$$
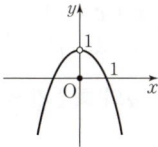

$$g_3(x)=\begin{cases} \dfrac{1}{x^2} & (x \neq 0) \\ 0 & (x=0) \end{cases}$$
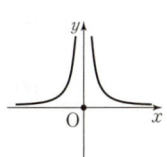

① $a_1=a_2<a_3$ ② $a_1<a_2=a_3$ ③ $a_1=a_2=a_3$
④ $a_2=a_3<a_1$ ⑤ $a_3<a_1=a_2$

유형 07 함수의 주기성과 연속

두 연속인 함수 $g(x)$, $h(x)$에 대하여 실수 전체의 집합에서
연속인 함수 $f(x)$가 구간 $[a, c]$에서

$$f(x)=\begin{cases} g(x) & (a \leq x < b) \\ h(x) & (b \leq x < c) \end{cases}$$

로 정의되고 $f(x+p)=f(x)(p=c-a)$를 만족시킬 때

(1) $\lim\limits_{x \to b-} g(x)=\lim\limits_{x \to b+} h(x)=h(b)$

(2) $\lim\limits_{x \to a+} g(x)=\lim\limits_{x \to c-} h(x)=g(a) \ (=h(c))$

tip

주어진 함수가 구간에 따라 다르게 정의되어 있고 주기함수일 때,

이 함수가 실수 전체의 집합에서 연속이려면

1️⃣ 각 구간의 경계에서 연속이어야 한다.

2️⃣ 한 주기의 끝과 다음 주기의 시작이 연속이어야 한다.

B64 ★✦✦

2014대비(A) 5월 예비 11(고3)

함수 $f(x)$는 모든 실수 x에 대하여 $f(x+2)=f(x)$
를 만족시키고,

$$f(x)=\begin{cases} ax+1 & (-1 \leq x < 0) \\ 3x^2+2ax+b & (0 \leq x < 1) \end{cases}$$

이다. 함수 $f(x)$가 실수 전체의 집합에서 연속일 때, 두 상수
a, b의 합 $a+b$의 값은? (3점)

① -2 ② -1 ③ 0
④ 1 ⑤ 2

B65 ★✦✦

2011실시(가) 3월 학평 8(고3)

연속함수 $f(x)$가 다음 조건을 만족시킨다.

(가) 모든 실수 x에 대하여 $f(x+5)=f(x)$

(나) $f(x)=\begin{cases} 2x+a & (-2 \leq x < 1) \\ x^2+bx+3 & (1 \leq x \leq 3) \end{cases}$

이때, $f(2011)$의 값은? (3점)

① -9 ② -7 ③ -5
④ -3 ⑤ -1

B66 ✱※※ _____ 2008실시(가) 7월 학평 5(고3)

모든 실수 x에 대하여 연속인 함수 $f(x)$는 $f(x+4)=f(x)$를 만족시키고, 닫힌구간 $[0, 4]$에서 다음과 같이 정의된다.

$$f(x)=\begin{cases} 3x & (0 \le x < 1) \\ x^2+ax+b & (1 \le x \le 4) \end{cases}$$

이때, $f(10)$의 값은? (3점)

① -1 ② 0 ③ 1
④ 2 ⑤ 3

B67 ✱※※ _____

실수 전체의 집합에서 연속인 함수 $f(x)$가 다음 조건을 만족시킨다.

> (가) 모든 실수 x에 대하여 $f(x+4)=f(x)$이다.
> (나) $f(x)=\begin{cases} |x-2|-1 & (0 \le x < 3) \\ x^2+ax+b & (3 \le x \le 4) \end{cases}$

$8f\left(-\dfrac{1}{2}\right)$의 값을 구하시오. (단, a와 b는 상수이다.) (4점)

유형 08 합성함수의 연속

합성함수 $f(g(x))$에 대하여
(i) $x \to k$일 때, $g(x) \to a$
(ii) $g(x) \to a$일 때, $f(g(x)) \to b$
이면 합성함수 $f(g(x))$의 $x \to k$일 때의 극한값은 b이다.
따라서 합성함수 $f(g(x))$가 $x=k$에서 연속이면
$f(g(k))=b$가 성립한다.

(tip)

함수의 연속성은 함숫값을 구하여 극한값과 동일한지 따져야 하므로 합성함수의 극한을 구하는 방식과 동일하게 치환하여 생각하면 실수를 줄일 수 있다.
즉, 합성함수 $f(g(x))$에 대하여 $\lim\limits_{x \to k} g(x)=a$일 때, $g(x)=t$라 치환하면 $\lim\limits_{x \to k} f(g(x))=\lim\limits_{t \to a} f(t)$이고 $x=k$에서 연속이기 위해서는 $\lim\limits_{x \to k} f(g(x))=f(g(k))$ 또는 $\lim\limits_{t \to a} f(t)=f(a)$가 성립해야 한다.

B68 ✱※※ _____ 2014실시(B) 3월 학평 16(고3)

두 함수
$$f(x)=\begin{cases} x^2-x+2a & (x \ge 1) \\ 3x+a & (x < 1) \end{cases}, \quad g(x)=x^2+ax+3$$

에 대하여 합성함수 $(g \circ f)(x)$가 실수 전체의 집합에서 연속이 되도록 하는 모든 상수 a의 값의 합은? (4점)

① $\dfrac{7}{4}$ ② $\dfrac{15}{8}$ ③ 2
④ $\dfrac{17}{8}$ ⑤ $\dfrac{9}{4}$

B69 ✱※※ _____ 2008실시(가) 7월 학평 11(고3)

함수 $f(x)=\begin{cases} x^2-2x-1 & (x < 1) \\ 1 & (x=1) \\ -x^2+2x+1 & (x > 1) \end{cases}$에 대한 설명 중

[보기]에서 옳은 것을 모두 고른 것은? (4점)

> ─────[보기]─────
> ㄱ. $\lim\limits_{x \to 1} |f(x)|=2$
> ㄴ. $\lim\limits_{x \to 2+} f(f(x))=-2$
> ㄷ. 함수 $y=f(f(x))$의 불연속점의 개수는 3개이다.

① ㄱ ② ㄷ ③ ㄱ, ㄴ
④ ㄴ, ㄷ ⑤ ㄱ, ㄴ, ㄷ

B70 ✱※※ _____ 2009대비(가) 6월 모평 11(고3)

함수 $f(x)$는 구간 $(-1, 1]$에서 $f(x)=(x-1)(2x-1)(x+1)$이고, 모든 실수 x에 대하여 $f(x)=f(x+2)$이다. $a > 1$에 대하여 함수 $g(x)$가
$$g(x)=\begin{cases} x & (x \ne 1) \\ a & (x=1) \end{cases}$$
일 때, 합성함수 $(f \circ g)(x)$가 $x=1$에서 연속이다. a의 최솟값은? (4점)

① 2 ② $\dfrac{5}{2}$ ③ 3
④ $\dfrac{7}{2}$ ⑤ 4

B71 ✽✽✽

두 함수 $f(x)$, $g(x)$에 대하여 [보기]에서 항상 옳은 것을 모두 고른 것은? (3점)

[보기]
ㄱ. $f(x) = \begin{cases} 1 & (x \geq 0) \\ -1 & (x < 0) \end{cases}$, $g(x) = |x|$일 때,
$(g \circ f)(x)$는 $x = 0$에서 연속이다.

ㄴ. $(g \circ f)(x)$가 $x = 0$에서 연속이면 $f(x)$는 $x = 0$에서 연속이다.

ㄷ. $(f \circ f)(x)$가 $x = 0$에서 연속이면 $f(x)$는 $x = 0$에서 연속이다.

① ㄱ   ② ㄴ   ③ ㄱ, ㄴ
④ ㄱ, ㄷ   ⑤ ㄴ, ㄷ

B72 ✽✽✽

실수 전체의 집합에서 정의된 두 함수

$$f(x) = \begin{cases} 0 & (x < 2) \\ 1 & (x = 2), \\ 2 & (x > 2) \end{cases} \quad g(x) = \begin{cases} -1 & (x < 2) \\ 0 & (x = 2) \\ 1 & (x > 2) \end{cases}$$

에 대하여 옳은 것만을 [보기]에서 있는 대로 고른 것은? (3점)

[보기]
ㄱ. $\lim_{x \to 2} (f \circ f)(x)$의 값이 존재한다.

ㄴ. 합성함수 $(f \circ g)(x)$는 $x = 2$에서 연속이다.

ㄷ. 합성함수 $(g \circ f)(x)$는 $x = 2$에서 연속이다.

① ㄱ   ② ㄴ   ③ ㄷ
④ ㄱ, ㄴ   ⑤ ㄴ, ㄷ

유형 09   그래프와 합성함수의 연속

함수 $g(x)$가 $x = a$에서 연속이고 함수 $f(x)$가 $x = g(a)$에서 연속이면 합성함수 $f(g(x))$는 $x = a$에서 연속이다.

1. 두 함수 $y = f(x)$, $y = g(x)$의 그래프가 불연속인 점이 존재하지 않으면 합성함수 $f(g(x))$, $g(f(x))$는 연속이다.

2. $x \neq a$인 모든 실수에서 연속인 함수 $f(x)$와 실수 전체의 집합에서 연속인 함수 $g(x)$에 대하여 합성함수 $g(f(x))$는 $x = a$에서 불연속일 수 있다.

B73 ✽✽✽

닫힌구간 $[-1, 4]$에서 정의된 함수 $y = f(x)$의 그래프가 그림과 같다.

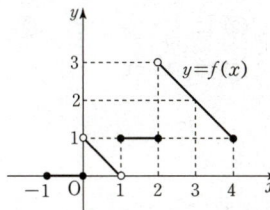

[보기]에서 옳은 것만을 있는 대로 고른 것은? (4점)

[보기]
ㄱ. $\lim_{x \to 1^-} f(x) < \lim_{x \to 1^+} f(x)$

ㄴ. $\lim_{t \to \infty} f\left(\frac{1}{t}\right) = 1$

ㄷ. 함수 $f(f(x))$는 $x = 3$에서 연속이다.

① ㄱ   ② ㄷ   ③ ㄱ, ㄴ
④ ㄴ, ㄷ   ⑤ ㄱ, ㄴ, ㄷ

B74 *❋❋ 2013실시(B) 7월 학평 16(고3)

그림은 두 함수 $y=f(x)$, $y=g(x)$의 그래프이다. 옳은 것만을 [보기]에서 있는 대로 고른 것은? (4점)

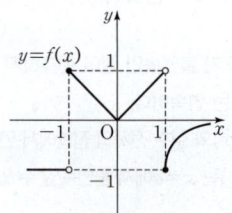 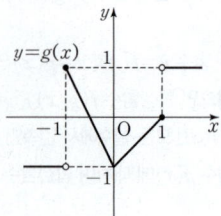

─────[보기]─────
ㄱ. 함수 $f(x)-g(x)$는 $x=-1$에서 연속이다.
ㄴ. 함수 $f(x)g(x)$는 $x=-1$에서 연속이다.
ㄷ. 함수 $(f \circ g)(x)$는 $x=1$에서 연속이다.

① ㄱ   ② ㄷ   ③ ㄱ, ㄴ
④ ㄴ, ㄷ   ⑤ ㄱ, ㄴ, ㄷ

B75 *❋❋ 2013실시(B) 3월 학평 30(고3)

그림은 실수 전체의 집합에서 정의된 함수 $y=f(x)$의 그래프이다.

함수 $f(x)$는 $x=1$, $x=2$, $x=3$에서만 불연속이다. 이차함수 $g(x)=x^2-4x+k$에 대하여 함수 $(f \circ g)(x)$가 $x=2$에서 불연속이 되도록 하는 모든 실수 k의 합을 구하시오. (4점)

B76 *❋❋ 2013대비(가) 수능 15(고3)

실수 전체의 집합에서 정의된 함수 $y=f(x)$의 그래프는 그림과 같고, 삼차함수 $g(x)$는 최고차항의 계수가 1이고, $g(0)=3$이다.

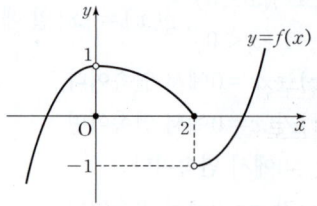

합성함수 $(g \circ f)(x)$가 실수 전체의 집합에서 연속일 때, $g(3)$의 값은? (4점)

① 31   ② 30   ③ 29
④ 28   ⑤ 27

B77 *❋❋ 2013대비(가) 9월 모평 6(고3)

실수 전체의 집합에서 정의된 함수 $f(x)$의 그래프가 그림과 같다.

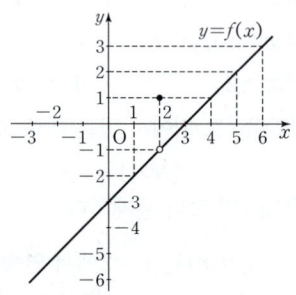

합성함수 $(f \circ f)(x)$가 $x=a$에서 불연속이 되는 모든 a의 값의 합은? (단, $0 \le a \le 6$이다.) (3점)

① 3   ② 4   ③ 5
④ 6   ⑤ 7

B78 ✽✽✽ .... 2009대비(가) 수능 9(고3)

닫힌구간 $[0, 5]$에서 정의된 함수 $y=f(x)$에 대하여
함수 $g(x)$를

$$g(x)=\begin{cases} \{f(x)\}^2 & (0 \le x \le 3) \\ (f \circ f)(x) & (3 < x \le 5) \end{cases}$$

라 하자.
함수 $g(x)$가 닫힌구간 $[0, 5]$에서 연속이 되도록 하는 함수
$y=f(x)$의 그래프로 옳은 것만을 [보기]에서 있는 대로 고른
것은? (4점)

─────── [보기] ───────

ㄱ.
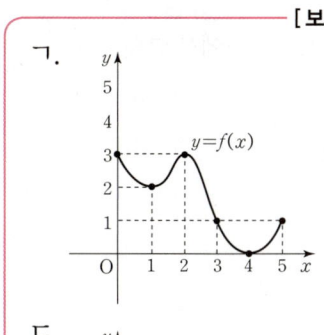

ㄴ.
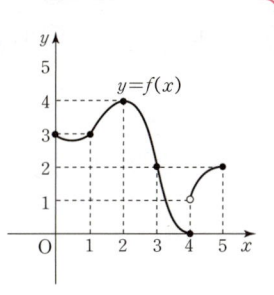

ㄷ.
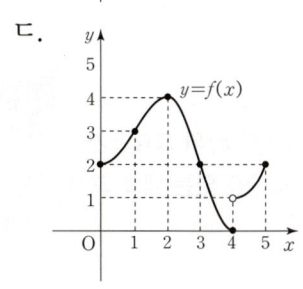

① ㄱ   ② ㄴ   ③ ㄷ
④ ㄱ, ㄴ   ⑤ ㄴ, ㄷ

B79 ✽✽✽ .... 2011실시(나) 4월 학평 21(고3)

두 함수 $y=f(x)$와 $y=g(x)$의 그래프가 다음과 같을 때,
옳은 것만을 [보기]에서 있는 대로 고른 것은? (4점)

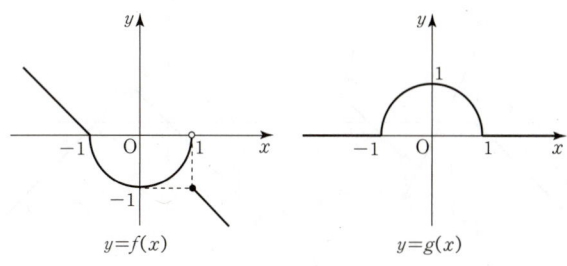

─────── [보기] ───────

ㄱ. 함수 $f(x)g(x)$는 $x=1$에서 연속이다.
ㄴ. 함수 $(f \circ g)(x)$는 $x=0$에서 연속이다.
ㄷ. 함수 $(g \circ f)(x)$는 $x=-1$에서 연속이다.

① ㄱ   ② ㄴ   ③ ㄱ, ㄷ
④ ㄴ, ㄷ   ⑤ ㄱ, ㄴ, ㄷ

B80 ✽✽✽ ....

함수 $f(x)$의 그래프가 그림과 같을 때, [보기]에서 옳은 것을
모두 고른 것은? (3점)

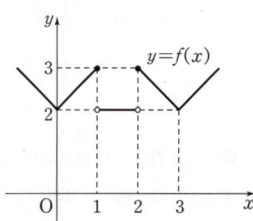

─────── [보기] ───────

ㄱ. $\lim\limits_{x \to 0} (f \circ f)(x)=2$

ㄴ. $\lim\limits_{x \to 1-} (f \circ f)(x)=\lim\limits_{x \to 2+} (f \circ f)(x)$

ㄷ. 함수 $(f \circ f)(x)$는 $x=3$에서 연속이다.

① ㄱ   ② ㄴ   ③ ㄷ
④ ㄱ, ㄷ   ⑤ ㄴ, ㄷ

B81 ✱✱✲

2008실시(가) 4월 학평 8(고3)

함수 $y=f(x)$와 $y=g(x)$의 그래프가 다음과 같을 때, [보기]에서 옳은 것을 모두 고른 것은? (4점)

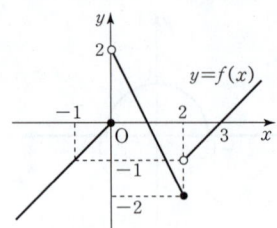 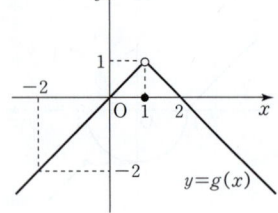

─────────[보기]─────────

ㄱ. $g(f(0))=0$

ㄴ. $y=g(f(x))$는 $x=0$에서 연속이다.

ㄷ. $-1 \leq x \leq 3$에서 $y=g(f(x))$가 불연속인 x의 값은 2개이다.

① ㄱ ② ㄷ ③ ㄱ, ㄴ
④ ㄴ, ㄷ ⑤ ㄱ, ㄴ, ㄷ

③ 최대·최소 정리

유형 10 **최대·최소 정리**

함수 $f(x)$가 닫힌구간 $[a, b]$에서 연속이면 함수 $f(x)$는 이 구간에서 반드시 최댓값과 최솟값을 갖는다.

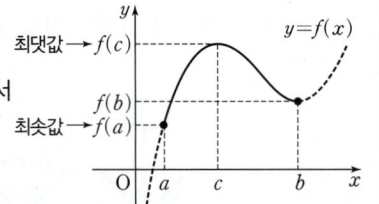

tip

1 함수 $f(x)$가 닫힌구간 $[a, b]$에서 연속이 아닌 경우 또는 닫힌구간이 아닌 경우 함수 $y=f(x)$의 그래프를 그려 최댓값, 최솟값의 존재를 확인한다.

2 증가하는(또는 감소하는) 함수는 닫힌구간의 양 끝점에서 최댓값 또는 최솟값을 갖는다.

B82 ✱✱✱

구간 $[2, 4]$에서 정의된 함수 $f(x)=\dfrac{-3x+4}{x-1}$의 최댓값을 M, 최솟값을 m이라 할 때, $M+m$의 값은? (3점)

① -2 ② $-\dfrac{8}{3}$ ③ $-\dfrac{10}{3}$

④ -4 ⑤ $-\dfrac{14}{3}$

B83 ✱✱✱

다음 [보기] 중 최댓값과 최솟값을 모두 갖는 함수를 있는 대로 고른 것은? (3점)

─────────[보기]─────────

ㄱ. $f(x)=-\dfrac{2}{x}$ $(-1 \leq x \leq 1)$

ㄴ. $g(x)=\dfrac{1}{x+1}+3$ $(0 \leq x \leq 3)$

ㄷ. $h(x)=\sqrt{x+6}$ $(2 < x < 5)$

① ㄱ ② ㄴ ③ ㄷ
④ ㄱ, ㄴ ⑤ ㄴ, ㄷ

B84 ✱✲✲

구간 $(-1, 5)$에서 정의된 함수 $y=f(x)$의 그래프가 그림과 같을 때, [보기]에서 옳은 것만을 있는 대로 고른 것은?

(3점)

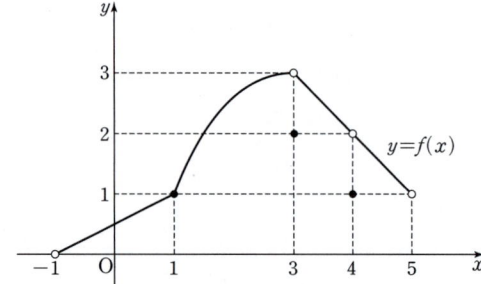

─────────[보기]─────────

ㄱ. 함수 $f(x)$는 $x=3$에서 불연속이다.

ㄴ. 닫힌구간 $[0, 2]$에서 함수 $f(x)$는 최댓값과 최솟값을 모두 갖는다.

ㄷ. 닫힌구간 $[1, 4]$에서 함수 $f(x)$는 최댓값을 갖는다.

① ㄱ ② ㄴ ③ ㄱ, ㄴ
④ ㄱ, ㄷ ⑤ ㄱ, ㄴ, ㄷ

4 사잇값의 정리

유형 11 사잇값의 정리

함수 $f(x)$가 닫힌구간 $[a, b]$에서 연속이고, $f(a) \neq f(b)$이면 $f(a)$와 $f(b)$ 사이의 임의의 값 k에 대하여 $f(c)=k$를 만족시키는 c가 열린구간 (a, b)에 적어도 하나 존재한다.

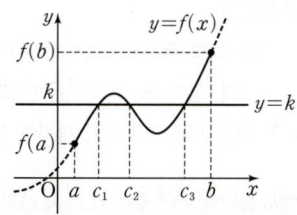

tip

함수 $f(x)$가 닫힌구간 $[a, b]$에서 연속이고 $f(a)f(b)<0$이면
① $f(c)=0$인 c가 열린구간 (a, b)에 적어도 하나 존재한다.
② 방정식 $f(x)=0$은 열린구간 (a, b)에서 적어도 하나의 실근을 갖는다.

B85 ✳✳✳

방정식 $x^6-2x^3+k=0$이 구간 $(-1, 1)$에서 적어도 하나의 실근을 갖도록 하는 정수 k의 개수를 구하시오. (3점)

B86 ✳✳✳　　　　2023실시 10월 학평 4(고3)

두 자연수 m, n에 대하여
함수 $f(x)=x(x-m)(x-n)$이
$$f(1)f(3)<0, \; f(3)f(5)<0$$
을 만족시킬 때, $f(6)$의 값은? (3점)

① 30　　　② 36　　　③ 42
④ 48　　　⑤ 54

B87 ✳✳✳　　　　2008실시(가) 4월 학평 23(고3)

두 함수 $f(x)=x^5+x^3-3x^2+k$, $g(x)=x^3-5x^2+3$에 대하여 구간 $(1, 2)$에서 방정식 $f(x)=g(x)$가 적어도 하나의 실근을 갖도록 하는 정수 k의 개수를 구하시오. (3점)

B88 ✳✳✳　　　　2007대비(가) 6월 모평 7(고3)

삼차함수 $y=f(x)$의 그래프와
함수
$$g(x)=\begin{cases} \dfrac{1}{2}x-1 & (x>0) \\ -x-2 & (x \leq 0) \end{cases}$$
의 그래프가 그림과 같을 때,
[보기]에서 옳은 것을 모두
고른 것은? (3점)

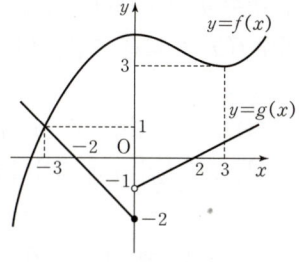

[보기]

ㄱ. $\displaystyle\lim_{x \to 0+} g(x)=-2$
ㄴ. 함수 $g(f(x))$는 $x=0$에서 연속이다.
ㄷ. 방정식 $g(f(x))=0$은 닫힌구간 $[-3, 3]$에서 적어도 하나의 실근을 갖는다.

① ㄱ　　　② ㄴ　　　③ ㄷ
④ ㄴ, ㄷ　　　⑤ ㄱ, ㄴ, ㄷ

B89 ✳✳✳　　　　1994대비(1차) 수능 11(고3)

모든 실수에서 정의된 함수 $f(x)$가 다음 [보기]에 있는 세 가지 조건을 만족시킨다.

[보기]

가. $f(x)$는 연속함수이고 $f(x)=f(-x)$이다.
나. $|x|>5$이면 $f(x)=0$이다.
다. $|x|<5$이면 $|f(x)| \leq 10$이고 $f(x)=10$이 되는 x는 오직 한 개 있다.

다음 중 옳지 않은 것은? (2점)

① $f(5)=f(-5)=0$이다.
② $f(x)$는 $x=0$일 때 최대이다.
③ $f(x)=5$가 되는 x는 두 개 이상 있다.
④ $f(x)$가 최소가 되는 x는 오직 한 개 있다.
⑤ 모든 실수 x에 대하여 $f(x+5)f(x-5)=0$이다.

B90 ✱❋❋ .... 2022실시 10월 학평 11(고3)

두 정수 a, b에 대하여 실수 전체의 집합에서 연속인 함수 $f(x)$가 다음 조건을 만족시킨다.

> (가) $0 \le x < 4$에서 $f(x) = ax^2 + bx - 24$이다.
> (나) 모든 실수 x에 대하여 $f(x+4) = f(x)$이다.

$1 < x < 10$일 때, 방정식 $f(x) = 0$의 서로 다른 실근의 개수가 5이다. $a + b$의 값은? (4점)

① 18 ② 19 ③ 20
④ 21 ⑤ 22

B91 ✱✱❋ .... 2017실시(나) 9월 학평 20(고2)

2가 아닌 양수 a에 대하여 함수

$$f(x) = \begin{cases} (x-a)^2 & (x \le a) \\ (x-2)(x-a) & (x > a) \end{cases}$$

가 다음 조건을 만족시킬 때, $f(3a)$의 값은? (4점)

> (가) $f(c) = 0$인 c가 0과 $1 + \dfrac{a}{2}$ 사이에 적어도 하나 존재한다.
> (나) 세 점 $(2, f(2))$, $(a, f(a))$, $\left(1 + \dfrac{a}{2}, f\left(1 + \dfrac{a}{2}\right)\right)$를 꼭짓점으로 하는 삼각형의 넓이는 $\dfrac{1}{8}$이다.

① 2 ② 4 ③ 8
④ 16 ⑤ 32

---

❶+❷+❸+❹ 함수의 연속의 활용

유형 12 새롭게 정의된 함수의 연속

(1) **주어진 함수의 변형**
  주어진 함수의 식 또는 그래프를 정확히 파악하여 새롭게 정의되는 함수의 식이나 그래프를 조건에 맞게 나타낸다.

(2) **문장으로 정의된 함수**
  '~를 함수 $f(\square)$라 하자.'로 제시되면 먼저 $f(\square)$를 정의하여야 한다. 이때, 함수 f의 정의역은 $\square$의 범위가 되므로 $\square$의 범위에 따라 함수 f의 그래프의 개형을 생각하자.

tip
함수 $f(x)$가 $x = a$에서 불연속일 때, 함수 $f(x)g(x)$가 $x = a$에서 연속이려면 $\lim\limits_{x \to a} g(x) = g(a) = 0$이어야 한다.

B92 ❋❋❋ .... 2022대비 6월 모평 8(고3)

함수

$$f(x) = \begin{cases} -2x + 6 & (x < a) \\ 2x - a & (x \ge a) \end{cases}$$

에 대하여 함수 $\{f(x)\}^2$이 실수 전체의 집합에서 연속이 되도록 하는 모든 상수 a의 값의 합은? (3점)

① 2 ② 4 ③ 6
④ 8 ⑤ 10

B93 ❋❋❋ .... 2021실시 10월 학평 5(고3)

함수 $y = f(x)$의 그래프가 그림과 같다.

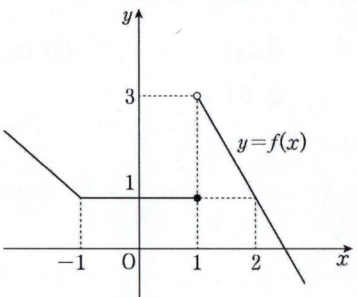

함수 $(x^2 + ax + b)f(x)$가 $x = 1$에서 연속일 때, $a + b$의 값은? (단, a, b는 실수이다.) (3점)

① -2 ② -1 ③ 0
④ 1 ⑤ 2

B94 ✽✽✽

두 함수 $y=f(x)$, $y=g(x)$의 그래프가 그림과 같다.

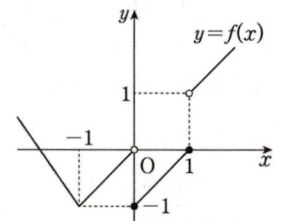 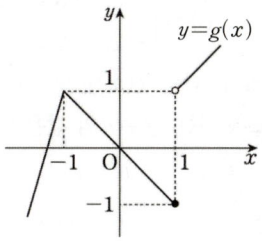

[보기]에서 옳은 것만을 있는 대로 고른 것은? (3점)

[보기]

ㄱ. $\lim\limits_{x \to 1-} f(x)g(x) = -1$

ㄴ. $f(1)g(1) = 0$

ㄷ. 함수 $f(x)g(x)$는 $x=1$에서 불연속이다.

① ㄱ　　　　② ㄴ　　　　③ ㄷ

④ ㄱ, ㄴ　　⑤ ㄴ, ㄷ

B95 ✽✽✽

함수 $f(x) = x^2 - 4x + 5$와 두 상수 a, b에 대하여
함수

$$g(x) = \begin{cases} f(x+a)+b & (x<0) \\ f(x) & (x \geq 0) \end{cases}$$

이 실수 전체의 집합에서 연속이다. 실수 t에 대하여 함수
$y=g(x)$의 그래프와 직선 $y=t$가 만나는 점의 개수를 $h(t)$라
하자.

$$\left| \lim_{t \to k+} h(t) - \lim_{t \to k-} h(t) \right| = 2$$

를 만족시키는 서로 다른 모든 실수 k의 값이 1, 4, 5일 때,
$g(-4)$의 값은? (4점)

① 9　　　　　② 10　　　　　③ 11

④ 12　　　　　⑤ 13

B96 ✽✽✽

다항함수 $f(x)$는 $\lim\limits_{x \to \infty} \dfrac{f(x)}{x^2 - 3x - 5} = 2$를 만족시키고,

함수 $g(x)$는

$$g(x) = \begin{cases} \dfrac{1}{x-3} & (x \neq 3) \\ 1 & (x=3) \end{cases}$$

이다. 두 함수 $f(x)$, $g(x)$에 대하여 함수 $f(x)g(x)$가 실수
전체의 집합에서 연속일 때, $f(1)$의 값은? (4점)

① 8　　　　② 9　　　　③ 10

④ 11　　　⑤ 12

B97 ✽✽✽

함수 $y=f(x)$의 그래프가 그림과 같다. 최고차항의 계수가 1인
이차함수 $g(x)$에 대하여 함수 $h(x) = f(x)g(x)$가 구간
$(-2, 2)$에서 연속일 때, $g(5)$의 값을 구하시오. (3점)

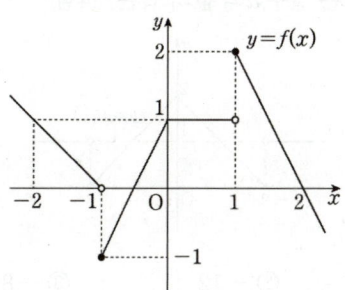

B98 ✻❀❀ ……………… 2020실시(가) 3월 학평 12(고3)

두 함수

$$f(x) = \begin{cases} \dfrac{1}{x-1} & (x<1) \\ \dfrac{1}{2x+1} & (x\geq1) \end{cases}, \quad g(x) = 2x^3 + ax + b$$

에 대하여 함수 $f(x)g(x)$가 실수 전체의 집합에서 연속일 때, $b-a$의 값은? (단, a, b는 상수이다.) (3점)

① 10   ② 9   ③ 8

④ 7   ⑤ 6

B99 ✻❀❀ ……………… 2019실시(나) 10월 학평 14(고3)

최고차항의 계수가 1인 이차함수 $f(x)$와 함수

$$g(x) = \begin{cases} -|x|+2 & (|x|\leq2) \\ 1 & (|x|>2) \end{cases}$$

에 대하여 함수 $f(x)g(x)$가 실수 전체의 집합에서 연속이다. 함수 $y=f(x-a)g(x)$의 그래프가 한 점에서만 불연속이 되도록 하는 모든 실수 a의 값의 곱은? (4점)

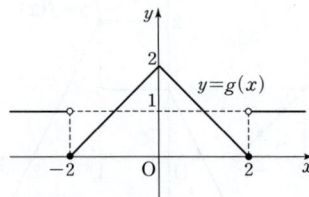

① -16 ② -12 ③ -8

④ -4 ⑤ -1

B100 ✻❀❀ ……………… 2020대비(나) 6월 모평 15(고3)

두 함수

$$f(x) = \begin{cases} -2x+3 & (x<0) \\ -2x+2 & (x\geq0) \end{cases}, \quad g(x) = \begin{cases} 2x & (x<a) \\ 2x-1 & (x\geq a) \end{cases}$$

가 있다. 함수 $f(x)g(x)$가 실수 전체의 집합에서 연속이 되도록 하는 상수 a의 값은? (4점)

① -2 ② -1 ③ 0

④ 1   ⑤ 2

B101 ✻❀❀ ……………… 2018실시(가) 6월 학평 27(고2)

함수 $f(x) = \begin{cases} x(x-2) & (x\leq1) \\ x(x-2)+16 & (x>1) \end{cases}$ 에 대하여

함수 $f(x)\{f(x)-a\}$가 실수 전체의 집합에서 연속이 되도록 하는 상수 a의 값을 구하시오. (4점)

B102 ❋❀❀ 　　　　　　　　　　　　　　2017대비(나) 수능 14(고3)

두 함수

$$f(x) = \begin{cases} x^2 - 4x + 6 & (x < 2) \\ 1 & (x \geq 2) \end{cases}, \ g(x) = ax + 1$$

에 대하여 함수 $\dfrac{g(x)}{f(x)}$ 가 실수 전체의 집합에서 연속일 때, 상수 a의 값은? (4점)

① $-\dfrac{5}{4}$ ② -1 ③ $-\dfrac{3}{4}$

④ $-\dfrac{1}{2}$ ⑤ $-\dfrac{1}{4}$

B103 ❋❀❀ 　　　　　　　　　　　　2016실시(나) 10월 학평 14(고3)

두 함수

$$f(x) = \begin{cases} -x^2 + a & (x \leq 2) \\ x^2 - 4 & (x > 2) \end{cases}, \ g(x) = \begin{cases} x - 4 & (x \leq 2) \\ \dfrac{1}{x-2} & (x > 2) \end{cases}$$

에 대하여 함수 $f(x)g(x)$가 $x = 2$에서 연속이 되도록 하는 상수 a의 값은? (4점)

① 1 ② 2 ③ 3

④ 4 ⑤ 5

B104 ❋❀❀ 　　　　　　　　　　　　　2016대비(A) 수능 27(고3)

두 함수

$$f(x) = \begin{cases} x + 3 & (x \leq a) \\ x^2 - x & (x > a) \end{cases}, \ g(x) = x - (2a + 7)$$

에 대하여 함수 $f(x)g(x)$가 실수 전체의 집합에서 연속이 되도록 하는 모든 실수 a의 값의 곱을 구하시오. (4점)

B105 ❋❀❀ 　　　　　　　　　　　　2015실시(A) 7월 학평 19(고3)

-1이 아닌 실수 a에 대하여 함수 $f(x)$가

$$f(x) = \begin{cases} -x - 1 & (x \leq 0) \\ 2x + a & (x > 0) \end{cases}$$

일 때, 함수 $g(x) = f(x)f(x-1)$이 실수 전체의 집합에서 연속이 되도록 하는 a의 값은? (4점)

① $-\dfrac{7}{2}$ ② -3 ③ $-\dfrac{5}{2}$

④ -2 ⑤ $-\dfrac{3}{2}$

B106 ✽❊❊ 2015실시(A) 4월 학평 29(고3)

함수

$$f(x)=\begin{cases} x^2+1 & (|x|\le 2) \\ -2x+3 & (|x|>2) \end{cases}$$

에 대하여 함수 $f(-x)\{f(x)+k\}$가 $x=2$에서 연속이 되도록 하는 상수 k의 값을 구하시오. (4점)

B107 ✽❊❊ 2014실시(A) 7월 학평 18(고3)

다항함수 $f(x)$가

$$\lim_{x\to\infty}\frac{f(x)}{x^2}=1, \ \lim_{x\to 1}\frac{f(x)}{x-1}=k$$

를 만족시키고, 함수 $g(x)$는

$$g(x)=\begin{cases} x+1 & (x\le 2) \\ 2-x & (x>2) \end{cases}$$

이다. 함수 $h(x)=f(x)g(x)$가 $x=2$에서 연속이 되도록 하는 상수 k의 값은? (4점)

① -2 ② -1 ③ 0
④ 1 ⑤ 2

B108 ✽❊❊ 2013대비(나) 9월 모평 13(고3)

함수 $f(x)$가

$$f(x)=\begin{cases} a & (x\le 1) \\ -x+2 & (x>1) \end{cases}$$

일 때, 옳은 것만을 [보기]에서 있는 대로 고른 것은?

(단, a는 상수이다.) (3점)

[보기]
ㄱ. $\lim_{x\to 1+}f(x)=1$
ㄴ. $a=0$이면 함수 $f(x)$는 $x=1$에서 연속이다.
ㄷ. 함수 $y=(x-1)f(x)$는 실수 전체의 집합에서 연속이다.

① ㄱ ② ㄴ ③ ㄱ, ㄷ
④ ㄴ, ㄷ ⑤ ㄱ, ㄴ, ㄷ

B109 ✽❊❊ 2011대비(가) 6월 모평 11(고3)

함수 $f(x)$가

$$f(x)=\begin{cases} x^2 & (x\ne 1) \\ 2 & (x=1) \end{cases}$$

일 때, 옳은 것만을 [보기]에서 있는 대로 고른 것은? (4점)

[보기]
ㄱ. $\lim_{x\to 1-}f(x)=\lim_{x\to 1+}f(x)$
ㄴ. 함수 $g(x)=f(x-a)$가 실수 전체의 집합에서 연속이 되도록 하는 실수 a가 존재한다.
ㄷ. 함수 $h(x)=(x-1)f(x)$는 실수 전체의 집합에서 연속이다.

① ㄱ ② ㄴ ③ ㄱ, ㄷ
④ ㄴ, ㄷ ⑤ ㄱ, ㄴ, ㄷ

B110 ✽✽❊ 2024대비 9월 모평 15(고3)

최고차항의 계수가 1인 삼차함수 $f(x)$에 대하여 함수 $g(x)$를

$$g(x)=\begin{cases} \dfrac{f(x+3)\{f(x)+1\}}{f(x)} & (f(x)\ne 0) \\ 3 & (f(x)=0) \end{cases}$$

이라 하자. $\lim_{x\to 3}g(x)=g(3)-1$일 때, $g(5)$의 값은? (4점)

① 14 ② 16 ③ 18
④ 20 ⑤ 22

B111 ✱✱❀ 2022실시 3월 학평 12(고3)

$a>2$인 상수 a에 대하여 함수 $f(x)$를

$$f(x)=\begin{cases} x^2-4x+3 & (x\leq 2) \\ -x^2+ax & (x>2) \end{cases}$$

라 하자. 최고차항의 계수가 1인 삼차함수 $g(x)$에 대하여 실수 전체의 집합에서 연속인 함수 $h(x)$가 다음 조건을 만족시킬 때, $h(1)+h(3)$의 값은? (4점)

> (가) $x\neq 1$, $x\neq a$일 때, $h(x)=\dfrac{g(x)}{f(x)}$이다.
>
> (나) $h(1)=h(a)$

① $-\dfrac{15}{6}$ ② $-\dfrac{7}{3}$ ③ $-\dfrac{13}{6}$

④ -2 ⑤ $-\dfrac{11}{6}$

B112 ✱✱❀ 2016실시(나) 4월 학평 30(고3)

함수 $f(x)=x^2-8x+a$에 대하여 함수 $g(x)$를

$$g(x)=\begin{cases} 2x+5a & (x\geq a) \\ f(x+4) & (x<a) \end{cases}$$

라 할 때, 다음 조건을 만족시키는 모든 실수 a의 값의 곱을 구하시오. (4점)

> (가) 방정식 $f(x)=0$은 열린구간 $(0, 2)$에서 적어도 하나의 실근을 갖는다.
>
> (나) 함수 $f(x)g(x)$는 $x=a$에서 연속이다.

B113 ✱✱❀ 2014대비(A) 수능 28(고3)

함수

$$f(x)=\begin{cases} x+1 & (x\leq 0) \\ -\dfrac{1}{2}x+7 & (x>0) \end{cases}$$

에 대하여 함수 $f(x)f(x-a)$가 $x=a$에서 연속이 되도록 하는 모든 실수 a의 값의 합을 구하시오. (4점)

고난도

유형 13 함수의 연속의 활용

2026 수능 **출제**

> 두 함수의 그래프의 교점의 개수를 새로운 함수로 정의하여 이 함수가 불연속인 점을 찾거나 이 함수와 다항함수의 곱으로 정의된 함수가 실수 전체의 집합에서 연속이 되도록 다항함수를 결정하는 문제가 자주 출제된다.
>
> **tip**

1 방정식 $f(x)=0$의 서로 다른 실근의 개수는 함수 $y=f(x)$의 그래프와 x축의 교점의 개수와 같다.

2 방정식 $f(x)=g(x)$의 서로 다른 실근의 개수는 두 함수 $y=f(x)$, $y=g(x)$의 그래프의 교점의 개수와 같다.

3 두 함수의 그래프의 교점의 개수로 정의된 함수는 두 그래프가 만나지 않을 때, 접할 때 등을 기준으로 함수를 찾는다.

B114 ✱✱✱ 2022대비 수능 12(고3)

실수 전체의 집합에서 연속인 함수 $f(x)$가 모든 실수 x에 대하여

$$\{f(x)\}^3-\{f(x)\}^2-x^2f(x)+x^2=0$$

을 만족시킨다. 함수 $f(x)$의 최댓값이 1이고 최솟값이 0일 때, $f\left(-\dfrac{4}{3}\right)+f(0)+f\left(\dfrac{1}{2}\right)$의 값은? (4점)

① $\dfrac{1}{2}$ ② 1 ③ $\dfrac{3}{2}$

④ 2 ⑤ $\dfrac{5}{2}$

B115 ✱❀❀ .... 2015실시(A) 10월 학평 12(고3)

원 $x^2+y^2=t^2$과 직선 $y=1$이 만나는 점의 개수를
$f(t)$라 하자. 함수 $(x+k)f(x)$가 구간 $(0, \infty)$에서 연속일 때,
$f(1)+k$의 값은? (단, k는 상수이다.) (3점)

① -2 ② -1 ③ 0

④ 1 ⑤ 2

B116 ✱❀❀ .... 2016대비(A) 6월 모평 29(고3)

실수 t에 대하여 직선 $y=t$가 곡선 $y=|x^2-2x|$와 만나는
점의 개수를 $f(t)$라 하자. 최고차항의 계수가 1인 이차함수
$g(t)$에 대하여 함수 $f(t)g(t)$가 모든 실수 t에서 연속일 때,
$f(3)+g(3)$의 값을 구하시오. (4점)

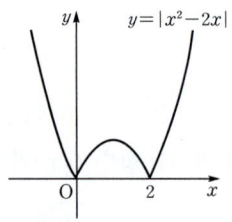

B117 ✱✱❀ .... 2021실시 3월 학평 20(고3)

실수 m에 대하여 직선 $y=mx$와 함수

$$f(x)=2x+3+|x-1|$$

의 그래프의 교점의 개수를 $g(m)$이라 하자. 최고차항의 계수
가 1인 이차함수 $h(x)$에 대하여 함수 $g(x)h(x)$가 실수 전체
의 집합에서 연속일 때, $h(5)$의 값을 구하시오. (4점)

B118 ✱✱❀ .... 2015실시(나) 6월 학평 19(고2)

양수 r에 대하여 함수 $y=|x|$의 그래프와 원
$(x-1)^2+(y-2)^2=r^2$이 만나는 점의 개수를 $f(r)$라 하자.
함수 $f(r)$가 불연속인 점의 개수는? (4점)

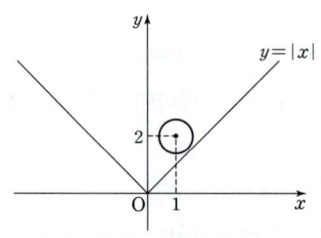

① 1 ② 2 ③ 3

④ 4 ⑤ 5

B119 ★★★ .... 2019대비(나) 6월 모평 29(고3)

함수

$$f(x) = \begin{cases} ax+b & (x<1) \\ cx^2 + \dfrac{5}{2}x & (x \geq 1) \end{cases}$$

이 실수 전체의 집합에서 연속이고 역함수를 갖는다.
함수 $y=f(x)$의 그래프와 역함수 $y=f^{-1}(x)$의 그래프의 교점의 개수가 3이고, 그 교점의 x좌표가 각각 -1, 1, 2일 때, $2a+4b-10c$의 값을 구하시오. (단, a, b, c는 상수이다.) (4점)

B120 ★★★ .... 2019대비(나) 수능 21(고3)

최고차항의 계수가 1인 삼차함수 $f(x)$에 대하여 실수 전체의 집합에서 연속인 함수 $g(x)$가 다음 조건을 만족시킨다.

(가) 모든 실수 x에 대하여 $f(x)g(x)=x(x+3)$이다.
(나) $g(0)=1$

$f(1)$이 자연수일 때, $g(2)$의 최솟값은? (4점)

① $\dfrac{5}{13}$　　　② $\dfrac{5}{14}$　　　③ $\dfrac{1}{3}$

④ $\dfrac{5}{16}$　　　⑤ $\dfrac{5}{17}$

B121 ★★★ .... 2011대비(가) 수능 8(고3)

함수

$$f(x) = \begin{cases} x+2 & (x<-1) \\ 0 & (x=-1) \\ x^2 & (-1<x<1) \\ x-2 & (x \geq 1) \end{cases}$$

에 대하여 옳은 것만을 [보기]에서 있는 대로 고른 것은? (3점)

[보기]

ㄱ. $\displaystyle\lim_{x \to 1+} \{f(x)+f(-x)\}=0$

ㄴ. 함수 $f(x)-|f(x)|$가 불연속인 점은 1개이다.

ㄷ. 함수 $f(x)f(x-a)$가 실수 전체의 집합에서 연속이 되는 상수 a는 없다.

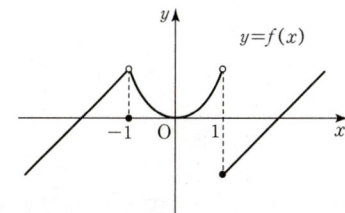

① ㄱ　　　② ㄱ, ㄴ　　　③ ㄱ, ㄷ
④ ㄴ, ㄷ　　　⑤ ㄱ, ㄴ, ㄷ

B122 ★★★　2023대비 수능 14(고3)

다항함수 $f(x)$에 대하여 함수 $g(x)$를 다음과 같이 정의한다.

$$g(x)=\begin{cases} x & (x<-1 \text{ 또는 } x>1) \\ f(x) & (-1\leq x \leq 1) \end{cases}$$

함수 $h(x)=\lim\limits_{t\to 0+} g(x+t)\times \lim\limits_{t\to 2+} g(x+t)$에 대하여 [보기]에서 옳은 것만을 있는 대로 고른 것은? (4점)

[보기]

ㄱ. $h(1)=3$

ㄴ. 함수 $h(x)$는 실수 전체의 집합에서 연속이다.

ㄷ. 함수 $g(x)$가 닫힌구간 $[-1, 1]$에서 감소하고 $g(-1)=-2$이면 함수 $h(x)$는 실수 전체의 집합에서 최솟값을 갖는다.

① ㄱ　　　　② ㄴ　　　　③ ㄱ, ㄴ
④ ㄱ, ㄷ　　　⑤ ㄴ, ㄷ

B123 ★★★　2023실시 7월 학평 14(고3)

최고차항의 계수가 1이고 $f(-3)=f(0)$인 삼차함수 $f(x)$에 대하여 함수 $g(x)$를

$$g(x)=\begin{cases} f(x) & (x<-3 \text{ 또는 } x\geq 0) \\ -f(x) & (-3\leq x<0) \end{cases}$$

이라 하자. 함수 $g(x)g(x-3)$이 $x=k$에서 불연속인 실수 k의 값이 한 개일 때, [보기]에서 옳은 것만을 있는 대로 고른 것은? (4점)

[보기]

ㄱ. 함수 $g(x)g(x-3)$은 $x=0$에서 연속이다.

ㄴ. $f(-6)\times f(3)=0$

ㄷ. 함수 $g(x)g(x-3)$이 $x=k$에서 불연속인 실수 k가 음수일 때 집합 $\{x\,|\,f(x)=0,\ x\text{는 실수}\}$의 모든 원소의 합이 -1이면 $g(-1)=-48$이다.

① ㄱ　　　　② ㄱ, ㄴ　　　③ ㄱ, ㄷ
④ ㄴ, ㄷ　　　⑤ ㄱ, ㄴ, ㄷ

B124 ★★★　2020실시(나) 4월 학평 21(고3)

좌표평면에 세 점 $O(0, 0)$, $A(\sqrt{2}, 0)$, $B(0, \sqrt{2})$가 있다. 점 O를 중심으로 하는 원 C의 반지름의 길이가 t일 때, 삼각형 ABP의 넓이가 자연수인 원 C 위의 점 P의 개수를 함수 $f(t)$라 하자. [보기]에서 옳은 것만을 있는 대로 고른 것은? (단, 점 P는 직선 AB 위에 있지 않다.) (4점)

[보기]

ㄱ. $f\left(\dfrac{1}{2}\right)=2$

ㄴ. $\lim\limits_{t\to 1+} f(t)\neq f(1)$

ㄷ. $0<a<4$인 실수 a에 대하여 함수 $f(t)$가 $t=a$에서 불연속인 a의 개수는 3이다.

① ㄱ　　　　② ㄴ　　　　③ ㄱ, ㄴ
④ ㄴ, ㄷ　　　⑤ ㄱ, ㄴ, ㄷ

B125 ★★★　2017실시(나) 4월 학평 29(고3)

그림과 같이 $\overline{AB}=4$, $\overline{BC}=3$, $\angle B=90°$인 삼각형 ABC의 변 AB 위를 움직이는 점 P를 중심으로 하고 반지름의 길이가 2인 원 O가 있다. $\overline{AP}=x(0<x<4)$라 할 때, 원 O가 삼각형 ABC와 만나는 서로 다른 점의 개수를 $f(x)$라 하자. 함수 $f(x)$가 $x=a$에서 불연속이 되는 모든 실수 a의 값의 합은 $\dfrac{q}{p}$이다. $p+q$의 값을 구하시오. (단, p와 q는 서로소인 자연수이다.) (4점)

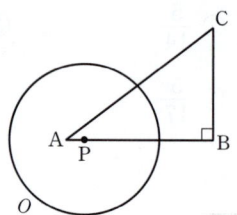

B126 ★★★ .... 2016실시(나) 11월 학평 21(고2)

실수 t에 대하여 두 함수

$$f(x) = (x-t)^2 - 1,$$

$$g(x) = \begin{cases} -x & (x \le 1) \\ x+2 & (x > 1) \end{cases}$$

의 그래프가 만나는 서로 다른 점의 개수를 $h(t)$라 할 때, [보기]에서 옳은 것만을 있는 대로 고른 것은? (4점)

─────────── [보기] ───────────

ㄱ. $\lim\limits_{t \to -1+} h(t) = 3$

ㄴ. 함수 $h(t)$는 $t=1$에서 연속이다.

ㄷ. 함수 $h(t)$가 $t=a$에서 불연속이 되는 모든 a의 값의
　 합은 $\dfrac{15}{4}$이다.

─────────────────────────────

① ㄱ　　　　② ㄷ　　　　③ ㄱ, ㄴ

④ ㄴ, ㄷ　　⑤ ㄱ, ㄴ, ㄷ

B127 ★★★ .... 2007대비(가) 수능 9(고3)

좌표평면에서 중심이 $(0, 3)$이고 반지름의 길이가 1인 원을 C라 하자. 양수 r에 대하여 $f(r)$를 반지름의 길이가 r인 원 중에서, 원 C와 한 점에서 만나고 동시에 x축에 접하는 원의 개수라 하자. [보기]에서 옳은 것을 모두 고른 것은? (4점)

─────────── [보기] ───────────

ㄱ. $f(2) = 3$

ㄴ. $\lim\limits_{r \to 1+} f(r) = f(1)$

ㄷ. 구간 $(0, 4)$에서 함수 $f(r)$의 불연속점은 2개이다.

─────────────────────────────

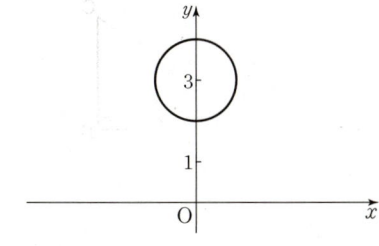

① ㄱ　　　　② ㄴ　　　　③ ㄷ

④ ㄱ, ㄷ　　⑤ ㄱ, ㄴ, ㄷ

B128 ★1등급 대비 .... 2023대비 6월 모평 22(고3)

두 양수 a, $b(b>3)$과 최고차항의 계수가 1인 이차함수 $f(x)$에 대하여 함수

$$g(x) = \begin{cases} (x+3)f(x) & (x<0) \\ (x+a)f(x-b) & (x \ge 0) \end{cases}$$

이 실수 전체의 집합에서 연속이고 다음 조건을 만족시킬 때, $g(4)$의 값을 구하시오. (4점)

┌─────────────────────────────┐

$\lim\limits_{x \to -3} \dfrac{\sqrt{|g(x)| + \{g(t)\}^2} - |g(t)|}{(x+3)^2}$ 의 값이 존재하지 않는

실수 t의 값은 -3과 6뿐이다.

└─────────────────────────────┘

B129 ★1등급 대비 .... 2024실시 7월 학평 22(고3)

두 자연수 a, b $(a<b<8)$에 대하여 함수 $f(x)$는

$$f(x) = \begin{cases} |x+3|-1 & (x<a) \\ x-10 & (a \le x < b) \\ |x-9|-1 & (x \ge b) \end{cases}$$

이다. 함수 $f(x)$와 양수 k는 다음 조건을 만족시킨다.

┌─────────────────────────────┐

(가) 함수 $f(x)f(x+k)$는 실수 전체의 집합에서 연속이다.

(나) $f(k) < 0$

└─────────────────────────────┘

$f(a) \times f(b) \times f(k)$의 값을 구하시오. (4점)

B130 ⚙ 2등급 대비 .... 2017실시(나) 9월 학평 30(고2)

세 정수 a, b, c에 대하여 이차함수
$f(x)=a(x-b)^2+c$라 하고, 함수 $f(x)$에 대하여 함수 $g(x)$를
$$g(x)=\begin{cases} f(x) & (x\geq0) \\ f(-x) & (x<0) \end{cases}$$
이라 하자. 실수 t에 대하여 직선 $y=t$가 곡선 $y=g(x)$와 만나
는 서로 다른 점의 개수를 $h(t)$라 할 때, 함수 $h(t)$가 다음
조건을 만족시킨다.

> (가) $h(2)<h(-1)<h(0)$
> (나) 함수 $(t^2-t)h(t)$는 모든 실수 t에서 연속이다.

$80f\left(\dfrac{1}{2}\right)$의 값을 구하시오. (4점)

B131 ⚙ 1등급 대비 .... 2026대비 수능 21(고3)

최고차항의 계수가 양수인 삼차함수 $f(x)$와 실수 t에
대하여 함수
$$g(x)=\begin{cases} -f(x) & (x<t) \\ f(x) & (x\geq t) \end{cases}$$
는 실수 전체의 집합에서 연속이고 다음 조건을 만족시킨다.

> (가) 모든 실수 a에 대하여 $\displaystyle\lim_{x\to a+}\dfrac{g(x)}{x(x-2)}$의 값이 존재한다.
> (나) $\displaystyle\lim_{x\to m+}\dfrac{g(x)}{x(x-2)}$의 값이 음수가 되도록 하는 자연수
> m의 집합은 $\left\{g(-1),-\dfrac{7}{2}g(1)\right\}$이다.

$g(-5)$의 값을 구하시오. $\left($단, $g(-1)\neq-\dfrac{7}{2}g(1)\right)$ (4점)

B132 ⚙ 2등급 대비 .... 2019실시(가) 11월 학평 21(고2)

세 실수 a, b, c에 대하여 함수 $f(x)$는
$$f(x)=\begin{cases} -|2x+a| & (x<0) \\ x^2+bx+c & (x\geq0) \end{cases}$$
이고, 함수 $|f(x)|$는 실수 전체의 집합에서 연속이다.
실수 t에 대하여 직선 $y=t$가 두 함수 $y=f(x)$, $y=|f(x)|$의
그래프와 만나는 점의 개수를 각각 $g(t)$, $h(t)$라 할 때,
두 함수 $g(t)$, $h(t)$가 다음 조건을 만족시킨다.

> (가) 함수 $g(t)$의 치역은 $\{1, 2, 3, 4\}$이다.
> (나) $\displaystyle\lim_{t\to2-}h(t)\times\lim_{t\to2+}h(t)=12$

$f(-2)+f(6)$의 값은? (4점)

① 12   ② 14   ③ 16
④ 18   ⑤ 20

B133 ⭐ 1등급 대비 ..... 2019실시(나) 11월 학평 30(고2)

좌표평면에서 실수 m에 대하여 함수

$$f(x) = \begin{cases} x^2 + ax + b & (x < m) \\ \dfrac{1}{4}(x-3)^2 & (x \geq m) \end{cases}$$

의 그래프가 직선 $y = mx$와 만나는 점의 개수를 $g(m)$이라 하자. $m \leq 0$에서 함수 $g(m)$이 연속이 되도록 하는 상수 a, b에 대하여 $a + b$의 값을 구하시오. (4점)

B134 ⭐ 1등급 대비 ..... 2018실시(나) 11월 학평 21(고2)

실수 t에 대하여 좌표평면에서 집합

$\{(x, y) \mid y = x \ \text{또는} \ y = (x-a)^2 - a\}$ (단, a는 실수)

가 나타내는 도형이 직선 $x + y = t$와 만나는 점의 개수를 $f(t)$라 하자. [보기]에서 옳은 것만을 있는 대로 고른 것은? (4점)

─────────────[보기]─────────────

ㄱ. $a = 0$일 때, $f(0) = 2$이다.

ㄴ. 함수 $f(t)$는 $t = -\dfrac{1}{4}$에서 불연속이다.

ㄷ. 함수 $f(t)$가 $t = a$에서 불연속이 되는 실수 a의 개수가 2인 모든 a의 값의 합은 $\dfrac{1}{4}$이다.

① ㄱ   ② ㄱ, ㄴ   ③ ㄱ, ㄷ
④ ㄴ, ㄷ   ⑤ ㄱ, ㄴ, ㄷ

B135 ⭐ 1등급 대비 ..... 2018실시(나) 9월 학평 30(고2)

양수 a와 실수 b에 대하여 함수 $f(x)$는

$$f(x) = \begin{cases} -3x(x+2) & (x < 0) \\ |ax^2 + bx| & (x \geq 0) \end{cases}$$

이다. 실수 t에 대하여 $f(x) = t$인 모든 x를 작은 수부터 크기 순으로 나열한 것을 $x_1, x_2, x_3, \cdots, x_m$ (m은 자연수)라 할 때, 함수 $g(t)$를 $g(t) = x_1$이라 하자. 함수 $g(t)$가 다음 조건을 만족시킨다.

┌─────────────────────────────────────┐
│ (가) 함수 $g(t)$는 $t = 3$, $t = 4$에서만 불연속이다. │
│ (나) $\lim\limits_{t \to 3+} g(t) = \dfrac{2}{3}$ │
└─────────────────────────────────────┘

$30 \times g(4)$의 값을 구하시오. (4점)

B136 ✱✱✲ .... 2024대비 경찰대 12(고3)

함수

$$f(x)=\begin{cases} \dfrac{x^2+ax+b}{x-5} & (x \neq 5) \\ 7 & (x=5) \end{cases}$$

에 대하여 두 함수 $g(x)$, $h(x)$를

$$g(x)=\begin{cases} \sqrt{4-f(x)} & (x<1) \\ f(x) & (x \geq 1) \end{cases},$$

$$h(x)=|\{f(x)\}^2+a|-11$$

이라 하자. 함수 $f(x)$가 실수 전체의 집합에서 연속일 때, 함수 $g(x)h(x)$도 실수 전체의 집합에서 연속이 되도록 하는 모든 실수 a의 값의 곱은? (단, a, b는 상수이다.) (4점)

① -34 　　② -36 　　③ -38
④ -40 　　⑤ -42

B137 ✱✱✲ .... 2022대비 경찰대 8(고3)

자연수 n과 $\lim\limits_{x \to \infty} \dfrac{f(x)-x^3}{x^2}=2$인 다항함수 $f(x)$에 대하여 함수 $g(x)$가

$$g(x)=\begin{cases} \dfrac{x-1}{f(x)} & (f(x) \neq 0) \\ \dfrac{1}{n} & (f(x)=0) \end{cases}$$

이다. $g(x)$가 실수 전체의 집합에서 연속이 되도록 하는 n의 최솟값은? (4점)

① 7 　　② 8 　　③ 9
④ 10 　　⑤ 11

B138 ✱✱✲ .... 2025대비 삼사 13(고3)

$-6 \leq t \leq 2$인 실수 t와 함수 $f(x)=2x(2-x)$에 대하여 x에 대한 방정식

$$\{f(x)-t\}\{f(x-1)-t\}=0$$

의 실근 중에서 집합 $\{x|0 \leq x \leq 3\}$에 속하는 가장 큰 값과 가장 작은 값의 차를 $g(t)$라 할 때, 함수 $g(t)$는 $t=a$에서 불연속이다. $\lim\limits_{t \to a-} g(t)+\lim\limits_{t \to a+} g(t)$의 값은?

(단, a는 $-6<a<2$인 상수이다.) (4점)

① 3 　　② $\dfrac{7}{2}$ 　　③ 4
④ $\dfrac{9}{2}$ 　　⑤ 5

B139 ✱✱✲ .... 2022대비 삼사 10(고3)

양의 실수 a에 대하여 함수 $f(x)$를

$$f(x)=\begin{cases} x^2-5a & (x<a) \\ -2x+4 & (x \geq a) \end{cases}$$

라 하자. 함수 $f(-x)f(x)$가 $x=a$에서 연속이 되도록 하는 모든 a의 값의 합은? (4점)

① 9 　　② 10 　　③ 11
④ 12 　　⑤ 13

B140 ★★★❋

실수 k에 대하여 함수 $f(x)$를

$$f(x)=x^3-kx$$

라 하고, 실수 a와 함수 $f(x)$에 대하여 함수 $g(x)$를

$$g(x)=\begin{cases} f(x) & (x<a \text{ 또는 } x>a+1) \\ -f(x) & (a\le x\le a+1) \end{cases}$$

이라 하자. [보기]에서 옳은 것만을 있는 대로 고른 것은? (4점)

─── [보기] ───
ㄱ. 두 실수 k, a의 값에 관계없이 함수 $g(x)$는 $x=0$에서 연속이다.

ㄴ. $k=4$일 때, 함수 $g(x)$가 $x=p$에서 불연속인 실수 p의 개수가 1이 되도록 하는 모든 실수 a의 개수는 3이다.

ㄷ. 함수 $g(x)$가 실수 전체의 집합에서 연속이 되도록 하는 모든 순서쌍 (k,a)의 개수는 2이다.

① ㄱ   ② ㄴ   ③ ㄷ

④ ㄱ, ㄴ   ⑤ ㄱ, ㄷ

B141 ★★★

양의 실수 x에 대하여 $f(x)=\dfrac{|x-1|}{[x]+1}$일 때,

[보기]에서 옳은 것만을 있는 대로 고른 것은?

(단, $[x]$는 x보다 크지 않은 최대 정수이다.) (4점)

─── [보기] ───
ㄱ. $f(x)$는 $x=1$에서 연속이다.

ㄴ. $\displaystyle\lim_{x\to 2} f(x)=\dfrac{1}{2}$

ㄷ. $\displaystyle\lim_{x\to\infty} f(x)=1$

① ㄴ   ② ㄷ   ③ ㄱ, ㄴ

④ ㄱ, ㄷ   ⑤ ㄱ, ㄴ, ㄷ

B142 ★★★

좌표평면 위에 원점을 중심으로 하고 반지름의 길이가 1인 원 C와 두 점 $A(3, 3)$, $B(0, -1)$이 있다. 실수 t $(0<t\le 4)$에 대하여 $f(t)$를 집합

$$\{X \mid X \text{는 원 } C \text{ 위의 점이고, 삼각형 } ABX \text{의 넓이는 } t\}$$

의 원소의 개수라 하자. 함수 $f(t)$가 연속하지 않은 모든 t의 값의 합을 구하시오. (4점)

B143 ✪ 1등급 대비 .... 2019대비 경찰대 18(고3)

함수 $f(x)=[4x]-[6x]+\left[\dfrac{x}{2}\right]-\left[\dfrac{x}{4}\right]$가 $x=a$에서

불연속이 되는 실수 $a\,(0<a<5)$의 개수는?

(단, $[x]$는 x보다 크지 않은 최대의 정수이다.) (5점)

① 30 ② 31 ③ 32
④ 33 ⑤ 34

B144 ✪ 1등급 대비 .... 2026대비 삼사 14(고3)

이차함수 $f(x)$에 대하여 함수

$$g(x)=\begin{cases} -x+4 & (x\le 0 \text{ 또는 } x\ge 6) \\ f(x) & (0<x<6) \end{cases}$$

이 다음 조건을 만족시킬 때, $g(f(2))$의 값은? (4점)

(가) 함수 $g(x)$는 실수 전체의 집합에서 연속이다.
(나) x에 대한 방정식 $|g(x)|=k$의 서로 다른 양의 실근
  의 개수가 3이 되도록 하는 양수 k의 개수는 1이다.

① 4 ② $\dfrac{9}{2}$ ③ 5
④ $\dfrac{11}{2}$ ⑤ 6

❖ 정답 및 해설 173~176p

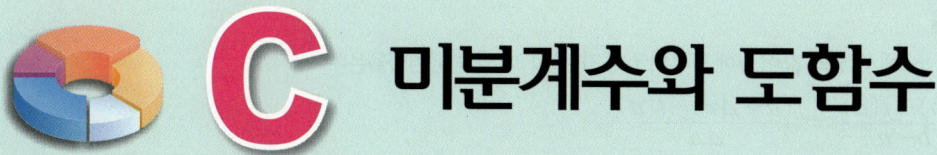

C 미분계수와 도함수

★ 최신 3개년 수능＋모평 출제 경향

학년도		출제 유형	난이도
2028	예시	유형 02 $y=f(x)g(x)$ 꼴의 함수에서의 미분계수	✾✾✾
		유형 12 함수의 연속성과 미분가능성	✶✶✶
2026	수능	유형 02 $y=f(x)g(x)$ 꼴의 함수에서의 미분계수	✾✾✾
		유형 06 $h \to 0$일 때의 미분계수의 정의	✾✾✾
	9월	유형 02 $y=f(x)g(x)$ 꼴의 함수에서의 미분계수	✾✾✾
		유형 06 $h \to 0$일 때의 미분계수의 정의	✾✾✾
	6월	유형 02 $y=f(x)g(x)$ 꼴의 함수에서의 미분계수	✾✾✾
		유형 06 $h \to 0$일 때의 미분계수의 정의	✾✾✾
2025	수능	유형 02 $y=f(x)g(x)$ 꼴의 함수에서의 미분계수	✾✾✾
		유형 06 $h \to 0$일 때의 미분계수의 정의	✾✾✾
	9월	유형 02 $y=f(x)g(x)$ 꼴의 함수에서의 미분계수	✾✾✾
		유형 06 $h \to 0$일 때의 미분계수의 정의	✾✾✾
	6월	유형 02 $y=f(x)g(x)$ 꼴의 함수에서의 미분계수	✾✾✾
		유형 06 $h \to 0$일 때의 미분계수의 정의	✾✾✾
2024	수능	유형 02 $y=f(x)g(x)$ 꼴의 함수에서의 미분계수	✾✾✾
		유형 06 $h \to 0$일 때의 미분계수의 정의	✾✾✾
	9월	유형 02 $y=f(x)g(x)$ 꼴의 함수에서의 미분계수	✾✾✾
		유형 05 $x \to a$일 때의 미분계수의 정의	✾✾✾
	6월	유형 02 $y=f(x)g(x)$ 꼴의 함수에서의 미분계수	✾✾✾
		유형 06 $h \to 0$일 때의 미분계수의 정의	✾✾✾

★ 2026 수능 출제 경향 분석

• 두 다항식의 곱으로 정의된 함수를 미분하여 미분계수를 구하는 쉬운 문제이다. [C35 문항]

• 미분계수의 정의를 이용하여 극한값을 구하는 쉬운 문제이다. [C79 문항]

★ 2027 수능 예측

미분계수의 정의, 연속성과 미분가능성을 기본적으로 다루게 되고 미분법의 공식을 배우게 된다. 도함수의 개념과 공식들은 매우 중요하므로 철저히 이해하고 기억하자.

C 미분계수와 도함수

 개념 강의

중요도 ⭐⭐⭐

1 평균변화율과 미분계수 — 유형 01~11

(1) 평균변화율

함수 $y=f(x)$에서 x의 값이 a에서부터 b까지 변할 때의 **평균변화율**은

$$\frac{\Delta y}{\Delta x}=\frac{f(b)-f(a)}{b-a}=\frac{f(a+\Delta x)-f(a)}{\Delta x}$$

이때, 이 평균변화율의 기하학적 의미는 함수 $y=f(x)$의 그래프 위의 두 점 $P(a, f(a))$, $Q(b, f(b))$를 지나는 직선 PQ의 기울기이다.

(2) 미분계수

함수 $y=f(x)$의 $x=a$에서의 **순간변화율** 또는 **미분계수**는

$$f'(a)=\lim_{\Delta x\to 0}\frac{f(a+\Delta x)-f(a)}{\Delta x}=\lim_{x\to a}\frac{f(x)-f(a)}{x-a}$$

이때, 이 순간변화율의 기하학적 의미는 함수 $y=f(x)$의 그래프 위의 점 $(a, f(a))$에서의 접선의 기울기이다.

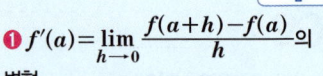

> **출제**
> 2026 수능 2번
> 2026 9월 2번
> 2026 6월 2번
>
> ★ 수능, 9월, 6월 모두 미분계수의 정의를 이용하여 $h\to 0$일 때의 극한값을 구하는 쉬운 난이도의 문제가 출제되었다.

2 미분법의 공식❷ — 유형 01~11, 15~17

(1) 함수 $y=x^n$(n은 자연수)과 상수함수의 도함수

① $y=x^n$이면 $y'=nx^{n-1}$

② 상수 c에 대하여 $y=c$이면 $y'=0$

(2) 실수배, 합, 차의 미분법

미분가능한 두 함수 $f(x)$, $g(x)$에 대하여

① $y=cf(x)$ (c는 상수)이면 $y'=cf'(x)$

② $y=f(x)+g(x)$이면 $y'=f'(x)+g'(x)$

③ $y=f(x)-g(x)$이면 $y'=f'(x)-g'(x)$

(3) 곱의 미분법 ── 미분가능한 함수 $f(x)$에 대하여
$y=\{f(x)\}^n$(n은 자연수)이면 $y'=n\{f(x)\}^{n-1}f'(x)$

미분가능한 세 함수 $f(x)$, $g(x)$, $h(x)$에 대하여

① $y=f(x)g(x)$이면 $y'=f'(x)g(x)+f(x)g'(x)$

② $y=f(x)g(x)h(x)$이면
$y'=f'(x)g(x)h(x)+f(x)g'(x)h(x)+f(x)g(x)h'(x)$

> **출제**
> 2028 예시 5번
> 2026 수능 5번
> 2026 9월 모평 5번
> 2026 6월 모평 7번
>
> ★ 예시, 수능, 9월, 6월 모두 곱의 미분법을 이용하여 미분계수를 구하는 쉬운 난이도의 문제가 출제되었다.

3 미분가능과 연속 — 유형 12~17

── 함수 $f(x)$가 어떤 구간에 속하는 모든 x에서 미분가능하면 이 구간에서 함수 $f(x)$는 미분가능한 함수라 한다.

(1) 함수 $f(x)$의 $x=a$에서의 미분계수 $f'(a)$가 존재한다면 $f(x)$는 $x=a$에서 미분가능하다.

(2) 함수 $f(x)$가 $x=a$에서 미분가능하면 $f(x)$는 $x=a$에서 연속이다.

(3) 함수 $f(x)$가 $x=a$에서 연속이라고 해서 $f(x)$가 $x=a$에서 반드시 미분가능한 것은 아니다.

(4) 함수 $f(x)$가 $x=a$에서 연속이 아니면 함수 $f(x)$는 $x=a$에서 미분가능하지 않다.

함수

연속인 함수

미분가능한 함수

> **출제** 2028 예시 28번
>
> ★ 평행이동한 사차함수의 그래프에서 미분가능과 연속을 따져 미정계수를 구하는 상 난이도의 문제가 출제되었다.

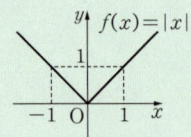 **+개념 보충**

❶ $f'(a)=\lim\limits_{h\to 0}\dfrac{f(a+h)-f(a)}{h}$의 변형

(1) $\lim\limits_{h\to 0}\dfrac{f(a+kh)-f(a)}{h}$
$=kf'(a)$

(2) $\lim\limits_{h\to 0}\dfrac{f(a+kh)-f(a+mh)}{h}$
$=(k-m)f'(a)$

❷ 함수 $f(x)$의 $x=a$에서의 미분계수 $f'(a)$는 도함수 $f'(x)$의 $x=a$에서의 함숫값이다.

한걸음 더!

❸ 함수 $f(x)$가 $x=a$에서 미분가능하지 않은 경우

(1) 함수 $f(x)$가 $x=a$에서 불연속인 경우

(2) 함수 $f(x)$가 $x=a$에서 연속이지만 이 점에서의 좌미분계수와 우미분계수가 다른 경우, 즉 함수 $y=f(x)$의 그래프가 꺾인 경우

 왜 그럴까?

❹ 다음은 함수 $f(x)=|x|$의 그래프이다.

(i) $x=0$에서 연속이다.
$$\lim_{x\to 0}f(x)=f(0)=0$$

(ii) $x=0$에서 미분가능하지 않다.

$$\lim_{h\to 0+}\frac{f(0+h)-f(0)}{h}$$
$$=\lim_{h\to 0+}\frac{|h|}{h}=\lim_{h\to 0+}\frac{h}{h}=1$$

$$\lim_{h\to 0-}\frac{f(0+h)-f(0)}{h}$$
$$=\lim_{h\to 0-}\frac{|h|}{h}=\lim_{h\to 0-}\frac{-h}{h}=-1$$

1 + 2 미분계수의 정의와 미분법 공식

C01 기본 .... 2017대비(나) 수능 23(고3)

함수 $f(x)=x^3+3x^2+3$에 대하여 $f'(2)$의 값을 구하시오. (3점)

C02 기본 .... 2012대비(나) 6월 모평 24(고3)

이차함수 $f(x)=x^2+3x$에 대하여 $f(2)+f'(2)$의 값을 구하시오. (3점)

C03 기본 .... 2010대비(가) 수능 18(고3)

함수 $f(x)=(x^2+1)(x^2+x-2)$에 대하여 $f'(2)$의 값을 구하시오. (3점)

C04 기본 .... 2011실시(나) 7월 학평 3(고3)

함수 $f(x)=x^2+2x$에 대하여 $\lim\limits_{x\to1}\dfrac{f(x)-3}{x-1}$의 값은? (2점)

① 1   ② 2   ③ 3
④ 4   ⑤ 5

C05 기본 .... 2013대비(나) 9월 모평 26(고3)

함수 $f(x)=x^3+4x-2$에 대하여 $\lim\limits_{h\to0}\dfrac{f(1+3h)-f(1)}{h}$의 값을 구하시오. (4점)

C06 기본 .... 2015실시(A) 10월 학평 7(고3)

함수 $f(x)=x^2+ax$에 대하여
$\lim\limits_{h\to0}\dfrac{f(1+h)-f(1)}{2h}=6$일 때, 상수 a의 값은? (3점)

① 10   ② 11   ③ 12
④ 13   ⑤ 14

3 미분가능과 연속

C07 기본 .... 2011실시(나) 10월 학평 5(고3)

함수 $f(x)=\begin{cases} x^3+ax+1 & (x\geq1) \\ 2x^2+a & (x<1) \end{cases}$가 모든 실수 x에 대하여 미분가능하도록 하는 상수 a의 값은? (3점)

① -2 ② -1 ③ 0
④ 1   ⑤ 2

C08 기본 .... 2013대비(나) 수능 18(고3)

함수
$$f(x)=\begin{cases} x^3+ax & (x<1) \\ bx^2+x+1 & (x\geq1) \end{cases}$$
이 $x=1$에서 미분가능할 때, $a+b$의 값은? (단, a, b는 상수이다.) (4점)

① 5   ② 6   ③ 7
④ 8   ⑤ 9

수능 유형별 기출 문제 [2점, 3점, 쉬운 4점]

Pass 쉬운 유형, 반복 계산 문제로 패스 하셔도 좋습니다.

1 + **2** 미분계수의 정의와 미분법 공식

유형 01 도함수를 이용한 미분계수

(1) 함수 $y=x^n$ (n은 양의 정수)과 상수함수의 도함수

① 함수 $y=x$의 도함수는 $y'=1$

② 함수 $y=x^n$ ($n \geq 2$)의 도함수는 $y'=nx^{n-1}$

③ 함수 $y=c$ (c는 상수)의 도함수는 $y'=0$

(2) 함수의 실수배, 합, 차의 미분법

두 함수 $f(x)$, $g(x)$가 미분가능할 때,

① 함수 $y=cf(x)$ (c는 상수)의 도함수는 $y'=cf'(x)$

② 함수 $y=f(x)+g(x)$의 도함수는 $y'=f'(x)+g'(x)$

③ 함수 $y=f(x)-g(x)$의 도함수는 $y'=f'(x)-g'(x)$

tip

함수 $f(x)$의 $x=a$에서의 미분계수 $f'(a)$는 도함수 $f'(x)$의 $x=a$에서의 함숫값이다. 즉, 미분계수 $f'(a)$는 도함수 $f'(x)$를 구한 후 $x=a$를 대입한다.

C09 ✲✲✲ .... 2022대비 **수능** 2(고3)

함수 $f(x)=x^3+3x^2+x-1$에 대하여 $f'(1)$의 값은?

(2점)

① 6 　　　　② 7 　　　　③ 8
④ 9 　　　　⑤ 10

C10 ✲✲✲ .... 2021실시 10월 학평 16(고3)

함수 $f(x)=2x^2+ax+3$에 대하여 $x=2$에서의 미분계수가 18일 때, 상수 a의 값을 구하시오. (3점)

C11 ✲✲✲ .... 2023실시 3월 학평 2(고3)

함수 $f(x)=2x^3-x^2+6$에 대하여 $f'(1)$의 값은?

(2점)

① 1 　　　　② 2 　　　　③ 3
④ 4 　　　　⑤ 5

C12 ✲✲✲ .... 2021실시 7월 학평 3(고3)

함수 $f(x)=x^2-ax$에 대하여 $f'(1)=0$일 때, 상수 a의 값은? (3점)

① 1 　　　　② 2 　　　　③ 3
④ 4 　　　　⑤ 5

C13 ✲✲✲ .... 2021실시 4월 학평 16(고3)

함수 $f(x)=x^2+ax$에 대하여 $f'(1)=4$일 때, 상수 a의 값을 구하시오. (3점)

C14 ✲✲✲ .... 2022실시 3월 학평 2(고3)

함수 $f(x)=x^3+2x^2+3x+4$에 대하여 $f'(-1)$의 값은? (2점)

① 1 　　　　② 2 　　　　③ 3
④ 4 　　　　⑤ 5

C15 ✲✲✲ .... 2022실시 4월 학평 2(고3)

함수 $f(x)=x^3+7x-4$에 대하여 $f'(1)$의 값은?

(2점)

① 6 　　　　② 7 　　　　③ 8
④ 9 　　　　⑤ 10

C16 ✿✿✿   2022실시 7월 학평 3(고3)

함수 $f(x)=x^3+2x+7$에 대하여 $f'(1)$의 값은?

(3점)

① 5   ② 6   ③ 7
④ 8   ⑤ 9

C17 ✿✿✿ Pass   2021대비(나) 수능 6(고3)

함수 $f(x)=x^4+3x-2$에 대하여 $f'(2)$의 값은? (3점)

① 35   ② 37   ③ 39
④ 41   ⑤ 43

C18 ✿✿✿ Pass   2021대비(나) 9월 모평 2(고3)

함수 $f(x)=x^3-2x-7$에 대하여 $f'(1)$의 값은? (2점)

① 1   ② 2   ③ 3
④ 4   ⑤ 5

C19 ✿✿✿ Pass   2021대비(나) 6월 모평 2(고3)

함수 $f(x)=x^3+7x+1$에 대하여 $f'(0)$의 값은? (2점)

① 1   ② 3   ③ 5
④ 7   ⑤ 9

C20 ✿✿✿ Pass   2019실시(나) 10월 학평 22(고3)

함수 $f(x)=10x^2+12x$에 대하여 $f'(5)$의 값을 구하시오.

(3점)

C21 ✿✿✿   2019실시(나) 7월 학평 23(고3)

함수 $f(x)=x^4-5x^2+9$에 대하여 $f'(2)$의 값을 구하시오.

(3점)

C22 ✿✿✿ Pass   2019대비(나) 수능 23(고3)

함수 $f(x)=x^4-3x^2+8$에 대하여 $f'(2)$의 값을
구하시오. (3점)

C23 ✿✿✿ Pass   2018실시(나) 11월 학평 2(고2)

함수 $f(x)=x^4$에 대하여 $f'(1)$의 값은? (2점)

① 1   ② 2   ③ 3
④ 4   ⑤ 5

C24 ✿✿✿ Pass   2018실시(나) 10월 학평 2(고3)

함수 $f(x)=x^3+2x^2$에 대하여 $f'(1)$의 값은? (2점)

① 6   ② 7   ③ 8
④ 9   ⑤ 10

C25 ✿✿✿ Pass   2019대비(나) 9월 모평 23(고3)

함수 $f(x)=x^3+5x^2+1$에 대하여 $f'(1)$의 값을 구하시오.

(3점)

C26 ❅❅❅ Pass⟩ .... 2018실시(나) 7월 학평 23(고3)

함수 $f(x)=2x^3-3x+1$에 대하여 $f'(2)$의 값을 구하시오.
(3점)

C27 ❅❅❅ Pass⟩ .... 2019대비(나) 6월 모평 23(고3)

함수 $f(x)=x^3-2x^2+4$에 대하여 $f'(3)$의 값을 구하시오.
(3점)

C28 ❅❅❅ Pass⟩ .... 2018대비(나) 수능 23(고3)

함수 $f(x)=2x^3+x+1$에 대하여 $f'(1)$의 값을
구하시오. (3점)

C29 ❅❅❅ Pass⟩ .... 2017실시(나) 10월 학평 23(고3)

함수 $f(x)=4x^4+7x^2+1$에 대하여 $f'(1)$의 값을 구하시오.
(3점)

C30 ❅❅❅ Pass⟩ .... 2018대비(나) 9월 모평 23(고3)

함수 $f(x)=3x^2-2x$에 대하여 $f'(1)$의 값을 구하시오. (3점)

C31 ❅❅❅ Pass⟩ .... 2017실시(나) 7월 학평 6(고3)

함수 $f(x)=x^2-2x+3$에 대하여 $f'(2)$의 값은? (3점)

① 2 　　　　② 4 　　　　③ 6
④ 8 　　　　⑤ 10

C32 ❅❅❅ Pass⟩ .... 2018대비(나) 6월 모평 23(고3)

함수 $f(x)=5x^5+3x^3+x$에 대하여 $f'(1)$의 값을 구하시오.
(3점)

C33 ✱❅❅ .... 2017실시(나) 7월 학평 27(고3)

최고차항의 계수가 1인 삼차함수 $f(x)$가 있다. 양수 t에 대하여 곡선 $y=f(x)$와 x축이 만나는 서로 다른 세 점의 x좌표가 $-2t$, 0, t일 때, $f'(4)$의 최댓값을 구하시오. (4점)

C34 ✱✱❅ .... 2010실시(가) 7월 학평 8(고3)

함수 $f(x)=\sum_{n=1}^{10}\dfrac{x^n}{n}$에 대하여 $f'\left(\dfrac{1}{2}\right)=\dfrac{q}{p}$일 때, $q-p$의 값은? (단, p와 q는 서로소인 자연수이다.) (3점)

① 508 　　　　② 509 　　　　③ 510
④ 511 　　　　⑤ 512

유형 02 $y=f(x)g(x)$ 꼴의 함수에서의 미분계수

 출제

함수 $f(x), g(x), h(x)$가 미분가능할 때,

(1) 함수 $y=f(x)g(x)$의 도함수는
$$y'=f'(x)g(x)+f(x)g'(x)$$

(2) 함수 $y=f(x)g(x)h(x)$의 도함수는
$$y'=f'(x)g(x)h(x)+f(x)g'(x)h(x)+f(x)g(x)h'(x)$$

tip

두 다항함수의 곱으로 정의된 함수는 다항함수이다. 따라서 곱으로 정의된 함수는 전개하여 도함수를 구해도 되지만 전개하는 과정에서 실수할 수 있으므로 곱의 미분법을 이용하여 도함수를 구한다.

C35 ✽✽✽ .... 2026대비 수능 5(고3)

함수 $f(x)=(x+2)(2x^2-x-2)$에 대하여 $f'(1)$의 값은? (3점)

① 6 ② 7 ③ 8
④ 9 ⑤ 10

C36 ✽✽✽ .... 2026대비 9월 모평 5(고3)

함수 $f(x)=(x^2+2)(x^2+x-3)$에 대하여 $f'(1)$의 값은? (3점)

① 6 ② 7 ③ 8
④ 9 ⑤ 10

C37 ✽✽✽ .... 2025실시 3월 학평 5(고3)

함수 $f(x)=(x^2+x)(2x^2-x)$에 대하여 $f'(1)$의 값은? (3점)

① 5 ② 6 ③ 7
④ 8 ⑤ 9

C38 ✽✽✽ .... 2028대비 4월 예시 5(고3)

함수 $f(x)=(x^2-1)(2x+5)$에 대하여 $f'(-1)$의 값은? (3점)

① -6 ② -7 ③ -8
④ -9 ⑤ -10

C39 ✽✽✽ .... 2025실시 5월 학평 5(고3)

함수 $f(x)=(2x+1)(x^2-2x+5)$에 대하여 $f'(2)$의 값은? (3점)

① 8 ② 12 ③ 16
④ 20 ⑤ 24

C40 ✽✽✽ .... 2025실시 10월 학평 5(고3)

함수 $f(x)=(x^2-x)(2x^2-5)$에 대하여 $f'(2)$의 값은? (3점)

① 25 ② 26 ③ 27
④ 28 ⑤ 29

C41 ✽✽✽ .... 2024실시 5월 학평 17(고3)

함수 $f(x)=(x-1)(x^3+x^2+5)$에 대하여 $f'(1)$의 값을 구하시오. (3점)

C42 ✽✽✽ .... 2024실시 7월 학평 17(고3)

함수 $f(x)=(x-3)(x^2+x-2)$에 대하여 $f'(5)$의 값을 구하시오. (3점)

C43 ✽✽✽ .... 2024실시 10월 학평 17(고3)

함수 $f(x)=(x^2+3x)(x^2-x+2)$에 대하여 $f'(2)$의 값을 구하시오. (3점)

C44 ❀❀❀ 2025대비 6월 모평 5(고3)

함수 $f(x)=(x^2-1)(x^2+2x+2)$에 대하여 $f'(1)$의 값은? (3점)

① 6 ② 7 ③ 8
④ 9 ⑤ 10

C45 ❀❀❀ 2024대비 수능 17(고3)

함수 $f(x)=(x+1)(x^2+3)$에 대하여 $f'(1)$의 값을 구하시오. (3점)

C46 ❀❀❀ 2024대비 9월 모평 18(고3)

함수 $f(x)=(x^2+1)(x^2+ax+3)$에 대하여 $f'(1)=32$일 때, 상수 a의 값을 구하시오. (3점)

C47 ❀❀❀ 2019실시(나) 11월 학평 9(고2)

함수 $f(x)=(x-2)(x^3-4x+a)$에 대하여 $f'(1)=6$일 때, 상수 a의 값은? (3점)

① 4 ② 5 ③ 6
④ 7 ⑤ 8

C48 ❀❀❀ 2026대비 6월 모평 7(고3)

다항함수 $f(x)$에 대하여 함수 $g(x)$를

$g(x)=5x^2+xf(x)$

라 하자. $f(3)=2$, $f'(3)=1$일 때, $g'(3)$의 값은? (3점)

① 31 ② 32 ③ 33
④ 34 ⑤ 35

C49 ❀❀❀ 2025실시 7월 학평 5(고3)

다항함수 $f(x)$에 대하여 함수 $g(x)$를

$g(x)=(x^2-1)f(x)$

라 하자. $f(1)=5$일 때, $g'(1)$의 값은? (3점)

① 2 ② 4 ③ 6
④ 8 ⑤ 10

C50 ❀❀❀ 2024대비 6월 모평 5(고3)

다항함수 $f(x)$에 대하여 함수 $g(x)$를

$g(x)=(x^3+1)f(x)$

라 하자. $f(1)=2$, $f'(1)=3$일 때, $g'(1)$의 값은? (3점)

① 12 ② 14 ③ 16
④ 18 ⑤ 20

C51 ❀❀❀ 2023대비 수능 4(고3)

다항함수 $f(x)$에 대하여 함수 $g(x)$를

$g(x)=x^2f(x)$

라 하자. $f(2)=1$, $f'(2)=3$일 때, $g'(2)$의 값은? (3점)

① 12 ② 14 ③ 16
④ 18 ⑤ 20

C52 ✿✿✿ .... 2022대비 6월 모평 5(고3)

다항함수 $f(x)$에 대하여 함수 $g(x)$를
$$g(x)=(x^2+3)f(x)$$
라 하자. $f(1)=2$, $f'(1)=1$일 때, $g'(1)$의 값은? (3점)

① 6   ② 7   ③ 8
④ 9   ⑤ 10

C53 ✿✿✿ .... 2021실시 3월 학평 16(고3)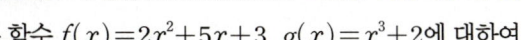

두 함수 $f(x)=2x^2+5x+3$, $g(x)=x^3+2$에 대하여
함수 $f(x)g(x)$의 $x=0$에서의 미분계수를 구하시오. (3점)

C54 ✿✿✿ .... 2024실시 3월 학평 8(고3)

두 다항함수 $f(x)$, $g(x)$에 대하여
$(x+1)f(x)+(1-x)g(x)=x^3+9x+1$, $f(0)=4$일 때,
$f'(0)+g'(0)$의 값은? (3점)

① 1   ② 2   ③ 3
④ 4   ⑤ 5

C55 ✿✿✿ .... 2025대비 9월 모평 5(고3)

함수 $f(x)=(x+1)(x^2+x-5)$에 대하여 $f'(2)$의
값은? (3점)

① 15   ② 16   ③ 17
④ 18   ⑤ 19

C56 ✿✿✿ .... 2025대비 수능 5(고3)

함수 $f(x)=(x^2+1)(3x^2-x)$에 대하여 $f'(1)$의
값은? (3점)

① 8   ② 10   ③ 12
④ 14   ⑤ 16

C57 ✿✿✿ .... 2012실시(나) 7월 학평 12(고3)

함수 $f(x)=(x-1)(x-2)(x-3)\cdots(x-10)$에 대하여
$\dfrac{f'(1)}{f'(4)}$의 값은? (4점)

① -80 ② -84 ③ -88
④ -92 ⑤ -96

유형 03 $y=\{f(x)\}^n$ 꼴의 함수에서의 미분계수

자연수 n에 대하여 함수 $f(x)$가 미분가능할 때, 함수
$y=\{f(x)\}^n$의 도함수는 $y'=n\{f(x)\}^{n-1}f'(x)$이다.
즉, 다항함수 $y=(ax+b)^n$의 도함수는
$$y'=n(ax+b)^{n-1}(ax+b)'=n(ax+b)^{n-1}\times a$$

(n은 자연수, a, b는 상수)

tip

함수 $f(x)$가 미분가능할 때, $\{f(x)\}^n=\underbrace{f(x)f(x)\cdots f(x)}_{n개}$이므로

$$[\{f(x)\}^n]'=\left.\begin{array}{l}f'(x)f(x)f(x)\cdots f(x)+f(x)f'(x)f(x)\cdots f(x)\\ \quad+\cdots+f(x)f(x)\cdots f(x)f'(x)\end{array}\right\}n개$$
$$=n\underbrace{f(x)f(x)\cdots f(x)}_{(n-1)개}f'(x)=n\{f(x)\}^{n-1}f'(x)$$

따라서 $y=\{f(x)\}^n$(n은 자연수)의 도함수는 $y'=n\{f(x)\}^{n-1}f'(x)$이다.

C58 ❋❋❋ ⋯⋯⋯⋯⋯⋯⋯ 2010대비(가) 6월 모평 18(고3)

함수 $f(x)=(2x^3+1)(x-1)^2$에 대하여 $f'(-1)$의
값을 구하시오. (3점)

C59 ❋❋❋

함수 $f(x)=(3x^2-1)^2(5-x)$에 대하여 $f'(1)$의 값을
구하시오. (3점)

C60 ❋❋❋ ⋯⋯⋯⋯⋯⋯⋯ 2012실시(가) 3월 학평 19(고3)

함수 $f(x)=x|x|+|x-1|^3$에 대하여
$f'(0)+f'(1)$의 값은? (4점)

① -3 ② -1 ③ 1
④ 3 ⑤ 5

유형 04 평균변화율과 미분계수

(1) 함수 $f(x)$에서 x가 a에서 b까지 변할 때의 평균변화율은
$$\frac{\Delta y}{\Delta x}=\frac{f(b)-f(a)}{b-a}=\frac{f(a+\Delta x)-f(a)}{\Delta x}$$

(2) 함수 $f(x)$의 $x=a$에서의 미분계수 또는 순간변화율은
$$f'(a)=\lim_{\Delta x\to 0}\frac{\Delta y}{\Delta x}=\lim_{\Delta x\to 0}\frac{f(a+\Delta x)-f(a)}{\Delta x}$$
$$=\lim_{x\to a}\frac{f(x)-f(a)}{x-a}$$

tip

① 함수 $f(x)$에서 x가 a에서 b까지 변할 때의 평균변화율 $\dfrac{f(b)-f(a)}{b-a}$의
기하학적 의미는 곡선 $y=f(x)$ 위의 두 점 $(a, f(a))$, $(b, f(b))$를
지나는 직선의 기울기이다.
② 함수 $f(x)$의 $x=a$에서의 미분계수 $f'(a)$의 기하학적 의미는 곡선
$y=f(x)$ 위의 점 $(a, f(a))$에서의 접선의 기울기이다.

C61 ❋❋❋ ⋯⋯⋯⋯⋯⋯⋯ 2018실시(가) 9월 학평 10(고2)

함수 $f(x)=x(x+1)(x-2)$에서 x의 값이 -2에서 0까지
변할 때의 평균변화율과 x의 값이 0에서 a까지 변할 때의 평균
변화율이 서로 같을 때, 양수 a의 값은? (3점)

① 1 ② 2 ③ 3
④ 4 ⑤ 5

C62 ❋❋❋ ⋯⋯⋯⋯⋯⋯⋯ 2022대비 9월 모평 19(고3)

함수 $f(x)=x^3-6x^2+5x$에서 x의 값이 0에서
4까지 변할 때의 평균변화율과 $f'(a)$의 값이 같게 되도록 하는
$0<a<4$인 모든 실수 a의 값의 곱은 $\dfrac{q}{p}$이다. $p+q$의 값을
구하시오. (단, p와 q는 서로소인 자연수이다.) (3점)

C63 ✽✽✽ .... 2021실시 7월 학평 18(고3)

함수 $f(x) = x^3 + ax$에서 x의 값이 1에서 3까지 변할 때의 평균변화율이 $f'(a)$의 값과 같게 되도록 하는 양수 a에 대하여 $3a^2$의 값을 구하시오. (3점)

C64 ✽✽✽ .... 2021대비(나) 6월 모평 26(고3)

함수 $f(x) = x^3 - 3x^2 + 5x$에서 x의 값이 0에서 a까지 변할 때의 평균변화율이 $f'(2)$의 값과 같게 되도록 하는 양수 a의 값을 구하시오. (4점)

C65 ✽✽✽ .... 2016실시(나) 10월 학평 23(고3)

함수 $f(x) = x^3 + ax$에서 x의 값이 0에서 2까지 변할 때의 평균변화율이 9일 때, $f'(3)$의 값을 구하시오.

(단, a는 상수이다.) (3점)

C66 ✽✽✽ .... 2015실시(나) 9월 학평 10(고2)

함수 $f(x) = 2x^3 - x + 1$에서 x의 값이 -1에서 2까지 변할 때의 평균변화율과 $f'(k)$의 값이 서로 같을 때, 양수 k의 값은? (3점)

① 1　　　　② $\frac{5}{4}$　　　　③ $\frac{3}{2}$

④ $\frac{7}{4}$　　　　⑤ 2

C67 ✽✽✽ .... 2023실시 4월 학평 5(고3)

0이 아닌 모든 실수 h에 대하여 다항함수 $f(x)$에서 x의 값이 1에서 $1+h$까지 변할 때의 평균변화율이 $h^2 + 2h + 3$일 때, $f'(1)$의 값은? (3점)

① 1　　　　② $\frac{3}{2}$　　　　③ 2

④ $\frac{5}{2}$　　　　⑤ 3

C68 ✽✽✽ .... 2004실시(가) 10월 학평 21(고3)

자연수 n에 대하여 구간 $[n, n+1]$에서 함수 $y = f(x)$의 평균변화율은 $n+1$이다. 이때, 함수 $y = f(x)$의 구간 $[1, 100]$에서의 평균변화율을 구하시오. (3점)

유형 05 $x \longrightarrow a$일 때의 미분계수의 정의

함수 $f(x)$의 $x=a$에서의 미분계수 $f'(a)$는 $x \longrightarrow a$일 때,

$$f'(a) = \lim_{x \to a} \frac{f(x)-f(a)}{x-a}$$

tip

다항함수 $f(x)$에 대하여 $\lim_{x \to a} \dfrac{f(x)-b}{x-a}$의 극한값이 존재하면 $x \longrightarrow a$일 때,

(분모) $\longrightarrow 0$이므로 (분자) $\longrightarrow 0$이어야 한다.

즉, $\lim_{x \to a} \{f(x)-b\} = f(a)-b = 0$에서 $f(a)=b$이므로

$$\lim_{x \to a} \frac{f(x)-b}{x-a} = \lim_{x \to a} \frac{f(x)-f(a)}{x-a} = f'(a)$$이다.

C69 ❋❋❋ .... 2024실시 7월 학평 2(고3)

함수 $f(x)=2x^2+5x-2$에 대하여

$\lim\limits_{x \to 1} \dfrac{f(x)-f(1)}{x-1}$의 값은? (2점)

① 6 ② 7 ③ 8
④ 9 ⑤ 10

C70 ❋❋❋ .... 2024실시 10월 학평 2(고3)

함수 $f(x)=x^3-2x^2-4x$에 대하여

$\lim\limits_{x \to 1} \dfrac{f(x)+5}{x-1}$의 값은? (2점)

① -1 ② -2 ③ -3
④ -4 ⑤ -5

C71 ❋❋❋ .... 2024대비 9월 모평 2(고3)

함수 $f(x)=2x^2-x$에 대하여 $\lim\limits_{x \to 1} \dfrac{f(x)-1}{x-1}$의

값은? (2점)

① 1 ② 2 ③ 3
④ 4 ⑤ 5

C72 ❋❋❋ .... 2023대비 9월 모평 2(고3)

함수 $f(x)=2x^2+5$에 대하여 $\lim\limits_{x \to 2} \dfrac{f(x)-f(2)}{x-2}$의

값은? (2점)

① 8 ② 9 ③ 10
④ 11 ⑤ 12

C73 ❋❋❋ .... 2019실시(나) 11월 학평 12(고2)

함수 $f(x)=2x^2+ax+b$에 대하여 $\lim\limits_{x \to 1} \dfrac{f(x)}{x-1}=5$일 때,

$f(2)$의 값은? (단, a와 b는 상수이다.) (3점)

① 7 ② 8 ③ 9
④ 10 ⑤ 11

C74 ❋❋❋ .... 2013대비(나) 6월 모평 27(고3)

다항함수 $f(x)$가 $\lim\limits_{x \to 1} \dfrac{f(x)-5}{x-1}=9$를 만족시킨다.

$g(x)=xf(x)$라 할 때, $g'(1)$의 값을 구하시오. (4점)

C75 ✽❋❋ .... 2021대비(나) 수능 17(고3)

두 다항함수 $f(x)$, $g(x)$가

$$\lim_{x \to 0} \frac{f(x)+g(x)}{x}=3, \quad \lim_{x \to 0} \frac{f(x)+3}{xg(x)}=2$$

를 만족시킨다. 함수 $h(x)=f(x)g(x)$에 대하여 $h'(0)$의 값

은? (4점)

① 27 ② 30 ③ 33
④ 36 ⑤ 39

C76 ✽✿❀ .... 2018실시(나) 9월 학평 26(고2)

다항함수 $f(x)$가 $\lim\limits_{x \to 1} \dfrac{f(x)-2}{x-1} = 12$를 만족시킨다.
$g(x) = (x^2+1)f(x)$라 할 때, $g'(1)$의 값을 구하시오. (4점)

C77 ✽✽❀ .... 2013대비(가) 6월 모평 16(고3)

양의 실수 전체의 집합에서 증가하는 함수 $f(x)$가
$x=1$에서 미분가능하다. 1보다 큰 모든 실수 a에 대하여
점 $(1, f(1))$과 점 $(a, f(a))$ 사이의 거리가 a^2-1일 때,
$f'(1)$의 값은? (4점)

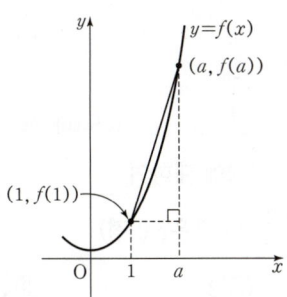

① 1   ② $\dfrac{\sqrt{5}}{2}$ ③ $\dfrac{\sqrt{6}}{2}$

④ $\sqrt{2}$ ⑤ $\sqrt{3}$

C78 ✽✽❀ .... 2007실시(가) 10월 학평 6(고3)

다항함수 $f(x)$에 대하여 함수 $g(x)$를 다음과 같이
정의하자.

$$g(x) = \begin{cases} \dfrac{f(x)-f(0)}{x} & (x \neq 0) \\ f(0) & (x=0) \end{cases}$$

이때, 함수 $g(x)$가 $x=0$에서 연속이 되도록 하는 함수 $f(x)$를
[보기]에서 모두 고른 것은? (3점)

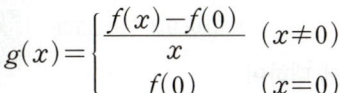

[보기]
ㄱ. $f(x) = x$
ㄴ. $f(x) = x^3 + 5x + 5$
ㄷ. $f(x) = (x+1)^{10} - 9x$

① ㄱ   ② ㄴ   ③ ㄷ

④ ㄱ, ㄴ   ⑤ ㄴ, ㄷ

2026 수능
9월, 6월

유형 06 $h \to 0$일 때의 미분계수의 정의   출제

함수 $f(x)$의 $x=a$에서의 미분계수 $f'(a)$는 $h \to 0$일 때,

$$f'(a) = \lim_{h \to 0} \dfrac{f(a+h)-f(a)}{h}$$

tip

다항함수 $f(x)$가 주어졌을 때, $\lim\limits_{h \to 0} \dfrac{f(a+h)-f(a)}{h}$의 값은 함수 $f(x)$의
도함수 $f'(x)$를 구한 후 $x=a$를 대입하여 $f'(a)$의 값을 구한다.

C79 ✽✽✽ .... 2026대비 수능 2(고3)

함수 $f(x) = 3x^3 + 4x + 1$에 대하여
$\lim\limits_{h \to 0} \dfrac{f(1+h)-f(1)}{h}$의 값은? (2점)

① 7   ② 9   ③ 11

④ 13   ⑤ 15

C80 ✽✽✽ .... 2026대비 6월 모평 2(고3)

함수 $f(x) = x^2 - x + 1$에 대하여
$\lim\limits_{h \to 0} \dfrac{f(1+h)-f(1)}{h}$의 값은? (2점)

① 1   ② 2   ③ 3

④ 4   ⑤ 5

C81 ✽✽✽ .... 2026대비 9월 모평 2(고3)

함수 $f(x) = x^2 - 4x + 2$에 대하여
$\lim\limits_{h \to 0} \dfrac{f(4+h)-f(4)}{h}$의 값은? (2점)

① 1   ② 2   ③ 3

④ 4   ⑤ 5

C82 ✻✻✻ 2025실시 3월 학평 2(고3)

함수 $f(x)=x^3-4x^2+x$에 대하여

$\lim\limits_{h\to 0}\dfrac{f(3+h)-f(3)}{h}$의 값은? (2점)

① 1 ② 2 ③ 3
④ 4 ⑤ 5

C83 ✻✻✻ 2025실시 5월 학평 2(고3)

함수 $f(x)=x^3-2x+5$에 대하여

$\lim\limits_{h\to 0}\dfrac{f(1+h)-f(1)}{h}$의 값은? (2점)

① 1 ② 2 ③ 3
④ 4 ⑤ 5

C84 ✻✻✻ 2025실시 7월 학평 2(고3)

함수 $f(x)=x^3+x$에 대하여

$\lim\limits_{h\to 0}\dfrac{f(1+h)-f(1)}{h}$의 값은? (2점)

① $\dfrac{5}{2}$ ② 3 ③ $\dfrac{7}{2}$

④ 4 ⑤ $\dfrac{9}{2}$

C85 ✻✻✻ 2025실시 10월 학평 2(고3)

함수 $f(x)=x^3+2x+1$에 대하여

$\lim\limits_{h\to 0}\dfrac{f(1+h)-f(1)}{h}$의 값은? (2점)

① 1 ② 2 ③ 3
④ 4 ⑤ 5

C86 ✻✻✻ 2024실시 3월 학평 2(고3)

함수 $f(x)=x^3-3x^2+x$에 대하여

$\lim\limits_{h\to 0}\dfrac{f(3+h)-f(3)}{2h}$의 값은? (2점)

① 1 ② 3 ③ 5
④ 7 ⑤ 9

C87 ✻✻✻ 2025대비 6월 모평 2(고3)

함수 $f(x)=x^2+x+2$에 대하여

$\lim\limits_{h\to 0}\dfrac{f(2+h)-f(2)}{h}$의 값은? (2점)

① 1 ② 2 ③ 3
④ 4 ⑤ 5

C88 ✻✻✻ 2025대비 9월 모평 2(고3)

함수 $f(x)=x^3+3x^2-5$에 대하여

$\lim\limits_{h\to 0}\dfrac{f(1+h)-f(1)}{h}$의 값은? (2점)

① 5 ② 6 ③ 7
④ 8 ⑤ 9

C89 ✿✿✿ .... 2025대비 수능 2(고3)

함수 $f(x) = x^3 - 8x + 7$에 대하여

$\lim_{h \to 0} \dfrac{f(2+h) - f(2)}{h}$의 값은? (2점)

① 1   ② 2   ③ 3
④ 4   ⑤ 5

C90 ✿✿✿ .... 2024대비 수능 2(고3)

함수 $f(x) = 2x^3 - 5x^2 + 3$에 대하여

$\lim_{h \to 0} \dfrac{f(2+h) - f(2)}{h}$의 값은? (2점)

① 1   ② 2   ③ 3
④ 4   ⑤ 5

C91 ✿✿✿ .... 2024대비 6월 모평 2(고3)

함수 $f(x) = x^2 - 2x + 3$에 대하여

$\lim_{h \to 0} \dfrac{f(3+h) - f(3)}{h}$의 값은? (2점)

① 1   ② 2   ③ 3
④ 4   ⑤ 5

C92 ✿✿✿ .... 2023실시 7월 학평 2(고3)

함수 $f(x) = x^3 - 7x + 5$에 대하여

$\lim_{h \to 0} \dfrac{f(2+h) - f(2)}{h}$의 값은? (2점)

① 1   ② 2   ③ 3
④ 4   ⑤ 5

C93 ✿✿✿ .... 2023대비 6월 모평 2(고3)

함수 $f(x) = x^3 + 9$에 대하여 $\lim_{h \to 0} \dfrac{f(2+h) - f(2)}{h}$의

값은? (2점)

① 11   ② 12   ③ 13
④ 14   ⑤ 15

C94 ✿✿✿ .... 2016실시(나) 7월 학평 5(고3)

함수 $f(x) = x^2 + 3x + 1$에 대하여

$\lim_{h \to 0} \dfrac{f(1+h) - f(1)}{h}$의 값은? (3점)

① 5   ② 7   ③ 9
④ 11   ⑤ 13

C95 ✿✿✿ .... 2014대비(A) 수능 5(고3)

함수 $f(x) = 2x^2 + ax$에 대하여 $\lim_{h \to 0} \dfrac{f(1+h) - f(1)}{h} = 6$일 때,

상수 a의 값은? (3점)

① -4 ② -2 ③ 0
④ 2   ⑤ 4

C96 ✿✿✿ .... 2023실시 10월 학평 2(고3)

함수 $f(x) = 2x^3 + 3x$에 대하여 $\lim_{h \to 0} \dfrac{f(2h) - f(0)}{h}$의

값은? (2점)

① 0   ② 2   ③ 4
④ 6   ⑤ 8

함수 $f(x)$에 대하여 $x \rightarrow a$일 때의 변형된 미분계수의 정의

(1) $\lim\limits_{x \to a} \dfrac{f(px) - f(ap)}{x - a}$

$= \lim\limits_{x \to a} \dfrac{f(px) - f(ap)}{px - ap} \times p = pf'(ap)$

(2) $\lim\limits_{x \to a} \dfrac{f(x-a) - f(0)}{x - a}$

$= \lim\limits_{t \to 0} \dfrac{f(t) - f(0)}{t} = f'(0)$

(3) $\lim\limits_{x \to 0} \dfrac{f(px) - f(qx)}{x}$

$= \lim\limits_{x \to 0} \left\{ \dfrac{f(px) - f(0)}{px} \times p - \dfrac{f(qx) - f(0)}{qx} \times q \right\}$

$= (p - q)f'(0)$

(tip)

미분계수를 이용한 극한값의 계산은 주어진 식을

$\lim\limits_{\square \to \triangle} \dfrac{f(\square) - f(\triangle)}{\square - \triangle}$ 꼴이 포함된 식으로 변형한다.

C97 ❋❋❋ ·········· 2018실시(나) 11월 학평 8(고2)

함수 $f(x)$가 $\lim\limits_{h \to 0} \dfrac{f(2+h) - f(2)}{3h} = 5$를 만족시킬 때, $f'(2)$의 값은? (3점)

① 9　　　　② 12　　　　③ 15

④ 18　　　　⑤ 21

C98 ❋❋❋ ·········· 2021실시 7월 학평 19(고3)

두 다항함수 $f(x)$, $g(x)$가

$$\lim_{x \to 2} \dfrac{f(x) - 4}{x^2 - 4} = 2, \quad \lim_{x \to 2} \dfrac{g(x) + 1}{x - 2} = 8$$

을 만족시킨다. 함수 $h(x) = f(x)g(x)$에 대하여 $h'(2)$의 값을 구하시오. (3점)

C99 ❋❋❋ ·········· 2011실시(가) 11월 학평 12(고2)

함수 $f(x) = 3x^2 + 2x - 1$에 대하여

$\lim\limits_{x \to 1} \dfrac{f(x) - f(2x - 1)}{x - 1}$의 값은? (3점)

① -8　　　　② -4　　　　③ 0

④ 4　　　　⑤ 8

C100 ❋❋❋ ·········· 2012대비(나) 6월 모평 11(고3)

다항함수 $f(x)$에 대하여 $\lim\limits_{x \to 1} \dfrac{f(x) - 2}{x^2 - 1} = 3$일 때, $\dfrac{f'(1)}{f(1)}$의 값은? (3점)

① 3　　　　② $\dfrac{7}{2}$　　　　③ 4

④ $\dfrac{9}{2}$　　　　⑤ 5

C101 ❋❋❋ ·········· 2009대비(가) 수능 18(고3)

다항함수 $f(x)$에 대하여 $\lim\limits_{x \to 2} \dfrac{f(x+1) - 8}{x^2 - 4} = 5$일 때, $f(3) + f'(3)$의 값을 구하시오. (3점)

C102 ✲✲✲✲ 2007대비(가) 6월 모평 9(고3) 오답 이의제기

세 다항함수 $f(x)$, $g(x)$, $h(x)$에 대하여 [보기]에서 항상 옳은 것을 모두 고른 것은? (3점)

[보기]
ㄱ. $f(0)=0$이면 $f'(0)=0$이다.
ㄴ. 모든 실수 x에 대하여 $g(x)=g(-x)$이면 $g'(0)=0$이다.
ㄷ. 모든 실수 x에 대하여 $|h(2x)-h(x)|\le x^2$이면 $h'(0)=0$이다.

① ㄱ   ② ㄴ   ③ ㄷ
④ ㄱ, ㄴ   ⑤ ㄴ, ㄷ

유형 08 $h \to 0$일 때의 변형된 미분계수의 정의

함수 $f(x)$에 대하여 $h \to 0$일 때의 변형된 미분계수의 정의

(1) $\displaystyle\lim_{h\to 0}\dfrac{f(a+ph)-f(a)}{h}$
$\quad=\displaystyle\lim_{h\to 0}\left\{\dfrac{f(a+ph)-f(a)}{ph}\times p\right\}=pf'(a)$

(2) $\displaystyle\lim_{h\to 0}\dfrac{f(a+ph)-f(a+qh)}{h}$
$\quad=\displaystyle\lim_{h\to 0}\left\{\dfrac{f(a+ph)-f(a)}{ph}\times p-\dfrac{f(a+qh)-f(a)}{qh}\times q\right\}$
$\quad=(p-q)f'(a)$

(3) $\displaystyle\lim_{n\to\infty}n\left\{f\left(a+\dfrac{q}{n}\right)-f(a)\right\}$
$\quad=\displaystyle\lim_{h\to 0+}\dfrac{1}{h}\{f(a+qh)-f(a)\}$
$\quad=\displaystyle\lim_{h\to 0+}\left\{\dfrac{f(a+qh)-f(a)}{qh}\times q\right\}=qf'(a)$

(tip) 미분계수를 이용한 극한값의 계산은 주어진 식을
$\displaystyle\lim_{\square\to 0}\dfrac{f(a+\square)-f(a)}{\square}$ 꼴이 포함된 식으로 변형한다.

C103 ✲✲✲ 2024실시 5월 학평 4(고3)

다항함수 $f(x)$에 대하여 $\displaystyle\lim_{h\to 0}\dfrac{f(1+2h)-4}{h}=6$
일 때, $f(1)+f'(1)$의 값은? (3점)

① 5   ② 6   ③ 7
④ 8   ⑤ 9

C104 ✲✲✲ 2020실시(가) 3월 학평 4(고3)

함수 $f(x)=x^3-2x^2$에 대하여
$\displaystyle\lim_{h\to 0}\dfrac{f(2+2h)-f(2)}{h}$의 값은? (3점)

① 6   ② 7   ③ 8
④ 9   ⑤ 10

C105 ✲✲✲ 2016대비(A) 6월 모평 11(고3)

함수 $f(x)=x^2+8x$에 대하여
$\displaystyle\lim_{h\to 0}\dfrac{f(1+2h)-f(1)}{h}$의 값은? (3점)

① 16   ② 17   ③ 18
④ 19   ⑤ 20

C106 ✲✲✲ 2015대비(A) 6월 모평 9(고3)

함수 $f(x)=x^2+4x$에 대하여 $\displaystyle\lim_{h\to 0}\dfrac{f(1+h)-f(1)}{2h}$
의 값은? (3점)

① 1   ② 2   ③ 3
④ 4   ⑤ 5

C107 ✲✲✲ 2020실시(나) 10월 학평 4(고3)

함수 $f(x)$에 대하여 $\displaystyle\lim_{x\to 2}\dfrac{f(x)-f(2)}{x-2}=3$일 때,
$\displaystyle\lim_{h\to 0}\dfrac{f(2+h)-f(2-h)}{h}$의 값은? (3점)

① 0   ② 2   ③ 4
④ 6   ⑤ 8

C108 ❀❀❀ .... 2020실시(나) 4월 학평 10(고3)

다항함수 $f(x)$가

$$\lim_{h \to 0} \frac{f(3+h)-4}{2h}=1$$

을 만족시킬 때, $f(3)+f'(3)$의 값은? (3점)

① 6   ② 7   ③ 8

④ 9   ⑤ 10

C109 ❀❀❀ .... 2018실시(나) 9월 학평 11(고2)

함수 $f(x)=x^2+4x-2$에 대하여 $\lim_{h \to 0} \frac{f(1+2h)-3}{h}$의 값은?

(3점)

① 12   ② 14   ③ 16

④ 18   ⑤ 20

C110 ❀❀❀ .... 2022실시 3월 학평 6(고3)

함수 $f(x)=2x^2-3x+5$에서 x의 값이 a에서 $a+1$

까지 변할 때의 평균변화율이 7이다. $\lim_{h \to 0} \frac{f(a+2h)-f(a)}{h}$

의 값은? (단, a는 상수이다.) (3점)

① 6   ② 8   ③ 10

④ 12   ⑤ 14

C111 ❀❀❀ .... 2009실시(가) 7월 학평 4(고3)

함수 $f(x)=x^2-6x+5$에 대하여

$\lim_{h \to 0} \frac{f(a+h)-f(a-h)}{h}=8$을 만족하는 상수 a의 값은? (3점)

① 5   ② 6   ③ 7

④ 8   ⑤ 9

고난도

유형 09 관계식이 주어질 때 미분계수, 도함수 구하기

관계식이 주어진 함수의 미분계수 또는 도함수는 다음과 같은 순서로 구한다.

(ⅰ) 주어진 식의 x, y에 적당한 수를 대입하여 $f(0)$의 값을 구한다.

(ⅱ) $\lim_{h \to 0} \frac{f(h)-f(0)}{h}=f'(0)$임을 이용하여 $f'(x)$를 구한다.

tip

예를 들어, 미분가능한 함수 $f(x)$가 모든 실수 x, y에 대하여
$f(x+y)=f(x)+f(y)+xy$ ⋯ ㉠를 만족시킨다고 할 때, ㉠에 $x=0$, $y=0$을 대입하여 $f(0)=f(0)+f(0)+0$에서 $f(0)=0$임을 구한다.
또, $f'(x)=\lim_{h \to 0} \frac{f(x+h)-f(x)}{h}$에 $f(x+h)=f(x)+f(h)+xh$를
대입하고 주어진 조건을 이용하여 도함수 $f'(x)$를 구한다.

C112 ❀❀❀ .... 2018실시(가) 9월 학평 13(고2)

다항함수 $f(x)$가 모든 실수 x에 대하여

$$f(x+1)-f(1)=x^3+13x^2+26x$$

를 만족시킬 때, $f'(1)$의 값은? (3점)

① 26   ② 30   ③ 34

④ 38   ⑤ 42

C113 ✲❀❀ .... 2008대비(가) 6월 모평 18(고3)

함수 $f(x)$가

$$f(x+2)-f(2)=x^3+6x^2+14x$$

를 만족시킬 때, $f'(2)$의 값을 구하시오. (3점)

C114 ✽✽❀

2007대비(가) 6월 모평 23(고3)

다항함수 $f(x)$는 모든 실수 x, y에 대하여

$$f(x+y)=f(x)+f(y)+2xy-1$$

을 만족시킨다.

$$\lim_{x\to 1}\frac{f(x)-f'(x)}{x^2-1}=14$$

일 때, $f'(0)$의 값을 구하시오. (4점)

C115 ✽✽❀

모든 실수 x, y에 대하여 다항함수 $f(x)$가

$$f(x+y)=f(x)+f(y)+(x+y)xy$$

를 만족시킬 때, $\displaystyle\sum_{k=1}^{10}\{f'(k)-f'(0)\}$의 값을 구하시오. (4점)

유형 10 미분계수를 이용한 극한값 구하기

함수 $f(x)$의 $x=a$에서의 미분계수 $f'(a)$는

$$f'(a)=\lim_{x\to a}\frac{f(x)-f(a)}{x-a}=\lim_{h\to 0}\frac{f(a+h)-f(a)}{h}$$

tip

함수 $f(x)$의 도함수 $f'(x)$의 $x=a$에서의 함숫값 $f'(a)$가 주어지거나 $\lim_{x\to a}\dfrac{f(x)-f(a)}{x-a}$의 값 또는 $\lim_{h\to 0}\dfrac{f(a+h)-f(a)}{h}$의 값이 주어진 경우 구하는 극한식을 $\lim_{\square\to\triangle}\dfrac{f(\square)-f(\triangle)}{\square-\triangle}$ 꼴 또는 $\lim_{\square\to 0}\dfrac{f(a+\square)-f(a)}{\square}$ 꼴로 변형하여 극한값을 구한다.

C116 ✽❀❀

2021실시 3월 학평 12(고3)

두 다항함수 $f(x), g(x)$가 다음 조건을 만족시킨다.

> (가) $\displaystyle\lim_{x\to 1}\frac{f(x)-g(x)}{x-1}=5$
>
> (나) $\displaystyle\lim_{x\to 1}\frac{f(x)+g(x)-2f(1)}{x-1}=7$

두 실수 a, b에 대하여 $\displaystyle\lim_{x\to 1}\frac{f(x)-a}{x-1}=b\times g(1)$일 때, ab의 값은? (4점)

① 4 　　　② 5 　　　③ 6
④ 7 　　　⑤ 8

C117 ✽❀❀

2018실시(가) 11월 학평 26(고2)

두 다항함수 $f(x), g(x)$에 대하여
$f(1)=2, f'(1)=3, g(1)=5, g'(1)=2$일 때,
$\displaystyle\lim_{n\to\infty}n\left\{f\left(1+\frac{1}{n}\right)g\left(1+\frac{3}{n}\right)-f(1)g(1)\right\}$의 값을 구하시오.

(4점)

C118 ✻❀❀
2012실시(가) 7월 학평 24(고3)

다항함수 $f(x)$에 대하여 $\lim_{x \to 1} \dfrac{f(x) - f(1)}{x^2 - 1} = -1$일

때, $\lim_{h \to 0} \dfrac{f(1 - 2h) - f(1 + 5h)}{h}$의 값을 구하시오. (3점)

C119 ✻❀❀
2010대비(가) 6월 모평 6(고3)

함수 $y = f(x)$의 그래프는 y축에 대하여 대칭이고,

$f'(2) = -3$, $f'(4) = 6$일 때, $\lim_{x \to -2} \dfrac{f(x^2) - f(4)}{f(x) - f(-2)}$의 값은?

(3점)

① -8 ② -4 ③ 4
④ 8 ⑤ 12

C120 ✻❀❀

미분가능한 함수 $f(x)$에 대하여 $f(2) = 1$, $f'(2) = 3$일 때,

$\lim_{x \to 2} \dfrac{\sqrt{f(x)} - \sqrt{f(2)}}{\sqrt{x} - \sqrt{2}}$의 값은? (3점)

① $3\sqrt{2}$ ② $4\sqrt{2}$ ③ 6
④ 8 ⑤ $6\sqrt{2}$

C121 ✻❀❀
2008대비(가) 9월 모평 22(고3)

두 다항함수 $f(x)$, $g(x)$가 다음 조건을 만족시킬 때,

$g'(0)$의 값을 구하시오. (4점)

(가) $f(0) = 1$, $f'(0) = -6$, $g(0) = 4$

(나) $\lim_{x \to 0} \dfrac{f(x)g(x) - 4}{x} = 0$

C122 ✻✻❀ 2008대비(가) 6월 모평 9(고3) 오답 이의제기

함수 $f(x)$에 대하여 [보기]에서 항상 옳은 것을 모두

고른 것은? (3점)

[보기]

ㄱ. $\lim_{h \to 0} \dfrac{f(1 + h) - f(1)}{h} = 0$이면

   $\lim_{x \to 1} f(x) = f(1)$이다.

ㄴ. $\lim_{h \to 0} \dfrac{f(1 + h) - f(1)}{h} = 0$이면

   $\lim_{h \to 0} \dfrac{f(1 + h) - f(1 - h)}{2h} = 0$이다.

ㄷ. $f(x) = |x - 1|$일 때,

   $\lim_{h \to 0} \dfrac{f(1 + h) - f(1 - h)}{2h} = 0$이다.

① ㄱ   ② ㄷ   ③ ㄱ, ㄴ
④ ㄴ, ㄷ   ⑤ ㄱ, ㄴ, ㄷ

유형 11 치환을 이용한 극한값 구하기

치환을 이용하여 주어진 식의 극한값을 구하려면
(i) 주어진 식의 일부를 $f(x)$라 한다.
(ii) 미분계수의 정의를 이용할 수 있도록 식을 변형한다.

tip

예를 들어, $\lim\limits_{x \to -1} \dfrac{x^8+4x+3}{x+1}$의 값을 구하려면 $f(x)=x^8+4x$라 할 때,

$\lim\limits_{x \to -1} \dfrac{x^8+4x+3}{x+1} = \lim\limits_{x \to -1} \dfrac{f(x)-f(-1)}{x-(-1)} = f'(-1)$이므로

$f'(x)=8x^7+4$에서 $f'(-1)=8 \times (-1)^7+4=-4$이다.

C123 ✽✽✽

$\lim\limits_{x \to 1} \dfrac{x^3-4x^2+3}{x^2-1}$의 값은? (3점)

① $-\dfrac{5}{2}$ ② $-\dfrac{3}{2}$ ③ $\dfrac{1}{2}$

④ $\dfrac{3}{2}$ ⑤ $\dfrac{5}{2}$

C124 ✽✽✽

$\lim\limits_{x \to -1} \dfrac{x^n-5x-6}{x+1}=-9$를 만족시키는 자연수 n의 값은?

(단, $n \geq 2$) (4점)

① 2   ② 3   ③ 4

④ 5   ⑤ 6

C125 ✽✽✽

$\lim\limits_{x \to -2} \dfrac{x^n-3x^3-40}{x^2-4}$의 값을 구하시오. (단, n은 자연수) (4점)

---

3 미분가능과 연속

유형 12 함수의 연속성과 미분가능성

(1) 함수 $f(x)$가 $x=a$에서 미분가능하면 $f(x)$는 $x=a$에서 연속이지만, 함수 $f(x)$가 $x=a$에서 연속이라고 해서 $f(x)$가 $x=a$에서 미분가능한 것은 아니다.

(2) 두 다항함수 $g(x)$, $h(x)$에 대하여 함수
$$f(x)=\begin{cases} g(x) & (x \geq a) \\ h(x) & (x < a) \end{cases}$$
가 $x=a$에서 미분가능하려면
다음 두 가지를 만족해야 한다.
(i) 함수 $f(x)$가 $x=a$에서 연속이다. 즉, $\lim\limits_{x \to a-} h(x)=g(a)$
(ii) 함수 $f(x)$의 $x=a$에서의 미분계수가 존재한다.
즉, $\lim\limits_{x \to a+} \dfrac{g(x)-g(a)}{x-a} = \lim\limits_{x \to a-} \dfrac{h(x)-h(a)}{x-a}$

tip

함수 $y=f(x)$의 그래프가 주어졌을 때, 함수 $f(x)$가 $x=a$에서 미분가능하지 않은 경우는 다음과 같다.
① 함수 $y=f(x)$의 그래프가 $x=a$에서 끊어져 있을 때, 즉 $f(x)$가 $x=a$에서 불연속일 때
② 함수 $y=f(x)$의 그래프가 $x=a$에서 뾰족할 때, 즉 $f(x)$의 $x=a$에서의 미분계수가 존재하지 않을 때

C126 ✽✽✽

2018실시(나) 9월 학평 19(고2)

함수 $f(x)=\dfrac{1}{2}x^2$에 대하여 실수 전체의 집합에서

정의된 함수 $g(x)$를
$$g(x)=\begin{cases} f(x) & (f(x) \leq x) \\ x & (f(x) > x) \end{cases}$$
라 할 때, [보기]에서 옳은 것만을 있는 대로 고른 것은? (4점)

─────── [보기] ───────

ㄱ. $g(1)=\dfrac{1}{2}$

ㄴ. 모든 실수 x에 대하여 $g(x) \leq x$이다.

ㄷ. 실수 전체의 집합에서 함수 $g(x)$가 미분가능하지 않은 점의 개수는 2이다.

① ㄱ   ② ㄷ   ③ ㄱ, ㄴ

④ ㄴ, ㄷ   ⑤ ㄱ, ㄴ, ㄷ

C127 ✽✻✻ 　　　　　　　　2014실시(B) 11월 학평 20(고2)

함수 $y=f(x)$의 그래프가 그림과 같을 때, [보기]에서 옳은 것만을 있는 대로 고른 것은? (3점)

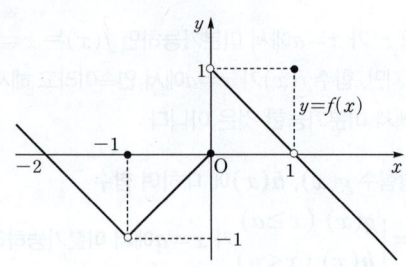

[보기]

ㄱ. $\lim\limits_{x \to 1} f(x)f(-x)=0$

ㄴ. 함수 $y=f(x)f(-x)$는 $x=-1$에서 연속이다.

ㄷ. 함수 $y=f(x)f(-x)$는 $x=0$에서 미분가능하다.

① ㄱ 　　　　② ㄷ 　　　　③ ㄱ, ㄴ
④ ㄴ, ㄷ 　　　⑤ ㄱ, ㄴ, ㄷ

C128 ✽✻✻ 　　　　　　　　2013실시(B) 3월 학평 20(고3)

함수 $f(x)$가 다음과 같다.

$$f(x)=\begin{cases} \dfrac{1}{2}(x^3-3x) & (x \le -1 \text{ 또는 } x \ge 0) \\ \dfrac{1}{2}(x^3-3x)-1 & (-1<x<0) \end{cases}$$

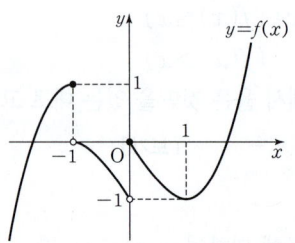

옳은 것만을 [보기]에서 있는 대로 고른 것은? (4점)

[보기]

ㄱ. 함수 $f(x)$는 $x=0$에서 미분가능하다.

ㄴ. $\lim\limits_{x \to 0} f'(x)=-\dfrac{3}{2}$

ㄷ. $\lim\limits_{x \to -1+} f(f'(x))=0$

① ㄱ 　　　　② ㄴ 　　　　③ ㄷ
④ ㄱ, ㄷ 　　　⑤ ㄴ, ㄷ

C129 ✽✻✻ 　　　　　　　　2009실시(가) 7월 학평 9(고3)

그림과 같이 구간 $[0, 5]$를 정의역으로 하는 두 함수 $f(x)$, $g(x)$에 대하여 [보기]에서 옳은 것만을 있는 대로 고른 것은? (4점)

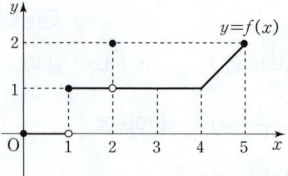 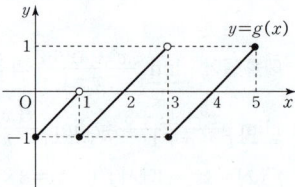

[보기]

ㄱ. 함수 $\dfrac{g(x)}{f(x)}$는 $x=2$에서 연속이다.

ㄴ. 함수 $(g \circ f)(x)$는 $x=1$에서 연속이다.

ㄷ. 함수 $f(x)g(x)$는 $x=4$에서 미분가능하다.

① ㄱ 　　　　② ㄷ 　　　　③ ㄱ, ㄴ
④ ㄴ, ㄷ 　　　⑤ ㄱ, ㄴ, ㄷ

C130 ✽✻✻ 　　　　　　　　2007대비(가) 수능 7(고3)

함수 $f(x)$가

$$f(x)=\begin{cases} 1-x & (x<0) \\ x^2-1 & (0 \le x <1) \\ \dfrac{2}{3}(x^3-1) & (x \ge 1) \end{cases}$$

일 때, [보기]에서 옳은 것을 모두 고른 것은? (3점)

[보기]

ㄱ. $f(x)$는 $x=1$에서 미분가능하다.

ㄴ. $|f(x)|$는 $x=0$에서 미분가능하다.

ㄷ. $x^k f(x)$가 $x=0$에서 미분가능하도록 하는 최소의 자연수 k는 2이다.

① ㄱ 　　　　② ㄴ 　　　　③ ㄱ, ㄷ
④ ㄴ, ㄷ 　　　⑤ ㄱ, ㄴ, ㄷ

[고난도]
유형 13 미분가능한 함수의 활용

(ⅰ) 문제의 조건에 맞도록 적당히 구간을 나누어 함수를 구한다.
(ⅱ) (ⅰ)에서 구한 함수의 구간의 경계에서의 미분가능성을 확인한다.

tip

함수 $f(x)$가 $x=a$에서 미분가능하지 않으면
① 함수 $f(x)$가 $x=a$에서 불연속이거나
② 함수 $f(x)$의 $x=a$에서의 미분계수가 존재하지 않는다.

C131 ★★✿ ·················· 2019실시(가) 11월 학평 20(고2)

함수 $f(x)$는

$$f(x)=\begin{cases} x^2 & (x<0) \\ x & (x\geq 0) \end{cases}$$

이고, 좌표평면 위에 세 점 $A(-1, 3)$, $B(1, 3)$, $C(1, 5)$가 있다. 실수 x에 대하여 점 $P(x, f(x))$와 삼각형 ABC의 세 변 위의 임의의 점 Q에 대하여 $\overline{PQ}^2$의 최댓값을 $g(x)$라 하자. 함수 $g(x)$에 대하여 [보기]에서 옳은 것만을 있는 대로 고른 것은? (4점)

[보기]

ㄱ. $g(0)=26$
ㄴ. 닫힌구간 $[0, 3]$에서 함수 $g(x)$의 최솟값은 10이다.
ㄷ. 함수 $g(x)$가 $x=a$에서 미분가능하지 않은 모든 a의 값의 합이 2이다.

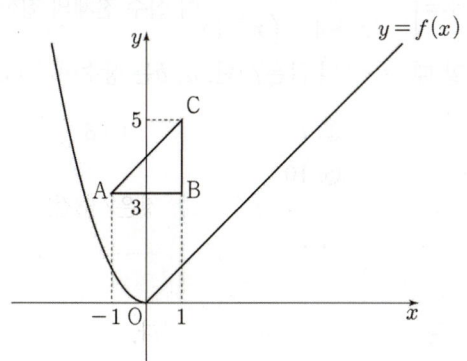

① ㄱ   ② ㄷ   ③ ㄱ, ㄴ
④ ㄴ, ㄷ   ⑤ ㄱ, ㄴ, ㄷ

C132 ★★✿ ·················· 2022실시 4월 학평 14(고3)

정수 k와 함수

$$f(x)=\begin{cases} x+1 & (x<0) \\ x-1 & (0\leq x<1) \\ 0 & (1\leq x\leq 3) \\ -x+4 & (x>3) \end{cases}$$

에 대하여 함수 $g(x)$를 $g(x)=|f(x-k)|$라 할 때, [보기]에서 옳은 것만을 있는 대로 고른 것은? (4점)

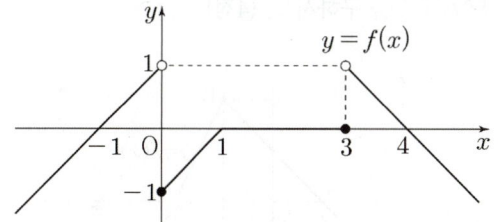

[보기]

ㄱ. $k=-3$일 때, $\lim\limits_{x \to 0-} g(x)=g(0)$이다.
ㄴ. 함수 $f(x)+g(x)$가 $x=0$에서 연속이 되도록 하는 정수 k가 존재한다.
ㄷ. 함수 $f(x)g(x)$가 $x=0$에서 미분가능하도록 하는 모든 정수 k의 값의 합은 -5이다.

① ㄱ   ② ㄷ   ③ ㄱ, ㄴ
④ ㄱ, ㄷ   ⑤ ㄱ, ㄴ, ㄷ

C133 ✱✱❈ ······················· 2017대비(나) 6월 모평 29(고3)

함수 $f(x)$는

$$f(x) = \begin{cases} x+1 & (x<1) \\ -2x+4 & (x \geq 1) \end{cases}$$

이고, 좌표평면 위에 두 점 A$(-1, -1)$, B$(1, 2)$가 있다.
실수 x에 대하여 점 $(x, f(x))$에서 점 A까지의 거리의
제곱과 점 B까지의 거리의 제곱 중 크지 않은 값을 $g(x)$라 하자.
함수 $g(x)$가 $x=a$에서 <u>미분가능하지 않은</u> 모든 a의 값의 합이
p일 때, $80p$의 값을 구하시오. (4점)

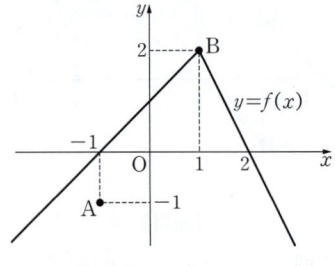

C134 ✱✱❈ ······················· 2014대비(A) 5월 예비 21(고3)

좌표평면 위에 그림과 같이 어두운 부분을 내부로 하는
도형이 있다. 이 도형과 네 점 $(0, 0)$, $(t, 0)$, (t, t), $(0, t)$를
꼭짓점으로 하는 정사각형이 겹치는 부분의 넓이를 $f(t)$라 하자.

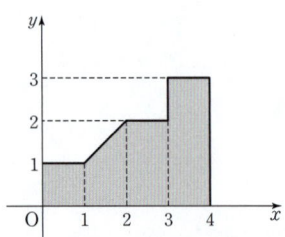

열린구간 $(0, 4)$에서 함수 $f(t)$가 미분가능하지 <u>않은</u> 모든 t의
값의 합은? (4점)

① 2   ② 3   ③ 4
④ 5   ⑤ 6

유형 14   미분가능한 함수의 미정계수의 결정

두 다항함수 $g(x), h(x)$에 대하여 함수 $f(x) = \begin{cases} g(x) & (x \geq a) \\ h(x) & (x<a) \end{cases}$ 가

$x=a$에서 미분가능하면

(ⅰ) 함수 $f(x)$가 $x=a$에서 연속이다. 즉, $\displaystyle\lim_{x \to a-} h(x) = g(a)$

(ⅱ) $x=a$에서 미분계수가 존재한다. 즉,

$$\lim_{x \to a+} \frac{g(x)-g(a)}{x-a} = \lim_{x \to a-} \frac{h(x)-h(a)}{x-a}$$

(tip)

구간에 따라 다르게 정의된 함수가 모든 실수 x에 대하여 미분가능하려면
구간의 경계에서도 미분가능해야 한다.

C135 ❈❈❈ ······················· 2021실시 10월 학평 7(고3)

두 함수 $f(x) = |x+3|$, $g(x) = 2x+a$에 대하여
함수 $f(x)g(x)$가 실수 전체의 집합에서 미분가능할 때, 상수
a의 값은? (3점)

① 2   ② 4   ③ 6
④ 8   ⑤ 10

C136 ❈❈❈ ······················· 2021대비(나) 9월 모평 10(고3)

함수 $f(x) = \begin{cases} x^3+ax+b & (x<1) \\ bx+4 & (x \geq 1) \end{cases}$ 이 실수 전체의 집합에서

미분가능할 때, $a+b$의 값은? (단, a, b는 상수이다.) (3점)

① 6   ② 7   ③ 8
④ 9   ⑤ 10

C137 ❈❈❈ ······················· 2018실시(가) 9월 학평 7(고2)

함수 $f(x) = \begin{cases} 2x^2+ax & (x<2) \\ 4x+b & (x \geq 2) \end{cases}$ 가 실수 전체의 집합에서

미분가능할 때, ab의 값은? (단, a와 b는 상수이다.) (3점)

① 24   ② 26   ③ 28
④ 30   ⑤ 32

C138 ❊❊❊ .... 2023실시 7월 학평 5(고3)

함수

$$f(x) = \begin{cases} 3x+a & (x \le 1) \\ 2x^3+bx+1 & (x > 1) \end{cases}$$

이 $x=1$에서 미분가능할 때, $a+b$의 값은?

(단, a, b는 상수이다.) (3점)

① -8 ② -6 ③ -4
④ -2 ⑤ 0

C139 ❊❊❊ .... 2018실시(가) 11월 학평 11(고2)

함수 $f(x) = \begin{cases} x^3+ax^2+b & (x < 2) \\ 4x^2 & (x \ge 2) \end{cases}$ 가 실수 전체의 집합에서

미분가능할 때, $f(1)$의 값은? (단, a, b는 상수이다.) (3점)

① 4 ② 5 ③ 6
④ 7 ⑤ 8

C140 ❊❊❊ .... 2018대비(나) 6월 모평 16(고3)

함수 $f(x) = \begin{cases} x^2+ax+b & (x \le -2) \\ 2x & (x > -2) \end{cases}$ 가 실수 전체의

집합에서 미분가능할 때, $a+b$의 값은?

(단, a와 b는 상수이다.) (4점)

① 6 ② 7 ③ 8
④ 9 ⑤ 10

C141 ❊❊❊ .... 2017대비(나) 9월 모평 25(고3)

함수 $f(x) = \begin{cases} ax^2+1 & (x < 1) \\ x^4+a & (x \ge 1) \end{cases}$ 이 $x=1$에서 미분가능할 때,

상수 a의 값을 구하시오. (3점)

C142 ❊❊❊ .... 2012실시(나) 10월 학평 11(고3)

미분가능한 함수 $f(x) = \begin{cases} -x+1 & (x < 0) \\ a(x-1)^2+b & (x \ge 0) \end{cases}$ 에 대하여

$f(1)$의 값은? (단, a, b는 상수이다.) (3점)

① $\dfrac{1}{4}$ ② $\dfrac{1}{2}$ ③ 1
④ $\dfrac{3}{2}$ ⑤ 2

C143 ❊❊❊ .... 2010실시(가) 7월 학평 23(고3)

함수 $f(x) = \begin{cases} x^2 & (x \le 3) \\ -\dfrac{1}{2}(x-a)^2+b & (x > 3) \end{cases}$ 가 모든 실수에서

미분가능할 때, $a+b$의 값을 구하시오. (3점)

C144 ❊❊❊ .... 2005대비(가) 9월 모평 6(고3)

함수 $f(x) = \begin{cases} x^3+ax^2+bx & (x \ge 1) \\ 2x^2+1 & (x < 1) \end{cases}$ 이 모든 실수 x에서

미분가능하도록 상수 a, b를 정할 때, ab의 값은? (3점)

① -5 ② -3 ③ -1
④ 0 ⑤ 1

1+2+3 미분가능한 함수의 활용

유형 15 미분의 항등식에의 활용

함수 $f(x)$와 그 도함수 $f'(x)$를 포함한 항등식이 주어지면 주어진 조건을 이용하여 $f(x)$, $f'(x)$를 구하고 $f(x)$, $f'(x)$를 각각 주어진 항등식에 대입한 후 항등식의 성질을 이용한다.

tip

1 $ax^2+bx+c=0$이 x에 대한 항등식이면 $a=0$, $b=0$, $c=0$

2 $ax^2+bx+c=a'x^2+b'x+c'$이 x에 대한 항등식이면 $a=a'$, $b=b'$, $c=c'$

C145

2022실시 10월 학평 9(고3)

최고차항의 계수가 1인 다항함수 $f(x)$가 모든 실수 x에 대하여

$$xf'(x)-3f(x)=2x^2-8x$$

를 만족시킬 때, $f(1)$의 값은? (4점)

① 1　② 2　③ 3　④ 4　⑤ 5

C146

2019대비(나) 6월 모평 17(고3)

함수 $f(x)=ax^2+b$가 모든 실수 x에 대하여

$$4f(x)=\{f'(x)\}^2+x^2+4$$

를 만족시킨다. $f(2)$의 값은? (단, a, b는 상수이다.) (4점)

① 3　② 4　③ 5　④ 6　⑤ 7

C147

2011실시(나) 7월 학평 25(고3)

최고차항의 계수가 1인 다항함수 $f(x)$가

$$f(x)f'(x)=2x^3-9x^2+5x+6$$

을 만족할 때, $f(-3)$의 값을 구하시오. (3점)

C148

2006대비(가) 9월 모평 6(고3)

등차수열 $\{x_n\}$과 이차함수 $f(x)=ax^2+bx+c$에 대하여 [보기]에서 옳은 것을 모두 고른 것은? (3점)

[보기]

ㄱ. 수열 $\{f'(x_n)\}$은 등차수열이다.

ㄴ. 수열 $\{f(x_{n+1})-f(x_n)\}$은 등차수열이다.

ㄷ. $f(0)=3$, $f(2)=5$, $f(4)=9$이면 $f(6)=15$이다.

① ㄱ　② ㄴ　③ ㄱ, ㄷ　④ ㄴ, ㄷ　⑤ ㄱ, ㄴ, ㄷ

유형 16 다항식의 나눗셈에서 미분의 활용

다항식 $f(x)$가 $(x-a)^2$으로 나누어떨어지면
$f(a)=0$, $f'(a)=0$이다.

> **tip**
>
> 다항식 $f(x)$를 다항식 $g(x)$로 나누었을 때의 몫을 $Q(x)$, 나머지를 $R(x)$라 하면 $f(x)=g(x)Q(x)+R(x)$이므로 이 식을 미분하면
> $f'(x)=g'(x)Q(x)+g(x)Q'(x)+R'(x)$이다.

C149 ✽✾✾

다항식 x^3-3x^2+a가 $(x-b)^2$으로 나누어떨어질 때, 0이 아닌 상수 a, b에 대하여 ab의 값은? (3점)

① 6   ② 7   ③ 8
④ 9   ⑤ 10

C150 ✽✾✾

다항식 $x^{10}+5x^3+1$을 $(x+1)^2$으로 나누었을 때의 나머지를 $R(x)$라 할 때, $R(2)$의 값은? (3점)

① 4   ② 6   ③ 8
④ 10   ⑤ 12

C151 ✽✾✾

다항함수 $f(x)$에 대하여 $\lim_{x \to -1} \dfrac{f(x)-3}{x+1}=2$일 때, 다항식 $f(x)$를 $(x+1)^2$으로 나눈 나머지를 $R(x)$라 하자. $R(2)$의 값은? (3점)

① 5   ② 6   ③ 7
④ 8   ⑤ 9

유형 17 미분을 이용한 함수의 결정

(1) $f(a)=0$, $f'(a)=0$인 다항함수 $f(x)$에 대하여 $f(x)$는 $(x-a)^2$을 인수로 갖는다.

(2) 삼차함수 $f(x)$에 대하여 $f(a)=f(b)=f(c)$일 때, $f(a)=f(b)=f(c)=k$ (k는 상수)라 하면 a, b, c는 방정식 $f(x)-k=0$의 세 근이다.

(3) 미분가능한 함수 $f(x)$에 대하여 $\lim_{x \to a} \dfrac{f(x)-b}{x-a}=c$ (c는 실수)이면 $f(a)=b$, $f'(a)=c$

> **tip**
>
> 함수식이 주어지지 않은 경우 함숫값이나 미분계수 등을 이용하여 함수의 차수와 식을 유추하여야 한다.
>
> ① $f(x)$가 n차 다항함수이면 $f'(x)$는 $(n-1)$차 다항함수이다.
> ② n차 다항식과 m차 다항식의 곱은 $(n+m)$차 다항식이다.

C152 ✾✾✾   2022대비 9월 모평 8(고3)

삼차함수 $f(x)$가 $\lim_{x \to 0} \dfrac{f(x)}{x}=\lim_{x \to 1} \dfrac{f(x)}{x-1}=1$을 만족시킬 때, $f(2)$의 값은? (3점)

① 4   ② 6   ③ 8
④ 10   ⑤ 12

C153 ✾✾✾   2020실시(나) 3월 학평 13(고3)

최고차항의 계수가 1인 이차함수 $y=f(x)$의 그래프가 x축에 접한다. 함수 $g(x)=(x-3)f'(x)$에 대하여 곡선 $y=g(x)$가 y축에 대하여 대칭일 때, $f(0)$의 값은? (3점)

① 1   ② 4   ③ 9
④ 16   ⑤ 25

C154 ❋❋❋
2022실시 4월 학평 7(고3)

$f(3)=2$, $f'(3)=1$인 다항함수 $f(x)$와 최고차항의 계수가 1인 이차함수 $g(x)$가

$$\lim_{x\to3}\frac{f(x)-g(x)}{x-3}=1$$

을 만족시킬 때, $g(1)$의 값은? (3점)

① 3   ② 4   ③ 5
④ 6   ⑤ 7

C155 ❋❋❋
2022대비 5월 예시 11(고2)

최고차항의 계수가 1인 삼차함수 $f(x)$가 다음 조건을 만족시킨다.

> 방정식 $f(x)=9$는 서로 다른 세 실근을 갖고, 이 세 실근은 크기 순서대로 등비수열을 이룬다.

$f(0)=1$, $f'(2)=-2$일 때, $f(3)$의 값은? (4점)

① 6   ② 7   ③ 8
④ 9   ⑤ 10

C156 ❋❋❋
2020실시(나) 10월 학평 17(고3)

$f(1)=-2$인 다항함수 $f(x)$에 대하여 일차함수 $g(x)$가 다음 조건을 만족시킨다.

> (가) $\lim_{x\to1}\dfrac{f(x)g(x)+4}{x-1}=8$
> (나) $g(0)=g'(0)$

$f'(1)$의 값은? (4점)

① 5   ② 6   ③ 7
④ 8   ⑤ 9

C157 ＊❋❋
2018대비(나) 수능 18(고3)

최고차항의 계수가 1이고 $f(1)=0$인 삼차함수 $f(x)$가

$$\lim_{x\to2}\frac{f(x)}{(x-2)\{f'(x)\}^2}=\frac{1}{4}$$

을 만족시킬 때, $f(3)$의 값은? (4점)

① 4   ② 6   ③ 8
④ 10   ⑤ 12

C158 ＊❋❋
2013실시(A) 10월 학평 26(고3)

최고차항의 계수가 1인 삼차함수 $f(x)$와 실수 a가 다음 조건을 만족시킬 때, $f'(a)$의 값을 구하시오. (4점)

> (가) $f(a)=f(2)=f(6)$
> (나) $f'(2)=-4$

C159 ＊＊❋
2018실시(나) 11월 학평 29(고2)

최고차항의 계수가 1인 삼차함수 $f(x)$와 함수

$$g(x)=\begin{cases}\dfrac{1}{x-4} & (x\neq4)\\ 2 & (x=4)\end{cases}$$

에 대하여 $h(x)=f(x)g(x)$라 할 때, 함수 $h(x)$는 실수 전체의 집합에서 미분가능하고 $h'(4)=6$이다. $f(0)$의 값을 구하시오. (4점)

C160 ★★★   2006대비(가) 9월 모평 7(고3)

이차함수 $y=f(x)$의 그래프가 직선 $x=3$에 대하여 대칭일 때, [보기]에서 옳은 것을 모두 고른 것은? (3점)

───────── [보기] ─────────

ㄱ. $y=f(x)$에서 x의 값이 -1에서 7까지 변할 때의 평균변화율은 0이다.

ㄴ. 두 실수 a, b에 대하여 $a+b=6$이면 $f'(a)+f'(b)=0$이다.

ㄷ. $\displaystyle\sum_{k=1}^{15} f'(k-3)=0$

① ㄱ   ② ㄷ   ③ ㄱ, ㄴ

④ ㄴ, ㄷ   ⑤ ㄱ, ㄴ, ㄷ

C161 ★★★   2028대비 4월 예시 28(고3)

두 상수 a, k $(k>0)$과 함수 $f(x)=x(x-1)^2(x-2)$에 대하여 함수 $g(x)$는

$$g(x)=f(x-a)$$

이고 다음 조건을 만족시키는 함수 $h(x)$가 존재할 때, $a+20k^2$의 값을 구하시오. (4점)

───────────────────

(가) 함수 $h(x)$는 실수 전체의 집합에서 연속이다.

(나) 모든 실수 x에 대하여
$$(|x|-k)h(x)=|g(x)-g(k)|$$ 이다.

C162 ★★★   2010대비(가) 수능 17(고3)

최고차항의 계수가 1인 사차함수 $f(x)$에 대하여 함수 $g(x)$가 다음 조건을 만족시킨다.

───────────────────

(가) $-1 \leq x < 1$일 때, $g(x)=f(x)$이다.

(나) 모든 실수 x에 대하여 $g(x+2)=g(x)$이다.

옳은 것만을 [보기]에서 있는 대로 고른 것은? (4점)

───────── [보기] ─────────

ㄱ. $f(-1)=f(1)$이고 $f'(-1)=f'(1)$이면, $g(x)$는 실수 전체의 집합에서 미분가능하다.

ㄴ. $g(x)$가 실수 전체의 집합에서 미분가능하면, $f'(0)f'(1)<0$이다.

ㄷ. $g(x)$가 실수 전체의 집합에서 미분가능하고 $f'(1)>0$이면, 구간 $(-\infty, -1)$에 $f'(c)=0$인 c가 존재한다.

① ㄱ   ② ㄴ   ③ ㄱ, ㄷ

④ ㄴ, ㄷ   ⑤ ㄱ, ㄴ, ㄷ

C163 ★★★ .... 2019실시(가) 11월 학평 29(고2)

상수 a와 최고차항의 계수가 1인 이차함수 $f(x)$에 대하여 함수 $g(x)$를 $g(x)=(x^2-x+a)f(x)$라 할 때, 두 함수 $f(x)$, $g(x)$는 다음 조건을 만족시킨다.

> (가) $\lim\limits_{x \to 1} \dfrac{g(x)-f(x)}{x-1}=0$
>
> (나) $g'(1) \neq 0$
>
> (다) $f(a)=f'(a)$이고 $g'(a)=2f'(a)$인 실수 a가 존재한다.

$g(a+4)=\dfrac{q}{p}$일 때, $p+q$의 값을 구하시오. (단, p와 q는 서로소인 자연수이다.) (4점)

C164 ★★★ .... 2015대비(A) 9월 모평 21(고3)

최고차항의 계수가 1인 다항함수 $f(x)$가 다음 조건을 만족시킬 때, $f(3)$의 값은? (4점)

> (가) $f(0)=-3$
>
> (나) 모든 양의 실수 x에 대하여 $6x-6 \leq f(x) \leq 2x^3-2$ 이다.

① 36   ② 38   ③ 40
④ 42   ⑤ 44

C165 ★★★ .... 2009대비(가) 수능 11(고3)

다항함수 $f(x)$와 두 자연수 m, n이

$$\lim_{x \to \infty} \frac{f(x)}{x^m}=1, \quad \lim_{x \to \infty} \frac{f'(x)}{x^{m-1}}=a$$

$$\lim_{x \to 0} \frac{f(x)}{x^n}=b, \quad \lim_{x \to 0} \frac{f'(x)}{x^{n-1}}=9$$

를 모두 만족시킬 때, 옳은 것만을 [보기]에서 있는 대로 고른 것은? (단, a, b는 실수이다.) (4점)

> ──────── [보기] ────────
> ㄱ. $m \geq n$
> ㄴ. $ab \geq 9$
> ㄷ. $f(x)$가 삼차함수이면 $am=bn$이다.

① ㄱ   ② ㄷ   ③ ㄱ, ㄴ
④ ㄴ, ㄷ   ⑤ ㄱ, ㄴ, ㄷ

[1등급 대비+2등급 대비]

C166 ★ 1등급 대비 .... 2019대비(나) 6월 모평 30(고3)

사차함수 $f(x)$가 다음 조건을 만족시킨다.

> (가) 5 이하의 모든 자연수 n에 대하여 $\sum\limits_{k=1}^{n} f(k)=f(n)f(n+1)$이다.
>
> (나) $n=3$, 4일 때, 함수 $f(x)$에서 x의 값이 n에서 $n+2$까지 변할 때의 평균변화율은 양수가 아니다.

$128 \times f\left(\dfrac{5}{2}\right)$의 값을 구하시오. (4점)

C167 ✪2등급 대비 …… 2025실시 7월 학평 15(고3)

함수 $f(x)=x^2+ax+b$에 대하여 함수

$$g(x)=\begin{cases} |f(x)|-x^2 & (x\le 0) \\ \{f(x)\}^2+x^3 & (x>0) \end{cases}$$

이 다음 조건을 만족시킨다.

> (가) 함수 $g(x)$는 $x=b$에서만 미분가능하지 않다.
> (나) 방정식 $g(x)=0$은 음의 실근을 갖는다.

$g\left(-\dfrac{1}{2}\right)+g(3)$의 값은? (단, a, b는 상수이다.) (4점)

① $\dfrac{183}{2}$ ② $\dfrac{187}{2}$ ③ $\dfrac{191}{2}$

④ $\dfrac{195}{2}$ ⑤ $\dfrac{199}{2}$

C168 ✪2등급 대비 …… 2020대비(나) 수능 20(고3)

함수

$$f(x)=\begin{cases} -x & (x\le 0) \\ x-1 & (0<x\le 2) \\ 2x-3 & (x>2) \end{cases}$$

와 상수가 아닌 다항식 $p(x)$에 대하여 [보기]에서 옳은 것만을 있는 대로 고른 것은? (4점)

> [보기]
> ㄱ. 함수 $p(x)f(x)$가 실수 전체의 집합에서 연속이면 $p(0)=0$이다.
> ㄴ. 함수 $p(x)f(x)$가 실수 전체의 집합에서 미분가능하면 $p(2)=0$이다.
> ㄷ. 함수 $p(x)\{f(x)\}^2$이 실수 전체의 집합에서 미분가능하면 $p(x)$는 $x^2(x-2)^2$으로 나누어떨어진다.

① ㄱ ② ㄱ, ㄴ ③ ㄱ, ㄷ

④ ㄴ, ㄷ ⑤ ㄱ, ㄴ, ㄷ

C169 ✪2등급 대비 …… 2015실시(B) 3월 학평 28(고3)

삼차함수 $f(x)=x^3-x^2-9x+1$에 대하여 함수 $g(x)$를

$$g(x)=\begin{cases} f(x) & (x\ge k) \\ f(2k-x) & (x<k) \end{cases}$$

라 하자. 함수 $g(x)$가 실수 전체의 집합에서 미분가능하도록 하는 모든 실수 k의 값의 합을 $\dfrac{q}{p}$라 할 때, p^2+q^2의 값을 구하시오. (단, p와 q는 서로소인 자연수이다.) (4점)

C170 ⭐1등급 대비 …… 2024실시 10월 학평 22(고3)

최고차항의 계수가 1인 삼차함수 $f(x)$에 대하여

함수 $g(x)$를 $g(x) = \begin{cases} f(x)+x & (f(x) \geq 0) \\ 2f(x) & (f(x) < 0) \end{cases}$ 이라 할 때,

함수 $g(x)$는 다음 조건을 만족시킨다.

> (가) 함수 $g(x)$가 $x=t$에서 불연속인 실수 t의 개수는
>   1이다.
> (나) 함수 $g(x)$가 $x=t$에서 미분가능하지 않은 실수 t의
>   개수는 2이다.

$f(-2)=-2$일 때, $f(6)$의 값을 구하시오. (4점)

C171 ⭐1등급 대비 …… 2025실시 3월 학평 22(고3)

삼차함수 $f(x)$에 대하여 함수 $g(x)$를
$$g(x) = \begin{cases} -f(x) & (x<0) \\ |f(x)| - |2x^2-8| & (x \geq 0) \end{cases}$$
이라 하자. 함수 $g(x)$가 실수 전체의 집합에서 미분가능할 때,
$f(-5)$의 값을 구하시오. (4점)

C172 ✚2등급 대비 …… 2021대비(나) 9월 모평 30(고3)

삼차함수 $f(x)$가 다음 조건을 만족시킨다.

> (가) $f(1)=f(3)=0$
> (나) 집합 $\{x \,|\, x \geq 1$이고 $f'(x)=0\}$의 원소의 개수는 1이다.

상수 a에 대하여 함수 $g(x) = |f(x)f(a-x)|$가 실수 전체의
집합에서 미분가능할 때, $\dfrac{g(4a)}{f(0) \times f(4a)}$의 값을 구하시오. (4점)

C173 ⭐1등급 대비 …… 2017실시(나) 10월 학평 30(고3)

함수 $f(x) = |3x-9|$에 대하여 함수 $g(x)$는
$$g(x) = \begin{cases} \dfrac{3}{2}f(x+k) & (x<0) \\ f(x) & (x \geq 0) \end{cases}$$
이다. 최고차항의 계수가 1인 삼차함수 $h(x)$가 다음 조건을 만족시킬 때, 모든 $h(k)$의 값의 합을 구하시오. (단, $k>0$) (4점)

> (가) 함수 $g(x)h(x)$는 실수 전체의 집합에서 미분가능
>   하다.
> (나) $h'(3)=15$

C174 ✪2등급 대비 ..... 2021대비(나) 수능 30(고3)

함수 $f(x)$는 최고차항의 계수가 1인 삼차함수이고,
함수 $g(x)$는 일차함수이다. 함수 $h(x)$를

$$h(x)=\begin{cases} |f(x)-g(x)| & (x<1) \\ f(x)+g(x) & (x\geq 1) \end{cases}$$

이라 하자. 함수 $h(x)$가 실수 전체의 집합에서 미분가능하고,
$h(0)=0$, $h(2)=5$일 때, $h(4)$의 값을 구하시오. (4점)

C175 ✪2등급 대비 ..... 2017대비(나) 9월 모평 21(고3)

다음 조건을 만족시키며 최고차항의 계수가 음수인
모든 사차함수 $f(x)$에 대하여 $f(1)$의 최댓값은? (4점)

(가) 방정식 $f(x)=0$의 실근은 0, 2, 3뿐이다.
(나) 실수 x에 대하여 $f(x)$와 $|x(x-2)(x-3)|$ 중 크지
　　않은 값을 $g(x)$라 할 때, 함수 $g(x)$는 실수 전체의
　　집합에서 미분가능하다.

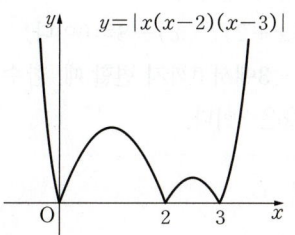

① $\dfrac{7}{6}$ 　　② $\dfrac{4}{3}$ 　　③ $\dfrac{3}{2}$

④ $\dfrac{5}{3}$ 　　⑤ $\dfrac{11}{6}$

C176 ★★★　　　　　2024대비 경찰대 22(고3)

다항함수 $f(x)$가 다음 조건을 만족시킬 때, $f(1)$의 값을 구하시오. (4점)

(가) 모든 실수 x에 대하여
　　$2f(x)-(x+2)f'(x)-8=0$이다.
(나) x의 값이 -3에서 0까지 변할 때, 함수 $f(x)$의 평균변화율은 3이다.

C177 ★★★❋　　　　2023대비 경찰대 19(고3)

최고차항의 계수가 양수인 다항함수 $f(x)$와 함수 $y=f(x)$의 그래프를 y축에 대하여 대칭이동한 그래프를 나타내는 함수 $g(x)$가 다음 조건을 만족시킨다.

(가) $\lim\limits_{x\to 1}\dfrac{f(x)}{x-1}$의 값이 존재한다.
(나) $\lim\limits_{x\to 3}\dfrac{f(x)}{(x-3)g(x)}=k$ (k는 0이 아닌 상수)
(다) $\lim\limits_{x\to -3+}\dfrac{1}{g'(x)}=\infty$

$f(x)$의 차수의 최솟값이 m이다. $f(x)$의 차수가 최소일 때, $m+k$의 값은? (5점)

① $\dfrac{10}{3}$　　　② $\dfrac{43}{12}$　　　③ $\dfrac{23}{6}$

④ $\dfrac{49}{12}$　　　⑤ $\dfrac{13}{3}$

C178 ★★❋　　　　2023대비 삼사 14(고3)

최고차항의 계수가 1인 이차함수 $f(x)$에 대하여 함수 $g(x)$를

$$g(x)=\begin{cases} f(x) & (x<1) \\ 2f(1)-f(x) & (x\geq 1) \end{cases}$$

이라 하자. 함수 $g(x)$에 대하여 [보기]에서 옳은 것만을 있는 대로 고른 것은? (4점)

──────[보기]──────

ㄱ. 함수 $g(x)$는 실수 전체의 집합에서 연속이다.
ㄴ. $\lim\limits_{h\to 0+}\dfrac{g(-1+h)+g(-1-h)-6}{h}=a$ (a는 상수)
　이고 $g(1)=1$이면 $g(a)=1$이다.
ㄷ. $\lim\limits_{h\to 0+}\dfrac{g(b+h)+g(b-h)-6}{h}=4$ (b는 상수)이면
　$g(4)=1$이다.

① ㄱ　　　　② ㄱ, ㄴ　　　　③ ㄱ, ㄷ
④ ㄴ, ㄷ　　　⑤ ㄱ, ㄴ, ㄷ

[1등급 대비 + 2등급 대비]

C179 ✪ 2등급 대비　　　2019대비 경찰대 24(고3)

다항함수 $g(x)$와 자연수 k에 대하여 함수 $f(x)$가 다음과 같다.

$$f(x)=\begin{cases} x+1 & (x\leq 0) \\ g(x) & (0<x<2) \\ k(x-2)+1 & (x\geq 2) \end{cases}$$

함수 $f(x)$가 모든 실수 x에 대하여 미분가능하도록 하는 가장 낮은 차수의 다항함수 $g(x)$에 대하여 $\dfrac{1}{4}<g(1)<\dfrac{3}{4}$일 때, k의 값을 구하시오. (4점)

❖ 정답 및 해설 248~251p

D 도함수의 활용 (1)

★ 최신 3개년 수능＋모평 출제 경향

학년도		출제 유형	난이도
2028	예시	유형 03 곡선 밖의 점에서 그은 접선의 방정식	★☆☆
		유형 21 함수의 극값을 이용한 미정계수의 결정	☆☆☆
2026	수능	유형 10 접선으로 둘러싸인 도형의 넓이	★☆☆
		유형 21 함수의 극값을 이용한 미정계수의 결정	★☆☆
	9월	유형 02 곡선 위의 점에서 그은 접선의 방정식	☆☆☆
		유형 21 함수의 극값을 이용한 미정계수의 결정	☆☆☆
	6월	유형 21 함수의 극값을 이용한 미정계수의 결정	☆☆☆
2025	수능	유형 21 함수의 극값을 이용한 미정계수의 결정	☆☆☆
	9월	유형 21 함수의 극값을 이용한 미정계수의 결정	☆☆☆
	6월	유형 02 곡선 위의 점에서 그은 접선의 방정식	★☆☆
2024	수능	유형 02 곡선 위의 점에서 그은 접선의 방정식	★★★
		유형 21 함수의 극값을 이용한 미정계수의 결정	★★★
	9월	유형 02 곡선 위의 점에서 그은 접선의 방정식	★☆☆
		유형 17 함수의 극값 구하기	☆☆☆
	6월	유형 11 곡선 위의 점과 직선 사이의 거리의 최대 · 최소	★★☆
		유형 15 함수의 증가와 감소	★★★
		유형 22 극값의 조건이 주어진 삼차함수	★☆☆
		유형 24 함수의 극대, 극소의 활용	★★★

★ 2026 수능 출제 경향 분석

• 두 곡선의 방정식과 곡선 위의 접점의 좌표가 주어지고 두 접선과 y축으로 둘러싸인 삼각형의 넓이를 구하는 문제이다. [D57 문항]

• 삼차함수가 극대, 극소를 가지므로 도함수를 구하여 극대와 극소를 계산하는 문제이다. [D134 문항]

★ 2027 수능 예측 ─────────────

1. 접선에 관련된 문제는 도함수의 활용에서 가장 많이 출제되는 유형 중 하나이므로 여러 형태의 접선의 방정식을 구하는 방법을 충분히 연습하자.

2. 미분가능한 함수가 증가 또는 감소할 때의 도함수의 부호, 극값을 가질 때의 도함수의 조건 등을 정확히 파악하고 그래프의 개형을 그리는 훈련을 많이 하여 그래프를 정확히 유추하자.

  **D** # 도함수의 활용(1)

개념 강의

중요도

---

1 접선의 방정식 – 유형 01~12

(1) **곡선 $y=f(x)$ 위의 점 $(a, f(a))$에서의 접선의 방정식**
  (ⅰ) $x=a$에서의 접선의 기울기 $f'(a)$를 구한다.
  (ⅱ) 접선의 방정식 $y-f(a)=f'(a)(x-a)$❶를 구한다.

(2) **곡선 $y=f(x)$에 접하고 기울기가 m인 접선의 방정식**
  (ⅰ) 접점의 좌표를 $(t, f(t))$라 한다.
  (ⅱ) $f'(t)=m$임을 이용하여 t의 값과
    접점의 좌표 $(t, f(t))$를 구한다.
  (ⅲ) 접선의 방정식 $y-f(t)=m(x-t)$를 구한다.

(3) **곡선 $y=f(x)$ 밖의 한 점 (a, b)에서 곡선에 그은 접선의 방정식**
  (ⅰ) 접점의 좌표를 $(t, f(t))$라 하고 접선의 방정식
    $y-f(t)=f'(t)(x-t)$ … ㉠를 구한다.
  (ⅱ) 접선이 점 (a, b)를 지남을 이용하여 t의 값을 구한다.
  (ⅲ) t의 값을 ㉠에 대입하여 접선의 방정식을 구한다.

출제
2028 예시 11번
2026 수능 13번
2026 9월 모평 7번

★ 예시에는 곡선 밖의 점에서 그은 접선의 방정식을 이용하여 다른 점의 좌표를 구하는 중하 난이도의 문제가, 수능에는 두 곡선 위의 점에서 각각 그은 두 접선의 방정식과 y축으로 둘러싸인 도형의 넓이를 구하는 중 난이도의 문제가 출제되었다.

❶ 기울기가 m이고 점 (α, β)를 지나는 직선의 방정식은 $y-\beta=m(x-\alpha)$이다.
한편, 곡선 $y=f(x)$ 위의 점 $(a, f(a))$에서의 접선의 기울기는 $f'(a)$이고 이 접선이 점 $(a, f(a))$를 지나므로 접선의 방정식은 $y-f(a)=f'(a)(x-a)$가 된다.

---

2 롤의 정리와 평균값 정리 – 유형 13~14

(1) **롤의 정리**
  함수 $f(x)$가 닫힌구간 $[a, b]$에서 연속이고 열린구간 (a, b)에서 미분가능할 때,
  $f(a)=f(b)$이면 $f'(c)=0$인 c가 열린구간 (a, b)에 적어도 하나 존재한다.

(2) **평균값 정리**❷
  함수 $f(x)$가 닫힌구간 $[a, b]$에서 연속이고 열린구간 (a, b)에서 미분가능할 때,
  $f'(c)=\dfrac{f(b)-f(a)}{b-a}$인 c가 열린구간 (a, b)에 적어도 하나 존재한다.

❷ 평균값 정리에서 $f(a)=f(b)$인 경우가 롤의 정리이다.
또, 평균값 정리는 곡선 $y=f(x)$ 위의 두 점 $(a, f(a))$, $(b, f(b))$를 지나는 직선의 기울기와 같은 접선이 열린구간 (a, b)에 적어도 하나 존재함을 의미한다.

---

3 함수의 증가와 감소❸,❹ – 유형 15~16

함수 $f(x)$가 어떤 구간에서 미분가능하고, 그 구간의 모든 x에 대하여
(1) $f'(x)>0$이면 함수 $f(x)$는 증가한다.
(2) $f'(x)<0$이면 함수 $f(x)$는 감소한다.

❸ **함수의 증가와 감소**
함수 $f(x)$가 어떤 구간에 속하는 임의의 두 수 x_1, x_2에 대하여
(1) $x_1<x_2$일 때 $f(x_1)<f(x_2)$이면 함수 $f(x)$는 이 구간에서 증가한다고 한다.
(2) $x_1<x_2$일 때 $f(x_1)>f(x_2)$이면 함수 $f(x)$는 이 구간에서 감소한다고 한다.

❹ 함수 $f(x)$가 어떤 구간에서 증가한다고 해서 $f'(x)>0$이 아니다. 예를 들면, 함수 $f(x)=x^3$은 모든 실수에서 증가하지만 $f'(0)=0$이므로 $f'(x)>0$이 아니다.
즉, 함수 $f(x)$가 어떤 구간에서 미분가능하고 이 구간에서
(1) 증가하면 $f'(x)\geq0$
(2) 감소하면 $f'(x)\leq0$

---

4 함수의 극대와 극소❺ – 유형 17~24

(1) **함수의 극대와 극소**
  함수 $f(x)$에서 $x=a$를 포함하는 어떤 열린구간에 속하는 모든 x에 대하여
  ① $f(x)\leq f(a)$이면 함수 $f(x)$는 $x=a$에서 **극대**라 하고, $f(a)$를 **극댓값**이라 한다.
  ② $f(x)\geq f(a)$이면 함수 $f(x)$는 $x=a$에서 **극소**라 하고, $f(a)$를 **극솟값**이라 한다.

(2) **함수의 극대와 극소의 판정**
  미분가능한 함수 $f(x)$에 대하여 $f'(a)=0$이고
  $x=a$의 좌우에서 $f'(x)$의 부호가
  ① 양($+$)에서 음($-$)으로 바뀌면 함수 $f(x)$는
    $x=a$에서 극대이고 극댓값은 $f(a)$이다.
  ② 음($-$)에서 양($+$)으로 바뀌면 함수 $f(x)$는
    $x=a$에서 극소이고 극솟값은 $f(a)$이다.

출제
2028 예시 25번
2026 수능 9번
2026 9월 모평 19번
2026 6월 모평 19번

★ 예시, 수능, 9월, 6월 모두 함수의 극값을 이용하여 미정계수를 구하는 쉬운 난이도의 문제가 출제되었다.

❺ **극값과 미분계수**
함수 $f(x)$가 $x=a$에서 극값을 갖고 a를 포함하는 어떤 열린구간에서 미분가능하면 $f'(a)=0$이다.

D

1 접선의 방정식

D01 기본   2010대비(가) 9월 모평 18(고3)

곡선 $y=x^3+2$ 위의 점 $P(a, -6)$에서의 접선의 방정식을 $y=mx+n$이라 할 때, 세 수 a, m, n의 합을 구하시오. (3점)

D02 기본   2014대비(A) 9월 모평 27(고3)

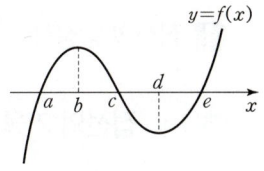

곡선 $y=x^3+2x+7$ 위의 점 $P(-1, 4)$에서의 접선이 점 P가 아닌 점 (a, b)에서 곡선과 만난다. $a+b$의 값을 구하시오. (4점)

2 롤의 정리와 평균값 정리

D03 기본

함수 $f(x)=-x^2+3x$에 대하여 $\dfrac{f(2)-f(0)}{2}=f'(c)$, $0<c<2$를 만족시키는 실수 c의 값은? (3점)

① $\dfrac{2}{3}$ ② $\dfrac{3}{4}$ ③ 1

④ $\dfrac{4}{3}$ ⑤ $\dfrac{3}{2}$

3 함수의 증가와 감소

D04 기본   2016대비(A) 6월 모평 27(고3)

함수 $f(x)=\dfrac{1}{3}x^3-9x+3$이 열린구간 $(-a, a)$에서 감소할 때, 양수 a의 최댓값을 구하시오. (4점)

D05 기본

삼차함수 $f(x)$의 그래프가 그림과 같을 때, 다음 중 부등식 $f(x)\times f'(x)<0$을 만족시키는 실수 x의 값의 범위가 될 수 있는 것은? (3점)

① $x>a$ ② $a<x<c$

③ $b<x<d$ ④ $d<x<e$

⑤ $x>d$

4 함수의 극대와 극소

D06 기본   2014대비(A) 5월 예비 25(고3)

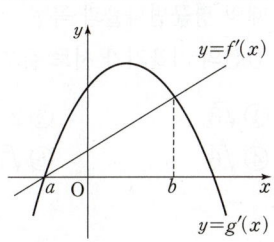

함수 $f(x)=x^3-9x^2+24x+5$의 극댓값을 구하시오. (3점)

D07 기본

그림은 이차함수 $y=f(x)$의 도함수 $y=f'(x)$의 그래프와 삼차함수 $y=g(x)$의 도함수 $y=g'(x)$의 그래프를 나타낸 것이다.

$f(0)=g(0)=0$일 때, 함수 $h(x)=f(x)-g(x)$에 대하여 옳은 것만을 [보기]에서 있는 대로 고른 것은? (4점)

> [보기]
> ㄱ. $a<x<b$에서 함수 $h(x)$는 증가한다.
> ㄴ. 함수 $h(x)$는 $x=b$에서 극솟값을 갖는다.
> ㄷ. $h(a)h(b)>0$

① ㄱ   ② ㄴ   ③ ㄱ, ㄴ

④ ㄴ, ㄷ   ⑤ ㄱ, ㄴ, ㄷ

1 접선의 방정식

유형 01 접선의 기울기

곡선 $y=f(x)$ 위의 점 $(a, f(a))$에서의 접선의 기울기는 함수 $f(x)$의 $x=a$에서의 미분계수 $f'(a)$이다.

tip

1️⃣ 곡선 $y=f(x)$ 위의 점 (a, b)에서의 접선의 기울기가 m이면 $f(a)=b, f'(a)=m$이다.

2️⃣ 곡선 $y=f(x)$ 위의 점 $(a, f(a))$에서의 접선과 x축의 양의 방향이 이루는 각의 크기가 θ이면 $\tan \theta=f'(a)$이다.

D08 ❀❀❀ .... 2020실시(나) 7월 학평 23(고3)

곡선 $y=4x^3-5x+9$ 위의 점 $(1, 8)$에서의 접선의 기울기를 구하시오. (3점)

D09 ❀❀❀ .... 2021실시 4월 학평 7(고3)

함수 $f(x)=x^3-3x$에서 x의 값이 1에서 4까지 변할 때의 평균변화율과 곡선 $y=f(x)$ 위의 점 $(k, f(k))$에서의 접선의 기울기가 서로 같을 때, 양수 k의 값은? (3점)

① $\sqrt{3}$ ② 2   ③ $\sqrt{5}$
④ $\sqrt{6}$ ⑤ $\sqrt{7}$

D10 ❀❀❀ .... 2023실시 10월 학평 17(고3)

삼차함수 $f(x)$에 대하여 함수 $g(x)$를
$$g(x)=(x+2)f(x)$$
라 하자. 곡선 $y=f(x)$ 위의 점 $(3, 2)$에서의 접선의 기울기가 4일 때, $g'(3)$의 값을 구하시오. (3점)

D11 ❀❀❀ .... 2007대비(가) 수능 18(고3)

사차함수 $f(x)=x^4-4x^3+6x^2+4$의 그래프 위의 점 (a, b)에서의 접선의 기울기가 4일 때, a^2+b^2의 값을 구하시오. (3점)

D12 ✱❀❀ .... 2018실시(나) 7월 학평 27(고3)

최고차항의 계수가 1이고 $f(0)=2$인 삼차함수 $f(x)$가
$$\lim_{x \to 1} \frac{f(x)-x^2}{x-1}=-2$$
를 만족시킨다. 곡선 $y=f(x)$ 위의 점 $(3, f(3))$에서의 접선의 기울기를 구하시오. (4점)

D13 ✱❀❀ .... 2023대비 6월 모평 8(고3)

실수 전체의 집합에서 미분가능하고 다음 조건을 만족시키는 모든 함수 $f(x)$에 대하여 $f(5)$의 최솟값은? (3점)

> (가) $f(1)=3$
> (나) $1<x<5$인 모든 실수 x에 대하여 $f'(x) \geq 5$이다.

① 21   ② 22   ③ 23
④ 24   ⑤ 25

D14 ✷✷✾ ⋯⋯⋯⋯⋯⋯ 2014대비(B) 5월 예비 18(고3)

$x>0$에서 함수 $f(x)$가 미분가능하고
$2x \leq f(x) \leq 3x$이다. $f(1)=2$이고 $f(2)=6$일 때,
$f'(1)+f'(2)$의 값은? (4점)

① 8   ② 7   ③ 6

④ 5   ⑤ 4

유형 02 곡선 위의 점에서 그은 접선의 방정식
[2026 9월] [출제]

> 곡선 $y=f(x)$ 위의 점 $(a, f(a))$에서의 접선의 방정식은
> $y=f'(a)(x-a)+f(a)$이다.
> (tip)

기울기가 m인 직선이 점 (a, b)를 지나면 직선의 방정식은
$y=m(x-a)+b$이다. 따라서 곡선 $y=f(x)$ 위의 점 $(a, f(a))$에서의
접선의 기울기가 $f'(a)$이고, 이 접선이 점 $(a, f(a))$를 지나므로 접선의
방정식은 $y=f'(a)(x-a)+f(a)$이다.

D15 ✾✾✾ ⋯⋯⋯⋯⋯⋯ 2026대비 9월 모평 7(고3)

곡선 $y=x^3-5x^2+6x$ 위의 점 $(3, 0)$에서의 접선이
점 $(5, a)$를 지날 때, a의 값은? (3점)

① 6   ② 7   ③ 8

④ 9   ⑤ 10

D16 ✾✾✾ ⋯⋯⋯⋯⋯⋯ 2025실시 10월 학평 7(고3)

곡선 $y=x^3-6x+7$ 위의 점 $(1, 2)$에서의 접선의
y절편은? (3점)

① 1   ② 2   ③ 3

④ 4   ⑤ 5

D17 ✾✾✾ ⋯⋯⋯⋯⋯⋯ 2012대비(나) 수능 26(고3)

곡선 $y=-x^3+4x$ 위의 점 $(1, 3)$에서의 접선의 방정식이
$y=ax+b$이다. $10a+b$의 값을 구하시오.

(단, a, b는 상수이다.) (4점)

D18 ✾✾✾ ⋯⋯⋯⋯⋯⋯ 2021대비(나) 6월 모평 24(고3)

곡선 $y=x^3-6x^2+6$ 위의 점 $(1, 1)$에서의 접선이 점 $(0, a)$
를 지날 때, a의 값을 구하시오. (3점)

D19 ✾✾✾ ⋯⋯⋯⋯⋯⋯ 2015대비(A) 6월 모평 27(고3)

곡선 $y=-x^3+2x$ 위의 점 $(1, 1)$에서의 접선이 점
$(-10, a)$를 지날 때, a의 값을 구하시오. (4점)

D20 ❀❀❀ _____ 2022실시 10월 학평 6(고3)

함수 $f(x)=x^3-2x^2+2x+a$에 대하여 곡선 $y=f(x)$ 위의 점 $(1, f(1))$에서의 접선이 x축, y축과 만나는 점을 각각 P, Q라 하자. $\overline{PQ}=6$일 때, 양수 a의 값은? (3점)

① $2\sqrt{2}$ ② $\dfrac{5\sqrt{2}}{2}$ ③ $3\sqrt{2}$

④ $\dfrac{7\sqrt{2}}{2}$ ⑤ $4\sqrt{2}$

D21 ❀❀❀ _____ 2023대비 9월 모평 8(고3)

곡선 $y=x^3-4x+5$ 위의 점 $(1, 2)$에서의 접선이 곡선 $y=x^4+3x+a$에 접할 때, 상수 a의 값은? (3점)

① 6   ② 7   ③ 8
④ 9   ⑤ 10

D22 ❀❀❀ _____ 2023실시 3월 학평 17(고3)

직선 $y=4x+5$가 곡선 $y=2x^4-4x+k$에 접할 때, 상수 k의 값을 구하시오. (3점)

D23 ✱❀❀ _____ 2023실시 4월 학평 7(고3)

다항함수 $f(x)$에 대하여 곡선 $y=f(x)$ 위의 점 $(0, f(0))$에서의 접선의 방정식이 $y=3x-1$이다. 함수 $g(x)=(x+2)f(x)$에 대하여 $g'(0)$의 값은? (3점)

① 5   ② 6   ③ 7
④ 8   ⑤ 9

D24 ✱❀❀ _____ 2025대비 6월 모평 11(고3)

최고차항의 계수가 1이고 $f(0)=0$인 삼차함수 $f(x)$가 $\displaystyle\lim_{x\to a}\dfrac{f(x)-1}{x-a}=3$을 만족시킨다.

곡선 $y=f(x)$ 위의 점 $(a, f(a))$에서의 접선의 y절편이 4일 때, $f(1)$의 값은? (단, a는 상수이다.) (4점)

① -1 ② -2 ③ -3
④ -4 ⑤ -5

D25 ✱✱❀ _____ 2016대비(A) 수능 28(고3)

두 다항함수 $f(x)$, $g(x)$가 다음 조건을 만족시킨다.

> (가) $g(x)=x^3f(x)-7$
> (나) $\displaystyle\lim_{x\to 2}\dfrac{f(x)-g(x)}{x-2}=2$

곡선 $y=g(x)$ 위의 점 $(2, g(2))$에서의 접선의 방정식이 $y=ax+b$일 때, a^2+b^2의 값을 구하시오.

(단, a, b는 상수이다.) (4점)

유형 03 곡선 밖의 점에서 그은 접선의 방정식   출제

곡선 $y=f(x)$ 밖의 한 점 (a, b)에서 곡선에 그은 접선의
방정식은 다음의 순서로 구한다.

(ⅰ) 점 (a, b)에서 곡선 $y=f(x)$에 그은 접선의 접점의 좌표를
  $(t, f(t))$라 하면 접선의 기울기가 $f'(t)$이고 점 $(t, f(t))$를
  지나므로 접선의 방정식을 $y-f(t)=f'(t)(x-t)$ ⋯ ㉠라
  세운다.

(ⅱ) 접선 $y-f(t)=f'(t)(x-t)$가 점 (a, b)를 지남을 이용하여
  t의 값을 구한다.

(ⅲ) (ⅱ)에서 구한 t의 값을 ㉠에 대입하여 접선의 방정식을 구한다.

(tip)

접선에 대한 문제에서 접점의 좌표가 주어지지 않으면 곡선 위의 접점의
좌표를 미지수로 설정한 후, 그 점에서의 접선의 방정식을 세우는 것이
해결의 열쇠이다.

D26 ✽❀❀ ········· 2023대비 수능 8(고3)

점 $(0, 4)$에서 곡선 $y=x^3-x+2$에 그은 접선의
x절편은? (3점)

① $-\dfrac{1}{2}$ ② -1 ③ $-\dfrac{3}{2}$

④ -2 ⑤ $-\dfrac{5}{2}$

D27 ✽❀❀ ········· 2028대비 4월 예시 11(고3)

점 $(0, 1)$에서 곡선 $y=x^3-2x+17$에 그은 접선이
점 $(a, 11)$을 지날 때, a의 값은? (3점)

① 1 ② 2 ③ 3
④ 4 ⑤ 5

D28 ✽❀❀ ········· 2022대비 5월 예시 9(고2)

원점을 지나고 곡선 $y=-x^3-x^2+x$에 접하는 모든 직선의
기울기의 합은? (4점)

① 2 ② $\dfrac{9}{4}$ ③ $\dfrac{5}{2}$

④ $\dfrac{11}{4}$ ⑤ 3

D29 ✽❀❀ ········· 2016실시(나) 11월 학평 28(고2)

함수 $f(x)=x^3-ax$에 대하여 점 $(0, 16)$에서 곡선 $y=f(x)$
에 그은 접선의 기울기가 8일 때, $f(a)$의 값을 구하시오.

(단, a는 상수이다.) (4점)

D30 ✽❀❀

점 $(-2, 0)$에서 곡선 $y=x^2-3$에 그을 수 있는 접선은 두 개
이다. 접선과 곡선의 두 접점의 x좌표의 곱은? (3점)

① 1 ② 2 ③ 3
④ 4 ⑤ 5

유형 04 곡선과 다시 만나는 접선의 방정식

곡선 $y=f(x)$ 위의 점 $(a, f(a))$에서의 접선 $y=g(x)$가
이 곡선과 다시 만나면

(1) 다시 만나는 점의 x좌표는 방정식 $f(x)=g(x)$의 $x\neq a$인
  실근이다.

(2) 방정식 $f(x)=g(x)$는 중근 $x=a$를 갖는다.

(tip)

두 다항함수 $f(x)$, $g(x)$에 대하여 두 곡선 $y=f(x)$, $y=g(x)$가 $x=a$에서
접하고 $x=b$에서 만날 때, $h(x)=f(x)-g(x)$라 하면 함수 $h(x)$는
$(x-a)^2$, $x-b$를 인수로 갖는다. 따라서 음이 아닌 정수 n과 상수
$a_i (i=0, 1, 2, \cdots, n)$에 대하여
$h(x)=(x-a)^2(x-b)(a_nx^n+a_{n-1}x^{n-1}+\cdots+a_0)$으로 나타낼 수 있다.

D31 ✲✾✾   2025실시 5월 학평 19(고3)

최고차항의 계수가 1인 삼차함수 $f(x)$에 대하여 곡선 $y=f(x)$ 위의 점 $(0, 1)$에서의 접선이 곡선 $y=f(x)$와 점 $(1, 0)$에서 만난다. $f(3)$의 값을 구하시오. (3점)

D32 ✲✾✾   2017실시(나) 7월 학평 17(고3)

최고차항의 계수가 1인 삼차함수 $f(x)$에 대하여 곡선 $y=f(x)$ 위의 점 $(2, 4)$에서의 접선이 점 $(-1, 1)$에서 이 곡선과 만날 때, $f'(3)$의 값은? (4점)

① 10   ② 11   ③ 12

④ 13   ⑤ 14

D33 ✲✾✾   2013대비(나) 6월 모평 17(고3)

곡선 $y=x^3-5x$ 위의 점 $A(1, -4)$에서의 접선이 점 A가 아닌 점 B에서 곡선과 만난다. 선분 AB의 길이는? (4점)

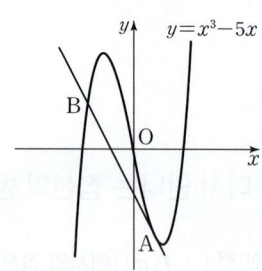

① $\sqrt{30}$ ② $\sqrt{35}$ ③ $2\sqrt{10}$

④ $3\sqrt{5}$ ⑤ $5\sqrt{2}$

D34 ✲✾✾   2007실시(가) 10월 학평 25(고3)

그림은 삼차함수 $f(x)=x^3-3x^2+3x$의 그래프이다. 원점을 지나고 곡선 $y=f(x)$에 접하는 직선은 두 개이다. 두 접선과 곡선 $y=f(x)$의 교점 중 원점이 아닌 점들의 x좌표의 합을 S라 하자. 이때, $10S$의 값을 구하시오. (4점)

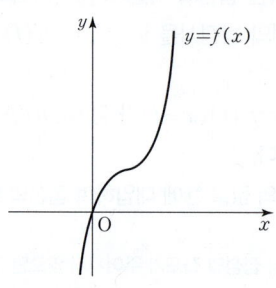

D35 ✲✲✾   2013실시(A) 10월 학평 20(고3)

삼차함수 $f(x)=x^3+ax$가 있다. 곡선 $y=f(x)$ 위의 점 $A(-1, -1-a)$에서의 접선이 이 곡선과 만나는 다른 한 점을 B라 하자. 또, 곡선 $y=f(x)$ 위의 점 B에서의 접선이 이 곡선과 만나는 다른 한 점을 C라 하자. 두 점 B, C의 x좌표를 각각 b, c라 할 때, $f(b)+f(c)=-80$을 만족시킨다. 상수 a의 값은? (4점)

① 8   ② 10   ③ 12

④ 14   ⑤ 16

유형 05 기울기가 주어진 접선의 방정식

곡선 $y=f(x)$에 접하고 기울기가 m인 접선의 방정식은 다음과 같은 순서로 구한다.

(ⅰ) 접점의 좌표를 $(t, f(t))$라 한다.

(ⅱ) $f'(t)=m$임을 이용하여 t의 값과 접점의 좌표 $(t, f(t))$를 구한다.

(ⅲ) 접선의 방정식 $y-f(t)=m(x-t)$를 구한다.

tip

① 서로 다른 두 점 (x_1, y_1), (x_2, y_2)를 지나는 직선의 기울기는 $\dfrac{y_2-y_1}{x_2-x_1}$이다.

② 직선이 x축의 양의 방향과 이루는 각의 크기가 θ일 때, 직선의 기울기는 $\tan\theta$이다.

D36 ❀❀❀ .... 2013대비(나) 수능 15(고3)

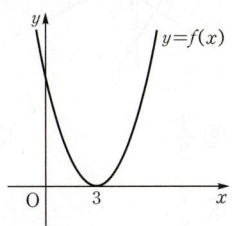

삼차함수 $f(x)=x^3+ax^2+9x+3$의 그래프 위의 점 $(1, f(1))$에서의 접선의 방정식이 $y=2x+b$이다. $a+b$의 값은? (단, a, b는 상수이다.) (4점)

① 1　　　　② 2　　　　③ 3
④ 4　　　　⑤ 5

D37 ❀❀❀ .... 2016대비(A) 6월 모평 13(고3)

함수 $f(x)=(x-3)^2$에 대하여 함수 $g(x)$의 도함수가 $f(x)$이고 곡선 $y=g(x)$ 위의 점 $(2, g(2))$에서의 접선의 y절편이 -5일 때, 이 접선의 x절편은? (3점)

① 1　　　　② 2　　　　③ 3
④ 4　　　　⑤ 5

D38 ❀❀❀ .... 2015대비(A) 수능 14(고3)

함수 $f(x)=x(x+1)(x-4)$에 대하여 직선 $y=5x+k$와 함수 $y=f(x)$의 그래프가 서로 다른 두 점에서 만날 때, 양수 k의 값은? (4점)

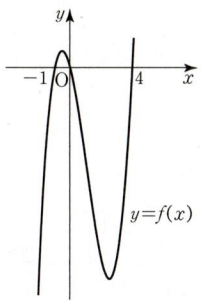

① 5　　　　② $\dfrac{11}{2}$　　　　③ 6
④ $\dfrac{13}{2}$　　　　⑤ 7

유형 06 접선과 수직인 직선의 방정식

곡선 $y=f(x)$ 위의 점 $(a, f(a))$를 지나고, 이 점에서의 접선과 수직인 직선의 방정식은

$$y-f(a)=-\frac{1}{f'(a)}(x-a)\,(\text{단}, f'(a)\neq0)\text{이다.}$$

tip

서로 수직인 두 직선의 기울기의 곱은 -1이다. 따라서 곡선 $y=f(x)$ 위의 점 $(a, f(a))$에서의 접선의 기울기가 $f'(a)$이므로 이 점을 지나고, 이 점에서의 접선과 수직인 직선의 기울기를 m이라 하면 $m\times f'(a)=-1$에서 $m=-\dfrac{1}{f'(a)}$이다.

D39 ❀❀❀ .... 2021대비(나) 수능 9(고3)

곡선 $y=x^3-3x^2+2x+2$ 위의 점 $A(0, 2)$에서의 접선과 수직이고 점 A를 지나는 직선의 x절편은? (3점)

① 4　　　　② 6　　　　③ 8
④ 10　　　　⑤ 12

D40 ❀❀❀
2017대비(나) 수능 26(고3)

곡선 $y=x^3-ax+b$ 위의 점 $(1, 1)$에서의 접선과 수직인 직선의 기울기가 $-\dfrac{1}{2}$이다. 두 상수 a, b에 대하여 $a+b$의 값을 구하시오. (4점)

D41 ❀❀❀
2012실시(나) 10월 학평 15(고3)

곡선 $f(x)=\dfrac{2}{3}x^3+ax$ 위의 두 점 $(0, f(0))$, $(1, f(1))$에서의 접선이 서로 수직일 때, 상수 a의 값은? (4점)

① -2 ② -1 ③ 0

④ 1 ⑤ 2

D42 ✱❀❀
2018실시(가) 11월 학평 18(고2)

그림과 같이 곡선 $y=x^2$ 위의 점 $P(t, t^2)(0<t<1)$에서의 접선 l이 x축과 만나는 점을 Q, 점 P에서 x축에 내린 수선의 발을 R라 할 때, 삼각형 PQR의 넓이를 $f(t)$라 하자. 또한, 점 P를 지나고 기울기가 -1인 직선 m이 곡선 $y=\sqrt{x}$와 만나는 점을 A라 할 때, 선분 PA를 대각선으로 하는 정사각형 PCAB의 넓이를 $g(t)$라 하자. $\displaystyle\lim_{t\to0+}\dfrac{t\times g(t)}{f(t)}$의 값은? (4점)

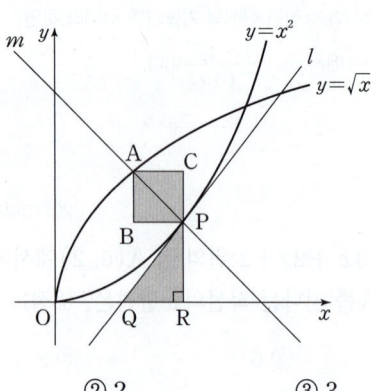

① 1 ② 2 ③ 3

④ 4 ⑤ 5

D43 ✱❀❀

곡선 $y=\dfrac{1}{4}x^2$ 위의 서로 다른 두 점 P, Q에서의 두 접선이 서로 수직으로 만날 때, 직선 PQ의 y절편은 항상 k이다. 이때, 상수 k의 값은? (3점)

① -1 ② 0 ③ $\dfrac{1}{2}$

④ 1 ⑤ $\dfrac{3}{2}$

D44 ✱✱❀
2014실시(A) 10월 학평 21(고3)

곡선 $y=\dfrac{x^2}{2}$ 위의 점 $P\left(a, \dfrac{a^2}{2}\right)$에서 접하는 직선을 l이라 하자. 직선 l과 수직인 직선 중 곡선 $y=\dfrac{x^2}{2}$에 접하는 직선을 m이라 하고, 직선 m과 곡선 $y=\dfrac{x^2}{2}$의 접점을 Q라 하자. y축과 직선 PQ가 점 R에서 만날 때, 점 R의 y좌표는?

(단, $a\neq0$) (4점)

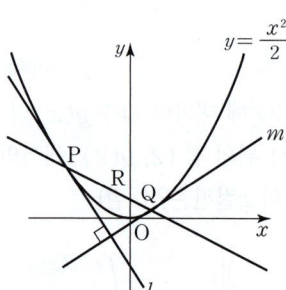

① $\dfrac{3}{8}$ ② $\dfrac{1}{2}$ ③ $\dfrac{5}{8}$

④ $\dfrac{3}{4}$ ⑤ $\dfrac{7}{8}$

유형 07 접선과 평행한 직선의 방정식

접선과 평행한 직선의 방정식이 주어진 경우는 기울기가 주어진 접선의 방정식과 같은 방법으로 구한다. 즉, 곡선 $y=f(x)$에 대하여 직선 $y=mx+n$과 평행한 직선의 기울기는 m이므로 다음과 같은 순서로 구한다.

(i) 접점의 좌표를 $(t, f(t))$라 한다.
(ii) $f'(t)=m$임을 이용하여 t의 값과 접점의 좌표 $(t, f(t))$를 구한다.
(iii) 접선의 방정식 $y-f(t)=m(x-t)$를 구한다.

tip

1 두 직선 $y=mx+n$, $y=m'x+n'$이 서로 평행하면 $m=m'$, $n\neq n'$
2 두 직선 $ax+by+c=0$, $a'x+b'y+c'=0$이 서로 평행하면
$$\frac{a}{a'}=\frac{b}{b'}\neq\frac{c}{c'}$$

D45 ✽✽✽ .... 2014대비(A) 6월 모평 17(고3)

곡선 $y=x^3-3x^2+x+1$ 위의 서로 다른 두 점 A, B에서의 접선이 서로 평행하다. 점 A의 x좌표가 3일 때, 점 B에서의 접선의 y절편의 값은? (4점)

① 5   ② 6   ③ 7
④ 8   ⑤ 9

D46 ✽✽✽ .... 2008대비(가) 6월 모평 20(고3)

양수 a에 대하여 점 $(a, 0)$에서 곡선 $y=3x^3$에 그은 접선과 점 $(0, a)$에서 곡선 $y=3x^3$에 그은 접선이 서로 평행할 때, $90a$의 값을 구하시오. (3점)

D47 ✽✽✽ ....

곡선 $y=x^3+2x^2$에 접하고 직선 $y=-x+4$에 평행한 직선은 두 개이다. 곡선과 직선의 두 접점의 x좌표의 곱은? (3점)

① $\frac{1}{2}$ ② $\frac{1}{3}$ ③ $\frac{1}{4}$
④ $\frac{1}{5}$ ⑤ $\frac{1}{6}$

D48 ✽✽✽ ....

곡선 $y=x^3-2x+1$ 위의 점 $(-1, 2)$에서의 접선에 평행하고 곡선 $y=-x^2-7x$에 접하는 직선의 방정식은 $y=mx+n$이다. 상수 m, n에 대하여 $m+n$의 값은? (3점)

① 14   ② 15   ③ 16
④ 17   ⑤ 18

유형 08 공통인 접선

두 곡선 $y=f(x)$와 $y=g(x)$가 $x=t$인 점에서 공통인 접선을 가지면 다음을 만족시킨다.

(1) $x=t$인 점에서 두 곡선이 만나므로 $f(t)=g(t)$
(2) $x=t$인 점에서 두 곡선의 접선의 기울기가 같으므로
$f'(t)=g'(t)$

tip

두 곡선 $y=f(x)$와 $y=g(x)$의 공통인 접선은 그 접점에서의 함숫값과 미분계수가 같음을 이용한다.

D49 ✽✽✽ .... 2022대비 수능 10(고3)

삼차함수 $f(x)$에 대하여 곡선 $y=f(x)$ 위의 점 $(0, 0)$에서의 접선과 곡선 $y=xf(x)$ 위의 점 $(1, 2)$에서의 접선이 일치할 때, $f'(2)$의 값은? (4점)

① -18 ② -17 ③ -16
④ -15 ⑤ -14

D50 ✽✽❀ 2023실시 7월 학평 19(고3)

곡선 $y=x^3-10$ 위의 점 $P(-2, -18)$에서의 접선과
곡선 $y=x^3+k$ 위의 점 Q에서의 접선이 일치할 때,
양수 k의 값을 구하시오. (3점)

D51 ✽❀❀ 2016실시(나) 10월 학평 18(고3)

서로 다른 두 점에서 만나는 두 곡선

$$C_1 : y=x^2-2x+2, \quad C_2 : y=-x^2+ax+b$$

의 한 교점을 P라 하고, 점 P에서 두 곡선 C_1, C_2에 접하는
직선을 각각 l, m이라 하자. 두 접선 l, m이 서로 수직일 때,
곡선 C_2는 두 실수 a, b의 값에 관계없이 일정한 점 Q를 지난다.
다음은 점 Q의 좌표를 구하는 과정이다.

$f(x)=x^2-2x+2$, $g(x)=-x^2+ax+b$라 하고,
두 곡선 C_1, C_2의 한 교점 P의 x좌표를 t라 하자.
두 접선 l, m이 서로 수직이므로
$f'(t)g'(t)=-1$에서
$4t^2-2(a+2)t+$ ⬚(가)⬚ $=0$ …… ㉠
$f(t)=g(t)$에서
$2t^2-(a+2)t+2-b=0$ …… ㉡
㉠, ㉡에서 $b=$ ⬚(나)⬚ $-a$를 $y=-x^2+ax+b$에 대입하
고 a에 관하여 정리하면,
$a(x-1)-x^2-y+$ ⬚(나)⬚ $=0$ …… ㉢
㉢에서 $x-1=0$, $-x^2-y+$ ⬚(나)⬚ $=0$을 만족시키는 x와
y의 값을 구하면 점 Q의 좌표는 $(1, $ ⬚(다)⬚ $)$이다.

위의 (가)에 알맞은 식을 $h(a)$라 하고, (나)와 (다)에 알맞은
수를 각각 α, β라 할 때, $h(\alpha) \times h(\beta)$의 값은? (4점)

① 4   ② 8   ③ 12
④ 16   ⑤ 20

D52 ✽❀❀ 2015실시(A) 7월 학평 14(고3)

두 함수 $f(x)=x^2$과 $g(x)=-(x-3)^2+k(k>0)$
에 대하여 곡선 $y=f(x)$ 위의 점 $P(1, 1)$에서의 접선을 l이
라 하자. 직선 l에 곡선 $y=g(x)$가 접할 때의 접점을 Q, 곡선
$y=g(x)$와 x축이 만나는 두 점을 각각 R, S라 할 때, 삼각형
QRS의 넓이는? (4점)

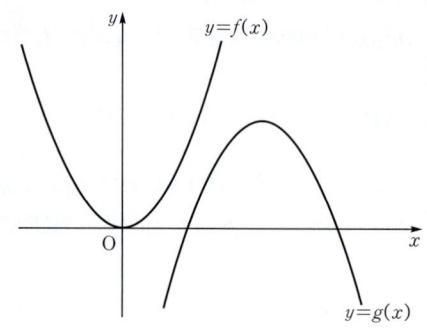

① 4   ② $\frac{9}{2}$ ③ 5
④ $\frac{11}{2}$ ⑤ 6

D53 ✽❀❀ 2010대비(가) 6월 모평 4(고3)

곡선 $y=x^2$ 위의 점 $(-2, 4)$에서의 접선이 곡선 $y=x^3+ax-2$
에 접할 때, 상수 a의 값은? (3점)

① -9 ② -7 ③ -5
④ -3 ⑤ -1

D54 ✽❀❀

두 함수 $f(x)=x^3+ax-3$, $g(x)=bx^2+5$에 대하여 두 곡선
$y=f(x)$, $y=g(x)$가 $x=2$인 점에서 접할 때, 상수 a, b에
대하여 $a+b$의 값은? (3점)

① 12   ② 14   ③ 16
④ 18   ⑤ 20

유형 09 곡선과 원의 접선

곡선 $y=f(x)$와 원 C가 접할 때,
(1) 원 C의 중심과 접점을 지나는 직선은 곡선과 원의 접점에서의 접선과 수직이다.
(2) 원 C의 반지름의 길이는 원 C의 중심과 접점 사이의 거리와 같다.

tip

곡선 $y=f(x)$와 원 C가 접할 때, 원의 중심과 접점을 지나는 직선 l_1과 곡선과 원의 접점에서의 접선 l_2가 수직이므로 두 직선 l_1, l_2의 기울기의 곱은 -1이다.

D55 ✽✽✽

그림과 같이 원 C가 최고차항의 계수가 1인 이차함수 $y=f(x)$의 그래프와 두 점 $(0, 0)$, $(2, 0)$에서 접한다. 원 C의 반지름의 길이를 r라 할 때, r^2의 값은? (3점)

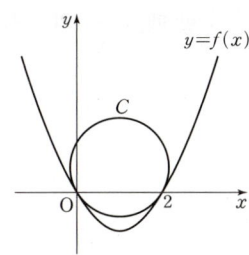

① $\dfrac{7}{6}$　　② $\dfrac{6}{5}$　　③ $\dfrac{5}{4}$　　④ $\dfrac{4}{3}$　　⑤ $\dfrac{3}{2}$

D56 ✽✽✽

그림과 같이 원점 O를 지나고 곡선 $y=x^3-3x$ 위의 점 O에서의 접선에 수직인 직선을 l이라 하자. 직선 l과 곡선 $y=x^3-3x$가 제1사분면에서 만나는 점을 A라 할 때, 선분 OA를 반지름으로 하는 원의 방정식은 $(x-a)^2+(y-b)^2=r^2$이다. $\dfrac{ab}{r^2}$의 값은? (단, a, b는 양의 상수이다.) (4점)

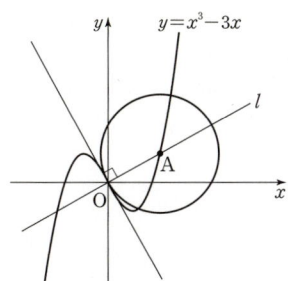

① $\dfrac{1}{8}$　　② $\dfrac{2}{9}$　　③ $\dfrac{3}{10}$　　④ $\dfrac{4}{11}$　　⑤ $\dfrac{5}{12}$

2026 수능

유형 10 접선으로 둘러싸인 도형의 넓이

출제

곡선 $y=f(x)$의 접선의 방정식을 구하는 방법을 다시 한 번 숙지하자.
(1) 곡선 $y=f(x)$ 위의 점 $(a, f(a))$에서의 접선의 방정식은 $y=f'(a)(x-a)+f(a)$이다.
(2) 곡선 $y=f(x)$ 밖의 한 점 (a, b)에서 곡선에 그은 접선의 방정식은 접점의 좌표를 $(t, f(t))$라 하고 접선의 방정식을 $y=f'(t)(x-t)+f(t)$라 세운 후 이 접선이 점 (a, b)를 지남을 이용한다.
(3) 곡선 $y=f(x)$에 접하고 기울기가 m인 접선의 방정식은 접점의 좌표를 $(t, f(t))$라 하고 $f'(t)=m$임을 이용한다.

tip

곡선 $y=f(x)$의 접선과 x축, y축으로 둘러싸인 도형은 삼각형이므로 접선의 x절편과 y절편을 각각 a, $b(a\neq0, b\neq0)$라 할 때, 이 삼각형의 넓이는 $\dfrac{1}{2}|a||b|$이다.

D57 ✽✽✽ 　　　2026대비 수능 13(고3)

함수 $f(x)=x^2-4x-3$에 대하여 곡선 $y=f(x)$ 위의 점 $(1, -6)$에서의 접선을 l이라 하고, 함수 $g(x)=(x^3-2x)f(x)$에 대하여 곡선 $y=g(x)$ 위의 점 $(1, 6)$에서의 접선을 m이라 하자. 두 직선 l, m과 y축으로 둘러싸인 도형의 넓이는? (4점)

① 21　　　　② 28　　　　③ 35

④ 42　　　　⑤ 49

D58 ✽✽✽

점 A$(0, -3)$에서 곡선 $y=x^2-2x+1$에 그은 두 접선의 접점을 각각 B, C라 할 때, 삼각형 OBC의 넓이를 구하시오. (단, O는 원점이다.) (3점)

D59 ✱❀❀

함수 $f(x)=x^3-4x+3$에 대하여 곡선 $y=f(x)$ 위의 점 P$(1, 0)$에서의 접선과 곡선 $y=f(x)$의 교점 중에서 점 P가 아닌 점을 Q라 할 때, 삼각형 OPQ의 넓이는? (단, O는 원점이다.) (3점)

① $\dfrac{1}{2}$　　　② 1　　　③ $\dfrac{3}{2}$

④ 2　　　⑤ $\dfrac{5}{2}$

D60 ✱✱❀ ·················· 2018대비(나) 6월 모평 20(고3)

함수

$$f(x)=\dfrac{1}{3}x^3-kx^2+1\ (k>0인\ 상수)$$

의 그래프 위의 서로 다른 두 점 A, B에서의 접선 l, m의 기울기가 모두 $3k^2$이다. 곡선 $y=f(x)$에 접하고 x축에 평행한 두 직선과 접선 l, m으로 둘러싸인 도형의 넓이가 24일 때, k의 값은? (4점)

① $\dfrac{1}{2}$　　　② 1　　　③ $\dfrac{3}{2}$

④ 2　　　⑤ $\dfrac{5}{2}$

[고난도]

유형 11 곡선 위의 점과 직선 사이의 거리의 **최대 · 최소**

곡선 $y=f(x)$ 위의 점 P와 직선 $y=g(x)$ 사이의 거리가 최대 또는 최소가 되려면 곡선 $y=f(x)$의 접선 중에서 직선 $y=g(x)$와 평행한 접선의 접점이 P가 되어야 한다.

tip

곡선 위의 점과 직선 사이의 거리의 최대·최소는 다음과 같은 순서로 구한다.
(i) 곡선의 접선 중 직선과 평행한 접선의 접점의 좌표를 구한다.
(ii) 이 접점과 직선 사이의 거리가 곡선 위의 점과 직선 사이의 거리의 최댓값 또는 최솟값이다.

D61 ✱❀❀ ·················· 2015대비(A) 9월 모평 27(고3)

곡선 $y=\dfrac{1}{3}x^3+\dfrac{11}{3}\ (x>0)$ 위를 움직이는 점 P와

직선 $x-y-10=0$ 사이의 거리를 최소가 되게 하는 곡선 위의 점 P의 좌표를 (a, b)라 할 때, $a+b$의 값을 구하시오. (4점)

D62 ✱❀❀

곡선 $y=x^2-4x+5$ 위를 움직이는 점 P에 대하여 직선 $y=2x-6$과 점 P 사이의 거리가 최소가 되게 하는 점 P의 좌표는 (m, n)이다. $m+n$의 값을 구하시오. (3점)

D63 ★★❀ .... 2014실시(B) 7월 학평 7(고3)

곡선 $y=x^3-5x^2+4x+4$ 위에 세 점 A$(-1, -6)$, B$(2, 0)$, C$(4, 4)$가 있다. 곡선 위에서 두 점 A, B 사이를 움직이는 점 P와 곡선 위에서 두 점 B, C 사이를 움직이는 점 Q에 대하여 사각형 AQCP의 넓이가 최대가 되도록 하는 두 점 P, Q의 x좌표의 곱은? (3점)

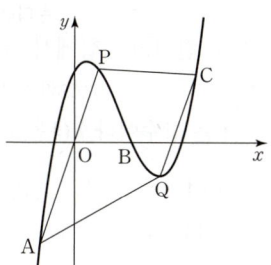

① $\dfrac{1}{6}$ ② $\dfrac{1}{3}$ ③ $\dfrac{1}{2}$

④ $\dfrac{2}{3}$ ⑤ $\dfrac{5}{6}$

D64 ★★❀ .... 2013대비(나) 9월 모평 19(고3)

닫힌구간 $[0, 2]$에서 정의된

함수 $f(x)=ax(x-2)^2\left(a>\dfrac{1}{2}\right)$에 대하여 곡선 $y=f(x)$와 직선 $y=x$의 교점 중 원점 O가 아닌 점을 A라 하자. 점 P가 원점으로부터 점 A까지 곡선 $y=f(x)$ 위를 움직일 때, 삼각형 OAP의 넓이가 최대가 되는 점 P의 x좌표가 $\dfrac{1}{2}$이다.

상수 a의 값은? (4점)

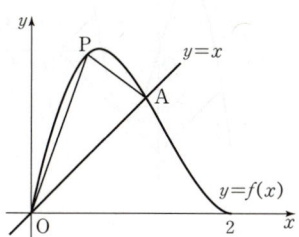

① $\dfrac{5}{4}$ ② $\dfrac{4}{3}$ ③ $\dfrac{17}{12}$

④ $\dfrac{3}{2}$ ⑤ $\dfrac{19}{12}$

D65 ★★★❀ .... 2024대비 6월 모평 11(고3)

그림과 같이 실수 $t(0<t<1)$에 대하여 곡선 $y=x^2$ 위의 점 중에서 직선 $y=2tx-1$과의 거리가 최소인 점을 P라 하고, 직선 OP가 직선 $y=2tx-1$과 만나는 점을 Q라 할 때, $\displaystyle\lim_{t\to1-}\dfrac{\overline{\mathrm{PQ}}}{1-t}$의 값은? (단, O는 원점이다.) (4점)

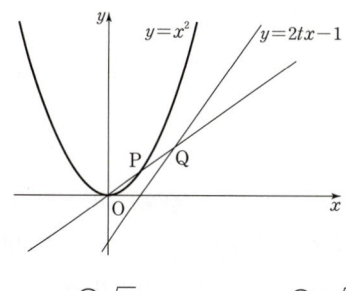

① $\sqrt{6}$ ② $\sqrt{7}$ ③ $2\sqrt{2}$

④ 3 ⑤ $\sqrt{10}$

고난도
유형 12 접선의 방정식의 활용

(1) 이차 이상의 다항함수 $f(x)$와 일차함수 $g(x)=ax+b$에 대하여 주어진 구간에서 부등식 $f(x)\geq g(x)$를 만족시키는 b의 값은 직선 $y=g(x)$가 곡선 $y=f(x)$에 접할 때 최댓값을 갖는다.

(2) **두 곡선 $y=f(x)$, $y=g(x)$가 $x=a$에서 접하면**
 ① 두 곡선 $y=f(x)$, $y=g(x)$는 $x=a$에서 공통접선을 갖는다.
 ② $x=a$에서 두 곡선이 만나므로 $f(a)=g(a)$이고 $x=a$에서 두 곡선의 접선의 기울기가 같으므로 $f'(a)=g'(a)$이다.

tip

곡선과 직선의 위치 관계, 곡선과 직선 사이의 거리 등은 접선을 활용하는 경우가 많다. 곡선 위의 점에서의 접선의 방정식 또는 곡선 밖의 점에서 그은 접선의 방정식을 구하는 과정을 잘 정리해두자.

D66 ★❀❀ .... 2021대비(나) 9월 모평 18(고3)

최고차항의 계수가 a인 이차함수 $f(x)$가 모든 실수 x에 대하여
$$|f'(x)|\leq 4x^2+5$$
를 만족시킨다. 함수 $y=f(x)$의 그래프의 대칭축이 직선 $x=1$일 때, 실수 a의 최댓값은? (4점)

① $\dfrac{3}{2}$ ② 2 ③ $\dfrac{5}{2}$

④ 3 ⑤ $\dfrac{7}{2}$

D67 ❋❋❋ .... 2014대비(A) 6월 모평 26(고3)

다항함수 $f(x)$에 대하여 곡선 $y=f(x)$ 위의 점 $(2,1)$에서의 접선의 기울기가 2이다. $g(x)=x^3 f(x)$일 때, $g'(2)$의 값을 구하시오. (4점)

D68 ❋❋❋ .... 2007실시(가) 7월 학평 12(고3)

그림과 같이 삼차함수 $f(x)=-x^3+4x^2-3x$의 그래프 위의 점 $(a, f(a))$에서 기울기가 양의 값인 접선을 그어 x축과 만나는 점을 A, 점 $B(3, 0)$에서 접선을 그어 두 접선이 만나는 점을 C, 점 C에서 x축에 수선을 그어 만나는 점을 D라 하고 $\overline{AD}:\overline{DB}=3:1$일 때, a의 값들의 곱은? (4점)

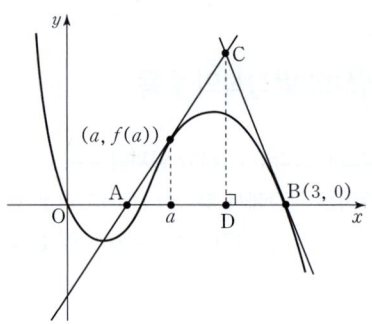

① $\dfrac{1}{3}$ ② $\dfrac{2}{3}$ ③ 1

④ $\dfrac{4}{3}$ ⑤ $\dfrac{5}{3}$

D69 ❋❋❋ .... 2007대비(가) 9월 모평 20(고3)

곡선 $y=x^3$ 위의 점 $P(t, t^3)$에서의 접선과 원점 사이의 거리를 $f(t)$라 하자. $\lim\limits_{t\to\infty}\dfrac{f(t)}{t}=\alpha$일 때, 30α의 값을 구하시오. (3점)

D70 ❋❋❋ .... 2014대비(A) 수능 21(고3)

좌표평면에서 삼차함수 $f(x)=x^3+ax^2+bx$와 실수 t에 대하여 곡선 $y=f(x)$ 위의 점 $(t, f(t))$에서의 접선이 y축과 만나는 점을 P라 할 때, 원점에서 점 P까지의 거리를 $g(t)$라 하자. 함수 $f(x)$와 함수 $g(t)$는 다음 조건을 만족시킨다.

> (가) $f(1)=2$
> (나) 함수 $g(t)$는 실수 전체의 집합에서 미분가능하다.

$f(3)$의 값은? (단, a, b는 상수이다.) (4점)

① 21   ② 24   ③ 27

④ 30   ⑤ 33

D71 ❋❋❋ .... 2014대비(A) 5월 예비 30(고3)

그림과 같이 정사각형 ABCD의 두 꼭짓점 A, C는 y축 위에 있고, 두 꼭짓점 B, D는 x축 위에 있다. 변 AB와 변 CD가 각각 삼차함수 $y=x^3-5x$의 그래프에 접할 때, 정사각형 ABCD의 둘레의 길이를 구하시오. (4점)

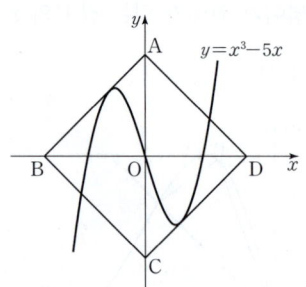

D72 ★★☆ — 2024실시 3월 학평 19(고3)

실수 a에 대하여 함수 $f(x)=x^3-\dfrac{5}{2}x^2+ax+2$

이다. 곡선 $y=f(x)$ 위의 두 점 A$(0,\,2)$, B$(2,\,f(2))$에서의 접선을 각각 l, m이라 하자. 두 직선 l, m이 만나는 점이 x축 위에 있을 때, $60\times|f(2)|$의 값을 구하시오. (3점)

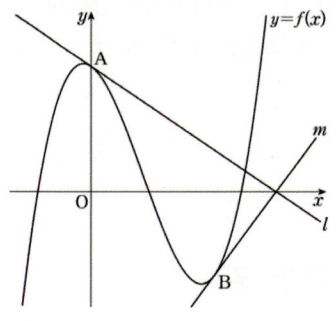

D73 ★★☆ — 2012실시(가) 3월 학평 30(고3)

함수 $f(x)=x^2(x-2)^2$이 있다. $0\le x\le 2$인 모든 실수 x에 대하여 $f(x)\le f'(t)(x-t)+f(t)$를 만족시키는 실수 t의 집합은 $\{t\,|\,p\le t\le q\}$이다. $36pq$의 값을 구하시오. (4점)

2 롤의 정리와 평균값 정리

유형 13 롤의 정리

함수 $f(x)$가 닫힌구간 $[a,\,b]$에서 연속이고 열린구간 $(a,\,b)$에서 미분가능할 때, $f(a)=f(b)$이면

$\quad f'(c)=0$

인 c가 열린구간 $(a,\,b)$에 적어도 하나 존재한다.

tip

1 롤의 정리를 만족시키는 상수 c의 값을 구할 때에는 $f'(c)=0$인 c가 열린구간 $(a,\,b)$에 속하는지 반드시 확인해야 한다.

2 롤의 정리는 곡선 $y=f(x)$에서 $f(a)=f(b)$이면 x축과 평행한 접선을 갖는 점이 열린구간 $(a,\,b)$에 적어도 하나 존재함을 의미한다.

D74 ★★★ — 2005대비(가) 6월 모평 6(고3)

미분가능한 두 함수 $f(x)$와 $g(x)$의 그래프는 $x=a$와 $x=b$에서 만나고, $a<c<b$인 $x=c$에서 두 함숫값의 차가 최대가 된다. 다음 중 항상 옳은 것은? (3점)

① $f'(c)=-g'(c)$ ② $f'(c)=g'(c)$
③ $f'(a)=g'(b)$ ④ $f'(b)=g'(b)$
⑤ $f'(a)=g'(a)$

D75 ★★★

함수 $f(x)=x^3-4x^2-x+5$에 대하여 닫힌구간 $[-1,\,4]$에서 롤의 정리를 만족시키는 모든 실수 c의 값의 합은? (3점)

① 2 ② $\dfrac{8}{3}$ ③ $\dfrac{10}{3}$

④ 4 ⑤ $\dfrac{14}{3}$

D76 ★★★

다음 [보기]의 함수 중 닫힌구간 $[-1,\,2]$에서 $f'(c)=0\,(-1<c<2)$를 만족시키는 실수 c가 존재하는 것만을 있는 대로 고른 것은? (3점)

[보기]
ㄱ. $f(x)=x^3-3x+4$
ㄴ. $f(x)=|2x-1|$
ㄷ. $f(x)=|(x+1)(x-2)|$

① ㄱ ② ㄱ, ㄴ ③ ㄱ, ㄷ
④ ㄴ, ㄷ ⑤ ㄱ, ㄴ, ㄷ

함수 $f(x)$가 닫힌구간 $[a, b]$에서 연속이고 열린구간 (a, b)에서 미분가능하면

$$\frac{f(b)-f(a)}{b-a}=f'(c)$$

인 c가 열린구간 (a, b)에 적어도 하나 존재한다.

tip

1 평균값 정리에서 $f(a)=f(b)$인 경우가 롤의 정리이다.

2 평균값 정리는 곡선 $y=f(x)$ 위의 두 점 $(a, f(a)), (b, f(b))$를 잇는 직선과 평행한 접선을 갖는 점이 열린구간 (a, b)에 적어도 하나 존재함을 의미한다.

3 함수 $f(x)$에 대하여 $f'(□)=0$을 만족하는 □의 존재성은 롤의 정리를, $f'(□)=k$ (k는 상수)를 만족하는 □의 존재성은 평균값 정리를 떠올린다.

D77 ✲✲✲

다항함수 $y=f(x)$의 그래프가 그림과 같을 때, 열린구간 (a, c)에서 평균값 정리를 만족하는 실수 x는 p개, 열린구간 (a, b)에서 롤의 정리를 만족하는 실수 x는 q개가 있다. 이때, $p+q$의 값은? (단, $a<0<b<c$) (3점)

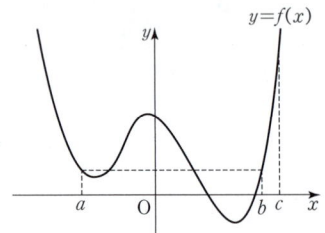

① 3   ② 4   ③ 5
④ 6   ⑤ 7

D78 ✲✲✲

실수 전체의 집합에서 정의된 [보기]의 함수 중 임의의 실수 a, b(단, $a<b$)에 대하여

$$f(b)-f(a) \geq a-b$$

를 만족하는 것만을 있는 대로 고른 것은? (3점)

[보기]

ㄱ. $f(x)=3x$

ㄴ. $f(x)=\frac{1}{2}x^2+x$

ㄷ. $f(x)=x^3-x$

① ㄱ   ② ㄴ   ③ ㄱ, ㄷ
④ ㄴ, ㄷ   ⑤ ㄱ, ㄴ, ㄷ

D79 ✲✲✲

다음 조건을 만족시키는 모든 함수 $f(x)$에 대하여 $f(1)$의 최댓값과 최솟값을 각각 M, m이라 하자. $f(2)=4$일 때, $M+m$의 값을 구하시오. (4점)

(가) 함수 $f(x)$는 닫힌구간 $[1, 2]$에서 연속이고 열린구간 $(1, 2)$에서 미분가능하다.

(나) $1<t<2$인 모든 t에 대하여 $|f'(t)| \leq 3$이다.

3 함수의 증가와 감소

(1) 함수의 증가와 감소의 판정

함수 $f(x)$가 어떤 열린구간에서 미분가능하고 이 구간에 속하는 모든 x에서

① $f'(x)>0$이면 $f(x)$는 그 구간에서 증가한다.

② $f'(x)<0$이면 $f(x)$는 그 구간에서 감소한다.

(2) 함수가 증가 또는 감소할 조건

함수 $f(x)$가 어떤 열린구간에서 미분가능하고 이 구간에 속하는 모든 x에서

① $f(x)$가 증가하면 $f'(x) \geq 0$

② $f(x)$가 감소하면 $f'(x) \leq 0$

tip

그림과 같은 함수 $y=f'(x)$의 그래프에서

1 부등식 $f'(x)>0$의 해는 $x<a$ 또는 $b<x<c$ 또는 $x>d$이고 이 구간에서 함수 $f(x)$가 증가한다.

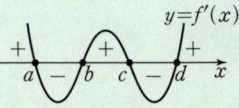

2 부등식 $f'(x)<0$의 해는 $a<x<b$ 또는 $c<x<d$이고 이 구간에서 함수 $f(x)$가 감소한다.

D80 ✲✲✲

2024실시 3월 학평 7(고3)

함수 $f(x)=\frac{1}{3}x^3-2x^2-5x+1$이 닫힌구간 $[a, b]$에서 감소할 때, $b-a$의 최댓값은? (단, a, b는 $a<b$인 실수이다.) (3점)

① 6   ② 7   ③ 8
④ 9   ⑤ 10

D81 ✿✿✿ 2019실시(나) 10월 학평 12(고3)

이차함수 $y=f(x)$의 그래프와 직선 $y=2$가 그림과 같다.

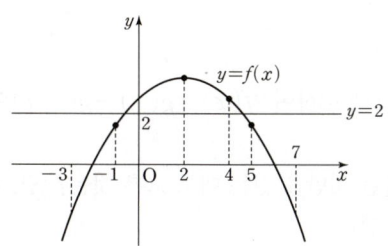

열린구간 $(-3, 7)$에서 부등식 $f'(x)\{f(x)-2\}\leq0$을 만족시키는 정수 x의 개수는? (단, $f'(2)=0$) (3점)

① 4　　　　　② 5　　　　　③ 6

④ 7　　　　　⑤ 8

D82 ✿✿✿ 2012대비(나) 6월 모평 15(고3)

삼차함수 $f(x)=x^3+ax^2+2ax$가 구간 $(-\infty, \infty)$에서 증가하도록 하는 실수 a의 최댓값을 M이라 하고, 최솟값을 m이라 할 때, $M-m$의 값은? (4점)

① 3　　　　　② 4　　　　　③ 5

④ 6　　　　　⑤ 7

D83 ✿✿✿ 2022대비 수능 19(고3)

함수 $f(x)=x^3+ax^2-(a^2-8a)x+3$이 실수 전체의 집합에서 증가하도록 하는 실수 a의 최댓값을 구하시오.

(3점)

D84 ✿✿✿ 2010실시(가) 10월 학평 6(고3)

함수 $f(x)=x^3+6x^2+15|x-2a|+3$이 실수 전체의 집합에서 증가하도록 하는 실수 a의 최댓값은? (3점)

① $-\dfrac{5}{2}$　　　② -2　　　③ $-\dfrac{3}{2}$

④ -1　　　　⑤ $-\dfrac{1}{2}$

D85 ★★✿ 2014대비(A) 9월 모평 21(고3)

사차함수 $f(x)$의 도함수 $f'(x)$가 $f'(x)=(x+1)(x^2+ax+b)$이다. 함수 $y=f(x)$가 구간 $(-\infty, 0)$에서 감소하고 구간 $(2, \infty)$에서 증가하도록 하는 실수 a, b의 순서쌍 (a, b)에 대하여 a^2+b^2의 최댓값을 M, 최솟값을 m이라 하자. $M+m$의 값은? (4점)

① $\dfrac{21}{4}$　　　② $\dfrac{43}{8}$　　　③ $\dfrac{11}{2}$

④ $\dfrac{45}{8}$　　　⑤ $\dfrac{23}{4}$

D86 ★★✿ 2011대비(가) 9월 모평 21(고3)

함수 $f(x)=x^3-(a+2)x^2+ax$에 대하여 곡선 $y=f(x)$ 위의 점 $(t, f(t))$에서의 접선의 y절편을 $g(t)$라 하자. 함수 $g(t)$가 열린구간 $(0, 5)$에서 증가할 때, a의 최솟값을 구하시오. (3점)

유형 16　함수의 증가와 감소의 활용

(1) 함수 $f(x)$의 역함수가 존재하려면 함수 $f(x)$는 일대일대응이어야 한다. 즉, 실수 전체의 집합에서 증가하거나 감소해야 한다.

(2) 다항함수 $f(x)$에 대하여 함수 $f(x)$가 실수 전체의 집합에서 증가하거나 감소하는 함수, 즉 $f'(x)\geq0$ 또는 $f'(x)\leq0$이면 함수 $y=f(x)$의 그래프는 x축과 한 점에서 만난다. 따라서 방정식 $f(x)=0$의 서로 다른 실근은 하나이다.

tip

삼차함수 $f(x)$의 도함수 $f'(x)$는 이차함수이므로 함수 $f(x)$의 증가, 감소를 확인할 때, 이차부등식 $f'(x)>0$ 또는 $f'(x)<0$이 성립하는 조건을 이용한다.

D87 ❀❀❀ .... 2012대비(나) 9월 모평 18(고3)

함수 $f(x) = \dfrac{1}{3}x^3 - ax^2 + 3ax$의 역함수가 존재하도록

하는 상수 a의 최댓값은? (4점)

① 3   ② 4   ③ 5

④ 6   ⑤ 7

D88 ❀❀❀ .... 2005대비(가) 6월 모평 17(고3)

다음은 구간 $(0, 1)$에서 두 함수 $f(x) = x^3 - 2x^2 + 4x - 4$와
$g(x) = x^2 - 2x - 3$의 그래프가 오직 한 점에서 만남을 증명한
것이다.

─── [증명] ───

$h(x) = f(x) - g(x)$라 하면 $h(x) = x^3 - 3x^2 + 6x - 1$은
모든 실수 x에 대하여 연속이다.

$h(0) \cdot h(1)$ [(가)] 0이므로, 사잇값의 정리에 의해

방정식 $h(x) = 0$은 0과 1 사이에서 적어도 하나의

실근을 갖는다.

모든 실수 x에 대하여 $h'(x)$ [(나)] 0이므로 $h(x)$는

[(다)] 이다.

따라서 $h(x) = 0$은 0과 1 사이에서 오직 하나의 실근을

갖게 된다. 즉, 구간 $(0, 1)$에서 $f(x)$와 $g(x)$의

그래프는 오직 한 점에서 만난다.

위의 증명에서 (가), (나), (다)에 알맞은 것을 차례로 나열한
것은? (3점)

	(가)	(나)	(다)		(가)	(나)	(다)
①	<	>	증가함수	②	<	>	감소함수
③	<	<	감소함수	④	>	<	감소함수
⑤	>	>	증가함수				

D89 ✱❀❀ .... 2021실시 10월 학평 13(고3)

실수 전체의 집합에서 정의된 함수 $f(x)$와 역함수가
존재하는 삼차함수 $g(x) = x^3 + ax^2 + bx + c$가 다음 조건을
만족시킨다.

─── 모든 실수 x에 대하여 $2f(x) = g(x) - g(-x)$이다. ───

[보기]에서 옳은 것만을 있는 대로 고른 것은? (단, a, b, c는
상수이다.) (4점)

─── [보기] ───

ㄱ. $a^2 \leq 3b$

ㄴ. 방정식 $f'(x) = 0$은 서로 다른 두 실근을 갖는다.

ㄷ. 방정식 $f'(x) = 0$이 실근을 가지면 $g'(1) = 1$이다.

① ㄱ   ② ㄱ, ㄴ   ③ ㄱ, ㄷ

④ ㄴ, ㄷ   ⑤ ㄱ, ㄴ, ㄷ

D90 ✱✱❀ .... 2015실시(A) 10월 학평 27(고3)

함수 $f(x) = x^4 - 16x^2$에 대하여 다음 조건을
만족시키는 모든 정수 k값의 제곱의 합을 구하시오. (4점)

─── (가) 구간 $(k, k+1)$에서 $f'(x) < 0$이다.

(나) $f'(k)f'(k+2) < 0$ ───

유형 17 함수의 극값 구하기

미분가능한 함수 $f(x)$의 극값은 다음과 같은 순서로 구한다.

(ⅰ) 함수 $f(x)$의 도함수 $f'(x)$를 구한다.

(ⅱ) $f'(x)=0$을 만족시키는 $x=a$의 값을 구한다.

(ⅲ) $x=a$의 좌우에서 $f'(x)$의 부호를 조사하여 극값을 구한다.

tip

미분가능한 함수 $f(x)$에서 $f'(a)=0$이고 $x=a$의 좌우에서

① $f'(x)$의 부호가 양$(+)$에서 음$(-)$으로 바뀌면 $f(x)$는 $x=a$에서 극대이고 극댓값은 $f(a)$이다.

② $f'(x)$의 부호가 음$(-)$에서 양$(+)$으로 바뀌면 $f(x)$는 $x=a$에서 극소이고 극솟값은 $f(a)$이다.

D91 ✽✽✽ ·················· 2025실시 10월 학평 19(고3)

두 상수 a, b에 대하여 함수 $f(x)$를
$$f(x)=x^3-6x^2+ax+b$$
라 하자. 함수 $f(x)$는 $x=3$에서 극값을 갖고, 함수 $f(x)$의 극댓값과 극솟값의 합이 8이다. $a+b$의 값을 구하시오. (3점)

D92 ✽✽✽ ·················· 2024대비 9월 모평 6(고3)

함수 $f(x)=x^3+ax^2+bx+1$은 $x=-1$에서 극대이고, $x=3$에서 극소이다. 함수 $f(x)$의 극댓값은?
(단, a, b는 상수이다.) (3점)

① 0   ② 3   ③ 6

④ 9   ⑤ 12

D93 ✽✽✽ ·················· 2022대비 9월 모평 5(고3)

함수 $f(x)=2x^3+3x^2-12x+1$의 극댓값과 극솟값을 각각 M, m이라 할 때, $M+m$의 값은? (3점)

① 13   ② 14   ③ 15

④ 16   ⑤ 17

D94 ✽✽✽ ·················· 2022대비 6월 모평 17(고3)

함수 $f(x)=x^3-3x+12$가 $x=a$에서 극소일 때, $a+f(a)$의 값을 구하시오. (단, a는 상수이다.) (3점)

D95 ✽✽✽ ·················· 2018실시(나) 11월 학평 12(고2)

함수 $f(x)=x^3-6x^2+9x+1$이 $x=\alpha$에서 극댓값 M을 가질 때, $\alpha+M$의 값은? (3점)

① 4   ② 6   ③ 8

④ 10   ⑤ 12

D96 ✽✽✽ ·················· 2008실시(가) 7월 학평 18(고3)

함수 $f(x)=x^3-3x^2+20$의 극솟값을 구하시오. (3점)

D97 ✽✽✽ ·················· 2008대비(가) 수능 18(고3)

함수 $f(x)=x^3-12x$가 $x=a$에서 극댓값 b를 가질 때, $a+b$의 값을 구하시오. (3점)

D98 ✽✽✽ ·················· 2007대비(가) 9월 모평 19(고3)

함수 $f(x)=2x^3-9x^2+12x+2$의 극댓값을 M, 극솟값을 m이라 할 때, Mm의 값을 구하시오. (3점)

그림과 같은 함수 $y=f(x)$의 그래프에서 $f(x)$는 $x=a$, $x=c$에서 극댓값을 갖고 $x=b$, $x=d$에서 극솟값을 갖는다.

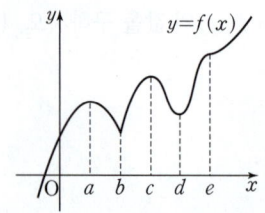

tip

함수 $f(x)$가 $x=k$에서 극값을 가질 때 무조건 $f'(k)=0$인 것은 아니다. 위의 그림에서 $x=b$에서 함수 $f(x)$가 극솟값을 갖지만 $x=b$에서 뾰족점이므로 $f'(b)$가 존재하지 않는다.

D99 *❋❋

2017대비(나) 6월 모평 18(고3)

삼차함수 $y=f(x)$와 일차함수 $y=g(x)$의 그래프가 그림과 같고, $f'(b)=f'(d)=0$이다.

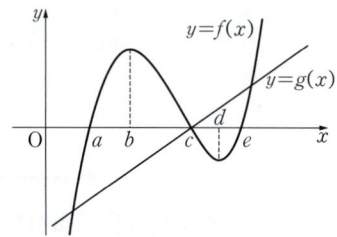

함수 $y=f(x)g(x)$는 $x=p$와 $x=q$에서 극소이다. 다음 중 옳은 것은? (단, $p<q$) (4점)

① $a<p<b$이고 $c<q<d$ ② $a<p<b$이고 $d<q<e$
③ $b<p<c$이고 $c<q<d$ ④ $b<p<c$이고 $d<q<e$
⑤ $c<p<d$이고 $d<q<e$

D100 *❋❋

그림과 같이 사차함수 $f(x)$의 그래프가 $x=-1, 2, 4$에서 극값을 가질 때, 방정식 $f(x)=0$의 네 근의 합이 m이다. 이때, $3m$의 값을 구하시오. (4점)

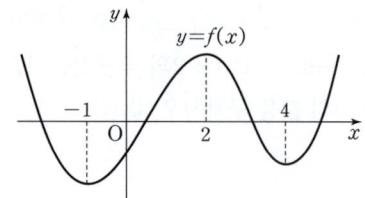

D101 *❋❋

그림과 같이 최고차항의 계수가 1인 삼차함수 $y=f(x)$가 직선 $y=k$와 세 점 A, B, C에서 만나고, $x=\alpha$, $x=\beta$에서 극값을 갖는다. $\alpha+\beta=6$일 때, 세 점 A, B, C의 x좌표의 합은? (4점)

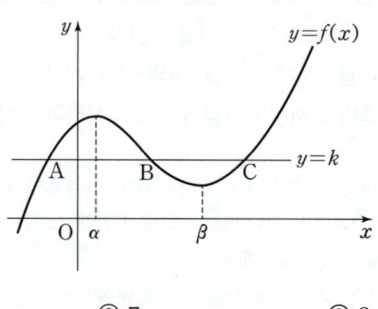

① 6   ② 7   ③ 8
④ 9   ⑤ 10

D102 **❋

2011실시(나) 7월 학평 20(고3)

그림과 같이 일차함수 $y=f(x)$의 그래프와 최고차항의 계수가 1인 사차함수 $y=g(x)$의 그래프는 x좌표가 $-2, 1$인 두 점에서 접한다. 함수 $h(x)=g(x)-f(x)$라 할 때, 함수 $h(x)$의 극댓값은? (4점)

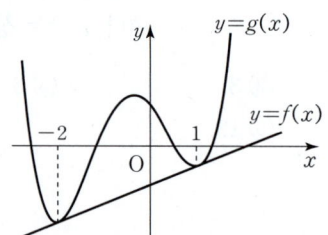

① $\dfrac{81}{16}$ ② $\dfrac{83}{16}$ ③ $\dfrac{85}{16}$
④ $\dfrac{87}{16}$ ⑤ $\dfrac{89}{16}$

그림과 같은 함수 $y=f'(x)$의
그래프에서 함수 $f(x)$는
$x=a$에서 극댓값을 갖고,
$x=b$에서 극솟값을 갖는다.
또, $x=c$의 좌우에서 $f'(x)$의 부호가 바뀌지 않으므로
함수 $f(x)$는 $x=c$에서 극값을 갖지 않는다.

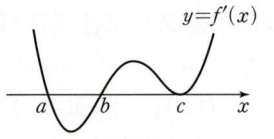

tip

함수 $f(x)$의 도함수 $y=f'(x)$의 그래프가 주어지면 $f'(x)=0$을
만족시키는 x의 좌우에서 $f'(x)$의 부호가 바뀌는지 확인하여 극대점,
극소점을 찾는다.

D103 ✳✿✿

함수 $y=f'(x)$의 그래프가 그림과
같을 때, 다음 중 함수 $y=f(x)$의
그래프의 개형으로 가장 적당한 것은?
(4점)

① 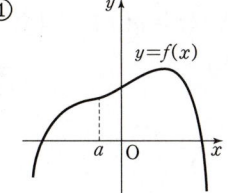 ②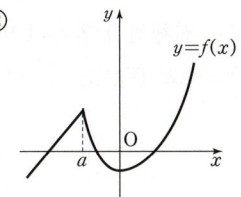

③ 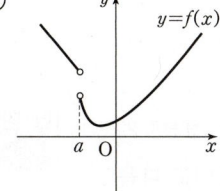 ④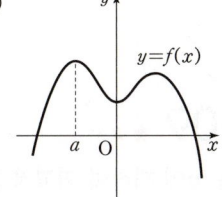

⑤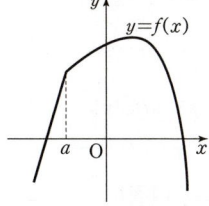

D104 ✳✿✿ .... 2013실시(B) 7월 학평 18(고3)

실수 전체의 집합에서 함수 $f(x)$
가 미분가능하고 도함수 $f'(x)$가
연속이다. x축과의 교점의
x좌표가 b, c, d뿐인 함수
$g(x)=\dfrac{f'(x)}{x}$의 그래프가 그림과

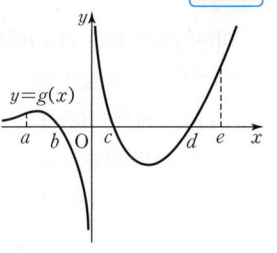

같을 때, 옳은 것만을 [보기]에서
있는 대로 고른 것은? (4점)

[보기]

ㄱ. 함수 $f(x)$는 열린구간 $(b, 0)$에서 증가한다.
ㄴ. 함수 $f(x)$는 $x=b$에서 극솟값을 갖는다.
ㄷ. 함수 $f(x)$는 닫힌구간 $[a, e]$에서 4개의 극값을
   갖는다.

① ㄱ ② ㄷ ③ ㄱ, ㄴ
④ ㄴ, ㄷ ⑤ ㄱ, ㄴ, ㄷ

D105 ✳✿✿ .... 2012실시(가) 10월 학평 19(고3)

그림과 같이 함수 $f(x)$의
도함수 $f'(x)$의 그래프가
y축에 대하여 대칭이고
$x>0$일 때 위로 볼록하다.
함수 $f(x)$에 대하여 옳은
것만을 [보기]에서 있는 대로
고른 것은? (단, $f'(-1)=f'(0)=f'(1)=0$) (4점)

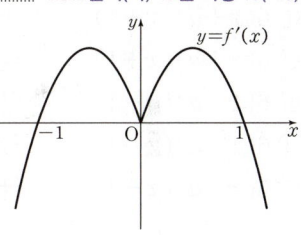

[보기]

ㄱ. 함수 $f(x)$는 $x=0$에서 극값을 갖는다.
ㄴ. $f(0)=0$이면 함수 $f(x)$의 극댓값과 극솟값의 합은
   0이다.
ㄷ. $f(1)<0$이면 방정식 $f(x)=0$은 오직 하나의 실근을
   갖는다.

① ㄱ ② ㄴ ③ ㄷ
④ ㄱ, ㄴ ⑤ ㄴ, ㄷ

미분가능한 함수 $f(x)$에서 $f'(a)=0$이고 $x=a$의 좌우에서
(1) $f'(x)$의 부호가 양($+$)에서 음($-$)으로 바뀌면 $f(x)$는
　　$x=a$에서 극대이다.
(2) $f'(x)$의 부호가 음($-$)에서 양($+$)으로 바뀌면 $f(x)$는
　　$x=a$에서 극소이다.

tip

함수 $f(x)$가 $x=a$에서 미분가능하고 $x=a$에서 극값을 가지면 $f'(a)=0$이다. 하지만 $f'(a)=0$인 $x=a$에서 반드시 극값이 존재하는 것은 아니다.

D106 ❋❋❋ .... 2005대비(가) 수능 13(고3)

$a>1$일 때, 함수 $f(x)=2x^3-3(a+1)x^2+6ax-4a+2$에 대하여 방정식 $f(x)=0$의 한 실근을 b라 하자. 다음은 두 수 a, b의 크기를 비교하는 과정이다.

$f'(x)=$ (가) 이고 $a>1$이므로
$f(x)$는 $x=1$에서 (나) 을 가진다.
그런데 $f(1)<0$이고 $f(b)=0$이므로 a (다) b이다.

위의 과정에서 (가), (나), (다)에 알맞은 것은? (3점)

	(가)	(나)	(다)
①	$6(x+a)(x+1)$	극솟값	$>$
②	$6(x+a)(x+1)$	극솟값	$<$
③	$6(x-a)(x-1)$	극솟값	$>$
④	$6(x-a)(x-1)$	극댓값	$<$
⑤	$6(x-a)(x-1)$	극댓값	$>$

D107 ❋❋❋ .... 2005대비(가) 12월 예비 6(고3)

함수 $f(x)=x^3-3x$에 대한 [보기]의 설명 중에서 옳은 것을 모두 고른 것은? (3점)

[보기]
ㄱ. $f(x)$는 극댓값과 극솟값을 가진다.
ㄴ. $x \geq 2$이면 $f(x) \geq 2$이다.
ㄷ. $|x| \leq 2$이면 $|f(x)| \leq 2$이다.

① ㄱ　　　　② ㄱ, ㄴ　　　　③ ㄱ, ㄷ
④ ㄴ, ㄷ　　　　⑤ ㄱ, ㄴ, ㄷ

D108 ❋❋❋ .... 2020실시(나) 4월 학평 28(고3)

함수 $f(x)=x^3-6x^2+ax+10$에 대하여 함수

$$g(x)=\begin{cases} b-f(x) & (x<3) \\ f(x) & (x \geq 3) \end{cases}$$

이 실수 전체의 집합에서 미분가능할 때, 함수 $g(x)$의 극솟값을 구하시오. (단, a, b는 상수이다.) (4점)

D109 ❋❋❋ .... 2016대비(A) 6월 모평 21(고3)

자연수 n에 대하여 최고차항의 계수가 1이고 다음 조건을 만족시키는 삼차함수 $f(x)$의 극댓값을 a_n이라 하자.

(가) $f(n)=0$
(나) 모든 실수 x에 대하여 $(x+n)f(x) \geq 0$이다.

a_n이 자연수가 되도록 하는 n의 최솟값은? (4점)

① 1　　　　② 2　　　　③ 3
④ 4　　　　⑤ 5

D110 **✿✿✿**

2011대비(가) 6월 모평 16(고3)

다항함수 $f(x)$, $g(x)$에 대하여 함수 $h(x)$를

$$h(x)=\begin{cases} f(x) & (x\geq 0) \\ g(x) & (x<0) \end{cases}$$

라고 하자. $h(x)$가 실수 전체의 집합에서 연속일 때, 옳은 것만을 [보기]에서 있는 대로 고른 것은? (4점)

─────── [보기] ───────
ㄱ. $f(0)=g(0)$
ㄴ. $f'(0)=g'(0)$이면 $h(x)$는 $x=0$에서 미분가능하다.
ㄷ. $f'(0)g'(0)<0$이면 $h(x)$는 $x=0$에서 극값을 갖는다.
──────────────────────

① ㄱ   ② ㄴ   ③ ㄷ
④ ㄱ, ㄴ   ⑤ ㄱ, ㄴ, ㄷ

D111 **✿✿✿**

2010대비(가) 6월 모평 14(고3)

$x=0$에서 극댓값을 갖는 모든 다항함수 $f(x)$에 대하여 옳은 것만을 [보기]에서 있는 대로 고른 것은? (3점)

─────── [보기] ───────
ㄱ. 함수 $|f(x)|$은 $x=0$에서 극댓값을 갖는다.
ㄴ. 함수 $f(|x|)$은 $x=0$에서 극댓값을 갖는다.
ㄷ. 함수 $f(x)-x^2|x|$은 $x=0$에서 극댓값을 갖는다.
──────────────────────

① ㄴ   ② ㄷ   ③ ㄱ, ㄴ
④ ㄱ, ㄷ   ⑤ ㄴ, ㄷ

2028 예시, 2026 수능, 9월, 6월

유형 21 함수의 극값을 이용한 미정계수의 결정 출제

(1) 미분가능한 함수 $f(x)$에 대하여 $x=a$에서 극값 b를 가지면
$$f(a)=b, \quad f'(a)=0$$

(2) 다항함수 $y=f(x)$의 그래프가 x축에 접하면 함수 $f(x)$의 극댓값 또는 극솟값이 0이다.

tip

① 삼차함수 $f(x)$에 대하여
(1) $f(x)$가 극댓값과 극솟값을 모두 가지면 이차방정식 $f'(x)=0$이 서로 다른 두 실근을 갖는다.
(2) $f(x)$가 극값을 갖지 않으면 이차방정식 $f'(x)=0$이 중근 또는 허근을 갖는다.

② 사차함수 $f(x)$에 대하여
(1) $f(x)$가 극댓값과 극솟값을 모두 가지면 삼차방정식 $f'(x)=0$이 서로 다른 세 실근을 갖는다.
(2) $f(x)$가 극댓값 또는 극솟값을 갖지 않으면 삼차방정식 $f'(x)=0$은 한 실근과 두 허근 또는 한 실근과 중근 또는 삼중근을 갖는다.

D112 **✿✿✿**

2026대비 6월 모평 19(고3)

상수 a에 대하여 함수 $f(x)=3x^3-9x^2+a$의 극댓값이 20일 때, 함수 $f(x)$의 극솟값을 구하시오. (3점)

D113 **✿✿✿**

2028대비 4월 예시 25(고3)

함수 $f(x)=x^3+ax^2+b$는 $x=-2$에서 극대이다. 함수 $f(x)$의 극솟값이 5일 때, $f(3)$의 값을 구하시오.
(단, a와 b는 상수이다.) (3점)

D114 **✿✿✿**

2026대비 9월 모평 19(고3)

함수 $f(x)=2x^3-3ax^2+5a$의 극솟값이 a일 때, 함수 $f(x)$의 극댓값을 구하시오. (단, a는 상수이다.) (3점)

D115 ❅❅❅   2025실시 7월 학평 19(고3)

최고차항의 계수가 1인 사차함수 $f(x)$가 모든 실수 x에 대하여 $f(x)=f(-x)$를 만족시킨다. 함수 $f(x)$가 $x=2$에서 극솟값 -6을 가질 때, 함수 $f(x)$의 극댓값을 구하시오.

(3점)

D116 ❅❅❅   2024실시 10월 학평 7(고3)

상수 k에 대하여 함수 $f(x)=x^3-3x^2-9x+k$의 극솟값이 -17일 때, 함수 $f(x)$의 극댓값은? (3점)

① 11   ② 12   ③ 13
④ 14   ⑤ 15

D117 ❅❅❅   2019대비(나) 6월 모평 6(고3)

함수 $f(x)=x^3-ax+6$이 $x=1$에서 극소일 때, 상수 a의 값은? (3점)

① 1   ② 3   ③ 5
④ 7   ⑤ 9

D118 ❅❅❅   2021실시 4월 학평 18(고3)

다항함수 $f(x)$에 대하여 함수 $g(x)$를
$$g(x)=(x^2-2x)f(x)$$
라 하자. 함수 $f(x)$가 $x=3$에서 극솟값 2를 가질 때, $g'(3)$의 값을 구하시오. (3점)

D119 ❅❅❅   2023실시 4월 학평 4(고3)

함수 $f(x)=2x^3-6x+a$의 극솟값이 2일 때, 상수 a의 값은? (3점)

① 6   ② 7   ③ 8
④ 9   ⑤ 10

D120 ❅❅❅   2021대비(나) 6월 모평 10(고3)

함수 $f(x)=-\dfrac{1}{3}x^3+2x^2+mx+1$이 $x=3$에서 극대일 때, 상수 m의 값은? (3점)

① -3 ② -1 ③ 1
④ 3   ⑤ 5

D121 ❅❅❅   2024대비 수능 7(고3)

함수 $f(x)=\dfrac{1}{3}x^3-2x^2-12x+4$가 $x=\alpha$에서 극대이고 $x=\beta$에서 극소일 때, $\beta-\alpha$의 값은?

(단, α와 β는 상수이다.) (3점)

① -4 ② -1 ③ 2
④ 5   ⑤ 8

D122 ❅❅❅   2020대비(나) 수능 12(고3)

함수 $f(x)=-x^4+8a^2x^2-1$이 $x=b$와 $x=2-2b$에서 극대일 때, $a+b$의 값은? (단, a, b는 $a>0$, $b>1$인 상수이다.) (3점)

① 3   ② 5   ③ 7
④ 9   ⑤ 11

D123 ✤✤✤ 2024실시 5월 학평 6(고3)

함수 $f(x)=x^3+ax^2+3a$가 $x=-2$에서 극대일 때, 함수 $f(x)$의 극솟값은? (단, a는 상수이다.) (3점)

① 5   ② 6   ③ 7
④ 8   ⑤ 9

D124 ✤✤✤ 2024실시 7월 학평 7(고3)

함수 $f(x)=x^3-3x+2a$의 극솟값이 $a+3$일 때, 함수 $f(x)$의 극댓값은? (단, a는 상수이다.) (3점)

① 11   ② 12   ③ 13
④ 14   ⑤ 15

D125 ✤✤✤ 2025대비 9월 모평 19(고3)

함수 $f(x)=x^3+ax^2-9x+b$는 $x=1$에서 극소이다. 함수 $f(x)$의 극댓값이 28일 때, $a+b$의 값을 구하시오. (단, a와 b는 상수이다.) (3점)

D126 ✤✤✤ 2025대비 수능 19(고3)

양수 a에 대하여 함수 $f(x)$를

$$f(x)=2x^3-3ax^2-12a^2x$$

라 하자. 함수 $f(x)$의 극댓값이 $\dfrac{7}{27}$일 때, $f(3)$의 값을 구하시오. (3점)

D127 ✤✤✤ 2019대비(나) 수능 9(고3)

함수 $f(x)=x^3-3x+a$의 극댓값이 7일 때, 상수 a의 값은? (3점)

① 1   ② 2   ③ 3
④ 4   ⑤ 5

D128 ✤✤✤ 2016대비(A) 9월 모평 13(고3)

함수 $f(x)$의 도함수 $f'(x)$가 $f'(x)=x^2-1$이고, 함수 $g(x)=f(x)-kx$가 $x=-3$에서 극값을 가질 때, 상수 k의 값은? (3점)

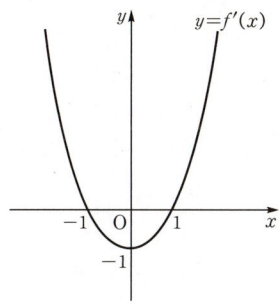

① 4   ② 5   ③ 6
④ 7   ⑤ 8

D129 ✤✤✤ 2023실시 7월 학평 7(고3)

함수 $f(x)=x^3+ax^2-9x+4$가 $x=1$에서 극값을 갖는다. 함수 $f(x)$의 극댓값은? (단, a는 상수이다.) (3점)

① 31   ② 33   ③ 35
④ 37   ⑤ 39

D130 ❀❀❀ .... 2023대비 수능 6(고3)

함수 $f(x)=2x^3-9x^2+ax+5$는 $x=1$에서 극대이고, $x=b$에서 극소이다. $a+b$의 값은? (3점)

① 12   ② 14   ③ 16

④ 18   ⑤ 20

D131 ❀❀❀ .... 2023대비 9월 모평 6(고3)

함수 $f(x)=x^3-3x^2+k$의 극댓값이 9일 때, 함수 $f(x)$의 극솟값은? (단, k는 상수이다.) (3점)

① 1   ② 2   ③ 3

④ 4   ⑤ 5

D132 ❀❀❀ .... 2023대비 6월 모평 19(고3)

함수 $f(x)=x^4+ax^2+b$는 $x=1$에서 극소이다. 함수 $f(x)$의 극댓값이 4일 때, $a+b$의 값을 구하시오. (단, a와 b는 상수이다.) (3점)

D133 ❀❀❀ .... 2022실시 10월 학평 17(고3)

함수 $f(x)=x^3-3x^2+ax+10$이 $x=3$에서 극소일 때, 함수 $f(x)$의 극댓값을 구하시오. (단, a는 상수이다.) (3점)

D134 ✽❀❀ .... 2026대비 수능 9(고3)

양수 a에 대하여 함수 $f(x)$를
$$f(x)=x^3+3ax^2-9a^2x+4$$
라 하자. 직선 $y=5$가 곡선 $y=f(x)$에 접할 때, $f(2)$의 값은? (4점)

① 11   ② 12   ③ 13

④ 14   ⑤ 15

D135 ✽❀❀ .... 2025실시 3월 학평 11(고3)

0이 아닌 실수 a에 대하여 함수 $f(x)$를
$$f(x)=x^3+3ax^2+4a$$
라 하자. 함수 $f(x)$의 극솟값이 -40일 때, $f(2)$의 값은? (4점)

① -24 ② -20 ③ -16

④ -12 ⑤ -8

D136 ✽❀❀ .... 2023실시 3월 학평 9(고3)

함수 $f(x)=|x^3-3x^2+p|$는 $x=a$와 $x=b$에서 극대이다. $f(a)=f(b)$일 때, 실수 p의 값은? (단, a, b는 $a\neq b$인 상수이다.) (4점)

① $\dfrac{3}{2}$ ② 2   ③ $\dfrac{5}{2}$

④ 3   ⑤ $\dfrac{7}{2}$

D137 ✱❀❀ .... 2021실시 10월 학평 10(고3)

최고차항의 계수가 1인 이차함수 $f(x)$와 3보다 작은 실수 a에 대하여 함수 $g(x)=|(x-a)f(x)|$가 $x=3$에서만 미분가능하지 않다. 함수 $g(x)$의 극댓값이 32일 때, $f(4)$의 값은? (4점)

① 7   ② 9   ③ 11

④ 13   ⑤ 15

D138 ✱❀❀ .... 2020대비(나) 9월 모평 17(고3)

함수 $f(x)=x^3-3ax^2+3(a^2-1)x$의 극댓값이 4이고 $f(-2)>0$일 때, $f(-1)$의 값은? (단, a는 상수이다.) (4점)

① 1   ② 2   ③ 3

④ 4   ⑤ 5

유형 22 극값의 조건이 주어진 삼차함수

삼차함수 $f(x)$에 대하여

(1) $f(x)$가 극댓값과 극솟값을 모두 가질 때, 이차방정식 $f'(x)=0$이 서로 다른 두 실근을 갖는다.

(2) $f(x)$가 극값을 갖지 않을 때, 이차방정식 $f'(x)=0$이 중근 또는 허근을 갖는다.

tip

① 삼차함수 $f(x)$가 극값을 갖는다.
  ⇔ 삼차함수 $f(x)$가 극댓값과 극솟값을 모두 가진다.

② 삼차함수 $f(x)$가 구간 (a, b)에서 극댓값과 극솟값을 모두 가질 때, 이차방정식 $f'(x)=0$이 $a<x<b$에서 서로 다른 두 실근을 가지므로 다음 세 가지를 조사한다.
  (1) 이차방정식 $f'(x)=0$의 판별식 D의 부호
  (2) $f'(a)$, $f'(b)$의 값의 부호
  (3) $y=f'(x)$의 그래프의 축의 위치

D139 ✱❀❀ .... 2024대비 6월 모평 18(고3)

두 상수 a, b에 대하여
삼차함수 $f(x)=ax^3+bx+a$는 $x=1$에서 극소이다.
함수 $f(x)$의 극솟값이 -2일 때, 함수 $f(x)$의 극댓값을 구하시오. (3점)

D140 ✱❀❀ .... 2019실시(나) 10월 학평 16(고3)

삼차함수 $f(x)$에 대하여 방정식 $f'(x)=0$의 두 실근 α, β는 다음 조건을 만족시킨다.

> (가) $|\alpha-\beta|=10$
> (나) 두 점 $(\alpha, f(\alpha))$, $(\beta, f(\beta))$ 사이의 거리는 26이다.

함수 $f(x)$의 극댓값과 극솟값의 차는? (4점)

① $12\sqrt{2}$ ② 18   ③ 24

④ 30   ⑤ $24\sqrt{2}$

❖ 정답 및 해설 301~306p

D141 ✳❀❀ .... 2015대비(A) 9월 모평 17(고3)

함수 $f(x)=x^3-3x^2+a$의 모든 극값의 곱이
-4일 때, 상수 a의 값은? (4점)

① 2   ② 4   ③ 6

④ 8   ⑤ 10

D142 ✳❀❀ .... 2014실시(B) 4월 학평 7(고3)

함수 $f(x)=x^3+ax^2+(a^2-4a)x+3$이 극값을 갖도록 하는
모든 정수 a의 개수는? (3점)

① 5   ② 6   ③ 7

④ 8   ⑤ 9

D143 ✳✳❀ .... 2014대비(A) 6월 모평 21(고3)

함수 $f(x)=\begin{cases} a(3x-x^3) & (x<0) \\ x^3-ax & (x\geq0) \end{cases}$의 극댓값이 5일 때,

$f(2)$의 값은? (단, a는 상수이다.) (4점)

① 5   ② 7   ③ 9

④ 11   ⑤ 13

유형 23 극값의 조건이 주어진 사차함수

사차함수 $f(x)$에 대하여

(1) **최고차항의 계수가 양수일 때**

  ① $f(x)$가 극댓값을 가지면 삼차방정식 $f'(x)=0$이
서로 다른 세 실근을 갖는다.

  ② $f(x)$가 극댓값을 갖지 않으면 삼차방정식 $f'(x)=0$이
한 실근과 두 허근 또는 한 실근과 중근 또는 삼중근을
갖는다.

(2) **최고차항의 계수가 음수일 때**

  ① $f(x)$가 극솟값을 가지면 삼차방정식 $f'(x)=0$이
서로 다른 세 실근을 갖는다.

  ② $f(x)$가 극솟값을 갖지 않으면 삼차방정식 $f'(x)=0$이
한 실근과 두 허근 또는 한 실근과 중근 또는 삼중근을
갖는다.

tip

사차함수 $f(x)$의 최고차항의 계수가 양수일 때, 함수 $f(x)$는 항상
극솟값을 가지고, 최고차항의 계수가 음수일 때, 함수 $f(x)$는 항상
극댓값을 가진다.

D144 ✳❀❀ .... 2007실시(가) 7월 학평 13(고3)

사차함수 $f(x)=\dfrac{1}{4}x^4+\dfrac{1}{3}(a+1)x^3-ax$가

$x=\alpha$, γ에서 극소, $x=\beta$에서 극대일 때, 실수 a의 값의 범위는?
(단, $\alpha<0<\beta<\gamma<3$) (4점)

① $-\dfrac{9}{2}<a<-4$ ② $-4<a<-\dfrac{7}{2}$

③ $-\dfrac{7}{2}<a<-3$ ④ $-3<a<-\dfrac{5}{2}$

⑤ $-\dfrac{5}{2}<a<-2$

D145 *❀❀

함수 $f(x)=x^4-4x^3+4ax^2$이 극댓값을 갖기 위한 정수 a의 최댓값은? (4점)

① 1　　　　　② 2　　　　　③ 3

④ 4　　　　　⑤ 5

D146 *❀❀

최고차항의 계수가 1이고 x좌표가 α, β, γ인 서로 다른 세 점에서 극값을 갖는 사차함수 $f(x)$가 있다. 기울기가 2인 직선이 이 곡선과 접하는 접점의 x좌표를 a_1, a_2, a_3이라 하고, 기울기가 -1인 직선이 이 곡선과 접하는 접점의 x좌표를 b_1, b_2, b_3이라 할 때, $a_1a_2a_3-b_1b_2b_3$의 값은? (4점)

① $\dfrac{1}{4}$　　　　② $\dfrac{1}{2}$　　　　③ $\dfrac{3}{4}$

④ 1　　　　　⑤ $\dfrac{5}{4}$

고난도
유형 24　함수의 극대, 극소의 활용

함수 $f(x)$가 $x=a$를 포함하는 어떤 열린구간에 속하는 모든 x에서

(1) $f(x) \leq f(a)$이면 함수 $f(x)$는 $x=a$에서 극대이다.

(2) $f(x) \geq f(a)$이면 함수 $f(x)$는 $x=a$에서 극소이다.

tip

함수 $y=f(x)$의 그래프의 극대점·극소점과 직선 사이의 거리, 극대점·극소점을 꼭짓점으로 하는 도형의 넓이 등의 문제가 출제될 수 있으므로 함수의 극대점, 극소점을 찾는 연습을 충분히 해야 한다.

D147 *❀❀ ⋯⋯⋯⋯ 2015실시(A) 10월 학평 29(고3)

함수 $f(x)=x^3+3x^2$에 대하여 다음 조건을 만족시키는 정수 a의 최댓값을 M이라 할 때, M^2의 값을 구하시오.

(4점)

> (가) 점 $(-4, a)$를 지나고 곡선 $y=f(x)$에 접하는 직선이 세 개 있다.
> (나) 세 접선의 기울기의 곱은 음수이다.

D148 *❀❀ ⋯⋯⋯⋯ 2012실시(가) 3월 학평 7(고3)

다항함수 $f(x)$는 다음 조건을 만족시킨다.

> (가) $\displaystyle\lim_{x \to \infty} \dfrac{f(x)}{x^3}=1$
> (나) $x=-1$과 $x=2$에서 극값을 갖는다.

$\displaystyle\lim_{h \to 0} \dfrac{f(3+h)-f(3-h)}{h}$의 값은? (3점)

① 8　　　　　② 12　　　　　③ 16

④ 20　　　　　⑤ 24

D149 ✿❀❀ · · · · · · · · · · · · · · · · · 2008실시(가) 10월 학평 7(고3)

그림은 원점 O에 대하여 대칭인 삼차함수 $f(x)$의 그래프이다. 곡선 $y=f(x)$와 x축이 만나는 점 중 원점이 아닌 점을 각각 A, B라 하고, 함수 $f(x)$의 극대, 극소인 점을 각각 C, D라 하자.

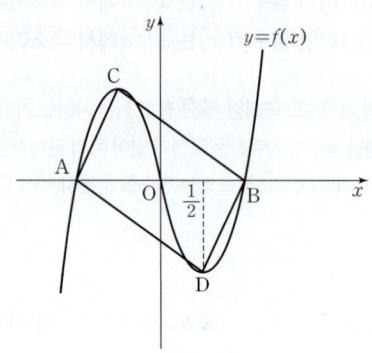

점 D의 x좌표가 $\frac{1}{2}$이고 사각형 ADBC의 넓이가 $\sqrt{3}$일 때, 함수 $f(x)$의 극댓값은? (3점)

① 1   ② $\frac{4}{3}$ ③ $\frac{5}{3}$

④ $\frac{\sqrt{3}}{2}$ ⑤ $\sqrt{2}$

D150 ✿❀❀ · · · · · · · · · · · · · · · · · 2009대비(가) 6월 모평 20(고3)

함수 $f(x)=\frac{1}{3}x^3-x^2-3x$는 $x=a$에서 극솟값 b를 가진다. 함수 $y=f(x)$의 그래프 위의 점 $(2, f(2))$에서 접하는 직선을 l이라 할 때, 점 (a, b)에서 직선 l까지의 거리가 d이다. $90d^2$의 값을 구하시오. (4점)

D151 ✿✿❀ · · · · · · · · · · · · · · · · · 2022실시(가) 7월 학평 13(고3)

최고차항의 계수가 1이고 $f(0)=\frac{1}{2}$인 삼차함수 $f(x)$에 대하여 함수 $g(x)$를
$$g(x)=\begin{cases} f(x) & (x<-2) \\ f(x)+8 & (x\geq-2) \end{cases}$$
라 하자. 방정식 $g(x)=f(-2)$의 실근이 2뿐일 때, 함수 $f(x)$의 극댓값은? (4점)

① 3   ② $\frac{7}{2}$ ③ 4

④ $\frac{9}{2}$ ⑤ 5

D152 ✿✿❀ · · · · · · · · · · · · · · · · · 2009실시(가) 7월 학평 19(고3)

직선 $x=a$가 곡선 $f(x)=x^3-ax^2-100x+10$의 극대가 되는 점과 극소가 되는 점 사이를 지날 때, 정수 a의 개수를 구하시오. (3점)

D153 ★★★　　　2024대비 수능 20(고3)

$a > \sqrt{2}$인 실수 a에 대하여 함수 $f(x)$를

$$f(x) = -x^3 + ax^2 + 2x$$

라 하자. 곡선 $y = f(x)$ 위의 점 $O(0, 0)$에서의 접선이 곡선 $y = f(x)$와 만나는 점 중 O가 아닌 점을 A라 하고, 곡선 $y = f(x)$ 위의 점 A에서의 접선의 x축과 만나는 점을 B라 하자. 점 A가 선분 OB를 지름으로 하는 원 위의 점일 때, $\overline{OA} \times \overline{AB}$의 값을 구하시오. (4점)

D154 ★★★　　　2007대비(가) 6월 모평 10(고3)

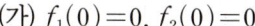

두 다항함수 $f_1(x)$, $f_2(x)$가 다음 세 조건을 만족시킬 때, 상수 k의 값은? (4점)

> (가) $f_1(0) = 0$, $f_2(0) = 0$
>
> (나) $f_i'(0) = \lim\limits_{x \to 0} \dfrac{f_i(x) + 2kx}{f_i(x) + kx}$ $(i = 1, 2)$
>
> (다) $y = f_1(x)$와 $y = f_2(x)$의 원점에서의 접선이 서로 직교한다.

① $\dfrac{1}{2}$　　　② $\dfrac{1}{4}$　　　③ 0

④ $-\dfrac{1}{4}$　　　⑤ $-\dfrac{1}{2}$

D155 ★★★　　　2020실시(가) 3월 학평 21(고3)

0이 아닌 실수 m에 대하여 두 함수

$$f(x) = 2x^3 - 8x, \quad g(x) = \begin{cases} -\dfrac{47}{m}x + \dfrac{4}{m^3} & (x < 0) \\[2mm] 2mx + \dfrac{4}{m^3} & (x \geq 0) \end{cases}$$

이 있다. 실수 x에 대하여 $f(x)$와 $g(x)$ 중 크지 않은 값을 $h(x)$라 할 때, [보기]에서 옳은 것만을 있는 대로 고른 것은? (4점)

> ──[보기]──
>
> ㄱ. $m = -1$일 때, $h\left(\dfrac{1}{2}\right) = -5$이다.
>
> ㄴ. $m = -1$일 때, 함수 $h(x)$가 미분가능하지 않은 x의 개수는 2이다.
>
> ㄷ. 함수 $h(x)$가 미분가능하지 않은 x의 개수가 1인 양수 m의 최댓값은 6이다.

① ㄱ　　　② ㄱ, ㄴ　　　③ ㄱ, ㄷ

④ ㄴ, ㄷ　　　⑤ ㄱ, ㄴ, ㄷ

D156 ★★★　　　2020대비(나) 9월 모평 30(고3)

최고차항의 계수가 1인 사차함수 $f(x)$에 대하여 네 개의 수 $f(-1)$, $f(0)$, $f(1)$, $f(2)$가 이 순서대로 등차수열을 이루고, 곡선 $y = f(x)$ 위의 점 $(-1, f(-1))$에서의 접선과 점 $(2, f(2))$에서의 접선이 점 $(k, 0)$에서 만난다. $f(2k) = 20$일 때, $f(4k)$의 값을 구하시오. (단, k는 상수이다.) (4점)

D157 ✦✦✦ ⸳⸳⸳⸳⸳⸳⸳⸳⸳⸳⸳⸳⸳⸳⸳⸳⸳⸳⸳⸳⸳⸳ 2022실시 4월 학평 20(고3)

최고차항의 계수가 1인 삼차함수 $f(x)$가 모든 실수 x에 대하여 $f(-x)=-f(x)$를 만족시킨다. 양수 t에 대하여 좌표평면 위의 네 점 $(t, 0)$, $(0, 2t)$, $(-t, 0)$, $(0, -2t)$를 꼭짓점으로 하는 마름모가 곡선 $y=f(x)$와 만나는 점의 개수를 $g(t)$라 할 때, 함수 $g(t)$는 $t=a$, $t=8$에서 불연속이다. $a^2 \times f(4)$의 값을 구하시오. (단, a는 $0 < a < 8$인 상수이다.) (4점)

D158 ✦✦✦ ⸳⸳⸳⸳⸳⸳⸳⸳⸳⸳⸳⸳⸳⸳⸳⸳⸳⸳⸳⸳⸳⸳ 2024실시 5월 학평 14(고3)

최고차항의 계수가 1인 삼차함수 $f(x)$와 실수 t에 대하여 곡선 $y=f(x)$ 위의 점 $(t, f(t))$에서의 접선의 y절편을 $g(t)$라 하자. 두 함수 $f(x)$, $g(t)$가 다음 조건을 만족시킨다.

> $|f(k)| + |g(k)| = 0$을 만족시키는 실수 k의 개수는 2이다.

$4f(1) + 2g(1) = -1$일 때, $f(4)$의 값은? (4점)

① 46   ② 49   ③ 52

④ 55   ⑤ 58

D159 ✦✦✦ ⸳⸳⸳⸳⸳⸳⸳⸳⸳⸳⸳⸳⸳⸳⸳⸳⸳⸳⸳⸳⸳⸳ 2024대비 9월 모평 13(고3)

두 실수 a, b에 대하여 함수

$$f(x) = \begin{cases} -\dfrac{1}{3}x^3 - ax^2 - bx & (x < 0) \\ \dfrac{1}{3}x^3 + ax^2 - bx & (x \geq 0) \end{cases}$$

이 구간 $(-\infty, -1]$에서 감소하고 구간 $[-1, \infty)$에서 증가할 때, $a+b$의 최댓값을 M, 최솟값을 m이라 하자. $M-m$의 값은? (4점)

① $\dfrac{3}{2} + 3\sqrt{2}$ ② $3 + 3\sqrt{2}$ ③ $\dfrac{9}{2} + 3\sqrt{2}$

④ $6 + 3\sqrt{2}$ ⑤ $\dfrac{15}{2} + 3\sqrt{2}$

D160 ✪2등급 대비 ⋯⋯⋯ 2011대비(가) 9월 모평 16(고3)

함수 $f(x)=-3x^4+4(a-1)x^3+6ax^2$ $(a>0)$과 실수 t에 대하여, $x \leq t$에서 $f(x)$의 최댓값을 $g(t)$라 하자. 함수 $g(t)$가 실수 전체의 집합에서 미분가능하도록 하는 a의 최댓값은? (4점)

① 1   ② 2   ③ 3
④ 4   ⑤ 5

D161 ✪1등급 대비 ⋯⋯⋯ 2023실시 10월 학평 22(고3)

삼차함수 $f(x)$에 대하여 구간 $(0, \infty)$에서 정의된 함수 $g(x)$를

$$g(x)=\begin{cases} x^3-8x^2+16x & (0<x\leq 4) \\ f(x) & (x>4) \end{cases}$$

라 하자. 함수 $g(x)$가 구간 $(0, \infty)$에서 미분가능하고 다음 조건을 만족시킬 때, $g(10)=\dfrac{q}{p}$이다. $p+q$의 값을 구하시오.

(단, p와 q는 서로소인 자연수이다.) (4점)

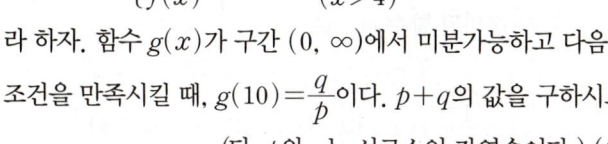

(가) $g\left(\dfrac{21}{2}\right)=0$

(나) 점 $(-2, 0)$에서 곡선 $y=g(x)$에 그은, 기울기가 0이 아닌 접선이 오직 하나 존재한다.

D162 ✪2등급 대비 ⋯⋯⋯ 2018대비(나) 수능 29(고3)

두 실수 a와 k에 대하여 두 함수 $f(x)$와 $g(x)$는

$$f(x)=\begin{cases} 0 & (x\leq a) \\ (x-1)^2(2x+1) & (x>a) \end{cases},$$

$$g(x)=\begin{cases} 0 & (x\leq k) \\ 12(x-k) & (x>k) \end{cases}$$

이고, 다음 조건을 만족시킨다.

(가) 함수 $f(x)$는 실수 전체의 집합에서 미분가능하다.
(나) 모든 실수 x에 대하여 $f(x)\geq g(x)$이다.

k의 최솟값이 $\dfrac{q}{p}$일 때, $a+p+q$의 값을 구하시오.

(단, p와 q는 서로소인 자연수이다.) (4점)

D163 ✪1등급 대비 ⋯⋯⋯ 2020실시(나) 4월 학평 30(고3)

양의 실수 t와 최고차항의 계수가 1인 삼차함수 $f(x)$에 대하여 함수

$$g(t)=\dfrac{f(t)-f(0)}{t}$$

이라 하자. 두 함수 $f(x)$와 $g(t)$가 다음 조건을 만족시킨다.

(가) 함수 $g(t)$의 최솟값은 0이다.
(나) x에 대한 방정식 $f'(x)=g(a)$를 만족시키는 x의 값은 a와 $\dfrac{5}{3}$이다. $\left(\text{단, } a>\dfrac{5}{3}\text{인 상수이다.}\right)$

자연수 m에 대하여 집합 A_m을

$$A_m=\{x\,|\,f'(x)=g(m),\, 0<x\leq m\}$$

이라 할 때, $n(A_m)=2$를 만족시키는 모든 자연수 m의 값의 합을 구하시오. (4점)

D164 ⭐ 1등급 대비 .... 2022실시 7월 학평 22(고3)

삼차함수 $f(x)$에 대하여 곡선 $y=f(x)$ 위의 점 $(0, 0)$에서의 접선의 방정식을 $y=g(x)$라 할 때, 함수 $h(x)$를

$$h(x)=|f(x)|+g(x)$$

라 하자. 함수 $h(x)$가 다음 조건을 만족시킨다.

> (가) 곡선 $y=h(x)$ 위의 점 $(k, 0)(k\neq0)$에서의 접선의 방정식은 $y=0$이다.
> (나) 방정식 $h(x)=0$의 실근 중에서 가장 큰 값은 12이다.

$h(3)=-\dfrac{9}{2}$일 때, $k\times\{h(6)-h(11)\}$의 값을 구하시오.

(단, k는 상수이다.) (4점)

D165 ✪ 2등급 대비 .... 2025실시 5월 학평 21(고3)

최고차항의 계수가 1이고 $f(0)=0$인 삼차함수 $f(x)$와 실수 t에 대하여 곡선 $y=f(x)$와 직선 $y=t$가 만나는 점의 개수를 $g(t)$라 하자. 양수 a와 함수 $g(t)$가 다음 조건을 만족시킨다.

> 함수 $g(t)+g(t-4)$는 $t=0$과 $t=a$에서만 불연속이다.

$f(a)$의 최솟값을 구하시오. (4점)

D166 ⭐ 1등급 대비 .... 2024대비 6월 모평 22(고3)

정수 $a(a\neq0)$에 대하여 함수 $f(x)$를

$$f(x)=x^3-2ax^2$$

이라 하자. 다음 조건을 만족시키는 모든 정수 k의 값의 곱이 -12가 되도록 하는 a에 대하여 $f'(10)$의 값을 구하시오. (4점)

> 함수 $f(x)$에 대하여
> $$\left\{\dfrac{f(x_1)-f(x_2)}{x_1-x_2}\right\}\times\left\{\dfrac{f(x_2)-f(x_3)}{x_2-x_3}\right\}<0$$
> 을 만족시키는 세 실수 x_1, x_2, x_3이 열린구간 $\left(k, k+\dfrac{3}{2}\right)$에 존재한다.

D167 ✪ 2등급 대비 .... 2021실시 7월 학평 22(고3)

삼차함수 $f(x)=\dfrac{2\sqrt{3}}{3}x(x-3)(x+3)$에 대하여 $x\geq-3$에서 정의된 함수 $g(x)$는

$$g(x)=\begin{cases} f(x) & (-3\leq x<3) \\ \dfrac{1}{k+1}f(x-6k) & (6k-3\leq x<6k+3) \end{cases}$$

(단, k는 모든 자연수)

이다. 자연수 n에 대하여 직선 $y=n$과 함수 $y=g(x)$의 그래프가 만나는 점의 개수를 a_n이라 할 때, $\displaystyle\sum_{n=1}^{12}a_n$의 값을 구하시오. (4점)

D168 ★★❀ .... 2026대비 경찰대 16(고3)

실수 a에 대하여 실수 전체의 집합에서 연속인 함수

$$f(x)=\begin{cases} -(x+1)^2(x-3) & (x\le a) \\ 0 & (x>a) \end{cases}$$

가 다음 조건을 만족시킨다.

> 기울기가 양수인 직선 중에서 함수 $y=f(x)$의 그래프와 만나는 점의 개수가 2 이상인 직선이 존재한다.

함수 $g(x)$를 $g(x)=-3x+k$라 할 때, 모든 실수 x에 대하여 $g(x)\le f(x)$가 되도록 하는 실수 k의 최댓값을 M이라 하자. $a+M$의 값은? (4점)

① $-\dfrac{26}{27}$ ② $-\dfrac{23}{27}$ ③ $-\dfrac{20}{27}$

④ $-\dfrac{17}{27}$ ⑤ $-\dfrac{14}{27}$

D169 ★★★❀ .... 2023대비 경찰대 12(고3)

좌표평면에서 점 $(18,\ -1)$을 지나는 원 C가 곡선 $y=x^2-1$과 만나도록 하는 원 C의 반지름의 길이의 최솟값은? (4점)

① $\dfrac{\sqrt{17}}{2}$ ② $\sqrt{17}$ ③ $\dfrac{3\sqrt{17}}{2}$

④ $2\sqrt{17}$ ⑤ $\dfrac{5\sqrt{17}}{2}$

D170 ★★❀ .... 2025대비 경찰대 23(고3)

다항함수 $f,\ g$가 모든 실수 $x,\ y$에 대하여 $f(0)=5,\ f(x-g(y))=(x+4y^2-1)^3-3$을 만족시킬 때, 함수 $h(x)=f(x)-g(x)$의 극댓값을 구하시오. (4점)

D171 ★★❀ .... 2022대비 경찰대 17(고3)

자연수 n에 대하여 함수

$$f(x)=|x^2-4|(x^2+n)$$

이 $x=a$에서 극값을 갖는 a의 개수가 4 이상일 때, $f(x)$의 모든 극값의 합이 최대가 되도록 하는 n의 값은? (5점)

① 1   ② 2   ③ 3

④ 4   ⑤ 5

D172 ✱✱✿

2017대비 경찰대 12(고3)

함수 $f(x)=x+(x-1)(x-2)(x-3)(x-4)$에 대하여 $\{f(x)\}^2-x^2f(x)$를 $f(x)-x$로 나눈 나머지를 $r(x)$라 하자. 함수 $r(x)$의 극댓값과 극솟값의 합은? (4점)

① $\dfrac{3}{8}$ ② $\dfrac{4}{9}$ ③ $\dfrac{5}{12}$

④ $\dfrac{3}{16}$ ⑤ $\dfrac{4}{27}$

D173 ✱✱✱

2024대비 경찰대 19(고3)

실수 $t(2<t<8)$에 대하여 이차함수 $f(x)=(x-2)^2$ 위의 점 $\mathrm{P}(t, f(t))$에서의 접선이 x축과 만나는 점을 Q라 하자.

직선 $y=2(t-2)(x-5)$ 위의 한 점 R를 $\overline{\mathrm{PR}}=\overline{\mathrm{QR}}$가 되도록 잡는다. 삼각형 PQR의 넓이를 $S(t)$라 할 때, $\displaystyle\lim_{t\to 2+}\dfrac{S(t)}{(t-2)^2}$의 값은? (5점)

① $\dfrac{3}{2}$ ② 2 ③ $\dfrac{5}{2}$

④ 3 ⑤ $\dfrac{7}{2}$

D174 ✱✱✱

2023대비 경찰대 20(고3)

곡선 $y=x^3-x^2$ 위의 제1사분면에 있는 점 A에서의 접선의 기울기가 8이다. 점 $(0, 2)$를 중심으로 하는 원 S가 있다. 두 점 $\mathrm{B}(0, 4)$와 원 S 위의 점 X에 대하여 두 직선 OA와 BX가 이루는 예각의 크기를 θ라 할 때, $\overline{\mathrm{BX}}\sin\theta$의 최댓값이 $\dfrac{6\sqrt{5}}{5}$가 되도록 하는 원 S의 반지름의 길이는?

(단, O는 원점이다.) (5점)

① $\dfrac{3\sqrt{5}}{4}$ ② $\dfrac{4\sqrt{5}}{5}$ ③ $\dfrac{17\sqrt{5}}{20}$

④ $\dfrac{9\sqrt{5}}{10}$ ⑤ $\dfrac{19\sqrt{5}}{20}$

D175 ✱✱✱

2018대비(나) 삼사 21(고3)

자연수 n에 대하여 함수 $f(x)$를 $f(x)=x^2+\dfrac{1}{n}$이라 하고 함수 $g(x)$를

$$g(x)=\begin{cases}(x-1)f(x) & (x\geq 1)\\(x-1)^2 f(x) & (x<1)\end{cases}$$

이라 할 때, [보기]에서 옳은 것만을 있는 대로 고른 것은? (4점)

---[보기]---

ㄱ. $\displaystyle\lim_{x\to 1-}\dfrac{g(x)}{x-1}=0$

ㄴ. $n=1$일 때, 함수 $g(x)$는 $x=1$에서 극솟값을 갖는다.

ㄷ. 함수 $g(x)$가 극대 또는 극소가 되는 x의 개수가 1인 n의 개수는 5이다.

---

① ㄱ   ② ㄱ, ㄴ   ③ ㄱ, ㄷ

④ ㄴ, ㄷ   ⑤ ㄱ, ㄴ, ㄷ

D176 ✪ 2등급 대비 .... 2021대비(나) 삼사 30(고3)

양수 a에 대하여 함수 $f(x)$는

$$f(x)=\begin{cases} x(x+a)^2 & (x<0) \\ x(x-a)^2 & (x\geq 0) \end{cases}$$

이다. 실수 t에 대하여 곡선 $y=f(x)$와 직선 $y=4x+t$의 서로 다른 교점의 개수를 $g(t)$라 할 때, 함수 $g(t)$가 다음 조건을 만족시킨다.

(가) 함수 $g(t)$의 최댓값은 5이다.

(나) 함수 $g(t)$가 $t=\alpha$에서 불연속인 α의 개수는 2이다.

$f'(0)$의 값을 구하시오. (4점)

D177 ✪ 1등급 대비 .... 2018대비 경찰대 20(고3)

미분가능한 함수 $f(x)$, $g(x)$가

$$f(x+y)=f(x)g(y)+f(y)g(x),\ f(1)=1$$

$$g(x+y)=g(x)g(y)+f(x)f(y),\ \lim_{x\to 0}\frac{g(x)-1}{x}=0$$

을 만족시킬 때, 옳은 것만을 [보기]에서 있는 대로 고른 것은?

(5점)

─── [보기] ───

ㄱ. $f'(x)=f'(0)g(x)$

ㄴ. $g(x)$는 $x=0$에서 극솟값 1을 갖는다.

ㄷ. $\{g(x)\}^2-\{f(x)\}^2=1$

① ㄴ   ② ㄷ   ③ ㄱ, ㄴ

④ ㄱ, ㄷ   ⑤ ㄱ, ㄴ, ㄷ

Korea Tigers

고려대 미식축구부

선후배 사이의 끈끈한 단결력으로
똘똘 뭉치자

저희는 1962년에 창단되어 오랜 전통과 강한 팀워크를 자랑하는 팀입니다.
특히 저희 미식축구부는 팀원들과 선후배 사이의 끈끈한 단결력으로 뭉쳐 있으며,
팀을 위해 자신을 희생한다는 정신으로 훈련과 시합에 임합니다.

학번에 따른 위계질서를 철저히 지켜 이에 따라 절도 있게 훈련에 참여하여,
서울 12개교, 전국 35개교에 달하는 타 팀과의 시즌 경기를 승리로 이끌기 위해
흙과 땀으로 범벅이 된 자신의 모습을 미처 자각하지 못할 정도로
또한 다리에 쥐가 날 정도로 고된 훈련을 반복해야 하는 곳이기도 합니다.

어떤 이들은 고통스러운 순간을 지날 때마다 젊음을 낭비한다고 생각할 때가 있습니다.
하지만 우리는 아직도 젊고, 스스로를 불태울 수 있는 자만이
후회를 남기지 않는다는 사실을 알기에 우리는 오늘도 운동을 합니다.

때로 결과가 만족스럽지 못하고 패배하는 일도 많지만,
패배의 아픔을 알아야 승리의 기쁨도 느낄 수 있습니다.
이에 우리는 오늘의 패배를 받아들이고 내일의 승리를 준비합니다.

E 도함수의 활용(2)

★ 최신 3개년 수능＋모평 출제 경향

학년도		출제 유형	난이도
2028	예시	유형 14 수직선 위를 움직이는 서로 다른 두 점의 속도와 가속도	✹✹✹
2026	수능	유형 08 부등식이 항상 성립할 조건 $-f(x)>k$ 꼴	✹✹✹
	9월	유형 09 부등식이 항상 성립할 조건 $-f(x)>g(x)$ 꼴	✹✹✹
	6월	유형 10 삼차함수의 유추	✹✹✹
		유형 13 수직선 위를 움직이는 점의 속도와 가속도	✹✹✹
2025	수능	유형 06 여러 가지 방정식의 실근의 개수	✹✹✹
		유형 13 수직선 위를 움직이는 점의 속도와 가속도	✹✹✹
	9월	유형 10 삼차함수의 유추	✹✹✹
		유형 14 수직선 위를 움직이는 서로 다른 두 점의 속도와 가속도	✹✹✹
	6월	유형 04 삼차방정식의 실근의 개수	✹✹✹
2024	수능	유형 10 삼차함수의 유추	✹✹✹
	6월	유형 04 삼차방정식의 실근의 개수	✹✹✹

★ 2026 수능 출제 경향 분석

• 제한된 범위에서 삼차함수의 최대 · 최소를 구하는 문제이다.

[E57 문항]

★ 2027 수능 예측

1. 도함수를 활용하여 그래프의 개형을 그린 후, 방정식의 실근의 개수를 구하거나 실근이 존재하기 위한 조건을 찾는 문제 또는 극대 · 극소, 최대 · 최소 등 함수의 여러 조건을 주고 삼차함수 또는 사차함수를 추론하는 문제 등이 고난도로 출제될 수 있으므로 삼차함수, 사차함수의 그래프의 여러 가지 개형을 익혀 두자.

2. 수직선 위를 움직이는 점에 대한 속도, 가속도에 대한 문제에서는 위치함수를 미분하면 속도함수, 속도함수를 미분하면 가속도함수임을 적용하는 연습을 충분히 하자.

  **E 도함수의 활용(2)**

개념 강의

중요도 ⭐⭐⭐

1 함수의 최대와 최소❶ — 유형 01~12

(1) 미분가능한 함수 $y=f(x)$의 **그래프의 개형**은 다음과 같은 순서로 그린다.
 (ⅰ) 도함수 $f'(x)$를 구한 후 $f'(x)=0$을 만족시키는 x의 값을 구한다.
 (ⅱ) 함수 $f(x)$의 증가와 감소를 표로 나타낸다.
 (ⅲ) 함수 $f(x)$의 증가와 감소, 극대와 극소, 좌표축과의 교점 등을 구한다.
 (ⅳ) 함수 $y=f(x)$의 그래프의 개형을 그린다.

(2) 닫힌구간 $[a, b]$에서 연속인 함수 $f(x)$의 **최댓값과 최솟값**❷은 다음과 같은 순서로 구한다.
 (ⅰ) 열린구간 (a, b)에서 함수 $f(x)$의 극댓값과 극솟값을 구한다.
 (ⅱ) 닫힌구간 $[a, b]$의 양 끝 값에서의 함숫값 $f(a), f(b)$를 구한다.
 (ⅲ) 함수 $f(x)$의 극댓값, 극솟값, $f(a), f(b)$ 중에서 가장 큰 값이 최댓값이고
  가장 작은 값이 최솟값이다.

2 방정식에의 활용 — 유형 04~07, 10~12

(1) **방정식에의 활용**
 ① 방정식 $f(x)=0$의 서로 다른 실근의 개수는
  함수 $y=f(x)$의 그래프와 x축의 교점의 개수와 같다.
 ② 방정식 $f(x)=g(x)$의 서로 다른 실근의 개수❸는 두 함수
  $y=f(x), y=g(x)$의 그래프의 교점의 개수와 같다.

(2) **삼차방정식의 근의 판별**
 삼차함수 $f(x)$가 극값❹을 가질 때, 삼차방정식 $f(x)=0$의
 근은 극값을 이용하여 다음과 같이 판별할 수 있다.
 ① (극댓값)×(극솟값)<0 ⇔ 서로 다른 세 실근
 ② (극댓값)×(극솟값)=0 ⇔ 한 실근과 중근
 ③ (극댓값)×(극솟값)>0 ⇔ 한 실근과 두 허근

출제 2026 6월 모평 15번

★ 함수의 연속과 우극한, 방정식의 해의 개수를 곡선과 직선의 교점의 개수로 바꾸어 생각하는 상 난이도의 문제가 출제되었다.

3 부등식에의 활용 — 유형 08~12

(1) 함수 $f(x)$에 대하여 어떤 구간에서 부등식 $f(x)≥0$이
 성립함을 보이려면 그 구간에서 함수 $f(x)$의 최솟값이 0보다
 크거나 같음을 보인다.
(2) 두 함수 $f(x), g(x)$에 대하여 어떤 구간에서 부등식
 $f(x)≥g(x)$가 성립함을 보이려면 $F(x)=f(x)-g(x)$라 하고
 그 구간에서 $F(x)≥0$임을 보인다.

출제 2026 수능 19번
2026 9월 모평 21번

★ 수능에는 제한된 범위에서 삼차함수의 극값과 구간의 양 끝값의 크기를 비교하는 중하 난이도의 문제가, 6월에는 모든 실수에 대하여 값이 존재하는 극한식을 변형하여 사차함수를 결정하는 최상 난이도의 문제가 출제되었다.

4 속도와 가속도❺ — 유형 13~18

수직선 위를 움직이는 점 P의 위치 x가 시각 t의 함수
$x=f(t)$로 나타내어질 때,

(1) **속도** : $v(t)=\dfrac{dx}{dt}=f'(t)$❻

(2) **가속도** : $a(t)=\dfrac{dv}{dt}=v'(t)$

출제 2028 예시 15번
2026 6월 모평 11번

★ 예시에는 수직선 위를 움직이는 두 점의 속도의 비가 5가 되는 순간의 시각을 구해 가속도를 구하는 중하 난이도의 문제가, 6월에는 주어진 시각의 점의 위치, 속도, 가속도를 구하는 쉬운 난이도의 문제가 출제되었다.

+개념 보충

❶ **최대 · 최소 정리**
함수 $f(x)$가 닫힌구간 $[a, b]$에서 연속이면 함수 $f(x)$는 이 구간에서 반드시 최댓값과 최솟값을 가진다.

한걸음 더!

❷ 구간 $[a, b]$에서 연속인 함수가 이 구간에서 극값이 오직 하나 존재하면
(1) 극값이 극댓값이면
  (최댓값)=(극댓값)
(2) 극값이 극솟값이면
  (최솟값)=(극솟값)

+개념 보충

❸ 방정식 $f(x)=g(x)$에서 $f(x)-g(x)=0$이므로 $h(x)=f(x)-g(x)$라 하면 방정식 $f(x)=g(x)$의 서로 다른 실근의 개수를 함수 $y=h(x)$의 그래프와 x축의 서로 다른 교점의 개수로 구할 수도 있다.

한걸음 더!

❹ 미분가능한 함수 $f(x)$가 극값을 갖는다는 것은 도함수 $f'(x)$에 대하여 $f'(x)=0$을 만족시키는 x의 좌우에서 $f'(x)$의 부호가 바뀐다는 것을 의미한다.
한편, 삼차함수 $g(x)$의 도함수 $g'(x)$는 이차함수이고 삼차함수 $g(x)$가 극값을 가지려면 $g'(x)=0$을 만족시키는 x의 좌우에서 $g'(x)$의 부호가 바뀌어야 하므로 함수 $y=g'(x)$의 그래프는 x축과 서로 다른 두 점에서 만날 수밖에 없다. 따라서 삼차함수가 극값을 가지면 극값은 2개이고 그 중 하나는 극댓값, 다른 하나는 극솟값이다.

+개념 보충

❺ **시각에 대한 길이, 넓이 함수의 변화율**
(1) 길이 $l(t)$에 대하여 시각 $t=a$일 때, 순간변화율은 $l'(a)$
(2) 넓이 $S(t)$에 대하여 시각 $t=a$일 때, 순간변화율은 $S'(a)$

❻ 시각 t에서의 속력은 속도 $v(t)$의 절댓값이다.
즉, 속력은 $|v(t)|=|f'(t)|$이다.
한편, 속도 $v(t)$의 부호는 점의 운동 방향을 나타낸다.
$v(t)>0$이면 양의 방향으로 움직이고 $v(t)<0$이면 음의 방향으로 움직인다.
또, $v(t)=0$이면 운동 방향이 바뀌거나 정지한다.

1 함수의 최대와 최소

E01 기본 ⎯⎯⎯⎯⎯⎯⎯⎯⎯⎯⎯ 2009대비(가) 9월 모평 18(고3)

구간 $[-2, 0]$에서 함수 $f(x)=x^3-3x^2-9x+8$의 최댓값을 구하시오. (3점)

E02 기본 ⎯⎯⎯⎯⎯⎯⎯⎯⎯⎯⎯ 2013대비(나) 6월 모평 13(고3)

닫힌구간 $[1, 4]$에서 함수 $f(x)=x^3-3x^2+a$의 최댓값을 M, 최솟값을 m이라 하자. $M+m=20$일 때, 상수 a의 값은? (3점)

① 1   ② 2   ③ 3
④ 4   ⑤ 5

2+3 방정식과 부등식에의 활용

E03 기본 ⎯⎯⎯⎯⎯⎯⎯⎯⎯⎯⎯ 2015실시(A) 7월 학평 12(고3)

삼차방정식 $x^3+3x^2-9x+4-k=0$이 서로 다른 세 실근을 갖도록 하는 모든 정수 k의 개수는? (3점)

① 28   ② 31   ③ 34
④ 37   ⑤ 40

E04 기본 ⎯⎯⎯⎯⎯⎯⎯⎯⎯⎯⎯ 2006대비(가) 6월 모평 24(고3)

두 함수 $f(x)=5x^3-10x^2+k$, $g(x)=5x^2+2$가 있다. $\{x|0<x<3\}$에서 부등식 $f(x) \geq g(x)$가 성립하도록 하는 상수 k의 최솟값을 구하시오. (4점)

4 속도와 가속도

E05 기본 ⎯⎯⎯⎯⎯⎯⎯⎯⎯⎯⎯ 2018실시(나) 11월 학평 16(고2)

수직선 위를 움직이는 점 P의 시각 t $(t \geq 0)$에서의 위치 x가 $x=-t^2+6t$이다. 점 P의 속도가 2일 때, 점 P의 위치는? (4점)

① 8   ② $\dfrac{17}{2}$ ③ 9
④ $\dfrac{19}{2}$ ⑤ 10

E06 기본 ⎯⎯⎯⎯⎯⎯⎯⎯⎯⎯⎯ 2016실시(나) 10월 학평 5(고3)

수직선 위를 움직이는 점 P의 시각 t $(t \geq 0)$에서의 위치 x가 $x=t^3-6t^2+5$이다. 점 P의 가속도가 0일 때, 점 P의 속도는? (3점)

① -12 ② -10 ③ -8
④ -6 ⑤ -4

E07 기본 ⎯⎯⎯⎯⎯⎯⎯⎯⎯⎯⎯ 2013대비(나) 6월 모평 10(고3)

수직선 위를 움직이는 두 점 P, Q의 시각 t일 때의 위치는 각각 $f(t)=2t^2-2t$, $g(t)=t^2-8t$이다. 두 점 P와 Q가 서로 반대방향으로 움직이는 시각 t의 범위는? (3점)

① $\dfrac{1}{2}<t<4$ ② $1<t<5$ ③ $2<t<5$
④ $\dfrac{3}{2}<t<6$ ⑤ $2<t<8$

1 함수의 최대와 최소

유형 01 함수의 최대, 최소

연속함수 $f(x)$가 닫힌구간 $[a, b]$에서 극값을 가질 때,
(1) $f(x)$의 최댓값 : 극댓값, $f(a)$, $f(b)$ 중 가장 큰 값
(2) $f(x)$의 최솟값 : 극솟값, $f(a)$, $f(b)$ 중 가장 작은 값

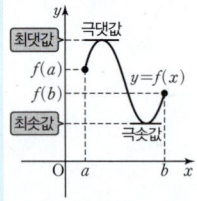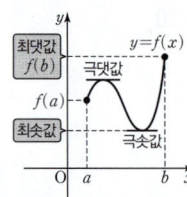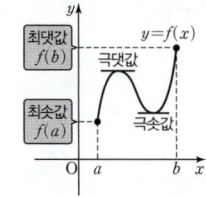

tip

다항함수는 실수 전체의 집합에서 연속이므로 최대·최소 정리에 의해 어떤 닫힌구간에서 최댓값과 최솟값을 모두 갖는다. 따라서 닫힌구간 $[a, b]$에서 다항함수 $f(x)$의 최댓값과 최솟값은 극값과 $f(a)$, $f(b)$를 비교하여 빠르게 해결하자.

E08 ✽✽✽ .... 2017실시(나) 11월 학평 17(고2)

닫힌구간 $[1, 4]$에서 함수 $f(x)=x^3-3x^2+8$의 최댓값을 M, 최솟값을 m이라 할 때, $M+m$의 값은? (4점)

① 28   ② 32   ③ 36
④ 40   ⑤ 44

E09 ✽✽✽ .... 2018대비(나) 6월 모평 10(고3)

닫힌구간 $[-1, 3]$에서 함수 $f(x)=x^3-3x+5$의 최솟값은? (3점)

① 1   ② 2   ③ 3
④ 4   ⑤ 5

E10 ✽✽✽ .... 2016실시(가) 9월 학평 12(고2)

닫힌구간 $[-1, 3]$에서 함수 $f(x)=x^3-6x^2+9x+6$의 최댓값은? (3점)

① 6   ② 7   ③ 8
④ 9   ⑤ 10

유형 02 함수의 최대, 최소를 이용한 미정계수의 결정

연속함수 $f(x)$가 닫힌구간 $[a, b]$에서 극값을 가질 때,
(1) $f(x)$의 최댓값 : 극댓값, $f(a)$, $f(b)$ 중 가장 큰 값
(2) $f(x)$의 최솟값 : 극솟값, $f(a)$, $f(b)$ 중 가장 작은 값

tip

닫힌구간 $[a, b]$에서 미정계수를 포함한 함수 $f(x)$의 최댓값 또는 최솟값이 주어졌을 때는 극값과 $f(a)$, $f(b)$를 구하여 주어진 최댓값 또는 최솟값과 비교한 후 미정계수를 구한다.

E11 ✽✽✽ .... 2021실시 4월 학평 12(고3)

닫힌구간 $[0, 3]$에서 함수 $f(x)=x^3-6x^2+9x+a$의 최댓값이 12일 때, 상수 a의 값은? (4점)

① 2   ② 4   ③ 6
④ 8   ⑤ 10

E12 ✽✽✽ .... 2014실시(A) 7월 학평 7(고3)

닫힌구간 $[-2, 2]$에서 정의된 함수 $f(x)=-x^3+3x^2+a$의 최솟값이 -4일 때, 최댓값은? (단, a는 상수이다.) (3점)

① 16   ② 18   ③ 20
④ 22   ⑤ 24

E13 ✿✿✿ 2020대비(나) 6월 모평 18(고3)

최고차항의 계수가 1인 삼차함수 $f(x)$에 대하여 함수 $g(x)$는

$$g(x) = \begin{cases} \dfrac{1}{2} & (x<0) \\ f(x) & (x \geq 0) \end{cases}$$

이다. $g(x)$가 실수 전체의 집합에서 미분가능하고 $g(x)$의 최솟값이 $\dfrac{1}{2}$보다 작을 때, [보기]에서 옳은 것만을 있는 대로 고른 것은? (4점)

[보기]

ㄱ. $g(0) + g'(0) = \dfrac{1}{2}$

ㄴ. $g(1) < \dfrac{3}{2}$

ㄷ. 함수 $g(x)$의 최솟값이 0일 때, $g(2) = \dfrac{5}{2}$이다.

① ㄱ   ② ㄱ, ㄴ   ③ ㄱ, ㄷ

④ ㄴ, ㄷ   ⑤ ㄱ, ㄴ, ㄷ

E14 ✿✿✿ 2022실시 3월 학평 10(고3)

두 함수

$$f(x) = x^2 + 2x + k, \quad g(x) = 2x^3 - 9x^2 + 12x - 2$$

에 대하여 함수 $(g \circ f)(x)$의 최솟값이 2가 되도록 하는 실수 k의 최솟값은? (4점)

① 1 ② $\dfrac{9}{8}$ ③ $\dfrac{5}{4}$

④ $\dfrac{11}{8}$ ⑤ $\dfrac{3}{2}$

E15 ✿✿✿ 2017대비(나) 6월 모평 28(고3)

양수 a에 대하여 함수 $f(x) = x^3 + ax^2 - a^2x + 2$가 닫힌구간 $[-a, a]$에서 최댓값 M, 최솟값 $\dfrac{14}{27}$를 갖는다. $a + M$의 값을 구하시오. (4점)

E16 ✿✿✿ 2018실시(가) 11월 학평 19(고2)

양수 k에 대하여 함수 $f(x) = 2kx^3 - 3(3k+1)x^2 + 18x - 2$가 닫힌구간 $[0, 3]$에서 최댓값 12를 가질 때, k의 값을 구하는 과정이다.

함수 $f(x)$에서

$f'(x) = 6kx^2 - 6(3k+1)x + 18 = 6(kx-1)(x-3)$

$k = \boxed{(가)}$ 인 경우를 제외하고 함수 $f(x)$는 실수 전체의 집합에서 극댓값과 극솟값을 모두 가지므로

(i) $0 < k \leq \boxed{(가)}$ 일 때,

$0 < x < 3$에서 $f'(x) > 0$이므로 함수 $f(x)$는 증가한다. 따라서 닫힌구간 $[0, 3]$에서 함수 $f(x)$의 최댓값은 $\boxed{(나)}$ 이다. 그러나 $\boxed{(나)} = 12$를 만족하는 k의 값은 $0 < k \leq \boxed{(가)}$ 에 존재하지 않는다.

(ii) $k > \boxed{(가)}$ 일 때,

닫힌구간 $[0, 3]$에서 함수 $f(x)$의 증가와 감소를 표로 나타내면 다음과 같다.

x	0	$\cdots$	$\dfrac{1}{k}$	$\cdots$	3
$f'(x)$	$+$	$+$	0	$-$	0
$f(x)$		↗	극대	↘	

따라서 함수 $f(x)$는 $x = \dfrac{1}{k}$에서 극대이면서 최대이다.

(i), (ii)에 의하여 함수 $f(x)$가 닫힌구간 $[0, 3]$에서 최댓값 12를 가질 때, $k = \boxed{(다)}$ 이다.

위의 (가), (다)에 알맞은 수를 각각 a, b라 하고, (나)에 알맞은 식을 $g(k)$라 할 때, $\dfrac{g(a)}{b}$의 값은? (4점)

① 24 ② 26 ③ 28

④ 30 ⑤ 32

유형 03 최대, 최소의 활용

도형의 길이, 넓이, 부피를 하나의 변수에 대한 식으로 나타내고 변수의 범위를 구한 후 이 범위에서의 최댓값과 최솟값을 구한다.

tip

최대, 최소의 활용 문제에 자주 이용되는 다음과 같은 공식을 꼭 기억하자.
① 두 점 사이의 거리 구하는 공식
② 여러 가지 평면도형의 넓이 구하는 공식
③ 입체도형의 부피 구하는 공식

E17 ✽❀❀ .... 2020실시(가) 3월 학평 17(고3)

$0<a<6$인 실수 a에 대하여 원점에서 곡선 $y=x(x-a)(x-6)$에 그은 두 접선의 기울기의 곱의 최솟값은? (4점)

① -54 ② -51 ③ -48
④ -45 ⑤ -42

E18 ✽❀❀ .... 2013실시(B) 4월 학평 28(고3)

곡선 $y=\dfrac{1}{2}x^4-2x^3+8\,(x>0)$ 위의 점에서 그은 접선 중에서 기울기가 최소인 접선과 x축, y축으로 둘러싸인 도형의 넓이를 구하시오. (4점)

E19 ✽❀❀ .... 2010대비(가) 6월 모평 20(고3)

좌표평면 위에 점 $A(0, 2)$가 있다. $0<t<2$일 때, 원점 O와 직선 $y=2$ 위의 점 $P(t, 2)$를 잇는 선분 OP의 수직이등분선과 y축의 교점을 B라 하자. 삼각형 ABP의 넓이를 $f(t)$라 할 때, $f(t)$의 최댓값은 $\dfrac{b}{a}\sqrt{3}$이다. $a+b$의 값을 구하시오. (단, a, b는 서로소인 자연수이다.) (3점)

E20 ✽❀❀

그림과 같이 지름 AB의 길이가 4인 원에 대하여 $\overline{OB}$ 위의 임의의 점 P에서 $\overline{OB}$와 수직으로 그은 직선이 원과 만나는 점을 Q라 하자. $\triangle APQ$를 $\overline{AB}$를 축으로 하여 회전시켜 만들어지는 원뿔 중 그 부피가 최대일 때의 $9\overline{PQ}^2$의 값을 구하시오.

(단, 점 O는 원의 중심이다.) (4점)

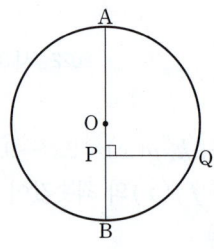

E21 ✿✿✿ 2008대비(가) 6월 모평 22(고3)

그림과 같이 좌표평면 위에 네 점 O(0, 0), A(8, 0), B(8, 8), C(0, 8)을 꼭짓점으로 하는 정사각형 OABC와 한 변의 길이가 8이고 네 변이 좌표축과 평행한 정사각형 PQRS가 있다. 점 P가 점 $(-1,\ -6)$에서 출발하여 포물선 $y=-x^2+5x$를 따라 움직이도록 정사각형 PQRS를 평행이동시킨다. 평행이동시킨 정사각형과 정사각형 OABC가 겹치는 부분의 넓이의 최댓값을 $\frac{q}{p}$라 할 때, $p+q$의 값을 구하시오.

(단, p와 q는 서로소인 자연수이다.) (4점)

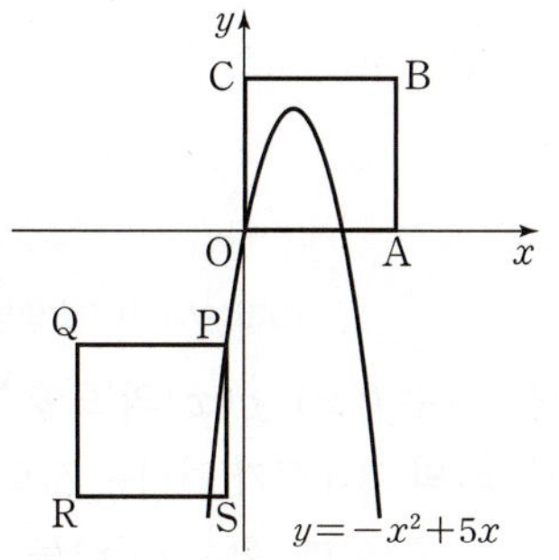

E22 ✿✿✿ 2023실시 4월 학평 14(고3)

양의 실수 t에 대하여 함수 $f(x)$를

$f(x)=x^3-3t^2x$

라 할 때, 닫힌구간 $[-2,\ 1]$에서 두 함수 $f(x)$, $|f(x)|$의 최댓값을 각각 $M_1(t)$, $M_2(t)$라 하자. 함수

$g(t)=M_1(t)+M_2(t)$

에 대하여 [보기]에서 옳은 것만을 있는 대로 고른 것은? (4점)

[보기]

ㄱ. $g(2)=32$

ㄴ. $g(t)=2f(-t)$를 만족시키는 t의 최댓값과 최솟값의 합은 3이다.

ㄷ. $\lim_{h\to0+}\frac{g\left(\frac{1}{2}+h\right)-g\left(\frac{1}{2}\right)}{h}-\lim_{h\to0-}\frac{g\left(\frac{1}{2}+h\right)-g\left(\frac{1}{2}\right)}{h}=5$

① ㄱ ② ㄷ ③ ㄱ, ㄴ
④ ㄴ, ㄷ ⑤ ㄱ, ㄴ, ㄷ

2 방정식에의 활용

유형 04 삼차방정식의 실근의 개수

극값을 가지는 삼차함수 $f(x)$에 대하여 방정식 $f(x)=0$이

(1) 서로 다른 세 실근을 가지면 (극댓값)×(극솟값)<0

(2) 서로 다른 두 실근(한 실근과 중근)을 가지면 (극댓값)×(극솟값)$=0$

(3) 한 실근과 두 허근을 가지면 (극댓값)×(극솟값)>0

tip

삼차함수 $f(x)$에 대하여 방정식 $f(x)=k$(k는 실수)의 실근의 개수는 삼차함수 $f(x)-k$의 극값이 존재할 때 두 극값의 곱의 부호를 이용하거나 함수 $y=f(x)$의 그래프를 그린 다음 직선 $y=k$를 그어 교점의 개수를 따져본다.

E23 ✿✿✿ 2025실시 3월 학평 17(고3)

x에 대한 방정식 $x^3+3x^2-k=0$의 서로 다른 실근의 개수가 3이 되도록 하는 자연수 k의 개수를 구하시오. (3점)

E24 ✿✿✿ 2022대비 수능 6(고3)

방정식 $2x^3-3x^2-12x+k=0$이 서로 다른 세 실근을 갖도록 하는 정수 k의 개수는? (3점)

① 20 ② 23 ③ 26
④ 29 ⑤ 32

E25 ✿✿✿ 2024대비 6월 모평 8(고3)

두 곡선 $y=2x^2-1$, $y=x^3-x^2+k$가 만나는 점의 개수가 2가 되도록 하는 양수 k의 값은? (3점)

① 1 ② 2 ③ 3
④ 4 ⑤ 5

❖ 정답 및 해설 349~354p

E26 ✿✿✿ 2023대비 수능 19(고3)

방정식 $2x^3 - 6x^2 + k = 0$의 서로 다른 양의 실근의
개수가 2가 되도록 하는 정수 k의 개수를 구하시오. (3점)

E27 ✿✿✿ 2025대비 6월 모평 7(고3)

x에 대한 방정식 $x^3 - 3x^2 - 9x + k = 0$의 서로 다른
실근의 개수가 2가 되도록 하는 모든 실수 k의 값의 합은? (3점)

① 13   ② 16   ③ 19
④ 22   ⑤ 25

E28 ✿✿✿ 2021대비(나) 6월 모평 19(고3)

방정식 $2x^3 + 6x^2 + a = 0$이 $-2 \le x \le 2$에서 서로 다른 두 실근
을 갖도록 하는 정수 a의 개수는? (4점)

① 4   ② 6   ③ 8
④ 10   ⑤ 12

E29 ✿✿✿ 2019대비(나) 9월 모평 15(고3)

방정식 $x^3 - 3x^2 - 9x - k = 0$의 서로 다른 실근의
개수가 3이 되도록 하는 정수 k의 최댓값은? (4점)

① 2   ② 4   ③ 6
④ 8   ⑤ 10

E30 ✿✿✿ 2016실시(나) 7월 학평 18(고3)

그림과 같이 두 삼차함수 $f(x)$, $g(x)$의 도함수
$y = f'(x)$, $y = g'(x)$의 그래프가 만나는 서로 다른 두 점의
x좌표는 a, b $(0 < a < b)$이다. 함수 $h(x)$를
$$h(x) = f(x) - g(x)$$
라 할 때, [보기]에서 옳은 것만을 있는 대로 고른 것은?

(단, $f'(0) = 7$, $g'(0) = 2$) (4점)

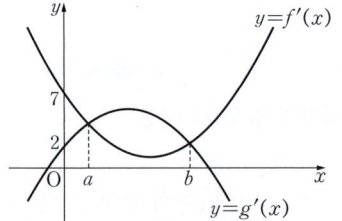

[보기]

ㄱ. 함수 $h(x)$는 $x = a$에서 극댓값을 갖는다.
ㄴ. $h(b) = 0$이면 방정식 $h(x) = 0$의 서로 다른 실근의
개수는 2이다.
ㄷ. $0 < \alpha < \beta < b$인 두 실수 α, β에 대하여
$h(\beta) - h(\alpha) < 5(\beta - \alpha)$이다.

① ㄱ   ② ㄷ   ③ ㄱ, ㄴ
④ ㄴ, ㄷ   ⑤ ㄱ, ㄴ, ㄷ

E31 ✽✽✽ .... 2014실시(A) 10월 학평 27(고3)

자연수 k에 대하여 삼차방정식 $x^3-12x+22-4k=0$의 양의 실근의 개수를 $f(k)$라 하자. $\sum_{k=1}^{10} f(k)$의 값을 구하시오. (4점)

E32 ✽✽✽ .... 2012대비(나) 6월 모평 19(고3)

삼차함수 $f(x)$의 도함수의 그래프와 이차함수 $g(x)$의 도함수의 그래프가 그림과 같다. 함수 $h(x)$를 $h(x)=f(x)-g(x)$라 하자. $f(0)=g(0)$일 때, 옳은 것만을 [보기]에서 있는 대로 고른 것은?

(4점)

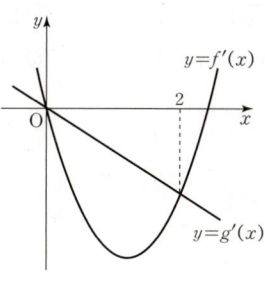

— [보기] —

ㄱ. $0<x<2$에서 $h(x)$는 감소한다.

ㄴ. $h(x)$는 $x=2$에서 극솟값을 갖는다.

ㄷ. 방정식 $h(x)=0$은 서로 다른 세 실근을 갖는다.

① ㄱ   ② ㄴ   ③ ㄱ, ㄴ
④ ㄱ, ㄷ   ⑤ ㄱ, ㄴ, ㄷ

E33 ✽✽✽ .... 2005대비(가) 수능 24(고3)

x에 대한 삼차방정식 $\frac{1}{3}x^3-x=k$가 서로 다른 세 실근 α, β, γ를 가진다. 실수 k에 대하여 $|\alpha|+|\beta|+|\gamma|$의 최솟값을 m이라 할 때, m^2의 값을 구하시오. (4점)

E34 ✽✽✽ .... 2005대비(가) 6월 모평 21(고3) 오답 이의제기

함수 $f(x)=2x^3-3x^2-12x-10$의 그래프를 y축의 방향으로 a만큼 평행이동시켰더니 함수 $y=g(x)$의 그래프가 되었다. 방정식 $g(x)=0$이 서로 다른 두 실근만을 갖도록 하는 모든 a의 값의 합을 구하시오. (3점)

E35 ✽✽✽ .... 2020실시(나) 10월 학평 28(고3)

함수 $f(x)=2x^3-3(a+1)x^2+6ax$에 대하여 방정식 $f(x)=0$이 서로 다른 세 실근을 갖도록 하는 자연수 a의 값을 가장 작은 수부터 차례대로 나열할 때 n번째 수를 a_n이라 하자. $a=a_n$일 때, $f(x)$의 극댓값을 b_n이라 하자. $\sum_{n=1}^{10}(b_n-a_n)$의 값을 구하시오. (4점)

E36 ✽✽✽ .... 2011대비(가) 6월 모평 15(고3)

삼차함수 $f(x)=x(x-\alpha)(x-\beta)$ $(0<\alpha<\beta)$와 두 실수 a, b에 대하여 함수 $g(x)$를

$$g(x)=f(a)+(b-a)f'(x)$$

라고 하자. $a<0$, $\alpha<b<\beta$일 때, 옳은 것만을 [보기]에서 있는 대로 고른 것은? (4점)

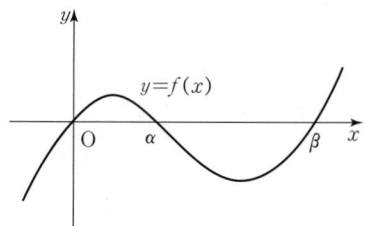

— [보기] —

ㄱ. x에 대한 방정식 $g(x)=f(a)$는 실근을 갖는다.

ㄴ. $g(b)>f(a)$

ㄷ. $g(a)>f(b)$

① ㄱ   ② ㄴ   ③ ㄱ, ㄴ
④ ㄱ, ㄷ   ⑤ ㄱ, ㄴ, ㄷ

(1) 사차방정식 $f(x)=0$의 서로 다른 실근의 개수가 4이면 함수 $f(x)$에 대하여 (극댓값)>0, (극솟값)<0이다.

(2) 사차방정식 $f(x)=0$의 실근 중 이중근이 존재하면 함수 $f(x)$에 대하여 (극댓값)$=0$ 또는 (극솟값)$=0$이다.

tip

최고차항의 계수가 양수일 때, 음수일 때 각각의 사차함수의 그래프의 개형을 숙지해두고 사차방정식의 실근의 개수에 관한 문제가 나오면 사차함수의 그래프를 그려 문제에 접근하자.

E37 ✽✽✽ ················ 2005대비(가) 6월 모평 15(고3)

세 실수 a, b, c에 대하여 사차함수 $f(x)$의 도함수 $f'(x)$가
$$f'(x)=(x-a)(x-b)(x-c)$$
일 때, [보기]에서 항상 옳은 것을 모두 고른 것은? (4점)

──────── [보기] ────────
ㄱ. $a=b=c$이면, 방정식 $f(x)=0$은 실근을 갖는다.

ㄴ. $a=b\neq c$이고 $f(a)<0$이면, 방정식 $f(x)=0$은 서로 다른 두 실근을 갖는다.

ㄷ. $a<b<c$이고 $f(b)<0$이면, 방정식 $f(x)=0$은 서로 다른 두 실근을 갖는다.
─────────────────────

① ㄱ　　　　② ㄴ　　　　③ ㄷ

④ ㄱ, ㄷ　　　⑤ ㄴ, ㄷ

E38 ✽✽✽ ················ 2023대비 9월 모평 19(고3)

방정식 $3x^4-4x^3-12x^2+k=0$이 서로 다른 4개의 실근을 갖도록 하는 자연수 k의 개수를 구하시오. (3점)

E39 ✽✽✽ ················ 2017실시(나) 7월 학평 21(고3)

실수 t에 대하여 x에 대한 사차방정식
$$(x-1)\{x^2(x-3)-t\}=0$$
의 서로 다른 실근의 개수를 $f(t)$라 하자. 다항함수 $g(x)$가 다음 조건을 만족시킨다.

┌────────────────────────┐
(가) $\displaystyle\lim_{x\to\infty}\frac{g(x)}{x^4}=0$

(나) $g(-3)=6$
└────────────────────────┘

함수 $f(t)g(t)$가 실수 전체의 집합에서 연속일 때, $g(1)$의 값은? (4점)

① 22　　　　② 24　　　　③ 26

④ 28　　　　⑤ 30

E40 ✽✽✽ ········ 2011대비(가) 6월 모평 12(고3) 오답 이의제기

서로 다른 두 실수 α, β가 사차방정식 $f(x)=0$의 근일 때, 옳은 것만을 [보기]에서 있는 대로 고른 것은? (4점)

──────── [보기] ────────
ㄱ. $f'(\alpha)=0$이면 다항식 $f(x)$는 $(x-\alpha)^2$으로 나누어떨어진다.

ㄴ. $f'(\alpha)f'(\beta)=0$이면 방정식 $f(x)=0$은 허근을 갖지 않는다.

ㄷ. $f'(\alpha)f'(\beta)>0$이면 방정식 $f(x)=0$은 서로 다른 네 실근을 갖는다.
─────────────────────

① ㄱ　　　　② ㄷ　　　　③ ㄱ, ㄴ

④ ㄴ, ㄷ　　　⑤ ㄱ, ㄴ, ㄷ

유형 06 여러 가지 방정식의 실근의 개수

(1) 방정식 $f(x)=0$의 서로 다른 실근의 개수는 함수 $y=f(x)$의 그래프와 x축의 교점의 개수와 같다.

(2) 방정식 $f(x)=g(x)$의 서로 다른 실근의 개수는 두 함수 $y=f(x)$, $y=g(x)$의 그래프의 교점의 개수와 같다.

tip

절댓값을 포함한 함수, 즉 $y=|f(x)|$, $y=f(|x|)$, $|y|=f(x)$, $|y|=f(|x|)$의 그래프뿐만 아니라 주기함수, 대칭함수 등 여러 가지 함수의 그래프를 그리는 방법을 연습하여 복잡한 방정식의 실근의 개수에 관한 문제가 나오면 그래프의 교점의 개수로 접근하자.

E41 ✱※※
2021실시 3월 학평 14(고3)

최고차항의 계수가 1인 삼차함수 $f(x)$에 대하여 함수 $g(x)$를
$$g(x)=f(x)+|f'(x)|$$
라 할 때, 두 함수 $f(x)$, $g(x)$가 다음 조건을 만족시킨다.

(가) $f(0)=g(0)=0$
(나) 방정식 $f(x)=0$은 양의 실근을 갖는다.
(다) 방정식 $|f(x)|=4$의 서로 다른 실근의 개수는 3이다.

$g(3)$의 값은? (4점)

① 9 　　　② 10 　　　③ 11
④ 12 　　　⑤ 13

E42 ✱※※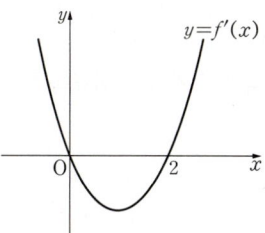
2017대비(나) 6월 모평 21(고3)

삼차함수 $f(x)$의 도함수 $y=f'(x)$의 그래프가 그림과 같을 때, [보기]에서 옳은 것만을 있는 대로 고른 것은? (4점)

[보기]

ㄱ. $f(0)<0$이면 $|f(0)|<|f(2)|$이다.
ㄴ. $f(0)f(2)\geq0$이면 함수 $|f(x)|$가 $x=a$에서 극소인 a의 값의 개수는 2이다.
ㄷ. $f(0)+f(2)=0$이면 방정식 $|f(x)|=f(0)$의 서로 다른 실근의 개수는 4이다.

① ㄱ 　　　② ㄱ, ㄴ 　　　③ ㄱ, ㄷ
④ ㄴ, ㄷ 　　　⑤ ㄱ, ㄴ, ㄷ

E43 ✱✱※
2025대비 수능 15(고3)

상수 $a(a\neq3\sqrt{5})$와 최고차항의 계수가 음수인 이차함수 $f(x)$에 대하여 함수
$$g(x)=\begin{cases} x^3+ax^2+15x+7 & (x\leq0) \\ f(x) & (x>0) \end{cases}$$
이 다음 조건을 만족시킨다.

(가) 함수 $g(x)$는 실수 전체의 집합에서 미분가능하다.
(나) x에 대한 방정식 $g'(x)\times g'(x-4)=0$의 서로 다른 실근의 개수는 4이다.

$g(-2)+g(2)$의 값은? (4점)

① 30 　　　② 32 　　　③ 34
④ 36 　　　⑤ 38

E44 ✱✱✿ ⋯⋯⋯⋯⋯⋯⋯⋯ 2022대비 9월 모평 20(고3)

함수 $f(x)=\dfrac{1}{2}x^3-\dfrac{9}{2}x^2+10x$에 대하여 x에 대한

방정식

$$f(x)+|f(x)+x|=6x+k$$

의 서로 다른 실근의 개수가 4가 되도록 하는 모든 정수 k의 값의 합을 구하시오. (4점)

E45 ✱✱✿ ⋯⋯⋯⋯⋯⋯⋯ 2019실시(나) 7월 학평 20(고3)

최고차항의 계수가 양수인 사차함수

$f(x)=ax^4+bx^2+c\,(a,\,b,\,c$는 상수)가 다음 조건을
만족시킨다.

> (가) 방정식 $f(x)=0$의 모든 실근이 $\alpha,\,\beta,\,\gamma$이다.
> (단, $\alpha<\beta<\gamma$)
>
> (나) $f(1)=-\dfrac{3}{4},\ f'(-1)=1$

[보기]에서 옳은 것만을 있는 대로 고른 것은? (4점)

─────────── [보기] ───────────

> ㄱ. $f(0)=0$
>
> ㄴ. $f'(\alpha)=-4$
>
> ㄷ. 방정식 $|f(x)|=k(x-\alpha)$의 서로 다른 실근의 개수가
> 3이 되도록 하는 양수 k의 범위는 $\dfrac{8}{27}<k<4$이다.

① ㄱ   ② ㄱ, ㄴ   ③ ㄱ, ㄷ

④ ㄴ, ㄷ   ⑤ ㄱ, ㄴ, ㄷ

E46 ✱✱✿ ⋯⋯⋯⋯⋯⋯⋯ 2019대비(나) 6월 모평 21(고3)

상수 $a,\,b$에 대하여 삼차함수

$f(x)=x^3+ax^2+bx$가 다음 조건을 만족시킨다.

> (가) $f(-1)>-1$
>
> (나) $f(1)-f(-1)>8$

[보기]에서 옳은 것만을 있는 대로 고른 것은? (4점)

─────────── [보기] ───────────

> ㄱ. 방정식 $f'(x)=0$은 서로 다른 두 실근을 갖는다.
>
> ㄴ. $-1<x<1$일 때, $f'(x)\geq0$이다.
>
> ㄷ. 방정식 $f(x)-f'(k)x=0$의 서로 다른 실근의 개수
> 가 2가 되도록 하는 모든 실수 k의 개수는 4이다.

① ㄱ   ② ㄱ, ㄴ   ③ ㄱ, ㄷ

④ ㄴ, ㄷ   ⑤ ㄱ, ㄴ, ㄷ

E47 ✱✱✿ ⋯⋯⋯⋯⋯⋯⋯ 2014실시(A) 7월 학평 21(고3)

최고차항의 계수가 1이고 $f(0)<f(2)$인 사차함수
$f(x)$가 모든 실수 x에 대하여 $f(2+x)=f(2-x)$를
만족시킨다. 방정식 $f(|x|)=1$의 서로 다른 실근의 개수가
3일 때, 함수 $f(x)$의 극댓값은? (4점)

① 11   ② 13   ③ 15

④ 17   ⑤ 19

유형 07 두 곡선의 교점의 개수

두 함수 $f(x)$, $g(x)$에 대하여 두 곡선 $y=f(x)$, $y=g(x)$의 교점의 개수는 $h(x)=f(x)-g(x)$라 두고 함수 $y=h(x)$의 그래프를 그려서 x축과의 교점의 개수를 파악한다.

tip

1 m, $n(m>n)$이 자연수일 때, m차함수 $f(x)$와 n차함수 $g(x)$에 대하여 $h(x)=f(x)-g(x)$라 하면 $h(x)$는 m차함수이다.

2 다항함수 $y=f(x)$의 그래프의 개형은 다음과 같은 순서로 그린다.
  (i) 도함수 $f'(x)$를 구하여 $f'(x)=0$을 만족시키는 x의 값을 구한다.
  (ii) 함수 $f(x)$의 증가와 감소를 표로 나타내고 극값을 구한다.
  (iii) 함수 $y=f(x)$의 그래프와 x축, y축의 교점의 좌표를 구한다.
  (iv) 함수 $y=f(x)$의 그래프의 개형을 그린다.

E48 ✿✿✿ .... 2021실시 3월 학평 8(고3)

곡선 $y=x^3-3x^2-9x$와 직선 $y=k$가 서로 다른 세 점에서 만나도록 하는 정수 k의 최댓값을 M, 최솟값을 m이라 할 때, $M-m$의 값은? (3점)

① 27　　　② 28　　　③ 29
④ 30　　　⑤ 31

E49 ✿✿✿ .... 2021대비(나) 수능 25(고3)

곡선 $y=4x^3-12x+7$과 직선 $y=k$가 만나는 점의 개수가 2가 되도록 하는 양수 k의 값을 구하시오. (3점)

E50 ✿✿✿ .... 2007대비(가) 6월 모평 4(고3)

두 함수 $f(x)=x^4-4x+a$, $g(x)=-x^2+2x-a$의 그래프가 오직 한 점에서 만날 때, 실수 a의 값은? (3점)

① 1　　　② 2　　　③ 3
④ 4　　　⑤ 5

E51 ✿✿✿ .... 2023실시 10월 학평 12(고3)

양수 k에 대하여 함수 $f(x)$를
$$f(x)=|x^3-12x+k|$$
라 하자. 함수 $y=f(x)$의 그래프와 직선 $y=a(a\geq 0)$이 만나는 서로 다른 점의 개수가 홀수가 되도록 하는 실수 a의 값이 오직 하나일 때, k의 값은? (4점)

① 8　　　② 10　　　③ 12
④ 14　　　⑤ 16

E52 ✿✿✿ .... 2019실시(나) 10월 학평 27(고3)

최고차항의 계수가 1인 삼차함수 $f(x)$가 다음 조건을 만족시킬 때, $f(4)$의 값을 구하시오. (4점)

(가) $\lim\limits_{x\to 0}\dfrac{f(x)-3}{x}=0$

(나) 곡선 $y=f(x)$와 직선 $y=-1$의 교점의 개수는 2이다.

E53 ✿✿✿ .... 2020대비(나) 9월 모평 27(고3)

곡선 $y=x^3-3x^2+2x-3$과 직선 $y=2x+k$가 서로 다른 두 점에서만 만나도록 하는 모든 실수 k의 값의 곱을 구하시오. (4점)

E54 ✿✿✿ .... 2017실시(나) 10월 학평 26(고3)

함수 $y=x^3+2$의 그래프와 직선 $y=kx$가 만나는 교점의 개수를 $f(k)$라 할 때, $\sum_{k=1}^{6} f(k)$의 값을 구하시오. (4점)

E55 ✿✿✿ .... 2013대비(나) 9월 모평 21(고3)

좌표평면에서 두 함수

$$f(x)=6x^3-x, \; g(x)=|x-a|$$

의 그래프가 서로 다른 두 점에서 만나도록 하는 모든 실수 a의 값의 합은? (4점)

① $-\dfrac{11}{18}$ ② $-\dfrac{5}{9}$ ③ $-\dfrac{1}{2}$

④ $-\dfrac{4}{9}$ ⑤ $-\dfrac{7}{18}$

E56 ✿✿✿ .... 2009대비(가) 6월 모평 7(고3)

삼차함수 $f(x)=x(x-1)(ax+1)$의 그래프 위의 점 $P(1, 0)$을 접점으로 하는 접선을 l이라 하자.
직선 l에 수직이고 점 P를 지나는 직선이 곡선 $y=f(x)$와 서로 다른 세 점에서 만나도록 하는 a의 값의 범위는? (3점)

① $-1<a<-\dfrac{1}{3}$ 또는 $0<a<1$

② $-\dfrac{1}{3}<a<0$ 또는 $0<a<1$

③ $-1<a<0$ 또는 $0<a<\dfrac{1}{3}$

④ $-1<a<0$ 또는 $\dfrac{1}{3}<a<1$

⑤ $-2<a<-\dfrac{1}{3}$ 또는 $\dfrac{1}{3}<a<2$

---

③ 부등식에의 활용

유형 08 **부등식이 항상 성립할 조건 –** $f(x)>k$ **꼴**   2026 수능 출제

[$x>a$에서 부등식 $f(x) \ge k$ (k는 상수)의 증명]
함수 $f(x)$에 대하여
(1) $x>a$에서 ($f(x)$의 최솟값)$\ge k$임을 보인다.
(2) $x>a$에서 $f(x)$가 증가함수이고, $f(a) \ge k$임을 보인다.

tip

1 구간 (a, b)에서 $f(x)>0$의 증명
  (1) $f(x)$가 구간 (a, b)에서 감소하면 $f(b) \ge 0$
  (2) $f(x)$가 구간 (a, b)에서 증가하면 $f(a) \ge 0$
  (3) 구간 (a, b)에서 $f(x)$의 최솟값이 존재하면 ($f(x)$의 최솟값)>0
2 모든 실수 x에 대하여 $f(x)>0$이 성립하려면
  (1) 함수 $y=f(x)$의 그래프가 항상 x축 위쪽에 존재해야 한다.
  (2) ($f(x)$의 최솟값)>0이어야 한다.

E57 ✿✿✿ .... 2026대비 수능 19(고3)

$-2 \le x \le 2$인 모든 실수 x에 대하여 부등식

$$-k \le 2x^3+3x^2-12x-8 \le k$$

가 성립하도록 하는 양수 k의 값을 구하시오. (3점)

E58 ✿✿✿ .... 2017실시(가) 11월 학평 15(고2)

모든 실수 x에 대하여 부등식 $x^4-4x-a^2+a+9 \ge 0$이 항상 성립하도록 하는 정수 a의 개수는? (4점)

① 6   ② 7   ③ 8
④ 9   ⑤ 10

E59 ✽✽✽ 2005대비(가) 6월 모평 10(고3) 오답 이의제기

이차함수 $y=f(x)$의 그래프 위의 한 점 $(a, f(a))$에서의 접선의 방정식을 $y=g(x)$라 하자. $h(x)=f(x)-g(x)$라 할 때, [보기]에서 옳은 것을 모두 고른 것은? (4점)

[보기]

ㄱ. $h(x_1)=h(x_2)$를 만족시키는 서로 다른 두 실수 x_1, x_2가 존재한다.

ㄴ. $h(x)$는 $x=a$에서 극소이다.

ㄷ. 부등식 $|h(x)|<\dfrac{1}{100}$의 해는 항상 존재한다.

① ㄱ   ② ㄴ   ③ ㄷ

④ ㄱ, ㄴ   ⑤ ㄱ, ㄷ

E60 ✽✽✽ 2022실시 3월 학평 19(고3)

모든 실수 x에 대하여 부등식

$3x^4-4x^3-12x^2+k\geq0$

이 항상 성립하도록 하는 실수 k의 최솟값을 구하시오. (3점)

E61 ✽✽✽ 2022실시 4월 학평 19(고3)

모든 실수 x에 대하여 부등식

$x^4-4x^3+16x+a\geq0$

이 항상 성립하도록 하는 실수 a의 값의 최솟값을 구하시오.

(3점)

유형 09 부등식이 항상 성립할 조건 – $f(x)>g(x)$ 꼴 출제

[$x>a$에서 부등식 $f(x)\geq g(x)$의 증명]

두 함수 $f(x)$, $g(x)$에 대하여 $h(x)=f(x)-g(x)$라 할 때,

(1) $x>a$에서 ($h(x)$의 최솟값)≥0임을 보인다.

(2) $x>a$에서 $h(x)$가 증가함수이고, $h(a)\geq0$임을 보인다.

tip

모든 실수 x에 대하여 $h(x)>0$이 성립하려면

① 함수 $y=h(x)$의 그래프가 항상 x축 위쪽에 존재해야 한다.

② ($f(x)$의 최솟값)>0이어야 한다.

E62 ✽✽✽ 2023실시 10월 학평 8(고3)

두 함수

$$f(x)=-x^4-x^3+2x^2, \ g(x)=\dfrac{1}{3}x^3-2x^2+a$$

가 있다. 모든 실수 x에 대하여 부등식

$f(x)\leq g(x)$

가 성립할 때, 실수 a의 최솟값은? (3점)

① 8   ② $\dfrac{26}{3}$ ③ $\dfrac{28}{3}$

④ 10   ⑤ $\dfrac{32}{3}$

E63 ✽✽✽ 2020대비(나) 6월 모평 27(고3)

두 함수 $f(x)=x^3+3x^2-k$, $g(x)=2x^2+3x-10$에 대하여 부등식 $f(x)\geq3g(x)$가 닫힌구간 $[-1, 4]$에서 항상 성립하도록 하는 실수 k의 최댓값을 구하시오. (4점)

E64 ✿❀❀ 2023대비 6월 모평 9(고3)

두 함수

$f(x)=x^3-x+6,\ g(x)=x^2+a$

가 있다. $x\geq 0$인 모든 실수 x에 대하여 부등식

$f(x)\geq g(x)$

가 성립할 때, 실수 a의 최댓값은? (4점)

① 1　② 2　③ 3
④ 4　⑤ 5

E65 ✿✿❀ 2020실시(나) 3월 학평 28(고3)

자연수 a에 대하여 두 함수

$f(x)=-x^4-2x^3-x^2,\ g(x)=3x^2+a$

가 있다. 다음을 만족시키는 a의 값을 구하시오. (4점)

> 모든 실수 x에 대하여 부등식
> $f(x)\leq 12x+k\leq g(x)$
> 를 만족시키는 자연수 k의 개수는 3이다.

E66 ✿✿❀

함수 $f(x)$를 다음과 같이 정의한다.

$$f(x)=\begin{cases}-x+2 & (x\leq 1)\\ x^3 & (x>1)\end{cases}$$

이때, 모든 실수 x에 대하여 부등식 $f(x)\geq k(x-1)+1$이 성립하도록 하는 실수 k의 최댓값과 최솟값의 합은? (4점)

① -2　② -1　③ 0
④ 1　⑤ 2

1+2+3 도함수를 이용한 함수의 유추

고난도　2026 6월 출제

유형 10 삼차함수의 유추

삼차함수 $f(x)=ax^3+bx^2+cx+d\ (a>0)$의 그래프의 개형

$f'(x)=0$이 서로 다른 두 실근 α, β를 갖는 경우	$f'(x)=0$이 중근 α를 갖는 경우	$f'(x)=0$이 서로 다른 두 허근을 갖는 경우

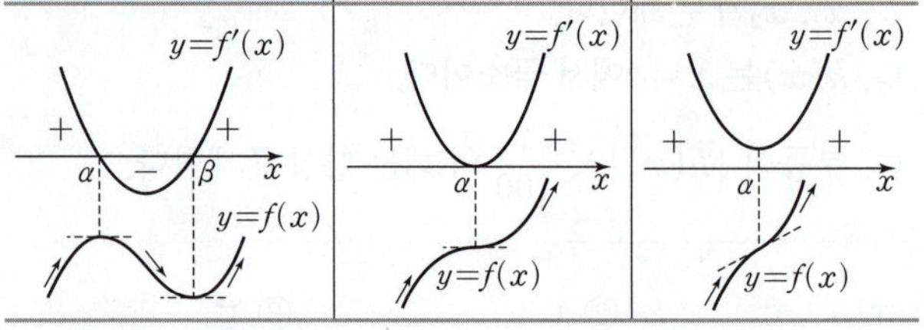

tip
삼차함수의 도함수는 이차함수이므로 이차함수의 그래프의 특징과 근의 성질 등을 정리해두면 도함수를 이용하여 삼차함수를 유추하는 데 도움이 된다.

E67 ✿❀❀ 2020실시(나) 3월 학평 18(고3)

$a>0$인 상수 a에 대하여 함수 $f(x)=|(x^2-9)(x+a)|$가 오직 한 개의 x값에서만 미분가능하지 않을 때, 함수 $f(x)$의 극댓값은? (4점)

① 32　② 34　③ 36　④ 38　⑤ 40

E68 ✿❀❀ 2019실시(나) 10월 학평 21(고3)

최고차항의 계수가 1인 삼차함수 $f(x)$가 다음 조건을 만족시킨다.

> (가) 방정식 $f(x)=0$의 실근은 $\alpha,\ \beta\ (\alpha<\beta)$뿐이다.
> (나) 함수 $f(x)$의 극솟값은 -4이다.

[보기]에서 옳은 것만을 있는 대로 고른 것은? (4점)

[보기]
ㄱ. $f'(\alpha)=0$　ㄴ. $\beta=\alpha+3$
ㄷ. $f(0)=16$이면 $\alpha^2+\beta^2=18$이다.

① ㄱ　② ㄱ, ㄴ　③ ㄱ, ㄷ
④ ㄴ, ㄷ　⑤ ㄱ, ㄴ, ㄷ

E69 ✿✿✿ .... 2014대비(B) 6월 모평 16(고3)

실수 t에 대하여 곡선 $y=x^3$ 위의 점 (t, t^3)과 직선 $y=x+6$ 사이의 거리를 $g(t)$라 하자. [보기]에서 옳은 것만을 있는 대로 고른 것은? (4점)

─────[보기]─────
ㄱ. 함수 $g(t)$는 실수 전체의 집합에서 연속이다.
ㄴ. 함수 $g(t)$는 0이 아닌 극솟값을 갖는다.
ㄷ. 함수 $g(t)$는 $t=2$에서 미분가능하다.
─────────────────

① ㄱ   ② ㄷ   ③ ㄱ, ㄴ
④ ㄴ, ㄷ   ⑤ ㄱ, ㄴ, ㄷ

E70 ✿✿✿ .... 2012실시(나) 10월 학평 29(고3)

최고차항의 계수가 1인 삼차함수 $f(x)$가 다음 조건을 만족시킬 때, $f(x)$의 극댓값을 구하시오. (4점)

─────────────────
(가) 모든 실수 x에 대하여 $f'(x)=f'(-x)$이다.
(나) 함수 $f(x)$는 $x=1$에서 극솟값 0을 갖는다.
─────────────────

E71 ✿✿✿ .... 2010실시(가) 10월 학평 7(고3)

삼차식 $f(x)$에 대하여 함수 $g(x)$를

$$g(x)=\begin{cases} 3 & (x<-1) \\ f(x) & (-1 \le x \le 1) \\ -1 & (x>1) \end{cases}$$

로 정의하자. 함수 $g(x)$가 모든 실수에서 미분가능할 때, 옳은 것만을 [보기]에서 있는 대로 고른 것은? (4점)

─────[보기]─────
ㄱ. $g'(-1)=g'(1)$
ㄴ. 모든 실수 x에 대하여 $g'(x) \le 0$
ㄷ. 함수 $g'(x)$의 최솟값은 -2이다.
─────────────────

① ㄱ   ② ㄱ, ㄴ   ③ ㄱ, ㄷ
④ ㄴ, ㄷ   ⑤ ㄱ, ㄴ, ㄷ

E72 ✿✿✿ .... 2009대비(가) 6월 모평 23(고3)

모든 계수가 정수인 삼차함수 $y=f(x)$는 다음 조건을 만족시킨다.

─────────────────
(가) 모든 실수 x에 대하여 $f(-x)=-f(x)$이다.
(나) $f(1)=5$
(다) $1<f'(1)<7$
─────────────────

함수 $y=f(x)$의 극댓값은 m이다. m^2의 값을 구하시오. (3점)

E73 ✿✿✿ .... 2022대비 5월 예시 22(고2)

함수 $f(x)=x^3-3px^2+q$가 다음 조건을 만족시키도록 하는 25 이하의 두 자연수 p, q의 모든 순서쌍 (p, q)의 개수를 구하시오. (4점)

─────────────────
(가) 함수 $|f(x)|$가 $x=a$에서 극대 또는 극소가 되도록 하는 모든 실수 a의 개수는 5이다.
(나) 닫힌구간 $[-1, 1]$에서 함수 $|f(x)|$의 최댓값과 닫힌구간 $[-2, 2]$에서 함수 $|f(x)|$의 최댓값은 같다.
─────────────────

E74 ★★✾ ⋯⋯⋯⋯⋯⋯ 2018대비(나) 9월 모평 29(고3)

두 삼차함수 $f(x)$와 $g(x)$가 모든 실수 x에 대하여
$$f(x)g(x)=(x-1)^2(x-2)^2(x-3)^2$$
을 만족시킨다. $g(x)$의 최고차항의 계수가 3이고, $g(x)$가 $x=2$에서 극댓값을 가질 때, $f'(0)=\dfrac{q}{p}$이다. $p+q$의 값을 구하시오. (단, p와 q는 서로소인 자연수이다.) (4점)

E75 ★★✾ ⋯⋯⋯⋯⋯⋯ 2017대비(나) 9월 모평 20(고3)

삼차함수 $f(x)$가 다음 조건을 만족시킨다.

(가) $x=-2$에서 극댓값을 갖는다.
(나) $f'(-3)=f'(3)$

[보기]에서 옳은 것만을 있는 대로 고른 것은? (4점)

─────[보기]─────
ㄱ. 도함수 $f'(x)$는 $x=0$에서 최솟값을 갖는다.
ㄴ. 방정식 $f(x)=f(2)$는 서로 다른 두 실근을 갖는다.
ㄷ. 곡선 $y=f(x)$ 위의 점 $(-1, f(-1))$에서의 접선은 점 $(2, f(2))$를 지난다.
───────────────

① ㄱ   ② ㄷ   ③ ㄱ, ㄴ
④ ㄴ, ㄷ   ⑤ ㄱ, ㄴ, ㄷ

E76 ★★✾ ⋯⋯⋯⋯⋯⋯ 2016대비(A) 수능 21(고3)

다음 조건을 만족시키는 모든 삼차함수 $f(x)$에 대하여 $\dfrac{f'(0)}{f(0)}$의 최댓값을 M, 최솟값을 m이라 하자. Mm의 값은? (4점)

(가) 함수 $|f(x)|$는 $x=-1$에서만 미분가능하지 않다.
(나) 방정식 $f(x)=0$은 닫힌구간 $[3, 5]$에서 적어도 하나의 실근을 갖는다.

① $\dfrac{1}{15}$ ② $\dfrac{1}{10}$ ③ $\dfrac{2}{15}$

④ $\dfrac{1}{6}$ ⑤ $\dfrac{1}{5}$

E77 ★★✾ ⋯⋯⋯⋯⋯⋯ 2024실시 7월 학평 14(고3)

양수 a에 대하여 함수 $f(x)$는
$$f(x)=\begin{cases} -2(x+1)^2+4 & (x\le 0) \\ a(x-5) & (x>0) \end{cases}$$
이다. 함수 $f(x)$와 최고차항의 계수가 1인 삼차함수 $g(x)$에 대하여 $f(k)=g(k)$를 만족시키는 서로 다른 모든 실수 k의 값이 $-2, 0, 2$일 때, $g(2a)$의 값은? (4점)

① 14   ② 18   ③ 22
④ 26   ⑤ 30

E78 ★★✾ ⋯⋯⋯⋯⋯⋯ 2015대비(A) 수능 21(고3)

다음 조건을 만족시키는 모든 삼차함수 $f(x)$에 대하여 $f(2)$의 최솟값은? (4점)

(가) $f(x)$의 최고차항의 계수는 1이다.
(나) $f(0)=f'(0)$
(다) $x\ge -1$인 모든 실수 x에 대하여 $f(x)\ge f'(x)$이다.

① 28   ② 33   ③ 38
④ 43   ⑤ 48

고난도
유형 11 사차함수의 유추

사차함수 $f(x)=ax^4+bx^3+cx^2+dx+e\ (a>0)$의 그래프의 개형

$f'(x)=0$이 서로 다른 세 실근 α, β, γ를 갖는 경우	$f'(x)=0$이 한 실근 α와 중근 β를 갖는 경우	

$f'(x)=0$이 삼중근 α를 갖는 경우	$f'(x)=0$이 한 실근 α와 서로 다른 두 허근을 갖는 경우	

tip 사차함수의 극값, 최댓값 또는 최솟값, 사차방정식의 실근의 조건 등을 종합하여 사차함수의 그래프 또는 식을 유추해 내는 연습을 하자.

E79 ❀❀❀
2024실시 10월 학평 14(고3)

최고차항의 계수가 1인 사차함수 $f(x)$에 대하여 함수
$$g(x)=\begin{cases} f(x) & (x \le 1) \\ f(x-1)+2 & (x>1) \end{cases}$$
은 실수 전체의 집합에서 미분가능하고, 곡선 $y=g(x)$ 위의 점 $(0,\ g(0))$에서의 접선의 방정식이 $y=2x+1$이다. $g'(t)=2$인 서로 다른 모든 실수 t의 값의 합은? (4점)

① 4   ② $\dfrac{9}{2}$ ③ 5

④ $\dfrac{11}{2}$ ⑤ 6

E80 ❀❀❀
2010대비(가) 9월 모평 24(고3)

다음 조건을 만족시키는 모든 사차함수 $y=f(x)$의 그래프가 항상 지나는 점들의 y좌표의 합을 구하시오. (4점)

(가) $f(x)$의 최고차항의 계수는 1이다.
(나) 곡선 $y=f(x)$가 점 $(2, f(2))$에서 직선 $y=2$에 접한다.
(다) $f'(0)=0$

E81 ❀❀❀
2007실시(가) 7월 학평 22(고3)

원점을 지나는 최고차항의 계수가 1인 사차함수 $y=f(x)$가 다음 두 조건을 만족한다.

(가) $f(2+x)=f(2-x)$
(나) $x=1$에서 극솟값을 갖는다.

이때, $f(x)$의 극댓값을 a라 할 때, a^2의 값을 구하시오. (4점)

E82 ❀❀❀
2008대비(가) 6월 모평 21(고3)

사차함수 $f(x)=x^4+ax^3+bx^2+cx+6$이 다음 조건을 만족시킬 때, $f(3)$의 값을 구하시오. (4점)

(가) 모든 실수 x에 대하여 $f(-x)=f(x)$이다.
(나) 함수 $f(x)$는 극솟값 -10을 갖는다.

E83 ❀❀❀
2016대비(A) 9월 모평 21(고3)

실수 t에 대하여 직선 $x=t$가 두 함수
$$y=x^4-4x^3+10x-30,\quad y=2x+2$$
의 그래프와 만나는 점을 각각 A, B라 할 때, 점 A와 점 B 사이의 거리를 $f(t)$라 하자.
$$\lim_{h \to 0+} \frac{f(t+h)-f(t)}{h} \times \lim_{h \to 0-} \frac{f(t+h)-f(t)}{h} \le 0$$
을 만족시키는 모든 실수 t의 값의 합은? (4점)

① -7 ② -3 ③ 1
④ 5   ⑤ 9

E84 ✷✷❉ .... 2015실시(A) 7월 학평 21(고3)

최고차항의 계수가 1인 사차함수 $f(x)$에 대하여 함수 $g(x)=|f(x)|$가 다음 조건을 만족시킨다.

> (가) $g(x)$는 $x=1$에서 미분가능하고 $g(1)=g'(1)$이다.
> (나) $g(x)$는 $x=-1$, $x=0$, $x=1$에서 극솟값을 갖는다.

$g(2)$의 값은? (4점)

① 2 ② 4 ③ 6
④ 8 ⑤ 10

E85 ✷✷❉ .... 2008대비(가) 수능 6(고3)

최고차항의 계수가 양수인 사차함수 $f(x)$가 다음 조건을 만족시킨다.

> $f'(x)=0$이 서로 다른 세 실근 α, β, γ $(\alpha<\beta<\gamma)$를 갖고, $f(\alpha)f(\beta)f(\gamma)<0$이다.

[보기]에서 옳은 것을 모두 고른 것은? (3점)

> ──── [보기] ────
> ㄱ. 함수 $f(x)$는 $x=\beta$에서 극댓값을 갖는다.
> ㄴ. 방정식 $f(x)=0$은 서로 다른 두 실근을 갖는다.
> ㄷ. $f(\alpha)>0$이면 방정식 $f(x)=0$은 β보다 작은 실근을 갖는다.

① ㄱ ② ㄷ ③ ㄱ, ㄴ
④ ㄴ, ㄷ ⑤ ㄱ, ㄴ, ㄷ

고난도
유형 12 미분가능한 함수의 유추

(1) 미분가능한 함수 $f(x)$가 y축에 대하여 대칭, 즉
$f(-x)=f(x)$이면 $f'(-x)=-f'(x)$, $f'(0)=0$

(2) 미분가능한 함수 $f(x)$가 원점에 대하여 대칭, 즉
$f(-x)=-f(x)$이면 $f(0)=0$, $f'(-x)=f'(x)$

(3) 함수 $f(x)$에 대하여 $f(a-x)=f(b+x)$이면 함수 $f(x)$는
$x=\dfrac{a+b}{2}$에 대하여 대칭

tip

1 극한값의 유무, 연속과 미분가능, 함수의 극값, 최댓값 또는 최솟값, 방정식의 실근의 조건 등을 종합하여 함수의 그래프 또는 식을 유추해 내는 연습을 하자.

2 미분가능한 두 함수 $f(x)$, $g(x)$에 대하여 함수 $h(x)=f(x)g(x)$가 $x=a$에서 극값 b를 가지면
$f(a)g(a)=b$, $f'(a)g(a)+f(a)g'(a)=0$

E86 ✷✷✷ .... 2015대비(A) 수능 29(고3)

두 다항함수 $f(x)$와 $g(x)$가 모든 실수 x에 대하여
$$g(x)=(x^3+2)f(x)$$
를 만족시킨다. $g(x)$가 $x=1$에서 극솟값 24를 가질 때, $f(1)-f'(1)$의 값을 구하시오. (4점)

E87 ✷✷❉ .... 2022대비 6월 모평 14(고3)

두 양수 p, q와 함수 $f(x)=x^3-3x^2-9x-12$에 대하여 실수 전체의 집합에서 연속인 함수 $g(x)$가 다음 조건을 만족시킬 때, $p+q$의 값은? (4점)

> (가) 모든 실수 x에 대하여 $xg(x)=|xf(x-p)+qx|$ 이다.
> (나) 함수 $g(x)$가 $x=a$에서 미분가능하지 않은 실수 a의 개수는 1이다.

① 6 ② 7 ③ 8
④ 9 ⑤ 10

E88 ✽✽✾ .... 2014실시(B) 3월 학평 21(고3)

−1과 1을 제외한 모든 실수 x에 대하여 미분가능한 함수 $f(x)$가 다음 조건을 만족시킨다.

> (가) 모든 실수 x에 대하여 $f(-x)=-f(x)$이다.
> (나) $\lim\limits_{x \to 1-} f(x)=f(1)=-1$이고 $\lim\limits_{x \to 1+} f(x)=1$이다.
> (다) $x \neq 1$인 모든 양수 x에 대하여 $f'(x)<0$이다.

[보기]에서 옳은 것만을 있는 대로 고른 것은? (4점)

> ─────[보기]─────
> ㄱ. 함수 $f(x)$의 그래프는 직선 $y=x$와 한 점에서 만난다.
> ㄴ. 함수 $f(x)$의 그래프는 x축과 세 점에서 만난다.
> ㄷ. $f'(a)=-1$인 실수 a가 적어도 두 개 존재한다.

① ㄱ   ② ㄴ   ③ ㄱ, ㄴ

④ ㄱ, ㄷ   ⑤ ㄴ, ㄷ

E89 ✽✽✾ .... 2006대비(가) 6월 모평 20(고3)

실수에서 정의된 미분가능한 함수 $f(x)$는 다음 두 조건을 만족한다.

> (가) 임의의 실수 x, y에 대하여
> $f(x-y)=f(x)-f(y)+xy(x-y)$
> (나) $f'(0)=8$

함수 $f(x)$가 $x=a$에서 극댓값을 갖고 $x=b$에서 극솟값을 가질 때, a^2+b^2의 값을 구하시오. (3점)

4 속도와 가속도

2026 6월

유형 13   수직선 위를 움직이는 점의 속도와 가속도   출제

수직선 위를 움직이는 점 P의 시각 t에서의 위치가 $x=f(t)$일 때, 시각 t에서의 점 P의 속도와 가속도를 각각 $v(t)$, $a(t)$라 하면

(1) $v(t)=\dfrac{dx}{dt}=f'(t)$

(2) $a(t)=\dfrac{dv(t)}{dt}=v'(t)$

tip

① 속력은 크기만 있고, 속도는 크기와 방향이 있으므로 속도 $v(t)$에 대하여 속력은 $|v(t)|$이다.

② 수직선 위를 움직이는 점이 운동 방향을 바꾸는 순간의 속도는 0이다.

E90 ✽✽✽ .... 2026대비 6월 모평 11(고3)

시각 $t=0$일 때 출발하여 수직선 위를 움직이는 점 P가 있다. 시각이 $t\,(t \geq 0)$일 때 점 P의 위치 x가

$$x=t^3-t^2-t+1$$

이다. [보기]에서 옳은 것만을 있는 대로 고른 것은? (4점)

> ─────[보기]─────
> ㄱ. 시각 $t=1$일 때 점 P의 위치는 1이다.
> ㄴ. 시각 $t=1$일 때 점 P의 속도는 0이다.
> ㄷ. 출발한 후 점 P의 운동 방향이 바뀌는 시각에 점 P의 가속도는 4이다.

① ㄱ   ② ㄴ   ③ ㄷ

④ ㄱ, ㄷ   ⑤ ㄴ, ㄷ

E91 ✿✿✿ .... 2025실시 5월 학평 11(고3)

수직선 위를 움직이는 점 P의 시각 $t(t \geq 0)$에서의
위치 x가

$$x = kt^3 - 6t^2 + t$$

이다. 양수 k에 대하여 시각 $t=k$에서 점 P의 속도가 1일 때,
시각 $t=2k$에서 점 P의 가속도는? (4점)

① 36   ② 48   ③ 60
④ 72   ⑤ 84

E92 ✿✿✿ .... 2025대비 수능 11(고3)

시각 $t=0$일 때 출발하여 수직선 위를 움직이는
점 P의 시각 $t(t \geq 0)$에서의 위치 x가

$$x = t^3 - \frac{3}{2}t^2 - 6t$$

이다. 출발한 후 점 P의 운동 방향이 바뀌는 시각에서의
점 P의 가속도는? (4점)

① 6   ② 9   ③ 12
④ 15   ⑤ 18

E93 ✿✿✿ .... 2017실시(나) 10월 학평 12(고3)

수직선 위를 움직이는 점 P의 시각 $t(t \geq 0)$에서의 속도 $v(t)$가

$$v(t) = -t^2 + 10t$$

이다. $t=a$에서의 점 P의 가속도가 0일 때, 상수 a의 값은?

(3점)

① 4   ② 5   ③ 6
④ 7   ⑤ 8

E94 ✿✿✿ .... 2020실시(나) 10월 학평 11(고3)

수직선 위를 움직이는 점 P의 시각 $t(t \geq 0)$에서의 위치 x가

$$x = t^3 + kt^2 + kt \ (k\text{는 상수})$$

이다. 시각 $t=1$에서 점 P가 운동 방향을 바꿀 때,
시각 $t=2$에서 점 P의 가속도는? (3점)

① 4   ② 6   ③ 8
④ 10   ⑤ 12

E95 ✿✿✿ .... 2020실시(나) 7월 학평 25(고3)

수직선 위를 움직이는 점 P의 시각 $t(t \geq 0)$에서의 위치 x가

$$x = 2t^3 - kt^2 \ (k\text{는 상수})$$

이다. 시각 $t=1$에서 점 P가 운동 방향을 바꿀 때, 시각 $t=k$
에서의 점 P의 가속도를 구하시오. (3점)

E96 ✿✿✿ .... 2019실시(나) 7월 학평 25(고3)

수직선 위를 움직이는 점 P의 시각 $t(t \geq 0)$에서의 위치 x가

$$x = t^3 - 3t^2 + at \ (a\text{는 상수})$$

이다. 점 P의 시각 $t=3$에서의 속도가 15일 때, a의 값을
구하시오. (3점)

E97 ✿✿✿ .... 2020대비(나) 6월 모평 25(고3)

수직선 위를 움직이는 점 P의 시각 $t(t > 0)$에서의
위치 x가

$$x = t^3 - 5t^2 + 6t$$

이다. $t=3$에서 점 P의 가속도를 구하시오. (3점)

E98 ✽✽✽
2019대비(나) 수능 27(고3)

수직선 위를 움직이는 점 P의 시각 $t(t\geq0)$에서의 위치 x가

$$x=-\frac{1}{3}t^3+3t^2+k \text{ (k는 상수)}$$

이다. 점 P의 가속도가 0일 때 점 P의 위치는 40이다. k의 값을 구하시오. (4점)

E99 ✽✽✽
2019대비(나) 6월 모평 16(고3)

수직선 위를 움직이는 점 P의 시각 $t(t\geq0)$에서의 위치 x가

$$x=t^3+at^2+bt \text{ (a, b는 상수)}$$

이다. 시각 $t=1$에서 점 P가 운동 방향을 바꾸고, 시각 $t=2$에서 점 P의 가속도는 0이다. $a+b$의 값은? (4점)

① 3   ② 4   ③ 5
④ 6   ⑤ 7

E100 ✽✽✽
2019대비(나) 9월 모평 14(고3)

수직선 위를 움직이는 점 P의 시각 $t(t\geq0)$에서의 위치 x가

$$x=t^3-5t^2+at+5$$

이다. 점 P가 움직이는 방향이 바뀌지 않도록 하는 자연수 a의 최솟값은? (4점)

① 9   ② 10   ③ 11
④ 12   ⑤ 13

E101 ✽✽✽
2018대비(나) 6월 모평 17(고3)

수직선 위를 움직이는 점 P의 시각 $t(t>0)$에서의 위치 x가

$$x=t^3-12t+k \text{ (k는 상수)}$$

이다. 점 P의 운동 방향이 원점에서 바뀔 때, k의 값은? (4점)

① 10   ② 12   ③ 14
④ 16   ⑤ 18

E102 ✽✽✽
2023실시 4월 학평 19(고3)

수직선 위를 움직이는 점 P의 시각 $t(t>0)$에서의 위치 $x(t)$가

$$x(t)=\frac{3}{2}t^4-8t^3+15t^2-12t$$

이다. 점 P의 운동 방향이 바뀌는 순간 점 P의 가속도를 구하시오. (3점)

유형 14 수직선 위를 움직이는 서로 다른
두 점의 속도와 가속도

2028 예시 **출제**

수직선 위를 움직이는 점 P의 시각 t에서의 위치가 $x=f(t)$일 때,
시각 t에서의 점 P의 속도와 가속도를 각각 $v(t)$, $a(t)$라 하면

(1) $v(t)=\dfrac{dx}{dt}=f'(t)$

(2) $a(t)=\dfrac{dv(t)}{dt}=v'(t)$

 tip

수직선 위를 움직이는 두 점 A, B의 시각 t에서의 속도를 각각 v_A, v_B라
할 때,

① 두 점 A, B가 서로 반대 방향으로 움직이면 $v_A v_B<0$

② 두 점 A, B가 서로 같은 방향으로 움직이면 $v_A v_B>0$

③ 두 점 A, B의 속도가 같으면 $v_A=v_B$

E103 ❀❀❀ ·········· 2028대비 4월 예시 15(고3)

수직선 위를 움직이는 두 점 P, Q의 시각 t $(t\geq0)$에
서의 위치가 각각

$$x_1=t^3+3t-5,\ x_2=6t+1$$

이다. 점 P의 속도가 점 Q의 속도의 5배가 되는 시각에서의 점
P의 가속도는? (4점)

① 6 ② 12 ③ 18
④ 24 ⑤ 30

E104 ❀❀❀ ·········· 2025실시 10월 학평 9(고3)

수직선 위를 움직이는 두 점 P, Q의 시각 $t(t\geq0)$에
서의 위치가 각각

$$x_1=-t^3+7t^2-10t,\ x_2=t^2+2t$$

이다. 두 점 P, Q의 속도가 같아지는 순간 두 점 P, Q 사이의
거리는? (4점)

① 6 ② 7 ③ 8
④ 9 ⑤ 10

E105 ❀❀❀ ·········· 2025실시 7월 학평 11(고3)

수직선 위를 움직이는 두 점 P, Q의 시각 $t(t\geq0)$에
서의 위치가 각각

$$x_1=t^3-5t^2+10t,\ x_2=\frac{5}{2}t^2-2t-10$$

이다. 두 점 P, Q 사이의 거리가 최소가 되는 순간 점 P의 가속
도는? (4점)

① 8 ② 11 ③ 14
④ 17 ⑤ 20

E106 ❀❀❀ ·········· 2025대비 9월 모평 11(고3)

수직선 위를 움직이는 두 점 P, Q의 시각
$t(t\geq0)$에서의 위치가 각각

$$x_1=t^2+t-6,\ x_2=-t^3+7t^2$$

이다. 두 점 P, Q의 위치가 같아지는 순간 두 점 P, Q의
가속도를 각각 p, q라 할 때, $p-q$의 값은? (4점)

① 24 ② 27 ③ 30
④ 33 ⑤ 36

E107 ❀❀❀ ·········· 2020대비(나) 수능 27(고3)

수직선 위를 움직이는 두 점 P, Q의 시각 $t(t\geq0)$에
서의 위치 x_1, x_2가

$$x_1=t^3-2t^2+3t,\ x_2=t^2+12t$$

이다. 두 점 P, Q의 속도가 같아지는 순간 두 점 P, Q 사이의
거리를 구하시오. (4점)

E108 ❀❀❀ ·········· 2009대비(가) 6월 모평 18(고3)

수직선 위를 움직이는 두 점 P, Q의 시각 t일 때의 위치는 각각

$$P(t)=\frac{1}{3}t^3+4t-\frac{2}{3},\ Q(t)=2t^2-10$$

이다. 두 점 P, Q의 속도가 같아지는 순간 두 점 P, Q 사이의
거리를 구하시오. (3점)

E109 ✽❀❀
2005실시(가) 7월 학평 15(고3)

원점 O를 동시에 출발하여 수직선 위를 움직이는 두 점 P, Q의 t분 후의 좌표를 각각 x_1, x_2라 하면
$$x_1=2t^3-9t^2, \quad x_2=t^2+8t$$
이다. 선분 PQ의 중점을 M이라 할 때, 두 점 P, Q가 원점을 출발한 후 4분 동안 세 점 P, Q, M이 움직이는 방향을 바꾼 횟수를 각각 a, b, c라고 하자. 이때, $a+b+c$의 값은? (4점)

① 1   ② 2   ③ 3

④ 4   ⑤ 5

E110 ✽❀❀
1994대비(1차) 수능 18(고3)

두 자동차 A, B가 같은 지점에서 동시에 출발하여 직선 도로를 한 방향으로만 달리고 있다. t초 동안 A, B가 움직인 거리는 각각 미분가능한 함수 $f(t)$, $g(t)$로 주어지고, 다음이 성립한다고 한다.

> 가. $f(20)=g(20)$
> 나. $10 \le t \le 30$에서 $f'(t) < g'(t)$

이로부터, $10 \le t \le 30$에서의 A와 B의 위치에 관한 다음 설명 중 옳은 것은? (2점)

① B가 항상 A의 앞에 있다.
② A가 항상 B의 앞에 있다.
③ B가 A를 한 번 추월한다.
④ A가 B를 한 번 추월한다.
⑤ A가 B를 추월한 후 B가 다시 A를 추월한다.

E111 ✽❀❀

수직선 위를 움직이는 두 점 P, Q의 시각 t에서의 위치는 각각
$$p(t)=-t^3+2t^2+3at, \quad q(t)=-bt^2+t-1$$
이다. $t=1$일 때 두 점 P, Q가 만나고, $t=2$일 때 두 점 P, Q의 속도가 같다. 상수 a, b에 대하여 $b-a$의 값은? (3점)

① -3 ② -1 ③ 0

④ 1   ⑤ 3

유형 15   수직 방향으로 움직이는 물체의 속도와 가속도

지면과 수직 방향으로 던진 물체의 시각 t에서의 높이가 $h(t)$일 때, 시각 t에서의 물체의 속도와 가속도를 각각 $v(t)$, $a(t)$라 하면

(1) $v(t)=\dfrac{dh(t)}{dt}=h'(t)$

(2) $a(t)=\dfrac{dv(t)}{dt}=v'(t)$

(tip)

지면과 수직 방향으로 던진 물체의 시각 t에서의 높이 $h(t)$에 대하여

① 가장 높은 곳에 도달하는 시각은 $h'(t)=0$을 만족할 때이다.

② 지면에 닿는 시각은 $h(t)=0$을 만족할 때이다.

E112 ✽✽✽

지면으로부터 높이가 30 m인 지점에서 지면과 수직으로 던져 올린 물체의 t초 후의 높이를 $h(t)$ m라 하면
$$h(t)=-5t^2+25t+30$$
인 관계가 성립한다. 이 물체가 지면에 떨어지는 순간의 속력 (m/s)을 구하시오. (3점)

E113 ✽✽✽

지면으로부터 높이가 20 m인 지점에서 지면과 수직으로 던져 올린 물체의 t초 후의 높이를 $h(t)$ m라 하면
$$h(t)=-5t^2+30t+20$$
인 관계가 성립한다. 이 물체가 최고 높이에 도달했을 때의 지면으로부터의 높이(m)는? (3점)

① 50   ② 55   ③ 60

④ 65   ⑤ 70

E114 ✲✲✽ 2008대비(가) 6월 모평 12(고3)

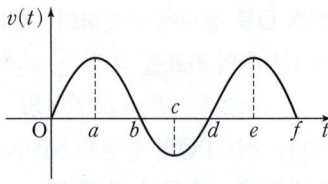

그림과 같이 편평한 바닥에 60°로 기울어진 경사면과 반지름의 길이가 0.5 m인 공이 있다. 이 공의 중심은 경사면과 바닥이 만나는 점에서 바닥에 수직으로 높이가 21 m인 위치에 있다.

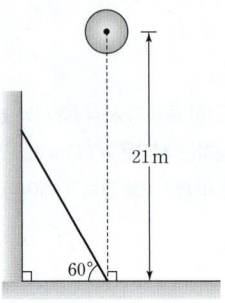

21 m

60°

이 공을 자유 낙하시킬 때, t초 후 공의 중심의 높이 $h(t)$는

$$h(t) = 21 - 5t^2 (m)$$

라고 한다. 공이 경사면과 처음으로 충돌하는 순간, 공의 속도는? (단, 경사면의 두께와 공기의 저항은 무시한다.) (4점)

① -20 m/초   ② -17 m/초   ③ -15 m/초

④ -12 m/초   ⑤ -10 m/초

유형 16 속도 그래프에 대한 해석

수직선 위를 움직이는 점 P의 시각 t에서의 속도 $v(t)$의 그래프에서

(1) $v(t)$의 그래프가 t축과 $t=a$에서 만나고 $t=a$의 좌우에서 $v(t)$의 부호가 바뀌면 점 P는 $t=a$에서 운동 방향을 바꾼다.

(2) $v(t)$의 그래프의 $t=a$에서의 접선의 기울기 $v'(a)$는 점 P의 시각 $t=a$에서의 가속도이다.

tip

수직선 위를 움직이는 점 P의 시각 t에서의 속도 $v(t)$에 대하여

1 $v(t)$의 그래프에서 $v(t)$가 증가하는 구간에서의 점 P의 가속도는 양수이다.

2 $v(t)$의 그래프에서 $v(t)$가 감소하는 구간에서의 점 P의 가속도는 음수이다.

E115 ✲✲✲

그림은 원점을 출발하여 수직선 위를 움직이는 점 P의 시각 t에서의 속도 $v(t)$의 그래프이다. [보기]에서 옳은 것만을 있는 대로 고른 것은? (3점)

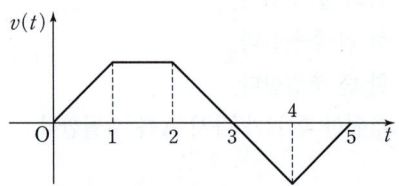

[보기]

ㄱ. $t=a$일 때와 $t=c$일 때 점 P의 운동 방향은 서로 반대 이다.

ㄴ. $b<t<c$에서 점 P의 속력은 감소한다.

ㄷ. $0<t<f$에서 점 P의 가속도가 0인 순간은 두 번이다.

① ㄱ   ② ㄷ   ③ ㄱ, ㄴ
④ ㄱ, ㄷ   ⑤ ㄱ, ㄴ, ㄷ

E116 ✲✲✲

그림은 수직선 위를 움직이는 점 P의 시각 $t(0 \leq t \leq 5)$에서의 속도 $v(t)$의 그래프이다. [보기]에서 옳은 것만을 있는 대로 고른 것은? (3점)

$v(t)$

O   1   2   3   4   5 t

[보기]

ㄱ. 점 P는 운동 방향을 한 번 바꾼다.

ㄴ. $1<t<2$에서 점 P의 가속도는 일정하다.

ㄷ. 시각 t에서의 점 P의 가속도를 $a(t)$라 하면 $a(3)<0$ 이다.

① ㄱ   ② ㄷ   ③ ㄱ, ㄴ
④ ㄱ, ㄷ   ⑤ ㄱ, ㄴ, ㄷ

E117 ✿✿✿ 2006대비(가) 6월 모평 6(고3)

오른쪽 그림은 수직선 위를 움직이는
점 P의 시각 t에서의 속도 $v(t)$를
나타내는 그래프이다. $v(t)$는 $t=2$를
제외한 열린구간 $(0, 3)$에서
미분가능한 함수이고, $v(t)$의 그래프는
열린구간 $(0, 1)$에서 원점과 점 $(1, k)$를 잇는 직선과 한 점에서
만난다. 점 P의 시각 t에서의 가속도 $a(t)$를 나타내는 그래프의
개형으로 가장 알맞은 것은? (3점)

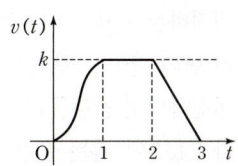

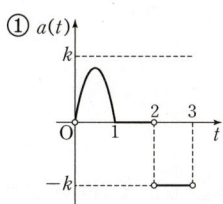
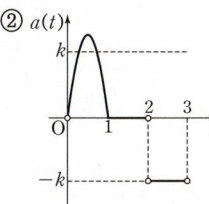

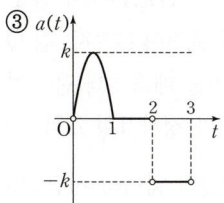
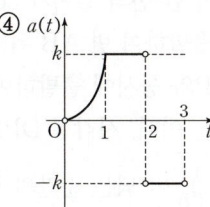

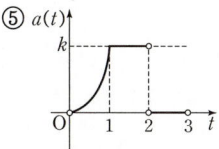

E118 ✿✿✿

그림은 수직선 위를 움직이는 점 P에 대하여 시각 t와 점 P의
위치 x 사이의 관계 $x=f(t)$의 그래프이다. 다음 중 점 P가
세 번째로 원점을 지날 때의 속도와 같은 것은? (3점)

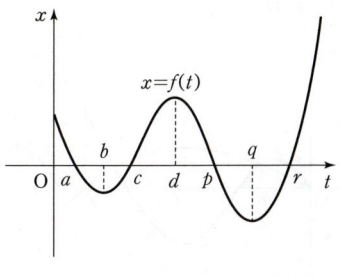

① $f(a)$ ② $f(q)$ ③ $f'(c)$
④ $f'(p)$ ⑤ $f'(r)$

E119 ✿✿✿

그림은 수직선 위를 움직이는 점 P의 시각 t에서의 위치 $x(t)$
의 그래프이다. 점 P의 가속도가 0이 되는 시각은?

(단, $x(t)$는 t에 대한 삼차함수이다.) (3점)

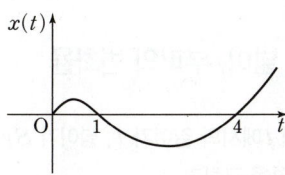

① 1   ② $\dfrac{4}{3}$ ③ $\dfrac{5}{3}$

④ 2   ⑤ $\dfrac{7}{3}$

유형 17 위치 그래프에 대한 해석

수직선 위를 움직이는 점 P의 시각 t에서의 위치 $x(t)$의
그래프에서
(1) $x(t)$의 그래프가 t축과 만나는 시각의 점 P의 위치는 원점이다.
(2) $x(t)$의 그래프의 $t=a$에서의 접선의 기울기 $x'(a)$는
    점 P의 시각 $t=a$에서의 점 P의 속도이다.

 tip

① 수직선 위를 움직이는 점 P의 시각 t에서의 위치 $x(t)$의 그래프에
   대하여
   (1) $x(t)$가 증가하는 구간에서 $x'(t)>0$이다.
   (2) $x(t)$가 감소하는 구간에서 $x'(t)<0$이다.
② 수직선 위를 움직이는 점 P의 시각 t에서의 위치 $x(t)$의 그래프에서
   (1) $x'(t)>0$인 구간에서 점 P는 양의 방향으로 움직인다.
   (2) $x'(t)=0$일 때 점 P는 정지하거나 운동 방향을 바꾼다.
   (3) $x'(t)<0$인 구간에서 점 P는 음의 방향으로 움직인다.

E

E120 ✽❀❀

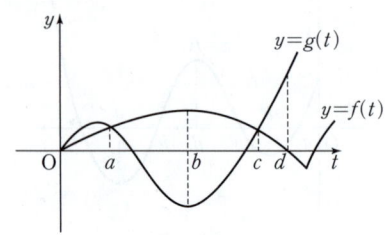

원점을 출발하여 수직선 위를 움직이는 두 점 P, Q의 시각 t에서의 위치를 각각 $f(t)$, $g(t)$라 할 때, $y=f(t)$, $y=g(t)$의 그래프는 그림과 같다. [보기]에서 옳은 것만을 있는 대로 고른 것은? (4점)

[보기]
ㄱ. $0<t<d$에서 두 점 P, Q는 두 번 만난다.
ㄴ. $b<t<d$에서 두 점 P, Q는 같은 방향으로 움직인다.
ㄷ. $t=b$에서 두 점 P, Q의 가속도의 곱은 음수이다.

① ㄱ   ② ㄷ   ③ ㄱ, ㄷ
④ ㄴ, ㄷ   ⑤ ㄱ, ㄴ, ㄷ

고난도

유형 18 길이, 넓이, 부피의 변화율

어떤 물체의 시각 t에서의 길이가 l, 넓이가 S, 부피가 V일 때, 시각 t에서의 변화율 구하기

(i) t초 후의 길이, 넓이, 부피의 관계식을 세운다.

(ii) t에 대하여 미분한다.

  ① 길이의 변화율 $= \dfrac{dl}{dt}$ ② 넓이의 변화율 $= \dfrac{dS}{dt}$

  ③ 부피의 변화율 $= \dfrac{dV}{dt}$

(iii) (ii)에서 구한 식에 조건을 만족시키는 t의 값을 대입한다.

(tip)

1️⃣ '~하는 순간의 길이(또는 넓이 또는 부피)의 변화율을 구하시오.'처럼 시각 t가 직접적으로 주어지지 않았다면 조건을 이용하여 어떤 순간을 뜻하는지 파악하는 것이 중요하다.

2️⃣ 이 유형에서는 넓이에 대한 변화율을 묻는 문제가 가장 많이 출제된다. 다양한 상황에 놓인 도형의 넓이를 구하는 연습을 하자.

E121 ✽❀❀
2011실시(나) 7월 학평 24(고3)

한 변의 길이가 $12\sqrt{3}$인 정삼각형과 그 정삼각형에 내접하는 원으로 이루어진 도형이 있다. 이 도형에서 정삼각형의 각 변의 길이가 매초 $3\sqrt{3}$씩 늘어남에 따라 원도 정삼각형에 내접하면서 반지름의 길이가 늘어난다. 정삼각형의 한 변의 길이가 $24\sqrt{3}$이 되는 순간, 정삼각형에 내접하는 원의 넓이의 시간(초)에 대한 변화율이 $a\pi$이다. 이때, 상수 a의 값을 구하시오.

(4점)

E122 ✽❀❀
2008실시(가) 7월 학평 20(고3)

그림과 같이 한 변의 길이가 20인 정사각형 ABCD에서 점 P는 A에서 출발하여 변 AB 위를 매초 2씩 움직여 B까지, 점 Q는 B에서 P와 동시에 출발하여 변 BC 위를 매초 3씩 움직여 C까지 간다. 이때, 사각형 DPBQ의 넓이가 정사각형 ABCD의 넓이의 $\dfrac{11}{20}$이 되는 순간의 삼각형 PBQ의 넓이의 시간(초)에 대한 순간변화율을 구하시오. (3점)

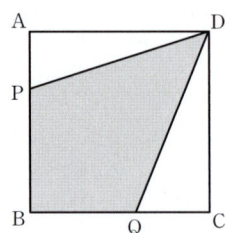

E123 ✽❀❀
2006실시(가) 10월 학평 12(고3)

가로와 세로의 길이가 각각 9 cm, 4 cm인 직사각형이 있다. 이 직사각형의 가로와 세로의 길이가 각각 매초 0.2 cm, 0.3 cm씩 늘어난다고 할 때, 이 직사각형이 정사각형이 되는 순간의 넓이의 변화율은 몇 cm²/초인가? (3점)

① 9.5   ② 10   ③ 10.5
④ 11   ⑤ 11.5

E124 ★★★　　　　　　2012대비(나) 6월 모평 21(고3)

그림과 같이 한 변의 길이가 1인 정사각형 ABCD의
두 대각선의 교점의 좌표는 (0, 1)이고, 한 변의 길이가 1인
정사각형 EFGH의 두 대각선의 교점은 곡선 $y=x^2$ 위에 있다.
두 정사각형의 내부의 공통부분의 넓이의 최댓값은?

(단, 정사각형의 모든 변은 x축 또는 y축에 평행하다.) (4점)

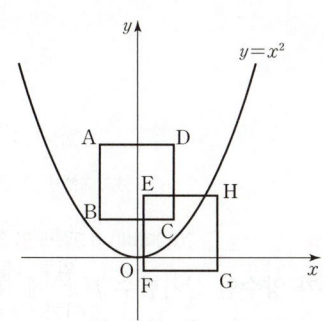

① $\dfrac{4}{27}$　　　　② $\dfrac{1}{6}$　　　　③ $\dfrac{5}{27}$

④ $\dfrac{11}{54}$　　　　⑤ $\dfrac{2}{9}$

E125 ★★★　　　　　　2022실시 3월 학평 14(고3)

두 함수

$$f(x)=x^3-kx+6,\quad g(x)=2x^2-2$$

에 대하여 [보기]에서 옳은 것만을 있는 대로 고른 것은? (4점)

――――――― [보기] ―――――――
ㄱ. $k=0$일 때, 방정식 $f(x)+g(x)=0$은 오직 하나의
　실근을 갖는다.
ㄴ. 방정식 $f(x)-g(x)=0$의 서로 다른 실근의 개수가
　2가 되도록 하는 실수 k의 값은 4뿐이다.
ㄷ. 방정식 $|f(x)|=g(x)$의 서로 다른 실근의 개수가
　5가 되도록 하는 실수 k가 존재한다.
―――――――――――――――――

① ㄱ　　　　② ㄱ, ㄴ　　　　③ ㄱ, ㄷ
④ ㄴ, ㄷ　　　　⑤ ㄱ, ㄴ, ㄷ

E126 ★★★　　　　　　2018대비(나) 9월 모평 20(고3)

삼차함수 $f(x)$와 실수 t에 대하여 곡선 $y=f(x)$와
직선 $y=-x+t$의 교점의 개수를 $g(t)$라 하자. [보기]에서
옳은 것만을 있는 대로 고른 것은? (4점)

――――――― [보기] ―――――――
ㄱ. $f(x)=x^3$이면 함수 $g(t)$는 상수함수이다.
ㄴ. 삼차함수 $f(x)$에 대하여, $g(1)=2$이면 $g(t)=3$인
　t가 존재한다.
ㄷ. 함수 $g(t)$가 상수함수이면, 삼차함수 $f(x)$의 극값은
　존재하지 않는다.
―――――――――――――――――

① ㄱ　　　　② ㄷ　　　　③ ㄱ, ㄴ
④ ㄴ, ㄷ　　　　⑤ ㄱ, ㄴ, ㄷ

E127 ★★★　　　　　　2024실시 3월 학평 14(고3)

두 정수 a, b에 대하여 함수 $f(x)$는

$$f(x)=\begin{cases} x^2-2ax+\dfrac{a^2}{4}+b^2 & (x\le 0) \\ x^3-3x^2+5 & (x>0) \end{cases}$$

이다. 실수 t에 대하여 함수 $y=f(x)$의 그래프와 직선 $y=t$가
만나는 점의 개수를 $g(t)$라 하자. 함수 $g(t)$가 $t=k$에서
불연속인 실수 k의 개수가 2가 되도록 하는 두 정수 a, b의
모든 순서쌍 (a, b)의 개수는? (4점)

① 3　　　　② 4　　　　③ 5
④ 6　　　　⑤ 7

E128 ★★★

최고차항의 계수가 1인 삼차함수 $f(x)$가 모든 정수 k에 대하여

$$2k-8 \leq \frac{f(k+2)-f(k)}{2} \leq 4k^2+14k$$

를 만족시킬 때, $f'(3)$의 값을 구하시오. (4점)

E129 ★★★

이차함수 $g(x)=x^2-6x+10$에 대하여 삼차함수 $f(x)$가 다음 조건을 만족시킨다.

> (가) 방정식 $f(x)=0$은 서로 다른 세 실근을 갖는다.
> (나) 함수 $(g \circ f)(x)$의 최솟값을 m이라 할 때, 방정식 $g(f(x))=m$의 서로 다른 실근의 개수는 2이다.
> (다) 방정식 $g(f(x))=17$은 서로 다른 세 실근을 갖는다.

함수 $f(x)$의 극댓값과 극솟값의 합은? (4점)

① 2   ② 4   ③ 6
④ 8   ⑤ 10

E130 ★★★

최고차항의 계수가 1인 삼차함수 $f(x)$와 실수 t가 다음 조건을 만족시킨다.

> 등식 $f(a)+1=f'(a)(a-t)$를 만족시키는 실수 a의 값이 6 하나뿐이기 위한 필요충분조건은 $-2<t<k$이다.

$f(8)$의 값을 구하시오. (단, k는 -2보다 큰 상수이다.) (4점)

E131 ★★★

최고차항의 계수가 양수인 삼차함수 $f(x)$에 대하여 방정식 $(f \circ f)(x)=x$의 모든 실근이 0, 1, a, 2, b이다.

$$f'(1)<0, \ f'(2)<0, \ f'(0)-f'(1)=6$$

일 때, $f(5)$의 값을 구하시오. (단, $1<a<2<b$) (4점)

E132 ★★★

최고차항의 계수가 1인 삼차함수 $f(x)$와 최고차항의 계수가 2인 이차함수 $g(x)$가 다음 조건을 만족시킨다.

> (가) $f(\alpha)=g(\alpha)$이고 $f'(\alpha)=g'(\alpha)=-16$인 실수 α가 존재한다.
> (나) $f'(\beta)=g'(\beta)=16$인 실수 β가 존재한다.

$g(\beta+1)-f(\beta+1)$의 값을 구하시오. (4점)

E133 ★★★ .... 2018실시(나) 10월 학평 20(고3)

사차함수 $f(x)$가 다음 조건을 만족시킨다.

> (가) $f'(x)=x(x-2)(x-a)$ (단, a는 실수)
> (나) 방정식 $|f(x)|=f(0)$은 실근을 갖지 않는다.

[보기]에서 옳은 것만을 있는 대로 고른 것은? (4점)

─────────[보기]─────────
ㄱ. $a=0$이면 방정식 $f(x)=0$은 서로 다른 두 실근을 갖는다.
ㄴ. $0<a<2$이고 $f(a)>0$이면, 방정식 $f(x)=0$은 서로 다른 네 실근을 갖는다.
ㄷ. 함수 $|f(x)-f(2)|$가 $x=k$에서만 미분가능하지 않으면 $k<0$이다.
──────────────────────

① ㄱ   ② ㄱ, ㄴ   ③ ㄱ, ㄷ
④ ㄴ, ㄷ   ⑤ ㄱ, ㄴ, ㄷ

E134 ★★★ .... 2018대비(나) 수능 20(고3)

최고차항의 계수가 1인 사차함수 $f(x)$가 다음 조건을 만족시킨다.

> (가) $f'(0)=0$, $f'(2)=16$
> (나) 어떤 양수 k에 대하여 두 열린구간 $(-\infty, 0)$, $(0, k)$에서 $f'(x)<0$이다.

[보기]에서 옳은 것만을 있는 대로 고른 것은? (4점)

─────────[보기]─────────
ㄱ. 방정식 $f'(x)=0$은 열린구간 $(0, 2)$에서 한 개의 실근을 갖는다.
ㄴ. 함수 $f(x)$는 극댓값을 갖는다.
ㄷ. $f(0)=0$이면, 모든 실수 x에 대하여 $f(x)\geq-\dfrac{1}{3}$이다.
──────────────────────

① ㄱ   ② ㄴ   ③ ㄱ, ㄷ
④ ㄴ, ㄷ   ⑤ ㄱ, ㄴ, ㄷ

E135 ★★★ .... 2010실시(가) 7월 학평 13(고3)

그림과 같이 케이블 l, m, n은 모두 벽면과 수직이고, 케이블 사이의 거리가 각각 2, 1이다. l 위의 광원 A에서 m 위의 물체 B에 빛을 비추면 n 위에 그림자 C가 나타난다.

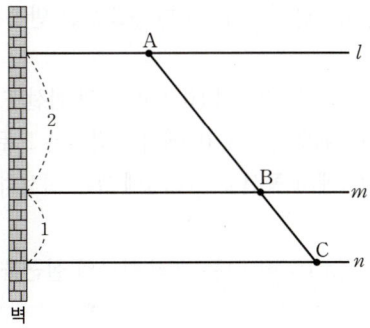

광원 A와 물체 B의 시각 t ($t\leq8$)에서 벽으로부터의 거리를 각각

$$x=4-\frac{1}{2}t, \quad y=t^2-\frac{11}{2}t+10$$

이라 할 때, 옳은 것만을 [보기]에서 있는 대로 고른 것은?
(단, 광원, 물체, 그림자의 크기는 무시한다.) (4점)

─────────[보기]─────────
ㄱ. $t=\dfrac{5}{2}$에서 광원과 물체의 속도가 같아진다.
ㄴ. A와 C 사이의 거리가 3인 순간은 두 번이다.
ㄷ. $2<t<3$에서 그림자 C의 가속도는 1이다.
──────────────────────

① ㄱ   ② ㄷ   ③ ㄱ, ㄴ
④ ㄴ, ㄷ   ⑤ ㄱ, ㄴ, ㄷ

E136 ⭐1등급 대비 .... 2019대비(나) 수능 30(고3)

최고차항의 계수가 1인 삼차함수 $f(x)$와 최고차항의
계수가 -1인 이차함수 $g(x)$가 다음 조건을 만족시킨다.

> (가) 곡선 $y=f(x)$ 위의 점 $(0,\ 0)$에서의 접선과 곡선
> $y=g(x)$ 위의 점 $(2,\ 0)$에서의 접선은 모두 x축이다.
> (나) 점 $(2,\ 0)$에서 곡선 $y=f(x)$에 그은 접선의 개수는
>   2이다.
> (다) 방정식 $f(x)=g(x)$는 오직 하나의 실근을 가진다.

$x>0$인 모든 실수 x에 대하여
$$g(x)\leq kx-2\leq f(x)$$
를 만족시키는 실수 k의 최댓값과 최솟값을 각각 $\alpha,\ \beta$라 할 때,
$\alpha-\beta=a+b\sqrt{2}$이다. a^2+b^2의 값을 구하시오. (단, a, b는
유리수이다.) (4점)

E137 ⭐2등급 대비 .... 2024실시 7월 학평 20(고3)

두 함수
$$f(x)=x^3-12x,\ g(x)=a(x-2)+2\,(a\neq0)$$에 대하여
함수 $h(x)$는 $h(x)=\begin{cases} f(x) & (f(x)\geq g(x)) \\ g(x) & (f(x)<g(x)) \end{cases}$ 이다.

함수 $h(x)$가 다음 조건을 만족시키도록 하는 모든 실수 a의
값의 범위는 $m<a<M$이다.

> 함수 $y=h(x)$의 그래프와 직선 $y=k$가 서로 다른
> 네 점에서 만나도록 하는 실수 k가 존재한다.

$10\times(M-m)$의 값을 구하시오. (4점)

E138 ⭐1등급 대비 .... 2017대비(나) 수능 30(고3)

실수 k에 대하여 함수 $f(x)=x^3-3x^2+6x+k$의
역함수를 $g(x)$라 하자.
방정식 $4f'(x)+12x-18=(f'\circ g)(x)$가 닫힌구간 $[0,\ 1]$
에서 실근을 갖기 위한 k의 최솟값을 m, 최댓값을 M이라
할 때, m^2+M^2의 값을 구하시오. (4점)

E139 ⭐2등급 대비 .... 2019실시(나) 7월 학평 21(고3)

좌표평면 위의 점 $(0,\ t)$를 지나고 곡선
$$y=x^3-ax^2+3x-5\ (a는\ 자연수)$$
에 접하는 서로 다른 모든 직선의 개수를 $f(t)$라 할 때,
함수 $f(t)$에 대하여 합성함수 $g(t)=(f\circ f)(t)$라 하자. 다음
조건을 만족시키는 a의 최솟값을 m이라 할 때, $m+g(m)$의
값은? (4점)

> (가) 모든 실수 t에 대하여 $g(t)>1$이다.
> (나) 함수 $g(t)$의 치역의 원소의 개수는 1이다.

① 4 ② 6 ③ 8
④ 10 ⑤ 12

E140 ⭐1등급 대비 ...... 2018실시(나) 7월 학평 30(고3)

함수 $f(x)=x^3-12x$와 실수 t에 대하여 점 $(a, f(a))$를 지나고 기울기가 t인 직선이 함수 $y=|f(x)|$의 그래프와 만나는 점의 개수를 $g(t)$라 하자. 함수 $g(t)$가 다음 조건을 만족시킨다.

> 함수 $g(t)$가 $t=k$에서 불연속이 되는 k의 값 중에서 가장 작은 값은 0이다.

$\sum_{n=1}^{36} g(n)$의 값을 구하시오. (4점)

E141 ⭐2등급 대비 ...... 2026대비 9월 모평 21(고3)

최고차항의 계수가 1인 삼차함수 $f(x)$가 다음 조건을 만족시킬 때, $f'(10)$의 값을 구하시오. (4점)

> 0이 아닌 모든 실수 x에 대하여
> $$\frac{f'(x)}{2}+x^2-2 \le \frac{f(2x)-f(0)}{2x} \le x^4$$이다.

E142 ⭐2등급 대비 ...... 2026대비 6월 모평 15(고3)

상수 k와 $f'(0)=6$인 삼차함수 $f(x)$에 대하여 함수
$$g(x)=\begin{cases} f(x)+k & (|x|>1) \\ -f(x) & (|x| \le 1) \end{cases}$$

이 다음 조건을 만족시킬 때, $k+f\left(\dfrac{1}{2}\right)$의 값은? (4점)

> (가) 모든 실수 a에 대하여 $\lim\limits_{x \to a+} \dfrac{g(x)-g(a)}{x-a}$의 값이 존재하고 그 값은 0 이하이다.
> (나) x에 대한 방정식 $g(x)=t$의 서로 다른 실근의 개수가 2가 되도록 하는 실수 t의 최댓값은 13이다.

① $\dfrac{15}{4}$ 　　② $\dfrac{27}{4}$ 　　③ $\dfrac{39}{4}$

④ $\dfrac{51}{4}$ 　　⑤ $\dfrac{63}{4}$

E143 ⭐1등급 대비 ...... 2023대비 수능 22(고3)

최고차항의 계수가 1인 삼차함수 $f(x)$와 실수 전체의 집합에서 연속인 함수 $g(x)$가 다음 조건을 만족시킬 때, $f(4)$의 값을 구하시오. (4점)

> (가) 모든 실수 x에 대하여
> $f(x)=f(1)+(x-1)f'(g(x))$이다.
> (나) 함수 $g(x)$의 최솟값은 $\dfrac{5}{2}$이다.
> (다) $f(0)=-3$, $f(g(1))=6$

E144 ⊛ 2등급 대비 .... 2021실시 10월 학평 22(고3)

양수 a에 대하여 최고차항의 계수가 1인 삼차함수 $f(x)$와 실수 전체의 집합에서 정의된 함수 $g(x)$가 다음 조건을 만족시킨다.

> (가) 모든 실수 x에 대하여
> $\quad |x(x-2)|g(x)=x(x-2)(|f(x)|-a)$이다.
> (나) 함수 $g(x)$는 $x=0$과 $x=2$에서 미분가능하다.

$g(3a)$의 값을 구하시오. (4점)

E145 ⊛ 1등급 대비 .... 2023대비 9월 모평 22(고3)

최고차항의 계수가 1이고 $x=3$에서 극댓값 8을 갖는 삼차함수 $f(x)$가 있다. 실수 t에 대하여 함수 $g(x)$를
$$g(x)=\begin{cases} f(x) & (x \geq t) \\ -f(x)+2f(t) & (x < t) \end{cases}$$
라 할 때, 방정식 $g(x)=0$의 서로 다른 실근의 개수를 $h(t)$라 하자. 함수 $h(t)$가 $t=a$에서 불연속인 a의 값이 두 개일 때, $f(8)$의 값을 구하시오. (4점)

E146 ⊛ 1등급 대비 .... 2022대비 9월 모평 22(고3)

최고차항의 계수가 1인 삼차함수 $f(x)$에 대하여 함수
$$g(x)=f(x-3) \times \lim_{h \to 0+} \frac{|f(x+h)|-|f(x-h)|}{h}$$
가 다음 조건을 만족시킬 때, $f(5)$의 값을 구하시오. (4점)

> (가) 함수 $g(x)$는 실수 전체의 집합에서 연속이다.
> (나) 방정식 $g(x)=0$은 서로 다른 네 실근 α_1, α_2, α_3, α_4를 갖고 $\alpha_1+\alpha_2+\alpha_3+\alpha_4=7$이다.

E147 ⊛ 1등급 대비 .... 2022대비 6월 모평 22(고3)

삼차함수 $f(x)$가 다음 조건을 만족시킨다.

> (가) 방정식 $f(x)=0$의 서로 다른 실근의 개수는 2이다.
> (나) 방정식 $f(x-f(x))=0$의 서로 다른 실근의 개수는 3이다.

$f(1)=4$, $f'(1)=1$, $f'(0)>1$일 때, $f(0)=\dfrac{q}{p}$이다. $p+q$의 값을 구하시오. (단, p와 q는 서로소인 자연수이다.) (4점)

E148 ⭐ 1등급 대비 ..... 2020대비(나) 수능 30(고3)

최고차항의 계수가 양수인 삼차함수 $f(x)$가 다음 조건을 만족시킨다.

> (가) 방정식 $f(x)-x=0$의 서로 다른 실근의 개수는 2이다.
> (나) 방정식 $f(x)+x=0$의 서로 다른 실근의 개수는 2이다.

$f(0)=0$, $f'(1)=1$일 때, $f(3)$의 값을 구하시오. (4점)

E149 ⭐ 1등급 대비 ..... 2020대비(나) 6월 모평 30(고3)

최고차항의 계수가 1이고 $f(2)=3$인 삼차함수 $f(x)$에 대하여 함수

$$g(x)=\begin{cases} \dfrac{ax-9}{x-1} & (x<1) \\ f(x) & (x\geq1) \end{cases}$$

이 다음 조건을 만족시킨다.

> 함수 $y=g(x)$의 그래프와 직선 $y=t$가 서로 다른 두 점에서만 만나도록 하는 모든 실수 t의 값의 집합은 $\{t\,|\,t=-1$ 또는 $t\geq3\}$이다.

$(g\circ g)(-1)$의 값을 구하시오. (단, a는 상수이다.) (4점)

E150 ⭐ 1등급 대비 ..... 2024대비 수능 22(고3)

최고차항의 계수가 1인 삼차함수 $f(x)$가 다음 조건을 만족시킨다.

> 함수 $f(x)$에 대하여
> $$f(k-1)f(k+1)<0$$
> 을 만족시키는 정수 k는 <u>존재하지 않는다.</u>

$f'\left(-\dfrac{1}{4}\right)=-\dfrac{1}{4}$, $f'\left(\dfrac{1}{4}\right)<0$일 때, $f(8)$의 값을 구하시오. (4점)

E151 ⭐ 2등급 대비 ..... 2022실시 10월 학평 22(고3)

최고차항의 계수가 1인 사차함수 $f(x)$와 실수 t에 대하여 구간 $(-\infty,\ t]$에서 함수 $f(x)$의 최솟값을 m_1이라 하고, 구간 $[t,\ \infty)$에서 함수 $f(x)$의 최솟값을 m_2라 할 때,
$$g(t)=m_1-m_2$$
라 하자. $k>0$인 상수 k와 함수 $g(t)$가 다음 조건을 만족시킨다.

> $g(t)=k$를 만족시키는 모든 실수 t의 값의 집합은 $\{t\,|\,0\leq t\leq2\}$이다.

$g(4)=0$일 때, $k+g(-1)$의 값을 구하시오. (4점)

E152 ⭐ 1등급 대비 .... 2025실시 5월 학평 15(고3)

최고차항의 계수가 1이고 $\lim_{x \to 0} \dfrac{f(x)}{x} = 1$인 사차함수 $f(x)$와 실수 전체의 집합에서 연속인 함수 $g(x)$가 모든 실수 x에 대하여

$$\{g(x) - x\}\{g(x) - f(x)\} = 0$$

을 만족시킨다. 함수 $g(x)$가 다음 조건을 만족시킬 때, 모든 $\dfrac{g(-2)}{g(3)}$의 값의 합은? (4점)

(가) $\lim\limits_{x \to 2} \dfrac{g(x) - g(2)}{x - 2}$의 값은 존재하지 않는다.

(나) $x \geq a$인 모든 실수 x에 대하여 $g(-x) = -g(x)$를 만족시키는 실수 a의 최솟값은 4이다.

---

① $-\dfrac{41}{3}$ ② -13 ③ $-\dfrac{37}{3}$

④ $-\dfrac{35}{3}$ ⑤ -11

E153 ⭐ 1등급 대비 .... 2025실시 10월 학평 21(고3)

최고차항의 계수가 1인 사차함수 $f(x)$가 다음 조건을 만족시킨다.

$$\lim_{x \to k} \frac{2x^2 f(x) - (f(k))^2}{x - k} = \lim_{x \to k} \frac{(f(x))^2 - (f(k))^2}{x - k}$$

을 만족시키는 실수 k는 t, $-t(t > 1)$뿐이다.

함수 $f(x)$의 최솟값이 17일 때, $f(4)$의 값을 구하시오. (4점)

E154 ⭐ 1등급 대비 — 2023실시 3월 학평 22(고3)

최고차항의 계수가 1인 사차함수 $f(x)$가 있다.
실수 t에 대하여 함수 $g(x)$를 $g(x)=|f(x)-t|$라 할 때,
$\displaystyle\lim_{x \to k} \frac{g(x)-g(k)}{|x-k|}$의 값이 존재하는 서로 다른 실수

k의 개수를 $h(t)$라 하자.
함수 $h(t)$는 다음 조건을 만족시킨다.

> (가) $\displaystyle\lim_{t \to 4+} h(t)=5$
>
> (나) 함수 $h(t)$는 $t=-60$과 $t=4$에서만 불연속이다.

$f(2)=4$이고 $f'(2)>0$일 때, $f(4)+h(4)$의 값을 구하시오.
(4점)

E155 ⭐ 2등급 대비 — 2021대비(나) 6월 모평 30(고3)

이차함수 $f(x)$는 $x=-1$에서 극대이고, 삼차함수
$g(x)$는 이차항의 계수가 0이다. 함수

$$h(x)=\begin{cases} f(x) & (x \le 0) \\ g(x) & (x > 0) \end{cases}$$

이 실수 전체의 집합에서 미분가능하고 다음 조건을 만족시킬
때, $h'(-3)+h'(4)$의 값을 구하시오. (4점)

> (가) 방정식 $h(x)=h(0)$의 모든 실근의 합은 1이다.
> (나) 닫힌구간 $[-2, 3]$에서 함수 $h(x)$의 최댓값과
> 최솟값의 차는 $3+4\sqrt{3}$이다.

E156 ⭐ 1등급 대비 — 2024실시 3월 학평 22(고3)

함수 $f(x)=|x^3-3x+8|$과 실수 t에 대하여
닫힌구간 $[t, t+2]$에서의 $f(x)$의 최댓값을 $g(t)$라 하자. 서로
다른 두 실수 α, β에 대하여 함수 $g(t)$는 $t=\alpha$와 $t=\beta$에서만
미분가능하지 않다. $\alpha\beta=m+n\sqrt{6}$일 때, $m+n$의 값을 구하시오.
(단, m, n은 정수이다.) (4점)

E157 ✱✱✾

2024대비 삼사 19(고3)

x에 대한 방정식

$$x^3 - \frac{3n}{2}x^2 + 7 = 0$$

의 1보다 큰 서로 다른 실근의 개수가 2가 되도록 하는 모든 자연수 n의 값의 합을 구하시오. (3점)

E158 ✱✱✾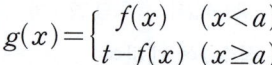

2017대비(나) 삼사 21(고3)

함수 $f(x) = x^3 + 3x^2 - 9x$가 있다. 실수 t에 대하여 함수

$$g(x) = \begin{cases} f(x) & (x < a) \\ t - f(x) & (x \ge a) \end{cases}$$

가 실수 전체의 집합에서 연속이 되도록 하는 실수 a의 개수를 $h(t)$라 하자. 예를 들어 $h(0) = 3$이다. $h(t) = 3$을 만족시키는 모든 정수 t의 개수는? (4점)

① 55   ② 57   ③ 59

④ 61   ⑤ 63

E159 ✱✱✾

2020대비 경찰대 16(고3)

사차함수

$$f(x) = k(x-1)(x-a)(x-a+1)(x-a+2)\,(k>0)$$

가 다음 조건을 만족시킨다.

> (가) 사차방정식 $f(x) = 0$은 서로 다른 세 실근을 갖는다.
> (나) 함수 $f(x)$의 두 극솟값의 곱은 25이다.

두 상수 a, k에 대하여 ak의 값은? (4점)

① 30   ② 40   ③ 45

④ 50   ⑤ 60

E160 ✱✱✾

2024대비 경찰대 9(고3)

실수 전체의 집합에서 연속인 두 함수 $f(x)$, $g(x)$가 다음 조건을 만족시킨다.

> (가) 모든 실수 x에 대하여 $f(x) + f(-x) = 1$이다.
> (나) $x^2 - x - 2 \ne 0$일 때, $g(x) = \dfrac{2f(x) - 7}{x^2 - x - 2}$이다.

방정식 $f(x) = k$가 반드시 열린구간 $(0, 2)$에서 적어도 2개의 실근을 갖도록 하는 정수 k의 개수는? (4점)

① 3   ② 4   ③ 5

④ 6   ⑤ 7

E161 ✱✱✱

방정식 $|x^2-2x-6|=|x-k|+2$가 서로 다른
세 실근을 갖도록 하는 모든 실수 k의 값의 합은? (4점)

① 1   ② 2   ③ 3

④ 4   ⑤ 5

E162 ✱✱✱

양수 k에 대하여 최고차항의 계수가 5인 삼차함수
$f(x)$와 삼차함수 $g(x)$가 다음 조건을 만족시킨다.

> (가) $f(x)$는 $x=2$에서 극소이다.
> (나) 모든 실수 x에 대하여
> $$f(x)g(x)=(x-1)^2(x-2)^2(x-k)^2$$
> 이다.

$g'(0)=\dfrac{21}{20}$일 때, $60k$의 값을 구하시오. (5점)

E163 ✱✱✱

최고차항의 계수가 1인 사차함수 $f(x)$에 대하여
함수 $g(x)$를

$$g(x)=\begin{cases} f(x) & (f(x) \geq a) \\ 2a-f(x) & (f(x) < a) \end{cases} \ (a\text{는 상수})$$

라 하자. 두 함수 $f(x)$, $g(x)$가 다음 조건을 만족시킨다.

> (가) 함수 $g(x)$는 $x=4$에서만 미분가능하지 않다.
> (나) 함수 $g(x)-f(x)$는 $x=\dfrac{7}{2}$에서 최댓값 $2a$를 가진다.

$f\left(\dfrac{5}{2}\right)$의 값은? (4점)

① $\dfrac{5}{4}$ ② $\dfrac{3}{2}$ ③ $\dfrac{7}{4}$

④ 2   ⑤ $\dfrac{9}{4}$

E164 ✱✱✱

함수 $f(x)=x^3-x$와 상수 $a(a>-1)$에 대하여
곡선 $y=f(x)$ 위의 두 점 $(-1, f(-1))$, $(a, f(a))$를 지나는
직선을 $y=g(x)$라 하자. 함수

$$h(x)=\begin{cases} f(x) & (x<-1) \\ g(x) & (-1 \leq x \leq a) \\ f(x-m)+n & (x>a) \end{cases}$$

가 다음 조건을 만족시킨다.

> (가) 함수 $h(x)$는 실수 전체의 집합에서 미분가능하다.
> (나) 함수 $h(x)$는 일대일대응이다.

$m+n$의 값은? (단, m, n은 상수이다.) (4점)

① 1   ② 3   ③ 5

④ 7   ⑤ 9

E165 ⭐ 1등급 대비 ..... 2022대비 경찰대 20(고3)

최고차항의 계수가 1인 두 이차다항식 $P(x)$, $Q(x)$
에 대하여 두 함수 $f(x)=(x+4)P(x)$,
$g(x)=(x-4)Q(x)$가 다음 조건을 만족시킨다.

> (가) $f'(-4)\neq0$, $f(4)\neq0$, $g(-4)\neq0$
> (나) 방정식 $f(x)g(x)=0$의 서로 다른 모든 해를 크기 순
> 으로 나열한 -4, a_1, a_2, a_3, 4는 등차수열을 이룬다.
> (다) $f'(a_i)=0$인 $i\in\{1,\ 2,\ 3\}$은 하나만 존재하고 모든
> $i\in\{1,\ 2,\ 3\}$에 대하여 $g'(a_i)\neq0$이다.

두 곡선 $y=f(x)$와 $y=g(x)$가 서로 다른 두 점에서 만날 때,
두 교점의 x좌표의 합은? (5점)

① $-\dfrac{1}{2}$ ② $-\dfrac{1}{4}$ ③ 0

④ $\dfrac{1}{4}$ ⑤ $\dfrac{1}{2}$

E166 ⭐ 1등급 대비 ..... 2018대비(나) 삼사 30(고3)

$a\leq35$인 자연수 a와 함수
$f(x)=-3x^4+4x^3+12x^2+4$에 대하여 함수 $g(x)$를
$$g(x)=|f(x)-a|$$
라 할 때, $g(x)$가 다음 조건을 만족시킨다.

> (가) 함수 $y=g(x)$의 그래프와 직선 $y=b(b>0)$가 서로
> 다른 4개의 점에서 만난다.
> (나) 함수 $|g(x)-b|$가 미분가능하지 않은 실수 x의
> 개수는 4이다.

두 상수 a, b에 대하여 $a+b$의 값을 구하시오. (4점)

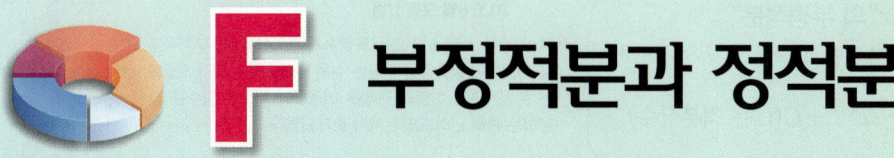

F 부정적분과 정적분

★ 최신 3개년 수능 + 모평 출제 경향

학년도		출제 유형	난이도
2028	예시	유형 02 도함수가 주어졌을 때 함수 구하기	✿✿✿
		유형 08 정적분의 정의를 이용한 정적분의 값	✱✿✿
2026	수능	유형 02 도함수가 주어졌을 때 함수 구하기	✿✿✿
		유형 21 정적분으로 정의된 함수의 극대, 극소	✱✱✱
	9월	유형 02 도함수가 주어졌을 때 함수 구하기	✿✿✿
		유형 05 부정적분과 미분의 관계	✱✿✿
		유형 26 정적분으로 정의된 다항함수의 추론	✱✱✱
	6월	유형 02 도함수가 주어졌을 때 함수 구하기	✿✿✿
		유형 08 정적분의 정의를 이용한 정적분의 값	✿✿✿
		유형 13 그래프의 성질을 이용한 함수의 정적분	✿✿✿
2025	수능	유형 02 도함수가 주어졌을 때 함수 구하기	✿✿✿
		유형 10 피적분함수가 같은 정적분	✿✿✿
		유형 17 정적분과 미분의 관계	✿✿✿
	9월	유형 02 도함수가 주어졌을 때 함수 구하기	✿✿✿
		유형 09 적분구간이 같은 정적분	✿✿✿
		유형 26 정적분으로 정의된 다항함수의 추론	✱✿✿
	6월	유형 02 도함수가 주어졌을 때 함수 구하기	✿✿✿
		유형 04 함수의 극값이 주어졌을 때 함수 구하기	✱✱✱
		유형 25 정적분의 값을 이용한 다항함수의 추론	✱✱✱
2024	수능	유형 02 도함수가 주어졌을 때 함수 구하기	✿✿✿
		유형 13 그래프의 성질을 이용한 함수의 정적분	✿✿✿
	9월	유형 02 도함수가 주어졌을 때 함수 구하기	✿✿✿
		유형 26 정적분으로 정의된 다항함수의 추론	✱✱✱
	6월	유형 02 도함수가 주어졌을 때 함수 구하기	✿✿✿
		유형 26 정적분으로 정의된 다항함수의 추론	✱✱✱

★ **2026 수능 출제 경향 분석**

• 다항함수를 부정적분하여 함숫값을 구하는 계산 문제이다.

[F14 문항]

• 구간에 따라 다르게 정의된 두 함수의 차의 정적분으로 정의된 함수의 극값 조건을 이용하여 함수의 미정계수를 구하는 문제이다. [F94 문항]

★ **2027 수능 예측** ───────────

정적분으로 표현된 함수에 대하여 미분과 적분 사이의 관계를 이용하여 문제를 해결하는 문항이 고난도로 자주 출제되므로 미분과 적분의 관계에 대한 정확한 개념 이해가 요구된다.

  **F 부정적분과 정적분**

개념 강의

중요도 ★★★

---

1 부정적분[①] – 유형 01~07

(1) 다항함수 $y=x^n$의 부정적분[②]

n이 음이 아닌 정수일 때,

$$\int x^n dx = \frac{1}{n+1}x^{n+1}+C\,(C\text{는 적분상수})$$

(2) 부정적분과 미분의 관계

① $\int\left\{\dfrac{d}{dx}f(x)\right\}dx=f(x)+C\,(C\text{는 적분상수})$ ② $\dfrac{d}{dx}\left\{\int f(x)dx\right\}=f(x)$

출제
2028 예시 23번
2026 수능 17번
2026 9월 모평 9번, 17번
2026 6월 모평 17번

★ 예시, 수능, 9월, 6월 모두 도함수가 주어졌을 때, 부정적분을 이용하여 함숫값을 구하는 쉬운 난이도의 문제가, 9월에는 부정적분과 미분의 관계를 이용하여 새로운 함수를 적분하는 중하 난이도의 문제가 출제되었다.

---

2 정적분의 정의 – 유형 08~16, 21~26

함수 $f(x)$가 닫힌구간 $[a,\,b]$에서 연속이고 $f(x)$의 한 부정적분을 $F(x)$라 할 때,

$$\int_a^b f(x)dx=\Big[F(x)\Big]_a^b=F(b)-F(a)$$

(1) $a=b$일 때, $\displaystyle\int_a^b f(x)dx=\int_a^a f(x)dx=0$ (2) $a\neq b$일 때, $\displaystyle\int_a^b f(x)dx=-\int_b^a f(x)dx$

---

3 정적분의 성질 – 유형 08~26

세 실수 $a,\,b,\,c$를 포함하는 닫힌구간에서
두 함수 $f(x),\,g(x)$가 연속일 때,

(1) $\displaystyle\int_a^b kf(x)dx=k\int_a^b f(x)dx$ (단, k는 상수)

(2) $\displaystyle\int_a^b\{f(x)\pm g(x)\}dx=\int_a^b f(x)dx\pm\int_a^b g(x)dx$ (복호동순)

(3) $\displaystyle\int_a^b f(x)dx=\int_a^c f(x)dx+\int_c^b f(x)dx$

└ 두 함수의 합 또는 차로 이루어진 함수의 정적분은 각각의 함수를 정적분하여 더하거나 빼서 구할 수 있지만 곱 또는 나눗셈으로 이루어진 함수는 각각을 정적분하여 구할 수 없다.

그래프의 대칭을 이용한 정적분[③]
(1) 함수 $f(x)$가 y축에 대하여 대칭이면
$$\int_{-a}^a f(x)dx=2\int_0^a f(x)dx$$
(2) 함수 $f(x)$가 원점에 대하여 대칭이면
$$\int_{-a}^a f(x)dx=0$$

출제
2028 예시 8번
2026 6월 모평 5번, 9번

★ 예시에는 주어진 식을 정리하여 함수식을 구한 뒤 정적분하는 중하 난이도의 문제가, 6월에는 쉬운 정적분 계산 문제와 그래프의 성질을 이용하여 정적분하는 중하 난이도의 문제가 출제되었다.

---

4 정적분으로 나타내어진 함수의 미분 – 유형 17~26

(1) $\dfrac{d}{dx}\displaystyle\int_a^x f(t)dt=f(x)$[④] (2) $\dfrac{d}{dx}\displaystyle\int_x^{x+a} f(t)dt=f(x+a)-f(x)$

(3) 정적분을 포함한 등식의 풀이법 ($a,\,b$는 상수)

① $f(x)=g(x)+\displaystyle\int_a^b f(t)dt$일 때, 함수 $f(x)$ 구하기

$\displaystyle\int_a^b f(t)dt=k\,\cdots\,\text{㉠}$라 하고 $f(x)=g(x)+k$를 ㉠에 대입한다.

② $\displaystyle\int_a^x f(t)dt=g(x)$일 때, 함수 $f(x)$ 구하기

$\displaystyle\int_a^x f(t)dt=g(x)$의 양변을 x에 대하여 미분하고

$\displaystyle\int_a^a f(t)dt=0$임을 이용한다.

출제
2026 수능 15번
2026 9월 모평 15번

★ 수능에는 도함수가 0이 되는 점의 좌우에서 도함수의 부호가 바뀌는지를 따져보고 극값의 개수가 1이 되는 함수를 유추해야 하는 상 난이도의 문제가, 9월에는 정적분으로 나타내어진 함수의 극점의 x좌표에 따라 그래프를 각각 그려서 곡선과 직선이 접하는 조건을 이용하는 상 난이도의 문제가 출제되었다.

---

5 정적분으로 나타내어진 함수의 극한 – 유형 20

(1) $\displaystyle\lim_{x\to0}\frac{1}{x}\int_a^{x+a} f(t)dt=f(a)$[⑤] (2) $\displaystyle\lim_{x\to a}\frac{1}{x-a}\int_a^x f(t)dt=f(a)$

+개념 보충

① 부정적분
$F'(x)=f(x)$일 때,
$$\int f(x)dx=F(x)+C\,(C\text{는 적분상수})$$

② 여러 가지 함수의 부정적분
(1) $\displaystyle\int 1dx=x+C$ (C는 적분상수)

(2) $\displaystyle\int(ax+b)^n dx$
$$=\frac{1}{a(n+1)}(ax+b)^{n+1}+C$$
(C는 적분상수)

한걸음 더!

③ $f(x)=f(-x)$를 만족시키는 함수는 y축에 대하여 대칭인 함수이다.
다항함수 중 y축에 대하여 대칭인 함수는 $y=x^4+x^2+1$과 같이 짝수차수의 항과 상수항으로만 이루어져 있다.
또, $f(x)=-f(-x)$를 만족시키는 함수는 원점에 대하여 대칭인 함수이다.
다항함수 중 원점에 대하여 대칭인 함수는 $y=x^5+x^3+x$와 같이 홀수차수의 항으로만 이루어져 있다.

왜 그럴까?

④ 함수 $f(t)$가 닫힌구간 $[a,\,b]$에서 연속일 때, $f(t)$의 한 부정적분을 $F(t)$라 하면 a에서 $x(a<x<b)$까지의 정적분은
$$\int_a^x f(t)dt=\Big[F(t)\Big]_a^x=F(x)-F(a)$$
이므로
$$\frac{d}{dx}\int_a^x f(t)dt=\frac{d}{dx}\{F(x)-F(a)\}$$
$$=F'(x)=f(x)$$

⑤ 함수 $f(t)$가 닫힌구간 $[a,\,b]$에서 연속일 때, $f(t)$의 한 부정적분을 $F(t)$라 하면 a에서 $x+a(0<x<b-a)$까지의 정적분은
$$\int_a^{x+a} f(t)dt=\Big[F(t)\Big]_a^{x+a}$$
$$=F(x+a)-F(a)$$
이므로
$$\lim_{x\to0}\frac{1}{x}\int_a^{x+a} f(t)dt$$
$$=\lim_{x\to0}\frac{F(x+a)-F(a)}{x}=F'(a)$$
$$=f(a)$$

1 부정적분

F01 기본 .... 2018실시(가) 9월 학평 24(고2)

함수 $f(x)$가 $f(x)=\int(3x^2+2)dx$이고 $f(0)=1$일 때, $f(2)$의 값을 구하시오. (3점)

F02 기본

함수 $f(x)$의 도함수가 $f'(x)=6x^2+6x+k$이다. $f(0)=5$, $f(-1)=7$일 때, $f(1)$의 값은? (단, k는 상수이다.) (3점)

① 3   ② 5   ③ 7
④ 9   ⑤ 11

2 + 3 정적분의 정의와 성질

F03 기본 .... 2012대비(나) 수능 24(고3)

$\int_0^5(4x-3)dx$의 값을 구하시오. (3점)

F04 기본 .... 2012실시(나) 10월 학평 10(고3)

그림과 같이 삼차함수 $y=f(x)$가 $f(-1)=f(1)=f(2)=0$, $f(0)=2$를 만족시킬 때,

$\int_0^2 f'(x)dx$의 값은? (3점)

① -2 ② -1
③ 0   ④ 1
⑤ 2

4 + 5 정적분으로 나타내어진 함수

F05 기본 .... 2015대비(A) 9월 모평 26(고3)

다항함수 $f(x)$가 모든 실수 x에 대하여

$$\int_0^x f(t)dt=x^3+4x$$

를 만족시킬 때, $f(10)$의 값을 구하시오. (4점)

F06 기본 .... 2012실시(가) 7월 학평 25(고3)

$f(x)=3x^2+x+\int_0^2 f(t)dt$를 만족시키는 함수 $f(x)$에 대하여 $f(2)$의 값을 구하시오. (3점)

F07 기본 .... 2015실시(가) 11월 학평 8(고2)

다항함수 $f(x)$가 모든 실수 x에 대하여

$$\int_1^x f(t)dt=x^3+ax^2+1$$

을 만족시킬 때, $f(-1)$의 값은? (단, a는 상수이다.) (3점)

① 7   ② 9   ③ 11
④ 13   ⑤ 15

F08 기본 .... 2012실시(나) 10월 학평 26(고3)

$\lim_{x\to2}\dfrac{1}{x^2-4}\int_2^x(t^2+3t-2)dt$의 값을 구하시오. (3점)

1 부정적분

유형 01 부정적분의 계산

(1) k가 상수일 때, $\int k\,dx = kx + C$ (단, C는 적분상수)

(2) n이 양의 정수일 때,

① $\int x^n dx = \dfrac{1}{n+1}x^{n+1} + C$ (단, C는 적분상수)

② $\int (ax+b)^n dx = \dfrac{1}{a} \times \dfrac{1}{n+1}(ax+b)^{n+1} + C$

(단, $a \neq 0$, C는 적분상수)

① $F(x)$는 $f(x)$의 부정적분이다.

$\Leftrightarrow \int f(x)dx = F(x) + C$

$\Leftrightarrow$ 함수 $F(x)$의 도함수가 $f(x)$이다.

$\Leftrightarrow F'(x) = f(x)$

② 두 함수 $f(x)$, $g(x)$와 상수 k에 대하여

(1) $\int kf(x)dx = k\int f(x)dx$

(2) $\int \{f(x)+g(x)\}dx = \int f(x)dx + \int g(x)dx$

(3) $\int \{f(x)-g(x)\}dx = \int f(x)dx - \int g(x)dx$

③ $F(x)$는 $f(x)$의 부정적분이라는 표현과 $F(x)$는 $f(x)$의 원시함수라는 표현은 같은 의미이다.

F09 ✽✽✽ ···························· 2025실시 7월 학평 17(고3)

함수 $f(x)$에 대하여 $f'(x) = 6x^2 + 1$이고 $f(0)=2$일 때, $f(1)$의 값을 구하시오. (3점)

F10 ✽✽✽ ···························· 2018실시(가) 11월 학평 22(고2)

함수 $f(x) = \int (2x+1)dx$에 대하여 $f(0)=0$일 때, $f(3)$의 값을 구하시오. (3점)

F11 ✽✽✽ ···························· 2017실시(나) 11월 학평 8(고2)

함수 $f(x) = \int (3x^2 - 6x)dx$에 대하여 $f(0)=7$일 때, $f(1)$의 값은? (3점)

① 1   ② 2   ③ 3

④ 4   ⑤ 5

F12 ✽✽✽ ···························· 2016대비(A) 9월 모평 10(고3)

함수 $f(x)$가

$$f(x) = \int \left(\frac{1}{2}x^3 + 2x + 1\right)dx - \int \left(\frac{1}{2}x^3 + x\right)dx$$

이고 $f(0)=1$일 때, $f(4)$의 값은? (3점)

① $\dfrac{23}{2}$ ② 12   ③ $\dfrac{25}{2}$

④ 13   ⑤ $\dfrac{27}{2}$

F13 ✽✽✽ ···························· 2013대비(나) 9월 모평 18(고3)

이차함수 $f(x)$에 대하여 함수 $g(x)$가

$$g(x) = \int \{x^2 + f(x)\}dx,$$

$$f(x)g(x) = -2x^4 + 8x^3$$

을 만족시킬 때, $g(1)$의 값은? (4점)

① 1   ② 2   ③ 3

④ 4   ⑤ 5

유형 02 도함수가 주어졌을 때 함수 구하기 출제

함수 $f(x)$의 도함수 $f'(x)$가 주어지면 $f(x)=\int f'(x)dx$임을 이용하여 $f(x)$를 적분상수를 포함한 식으로 나타낸다.

tip

함수 $f(x)$의 한 부정적분이 $F(x)$이면 $F(x)=\int f(x)dx$이고 $F'(x)=f(x)$이므로 도함수 $f'(x)$가 주어진 경우 도함수를 부정적분하여 $f(x)$의 식을 구한다.

F14 ❀❀❀ .... 2026대비 수능 17(고3)

함수 $f(x)=4x^3-2x$의 한 부정적분 $F(x)$에 대하여 $F(0)=4$일 때, $F(2)$의 값을 구하시오. (3점)

F15 ❀❀❀ .... 2026대비 6월 모평 17(고3)

다항함수 $f(x)$에 대하여 $f'(x)=3x^2+4x$이고 $f(0)=3$일 때, $f(1)$의 값을 구하시오. (3점)

F16 ❀❀❀ .... 2026대비 9월 모평 17(고3)

다항함수 $f(x)$에 대하여 $f'(x)=3x^2+2x+1$이고 $f(1)=6$일 때, $f(2)$의 값을 구하시오. (3점)

F17 ❀❀❀ .... 2025실시 3월 학평 7(고3)

다항함수 $f(x)$에 대하여 $f'(x)=x^3+x$이고 $f(0)=-1$일 때, $f(2)$의 값은? (3점)

① 1   ② 2   ③ 3
④ 4   ⑤ 5

F18 ❀❀❀ .... 2028대비 4월 예시 23(고3)

다항함수 $f(x)$에 대하여 $f'(x)=3x^2-4$이고 $f(2)=5$일 때, $f(4)$의 값을 구하시오. (3점)

F19 ❀❀❀ .... 2025실시 10월 학평 17(고3)

다항함수 $f(x)$에 대하여 $f'(x)=6x^2-2x$이고 $f(1)=3$일 때, $f(2)$의 값을 구하시오. (3점)

F20 ❀❀❀ .... 2025대비 6월 모평 17(고3)

함수 $f(x)$에 대하여 $f'(x)=6x^2+2$이고 $f(0)=3$일 때, $f(2)$의 값을 구하시오. (3점)

F21 ❀❀❀ .... 2025대비 9월 모평 17(고3)

함수 $f(x)$에 대하여 $f'(x)=6x^2+2x+1$이고 $f(0)=1$일 때, $f(1)$의 값을 구하시오. (3점)

F22 ❀❀❀ .... 2025대비 수능 17(고3)

다항함수 $f(x)$에 대하여 $f'(x)=9x^2+4x$이고 $f(1)=6$일 때, $f(2)$의 값을 구하시오. (3점)

F23 ❀❀❀ .... 2024대비 6월 모평 17(고3)

함수 $f(x)$에 대하여 $f'(x)=8x^3-1$이고 $f(0)=3$일 때, $f(2)$의 값을 구하시오. (3점)

F24 ❀❀❀ .... 2023실시 7월 학평 17(고3)

함수 $f(x)$에 대하여 $f'(x)=9x^2-8x+1$이고 $f(1)=10$일 때, $f(2)$의 값을 구하시오. (3점)

F25 ❀❀❀ .... 2022대비 수능 17(고3)

함수 $f(x)$에 대하여 $f'(x)=3x^2+2x$이고 $f(0)=2$일 때, $f(1)$의 값을 구하시오. (3점)

F26 ❀❀❀ .... 2022대비 9월 모평 17(고3)

함수 $f(x)$에 대하여 $f'(x)=8x^3-12x^2+7$이고 $f(0)=3$일 때, $f(1)$의 값을 구하시오. (3점)

F27 ❀❀❀ .... 2024대비 9월 모평 8(고3)

다항함수 $f(x)$가
$$f'(x)=6x^2-2f(1)x, \quad f(0)=4$$
를 만족시킬 때, $f(2)$의 값은? (3점)

① 5 　　　　② 6 　　　　③ 7
④ 8 　　　　⑤ 9

F28 ❀❀❀ .... 2024대비 수능 5(고3)

다항함수 $f(x)$가
$$f'(x)=3x(x-2), \quad f(1)=6$$
을 만족시킬 때, $f(2)$의 값은? (3점)

① 1 　　　　② 2 　　　　③ 3
④ 4 　　　　⑤ 5

F29 ❋❋❋ .... 2022대비 6월 모평 2(고3)

함수 $f(x)$가
$$f'(x)=3x^2-2x,\ f(1)=1$$
을 만족시킬 때, $f(2)$의 값은? (2점)

① 1   ② 2   ③ 3
④ 4   ⑤ 5

F30 ❋❋❋ .... 2022대비 5월 예시 6(고2)

다항함수 $f(x)$가
$$f'(x)=3x^2-kx+1,\ f(0)=f(2)=1$$
을 만족시킬 때, 상수 k의 값은? (3점)

① 5   ② 6   ③ 7
④ 8   ⑤ 9

F31 ❋❋❋ .... 2021대비(나) 수능 23(고3)

함수 $f(x)$에 대하여 $f'(x)=3x^2+4x+5$이고 $f(0)=4$일 때, $f(1)$의 값을 구하시오. (3점)

F32 ❋❋❋ .... 2024실시 3월 학평 5(고3)

다항함수 $f(x)$가 $f'(x)=x(3x+2)$, $f(1)=6$을 만족시킬 때, $f(0)$의 값은? (3점)

① 1   ② 2   ③ 3
④ 4   ⑤ 5

F33 ❋❋❋ .... 2021실시 4월 학평 5(고3)

함수 $f(x)$에 대하여 $f'(x)=2x+4$이고 $f(-1)+f(1)=0$일 때, $f(2)$의 값은? (3점)

① 9   ② 10   ③ 11
④ 12   ⑤ 13

F34 ❋❋❋ .... 2021대비(나) 9월 모평 23(고3)

함수 $f(x)$가
$$f'(x)=-x^3+3,\ f(2)=10$$
을 만족시킬 때, $f(0)$의 값을 구하시오. (3점)

F35 ❋❋❋ .... 2023대비 수능 17(고3)

함수 $f(x)$에 대하여 $f'(x)=4x^3-2x$이고 $f(0)=3$일 때, $f(2)$의 값을 구하시오. (3점)

F36 ❋❋❋ .... 2023대비 6월 모평 17(고3)

함수 $f(x)$에 대하여 $f'(x)=8x^3+6x^2$이고 $f(0)=-1$일 때, $f(-2)$의 값을 구하시오. (3점)

F37 ✿✿✿ .... 2022실시 7월 학평 17(고3)

함수 $f(x)$에 대하여 $f'(x)=6x^2-2x-1$이고 $f(1)=3$일 때, $f(2)$의 값을 구하시오. (3점)

F38 ✿✿✿ .... 2025실시 5월 학평 7(고3)

다항함수 $f(x)$가
$$f'(x)=x^2-kx+k-1, \; f(0)=2$$
를 만족시킨다. 함수 $f(x)$가 극값을 갖지 않을 때, $f(3)$의 값은? (단, k는 상수이다.) (3점)

① 2   ② 5   ③ 8
④ 11   ⑤ 14

F39 ✿✿✿ .... 2023대비 9월 모평 17(고3)

함수 $f(x)$에 대하여 $f'(x)=6x^2-4x+3$이고 $f(1)=5$일 때, $f(2)$의 값을 구하시오. (3점)

F40 ✱✿✿ .... 2024실시 5월 학평 7(고3)

다항함수 $f(x)$가 실수 전체의 집합에서 증가하고
$$f'(x)=\{3x-f(1)\}(x-1)$$
을 만족시킬 때, $f(2)$의 값은? (3점)

① 3   ② 4   ③ 5
④ 6   ⑤ 7

F41 ✱✿✿ .... 2021실시 3월 학평 18(고3)

실수 전체의 집합에서 미분가능한 함수 $F(x)$의 도함수 $f(x)$가
$$f(x)=\begin{cases} -2x & (x<0) \\ k(2x-x^2) & (x\geq 0) \end{cases}$$
이다. $F(2)-F(-3)=21$일 때, 상수 k의 값을 구하시오. (3점)

F42 ✱✿✿ .... 2016실시(나) 10월 학평 21(고3)

사차함수 $f(x)$의 도함수 $y=f'(x)$의 그래프가 그림과 같고, $f'(-\sqrt{2})=f'(0)=f'(\sqrt{2})=0$이다.

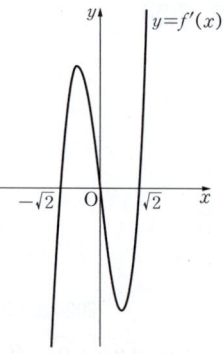

$f(0)=1, f(\sqrt{2})=-3$일 때, $f(m)f(m+1)<0$을 만족시키는 모든 정수 m의 값의 합은? (4점)

① -2 ② -1 ③ 0
④ 1   ⑤ 2

F43 ✳❀❀

이차함수 $f(x)$의 도함수는 기울기가 4인 직선이다. 다음 중 이차함수 $y=f(x)$의 그래프의 꼭짓점이 그리는 도형을 좌표평면 위에 바르게 나타낸 것은? (단, $f(0)=0$) (3점)

①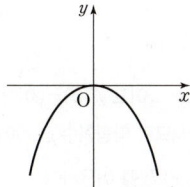

②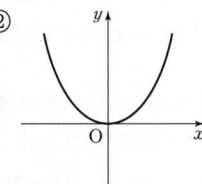

③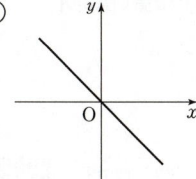

④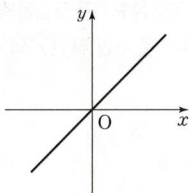

⑤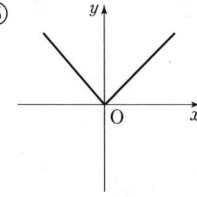

F44 ✳✳❀ .... 2024실시 7월 학평 8(고3)

삼차함수 $f(x)$가 모든 실수 x에 대하여
$$xf'(x)=6x^3-x+f(0)+1$$
을 만족시킬 때, $f(-1)$의 값은? (3점)

① -2 ② -1 ③ 0
④ 1 ⑤ 2

유형 03 **접선의 기울기를 이용한 함수 구하기**

함수 $f(x)$에 대하여 곡선 $y=f(x)$ 위의 점 $(a, f(a))$에서의 접선의 기울기는 함수 $f(x)$의 도함수 $f'(x)$의 $x=a$에서의 함숫값 $f'(a)$이다.

tip

곡선 $y=f(x)$ 위의 점 $(x, f(x))$에서의 접선의 기울기는 $f'(x)$이므로 접선의 기울기가 주어지면 $f(x)$의 도함수가 주어진 것과 같은 방법, 즉 $f(x)=\int f'(x)dx$를 이용하여 함수 $f(x)$를 구한다.

F45 ✳✳✳ .... 2018실시(나) 11월 학평 25(고2)

함수 $f(x)$의 그래프 위의 임의의 점 $(x, f(x))$에서의 접선의 기울기가 $4x-1$이고 $f(0)=1$일 때, $f(2)$의 값을 구하시오. (3점)

F46 ✳✳✳ .... 2012실시(나) 7월 학평 24(고3)

곡선 $y=f(x)$ 위의 임의의 점 $P(x, y)$에서의 접선의 기울기가 $3x^2-12$이고 함수 $f(x)$의 극솟값이 3일 때, 함수 $f(x)$의 극댓값을 구하시오. (3점)

F47 ✳✳✳

미분가능한 함수 $f(x)$에 대하여 곡선 $y=f(x)$가 점 $(-2, 1)$을 지난다. 곡선 위의 점 $(x, f(x))$에서의 접선의 기울기가 $6x^2+8x-1$일 때, $f(1)$의 값은? (3점)

① 2 ② 3 ③ 4
④ 5 ⑤ 6

F48 ✽✽✽ ....

미분가능한 함수 $f(x)$에 대하여 곡선 $y=f(x)$가 점 $(-1, 0)$을 지난다. 곡선 위의 점 $(x, f(x))$에서의 접선의 기울기가 $3x^2-4x-13$일 때, 방정식 $f(x)=0$의 모든 실근의 합을 구하시오. (3점)

F49 ✽✽✽ .... 2024대비 9월 모평 10(고3)

최고차항의 계수가 1인 삼차함수 $f(x)$에 대하여 곡선 $y=f(x)$ 위의 점 $(-2, f(-2))$에서의 접선과 곡선 $y=f(x)$ 위의 점 $(2, 3)$에서의 접선이 점 $(1, 3)$에서 만날 때, $f(0)$의 값은? (4점)

① 31 ② 33 ③ 35
④ 37 ⑤ 39

유형 04 **함수의 극값이 주어졌을 때 함수 구하기**

(1) 다항함수 $f(x)$가 $x=a$에서 극값 b를 가지면
 $f(a)=b, f'(a)=0$
(2) 다항함수 $f(x)$의 극댓값 또는 극솟값이 0이면
 함수 $y=f(x)$의 그래프는 x축에 접한다.

(tip)

n차 다항함수 $f(x)$가 $x=a$에서 극값 a를 가지면 $f(a)=a$이고 $f'(a)=0$이다. 즉, 함수 $f(x)$의 도함수 $f'(x)$는 $x-a$를 인수로 가지므로 다항함수 $g(x)$에 대하여 $f'(x)=n(x-a)g(x)$라 하고 $f(x)=\int f'(x)dx$를 이용하여 $f(x)$를 적분상수 C가 포함된 식으로 나타낸 후 $f(a)=a$를 이용하여 적분상수 C를 구한 뒤 $f(x)$의 식을 완성한다.

F50 ✽✽✽ .... 2017실시(나) 10월 학평 20(고3)

최고차항의 계수가 1인 삼차함수 $f(x)$가 다음 조건을 만족시킨다.

(가) $f'\left(\dfrac{11}{3}\right)<0$
(나) 함수 $f(x)$는 $x=2$에서 극댓값 35를 갖는다.
(다) 방정식 $f(x)=f(4)$는 서로 다른 두 실근을 갖는다.

$f(0)$의 값은? (4점)

① 12 ② 13 ③ 14
④ 15 ⑤ 16

F51 ✽✽✽ .... 2012실시(가) 4월 학평 13(고3)

삼차함수 $y=f(x)$의 도함수 $y=f'(x)$의 그래프가 그림과 같다. $f'(-1)=f'(1)=0$이고 함수 $f(x)$의 극댓값이 4, 극솟값이 0일 때, $f(3)$의 값은? (4점)

① 14 ② 16
③ 18 ④ 20
⑤ 22

F52 ✱✿✿ .... 2004대비(인) 수능 10(고3)

삼차함수 $y=f(x)$는 $x=1$에서 극값을 갖고, 그 그래프가 원점에 대하여 대칭일 때, 이 그래프와 x축과의 교점의 x좌표 중에서 양수인 것은? (3점)

① $\sqrt{2}$ ② $\sqrt{3}$ ③ 2

④ $\sqrt{5}$ ⑤ $\sqrt{6}$

F53 ✱✱✿ .... 2006대비(가) 수능 9(고3)

함수 $y=f(x)$가 모든 실수에서 연속이고, $|x| \neq 1$인 모든 x의 값에 대하여 미분계수 $f'(x)$가

$$f'(x)=\begin{cases} x^2 & (|x|<1) \\ -1 & (|x|>1) \end{cases}$$

일 때, [보기]에서 옳은 것을 모두 고른 것은? (3점)

──────────── [보기] ────────────

ㄱ. 함수 $y=f(x)$는 $x=-1$에서 극값을 갖는다.

ㄴ. 모든 실수 x에 대하여 $f(x)=f(-x)$이다.

ㄷ. $f(0)=0$이면 $f(1)>0$이다.

──────────────────────────────

① ㄱ   ② ㄴ   ③ ㄷ

④ ㄱ, ㄷ   ⑤ ㄱ, ㄴ, ㄷ

유형 05   부정적분과 미분의 관계

(1) $\dfrac{d}{dx}\left\{\displaystyle\int f(x)dx\right\}=f(x)$

(2) $\displaystyle\int \left\{\dfrac{d}{dx}f(x)\right\}dx=f(x)+C$ (C는 적분상수)

         tip

① 함수 $f(x)$를 적분하고 미분하면 원래의 함수인 $f(x)$가 나오고, 함수 $f(x)$를 미분하고 적분하면 원래의 함수에 적분상수 C가 붙어 나옴을 기억하자.

② 함수 $f(x)$가 $f(x)=\displaystyle\int g(x)dx$ 꼴로 주어진 경우 함수 $y=f(x)$의 그래프의 개형을 파악하려면 양변을 x에 대하여 미분하여 도함수 $f'(x)=g(x)$를 구해 본다.

F54 ✿✿✿ .... 2018실시(가) 11월 학평 10(고2)

다항함수 $f(x)$가

$$\dfrac{d}{dx}\int\{f(x)-x^2+4\}dx=\int\dfrac{d}{dx}\{2f(x)-3x+1\}dx$$

를 만족시킨다. $f(1)=3$일 때, $f(0)$의 값은? (3점)

① -2 ② -1 ③ 0

④ 1   ⑤ 2

F55 ✿✿✿ .... 2012실시(나) 7월 학평 5(고3)

함수 $f(x)=\displaystyle\int(x^2+2x)dx$일 때,

$\displaystyle\lim_{h\to 0}\dfrac{f(2+h)-f(2-h)}{h}$ 의 값은? (3점)

① 14   ② 16   ③ 18

④ 20   ⑤ 22

F56 ✿✿✿ ....

두 다항함수 $f(x)$, $g(x)$에 대하여

$$\int\{f(x)+g(x)\}dx=-6x^2+5x$$

가 성립한다. 함수 $y=g(x)$의 그래프가 원점을 지날 때, $f(0)$의 값은? (3점)

① 1   ② 3   ③ 5

④ 7   ⑤ 9

F57 $*$❀❀ .... 2026대비 9월 모평 9(고3)

다항함수 $f(x)$의 한 부정적분을 $F(x)$라 하고, 함수 $2f(x)+1$의 한 부정적분을 $G(x)$라 하자. $G(3)=2F(3)$일 때, $G(5)-2F(5)$의 값은? (4점)

① 1   ② 2   ③ 3

④ 4   ⑤ 5

F58 $*$❀❀ .... 2012실시(나) 7월 학평 25(고3)

함수 $f(x)=\int\left\{\dfrac{d}{dx}(x^2-6x)\right\}dx$에 대하여 $f(x)$의 최솟값이 8일 때, $f(1)$의 값을 구하시오. (4점)

F59 $*$❀❀ .... 2022실시 4월 학평 18(고3)

다항함수 $f(x)$의 한 부정적분 $F(x)$가 모든 실수 x에 대하여

$$F(x)=(x+2)f(x)-x^3+12x$$

를 만족시킨다. $F(0)=30$일 때, $f(2)$의 값을 구하시오. (3점)

유형 06   부정적분과 미분의 관계의 활용

미분가능하고 연속인 함수 $f(x)$에 대하여

(1) $\int f(x)dx=g(x)$ 꼴 : 양변을 미분한다.

(2) $\dfrac{d}{dx}f(x)=g(x)$ 꼴 : 양변을 적분한다.

(tip)

$xf(x)$ 꼴을 포함하는 등식이 주어지면 등식의 양변을 x에 대하여 미분한다. 이때, $\{xf(x)\}'=f(x)+xf'(x)$임을 이용한다.

F60 $*$❀❀ .... 2016실시(나) 7월 학평 20(고3)

두 다항함수 $f(x)$, $g(x)$가

$$f(x)=\int xg(x)dx, \quad \dfrac{d}{dx}\{f(x)-g(x)\}=4x^3+2x$$

를 만족시킬 때, $g(1)$의 값은? (4점)

① 10   ② 11   ③ 12

④ 13   ⑤ 14

F61 $*$❀❀ .... 2010실시(가) 7월 학평 12(고3)

모든 실수 x에 대하여 이차함수 $y=f(x)$가 다음 조건을 만족한다.

(가) $f(0)=-2$ (나) $f(-x)=f(x)$

(다) $f(f'(x))=f'(f(x))$

함수 $F(x)=\int f(x)dx$가 감소하는 구간의 길이는? (3점)

① 4   ② 5   ③ 6

④ 7   ⑤ 8

F62 $*$❀❀ ....

다항함수 $f(x)$의 한 부정적분 $F(x)$에 대하여

$$F(x)=xf(x)-x^3+3x^2$$

이 성립한다. 함수 $f(x)$의 최솟값이 2일 때, $f(4)$의 값은? (3점)

① 6   ② 7   ③ 8

④ 9   ⑤ 10

유형 07 부정적분과 도함수의 정의를 이용하여 함수 구하기

미분가능한 함수 $f(x)$의 도함수 $f'(x)$는
$$f'(x)=\lim_{\Delta x\to 0}\frac{f(x+\Delta x)-f(x)}{\Delta x}=\lim_{h\to 0}\frac{f(x+h)-f(x)}{h}$$ 임을
이용하여 $f'(x)$의 식을 구한 다음, 이 식을 부정적분하고 주어진 조건을 이용하여 $f(x)$를 구한다.

tip

$\int f'(x)dx=f(x)+C$ (C는 적분상수)이므로 주어진 조건을 이용하여 적분상수 C의 값을 구한다.

F63 ✽✽✽

미분가능한 함수 $y=f(x)$에서 x의 증분을 Δx, Δx에 대한 y의 증분을 Δy라 할 때, $\Delta y=(-4x+3)\Delta x-2(\Delta x)^2$이 성립한다. $f(0)=5$일 때, $f(2)$의 값은? (4점)

① 1　　　　② 2　　　　③ 3
④ 4　　　　⑤ 5

F64 ✽✽✽

임의의 실수 x, y에 대하여 미분가능한 함수 $f(x)$가
$$f(x+y)=f(x)+f(y)+xy(x+y)$$
를 만족시킨다. $f'(0)=1$일 때, $f(-1)$의 값은? (4점)

① -2　　　　② $-\dfrac{4}{3}$　　　　③ -1
④ $\dfrac{1}{3}$　　　　⑤ 1

F65 ✽✽✽

실수 전체에서 미분가능한 함수 $f(x)$가 임의의 두 실수 x, y에 대하여
$$f(x+y)=f(x)+f(y)+2xy$$
를 만족시키고 $\lim\limits_{h\to 0}\dfrac{f(h)}{h}=5$일 때, $f(-3)$의 값은? (3점)

① -6　　　　② -3　　　　③ 0
④ 3　　　　⑤ 6

---

2 + 3 정적분의 정의와 성질

2028 예시 2026 6월

유형 08 정적분의 정의를 이용한 정적분의 값 **출제**

닫힌구간 $[a, b]$에서 연속인 함수 $f(x)$의 한 부정적분을 $F(x)$라 할 때, 함수 $f(x)$의 $x=a$에서 $x=b$까지의 정적분을
$$\int_a^b f(x)dx=\Big[F(x)\Big]_a^b=F(b)-F(a)$$
라 한다.

tip

$\int_a^b f(x)dx=\Big[F(x)\Big]_a^b=F(b)-F(a)$이므로

① $\int_a^a f(x)dx=F(a)-F(a)=0$

② $\int_a^b f(x)dx=F(b)-F(a)=-\{F(a)-F(b)\}=-\int_b^a f(x)dx$

F66 ✽✽✽ ⋯⋯⋯⋯ 2026대비 6월 모평 5(고3)

$\int_0^2 (6x^2-2x+1)dx$의 값은? (3점)

① 12　　　　② 14　　　　③ 16
④ 18　　　　⑤ 20

F67 ✽✽✽ ⋯⋯⋯⋯ 2021실시 10월 학평 2(고3)

$\int_0^3 (x+1)^2 dx$의 값은? (2점)

① 12　　　　② 15　　　　③ 18
④ 21　　　　⑤ 24

F68 ✽✽✽ ⋯⋯⋯⋯ 2021실시 7월 학평 2(고3)

$\int_0^1 (2x+3)dx$의 값은? (2점)

① 1　　　　② 2　　　　③ 3
④ 4　　　　⑤ 5

F69 ✿✿✿ Pass .... 2020실시(나) 10월 학평 22(고3)

$\int_0^3 x^2\,dx$의 값을 구하시오. (3점)

F70 ✿✿✿ Pass .... 2020실시(나) 4월 학평 4(고3)

$\int_0^1 (3x^2+2)\,dx$의 값은? (3점)

① 1   ② 2   ③ 3

④ 4   ⑤ 5

F71 ✿✿✿ Pass .... 2020대비(나) 9월 모평 6(고3)

$\int_0^2 (3x^2+6x)\,dx$의 값은? (3점)

① 20   ② 22   ③ 24

④ 26   ⑤ 28

F72 ✿✿✿ Pass .... 2019실시(나) 7월 학평 5(고3)

$\int_0^3 (x^2-2)\,dx$의 값은? (3점)

① 3   ② $\dfrac{10}{3}$ ③ $\dfrac{11}{3}$

④ 4   ⑤ $\dfrac{13}{3}$

F73 ✿✿✿ Pass .... 2019대비(나) 9월 모평 8(고3)

$\int_0^2 (3x^2+2x)\,dx$의 값은? (3점)

① 6   ② 8   ③ 10

④ 12   ⑤ 14

F74 ✿✿✿ Pass .... 2017대비(나) 수능 9(고3)

$\int_0^2 (6x^2-x)\,dx$의 값은? (3점)

① 15   ② 14   ③ 13

④ 12   ⑤ 11

F75 ✿✿✿ Pass .... 2017대비(나) 9월 모평 23(고3)

$\int_0^3 (x^2-4x+11)\,dx$의 값을 구하시오. (3점)

F76 ✿✿✿ .... 2022실시 10월 학평 2(고3)

$\int_0^2 (2x^3+3x^2)\,dx$의 값은? (2점)

① 14   ② 16   ③ 18

④ 20   ⑤ 22

F77 ❀❀❀

삼차함수 $f(x)$가 모든 실수 x에 대하여

$$f(x)-f(1)=x^3+4x^2-5x$$

를 만족시킬 때, $\int_1^2 f'(x)dx$의 값은? (3점)

① 10   ② 12   ③ 14

④ 16   ⑤ 18

F78 ❀❀❀

다항함수 $f(x)$가 모든 실수 x에 대하여

$$xf(x)+6=(x^3+2)(x+3)$$

을 만족시킬 때, $\int_0^2 f(x)dx$의 값은? (3점)

① 12   ② 16   ③ 20

④ 24   ⑤ 28

F79 ✱❀❀

최고차항의 계수가 1이고 $f(0)=0$인 삼차함수 $f(x)$가 다음 조건을 만족시킨다.

> (가) $f(2)=f(5)$
> (나) 방정식 $f(x)-p=0$의 서로 다른 실근의 개수가 2가 되게 하는 실수 p의 최댓값은 $f(2)$이다.

$\int_0^2 f(x)dx$의 값은? (4점)

① 25   ② 28   ③ 31

④ 34   ⑤ 37

F80 ✱✱❀

실수 전체의 집합에서 미분가능한 함수 $f(x)$가 다음 조건을 만족시킨다.

> (가) 닫힌구간 $[0, 1]$에서 $f(x)=x$이다.
> (나) 어떤 상수 a, b에 대하여 구간 $[0, \infty)$에서
> $\quad f(x+1)-xf(x)=ax+b$이다.

$60 \times \int_1^2 f(x)dx$의 값을 구하시오. (4점)

유형 09   적분구간이 같은 정적분

닫힌구간 $[a, b]$에서 연속인 두 함수 $f(x)$, $g(x)$에 대하여

(1) $\int_a^b f(x)dx + \int_a^b g(x)dx = \int_a^b \{f(x)+g(x)\}dx$

(2) $\int_a^b f(x)dx - \int_a^b g(x)dx = \int_a^b \{f(x)-g(x)\}dx$

> **tip**
>
> 두 함수 $f(x)$, $g(x)$의 부정적분을 각각 $F(x)$, $G(x)$라 하면
>
> ① $\int_a^b f(x)dx + \int_a^b g(x)dx = \{F(b)-F(a)\}+\{G(b)-G(a)\}$
> $\qquad\qquad\qquad\qquad = \{F(b)+G(b)\}-\{F(a)+G(a)\}$
> $\qquad\qquad\qquad\qquad = \int_a^b \{f(x)+g(x)\}dx$
>
> ② $\int_a^b f(x)dx - \int_a^b g(x)dx = \{F(b)-F(a)\}-\{G(b)-G(a)\}$
> $\qquad\qquad\qquad\qquad = \{F(b)-G(b)\}-\{F(a)-G(a)\}$
> $\qquad\qquad\qquad\qquad = \int_a^b \{f(x)-g(x)\}dx$

F81 ❀❀❀

$\int_0^a (4x^2-3x)dx = \int_0^a (x^2+x)dx$를 만족시키는

양수 a의 값을 구하시오. (3점)

F82 ✱❀❀ .... 2024실시 3월 학평 17(고3)

$\int_0^2 (3x^2 - 2x + 3)dx - \int_2^0 (2x+1)dx$의 값을
구하시오. (3점)

F83 ❀❀❀ .... 2025대비 9월 모평 9(고3)

함수 $f(x) = x^2 + x$에 대하여
$$5\int_0^1 f(x)dx - \int_0^1 \{5x + f(x)\}dx$$
의 값은? (4점)

① $\dfrac{1}{6}$ ② $\dfrac{1}{3}$ ③ $\dfrac{1}{2}$

④ $\dfrac{2}{3}$ ⑤ $\dfrac{5}{6}$

F84 ❀❀❀ .... 2024실시 10월 학평 4(고3)

$\int_1^2 (3x+4)dx + \int_1^2 (3x^2 - 3x)dx$의 값은? (3점)

① 7   ② 8   ③ 9

④ 10   ⑤ 11

F85 ❀❀❀ .... 2020실시(가) 3월 학평 24(고3)

$\int_1^3 (4x^3 - 6x + 4)dx + \int_1^3 (6x-1)dx$의 값을 구하시오. (3점)

F86 ❀❀❀ .... 2015실시(A) 10월 학평 23(고3)

$\int_0^{10} (x+1)^2 dx - \int_0^{10} (x-1)^2 dx$의 값을 구하시오.

(3점)

F87 ❀❀❀ Pass .... 2012실시(나) 10월 학평 4(고3)

$\int_0^2 (x^2 + 1)dx - \int_0^2 x^2 dx$의 값은? (3점)

① -2 ② -1 ③ 0

④ 1   ⑤ 2

F88 ❀❀❀ Pass .... 2019실시(나) 10월 학평 6(고3)

$\int_{-3}^3 (x^3 + 4x^2)dx + \int_3^{-3} (x^3 + x^2)dx$의 값은? (3점)

① 36   ② 42   ③ 48

④ 54   ⑤ 60

F89 ❀❀❀ Pass .... 2006실시(가) 10월 학평 18(고3)

정적분 $\int_0^9 \dfrac{x^3}{x+2}dx + \int_0^9 \dfrac{8}{x+2}dx$의 값을 구하시오. (3점)

F

유형 10 피적분함수가 같은 정적분

세 실수 a, b, c를 포함하는 구간에서 연속인 함수 $f(x)$에 대하여

$$\int_a^b f(x)dx + \int_b^c f(x)dx = \int_a^c f(x)dx$$

tip

함수 $f(x)$의 부정적분을 $F(x)$라 하면

$$\int_a^b f(x)dx + \int_b^c f(x)dx = \{F(b)-F(a)\} + \{F(c)-F(b)\}$$

$$= F(c)-F(a) = \int_a^c f(x)dx$$

F90 ❀❀❀ .... 2025실시 7월 학평 9(고3)

이차함수 $f(x)$가 $\int_{-1}^1 f'(x)dx = 0$을 만족시킬 때,

$f(0)-f(-1)+\int_0^1 \{x^2+2x+f'(x)\}dx$의 값은? (4점)

① $\dfrac{1}{3}$ ② $\dfrac{2}{3}$ ③ 1

④ $\dfrac{4}{3}$ ⑤ $\dfrac{5}{3}$

F91 ❀❀❀ .... 2025대비 수능 9(고3)

함수 $f(x)=3x^2-16x-20$에 대하여

$$\int_{-2}^a f(x)dx = \int_{-2}^0 f(x)dx$$

일 때, 양수 a의 값은? (4점)

① 16 ② 14 ③ 12

④ 10 ⑤ 8

F92 ❀❀❀ .... 2020실시(나) 3월 학평 5(고3)

$\displaystyle\int_5^2 2t\,dt - \int_5^0 2t\,dt$의 값은? (3점)

① -4 ② -2 ③ 0

④ 2 ⑤ 4

F93 ❀❀❀ .... 2015실시(가) 9월 학평 27(고2)

$\displaystyle\int_0^3 (x+1)^2 dx - \int_{-1}^3 (x-1)^2 dx + \int_{-1}^0 (x-1)^2 dx$의

값을 구하시오. (4점)

F94 ✱❀❀ .... 2011실시(나) 10월 학평 7(고3)

이차함수 $f(x)=(x-\alpha)(x-\beta)$에서 두 상수 α, β가 다음 조건을 만족시킨다.

> (가) $\alpha < 0 < \beta$
> (나) $\alpha + \beta > 0$

이때, 세 정적분

$$A = \int_\alpha^0 f(x)dx, \quad B = \int_0^\beta f(x)dx, \quad C = \int_\alpha^\beta f(x)dx$$

의 값의 대소 관계를 바르게 나타낸 것은? (3점)

① $A < B < C$ ② $A < C < B$ ③ $B < A < C$

④ $C < A < B$ ⑤ $C < B < A$

F95 ✱❀❀ .... 2012대비(나) 9월 모평 13(고3)

모든 다항함수 $f(x)$에 대하여 옳은 것만을 [보기]에서 있는 대로 고른 것은? (4점)

> **[보기]**
> ㄱ. $\displaystyle\int_0^3 f(x)dx = 3\int_0^1 f(x)dx$
> ㄴ. $\displaystyle\int_0^1 f(x)dx = \int_0^2 f(x)dx + \int_2^1 f(x)dx$
> ㄷ. $\displaystyle\int_0^1 \{f(x)\}^2 dx = \left\{\int_0^1 f(x)dx\right\}^2$

① ㄴ   ② ㄷ   ③ ㄱ, ㄴ

④ ㄱ, ㄷ   ⑤ ㄴ, ㄷ

닫힌구간 $[a, b]$에서 연속인 함수 $f(x)=\begin{cases}g(x)\ (x\geq c)\\ h(x)\ (x<c)\end{cases}$에
대하여 $a<c<b$일 때,
$$\int_a^b f(x)dx=\int_a^c h(x)dx+\int_c^b g(x)dx$$

tip

적분구간 안에서 함수가 다르게 정의되어 있으면 적분구간을 나누어 정적분의 값을 구한다.

F96 ✱✱✱

함수 $f(x)=\begin{cases}-x\quad (x<1)\\ x-2\ (x\geq 1)\end{cases}$에 대하여 $\int_0^4 f(x)dx$의 값은?

(3점)

① $\dfrac{1}{2}$ ② 1 ③ $\dfrac{3}{2}$

④ 2 ⑤ $\dfrac{5}{2}$

F97 ✱✱✱

실수 전체의 집합에서 연속인 함수 $f(x)$가
$$f(x)=\begin{cases}3x^2-a\ (x<2)\\ ax+6\ (x\geq 2)\end{cases}$$
일 때, $\int_0^3 f(x)dx$의 값은? (단, a는 상수이다.) (3점)

① 6 ② 9 ③ 12
④ 15 ⑤ 18

F98 ✱✱✱

2017실시(나) 10월 학평 16(고3)

함수 $f(x)$를
$$f(x)=\begin{cases}2x+2\qquad (x<0)\\ -x^2+2x+2\ \ (x\geq 0)\end{cases}$$
라 하자. 양의 실수 a에 대하여 $\int_{-a}^{a} f(x)dx$의 최댓값은? (4점)

① 5 ② $\dfrac{16}{3}$ ③ $\dfrac{17}{3}$

④ 6 ⑤ $\dfrac{19}{3}$

$a\leq x\leq c$에서 $f(x)\geq 0$, $c\leq x\leq b$에서 $f(x)\leq 0$일 때,
닫힌구간 $[a, b]$에서 연속인 함수 $|f(x)|$의 $x=a$에서 $x=b$까지의
정적분은
$$\int_a^b |f(x)|dx=\int_a^c f(x)dx+\int_c^b \{-f(x)\}dx\ (단,\ a<c<b)$$

tip

절댓값 기호가 있는 함수의 정적분의 값은 절댓값 기호 안을 0으로 하는 값을 기준으로 구간을 나누어 정적분의 값을 구한다.

F99 ✱✱✱

2019대비(나) 수능 25(고3)

$\int_1^4 (x+|x-3|)dx$의 값을 구하시오. (3점)

F100 ✱✱✱

2021실시 7월 학평 15(고3)

최고차항의 계수가 1인 사차함수 $f(x)$의 도함수
$f'(x)$에 대하여 방정식 $f'(x)=0$의 서로 다른 세 실근
α, 0, $\beta(\alpha<0<\beta)$가 이 순서대로 등차수열을 이룰 때,
함수 $f(x)$는 다음 조건을 만족시킨다.

> (가) 방정식 $f(x)=9$는 서로 다른 세 실근을 가진다.
> (나) $f(\alpha)=-16$

함수 $g(x)=|f'(x)|-f'(x)$에 대하여 $\int_0^{10} g(x)dx$의 값은?

(4점)

① 48 ② 50 ③ 52
④ 54 ⑤ 56

F101 ✽❀❀ ···················· 2008대비(가) 9월 모평 5(고3)

$\int_0^2 |x^2(x-1)|\,dx$의 값은? (3점)

① $\dfrac{3}{2}$　　　② 2　　　③ $\dfrac{5}{2}$

④ 3　　　⑤ $\dfrac{7}{2}$

F102 ✽✽❀ ···················· 2018실시(나) 7월 학평 21(고3)

함수 $f(x)=(x-1)|x-a|$의 극댓값이 1일 때,

$\int_0^4 f(x)dx$의 값은? (단, a는 상수이다.) (4점)

① $\dfrac{4}{3}$　　　② $\dfrac{3}{2}$　　　③ $\dfrac{5}{3}$

④ $\dfrac{11}{6}$　　　⑤ 2

F103 ✽✽❀ ···················· 2011실시(가) 4월 학평 30(고3)

x에 대한 방정식 $\int_0^x |t-1|\,dt=x$의 양수인 실근이

$m+n\sqrt{2}$일 때, m^3+n^3의 값을 구하시오. (단, m, n은 유리수

이다.) (4점)

유형 13　그래프의 성질을 이용한 함수의 정적분

함수 $y=f(x)$의 그래프가

(1) y축에 대하여 대칭이면 $\displaystyle\int_{-a}^{a} f(x)dx=2\int_0^a f(x)dx$

(2) 원점에 대하여 대칭이면 $\displaystyle\int_{-a}^{a} f(x)dx=0$

　　　　　　　　　　　　　　　　　tip

① $f(x)=f(-x)$를 만족시키는 함수 $f(x)$는 y축에 대하여 대칭인
　함수이다. 또, 다항함수의 경우 짝수차수의 항과 상수항으로만
　이루어지면 그 함수는 y축에 대하여 대칭인 함수이다.

② $f(x)=-f(-x)$를 만족시키는 함수 $f(x)$는 원점에 대하여 대칭인
　함수이다. 또, 다항함수의 경우 홀수차수의 항으로만 이루어지면 그
　함수는 원점에 대하여 대칭인 함수이다.

F104 ❀❀❀ ···················· 2021실시 3월 학평 4(고3)

$\int_2^{-2} (x^3+3x^2)\,dx$의 값은? (3점)

① -16　　　② -8　　　③ 0

④ 8　　　⑤ 16

F105 ❀❀❀ ···················· 2017실시(나) 7월 학평 9(고3)

$\int_{-2}^2 (3x^2+2x+1)\,dx$의 값은? (3점)

① 12　　　② 14　　　③ 16

④ 18　　　⑤ 20

F106 ❀❀❀ ···················· 2013대비(나) 9월 모평 23(고3)

$\int_{-2}^2 x(3x+1)\,dx$의 값을 구하시오. (3점)

F107 ✸✸✸ 　　2022실시 3월 학평 17(고3)

$\int_{-3}^{2}(2x^3+6|x|)dx-\int_{-3}^{-2}(2x^3-6x)dx$의 값을
구하시오. (3점)

F108 ✸✸✸ 　　2026대비 6월 모평 9(고3)

함수 $f(x)=x^2+ax$에 대하여

$$\int_{-3}^{3}(x+1)f(x)dx=36+\int_{-3}^{3}f(x)dx$$

일 때, 상수 a의 값은? (4점)

① 1　　　　② 2　　　　③ 3
④ 4　　　　⑤ 5

F109 ✸✸✸ 　　2024대비 수능 8(고3)

삼차함수 $f(x)$가 모든 실수 x에 대하여

$$xf(x)-f(x)=3x^4-3x$$

를 만족시킬 때, $\int_{-2}^{2}f(x)dx$의 값은? (3점)

① 12　　　　② 16　　　　③ 20
④ 24　　　　⑤ 28

F110 ✿✸✸ 　　2020실시(나) 7월 학평 14(고3)

다항함수 $f(x)$가 다음 조건을 만족시킨다.

> (가) $\lim\limits_{x\to\infty}\dfrac{f(x)+f(-x)}{x^2}=3$
> (나) $f(0)=-1$

$\int_{-3}^{3}f(x)dx$의 값은? (4점)

① 13　　　　② 15　　　　③ 17
④ 19　　　　⑤ 21

F111 ✿✿✸ 　　2024실시 5월 학평 18(고3)

최고차항의 계수가 3인 이차함수 $f(x)$가
모든 실수 x에 대하여

$$\int_{0}^{x}f(t)dt=2x^3+\int_{0}^{-x}f(t)dt$$

를 만족시킨다. $f(1)=5$일 때, $f(2)$의 값을 구하시오. (3점)

F112 ✿✸✸

다음 조건을 만족하는 다항함수 $f(x)$에 대하여
$\int_{3}^{5}xf(x)dx$의 값은? (3점)

> (가) 임의의 실수 x에 대하여 $f(x)=f(-x)$
> (나) $\int_{-3}^{1}xf(x)dx=4$, $\int_{-1}^{5}xf(x)dx=6$

① 2　　　　② 4　　　　③ 6
④ 8　　　　⑤ 10

유형 14 정적분의 값을 이용한 미정계수의 결정

정적분의 정의
$$\int_a^b f(x)dx = \Big[F(x)\Big]_a^b = F(b) - F(a)$$
를 이용하여 정적분을 계산한 후 주어진 값을 이용하여
미정계수를 구한다.

tip

정적분의 성질을 이용하여 주어진 식을 정리한 후 정적분의 정의에 따라
정적분의 값을 계산하는 것이 계산 실수를 줄이는 데 도움이 된다.

F113 ❀❀❀ .... 2022대비 5월 예시 2(고2)

$\int_{-1}^1 (x^3 + a)dx = 4$일 때, 상수 a의 값은? (2점)

① 1   ② 2   ③ 3
④ 4   ⑤ 5

F114 ❀❀❀ .... 2018대비(나) 수능 9(고3)

$\int_0^a (3x^2 - 4)dx = 0$을 만족시키는 양수 a의 값은?

(3점)

① 2   ② $\dfrac{9}{4}$ ③ $\dfrac{5}{2}$

④ $\dfrac{11}{4}$ ⑤ 3

F115 ❀❀❀ .... 2016실시(나) 7월 학평 8(고3)

$\int_0^1 (ax^2 + 1)dx = 4$일 때, 상수 a의 값은? (3점)

① 7   ② 9   ③ 11
④ 13   ⑤ 15

F116 ❀❀❀ .... 2015대비(A) 수능 6(고3)

$\int_0^1 (2x + a)dx = 4$일 때, 상수 a의 값은? (3점)

① 1   ② 2   ③ 3
④ 4   ⑤ 5

F117 ❀❀❀ .... 2014대비(A) 수능 23(고3)

실수 a에 대하여 $\int_{-a}^a (3x^2 + 2x)dx = \dfrac{1}{4}$일 때, $50a$의 값을
구하시오. (3점)

F118 ❀❀❀ .... 2014대비(A) 9월 모평 5(고3)

$\int_0^1 (4x^3 + a)dx = 8$일 때, 상수 a의 값은? (3점)

① 6   ② 7   ③ 8
④ 9   ⑤ 10

F119 ❀❀❀ .... 2018실시(가) 11월 학평 7(고2)

$\int_{-1}^1 \left(4x^3 + x^2 - \dfrac{1}{2}x + a\right)dx = 2$일 때, 상수 a의 값은? (3점)

① $\dfrac{1}{3}$ ② $\dfrac{2}{3}$ ③ 1

④ $\dfrac{4}{3}$ ⑤ $\dfrac{5}{3}$

F120 ❀❀❀ .... 2016실시(나) 10월 학평 24(고3)

함수 $y=4x^3-12x^2$의 그래프를 y축의 방향으로
k만큼 평행이동한 그래프를 나타내는 함수를 $y=f(x)$라 하자.
$\int_0^3 f(x)dx=0$을 만족시키는 상수 k의 값을 구하시오. (3점)

F121 ❀❀❀ .... 2013대비(나) 수능 11(고3)

함수 $f(x)=x+1$에 대하여

$$\int_{-1}^1 \{f(x)\}^2 dx = k\left\{\int_{-1}^1 f(x)dx\right\}^2$$

일 때, 상수 k의 값은? (3점)

① $\dfrac{1}{6}$ ② $\dfrac{1}{3}$ ③ $\dfrac{1}{2}$

④ $\dfrac{2}{3}$ ⑤ $\dfrac{5}{6}$

F122 ❀❀❀ .... 2009대비(가) 수능 3(고3)

함수 $f(x)=6x^2+2ax$가 $\int_0^1 f(x)dx=f(1)$을 만족시킬 때,
상수 a의 값은? (2점)

① -4 ② -2 ③ 0

④ 2 ⑤ 4

F123 ✿❀❀ .... 2022대비 5월 예시 12(고2)

$0<a<b$인 모든 실수 a, b에 대하여

$$\int_a^b (x^3-3x+k)dx>0$$

이 성립하도록 하는 실수 k의 최솟값은? (4점)

① 1 ② 2 ③ 3

④ 4 ⑤ 5

유형 15 **주어진 그래프를 이용한 정적분**

함수 $y=f(x)$의 그래프가 두 점 (a,b), (c,d)를 지나면 함수
$f(x)$의 도함수 $f'(x)$에 대하여

$$\int_a^c f'(x)dx=\Big[f(x)\Big]_a^c=f(c)-f(a)=d-b$$

ⓣⓘⓟ

주어진 그래프를 이용하여 함수의 식을 구한 후 구해야 하는 정적분의
값을 계산한다.

F124 ✿❀❀ .... 2003대비(인) 수능 16(고3)

그림과 같이 삼차함수 $y=f(x)$가 극댓값 $f(1)=1$과 극솟값
$f(3)=-3$을 가지며, $f(0)=-3$이다.

이때, $\int_0^3 |f'(x)|dx$의 값은? (3점)

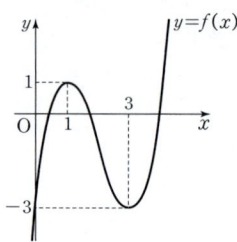

① 6 ② 7 ③ 8

④ 9 ⑤ 10

F125 ✿❀❀ ....

닫힌구간 $[0, 3]$에서 정의된 함수 $y=f(x)$의 그래프가 그림과
같을 때, $\int_0^3 f(f(x))dx$의 값을 구하시오. (4점)

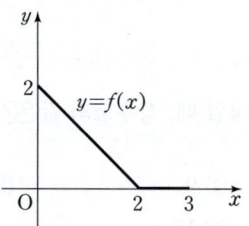

F126 ✲✲✿ 2017대비(나) 9월 모평 29(고3)

구간 $[0, 8]$에서 정의된 함수 $f(x)$는

$$f(x)=\begin{cases} -x(x-4) & (0\le x<4) \\ x-4 & (4\le x\le 8) \end{cases}$$

이다. 실수 $a(0\le a\le 4)$에 대하여 $\int_a^{a+4} f(x)dx$의 최솟값은

$\dfrac{q}{p}$이다. $p+q$의 값을 구하시오. (단, p와 q는 서로소인 자연수이다.) (4점)

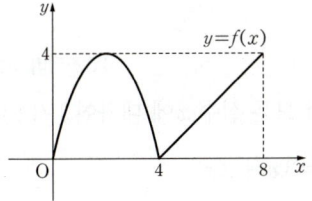

고난도

유형 16 정적분의 계산의 활용

주어진 조건을 만족시키는 새로운 함수를 구하여 이 함수의 정적분의 값을 구하는 문제가 고난도로 출제될 수 있다.

 tip

닫힌구간 $[a, b]$에서 연속인 함수 $f(x)=\begin{cases} g(x) & (x\ge c) \\ h(x) & (x<c) \end{cases}$에 대하여

$a<c<b$일 때, $\displaystyle\int_a^b f(x)dx=\int_a^c h(x)dx+\int_c^b g(x)dx$

F127 ✲✲✲ 2022실시 7월 학평 9(고3)

최고차항의 계수가 1인 삼차함수 $f(x)$가

$$\int_0^1 f'(x)dx=\int_0^2 f'(x)dx=0$$

을 만족시킬 때, $f'(1)$의 값은? (4점)

① -4 ② -3 ③ -2

④ -1 ⑤ 0

F128 ✲✿✿ 2022대비 9월 모평 14(고3)

최고차항의 계수가 1이고 $f'(0)=f'(2)=0$인 삼차함수 $f(x)$와 양수 p에 대하여 함수 $g(x)$를

$$g(x)=\begin{cases} f(x)-f(0) & (x\le 0) \\ f(x+p)-f(p) & (x>0) \end{cases}$$

이라 하자. [보기]에서 옳은 것만을 있는 대로 고른 것은? (4점)

[보기]

ㄱ. $p=1$일 때, $g'(1)=0$이다.

ㄴ. $g(x)$가 실수 전체의 집합에서 미분가능하도록 하는 양수 p의 개수는 1이다.

ㄷ. $p\ge 2$일 때, $\displaystyle\int_{-1}^1 g(x)dx\ge 0$이다.

① ㄱ   ② ㄱ, ㄴ   ③ ㄱ, ㄷ

④ ㄴ, ㄷ   ⑤ ㄱ, ㄴ, ㄷ

F129 ✲✲✿ 2015실시(A) 7월 학평 29(고3)

최고차항의 계수가 1이고 다음 조건을 만족시키는 모든 삼차함수 $f(x)$에 대하여 $\displaystyle\int_0^3 f(x)dx$의 최솟값을 m이라 할 때, $4m$의 값을 구하시오. (4점)

(가) $f(0)=0$

(나) 모든 실수 x에 대하여 $f'(2-x)=f'(2+x)$이다.

(다) 모든 실수 x에 대하여 $f'(x)\ge -3$이다.

F130 ✻✻✻   2010대비(가) 수능 24(고3)

삼차함수 $f(x)=x^3-3x-1$이 있다.

실수 $t(t\geq-1)$에 대하여 $-1\leq x\leq t$에서 $|f(x)|$의 최댓값을 $g(t)$라고 하자. $\int_{-1}^{1}g(t)dt=\dfrac{q}{p}$일 때, $p+q$의 값을 구하시오.

(단, p, q는 서로소인 자연수이다.) (4점)

④ 정적분으로 나타내어진 함수의 미분

유형 17 정적분과 미분의 관계

(1) $\dfrac{d}{dx}\displaystyle\int_{a}^{x}f(t)dt=f(x)$

(2) $\dfrac{d}{dx}\displaystyle\int_{x}^{x+a}f(t)dt=f(x+a)-f(x)$

(tip)

함수 $f(x)$의 부정적분을 $F(x)$라 하면

$\displaystyle\int_{a}^{x}f(t)dt=\Big[F(t)\Big]_{a}^{x}=F(x)-F(a)$

이고 $F'(x)=f(x)$이므로 위의 식의 양변을 x에 대하여 미분하면

$\dfrac{d}{dx}\displaystyle\int_{a}^{x}f(t)dt=\dfrac{d}{dx}\{F(x)-F(a)\}=F'(x)=f(x)$

F131 ✻✻✻   2025실시 10월 학평 11(고3)

이차함수 $f(x)$가 모든 실수 x에 대하여

$$(x+3)f(x)=\int_{-3}^{x}(4f(t)-2t^2)dt$$

를 만족시킨다. $f(2)$의 값은? (4점)

① 24   ② 25   ③ 26

④ 27   ⑤ 28

F132 ✻✻✻   2018대비(나) 9월 모평 8(고3)

함수 $f(x)=\displaystyle\int_{1}^{x}(t-2)(t-3)dt$에 대하여 $f'(4)$의 값은?

(3점)

① 1   ② 2   ③ 3

④ 4   ⑤ 5

F133 ✻✻✻   2016실시(가) 11월 학평 25(고2)

함수 $f(x)$가

$$f(x)=\frac{d}{dx}\int_{1}^{x}(t^3+2t+5)dt$$

일 때, $f'(2)$의 값을 구하시오. (3점)

F134 ✻✻✻   2025대비 수능 7(고3)

다항함수 $f(x)$가 모든 실수 x에 대하여

$$\int_{0}^{x}f(t)dt=3x^3+2x$$

를 만족시킬 때, $f(1)$의 값은? (3점)

① 7   ② 9   ③ 11

④ 13   ⑤ 15

F135 ✻✻✻   2016실시(가) 9월 학평 9(고3)

다항함수 $f(x)$가 모든 실수 x에 대하여

$$\int_{1}^{x}f(t)dt=x^3+3x^2-2x-2$$

를 만족시킬 때, $f(2)$의 값은? (3점)

① 14   ② 16   ③ 18

④ 20   ⑤ 22

F136 ✻✻✻   2012대비(나) 수능 9(고3)

함수 $F(x)=\displaystyle\int_{0}^{x}(t^3-1)dt$에 대하여 $F'(2)$의 값은? (3점)

① 11   ② 9   ③ 7

④ 5   ⑤ 3

F137 ✽❀❀ ……………… 2021대비(나) 9월 모평 28(고3)

함수 $f(x) = -x^2 - 4x + a$에 대하여 함수

$$g(x) = \int_0^x f(t)dt$$

가 닫힌구간 $[0, 1]$에서 증가하도록 하는 실수 a의 최솟값을 구하시오. (4점)

F138 ✽❀❀ ……………… 2014실시(A) 10월 학평 24(고3)

모든 실수 x에 대하여 함수 $f(x)$는 다음 조건을 만족시킨다.

$$\int_{12}^x f(t)dt = -x^3 + x^2 + \int_0^1 xf(t)dt$$

$\int_0^1 f(x)dx$의 값을 구하시오. (3점)

F139 ✽✽❀ ……………… 2020대비(나) 9월 모평 21(고3)

함수 $f(x) = x^3 + x^2 + ax + b$에 대하여 함수 $g(x)$를

$$g(x) = f(x) + (x-1)f'(x)$$

라 하자. [보기]에서 옳은 것만을 있는 대로 고른 것은?

(단, a, b는 상수이다.) (4점)

──────────── [보기] ────────────

ㄱ. 함수 $h(x)$가 $h(x) = (x-1)f(x)$이면
   $h'(x) = g(x)$이다.

ㄴ. 함수 $f(x)$가 $x = -1$에서 극값 0을 가지면
   $\int_0^1 g(x)dx = -1$이다.

ㄷ. $f(0) = 0$이면 방정식 $g(x) = 0$은
   열린구간 $(0, 1)$에서 적어도 하나의 실근을 갖는다.

─────────────────────────────

① ㄱ   ② ㄴ   ③ ㄱ, ㄴ

④ ㄱ, ㄷ   ⑤ ㄱ, ㄴ, ㄷ

유형 18 정적분으로 정의된 함수 – 적분구간이 상수인 경우

함수 $f(x)$가 $f(x) = g(x) + \int_a^b f(t)dt$ (a, b는 상수) 꼴로 주어지면 다음 순서로 함수 $f(x)$를 구한다.

(i) $\int_a^b f(t)dt = k$ (k는 상수)라 하면 $f(x) = g(x) + k$

(ii) $f(x) = g(x) + k$를 $\int_a^b f(t)dt = k$에 대입하여 k의 값을 구한다.

(tip)

위끝과 아래끝이 상수인 정적분의 값은 상수이므로 위와 같은 순서로 함수 $f(x)$를 구할 수 있다.

F140 ✽✽✽ ……………… 2025실시 5월 학평 9(고3)

다항함수 $f(x)$가 모든 실수 x에 대하여

$$xf(x) = ax^3 + 2x - 3 + \int_0^1 f'(t)dt$$

를 만족시킬 때, $\int_0^2 f(x)dx$의 값은? (단, a는 상수이다.) (4점)

① 3   ② 6   ③ 9

④ 12   ⑤ 15

F141 ✽✽✽ ……………… 2020실시(나) 10월 학평 16(고3)

다항함수 $f(x)$의 한 부정적분 $g(x)$가 다음 조건을 만족시킨다.

──────────────────────────────

(가) $f(x) = 2x + 2\int_0^1 g(t)dt$

(나) $g(0) - \int_0^1 g(t)dt = \dfrac{2}{3}$

──────────────────────────────

$g(1)$의 값은? (4점)

① -2 ② $-\dfrac{5}{3}$ ③ $-\dfrac{4}{3}$

④ -1 ⑤ $-\dfrac{2}{3}$

F142 ✽❀❀   2021대비(나) 6월 모평 17(고3)

함수 $f(x)$가 모든 실수 x에 대하여

$$f(x)=4x^3+x\int_0^1 f(t)dt$$

를 만족시킬 때, $f(1)$의 값은? (4점)

① 6   ② 7   ③ 8

④ 9   ⑤ 10

F143 ✽❀❀   2014대비(A) 9월 모평 28(고3)

다항함수 $f(x)$에 대하여

$$\int_0^x f(t)dt=x^3-2x^2-2x\int_0^1 f(t)dt$$

일 때, $f(0)=a$라 하자. $60a$의 값을 구하시오. (4점)

F144 ✽❀❀   2013실시(A) 7월 학평 12(고3)

함수 $f(x)$가 $f(x)=x^2-2x+\int_0^1 tf(t)dt$를 만족시킬 때, $f(3)$의 값은? (3점)

① $\dfrac{13}{6}$ ② $\dfrac{5}{2}$ ③ $\dfrac{17}{6}$

④ $\dfrac{19}{6}$ ⑤ $\dfrac{7}{2}$

F145 ✽❀❀   2006대비(가) 9월 모평 19(고3)

이차함수 $f(x)$가

$$f(x)=\frac{12}{7}x^2-2x\int_1^2 f(t)dt+\left\{\int_1^2 f(t)dt\right\}^2$$

일 때, $10\int_1^2 f(x)dx$의 값을 구하시오. (3점)

F146 ✽❀❀   2021대비(나) 6월 모평 17(고3)

두 다항함수 $f(x)$, $g(x)$에 대하여

$$f(x)=x^3-3x^2+\int_0^2 g(t)dt,\quad g(x)=3x^2+2+\int_{-1}^1 f(t)dt$$

일 때, $f(x)+g(x)$는? (3점)

① x^3-12 ② x^3-8 ③ $x^3-\dfrac{16}{3}$

④ $x^3-\dfrac{8}{3}$ ⑤ x^3-1

유형 19   정적분으로 정의된 함수   – 적분구간이 변수인 경우

함수 $f(x)$가 $\displaystyle\int_a^x f(t)dt=g(x)$ (a는 상수)를 만족시킬 때,

(i) 양변에 $x=a$를 대입하면 $\displaystyle\int_a^a f(t)dt=0$이므로 $g(a)=0$

(ii) 양변을 x에 대하여 미분하면 $f(x)=g'(x)$

tip

적분변수가 t일 때, x는 상수로 취급한다. 즉, $\displaystyle\int_a^x (x+t)f(t)dt$를 포함한 등식은

(i) $\displaystyle x\int_a^x f(t)dt+\int_a^x tf(t)dt$로 변형한 후

(ii) (i)에서 얻은 식을 x에 대하여 미분한다.

$$\frac{d}{dx}\left\{x\int_a^x f(t)dt+\int_a^x tf(t)dt\right\}=\int_a^x f(t)dt+xf(x)+xf(x)$$

F147 ❀❀❀   2025실시 7월 학평 7(고3)

다항함수 $f(x)$가 모든 실수 x에 대하여

$$\int_1^x f(t)dt=xf(x)-x^3$$

을 만족시킬 때, $f(2)$의 값은? (3점)

① 4   ② $\dfrac{9}{2}$ ③ 5

④ $\dfrac{11}{2}$ ⑤ 6

F148 ❀❀❀ —————— 2019대비(나) 수능 14(고3)

다항함수 $f(x)$가 모든 실수 x에 대하여

$$\int_1^x \left\{ \frac{d}{dt} f(t) \right\} dt = x^3 + ax^2 - 2$$

를 만족시킬 때, $f'(a)$의 값은? (단, a는 상수이다.) (4점)

① 1   ② 2   ③ 3
④ 4   ⑤ 5

F149 ❀❀❀ —————— 2018실시(나) 10월 학평 25(고3)

다항함수 $f(x)$가 모든 실수 x에 대하여

$$\int_a^x f(t)dt = \frac{1}{3}x^3 - 9$$

를 만족시킬 때, $f(a)$의 값을 구하시오. (단, a는 실수이다.) (3점)

F150 ❀❀❀ —————— 2017실시(나) 10월 학평 9(고3)

다항함수 $f(x)$가 모든 실수 x에 대하여

$$\int_1^x f(t)dt = x^3 + ax^2 - 3x + 1$$

을 만족시킬 때, $f(a)$의 값은? (단, a는 상수이다.) (3점)

① -2 ② -1 ③ 0
④ 1 ⑤ 2

F151 ❀❀❀ —————— 2016대비(A) 9월 모평 25(고3)

함수 $f(x)$가

$$f(x) = \int_0^x (2at+1)dt$$

이고 $f'(2) = 17$일 때, 상수 a의 값을 구하시오. (3점)

F152 ✿❀❀ —————— 2025실시 3월 학평 19(고3)

다항함수 $f(x)$가 모든 실수 x에 대하여

$$\int_0^x \{ f(t) + t^2 \} dt = xf(x) - x^3$$

을 만족시킬 때, $\int_0^4 f'(x)dx$의 값을 구하시오. (3점)

F153 ✿❀❀ —————— 2023실시 3월 학평 4(고3)

다항함수 $f(x)$가 모든 실수 x에 대하여

$$\int_1^x f(t)dt = x^3 - ax + 1$$

을 만족시킬 때, $f(2)$의 값은? (단, a는 상수이다.) (3점)

① 8   ② 10   ③ 12
④ 14   ⑤ 16

F154 ✽❀❀

2022대비 9월 모평 11(고3)

다항함수 $f(x)$가 모든 실수 x에 대하여

$$xf(x)=2x^3+ax^2+3a+\int_1^x f(t)dt$$

를 만족시킨다. $f(1)=\int_0^1 f(t)dt$일 때, $a+f(3)$의 값은?

(단, a는 상수이다.) (4점)

① 5   ② 6   ③ 7
④ 8   ⑤ 9

F155 ✽❀❀

2020실시(나) 4월 학평 16(고3)

다항함수 $f(x)$가 모든 실수 x에 대하여

$$3xf(x)=9\int_1^x f(t)dt+2x$$

를 만족시킬 때, $f'(1)$의 값은? (4점)

① -2 ② -1 ③ 0
④ 1   ⑤ 2

F156 ✽❀❀

2015실시(A) 7월 학평 15(고3)

다항함수 $f(x)$가 모든 실수 x에 대하여

$$\int_1^x f(t)dt=xf(x)-3x^4+2x^2$$

을 만족시킬 때, $f(0)$의 값은? (4점)

① 1   ② 2   ③ 3
④ 4   ⑤ 5

---

5 정적분으로 나타내어진 함수의 극한

유형 20 정적분으로 정의된 함수의 극한

함수 $f(x)$의 한 부정적분을 $F(x)$라 하면

(1) $\displaystyle\lim_{x\to 0}\frac{1}{x}\int_0^x f(t)dt=\lim_{x\to 0}\frac{F(x)-F(0)}{x-0}=F'(0)=f(0)$

(2) $\displaystyle\lim_{x\to 0}\frac{1}{x}\int_a^{a+x} f(t)dt=\lim_{x\to 0}\frac{F(a+x)-F(a)}{x}$
$=F'(a)=f(a)$

(3) $\displaystyle\lim_{x\to a}\frac{1}{x-a}\int_a^x f(t)dt=\lim_{x\to a}\frac{F(x)-F(a)}{x-a}=F'(a)=f(a)$

tip

① 이 유형은 극한식을 정리하여 미분계수의 형태로 바꾼 후 적분과 미분의 관계를 적용하면 쉽게 풀리는 문제가 대부분이다.

② $f'(a)=\displaystyle\lim_{x\to a}\frac{f(x)-f(a)}{x-a}=\lim_{h\to 0}\frac{f(a+h)-f(a)}{h}$

F157 ✽❀❀

2023실시 4월 학평 9(고3)

함수 $f(x)$에 대하여 $f'(x)=3x^2-4x+1$이고

$\displaystyle\lim_{x\to 0}\frac{1}{x}\int_0^x f(t)dt=1$일 때, $f(2)$의 값은? (4점)

① 3   ② 4   ③ 5
④ 6   ⑤ 7

F158 ✽❀❀

2017실시(나) 7월 학평 25(고3)

함수 $f(x)=\displaystyle\int_0^x (3t^2+5)dt$에 대하여

$\displaystyle\lim_{x\to 2}\frac{f(x)-f(2)}{x-2}$의 값을 구하시오. (3점)

F159 ✽❀❀

미분가능한 함수 $f(x)$가 $f(2)=1$, $f'(2)=4$를 만족시킬 때, $\lim_{x \to 2} \dfrac{1}{x-2} \displaystyle\int_2^x \{f(t)\}^2 f'(t)dt$의 값을 구하시오. (3점)

F160 ✽✽❀

2022실시 4월 학평 13(고3)

다항함수 $f(x)$가

$$\lim_{x \to 2} \frac{1}{x-2} \int_1^x (x-t)f(t)dt = 3$$

을 만족시킬 때, $\displaystyle\int_1^2 (4x+1)f(x)dx$의 값은? (4점)

① 15   ② 18   ③ 21
④ 24   ⑤ 27

F161 ✽✽❀

2012실시(나) 7월 학평 13(고3)

다항함수 $f(x)$가 $\lim_{x \to 1} \dfrac{\displaystyle\int_1^x f(t)dt - f(x)}{x^2-1} = 2$를 만족할 때, $f'(1)$의 값은? (4점)

① -4 ② -3 ③ -2
④ -1 ⑤ 0

---

2 + 3 + 4 정적분의 정의와 성질의 활용

2026 수능

유형 21 **정적분으로 정의된 함수의 극대, 극소** 출제

$f(x) = \displaystyle\int_a^x g(t)dt$ (a는 상수)와 같이 정의된 다항함수 $f(x)$의 극값은 다음과 같은 순서로 찾는다.

(ⅰ) 양변을 x에 대하여 미분한다. 즉, $f'(x) = g(x)$
(ⅱ) $f'(x) = 0$을 만족시키는 x의 값을 구한다.
(ⅲ) (ⅱ)에서 구한 x의 값 좌우에서 $f'(x)$의 부호의 변화를 살펴 $f(x)$의 극값을 구한다.

(tip)

1️⃣ 미분가능한 함수 $f(x)$가 $x=a$에서 극솟값 $f(a)$, $x=b$에서 극댓값 $f(b)$를 가진다고 하면 $f'(a)=0$, $f'(b)=0$이다.

2️⃣ 미분가능한 함수 $f(x)$에서 $f'(a)=0$이고 $x=a$의 좌우에서
(1) $f'(x)$의 부호가 양(+)에서 음(−)으로 바뀌면 $f(x)$는 $x=a$에서 극대이고 극댓값은 $f(a)$이다.
(2) $f'(x)$의 부호가 음(−)에서 양(+)으로 바뀌면 $f(x)$는 $x=a$에서 극소이고 극솟값은 $f(a)$이다.

F162 ✽❀❀

함수 $f(x) = \displaystyle\int_1^x (t^2+t)dt$의 극댓값과 극솟값의 합은? (3점)

① $-\dfrac{2}{3}$ ② -1 ③ $-\dfrac{7}{6}$
④ $-\dfrac{4}{3}$ ⑤ $-\dfrac{3}{2}$

F163 ✽❀❀

2013대비(나) 수능 21(고3)

삼차함수 $f(x) = x^3 - 3x + a$에 대하여 함수

$$F(x) = \int_0^x f(t)dt$$

가 오직 하나의 극값을 갖도록 하는 양수 a의 최솟값은? (4점)

① 1   ② 2   ③ 3
④ 4   ⑤ 5

F164 ✽✽✽ 2015실시(A) 10월 학평 14(고3)

함수 $f(x) = x(x+2)(x+4)$에 대하여 함수

$g(x) = \int_2^x f(t)dt$는 $x = a$에서 극댓값을 갖는다.

$g(a)$의 값은? (4점)

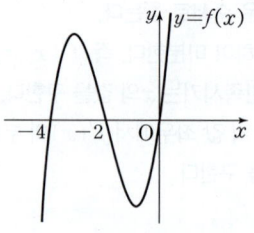

① -28 ② -29 ③ -30

④ -31 ⑤ -32

F165 ✽✽✽ 2024실시 3월 학평 12(고3)

실수 a에 대하여 함수 $f(x)$는

$$f(x) = \begin{cases} 3x^2 + 3x + a & (x < 0) \\ 3x + a & (x \geq 0) \end{cases}$$

이다. 함수 $g(x) = \int_{-4}^x f(t)dt$가 $x = 2$에서 극솟값을 가질 때, 함수 $g(x)$의 극댓값은? (4점)

① 18   ② 20   ③ 22

④ 24   ⑤ 26

F166 ✽✽✽ 2022대비 6월 모평 20(고3)

실수 a와 함수 $f(x) = x^3 - 12x^2 + 45x + 3$에 대하여 함수

$$g(x) = \int_a^x \{f(x) - f(t)\} \times \{f(t)\}^4 dt$$

가 오직 하나의 극값을 갖도록 하는 모든 a의 값의 합을 구하시오. (4점)

F167 ✽✽✽ 2022실시 7월 학평 20(고3)

최고차항의 계수가 3인 이차함수 $f(x)$에 대하여 함수

$$g(x) = x^2 \int_0^x f(t)dt - \int_0^x t^2 f(t)dt$$

가 다음 조건을 만족시킨다.

> (가) 함수 $g(x)$는 극값을 갖지 않는다.
> (나) 방정식 $g'(x) = 0$의 모든 실근은 0, 3이다.

$\int_0^3 |f(x)|dx$의 값을 구하시오. (4점)

유형 22 정적분으로 정의된 함수의 최대, 최소

주어진 등식을 미분하여 $f(x)$ 또는 $f'(x)$를 구한 후 $f(x)$의 최댓값과 최솟값을 구한다.

tip

함수 $f(x)$가 닫힌구간 $[a, b]$에서 연속이고 열린구간 (a, b)에서 미분가능할 때, 함수 $f(x)$가 구간 (a, b)에서 극값을 가지면
1 $f(x)$의 최댓값 : 극댓값, $f(a)$, $f(b)$ 중 가장 큰 값
2 $f(x)$의 최솟값 : 극솟값, $f(a)$, $f(b)$ 중 가장 작은 값

F168 ✱❀❀ .... 1994대비(2차) 수능 3(고3)

그림은 $y=f(x)$의 그래프이다. 함수 $g(x)$를

$$g(x)=\int_x^{x+1} f(t)dt$$라 할 때, $g(x)$의 최솟값은? (2점)

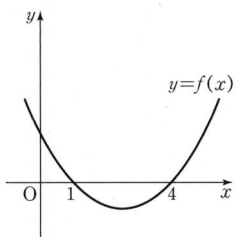

① $g(1)$ ② $g(2)$ ③ $g\left(\dfrac{5}{2}\right)$

④ $g\left(\dfrac{7}{2}\right)$ ⑤ $g(4)$

F169 ✱❀❀ ....

$-2 \le x \le 1$에서 함수 $f(x)=\int_x^{x+1}(t^2-t)dt$의 최댓값을 M, 최솟값 m이라 할 때, $M-m$의 값은? (4점)

① 1 ② 2 ③ 3

④ 4 ⑤ 5

F170 ✱❀❀ ....

닫힌구간 $[-1, 2]$에서 함수 $f(x)=\int_{-1}^x(t^2-|t|)dt$의 최댓값을 M, 최솟값을 m이라 할 때, $M-m$의 값은? (4점)

① $\dfrac{1}{6}$ ② $\dfrac{1}{3}$ ③ $\dfrac{1}{2}$

④ $\dfrac{2}{3}$ ⑤ $\dfrac{5}{6}$

유형 23 주기함수의 정적분

$f(x+p)=f(x)$를 만족시키는 함수는 주기가 p인 주기함수이므로

(1) $\displaystyle\int_a^{a+p} f(x)dx=\int_b^{b+p} f(x)dx=\int_{a+p}^{a+2p} f(x)dx=\cdots$

(2) $\displaystyle\int_a^b f(x)dx=\int_{a+p}^{b+p} f(x)dx=\int_{a+2p}^{b+2p} f(x)dx=\cdots$

tip

주기가 p인 함수 $f(x)$에 대하여 적분구간의 길이가 p인 정적분의 값은 적분구간에 상관없이 항상 같다.

F171 ✱❀❀ .... 2022대비 6월 모평 11(고3)

닫힌구간 $[0, 1]$에서 연속인 함수 $f(x)$가

$$f(0)=0,\ f(1)=1,\ \int_0^1 f(x)dx=\frac{1}{6}$$

을 만족시킨다. 실수 전체의 집합에서 정의된 함수 $g(x)$가 다음 조건을 만족시킬 때, $\displaystyle\int_{-3}^2 g(x)dx$의 값은? (4점)

(가) $g(x)=\begin{cases} -f(x+1)+1 & (-1<x<0) \\ f(x) & (0 \le x \le 1) \end{cases}$
(나) 모든 실수 x에 대하여 $g(x+2)=g(x)$이다.

① $\dfrac{5}{2}$ ② $\dfrac{17}{6}$ ③ $\dfrac{19}{6}$

④ $\dfrac{7}{2}$ ⑤ $\dfrac{23}{6}$

F172 ✽❀❀ 2015대비(A) 수능 20(고3)

함수 $f(x)$는 모든 실수 x에 대하여 $f(x+3)=f(x)$
를 만족시키고,

$$f(x)=\begin{cases} x & (0\le x<1) \\ 1 & (1\le x<2) \\ -x+3 & (2\le x<3) \end{cases}$$

이다. $\int_{-a}^{a} f(x)dx=13$일 때, 상수 a의 값은? (4점)

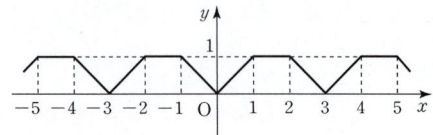

① 10   ② 12   ③ 14
④ 16   ⑤ 18

F173 ✽❀❀ 2012실시(나) 7월 학평 10(고3)

실수 전체에서 정의된 연속함수 $f(x)$가 $f(x)=f(x+4)$를
만족하고

$$f(x)=\begin{cases} -4x+2 & (0\le x<2) \\ x^2-2x+a & (2\le x\le 4) \end{cases}$$

일 때, $\int_{9}^{11} f(x)dx$의 값은? (3점)

① -8 ② $-\dfrac{26}{3}$ ③ $-\dfrac{28}{3}$

④ -10 ⑤ $-\dfrac{32}{3}$

F174 ✽❀❀ 2005대비(가) 9월 모평 8(고3)

함수 $f(x)$는 다음 두 조건을 만족한다.

> (가) $-2\le x\le 2$일 때, $f(x)=x^3-4x$
> (나) 임의의 실수 x에 대하여 $f(x)=f(x+4)$

정적분 $\int_{1}^{2} f(x)dx$와 같은 것은? (4점)

① $\displaystyle\int_{2004}^{2005} f(x)dx$ ② $-\displaystyle\int_{2004}^{2005} f(x)dx$

③ $\displaystyle\int_{2005}^{2006} f(x)dx$ ④ $-\displaystyle\int_{2005}^{2006} f(x)dx$

⑤ $\displaystyle\int_{2006}^{2007} f(x)dx$

F175 ✽❀❀

함수 $f(x)=\begin{cases} -x^2+2x & (0\le x\le 1) \\ -x+2 & (1<x\le 2) \end{cases}$ 이고, 모든 실수 x에 대하여

$f(x)=f(x+2)$이다. 이때, $\int_{0}^{2} f(x-1)dx$의 값은? (4점)

① $\dfrac{1}{6}$ ② $\dfrac{1}{3}$ ③ $\dfrac{2}{3}$

④ $\dfrac{5}{6}$ ⑤ $\dfrac{7}{6}$

F176 ✽✽❀ 2020실시(나) 7월 학평 28(고3)

모든 실수 x에 대하여 $f(x)\ge 0$, $f(x+3)=f(x)$

이고 $\int_{-1}^{2} \{f(x)+x^2-1\}^2 dx$의 값이 최소가 되도록 하는

연속함수 $f(x)$에 대하여 $\int_{-1}^{26} f(x)dx$의 값을 구하시오. (4점)

F177 ★★✲ .... 2024실시 7월 학평 12(고3)

두 상수 a, b에 대하여 실수 전체의 집합에서
미분가능한 함수 $f(x)$가 다음 조건을 만족시킨다.

> (가) $0 \leq x < 4$일 때, $f(x) = x^3 + ax^2 + bx$이다.
> (나) 모든 실수 x에 대하여 $f(x+4) = f(x) + 16$이다.

$\displaystyle\int_4^7 f(x)dx$의 값은? (4점)

① $\dfrac{255}{4}$ ② $\dfrac{261}{4}$ ③ $\dfrac{267}{4}$

④ $\dfrac{273}{4}$ ⑤ $\dfrac{279}{4}$

F178 ★★✲ .... 2014실시(A) 10월 학평 19(고3)

모든 실수 x에 대하여 함수 $f(x)$는 다음 조건을
만족시킨다.

> (가) $f(x+2) = f(x)$
> (나) $f(x) = |x| \ (-1 \leq x < 1)$

함수 $g(x) = \displaystyle\int_{-2}^x f(t)dt$라 할 때, 실수 a에 대하여
$g(a+4) - g(a)$의 값은? (4점)

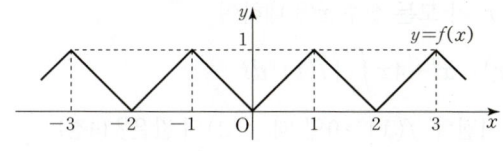

① 1   ② 2   ③ 3

④ 4   ⑤ 5

유형 24   대칭인 함수의 정적분

(1) 함수 $y = f(x)$의 그래프가 y축에 대하여 대칭이면

$f(-x) = f(x)$가 성립하고 $\displaystyle\int_{-a}^a f(x)dx = 2\int_0^a f(x)dx$이다.

(2) 함수 $y = f(x)$의 그래프가 원점에 대하여 대칭이면

$f(-x) = -f(x)$가 성립하고 $\displaystyle\int_{-a}^a f(x)dx = 0$이다.

(tip)

① 평행이동한 함수의 정적분

$\displaystyle\int_a^b f(x)dx = \int_{a+m}^{b+m} f(x-m)dx = \int_{a-n}^{b-n} f(x+n)dx$

② 선대칭인 함수의 정적분

$f(a+x) = f(a-x)$이면 함수 $y = f(x)$의 그래프는 직선 $x = a$에

대하여 대칭이므로 $\displaystyle\int_{a-k}^a f(x)dx = \int_a^{a+k} f(x)dx$

F179 ★✲✲ .... 2012실시(나) 7월 학평 19(고3)

정수 a, b, c에 대하여 함수
$f(x) = x^4 + ax^3 + bx^2 + cx + 10$이 다음 두 조건을 모두
만족시킨다.

> (가) 모든 실수 a에 대하여 $\displaystyle\int_{-a}^a f(x)dx = 2\int_0^a f(x)dx$
> (나) $-6 < f'(1) < -2$

이때, 함수 $y = f(x)$의 극솟값은? (4점)

① 5   ② 6   ③ 7

④ 8   ⑤ 9

F180 ★✲✲ .... 2005대비(가) 12월 예비 20(고3)

연속함수 $f(x)$는 임의의 실수 x에 대하여 다음을
만족시킨다.

> (가) $f(-x) = f(x)$
> (나) $f(x) = f(x+4)$

$\displaystyle\int_0^2 f(x)dx = 16$일 때, 정적분 $\displaystyle\int_{-4}^8 f(x)dx$의 값을 구하시오.

(4점)

F181 ✽✽✽ 2016대비(A)/수능 20(고3)

두 다항함수 $f(x)$, $g(x)$가 모든 실수 x에 대하여
$$f(-x)=-f(x),\ g(-x)=g(x)$$
를 만족시킨다. 함수 $h(x)=f(x)g(x)$에 대하여
$$\int_{-3}^{3}(x+5)h'(x)dx=10$$
일 때, $h(3)$의 값은? (4점)

① 1 ② 2 ③ 3
④ 4 ⑤ 5

F182 ✽✽✽

모든 실수 x에 대하여
$f(-x)=-f(x)$를 만족시키는 함수
$y=f(x)$의 그래프가 오른쪽 그림과
같을 때, 다음 중 함수 $y=\int_{-1}^{x}f(t)dt$의
그래프의 개형으로 가장 적당한 것은? (4점)

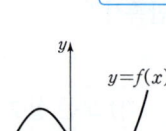

① 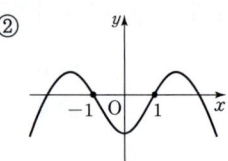 ②

③ 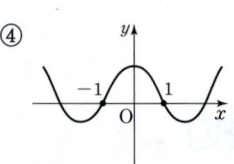 ④

⑤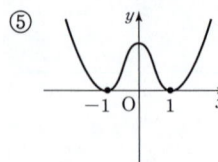

유형 25 **정적분의 값을 이용한 다항함수의 추론**

구간 $[a, b]$에서 연속인 함수 $f(x)$에 대하여

(1) $\left|\int_{a}^{b}f(x)dx\right|=\int_{a}^{b}|f(x)|dx$이면 $a\leq x\leq b$인 구간에서 $f(x)$의 부호가 바뀌지 않는다.

(2) $\left|\int_{a}^{b}f(x)dx\right|<\int_{a}^{b}|f(x)|dx$이면 $a\leq x\leq b$인 구간에서 $f(x)$의 부호가 적어도 한 번 바뀐다.

tip

주어진 조건과 그래프를 해석하여 함수의 성질을 찾아내는 유형으로 정적분의 계산, 극대·극소, 최대·최소, 접선, 역함수 등 여러 개념을 종합적으로 이해하고 적용할 수 있어야 한다.

F183 ✽✽✽ 2012대비(나) 수능 19(고3)

이차함수 $f(x)$는 $f(0)=-1$이고,
$$\int_{-1}^{1}f(x)dx=\int_{0}^{1}f(x)dx=\int_{-1}^{0}f(x)dx$$
를 만족시킨다. $f(2)$의 값은? (4점)

① 11 ② 10 ③ 9
④ 8 ⑤ 7

F184 ✽✽✽ 2020실시(가) 3월 학평 16(고3)

함수 $f(x)$가 모든 실수 x에 대하여
$$f(x)=x^3-4x\int_{0}^{1}|f(t)|dt$$
를 만족시킨다. $f(1)>0$일 때, $f(2)$의 값은? (4점)

① 6 ② 7 ③ 8
④ 9 ⑤ 10

F185 ✿❀❀❀ .... 2007대비(가) 9월 모평 8(고3)

양수 a에 대하여 삼차함수 $f(x)=-x(x+a)(x-a)$의 극대점의 x좌표를 b라 하자.

$$\int_{-b}^{a} f(x)dx=A, \quad \int_{b}^{a+b} f(x-b)dx=B$$

일 때, $\int_{-b}^{a} |f(x)|dx$의 값은? (3점)

① $-A+2B$ ② $-2A+B$ ③ $-A+B$

④ $A+B$ ⑤ $A+2B$

F186 ✿❀❀❀ .... 2006대비(가) 수능 20(고3)

함수 $f(x)=x^3$의 그래프를 x축 방향으로 a만큼, y축 방향으로 b만큼 평행이동시켰더니 함수 $y=g(x)$의 그래프가 되었다.

$$g(0)=0 \text{이고} \int_{a}^{3a} g(x)dx - \int_{0}^{2a} f(x)dx=32$$

일 때, a^4의 값을 구하시오. (3점)

F187 ✿✿❀❀ .... 2023실시 7월 학평 11(고3)

최고차항의 계수가 1인 삼차함수 $f(x)$가 다음 조건을 만족시킨다.

> (가) 모든 실수 x에 대하여 $f(1+x)+f(1-x)=0$이다.
> (나) $\int_{-1}^{3} f'(x)dx=12$

$f(4)$의 값은? (4점)

① 24   ② 28   ③ 32

④ 36   ⑤ 40

F188 ✿✿❀❀ .... 2023대비 수능 12(고3)

실수 전체의 집합에서 연속인 함수 $f(x)$가 다음 조건을 만족시킨다.

> $n-1 \leq x < n$일 때, $|f(x)|=|6(x-n+1)(x-n)|$이다. (단, n은 자연수이다.)

열린구간 $(0, 4)$에서 정의된 함수

$$g(x)=\int_{0}^{x} f(t)dt - \int_{x}^{4} f(t)dt$$

가 $x=2$에서 최솟값 0을 가질 때, $\int_{\frac{1}{2}}^{4} f(x)dx$의 값은? (4점)

① $-\dfrac{3}{2}$ ② $-\dfrac{1}{2}$ ③ $\dfrac{1}{2}$

④ $\dfrac{3}{2}$ ⑤ $\dfrac{5}{2}$

F189 ✻✻❀ .... 2020실시(나) 7월 학평 20(고3)

두 다항함수 $f(x)$, $g(x)$가 다음 조건을 만족시킨다.

> (가) $f'(x)=x^2-4x$, $g'(x)=-2x$
>
> (나) 함수 $y=f(x)$의 그래프와 함수 $y=g(x)$의 그래프는
> 서로 다른 두 점에서만 만난다.

[보기]에서 옳은 것만을 있는 대로 고른 것은? (4점)

― [보기] ―

ㄱ. 두 함수 $f(x)$와 $g(x)$는 모두 $x=0$에서 극대이다.

ㄴ. $\{f(0)-g(0)\} \times \{f(2)-g(2)\}=0$

ㄷ. 모든 실수 x에 대하여 $\int_{-1}^{x}\{f(t)-g(t)\}dt \geq 0$이면

$\int_{-1}^{1}\{f(x)-g(x)\}dx=2$이다.

① ㄱ   ② ㄱ, ㄴ   ③ ㄱ, ㄷ

④ ㄴ, ㄷ   ⑤ ㄱ, ㄴ, ㄷ

F190 ✻✻❀ .... 2019실시(나) 10월 학평 30(고3)

양수 a에 대하여 최고차항의 계수가 1인 이차함수
$f(x)$와 최고차항의 계수가 1인 삼차함수 $g(x)$가 다음
조건을 만족시킨다.

> (가) $f(0)=g(0)$
>
> (나) $\lim_{x \to 0}\dfrac{f(x)}{x}=0$, $\lim_{x \to a}\dfrac{g(x)}{x-a}=0$
>
> (다) $\int_{0}^{a}\{g(x)-f(x)\}dx=36$

$3\int_{0}^{a}|f(x)-g(x)|dx$의 값을 구하시오. (4점)

2026 6월

고난도

유형 26   정적분으로 정의된 다항함수의 추론

출제

$f(x)=\int_{a}^{x}g(t)dt$라 할 때, $f'(x)=g(x)$이므로 함수 $y=g(x)$의
그래프를 이용하여 함수 $y=f(x)$의 그래프를 유추할 수 있다.

(1) $g(x)>0$이면 $f(x)$는 증가하고, $g(x)<0$이면 $f(x)$는 감소한다.

(2) $g(x)=0$을 이용하여 $f(x)$의 극대, 극소를 파악한다.

tip

두 함수를 이용하여 새로운 함수를 정의하는 경우에는 두 함수의 그래프의
위치 관계를 잘 살펴보아야 한다. 두 함수의 그래프의 교점, 각 함수가 x축과
만나는 점, 각 함수의 극대점·극소점 등을 이용해 새로운 함수의 그래프의
특징을 잡고, 그 개형을 그릴 수 있어야 한다.

F191 ✻✻✻ .... 2025대비 9월 모평 15(고3)

두 다항함수 $f(x)$, $g(x)$는 모든 실수 x에 대하여 다
음 조건을 만족시킨다.

> (가) $\int_{1}^{x}tf(t)dt+\int_{-1}^{x}tg(t)dt=3x^4+8x^3-3x^2$
>
> (나) $f(x)=xg'(x)$

$\int_{0}^{3}g(x)dx$의 값은? (4점)

① 72   ② 76   ③ 80

④ 84   ⑤ 88

F192 ✽❀❀ 2023대비 9월 모평 14(고3)

최고차항의 계수가 1이고 $f(0)=0$, $f(1)=0$인
삼차함수 $f(x)$에 대하여 함수 $g(t)$를

$$g(t)=\int_{t}^{t+1}f(x)dx-\int_{0}^{1}|f(x)|dx$$

라 할 때, [보기]에서 옳은 것만을 있는 대로 고른 것은? (4점)

[보기]

ㄱ. $g(0)=0$이면 $g(-1)<0$이다.
ㄴ. $g(-1)>0$이면 $f(k)=0$을 만족시키는 $k<-1$인
　　실수 k가 존재한다.
ㄷ. $g(-1)>1$이면 $g(0)<-1$이다.

① ㄱ　　　　② ㄱ, ㄴ　　　　③ ㄱ, ㄷ
④ ㄴ, ㄷ　　⑤ ㄱ, ㄴ, ㄷ

F194 ✽✽❀ 2021실시 10월 학평 15(고3)

최고차항의 계수가 4이고 $f(0)=f'(0)=0$을
만족시키는 삼차함수 $f(x)$에 대하여 함수 $g(x)$를

$$g(x)=\begin{cases}\displaystyle\int_{0}^{x}f(t)dt+5 & (x<c)\\[2mm]\left|\displaystyle\int_{0}^{x}f(t)dt-\dfrac{13}{3}\right| & (x\geq c)\end{cases}$$

라 하자. 함수 $g(x)$가 실수 전체의 집합에서 연속이 되도록
하는 실수 c의 개수가 1일 때, $g(1)$의 최댓값은? (4점)

① 2　　　　② $\dfrac{8}{3}$　　　　③ $\dfrac{10}{3}$

④ 4　　　　⑤ $\dfrac{14}{3}$

F193 ✽✽❀ 2020실시(나) 10월 학평 20(고3)

최고차항의 계수가 4인 삼차함수 $f(x)$에 대하여
함수 $g(x)$를

$$g(x)=\int_{0}^{x}f(t)dt-xf(x)$$

라 하자. 모든 실수 x에 대하여 $g(x)\leq g(3)$이고 함수 $g(x)$는
오직 1개의 극값만 가진다. $\displaystyle\int_{0}^{1}g'(x)dx$의 값은? (4점)

① 8　　　　② 9　　　　③ 10
④ 11　　　⑤ 12

F195 ✽❀❀ 2020실시(나) 3월 학평 20(고3)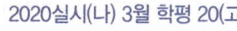

최고차항의 계수가 1인 삼차함수 $f(x)$에 대하여
함수 $g(x)$를

$$g(x)=\int_{0}^{x}f(t)dt+f(x)$$

라 할 때, 함수 $g(x)$는 다음 조건을 만족시킨다.

(가) 함수 $g(x)$는 $x=0$에서 극댓값 0을 갖는다.
(나) 함수 $g(x)$의 도함수 $y=g'(x)$의 그래프는 원점에
　　대하여 대칭이다.

$f(2)$의 값은? (4점)

① -5　　　　② -4　　　　③ -3
④ -2　　　　⑤ -1

F196 ❈❈❈ .... 2020대비(나) 수능 28(고3)

다항함수 $f(x)$가 다음 조건을 만족시킨다.

(가) 모든 실수 x에 대하여
$$\int_1^x f(t)dt = \frac{x-1}{2}\{f(x)+f(1)\} \text{이다.}$$

(나) $\int_0^2 f(x)dx = 5\int_{-1}^1 xf(x)dx$

$f(0)=1$일 때, $f(4)$의 값을 구하시오. (4점)

F197 ❈❈❈ .... 2017실시(나) 7월 학평 20(고3)

최고차항의 계수가 양수인 이차함수 $f(x)$에 대하여
$$g(x) = \int_0^x tf(t)dt$$
라 할 때, [보기]에서 옳은 것만을 있는 대로 고른 것은? (4점)

─────────[보기]─────────

ㄱ. $g'(0)=0$

ㄴ. 양수 α에 대하여 $g(\alpha)=0$이면 방정식 $f(x)=0$은 열린구간 $(0, \alpha)$에서 적어도 하나의 실근을 갖는다.

ㄷ. 양수 β에 대하여 $f(\beta)=g(\beta)=0$이면 모든 실수 x에 대하여 $\int_\beta^x tf(t)dt \geq 0$이다.

① ㄱ   ② ㄷ   ③ ㄱ, ㄴ

④ ㄴ, ㄷ   ⑤ ㄱ, ㄴ, ㄷ

F198 ❈❈❈ .... 2023대비 6월 모평 20(고3)

최고차항의 계수가 2인 이차함수 $f(x)$에 대하여

함수 $g(x) = \int_x^{x+1}|f(t)|dt$는 $x=1$과 $x=4$에서 극소이다.

$f(0)$의 값을 구하시오. (4점)

F199 ❈❈❈ .... 2022실시 7월 학평 15(고3)

최고차항의 계수가 1인 이차함수 $f(x)$에 대하여 함수

$$g(x) = \begin{cases} f(x+2) & (x<0) \\ \int_0^x tf(t)dt & (x \geq 0) \end{cases}$$

이 실수 전체의 집합에서 미분가능하다. 실수 a에 대하여 함수 $h(x)$를
$$h(x) = |g(x)-g(a)|$$
라 할 때, 함수 $h(x)$가 $x=k$에서 미분가능하지 않은 실수 k의 개수가 1이 되도록 하는 모든 a의 값의 곱은? (4점)

① $-\dfrac{4\sqrt{3}}{3}$ ② $-\dfrac{7\sqrt{3}}{6}$ ③ $-\sqrt{3}$

④ $-\dfrac{5\sqrt{3}}{6}$ ⑤ $-\dfrac{2\sqrt{3}}{3}$

F200 *** ...... 2013실시(A) 7월 학평 21(고3)

최고차항의 계수가 1인 삼차함수 $f(x)$가 $f(0)=0$, $f(a)=0$, $f'(a)=0$이고 함수 $g(x)$가 다음 두 조건을 만족시킬 때, $g\left(\dfrac{a}{3}\right)$의 값은? (단, a는 양수이다.) (4점)

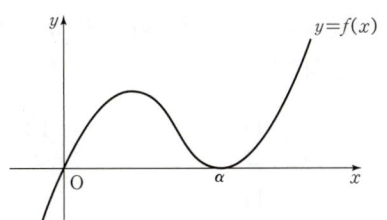

> (가) $g'(x)=f(x)+xf'(x)$
> (나) $g(x)$의 극댓값이 81이고 극솟값이 0이다.

① 56　　　② 58　　　③ 60
④ 62　　　⑤ 64

F201 *** ...... 2025대비 6월 모평 21(고3)

최고차항의 계수가 1인 사차함수 $f(x)$가 다음 조건을 만족시킨다.

> (가) $f'(a)\leq 0$인 실수 a의 최댓값은 2이다.
> (나) 집합 $\{x\,|\,f(x)=k\}$의 원소의 개수가 3 이상이 되도록 하는 실수 k의 최솟값은 $\dfrac{8}{3}$이다.

$f(0)=0$, $f'(1)=0$일 때, $f(3)$의 값을 구하시오. (4점)

F202 *** ...... 2021대비(나) 9월 모평 20(고3)

실수 전체의 집합에서 연속인 두 함수 $f(x)$와 $g(x)$가 모든 실수 x에 대하여 다음 조건을 만족시킨다.

> (가) $f(x)\geq g(x)$
> (나) $f(x)+g(x)=x^2+3x$
> (다) $f(x)g(x)=(x^2+1)(3x-1)$

$\displaystyle\int_0^2 f(x)dx$의 값은? (4점)

① $\dfrac{23}{6}$　　　② $\dfrac{13}{3}$　　　③ $\dfrac{29}{6}$

④ $\dfrac{16}{3}$　　　⑤ $\dfrac{35}{6}$

F203 *** ...... 2025실시 3월 학평 14(고3)

최고차항의 계수가 1인 사차함수 $f(x)$가 다음 조건을 만족시킨다.

> $x_1\leq x_2$인 모든 실수 x_1, x_2에 대하여 부등식
> $$\int_{x_1}^{x_2}\{f(t)-f(a)\}dt\geq\int_{x_1}^{x_2}f'(a)(t-a)dt$$
> 를 만족시키는 모든 실수 a의 값의 범위가 $a\leq -1$ 또는 $a\geq 3$이다.

$f(1)=15$, $f'(1)=1$일 때, $f(4)$의 값은? (4점)

① 21　　　② 23　　　③ 25
④ 27　　　⑤ 29

F204 ★★★ 2023대비 6월 모평 14(고3)

실수 전체의 집합에서 연속인 함수 $f(x)$와 최고차항의 계수가 1인 삼차함수 $g(x)$가

$$g(x) = \begin{cases} -\int_0^x f(t)dt & (x < 0) \\ \int_0^x f(t)dt & (x \ge 0) \end{cases}$$

을 만족시킬 때, [보기]에서 옳은 것만을 있는 대로 고른 것은? (4점)

─────── [보기] ───────

ㄱ. $f(0) = 0$

ㄴ. 함수 $f(x)$는 극댓값을 갖는다.

ㄷ. $2 < f(1) < 4$일 때, 방정식 $f(x) = x$의 서로 다른 실근의 개수는 3이다.

① ㄱ ② ㄷ ③ ㄱ, ㄴ

④ ㄱ, ㄷ ⑤ ㄱ, ㄴ, ㄷ

F205 ★★★ 2026대비 수능 15(고3)

함수 $f(x)$가

$$f(x) = \begin{cases} -x^2 & (x < 0) \\ x^2 - x & (x \ge 0) \end{cases}$$

이고, 양수 a에 대하여 함수 $g(x)$를

$$g(x) = \begin{cases} ax + a & (x < -1) \\ 0 & (-1 \le x < 1) \\ ax - a & (x \ge 1) \end{cases}$$

이라 하자. 함수 $h(x) = \int_0^x (g(t) - f(t))dt$가 오직 하나의 극값을 갖도록 하는 a의 최댓값을 k라 하자. $a = k$일 때, $k + h(3)$의 값은? (4점)

① $\dfrac{9}{2}$ ② $\dfrac{11}{2}$ ③ $\dfrac{13}{2}$

④ $\dfrac{15}{2}$ ⑤ $\dfrac{17}{2}$

F206 ★★★ 2021대비(나) 수능 20(고3)

실수 $a(a > 1)$에 대하여 함수 $f(x)$를

$$f(x) = (x+1)(x-1)(x-a)$$

라 하자. 함수

$$g(x) = x^2 \int_0^x f(t)dt - \int_0^x t^2 f(t)dt$$

가 오직 하나의 극값을 갖도록 하는 a의 최댓값은? (4점)

① $\dfrac{9\sqrt{2}}{8}$ ② $\dfrac{3\sqrt{6}}{4}$ ③ $\dfrac{3\sqrt{2}}{2}$

④ $\sqrt{6}$ ⑤ $2\sqrt{2}$

F207 ★★★ .... 2014실시(A) 7월 학평 29(고3)

연속함수 $f(x)$가 모든 실수 x에 대하여 다음 조건을 만족시킨다.

> (가) $f(-x)=f(x)$
> (나) $f(x+2)=f(x)$
> (다) $\int_{-1}^{1}(2x+3)f(x)dx=15$

$\int_{-6}^{10}f(x)dx$의 값을 구하시오. (4점)

F208 ★★★ .... 2017대비(나) 수능 20(고3)

최고차항의 계수가 양수인 삼차함수 $f(x)$가 다음 조건을 만족시킨다.

> (가) 함수 $f(x)$는 $x=0$에서 극댓값, $x=k$에서 극솟값을 가진다. (단, k는 상수이다.)
> (나) 1보다 큰 모든 실수 t에 대하여
> $$\int_{0}^{t}|f'(x)|dx=f(t)+f(0)$$
> 이다.

[보기]에서 옳은 것만을 있는 대로 고른 것은? (4점)

> ─── [보기] ───
> ㄱ. $\int_{0}^{k}f'(x)dx<0$
> ㄴ. $0<k\leq 1$
> ㄷ. 함수 $f(x)$의 극솟값은 0이다.

① ㄱ   ② ㄷ   ③ ㄱ, ㄴ
④ ㄴ, ㄷ   ⑤ ㄱ, ㄴ, ㄷ

F209 ★★★ .... 2023실시 3월 학평 20(고3)

최고차항의 계수가 1이고 $f(0)=1$인 삼차함수 $f(x)$와 양의 실수 p에 대하여 함수 $g(x)$가 다음 조건을 만족시킨다.

> (가) $g'(0)=0$
> (나) $g(x)=\begin{cases} f(x-p)-f(-p) & (x<0) \\ f(x+p)-f(p) & (x\geq 0) \end{cases}$

$\int_{0}^{p}g(x)dx=20$일 때, $f(5)$의 값을 구하시오. (4점)

F210 ★★★ .... 2022실시 10월 학평 14(고3)

최고차항의 계수가 1인 삼차함수 $f(x)$와 실수 t에 대하여 x에 대한 방정식

$$\int_{t}^{x}f(s)ds=0$$

의 서로 다른 실근의 개수를 $g(t)$라 할 때, [보기]에서 옳은 것만을 있는 대로 고른 것은? (4점)

> ─── [보기] ───
> ㄱ. $f(x)=x^2(x-1)$일 때, $g(1)=1$이다.
> ㄴ. 방정식 $f(x)=0$의 서로 다른 실근의 개수가 3이면 $g(a)=3$인 실수 a가 존재한다.
> ㄷ. $\lim_{t\to b}g(t)+g(b)=6$을 만족시키는 실수 b의 값이 0과 3뿐이면 $f(4)=12$이다.

① ㄱ   ② ㄱ, ㄴ   ③ ㄱ, ㄷ
④ ㄴ, ㄷ   ⑤ ㄱ, ㄴ, ㄷ

F211 ✽✽✽
2019대비(나) 9월 모평 21(고3)

사차함수 $f(x)=x^4+ax^2+b$에 대하여 $x\geq 0$에서 정의된 함수

$$g(x)=\int_{-x}^{2x}\{f(t)-|f(t)|\}dt$$

가 다음 조건을 만족시킨다.

> (가) $0<x<1$에서 $g(x)=c_1$ (c_1은 상수)
> (나) $1<x<5$에서 $g(x)$는 감소한다.
> (다) $x>5$에서 $g(x)=c_2$ (c_2는 상수)

$f(\sqrt{2})$의 값은? (단, a, b는 상수이다.) (4점)

① 40   ② 42   ③ 44
④ 46   ⑤ 48

F212 ✽✽✽
2002대비(인) 수능 19(고3)

다음 식을 만족하는 다항식 $f(x)$의 계수들의 합은? (3점)

$$f(f(x))=\int_0^x f(t)dt-x^2+3x+3$$

① 3   ② 2   ③ 1
④ 0   ⑤ −1

[1등급 대비+2등급 대비]

F213 ✪ 2등급 대비
2022대비 수능 22(고3)

최고차항의 계수가 $\dfrac{1}{2}$인 삼차함수 $f(x)$와 실수 t에 대하여 방정식 $f'(x)=0$이 닫힌구간 $[t, t+2]$에서 갖는 실근의 개수를 $g(t)$라 할 때, 함수 $g(t)$는 다음 조건을 만족시킨다.

> (가) 모든 실수 a에 대하여 $\displaystyle\lim_{t\to a+}g(t)+\lim_{t\to a-}g(t)\leq 2$이다.
> (나) $g(f(1))=g(f(4))=2$, $g(f(0))=1$

$f(5)$의 값을 구하시오. (4점)

F214 ★ 1등급 대비
2024실시 5월 학평 22(고3)

최고차항의 계수가 4이고 서로 다른 세 극값을 갖는 사차함수 $f(x)$와 두 함수 $g(x)$,

$$h(x)=\begin{cases}4x+2 & (x<a)\\-2x-3 & (x\geq a)\end{cases}$$

가 있다. 세 함수 $f(x)$, $g(x)$, $h(x)$가 다음 조건을 만족시킨다.

> (가) 모든 실수 x에 대하여
> $$|g(x)|=f(x),\ \lim_{t\to 0+}\frac{g(x+t)-g(x)}{t}=|f'(x)|$$
> 이다.
> (나) 함수 $g(x)h(x)$는 실수 전체의 집합에서 연속이다.

$g(0)=\dfrac{40}{3}$일 때, $g(1)\times h(3)$의 값을 구하시오.

(단, a는 상수이다.) (4점)

F215 ⭐ 2등급 대비 .... 2023실시 10월 학평 20(고3)

다항함수 $f(x)$가 모든 실수 x에 대하여

$$2x^2 f(x) = 3\int_0^x (x-t)\{f(x)+f(t)\}dt$$

를 만족시킨다. $f'(2)=4$일 때, $f(6)$의 값을 구하시오. (4점)

F216 ⭐ 2등급 대비 .... 2022실시 4월 학평 22(고3)

양수 a와 최고차항의 계수가 1인 삼차함수 $f(x)$에 대하여 함수

$$g(x) = \int_0^x \{f'(t+a) \times f'(t-a)\}dt$$

가 다음 조건을 만족시킨다.

> 함수 $g(x)$는 $x=\dfrac{1}{2}$과 $x=\dfrac{13}{2}$에서만 극값을 갖는다.

$f(0) = -\dfrac{1}{2}$일 때, $a \times f(1)$의 값을 구하시오. (4점)

F217 ⭐ 1등급 대비 .... 2023실시 7월 학평 22(고3)

최고차항의 계수가 양수인 사차함수 $f(x)$가 있다. 실수 t에 대하여 함수 $g(x)$를

$$g(x) = f(x) - x - f(t) + t$$

라 할 때, 방정식 $g(x)=0$의 서로 다른 실근의 개수를 $h(t)$라 하자. 두 함수 $f(x)$와 $h(t)$가 다음 조건을 만족시킨다.

> (가) $\displaystyle\lim_{t \to -1}\{h(t) - h(-1)\} = \lim_{t \to 1}\{h(t) - h(1)\} = 2$
>
> (나) $\displaystyle\int_0^a f(x)dx = \int_0^a |f(x)|dx$를 만족시키는
> 실수 a의 최솟값은 -1이다.
>
> (다) 모든 실수 x에 대하여
> $\dfrac{d}{dx}\displaystyle\int_0^x \{f(u) - ku\}du \geq 0$이 되도록 하는
> 실수 k의 최댓값은 $f'(\sqrt{2})$이다.

$f(6)$의 값을 구하시오. (4점)

F218 ⭐ 2등급 대비 .... 2022실시 3월 학평 22(고3)

실수 전체의 집합에서 연속인 함수 $f(x)$와 최고차항의 계수가 1이고 상수항이 0인 삼차함수 $g(x)$가 있다. 양의 상수 a에 대하여 두 함수 $f(x)$, $g(x)$가 다음 조건을 만족시킨다.

> (가) 모든 실수 x에 대하여
> $x|g(x)| = \displaystyle\int_{2a}^x (a-t)f(t)dt$이다.
>
> (나) 방정식 $g(f(x))=0$의 서로 다른 실근의 개수는 4이다.

$\displaystyle\int_{-2a}^{2a} f(x)dx$의 값을 구하시오. (4점)

F219 ⭐ 1등급 대비 ⋯⋯ 2016실시(나) 7월 학평 30(고3)

다항함수 $f(x)$가 다음 조건을 만족시킨다.

> (가) $\lim\limits_{x \to \infty} \dfrac{f(x)}{x^4}=1$
>
> (나) $f(1)=f'(1)=1$

$-1 \le n \le 4$인 정수 n에 대하여 함수 $g(x)$를

$$g(x)=f(x-n)+n \quad (n \le x < n+1)$$

이라 하자. 함수 $g(x)$가 열린구간 $(-1, 5)$에서 미분가능할 때, $\displaystyle\int_0^4 g(x)\,dx = \dfrac{q}{p}$이다. $p+q$의 값을 구하시오. (단, p, q는 서로소인 자연수이다.) (4점)

F220 ⭐ 1등급 대비 ⋯⋯ 2020실시(나) 7월 학평 30(고3)

$t \ge 6-3\sqrt{2}$인 실수 t에 대하여 실수 전체의 집합에서 정의된 함수 $f(x)$가

$$f(x)=\begin{cases} 3x^2+tx & (x<0) \\ -3x^2+tx & (x \ge 0) \end{cases}$$

일 때, 다음 조건을 만족시키는 실수 k의 최솟값을 $g(t)$라 하자.

> (가) 닫힌구간 $[k-1, k]$에서 함수 $f(x)$는 $x=k$에서 최댓값을 갖는다.
> (나) 닫힌구간 $[k, k+1]$에서 함수 $f(x)$는 $x=k+1$에서 최솟값을 갖는다.

$3\displaystyle\int_2^4 \{6g(t)-3\}^2\,dt$의 값을 구하시오. (4점)

F221 ⭐ 2등급 대비 ⋯⋯ 2018실시(가) 9월 학평 21(고2)

양수 t에 대하여 함수 $f(x)$를

$$f(x)=\int_{3t}^{x} (s^2-4ts+3t^2)\,ds$$

라 할 때, 닫힌구간 $[0, 2]$에서 함수 $f(x)$의 최댓값을 $g(t)$라 하자. [보기]에서 옳은 것만을 있는 대로 고른 것은? (4점)

> ─────[보기]─────
>
> ㄱ. $f'(x)=(x-t)(x-3t)$
>
> ㄴ. $t>2$일 때, $g(t)=\dfrac{2}{3}(3t-2)^2$이다.
>
> ㄷ. $t>0$에서 정의된 함수 $g(t)$는 $t=\dfrac{1}{2}$에서만 미분가능하지 않다.

① ㄱ   ② ㄷ   ③ ㄱ, ㄴ
④ ㄴ, ㄷ   ⑤ ㄱ, ㄴ, ㄷ

F222 ⭐ 2등급 대비 .... 2025실시 10월 학평 15(고3)

최고차항의 계수가 양수인 이차함수 $f(x)$에 대하여
함수 $g(x)$를

$$g(x) = \int_0^x |f(t)| dt + \left| \int_0^x f(t) dt \right|$$

라 하자. 함수 $g(x)$가 다음 조건을 만족시킨다.

(가) $g(x) = 0$을 만족시키는 모든 실수 x의 값의 범위는
$-7 \leq x \leq 0$이다.

(나) 양수 p에 대하여 $g(x) = 81$을 만족시키는 모든 실수
x의 값의 범위는 $4p \leq x \leq 7p$이다.

$f(-10)$의 값은? (4점)

① 3   ② 6   ③ 9

④ 12   ⑤ 15

F223 ⭐ 1등급 대비 .... 2025대비 6월 모평 15(고3)

최고차항의 계수가 1인 삼차함수 $f(x)$와
상수 $k(k \geq 0)$에 대하여 함수

$$g(x) = \begin{cases} 2x - k & (x \leq k) \\ f(x) & (x > k) \end{cases}$$

가 다음 조건을 만족시킨다.

(가) 함수 $g(x)$는 실수 전체의 집합에서 증가하고
미분가능하다.

(나) 모든 실수 x에 대하여

$$\int_0^x g(t)\{|t(t-1)| + t(t-1)\} dt \geq 0 \text{이고}$$

$$\int_3^x g(t)\{|(t-1)(t+2)| - (t-1)(t+2)\} dt \geq 0 \text{이다.}$$

$g(k+1)$의 최솟값은? (4점)

① $4 - \sqrt{6}$ ② $5 - \sqrt{6}$ ③ $6 - \sqrt{6}$

④ $7 - \sqrt{6}$ ⑤ $8 - \sqrt{6}$

F224 ⭐ 1등급 대비 .... 2024실시 10월 학평 20(고3)

실수 전체의 집합에서 미분가능한 함수 $f(x)$가 모든
실수 x에 대하여

$$\{f(x)\}^2 = 2 \int_3^x (t^2 + 2t) f(t) dt$$

를 만족시킬 때, $\int_{-3}^0 f(x) dx$의 최댓값을 M, 최솟값을 m이라
하자. $M - m$의 값을 구하시오. (4점)

F225 ⭐ 1등급 대비 ········· 2023실시 4월 학평 22(고3)

두 상수 a, $b(b \neq 1)$과 이차함수 $f(x)$에 대하여 함수 $g(x)$가 다음 조건을 만족시킨다.

> (가) 함수 $g(x)$는 실수 전체의 집합에서 미분가능하고, 도함수 $g'(x)$는 실수 전체의 집합에서 연속이다.
>
> (나) $|x| < 2$일 때, $g(x) = \int_0^x (-t+a)dt$이고 $|x| \geq 2$일 때, $|g'(x)| = f(x)$이다.
>
> (다) 함수 $g(x)$는 $x = 1$, $x = b$에서 극값을 갖는다.

$g(k) = 0$을 만족시키는 모든 실수 k의 값의 합이 $p + q\sqrt{3}$일 때, $p \times q$의 값을 구하시오. (단, p와 q는 유리수이다.) (4점)

F226 ✪ 2등급 대비 ········· 2024대비 6월 모평 20(고3)

최고차항의 계수가 1인 이차함수 $f(x)$에 대하여 함수

$$g(x) = \int_0^x f(t)dt$$

가 다음 조건을 만족시킬 때, $f(9)$의 값을 구하시오. (4점)

> $x \geq 1$인 모든 실수 x에 대하여 $g(x) \geq g(4)$이고 $|g(x)| \geq |g(3)|$이다.

F227 ⭐ 1등급 대비 ········· 2024대비 9월 모평 22(고3)

두 다항함수 $f(x)$, $g(x)$에 대하여 $f(x)$의 한 부정적분을 $F(x)$라 하고 $g(x)$의 한 부정적분을 $G(x)$라 할 때, 이 함수들은 모든 실수 x에 대하여 다음 조건을 만족시킨다.

> (가) $\int_1^x f(t)dt = xf(x) - 2x^2 - 1$
>
> (나) $f(x)G(x) + F(x)g(x) = 8x^3 + 3x^2 + 1$

$\int_1^3 g(x)dx$의 값을 구하시오. (4점)

F228 ✪ 2등급 대비 .... 2006대비(가) 9월 모평 20(고3)

최고차항의 계수가 1인 삼차함수 $y=f(x)$는 다음 조건을 만족시킨다.

> (가) $f(0)=f(6)=0$
> (나) 함수 $y=f(x)$의 그래프와 함수 $y=-f(x-k)$의
> 그래프가 서로 다른 세 점 $(\alpha, f(\alpha))$, $(\beta, f(\beta))$,
> $(\gamma, f(\gamma))$ (단, $\alpha<\beta<\gamma$)에서 만나면 k의 값에
> 관계없이 $\int_{\alpha}^{\gamma}\{f(x)+f(x-k)\}dx=0$이다.

함수 $y=f(x)$의 그래프와 함수 $y=-f(x-k)$의 그래프가 그림과 같이 서로 다른 세 점에서 만나고 가운데 교점의 x좌표의 값이 4일 때, $\int_{0}^{k}f(x)dx$의 값을 구하시오. (4점)

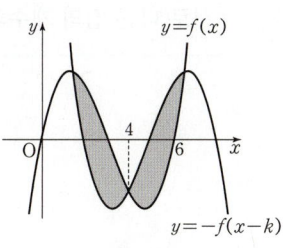

F229 ✪ 2등급 대비 .... 2026대비 9월 모평 15(고3)

최고차항의 계수가 양수이고 $f(0)=0$인 삼차함수 $f(x)$에 대하여 함수

$$g(x)=\int_{0}^{x}(|f(t)|-|t|)dt$$

가 다음 조건을 만족시킨다.

> (가) 방정식 $g'(x)=0$의 서로 다른 실근의 개수는 4이다.
> (나) 함수 $g(x)$는 $x=2$, $x=6$에서 극값을 갖는다.

$f(6)\times g(2)<0$일 때, $f(8)$의 값은? (4점)

① 16　　　　② 22　　　　③ 28
④ 34　　　　⑤ 40

F230 ✪ 2등급 대비 .... 2021실시 3월 학평 22(고3)

양수 a와 일차함수 $f(x)$에 대하여 실수 전체의 집합에서 정의된 함수

$$g(x)=\int_{0}^{x}(t^2-4)\{|f(t)|-a\}dt$$

가 다음 조건을 만족시킨다.

> (가) 함수 $g(x)$는 극값을 갖지 않는다.
> (나) $g(2)=5$

$g(0)-g(-4)$의 값을 구하시오. (4점)

F

F231 ⭐ 2등급 대비 ······ 2020실시(나) 10월 학평 30(고3)

함수 $f(x) = \begin{cases} -3x^2 & (x<1) \\ 2(x-3) & (x \geq 1) \end{cases}$ 에 대하여

함수 $g(x)$를

$$g(x) = \int_0^x (t-1)f(t)dt$$

라 할 때, 실수 t에 대하여 직선 $y=t$와 곡선 $y=g(x)$가

만나는 서로 다른 점의 개수를 $h(t)$라 하자.

$\left| \lim_{t \to a+} h(t) - \lim_{t \to a-} h(t) \right| = 2$를 만족시키는 모든 실수 a에 대하여

$|a|$의 값의 합을 S라 할 때, $30S$의 값을 구하시오. (4점)

F232 ⭐ 2등급 대비 ······ 2013대비(가) 수능 19(고3)

삼차함수 $f(x)$는 $f(0)>0$을 만족시킨다. 함수 $g(x)$를

$$g(x) = \left| \int_0^x f(t)dt \right|$$

라 할 때, 함수 $y=g(x)$의 그래프가 그림과 같다.

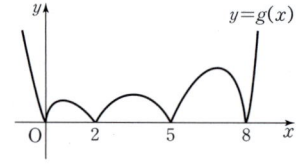

[보기]에서 옳은 것만을 있는 대로 고른 것은? (4점)

─────────── [보기] ───────────

ㄱ. 방정식 $f(x)=0$은 서로 다른 3개의 실근을 갖는다.

ㄴ. $f'(0)<0$

ㄷ. $\int_m^{m+2} f(x)dx > 0$을 만족시키는 자연수 m의 개수는
   3이다.

① ㄴ   ② ㄷ   ③ ㄱ, ㄴ

④ ㄱ, ㄷ   ⑤ ㄱ, ㄴ, ㄷ

F233 ⭐ 1등급 대비 ······ 2021실시 4월 학평 22(고3)

실수 a에 대하여 두 함수 $f(x)$, $g(x)$를

$$f(x) = 3x+a, \quad g(x) = \int_2^x (t+a)f(t)dt$$

라 하자. 함수 $h(x)=f(x)g(x)$가 다음 조건을 만족시킬 때,

$h(-1)$의 최솟값은 $\dfrac{q}{p}$이다. $p+q$의 값을 구하시오.

(단, p와 q는 서로소인 자연수이다.) (4점)

(가) 곡선 $y=h(x)$ 위의 어떤 점에서의 접선이 x축이다.

(나) 곡선 $y=|h(x)|$가 x축과 평행한 직선과 만나는
    서로 다른 점의 개수의 최댓값은 4이다.

F234 ⭐ 1등급 대비 ...... 2020실시(가) 3월 학평 30(고3)

최고차항의 계수가 4인 삼차함수 $f(x)$와 실수 t에 대하여 함수 $g(x)$를

$$g(x) = \int_t^x f(s)\,ds$$

라 하자. 상수 a에 대하여 두 함수 $f(x)$와 $g(x)$가 다음 조건을 만족시킨다.

> (가) $f'(a) = 0$
> (나) 함수 $|g(x) - g(a)|$가 미분가능하지 않은 x의 개수는 1이다.

실수 t에 대하여 $g(a)$의 값을 $h(t)$라 할 때, $h(3) = 0$이고 함수 $h(t)$는 $t = 2$에서 최댓값 27을 가진다. $f(5)$의 값을 구하시오.

(4점)

F235 ⭐ 1등급 대비 ...... 2019실시(나) 7월 학평 30(고3)

$x = -3$과 $x = a(a > -3)$에서 극값을 갖는 삼차함수 $f(x)$에 대하여 실수 전체의 집합에서 정의된 함수

$$g(x) = \begin{cases} f(x) & (x < -3) \\ \displaystyle\int_0^x |f'(t)|\,dt & (x \geq -3) \end{cases}$$

이 다음 조건을 만족시킨다.

> (가) $g(-3) = -16$, $g(a) = -8$
> (나) 함수 $g(x)$는 실수 전체의 집합에서 연속이다.
> (다) 함수 $g(x)$는 극솟값을 갖는다.

$\left| \displaystyle\int_a^4 \{f(x) + g(x)\}\,dx \right|$ 의 값을 구하시오. (4점)

F236 ⭐ 1등급 대비 ...... 2018실시(가) 11월 학평 21(고2)

삼차함수 $f(x) = 4x^3 - 24x^2 + 36x - 8k(k$는 정수)에 대하여 실수 전체의 집합에서 연속인 함수 $g(x)$를

$$g(x) = \begin{cases} \displaystyle\int_0^x f(t)\,dt & (x \leq a \text{ 또는 } x \geq b) \\ c & (a < x < b) \end{cases}$$

라 하자. 어떤 정수 k에 대하여 함수 $g(x)$가 오직 한 점에서만 미분가능하지 않도록 세 실수 a, b, c를 정할 때, $k + a + b + c$ 의 최솟값은? (4점)

① 1   ② 3   ③ 5

④ 7   ⑤ 9

F237 ✽✽✽ 2021대비(나) 삼사 20(고3)

0이 아닌 실수 k에 대하여 다항함수 $f(x)$의
도함수 $f'(x)$가

$$f'(x)=3(x-k)(x-2k)$$

이다. 함수

$$g(x)=\begin{cases} f(x) & (x\leq 1 \text{ 또는 } x\geq 4) \\ \dfrac{f(4)-f(1)}{3}(x-1)+f(1) & (1<x<4) \end{cases}$$

의 역함수가 존재하도록 하는 모든 실수 k의 값의 범위가
$\alpha \leq k < \beta$일 때, $\beta - \alpha$의 값은? (4점)

① $\dfrac{3}{8}$ 　　　② $\dfrac{1}{2}$ 　　　③ $\dfrac{5}{8}$

④ $\dfrac{3}{4}$ 　　　⑤ $\dfrac{7}{8}$

F238 ✽✽✽ 2020대비 경찰대 17(고3)

임의의 두 실수 x, y에 대하여

$$f(x-y)=f(x)-f(y)+3xy(x-y)$$

를 만족시키는 다항함수 $f(x)$가 $x=2$에서 극댓값 a를 가진다.
$f'(0)=b$일 때, $a-b$의 값은? (5점)

① 2 　　　② 4 　　　③ 6

④ 8 　　　⑤ 10

F239 ✽✽✽ 2020대비 경찰대 12(고3)

두 실수 a, b와 최고차항의 계수가 1인 삼차함수
$f(x)$에 대하여 함수 $g(x)$를

$$g(x)=\begin{cases} a & (x<-1) \\ |f(x)| & (-1\leq x\leq 5) \\ b & (x>5) \end{cases}$$

라 하자. $g(x)$가 $x=-1$, $x=5$에서 미분가능할 때,
[보기]에서 옳은 것만을 있는 대로 고른 것은? (4점)

─────────── [보기] ───────────

ㄱ. $f(x)$는 $x=-1$에서 극댓값을 갖는다.

ㄴ. $f(9)=0$이면 $a>b$이다.

ㄷ. $a=b$이면 $f(0)=46$이다.

───────────────────────────────

① ㄱ 　　　② ㄴ 　　　③ ㄱ, ㄷ

④ ㄴ, ㄷ 　　　⑤ ㄱ, ㄴ, ㄷ

F240 ✽✽✽ 2025대비 삼사 11(고3)

최고차항의 계수가 -1인 사차함수 $f(x)$가
다음 조건을 만족시킨다.

─────────────────────────────────────

(가) 모든 실수 x에 대하여 $f(3-x)=f(3+x)$이다.

(나) 실수 t에 대하여 닫힌구간 $[t-1, t+1]$에서의 함
　　수 $f(x)$의 최댓값을 $g(t)$라 할 때, $-1\leq t\leq 1$인 모든
　　실수 t에 대하여 $g(t)=g(1)$이다.

─────────────────────────────────────

$f(2)=0$일 때, $f(5)$의 값은? (4점)

① 36 　　　② 37 　　　③ 38

④ 39 　　　⑤ 40

F241 ★★❀

두 함수 $f(x)=-x^2+4x$, $g(x)=2x-a$에 대하여

함수 $h(x)=\dfrac{1}{2}\{f(x)+g(x)+|f(x)-g(x)|\}$가 극솟값

3을 가질 때, $\displaystyle\int_0^4 h(x)dx$의 값을 구하시오.

(단, a는 상수이다.) (4점)

F242 ★★★

실수 a, b, c, d에 대하여 삼차함

수 $f(x)=ax^3+bx^2+cx+d$가 다음 조건을 만족한다.

> (가) $\displaystyle\int_{-1}^1 f(x)dx=0$
>
> (나) $\displaystyle\int_{-1}^1 xf(x)dx=0$

함수 $f(x)$에 대한 설명으로 옳은 것만을 [보기]에서 있는 대로 고른 것은? (4점)

― [보기] ―――――――――――――
ㄱ. $abcd \geq 0$
ㄴ. $ab<0$이면 방정식 $f(x)=0$은 열린구간 $(-1,\,0)$에서 적어도 한 개의 실근을 갖는다.
ㄷ. $ab>0$이면 방정식 $f(x)=0$은 열린구간 $(0,\,1)$에서 오직 한 개의 실근을 갖는다.
――――――――――――――――――

① ㄱ
② ㄴ
③ ㄱ, ㄴ
④ ㄴ, ㄷ
⑤ ㄱ, ㄴ, ㄷ

F243 ★★★❀

실수 p에 대하여 곡선 $y=x^3-x^2$과 직선 $y=px-1$ 의 교점의 x좌표 중 가장 작은 값을 m이라 하자. $m<a<b$인 모든 실수 a, b에 대하여

$$\int_a^b (x^3-x^2-px+1)dx>0$$

이 되도록 하는 m의 최솟값은? (4점)

① $-\dfrac{1}{2}$
② -1
③ $-\dfrac{3}{2}$

④ -2
⑤ $-\dfrac{5}{2}$

F244 ★★❀

최고차항의 계수가 양수인 이차함수 $f(x)$에 대하여

함수 $g(x)$를 $g(x)=\displaystyle\int_0^x |f(t)-2t|dt$로 정의하자. 다음 조건을 만족시키는 이차함수 f 중에서 $f(1)$의 최솟값은? (4점)

> $g'(x)$는 실수 전체의 집합에서 미분가능하다.

① 1
② 2
③ 3
④ 4
⑤ 5

F245 ★★✽ 2025대비 삼사 18(고3)

최고차항의 계수가 1인 삼차함수 $f(x)$가 다음 조건을 만족시킬 때, $f(3)$의 값을 구하시오. (3점)

> (가) 모든 실수 x에 대하여 $f(-x)=-f(x)$이다.
> (나) $\displaystyle\int_{-2}^{2} xf(x)dx = \dfrac{144}{5}$

F246 ★★★ 2018대비 경찰대 25(고3)

함수 $f(x)=(x-1)^4(x+1)$에 대하여 이차함수 $g(x)$, $h(x)$가

$$f(x)=g(x)+\int_0^x (x-t)^2 h(t)dt$$

를 만족시킬 때, $g(2)+h(2)$의 값을 구하시오. (5점)

F247 ★★★ 2016대비(A) 삼사 17(고3)

실수 전체의 집합에서 연속인 함수 $f(x)$가 다음 조건을 만족시킨다.

> (가) $f(x)=ax^2$ $(0 \le x < 2)$
> (나) 모든 실수 x에 대하여 $f(x+2)=f(x)+2$이다.

$\displaystyle\int_1^7 f(x)dx$의 값은? (단, a는 상수이다.) (4점)

① 20   ② 21   ③ 22

④ 23   ⑤ 24

F248 ★★★ 2014대비(A) 삼사 28(고3)

함수 $f(x)$가 다음 조건을 만족시킨다.

> (가) $0 \le x \le 1$에서 $f(x)=x^2+1$이다.
> (나) 모든 실수 x에 대하여 $f(-x)=f(x)$이다.
> (다) 모든 실수 x에 대하여 $f(1-x)=f(1+x)$이다.

수열 $\{a_n\}$에 대하여

$$a_1+2a_2+3a_3+\cdots+na_n=\int_{-n}^n f(x)dx \quad (n=1,\ 2,\ 3,\ \cdots)$$일

때, $a_7=\dfrac{q}{p}$이다. $p+q$의 값을 구하시오.

(단, p, q는 서로소인 자연수이다.) (4점)

F249 ⭐ 1등급 대비 .... 2019대비(나) 삼사 30(고3)

최고차항의 계수가 1이고 $f'(0)=0$인 사차함수 $f(x)$가 있다. 실수 전체의 집합에서 정의된 함수 $g(t)$가 다음 조건을 만족시킨다.

> (가) 방정식 $f(x)=t$의 실근이 존재하지 않을 때, $g(t)=0$이다.
> (나) 방정식 $f(x)=t$의 실근이 존재할 때, $g(t)$는 $f(x)=t$의 실근의 최댓값이다.

함수 $g(t)$가 $t=k$, $t=30$에서 불연속이고

$$\lim_{t \to k+} g(t) = -2, \quad \lim_{t \to 30+} g(t) = 1$$

일 때, 실수 k의 값을 구하시오. (단, $k<30$) (4점)

F250 ⭐ 1등급 대비 .... 2021대비 경찰대 19(고3)

최고차항의 계수가 1인 삼차함수 $f(x)$의 도함수 $f'(x)$는 $x=-1$에서 최솟값을 갖는다. 방정식

$$|f(x)-f(-3)|=k$$

가 서로 다른 네 실근을 갖도록 하는 실수 k의 값의 범위는 $0<k<m$이다. 실수 m의 최댓값은? (5점)

① 8   ② 16   ③ 24

④ 32   ⑤ 40

F251 ★ 1등급 대비 .... 2020대비(나) 삼사 30(고3)

두 이차함수 $f(x)$, $g(x)$에 대하여 실수 전체의 집합에서 정의된 함수 $h(x)$가 $0 \le x < 4$에서

$$h(x) = \begin{cases} x & (0 \le x < 2) \\ f(x) & (2 \le x < 3) \\ g(x) & (3 \le x < 4) \end{cases}$$

이고, 다음 조건을 만족시킨다.

(가) 모든 실수 x에 대하여
$h(x) = h(x-4) + k$ (k는 상수)이다.
(나) 함수 $h(x)$는 실수 전체의 집합에서 미분가능하다.
(다) $\int_0^4 h(x)dx = 6$

$h\left(\dfrac{13}{2}\right) = \dfrac{q}{p}$ 일 때, $p+q$의 값을 구하시오. (단, p와 q는 서로소인 자연수이다.) (4점)

F252 ✿ 2등급 대비 .... 2022대비 삼사 22(고3)

일차함수 $f(x)$에 대하여 함수 $g(x)$를

$$g(x) = \int_0^x (x-2)f(s)ds$$

라 하자. 실수 t에 대하여 직선 $y = tx$와 곡선 $y = g(x)$가 만나는 점의 개수를 $h(t)$라 할 때, 다음 조건을 만족시키는 모든 함수 $g(x)$에 대하여 $g(4)$의 값의 합을 구하시오. (4점)

$g(k) = 0$을 만족시키는 모든 실수 k에 대하여 함수 $h(t)$는 $t = -k$에서 불연속이다.

F253 ★ 1등급 대비 .... 2023대비 삼사 22(고3)

최고차항의 계수가 정수인 삼차함수 $f(x)$에 대하여 $f(1) = 1$, $f'(1) = 0$이다. 함수 $g(x)$를

$$g(x) = f(x) + |f(x) - 1|$$

이라 할 때, 함수 $g(x)$가 다음 조건을 만족시키도록 하는 함수 $f(x)$의 개수를 구하시오. (4점)

(가) 두 함수 $y = f(x)$, $y = g(x)$의 그래프의 모든 교점의 x좌표의 합은 3이다.
(나) 모든 자연수 n에 대하여
$n < \int_0^n g(x)dx < n + 16$이다.

❖ 정답 및 해설 608~613p

G 정적분의 활용

★ 최신 3개년 수능＋모평 출제 경향

학년도		출제 유형	난이도
2028	예시	유형 03 곡선과 직선으로 둘러싸인 부분의 넓이 유형 12 넓이를 이용한 정적분의 활용	❋❋❋ ❋❋❋
2026	수능	유형 04 두 곡선으로 둘러싸인 부분의 넓이 유형 14 점이 움직인 거리	❋❋❋ ❋❋❋
	9월	유형 14 점이 움직인 거리	❋❋❋
	6월	유형 03 곡선과 직선으로 둘러싸인 부분의 넓이	❋❋❋
2025	수능	유형 03 곡선과 직선으로 둘러싸인 부분의 넓이	❋❋❋
	9월	유형 06 두 도형의 넓이가 같은 경우	❋❋❋
	6월	유형 03 곡선과 직선으로 둘러싸인 부분의 넓이 유형 13 점의 위치	❋❋❋ ❋❋❋
2024	수능	유형 12 넓이를 이용한 정적분의 활용 유형 14 점이 움직인 거리	❋❋❋ ❋❋❋
	9월	유형 04 두 곡선으로 둘러싸인 부분의 넓이 유형 13 점의 위치	❋❋❋ ❋❋❋
	6월	유형 01 곡선과 x축으로 둘러싸인 부분의 넓이 (1) 유형 13 점의 위치	❋❋❋ ❋❋❋

★ 2026 수능 출제 경향 분석

• 정적분을 이용하여 두 곡선으로 둘러싸인 부분의 넓이를 구하는 문제이다. [G40 문항]
• 수직선 위를 움직이는 점에 대한 속도함수를 정적분하여 점의 위치와 움직인 거리를 구하는 문제이다. [G109 문항]

★ 2027 수능 예측

1. 곡선과 x축, 곡선과 직선, 두 곡선 등으로 둘러싸인 부분의 넓이를 구할 때, 그래프의 위치 관계 및 구간을 확인하여 정적분해야 하므로 여러 가지 다항함수의 그래프를 그릴 수 있어야 한다.
2. 속도와 거리에 대한 문제가 미분, 적분 개념을 통합하여 출제될 수 있으므로 개념을 정확히 이해하고 문제의 의미를 파악하는 연습을 충분히 하자.

G 정적분의 활용

  개념 강의

중요도 ⭐⭐⭐

---

1 곡선과 x축 사이의 넓이❶ — 유형 01~02, 12

함수 $f(x)$가 닫힌구간 $[a, b]$에서 연속일 때, 곡선 $y=f(x)$와 x축 및 두 직선 $x=a$, $x=b$로 둘러싸인 부분의 넓이 S는

$$S=\int_a^b |f(x)|dx❷$$

구간 $[a, b]$에서 연속인 함수 $f(x)$와 $a<c<b$인 상수 c에 대하여 구간 $[a, c]$에서 $f(x)\geq 0$이고 구간 $[c, b]$에서 $f(x)\leq 0$이면

$$S=\int_a^b |f(x)|dx$$
$$=\int_a^c f(x)dx+\int_c^b \{-f(x)\}dx$$

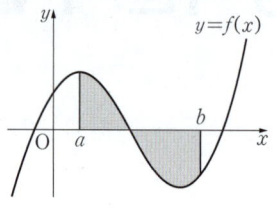

출제 2028 예시 20번

★ 정적분으로 정의된 함수의 극값에 대한 조건과 함숫값이 주어져 이를 곡선과 x축 사이의 넓이에 대한 조건으로 해석하는 중상 난이도의 문제가 출제되었다.

---

2 두 곡선 사이의 넓이 — 유형 03~12

(1) 두 곡선 사이의 넓이❸

두 함수 $f(x)$, $g(x)$가 닫힌구간 $[a, b]$에서 연속일 때, 두 곡선 $y=f(x)$, $y=g(x)$와 두 직선 $x=a$, $x=b$로 둘러싸인 부분의

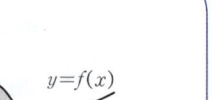
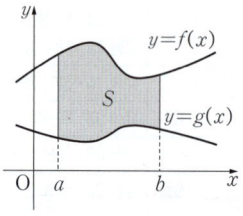

넓이 S는 $S=\int_a^b |f(x)-g(x)|dx$

구간 $[a, b]$에서 연속인 두 함수 $f(x), g(x)$와 $a<c<b$인 상수 c에 대하여 구간 $[a, c]$에서 $f(x)\geq g(x)$이고 구간 $[c, b]$에서 $f(x)\leq g(x)$이면
$$S=\int_a^b |f(x)-g(x)|dx=\int_a^c \{f(x)-g(x)\}dx+\int_c^b \{g(x)-f(x)\}dx$$

예 곡선 $y=-x^2+1$과 직선 $y=2x+1$로 둘러싸인 부분의 넓이 S를 구해 보자.

주어진 곡선과 직선의 교점의 x좌표를 구하면 $-x^2+1=2x+1$에서 $x=-2$ 또는 $x=0$

$$\therefore S=\int_{-2}^0 |(-x^2+1)-(2x+1)|dx=\int_{-2}^0 (-x^2-2x)dx=\left[-\frac{1}{3}x^3-x^2\right]_{-2}^0=\frac{4}{3}$$

(2) 함수 $y=f(x)$의 그래프와 그 역함수 $y=f^{-1}(x)$의 그래프로 둘러싸인 부분의 넓이

두 함수 $y=f(x)$, $y=f^{-1}(x)$의 그래프는 직선 $y=x$에 대하여 대칭이므로 함수 $y=f(x)$의 그래프와 직선 $y=x$의 교점의 x좌표를 α, β라 하면 두 함수 $y=f(x)$, $y=f^{-1}(x)$의 그래프로 둘러싸인 부분의 넓이 S는

$$S=\int_\alpha^\beta |f(x)-f^{-1}(x)|dx=2\int_\alpha^\beta |f(x)-x|dx$$

출제 2028 예시 17번
2026 수능 7번
2026 6월 모평 13번

★ 수능에는 두 곡선 사이의 넓이를 구하는 쉬운 문제가, 6월에는 곡선과 직선 사이의 세 영역의 넓이의 합과 차를 이용하여 미정계수를 구하는 중 난이도의 문제가 출제되었다.

---

3 위치와 거리 — 유형 13~15

수직선 위를 움직이는 점 P의 시각 t에서의 속도가 $v(t)$, 위치가 $x=f(t)$이고 $t=t_0$에서의 점 P의 위치가 x_0일 때,

(1) 시각 t에서의 점 P의 위치 x는 $x=f(t)=x_0+\int_{t_0}^t v(t)dt$

(2) 시각 $t=a$부터 $t=b$까지의 점 P의 위치의 변화량은

$$f(b)-f(a)=\int_a^b v(t)dt$$

(3) 시각 $t=a$부터 $t=b$까지의 점 P가 움직인 거리를 s라 하면

$$s=\int_a^b |v(t)|dt❹$$

출제 2026 수능 11번
2026 9월 모평 11번

★ 수능과 9월 모두 주어진 속도함수를 적분하여 위치와 움직인 거리를 구하는 중하 난이도의 문제가 출제되었다.

한걸음 더!

❶ 이차함수 $f(x)=a(x-\alpha)(x-\beta)(a\neq 0, \alpha<\beta)$에 대하여 곡선 $y=f(x)$와 x축으로 둘러싸인 부분의 넓이 S는

$$S=\frac{|a|(\beta-\alpha)^3}{6}$$

+개념 보충

❷ 정적분의 기하학적 의미

함수 $f(x)$가 닫힌구간 $[a, b]$에서 연속이고 $f(x)\geq 0$일 때 $\int_a^b f(x)dx$는 곡선 $y=f(x)$와 x축 및 두 직선 $x=a$, $x=b$로 둘러싸인 도형의 넓이와 같다.

한걸음 더!

❸ 그래프로 둘러싸인 두 부분의 넓이가 같은 경우

(1) 그림과 같이 곡선 $y=f(x)$와 x축으로 둘러싸인 두 부분 S_1, S_2의 넓이가 서로 같으면 $\int_\alpha^\gamma f(x)dx=0$

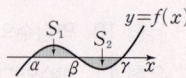

(2) 그림과 같이 두 곡선 $y=f(x)$, $y=g(x)$로 둘러싸인 두 부분 S_1, S_2의 넓이가 서로 같으면 $\int_\alpha^\gamma \{f(x)-g(x)\}dx=0$

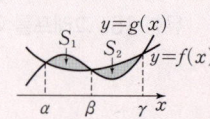

왜 그럴까?

❹ 점 P의 시각 t에서의 위치를 $x=f(t)$라 하자. 진행 경로가 그림과 같을 때, 즉 $a\leq t\leq c$에서 $v(t)\geq 0$, $c<t\leq b$에서 $v(t)<0$일 때, (단, $a<c<b$)

점 P가 움직인 거리를 s라 하면
$$s=\{f(c)-f(a)\}+\{f(c)-f(b)\}$$
$$=\int_a^c v(t)dt+\int_c^b \{-v(t)\}dt$$
$$=\int_a^c |v(t)|dt+\int_c^b |v(t)|dt$$
$$=\int_a^b |v(t)|dt$$

1 곡선과 x축 사이의 넓이

G01 기본

곡선 $y=-x^2-2x$와 x축으로 둘러싸인 도형의 넓이는? (3점)

① $\dfrac{1}{3}$ ② $\dfrac{2}{3}$ ③ 1

④ $\dfrac{4}{3}$ ⑤ $\dfrac{5}{3}$

G02 기본 .... 2014대비(A) 5월 예비 26(고3)

함수 $y=4x^3-12x^2+8x$의 그래프와 x축으로 둘러싸인 부분의 넓이를 구하시오. (4점)

2 두 곡선 사이의 넓이

G03 기본 .... 2012대비(나) 9월 모평 10(고3)

곡선 $y=x^2-x+2$와 직선 $y=2$로 둘러싸인 부분의 넓이는?

(3점)

① $\dfrac{1}{9}$ ② $\dfrac{1}{6}$ ③ $\dfrac{2}{9}$

④ $\dfrac{5}{18}$ ⑤ $\dfrac{1}{3}$

G04 기본 .... 2016대비(A) 수능 13(고3)

자연수 n에 대하여 좌표가
$(0,\ 2n+1)$인 점을 P라 하고, 함수
$f(x)=nx^2$의 그래프 위의 점 중
y좌표가 1이고 제1사분면에 있는 점을
Q라 하자. $n=1$일 때, 선분 PQ와
곡선 $y=f(x)$ 및 y축으로 둘러싸인
부분의 넓이는? (3점)

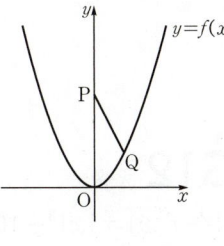

① $\dfrac{3}{2}$ ② $\dfrac{19}{12}$ ③ $\dfrac{5}{3}$

④ $\dfrac{7}{4}$ ⑤ $\dfrac{11}{6}$

3 위치와 거리

G05 기본 .... 2004대비(인) 수능 24(고3)

지면에 정지해 있던 열기구가 수직 방향으로 출발한 후 t분일
때, 속도 $v(t)$(m/분)를 $v(t)=\begin{cases} t & (0\le t\le 20) \\ 60-2t & (20\le t\le 40) \end{cases}$ 라 하자.

출발한 후 $t=35$분일 때, 지면으로부터 열기구의 높이는?
(단, 열기구는 수직 방향으로만 움직이는 것으로 가정한다.) (3점)

① 225 m   ② 250 m   ③ 275 m

④ 300 m   ⑤ 325 m

G06 기본 .... 2017대비(나) 수능 12(고3)

수직선 위를 움직이는 점 P의 시각 $t(t\ge 0)$에서의
속도 $v(t)$가
$$v(t)=-2t+4$$
이다. $t=0$부터 $t=4$까지 점 P가 움직인 거리는? (3점)

① 8   ② 9   ③ 10

④ 11   ⑤ 12

G07 기본 .... 2014대비(A) 5월 예비 10(고3)

원점을 출발하여 수직선 위를 움직이는 점 P의 시각
$t(0\le t\le 6)$에서의 속도 $v(t)$의 그래프가 그림과 같다.
점 P가 시각 $t=0$에서 시각 $t=6$까지 움직인 거리는? (3점)

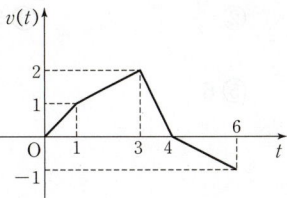

① $\dfrac{3}{2}$ ② $\dfrac{5}{2}$ ③ $\dfrac{7}{2}$

④ $\dfrac{9}{2}$ ⑤ $\dfrac{11}{2}$

수능 유형별 기출 문제 [2점, 3점, 쉬운 4점]

Pass 쉬운 유형, 반복 계산 문제로 패스 하셔도 좋습니다.

1 곡선과 x축 사이의 넓이

유형 01 곡선과 x축으로 둘러싸인 부분의 넓이(1)

함수 $f(x)$가 닫힌구간 $[a, b]$에서 연속일 때, 곡선 $y=f(x)$와 x축 및 두 직선 $x=a$, $x=b$로 둘러싸인 부분의 넓이를 S라 하면

(1) 구간 $[a, b]$에서 $f(x) \geq 0$일 때, $S=\int_a^b f(x)dx$

(2) 구간 $[a, b]$에서 $f(x) \leq 0$일 때, $S=\int_a^b \{-f(x)\}dx$

tip

1 함수 $f(x)$가 닫힌구간 $[a, b]$에서 연속이고 이 구간에서 $f(x) \geq 0$일 때, $\int_a^b f(x)dx$의 값은 곡선 $y=f(x)$와 x축 및 두 직선 $x=a$, $x=b$로 둘러싸인 부분의 넓이와 같다.

2 구간 $[a, b]$에서 $f(x) \leq 0$이면 $\int_a^b f(x)dx \leq 0$이다. 그런데 넓이는 양수이어야 하므로 구간 $[a, b]$에서 곡선 $y=f(x)$가 x축의 아래쪽에 존재하면 곡선 $y=f(x)$와 x축 및 두 직선 $x=a$, $x=b$로 둘러싸인 부분의 넓이 S를 구할 때 피적분함수는 $|f(x)|$이어야 한다. 즉, 구간 $[a, b]$에서 $f(x) \leq 0$이면 곡선 $y=f(x)$와 x축 및 두 직선 $x=a$, $x=b$로 둘러싸인 부분의 넓이 S는

$$S=\int_a^b |f(x)|dx=\int_a^b \{-f(x)\}dx$$이다.

G08 ✾✾✾ · · · · · · · · · · 2021실시 4월 학평 13(고3)

두 양수 a, b $(a < b)$에 대하여 함수 $f(x)$를 $f(x)=(x-a)(x-b)$라 하자.

$$\int_0^a f(x)dx=\frac{11}{6}, \quad \int_0^b f(x)dx=-\frac{8}{3}$$

일 때, 곡선 $y=f(x)$와 x축으로 둘러싸인 부분의 넓이는? (4점)

① 4　　　　② $\frac{9}{2}$　　　　③ 5

④ $\frac{11}{2}$　　　　⑤ 6

G09 ✾✾✾ · · · · · · · · · · 2021대비(나) 6월 모평 13(고3)

곡선 $y=x^3-2x^2$과 x축으로 둘러싸인 부분의 넓이는? (3점)

① $\frac{7}{6}$　　　　② $\frac{4}{3}$　　　　③ $\frac{3}{2}$

④ $\frac{5}{3}$　　　　⑤ $\frac{11}{6}$

G10 ✾✾✾ · · · · · · · · · · 2018대비(나) 9월 모평 26(고3)

곡선 $y=6x^2-12x$와 x축으로 둘러싸인 부분의 넓이를 구하시오. (4점)

G11 ✾✾✾ · · · · · · · · · · 2022실시 4월 학평 17(고3)

곡선 $y=-x^2+4x-4$와 x축 및 y축으로 둘러싸인 부분의 넓이를 S라 할 때, $12S$의 값을 구하시오. (3점)

G12 ✾✾✾

함수 $f(x)=|x|^3-10x$에 대하여 곡선 $y=f(x)$와 x축으로 둘러싸인 부분의 넓이를 구하시오. (3점)

G13 ✽✽✽ 2023실시 10월 학평 6(고3)

곡선 $y=\dfrac{1}{3}x^2+1$과 x축, y축 및 직선 $x=3$으로

둘러싸인 부분의 넓이는? (3점)

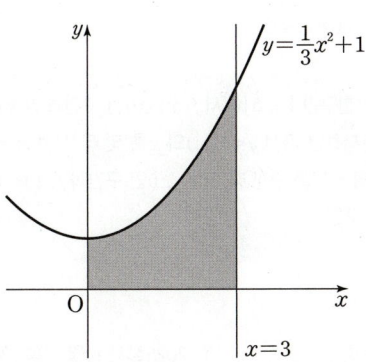

① 6   ② $\dfrac{20}{3}$ ③ $\dfrac{22}{3}$

④ 8   ⑤ $\dfrac{26}{3}$

G14 ✽✽✽ 2024대비 6월 모평 10(고3)

양수 k에 대하여 함수 $f(x)$는
$$f(x)=kx(x-2)(x-3)$$
이다. 곡선 $y=f(x)$와 x축이 원점 O와

두 점 P, Q($\overline{OP}<\overline{OQ}$)에서 만난다. 곡선 $y=f(x)$와 선분 OP로

둘러싸인 영역을 A, 곡선 $y=f(x)$와 선분 PQ로 둘러싸인

영역을 B라 하자.
$$(A\text{의 넓이})-(B\text{의 넓이})=3$$
일 때, k의 값은? (4점)

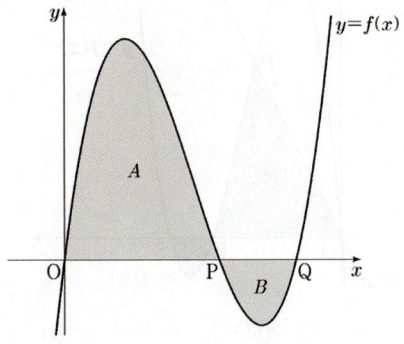

① $\dfrac{7}{6}$ ② $\dfrac{4}{3}$ ③ $\dfrac{3}{2}$

④ $\dfrac{5}{3}$ ⑤ $\dfrac{11}{6}$

G15 ✽✽✽ 2019대비(나) 수능 17(고3)

실수 전체의 집합에서 증가하는 연속함수 $f(x)$가

다음 조건을 만족시킨다.

> (가) 모든 실수 x에 대하여 $f(x)=f(x-3)+4$이다.
>
> (나) $\displaystyle\int_0^6 f(x)dx=0$

함수 $y=f(x)$의 그래프와 x축 및 두 직선 $x=6$, $x=9$로

둘러싸인 부분의 넓이는? (4점)

① 9   ② 12   ③ 15

④ 18   ⑤ 21

G16 ✽✽✽ 2015실시(가) 11월 학평 19(고2)

두 함수 $f(x)=x^2-6x+10$, $g(x)=x$에 대하여 함수 $h(x)$를
$$h(x)=\dfrac{|f(x)-g(x)|+f(x)+g(x)}{2}$$
라 하자. 함수 $y=h(x)$의 그래프와 x축, y축 및 직선 $x=4$로

둘러싸인 부분의 넓이는? (4점)

① $\dfrac{40}{3}$ ② 15   ③ $\dfrac{50}{3}$

④ $\dfrac{55}{3}$ ⑤ 20

G17 ✱❀❀ .... 2013실시(A) 7월 학평 17(고3)

삼차함수 $f(x)$가 다음 두 조건을 만족시킨다.

> (가) $f'(x)=3x^2-4x-4$
>
> (나) 함수 $y=f(x)$의 그래프는 점 $(2, 0)$을 지난다.

이때, 함수 $y=f(x)$의 그래프와 x축으로 둘러싸인 도형의 넓이는? (4점)

① $\dfrac{56}{3}$　　② $\dfrac{58}{3}$　　③ 20

④ $\dfrac{62}{3}$　　⑤ $\dfrac{64}{3}$

G18 ✱❀❀ .... 2008대비(가) 9월 모평 19(고3)

곡선 $y=6x^2+1$과 x축 및 두 직선 $x=1-h,\ x=1+h\,(h>0)$로 둘러싸인 부분의 넓이를 $S(h)$라 할 때, $\displaystyle\lim_{h\to 0+}\dfrac{S(h)}{h}$의 값을 구하시오. (3점)

G19 ✱✱❀ .... 2013대비(나) 수능 28(고3)

최고차항의 계수가 1인 이차함수 $f(x)$가 $f(3)=0$이고,

$$\int_0^{2013} f(x)dx=\int_3^{2013} f(x)dx$$

를 만족시킨다. 곡선 $y=f(x)$와 x축으로 둘러싸인 부분의 넓이가 S일 때, $30S$의 값을 구하시오. (4점)

유형 02 곡선과 x축으로 둘러싸인 부분의 넓이 (2)

함수 $f(x)$가 닫힌구간 $[a, b]$에서 연속일 때, 곡선 $y=f(x)$와 x축 및 두 직선 $x=a$, $x=b$로 둘러싸인 부분의 넓이를 S라 하면

$$S=\int_a^b |f(x)|\,dx$$

tip

함수 $f(x)$가 닫힌구간 $[a, b]$에서 $f(x)\geq 0$인 구간과 $f(x)<0$인 구간이 모두 존재하면 곡선 $y=f(x)$와 x축 및 두 직선 $x=a$, $x=b$로 둘러싸인 부분의 넓이를 구할 때, $f(x)\geq 0$인 구간과 $f(x)<0$인 구간으로 나누어 넓이를 구한다.

G20 ✱❀❀ .... 2025실시 10월 학평 13(고3)

상수 $a\,(a>1)$에 대하여 최고차항의 계수가 1인 삼차함수 $f(x)$가

$$f(0)=f(a)=f(a+1)=0$$

을 만족시킨다. 곡선 $y=f(x)$와 직선 $y=2x$가 세 점 O, P, Q$(\overline{\mathrm{OP}}<\overline{\mathrm{OQ}})$에서 만난다. 두 점 R$(a, 0)$, S$(a+1, 0)$에 대하여 곡선 $y=f(x)$와 두 선분 OP, OR로 둘러싸인 부분의 넓이를 A, 곡선 $y=f(x)$와 선분 RS로 둘러싸인 부분의 넓이를 B라 하자. $\overline{\mathrm{OQ}}=5\sqrt5$일 때, $A-B$의 값은? (단, O는 원점이다.) (4점)

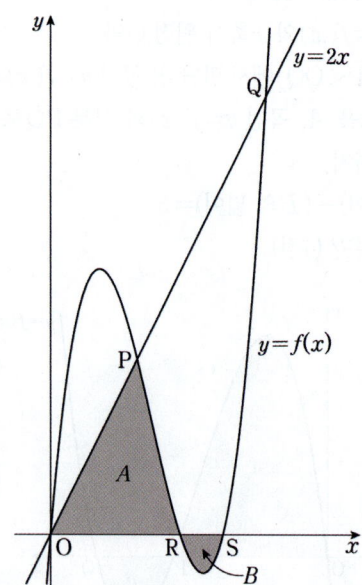

① $\dfrac{61}{12}$　　② $\dfrac{31}{6}$　　③ $\dfrac{21}{4}$

④ $\dfrac{16}{3}$　　⑤ $\dfrac{65}{12}$

G21 ✿❀❀

함수 $f(x)=x^2-4x+3$에 대하여 함수 $y=f(|x|)$의 그래프와 x축으로 둘러싸인 부분의 넓이는? (3점)

① $\dfrac{4}{3}$ ② $\dfrac{8}{3}$ ③ 4

④ $\dfrac{16}{3}$ ⑤ $\dfrac{20}{3}$

G22 ✿❀❀ 2018실시(나) 10월 학평 29(고3)

최고차항의 계수가 양수인 이차함수 $f(x)$가 다음 조건을 만족시킨다.

> (가) 모든 실수 t에 대하여 $\displaystyle\int_0^t f(x)dx=\int_{2a-t}^{2a} f(x)dx$이다.
>
> (나) $\displaystyle\int_a^2 f(x)dx=2,\ \int_a^2 |f(x)|dx=\dfrac{22}{9}$

$f(k)=0$이고 $k<a$인 실수 k에 대하여 $\displaystyle\int_k^2 f(x)dx=\dfrac{q}{p}$이다. $p+q$의 값을 구하시오.

(단, a는 상수이고, p와 q는 서로소인 자연수이다.) (4점)

G23 ✿❀❀ 2016대비(A) 9월 모평 14(고3)

함수 $f(x)$의 도함수 $f'(x)$가 $f'(x)=x^2-1$이고, $f(0)=0$일 때, 곡선 $y=f(x)$와 x축으로 둘러싸인 부분의 넓이는? (4점)

① $\dfrac{9}{8}$ ② $\dfrac{5}{4}$ ③ $\dfrac{11}{8}$

④ $\dfrac{3}{2}$ ⑤ $\dfrac{13}{8}$

G24 ✿❀❀

삼차함수 $f(x)$가 다음 조건을 만족시킨다.

> (가) $f(-x)=-f(x)$
>
> (나) 함수 $f(x)$는 $x=1$에서 극솟값을 갖는다.
>
> (다) 함수 $y=f(x)$의 그래프와 x축으로 둘러싸인 부분의 넓이는 72이다.

함수 $f(x)$의 극댓값을 구하시오. (4점)

G25 ✿✿✾
2023실시 3월 학평 14(고3)

세 양수 a, b, k에 대하여 함수 $f(x)$를

$$f(x)=\begin{cases} ax & (x<k) \\ -x^2+4bx-3b^2 & (x\geq k) \end{cases}$$

라 하자. 함수 $f(x)$가 실수 전체의 집합에서 미분가능할 때, [보기]에서 옳은 것만을 있는 대로 고른 것은? (4점)

— [보기] —

ㄱ. $a=1$이면 $f'(k)=1$이다.

ㄴ. $k=3$이면 $a=-6+4\sqrt{3}$이다.

ㄷ. $f(k)=f'(k)$이면 함수 $y=f(x)$의 그래프와 x축으로
둘러싸인 부분의 넓이는 $\dfrac{1}{3}$이다.

① ㄱ ② ㄱ, ㄴ ③ ㄱ, ㄷ
④ ㄴ, ㄷ ⑤ ㄱ, ㄴ, ㄷ

---

② 두 곡선 사이의 넓이

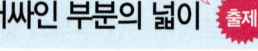

유형 03 곡선과 직선으로 둘러싸인 부분의 넓이 출제
2028 예시
2026 6월

(1) 닫힌구간 $[a, b]$에서 곡선 $y=f(x)$와 직선 $y=g(x)$로 둘러싸인 부분의 넓이를 S라 하면

$$S=\int_a^b |f(x)-g(x)|\,dx$$

(2) 이차함수 $y=ax^2+bx+c$의 그래프와 직선 $y=mx+n$이 $x=\alpha$, $x=\beta(\alpha<\beta)$에서 만날 때, 이차함수의 그래프와 직선으로 둘러싸인 부분의 넓이를 S라 하면

$$S=\frac{|a|}{6}(\beta-\alpha)^3$$

tip

곡선과 직선으로 둘러싸인 부분의 넓이는 다음과 같은 순서로 구한다.

(i) 곡선과 직선을 좌표평면에 나타내어 위치 관계를 파악한다.

(ii) 곡선과 직선의 교점의 x좌표를 구하여 적분구간을 정한다.

(iii) (ii)에서 구한 적분구간에서
{(위쪽의 그래프의 식)−(아래쪽의 그래프의 식)}을 정적분한다.

G26 ✾✾✾
2022대비 6월 모평 6(고3)

곡선 $y=3x^2-x$와 직선 $y=5x$로 둘러싸인 부분의 넓이는? (3점)

① 1 ② 2 ③ 3
④ 4 ⑤ 5

G27 ✾✾✾
2021대비(나) 수능 27(고3)

곡선 $y=x^2-7x+10$과 직선 $y=-x+10$으로 둘러싸인 부분의 넓이를 구하시오. (4점)

G28 ✾✾✾
2020실시(나) 10월 학평 10(고3)

양수 a에 대하여 곡선 $y=x^2$과 직선 $y=ax$로 둘러싸인 부분의 넓이는? (3점)

① $\dfrac{a^3}{12}$ ② $\dfrac{a^3}{8}$ ③ $\dfrac{a^3}{6}$
④ $\dfrac{a^3}{4}$ ⑤ $\dfrac{a^3}{3}$

G29 ✿✿✿ 2015실시(A) 10월 학평 10(고3)

곡선 $y=x^3-2x^2+k$와 직선 $y=k$로 둘러싸인 부분의 넓이는? (단, k는 상수이다.) (3점)

① $\dfrac{1}{3}$　　② $\dfrac{2}{3}$　　③ 1

④ $\dfrac{4}{3}$　　⑤ $\dfrac{5}{3}$

G30 ✿✿✿ 2026대비 6월 모평 13(고3)

그림과 같이 함수 $f(x)=3x^2-7x+2$에 대하여 곡선 $y=f(x)$와 직선 $y=\dfrac{1}{3}x-\dfrac{2}{3}$ 및 y축으로 둘러싸인 영역을 A,

곡선 $y=f(x)$와 직선 $y=\dfrac{1}{3}x-\dfrac{2}{3}$로 둘러싸인 영역을 B,

곡선 $y=f(x)$와 두 직선 $y=\dfrac{1}{3}x-\dfrac{2}{3}$, $x=k(k>2)$로 둘러싸인 영역을 C라 하자.

　(A의 넓이)$+$(C의 넓이)$=$(B의 넓이)

일 때, 상수 k의 값은? (4점)

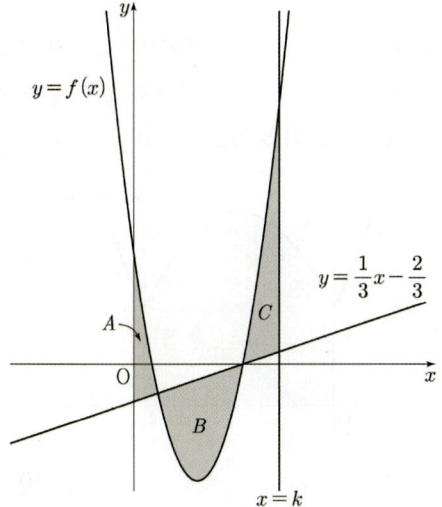

① $\dfrac{29}{12}$　　② $\dfrac{5}{2}$　　③ $\dfrac{31}{12}$

④ $\dfrac{8}{3}$　　⑤ $\dfrac{11}{4}$

G31 ✿✿✿ 2025대비 6월 모평 13(고3)

곡선 $y=\dfrac{1}{4}x^3+\dfrac{1}{2}x$와 직선 $y=mx+2$ 및 y축으로

둘러싸인 부분의 넓이를 A, 곡선 $y=\dfrac{1}{4}x^3+\dfrac{1}{2}x$와 두 직선

$y=mx+2$, $x=2$로 둘러싸인 부분의 넓이를 B라 하자.

$B-A=\dfrac{2}{3}$일 때, 상수 m의 값은? (단, $m<-1$) (4점)

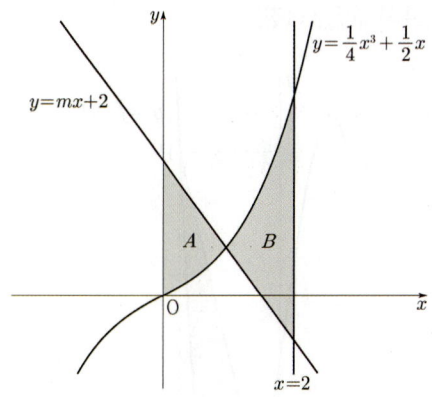

① $-\dfrac{3}{2}$　　② $-\dfrac{17}{12}$　　③ $-\dfrac{4}{3}$

④ $-\dfrac{5}{4}$　　⑤ $-\dfrac{7}{6}$

G32 ✱❀❀   2025대비 수능 13(고3)

최고차항의 계수가 1인 삼차함수 $f(x)$가

$$f(1)=f(2)=0, \quad f'(0)=-7$$

을 만족시킨다. 원점 O와 점 P$(3,\ f(3))$에 대하여 선분 OP가 곡선 $y=f(x)$와 만나는 점 중 P가 아닌 점을 Q라 하자. 곡선 $y=f(x)$와 y축 및 선분 OQ로 둘러싸인 부분의 넓이를 A, 곡선 $y=f(x)$와 선분 PQ로 둘러싸인 부분의 넓이를 B라 할 때, $B-A$의 값은? (4점)

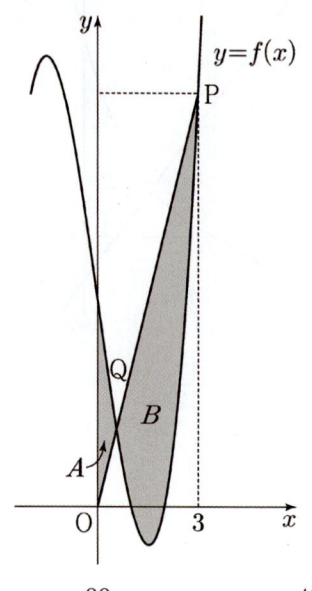

① $\dfrac{37}{4}$ ② $\dfrac{39}{4}$ ③ $\dfrac{41}{4}$

④ $\dfrac{43}{4}$ ⑤ $\dfrac{45}{4}$

G33 ✱❀❀   2020대비(나) 수능 26(고3)

두 함수

$$f(x)=\frac{1}{3}x(4-x), \quad g(x)=|x-1|-1$$

의 그래프로 둘러싸인 부분의 넓이를 S라 할 때, $4S$의 값을 구하시오. (4점)

G34 ✱❀❀   2018대비(나) 수능 26(고3)

곡선 $y=-2x^2+3x$와 직선 $y=x$로 둘러싸인 부분의 넓이가 $\dfrac{q}{p}$일 때, $p+q$의 값을 구하시오. (단, p와 q는 서로소인 자연수이다.) (4점)

G35 ✱❀❀

함수 $y=|x^2-3x+2|$의 그래프와 직선 $y=6$으로 둘러싸인 부분의 넓이는 $\dfrac{q}{p}$이다. $p+q$의 값을 구하시오. (단, p, q는 서로소인 자연수이다.) (4점)

G36 ✱❀❀   2023실시 3월 학평 7(고3)

함수 $y=|x^2-2x|+1$의 그래프와 x축, y축 및 직선 $x=2$로 둘러싸인 부분의 넓이는? (3점)

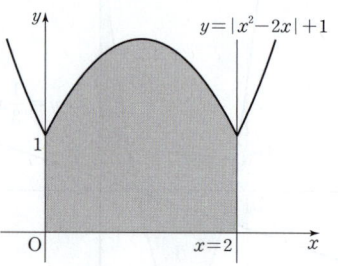

① $\dfrac{8}{3}$ ② 3 ③ $\dfrac{10}{3}$

④ $\dfrac{11}{3}$ ⑤ 4

G37 ✹✹✾ 2028대비 4월 예시 17(고3)

함수 $f(x)=\dfrac{1}{2}x^2(x+1)$에 대하여 원점 O와

점 $\mathrm{P}(2,\,f(2))$를 지나는 직선이 직선 $y=-\dfrac{1}{2}x+1$과 만나는

점을 Q라 하고, 직선 $y=-\dfrac{1}{2}x+1$이 x축과 만나는 점을 R이

라 하자. 곡선 $y=f(x)$와 직선 $y=-\dfrac{1}{2}x+1$ 및 선분 PQ로

둘러싸인 부분의 넓이를 A, 곡선 $y=f(x)$와 직선

$y=-\dfrac{1}{2}x+1$ 및 선분 OR로 둘러싸인 부분의 넓이를 B라 할

때, $A-B$의 값은? (4점)

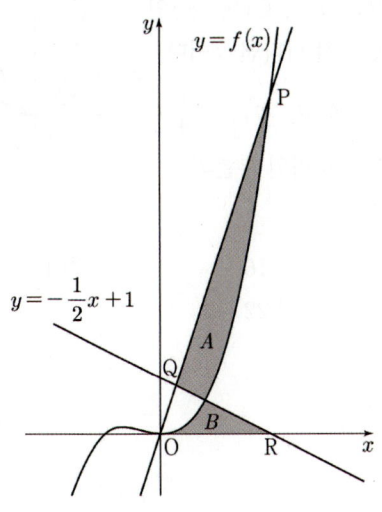

① $\dfrac{38}{21}$ ② $\dfrac{41}{21}$ ③ $\dfrac{44}{21}$

④ $\dfrac{47}{21}$ ⑤ $\dfrac{50}{21}$

G38 ✹✹✹ 2024실시 5월 학평 12(고3)

최고차항의 계수가 1인 사차함수 $f(x)$에 대하여 곡선

$y=f(x)$와 직선 $y=\dfrac{1}{2}x$가 원점 O에서 접하고 x좌표가

양수인 두 점 A, B $(\overline{\mathrm{OA}}<\overline{\mathrm{OB}})$에서 만난다.

곡선 $y=f(x)$와 선분 OA로 둘러싸인 영역의 넓이를 S_1,

곡선 $y=f(x)$와 선분 AB로 둘러싸인 영역의 넓이를 S_2라

하자. $\overline{\mathrm{AB}}=\sqrt{5}$이고 $S_1=S_2$일 때, $f(1)$의 값은? (4점)

① $\dfrac{9}{2}$ ② $\dfrac{11}{2}$ ③ $\dfrac{13}{2}$

④ $\dfrac{15}{2}$ ⑤ $\dfrac{17}{2}$

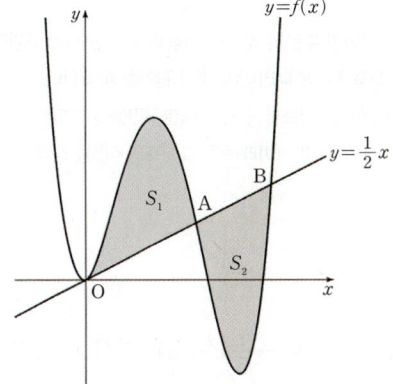

G39 ✹✹✹ 2005대비(가) 9월 모평 22(고3)

포물선 $y=x^2$ 위에서 두 점 $\mathrm{P}(a,\,a^2)$, $\mathrm{Q}(b,\,b^2)$이 조건

「선분 PQ와 포물선 $y=x^2$으로 둘러싸인 도형의 넓이는 36」

을 만족하면서 움직이고 있다. $\displaystyle\lim_{a\to\infty}\dfrac{\overline{\mathrm{PQ}}}{a}$의 값을 구하시오. (4점)

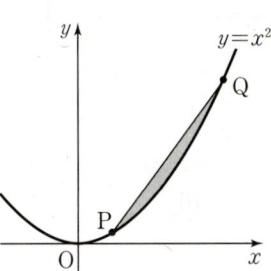

닫힌구간 $[a, b]$에서 두 곡선 $y=f(x)$, $y=g(x)$로 둘러싸인 부분의 넓이를 S라 하면

$$S=\int_a^b |f(x)-g(x)|dx$$

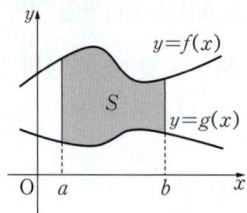

tip

두 곡선으로 둘러싸인 부분의 넓이는 다음과 같은 순서로 구한다.

(ⅰ) 두 곡선을 좌표평면에 나타내어 위치 관계를 파악한다.

(ⅱ) 두 곡선의 교점의 x좌표를 구하여 적분구간을 정한다.

(ⅲ) {(위쪽의 그래프의 식)−(아래쪽의 그래프의 식)}을 정적분한다.

G40 ✵✵✵ .... 2026대비 수능 7(고3)

두 곡선 $y=x^2+3$, $y=-\dfrac{1}{5}x^2+3$과 직선 $x=2$로 둘러싸인 부분의 넓이는? (3점)

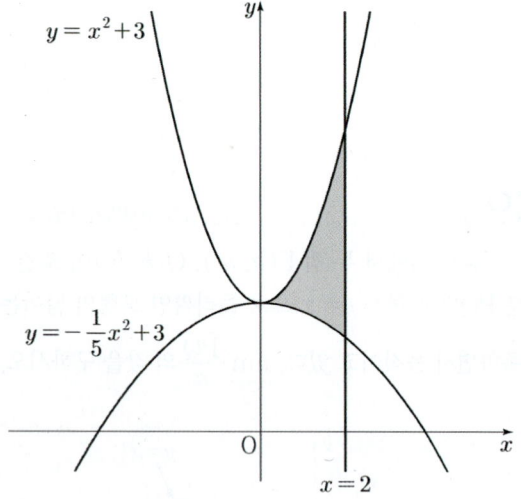

① $\dfrac{18}{5}$ ② $\dfrac{7}{2}$ ③ $\dfrac{17}{5}$

④ $\dfrac{33}{10}$ ⑤ $\dfrac{16}{5}$

G41 ✵✵✵ .... 2024대비 9월 모평 19(고3)

두 곡선 $y=3x^3-7x^2$과 $y=-x^2$으로 둘러싸인 부분의 넓이를 구하시오. (3점)

G42 ✵✵✵ .... 2014대비(A) 9월 모평 13(고3)

그림은 두 곡선 $y=x^2$, $y=\dfrac{1}{4}x^2$과 꼭짓점의 좌표가 $\mathrm{O}(0, 0)$, $\mathrm{A}(n, 0)$, $\mathrm{B}(n, n^2)$, $\mathrm{C}(0, n^2)$인 직사각형 OABC를 나타낸 것이다.

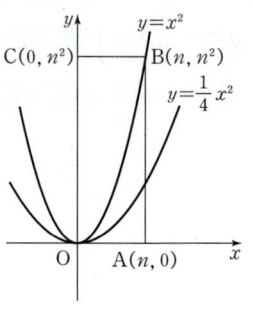

$n=4$일 때, 두 곡선 $y=x^2$, $y=\dfrac{1}{4}x^2$과 직선 AB로 둘러싸인 부분의 넓이는? (3점)

① 14   ② 16   ③ 18

④ 20   ⑤ 22

G43 ✵✵✵ .... 2022실시 10월 학평 7(고3)

두 함수

$$f(x)=x^2-4x, \ g(x)=\begin{cases} -x^2+2x & (x<2) \\ -x^2+6x-8 & (x\geq 2) \end{cases}$$

의 그래프로 둘러싸인 부분의 넓이는? (3점)

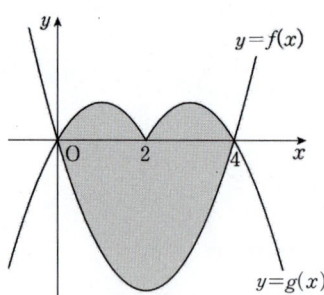

① $\dfrac{40}{3}$ ② 14   ③ $\dfrac{44}{3}$

④ $\dfrac{46}{3}$ ⑤ 16

G44 ✱❀❀   2021실시 10월 학평 20(고3)

최고차항의 계수가 1인 삼차함수 $f(x)$가
$f(0)=0$이고, 모든 실수 x에 대하여 $f(1-x)=-f(1+x)$를
만족시킨다. 두 곡선 $y=f(x)$와 $y=-6x^2$으로 둘러싸인
부분의 넓이를 S라 할 때, $4S$의 값을 구하시오. (4점)

G45 ✱❀❀   2020대비(나) 9월 모평 15(고3)

함수 $f(x)=x^2-2x$에 대하여 두 곡선 $y=f(x)$,
$y=-f(x-1)-1$로 둘러싸인 부분의 넓이는? (4점)

① $\dfrac{1}{6}$ ② $\dfrac{1}{4}$ ③ $\dfrac{1}{3}$

④ $\dfrac{5}{12}$ ⑤ $\dfrac{1}{2}$

G46 ✱✱❀   2023대비 9월 모평 20(고3)

상수 $k(k<0)$에 대하여 두 함수
$$f(x)=x^3+x^2-x,\ g(x)=4|x|+k$$
의 그래프가 만나는 점의 개수가 2일 때, 두 함수의 그래프로
둘러싸인 부분의 넓이를 S라 하자. $30\times S$의 값을 구하시오.

(4점)

G47 ✱✱❀   2016실시(가) 9월 학평 29(고2)

그림과 같이 중심이 $\left(0, \dfrac{3}{2}\right)$이고, 반지름의 길이가
$r\left(r<\dfrac{3}{2}\right)$인 원 C가 있다. 원 C가 함수 $y=\dfrac{1}{2}x^2$의 그래프와
서로 다른 두 점에서 만날 때, 원 C와 함수 $y=\dfrac{1}{2}x^2$의 그래프로
둘러싸인 ⌣ 모양의 넓이는 $a+b\pi$이다. $120(a+b)$의 값을
구하시오. (단, a, b는 유리수이다.) (4점)

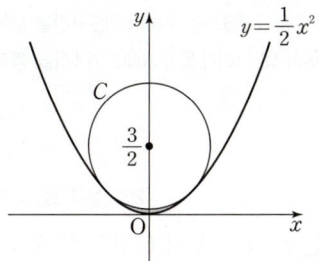

G48 ✱✱❀

두 곡선 $f(x)=x^2(x-2),\ g(x)=ax(x-2)$로
둘러싸인 부분의 넓이가 최소가 되게 하는 실수 a의 값은?

(단, $0<a<2$) (4점)

① $\dfrac{1}{2}$ ② $\dfrac{2}{3}$ ③ 1

④ $\dfrac{4}{3}$ ⑤ $\dfrac{3}{2}$

닫힌구간 $[a, b]$에서 곡선 $y=f(x)$와 직선 $y=g(x)$로
둘러싸인 부분의 넓이를 S라 하면

$$S=\int_a^b |f(x)-g(x)|\,dx$$

곡선과 접선으로 둘러싸인 부분의 넓이는 다음과 같은 순서로 구한다.

(i) 접선의 방정식을 구한다.

(ii) 곡선과 접선을 좌표평면에 나타내어 위치 관계를 파악한다.

(iii) 곡선과 접선의 교점의 x좌표를 구하여 적분구간을 정한다.

(iv) {(위쪽의 그래프의 식)−(아래쪽의 그래프의 식)}을 정적분한다.

G49 ❋❋❋ ⋯⋯⋯⋯⋯⋯⋯⋯⋯ 2022실시 3월 학평 7(고3)

그림과 같이 곡선 $y=x^2-4x+6$ 위의 점 $A(3, 3)$에
서의 접선을 l이라 할 때, 곡선 $y=x^2-4x+6$과 직선 l 및
y축으로 둘러싸인 부분의 넓이는? (3점)

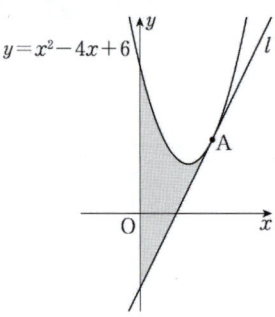

① $\dfrac{26}{3}$　　　② 9　　　③ $\dfrac{28}{3}$

④ $\dfrac{29}{3}$　　　⑤ 10

G50 ✳❋❋ ⋯⋯⋯⋯⋯⋯⋯⋯⋯ 2025실시 3월 학평 12(고3)

함수 $f(x)=x^3+2x^2-x+4$에 대하여 원점 O에서
곡선 $y=f(x)$에 그은 접선의 접점을 A라 하고, 곡선 위의 점
$B(-2, f(-2))$에서 x축에 내린 수선의 발을 C라 하자. 곡선
$y=f(x)$와 세 선분 OA, OC, BC로 둘러싸인 부분의 넓이는?

(4점)

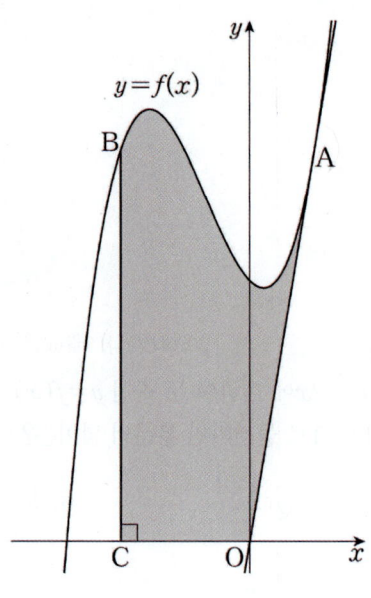

① $\dfrac{45}{4}$　　　② $\dfrac{47}{4}$　　　③ $\dfrac{49}{4}$

④ $\dfrac{51}{4}$　　　⑤ $\dfrac{53}{4}$

G51 ✳❋❋ ⋯⋯⋯⋯⋯⋯⋯⋯⋯⋯⋯⋯⋯⋯⋯⋯⋯⋯⋯⋯⋯⋯⋯⋯

곡선 $y=x^3+2x-2$ 위의 점 $(1, 1)$에서의 접선을 l이라
할 때, 곡선 $y=x^3+2x-2$와 접선 l로 둘러싸인 부분의 넓이는?

(3점)

① $\dfrac{25}{4}$　　　② $\dfrac{27}{4}$　　　③ $\dfrac{29}{4}$

④ $\dfrac{31}{4}$　　　⑤ $\dfrac{33}{4}$

G52 ✽❀❀   2021실시 3월 학평 9(고3)

최고차항의 계수가 -3인 삼차함수 $y=f(x)$의 그래프 위의 점 $(2,\ f(2))$에서의 접선 $y=g(x)$가 곡선 $y=f(x)$와 원점에서 만난다. 곡선 $y=f(x)$와 직선 $y=g(x)$로 둘러싸인 도형의 넓이는? (4점)

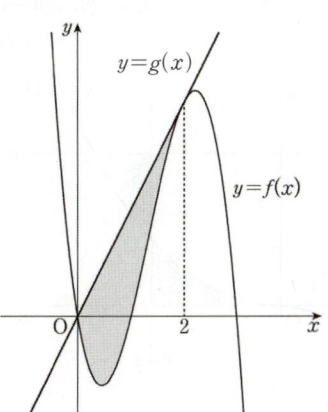

① $\dfrac{7}{2}$ ② $\dfrac{15}{4}$ ③ 4

④ $\dfrac{17}{4}$ ⑤ $\dfrac{9}{2}$

G53 ✽❀❀   2020실시(가) 3월 학평 10(고3)

그림과 같이 두 함수 $y=ax^2+2$와 $y=2|x|$의 그래프가 두 점 A, B에서 각각 접한다. 두 함수 $y=ax^2+2$와 $y=2|x|$의 그래프로 둘러싸인 부분의 넓이는? (단, a는 상수이다.) (3점)

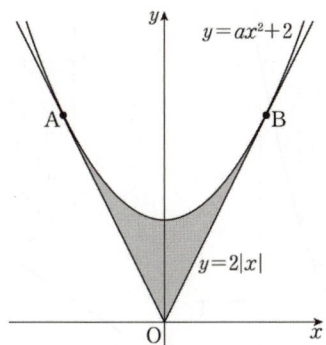

① $\dfrac{13}{6}$ ② $\dfrac{7}{3}$ ③ $\dfrac{5}{2}$

④ $\dfrac{8}{3}$ ⑤ $\dfrac{17}{6}$

G54 ✽❀❀

점 $(0,\ 1)$에서 곡선 $y=x^3+3$에 그은 접선과 이 곡선으로 둘러싸인 부분의 넓이는? (3점)

① $\dfrac{13}{2}$ ② $\dfrac{27}{4}$ ③ 7

④ $\dfrac{29}{4}$ ⑤ $\dfrac{15}{2}$

G55 ✽✽❀

좌표평면 위의 점 $P(1,\ -3)$에서 곡선 $y=x^2$에 그은 두 접선을 l, m이라 할 때, 두 접선 l, m과 곡선 $y=x^2$으로 둘러싸인 부분의 넓이는? (4점)

① 5 ② $\dfrac{16}{3}$ ③ $\dfrac{17}{3}$

④ 6 ⑤ $\dfrac{19}{3}$

그림과 같이 두 곡선
$y=f(x)$, $y=g(x)$로
둘러싸인 두 도형의 넓이를
각각 S_1, S_2라 할 때,
$S_1=S_2$이면
$\displaystyle\int_a^b \{f(x)-g(x)\}dx=0$

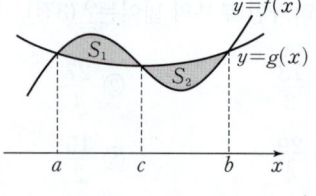

tip

위의 그림에서 $S_1>0$, $S_2>0$이고 $S_1=S_2$이므로
$$\int_a^b \{f(x)-g(x)\}dx=\int_a^c \{f(x)-g(x)\}dx+\int_c^b \{f(x)-g(x)\}dx$$
$$=S_1+(-S_2)=S_1-S_2=0$$

G56 ✽✽✽ .... 2023대비 수능 10(고3)

두 곡선 $y=x^3+x^2$, $y=-x^2+k$와 y축으로 둘러싸인
부분의 넓이를 A, 두 곡선 $y=x^3+x^2$, $y=-x^2+k$와 직선
$x=2$로 둘러싸인 부분의 넓이를 B라 하자. $A=B$일 때, 상수
k의 값은? (단, $4<k<5$) (4점)

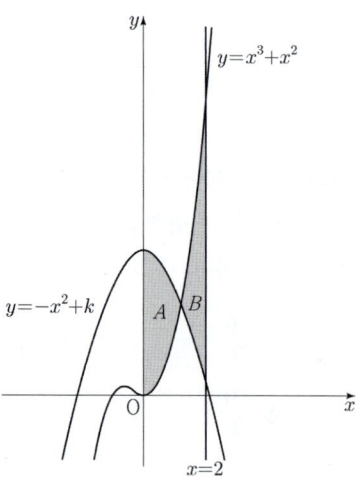

① $\dfrac{25}{6}$　　② $\dfrac{13}{3}$　　③ $\dfrac{9}{2}$

④ $\dfrac{14}{3}$　　⑤ $\dfrac{29}{6}$

G57 ✽✽✽ .... 2019실시(나) 7월 학평 27(고3)

함수 $f(x)=\dfrac{1}{2}x^3$의 그래프 위의 점 $\mathrm{P}(a, b)$에
대하여 곡선 $y=f(x)$와 x축 및 직선 $x=1$로 둘러싸인 부분의
넓이를 S_1, 곡선 $y=f(x)$와 두 직선 $x=1$, $y=b$로 둘러싸인
부분의 넓이를 S_2라 하자. $S_1=S_2$일 때, $30a$의 값을 구하시오.
(단, $a>1$) (4점)

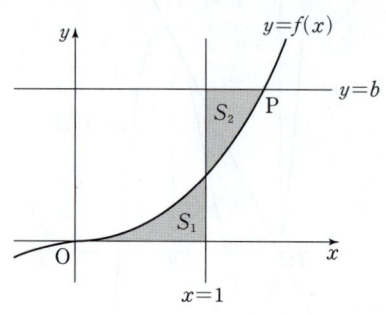

G58 ✽✽✽ .... 2011실시(나) 7월 학평 26(고3)

그림과 같이 네 점 $(0, -1)$, $(2, -1)$, $(2, 4)$, $(0, 4)$를
꼭짓점으로 하는 직사각형 내부가 곡선 $y=x^3-x^2$에 의하여
나누어지는 두 부분을 A, B, 직선 $y=ax$에 의하여 나누어지는
두 부분을 C, D라 하자. 영역 A의 넓이와 영역 C의 넓이가
같을 때, $300a$의 값을 구하시오. (4점)

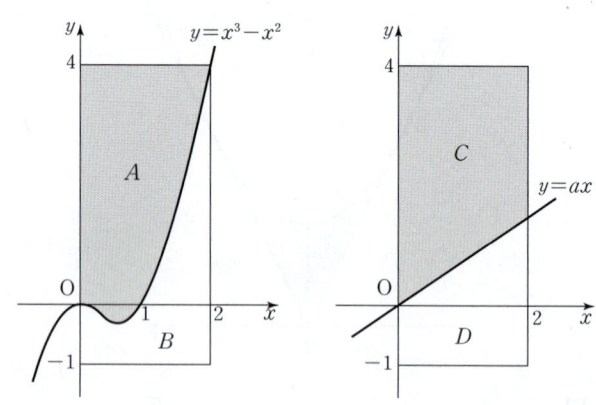

G59 ✿✿✿ .... 2025대비 9월 모평 13(고3)

함수

$$f(x)=\begin{cases} -x^2-2x+6 & (x<0) \\ -x^2+2x+6 & (x\geq 0) \end{cases}$$

의 그래프가 x축과 만나는 서로 다른 두 점을 P, Q라 하고, 상수 $k(k>4)$에 대하여 직선 $x=k$가 x축과 만나는 점을 R이라 하자. 곡선 $y=f(x)$와 선분 PQ로 둘러싸인 부분의 넓이를 A, 곡선 $y=f(x)$와 직선 $x=k$ 및 선분 QR로 둘러싸인 부분의 넓이를 B라 하자. $A=2B$일 때, k의 값은?

(단, 점 P의 x좌표는 음수이다.) (4점)

① $\dfrac{9}{2}$ ② 5   ③ $\dfrac{11}{2}$

④ 6   ⑤ $\dfrac{13}{2}$

G60 ✿✿✿ .... 2011실시(가) 10월 학평 29(고3)

그림과 같이 삼차함수 $f(x)=-(x+1)^3+8$의 그래프가 x축과 만나는 점을 A라 하고, 점 A를 지나고 x축에 수직인 직선을 l이라 하자. 또, 곡선 $y=f(x)$와 y축 및 직선 $y=k(0<k<7)$로 둘러싸인 부분의 넓이를 S_1이라 하고, 곡선 $y=f(x)$와 직선 l 및 직선 $y=k$로 둘러싸인 부분의 넓이를 S_2라 하자. 이때, $S_1=S_2$가 되도록 하는 상수 k에 대하여 $4k$의 값을 구하시오. (4점)

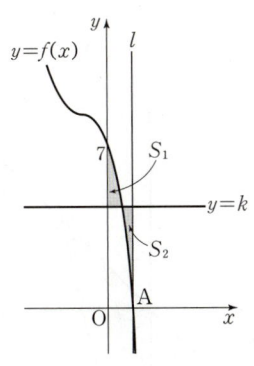

G61 ✿✿✿ .... 2009실시(가) 7월 학평 23(고3)

그림과 같이 임의로 그은 직선 l이 y축과 만나는 점을 A, 점 C(6, 0)을 지나고 y축과 평행하게 그은 직선과의 교점을 B라 하자. 사다리꼴 OABC의 넓이가 곡선 $f(x)=x^3-6x^2$과 x축으로 둘러싸인 부분의 넓이와 같을 때, 임의의 직선 l은 항상 일정한 점 D를 지난다. 이때, △ODC의 넓이를 구하시오.

(단, $\overline{AB}$는 $\overline{OC}$ 아래에 있다.) (4점)

G62 ✿✿✿ .... 2023실시 4월 학평 12(고3)

그림과 같이 삼차함수 $f(x)=x^3-6x^2+8x+1$의 그래프와 최고차항의 계수가 양수인 이차함수 $y=g(x)$의 그래프가 점 A(0, 1), 점 B$(k, f(k))$에서 만나고, 곡선 $y=f(x)$ 위의 점 B에서의 접선이 점 A를 지난다. 곡선 $y=f(x)$와 직선 AB로 둘러싸인 부분의 넓이를 S_1, 곡선 $y=g(x)$와 직선 AB로 둘러싸인 부분의 넓이를 S_2라 하자.

$S_1=S_2$일 때, $\displaystyle\int_0^k g(x)dx$의 값은? (단, k는 양수이다.) (4점)

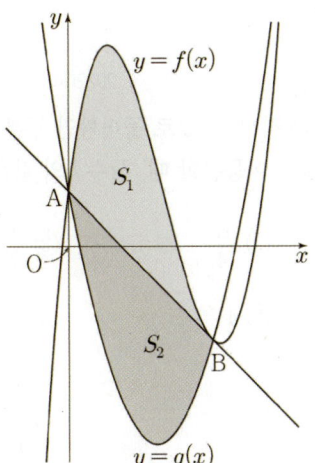

① $-\dfrac{17}{2}$ ② $-\dfrac{33}{4}$ ③ -8

④ $-\dfrac{31}{4}$ ⑤ $-\dfrac{15}{2}$

그림의 어두운 부분의 넓이 S를
곡선 $y=g(x)$가 이등분할 때,
$$\int_a^b \{f(x)-g(x)\}dx = \frac{1}{2}S$$

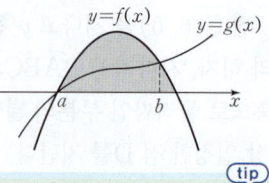

tip

도형을 두 부분으로 나누는 경우 나누어진 두 도형의 넓이를 S_1, S_2라 하고 주어진 넓이의 조건에 S_1, S_2를 대입하여 상수의 값을 구한다.

G63 ✿✿✿ .... 2024실시 10월 학평 8(고3)

함수 $f(x)=x^2+1$의 그래프와 x축 및 두 직선 $x=0$, $x=1$로 둘러싸인 부분의 넓이를 점 $(1, f(1))$을 지나고 기울기가 $m(m\geq 2)$인 직선이 이등분할 때, 상수 m의 값은? (3점)

① $\dfrac{5}{2}$ ② 3 ③ $\dfrac{7}{2}$

④ 4 ⑤ $\dfrac{9}{2}$

G64 ✿✿✿ .... 2022대비 수능 8(고3)

곡선 $y=x^2-5x$와 직선 $y=x$로 둘러싸인 부분의 넓이를 직선 $x=k$가 이등분할 때, 상수 k의 값은? (3점)

① 3 ② $\dfrac{13}{4}$ ③ $\dfrac{7}{2}$

④ $\dfrac{15}{4}$ ⑤ 4

G65 ✿✿✿ .... 2016실시(가) 9월 학평 15(고2)

실수 전체의 집합에서 정의된 함수
$$f(x)=\begin{cases} x^2-\dfrac{1}{2}k^2 & (x<0) \\ x-\dfrac{1}{2}k^2 & (x\geq 0) \end{cases}$$

가 있다. 그림과 같이 함수 $y=f(x)$의 그래프와 직선 $y=\dfrac{1}{2}k^2$으로 둘러싸인 도형의 넓이가 y축에 의하여 이등분될 때, 상수 k의 값은? (단, $k>0$) (4점)

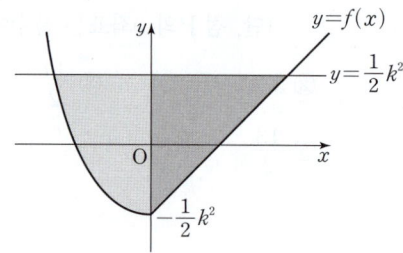

① $\dfrac{2}{3}$ ② 1 ③ $\dfrac{4}{3}$

④ $\dfrac{5}{3}$ ⑤ 2

G66 ✿✿✿ .... 2025실시 5월 학평 13(고3)

최고차항의 계수가 1인 이차함수 $f(x)$에 대하여 곡선 $y=f(x)$와 직선 $y=x-3$이 x좌표가 양수인 두 점 A, B에서 만난다. 직선 $y=x-3$과 y축이 만나는 점을 C라 하자.
곡선 $y=f(x)$와 y축 및 선분 AC로 둘러싸인 부분의 넓이를 S_1, 곡선 $y=f(x)$와 선분 AB로 둘러싸인 부분의 넓이를 S_2라 하자.
곡선 $y=f(x)$와 선분 AB로 둘러싸인 부분의 넓이를 직선 $x=3$이 이등분하고, $S_2-2S_1=6$일 때, $f(-1)$의 값은?
(단, 점 A의 x좌표는 3보다 작고, 점 B의 x좌표는 3보다 크다.)
(4점)

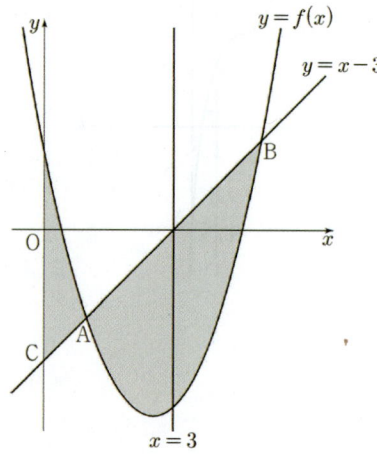

① $\dfrac{15}{2}$ ② 8 ③ $\dfrac{17}{2}$ ④ 9 ⑤ $\dfrac{19}{2}$

G67 ✱✱❋ ·············· 2013실시(A) 10월 학평 21(고3)

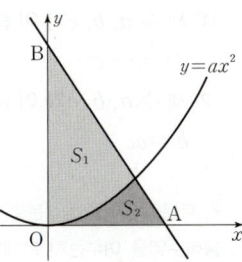

그림과 같이 좌표평면 위의 두 점
A(2, 0), B(0, 3)을 지나는 직선
과 곡선 $y=ax^2(a>0)$ 및 y축으로
둘러싸인 부분 중에서 제1사분면에
있는 부분의 넓이를 S_1이라 하자.
또, 직선 AB와 곡선 $y=ax^2$ 및
x축으로 둘러싸인 부분의 넓이를
S_2라 하자. $S_1 : S_2 = 13 : 3$일 때,
상수 a의 값은? (4점)

① $\dfrac{2}{9}$ ② $\dfrac{1}{3}$ ③ $\dfrac{4}{9}$

④ $\dfrac{5}{9}$ ⑤ $\dfrac{2}{3}$

G68 ✱✱❋ ·············· 2010대비(가) 9월 모평 7(고3)

두 곡선 $y=x^4-x^3$, $y=-x^4+x$로 둘러싸인 도형의
넓이가 곡선 $y=ax(1-x)$에 의하여 이등분될 때, 상수 a의
값은? (단, $0<a<1$) (3점)

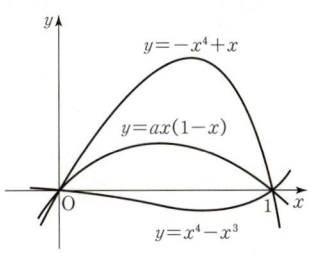

① $\dfrac{1}{4}$ ② $\dfrac{3}{8}$ ③ $\dfrac{5}{8}$

④ $\dfrac{3}{4}$ ⑤ $\dfrac{7}{8}$

유형 08 도형을 세 부분으로 나누는 경우

닫힌구간 $[a, b]$에서 두 곡선 $y=f(x)$, $y=g(x)$로 둘러싸인
부분의 넓이를 S라 하면

$$S=\int_a^b |f(x)-g(x)|\,dx$$

tip

도형을 세 부분으로 나누는 경우 나누어진 세 도형의 넓이를
S_1, S_2, S_3이라 하고 주어진 넓이의 조건에 S_1, S_2, S_3을 대입하여
상수의 값을 구한다.

G69 ✱❋❋ ··············

함수 $f(x)=x^4-2x^2$에 대하여 $y=f(x)$의
그래프와 직선 $y=k$는 서로 다른 네 점에서 만난다. 그림과 같이
$y=f(x)$의 그래프와 직선 $y=k$가 만나서 생기는 세 부분의
넓이를 각각 S_1, S_2, S_3이라 하자.

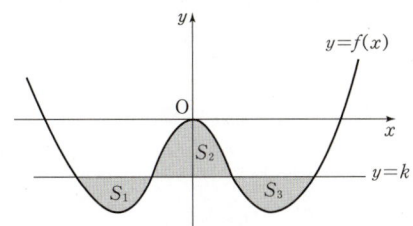

이때, $S_1+S_3=S_2$가 성립하도록 하는 상수 k의 값은? (4점)

① -2 ② $-\dfrac{5}{4}$ ③ -1

④ $-\dfrac{5}{9}$ ⑤ $-\dfrac{5}{16}$

G70 ✽❀❀

그림과 같이 점 $(0, 4)$를 지나고
기울기가 음수인 직선 l에 대하여
곡선 $y=\dfrac{1}{4}x^2$ $(x \geq 0)$과 y축
및 직선 l로 둘러싸인 부분을
A, 곡선과 두 직선 $y=4$, l로
둘러싸인 부분을 B, 곡선과 x축
및 직선 l로 둘러싸인 부분을 C라

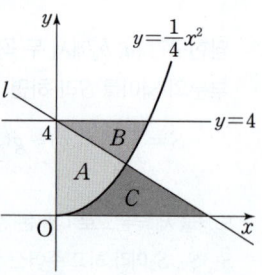

하자. 세 부분 A, B, C의 넓이를 각각 S_1, S_2, S_3이라 할 때,
$S_1 : S_2 : S_3 = 3 : 1 : 2$를 만족시키는 직선 l의 기울기는?
(4점)

① $-\dfrac{5}{3}$ ② $-\dfrac{3}{2}$ ③ -1

④ $-\dfrac{3}{5}$ ⑤ $-\dfrac{1}{3}$

G71 ✽❀❀

함수 $f(x) = -\dfrac{1}{2}x(x-4)$의 그래프를 x축의 방향으로 2만큼
평행이동시킨 곡선을 $y=g(x)$라 하자. 그림과 같이 두 곡선
$y=f(x)$, $y=g(x)$와 x축으로 둘러싸인 세 부분의 넓이를
각각 S_1, S_2, S_3이라 할 때, $S_1 - S_2 + S_3$의 값은? (4점)

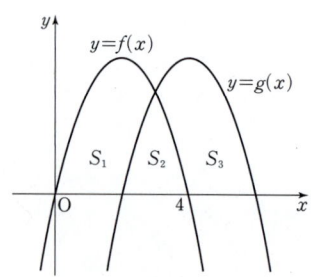

① $\dfrac{14}{3}$ ② 5 ③ $\dfrac{16}{3}$

④ $\dfrac{17}{3}$ ⑤ 6

유형 09 **넓이와 수열**

(1) 세 수 a, b, c가 이 순서대로 등차수열을 이루면
$$2b = a+c$$

(2) 세 수 a, b, c가 이 순서대로 등비수열을 이루면
$$b^2 = ac$$

tip

각 부분의 넓이를 정적분을 이용하여 구한 후 세 수가 등차수열을 이루는지,
등비수열을 이루는지 문제의 조건을 파악하여 등차중항, 등비중항 등을
이용하여 해결한다.

G72 ✽❀❀   2009실시(가) 7월 학평 7(고3)

그림과 같이 곡선 $f(x) = x^2 - 5x + 4$와 x축 및 y축으로 둘러싸인
부분의 넓이를 S_1, 곡선 $y=f(x)$와 x축으로 둘러싸인 부분의
넓이를 S_2, 곡선 $y=f(x)$와 x축 및 $x=k(k>4)$로 둘러싸인
부분의 넓이를 S_3이라 하자.
S_1, S_2, S_3이 이 순서대로 등차수열을 이룰 때,
$\displaystyle\int_0^k f(x)\,dx$의 값은? (3점)

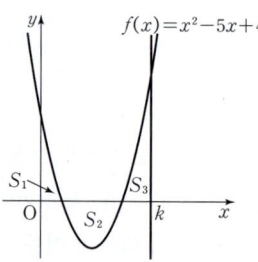

① 3 ② $\dfrac{7}{2}$ ③ 4

④ $\dfrac{9}{2}$ ⑤ 5

G73 ✽✽❀ 2012실시(나) 10월 학평 19(고3)

함수 $f(x)=-x^2+x+2$에 대하여 그림과 같이 곡선 $y=f(x)$와 x축으로 둘러싸인 부분을 y축과 직선 $x=k(0<k<2)$로 나눈 세 부분의 넓이를 각각 S_1, S_2, S_3이라 하자. S_1, S_2, S_3이 이 순서대로 등차수열을 이룰 때, S_2의 값은? (4점)

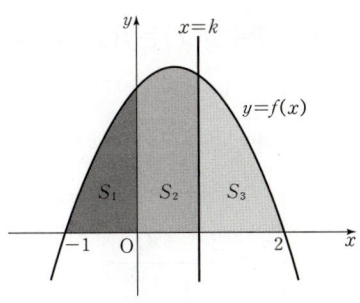

① 1 ② $\dfrac{5}{4}$ ③ $\dfrac{4}{3}$

④ $\dfrac{3}{2}$ ⑤ 2

G74 ✽✽❀ 2008실시(가) 10월 학평 10(고3)

그림과 같이 네 점 $(0, 0)$, $(1, 0)$, $(1, 1)$, $(0, 1)$을 꼭짓점으로 하는 정사각형의 내부를 두 곡선 $y=\dfrac{1}{2}x^2$, $y=ax^2$으로 나눈 세 부분의 넓이를 각각 S_1, S_2, S_3이라 하자.

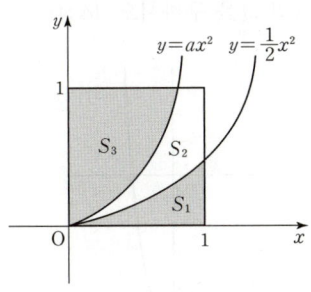

S_1, S_2, S_3이 이 순서로 등차수열을 이룰 때, 양수 a의 값은? (4점)

① $\dfrac{16}{9}$ ② $\dfrac{17}{9}$ ③ 2

④ $\dfrac{19}{9}$ ⑤ $\dfrac{20}{9}$

유형 10 역함수의 정적분

함수 $f(x)$의 역함수가 $f^{-1}(x)$일 때, 함수 $y=f(x)$의 그래프와 함수 $y=f^{-1}(x)$의 그래프는 직선 $y=x$에 대하여 대칭이다.

tip

함수 $f(x)$의 정적분 $\displaystyle\int_a^b f(x)dx$의 값을 구할 수 있을 때, 역함수 $f^{-1}(x)$의 정적분 $\displaystyle\int_a^b f(x)dx$의 값과 같은 넓이를 갖는 부분을 찾는다.

G75 ✽❀❀ 2012실시(나) 7월 학평 21(고3)

함수 $f(x)=x^3+x-1$의 역함수를 $g(x)$라 할 때, $\displaystyle\int_1^9 g(x)dx$의 값은? (4점)

① $\dfrac{47}{4}$ ② $\dfrac{49}{4}$

③ $\dfrac{51}{4}$ ④ $\dfrac{53}{4}$

⑤ $\dfrac{55}{4}$

G76 ✽❀❀

함수 $f(x)=x^3+3 (x\geq0)$의 역함수를 $g(x)$라 할 때, $2\displaystyle\int_{g(3)}^{g(11)} f(x)dx+\int_{f(0)}^{f(2)} g(x)dx$의 값을 구하시오. (4점)

G77 ✽❀❀

연속함수 $f(x)$에 대하여 함수 $y=f(x)$의 그래프가 두 점 $(1, 1)$, $(3, 3)$을 지난다. $\displaystyle\int_1^3 f(x)dx=\dfrac{7}{2}$일 때, $\displaystyle\int_1^3 f^{-1}(x)dx$의 값은? (단, $f^{-1}(x)$는 $f(x)$의 역함수이다.) (4점)

① 4 ② $\dfrac{9}{2}$ ③ 5

④ $\dfrac{11}{2}$ ⑤ 6

유형 11 함수와 그 역함수의 그래프로 둘러싸인 부분의 넓이

함수 $f(x)$의 역함수가 $f^{-1}(x)$일 때, 두 함수 $y=f(x)$, $y=f^{-1}(x)$의 그래프의 교점의 x좌표가 α, β $(\alpha<\beta)$이면 두 곡선 $y=f(x)$, $y=f^{-1}(x)$로 둘러싸인 부분의 넓이 S는

$$S=2\int_{\alpha}^{\beta} |x-f(x)|\,dx$$
$$=2\int_{\alpha}^{\beta} |x-f^{-1}(x)|\,dx$$

(tip)

서로 역함수 관계인 두 함수 $y=f(x)$, $y=f^{-1}(x)$의 그래프는 직선 $y=x$에 대하여 대칭이므로 두 곡선 $y=f(x)$, $y=f^{-1}(x)$로 둘러싸인 부분의 넓이는 곡선 $y=f(x)$(또는 $y=f^{-1}(x)$)와 직선 $y=x$로 둘러싸인 부분의 넓이의 2배와 같다.

G78 ✴❅❅　　　　2009실시(가) 10월 학평 7(고3)

그림과 같이 함수 $f(x)=ax^2+b\,(x\geq0)$의 그래프와 그 역함수 $g(x)$의 그래프가 만나는 두 점의 x좌표는 1과 2이다. $0\leq x\leq1$에서 두 곡선 $y=f(x)$, $y=g(x)$ 및 x축, y축으로 둘러싸인 부분의 넓이를 A라 하고, $1\leq x\leq2$에서 두 곡선 $y=f(x)$, $y=g(x)$로 둘러싸인 부분의 넓이를 B라 하자. 이때, $A-B$의 값은? (단, a, b는 상수이다.) (3점)

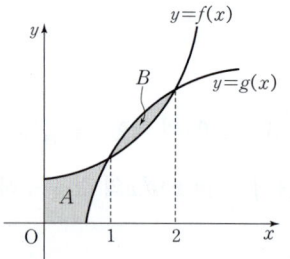

① $\dfrac{1}{9}$　　　② $\dfrac{2}{9}$　　　③ $\dfrac{1}{3}$

④ $\dfrac{4}{9}$　　　⑤ $\dfrac{5}{9}$

G79 ✴❅❅　　　　1997대비(자) 수능 25(고3)

정사각형 모양의 타일이 좌표평면에 그림과 같이 가로, 세로가 각각 x축, y축과 일치되게 놓여 있다. 이 타일에 $y=f(x)$와 $y=g(x)$의 그래프를 경계로 하여 파랑색과 노랑색을 칠하려고 한다. 파랑색과 노랑색이 칠해지는 부분의 면적의 비가 $2:3$일때, $\displaystyle\int_{0}^{15} f(x)\,dx$의 값을 구하시오.

(단, 함수 $g(x)$는 $f(x)$의 역함수이다.) (2점)

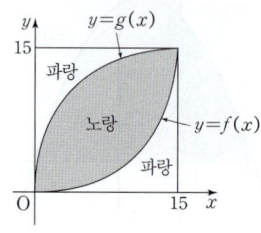

G80 ✴✴❅

함수 $f(x)=x^3+\dfrac{1}{2}x-7$에 대하여 $y=f(x)$의 그래프가 그림과 같다. 함수 $f(x)$의 역함수를 $g(x)$라 할 때, 두 곡선 $y=f(x)$, $y=g(x)$와 직선 $y=-x-7$로 둘러싸인 부분의 넓이는 S이다. $4S$의 값을 구하시오. (4점)

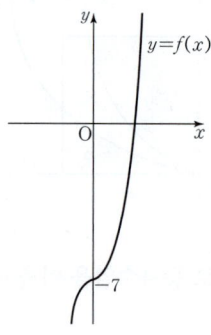

유형 12 넓이를 이용한 정적분의 활용

정적분의 값과 도형의 넓이 사이의 비교 또는 두 정적분의 값을 도형의 넓이로 비교하는 유형이 출제된다.

tip

그림과 같은 함수 $y=f(x)$의 그래프에서
사각형 ABCD의 넓이를 S라 하면
$S>\int_a^b f(x)dx$이다.

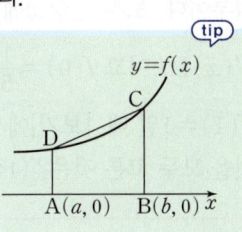

G81 ❀❀❀ 2019실시(나) 10월 학평 13(고3)

그림은 모든 실수 x에 대하여 $f(-x)=-f(x)$인 연속함수 $y=f(x)$의 그래프와 함수 $y=f(x)$의 그래프를 x축의 방향으로 1만큼, y축의 방향으로 1만큼 평행이동시킨 함수 $y=g(x)$의 그래프이다. $\int_0^2 g(x)dx$의 값은? (3점)

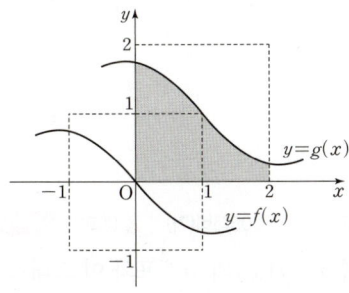

① $\dfrac{7}{5}$ ② 2 ③ $\dfrac{9}{4}$

④ $\dfrac{5}{2}$ ⑤ $\dfrac{11}{4}$

G82 ❀❀❀ 2024대비 수능 12(고3)

함수 $f(x)=\dfrac{1}{9}x(x-6)(x-9)$와 실수 $t(0<t<6)$에 대하여 함수 $g(x)$는
$$g(x)=\begin{cases} f(x) & (x<t) \\ -(x-t)+f(t) & (x\geq t) \end{cases}$$
이다. 함수 $y=g(x)$의 그래프와 x축으로 둘러싸인 영역의 넓이의 최댓값은? (4점)

① $\dfrac{125}{4}$ ② $\dfrac{127}{4}$ ③ $\dfrac{129}{4}$

④ $\dfrac{131}{4}$ ⑤ $\dfrac{133}{4}$

G83 ❀❀❀ 2018실시(가) 11월 학평 17(고2)

최고차항의 계수가 양수인 사차함수 $f(x)$의 도함수 $f'(x)$에 대하여 방정식 $f'(x)=0$이 세 실근 α, 0, $\beta(\alpha<0<\beta)$를 갖는다.
$$S=\int_\alpha^0 |f'(x)|dx,\ T=\int_0^\beta |f'(x)|dx$$
라 할 때, [보기]에서 옳은 것만을 있는 대로 고른 것은? (4점)

[보기]

ㄱ. 함수 $f(x)$는 $x=0$에서 극댓값을 갖는다.

ㄴ. $\alpha+\beta=0$이면 $S=T$이다.

ㄷ. $S<T$이고 $f(\alpha)=0$이면 방정식 $f(x)=0$의 양의 실근의 개수는 2이다.

① ㄱ   ② ㄷ   ③ ㄱ, ㄴ

④ ㄴ, ㄷ   ⑤ ㄱ, ㄴ, ㄷ

G84 ❀❀❀ 2018실시(나) 7월 학평 20(고3)

최고차항의 계수가 1인 사차함수 $f(x)$가 모든 실수 x에 대하여
$$f'(-x)=-f'(x)$$
를 만족시킨다. $f'(1)=0$, $f(1)=2$일 때, [보기]에서 옳은 것만을 있는 대로 고른 것은? (4점)

[보기]

ㄱ. $f'(-1)=0$

ㄴ. 모든 실수 k에 대하여 $\displaystyle\int_{-k}^0 f(x)dx=\int_0^k f(x)dx$

ㄷ. $0<t<1$인 모든 실수 t에 대하여 $\displaystyle\int_{-t}^t f(x)dx<6t$

① ㄱ   ② ㄷ   ③ ㄱ, ㄴ

④ ㄴ, ㄷ   ⑤ ㄱ, ㄴ, ㄷ

G85 ❋❋❋ .... 2028대비 4월 예시 20(고3)

최고차항의 계수가 양수이고

$$f(\alpha)=f(\beta)=f(\gamma)=0 \ (0<\alpha<\beta<\gamma)$$

인 삼차함수 $f(x)$에 대하여 실수 전체의 집합에서 정의된 두 함수

$$g(x)=\int_0^x f(t)dt, \quad h(x)=\int_0^x |f(t)|dt$$

가 있다. 함수 $g(x)$의 극댓값이 0이고, $h(\beta)=8$, $h(\gamma)=24$ 일 때, $g(\alpha)-g(\gamma)$의 값은? (4점)

① 12   ② 13   ③ 14

④ 15   ⑤ 16

G86 ❋❋❋ .... 2020실시(나) 7월 학평 19(고3)

첫째항이 1이고 공차가 2인 등차수열 $\{a_n\}$이 있다. 자연수 n에 대하여 좌표평면 위의 점 P_n을 다음 규칙에 따라 정한다.

> (가) 점 P_1의 좌표는 $(1, 1)$이다.
> (나) 점 P_n의 x좌표는 a_n이다.
> (다) 직선 $P_n P_{n+1}$의 기울기는 $\frac{1}{2}a_{n+1}$이다.

$x \geq 1$에서 정의된 함수 $y=f(x)$의 그래프가 모든 자연수 n에 대하여 닫힌구간 $[a_n, a_{n+1}]$에서 선분 $P_n P_{n+1}$과 일치할 때, $\int_1^{11} f(x)dx$의 값은? (4점)

① 140   ② 145   ③ 150

④ 155   ⑤ 160

G87 ❋❋❋ 2006대비(가) 9월 모평 28(고3) 오답 이의제기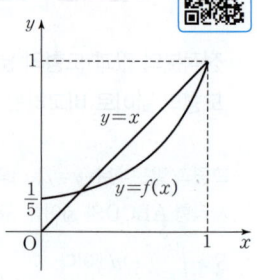

오른쪽 그림은 직선 $y=x$와 다항함수 $y=f(x)$의 그래프의 일부이다. 모든 실수 x에 대하여 $f'(x) \geq 0$이고 $f(0)=\frac{1}{5}$, $f(1)=1$일 때, [보기]에서 옳은 것을 모두 고른 것은? (4점)

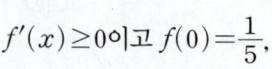

[보기]

ㄱ. $f'(x)=\frac{4}{5}$인 x가 열린구간 $(0, 1)$에 존재한다.

ㄴ. $\int_0^1 f(x)dx+\int_{\frac{1}{5}}^1 f^{-1}(x)dx=1$

ㄷ. $g(x)=(f \circ f)(x)$일 때, $g'(x)=1$인 x가 열린구간 $(0, 1)$에 존재한다.

① ㄱ   ② ㄷ   ③ ㄱ, ㄴ

④ ㄴ, ㄷ   ⑤ ㄱ, ㄴ, ㄷ

G88 ❋❋❋ .... 2005대비(가) 수능 8(고3) 오답 이의제기

다음은 연속함수 $y=f(x)$의 그래프와 이 그래프 위의 서로 다른 두 점 $P(a, f(a))$, $Q(b, f(b))$를 나타낸 것이다.

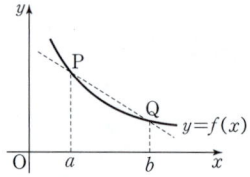

함수 $F(x)$가 $F'(x)=f(x)$를 만족시킬 때, [보기]에서 항상 옳은 것을 모두 고른 것은? (4점)

[보기]

ㄱ. 함수 $F(x)$는 구간 $[a, b]$에서 증가한다.

ㄴ. $\frac{F(b)-F(a)}{b-a}$는 직선 PQ의 기울기와 같다.

ㄷ. $\int_a^b \{f(x)-f(b)\}dx \leq \frac{(b-a)\{f(a)-f(b)\}}{2}$

① ㄱ   ② ㄴ   ③ ㄱ, ㄷ

④ ㄴ, ㄷ   ⑤ ㄱ, ㄴ, ㄷ

유형 13 점의 위치

수직선 위를 움직이는 점 P의 시각 t에서의 속도를 $v(t)$, 위치를 $x(t)$라 하면

(1) 시각 $t=a$에서 $t=b$까지 점 P의 위치의 변화량은
$$\int_a^b v(t)dt$$

(2) 시각 $t=a$에서의 점 P의 위치는
$$x(a)=x(0)+\int_0^a v(t)dt$$

tip

1. 수직선 위를 움직이는 점의 위치의 변화량은 속도의 정적분과 같다.
2. 수직선 위를 움직이는 점의 위치는 처음 위치와 위치의 변화량의 합과 같다.

G89 ✿✿✿ 2022대비 6월 모평 19(고3)

수직선 위를 움직이는 점 P의 시각 $t\,(t\geq0)$에서의 속도 $v(t)$가
$$v(t)=3t^2-4t+k$$
이다. 시각 $t=0$에서 점 P의 위치는 0이고, 시각 $t=1$에서 점 P의 위치는 -3이다. 시각 $t=1$에서 $t=3$까지 점 P의 위치의 변화량을 구하시오. (단, k는 상수이다.) (3점)

G90 ✿✿✿ 2022실시 7월 학평 18(고3)

시각 $t=0$일 때 원점을 출발하여 수직선 위를 움직이는 점 P의 시각 $t\,(t\geq0)$에서의 속도 $v(t)$가
$$v(t)=3t^2+6t-a$$
이다. 시각 $t=3$에서의 점 P의 위치가 6일 때, 상수 a의 값을 구하시오. (3점)

G91 ✿✿✿ 2023대비 9월 모평 10(고3)

수직선 위의 점 A(6)과 시각 $t=0$일 때 원점을 출발하여 이 수직선 위를 움직이는 점 P가 있다. 시각 $t\,(t\geq0)$에서의 점 P의 속도 $v(t)$를 $v(t)=3t^2+at\,(a>0)$이라 하자. 시각 $t=2$에서 점 P와 점 A 사이의 거리가 10일 때, 상수 a의 값은? (4점)

① 1 　　② 2 　　③ 3
④ 4 　　⑤ 5

G92 ✿✿✿ 2021실시 4월 학평 10(고3)

수직선 위를 움직이는 점 P의 시각 $t\,(t\geq0)$에서의 속도 $v(t)$가
$$v(t)=4t-10$$
이다. 점 P의 시각 $t=1$에서의 위치와 점 P의 시각 $t=k\,(k>1)$에서의 위치가 서로 같을 때, 상수 k의 값은? (4점)

① 3 　　② $\dfrac{7}{2}$ 　　③ 4
④ $\dfrac{9}{2}$ 　　⑤ 5

G93 ✿✿✿ 2018실시(나) 7월 학평 14(고3)

원점을 동시에 출발하여 수직선 위를 움직이는 두 점 P, Q의 시각 $t\,(t\geq0)$에서의 속도가 각각 $3t^2+6t-6$, $10t-6$이다. 두 점 P, Q가 출발 후 $t=a$에서 다시 만날 때, 상수 a의 값은? (4점)

① 1 　　② $\dfrac{3}{2}$ 　　③ 2
④ $\dfrac{5}{2}$ 　　⑤ 3

G94 ✽❋❋   2019대비(나) 9월 모평 28(고3)

시각 $t=0$일 때 동시에 원점을 출발하여 수직선 위를 움직이는
두 점 P, Q의 시각 $t(t \geq 0)$에서의 속도가 각각

$$v_1(t)=3t^2+t, \ v_2(t)=2t^2+3t$$

이다. 출발한 두 점 P, Q의 속도가 같아지는 순간 두 점 P, Q
사이의 거리를 a라 할 때, $9a$의 값을 구하시오. (4점)

G95 ✽❋❋   2022실시 4월 학평 10(고3)

수직선 위를 움직이는 점 P의 시각 $t(t \geq 0)$에서의
속도 $v(t)$가

$$v(t)=3(t-2)(t-a) \ (a>2인 \ 상수)$$

이다. 점 P의 시각 $t=0$에서의 위치는 0이고, $t>0$에서 점 P의
위치가 0이 되는 순간은 한 번뿐이다. $v(8)$의 값은? (4점)

① 27   ② 36   ③ 45

④ 54   ⑤ 63

G96 ✽❋❋   2024대비 9월 모평 11(고3)

두 점 P와 Q는 시각 $t=0$일 때 각각 점 A(1)과
점 B(8)에서 출발하여 수직선 위를 움직인다. 두 점 P, Q의
시각 $t(t \geq 0)$에서의 속도는 각각

$$v_1(t)=3t^2+4t-7, \ v_2(t)=2t+4$$

이다. 출발한 시각부터 두 점 P, Q 사이의 거리가 처음으로
4가 될 때까지 점 P가 움직인 거리는? (4점)

① 10   ② 14   ③ 19

④ 25   ⑤ 32

G97 ✽✽❋   2025대비 6월 모평 19(고3)

시각 $t=0$일 때 원점을 출발하여 수직선 위를 움직이는
점 P의 시각 $t(t \geq 0)$에서의 속도 $v(t)$가

$$v(t)=\begin{cases} -t^2+t+2 & (0 \leq t \leq 3) \\ k(t-3)-4 & (t>3) \end{cases}$$

이다. 출발한 후 점 P의 운동 방향이 두 번째로 바뀌는
시각에서의 점 P의 위치가 1일 때, 양수 k의 값을 구하시오.

(3점)

G98 ✽✽❋   2023실시 3월 학평 19(고3)

시각 $t=0$일 때 동시에 원점을 출발하여 수직선 위를
움직이는 두 점 P, Q의 시각 $t(t \geq 0)$에서의 속도가 각각

$$v_1(t)=3t^2-15t+k, \ v_2(t)=-3t^2+9t$$

이다. 점 P와 점 Q가 출발한 후 한 번만 만날 때,
양수 k의 값을 구하시오. (3점)

G99 ✽✽❋   2024대비 6월 모평 14(고3)

실수 $a(a \geq 0)$에 대하여 수직선 위를 움직이는 점 P의
시각 $t(t \geq 0)$에서의 속도 $v(t)$를

$$v(t)=-t(t-1)(t-a)(t-2a)$$

라 하자. 점 P가 시각 $t=0$일 때 출발한 후 운동 방향을 한 번만
바꾸도록 하는 a에 대하여, 시각 $t=0$에서 $t=2$까지 점 P의
위치의 변화량의 최댓값은? (4점)

① $\dfrac{1}{5}$ ② $\dfrac{7}{30}$ ③ $\dfrac{4}{15}$

④ $\dfrac{3}{10}$ ⑤ $\dfrac{1}{3}$

G100 ✷✷❀

원점을 동시에 출발하여 수직선 위를 움직이는 두 점 P, Q의 시각 t에서의 속도가 각각

$$v_1(t)=\frac{1}{2}t^2-3t, \quad v_2(t)=-\frac{1}{2}t^2+t$$

이다. 다음은 두 점 P, Q가 출발 후 처음으로 만날 때까지 두 점 P, Q 사이의 거리의 최댓값을 구하는 과정이다.

> 두 점 P, Q의 시각 t에서의 위치를 각각 $x_1(t)$, $x_2(t)$라 하면
>
> $$x_1(t)=\frac{1}{6}t^3-\frac{3}{2}t^2$$
>
> $$x_2(t)=\boxed{(가)}$$
>
> 출발 후 처음으로 두 점 P, Q가 만나는 시각은 $t=6$이다.
> $0<t\le 6$에서 두 점 P, Q 사이의 거리를 $l(t)$라 하면 $l(t)$는 $t=\boxed{(나)}$일 때 극대이면서 최대이므로 $l(t)$의 최댓값은 $\boxed{(다)}$이다.

위의 (가)에 알맞은 식을 $f(t)$라 하고, (나), (다)에 알맞은 수를 각각 a, b라 할 때, $\dfrac{a\times b}{f(2)}$의 값은? (4점)

① 60 　　② 62 　　③ 64

④ 66 　　⑤ 68

G101 ✷✷❀

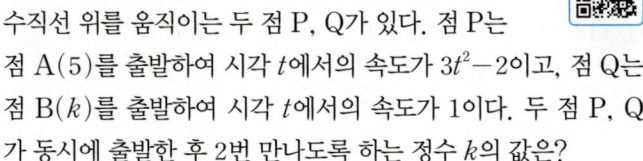

수직선 위를 움직이는 두 점 P, Q가 있다. 점 P는 점 A(5)를 출발하여 시각 t에서의 속도가 $3t^2-2$이고, 점 Q는 점 B(k)를 출발하여 시각 t에서의 속도가 1이다. 두 점 P, Q 가 동시에 출발한 후 2번 만나도록 하는 정수 k의 값은?

(단, $k\ne 5$) (4점)

① 2 　　② 4 　　③ 6

④ 8 　　⑤ 10

유형 14 점이 움직인 거리

수직선 위를 움직이는 점 P의 시각 t에서의 속도를 $v(t)$라 하면 시각 $t=a$에서 $t=b$까지 점 P가 움직인 거리 s는

$$s=\int_a^b |v(t)|\,dt$$

tip

수직선 위를 움직이는 점이 움직인 거리는 |속도|의 정적분과 같다.

G102 ✷✷✷

수직선 위를 움직이는 점 P의 시각 t ($t\ge 0$)에서의 속도 $v(t)$가

$$v(t)=12-4t$$

일 때, 시각 $t=0$에서 $t=4$까지 점 P가 움직인 거리를 구하시오.

(3점)

G103 ✷✷✷

수직선 위를 움직이는 점 P의 시각 t ($t>0$)에서의 속도 $v(t)$가

$$v(t)=-4t^3+12t^2$$

이다. 시각 $t=k$에서 점 P의 가속도가 12일 때, 시각 $t=3k$에서 $t=4k$까지 점 P가 움직인 거리는? (단, k는 상수이다.) (4점)

① 23 　　② 25 　　③ 27

④ 29 　　⑤ 31

G104 � _____ 2021대비(나) 수능 14(고3)

수직선 위를 움직이는 점 P의 시각 $t(t \geq 0)$에서의 속도 $v(t)$가
$$v(t) = 2t - 6$$
이다. 점 P가 시각 $t = 3$에서 $t = k(k > 3)$까지 움직인 거리가 25일 때, 상수 k의 값은? (4점)

① 6   ② 7   ③ 8
④ 9   ⑤ 10

G105 ✣✣✣ _____ 2021대비(나) 9월 모평 13(고3)

수직선 위를 움직이는 점 P의 시각 $t(t \geq 0)$에서의 속도 $v(t)$가
$$v(t) = t^2 - at \ (a > 0)$$
이다. 점 P가 시각 $t = 0$일 때부터 움직이는 방향이 바뀔 때까지 움직인 거리가 $\dfrac{9}{2}$이다. 상수 a의 값은? (3점)

① 1   ② 2   ③ 3
④ 4   ⑤ 5

G106 ✣✣✣ _____ 2022실시 10월 학평 19(고3)

수직선 위를 움직이는 점 P의 시각 $t(t \geq 0)$에서의 속도 $v(t)$가
$$v(t) = 4t^3 - 48t$$
이다. 시각 $t = k(k > 0)$에서 점 P의 가속도가 0일 때, 시각 $t = 0$에서 $t = k$까지 점 P가 움직인 거리를 구하시오.

(단, k는 상수이다.) (3점)

G107 ✣✣✣ _____ 2018실시(나) 10월 학평 12(고3)

수직선 위를 움직이는 점 P의 시각 $t(t \geq 0)$에서의 위치 x가
$$x = t^4 + at^3 \ (a는 상수)$$
이다. $t = 2$에서 점 P의 속도가 0일 때, $t = 0$에서 $t = 2$까지 점 P가 움직인 거리는? (3점)

① $\dfrac{16}{3}$ ② $\dfrac{20}{3}$ ③ 8
④ $\dfrac{28}{3}$ ⑤ $\dfrac{32}{3}$

G108 ✿✣✣ _____ 2025실시 3월 학평 9(고3)

시각 $t = 0$일 때 원점을 출발하여 수직선 위를 움직이는 점 P의 시각 $t(t \geq 0)$에서의 속도 $v(t)$가
$$v(t) = -3t^2 + 6t$$
이다. 양수 a에 대하여 시각 $t = a$에서 점 P의 위치가 0일 때, 시각 $t = 0$에서 $t = 2a$까지 점 P가 움직인 거리는? (4점)

① 112   ② 114   ③ 116
④ 118   ⑤ 120

G109
2026대비 수능 11(고3)

시각 $t=0$일 때 원점을 출발하여 수직선 위를 움직이는 점 P가 있다. 실수 k에 대하여 시각이 $t(t\geq 0)$일 때 점 P의 속도 $v(t)$가

$$v(t)=t^2-kt+4$$

이다. [보기]에서 옳은 것만을 있는 대로 고른 것은? (4점)

[보기]

ㄱ. $k=0$이면 시각 $t=1$일 때, 점 P의 위치는 $\dfrac{13}{3}$이다.

ㄴ. $k=3$이면, 출발한 후 점 P의 운동 방향이 한 번 바뀐다.

ㄷ. $k=5$이면 시각 $t=0$에서 $t=2$까지 점 P가 움직인 거리는 3이다.

① ㄱ   ② ㄱ, ㄴ   ③ ㄱ, ㄷ
④ ㄴ, ㄷ   ⑤ ㄱ, ㄴ, ㄷ

G110
2026대비 9월 모평 11(고3)

시각 $t=0$일 때 원점에서 출발하여 수직선 위를 움직이는 점 P가 있다. 시각이 $t(t\geq 0)$일 때 점 P의 속도 $v(t)$가

$$v(t)=3t^2-10t+7$$

이다. [보기]에서 옳은 것만을 있는 대로 고른 것은? (4점)

[보기]

ㄱ. 시각 $t=1$일 때 점 P의 운동 방향이 바뀐다.

ㄴ. 시각 $t=1$일 때 점 P의 위치는 3이다.

ㄷ. 시각 $t=0$에서 $t=2$까지 점 P가 움직인 거리는 4이다.

① ㄱ   ② ㄱ, ㄴ   ③ ㄱ, ㄷ
④ ㄴ, ㄷ   ⑤ ㄱ, ㄴ, ㄷ

G111
2022실시 3월 학평 9(고3)

수직선 위를 움직이는 점 P의 시각 $t(t\geq 0)$에서의 속도 $v(t)$가

$$v(t)=3t^2+at$$

이다. 시각 $t=0$에서의 점 P의 위치와 시각 $t=6$에서의 점 P의 위치가 서로 같을 때, 점 P가 시각 $t=0$에서 $t=6$까지 움직인 거리는? (단, a는 상수이다.) (4점)

① 64   ② 66   ③ 68
④ 70   ⑤ 72

G112
2023실시 7월 학평 8(고3)

수직선 위를 움직이는 점 P의 시각 $t(t\geq 0)$에서의 속도 $v(t)$가

$$v(t)=t^2-4t+3$$

이다. 점 P가 시각 $t=1$, $t=a(a>1)$에서 운동 방향을 바꿀 때, 점 P가 시각 $t=0$에서 $t=a$까지 움직인 거리는? (3점)

① $\dfrac{7}{3}$ ② $\dfrac{8}{3}$ ③ 3
④ $\dfrac{10}{3}$ ⑤ $\dfrac{11}{3}$

G113
2023대비 6월 모평 11(고3)

시각 $t=0$일 때 동시에 원점을 출발하여 수직선 위를 움직이는 두 점 P, Q의 시각 $t(t\geq 0)$에서의 속도가 각각

$$v_1(t)=2-t,\quad v_2(t)=3t$$

이다. 출발한 시각부터 점 P가 원점으로 돌아올 때까지 점 Q가 움직인 거리는? (4점)

① 16   ② 18   ③ 20
④ 22   ⑤ 24

G114 ✻❀❀   2024대비 수능 10(고3)

시각 $t=0$일 때 동시에 원점을 출발하여 수직선 위를 움직이는 두 점 P, Q의 시각 $t(t \geq 0)$에서의 속도가 각각

$$v_1(t)=t^2-6t+5, \; v_2(t)=2t-7$$

이다. 시각 t에서의 두 점 P, Q 사이의 거리를 $f(t)$라 할 때, 함수 $f(t)$는 구간 $[0, a]$에서 증가하고, 구간 $[a, b]$에서 감소하고, 구간 $[b, \infty)$에서 증가한다. 시각 $t=a$에서 $t=b$까지 점 Q가 움직인 거리는? (단, $0<a<b$) (4점)

① $\dfrac{15}{2}$ ② $\dfrac{17}{2}$ ③ $\dfrac{19}{2}$

④ $\dfrac{21}{2}$ ⑤ $\dfrac{23}{2}$

G115 ✻❀❀   2024실시 10월 학평 12(고3)

시각 $t=0$일 때 동시에 원점을 출발하여 수직선 위를 움직이는 두 점 P, Q의 시각 $t(t \geq 0)$에서의 속도가 각각

$$v_1(t)=-3t^2+at, \; v_2(t)=-t+1$$

이다. 출발한 후 두 점 P, Q가 한 번만 만나도록 하는 양수 a에 대하여 점 P가 시각 $t=0$에서 시각 $t=3$까지 움직인 거리는?

(4점)

① $\dfrac{29}{2}$ ② 15 ③ $\dfrac{31}{2}$

④ 16 ⑤ $\dfrac{33}{2}$

G116 ✻❀❀   2024실시 7월 학평 10(고3)

양수 a에 대하여 수직선 위를 움직이는 점 P의 시각 $t(t \geq 0)$에서의 속도 $v(t)$가

$$v(t)=3t(a-t)$$

이다. 시각 $t=0$에서 점 P의 위치는 16이고, 시각 $t=2a$에서 점 P의 위치는 0이다. 시각 $t=0$에서 $t=5$까지 점 P가 움직인 거리는? (4점)

① 54 ② 58 ③ 62

④ 66 ⑤ 70

G117 ✻❀❀   2023실시 10월 학평 19(고3)

시각 $t=0$일 때 동시에 원점을 출발하여 수직선 위를 움직이는 두 점 P, Q의 시각 $t(t \geq 0)$에서의 속도가 각각

$$v_1(t)=12t-12, \; v_2(t)=3t^2+2t-12$$

이다. 시각 $t=k(k>0)$에서 두 점 P, Q의 위치가 같을 때, 시각 $t=0$에서 $t=k$까지 점 P가 움직인 거리를 구하시오. (3점)

G118 ✻❀❀   2023대비 수능 20(고3)

수직선 위를 움직이는 점 P의 시각 $t(t \geq 0)$에서의 속도 $v(t)$와 가속도 $a(t)$가 다음 조건을 만족시킨다.

> (가) $0 \leq t \leq 2$일 때, $v(t)=2t^3-8t$이다.
> (나) $t \geq 2$일 때, $a(t)=6t+4$이다.

시각 $t=0$에서 $t=3$까지 점 P가 움직인 거리를 구하시오. (4점)

G119 ★★❀ 2024실시 3월 학평 10(고3)

시각 $t=0$일 때 동시에 원점을 출발하여 수직선 위를 움직이는 두 점 P, Q의 시각 $t(t\geq0)$에서의 속도가 각각 $v_1(t)=3t^2-6t-2$, $v_2(t)=-2t+6$이다. 출발한 시각부터 두 점 P, Q가 다시 만날 때까지 점 Q가 움직인 거리는? (4점)

① 7   ② 8   ③ 9

④ 10   ⑤ 11

G120 ★★❀ 2024실시 5월 학평 10(고3)

실수 m에 대하여 수직선 위를 움직이는 두 점 P, Q의 시각 $t(t\geq0)$에서의 속도를 각각
$$v_1(t)=3t^2+1, \quad v_2(t)=mt-4$$
라 하자. 시각 $t=0$에서 $t=2$까지 두 점 P, Q가 움직인 거리가 같도록 하는 모든 m의 값의 합은? (4점)

① 3   ② 4   ③ 5

④ 6   ⑤ 7

G121 ★❀❀ 2021실시 7월 학평 14(고3)

시각 $t=0$일 때 원점을 출발하여 수직선 위를 움직이는 점 P의 시각 $t(t\geq0)$에서의 속도 $v(t)$가
$$v(t)=3t^2-6t$$
일 때, [보기]에서 옳은 것만을 있는 대로 고른 것은? (4점)

─────────── [보기] ───────────
ㄱ. 시각 $t=2$에서 점 P가 움직이는 방향이 바뀐다.

ㄴ. 점 P가 출발한 후 움직이는 방향이 바뀔 때 점 P의 위치는 -4이다.

ㄷ. 점 P가 시각 $t=0$일 때부터 가속도가 12가 될 때까지 움직인 거리는 8이다.
──────────────────────────────

① ㄱ   ② ㄱ, ㄴ   ③ ㄱ, ㄷ

④ ㄴ, ㄷ   ⑤ ㄱ, ㄴ, ㄷ

G122 ★❀❀ 2022대비 5월 예시 14(고2)

수직선 위를 움직이는 점 P의 시각 t에서의 가속도가
$$a(t)=3t^2-12t+9 \ (t\geq0)$$
이고, 시각 $t=0$에서의 속도가 k일 때, [보기]에서 옳은 것만을 있는 대로 고른 것은? (4점)

─────────── [보기] ───────────
ㄱ. 구간 $(3, \infty)$에서 점 P의 속도는 증가한다.

ㄴ. $k=-4$이면 구간 $(0, \infty)$에서 점 P의 운동 방향이 두 번 바뀐다.

ㄷ. 시각 $t=0$에서 시각 $t=5$까지 점 P의 위치의 변화량과 점 P가 움직인 거리가 같도록 하는 k의 최솟값은 0이다.
──────────────────────────────

① ㄱ   ② ㄴ   ③ ㄱ, ㄴ

④ ㄱ, ㄷ   ⑤ ㄱ, ㄴ, ㄷ

G123 ✽❀❀ 2020실시(나) 4월 학평 26(고3)

수직선 위를 움직이는 점 P의 시각 $t\,(t \geq 0)$에서의 속도 $v(t)$가
$$v(t) = -4t + 8$$
일 때 $t=0$에서 $t=3$까지 점 P가 움직인 거리를 구하시오.
(4점)

G124 ✽❀❀ 2020실시(나) 3월 학평 27(고3)

수직선 위를 움직이는 점 P의 시각 t에서의 속도 $v(t)$가
$v(t) = 3t^2 - 12t + 9$이다. 점 P가 $t=0$일 때 원점을 출발하여
처음으로 운동 방향을 바꾼 순간의 위치를 A라 하자. 점 P가
A에서 방향을 바꾼 순간부터 다시 A로 돌아올 때까지 움직인
거리를 구하시오. (4점)

G125 ✽❀❀ 2017실시(가) 9월 학평 17(고2)

원점을 동시에 출발하여 수직선 위를 움직이는 두 점
P, Q의 시각 $t\,(t \geq 0)$에서의 속도가 각각
$$f(t) = t^2 - t, \quad g(t) = -3t^2 + 6t$$
일 때, [보기]에서 옳은 것만을 있는 대로 고른 것은? (4점)

[보기]

ㄱ. 점 P는 출발 후 운동 방향을 1번 바꾼다.

ㄴ. $t=2$에서 두 점 P, Q의 가속도를 각각 p, q라 할 때,
$pq < 0$이다.

ㄷ. $t=0$부터 $t=3$까지 점 Q가 움직인 거리는 8이다.

① ㄱ   ② ㄷ   ③ ㄱ, ㄴ

④ ㄴ, ㄷ   ⑤ ㄱ, ㄴ, ㄷ

G126 ✽❀❀ 2005실시(가) 10월 학평 22(고3)

어떤 전망대에 설치된 엘리베이터는 1층에서 출발하여 꼭대기
층까지 올라가는 동안, 출발 후 처음 2초까지는 $3\,\mathrm{m/초^2}$의
가속도로 올라가고 2초 후부터 10초까지는 등속도로 올라가며
10초 후부터는 $-2\,\mathrm{m/초^2}$의 가속도로 올라가서 멈춘다.
이 엘리베이터가 출발하여 멈출 때까지 움직인 거리는 몇 m인지
구하시오. (3점)

G127 ✽❀❀ 1994대비(2차) 수능 20(고3)

고속 열차가 출발하여 $3\,\mathrm{km}$를 달리는 동안은 시각 t분에서의
속력이 $v(t) = \dfrac{3}{4}t^2 + \dfrac{1}{2}t$ $(\mathrm{km/분})$이고 그 이후로는 속력이
일정하다. 출발 후 5분 동안 이 열차가 달린 거리는? (2점)

① 17 km   ② 16 km   ③ 15 km

④ 14 km   ⑤ 13 km

유형 15 그래프를 이용한 점의 위치와 움직인 거리

수직선 위를 움직이는 점 P의 시각 t에서의 속도를 $v(t)$,
위치를 $x(t)$라 하면

(1) 시각 $t=a$에서 $t=b$까지 점 P의 위치의 변화량은

$$\int_a^b v(t)dt$$

(2) 시각 $t=a$에서의 점 P의 위치는

$$x(a)=x(0)+\int_0^a v(t)dt$$

(3) 시각 $t=a$에서 $t=b$까지 점 P가 움직인 거리는

$$\int_a^b |v(t)|dt$$

(tip)

수직선 위를 움직이는 점 P의 시각 t에서의 속도 $v(t)$의 그래프가
주어졌을 때 $t=a$에서 $t=b$까지 점 P가 움직인 거리는 $v(t)$의 그래프와
t축 및 두 직선 $t=a$, $t=b$로 둘러싸인 부분의 넓이와 같다.

G128 ✽❀❀   1995대비(인) 수능 11(고3)

원점을 출발하여 수직선 위를 7초 동안 움직이는 점 P의 t초 후
의 속도 $v(t)$가 다음 그림과 같을 때, [보기]의 설명 중 옳은 것
을 모두 고르면? (1.5점)

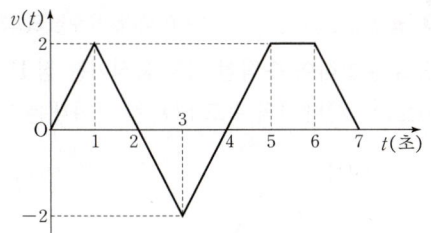

[보기]

ㄱ. 점 P는 출발하고 나서 1초 동안 멈춘 적이 있었다.
ㄴ. 점 P는 움직이는 동안 방향을 4번 바꿨다.
ㄷ. 점 P는 출발하고 나서 4초 후 출발점에 있었다.

① ㄱ   ② ㄷ   ③ ㄱ, ㄴ
④ ㄱ, ㄷ   ⑤ ㄴ, ㄷ

G129 ✽❀❀   2020실시(가) 3월 학평 15(고3)

원점을 출발하여 수직선 위를 움직이는 점 P의 시각 $t(t \geq 0)$에
서의 속도 $v(t)$의 그래프가 그림과 같다.

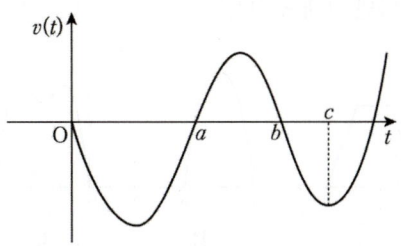

점 P가 출발한 후 처음으로 운동 방향을 바꿀 때의 위치는
-8이고 점 P의 시각 $t=c$에서의 위치는 -6이다.

$$\int_0^b v(t)dt = \int_b^c v(t)dt$$

일 때, 점 P가 $t=a$부터 $t=b$까지 움직인 거리는? (4점)

① 3   ② 4   ③ 5
④ 6   ⑤ 7

G130 ✽❀❀   2007실시(가) 7월 학평 21(고3)

원점을 출발하여 수직선 위를 움직이는 점 P의 시각 t에서의
위치 $f(t)$에 대하여 이차함수 $y=f'(t)$의 그래프는 그림과 같다.

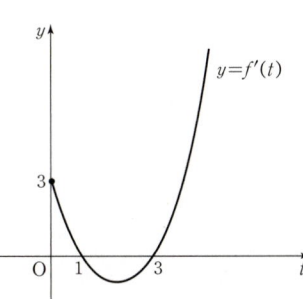

점 P가 출발할 때의 운동 방향에 대하여 반대 방향으로 움직인
거리를 d라 할 때, $12d$의 값을 구하시오. (3점)

G131 ✱✽✽ 　　　　　　　　　2005대비(가) 수능 4(고3)

다음은 '가' 지점에서 출발하여 '나' 지점에 도착할 때까지 직선 경로를 따라 이동한 세 자동차 A, B, C의 시간 t에 따른 속도 v를 각각 나타낸 그래프이다.

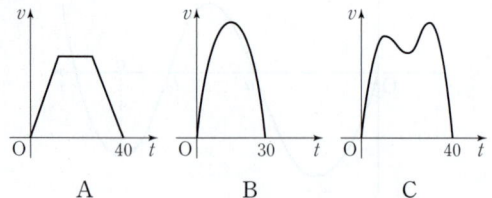

'가' 지점에서 출발하여 '나' 지점에 도착할 때까지의 상황에 대한 [보기]의 설명 중 옳은 것을 모두 고른 것은? (3점)

[보기]
　ㄱ. A와 C의 평균속도는 같다.
　ㄴ. B와 C는 모두 가속도가 0인 순간이 적어도 한 번 존재한다.
　ㄷ. A, B, C 각각의 속도 그래프와 t축으로 둘러싸인 영역의 넓이는 모두 같다.

① ㄱ　　　　② ㄷ　　　　③ ㄱ, ㄴ
④ ㄴ, ㄷ　　　⑤ ㄱ, ㄴ, ㄷ

G132 ✱✱✽ 　　　　　　　　　2012대비(나) 9월 모평 21(고3)

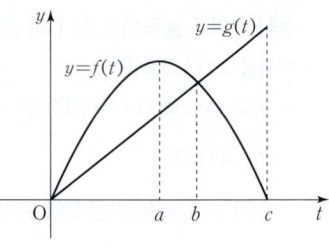

같은 높이의 지면에서 동시에 출발하여 지면과 수직인 방향으로 올라가는 두 물체 A, B가 있다. 그림은 시각 $t(0 \le t \le c)$에서 물체 A의 속도 $f(t)$와 물체 B의 속도 $g(t)$를 나타낸 것이다.

$\int_0^c f(t)dt = \int_0^c g(t)dt$이고 $0 \le t \le c$일 때, 옳은 것만을 [보기]에서 있는 대로 고른 것은? (4점)

[보기]
　ㄱ. $t=a$일 때, 물체 A는 물체 B보다 높은 위치에 있다.
　ㄴ. $t=b$일 때, 물체 A와 물체 B의 높이의 차가 최대이다.
　ㄷ. $t=c$일 때, 물체 A와 물체 B는 같은 높이에 있다.

① ㄴ　　　　② ㄷ　　　　③ ㄱ, ㄴ
④ ㄱ, ㄷ　　　⑤ ㄱ, ㄴ, ㄷ

G133 ✱✱✽ 　　　　　　　　　2007대비(가) 수능 8(고3)

다음은 원점을 출발하여 수직선 위를 움직이는 점 P의 시각 $t(0 \le t \le d)$에서의 속도 $v(t)$를 나타내는 그래프이다.

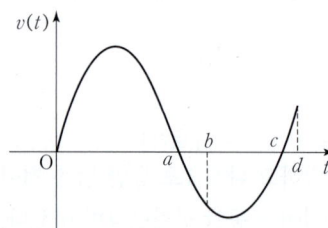

$\int_0^a |v(t)|dt = \int_a^d |v(t)|dt$일 때, [보기]에서 옳은 것을 모두 고른 것은? (단, $0 < a < b < c < d$이다.) (4점)

[보기]
　ㄱ. 점 P는 출발하고 나서 원점을 다시 지난다.
　ㄴ. $\int_0^c v(t)dt = \int_c^d v(t)dt$
　ㄷ. $\int_0^b v(t)dt = \int_b^d |v(t)|dt$

① ㄴ　　　　② ㄷ　　　　③ ㄱ, ㄴ
④ ㄴ, ㄷ　　　⑤ ㄱ, ㄴ, ㄷ

G134 ★★★   2023실시 10월 학평 14(고3)

최고차항의 계수가 1이고 $f'(2)=0$인 이차함수 $f(x)$가 모든 자연수 n에 대하여

$$\int_4^n f(x)dx \geq 0$$

을 만족시킬 때, [보기]에서 옳은 것만을 있는 대로 고른 것은?

(4점)

─────────── [보기] ───────────
ㄱ. $f(2)<0$

ㄴ. $\int_4^3 f(x)dx > \int_4^2 f(x)dx$

ㄷ. $6 \leq \int_4^6 f(x)dx \leq 14$
────────────────────────────

① ㄱ   ② ㄱ, ㄴ   ③ ㄱ, ㄷ

④ ㄴ, ㄷ   ⑤ ㄱ, ㄴ, ㄷ

G135 ★★★   2007실시(가) 10월 학평 10(고3)

그림과 같이 중심이 O이고 반지름의 길이가 2인 원의 둘레를 6등분하는 점을 각각 A, B, C, D, E, F라 하자. 두 점 A, B에서 두 직선 OA, OB에 접하는 포물선 C_1을 그리고, 두 점 B, C에서 두 직선 OB, OC에 접하는 포물선 C_2를 그린다. 이와 같은 방법으로 포물선 C_3, C_4, C_5, C_6을 그릴 때, 6개의 포물선으로 둘러싸인 부분의 넓이는? (4점)

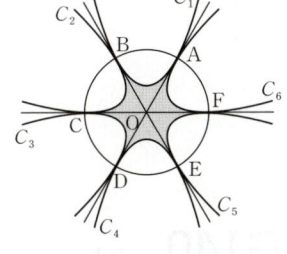

① $2\sqrt{3}$ ② $\frac{5\sqrt{3}}{2}$ ③ $3\sqrt{3}$

④ $\frac{7\sqrt{3}}{2}$ ⑤ $4\sqrt{3}$

G136 ★★★

좌표평면 위에 네 점 O(0, 0), A(1, 0), B(1, 1), C(0, 1)을 꼭짓점으로 하는 정사각형 OABC가 있다. 곡선 $y=x^4$과 직선 $y=k$ $(0<k<1)$에 의해 정사각형 OABC를 네 영역으로 나눌 때, 그림과 같이 네 영역의 넓이를 각각 S_1, S_2, S_3, S_4라 하자. 이때, $|S_1-S_3|+|S_2-S_4|$의 최솟값은?

(4점)

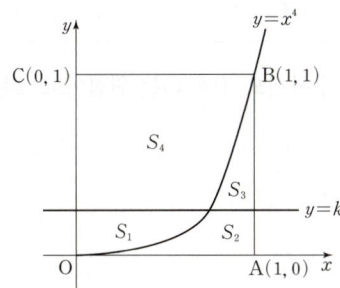

① $\frac{2}{5}$ ② $\frac{1}{2}$ ③ $\frac{3}{5}$

④ $\frac{2}{3}$ ⑤ $\frac{3}{4}$

G137 ★★★

함수 $f(x)=-x^2+kx$ $(k>0)$의 그래프 위에 있는 제 1사분면 위의 점 $A(a, f(a))$ $\left(a>\dfrac{k}{2}\right)$에서의 접선의 방정식을 $y=g(x)$라 하고, 직선 $y=g(x)$의 x절편을 b라 하자. 점 A에서 x축에 내린 수선의 발을 H라 하고, 삼각형 AOH의 넓이를 S라 할 때, 두 함수 $f(x)$, $g(x)$가 다음 조건을 만족시킨다.

> (가) $\displaystyle\int_a^b g(x)dx=S$
>
> (나) $\displaystyle\int_0^a \left\{f(x)-\dfrac{1}{2}ax\right\}dx=\dfrac{32}{3}$

$g(-k)$의 값을 구하시오. (단, O는 원점이고, k는 상수이다.)

(4점)

G138 ★★★

다항함수 $f(x)$가 다음 두 조건을 만족한다.

> (가) $f(0)=0$
> (나) $0<x<y<1$인 모든 x, y에 대하여
> $0<xf(y)<yf(x)$

세 수
$$A=f'(0)$$
$$B=f(1)$$
$$C=2\int_0^1 f(x)dx$$
의 대소 관계를 옳게 나타낸 것은? (4점)

① $A<B<C$ ② $A<C<B$ ③ $B<A<C$
④ $B<C<A$ ⑤ $C<A<B$

G139 ★★★

닫힌구간 $[-1, 1]$에서 정의된 연속함수 $f(x)$는 정의역에서 증가하고 모든 실수 x에 대하여 $f(-x)=-f(x)$가 성립할 때, 함수 $g(x)$가 다음 조건을 만족시킨다.

> (가) 닫힌구간 $[-1, 1]$에서 $g(x)=f(x)$이다.
> (나) 닫힌구간 $[2n-1, 2n+1]$에서 함수 $y=g(x)$의 그래프는 함수 $y=f(x)$의 그래프를 x축의 방향으로 $2n$만큼, y축의 방향으로 $6n$만큼 평행이동한 그래프이다. (단, n은 자연수이다.)

$f(1)=3$이고 $\displaystyle\int_0^1 f(x)dx=1$일 때, $\displaystyle\int_3^6 g(x)dx$의 값을 구하시오. (4점)

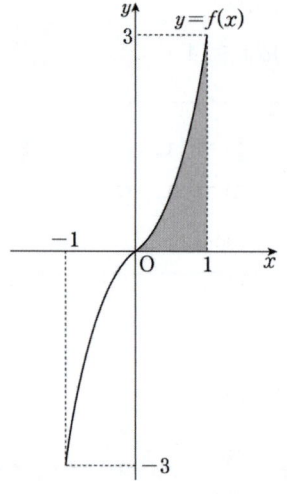

G140 ★★★

원점을 동시에 출발하여 수직선 위를 움직이는 두 점 P, Q의 시각 t $(0\leq t\leq 8)$에서의 속도가 각각 $2t^2-8t$, t^3-10t^2+24t이다. 두 점 P, Q 사이의 거리의 최댓값을 구하시오. (4점)

G141 ★★★ ... 2011실시(나) 7월 학평 27(고3)

원점 O를 출발하여 수직선 위를 16초 동안 움직이는
점 P의 t초 후의 속도 $v(t)$가

$$v(t)=\begin{cases}\dfrac{1}{2}t-1 & (0\le t<2)\\ -t^2+10t-16 & (2\le t<8)\\ 2-\dfrac{1}{4}t & (8\le t\le 16)\end{cases}$$

일 때, 선분 OP의 길이의 최댓값을 구하시오. (4점)

G142 ★★★ ... 2022대비 수능 14(고3)

수직선 위를 움직이는 점 P의 시각 t에서의 위치
$x(t)$가 두 상수 a, b에 대하여

$$x(t)=t(t-1)(at+b)\ (a\ne 0)$$

이다. 점 P의 시각 t에서의 속도 $v(t)$가 $\displaystyle\int_0^1|v(t)|dt=2$를
만족시킬 때, [보기]에서 옳은 것만을 있는 대로 고른 것은?

(4점)

─────[보기]─────

ㄱ. $\displaystyle\int_0^1 v(t)dt=0$

ㄴ. $|x(t_1)|>1$인 t_1이 열린구간 $(0,\,1)$에 존재한다.

ㄷ. $0\le t\le 1$인 모든 t에 대하여 $|x(t)|<1$이면
 $x(t_2)=0$인 t_2가 열린구간 $(0,\,1)$에 존재한다.

① ㄱ　　　② ㄱ, ㄴ　　　③ ㄱ, ㄷ

④ ㄴ, ㄷ　　　⑤ ㄱ, ㄴ, ㄷ

G143 ✪2등급 대비 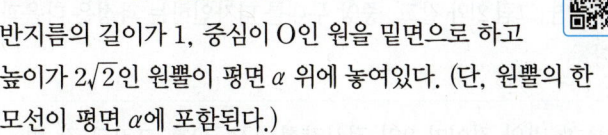 ... 2013실시(B) 7월 학평 14(고3)

반지름의 길이가 1, 중심이 O인 원을 밑면으로 하고
높이가 $2\sqrt{2}$인 원뿔이 평면 α 위에 놓여있다. (단, 원뿔의 한
모선이 평면 α에 포함된다.)

그림과 같이 원뿔을 평면 α와 평행하고 원뿔의 밑면의 중심 O
를 지나는 평면으로 자를 때 생기는 단면의 일부분은 포물선이
다. 이때, 단면의 넓이는? (4점)

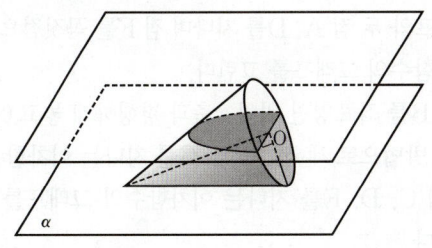

① $\dfrac{13}{8}$　　　② $\dfrac{7}{4}$　　　③ $\dfrac{15}{8}$

④ 2　　　⑤ $\dfrac{17}{8}$

G144 ✪2등급 대비 ... 2023실시 7월 학평 20(고3)

실수 $t\left(\sqrt{3}<t<\dfrac{13}{4}\right)$에 대하여 두 함수

$$f(x)=|x^2-3|-2x,\ g(x)=-x+t$$

의 그래프가 만나는 서로 다른 네 점의 x좌표를 작은 수부터
크기순으로 $x_1,\,x_2,\,x_3,\,x_4$라 하자. $x_4-x_1=5$일 때,
닫힌구간 $[x_3,\,x_4]$에서 두 함수 $y=f(x)$, $y=g(x)$의
그래프로 둘러싸인 부분의 넓이는 $p-q\sqrt{3}$이다. $p\times q$의 값을
구하시오. (단, p, q는 유리수이다.) (4점)

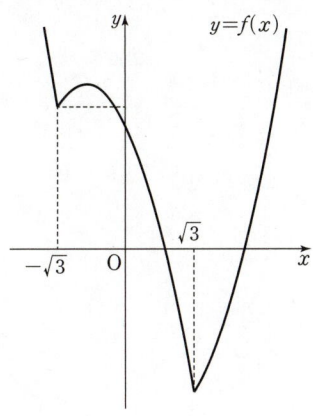

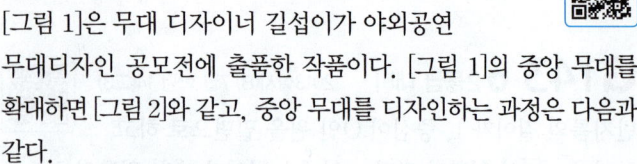

[그림 1]은 무대 디자이너 길섭이가 야외공연
무대디자인 공모전에 출품한 작품이다. [그림 1]의 중앙 무대를
확대하면 [그림 2]와 같고, 중앙 무대를 디자인하는 과정은 다음과
같다.

> (1) 한 변의 길이가 2인 정사각형 ABCD를 그리고 각 변
> 의 중점을 각각 E, F, G, H라 한다.
> (2) 변 BC를 좌표평면 위의 x축과 평행하게 놓고 두 점
> B, C를 지나며 점 H를 꼭짓점으로 하는 이차함수의
> 그래프와 두 점 A, D를 지나며 점 F를 꼭짓점으로 하는
> 이차함수의 그래프를 그린다.
> (3) 변 AB를 좌표평면 위의 x축과 평행하게 놓고 (2)와
> 같은 방법으로 세 점 A, B, G를 지나는 이차함수와
> 세 점 C, D, E를 지나는 이차함수의 그래프를 추가로
> 그린다.

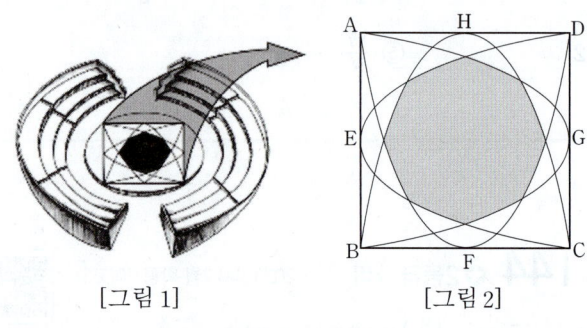

[그림 1]   [그림 2]

[그림 2]의 어두운 부분의 넓이를 $\dfrac{p\sqrt{2}+q}{3}$라 할 때, $p-q$의
값을 구하시오. (단, p, q는 정수이다.) (4점)

두 함수 $f(x)$와 $g(x)$가

$$f(x)=\begin{cases} 0 & (x\le 0) \\ x & (x>0) \end{cases}, g(x)=\begin{cases} x(2-x) & (|x-1|\le 1) \\ 0 & (|x-1|>1) \end{cases}$$

이다. 양의 실수 k, a, b $(a<b<2)$에 대하여, 함수 $h(x)$를

$$h(x)=k\{f(x)-f(x-a)-f(x-b)+f(x-2)\}$$

라 정의하자. 모든 실수 x에 대하여 $0\le h(x)\le g(x)$일 때,
$\displaystyle\int_0^2\{g(x)-h(x)\}dx$의 값이 최소가 되게 하는 k, a, b에
대하여 $60(k+a+b)$의 값을 구하시오. (4점)

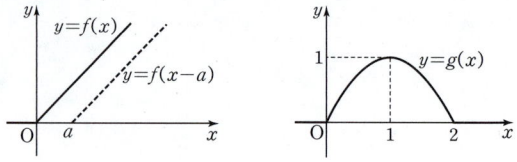

원점을 출발하여 수직선 위를 움직이는 점 P의
시각 $t(0\le t\le 5)$에서의 속도 $v(t)$가 다음과 같다.

$$v(t)=\begin{cases} 4t & (0\le t<1) \\ -2t+6 & (1\le t<3) \\ t-3 & (3\le t\le 5) \end{cases}$$

$0<x<3$인 실수 x에 대하여 점 P가

> 시각 $t=0$에서 $t=x$까지 움직인 거리,
> 시각 $t=x$에서 $t=x+2$까지 움직인 거리,
> 시각 $t=x+2$에서 $t=5$까지 움직인 거리

중에서 최소인 값을 $f(x)$라 할 때, 옳은 것만을 [보기]에서
있는 대로 고른 것은? (4점)

--- [보기] ---
ㄱ. $f(1)=2$
ㄴ. $f(2)-f(1)=\displaystyle\int_1^2 v(t)dt$
ㄷ. 함수 $f(x)$는 $x=1$에서 미분가능하다.

① ㄱ   ② ㄴ   ③ ㄱ, ㄴ
④ ㄱ, ㄷ   ⑤ ㄴ, ㄷ

G148 **✲** 2021대비(나) 삼사 28(고3)

양수 a와 함수 $f(x)$가 다음 조건을 만족시킨다.

(가) $0 \leq x < 1$일 때, $f(x) = 2x^2 + ax$이다.
(나) 모든 실수 x에 대하여 $f(x+1) = f(x) + a^2$이다.

함수 $f(x)$가 실수 전체의 집합에서 연속일 때, 곡선 $y = f(x)$와 x축 및 직선 $x = 3$으로 둘러싸인 부분의 넓이를 구하시오.

(4점)

G149 **✲** 2026대비 경찰대 9(고3)

곡선 $y = |x^2 - 2x|$와 직선 $y = 3$으로 둘러싸인 부분의 넓이는? (4점)

① 7   ② 8   ③ 9
④ 10   ⑤ 11

G150 **✲** 2026대비 삼사 12(고3)

그림과 같이 실수 $k(0 < k < 6)$에 대하여 직선 $y = x + k$가 곡선 $y = x^2$과 만나는 두 점을 각각 P, Q라 하고, 직선 $y = x + k$가 y축과 만나는 점을 R이라 하자. 곡선 $y = x^2$과 y축 및 선분 PR로 둘러싸인 부분의 넓이를 A, 곡선 $y = x^2$과 y축 및 선분 QR로 둘러싸인 부분의 넓이를 B, 곡선 $y = x^2$과 두 직선 $y = x + k$, $x = 3$으로 둘러싸인 부분의 넓이를 C라 하자. $B - C = \dfrac{3}{2}$일 때, $k \times A$의 값은? (단, 점 P의 x좌표는 점 Q의 x좌표보다 작다.) (4점)

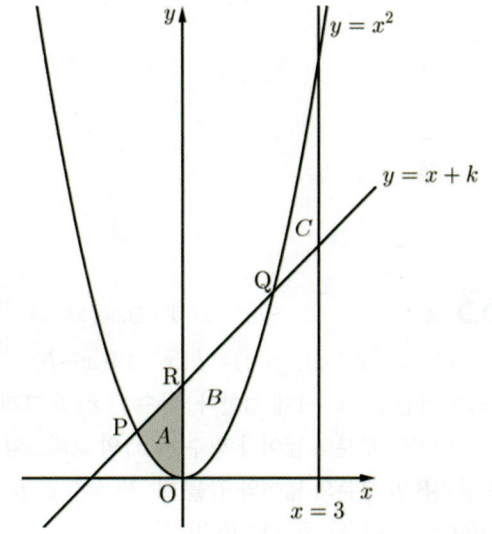

① $\dfrac{13}{6}$ ② $\dfrac{7}{3}$ ③ $\dfrac{5}{2}$

④ $\dfrac{8}{3}$ ⑤ $\dfrac{17}{6}$

G151 **✲** 2020대비 경찰대 15(고3)

두 곡선 $y = x^3 + 4x^2 - 6x + 5$, $y = x^3 + 5x^2 - 9x + 6$이 만나는 점의 x좌표를 α, $\beta(\alpha < \beta)$라 할 때, 곡선 $y = 6x^5 + 4x^3 + 1$과 두 직선 $x = \alpha$, $x = \beta$와 x축으로 둘러싸인 부분의 넓이는 $a\sqrt{5}$이다. 자연수 a의 값은? (4점)

① 160   ② 162   ③ 164
④ 166   ⑤ 168

G152 ❋❋❋

함수 $f(x)=x^3+6x^2+13x+8$ 의 역함수를 $g(x)$ 라고 하자. 두 곡선 $y=f(x)$, $y=g(x)$ 와 직선 $y=-x+8$ 로 둘러싸인 도형의 넓이는? (4점)

① 36   ② 40   ③ 44

④ 48   ⑤ 52

G153 ❋❋❋

두 함수 $f(x)=x^4(x-a)$, $g(x)=k(x-1)(x-b)$ 의 그래프가 직선 $y=x-1$ 에 접한다. 함수 $f(x)$ 의 그래프와 x 축으로 둘러싸인 부분의 넓이가 함수 $g(x)$ 의 그래프와 x 축으로 둘러싸인 부분의 넓이와 같을 때, 세 상수 a, b, k 에 대하여 abk 의 값은? (단, $b>1$) (5점)

① $-2-\sqrt{5}$ ② $-1-\sqrt{5}$ ③ $-\sqrt{5}$

④ $1-\sqrt{5}$ ⑤ $2-\sqrt{5}$

G154 ❋❋❋

$x\geq0$ 에서 정의된 함수 $f(x)=\dfrac{x^2}{12}+\dfrac{x}{2}+a$ 에 대하여 $f(x)$ 의 역함수를 $g(x)$ 라 하자. 방정식 $f(x)=g(x)$ 의 근이 b, $2b(b>0)$ 일 때, $\displaystyle\int_b^{2b}\{g(x)-f(x)\}dx$ 의 값은?

(단, a 는 상수이다.) (4점)

① $\dfrac{2}{9}$ ② $\dfrac{1}{3}$ ③ $\dfrac{4}{9}$

④ $\dfrac{5}{9}$ ⑤ $\dfrac{2}{3}$

G155 ❋❋❋

함수

$$f(x)=\begin{cases}2(x-2) & (x<2)\\4(x-2) & (x\geq2)\end{cases}$$

와 실수 t 에 대하여 함수 $g(t)$ 를

$$g(t)=\int_{t-1}^{t+2}|f(x)|dx$$

라 하자. $g(t)$ 가 $t=a$ 에서 최솟값 b 를 가질 때, $a+b$ 의 값은?

(4점)

① 6   ② 7   ③ 8

④ 9   ⑤ 10

G156

함수

$$f(x)=\begin{cases}1+x & (-1\le x<0) \\ 1-x & (0\le x\le 1) \\ 0 & (|x|>1)\end{cases}$$

에 대하여 함수 $g(x)$를

$$g(x)=\int_{-1}^{x}f(t)\{2x-f(t)\}dt$$

라 할 때, 함수 $g(x)$의 최솟값은? (5점)

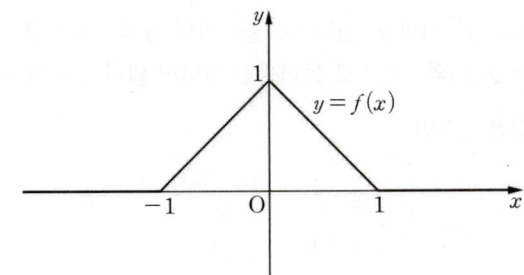

① $-\dfrac{1}{4}$ ② $-\dfrac{1}{3}$ ③ $-\dfrac{5}{12}$

④ $-\dfrac{1}{2}$ ⑤ $-\dfrac{7}{12}$

G157

수직선 위를 움직이는 점 P의 시각 $t\,(t>0)$에서의 가속도 $a(t)$가

$$a(t)=3t^2-8t+3$$

이다. 점 P가 시각 $t=1$과 시각 $t=\alpha\,(\alpha>1)$에서 운동 방향을 바꿀 때, 시각 $t=1$에서 $t=\alpha$까지 점 P가 움직이는 거리는 $\dfrac{q}{p}$이다. $p+q$의 값을 구하시오. (단, p와 q는 서로소인 자연수이다.) (4점)

G158

원점을 출발하여 수직선 위를 움직이는 점 P의 시각 $t\,(t\ge0)$에서의 속도는

$$v(t)=|at-b|-4\quad(a>0,\ b>4)$$

이다. 시각 $t=0$에서 $t=k$까지 점 P가 움직인 거리를 $s(k)$, 시각 $t=0$에서 $t=k$까지 점 P의 위치의 변화량을 $x(k)$라 할 때, 두 함수 $s(k)$, $x(k)$가 다음 조건을 만족시킨다.

(가) $0\le k<3$이면 $s(k)-x(k)<8$이다.
(나) $k\ge 3$이면 $s(k)-x(k)=8$이다.

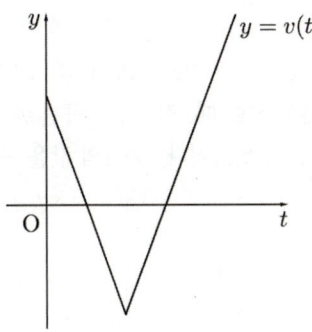

시각 $t=1$에서 $t=6$까지 점 P의 위치의 변화량을 구하시오.
(단, a, b는 상수이다.) (4점)

G159 ★★★　　　　　2023대비 경찰대 25(고3)

세 집합 A, B, C는

$$A = \left\{ (2+2\cos\theta, \ 2+2\sin\theta) \ \middle| \ -\frac{\pi}{3} \le \theta \le \frac{\pi}{3} \right\},$$

$$B = \left\{ (-2+2\cos\theta, \ 2+2\sin\theta) \ \middle| \ \frac{2\pi}{3} \le \theta \le \frac{4\pi}{3} \right\},$$

$$C = \{ (a, b) \mid -3 \le a \le 3, \ b = 2 \pm \sqrt{3} \}$$

이다. 좌표평면에서 집합 $A \cup B \cup C$의 모든 원소가 나타내는 도형을 X라 하고, 도형 X와 곡선 $y = -\sqrt{3}x^2 + 2$가 만나는 점의 y좌표를 c라 하자. 집합 X로 둘러싸인 부분의 넓이를 α, 곡선 $y = -\sqrt{3}x^2 + 2$와 직선 $y = c$로 둘러싸인 부분의 넓이를 β라 하자. $\alpha - \beta = \dfrac{p\pi + q\sqrt{3}}{3}$일 때, $p+q$의 값을 구하시오.

(단, p, q는 정수이다.) (5점)

G160 ★★★　　　　　2015대비 경찰대 25(고3)

직선 l이 함수 $f(x) = x^4 - 2x^2 - 2x + 3$의 그래프와 서로 다른 두 점에서 접할 때, 직선 l과 곡선 $y = f(x)$로 둘러싸인 영역의 넓이가 A이다. $30A$의 값을 구하시오. (5점)

G161 ⭐1등급 대비　　　　2017대비 경찰대 19(고3)

함수 $f(x) = x^4 - 6x^3 + 12x^2 - 8x + 1$과 이차함수 $g(x)$는 어떤 실수 α에 대하여 다음 조건을 만족시킨다.

> (가) $f(\alpha) = g(\alpha)$, $f'(\alpha) = g'(\alpha)$
> (나) $f(\alpha+1) = g(\alpha+1)$, $f'(\alpha+1) = g'(\alpha+1)$

두 곡선 $y = f(x)$와 $y = g(x)$로 둘러싸인 영역의 넓이를 S_1, 곡선 $y = g(x)$와 x축으로 둘러싸인 영역의 넓이를 S_2라 할 때, $\dfrac{S_2}{S_1}$의 값은? (5점)

① 20　　　　② 25　　　　③ 30
④ 35　　　　⑤ 40

G162 ⭐1등급 대비　　　　2017대비(나) 삼사 30(고3)

실수 전체의 집합에서 정의된 함수 $f(x)$가 다음 조건을 만족시킨다.

> (가) $x \ge 0$일 때, $f(x) = x^2 - 2x$이다.
> (나) 모든 실수 x에 대하여 $f(-x) + f(x) = 0$이다.

실수 t에 대하여 닫힌구간 $[t, t+1]$에서 함수 $f(x)$의 최솟값을 $g(t)$라 하자. 좌표평면에서 두 곡선 $y = f(x)$와 $y = g(x)$로 둘러싸인 부분의 넓이는 $\dfrac{q}{p}$이다. $p+q$의 값을 구하시오.

(단, p와 q는 서로소인 자연수이다.) (4점)

★ 수학 II
실전 기출 모의고사

[11문항형 / 제한시간 60분]

5지선다형

01 ✿✿✿ ⋯⋯⋯⋯⋯⋯⋯⋯⋯ 2011실시(가) 11월 학평 2(고2)

$\lim\limits_{x \to 2} \dfrac{3x-6}{\sqrt{x+2}-2}$의 값은? (2점)

① 8   ② 9   ③ 10
④ 11   ⑤ 12

02 ✿✿✿ ⋯⋯⋯⋯⋯⋯⋯⋯⋯ 2018실시(나) 10월 학평 4(고3)

$\int_0^1 (3x^2 - 2)\,dx$의 값은? (3점)

① -2 ② -1 ③ 0
④ 1   ⑤ 2

03 ✿✿✿ ⋯⋯⋯⋯⋯⋯⋯⋯⋯ 2014대비(A) 6월 모평 6(고3)

함수 $f(x) = x^3 - x$에 대하여 $\lim\limits_{h \to 0} \dfrac{f(1+3h)-f(1)}{2h}$의 값은?

(3점)

① 2   ② $\dfrac{5}{2}$ ③ 3
④ $\dfrac{7}{2}$ ⑤ 4

04 ✿✿✿ ⋯⋯⋯⋯⋯⋯⋯⋯⋯ 2016실시(나) 11월 학평 6(고2)

함수

$$f(x) = \begin{cases} x^2 + 3 & (x \neq 3) \\ a & (x = 3) \end{cases}$$

가 실수 전체의 집합에서 연속일 때, 상수 a의 값은? (3점)

① 9   ② 10   ③ 11
④ 12   ⑤ 13

05 ✿✿✿ ⋯⋯⋯⋯⋯⋯⋯⋯⋯ 2015대비(A) 6월 모평 14(고3)

수직선 위를 움직이는 점 P의 시각 t에서의 위치 x가 $x = -t^2 + 4t$이다. $t = a$에서 점 P의 속도가 0일 때, 상수 a의 값은? (4점)

① 1   ② 2   ③ 3
④ 4   ⑤ 5

06 ✿✿✿ ⋯⋯⋯⋯⋯⋯⋯⋯⋯ 2015대비(A) 6월 모평 16(고3)

함수 $f(x) = x^3 - 9x^2 + 24x + a$의 극댓값이 10일 때, 상수 a의 값은? (4점)

① -12 ② -10 ③ -8
④ -6 ⑤ -4

1회 07 ✱❀❀ .... 2017실시(나) 9월 학평 17(고2)

그림과 같이 원 $x^2+y^2=1$과 곡선 $y=\sqrt{x+1}$이 직선 $x=t$ $(0<t<1)$과 제1사분면에서 만나는 점을 각각 P, Q라 하자. 삼각형 OPQ의 넓이를 $S(t)$라 할 때, $\lim\limits_{t\to 0+}\dfrac{S(t)}{t^2}$의 값은? (단, O는 원점이다.) (4점)

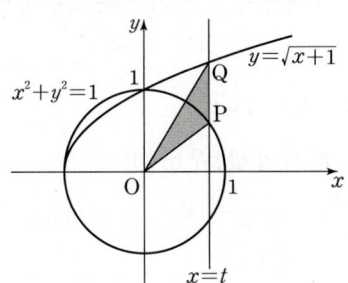

① $\dfrac{1}{8}$ ② $\dfrac{1}{4}$ ③ $\dfrac{3}{8}$

④ $\dfrac{1}{2}$ ⑤ $\dfrac{5}{8}$

1회 08 ✱❀❀ ....

함수 $f(x)=\begin{cases} x^2-2 & (x\le 1) \\ 2x-3 & (x>1) \end{cases}$에 대하여 $\int_k^2 f(x)\,dx=\dfrac{4}{3}$를 만족시키는 상수 k의 값은? (단, $k<1$) (4점)

① -4 ② -3 ③ -2

④ -1 ⑤ 0

단답형

1회 09 ✱❀❀ .... 2015실시(가) 9월 학평 28(고2)

원점을 출발하여 수직선 위를 움직이는 점 P의 시각 t에서의 속도를 $v(t)=3t^2-6t$라 하자. 점 P가 시각 $t=0$에서 $t=a$까지 움직인 거리가 58일 때, $v(a)$의 값을 구하시오. (3점)

1회 10 ✱✱❀ .... 2011대비(가) 6월 모평 23(고3)

최고차항의 계수가 1이 아닌 다항함수 $f(x)$가 다음 조건을 만족시킬 때, $f'(1)$의 값을 구하시오. (3점)

> (가) $\lim\limits_{x\to\infty}\dfrac{\{f(x)\}^2-f(x^2)}{x^3 f(x)}=4$
>
> (나) $\lim\limits_{x\to 0}\dfrac{f'(x)}{x}=4$

1회 11 ✪2등급 대비 .... 2011대비(가) 수능 24(고3)

최고차항의 계수가 1이고, $f(0)=3$, $f'(3)<0$인 사차함수 $f(x)$가 있다. 실수 t에 대하여 집합 S를
$$S=\{a\,|\,\text{함수 }|f(x)-t|\text{가 }x=a\text{에서 }\underline{\text{미분가능하지 않다.}}\}$$
라 하고, 집합 S의 원소의 개수를 $g(t)$라 하자. 함수 $g(t)$가 $t=3$과 $t=19$에서만 불연속일 때, $f(-2)$의 값을 구하시오.

(4점)

2회 **수학 Ⅱ** 실전 기출 모의고사

2027학년도 수능 대비 ②
범위: 수학 Ⅱ 전단원

• 문항 수 11개
• 배점 37점
• 제한시간 60분

5지선다형

2회 01 ✽✽✽ ⋯⋯⋯⋯⋯⋯⋯⋯⋯⋯ 2016실시(나) 9월 학평 3(고2)

$\lim\limits_{x \to 2} \dfrac{x^2(x-2)}{x-2}$ 의 값은? (2점)

① 1 　　　② 2 　　　③ 3
④ 4 　　　⑤ 5

2회 02 ✽✽✽ ⋯⋯⋯⋯⋯⋯⋯⋯⋯⋯ 2012실시(나) 7월 학평 4(고3)

함수 $f(x) = \begin{cases} \dfrac{x^2+x-2}{x-1} & (x \neq 1) \\ k & (x = 1) \end{cases}$ 가 $x=1$에서 연속일 때,

상수 k의 값은? (3점)

① 0 　　　② 1 　　　③ 2
④ 3 　　　⑤ 4

2회 03 ✽✽✽ ⋯⋯⋯⋯⋯⋯⋯⋯⋯⋯ 2017실시(나) 6월 학평 7(고2)

함수 $y=f(x)$의 그래프가 그림과 같다.

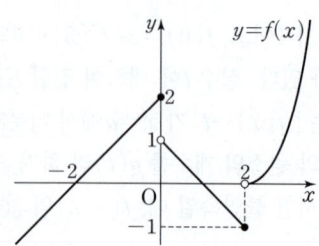

$\lim\limits_{x \to 2+} f(x) + \lim\limits_{x \to 0-} f(x)$ 의 값은? (3점)

① -2 　　　② -1 　　　③ 0
④ 1 　　　⑤ 2

2회 04 ✽✽✽ ⋯⋯⋯⋯⋯⋯⋯⋯⋯⋯ 2011실시(나) 10월 학평 13(고3)

상수함수가 아닌 다항함수 $f(x)$가 모든 실수 x에 대하여

$$\int_1^x f(t)\,dt = \{f(x)\}^2$$

을 만족시킬 때, $f(3)$의 값은? (3점)

① 1 　　　② 2 　　　③ 3
④ 4 　　　⑤ 5

2회 05 ✽✽✽ ⋯⋯⋯⋯⋯⋯⋯⋯⋯⋯ 2017실시(가) 11월 학평 14(고2)

곡선 $y=x^3-3x^2+x$와 직선 $y=x-4$로 둘러싸인 부분의 넓이는? (4점)

① $\dfrac{21}{4}$ 　　　② $\dfrac{23}{4}$ 　　　③ $\dfrac{25}{4}$
④ $\dfrac{27}{4}$ 　　　⑤ $\dfrac{29}{4}$

2회 06 ✽✽✽ ⋯⋯⋯⋯⋯⋯⋯⋯⋯⋯ 2016실시(나) 11월 학평 14(고2)

닫힌구간 $[0, 5]$에서 정의된 함수 $f(x)=x^3-9x^2+15x+a$의 최솟값이 -15일 때, 최댓값은? (단, a는 상수이다.) (4점)

① 15 　　　② 16 　　　③ 17
④ 18 　　　⑤ 19

2회 07 ✻❀❀

함수 $f(x)$의 도함수 $y=f'(x)$의 그래프가 그림과 같고, $f(0)=2$일 때, $f(4)$의 값은? (4점)

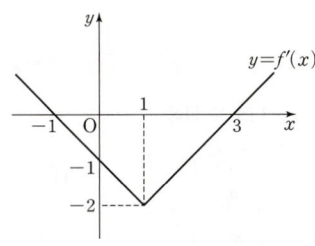

① -2 ② -1 ③ 0
④ 1 ⑤ 2

2회 08 ✻✻❀ .... **2007실시(가) 10월 학평 9(고3)**

삼차항의 계수가 양수인 삼차함수 $f(x)$가 있다.
세 실수 a, b, c $(a<b<c)$에 대하여 $f(a)=f(b)=f(c)$가
성립할 때, 옳은 것을 [보기]에서 모두 고른 것은? (4점)

[보기]

ㄱ. $f'(a)>0$
ㄴ. $f'(a)+f'(b)>0$
ㄷ. $f'(a)=f'(c)$이면 $b=\dfrac{a+c}{2}$이다.

① ㄱ   ② ㄱ, ㄴ   ③ ㄱ, ㄷ
④ ㄴ, ㄷ   ⑤ ㄱ, ㄴ, ㄷ

단답형

2회 09 ✻❀❀ .... **2011대비(가) 6월 모평 18(고3)**

함수 $f(x)=2x^4-3x+1$에 대하여
$\displaystyle\lim_{n\to\infty} n\left\{f\left(1+\dfrac{3}{n}\right)-f\left(1-\dfrac{2}{n}\right)\right\}$의 값을 구하시오. (3점)

2회 10 ✻❀❀

상수 a, b와 함수 $f(x)=x^2-2x+a$에 대하여 직선 $y=2x+b$
가 곡선 $y=f(x)$와 점 A에서 접한다. 곡선 $y=f(x)$가 y축과
만나는 점을 B라 할 때, 삼각형 OAB의 넓이는 8이다. $a+b$의
값을 구하시오. (단, $a>0$이고, O는 원점이다.) (3점)

2회 11 ⭐ **1등급 대비** .... **2015대비(B) 6월 모평 30(고3)**

실수 전체의 집합에서 미분가능한 함수 $f(x)$가 다음
조건을 만족시킨다.

(가) 모든 실수 x에 대하여 $1\le f'(x)\le 3$이다.
(나) 모든 정수 n에 대하여 함수 $y=f(x)$의 그래프는
     점 $(4n, 8n)$, 점 $(4n+1, 8n+2)$,
     점 $(4n+2, 8n+5)$, 점 $(4n+3, 8n+7)$을 모두
     지난다.
(다) 모든 정수 k에 대하여 닫힌구간 $[2k, 2k+1]$에서
     함수 $y=f(x)$의 그래프는 각각 이차함수의 그래프의
     일부이다.

$\displaystyle\int_3^6 f(x)\,dx=a$라 할 때, $6a$의 값을 구하시오. (4점)

3회 수학 II 실전 기출 모의고사

2027학년도 수능 대비 ③
범위: 수학 II 전단원

· 문항 수 11개
· 배점 37점
· 제한시간 60분

5지선다형

3회 01 ✿✿✿ ························· 2012대비(나) 수능 3(고3)

함수 $f(x)=x^2+5$에 대하여 $\lim\limits_{h \to 0} \dfrac{f(1+h)-f(1)}{h}$의 값은?

(2점)

① 2 　　　　② 3 　　　　③ 4
④ 5 　　　　⑤ 6

3회 02 ✿✿✿ ························· 2012대비(나) 6월 모평 7(고3)

정의역이 $\{x \mid -2 \le x \le 2\}$인 함수 $y=f(x)$의 그래프가 그림과 같을 때, $\lim\limits_{x \to -1-} f(x) + \lim\limits_{x \to 1+} f(x)$의 값은? (3점)

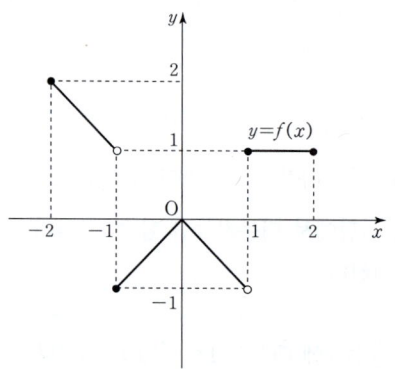

① -2 　　　　② -1 　　　　③ 0
④ 1 　　　　⑤ 2

3회 03 ✿✿✿ ························· 2016실시(가) 11월 학평 11(고2)

$\displaystyle\int_0^1 (4x-3)dx + \int_1^k (4x-3)dx = 0$일 때, 양수 k의 값은?

(3점)

① $\dfrac{3}{2}$ 　　　　② 2 　　　　③ $\dfrac{5}{2}$
④ 3 　　　　⑤ $\dfrac{7}{2}$

3회 04 ✿✿✿ ························· 2011실시(나) 7월 학평 10(고3)

그림은 삼차함수 $f(x)$의 도함수 $f'(x)$의 그래프이다. 함수 $f(x)$에 대한 설명 중 [보기]에서 옳은 것만을 있는 대로 고른 것은?

(3점)

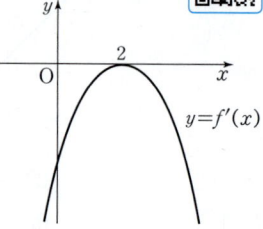

─────[보기]─────
ㄱ. 함수 $f(x)$는 $x=0$에서 감소상태에 있다.
ㄴ. 함수 $f(x)$는 $x=2$에서 극댓값을 갖는다.
ㄷ. 함수 $y=f(x)$의 그래프는 x축과 오직 한 점에서 만난다.

① ㄱ 　　　　② ㄴ 　　　　③ ㄱ, ㄷ
④ ㄴ, ㄷ 　　　　⑤ ㄱ, ㄴ, ㄷ

3회 05 ✿✿✿

함수 $f(x)=-(4x^2+k)^3$에 대하여 $f'(-1)=24$일 때, 모든 상수 k의 값의 곱은? (4점)

① 9 　　　　② 12 　　　　③ 15
④ 18 　　　　⑤ 21

3회 06 ✿✿✿

점 $(0, 3)$에서 곡선 $y=-2x^2+4x-1$에 그은 두 접선의 기울기의 합은? (4점)

① 2 　　　　② 4 　　　　③ 6
④ 8 　　　　⑤ 10

3회 07 ✿❀❀

곡선 $y=x^2+2x$와 x축으로 둘러싸인 부분의 넓이가 두 곡선 $y=x^2+2x$, $y=ax(x^2-4)$로 둘러싸인 부분의 넓이의 $\frac{3}{2}$배일 때, 상수 a의 값은? (4점)

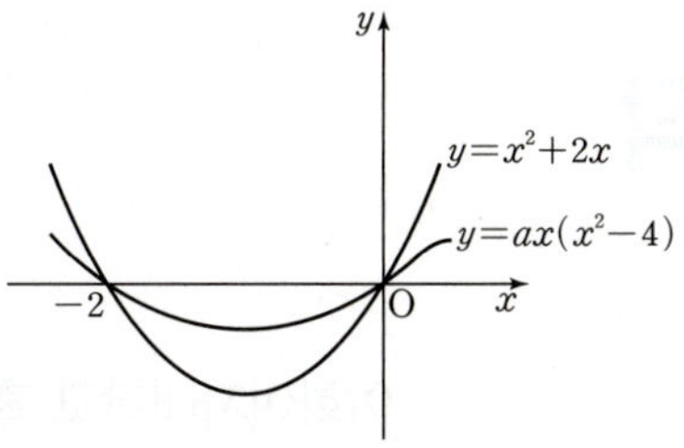

① $-\frac{4}{9}$　② $-\frac{1}{9}$　③ $\frac{2}{9}$
④ $\frac{5}{9}$　⑤ $\frac{17}{9}$

3회 08 ✿✿❀

2010대비(가) 수능 8(고3)

실수 a에 대하여 집합

$\{x \mid ax^2+2(a-2)x-(a-2)=0,\ x\text{는 실수}\}$

의 원소의 개수를 $f(a)$라 할 때, 옳은 것만을 [보기]에서 있는 대로 고른 것은? (4점)

[보기]

ㄱ. $\lim_{a\to 0} f(a)=f(0)$

ㄴ. $\lim_{a\to c+} f(a) \neq \lim_{a\to c-} f(a)$인 실수 c는 2개이다.

ㄷ. 함수 $f(a)$가 불연속인 점은 3개이다.

① ㄴ　② ㄷ　③ ㄱ, ㄴ
④ ㄴ, ㄷ　⑤ ㄱ, ㄴ, ㄷ

단답형

3회 09 ❀❀❀

2014대비(A) 5월 예비 22(고3)

$\lim_{x\to 2} \frac{x^2+9x-22}{x-2}$의 값을 구하시오. (3점)

3회 10 ✿❀❀

2016대비(A) 수능 29(고3)

이차함수 $f(x)$가 $f(0)=0$이고 다음 조건을 만족시킨다.

(가) $\int_0^2 |f(x)|dx = -\int_0^2 f(x)dx = 4$

(나) $\int_2^3 |f(x)|dx = \int_2^3 f(x)dx$

$f(5)$의 값을 구하시오. (3점)

3회 11 ✪ 2등급 대비

2010대비(가) 6월 모평 24(고3)

사차함수 $f(x)$가 다음 조건을 만족시킬 때, $\frac{f'(5)}{f'(3)}$의 값을 구하시오. (4점)

(가) 함수 $f(x)$는 $x=2$에서 극값을 갖는다.

(나) 함수 $|f(x)-f(1)|$은 오직 $x=a(a>2)$에서만 미분가능하지 않다.

❖ 정답 및 해설 722~725p

홍작

이화여자대학교 홍차 동아리

Where there is Tea, There is Hope
홍차가 있는 곳, 희망이 있는 곳

홍작(紅作)은 이화여자대학교 사회과학대학 소속의 홍차 동아리입니다.
홍작은 '홍차와 작업 중'이라는 가명에서 따온 이름인데요. 처음 동아리 작업을 하던 선배들이
'작업 중'이라는 말을 한 데서 비롯되어 2011년부터 줄임말인 〈홍작〉을 정식명칭으로 사용하고
있습니다. 이외에도 홍차가 우려졌을 때 붉어지는 것을 의미하기도 합니다.

홍작에서는 티 클래스, 카페 탐방, 홍차 시음회 등의 활동들을 진행합니다.
매 학기 동아리를 처음 시작할 때면 티 클래스를 진행하여 차에 대한 지식과 차를 우리는
법을 공부하게 됩니다. 얼그레이가 왜 얼그레이인지, 정산소종의 탄생 배경 등을 배운 다음
티팟(Teapot)을 사용하여 스스로 우린 차를 마시는 시간을 가집니다.

동아리 방에는 선배들과 부원들이 가져다 놓은 다양한 차들이 있지만, 모든 차의 종류를 다
가지고 있는 것은 아니어서 카페 탐방을 통해 새로운 차를 마십니다. 이화여자대학교 주위에는
맛있는 차나 밀크티를 디저트와 함께 즐길 수 있는 카페들이 많이 있습니다. 카페 탐방을 하며
부원들과 여유롭고 즐거운 시간을 보낼 수 있습니다.

1년에 1번씩 열리는 이화여자대학교 축제에서 홍작은
밀크티와 버블티 등을 만들어 판매합니다. 수입은
동아리 자금으로 사용되니 부원들과 추억도 쌓고 동아리
자금도 함께 마련하면서 축제를 즐길 수 있습니다.

홍차와 가까워지고 싶다면? 여유를 사랑한다면?
먹고 마시고 놀 수 있는 동아리를 찾는다면?
홍차에 대한 지식이 없어도 홍차에 관심만 있다면
홍작에서 따뜻한 여유를 찾아보세요!

A 함수의 극한

01 ③ 02 2 03 11 04 ② 05 ④ 06 21 07 ② 08 ⑤ 09 ① 10 ②
11 ① 12 ③ 13 ⑤ 14 ② 15 ① 16 ③ 17 ⑤ 18 ④ 19 ③ 20 ①
21 ④ 22 ④ 23 ② 24 ② 25 ④ 26 ② 27 ⑤ 28 ① 29 ② 30 ④
31 ① 32 ③ 33 ② 34 ④ 35 ④ 36 ③ 37 ④ 38 ② 39 ④ 40 ③
41 ② 42 ⑤ 43 ⑤ 44 ③ 45 ① 46 ④ 47 ④ 48 ⑤ 49 ② 50 ③
51 ① 52 ④ 53 ① 54 ② 55 ② 56 ⑤ 57 ④ 58 ⑤ 59 ③ 60 ①
61 ⑤ 62 ④ 63 ① 64 ③ 65 ③ 66 5 67 11 68 27 69 3 70 ③
71 16 72 ① 73 ① 74 ② 75 ③ 76 ② 77 ④ 78 ① 79 30 80 ②
81 21 82 ④ 83 5 84 ③ 85 ② 86 ⑤ 87 ① 88 ③ 89 ⑤ 90 7
91 13 92 ① 93 ③ 94 64 95 ③ 96 ② 97 10 98 7 99 ③ 100 ④
101 ④ 102 ① 103 ⑤ 104 ② 105 2 106 12 107 ④ 108 3 109 ② 110 ①
111 ③ 112 ② 113 ⑤ 114 ④ 115 ④ 116 ② 117 ② 118 ③ 119 5 120 ②
121 ① 122 ③ 123 ① 124 ① 125 ① 126 ③ 127 ④ 128 15 129 ① 130 ⑤
131 ④ 132 ④ 133 26 134 ⑤ 135 ① 136 ④ 137 ④ 138 ④ 139 ④ 140 ⑤
141 ④ 142 ⑤ 143 ④ 144 ① 145 ① 146 ③ 147 8 148 ④ 149 ① 150 ③
151 27 152 ③ 153 ② 154 ② 155 ⑤ 156 ④ 157 36 158 13 159 14 160 5
161 ① 162 7 163 ② 164 ③ 165 16 166 60 167 10 168 ② 169 ④ 170 9
171 ④ 172 ④ 173 6 174 ② 175 ② 176 ⑤ 177 ③ 178 ③ 179 ② 180 ①
181 ④ 182 ② 183 ⑤ 184 ④ 185 2 186 ① 187 ① 188 2 189 ② 190 ②
191 50 192 ① 193 1 194 ② 195 ④ 196 10 197 ③ 198 ④ 199 25 200 226
201 ② 202 16 203 ⑤ 204 42 205 ① 206 28 207 141 208 4 209 ① 210 ①
211 ③ 212 ③

B 함수의 연속

01 ⑤ 02 ① 03 ③ 04 ③ 05 ① 06 13 07 ⑤ 08 ③ 09 ③ 10 ①
11 ① 12 ① 13 ③ 14 ③ 15 ④ 16 ② 17 ① 18 ② 19 ④ 20 ②
21 6 22 ③ 23 ④ 24 ④ 25 ④ 26 ① 27 ① 28 ① 29 ⑤ 30 6
31 ④ 32 ⑤ 33 ⑤ 34 ① 35 24 36 ① 37 ⑤ 38 ⑤ 39 ③ 40 ①
41 ③ 42 ③ 43 ① 44 4 45 ① 46 ② 47 ① 48 24 49 ④ 50 15
51 ④ 52 ⑤ 53 ⑤ 54 ④ 55 ① 56 ③ 57 ② 58 ③ 59 ④ 60 ④
61 ③ 62 ③ 63 ① 64 ③ 65 ④ 66 ② 67 2 68 ⑤ 69 ⑤ 70 ②
71 ① 72 ② 73 ③ 74 ③ 75 13 76 ⑤ 77 ⑤ 78 ② 79 ③ 80 ⑤
81 ⑤ 82 ⑤ 83 ② 84 ③ 85 3 86 ④ 87 36 88 ④ 89 ④ 90 ④
91 ① 92 ④ 93 ② 94 ⑤ 95 ⑤ 96 ① 97 24 98 ① 99 ① 100 ④
101 14 102 ④ 103 ② 104 21 105 ④ 106 16 107 ② 108 ③ 109 ③ 110 ④
111 ③ 112 56 113 13 114 ① 115 ③ 116 8 117 8 118 ③ 119 20 120 ①
121 ② 122 ① 123 ⑤ 124 ② 125 19 126 ③ 127 ④ 128 19 129 96 130 60
131 65 132 ① 133 48 134 ⑤ 135 40 136 ④ 137 ① 138 ③ 139 ① 140 ①
141 ④ 142 5 143 ② 144 ⑤

C 미분계수와 도함수

01 24 02 17 03 41 04 ④ 05 21 06 ① 07 ④ 08 ③ 09 ⑤ 10 10
11 ④ 12 ② 13 2 14 ② 15 ⑤ 16 ① 17 ① 18 ① 19 ④ 20 112
21 12 22 20 23 ④ 24 ② 25 13 26 21 27 15 28 7 29 30 30 4
31 ① 32 35 33 56 34 ④ 35 ③ 36 ② 37 ⑤ 38 ① 39 ④ 40 ①
41 7 42 50 43 58 44 ⑤ 45 8 46 5 47 ⑤ 48 ⑤ 49 ⑤ 50 ①
51 ⑤ 52 ③ 53 10 54 ② 55 ② 56 ④ 57 ⑤ 58 28 59 92 60 ②
61 ③ 62 11 63 13 64 3 65 32 66 ① 67 ⑤ 68 51 69 ④ 70 ⑤
71 ③ 72 ① 73 ① 74 14 75 ① 76 28 77 ⑤ 78 ⑤ 79 ④ 80 ①
81 ④ 82 ④ 83 ① 84 ④ 85 ① 86 ③ 87 ⑤ 88 ⑤ 89 ④ 90 ④
91 ① 92 ⑤ 93 ② 94 ① 95 ④ 96 ④ 97 ③ 98 24 99 ① 100 ①
101 28 102 ① 103 ① 104 ③ 105 ⑤ 106 ③ 107 ④ 108 ① 109 ① 110 ⑤
111 ① 112 ① 113 14 114 28 115 385 116 ③ 117 27 118 14 119 ① 120 ①
121 24 122 ⑤ 123 ① 124 ② 125 17 126 ⑤ 127 ② 128 ② 129 ⑤ 130 ③
131 ③ 132 ⑤ 133 186 134 ⑤ 135 ② 136 ④ 137 ⑤ 138 ② 139 ③ 140 ⑤
141 2 142 ② 143 36 144 ② 145 ② 146 ① 147 16 148 ⑤ 149 ⑤ 150 ⑤
151 ⑤ 152 ② 153 ③ 154 ④ 155 ② 156 ⑤ 157 ④ 158 5 159 32 160 ⑤
161 9 162 ③ 163 61 164 ① 165 ⑤ 166 65 167 ① 168 ② 169 13 170 486
171 154 172 105 173 64 174 39 175 ② 176 31 177 ④ 178 ② 179 3

D 도함수의 활용(1)

01 28 02 21 03 ③ 04 3 05 ④ 06 25 07 ② 08 7 09 ⑤ 10 22
11 50 12 20 13 ③ 14 ④ 15 ① 16 ⑤ 17 12 18 10 19 12 20 ③
21 ① 22 11 23 ① 24 ⑤ 25 97 26 ④ 27 ① 28 ② 29 48 30 ③
31 16 32 ① 33 ④ 34 45 35 ③ 36 ① 37 ⑤ 38 ① 39 ① 40 2
41 ② 42 ④ 43 ④ 44 ④ 45 ② 46 20 47 ② 48 ④ 49 ⑤ 50 22
51 ② 52 ⑤ 53 ② 54 ④ 55 ③ 56 ③ 57 ⑤ 58 10 59 ③ 60 ③
61 5 62 5 63 ④ 64 ② 65 ③ 66 ② 67 28 68 ⑤ 69 20 70 ④
71 32 72 80 73 32 74 ② 75 ② 76 ③ 77 ④ 78 ③ 79 8 80 ①
81 ② 82 ④ 83 6 84 ① 85 ② 86 13 87 ① 88 ① 89 ① 90 17
91 11 92 ③ 93 ③ 94 11 95 ② 96 16 97 14 98 42 99 ② 100 20
101 ④ 102 ① 103 ① 104 ② 105 ⑤ 106 ④ 107 ⑤ 108 6 109 ③ 110 ⑤
111 ⑤ 112 8 113 59 114 10 115 10 116 ⑤ 117 ② 118 8 119 ① 120 ①
121 ⑤ 122 ① 123 ⑤ 124 ② 125 4 126 41 127 ⑤ 128 ⑤ 129 ① 130 ②
131 ⑤ 132 2 133 15 134 ④ 135 ① 136 ② 137 ① 138 ② 139 6 140 ①
141 ① 142 ① 143 ⑤ 144 ① 145 ② 146 ③ 147 9 148 ⑤ 149 ① 150 16
151 ⑤ 152 19 153 25 154 ① 155 ⑤ 156 42 157 240 158 ② 159 ③ 160 ①
161 29 162 32 163 35 164 121 165 200 166 380 167 64 168 ⑤ 169 ④ 170 74
171 ③ 172 ⑤ 173 ① 174 ② 175 ② 176 36 177 ⑤

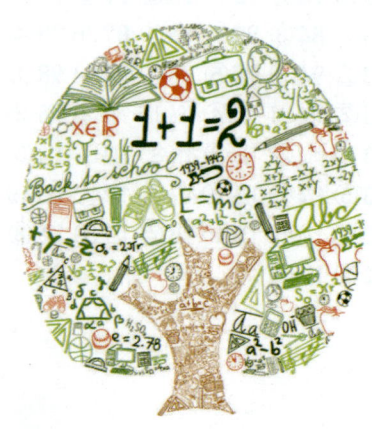

🍀 차 례

해설편 1

해설편 2

빠른 정답

A 함수의 극한

01 ③ 02 2 03 11 04 ② 05 ④ 06 21 07 ② 08 ⑤ 09 ① 10 ②
11 ① 12 ③ 13 ⑤ 14 ② 15 ① 16 ③ 17 ⑤ 18 ④ 19 ③ 20 ①
21 ④ 22 ④ 23 ② 24 ② 25 ④ 26 ② 27 ⑤ 28 ① 29 ② 30 ④
31 ① 32 ② 33 ④ 34 ⑤ 35 ④ 36 ⑤ 37 ④ 38 ② 39 ④ 40 ③
41 ② 42 ⑤ 43 ⑤ 44 ③ 45 ① 46 ④ 47 ④ 48 ⑤ 49 ② 50 ③
51 ① 52 ④ 53 ① 54 ② 55 ② 56 ⑤ 57 ④ 58 ⑤ 59 ③ 60 ①
61 ⑤ 62 ④ 63 ① 64 ⑤ 65 ① 66 5 67 11 68 27 69 3 70 ③
71 16 72 ① 73 ① 74 ② 75 ③ 76 ② 77 ④ 78 ① 79 30 80 ②
81 21 82 ④ 83 5 84 ③ 85 ② 86 ⑤ 87 ① 88 ③ 89 ⑤ 90 7
91 13 92 ① 93 ③ 94 64 95 ③ 96 ② 97 10 98 7 99 ③ 100 ④
101 ④ 102 ① 103 ⑤ 104 ② 105 2 106 12 107 ⑤ 108 3 109 ② 110 ①
111 ③ 112 ① 113 ⑤ 114 ④ 115 ① 116 ② 117 ② 118 ③ 119 5 120 ②
121 ① 122 ③ 123 ① 124 ① 125 ① 126 ③ 127 ④ 128 15 129 ① 130 ⑤
131 ③ 132 ④ 133 26 134 ⑤ 135 ① 136 ④ 137 ④ 138 ④ 139 ④ 140 ⑤
141 ④ 142 ⑤ 143 ④ 144 ① 145 ⑤ 146 ④ 147 8 148 ④ 149 ① 150 ③
151 27 152 ① 153 ② 154 ③ 155 ② 156 ④ 157 36 158 13 159 14 160 5
161 ① 162 7 163 ② 164 ① 165 16 166 60 167 10 168 ② 169 ④ 170 9
171 ④ 172 ① 173 6 174 ② 175 ② 176 ⑤ 177 ④ 178 ③ 179 ① 180 ①
181 ④ 182 ② 183 ⑤ 184 ④ 185 2 186 ① 187 ① 188 2 189 ② 190 ②
191 50 192 ① 193 1 194 ② 195 ④ 196 10 197 ③ 198 ④ 199 25 200 226
201 ② 202 16 203 ⑤ 204 42 205 ① 206 28 207 141 208 4 209 ① 210 ①
211 ③ 212 ③

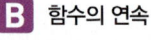

B 함수의 연속

01 ⑤ 02 ① 03 ③ 04 ③ 05 ① 06 13 07 ⑤ 08 ③ 09 ③ 10 ①
11 ① 12 ① 13 ③ 14 ① 15 ④ 16 ② 17 ① 18 ② 19 ④ 20 ②
21 6 22 ③ 23 ④ 24 ④ 25 ④ 26 ① 27 ① 28 ① 29 ⑤ 30 6
31 ④ 32 ⑤ 33 ⑤ 34 ① 35 24 36 ① 37 ⑤ 38 ⑤ 39 ③ 40 ①
41 ③ 42 ③ 43 ① 44 4 45 ① 46 ② 47 ① 48 24 49 ④ 50 15
51 ⑤ 52 ⑤ 53 ③ 54 ④ 55 ① 56 ③ 57 ② 58 ③ 59 ③ 60 ④
61 ③ 62 ③ 63 ① 64 ③ 65 ④ 66 ② 67 2 68 ⑤ 69 ⑤ 70 ②
71 ① 72 ② 73 ③ 74 ③ 75 13 76 ⑤ 77 ⑤ 78 ② 79 ③ 80 ⑤
81 ⑤ 82 ⑤ 83 ② 84 ③ 85 3 86 ④ 87 36 88 ④ 89 ④ 90 ④
91 ① 92 ④ 93 ② 94 ① 95 ⑤ 96 ① 97 24 98 ① 99 ① 100 ④
101 14 102 ④ 103 ② 104 21 105 ④ 106 16 107 ② 108 ③ 109 ③ 110 ④
111 ③ 112 56 113 13 114 ④ 115 ③ 116 8 117 8 118 ③ 119 20 120 ①
121 ② 122 ① 123 ⑤ 124 ① 125 19 126 ⑤ 127 ④ 128 19 129 96 130 60
131 65 132 ① 133 48 134 ⑤ 135 40 136 ④ 137 ① 138 ③ 139 ① 140 ①
141 ④ 142 5 143 ② 144 ⑤

C 미분계수와 도함수

01 24 02 17 03 41 04 ④ 05 21 06 ① 07 ④ 08 ③ 09 ⑤ 10 10
11 ④ 12 ② 13 2 14 ② 15 ⑤ 16 ① 17 ① 18 ① 19 ④ 20 112
21 12 22 20 23 ④ 24 ② 25 13 26 21 27 15 28 7 29 30 30 4
31 ① 32 35 33 56 34 ④ 35 ③ 36 ② 37 ⑤ 38 ① 39 ④ 40 ①
41 7 42 50 43 58 44 ⑤ 45 8 46 5 47 ⑤ 48 ⑤ 49 ⑤ 50 ①
51 ⑤ 52 ③ 53 10 54 ④ 55 ② 56 ④ 57 ② 58 28 59 92 60 ②
61 ③ 62 11 63 13 64 3 65 32 66 ① 67 ⑤ 68 51 69 ④ 70 ⑤
71 ④ 72 ① 73 ① 74 14 75 ① 76 28 77 ⑤ 78 ⑤ 79 ④ 80 ①
81 ④ 82 ④ 83 ① 84 ④ 85 ④ 86 ③ 87 ⑤ 88 ⑤ 89 ④ 90 ④
91 ④ 92 ⑤ 93 ② 94 ① 95 ④ 96 ④ 97 ③ 98 24 99 ① 100 ①
101 28 102 ① 103 ④ 104 ③ 105 ① 106 ③ 107 ① 108 ① 109 ① 110 ⑤
111 ① 112 ① 113 14 114 28 115 385 116 ① 117 27 118 14 119 ① 120 ①
121 24 122 ① 123 ① 124 ① 125 17 126 ① 127 ① 128 ② 129 ① 130 ③
131 ③ 132 ④ 133 186 134 ① 135 ③ 136 ④ 137 ⑤ 138 ② 139 ① 140 ④
141 2 142 ② 143 36 144 ② 145 ① 146 ① 147 16 148 ⑤ 149 ① 150 ⑤
151 ⑤ 152 ② 153 ① 154 ④ 155 ② 156 ① 157 ④ 158 5 159 32 160 ③
161 9 162 ③ 163 61 164 ① 165 ⑤ 166 65 167 ① 168 ② 169 13 170 486
171 154 172 105 173 64 174 39 175 ② 176 31 177 ④ 178 ② 179 3

D 도함수의 활용 (1)

01 28 02 21 03 ③ 04 3 05 ④ 06 25 07 ② 08 7 09 ⑤ 10 22
11 50 12 20 13 ③ 14 ④ 15 ① 16 ⑤ 17 12 18 10 19 12 20 ③
21 ① 22 11 23 ① 24 ⑤ 25 97 26 ④ 27 ① 28 ② 29 48 30 ③
31 16 32 ① 33 ④ 34 45 35 ③ 36 ① 37 ⑤ 38 ① 39 ① 40 2
41 ② 42 ④ 43 ④ 44 ② 45 ② 46 20 47 ② 48 ④ 49 ⑤ 50 22
51 ② 52 ⑤ 53 ② 54 ④ 55 ③ 56 ③ 57 ⑤ 58 10 59 ③ 60 ⑤
61 5 62 5 63 ④ 64 ② 65 ③ 66 ② 67 28 68 ⑤ 69 20 70 ④
71 32 72 80 73 32 74 ② 75 ② 76 ③ 77 ④ 78 ③ 79 8 80 ①
81 ② 82 ④ 83 6 84 ① 85 ③ 86 13 87 ① 88 ① 89 ① 90 17
91 11 92 ③ 93 ③ 94 11 95 ② 96 16 97 14 98 42 99 ② 100 20
101 ④ 102 ① 103 ① 104 ③ 105 ⑤ 106 ④ 107 ⑤ 108 6 109 ① 110 ⑤
111 ⑤ 112 8 113 59 114 10 115 10 116 ⑤ 117 ② 118 8 119 ① 120 ①
121 ⑤ 122 ① 123 ⑤ 124 ② 125 4 126 41 127 ⑤ 128 ⑤ 129 ① 130 ②
131 ⑤ 132 2 133 15 134 ④ 135 ① 136 ① 137 ① 138 ② 139 6 140 ④
141 ① 142 ① 143 ⑤ 144 ① 145 ① 146 ④ 147 9 148 ⑤ 149 ① 150 16
151 ⑤ 152 19 153 25 154 ① 155 ⑤ 156 42 157 240 158 ② 159 ③ 160 ①
161 29 162 32 163 35 164 121 165 200 166 380 167 64 168 ⑤ 169 ④ 170 74
171 ③ 172 ⑤ 173 ① 174 ② 175 ② 176 36 177 ⑤

E 도함수의 활용 (2)

01 13 02 ④ 03 ② 04 22 05 ① 06 ① 07 ① 08 ① 09 ③ 10 ⑤
11 ④ 12 ① 13 ⑤ 14 ⑤ 15 12 16 ⑤ 17 ③ 18 16 19 11 20 32
21 527 22 ③ 23 3 24 ③ 25 ③ 26 7 27 ④ 28 ③ 29 ② 30 ⑤
31 13 32 ③ 33 12 34 33 35 160 36 ④ 37 ⑤ 38 4 39 ⑤ 40 ⑤
41 ① 42 ⑤ 43 ② 44 21 45 ⑤ 46 ③ 47 ④ 48 ④ 49 15 50 ②
51 ⑤ 52 19 53 21 54 13 55 ④ 56 ③ 57 15 58 ① 59 ⑤ 60 32
61 11 62 ⑤ 63 3 64 ⑤ 65 34 66 ⑤ 67 ① 68 ② 69 ③ 70 4
71 ② 72 32 73 14 74 10 75 ⑤ 76 ⑤ 77 ④ 78 ⑤ 79 ③ 80 13
81 64 82 15 83 ④ 84 ③ 85 ③ 86 16 87 ④ 88 ④ 89 16 90 ⑤
91 ① 92 ② 93 ② 94 ④ 95 30 96 6 97 8 98 22 99 ① 100 ①
101 ④ 102 6 103 ③ 104 ③ 105 ③ 106 ① 107 27 108 12 109 ③ 110 ③
111 ⑤ 112 35 113 ④ 114 ① 115 ① 116 ① 117 ② 118 ④ 119 ③ 120 ①
121 36 122 18 123 ① 124 ① 125 ② 126 ③ 127 ③ 128 31 129 ① 130 39
131 40 132 243 133 ③ 134 ① 135 ② 136 5 137 35 138 65 139 ④ 140 82
141 296 142 ① 143 13 144 108 145 58 146 108 147 61 148 51 149 19 150 483
151 82 152 ⑤ 153 81 154 729 155 38 156 2 157 12 158 ⑤ 159 ② 160 ①
161 ② 162 90 163 ② 164 ④ 165 ① 166 36

F 부정적분과 정적분

01 13 02 ④ 03 35 04 ① 05 304 06 4 07 ① 08 2 09 5 10 12
11 ⑤ 12 ④ 13 ② 14 16 15 6 16 17 17 ⑤ 18 53 19 14 20 23
21 5 22 33 23 33 24 20 25 4 26 8 27 ④ 28 ④ 29 ⑤ 30 ①
31 12 32 ④ 33 ③ 34 8 35 15 36 15 37 13 38 ② 39 16 40 ②
41 9 42 ① 43 ① 44 ① 45 7 46 35 47 ③ 48 2 49 ⑤ 50 ④
51 ④ 52 ⑤ 53 ④ 54 ④ 55 ② 56 ③ 57 ② 58 12 59 9 60 ⑤
61 ① 62 ⑤ 63 ③ 64 ② 65 ① 66 ② 67 ④ 68 ④ 69 9 70 ③
71 ① 72 ① 73 ④ 74 ② 75 24 76 ② 77 ③ 78 ② 79 ② 80 110
81 2 82 16 83 ⑤ 84 ⑤ 85 86 86 200 87 ⑤ 88 ④ 89 198 90 ④
91 ④ 92 ⑤ 93 18 94 ⑤ 95 ① 96 ② 97 ④ 98 ② 99 10 100 ②
101 ① 102 ① 103 9 104 ① 105 ⑤ 106 16 107 24 108 ② 109 ④ 110 ⑤
111 16 112 ⑤ 113 ② 114 ① 115 ② 116 ③ 117 25 118 ② 119 ② 120 9
121 ④ 122 ① 123 ② 124 ① 125 4 126 43 127 ④ 128 ⑤ 129 27 130 17
131 ③ 132 ② 133 14 134 ③ 135 ⑤ 136 ③ 137 5 138 132 139 ⑤ 140 ④
141 ③ 142 ① 143 40 144 ① 145 20 146 ② 147 ④ 148 ⑤ 149 9 150 ⑤
151 4 152 32 153 ② 154 ④ 155 ⑤ 156 ① 157 ① 158 17 159 4 160 ⑤
161 ① 162 ⑤ 163 ② 164 ⑤ 165 ⑤ 166 8 167 8 168 ② 169 ④ 170 ⑤
171 ② 172 ① 173 ② 174 ③ 175 ⑤ 176 12 177 ④ 178 ② 179 ② 180 96
181 ① 182 ⑤ 183 ① 184 ② 185 ① 186 16 187 ① 188 ② 189 ⑤ 190 340
191 ① 192 ⑤ 193 ② 194 ⑤ 195 ② 196 7 197 ⑤ 198 13 199 ① 200 ⑤
201 15 202 ③ 203 ④ 204 ④ 205 ④ 206 ④ 207 40 208 ⑤ 209 66 210 ②
211 ④ 212 ① 213 9 214 114 215 24 216 30 217 182 218 4 219 137 220 37
221 ⑤ 222 ④ 223 ② 224 54 225 32 226 39 227 10 228 16 229 ⑤ 230 16
231 80 232 ⑤ 233 251 234 432 235 80 236 ② 237 ④ 238 ② 239 ③ 240 ④
241 13 242 ⑤ 243 ② 244 ② 245 36 246 57 247 ③ 248 29 249 21 250 ④
251 21 252 56 253 11

G 정적분의 활용

01 ④ 02 2 03 ② 04 ③ 05 ③ 06 ① 07 ⑤ 08 ② 09 ② 10 8
11 32 12 25 13 ① 14 ② 15 ④ 16 ③ 17 ⑤ 18 14 19 40 20 ④
21 ④ 22 25 23 ④ 24 32 25 ④ 26 ④ 27 36 28 ② 29 ④ 30 ④
31 ③ 32 ⑤ 33 14 34 4 35 43 36 ③ 37 ① 38 ⑤ 39 12 40 ⑤
41 4 42 ② 43 ① 44 2 45 ③ 46 80 47 140 48 ② 49 ② 50 ④
51 ② 52 ⑤ 53 ④ 54 ② 55 ② 56 ④ 57 40 58 200 59 ④ 60 17
61 54 62 ② 63 ② 64 ① 65 ③ 66 ② 67 ② 68 ④ 69 ④ 70 ④
71 ④ 72 ④ 73 ④ 74 ① 75 ② 76 32 77 ② 78 ④ 79 45 80 186
81 ② 82 ③ 83 ⑤ 84 ⑤ 85 ① 86 ② 87 ⑤ 88 ③ 89 6 90 16
91 ④ 92 ⑤ 93 ③ 94 12 95 ② 96 ⑤ 97 16 98 18 99 ③ 100 ③
101 ② 102 20 103 ④ 104 ③ 105 ④ 106 80 107 ① 108 ③ 109 ④ 110 ⑤
111 ④ 112 ④ 113 ⑤ 114 ⑤ 115 ④ 116 ④ 117 102 118 17 119 ④ 120 ⑤
121 ⑤ 122 ④ 123 10 124 8 125 ⑤ 126 63 127 ③ 128 ② 129 ③ 130 16
131 ④ 132 ⑤ 133 ④ 134 ③ 135 ① 136 ⑤ 137 28 138 ④ 139 41 140 64
141 35 142 ③ 143 ④ 144 54 145 15 146 200 147 ① 148 17 149 ② 150 ②
151 ④ 152 ② 153 ② 154 ① 155 ② 156 ② 157 11 158 14 159 34 160 32
161 ⑤ 162 35

〈고3 수학Ⅱ 실전 기출 모의고사〉

1회 2027학년도 수능대비 ①

01 ⑤ 02 ② 03 ③ 04 ④ 05 ② 06 ② 07 ② 08 ② 09 45 10 19
11 147

2회 2027학년도 수능대비 ②

01 ④ 02 ④ 03 ⑤ 04 ① 05 ④ 06 ③ 07 ② 08 ⑤ 09 25 10 12
11 167

3회 2027학년도 수능대비 ③

01 ① 02 ⑤ 03 ① 04 ③ 05 ③ 06 ④ 07 ② 08 ④ 09 13 10 45
11 12

A 함수의 극한

A 01 정답 ③ *함수의 좌극한값과 우극한값 ······ [정답률 96%]

（정답 공식: 그래프에서 $x=-1$에서 연속이므로 $\lim\limits_{x\to-1}f(x)=f(-1)$이고, 그래프를 따라가 보고 $\lim\limits_{x\to1+}f(x)$의 값을 찾는다.）

함수 $y=f(x)$의 그래프가 그림과 같다.

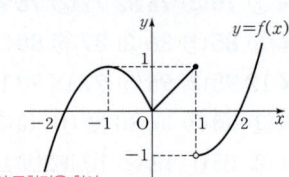

단서 1 $x=-1$에서의 극한값을 찾아.

$\lim\limits_{x\to-1}f(x)+\lim\limits_{x\to1+}f(x)$의 값은? (3점)

단서 2 $x=1$에서의 우극한값을 찾아.

① -2 ② -1 ③ 0 ④ 1 ⑤ 2

1st 그래프를 이용하여 각 점에서의 극한값을 구하자.

$\therefore \lim\limits_{x\to-1}f(x)+\lim\limits_{x\to1+}f(x)=1+(-1)=0$

함수 $y=f(x)$는 $x=-1$에서 연속이므로 $x=-1$에서의 극한값은 $\lim\limits_{x\to-1}f(x)=f(-1)=1$

또, $x=1$에서의 우극한값은 $\lim\limits_{x\to1+}f(x)=-1$

실수 $x=1$에서 함수 $f(x)$의 좌극한값과 우극한값은 서로 달라.

A 02 정답 2 *극한값의 계산 ······ [정답률 96%]

（정답 공식: $x=a$에서 유리함수 $f(x)$의 (분모)$\neq0$이면 $\lim\limits_{x\to a}f(x)=f(a)$이다.）

$\lim\limits_{x\to2}\dfrac{x^2+x}{x+1}$의 값을 구하시오. (3점) 단서 함수식에 $x=2$를 대입해.

1st 주어진 극한을 계산하자.

$\lim\limits_{x\to2}\dfrac{x^2+x}{x+1}=\lim\limits_{x\to2}\dfrac{x(x+1)}{x+1}=\lim\limits_{x\to2}x=2$

$x=2$를 바로 대입해도 돼. 즉 $\dfrac{4+2}{3}=2$야.

주의 $x=2$에서 함수 $\dfrac{x^2+x}{x+1}$는 연속이므로 $x=2$를 바로 대입하면 극한값을 구할 수 있어.

A 03 정답 11 *$\dfrac{0}{0}$꼴의 극한값의 계산(분수식) ····· [정답률 93%]

（정답 공식: $\dfrac{0}{0}$꼴일 때는 분모, 분자의 공통인수를 약분하고 극한값을 계산한다.）

$\lim\limits_{x\to1}\dfrac{(x-1)(x^2+3x+7)}{x-1}$의 값을 구하시오. (3점)

단서 $\dfrac{0}{0}$꼴이므로 약분하자.

1st 분모와 분자의 공통인수를 약분해서 극한값을 계산해.

$\lim\limits_{x\to1}\dfrac{(x-1)(x^2+3x+7)}{x-1}$

$\dfrac{0}{0}$꼴: 분자, 분모를 각각 인수분해한 다음 약분해.

$=\lim\limits_{x\to1}(x^2+3x+7)$

$=1+3+7=11$

A 04 정답 ② *$\dfrac{0}{0}$꼴의 극한값의 계산(무리식) ····· [정답률 91%]

（정답 공식: $x=-t$로 치환하여 극한값을 계산한다.）

단서 2 $\dfrac{\infty}{\infty}$꼴의 극한값을 구할 때에는 분모의 최고차항으로 분자, 분모를 각각 나누어야 해.

$\lim\limits_{x\to-\infty}\dfrac{x-\sqrt{x^2-1}}{x+1}$의 값은? (2점)

단서 1 $x=-t$로 치환해.

① 1 ② 2 ③ 3 ④ 4 ⑤ 5

1st 주어진 식이 $\dfrac{\infty}{\infty}$꼴임을 주의하여 계산하자.

$x=-t$로 놓으면 $x\to-\infty$일 때 $t\to\infty$

$\lim\limits_{x\to-\infty}\dfrac{x-\sqrt{x^2-1}}{x+1}=\lim\limits_{t\to\infty}\dfrac{-t-\sqrt{t^2-1}}{-t+1}$

$=\lim\limits_{t\to\infty}\dfrac{t+\sqrt{t^2-1}}{t-1}$

$\dfrac{\infty}{\infty}$꼴이므로 분모의 최고차항인 t로 분자, 분모를 나누자.

$=\lim\limits_{t\to\infty}\dfrac{1+\sqrt{1-\dfrac{1}{t^2}}}{1-\dfrac{1}{t}}=2$

$\to\lim\limits_{t\to\infty}\dfrac{1}{t^2}=0$
$\to\lim\limits_{t\to\infty}\dfrac{1}{t}=0$

A 05 정답 ④ *인수분해를 이용한 미정계수의 결정 [정답률 84%]

（정답 공식: (분모)$\to0$이고, 극한값이 존재하므로 (분자)$\to0$이어야 한다. 이후 분모, 분자의 공통인수를 약분한다.）

$\lim\limits_{x\to1}\dfrac{x^2+ax-b}{x^3-1}=3$이 성립하도록 상수 a, b의 값을 정할 때, $a+b$의 값은? (2점)

단서 $\lim\limits_{x\to1}(x^3-1)=0$이고, 극한값이 존재하므로 $\lim\limits_{x\to1}(x^2+ax-b)=0$이야.

① 9 ② 11 ③ 13 ④ 15 ⑤ 17

1st 주어진 식의 극한값이 존재하니까 $\dfrac{0}{0}$꼴이 되어야 해.

$\lim\limits_{x\to1}\dfrac{x^2+ax-b}{x^3-1}=3$에서 $x\to1$일 때, (분모)$\to0$이므로 (분자)$\to0$이 되어야 한다.

즉, $\lim\limits_{x\to1}(x^2+ax-b)=0$에서 $1+a-b=0$

$\therefore b=a+1 \cdots$ ㉠

2nd 분자, 분모를 각각 인수분해한 후 공통인수를 약분해 봐.

㉠을 주어진 식에 대입하여 정리하면

$\lim\limits_{x\to1}\dfrac{x^2+ax-(a+1)}{(x-1)(x^2+x+1)}=\lim\limits_{x\to1}\dfrac{(x-1)(x+a+1)}{(x-1)(x^2+x+1)}$

$a^3-b^3=(a-b)(a^2+ab+b^2)$

$=\lim\limits_{x\to1}\dfrac{x+a+1}{x^2+x+1}=\dfrac{a+2}{3}=3$

$x-1$이 분자, 분모의 공통인수이므로 약분해.

$\therefore a=7$

㉠에서 $b=8$

$\therefore a+b=7+8=15$

A 06 정답 21 *유리화를 이용한 미정계수의 결정 [정답률 85%]

（정답 공식: 극한값이 존재하고 (분모)$\to0$이므로 (분자)$\to0$이어야 한다.）

두 상수 a, b에 대하여 $\lim\limits_{x\to2}\dfrac{\sqrt{x+a}-2}{x-2}=b$일 때, $10a+4b$의 값을 구하시오. (3점)

단서 $\lim\limits_{x\to2}(x-2)=0$이고, 극한값이 존재하므로 $\lim\limits_{x\to2}(\sqrt{x+a}-2)=0$

1st 분수식의 극한값이 존재할 때, (분모) → 0이면 (분자) → 0임을 이용해서 a 의 값부터 구하자.

$\lim\limits_{x \to 2} \dfrac{\sqrt{x+a}-2}{x-2}=b$에서 $x \to 2$일 때, (분모) → 0이므로 (분자) → 0이어야 한다.

즉, $\lim\limits_{x \to 2}(\sqrt{x+a}-2)=\sqrt{2+a}-2=0$에서

$\sqrt{2+a}=2,\ 2+a=4$

$\therefore a=2$

2nd $a=2$를 주어진 식에 대입하여 b의 값을 구하자.

$\lim\limits_{x \to 2}\dfrac{\sqrt{x+2}-2}{x-2}=\lim\limits_{x \to 2}\dfrac{(\sqrt{x+2}-2)(\sqrt{x+2}+2)}{(x-2)(\sqrt{x+2}+2)}$ ⟶ $\dfrac{0}{0}$ 꼴이고 무리식이 포함되어 있으니까 무리식을 유리화해야 해.

$=\lim\limits_{x \to 2}\dfrac{(x-2)}{(x-2)(\sqrt{x+2}+2)}$ ⟶ $(\sqrt{x+2})^2-2^2=(x+2)-4=x-2$

$=\lim\limits_{x \to 2}\dfrac{1}{\sqrt{x+2}+2}=\dfrac{1}{4}=b$

$\therefore 10a+4b=10 \cdot 2+4 \cdot \dfrac{1}{4}=21$

✿ 분모의 유리화　　개념·공식

분모에 근호가 있을 때 분모와 분자에 0이 아닌 같은 수를 곱하여 분모를 근호가 없는 형태로 변형하는 것을 **분모의 유리화**라 한다.

① $\dfrac{b}{\sqrt{a}}=\dfrac{b \times \sqrt{a}}{\sqrt{a} \times \sqrt{a}}=\dfrac{b\sqrt{a}}{a}$　　② $\dfrac{c}{a\sqrt{b}}=\dfrac{c \times \sqrt{b}}{a\sqrt{b} \times \sqrt{b}}=\dfrac{c\sqrt{b}}{ab}$

A 07　정답 ②　＊함수의 극한을 이용한 다항함수의 결정 ···· [정답률 78%]

(정답 공식: 조건 (가)를 통해 $f(x)$가 이차함수라는 것을 알 수 있다.)

다항함수 $f(x)$가 다음 조건을 만족시킨다.

(가) $\lim\limits_{x \to \infty}\dfrac{f(x)}{x^2}=2$　단서1 $f(x)$는 최고차항의 계수가 2인 이차함수야.

(나) $\lim\limits_{x \to 0}\dfrac{f(x)}{x}=3$　단서2 $\lim\limits_{x \to 0}f(x)=0$이어야 해.

$f(2)$의 값은? (3점)

① 11　　　② 14　　　③ 17

④ 20　　　⑤ 23

1st 다항식 $f(x)$에 대하여 $\lim\limits_{x \to \infty}\dfrac{f(x)}{x^n}=c$ (단, c는 0이 아닌 상수)이면 $f(x)$의 차수는 n이고, 최고차항의 계수는 c야.

조건 (가)에 의하여 다항함수 $f(x)$는

$f(x)=2x^2+ax+b$ (a, b는 상수)로 놓을 수 있다.

2nd 조건 (나)를 이용하여 상수 a, b의 값을 구하자. ⟶ $\lim\limits_{x \to \infty}\dfrac{f(x)}{x^2}=2$에서 분모의 차수가 2이니까 분자의 차수도 2이고, 분자인 $f(x)$의 최고차항의 계수가 2이어야 해.

조건 (나)에서 $x \to 0$일 때, 극한값이 존재하고 (분모) → 0이므로 (분자) → 0이어야 한다. 즉,

$\lim\limits_{x \to 0}(2x^2+ax+b)=b=0$ ⟶ $\lim\limits_{x \to 0}\dfrac{f(x)}{x}$가 수렴하므로 분모가 0에 수렴할 때, 분자도 0에 수렴해야 해. 즉, $f(0)=0$이어야 하지.

따라서

$\lim\limits_{x \to 0}\dfrac{f(x)}{x}=\lim\limits_{x \to 0}\dfrac{2x^2+ax}{x}=\lim\limits_{x \to 0}(2x+a)=a=3$

이므로 $f(x)=2x^2+3x$ ⟶ $2x^2+ax=x(2x+a)$야.

$\therefore f(2)=2 \cdot 2^2+3 \cdot 2=14$

✿ 미정계수의 결정　　개념·공식

두 함수 $f(x)$, $g(x)$에 대하여

① $\lim\limits_{x \to a}\dfrac{f(x)}{g(x)}=\alpha$ (단, α는 상수)일 때, $\lim\limits_{x \to a}g(x)=0$이면 $\lim\limits_{x \to a}f(x)=0$

② $\lim\limits_{x \to a}\dfrac{f(x)}{g(x)}=\alpha$ (단, $\alpha \neq 0$인 상수)일 때,

　$\lim\limits_{x \to a}f(x)=0$이면 $\lim\limits_{x \to a}g(x)=0$

A 08　정답 ⑤　＊함수의 극한의 대소 관계 ············· [정답률 73%]

[정답 공식: $f(x) \leq h(x) \leq g(x)$이고 $\lim\limits_{x \to a}f(x)=\lim\limits_{x \to a}g(x)=\alpha$($\alpha$는 실수)이면 $\lim\limits_{x \to a}h(x)=\alpha$이다.]

실수 전체의 집합에서 정의된 함수 $f(x)$가

$x^2+3x-4 \leq f(x) \leq 3x^2-x-2$

단서 이 부등식을 구해야 하는 극한값이 나오도록 변형해.

를 만족시킬 때, $\lim\limits_{x \to 1}\dfrac{f(x)}{x-1}$의 값은? (3점)

① 1　　　　② 2　　　　③ 3

④ 4　　　　⑤ 5

1st 주어진 부등식의 각 변을 $x-1$로 나누어 생각해.

$x^2+3x-4 \leq f(x) \leq 3x^2-x-2$에서

$(x-1)(x+4) \leq f(x) \leq (x-1)(3x+2)$

이 부등식의 각 변을 $x-1$로 나누면

(i) $x>1$일 때, $x+4 \leq \dfrac{f(x)}{x-1} \leq 3x+2$ ⟶ $x>1$이면 $x-1>0$이므로 부등식의 각 변을 $x-1$로 나누어도 부등호의 방향은 바뀌지 않아.

각 변에 $\lim\limits_{x \to 1+}$를 취하면

> 주의
> 부등식의 각 변에 같은 식을 곱하거나 각 변을 같은 식으로 나눌 때 곱하거나 나누는 식의 값의 범위에 따라 대소 관계가 바뀔 수 있으므로 꼭 x의 범위를 나누어서 풀어야 해.

$\lim\limits_{x \to 1+}(x+4) \leq \lim\limits_{x \to 1+}\dfrac{f(x)}{x-1} \leq \lim\limits_{x \to 1+}(3x+2)$

이때, $\lim\limits_{x \to 1+}(x+4)=1+4=5$,

$\lim\limits_{x \to 1+}(3x+2)=3 \times 1+2=5$

이므로 $\lim\limits_{x \to 1+}\dfrac{f(x)}{x-1}=5$이다.

(ii) $x<1$일 때, $3x+2 \leq \dfrac{f(x)}{x-1} \leq x+4$ ⟶ $x<1$이면 $x-1<0$이므로 부등식의 각 변을 $x-1$로 나누면 부등호의 방향은 바뀌어야 해.

각 변에 $\lim\limits_{x \to 1-}$를 취하면

$\lim\limits_{x \to 1-}(3x+2) \leq \lim\limits_{x \to 1-}\dfrac{f(x)}{x-1} \leq \lim\limits_{x \to 1-}(x+4)$

이때, $\lim\limits_{x \to 1-}(3x+2)=3 \times 1+2=5$, $\lim\limits_{x \to 1-}(x+4)=1+4=5$

이므로 $\lim\limits_{x \to 1-}\dfrac{f(x)}{x-1}=5$이다.

(i), (ii)에 의하여 $\lim\limits_{x \to 1}\dfrac{f(x)}{x-1}=5$ ⟶ 함수 $\dfrac{f(x)}{x-1}$의 $x=1$에서의 좌극한값과 우극한값이 모두 존재하고 그 값이 5로 같으므로 $\lim\limits_{x \to 1}\dfrac{f(x)}{x-1}=5$야.

✿ 함수의 극한의 대소 관계　　개념·공식

두 함수 $f(x)$, $g(x)$에 대하여

$\lim\limits_{x \to a}f(x)=\alpha$, $\lim\limits_{x \to a}g(x)=\beta$ (α, β는 실수)일 때

(1) $f(x) \leq g(x)$이면 $\alpha \leq \beta$

(2) 함수 $h(x)$에 대하여 $f(x) \leq h(x) \leq g(x)$이고 $\alpha=\beta$이면

　$\lim\limits_{x \to a}h(x)=\alpha$

수능 유형별 기출 문제 [2점, 3점, 쉬운 4점]

A 09 정답 ① *함수의 좌극한과 우극한 ─── [정답률 95%]

[정답 공식: $x \to 0-$는 $x=0$의 왼쪽에서 $x=0$으로 접근하는 것이고, $x \to 1+$는 $x=1$의 오른쪽에서 $x=1$로 접근하는 것이다.]

닫힌구간 $[-2, 2]$에서 정의된 함수 $y=f(x)$의 그래프가 그림과 같다.

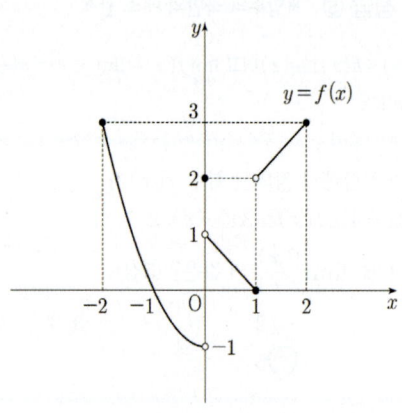

$\lim\limits_{x \to 0-} f(x) + \lim\limits_{x \to 1+} f(x)$의 값은? (3점)

단서 $x=0$에서의 좌극한값과 $x=1$에서의 우극한값의 합이야.

① 1　　② 2　　③ 3　　④ 4　　⑤ 5

1st 주어진 그래프를 이용하여 극한값을 구해.

$x=0$의 왼쪽에서 함수 $y=f(x)$의 그래프를 따라 $x=0$으로 접근하면 y의 값은 -1에 한없이 가까워지므로

$\lim\limits_{x \to 0-} f(x) = -1$ → $x=0$에서의 좌극한값이야.

또, $x=1$의 오른쪽에서 함수 $y=f(x)$의 그래프를 따라 $x=1$로 접근하면 y의 값은 2에 한없이 가까워지므로

$\lim\limits_{x \to 1+} f(x) = 2$ → $x=1$에서의 우극한값이야.

$\therefore \lim\limits_{x \to 0-} f(x) + \lim\limits_{x \to 1+} f(x) = -1+2 = 1$

A 10 정답 ② *함수의 좌극한값과 우극한값 ─── [정답률 97%]

(정답 공식: 그래프를 따라가며 좌극한값이나 우극한값을 찾는다.)

닫힌구간 $[-2, 2]$에서 정의된 함수 $y=f(x)$의 그래프가 그림과 같다.

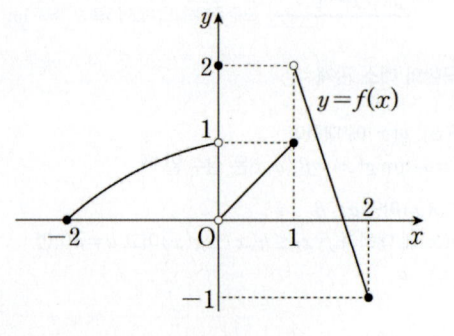

→ 단서2 $x=1$에서의 우극한값을 찾아.

$\lim\limits_{x \to 0-} f(x) - \lim\limits_{x \to 1+} f(x)$의 값은? (3점)

단서1 $x=0$에서의 좌극한값을 찾아.

① -2　　② -1　　③ 0　　④ 1　　⑤ 2

1st 주어진 그래프에서 $x=0$에서의 좌극한값, $x=1$에서의 우극한값을 각각 구하자.

함수 $y=f(x)$의 그래프에서 x의 값이 0의 왼쪽에서 0으로 접근할 때, 그래프를 따라가면 1에 수렴한다.

$x=0$에서의 좌극한값이야.

$\therefore \lim\limits_{x \to 0-} f(x) = 1$

마찬가지로 함수 $y=f(x)$의 그래프에서 x의 값이 1의 오른쪽에서 1로 접근할 때, 그래프를 따라가면 2에 수렴한다.

$x=1$에서의 우극한값이야.

$\therefore \lim\limits_{x \to 1+} f(x) = 2$

$\therefore \lim\limits_{x \to 0-} f(x) - \lim\limits_{x \to 1+} f(x) = 1-2 = -1$

✿ **좌극한값과 우극한값**　　　　　개념·공식

① $\lim\limits_{x \to a-} f(x) = p$일 때, p를 $x=a$에서 $f(x)$의 좌극한값이라고 한다.

② $\lim\limits_{x \to a+} f(x) = q$일 때, q를 $x=a$에서 $f(x)$의 우극한값이라고 한다.

A 11 정답 ① *함수의 좌극한값과 우극한값 ─── [정답률 97%]

(정답 공식: 그래프를 따라가며 좌극한값이나 우극한값을 찾는다.)

함수 $y=f(x)$의 그래프가 그림과 같다.

단서1 $x=-1$에서의 좌극한값을 찾아.

$\lim\limits_{x \to -1-} f(x) + \lim\limits_{x \to 0+} f(x)$의 값은? (3점)

단서2 $x=0$에서의 우극한값을 찾아.

① -1　　② 0　　③ 1

④ 2　　⑤ 3

1st 주어진 그래프에서 $x=-1$에서의 좌극한값, $x=0$에서의 우극한값을 구하자.

함수 $y=f(x)$의 그래프에서 x의 값이 -1의 왼쪽에서 -1로 접근할 때, 그래프를 따라가면 0에 수렴한다.

$x=-1$에서의 좌극한값이야.

$\therefore \lim\limits_{x \to -1-} f(x) = 0$

마찬가지로 함수 $y=f(x)$의 그래프에서 x의 값이 0의 오른쪽에서 0으로 접근할 때, 그래프를 따라가면 -1에 수렴한다.

$\therefore \lim\limits_{x \to 0+} f(x) = -1$　$x=0$에서의 우극한값이야.

$\therefore \lim\limits_{x \to -1-} f(x) + \lim\limits_{x \to 0+} f(x) = 0+(-1) = -1$

A 12 정답 ③ *함수의 좌극한과 우극한 [정답률 94%]

정답 공식: $x \to 0+$는 $x=0$의 오른쪽에서 $x=0$으로 접근하는 것이고, $x \to 1-$는 $x=1$의 왼쪽에서 $x=1$로 접근하는 것이다.

함수 $y=f(x)$의 그래프가 그림과 같다.

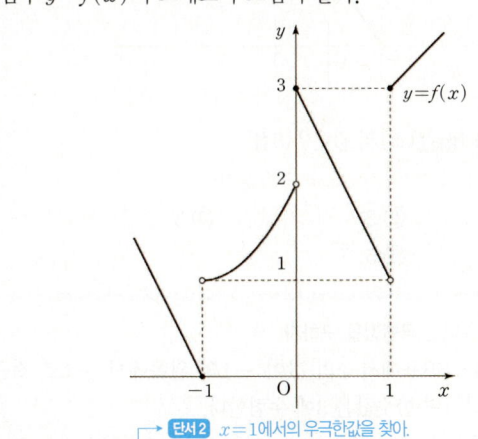

단서 $x=0$에서의 우극한값과 $x=1$에서의 좌극한값의 합이야.

$\displaystyle\lim_{x \to 0+} f(x) + \lim_{x \to 1-} f(x)$의 값은? (3점)

① 1   ② 2   ③ 3
④ 4   ⑤ 5

1st 주어진 그래프를 이용하여 극한값을 구해.

$x=0$의 오른쪽에서 함수 $y=f(x)$의 그래프를 따라 $x=0$으로 접근하면 y의 값은 2에 한없이 가까워지므로

$\displaystyle\lim_{x \to 0+} f(x) = 2$ → $x=0$에서의 우극한값이야.

또, $x=1$의 왼쪽에서 함수 $y=f(x)$의 그래프를 따라 $x=1$로 접근하면 y의 값은 1에 한없이 가까워지므로

$\displaystyle\lim_{x \to 1-} f(x) = 1$ → $x=1$에서의 좌극한값이야.

$\therefore \displaystyle\lim_{x \to 0+} f(x) + \lim_{x \to 1-} f(x) = 2+1 = 3$

A 13 정답 ⑤ *함수의 좌극한과 우극한 [정답률 92%]

정답 공식: x가 특정 값에 가까워질 때 함숫값이 가까워지는 값을 그래프에서 찾아본다. 좌극한과 우극한 각각에 대해 극한값을 계산한다.

함수 $y=f(x)$의 그래프가 그림과 같다.

단서2 $x=1$에서의 우극한값을 찾아.

$\displaystyle\lim_{x \to 0-} f(x) + \lim_{x \to 1+} f(x)$의 값은? (3점)

단서1 $x=0$에서의 좌극한값을 찾아.

① 1   ② 2   ③ 3   ④ 4   ⑤ 5

1st 그래프에서 $x=0$에서의 좌극한값, $x=1$에서의 우극한값을 각각 구해.

함수 $y=f(x)$의 그래프에서 $x=0$의 왼쪽에서 $x=0$으로 가까이 갈 때, y의 값은 2에 한없이 가까워진다.

$\therefore \displaystyle\lim_{x \to 0-} f(x) = 2$

$x \to a-$는 $x=a$의 왼쪽에서 $x=a$에 가까이 갈 때를 의미해.

함수 $y=f(x)$의 그래프에서 $x=1$의 오른쪽에서 $x=1$로 가까이 갈 때, y의 값은 3에 한없이 가까워진다.

$\therefore \displaystyle\lim_{x \to 1+} f(x) = 3$

$x \to a+$는 $x=a$의 오른쪽에서 $x=a$에 가까이 갈 때를 의미해.

$\therefore \displaystyle\lim_{x \to 0-} f(x) + \lim_{x \to 1+} f(x) = 2+3 = 5$

✿ 좌극한값과 우극한값 [개념·공식]

① $\displaystyle\lim_{x \to a-} f(x) = p$일 때, p를 $x=a$에서 $f(x)$의 좌극한값이라고 한다.

② $\displaystyle\lim_{x \to a+} f(x) = q$일 때, q를 $x=a$에서 $f(x)$의 우극한값이라고 한다.

A 14 정답 ② *함수의 좌극한과 우극한 [정답률 94%]

정답 공식: $\displaystyle\lim_{x \to a-} f(x)$는 함수 $f(x)$의 $x=a$에서의 좌극한이고 $\displaystyle\lim_{x \to a+} f(x)$는 함수 $f(x)$의 $x=a$에서의 우극한이다.

함수 $y=f(x)$의 그래프가 그림과 같다.

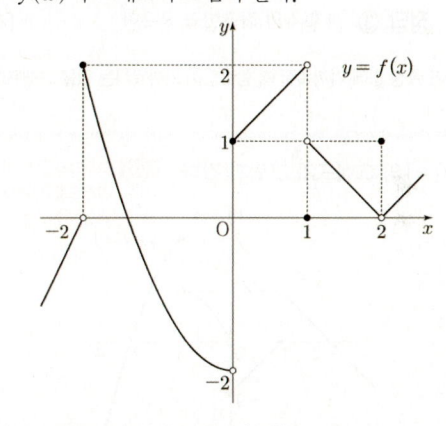

$\displaystyle\lim_{x \to 0-} f(x) + \lim_{x \to 1+} f(x)$의 값은? (3점)

단서 함수 $f(x)$의 $x=0$에서의 좌극한과 $x=1$에서의 우극한을 찾아 더해.

① -2   ② -1   ③ 0   ④ 1   ⑤ 2

1st 주어진 그래프에서 $x=0$에서의 좌극한, $x=1$에서의 우극한을 구해.

함수 $y=f(x)$의 그래프에서 x의 값이 0의 왼쪽에서 0으로 접근할 때, 그래프를 따라가면 -2에 수렴한다.

함수 $f(x)$의 $x=0$에서의 좌극한이야.

$\therefore \displaystyle\lim_{x \to 0-} f(x) = -2$

마찬가지로 함수 $y=f(x)$의 그래프에서 x의 값이 1의 오른쪽에서 1로 접근할 때, 그래프를 따라가면 1에 수렴한다.

함수 $f(x)$의 $x=1$에서의 우극한이야.

$\therefore \displaystyle\lim_{x \to 1+} f(x) = 1$

$\therefore \displaystyle\lim_{x \to 0-} f(x) + \lim_{x \to 1+} f(x) = -2+1 = -1$

A 15 정답 ① ＊함수의 좌극한과 우극한 ·········· [정답률 92%]

정답 공식: 그래프를 따라가며 우극한, 좌극한을 찾는다.

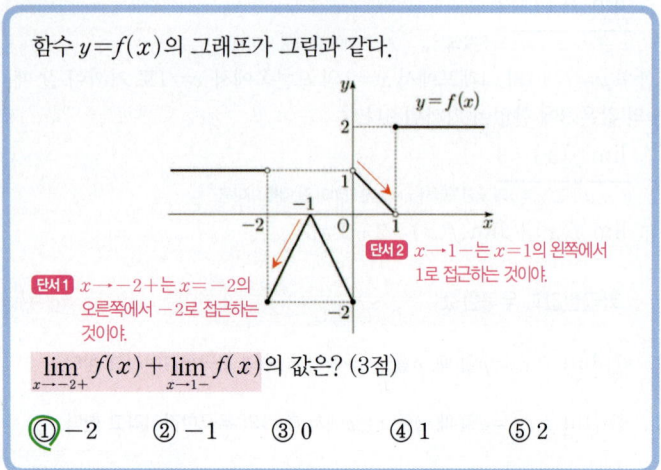

함수 $y=f(x)$의 그래프가 그림과 같다.

단서1 $x \to -2+$는 $x=-2$의 오른쪽에서 -2로 접근하는 것이야.

단서2 $x \to 1-$는 $x=1$의 왼쪽에서 1로 접근하는 것이야.

$\displaystyle\lim_{x \to -2+} f(x) + \lim_{x \to 1-} f(x)$의 값은? (3점)

① -2 ② -1 ③ 0 ④ 1 ⑤ 2

1st 주어진 그래프에서 $x=-2$에서의 우극한, $x=1$에서의 좌극한을 구하자.

함수 $y=f(x)$의 그래프에서 $x=-2$의 우극한을 구하면

$\displaystyle\lim_{x \to -2+} f(x) = -2$ → x의 값이 -2의 오른쪽에서 -2로 접근할 때, 그래프를 따라가면 $f(x)$는 -2에 접근해.

마찬가지로 함수 $y=f(x)$의 그래프에서 $x=1$의 좌극한을 구하면

$\displaystyle\lim_{x \to 1-} f(x) = 0$ → x의 값이 1의 왼쪽에서 1로 접근할 때, 그래프를 따라가면 $f(x)$는 0에 접근해.

$\therefore \displaystyle\lim_{x \to -2+} f(x) + \lim_{x \to 1-} f(x) = -2+0 = -2$

A 16 정답 ③ ＊함수의 좌극한과 우극한 ·········· [정답률 89%]

정답 공식: x가 특정 값에 가까워질 때 함숫값이 가까워지는 값을 그래프에서 찾아본다.

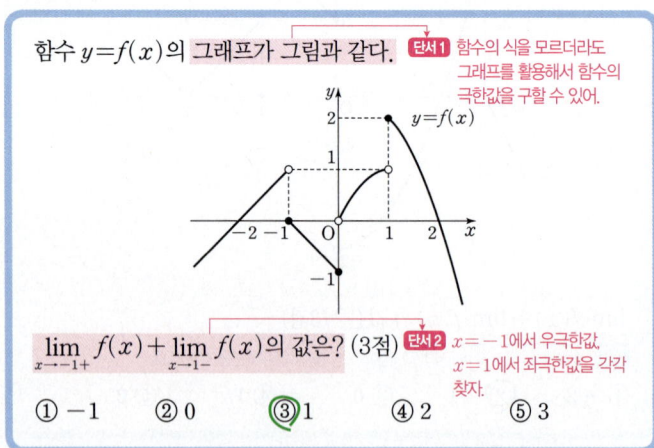

함수 $y=f(x)$의 그래프가 그림과 같다. 단서1 함수의 식을 모르더라도 그래프를 활용해서 함수의 극한값을 구할 수 있어.

$\displaystyle\lim_{x \to -1+} f(x) + \lim_{x \to 1-} f(x)$의 값은? (3점) 단서2 $x=-1$에서 우극한값 $x=1$에서 좌극한값을 각각 찾자.

① -1 ② 0 ③ 1 ④ 2 ⑤ 3

1st $\displaystyle\lim_{x \to -1+} f(x) + \lim_{x \to 1-} f(x)$의 값을 구해.

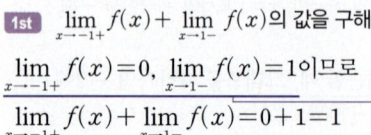 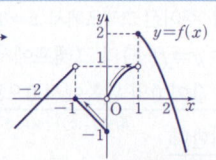

$\displaystyle\lim_{x \to -1+} f(x) = 0$, $\displaystyle\lim_{x \to 1-} f(x) = 1$이므로

$\displaystyle\lim_{x \to -1+} f(x) + \lim_{x \to 1-} f(x) = 0+1 = 1$

수능 핵강

＊ **좌극한과 우극한의 값을 구할 때, 실수 줄이기**

그래프를 이용해서 함수의 극한값을 구할 때에는 특정한 지점의 함숫값은 무시하고 생각하는 것이 혼란을 피할 수 있는 방법이야.

$x \to -1+$는 $x \neq -1$이면서 -1의 오른쪽에서 한없이 가까워질 때, 가까워지는 값을 뜻하고, $x \to 1-$는 $x \neq 1$이면서 1의 왼쪽에서 한없이 가까워질 때, 가까워지는 값을 뜻해.

A 17 정답 ⑤ ＊함수의 좌극한과 우극한 ·········· [정답률 92%]

정답 공식: $x \to -1+$는 $x=-1$의 오른쪽에서 -1로 접근하는 것이고, $x \to 2-$는 $x=2$의 왼쪽에서 2로 접근하는 것이다. 그래프를 따라가며 우극한값, 좌극한값을 찾는다.

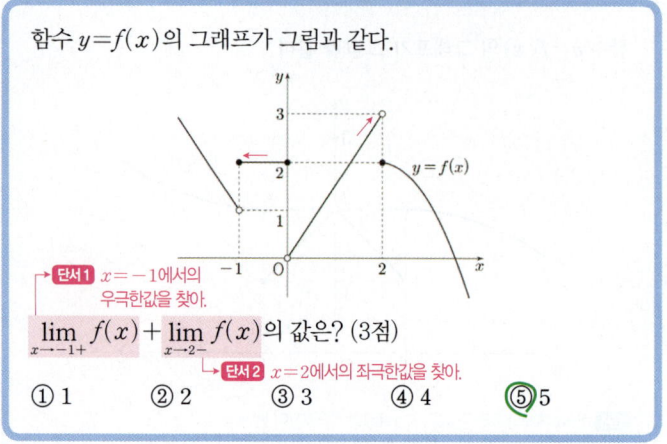

함수 $y=f(x)$의 그래프가 그림과 같다.

단서1 $x=-1$에서의 우극한값을 찾아.

$\displaystyle\lim_{x \to -1+} f(x) + \lim_{x \to 2-} f(x)$의 값은? (3점)

단서2 $x=2$에서의 좌극한값을 찾아.

① 1 ② 2 ③ 3 ④ 4 ⑤ 5

1st 주어진 그래프에서 $x=-1$에서의 우극한값, $x=2$에서의 좌극한값을 구하자.

$\displaystyle\lim_{x \to -1+} f(x) + \lim_{x \to 2-} f(x) = 2+3 = 5$ → 함수 $y=f(x)$의 $x=-1$에서의 우극한값은 2이고, $x=2$에서의 좌극한값은 3이야.

A 18 정답 ④ ＊함수의 좌극한과 우극한 ·········· [정답률 94%]

정답 공식: x가 특정 값에 가까워질 때 함숫값이 가까워지는 값을 그래프에서 찾아본다.

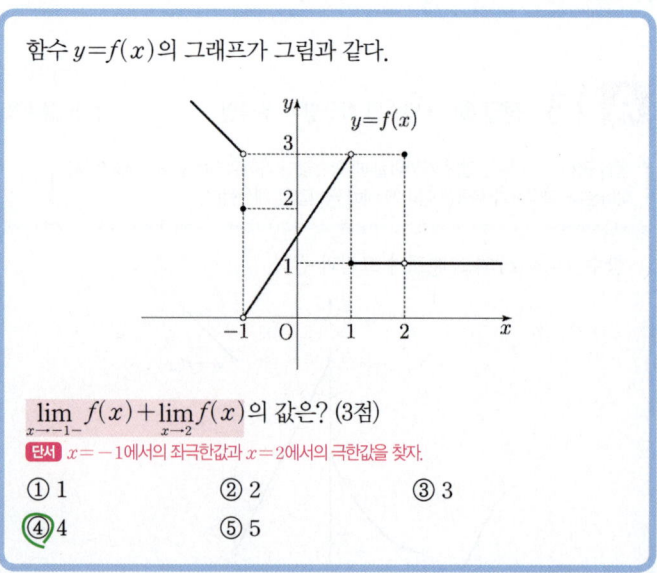

함수 $y=f(x)$의 그래프가 그림과 같다.

$\displaystyle\lim_{x \to -1-} f(x) + \lim_{x \to 2} f(x)$의 값은? (3점)

단서 $x=-1$에서의 좌극한값과 $x=2$에서의 극한값을 찾자.

① 1 ② 2 ③ 3 ④ 4 ⑤ 5

1st 그래프에서 주어진 극한값을 구하자.

함수 $y=f(x)$의 그래프에서 x의 값이 -1의 왼쪽에서 -1로 접근할 때, 그래프를 따라가면 함숫값은 3에 수렴한다.

$\therefore \displaystyle\lim_{x \to -1-} f(x) = 3$

또한, 함수 $y=f(x)$의 그래프에서 x의 값이 2의 왼쪽에서 2로 접근할 때와 2의 오른쪽에서 2로 접근할 때 모두 그래프를 따라가면 함숫값은 1에 수렴한다.

$$\therefore \lim_{x \to 2} f(x) = 1$$

$\lim_{x \to a-} f(x) = \lim_{x \to a+} f(x) = k$ (k는 실수)일 때, $\lim_{x \to a} f(x) = k$라 하지?

즉, $\lim_{x \to 2-} f(x) = 1$이고, $\lim_{x \to 2+} f(x) = 1$이므로 $\lim_{x \to 2} f(x) = 1$이야.

$$\therefore \lim_{x \to -1-} f(x) + \lim_{x \to 2} f(x) = 3 + 1 = 4$$

김찬우 전남대 의예과 2022년 입학 · 전북 이리고 졸

함수의 그래프가 주어진 후 좌우극한값에 대해 묻는 단골 출제 문제야. $x = -1$에서의 좌극한값은 3인 게 바로 보일 거야. 또, $x = 2$에서의 극한값도 함숫값과 헷갈리지만 않으면 1이라는 게 보이지? 이런 유형은 구하는 것이 좌극한인지, 우극한인지 방향을 정확히 파악한 후 그래프를 잘 따라가기만 하면 되니까, 틀리면 안 되는 문제야.

✿ **좌극한값과 우극한값**   개념·공식

① 함수의 좌극한
$\lim_{x \to a-} f(x)$의 값이 존재하면 $x = a$에서의 함수 $f(x)$의 좌극한이 존재한다고 한다.

② 함수의 우극한
$\lim_{x \to a+} f(x)$의 값이 존재하면 $x = a$에서의 함수 $f(x)$의 우극한이 존재한다고 한다.

A 19   정답 ③   ＊함수의 좌극한값과 우극한값 ········ [정답률 95%]

[정답 공식: x가 특정 값에 가까워질 때 함숫값이 가까워지는 값을 그래프에서 찾아본다. 좌극한과 우극한 각각에 대해 극한값을 계산한다.]

닫힌구간 $[-2, 2]$에서 정의된 함수 $y = f(x)$의 그래프가 그림과 같다.

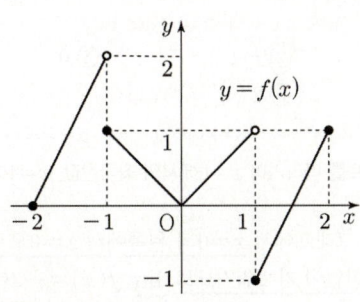

$\lim_{x \to -1-} f(x) + \lim_{x \to 1+} f(x)$의 값은? (3점)

단서 $x = -1$에서의 좌극한값과 $x = 1$에서의 우극한값을 찾자.

① -1 ② 0 ③ 1
④ 2 ⑤ 3

1st 그래프를 보고 $x = -1$에서의 좌극한값과 $x = 1$에서의 우극한값을 구하자.

x가 -1보다 작으면서 -1에 한없이 가까워지면 $f(x)$의 값은 2보다 작으면서 2에 한없이 가까워지므로

$$\lim_{x \to -1-} f(x) = 2$$

또, x가 1보다 크면서 1에 한없이 가까워지면 $f(x)$의 값은 -1보다 크면서 -1에 한없이 가까워지므로

$$\lim_{x \to 1+} f(x) = -1$$

$$\therefore \lim_{x \to -1-} f(x) + \lim_{x \to 1+} f(x) = 2 + (-1) = 1$$

A 20   정답 ①   ＊함수의 좌극한값과 우극한값 ········ [정답률 95%]   Ⓐ

[정답 공식: x가 특정 값에 가까워질 때 함숫값이 가까워지는 값을 그래프에서 찾아본다.]

함수 $y = f(x)$의 그래프가 그림과 같다.

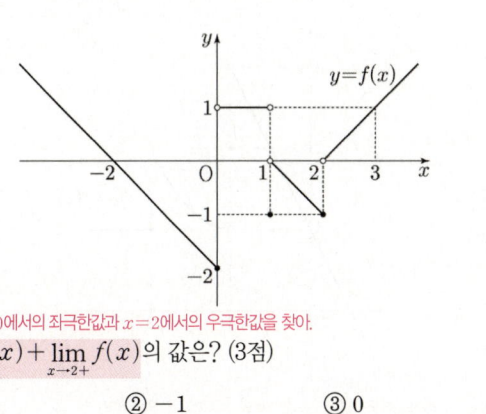

단서 $x = 0$에서의 좌극한값과 $x = 2$에서의 우극한값을 찾아.

$\lim_{x \to 0-} f(x) + \lim_{x \to 2+} f(x)$의 값은? (3점)

① -2 ② -1 ③ 0
④ 1 ⑤ 2

1st 주어진 그래프에서 각각의 좌극한값, 우극한값을 구하자.

주의 좌극한값이나 우극한값을 구할 때 함숫값과 혼동하면 안 돼. 예를 들어, 이 그래프에서 $f(2) = -1$이지만 $\lim_{x \to 2+} f(x) = 0$이야.

함수 $y = f(x)$의 그래프에서 x의 값이 0의 왼쪽에서 0으로 접근할 때, 그래프를 따라가면 함숫값은 -2에 수렴한다.
$x = 0$에서의 좌극한값이 -2라는 뜻이야.

$$\therefore \lim_{x \to 0-} f(x) = -2$$

마찬가지로 함수 $y = f(x)$의 그래프에서 x의 값이 2의 오른쪽에서 2로 접근할 때, 그래프를 따라가면 함숫값은 0에 수렴한다.
$x = 2$에서의 우극한값이 0이라는 뜻이지.

$$\therefore \lim_{x \to 2+} f(x) = 0$$

$$\therefore \lim_{x \to 0-} f(x) + \lim_{x \to 2+} f(x) = -2 + 0 = -2$$

✿ **함수의 극한**   개념·공식

① 함수의 좌극한
$\lim_{x \to a-} f(x)$의 값이 존재하면 $x = a$에서의 함수 $f(x)$의 좌극한이 존재한다고 한다.

② 함수의 우극한
$\lim_{x \to a+} f(x)$의 값이 존재하면 $x = a$에서의 함수 $f(x)$의 우극한이 존재한다고 한다.

③ $\lim_{x \to a-} f(x) = \lim_{x \to a+} f(x)$이면 $\lim_{x \to a} f(x)$의 값이 존재한다.

A 21 정답 ④ *함수의 좌극한값과 우극한값 ········· [정답률 96%]

함수 $y=f(x)$의 그래프가 그림과 같다.

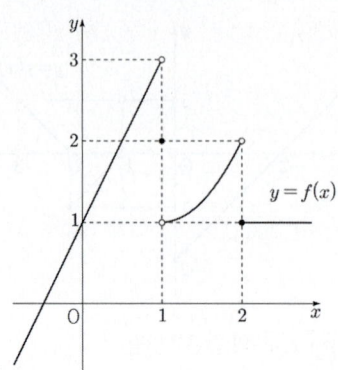

단서 $x=1$에서의 좌극한값과 $x=2$에서의 우극한값을 찾는 거야.

$\lim\limits_{x \to 1-} f(x) + \lim\limits_{x \to 2+} f(x)$의 값은? (3점)

① 1   ② 2   ③ 3
④ 4   ⑤ 5

1st 주어진 그래프를 이용해 좌극한값, 우극한값을 구하자.

함수 $y=f(x)$의 그래프에서 x의 값이 1의 왼쪽에서 1로 접근할 때, 그래프를 따라가면 함숫값은 3에 수렴하므로
<u>$x=1$에서의 좌극한을 뜻하는 거야. $x=1$에서의 우극한은 1이고, 함숫값은 2야. 혼동하면 안 돼.</u>

$\lim\limits_{x \to 1-} f(x) = 3$

또, 함수 $y=f(x)$의 그래프에서 x의 값이 2의 오른쪽에서 2로 접근할 때, 그래프를 따라가면 함숫값은 1에 수렴하므로
<u>$x=2$에서의 우극한을 뜻해. $x=2$에서의 좌극한은 2야.</u>

$\lim\limits_{x \to 2+} f(x) = 1$

$\therefore \lim\limits_{x \to 1-} f(x) + \lim\limits_{x \to 2+} f(x) = 3+1=4$

A 22 정답 ④ *함수의 좌극한값과 우극한값 ········· [정답률 95%]

함수 $y=f(x)$의 그래프가 그림과 같다.

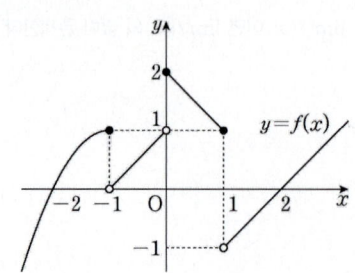

$\lim\limits_{x \to -1+} f(x) + \lim\limits_{x \to 1-} f(x)$의 값은? (3점)

단서 $x=-1$에서의 우극한값과 $x=1$에서의 좌극한값을 찾자.

① -2   ② -1   ③ 0
④ 1   ⑤ 2

1st 주어진 그래프를 따라가며 $x=-1$에서의 우극한값, $x=1$에서의 좌극한값을 구해.

함수 $y=f(x)$의 그래프에서 x의 값이 -1의 오른쪽에서 -1로 접근할 때, 그래프를 따라가면 0에 수렴하므로
<u>→ $x=-1$에서의 우극한값이야.</u>

$\lim\limits_{x \to -1+} f(x) = 0$

또, 함수 $y=f(x)$의 그래프에서 x의 값이 1의 왼쪽에서 1로 접근할 때, 그래프를 따라가면 1에 수렴하므로
<u>→ $x=1$에서의 좌극한값이야.</u>

$\lim\limits_{x \to 1-} f(x) = 1$

$\therefore \lim\limits_{x \to -1+} f(x) + \lim\limits_{x \to 1-} f(x) = 0+1=1$

A 23 정답 ② *함수의 좌극한값과 우극한값 ········· [정답률 94%]

함수 $y=f(x)$의 그래프가 그림과 같다.

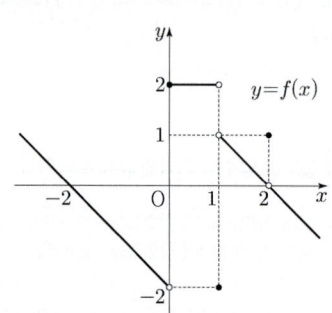

$\lim\limits_{x \to 0-} f(x) + \lim\limits_{x \to 1+} f(x)$의 값은? (3점)

단서 $x=0$에서의 좌극한값과 $x=1$에서의 우극한값을 찾자.

① -2   ② -1   ③ 0
④ 1   ⑤ 2

1st 주어진 그래프를 따라가며 $x=0$에서의 좌극한값, $x=1$에서의 우극한값을 찾아.

함수 $y=f(x)$의 그래프에서 $x=0$의 왼쪽에서 $x=0$으로 가까이 갈 때, y의 값은 -2에 한없이 가까워지므로 $\lim\limits_{x \to 0-} f(x) = -2$이다.
<u>$x=0$에서의 좌극한을 뜻해.</u>

또한, 함수 $y=f(x)$의 그래프에서 $x=1$의 오른쪽에서 $x=1$로 가까이 갈 때, y의 값은 1에 한없이 가까워지므로 $\lim\limits_{x \to 1+} f(x) = 1$이다.
<u>$x=1$에서의 우극한을 뜻해.</u>

$\therefore \lim\limits_{x \to 0-} f(x) + \lim\limits_{x \to 1+} f(x) = (-2)+1=-1$

✿ 좌극한과 우극한   개념·공식

① $\lim\limits_{x \to a-} f(x) = p$일 때, p를 $x=a$에서 $f(x)$의 **좌극한값**이라고 한다.

② $\lim\limits_{x \to a+} f(x) = q$일 때, q를 $x=a$에서 $f(x)$의 **우극한값**이라고 한다.

A 24 정답 ② ＊함수의 좌극한과 우극한 ··········· [정답률 95%]

> **정답 공식:** 실수 p에 대하여 $\lim\limits_{x \to a-} f(x) = p$, $\lim\limits_{x \to a+} f(x) = p$이면 $\lim\limits_{x \to a} f(x) = p$이다.

함수 $y = f(x)$의 그래프가 그림과 같다.

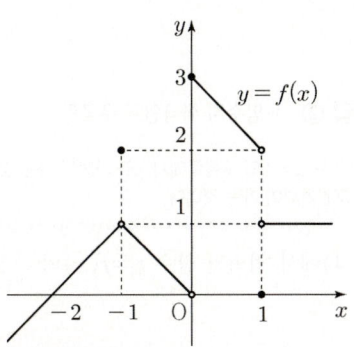

$\lim\limits_{x \to -1} f(x) + \lim\limits_{x \to 1+} f(x)$의 값은? (3점)

> **단서** 함수 $f(x)$의 $x = -1$에서의 극한값과 $x = 1$에서의 우극한값을 구하면 돼.

① 1   ②2   ③ 3

④ 4   ⑤ 5

1st 주어진 그래프를 따라가며 극한값을 구해.

$\lim\limits_{x \to -1} f(x) = 1$, $\lim\limits_{x \to 1+} f(x) = 1$이므로

$\lim\limits_{x \to -1-} f(x) = 1$이고
$\lim\limits_{x \to -1+} f(x) = 1$이므로
$\lim\limits_{x \to -1} f(x) = 1$이야.

> **주의** $\lim\limits_{x \to 1-} f(x) = 2$이고, $f(1) = 0$이야. $x = 1$에서의 우극한값, 좌극한값, 함숫값이 모두 다르므로 주의하자.

$\lim\limits_{x \to -1} f(x) + \lim\limits_{x \to 1+} f(x) = 1 + 1 = 2$

A 25 정답 ④ ＊함수의 좌극한값과 우극한값 ··········· [정답률 96%]

> **정답 공식:** $x \to -1+$는 $x = -1$의 오른쪽에서 -1로 접근하는 것이고, $x \to 2-$는 $x = 2$의 왼쪽에서 2로 접근하는 것이다.

함수 $y = f(x)$의 그래프가 그림과 같다.

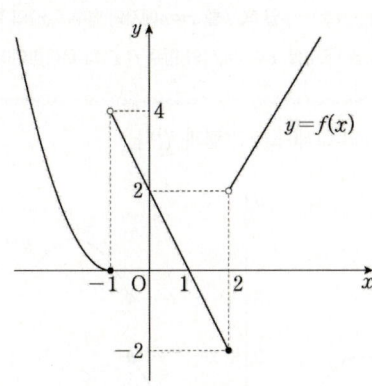

$\lim\limits_{x \to -1+} f(x) + \lim\limits_{x \to 2-} f(x)$의 값은? (3점)

> **단서** $x = -1$에서의 우극한값과 $x = 2$에서의 좌극한값을 찾자.

① -4 ② -2 ③ 0

④2   ⑤ 4

1st 주어진 그래프에서 $x = -1$에서의 우극한값, $x = 2$에서의 좌극한값을 구해.

함수 $y = f(x)$의 그래프에서 $x = -1$의 오른쪽에서 $x = -1$로 가까이 갈 때, y의 값은 4에 한없이 가까워지므로 $\lim\limits_{x \to -1+} f(x) = 4$이다.
$x = -1$에서의 우극한값이야.

또한, 함수 $y = f(x)$의 그래프에서 $x = 2$의 왼쪽에서 $x = 2$로 가까이 갈 때, y의 값은 -2에 한없이 가까워지므로 $\lim\limits_{x \to 2-} f(x) = -2$이다.
$x = 2$에서의 좌극한값이야.

$\therefore \lim\limits_{x \to -1+} f(x) + \lim\limits_{x \to 2-} f(x) = 4 + (-2) = 2$

A 26 정답 ② ＊함수의 좌극한과 우극한 ··········· [정답률 97%]

> **정답 공식:** x가 특정 값에 가까워질 때 함숫값이 가까워지는 값을 그래프에서 찾아본다. 좌극한과 우극한 각각에 대해 극한값을 구한다.

함수 $y = f(x)$의 그래프가 그림과 같다.

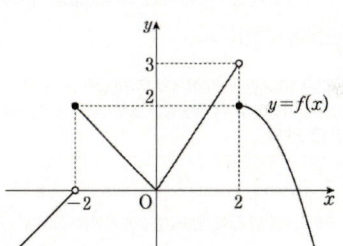

$\lim\limits_{x \to -2+} f(x) + \lim\limits_{x \to 2-} f(x)$의 값은? (3점)

> **단서** $x = -2$에서의 우극한값과 $x = 2$에서의 좌극한값을 찾자.

① 6   ②5   ③ 4

④ 3   ⑤ 2

1st 그래프에서 주어진 좌극한값, 우극한값을 구하자.

① $\lim\limits_{x \to a-} f(x) = p$일 때, p를 $x = a$에서 함수 $f(x)$의 좌극한값이라고 한다.
② $\lim\limits_{x \to a+} f(x) = q$일 때, q를 $x = a$에서 함수 $f(x)$의 우극한값이라고 한다.

함수 $y = f(x)$의 그래프에서 x의 값이 -2의 오른쪽에서 -2로 접근할 때, 그래프를 따라가면 함숫값은 2에 수렴한다.

$\therefore \lim\limits_{x \to -2+} f(x) = 2$

또한, 함수 $y = f(x)$의 그래프에서 x의 값이 2의 왼쪽에서 2로 접근할 때, 그래프를 따라가면 함숫값은 3에 수렴한다.

$\therefore \lim\limits_{x \to 2-} f(x) = 3$

$\therefore \lim\limits_{x \to -2+} f(x) + \lim\limits_{x \to 2-} f(x) = 2 + 3 = 5$

> ### 🌸 함수의 극한 개념·공식
>
> ① 함수의 좌극한
> $\lim\limits_{x \to a-} f(x)$의 값이 존재하면 $x = a$에서의 함수 $f(x)$의 좌극한이 존재한다고 한다.
> ② 함수의 우극한
> $\lim\limits_{x \to a+} f(x)$의 값이 존재하면 $x = a$에서의 함수 $f(x)$의 우극한이 존재한다고 한다.
> ③ $\lim\limits_{x \to a-} f(x) = \lim\limits_{x \to a+} f(x)$이면 $\lim\limits_{x \to a} f(x)$의 값이 존재한다.

A 27 정답 ⑤ *함수의 좌극한값과 우극한값 ·········· [정답률 95%]

> **정답 공식:** $x \to 0+$는 $x=0$의 오른쪽에서 0으로 가까이 가는 것이고 $x \to 2-$는 $x=2$의 왼쪽에서 2에 가까이 가는 것이다.

닫힌구간 $[-2, 2]$에서 정의된 함수 $y=f(x)$의 그래프가 그림과 같다.

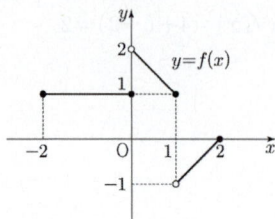

> **단서** $x=0$에서의 우극한값과 $x=2$에서의 좌극한값의 합을 구하는 거야.

$\lim\limits_{x \to 0+} f(x) + \lim\limits_{x \to 2-} f(x)$의 값은? (3점)

① -2 ② -1 ③ 0
④ 1 ⑤ 2

1st $x=0$에서의 우극한값과 $x=2$에서의 좌극한값을 구하자.

$x=0$에서의 우극한값은 2이므로

> **주의** $x=0$에서의 함숫값은 1이지만 $x=0$에서의 우극한값은 $x=0$의 오른쪽에서 $x=0$으로 가까이 갈 때, 함숫값은 2에 가까워져. 즉, 극한값과 함숫값을 헷갈리면 안 돼.

$\lim\limits_{x \to 0+} f(x) = 2$

$x=0$의 오른쪽에서 $x=0$으로 가까이 갈 때, 함숫값은 2에 가까워지므로 $x \to 0+$일 때, $f(x) \to 2$야.

$x=2$에서의 좌극한값은 0이므로

$\lim\limits_{x \to 2-} f(x) = 0$

$x=2$의 왼쪽에서 $x=2$로 가까이 갈 때, 함숫값은 0에 가까워지므로 $x \to 2-$일 때, $f(x) \to 0$이지.

$\therefore \lim\limits_{x \to 0+} f(x) + \lim\limits_{x \to 2-} f(x) = 2+0 = 2$

A 28 정답 ① *함수의 좌극한과 우극한 ·········· [정답률 94%]

> **정답 공식:** $x \to 0-$는 $x=0$의 왼쪽에서 0에 가까이 가는 것이고 $x \to 1+$는 $x=1$의 오른쪽에서 1로 가까이 가는 것이다.

함수 $f(x)$의 그래프가 그림과 같다.

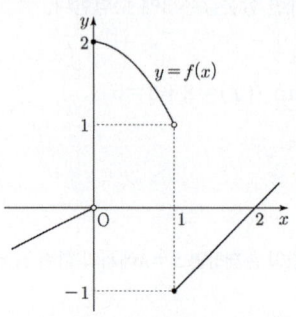

$\lim\limits_{x \to 0-} f(x) + \lim\limits_{x \to 1+} f(x)$의 값은? (3점)

> **단서** 함수 $y=f(x)$의 그래프를 따라가며 $x=0$에서의 좌극한값과 $x=1$에서의 우극한값의 합을 구하면 돼.

① -1 ② 0 ③ 1 ④ 2 ⑤ 3

1st $x=0$에서의 좌극한값과 $x=1$에서의 우극한값을 각각 구하자.

$x=0$에서의 좌극한값은 0이므로

$\lim\limits_{x \to 0-} f(x) = 0$

$x=0$의 왼쪽에서 $x=0$으로 가까이 갈 때, 함숫값은 0에 가까워지므로 $x \to 0-$일 때, $f(x) \to 0$이야.

$x=1$에서의 우극한값은 -1이므로

$\lim\limits_{x \to 1+} f(x) = -1$

$x=1$의 오른쪽에서 $x=1$로 가까이 갈 때, 함숫값은 -1에 가까워지므로 $x \to 1+$일 때, $f(x) \to -1$이야.

$\therefore \lim\limits_{x \to 0-} f(x) + \lim\limits_{x \to 1+} f(x) = 0 + (-1) = -1$

A 29 정답 ② *함수의 좌극한과 우극한 ·········· [정답률 94%]

> **정답 공식:** $x \to 1+$는 $x=1$의 오른쪽에서 1로 가까이 가는 것이고 $x \to 3-$는 $x=3$의 왼쪽에서 3에 가까이 가는 것이다.

열린구간 $(0, 4)$에서 정의된 함수 $y=f(x)$의 그래프가 그림과 같다.

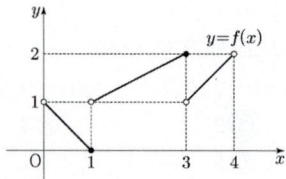

> **단서** 함수 $y=f(x)$의 그래프를 따라가며 $x=1$에서의 우극한값과 $x=3$에서의 좌극한값을 구해.

$\lim\limits_{x \to 1+} f(x) - \lim\limits_{x \to 3-} f(x)$의 값은? (3점)

① -2 ② -1 ③ 0 ④ 1 ⑤ 2

1st $x=1$에서의 우극한값과 $x=3$에서의 좌극한값을 구하자.

$x=1$에서의 우극한값은 1이므로

$\lim\limits_{x \to 1+} f(x) = 1$

함수 $y=f(x)$의 그래프에서 $x=1$의 오른쪽에서 $x=1$로 가까이 갈 때, 함숫값은 1에 가까워지므로 $x \to 1+$일 때, $f(x) \to 1$이야.

$x=3$에서의 좌극한값은 2이므로

$\lim\limits_{x \to 3-} f(x) = 2$

함수 $y=f(x)$의 그래프에서 $x=3$의 왼쪽에서 $x=3$으로 가까이 갈 때, 함숫값은 2에 가까워지므로 $x \to 3-$일 때, $f(x) \to 2$야.

$\therefore \lim\limits_{x \to 1+} f(x) - \lim\limits_{x \to 3-} f(x) = 1-2 = -1$

A 30 정답 ④ *함수의 좌극한과 우극한 ·········· [정답률 95%]

> **정답 공식:** $\lim\limits_{x \to a-} f(x) = p$일 때, p를 $x=a$에서의 함수 $f(x)$의 좌극한이라 하고, $\lim\limits_{x \to a+} f(x) = q$일 때, q를 $x=a$에서의 함수 $f(x)$의 우극한이라 한다.

함수 $y=f(x)$의 그래프가 그림과 같다.

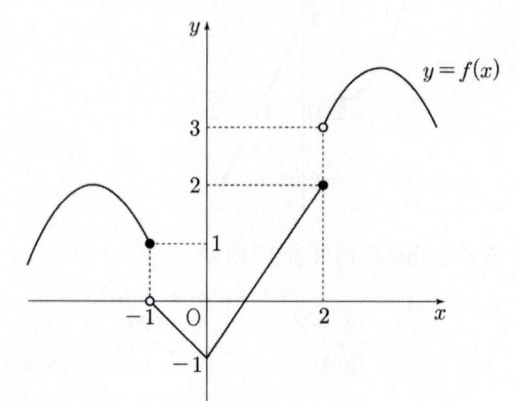

$f(-1)+\lim\limits_{x\to2+}f(x)$의 값은? (3점)

단서 함수 $y=f(x)$의 그래프를 이용하면 함숫값과 $x=2$에서의 우극한의 값을 구할 수 있어.

① 1   ② 2   ③ 3

④ 4   ⑤ 5

1st $x=-1$에서의 함숫값과 $x=2$에서의 우극한값을 구해.

$f(-1)+\lim\limits_{x\to2+}f(x)=1+3=4$

함수 $y=f(x)$의 그래프를 보면 x의 값이 2보다 크면서 2에 한없이 가까워질 때, $f(x)$의 값은 3에 한없이 가까워지는 걸 알 수 있어.

❖ **좌극한과 우극한**   개념·공식

① $\lim\limits_{x\to a-}f(x)=p$일 때, p를 $x=a$에서 $f(x)$의 **좌극한값**이라고 한다.

② $\lim\limits_{x\to a+}f(x)=q$일 때, q를 $x=a$에서 $f(x)$의 **우극한값**이라고 한다.

A 31   정답 ①   *함수의 좌극한과 우극한 ············· [정답률 90%]

정답 공식: $x\to0+$는 $x=0$의 오른쪽에서 0으로 접근하는 것이고, $x\to1-$는 $x=1$의 왼쪽에서 1로 접근하는 것이다.

함수 $y=f(x)$의 그래프가 그림과 같다.

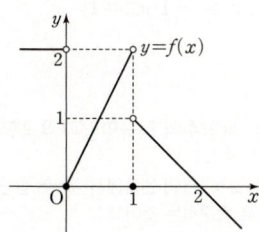

$\lim\limits_{x\to0+}f(x)-\lim\limits_{x\to1-}f(x)$의 값은? (3점)

단서 그래프를 따라가며 $x=0$에서의 우극한값과 $x=1$에서의 좌극한값을 구해.

① -2 ② -1 ③ 0

④ 1   ⑤ 2

1st $x=0$에서의 우극한값과 $x=1$에서의 좌극한값을 구하자.

$x=0$에서의 우극한값은 $\lim\limits_{x\to0+}f(x)=0$

그래프에서 $x=0$의 오른쪽에서 0으로 접근할 때, 함숫값은 0에 한없이 가까이 가.

$x=1$에서의 좌극한값은 $\lim\limits_{x\to1-}f(x)=2$

그래프에서 $x=1$의 왼쪽에서 1로 접근할 때, 함숫값은 2에 한없이 가까이 가.

$\therefore \lim\limits_{x\to0+}f(x)-\lim\limits_{x\to1-}f(x)$
$=0-2=-2$

수능 핵강

* 그래프에서 좌극한과 우극한의 해석 알아보기

그래프에서 좌극한·우극한은?

$x=a$에서의 **좌극한값**은 $x=a$의 왼쪽에서 $x=a$에 한없이 가까이 갈 때, 즉 ↗ 방향일 때의 y값이야.

또, $x=a$에서의 **우극한값**은 $x=a$의 오른쪽에서 $x=a$에 한없이 가까이 갈 때, 즉 ↖ 방향일 때의 y값이야.

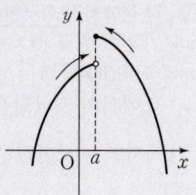

A 32   정답 ②   *함수의 좌극한과 우극한 ············· [정답률 98%]

정답 공식: $\lim\limits_{x\to a-}f(x)=p$일 때, p를 $x=a$에서 함수 $f(x)$의 좌극한값이라 하고, $\lim\limits_{x\to a+}f(x)=q$일 때, q를 $x=a$에서 함수 $f(x)$의 우극한값이라 한다.

함수 $y=f(x)$의 그래프가 그림과 같다.

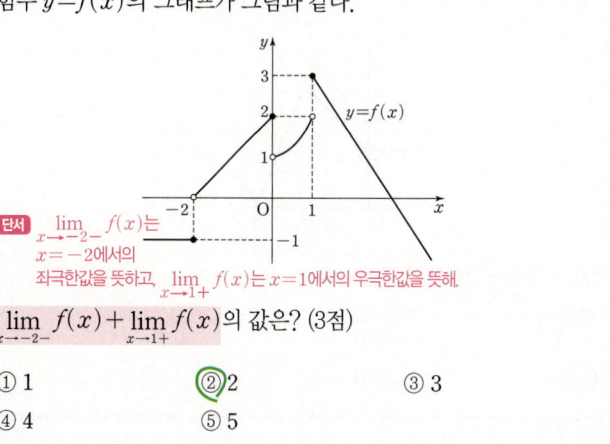

단서 $\lim\limits_{x\to-2-}f(x)$는 $x=-2$에서의 좌극한값을 뜻하고, $\lim\limits_{x\to1+}f(x)$는 $x=1$에서의 우극한값을 뜻해.

$\lim\limits_{x\to-2-}f(x)+\lim\limits_{x\to1+}f(x)$의 값은? (3점)

① 1   ② 2   ③ 3

④ 4   ⑤ 5

1st 그래프를 따라가며 $x=-2$에서의 좌극한값과 $x=1$에서의 우극한값을 각각 구해.

함수 $f(x)$의 그래프에서 $x=-2$의 왼쪽에서 -2로 가까이 가면 함숫값은 -1에 점점 가까워지므로 $x=-2$에서의 좌극한은 -1이야.

$\lim\limits_{x\to-2-}f(x)=-1,$

$\lim\limits_{x\to1+}f(x)=3$이므로

함수 $f(x)$의 그래프에서 $x=1$의 오른쪽에서 1로 가까이 가면 함숫값은 3에 점점 가까워지므로 $x=1$에서의 우극한값은 3이야.

$\lim\limits_{x\to-2-}f(x)+\lim\limits_{x\to1+}f(x)=-1+3=2$

A 33   정답 ②   *함수의 좌극한값과 우극한값 ············· [정답률 97%]

정답 공식: $x\to-1+$는 $x=-1$의 오른쪽에서 -1로 접근하는 것이고, $x\to1-$는 $x=1$의 왼쪽에서 1로 접근하는 것이다.

닫힌구간 $[-2,2]$에서 정의된 함수 $y=f(x)$의 그래프가 그림과 같다.

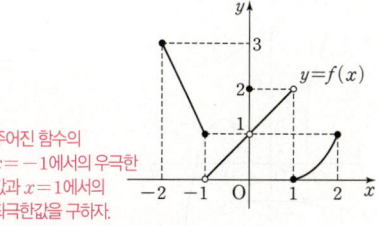

단서 주어진 함수의 $x=-1$에서의 우극한값과 $x=1$에서의 좌극한값을 구하자.

$\lim\limits_{x\to-1+}f(x)+\lim\limits_{x\to1-}f(x)$의 값은? (3점)

① 1   ② 2   ③ 3

④ 4   ⑤ 5

1st 주어진 함수의 우극한값과 좌극한값을 구하자.

$x=-1$에서의 우극한값은 $\lim\limits_{x\to-1+}f(x)=0$

$x=-1$의 오른쪽에서 주어진 함수의 그래프를 따라 $x=-1$로 접근할 때 y의 값은 0에 수렴해.

$x=1$에서의 좌극한값은 $\lim\limits_{x\to1-}f(x)=2$

$\therefore \lim\limits_{x\to-1+}f(x)+\lim\limits_{x\to1-}f(x)=0+2=2$

$x=1$의 왼쪽에서 주어진 함수의 그래프를 따라 $x=1$로 접근할 때 y의 값은 2에 수렴해.

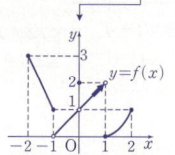

A 34 정답 ④ *함수의 좌극한과 우극한 ········· [정답률 95%]

[정답 공식: $\lim\limits_{x \to 2+} f(x)$의 값은 주어진 그래프에서 $x=2$의 오른쪽에서 2로 가까이 갈 때 함숫값이 한없이 가까워지는 값을 뜻한다.**]**

함수 $y=f(x)$의 그래프가 그림과 같다.

$f(0)+\lim\limits_{x \to 2+} f(x)$의 값은? (3점)

단서 함수 $f(x)$의 $x=0$에서의 함숫값과 $x=2$에서의 우극한값의 합을 구해.

① 5 ② 6 ③ 7
④ 8 ⑤ 9

1st 주어진 그래프를 이용하여 함숫값과 우극한값의 합을 구해.

함숫값과 극한값을 헷갈리면 안 돼. 둘의 차이를 잘 모르겠다면 꼭 복습하자. **실수**

그래프에서 $f(0)=3$, $\lim\limits_{x \to 2+} f(x)=5$이므로

함수 $f(x)$에서 $x \to a+$일 때, $f(x)$의 값이 일정한 값 a에 한없이 가까워지면 a를 $x=a$에서 함수 $f(x)$의 우극한이라 하고, 이것을 기호로 $\lim\limits_{x \to a+} f(x)=a$라 해.

$f(0)+\lim\limits_{x \to 2+} f(x)=3+5=8$

A 35 정답 ④ *함수의 좌극한값과 우극한값 ········· [정답률 95%]

[정답 공식: $x \to -1-$는 $x=-1$의 왼쪽에서 -1로 접근하는 것이고, $x \to 1+$는 $x=1$의 오른쪽에서 1로 접근하는 것이다. 그래프를 따라가며 극한값을 찾는다.**]**

함수 $y=f(x)$의 그래프가 그림과 같다.

단서1 $x=-1$에서의 좌극한값을 찾아.

$\lim\limits_{x \to -1-} f(x) - \lim\limits_{x \to 1+} f(x)$의 값은? (3점)

단서2 $x=1$에서의 우극한값을 찾아.

① -2 ② -1 ③ 0
④ 1 ⑤ 2

1st 각 점에서의 좌극한값과 우극한값을 각각 구해.

$x=-1$에서의 좌극한값은 $\lim\limits_{x \to -1-} f(x)=2$

$y=f(x)$의 그래프를 따라가면 $x=-1$의 왼쪽에서 -1로 한없이 접근할 때, 함숫값 $f(x)$는 2에 수렴해.

$x=1$에서의 우극한값은 $\lim\limits_{x \to 1+} f(x)=1$

$\therefore \lim\limits_{x \to -1-} f(x) - \lim\limits_{x \to 1+} f(x) = 2-1$

$y=f(x)$의 그래프를 따라가면 $x=1$의 오른쪽에서 1로 한없이 접근할 때, 함숫값 $f(x)$는 1에 수렴해.

$=1$

A 36 정답 ③ *함수의 좌극한과 우극한 ········· [정답률 95%]

[정답 공식: 함수의 그래프가 제시된 경우 그래프를 따라가며 좌극한과 우극한의 값을 구한다.**]**

함수 $y=f(x)$의 그래프가 그림과 같다.

단서 $\lim\limits_{x \to 0-} f(x)$는 x의 값이 0보다 작은 값에서 0으로 가까워질 때 $f(x)$의 값이 가까워지는 걸 찾아야 해. 또 $\lim\limits_{x \to 1+} f(x)$는 x의 값이 1보다 큰 값에서 1로 가까워질 때 $f(x)$의 값이 가까워지는 걸 찾아야 해.

$\lim\limits_{x \to 0-} f(x) + \lim\limits_{x \to 1+} f(x)$의 값은? (3점)

① -1 ② 0 ③ 1
④ 2 ⑤ 3

1st $x=0$에서의 좌극한과 $x=1$에서의 우극한을 각각 구하여 계산하자.
[$x=a$에서의 좌극한과 우극한]
① 함수 $f(x)$에서 x가 a보다 작은 값을 가지면서 a에 한없이 가까워질 때, $f(x)$의 값이 일정한 값 α에 가까워지면 $\lim\limits_{x \to a-} f(x)=\alpha$
② 함수 $f(x)$에서 x가 a보다 큰 값을 가지면서 a에 한없이 가까워질 때, $f(x)$의 값이 일정한 값 β에 가까워지면 $\lim\limits_{x \to a+} f(x)=\beta$

$\lim\limits_{x \to 0-} f(x)=-1$, $\lim\limits_{x \to 1+} f(x)=2$

$\therefore \lim\limits_{x \to 0-} f(x) + \lim\limits_{x \to 1+} f(x) = -1+2=1$

A 37 정답 ④ *함수의 좌극한값과 우극한값 ········· [정답률 95%]

[정답 공식: $x \to -1-$는 $x=-1$의 왼쪽에서 -1로 접근하는 것이고, $x \to 1+$는 $x=1$의 오른쪽에서 1로 접근하는 것이다.**]**

함수 $y=f(x)$의 그래프가 그림과 같다.

단서1 $x=-1$에서의 좌극한값을 찾아.

$\lim\limits_{x \to -1-} f(x) + \lim\limits_{x \to 1+} f(x)$의 값은? (3점)

단서2 $x=1$에서의 우극한값을 찾아.

① 1 ② 2 ③ 3
④ 4 ⑤ 5

1st 각 점에서의 좌극한값과 우극한값을 각각 구하자.
$\lim\limits_{x \to a-} f(x)=p$일 때 p를 $x=a$에서 $f(x)$의 좌극한값이라고 해. → $\lim\limits_{x \to a+} f(x)=q$일 때 q를 $x=a$에서 $f(x)$의 우극한값이라고 해.

$x=-1$에서의 좌극한값은 $\lim\limits_{x \to -1-} f(x)=1$

실수 $x=-1$ 또는 $x=1$일 때의 함숫값을 대입하면 안 돼. 왼쪽으로부터 또는 오른쪽으로부터 함숫값이 점점 가까워지는 값, 즉 극한값을 찾아야 해.

$x=1$에서의 우극한값은 $\lim\limits_{x \to 1+} f(x)=3$

$\therefore \lim\limits_{x \to -1-} f(x) + \lim\limits_{x \to 1+} f(x) = 1+3=4$

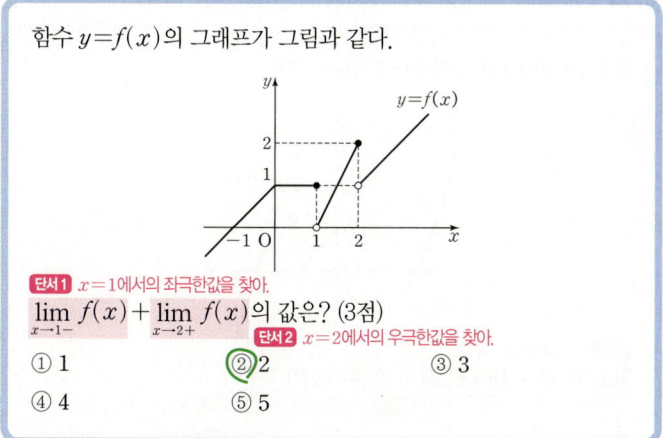

A 38 정답 ② ＊함수의 좌극한값과 우극한값 ·········· [정답률 92%]

(**정답 공식**: 그래프에서 좌극한값과 우극한값을 구한다.)

함수 $y=f(x)$의 그래프가 그림과 같다.

단서1 $x=1$에서의 좌극한값을 찾아.

$\displaystyle\lim_{x\to 1-}f(x)+\lim_{x\to 2+}f(x)$의 값은? (3점)

단서2 $x=2$에서의 우극한값을 찾아.

① 1　　　　② 2　　　　③ 3
④ 4　　　　⑤ 5

1st 각 점에서의 좌극한값과 우극한값을 각각 구하자.

$x=1$에서의 좌극한값은 $\displaystyle\lim_{x\to 1-}f(x)=1$　　$\displaystyle\lim_{x\to a-}f(x)=p$일 때 p를 $x=a$에서 $f(x)$의 좌극한값이라 하고,

$x=1$의 왼쪽에서 1로 접근할 때, $y=f(x)$의 그래프를 따르면 함수값 $f(x)$는 1에 수렴해.　　$\displaystyle\lim_{x\to a+}f(x)=q$일 때 q를 $x=a$에서 $f(x)$의 우극한값이라고 해.

$x=2$에서의 우극한값은 $\displaystyle\lim_{x\to 2+}f(x)=1$

$x=2$의 오른쪽에서 2로 접근할 때, $y=f(x)$의 그래프를 따르면 함수값 $f(x)$는 1에 수렴해.

$\therefore \displaystyle\lim_{x\to 1-}f(x)+\lim_{x\to 2+}f(x)=1+1=2$

A 39 정답 ④ ＊함수의 좌극한값과 우극한값 ·········· [정답률 95%]

(**정답 공식**: 그래프를 따라가며 $x=0$에서의 우극한값과 $x=2$에서의 좌극한값을 구한다.)

함수 $y=f(x)$의 그래프가 그림과 같다.

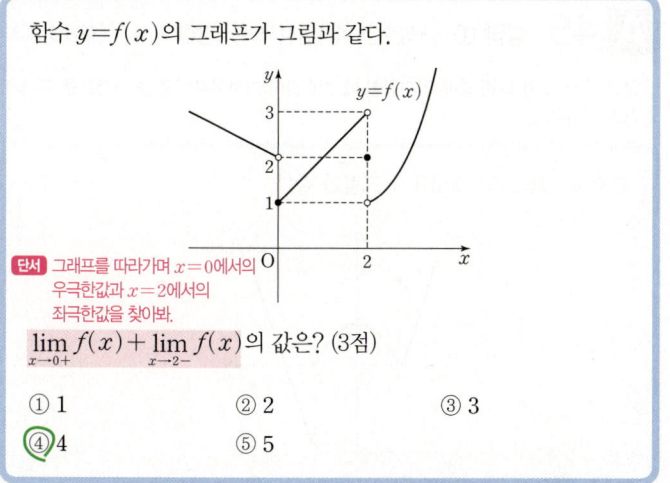

단서 그래프를 따라가며 $x=0$에서의 우극한값과 $x=2$에서의 좌극한값을 찾아봐.

$\displaystyle\lim_{x\to 0+}f(x)+\lim_{x\to 2-}f(x)$의 값은? (3점)

① 1　　　　② 2　　　　③ 3
④ 4　　　　⑤ 5

1st $x=0$에서의 우극한값, $x=2$에서의 좌극한값을 찾아.

실수 구하려는 것이 함수값인지, 우극한값인지, 좌극한값인지 잘 확인해.

$\displaystyle\lim_{x\to 0+}f(x)=1$, $\displaystyle\lim_{x\to 2-}f(x)=3$이므로

$\displaystyle\lim_{x\to 0+}f(x)$는 $x=0$의 오른쪽에서 $x=0$에 가까워질 때, 함수값이 수렴하는 값이고

$\displaystyle\lim_{x\to 2-}f(x)$는 $x=2$의 왼쪽에서 $x=2$에 가까워질 때, 함수값이 수렴하는 값이야.

$\displaystyle\lim_{x\to 0+}f(x)+\lim_{x\to 2-}f(x)=1+3=4$

A 40 정답 ③ ＊함수의 좌극한과 우극한 ·········· [정답률 93%]

A

[**정답 공식**: 함수의 그래프가 제시된 경우 그래프를 따라가며 좌극한과 우극한의 값을 구한다.]

함수 $y=f(x)$의 그래프가 그림과 같다.

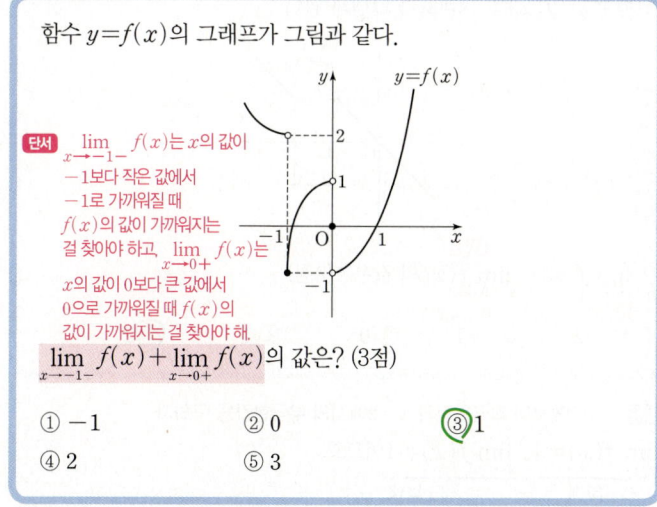

단서 $\displaystyle\lim_{x\to -1-}f(x)$는 x의 값이 -1보다 작은 값에서 -1로 가까워질 때 $f(x)$의 값이 가까워지는 걸 찾아야 하고, $\displaystyle\lim_{x\to 0+}f(x)$는 x의 값이 0보다 큰 값에서 0으로 가까워질 때 $f(x)$의 값이 가까워지는 걸 찾아야 해.

$\displaystyle\lim_{x\to -1-}f(x)+\lim_{x\to 0+}f(x)$의 값은? (3점)

① -1　　　② 0　　　③ 1
④ 2　　　　⑤ 3

1st $x=-1$에서의 좌극한과 $x=0$에서의 우극한을 각각 구하여 계산하자.

[$x=a$에서의 좌극한과 우극한]
① 함수 $f(x)$에서 x가 a보다 작은 값을 가지면서 a에 한없이 가까워질 때, $f(x)$의 값이 일정한 값 α에 가까워지면 $\displaystyle\lim_{x\to a-}f(x)=\alpha$
② 함수 $f(x)$에서 x가 a보다 큰 값을 가지면서 a에 한없이 가까워질 때, $f(x)$의 값이 일정한 값 β에 가까워지면 $\displaystyle\lim_{x\to a+}f(x)=\beta$

$\displaystyle\lim_{x\to -1-}f(x)=2$,

$f(x)$의 값이 가까워지는 걸 찾아야 해. 함수의 그래프가 제시되었을 때 좌극한은 그래프의 왼쪽에서 접근하는 경우에 함숫값이 어디에 가까워 지는지 확인하자.

$\displaystyle\lim_{x\to 0+}f(x)=-1$

함수의 그래프가 제시되었을 때 우극한은 그래프의 오른쪽에서 접근하는 경우에 함숫값이 어디에 가까워 지는지 확인하자.

$\therefore \displaystyle\lim_{x\to -1-}f(x)+\lim_{x\to 0+}f(x)=2+(-1)=1$

A 41 정답 ② ＊함수의 좌극한값과 우극한값 ·········· [정답률 90%]

(**정답 공식**: 함수의 그래프를 이용해 좌극한과 우극한의 값을 구한다.)

함수 $y=f(x)$의 그래프가 그림과 같다.

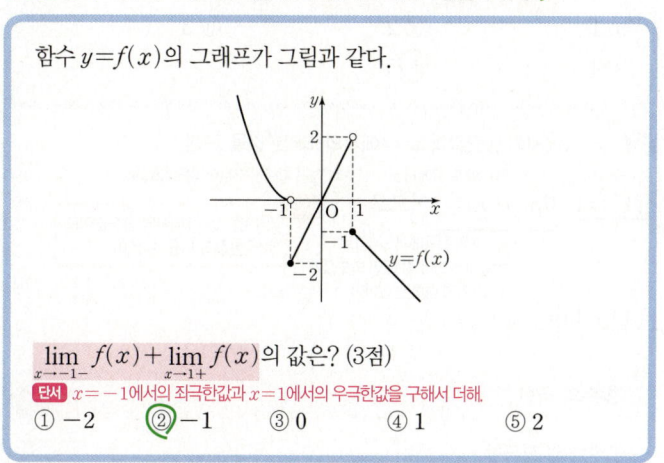

$\displaystyle\lim_{x\to -1-}f(x)+\lim_{x\to 1+}f(x)$의 값은? (3점)

단서 $x=-1$에서의 좌극한값과 $x=1$에서의 우극한값을 구해서 더해.

① -2　　② -1　　③ 0　　④ 1　　⑤ 2

1st $x=-1$에서의 좌극한값과 $x=1$에서의 우극한값을 구하자.

$\displaystyle\lim_{x\to -1-}f(x)=0$, $\displaystyle\lim_{x\to 1+}f(x)=-1$이므로

$x=-1$의 왼쪽에서 $x=-1$로 가까이 갈 때, 함숫값은 0에 가까워지므로 $x\to -1-$일 때, $f(x)\to 0$이야.

$x=1$의 오른쪽에서 $x=1$로 가까이 갈 때, 함수값은 -1에 가까워지므로 $x\to 1+$일 때, $f(x)\to -1$이야.

$\displaystyle\lim_{x\to -1-}f(x)+\lim_{x\to 1+}f(x)=0+(-1)=-1$

A 42 정답 ⑤ *함수의 좌극한값과 우극한값 ·········· [정답률 90%]

(정답 공식: 함수의 그래프를 이용해 좌극한과 우극한 값을 구한다.)

함수 $y=f(x)$의 그래프가 그림과 같다.

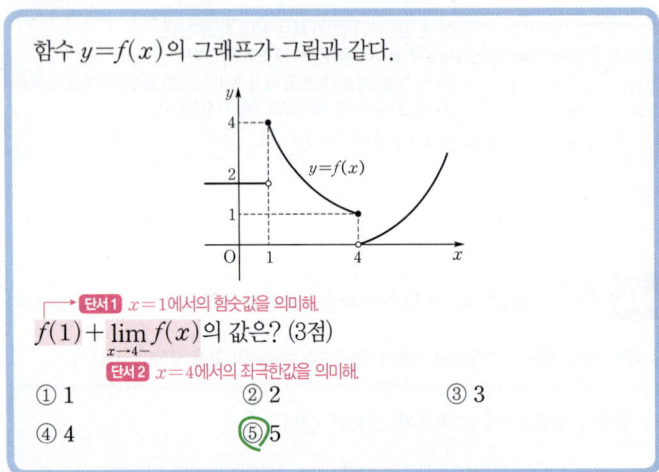

단서2 $x=2$에서의 우극한값을 의미해.

$\lim\limits_{x\to 1-}f(x)+\lim\limits_{x\to 2+}f(x)$의 값은? (3점)

단서1 $x=1$에서의 좌극한값을 의미해.

① -2 ② -1 ③ 0 ④ 1 ⑤ 2

1st $x=1$에서의 좌극한값과 $x=2$에서의 우극한값을 구하자.

$\lim\limits_{x\to 1-}f(x)=1,\ \lim\limits_{x\to 2+}f(x)=1$이므로

$x\to 1-$일 때, $x\to 2+$일 때,
$f(x)\to 1$이야. $f(x)\to 1$이야.

$\lim\limits_{x\to 1-}f(x)+\lim\limits_{x\to 2+}f(x)=1+1=2$

A 43 정답 ⑤ *함수의 좌극한값과 우극한값 ·········· [정답률 90%]

(정답 공식: 함수의 극한값과 함숫값의 정의를 이용한다.)

함수 $y=f(x)$의 그래프가 그림과 같다.

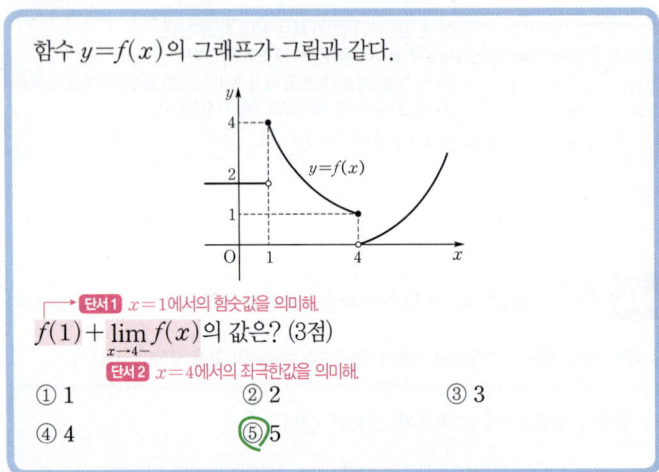

단서1 $x=1$에서의 함숫값을 의미해.

$f(1)+\lim\limits_{x\to 4-}f(x)$의 값은? (3점)

단서2 $x=4$에서의 좌극한값을 의미해.

① 1 ② 2 ③ 3
④ 4 ⑤ 5

1st $x=1$에서의 함숫값과 $x=4$에서의 좌극한값을 구해.

➡ 함수 $y=f(x)$의 그래프 위에서 $x=1$일 때 점이 칠해진 부분이 함숫값이야.

$f(1)=4,\ \lim\limits_{x\to 4-}f(x)=1$이므로

➡ $x=4$의 왼쪽에서 $x=4$로
한없이 가까이 갈 때의 함숫값
$f(x)$가 수렴하는 값이야.

주의 $f(1)$은 $x=1$에서의 함숫값이므로 극한값과 다를 수 있어.

$f(1)+\lim\limits_{x\to 4-}f(x)=4+1=5$

✿ 함수의 극한 개념·공식

① 함수의 좌극한
$\lim\limits_{x\to a-}f(x)$의 값이 존재하면 $x=a$에서의 함수 $f(x)$의 좌극한이 존재한다고 한다.

② 함수의 우극한
$\lim\limits_{x\to a+}f(x)$의 값이 존재하면 $x=a$에서의 함수 $f(x)$의 우극한이 존재한다고 한다.

③ $\lim\limits_{x\to a-}f(x)=\lim\limits_{x\to a+}f(x)$이면 $\lim\limits_{x\to a}f(x)$의 값이 존재한다.

A 44 정답 ③ *함수의 좌극한값과 우극한값 ·········· [정답률 91%]

(정답 공식: x가 특정 값에 가까워질 때 함숫값이 가까워지는 값을 그래프를 따라가며 찾아본다.)

함수 $y=f(x)$의 그래프가 그림과 같다.

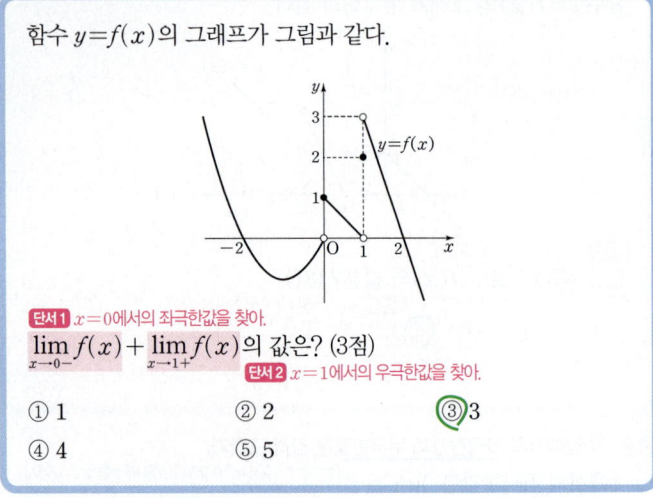

단서1 $x=0$에서의 좌극한값을 찾아.

$\lim\limits_{x\to 0-}f(x)+\lim\limits_{x\to 1+}f(x)$의 값은? (3점)

단서2 $x=1$에서의 우극한값을 찾아.

① 1 ② 2 ③ 3
④ 4 ⑤ 5

1st 각 점에서의 좌극한값과 우극한값을 각각 구해.

$x=0$에서의 좌극한값은 $\lim\limits_{x\to 0-}f(x)=0$

$x=1$에서의 우극한값은 $\lim\limits_{x\to 1+}f(x)=3$

∴ $\lim\limits_{x\to 0-}f(x)+\lim\limits_{x\to 1+}f(x)=0+3=3$

✿ 좌극한과 우극한 개념·공식

① $\lim\limits_{x\to a-}f(x)=p$일 때, p를 $x=a$에서 $f(x)$의 **좌극한값**이라고 한다.

② $\lim\limits_{x\to a+}f(x)=q$일 때, q를 $x=a$에서 $f(x)$의 **우극한값**이라고 한다.

A 45 정답 ① *함수의 좌극한값과 우극한값 ·········· [정답률 93%]

정답 공식: x가 특정 값에 가까워질 때 함숫값이 가까워지는 값을 그래프를 따라가며 찾아본다.

함수 $y=f(x)$의 그래프가 그림과 같다.

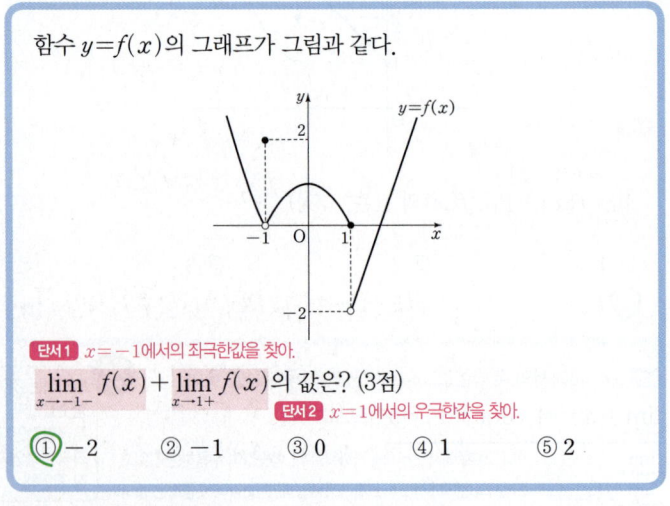

단서1 $x=-1$에서의 좌극한값을 찾아.

$\lim\limits_{x\to -1-}f(x)+\lim\limits_{x\to 1+}f(x)$의 값은? (3점)

단서2 $x=1$에서의 우극한값을 찾아.

① -2 ② -1 ③ 0 ④ 1 ⑤ 2

1st 각 점에서의 좌극한값과 우극한값을 각각 구해.

$x=-1$에서의 좌극한값은 $\lim\limits_{x\to -1-}f(x)=0$

➡ $\lim\limits_{x\to a-}f(x)=p$일 때, p를 $x=a$에서 $f(x)$의 좌극한값이라 하고,

$x=1$에서의 우극한값은 $\lim\limits_{x\to 1+}f(x)=-2$

➡ $\lim\limits_{x\to a+}f(x)=q$일 때, q를 $x=a$에서 $f(x)$의 우극한값이라고 해.

∴ $\lim\limits_{x\to -1-}f(x)+\lim\limits_{x\to 1+}f(x)=0+(-2)=-2$

정답 ③ *∞×0 꼴의 극한 ·········· [정답률 82%]

정답 공식: ∞×0 꼴의 극한에서 분모 또는 분자에 다항식이 있는 경우 통분 또는 인수분해한다.

$\lim\limits_{x\to\infty} x\left(1-\dfrac{\sqrt{x+6}}{\sqrt{x}}\right)$의 값은? (2점)

단서 ∞×0 꼴의 극한이므로 통분하여 극한값을 구해.

① −1　　② −2　　③ −3　　④ −4　　⑤ −5

1st 주어진 극한값을 구하자.

함정 x를 먼저 전개하지 않고 유리화를 시도하면 계산하기 힘들어지니 무턱대고 유리화해보지 말 것!

$\lim\limits_{x\to\infty} x\left(1-\dfrac{\sqrt{x+6}}{\sqrt{x}}\right)=\lim\limits_{x\to\infty}\left(x\times\dfrac{\sqrt{x}-\sqrt{x+6}}{\sqrt{x}}\right)$

$=\lim\limits_{x\to\infty}(x-\sqrt{x^2+6x})$ ∞−∞ 꼴이므로 유리화를 해봐.

$=\lim\limits_{x\to\infty}\dfrac{(x-\sqrt{x^2+6x})(x+\sqrt{x^2+6x})}{x+\sqrt{x^2+6x}}$

$=\lim\limits_{x\to\infty}\dfrac{-6x}{x+\sqrt{x^2+6x}}=\lim\limits_{x\to\infty}\dfrac{-6}{1+\sqrt{1+\dfrac{6}{x}}}$

분모의 최고차항인 x로 분모, 분자를 각각 나눠.

$=\dfrac{-6}{1+\sqrt{1+0}}=-3$　　$\lim\limits_{x\to\infty}\dfrac{6}{x}=0$

A 119 정답 5 *인수분해를 이용한 미정계수의 결정 ·· [정답률 90%]

정답 공식: 극한값이 존재할 때, (분모) → 0이면 (분자) → 0이다.

두 상수 a, b에 대하여 $\lim\limits_{x\to-1}\dfrac{x^2+4x+a}{x+1}=b$일 때, $a+b$의 값을 구하시오. (3점)

단서 $x\to-1$일 때, (분모) → 0이고 극한값이 존재하므로 (분자) → 0이어야 해.

1st $x\to-1$일 때, (분모) → 0이고 극한값이 존재하므로 (분자) → 0이어야 함을 이용하여 a의 값을 구하자.

$\lim\limits_{x\to-1}\dfrac{x^2+4x+a}{x+1}=b$에서 $x\to-1$일 때, $\lim\limits_{x\to-1}(x+1)=0$이고 극한값이 존재하므로 $\lim\limits_{x\to-1}(x^2+4x+a)=0$이어야 한다.

주의 주어진 극한값이 b인데, 문제에서 b는 상수이므로 극한값이 존재하는 것으로 생각해야 해.

$1-4+a=0$　∴ $a=3$

2nd a의 값을 주어진 식에 대입하여 극한값 b를 구하자.

따라서 $a=3$을 주어진 식에 대입하면

$\lim\limits_{x\to-1}\dfrac{x^2+4x+3}{x+1}=\lim\limits_{x\to-1}\dfrac{(x+1)(x+3)}{x+1}$

$=\lim\limits_{x\to-1}(x+3)$　$x+1$이 분모, 분자의 공통인수이므로 약분하면 돼.

$=-1+3=2$

따라서 $b=2$이므로 $a+b=3+2=5$

톡톡 풀이: 분수식의 극한값이 존재하기 위해 분모의 인수를 분자가 포함되는 조건 이용하기

주어진 극한식에서 극한값이 존재하므로, $\dfrac{0}{0}$ 꼴인 $\lim\limits_{x\to-1}\dfrac{x^2+4x+a}{x+1}$의 극한값을 계산하기 위해서는 분모를 0으로 만드는 인수인 $x+1$이 소거되어야 해. 따라서 분자인 이차식 x^2+4x+a는 인수 $x+1$을 가져야 하고, 최고차항의 계수가 1, 일차항 계수가 4이므로

$x^2+4x+a=(x+1)(x+3)$

으로 인수분해할 수 있어. 즉, $a=1\times3=3$이야.

∴ $\lim\limits_{x\to-1}\dfrac{(x+1)(x+3)}{x+1}=\lim\limits_{x\to-1}(x+3)=-1+3=2 \Rightarrow b=2$

∴ $a+b=3+2=5$

정답 ② *인수분해를 이용한 미정계수의 결정 ·· [정답률 83%]

정답 공식: 분수 꼴의 극한의 극한값이 존재하고 $x\to a$일 때, (분모) → 0이면 (분자) → 0이어야 한다.

$\lim\limits_{x\to3}\dfrac{2x^2+ax+b}{x^2-9}=3$일 때, $a+b$의 값은?

단서 주어진 극한이 수렴하고 $\lim\limits_{x\to3}(x^2-9)=0$ 이므로 $\lim\limits_{x\to3}(2x^2+ax+b)=0$이어야 해.

(단, a와 b는 상수이다.) (3점)

① −33　　② −30　　③ −27　　④ −24　　⑤ −21

1st 분모가 0으로 수렴함을 이용하여 a, b 사이의 관계식을 구해.

$\lim\limits_{x\to3}\dfrac{2x^2+ax+b}{x^2-9}=3$에서 $x\to3$일 때, (분모) → 0이므로 (분자) → 0

이어야 한다. 즉, $\lim\limits_{x\to3}(2x^2+ax+b)=0$에서

$18+3a+b=0$

∴ $b=-3a-18=-3(a+6)$ ··· ㉠

2nd a, b의 값을 각각 구하여 $a+b$의 값을 계산해.

㉠을 주어진 식에 대입하면 $\lim\limits_{x\to3}\dfrac{2x^2+ax+b}{x^2-9}=3$에서

$\lim\limits_{x\to3}\dfrac{2x^2+ax-3(a+6)}{x^2-9}=3$, $\lim\limits_{x\to3}\dfrac{(x-3)(2x+a+6)}{(x-3)(x+3)}=3$

$\lim\limits_{x\to3}\dfrac{2x+a+6}{x+3}=3$, $\dfrac{a+12}{6}=3$, $a+12=18$

$\dfrac{0}{0}$ 꼴의 극한이고 $x-3$이 분모, 분자의 공통인수이므로 약분하자.

따라서 $a=6$이므로 ㉠에 의하여

$b=-3\times12=-36$

∴ $a+b=6+(-36)=-30$

정답 ① *인수분해를 이용한 미정계수의 결정 ···· [정답률 84%]

정답 공식: 극한값이 존재하고 (분모) → 0이므로 (분자) → 0이다.

두 상수 a, b에 대하여 $\lim\limits_{x\to1}\dfrac{4x-a}{x-1}=b$일 때, $a+b$의 값은? (3점)

단서 $\lim\limits_{x\to1}(x-1)=0$이고, 극한값이 존재하므로 $\lim\limits_{x\to1}(4x-a)=0$이야.

① 8　　② 9　　③ 10　　④ 11　　⑤ 12

1st $x\to1$일 때, (분모) → 0이고 극한값이 존재하므로 (분자) → 0이어야 하지?

$\lim\limits_{x\to1}\dfrac{4x-a}{x-1}=b$에서 $x\to1$일 때, (분모) → 0이고 극한값이 존재하므로 (분자) → 0이어야 한다.

즉, $\lim\limits_{x\to1}(4x-a)=0$이므로

$4-a=0$　∴ $a=4$

2nd a의 값을 주어진 식에 대입하면 b의 값을 구할 수 있어.

따라서 $a=4$를 주어진 식에 대입하면

$b=\lim\limits_{x\to1}\dfrac{4x-4}{x-1}=\lim\limits_{x\to1}\dfrac{4(x-1)}{x-1}=4$

$x-1$이 분자, 분모의 공통인수이므로 약분해.

∴ $a+b=4+4=8$

A 122 정답 ③ *인수분해를 이용한 미정계수의 결정 ··· [정답률 88%]

(정답 공식: 극한값이 존재하고 (분모)→0이므로 (분자)→0이다.)

> 두 상수 a, b에 대하여 $\lim_{x \to 1} \dfrac{x^2+ax}{x-1}=b$일 때, $a+b$의 값은? (3점)
>
> **단서** $\lim_{x \to 1}(x-1)=0$이고, 극한값이 존재하므로 $\lim_{x \to 1}(x^2+ax)=0$이어야 해.
>
> ① -2 ② -1 ③ 0
> ④ 1 ⑤ 2

1st $x \to 1$일 때, (분모)→ 0이므로 (분자)→ 0이지?

$x \to 1$일 때, (분모)→ 0이므로 (분자)→ 0이어야 한다.

즉, $\lim_{x \to 1}(x^2+ax)=1+a=0$

$\therefore a=-1$

2nd a의 값을 대입하고 분자를 인수분해하자.

$\lim_{x \to 1}\dfrac{x^2-x}{x-1}=\lim_{x \to 1}\dfrac{x(x-1)}{x-1}=\lim_{x \to 1}x=1$
$\quad\to x-1$이 분자, 분모의 공통인수이므로 약분해.

$\therefore b=1$

$\therefore a+b=(-1)+1=0$

A 123 정답 ① *인수분해를 이용한 미정계수의 결정 ··· [정답률 88%]

[정답 공식: $\dfrac{f(x)}{x}$에 $f(x)=x^2+ax$를 대입한다.]

> 함수 $f(x)=x^2+ax$가 $\lim_{x \to 0}\dfrac{f(x)}{x}=4$를 만족시킬 때, 상수 a의 값은? (3점)
>
> **단서** $f(x)$의 식을 직접 대입하여 극한값이 4가 되게 하는 상수 a의 값을 구해야 해.
>
> ① 4 ② 5 ③ 6
> ④ 7 ⑤ 8

1st $\lim_{x \to 0}\dfrac{f(x)}{x}=4$에 $f(x)$의 식을 대입하여 a의 값을 구하자.

$\lim_{x \to 0}\dfrac{f(x)}{x}=\lim_{x \to 0}\dfrac{x^2+ax}{x}=\lim_{x \to 0}(x+a)=a$
$\quad\to x^2+ax=x(x+a)$

$\therefore a=4$

A 124 정답 ① *인수분해를 이용한 미정계수의 결정 ··· [정답률 86%]

(정답 공식: 극한값이 존재하고 (분모)→0이므로 (분자)→0이다.)

> 두 상수 a, b에 대하여 $\lim_{x \to 3}\dfrac{x^2+ax+b}{x-3}=14$일 때, $a+b$의 값은? (2점)
>
> **단서** $\lim_{x \to 3}(x-3)=0$이고, 극한값이 존재하므로 $\lim_{x \to 3}(x^2+ax+b)=0$이야.
>
> ① -25 ② -23 ③ -21
> ④ -19 ⑤ -17

1st 극한값이 존재할 때, (분모)→0이면 (분자)→0이어야 해.

$\lim_{x \to 3}\dfrac{x^2+ax+b}{x-3}=14$에서 $x \to 3$일 때, (분모)→0이므로 (분자)→0이다.

즉, $\lim_{x \to 3}(x^2+ax+b)=0$에서 $9+3a+b=0$이므로

$b=-3a-9 \cdots \bigcirc$

2nd 분자를 인수분해한 후에 극한값을 계산해.

$\bigcirc$을 주어진 식에 대입하여 공통인수를 정리하면

$\lim_{x \to 3}\dfrac{x^2+ax-3(a+3)}{x-3}=\lim_{x \to 3}\dfrac{(x-3)(x+a+3)}{x-3}$ $\to x-3$이 분자, 분모의 공통인수이므로 약분해.

$\qquad=\lim_{x \to 3}(x+a+3)$

$\qquad=6+a=14$

따라서 $a=8$, $b=-33$ ($\because \bigcirc$)이므로

$a+b=-25$

A 125 정답 ① *인수분해를 이용한 미정계수의 결정 ··· [정답률 84%]

(정답 공식: 극한값이 존재하고 0이 아닐 때, (분자)→0이면 (분모)→0이다.)

> 두 상수 a, b가 $\lim_{x \to 2}\dfrac{x^2-(a+2)x+2a}{x^2-b}=3$을 만족시킬 때, $a+b$의 값은? (2점)
>
> **단서** $\lim_{x \to 2}\{x^2-(a+2)x+2a\}=0$이고, 0이 아닌 극한값이 존재하므로 $\lim_{x \to 2}(x^2-b)=0$이야.
>
> ① -6 ② -4 ③ -2
> ④ 0 ⑤ 2

1st $x \to 2$일 때 (분자)→ 0이네? 그럼, 분모는? **함정**

함정 0이 아닌 극한값이 존재하고 분자가 0으로 다가가는 것을 통해 분모 역시 0으로 다가가야 함을 알 수 있어야 해.

$\lim_{x \to 2}\dfrac{x^2-(a+2)x+2a}{x^2-b}=3 \cdots \bigcirc$에서

$\lim_{x \to 2}\{x^2-(a+2)x+2a\}=4-2(a+2)+2a=0$이므로

$\lim_{x \to 2}(x^2-b)=4-b=0$

$\therefore b=4$

2nd 구한 b의 값을 주어진 식에 대입해서 a도 구해.

$b=4$를 $\bigcirc$에 대입하면

$\lim_{x \to 2}\dfrac{x^2-(a+2)x+2a}{x^2-4}=\lim_{x \to 2}\dfrac{(x-2)(x-a)}{(x-2)(x+2)}$
$\quad a^2-b^2=(a+b)(a-b)$

$\qquad=\lim_{x \to 2}\dfrac{x-a}{x+2}$

$\qquad=\dfrac{2-a}{4}=3$

$2-a=12 \quad \therefore a=-10$

$\therefore a+b=-10+4=-6$

A 126 정답 ③ *인수분해를 이용한 미정계수의 결정 ··· [정답률 82%]

(정답 공식: 극한값이 존재하고 0이 아닐 때, (분자)→0이면 (분모)→0이다.)

> $\lim_{x \to 2}\dfrac{x^2-4}{x^2+ax}=b$(단, $b \neq 0$)가 성립하도록 상수 a, b의 값을 정할 때, $a+b$의 값은? (2점)
>
> **단서** $x \to 2$일 때 (분자)→0이고 0이 아닌 극한값이 존재하므로 (분모)→0이어야 해.
>
> ① -4 ② -2 ③ 0
> ④ 2 ⑤ 4

1st $x \to 2$일 때 (분자)→ 0, $b \neq 0$이므로 (분모)→ 0이어야 해.

$\lim_{x \to 2}(x^2+ax)=0$에서 $4+2a=0$

$\therefore a=-2 \cdots \bigcirc$

2nd 약분이 되는 것은 약분을 하고 나머지 식을 가지고 극한값을 구해.

㉠을 주어진 식에 대입하면

$$\lim_{x\to 2}\frac{x^2-4}{x^2-2x}=\lim_{x\to 2}\frac{(x+2)\overline{(x-2)}}{x\overline{(x-2)}}$$

→ $x-2$가 분자, 분모의 공통인수이므로 약분하자.

$$=\lim_{x\to 2}\frac{x+2}{x}=\frac{2+2}{2}=2=b$$

$$\therefore a+b=0$$

A 127 정답 ④ *인수분해를 이용한 미정계수의 결정 [정답률 60%]

(**정답 공식:** 극한값이 1이 아니므로, $f(a)=0$이라는 사실을 안다.)

최고차항의 계수가 1인 이차함수 $f(x)$가

$$\lim_{x\to a}\frac{f(x)-(x-a)}{f(x)+(x-a)}=\frac{3}{5}$$

단서 주어진 식의 값이 $\frac{3}{5}$이 되기 위한 $\lim_{x\to a}f(x)$의 값을 결정해 봐.

을 만족시킨다. 방정식 $f(x)=0$의 두 근을 α, β라 할 때, $|\alpha-\beta|$의 값은? (단, a는 상수이다.) (4점)

① 1 ② 2 ③ 3
④ 4 ⑤ 5

1st 주어진 극한값이 $\frac{3}{5}$임을 이용하여 다항식 $f(x)$의 인수를 확인해 보자.

0이 아닌 상수 k에 대하여 $\lim_{x\to a}f(x)=k$라 하면

이차함수 $f(x)$는 실수 전체의 집합에서 연속이니까 임의의 실수 a에 대하여 $\lim_{x\to a}f(x)$의 값은 항상 존재해.

$$\lim_{x\to a}\frac{f(x)-(x-a)}{f(x)+(x-a)}=\frac{\lim\limits_{x\to a}f(x)-\lim\limits_{x\to a}(x-a)}{\lim\limits_{x\to a}f(x)+\lim\limits_{x\to a}(x-a)}$$

$$=\frac{k-(a-a)}{k+(a-a)}$$

$\lim\limits_{x\to a}f(x)=\alpha$, $\lim\limits_{x\to a}g(x)=\beta$일 때,
$\lim\limits_{x\to a}\{f(x)\pm g(x)\}$
$=\lim\limits_{x\to a}f(x)\pm\lim\limits_{x\to a}g(x)$
$=\alpha\pm\beta$(복호동순)

$$=1\ne\frac{3}{5}$$

따라서 $\lim\limits_{x\to a}f(x)=0$이어야 하므로

$\lim\limits_{x\to a}\dfrac{f(x)}{g(x)}=\dfrac{\lim\limits_{x\to a}f(x)}{\lim\limits_{x\to a}g(x)}=\dfrac{\alpha}{\beta}$
(단, $g(x)\ne 0$, $\beta\ne 0$)

$f(a)=0$이다.

즉, 방정식 $f(x)=0$의 한 실근이 $x=a$이므로

$a=a$라 하면 $\boxed{f(x)=(x-a)(x-\beta)}$ ⋯ ㉠라 놓을 수 있다.

방정식 $f(x)=0$의 두 근이 α, β이므로
$f(x)=(x-\alpha)(x-\beta)$에서 $f(x)=(x-a)(x-\beta)$

2nd $|\alpha-\beta|$의 값을 구하자.

주의 $f(x)$는 최고차항의 계수가 1인 이차함수이면서 주어진 식이 $\frac{0}{0}$ 꼴이 되게 해야 해.

㉠을 주어진 식에 대입하면

$$\lim_{x\to a}\frac{f(x)-(x-a)}{f(x)+(x-a)}=\lim_{x\to a}\frac{(x-a)(x-\beta)-(x-a)}{(x-a)(x-\beta)+(x-a)}$$

$$=\lim_{x\to a}\frac{(x-a)(x-\beta-1)}{(x-a)(x-\beta+1)}=\lim_{x\to a}\frac{x-\beta-1}{x-\beta+1}$$

$$=\frac{\lim\limits_{x\to a}(x-\beta-1)}{\lim\limits_{x\to a}(x-\beta+1)}=\frac{a-\beta-1}{a-\beta+1}=\frac{3}{5}$$

$5(a-\beta)-5=3(a-\beta)+3$

$2(a-\beta)=8$ ∴ $a-\beta=4$

$\therefore |\alpha-\beta|=4$ (∵ $a=\alpha$)

A 128 정답 15 *유리화를 이용한 미정계수의 결정 [정답률 87%]

(**정답 공식:** 극한값이 존재하고 (분모)→0이므로 (분자)→0이다.)

두 상수 a, b에 대하여 $\lim\limits_{x\to 9}\dfrac{x-a}{\sqrt{x}-3}=b$일 때, $a+b$의 값을 구하시오. (3점) **단서** 극한값이 존재해야 하고 $x\to 9$일 때, (분모)→0이므로 (분자)→0이어야 해.

1st 극한값이 존재하도록 a의 값부터 결정해.

$\lim\limits_{x\to 9}\dfrac{x-a}{\sqrt{x}-3}=b$에서 $\lim\limits_{x\to 9}(\sqrt{x}-3)=0$이므로

$\lim\limits_{x\to 9}(x-a)=0$이어야 한다.

즉, $9-a=0$이므로 $a=9$이다.

2nd a의 값을 주어진 극한식에 대입하여 b의 값을 구해.

$$\therefore \lim_{x\to 9}\frac{x-a}{\sqrt{x}-3}=\lim_{x\to 9}\frac{x-9}{\sqrt{x}-3}=\lim_{x\to 9}\frac{(x-9)(\sqrt{x}+3)}{(\sqrt{x}-3)(\sqrt{x}+3)}$$

$$=\lim_{x\to 9}\frac{(x-9)(\sqrt{x}+3)}{x-9}=\lim_{x\to 9}(\sqrt{x}+3)=6=b$$

따라서 $a=9$, $b=6$이므로 $a+b=15$

→ 근호가 포함된 $\frac{0}{0}$ 꼴의 극한은 근호가 있는 쪽을 유리화하여 계산해.

다른 풀이: $x-9=(\sqrt{x}-3)(\sqrt{x}+3)$으로 분해하여 바로 극한값 구하기

$$\lim_{x\to 9}\frac{x-9}{\sqrt{x}-3}=\lim_{x\to 9}\frac{(\sqrt{x}-3)(\sqrt{x}+3)}{(\sqrt{x}-3)}$$

$$=\lim_{x\to 9}(\sqrt{x}+3)=6=b$$

(이하 동일)

A 129 정답 ① *유리화를 이용한 미정계수의 결정 [정답률 86%]

[**정답 공식:** 극한값이 존재하고 (분모)→0이므로 (분자)→0이다. 이후 분자를 유리화한다.]

두 상수 a, b에 대하여 $\lim\limits_{x\to 3}\dfrac{\sqrt{x+a}-b}{x-3}=\dfrac{1}{4}$일 때, $a+b$의 값은?

단서 $\lim\limits_{x\to 3}(x-3)=0$이고, 극한값이 존재하므로 $\lim\limits_{x\to 3}(\sqrt{x+a}-b)=0$이야. (2점)

① 3 ② 5 ③ 7 ④ 9 ⑤ 11

1st $x\to 3$일 때 (분모)→0이면 (분자)→0임을 이용해.

$\lim\limits_{x\to 3}\dfrac{\sqrt{x+a}-b}{x-3}=\dfrac{1}{4}$에서 (분모)→0이므로 (분자)→0이어야 한다.

즉, $\lim\limits_{x\to 3}(\sqrt{x+a}-b)=\sqrt{3+a}-b=0$이므로 $b=\sqrt{3+a}$ ⋯ ㉠

$$\therefore \lim_{x\to 3}\frac{\sqrt{x+a}-b}{x-3}=\lim_{x\to 3}\frac{\sqrt{x+a}-\sqrt{3+a}}{x-3}$$

$(\sqrt{x+a})^2-(\sqrt{3+a})^2$
$=(x+a)-(3+a)$
$=x-3$

$$=\lim_{x\to 3}\frac{\sqrt{x+a}-\sqrt{3+a}}{x-3}\cdot\frac{\sqrt{x+a}+\sqrt{3+a}}{\sqrt{x+a}+\sqrt{3+a}}$$

$$=\lim_{x\to 3}\frac{x+a-3-a}{(x-3)(\sqrt{x+a}+\sqrt{3+a})}$$

→ $x-3$이 분자, 분모의 공통인수이므로 약분해.

$$=\lim_{x\to 3}\frac{1}{\sqrt{x+a}+\sqrt{3+a}}$$

$$=\frac{1}{2\sqrt{3+a}}=\frac{1}{4}$$

$2\sqrt{3+a}=4$에서 $a=1$

따라서 $a=1$, $b=2$ (∵ ㉠)이므로 $a+b=1+2=3$

A 130 정답 ⑤ *유리화를 이용한 미정계수의 결정 … [정답률 83%]

정답 공식: 극한값이 존재하고 (분모)→0이므로 (분자)→0이다. 이후 분자를 유리화한다.

$\lim\limits_{x \to -3} \dfrac{\sqrt{x^2-x-3}+ax}{x+3}=b$가 성립하도록 상수 a, b의 값을 정할 때, $a+b$의 값은? (2점) **단서** $\lim\limits_{x\to-3}(x+3)=0$이고, 극한값이 존재하므로 $\lim\limits_{x\to-3}(\sqrt{x^2-x-3}+ax)=0$이야.

① $-\dfrac{5}{6}$ ② $-\dfrac{1}{2}$ ③ 0 ④ $\dfrac{1}{2}$ ⑤ $\dfrac{5}{6}$

1st (분모)→0이면 (분자)→0임을 적용해서 a부터 구해.

$x \to -3$일 때 (분모)→0이므로 (분자)→0이어야 한다. 즉,

$\lim\limits_{x \to -3}(\sqrt{x^2-x-3}+ax)=\sqrt{(-3)^2-(-3)-3}-3a=3-3a=0$

$\therefore a=1$

2nd 분자에 $\sqrt{\ }$가 있으므로 유리화하자.

$\lim\limits_{x \to -3} \dfrac{\sqrt{x^2-x-3}+x}{x+3}=\lim\limits_{x \to -3} \dfrac{(\sqrt{x^2-x-3}+x)(\sqrt{x^2-x-3}-x)}{(x+3)(\sqrt{x^2-x-3}-x)}$

$\begin{aligned}(\sqrt{x^2-x-3})^2-x^2\\=(x^2-x-3)-x^2\\=-(x+3)\end{aligned}$ ← $=\lim\limits_{x \to -3} \dfrac{-(x+3)}{(x+3)(\sqrt{x^2-x-3}-x)}$

$=\lim\limits_{x \to -3} \dfrac{-1}{\sqrt{x^2-x-3}-x}$

$=\dfrac{-1}{\sqrt{(-3)^2-(-3)-3}-(-3)}$

$=-\dfrac{1}{6}=b$

$\therefore a+b=\dfrac{5}{6}$

A 131 정답 ③ *유리화를 이용한 미정계수의 결정 … [정답률 85%]

정답 공식: 극한값이 존재하고 (분모)→0이므로 (분자)→0이다.

두 상수 a, b에 대하여 $\lim\limits_{x \to 1} \dfrac{ax+b}{\sqrt{x+1}-\sqrt{2}}=2\sqrt{2}$일 때, ab의 값은?
단서 $\lim\limits_{x\to1}(\sqrt{x+1}-\sqrt{2})=0$이고, 극한값이 존재하므로 $\lim\limits_{x\to1}(ax+b)=0$이어야 해. (2점)

① -3 ② -2 ③ -1 ④ 1 ⑤ 2

1st 함수의 극한에서 (분모)→0이므로 (분자)→0이어야 해.

$\lim\limits_{x \to 1} \dfrac{ax+b}{\sqrt{x+1}-\sqrt{2}}=2\sqrt{2}$에서 $\lim\limits_{x \to 1}(\sqrt{x+1}-\sqrt{2})=0$이므로

$\lim\limits_{x \to 1}(ax+b)=0$이어야 한다. 즉, $a+b=0$이므로 $b=-a$ … ㉠

㉠을 원래의 식에 대입하면

$\lim\limits_{x \to 1} \dfrac{a(x-1)}{\sqrt{x+1}-\sqrt{2}}=2\sqrt{2}$

2nd 분모에 $\sqrt{\ }$가 있으니까 유리화하자.

$\lim\limits_{x \to 1} \dfrac{a(x-1)(\sqrt{x+1}+\sqrt{2})}{(\sqrt{x+1}-\sqrt{2})(\sqrt{x+1}+\sqrt{2})}=\lim\limits_{x \to 1} \dfrac{a(x-1)(\sqrt{x+1}+\sqrt{2})}{x+1-2}$

$\underbrace{(\sqrt{x+1})^2-(\sqrt{2})^2=(x+1)-2=x-1}$

$=\lim\limits_{x \to 1} \dfrac{a(x-1)(\sqrt{x+1}+\sqrt{2})}{x-1}$

$=\lim\limits_{x \to 1} a(\sqrt{x+1}+\sqrt{2})$ ← $x-1$이 분자, 분모의 공통인수이므로 약분해.

$=2\sqrt{2}a=2\sqrt{2}$

따라서 $a=1$, $b=-1(\because$ ㉠)이므로 $ab=-1$

A 132 정답 ④ *유리화를 이용한 미정계수의 결정 … [정답률 83%]

정답 공식: 극한값이 존재하고 (분모)→0이므로 (분자)→0이다. 이후 분자를 유리화한다.

두 상수 a, b에 대하여 $\lim\limits_{x \to 1} \dfrac{\sqrt{2x+a}-\sqrt{x+3}}{x^2-1}=b$일 때, ab의 값은? (2점) **단서** $\lim\limits_{x\to1}(x^2-1)=0$이고, 극한값이 존재하므로 $\lim\limits_{x\to1}(\sqrt{2x+a}-\sqrt{x+3})=0$이야.

① 16 ② 4 ③ 1 ④ $\dfrac{1}{4}$ ⑤ $\dfrac{1}{16}$

1st $\lim\limits_{x \to a} \dfrac{f(x)}{g(x)}=\alpha$($\alpha$는 상수)이고 $\lim\limits_{x \to a}g(x)=0$이면 $\lim\limits_{x \to a}f(x)=0$이야.

$\lim\limits_{x \to 1} \dfrac{\sqrt{2x+a}-\sqrt{x+3}}{x^2-1}=b$에서 $\lim\limits_{x \to 1}(x^2-1)=0$이므로

$\lim\limits_{x \to 1}(\sqrt{2x+a}-\sqrt{x+3})=0$에서 $\sqrt{2+a}-2=0$

$\therefore a=2$

2nd 구한 값을 대입하여 b를 구하자.

$b=\lim\limits_{x \to 1} \dfrac{\sqrt{2x+2}-\sqrt{x+3}}{x^2-1}$

$=\lim\limits_{x \to 1} \dfrac{(\sqrt{2x+2}-\sqrt{x+3})(\sqrt{2x+2}+\sqrt{x+3})}{(x+1)(x-1)(\sqrt{2x+2}+\sqrt{x+3})}$

$=\lim\limits_{x \to 1} \dfrac{x-1}{(x+1)(x-1)(\sqrt{2x+2}+\sqrt{x+3})}$ → $(\sqrt{a}-\sqrt{b})(\sqrt{a}+\sqrt{b})=a-b$이므로 $(\sqrt{2x+2})^2-(\sqrt{x+3})^2=(2x+2)-(x+3)=x-1$

$=\lim\limits_{x \to 1} \dfrac{1}{(x+1)(\sqrt{2x+2}+\sqrt{x+3})}$

$=\dfrac{1}{2\cdot(2+2)}=\dfrac{1}{8}$

$\therefore ab=2\cdot\dfrac{1}{8}=\dfrac{1}{4}$

A 133 정답 26 *유리화를 이용한 미정계수의 결정 … [정답률 87%]

정답 공식: 극한값이 존재하고 (분모)→0이므로 (분자)→0이다. 이후 분자를 유리화한다.

두 실수 a, b가 $\lim\limits_{x \to 2} \dfrac{\sqrt{x^2+a}-b}{x-2}=\dfrac{2}{5}$를 만족시킬 때, $a+b$의 값을 구하시오. (3점) **단서** $\lim\limits_{x\to2}(x-2)=0$이고, 0이 아닌 극한값이 존재하므로 $\lim\limits_{x\to2}(\sqrt{x^2+a}-b)=0$이야.

1st 분모가 0이 되므로 분자도 0이 됨을 이용해.

$\lim\limits_{x \to 2} \dfrac{\sqrt{x^2+a}-b}{x-2}=\dfrac{2}{5}$ … ㉠에서 $\lim\limits_{x \to 2}(x-2)=0$이므로

$\lim\limits_{x \to 2}(\sqrt{x^2+a}-b)=0$이어야 한다.

즉, $\sqrt{4+a}-b=0$에서 $b=\sqrt{4+a}$

2nd b를 ㉠에 대입하여 a의 값을 구해.

이를 ㉠에 대입하면 $\begin{aligned}(\sqrt{x^2+a})^2-(\sqrt{4+a})^2\\=(x^2+a)-(4+a)\\=x^2-4=(x+2)(x-2)\end{aligned}$

$\lim\limits_{x \to 2} \dfrac{\sqrt{x^2+a}-\sqrt{4+a}}{x-2}=\lim\limits_{x \to 2} \dfrac{(\sqrt{x^2+a}-\sqrt{4+a})(\sqrt{x^2+a}+\sqrt{4+a})}{(x-2)(\sqrt{x^2+a}+\sqrt{4+a})}$

$=\lim\limits_{x \to 2} \dfrac{(x-2)(x+2)}{(x-2)(\sqrt{x^2+a}+\sqrt{4+a})}$

$=\lim\limits_{x \to 2} \dfrac{x+2}{\sqrt{x^2+a}+\sqrt{4+a}}$ → $x-2$가 분자, 분모의 공통인수이므로 약분해.

$=\dfrac{4}{2\sqrt{4+a}}=\dfrac{2}{\sqrt{4+a}}=\dfrac{2}{5}$

따라서 $a=21$, $b=5$이므로 $a+b=21+5=26$

Ⓐ 134 정답 ⑤ *분수식의 극한값이 존재할 조건 ·· [정답률 80%]

(정답 공식: 극한값이 존재하고 (분모)→0이므로 (분자)→0이다.)

> 함수 $f(x)$에 대하여 $\lim\limits_{x \to 2} \dfrac{f(x)-3}{x-2}=5$일 때,
> [단서1 극한값이 존재하므로 $\lim\limits_{x \to 2}\{f(x)-3\}=0$이야.]
> $\lim\limits_{x \to 2} \dfrac{x-2}{\{f(x)\}^2-9}$ 의 값은? (3점)
> [단서2 주어진 식을 $\dfrac{x-2}{f(x)-3} \times \dfrac{1}{f(x)+3}$ 로 변형하자.]
>
> ① $\dfrac{1}{18}$ ② $\dfrac{1}{21}$ ③ $\dfrac{1}{24}$ ④ $\dfrac{1}{27}$ ⑤ $\dfrac{1}{30}$

1st 분수식의 극한값이 존재하고, 분모가 0으로 수렴하면 분자도 0으로 수렴하지.

$\lim\limits_{x \to 2} \dfrac{f(x)-3}{x-2}=5$에서 $x \to 2$일 때, (분모) $\to 0$이므로 (분자) $\to 0$이어야 한다.

즉, $\lim\limits_{x \to 2}\{f(x)-3\}=0$이므로 $\lim\limits_{x \to 2}f(x)=3 \cdots$ ㉠

2nd ㉠과 $\lim\limits_{x \to 2} \dfrac{f(x)-3}{x-2}=5$임을 이용하여 주어진 극한값을 계산해.

㉠에 의해 $\lim\limits_{x \to 2} \dfrac{1}{f(x)+3}=\dfrac{1}{6}$이고 $\lim\limits_{x \to 2} \dfrac{f(x)-3}{x-2}=5$이므로

$\lim\limits_{x \to 2} \dfrac{x-2}{\{f(x)\}^2-9}=\lim\limits_{x \to 2} \dfrac{x-2}{\{f(x)-3\}\{f(x)+3\}}$

분자, 분모를 각각 ← $x-2$로 나눈 거야.

$=\lim\limits_{x \to 2} \dfrac{x-2}{f(x)-3} \times \lim\limits_{x \to 2} \dfrac{1}{f(x)+3}$

$=\lim\limits_{x \to 2} \dfrac{1}{\dfrac{f(x)-3}{x-2}} \times \lim\limits_{x \to 2} \dfrac{1}{f(x)+3}$

$=\dfrac{1}{5} \times \dfrac{1}{6}=\dfrac{1}{30}$

[주의 함수가 연속이라는 조건도 없고 $f(2)=3$이라는 조건도 없는데 멋대로 $f(2)=3$, $f'(2)=5$라고 생각해서 $\lim\limits_{x \to 2} \dfrac{1}{\dfrac{f(x)-3}{x-2}}=\dfrac{1}{f'(2)}=\dfrac{1}{5}$로 계산하지 않도록 주의해!]

Ⓐ 135 정답 ① *분수식의 극한값이 존재할 조건 · [정답률 61%]

(정답 공식: 극한값이 존재하고 (분모)→0이므로 (분자)→0이다.)

> [단서1 $\lim\limits_{x \to 1}\{g(x)-2x\}=0$이야.]
> 다항함수 $g(x)$에 대하여 극한값 $\lim\limits_{x \to 1} \dfrac{g(x)-2x}{x-1}$가 존재한다.
> 다항함수 $f(x)$가 $f(x)+x-1=(x-1)g(x)$를 만족시킬 때,
> [단서2 $f(x)=(x-1)\{g(x)-1\}$]
> $\lim\limits_{x \to 1} \dfrac{f(x)g(x)}{x^2-1}$ 의 값은? (3점)
>
> ① 1 ② 2 ③ 3 ④ 4 ⑤ 5

1st $\lim\limits_{x \to a} \dfrac{f(x)}{g(x)}=a(a$는 상수$)$일 때, $\lim\limits_{x \to a}g(x)=0$이면 $\lim\limits_{x \to a}f(x)=0$임을 이용하여 $g(1)$의 값을 구해.

$\lim\limits_{x \to 1} \dfrac{g(x)-2x}{x-1}$의 값이 존재하고 $x \to 1$일 때, (분모) $\to 0$이므로 (분자) $\to 0$이어야 한다.

즉, $\lim\limits_{x \to 1}\{g(x)-2x\}=g(1)-2=0$이므로

$g(1)=2$

2nd $f(x)+x-1=(x-1)g(x)$에서 $f(x)$를 구하여 $\lim\limits_{x \to 1} \dfrac{f(x)g(x)}{x^2-1}$의 값을 구해.

한편, $f(x)+x-1=(x-1)g(x)$에서

$f(x)=(x-1)\{g(x)-1\}$이므로

$\lim\limits_{x \to 1} \dfrac{f(x)g(x)}{x^2-1}=\lim\limits_{x \to 1} \dfrac{(x-1)\{g(x)-1\}g(x)}{(x-1)(x+1)}$

$=\lim\limits_{x \to 1} \dfrac{\{g(x)-1\}g(x)}{x+1}$

$=\dfrac{1 \times 2}{2}$ $(\because g(1)=2)=1$

✿ 분수식의 극한값 구하기 [개념·공식]

① 주어진 함수식을 공통인수로 묶어주거나 조립제법을 이용하여 인수분해한다.

② 극한값 $\lim\limits_{x \to a} \dfrac{A(x)}{B(x)}$가 존재하는 조건에서 (분모) $\to 0$이면 (분자) $\to 0$이므로 $\lim\limits_{x \to a}A(x)=0$, $\lim\limits_{x \to a}B(x)=0$을 이용하여 구해야 하는 극한값을 구한다.

Ⓐ 136 정답 ④ *분수식의 극한값이 존재할 조건 [정답률 55%]

[정답 공식: $\lim\limits_{x \to a} \dfrac{f(x)}{g(x)}$에 대하여 $\lim\limits_{x \to a}g(x) \neq 0$이면 극한값이 존재한다. $\lim\limits_{x \to a} \dfrac{f(x)}{g(x)}=a$ (a는 실수)일 때, $\lim\limits_{x \to a}g(x)=0$이면 $\lim\limits_{x \to a}f(x)=0$이다.]

> 함수 $f(x)=x^2+6x+12$에 대하여 다음 조건을 만족시키는 모든 정수 k의 개수는? (4점)
> [단서1 함수 $f(x)=x^2+6x+12$는 모든 실수 x에 대하여 $f(x)>0$이야.]
>
> 모든 실수 a에 대하여
> $\lim\limits_{x \to a} \dfrac{x^2}{(f(x))^2-k(x+2)f(x)}$의 값이 존재한다.
>
> [단서2 모든 실수 a에 대하여 극한값이 존재해야 하므로 $\lim\limits_{x \to a}\{(f(x))^2-k(x+2)f(x)\} \neq 0$일 때 극한값이 존재해. 또한, $\lim\limits_{x \to a}\{(f(x))^2-k(x+2)f(x)\}=0$일 때, (분자) $\to 0$이어야 해. 즉, 분모가 x^2을 인수로 가져야 함을 알 수 있어.]
>
> ① 5 ② 6 ③ 7 ④ 8 ⑤ 9

1st $\lim\limits_{x \to a} \dfrac{x^2}{(f(x))^2-k(x+2)f(x)}$의 값이 존재하기 위한 k의 값의 범위를 구해.

함수 $f(x)=x^2+6x+12$에서

$f(x)=x^2+6x+12=(x+3)^2+3>0$이므로

함수 $f(x)=x^2+6x+12$는 모든 실수 x에 대하여 $f(x)>0$이다.

주어진 조건에서 모든 실수 a에 대하여

$\lim\limits_{x \to a} \dfrac{x^2}{(f(x))^2-k(x+2)f(x)}$의 값이 존재하는 경우는 다음과 같은 두 가지 경우가 있다.

(i) 모든 실수 a에 대하여 $\lim\limits_{x \to a}\{(f(x))^2-k(x+2)f(x)\} \neq 0$인 경우

$\lim\limits_{x \to a}\{(f(x))^2-k(x+2)f(x)\}$

$=(f(a))^2-k(a+2)f(a)$ [함수 $f(x)$는 이차함수이므로 함수 $(f(x))^2-k(x+2)f(x)$는 연속함수가 돼. 따라서 $\lim\limits_{x \to a}\{(f(x))^2-k(x+2)f(x)\}=(f(a))^2-k(a+2)f(a)$가 성립해.]

$=f(a)\{f(a)-k(a+2)\}$

$f(a)>0$이므로 $f(a)\neq k(a+2)$

모든 실수 x에 대하여 $f(x)>0$이야.

즉, x에 대한 방정식 $f(x)=k(x+2)$의 실근이 존재하지 않아야 하므로 이차방정식 $x^2+6x+12=kx+2k$의 실근이 존재하지 않아야 한다.

$x^2+(6-k)x+12-2k=0$의 판별식을 D라 하면

$D=(6-k)^2-4(12-2k)<0$ 이차방정식의 실근이 존재하지 않으려면 이차방정식이 서로 다른 두 허근을 가져야 하므로 $D<0$이어야 해.

이어야 한다.

$k^2-4k-12<0$, $(k+2)(k-6)<0$

$\therefore -2<k<6$

(ii) $\lim\limits_{x\to a}\{(f(x))^2-k(x+2)f(x)\}=0$인 실수 a가 존재하는 경우

(분모)$\to 0$이고 극한값이 존재하므로 (분자)$\to 0$이어야 한다.

$\lim\limits_{x\to a}\dfrac{f(x)}{g(x)}=a$ (a는 실수)일 때, $\lim\limits_{x\to a}g(x)=0$이면 $\lim\limits_{x\to a}f(x)=0$이야.

즉, $\lim\limits_{x\to a}x^2=0$이어야 하므로 $a^2=0$

$y=x^2$은 연속함수이므로 $\lim\limits_{x\to a}x^2=a^2$이야.

$\therefore a=0$

$\lim\limits_{x\to 0}\{(f(x))^2-k(x+2)f(x)\}=(f(0))^2-2kf(0)$
$\qquad\qquad =f(0)(f(0)-2k)=0$

$f(0)>0$이므로 $f(0)=2k$

$12=2k$에서 $k=6$

이때,

$\lim\limits_{x\to 0}\dfrac{x^2}{(f(x))^2-6(x+2)f(x)}$

$=\lim\limits_{x\to 0}\dfrac{x^2}{f(x)(f(x)-6x-12)}$

$=\lim\limits_{x\to 0}\dfrac{x^2}{(x^2+6x+12)x^2}$

$=\lim\limits_{x\to 0}\dfrac{1}{x^2+6x+12}=\dfrac{1}{12}$

따라서 극한값이 존재하므로 조건을 만족시킨다.

2nd 정수 k의 개수를 구해.

(ⅰ), (ⅱ)에 의하여 $-2<k\leq 6$이므로 조건을 만족시키는 모든 정수 k는

 함정 이 문제에서 극한식의 분모가 0이 아니면 된다고만 생각해 (ⅰ)의 경우만 확인하면 오답이 될 확률이 높아. (ⅱ)의 경우도 반드시 확인해야 해.

-1, 0, 1, $\cdots$, 6이고 그 개수는 8이다.

✿ 분수식의 극한값 구하기　　　　　　개념·공식

① 주어진 함수식을 공통인수로 묶어주거나 조립제법을 이용하여 인수분해한다.

② 극한값 $\lim\limits_{x\to a}\dfrac{A(x)}{B(x)}$가 존재하는 조건에서 (분모) $\to 0$이면 (분자) $\to 0$이므로 $\lim\limits_{x\to a}A(x)=0$, $\lim\limits_{x\to a}B(x)=0$을 이용하여 구해야 하는 극한값을 구한다.

A 137 정답 ④　＊새롭게 정의된 함수의 극한 ┄┄┄ [정답률 84%]

(**정답 공식** : $-x=t$라 하면 $x\to 1-$일 때, $t\to -1+$이다.)

함수 $y=f(x)$의 그래프가 그림과 같을 때, $\lim\limits_{x\to 1+}f(x)+\lim\limits_{x\to 1-}f(-x)$의 값은? (3점)

단서 $f(x)$의 $x=1$에서 우극한값을 구하자. $f(-x)$에 대하여 $-x=t$로 치환해서 구해야 해.

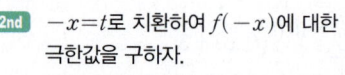

① -2　　② -1　　③ 0
④ 1　　⑤ 2

1st 그래프를 보고 극한값을 구하자.

x가 1보다 크면서 1에 가까워질 때, $f(x)$는 0보다 크면서 0에 가까워지므로

$\lim\limits_{x\to 1+}f(x)=0$　$f(x)\to 0+$

2nd $-x=t$로 치환하여 $f(-x)$에 대한 극한값을 구하자.

$-x=t$로 치환하면 $x\to 1-$일 때, $t\to -1+$이므로

$x\to 1-$에 -1을 양쪽에 곱한다고 생각하면 $-x\to -1+$이고 $-x=t$라 치환했으니까 $t\to -1+$가 나온 거야.

$\lim\limits_{x\to 1-}f(-x)=\lim\limits_{t\to -1+}f(t)$
$\qquad\qquad =1$

$\therefore \lim\limits_{x\to 1+}f(x)+\lim\limits_{x\to 1-}f(-x)=1$

A 138 정답 ④　＊새롭게 정의된 함수의 극한 ┄┄┄ [정답률 75%]

(**정답 공식** : $5-x=t$라 하면 $x\to 2+$일 때, $t\to 3-$이다.)

함수 $y=f(x)$의 그래프가 그림과 같다.

$\lim\limits_{x\to 1-}f(x)+\lim\limits_{x\to 2+}f(5-x)$의 값은? (3점)

단서 $5-x=t$라 치환한 후 $x\to 2+$일 때, t의 값의 변화를 확인해봐. 이때, $5-x$에서 x의 계수가 음수인 것에 주의해.

① 1　　② 2　　③ 3　　④ 4　　⑤ 5

1st $5-x=t$라 치환하여 함수 $f(5-x)$에 대한 극한값을 구하자.

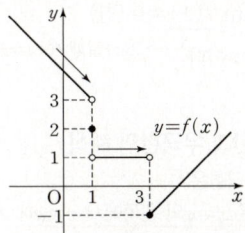

그래프에서

$$\lim_{x \to 1-} f(x) = 3$$

또, $5-x=t$라 하면

$x \longrightarrow 2+$일 때, $t \longrightarrow 3-$이므로

> $x \to 2+$이면 $x>2$이므로 $-x<-2$ $\therefore 5-x<5-2=3$
> 즉, $t<3$이므로 $t \longrightarrow 3-$가 돼.

$$\lim_{x \to 2+} f(5-x) = \lim_{t \to 3-} f(t) = 1$$

$$\therefore \lim_{x \to 1-} f(x) + \lim_{x \to 2+} f(5-x) = 3+1 = 4$$

> **실수** $f(\square)$에서 $\square$가 x가 아니라 x에 대한 일차식으로 주어졌을 때는 $\square = t$라고 치환해서 t에 대한 극한으로 바꿔주는 것이 편리해. 이때, t가 어떤 값의 좌극한인지 우극한인지 확실히 확인해야 해.

A 139 정답 ④ ＊새롭게 정의된 함수의 극한 ······ [정답률 72%]

(정답 공식: $\lim_{x \to a+} f(x+3)$의 값을 계산할 때 $x+3=t$로 치환해 본다. **)**

함수 $y=f(x)$의 그래프가 그림과 같다.

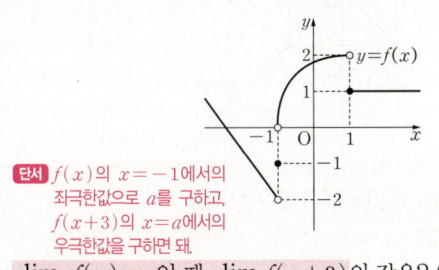

> **단서** $f(x)$의 $x=-1$에서의 좌극한값으로 a를 구하고, $f(x+3)$의 $x=a$에서의 우극한값을 구하면 돼.

$\lim_{x \to -1-} f(x) = a$일 때, $\lim_{x \to a+} f(x+3)$의 값은? (3점)

① -2 ② -1 ③ 0 ④$1$ ⑤ 2

1st 그래프를 보고 $f(x)$의 $x=-1$에서의 좌극한값을 구하자.

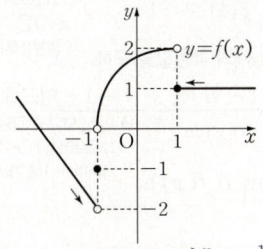

x가 -1보다 작으면서 -1에 가까워질 때, $\overset{\quad\to x \to -1-}{}$

$f(x)$는 -2보다 크면서 -2에 가까워지므로

$$\lim_{x \to -1-} f(x) = -2 = a \qquad \to f(x) \to -2+$$

2nd $f(x+3)$의 그래프를 새로 그리지 말고 $x+3=t$로 치환하여 생각하자.

$\lim_{x \to a+} f(x+3) = \lim_{x \to -2+} f(x+3)$에서 $x+3=t$로 치환하면

$x \longrightarrow -2+$일 때, $x+3 \to 1+$, 즉 $t \to 1+$

$$\therefore \lim_{x \to -2+} f(x+3) = \lim_{t \to 1+} f(t) = \lim_{x \to 1+} f(x)$$

> t 대신 다시 x로 바꿔서 생각해도 돼. 같은 변수끼리는 똑같이 바꿔도 되기 때문이야.

그래프에서 x가 1보다 크면서 1에 가까워질 때, $\overset{\quad\to x \to 1+}{}$

$f(x)$는 1이므로 $\lim_{x \to 1+} f(x) = 1$

A 140 정답 ⑤ ＊새롭게 정의된 함수의 극한 ······ [정답률 77%]

(정답 공식: $\lim_{x \to 1+} f(x)$, $\lim_{x \to 1+} f(1-x)$의 값을 각각 계산한다. **)**

함수 $y=f(x)$의 그래프가 그림과 같다.

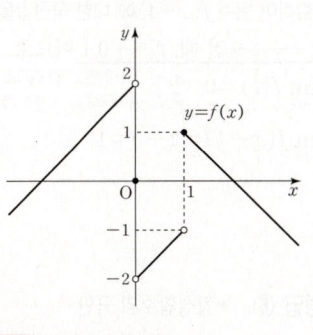

$\lim_{x \to 1+} f(x)f(1-x)$의 값은? (3점)

> **단서** 극한의 성질에 의해 구하는 값은 $\lim_{x \to 1+} f(x) \cdot \lim_{x \to 1+} f(1-x)$의 값과 같아.

① -2 ② -1 ③ 0 ④ 1 ⑤$2$

1st 함수의 극한에서 $x \longrightarrow 1+$는 $x=1$에서의 우극한을 의미하지?

함수 $y=f(x)$의 그래프에서 $\lim_{x \to 1+} f(x)=1$이고 $1-x=t$라 하면

$x \longrightarrow 1+$일 때, $t \longrightarrow 0-$이므로

> $x>1$이면 $-x<-1$에서 $1-x<0$ 즉, $1-x=t<0$이야.

$$\lim_{x \to 1+} f(1-x) = \lim_{t \to 0-} f(t) = 2$$

> **실수** 이와 같이 식을 치환할 때 x의 부호를 고려하고 상수항을 계산해야 좌우극한 방향을 틀리지 않을 수 있어.

2nd 두 상수 α, β에 대하여 $\lim_{x \to a} f(x) = \alpha$, $\lim_{x \to a} g(x) = \beta$일 때,

$\lim_{x \to a} f(x) \cdot g(x) = \lim_{x \to a} f(x) \cdot \lim_{x \to a} g(x) = \alpha\beta$임을 이용해.

$$\therefore \lim_{x \to 1+} f(x)f(1-x) = \lim_{x \to 1+} f(x) \cdot \lim_{x \to 1+} f(1-x)$$
$$= 1 \times 2 = 2$$

A 141 정답 ④ ＊새롭게 정의된 함수의 극한 ······ [정답률 78%]

(정답 공식: $x-1=t$라 하면 $x \longrightarrow 1+$일 때, $t \longrightarrow 0+$이다. **)**

정의역이 $\{x \mid -2 \leq x \leq 2\}$인 함수 $y=f(x)$의 그래프는 그림과 같다.

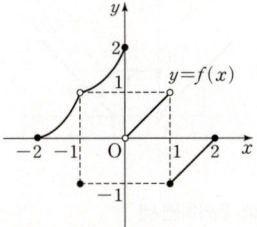

> **단서 1** $\lim_{x \to -1-} f(x) = \lim_{x \to -1+} f(x)$일 때, $x=-1$에서의 함수 $f(x)$의 극한값이 존재한다고 하지?

이때, $\lim_{x \to -1-} f(x) + \lim_{x \to 1-} f(x-1)$의 값은? (3점)

> **단서 2** $x-1=t$라 치환한 후 $x \longrightarrow 1+$일 때, t의 값의 변화를 확인해봐.

① -2 ② -1 ③ 0 ④$1$ ⑤ 2

그래프에서

$$\lim_{x \to 1^-} f(x)=1, \ \lim_{x \to 1^+} f(x)=1$$이므로

$$\lim_{x \to 1} f(x)=1$$ → $\lim_{x \to k^-} f(x)=\lim_{x \to k^+} f(x)=L$일 때, 함수 $f(x)$는 $x=k$에서 극한값이 존재한다고 해. 즉, $\lim_{x \to k^-} f(x)=\lim_{x \to k^+} f(x)=L \Longleftrightarrow \lim_{x \to k} f(x)=L$

2nd $x-1=t$라 치환하여 함수 $f(x-1)$에 대한 극한값을 구하자.

$x-1=t$라 하면 $x \longrightarrow 1+$일 때, $t \longrightarrow 0+$이므로

$$\lim_{x \to 1^+} f(x-1)=\lim_{t \to 0^+} f(t)=0$$ → $x \to 1+$이면 $x>1$이므로 $x-1>1-1=0$
즉, $t>0$이므로 $t \longrightarrow 0+$가 돼.

$$\therefore \lim_{x \to 1^-} f(x)+\lim_{x \to 1^+} f(x-1)=1+0=1$$

ㄷ. $0 \le x<1$일 때, $f(x)=1$이므로

$$\lim_{x \to 1^-} f(f(x))=\lim_{x \to 1^-} f(1)=0 \ (참)$$

따라서 옳은 것은 ㄴ, ㄷ이다. → $x \ge 1$일 때 $f(x)=x-1$이므로 $f(1)=0$이야.

✳ **그래프에서 좌극한과 우극한의 해석**

그래프에서 좌극한·우극한은?

$x=a$에서의 좌극한값은 $x=a$의 왼쪽에서 $x=a$에 한없이 가까이 갈 때, 즉 ↗ 방향일 때의 y값이야. 또, $x=a$에서의 우극한값은 $x=a$의 오른쪽에서 $x=a$에 한없이 가까이 갈 때, 즉 ↖ 방향일 때의 y값이야.

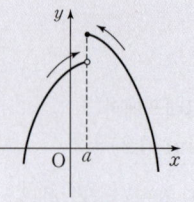

A 142 정답 ⑤ ＊합성함수의 극한 ·········· [정답률 67%]

정답 공식: $f(x)=t$라 할 때, 실수 a에 대하여 $x \to a+$ 또는 $x \to a-$이면 t의 값이 어떤 값으로 수렴하는지 파악하여 합성함수의 극한값을 구한다.

함수 $f(x)$가

$$f(x)=\begin{cases} -x & (x<0) \\ 1 & (0 \le x<1) \\ x-1 & (x \ge 1) \end{cases}$$

이고, 그 그래프는 그림과 같다. 이때, [보기]의 설명 중 옳은 것을 모두 고른 것은? (4점)

[보기]

ㄱ. $\lim\limits_{x \to 1} f(x)=0$

ㄴ. $\lim\limits_{x \to 1^+} f(f(x))=1$ 단서1 $x \ge 1$이므로 $f(x)=x-1$이야.

ㄷ. $\lim\limits_{x \to 1^-} f(f(x))=0$ 단서2 $0 \le x<1$이므로 $f(x)=1$이야.

① ㄴ ② ㄷ ③ ㄱ, ㄴ
④ ㄱ, ㄷ ⑤ ㄴ, ㄷ

1st ㄱ은 좌극한값과 우극한값이 같아야 극한값이 존재함을 이용해서 참·거짓을 따져.

ㄱ. 그래프에서 $x=1$에서의 좌극한(--→)은 $\lim\limits_{x \to 1^-} f(x)=1$이고, 우극한(←--)은 $\lim\limits_{x \to 1^+} f(x)=0$으로 좌극한값과 우극한값이 같지 않으므로 $\lim\limits_{x \to 1} f(x)$의 값은 존재하지 않는다. (거짓)

→ $x=1$에서 함수 $f(x)$의 극한값이 존재하려면 좌극한과 우극한이 모두 존재하고 그 값이 일치해야 해.

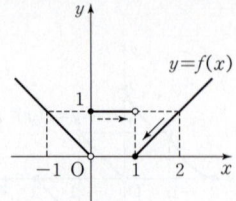

2nd ㄴ, ㄷ은 합성함수에 주의하면서!

ㄴ. $x \ge 1$일 때, $f(x)=x-1$이므로

$x \to 1+$일 때, $x-1 \to 0+$

$$\lim_{x \to 1^+} f(f(x))=\lim_{x \to 1^+} f(x-1)$$ → $x-1=h$로 치환

합성함수의 극한을 치환을 이용하자. $=\lim\limits_{h \to 0^+} f(h)$

$=1$ (참)

A 143 정답 ④ ＊합성함수의 극한 ·········· [정답률 76%]

정답 공식: 실수 a에 대하여 $x \to a$일 때 $f(\square)$에서 $\square$가 어떤 값으로 수렴하는지 파악한 후 그래프를 따라가며 $f(\square)$의 극한값을 구한다.

함수 $y=f(x)$의 그래프가 그림과 같다.

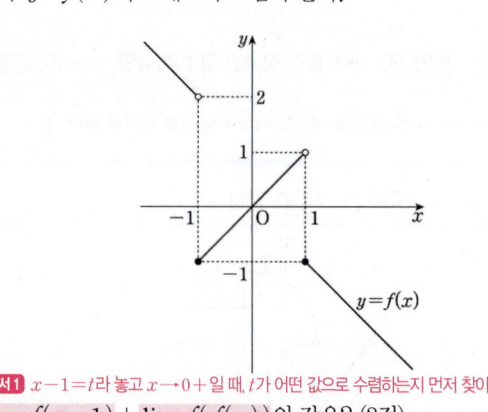

단서1 $x-1=t$라 놓고 $x \to 0+$일 때, t가 어떤 값으로 수렴하는지 먼저 찾아.

$$\lim_{x \to 0^+} f(x-1)+\lim_{x \to 1^+} f(f(x))$$의 값은? (3점)

단서2 $f(x)=s$라 놓고 $x \to 1+$일 때, s가 어떤 값으로 수렴하는지 알아야 해.

① -2 ② -1 ③ 0 ④ 1 ⑤ 2

1st $x-1=t$라 놓고 $f(t)$의 극한값을 구해.

$x-1=t$라 하면 $x \to 0+$일 때, $t \to -1+$이므로

$$\lim_{x \to 0^+} f(x-1)=\lim_{t \to -1^+} f(t)=-1$$

→ x가 0보다 큰 값을 가지며 0에 가까워지면 $x-1$은 -1보다 큰 값을 가지며 -1에 가까워지지?

2nd $f(x)=s$라 놓고 $f(s)$의 극한값을 구해.

$f(x)=s$라 하면 $x \to 1+$일 때, $s \to -1-$이므로

$$\lim_{x \to 1^+} f(f(x))=\lim_{s \to -1^-} f(s)=2$$

→ x가 1보다 큰 값을 가지며 1에 가까워지면 주어진 그래프에서 $f(x)$의 값은 -1보다 작은 값을 가지며 -1에 가까워짐을 알 수 있어.

$$\therefore \lim_{x \to 0^+} f(x-1)+\lim_{x \to 1^+} f(f(x))$$
$$=(-1)+2=1$$

❖ **합성함수의 극한** 개념·공식

합성함수 $(f \circ g)(x)$의 극한값, 즉 $\lim\limits_{x \to a} (f \circ g)(x)=\lim\limits_{x \to a} f(g(x))$의 값은 $g(x)=t$라 하고 다음을 이용하여 구한다.

① $x \to a$일 때, $t \to b+$이면
$$\lim_{x \to a} (f \circ g)(x)=\lim_{x \to a} f(g(x))=\lim_{t \to b^+} f(t)$$

② $x \to a$일 때, $t \to b-$이면
$$\lim_{x \to a} (f \circ g)(x)=\lim_{x \to a} f(g(x))=\lim_{t \to b^-} f(t)$$

③ $x \to a$일 때, $t=b$이면
$$\lim_{x \to a} (f \circ g)(x)=\lim_{x \to a} f(g(x))=f(b)$$

A 144 정답 ① *합성함수의 극한 ········· [정답률 68%]

정답 공식: 극한값이 존재하고 (분모)→ 0이면 (분자)→ 0이어야 한다. 또, 0이 아닌 극한값이 존재하고 (분자)→ 0이면 (분모)→ 0이어야 한다.

다항함수 $f(x)$가

$$\lim_{x \to 0} \frac{x}{f(x)} = 1, \quad \lim_{x \to 1} \frac{x-1}{f(x)} = 2$$

단서 1 $x \to 1$일 때 (분자)→ 0이고 극한값이 0이 아니므로 $\lim_{x \to 1} f(x) = 0$, 즉 $f(1) = 0$임을 알 수 있어.

를 만족시킬 때, $\displaystyle\lim_{x \to 1} \frac{f(f(x))}{2x^2 - x - 1}$의 값은? (3점)

단서 2 $\dfrac{f(f(x))}{f(x)} \times \dfrac{f(x)}{x-1} \times \dfrac{1}{2x+1}$로 변형할 수 있어.

① $\dfrac{1}{6}$ ② $\dfrac{1}{3}$ ③ $\dfrac{1}{2}$ ④ $\dfrac{2}{3}$ ⑤ $\dfrac{5}{6}$

1st $\displaystyle\lim_{x \to a} \frac{f(x)}{g(x)} = \alpha$(단, $\alpha \neq 0$인 상수)일 때, $\displaystyle\lim_{x \to a} f(x) = 0$이면 $\displaystyle\lim_{x \to a} g(x) = 0$이지?

$\displaystyle\lim_{x \to 1} \frac{x-1}{f(x)} = 2$에서 $x \to 1$일 때, (분자)→ 0이고 극한값이 2이므로 (분모)→ 0이어야 한다.

$f(x)$가 다항함수이므로 $\displaystyle\lim_{x \to 1} f(x) = 0$

$\therefore f(1) = 0 \cdots \bigcirc$

2nd $f(x) = t$라 치환하자.

$f(x) = t$라 하면 $x \to 1$일 때 $t \to 0$ ($\because \bigcirc$)이므로

주의 문제에서 주어진 극한의 꼴이 나오도록 변형하는 게 중요해!

$$\lim_{x \to 1} \frac{f(f(x))}{2x^2 - x - 1} = \lim_{x \to 1} \left\{ \frac{f(f(x))}{f(x)} \times \frac{f(x)}{(x-1)(2x+1)} \right\}$$

$$= \lim_{x \to 1} \frac{f(f(x))}{f(x)} \times \lim_{x \to 1} \frac{f(x)}{x-1} \times \lim_{x \to 1} \frac{1}{2x+1}$$

$$= \lim_{t \to 0} \frac{f(t)}{t} \times \lim_{x \to 1} \frac{f(x)}{x-1} \times \lim_{x \to 1} \frac{1}{2x+1}$$

분자, 분모를 $f(t)$로 각각 나눠.

$$= \lim_{t \to 0} \frac{1}{\frac{t}{f(t)}} \times \lim_{x \to 1} \frac{1}{\frac{x-1}{f(x)}} \times \lim_{x \to 1} \frac{1}{2x+1}$$

분자, 분모를 $f(x)$로 각각 나눠.

$$= 1 \times \frac{1}{2} \times \frac{1}{3} = \frac{1}{6}$$

다른 풀이: 주어진 식에서 $f(0)$, $f(1)$, $f'(1)$을 구하고, 구하는 극한식을 그 값에 맞게 변형하여 구하기

$\displaystyle\lim_{x \to 0} \frac{x}{f(x)} = 1$에서 $x \to 0$일 때, (분자)→ 0이므로 (분모)→ 0이어야 해.

$\therefore f(0) = 0 \cdots \bigcirc\!\!\bigcirc$

$$\lim_{x \to 0} \frac{x}{f(x)} = \lim_{x \to 0} \frac{x}{f(x) - f(0)} \ (\because \bigcirc\!\!\bigcirc)$$

$$= \lim_{x \to 0} \frac{1}{\frac{f(x) - f(0)}{x}} = \frac{1}{f'(0)} = 1$$

$\therefore f'(0) = 1$

또, $\displaystyle\lim_{x \to 1} \frac{x-1}{f(x)} = 2$에서 $x \to 1$일 때, (분자)→ 0이므로 (분모)→ 0이어야 해.

$\therefore f(1) = 0 \cdots \bigcirc\!\!\!\bigcirc$

$\bigcirc\!\!\!\bigcirc$, $\bigcirc\!\!\bigcirc$에서 $f(f(1)) = f(0) = 0 \cdots$ ㉣

$$\lim_{x \to 1} \frac{x-1}{f(x)} = \lim_{x \to 1} \frac{x-1}{f(x) - f(1)} \ (\because \bigcirc\!\!\!\bigcirc)$$

$$= \lim_{x \to 1} \frac{1}{\frac{f(x) - f(1)}{x-1}}$$

$$= \frac{1}{f'(1)} = 2$$

$\therefore f'(1) = \dfrac{1}{2}$

$$\therefore \lim_{x \to 1} \frac{f(f(x))}{2x^2 - x - 1}$$

$$= \lim_{x \to 1} \frac{f(f(x)) - f(f(1))}{f(x) - f(1)} \times \frac{f(x) - f(1)}{x-1} \times \frac{1}{2x+1} \ (\because ㉣)$$

$$= f'(f(1)) \times f'(1) \times \frac{1}{3}$$

$$= f'(0) \times \frac{1}{2} \times \frac{1}{3}$$

$$= 1 \times \frac{1}{2} \times \frac{1}{3} = \frac{1}{6}$$

✿ 합성함수의 극한 〔개념·공식〕

합성함수 $(f \circ g)(x)$의 극한값, 즉 $\displaystyle\lim_{x \to a}(f \circ g)(x) = \lim_{x \to a} f(g(x))$의 값은 $g(x) = t$라 하고 다음을 이용하여 구한다.

① $x \to a$일 때, $t \to b+$이면

$$\lim_{x \to a}(f \circ g)(x) = \lim_{x \to a} f(g(x)) = \lim_{t \to b+} f(t)$$

② $x \to a$일 때, $t \to b-$이면

$$\lim_{x \to a}(f \circ g)(x) = \lim_{x \to a} f(g(x)) = \lim_{t \to b-} f(t)$$

③ $x \to a$일 때, $t = b$이면

$$\lim_{x \to a}(f \circ g)(x) = \lim_{x \to a} f(g(x)) = f(b)$$

A 145 정답 ⑤ *합성함수의 극한 ········· [정답률 63%]

정답 공식: $f(x) = t$라 할 때, 실수 a에 대하여 $x \to a+$ 또는 $x \to a-$이면 t의 값이 어떤 값으로 수렴하는지 파악하여 합성함수의 극한값을 구한다.

정의역이 $\{x \mid 0 \leq x \leq 4\}$인 함수 $y = f(x)$의 그래프가 그림과 같다.

단서 1 $\displaystyle\lim_{x \to 0+} f(x)$의 값을 먼저 찾아.

$$\lim_{x \to 0+} f(f(x)) + \lim_{x \to 2+} f(f(x))$$

의 값은? (3점) **단서 2** $\displaystyle\lim_{x \to 2+} f(x)$의 값을 먼저 찾아.

① 1 ② 2
③ 3 ④ 4
⑤ 5

1st 먼저 $\displaystyle\lim_{x \to 0+} f(f(x))$의 값을 구하자.

(i) 그림에서 $x \to 0+$일 때, $f(x) \to 3-$이므로

$f(x) = t$로 놓으면

$$\lim_{x \to 0+} f(f(x)) = \lim_{t \to 3-} f(t) = 3$$

실수 $x \to 0+$일 때 $f(x)$의 값이 3보다 작은 값에서 3으로 다가가기 때문에 $f(x) \to 3-$라고 해야 올바른 치환이야.

2nd 이번엔 $\displaystyle\lim_{x \to 2+} f(f(x))$의 값을 구하자.

(ii) 그림에서 $x \to 2+$일 때, $f(x) = 3$이므로

$$\lim_{x \to 2+} f(f(x)) = f(3) = 2$$

합성함수의 극한은 치환을 이용하자.

$$\therefore \lim_{x \to 0+} f(f(x)) + \lim_{x \to 2+} f(f(x))$$

$$= 3 + 2 = 5$$

실수 $x \to 2+$일 때 $f(x)$의 값은 $y = 3$을 따라 다가오므로 $f(x) = 3$이라고 해야 해.

(**정답 공식**: 극한값이 존재하고, (분모) → 0이면 (분자) → 0이다.)

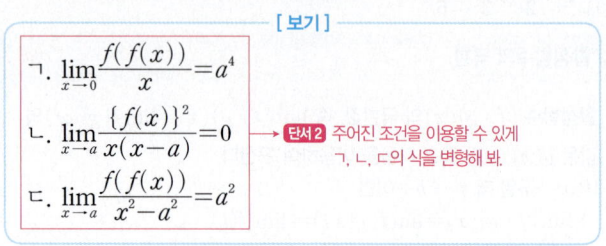

모든 실수 x에서 정의된 함수 $f(x)$가 다음을 만족시킨다.

$$\lim_{x \to a} \frac{f(x)}{x-a} = a, \quad \lim_{x \to 0} \frac{f(x)}{x} = a^2$$

단서1 분수식의 극한값이 존재하고,
(분모) → 0이면
(분자) → 0이어야 해.

다음 [보기] 중에서 옳은 것만을 있는 대로 고른 것은?
(단, a는 $a \neq 0$인 실수이다.) (4점)

[보기]

ㄱ. $\lim\limits_{x \to 0} \dfrac{f(f(x))}{x} = a^4$

ㄴ. $\lim\limits_{x \to a} \dfrac{\{f(x)\}^2}{x(x-a)} = 0$

ㄷ. $\lim\limits_{x \to a} \dfrac{f(f(x))}{x^2-a^2} = a^2$

단서2 주어진 조건을 이용할 수 있게 ㄱ, ㄴ, ㄷ의 식을 변형해 봐.

① ㄱ
② ㄴ
③ ㄱ, ㄴ
④ ㄴ, ㄷ
⑤ ㄱ, ㄴ, ㄷ

1st 주어진 조건을 이용하여 $\lim\limits_{x \to a} f(x)$와 $\lim\limits_{x \to 0} f(x)$의 값을 구하자.

$\lim\limits_{x \to a} \dfrac{f(x)}{x-a} = a$이므로 $\lim\limits_{x \to a} f(x) = 0$이고,

$\lim\limits_{x \to 0} \dfrac{f(x)}{x} = a^2$이므로 $\lim\limits_{x \to 0} f(x) = 0$이다.

→ $\lim\limits_{x \to a} \dfrac{f(x)}{g(x)} = a$일 때,
→ $\lim\limits_{x \to a} g(x) = 0$이면
→ $\lim\limits_{x \to a} f(x) = 0$이어야 해.
(단, a는 상수)

2nd ㄱ, ㄴ, ㄷ의 식을 변형하여 **1st** 에서 구한 조건을 이용하자.

ㄱ. $\lim\limits_{x \to 0} \dfrac{f(f(x))}{x} = \lim\limits_{x \to 0} \left\{ \dfrac{f(f(x))}{f(x)} \cdot \dfrac{f(x)}{x} \right\} = a^2 \cdot a^2 = a^4$ (참)

ㄴ. $\lim\limits_{x \to a} \dfrac{\{f(x)\}^2}{x(x-a)} = \lim\limits_{x \to a} \left\{ \dfrac{f(x)}{x-a} \cdot \dfrac{f(x)}{x} \right\} = a \cdot \dfrac{0}{a} = 0$ (참)

ㄷ. $\lim\limits_{x \to a} \dfrac{f(f(x))}{x^2-a^2} = \lim\limits_{x \to a} \left\{ \dfrac{f(f(x))}{f(x)} \cdot \dfrac{f(x)}{x-a} \cdot \dfrac{1}{x+a} \right\}$

$= a^2 \cdot a \cdot \dfrac{1}{2a} = \dfrac{a^2}{2}$ (거짓)

모든 실수 x에서 함수 $f(x)$가 정의되고, $\lim\limits_{x \to 0} \dfrac{f(x)}{x} = a^2$, $\lim\limits_{x \to 0} f(x) = 0$이므로 $f(x) = t$라 하면

따라서 옳은 것은 ㄱ, ㄴ이다.

→ $\lim\limits_{x \to a} \dfrac{f(f(x))}{f(x)}$ 에서 $f(x) = s$라 하면 $\lim\limits_{x \to a} f(x) = 0$

이므로 $\lim\limits_{x \to a} \dfrac{f(f(x))}{f(x)} = \lim\limits_{s \to 0} \dfrac{f(s)}{s} = a^2$이야.

$\lim\limits_{x \to 0} \dfrac{f(f(x))}{f(x)} = \lim\limits_{t \to 0} \dfrac{f(t)}{t} = a^2$이야.

❖ **합성함수의 극한** 　　　　　　　　　　개념·공식

합성함수 $(f \circ g)(x)$의 극한값, 즉 $\lim\limits_{x \to a} (f \circ g)(x) = \lim\limits_{x \to a} f(g(x))$의 값은 $g(x) = t$라 하고 다음을 이용하여 구한다.

① $x \to a$일 때, $t \to b+$이면
$\lim\limits_{x \to a} (f \circ g)(x) = \lim\limits_{x \to a} f(g(x)) = \lim\limits_{t \to b+} f(t)$

② $x \to a$일 때, $t \to b-$이면
$\lim\limits_{x \to a} (f \circ g)(x) = \lim\limits_{x \to a} f(g(x)) = \lim\limits_{t \to b-} f(t)$

③ $x \to a$일 때, $t = b$이면
$\lim\limits_{x \to a} (f \circ g)(x) = \lim\limits_{x \to a} f(g(x)) = f(b)$

정답 공식: 다항함수 $f(x)$에 대하여 $\lim\limits_{x \to \infty} \dfrac{f(x)}{x^n} = c$ (c는 0이 아닌 실수, n은 자연수)이면 $f(x)$의 차수는 n이고, 최고차항의 계수는 c이다.

$\lim\limits_{x \to a} \dfrac{f(x)}{g(x)} = a$ (a는 실수)일 때, $\lim\limits_{x \to a} g(x) = 0$이면 $\lim\limits_{x \to a} f(x) = 0$이다.

다항함수 $f(x)$가 **단서1** 다항함수는 모든 실수에서 연속이야.

$$\lim_{x \to \infty} \frac{xf(x) - 2x^3 + 1}{x^2} = 5, \quad f(0) = 1$$

단서2 $\dfrac{\infty}{\infty}$ 꼴이 수렴하므로 분모와 분자의 차수가 같아야 해. 또, 극한값이 5이므로 분모와 분자의 최고차항의 계수의 비는 5야.

을 만족시킬 때, $f(1)$의 값을 구하시오. (3점)

1st $\lim\limits_{x \to \infty} \dfrac{xf(x) - 2x^3 + 1}{x^2} = 5$를 이용하여 다항함수 $f(x)$를 유추하자.

$\lim\limits_{x \to \infty} \dfrac{xf(x) - 2x^3 + 1}{x^2} = 5$이므로 다항함수 $f(x)$에 대하여 $xf(x) - 2x^3 + 1$은 최고차항의 계수가 5인 이차함수이다.

🔄 **실수** $xf(x) - 2x^3 + 1$은 최고차항의 계수가 5인 이차함수가 되어야 하는데, $xf(x)$가 최고차항의 계수가 5인 이차함수라고 하면 안 돼. 왜냐하면 $xf(x)$가 최고차항의 계수가 5인 이차함수이면 $xf(x) - 2x^3 + 1$은 최고차항의 계수가 -2인 삼차함수이기 때문이야.

즉, $xf(x) - 2x^3 + 1 = 5x^2 + ax + b$ (a, b는 실수)로 놓을 수 있다.

2nd 항등식의 성질을 이용하여 함수 $xf(x)$를 구하자.

모든 실수 x에 대해 $xf(x) - 2x^3 + 1 = 5x^2 + ax + b$이므로 등식의 양변에 $x = 0$을 대입하면 $1 = b$이다.

∴ $xf(x) = 2x^3 + 5x^2 + ax$

3rd 함수 $f(x)$가 연속함수임을 이용하여 $f(1)$의 값을 구하자.

$x \neq 0$일 때 $f(x) = 2x^2 + 5x + a$이고 함수 $f(x)$는 다항함수이므로 모든 실수에서 연속이다. 즉, $x = 0$에서 연속이므로

→ $f(x)$가 다항함수이므로 $\lim\limits_{x \to 0} f(x) = f(0)$이야.

$f(0) = \lim\limits_{x \to 0} f(x) = a = 1$

∴ $f(1) = 2 + 5 + 1 = 8$

→ 함수 $f(x)$가 $x = a$에서 연속이려면 $x = a$에서의 함숫값 $f(a)$와 극한값 $\lim\limits_{x \to a} f(x)$가 같아야 해.

❖ **미정계수의 결정** 　　　　　　　　　개념·공식

두 함수 $f(x)$, $g(x)$에 대하여

① $\lim\limits_{x \to a} \dfrac{f(x)}{g(x)} = a$ (단, a는 상수)일 때, $\lim\limits_{x \to a} g(x) = 0$이면 $\lim\limits_{x \to a} f(x) = 0$

② $\lim\limits_{x \to a} \dfrac{f(x)}{g(x)} = a$ (단, $a \neq 0$인 상수)일 때, $\lim\limits_{x \to a} f(x) = 0$이면 $\lim\limits_{x \to a} g(x) = 0$

정답 공식: 다항함수 $f(x)$에 대하여 $\lim\limits_{x\to\infty}\dfrac{f(x)}{x^n}=c$ (c는 0이 아닌 실수, n은 자연수)이면 $f(x)$의 차수는 n이고, 최고차항의 계수는 c이다.
또한, $\lim\limits_{x\to a}\dfrac{f(x)}{g(x)}=a$ (a는 실수)일 때, $\lim\limits_{x\to a}g(x)=0$이면 $\lim\limits_{x\to a}f(x)=0$이다.

다항함수 $f(x)$가

단서2 극한값이 존재할 때, 분모가 0에 수렴하면 분자도 0에 수렴하는 성질을 이용해야 해.

$$\lim_{x\to\infty}\frac{f(x)}{x^2}=2,\ \lim_{x\to 1}\frac{f(x)}{x-1}=3$$

을 만족시킬 때, $f(3)$의 값은? (3점)

단서1 다항함수 $f(x)$의 차수와 최고차항의 계수를 알 수 있어.

① 11　② 12　③ 13　④ 14　⑤ 15

1st 다항함수 $f(x)$의 차수와 최고차항의 계수를 구하자.

$f(x)$가 3차 이상의 다항함수이면 $\lim\limits_{x\to\infty}\dfrac{f(x)}{x^2}$는 발산한다.

또한, $f(x)$가 1차 이하의 다항함수이면 $\lim\limits_{x\to\infty}\dfrac{f(x)}{x^2}=0$이다.

따라서 $\lim\limits_{x\to\infty}\dfrac{f(x)}{x^2}=2$이려면 $f(x)$는 이차함수이어야 한다.

즉, $f(x)=ax^2+bx+c$ (a, b, c는 상수, $a\neq 0$)이라 하면

$$\lim_{x\to\infty}\frac{ax^2+bx+c}{x^2}=2 \text{에서 } a=2$$

2nd 함수 $f(x)$를 구하자.

→ $\dfrac{\infty}{\infty}$ 꼴이므로 분모와 분자를 각각 분모의 최고차항인 x^2으로 나누어서 계산하면 돼.

$$\lim_{x\to 1}\frac{f(x)}{x-1}=\lim_{x\to 1}\frac{2x^2+bx+c}{x-1}=3\text{에서}$$

$\lim\limits_{x\to 1}(x-1)=0$이므로

→ 분모가 0에 수렴하므로 분자도 0에 수렴하는 $\dfrac{0}{0}$ 꼴이어야 극한값이 존재해.

$$\lim_{x\to 1}(2x^2+bx+c)=0$$

$2+b+c=0 \quad\therefore c=-2-b\cdots$ ㉠

$$\lim_{x\to 1}\frac{2x^2+bx+c}{x-1}=\lim_{x\to 1}\frac{2x^2+bx-2-b}{x-1}\ (\because\text{㉠})$$

$$=\lim_{x\to 1}\frac{(2x+2+b)(x-1)}{x-1}$$

$$=\lim_{x\to 1}(2x+2+b)=4+b$$

$4+b=3 \quad\therefore b=-1$

$b=-1$을 ㉠에 대입하면 $c=-2-(-1)=-1$

따라서 $f(x)=2x^2-x-1$이므로

$f(3)=2\times 3^2-3-1=14$

다항함수의 결정 　개념·공식

두 다항함수 $f(x)$, $g(x)$에 대하여
$\lim\limits_{x\to\infty}\dfrac{f(x)}{g(x)}=a$ (a는 0이 아닌 실수)이면
$\Rightarrow f(x)$와 $g(x)$의 차수가 같다.

정답 공식: $\lim\limits_{x\to a}\dfrac{f(x)}{g(x)}=a$ (a는 실수)일 때, $\lim\limits_{x\to a}g(x)=0$이면 $\lim\limits_{x\to a}f(x)=0$이다.

다항함수 $f(x)$가

단서2 $x\to 2$일 때 극한값이 존재하고, (분모) $\to 0$이므로 (분자) $\to 0$이어야 해.

$$\lim_{x\to\infty}\frac{f(x)}{x^2}=3,\ \lim_{x\to 2}\frac{f(x)}{x^2-x-2}=6$$

단서1 꼴이 0이 아닌 값으로 수렴하므로 분모와 분자의 차수가 같아야 하고, 극한값이 3이니까 분모와 분자의 최고차항의 계수의 비가 3이어야 해.

을 만족시킬 때, $f(0)$의 값은? (4점)

① -24　② -21　③ -18　④ -15　⑤ -12

1st $\lim\limits_{x\to\infty}\dfrac{f(x)}{x^2}=3$을 이용하여 다항함수 $f(x)$의 차수와 최고차항의 계수를 찾자.

실수 다항함수 $f(x)$가 최고차항의 계수가 3인 이차함수라 해서 일차항과 상수항을 생각하지 않고 $f(x)=3x^2$으로 놓는 실수를 하지 않도록 해.

$\lim\limits_{x\to\infty}\dfrac{f(x)}{x^2}=3$이므로

다항함수 $f(x)$는 최고차항의 계수가 3인 이차함수이다.

즉, $f(x)=3x^2+ax+b$ (a, b는 상수)로 놓을 수 있다.

2nd $\lim\limits_{x\to 2}\dfrac{f(x)}{x^2-x-2}=6$을 이용하여 함수 $f(x)$를 완성하자.

$\lim\limits_{x\to 2}\dfrac{f(x)}{x^2-x-2}=6$에서 $x\to 2$일 때, 극한값이 존재하고

$\lim\limits_{x\to 2}\dfrac{f(x)}{x^2-x-2}=6$에서 극한값이 존재하고 $x\to 2$일 때, (분모) $\to 0$이므로 (분자) $\to 0$이어야 해.

$\lim\limits_{x\to 2}(x^2-x-2)=0$이므로 $\lim\limits_{x\to 2}f(x)=f(2)=0$이어야 한다.

즉, $f(2)=12+2a+b=0$이므로 $f(x)$가 다항함수이므로 $\lim\limits_{x\to 2}f(x)=f(2)$야.

$b=-2a-12\cdots$ ㉠

㉠을 $f(x)$에 대입하면

$f(x)=3x^2+ax-2a-12=(x-2)(3x+a+6)$이므로

$$\lim_{x\to 2}\frac{f(x)}{x^2-x-2}=\lim_{x\to 2}\frac{(x-2)(3x+a+6)}{(x-2)(x+1)}$$

$$=\lim_{x\to 2}\frac{3x+a+6}{x+1}=\frac{6+a+6}{3}=6$$

$12+a=18 \quad\therefore a=6$

$a=6$을 ㉠에 대입하면 $b=-2\times 6-12=-24$

따라서 $f(x)=3x^2+6x-24$이므로 $f(0)=-24$

🔍 쉬운 풀이: 주어진 두 극한값을 계산한 식으로 함수 $f(x)$의 식 유도하기

$\lim\limits_{x\to\infty}\dfrac{f(x)}{x^2}=3$이므로 다항함수 $f(x)$는 최고차항의 계수가 3인 이차함

수야. 또한, $\lim\limits_{x\to 2}\dfrac{f(x)}{x^2-x-2}=\lim\limits_{x\to 2}\dfrac{f(x)}{(x-2)(x+1)}=6$에서

$x\to 2$일 때, $\lim\limits_{x\to 2}(x^2-x-2)=0$이므로

$\lim\limits_{x\to 2}f(x)=f(2)=0$이어야 해. 즉, $f(x)$는 $x-2$를 인수로 가져야 해.

$\lim\limits_{x\to 2}\dfrac{f(x)}{x^2-x-2}$의 극한값이 존재하기 위해서는 분모의 인수 $x-2$가 약분되어야 하지? 따라서 $f(x)$는 $x-2$를 인수로 가져야 해.

따라서 $f(x)=3(x-2)(x-a)$ (a는 상수)라 하면

$$\lim_{x\to 2}\frac{f(x)}{x^2-x-2}=\lim_{x\to 2}\frac{3(x-2)(x-a)}{(x-2)(x+1)}=\lim_{x\to 2}\frac{3(x-a)}{x+1}$$

$$=\frac{3(2-a)}{3}=2-a=6$$

$\therefore a=-4$

따라서 $f(x)=3(x-2)(x+4)$이므로

$f(0)=3\times(-2)\times 4=-24$

A 150 정답 ③ *함수의 극한을 이용한 다항함수의 결정 ·· [정답률 67%]

상수항과 계수가 모두 정수인 두 다항함수 $f(x)$, $g(x)$가 다음 조건을 만족시킬 때, $f(2)$의 최댓값은? (4점)

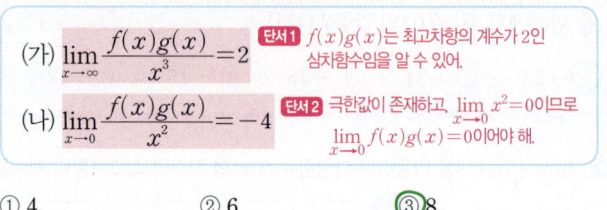

(가) $\lim\limits_{x \to \infty} \dfrac{f(x)g(x)}{x^3}=2$ **단서 1** $f(x)g(x)$는 최고차항의 계수가 2인 삼차함수임을 알 수 있어.

(나) $\lim\limits_{x \to 0} \dfrac{f(x)g(x)}{x^2}=-4$ **단서 2** 극한값이 존재하고, $\lim\limits_{x \to 0} x^2=0$이므로 $\lim\limits_{x \to 0} f(x)g(x)=0$이어야 해.

① 4   ② 6   ③ 8
④ 10   ⑤ 12

1st 주어진 조건을 이용하여 함수 $f(x)g(x)$를 유추해.

조건 (가)에서 $\lim\limits_{x \to \infty} \dfrac{f(x)g(x)}{x^3}=2$이므로 다항함수 $f(x)g(x)$는 최고차항의 계수가 2인 삼차함수이다. ▸ 두 다항함수 $F(x), G(x)$에 대하여 $\lim\limits_{x \to \infty} \dfrac{F(x)}{G(x)}=\alpha$($\alpha$는 $a \ne 0$인 실수)이면 $F(x), G(x)$의 차수는 같고, $a = \dfrac{(F(x)의 최고차항의 계수)}{(G(x)의 최고차항의 계수)}$야.

또, 조건 (나)에서

$\lim\limits_{x \to 0} \dfrac{f(x)g(x)}{x^2}=-4$에서 극한값이 존재하고

$x \to 0$일 때, (분모) → 0이므로 (분자) → 0이어야 한다.

$\therefore \lim\limits_{x \to 0} f(x)g(x)=f(0)g(0)=0$ ▸ $f(x), g(x)$가 다항함수이므로 $\lim\limits_{x \to 0} f(x)g(x)=f(0)g(0)$이지? 즉, $f(0)g(0)=0$이야.

즉, 함수 $f(x)g(x)$는 x^2을 인수로 갖는 최고차항의 계수가 2인 삼차함 ▸ $f(x)g(x)$는 $x-0=x$를 인수로 갖는데, $\lim\limits_{x \to 0} \dfrac{f(x)g(x)}{x^2}$의 값이 존재하므로 x^2을 인수로 가져야 해.

수이므로

$f(x)g(x)=2x^2(x+a)$ (단, a는 상수)

로 놓을 수 있다.

2nd 조건 (나)에 $f(x)g(x)$의 식을 대입하여 상수 a의 값을 구하자.

$\lim\limits_{x \to 0} \dfrac{f(x)g(x)}{x^2}=\lim\limits_{x \to 0} \dfrac{2x^2(x+a)}{x^2}$
$=\lim\limits_{x \to 0} 2(x+a)$
$=2(0+a)=-4$

에서 $a=-2$이므로
$f(x)g(x)=2x^2(x-2)$

3rd $f(2)$의 최댓값을 구하자.

상수항과 계수가 모두 정수인 두 다항함수 $f(x)$, $g(x)$의 곱이 $f(x)g(x)=2x^2(x-2)$이므로 $f(x)$는 $2x^2(x-2)$의 인수이고, $f(2)$의 값이 최대가 되려면 $f(x)=2x^2$이다. ▸ $f(x)$가 $2x^2(x-2)$의 인수 중 $x-2$를 가지면 $f(2)=0$인데 주어진 선택지를 보면 $f(2)$의 최댓값이 자연수임을 알 수 있지? 즉, $f(x)$는 $x-2$를 인수로 갖지 않아.

따라서 구하는 $f(2)$의 최댓값은 $2 \times 2^2=8$이다.

A 151 정답 27 *함수의 극한을 이용한 다항함수의 결정 ·· [정답률 78%]

최고차항의 계수가 1인 이차함수 $f(x)$에 대하여

$\lim\limits_{x \to 5} \dfrac{f(x)-x}{x-5}=8$일 때, $f(7)$의 값을 구하시오. (3점)

단서 $x \to 5$일 때, 극한값이 존재하고 (분모) → 0이므로 (분자) → 0이어야 해.

1st $x \to 5$일 때, (분모) → 0이므로 (분자) → 0이어야 해.

$\lim\limits_{x \to 5} \dfrac{f(x)-x}{x-5}=8$에서 극한값이 존재하고 $\lim\limits_{x \to 5} (x-5)=0$이므로

$\lim\limits_{x \to 5} \{f(x)-x\}=0$이어야 한다.

실수 $f(a)=0$(a는 실수) 꼴 말고도 $f(a)-a=0$, $f(a)-3=0$ 등 다양한 경우에 어떤 식$(f(x)-x, f(x)-3)$이 $x-a$를 인수로 가지는지 파악할 수 있어야 해.

즉, $f(5)-5=0$이므로 $f(x)-x$는 $x-5$를 인수로 갖는다. ▸ $f(5)-5=0$의 의미는 $x=5$가 방정식 $f(x)-x=0$의 근이라는 거야.

그런데 $f(x)$가 최고차항의 계수가 1인 이차함수라 했으므로 $f(x)-x$도 최고차항의 계수가 1인 이차함수이다.

즉, $f(x)-x=(x-5)(x-k)$ (k는 상수)라 놓을 수 있으므로 이 식을 주어진 극한식에 대입하면

$\lim\limits_{x \to 5} \dfrac{f(x)-x}{x-5}=\lim\limits_{x \to 5} \dfrac{(x-5)(x-k)}{x-5}$
$=\lim\limits_{x \to 5}(x-k)=5-k$

$5-k=8$ $\quad \therefore k=-3$

2nd $f(7)$의 값을 구하자.

따라서 $f(x)-x=(x-5)(x+3)$에서
$f(x)=(x-5)(x+3)+x$이므로
$f(7)=2 \times 10+7=27$

다른 풀이: 주어진 식에서 $f(5)$, $f'(5)$를 구하고, 함수 $f(x)$ 구하기

최고차항의 계수가 1인 이차함수 $f(x)$를
$f(x)=x^2+ax+b$ (a, b는 상수)라 놓으면
위의 **1st** 에서 $f(5)-5=0$, 즉 $f(5)=5$이므로
$25+5a+b=5$ $\quad \therefore 5a+b=-20 \cdots \bigcirc$

한편, $\lim\limits_{x \to 5} \dfrac{f(x)-x}{x-5}=8$에서 ▸ $\bigcirc$에서 $b=-5(a+4)$이므로 $\lim\limits_{x \to 5} \dfrac{x^2+ax-5(a+4)-x}{x-5}$

$\lim\limits_{x \to 5} \dfrac{f(x)-x}{x-5}=\lim\limits_{x \to 5} \dfrac{f(x)-5-x+5}{x-5}$ $=\lim\limits_{x \to 5} \dfrac{(x-5)(x+a+4)}{x-5}$
$=\lim\limits_{x \to 5}(x+a+4)=9+a=8$
$\therefore a=-1$

$=\lim\limits_{x \to 5} \dfrac{f(x)-f(5)}{x-5}-\lim\limits_{x \to 5} \dfrac{x-5}{x-5}$

$=f'(5)-1=8$ ▸ $f'(p)=\lim\limits_{x \to p} \dfrac{f(x)-f(p)}{x-p}$

즉, $f'(5)=9$이고 $f'(x)=2x+a$이므로
$10+a=9$ $\quad \therefore a=-1$
$a=-1$을 $\bigcirc$에 대입하면
$-5+b=-20$ $\quad \therefore b=-15$
따라서 $f(x)=x^2-x-15$이므로
$f(7)=49-7-15=27$

A 152 정답 ③ * 함수의 극한을 이용한 다항함수의 결정 ··· [정답률 71%]

> **정답 공식:** 다항식 $f(x)$에 대하여 $\lim\limits_{x\to\infty}\dfrac{f(x)}{x^n}=c$ (c는 0이 아닌 상수)이면 $f(x)$의 차수는 n이고, 최고차항의 계수는 c이다. 또한, $\lim\limits_{x\to a}\dfrac{f(x)}{g(x)}=a$ (a는 상수)일 때 $\lim\limits_{x\to a}g(x)=0$이면 $\lim\limits_{x\to a}f(x)=0$이다.

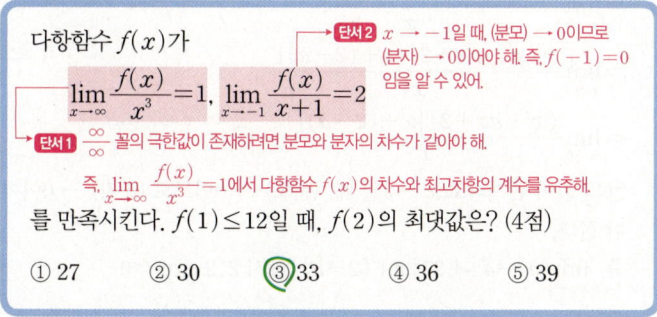

다항함수 $f(x)$가

단서1 $\dfrac{\infty}{\infty}$ 꼴의 극한값이 존재하려면 분모와 분자의 차수가 같아야 해.

단서2 $x \to -1$일 때, (분모) $\to 0$이므로 (분자) $\to 0$이어야 해. 즉, $f(-1)=0$임을 알 수 있어.

$$\lim_{x\to\infty}\frac{f(x)}{x^3}=1,\quad \lim_{x\to-1}\frac{f(x)}{x+1}=2$$

즉, $\lim\limits_{x\to\infty}\dfrac{f(x)}{x^3}=1$에서 다항함수 $f(x)$의 차수와 최고차항의 계수를 유추해.

를 만족시킨다. $f(1)\leq 12$일 때, $f(2)$의 최댓값은? (4점)

① 27   ② 30   ③ 33   ④ 36   ⑤ 39

1st 주어진 조건을 이용하여 다항함수 $f(x)$의 식을 유추해.

$\lim\limits_{x\to\infty}\dfrac{f(x)}{x^3}=1$이므로 다항함수 $f(x)$는 최고차항의 계수가 1인 삼차함수이다. ··· ㉠

두 다항함수 $f(x),g(x)$에 대하여 $\lim\limits_{x\to\infty}\dfrac{f(x)}{g(x)}=a$($a\neq0$인 실수)이면 $f(x),g(x)$의 차수는 같고, $a=\dfrac{(f(x)의 최고차항의 계수)}{(g(x)의 최고차항의 계수)}$야.

또, $\lim\limits_{x\to-1}\dfrac{f(x)}{x+1}=2$에서 $x\to-1$일 때, (분모) $\to 0$이므로 (분자) $\to 0$이어야 한다.

$\lim\limits_{x\to a}\dfrac{f(x)}{g(x)}=a$($a$는 상수)일 때, $\lim\limits_{x\to a}g(x)=0$이면 $\lim\limits_{x\to a}f(x)=0$이야.

즉, $\lim\limits_{x\to-1}f(x)=f(-1)=0$이다. ··· ㉡

따라서 ㉠, ㉡에서 $f(-1)=0$이므로 $f(x)$는 $x+1$을 인수로 가져.

$f(x)=(x+1)(x^2+ax+b)$ (단, a, b는 상수)로 놓을 수 있다.

2nd $f(1)\leq 12$를 이용하여 $f(2)$의 최댓값을 구하자.

이렇게 $f(x)$의 식을 세우면 계산이 훨씬 간단해져.

이때, $\lim\limits_{x\to-1}\dfrac{f(x)}{x+1}=2$에서

$$\lim_{x\to-1}\frac{f(x)}{x+1}=\lim_{x\to-1}\frac{(x+1)(x^2+ax+b)}{x+1}$$
$$=\lim_{x\to-1}(x^2+ax+b)=1-a+b=2$$

이므로 $b=a+1$

즉, $f(x)=(x+1)(x^2+ax+a+1)$이고, $f(1)\leq 12$이므로

$f(1)=2(2a+2)=4(a+1)\leq 12$

$a+1\leq 3$ $\therefore a\leq 2$

따라서 $f(2)=3(3a+5)=9a+15$이고

$9a+15\leq 9\times 2+15=33$이므로

$f(2)$의 최댓값은 33이다.

다른 풀이: 주어진 두 극한값을 계산한 식으로 함수 $f(x)$의 식 유도하기

$\lim\limits_{x\to\infty}\dfrac{f(x)}{x^3}=1$에서 다항함수 $f(x)$는 최고차항의 계수가 1인 삼차함수야.

또, $\lim\limits_{x\to-1}\dfrac{f(x)}{x+1}=2$에서 $x\to-1$일 때, (분모) $\to 0$이므로 (분자) $\to 0$ 이어야 해.

$f(-1)=0$이라 했지?

즉, $\lim\limits_{x\to-1}f(x)=f(-1)=0$이므로

$f'(a)=\lim\limits_{x\to a}\dfrac{f(x)-f(a)}{x-a}$

$\lim\limits_{x\to-1}\dfrac{f(x)}{x+1}=\lim\limits_{x\to-1}\dfrac{f(x)-f(-1)}{x-(-1)}=f'(-1)=2$

따라서 $f(x)=x^3+px^2+qx+r$ (단, p, q, r는 상수)라 하면

$f(-1)=0$에서

$-1+p-q+r=0$ $\therefore p-q+r=1$ ··· ㉢

또, $f'(x)=3x^2+2px+q$이므로

$f'(-1)=2$에서

$3-2p+q=2$ $\therefore q=2p-1$ ··· ㉣

㉣을 ㉢에 대입하면

$p-(2p-1)+r=1$ $\therefore r=p$ ··· ㉤

㉣, ㉤을 $f(x)$의 식에 대입하면

$f(x)=x^3+px^2+(2p-1)x+p$

이때, $f(1)\leq 12$이므로

$f(1)=1+p+2p-1+p=4p\leq 12$ $\therefore p\leq 3$

따라서

$f(2)=8+4p+4p-2+p=9p+6$
$\qquad\leq 9\times 3+6=33$

이므로 $f(2)$의 최댓값은 33이야.

> **✿ 미정계수의 결정**   개념·공식
>
> 두 함수 $f(x)$, $g(x)$에 대하여
> ① $\lim\limits_{x\to a}\dfrac{f(x)}{g(x)}=a$ (단, a는 상수)일 때, $\lim\limits_{x\to a}g(x)=0$이면 $\lim\limits_{x\to a}f(x)=0$
> ② $\lim\limits_{x\to a}\dfrac{f(x)}{g(x)}=a$ (단, $a\neq 0$인 상수)일 때, $\lim\limits_{x\to a}f(x)=0$이면 $\lim\limits_{x\to a}g(x)=0$

A 153 정답 ② * 함수의 극한을 이용한 다항함수의 결정 ····· [정답률 42%]

> **정답 공식:** $\dfrac{0}{0}$ 꼴의 극한에서 극한값이 존재하고 $x\to a$일 때, (분모) $\to 0$이면 (분자) $\to 0$이어야 한다.

최고차항의 계수가 1인 삼차함수 $f(x)$와 최고차항의 계수가 1인 이차함수 $g(x)$가 다음 조건을 만족시킬 때, $f(3)+g(8)$의 값은? (4점)

> (가) 두 곡선 $y=f(x)$와 $y=g(x)$는 모두 직선 $y=x$ 위의 서로 다른 두 점 A, B를 지난다.
>
> **단서1** 두 점 A, B의 좌표를 A(a,a), B(b,b)라 하고 두 곡선 $y=f(x)$, $y=g(x)$가 직선 $y=x$와 만남을 이용하여 식을 세울 수 있어.
>
> (나) $\lim\limits_{x\to 0}\dfrac{(f(x)-x)(g(x)-x)}{x^3}$ 의 값과 $\lim\limits_{x\to 0}\dfrac{(f(x)+x)(g(x)+x)}{x^3}$ 의 값이 존재한다.
>
> **단서2** $\dfrac{0}{0}$ 꼴의 극한에서 극한값이 존재하므로 분자는 x^3을 인수로 가져야 함을 알 수 있어. 극한값이 존재하기 위한 조건을 생각해 봐.

① 64   ② 68   ③ 72   ④ 76   ⑤ 80

1st 조건 (가)를 이용하여 $f(x)-x$, $g(x)-x$의 식을 세워.

조건 (가)에서 두 곡선 $y=f(x)$와 $y=g(x)$는 모두 직선 $y=x$ 위의 서로 다른 두 점 A, B를 지나므로 두 점 A, B의 좌표를 A(a,a), B(b,b) (단, $a<b$)라 하자.

삼차함수 $y=f(x)$와 직선 $y=x$의 교점의 x좌표를 a, b, k라 하면

주의
조건 (가)에서 두 곡선이 직선과 서로 다른 두 점을 지난다고 했지? 삼차함수 $y=f(x)$의 그래프와 직선 $y=x$의 교점의 개수는 2 이상이 되어야 하므로 교점의 x좌표를 a, b, k라 놓아야 해. 이때, k의 값이 a와 같다면 삼차함수 $y=f(x)$의 그래프는 직선 $y=x$와 $x=a$에서 접하고, $x=b$를 지나는 그래프가 돼. k의 값이 b와 같다면 삼차함수 $y=f(x)$의 그래프는 직선 $y=x$와 $x=b$에서 접하고, $x=a$를 지나는 그래프가 돼. 따라서 k는 a 또는 b와 같을 수도 있어.

$f(x)-x$는 $x-a$, $x-b$, $x-k$를 인수로 가지고, 삼차함수 $f(x)$의 최고차항의 계수가 1이므로 〔다항식 $f(x)$에 대하여 $f(a)=0$이면 $f(x)$는 $x-a$를 인수로 가져.〕

$f(x)-x=(x-a)(x-b)(x-k)$ (단, k는 상수)라 할 수 있다.

또, 이차함수 $y=g(x)$와 직선 $y=x$의 교점의 x좌표를 a, b라 하면 $g(x)-x$도 $x-a$, $x-b$를 인수로 가지고, 이차함수 $g(x)$의 최고차항의 계수가 1이므로

$g(x)-x=(x-a)(x-b)$라 할 수 있다.

2nd 조건 (나)에서 극한값이 존재함을 이용하여 두 함수 $f(x)$, $g(x)$를 구해.

조건 (나)에서

$$\lim_{x\to 0}\frac{(f(x)-x)(g(x)-x)}{x^3}=\lim_{x\to 0}\frac{(x-a)^2(x-b)^2(x-k)}{x^3}$$

이고 극한값이 존재하려면 $\frac{0}{0}$ 꼴이 되어야 하므로 분자에 x^3 또는 x^4 또는 x^5을 인수로 가져야 한다.

이때, $a\ne b$이므로 a 또는 b가 0이고 $k=0$인 경우에만 분자에 x^3을 〔$a\ne b$이므로 분자에 x^4 또는 x^5을 인수로 가질 수 없고 x^3을 인수로 가져야 해.〕 인수로 가질 수 있다.

따라서 $a=0$일 때와 $b=0$일 때로 나누어 확인한다.

(i) $a=0$, $k=0$일 때, 〔→삼차함수 $y=f(x)$의 그래프와 직선 $y=x$는 $x=0$에서 접하고 $x=b$를 지나는 그래프가 돼〕

$\underline{f(x)-x=x^2(x-b)}$, $f(x)=x^2(x-b)+x$

$g(x)-x=x(x-b)$, $g(x)=x(x-b)+x$

이므로 $f(x)=x^2(x-b)+x$에서 $f(x)+x=x^3-bx^2+2x$

$g(x)=x(x-b)+x$에서 $g(x)+x=x^2+(2-b)x$

한편, 조건 (나)에서 $\lim_{x\to 0}\dfrac{(f(x)+x)(g(x)+x)}{x^3}$의 극한값이 존재하는지 확인하기 위해 $f(x)+x$, $g(x)+x$를 대입하면

$$\lim_{x\to 0}\frac{(f(x)+x)(g(x)+x)}{x^3}$$
$$=\lim_{x\to 0}\frac{(x^3-bx^2+2x)\{x^2+(2-b)x\}}{x^3}$$
$$=\lim_{x\to 0}\frac{x^2(x^2-bx+2)\{x+(2-b)\}}{x^3}$$
$$=\lim_{x\to 0}\frac{(x^2-bx+2)\{x+(2-b)\}}{x}\ \cdots\ \text{㉠}$$

〔함수 $f(x)$, $g(x)$에 대하여 $\lim_{x\to a}\dfrac{f(x)}{g(x)}=a$ (a는 상수)일 때, $\lim_{x\to a}g(x)=0$이면 $\lim_{x\to a}f(x)=0$이야.〕

㉠의 값이 존재하고 $x\to 0$일 때, (분모) $\to 0$이므로 (분자) $\to 0$이어야 한다.

즉, $\lim_{x\to 0}(x^2-bx+2)\{x+(2-b)\}$에서 $2(2-b)=0$

$\therefore b=2$

따라서 $f(x)=x^2(x-2)+x=x^3-2x^2+x$,

$g(x)=x(x-2)+x=x^2-x$

(ii) $b=0$, $k=0$일 때,

$f(x)-x=x^2(x-a)$, $f(x)=x^2(x-a)+x$

$g(x)-x=x(x-a)$, $g(x)=x(x-a)+x$

이므로 $f(x)=x^2(x-a)+x$에서 $f(x)+x=x^3-ax^2+2x$

$g(x)=x(x-a)+x$에서 $g(x)+x=x^2+(2-a)x$

한편, 조건 (나)에서 $\lim_{x\to 0}\dfrac{(f(x)+x)(g(x)+x)}{x^3}$의 극한값이 존재하는지 확인하기 위해 $f(x)+x$, $g(x)+x$를 대입하면

$$\lim_{x\to 0}\frac{(f(x)+x)(g(x)+x)}{x^3}$$
$$=\lim_{x\to 0}\frac{(x^3-ax^2+2x)\{x^2+(2-a)x\}}{x^3}$$
$$=\lim_{x\to 0}\frac{x^2(x^2-ax+2)\{x+(2-a)\}}{x^3}$$
$$=\lim_{x\to 0}\frac{(x^2-ax+2)\{x+(2-a)\}}{x}\ \cdots\ \text{㉠}$$

㉠의 값이 존재하고 $x\to 0$일 때, (분모) $\to 0$이므로 (분자) $\to 0$이어야 한다.

즉, $\lim_{x\to 0}(x^2-ax+2)\{x+(2-a)\}$에서 $2(2-a)=0$

$\therefore a=2$

그런데 $a<b$이므로 조건을 만족시키지 않는다.

(i), (ii)에 의하여 $f(x)=x^3-2x^2+x$, $g(x)=x^2-x$이다.

3rd $f(3)+g(8)$의 값을 구해.

$f(x)=x^3-2x^2+x$, $g(x)=x^2-x$에서

$f(3)=27-18+3=12$, $g(8)=64-8=56$이다.

$\therefore f(3)+g(8)=12+56=68$

A 154 정답 ③ *함수의 극한을 이용한 다항함수의 결정 ⋯ [정답률 45%]

정답 공식: $\dfrac{\infty}{\infty}$ 꼴의 극한값이 존재하면 분모와 분자의 차수가 같아야 하고, $\dfrac{0}{0}$ 꼴의 극한값이 존재하면 분모와 분자를 0으로 만드는 공통인수가 존재한다.

다음 조건을 만족시키는 모든 다항함수 $f(x)$에 대하여 $f(1)$의 최댓값은? (4점) 〔**단서 1** $\dfrac{\infty}{\infty}$ 꼴의 극한값이 존재하므로 분모와 분자의 차수가 같고, 최고차항의 계수의 비가 6이어야 해.〕

$$\lim_{x\to\infty}\frac{f(x)-4x^3+3x^2}{x^{n+1}+1}=6,\quad \lim_{x\to 0}\frac{f(x)}{x^n}=4$$ 인 자연수 n이 존재한다. 〔**단서 2** $\dfrac{0}{0}$ 꼴의 극한값이 존재하므로 분자는 x^n을 인수로 가져야 해.〕

① 12   ② 13   ③ 14   ④ 15   ⑤ 16

1st 함수 $f(x)$가 다항함수이고 n이 자연수이므로 먼저 $n=1$일 때의 $f(1)$의 값을 구해봐. 〔$\lim_{x\to\infty}\dfrac{f(x)-4x^3+3x^2}{x^{n+1}+1}=6$에서 분자가 $f(x)$가 아닌 $f(x)-4x^3+3x^2$이기 때문에 $n=1$, $n=2$, $n\geq 3$인 경우로 각각 나눠서 생각해야 해.〕 **함정**

(i) $n=1$일 때, 〔$\dfrac{\infty}{\infty}$ 꼴이므로 분모, 분자의 차수가 같아야 극한값이 존재해. 따라서 분모의 차수가 2이므로 분자의 차수도 2이고 극한값이 6이므로 x^2의 계수가 6이어야 하지.〕

$$\lim_{x\to\infty}\frac{f(x)-4x^3+3x^2}{x^2+1}=6$$이므로

$f(x)-4x^3+3x^2=6x^2+\cdots$이어야 한다.

즉, $f(x)=4x^3+3x^2+ax+b$ (a, b는 상수)라 하면

$$\lim_{x\to 0}\frac{f(x)}{x}=4$$이므로

$$\lim_{x\to 0}\frac{4x^3+3x^2+ax+b}{x}=\lim_{x\to 0}\left(4x^2+3x+a+\frac{b}{x}\right)=4$$

$\therefore a=4$, $b=0$

〔$\lim_{x\to 0+}\dfrac{1}{x}=\infty$, $\lim_{x\to 0-}\dfrac{1}{x}=-\infty$이므로 b가 0이 아닌 상수이면 주어진 극한값이 존재하지 않아. 따라서 $b=0$이고, $\lim_{x\to 0}(4x^2+3x+a)=a=4$야.〕

따라서 $f(x)=4x^3+3x^2+4x$이므로 $f(1)=4+3+4=11$

2nd $n=2$일 때, $f(1)$의 값을 구하자.

(ii) $n=2$일 때,

$$\lim_{x\to\infty}\frac{f(x)-4x^3+3x^2}{x^3+1}=6$$이므로

> $\frac{\infty}{\infty}$ 꼴이므로 분모, 분자의 차수가 같아야 극한값이 존재해. 따라서 분모의 차수가 3이므로 분자의 차수도 3이고 극한값이 6이므로 x^3의 계수가 6이어야 해.

$f(x)-4x^3+3x^2=6x^3+\cdots$이어야 한다.

즉, $f(x)=10x^3+ax^2+bx+c$ (a, b, c는 상수)라 하면

$$\lim_{x\to 0}\frac{f(x)}{x^2}=4$$이므로

$$\lim_{x\to 0}\frac{10x^3+ax^2+bx+c}{x^2}=\lim_{x\to 0}\left(10x+a+\frac{b}{x}+\frac{c}{x^2}\right)=4$$

$\therefore \underline{a=4,\ b=0,\ c=0}$

> $\lim\limits_{x\to 0+}\frac{1}{x}=\infty$, $\lim\limits_{x\to 0-}\frac{1}{x}=-\infty$, $\lim\limits_{x\to 0}\frac{1}{x^2}=\infty$ 이므로 b와 c가 0이 아닌 상수이면 주어진 극한값이 존재하지 않지? 따라서 $b=0$, $c=0$이고, $\lim\limits_{x\to 0}(10x+a)=a=4$야.

따라서 $f(x)=10x^3+4x^2$이므로

$f(1)=10+4=14$

3rd $n\geq 3$일 때, $f(1)$의 값을 구하자.

(iii) $n\geq 3$일 때,

$$\lim_{x\to\infty}\frac{f(x)-4x^3+3x^2}{x^{n+1}+1}=6$$이므로

> $\frac{\infty}{\infty}$ 꼴이므로 분모, 분자의 차수가 같아야 극한값이 존재해. 따라서 분모의 차수가 $n+1$이므로 분자의 차수도 $n+1$이고 극한값이 6이므로 x^{n+1}의 계수가 6이어야 해.

$f(x)-4x^3+3x^2=6x^{n+1}+\cdots$이어야 한다.

즉, $f(x)=6x^{n+1}+a_n x^n+a_{n-1}x^{n-1}+\cdots+a_1 x+a_0$

$$(a_n, a_{n-1}, \cdots, a_1, a_0\text{은 상수})$$

라 하면 $\lim\limits_{x\to 0}\dfrac{f(x)}{x^n}=4$이므로

$$\lim_{x\to 0}\frac{6x^{n+1}+a_n x^n+a_{n-1}x^{n-1}+\cdots+a_0}{x^n}$$

$$=\lim_{x\to 0}\left(6x+a_n+\frac{a_{n-1}}{x}+\cdots+\frac{a_0}{x^n}\right)=4$$

$\therefore a_n=4$, $a_{n-1}=\cdots=a_0=0$

따라서 $f(x)=6x^{n+1}+4x^n$이므로 $f(1)=6+4=10$

(i)~(iii)에 의하여 $f(1)$의 최댓값은 14이다.

A 155 정답 ② *함수의 극한을 이용한 다항함수의 결정 … [정답률 63%]

> **정답 공식:** 조건 (가)를 이용해 $f(x)$의 차수와 최고차항의 계수를 추론하고, 조건 (나)를 이용해 $f(x)$의 함숫값과 나머지 차수의 항들에 대한 정보를 얻어 $f(x)$를 추론한다.

다항함수 $f(x)$가 다음 조건을 만족시킬 때, $f(1)$의 값은? (4점)

> (가) $\lim\limits_{x\to\infty}\left\{\dfrac{f(x)}{x^2}+1\right\}=0$ **단서 1** 이 식을 이용해 $f(x)$의 차수와 최고차항의 계수를 알 수 있어.
>
> (나) $\lim\limits_{x\to 0}\dfrac{f(x)-3}{x^2}=-1$ **단서 2** 0이 아닌 극한값이 존재하고, $\lim\limits_{x\to 0}$ (분모)$=0$이므로 $\lim\limits_{x\to 0}$ (분자)$=0$이어야 해.

① 1　②2　③ 3　④ 4　⑤ 5

1st $f(x)$의 차수와 최고차항의 계수를 구하자.

조건 (가)에서 $\lim\limits_{x\to\infty}\left\{\dfrac{f(x)}{x^2}+1\right\}=0$이므로

$$\lim_{x\to\infty}\frac{f(x)}{x^2}+1=0$$

주의

$$\therefore \lim_{x\to\infty}\frac{f(x)}{x^2}=-1$$

> $\lim\limits_{x\to\infty}f(x)=\alpha$, $\lim\limits_{x\to\infty}g(x)=\beta$ (α, β는 실수)일 때
> $\lim\limits_{x\to\infty}\{f(x)+g(x)\}=\lim\limits_{x\to\infty}f(x)+\lim\limits_{x\to\infty}g(x)=\alpha+\beta$가 성립해.
> 즉, $\lim\limits_{x\to\infty}\left\{\left(\dfrac{f(x)}{x^2}+1\right)+(-1)\right\}=0+(-1)=-1$이 돼.

즉, $f(x)$는 이차항의 계수가 -1인 이차함수이므로

> $\lim\limits_{x\to\infty}\dfrac{f(x)}{x^2}=-1$에서 분모의 차수가 2이니까 분자의 차수도 2이고, 분자인 $f(x)$의 최고차항의 계수가 -1이어야 해.

$f(x)=-x^2+ax+b$ (a, b는 상수)로 놓을 수 있다.

2nd 조건 (나)를 이용하여 상수 a, b의 값을 구하자.

조건 (나)에서 $\lim\limits_{x\to 0}\dfrac{f(x)-3}{x^2}=-1$이고 $\lim\limits_{x\to 0}x^2=0$이므로

$$\lim_{x\to 0}\{f(x)-3\}=0$$이어야 한다.

> $\lim\limits_{x\to 0}\dfrac{f(x)-3}{x^2}$이 수렴하므로 분모가 0에 수렴할 때 분자도 0에 수렴해야 해.

$\lim\limits_{x\to 0}(-x^2+ax+b-3)=b-3=0$　$\therefore b=3$

즉,

$$\lim_{x\to 0}\frac{f(x)-3}{x^2}=\lim_{x\to 0}\frac{-x^2+ax}{x^2}=\lim_{x\to 0}\frac{x(-x+a)}{x^2}$$

$$=\lim_{x\to 0}\frac{-x+a}{x}=-1$$

에서 극한값이 존재하고 (분모) $\to 0$이므로 (분자) $\to 0$이어야 한다.

$\lim\limits_{x\to 0}(-x+a)=0$　$\therefore a=0$

따라서 $f(x)=-x^2+3$이므로

$f(1)=-1+3=2$

A 156 정답 ④ *함수의 극한을 이용한 다항함수의 결정 … [정답률 61%]

> **정답 공식:** $f(x)$의 식을 세워 $f\left(\dfrac{1}{x}\right)$을 전개하고 각 항의 계수를 찾는다.

> **단서 1** $f(x)$는 최고차항의 계수가 1인 이차함수이므로 $f(x)=x^2+px+q$ (단, p, q는 상수)라 놓자.

최고차항의 계수가 1인 이차함수 $f(x)$가

$$\lim_{x\to 0}|x|\left\{f\left(\frac{1}{x}\right)-f\left(-\frac{1}{x}\right)\right\}=a,\quad \lim_{x\to\infty}f\left(\frac{1}{x}\right)=3$$

을 만족시킬 때, $f(2)$의 값은? (단, a는 상수이다.) (4점)

① 1　② 3　③ 5　④7　⑤ 9

> **단서 3** 이차함수 $f(x)$에서 x 대신에 $\dfrac{1}{x}$을 대입하여 $\lim\limits_{x\to\infty}f\left(\dfrac{1}{x}\right)$의 값이 3임을 이용하자.

> **단서 2** 주어진 함수가 $x=0$에서 수렴한다는 뜻이므로 $x=0$에서의 좌극한값과 우극한값이 같아야 해.

1st 최고차항의 계수가 1인 이차함수 $f(x)$를 정하고 $\lim\limits_{x\to 0}|x|\left\{f\left(\dfrac{1}{x}\right)-f\left(-\dfrac{1}{x}\right)\right\}$ 이 수렴함을 이용하여 이차함수의 계수를 구하자.

$f(x)$는 최고차항의 계수가 1인 이차함수이므로

$f(x)=x^2+px+q$ (단, p, q는 상수)라 하자.

$\lim\limits_{x\to 0}|x|\left\{f\left(\dfrac{1}{x}\right)-f\left(-\dfrac{1}{x}\right)\right\}=a$이므로

> $x\to 0$일 때, 주어진 식이 극한값 a를 가지므로 $x=0$에서의 좌극한값과 우극한값이 같아야 해.

$$\lim_{x\to 0+}x\left\{f\left(\frac{1}{x}\right)-f\left(-\frac{1}{x}\right)\right\}=\lim_{x\to 0-}(-x)\left\{f\left(\frac{1}{x}\right)-f\left(-\frac{1}{x}\right)\right\}=a$$

이어야 한다.

> $|x|=\begin{cases}x & (x\geq 0)\\ -x & (x<0)\end{cases}$

함정

> x의 값이 0에 가까워질 때의 극한값을 구하는 것이므로 $x\neq 0$이 아니야. 따라서 $|x|$에 $x=0$을 대입하는 것이 아니라 x의 부호에 유의해서 x 또는 $-x$로 나타내야 해.

$\dfrac{1}{x}=t$로 치환하면 $x\to 0+$일 때, $t\to\infty$이고, $x\to 0-$일 때, $t\to-\infty$이므로

(i) $\lim\limits_{x\to 0+}x\left\{f\left(\dfrac{1}{x}\right)-f\left(-\dfrac{1}{x}\right)\right\}$

$=\lim\limits_{t\to\infty}\dfrac{f(t)-f(-t)}{t}$

$=\lim\limits_{t\to\infty}\dfrac{t^2+pt+q-\{(-t)^2-pt+q\}}{t}$

> $f(x)=x^2+px+q$에서 x 대신에 t, $-t$를 각각 대입한 거야.

$=\lim\limits_{t\to\infty}\dfrac{2pt}{t}=2p$

(ii) $\lim\limits_{x \to 0-}(-x)\left\{f\left(\dfrac{1}{x}\right)-f\left(-\dfrac{1}{x}\right)\right\}$

$\quad = \lim\limits_{t \to -\infty}\dfrac{f(t)-f(-t)}{-t}$

$\quad = \lim\limits_{t \to -\infty}\dfrac{t^2+pt+q-\{(-t)^2-pt+q\}}{-t}$

$\quad = \lim\limits_{t \to -\infty}\left(-\dfrac{2pt}{t}\right)=-2p$

(i), (ii)에서 $2p=-2p=a$ $\quad\therefore p=0$

즉, $f(x)=x^2+q$이다.

2nd $\lim\limits_{x \to \infty}f\left(\dfrac{1}{x}\right)=3$을 이용하여 이차함수의 식을 완성하자.

따라서 $\lim\limits_{x \to \infty}f\left(\dfrac{1}{x}\right)=\lim\limits_{x \to \infty}\left(\dfrac{1}{x^2}+q\right)=q=3$이므로

$\qquad\qquad\qquad\qquad\qquad\underset{\underset{\lim\limits_{x \to \infty}\frac{1}{x^2}=0}{\Large\downarrow}}{\underline{\qquad\qquad\qquad\quad}}$

$f(x)=x^2+3$

$\therefore f(2)=2^2+3=7$

🧩 **다른 풀이:** 최고차항의 계수가 1인 이차함수 $f(x)$의 계수를 미지수로 두고, 조건을 만족시키도록 계수 구하기

$f(x)=x^2+px+q$ (단, p, q는 상수)라 할 때,

$\lim\limits_{x \to \infty}f\left(\dfrac{1}{x}\right)=\lim\limits_{x \to \infty}\left(\dfrac{1}{x^2}+\dfrac{p}{x}+q\right)=q=3$

한편,

$\lim\limits_{x \to 0}|x|\left\{f\left(\dfrac{1}{x}\right)-f\left(-\dfrac{1}{x}\right)\right\}$

$= \lim\limits_{x \to 0}|x|\left\{\left(\dfrac{1}{x^2}+\dfrac{p}{x}+q\right)-\left(\dfrac{1}{x^2}-\dfrac{p}{x}+q\right)\right\}$

$= \lim\limits_{x \to 0}\dfrac{2p|x|}{x}=a$

이므로 $\lim\limits_{x \to 0}\dfrac{2p|x|}{x}$의 값이 존재해야 하지?

즉, $\lim\limits_{x \to 0+}\dfrac{2p|x|}{x}=\lim\limits_{x \to 0+}\dfrac{2px}{x}=2p$,

$\lim\limits_{x \to 0-}\dfrac{2p|x|}{x}=\lim\limits_{x \to 0-}\dfrac{-2px}{x}=-2p$에서

$2p=-2p$ $\quad\therefore p=0$

따라서 $f(x)=x^2+3$이므로

$f(2)=2^2+3=7$이야.

🌸 **부정형 꼴의 극한값의 계산**   개념·공식

① $\dfrac{0}{0}$ 꼴 유리식 : 분모와 분자를 인수분해하여 약분한다.

    $\dfrac{0}{0}$ 꼴 무리식 : 유리화하여 약분한다.

② $\dfrac{\infty}{\infty}$ 꼴 : 분모의 최고차항으로 분모와 분자를 나눈다.

③ $\infty-\infty$ 꼴 다항식 : 최고차항으로 묶는다.

    $\infty-\infty$ 꼴 무리식 : 유리화한다.

④ $0\cdot\infty$ 꼴 $\begin{cases}\text{유리식 : 통분한다.}\\\text{무리식 : 유리화한다.}\end{cases}$ $\Rightarrow$ ① 또는 ② 꼴로 변형한다.

⑤ $\dfrac{c}{0}$ 꼴

    $c>0$일 때, 분모가 $+$이면 ∞

                  분모가 $-$이면 $-\infty$

    $c<0$일 때, 분모가 $+$이면 $-\infty$

                  분모가 $-$이면 ∞

⑥ $x \to -\infty$일 때, $x=-t$로 치환하면 $t \to \infty$

⑦ 가우스 기호가 들어 있는 경우

    $[x]=x-h$ $(0 \le h<1)$로 바꾼다.

A 157 정답 36   ✱함수의 극한을 이용한 다항함수의 결정 · [정답률 65%]

📗 **정답 공식:** $\dfrac{\infty}{\infty}$ 꼴의 극한에서 함수의 차수와 최고차항의 계수를 파악하고 $\dfrac{0}{0}$ 꼴의 극한에서 상수항을 파악한다.

이차함수 $f(x)$에 대하여

단서1 $f(x)$의 이차항의 계수를 알 수 있어.

$\lim\limits_{x \to \infty}\dfrac{f(x)}{x^2+2x+3}=1$, $\lim\limits_{x \to 3}\dfrac{f(x)}{x-3}=5$

단서2 $f(x)=0$의 해를 구할 수 있지

일 때, $f(7)$의 값을 구하시오. (3점)

1st $\lim\limits_{x \to \infty}\dfrac{g(x)}{h(x)}=\alpha$(단, $\alpha \ne 0$인 상수)이면 두 함수 $g(x)$, $h(x)$는 같은 차수의 다항식이야.

$\lim\limits_{x \to \infty}\dfrac{f(x)}{x^2+2x+3}=1$이 성립하므로 $f(x)$의 이차항의 계수는 1이다.

2nd $\lim\limits_{x \to a}\dfrac{g(x)}{h(x)}=\alpha$(단, α는 상수)이고, $\lim\limits_{x \to a}h(x)=0$이면 $\lim\limits_{x \to a}g(x)=0$이 성립해.

$\lim\limits_{x \to 3}\dfrac{f(x)}{x-3}=5$이고 $\lim\limits_{x \to 3}(x-3)=0$이므로

$\lim\limits_{x \to 3}f(x)=0$

$\therefore \lim\limits_{x \to 3}f(x)=f(3)=0$

> $f(x)$는 다항식이고, $f(\alpha)=0$이면 인수정리에 의해 $f(x)$는 $x-\alpha$라는 인수를 가지므로 $f(x)=k(x-\alpha)Q(x)$ 꼴로 나타낼 수 있는 거야.

$f(x)$는 최고차항의 계수가 1이고, $\underline{f(3)=0}$이므로

$f(x)=(x-3)(x+a)$라 놓을 수 있다.

3rd 구한 $f(x)$를 주어진 식에 대입하여 $f(x)$를 구하자.

$\lim\limits_{x \to 3}\dfrac{f(x)}{x-3}=\lim\limits_{x \to 3}\dfrac{(x-3)(x+a)}{x-3}=\lim\limits_{x \to 3}(x+a)=3+a$

$\lim\limits_{x \to 3}\dfrac{f(x)}{x-3}=5$이므로

$3+a=5$ $\quad\therefore a=2$

즉, $f(x)=(x-3)(x+2)$이므로

$f(7)=(7-3)(7+2)=36$

🌸 **다항함수의 결정**   개념·공식

두 다항함수 $f(x)$, $g(x)$에 대하여

$\lim\limits_{x \to \infty}\dfrac{f(x)}{g(x)}=\alpha$($\alpha$는 0이 아닌 실수)이면

$\Rightarrow f(x)$와 $g(x)$의 차수가 같다.

A 158 정답 13   ✱함수의 극한을 이용한 다항함수의 결정 ··· [정답률 69%]

📗 **정답 공식:** 조건 (가)를 통해 $f(x)$의 최고차항의 차수를 알 수 있다. 이를 통해 $f(x)$의 식을 만들 수 있다.

다항함수 $f(x)$가 다음 조건을 만족시킬 때, $f(2)$의 값을 구하시오. (4점)

(가) $\lim\limits_{x \to \infty}\dfrac{f(x)-x^3}{3x}=2$ **단서1** $f(x)-x^3$은 최고차항의 계수가 6인 일차함수야.

(나) $\lim\limits_{x \to 0}f(x)=-7$ **단서2** $f(0)=-7$이야.

1st 다항식 $f(x)$에 대하여 $\lim\limits_{x\to\infty}\dfrac{f(x)}{x^n}=c(c\neq0$인 상수$)$이면 $f(x)$의 차수는 n이고 최고차항의 계수는 c야.

조건 (가)에서 $\lim\limits_{x\to\infty}\dfrac{f(x)-x^3}{3x}=2$가 되려면 분자와 분모의 차수가 같아

두 다항함수 $f(x),g(x)$에 대하여 $\lim\limits_{x\to\infty}\dfrac{f(x)}{g(x)}=a(a\neq0)$이면 $f(x)$와 $g(x)$의 차수가 같아.

야 하므로 분자는 일차식이어야 한다.

또한, 분모의 최고차항의 계수가 3이므로 분자인 $f(x)-x^3$의 최고차항의 계수는 6이어야 한다.

따라서 $f(x)-x^3=6x+a$ (단, a는 상수)라 하면
$f(x)=x^3+6x+a$

2nd 조건 (나)를 이용하여 상수 a의 값을 구하자.

이때, 조건 (나)에서 $\lim\limits_{x\to0}f(x)=-7$이므로
$\lim\limits_{x\to0}(x^3+6x+a)=a=-7$ → $f(x)$가 다항함수이면 $\lim\limits_{x\to a}f(x)=f(a)$야.

따라서 $f(x)=x^3+6x-7$이므로
$f(2)=2^3+6\times2-7=13$

A 159 정답 14 ＊함수의 극한을 이용한 다항함수의 결정 [정답률 61%]

정답 공식: 조건 (가)에서 $f(x)$의 차수는 이차 이하임을 안다. 조건 (나), (다)를 통해 $f(1)$, $f(2)$의 값을 알 수 있다.

다항함수 $f(x)$가 다음 조건을 만족시킬 때, $f(3)$의 값을 구하시오. (3점)

(가) $\lim\limits_{x\to\infty}\dfrac{f(x)}{x^3}=0$ **단서1** $f(x)$는 2차 이하의 다항함수야.

(나) $\lim\limits_{x\to1}\dfrac{f(x)}{x-1}=1$ **단서2** $\lim\limits_{x\to1}(x-1)=0$이고, 0이 아닌 극한값이 존재하므로 $\lim\limits_{x\to1}f(x)=0$이야.

(다) 방정식 $f(x)=2x$의 한 근이 2이다.

1st 주어진 극한값을 이용하여 다항함수 $f(x)$의 꼴을 찾아보자.

조건 (가) $\lim\limits_{x\to\infty}\dfrac{f(x)}{x^3}=0$에서 극한값이 0이므로 $f(x)$의 차수는 3보다

주의

$\lim\limits_{x\to\infty}\dfrac{f(x)}{x^n}=0$이면 다항함수 $f(x)$는 차수가 n차 미만임을 알고 있어야 해.

작다. 즉, 함수 $f(x)$는 이차 이하의 다항함수이다.

조건 (나) $\lim\limits_{x\to1}\dfrac{f(x)}{x-1}=1$에서 (분모)→0일 때, 극한값이 존재하므로 (분자)→0이어야 한다.

즉, $f(1)=0$이므로 $f(x)$는 $(x-1)$을 인수로 가지는 이차 이하의 다항함수이다.

$f(1)=0$이므로 $f(x)$는 일차식 $x-1$로 나누어떨어져. 즉, $f(x)$는 $x-1$을 인수로 가져.

따라서 $f(x)=(ax+b)(x-1)$로 놓을 수 있다.

2nd 두 조건 (나), (다)를 이용하여 함수 $f(x)$를 구하자.

조건 (나)에 함수 $f(x)$를 대입하면
$\lim\limits_{x\to1}\dfrac{(ax+b)(x-1)}{x-1}=\lim\limits_{x\to1}(ax+b)=1$ ∴ $a+b=1\cdots$㉠

→ $x-1$은 분자, 분모의 공통인수이므로 약분해.

또한, 조건 (다)에 의해 방정식 $(ax+b)(x-1)=2x$의 한 근이 $x=2$

이므로 대입하면 $2a+b=4\cdots$㉡

$x=2$를 방정식에 대입하면 등식이 성립해야 해.

㉠, ㉡을 연립하면

㉡−㉠을 하면 $a=3$이고, $a=3$을 ㉠에 대입하면 $3+b=1$이므로 $b=-2$야.

$a=3,\ b=-2$

따라서 $f(x)=(3x-2)(x-1)$이므로
$f(3)=(3\cdot3-2)(3-1)=14$

A 160 정답 5 ＊함수의 극한을 이용한 다항함수의 결정 [정답률 77%]

정답 공식: 조건 (가)에서 $f(x)$가 이차식이고 이차항의 계수를 알 수 있다. 조건 (나)에서 $f(1)=0$임을 안다.

다음 두 조건을 모두 만족시키는 다항함수 $f(x)$에 대하여 $f(2)$의 값을 구하시오. (4점)

(가) $\lim\limits_{x\to\infty}\dfrac{x^2+3x+5}{f(x)}=\dfrac{1}{2}$

(나) $\lim\limits_{x\to1}\dfrac{f(x)}{x-1}=3$ **단서** 조건 (가)에서 다항함수 $f(x)$의 차수를 결정하고 조건 (나)에서 다항함수 $f(x)$의 함수식을 완성해.

1st 주어진 조건을 이용하여 함수 $f(x)$를 유추하자.

조건 (가)에서 $\lim\limits_{x\to\infty}\dfrac{x^2+3x+5}{f(x)}=\dfrac{1}{2}$이므로 $f(x)$는 최고차항의 계수가

2인 이차함수이다. 또, 조건 (나)에서 $\lim\limits_{x\to1}\dfrac{f(x)}{x-1}=3$은 $x\to1$일 때,

$\lim\limits_{x\to a}\dfrac{f(x)}{g(x)}=a$일 때,

(분모)→0이므로 (분자)→0이어야 한다.

∴ $\lim\limits_{x\to1}f(x)=f(1)=0$ → 함수 $f(x)$는 다항함수니까 $x=1$에서 연속이지? 즉, $\lim\limits_{x\to1}f(x)=f(1)$이 성립해.

$\lim\limits_{x\to a}g(x)=0$이면 $\lim\limits_{x\to a}f(x)=0$이야.

즉, 함수 $f(x)$는 $x-1$을 인수로 갖는 이차함수이므로
$f(x)=2(x-1)(x+a)$(단, a는 상수)라 놓을 수 있다.

2nd 조건 (나)에 $f(x)$를 대입하여 상수 a의 값을 구하자.

$f(x)$를 조건 (나)에 대입하면
$\lim\limits_{x\to1}\dfrac{f(x)}{x-1}=\lim\limits_{x\to1}\dfrac{2(x-1)(x+a)}{x-1}=2(1+a)=3$이므로

→ 분모, 분자를 0이 되게 하는 인수 $x-1$을 약분해.

$a=\dfrac{1}{2}$

따라서 $f(x)=2(x-1)\left(x+\dfrac{1}{2}\right)$이므로

$f(2)=2\cdot1\cdot\dfrac{5}{2}=5$

A 161 정답 ① ＊함수의 극한을 이용한 다항함수의 결정 [정답률 65%]

정답 공식: 첫 번째 등식에서 $f(x)$의 최고차항의 계수와 차수를 구한다. 나머지 등식에서 $f(x)$의 식을 완성한다.

다항함수 $f(x)$가 $\lim\limits_{x\to\infty}\dfrac{f(x)-2x}{x^2}=2$, $\lim\limits_{x\to-1}\dfrac{f(x)}{x^2-1}=3$을 만족

단서1 $f(x)-2x$는 최고차항의 계수가 2인 이차함수야.

시킬 때, $f(1)$의 값은? (3점) **단서2** $\lim\limits_{x\to-1}(x^2-1)=0$이고, 0이 아닌 극한값이 존재하므로 $\lim\limits_{x\to-1}f(x)=0$이야.

① -4　　② -2　　③ 0
④ 2　　⑤ 4

1st 주어진 조건을 이용하여 함수 $f(x)$를 유추하자.

$\lim\limits_{x\to\infty}\dfrac{f(x)-2x}{x^2}=2$이므로 $f(x)$는 최고차항의 계수가 2인 이차함수이다.

두 다항함수 $f(x),g(x)$에 대하여 $\lim\limits_{x\to\infty}\dfrac{f(x)}{g(x)}=a(a\neq0$인 실수$)$이면 $f(x),g(x)$의 차수는 같고, $a=\dfrac{(f(x)의\ 최고차항의\ 계수)}{(g(x)의\ 최고차항의\ 계수)}$야.

$\lim\limits_{x\to-1}\dfrac{f(x)}{x^2-1}=3$에서 $x\to-1$일 때, (분모)→0이므로 (분자)→0이다.

∴ $\lim\limits_{x\to-1}f(x)=f(-1)=0$ → $f(-1)=0$이므로 $f(x)$는 일차식 $x+1$로 나누어떨어져. 즉, $f(x)$는 $x+1$을 인수로 가지지!

즉, 함수 $f(x)$는 $(x+1)$을 인수로 갖는 이차함수이므로

$f(x)=2(x+1)(x+a)$ (단, a는 상수)라 하자.

2nd $\lim\limits_{x\to-1}\dfrac{f(x)}{x^2-1}=3$에 대입하여 상수 a의 값을 구하자.

$$\lim_{x\to-1}\frac{f(x)}{x^2-1}=\lim_{x\to-1}\frac{2(x+1)(x+a)}{(x-1)(x+1)}$$
<small>$x+1$은 분자, 분모의 공통인수이므로 약분해</small>
$$=\lim_{x\to-1}\frac{2(x+a)}{x-1}$$
$$=\frac{2(-1+a)}{-2}=3$$

$\therefore a=-2$

따라서 $f(x)=2(x+1)(x-2)$이므로

$f(1)=2\cdot2\cdot(-1)=-4$

❋ 미정계수의 결정 개념·공식

두 함수 $f(x)$, $g(x)$에 대하여

① $\lim\limits_{x\to a}\dfrac{f(x)}{g(x)}=\alpha$ (단, α는 상수)일 때, $\lim\limits_{x\to a}g(x)=0$이면
$\lim\limits_{x\to a}f(x)=0$

② $\lim\limits_{x\to a}\dfrac{f(x)}{g(x)}=\alpha$ (단, $\alpha\neq0$인 상수)일 때, $\lim\limits_{x\to a}f(x)=0$이면
$\lim\limits_{x\to a}g(x)=0$

A 162 정답 7 ＊함수의 극한을 이용한 다항함수의 결정 … [정답률 73%]

정답 공식: 조건 (가)에서 $f(x)$의 차수와 삼차항, 이차항의 계수를 알고, 조건 (나)에서 나머지 항의 계수를 안다.

다항함수 $f(x)$가 다음 조건을 만족시킬 때, $f(1)$의 값을 구하시오. (3점)

(가) $\lim\limits_{x\to\infty}\dfrac{f(x)-3x^3}{x^2}=2$ 단서1 $f(x)-3x^3$은 최고차항의 계수가 2인 이차함수야.

(나) $\lim\limits_{x\to0}\dfrac{f(x)}{x}=2$ 단서2 $\lim\limits_{x\to0}f(x)=0$이야.

1st 다항식 $f(x)$에 대하여 $\lim\limits_{x\to\infty}\dfrac{f(x)}{x^n}=c$ (c는 상수)이면 $f(x)$의 차수는 n이고 최고차항의 계수는 c야.

조건 (가) $\lim\limits_{x\to\infty}\dfrac{f(x)-3x^3}{x^2}=2$와 같이 수렴하려면 분모와 분자의 차수
<small>다항함수 $f(x)$, $g(x)$에 대하여 $\lim\limits_{x\to\infty}\dfrac{f(x)}{g(x)}=\alpha$($\alpha\neq0$인 실수)이면 $f(x)$, $g(x)$의 차수는 같고, $\alpha=\dfrac{(f(x)\text{의 최고차항의 계수})}{(g(x)\text{의 최고차항의 계수})}$야.</small>
가 2로 같고, 분자인 $f(x)-3x^3$의 최고차항의 계수가 2이어야 한다.
즉, 다항식 $f(x)$의 최고차항은 $3x^3$이고, 이차항의 계수가 2이므로
$f(x)=3x^3+2x^2+ax+b$ (단 a, b는 상수)로 놓을 수 있다.

2nd 조건 (나)를 이용하여 상수 a, b를 구하자.

조건 (나)에 의해 $\lim\limits_{x\to0}\dfrac{f(x)}{x}=\lim\limits_{x\to0}\dfrac{3x^3+2x^2+ax+b}{x}=2$ … ㉠

이때, $x\to0$일 때, (분모)$\to0$이므로 (분자)$\to0$이어야 한다.

$\therefore \lim\limits_{x\to0}(3x^3+2x^2+ax+b)=b=0$
<small>$3x^3+2x^2+ax=x(3x^2+2x+a)$야.</small>

또한, ㉠에서 $\lim\limits_{x\to0}\dfrac{3x^3+2x^2+ax}{x}=\lim\limits_{x\to0}(3x^2+2x+a)=2$

$\therefore a=2$

따라서 $f(x)=3x^3+2x^2+2x$이므로

$f(1)=3+2+2=7$

A 163 정답 ② ＊함수의 극한을 이용한 다항함수의 결정 … [정답률 67%]

정답 공식: 첫 번째 등식에서 $f(x)$의 차수가 이차 이하임을 안다. $f(x)$의 식을 만들고 나머지 조건을 이용해 식을 완성한다.

단서1 $f(x)$는 2차 이하의 다항함수야.   단서2 $\lim\limits_{x\to0}x=0$이고, 극한값이 존재하므로 $\lim\limits_{x\to0}f(x)=0$이야.

다항함수 $f(x)$가 $\lim\limits_{x\to\infty}\dfrac{f(x)}{x^3}=0$, $\lim\limits_{x\to0}\dfrac{f(x)}{x}=5$를 만족시킨다.
방정식 $f(x)=x$의 한 근이 -2일 때, $f(1)$의 값은? (3점)

① 6   ②7   ③ 8   ④ 9   ⑤ 10

1st 주어진 극한값을 이용하여 다항함수 $f(x)$의 꼴을 찾아보자.

$\lim\limits_{x\to\infty}\dfrac{f(x)}{x^3}=0$이므로 함수 $f(x)$는 2차 이하의 다항함수이다.
<small>두 다항식 $f(x)$, $g(x)$에 대하여</small>

따라서 $f(x)=ax^2+bx+c$로 놓을 수 있다. <small>$\lim\limits_{x\to\infty}\dfrac{f(x)}{g(x)}=0$일 때, ($f(x)$의 차수)<($g(x)$의 차수)</small>

또한, $\lim\limits_{x\to0}\dfrac{f(x)}{x}=5$에서 (분모)$\to0$일 때, (분자)$\to0$이므로

$f(0)=0$ $\therefore c=0$

$\lim\limits_{x\to0}\dfrac{f(x)}{x}=\lim\limits_{x\to0}\dfrac{ax^2+bx}{x}=\lim\limits_{x\to0}(ax+b)=5$이므로 $b=5$

$\therefore f(x)=ax^2+5x$ <small>$ax^2+bx=x(ax+b)$야.</small>

2nd 방정식 $f(x)=x$의 한 근이 -2임을 이용해 a의 값을 구하자.

방정식 $ax^2+5x=x$의 한 근이 -2이므로

$4a-10=-2$ $\therefore a=2$

따라서 $f(x)=2x^2+5x$이므로

$f(1)=2\cdot1^2+5\cdot1=7$

A 164 정답 ③ ＊함수의 극한을 이용한 다항함수의 결정 … [정답률 71%]

정답 공식: 주어진 조건을 통해서 $f(x)$의 식을 완성할 수 있다.

최고차항의 계수가 1인 삼차함수 $f(x)$가 $f(-1)=2$, $f(0)=0$, $f(1)=-2$ 단서1 $f(x)=x^3+ax^2+bx+c$로 놓을 수 있어.
를 만족시킬 때, $\lim\limits_{x\to0}\dfrac{f(x)}{x}$의 값은? (3점)
단서2 $f(x)$를 인수분해하여 약분해.

① -1 ② -2 ③ -3
④ -4 ⑤ -5

1st 삼차함수 $f(x)$의 최고차항의 계수가 1이므로 $f(x)=x^3+ax^2+bx+c$로 놓자.

$f(0)=0$이라 하므로 $f(0)=c=0$

$\therefore f(x)=x^3+ax^2+bx$

또, $f(-1)=2$, $f(1)=-2$이므로

$f(-1)=-1+a-b=2$에서 $a-b=3$ … ㉠

$f(1)=1+a+b=-2$에서 $a+b=-3$ … ㉡

㉠과 ㉡을 연립하면

$a=0$, $b=-3$ $\therefore f(x)=x^3-3x$

2nd $\lim\limits_{x\to0}\dfrac{f(x)}{x}$의 값을 구하자.

$\lim\limits_{x\to0}\dfrac{f(x)}{x}=\lim\limits_{x\to0}\dfrac{x^3-3x}{x}$ <small>$x^3-3x=x(x^2-3)$이야.</small>
$$=\lim_{x\to0}(x^2-3)=-3$$

🌟 **톡톡 풀이:** 주어진 식에 방정식 $f(x)=-2x$의 세 근을 만족시키는 $f(x)$의 식 유도하기

$f(-1)=2$, $f(0)=0$, $f(1)=-2$에서

$f(-1)=-2\times(-1)$, $f(0)=-2\times0$, $f(1)=-2\times1$

로 생각하면 방정식 $f(x)=-2x$의 세 근이

$x=-1$ 또는 $x=0$ 또는 $x=1$이야.

즉, 삼차함수 $f(x)$의 최고차항의 계수가 1이므로

$f(x)+2x=x(x+1)(x-1)$에서

$f(x)=x(x+1)(x-1)-2x$가 돼.

> 삼차방정식 $f(x)-(-2x)=0$, 즉 $f(x)+2x=0$의 세 근이 $x=-1$ 또는 $x=0$ 또는 $x=1$이니까 삼차식 $f(x)+2x$는 $x+1$, x, $x-1$를 인수로 갖겠지?

$\therefore \lim\limits_{x\to0}\dfrac{f(x)}{x}=\lim\limits_{x\to0}\dfrac{x(x+1)(x-1)-2x}{x}$

$=\lim\limits_{x\to0}\{(x+1)(x-1)-2\}$

$=-1-2=-3$

> $\dfrac{0}{0}$ 꼴이므로 분모, 분자를 0으로 만드는 인수 x로 분모, 분자를 각각 나눠.

A 165 정답 16 ✱ 함수의 극한을 이용한 다항함수의 결정 [정답률 40%]

> **정답 공식:** $\lim\limits_{x\to a}\dfrac{f(x)}{g(x)}=a$($a$는 실수)일 때, $\lim\limits_{x\to a}g(x)=0$이면 $\lim\limits_{x\to a}f(x)=0$이다.

함수 $f(x)=x^3+ax^2+bx+4$가 다음 조건을 만족시키도록 하는

단서1 삼차함수 $f(x)$에 대하여 삼차방정식 $f(x)=0$은 적어도 하나의 실근을 가져.

두 정수 a, b에 대하여 $f(1)$의 최댓값을 구하시오. (4점)

> 모든 실수 α에 대하여 $\lim\limits_{x\to\alpha}\dfrac{f(2x+1)}{f(x)}$의 값이 존재한다.
>
> **단서2** 만약 $f(\alpha)=0$이면 (분모) → 0이므로 (분자) → 0이어야 해.

1st 함수 $f(x)$에 대하여 삼차방정식 $f(x)=0$의 실근을 찾아.

함수 $f(x)=x^3+ax^2+bx+4$에 대하여

삼차방정식 $x^3+ax^2+bx+4=0$은 적어도 하나의 실근을 가지므로

$f(\beta)=0$인 실수 β가 존재한다.

모든 실수 α에 대하여 $\lim\limits_{x\to\alpha}\dfrac{f(2x+1)}{f(x)}$의 값이 존재하므로

$f(\beta)=0$인 β에 대하여 $\lim\limits_{x\to\beta}f(x)=0$이고, $\lim\limits_{x\to\beta}f(2x+1)=0$이다.

> $\lim\limits_{x\to a}\dfrac{f(x)}{g(x)}=a$($a$는 상수)일 때, $\lim\limits_{x\to a}g(x)=0$이면 $\lim\limits_{x\to a}f(x)=0$이어야 해.

함수 $f(x)$는 다항함수로 연속이므로 $f(2\beta+1)=0$

> 함수 $f(x)$가 연속이므로 $\lim\limits_{x\to\beta}f(2x+1)=f(2\beta+1)=0$

즉, $2\beta+1$은 방정식 $f(x)=0$의 근이다.

마찬가지 방법으로 $2\beta+1$이 방정식 $f(x)=0$의 근이면

$2(2\beta+1)+1=4\beta+3$도 방정식 $f(x)=0$의 근이고

$2(4\beta+3)+1=8\beta+7$도 방정식 $f(x)=0$의 근이다.

이때, $\beta\neq2\beta+1$, 즉 $\beta\neq-1$이면 β, $2\beta+1$, $4\beta+3$, $8\beta+7$이

> $\beta<-1$이면 $\beta>2\beta+1>4\beta+3>8\beta+7$이고
> $\beta>-1$이면 $\beta<2\beta+1<4\beta+3<8\beta+7$이야.

방정식 $f(x)=0$의 서로 다른 네 실근이므로 모순이다.

함정 삼차방정식의 서로 다른 실근의 개수는 많아야 3개이므로 모순이야.

그러므로 방정식 $f(x)=0$의 실근은 $x=-1$뿐이다.

2nd 삼차방정식 $f(x)=0$이 $x=-1$만을 실근으로 갖도록 하는 정수 a의 값의 범위를 구해.

$f(-1)=0$에서

$-1+a-b+4=0$

$\therefore b=a+3 \cdots$ ㉠

> $x=-1$이 근임을 알았으니 조립제법을 사용해.

$f(x)=x^3+ax^2+bx+4$

$=x^3+ax^2+(a+3)x+4$

$=(x+1)\{x^2+(a-1)x+4\}$

$$
\begin{array}{c|cccc}
-1 & 1 & a & a+3 & 4 \\
   &   & -1 & -a+1 & -4 \\
\hline
   & 1 & a-1 & 4 & 0
\end{array}
$$

삼차방정식 $f(x)=0$은 $x=-1$만을 실근으로 가지므로

> $x=-1$을 삼중근으로 가지거나 실근 $x=-1$과 서로 다른 두 허근을 가지는 경우가 있어.

이차방정식 $x^2+(a-1)x+4=0$은 $x=-1$을 중근으로 가지거나 두 허근을 가진다.

이차방정식 $x^2+(a-1)x+4=0$이 $x=-1$을 중근으로 가진다고 하면

$f(x)=(x+1)^3$인데 주어진 식과 상수항이 다르므로

$f(x)\neq(x+1)^3$이다.

따라서 이차방정식 $x^2+(a-1)x+4=0$은 두 허근을 가진다.

이차방정식 $x^2+(a-1)x+4=0$의 판별식을 D라 하면

$D=(a-1)^2-16<0$

$a^2-2a-15<0$, $(a+3)(a-5)<0$

$\therefore -3<a<5$

3rd $f(1)$의 최댓값을 구해.

$f(1)=a+b+5=a+(a+3)+5(\because ㉠)=2a+8$이므로

구하는 $f(1)$의 최댓값은 정수 $a=4$일 때, $2\times4+8=16$

이지원 | 고려대 생명과학과 2025년 입학·대구 성화여고 졸

2025학년도 수능에서는 공통과목이 다른 연도들에 비해 비교적 쉽게 출제되었어. 이 문제도 그래. 분수꼴의 극한이 존재하기 위한 조건을 안다면 충분히 풀어낼 수 있을 거야!

나는 이 문제를 보자마자 $f(x)$가 분모인 것에 주목했어. $f(x)$가 삼차함수이기 때문에 $f(x)=0$은 적어도 한 개의 실근을 가진단 말이야. 그 실근을 p라고 하면, $f(2p+1)$의 값도 0이어야 하는걸 쉽게 찾을 수 있어. 그러면 여기서 의문점이 생기는 거지. $f(4p+3)$의 값도 0, $f(8p+7)$의 값도 0이어야 하고, 끝도 없이 생긴단 말이야. 그런데 $f(x)$는 삼차함수이니까 $f(x)=0$은 최대 3개의 실근밖에 못 가지잖아. 그러니까 애초에 $2p+1$과 p의 값은 같을 수밖에 없다는 결론이 나는 거야! 어때? 충분히 할 수 있겠지?

정답 공식: $\dfrac{0}{0}$ 꼴의 극한에서 $x \to a$일 때, 극한값이 존재하고 (분모) $\to$ 0이면 (분자) $\to$ 0이다.

다항함수 $f(x)$가 다음 조건을 만족시킨다.

단서 1 모든 실수 a에 대하여 항상 극한값이 존재해야 하므로 (분모)$\to$ 0이 되도록 하는 a의 값인 $a=2$, $a=-2$일 때도 극한값이 존재해야 해.

(가) 모든 실수 a에 대하여 $\lim\limits_{x \to a} \dfrac{f(x)-5x}{x^2-4}$의 값이 존재한다.

(나) $\lim\limits_{x \to \infty} (\sqrt{f(x)} - 3x + 1)$의 값이 존재한다.

단서 2 $f(x)$가 다항함수이므로 유리화해서 다항함수 $f(x)$의 차수를 정해보자.

$f(3)$의 값을 구하시오. (4점)

1st 조건 (가)에서 모든 실수 a에 대하여 주어진 극한값이 존재하려면 (분모) $\to$ 0이 되도록 하는 a의 값, 즉 $a=2$, $a=-2$일 때도 극한값이 존재해야 해.

조건 (가)에서 모든 실수 a에 대하여 $\lim\limits_{x \to a} \dfrac{f(x)-5x}{x^2-4}$의 값이 존재하므로 $a=2$일 때와 $a=-2$일 때도 극한값이 존재해야 한다.

(i) $a=2$일 때, 극한값이 존재하려면 (분모) $\to$ 0이므로 (분자) $\to$ 0이 되어야 한다.

즉, $\lim\limits_{x \to 2} \dfrac{f(x)-5x}{x^2-4}$에서 $\lim\limits_{x \to 2} \{f(x)-5x\}=0$이어야 하므로

$f(2)-5 \times 2=0$

$\therefore f(2)=10$

(ii) $a=-2$일 때, 극한값이 존재하려면 (분모) $\to$ 0이므로 (분자) $\to$ 0이 되어야 한다.

즉, $\lim\limits_{x \to -2} \dfrac{f(x)-5x}{x^2-4}$에서 $\lim\limits_{x \to -2} \{f(x)-5x\}=0$이어야 하므로

$f(-2)-5 \times (-2)=0$

$\therefore f(-2)=-10$

2nd 조건 (나)를 이용하여 다항함수 $f(x)$의 차수를 알아보자.

$\lim\limits_{x \to \infty} (\sqrt{f(x)} - 3x + 1)$

$= \lim\limits_{x \to \infty} \dfrac{\{\sqrt{f(x)}-(3x-1)\}\{\sqrt{f(x)}+(3x-1)\}}{\sqrt{f(x)}+(3x-1)}$

$= \lim\limits_{x \to \infty} \dfrac{f(x)-(3x-1)^2}{\sqrt{f(x)}+3x-1}$ ... ㉠

$\infty - \infty$꼴의 무리식의 극한이므로 분자, 분모에 $\sqrt{f(x)}+3x-1$을 곱해 분자를 유리화하자.

이때, $f(x)$를 n차 다항함수라 하면 $f(x)=kx^n+\cdots (k \neq 0)$로 놓을 수 있고 $\sqrt{f(x)}=\sqrt{kx^n+\cdots}$이므로 ㉠의 극한값이 존재하기 위해서는 분모의 차수가 분자의 차수보다 크거나 같아야 하므로 $f(x)$는 이차항의 계수가 9인 이차함수이다.

(분모의 차수)>(분자의 차수)인 경우 극한값은 항상 0이야.
또, (분모의 차수)=(분자의 차수)일 때는 $\dfrac{\infty}{\infty}$꼴이므로 분모의 최고차항으로 분모, 분자를 각각 나누어 극한값을 구해야 해.

따라서 $f(x)=9x^2+bx+c$라 하면

$f(2)=9 \times 2^2+b \times 2+c=10$ ... ㉡

$f(-2)=9 \times (-2)^2+b \times (-2)+c$

$=-10$ ... ㉢

함정 분자의 차수가 분모의 차수보다 커지면 안 되기 때문에 다항함수 $f(x)$의 차수가 삼차 이상이 안 된다는 걸 알아채야 해.

㉡, ㉢을 연립하여 풀면 $b=5$, $c=-36$

따라서 $f(x)=9x^2+5x-36$이므로

$f(3)=9 \times 3^2+5 \times 3-36=60$

톡톡 풀이: $f(x)-5x$의 식을 유도하기

$\lim\limits_{x \to 2} \{f(x)-5x\}=0$, $\lim\limits_{x \to -2} \{f(x)-5x\}=0$이므로

$f(2)-5 \times 2=0$, $f(-2)-5 \times (-2)=0$이므로 $g(x)=f(x)-5x$라 하면 다항함수 $g(x)$는 $x-2$, $x+2$를 인수로 가져.

$f(x)-5x=9(x+2)(x-2)$로 놓을 수 있어.

따라서 $f(3)-15=9 \times 5 \times 1$에서

$f(3)=60$

정답 공식: 첫 번째 등식에서 $f(x)$의 차수와 삼차항, 이차항의 계수를 알고, 다른 등식에서 나머지 항의 계수를 안다. $\dfrac{1}{x}=h$로 치환하여 구하고자 하는 극한값을 계산한다.

다항함수 $f(x)$가

단서 1 $f(x)-x^3$은 이차항의 계수가 -11인 이차항이야.

$\lim\limits_{x \to \infty} \dfrac{f(x)-x^3}{x^2}=-11$, $\lim\limits_{x \to 1} \dfrac{f(x)}{x-1}=-9$

를 만족시킬 때, $\lim\limits_{x \to \infty} xf\left(\dfrac{1}{x}\right)$의 값을 구하시오. (4점)

단서 2 $\dfrac{1}{x}=h$로 치환해. 그러면 $x \to \infty$일 때 $h \to 0+$이야.

1st $f(x)$의 함수식을 구하자.

$\lim\limits_{x \to \infty} \dfrac{f(x)-x^3}{x^2}=-11$이므로 $f(x)$는 삼차항의 계수가 1, 이차항의 계수가 -11인 삼차함수이다.

즉, $f(x)=x^3-11x^2+ax+b$ ... ㉠

이때, $\lim\limits_{x \to 1} \dfrac{f(x)}{x-1}=-9$에서 $x \to 1$일 때 (분모)$\to$0이므로 (분자)$\to$0이 되어야 한다. 즉, 다항함수 $f(x)$에 대하여 $\lim\limits_{x \to 1} f(x)=0$에서 $f(1)=0$이므로

$f(1)=1-11+a+b=0$에서

$b=-a+10$ ... ㉡

㉡을 ㉠에 대입하면

$f(x)=x^3-11x^2+ax-a+10=(x-1)(x^2-10x+a-10)$ ... ㉢

$\lim\limits_{x \to 1} \dfrac{f(x)}{x-1}=-9$에 ㉢을 대입하면

$\begin{array}{r|rrr} 1 & 1 & -11 & a & -a+10 \\ & & 1 & -10 & a-10 \\ \hline & 1 & -10 & a-10 & 0 \end{array}$

이므로 $f(x)=(x-1)(x^2-10x+a-10)$이야.

$\lim\limits_{x \to 1} \dfrac{(x-1)(x^2-10x+a-10)}{x-1}=1-10+a-10=a-19=-9$

$x-1$이 분자, 분모의 공통인수이므로 약분해.

따라서 $a=10$, $b=0(\because ㉡)$이므로

$f(x)=x^3-11x^2+10x$

2nd $\dfrac{0}{0}$꼴의 극한이 되도록 치환하자.

$x=\dfrac{1}{h}$이라 하면 $x \to \infty$일 때 $h \to 0+$이므로

$\lim\limits_{x \to \infty} xf\left(\dfrac{1}{x}\right) = \lim\limits_{h \to 0+} \dfrac{1}{h} f(h) = \lim\limits_{h \to 0+} \dfrac{h^3-11h^2+10h}{h}$

$=h(h^2-11h+10)$

$= \lim\limits_{h \to 0+} (h^2-11h+10)=10$

다른 풀이: 주어진 식을 미분계수를 구하는 식으로 바꾸어 $f(x)$에서 $f'(x)$를 구하여 직접적으로 구하기

$f(x)=x^3-11x^2+10x$에서 $f'(x)=3x^2-22x+10$이므로

$\lim\limits_{x \to \infty} xf\left(\dfrac{1}{x}\right) = \lim\limits_{h \to 0+} \dfrac{1}{h}f(h) = \lim\limits_{h \to 0+} \dfrac{f(h)-f(0)}{h-0} (\because f(0)=0)$

$=f'(0)=10$

A 168 정답 ② ＊함수의 극한의 대소 관계 ············ [정답률 87%]

> **정답 공식:** $f(x) \leq h(x) \leq g(x)$이고 $\lim_{x \to a} f(x) = \lim_{x \to a} g(x) = \alpha$($\alpha$는 실수)이면 $\lim_{x \to a} h(x) = \alpha$이다.

두 함수 $f(x) = -\dfrac{1}{2}x^2 + 4x - \dfrac{3}{2}$, $g(x) = 2x^2 - x + 1$에 대하여 함수 $h(x)$가 모든 실수 x에 대하여 $f(x) \leq h(x) \leq g(x)$를 만족시킬 때, $\lim_{x \to 1} h(x)$의 값은? (3점)

단서 함수의 극한의 대소 관계를 이용해.

① 1 　②② 2 　③ 3 　④ 4 　⑤ 5

1st 주어진 부등식의 각 변에 $\lim_{x \to 1}$을 취하여 $\lim_{x \to 1} h(x)$의 값을 구해.

$f(x) \leq h(x) \leq g(x)$에서 $\lim_{x \to 1} f(x) \leq \lim_{x \to 1} h(x) \leq \lim_{x \to 1} g(x)$

이때, $\lim_{x \to 1} f(x) = \lim_{x \to 1}\left(-\dfrac{1}{2}x^2 + 4x - \dfrac{3}{2}\right) = -\dfrac{1}{2} \times 1^2 + 4 \times 1 - \dfrac{3}{2} = 2$,

$\lim_{x \to 1} g(x) = \lim_{x \to 1}(2x^2 - x + 1) = 2 \times 1^2 - 1 + 1 = 2$이므로

$\lim_{x \to 1} h(x) = 2$ ⟶ 다항함수 $f(x)$에 대하여 $\lim_{x \to a} f(x) = f(a)$야.

A 169 정답 ④ ＊함수의 극한의 대소 관계 ············ [정답률 75%]

> **정답 공식:** 세 함수 $f(x)$, $g(x)$, $h(x)$에 대하여 $\lim_{x \to a} f(x) = \alpha$, $\lim_{x \to a} g(x) = \beta$ (α, β는 실수)일 때, $f(x) < g(x) < h(x)$이고 $\alpha = \beta$이면 $\lim_{x \to a} h(x) = \alpha$이다.

함수의 극한에 대한 설명으로 항상 옳은 것을 [보기]에서 모두 고르면? (3점)

[보기]

ㄱ. $\lim_{x \to 0} f(x) = 1$이면 $f(0) = 1$이다.

단서 1 $x = 0$에서 극한값과 함수값이 다른 함수 $f(x)$의 그래프의 예를 떠올려봐.

ㄴ. $\lim_{x \to 1} f(x) = 1$이면 $\lim_{x \to \infty} f\left(1 + \dfrac{1}{x}\right) = 1$이다.

단서 2 $x \to \infty$이면 $\dfrac{1}{x} \to 0+$임을 이용해.

ㄷ. $f(x) < g(x) < h(x)$이고 $\lim_{x \to 0} f(x) = 0$, $\lim_{x \to 0} h(x) = 0$이면 $\lim_{x \to 0} g(x) = 0$이다.

단서 3 함수의 극한의 대소 관계를 적용할 수 있지?

① ㄱ 　② ㄷ 　③ ㄱ, ㄴ 　④④ ㄴ, ㄷ 　⑤ ㄱ, ㄴ, ㄷ

1st 함수의 극한의 성질을 이용하여 ㄱ, ㄴ, ㄷ의 참, 거짓을 판단하자.

ㄱ. 【반례】 함수 $f(x) = \begin{cases} x^2 + 1 & (x \neq 0) \\ 0 & (x = 0) \end{cases}$

에 대하여 $\lim_{x \to 0} f(x) = 1$이지만

$f(0) = 0$이다. (거짓) ⟶ $\lim_{x \to 0} f(x) = \lim_{x \to 0+} f(x) = \lim_{x \to 0-} f(x) = 0 + 1 = 1$

ㄴ. $1 + \dfrac{1}{x} = t$라 하면 $x \to \infty$일 때

$t \to 1+$이므로

$\lim_{x \to \infty} f\left(1 + \dfrac{1}{x}\right) = \lim_{t \to 1+} f(t) = 1$ (참)

$\lim_{x \to 1} f(x) = 1$이면 $\lim_{x \to 1-} f(x) = \lim_{x \to 1+} f(x) = 1$이란 뜻이야.

ㄷ. $f(x) < g(x) < h(x)$의 각 변에 $\lim_{x \to 0}$을 취하면

$\lim_{x \to 0} f(x) \leq \lim_{x \to 0} g(x) \leq \lim_{x \to 0} h(x)$

이때, $\lim_{x \to 0} f(x) = \lim_{x \to 0} h(x) = 0$이므로 $\lim_{x \to 0} g(x) = 0$이다. (참)

따라서 옳은 것은 ㄴ, ㄷ이다.

A 170 정답 9 ＊함수의 극한의 대소 관계 ············ [정답률 79%]

> **정답 공식:** $f(x) \leq h(x) \leq g(x)$이고 $\lim_{x \to a} f(x) = \lim_{x \to a} g(x) = \alpha$($\alpha$는 실수)이면 $\lim_{x \to a} h(x) = \alpha$이다.

함수 $f(x)$가 모든 양의 실수 x에 대하여

$3x + 1 < f(x) < 3x + 5$를 만족시킬 때, $\lim_{x \to \infty} \dfrac{\{f(x)\}^2}{x^2 - x + 1}$의 값을 구

단서 이 부등식을 구해야 하는 극한값이 나오도록 변형해.

하시오. (3점)

1st 주어진 부등식을 변형하자.

양의 실수 x에 대하여 $3x + 1 > 0$, $3x + 5 > 0$이므로

$3x + 1 < f(x) < 3x + 5$의 각 변을 제곱하면

$(3x + 1)^2 < \{f(x)\}^2 < (3x + 5)^2$

이때, $x^2 - x + 1 > 0$이므로 각 변을 $x^2 - x + 1$로 나누면

$\dfrac{(3x+1)^2}{x^2 - x + 1} < \dfrac{\{f(x)\}^2}{x^2 - x + 1} < \dfrac{(3x+5)^2}{x^2 - x + 1}$ ⟶ $x^2 - x + 1 = \left(x - \dfrac{1}{2}\right)^2 + \dfrac{3}{4} \geq \dfrac{3}{4} > 0$

각 변에 $\lim_{x \to \infty}$를 취하면

$\lim_{x \to \infty} \dfrac{(3x+1)^2}{x^2 - x + 1} \leq \lim_{x \to \infty} \dfrac{\{f(x)\}^2}{x^2 - x + 1} \leq \lim_{x \to \infty} \dfrac{(3x+5)^2}{x^2 - x + 1}$

a에 가까운 모든 실수 x에 대하여 $f(x) < g(x) < h(x)$이지만 $\lim_{x \to a} f(x) = \lim_{x \to a} g(x)$인 경우가 있으므로 $\lim$를 취하면 '$<$'는 '$\leq$'로 변하게 돼.

2nd $\lim_{x \to \infty} \dfrac{\{f(x)\}^2}{x^2 - x + 1}$의 값을 구해.

이때, $\lim_{x \to \infty} \dfrac{(3x+1)^2}{x^2 - x + 1} = \lim_{x \to \infty} \dfrac{\left(3 + \dfrac{1}{x}\right)^2}{1 - \dfrac{1}{x} + \dfrac{1}{x^2}} = 9$,

$\lim_{x \to \infty} \dfrac{(3x+5)^2}{x^2 - x + 1} = \lim_{x \to \infty} \dfrac{\left(3 + \dfrac{5}{x}\right)^2}{1 - \dfrac{1}{x} + \dfrac{1}{x^2}} = 9$이므로

$\lim_{x \to \infty} \dfrac{\{f(x)\}^2}{x^2 - x + 1} = 9$

✿ 다항함수의 결정　개념·공식

두 다항함수 $f(x)$, $g(x)$에 대하여

$\lim_{x \to \infty} \dfrac{f(x)}{g(x)} = \alpha$($\alpha$는 0이 아닌 실수)이면

⟹ $f(x)$와 $g(x)$의 차수가 같다.

A 171 정답 ④ *도형의 길이에 대한 극한 ⋯⋯⋯ [정답률 69%]

(정답 공식: $\overline{AB}$를 t에 관한 식으로 나타내어 극한 식에 대입한다.)

실수 $t(t>0)$에 대하여 직선 $y=tx+t+1$과

곡선 $y=x^2-tx-1$이 만나는 두 점을 A, B라 할 때,

$\lim\limits_{t\to\infty}\dfrac{\overline{AB}}{t^2}$의 값은? (4점)

[단서1] 두 점 A, B의 x좌표를 각각 α, $\beta(\alpha<\beta)$라 하면 두 점 A, B의 좌표를 점 $A(\alpha, \alpha t+t+1)$, 점 $B(\beta, \beta t+t+1)$라 놓을 수 있어.

[단서2] $\overline{AB}$를 t에 관한 식으로 나타내어 극한식에 대입해.

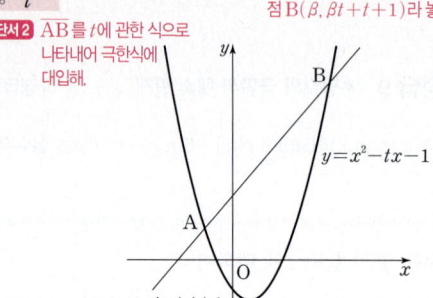

① $\dfrac{\sqrt{2}}{2}$ ② 1 ③ $\sqrt{2}$ ④ 2 ⑤ $2\sqrt{2}$

[1st] 두 점 A, B의 x좌표를 각각 α, β라 하고 $\beta-\alpha$의 값을 구하자.

두 점 A, B의 x좌표를 각각 α, $\beta(\alpha<\beta)$라 하면 α, β는 이차방정식

$x^2-tx-1=tx+t+1$, 즉 $x^2-2tx-t-2=0$의 두 실근이므로

근의 공식에 의하여

↳ 이차방정식 $x^2-2bx+c=0$의 근은 $x=b\pm\sqrt{b^2-c}$

$\alpha=t-\sqrt{t^2+t+2}$

$\beta=t+\sqrt{t^2+t+2}$

$\therefore \beta-\alpha=2\sqrt{t^2+t+2}$ ($\because \beta-\alpha>0$)

[2nd] $\overline{AB}$를 t에 관한 식으로 나타내.

두 점 A, B는 직선 $y=tx+t+1$ 위의 점이므로 $A(\alpha, \alpha t+t+1)$,

[주의] 점 A는 직선 $y=tx+t+1$과 곡선 $y=x^2-tx-1$ 위의 점이야. 따라서 점 A의 좌표는 $A(\alpha, \alpha t+t+1)$ 또는 $A(\alpha, \alpha^2-t\alpha-1)$이라 놓을 수 있어. 그런데, $\overline{AB}$를 구하기 위해서는 계산이 쉬운 $A(\alpha, \alpha t+t+1)$로 놓는 것이 좋아.

점 $B(\beta, \beta t+t+1)$이다.

$\therefore \overline{AB}=\sqrt{(\beta-\alpha)^2+(\beta t+t+1-\alpha t-t-1)^2}$
$=\sqrt{(\beta-\alpha)^2+t^2(\beta-\alpha)^2}$
$=\sqrt{(\beta-\alpha)^2(t^2+1)}=(\beta-\alpha)\sqrt{(t^2+1)}$
$=2\sqrt{t^2+t+2}\sqrt{t^2+1}=2\sqrt{(t^2+t+2)(t^2+1)}$

[3rd] $\lim\limits_{t\to\infty}\dfrac{\overline{AB}}{t^2}$의 값을 구하자.

↳ $\dfrac{\infty}{\infty}$ 꼴의 극한이므로 분모의 최고차항 t^2으로 분모, 분자를 각각 나누어 계산해. 이때, $t^2=\sqrt{t^4}$으로 바꾸어서 루트 속에 있는 분자와 손쉽게 약분하자.

$\lim\limits_{t\to\infty}\dfrac{\overline{AB}}{t^2}=\lim\limits_{t\to\infty}\dfrac{2\sqrt{(t^2+t+2)(t^2+1)}}{t^2}$

$=2\lim\limits_{t\to\infty}\sqrt{\dfrac{t^2+t+2}{t^2}\times\dfrac{t^2+1}{t^2}}$

$=2\lim\limits_{t\to\infty}\sqrt{\left(1+\dfrac{1}{t}+\dfrac{2}{t^2}\right)\left(1+\dfrac{1}{t^2}\right)}$

$=2$

다른 풀이: 이차방정식의 근과 계수의 관계를 이용하여 $\beta-\alpha$의 값 구하기

[1st]에서 이차방정식의 근과 계수의 관계에 의하여

$\alpha+\beta=2t$, $\alpha\beta=-t-2$

$(\beta-\alpha)^2=(\alpha+\beta)^2-4\alpha\beta=(2t)^2-4(-t-2)$
$=4t^2+4t+8=4(t^2+t+2)$

이므로 $\beta-\alpha=2\sqrt{t^2+t+2}$ ($\because \beta-\alpha>0$)

(이하 동일)

[수능 핵강]

*직선 **AB**의 기울기가 t이므로 다음 그림과 같은 직각삼각형을 생각해 보자.

두 점 A, B의 x좌표를 각각 α, $\beta(\alpha<\beta)$라 하면 각각의 점에서 x축과 y축과 평행한 직선을 그어 만난 점을 C라 하면 삼각형 ABC와 주어진 삼각형은 닮았으므로 다음과 같아.

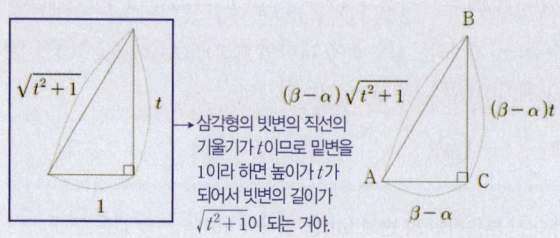

↳ 삼각형의 빗변의 직선의 기울기가 t이므로 밑변을 1이라 하면 높이가 t가 되어서 빗변의 길이가 $\sqrt{t^2+1}$이 되는 거야.

이때 삼각형 ABC의 밑변의 길이가 $\beta-\alpha$이므로 빗변의 길이는

$(\beta-\alpha)\sqrt{(t^2+1)}$이야. 따라서 극한값 $\lim\limits_{t\to\infty}\dfrac{\overline{AB}}{t^2}$를 알기 위하여

$\beta-\alpha$를 t에 관한 식으로 정리하면 되겠지?

❀ **함수의 극한값 구하는 방법** [개념 · 공식]

① $\dfrac{\infty}{\infty}$ 꼴 : 분모, 분자를 분모의 최고차항으로 나눈다.

② $\dfrac{0}{0}$ 꼴 : 분수식은 인수분해한 후 약분하고, 무리식은 유리화한다.

③ $\infty-\infty$ 꼴 : 다항식은 최고차항을 묶어내고, 무리식은 유리화한다.

④ $0\cdot\infty$ 꼴 : $\dfrac{\infty}{\infty}$, $\dfrac{0}{0}$ 꼴로 변형한다.

A 172 정답 ④ *길이에 대한 극한의 활용 ⋯⋯⋯ [정답률 75%]

[정답 공식: $\overline{OH}^2$, $\overline{OP}^2$을 t에 대한 함수로 나타낸 후 $\dfrac{\infty}{\infty}$ 꼴의 극한을 구한다.]

$\dfrac{\infty}{\infty}$ 꼴의 극한에서는 분모의 최고차항으로 분모, 분자를 각각 나눈다.

곡선 $y=\sqrt{x}$ 위의 점 $P(t, \sqrt{t})(t>4)$에서 직선 $y=\dfrac{1}{2}x$에 내린

수선의 발을 H라 하자.

[단서1] 선분 PH의 길이는 점 P와 직선 $y=\dfrac{1}{2}x$ 사이의 거리 공식을 이용하여 구할 수 있어.

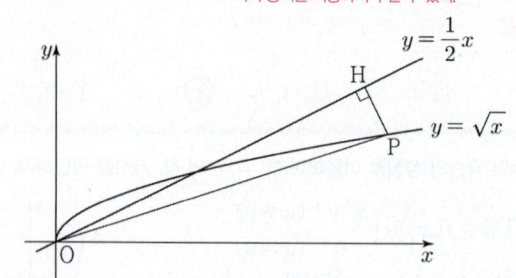

$\lim\limits_{t\to\infty}\dfrac{\overline{OH}^2}{\overline{OP}^2}$의 값은? (단, O는 원점이다.) (3점)

[단서2] $\overline{OH}^2$, $\overline{OP}^2$을 t에 대한 함수로 나타낸 후 극한값을 계산해.

① $\dfrac{3}{5}$ ② $\dfrac{2}{3}$ ③ $\dfrac{11}{15}$

④ $\dfrac{4}{5}$ ⑤ $\dfrac{13}{15}$

1st $\overline{\text{OH}}^2$, $\overline{\text{OP}}^2$을 t에 대한 함수로 나타내자.

점 P의 좌표는 $(t, \sqrt{t})$이므로

$\overline{\text{OP}} = \sqrt{(t-0)^2 + (\sqrt{t}-0)^2}$ $\therefore \overline{\text{OP}}^2 = t^2 + t$

한편, 선분 PH의 길이는 점 P와 직선 $y = \frac{1}{2}x$, 즉 $x - 2y = 0$ 사이의 거리와 같으므로

$\overline{\text{PH}} = \dfrac{|t - 2\sqrt{t}|}{\sqrt{1^2 + (-2)^2}} = \dfrac{|t - 2\sqrt{t}|}{\sqrt{5}}$

> 좌표평면 위의 점 (x_1, y_1)과 직선 $ax + by + c = 0$ 사이의 거리는
> $\dfrac{|ax_1 + by_1 + c|}{\sqrt{a^2 + b^2}}$

이때, 직각삼각형 PHO에서
피타고라스 정리에 의하여 $\overline{\text{OH}}^2 = \overline{\text{OP}}^2 - \overline{\text{PH}}^2$이므로

$\overline{\text{OH}}^2 = t^2 + t - \dfrac{(t - 2\sqrt{t})^2}{5}$

$= t^2 + t - \dfrac{t^2 - 4t\sqrt{t} + 4t}{5}$

$= \dfrac{4t^2 + 4t\sqrt{t} + t}{5}$

> 직선 PH와 직선 $y = \frac{1}{2}x$의 교점인 점 H의 좌표를 찾아 선분 OH의 길이를 구해도 되지만 시간이 오래 걸리고 복잡해. 따라서 효율적으로 풀이하기 위해서는 피타고라스 정리를 이용하는 것이 훨씬 편해. 실수

2nd $\displaystyle\lim_{t \to \infty} \dfrac{\overline{\text{OH}}^2}{\overline{\text{OP}}^2}$의 값을 구하자.

$\therefore \displaystyle\lim_{t \to \infty} \dfrac{\overline{\text{OH}}^2}{\overline{\text{OP}}^2} = \lim_{t \to \infty} \dfrac{4t^2 + 4t\sqrt{t} + t}{5(t^2 + t)}$

> $\dfrac{\infty}{\infty}$ 꼴의 극한이므로 분모의 최고차항인 t^2으로 분모, 분자를 각각 나눠.

$= \displaystyle\lim_{t \to \infty} \dfrac{4 + \dfrac{4\sqrt{t}}{t} + \dfrac{1}{t}}{5 + \dfrac{5}{t}}$

> $\displaystyle\lim_{t \to \infty} \dfrac{4\sqrt{t}}{t} = 0$, $\displaystyle\lim_{t \to \infty} \dfrac{1}{t} = 0$, $\displaystyle\lim_{t \to \infty} \dfrac{5}{t} = 0$

$= \dfrac{4}{5}$

다른 풀이: 직선 PH의 직선의 방정식을 구하고, 두 직선의 방정식을 연립하여 교점 H를 구하기

> 기울기가 각각 m, n인 두 직선이 서로 수직이면 $mn = -1$이야.

직선 PH는 직선 $y = \frac{1}{2}x$와 수직이므로 기울기가 -2지?

이때, 점 P의 좌표가 $(t, \sqrt{t})$이므로 직선 PH의 방정식은
$y - \sqrt{t} = -2(x - t)$, 즉 $y = -2x + 2t + \sqrt{t}$야.

따라서 두 직선 $y = \frac{1}{2}x$, $y = -2x + 2t + \sqrt{t}$의 교점 H의 좌표를 구하기

위해 연립하면 $\frac{1}{2}x = -2x + 2t + \sqrt{t}$에서 $\frac{5}{2}x = 2t + \sqrt{t}$

$\therefore x = \dfrac{4t + 2\sqrt{t}}{5}$

즉, 점 H의 좌표는 $\left(\dfrac{4t + 2\sqrt{t}}{5}, \dfrac{2t + \sqrt{t}}{5} \right)$이므로

> $y = \frac{1}{2}x$에 x좌표를 대입하여 구하면 돼.

$\overline{\text{OH}}^2 = \left(\dfrac{4t + 2\sqrt{t}}{5} - 0 \right)^2 + \left(\dfrac{2t + \sqrt{t}}{5} - 0 \right)^2 = \dfrac{4t^2 + 4t\sqrt{t} + t}{5}$

(이하 동일)

미정계수의 결정 개념·공식

두 함수 $f(x)$, $g(x)$에 대하여

① $\displaystyle\lim_{x \to a} \dfrac{f(x)}{g(x)} = \alpha$ (단, a는 상수)일 때, $\displaystyle\lim_{x \to a} g(x) = 0$이면
$\displaystyle\lim_{x \to a} f(x) = 0$

② $\displaystyle\lim_{x \to a} \dfrac{f(x)}{g(x)} = \alpha$ (단, $a \neq 0$인 상수)일 때, $\displaystyle\lim_{x \to a} f(x) = 0$이면
$\displaystyle\lim_{x \to a} g(x) = 0$

정답 공식: 주어진 선분의 길이를 t에 대한 식으로 나타내고 극한값을 구한다.

최고차항의 계수가 1이고 두 점 $A(-2, 0)$, $P(t, t+2)$를 지나는 이차함수 $f(x)$가 있다. 함수 $y = f(x)$의 그래프가 y축과 만나는 점을 Q라 할 때, $\displaystyle\lim_{t \to \infty} (\sqrt{2} \times \overline{\text{AP}} - \overline{\text{AQ}})$의 값을 구하시오.

단서 2 점 Q의 좌표를 찾아 $\sqrt{2} \times \overline{\text{AP}} - \overline{\text{AQ}}$를 t에 대한 식으로 (단, $t \neq -2$) (4점) 바꾸고 극한값을 구해.

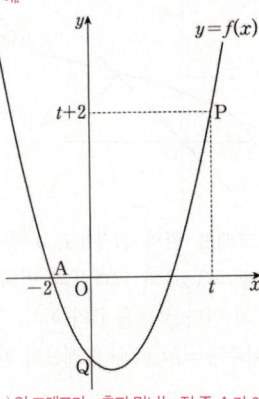

단서 1 이차함수 $y = f(x)$의 그래프가 x축과 만나는 점 중 A가 아닌 점의 좌표를 $(k, 0)$이라 놓고 $f(x)$의 식을 세운 후 이 그래프가 점 P를 지남을 이용해 $f(x)$의 식을 t에 대한 식으로 나타내.

1st 이차함수 $f(x)$의 식을 구하자.

이차함수 $y = f(x)$의 그래프가 x축과 만나는 점 중 A가 아닌 점의 좌표를 $(k, 0)$이라 하면 $f(x) = (x + 2)(x - k)$ (k는 $k \neq -2$인 상수)라 놓을 수 있다.

> 최고차항의 계수가 1인 이차함수 $y = f(x)$의 그래프가 x축과 두 점 $(\alpha, 0)$, $(\beta, 0)$에서 만나면 $f(x) = (x - \alpha)(x - \beta)$

이때, 함수 $y = f(x)$의 그래프가 점 $P(t, t+2)$를 지나므로
$t + 2 = (t + 2)(t - k)$, $(t + 2)(t - k - 1) = 0$
$\therefore k = t - 1$ ($\because t \neq -2$)

즉, 최고차항의 계수가 1이고 두 점 $A(-2, 0)$, $P(t, t+2)$를 지나는 이차함수 $f(x)$는 $f(x) = (x + 2)(x - t + 1)$이다.

2nd 점 Q의 좌표를 구하여 선분의 길이를 t에 대하여 정리하자.

$\overline{\text{AP}} = \sqrt{\{t - (-2)\}^2 + (t + 2 - 0)^2}$

> 두 점 (x_1, y_1), (x_2, y_2) 사이의 거리는 $\sqrt{(x_2 - x_1)^2 + (y_2 - y_1)^2}$

$= \sqrt{2(t + 2)^2} = \sqrt{2}|t + 2|$

> **주의** t의 값은 $t \neq -2$이지만 -2보다 큰지 작은지는 알 수 없으므로 $\sqrt{2(t+2)^2} = \sqrt{2}|t+2|$로 나타내어야 해.

이고, $f(x) = (x + 2)(x - t + 1)$에 $x = 0$을 대입하면
$f(0) = 2 - 2t$
즉, 점 Q의 좌표는 $(0, 2 - 2t)$이므로
$\overline{\text{AQ}} = \sqrt{\{0 - (-2)\}^2 + \{(2 - 2t) - 0\}^2}$
$= \sqrt{4 + 4t^2 - 8t + 4} = 2\sqrt{t^2 - 2t + 2}$

3rd 주어진 식을 t에 대하여 정리한 후 극한값을 구하자.

$\therefore \displaystyle\lim_{t \to \infty} (\sqrt{2} \times \overline{\text{AP}} - \overline{\text{AQ}})$

$= \displaystyle\lim_{t \to \infty} (2|t + 2| - 2\sqrt{t^2 - 2t + 2})$

> 무리식이 포함된 $\infty - \infty$ 꼴의 극한은 무리식을 유리화해야 해.

$= 2 \displaystyle\lim_{t \to \infty} \dfrac{|t + 2|^2 - (t^2 - 2t + 2)}{|t + 2| + \sqrt{t^2 - 2t + 2}}$

> 분자를 유리화하기 위해 분모, 분자에 $|t + 2| + \sqrt{t^2 - 2t + 2}$를 각각 곱한 거야.

$= 2 \displaystyle\lim_{t \to \infty} \dfrac{6t + 2}{|t + 2| + \sqrt{t^2 - 2t + 2}}$

$= 2 \displaystyle\lim_{t \to \infty} \dfrac{6 + \dfrac{2}{t}}{\left| 1 + \dfrac{2}{t} \right| + \sqrt{1 - \dfrac{2}{t} + \dfrac{2}{t^2}}}$

> $\dfrac{\infty}{\infty}$ 꼴의 극한이므로 분모의 최고차항인 t로 분모, 분자를 각각 나누어 계산해.

$= 2 \times \dfrac{6 + 0}{1 + 1} = 6$

> **정답 공식:** x축에 평행한 직선 위의 두 점 사이의 거리는 두 점의 x좌표의 차이고, y축에 평행한 직선 위의 두 점 사이의 거리는 두 점의 y좌표의 차이다.

세 함수 $f(x)=\sqrt{x+2}$, $g(x)=-\sqrt{x-2}+2$, $h(x)=x$의 그래프가 그림과 같다.

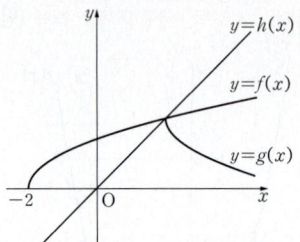

함수 $y=h(x)$의 그래프 위의 점 P$(a,\ a)$를 지나고 x축에 평행한 직선이 함수 $y=f(x)$의 그래프와 만나는 점을 A, 함수 $y=g(x)$의 그래프와 만나는 점을 B라 하자. 점 B를 지나고 y축에 평행한 직선이 함수 $y=h(x)$의 그래프와 만나는 점을 C라 할 때, $\lim\limits_{a\to2-}\dfrac{\overline{\text{BC}}}{\overline{\text{AB}}}$의 값은? (단, $0<a<2$) (4점)

> **단서** 두 선분 AB, BC의 길이를 구하려면 먼저 세 점 A, B, C의 좌표를 구해야 하겠지?

① $\dfrac{1}{5}$ ② $\dfrac{1}{4}$ ③ $\dfrac{1}{3}$

④ $\dfrac{1}{2}$ ⑤ 1

1st 선분 AB의 길이를 구하자.

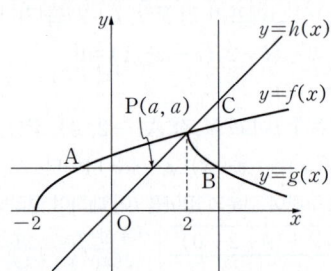

$\sqrt{x+2}=-\sqrt{x-2}+2=x$에서

> 연립방정식 $A=B=C$의 해를 구하려면
> $\begin{cases}A=B\\A=C\end{cases}$ 또는 $\begin{cases}A=B\\B=C\end{cases}$ 또는 $\begin{cases}A=C\\B=C\end{cases}$ 의 꼴로 바꾸어 해를 구해.

$-\sqrt{x-2}+2=x$, $\sqrt{x-2}=2-x$

양변을 제곱하면

$x-2=x^2-4x+4$

$x^2-5x+6=0$, $(x-2)(x-3)=0$

$\therefore x=2$, $x=3$

$\sqrt{x+2}=x$

양변을 제곱하면

$x+2=x^2$, $x^2-x-2=0$

$(x-2)(x+1)=0$ $\therefore x=-1$, $x=2$

따라서 교점의 좌표는 $(2, 2)$이다.

한편, 점 P$(a,\ a)(0<a<2)$를 지나고 x축에 평행한 직선이 두 함수 $y=f(x)$, $y=g(x)$의 그래프와 만나는 점의 y좌표는 모두 a이므로

점 A의 좌표는 $\sqrt{x+2}=a$에서 $x+2=a^2$

> $y=f(x)$의 그래프와 직선 $y=a$의 교점이므로 $f(x)=a$를 풀어야 해.

따라서 $x=a^2-2$이므로 A$(a^2-2,\ a)$이다.

또, 점 B의 좌표는 $-\sqrt{x-2}+2=a$에서

> $y=g(x)$의 그래프와 직선 $y=a$의 교점이므로 $g(x)=a$를 풀어야 해.

$-\sqrt{x-2}=a-2$, $x-2=a^2-4a+4$

따라서 $x=a^2-4a+6$이므로 B$(a^2-4a+6,\ a)$이다.

$$\begin{aligned}\therefore \overline{\text{AB}}&=|(a^2-4a+6)-(a^2-2)|\\&=|-4a+8|\\&=-4a+8\end{aligned}$$

> $0<a<2$에서 $-8<-4a<0$이므로 $-4a+8>0$이야.

> **실수** 길이를 구할 때에는 절댓값을 사용하는 것을 잊어버리면 안 돼.

2nd 이번에는 선분 BC의 길이를 구하자.

점 B를 지나고 y축에 평행한 직선이 함수 $y=h(x)$의 그래프가 만나는 점의 x좌표는 a^2-4a+6이므로 점 C의 좌표는 $(a^2-4a+6,\ a^2-4a+6)$이다.

> $h(x)=x$이므로 (x좌표)=(y좌표)겠지.

$$\begin{aligned}\therefore \overline{\text{BC}}&=|(a^2-4a+6)-a|\\&=|a^2-5a+6|\\&=a^2-5a+6\end{aligned}$$

> $i(a)=a^2-5a+6=\left(a-\dfrac{5}{2}\right)^2-\dfrac{1}{4}$이라 하면 함수 $i(a)$는 $a<\dfrac{5}{2}$에서 감소하는 함수야.
> 이때, $i(2)=0$이므로 $0<a<2$에서 $i(a)>0$이야.
> $\therefore \overline{\text{BC}}=a^2-5a+6$

3rd $\lim\limits_{a\to2-}\dfrac{\overline{\text{BC}}}{\overline{\text{AB}}}$의 값을 구하자.

$$\begin{aligned}\therefore \lim_{a\to2-}\frac{\overline{\text{BC}}}{\overline{\text{AB}}}&=\lim_{a\to2-}\frac{a^2-5a+6}{-4a+8}\\&=\lim_{a\to2-}\frac{(a-2)(a-3)}{-4(a-2)}\\&=\lim_{a\to2-}\frac{a-3}{-4}=\frac{1}{4}\end{aligned}$$

> ⭐ **톡톡 풀이:** $\dfrac{\overline{\text{BC}}}{\overline{\text{AB}}}$가 $\overline{\text{AC}}$의 기울기임을 이용하여 a에 대한 식을 구하고 극한값 계산하기

$\lim\limits_{a\to2-}\dfrac{\overline{\text{BC}}}{\overline{\text{AB}}}$에서 $\dfrac{\overline{\text{BC}}}{\overline{\text{AB}}}=(\overline{\text{AC}}$의 기울기)지?

이때, A$(a^2-2,\ a)$, C$(a^2-4a+6,\ a^2-4a+6)$에서

$$\begin{aligned}\frac{\overline{\text{BC}}}{\overline{\text{AB}}}&=(\overline{\text{AC}}\text{의 기울기})\\&=\frac{(a^2-4a+6)-a}{(a^2-4a+6)-(a^2-2)}\\&=\frac{(a-2)(a-3)}{-4(a-2)}=-\frac{a-3}{4}\end{aligned}$$

> 두 점 (x_1, y_1), (x_2, y_2)를 지나는 직선의 기울기는 $\dfrac{y_2-y_1}{x_2-x_1}$ 또는 $\dfrac{y_1-y_2}{x_1-x_2}$ (단, $x_1\neq x_2$)

$$\therefore \lim_{a\to2-}\frac{\overline{\text{BC}}}{\overline{\text{AB}}}=\lim_{a\to2-}\left(-\frac{a-3}{4}\right)=\frac{1}{4}$$

> **수능 핵강**
>
> ***함수 $y=h(x)$의 그래프 위의 수많은 점 중 점 P를 왜 그림과 같이 잡았을까?**
>
> 세 함수 $y=f(x)$, $y=g(x)$, $y=h(x)$의 그래프의 교점의 좌표는 $(2, 2)$인데 문제의 조건에서 a의 값의 범위가 $0<a<2$로 주어졌기 때문에 함수 $y=h(x)$의 그래프 위의 점 P는 원점과 세 함수의 그래프의 교점 사이에 위치해야 해.

> ❀ **함수 $y=\sqrt{a(x-p)}+q\,(a\neq0)$의 그래프**   개념·공식
>
> ① 함수 $y=\sqrt{ax}$의 그래프를 x축의 방향으로 p만큼, y축의 방향으로 q만큼 평행이동한 것이다.
> ② $a>0$일 때, 정의역은 $\{x|x\geq p\}$, 치역은 $\{y|y\geq q\}$이고 $a<0$일 때, 정의역은 $\{x|x\leq p\}$, 치역은 $\{y|y\geq q\}$이다.

A 175 정답 ② *길이에 대한 극한의 활용 ·········· [정답률 69%]

정답 공식: x축에 평행한 직선 위의 두 점 사이의 거리는 두 점의 x좌표의 차이고, y축에 평행한 직선 위의 두 점 사이의 거리는 두 점의 y좌표의 차이다.

그림과 같이 곡선 $y=-x^2+6$과 직선 $y=x$가 제1사분면에서 만나는 점을 A라 하고, 점 A에서 x축에 내린 수선의 발을 B라 하자. 직선 $y=x$ 위의 점 $P(a,a)$에서 선분 AB에 내린 수선의 발을 Q라 하고, 점 P를 지나고 y축에 평행한 직선이 곡선 $y=-x^2+6$과 만나는 점을 R라 할 때, $\lim\limits_{a\to 2^-}\dfrac{\overline{PQ}}{\overline{PR}}$의 값은? (단, $0<a<2$) (4점)

단서2 $\overline{PQ}$의 길이는 두 점 P, Q의 x좌표의 차와 같고, $\overline{PR}$의 길이는 두 점 P, R의 y좌표의 차와 같아.

단서1 곡선과 직선의 교점의 x좌표는 두 식을 연립하여 x의 값을 구하면 돼.

① $\dfrac{2}{15}$　② $\dfrac{1}{5}$　③ $\dfrac{4}{15}$　④ $\dfrac{1}{3}$　⑤ $\dfrac{2}{5}$

1st 점 A의 좌표를 구하고, $\overline{PQ}$, $\overline{PR}$의 길이를 각각 a에 관한 식으로 나타내자.

점 A는 곡선 $y=-x^2+6$과 직선 $y=x$의 교점이므로 $-x^2+6=x$
$x^2+x-6=0$, $(x+3)(x-2)=0$　∴ $x=2\ (∵\ x>0)$
∴ $A(2,2)$
따라서 점 $P(a,a)$에 대하여
$\overline{PQ}=2-a$　점 P의 x좌표는 a, 점 Q의 x좌표는 2이므로 두 점 P, Q의 x좌표의 차는 $2-a$야.
$\overline{PR}=-a^2+6-a$　점 P의 y좌표는 a, 점 R의 y좌표는 $-a^2+6$이므로 두 점 P, R의 y좌표의 차는 $(-a^2+6)-a$야.

2nd 주어진 극한값을 구하자.

∴ $\lim\limits_{a\to 2^-}\dfrac{\overline{PQ}}{\overline{PR}}=\lim\limits_{a\to 2^-}\dfrac{2-a}{-a^2-a+6}$　a에 2를 대입하면 $\dfrac{0}{0}$ 꼴이 나오므로 우선 분모의 식을 인수분해하자.
$=\lim\limits_{a\to 2^-}\dfrac{2-a}{(a+3)(2-a)}=\lim\limits_{a\to 2^-}\dfrac{1}{a+3}=\dfrac{1}{5}$
$2-a$가 분자, 분모의 공통인수이므로 약분하자.

A 176 정답 ⑤ *길이에 대한 극한의 활용 ·········· [정답률 63%]

정답 공식: 원 C의 중심은 $C(r,r)$이고, △OAB의 넓이를 서로 다른 두 표현식으로 나타내 r를 a에 대한 식으로 구한다.

그림과 같이 두 점 $A(a,0)$, $B(0,3)$에 대하여 삼각형 OAB에 내접하는 원 C가 있다. 원 C의 반지름의 길이를 r라 할 때, $\lim\limits_{a\to 0^+}\dfrac{r}{a}$의 값은? (단, O는 원점이다.) (3점)

단서1 $a=0$에서의 우극한값을 구하자.

단서2 △AOB의 넓이는 2가지 방법으로 구할 수 있어. 즉, (△AOB의 넓이)
$=\dfrac{1}{2}\overline{OA}\cdot\overline{OB}$
$=\dfrac{1}{2}r\overline{AB}+\dfrac{1}{2}r\overline{OA}+\dfrac{1}{2}r\overline{OB}$야.

① $\dfrac{1}{6}$　② $\dfrac{1}{5}$　③ $\dfrac{1}{4}$　④ $\dfrac{1}{3}$　⑤ $\dfrac{1}{2}$

1st 직각삼각형에 내접하는 원의 성질을 이용해서 $\dfrac{r}{a}$를 구해.

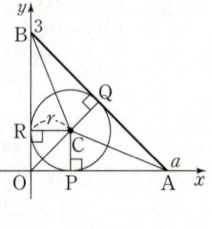

그림과 같이 원의 중심 C에서 삼각형 OAB의 각 변에 내린 수선의 발을 P, Q, R라 하면 직각삼각형 OAB에 대하여
△OAB=△COA+△CAB+△CBO
이므로 내접원의 반지름의 길이 r에 대하여
$\dfrac{1}{2}\overline{OA}\cdot\overline{OB}$
$=\dfrac{1}{2}(\overline{OA}\cdot\overline{CP}+\overline{AB}\cdot\overline{CQ}+\overline{OB}\cdot\overline{CR})$
피타고라스 정리에 의해 $\overline{AB}=\sqrt{a^2+9}$야.
$\dfrac{3}{2}a=\dfrac{1}{2}r(a+3+\sqrt{a^2+9})$　∴ $\dfrac{r}{a}=\dfrac{3}{a+3+\sqrt{a^2+9}}$

2nd 극한값을 계산해.

∴ $\lim\limits_{a\to 0^+}\dfrac{r}{a}=\lim\limits_{a\to 0^+}\dfrac{3}{a+3+\sqrt{a^2+9}}=\dfrac{3}{3+\sqrt{9}}=\dfrac{1}{2}$

수능 핵강

* 삼각형의 넓이와 내접원의 반지름 사이의 관계

삼각형 ABC의 세 변의 길이를 각각 a, b, c라 하고 내접원의 반지름의 길이를 r라 하면 내심에서 삼각형의 각 변에 이르는 거리가 같으므로 삼각형 ABC의 넓이 S를 내접원의 반지름의 길이를 이용하여 구할 수 있어.
즉, $S=\dfrac{1}{2}r(a+b+c)$야.

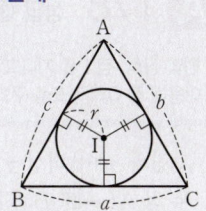

A 177 정답 ③ *길이에 대한 극한의 활용 ·········· [정답률 72%]

정답 공식: 두 점 (x_1,y_1), (x_2,y_2) 사이의 거리는 $\sqrt{(x_2-x_1)^2+(y_2-y_1)^2}$이다.

그림과 같이 두 함수 $y=3\sqrt{x}$, $y=\sqrt{x}$의 그래프와 직선 $x=k$가 만나는 점을 각각 A, B라 하고, 직선 $x=k$가 x축과 만나는 점을 C라 하자.

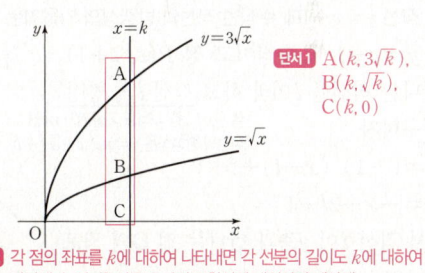

단서1 $A(k,3\sqrt{k})$, $B(k,\sqrt{k})$, $C(k,0)$

단서2 각 점의 좌표를 k에 대하여 나타내면 각 선분의 길이도 k에 대하여 나타낼 수 있지? 이를 주어진 극한식에 대입하여 계산해.

$\lim\limits_{k\to 0^+}\dfrac{\overline{OA}-\overline{AC}}{\overline{OB}-\overline{BC}}$의 값은? (단, $k>0$이고, O는 원점이다.) (3점)

① $\dfrac{1}{5}$　② $\dfrac{1}{4}$　③ $\dfrac{1}{3}$　④ $\dfrac{1}{2}$　⑤ 1

1st $\overline{OA}$, $\overline{AC}$, $\overline{OB}$, $\overline{BC}$의 길이부터 구하자.

두 곡선 $y=3\sqrt{x}$, $y=\sqrt{x}$와 직선 $x=k$가 만나는 점이 각각 A, B이고 x축과 직선 $x=k$가 만나는 점이 C이므로 세 점 A, B, C의 좌표는 각각 $A(k,3\sqrt{k})$, $B(k,\sqrt{k})$, $C(k,0)$
따라서 $\overline{OA}$, $\overline{AC}$, $\overline{OB}$, $\overline{BC}$의 길이는　두 점 (x_1,y_1), (x_2,y_2) 사이의 거리는 $\sqrt{(x_2-x_1)^2+(y_2-y_1)^2}$
$\overline{OA}=\sqrt{(k-0)^2+(3\sqrt{k}-0)^2}=\sqrt{k^2+9k}$
$\overline{AC}=|3\sqrt{k}-0|=3\sqrt{k}$
$\overline{OB}=\sqrt{(k-0)^2+(\sqrt{k}-0)^2}=\sqrt{k^2+k}$
$\overline{BC}=|\sqrt{k}-0|=\sqrt{k}$

2nd 분모, 분자를 유리화하여 극한값을 구하자.

$$\therefore \lim_{k \to 0+} \frac{\overline{OA}-\overline{AC}}{\overline{OB}-\overline{BC}} = \lim_{k \to 0+} \frac{\sqrt{k^2+9k}-3\sqrt{k}}{\sqrt{k^2+k}-\sqrt{k}}$$

$$= \lim_{k \to 0+} \frac{\sqrt{k}(\sqrt{k+9}-3)}{\sqrt{k}(\sqrt{k+1}-1)} \ (\because k>0)$$

$$= \lim_{k \to 0+} \frac{\sqrt{k+9}-3}{\sqrt{k+1}-1}$$

근호가 포함된 $\frac{0}{0}$ 꼴의 극한은 근호가 있는 쪽을 유리화한 후 계산해.

$$= \lim_{k \to 0+} \frac{(\sqrt{k+9}-3)(\sqrt{k+9}+3)(\sqrt{k+1}+1)}{(\sqrt{k+1}-1)(\sqrt{k+1}+1)(\sqrt{k+9}+3)}$$

$$= \lim_{k \to 0+} \frac{k(\sqrt{k+1}+1)}{k(\sqrt{k+9}+3)}$$

주의 분모, 분자 둘 다 근호를 포함하고 $\frac{0}{0}$ 꼴인 극한이면 분모, 분자를 모두 유리화할 수 있게 유리화하는 식을 둘 다 분모, 분자에 각각 곱해봐.

$$= \lim_{k \to 0+} \frac{\sqrt{k+1}+1}{\sqrt{k+9}+3}$$

$$= \frac{1+1}{3+3} = \frac{1}{3}$$

A 178 정답 ③ ＊길이에 대한 극한의 활용 ········· [정답률 57%]

정답 공식: 점 P를 지나고 직선 $y=x+1$에 수직인 직선의 방정식을 구하고 이를 이용해 점 Q의 좌표를 구할 수 있다.

그림과 같이 직선 $y=x+1$ 위에 두 점 $A(-1, 0)$과 $P(t, t+1)$이 있다. 점 P를 지나고 직선 $y=x+1$에 수직인 직선이 y축과 만나는 점을 Q라 할 때, $\lim\limits_{t \to \infty} \dfrac{\overline{AQ}^2}{\overline{AP}^2}$ 의 값은? (3점)

단서 직선 $y=x+1$에 수직이므로 기울기가 -1이야. 또한 이 직선은 점 $P(t, t+1)$을 지나.

① 1 ② $\dfrac{3}{2}$ ③ 2 ④ $\dfrac{5}{2}$ ⑤ 3

1st 직선 $y=x+1$에 수직인 직선의 방정식의 기울기는 -1이지?

직선 $y=x+1$에 수직이고 점 $P(t, t+1)$을 지나는 직선을 l이라 하고 직선 l의 방정식을 구하자.

점 (a,b)를 지나고 기울기가 m인 직선의 방정식은 $y=m(x-a)+b$

$l : y=(-1)\cdot(x-t)+t+1$
$\quad = -x+2t+1$

따라서 직선 l이 y축과 만나는 점 Q의 좌표는 $(0, 2t+1)$이다.

2nd 두 점 $A(x_1, y_1)$, $B(x_2, y_2)$ 사이의 거리는 $\sqrt{(x_2-x_1)^2+(y_2-y_1)^2}$이야.

$\overline{AP}$와 $\overline{AQ}$의 길이를 각각 구하면

$\overline{AP}=\sqrt{(t+1)^2+(t+1)^2}=\sqrt{2}(t+1)$

$\overline{AQ}=\sqrt{(0+1)^2+(2t+1-0)^2}=\sqrt{4t^2+4t+2}$

$$\therefore \lim_{t \to \infty} \frac{\overline{AQ}^2}{\overline{AP}^2} = \lim_{t \to \infty} \frac{4t^2+4t+2}{2(t+1)^2} = 2$$

$$\to \lim_{t \to \infty} \frac{4+\frac{4}{t}+\frac{2}{t^2}}{2+\frac{4}{t}+\frac{2}{t^2}}=2$$

✿ **함수의 극한값 구하는 방법** 개념·공식

① $\dfrac{\infty}{\infty}$ 꼴 : 분모, 분자를 분모의 최고차항으로 나눈다.

② $\dfrac{0}{0}$ 꼴 : 분수식은 인수분해한 후 약분하고, 무리식은 유리화한다.

③ $\infty-\infty$ 꼴 : 다항식은 최고차항을 묶어내고, 무리식은 유리화한다.

④ $0\cdot\infty$ 꼴 : $\dfrac{\infty}{\infty}$, $\dfrac{0}{0}$ 꼴로 변형한다.

A 179 정답 ② ＊길이에 대한 극한의 활용 ········· [정답률 70%]

정답 공식: 세 점 A, C, H의 좌표를 구한 후 $\overline{AH}$, $\overline{CH}$를 t에 대한 식으로 나타내어 극한식에 대입한다.

실수 $t(t>0)$에 대하여 직선 $y=x+t$와 곡선 $y=x^2$이 만나는 두 점을 A, B라 하자. 점 A를 지나고 x축에 평행한 직선이 **단서1** 직선과 곡선의 식을 연립하여 두 점 A, B의 좌표를 t에 대한 식으로 나타내봐. 곡선 $y=x^2$과 만나는 점 중 A가 아닌 점을 C, 점 B에서 선분 **단서2** 점 C는 점 A와 y좌표가 같고, 점 H는 점 B와 x좌표가 같아. $\overline{AC}$에 내린 수선의 발을 H라 하자. $\lim\limits_{t \to 0+} \dfrac{\overline{AH}-\overline{CH}}{t}$의 값은?

(단, 점 A의 x좌표는 양수이다.) (4점)

단서3 $\overline{AH}$, $\overline{CH}$를 t에 대한 식으로 나타내고, 극한값을 구해.

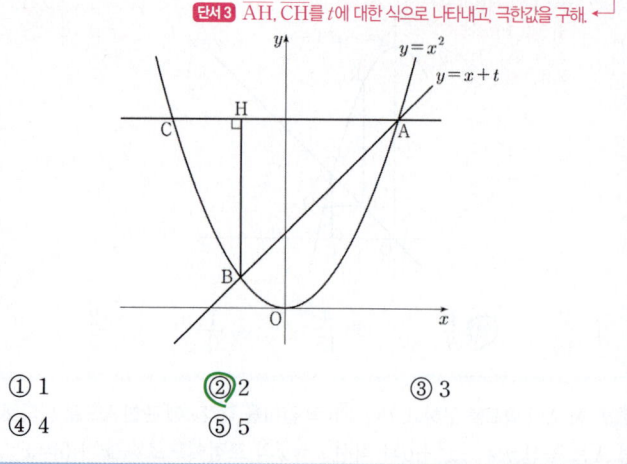

① 1 ② 2 ③ 3
④ 4 ⑤ 5

1st $\overline{AH}$, $\overline{CH}$를 t에 대한 식으로 나타내.

두 점 A, B의 x좌표는 각각 방정식 $x^2=x+t$의 두 실근이므로 이차방정식 $x^2-x-t=0$의 근을 구하면

$$x=\frac{-(-1)\pm\sqrt{(-1)^2-4\times1\times(-t)}}{2\times1}=\frac{1\pm\sqrt{1+4t}}{2}$$

즉, 점 A의 x좌표는 $\dfrac{1+\sqrt{1+4t}}{2}$, 점 B의 x좌표는 $\dfrac{1-\sqrt{1+4t}}{2}$이다.

$t>0$이므로 $\dfrac{1+\sqrt{1+4t}}{2}>0$, $\dfrac{1-\sqrt{1+4t}}{2}<0$이야.

따라서 점 A의 x좌표가 양수라 했으므로 점 A의 x좌표가 $\dfrac{1+\sqrt{1+4t}}{2}$가 되는 거야.

이때, $x=\dfrac{1+\sqrt{1+4t}}{2}$를 $y=x+t$에 대입하면

$$y=\frac{1+\sqrt{1+4t}}{2}+t=\frac{1+2t+\sqrt{1+4t}}{2}$$이므로

$A\left(\dfrac{1+\sqrt{1+4t}}{2}, \dfrac{1+2t+\sqrt{1+4t}}{2}\right)$이다.

한편, 점 A를 지나고 x축에 평행한 직선의 방정식은

$$y=\frac{1+2t+\sqrt{1+4t}}{2}$$이므로

$C\left(\dfrac{-1-\sqrt{1+4t}}{2}, \dfrac{1+2t+\sqrt{1+4t}}{2}\right),$

곡선 $y=x^2$은 y축에 대하여 대칭이므로 곡선 $y=x^2$과 x축에 평행한 직선이 만나는 두 점 A, C의 x좌표는 절댓값이 같고 부호는 반대야. 또, y좌표는 같아.

$H\left(\dfrac{1-\sqrt{1+4t}}{2}, \dfrac{1+2t+\sqrt{1+4t}}{2}\right)$이다.

점 H의 x좌표는 점 B의 x좌표와 같고, y좌표는 점 A의 y좌표와 같아.

따라서 $\overline{AH}$, $\overline{CH}$의 길이를 t에 대한 식으로 나타내면

$$\overline{AH}=\frac{1+\sqrt{1+4t}}{2}-\frac{1-\sqrt{1+4t}}{2}=\sqrt{1+4t}$$

$$\overline{CH}=\frac{1-\sqrt{1+4t}}{2}-\frac{-1-\sqrt{1+4t}}{2}=1$$

2nd $\lim\limits_{t \to 0+} \dfrac{\overline{AH} - \overline{CH}}{t}$ 의 값을 구해.

$\therefore \lim\limits_{t \to 0+} \dfrac{\overline{AH} - \overline{CH}}{t} = \lim\limits_{t \to 0+} \dfrac{\sqrt{1+4t}-1}{t}$ ← $\dfrac{0}{0}$ 꼴이고 분자에 무리식이 포함되어 있으므로 분자를 유리화해야 해.

$= \lim\limits_{t \to 0+} \dfrac{(\sqrt{1+4t}-1)(\sqrt{1+4t}+1)}{t(\sqrt{1+4t}+1)}$

$= \lim\limits_{t \to 0+} \dfrac{(1+4t)-1}{t(\sqrt{1+4t}+1)} = \lim\limits_{t \to 0+} \dfrac{4t}{t(\sqrt{1+4t}+1)}$

$= \lim\limits_{t \to 0+} \dfrac{4}{\sqrt{1+4t}+1} = \dfrac{4}{1+1} = 2$

∞ 쉬운 풀이: 이차방정식의 근과 계수의 관계를 이용하여 $\overline{AB}$의 길이를 더 간단히 나타내기

곡선 $y=x^2$ 위의 두 점 A, B의 좌표를 각각
A(a, a^2), B(b, b^2) ($a>0$, $b<0$)이라 하자.
두 점 A, B의 x좌표는 이차방정식 $x^2=x+t$의 두 근이므로
이차방정식 $x^2-x-t=0$의 두 근이 a, b야.
즉, 이차방정식의 근과 계수의 관계에 의하여
$a+b=1$, $ab=-t$야.
한편, 점 A를 지나고 x축에 평행한 직선의 방정식은 $y=a^2$이고,
점 H의 x좌표는 점 B의 x좌표와 같으므로 H(b, a^2)이야.
$\therefore \overline{AH} = a-b = \sqrt{(a-b)^2} = \sqrt{(a+b)^2 - 4ab}$
$\quad = \sqrt{1+4t}$

또한, 점 C의 좌표가 C($-a$, a^2)이므로
점 C의 x좌표는 방정식 $x^2=a^2$의 음수인 해인 $-a$야.
$\overline{CH} = b-(-a) = a+b = 1$
(이하 동일)

함정 $(a-b)^2=(a+b)^2-4ab$를 이용하면 $a-b$의 값을 구할 수 있으므로 이차방정식의 해를 직접 구하지 않고 근과 계수의 관계를 이용하여 $\overline{AH}$의 길이를 t에 대한 식으로 나타낼 수 있어.

A 180 정답 ① *길이에 대한 극한의 활용 [정답률 71%]

정답 공식: 두 점 사이의 거리를 구하는 공식으로 d_1, d_2를 구한다.

곡선 $y=\sqrt{x}$ 위의 점 $(t, \sqrt{t})$에서 점 $(1, 0)$까지의 거리를 d_1, 점 $(2, 0)$까지의 거리를 d_2라 할 때, $\lim\limits_{t \to \infty}(d_1-d_2)$의 값은? (3점)

단서1 $d_1=\sqrt{(t-1)^2+(\sqrt{t})^2}$, $d_2=\sqrt{(t-2)^2+(\sqrt{t})^2}$이야.

단서2 d_1, d_2가 근호가 있는 식이므로 분자를 유리화하여 극한값을 구해.

① 1 ② $\dfrac{1}{2}$ ③ $\dfrac{1}{4}$ ④ $\dfrac{1}{8}$ ⑤ 0

1st 두 점 사이의 거리 구하는 공식을 이용해서 d_1, d_2를 구해.
점 $(t, \sqrt{t})$에서 점 $(1, 0)$까지의 거리가 d_1이므로
$d_1 = \sqrt{(t-1)^2 + (\sqrt{t})^2} = \sqrt{t^2-t+1}$ ← 두 점 (x_1, y_1), (x_2, y_2) 사이의 거리는 $\sqrt{(x_2-x_1)^2+(y_2-y_1)^2}$
점 $(t, \sqrt{t})$에서 점 $(2, 0)$까지의 거리가 d_2이므로
$d_2 = \sqrt{(t-2)^2 + (\sqrt{t})^2} = \sqrt{t^2-3t+4}$

2nd $\lim\limits(d_1-d_2)$를 구해.

$\therefore \lim\limits_{t \to \infty}(d_1-d_2) = \lim\limits_{t \to \infty}(\sqrt{t^2-t+1} - \sqrt{t^2-3t+4})$

주의 $\sqrt{} - \sqrt{}$ 꼴은 유리화를 시켜서 극한값을 계산하도록 하자.

$= \lim\limits_{t \to \infty} \dfrac{2t-3}{\sqrt{t^2-t+1} + \sqrt{t^2-3t+4}}$

$= \lim\limits_{t \to \infty} \dfrac{2-\dfrac{3}{t}}{\sqrt{1-\dfrac{1}{t}+\dfrac{1}{t^2}} + \sqrt{1-\dfrac{3}{t}+\dfrac{4}{t^2}}}$

$= \dfrac{2}{1+1} = 1$ $\lim\limits\dfrac{1}{t}=0$이고, $\lim\limits\dfrac{1}{t^2}=0$이야.

→ $(\sqrt{t^2-t+1} - \sqrt{t^2-3t+4})(\sqrt{t^2-t+1} + \sqrt{t^2-3t+4})$
$= (t^2-t+1) - (t^2-3t+4) = 2t-3$

A 181 정답 ④ *도형의 길이에 대한 극한 [정답률 42%]

정답 공식: 두 점 A, B에 대하여 A(α, $\alpha+g(t)$), B(β, $\beta+g(t)$)로 나타내어 $\overline{AB}^2$의 값을 이용하여 $g(t)$의 값을 구한다.

곡선 $y=x^2$과 기울기가 1인 직선 l이 서로 다른 두 점 A, B에서 만난다. 양의 실수 t에 대하여 선분 AB의 길이가 $2t$가 되도록 하는 직선 l의 y절편을 $g(t)$라 할 때, $\lim\limits_{t \to \infty}\dfrac{g(t)}{t^2}$의 값은? (4점)

단서1 곡선 $y=x^2$과 직선 l의 두 식을 연립한 방정식의 해는 두 점 A, B의 x좌표라고 말할 수 있어.

단서2 두 점 A, B의 좌표를 알면 되겠지?

① $\dfrac{1}{16}$ ② $\dfrac{1}{8}$ ③ $\dfrac{1}{4}$ ④ $\dfrac{1}{2}$ ⑤ 1

1st 두 점 A, B의 x좌표 사이의 관계식을 구해.
직선 l의 기울기가 1이고 y절편은 $g(t)$이므로 직선 l의 방정식은
$y=x+g(t)$이다.
두 점 A, B의 x좌표를 각각 α, β라 하면
A(α, $\alpha+g(t)$), B(β, $\beta+g(t)$)이고,
α, β는 이차방정식 $x^2=x+g(t)$, 즉 $x^2-x-g(t)=0$의 두 근이므로
$\alpha+\beta=1$, $\alpha\beta=-g(t)$ … ㉠ → 두 식 $y=x^2$과 $y=x+g(t)$를 연립한 식이야.

2nd $g(t)$를 구하자. → 이차방정식 $ax^2+bx+c=0$($a \neq 0$)의 두 근을 α, β 하면 $\alpha+\beta=-\dfrac{b}{a}$, $\alpha\beta=\dfrac{c}{a}$

$\overline{AB}^2 = (\alpha-\beta)^2 + (\alpha-\beta)^2 = 2(\alpha-\beta)^2$이고,
$(\alpha-\beta)^2 = (\alpha+\beta)^2 - 4\alpha\beta = 1+4g(t)$($\because$ ㉠)이므로
$\overline{AB}^2 = 2+8g(t)$에서 $4t^2 = 2+8g(t)$이다.

$\therefore g(t) = \dfrac{4t^2-2}{8} = \dfrac{2t^2-1}{4}$

$\therefore \lim\limits_{t \to \infty}\dfrac{g(t)}{t^2} = \lim\limits_{t \to \infty}\dfrac{2t^2-1}{4t^2} = \dfrac{1}{2}$

$t \to \infty$이고 분자와 분모의 차수가 같으므로 극한값을 구하려면 최고차항의 계수만 비교하면 되겠지?

✿ 함수의 극한값 구하는 방법 개념·공식

① $\dfrac{\infty}{\infty}$ 꼴 : 분모, 분자를 분모의 최고차항으로 나눈다.

② $\dfrac{0}{0}$ 꼴 : 분수식은 인수분해한 후 약분하고, 무리식은 유리화한다.

③ $\infty-\infty$ 꼴 : 다항식은 최고차항을 묶어내고, 무리식은 유리화한다.

④ $0 \cdot \infty$ 꼴 : $\dfrac{\infty}{\infty}$, $\dfrac{0}{0}$ 꼴로 변형한다.

A 182 정답 ② *도형의 길이에 대한 극한 ·········· [정답률 48%]

> **정답 공식:** 원의 성질과 피타고라스 정리 등을 이용하여 선분의 길이를 t에 대한 식으로 나타낸 후 $\frac{0}{0}$ 꼴의 극한을 계산한다.

길이가 2인 선분 AB를 지름으로 하는 반원과 선분 AB의 중점 O가 있다. 호 AB 위의 점 P에 대하여 점 P를 지나고 직선 AB와 평행한 직선과 점 B를 지나고 직선 OP와 평행한 직선이 만나는 점을 Q라 하자. $\overline{BP}=t$라 할 때,

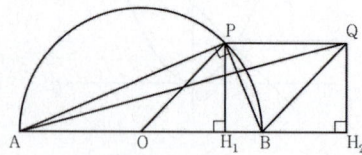
단서 1 사각형 OBQP는 평행사변형이야.

$\displaystyle\lim_{t \to 0+}\frac{3-\overline{AQ}}{t^2}$의 값은? (단, $0<t<\sqrt{2}$) (4점)
단서 2 AQ를 t에 관한 식으로 나타내어야 해.

① $\frac{1}{6}$ ② $\frac{1}{3}$ ③ $\frac{1}{2}$ ④ $\frac{2}{3}$ ⑤ $\frac{5}{6}$

1st $\overline{AQ}$를 t에 대한 식으로 나타내자.

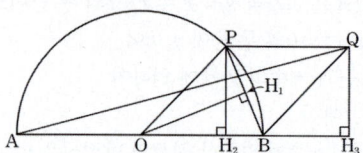

그림과 같이 두 점 P, Q에서 직선 AB에 내린 수선의 발을 각각 H_1, H_2라 하자. → 원에서 지름에 대한 원주각의 크기는 90°이니까 ∠APB=90°야.
직각삼각형 ABP에서 $\overline{AB}=2$, $\overline{BP}=t$이므로 피타고라스 정리에 의하여
$\overline{AP}=\sqrt{\overline{AB}^2-\overline{BP}^2}=\sqrt{4-t^2}\ \cdots\ \bigcirc$
또한, 직각삼각형 OH_1P에서 $\overline{OP}=1$이므로 피타고라스 정리에 의하여
$\overline{OH_1}^2+\overline{PH_1}^2=\overline{OP}^2=1$이고 직각삼각형 AH_1P에서 피타고라스 정리에 의하여
$\overline{AP}^2=\overline{AH_1}^2+\overline{PH_1}^2$
$\quad=(1+\overline{OH_1})^2+\overline{PH_1}^2$ → $\overline{AH_1}=\overline{AO}+\overline{OH_1}=1+\overline{OH_1}$
$\quad=1+2\overline{OH_1}+\overline{OH_1}^2+\overline{PH_1}^2$
$\quad=2+2\overline{OH_1}\ \cdots\ \bigcirc$ =1

$\bigcirc$, $\bigcirc$에 의하여 $4-t^2=2+2\overline{OH_1}$ $\therefore\ \overline{OH_1}=1-\frac{t^2}{2}$

즉, 직각삼각형 OH_1P에서 피타고라스 정리에 의하여
$\overline{PH_1}=\sqrt{\overline{OP}^2-\overline{OH_1}^2}=\sqrt{1^2-\left(1-\frac{t^2}{2}\right)^2}$
$\quad=\sqrt{1-\left(1-t^2+\frac{t^4}{4}\right)}=\sqrt{t^2-\frac{t^4}{4}}=\sqrt{\frac{4t^2-t^4}{4}}$
$\quad=\sqrt{\frac{t^2(4-t^2)}{4}}=\frac{t}{2}\sqrt{4-t^2}\ (\because t>0)$

이때, 두 직각삼각형 POH_1과 QBH_2는 합동이므로
사각형 OBQP가 평행사변형이므로 $\overline{OP}=\overline{BQ}$이고, $\angle POB=\angle POH_1=\angle QBH_2$야.
즉, 두 직각삼각형의 빗변의 길이가 같고 직각이 아닌 한 각의 크기가 같으므로 RHA 합동이야.
$\overline{BH_2}=\overline{OH_1},\ \overline{QH_2}=\overline{PH_1}$
따라서 직각삼각형 AH_2Q에서 피타고라스 정리에 의하여
$\overline{AQ}=\sqrt{\overline{AH_2}^2+\overline{QH_2}^2}=\sqrt{(2+\overline{BH_2})^2+\overline{QH_2}^2}$
$\overline{AH_2}=\overline{AB}+\overline{BH_2}=2+\overline{BH_2}$
$\quad=\sqrt{(2+\overline{OH_1})^2+\overline{PH_1}^2}=\sqrt{\left\{2+\left(1-\frac{t^2}{2}\right)\right\}^2+\frac{t^2}{4}(4-t^2)}$
$\quad=\sqrt{\left(3-\frac{t^2}{2}\right)^2+t^2-\frac{t^4}{4}}=\sqrt{9-3t^2+\frac{t^4}{4}+t^2-\frac{t^4}{4}}$
$\quad=\sqrt{9-2t^2}$

2nd $\displaystyle\lim_{t \to 0+}\frac{3-\overline{AQ}}{t^2}$의 값을 구하자.

$\therefore\ \displaystyle\lim_{t \to 0+}\frac{3-\overline{AQ}}{t^2}=\lim_{t \to 0+}\frac{3-\sqrt{9-2t^2}}{t^2}$
$\frac{0}{0}$ 꼴이므로 유리화를 이용하여 t^2을 약분해야 해.
$\quad=\displaystyle\lim_{t \to 0+}\frac{9-(9-2t^2)}{t^2(3+\sqrt{9-2t^2})}$
$\quad=\displaystyle\lim_{t \to 0+}\frac{2t^2}{t^2(3+\sqrt{9-2t^2})}$
$\quad=\displaystyle\lim_{t \to 0+}\frac{2}{3+\sqrt{9-2t^2}}$
$\quad=\displaystyle\frac{2}{3+3}=\frac{1}{3}$

🎲 **다른 풀이 ❶:** 평행사변형의 성질을 이용한 합동인 두 직각삼각형의 변의 길이 이용하기

그림과 같이 점 O에서 선분 PB에 내린 수선의 발을 H_1, 두 점 P, Q에서 직선 AB에 내린 수선의 발을 각각 H_2, H_3이라 하자.

이때, $\overline{OB}=\overline{OP}=1$이고 $\overline{BH_1}=\overline{PH_1}=\frac{t}{2}$이므로 직각삼각형 OH_1P에서
삼각형 OBP는 $\overline{OB}=\overline{OP}$인 이등변삼각형이므로 $\overline{BH_1}=\overline{PH_1}=\frac{1}{2}\overline{BP}$야.
피타고라스 정리에 의하여
$\overline{OH_1}=\sqrt{\overline{OP}^2-\overline{PH_1}^2}=\sqrt{1^2-\frac{1}{4}t^2}$
$\quad=\sqrt{\frac{4-t^2}{4}}=\frac{\sqrt{4-t^2}}{2}$

따라서 삼각형 OBP의 넓이에 의하여
$\triangle OBP=\frac{1}{2}\times\overline{BP}\times\overline{OH_1}=\frac{1}{2}\times\overline{OB}\times\overline{PH_2}$에서
$\frac{1}{2}\times t\times\frac{\sqrt{4-t^2}}{2}=\frac{1}{2}\times1\times\overline{PH_2}$
$\therefore\ \overline{PH_2}=\frac{t\sqrt{4-t^2}}{2}$

또, 직각삼각형 OH_2P에서 피타고라스 정리에 의하여
$\overline{OH_2}=\sqrt{\overline{OP}^2-\overline{PH_2}^2}=\sqrt{1-\frac{t^2(4-t^2)}{4}}=\sqrt{\frac{4-4t^2+t^4}{4}}$
$\quad=\frac{\sqrt{(t^2-2)^2}}{2}=\frac{2-t^2}{2}=1-\frac{t^2}{2}$ → $0<t<\sqrt{2}$에서 $0<t^2<2$이므로 $t^2-2<0$ $\therefore\ \sqrt{(t^2-2)^2}=-(t^2-2)=2-t^2$

한편, $\overline{BH_3}=\overline{OH_2}$이므로
$\overline{AH_3}=\overline{AB}+\overline{BH_3}=\overline{AB}+\overline{OH_2}=2+1-\frac{t^2}{2}=3-\frac{t^2}{2}$이고
$\overline{QH_3}=\overline{PH_2}=\frac{t\sqrt{4-t^2}}{2}$이므로 직각삼각형 AH_3Q에서 피타고라스 정리에 의하여
$\overline{AQ}=\sqrt{\overline{AH_3}^2+\overline{QH_3}^2}=\sqrt{\left(3-\frac{t^2}{2}\right)^2+\left(\frac{t\sqrt{4-t^2}}{2}\right)^2}$
$\quad=\sqrt{9-2t^2}$
(이하 동일)

🌐 **다른 풀이 ❷ : 치환을 통해 삼각함수의 극한 이용하기**

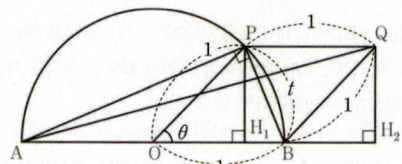

$\angle POH_1=\theta$라 하자.

사각형 OPQB는 마름모이고, 동위각의 성질에 의하여 $\angle QBH_2=\theta$야.

$\overline{QH_2}=\sin\theta$, $\overline{BH_2}=\cos\theta$이므로

$\overline{AQ}=\sqrt{\overline{AH_2}^2+\overline{QH_2}^2}=\sqrt{(2+\cos\theta)^2+\sin^2\theta}=\sqrt{4\cos\theta+5}$

직각삼각형 ABP에서 $\overline{PB}=2\sin\dfrac{\theta}{2}=t$라 하면

$\displaystyle\lim_{t\to0+}\frac{3-\overline{AQ}}{t^2}=\lim_{\theta\to0+}\frac{3-\sqrt{4\cos\theta+5}}{4\sin^2\dfrac{\theta}{2}}$

$\displaystyle=\lim_{\theta\to0+}\frac{4-4\cos\theta}{4\sin^2\dfrac{\theta}{2}\times\{3+\sqrt{4\cos\theta+5}\}}$

$\displaystyle=\lim_{\theta\to0+}\frac{4(1-\cos^2\theta)}{4\sin^2\dfrac{\theta}{2}\times\{3+\sqrt{4\cos\theta+5}\}\times(1+\cos\theta)}$

$\displaystyle=\lim_{\theta\to0+}\frac{4\sin^2\theta}{4\sin^2\dfrac{\theta}{2}\times\{3+\sqrt{4\cos\theta+5}\}\times(1+\cos\theta)}$

$=\dfrac{4}{(3+\sqrt{9})\times2}$

$=\dfrac{1}{3}$

A 183 정답 ⑤ ✱길이에 대한 극한의 활용 ········· [정답률 47%]

정답 공식: 원의 중심과 직선 사이의 거리를 구하는 공식으로 l의 방정식을 세우고, $f(r)$를 구한다.

그림과 같이 중심이 $C(2,0)$이고 반지름의 길이가 $r(r<\sqrt5)$인 원 C가 있다. 기울기가 -2이고 원 C에 접하는 직선을 l이라 하
단서1 직선 l의 방정식은 $y=-2x+a$라 놓을 수 있어.
자. 직선 l에 접하고 중심이 $C'(3,3)$인 원 C'의 반지름을 $f(r)$라 할 때, $\displaystyle\lim_{r\to0+}f(r)$의 값은? (4점)

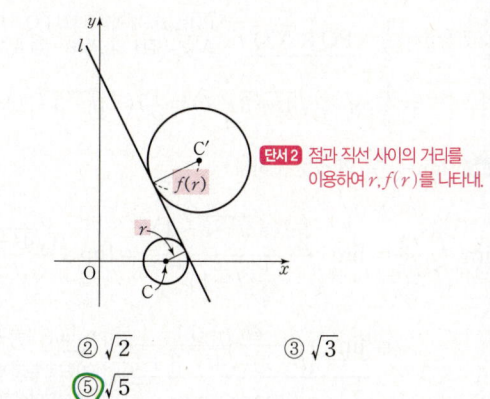

단서2 점과 직선 사이의 거리를 이용하여 $r, f(r)$를 나타내.

① 1　　② $\sqrt2$　　③ $\sqrt3$

④ 2　　⑤ $\sqrt5$

1st 점과 직선 사이의 거리를 이용하여 원 C'의 반지름의 길이를 r에 대한 식으로 표현해.

기울기가 -2인 직선 l의 y절편을 a라 하면 직선 l의 방정식은

$y=-2x+a$

$\therefore 2x+y-a=0$

이때, 직선 l이 중심이 $C(2,0)$이고 반지름의 길이가 r인 원 C에 접하므로 r는 점 $C(2,0)$과 직선 $l:2x+y-a=0$ 사이의 거리와 같다.

즉, $r=\dfrac{|2\cdot2-a|}{\sqrt{2^2+1^2}}=\dfrac{|4-a|}{\sqrt5}$에서 ｜ 점 (x_1,y_1)과 직선 $ax+by+c=0$ 사이의 거리를 d라 할 때 $d=\dfrac{|ax_1+by_1+c|}{\sqrt{a^2+b^2}}$

$a=4\pm\sqrt5r$ ··· ㉠

마찬가지로 직선 l이 중심이 $C'(3,3)$이고 반지름의 길이가 $f(r)$인 원 C'에 접하므로 $f(r)$는 점 $C'(3,3)$과 직선 $l:2x+y-a=0$ 사이의 거리와 같아.

$f(r)=\dfrac{|2\cdot3+3-a|}{\sqrt{2^2+1^2}}=\dfrac{|9-a|}{\sqrt5}$ ··· ㉡

㉠을 ㉡에 대입하면

$f(r)=\dfrac{|9-(4\pm\sqrt5r)|}{\sqrt5}=\dfrac{|5\pm\sqrt5r|}{\sqrt5}$

2nd $\displaystyle\lim_{r\to0+}f(r)$의 값을 구하자.

$\therefore\displaystyle\lim_{r\to0+}f(r)=\lim_{r\to0+}\frac{|5\pm\sqrt5r|}{\sqrt5}=\frac{5}{\sqrt5}$

$=\sqrt5$

🔧 **톡톡 풀이 : 원의 접선의 방정식과 원의 중심 사이의 거리 이용하기**

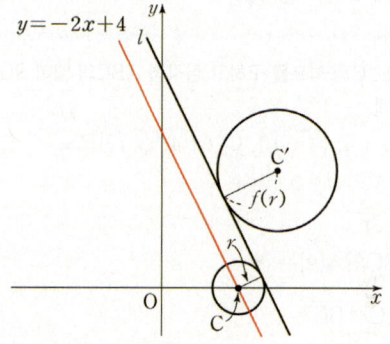

$C(2,0)$을 지나고 기울기가 -2인 직선은

$y=-2x+4$

$C'(3,3)$에서 직선 $y=-2x+4$까지의 거리는

$\dfrac{|2\times3+3-4|}{\sqrt{2^2+1^2}}=\dfrac{5}{\sqrt5}=\sqrt5$이므로 $r+f(r)=\sqrt5$

$\therefore\displaystyle\lim_{r\to0+}f(r)=\lim_{r\to0+}(\sqrt5-r)=\sqrt5$

✿ **원의 성질**　　개념·공식

① 원의 중심에서 현에 내린 수선은 그 현을 수직이등분한다.

② 한 원에서 중심으로부터 같은 거리에 있는 두 현의 길이는 같다.

③ 원 밖의 한 점에서 원에 그은 두 접선의 접점까지의 거리는 서로 같다.

④ 한 원에서 원주각의 크기는 그 호에 대한 중심각의 크기의 $\dfrac{1}{2}$이다.

⑤ 원의 중심에서 접선의 접점까지의 거리는 반지름의 길이와 같다.

{정답 공식: 세 점 A, B, C의 좌표를 t에 대한 식으로 나타낸 후 삼각형 ABC의 넓이 $S(t)$를 구한다.

그림과 같이 좌표평면에서 양의 실수 t에 대하여 함수 $f(x)=\sqrt{x}$의 그래프가 두 직선 $x=t$, $x=t+4$와 만나는 점을 각각 A, B라 하고, 점 A에서 직선 $x=t+4$에 내린 수선의 발을 C라 하자. 삼각형 ABC의 넓이를 $S(t)$라 할 때, $\lim\limits_{t\to\infty}\dfrac{\sqrt{t}\times S(t)}{2}$ 의 값은? (4점)

단서1 세 점 A, B, C의 좌표를 모두 t에 대하여 나타낼 수 있으므로 삼각형 ABC의 넓이 $S(t)$도 t에 대한 식으로 나타낼 수 있지.

단서2 $\infty-\infty$ 꼴의 극한에서 근호를 포함하고 있는 경우는 분자를 유리화하여 $\dfrac{\infty}{\infty}$ 꼴로 변형해.

① $\dfrac{\sqrt{2}}{2}$ ② 1 ③ $\sqrt{2}$

④ 2 ⑤ $2\sqrt{2}$

1st 세 점 A, B, C의 좌표를 구하고 삼각형 ABC의 넓이 $S(t)$를 t에 관한 식으로 나타내.

$A(t, \sqrt{t})$, $B(t+4, \sqrt{t+4})$, $C(t+4, \sqrt{t})$이므로

$\overline{AC}=4$ → $\overline{AC}=(t+4)-t=4$

$\overline{BC}=\sqrt{t+4}-\sqrt{t}$

즉, 삼각형 ABC의 넓이는

$S(t)=\dfrac{1}{2}\times\overline{AC}\times\overline{BC}$

$=\dfrac{1}{2}\times 4\times(\sqrt{t+4}-\sqrt{t})$

$=2(\sqrt{t+4}-\sqrt{t})$

2nd 유리화를 이용하여 극한값 $\lim\limits_{t\to\infty}\dfrac{\sqrt{t}\times S(t)}{2}$ 를 구해.

$\therefore \lim\limits_{t\to\infty}\dfrac{\sqrt{t}\times S(t)}{2}=\lim\limits_{t\to\infty}\dfrac{\sqrt{t}\times 2(\sqrt{t+4}-\sqrt{t})}{2}$

$=\lim\limits_{t\to\infty}\sqrt{t}\times(\sqrt{t+4}-\sqrt{t})$

$=\lim\limits_{t\to\infty}\dfrac{\sqrt{t}\times(\sqrt{t+4}-\sqrt{t})(\sqrt{t+4}+\sqrt{t})}{\sqrt{t+4}+\sqrt{t}}$

$=\lim\limits_{t\to\infty}\dfrac{4\sqrt{t}}{\sqrt{t+4}+\sqrt{t}}$

$=\lim\limits_{t\to\infty}\dfrac{4}{\sqrt{1+\dfrac{4}{t}}+1}$ → 분모, 분자를 각각 $\sqrt{t}$로 나누면

$\lim\limits_{t\to\infty}\dfrac{4\sqrt{t}}{\sqrt{t+4}+\sqrt{t}}$

$=\dfrac{4}{1+1}=2$ $\lim\limits_{t\to\infty}\dfrac{1}{t}=0$

$=\lim\limits_{t\to\infty}\dfrac{4}{\sqrt{\dfrac{t+4}{t}}+1}$

$=\lim\limits_{t\to\infty}\dfrac{4}{\sqrt{1+\dfrac{4}{t}}+1}$

{정답 공식: 네 점 A, B, P, Q의 좌표를 이용해 $S(t)$, $T(t)$를 t에 대한 식으로 나타낸 후 극한을 계산한다. 이때, 무리식이 포함된 함수의 극한을 계산할 때, $\dfrac{0}{0}$ 꼴은 무리식을 유리화한 후 해결한다.

그림과 같이 곡선 $y=\sqrt{4x-3}$ 위에 두 점 $A(1, 1)$과 $P(t, \sqrt{4t-3})$이 있다. 점 A에서 x축에 내린 수선의 발을 B, 점 P에서 y축에 내린 수선의 발을 Q라 할 때, 삼각형 PAB와 삼각형 PQA의 넓이를 각각 $S(t)$, $T(t)$라 하자. $\lim\limits_{t\to 1+}\dfrac{T(t)}{S(t)}$ 의 값을 구하시오.

단서 선분 PQ는 x축과 평행하고 선분 AB는 y축과 평행하니까 각각 길이를 구하기 쉽지. 따라서 주어진 점의 좌표를 이용하여 두 삼각형의 넓이를 각각 t에 대한 식으로 구할 수 있어.

(단, $t>1$) (4점)

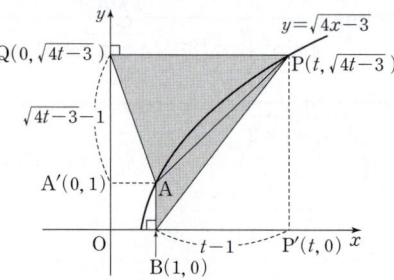

1st 점 Q와 점 B의 좌표를 이용하여 두 삼각형 PAB와 PQA의 넓이를 구해.

그림과 같이 점 P에서 x축에 내린 수선의 발을 P′이라 하면 $P'(t, 0)$이다. 또, 점 A에서 y축에 내린 수선의 발을 A′이라 하면 $A'(0, 1)$이고, 점 A의 좌표가 $A(1, 1)$이므로 점 B의 좌표는 $B(1, 0)$이다.

$\therefore S(t)=\dfrac{1}{2}\times\overline{AB}\times\overline{BP'}$ → $\overline{AB}$는 y축에 평행하므로 $\overline{AB}=1-0=1$

$\overline{BP'}=$(점 P의 x좌표)$-$(점 B의 x좌표)$=t-1$

$=\dfrac{1}{2}\times 1\times(t-1)=\dfrac{1}{2}(t-1)$

주의 길이는 양수여야 하기 때문에 항상 큰 값에서 작은 값을 빼줘야 해. $t>1$에서 $t-1>0$이니까 제대로 구한 거지.

점 P의 좌표가 $P(t, \sqrt{4t-3})$이므로 점 Q의 좌표는 $Q(0, \sqrt{4t-3})$이다.

$\therefore T(t)=\dfrac{1}{2}\times\overline{PQ}\times\overline{A'Q}$ → $\overline{PQ}$는 x축에 평행하므로 $\overline{PQ}=t-0=t$

$\overline{A'Q}=$(점 P의 y좌표)$-$(점 A의 y좌표)$=\sqrt{4t-3}-1$

$=\dfrac{1}{2}\times t\times(\sqrt{4t-3}-1)=\dfrac{1}{2}t(\sqrt{4t-3}-1)$

2nd $\lim\limits_{t\to 1+}\dfrac{T(t)}{S(t)}$ 의 값을 구하자.

$\lim\limits_{t\to 1+}\dfrac{T(t)}{S(t)}=\lim\limits_{t\to 1+}\dfrac{\dfrac{1}{2}t(\sqrt{4t-3}-1)}{\dfrac{1}{2}(t-1)}=\lim\limits_{t\to 1+}\dfrac{t(\sqrt{4t-3}-1)}{t-1}$

$=\lim\limits_{t\to 1+}\dfrac{4t(t-1)}{(t-1)(\sqrt{4t-3}+1)}$ → $\lim\limits_{t\to 1+}\dfrac{t(\sqrt{4t-3}-1)}{t-1}$ 이 $\dfrac{0}{0}$ 꼴 이므로 분자에 있는 $\sqrt{4t-3}-1$을 유리화하기 위하여 분자와 분모에 각각 $\sqrt{4t-3}+1$을 곱한 거야.

$=\lim\limits_{t\to 1+}\dfrac{4t}{\sqrt{4t-3}+1}$

$=\dfrac{4\times 1}{1+1}=2$

A 186 정답 ① * 넓이에 대한 극한의 활용 [정답률 64%]

그림과 같이 두 곡선 $y=\dfrac{1}{x}$과 $y=\sqrt{x}$가 점 $A(1, 1)$에서 만난다.

직선 $y=t(t>1)$이 두 곡선 $y=\dfrac{1}{x}$, $y=\sqrt{x}$와 만나는 점을 각각

B, C라 하자. 점 C를 지나고 y축과 평행한 직선이 곡선 $y=\dfrac{1}{x}$과

단서1 $\overline{BC}$를 밑변으로 생각하면 높이는 점 A와 $\overline{BC}$ 사이의 거리와 같아.

만나는 점을 D라 하자. 삼각형 ACB의 넓이를 $f(t)$, 삼각형 ADC

의 넓이를 $g(t)$라 할 때, $\displaystyle\lim_{t\to 1+}\dfrac{g(t)}{f(t)}$의 값은? (4점)

단서2 $\overline{CD}$를 밑변으로 생각하면 높이는 점 A와 $\overline{CD}$ 사이의 거리와 같아.

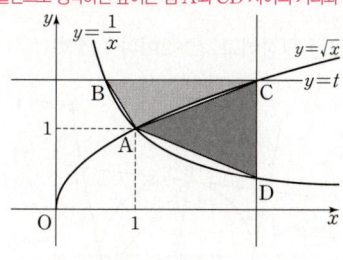

① 2 ② $\dfrac{9}{4}$ ③ $\dfrac{5}{2}$

④ $\dfrac{11}{4}$ ⑤ 3

1st 세 점 B, C, D의 좌표를 t에 대한 식으로 나타내 보자.

세 점 B, C, D의 좌표는 $B\left(\dfrac{1}{t}, t\right)$, $C(t^2, t)$, $D\left(t^2, \dfrac{1}{t^2}\right)$이므로

$f(t)=\dfrac{1}{2}\left(t^2-\dfrac{1}{t}\right)(t-1)$

점 B는 곡선 $y=\dfrac{1}{x}$과 직선 $y=t$의 교점이므로 $B\left(\dfrac{1}{t}, t\right)$.
점 C는 곡선 $y=\sqrt{x}$와 직선 $y=t$의 교점이므로 $C(t^2, t)$.

$g(t)=\dfrac{1}{2}\left(t-\dfrac{1}{t^2}\right)(t^2-1)$

점 D는 곡선 $y=\dfrac{1}{x}$과 직선 $x=t^2$의 교점이므로 $D\left(t^2, \dfrac{1}{t^2}\right)$.

2nd 주어진 극한값을 구해보자.

$\therefore \displaystyle\lim_{t\to 1+}\dfrac{g(t)}{f(t)}=\lim_{t\to 1+}\dfrac{\dfrac{1}{2}\left(t-\dfrac{1}{t^2}\right)(t^2-1)}{\dfrac{1}{2}\left(t^2-\dfrac{1}{t}\right)(t-1)}$

$=\displaystyle\lim_{t\to 1+}\dfrac{(t^3-1)(t^2-1)}{t(t^3-1)(t-1)}$

$=\displaystyle\lim_{t\to 1+}\dfrac{t+1}{t}=2$ → $\dfrac{0}{0}$ 꼴이므로 분자, 분모를 0이 되도록 하는 인수를 약분해야 해.

함수의 극한값 구하는 방법 [개념·공식]

① $\dfrac{\infty}{\infty}$ 꼴 : 분모, 분자를 분모의 최고차항으로 나눈다.

② $\dfrac{0}{0}$ 꼴 : 분수식은 인수분해한 후 약분하고, 무리식은 유리화한다.

③ $\infty-\infty$ 꼴 : 다항식은 최고차항을 묶어내고, 무리식은 유리화한다.

④ $0\cdot\infty$ 꼴 : $\dfrac{\infty}{\infty}$, $\dfrac{0}{0}$ 꼴로 변형한다.

A 187 정답 ① * 넓이에 대한 극한의 활용 [정답률 54%]

1보다 큰 실수 t에 대하여 그림과 같이 점 $P\left(t+\dfrac{1}{t}, 0\right)$에서

원 $x^2+y^2=\dfrac{1}{2t^2}$에 접선을 그었을 때, 원과 접선이 제1사분면에서

만나는 점을 Q, 원 위의 점 $\left(0, -\dfrac{1}{\sqrt{2t}}\right)$을 R라 하자. 삼각형

ORQ의 넓이를 $S(t)$라 할 때, $\displaystyle\lim_{t\to\infty}\{t^4\times S(t)\}$의 값은? (4점)

단서1 $S(t)=\dfrac{1}{2}\overline{OR}\cdot(\text{점 Q의 } x\text{좌표})$

단서2 점 Q의 좌표를 (a, b)라 한 후, 원 위의 점 Q에서의 접선의 방정식을 구하도록 해.

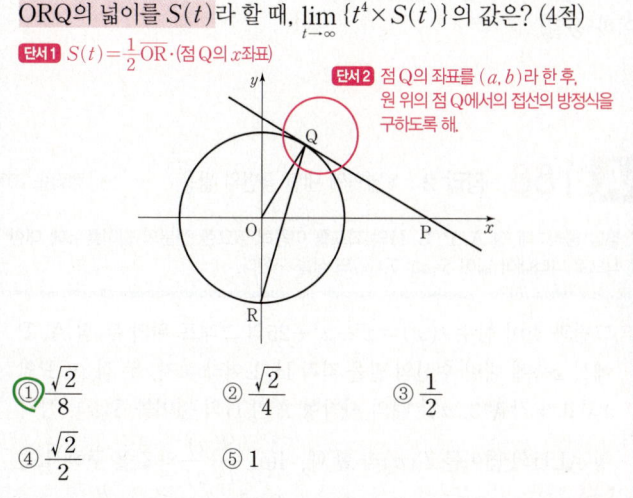

① $\dfrac{\sqrt{2}}{8}$ ② $\dfrac{\sqrt{2}}{4}$ ③ $\dfrac{1}{2}$

④ $\dfrac{\sqrt{2}}{2}$ ⑤ 1

1st 원 위의 점에서의 접선의 방정식을 생각해.

점 Q의 좌표를 (a, b)라 하면 원 $x^2+y^2=\dfrac{1}{2t^2}$ 위의 점 Q에서의 접선

의 방정식은 $ax+by=\dfrac{1}{2t^2}$

원 $x^2+y^2=r^2$ 위의 점 (x_1, y_1)에서의 접선의 방정식은 $x_1x+y_1y=r^2$이야.

이때, 이 접선이 점 $P\left(t+\dfrac{1}{t}, 0\right)$을 지나므로

$a\left(t+\dfrac{1}{t}\right)=\dfrac{1}{2t^2}$, $\dfrac{t^2+1}{t}a=\dfrac{1}{2t^2}$

$\therefore a=\dfrac{1}{2t(t^2+1)} \cdots$ ㉠

2nd 삼각형 ORQ의 넓이를 t에 대한 식으로 나타내어 주어진 극한값을 구하자.

삼각형 ORQ의 넓이가 $S(t)$이므로

$S(t)=\dfrac{1}{2}\times\overline{OR}\times(\text{점 Q의 } x\text{좌표})$

$=\dfrac{1}{2}\times\dfrac{1}{\sqrt{2t}}\times a$

$=\dfrac{1}{2}\times\dfrac{1}{\sqrt{2t}}\times\dfrac{1}{2t(t^2+1)}$ (∵ ㉠)

$=\dfrac{1}{4\sqrt{2t}t^2(t^2+1)}$

$\therefore \displaystyle\lim_{t\to\infty}\{t^4\times S(t)\}=\lim_{t\to\infty}\dfrac{t^4}{4\sqrt{2t}t^2(t^2+1)}=\dfrac{1}{4\sqrt{2}}=\dfrac{\sqrt{2}}{8}$

$\displaystyle\lim_{t\to\infty}\dfrac{t^2}{4\sqrt{2}(t^2+1)}=\lim_{t\to\infty}\dfrac{1}{4\sqrt{2}\left(1+\dfrac{1}{t^2}\right)}=\dfrac{1}{4\sqrt{2}}$

🔖 **다른 풀이: 두 직각삼각형의 닮음을 이용하여 a를 t에 대한 식으로 나타내기**

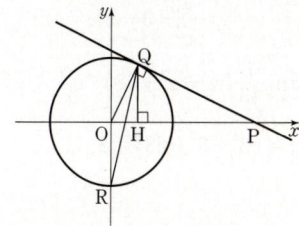

점 Q의 x좌표를 a라 하고, 점 Q에서 x축에 내린 수선의 발을 H라 하면 점 H의 x좌표도 a야. 이때, 삼각형 QOH와 삼각형 POQ는 서로 닮음이므로

$\angle QHO = \angle PQO = 90°$, $\angle QOH = \angle POQ$ (공통) 이므로 두 삼각형 QOH과 POQ는 AA 닮음이야.

$\overline{OQ} : \overline{OP} = \overline{OH} : \overline{OQ}$에서

$\dfrac{1}{\sqrt{2t}} : \left(t + \dfrac{1}{t}\right) = a : \dfrac{1}{\sqrt{2t}}$에서

$\overline{OQ}$의 길이는 원의 반지름의 길이와 같으므로 $\overline{OQ} = \dfrac{1}{\sqrt{2t}}$이야.

$a\left(t + \dfrac{1}{t}\right) = \dfrac{1}{2t^2}$

$\therefore a = \dfrac{1}{2t^2} \times \dfrac{t}{t^2+1} = \dfrac{1}{2t(t^2+1)}$

(이하 동일)

A 188 정답 2 　*넓이에 대한 극한의 활용 ·········· [정답률 70%]

정답 공식: 네 점 A, P, L, H의 좌표를 이용해 필요한 선분의 길이를 a에 대한 식으로 나타내어 넓이 $S(a)$, $T(a)$의 식을 구한다.

그림과 같이 함수 $f(x) = x^3 - x^2 + 25$의 그래프 위의 두 점 A, P에서 x축에 내린 수선의 발을 각각 H, L이라 하자. 두 점 A, P의 x좌표가 각각 3, a일 때의 사각형 APLH의 넓이를 $S(a)$, 삼각형 ALH의 넓이를 $T(a)$라 할 때, $\displaystyle\lim_{a \to 3^-} \dfrac{S(a)}{T(a)}$의 값을 구하시오.

단서 네 점 A, P, L, H의 좌표를 구해 사각형 APLH의 넓이와 삼각형 ALH의 넓이를 a에 대한 식으로 나타내.

(단, $a < 3$) (4점)

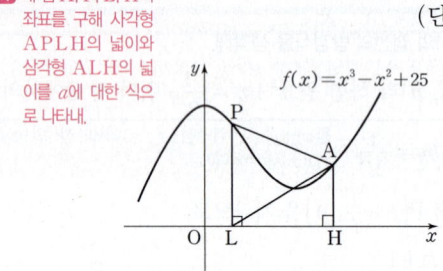

1st □APLH의 넓이를 a에 대한 식으로 나타내야겠지?
점 $P(a, f(a))$에 대하여 점 L의 좌표는 $(a, 0)$이고
$f(3) = 3^3 - 3^2 + 25 = 43$이므로 A(3, 43), H(3, 0)이다.
즉, $\overline{AH} = 43$, $\overline{PL} = f(a) = a^3 - a^2 + 25$이고 $\overline{LH} = 3 - a$이므로

$S(a) = \dfrac{1}{2} \times (\overline{AH} + \overline{PL}) \times \overline{LH}$

└→ 사각형 APLH는 사다리꼴이야.

$= \dfrac{1}{2} \times (43 + a^3 - a^2 + 25) \times (3 - a)$

$= \dfrac{1}{2}(3 - a)(a^3 - a^2 + 68)$

2nd △ALH의 넓이도 a에 대한 식으로 나타내자.

$T(a) = \dfrac{1}{2} \times \overline{LH} \times \overline{AH} = \dfrac{1}{2} \times (3 - a) \times 43 = \dfrac{43}{2}(3 - a)$

└→ 점 A의 y좌표와 같아.

3rd $\displaystyle\lim_{a \to 3^-} \dfrac{S(a)}{T(a)}$의 값을 구해.

$\therefore \displaystyle\lim_{a \to 3^-} \dfrac{S(a)}{T(a)} = \lim_{a \to 3^-} \dfrac{\dfrac{1}{2}(3-a)(a^3 - a^2 + 68)}{\dfrac{43}{2}(3-a)}$

$= \displaystyle\lim_{a \to 3^-} \dfrac{1}{43}(a^3 - a^2 + 68)$

$= \dfrac{1}{43} \times (3^3 - 3^2 + 68) = 2$

A 189 정답 ② 　*넓이에 대한 극한의 활용 ·········· [정답률 47%]

정답 공식: 원의 접선의 접점을 지나는 반지름은 접선과 서로 수직이다. 또한, 닮음비가 $m : n$인 두 도형의 넓이의 비는 $m^2 : n^2$이다.

곡선 $y = x^2 - 4$ 위의 점 $P(t, t^2 - 4)$에서 원 $x^2 + y^2 = 4$에 그은 두 접선의 접점을 각각 A, B라 하자. 삼각형 OAB의 넓이를 $S(t)$, 삼각형 PBA의 넓이를 $T(t)$라 할 때,

단서1 두 점 A, B는 원 밖의 한 점 P에서 원에 그은 접선과 원의 접점이므로 $\overline{PA} \perp \overline{OA}$, $\overline{PB} \perp \overline{OB}$야.

$\displaystyle\lim_{t \to 2^+} \dfrac{T(t)}{(t-2)S(t)} + \lim_{t \to \infty} \dfrac{T(t)}{(t^4 - 2)S(t)}$

단서2 구해야 하는 극한식을 살펴보면 두 식 모두 $\dfrac{T(t)}{S(t)}$가 있음을 알 수 있어.
즉, 두 삼각형의 넓이인 $S(t)$, $T(t)$를 직접 구하지 않고 두 삼각형의 넓이의 비만 알면 된다는 점에 주목해.

의 값은? (단, O는 원점이고, $t > 2$이다.) (4점)

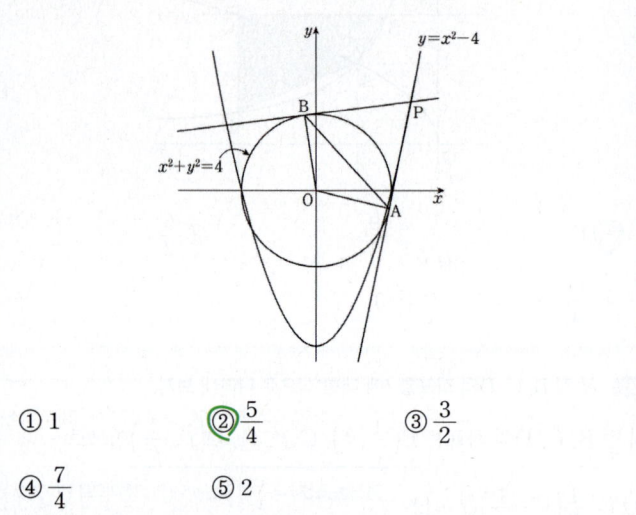

① 1 　　② $\dfrac{5}{4}$ 　　③ $\dfrac{3}{2}$

④ $\dfrac{7}{4}$ 　　⑤ 2

1st $\dfrac{T(t)}{S(t)}$를 구할 수 있는 방법을 생각해봐.

$\displaystyle\lim_{t \to 2^+} \dfrac{T(t)}{(t-2)S(t)} + \lim_{t \to \infty} \dfrac{T(t)}{(t^4 - 2)S(t)}$에서 두 극한식에 모두 $\dfrac{T(t)}{S(t)}$가 있으므로 두 삼각형 OAB, PBA의 넓이인 $S(t)$와 $T(t)$ 사이의 관계를 찾아 $\dfrac{T(t)}{S(t)}$를 구해보자.

함정 $S(t)$, $T(t)$를 각각 구해서 주어진 극한의 값을 계산하려고 하면 풀이가 굉장히 복잡해져. 문제의 극한식에서 $\dfrac{T(t)}{S(t)}$가 모두 있다는 것을 먼저 파악하여 $\dfrac{T(t)}{S(t)}$를 구하는 것으로 풀이의 포커스를 맞춘 후 문제에 접근하면 풀이 시간도 줄이고 실수를 피할 수 있어.

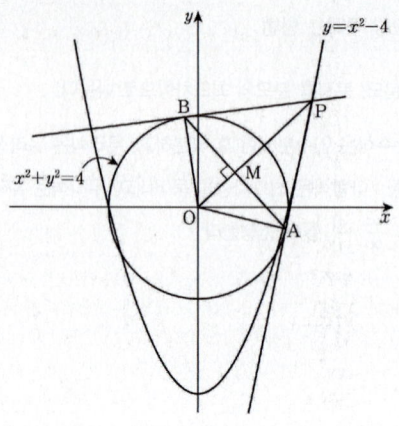

두 점 A, B는 점 P에서 원에 그은 접선의 접점이므로 $\overline{OA} \perp \overline{PA}$, $\overline{OB} \perp \overline{PB}$이다.

또, 그림과 같이 두 선분 AB, OP의 교점을 M이라 하면 직선 OP는 선분 AB를 수직이등분한다.

선분 AB는 원의 현이므로 원의 중심 O에서 현 AB에 내린 수선은 현을 이등분해. 즉, $\overline{OM} \perp \overline{AB}$이면 $\overline{AM} = \overline{BM}$이야. 또, $\overline{PA} = \overline{PB}$에서 삼각형 PBA는 이등변삼각형이므로 점 P에서 밑변 AB에 내린 수선은 밑변 AB를 이등분해. 즉, $\overline{PM} \perp \overline{AB}$이면 $\overline{AM} = \overline{BM}$이야.

따라서 직선 OP는 선분 AB를 수직이등분함을 알 수 있어.

즉, $\triangle OMB = \dfrac{1}{2}\triangle OAB = \dfrac{1}{2}S(t)$이고,

$\triangle PMB = \dfrac{1}{2}\triangle PBA = \dfrac{1}{2}T(t)$이므로

$\dfrac{T(t)}{S(t)} = \dfrac{2\triangle PMB}{2\triangle OMB} = \dfrac{\triangle PMB}{\triangle OMB}$

한편, 두 직각삼각형 OMB, BMP에서

$\angle OBM = \angle BPM$이므로

$\angle OBM = 90° - \angle PBM = 90° - (180° - 90° - \angle BPM) = \angle BPM$

$\triangle OMB \backsim \triangle BMP$(AA 닮음)

즉, 두 삼각형 OMB, BMP의 닮음비가 $\overline{OB} : \overline{BP}$이고, 넓이의 비는
$\overline{OB}^2 : \overline{BP}^2$이므로

$\dfrac{T(t)}{S(t)} = \dfrac{\triangle PMB}{\triangle OMB} = \dfrac{\overline{BP}^2}{\overline{OB}^2}$

2nd $\overline{OB}$, $\overline{BP}$의 길이를 이용해서 $\dfrac{T(t)}{S(t)}$를 t에 대한 식으로 나타내.

$\overline{OB} = 2$이고, 점 P(t, t^2-4)에 대하여

$\overline{OB}$는 원 $x^2 + y^2 = 4$의 반지름이지?

$\overline{OP} = \sqrt{t^2 + (t^2-4)^2}$이므로 직각삼각형 OPB에서 피타고라스 정리에 의해

$\overline{BP}^2 = \overline{OP}^2 - \overline{OB}^2 = t^2 + (t^2-4)^2 - 2^2$
$= t^2 + t^4 - 8t^2 + 16 - 4 = t^4 - 7t^2 + 12$
$= (t^2-3)(t^2-4) = (t^2-3)(t+2)(t-2)$

$\therefore \dfrac{T(t)}{S(t)} = \dfrac{\overline{BP}^2}{\overline{OB}^2} = \dfrac{(t^2-3)(t+2)(t-2)}{4}$

3rd $\dfrac{T(t)}{S(t)}$를 대입해서 극한값을 구해.

$\displaystyle\lim_{t\to2+} \dfrac{T(t)}{(t-2)S(t)} + \lim_{t\to\infty} \dfrac{T(t)}{(t^4-2)S(t)}$

$= \displaystyle\lim_{t\to2+} \dfrac{(t^2-3)(t+2)(t-2)}{4(t-2)} + \lim_{t\to\infty} \dfrac{(t^2-3)(t+2)(t-2)}{4(t^4-2)}$

$t \to 2+$에서 $t \neq 2$이므로 분모, 분자의 공통인수인 $t-2$를 약분하여 계산할 수 있어.

$= \displaystyle\lim_{t\to2+} \dfrac{(t^2-3)(t+2)}{4} + \lim_{t\to\infty} \dfrac{(t^2-3)(t+2)(t-2)}{4(t^4-2)}$

$= \dfrac{(4-3)\times(2+2)}{4} + \dfrac{1}{4}$

차수가 같은 두 다항함수 $f(x), g(x)$에 대하여 $f(x)$의 최고차항의 계수가 α이고, $g(x)$의 최고차항의 계수가 β이면 $\displaystyle\lim_{x\to\infty}\dfrac{f(x)}{g(x)} = \dfrac{\alpha}{\beta}$야.

$= 1 + \dfrac{1}{4} = \dfrac{5}{4}$

다른 풀이 ❶: 두 직각삼각형의 닮음을 활용하여 $\overline{OM}$을 t에 대한 식으로 나타내고, $\overline{PM}$도 t에 대한 식으로 나타내어 $\dfrac{T(t)}{S(t)}$를 구하기

1st 에서 두 직각삼각형 OMB, PMB의 밑변을 각각 $\overline{OM}$, $\overline{PM}$이라 하면 높이가 $\overline{BM}$으로 같으므로

$\dfrac{T(t)}{S(t)} = \dfrac{\triangle PMB}{\triangle OMB} = \dfrac{\overline{PM}}{\overline{OM}}$이야.

이때, $\overline{OB} \perp \overline{PB}$, $\overline{BM} \perp \overline{OP}$이고
$\overline{OP} = \sqrt{t^2 + (t^2-4)^2}$이므로
$\overline{OB}^2 = \overline{OM} \times \overline{OP}$에서

$2^2 = \overline{OM} \times \sqrt{t^2 + (t^2-4)^2}$

$\therefore \overline{OM} = \dfrac{4}{\sqrt{t^2 + (t^2-4)^2}}$

[직각삼각형의 닮음의 활용]
그림과 같이 $\angle A = 90°$인 직각삼각형 ABC의 꼭짓점 A에서 변 BC에 내린 수선의 발을 H라 하면 $\triangle ABC \backsim \triangle HBA \backsim \triangle HAC$(AA 닮음)이므로 다음이 모두 성립해.
① $\overline{AB}^2 = \overline{BH} \times \overline{BC}$
② $\overline{AC}^2 = \overline{CH} \times \overline{BC}$
③ $\overline{AH}^2 = \overline{BH} \times \overline{CH}$

즉,

$\overline{PM} = \overline{OP} - \overline{OM} = \sqrt{t^2 + (t^2-4)^2} - \dfrac{4}{\sqrt{t^2+(t^2-4)^2}}$

$= \dfrac{t^2 + (t^2-4)^2 - 4}{\sqrt{t^2+(t^2-4)^2}} = \dfrac{t^4 - 7t^2 + 12}{\sqrt{t^2+(t^2-4)^2}}$

이므로

$\dfrac{T(t)}{S(t)} = \dfrac{\overline{PM}}{\overline{OM}} = \dfrac{t^4-7t^2+12}{\sqrt{t^2+(t^2-4)^2}} \times \dfrac{\sqrt{t^2+(t^2-4)^2}}{4}$

$= \dfrac{t^4-7t^2+12}{4} = \dfrac{(t^2-3)(t+2)(t-2)}{4}$

(이하 동일)

다른 풀이 ❷: 두 직각삼각형의 닮음비로 넓이의 비를 구하여 $\dfrac{T(t)}{S(t)}$를 구하기

두 직각삼각형 OBP와 OMB는 AA 닮음이므로 닮음비는 $\overline{OP} : \overline{OB}$이고 넓이의 비는 $\overline{OP}^2 : \overline{OB}^2$이야.

$\angle OBP = \angle OMB = 90°$, $\angle O$는 공통
$\therefore \triangle OBP \backsim \triangle OMB$(AA 닮음)

한편, $\triangle OBP = \dfrac{1}{2}(\triangle OAB + \triangle PBA) = \dfrac{1}{2}\{S(t)+T(t)\}$이고,

$\triangle OMB = \dfrac{1}{2}\triangle OAB = \dfrac{1}{2}S(t)$이므로

$\dfrac{1}{2}\{S(t)+T(t)\} : \dfrac{1}{2}S(t) = \overline{OP}^2 : \overline{OB}^2$에서

$\dfrac{1}{2}\{S(t)+T(t)\} \times \overline{OB}^2 = \dfrac{1}{2}S(t) \times \overline{OP}^2$

$T(t) \times \overline{OB}^2 = S(t) \times (\overline{OP}^2 - \overline{OB}^2)$

$\therefore \dfrac{T(t)}{S(t)} = \dfrac{\overline{OP}^2 - \overline{OB}^2}{\overline{OB}^2} = \dfrac{\overline{BP}^2}{\overline{OB}^2}$

(이하 동일)
직각삼각형 OBP에서 피타고라스 정리에 의해 $\overline{OP}^2 - \overline{OB}^2 = \overline{BP}^2$이야.

A 190 정답 ② *넓이에 대한 극한의 활용 ········· [정답률 42%]

정답 공식: $\overline{OP}$의 중점을 지나고 $\overline{OP}$에 수직인 직선의 y절편이 점 R의 y좌표이고, 삼각형 PRO에서 밑변의 길이를 선분 OR의 길이라고 두면 높이는 점 P의 x좌표이다.

그림과 같이 곡선 $y = x^2$ 위의 점 P$(t, t^2)(t>0)$에 대하여 x축 위의 점 Q, y축 위의 점 R가 다음 조건을 만족시킨다.

단서 1 이등변삼각형 POQ의 점 P에서 변 OQ에 수선의 발 H를 내리면 점 H는 선분 OQ의 길이를 이등분해.

(가) 삼각형 POQ는 $\overline{PO} = \overline{PQ}$인 이등변삼각형이다.

(나) 삼각형 PRO는 $\overline{RO} = \overline{RP}$인 이등변삼각형이다.

단서 2 삼각형 PRO에서 $\overline{RO}$를 밑변으로 생각하면 점 P의 x좌표의 값이 높이가 돼. 즉, 점 R의 y좌표를 구하는 게 중요해.

삼각형 POQ와 삼각형 PRO의 넓이를 각각 $S(t)$, $T(t)$라 할 때, $\displaystyle\lim_{t\to0+}\dfrac{T(t)-S(t)}{t}$의 값은? (단, O는 원점이다.) (4점)

단서 3 점 R는 선분 OP의 수직이등분선이 y축과 만나는 점이야.

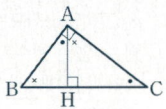

① $\dfrac{1}{8}$ ② $\dfrac{1}{4}$ ③ $\dfrac{3}{8}$ ④ $\dfrac{1}{2}$ ⑤ $\dfrac{5}{8}$

1st 삼각형 POQ의 넓이를 구하자.

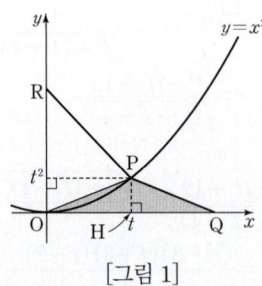

[그림 1]

삼각형 POQ가 이등변삼각형이므로 [그림 1]과 같이 점 P에서 선분 OQ에 내린 수선의 발을 H라 하면 점 H는 선분 OQ의 길이를 이등분한다.
이때, 점 H의 좌표는 $(t, 0)$이므로 점 Q의 좌표는 $(2t, 0)$이다.
즉, 삼각형 POQ의 넓이 $S(t)$는

$$S(t)=\frac{1}{2}\times 2t\times t^2=t^3$$

→ 밑변의 길이는 $\overline{OQ}=2t$, 높이는 |(점 P의 y좌표)|$=t^2$

2nd 삼각형 PRO의 넓이를 구하자.

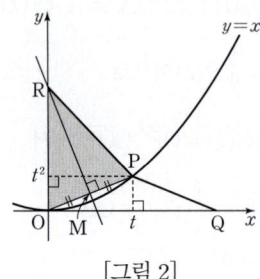

[그림 2]

삼각형 PRO도 이등변삼각형이므로 선분 OP의 수직이등분선이 y축과 만나는 점이 R이다.

[그림 2]와 같이 선분 OP의 중점을 M이라 하면 $M\left(\frac{t}{2}, \frac{t^2}{2}\right)$이고 직선

두 점 $(x_1, y_1), (x_2, y_2)$의 중점의 좌표는 $\left(\frac{x_1+x_2}{2}, \frac{y_1+y_2}{2}\right)$

MR의 기울기는 $-\frac{1}{t}$이므로 직선 MR의

방정식은 $y-\frac{t^2}{2}=-\frac{1}{t}\left(x-\frac{t}{2}\right)$

→ 직선 OP의 기울기는 $\frac{t^2-0}{t-0}=t$이고 수직인 두 직선의 기울기의 곱은 -1이므로 직선 MR의 기울기는 $-\frac{1}{t}$이야.

$$\therefore y=-\frac{1}{t}x+\frac{t^2}{2}+\frac{1}{2}$$

→ 기울기가 m이고, 점 (a, b)를 지나는 직선의 방정식은 $y-b=m(x-a)$

즉, 직선 MR가 y축과 만나는 점 R의 좌표는 $R\left(0, \frac{t^2}{2}+\frac{1}{2}\right)$이다.

따라서 삼각형 PRO의 넓이 $T(t)$는

$$T(t)=\frac{1}{2}\times\left(\frac{t^2}{2}+\frac{1}{2}\right)\times t=\frac{1}{4}(t^3+t)$$

주의 세 점 O, P, R의 좌표를 안다고 해서 두 선분 OP, RM의 길이로 삼각형 PRO의 넓이를 구하는 것 보다는, 선분 OR를 밑변으로 하고 점 P의 x좌표의 절댓값을 높이로 하는 것이 더 간단해.

3rd 주어진 극한값을 구하자.

$$\therefore \lim_{t\to 0+}\frac{T(t)-S(t)}{t}$$

→ 밑변의 길이는 $\overline{OR}=\frac{t^2}{2}+\frac{1}{2}$, 높이는 |(점 P의 x좌표)|$=t$

$$=\lim_{t\to 0+}\frac{\frac{1}{4}(t^3+t)-t^3}{t}$$

$$=\lim_{t\to 0+}\left(-\frac{3}{4}t^2+\frac{1}{4}\right)$$

→ $t\to 0+$는 t의 값이 0보다 큰 값에서 0으로 한없이 가까워진다는 뜻이므로 t는 0보다 큰 수야. 즉, 분모, 분자를 t로 나눌 수 있어.

$$=\frac{1}{4}$$

🔭 쉬운 풀이: 점 R의 좌표를 $(0, a)$로 놓고, $\overline{RO}=\overline{RP}$를 이용하여 a를 t에 대한 식으로 나타내어 점 R의 좌표 구하기

삼각형 PRO의 넓이를 구하기 위해 y축 위의 점 R의 좌표를 $(0, a)$(단, $a>0$)라 하면

$$\overline{RP}=\sqrt{(t-0)^2+(t^2-a)^2}=\sqrt{t^2+(t^2-a)^2}$$

이때, $\overline{RO}=\overline{RP}$이므로
$a=\sqrt{t^2+(t^2-a)^2}$에서 양변을 제곱하면 $a^2=t^2+t^4-2at+a^2$
$2at^2=t^2(t^2+1)$

$$\therefore a=\frac{t^2}{2}+\frac{1}{2}$$

→ $t^2\neq 0$이므로 양변을 t^2으로 나누었어.

즉, 점 R의 좌표는 $R\left(0, \frac{t^2}{2}+\frac{1}{2}\right)$이야.

(이하 동일)

Ⓐ 191 **정답 50** *좌표평면에서의 극한의 활용 ──── [정답률 69%]

정답 공식: 직선 PQ의 방정식을 구하고 두 직선의 방정식을 연립하여 교점의 좌표를 구한다.

곡선 $y=x^2$ 위에 두 점 $P(a, a^2)$,
단서 1 두 점 P, Q를 지나는 직선의 방정식을 구해.
$Q(a+1, a^2+2a+1)$이 있다. 직선
PQ와 직선 $y=x$의 교점의 x좌표를
$f(a)$라 할 때, $100\lim\limits_{a\to 0}f(a)$의 값을 구하시오. (4점) ← **단서 2** 직선 PQ의 방정식과 직선 $y=x$의 방정식을 연립하여 x의 값을 구해.

1st 직선 PQ와 직선 $y=x$의 교점의 x좌표를 구하자.

직선 PQ의 방정식은

→ 두 점 $(x_1, y_1), (x_2, y_2)$를 지나는 직선의 방정식은 $y-y_1=\frac{y_2-y_1}{x_2-x_1}(x-x_1)$(단, $x_1\neq x_2$)

$$y=\frac{(a^2+2a+1)-a^2}{(a+1)-a}(x-a)+a^2=(2a+1)x-(a^2+a)$$

이때, 직선 PQ와 직선 $y=x$의 교점의 x좌표는
$x=(2a+1)x-(a^2+a)$에서 $2ax=a^2+a$

즉, $x=\frac{a^2+a}{2a}=\frac{a+1}{2}$ $(\because a\neq 0 \cdots (*))$이므로 $f(a)=\frac{a+1}{2}$

$$\therefore 100\lim_{a\to 0}f(a)=100\lim_{a\to 0}\frac{a+1}{2}$$

→ $f(x)$가 다항함수이면 $\lim\limits_{x\to a}f(x)=f(a)$

$$=100\times\frac{1}{2}=50$$

🔁 다른 풀이: 세 점이 일직선 위에 있으면 임의의 두 점을 이은 직선의 기울기가 같음을 이용하기

교점을 $M(t, t)$라 하면
세 점 $P(a, a^2)$, $M(t, t)$, $Q(a+1, a^2+2a+1)$은
일직선 위에 있으므로 두 직선 PM, QP의 기울기가 같아.

$$\frac{t-a^2}{t-a}=\frac{a^2+2a+1-a^2}{a+1-a}$$

$t-a^2=(t-a)(2a+1)$, $t-a^2=2at+t-2a^2-a$
$2at=a^2+a$, $2t=a+1$ $(\because a\neq 0 \cdots (*))$

$$\therefore t=\frac{a+1}{2}$$

(이하 동일)

수능 핵강

* 문제 속에 숨어 있는 $a\neq 0$이라는 조건

$(*)$와 같이 $a\neq 0$이라고 할 수 있는 것은 문제에서 주어져 있어. 어디?? 직선 PQ와 직선 $y=x$의 교점의 x좌표를 구하는 과정인 $2ax=a^2+a$에서 $a=0$이면 x좌표는 무한히 많이 존재하므로 문제에서 주어진 $f(a)$는 정의내릴 수 없는 함수가 돼.
따라서 문제에서 '두 직선의 교점의 x좌표를~'이라는 말 속에 x좌표는 유일해야 하고 그러기 위해서는 $a\neq 0$이어야 한다는 것을 알 수 있지!

A 192 정답 ① *좌표평면에서의 극한의 활용 ····· [정답률 72%]

정답 공식: 두 원의 방정식을 연립하여 점 P의 x좌표를 구할 수 있다.

그림과 같이 좌표평면 위의 두 원

$$C_1 : x^2+y^2=1$$
$$C_2 : (x-1)^2+y^2=r^2 \ (0<r<\sqrt{2})$$

이 제1사분면에서 만나는 점을 P라 하자.

단서1 C_1, C_2의 원의 방정식을 연립하면 점 P의 좌표를 알 수 있어.

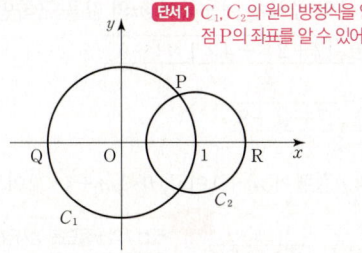

점 P의 x좌표를 $f(r)$라 할 때, $\displaystyle\lim_{r\to\sqrt{2}-}\dfrac{f(r)}{4-r^4}$의 값은? (4점)

단서2 $r=\sqrt{2}$에서의 좌극한값을 구해. 이때 분모를 인수분해하여 약분해야겠지?

① $\dfrac{1}{8}$ ② $\dfrac{1}{4}$ ③ $\dfrac{1}{2}$

④ 2 ⑤ 4

1st 점 P는 두 원 C_1, C_2의 교점이므로 두 원의 방정식을 연립하여 점 P의 x좌표를 구해.

두 원 $C_1 : x^2+y^2=1 \cdots$ ㉠, $C_2 : (x-1)^2+y^2=r^2 \cdots$ ㉡에서

㉠-㉡을 하면 $x^2-(x-1)^2=1-r^2$

$2x-1=1-r^2$

따라서 $x=\dfrac{1}{2}(2-r^2)$이므로 $f(r)=\dfrac{1}{2}(2-r^2)$

2nd $\dfrac{0}{0}$ 꼴의 극한은 유리화 또는 인수분해하여 극한값을 구해.

$\therefore \displaystyle\lim_{r\to\sqrt{2}-}\dfrac{f(r)}{\underset{\underset{=(2+r^2)(2-r^2)}{=2^2-(r^2)^2}}{4-r^4}} = \lim_{r\to\sqrt{2}-}\dfrac{\boxed{2-r^2}}{2(2+r^2)\boxed{(2-r^2)}}$ → $2-r^2$이 분자, 분모의 공통인수이므로 약분해.

$=\displaystyle\lim_{r\to\sqrt{2}-}\dfrac{1}{2(2+r^2)}$

$=\dfrac{1}{2(2+2)}=\dfrac{1}{8}$

🌸 함수의 극한에 관한 기본 성질 개념·공식

두 실수 α, β에 대하여 $\displaystyle\lim_{x\to a}f(x)=\alpha$, $\displaystyle\lim_{x\to a}g(x)=\beta$일 때,

① $\displaystyle\lim_{x\to a}kf(x)=k\lim_{x\to a}f(x)=k\alpha$ (단, k는 상수)

② $\displaystyle\lim_{x\to a}\{f(x)\pm g(x)\}=\lim_{x\to a}f(x)\pm\lim_{x\to a}g(x)=\alpha\pm\beta$ (복호동순)

③ $\displaystyle\lim_{x\to a}f(x)\cdot g(x)=\lim_{x\to a}f(x)\cdot\lim_{x\to a}g(x)=\alpha\beta$

④ $\displaystyle\lim_{x\to a}\dfrac{f(x)}{g(x)}=\dfrac{\lim_{x\to a}f(x)}{\lim_{x\to a}g(x)}=\dfrac{\alpha}{\beta}$ (단, $g(x)\neq 0$, $\beta\neq 0$)

A 193 정답 1 *좌표평면에서의 극한의 활용 ····· [정답률 68%]

정답 공식: 두 직선이 서로 수직이면 기울기의 곱은 -1이다. 직선 l의 방정식을 구하고 $f(t)$, $g(t)$의 값을 구한다.

그림과 같이 곡선 $y=\sqrt{x}$ 위의 점 P$(t, \sqrt{t})$를 지나고 선분 OP에 수직인 직선 l의 x절편과 y절편을 각각 $f(t)$, $g(t)$라 할 때, $\displaystyle\lim_{t\to\infty}\dfrac{g(t)-f(t)}{g(t)+f(t)}$의 값을 구하시오. (단, O는 원점, $t\neq 0$) (4점)

단서1 분모의 최고차항으로 분자, 분모를 각각 나누어 극한값을 구하자.

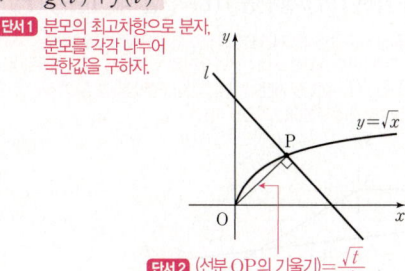

단서2 (선분 OP의 기울기)$=\dfrac{\sqrt{t}}{t}$

1st 두 직선이 수직이면 기울기의 곱은 -1임을 이용하여 l의 방정식을 구해.

두 점 O, P를 지나는 직선의 기울기는 $\dfrac{\sqrt{t}}{t}$이므로 이 직선에 수직인 직선의 기울기는 $-\sqrt{t}$이다.

수직인 두 직선의 기울기의 곱은 -1이므로

(구하는 직선의 기울기)$=-\dfrac{1}{\frac{\sqrt{t}}{t}}=-\dfrac{t}{\sqrt{t}}=-\sqrt{t}$

즉, l은 기울기가 $-\sqrt{t}$이고, 점 P$(t, \sqrt{t})$를 지나는 직선이므로 직선 l의 방정식은 — 기울기가 m이고 점 (a, b)를 지나는 직선의 방정식은 $y-b=m(x-a)$

$y-\sqrt{t}=-\sqrt{t}(x-t)$ $\therefore y=-\sqrt{t}x+(t+1)\sqrt{t}$

2nd 직선의 x절편은 $y=0$일 때 x값이고, y절편은 $x=0$일 때 y값이야.

이 직선의 x절편과 y절편이 각각 $f(t)$, $g(t)$이므로

$\to y=0$일 때, $\sqrt{t}x=(t+1)\sqrt{t}$이므로 x절편 $f(t)$는 $f(t)=t+1$이야.

$f(t)=t+1$, $g(t)=(t+1)\sqrt{t}$

$\to x=0$일 때, $y=(t+1)\sqrt{t}$이므로 y절편 $g(t)$는 $g(t)=(t+1)\sqrt{t}$야.

$\therefore \displaystyle\lim_{t\to\infty}\dfrac{g(t)-f(t)}{g(t)+f(t)}=\lim_{t\to\infty}\dfrac{(t+1)\sqrt{t}-(t+1)}{(t+1)\sqrt{t}+(t+1)}$

함정 $\sqrt{\ }$가 있어서 유리화를 착각할 수 있지만, 유리화 후에도 $\dfrac{\infty}{\infty}$ 꼴이 그대로이기 때문에 최고차항으로 나눠줘야 해.

$=\displaystyle\lim_{t\to\infty}\dfrac{(t+1)(\sqrt{t}-1)}{(t+1)(\sqrt{t}+1)}$

$=\displaystyle\lim_{t\to\infty}\dfrac{\sqrt{t}-1}{\sqrt{t}+1}=\lim_{t\to\infty}\dfrac{1-\frac{1}{\sqrt{t}}}{1+\frac{1}{\sqrt{t}}}=1$

분모의 최고차항 $\sqrt{t}$로 분자, 분모를 각각 나눠.

🌸 두 직선의 위치 관계 개념·공식

위치 관계	$ax+by+c=0$, $a'x+b'y+c'=0$	$y=mx+n$, $y=m'x+n'$
평행	$\dfrac{a}{a'}=\dfrac{b}{b'}\neq\dfrac{c}{c'}$	$m=m'$, $n\neq n'$
일치	$\dfrac{a}{a'}=\dfrac{b}{b'}=\dfrac{c}{c'}$	$m=m'$, $n=n'$
수직	$aa'+bb'=0$	$mm'=-1$
만남	$\dfrac{a}{a'}\neq\dfrac{b}{b'}$	$m\neq m'$

정답 공식: 어떤 직선이 정사각형의 넓이를 이등분하려면 정사각형의 대각선의 교점을 지나야 한다.

그림과 같이 좌표평면 위의 네 점 O(0, 0), A(0, 2), B(−2, 2), C(−2, 0)과 점 P(t, 0)(t>0)에 대하여 직선 l이 정사각형 OABC의 넓이와 직각삼각형 AOP의 넓이를 각각 이등분한다. 양의 실수 t에 대하여 직선 l의 y절편을 f(t)라 할 때, $\lim_{t \to 0+} f(t)$ 의 값은? (4점)

단서 직선 l이 정사각형 OABC의 넓이를 이등분하기 위해서는 정사각형 OABC의 대각선의 교점을 지나야 해. 이를 이용하여 직선 l의 방정식을 세운 후, 이 직선이 직각삼각형 AOP의 넓이를 이등분한다는 조건을 이용하자.

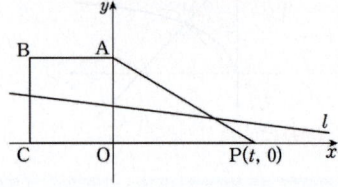

① $\frac{2-\sqrt{2}}{2}$ ② $2-\sqrt{2}$ ③ $\frac{2+\sqrt{2}}{4}$ ④ 1 ⑤ $\frac{2+\sqrt{2}}{3}$

1st 정사각형 OABC의 넓이를 이등분하는 직선 l의 방정식을 세우자.

직선 l이 정사각형 OABC의 넓이를 이등분하므로 직선 l은 정사각형 OABC의 대각선의 교점인 점 (−1, 1)을 지난다.

정사각형 OABC의 대각선의 교점은 선분 OB의 중점의 좌표와 같으므로 $\left(\frac{0+(-2)}{2}, \frac{0+2}{2}\right) = (-1, 1)$이야.

직선 l의 기울기를 m이라 하면 점 (−1, 1)을 지나는 직선 l의 방정식은 $y-1 = m(x+1)$에서 $y = mx+m+1$이고 직선 l과 y축이 만나는 점

기울기가 m이고, 한 점 (x_1, y_1)을 지나는 직선의 방정식은 $y-y_1 = m(x-x_1)$

을 D라 하면 점 D의 좌표는 (0, m+1)이다.

2nd 직선 l이 직각삼각형 AOP의 넓이를 이등분함을 이용하여 직선 l의 y절편을 찾자.

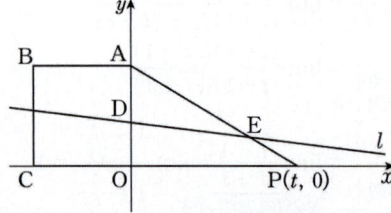

두 점 A(0, 2), P(t, 0)을 지나는 직선의 기울기는 $\frac{0-2}{t-0} = -\frac{2}{t}$이고,

이 직선의 y절편은 2이므로 직선 AP의 방정식은 $y = -\frac{2}{t}x+2$이다.

기울기가 a이고, y절편이 b인 직선의 방정식은 $y = ax+b$

이때, 그림과 같이 직선 l과 선분 AP가 만나는 점을 E라 하고 직선 l과 직선 AP의 교점 E의 x좌표를 구하기 위해 두 직선의 방정식을 연립하면 $mx+m+1 = -\frac{2}{t}x+2$에서 $\left(m+\frac{2}{t}\right)x = 1-m$

$(mt+2)x = (1-m)t$

$\therefore x = \frac{(1-m)t}{mt+2}$

즉, 점 E의 x좌표는 $\frac{(1-m)t}{mt+2}$이고, 삼각형 ADE의 넓이가

삼각형 AOP의 넓이의 $\frac{1}{2}$이다.

삼각형 ADE는 밑변을 $\overline{AD}$, 높이를 점 E의 x좌표로 하여 넓이를 구할 수 있고, 삼각형 AOP는 밑변을 $\overline{OA}$, 높이를 $\overline{OP}$로 하여 넓이를 구할 수 있어.

$\triangle ADE = \frac{1}{2}\triangle AOP$에서

$\frac{1}{2}\times(1-m)\times\frac{(1-m)t}{mt+2} = \frac{1}{2}\times\left(\frac{1}{2}\times 2\times t\right)$

$\overline{AD} = \overline{OA}-\overline{OD} = 2-(m+1) = 1-m$

$\frac{(1-m)^2 t}{mt+2} = t$

$(1-m)^2 = mt+2$ (∵ t>0)

$m^2-(t+2)m-1 = 0$

이차방정식의 근의 공식을 이용하여 m의 값을 구하면

$m = \frac{(t+2)\pm\sqrt{(t+2)^2-4\times 1\times(-1)}}{2}$

$= \frac{(t+2)\pm\sqrt{t^2+4t+8}}{2}$

이때, 직선 l의 y절편이 m+1이고, 0<m+1<2이므로

−1<m<1

주의 직선 l의 y절편은 정사각형의 한 변 OA 위에 있어야 하므로 0<m+1<2야.

$\therefore m = \frac{(t+2)-\sqrt{t^2+4t+8}}{2}$

$\frac{(t+2)+\sqrt{t^2+4t+8}}{2} > \frac{(t+2)+\sqrt{t^2+4t+4}}{2}$

$= \frac{(t+2)+\sqrt{(t+2)^2}}{2} = t+2 > 2$ (∵ t>0)가 되어

$m = \frac{(t+2)-\sqrt{t^2+4t+8}}{2}$이 되는 거야.

3rd $\lim_{t \to 0+} f(t)$의 값을 구하자.

따라서

$f(t) = m+1 = \frac{(t+2)-\sqrt{t^2+4t+8}}{2}+1$

$= \frac{(t+4)-\sqrt{t^2+4t+8}}{2}$

이므로

$\lim_{t \to 0+} f(t) = \lim_{t \to 0+} \frac{(t+4)-\sqrt{t^2+4t+8}}{2} = \frac{4-2\sqrt{2}}{2} = 2-\sqrt{2}$

수능 핵강

＊도형의 넓이를 이등분하는 직선

직선이 도형의 넓이를 이등분하는 문제가 많이 나와. 직선이 어떤 점을 지날 때 도형의 넓이가 이등분되는지 다음 그림을 잘 기억해 둬.

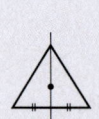 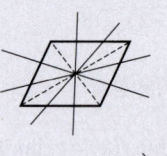 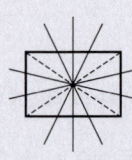

(삼각형은 한 꼭짓점과 무게중심) (평행사변형, 직사각형, 마름모는 대각선의 교점)

(정육각형은 대각선의 교점) (원은 중심)

A 195 정답 ④ *좌표평면에서의 극한의 활용 ············ [정답률 49%]

> **단서1** $y=|x^2-1|$의 그래프를 그린 후, t의 값의 범위에 따라 $f(t)$의 값을 구해봐.
>
> 실수 t에 대하여 직선 $y=t$가 함수 $y=|x^2-1|$의 그래프와 만나는 점의 개수를 $f(t)$라 할 때, $\lim\limits_{t \to 1-} f(t)$의 값은? (4점)
>
> **단서2** $t=1$에서의 좌극한값을 구해.
>
> ① 1 ② 2 ③ 3 ④ 4 ⑤ 5

1st 함수 $y=|x^2-1|$의 그래프를 그려 봐.

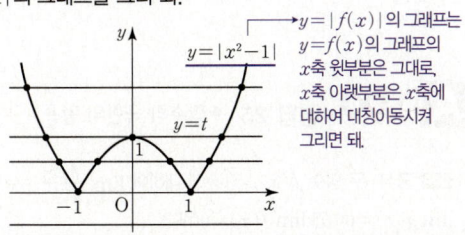

$\rightarrow y=|f(x)|$의 그래프는 $y=f(x)$의 그래프의 x축 윗부분은 그대로, x축 아랫부분은 x축에 대하여 대칭이동시켜 그리면 돼.

그림과 같이 $y=|x^2-1|$의 그래프를 그려서 t의 값에 따라 직선 $y=t$와 만나는 점의 개수 $f(t)$를 조사하면

$$f(t) = \begin{cases} 2 & (t > 1) \\ 3 & (t = 1) \\ 4 & (0 < t < 1) \\ 2 & (t = 0) \\ 0 & (t < 0) \end{cases} \Rightarrow$$

$$\therefore \lim_{t \to 1-} f(t) = 4$$

✿ 좌극한과 우극한 　　　　　개념·공식

① $\lim\limits_{x \to a-} f(x) = p$일 때, p를 $x=a$에서 $f(x)$의 **좌극한값**이라고 한다.

② $\lim\limits_{x \to a+} f(x) = q$일 때, q를 $x=a$에서 $f(x)$의 **우극한값**이라고 한다.

A 196 정답 10 *함수의 극한값의 계산 ············ [정답률 38%]

> 두 함수 $f(x)$, $g(x)$가 다음 두 조건을 만족시킨다.
>
> (가) $x+f(x)=g(x)\{x-f(x)\}$
>
> **단서** 극한값을 구해야 하는 식이 $f(x)$에 대한 식이므로 조건 (가)의 식을 변형해 봐.
>
> (나) $\lim\limits_{x \to 0} g(x) = 4$
>
> 이때, $\lim\limits_{x \to 0} \dfrac{x^2+f(x)}{2x-f(x)} = \dfrac{q}{p}$일 때, $p+q$의 값을 구하시오.
>
> (단, p, q는 서로소인 자연수이다.) (4점)

1st 조건 (가)의 식을 $f(x)$에 대하여 정리하자.

조건 (가) $x+f(x)=g(x)\{x-f(x)\}$에서

$f(x)\{1+g(x)\}=x\{g(x)-1\}$이므로

$x \neq 0$일 때, $\dfrac{f(x)}{x} = \dfrac{g(x)-1}{1+g(x)}$

$\rightarrow g(x)=-1$이면 조건 (나)에서 $\lim\limits_{x \to 0} g(x)=-1 \neq 4$이므로 모순이야. 따라서 $g(x) \neq -1$이므로 분모, 분자를 $g(x)+1$로 나눌 수 있는 거야.

2nd $\lim\limits_{x \to 0} \dfrac{f(x)}{x}$의 값을 구하자.

$$\lim_{x \to 0} \frac{f(x)}{x} = \lim_{x \to 0} \frac{g(x)-1}{1+g(x)}$$

$\rightarrow x \to 0$은 x가 0이 아니면서 0에 한없이 접근한다는 뜻이야. 즉, $x \neq 0$이므로 $\dfrac{f(x)}{x}$의 식을 적용할 수 있어.

$$= \frac{\lim\limits_{x \to 0} g(x) - 1}{1 + \lim\limits_{x \to 0} g(x)}$$

$$= \frac{4-1}{1+4} = \frac{3}{5}$$

3rd 구해야 하는 극한값을 계산해.

$$\therefore \lim_{x \to 0} \frac{x^2+f(x)}{2x-f(x)} = \lim_{x \to 0} \frac{x + \dfrac{f(x)}{x}}{2 - \dfrac{f(x)}{x}}$$

$$= \frac{0 + \dfrac{3}{5}}{2 - \dfrac{3}{5}} = \frac{3}{7}$$

따라서 $p=7$, $q=3$이므로

$p+q=7+3=10$

수능 핵강

* 극한값의 계산에서 자주 하는 실수

$$\lim_{x \to 0} \frac{x^2+f(x)}{2x-f(x)} = \frac{0+f(0)}{0-f(0)} = \frac{f(0)}{-f(0)} = -1$$

위의 방법처럼 풀면 안 돼!! 왜냐하면 위의 풀이는 $\lim\limits_{x \to 0} f(x)$가 0이 아닌 값을 가질 때만 풀 수 있는 거야.

그런데 주어진 조건만으로는 $\lim\limits_{x \to 0} f(x)$의 존재 여부를 알 수 없지?

즉, 위의 본 풀이처럼 주어진 조건을 이용해 $\lim\limits_{x \to 0} \dfrac{f(x)}{x}$의 값을 구한 후 극한식을 변형하여 구해야 하는 거야.

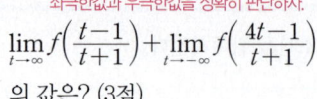 **197** 정답 ③ ＊새롭게 정의된 함수의 좌극한값과 우극한값 ·········· [정답률 30%]

> **정답 공식**: $\dfrac{t-1}{t+1}=1-\dfrac{2}{t+1}$, $\dfrac{4t-1}{t+1}=4-\dfrac{5}{t+1}$이다. $t \to \pm\infty$일 때 어떤 값에 가까워지는지 살핀다.

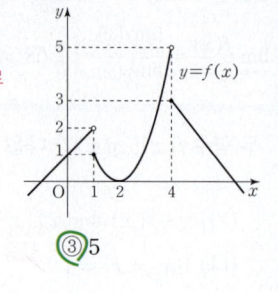

실수 전체의 집합에서 정의된 함수
$y=f(x)$의 그래프가 그림과 같다.
> **단서** 함수 $f(x)$의 그래프가 불연속인 점이 있으므로 좌극한값과 우극한값을 정확히 판단하자.

$$\lim_{t\to\infty}f\left(\frac{t-1}{t+1}\right)+\lim_{t\to-\infty}f\left(\frac{4t-1}{t+1}\right)$$
의 값은? (3점)

① 3 ② 4 ③ 5
④ 6 ⑤ 7

1st $y=f(x)$는 $x=1$, $x=4$에서 (좌극한값)≠(우극한값)이지? 따라서 t에 관한 함수에 대하여 좌극한, 우극한을 정확히 판단해서 계산하자.

$\lim\limits_{t\to\infty}f\left(\dfrac{t-1}{t+1}\right)$에서 $x=\dfrac{t-1}{t+1}$이라 하면 $x=\dfrac{(t+1)-2}{t+1}=1-\dfrac{2}{t+1}$

$x=1-\dfrac{2}{t+1}$이므로 $t\to\infty$일 때, $x\to1-$

> **실수** 치환하여 극한값을 구할 때에는 치환한 문자가 다가가는 값이 바뀌는 것에 유의하자.

$\lim\limits_{t\to-\infty}f\left(\dfrac{4t-1}{t+1}\right)$에서 $x=\dfrac{4t-1}{t+1}$이라 하면 $x=\dfrac{4(t+1)-5}{t+1}=4-\dfrac{5}{t+1}$

$x=4-\dfrac{5}{t+1}$이므로 $t\to-\infty$일 때, $x\to4+$

2nd $x=1$에서 좌극한값, $x=4$에서 우극한값을 계산해야 해.

$$\lim_{t\to\infty}f\left(\frac{t-1}{t+1}\right)=\lim_{x\to1-}f(x)=2$$
$$\lim_{t\to-\infty}f\left(\frac{4t-1}{t+1}\right)=\lim_{x\to4+}f(x)=3$$
$$\therefore \lim_{t\to\infty}f\left(\frac{t-1}{t+1}\right)+\lim_{t\to-\infty}f\left(\frac{4t-1}{t+1}\right)=2+3=5$$

---

198 정답 ④ ＊길이에 대한 극한의 활용 ·········· [정답률 35%]

> **정답 공식**: 두 점 A, P 사이의 거리가 두 원의 반지름의 길이의 합과 같다는 것을 이용해 y를 x에 대하여 나타내고 극한값을 구한다.

그림과 같이 중심이 A$(0,3)$이고 반지름의 길이가 1인 원에 외접하고 x축에 접하는 원의 중심을 P(x,y)라 하자.
> **단서1** (원의 반지름의 길이)= | 원의 중심의 y좌표 |

점 P에서 y축에 내린 수선의 발을 H라 할 때, $\lim\limits_{x\to\infty}\dfrac{\overline{\mathrm{PH}}^2}{\overline{\mathrm{PA}}}$의 값은? (4점)
> **단서2** $\overline{\mathrm{PA}}$를 x에 관한 식으로 변형해.

① 2 ② 4 ③ 6 ④ 8 ⑤ 10

1st 직각삼각형 AHP의 세 변인 $\overline{\mathrm{PA}}$, $\overline{\mathrm{PH}}$, $\overline{\mathrm{AH}}$의 길이를 각각 x, y로 나타내.
중심이 P인 원이 x축에 접하므로 반지름의 길이는 점 P의 y좌표와 같다.
이때, 중심이 A인 원의 반지름의 길이가 1이고 두 원이 외접하므로
$\overline{\mathrm{PA}}=y+1$
또, 두 점 A$(0,3)$, P(x,y)에 의해
$\overline{\mathrm{PH}}=x$이고, $\overline{\mathrm{OH}}=y$이므로 $\overline{\mathrm{AH}}=3-y$
삼각형 AHP는 직각삼각형이므로
$(1+y)^2=x^2+(3-y)^2$ ← 피타고라스 정리를 이용할 수 있어.
$\therefore x^2=8y-8 \cdots$ ㉠
> $\angle$H$=90°$이므로 $\overline{\mathrm{AH}}^2+\overline{\mathrm{PH}}^2=\overline{\mathrm{AP}}^2$

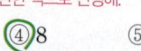

2nd $\lim\limits_{x\to\infty}\dfrac{\overline{\mathrm{PH}}^2}{\overline{\mathrm{PA}}}$의 값을 구해.

㉠에서 $y=\dfrac{x^2+8}{8}$이므로

$$\lim_{x\to\infty}\frac{\overline{\mathrm{PH}}^2}{\overline{\mathrm{PA}}}=\lim_{x\to\infty}\frac{x^2}{y+1}=\lim_{x\to\infty}\frac{x^2}{\frac{x^2+8}{8}+1}=\lim_{x\to\infty}\frac{8x^2}{x^2+16}=8$$

> $\lim\limits_{x\to\infty}\dfrac{8}{1+\frac{16}{x^2}}=8$

> **다른 풀이**: $x\to\infty$이면 $y\to\infty$이므로 x^2을 y에 대한 식으로 바꾸어 풀기

㉠에서 $x\to\infty$이면 $y\to\infty$이므로
$$\lim_{x\to\infty}\frac{\overline{\mathrm{PH}}^2}{\overline{\mathrm{PA}}}=\lim_{x\to\infty}\frac{x^2}{y+1}=\lim_{y\to\infty}\frac{8y-8}{y+1}(\because ㉠)=8$$
> **실수** 치환하여 극한값을 구할 때에는 치환한 문자가 다가가는 값에 유의하자.

---

199 정답 25 ＊함수의 극한의 활용 ·········· [정답률 31%]

> **정답 공식**: 두 함수 $f(x)$, $g(x)$에 대하여 $\lim\limits_{x\to a}\dfrac{f(x)}{g(x)}=a$($a$는 실수)일 때 $\lim\limits_{x\to a}g(x)=0$이면 $\lim\limits_{x\to a}f(x)=0$이다.

두 다항함수 $f(x)$, $g(x)$가 모든 실수 x에 대하여
$$xf(x)=\left(-\frac{1}{2}x+3\right)g(x)-x^3+2x^2$$
> **단서1** 두 다항함수 $f(x)$, $g(x)$의 차수를 비교하여 양변의 차수가 같아야 해.

을 만족시킨다. 상수 $k(k\neq0)$에 대하여
$$\lim_{x\to2}\frac{g(x-1)}{f(x)-g(x)}\times\lim_{x\to\infty}\frac{\{f(x)\}^2}{g(x)}=k$$
> **단서2** 두 극한값이 존재하며, 곱하면 $k(k\neq0)$가 돼.

일 때, k의 값을 구하시오. (4점)

1st 두 극한식 $\lim\limits_{x\to2}\dfrac{g(x-1)}{f(x)-g(x)}$, $\lim\limits_{x\to\infty}\dfrac{\{f(x)\}^2}{g(x)}$의 값이 존재함을 이용하여 두 함수의 차수를 추론해.

두 다항함수 $f(x)$, $g(x)$가 모든 실수 x에 대하여
$$xf(x)=\left(-\frac{1}{2}x+3\right)g(x)-x^3+2x^2 \cdots ㉠$$
㉠에 $x=0$을 대입하면
$0\times f(0)=3g(0)$ $\therefore g(0)=0$
㉠에 $x=2$를 대입하면
$2f(2)=2g(2)-8+8$ $\therefore f(2)=g(2)$
$\lim\limits_{x\to2}\dfrac{g(x-1)}{f(x)-g(x)}$의 값이 0이 아닌 실수이고
$\lim\limits_{x\to2}\{f(x)-g(x)\}=f(2)-g(2)=0$이므로
$\lim\limits_{x\to2}g(x-1)=g(1)=0$이어야 한다.
> 두 함수 $f(x)$, $g(x)$에 대하여 $\lim\limits_{x\to a}\dfrac{f(x)}{g(x)}=a$($a$는 실수)일 때 $\lim\limits_{x\to a}g(x)=0$이면 $\lim\limits_{x\to a}f(x)=0$

따라서 $g(0)=g(1)=0$이므로 다항함수 $g(x)$는 상수함수이거나
> 함수 $y=g(x)$의 그래프가 x축과 만나는 서로 다른 점의 개수가 2 이상이야.

차수가 2 이상이다.
이때, 함수 $g(x)$가 상수함수이면 $g(x)=0$이므로
$\lim\limits_{x\to\infty}\dfrac{\{f(x)\}^2}{g(x)}$의 값이 존재하지 않는다.
따라서 함수 $g(x)$의 차수는 2 이상이다.
또한, $\lim\limits_{x\to\infty}\dfrac{\{f(x)\}^2}{g(x)}$의 값도 0이 아닌 실수이므로
함수 $\{f(x)\}^2$의 차수는 함수 $g(x)$의 차수와 같다.
> 두 다항함수 $f(x)$, $g(x)$에 대하여 $\lim\limits_{x\to\infty}\dfrac{f(x)}{g(x)}=a$($a\neq0$인 실수)이면 $f(x)$, $g(x)$의 차수는 같고, $a=\dfrac{f(x)\text{의 최고차항의 계수}}{g(x)\text{의 최고차항의 계수}}$야.

2nd 두 함수 $f(x)$, $g(x)$의 차수를 각각 n, $2n$이라 하여 함수식을 구하고 실수 k의 값을 구해.

두 함수 $f(x)$, $g(x)$의 차수를 각각 n, $2n$이라 하자.

(i) $n=1$일 때

함수 $g(x)$의 차수가 2이고 $g(0)=g(1)=0$이므로

<u>함수 $g(x)$에 대하여 $g(0)=g(1)=0$이므로 다항식 $g(x)$는 x, $x-1$을 인수로 가져.</u>

$g(x)=ax(x-1)$ $(a\neq 0)$

㉠에서 양변의 x^3의 계수가 같아야 하므로

<u>좌변에서 $f(x)$가 일차식, $xf(x)$가 이차식이므로 x^3의 계수는 0이고,</u>
<u>우변에서 다항식 $\left(-\dfrac{1}{2}x+3\right)g(x)-x^3+2x^2$의 x^3의 계수는 $-\dfrac{1}{2}\times a-1$이야.</u>

$0=-\dfrac{1}{2}\times a-1$ $\quad\therefore a=-2$

$\therefore g(x)=-2x(x-1)=-2x^2+2x$

또한 ㉠에서

$xf(x)=\left(-\dfrac{1}{2}x+3\right)\times(-2x^2+2x)-x^3+2x^2$

$\qquad=-5x^2+6x$

$\therefore f(x)=-5x+6$

$\displaystyle\lim_{x\to 2}\dfrac{g(x-1)}{f(x)-g(x)}=\lim_{x\to 2}\dfrac{-2(x-1)(x-2)}{2x^2-7x+6}$

$\qquad=\lim_{x\to 2}\dfrac{-2(x-1)(x-2)}{(2x-3)(x-2)}$

<u>분모, 분자를 $x-2$로 나눌 수 있어.</u>

$\qquad=\lim_{x\to 2}\dfrac{-2(x-1)}{2x-3}=\dfrac{-2}{1}=-2$

$\displaystyle\lim_{x\to\infty}\dfrac{\{f(x)\}^2}{g(x)}=\lim_{x\to\infty}\dfrac{(-5x+6)^2}{-2x^2+2x}$

$\qquad=\lim_{x\to\infty}\dfrac{25x^2-60x+36}{-2x^2+2x}$

$\qquad=\lim_{x\to\infty}\dfrac{25-\dfrac{60}{x}+\dfrac{36}{x^2}}{-2+\dfrac{2}{x}}$

$\qquad=-\dfrac{25}{2}$

그러므로 $\displaystyle\lim_{x\to 2}\dfrac{g(x-1)}{f(x)-g(x)}\times\lim_{x\to\infty}\dfrac{\{f(x)\}^2}{g(x)}=k$에서

$k=-2\times\left(-\dfrac{25}{2}\right)=25$

(ii) $n\geq 2$일 때

㉠의 좌변과 우변의 차수가 각각

<u>→ $f(x)$의 차수가 n이므로 $xf(x)$의 차수는 $n+1$이야.</u>

$n+1$, $2n+1$이고 $n+1\neq 2n+1$이므로 ㉠이 성립하지 않는다.

<u>$g(x)$의 차수가 $2n$이므로 $\left(-\dfrac{1}{2}x+3\right)g(x)-x^3+2x^2$의</u>
<u>차수는 $2n+1$ 또는 3이어야 하는데, $n\geq 2$이므로 $2n+1$이 돼.</u>

(i), (ii)에 의하여 구하는 k의 값은 25이다.

A 200 정답 226 ＊함수의 극한을 이용한 다항함수의 결정 ·· [정답률 31%]

정답 공식: 두 함수 $f(x)$, $g(x)$에 대하여 $\displaystyle\lim_{x\to a}\dfrac{f(x)}{g(x)}=a$ (a는 실수)일 때 $\displaystyle\lim_{x\to a}g(x)=0$이면 $\displaystyle\lim_{x\to a}f(x)=0$이다.

최고차항의 계수가 1이고 다음 조건을 만족시키는 모든 삼차함수 $f(x)$에 대하여 $f(5)$의 최댓값을 구하시오. (4점)

(가) $\displaystyle\lim_{x\to 0}\dfrac{|f(x)-1|}{x}$의 값이 존재한다.

단서1 $x\to 0$일 때 극한값이 존재하고, (분모)$\to 0$이므로 (분자)$\to 0$이어야 하지? 이를 이용해 삼차함수 $f(x)$의 식을 미정계수를 이용하여 세울 수 있어.

(나) 모든 실수 x에 대하여 $xf(x)\geq -4x^2+x$이다.

단서2 삼차함수 $f(x)$의 식을 주어진 부등식에 대입한 후 모든 실수 x에 대하여 부등식이 성립하도록 하는 미정계수의 값의 범위를 찾아내.

1st 조건 (가)를 이용하여 함수 $f(x)$의 식을 유추해.

조건 (가)에서 $\displaystyle\lim_{x\to 0}\dfrac{|f(x)-1|}{x}$의 값이 존재하고 $\displaystyle\lim_{x\to 0}x=0$이므로

$\displaystyle\lim_{x\to 0}|f(x)-1|=0$이어야 한다.

즉, $f(0)-1=0$이므로 삼차식 $f(x)-1$은 x를 인수로 갖는다.

<u>다항식 $f(x)$에 대하여 $f(a)=0$이면 $f(x)$는 $x-a$를 인수로 가져.</u>

이때, 최고차항의 계수가 1인 이차식 $g(x)$에 대하여

$f(x)-1=xg(x)$라 하자.

<u>→ 삼차함수 $f(x)$의 최고차항의 계수가 1이므로 $f(x)-1$도 최고차항의 계수가 1인 삼차함수야. 따라서 이 식이 x를 인수로 가지므로 최고차항의 계수가 1인 이차식 $g(x)$를 이용하여 $f(x)-1=xg(x)$로 나타낼 수 있는 거야.</u>

$\displaystyle\lim_{x\to 0+}\dfrac{|f(x)-1|}{x}=\lim_{x\to 0+}\dfrac{|xg(x)|}{x}$

$\qquad=\lim_{x\to 0+}\dfrac{|x||g(x)|}{x}=\lim_{x\to 0+}\dfrac{x|g(x)|}{x}$

<u>→ $x\to 0+$이므로 $x>0$이지? 즉, $|x|=x$가 돼.</u>

$\qquad=\lim_{x\to 0+}|g(x)|=|g(0)|$

$\displaystyle\lim_{x\to 0-}\dfrac{|f(x)-1|}{x}=\lim_{x\to 0-}\dfrac{|xg(x)|}{x}$

$\qquad=\lim_{x\to 0-}\dfrac{|x||g(x)|}{x}=\lim_{x\to 0-}\dfrac{-x|g(x)|}{x}$

<u>→ $x\to 0-$이므로 $x<0$이지? 즉, $|x|=-x$가 돼.</u>

$\qquad=-\lim_{x\to 0-}|g(x)|=-|g(0)|$

이고, $\displaystyle\lim_{x\to 0}\dfrac{|f(x)-1|}{x}$의 값이 존재하므로

$|g(0)|=-|g(0)|$에서 $g(0)=0$이다.

따라서 이차식 $g(x)$도 x를 인수로 가지므로

$g(x)=x(x+a)$ (a는 실수)라 하면

$f(x)-1=x^2(x+a)$에서 $f(x)=x^3+ax^2+1\cdots$ ㉠이다.

2nd 조건 (나)를 이용하여 a의 값의 범위를 구해.

조건 (나)의 $xf(x)\geq -4x^2+x$에 ㉠을 대입하면

$x(x^3+ax^2+1)\geq -4x^2+x$, $x^4+ax^3+x+4x^2-x\geq 0$

$x^4+ax^3+4x^2\geq 0$, $x^2(x^2+ax+4)\geq 0$

$\therefore x^2+ax+4\geq 0$ ($\because x^2\geq 0$)

모든 실수 x에 대하여 이 부등식이 성립하려면

이차방정식 $x^2+ax+4=0$의 판별식을 D라 할 때,

$D\leq 0$이어야 하므로

<u>$a>0$일 때, 모든 실수 x에 대하여 이차부등식 $ax^2+bx+c\geq 0$이 항상 성립하려면 이차방정식 $ax^2+bx+c=0$의 판별식을 D라 할 때, $D=b^2-4ac\leq 0$이어야 해.</u>

$D=a^2-16\leq 0$ $\quad\therefore -4\leq a\leq 4\cdots$ ㉡

3rd $f(5)$의 최댓값을 구해.

따라서 ㉠에서 $f(5)=25a+126$이므로 구하는 $f(5)$의 최댓값은

㉡에 의해 $a=4$일 때 $f(5)=25\times 4+126=226$이다.

정답 공식: 넓이를 구하는 삼각형의 밑변과 높이를 x축 또는 y축과 평행하도록 잡아서 넓이를 t에 대하여 나타낸다.

> **단서1** 원이 지나는 점이 주어졌으니까 원의 방정식에 대입하면 등식이 성립하겠지?

그림과 같이 좌표평면 위의 점 A$(0, 1)$을 지나고 x축에 접하는 원 C가 있다. 원 C가 y축과 만나는 또 다른 점을 P라 하고, x축과 접하는 점을 Q$(t, 0)$이라 하자. 삼각형 APQ의 넓이를 $S(t)$, 원 C의 반지름의 길이를 $r(t)$라 할 때, $\lim\limits_{t \to \infty} \dfrac{S(t)}{t \times r(t)}$의 값은? (단, $t > 1$이다.)

> **단서2** 원이 x축과 접하게 되면 원의 반지름의 길이는 원의 중심의 y좌표의 절댓값과 같아.

(4점)

① $\dfrac{1}{2}$ ②1   ③ $\dfrac{3}{2}$ ④ 2   ⑤ $\dfrac{5}{2}$

1st x축에 접하는 원의 반지름의 길이는 원의 중심의 y좌표의 절댓값과 같아.

원 C는 x축 위의 점 Q$(t, 0)$과 접하고, 반지름의 길이를 $r(t)$라 하므로 원의 중심은 $(t, r(t))$이다.

> 원 $(x-a)^2 + (y-b)^2 = r^2$에 대하여
> (1) x축에 접하는 원: $r = |b|$
> (2) y축에 접하는 원: $r = |a|$
> (3) x축, y축에 접하는 원: $r = |a| = |b|$

원 C의 방정식은
$$(x-t)^2 + \{y - r(t)\}^2 = \{r(t)\}^2 \cdots \text{㉠}$$

2nd $S(t)$, $r(t)$를 t에 관한 식으로 나타내보자.

원 C가 점 A$(0, 1)$을 지나므로 ㉠에 x 대신 0, y 대신 1을 대입하자.
$$(0-t)^2 + \{1 - r(t)\}^2 = \{r(t)\}^2, \quad t^2 + 1 - 2r(t) + \{r(t)\}^2 = \{r(t)\}^2$$
$$\therefore r(t) = \frac{t^2 + 1}{2} \cdots \text{㉡}$$

한편, $S(t) = \dfrac{1}{2} \times \overline{\text{AP}} \times \overline{\text{OQ}} = \dfrac{1}{2} \times \overline{\text{AP}} \times t$이므로 $\overline{\text{AP}}$의 길이만 구하면 된다.

그림과 같이 원의 중심 $(t, r(t))$에서 $\overline{\text{AP}}$에 수선의 발 H를 내리면
$$\overline{\text{AH}} = \overline{\text{OH}} - \overline{\text{OA}} = r(t) - 1$$
$$\therefore \overline{\text{AP}} = 2\overline{\text{AH}} = 2\{r(t) - 1\}$$

$$\therefore S(t) = \frac{1}{2} \times \overline{\text{AP}} \times t$$
$$= \frac{1}{2} \times 2\{r(t) - 1\} \times t$$
$$= t\{r(t) - 1\}$$

이것에 ㉡을 대입하면
$$S(t) = t\left(\frac{t^2 + 1}{2} - 1\right) = \frac{t(t^2 - 1)}{2} \cdots \text{㉢}$$

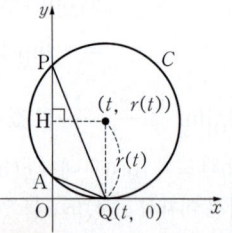

> **주의** 원 위의 두 점과 원의 중심을 세 꼭짓점으로 하는 삼각형은 이등변삼각형이고 이등변삼각형의 꼭지각에서 밑변에 내린 수선은 밑변을 이등분해.

3rd ㉡, ㉢을 구하는 극한에 대입하자.

$$\therefore \lim_{t \to \infty} \frac{S(t)}{t \times r(t)} = \lim_{t \to \infty} \frac{\dfrac{t(t^2 - 1)}{2}}{t \times \dfrac{t^2 + 1}{2}}$$
$$= \lim_{t \to \infty} \frac{t^3 - t}{t^3 + t} = 1$$

> $\dfrac{\infty}{\infty}$ 꼴의 극한값을 계산할 때, 분모, 분자의 차수가 같으니까 최고차항의 계수의 비로 구한 거야.

---

*새롭게 정의된 함수의 극한을 함수의 정의에 따라 구하기 [유형 01+14]

x가 양수일 때, x보다 작은 자연수 중에서 소수의 개수를 $f(x)$라 하고, 함수 $g(x)$를
$$g(x) = \begin{cases} f(x) & (x > 2f(x)) \\ \dfrac{1}{f(x)} & (x \leq 2f(x)) \end{cases}$$

> **단서1** $f(x)$와 $g(x)$의 정의를 잘 파악해야 해. x의 기준을 먼저 나누고 시작하자.

라고 하자. 예를 들어, $f\left(\dfrac{7}{2}\right) = 2$이고 $\dfrac{7}{2} < 2f\left(\dfrac{7}{2}\right)$이므로 $g\left(\dfrac{7}{2}\right) = \dfrac{1}{2}$이다. $\lim\limits_{x \to 8+} g(x) = \alpha$, $\lim\limits_{x \to 8-} g(x) = \beta$라 할 때, $\dfrac{\alpha}{\beta}$의 값을 구하시오. (4점)

> **단서2** $8 < x < 9$일 때와 $7 < x < 8$일 때로 나누어서 생각해봐.

왜 2등급? 이 문제는 x보다 작은 자연수 중에서 소수의 개수로 정의된 $f(x)$를 이용하여 새롭게 정의된 함수 $g(x)$의 $x = 8$에서의 좌극한값과 우극한값을 구하는 문제이다.

함수 $g(x)$가 x와 $2f(x)$의 대소에 따라 정의되어 있다는 것을 정확히 파악하는 과정이 복잡하다.

💡 **단서+발상**

단서1 $f(x)$의 정의가 x보다 작은 자연수 중 소수의 개수이므로 x를 자연수일 때와 아닐 때로 구분하고, 자연수가 아닐 때는 x보다 작은 자연수 중 가장 큰 수가 동일한 실수 x끼리 나누어 생각해야 한다. **발상**

이때, x보다 작은 자연수 중 가장 큰 수가 8인 자연수가 아닌 실수 x의 범위는 $8 < x < 9$이고 x보다 작은 자연수 중 가장 큰 수가 7인 자연수가 아닌 실수 x의 범위는 $7 < x < 8$이므로 $7 < x < 8$일 때와 $8 < x < 9$일 때로 나누어 생각한다. **적용**

단서2 $7 < x < 8$일 때와 $8 < x < 9$일 때의 함수 $f(x)$를 각각 구하고 x와 $2f(x)$의 대소에 따라 $g(x)$를 구한 후 $x = 8$에서의 좌극한값과 우극한값을 구한다. **해결**

주의 $x = 8$의 좌우에서 x와 $2f(x)$의 대소가 바뀜에 주의하여 함수 $g(x)$를 구한다.

> **핵심 정답 공식**: $x \to 8+$의 의미는 x가 8의 오른쪽에서 8에 가까이 접근한다는 것이므로 $8 < x < 9$이고 $x \to 8-$의 의미는 x가 8의 왼쪽에서 8에 가까이 접근한다는 것이므로 $7 < x < 8$이다.

-------------- [문제 풀이 순서] --------------

1st $x = 8$에서 함수 $g(x)$의 우극한값을 계산하자.

> $\lim\limits_{x \to a+} f(x) = p$일 때 p를 $x = a$에서 $f(x)$의 우극한값이라고 해.

$8 < x < 9$인 x에 대하여 x보다 작은 자연수 중에서 소수는 2, 3, 5, 7의 4개이므로 $f(x) = 4$

> **주의** 1은 소수도 합성수도 아니야!

이때, $2f(x) = 8 < x (\because 8 < x < 9)$이므로
$$g(x) = f(x) = 4$$
$$\therefore \alpha = \lim_{x \to 8+} g(x) = \lim_{x \to 8+} 4 = 4 \cdots \text{㉠}$$

2nd $x = 8$에서 함수 $g(x)$의 좌극한값을 계산하자.

> $\lim\limits_{x \to a-} f(x) = q$일 때 q를 $x = a$에서 $f(x)$의 좌극한값이라고 해.

$7 < x < 8$인 x에 대하여 x보다 작은 자연수 중에서 소수는 2, 3, 5, 7의 4개이므로 $f(x) = 4$

이때, $2f(x) = 8 > x (\because 7 < x < 8)$이므로
$$g(x) = \frac{1}{f(x)} = \frac{1}{4}$$
$$\therefore \beta = \lim_{x \to 8-} g(x) = \lim_{x \to 8-} \frac{1}{4} = \frac{1}{4} \cdots \text{㉡}$$

㉠, ㉡에 의해 $\dfrac{\alpha}{\beta} = 16$

1등급 대비 특강

＊ $x=8$을 기준으로 좌우의 함숫값의 변화 관찰하기

구하는 값이 x가 8보다 크면서 8에 가까워지는 경우의 $g(x)$와 x가 8보다 작으면서 8에 가까워지는 경우의 $g(x)$를 구하는 것이므로 $8<x<9$인 경우와 $7<x<8$인 경우로 나눌 수 있어.
이 두 경우 모두 $f(x)=4$이므로 x와 $2f(x)$의 대소를 비교하여 $g(x)$를 각각의 범위에서 구할 수 있어.

A 203 정답 ⑤ ·········· ★1등급 대비 [정답률 18%]

＊ 함수의 극한을 이용한 다항함수의 결정 [유형 05+16]

> 최고차항의 계수가 1인 두 삼차함수 $f(x)$, $g(x)$가 다음 조건을 만족시킨다. **[단서2]** $f(1)=0, g(1)=0$이므로 $f(x)=(x-1)(x-a)(x-b)$, $g(x)=(x-1)(x-c)(x-d)$로 놓을 수 있어.
>
> (가) $g(1)=0$
> (나) $\displaystyle\lim_{x\to n}\frac{f(x)}{g(x)}=(n-1)(n-2)$ $(n=1, 2, 3, 4)$
> **[단서1]** $\displaystyle\lim_{x\to 1}\frac{f(x)}{g(x)}=0$이고 $g(1)=0$이므로 $f(1)=0$이어야 해.
>
> $g(5)$의 값은? (4점)
> ① 4 ② 6 ③ 8 ④ 10 ⑤ 12

왜 1등급? 함수의 극한의 성질을 이용하여 주어진 조건을 만족시키는 다항함수를 추론하는 문제이다.
$x\to a$일 때 분수 형태의 함수의 극한값이 존재하고 $x\to a$일 때 (분모) $\to 0$이면 (분자) $\to 0$임을 적용해야 하는 과정이 복잡하다.

💡 단서+발상

[단서1] 먼저, 조건 (나)의 식에 $n=1$, $n=2$를 차례로 대입하고 $g(1)=0$과 분수 꼴의 극한의 성질에 의하여 다항함수 $f(x)$가 갖는 인수를 찾아 함수 $f(x)$의 식을 완성한다. **[개념]**

[단서2] 이제, 함수 $f(x)$와 $n=3$, $n=4$를 조건 (나)의 식에 차례로 대입하여 다항함수 $g(x)$가 갖는 인수를 찾아 함수 $g(x)$의 식을 완성하고 $g(5)$의 값을 구한다. **[해결]**

주의 $\displaystyle\lim_{x\to a}\frac{f(x)}{g(x)}=0$일 때, $\displaystyle\lim_{x\to a}g(x)=0$이면 $\displaystyle\lim_{x\to a}f(x)=0$이지만 $\displaystyle\lim_{x\to a}f(x)=0$이어도 꼭 $\displaystyle\lim_{x\to a}g(x)=0$인 것은 아니다.

[핵심 정답 공식] 분수 꼴의 극한의 극한값이 존재하고 $x\to a$일 때, (분모) $\to 0$이면 (분자) $\to 0$이어야 한다.

--------------------- [문제 풀이 순서] ---------------------

1st $n=1$, 2일 때, 극한값이 존재하는 조건을 가지고 $f(x)$를 구해.
조건 (나)에 $n=1$, 2를 차례로 대입하면
$$\lim_{x\to 1}\frac{f(x)}{g(x)}=0 \cdots \textcircled{\scriptsize ㄱ}, \quad \lim_{x\to 2}\frac{f(x)}{g(x)}=0 \cdots \textcircled{\scriptsize ㄴ}$$
이때, 조건 (가)의 $g(1)=0$에서 $g(x)$는 $(x-1)$을 인수로 가지므로 ㄱ이 성립하려면 $f(x)$도 $(x-1)$을 인수로 가져야 한다.
즉, 두 함수 $f(x)$, $g(x)$를 $f(x)=(x-1)(x-a)(x-b)$, $g(x)=(x-1)(x-c)(x-d)$ (단, a, b, c, d는 상수) 라 두고 ㄱ에 각각 대입하면

$$\lim_{x\to 1}\frac{(x-1)(x-a)(x-b)}{(x-1)(x-c)(x-d)}=\lim_{x\to 1}\frac{(x-a)(x-b)}{(x-c)(x-d)}=0$$
극한값이 0이 되려면 a 또는 b가 1이 되어야 한다.
$a=1$이라 하면 $f(x)=(x-1)^2(x-b)$
마찬가지로 ㄴ에 대입하면 $f(x)$는 $(x-2)$를 인수로 가져야 하므로
$$f(x)=(x-1)^2(x-2)$$

> **[함정]** $f(x)$가 삼차함수이고, 이미 $(x-1)^2$과 $(x-2)$를 인수로 가지므로 조건 (나)를 만족시키기 위해서 $g(x)$는 $(x-2)$를 인수로 가질 수 없어.

2nd $n=3$, 4일 때, 주어진 극한값을 이용하여 $g(x)$를 구해.
이번엔 조건 (나)에 $n=3$, 4를 차례로 대입하면
$$\lim_{x\to 3}\frac{f(x)}{g(x)}=2, \quad \lim_{x\to 4}\frac{f(x)}{g(x)}=6$$이므로
$$\lim_{x\to 3}\frac{(x-1)^2(x-2)}{(x-1)(x-c)(x-d)}=\frac{2}{(3-c)(3-d)}=2$$에서
$$\lim_{x\to 3}\frac{(x-1)^2(x-2)}{(x-1)(x-c)(x-d)}=\lim_{x\to 3}\frac{(x-1)(x-2)}{(x-c)(x-d)}$$
$$=\frac{2\times 1}{(3-c)(3-d)}=\frac{2}{(3-c)(3-d)}$$
$(3-c)(3-d)=1, \; 9-3(c+d)+cd=1$
$$\therefore 3(c+d)-cd=8 \cdots \textcircled{\scriptsize ㄷ}$$
$$\lim_{x\to 4}\frac{(x-1)^2(x-2)}{(x-1)(x-c)(x-d)}=\frac{6}{(4-c)(4-d)}=6$$에서
$$\lim_{x\to 4}\frac{(x-1)^2(x-2)}{(x-1)(x-c)(x-d)}=\lim_{x\to 4}\frac{(x-1)(x-2)}{(x-c)(x-d)}$$
$$=\frac{3\times 2}{(4-c)(4-d)}=\frac{6}{(4-c)(4-d)}$$
$(4-c)(4-d)=1, \; 16-4(c+d)+cd=1$
$$\therefore 4(c+d)-cd=15 \cdots \textcircled{\scriptsize ㄹ}$$
ㄷ, ㄹ을 연립하면 $c+d=7$, $cd=13$
ㄹ$-$ㄷ을 하면 $c+d=7$이고, $c+d$를 ㄷ에 대입하면 $3\times 7-cd=8$이므로 $cd=13$이야.
따라서 $g(x)=(x-1)(x-c)(x-d)$에 $x=5$를 대입하면
$$g(5)=4(5-c)(5-d)=4\{25-5(c+d)+cd\}$$
$$=4(25-5\cdot 7+13)=12$$

1등급 대비 특강

＊ $f(x)$가 $(x-1)^2$을 인수로 가지는 이유

$\displaystyle\lim_{x\to 0}\frac{x^2}{x}=\lim_{x\to 0}x=0$에서 분모를 0으로 만드는 인자, 즉 x를 분모가 인수로 가지고 있으므로 극한값이 존재하려면 분자도 x를 인수로 가져야 해. 그런데 극한값이 0이므로 분자는 최소 x^2을 인수로 가져야겠지? 따라서 자연수 m, n에 대하여 $\displaystyle\lim_{x\to 0}\frac{x^m}{x^n}=0$이면 $m>n$이어야 해. 이것을 이용하면 자연수 k와 다항함수 $f(x)$, $g(x)$에 대하여 $\displaystyle\lim_{x\to n}\frac{f(x)}{g(x)}=0$이고 $g(x)$를 0으로 만드는 인자, 즉 $(x-n)^k$을 $g(x)$가 인수로 가질 때, 극한값이 0이려면 $f(x)$는 최소 $(x-n)^{k+1}$을 인수로 가져야 해. 따라서 이 문제의 조건 (가)에서 $g(x)$가 $x-1$을 인수로 갖고 조건 (나)에서 $\displaystyle\lim_{x\to 1}\frac{f(x)}{g(x)}=0$이므로 $f(x)$는 $(x-1)^2$을 인수로 가져야 해.

 My Top Secret 서울대 선배의 **①** 등급 대비 전략

이 문제는 함수의 극한이 수렴하는 조건을 묻는 문항이야. 분모가 0으로 가면 분자가 0으로 가야하고, 분자가 0으로 가는데 극한값이 0이 아니면 분모가 0으로 가는 것을 잘 알아 두어야 해. 분자가 0으로 가는데, 극한값이 0이면, 분모가 0으로 가는지는 알 수 없어.

A 204 정답 42 ·········· ☆**2등급 대비** [정답률 26%]

> **정답 공식:** $\dfrac{|x|}{x}=\begin{cases}1 & (x>0)\\-1 & (x<0)\end{cases}$ 에서 $\displaystyle\lim_{x\to0+}\dfrac{|x|}{x}=1$,
> $\displaystyle\lim_{x\to0-}\dfrac{|x|}{x}=-1$이다.

함수 $f(x)=(x-1)(x-2)$와 최고차항의 계수가 1인 사차함수 $g(x)$가 다음 조건을 만족시킨다. **단서1** $\displaystyle\lim_{x\to a}\dfrac{|f(x)|}{f(x)}$ 는 $f(x)=0$인 점에서 불연속이야.
그 점에서 $g(x)=0$이어야겠지?

> 모든 실수 a에 대하여 $\displaystyle\lim_{x\to a}\dfrac{g(x)\times|f(x)|}{f(x)}$ 의 값과
> $\displaystyle\lim_{x\to a}\dfrac{|g(x)-f(x)|}{g(x)}$ 의 값이 모두 존재한다.

단서2 사차함수 $g(x)$를 결정해야 해.
$g(-1)$의 값을 구하시오. (4점)

💡 단서+발상

단서1 모든 실수 a에 대하여 $\displaystyle\lim_{x\to a}\dfrac{g(x)\times|f(x)|}{f(x)}$ 의 값이 존재하기 위해서 사차함수 $g(x)$가 어떤 조건을 만족시켜야 하는지 알 수 있다. **발상**

단서2 모든 실수 a에 대하여 $\displaystyle\lim_{x\to a}\dfrac{|g(x)-f(x)|}{g(x)}$ 의 값이 존재하기 위해서 사차함수 $g(x)$가 어떤 조건을 추가로 만족시켜야 하는지 알 수 있다. **발상**
모든 단서들을 조합해 사차함수 $g(x)$를 결정해서 $g(-1)$의 값을 구한다. **해결**

--------------------[문제 풀이 순서]--------------------

1st 모든 실수 a에 대하여 $\displaystyle\lim_{x\to a}\dfrac{g(x)\times|f(x)|}{f(x)}$ 의 값이 존재함을 이용해.

함수 $f(x)=(x-1)(x-2)$에 대하여
$f(x)=0$에서 $x=1$ 또는 $x=2$이다.

모든 실수 a에 대하여 $\displaystyle\lim_{x\to a}\dfrac{g(x)\times|f(x)|}{f(x)}$ 의 값이 존재하므로

(i) $a<1$ 또는 $a>2$일 때,
$\underline{f(x)>0}$이므로 $|f(x)|=f(x)$ $g(x)$는 사차함수이므로 실수 전체의 집합에서 연속이야.

$$\lim_{x\to a}\frac{g(x)\times|f(x)|}{f(x)}=\lim_{x\to a}\frac{g(x)\times f(x)}{f(x)}=\underline{\lim_{x\to a}g(x)}$$
$$=\underline{g(a)}$$

$a<1$ 또는 $a>2$일 때에도 $\displaystyle\lim_{x\to a}\dfrac{g(x)\times|f(x)|}{f(x)}$의 값이 $g(a)$로 존재해야 해.

(ii) $1<a<2$일 때,
$\underline{f(x)<0}$이므로 $|f(x)|=-f(x)$

$$\lim_{x\to a}\frac{g(x)\times|f(x)|}{f(x)}=\lim_{x\to a}\frac{g(x)\times\{-f(x)\}}{f(x)}=-\lim_{x\to a}g(x)$$
$$=-g(a)$$

(iii) $a=1$일 때,
$$\lim_{x\to1-}\frac{g(x)\times|f(x)|}{f(x)}=\lim_{x\to1-}\frac{g(x)\times f(x)}{f(x)}=\lim_{x\to1-}g(x)$$
함수 $f(x)=(x-1)(x-2)$의 그래프에서 $x\to1-$은 $x=1$의 왼쪽에서 $x=1$로 접근하는 것이므로 $|f(x)|=f(x)$
$$=g(1)$$
$$\lim_{x\to1+}\frac{g(x)\times|f(x)|}{f(x)}=\lim_{x\to1+}\frac{g(x)\times\{-f(x)\}}{f(x)}=-\lim_{x\to1+}g(x)$$
$$=-g(1)$$

이고

$a=1$에서 $\displaystyle\lim_{x\to1}\dfrac{g(x)\times|f(x)|}{f(x)}$의 값이 존재해야 하므로
극한값이 존재하려면 좌극한의 값과 우극한의 값이 같아야 해.

$$\lim_{x\to1-}\frac{g(x)\times|f(x)|}{f(x)}=\lim_{x\to1+}\frac{g(x)\times|f(x)|}{f(x)}, \; 즉$$
$g(1)=-g(1)$이므로
$g(1)=0 \cdots ㉠$

(iv) $a=2$일 때,
$$\lim_{x\to2-}\frac{g(x)\times|f(x)|}{f(x)}=\lim_{x\to2-}\frac{g(x)\times\{-f(x)\}}{f(x)}$$
$$=-\lim_{x\to2-}g(x)=-g(2)$$
$$\lim_{x\to2+}\frac{g(x)\times|f(x)|}{f(x)}=\lim_{x\to2+}\frac{g(x)\times f(x)}{f(x)}=\lim_{x\to2+}g(x)$$
$$=g(2)$$

이고

$a=2$에서 $\displaystyle\lim_{x\to2}\dfrac{g(x)\times|f(x)|}{f(x)}$의 값이 존재해야 하므로
$$\lim_{x\to2-}\frac{g(x)\times|f(x)|}{f(x)}=\lim_{x\to2+}\frac{g(x)\times|f(x)|}{f(x)}, \; 즉$$
$g(2)=-g(2)$이므로
$g(2)=0 \cdots ㉡$

(i)~(iv)에서 모든 실수 a에 대하여 $\displaystyle\lim_{x\to a}\dfrac{g(x)\times|f(x)|}{f(x)}$ 의 값이 존재하려면 ㉠, ㉡에서 $g(1)=g(2)=0$이어야 한다.
함수 $g(x)$는 최고차항의 계수가 1인 사차함수이므로
$g(x)=f(x)h(x)$ (단, $h(x)$는 최고차항의 계수가 1인 이차함수)로 놓을 수 있다.
함수 $g(x)$가 $x-1, x-2$를 인수로 가지므로 $g(x)=(x-1)(x-2)h(x)=f(x)h(x)$ (단, $h(x)$는 최고차항의 계수가 1인 이차함수)로 놓을 수 있어.

2nd 모든 실수 a에 대하여 $\displaystyle\lim_{x\to a}\dfrac{|g(x)-f(x)|}{g(x)}$ 의 값이 존재함을 이용해.

한편, 모든 실수 a에 대하여

$$\lim_{x\to a}\frac{|g(x)-f(x)|}{g(x)}=\lim_{x\to a}\frac{|f(x)h(x)-f(x)|}{f(x)h(x)}$$
$$=\lim_{x\to a}\frac{|f(x)|\times|h(x)-1|}{f(x)h(x)}$$

의 값이 존재하므로

(v) $a<1$ 또는 $a>2$일 때,
$$\lim_{x\to a}\frac{|g(x)-f(x)|}{g(x)}=\lim_{x\to a}\frac{f(x)\times|h(x)-1|}{f(x)h(x)}$$
$$=\lim_{x\to a}\frac{|h(x)-1|}{h(x)}$$

$h(a)=0$이면 극한값이 존재하지 않으므로
$h(a)=0$이면 (분모) → 0인데 (분자) → $|-1|=1$이므로 극한값이 존재하지 않게 돼.
$h(a)\ne0$이고 $\displaystyle\lim_{x\to a}\dfrac{|h(x)-1|}{h(x)}=\dfrac{|h(a)-1|}{h(a)}$이다.

(vi) $1<a<2$일 때,
$$\lim_{x\to a}\frac{|g(x)-f(x)|}{g(x)}=\lim_{x\to a}\frac{-f(x)\times|h(x)-1|}{f(x)h(x)}$$
$$=-\lim_{x\to a}\frac{|h(x)-1|}{h(x)}$$

$h(a)=0$이면 극한값이 존재하지 않으므로
$h(a)\ne0$이고 $-\displaystyle\lim_{x\to a}\dfrac{|h(x)-1|}{h(x)}=-\dfrac{|h(a)-1|}{h(a)}$

(vii) $a=1$일 때,
$$\lim_{x\to1-}\frac{|g(x)-f(x)|}{g(x)}=\lim_{x\to1-}\frac{f(x)\times|h(x)-1|}{f(x)h(x)}$$

$$= \lim_{x \to 1-} \frac{|h(x)-1|}{h(x)}$$

$h(1)=0$이면 극한값이 존재하지 않으므로

$h(1)\neq 0$이고 $\displaystyle\lim_{x \to 1-}\frac{|h(x)-1|}{h(x)}=\frac{|h(1)-1|}{h(1)}$,

$$\lim_{x \to 1+}\frac{|g(x)-f(x)|}{g(x)}=\lim_{x \to 1+}\frac{-f(x)\times|h(x)-1|}{f(x)h(x)}$$

$$=-\lim_{x \to 1+}\frac{|h(x)-1|}{h(x)}$$

$h(1)=0$이면 극한값이 존재하지 않으므로

$h(1)\neq 0$이고 $-\displaystyle\lim_{x \to 1+}\frac{|h(x)-1|}{h(x)}=-\frac{|h(1)-1|}{h(1)}$,

$a=1$에서 $\displaystyle\lim_{x \to 1}\frac{|g(x)-f(x)|}{g(x)}$의 값이 존재해야 하므로

$$\lim_{x \to 1-}\frac{|g(x)-f(x)|}{g(x)}=\lim_{x \to 1+}\frac{|g(x)-f(x)|}{g(x)}, \text{ 즉}$$

$$\frac{|h(1)-1|}{h(1)}=-\frac{|h(1)-1|}{h(1)}\text{이므로}$$

$|h(1)-1|=-|h(1)-1|$

$\therefore h(1)=1 \cdots \textcircled{\scriptsize ㄷ}$

(viii) $a=2$일 때,

(vii)과 같은 방법으로

$-|h(2)-1|=|h(2)-1|$

$\therefore h(2)=1 \cdots \textcircled{\scriptsize ㄹ}$

(v)~(viii)에서 모든 실수 a에 대하여 $\displaystyle\lim_{x \to a}\frac{|g(x)-f(x)|}{g(x)}$의 값이 존재하려면 ㄷ, ㄹ에서 $h(1)=h(2)=1$이어야 한다.

3rd $g(-1)$의 값을 구해.

> 함수 $h(x)$에 대하여 $h(1)=h(2)=1$, 즉 $h(1)-1=0$, $h(2)-1=0$이므로 다항식 $h(x)-1$은 $x-1$, $x-2$를 인수로 가져.

이때, 함수 $h(x)$는 최고차항의 계수가 1인 이차함수이므로

$h(x)-1=(x-1)(x-2)$, $h(x)=(x-1)(x-2)+1$

즉, $h(x)=f(x)+1$

> $h(x)=(x-1)(x-2)+1=\left(x-\dfrac{3}{2}\right)^2+\dfrac{3}{4}$이므로 모든 실수 a에 대하여 $h(a)\neq 0$을 만족시켜.

따라서 $g(x)=f(x)\times\{f(x)+1\}$이고,

$f(-1)=(-2)\times(-3)=6$이므로

$g(-1)=6\times(6+1)=42$

1등급 대비 특강

✱ 절댓값과 0

고난도 문제에서 종종 등장하는 소재가 있지. 바로 절댓값이야. 절댓값 기호가 있을 때는 항상 주의 깊게 봐야 하는 지점들이 있어. 그건 바로 절댓값 안에 있는 함수나 식의 값이 0이 될 때야. 그때 미분이 가능한지, 극한이 존재하는지 등의 조건과 결합해서 문제를 푸는 게 풀이의 핵심이야. 특히 수학Ⅱ에서는 다항함수 위주로 다루는 경우가 많아서 인수의 개수를 신경 써서 풀면 아무리 낯설게 보이는 문제여도 정답으로 향하는 길이 보일 거야! 이번 문제를 복습하면서 절댓값과 0을 함께 생각하는 습관을 들여보자!

A 205 정답 ①　　　　　　　**★2등급 대비** [정답률 15%]

✱ 새롭게 정의된 함수의 극한 [유형 14]

두 자연수 a, b에 대하여 함수 $f(x)$는　**단서1** $x>2$에서 두 점 $(2,9)$와 $(b,9)$를 지나는 이차함수의 그래프를 생각해 봐.

$$f(x)=\begin{cases}2x^3-6x+1 & (x\leq 2)\\ a(x-2)(x-b)+9 & (x>2)\end{cases}$$

이다. 실수 t에 대하여 함수 $y=f(x)$의 그래프와 직선 $y=t$가 만나는 점의 개수를 $g(t)$라 하자.

$$g(k)+\lim_{t \to k-}g(t)+\lim_{t \to k+}g(t)=9$$

를 만족시키는 **실수 k의 개수가 1**이 되도록 하는 두 자연수

단서2 $g(k)+\displaystyle\lim_{t \to k-}g(t)+\lim_{t \to k+}g(t)=9$를 만족시키는 경우는 딱 하나라는 말이지?
　　$x=k$에서의 함숫값, 좌극한값, 우극한값을 다 따로 따져서 그 합이 9가 되는 경우를 찾아.

a, b의 순서쌍 (a,b)에 대하여 $a+b$의 최댓값은? (4점)

① 51　　② 52　　③ 53　　④ 54　　⑤ 55

 2등급? $x>2$에서 함수 $f(x)$가 확정되지 않은 상황인데 주어진 극한 조건을 통해 가능한 함수 $f(x)$의 그래프의 개형들 중 조건을 모두 만족시키는 상황을 추론하고, 그 중 $a+b$가 최대가 되도록 하는 가능한 순서쌍 (a,b)를 구해야 하는, 따져 주어야 할 것이 많은 문제였다.

💡 단서+발상

단서1 $x>2$에서 함수 $f(x)$는 최고차항의 계수가 a인 이차함수이고 이 그래프는 점 $(2,9)$를 항상 지난다는 것을 알 수 있다. **발상**

이때, a, b는 자연수이므로 $f(x)$의 $x>2$에서의 개형은 $b\leq 2$인 경우와 $b>2$인 경우에 따라 달라진다는 것을 알 수 있다. **유형**

단서2 가능한 함수 $f(x)$의 그래프의 개형들에서 $g(t)$를 파악하여 $g(k)+\displaystyle\lim_{t \to k-}g(t)+\lim_{t \to k+}g(t)=9$가 되도록 하는 실수 k가 1개만 존재하도록 하는 개형을 찾으면 된다. **해결**

주의 $a(b-2)^2=48$를 만족시키는 순서쌍 (a,b)를 구할 때 방정식 $a(b-2)^2=48$은 $b>2$인 경우에서 나왔으므로 순서쌍 $(48,1)$은 포함하지 않아야 한다.

-------------------- [문제 풀이 순서] --------------------

1st $x \leq 2$일 때 삼차함수 $f(x)$의 그래프의 개형을 알아보자.

$x \leq 2$일 때, 삼차함수 $f(x)=2x^3-6x+1$에 대하여

$f'(x)=6x^2-6=6(x^2-1)=6(x-1)(x+1)$이므로

$f'(x)=0$에서 $x=-1$ 또는 $x=1$이다.

함수 $f(x)$의 증가와 감소를 표로 나타내면 다음과 같다.

x	$\cdots$	-1	$\cdots$	1	$\cdots$	2
$f'(x)$	$+$	0	$-$	0	$+$	
$f(x)$	↗	극대	↘	극소	↗	5

$x>2$일 때, 이차함수 $f(x)=a(x-2)(x-b)+9$의 그래프는 두 점 $(2, 9)$와 $(b, 9)$를 지나고, $a>0$($\because$ a가 자연수)이므로 아래로 볼록한 그래프이다. 또한, 직선 $x=2$와 비교하여 <u>이차함수 $f(x)$의 그래프의 대칭축 $x=1+\dfrac{b}{2}$의 위치에 따라</u> 함수 $f(x)$의 개형은 다음 2가지 경우가 있다.

→ 이차함수 $y=f(x)$의 y절편의 값이 같은 두 점 $(a,c), (b,c)$를 알면 함수 $f(x)$의 대칭축은 $x=\dfrac{a+b}{2}$야.

(ⅰ)

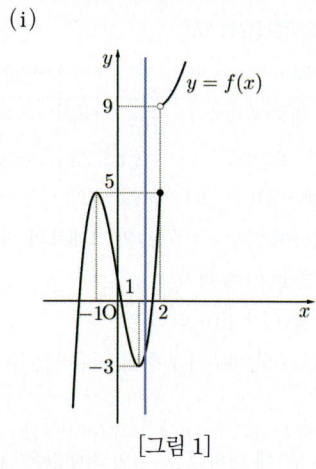

[그림 1]

(ⅱ)

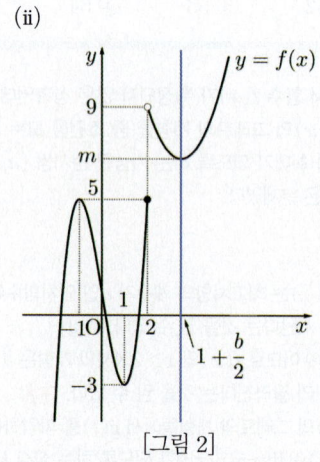

[그림 2]

2nd 이차함수 $f(x)$가 지나는 두 점 $(2, 9)$와 $(b, 9)$ 중 b의 값에 따라 함수 $g(t)$를 예상해 보자.

(ⅰ) 함수 $f(x)$의 그래프의 대칭축이 $x=2$이거나 $x=2$보다 왼쪽에 위치한 경우

$1+\dfrac{b}{2} \leq 2$

$\therefore b \leq 2$

b는 자연수이므로 $b=1$ 또는 $b=2$이다.

$x>2$에서 함수 $f(x)$는 증가하므로 그 그래프는 [그림 1]과 같다.

이때, $-3<k<5$인 모든 실수 k에 대하여

$g(k)=3$, $\lim\limits_{t \to k-} g(t)=3$, $\lim\limits_{t \to k+} g(t)=3 \cdots \bigcirc$

이므로

$g(k)+\lim\limits_{t \to k-} g(t)+\lim\limits_{t \to k+} g(t)=9 \cdots (*)$

를 만족시키는 실수 k의 개수가 1이 아니다.

(ⅱ) 함수 $f(x)$의 그래프의 대칭축이 $x=2$보다 오른쪽에 위치한 경우

$1+\dfrac{b}{2}>2 \qquad \therefore b>2$

함수 $f(x)$의 그래프는 직선 $x=1+\dfrac{b}{2}$에 대하여 대칭이므로

함수 $f(x)$는 $x=1+\dfrac{b}{2}$에서 극솟값을 갖는다. 이 극솟값을 m이라 하자.

① $m>-3$인 경우

m과 5 중 크지 않은 값을 m_1이라 하면

$-3<k<m_1$인 모든 실수 k에 대하여 ⊙이 성립하므로 $(*)$을 만족시키는 실수 k의 개수가 1이 아니다.

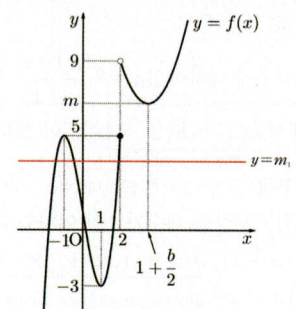

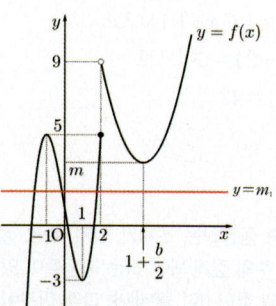

② $m<-3$인 경우

$m<k<-3$인 모든 실수 k에 대하여 ⊙이 성립하므로 $(*)$을 만족시키는 실수 k의 개수가 1이 아니다.

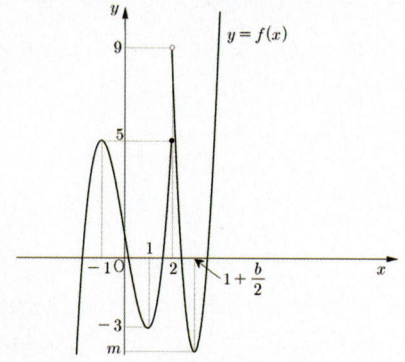

③ $m=-3$인 경우

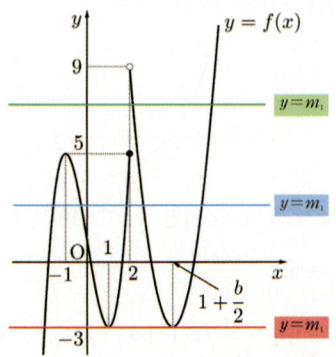

k의 값에 따라 $g(k)$, $\lim\limits_{t \to k-} g(t)$, $\lim\limits_{t \to k+} g(t)$의 값을 각각 구해 보자.

x	$g(k)$	$\lim\limits_{t \to k-} g(t)$	$\lim\limits_{t \to k+} g(t)$
$k < -3$	1	1	1
$k = -3$	3	1	5
$-3 < k < 5$	5	5	5
$k = 5$	4	5	2
$5 < k < 9$	2	2	2
$k = 9$	1	2	1
$k > 9$	1	1	1

즉, (*)를 만족시키는 실수 k의 값은 -3뿐이다.
(i), (ii)에 의하여
$b > 2$, $m = -3$이다.

$f\left(1+\dfrac{b}{2}\right) = -3$에서 $a\left(\dfrac{b}{2}-1\right)\left(1-\dfrac{b}{2}\right)+9 = -3$

$a\left(\dfrac{b}{2}-1\right)^2 = 12$, $a(b-2)^2 = 48$

$48 = 2^4 \times 3$이므로 구하는 두 자연수 a, b의 모든 순서쌍 (a, b)는 $(48, 3)$, $(12, 4)$, $(3, 6)$이다.
따라서 $a+b$의 최댓값은 $48+3=51$이다.

변준서 | 건국대 수의예과 2024년 입학·화성 화성고 졸

문제에서 '두 자연수 a, b'같이 특수한 조건들은 동그라미 쳐서 표시했지? 이런 문제에서 그래프를 그리는 게 당연하지는 않지만 그래도 직관적으로 파악할 수 있기 때문에 그리기 쉽다면 바로 그려봐.

$x > 2$에서의 최고차항의 계수 a가 양수인 것을 자연수라는 조건 때문에 파악할 수 있었어. 하지만 이차함수의 그래프의 꼭짓점의 위치를 모르니까 함수를 단정적으로 그릴 수는 없더라고.

대략적으로 그려나가면서 조건을 충족시키도록 계속 변신(?)시켜 나가야 해. 한번에 예쁘게 그리는 것보다는 전체적인 모양을 파악한 뒤, 수정해 나갈 수 있다는 것이 엄청 중요한 것 같아.

그리고 극값을 생각하기 편하게 t보다 살짝 크거나 t보다 살짝 작은 값을 생각하며 x축에 평행한 직선 $y=t$를 그어 보면서 조건을 만족시키는 경우를 찾았던 것 같아.

아! 마지막에 정답 케이스를 찾았는데 부정방정식이 나와서 식겁했지만 처음의 자연수 조건 덕분에 문제없이 풀렸던 것 같아.

A 206 정답 28 ⭐**1등급 대비** [정답률 11%]

＊좌극한값, 우극한값의 연산으로 정의된 새로운 함수의 의미를 파악하고, 이를 주어진 조건과 연결지어 함수의 미정계수 구하기 [유형 02+14]

세 실수 $a(a \neq 0)$, b, k에 대하여 함수 $f(x)$를

$$f(x) = \begin{cases} ax^2 + (2b-3)x + a^2 - 3 & (x < k) \\ -\dfrac{1}{3}ax^2 + (b+5)x + a^2 - 1 & (x \geq k) \end{cases}$$

단서1 함수 $f(x)$는 $x=k$를 기준으로 식이 다른 두 이차함수로 나타내어져 있는데, 두 이차함수의 최고차항의 계수의 부호가 반대이므로 $y=f(x)$의 그래프는 아래로 볼록인 포물선과 위로 볼록인 포물선으로 그려질 거야.

라 하자. 함수

$$g(x) = \lim_{t \to x+} \frac{|f(t)|}{f(t)} - \lim_{t \to x-} \frac{|f(t)|}{f(t)}$$

단서2 $f(x) > 0$이면 $\dfrac{|f(x)|}{f(x)} = 1$이고, $f(x) < 0$이면 $\dfrac{|f(x)|}{f(x)} = -1$이므로 이를 이용해 함수 $g(x)$가 가질 수 있는 함숫값을 찾아내.

에 대하여 두 함수 $f(x)$, $g(x)$가 다음 조건을 만족시킨다.

(가) 임의의 실수 α에 대하여 $\lim\limits_{x \to \alpha} f(x)$가 존재한다.
단서4 임의의 실수 α에 대하여 $\lim\limits_{x \to \alpha} f(x)$가 존재한다고 했으니까 $\lim\limits_{x \to k} f(x)$도 존재해야겠지? 이 조건을 이용해 k의 값을 구하는 거야.

(나) 두 함수 $y = g(x)$와 $y = -4\left|\log_2 \dfrac{x}{2}\right| + 2$의 그래프의 서로 다른 교점의 개수는 5이다.
단서3 함수 $y = -4\left|\log_2 \dfrac{x}{2}\right| + 2$의 그래프를 그린 후 $y=g(x)$의 그래프와의 교점의 좌표를 구해서 이를 만족시키는 $f(x)$의 식을 유추해야 해.

$k = p + q\sqrt{17}$일 때, $16(p+q)$의 값을 구하시오. (단, p, q는 유리수이다.) (4점)

🔴**왜 1등급?** 이 문제는 $\lim\limits_{t \to x+} \dfrac{|f(t)|}{f(t)}$와 $\lim\limits_{t \to x-} \dfrac{|f(t)|}{f(t)}$의 의미를 이해하여 새로운 함수의 함숫값을 찾아내는 것이 문제해결의 키포인트이다.
즉, 절댓값과 좌극한과 우극한의 개념을 적용하여 조건을 해석하는 것이 쉽지 않다.

💡 **단서＋발상**

단서1 함수 $f(x)$는 $x=k$를 기준으로 식이 다른 두 이차함수로 정의되어 있음을 먼저 파악하자. 발상

이때, 이 두 이차함수의 최고차항의 계수가 a, $-\dfrac{1}{3}a$로 부호가 서로 다르기 때문에 $y=f(x)$의 그래프는 아래로 볼록인 포물선에서 위로 볼록인 포물선으로, 또는 위로 볼록인 포물선에서 아래로 볼록인 포물선으로 바뀌어 그려진다는 것을 알 수 있다. 개념

단서2 $|A| = \begin{cases} A & (A > 0) \\ 0 & (A = 0) \\ -A & (A < 0) \end{cases}$ 이므로 $f(x) > 0$이면 $\dfrac{|f(x)|}{f(x)} = \dfrac{f(x)}{f(x)} = 1$,

$f(x) < 0$이면 $\dfrac{|f(x)|}{f(x)} = \dfrac{-f(x)}{f(x)} = -1$이다. 이를 이용해 $f(x) > 0$, $f(x) < 0$인 경우에서 $g(x)$의 함숫값을 먼저 구하자. 적용

또한, $f(x) = 0$이 되는 x의 값의 좌우에서 $f(x)$의 부호가 어떻게 바뀔 수 있는지 확인하여 다시 경우를 나누고 $g(x)$의 함숫값을 구하자. 개념

단서3 로그함수 $y = \log_2 \dfrac{x}{2}$의 그래프를 먼저 그려보고 이를 이용해 함수

$y = -4\left|\log_2 \dfrac{x}{2}\right| + 2$의 그래프를 그리자. 적용

그런 다음, **단서2**에서 구한 함수 $g(x)$의 함숫값을 통해 두 함수의 그래프의 교점의 좌표를 구하면 $f(x)$의 미정계수를 구할 수 있다. 발상

단서4 임의의 실수에서 함수 $f(x)$의 극한값이 존재하므로 $x=k$에서도 $f(x)$의 극한값이 역시 존재해야 한다. **개념**

따라서 **단서3**에서 구한 $x=k$를 기준으로 다른 두 이차함수의 식에 $x=k$를 각각 대입했을 때, 두 값이 같아야 한다. **적용**

주의 함수 $g(x)$가 복잡해 보이지만 좌극한과 우극한의 정의를 바탕으로 의미를 파악하면 가능한 함숫값이 -2, 0, 2밖에 없다는 점을 유추할 수 있어야 한다.

핵심 정답 공식: 다항함수 $f(x)$에서 $f(a)=0$이고 $x=a$의 좌우에서 $f(x)$의 부호가 달라지면 $\lim\limits_{x \to a}\dfrac{|f(x)|}{f(x)}$와 $\lim\limits_{x \to a}\dfrac{|f(x)|}{f(x)}$는 절댓값은 1로 같고 부호는 서로 반대이다.

------------------- [문제 풀이 순서] -------------------

1st 조건 (가)를 이용하여 함수 $g(x)$를 유추하자.

$$f(x)=\begin{cases} ax^2+(2b-3)x+a^2-3 & (x<k) \\ -\dfrac{1}{3}ax^2+(b+5)x+a^2-1 & (x \geq k) \end{cases} \text{에서}$$

$f_1(x)=ax^2+(2b-3)x+a^2-3$,

$f_2(x)=-\dfrac{1}{3}ax^2+(b+5)x+a^2-1$이라 하면

$$f(x)=\begin{cases} f_1(x) & (x<k) \\ f_2(x) & (x \geq k) \end{cases}\text{이다.}$$

두 함수 $f_1(x)$, $f_2(x)$는 모두 이차함수이고, $f_1(x)$의 최고차항의 계수는 a, $f_2(x)$의 최고차항의 계수는 $-\dfrac{1}{3}a$이므로 $y=f(x)$의 그래프는 $a>0$이면 아래로 볼록한 포물선에서 위로 볼록한 포물선으로 바뀌는 모양이고 $a<0$이면 위로 볼록한 포물선에서 아래로 볼록한 포물선으로 바뀌는 모양이 돼.

이제, 다음과 같이 경우를 나누어 함수

$$g(x)=\lim_{t \to x+}\frac{|f(t)|}{f(t)}-\lim_{t \to x-}\frac{|f(t)|}{f(t)}\text{의 함숫값을 찾아보자.}$$

(i) 조건 (가)에 의해 임의의 실수 a에 대하여 $\lim\limits_{x \to a}f(x)$가 존재하므로

$\underline{x=a\text{에서 } f(x)>0 \text{ 또는 } f(x)<0\text{인 경우}}$
$x=a$의 좌우에서 $f(x)$의 함숫값의 부호가 바뀌지 않은 경우를 뜻해.

$f(x)>0$이면 $\dfrac{|f(x)|}{f(x)}=\dfrac{f(x)}{f(x)}=1$이므로

$g(a)=\lim\limits_{t \to a+}\dfrac{|f(t)|}{f(t)}-\lim\limits_{t \to a-}\dfrac{|f(t)|}{f(t)}=1-1=0$

$f(x)<0$이면 $\dfrac{|f(x)|}{f(x)}=\dfrac{-f(x)}{f(x)}=-1$이므로

$g(a)=\lim\limits_{t \to a+}\dfrac{|f(t)|}{f(t)}-\lim\limits_{t \to a-}\dfrac{|f(t)|}{f(t)}=-1-(-1)=0$

따라서 이 경우는 $g(a)=0$이다.

(ii) $f(a)=0$이고 $x=a$의 좌우에서 $f(x)$의 함숫값의 부호가 음($-$)에서 양($+$)으로 변하는 경우

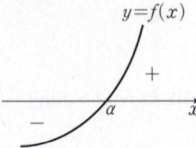

$x>a$이면 $f(x)>0$, $x<a$이면 $f(x)<0$이므로

$\lim\limits_{t \to a+}\dfrac{|f(t)|}{f(t)}=\lim\limits_{t \to a+}\dfrac{f(t)}{f(t)}=1$,

$\lim\limits_{t \to a-}\dfrac{|f(t)|}{f(t)}=\lim\limits_{t \to a-}\dfrac{-f(t)}{f(t)}=-1$에서

$g(a)=\lim\limits_{t \to a+}\dfrac{|f(t)|}{f(t)}-\lim\limits_{t \to a-}\dfrac{|f(t)|}{f(t)}=1-(-1)=2$

따라서 이 경우는 $g(a)=2$이다.

(iii) $f(a)=0$이고 $x=a$의 좌우에서 $f(x)$의 함숫값의 부호가 양($+$)에서 음($-$)으로 변하는 경우

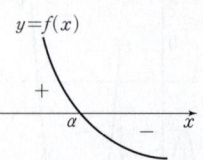

$x>a$이면 $f(x)<0$, $x<a$이면 $f(x)>0$이므로

$\lim\limits_{t \to a+}\dfrac{|f(t)|}{f(t)}=\lim\limits_{t \to a+}\dfrac{-f(t)}{f(t)}=-1$,

$\lim\limits_{t \to a-}\dfrac{|f(t)|}{f(t)}=\lim\limits_{t \to a-}\dfrac{f(t)}{f(t)}=1$에서

$g(a)=\lim\limits_{t \to a+}\dfrac{|f(t)|}{f(t)}-\lim\limits_{t \to a-}\dfrac{|f(t)|}{f(t)}=-1-1=-2$

따라서 이 경우는 $g(a)=-2$이다.

(i), (ii), (iii)에 의하여 함수 $g(x)$의 함숫값은 -2, 0, 2 중 하나이다.

2nd $y=-4\left|\log_2 \dfrac{x}{2}\right|+2$의 그래프를 그리고 $y=g(x)$의 그래프와의 교점의 좌표를 찾아보자. ┌► $\log_c \dfrac{b}{a}=\log_c b-\log_c a$, $\log_c c=1$

함수 $y=\left|\log_2 \dfrac{x}{2}\right|=|\log_2 x-1|$의 그래프는 [그림 1]과 같다.

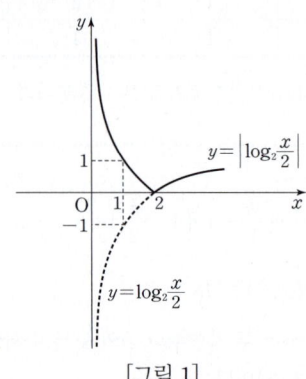

[그림 1]

따라서 함수 $y=-4\left|\log_2 \dfrac{x}{2}\right|+2$의 그래프는 [그림 2]와 같다.

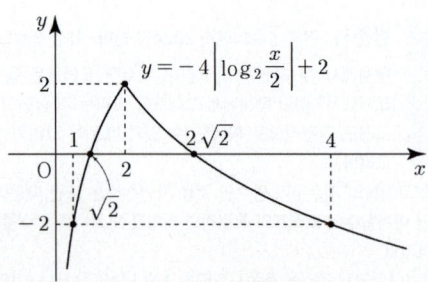

[그림 2]

이때, 함수 $g(x)$의 함숫값은 -2, 0, 2뿐이므로 두 함수 $y=g(x)$와 $y=-4\left|\log_2 \dfrac{x}{2}\right|+2$의 그래프의 교점의 y좌표는 -2, 0, 2만 가능하다.

이를 이용해 두 함수의 그래프의 교점의 x좌표를 구하면 다음과 같다.

(1) 방정식 $-4\left|\log_2 \dfrac{x}{2}\right|+2=-2$를 풀면

$-4\left|\log_2 \dfrac{x}{2}\right|=-4$, $\left|\log_2 \dfrac{x}{2}\right|=1$에서

$\log_2 \dfrac{x}{2}=1$일 때, $\dfrac{x}{2}=2$ $\quad \therefore x=4$

$\log_2 \dfrac{x}{2}=-1$일 때, $\dfrac{x}{2}=\dfrac{1}{2}$ $\quad \therefore x=1$
└► $\log_2 \dfrac{x}{2}=-1$에서 $\dfrac{x}{2}=2^{-1}=\dfrac{1}{2}$

(2) 방정식 $-4\left|\log_2\dfrac{x}{2}\right|+2=0$을 풀면

$-4\left|\log_2\dfrac{x}{2}\right|=-2$, $\left|\log_2\dfrac{x}{2}\right|=\dfrac{1}{2}$에서

$\log_2\dfrac{x}{2}=\dfrac{1}{2}$일 때, $\dfrac{x}{2}=\sqrt{2}$ $\qquad\therefore x=2\sqrt{2}$

$\log_2\dfrac{x}{2}=-\dfrac{1}{2}$일 때, $\dfrac{x}{2}=\dfrac{1}{\sqrt{2}}$ $\qquad\therefore x=\sqrt{2}$

$\longrightarrow \log_2\dfrac{x}{2}=-\dfrac{1}{2}$에서 $\dfrac{x}{2}=2^{-\frac{1}{2}}=\dfrac{1}{2^{\frac{1}{2}}}=\dfrac{1}{\sqrt{2}}$

(3) 방정식 $-4\left|\log_2\dfrac{x}{2}\right|+2=2$를 풀면

$\left|\log_2\dfrac{x}{2}\right|=0$에서

$\dfrac{x}{2}=1$ $\qquad\therefore x=2$ $\longrightarrow \log_2 1=0$

조건 (나)에서 두 함수 $y=g(x)$와 $y=-4\left|\log_2\dfrac{x}{2}\right|+2$의 그래프의 교점의 개수가 5라 했으므로 [그림 2]에 의해 두 함수의 그래프의 교점의 좌표는 $(1,-2)$, $(\sqrt{2},0)$, $(2,2)$, $(2\sqrt{2},0)$, $(4,-2)$이다.

즉, $\underline{g(1)=g(4)=-2}$, $g(2)=2$이므로 위의 (ii), (iii)에 의해

$\underline{f(1)=f(2)=f(4)=0}$이다.

(ii), (iii)에서 $g(x)=2$ 또는 $g(x)=-2$이면 $f(x)=0$이지?
즉, $g(1)=g(4)=-2$, $g(2)=2$이므로 $f(x)=0$을 만족시키는 x의 값이 1, 2, 4란 거야.

3rd $f(1)=f(2)=f(4)=0$임을 이용하여 함수 $f(x)$를 구하자.

$f(1)=f(2)=f(4)=0$임을 이용하기 위해 k의 값의 범위를 따져보자.

실수

$f(1)=f(2)=f(4)=0$을 주어진 $f(x)$의 식에 대입하여 a, b의 값을 구해야 하는데 $x<k$일 때와 $x\geq k$일 때의 $f(x)$의 식이 다르므로 $x=1, 2, 4$를 어떤 식에 대입해야 할지 정해야 해. 따라서 k의 값이 1, 2, 4를 기준으로 어떤 범위에 있는지 구분해야 $x=1, 2, 4$를 경우에 맞는 식에 대입할 수 있어.

먼저, $k\leq 1$이면 $f(1)=f(2)=f(4)=0$에서

$f_2(1)=f_2(2)=f_2(4)=0$이어야 하는데 $f_2(x)$는 이차함수이므로

이는 성립하지 않는다.

이차함수에서 어떤 함숫값을 갖는 서로 다른 x의 값은 최대 2개야.

또한, $k>4$이면 $f(1)=f(2)=f(4)=0$에서

$f_1(1)=f_1(2)=f_1(4)=0$이어야 하는데 $f_1(x)$도 이차함수이므로

이는 성립하지 않는다.

따라서 $1<k\leq 4$이므로

$f(1)=f_1(1)$, $f(4)=f_2(4)$ $\cdots$ ㉠

이어야 한다.

이때, $a<0$이면 $y=f_1(x)$의 그래프는 위로 볼록한 포물선이고,

$y=f_2(x)$의 그래프는 아래로 볼록한 포물선이므로 $f_1(1)=f_2(4)=0$이

면서 $\underline{g(1)=g(4)=-2}$를 만족시키는 두 함수 $y=f_1(x)$, $y=f_2(x)$의

그래프의 개형은 [그림 3]과 같다.

$\longrightarrow g(1)=g(4)=-2$이면 (iii)에 의해 $x=1$과 $x=4$의 좌우에서 $f(x)$의 함숫값의 부호가 양$(+)$에서 음$(-)$으로 변해야 해.

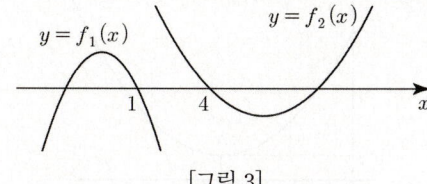

[그림 3]

그런데 이 경우 $f_1(2)\neq 0$이고 $f_2(2)\neq 0$이므로 $f(2)=0$이 성립하지 않는다.

따라서 $a>0$이어야 한다.

한편, ㉠에 의하여

$f(1)=f_1(1)=a+2b-3+a^2-3=0$이므로

$a^2+a+2b-6=0$ $\cdots$ ㉡

$f(4)=f_2(4)=-\dfrac{16}{3}a+4b+20+a^2-1=0$이므로

$a^2-\dfrac{16}{3}a+4b+19=0$ $\cdots$ ㉢

㉡$\times 2-$㉢을 하면

$a^2+\dfrac{22}{3}a-31=0$, $3a^2+22a-93=0$

$(3a+31)(a-3)=0$ $\qquad\therefore a=3\,(\because a>0)$

$a=3$을 ㉡에 대입하면

$9+3+2b-6=0$, $2b=-6$ $\qquad\therefore b=-3$

$\therefore f(x)=\begin{cases} 3x^2-9x+6 & (x<k) \\ -x^2+2x+8 & (x\geq k) \end{cases}$

4th 조건 (가)를 이용하여 k의 값을 구하자.

조건 (가)에 의하여 $x=k$에서 $\displaystyle\lim_{x\to k}f(x)$가 존재해야 하므로

$x=a$에서 $\displaystyle\lim_{x\to a}f(x)$가 존재하려면 $x=a$에서의 좌극한값과 우극한값이 같아야 해. 즉, $\displaystyle\lim_{x\to a^-}f(x)=\lim_{x\to a^+}f(x)$이어야 해.

$\displaystyle\lim_{x\to k-}f(x)=\lim_{x\to k+}f(x)$이어야 한다.

즉, $\displaystyle\lim_{x\to k-}(3x^2-9x+6)=\lim_{x\to k+}(-x^2+2x+8)$에서

$3k^2-9k+6=-k^2+2k+8$, $4k^2-11k-2=0$

$\therefore k=\dfrac{11\pm3\sqrt{17}}{8}$ $\longrightarrow \sqrt{17}=4.1\cdots$ 이므로

$\dfrac{11+3\sqrt{17}}{8}=2.9\cdots$ 이고, $\dfrac{11-3\sqrt{17}}{8}=-0.1\cdots$ 이야.

그런데 $1<k\leq 4$이므로 $k=\dfrac{11+3\sqrt{17}}{8}$이다.

따라서 $p=\dfrac{11}{8}$, $q=\dfrac{3}{8}$이므로

$16(p+q)=16\times\left(\dfrac{11}{8}+\dfrac{3}{8}\right)=16\times\dfrac{14}{8}=28$

1등급 대비 **특강**

$*$ 함수 $f(x)$의 그래프의 개형 알아보기

$k=\dfrac{11+3\sqrt{17}}{8}=2.9\cdots$이므로 $f(x)=\begin{cases} 3x^2-9x+6 & (x<k) \\ -x^2+2x+8 & (x\geq k) \end{cases}$에 대하여

함수 $y=f(x)$의 그래프의 개형은 다음과 같아.

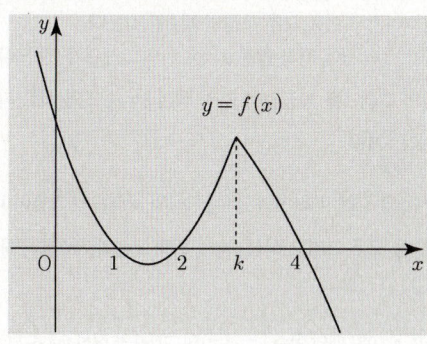

✱복잡하게 정의된 함수의 그래프와 x축에 평행한 직선이 만나는 서로 다른 점의 개수로 정의된 함수 파악하기 [유형 02+14]

이차함수 $f(x)=x^2+2x+2$와 실수 t에 대하여 함수 $g(x)$는
단서1 함수 $g(x)$는 $x<0$일 때와 $x\geq0$
$$g(x)=\begin{cases} f(x) & (x<0) \\ |f(-x)-t| & (x\geq0) \end{cases}$$
일 때, 각각 함수가 다르므로 $x<0$일 때와 $x\geq0$일 때로 나누어 함수 $y=g(x)$의 그래프를 그려야 해.

이다. 함수 $y=g(x)$의 그래프와 직선 $y=\dfrac{t}{3}$가 만나는 서로 다른 모든 점의 개수를 $h(t)$라 하자.
$$\lim_{t\to a-}h(t)\neq\lim_{t\to a+}h(t)$$
인 모든 실수 a를 작은 수부터 크기순으로 나열한 것을 a_1, a_2, $\cdots$, a_m (m은 자연수)라 할 때, $\displaystyle\sum_{k=1}^{m}\{4a_k\times h(a_k)\}$의 값을 구하시오. (4점)
단서2 함수 $h(t)$의 좌극한값과 우극한값이 서로 다른 점의 모든 x좌표와 그 때의 함숫값의 곱을 구해서 그 값들의 합을 계산하라는 거지?

🔵 **2등급?** 실수 t에 대하여 $x<0$, $x\geq0$에서 각각 다른 함수로 정의된 함수의 그래프와 x축에 평행한 직선이 만나는 서로 다른 점의 개수로 정의된 함수 $h(t)$의 좌극한값과 우극한값이 서로 다른 t의 값을 찾는 문제이다.

$x\geq0$에서 t의 값에 따라 경우를 나누고 함수 $y=g(t)$의 그래프와 직선 $y=\dfrac{t}{3}$가 만나는 서로 다른 점의 개수를 구하는 과정이 까다롭다.

💡 **단서＋발상**

단서1 함수 $y=g(x)$의 그래프의 개형을 파악해야 한다. **발상**
$x<0$일 때 함수 $y=g(x)$의 그래프는 함수 $y=f(x)(x<0)$의 그래프이고 $x\geq0$일 때 $g(x)=|f(-x)-t|$이므로 $x\geq0$일 때 함수 $y=g(x)$의 그래프는 함수 $y=f(x)$의 그래프를 y축에 대하여 대칭이동한 후 y축의 방향으로 $-t$만큼 평행이동시킨 그래프에서 $y<0$인 부분을 x축에 대하여 대칭이동한 그래프이다. **적용**

단서2 $x<0$일 때는 함수 $y=g(x)$의 그래프가 고정되어 있으므로 t의 값에 따라 직선을 움직이면서 서로 다른 교점의 개수를 찾는다.
$x\geq0$일 때는 t의 값에 따라 함수 $y=g(x)$의 그래프가 변하므로 가능한 함수 $y=g(x)$의 그래프를 빠짐없이 그려 직선 $y=\dfrac{t}{3}$과의 서로 다른 교점의 개수를 찾는다. **개념**

⚠️ **주의** $x\geq0$에서 t의 값에 따라 함수 $y=g(x)$의 그래프의 개형이 바뀌므로 가능한 그래프의 개형을 모두 그리고 직선 $y=\dfrac{t}{3}$과의 교점의 개수를 구해야 한다.

> **핵심 정답 공식:** $x<0$일 때의 함수 $y=g(x)$의 그래프와 직선 $y=\dfrac{t}{3}$의 서로 다른 교점의 개수와 $x\geq0$일 때의 함수 $y=g(x)$의 그래프와 직선 $y=\dfrac{t}{3}$의 서로 다른 교점의 개수를 더하여 함수 $h(x)$를 구한다.

·················· **[문제 풀이 순서]** ··················

1st $x<0$일 때 함수 $y=g(x)$의 그래프와 직선 $y=\dfrac{t}{3}$가 만나는 서로 다른 모든 점의 개수를 구해.
$f(x)=x^2+2x+2=(x+1)^2+1$이므로 $x<0$일 때 함수 $y=g(x)$의 그래프는 꼭짓점의 좌표가 $(-1, 1)$이고 y축과 만나는 점의 y좌표가 2인 아래로 볼록한 포물선이다. 따라서 $x<0$에서 함수 $y=g(x)$의 그래프는 그림과 같다.

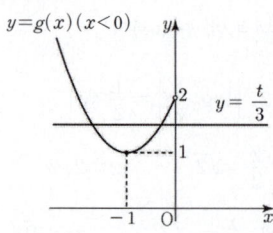

이때, 함수 $y=g(x)(x<0)$의 그래프와 직선 $y=\dfrac{t}{3}$가 만나는 서로 다른 점의 개수를 $r(t)$라 하면

(i) $\dfrac{t}{3}<1$, 즉 $t<3$일 때, $r(t)=0$

(ii) $\dfrac{t}{3}=1$, 즉 $t=3$일 때, $r(t)=1$

(iii) $1<\dfrac{t}{3}<2$, 즉 $3<t<6$일 때, $r(t)=2$

(iv) $\dfrac{t}{3}\geq2$, 즉 $t\geq6$일 때, $r(t)=1$

주의
$x<0$에서의 함수 $y=g(x)$의 그래프와 직선 $y=\dfrac{t}{3}$가 만나는 서로 다른 점의 개수를 구해야 해. 이때, 직선 $y=\dfrac{t}{3}=2$일 때는 $x<-1$인 점에서만 한 번 만나. $x=0$일 때도 만난다고 착각하면 안 돼.

(i)~(iv)에 의하여 $r(t)=\begin{cases} 0 & (t<3) \\ 1 & (t=3) \\ 2 & (3<t<6) \\ 1 & (t\geq6) \end{cases}$ $\cdots$ ㉠

2nd $x\geq0$일 때 t의 값에 따라 경우를 나누고 함수 $y=g(x)$의 그래프와 직선 $y=\dfrac{t}{3}$가 만나는 서로 다른 모든 점의 개수를 구해.

🔄 **실수** t의 값이 변함에 따라 함수 $y=|f(-x)-t|$의 그래프와 직선 $y=\dfrac{t}{3}$의 위치가 동시에 변하므로 t의 값으로 인해 나타나는 모든 그래프의 개형을 빠짐없이 찾아야 해.

$|f(-x)-t|=|(-x+1)^2+1-t|=|(x-1)^2+1-t|$이므로
함수 $y=f(-x)-t$의 그래프는 꼭짓점의 좌표가 $(1, 1-t)$이고 y축과 만나는 점의 y좌표가 $1-t$인 아래로 볼록한 포물선이야. 이때, 함수 $y=f(-x)-t$의 꼭짓점을 A, y축과 만나는 점을 B라 하면 t의 값에 따라, 즉 두 점 A, B가 모두 x축 위쪽에 있을 때, 점 A는 x축 아래쪽에 있고 점 B는 x축 위쪽에 있을 때, 두 점 A, B가 모두 x축 아래쪽에 있을 때의 함수 $y=|f(-x)-t|(x\geq0)$의 그래프의 개형이 달라져.

$x\geq0$일 때 함수 $y=g(x)$의 그래프는 함수 $y=(x-1)^2+1-t(x\geq0)$의 그래프에서 $y<0$인 부분을 x축에 대하여 대칭이동하여 그린 그래프와 같다. 이때, 함수 $y=g(x)(x\geq0)$의 그래프와 직선 $y=\dfrac{t}{3}$가 만나는 서로 다른 점의 개수를 $s(t)$라 하면

(i) $1-t>0$이고 $1-t>\dfrac{t}{3}$일 때, 즉 $t<\dfrac{3}{4}$일 때, 함수 $y=g(x)(x\geq0)$의 그래프와 직선 $y=\dfrac{t}{3}$는 그림과 같으므로 $s(t)=0$

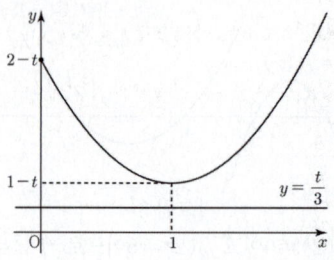

(ii) $1-t=\dfrac{t}{3}$, 즉 $t=\dfrac{3}{4}$일 때, 함수 $y=g(x)(x\geq0)$의 그래프와 직선 $y=\dfrac{t}{3}$는 그림과 같으므로 $s(t)=1$

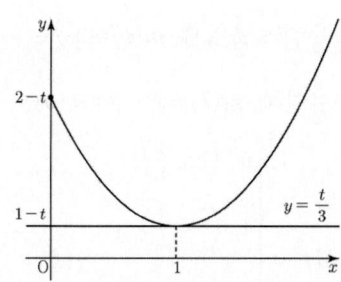

(iii) $1-t\geq0$이고 $1-t<\dfrac{t}{3}<2-t$일 때, 즉 $\dfrac{3}{4}<t\leq1$일 때,

$1-t<\dfrac{t}{3}$에서 $t>\dfrac{3}{4}$이고 $\dfrac{t}{3}<2-t$에서 $t<\dfrac{3}{2}$이므로 $\dfrac{3}{4}<t<\dfrac{3}{2}$이야.

함수 $y=g(x)(x\geq0)$의 그래프와 직선 $y=\dfrac{t}{3}$는 그림과 같으므로

$s(t)=2$

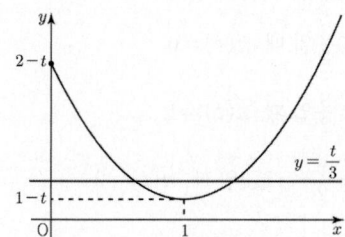

(iv) $1-t<0$, $2-t>0$이고 $t-1<\dfrac{t}{3}<2-t$일 때, 즉 $1<t<\dfrac{3}{2}$일 때,

$t-1<\dfrac{t}{3}$에서 $t<\dfrac{3}{2}$이고 $\dfrac{t}{3}<2-t$에서 $t<\dfrac{3}{2}$이므로 $t<\dfrac{3}{2}$이야.

함수 $y=g(x)(x\geq0)$의 그래프와 직선 $y=\dfrac{t}{3}$는 그림과 같으므로

$s(t)=2$

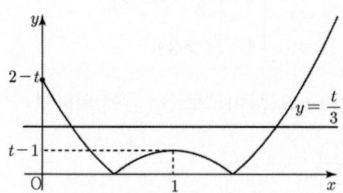

(v) $1-t<0$, $2-t>0$이고 $t-1=\dfrac{t}{3}$일 때, 즉 $t=\dfrac{3}{2}$일 때,

함수 $y=g(x)(x\geq0)$의 그래프와 직선 $y=\dfrac{t}{3}$는 그림과 같으므로

$s(t)=3$

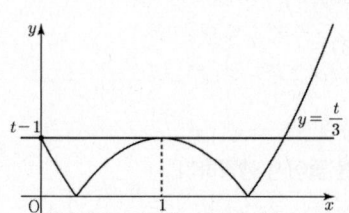

(vi) $1-t<0$, $2-t>0$이고 $2-t<\dfrac{t}{3}<t-1$일 때, 즉 $\dfrac{3}{2}<t<2$일 때,

$2-t<\dfrac{t}{3}$에서 $t>\dfrac{3}{2}$이고 $\dfrac{t}{3}<t-1$에서 $t>\dfrac{3}{2}$이므로 $t>\dfrac{3}{2}$이야.

함수 $y=g(x)(x\geq0)$의 그래프와 직선 $y=\dfrac{t}{3}$는 그림과 같으므로

$s(t)=3$

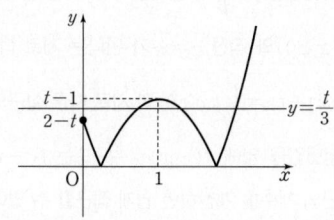

(vii) $2-t\leq0$, $1-t<0$이고 $t-2<\dfrac{t}{3}<t-1$일 때, 즉 $2\leq t<3$일 때,

$t-2<\dfrac{t}{3}$에서 $t<3$이고 $\dfrac{t}{3}<t-1$에서 $t>\dfrac{3}{2}$이므로 $\dfrac{3}{2}<t<3$이야.

함수 $y=g(x)(x\geq0)$의 그래프와 직선 $y=\dfrac{t}{3}$는 그림과 같으므로

$s(t)=3$

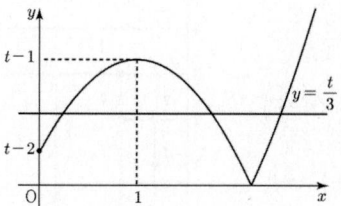

(viii) $2-t<0$, $1-t<0$이고 $t-2=\dfrac{t}{3}$일 때, 즉 $t=3$일 때,

함수 $y=g(x)(x\geq0)$의 그래프와 직선 $y=\dfrac{t}{3}$는 그림과 같으므로

$s(t)=3$

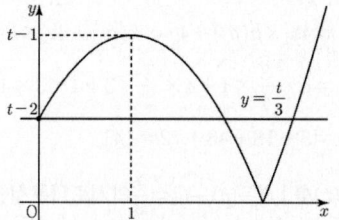

(ix) $2-t<0$, $1-t<0$이고 $0<\dfrac{t}{3}<t-2$일 때, 즉 $t>3$일 때,

함수 $y=g(x)(x\geq0)$의 그래프와 직선 $y=\dfrac{t}{3}$는 그림과 같으므로

$s(t)=2$

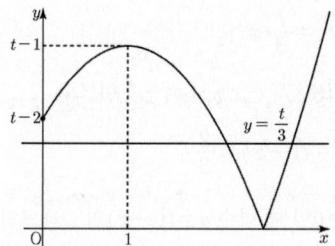

(i)~(ix)에 의하여 $s(t)=\begin{cases}0 & \left(t<\dfrac{3}{4}\right)\\[4pt]1 & \left(t=\dfrac{3}{4}\right)\\[4pt]2 & \left(\dfrac{3}{4}<t<\dfrac{3}{2}\right)\cdots\text{ⓛ}\\[4pt]3 & \left(\dfrac{3}{2}\leq t\leq3\right)\\[4pt]2 & (t>3)\end{cases}$

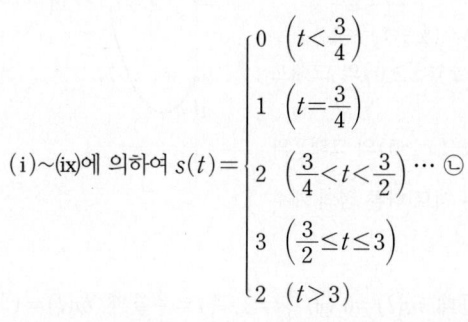

3rd 조건을 만족시키는 a의 값을 모두 구하고 $\sum\limits_{k=1}^{m}\{4a_k \times h(a_k)\}$의 값을 구해.

$h(t)=r(t)+s(t)$이므로 ㉠, ㉡에 의하여 $h(t)$와 함수 $y=h(t)$의 그래프는 다음과 같다.

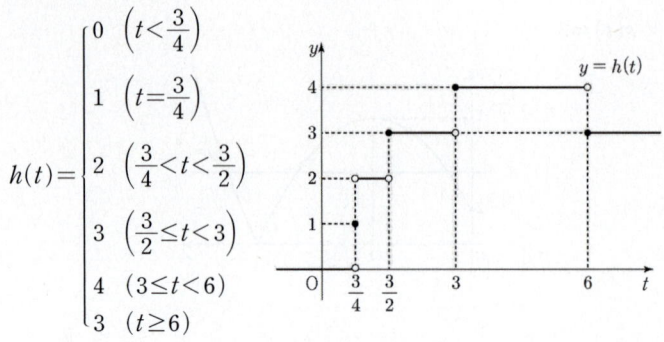

$$h(t)=\begin{cases} 0 & \left(t<\dfrac{3}{4}\right) \\ 1 & \left(t=\dfrac{3}{4}\right) \\ 2 & \left(\dfrac{3}{4}<t<\dfrac{3}{2}\right) \\ 3 & \left(\dfrac{3}{2}\leq t<3\right) \\ 4 & (3\leq t<6) \\ 3 & (t\geq 6) \end{cases}$$

이때, $\lim\limits_{t\to a-}h(t)\neq\lim\limits_{t\to a+}h(t)$인 모든 실수 a를 작은 수부터 크기순으로

<u>좌극한값과 우극한값이 다르다는 것은 극한값이 존재하지 않는다는 거야. 즉, a는 극한값이 존재하지 않는 x의 값이야.</u>

나열하면 $a_1=\dfrac{3}{4}$, $a_2=\dfrac{3}{2}$, $a_3=3$, $a_4=6$이고,

$h(a_1)=1$, $h(a_2)=3$, $h(a_3)=4$, $h(a_4)=3$이므로

$$\sum\limits_{k=1}^{m}\{4a_k \times h(a_k)\}=\sum\limits_{k=1}^{4}\{4a_k \times h(a_k)\}$$
$$=4a_1\times h(a_1)+4a_2\times h(a_2)+4a_3\times h(a_3)+4a_4\times h(a_4)$$
$$=4\times\dfrac{3}{4}\times 1+4\times\dfrac{3}{2}\times 3+4\times 3\times 4+4\times 6\times 3$$
$$=3+18+48+72=141$$

🌟 **톡톡 풀이:** $s(t)$를 $|f(-x)-t|=\dfrac{t}{3}$의 서로 다른 실근의 개수 구하기로 바꾸어 생각하기

$s(t)$를 함수 $y=g(x)(x\geq 0)$의 그래프와 직선 $y=\dfrac{t}{3}$가 만나는 서로 다른 점의 개수라 하면 $s(t)$는 함수 $y=|f(-x)-t|(x\geq 0)$의 그래프와 직선 $y=\dfrac{t}{3}$가 만나는 서로 다른 점의 개수야.

즉, $s(t)$를 방정식 $|f(-x)-t|=\dfrac{t}{3}(x\geq 0)$의 서로 다른 실근의 개수로 생각할 수도 있어. <u>두 함수 $y=f(x)$, $y=g(x)$의 그래프의 서로 다른 교점의 개수는 방정식 $f(x)=g(x)$의 서로 다른 실근의 개수와 같아.</u>

이때, $|f(-x)-t|=\dfrac{t}{3}$에서

$f(-x)-t=\dfrac{t}{3}$ 또는 $f(-x)-t=-\dfrac{t}{3}$이므로

$f(-x)=\dfrac{4}{3}t$ 또는 $f(-x)=\dfrac{2}{3}t$

따라서 $s(t)$는 $x\geq 0$일 때 함수 $y=f(-x)$의 그래프와 직선 $y=\dfrac{4}{3}t$가 만나는 서로 다른 점의 개수와 함수 $y=f(-x)$의 그래프와 직선 $y=\dfrac{2}{3}t$가 만나는 서로 다른 점의 개수의 합이야. 이때,

$$f(-x)=(-x)^2+2\times(-x)+2$$
$$=x^2-2x+2=(x-1)^2+1$$

이므로 함수 $y=f(-x)(x\geq 0)$의 그래프는 그림과 같아.

따라서 함수 $y=f(-x)(x\geq 0)$의 그래프와 직선 $y=\dfrac{4}{3}t$가 만나는 서로 다른 점의 개수를 $m(t)$라 하면

(i) $\dfrac{4}{3}t<1$, 즉 $t<\dfrac{3}{4}$일 때, $m(t)=0$ (ii) $\dfrac{4}{3}t=1$, 즉 $t=\dfrac{3}{4}$일 때, $m(t)=1$

(iii) $1<\dfrac{4}{3}t\leq 2$, 즉 $\dfrac{3}{4}<t\leq\dfrac{3}{2}$일 때, $m(t)=2$

(iv) $\dfrac{4}{3}t>2$, 즉 $t>\dfrac{3}{2}$일 때, $m(t)=1$

(i)~(iv)에 의하여 $m(t)=\begin{cases} 0 & \left(t<\dfrac{3}{4}\right) \\ 1 & \left(t=\dfrac{3}{4}\right) \\ 2 & \left(\dfrac{3}{4}<t\leq\dfrac{3}{2}\right) \\ 1 & \left(t>\dfrac{3}{2}\right) \end{cases}$ ⋯ ㉠

또, 함수 $y=f(-x)(x\geq 0)$의 그래프와 직선 $y=\dfrac{2}{3}t$가 만나는 서로 다른 점의 개수를 $n(t)$라 하면

(i) $\dfrac{2}{3}t<1$, 즉 $t<\dfrac{3}{2}$일 때, $n(t)=0$

(ii) $\dfrac{2}{3}t=1$, 즉 $t=\dfrac{3}{2}$일 때, $n(t)=1$

(iii) $1<\dfrac{2}{3}t\leq 2$, 즉 $\dfrac{3}{2}<t\leq 3$일 때, $n(t)=2$

(iv) $\dfrac{2}{3}t>2$, 즉 $t>3$일 때, $n(t)=1$

(i)~(iv)에 의하여 $n(t)=\begin{cases} 0 & \left(t<\dfrac{3}{2}\right) \\ 1 & \left(t=\dfrac{3}{2}\right) \\ 2 & \left(\dfrac{3}{2}<t\leq 3\right) \\ 1 & (t>3) \end{cases}$ ⋯ ㉡

따라서 $s(t)=m(t)+n(t)$이므로 ㉠, ㉡에 의하여

$$s(t)=\begin{cases} 0 & \left(t<\dfrac{3}{4}\right) \\ 1 & \left(t=\dfrac{3}{4}\right) \\ 2 & \left(\dfrac{3}{4}<t<\dfrac{3}{2}\right) \\ 3 & \left(\dfrac{3}{2}\leq t\leq 3\right) \\ 2 & (t>3) \end{cases}$$

(이하 동일)

1등급 대비 특강

✱ **절댓값 기호를 풀어서 생각하기**

$x<0$에서 함수 $y=g(x)$의 그래프는 고정되어 있으므로 $x<0$일 때 함수 $y=g(x)$의 그래프와 직선 $y=\dfrac{t}{3}$가 만나는 서로 다른 점의 개수는 구하기 쉬워. 그러나 $x\geq 0$에서는 함수 $y=g(x)$의 그래프가 t의 값에 따라 변화하므로 서로 다른 교점의 개수를 구하기 어렵지? 따라서 고정할 수 있는 것은 고정하여 최대한 간단하게 만들면 쉽게 해결할 수 있어. 즉, $x\geq 0$에서 함수 $y=g(x)$의 그래프와 직선 $y=\dfrac{t}{3}$가 만나는 서로 다른 점의 개수는 함수 $y=|f(-x)-t|(x\geq 0)$와 직선 $y=\dfrac{t}{3}$가 만나는 서로 다른 점의 개수이므로 방정식 $|f(-x)-t|=\dfrac{t}{3}(x\geq 0)$의 서로 다른 실근의 개수와 같아.

따라서 방정식의 절댓값을 없애 $f(-x)=\dfrac{2t}{3}$ 또는 $f(-x)=\dfrac{4t}{3}$로 나타내어 서로 다른 실근의 개수를 계산하면 쉽게 접근할 수 있어.

A 208 정답 **4** ---------- ⭐**1등급 대비** [정답률 15%]

＊새롭게 정의된 함수의 그래프를 이용하여 함수의 극한값 구하기 [유형 03＋14]

실수 k와 함수

[단서1] $g(x)=\begin{cases} f(x) & (f(x)\geq k) \\ -f(x)+2k & (f(x)<k) \end{cases}$ 야.

$f(x)=\begin{cases} 2^{x-2} & (x<2) \\ 2^{-x+2} & (x\geq2) \end{cases}$

이때, 함수 $y=-f(x)+2k$의 그래프는 함수 $y=f(x)$의 그래프를 직선 $y=k$에 대하여 대칭이동한 것임을 알아야 해.

에 대하여 함수 $g(x)$를 $g(x)=|f(x)-k|+k$라 하자.

직선 $y=2k$와 함수 $y=g(x)$의 그래프가 만나는 점의 개수를 [단서2] 함수 $y=f(x)$의 그래프를 이용하여 함수 $y=g(x)$의 그래프를 유추한 후 실수 k의 값의 범위를 나누어 $h(k)$를 구해.

$h(k)$라 할 때, $\displaystyle\lim_{k\to\frac{1}{4}-}\left\{h(k)h\left(k+\frac{1}{4}\right)\right\}$의 값을 구하시오. (4점)

[단서3] $\displaystyle\lim_{k\to\frac{1}{4}-}h(k)$, $\displaystyle\lim_{k\to\frac{1}{4}-}h\left(k+\frac{1}{4}\right)$의 값을 각각 구해 곱하면 돼.

🔴**왜 1등급?** 함수 $y=g(x)$의 그래프와 직선 $y=2k$의 교점의 개수를 새로운 함수 $h(k)$로 정의하여 함수 $h(k)$에 대한 극한값을 구하는 문제이다.

구간에 따라 다르게 정의된 함수 $f(x)$에 대하여 함수 $f(x)$와 절댓값을 이용하여 정의된 함수 $y=g(x)$의 그래프를 좌표평면에 나타낼 수 있어야 하고 적절히 k의 값의 범위를 나누어 함수 $h(k)$를 구하는 과정이 복잡하다.

💡**단서＋발상**

[단서1] 먼저, 절댓값 안의 부호가 0보다 크거나 같을 때와 0보다 작을 때로 나누어 함수 $g(x)$의 식을 $f(x)$를 이용하여 나타낸다. **발상**

임의의 k에 대하여 함수 $y=g(x)$의 그래프를 그려보며 절댓값 안의 부호가 0보다 작을 때의 함수 $y=g(x)$의 그래프는 $f(x)<k$인 부분을 직선 $y=k$에 대하여 대칭이동한 것임을 파악한다. **개념**

[단서2] 이제, 적당히 k의 값의 범위를 나누고 함수 $y=g(x)$의 그래프와 직선 $y=2k$를 좌표평면에 나타낸 후 함수 $h(k)$를 구한다. **적용**

[단서3] 마지막으로, 각각의 극한값이 존재하는 두 함수의 곱으로 정의된 함수의 극한값은 각각의 극한값의 곱을 이용하여 구할 수 있음을 알고 각각의 함수의 극한값을 구하여 $\displaystyle\lim_{k\to\frac{1}{4}-}\left\{h(k)h\left(k+\frac{1}{4}\right)\right\}$의 값을 구한다. **해결**

🔺**주의** 절댓값이 포함된 함수의 그래프를 그릴 때는 절댓값 안의 부호가 0보다 크거나 같을 때와 0보다 작을 때로 나누어 생각한다.

┌─────
│ **핵심 정답 공식**: $|f(x)-k|+k=\begin{cases} f(x) & (f(x)\geq k) \\ -f(x)+2k & (f(x)<k) \end{cases}$ 이다.
│ 또한, 함수 $y=F(x)$의 그래프를 직선 $y=k$에 대하여 대칭이동시킨 그래프의 식은 $2k-y=F(x)$, 즉 $y=-F(x)+2k$이다.
└─────

---------- [문제 풀이 순서] ----------

1st 함수 $y=f(x)$의 그래프를 그려보자.

$f(x)=\begin{cases} 2^{x-2} & (x<2) \\ 2^{-x+2} & (x\geq2) \end{cases}$에서 함수 $y=2^{x-2}$의 그래프는 $y=2^x$의 그래프를 x축의 방향으로 2만큼 평행이동한 것이고,

함수 $y=2^{-x+2}$의 그래프는 $y=2^{-x}$의 그래프를 x축의 방향으로 2만큼 $y=2^{-x}$의 그래프를 x축의 방향으로 2만큼 평행이동한 그래프의 식은 $y=2^{-(x-2)}$에서 $y=2^{-x+2}$야.

평행이동한 것이므로 함수 $y=f(x)$의 그래프는 [그림 1]과 같다.

함수 $y=f(x)$의 그래프는 $x=2$에 대하여 대칭이고, x축이 점근선이 돼.

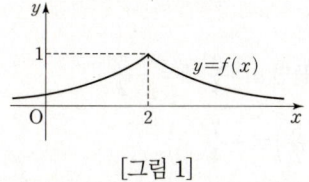

[그림 1]

2nd k의 값의 범위를 나누어 $h(k)$를 구하자.

$g(x)=|f(x)-k|+k$

$=\begin{cases} f(x) & (f(x)\geq k) \\ -f(x)+2k & (f(x)<k) \end{cases}$

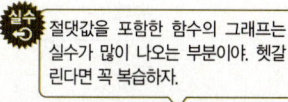 **실수** 절댓값을 포함한 함수의 그래프는 실수가 많이 나오는 부분이야. 헷갈린다면 꼭 복습하자.

이므로 함수 $y=g(x)$의 그래프는 함수 $y=f(x)$의 그래프에서 직선 $y=k$의 윗부분은 그대로 두고, 직선 $y=k$의 아랫부분은 직선 $y=k$에 대하여 대칭이동시킨 것이다.

따라서 k의 값 또는 범위에 따라 함수 $y=g(x)$의 그래프는 다음과 같다.

(i) $k\leq0$일 때,

모든 실수 x에 대하여 $f(x)>k$이므로

$g(x)=f(x)>0\geq2k$

즉, 함수 $y=g(x)$의 그래프는 [그림 2]와 같으므로 직선 $y=2k$와 $y=g(x)$의 그래프가 만나는 점은 없다.

$\therefore h(k)=0$

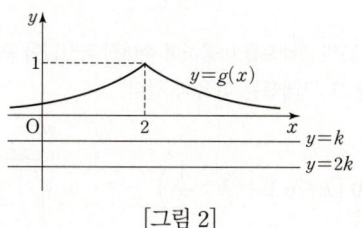

[그림 2]

(ii) $0<k<\frac{1}{2}$일 때, ┌→ $2k<1$이 돼.

함수 $y=f(x)$의 그래프와 직선 $y=k$가 만나는 두 점을 각각 A, B라 하면, 함수 $y=g(x)$의 그래프는 [그림 3]과 같다.

즉, 직선 $y=2k$와 함수 $y=g(x)$의 그래프가 만나는 점은 2개이다.

함수 $y=g(x)$의 점근선이 $y=2k$이므로 $y=2k<1$인 범위에서 $y=g(x)$의 그래프와 직선 $y=2k$가 만나는 점의 개수는 2야.

$\therefore h(k)=2$

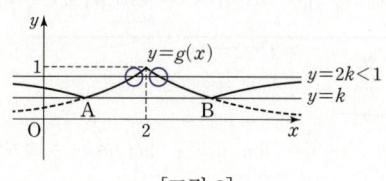

[그림 3]

(iii) $k=\frac{1}{2}$일 때, ┌→ $2k=1$이야.

함수 $y=f(x)$의 그래프와 직선 $y=k$가 만나는 두 점을 각각 A, B라 하면, 함수 $y=g(x)$의 그래프는 [그림 4]와 같다.

즉, 직선 $y=2k$와 함수 $y=g(x)$의 그래프가 만나는 점은 1개이다.

$\therefore h(k)=1$

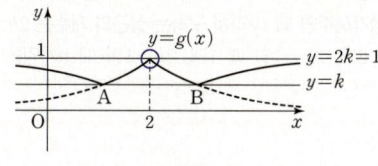

[그림 4]

(iv) $\frac{1}{2}<k<1$일 때, ┌→ $2k>1$이 돼.

함수 $y=f(x)$의 그래프와 직선 $y=k$가 만나는 두 점을 각각 A, B라 하면, 함수 $y=g(x)$의 그래프는 [그림 5]와 같다.

즉, 직선 $y=2k$와 함수 $y=g(x)$의 그래프가 만나는 점은 없다.

$\therefore h(k)=0$

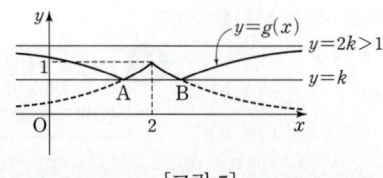

[그림 5]

(v) $k \geq 1$일 때,

모든 실수 x에 대하여 $g(x) = -f(x) + 2k < 2k$

즉, 함수 $y = g(x)$의 그래프는 [그림 6]과 같으므로 직선 $y = 2k$와

함수 $y = g(x)$의 그래프가 만나는 점은 없다.   ∴ $h(k) = 0$

i) $k = 1$인 경우   ii) $k > 1$인 경우

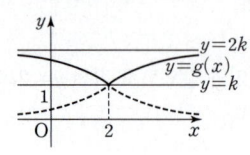   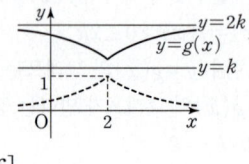

[그림 6]

3rd 함수 $y = h(k)$의 그래프를 이용하여 주어진 극한값을 구하자.

함수 $y = h(k)$와 그 그래프는 다음과 같다.

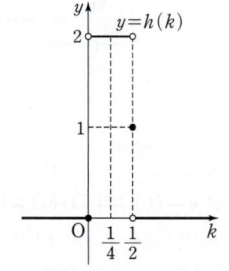

$$h(k) = \begin{cases} 0 & \left(k \leq 0 \text{ 또는 } k > \dfrac{1}{2}\right) \\ 1 & \left(k = \dfrac{1}{2}\right) \\ 2 & \left(0 < k < \dfrac{1}{2}\right) \end{cases}$$

따라서 $\lim\limits_{k \to \frac{1}{4}} h(k) = 2$, $\lim\limits_{k \to \frac{1}{4}} h\left(k + \dfrac{1}{4}\right) = 2$이므로

$$\lim_{k \to \frac{1}{4}} \left\{ h(k) h\left(k + \frac{1}{4}\right) \right\} = \lim_{k \to \frac{1}{4}} h(k) \times \lim_{k \to \frac{1}{4}} h\left(k + \frac{1}{4}\right)$$
$$= 2 \times 2 = 4$$

$\underset{k \to \frac{1}{4}^-}{} \lim h(k)$, $\underset{k \to \frac{1}{4}^-}{} \lim h\left(k + \dfrac{1}{4}\right) = \underset{k \to \frac{1}{2}^-}{} \lim h(k)$

의 극한값이 각각 존재하므로

$\lim\limits_{k \to \frac{1}{4}^-} \left\{ h(k) h\left(k + \dfrac{1}{4}\right) \right\} = \lim\limits_{k \to \frac{1}{4}^-} h(k) \times \lim\limits_{k \to \frac{1}{4}^-} h\left(k + \dfrac{1}{4}\right)$로 계산할 수 있어.

1등급 대비 특강

두 함수의 그래프의 교점의 개수는 두 함수의 식을 연립한 방정식의 실근의 개수와 같음을 이용하기

함수 $y = g(x)$의 그래프와 직선 $y = 2k$가 만나는 점의 개수는 x에 대한 방정식 $g(x) = 2k$, 즉 $|f(x) - k| = k$의 서로 다른 실근의 개수야.

즉, $f(x) = 0$ 또는 $f(x) = 2k$를 만족시키는 서로 다른 실근의 개수인데 모든 실수 x에 대해서 $f(x) > 0$이므로 $f(x) = 2k$를 만족시키는 서로 다른 실근의 개수만 생각해주면 돼. 따라서 구하는 실근의 개수는 $2k \leq 0$일 때 0개, $0 < 2k < 1$일 때 2개, $2k = 1$일 때 1개, $2k > 1$일 때 0개임을 쉽게 파악할 수 있어.

My Top Secret   서울대 선배의 ❶등급 대비 전략

절댓값이 포함된 함수를 이용한 문제는 그래프를 접어 올려서 푸는 방법이 있고, 절댓값을 없애 식으로 푸는 방법도 있어. 이는 상황에 맞게 사용하면 돼. 이 문제처럼 단순히 서로 다른 실근의 개수를 묻는다면 절댓값을 없애고 풀어도 되고, 그래프의 개형을 알아야 한다면 원래 함수의 그래프를 좌표평면에 나타낸 다음에 절댓값 안이 0보다 작은 부분을 접어올리면 쉽게 풀 수 있을 거야.

A 209 정답 ① ＊새롭게 정의된 함수의 극한 ⋯⋯⋯ [정답률 58%]

정답 공식: 다항함수 $g(x)$, $h(x)$에 대하여 함수 $f(x) = \begin{cases} g(x) & (x \leq k) \\ h(x) & (x > k) \end{cases}$로 정의될 때, $f(k) = g(k)$이고, $\lim\limits_{x \to k+} f(x) = h(k)$이다.

함수

$$f(x) = \begin{cases} x^2 + 1 & (x \leq 2) \\ ax + b & (x > 2) \end{cases}$$

단서 $a < 2$ 또는 $a > 2$일 때는 $\lim\limits_{x \to a+} f(x) = f(a)$이고, $a = 2$에서는 $\lim\limits_{x \to a+} f(x)$의 값과 $f(a)$의 값이 다를 수 있어.

에 대하여 $f(\alpha) + \lim\limits_{x \to \alpha+} f(x) = 4$를 만족시키는 실수 α의 개수가 4이고, 이 네 수의 합이 8이다. $a + b$의 값은? (단, a, b는 상수이다.)

(4점)

① $-\dfrac{7}{4}$ ② $-\dfrac{5}{4}$ ③ $-\dfrac{3}{4}$ ④ $-\dfrac{1}{4}$ ⑤ $\dfrac{1}{4}$

1st x의 값의 범위를 나누어 $f(\alpha) + \lim\limits_{x \to \alpha+} f(x) = 4$를 만족시키는 실수 α를 찾자.

(i) $x \neq 2$인 경우

$f(x)$는 다항함수이므로 $\lim\limits_{x \to \alpha+} f(x) = f(\alpha)$이다.

즉, $f(\alpha) + \lim\limits_{x \to \alpha+} f(x) = 2f(\alpha) = 4$이므로 $f(\alpha) = 2$이다.

i) $x < 2$일 때

$f(x) = x^2 + 1$이므로 $x^2 + 1 = 2$에서

$x^2 = 1$ ∴ $x = -1$ 또는 $x = 1$

즉, $f(\alpha) = 2$를 만족시키는 α의 값은 -1, 1이다.

ii) $x > 2$일 때

$f(x) = ax + b$에서 $ax + b = 2$인 x의 값이 최대 1개 존재하므로

$a \neq 0$일 때 $f(x) = ax + b$는 일차함수이므로 $f(\alpha) = 2$인 α의 값이 1개만 존재해.
만약, $a = 0$, $b = 2$이면 $f(\alpha) = 2$를 만족시키는 α의 값이 무수히 많으므로 조건을 만족시키지 않아.
또한, $a = 0$, $b \neq 2$이면 $x > 2$에서는 $f(\alpha) = 2$인 α의 값이 없지.
그렇다면 조건을 만족시키는 α의 값이 $x < 2$일 때 2개이므로 $x = 2$일 때 1개가 되어도 α의 값이 모두 4개라는 조건을 만족시키지 않아.

그 값을 α_1이라 하자.

i), ii)에서 $x \neq 2$일 때 $f(\alpha) + \lim\limits_{x \to \alpha+} f(x) = 4$를

만족시키는 실수 α는 -1, 1, $\alpha_1 (a\alpha_1 + b = 2)$의 3개이다.

(ii) $x = 2$, 즉 $\alpha = 2$인 경우

$x < 2$에서 $f(\alpha) = 2$인 α의 값이 2개이고, $x > 2$에서 $f(\alpha) = 2$인 α의 값이 1개이므로 $x = 2$에서, 즉 $\alpha = 2$일 때 $f(2) + \lim\limits_{x \to 2+} f(x) = 4$가 성립해야 해.

$f(2) = 2^2 + 1 = 5$이므로 $f(2) + \lim\limits_{x \to 2+} f(x) = 4$에서

$\lim\limits_{x \to 2+} f(x) = 4 - f(2) = 4 - 5 = -1$이다.

즉, $\lim\limits_{x \to 2+} f(x) = \lim\limits_{x \to 2+} (ax + b) = -1$이므로 $2a + b = -1$ … ㉠

(i), (ii)에 의해 $f(\alpha) + \lim\limits_{x \to \alpha+} f(x) = 4$를 만족시키는 실수 α는

-1, 1, $\alpha_1 (a\alpha_1 + b = 2)$, 2의 4개이다.

2nd 실수 α가 될 수 있는 수의 합을 이용하여 a, b의 값을 각각 구해.

이때, 실수 α의 값인 네 수 -1, 1, $\alpha_1 (a\alpha_1 + b = 2)$, 2의 합이 8이므로

$-1 + 1 + \alpha_1 + 2 = 8$ ∴ $\alpha_1 = 6$

∴ $6a + b = 2$ … ㉡

㉠, ㉡을 연립하여 풀면 $a = \dfrac{3}{4}$, $b = -\dfrac{5}{2}$

∴ $a + b = \dfrac{3}{4} + \left(-\dfrac{5}{2}\right) = -\dfrac{7}{4}$

정답 공식: $\lim\limits_{x \to a} \dfrac{f(x)}{g(x)} = a$ (a는 실수)일 때, $\lim\limits_{x \to a} g(x) = 0$이면 $\lim\limits_{x \to a} f(x) = 0$이다.

최고차항의 계수가 1인 두 삼차함수 $f(x)$, $g(x)$가 다음 조건을 만족시킨다. **단서1** 주어진 조건에서 $f(2)=0$, $g(2)=0$이므로 두 함수는 $x-2$를 인수로 가져.

(가) $g(2) = 0$

(나) $n = 2, 3, 4, 5$일 때, $\lim\limits_{x \to n} \dfrac{f(x)}{g(x)} = (n-2)(n-3)$이다.

단서2 $x \to 2$일 때 극한값이 존재하고, (분모) $\to$ 0이므로 (분자) $\to$ 0이어야 해. 즉, $\lim\limits_{x \to 2} \dfrac{f(x)}{g(x)} = 0$이고 $f(2) = 0$이어야 해.

$g(6)$의 값은? (4점)

① 12　　② 13　　③ 14　　④ 15　　⑤ 16

1st $n = 2, 3$일 때, 극한값이 존재하는 조건을 이용하여 함수 $f(x)$를 구하자.

조건 (나) $\lim\limits_{x \to n} \dfrac{f(x)}{g(x)} = (n-2)(n-3)$에서

$n = 2$일 때, $\lim\limits_{x \to 2} \dfrac{f(x)}{g(x)} = 0 \cdots$ ㉠, $n = 3$일 때, $\lim\limits_{x \to 3} \dfrac{f(x)}{g(x)} = 0 \cdots$ ㉡

이때 조건 (가)의 $g(2) = 0$에서 $g(x)$는 $x-2$를 인수로 가지므로 ㉠이 성립하려면 $f(x)$도 $x-2$를 인수로 가져야 한다.

함수 $f(x)$, $g(x)$에 대하여 $\lim\limits_{x \to a} \dfrac{f(x)}{g(x)} = a$ (a는 실수)일 때 $\lim\limits_{x \to a} g(x) = 0$이면 $\lim\limits_{x \to a} f(x) = 0$

즉, 두 함수 $f(x)$, $g(x)$를 $f(x) = (x-2)(x-a)(x-b)$, $g(x) = (x-2)h(x)$ (단, a, b는 상수, $h(x)$는 최고차항의 계수가 1인 이차식)이라 두자.

두 식을 ㉠에 각각 대입하면

$\lim\limits_{x \to 2} \dfrac{(x-2)(x-a)(x-b)}{(x-2)h(x)} = \lim\limits_{x \to 2} \dfrac{(x-a)(x-b)}{h(x)} = 0$

즉, 극한값이 0이 되려면 a 또는 b가 2여야 한다.

$a = 2$라 하면 $f(x) = (x-2)^2(x-b)$
$b = 2$로 놓고 구해도 같은 결과를 얻어.

마찬가지로 ㉡에 대입하면

$\lim\limits_{x \to 3} \dfrac{(x-2)^2(x-b)}{(x-2)h(x)} = \lim\limits_{x \to 3} \dfrac{(x-2)(x-b)}{h(x)} = 0$

극한값이 0이 되려면 b가 3이어야 한다.

$\therefore f(x) = (x-2)^2(x-3)$

2nd $n = 4, 5$일 때, 주어진 극한값을 이용하여 $g(6)$의 값을 구하자.

조건 (나) $\lim\limits_{x \to n} \dfrac{f(x)}{g(x)} = (n-2)(n-3)$에 $n = 4, 5$를 차례로 대입하면

$\lim\limits_{x \to 4} \dfrac{f(x)}{g(x)} = \lim\limits_{x \to 4} \dfrac{(x-2)(x-3)}{h(x)} = \dfrac{2 \times 1}{h(4)} = 2$에서
$(n-2)(n-3) = 2 \times 1 = 2$

$h(4) = 1$이고,

$\lim\limits_{x \to 5} \dfrac{f(x)}{g(x)} = \lim\limits_{x \to 5} \dfrac{(x-2)(x-3)}{h(x)} = \dfrac{3 \times 2}{h(5)} = 6$에서
$(n-2)(n-3) = 3 \times 2 = 6$

$h(5) = 1$이다.

최고차항의 계수가 1인 이차식 $h(x) - 1$은 $x-4$, $x-5$를 인수로 가지므로

$h(x) - 1 = (x-4)(x-5)$

따라서 $h(x) = (x-4)(x-5) + 1$이므로 $g(6) = 4h(6) = 4 \times 3 = 12$

정답 공식: 다항함수 $F(x)$에 대하여 $\lim\limits_{x \to \infty} \dfrac{F(x)}{x^n} = a$ (a는 0이 아닌 실수, n은 자연수)이면 $F(x)$의 차수는 n이고 최고차항의 계수는 a이다.

두 다항함수 $f(x)$, $g(x)$가 다음 조건을 만족시킨다.

(가) $\lim\limits_{x \to \infty} \dfrac{f(x) - 2g(x)}{x^2} = 1$　→ **단서1** $f(x) - 2g(x)$는 최고차항의 계수가 1인 이차함수야.

(나) $\lim\limits_{x \to \infty} \dfrac{f(x) + 3g(x)}{x^3} = 1$　→ **단서2** $f(x) + 3g(x)$는 최고차항의 계수가 1인 삼차함수지.

$\lim\limits_{x \to \infty} \dfrac{f(x) + g(x)}{x^3}$의 값은? (3점)

① $\dfrac{1}{5}$　　② $\dfrac{2}{5}$　　③ $\dfrac{3}{5}$

④ $\dfrac{4}{5}$　　⑤ 1

1st 주어진 극한값을 이용해 분자에 있는 식의 꼴을 찾아보자.

두 다항함수 $f(x)$, $g(x)$에 대하여

조건 (가)에서 $\lim\limits_{x \to \infty} \dfrac{f(x) - 2g(x)}{x^2} = 1$이므로

$\dfrac{\infty}{\infty}$ 꼴의 극한에서 극한값이 0이 아닌 값으로 수렴하기 위해서는 분모와 분자의 차수가 같아야 하고, 그 극한값은 최고차항의 계수의 비와 같아.

$f(x) - 2g(x)$는 최고차항의 계수가 1인 이차함수이다.

즉, $f(x) - 2g(x) = x^2 + ax + b$ (a, b는 상수) $\cdots$ ㉠라 놓을 수 있다.

또한, 조건 (나)에서 $\lim\limits_{x \to \infty} \dfrac{f(x) + 3g(x)}{x^3} = 1$이므로

$f(x) + 3g(x)$는 최고차항의 계수가 1인 삼차함수이다.

즉, $f(x) + 3g(x) = x^3 + cx^2 + dx + e$ (c, d, e는 상수) $\cdots$ ㉡라 놓을 수 있다.

2nd ㉠, ㉡을 이용해 $g(x)$의 식을 구해.

이때, ㉡ $-$ ㉠을 하면

$5g(x) = x^3 + (c-1)x^2 + (d-a)x + e - b$

$\therefore g(x) = \dfrac{1}{5}\{x^3 + (c-1)x^2 + (d-a)x + e - b\} \cdots$ ㉢

3rd $\lim\limits_{x \to \infty} \dfrac{f(x) + g(x)}{x^3}$를 구해.

따라서 ㉠에서 $f(x) = 2g(x) + x^2 + ax + b$이므로

$\lim\limits_{x \to \infty} \dfrac{f(x) + g(x)}{x^3} = \lim\limits_{x \to \infty} \dfrac{2g(x) + x^2 + ax + b + g(x)}{x^3}$

$= \lim\limits_{x \to \infty} \dfrac{3g(x) + x^2 + ax + b}{x^3}$

$= \lim\limits_{x \to \infty} \left(\dfrac{3g(x)}{x^3} + \dfrac{x^2 + ax + b}{x^3} \right)$

㉢에 의해 $\lim\limits_{x \to \infty} \dfrac{3g(x)}{x^3} = \lim\limits_{x \to \infty} \dfrac{\frac{3}{5}\{x^3 + (c-1)x^2 + (d-a)x + e - b\}}{x^3} = \dfrac{3}{5}$

이고, $\lim\limits_{x \to \infty} \dfrac{x^2 + ax + b}{x^3} = 0$이야.

$= \dfrac{3}{5}$ ($\because$ ㉢)

조건 (가), (나)에 의해 $f(x)-2g(x)$는 최고차항의 계수가 1인 이차함수이고, $f(x)+3g(x)$는 최고차항의 계수가 1인 삼차함수임을 알 수 있지?

이때, $\{f(x)+3g(x)\}-\{f(x)-2g(x)\}=5g(x)$이므로

$g(x)$는 최고차항의 계수가 $\frac{1}{5}$인 삼차함수야.

삼차식에서 이차식을 빼면 삼차식이지? 즉, $f(x)+3g(x)$는 삼차항의 계수가 1인 삼차식이고, $f(x)-2g(x)$는 이차항의 계수가 1인 이차식이므로 $\{f(x)+3g(x)\}-\{f(x)-2g(x)\}$는 삼차항의 계수가 1인 삼차식이 돼. 즉, $5g(x)$가 삼차항의 계수가 1인 삼차식이므로 $g(x)$는 최고차항의 계수가 $\frac{1}{5}$인 삼차함수가 되는 거야.

즉, $\displaystyle\lim_{x\to\infty}\frac{g(x)}{x^3}=\frac{1}{5}$이므로

$\displaystyle\lim_{x\to\infty}\frac{f(x)+g(x)}{x^3}$

$=\displaystyle\lim_{x\to\infty}\left\{\frac{f(x)+3g(x)}{x^3}-\frac{2g(x)}{x^3}\right\}$

$=1-\dfrac{2}{5}=\dfrac{3}{5}$

↳ $\displaystyle\lim_{x\to\infty}\frac{f(x)+g(x)}{x^3}=\lim_{x\to\infty}\frac{f(x)+3g(x)}{x^3}-2\lim_{x\to\infty}\frac{g(x)}{x^3}$이고 조건 (나)에서 $\displaystyle\lim_{x\to\infty}\frac{f(x)+3g(x)}{x^3}=1$이라 했어.

Ⓐ 212 정답 ③ ⭐2등급 대비 [정답률 21%]

* 새롭게 정의된 함수 $f(t)$의 그래프를 그려, 주어진 함숫값과 극한값의 조건을 만족시키는 미지수 구하기 [유형 19]

좌표평면에서 원 $x^2+y^2=1$과 직선 $y=-\frac{1}{2}$이 만나는 점을 A, B라 하자. 점 $P\left(0, t\right)\left(t\neq-\frac{1}{2}\right)$에 대하여 다음 조건을 만족시키는 **점 C의 개수**를 $f(t)$라 하자. [단서1]

(가) C는 A나 B가 아닌 원 위의 점이다.
(나) A, B, C를 꼭짓점으로 하는 삼각형의 넓이는 A, B, P를 꼭짓점으로 하는 삼각형의 넓이와 같다.

$f(a)+\displaystyle\lim_{t\to a-}f(t)=5$이고 $\displaystyle\lim_{t\to 0-}f(t)=b$일 때, $a+b$의 값은? [단서2] $t=a$일 때의 함숫값과 $t\to a-$일 때의 극한값의 합이 5인 t의 값을 찾아야 해. (4점)

① 1 ② 2 ③ 3 ④ 4 ⑤ 5

😮 **2등급** ❓ 주어진 조건을 만족시키는 점의 개수로 정의된 함수에 대하여 특정한 점에서의 함숫값과 극한값을 구하는 문제이다. 조건 해석의 핵심은 삼각형의 넓이와 밑변의 길이가 같으면 높이도 같음을 이용하는 것이다. 즉, 주어진 문제에서 점 C와 직선 AB 사이의 거리를 따져볼 수 있어야 한다.

💡 **단서+발상**

[단서1] 삼각형 ABC와 삼각형 ABP는 모두 선분 AB를 한 변으로 하는 삼각형인데, 두 삼각형의 넓이가 같으므로 선분 AB를 밑변으로 하면 두 삼각형의 높이가 서로 같아야 한다. 개념
따라서 점 C와 직선 AB 사이의 거리는 점 P와 직선 AB 사이의 거리와 같다. 적용
즉, 점 P를 지나고 직선 AB와 평행한 직선이 원과 만나는 점 위에 점 C가 있거나 또는 점 P를 직선 $y=-\frac{1}{2}$에 대하여 대칭이동한 점을 지나고 직선 AB와 평행한 직선이 원과 만나는 점 위에 점 C가 있어야 한다. 적용

[단서2] 함수 $f(t)$를 구한 후, $f(a)$와 $\displaystyle\lim_{t\to a-}f(t)$가 의미하는 것이 무엇인지 이해한 후 이들의 합이 5인 a의 값을 찾자. 발상
$f(a)$는 함수 $f(t)$에서 $t=a$일 때의 함숫값으로, 점 P의 좌표가 $(0, a)$일 때의 점 C의 개수이고, $\displaystyle\lim_{t\to a-}f(t)$는 t가 a보다 작은 값을 가지면서 a에 가까워 질 때의 점 C의 개수이다. 해결

핵심 정답 공식: A, B는 고정된 점이므로, 밑변의 길이와 높이가 같은 삼각형들은 넓이가 같음을 이용해 t의 범위에 따라 $f(t)$의 그래프를 그려 a, b의 값을 구한다.

------- [문제 풀이 순서] -------

1st t의 값에 따라 $f(t)$가 어떻게 변하는지 살펴봐.
주어진 조건을 그림으로 나타내면 다음과 같다.

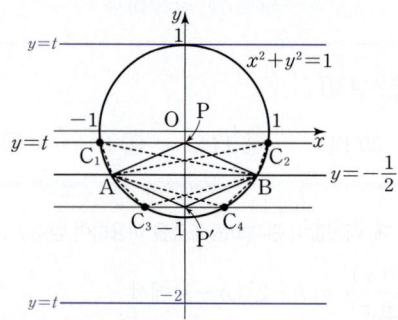

즉, $\triangle$ABP의 넓이와 $\triangle$ABC의 넓이가 같으므로
(직선 AB와 점 P 사이의 거리)=(직선 AB와 점 C 사이의 거리)여야
점 C는 원 위의 점이므로 직선 AB와 점 C 사이의 최대 거리는 $1+\dfrac{1}{2}=\dfrac{3}{2}$이야. 즉, 조건을 만족시키는 점 C가 존재하기 위한 t의 최댓값은 $-\dfrac{1}{2}+\dfrac{3}{2}=1$이고 최솟값은 $-\dfrac{1}{2}+\left(-\dfrac{3}{2}\right)=-2$가 돼야 한다.

따라서 그림과 같이 $f(t)$는 직선 $y=t$와 직선 $y=t$를 직선 $y=-\frac{1}{2}$에 대하여 대칭이동시킨 직선이 원과 만나는 점의 개수와 같다.

$$\therefore f(t)=\begin{cases} 0 & (t<-2) \\ 1 & (t=-2) \\ 2 & (-2<t<-1) \\ 3 & (t=-1) \\ 4 & \left(-1<t<-\frac{1}{2},\ -\frac{1}{2}<t<0\right) \\ 3 & (t=0) \\ 2 & (0<t<1) \\ 1 & (t=1) \\ 0 & (t>1) \end{cases}$$

t의 값의 범위를 나눈 후 직선 $y=t$를 그리고, 직선 $y=t$와 직선 AB 사이의 거리와 같은 직선을 하나 더 그려봐. 이때, 이 두 직선과 원이 만나는 교점이 C가 되므로 이 교점의 개수가 $f(t)$야.

2nd $f(t)$의 함수를 통해 만족하는 a, b의 값을 찾아야 해.
따라서 $f(a)+\displaystyle\lim_{t\to a-}f(t)=5$이려면 $a=-1$이어야 하고,
$\displaystyle\lim_{t\to 0-}f(t)=b=4$이므로
$a+b=-1+4=3$

(i) $a=-2$일 때, $f(-2)=1$, $\displaystyle\lim_{t\to -2-}f(t)=0$
(ii) $a=-1$일 때, $f(-1)=3$, $\displaystyle\lim_{t\to -1-}f(t)=2$
(iii) $a=0$일 때, $f(0)=3$, $\displaystyle\lim_{t\to 0-}f(t)=4$
(iv) $a=1$일 때, $f(1)=1$, $\displaystyle\lim_{t\to 1-}f(t)=2$

⭐ **함수 $f(x)$가 $x=a$에서 불연속이 되는 이유** 1등급 대비 특강

'함수의 연속' 단원에서 배우겠지만 $t=a$에서 함수 $f(t)$가 연속이면 $f(a)=\displaystyle\lim_{t\to a-}f(t)$이므로 $f(a)+\displaystyle\lim_{t\to a-}f(t)$의 값은 항상 짝수야.
따라서 $f(a)+\displaystyle\lim_{t\to a-}f(t)=5$, 즉 $f(a)+\displaystyle\lim_{t\to a-}f(t)$의 값이 홀수이므로 $f(t)$가 $t=a$에서 불연속임을 알 수 있어.
이 사실을 파악했다면 함수 $f(t)$를 구한 후, $f(t)$가 불연속이 되는 t의 값 중에서 조건을 만족시키는 a를 구할 수 있을 거야.

 **B 함수의 연속**

기본 기출 문제

B 01 정답 ⑤ *연속이 되도록 하는 미정계수의 결정 ── [정답률 95%]

(**정답 공식**: 함수 $f(x)$가 실수 전체의 집합에서 연속이면 $x=1$에서 연속이어야 한다.)

함수 $f(x)=\begin{cases} x+2 & (x \le 1) \\ -x+a & (x>1) \end{cases}$ 가 실수 전체의 집합에서 연속일

때, 상수 a의 값은? (3점) **단서** $x=1$에서만 연속이면 돼. 즉, $\lim\limits_{x \to 1+} f(x) = \lim\limits_{x \to 1-} f(x) = f(1)$ 이어야 해.

① -4 ② -2 ③ 0

④ 2   ⑤ 4

> ➞ 다항함수는 실수 전체의 집합에서 연속인 함수지? 이때, 주어진 $f(x)$는 $x<1$일 때와 $x>1$일 때 모두 다항함수이므로 $x=1$을 제외한 모든 실수에서는 연속이야.

1st 함수 $f(x)$가 모든 실수에서 연속임을 이용하자.

함수 $f(x)$가 $x=1$에서 연속이면 모든 실수 x에서 연속이다.

즉, $x=1$에서 극한값이 존재하고 이것이 함숫값과 같아야 한다.

$f(1) = \lim\limits_{x \to 1-} f(x) = \lim\limits_{x \to 1+} f(x)$ ➞ $\lim\limits_{x \to 1-} f(x) = \lim\limits_{x \to 1-} (x+2) = 1+2$이고, $\lim\limits_{x \to 1+} f(x) = \lim\limits_{x \to 1+} (-x+a) = -1+a$야.

$1+2 = -1+a$ $\therefore a=4$

B 02 정답 ① *연속이 되도록 하는 미정계수의 결정 ── [정답률 88%]

(**정답 공식**: 함수 $f(x)$의 $x=2$에서의 극한값과 $f(2)$의 값이 같다는 것을 이용한다.)

함수

$f(x) = \begin{cases} \dfrac{x^2+ax-10}{x-2} & (x \ne 2) \\ b & (x=2) \end{cases}$

가 실수 전체의 집합에서 연속일 때, 두 상수 a, b의 합 $a+b$의 값은? (3점) **단서** $x=2$에서만 연속이면 돼. 즉, $\lim\limits_{x \to 2} f(x) = f(2)$이어야 해.

① 10   ② 11   ③ 12

④ 13   ⑤ 14

1st 분수식의 극한값이 존재하려면 (분모) → 0일 때 (분자) → 0이어야 해.

함수 $f(x)$가 $x=2$에서 연속이므로 $x=2$에서의 극한값이 존재한다.

즉, $\lim\limits_{x \to 2} f(x) = \lim\limits_{x \to 2} \dfrac{x^2+ax-10}{x-2}$의 극한값이 존재하려면 $\dfrac{0}{0}$ 꼴이 되어야 하므로 ➞ $x \to 2$일 때 (분모) → 0이고 극한값이 존재하려면 (분자) → 0이어야 해.

$2^2+2a-10=0$ $\therefore a=3$ ➞ $\lim\limits_{x \to 2} (x-2)=0$이므로 $\lim\limits_{x \to 2} (x^2+ax-10) = 2^2+2a-10=0$이 되는 거야.

2nd 분자를 인수분해하여 b를 구하자.

$\lim\limits_{x \to 2} f(x) = \lim\limits_{x \to 2} \dfrac{x^2+3x-10}{x-2}$

$= \lim\limits_{x \to 2} \dfrac{(x+5)(x-2)}{x-2} = \lim\limits_{x \to 2} (x+5) = 7 \cdots \bigcirc$

$x=2$에서 연속이므로 $\lim\limits_{x \to 2} f(x) = f(2) = b = 7 \ (\because \bigcirc)$

$\therefore a+b = 3+7 = 10$

B 03 정답 ③ *그래프를 이용한 함수의 연속성 ── [정답률 77%]

(**정답 공식**: 연속임을 판별하기 위해 극한값과 함숫값이 같은지 확인한다.)

함수 $y=f(x)$의 그래프가 그림과 같을 때, 옳은 것만을 [보기]에서 있는 대로 고른 것은? (4점)

[보기]

ㄱ. $\lim\limits_{x \to 0+} f(x) = 1$

ㄴ. $\lim\limits_{x \to 1} f(x) = f(1)$ **단서** $\lim\limits_{x \to 1+} (x-1)f(x) = \lim\limits_{x \to 1-} (x-1)f(x) = 0$ 인지 확인해야 해!

ㄷ. 함수 $(x-1)f(x)$는 $x=1$에서 연속이다.

① ㄱ   ② ㄱ, ㄴ   ③ ㄱ, ㄷ

④ ㄴ, ㄷ   ⑤ ㄱ, ㄴ, ㄷ

1st 좌극한값을 구하는 것인지 우극한값을 구하는 것인지 주의해.

ㄱ.

그림에서 x가 0보다 큰 값에서 0으로 접근할 때, $f(x)$의 값은 1보다 큰 쪽에서 1로 접근하므로 $\lim\limits_{x \to 0+} f(x) = 1$ (참)

ㄴ. $\lim\limits_{x \to 1+} f(x) = 2$, $\lim\limits_{x \to 1-} f(x) = 2$이므로 $\lim\limits_{x \to 1} f(x) = 2$

그런데 $f(1)=1$이므로 $\lim\limits_{x \to 1} f(x) \ne f(1)$ (거짓)

2nd $\lim\limits_{x \to a} f(x) = f(a)$가 성립할 때, 함수 $f(x)$는 $x=a$에서 연속이야.

ㄷ. 함수 $g(x) = (x-1)f(x)$라 놓으면

$\lim\limits_{x \to 1+} g(x) = \lim\limits_{x \to 1+} (x-1)f(x) = 0 \times 2 = 0$

$\lim\limits_{x \to 1-} g(x) = \lim\limits_{x \to 1-} (x-1)f(x) = 0 \times 2 = 0$

$g(1) = 0 \times f(1) = 0$

즉, $\lim\limits_{x \to 1} g(x) = g(1)$이므로 함수 $g(x) = (x-1)f(x)$는 $x=1$에서 연속이다. (참) ➞ 함수 $f(x)$가 $x=a$에서 연속이면 $f(a) = \lim\limits_{x \to a} f(x)$가 성립해.

주의 $(x-1)f(x)$의 극한값을 구할 때에는 두 함수 $x-1$과 $f(x)$의 우극한과 좌극한이 수렴하므로 각각의 극한값을 구하여 곱하면 돼.

따라서 옳은 것은 ㄱ, ㄷ이다.

쉬운 풀이: 그래프의 개형을 통해 연속·불연속 확인하기

ㄴ. $x=1$에서 극한값과 함숫값을 구할 필요없이 그래프에서 바로 확인 가능해. $\lim\limits_{x \to 1} f(x) = f(1)$인지를 묻는 것은 함수 $f(x)$가 $x=1$에서 연속인지를 묻는 것과 같아. 그런데 $y=f(x)$의 그래프를 보면 $x=1$에서 끊어져 있으니까 $x=1$에서 연속이 아니야. 즉, $\lim\limits_{x \to 1} f(x) \ne f(1)$이지. (거짓)

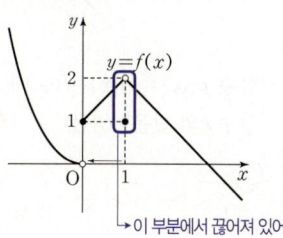

➞ 이 부분에서 끊어져 있어.

【정답 공식: $x=a$에서 함수 $f(x)$가 연속이면 $\lim\limits_{x \to a} f(x) = f(a)$】

실수 전체의 집합에서 연속인 함수 $f(x)$가

단서 실수 전체의 집합에서 함수 $f(x)$가 연속이므로 임의의 실수 a에 대하여 $\lim\limits_{x \to a} f(x) = f(a)$가 성립해.

$$\lim_{x \to 2} \frac{(x^2-4)f(x)}{x-2} = 12$$

를 만족시킬 때, $f(2)$의 값은? (3점)

① 1 　② 2 　③ 3 　④ 4 　⑤ 5

1st 연속함수의 성질을 이용하여 $f(2)$의 값을 구하자.

$$\lim_{x \to 2} \frac{(x^2-4)f(x)}{x-2} = \lim_{x \to 2} \frac{(x-2)(x+2)f(x)}{x-2}$$
$$= \lim_{x \to 2} (x+2)f(x) \cdots \text{㉠}$$

이때, 함수 $y=x+2$와 함수 $y=f(x)$는 연속함수이므로 ㉠에서
$$\lim_{x \to 2}(x+2)f(x) = (2+2)f(2) = 4f(2)$$

그런데 이 값이 12이므로
$$4f(2) = 12$$
$$\therefore f(2) = 3$$

실수 전체의 집합에서 연속인 두 함수의 곱으로 나타내어진 함수도 실수 전체의 집합에서 연속이야. 즉, 함수 $y=(x+2)f(x)$가 연속함수이므로 $x=2$에서 함수 $y=(x+2)f(x)$의 극한값과 함숫값이 같아.

✿ 연속함수의 성질 　　　　　　　　개념·공식

두 함수 $f(x)$, $g(x)$가 각각 $x=a$에서 연속이면, 다음 함수도 $x=a$에서 연속이다.
① $kf(x)$ (단, k는 상수) 　② $f(x) \pm g(x)$
③ $f(x)g(x)$ 　④ $\dfrac{f(x)}{g(x)}$ (단, $g(x) \neq 0$)

【정답 공식: 함수 $f(x)$의 $x=0$에서의 우극한이 0이므로 함수 $f(x)+k$의 $x=0$에서의 좌극한이 0이어야 한다.】

함수 $f(x) = \begin{cases} x+2 & (x \leq 0) \\ -\dfrac{1}{2}x & (x > 0) \end{cases}$ 의 그래프가 그림과 같다.

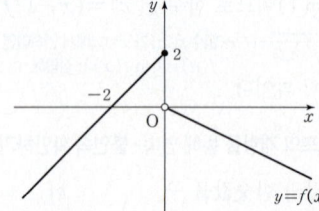

함수 $g(x) = f(x)\{f(x)+k\}$가 $x=0$에서 연속이 되도록 하는 상수 k의 값은? (3점)

단서 $\lim\limits_{x \to 0+} g(x) = \lim\limits_{x \to 0-} g(x) = g(0)$이어야 해.

①　−2 　②　−1 　③ 0
④ 1 　⑤ 2

1st 함수 $g(x)$가 $x=0$에서 연속이 되도록 k의 값을 결정해.

함수 $g(x)$의 $x=0$에서의 함숫값은 함수 $f(x)=x+2$에서
$$g(0) = f(0)\{f(0)+k\} = 2(2+k) = 2k+4$$

함수 $g(x)$의 $x=0$에서의 극한값은
$x>0$일 때, $f(x)=-\dfrac{1}{2}x$에서
$$\lim_{x \to 0+} g(x) = \lim_{x \to 0+} f(x)\{f(x)+k\}$$
$$= 0 \times (0+k) = 0$$
$x \leq 0$일 때, $f(x)=x+2$에서
$$\lim_{x \to 0-} g(x) = \lim_{x \to 0-} f(x)\{f(x)+k\}$$
$$= 2 \times (2+k) = 2k+4$$

이때, 함수 $g(x)$가 $x=0$에서 연속이어야 하므로
$x=0$에서 연속이어야 하므로 $\lim\limits_{x \to 0} g(x) = g(0)$이 성립해야 해.
$g(0) = \lim\limits_{x \to 0+} g(x) = \lim\limits_{x \to 0-} g(x)$에서
$$2k+4 = 0 \quad \therefore k = -2$$

【정답 공식: 함수 $f(x)$가 주어진 구간에서 연속이 아닌 경우 그 구간에서의 최댓값, 최솟값은 함수 $y=f(x)$의 그래프를 그려서 확인한다.】

구간 $[-1, 3]$에서 정의된 함수 $f(x) = \begin{cases} x^2-4x+9 & (x \neq 2) \\ 7 & (x=2) \end{cases}$ 는

$x=k$에서 최댓값 M을 갖는다. $k+M$의 값을 구하시오. (3점)

단서 함수 $f(x)$는 $x=2$에서 불연속인 함수야.

1st 함수 $y=f(x)$의 그래프를 그리자.

$x \neq 2$일 때, $f(x)=x^2-4x+9=(x-2)^2+5$이므로 구간 $[-1, 3]$에서 함수 $y=f(x)$의 그래프는 그림과 같다.

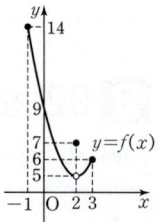

2nd 구간 $[-1, 3]$에서 함수 $f(x)$의 최댓값을 구하자.

따라서 구간 $[-1, 3]$에서 함수 $f(x)$는 $x=-1$
함수 $y=f(x)$ $(-1 \leq x \leq 3)$의 그래프에서 함수 $f(x)$는 $x=-1$에서 최솟값을 갖지만 최솟값은 갖지 않아.
에서 최댓값 14를 가지므로 $k=-1$, $M=14$이다.
$$\therefore k+M = (-1)+14 = 13$$

【정답 공식: 구간 $[a, b]$에서 연속인 함수 $f(x)$에 대하여 $f(a)f(b)<0$이면 방정식 $f(x)=0$은 구간 (a, b)에서 적어도 하나의 실근을 갖는다.】

방정식 $x^3-8x+10=0$이 오직 하나의 실근을 가질 때, 다음 중 이 방정식의 실근이 존재하는 구간은? (3점)

단서 $f(x)=x^3-8x+10$이라 하면 함수 $f(x)$는 삼차함수이므로 실수 전체의 집합에서 연속이야. 따라서 사잇값의 정리를 이용하여 해결해.

① $(0, 1)$ 　② $(-1, 0)$ 　③ $(-2, -1)$
④ $(-3, -2)$ 　⑤ $(-4, -3)$

1st 사잇값의 정리를 이용하여 방정식의 실근이 존재하는 구간을 찾자.
구간 $[a, b]$에서 연속인 함수 $f(x)$에 대하여 $f(a)f(b)<0$이면 $f(c)=0$인 c가 구간 (a, b)에 적어도 하나 존재해.
$f(x)=x^3-8x+10$이라 하면
$$f(-4) = -64+32+10 = -22 < 0$$
$$f(-3) = -27+24+10 = 7 > 0$$
$$f(-2) = -8+16+10 = 18 > 0, \ f(-1) = -1+8+10 = 17 > 0$$
$$f(0) = 10, \ f(1) = 1-8+10 = 3 > 0$$
따라서 $f(-4)f(-3) < 0$이므로 주어진 방정식은 $(-4, -3)$에서 오직 하나의 실근을 갖는다.

B 08 정답 ③ * 함수의 연속을 이용한 미정계수의 결정 … [정답률 93%]

> 정답 공식: 함수 $f(x)$가 실수 전체의 집합에서 연속이려면 $x=1$에서 연속이어야 한다. 즉, $\lim_{x \to 1-} f(x) = \lim_{x \to 1+} f(x) = f(1)$이다.

함수 $f(x)=\begin{cases} 3x-2 & (x<1) \\ x^2-3x+a & (x\geq 1) \end{cases}$ 이 실수 전체의 집합에서

단서1 함수 $f(x)$는 $x<1$인 범위에서 일차함수이고 $x \geq 1$인 범위에서 이차함수야.
즉, 경계를 제외한 각 범위에서 $f(x)$는 연속이야.

연속일 때, 상수 a의 값은? (3점)

단서2 모든 실수에서 연속이려면 $x=1$에서도 연속이어야 해.

① 1 ② 2 ③ 3
④ 4 ⑤ 5

1st 함수 $f(x)$가 실수 전체의 집합에서 연속이 되도록 하는 상수 a의 값을 구해.

함수 $f(x)$가 실수 전체의 집합에서 연속이므로 함수 $f(x)$는 $x=1$에서도 연속이다.

즉, $\lim_{x \to 1-} f(x) = \lim_{x \to 1+} f(x) = f(1)$이어야 한다.

$x=1$에서 연속이려면 $\lim_{x \to 1} f(x) = f(1)$이어야 하므로 $x=1$에서의 좌극한값과 우극한값, 함숫값이 같아야 해.

$\lim_{x \to 1-} f(x) = \lim_{x \to 1-} (3x-2) = 3-2 = 1$

$\lim_{x \to 1+} f(x) = \lim_{x \to 1+} (x^2-3x+a) = 1-3+a = a-2$

$f(1) = a-2$이므로 $1 = a-2$ ∴ $a=3$

박예서 | 2026 수능 응시 · 화성 안화고 졸
구간함수가 연속이라는 말이 나오면 함수의 구간이 끝나는 점에서 값이 같은지만 확인하면 돼. 그리고 일차방정식 풀어서 a의 값을 구하면 끝! 그렇지만 역시 실수하면 안되니까 계산은 한 번에 정확하게 하는 게 너무 중요한 것 같아. 귀찮겠지만 아무리 암산을 잘해도 식을 생략하지 않고 다 쓰는 연습을 하는 쪽을 추천할게.

B 09 정답 ③ *연속이 되도록 하는 미정계수의 결정 …… [정답률 94%]

> 정답 공식: 함수 $f(x)$가 실수 전체의 집합에서 연속이려면 $x=3$에서 연속이어야 한다. 즉, $\lim_{x \to 3-} f(x) = \lim_{x \to 3+} f(x) = f(3)$이다.

함수

$f(x) = \begin{cases} -x^2+a & (x<3) \\ 5x-a & (x \geq 3) \end{cases}$

이 실수 전체의 집합에서 연속일 때, 상수 a의 값은? (3점)

단서 $x=3$에서만 연속이면 돼. 즉, $\lim_{x \to 3} f(x) = f(3)$이어야 해.

① 10 ② 11 ③ 12
④ 13 ⑤ 14

1st 함수 $f(x)$가 실수 전체의 집합에서 연속이 되도록 하는 상수 a의 값을 구해.
함수 $f(x)$가 실수 전체의 집합에서 연속이므로 함수 $f(x)$는 $x=3$에서도 연속이다.

즉, $\lim_{x \to 3-} f(x) = \lim_{x \to 3+} f(x) = f(3)$이어야 한다.

$\lim_{x \to 3-} f(x) = \lim_{x \to 3-} (-x^2+a) = -9+a$

$x<3$일 때, $f(x)=-x^2+a$

$x=3$에서 연속이려면 $\lim_{x \to 3} f(x) = f(3)$이어야 하므로 $x=3$에서의 좌극한값과 우극한값, 함숫값이 같아야 해.

$\lim_{x \to 3+} f(x) = \lim_{x \to 3+} (5x-a) = 15-a$

$x \geq 3$일 때, $f(x)=5x-a$

이때, $f(3)=15-a$이므로 $-9+a = 15-a$에서 $2a=24$

∴ $a=12$

B 10 정답 ① *연속이 되도록 하는 미정계수의 결정 … [정답률 95%]

> 정답 공식: 함수 $f(x)$가 $x=a$에서 연속이면 $\lim_{x \to a-} f(x) = \lim_{x \to a+} f(x) = f(a)$이다.

함수

$f(x) = \begin{cases} ax^3-5 & (x<2) \\ ax+1 & (x \geq 2) \end{cases}$

가 실수 전체의 집합에서 연속일 때, 상수 a의 값은? (3점)

단서 $x=2$일 때를 제외하고는 모두 다항함수이므로 연속이야.
따라서 $x=2$에서 연속이면 함수 $f(x)$는 실수 전체의 집합에서 연속이 돼.

① 1 ② 2 ③ 3 ④ 4 ⑤ 5

1st 함수 $f(x)$가 실수 전체의 집합에서 연속이 되기 위한 조건을 이용해 상수 a의 값을 구하자.
함수 $f(x)$가 실수 전체의 집합에서 연속이므로 $x=2$에서도 연속이다.

즉, $\lim_{x \to 2-} f(x) = \lim_{x \to 2+} f(x) = f(2)$

$x=2$에서 연속이면 $\lim_{x \to 2-} f(x) = \lim_{x \to 2+} f(x) = f(2)$

이때, $\lim_{x \to 2-} f(x) = \lim_{x \to 2-} (ax^3-5) = 8a-5$

$\lim_{x \to 2+} f(x) = \lim_{x \to 2+} (ax+1) = 2a+1$

$f(2) = 2a+1$이므로 $8a-5 = 2a+1$, $6a=6$

∴ $a=1$

B 11 정답 ① *연속이 되도록 하는 미정계수의 결정 … [정답률 97%]

> 정답 공식: 함수 $f(x)$가 $x=a$에서 연속이면 $\lim_{x \to a-} f(x) = \lim_{x \to a+} f(x) = f(a)$이다.

함수 단서 $x=3$에서의 연속성만 확인하면 돼.

$f(x) = \begin{cases} x^2+a & (x<3) \\ x+2a & (x \geq 3) \end{cases}$

이 실수 전체의 집합에서 연속일 때, 상수 a의 값은? (3점)

① 6 ② 7 ③ 8 ④ 9 ⑤ 10

1st 연속성에 관한 식을 세우자.
함수 $f(x)$가 실수 전체의 집합에서 연속이므로 $x=3$에서도 연속이다.

즉, $\lim_{x \to 3-} f(x) = \lim_{x \to 3+} f(x) = f(3)$

2nd 좌극한과 우극한의 일치 여부를 통해 답을 구하자.
$\lim_{x \to 3-} (x^2+a) = \lim_{x \to 3+} (x+2a)$

우극한과 함숫값이 같은 경우이므로 좌극한과 우극한만 비교하면 충분해.

$9+a = 3+2a$ ∴ $a=6$

B 12 정답 ① *연속이 되도록 하는 미정계수의 결정 ····· [정답률 89%]

정답 공식: 함수 $f(x)$가 $x=3$에서 연속이어야 하므로 $\lim_{x\to 3} f(x)=f(3)$이 성립해야 한다.

함수 $f(x)=\begin{cases} 2x+a & (x<3) \\ \sqrt{x+1}-a & (x\geq 3) \end{cases}$이 $x=3$에서 연속일 때,

단서 $x=3$에서 연속이어야 하므로 $\lim_{x\to 3} f(x)=f(3)$이어야 해.

상수 a의 값은? (3점)

① −2   ② −1   ③ 0
④ 1   ⑤ 2

1st 함수 $f(x)$가 $x=3$에서 연속이면 $\lim_{x\to 3} f(x)=f(3)$이 성립해.

함수가 $f(x)$가 $x=3$에서 연속이면

$\lim_{x\to 3-} f(x)=\lim_{x\to 3+} f(x)=f(3)$이 성립해야 한다.

$\lim_{x\to 3-}(2x+a)=\lim_{x\to 3+}(\sqrt{x+1}-a)=2-a$ ▸ 함수 $f(x)$가 $x=a$에서 연속이려면 $x=a$에서의 함숫값 $f(a)$가 정의되어 있고 $\lim_{x\to a} f(x)$의 값이 존재해야 하며, $\lim_{x\to a} f(x)=f(a)$가 성립해야 해.

$6+a=2-a$

$2a=-4$ $\therefore a=-2$

B 13 정답 ③ *함수의 연속을 이용한 미정계수의 결정 ··· [정답률 81%]

정답 공식: 함수 $f(x)$가 $x=a$에서 연속이면 $\lim_{x\to a+} f(x)=\lim_{x\to a-} f(x)=f(a)$이다.

함수 $f(x)=\begin{cases} x-\dfrac{1}{2} & (x<0) \\ -x^2+3 & (x\geq 0) \end{cases}$에 대하여

단서 1 함수 $f(x)$는 $x<0$일 때와 $x\geq 0$일 때 각각 다항함수이므로 $x\neq 0$일 때 연속이야.

함수 $\{f(x)+a\}^2$이 실수 전체의 집합에서 연속일 때, 상수 a의 값은? (4점) **단서 2** 함수 $f(x)$가 불연속이 되는 점에서 함수 $\{f(x)+a\}^2$이 연속이면 이 함수는 실수 전체의 집합에서 연속이야.

① $-\dfrac{9}{4}$ ② $-\dfrac{7}{4}$ ③ $-\dfrac{5}{4}$ ④ $-\dfrac{3}{4}$ ⑤ $-\dfrac{1}{4}$

1st 함수 $f(x)$가 불연속인 점을 찾아.

$x<0$일 때 $f(x)=x-\dfrac{1}{2}$이고 $x\geq 0$일 때 $f(x)=-x^2+3$이므로

함수 $f(x)$는 $x\neq 0$인 실수에서 연속이다. 다항함수는 실수 전체의 집합에서 연속이야.

한편, $\lim_{x\to 0-} f(x)=\lim_{x\to 0-}\left(x-\dfrac{1}{2}\right)=-\dfrac{1}{2}$,

$\lim_{x\to 0+} f(x)=\lim_{x\to 0+}(-x^2+3)=3$에서 $\lim_{x\to 0-} f(x)\neq\lim_{x\to 0+} f(x)$이므로

함수 $f(x)$는 $x=0$에서 불연속이다.

2nd 함수 $\{f(x)+a\}^2$이 실수 전체의 집합에서 연속이 되도록 하는 상수 a의 값을 구해.

함수 $\{f(x)+a\}^2$이 실수 전체의 집합에서 연속이려면 $x=0$에서 연속이어야 한다.

$k\neq 0$인 실수 k에 대하여 함수 $f(x)$는 $x=k$에서 연속이므로 함수 $\{f(x)+a\}^2$도 $x=k$에서 연속이야.

즉, 함수 $f(x)$가 연속이 아닌 $x=0$에서 함수 $\{f(x)+a\}^2$이 연속이면 함수 $\{f(x)+a\}^2$은 실수 전체의 집합에서 연속이 돼.

이때, $\lim_{x\to 0-}\{f(x)+a\}^2=\lim_{x\to 0-}\left(x-\dfrac{1}{2}+a\right)^2=\left(-\dfrac{1}{2}+a\right)^2$,

$\lim_{x\to 0+}\{f(x)+a\}^2=\lim_{x\to 0+}(-x^2+3+a)^2=(3+a)^2$,

$\{f(0)+a\}^2=(3+a)^2$이므로

$\lim_{x\to 0-}\{f(x)+a\}^2=\lim_{x\to 0+}\{f(x)+a\}^2=\{f(0)+a\}^2$에서

$\left(-\dfrac{1}{2}+a\right)^2=(3+a)^2$

$a^2-a+\dfrac{1}{4}=a^2+6a+9$

$7a=-\dfrac{35}{4}$

$\therefore a=-\dfrac{5}{4}$

B 14 정답 ③ *함수의 연속을 이용한 미정계수의 결정 ····· [정답률 94%]

정답 공식: 함수 $f(x)$가 $x=a$에서 연속이면 $f(a)=\lim_{x\to a-} f(x)=\lim_{x\to a+} f(x)$이다.

함수

$$f(x)=\begin{cases} (x-a)^2 & (x<4) \\ 2x-4 & (x\geq 4) \end{cases}$$

단서 1 함수 $f(x)$가 $x=4$에서 연속임을 이용하여 미정계수 a의 값을 구해.

가 실수 전체의 집합에서 연속이 되도록 하는 모든 상수 a의 값의 **단서 2** 함수 $f(x)$가 $x=4$에서 연속이면 실수 전체의 집합에서 연속이야.

곱은? (3점)

① 6   ② 9   ③ 12   ④ 15   ⑤ 18

1st 함수 $f(x)$는 $x=4$에서 연속임을 이용해.

함수 $f(x)=\begin{cases} (x-a)^2 & (x<4) \\ 2x-4 & (x\geq 4) \end{cases}$가 $x=4$에서 연속이면 실수 전체의

$x<4$, $x>4$에서 각각 연속이야.

집합에서 연속이다.

함수 $f(x)$가 $x=4$에서 연속이려면 $x=4$에서의 함숫값과 극한값이 같아야 한다.

$\lim_{x\to 4-} f(x)=\lim_{x\to 4-}(x-a)^2=(4-a)^2=a^2-8a+16$

$x=4$에서의 좌극한은 $f(x)=(x-a)^2$을 이용해.

$\lim_{x\to 4+} f(x)=\lim_{x\to 4+}(2x-4)=4$

$x=4$에서의 우극한은 $f(x)=2x-4$를 이용해.

$f(4)=4$이므로

$\lim_{x\to 4-} f(x)=\lim_{x\to 4+} f(x)=f(4)$에서 $a^2-8a+16=4$

2nd $x=4$에서 연속이 되도록 하는 상수 a의 값을 구해.

$a^2-8a+12=0$

$(a-2)(a-6)=0$

$\therefore a=2$ 또는 $a=6$

따라서 조건을 만족시키는 모든 상수 a의 값의 곱은

$2\times 6=12$

✿ **함수의 연속** 개념·공식

함수 $f(x)$가 $x=a$에서 연속이기 위해서는 다음의 세 가지 조건을 만족해야 한다.

(i) $\lim_{x\to a} f(x)$가 존재

(ii) $f(a)$가 존재

(iii) $\lim_{x\to a} f(x)=f(a)$가 성립

정답 공식: 함수 $f(x)$가 $x=a$에서 연속이면 $f(a)=\lim\limits_{x \to a}f(x)$

함수 $f(x)=\begin{cases}(x-a)^2-3 & (x<1)\\2x-1 & (x\geq1)\end{cases}$ 이 실수 전체의 집합에서

연속이 되도록 하는 모든 상수 a의 값의 합은? (3점)

<단서> 함수 $f(x)$가 실수 전체의 집합에서 연속이려면 $x=1$에서 연속이어야 해.

① -4　② -2　③ 0　④ 2　⑤ 4

1st 함수 $f(x)$가 실수 전체의 집합에서 연속이 되기 위한 조건을 찾자.

함수 $f(x)=\begin{cases}(x-a)^2-3 & (x<1)\\2x-1 & (x\geq1)\end{cases}$ 이 $x\neq1$인 실수 전체의 집합에서

연속이므로 함수 $f(x)$가 실수 전체의 집합에서 연속이려면

$x=1$에서 연속이어야 한다.

함수 $f(x)$가 $x=a$에서 연속이면 ① $x=a$에서의 함숫값이 존재하고 ② $x=a$에서의 극한값이 존재하며 ③ 함숫값과 극한값이 같아.

$\lim\limits_{x \to 1^-}f(x)=\lim\limits_{x \to 1^+}f(x)=f(1)$ … ㉠

2nd ㉠을 이용하여 a의 값을 구하자.

$\lim\limits_{x \to 1^-}f(x)=\lim\limits_{x \to 1^-}\{(x-a)^2-3\}=(1-a)^2-3$

$x<1$일 때, $f(x)=(x-a)^2-3$

$\lim\limits_{x \to 1^+}f(x)=\lim\limits_{x \to 1^+}(2x-1)=2-1=1$

$x>1$일 때, $f(x)=2x-1$

$f(1)=2-1=1$

㉠에 의하여

$(1-a)^2-3=1$, $(1-a)^2=4$

$1-a=\pm2$

$x^2=a(a>0)$이면 $x=\pm\sqrt{a}$야.

$\therefore a=-1$ 또는 $a=3$

따라서 구하는 모든 a의 값의 합은 2이다.

🌸 **함수의 연속을 이용한 미정계수의 결정**　　개념·공식

구간에 따라 나누어진 함수의 연속성 조사는 경계점을 주목한다.

① $x\neq a$에서 연속인 함수 $g(x)$에 대하여

$f(x)=\begin{cases}g(x) & (x\neq a)\\b & (x=a)\end{cases}$ 일 때, 함수 $f(x)$가 $x=a$에서 연속이려면

$\Rightarrow \lim\limits_{x \to a}g(x)=b$

② $x<a$에서 연속인 함수 $f(x)$와 $x\geq a$에서 연속인 함수 $g(x)$에

대하여 함수 $y=\begin{cases}f(x) & (x<a)\\g(x) & (x\geq a)\end{cases}$ 가 모든 실수 x에서 연속이려면

$\Rightarrow \lim\limits_{x \to a^-}f(x)=g(a)$

정답 공식: 함수 $f(x)$가 $x=a$에서 연속이면 $f(a)=\lim\limits_{x \to a^-}f(x)=\lim\limits_{x \to a^+}f(x)$이다.

함수 $f(x)=\begin{cases}5x+a & (x<-2)\\x^2-a & (x\geq-2)\end{cases}$ 가

실수 전체의 집합에서 연속일 때, 상수 a의 값은? (3점)

<단서> 함수 $f(x)$가 $x=-2$에서 연속이면 실수 전체의 집합에서 연속이야.

① 6　② 7　③ 8　④ 9　⑤ 10

1st 함수 $f(x)$가 $x=-2$에서 연속이 되도록 하는 상수 a의 값을 구해.

함수 $f(x)=\begin{cases}5x+a & (x<-2)\\x^2-a & (x\geq-2)\end{cases}$ 가

$x<-2, x>2$에서 각각 연속이야.

실수 전체의 집합에서 연속이므로 $x=-2$에서도 연속이어야 한다.

즉, $\lim\limits_{x \to -2^-}f(x)=\lim\limits_{x \to -2^+}f(x)=f(-2)$에서

$\lim\limits_{x \to -2^-}f(x)=\lim\limits_{x \to -2^-}(5x+a)=-10+a$

$x=-2$에서의 좌극한은 $f(x)=5x+a$를 이용해.

$\lim\limits_{x \to -2^+}f(x)=\lim\limits_{x \to -2^+}(x^2-a)=4-a$

$x=-2$에서의 우극한은 $f(x)=x^2-a$를 이용해.

$f(-2)=4-a$이므로

$-10+a=4-a$, $2a=14$

$\therefore a=7$

정답 공식: 함수 $f(x)$가 $x=a$에서 연속이려면 $\lim\limits_{x \to a}f(x)=f(a)$가 성립해야 한다.

함수

$f(x)=\begin{cases}3x-a & (x<2)\\x^2+a & (x\geq2)\end{cases}$

→ <단서> 구간에 따라 연속인 다항함수가 정해져 있으므로 경계 $x=2$에서만 연속임을 보여주면 돼.

가 실수 전체의 집합에서 연속일 때, 상수 a의 값은? (3점)

① 1　② 2　③ 3　④ 4　⑤ 5

1st 함수 $f(x)$가 $x=2$에서 연속일 조건을 이용하여 상수 a의 값을 구해.

함수 $f(x)=\begin{cases}3x-a & (x<2)\\x^2+a & (x\geq2)\end{cases}$ 가 실수 전체의 집합에서 연속이려면

$x=2$에서 연속이어야 한다.

<실수> $x\neq2$인 값에서는 $f(x)$가 $3x-a$ 또는 x^2+a로 다항함수이기 때문에 연속이므로 $x=2$에서만 연속을 따져주면 되겠지?

즉, $\lim\limits_{x \to 2^-}f(x)=\lim\limits_{x \to 2^+}f(x)=f(2)$를 만족시켜야 하므로

$\lim\limits_{x \to 2^-}(3x-a)=\lim\limits_{x \to 2^+}(x^2+a)$

↳ $x=2$의 좌극한값과 우극한값이 같고 함숫값까지 같아야 함수 $f(x)$가 $x=2$에서 연속이야.

$3\times2-a=2^2+a$

$6-a=4+a$, $2a=2$

$\therefore a=1$

B 18 정답 ② *함수의 연속을 이용한 미정계수의 결정 · [정답률 80%]

(**정답 공식**: $x=a$에서 함수 $f(x)$가 연속이면 $\lim\limits_{x\to a} f(x)=f(a)$)

실수 전체의 집합에서 **연속인 함수 $f(x)$**가 **단서1** 함수 $f(x)$가 모든 실수의 집합에서 연속이면 $x=1$에서도 연속이야.
$\lim\limits_{x\to 1} f(x)=4-f(1)$ **단서2** $\lim\limits_{x\to 1} f(x)=f(1)$ 임을 이용해.
을 만족시킬 때, $f(1)$의 값은? (3점)

① 1   ② 2   ③ 3   ④ 4   ⑤ 5

1st $x=1$에서 연속임을 이용해.

함수 $f(x)$가 실수 전체의 집합에서 연속이므로 $x=1$에서도 연속이다.
∴ $\lim\limits_{x\to 1} f(x)=f(1)$ → 함수 $f(x)$가 $x=k$에서 연속이려면 $x=k$에서의 극한값과 함숫값이 같아야 해.

$\lim\limits_{x\to 1} f(x)=4-f(1)$에서

$f(1)=4-f(1)$이고
$2f(1)=4$이므로
$f(1)=2$이다.

B 19 정답 ④ *연속이 되도록 하는 미정계수의 결정 ···· [정답률 92%]

(**정답 공식**: 함수 $f(x)$가 $x=a$에서 연속이려면 $\lim\limits_{x\to a-} f(x)=\lim\limits_{x\to a+} f(x)=f(a)$가 성립해야 한다.)

함수
$$f(x)=\begin{cases} 2x+a & (x\le -1) \\ x^2-5x-a & (x>-1) \end{cases}$$
이 실수 전체의 집합에서 연속일 때, 상수 a의 값은? (3점)
단서 함수 $f(x)$가 $x=-1$을 기준으로 식이 나누어져 있고, 각각의 범위에서는 연속인 다항함수이므로 $x=-1$에서 연속이면 실수 전체의 집합에서 연속이야.

① 1   ② 2   ③ 3
④ 4   ⑤ 5

1st 함수 $f(x)$가 $x=-1$에서 연속일 조건을 이용하여 상수 a의 값을 구하자.

함수 $f(x)$가 실수 전체의 집합에서 연속이려면 $x=-1$에서 연속이면 되므로
$\lim\limits_{x\to -1-} f(x)=\lim\limits_{x\to -1+} f(x)=f(-1)$
이 성립해야 한다.
함정 함수 $f(x)$는 $x\le -1$일 때와 $x>-1$일 때 모두 다항함수이므로 각 범위에서의 모든 실수 x에 대하여 연속이야.

이때,
$\lim\limits_{x\to -1-} f(x)=\lim\limits_{x\to -1-}(2x+a)=2\times(-1)+a=-2+a$
→ $x<-1$일 때, $f(x)=2x+a$
$\lim\limits_{x\to -1+} f(x)=\lim\limits_{x\to -1+}(x^2-5x-a)$
→ $x>-1$일 때, $f(x)=x^2-5x-a$
$=(-1)^2-5\times(-1)-a$
$=6-a$
$f(-1)=2\times(-1)+a=-2+a$
이므로 $-2+a=6-a$에서
$2a=8$ ∴ $a=4$

B 20 정답 ② *연속이 되도록 하는 미정계수의 결정 ··· [정답률 94%]

(**정답 공식**: 함수 $f(x)$가 $x=k$에서 연속이려면 $\lim\limits_{x\to k} f(x)=f(k)$가 성립해야 한다.)

함수
$$f(x)=\begin{cases} ax+3 & (x\ne 1) \\ 5 & (x=1) \end{cases}$$
단서 함수 $f(x)$가 실수 전체의 집합에서 연속이니까 $x=1$에서도 연속이어야 해.
이 실수 전체의 집합에서 연속일 때, 상수 a의 값은? (3점)

① 1   ② 2   ③ 3
④ 4   ⑤ 5

1st 함수 $f(x)$가 $x=1$에서 연속일 조건을 이용하여 상수 a의 값을 구해.

함수 $f(x)$가 실수 전체의 집합에서 연속이므로 $x=1$에서 연속이다.
즉, $\lim\limits_{x\to 1} f(x)=f(1)$에서 $a+3=5$
∴ $a=2$ 함수 $f(x)$가 $x=k$에서 연속이려면 $x=k$에서의 극한값과 함숫값이 같아야 해.

B 21 정답 6 *연속이 되도록 하는 미정계수의 결정 ··· [정답률 90%]

(**정답 공식**: 함수 $f(x)$가 $x=k$에서 연속이면 $\lim\limits_{x\to k-} f(x)=\lim\limits_{x\to k+} f(x)=f(k)$이다.)

함수 $f(x)$가 $x=2$에서 연속이고
$\lim\limits_{x\to 2-} f(x)=a+2$, $\lim\limits_{x\to 2+} f(x)=3a-2$
단서 함수 $f(x)$가 $x=2$에서 연속이면 $\lim\limits_{x\to 2-} f(x)=\lim\limits_{x\to 2+} f(x)=f(2)$가 성립해.
를 만족시킬 때, $a+f(2)$의 값을 구하시오. (단, a는 상수이다.) (3점)

1st 함수 $f(x)$가 $x=2$에서 연속이 되기 위해 먼저 $\lim\limits_{x\to 2} f(x)$가 존재함을 이용해.

함수 $f(x)$가 $x=2$에서 연속이면 $x=2$에서의 극한값이 존재해야 하므로
$\lim\limits_{x\to 2-} f(x)=\lim\limits_{x\to 2+} f(x)$
→ $\lim\limits_{x\to k-} f(x)=\lim\limits_{x\to k+} f(x)=L$일 때, 함수 $f(x)$는 $x=k$에서 극한값이 존재한다고 해. 즉,
$\lim\limits_{x\to k-} f(x)=\lim\limits_{x\to k+} f(x)=L \iff \lim\limits_{x\to k} f(x)=L$
즉, $a+2=3a-2$이므로
$2a=4$ ∴ $a=2$

2nd 함수 $f(x)$가 $x=2$에서 연속임을 이용하여 $f(2)$의 값을 구해.

함수 $f(x)$가 $x=2$에서 연속이므로
$\lim\limits_{x\to 2-} f(x)=\lim\limits_{x\to 2+} f(x)=f(2)$이다.
→ 함수 $f(x)$가 $x=k$에서 연속이면 $\lim\limits_{x\to k} f(x)=f(k)$가 성립해.
따라서 $f(2)=a+2=2+2=4$이므로
→ $f(2)=3a-2=6-2=4$
$a+f(2)=2+4=6$

B 22 정답 ③ *함수의 연속을 이용한 미정계수의 결정 ··· [정답률 91%]

(**정답 공식**: $x<k$에서 연속인 함수와 $x\ge k$에서 연속인 함수로 이루어진 함수 $f(x)$가 실수 전체의 집합에서 연속이 되기 위해서는 $x=k$에서 연속이면 된다.)

함수
$$f(x)=\begin{cases} x-1 & (x<2) \\ x^2-ax+3 & (x\ge 2) \end{cases}$$
단서 함수 $f(x)$가 $x<2$, $x>2$에서 모두 연속이므로 $x=2$에서 연속이면 실수 전체의 집합에서 연속이 되지.
가 실수 전체의 집합에서 연속일 때, 상수 a의 값은? (3점)

① 1   ② 2   ③ 3
④ 4   ⑤ 5

1st 함수 $f(x)$가 $x=2$에서 연속이 되도록 상수 a의 값을 구해.

함수 $f(x)$가 $x<2$, $x>2$에서 모두 연속이므로 실수 전체의 집합에서 연속이려면 $x=2$에서 연속이어야 한다.

즉, $\lim\limits_{x \to 2-} f(x) = \lim\limits_{x \to 2+} f(x) = f(2)$이므로

> 함수 $f(x)$가 $x=a$에서 정의되고, 극한값 $\lim\limits_{x \to a} f(x)$가 존재하며
> $\lim\limits_{x \to a} f(x) = f(a)$일 때, $f(x)$는 $x=a$에서 연속이라고 해.

$\lim\limits_{x \to 2-} (x-1) = \lim\limits_{x \to 2+} (x^2 - ax + 3) = f(2)$에서

$1 = 4 - 2a + 3$, $2a = 6$

$\therefore a = 3$

B 23 정답 ④ *연속이 되도록 하는 미정계수의 결정 ··· [정답률 92%]

(**정답 공식**: 함수 $f(x)$가 $x=a$에서 연속이려면 $\lim\limits_{x \to a} f(x) = f(a)$가 성립해야 한다.)

> 함수 $f(x) = \begin{cases} x+1 & (x<2) \\ x^2 - 4x + a & (x \geq 2) \end{cases}$ 가 실수 전체의 집합에서 연속일 때, 상수 a의 값은? (3점) **단서** 함수 $f(x)$가 실수 전체의 집합에서 연속이니까 $x=2$에서도 연속이어야겠지?
>
> ① 1   ② 3   ③ 5
> ④ 7   ⑤ 9

1st 함수 $f(x)$가 $x=2$에서 연속일 조건을 이용하여 상수 a의 값을 구해.

실수 $x \neq 2$인 구간에서는 $f(x)$가 $x+1$과 $x^2 - 4x + a$로 다항함수이기 때문에 연속이야.

함수 $f(x) = \begin{cases} x+1 & (x<2) \\ x^2 - 4x + a & (x \geq 2) \end{cases}$ 가 실수 전체의 집합에서 연속이려면 $x=2$에서 연속이어야 한다.

즉, $\lim\limits_{x \to 2-} f(x) = \lim\limits_{x \to 2+} f(x) = f(2)$를 만족해야 하므로

$\lim\limits_{x \to 2-} (x+1) = \lim\limits_{x \to 2+} (x^2 - 4x + a)$

$\qquad = 2^2 - 4 \times 2 + a$

$2 + 1 = 4 - 8 + a$

$\therefore a = 7$

> 함수 $f(x)$가 $x=a$에서 연속이면 다음이 성립해야 해.
> (i) $f(a)$가 정의
> (ii) $\lim\limits_{x \to a} f(x)$가 존재
> (iii) $f(a) = \lim\limits_{x \to a} f(x)$가 성립

B 24 정답 ④ *연속이 되도록 하는 미정계수의 결정 ··· [정답률 90%]

(**정답 공식**: 함수 $f(x)$가 실수 전체의 집합에서 연속이려면 $x=1$에서 연속이어야 한다. 즉, $\lim\limits_{x \to 1-} f(x) = \lim\limits_{x \to 1+} f(x) = f(1)$이다.)

> 함수
> $f(x) = \begin{cases} 2x^2 + ax + 1 & (x<1) \\ 7 & (x=1) \\ -3x + b & (x>1) \end{cases}$
> 이 실수 전체의 집합에서 연속일 때, $a+b$의 값은? (단, a와 b는 상수이다.) (3점) **단서** $x=1$에서만 연속이면 되지? 즉, $\lim\limits_{x \to 1} f(x) = f(1)$이어야 해.
>
> ① 11   ② 12   ③ 13
> ④ 14   ⑤ 15

1st $x=1$에서 연속이 되도록 하는 a, b의 값을 구하자.

함수 $f(x)$가 실수 전체의 집합에서 연속이므로 함수 $f(x)$는 $x=1$에서도 연속이다.

즉, $\lim\limits_{x \to 1-} f(x) = \lim\limits_{x \to 1+} f(x) = f(1)$이어야 한다.

$x=1$에서 연속이려면 $\lim\limits_{x \to 1} f(x) = f(1)$이어야 하므로 $x=1$에서의 좌극한값과 우극한값 함숫값이 같아야 해

$\lim\limits_{x \to 1-} f(x) = \lim\limits_{x \to 1-} (2x^2 + ax + 1) = a + 3$

$\lim\limits_{x \to 1+} f(x) = \lim\limits_{x \to 1+} (-3x + b) = -3 + b$ → $x<1$일 때, $f(x) = 2x^2 + ax + 1$

이때, $f(1) = 7$이므로   → $x>1$일 때, $f(x) = -3x + b$

$a + 3 = 7$에서 $a = 4$이고, $-3 + b = 7$에서 $b = 10$

$\therefore a + b = 4 + 10 = 14$

B 25 정답 ④ *연속이 되도록 하는 미정계수의 결정 ··· [정답률 90%]

(**정답 공식**: 함수가 특정 점에서 연속하기 위한 조건은 함숫값과 극한값이 존재하고 두 값이 같은 것이다.)

> 함수
> $f(x) = \begin{cases} \dfrac{x^2 - 2x - 3}{x - 3} & (x \neq 3) \\ a & (x = 3) \end{cases}$
> 가 실수 전체의 집합에서 연속일 때, 상수 a의 값은? (3점) **단서** 실수 전체의 집합에서 연속이므로 $x=3$에서 연속이야. 즉, $\lim\limits_{x \to 3} f(x) = f(3)$이어야 해.
>
> ① 1   ② 2   ③ 3   ④ 4   ⑤ 5

1st $x=3$에서 연속이기 위한 조건을 구하자.

$f(x) = \begin{cases} \dfrac{x^2 - 2x - 3}{x - 3} & (x \neq 3) \\ a & (x = 3) \end{cases}$

가 실수 전체의 집합에서 연속이므로 $x=3$에서 연속이다.

즉, $\lim\limits_{x \to 3} \dfrac{x^2 - 2x - 3}{x - 3} = a$이어야 한다.   함수 $f(x)$가 $x=a$에서 연속이면 $\lim\limits_{x \to a} f(x) = f(a)$임을 이용해.

2nd 분자를 인수분해하여 극한값을 구해봐.

$\lim\limits_{x \to 3} \dfrac{x^2 - 2x - 3}{x - 3} = \lim\limits_{x \to 3} \dfrac{(x-3)(x+1)}{x-3} = \lim\limits_{x \to 3} (x+1) = 4$

$\therefore a = 4$

> $x \to 3$은 x가 3이 아니면서 3에 한없이 가까이 간다는 뜻이니까 $x - 3 \neq 0$이야. 따라서 분모, 분자를 $x-3$으로 약분할 수 있어.

B 26 정답 ① *연속이 되도록 하는 미정계수의 결정 ··· [정답률 90%]

(**정답 공식**: 함수 $f(x)$의 $x=1$에서의 좌극한, 우극한, 함숫값이 같아야 한다.)

> 함수   **단서** 함수 $f(x)$는 $x \neq 1$인 실수 x에 대하여 다항함수이므로 함수 $f(x)$는 $x \neq 1$인 실수 x에서 연속이야. 즉, 함수 $f(x)$가 실수 전체의 집합에서 연속이려면 $x=1$에서만 연속이면 돼.
>
> $f(x) = \begin{cases} 4x^2 - a & (x<1) \\ x^3 + a & (x \geq 1) \end{cases}$
>
> 이 실수 전체의 집합에서 연속일 때, 상수 a의 값은? (3점)
>
> ① $\dfrac{3}{2}$ ② 2   ③ $\dfrac{5}{2}$ ④ 3   ⑤ $\dfrac{7}{2}$

1st 함수의 연속의 정의를 이용하여 상수 a의 값을 구해.

함수 $f(x)$가 실수 전체의 집합에서 연속이 되려면 $x=1$에서만 연속이면 된다. 즉, $f(1) = \lim\limits_{x \to 1+} f(x) = \lim\limits_{x \to 1-} f(x)$가 성립해야 하는데

$f(1) = 1^3 + a = 1 + a$이고

$\lim\limits_{x \to 1+} f(x) = \lim\limits_{x \to 1+} (x^3 + a) = 1 + a$

$\lim\limits_{x \to 1-} f(x) = \lim\limits_{x \to 1-} (4x^2 - a) = 4 - a$이므로

$1 + a = 4 - a$, $2a = 3$ $\therefore a = \dfrac{3}{2}$

> 함수 $f(x)$가 $x=a$에서 연속이려면 $x=a$에서의 함숫값 $f(a)$가 정의되어 있고 $\lim\limits_{x \to a} f(x)$의 값이 존재해야 하며 $f(a) = \lim\limits_{x \to a} f(x)$가 성립해야 해.

$x<1$일 때의 $f(x)$의 함수식과 $x\geq1$일 때의 $f(x)$의 함수식에 경곗값 $x=1$을 대입한 두 값이 같으면 함수 $f(x)$는 $x=1$에서 연속이야.

즉, $f(1)=\begin{cases}4-a\\1+a\end{cases}$ 이므로

$4-a=1+a$

$\therefore a=\dfrac{3}{2}$

> 함수 $f(x)$의 식을 보면 $f(1)=\lim\limits_{x\to1+}f(x)=1+a$이고 $\lim\limits_{x\to1-}f(x)=4-a$잖아. 이때, $x=1$에서 연속이 되려면 $f(1)=\lim\limits_{x\to1-}f(x)$이어야 하니까 $x\geq1$, $x<1$일 때의 각각의 함수식에 경곗값 $x=1$을 대입해서 구해도 돼.

B 27 정답 ① ＊연속이 되도록 하는 미정계수의 결정 … [정답률 93%]

> **정답 공식:** 함수 $f(x)$에 대하여 $\lim\limits_{x\to a-}f(x)=\lim\limits_{x\to a+}f(x)=f(a)$일 때 $f(x)$는 $x=a$에서 연속이라고 한다.

함수

$$f(x)=\begin{cases}-2x+a & (x\leq a)\\ax-6 & (x>a)\end{cases}$$

가 실수 전체의 집합에서 연속이 되도록 하는 모든 상수 a의 값의 합은? (3점) [단서] $f(x)$가 $x<a$일 때와 $x>a$일 때 모두 다항함수이므로 연속이야. 따라서 $x=a$에서 연속이면 함수 $f(x)$는 실수 전체의 집합에서 연속이 돼.

① -1 ② -2 ③ -3
④ -4 ⑤ -5

[1st] 함수 $f(x)$가 실수 전체의 집합에서 연속이 되기 위한 조건을 이용하여 a의 값을 구해.

함수 $f(x)$가 실수 전체의 집합에서 연속이려면 $x=a$에서 연속이어야 하므로 $\lim\limits_{x\to a-}f(x)=\lim\limits_{x\to a+}f(x)=f(a)$가 성립해야 한다.

$\lim\limits_{x\to a-}f(x)=\lim\limits_{x\to a-}(-2x+a)=-2a+a=-a$,

$\lim\limits_{x\to a+}f(x)=\lim\limits_{x\to a+}(ax-6)=a^2-6$,

$f(a)=-2a+a=-a$

이므로 $-a=a^2-6$에서

$a^2+a-6=0$, $(a+3)(a-2)=0$

$\therefore a=-3$ 또는 $a=2$

따라서 구하는 모든 상수 a의 값의 합은

$(-3)+2=-1$

> a에 대한 이차방정식 $a^2+a-6=0$의 판별식을 D라 할 때, $D=1^2-4\times1\times(-6)=25>0$이므로 이 이차방정식은 서로 다른 두 실근을 가져. 따라서 이차방정식의 근과 계수의 관계에 의하여 모든 상수 a의 값의 합은 $-\dfrac{1}{1}=-1$이야.

✿ **함수의 연속을 이용한 미정계수의 결정**   개념·공식

구간에 따라 나누어진 함수의 연속성 조사는 경계점을 주목한다.

① $x\neq a$에서 연속인 함수 $g(x)$에 대하여

$f(x)=\begin{cases}g(x) & (x\neq a)\\b & (x=a)\end{cases}$일 때, 함수 $f(x)$가 $x=a$에서 연속이려면

$\Rightarrow \lim\limits_{x\to a}g(x)=b$

② $x<a$에서 연속인 함수 $f(x)$와 $x\geq a$에서 연속인 함수 $g(x)$에 대하여 함수 $y=\begin{cases}f(x) & (x<a)\\g(x) & (x\geq a)\end{cases}$가 모든 실수 x에서 연속이려면

$\Rightarrow \lim\limits_{x\to a-}f(x)=g(a)$

B 28 정답 ① ＊연속이 되도록 하는 미정계수의 결정 … [정답률 84%]

> **정답 공식:** 함수 $f(x)$가 $x=a$에서 연속이려면 $\lim\limits_{x\to a+}f(x)=\lim\limits_{x\to a-}f(x)=f(a)$가 성립해야 한다.

함수

$$f(x)=\begin{cases}\dfrac{x^2+3x+a}{x-2} & (x<2)\\-x^2+b & (x\geq2)\end{cases}$$

가 $x=2$에서 연속일 때, $a+b$의 값은? (단, a, b는 상수이다.)

[단서] 함수 $f(x)$가 $x=2$에서 연속이려면 $\lim\limits_{x\to2+}f(x)=\lim\limits_{x\to2-}f(x)=f(2)$가 성립해야 해. (3점)

① 1   ② 2   ③ 3
④ 4   ⑤ 5

[1st] 함수 $f(x)$가 $x=2$에서 연속일 조건을 이용하여 상수 a의 값을 구하자.

함수 $f(x)$가 $x=2$에서 연속이므로

$\lim\limits_{x\to2+}f(x)=\lim\limits_{x\to2-}f(x)=f(2)$를 만족해야 한다.

이때, $\lim\limits_{x\to2+}f(x)=\lim\limits_{x\to2+}(-x^2+b)=-4+b$이고,

$f(2)=-4+b$이므로

$\lim\limits_{x\to2-}f(x)=-4+b$이어야 한다.

한편, $\lim\limits_{x\to2-}f(x)=\lim\limits_{x\to2-}\dfrac{x^2+3x+a}{x-2}=-4+b$에서

$x\to2-$일 때, (분모)$\to0$이고 극한값이 존재하므로 (분자)$\to0$이어야 한다. $\lim\limits_{x\to a}\dfrac{f(x)}{g(x)}=\alpha(\alpha$는 상수)일 때, $\lim\limits_{x\to a}g(x)=0$이면 $\lim\limits_{x\to a}f(x)=0$이어야 한다.

즉, $\lim\limits_{x\to2-}(x^2+3x+a)=0$이므로

$4+6+a=0$ $\therefore a=-10$

[2nd] a의 값을 극한식에 대입하여 상수 b의 값을 구하자.

$a=-10$을 대입하여 $x=2$에서의 좌극한값을 구하면

$\lim\limits_{x\to2-}\dfrac{x^2+3x-10}{x-2}=\lim\limits_{x\to2-}\dfrac{(x-2)(x+5)}{x-2}$ → $\dfrac{0}{0}$ 꼴의 극한이고 $x-2$가 분모, 분자의 공통인수이므로 약분해.

$=\lim\limits_{x\to2-}(x+5)=2+5=7$

$\lim\limits_{x\to2+}f(x)=\lim\limits_{x\to2-}f(x)=f(2)=-4+b$이므로

$-4+b=7$ $\therefore b=11$

$\therefore a+b=-10+11=1$

✿ **함수의 연속**   개념·공식

함수 $f(x)$가 $x=a$에서 연속이기 위해서는 다음의 세 가지 조건을 만족해야 한다.

(i) $\lim\limits_{x\to a}f(x)$가 존재

(ii) $f(a)$가 존재

(iii) $\lim\limits_{x\to a}f(x)=f(a)$가 성립

B 29 정답 ⑤ *연속이 되도록 하는 미정계수의 결정 … [정답률 83%]

정답 공식: 함수 $f(x)$의 $x=a$에서의 극한값과 함숫값이 같으면 $f(x)$는 $x=a$에서 연속이라 한다.

함수

$$f(x) = \begin{cases} \dfrac{x^2+ax+b}{x-3} & (x<3) \\[2mm] \dfrac{2x+1}{x-2} & (x\geq 3) \end{cases}$$

단서1 함수 $f(x)$가 실수 전체의 집합에서 연속이므로 $x=3$에서도 연속이어야 해.

이 실수 전체의 집합에서 연속일 때, $a-b$의 값은? (단, a, b는 상수이다.) (3점)

단서2 $\displaystyle\lim_{x\to 3-}\dfrac{x^2+ax+b}{x-3}$의 값이 존재하는데 $\displaystyle\lim_{x\to 3-}(x-3)=0$이므로 $\displaystyle\lim_{x\to 3-}(x^2+ax+b)=0$임을 이용해 a, b 사이의 관계식을 찾아내.

① 9   ② 10   ③ 11
④ 12   ⑤ 13

1st 함수 $f(x)$가 실수 전체의 집합에서 연속이므로 $x=3$에서도 연속이어야 함을 이용해.

함수 $f(x)$가 실수 전체의 집합에서 연속이므로 $x=3$에서도 연속이어야 한다. 즉, $\displaystyle\lim_{x\to 3-}f(x)=\lim_{x\to 3+}f(x)=f(3)$이다.

이때, $\displaystyle\lim_{x\to 3-}\dfrac{x^2+ax+b}{x-3}$의 값이 존재하고, $x\to 3-$일 때

(분모)$\to 0$이므로 (분자)$\to 0$이어야 한다.

즉, $\displaystyle\lim_{x\to 3-}(x^2+ax+b)=0$이므로   → $\displaystyle\lim_{x\to a}\dfrac{f(x)}{g(x)}=\alpha$($\alpha$는 실수)일 때, $\displaystyle\lim_{x\to a}g(x)=0$이면 $\displaystyle\lim_{x\to a}f(x)=0$이어야 한다.

$9+3a+b=0$ $\therefore b=-3a-9$ … ㉠

2nd $x=3$에서의 좌극한값, 우극한값을 이용하여 a, b의 값을 구하자.

$$\lim_{x\to 3-}\frac{x^2+ax+b}{x-3}=\lim_{x\to 3-}\frac{x^2+ax-3a-9}{x-3}\ (\because ㉠)$$

$$=\lim_{x\to 3-}\frac{(x-3)(x+3+a)}{x-3}$$

주의 x가 3에 가까워지는 수이므로 $x-3$은 0이 아니야. 따라서 분모, 분자의 공통인 인수 $x-3$을 약분할 수 있어.

$$=\lim_{x\to 3-}(x+3+a)$$
$$=3+3+a=6+a$$

한편, $\displaystyle\lim_{x\to 3+}f(x)=\lim_{x\to 3+}\dfrac{2x+1}{x-2}=6+1=7$이고,

$f(3)=7$이므로 $\displaystyle\lim_{x\to 3-}f(x)=\lim_{x\to 3+}f(x)=f(3)$에서

$6+a=7$ $\therefore a=1$

따라서 ㉠에 의해 $b=-3-9=-12$이므로

$a-b=1-(-12)=13$

🌸 함수의 연속을 이용한 미정계수의 결정   개념·공식

구간에 따라 나누어진 함수의 연속성 조사는 경계점을 주목한다.

① $x\neq a$에서 연속인 함수 $g(x)$에 대하여

$f(x)=\begin{cases} g(x) & (x\neq a) \\ b & (x=a) \end{cases}$ 일 때, 함수 $f(x)$가 $x=a$에서 연속이려면

$\Rightarrow \displaystyle\lim_{x\to a}g(x)=b$

② $x<a$에서 연속인 함수 $f(x)$와 $x\geq a$에서 연속인 함수 $g(x)$에 대하여 함수 $y=\begin{cases} f(x) & (x<a) \\ g(x) & (x\geq a) \end{cases}$ 가 모든 실수 x에서 연속이려면

$\Rightarrow \displaystyle\lim_{x\to a-}f(x)=g(a)$

B 30 정답 6 *연속이 되도록 하는 미정계수의 결정 … [정답률 80%]

정답 공식: 함수 $f(x)$가 $x=1$에서 연속이려면 $x=1$에서의 좌극한, 우극한, 함숫값이 같아야 한다. 또한, $x\to a$일 때, 극한값이 존재하고 (분모)$\to 0$이면 (분자)$\to 0$이어야 한다.

함수

$$f(x) = \begin{cases} -3x+a & (x\leq 1) \\[2mm] \dfrac{x+b}{\sqrt{x+3}-2} & (x>1) \end{cases}$$

단서1 함수 $f(x)$의 식을 보면 $x=1$에서 연속이면 실수 전체의 집합에서 연속이 됨을 알 수 있어. 즉, $\displaystyle\lim_{x\to 1}f(x)=f(1)$이어야 해.

이 실수 전체의 집합에서 연속일 때, $a+b$의 값을 구하시오.

단서2 $\displaystyle\lim_{x\to 1+}\dfrac{x+b}{\sqrt{x+3}-2}$의 값이 존재해야 할 조건을 찾은 후, 유리화를 이용하여 근호를 포함한 $\dfrac{0}{0}$ 꼴의 극한값을 계산해야 해.   (단, a와 b는 상수이다.) (4점)

1st 함수 $f(x)$가 실수 전체의 집합에서 연속이므로 $x=1$에서도 연속이어야 해.

함수 $f(x)$는 실수 전체의 집합에서 연속이므로 $x=1$에서 연속이어야 한다.   → $x=1$에서의 좌극한, 우극한, 함숫값이 같아야 해.

즉,

$$\lim_{x\to 1+}f(x)=\lim_{x\to 1+}\frac{x+b}{\sqrt{x+3}-2}$$

이고,

$$\lim_{x\to 1-}f(x)=f(1)=-3+a$$

→ $x\leq 1$인 범위에서 $f(x)=-3x+a$인 다항함수이므로 $x=1$의 좌극한과 함숫값은 같아.

이므로 함수 $f(x)$가 $x=1$에서 연속이려면

$$\lim_{x\to 1+}\frac{x+b}{\sqrt{x+3}-2}=-3+a \cdots ㉠$$

2nd 함수의 극한의 성질을 이용하여 미정계수 a, b의 값을 각각 구해.

㉠의 좌변에서 극한값이 존재하고 $x\to 1$일 때,

(분모)$\to 0$이므로 (분자)$\to 0$이어야 한다.

$$\lim_{x\to 1+}(x+b)=1+b=0$$

$$\therefore b=-1$$

또한,

$$\lim_{x\to 1+}\frac{x+b}{\sqrt{x+3}-2}$$

→ 근호를 포함한 $\dfrac{0}{0}$ 꼴의 극한값은 유리화를 이용하여 분자, 분모를 0이 되도록 하는 인수를 약분해서 구해.

$$=\lim_{x\to 1+}\frac{x-1}{\sqrt{x+3}-2}=\lim_{x\to 1+}\frac{(x-1)(\sqrt{x+3}+2)}{(\sqrt{x+3}-2)(\sqrt{x+3}+2)}$$

$$=\lim_{x\to 1+}\frac{(x-1)(\sqrt{x+3}+2)}{x-1}=\lim_{x\to 1+}(\sqrt{x+3}+2)$$

$$=2+2=4$$

이므로

$$-3+a=4 \quad \therefore a=7$$

$$\therefore a+b=7+(-1)=6$$

정답 공식: 함수 $f(x)$의 $x=3$에서의 극한값과 함숫값이 같아야 한다.

함수

$$f(x)=\begin{cases} \dfrac{x^2-5x+a}{x-3} & (x\neq 3) \\ b & (x=3) \end{cases}$$

가 실수 전체의 집합에서 연속일 때, $a+b$의 값은? (단, a와 b는 상수이다.) (4점)

단서 함수 $f(x)$가 실수 전체의 집합에서 연속이므로 $x=3$에서도 연속이 되도록 a, b의 값을 결정하면 돼.

① 1 　　 ② 3 　　 ③ 5

④ 7 　　 ⑤ 9

1st 함수 $f(x)$가 실수 전체의 집합에서 연속이므로 $x=3$에서도 연속이어야 해.

함수 $f(x)$가 실수 전체의 집합에서 연속이므로 $x=3$에서 연속이어야 한다.

즉, $x=3$에서의 극한값이 존재하고, 극한값과 함숫값이 같아야 하므로

$$\lim_{x\to 3}\frac{x^2-5x+a}{x-3}=b \quad \cdots \ㄱ$$

$\to \lim_{x\to a}\dfrac{f(x)}{g(x)}=a$ (a는 상수)일 때, $\lim_{x\to a}g(x)=0$이면 $\lim_{x\to a}f(x)=0$이어야 해.

$x\to 3$일 때 (분모)$\to 0$이므로 (분자)$\to 0$이어야 한다.

$3^2-5\times 3+a=0$ $\therefore a=6$

2nd $x=3$에서의 극한값을 구하여 b의 값을 구해.

$a=6$을 대입하면

$$\lim_{x\to 3}\frac{x^2-5x+a}{x-3}=\lim_{x\to 3}\frac{x^2-5x+6}{x-3}$$

$$=\lim_{x\to 3}\frac{(x-2)(x-3)}{x-3}$$

$\to \dfrac{0}{0}$ 꼴의 분수식은 인수분해한 후 약분해서 계산해.

$$=\lim_{x\to 3}(x-2)=3-2=1$$

ㄱ에서 $b=1$

$\therefore a+b=6+1=7$

⭐ **톡톡 풀이: 조립제법 이용하기**

$f(x)=x^2-5x+a$에 대하여 조립제법을 이용하면 다음과 같아.

$$\begin{array}{r|rrr} 3 & 1 & -5 & a \\ & & 3 & -6 \\ \hline & 1 & -2 & a-6 \end{array}$$

이때, $a-6=0$이어야 $x\neq 3$에서의 $\dfrac{0}{0}$ 꼴의 극한을 이용하여 $f(x)$의 극한값이 존재해.

$a=6$이므로 $f(x)=x^2-5x+6=(x-2)(x-3)$이고

$$\lim_{x\to 3}f(x)=\lim_{x\to 3}\frac{x^2-5x+a}{x-3}$$

$$=\lim_{x\to 3}\frac{(x-2)(x-3)}{x-3}$$

$$=\lim_{x\to 3}(x-2)=1$$

함수 $f(x)$가 실수 전체의 집합에서 연속이므로

$f(3)=1$

$\therefore b=1$

정답 공식: $\lim_{x\to a-}|f(x)|=\lim_{x\to a+}|f(x)|=|f(a)|$를 만족시키면 $x=a$에서 함수 $|f(x)|$는 연속이다.

두 양수 a, b에 대하여 함수 $f(x)$가

$$f(x)=\begin{cases} x+a & (x<-1) \\ x & (-1\leq x<3) \\ bx-2 & (x\geq 3) \end{cases}$$

단서 1 함수 $f(x)$는 $x=-1, x=3$에서 불연속일 수 있어.

이다. 함수 $|f(x)|$가 실수 전체의 집합에서 연속일 때, $a+b$의 값은? (3점)

단서 2 함수 $f(x)$가 $x=-1, x=3$을 제외한 실수 전체의 집합에서 연속이므로 함수 $|f(x)|$도 $x=-1, x=3$을 제외한 실수 전체의 집합에서 연속이야. 즉, 함수 $f(x)$가 불연속일 수 있는 점에서 함수 $|f(x)|$가 연속이 되도록 미정계수를 정하면 돼.

① $\dfrac{7}{3}$ 　　 ② $\dfrac{8}{3}$ 　　 ③ 3

④ $\dfrac{10}{3}$ 　　 ⑤ $\dfrac{11}{3}$

1st 함수 $|f(x)|$가 $x=-1$에서 연속이어야 함을 이용하여 a의 값을 구하자.

함수 $|f(x)|$가 실수 전체의 집합에서 연속이므로 $x=-1$, $x=3$에서도 연속이어야 한다.

함정 함수 $f(x)$가 연속이면 함수 $|f(x)|$도 연속이야. 따라서 함수 $f(x)$가 불연속인 점에서 함수 $|f(x)|$가 연속이 되도록 미정계수를 정해주면 함수 $|f(x)|$는 실수 전체의 집합에서 연속이 되는 거야.

(i) 함수 $|f(x)|$가 $x=-1$에서 연속이므로

$$\lim_{x\to -1-}|f(x)|=\lim_{x\to -1+}|f(x)|=|f(-1)|$$

이어야 한다. 이때,

$$\lim_{x\to -1-}|f(x)|=\lim_{x\to -1-}|x+a|=|-1+a|$$

$$\lim_{x\to -1+}|f(x)|=\lim_{x\to -1+}|x|=|-1|=1$$

$$|f(-1)|=|-1|=1$$

이므로 $|-1+a|=1$에서

$-1+a=\pm 1$

$|x|=A(A>0)$이면 $x=\pm A$

$\therefore a=2$ 또는 $a=0$

그런데 $a>0$이므로 $a=2$

2nd 함수 $|f(x)|$가 $x=3$에서 연속이어야 함을 이용하여 b의 값을 구하자.

(ii) 함수 $|f(x)|$가 $x=3$에서 연속이므로

$$\lim_{x\to 3-}|f(x)|=\lim_{x\to 3+}|f(x)|=|f(3)|$$

이어야 한다. 이때,

$$\lim_{x\to 3-}|f(x)|=\lim_{x\to 3-}|x|\geq|3|=3$$

$$\lim_{x\to 3+}|f(x)|=\lim_{x\to 3+}|bx-2|=|3b-2|$$

$$|f(3)|=|3b-2|$$

이므로 $|3b-2|=3$에서

$3b-2=\pm 3$ $\therefore b=\dfrac{5}{3}$ 또는 $b=-\dfrac{1}{3}$

그런데 $b>0$이므로 $b=\dfrac{5}{3}$

(i), (ii)에 의하여

$$a+b=2+\frac{5}{3}=\frac{11}{3}$$

3rd 함수 $g(x)|h(x)|$의 $x=0$에서의 극한값과 함숫값을 구하여 연속인지 확인하자.

ㄷ. $\displaystyle\lim_{x\to0}g(x)|h(x)|=\lim_{x\to0}g(x)\times\lim_{x\to0}|h(x)|=0\times1=0$ ($\because$ ㄱ, ㄴ)

그런데 $g(0)=f(0)+|f(0)|=\dfrac{1}{2}+\left|\dfrac{1}{2}\right|=1$이고

$|h(0)|=1$이므로 $g(0)|h(0)|=1\times1=1$

즉, $\displaystyle\lim_{x\to0}g(x)|h(x)|\neq g(0)|h(0)|$이므로

함수 $g(x)|h(x)|$는 $x=0$에서 불연속이다. (거짓)

따라서 옳은 것은 ㄱ, ㄴ이다.

🔷 **다른 풀이:** 함수 $f(x)+|f(x)|$, $f(x)+f(-x)$의 그래프를 그려서 ㄱ, ㄴ, ㄷ의 참·거짓 판단하기

함수 $f(x)$를 식으로 나타내면

$$f(x)=\begin{cases}-x-1 & (-1\le x<0)\\[4pt] \dfrac{1}{2} & (x=0)\\[4pt] \dfrac{1}{2}x & (0<x\le1)\end{cases}$$ 이므로

$$|f(x)|=\begin{cases}x+1 & (-1\le x<0)\\[4pt] \dfrac{1}{2} & (x=0)\\[4pt] \dfrac{1}{2}x & (0<x\le1)\end{cases}$$ 이고,

$$f(-x)=\begin{cases}-\dfrac{1}{2}x & (-1\le x<0)\\[4pt] \dfrac{1}{2} & (x=0)\\[4pt] x-1 & (0<x\le1)\end{cases}$$ 이야.

→ 함수 $f(-x)$는 함수 $f(x)$를 y축에 대하여 대칭이동시킨 함수야.

$$\therefore g(x)=f(x)+|f(x)|=\begin{cases}0 & (-1\le x<0)\\ 1 & (x=0)\\ x & (0<x\le1)\end{cases}$$

$$h(x)=f(x)+f(-x)=\begin{cases}-\dfrac{3}{2}x-1 & (-1\le x<0)\\[4pt] 1 & (x=0)\\[4pt] \dfrac{3}{2}x-1 & (0<x\le1)\end{cases}$$

따라서 두 함수 $g(x)=f(x)+|f(x)|$, $h(x)=f(x)+f(-x)$의 그래프를 그리면 다음과 같아.

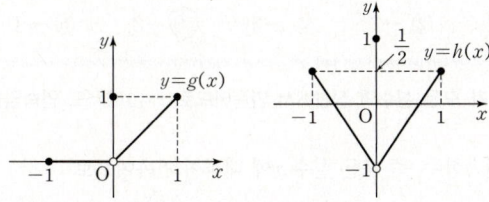

ㄱ. $\displaystyle\lim_{x\to0+}g(x)=0$, $\displaystyle\lim_{x\to0-}g(x)=0$이므로 $\displaystyle\lim_{x\to0}g(x)=0$이야. (참)

ㄴ. $\displaystyle\lim_{x\to0+}|h(x)|=|-1|=1$, $\displaystyle\lim_{x\to0-}|h(x)|=|-1|=1$

$|h(0)|=1$ 즉,

$\displaystyle\lim_{x\to0}|h(x)|=|h(0)|$이므로 함수 $|h(x)|$는 $x=0$에서 연속이야. (참)

ㄷ. $\displaystyle\lim_{x\to0}g(x)|h(x)|=\lim_{x\to0}g(x)\times\lim_{x\to0}|h(x)|=0\times1=0$

그런데 $g(0)|h(0)|=1\times1=1$이야.

즉, $\displaystyle\lim_{x\to0}g(x)|h(x)|\neq g(0)|h(0)|$이므로 함수 $g(x)|h(x)|$는 $x=0$에서 불연속이지. (거짓)

따라서 옳은 것은 ㄱ, ㄴ이야.

B 63 정답 ① *그래프를 이용한 함수의 연속성 ······ [정답률 44%]

📘 **정답 공식:** 함수 $x^k f(x)$가 $x=0$에서 연속이 되는 자연수 k의 최솟값을 구하기 위해 $k=1$부터 대입해본다.

모든 실수에서 정의된 함수 $y=f(x)$에 대하여 함수 $y=x^k f(x)$가 $x=0$에서 연속이 되도록 하는 가장 작은 자연수 k를 $N(f)$로 나타내자. 예를 들어

$$f(x)=\begin{cases}\dfrac{1}{x} & (x\neq0)\\[4pt] 0 & (x=0)\end{cases}$$ 이면 $N(f)=2$이다.

다음 함수 $g_i(i=1, 2, 3)$에 대하여 $N(g_i)=a_i$라 할 때, a_i의 대소 관계를 옳게 나타낸 것은? (3점)

🔴 **단서** $g_i(x)$에 x, x^2, x^3, $\cdots$을 차례대로 곱하여 연속이 되는 경우를 찾아 해. 이때 가장 먼저 연속이 되는 경우가 a_i의 값을 결정하게 되지.

$$g_1(x)=\begin{cases}\dfrac{|x|}{x} & (x\neq0)\\[4pt] 0 & (x=0)\end{cases}$$

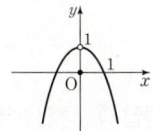

$$g_2(x)=\begin{cases}-x^2+1 & (x\neq0)\\ 0 & (x=0)\end{cases}$$

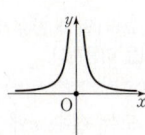

$$g_3(x)=\begin{cases}\dfrac{1}{x^2} & (x\neq0)\\[4pt] 0 & (x=0)\end{cases}$$

① $a_1=a_2<a_3$ ② $a_1<a_2=a_3$ ③ $a_1=a_2=a_3$

④ $a_2=a_3<a_1$ ⑤ $a_3<a_1=a_2$

1st 문제의 의미를 먼저 파악하자.

g_i에 x, x^2, x^3, $\cdots$을 차례로 곱해 봐서 처음으로 연속이 될 때를 찾으라는 의미이다. 즉, x를 곱했는데 연속이면 $a_i=1$, x^2을 곱했는데 연속이면 $a_i=2$, $\cdots$이다.

2nd x, x^2, x^3, $\cdots$을 곱해서 연속인지 아닌지 따져보자.

(ⅰ) $g_1(x)=\begin{cases}\dfrac{|x|}{x} & (x\neq0)\\[4pt] 0 & (x=0)\end{cases}$ 이므로 $F(x)=xg_1(x)$라 하면

$$F(x)=\begin{cases}|x| & (x\neq0)\\ 0 & (x=0)\end{cases}$$

이때, $\displaystyle\lim_{x\to0}F(x)=F(0)=0$이므로 $F(x)=xg_1(x)$는 $x=0$에서 연속이다.

→ 함수 $f(x)$에 대하여 함수 $f(x)$가 $f(a)=\displaystyle\lim_{x\to a}f(x)$를 만족하면 함수 $f(x)$는 $x=a$에서 연속이야.

$\therefore a_1=N(g_1)=1$

(ⅱ) $g_2(x)=\begin{cases}-x^2+1 & (x\neq0)\\ 0 & (x=0)\end{cases}$ 이므로 $F(x)=xg_2(x)$라 하면

$$F(x)=\begin{cases}-x^3+x & (x\neq0)\\ 0 & (x=0)\end{cases}$$

이때, $\displaystyle\lim_{x\to0}F(x)=F(0)=0$이므로 $F(x)=xg_2(x)$는 $x=0$에서 연속이다.

$\therefore a_2=N(g_2)=1$

Ⓑ

(iii) $g_3(x)=\begin{cases}\dfrac{1}{x^2} & (x\neq 0)\\ 0 & (x=0)\end{cases}$ 이므로 $F(x)=xg_3(x)$라 하면

$$F(x)=\begin{cases}\dfrac{1}{x} & (x\neq 0)\\ 0 & (x=0)\end{cases}$$

이때, $\lim\limits_{x\to 0}F(x)$는 발산하므로 $F(x)=xg_3(x)$는 $x=0$에서 불연속
이다. $\rightarrow$ $\lim\limits_{x\to 0}F(x)$의 값이 존재하지 않는다는 거니까 함수 $F(x)$는 $x=0$에서
      연속일 수 없어.

또, $G(x)=x^2 g_3(x)$라 하면 $G(x)=\begin{cases}1 & (x\neq 0)\\ 0 & (x=0)\end{cases}$

이때, $\lim\limits_{x\to 0}G(x)=1\neq 0=G(0)$이므로 $G(x)=x^2 g_3(x)$도 $x=0$에서
불연속이다. 함숫값 $G(0)$과 극한값 $\lim\limits_{x\to 0}G(x)$가 다르므로 함수 $G(x)$는 $x=0$에서
      불연속이야.

또, $H(x)=x^3 g_3(x)$라 하면 $H(x)=\begin{cases}x & (x\neq 0)\\ 0 & (x=0)\end{cases}$

이때, $\lim\limits_{x\to 0}H(x)=H(0)=0$이므로 $H(x)=x^3 g_3(x)$는 $x=0$에서
연속이다.

> 함정 x^n인 함수 중 원점을 지나는 가장 간단한 형태가 $y=x$라는 걸 알고 있으면 쉽게 구할 수 있어.

$\therefore a_3=N(g_3)=3$

$\therefore a_1=a_2<a_3$

다른 풀이: 함수 $f(x)$는 모든 x에 대하여 $f(x+2)=f(x)$를 만족시키면
$\lim\limits_{x\to 1+}f(x)=\lim\limits_{x\to -1+}f(x)$가 성립함을 이용하기

또, $f(x)$가 $x=1$에서도 연속이어야 하므로 $\lim\limits_{x\to 1}f(x)=f(1)$을 만족해야
한다. 이때, 함수 $f(x)$가 모든 실수 x에 대하여 $f(x)=f(x+2)$임을
이용하면 $\rightarrow f(x)=f(x-2)$이므로 $\lim\limits_{x\to 1+}f(x)=\lim\limits_{x\to 1+}f(x-2)$에서 $x-2=t$라 하면
    $x\to 1+$일 때 $t\to -1+$야. 즉, $\lim\limits_{x\to 1+}f(x)=\lim\limits_{x\to -1+}f(x)$가 성립해.

$$\lim\limits_{x\to 1+}f(x)=\lim\limits_{x\to -1+}f(x)$$
$$=\lim\limits_{x\to -1+}(ax+1)=-a+1$$
$$\lim\limits_{x\to 1-}f(x)=\lim\limits_{x\to 1-}(3x^2+2ax+b)$$
$$=3+2a+b=2a+4\,(\because\ \boxdot)$$

$f(1)=f(-1)$이므로 $-a+1=2a+4$에서 $a=-1$

$\therefore a+b=(-1)+1=0$

> **함수의 연속**   개념·공식
>
> 함수 $f(x)$가 $x=a$에서 연속이기 위해서는 다음의 세 가지 조건을 만족해야 한다.
> (i) $\lim\limits_{x\to a}f(x)$가 존재
> (ii) $f(a)$가 존재
> (iii) $\lim\limits_{x\to a}f(x)=f(a)$가 성립

B 64 정답 ③   *함수의 주기성과 연속   [정답률 63%]

> 정답 공식: $x=0$, $x=1$일 때 함수 $f(x)$가 연속인지 파악해본다.
> $f(-1)=f(1)$임을 이용한다.

함수 $f(x)$는 모든 실수 x에 대하여 $f(x+2)=f(x)$를 만족시키고,
     단서1 함수 $f(x)$는 주기가 2인 주기함수야.

$$f(x)=\begin{cases}ax+1 & (-1\leq x<0)\\ 3x^2+2ax+b & (0\leq x<1)\end{cases}$$

이다. 함수 $f(x)$가 실수 전체의 집합에서 연속일 때, 두 상수 a, b
의 합 $a+b$의 값은? (3점) **단서2** $x=0$, $x=1$에서 연속이어야 모든 실수에서 연속이야.

① -2 ② -1 ③ 0
④ 1 ⑤ 2

1st 함수 $f(x)$는 $x=0$에서 연속이어야 해.

함수 $f(x)$가 실수 전체에서 연속이기 위해서는 $x=0$에서 연속이어야
하므로 $\lim\limits_{x\to 0}f(x)=f(0)$을 만족해야 한다.

$\lim\limits_{x\to 0-}f(x)=\lim\limits_{x\to 0-}(ax+1)=1$ $\rightarrow$ $-1<x<0$일 때 $f(x)=ax+1$
$\lim\limits_{x\to 0+}f(x)=\lim\limits_{x\to 0+}(3x^2+2ax+b)=b$ $\rightarrow$ $0<x<1$일 때 $f(x)=3x^2+2ax+b$
$f(0)=b$ $\therefore b=1\cdots\boxdot$

2nd 함수 $f(x)$가 주기함수임을 이용하여 a의 값을 구하자.

함수 $f(x)$는 $f(x+2)=f(x)$를 만족시키는 주기가 2인
연속함수이므로 $f(-1)=f(1)$이 성립한다.

$f(-1)=-a+1$

$f(1)=\lim\limits_{x\to 1-}f(x)=\lim\limits_{x\to 1-}(3x^2+2ax+b)$
$\qquad=2a+b+3=2a+4\ (\because b=1)$

$-a+1=2a+4,\ \Rightarrow 3a=-3$

$\therefore a=-1$

$\therefore a+b=-1+1=0$

B 65 정답 ④   *함수의 주기성과 연속   [정답률 60%]

> 정답 공식: 함수 $f(x)$가 연속함수이므로 $x=1$에서 연속이어야 하고,
> $f(x+5)=f(x)$에서 $f(-2)=f(3)$이어야 한다.

연속함수 $f(x)$가 다음 조건을 만족시킨다.
     단서2 $f(x+5)=f(x)$에 $x=-2$를 대입하면 $f(3)=f(-2)$야.

(가) 모든 실수 x에 대하여 $f(x+5)=f(x)$

(나) $f(x)=\begin{cases}2x+a & (-2\leq x<1)\\ x^2+bx+3 & (1\leq x\leq 3)\end{cases}$

     단서1 함수 $f(x)$가 연속함수이므로 $x=1$에서도 연속이어야 해.

이때, $f(2011)$의 값은? (3점)

① -9 ② -7 ③ -5 ④ -3 ⑤ -1

1st $f(x)$가 모든 실수의 집합에서 연속이므로 $x=1$에서도 연속임을 이용하자.

$f(x)$가 연속함수, 즉 모든 실수 x에 대하여 연속이므로

조건 (나)의 $f(x)=\begin{cases}2x+a & (-2\leq x<1)\\ x^2+bx+3 & (1\leq x\leq 3)\end{cases}$에서 $x=1$에서도 연속
이어야 한다. $f(x)$가 구간에 따라 다르게 정의된 함수이고, 각 구간 안에서는 연속함수이니까
모든 실수의 집합에서 연속이려면 먼저 구간의 경계에서 연속이어야 해.
즉,

$\lim\limits_{x\to 1-}f(x)=\lim\limits_{x\to 1-}(2x+a)=2+a$

$\lim\limits_{x\to 1+}f(x)=\lim\limits_{x\to 1+}(x^2+bx+3)=1+b+3=4+b$

$f(1)=1+b+3=4+b$

에서 $\lim\limits_{x\to 1-}f(x)=\lim\limits_{x\to 1+}f(x)=f(1)$이므로

$2+a=4+b$

$\therefore a-b=2\cdots\boxdot$

2nd $f(x+5)=f(x)$임을 이용하자.

한편, 조건 (가)의 $f(x+5)=f(x)$에서 $f(3)=f(-2)$이므로

$3^2+3b+3=2\times(-2)+a$

$\therefore a-3b=16 \cdots \text{ⓛ}$

> **함정**
> 주기함수는 각 주기의 처음과 마지막 함숫값이 같아야 실수 전체에서 연속이 될 수 있어.

㉠, ㉡을 연립하여 풀면

$a=-5$, $b=-7$

→ ㉠－㉡을 하면
$2b=-14$
$\therefore b=-7$
$b=-7$을 ㉠에 대입하면
$a-(-7)=2$
$\therefore a=-5$

따라서 $f(x)=\begin{cases} 2x-5 & (-2\le x<1) \\ x^2-7x+3 & (1\le x\le 3) \end{cases}$이므로

$f(2011)=f(402\times5+1)=f(1)$
$\qquad\qquad =1-7+3$
$\qquad\qquad =-3$

B 66 정답 ② *함수의 주기성과 연속 ＿＿＿＿＿ [정답률 69%]

정답 공식: $x=1$에서 연속이 되어야 하고 $f(0)=f(4)$이어야 한다.

모든 실수 x에 대하여 연속인 함수 $f(x)$는 $f(x+4)=f(x)$를 만족시키고, 닫힌구간 $[0,4]$에서 다음과 같이 정의된다.

$f(x)=\begin{cases} 3x & (0\le x<1) \\ x^2+ax+b & (1\le x\le4) \end{cases}$

단서2 $f(x+4)=f(x)$의 양변에 $x=0$을 대입하면 $f(0)=f(4)$가 성립해야 해.

이때, $f(10)$의 값은? (3점) **단서1** 함수 $f(x)$가 모든 실수에서 연속이니까 $x=1$에서도 연속이어야겠지?

① -1 ② 0 ③ 1 ④ 2 ⑤ 3

1st 함수 $f(x)$가 모든 실수에서 연속이면 $x=1$에서도 연속이야.

함수 $f(x)=\begin{cases} 3x & (0\le x<1) \\ x^2+ax+b & (1\le x\le4) \end{cases}$가 $x=1$에서 연속이어야 하므로

$\lim\limits_{x\to1-}f(x)=\lim\limits_{x\to1+}f(x)=f(1)$이 성립해야 한다. 즉,

> 함수 $f(x)$가 $x=a$에서 연속이면
> (i) $f(a)$가 정의되고 (ii) $\lim\limits_{x\to a}f(x)$가 존재하며 (iii) $f(a)=\lim\limits_{x\to a}f(x)$가 성립해.

$\lim\limits_{x\to1-}3x=\lim\limits_{x\to1+}(x^2+ax+b)=1+a+b$

$3=1+a+b$

$\therefore a+b=2 \cdots \text{㉠}$

2nd 함수 $f(x)$가 주기함수임을 이용하여 함수식을 완성해.

또, 함수 $f(x)$는 $f(x+4)=f(x)$를 만족하므로

주기가 4인 주기함수이다.
→ $f(x+a)=f(x)$를 만족하면 함수 $f(x)$는 주기가 $|a|$인 주기함수야.

따라서 $f(0)=f(4)$가 성립하고

$f(0)=0$, $f(4)=4^2+4a+b=16+4a+b$이므로

$16+4a+b=0$

$\therefore 4a+b=-16 \cdots \text{㉡}$

㉠, ㉡을 연립하면 $a=-6$, $b=8$이므로

$\therefore f(x)=x^2-6x+8 \ (1\le x\le4)$

이때, $10=2\times4+2$이므로

$f(10)=f(2)=2^2-6\cdot2+8=0$

B 67 정답 2 *함수의 주기성과 연속 ＿＿＿＿＿ [정답률 60%]

정답 공식: 함수 $f(x)$가 실수 전체의 집합에서 연속이려면 $x=3$에서 연속이어야 하고 $f(0)=f(4)$여야 한다.

실수 전체의 집합에서 연속인 함수 $f(x)$가 다음 조건을 만족시킨다.

(가) 모든 실수 x에 대하여 $f(x+4)=f(x)$이다.

(나) $f(x)=\begin{cases} |x-2|-1 & (0\le x<3) \\ x^2+ax+b & (3\le x\le4) \end{cases}$

단서1 함수 $f(x)$는 주기가 4인 함수임을 의미하지?

단서2 함수 $f(x)$는 주기가 4인 함수이고 $x=3$에서 함수식이 바뀌니까 실수 전체의 집합에서 연속이려면 $x=3$, $x=4$에서 연속이 되어야 해.

$8f\left(-\dfrac12\right)$의 값을 구하시오. (단, a와 b는 상수이다.) (4점)

1st 함수 $f(x)$는 $x=3$에서 연속이어야 해.

함수 $f(x)$가 $x=3$에서 연속이므로 $\lim\limits_{x\to3}f(x)=f(3)$을 만족시킨다.

$\lim\limits_{x\to3-}f(x)=\lim\limits_{x\to3-}(|x-2|-1)=0$

> $x\longrightarrow3-$라는 것은 $x=3$의 왼쪽에서 3으로 가까이 갈 때의 $f(x)$의 값이므로 $f(x)=|x-2|-1$을 이용해야 해.

$\lim\limits_{x\to3+}f(x)=\lim\limits_{x\to3+}(x^2+ax+b)=9+3a+b$

> $x\longrightarrow3+$라는 것은 $x=3$의 오른쪽에서 3으로 가까이 갈 때의 $f(x)$의 값이므로 $f(x)=x^2+ax+b$를 이용해야 해.

$f(3)=9+3a+b$

즉, $0=9+3a+b$에서

$3a+b=-9 \cdots \text{㉠}$

2nd 함수 $f(x)$는 $x=4$에서도 연속이어야 해.

또, 함수 $f(x)$가 $x=4$에서도 연속이어야 하므로 $\lim\limits_{x\to4}f(x)=f(4)$를 만족시킨다.

이때, 함수 $f(x)$가 모든 실수 x에 대하여 $f(x+4)=f(x)$임을 이용하면

$\lim\limits_{x\to4-}f(x)=\lim\limits_{x\to4-}(x^2+ax+b)=16+4a+b$

$\lim\limits_{x\to4+}f(x)=\lim\limits_{x\to0+}f(x)=\lim\limits_{x\to0+}(|x-2|-1)=1$

> 함수 $f(x)$는 주기가 4이므로 $\lim\limits_{x\to4+}=\lim\limits_{x\to0+}f(x+4)=\lim\limits_{x\to0+}f(x)$

$f(4)=16+4a+b$

즉, $16+4a+b=1$에서

$4a+b=-15 \cdots \text{㉡}$

㉠, ㉡을 연립하면 $a=-6$, $b=9$이므로

$f(x)=\begin{cases} |x-2|-1 & (0\le x<3) \\ x^2-6x+9 & (3\le x\le4) \end{cases}$

3rd $8f\left(-\dfrac12\right)$의 값을 구하자.

$f\left(-\dfrac12\right)=f\left(4+\left(-\dfrac12\right)\right)=f\left(\dfrac72\right)$이고

> 함수 $f(x)$는 모든 실수 x에 대하여 $f(x)=f(x+4)$를 만족하니까

$f\left(\dfrac72\right)=\left(\dfrac72\right)^2-6\times\dfrac72+9=\dfrac{49}{4}-12=\dfrac14$이므로

$8f\left(-\dfrac12\right)=8f\left(\dfrac72\right)=8\times\dfrac14=2$

정답 공식: 합성함수 $f(g(x))$가 $x=a$에서 연속이면 $f(g(a))=\lim\limits_{x\to a}f(g(x))$가 성립한다.

두 함수

단서1 함수 $f(x)$는 모든 실수에서 연속일 수도 있고, $x=1$에서 불연속일 수도 있어.

$$f(x)=\begin{cases}x^2-x+2a & (x\ge1)\\ 3x+a & (x<1)\end{cases},\ g(x)=x^2+ax+3$$

에 대하여 합성함수 $(g\circ f)(x)$가 실수 전체의 집합에서 연속이

단서2 함수 $f(x)$의 불연속점이 있으면 그 점에서 $g(f(x))$가 연속이 되어야 해.

되도록 하는 모든 상수 a의 값의 합은? (4점)

① $\dfrac{7}{4}$ ② $\dfrac{15}{8}$ ③ 2 ④ $\dfrac{17}{8}$ ⑤ $\dfrac{9}{4}$

1st 두 함수 $f(x)$, $g(x)$가 모든 실수에서 연속이면 합성함수 $(g\circ f)(x)$는 모든 실수에서 연속이야.

함수 $g(x)$가 모든 실수에서 연속이므로 함수 $f(x)$를 다음과 같이 나누어서 생각하자.

(ⅰ) 함수 $f(x)$가 모든 실수에서 연속인 경우

$\lim\limits_{x\to1+}f(x)=1-1+2a=2a$, $\lim\limits_{x\to1-}f(x)=3+a$이고

$f(1)=1-1+2a=2a$이므로 $\lim\limits_{x\to1}f(x)=f(1)$에서 $2a=3+a$

$\therefore a=3$

(ⅱ) 함수 $f(x)$가 $x=1$에서 불연속인 경우, 즉 $a\ne3$인 경우

$\lim\limits_{x\to1+}(g\circ f)(x)=(2a)^2+a\times2a+3=6a^2+3$

$\underline{\lim\limits_{x\to1+}f(x)=\lim\limits_{x\to1+}(x^2-x+2a)=2a}$이고 $g(x)$는 연속함수이므로 $g(x)$에 x 대신 $2a$를 대입할 수 있어.

실수 두 개의 다른 함수끼리의 합성 함수가 연속이 되려면 '두 함수 모두 연속인 경우'와 '합성함수 자체가 연속인 경우', 이렇게 2 가지가 있다는 걸 명심해!

$\lim\limits_{x\to1-}(g\circ f)(x)$

$\underline{\text{마찬가지로 }\lim\limits_{x\to1-}f(x)=\lim\limits_{x\to1-}(3x+a)=3+a}$이므로 $g(x)$에 x 대신 $3+a$를 대입하면 돼.

$=(3+a)^2+a\times(3+a)+3=2a^2+9a+12$

$(g\circ f)(1)=g(f(1))=g(2a)=6a^2+3$이므로

$\lim\limits_{x\to1+}(g\circ f)(x)=\lim\limits_{x\to1-}(g\circ f)(x)=(g\circ f)(1)$에서

$6a^2+3=2a^2+9a+12$, $4a^2-9a-9=0$, $(a-3)(4a+3)=0$

$\therefore a=-\dfrac{3}{4}\ (\because a\ne3)$

(ⅰ), (ⅱ)에 의하여 주어진 조건을 만족하는 모든 상수 a의 값의 합은

$3+\left(-\dfrac{3}{4}\right)=\dfrac{9}{4}$

🔄 쉬운 풀이: 함수의 연속성과 이차방정식의 근과 계수의 관계를 이용하여 합 구하기

단순하게 생각해 볼까? $f(x)$가 $x=1$에서 불연속이 될 수 있으므로 $x=1$에서 합성함수 $g(f(x))$의 연속성을 따져주자.

$\lim\limits_{x\to1+}g(f(x))=\lim\limits_{x\to1-}g(f(x))=g(f(1))$이 성립해야 하므로 $g(2a)=g(a+3)$으로 (ⅱ)에서 구한 이차방정식 $4a^2-9a-9=0$이 나와.

따라서 이차방정식의 근과 계수의 관계에 의해 a의 값의 합은 $\dfrac{9}{4}$야.

[수능 핵강]

✳ 합성함수가 연속일 때, 함숫값, 좌극한값, 우극한값 셋 중 무엇으로 극한값을 구할지 판단하기

합성함수의 극한값 $\lim\limits_{x\to a}(f\circ g)(x)$는 우선 x값이 a에 가까워지면 $g(x)$의 값이 b로 가까이 간다고 하자. 이때 $g(x)=b, g(x)\to b+, g(x)\to b-$ 중 무엇인지는 그래프를 보면 알 수 있을 거야. 즉, $f(b),\ \lim\limits_{x\to b-}f(x),\ \lim\limits_{x\to b+}f(x)$ 중 무엇을 구해야 하는지 판단하여 극한값을 구해야 하는 것을 명심해.

정답 공식: $x=a$에서 불연속인 함수 $f(x)$에 대하여 함수 $f(g(x))$는 $g(x)=a$인 점에서 불연속이다.

함수 $f(x)=\begin{cases}x^2-2x-1 & (x<1)\\ 1 & (x=1)\\ -x^2+2x+1 & (x>1)\end{cases}$에 대한 설명 중 [보기]에서

옳은 것을 모두 고른 것은? (4점)

[보기]

ㄱ. $\lim\limits_{x\to1}|f(x)|=2$

단서1 $f(x)$를 t로 치환하면 $x\to2+$일 때 $t\to-1-$야.

ㄴ. $\lim\limits_{x\to2+}f(f(x))=-2$

단서2 함수 $f(x)$는 $x=1$에서 불연속이야.

ㄷ. 함수 $y=f(f(x))$의 불연속점의 개수는 3개이다.

① ㄱ ② ㄷ ③ ㄱ, ㄴ

④ ㄴ, ㄷ ⑤ ㄱ, ㄴ, ㄷ

1st $y=f(x)$와 $y=|f(x)|$의 그래프를 그려보자.

$y=|f(x)|$의 그래프는 $y=f(x)$의 그래프에서 $y<0$인 부분을 x축에 대하여 대칭이 되도록 그리면 돼.

주어진 함수의 그래프를 그려보자.

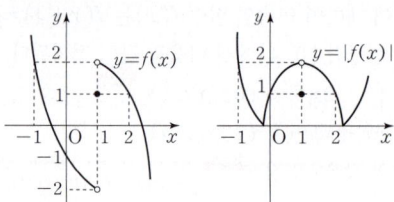

ㄱ. 그래프에 의하여

$\lim\limits_{x\to1}|f(x)|=2$ (참)

ㄴ. $\lim\limits_{x\to2+}f(f(x))=\lim\limits_{t\to1-}f(t)=-2$ (참)

ㄷ. 함수 $y=f(f(x))$는 $x=1$ 또는 $f(x)=1$인 x에서 불연속일 가능성이 있다.

함수 $y=f(x)$가 $x=a$에서 불연속이고, 함수 $y=g(x)$가 $x=b$에서 불연속이면 합성함수 $y=f(g(x))$는 $x=b$ 또는 $g(x)=a$인 x에서 불연속일 수 있어.

즉, $x=1$ 또는 $x=2$ 또는 $x=\alpha(f(\alpha)=1,\ -1<\alpha<0)$의 세 점에서 함수 $y=f(f(x))$의 불연속성을 조사하자.

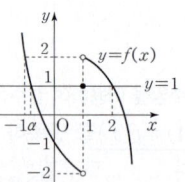

(ⅰ) $x=\alpha$에서

$x\to\alpha-$일 때, $f(x)\to1+$이고,

$x\to\alpha+$일 때, $f(x)\to1-$이므로

$\lim\limits_{x\to\alpha-}f(f(x))=2$이고, $\lim\limits_{x\to\alpha+}f(f(x))=-2$이므로 불연속이다.

(ⅱ) $x=1$에서

$\lim\limits_{x\to1-}f(f(x))=7$이고, $\lim\limits_{x\to1+}f(f(x))=1$이므로 불연속이다.

(ⅲ) $x=2$에서

$\lim\limits_{x\to2-}f(f(x))=2$이고, $\lim\limits_{x\to2+}f(f(x))=-2$이므로 불연속이다.

(ⅰ)~(ⅲ)에 의하여 함수 $y=f(f(x))$는 $x=1,\ 2,\ \alpha$에서 모두 불연속이므로 불연속점이 3개 존재한다. (참)

따라서 옳은 것은 ㄱ, ㄴ, ㄷ이다.

다른 풀이: 직접 좌극한, 우극한의 값을 구하여 ㄱ, ㄴ, ㄷ의 참·거짓 판단하기

ㄱ. $\lim_{x \to 1-} |f(x)| = \lim_{x \to 1-} |x^2 - 2x - 1| = 2$
$\lim_{x \to 1+} |f(x)| = \lim_{x \to 1+} |-x^2 + 2x + 1| = 2$
$\therefore \lim_{x \to 1} |f(x)| = 2$ (참)

ㄴ. $\lim_{x \to 1} f(x) = 1$이야.
그런데 $y = -x^2 + 2x + 1$은 $x = 2$의 오른쪽에서 감소하는 함수이므로
$\lim_{x \to 2+} f(f(x)) = \lim_{t \to 1-} f(t) = -2$ (참)

ㄷ. 함수 $f(x)$는 $x = 1$에서 불연속이므로
$y = f(f(x))$는 $x = 1$ 또는 $f(x) = 1$일 때 불연속점을 가져.
(i) $x < 1$일 때,
$x^2 - 2x - 1 = 1$에서 $x^2 - 2x - 2 = 0$
$\therefore x = 1 - \sqrt{3}$ ($\because x < 1$)
(ii) $x = 1$일 때,
$f(1) = 1$이므로 불연속
(iii) $x > 1$일 때,
$-x^2 + 2x + 1 = 1$에서 $x^2 - 2x = 0$
$\therefore x = 2$ ($\because x > 1$)
따라서 함수 $f(f(x))$는 $x = 1$, $x = 2$, $x = 1 - \sqrt{3}$에서 불연속이므로 불연속점이 3개 존재해. (참)

쉬운 풀이: 함수 $y = f(x)$가 $x = 1$에서 불연속이므로 합성함수 $y = f(f(x))$는 $f(x) = 1$에서 불연속임을 이용하여 ㄷ의 참·거짓 판단하기

ㄷ. 함수 $y = f(f(x))$는 $x = 1$ 또는 $f(x) = 1$일 때 불연속점을 가질 수 있어.
즉, 그림과 같이 $x = 1$, $x = 2$, $x = a$에서 불연속점임을 확인해 봐야 해.

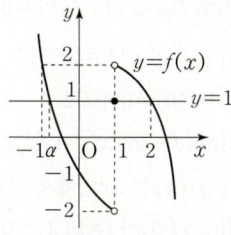

⟨함수의 연속⟩

이 세 점에서 함수 $y = f(f(x))$의 좌, 우극한값이 다르므로 불연속임을 알 수 있지?
따라서 함수 $y = f(f(x))$의 불연속점의 개수는 3개야. (참)

✿ 함수의 연속을 이용한 미정계수의 결정 개념·공식

구간에 따라 나누어진 함수의 연속성 조사는 경계점을 주목한다.
① $x \ne a$에서 연속인 함수 $g(x)$에 대하여
$f(x) = \begin{cases} g(x) & (x \ne a) \\ b & (x = a) \end{cases}$일 때, 함수 $f(x)$가 $x = a$에서 연속이려면
$\Rightarrow \lim_{x \to a} g(x) = b$
② $x < a$에서 연속인 함수 $f(x)$와 $x \ge a$에서 연속인 함수 $g(x)$에 대하여 함수 $y = \begin{cases} f(x) & (x < a) \\ g(x) & (x \ge a) \end{cases}$가 모든 실수 x에서 연속이려면
$\Rightarrow \lim_{x \to a-} f(x) = g(a)$

B 70 정답 ② *합성함수의 연속 ········· [정답률 52%]

【 **정답 공식:** 합성함수 $f(g(x))$가 $x = a$에서 연속이면 $f(g(a)) = \lim_{x \to a} f(g(x))$가 성립한다. 】

함수 $f(x)$는 구간 $(-1, 1]$에서 $f(x) = (x-1)(2x-1)(x+1)$이고, 모든 실수 x에 대하여 $f(x) = f(x+2)$이다. $a > 1$에 대하여 함수 $g(x)$가 $g(x) = \begin{cases} x & (x \ne 1) \\ a & (x = 1) \end{cases}$일 때, 합성함수 $(f \circ g)(x)$가 $x = 1$에서 연속이다. a의 최솟값은? (4점)
단서 $\lim_{x \to 1+} f(g(x)) = \lim_{x \to 1-} f(g(x)) = f(g(1))$이어야 해

① 2 ② $\dfrac{5}{2}$ ③ 3 ④ $\dfrac{7}{2}$ ⑤ 4

1st 합성함수 $(f \circ g)(x)$가 $x = 1$에서 연속이려면 함숫값과 극한값이 존재하며, (극한값)=(함숫값)임을 이용해.

구간 $(-1, 1]$에서 함수 $f(x)$는 $(-1, 0)$, $\left(\dfrac{1}{2}, 0\right)$, $(1, 0)$을 지나는 방정식 $f(x) = 0$의 해가 $x = -1$ 또는 $x = \dfrac{1}{2}$ 또는 $x = 1$이지? 즉, 함수 $y = f(x)$의 그래프가 x축과 $x = -1$ 또는 $x = \dfrac{1}{2}$ 또는 $x = 1$에서 만나는 거야.
삼차함수이고 $f(x) = f(x+2)$에서 주기가 2인 함수이므로 그래프는 그림과 같다. └→ 주기가 a인 함수 $f(x)$는 $f(x) = f(x+a)$로 표현 가능해.

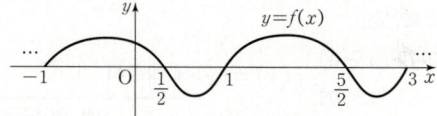

합성함수 $(f \circ g)(x)$가 $x = 1$에서 연속이려면
$\lim_{x \to 1+} (f \circ g)(x) = \lim_{x \to 1-} (f \circ g)(x) = (f \circ g)(1)$
(i) $x \to 1+$일 때, $x \ne 1$이고 $g(x) = x$이므로 └→ $x = 1$의 오른쪽에서 $x = 1$로 가까이 가지만 $x = 1$은 아니야.
$\lim_{x \to 1+} (f \circ g)(x) = \lim_{x \to 1+} f(g(x))$
$= \lim_{t \to 1+} f(t) = 0$
(ii) $x \to 1-$일 때, $x \ne 1$이고 $g(x) = x$이므로 └→ $x = 1$의 왼쪽에서 $x = 1$로 가까이 가지만 $x = 1$은 아니야.
$\lim_{x \to 1-} (f \circ g)(x) = \lim_{x \to 1-} f(g(x))$
$= \lim_{t \to 1-} f(t) = 0$
(iii) $x = 1$일 때, $g(x) = a$이면
$(f \circ g)(1) = f(g(1)) = f(a)$
(i), (ii), (iii)에서 $f(a) = 0$

2nd 주어진 조건에 의해 a의 최솟값을 구해.

주의 문제에서 주어진 a의 값의 범위에 유의해.

그런데 $a > 1$이고 $f(x) = f(x+2)$이므로 a의 최솟값은 $\dfrac{5}{2}$이다.

다른 풀이: 연속함수의 정의를 이용하여 값 구하기

직접 a의 값을 구하여 최솟값을 찾아도 좋아.
함숫값 : $f(g(1)) = f(a) = f(a-2)$ ($\because f(x)$의 주기가 2)이므로

함정 주어진 조건 $f(x) = f(x+2)$에 따라 $f(a+2) = (a+1)(2a+3)(a+3) = 0$의 해를 구하면 1보다 작게 나오기 때문에 당황할 수 있어. 이때, 주기가 2임을 이용하여 $+2$가 아니라 -2로 우회하여 $f(a-2)$의 값을 구할 수 있어야 해.

$f(g(1)) = (a-3)(2a-5)(a-1)$ ··· ㉠
극한값 : $\lim_{x \to 1} (f \circ g)(x) = \lim_{t \to 1} f(t) = 0$ ··· ㉡
㉠, ㉡으로부터
$(a-3)(2a-5)(a-1) = 0$ └→ $x = 1$에서 연속이려면
$\therefore a = 3$ 또는 $a = \dfrac{5}{2}$ ($\because a > 1$) 극한값과 함숫값이 같아야 하지?
따라서 a의 최솟값은 $\dfrac{5}{2}$야.

B 71 정답 ① *합성함수의 연속 [정답률 60%]

두 함수 $f(x)$, $g(x)$에 대하여 [보기]에서 항상 옳은 것을 모두 고른 것은? (3점)

[보기]

ㄱ. $f(x)=\begin{cases} 1 & (x \geq 0) \\ -1 & (x<0) \end{cases}$, $g(x)=|x|$ 일 때,

　$(g \circ f)(x)$는 $x=0$에서 연속이다.

단서1 $x=0$에서 연속이려면 $\lim\limits_{x \to 0-}(g \circ f)(x) = \lim\limits_{x \to 0+}(g \circ f)(x) = (g \circ f)(0)$ 이어야 해.

ㄴ. $(g \circ f)(x)$가 $x=0$에서 연속이면

　$f(x)$는 $x=0$에서 연속이다. **단서2** 함수 $f(x)$가 $x=0$에서 연속이 아니지만 합성함수 $(f \circ f)(x)$가 $x=0$에서 연속이 되는 경우가 있는지 확인해봐.

ㄷ. $(f \circ f)(x)$가 $x=0$에서 연속이면

　$f(x)$는 $x=0$에서 연속이다.

① ㄱ　　② ㄴ　　③ ㄱ, ㄴ
④ ㄱ, ㄷ　　⑤ ㄴ, ㄷ

1st 주어진 두 함수 $f(x)$, $g(x)$에 대하여 합성함수 $(g \circ f)(x)$가 $x=0$에서 연속인지 확인해.

ㄱ. $f(x)=\begin{cases} 1 & (x \geq 0) \\ -1 & (x<0) \end{cases}$, $g(x)=|x|$ 에 대하여

실수

$\lim\limits_{x \to 0-}(g \circ f)(x) = \lim\limits_{x \to 0-}g(f(x))$

　$= \lim\limits_{t \to -1}g(t)=1$

$x \to 0-$처럼 x가 좌극한으로 가더라도 $f(x) \to -1$처럼 상수로 고정일 수도 있어.

$\to f(x)=t$라 하면 $x \to 0-$일 때, $t \to -1$이므로 $\lim\limits_{t \to -1}g(t)=|-1|=1$

$\lim\limits_{x \to 0+}(g \circ f)(x) = \lim\limits_{x \to 0+}g(f(x))$

　$= \lim\limits_{t \to 1}g(t)=1$

$\to f(x)=t$라 하면 $x \to 0+$일 때, $t \to 1$이므로 $\lim\limits_{t \to 1}g(t)=|1|=1$

$(g \circ f)(0)=g(f(0))=g(1)=1$

즉, $\lim\limits_{x \to 0}(g \circ f)(x) = (g \circ f)(0)$

이므로 $(g \circ f)(x)$는 $x=0$에서 연속이다. (참)

ㄴ. ㄱ에서 $(g \circ f)(x)$는 $x=0$에서 연속이지만

　$f(x)$는 $x=0$에서 연속이 아니다. (거짓)

2nd $x=0$에서 불연속인 함수 $f(x)$를 예로 들어 확인해보자.

ㄷ. 【반례】 $f(x)=\begin{cases} -x+1 & (x \geq 0) \\ x & (x<0) \end{cases}$ 이라 하면 함수 $f(x)$는 $x=0$에서

연속이 아니다.

이때,

$\lim\limits_{x \to 0-}(f \circ f)(x) = \lim\limits_{x \to 0-}f(f(x))$

　$= \lim\limits_{t \to 0-}f(t)=0$

$\lim\limits_{x \to 0+}(f \circ f)(x) = \lim\limits_{x \to 0+}f(f(x))$

　$= \lim\limits_{t \to 1-}f(t)=0$

$(f \circ f)(0)=f(f(0))=f(1)=0$

$\to x \geq 0$일 때, $f(x)=-x+1$이므로 $f(0)=0+1=1$이야.

이므로 $\lim\limits_{x \to 0}(f \circ f)(x) = (f \circ f)(0)$에 의하여

$(f \circ f)(x)$는 $x=0$에서 연속이다.

즉, $(f \circ f)(x)$는 $x=0$에서 연속이지만 $f(x)$는 $x=0$에서 연속이 아니다. (거짓)

따라서 옳은 것은 ㄱ이다.

B 72 정답 ② *합성함수의 연속 [정답률 78%]

실수 전체의 집합에서 정의된 두 함수

$f(x)=\begin{cases} 0 & (x<2) \\ 1 & (x=2) \\ 2 & (x>2) \end{cases}$, $g(x)=\begin{cases} -1 & (x<2) \\ 0 & (x=2) \\ 1 & (x>2) \end{cases}$

에 대하여 옳은 것만을 [보기]에서 있는 대로 고른 것은? (3점)

단서1 우극한값과 좌극한 값이 존재하고 그 값이 서로 같아야 해.

[보기]

ㄱ. $\lim\limits_{x \to 2}(f \circ f)(x)$의 값이 존재한다.

　단서2 $\lim\limits_{x \to 2}(f \circ g)(x) = (f \circ g)(2)$가 성립해야 해.

ㄴ. 합성함수 $(f \circ g)(x)$는 $x=2$에서 연속이다.

ㄷ. 합성함수 $(g \circ f)(x)$는 $x=2$에서 연속이다.

단서3 $\lim\limits_{x \to 2}(g \circ f)(x) = (g \circ f)(2)$가 성립해야 해.

① ㄱ　　② ㄴ　　③ ㄷ
④ ㄱ, ㄴ　　⑤ ㄴ, ㄷ

1st 함수 $f(x)$에 대하여 극한값이 존재하려면 $\lim\limits_{x \to a+}f(x) = \lim\limits_{x \to a-}f(x)$이어야 해.

ㄱ. $\lim\limits_{x \to 2+}(f \circ f)(x) = \lim\limits_{x \to 2+}f(f(x))=f(2)=1$

　$\lim\limits_{x \to 2-}(f \circ f)(x) = \lim\limits_{x \to 2-}f(f(x))=f(0)=0$

즉, $\lim\limits_{x \to 2}(f \circ f)(x)$의 값은 존재하지 않는다. (거짓)

합성함수 $(f \circ f)(x)$의 $x=2$에서의 우극한값과 좌극한값이 각각 존재하지만 그 값이 서로 다르므로 $\lim\limits_{x \to 2}(f \circ f)(x)$의 값은 존재하지 않아.

2nd 두 함수 $(f \circ g)(x)$, $(g \circ f)(x)$가 $x=2$에서 연속인지를 확인하자.

함수 $f(x)$가 $x=a$에서 연속이면 (i) $x=a$에서 함수 $f(x)$가 정의되어 있고 (ii) $\lim\limits_{x \to a}f(x)$의 값이 존재하며 (iii) $f(a)=\lim\limits_{x \to a}f(x)$가 성립해야 해.

ㄴ. $\lim\limits_{x \to 2+}(f \circ g)(x) = \lim\limits_{x \to 2+}f(g(x))=f(1)=0$,

　$\lim\limits_{x \to 2-}(f \circ g)(x) = \lim\limits_{x \to 2-}f(g(x))=f(-1)=0$이고

　$(f \circ g)(2)=f(g(2))=f(0)=0$이므로

　$\lim\limits_{x \to 2+}(f \circ g)(x) = \lim\limits_{x \to 2-}(f \circ g)(x) = (f \circ g)(2)$

따라서 합성함수 $(f \circ g)(x)$는 $x=2$에서 연속이다. (참)

ㄷ. $\lim\limits_{x \to 2+}(g \circ f)(x) = \lim\limits_{x \to 2+}g(f(x))=g(2)=0$,

　$\lim\limits_{x \to 2-}(g \circ f)(x) = \lim\limits_{x \to 2-}g(f(x))=g(0)=-1$이므로

　$\lim\limits_{x \to 2+}(g \circ f)(x) \neq \lim\limits_{x \to 2-}(g \circ f)(x)$

따라서 합성함수 $(g \circ f)(x)$는 $x=2$에서 불연속이다. (거짓)

따라서 옳은 것은 ㄴ이다. $x=2$에서의 극한값이 존재하지 않아.

⚙ 합성함수 개념·공식

두 함수 $f: X \longrightarrow Y$, $g: Y \longrightarrow Z$에 대하여 X의 각 원소 x에 Z의 원소 $g(f(x))$를 대응시키는 함수를 f와 g의 합성함수라 하고 기호로 $g \circ f: X \longrightarrow Z$로 나타낸다. 이때, $(g \circ f)(x)=g(f(x))$이다.

B 73 정답 ③ *그래프를 이용한 합성함수의 연속성 ·· [정답률 61%]

> **정답 공식:** 합성함수 $f(g(x))$가 $x=a$에서 연속이려면 (ⅰ) $f(g(x))$가 $x=a$에서 정의되고 (ⅱ) $\lim\limits_{x\to a} f(g(x))$의 값이 존재하며 (ⅲ) $f(g(a))=\lim\limits_{x\to a} f(g(x))$를 모두 만족시켜야 한다.

닫힌구간 $[-1, 4]$에서 정의된 함수 $y=f(x)$의 그래프가 그림과 같다.

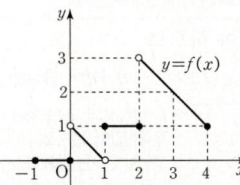

[보기]에서 옳은 것만을 있는 대로 고른 것은? (4점)

> ──────── [보기] ────────
> ㄱ. $\lim\limits_{x\to 1-} f(x) < \lim\limits_{x\to 1+} f(x)$
> ㄴ. $\lim\limits_{t\to\infty} f\left(\dfrac{1}{t}\right)=1$ ← **단서 1** 함수 $f\left(\dfrac{1}{t}\right)$의 극한을 쉽게 파악하기 어려우니까 $\dfrac{1}{t}=x$로 치환해서 생각해.
> ㄷ. 함수 $f(f(x))$는 $x=3$에서 연속이다.
> **단서 2** $\lim\limits_{x\to 3+} f(f(x)) = \lim\limits_{x\to 3-} f(f(x)) = f(f(3))$인지 확인하자!

① ㄱ   ② ㄷ   ③ ㄱ, ㄴ
④ ㄴ, ㄷ   ⑤ ㄱ, ㄴ, ㄷ

1st 주어진 그래프에서 좌극한값과 우극한값을 각각 구하자.

ㄱ. $\lim\limits_{x\to 1-} f(x)=0$, $\lim\limits_{x\to 1+} f(x)=1$이므로
$\lim\limits_{x\to 1-} f(x) < \lim\limits_{x\to 1+} f(x)$ (참)

> $\lim\limits_{t\to\infty} \dfrac{1}{t}$의 극한값은 0이지만 엄밀히 따지면 $t\to\infty$일 때 $\dfrac{1}{t}\to 0+$야.

ㄴ. $x=\dfrac{1}{t}$이라 두면 $t\to\infty$일 때, $x\to 0+$이므로
$\lim\limits_{t\to\infty} f\left(\dfrac{1}{t}\right) = \lim\limits_{x\to 0+} f(x)=1$ (참)

2nd 합성함수의 연속성을 판단하자.

ㄷ. $x=3$일 때, 함숫값은 $f(f(3))=f(2)=1$
$\lim\limits_{x\to 3-} f(f(x)) = \lim\limits_{t\to 2+} f(t)=3$, ← $f(x)=t$라 하면 $x\to 3-$일 때 $t\to 2+$야.
$\lim\limits_{x\to 3+} f(f(x)) = \lim\limits_{t\to 2-} f(t)=1$ ← $f(x)=t$라 하면 $x\to 3+$일 때 $t\to 2-$야.
즉, $\lim\limits_{x\to 3} f(f(x))$의 값이 존재하지 않으므로 함수 $f(f(x))$는
$x=3$에서 불연속이다. (거짓)

따라서 옳은 것은 ㄱ, ㄴ이다.

> ✿ **함수의 연속**   개념·공식
>
> 함수 $f(x)$가 $x=a$에서 연속이기 위해서는 다음의 세 가지 조건을 만족해야 한다.
> (ⅰ) $\lim\limits_{x\to a} f(x)$가 존재
> (ⅱ) $f(a)$가 존재
> (ⅲ) $\lim\limits_{x\to a} f(x)=f(a)$가 성립

B 74 정답 ③ *그래프를 이용한 합성함수의 연속성 ·· [정답률 72%]

> **정답 공식:** 합성함수 $f(g(x))$가 $x=a$에서 연속이려면 (ⅰ) $f(g(x))$가 $x=a$에서 정의되고 (ⅱ) $\lim\limits_{x\to a} f(g(x))$의 값이 존재하며 (ⅲ) $f(g(a))=\lim\limits_{x\to a} f(g(x))$를 모두 만족시켜야 한다.

그림은 두 함수 $y=f(x)$, $y=g(x)$의 그래프이다. 옳은 것만을 [보기]에서 있는 대로 고른 것은? (4점)

> **단서** 주어진 그래프를 이용하여 각 함수의 연속성을 따져주자. 이때, 연속이려면 함숫값과 극한값이 같아야 해.

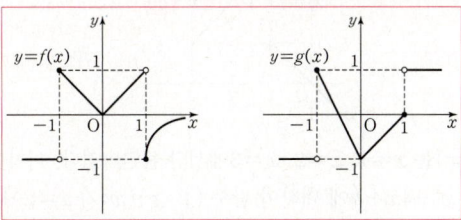

> ──────── [보기] ────────
> ㄱ. 함수 $f(x)-g(x)$는 $x=-1$에서 연속이다.
> ㄴ. 함수 $f(x)g(x)$는 $x=-1$에서 연속이다.
> ㄷ. 함수 $(f \circ g)(x)$는 $x=1$에서 연속이다.

① ㄱ   ② ㄷ   ③ ㄱ, ㄴ
④ ㄴ, ㄷ   ⑤ ㄱ, ㄴ, ㄷ

1st 그래프를 이용하여 각 점에서의 함수의 연속성을 조사해.

ㄱ. $f(-1)-g(-1)=1-1=0$ → 함수 $f(x)$가 $x=a$에서 연속이면 $f(a)=\lim\limits_{x\to a} f(x)$가 성립해.
$\lim\limits_{x\to -1-} \{f(x)-g(x)\} = -1-(-1)=0$
$\lim\limits_{x\to -1+} \{f(x)-g(x)\} = 1-1=0$
따라서 $\lim\limits_{x\to -1} \{f(x)-g(x)\} = f(-1)-g(-1)$이므로 함수
$f(x)-g(x)$는 $x=-1$에서 연속이다. (참)

ㄴ. $f(-1)g(-1)=1\times 1=1$
$\lim\limits_{x\to -1-} f(x)g(x) = (-1)\times(-1)=1$
$\lim\limits_{x\to -1+} f(x)g(x) = 1\times 1=1$
따라서 $\lim\limits_{x\to -1} f(x)g(x) = f(-1)g(-1)$이므로 함수 $f(x)g(x)$는
$x=-1$에서 연속이다. (참)

ㄷ. $f(g(1))=f(0)=0$ → 극한값이 존재하지 않으니까 함숫값까지 구할 필요없이 바로 불연속임을 알 수 있어.
$\lim\limits_{x\to 1-} f(g(x)) = \lim\limits_{t\to 0-} f(t)=0$, $\lim\limits_{x\to 1+} f(g(x)) = f(1)=-1$
즉, 함수 $f(g(x))$는 $x=1$에서 극한값이 존재하지 않으므로 불연속이다. (거짓)

따라서 옳은 것은 ㄱ, ㄴ이다.

> ✿ **연속함수의 성질**   개념·공식
>
> 두 함수 $f(x)$, $g(x)$가 각각 $x=a$에서 연속이면, 다음 함수도 $x=a$에서 연속이다.
> ① $kf(x)$ (단, k는 상수)   ② $f(x)\pm g(x)$
> ③ $f(x)g(x)$ ④ $\dfrac{f(x)}{g(x)}$ (단, $g(a)\neq 0$)

B 75 정답 **13** ＊그래프를 이용한 합성함수의 연속성 … [정답률 52%]

정답 공식: 함수 $f(x)$가 $x=a$에서 불연속이면 $f(a)$의 값이 존재하지 않거나 $\lim\limits_{x\to a}f(x)$의 값이 존재하지 않거나 $f(a)\neq\lim\limits_{x\to a}f(x)$이다.

그림은 실수 전체의 집합에서 정의된 함수 $y=f(x)$의 그래프이다.

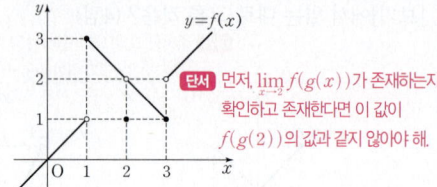

단서 먼저, $\lim\limits_{x\to 2}f(g(x))$가 존재하는지 확인하고 존재한다면 이 값이 $f(g(2))$의 값과 같지 않아야 해.

함수 $f(x)$는 $x=1$, $x=2$, $x=3$에서만 불연속이다. 이차함수 $g(x)=x^2-4x+k$에 대하여 함수 $(f\circ g)(x)$가 $x=2$에서 불연속이 되도록 하는 모든 실수 k의 합을 구하시오. (4점)

1st 함수 $(f\circ g)(x)$가 $x=2$에서 불연속이 되는 경우를 생각하자.

함수 $g(x)=x^2-4x+k=(x-2)^2+k-4$
에 대하여 $\lim\limits_{x\to 2}f(g(x))=\lim\limits_{t\to(k-4)+}f(t)$

함수 $g(x)$의 그래프의 꼭짓점의 좌표가 $(2,k-4)$이므로 $x\to 2-$일 때 $g(x)\to(k-4)+$, $x\to 2+$일 때 $g(x)\to(k-4)+$야.

그런데 함수 $f(x)$의 그래프에서
$\lim\limits_{t\to(k-4)+}f(t)$의 값은 항상 존재하므로 함수
$(f\circ g)(x)$가 $x=2$에서 불연속이려면
$x=2$에서 극한값과 함숫값이 같지 않아야 한다.

$y=f(x)$의 그래프를 보면 모든 실수 x에 대하여 우극한값이 존재해.

즉, $\lim\limits_{t\to(k-4)+}f(t)\neq f(g(2))$에서 $f(g(2))=f(k-4)$이므로
$\lim\limits_{t\to(k-4)+}f(t)\neq f(k-4)$를 만족하는 k의 값을 찾아야 한다.

따라서 함수 $f(x)$는 $x=k-4$에서의 함숫값과 우극한값이 서로 달라야 하므로 이것을 만족하는 $k-4$의 값은 2 또는 3으로 $k=6$ 또는 $k=7$

함정 $k-4$는 $g(x)$의 최솟값이기 때문에 우극한값만 따지게 되는 거야.

함숫값과 우극한값이 다른 곳은 불연속인 점에서 존재하는데 $x=1$에서는 함숫값과 우극한값이 3으로 같지? 따라서 $k-4$의 값이 1인 $k=5$는 안돼!

∴ (구하는 k의 값의 합)$=6+7=13$

B 76 정답 **⑤** ＊그래프를 이용한 합성함수의 연속성 … [정답률 60%]

정답 공식: 합성함수 $f(g(x))$가 $x=a$에서 연속이려면 (i) $f(g(x))$가 $x=a$에서 정의되고 (ii) $\lim\limits_{x\to a}f(g(x))$의 값이 존재하며 (iii) $f(g(a))=\lim\limits_{x\to a}f(g(x))$를 모두 만족시켜야 한다.

실수 전체의 집합에서 정의된 함수 $y=f(x)$의 그래프는 그림과 같고, 삼차함수 $g(x)$는 최고차항의 계수가 1이고, $g(0)=3$이다. 합성함수 $(g\circ f)(x)$가 실수 전체의 집합에서 연속일 때, $g(3)$의 값은? (4점)

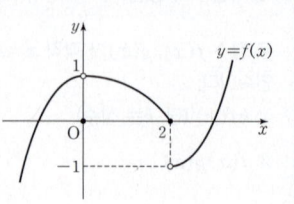

단서 함수 $f(x)$가 $x=0$, $x=2$에서 불연속이므로 $(g\circ f)(x)$가 $x=0$, $x=2$에서 연속이 되게 해야 해.

① 31 　　② 30 　　③ 29
④ 28 　　⑤ 27

1st 합성함수 $(g\circ f)(x)$가 실수 전체의 집합에서 연속일 조건을 생각해.

삼차함수 $g(x)$는 최고차항의 계수가 1이고 $g(0)=3$이므로
$g(x)=x^3+ax^2+bx+3$이라 하자.

이때, 삼차함수 $g(x)$는 실수 전체의 집합에서 연속이고 함수 $f(x)$는 $x=0$과 $x=2$에서 불연속인 함수이므로 합성함수 $(g\circ f)(x)$가 실수 전체의 집합에서 연속이 되려면 $x=0$과 $x=2$에서 연속이면 된다.

주의 $x=a$에서만 불연속인 함수 $f(x)$와 실수 전체의 집합에서 연속인 함수 $g(x)$에 대하여 합성함수 $g(f(x))$는 $x\neq a$인 모든 x에서 연속이야. 즉, $g(f(x))$가 실수 전체의 집합에서 연속인지 확인하려면 $x=a$에서만 확인해 주면 돼.

(i) $x=0$에서 연속이어야 하므로
$\lim\limits_{x\to 0}g(f(x))=\lim\limits_{t\to 1-}g(t)=1+a+b+3=a+b+4$
$g(f(0))=g(0)=3$
$\therefore a+b+4=3$
$\Rightarrow a+b=-1\cdots$ ㉠

$y=f(x)$의 그래프에서 $x=0$일 때의 좌극한값과 우극한값이 같은 것이 보이니까 $x\to 0+$, $x\to 0-$를 확인할 필요는 없어. 또 $x\to 0$일 때 $f(x)\to 1-$이므로 $\lim\limits_{x\to 0}g(f(x))=\lim\limits_{f(x)\to 1-}g(f(x))$가 되는 거야.

(ii) $x=2$에서 연속이어야 하므로
$\lim\limits_{x\to 2-}g(f(x))=\lim\limits_{t\to 0+}g(t)=3$
$\lim\limits_{x\to 2+}g(f(x))=\lim\limits_{t\to -1+}g(t)$
$=-1+a-b+3$
$=a-b+2$

$f(x)=t$라 하면 $x\to 2-$일 때 $t\to 0+$이므로 $\lim\limits_{x\to 2-}g(f(x))=\lim\limits_{t\to 0+}g(t)$

$f(x)=t$라 하면 $x\to 2+$일 때 $t\to -1+$이므로 $\lim\limits_{x\to 2+}g(f(x))=\lim\limits_{t\to -1+}g(t)$야.

$g(f(2))=g(0)=3$
$\therefore a-b+2=3\Rightarrow a-b=1\cdots$ ㉡

㉠, ㉡을 연립하면 $a=0$, $b=-1$이므로
$g(x)=x^3-x+3$
$\therefore g(3)=3^3-3+3=27$

B 77 정답 **⑤** ＊그래프를 이용한 합성함수의 연속성 … [정답률 67%]

정답 공식: $x=a$에서 불연속인 함수 $f(x)$에 대하여 함수 $f(g(x))$는 $g(x)=a$인 점에서 불연속이다.

실수 전체의 집합에서 정의된 함수 $f(x)$의 그래프가 그림과 같다.

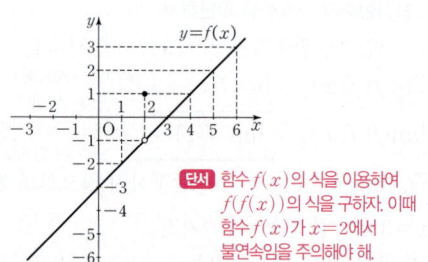

단서 함수 $f(x)$의 식을 이용하여 $f(f(x))$의 식을 구하자. 이때 함수 $f(x)$가 $x=2$에서 불연속임을 주의해야 해.

합성함수 $(f\circ f)(x)$가 $x=a$에서 불연속이 되는 모든 a의 값의 합은? (단, $0\leq a\leq 6$이다.) (3점)

① 3 　　② 4 　　③ 5
④ 6 　　⑤ 7

1st 주어진 그래프를 이용하여 합성함수 $(f\circ f)(x)$를 찾자.

주어진 그래프에서 함수 $f(x)=\begin{cases}x-3 & (x\neq 2)\\ 1 & (x=2)\end{cases}$이므로

합성함수 $f(f(x))$에 대하여 $f(x)\neq 2$, $f(x)=2$일 때로 나누면
(i) $f(x)\neq 2$, 즉 $x-3\neq 2$, $x\neq 5$와 $x=2$일 때,
$f(f(x))=\begin{cases}(x-3)-3=x-6 & (x\neq 5)\\ 1-3=-2 & (x=2)\end{cases}$
$f(f(2))=f(1)=1-3$

함정 $f(x)$의 불연속점, $f(x)=2$인 점을 고려해서 합성함수의 식을 찾아야 해!

(ii) $f(x)=2$, 즉 $x-3=2$, $x=5$와 $x\neq2$일 때,

$$f(f(x))=\begin{cases} 1 & (x=5) \\ (x-3)-3=x-6 & (x\neq2) \end{cases} \quad \rightarrow f(f(5))=f(2)=1$$

$$\therefore (f\circ f)(x)=\begin{cases} x-6 & (x\neq2,\ x\neq5) \\ -2 & (x=2) \\ 1 & (x=5) \end{cases}$$

2nd 합성함수 $(f\circ f)(x)$가 불연속이 되는 점을 찾자.

즉, 합성함수 $(f\circ f)(x)$는 $x=2$, $x=5$를 제외한 점에서 연속이므로 $\underline{x=2,\ x=5에서\ 연속성을\ 확인하자.}$ $\rightarrow x\neq2, x\neq5$일 때 함수 $f(f(x))=x-6$으로 다항함수이므로 $x\neq2, x\neq5$일 때 $f(x)$는 연속이니까 $x=2$와 $x=5$에서만 연속성을 따져주면 돼.

(i) $x=2$일 때,

$$\lim_{x\to2}f(f(x))=\lim_{x\to2}(x-6)=-4,\ f(f(2))=-2$$

즉, $x=2$에서 합성함수 $(f\circ f)(x)$는 불연속이다.
$\rightarrow x=2$에서 극한값과 함숫값이 각각 존재하지만 두 값이 일치하지 않아.

(ii) $x=5$일 때,

$$\lim_{x\to5}f(f(x))=\lim_{x\to5}(x-6)=-1,\ f(f(5))=1$$

즉, $x=5$에서 합성함수 $(f\circ f)(x)$는 불연속이다.
$x=5$에서 극한값과 함숫값이 각각 존재하지만 두 값이 일치하지 않아.

(i), (ii)에 의하여 합성함수 $(f\circ f)(x)$는 $x=2$, $x=5$에서 불연속이므로 a의 값은 2, 5이다.

$$\therefore (구하는\ 합)=2+5=7$$

🔍 쉬운 풀이: 불연속함수들의 합성함수는 불연속점을 가질 수 있다는 점 이용하기

함수 $y=f(x)$가 $x=2$에서 불연속이므로 함수 $y=f(f(x))$는 $x=2$ 또는 $f(x)=2$인 x에서 불연속일 가능성이 있겠지?

함수 $y=f(x)$가 $x=a$에서 불연속이고, 함수 $y=g(x)$가 $x=b$에서 불연속이면 합성함수 $y=f(g(x))$는 $x=b$ 또는 $g(x)=a$인 x에서 불연속일 수 있어.

즉, $x=2$, 5의 두 지점에서 함수 $f(f(x))$의 불연속성을 조사하자.

$x\to2$일 때, $f(x)\to-1$이므로

$$\lim_{x\to2}f(f(x))=\lim_{t\to-1}f(t)=-4,\ f(f(2))=f(1)=-2$$

$x\to5$일 때, $f(x)\to2$이므로

$$\lim_{x\to5}f(f(x))=\lim_{t\to2}f(t)=-1,\ f(f(5))=f(2)=1$$

따라서 합성함수 $(f\circ f)(x)$는 $x=2$, 5에서 모두 불연속이고, a의 값은 2, 5이므로 구하는 값은 $2+5=7$이야.

B 78 정답 ② *그래프를 이용한 합성함수의 연속성 … [정답률 57%]

> **정답 공식:** 합성함수 $f(g(x))$가 $x=a$에서 연속이려면 (i) $f(g(x))$가 $x=a$에서 정의되고 (ii) $\lim_{x\to a}f(g(x))$의 값이 존재하며 (iii) $f(g(a))=\lim_{x\to a}f(g(x))$를 모두 만족시켜야 한다.

닫힌구간 $[0,\ 5]$에서 정의된 함수 $y=f(x)$에 대하여 함수 $g(x)$를

$$g(x)=\begin{cases} \{f(x)\}^2 & (0\leq x\leq3) \\ (f\circ f)(x) & (3<x\leq5) \end{cases}$$

라 하자. 함수 $g(x)$가 닫힌구간 $[0,\ 5]$에서 연속이 되도록 하는 함수 $y=f(x)$의 그래프로 옳은 것만을 [보기]에서 있는 대로 고른 것은? (4점)

단서 함수 $g(x)$가 $x=3$을 기준으로 함수식이 바뀌므로 $x=3$에서 연속이 되는지는 꼭 확인해야 해 또, ㄱ, ㄴ, ㄷ의 함수 $f(x)$가 불연속인 점에서도 연속이 되는지 확인해.

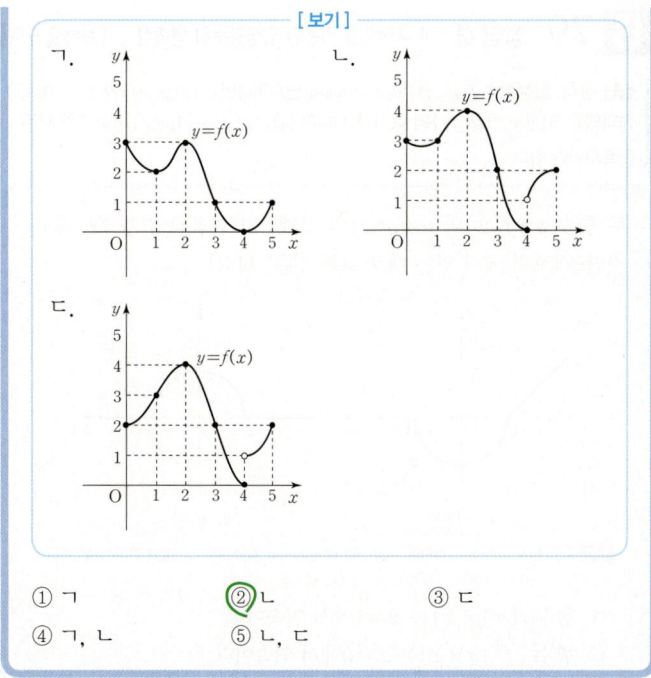

[보기]
ㄱ. $y=f(x)$
ㄴ. $y=f(x)$
ㄷ. $y=f(x)$

① ㄱ　　② ㄴ　　③ ㄷ
④ ㄱ, ㄴ　　⑤ ㄴ, ㄷ

1st 구간의 경곗값에 주의하여 좌극한값, 우극한값, 함숫값을 잘 따져보자.

ㄱ. 그림과 같이 $y=f(x)$가 연속함수이므로 $x=3$에서만 $g(x)$의 연속성을 조사하면 된다.

$$\lim_{x\to3+}g(x)=\lim_{x\to3+}f(f(x))=\lim_{t\to4-}f(t)=2$$
$$\lim_{x\to3-}g(x)=\lim_{x\to3-}\{f(x)\}^2=1 \quad \therefore \lim_{x\to3+}g(x)\neq\lim_{x\to3-}g(x)$$

따라서 $g(x)$는 $x=3$에서 연속이 아니다.

2nd ㄴ에 주어진 $f(x)$는 $x=4$에서 불연속임에 주의해.

ㄴ. 그림에서와 같이 $y=f(x)$가 $x=4$에서 불연속이므로 $x=3$, $x=4$에서 모두 연속인지 조사해야 한다.
두 함수 $f(x), g(x)$에 대하여 이 두 함수를 이용하여 새롭게 정의된 함수는 $f(x), g(x)$가 불연속인 점에서 불연속일 수 있으니까 각 함수가 불연속인 점에서 꼭 확인해줘야 해.

(i) $x=3$일 때,

$$\lim_{x\to3+}g(x)=\lim_{x\to3+}f(f(x))=\lim_{t\to2-}f(t)=4$$
$$\lim_{x\to3-}g(x)=\lim_{x\to3-}\{f(x)\}^2=2^2=4$$
$$\therefore \lim_{x\to3}g(x)=4$$

이때, 함숫값 $g(3)=\{f(3)\}^2=4$이다.

따라서 $\lim_{x\to3}g(x)=g(3)=4$이므로 $g(x)$는 $x=3$에서 연속이다.

(ii) $x=4$일 때,

$$\lim_{x\to4+}g(x)=\lim_{x\to4+}f(f(x))=\lim_{t\to1+}f(t)=3$$
$$\lim_{x\to4-}g(x)=\lim_{x\to4-}f(f(x))=\lim_{t\to0+}f(t)=3 \quad \therefore \lim_{x\to4}g(x)=3$$

이때, 함숫값 $g(4)=f(f(4))=f(0)=3$이다.

따라서 $\lim_{x\to4}g(x)=g(4)=3$이므로 $g(x)$는 $x=4$에서 연속이다.

(i), (ii)에 의하여 $g(x)$는 닫힌구간 $[0,\ 5]$에서 연속이다.

3rd ㄴ과 마찬가지 방법으로 ㄷ을 따져보자.

ㄷ. $x=4$일 때,

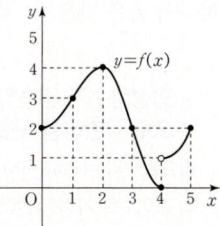

$$\lim_{x\to4+}g(x)=\lim_{x\to4+}f(f(x))$$
$$=\lim_{t\to1+}f(t)=3$$
$$\lim_{x\to4-}g(x)=\lim_{x\to4-}f(f(x))$$
$$=\lim_{t\to0+}f(t)=2$$

즉, $\lim_{x\to4+}g(x)\neq\lim_{x\to4-}g(x)$에서

$g(x)$는 $x=4$에서 연속이 아니므로 함수 $g(x)$는 닫힌구간 $[0,\ 5]$에서 연속이 아니다.

따라서 닫힌구간 $[0,\ 5]$에서 $g(x)$가 연속이 되게 하는 $f(x)$는 ㄴ뿐이다.

정답 공식: 합성함수 $f(g(x))$가 $x=a$에서 연속이려면 (ⅰ) $f(g(x))$가 $x=a$에서 정의되고 (ⅱ) $\lim\limits_{x \to a} f(g(x))$의 값이 존재하며 (ⅲ) $f(g(a))=\lim\limits_{x \to a} f(g(x))$를 모두 만족시켜야 한다.

두 함수 $y=f(x)$와 $y=g(x)$의 그래프가 다음과 같을 때, 옳은 것만을 [보기]에서 있는 대로 고른 것은? (4점)

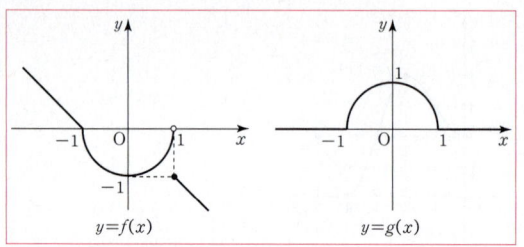

단서 주어진 두 함수의 그래프를 이용하여 각 점에서의 함숫값과 극한값이 같은지 확인해 봐.

─── [보기] ───

ㄱ. 함수 $f(x)g(x)$는 $x=1$에서 연속이다.

ㄴ. 함수 $(f \circ g)(x)$는 $x=0$에서 연속이다.

ㄷ. 함수 $(g \circ f)(x)$는 $x=-1$에서 연속이다.

① ㄱ   ② ㄴ   ③ ㄱ, ㄷ

④ ㄴ, ㄷ   ⑤ ㄱ, ㄴ, ㄷ

1st $x=1$에서 $f(x)g(x)$의 극한값과 함숫값이 일치하는지 확인하자.

함수 $f(x)$에 대하여 $\lim\limits_{x \to a} f(x)=f(a)$가 성립하면 함수 $f(x)$는 $x=a$에서 연속임을 이용해야 해.

ㄱ. $\lim\limits_{x \to 1-} f(x)=0$, $\lim\limits_{x \to 1-} g(x)=0$이므로 $\lim\limits_{x \to 1-} f(x)g(x)=0$이고,

$\lim\limits_{x \to 1+} f(x)=-1$, $\lim\limits_{x \to 1+} g(x)=0$이므로 $\lim\limits_{x \to 1+} f(x)g(x)=0$이다.

또 $f(1)=-1$이고, $g(1)=0$이므로 $f(1)g(1)=0$이다.

따라서 $\lim\limits_{x \to 1} f(x)g(x)=f(1)g(1)=0$이므로 함수 $f(x)g(x)$는

$x=1$에서 연속이다. (참)

2nd $x=0$에서 $f(g(x))$의 극한값과 함숫값이 일치하는지 확인하자.

ㄴ. $\lim\limits_{x \to 0} g(x)=1-$이므로 $\lim\limits_{x \to 0} f(g(x))=\lim\limits_{t \to 1-} f(t)=0$

그런데 $f(g(0))=-1$이므로 $x=0$에서 함수 $(f \circ g)(x)$는 연속

이 아니다. (거짓)   극한값과 함숫값이 각각 존재하지만 두 값이 서로 같지 않아.

3rd $x=-1$에서 $g(f(x))$의 극한값과 함숫값이 일치하는지 확인하자.

ㄷ. $\lim\limits_{x \to -1-} f(x)=0+$, $\lim\limits_{x \to -1+} f(x)=0-$이므로

$\lim\limits_{x \to -1-} g(f(x))=\lim\limits_{s \to 0+} g(s)=1$

$\lim\limits_{x \to -1+} g(f(x))=\lim\limits_{t \to 0-} g(t)=1$

주의 치환을 할 때는 $f(x)$의 값뿐만 아니라 큰 쪽에서 다가오는지 작은 쪽에서 다가 오는지도 고려해야 해!

이때, $g(f(-1))=g(0)=1$이므로

$\lim\limits_{x \to -1} g(f(x))=g(f(-1))=1$이다.

즉, $x=-1$에서 함수 $(g \circ f)(x)$는 연속이다. (참)

따라서 옳은 것은 ㄱ, ㄷ이다.

수능 핵강

＊ 합성함수가 연속일 때, 함숫값, 좌극한값, 우극한값 셋 중 무엇으로 극한값을 구할지 판단하기

합성함수의 극한값 $\lim\limits_{x \to a}(f \circ g)(x)$는 우선 x의 값이 a에 가까워지면 $g(x)$의 값이 b로 가까이 간다고 하자. 이때 $g(x)=b$, $g(x) \to b+$, $g(x) \to b-$ 중 무엇인지는 그래프를 보면 알 수 있을 거야.

즉, $f(b)$, $\lim\limits_{x \to b-} f(x)$, $\lim\limits_{x \to b+} f(x)$ 중 무엇을 구해야 하는지 판단하여 극한값을 구해야 하는 것을 명심해.

정답 공식: 합성함수 $f(g(x))$가 $x=a$에서 연속이려면 (ⅰ) $f(g(x))$가 $x=a$에서 정의되고 (ⅱ) $\lim\limits_{x \to a} f(g(x))$의 값이 존재하며 (ⅲ) $f(g(a))=\lim\limits_{x \to a} f(g(x))$를 모두 만족시켜야 한다.

함수 $f(x)$의 그래프가 그림과 같을 때, [보기]에서 옳은 것을 모두 고른 것은? (3점)

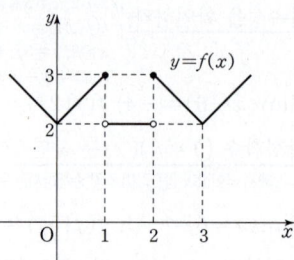

단서 1 $\lim\limits_{x \to a}(f \circ f)(x)$의 값을 구할 때는 $\lim\limits_{x \to a} f(x)$의 값부터 먼저 살펴봐야 해.

─── [보기] ───

ㄱ. $\lim\limits_{x \to 0}(f \circ f)(x)=2$

ㄴ. $\lim\limits_{x \to 1-}(f \circ f)(x)=\lim\limits_{x \to 2+}(f \circ f)(x)$

ㄷ. 함수 $(f \circ f)(x)$는 $x=3$에서 연속이다.

└ 단서 2 연속의 조건 기억나지? $\lim\limits_{x \to 3}(f \circ f)(x)=(f \circ f)(3)$이어야 해.

① ㄱ   ② ㄴ   ③ ㄷ

④ ㄱ, ㄷ   ⑤ ㄴ, ㄷ

1st 합성함수의 극한은 치환을 이용하자.

ㄱ. $f(x)=t$라 하면

$x \longrightarrow 0$일 때 $t \longrightarrow 2+$이므로

$f(x)$는 $x=0$에서 연속이지? 즉, $x \to 0-$일 때와 $x \to 0+$일 때 모두 $f(x) \to 2+$야.

$\lim\limits_{x \to 0}(f \circ f)(x)=\lim\limits_{t \to 2+} f(t)=3$ (거짓)

ㄴ. $f(x)=t$라 하면

$x \longrightarrow 1-$일 때 $t \longrightarrow 3-$,

$x \longrightarrow 2+$일 때 $t \longrightarrow 3-$이므로

$\lim\limits_{x \to 1-}(f \circ f)(x)=\lim\limits_{t \to 3-} f(t)=2$

$\lim\limits_{x \to 2+}(f \circ f)(x)=\lim\limits_{t \to 3-} f(t)=2$

$\therefore \lim\limits_{x \to 1-}(f \circ f)(x)=\lim\limits_{x \to 2+}(f \circ f)(x)$ (참)

2nd $x=3$에서 연속이려면 $\lim\limits_{x \to 3}(f \circ f)(x)=f(f(3))$이어야 해.

ㄷ. $f(x)=t$라 하면

$x \longrightarrow 3$일 때 $t \longrightarrow 2+$이므로

$x \to 3-$일 때, $t \to 2+$ $x \to 3+$일 때, $t \to 2+$

$\lim\limits_{x \to 3-}(f \circ f)(x)=\lim\limits_{t \to 2+} f(t)=3$

$\lim\limits_{x \to 3+}(f \circ f)(x)=\lim\limits_{t \to 2+} f(t)=3$

$\therefore \lim\limits_{x \to 3}(f \circ f)(x)=3$

$(f \circ f)(3)=f(f(3))=f(2)=3$

즉, 함수 $(f \circ f)(x)$는 $x=3$에서 연속이다. (참)

따라서 옳은 것은 ㄴ, ㄷ이다. $f(x)$는 $x=3$에서 연속이지? 그럼 합성함수 $(f \circ f)(x)$도 $x=3$에서 연속이야.

정답 공식: 합성함수 $f(g(x))$가 $x=a$에서 연속이면 $f(g(a))=\lim_{x \to a} f(g(x))$를 만족시킨다.

함수 $y=f(x)$와 $y=g(x)$의 그래프가 다음과 같을 때, [보기]에서 옳은 것을 모두 고른 것은? (4점)

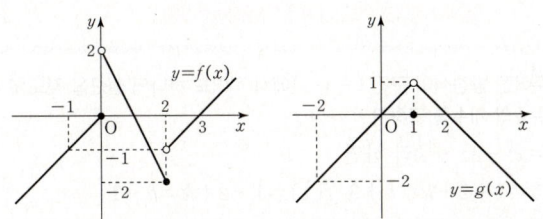

─── [보기] ───

ㄱ. $g(f(0))=0$ 단서1 $\lim_{x \to 0+} g(f(x)) = \lim_{x \to 0-} g(f(x)) = g(f(0))$인지 확인하자!

ㄴ. $y=g(f(x))$는 $x=0$에서 연속이다.

ㄷ. $-1 \le x \le 3$에서 $y=g(f(x))$가 불연속인 x의 값은 2개이다.
단서2 두 함수 $f(x), g(x)$가 불연속인 점에서 함수 $g(f(x))$가 불연속인지 확인해야 해!

① ㄱ   ② ㄷ   ③ ㄱ, ㄴ   ④ ㄴ, ㄷ   ⑤ ㄱ, ㄴ, ㄷ

1st 함수 $f(x)$가 $x=a$에서 연속이 되려면 함숫값 $f(a)$와 극한값 $\lim_{x \to a} f(x)$가 존재하고 함숫값과 극한값이 일치해야지?

ㄱ. $g(f(0))=g(0)=0$ (참) → $f(0)=0$이지?

ㄴ. $\lim_{x \to 0+} g(f(x)) = \lim_{t \to 2-} g(t)=0$, $\lim_{x \to 0-} g(f(x)) = \lim_{t \to 0-} g(t)=0$이고
$f(x)=t$라 하면 $x \to 0+$일 때 $t \to 2-$야. $f(x)=t$라 하면 $x \to 0-$일 때 $t \to 0-$
즉, $\lim_{x \to 0+} g(f(x)) = \lim_{t \to 2-} g(t)$ 이므로 $\lim_{x \to 0-} g(f(x)) = \lim_{t \to 0-} g(t)$

ㄱ에 의해 $\lim_{x \to 0} g(f(x)) = 0 = g(f(0))$이므로 $x=0$에서 연속이다. (참)

ㄷ. $y=g(x)$가 $x=1$에서 불연속이고 $0 \le x \le 2$에서 $f(x)=-2x+2$이므로 구간 $-1 \le x \le 3$에서 $y=g(f(x))$는 $f(x)=1$인 $x=\frac{1}{2}$에서 연속성을 따져보면

$\lim_{x \to \frac{1}{2}+} g(f(x)) = \lim_{t \to 1-} g(t)=1$, $\lim_{x \to \frac{1}{2}-} g(f(x)) = \lim_{t \to 1+} g(t)=1$

이지만 $g\left(f\left(\frac{1}{2}\right)\right)=g(1)=0$이므로 $x=\frac{1}{2}$에서 불연속이다.
$x=\frac{1}{2}$에서 극한값이 1로 존재하지만 함숫값 $g\left(f\left(\frac{1}{2}\right)\right)=0$이므로 극한값과 함숫값이 다르지?
즉, 함수 $g(f(x))$는 $x=\frac{1}{2}$에서 불연속이야.

또, $y=f(x)$가 $x=0$, $x=2$에서 불연속인데 ㄴ에 의해 $x=0$에서 $(g \circ f)(x)$는 연속이므로 $x=2$에서 연속성을 따져 보면

$\lim_{x \to 2+} g(f(x)) = \lim_{t \to -1+} g(t) = -1$,

$\lim_{x \to 2-} g(f(x)) = \lim_{t \to -2+} g(t) = -2$

이므로 $x=2$에서 불연속이다. $x=2$에서 극한값이 존재하지 않으므로 함수 $g(f(x))$는 $x=2$에서 불연속이야.
따라서 구간 내의 다른 점에서는 $y=f(x)$와 $y=g(x)$가 모두 연속이므로 $y=g(f(x))$가 $-1 \le x \le 3$에서 불연속인 점이 2개이다. (참)
따라서 옳은 것은 ㄱ, ㄴ, ㄷ이다.

수능 핵강

＊복잡한 함수의 좌·우극한값 주의하여서 살펴보기

복잡한 함수 $f(x)$를 합성해서 $(f \circ f)(x)$에 대해 묻는 문제로 헷갈릴 수도 있는데 직접 그래프를 그려보면서 이런 문제에 연습해 두는 것도 좋은 방법이야. 특히, 이런 복잡한 함수에 대해서는 좌극한값과 우극한값이 다르므로 잘 살펴보면서 따져줘야 해.

정답 공식: 구간 $[a, b]$에서 연속인 함수 $f(x)$는 이 구간에서 반드시 최댓값과 최솟값을 갖는다.

구간 $[2, 4]$에서 정의된 함수 $f(x)=\dfrac{-3x+4}{x-1}$의 최댓값을 M, 최솟값을 m이라 할 때, $M+m$의 값은? (3점)

① -2 ② $-\dfrac{8}{3}$ ③ $-\dfrac{10}{3}$ ④ -4 ⑤ $-\dfrac{14}{3}$

단서 함수 $f(x)$는 $x \ne 1$에서 연속인 함수야. 즉, $x=1$을 포함하지 않는 닫힌구간에서 함수 $f(x)$는 최댓값과 최솟값을 반드시 가져.

1st 함수 $y=f(x)$의 그래프를 그리자.

$f(x)=\dfrac{-3x+4}{x-1}=\dfrac{1}{x-1}-3$이므로

$\dfrac{-3x+4}{x-1}=\dfrac{-3(x-1)+1}{x-1}=\dfrac{1}{x-1}-3$

닫힌구간 $[2, 4]$에서 함수 $y=f(x)$의 그래프는 그림과 같다.

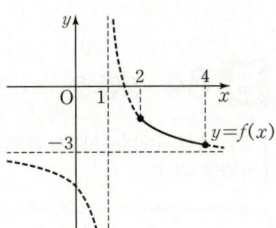

2nd 함수 $f(x)$의 최댓값과 최솟값을 구하자.

함수 $f(x)$는 닫힌구간 $[2, 4]$에서 연속이므로 최대·최소 정리에 의하여 함수 $f(x)$는 최댓값과 최솟값을 모두 갖는다.

한편, 함수 $f(x)$는 $x>1$에서 감소하는 함수이므로 함수 $f(x)$의 최댓값 M과 최솟값 m은

$M=f(2)=\dfrac{-3 \times 2+4}{2-1}=-2$

$m=f(4)=\dfrac{-3 \times 4+4}{4-1}=-\dfrac{8}{3}$

$\therefore M+m=(-2)+\left(-\dfrac{8}{3}\right)=-\dfrac{14}{3}$

정답 공식: 구간 $[a, b]$에서 연속인 함수 $f(x)$는 이 구간에서 반드시 최댓값과 최솟값을 갖는다.

다음 [보기] 중 최댓값과 최솟값을 모두 갖는 함수를 있는 대로 고른 것은? (3점)
단서 어떤 구간에서 최댓값과 최솟값을 모두 가짐을 보이려면 그 구간에서 연속임을 보이거나 그래프를 그려서 확인해.

─── [보기] ───

ㄱ. $f(x)=-\dfrac{2}{x} \, (-1 \le x \le 1)$

ㄴ. $g(x)=\dfrac{1}{x+1}+3 \, (0 \le x \le 3)$

ㄷ. $h(x)=\sqrt{x+6} \, (2 < x < 5)$

① ㄱ   ② ㄴ   ③ ㄷ   ④ ㄱ, ㄴ   ⑤ ㄴ, ㄷ

1st 최대·최소 정리를 이용하여 최댓값과 최솟값을 모두 갖는 함수를 찾자.

ㄱ. 함수 $f(x)=-\dfrac{2}{x} \, (-1 \le x \le 1)$는 $x=0$에서 불연속이다.
함수 $f(x)$는 $x=0$에서 정의되어 있지 않으므로 $x=0$에서 불연속이야.
또, $\lim_{x \to 0-} f(x)=\infty$, $\lim_{x \to 0+} f(x)=-\infty$이므로 함수 $f(x)$는 최댓값과 최솟값을 모두 갖지 않는다.

ㄴ. 함수 $g(x) = \dfrac{1}{x+1} + 3$은 $x = -1$에서만 불연속인데 주어진 구간이 $[0, 3]$이므로 최대·최소 정리에 의하여 함수 $g(x)$는 이 구간에서 최댓값과 최솟값을 모두 갖는다. 함수 $y = g(x)$의 그래프는 그림과 같아.

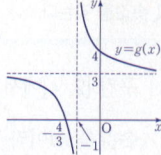

> 주의
> 문제에서 주어진 구간을 보고 최대·최소 정리를 적용할 수 있는지 판단해야 해.

ㄷ. 함수 $h(x) = \sqrt{x+6}$은 $x \geq -6$에서 연속인 함수이지만 열린구간 $(2, 5)$에서 최댓값과 최솟값을 모두 갖지 않는다. 함수 $y = h(x)(2 < x < 5)$의 그래프는 그림과 같으므로 최댓값과 최솟값을 모두 갖지 않아.

따라서 최댓값과 최솟값을 모두 갖는 함수는 ㄴ이다.

B 84 정답 ③ ＊최대·최소 정리 ──────── [정답률 78%]

> 정답 공식: 구간 $[a, b]$에서 연속인 함수 $f(x)$는 이 구간에서 반드시 최댓값과 최솟값을 갖는다.

구간 $(-1, 5)$에서 정의된 함수 $y = f(x)$의 그래프가 그림과 같을 때, [보기]에서 옳은 것만을 있는 대로 고른 것은? (3점)

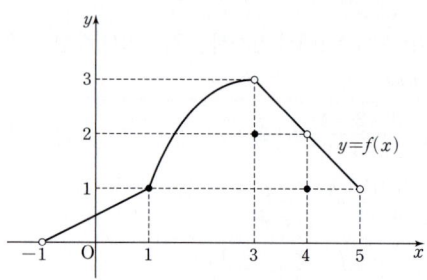

[보기]
ㄱ. 함수 $f(x)$는 $x = 3$에서 불연속이다.
ㄴ. 닫힌구간 $[0, 2]$에서 함수 $f(x)$는 최댓값과 최솟값을 모두 갖는다. [단서1] 닫힌구간 $[0, 2]$에서 함수 $f(x)$는 연속이야.
ㄷ. 닫힌구간 $[1, 4]$에서 함수 $f(x)$는 최댓값을 갖는다.
[단서2] 닫힌구간 $[1, 4]$에서 함수 $f(x)$는 $x = 3, x = 4$ 이외의 점에서 연속이야.

① ㄱ　　　　② ㄴ　　　　③ ㄱ, ㄴ
④ ㄱ, ㄷ　　　⑤ ㄱ, ㄴ, ㄷ

1st $x = 3$에서의 연속성을 확인하자.
함수 $f(x)$가 $x = a$에서 연속이면 $f(a) = \lim\limits_{x \to a} f(x)$가 성립해.
ㄱ. $\lim\limits_{x \to 3} f(x) = 3$, $f(3) = 2$이므로 $\lim\limits_{x \to 3} f(x) \neq f(3)$
따라서 함수 $f(x)$는 $x = 3$에서 불연속이다. (참)

2nd 주어진 구간에서 최댓값과 최솟값을 각각 구하자.
ㄴ. 주어진 그래프에서 함수 $f(x)$는 닫힌구간 $[0, 2]$에서 연속이므로 함수 $f(x)$는 최댓값과 최솟값을 모두 갖는다. (참)
닫힌구간 $[0, 2]$에서 함수 $f(x)$의 최댓값과 최솟값은 각각 $f(2), f(0)$이야.
ㄷ. 닫힌구간 $[1, 4]$에서 함수 $f(x)$는 최솟값 $f(1) = f(4) = 1$을 갖지만 최댓값은 갖지 않는다. (거짓)

따라서 옳은 것은 ㄱ, ㄴ이다.

B 85 정답 3 ＊사잇값의 정리 ──────── [정답률 86%]

> 정답 공식: 구간 $[a, b]$에서 연속인 함수 $f(x)$에 대하여 $f(a)f(b) < 0$이면 방정식 $f(x) = 0$은 구간 (a, b)에서 적어도 하나의 실근을 갖는다.

방정식 $x^6 - 2x^3 + k = 0$이 구간 $(-1, 1)$에서 적어도 하나의 실근을 갖도록 하는 정수 k의 개수를 구하시오. (3점)
[단서] $f(x) = x^6 - 2x^3 + k$라 하면 함수 $f(x)$는 다항함수이므로 실수 전체의 집합에서 연속이야. 따라서 사잇값의 정리를 이용하여 해결해.

1st 주어진 방정식이 구간 $(-1, 1)$에서 적어도 하나의 실근을 갖도록 하는 정수 k의 개수를 구하자.
$f(x) = x^6 - 2x^3 + k$라 하면
$f(-1) = 1 + 2 + k = k + 3$, $f(1) = 1 - 2 + k = k - 1$
이때, 주어진 방정식이 구간 $(-1, 1)$에서 적어도 하나의 실근을 가지려면 $f(-1)f(1) < 0$이어야 하므로 $(k+3)(k-1) < 0$
$\therefore -3 < k < 1$
따라서 정수 k의 개수는 $-2, -1, 0$의 3이다.
정수 a, b에 대하여 부등식 $a < x < b$를 만족시키는 정수 x의 개수는 $b - a - 1$이야.

B 86 정답 ④ ＊사잇값의 정리 ──────── [정답률 85%]

> 정답 공식: 닫힌구간 $[a, b]$에서 연속인 함수 $f(x)$에 대하여 $f(a)f(b) < 0$이면 방정식 $f(x) = 0$은 열린구간 (a, b)에서 적어도 하나의 실근을 갖는다.

[단서1] 방정식 $f(x) = 0$의 실근은 $0, m, n$이라는 말이지?

두 자연수 m, n에 대하여 함수 $f(x) = x(x-m)(x-n)$이
$f(1)f(3) < 0$, $f(3)f(5) < 0$ → [단서2] 다항함수 $f(x)$에 대하여 두 함숫값을 곱하여 $f(a)f(b) < 0$이라는 표현이 나오면 사잇값의 정리를 바로 떠올리자.
을 만족시킬 때, $f(6)$의 값은? (3점)

① 30　　② 36　　③ 42　　④ 48　　⑤ 54

1st 사잇값의 정리를 이용하여 함숫값을 구하자.
함수 $f(x) = x(x-m)(x-n)$ (단, 자연수 m, n)에 대하여 방정식

$m < n$이라 하면 $0 < m, 0 < n$이므로 함수 $f(x)$의 그래프는 모양이야.

$f(x) = 0$의 실근은 $0, m, n$이고 m, n은 자연수이므로 사잇값의 정리에 의하여
$f(1)f(3) < 0$에서 $f(2) = 0$
닫힌구간 $[a, b]$에서 연속인 함수 $f(x)$에 대하여 $f(a)f(b) < 0$이면 방정식 $f(x) = 0$은 열린구간 (a, b)에서 적어도 하나의 실근을 가져.
닫힌구간 $[1, 3]$에서 연속이고, $f(1)f(3) < 0$이므로 방정식 $f(x) = 0$은 열린구간 $(1, 3)$에서 적어도 하나의 실근을 가져. 그런데 자연수인 해를 가져야 하므로 $x = 2$를 해로 가져야 해.
$f(3)f(5) < 0$에서 $f(4) = 0$
닫힌구간 $[3, 5]$에서 연속이고, $f(3)f(5) < 0$이므로 방정식 $f(x) = 0$은 열린구간 $(3, 5)$에서 적어도 하나의 실근을 가져. 그런데 자연수인 해를 가져야 하므로 $x = 4$를 해로 가져야 해.
따라서 $f(x) = x(x-2)(x-4)$이므로
$f(6) = 6 \times 4 \times 2 = 48$

> ☆ 사잇값의 정리　　　　　　　　　　개념·공식
>
> 함수 $f(x)$가 닫힌구간 $[a, b]$에서 연속이고 $f(a) \neq f(b)$이면 $f(a)$와 $f(b)$ 사이에 있는 임의의 값 k에 대하여
> $$f(c) = k$$
> 인 c가 열린구간 (a, b)에 적어도 하나 존재한다.
>
>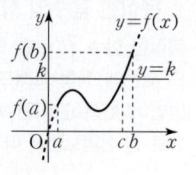

B

정답 공식: 닫힌구간 $[a, b]$에서 연속인 함수 $f(x)$에 대하여 $f(a)f(b)<0$이면 방정식 $f(x)=0$은 열린구간 (a, b)에서 적어도 하나의 실근을 갖는다.

두 함수 $f(x)=x^5+x^3-3x^2+k$, $g(x)=x^3-5x^2+3$에 대하여 구간 $(1, 2)$에서 방정식 $f(x)=g(x)$가 적어도 하나의 실근을 갖도록 하는 정수 k의 개수를 구하시오. (3점)

단서 $h(x)=f(x)-g(x)$라 하면 $h(x)$의 그래프와 x축의 교점이 적어도 하나여야 해. 이때 사잇값의 정리를 이용해 봐.

1st 사잇값의 정리를 이용하여 정수 k의 범위를 구하자.

함정 문제에 x에 대한 특정 구간 내에서 '적어도 하나의 실근을 가진다.'라는 조건이 있을 때에는 사잇값의 정리를 떠올려 봐. 이때, 사잇값의 정리를 적용할 수 있는 조건을 꼭 확인해야겠지.

$h(x)=f(x)-g(x)$라 하면
$h(x)=(x^5+x^3-3x^2+k)-(x^3-5x^2+3)$
$\quad\quad =x^5+2x^2+k-3$

이때, 다항함수 $h(x)$는 구간 $[1, 2]$에서 연속이므 ─ 다항함수는 실수 전체의 집합에서 연속이므로 당연히 구간 $[1, 2]$에서도 연속이야.

로 사잇값의 정리에 의해 $h(1)h(2)<0$이 성립하면 구간 $(1, 2)$에서 방정식 $f(x)-g(x)=0$, 즉 $f(x)=g(x)$는 적어도 하나의 실근을 가진다.

한편, $h(1)=k$, $h(2)=k+37$이므로
$k(k+37)<0$
∴ $-37<k<0$ ── 정수 a, b에 대하여 부등식 $a<x<b$를 만족하는 정수 x의 개수는 $b-a-1$이야.

따라서 정수 k의 개수는 $0-(-37)-1=36$(개)이다.

다른 풀이: 방정식과 함수의 그래프의 연관성을 이용하여 곡선과 직선의 교점으로 해석하기

$f(x)=g(x)$이므로
$x^5+x^3-3x^2+k=x^3-5x^2+3$에서 $x^5+2x^2=3-k$
위의 방정식의 실근은 두 함수 $y=x^5+2x^2$과 $y=3-k$의 그래프가 만나는 점의 x좌표와 같아.

방정식과 함수의 그래프는 연관성이 있어. 방정식 $f(x)=0$의 실근은 $y=f(x)$의 그래프와 x축의 교점의 x좌표이고 방정식 $f(x)=g(x)$의 실근은 $y=f(x)$와 $y=g(x)$의 그래프의 교점의 x좌표야.

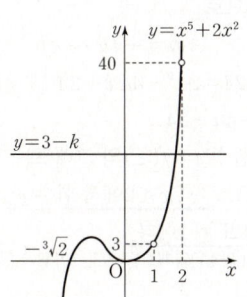

즉, $y=x^5+2x^2=x^2(x^3+2)$와 $y=3-k$의 그래프가 구간 $(1, 2)$에서 만나면 되므로
$3<3-k<40$, $0<-k<37$
∴ $-37<k<0$

따라서 정수 k의 개수는 36개야.

B

정답 공식: 구간 $[a, b]$에서 연속인 함수 $f(x)$에 대하여 $f(a)f(b)<0$이면 방정식 $f(x)=0$은 구간 (a, b)에서 적어도 하나의 실근을 갖는다.

삼차함수 $y=f(x)$의 그래프와 함수
$g(x)=\begin{cases} \dfrac{1}{2}x-1 & (x>0) \\ -x-2 & (x\leq 0) \end{cases}$
의 그래프가 그림과 같을 때, [보기]에서 옳은 것을 모두 고른 것은? (3점)

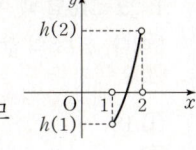

[보기]
ㄱ. $\lim\limits_{x\to 0+} g(x)=-2$ ── **단서1** $\lim\limits_{x\to 0} g(f(x))=\lim\limits_{x\to 0} g(g(x))$
$=g(f(0))$인지 확인하자!

ㄴ. 함수 $g(f(x))$는 $x=0$에서 연속이다.

ㄷ. 방정식 $g(f(x))=0$은 닫힌구간 $[-3, 3]$에서 적어도 하나의 실근을 갖는다. ── **단서2** $h(x)=g(f(x))$라 놓고 사잇값의 정리를 이용해. 그럼 먼저 $h(-3)$의 값과 $h(3)$의 값을 구해야겠지?

① ㄱ   ② ㄴ   ③ ㄷ
④ ㄴ, ㄷ   ⑤ ㄱ, ㄴ, ㄷ

1st 함수 $g(x)$의 $x=0$에서의 우극한값을 구하자.

ㄱ. $\lim\limits_{x\to 0+} g(x)=\lim\limits_{x\to 0+}\left(\dfrac{1}{2}x-1\right)=-1$ (거짓)

$x\to 0+$는 $x=0$의 오른쪽에서 $x=0$으로 가지만 $x\neq 0$이고 0보다 커. 즉, $x\to 0+$일 때는 $x>0$에서의 함수인 $g(x)=\dfrac{1}{2}x-1$을 이용해야 해.

2nd $x=0$에서의 함수 $g(f(x))$의 함숫값과 극한값이 일치하는지 확인해.

ㄴ. $f(0)=a(a>3)$이라 하면 $g(f(0))=g(a)$
$g(x)$는 $x>3$에서 연속이므로 ── $t>3$인 실수 t에 대하여 $f(t)=\lim\limits_{x\to t} f(x)$가 성립한다는 의미야.
$\lim\limits_{x\to 0} g(f(x))=\lim\limits_{k\to a} g(k)=g(a)$
∴ $\lim\limits_{x\to 0} g(f(x))=g(f(0))$
따라서 함수 $g(f(x))$는 $x=0$에서 연속이다. (참)

3rd 사잇값의 정리를 이용해.

함정 함수 $g(f(x))$의 식을 구하거나 그래프를 그려볼 수 없기 때문에 실근의 존재 여부를 알려면 치환 후 사잇값의 정리를 사용할 수밖에 없겠지?

ㄷ. $h(x)=g(f(x))$라 하면
$h(-3)=g(f(-3))=g(1)=-\dfrac{1}{2}$,
$h(3)=g(f(3))=g(3)=\dfrac{1}{2}$ ── 이해가 안되면 **수능 핵강**을 확인해

즉, $h(-3)h(3)<0$이고 $h(x)$는 구간 $[-3, 3]$에서 연속이므로 사잇값의 정리에 의하여 $h(x)$의 그래프는 닫힌구간 $[-3, 3]$에서 x축과 적어도 한 점에서 만난다.

따라서 방정식 $g(f(x))=0$은 닫힌구간 $[-3, 3]$에서 적어도 하나의 실근을 가진다. (참) ── 방정식 $f(x)=0$의 실근은 함수 $y=f(x)$의 그래프와 x축의 교점의 x좌표와 같아.

따라서 옳은 것은 ㄴ, ㄷ이다.

수능 핵강

* 함수 $h(x)=g(f(x))$ 연속임을 보이기

ㄷ에서 구간 $[-3, 3]$에서 $h(x)=g(f(x))$가 연속이라고 했는데, 왜 그런지 확인해 볼까? $f(x)=t$라 할 때, $-3\leq x\leq 3$에서 $f(x)$는 연속이고 $f(0)=a$라 하면 $1\leq f(x)\leq a$이므로 $1\leq t\leq a$가 돼.

한편, 합성함수 $h(x)=g(f(x))=g(t)$에서 $g(t)$의 정의역은 $1\leq t\leq a$인데, 함수 $g(x)$는 $x\geq 1$에서 연속이므로 합성함수 $h(x)$는 구간 $[-3, 3]$에서 연속이 돼.

> **정답 공식**: $f(x)=f(-x)$. 즉 $f(x)$는 y축에 대하여 대칭이다. $f(x)=10$이 되는 x가 오직 한 개여야 하므로 $f(0)=10$이다.
> $f(x)$가 연속함수이므로 $f(5)=f(-5)=0$이고 $f(0)=10$이므로 $f(x)=5$를 만족하는 x가 $-5<x<0$, $0<x<5$에서 각각 하나 이상 존재한다.
> 모든 실수 x에 대하여 $x+5$, $x-5$ 둘 중 하나는 절댓값이 5 이상이다.

모든 실수에서 정의된 함수 $f(x)$가 다음 [보기]에 있는 세 가지 조건을 만족시킨다.

━━━━━━━ [보기] ━━━━━━━

가. $f(x)$는 연속함수이고 $f(x)=f(-x)$이다.
나. $|x|>5$이면 $f(x)=0$이다.
다. $|x|<5$이면 $|f(x)|\leq10$이고 $f(x)=10$이 되는 x는 오직 한 개 있다.

> **단서** 조건에 맞는 함수 $f(x)$의 그래프의 개형을 그려서 선택지의 참, 거짓을 따져 봐.

다음 중 옳지 **않은** 것은? (2점)

① $f(5)=f(-5)=0$이다.
② $f(x)$는 $x=0$일 때 최대이다.
③ $f(x)=5$가 되는 x는 두 개 이상 있다.
④ $f(x)$가 최소가 되는 x는 오직 한 개 있다.
⑤ 모든 실수 x에 대하여 $f(x+5)f(x-5)=0$이다.

1st [보기]의 조건에 맞는 함수의 그래프 개형을 그리고 각 조건을 적용해가면서 참, 거짓을 확인해.

주어진 조건 가~다에 맞는 $y=f(x)$의 그래프 개형을 그리면 오른쪽 그림과 같다.
① $y=f(x)$의 그래프는 조건 가에 의하여 y축에 대하여 대칭이고, 조건 나에서
$f(x)=f(-x)$이면 $y=f(x)$의 그래프는 y축에 대하여 대칭이야.
$|x|>5$이면 $f(x)=0$이고, 연속함수이므로 $f(5)=f(-5)=0$
$\lim_{x\to5+}f(x)=\lim_{x\to-5-}f(x)=0$이므로 연속함수가 되려면   (참)
$f(5)=\lim_{x\to5-}f(x)=0$, $f(-5)=\lim_{x\to-5+}f(x)=0$이어야 해.

② $y=f(x)$의 그래프는 y축에 대하여 대칭이고, 조건 다에서 $|x|<5$이면 $|f(x)|\leq10$, $f(x)=10$이 되는 x는 오직 한 개이므로 $f(x)$는 $x=0$일 때 최대이다. (참)

> **함정** $f(x)=10$을 만족시키는 x의 값을 a라 할 때, $a\neq0$이면 조건 (가)에 의하여 a의 값이 2개 존재하게 되므로 조건 (다)를 만족시키지 않아.

③ $f(0)=10$, $f(5)=0$이고, $y=f(x)$의 그래프가 y축에 대하여 대칭이므로 $f(x)=5$인 x는 2개 이상이다. (참)
$-5<x<0$에서 적어도 한 개, $0<x<5$에서 적어도 한 개 존재해.

④ 그림과 같이 $f(x)$가 최소가 되는 x는 두 개 이상 있을 수 있다.   (거짓)

⑤ 모든 실수 x에 대하여 $|x+5|\geq5$ 또는 $|x-5|\geq5$이므로 $f(x+5)f(x-5)=0$ (참)
따라서 옳지 않은 것은 ④이다.

🌸 **함수의 연속**   개념·공식

함수 $f(x)$가 $x=a$에서 연속이기 위해서는 다음의 세 가지 조건을 만족해야 한다.
(i) $\lim_{x\to a}f(x)$가 존재
(ii) $f(a)$가 존재
(iii) $\lim_{x\to a}f(x)=f(a)$가 성립

> **정답 공식**: 함수 $f(x)$가 $x=a$에서 연속이려면 $\lim_{x\to a}f(x)=f(a)$가 성립해야 한다.

두 정수 a, b에 대하여 실수 전체의 집합에서 연속인 함수 $f(x)$가 다음 조건을 만족시킨다.
> **단서 1** a 또는 b의 값의 범위를 구하면 그 범위에 속하는 정수를 찾을 수 있어.

(가) $0\leq x<4$에서 $f(x)=ax^2+bx-24$이다.
> **단서 2** $0\leq x<4$에서 $f(x)$는 이차 이하의 다항함수이므로 이 범위에서 함수 $y=f(x)$의 그래프가 x축과 만나는 점의 개수는 0 또는 1 또는 2야.

(나) 모든 실수 x에 대하여 $f(x+4)=f(x)$이다.
> **단서 3** $f(x+4)=f(x)$에서 함수 $f(x)$는 주기가 4인 함수임을 알 수 있어. 또한, 양변에 $x=0$을 대입하면 $f(4)=f(0)$이야.

$1<x<10$일 때, 방정식 $f(x)=0$의 서로 다른 실근의 개수가 5이다. $a+b$의 값은? (4점)
> **단서 4** 주기가 4인 함수 $y=f(x)$의 그래프가 $1<x<10$에서 x축과 만나는 점의 개수가 5인 경우를 생각해봐.

① 18   ② 19   ③ 20
④ 21   ⑤ 22

1st $f(x)$가 실수 전체의 집합에서 연속임을 이용하여 함수 $y=f(x)$의 그래프의 개형을 유추해.

조건 (가)에 의해 $f(x)=ax^2+bx-24$는 이차함수이므로
$a=0$이면 조건 (나)에 의해 $f(4)=f(0)$이므로 $4b-24=-24$에서 $b=0$이야.
그러면 $f(x)=-24$이므로 $1<x<10$에서 방정식 $f(x)=0$의 실근은 존재하지 않아.
따라서 $a\neq0$이므로 $f(x)$는 이차함수야.
$0\leq x<4$에서 $f(x)$는 연속이다.
그런데 함수 $f(x)$가 실수 전체의 집합에서 연속이므로 $x=4$에서도 연속이어야 한다.
즉, 함수 $f(x)$가 $x=4$에서 연속이 되기 위해서는 $x=4$에서의 좌극한값과 함숫값이 같아야 하므로 $\lim_{x\to4-}f(x)=f(4)$이다.
이때, $\lim_{x\to4-}f(x)=\lim_{x\to4-}(ax^2+bx-24)=16a+4b-24$이고,
조건 (나)에 의해 모든 실수 x에 대하여 $f(x+4)=f(x)$에서
모든 실수 x에 대하여 $f(x+a)=f(x)$를 만족시키면 함수 $f(x)$는 주기가 $|a|$인 주기함수야.
$f(4)=f(0)=-24$이므로
$16a+4b-24=-24$ $\therefore b=-4a \cdots$ ㉠
$\therefore f(x)=ax^2+bx-24=ax^2-4ax-24$ ($\because$ ㉠)
$\qquad =a(x-2)^2-4a-24$
따라서 $0\leq x<4$에서 함수 $y=f(x)$의 그래프는 직선 $x=2$를 축으로 하는 포물선이므로 $1<x<2$에서 함수 $y=f(x)$의 그래프와 x축의 교점의 개수는 0 또는 1이다.
$1<x<2$일 때, 방정식 $f(x)=0$의 실근의 개수가 0 또는 1이 될 수 있다는 거야.

2nd $1<x<10$일 때, 방정식 $f(x)=0$의 서로 다른 실근의 개수가 5인 경우를 찾아.

먼저, $1<x<2$일 때 방정식 $f(x)=0$이 실근을 갖지 않는 경우에 대하여 생각해보자. 조건 (나)에 의해 모든 실수 x에 대하여 $f(x+4)=f(x)$이므로
(i) $1<x<2$일 때 $f(x)>0$이면
$\qquad$ $1<x<10$일 때 방정식 $f(x)=0$의 서로 다른 실근의 개수는 4이다.
(ii) $1<x<2$일 때 $f(x)<0$이면
$\qquad$ $1<x<10$일 때 방정식 $f(x)=0$의 서로 다른 실근의 개수는 0이다.
(iii) $f(1)=0$이면
$\qquad$ $1<x<10$일 때 방정식 $f(x)=0$의 서로 다른 실근의 개수는 4이다.

(iv) $f(2)=0$이면

1<x<10일 때 방정식 $f(x)=0$의 서로 다른 실근의 개수는 2이다.

(i)~(iv)에 의해 1<x<2일 때 방정식 $f(x)=0$이 실근을 갖지 않으면

1<x<10일 때 방정식 $f(x)=0$의 서로 다른 실근의 개수는

0 또는 2 또는 4이므로 조건을 만족시키지 않는다.

따라서 조건을 만족시키려면 1<x<2일 때 방정식 $f(x)=0$이 실근을

1개 가져야 한다.

3rd 사잇값의 정리를 이용하여 상수 a, b의 값을 구하자.

함수 $f(x)$는 닫힌구간 $[1, 2]$에서 연속이므로

1<x<2에서 방정식 $f(x)=0$이 실근을 1개 가지려면

사잇값의 정리에 의해 $f(1)f(2)<0$이어야 한다.

[사잇값의 정리의 활용]
닫힌구간 $[a, b]$에서 연속인 함수 $f(x)$에 대하여 $f(a)f(b)<0$이면 방정식 $f(x)=0$은
열린구간 (a, b)에서 적어도 하나의 실근을 가져.

$f(1)=-3a-24$, $f(2)=-4a-24$이므로

$(-3a-24)(-4a-24)<0$, $12(a+8)(a+6)<0$

$\therefore -8<a<-6$

따라서 a는 정수이므로 $a=-7$이다.

또한, ㉠에 의하여 $b=-4a=(-4)\times(-7)=28$이므로

$a+b=-7+28=21$

B 91 정답 ① * 사잇값의 정리 [정답률 45%]

> **정답 공식:** 구간 $[a, b]$에서 연속인 함수 $f(x)$에 대하여 $f(a)f(b)<0$이면 방정식 $f(x)=0$은 구간 (a, b)에서 적어도 하나의 실근을 갖는다.

2가 아닌 양수 a에 대하여 함수

단서1 $x>a$일 때 $f(x)=(x-2)(x-a)$이므로 a가 2보다 큰지, 작은지 알 수가 없어. 따라서 a의 값의 범위를 나눠서 구해야 해.

$$f(x)=\begin{cases}(x-a)^2 & (x\le a) \\ (x-2)(x-a) & (x>a)\end{cases}$$

가 다음 조건을 만족시킬 때, $f(3a)$의 값은? (4점)

단서2 사잇값의 정리를 이용할 수 있는지 묻는 거야.

(가) $f(c)=0$인 c가 0과 $1+\dfrac{a}{2}$ 사이에 적어도 하나 존재한다.

(나) 세 점 $(2, f(2))$, $(a, f(a))$, $\left(1+\dfrac{a}{2}, f\left(1+\dfrac{a}{2}\right)\right)$를 꼭짓점으로 하는 삼각형의 넓이는 $\dfrac{1}{8}$이다.

① 2   ② 4   ③ 8

④ 16   ⑤ 32

1st 함수 $f(x)$에서 $a>2$일 때와 0<a<2일 때로 나누어 생각해 봐.

$f(x)=(x-2)(x-a)$ $(x>a)$의 그래프의 꼭짓점의 x좌표는

$x=\dfrac{2+a}{2}=1+\dfrac{a}{2}$이다.

(i) $a>2$일 때, 함수 $y=f(x)$의 그래프를

그려 보면 오른쪽 그림과 같고,

$f(c)=0$인 c가 0과 $1+\dfrac{a}{2}$ 사이에

함수 $f(x)$는 0<x<$1+\dfrac{a}{2}$인 모든 실수 x에 대하여 $f(x)>0$이기 때문이야.

존재하지 않는다.

(ii) 0<a<2일 때, 함수 $y=f(x)$의 그래프

를 그려 보면 오른쪽 그림과 같다.

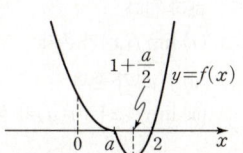

함수 $f(x)$는 닫힌구간 $\left[0, 1+\dfrac{a}{2}\right]$에서 연속이고, $f(0)>0$,

$f\left(1+\dfrac{a}{2}\right)<0$이므로 사잇값의 정리에 의해 0과 $1+\dfrac{a}{2}$ 사이에

$f(c)=0$인 c가 적어도 하나 존재한다.

(i), (ii)에 의해 0<a<2이다.

2nd 삼각형의 넓이 $\dfrac{1}{8}$을 이용하여 a의 값을 구하자.

$f(2)=f(a)=0$이고

$f\left(1+\dfrac{a}{2}\right)=\left(1+\dfrac{a}{2}-2\right)\left(1+\dfrac{a}{2}-a\right)=\left(\dfrac{a}{2}-1\right)\left(1-\dfrac{a}{2}\right)$

따라서 세 점 $\underbrace{(2, f(2))}_{(2, 0)}$, $\underbrace{(a, f(a))}_{(a, 0)}$, $\left(1+\dfrac{a}{2}, f\left(1+\dfrac{a}{2}\right)\right)$를 꼭짓점으로 하는 삼각형의 넓이는 $\dfrac{1}{8}$이므로

주의 세 꼭짓점 중 x축 위의 점이 2개 있다는 걸 통해 밑변이 x축 위에 있는 삼각형인 걸 빨리 파악해야 해!

$\dfrac{1}{2}\times\underline{(2-a)}\times\left|\left(\dfrac{a}{2}-1\right)\left(1-\dfrac{a}{2}\right)\right|=\dfrac{1}{8}$

→ 0<a<2이고 두 점 $(2, f(2))$, $(a, f(a))$는 x축 위의 점이므로 이 두 점 사이의 거리는 $2-a$야.

$\dfrac{1}{8}(2-a)^3=\dfrac{1}{8}$, $(2-a)^3=1$

$\therefore a=1$ $(\because 0<a<2)$

3rd $f(3a)$의 값을 구하자.

$\therefore f(3a)=f(3)=(3-2)\times(3-1)=2$

B 92 정답 ④ *새롭게 정의된 함수의 연속 [정답률 81%]

> **정답 공식:** 함수 $F(x)$가 $x=a$에서 연속이면 $\lim\limits_{x\to a+}F(x)=\lim\limits_{x\to a-}F(x)=F(a)$ 이다.

함수

$$f(x)=\begin{cases}-2x+6 & (x<a) \\ 2x-a & (x\ge a)\end{cases}$$

단서1 함수 $f(x)$는 $x=a$를 기준으로 식이 나누어져 있으므로 $x=a$에서 불연속일 수 있어.

에 대하여 함수 $\{f(x)\}^2$이 실수 전체의 집합에서 연속이 되도록

하는 모든 상수 a의 값의 합은? (3점)

단서2 함수 $\{f(x)\}^2$이 실수 전체의 집합에서 연속이므로 $x=a$에서도 연속이어야 해.

① 2   ② 4   ③ 6   ④ 8   ⑤ 10

1st 함수 $\{f(x)\}^2$이 실수 전체의 집합에서 연속일 조건을 찾자.

함수 $f(x)$가 $x=a$를 제외한 실수 전체의 집합에서 연속이므로 함수 $\{f(x)\}^2$이 $x=a$에서 연속이면 함수 $\{f(x)\}^2$은 실수 전체의 집합에서 연속이다.

함정 함수 $f(x)$가 실수 전체의 집합에서 연속이면 함수 $\{f(x)\}^2$이 실수 전체의 집합에서 연속이라는 것만을 생각하여 함수 $f(x)$가 $x=a$에서 연속일 조건만 이용하면 a의 값을 하나만 구하게 되어 틀리게 돼. 따라서 함수 $\{f(x)\}^2$이 실수 전체의 집합에서 연속이 되도록 하는 a의 값을 구해야 해.

즉, 함수 $\{f(x)\}^2$이 $x=a$에서 연속이려면

$\lim\limits_{x\to a+}\{f(x)\}^2=\lim\limits_{x\to a-}\{f(x)\}^2=\{f(a)\}^2$이어야 한다.

2nd $x=a$에서 연속이 되기 위한 a의 값을 모두 찾자.

$\lim\limits_{x\to a+}\{f(x)\}^2=\lim\limits_{x\to a+}(2x-a)^2=(2a-a)^2=a^2$,

$\lim\limits_{x\to a-}\{f(x)\}^2=\lim\limits_{x\to a-}(-2x+6)^2=(-2a+6)^2$,

$\{f(a)\}^2=(2a-a)^2=a^2$

이므로 $a^2=(-2a+6)^2$에서

$a^2=4a^2-24a+36$, $a^2-8a+12=0$

$(a-2)(a-6)=0$ $\therefore a=2$ 또는 $a=6$

따라서 모든 상수 a의 값의 합은

→ 모든 상수 a의 값의 합은 이차방정식의 근과 계수의 관계를 이용하여

$2+6=8$

$3a^2-24a+36=0$에서

(두 근의 합)$=-\dfrac{24}{3}=8$로 구할 수도 있어.

정답 공식: (i) 함수 $f(x)$가 $x=a$에서 정의되고 (ii) 극한값 $\lim_{x \to a} f(x)$가 존재하며 (iii) $\lim_{x \to a} f(x) = f(a)$이면 함수 $f(x)$는 $x=a$에서 연속이라 한다.

함수 $y=f(x)$의 그래프가 그림과 같다.

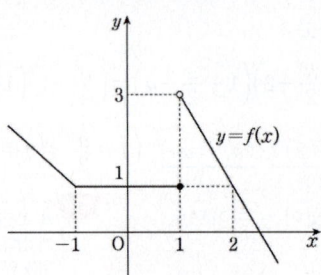

함수 $(x^2+ax+b)f(x)$가 $x=1$에서 연속일 때, $a+b$의 값은?

단서 $x=1$에서 연속이면 함숫값과 극한값이 같음을 이용할 수 있어. (단, a, b는 실수이다.) (3점)

① -2 ② -1 ③ 0
④ 1 ⑤ 2

1st $x=1$일 때 연속일 조건을 따져봐.

$x=1$에서의 함수 $(x^2+ax+b)f(x)$의 좌극한값, 우극한값을 구하면

$\lim_{x \to 1-} (x^2+ax+b)f(x)$

$= \lim_{x \to 1-}(x^2+ax+b) \times \lim_{x \to 1-} f(x)$

$= (1+a+b) \times \underline{1} = 1+a+b$
　　　　　$\lim_{x \to 1-} f(x) = 1$

> 두 함수 $f(x)$, $g(x)$에서 $\lim_{x \to a} f(x) = \alpha$, $\lim_{x \to a} g(x) = \beta$ (α, β는 실수)일 때, $\lim_{x \to a} f(x)g(x) = \lim_{x \to a} f(x) \times \lim_{x \to a} g(x) = \alpha\beta$

$\lim_{x \to 1+} (x^2+ax+b)f(x)$

$= \lim_{x \to 1+}(x^2+ax+b) \times \lim_{x \to 1+} f(x)$

$= (1+a+b) \times \underline{3} = 3(1+a+b)$
　　　　　$\lim_{x \to 1+} f(x) = 3$

또한, $x=1$일 때의 함수 $(x^2+ax+b)f(x)$의 함숫값을 구하면

$(1+a+b)f(1) = 1+a+b$
함수 $y=f(x)$의 그래프가 점 $(1,1)$을 지나므로 $f(1)=1$이야.

2nd $x=1$에서 함수 $(x^2+ax+b)f(x)$가 연속임을 이용하여 $a+b$의 값을 구해.

함수 $(x^2+ax+b)f(x)$가 $x=1$에서 연속이려면

$x=1$에서의 좌극한값, 우극한값, 함숫값이 같아야 하므로

$1+a+b = 3(1+a+b)$에서

$1+a+b = 0$ ∴ $a+b = -1$

수능 핵강

* 함수가 연속이기 위한 조건 확인하기

함수 $f(x)$가 $x=a$에서 연속이기 위하여 다음과 같이 세 가지 조건을 만족해야 해.

(i) $x=a$에서 함숫값 $f(a)$가 존재

(ii) 극한값 $\lim_{x \to a} f(x)$가 존재

(iii) $\lim_{x \to a} f(x) = f(a)$가 성립

특히, 조심할 것은 $x \to a$일 때, 함수 $f(x)$의 극한값이 α라는 것은 $x=a$에서의 우극한값과 좌극한값이 존재하고, 그 값이 모두 α와 같음을 뜻해.

즉, $\lim_{x \to a+} f(x) = \lim_{x \to a-} f(x) = \lim_{x \to a} f(x) = \alpha$임을 명심해야 해.

정답 공식: 함수 $y=f(x)$가 $x=a$에서 연속이려면 $\lim_{x \to a} f(x) = f(a)$이어야 한다.

두 함수 $y=f(x)$, $y=g(x)$의 그래프가 그림과 같다.

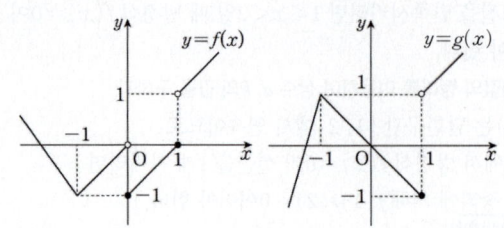

[보기]에서 옳은 것만을 있는 대로 고른 것은? (3점)

[보기]

단서1 두 함수 $f(x)$, $g(x)$의 $x=1$에서의 좌극한 값이 모두 존재하므로
$\lim_{x \to 1-} f(x)g(x) = \lim_{x \to 1-} f(x) \times \lim_{x \to 1-} g(x)$야.

ㄱ. $\lim_{x \to 1-} f(x)g(x) = -1$

ㄴ. $f(1)g(1) = 0$

ㄷ. 함수 $f(x)g(x)$는 $x=1$에서 불연속이다.

단서2 연속의 정의를 생각해. 즉, $x=1$에서의 극한값과 함숫값이 존재하고 그 값이 서로 같은지 확인하자.

① ㄱ ② ㄴ ③ ㄷ ④ ㄱ, ㄴ ⑤ ㄴ, ㄷ

1st 주어진 그래프를 보고 두 함수 $f(x)$, $g(x)$의 $x=1$에서의 좌극한과 함숫값을 찾자.

ㄱ. 주어진 그래프에서

$\lim_{x \to 1-} f(x) = 0$, $\lim_{x \to 1-} g(x) = -1$이므로

$\lim_{x \to 1-} f(x)g(x) = \lim_{x \to 1-} f(x) \times \lim_{x \to 1-} g(x)$

　　　　　$= 0 \times (-1)$

　　　　　$= 0$ (거짓)

> 두 함수 $f(x)$, $g(x)$에 대하여 $\lim_{x \to a} f(x) = \alpha$, $\lim_{x \to a} g(x) = \beta$ (α, β는 실수)일 때 $\lim_{x \to a} f(x)g(x) = \lim_{x \to a} f(x) \times \lim_{x \to a} g(x) = \alpha\beta$

ㄴ. $f(1) = 0$, $g(1) = -1$이므로

$f(1)g(1) = 0 \times (-1) = 0$ (참)

2nd 연속이 되려면 극한값이 존재해야 함을 이용하자.

ㄷ. 주어진 그래프에서

$\lim_{x \to 1+} f(x) = 1$, $\lim_{x \to 1+} g(x) = 1$이므로

$\lim_{x \to 1+} f(x)g(x) = \lim_{x \to 1+} f(x) \times \lim_{x \to 1+} g(x)$

　　　　　$= 1 \times 1 = 1$

그런데 ㄱ에서 $\lim_{x \to 1-} f(x)g(x) = 0$이므로

$\lim_{x \to 1+} f(x)g(x) \neq \lim_{x \to 1-} f(x)g(x)$

즉, 극한값 $\lim_{x \to 1} f(x)g(x)$가 존재하지 않으므로 함수

$f(x)g(x)$는 $x=1$에서 불연속이다. (참)

따라서 옳은 것은 ㄴ, ㄷ이다.
함수 $f(x)$가 $x=a$에서 연속이면 다음이 모두 성립해.
(i) $f(a)$가 정의
(ii) $\lim_{x \to a} f(x)$가 존재. 즉 $\lim_{x \to a-} f(x) = \lim_{x \to a+} f(x)$
(iii) $f(a) = \lim_{x \to a} f(x)$

함수의 연속 개념·공식

함수 $f(x)$가 $x=a$에서 연속이기 위해서는 다음의 세 가지 조건을 만족해야 한다.

(i) $\lim_{x \to a} f(x)$가 존재

(ii) $f(a)$가 존재

(iii) $\lim_{x \to a} f(x) = f(a)$가 성립

B 95 정답 ⑤ *새롭게 정의된 함수의 연속 .... [정답률 74%]

정답 공식: 함수 $y=g(x)$의 그래프와 직선 $y=k$를 그려 교점의 개수가 어떻게 변하는지를 구한다.

함수 $f(x)=x^2-4x+5$와 두 상수 a, b에 대하여 함수

$$g(x)=\begin{cases} f(x+a)+b & (x<0) \\ f(x) & (x\ge 0) \end{cases}$$

단서1 함수 $y=f(x+a)+b$의 그래프는 함수 $y=f(x)$의 그래프를 x축의 방향으로 $-a$만큼, y축의 방향으로 b만큼 평행이동시킨 그래프야.

이 실수 전체의 집합에서 연속이다. 실수 t에 대하여 함수

단서2 $x=0$에서도 연속이야.

$y=g(x)$의 그래프와 직선 $y=t$가 만나는 점의 개수를 $h(t)$라 하자.

단서3 직선 $y=k$를 기준으로 바로 위에 그은 직선과 바로 아래에 그은 직선의 함수 $y=g(x)$의 그래프와의 교점의 개수의 차가 2라는 뜻이야.

$$\left|\lim_{t\to k+}h(t)-\lim_{t\to k-}h(t)\right|=2$$

를 만족시키는 서로 다른 모든 실수 k의 값이 1, 4, 5일 때, $g(-4)$의 값은? (4점)

① 9   ② 10   ③ 11

④ 12   ⑤ 13

1st 함수 $g(x)$가 실수 전체의 집합에서 연속임을 이용해 a, b 사이의 관계식을 구하자.

함수 $g(x)=\begin{cases} f(x+a)+b & (x<0) \\ f(x) & (x\ge 0) \end{cases}$가 실수 전체의 집합에서 연속

이므로 $x=0$에서도 연속이다.

즉, $\displaystyle\lim_{x\to 0-}g(x)=\lim_{x\to 0+}g(x)=g(0)$이다.

$\displaystyle\lim_{x\to 0-}g(x)=\lim_{x\to 0-}\{f(x+a)+b\}=f(a)+b$

$\displaystyle\lim_{x\to 0+}g(x)=\lim_{x\to 0+}f(x)=f(0)=5$

$g(0)=f(0)=5$이므로

$f(a)+b=5$

$(a^2-4a+5)+b=5$

$a^2-4a+b=0 \cdots \bigcirc$

2nd 함수 $y=g(x)$의 그래프를 그려 a, b의 값을 구하고 $g(-4)$의 값을 구하자.

$f(x)=(x-2)^2+1$이므로

함수 $f(x)$는 $x=2$에서 최솟값 1을 갖는다.

함수 $y=f(x+a)+b$의 그래프는 함수 $y=f(x)$의 그래프를 x축의 방향으로 $-a$만큼, y축의 방향으로 b만큼 평행이동한 그래프이므로

$f(x+a)+b=\{(x+a)-2\}^2+1+b=\{x-(2-a)\}^2+1+b$이고

함수 $y=f(x+a)+b$의 그래프는

$x=2-a$에서 최솟값 $1+b$를 갖는다.

주의 $2-a$의 값이 양수인 경우와 음수인 경우에 그래프의 모양이 달라지므로 두 가지 경우 모두 그려보아야 해.

(i) $2-a\ge 0$인 경우

함수 $y=f(x+a)+b$의 그래프의 축이 y축 위에 있거나 y축보다 오른쪽에 있는 경우

함수 $y=g(x)$의 그래프의 개형은 다음과 같다.

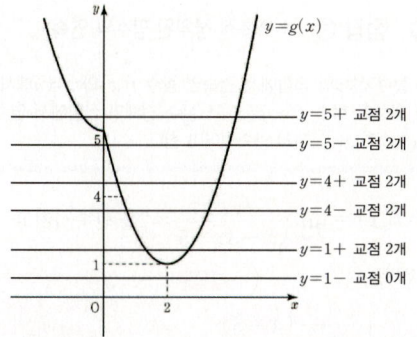

$k=4$ 또는 $k=5$일 때,

$\left|\displaystyle\lim_{t\to k+}h(t)-\lim_{t\to k-}h(t)\right|\ne 2$이므로 조건을 만족시키지 않는다.

$\left|\displaystyle\lim_{t\to 1+}h(t)-\lim_{t\to 1-}h(t)\right|=|2-0|=2$,

$\left|\displaystyle\lim_{t\to 4+}h(t)-\lim_{t\to 4-}h(t)\right|=|2-2|=0$,

$\left|\displaystyle\lim_{t\to 5+}h(t)-\lim_{t\to 5-}h(t)\right|=|2-2|=0$

(ii) $2-a<0$인 경우

$y=f(x+a)+b$의 그래프의 축이 y축보다 왼쪽에 있는 경우

$\left|\displaystyle\lim_{t\to k+}h(t)-\lim_{t\to k-}h(t)\right|=2$를 만족시키는 k의 값이 1, 4, 5가 되는

함수 $y=g(x)$의 그래프의 개형은 다음과 같다.

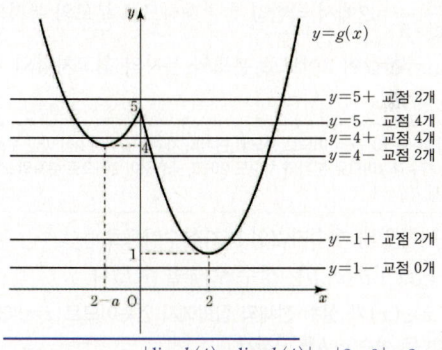

$\left|\displaystyle\lim_{t\to 1+}h(t)-\lim_{t\to 1-}h(t)\right|=|2-0|=2$,

$\left|\displaystyle\lim_{t\to 4+}h(t)-\lim_{t\to 4-}h(t)\right|=|4-2|=2$,

$\left|\displaystyle\lim_{t\to 5+}h(t)-\lim_{t\to 5-}h(t)\right|=|2-4|=2$

즉, $g(2-a)=4$일 때이므로

$g(2-a)=1+b=4 \qquad \therefore b=3$

이 값을 $\bigcirc$에 대입하면

$a^2-4a+3=0$, $(a-1)(a-3)=0$

$a>2$이므로 $a=3$

(i), (ii)에 의해

$g(-4)=f(-4+3)+3=f(-1)+3$

$\qquad =10+3=13$

B 96 정답 ① *새롭게 정의된 함수의 연속 ········· [정답률 79%]

정답 공식: 실수 전체의 집합에서 연속인 함수 $f(x)$와 $x=a$에서만 불연속인 함수 $g(x)$에 대하여 함수 $f(x)g(x)$가 실수 전체의 집합에서 연속이기 위해서는 함수 $f(x)g(x)$가 $x=a$에서 연속이어야 한다.

다항함수 $f(x)$는 $\lim\limits_{x \to \infty} \dfrac{f(x)}{x^2-3x-5}=2$를 만족시키고,

함수 $g(x)$는

단서 1 $x \to \infty$일 때 2라는 극한값이 존재하므로 분모와 분자의 차수가 같아. 또, 최고차항의 계수의 비가 2임을 이용해 $f(x)$의 식을 유추해.

$$g(x)=\begin{cases} \dfrac{1}{x-3} & (x \neq 3) \\ 1 & (x=3) \end{cases}$$

단서 2 함수 $g(x)$는 $x=3$에서만 불연속이야.

이다. 두 함수 $f(x)$, $g(x)$에 대하여 **함수 $f(x)g(x)$가 실수 전체의 집합에서 연속**일 때, $f(1)$의 값은? (4점)

단서 3 함수 $f(x)$는 다항함수이므로 실수 전체의 집합에서 연속이고, 함수 $g(x)$는 $x=3$에서만 불연속이므로 두 함수의 곱 $f(x)g(x)$는 $x=3$을 제외한 모든 실수 x에서 연속이야. 따라서 함수 $f(x)g(x)$가 $x=3$에서 연속이면 실수 전체의 집합에서 연속이 되지.

① 8   ② 9   ③ 10   ④ 11   ⑤ 12

1st $x \to \infty$일 때 극한값이 존재함을 이용하여 다항함수 $f(x)$의 식을 세우자.

$\lim\limits_{x \to \infty} \dfrac{f(x)}{x^2-3x-5}=2$에서 극한값이 존재하므로 분모와 분자의 차수가 같아야 하고, 극한값이 2이므로 분모와 분자의 최고차항의 계수의 비가 2이다.

함정 $x \to \infty$일 때 (분모) $\to \infty$이므로 분모와 분자의 차수가 같아야 0이 아닌 수로 수렴해. 따라서 분모의 차수가 2이므로 분자의 차수도 2이고, 극한값이 2이므로 분자의 x^2항의 계수도 2이어야 하지.

즉, $f(x)$는 이차항의 계수가 2인 이차함수이므로 $f(x)=2x^2+ax+b$ (a, b는 상수)로 놓을 수 있다.

2nd 함수 $f(x)g(x)$가 실수 전체의 집합에서 연속이므로 $x=3$에서 연속임을 이용하여 두 상수 a, b를 구하자.

다항함수 $f(x)$는 실수 전체의 집합에서 연속이고, 함수 $g(x)$는 $x=3$에서만 불연속이므로 함수 $f(x)g(x)$가 실수 전체의 집합에서 연속이려면 $x=3$에서 연속이어야 한다.

함수 $f(x)g(x)$가 $x=3$에서 연속이려면 $\lim\limits_{x \to 3}f(x)g(x)=f(3)g(3)$이 성립해야 해.

따라서 $\lim\limits_{x \to 3}f(x)g(x)=\lim\limits_{x \to 3}(2x^2+ax+b) \times \dfrac{1}{x-3}$이고,

$f(3)g(3)=(18+3a+b) \times 1=18+3a+b$이므로

$$\lim_{x \to 3} \frac{2x^2+ax+b}{x-3}=18+3a+b$$

이때, $x \to 3$일 때, (분모) $\to 0$이고 극한값이 존재하므로 (분자) $\to 0$이어야 한다.

즉, $\lim\limits_{x \to 3}(2x^2+ax+b)=0$에서 $18+3a+b=0$이므로

$b=-3a-18 \cdots \bigcirc$

$\lim\limits_{x \to 3} \dfrac{2x^2+ax+b}{x-3}=18+3a+b=0$이므로 $\bigcirc$을 대입하면

$$\lim_{x \to 3} \frac{2x^2+ax+b}{x-3}=\lim_{x \to 3} \frac{2x^2+ax-3a-18}{x-3}$$

$$=\lim_{x \to 3} \frac{(x-3)(2x+a+6)}{x-3}$$

$$=\lim_{x \to 3}(2x+a+6)=0$$

$6+a+6=0$ $\therefore a=-12$

$a=-12$를 $\bigcirc$에 대입하면 $b=-3 \times (-12)-18=18$

3rd $f(1)$의 값을 구하자.

따라서 $f(x)=2x^2-12x+18$이므로

$f(1)=2-12+18=8$

톡톡 풀이: 연속함수의 성질 이용하기

$\lim\limits_{x \to \infty} \dfrac{f(x)}{x^2-3x-5}=2$에서 $f(x)=2x^2+ax+b$ (단, a, b는 상수)라고 놓자.

함수 $f(x)g(x)=\begin{cases} \dfrac{f(x)}{x-3} & (x \neq 3) \\ f(3) & (x=3) \end{cases}$가 실수 전체의 집합에서 연속이므로

$x=3$에서도 연속이야.

즉, $\lim\limits_{x \to 3}f(x)g(x)=f(3)g(3)$

한편, $\lim\limits_{x \to 3} \dfrac{f(x)}{x-3}$는 $\dfrac{0}{0}$꼴의 극한값을 찾으면 돼.

(분모) $\to 0$이므로 (분자) $\to 0$이어야 해. 즉,

$$\lim_{x \to 3} \frac{f(x)}{x-3}=\lim_{x \to 3} \frac{f(x)-f(3)}{x-3}=f'(3)=0$$

또한, $f(x)$가 다항함수이므로 $f(3)=\lim\limits_{x \to 3}f(x)=0$이야.

$\therefore f(x)=2(x-3)^2$

$\therefore f(1)=8$

B 97 정답 24 *새롭게 정의된 함수의 연속 ········· [정답률 72%]

정답 공식: 함수 $F(x)$가 $x=a$에서 연속이기 위해서는 $\lim\limits_{x \to a+}F(x)=\lim\limits_{x \to a-}F(x)=F(a)$가 성립해야 한다.

함수 $y=f(x)$의 그래프가 그림과 같다.

단서 1 함수 $y=f(x)$의 그래프를 살펴보면 구간 $(-2,2)$에서 $x=-1$, $x=1$인 점에서만 불연속임을 알 수 있어.

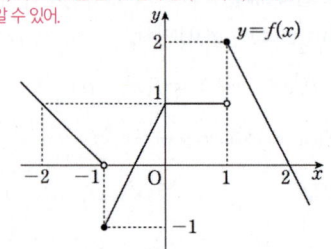

최고차항의 계수가 1인 이차함수 $g(x)$에 대하여 함수

단서 2 이차함수 $g(x)$는 실수 전체의 집합에서 연속이지?

$h(x)=f(x)g(x)$가 구간 $(-2,2)$에서 연속일 때, $g(5)$의 값을 구하시오. (3점)

단서 3 $h(x)$는 연속함수 $g(x)$와 불연속인 점을 포함한 함수 $f(x)$의 곱으로 표현된 함수이므로 $h(x)$가 구간 $(-2,2)$에서 연속이려면 이 구간에서 $f(x)$가 불연속인 점에서만 연속이 되도록 하면 돼.

1st 함수 $h(x)$가 구간 $(-2,2)$에서 연속이기 위한 조건을 찾자.

이차함수 $g(x)$는 실수 전체의 집합에서 연속이고,
구간 $(-2,2)$에서 함수 $f(x)$는 $x=-1$, $x=1$에서만 불연속이므로
함수 $h(x)=f(x)g(x)$가 구간 $(-2,2)$에서 연속이기 위해서는
$x=-1$, $x=1$에서 연속이어야 한다.

2nd 조건을 만족시키는 이차함수 $g(x)$를 구하자.

(i) $x=-1$인 점에서 함수 $h(x)$가 연속일 조건을 구하자.

$\lim\limits_{x \to -1+}f(x)=-1$, $\lim\limits_{x \to -1-}f(x)=0$, $f(-1)=-1$이므로

$\lim\limits_{x \to -1+}h(x)=\lim\limits_{x \to -1+}f(x)g(x)$

$=\lim\limits_{x \to -1+}f(x) \times \lim\limits_{x \to -1+}g(x)$

$\lim\limits_{x \to a}f(x)=\alpha$, $\lim\limits_{x \to a}g(x)=\beta$ (단, α, β는 실수)이면 $\lim\limits_{x \to a}f(x)g(x)=\lim\limits_{x \to a}f(x) \times \lim\limits_{x \to a}g(x)=\alpha\beta$

$=(-1) \times \lim\limits_{x \to -1+}g(x)$

$=-g(-1)$

이차함수 $g(x)$는 실수 전체의 집합에서 연속이므로 각 점에서의 극한값과 함숫값이 같아.

$$\lim_{x \to -1-} h(x) = \lim_{x \to -1-} f(x)g(x)$$
$$= \lim_{x \to -1-} f(x) \times \lim_{x \to -1-} g(x)$$
$$= 0 \times \lim_{x \to -1-} g(x) = 0$$

$h(-1) = f(-1)g(-1)$
$\quad = (-1) \times g(-1) = -g(-1)$

즉, 함수 $h(x)=f(x)g(x)$가 $x=-1$에서 연속이므로
$f(-1)g(-1) = \lim_{x \to -1+} f(x)g(x) = \lim_{x \to -1-} f(x)g(x)$에서

$\underline{g(-1) = 0} \cdots \bigcirc$ → $-g(-1)=0$에서 $g(-1)=0$이야.

(ii) $x=1$인 점에서 함수 $h(x)$가 연속일 조건을 구하자.
$\lim_{x \to 1+} f(x) = 2$, $\lim_{x \to 1-} f(x) = 1$, $f(1)=2$이므로

$\lim_{x \to 1+} h(x) = \lim_{x \to 1+} f(x)g(x)$
$\qquad = \lim_{x \to 1+} f(x) \times \lim_{x \to 1+} g(x)$
$\qquad = 2 \times \lim_{x \to 1+} g(x) = 2g(1)$

$\lim_{x \to 1-} h(x) = \lim_{x \to 1-} f(x)g(x)$
$\qquad = \lim_{x \to 1-} f(x) \times \lim_{x \to 1-} g(x)$
$\qquad = 1 \times \lim_{x \to 1-} g(x) = g(1)$

$h(1) = f(1)g(1) = 2 \times g(1) = 2g(1)$

즉, 함수 $h(x)=f(x)g(x)$가 $x=1$에서 연속이므로
$f(1)g(1) = \lim_{x \to 1+} f(x)g(x) = \lim_{x \to 1-} f(x)g(x)$에서

$\underline{g(1) = 0} \cdots \bigcirc\!\!\bigcirc$ → $2g(1)=g(1)$에서 $g(1)=0$이야.

따라서 ㉠, ㉡에 의해 최고차항의 계수가 1인 이차함수 $g(x)$는

> **함정** 연속인 함수 $g(x)$와 $x=a$에서 불연속인 함수 $f(x)$의 곱으로 표현된 함수 $h(x)=f(x)g(x)$가 $x=a$에서 연속이기 위해서는 $g(a)=0$이어야 해.

$g(x) = (x+1)(x-1) = x^2 - 1$이므로
$g(5) = 5^2 - 1 = 24$ $g(-1)=0, g(1)=0$이므로 인수정리에 의해 $g(x)$는 $x+1, x-1$을 인수로 가져.

수능 핵강

* 연속인 함수와 불연속인 함수의 곱이 연속이기 위한 조건 알아보기

구간 (a, b)에서 연속인 함수 $g(x)$와 $x=c(a<c<b)$에서 불연속인 함수 $f(x)$에 대하여 함수 $f(x)g(x)$가 구간 (a, b)에서 연속이려면 $x=c$에서의 극한값과 함숫값이 같아야 해.
따라서 $\lim_{x \to c+} f(x) = p$, $\lim_{x \to c-} f(x) = q(p \neq q)$라 하면
$\lim_{x \to c+} f(x)g(x) = \lim_{x \to c-} f(x)g(x)$이어야 하므로
$p \times g(c) = q \times g(c)$를 성립시키는 $g(c)$의 값은 0뿐이야.
이 사실을 위의 문제에 적용하면
$g(-1)=0, g(1)=0$이 됨을 바로 알 수 있어.
앞으로 새로운 함수의 연속성에 대한 문제에서 위의 내용을 적용하면 빨리 해결할 수 있으니 기억해두자.

⚘ 함수의 연속   개념·공식

함수 $f(x)$가 $x=a$에서 연속이기 위해서는 다음의 세 가지 조건을 만족해야 한다.
(ⅰ) $\lim_{x \to a} f(x)$가 존재
(ⅱ) $f(a)$가 존재
(ⅲ) $\lim_{x \to a} f(x) = f(a)$가 성립

B 98 정답 ① *새롭게 정의된 함수의 연속 .... [정답률 58%]

B

> **정답 공식:** 함수 $f(x)g(x)$가 실수 전체의 집합에서 연속이려면 $x=1$에서 연속이어야 한다. 즉, $x=1$에서 함수 $f(x)g(x)$의 좌극한과 우극한, 함숫값이 같아야 한다.

두 함수 **단서1** 함수 $f(x)$는 $x \neq 1$인 모든 실수에서 연속이고, 함수 $g(x)$는 다항함수이므로 모든 실수에서 연속이야.

$$f(x) = \begin{cases} \dfrac{1}{x-1} & (x<1) \\[2mm] \dfrac{1}{2x+1} & (x \geq 1) \end{cases}, \quad g(x) = 2x^3 + ax + b$$

에 대하여 함수 $f(x)g(x)$가 실수 전체의 집합에서 연속일 때,
$b-a$의 값은? (단, a, b는 상수이다.) (3점)
단서2 함수 $f(x)g(x)$가 실수 전체의 집합에서 연속이려면 $x=1$에서 연속이면 돼.

① 10   ② 9   ③ 8
④ 7   ⑤ 6

1st 함수 $f(x)g(x)$가 실수 전체의 집합에서 연속이기 위한 조건을 생각하자.
$h(x)=f(x)g(x)$라 하면 $x \neq 1$일 때, 두 함수 $f(x)$와 $g(x)$는 연속이므로 함수 $h(x)$도 연속이다.
두 함수 $f(x)$와 $g(x)$가 $x=a$에서 연속이면 다음 함수도 $x=a$에서 연속이야.
① $f(x) \pm g(x)$ ② $cf(x)$(단, c는 상수) ③ $f(x)g(x)$ ④ $\dfrac{f(x)}{g(x)}$ (단, $g(a) \neq 0$)

따라서 함수 $h(x)$가 실수 전체의 집합에서 연속이려면 $x=1$에서 연속이어야 하므로 $\lim_{x \to 1-} h(x) = \lim_{x \to 1+} h(x) = h(1)$이 성립해야 한다.

2nd $\lim_{x \to 1-} h(x)$의 값이 존재할 조건을 찾자.
$\lim_{x \to 1-} h(x) = \lim_{x \to 1+} h(x) = h(1)$이려면 먼저 $\lim_{x \to 1-} h(x)$의 값이 존재해야 한다.
즉, $\lim_{x \to 1-} h(x) = \lim_{x \to 1-} f(x)g(x) = \lim_{x \to 1-} \dfrac{2x^3+ax+b}{x-1}$의 값이 존재해야 하고 $x \to 1-$일 때, (분모)→0이므로 (분자)→0이어야 한다.
$\lim_{x \to 1-} (2x^3+ax+b) = 2+a+b = 0$
$\therefore b = -a-2 \cdots \bigcirc$

3rd $x=1$에서 연속일 조건을 이용하여 a, b의 값을 구하자.
$\lim_{x \to 1-} h(x) = \lim_{x \to 1-} f(x)g(x)$

$\qquad = \lim_{x \to 1-} \dfrac{2x^3+ax-a-2}{x-1}$ $(\because \bigcirc)$

$\qquad = \lim_{x \to 1-} \dfrac{(x-1)(2x^2+2x+a+2)}{x-1}$

> $2x^3+ax-a-2 = 2(x^3-1)+a(x-1)$
> $= 2(x-1)(x^2+x+1)+a(x-1)$
> $= (x-1)(2x^2+2x+2+a)$

$\qquad = \lim_{x \to 1-} (2x^2+2x+a+2)$

$\qquad = 2+2+a+2 = a+6$

$\lim_{x \to 1+} h(x) = \lim_{x \to 1+} f(x)g(x)$

$\qquad = \lim_{x \to 1+} \dfrac{2x^3+ax-a-2}{2x+1}$ $(\because \bigcirc)$

$\qquad = \lim_{x \to 1+} \dfrac{(x-1)(2x^2+2x+a+2)}{2x+1} = 0$

이고 $h(1) = f(1)g(1) = \dfrac{1}{3}(2+a-a-2) = 0$이므로

$\lim_{x \to 1-} h(x) = \lim_{x \to 1+} h(x) = h(1)$에서 → $f(1)$의 값은 $f(x)=\dfrac{1}{2x+1}$에 $x=1$을 대입하면 되므로 $f(1)=\dfrac{1}{2 \times 1+1}=\dfrac{1}{3}$

$a+6=0$ $\therefore a=-6$
따라서 $b=-a-2=-(-6)-2=4$
이므로 $b-a = 4-(-6) = 10$

> $g(1)$의 값은 $g(x)=2x^3+ax+b$에 $x=1$을 대입하면 되므로 $g(1)=2+a+b=2+a-a-2=0$ $(\because b=-a-2)$

정답 공식: 함수 $f(x)$가 $x=a$에서 연속이기 위해서는 $\lim_{x\to a+}f(x)=\lim_{x\to a-}f(x)=f(a)$가 성립해야 한다.

최고차항의 계수가 1인 이차함수 $f(x)$와 함수

단서1 이차함수 $f(x)$는 실수 전체의 집합에서 연속이야.

$$g(x)=\begin{cases} -|x|+2 & (|x|\le 2) \\ 1 & (|x|>2) \end{cases}$$

단서2 함수 $g(x)$는 $x=-2$와 $x=2$에서 불연속임을 알 수 있어.

에 대하여 함수 $f(x)g(x)$가 실수 전체의 집합에서 연속이다. 함수 $y=f(x-a)g(x)$의 그래프가 한 점에서만 불연속이 되도록 하는 모든 실수 a의 값의 곱은? (4점)

단서3 함수 $f(x)g(x)$가 $x=-2$와 $x=2$에서 연속이면 실수 전체의 집합에서 연속이겠지?

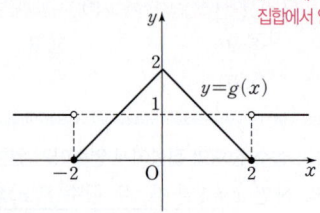

① -16 ② -12 ③ -8 ④ -4 ⑤ -1

1st 함수 $f(x)g(x)$가 실수 전체의 집합에서 연속임을 이용하여 이차함수 $f(x)$의 식을 구해.

이차함수 $f(x)$는 실수 전체의 집합에서 연속이고, 함수 $g(x)$는 $x=2$, $x=-2$에서만 불연속이므로 함수 $f(x)g(x)$가 실수 전체의 집합에서 연속이기 위해서는 $x=2$, $x=-2$에서 연속이어야 한다.

먼저, $\lim_{x\to 2+}g(x)=1$, $\lim_{x\to 2-}g(x)=0$, $g(2)=0$이므로

$$\lim_{x\to 2+}f(x)g(x)=\lim_{x\to 2+}f(x)\times \lim_{x\to 2+}g(x)$$
$$=\lim_{x\to 2+}f(x)\times 1=f(2)$$

$\lim_{x\to a}f(x)=\alpha$, $\lim_{x\to a}g(x)=\beta$ (단, α, β는 실수)이면 $\lim_{x\to a}f(x)g(x)=\lim_{x\to a}f(x)\times\lim_{x\to a}g(x)=\alpha\beta$

$$\lim_{x\to 2-}f(x)g(x)=\lim_{x\to 2-}f(x)\times \lim_{x\to 2-}g(x)$$
$$=\lim_{x\to 2-}f(x)\times 0=0$$

함수 $f(x)g(x)$가 $x=2$에서 연속이므로

$$f(2)g(2)=\lim_{x\to 2+}f(x)g(x)=\lim_{x\to 2-}f(x)g(x)$$에서

$f(2)=0 \cdots$ ㉠
인수정리에 의해 $f(x)$는 $x-2$를 인수로 가져.

또, $\lim_{x\to -2+}g(x)=0$, $\lim_{x\to -2-}g(x)=1$, $g(-2)=0$이므로

같은 방법으로 하면

$$f(-2)g(-2)=\lim_{x\to -2+}f(x)g(x)=\lim_{x\to -2-}f(x)g(x)$$에서

$f(-2)=0 \cdots$ ㉡
인수정리에 의해 $f(x)$는 $x+2$를 인수로 가져.

따라서 ㉠, ㉡에 의해

$f(x)=(x+2)(x-2)$
→ 이차함수 $f(x)$의 최고차항의 계수가 1이고 $f(x)$가 $x-2$, $x+2$를 인수로 가지므로 이렇게 표현할 수 있는 거야.

2nd 함수 $y=f(x-a)g(x)$의 그래프가 한 점에서만 불연속이 되도록 하는 실수 a의 값을 구해.

함수 $y=f(x-a)g(x)$의 그래프가 한 점에서만 불연속이 되기 위해서는 $x=-2$에서 불연속이고 $x=2$에서 연속이거나 $x=2$에서 불연속이고 $x=-2$에서 연속이어야 한다.

(ⅰ) $x=-2$에서 불연속이고 $x=2$에서 연속이 되는 경우

$$\lim_{x\to 2+}f(x-a)g(x)=\lim_{x\to 2+}f(x-a)\times \lim_{x\to 2+}g(x)$$
$$=f(2-a)\times 1=f(2-a)$$

$$\lim_{x\to 2-}f(x-a)g(x)=\lim_{x\to 2-}f(x-a)\times \lim_{x\to 2-}g(x)$$
$$=f(2-a)\times 0=0$$

함수 $f(x-a)g(x)$가 $x=2$에서 연속이므로

$f(2-a)=0$

즉, $(2-a+2)(2-a-2)=0$이므로

$-a(4-a)=0$ ∴ $a=4$ ($\because a\ne 0$)

이때, $a=4$이면

$a=0$이면 $f(x-a)g(x)=f(x)g(x)$인데 함수 $f(x)g(x)$는 실수 전체의 집합에서 연속이므로 주어진 조건을 만족시키지 않아.

$$\lim_{x\to -2+}f(x-4)g(x)$$
$$=\lim_{x\to -2+}f(x-4)\times \lim_{x\to -2+}g(x)$$
$$=f(-6)\times 0=0$$

$$\lim_{x\to -2-}f(x-4)g(x)$$
$$=\lim_{x\to -2-}f(x-4)\times \lim_{x\to -2-}g(x)$$
$$=f(-6)\times 1=f(-6)$$
$$=(-6+2)\times(-6-2)=32$$

즉, $\lim_{x\to -2+}f(x-4)g(x)\ne \lim_{x\to -2-}f(x-4)g(x)$이므로

함수 $f(x-4)g(x)$는 $x=-2$에서만 불연속이 되어 주어진 조건을 만족시킨다.

(ⅱ) $x=2$에서 불연속이고 $x=-2$에서 연속이 되는 경우

(ⅰ)과 같은 방법으로 하면 $x=-2$에서 연속이므로

$f(-2-a)=0$

즉, $(-2-a+2)(-2-a-2)=0$이므로

$a(a+4)=0$ ∴ $a=-4$ ($\because a\ne 0$)

이때, $a=-4$이면 (ⅰ)과 같은 과정에 의해

함수 $f(x+4)g(x)$는 $x=2$에서만 불연속이 되어 주어진 조건을 만족시킨다.

따라서 주어진 조건을 만족하는 모든 실수 a의 값은 $a=4$ 또는 $a=-4$이므로 구하는 값은 $4\times(-4)=-16$

🔧 **톡톡 풀이:** 연속인 함수와 불연속인 함수의 곱이 연속이기 위한 조건 이용하기

연속함수 $f(x)$와 $x=a$에서 불연속인 함수 $g(x)$에 대하여
함수 $f(x)g(x)$가 실수 전체의 집합에서 연속이려면 $x=a$일 때,
좌우극한값과 함숫값이 같아야 해.

따라서 $\lim_{x\to a+}g(x)=p$, $\lim_{x\to a-}g(x)=q\,(p\ne q)$라 하면

$\lim_{x\to a+}f(x)g(x)=\lim_{x\to a-}f(x)g(x)$, 즉 $f(a)\times p=f(a)\times q$를 성립시키는 $f(a)$의 값은 0뿐이야.

함수 $f(x)$는 연속함수지? $\lim_{x\to a}f(x)=\lim_{x\to a}f(x)=f(a)$이므로 $\lim_{x\to a}f(x)$, $\lim_{x\to a}f(x)$ 대신 $f(a)$를 곱해도 돼.

실수 연속인 함수 $f(x)$와 $x=a$에서 불연속인 함수 $g(x)$의 곱으로 표현된 함수 $f(x)g(x)$가 $x=a$에서 연속이기 위해서는 $f(a)=0$이어야 해. 이 성질은 유용하게 쓰이니까 꼭 외워두자.

이 사실을 문제에 적용하면 $f(2)=0$, $f(-2)=0$임을 금방 알 수 있어.

또, **2nd** 에서 함수 $f(x-a)$는 함수 $f(x)$를 x축의 방향으로 a만큼 평행이동한 것이므로 함수 $f(x-a)g(x)$가 한 점에서만 불연속이 되려면 $f(2-a)=0$이고 $f(-2-a)\ne 0$ 또는 $f(2-a)\ne 0$이고 $f(-2-a)=0$이어야 해.

즉, $y=f(x-a)$의 그래프는 두 점 $(-2,\,0)$, $(2,\,0)$ 중에서 한 점만 지나야 하지.

따라서 $a=4$ 또는 $a=-4$이므로
구하는 값은 $4\times(-4)=-16$이야.

-4만큼 평행이동 4만큼 평행이동

B 100 정답 ④ *새롭게 정의된 함수의 연속 ····· [정답률 60%]

정답 공식: 함수 $f(x)g(x)$는 $x=0$, $x=a$에서만 연속이면 모든 실수 x에서 연속이다.

두 함수 ──[단서1] 함수 $f(x)$는 $x=0$에서 불연속이야.

$$f(x)=\begin{cases}-2x+3 & (x<0) \\ -2x+2 & (x\geq 0)\end{cases}, \quad g(x)=\begin{cases}2x & (x<a) \\ 2x-1 & (x\geq a)\end{cases}$$

[단서2] 함수 $g(x)$는 $x=a$에서 불연속이야.

가 있다. 함수 $f(x)g(x)$가 실수 전체의 집합에서 연속이 되도록 하는 상수 a의 값은? (4점) ──[단서3] 함수 $f(x)g(x)$가 모든 실수 x에서 연속이려면 $x=0$, $x=a$에서 연속이어야 해.

① -2 　　② -1 　　③ 0
④ 1 　　⑤ 2

1st $a<0$ 또는 $a=0$인 경우 함수 $f(x)g(x)$가 $x=0$에서 연속이 되는지 따져봐.

함수 $f(x)g(x)$가 모든 실수 x에서 연속이려면 $x=0$, $x=a$에서 연속이어야 한다. ──$a<0$일 때, 함수 $y=g(x)$의 그래프는 그림과 같으므로 $\lim\limits_{x\to 0-}g(x)=\lim\limits_{x\to 0+}g(x)=\lim\limits_{x\to 0}(2x-1)$이야.

(i) $a<0$인 경우

$x=0$에서의 연속성을 조사하자.

$$\lim_{x\to 0-}f(x)g(x)=\lim_{x\to 0-}f(x)\times\lim_{x\to 0-}g(x)$$

[주의] $\lim\limits_{x\to 0-}f(x)$와 $\lim\limits_{x\to 0-}g(x)$가 각각 존재하기 때문에 이렇게 쓸 수 있는 거야.

$$=\lim_{x\to 0-}(-2x+3)\times\lim_{x\to 0-}(2x-1)$$
$$=3\times(-1)$$
$$=-3$$
$$\lim_{x\to 0+}f(x)g(x)=\lim_{x\to 0+}f(x)\times\lim_{x\to 0+}g(x)$$
$$=\lim_{x\to 0+}(-2x+2)\times\lim_{x\to 0+}(2x-1)$$
$$=2\times(-1)=-2$$
$$f(0)g(0)=2\times(-1)=-2$$

이때, $\lim\limits_{x\to 0-}f(x)g(x)\neq\lim\limits_{x\to 0+}f(x)g(x)$에서 함수 $f(x)g(x)$는 $x=0$에서 불연속이므로 조건을 만족시키지 않는다.

(ii) $a=0$인 경우 ──$a=0$일 때, $g(x)=\begin{cases}2x & (x<0) \\ 2x-1 & (x\geq 0)\end{cases}$

$x=0$에서의 연속성을 조사하자.

$$\lim_{x\to 0-}f(x)g(x)=\lim_{x\to 0-}f(x)\times\lim_{x\to 0-}g(x)$$
$$=\lim_{x\to 0-}(-2x+3)\times\lim_{x\to 0-}2x$$
$$=3\times 0=0$$
$$\lim_{x\to 0+}f(x)g(x)=\lim_{x\to 0+}f(x)\times\lim_{x\to 0+}g(x)$$
$$=\lim_{x\to 0+}(-2x+2)\times\lim_{x\to 0+}(2x-1)$$
$$=2\times(-1)=-2$$
$$f(0)g(0)=2\times(-1)=-2$$

이때, $\lim\limits_{x\to 0-}f(x)g(x)\neq\lim\limits_{x\to 0+}f(x)g(x)$에서 함수 $f(x)g(x)$는 $x=0$에서 불연속이므로 조건을 만족시키지 않는다.

2nd $a>0$인 경우 함수 $f(x)g(x)$가 $x=0$, $x=a$에서 연속이 되도록 하는 a의 값을 구하자. ──$a>0$일 때, 함수 $y=g(x)$의 그래프는 그림과 같으므로 $\lim\limits_{x\to 0-}g(x)=\lim\limits_{x\to 0+}g(x)=\lim\limits_{x\to 0}2x$야.

(iii) $a>0$인 경우

$x=0$에서의 연속성을 조사하자.

$$\lim_{x\to 0-}f(x)g(x)=\lim_{x\to 0-}f(x)\times\lim_{x\to 0-}g(x)$$
$$=\lim_{x\to 0-}(-2x+3)\times\lim_{x\to 0-}2x$$
$$=3\times 0=0$$

$$\lim_{x\to 0+}f(x)g(x)=\lim_{x\to 0+}f(x)\times\lim_{x\to 0+}g(x)$$
$$=\lim_{x\to 0+}(-2x+2)\times\lim_{x\to 0+}2x$$
$$=2\times 0=0$$
$$f(0)g(0)=2\times 0=0$$

즉, 함수 $f(x)g(x)$는 $x=0$에서 연속이다.

또, $x=a$에서의 연속성을 조사하면 ──함수 $y=f(x)$의 그래프는 그림과 같으므로 $a>0$일 때, $\lim\limits_{x\to a-}f(x)=\lim\limits_{x\to a+}f(x)=\lim\limits_{x\to a}(-2x+2)$야.

$$\lim_{x\to a-}f(x)g(x)=\lim_{x\to a-}f(x)\times\lim_{x\to a-}g(x)$$
$$=\lim_{x\to a-}(-2x+2)\times\lim_{x\to a-}2x$$
$$=(-2a+2)\times 2a=2a(-2a+2)$$
$$\lim_{x\to a+}f(x)g(x)=\lim_{x\to a+}f(x)\times\lim_{x\to a+}g(x)$$
$$=\lim_{x\to a+}(-2x+2)\times\lim_{x\to a+}(2x-1)$$
$$=(-2a+2)(2a-1)$$
$$f(a)g(a)=(-2a+2)(2a-1)$$

이때, 함수 $f(x)g(x)$가 $x=a$에서 연속이어야 하므로

$$2a(-2a+2)=(-2a+2)(2a-1)$$
$$(-2a+2)(2a-2a+1)=0$$
$$\therefore a=1$$

[실수] $a>0$인 경우를 가정하고 풀었으니까 최종적으로 얻은 a의 값이 0보다 큰지 꼭 확인해야 해.

따라서 구하는 a의 값은 1이다.

다른 풀이: 연속인 함수와 불연속인 함수의 곱이 연속이기 위한 조건 이용하기

함수 $f(x)g(x)$가 실수 전체의 집합에서 연속이 되려면 $x=0$, $x=a$에서 연속이어야 해.

이때,
$$\lim_{x\to 0-}f(x)=\lim_{x\to 0-}(-2x+3)=3,$$
$$\lim_{x\to 0+}f(x)=\lim_{x\to 0+}(-2x+2)=2,$$
$$f(0)=2$$

에서 $f(x)$가 $x=0$에서 불연속이므로 함수 $f(x)g(x)$가 $x=0$에서 연속이 되려면 $\lim\limits_{x\to 0}g(x)=g(0)=0$이어야 해.

그런데 $a<0$이면
$$\lim_{x\to 0-}g(x)=\lim_{x\to 0-}(2x-1)=-1,$$
$$\lim_{x\to 0+}g(x)=\lim_{x\to 0+}(2x-1)=-1,$$
$$g(0)=-1$$

이므로 $\lim\limits_{x\to 0}g(x)=g(0)=-1$이고,

$a=0$이면
$$\lim_{x\to 0-}g(x)=\lim_{x\to 0-}2x=0,$$
$$\lim_{x\to 0+}g(x)=\lim_{x\to 0+}(2x-1)=-1$$에서

$\lim\limits_{x\to 0}g(x)$의 값이 존재하지 않아.

즉, $a>0$이어야 해.

한편, 함수 $f(x)g(x)$가 $x=a$에서 연속이어야 하고,
$$\lim_{x\to a-}g(x)=\lim_{x\to a-}2x=2a,$$
$$\lim_{x\to a+}g(x)=\lim_{x\to a+}(2x-1)=2a-1,$$
$$g(a)=2a-1$$

에서 $g(x)$가 $x=a$에서 불연속이므로 함수 $f(x)g(x)$가 $x=a$에서 연속이 되려면 $\lim\limits_{x\to a}f(x)=f(a)=0$이어야 해.

따라서 $a>0$일 때, $f(a)=0$이어야 하므로

$$f(a)=-2a+2=0 \quad \therefore a=1$$

B 101 정답 14 *새롭게 정의된 함수의 연속성 ····· [정답률 55%]

정답 공식: 함수 $f(x)$가 $x=a$에서 연속이면 (i) $x=a$에서 함수 $f(x)$가 정의되고 (ii) $\lim\limits_{x \to a} f(x)$의 값이 존재하며 (iii) $\lim\limits_{x \to a} f(x)=f(a)$가 성립한다.

함수 $f(x)=\begin{cases} x(x-2) & (x \le 1) \\ x(x-2)+16 & (x>1) \end{cases}$에 대하여

함수 $f(x)\{f(x)-a\}$가 실수 전체의 집합에서 연속이 되도록 하는 상수 a의 값을 구하시오. (4점)

단서 함수 $f(x)$는 $x=1$에서만 불연속이고 함수 $f(x)-a$도 $x=1$에서만 불연속이므로 이 두 함수의 곱으로 나타내어진 함수가 실수 전체의 집합에서 연속이려면 $x=1$에서 연속이 되어야 해.

1st 함수 $f(x)\{f(x)-a\}$가 실수 전체의 집합에서 연속이 되도록 상수 a의 값을 결정해.

두 함수 $f(x)$, $f(x)-a$는 $x=1$에서만 불연속이므로

함수 $y=f(x)-a$의 그래프는 함수 $y=f(x)$의 그래프를 y축의 방향으로 $-a$만큼 평행 이동한 거야. 즉, 함수 $f(x)-a$도 함수 $f(x)$가 불연속인 $x=1$에서 불연속이야.

함수 $f(x)\{f(x)-a\}$가 실수 전체의 집합에서 연속이 되려면 $x=1$에서만 연속이면 된다.

이때, $\underline{f(1)\{f(1)-a\}}=-1 \times (-1-a)=a+1$이고 $\xrightarrow{f(1)=1\times(1-2)=-1}$

$\underline{\lim\limits_{x \to 1+} f(x)\{f(x)-a\}}$

두 함수 $f(x), f(x)-a$는 $x>1$에서 다항함수이므로 $x \to 1+$일 때의 극한값이 존재해. 따라서 두 함수의 곱의 극한값은 각각의 함수의 극한값의 곱과 같아.

$=\lim\limits_{x \to 1+} f(x) \times \lim\limits_{x \to 1+} \{f(x)-a\}$

$=\lim\limits_{x \to 1+} \{x(x-2)+16\} \times \lim\limits_{x \to 1+} \{x(x-2)+16-a\}$

$=15 \times (15-a)$

$=225-15a$

$\lim\limits_{x \to 1-} f(x)\{f(x)-a\}=\lim\limits_{x \to 1-} f(x) \times \lim\limits_{x \to 1-} \{f(x)-a\}$

$x \le 1$에서도 마찬가지로 $x \to 1-$일 때의 극한값이 존재해. 따라서 두 함수의 곱의 극한값은 각각의 함수의 극한값의 곱과 같아.

$=\lim\limits_{x \to 1-} x(x-2) \times \lim\limits_{x \to 1-} \{x(x-2)-a\}$

$=-1 \times (-1-a)$

$=a+1$

함수 $f(x)$가 $x=a$에서 연속이면 $\lim\limits_{x \to a} f(x)=f(a)$가 성립해.

따라서 함수 $f(x)\{f(x)-a\}$가 $x=1$에서 연속이려면

$a+1=225-15a$이어야 하므로

$16a=224$ $\therefore a=14$

B 102 정답 ④ *새롭게 정의된 함수의 연속성 ····· [정답률 77%]

정답 공식: 함수 $f(x)$의 $x=2$에서 좌극한과 우극한의 값이 다르므로 $g(2)=0$이 되어야 한다.

두 함수

$f(x)=\begin{cases} x^2-4x+6 & (x<2) \\ 1 & (x \ge 2) \end{cases}$, $g(x)=ax+1$

에 대하여 함수 $\dfrac{g(x)}{f(x)}$가 실수 전체의 집합에서 연속일 때, 상수 a의 값은? (4점)

단서 함수 $f(x)$는 $x=2$에서만 불연속이고 함수 $g(x)$는 실수 전체의 집합에서 연속이므로 연속함수의 성질을 이용하여 함수 $\dfrac{g(x)}{f(x)}$가 실수 전체의 집합에서 연속이 되도록 a의 값을 결정해.

① $-\dfrac{5}{4}$ ② -1 ③ $-\dfrac{3}{4}$

④ $-\dfrac{1}{2}$ ⑤ $-\dfrac{1}{4}$

1st 함수 $\dfrac{g(x)}{f(x)}$의 식을 구하자.

$f(x)=\begin{cases} x^2-4x+6 & (x<2) \\ 1 & (x \ge 2) \end{cases}$, $g(x)=ax+1$에서

$\dfrac{g(x)}{f(x)}=\begin{cases} \dfrac{ax+1}{x^2-4x+6} & (x<2) \\ ax+1 & (x \ge 2) \end{cases}$

2nd 함수 $\dfrac{g(x)}{f(x)}$가 실수 전체의 집합에서 연속이 되도록 a의 값을 결정해.

이때, $x^2-4x+6=(x-2)^2+2>0$이므로 함수 $\dfrac{g(x)}{f(x)}$는 $x=2$에서 연속이면 실수 전체의 집합에서 연속이 된다.

$x>2$에서 $\dfrac{g(x)}{f(x)}$는 다항함수이므로 연속이고 $x<2$에서 $\dfrac{g(x)}{f(x)}$는 분수함수지만 $f(x) \ne 0$이므로 이 범위에서도 연속이야. 즉, $x=2$에서 연속이면 $\dfrac{g(x)}{f(x)}$는 실수 전체의 집합에서 연속이 돼.

즉, $\underline{\dfrac{g(2)}{f(2)}=\lim\limits_{x \to 2+} \dfrac{g(x)}{f(x)}=\lim\limits_{x \to 2-} \dfrac{g(x)}{f(x)}}$가 성립해야 한다.

함수 $f(x)$가 $x=a$에서 연속이려면 $f(a)=\lim\limits_{x \to a} f(x)$가 성립해야 해.

$\dfrac{g(2)}{f(2)}=2a+1$이고

$\lim\limits_{x \to 2+} \dfrac{g(x)}{f(x)}=\lim\limits_{x \to 2+}(ax+1)=2a+1$,

$\lim\limits_{x \to 2-} \dfrac{g(x)}{f(x)}=\lim\limits_{x \to 2-} \dfrac{ax+1}{x^2-4x+6}=\dfrac{2a+1}{2}$이므로

$\dfrac{2a+1}{2}=2a+1$, $2a+1=4a+2$, $2a=-1$ $\therefore a=-\dfrac{1}{2}$

수능 핵강

⁎ 구간에 따른 함수식이 다르면 경곗값에서의 극한값과 함숫값 확인하기

두 다항함수 $g(x)$, $h(x)$에 대하여

$f(x)=\begin{cases} g(x) & (|x|>a) \\ h(x) & (|x| \le a) \end{cases}$의 모든 실수 x에서의 연속성은 $\underline{x=\pm a$에서의 극한값과 함숫값이 서로 같은지}$ 확인하자.

B 103 정답 ② *새롭게 정의된 함수의 연속성 ····· [정답률 67%]

정답 공식: 함수 $f(x)g(x)$의 $x=2$에서 좌극한, 우극한, 함숫값이 모두 같아야 한다.

두 함수

$f(x)=\begin{cases} -x^2+a & (x \le 2) \\ x^2-4 & (x>2) \end{cases}$, $g(x)=\begin{cases} x-4 & (x \le 2) \\ \dfrac{1}{x-2} & (x>2) \end{cases}$

에 대하여 함수 $f(x)g(x)$가 $x=2$에서 연속이 되도록 하는 상수 a의 값은? (4점) **단서** $x=2$에서 연속이려면? $\lim\limits_{x \to 2} f(x)g(x)=f(2)g(2)$가 성립해야 해.

① 1 ② 2 ③ 3 ④ 4 ⑤ 5

1st 함수 $f(x)g(x)$가 $x=2$에서 연속이 되도록 하는 상수 a의 값을 구해.

함수 $f(x)g(x)$가 $x=2$에서 연속이 되기 위해서는

$\lim\limits_{x \to 2} f(x)g(x)=f(2)g(2)$이어야 한다.

이때, $x=2$에서의 좌극한값과 우극한값을 구하면

$\lim\limits_{x \to 2-} f(x)g(x)=\lim\limits_{x \to 2-} \{(-x^2+a) \times (x-4)\}$

$=(-4+a) \times (-2)$

$=8-2a \cdots \bigcirc$

$\to$ $x=2$의 왼쪽에서 2로 가까이 갈 때의 함숫값을 의미하니까 $x<2$야. 즉, $f(x)$, $g(x)$ 모두 $x<2$를 만족하는 함수를 선택해야 해.

$$\lim_{x \to 2+} f(x)g(x) = \lim_{x \to 2+}\left\{(x^2-4) \times \frac{1}{x-2}\right\}$$
$$= \lim_{x \to 2+} \frac{(x+2)(x-2)}{x-2}$$
$$= \lim_{x \to 2+} (x+2)$$
$$= 4 \cdots \text{ⓛ}$$

> $x=2$의 오른쪽에서 2로 가까이 갈 때의 함숫값을 의미하니까 $x>2$야.
> 즉, $f(x), g(x)$ 모두 $x>2$를 만족하는 함수를 선택해야 해.

> 분자를 인수분해하여 분모, 분자가 0이 되는 인수를 약분해.

또, $x=2$에서의 함숫값을 구하면
$$f(2)g(2) = (-4+a) \times (-2) = 8-2a \cdots \text{ⓒ}$$
ⓐ, ⓛ, ⓒ에 의하여 $8-2a=4$이어야 하므로

> (함숫값)=(좌극한값)=(우극한값)이어야 해.

$$4=2a \qquad \therefore a=2$$

B 104 정답 21 *새롭게 정의된 함수의 연속성 ····· [정답률 65%]

(정답 공식: $x=a$에서 함수 $f(x)g(x)$의 좌극한과 우극한, 함숫값이 같아야 한다.)

두 함수
$$f(x) = \begin{cases} x+3 & (x \le a) \\ x^2-x & (x>a) \end{cases}, \quad g(x) = x-(2a+7)$$
에 대하여 함수 $f(x)g(x)$가 실수 전체의 집합에서 연속이 되도록 하는 모든 실수 a의 값의 곱을 구하시오. (4점)

> 단서 $g(x)$는 다항함수로 실수 전체의 집합에서 연속이고 $f(x)$는 $x=a$를 제외한 실수 전체의 집합에서 연속이므로 함수 $f(x)g(x)$가 실수 전체의 집합에서 연속이려면 $x=a$에서 연속이어야 해.

1st 함수 $f(x)g(x)$가 연속일 조건을 생각하자.

함수 $f(x) = \begin{cases} x+3 & (x \le a) \\ x^2-x & (x>a) \end{cases}$가 $x=a$를 기준으로 함수식이 나누어지고 각 구간에서 다항함수이므로 함수 $f(x)$는 $x=a$를 제외한 실수 전체의 집합에서 연속이다. 또, 다항함수 $g(x)$는 실수 전체의 집합에서 연속이므로 함수 $f(x)g(x)$가 실수 전체의 집합에서 연속이려면 $x=a$에서 연속이면 된다.

> 주의 두 함수 $f(x), g(x)$에 대하여 $f(x)g(x)$가 실수 전체의 집합에서 연속인지 판단하려면 $f(x)$에서 불연속 가능성이 있는 $x=a$에서의 연속성을 확인해야 해.

즉, $\lim\limits_{x \to a} f(x)g(x) = f(a)g(a)$가 성립해야 한다.

> 이것을 만족하는 함수 $f(x)g(x)$는 $x=a$에서 연속이야.

2nd $\lim\limits_{x \to a} f(x)g(x) = f(a)g(a)$가 성립하도록 하는 a의 값을 구하자.

$$\lim_{x \to a+} f(x)g(x) = (a^2-a)(-a-7)$$
$$\lim_{x \to a-} f(x)g(x) = (a+3)(-a-7)$$
$$f(a)g(a) = (a+3)(-a-7)$$
$(a^2-a)(-a-7) = (a+3)(-a-7)$에서
$(a+7)\{(a^2-a)-(a+3)\} = 0$
$(a+7)(a^2-2a-3) = 0$
$(a+7)(a+1)(a-3) = 0$
$\therefore a=-7$ 또는 $a=-1$ 또는 $a=3$

> $\lim\limits_{x \to a-} f(x)g(x) = \lim\limits_{x \to a+} f(x)g(x)$
> $= f(a)g(a)$에서
> $(a^2-a)(-a-7) = (a+3)(-a-7)$
> $= (a+3)(-a-7)$
> 이므로
> $(a^2-a)(-a-7) = (a+3)(-a-7)$이야.

따라서 실수 전체의 집합에서 함수 $f(x)g(x)$가 연속이 되도록 하는 모든 실수 a의 값의 곱은
$$(-7) \times (-1) \times 3 = 21$$

B 105 정답 ④ *새롭게 정의된 함수의 연속성 ····· [정답률 62%]

[정답 공식: $f(x-1)$은 x의 값이 1일 때를 경계로 함수식이 바뀐다. $x=0$, $x=1$일 때 $g(x)$가 연속인지 파악한다.]

-1이 아닌 실수 a에 대하여 함수 $f(x)$가
$$f(x) = \begin{cases} -x-1 & (x \le 0) \\ 2x+a & (x>0) \end{cases}$$
일 때, 함수 $g(x)=f(x)f(x-1)$이 실수 전체의 집합에서 연속이 되도록 하는 a의 값은? (4점)

> 단서 $f(x), f(x-1)$이 불연속이 될 수 있는 점을 찾아봐. 그 점에서 함수 $g(x)$가 연속이 되면 $g(x)$는 실수 전체의 집합에서 연속이 돼.

① $-\dfrac{7}{2}$ ② -3 ③ $-\dfrac{5}{2}$ ④ -2 ⑤ $-\dfrac{3}{2}$

1st 함수 $g(x)=f(x)f(x-1)$의 식을 구하자.

$f(x) = \begin{cases} -x-1 & (x \le 0) \\ 2x+a & (x>0) \end{cases}$에서

$$f(x-1) = \begin{cases} -(x-1)-1 & (x-1 \le 0) \\ 2(x-1)+a & (x-1>0) \end{cases}$$

> $f(x)$의 식에서 x 대신에 $x-1$을 대입한 거야.

$$= \begin{cases} -x & (x \le 1) \\ 2x-2+a & (x>1) \end{cases}$$
이므로
$$g(x) = f(x)f(x-1)$$
$$= \begin{cases} (-x-1)(-x) & (x \le 0) \\ (2x+a)(-x) & (0<x \le 1) \\ (2x+a)(2x-2+a) & (x>1) \end{cases}$$

2nd 함수 $g(x)$가 실수 전체의 집합에서 연속이 되도록 하는 a의 값을 결정해.

함수 $g(x)$가 실수 전체의 집합에서 연속이 되기 위해서는 $x=0$, $x=1$에서 연속이 되어야 한다.

> 구간 $(-\infty, 0]$, $(0,1]$, $(1,\infty)$에서 연속이므로 $x=0$, $x=1$에서 연속이 되면 실수 전체의 집합에서 연속이 되지.

(i) $x=0$일 때
$$\lim_{x \to 0-} g(x) = \lim_{x \to 0-}(-x-1)(-x)$$
$$= (0-1) \cdot 0 = 0$$
$$\lim_{x \to 0+} g(x) = \lim_{x \to 0+}(2x+a)(-x)$$
$$= (2 \cdot 0 + a) \cdot 0 = 0$$
$$g(0) = (0-1) \cdot 0 = 0$$
즉, $\lim\limits_{x \to 0-} g(x) = \lim\limits_{x \to 0+} g(x) = g(0)$이므로 함수 $g(x)$는 a의 값에 관계없이 $x=0$에서 연속이다.

> 함수 $g(x)$가 $x=a$에서 연속이려면 $\lim\limits_{x \to a} g(x) = g(a)$가 성립해야 해.

(ii) $x=1$일 때
$$\lim_{x \to 1-} g(x) = \lim_{x \to 1-}(2x+a)(-x)$$
$$= (2 \cdot 1 + a) \cdot (-1) = -(a+2)$$
$$\lim_{x \to 1+} g(x) = \lim_{x \to 1+}(2x+a)(2x-2+a)$$
$$= (2 \cdot 1 + a)(2 \cdot 1 - 2 + a) = a(a+2)$$
$$g(1) = (2 \cdot 1 + a) \cdot (-1) = -(a+2)$$
즉, 함수 $g(x)$가 $x=1$에서 연속이 되려면
$$\lim_{x \to 1-} g(x) = \lim_{x \to 1+} g(x) = g(1)$$이어야 하므로
$$-(a+2) = a(a+2), \quad (a+1)(a+2) = 0$$
$$\therefore a=-1 \text{ 또는 } a=-2$$
그런데 주어진 조건에서 $a \ne -1$이므로 $a=-2$

(i), (ii)에 의하여 $a=-2$이다.

> 주의 문제에서 주어진 a의 조건을 놓치면 안 돼!

정답 공식: 함수 $f(x)$가 $x=k$에서 연속이면 $\lim\limits_{x \to k} f(x)=f(k)$가 성립한다.

단서1 극한값을 구할 때, $-x=t$로 치환하면 계산이 조금 더 쉬울 거야.

함수
$$f(x)=\begin{cases} x^2+1 & (|x| \le 2) \\ -2x+3 & (|x|>2) \end{cases}$$
에 대하여 함수 $f(-x)\{f(x)+k\}$가 $x=2$에서 연속이 되도록 하는 상수 k의 값을 구하시오. (4점)

단서2 $\lim\limits_{x \to 2-} f(-x)\{f(x)+k\}$
$=\lim\limits_{x \to 2+} f(-x)\{f(x)+k\}$
$=f(-2)\{f(2)+k\}$ 이어야 해.

1st 함수 $f(-x)\{f(x)+k\}$에 대해 $x=2$에서의 좌극한값과 우극한값을 구해.

$f(x)=\begin{cases} x^2+1 & (|x| \le 2) \\ -2x+3 & (|x|>2) \end{cases}$에 대하여 $-x=t$라 하면

$x \to 2-$일 때 $t \to -2+$, $x \to 2+$일 때 $t \to -2-$이므로

$\lim\limits_{x \to 2-} f(-x)=\lim\limits_{t \to -2+} f(t)=\lim\limits_{t \to -2+}(t^2+1)=5$,

$\lim\limits_{x \to 2+} f(-x)=\lim\limits_{t \to -2-} f(t)=\lim\limits_{t \to -2-}(-2t+3)=7$

또한, $\lim\limits_{x \to 2-} f(x)=\lim\limits_{x \to 2-}(x^2+1)=5$,

$\lim\limits_{x \to 2+} f(x)=\lim\limits_{x \to 2+}(-2x+3)=-1$이므로

함수 $f(-x)\{f(x)+k\}$의 $x=2$에서의 좌극한값과 우극한값은 다음과 같다.

$\lim\limits_{x \to 2-} f(-x)\{f(x)+k\}=\lim\limits_{x \to 2-} f(-x) \times \lim\limits_{x \to 2-}\{f(x)+k\}$
$\qquad\qquad\qquad\qquad =5(5+k)$

$\lim\limits_{x \to 2+} f(-x)\{f(x)+k\}=\lim\limits_{x \to 2+} f(-x) \times \lim\limits_{x \to 2+}\{f(x)+k\}$
$\qquad\qquad\qquad\qquad =7(-1+k)$

2nd 함수 $f(-x)\{f(x)+k\}$가 $x=2$에서 연속이 되도록 상수 k의 값을 정해.

한편, 함수 $f(-x)\{f(x)+k\}$의 $x=2$에서의 함숫값은

$f(-2)\{f(2)+k\}=5(5+k)$

이므로 함수 $f(-x)\{f(x)+k\}$가 $x=2$에서 연속이 되기 위해서는

$5(5+k)=7(-1+k)$이어야 한다.

$\lim\limits_{x \to 2-} f(-x)\{f(x)+k\}=\lim\limits_{x \to 2+} f(-x)\{f(x)+k\}=f(-2)\{f(2)+k\}$를 만족해야 하므로
$5(5+k)=7(-1+k)=5(5+k)$에서 $5(5+k)=7(-1+k)$

즉, $25+5k=-7+7k$이므로

$2k=32$ $\therefore k=16$

🌸 **함수의 연속**   개념·공식

함수 $f(x)$가 실수 a에 대하여 다음 세 조건을 모두 만족할 때 함수 $f(x)$는 $x=a$에서 연속이라 한다.

(i) $x=a$에서 함숫값 $f(a)$가 정의되어 있고

(ii) $\lim\limits_{x \to a} f(x)$가 존재하며

(iii) $f(a)=\lim\limits_{x \to a} f(x)$

정답 공식: $g(x)$가 $x=2$에서 불연속이고, $h(x)=f(x)g(x)$가 $x=2$에서 연속이므로 $f(2)=0$이어야 한다.

다항함수 $f(x)$가 **단서1** $f(x)$의 최고차항의 계수를 알 수 있어.

$$\lim_{x \to \infty} \frac{f(x)}{x^2}=1, \quad \lim_{x \to 1} \frac{f(x)}{x-1}=k$$

단서2 극한값이 존재하므로 $\lim\limits_{x \to 1} f(x)=0$이야.

를 만족시키고, 함수 $g(x)$는

$$g(x)=\begin{cases} x+1 & (x \le 2) \\ 2-x & (x>2) \end{cases}$$

단서3 $\lim\limits_{x \to 2} h(x)=\lim\limits_{x \to 2} h(x)=h(2)$이어야 해.

이다. 함수 $h(x)=f(x)g(x)$가 $x=2$에서 연속이 되도록 하는 상수 k의 값은? (4점)

① -2 ② -1 ③ 0 ④ 1 ⑤ 2

1st 조건을 만족하는 함수 $f(x)$를 생각해.

$\lim\limits_{x \to \infty} \dfrac{f(x)}{x^2}=1$에서 함수 $f(x)$는 최고차항의 계수가 1인 이차함수이다.

$f(x)$가 일차 이하이면 이 극한은 0으로 수렴하고 삼차 이상이면 발산해. 즉, $f(x)$는 이차함수야.
이때, $\frac{\infty}{\infty}$ 꼴의 극한에서 분모, 분자의 차수가 같으면 분모, 분자의 최고차항의 계수의 비로 수렴하므로
$f(x)$의 최고차항의 계수는 1이어야 해.

또, $\lim\limits_{x \to 1} \dfrac{f(x)}{x-1}=k$ (단, k는 상수)에서 $x \to 1$일 때, (분모)$\to 0$이므로 (분자)$\to 0$이어야 한다.

즉, 다항함수 $f(x)$에 대하여 $\lim\limits_{x \to 1} f(x)=f(1)=0$이므로 함수 $f(x)$는 $(x-1)$을 인수로 갖는 이차함수이다.

나머지정리에 의해 $f(x)$는 $x-1$로 나누어떨어져.

따라서 상수 a에 대하여 $f(x)=(x-1)(x+a)$라 하자.

2nd 함수 $h(x)$가 $x=2$에서 연속이 되도록 a의 값을 결정하여 k의 값을 구해.

$h(2)=f(2)g(2)=(2+a) \cdot 3=6+3a$

$\lim\limits_{x \to 2+} h(x)=\lim\limits_{x \to 2+} f(x)g(x)$
$\qquad\qquad =(2+a) \cdot 0=0$

$\lim\limits_{x \to 2-} h(x)=\lim\limits_{x \to 2-} f(x)g(x)$
$\qquad\qquad =(2+a) \cdot 3=6+3a$

즉, $h(2)=\lim\limits_{x \to 2} h(x)$에서 $6+3a=0$

$x=a$에서 연속인 함수 $f(x)$는 $f(a)=\lim\limits_{x \to a} f(x)$를 만족해.

$\therefore a=-2$

따라서 $f(x)=(x-1)(x-2)$이므로

$k=\lim\limits_{x \to 1} \dfrac{f(x)}{x-1}=\lim\limits_{x \to 1} \dfrac{(x-1)(x-2)}{x-1}$

$\frac{0}{0}$ 꼴이므로 분자, 분모를 0으로 하는 인수를 약분해.

$\qquad =\lim\limits_{x \to 1}(x-2)=-1$

B 108 정답 ③　＊새롭게 정의된 함수의 연속성 ···· [정답률 69%]

정답 공식: $y=(x-1)f(x)$가 실수 전체의 집합에서 연속이려면 $x=1$에서 연속이어야 한다.

함수 $f(x)$가

$$f(x)=\begin{cases} a & (x\le 1) \\ -x+2 & (x>1) \end{cases}$$

일 때, 옳은 것만을 [보기]에서 있는 대로 고른 것은? (단, a는 상수이다.) (3점)

[보기]

ㄱ. $\lim\limits_{x\to 1+}f(x)=1$　**단서1** $\lim\limits_{x\to 1+}f(x)=\lim\limits_{x\to 1-}f(x)=f(1)$인지 확인하자!

ㄴ. $a=0$이면 함수 $f(x)$는 $x=1$에서 연속이다.

ㄷ. 함수 $y=(x-1)f(x)$는 실수 전체의 집합에서 연속이다.
단서2 $x=1$에서 함수 $(x-1)f(x)$가 연속인지 확인해야 해.

① ㄱ　② ㄴ　③ ㄱ, ㄷ　④ ㄴ, ㄷ　⑤ ㄱ, ㄴ, ㄷ

1st 연속이 되려면 좌극한값, 우극한값, 함숫값이 모두 같아야 하지?

ㄱ. $\lim\limits_{x\to 1+}f(x)=\lim\limits_{x\to 1+}(-x+2)=1$ (참) ▸$y=-x+2$는 연속함수이니까 $\lim\limits_{x\to 1+}f(x)$의 값은 $(-1+2)=1$이야.

ㄴ. 함수 $f(x)$가 $x=1$에서 연속이 되려면

$$\lim\limits_{x\to 1+}f(x)=\lim\limits_{x\to 1-}f(x)=f(1)$$

을 만족해야 한다.

그런데 ㄱ에서 $\lim\limits_{x\to 1+}f(x)=1$이므로 $x=1$에서 연속이 되려면

$f(1)=a=1$이 되어야 한다. (거짓)

2nd $x=1$에서의 연속성을 조사해 보자.

ㄷ. 함수 $f(x)$는 $x\ne 1$인 모든 실수에서 연속이므로 함수

$y=(x-1)f(x)$의 $x=1$에서의 연속성만 조사하면 된다.
$y=x-1$은 연속함수이고 $f(x)$는 $x\ne 1$인 실수에서 연속이지? 즉, 함수 $(x-1)f(x)$는 $x\ne 1$인 실수에서는 무조건 연속이니까 $x=1$에서만 연속이면 함수 $(x-1)f(x)$는 실수 전체의 집합에서 연속이 돼.

$$\lim\limits_{x\to 1+}(x-1)f(x)=\lim\limits_{x\to 1+}(x-1)(-x+2)$$
$$=0\cdot 1=0$$
$$\lim\limits_{x\to 1-}(x-1)f(x)=\lim\limits_{x\to 1-}(x-1)a$$
$$=0\cdot a=0$$

또, $x=1$에서의 함숫값은 0이므로 $y=(x-1)f(x)$는 $x=1$에서 연속이다.

즉, $y=(x-1)f(x)$는 실수 전체의 집합에서 연속이다. (참)

따라서 옳은 것은 ㄱ, ㄷ이다.

B 109 정답 ③　＊새롭게 정의된 함수의 연속성 ···· [정답률 67%]

정답 공식: 함수 $g(x)$는 함수 $f(x)$를 x축의 방향으로 a만큼 평행이동한 것이다.

함수 $f(x)$가

$$f(x)=\begin{cases} x^2 & (x\ne 1) \\ 2 & (x=1) \end{cases}$$

일 때, 옳은 것만을 [보기]에서 있는 대로 고른 것은? (4점)

[보기]

ㄱ. $\lim\limits_{x\to 1-}f(x)=\lim\limits_{x\to 1+}f(x)$　**단서** $y=g(x)$의 그래프는 $y=f(x)$의 그래프를 x축의 방향으로 a만큼 평행이동한 거야.

ㄴ. 함수 $g(x)=f(x-a)$가 실수 전체의 집합에서 연속이 되도록 하는 실수 a가 존재한다.

ㄷ. 함수 $h(x)=(x-1)f(x)$는 실수 전체의 집합에서 연속이다.

① ㄱ　② ㄴ　③ ㄱ, ㄷ
④ ㄴ, ㄷ　⑤ ㄱ, ㄴ, ㄷ

1st $x=1$에서 좌극한값과 우극한값을 계산해.

ㄱ. $\lim\limits_{x\to 1-}f(x)=\lim\limits_{x\to 1+}f(x)=\lim\limits_{x\to 1}x^2=1$ (참)

2nd $g(x)=f(x-a)$에서 $y=g(x)$의 그래프는 $y=f(x)$의 그래프를 x축의 방향으로 a만큼 평행이동한 거야.

ㄴ. 함수 $f(x)$는 $x=1$에서 불연속이고 함수 $g(x)$의 그래프는 함수 $f(x)$의 그래프를 x축의 방향으로 a만큼 평행이동한 그래프로 a가 양수일 때 그림과 같으므로 함수 $g(x)=f(x-a)$는 $x=1+a$에서 불연속이다. (거짓) a가 어떤 값을 갖든지 함수 $g(x)$는 $x=1+a$에서 불연속이야.

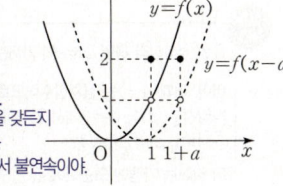

3rd 함수 $h(x)=(x-1)f(x)$를 구해봐.

ㄷ. $h(x)=\begin{cases} x^2(x-1) \\ 2(x-1) \end{cases}=\begin{cases} x^3-x^2 & (x\ne 1) \\ 0 & (x=1) \end{cases}$

이때,

$$\lim\limits_{x\to 1-}h(x)=\lim\limits_{x\to 1-}(x^3-x^2)=0,\ \lim\limits_{x\to 1+}h(x)=\lim\limits_{x\to 1+}(x^3-x^2)=0$$

에서 $\lim\limits_{x\to 1}h(x)=0$

또한, $h(1)=0$이므로 $h(1)=\lim\limits_{x\to 1}h(x)=0$

즉, 함수 $h(x)$는 실수 전체의 집합에서 연속이다. (참)
함수 $h(x)$는 $x\ne 1$인 실수에서 다항함수이므로 $x\ne 1$인 실수에서 연속이야. 그런데 $h(1)=\lim\limits_{x\to 1}h(x)$가 성립하므로 $x=1$에서 연속이니까 $h(x)$는 실수 전체의 집합에서 연속이야.

따라서 옳은 것은 ㄱ, ㄷ이다.

❋ 평행이동　개념·공식

(1) 점의 평행이동

　점 (a,b) $\xrightarrow[y\text{축의 방향으로 }n\text{만큼 평행이동}]{x\text{축의 방향으로 }m\text{만큼}}$ 점 $(a+m, b+n)$

(2) 도형의 평행이동

　$y=f(x)$ $\xrightarrow[y\text{축의 방향으로 }n\text{만큼 평행이동}]{x\text{축의 방향으로 }m\text{만큼}}$ $y-n=f(x-m)$

정답 공식: 함수 $f(x)$가 $x=a$에서 연속이기 위해서는
$\lim_{x \to a+} f(x) = \lim_{x \to a-} f(x) = f(a)$가 성립해야 한다.

최고차항의 계수가 1인 삼차함수 $f(x)$에 대하여 함수 $f(x)$를

$$g(x) = \begin{cases} \dfrac{f(x+3)\{f(x)+1\}}{f(x)} & (f(x) \neq 0) \\ 3 & (f(x) = 0) \end{cases}$$

이라 하자. $\lim_{x \to 3} g(x) = g(3) - 1$일 때, $g(5)$의 값은? (4점)

단서 $g(x)$는 $x=3$에서 극한값과 함숫값은 존재하지만 극한값과 함숫값이 다르므로 $x=3$에서 불연속이야.

① 14   ② 16   ③ 18
④ 20   ⑤ 22

1st 함수 $g(x)$의 불연속성을 이용하여 함수 $f(x)$를 유추하자.

$\lim_{x \to 3} g(x) = g(3) - 1$에서 $\lim_{x \to 3} g(x)$는 존재하고, $\lim_{x \to 3} g(x) \neq g(3)$이다.
즉, $g(x)$는 $x=3$에서 극한값과 함숫값은 존재하지만 극한값과 함숫값이 다르므로 $x=3$에서 불연속이다. → 다음의 세 가지 중 하나라도 만족하면 함수 $f(x)$는 $x=a$에서 불연속이야.
① 함수 $f(x)$가 $x=a$에서 정의되어 있지 않다.
② 극한값 $\lim_{x \to a} f(x)$가 존재하지 않는다.
③ 극한값 $\lim_{x \to a} f(x)$와 함숫값 $f(a)$가 다르다.

함수 $g(x)$가 $x=3$에서 불연속이어야 하므로 $f(3)=0$이다.

실수
$f(3) \neq 0$이라 하면 $x=3$에 가까운 x의 값에 대하여 $g(x) = \dfrac{f(x+3)\{f(x)+1\}}{f(x)}$
이야. 이때 $f(x)$는 삼차함수이므로 $f(x)$, $f(x+3)$, $f(x)+1$은 각각 연속이야.
따라서 $g(x)$는 $x=3$에서 연속이겠지?
$\therefore \lim_{x \to 3} g(x) = g(3)$
이 결과는 가정에 모순이야.

한편, 함수 $g(x)$는 $x=3$에서 극한값이 존재해야 하므로
$\lim_{x \to 3} \dfrac{f(x+3)\{f(x)+1\}}{f(x)}$의 값이 존재하고, (분모) → 0이므로
(분자) → 0이어야 한다. → $\lim_{x \to a} \dfrac{f(x)}{g(x)} = a (a$는 상수$)$일 때, $\lim_{x \to a} g(x) = 0$이면 $\lim_{x \to a} f(x) = 0$이어야 해.

$f(3)+1 = 1 \neq 0$이므로 $f(6)=0$이어야 한다.
따라서 $f(3)=0$이고 $f(6)=0$인 최고차항의 계수가 1인 삼차함수 $f(x)$는 $f(x)=(x-3)(x-6)(x+a)$(a는 상수)로 놓을 수 있다.
→ $f(3)=0$, $f(6)=0$이므로 $f(x)$는 $x-3$, $x-6$을 인수로 가져.

2nd $\lim_{x \to 3} \dfrac{f(x+3)\{f(x)+1\}}{f(x)}$의 값을 이용하여 함수 $f(x)$를 완성하자.

$\lim_{x \to 3} \dfrac{f(x+3)\{f(x)+1\}}{f(x)}$
$= \lim_{x \to 3} \dfrac{x(x-3)(x+3+a)\{(x-3)(x-6)(x+a)+1\}}{(x-3)(x-6)(x+a)}$ → x가 3에 가까워지는 수이므로 $x-3$은 0이 아니야. 따라서 분모, 분자의 인수 $x-3$을 약분할 수 있어.
$= \lim_{x \to 3} \dfrac{x(x+3+a)\{(x-3)(x-6)(x+a)+1\}}{(x-6)(x+a)}$
$= \dfrac{3(6+a)}{-3(3+a)}$
$= \dfrac{6+a}{-(3+a)}$ → $f(x)=0$일 때, $g(x)$의 값은 3이므로 $f(3)=0$에서 $g(3)$의 값이 3임을 알 수 있어.

함수 $g(x)$가 $x=3$에서 불연속이므로 $g(3)=3$이다.
$\therefore \lim_{x \to 3} g(x) = g(3) - 1 = 3 - 1 = 2$

즉, $\dfrac{6+a}{-(3+a)} = 2$에서
$6+a = -6-2a$, $3a = -12$
$\therefore a = -4$
$\therefore f(x) = (x-3)(x-6)(x-4)$

3rd $g(5)$의 값을 구하자.
$f(8) = (8-3)(8-6)(8-4)$
$\quad = 5 \times 2 \times 4 = 40$
$f(5) = (5-3)(5-6)(5-4)$
$\quad = 2 \times (-1) \times 1 = -2$
이므로
$g(5) = \dfrac{f(8)\{f(5)+1\}}{f(5)} = \dfrac{40 \times (-1)}{-2} = 20$

정답 공식: 함수 $f(x)$가 $x=a$에서 연속이기 위해서는
$\lim_{x \to a+} f(x) = \lim_{x \to a-} f(x) = f(a)$가 성립해야 한다.

$a > 2$인 상수 a에 대하여 함수 $f(x)$를

$$f(x) = \begin{cases} x^2 - 4x + 3 & (x \leq 2) \\ -x^2 + ax & (x > 2) \end{cases}$$

단서1 함수 $f(x)$는 $x=2$에서 불연속일 수 있어.

라 하자. 최고차항의 계수가 1인 삼차함수 $g(x)$에 대하여 실수 전체의 집합에서 연속인 함수 $h(x)$가 다음 조건을 만족시킬 때, $h(1) + h(3)$의 값은? (4점)
단서2 함수 $h(x)$가 실수 전체의 집합에서 연속이므로 모든 실수 k에 대하여 $\lim_{x \to k} h(x) = h(k)$가 성립해.

(가) $x \neq 1$, $x \neq a$일 때, $h(x) = \dfrac{g(x)}{f(x)}$이다.
(나) $h(1) = h(a)$

단서3 $h(x) = \dfrac{g(x)}{f(x)}$는 $f(x)=0$이 되는 x의 값에서 불연속일 수 있는데, 실수 전체의 집합에서 연속이라고 했으므로 이를 이용해 $f(x)=0$이 되는 x의 값에서의 $g(x)$의 특징을 찾아 $g(x)$를 유추해야 해.

① $-\dfrac{15}{6}$ ② $-\dfrac{7}{3}$ ③ $-\dfrac{13}{6}$
④ -2 ⑤ $-\dfrac{11}{6}$

1st 함수 $h(x)$가 실수 전체의 집합에서 연속임을 이용하여 삼차함수 $g(x)$를 유추하자.

$f(x) = \begin{cases} x^2 - 4x + 3 & (x \leq 2) \\ -x^2 + ax & (x > 2) \end{cases} = \begin{cases} (x-1)(x-3) & (x \leq 2) \\ -x(x-a) & (x > 2) \end{cases}$이므로
$x \leq 2$에서 $f(1) = 0$
$x > 2$에서 $f(a) = 0$ → $a > 2$이므로 $x > 2$에서 $f(a) = 0$이 성립해.
한편,
$\lim_{x \to 2-} f(x) = \lim_{x \to 2-} (x^2 - 4x + 3) = 2^2 - 4 \times 2 + 3 = -1$
$\lim_{x \to 2+} f(x) = \lim_{x \to 2+} (-x^2 + ax) = -2^2 + 2a = -4 + 2a$
이고, $a > 2$에 의해 $\lim_{x \to 2-} f(x) \neq \lim_{x \to 2+} f(x)$이므로
$f(x)$는 $x=2$에서 불연속이다. → $a > 2$에서 $-4 + 2a > 0$이므로 $\lim_{x \to 2-} f(x) < \lim_{x \to 2+} f(x)$야.

따라서 함수 $h(x)=\dfrac{g(x)}{f(x)}$가 실수 전체의 집합에서 연속이므로

함수 $h(x)$는 $x=1$, $x=a$, $x=2$에서 연속이어야 한다.

> **함정** 함수 $h(x)=\dfrac{g(x)}{f(x)}$에서 삼차함수 $g(x)$는 실수 전체의 집합에서 연속이므로 분모 $f(x)$가 불연속인 점과 $f(x)$가 0이 되게 하는 점에서 불연속일 수 있어. 따라서 이러한 불연속이 될 수 있는 점에서 모두 연속이 되어야 함수 $h(x)$가 모든 실수에서 연속이 되는 거야.

(i) 함수 $f(x)$는 $x=1$에서 연속이므로
$\lim\limits_{x\to 1}f(x)=f(1)=0$이다.

즉, 함수 $h(x)$가 $x=1$에서 연속이므로

$\lim\limits_{x\to 1}h(x)=\lim\limits_{x\to 1}\dfrac{g(x)}{f(x)}=h(1)$이고, $\lim\limits_{x\to 1}f(x)=0$이므로

$\lim\limits_{x\to 1}g(x)=0$이어야 한다. ┐ $\lim\limits_{x\to a}\dfrac{g(x)}{f(x)}=a$($a$는 실수)일 때, $\lim\limits_{x\to a}f(x)=0$이면 $\lim\limits_{x\to a}g(x)=0$이어야 해.

그런데 삼차함수 $g(x)$는 모든 실수에서 연속이므로

$\lim\limits_{x\to 1}g(x)=g(1)=0$이다.

(ii) 함수 $f(x)$는 $x=a(a>2)$에서 연속이므로
$\lim\limits_{x\to a}f(x)=f(a)=0$이다.

즉, 함수 $h(x)$가 $x=a$에서 연속이므로

$\lim\limits_{x\to a}h(x)=\lim\limits_{x\to a}\dfrac{g(x)}{f(x)}=h(a)$이고, $\lim\limits_{x\to a}f(x)=0$이므로

$\lim\limits_{x\to a}g(x)=0$이어야 한다.

그런데 삼차함수 $g(x)$는 모든 실수에서 연속이므로

$\lim\limits_{x\to a}g(x)=g(a)=0$이다.

(iii) 함수 $h(x)$가 $x=2$에서 연속이므로

$\lim\limits_{x\to 2-}h(x)=\lim\limits_{x\to 2+}h(x)$, 즉

$\lim\limits_{x\to 2-}\dfrac{g(x)}{f(x)}=\lim\limits_{x\to 2+}\dfrac{g(x)}{f(x)}$이어야 한다.

이때, $\lim\limits_{x\to 2-}\dfrac{g(x)}{f(x)}=\lim\limits_{x\to 2-}\dfrac{g(x)}{x^2-4x+3}=\dfrac{g(2)}{-1}$이고,

$\lim\limits_{x\to 2+}\dfrac{g(x)}{f(x)}=\lim\limits_{x\to 2+}\dfrac{g(x)}{-x^2+ax}=\dfrac{g(2)}{-4+2a}$이므로

$\dfrac{g(2)}{-1}=\dfrac{g(2)}{-4+2a}$에서 $g(2)\times(-4+2a)=-g(2)$

$g(2)\times(2a-3)=0$

$\therefore g(2)=0$ 또는 $a=\dfrac{3}{2}$

그런데 $a>2$이므로 $g(2)=0$이다.

(i)~(iii)에서 $g(1)=0$, $g(a)=0$, $g(2)=0$이고, $g(x)$의 최고차항의 계수가 1이므로 $g(x)=(x-1)(x-2)(x-a)$이다.

2nd $h(1)=h(a)$를 이용하여 a의 값을 구하자.

$\lim\limits_{x\to 1}h(x)=\lim\limits_{x\to 1}\dfrac{(x-1)(x-2)(x-a)}{x^2-4x+3}$

$=\lim\limits_{x\to 1}\dfrac{(x-1)(x-2)(x-a)}{(x-1)(x-3)}$ ┐ x가 1에 가까워지는 수이므로 $x-1$은 0이 아니야. 따라서 분모, 분자의 인수 $x-1$을 약분할 수 있어.

$=\lim\limits_{x\to 1}\dfrac{(x-2)(x-a)}{x-3}=\dfrac{1-a}{2}$

$\lim\limits_{x\to a}h(x)=\lim\limits_{x\to a}\dfrac{(x-1)(x-2)(x-a)}{-x^2+ax}$

$=\lim\limits_{x\to a}\dfrac{(x-1)(x-2)(x-a)}{-x(x-a)}$ ┐ x가 a에 가까워지는 수이므로 $x-a$는 0이 아니야. 따라서 분모, 분자의 인수 $x-a$를 약분할 수 있어.

$=\lim\limits_{x\to a}\dfrac{(x-1)(x-2)}{-x}$

$=-\dfrac{(a-1)(a-2)}{a}$

한편, 함수 $h(x)$가 실수 전체의 집합에서 연속이므로

$\lim\limits_{x\to 1}h(x)=h(1)$, $\lim\limits_{x\to a}h(x)=h(a)$이다.

그런데 조건 (나)에서 $h(1)=h(a)$이므로

$\lim\limits_{x\to 1}h(x)=\lim\limits_{x\to a}h(x)$에서

$\dfrac{1-a}{2}=-\dfrac{(a-1)(a-2)}{a}$

$a(1-a)=-2(a-1)(a-2)$

$(a-1)(a-4)=0$ $\quad\therefore a=1$ 또는 $a=4$

이때, $a>2$이므로 $a=4$이다.

3rd $h(1)+h(3)$의 값을 구해.

$g(x)=(x-1)(x-2)(x-4)$이므로

$h(x)=\dfrac{g(x)}{f(x)}=\begin{cases}\dfrac{(x-1)(x-2)(x-4)}{(x-1)(x-3)} & (x\leq 2)\\[2mm]\dfrac{(x-1)(x-2)(x-4)}{-x(x-4)} & (x>2)\end{cases}$

따라서

$h(1)=\lim\limits_{x\to 1}h(x)=\dfrac{1-a}{2}=\dfrac{1-4}{2}=-\dfrac{3}{2}$이고,

$h(3)=\dfrac{2\times 1\times(-1)}{-3\times(-1)}=-\dfrac{2}{3}$이므로

$h(1)+h(3)=-\dfrac{3}{2}+\left(-\dfrac{2}{3}\right)=-\dfrac{13}{6}$

> **함수의 연속** 개념·공식
>
> 함수 $f(x)$가 $x=a$에서 연속이기 위해서는 다음의 세 가지 조건을 만족시켜야 한다.
> (i) $\lim\limits_{x\to a}f(x)$가 존재 (ii) $f(a)$가 존재
> (iii) $\lim\limits_{x\to a}f(x)=f(a)$가 성립

B 112 정답 56 *새롭게 정의된 함수의 연속성 ···· [정답률 48%]

> **정답 공식:** $f(x)$의 그래프의 개형을 생각했을 때, 조건 (가)에 따라 $f(0)>0$, $f(2)<0$이다. 함수 $f(x)g(x)$가 $x=a$에서 연속이려면 $f(a)=0$이거나 $g(x)$가 $x=a$에서 연속이어야 한다.

함수 $f(x)=x^2-8x+a$에 대하여 함수 $g(x)$를

$$g(x)=\begin{cases} 2x+5a & (x\geq a) \\ f(x+4) & (x<a) \end{cases}$$

라 할 때, 다음 조건을 만족시키는 모든 실수 a의 값의 곱을 구하시오. (4점)

> **단서1** 열린구간 $(0,2)$에서 함수 $y=f(x)$의 그래프가 x축과 적어도 한 점에서 만난다는 의미야.
>
> (가) 방정식 $f(x)=0$은 열린구간 $(0,2)$에서 적어도 하나의 실근을 갖는다.
> (나) 함수 $f(x)g(x)$는 $x=a$에서 연속이다.
> **단서2** 함수 $f(x)g(x)$가 $x=a$에서 연속이면 $f(a)g(a)=\lim\limits_{x\to a}f(x)g(x)$가 성립함을 이용하면 돼.

1st 조건 (가)를 이용해서 a의 범위부터 찾자.

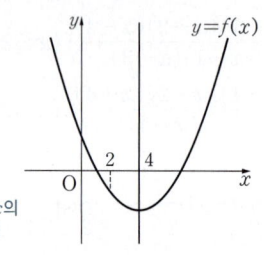

> → 이차함수
> $f(x)=a(x-b)^2+c$의 그래프의 축의 방정식은 $x=b$이지?

$f(x)=x^2-8x+a=(x-4)^2+a-16$이므로 함수 $y=f(x)$의 그래프는 직선 $x=4$에 대하여 대칭이다.

이때, 조건 (가)에 의해 방정식 $f(x)=0$이 열린구간 $(0,2)$에서 적어도 하나의 실근을 가지므로 함수 $y=f(x)$의 그래프는 위의 그림과 같아야 한다. 즉, $f(0)>0$, $f(2)<0$이어야 하므로 $f(0)=a>0$, $f(2)=a-12<0$ ∴ $0<a<12$

> **실수** 함수 $f(x)$는 $x=4$까지 감소하기 때문에 $f(0)>f(2)$이고 조건 (가)에 의해 $f(0)>0>f(2)$야.

2nd 함수 $f(x)g(x)$가 $x=a$에서 연속임을 이용하여 a의 값을 구하자.

조건 (나)에서 함수 $f(x)g(x)$가 $x=a$에서 연속이므로

$f(a)g(a)=\lim\limits_{x\to a+}f(x)g(x)=\lim\limits_{x\to a-}f(x)g(x)$ ··· ㉠

(함숫값)=(우극한값)=(좌극한값)이어야 해.

가 성립해야 한다.

이때, $f(a)g(a)=(a^2-8a+a)(2a+5a)=7a^2(a-7)$이고

$\lim\limits_{x\to a+}f(x)g(x)=\lim\limits_{x\to a+}(x^2-8x+a)(2x+5a)$
$=7a^2(a-7)$

$\lim\limits_{x\to a-}f(x)g(x)=\lim\limits_{x\to a-}(x^2-8x+a)\underline{f(x+4)}$

> → $x\to a-$이면 $x<a$인 거야. 그러니까 $g(x)=f(x+4)$를 대입해.

$=(a^2-8a+a)\{(a+4)^2-8(a+4)+a\}$
$=a(a-7)(a^2+a-16)$

> $f(x+4)$는 $f(x)$에 x 대신 $x+4$를 대입하면 돼. 즉,
> $f(x+4)=(x+4)^2-8(x+4)+a$
> ∴ $\lim\limits_{x\to a-}f(x+4)=(a+4)^2-8(a+4)+a$

따라서 ㉠에 의하여

$7a^2(a-7)=a(a-7)(a^2+a-16)$에서
$7a^2(a-7)-a(a-7)(a^2+a-16)=0$
$a(a-7)(a-8)(a+2)=0$
∴ $a=7$ 또는 $a=8$ $(\because 0<a<12)$

따라서 주어진 조건을 모두 만족시키는 실수 a의 값의 곱은 $7\times 8=56$이다.

> **수능 핵강**
>
> * **방정식과 함수의 그래프의 연관성을 이용하여 실근 구하기**
>
> 함수 $y=f(x)$의 그래프와 x축의 교점의 x좌표는 방정식 $f(x)=0$의 실근이니까 구간 $(0,2)$에서 방정식 $f(x)=0$이 적어도 하나의 실근을 가지려면 구간 $(0,2)$에서 함수 $y=f(x)$의 그래프와 x축은 적어도 한 번 만나야 해. 그런데 함수 $f(x)$는 대칭축이 $x=4$인 이차함수이므로 구간 $(0,2)$에서 함수 $y=f(x)$의 그래프는 x축과 두 점에서 만날 수 없어. 따라서 구간 $(0,2)$에서 x축과 한 점에서 만나도록 $y=f(x)$의 그래프를 그려주면 돼.

> **✿ 함수의 연속을 이용한 미정계수의 결정** 개념·공식
>
> 구간에 따라 나누어진 함수의 연속성 조사는 경계점을 주목한다.
> ① $x\neq a$에서 연속인 함수 $g(x)$에 대하여
> $f(x)=\begin{cases} g(x) & (x\neq a) \\ b & (x=a) \end{cases}$ 일 때, 함수 $f(x)$가 $x=a$에서 연속이려면
> ⇒ $\lim\limits_{x\to a}g(x)=b$
> ② $x<a$에서 연속인 함수 $f(x)$와 $x\geq a$에서 연속인 함수 $g(x)$에 대하여 함수 $y=\begin{cases} f(x) & (x<a) \\ g(x) & (x\geq a) \end{cases}$ 가 모든 실수 x에서 연속이려면
> ⇒ $\lim\limits_{x\to a-}f(x)=g(a)$

B 113 정답 13 *새롭게 정의된 함수의 연속성 ···· [정답률 42%]

> **정답 공식:** 함수 $f(x)$가 $x=0$에서 불연속이므로 함수 $f(x-a)$는 $x=a$에서 불연속이다.

함수

$$f(x)=\begin{cases} x+1 & (x\leq 0) \\ -\dfrac{1}{2}x+7 & (x>0) \end{cases}$$

> **단서** $\lim\limits_{x\to a}f(x)f(x-a)=f(a)f(0)$을 만족하도록 하는 a의 값을 구하면 돼.

에 대하여 함수 $f(x)f(x-a)$가 $x=a$에서 연속이 되도록 하는 모든 실수 a의 값의 합을 구하시오. (4점)

1st 함수 $f(x)$의 그래프의 개형을 알아보자.

함수 $f(x)=\begin{cases} x+1 & (x\leq 0) \\ -\dfrac{1}{2}x+7 & (x>0) \end{cases}$ 은

$x=0$에서 불연속이고, 그래프는 그림과 같다.

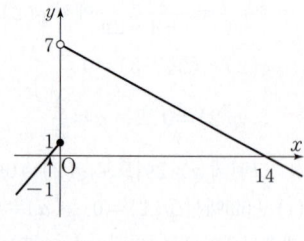

2nd 구한 그래프를 가지고 새롭게 정의된 함수 $f(x)f(x-a)$의 연속을 판단하자.

한편, 함수 $f(x)f(x-a)$가 $x=a$에서 연속이 되려면

$\lim\limits_{x\to a}f(x)f(x-a)=f(a)f(0)$ ··· ㉠을 만족해야 한다.

$x\neq 0$에서 함수 $f(x)$는 연속이므로 $\lim\limits_{x\to a}f(x)=f(a)$ $(a\neq 0)$이고

$x-a=t$라 하면

> → $x-a=t$라 하면 $x\to a+$일 때 $t\to 0+$
> → $x-a=t$라 하면 $x\to a-$일 때 $t\to 0-$

$\lim\limits_{x\to a+}f(x-a)=\lim\limits_{t\to 0+}f(t)=7$, $\lim\limits_{x\to a-}f(x-a)=\lim\limits_{t\to 0-}f(t)=1$에서

$\lim\limits_{x\to a+}f(x)f(x-a)=7f(a)$, $\lim\limits_{x\to a-}f(x)f(x-a)=f(a)$

각각 수렴하는 두 함수의 곱으로 표현된 함수의 극한값은 각각의 함수의 극한값의 곱과 같아.

즉, 함수 $f(x)f(x-a)$가 $x=a$에서 연속이 되려면 ㉠에 의해
$f(a)f(0)=7f(a)=f(a)$가 성립해야 하므로 $f(a)=0$

(ⅰ) $a<0$일 때,

$a+1=0$

$\therefore a=-1$

(ⅱ) $a>0$일 때,

$-\dfrac{1}{2}a+7=0$

$\therefore a=14$

따라서 모든 실수 a의 값의 합은 $(-1)+14=13$이다.

＊연속인 함수와 불연속인 함수의 곱이 연속이기 위한 조건 알아보기

함수 $f(x)$가 $x=a$에서 불연속인 함수이고 좌극한값과 우극한값이 유한한 값일 때, $\lim\limits_{x\to a}g(x)=0$을 만족하는 연속함수 $g(x)$에 대하여 함수 $f(x)g(x)$는 $x=a$에서 연속이 돼.

쉬운 예로, $x=2$에서 불연속인 함수 $f(x)=\begin{cases}1 & (x\geq2)\\-1 & (x<2)\end{cases}$에 대하여 함수 $g(x)$를 $g(x)=(x-2)h(x)$(단, $h(x)$는 다항함수)라 하면 함수 $f(x)g(x)$가 $x=2$에서 연속이 되는 거야.

비슷한 기출 유형이 많이 있으니 꼼꼼히 정리해 두자.

B 114 정답 ③ ＊함수의 연속의 활용 ⎯⎯⎯⎯ [정답률 55%]

정답 공식: 연속인 두 함수 $h_1(x)$, $h_2(x)$에 대하여 함수 $g(x)=\begin{cases}h_1(x) & (x<p)\\h_2(x) & (x\geq p)\end{cases}$가 실수 전체의 집합에서 연속이려면 $h_1(p)=h_2(p)$이어야 한다.

실수 전체의 집합에서 연속인 함수 $f(x)$가 모든 실수 x에 대하여

> **단서1** 함수 $f(x)$가 실수 전체의 집합에서 연속이라 했지, 꼭 하나의 다항함수라 하지는 않았어. 이 점을 기억해. 구간에 따라 다르게 정의된 함수도 연속함수가 될 수 있어!

$$\{f(x)\}^3-\{f(x)\}^2-x^2f(x)+x^2=0$$

> **단서2** 주어진 식이 x에 대한 항등식이지? 우선 좌변의 식을 인수분해해서 등식이 항상 성립하기 위한 조건을 찾아내봐.

을 만족시킨다. 함수 $f(x)$의 최댓값이 1이고 최솟값이 0일 때,

> **단서3** 위의 등식에서 찾아낸 $f(x)$에 대한 조건을 만족시키면서 $f(x)$의 최댓값이 1, 최솟값이 0이 되도록 $f(x)$의 식을 완성해.

$f\left(-\dfrac{4}{3}\right)+f(0)+f\left(\dfrac{1}{2}\right)$의 값은? (4점)

① $\dfrac{1}{2}$ ② 1 ③ $\dfrac{3}{2}$

④ 2 ⑤ $\dfrac{5}{2}$

1st 주어진 등식의 좌변을 인수분해하여 $f(x)$에 대한 조건을 찾자.

$\{f(x)\}^3-\{f(x)\}^2-x^2f(x)+x^2=0$의 좌변을 인수분해하여 정리하면

$\{f(x)\}^2\{f(x)-1\}-x^2\{f(x)-1\}=0$

$\{f(x)-1\}[\{f(x)\}^2-x^2]=0$

$\{f(x)-1\}\{f(x)+x\}\{f(x)-x\}=0$

$\therefore f(x)=1$ 또는 $f(x)=-x$ 또는 $f(x)=x$ … ㉠
  $ABC=0$이면 $A=0$ 또는 $B=0$ 또는 $C=0$

2nd 함수 $f(x)$가 실수 전체의 집합에서 연속이면서 최댓값이 1이고 최솟값이 0이 되도록 $f(x)$의 식을 세워.

㉠에서 $x=0$을 대입하면 $f(0)=1$ 또는 $f(0)=0$이다.

(ⅰ) $f(0)=1$일 때

함수 $f(x)$가 실수 전체의 집합에서 연속이고, $f(x)$의 최댓값이 1이므로 $f(x)=1$이다.
  $f(x)=-x$ 또는 $f(x)=x$이면 $\lim\limits_{x\to-\infty}(-x)=\infty$, $\lim\limits_{x\to\infty}x=\infty$이므로 최댓값이 존재하지 않아.

그런데 $f(x)=1$이면 함수 $f(x)$의 최솟값이 0이 될 수 없으므로 주어진 조건을 만족시키지 않는다.

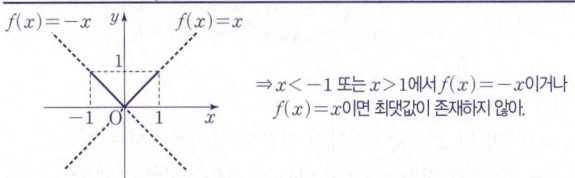

⇒ 함숫값이 항상 1이므로 최솟값이 0이 될 수 없어.

(ⅱ) $f(0)=0$일 때

함수 $f(x)$가 실수 전체의 집합에서 연속이므로 $f(x)=-x$ 또는 $f(x)=x$가 될 수 있다.

그런데 $f(x)$의 최댓값이 1이고,

$f(x)=-x$이면 $-1\leq x\leq0$에서 $0\leq f(x)\leq1$

$f(x)=x$이면 $0\leq x\leq1$에서 $0\leq f(x)\leq1$

이므로 조건을 만족시키려면

$-1\leq x\leq0$에서 $f(x)=-x$, $0\leq x\leq1$에서 $f(x)=x$이어야 한다.

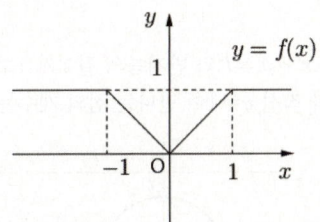

⇒ $x<-1$ 또는 $x>1$에서 $f(x)=-x$이거나 $f(x)=x$이면 최댓값이 존재하지 않아.

따라서 ㉠을 만족시키는 함수 $f(x)$가 실수 전체의 집합에서 연속이려면 (ⅰ), (ⅱ)에 의해

$$f(x)=\begin{cases}1 & (x<-1)\\-x & (-1\leq x\leq0)\\x & (0\leq x\leq1)\\1 & (x>1)\end{cases} \to f(x)=\begin{cases}1 & (|x|>1)\\|x| & (|x|\leq1)\end{cases}$$

```
     y
         y = f(x)
     1
  ‒1  O    1    x
```

$\therefore f\left(-\dfrac{4}{3}\right)+f(0)+f\left(\dfrac{1}{2}\right)=1+0+\dfrac{1}{2}=\dfrac{3}{2}$
  $x<-1$이면 $f(x)=1$이므로 $f\left(-\dfrac{4}{3}\right)=1$
  $0\leq x\leq1$이면 $f(x)=x$이므로 $f\left(\dfrac{1}{2}\right)=\dfrac{1}{2}$

김찬우 전남대 의예과 2022년 입학 · 전북 이리고 졸

주어진 등식의 좌변을 잘 보면 $f(x)-1$로 묶을 수 있다는 게 보였어. 이를 이용해 인수분해해서 $f(x)=1$이거나 $f(x)=\pm x$여야 함을 구했지. 그런데 $f(x)$의 최댓값이 1이고 최솟값이 0이네? 그래프를 적당히 그려봤더니 $x=0$에서 $f(x)=0$이고 $x<-1$, $x>1$에서 $f(x)=1$이면 되겠더라고. 또, $f(x)$가 연속함수이니까 $-1<x<0$에서 $f(x)=-x$이고 $0<x<1$에서 $f(x)=x$임을 알 수 있었어. 새로운 유형의 문제라 처음에는 살짝 당황했지만 항등식의 성립 조건, 연속의 의미를 잘 생각하면서 그래프를 그렸더니 어렵지 않게 풀 수 있었어.

B 115 정답 ③ *새롭게 정의된 함수의 연속성 ····· [정답률 67%]

> **정답 공식:** 원 $x^2+y^2=t^2$과 직선 $y=1$이 (i) 두 점에서 만날 때, (ii) 한 점에서 만날 때, (iii) 만나지 않을 때로 나눈다.

원 $x^2+y^2=t^2$과 직선 $y=1$이 만나는 점의 개수를 $f(t)$라 하자.
함수 $(x+k)f(x)$가 구간 $(0, \infty)$에서 연속일 때, $f(1)+k$의 값은? (단, k는 상수이다.) (3점) **단서** 함수 $f(x)$가 불연속인 점에서 함수 $(x+k)f(x)$가 연속이 되도록 해.

① -2　　② -1　　③ 0
④ 1　　⑤ 2

1st 주어진 원의 반지름의 길이가 $|t|$이므로 t의 값의 범위를 $|t|>1$, $|t|=1$, $|t|<1$로 나누어 함수 $f(t)$를 구해 봐.

(i) $|t|>1$이면 원 $x^2+y^2=t^2$의 반지름의 길이가 1보다 크므로
　　원 $x^2+y^2=t^2$과 직선 $y=1$이 만나는 점의 개수는 2개이다.
　　중심이 (a, b)이고 반지름의 길이가 r인 원의 방정식은 $(x-a)^2+(y-b)^2=r^2$이야.

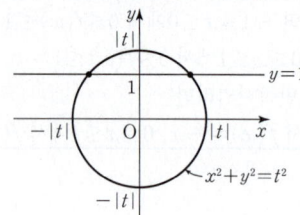

　　$\therefore f(t)=2$

(ii) $|t|=1$이면 원 $x^2+y^2=t^2$의 반지름의 길이가 1이므로
　　원 $x^2+y^2=t^2$과 직선 $y=1$이 만나는 점의 개수는 1개이다.

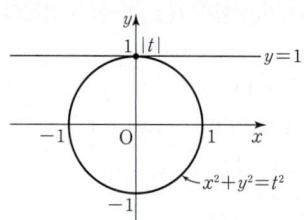

　　$\therefore f(t)=1$

(iii) $|t|<1$이면 원 $x^2+y^2=t^2$의 반지름의 길이가 1보다 작으므로
　　원 $x^2+y^2=t^2$과 직선 $y=1$이 만나는 점의 개수는 0개이다.

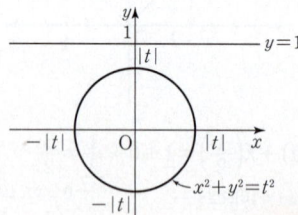

　　$\therefore f(t)=0$

주의 원 $x^2+y^2=t^2$과 직선 $y=1$이 만나는 점의 개수를 나타내는 함수 $f(t)$는 $|t|=1$에서 불연속점이 생겨.

(i), (ii), (iii)에 의해 함수 $f(t)=\begin{cases} 2 \ (|t|>1) \\ 1 \ (|t|=1) \text{이다.} \\ 0 \ (|t|<1) \end{cases}$

2nd 함수 $(x+k)f(x)$가 $x=1$에서 연속일 때, 상수 k의 값을 구해.

함수 $f(x)$는 $x=\pm1$을 제외한 모든 점에서 연속이므로
함수 $(x+k)f(x)$가 구간 $(0, \infty)$에서 연속이려면 함수 $(x+k)f(x)$
$y=x+k$는 연속함수이고 구간 $(0, \infty)$에서 함수 $f(x)$는 $x=1$에서만 불연속이므로 함수 $(x+k)f(x)$는 $x=1$에서만 불연속이 될 수 있어. 즉, 함수 $(x+k)f(x)$가 구간 $(0, \infty)$에서 연속이려면 $x=1$에서 연속이 되도록 하면 돼.
는 $x=1$에서 연속이어야 한다.

이때, $f(1)=1$, $\lim\limits_{x \to 1-} f(x)=0$, $\lim\limits_{x \to 1+} f(x)=2$이므로
$(1+k)f(1)=\lim\limits_{x \to 1-}(x+k)f(x)=\lim\limits_{x \to 1+}(x+k)f(x)$가 성립하려면
$(1+k) \times 1=(1+k) \times 0=(1+k) \times 2$, $1+k=0$　　$\therefore k=-1$
$\therefore f(1)+k=1+(-1)=0$

수능 핵강

＊ 함수가 연속이기 위한 조건 확인하기

함수 $f(x)$가 $x=a$에서 연속이기 위하여 다음과 같이 세 가지 조건을 만족해야 해.
(i) $x=a$에서 함숫값 $f(a)$가 존재
(ii) 극한값 $\lim\limits_{x \to a} f(x)$가 존재
(iii) $\lim\limits_{x \to a} f(x)=f(a)$가 성립
특히, 조심할 것은 $x \to a$일 때, 함수 $f(x)$의 극한값이 α라는 것은 $x=a$에서의 우극한값과 좌극한값이 존재하고, 그 값이 모두 α와 같음을 뜻해.
즉, $\underline{\lim\limits_{x \to a+} f(x)=\lim\limits_{x \to a-} f(x)=\lim\limits_{x \to a} f(x)=\alpha}$임을 명심해야 해.

B 116 정답 8 *새롭게 정의된 함수의 연속성 ····· [정답률 62%]

> **정답 공식:** $t=0$, $t=1$에서 함수 $f(t)$가 불연속이므로 함수 $f(t)g(t)$가 연속이기 위해서는 $g(t)=0$의 근이 0, 1이다.

단서1 범위를 나누어 함수 $f(t)$의 식을 구하자.

실수 t에 대하여 직선 $y=t$가 곡선 $y=|x^2-2x|$와 만나는 점의 개수를 $f(t)$라 하자. 최고차항의 계수가 1인 이차함수 $g(t)$에 대하여 함수 $f(t)g(t)$가 모든 실수 t에서 연속일 때, $f(3)+g(3)$의 값을 구하시오. (4점) **단서2** 함수 $g(t)$는 모든 실수 t에서 연속이므로 함수 $f(t)$의 불연속점에서만 연속이 되도록 하면 돼.

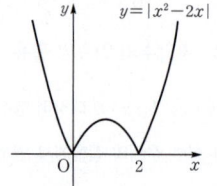

1st 함수 $f(t)$의 불연속인 점부터 찾아!

$y=x^2-2x=(x-1)^2-1$이므로 함수 $y=|x^2-2x|$의 $x=1$에서의 함숫값은 1이다.

이때, 직선 $y=t$가 곡선 $y=|x^2-2x|$와 만나는 점의 개수가 $f(t)$이므로 함수 $f(t)$의 식과 그래프는 다음과 같다.

$$f(t)=\begin{cases} 0 \ (t<0) \\ 2 \ (t=0) \\ 4 \ (0<t<1) \ \Rightarrow \\ 3 \ (t=1) \\ 2 \ (t>1) \end{cases}$$

따라서 함수 $f(t)$는 $t \neq 0$, $t \neq 1$인 실수 t에서 연속이고 이차함수 $g(t)$는 모든 실수 t에서 연속이므로 함수 $f(t)g(t)$가 모든 실수 t에서 연속이려면 $t=0$, $t=1$에서 연속이어야 한다.
연속인 함수 $g(x)$와 $x=a$에서만 불연속인 함수 $f(x)$에 대하여 함수 $f(x)g(x)$는 함수 $f(x)$가 불연속인 점 $x=a$에서만 불연속이 될 수 있어.

2nd $t=0$, $t=1$에서 함수 $f(t)g(t)$가 연속이 되도록 하는 $g(t)$의 조건을 찾아.

이제 $t=0$, $t=1$에서 함수 $f(t)g(t)$가 연속일 조건을 찾자.

(i) $t=0$일 때,
$$\lim\limits_{t \to 0-} f(t)g(t)=\lim\limits_{t \to 0-} f(t) \times \lim\limits_{t \to 0-} g(t)=0 \times g(0)=0$$
$$\lim\limits_{t \to 0+} f(t)g(t)=\lim\limits_{t \to 0+} f(t) \times \lim\limits_{t \to 0+} g(t)=4 \times g(0)=4g(0)$$
$$f(0)g(0)=2g(0)$$

즉, $t=0$에서 연속이려면 $0=4g(0)=2g(0)$이 성립해야 하므로 $g(0)=0$

(ii) $t=1$일 때,

$$\lim_{t \to 1-} f(t)g(t) = \lim_{t \to 1-} f(t) \times \lim_{t \to 1-} g(t) = 4 \times g(1) = 4g(1)$$

$$\lim_{t \to 1+} f(t)g(t) = \lim_{t \to 1+} f(t) \times \lim_{t \to 1+} g(t) = 2 \times g(1) = 2g(1)$$

$$f(1)g(1) = 3g(1)$$

즉, $t=1$에서 연속이려면 $4g(1)=2g(1)=3g(1)$이 성립해야 하므로 $g(1)=0$ ▸ 방정식 $g(x)=0$의 해가 $x=0$, $x=1$이라는 거야. 즉, 다항식 $g(x)$는 x와 $(x-1)$을 인수로 가져.

(i), (ii)에서 $g(0)=g(1)=0$이므로 최고차항의 계수가 1인 이차함수 $g(t)$는 $g(t)=t(t-1)$이다.

따라서 $g(3)=3 \times 2=6$이므로

$$f(3)+g(3)=2+6=8$$

B 117 정답 8 *함수의 연속의 활용 ⋯⋯⋯⋯ [정답률 42%]

[정답 공식: $x=a$에서 함수 $g(x)$는 불연속이고 함수 $h(x)$는 연속일 때, 함수 $g(x)h(x)$가 $x=a$에서 연속이기 위해서는 $h(a)=0$이어야 한다.]

실수 m에 대하여 직선 $y=mx$와 함수

$f(x)=2x+3+|x-1|$ ▸ **단서1** 절댓값 기호를 없애기 위해 $x<1$일 때와 $x \geq 1$일 때로 나누어 $f(x)$의 식을 구해봐.

의 그래프의 교점의 개수를 $g(m)$이라 하자. 최고차항의 계수가

단서2 함수 $y=f(x)$의 그래프는 직선이 꺾어진 형태이고 $y=mx$의 그래프도 직선이므로 직선 $y=mx$의 기울기 m의 값을 변화시키며 두 그래프의 교점의 개수를 파악하면 함수 $g(m)$을 구할 수 있어.

1인 이차함수 $h(x)$에 대하여 함수 $g(x)h(x)$가 실수 전체의 집합에서 연속일 때, $h(5)$의 값을 구하시오. (4점)

단서3 함수 $h(x)$는 실수 전체의 집합에서 연속이므로 함수 $g(x)h(x)$가 실수 전체의 집합에서 연속이려면 $g(x)$가 불연속이 되는 점에서 $h(x)$의 함숫값이 0이 되어야 해.

1st $y=f(x)$의 그래프와 직선 $y=mx$를 좌표평면 위에 나타내자.

$f(x)=2x+3+|x-1|$에 대하여

$x<1$일 때, $f(x)=2x+3-(x-1)=x+4$

$x \geq 1$일 때, $f(x)=2x+3+(x-1)=3x+2$

이므로 $f(x)=\begin{cases} x+4 & (x<1) \\ 3x+2 & (x \geq 1) \end{cases}$ 이다.

이때, $y=mx$는 기울기 m의 값에 관계없이 항상 원점을 지나는 직선이고, $x<1$에서 $y=f(x)$의 그래프는 기울기가 1인 직선, $x \geq 1$에서 $y=f(x)$의 그래프는 기울기가 3인 직선이므로 m의 값이 1, 3일 때를 기준으로 $y=f(x)$의 그래프와 직선 $y=mx$의 교점의 개수가 바뀌게 된다.

따라서 직선 $y=mx$와 함수 $y=f(x)$의 그래프는 다음과 같다.

① $m \leq 0$인 경우 $y=f(x)$의 그래프와 직선 $y=mx$는 항상 한 점에서 만나.
② $m=1$인 경우 두 직선 $y=x+4$와 $y=mx$는 평행해.
③ $m=3$인 경우 두 직선 $y=3x+2$와 $y=mx$는 평행해.

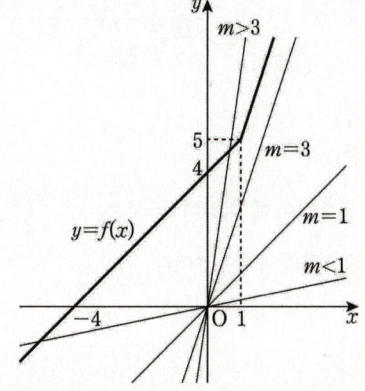

2nd m의 값의 범위에 따라 직선 $y=mx$와 함수 $y=f(x)$의 그래프가 만나는 점의 개수를 구하여 함수 $g(m)$의 불연속인 점을 찾자.

직선 $y=mx$에 대하여

$m<1$ 또는 $m>3$일 때, 직선 $y=mx$와 함수 $y=f(x)$의 그래프는 한 점에서 만난다.

또, $1 \leq m \leq 3$일 때, 직선 $y=mx$와 함수 $y=f(x)$의 그래프는 만나지 않는다.

$$\therefore g(m) = \begin{cases} 1 & (m<1 \text{ 또는 } m>3) \\ 0 & (1 \leq m \leq 3) \end{cases}$$

즉, 함수 $g(m)$은 $m=1$과 $m=3$에서 불연속이다.

3rd 함수 $g(x)h(x)$가 실수 전체의 집합에서 연속임을 이용하여 이차함수 $h(x)$를 구하자.

함수 $g(x)$는 $x \neq 1$, $x \neq 3$인 모든 실수 x에서 연속이고, 이차함수 $h(x)$는 모든 실수 x에서 연속이므로 함수 $g(x)h(x)$가 실수 전체의 집합에서 연속이려면 $x=1$, $x=3$에서 연속이어야 한다.

> **주의** 연속인 함수 $h(x)$와 $x=a$에서 불연속인 함수 $g(x)$에 대하여 함수 $g(x)h(x)$는 함수 $g(x)$가 불연속인 점 $x=a$에서만 불연속이 될 수 있어.

이제 $x=1$, $x=3$에서 함수 $g(x)h(x)$가 연속일 조건을 찾자.

(i) $x=1$일 때 $g(x)=\begin{cases} 1 & (x<1 \text{ 또는 } x>3) \\ 0 & (1 \leq x \leq 3) \end{cases}$

$$\lim_{x \to 1-} g(x)h(x) = \lim_{x \to 1-} g(x) \times \lim_{x \to 1-} h(x) = 1 \times h(1) = h(1)$$

이므로 $\lim_{x \to 1-} g(x)=1$, $\lim_{x \to 1+} g(x)=0$
$\lim_{x \to 3-} g(x)=0$, $\lim_{x \to 3+} g(x)=1$

$$\lim_{x \to 1+} g(x)h(x) = \lim_{x \to 1+} g(x) \times \lim_{x \to 1+} h(x) = 0 \times h(1) = 0$$

$$g(1)h(1) = 0 \times h(1) = 0$$

함수 $g(x)h(x)$가 $x=1$에서 연속이므로

$$\lim_{x \to 1-} g(x)h(x) = \lim_{x \to 1+} g(x)h(x) = g(1)h(1)$$에서

$$h(1)=0$$

(ii) $x=3$일 때

$$\lim_{x \to 3-} g(x)h(x) = \lim_{x \to 3-} g(x) \times \lim_{x \to 3-} h(x) = 0 \times h(3) = 0$$

$$\lim_{x \to 3+} g(x)h(x) = \lim_{x \to 3+} g(x) \times \lim_{x \to 3+} h(x) = 1 \times h(3) = h(3)$$

$$g(3)h(3) = 0 \times h(3) = 0$$

함수 $g(x)h(x)$가 $x=3$에서 연속이므로

$$\lim_{x \to 3-} g(x)h(x) = \lim_{x \to 3+} g(x)h(x) = g(3)h(3)$$에서

$$h(3)=0$$

(i), (ii)에서 $h(1)=h(3)=0$이므로 최고차항의 계수가 1인 이차함수 $h(x)$는 방정식 $h(x)=0$의 해가 $x=1$, $x=3$이라는 뜻이니까 다항식 $h(x)$는 $x-1$, $x-3$을 인수로 가져.

$$h(x)=(x-1)(x-3)$$

$$\therefore h(5)=4 \times 2=8$$

> **정답 공식:** 원의 반지름의 길이를 r, 원의 중심과 직선 사이의 거리를 d라 할 때, $r<d$이면 원과 직선은 만나지 않고, $r=d$이면 한 점, $r>d$이면 서로 다른 두 점에서 만난다.

양수 r에 대하여 함수 $y=|x|$의 그래프와 원 $(x-1)^2+(y-2)^2=r^2$이 만나는 점의 개수를 $f(r)$라 하자. 함수 $f(r)$가 불연속인 점의 개수는? (4점)

단서1 원의 중심과 직선 $y=x$, $y=-x$ 사이의 거리와 원의 반지름의 길이 사이의 관계에 따라 원과 직선의 교점의 개수가 달라져, 각각의 경우를 그림으로 그리면서 r의 범위에 따른 교점의 개수를 파악해.

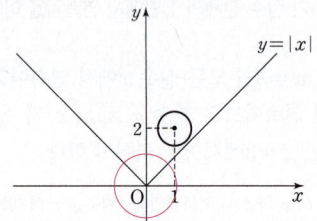

단서2 함수 $y=|x|$의 그래프는 원점에서 꺾어지는 모양이므로 주어진 원이 원점을 지나는 경우도 빠트리면 안 돼!!

① 1 　　　　② 2 　　　　③ 3
④ 4 　　　　⑤ 5

1st 원의 중심과 직선 $y=x$, $y=-x$ 사이의 거리 및 원점과의 거리를 구해.

$y=|x|$에서 $x\ge0$일 때 $y=x$이고, $x<0$일 때 $y=-x$야.

원의 중심 $(1,2)$와 직선 $y=x$, 즉 $x-y=0$ 사이의 거리는

$$\frac{|1-2|}{\sqrt{1^2+(-1)^2}}=\frac{\sqrt2}{2}$$ 점 (x_1,y_1)과 직선 $ax+by+c=0$ 사이의 거리를 d라 하면 $d=\dfrac{|ax_1+by_1+c|}{\sqrt{a^2+b^2}}$

이고, 원의 중심 $(1,2)$와 직선 $y=-x$, 즉 $x+y=0$ 사이의 거리는

$$\frac{|1+2|}{\sqrt{1^2+1^2}}=\frac{3\sqrt2}{2}$$ 이다.

또, 원의 중심 $(1,2)$와 원점 사이의 거리는 $\sqrt{1^2+2^2}=\sqrt5$ 이다.

실수 원과 직선이 접할 때, 원의 반지름의 길이는 판별식보다는 원의 중심과 직선 사이의 거리로 구하는 것이 훨씬 편리해. 또, 이렇게 접할 때와 특정 점을 지날 때의 원의 반지름의 길이를 미리 구해놓으면 경우를 나누기 편하겠지?

2nd 반지름의 길이 r의 값의 범위를 나누어 교점의 개수를 구하자.

원의 반지름의 길이 r의 값의 범위에 따라 함수 $y=|x|$의 그래프와 원 $(x-1)^2+(y-2)^2=r^2$이 만나는 점의 개수 $f(r)$는 다음의 7가지 경우로 나눌 수 있다.

(i) $0<r<\dfrac{\sqrt2}{2}$일 때,

~~주어진 원이 두 직선~~ $y=x\,(x\ge0)$, $y=-x\,(x<0)$와 모두 만나지 않는 경우 함수 $y=|x|$의 그래프와 원 $(x-1)^2+(y-2)^2=r^2$은 [그림 1]과 같으므로 $f(r)=0$

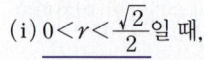

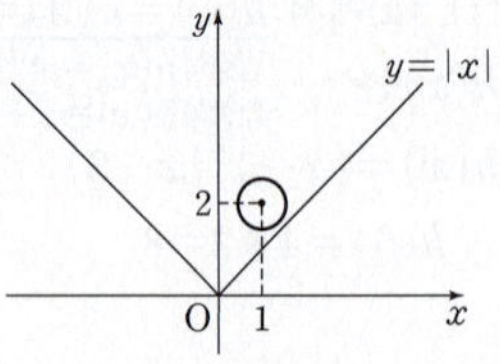

[그림 1]

(ii) $r=\dfrac{\sqrt2}{2}$일 때,

~~주어진 원이 직선~~ $y=x\,(x\ge0)$와 접하고 직선 $y=-x\,(x<0)$와 만나지 않는 경우 함수 $y=|x|$의 그래프와 원 $(x-1)^2+(y-2)^2=r^2$은 [그림 2]와 같으므로 $f(r)=1$

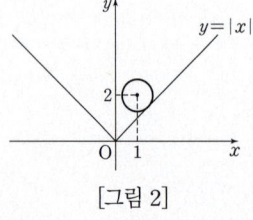

[그림 2]

(iii) $\dfrac{\sqrt2}{2}<r<\dfrac{3\sqrt2}{2}$일 때,

~~주어진 원이 직선~~ $y=x\,(x\ge0)$와 서로 다른 두 점에서 만나고 직선 $y=-x\,(x<0)$와 만나지 않는 경우 함수 $y=|x|$의 그래프와 원 $(x-1)^2+(y-2)^2=r^2$은 [그림 3]과 같으므로 $f(r)=2$

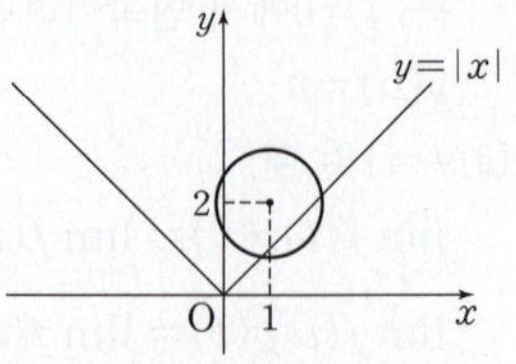

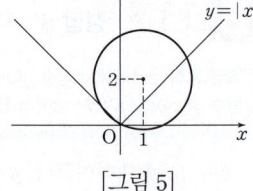

[그림 3]

(iv) $r=\dfrac{3\sqrt2}{2}$일 때,

~~주어진 원이 직선~~ $y=x\,(x\ge0)$와 서로 다른 두 점에서 만나고, 직선 $y=-x\,(x<0)$와 접하는 경우 함수 $y=|x|$의 그래프와 원 $(x-1)^2+(y-2)^2=r^2$은 [그림 4]와 같으므로 $f(r)=3$

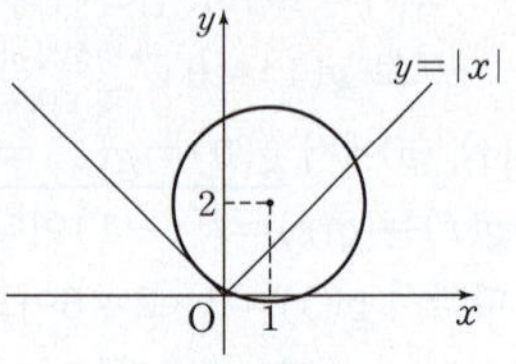

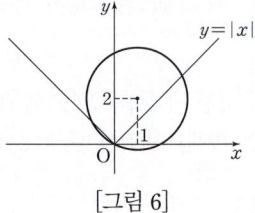

[그림 4]

(v) $\dfrac{3\sqrt2}{2}<r<\sqrt5$일 때,

~~주어진 원이 두 직선~~ $y=x\,(x\ge0)$, $y=-x\,(x<0)$와 모두 서로 다른 두 점에서 만나고 원점을 지나지 않는 경우 함수 $y=|x|$의 그래프와 원 $(x-1)^2+(y-2)^2=r^2$은 [그림 5]와 같으므로 $f(r)=4$

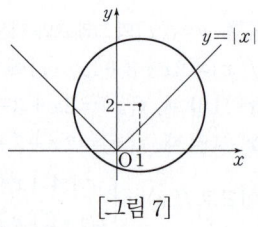

[그림 5]

(vi) $r=\sqrt5$일 때,

~~주어진 원이 두 직선~~ $y=x\,(x\ge0)$, $y=-x\,(x<0)$와 각각 한 점에서 만나고 두 직선의 교점인 원점을 지나는 경우 함수 $y=|x|$의 그래프와 원 $(x-1)^2+(y-2)^2=r^2$은 [그림 6]과 같으므로 $f(r)=3$

[그림 6]

(vii) $r>\sqrt5$일 때,

~~주어진 원이 두 직선~~ $y=x\,(x\ge0)$, $y=-x\,(x<0)$와 각각 한 점에서만 만나는 경우 함수 $y=|x|$의 그래프와 원 $(x-1)^2+(y-2)^2=r^2$은 [그림 7]과 같으므로 $f(r)=2$

[그림 7]

3rd $f(r)$가 불연속이 되는 점의 개수를 구하자.

(i)~(vii)에 의해 함수 $f(r)$의 그래프는 다음과 같다.

$$f(r)=\begin{cases} 0 & \left(0<r<\dfrac{\sqrt2}{2}\right) \\ 1 & \left(r=\dfrac{\sqrt2}{2}\right) \\ 2 & \left(\dfrac{\sqrt2}{2}<r<\dfrac{3\sqrt2}{2}\right) \\ 3 & \left(r=\dfrac{3\sqrt2}{2}\right) \\ 4 & \left(\dfrac{3\sqrt2}{2}<r<\sqrt5\right) \\ 3 & (r=\sqrt5) \\ 2 & (r>\sqrt5) \end{cases}$$

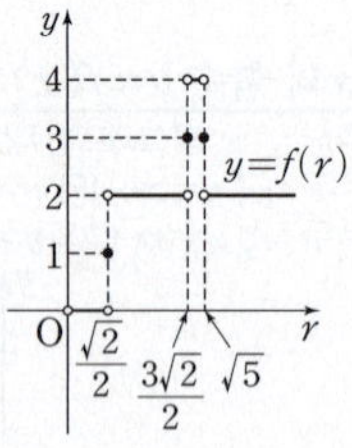

따라서 함수 $f(r)$는 양수 r에 대하여 $r=\dfrac{\sqrt2}{2}$, $r=\dfrac{3\sqrt2}{2}$, $r=\sqrt5$에서 불연속이므로 불연속인 점의 개수는 3이다.

B 119 정답 **20** *연속이 되도록 하는 미정계수의 결정 ⋯ [정답률 34%]

함수

단서1 함수 $f(x)$는 실수 전체의 집합에서 연속이므로 $x=1$에서도 연속이어야 해. 또, 역함수를 가져야하므로 증가함수이거나 감소함수이어야 하지.

$$f(x)=\begin{cases} ax+b & (x<1) \\ cx^2+\dfrac{5}{2}x & (x\geq1) \end{cases}$$

이 실수 전체의 집합에서 연속이고 역함수를 갖는다. 함수 $y=f(x)$의 그래프와 역함수 $y=f^{-1}(x)$의 그래프의 교점의 개수가 3이고, 그 교점의 x좌표가 각각 -1, 1, 2일 때, $2a+4b-10c$의 값을 구하시오. (단, a, b, c는 상수이다.) (4점)

단서2 함수 $y=f(x)$와 그 함수의 역함수 $y=f^{-1}(x)$의 그래프가 만난다면 함수 $y=f(x)$의 그래프는 직선 $y=x$와 적어도 한 점에서 만남을 생각해.

1st 함수 $f(x)$가 실수 전체의 집합에서 연속이려면 $x=1$에서 연속이어야 해.
함수 $f(x)$가 실수 전체의 집합에서 연속이므로 $x=1$에서 연속이다. 즉, $\lim\limits_{x\to1-}f(x)=\lim\limits_{x\to1+}f(x)=f(1)$이어야 한다. 이때,

$$\lim_{x\to1-}f(x)=\lim_{x\to1-}(ax+b)=a+b,$$
$$\lim_{x\to1+}f(x)=\lim_{x\to1+}\left(cx^2+\frac{5}{2}x\right)=c+\frac{5}{2}=f(1)$$

이므로 $a+b=c+\dfrac{5}{2}$ ⋯ ㉠

2nd 함수 $f(x)$가 증가함수인 경우 조건을 만족시키는지 확인해.
함수 $f(x)$의 역함수 $f^{-1}(x)$가 존재하므로 $f(x)$는 증가함수이거나 감소함수이다. 함수 $f(x)$의 역함수가 존재하려면 $f(x)$는 일대일 대응이어야 해.

$f(x)$가 증가함수일 때, 즉 $a>0$, $c>0$일 때
함수 $y=f(x)$의 그래프가 증가하므로 두 함수 $y=f(x)$와 $y=f^{-1}(x)$의 그래프의 교점은 직선 $y=x$ 위에만 존재한다.
즉, $f(-1)=-1$, $f(1)=1$, $f(2)=2$가 성립해야 한다.

그런데 $f(1)=c+\dfrac{5}{2}=1$에서 $c=-\dfrac{3}{2}$이므로 $c>0$이라는 조건에 모순이다. 따라서 함수 $f(x)$는 증가함수가 아니다.

3rd 함수 $f(x)$가 감소함수임을 확인하고, 상수 a, b, c의 값을 구하자.
$f(x)$가 감소함수일 때, 즉 $a<0$, $c<0$일 때
함수 $y=f(x)$의 그래프가 감소하므로 함수 $y=f(x)$의 그래프와 직선 $y=x$는 한 점에서 만나고, 함수 $y=f(x)$의 그래프와 함수 $y=f^{-1}(x)$의 그래프는 $x\neq y$일 때 두 점에서 만난다.

함정 감소하는 함수 $y=f(x)$의 그래프와 그 역함수 $y=f^{-1}(x)$의 그래프가 세 점에서 만날 때, 그 교점의 위치를 생각해보면 한 점은 직선 $y=x$에 있고 나머지 두 점은 직선 $y=x$에 대해 서로 대칭이어야겠지.

이때, 두 함수 $y=f(x)$와 $y=f^{-1}(x)$의 그래프의 두 교점은 직선 $y=x$에 대하여 대칭이고, $y=f(x)$와 $y=f^{-1}(x)$의 그래프의 교점의 x좌표가 -1, 1, 2이므로 두 함수의 그래프의 세 교점의 좌표는 $(-1, 2)$, $(1, 1)$, $(2, -1)$이 된다. $y=f(x)$의 그래프가 직선 $y=x$와 $x\neq1$인 점에서 만나는 경우에는 감소함수 $f(x)$가 존재하지 않아.

이를 주어진 조건에 대입하면
$f(-1)=-a+b=2$ ⋯ ㉡
$f(2)=4c+5=-1$ ⋯ ㉢

㉢에서 $c=-\dfrac{3}{2}$이고, ㉠, ㉡을 연립하여 풀면
㉠에 $c=-\dfrac{3}{2}$을 대입하면 $a+b=1$이고
$a=-\dfrac{1}{2}$, $b=\dfrac{3}{2}$
㉡에서 $-a+b=2$이므로 이 두 식을 연립하여 풀면 돼.

$$\therefore 2a+4b-10c=2\times\left(-\frac{1}{2}\right)+4\times\frac{3}{2}-10\times\left(-\frac{3}{2}\right)$$
$$=-1+6+15=20$$

수능 핵강

＊ 함수의 그래프와 직선 $y=x$와의 교점의 x좌표가 1임을 확인하기

감소함수 $f(x)$와 그 역함수 $f^{-1}(x)$와의 교점의 x좌표가 -1, 1, 2로 3개라는 것으로부터 $y=f(x)$의 그래프와 직선 $y=x$와의 교점은 그 중 단 하나 뿐이라는 것을 알 수 있어. 그 점이 $x\neq1$인 경우를 생각해보자.

(i) $y=f(x)$의 그래프와 직선 $y=x$의 교점이 $(-1, -1)$인 경우, 나머지 두 점은 $y=f(x)$와 $y=f^{-1}(x)$의 그래프의 교점이므로 직선 $y=x$에 대하여 대칭이야. 즉, $(1, 2)$, $(2, 1)$이지. 하지만 이 세 점을 지나는 감소함수 $f(x)$는 존재하지 않아.

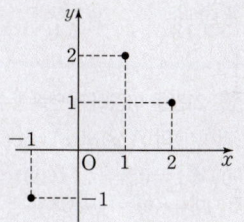

(ii) $y=f(x)$의 그래프와 직선 $y=x$의 교점이 $(2, 2)$인 경우, 나머지 두 점은 $y=f(x)$와 $y=f^{-1}(x)$의 그래프의 교점이므로 직선 $y=x$에 대하여 대칭이야. 즉, $(-1, 1)$, $(1, -1)$이야. 하지만 이 경우에도 세 점을 지나는 감소함수 $f(x)$는 존재하지 않아.

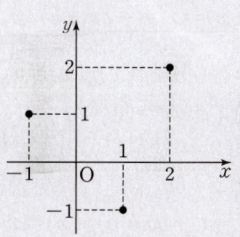

따라서 위의 문제를 풀 때에는 $y=f(x)$와 그 역함수 $y=f^{-1}(x)$의 그래프의 교점을 $(-1, 2)$, $(1, 1)$, $(2, -1)$로 놓을 수 있었던 거야.

✿ 함수의 연속을 이용한 미정계수의 결정 개념·공식

구간에 따라 나누어진 함수의 연속성 조사는 경계점을 주목한다.
① $x\neq a$에서 연속인 함수 $g(x)$에 대하여
$f(x)=\begin{cases} g(x) & (x\neq a) \\ b & (x=a) \end{cases}$ 일 때, 함수 $f(x)$가 $x=a$에서 연속이려면
$\Rightarrow \lim\limits_{x\to a}g(x)=b$
② $x<a$에서 연속인 함수 $f(x)$와 $x\geq a$에서 연속인 함수 $g(x)$에 대하여 함수 $y=\begin{cases} f(x) & (x<a) \\ g(x) & (x\geq a) \end{cases}$가 모든 실수 x에서 연속이려면
$\Rightarrow \lim\limits_{x\to a-}f(x)=g(a)$

B 120 정답 ① *새롭게 정의된 함수의 연속성 — [정답률 30%]

최고차항의 계수가 1인 삼차함수 $f(x)$에 대하여 **실수 전체의 집합**

에서 연속인 함수 $g(x)$가 다음 조건을 만족시킨다.

단서2 함수 $g(x)$가 모든 실수 x에 대하여 연속이니까 $\lim\limits_{x\to 0} g(x)=g(0)$이야.

(가) 모든 실수 x에 대하여 $f(x)g(x)=x(x+3)$이다.

(나) $g(0)=1$ **단서1** 두 조건을 이용하여 삼차함수 $f(x)$의 식을 세워보자.

$f(1)$이 자연수일 때, $g(2)$의 최솟값은? (4점)

단서3 $f(1)$의 값이 자연수가 되어야 하는 조건에 의해 $f(x)$의 식의 미정계수의 범위가 결정돼.

① $\dfrac{5}{13}$　② $\dfrac{5}{14}$　③ $\dfrac{1}{3}$　④ $\dfrac{5}{16}$　⑤ $\dfrac{5}{17}$

1st 조건을 이용하여 연속함수 $g(x)$를 유추하자.

조건 (가)의 $f(x)g(x)=x(x+3)$의 양변에 $x=0$을 대입하면

$f(0)\times 1=0$　∴ $f(0)=0$

조건 (나)에서 $g(0)=1$이라 했지?

따라서 최고차항의 계수가 1인 삼차함수 $f(x)$를

$f(x)=x(x^2+ax+b)$ (a, b는 상수) … ㉠라 놓자.
$f(0)=0$이므로 $f(x)$는 x를 인수로 가져.

조건 (가)의 $f(x)g(x)=x(x+3)$에 ㉠을 대입하면

$x(x^2+ax+b)g(x)=x(x+3)$ … ㉡

실수 ↺ 등식을 계산하는 과정에서 양변을 x로 나눌 때에는 $x\neq 0$이라는 조건을 반드시 붙여야 나중에 실수하지 않겠지.

(i) $x=0$인 경우 ㉡이 성립한다.

(ii) $x\neq 0$인 경우 ㉡의 양변을 x로 나누면

$(x^2+ax+b)g(x)=x+3$ … ㉢

이고, ㉢은 0이 아닌 모든 실수 x에 대하여 성립해야 한다.

한편, $g(x)$는 실수 전체의 집합에서 연속이므로 $x=0$에서도 연속이다.

즉, $g(0)=\lim\limits_{x\to 0} g(x)=1$이고, ㉢의 양변에 $\lim\limits_{x\to 0}$을 취하면

$\lim\limits_{x\to 0}(x^2+ax+b)g(x)=\lim\limits_{x\to 0}(x+3)$에서

$\lim\limits_{x\to 0}(x^2+ax+b)\times\lim\limits_{x\to 0} g(x)=\lim\limits_{x\to 0}(x+3)$

함수 $y=x^2+ax+b$는 다항함수이므로 $x=0$에서의 극한값이 존재하고, 함수 $g(x)$도 실수 전체의 집합에서 연속이므로 $x=0$에서의 극한값이 존재해. 즉, $x=0$에서 두 함수의 극한값이 존재하므로 $\lim\limits_{x\to 0}(x^2+ax+b)g(x)=\lim\limits_{x\to 0}(x^2+ax+b)\times\lim\limits_{x\to 0} g(x)$가 성립하는 거야.

$b\times g(0)=3$　∴ $b=3$ ← $g(0)=1$이야.

$b=3$을 ㉢에 대입하면 $(x^2+ax+3)g(x)=x+3$이고, 이 등식이 0이 아닌 모든 실수 x에 대하여 성립하려면 $x^2+ax+3=0$을 만족시키는 실수 x의 값이 존재하지 않아야 한다. …… (★)

즉, 모든 실수 x에 대하여 $x^2+ax+3\neq 0$이므로

$g(x)=\dfrac{x+3}{x^2+ax+3}$이다.
→ $x=0$일 때도 $x^2+ax+3=3\neq 0$이니까 모든 실수 x에 대하여 $x^2+ax+3\neq 0$이야.

2nd a의 값의 범위를 찾자.

한편, 모든 실수 x에 대하여 $x^2+ax+3\neq 0$이기 위해서는

이차방정식 $x^2+ax+3=0$의 판별식을 D라 할 때, $D<0$이어야 하므로

$D=a^2-12<0$　→ 모든 실수 x에 대하여 $x^2+ax+3\neq 0$이므로 방정식 $x^2+ax+3=0$은 허근을 가져.

$(a+2\sqrt{3})(a-2\sqrt{3})<0$

∴ $-2\sqrt{3}<a<2\sqrt{3}$

그런데 $f(x)=x(x^2+ax+3)$에서

$f(1)=1\times(1^2+a+3)=a+4$는 자연수라 했으므로

a는 $a\geq -3$인 정수이다.

즉, $-3\leq a<2\sqrt{3}$을 만족시키는 정수 a의 값은 -3, -2, -1, 0, 1, 2, 3이다.
→ $2\sqrt{3}=3.4\times\times\times$

3rd $g(2)$의 최솟값을 구하자.

이때, $g(2)=\dfrac{2+3}{4+2a+3}=\dfrac{5}{2a+7}$이므로

분모 $2a+7$의 값이 최대일 때, 즉 $a=3$일 때 $g(2)$의 값이 최소이다.

따라서 $g(2)$의 최솟값은 $\dfrac{5}{2\times 3+7}=\dfrac{5}{13}$이다.

수능 핵강

＊어떤 값을 대입했을 때, (좌변)＝(우변)인지 아닌지 반드시 확인하기

(★)에서 $x^2+ax+3=0$을 만족시키는 실수 x의 값이 존재하지 않아야 하는 이유를 살펴보자.

만약 방정식 $x^2+ax+3=0$이 실근을 갖는다면 -3을 중근으로 가질 수 없으므로 -3 이외의 한 실근을 갖게 돼.

이때, 이 한 실근을 $x=\alpha$ ($\alpha\neq 0$)라 하고 $(x^2+ax+3)g(x)=x+3$에 $x=\alpha$를 대입하면 $0\times g(\alpha)=\alpha+3\neq 0$이 되어 모순이야.

따라서 0이 아닌 모든 실수 x에 대하여 $(x^2+ax+3)g(x)=x+3$이 성립하려면 $x^2+ax+3=0$을 만족시키는 실수 x의 값이 존재하지 않아야 돼.

B 121 정답 ② *새롭게 정의된 함수의 연속성 — [정답률 31%]

함수

$$f(x)=\begin{cases} x+2 & (x<-1) \\ 0 & (x=-1) \\ x^2 & (-1<x<1) \\ x-2 & (x\geq 1) \end{cases}$$

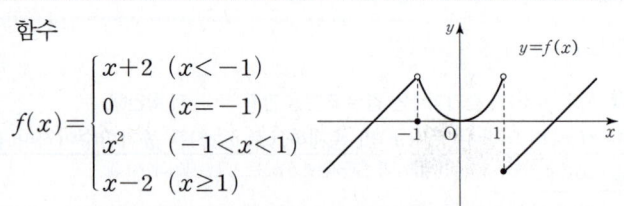

에 대하여 옳은 것만을 [보기]에서 있는 대로 고른 것은? (3점)

단서1 함수 $|f(x)|$의 그래프는 함수 $f(x)$의 그래프에서 x축 윗부분은 그대로 두고, x축 아랫부분을 x축에 대하여 대칭이동하면 돼.

[보기]

ㄱ. $\lim\limits_{x\to 1+}\{f(x)+f(-x)\}=0$

ㄴ. 함수 $f(x)-|f(x)|$가 불연속인 점은 1개이다.

ㄷ. 함수 $f(x)f(x-a)$가 **실수 전체의 집합에서 연속**이 되는 상수 a는 없다.
단서2 각 함수의 불연속점만 연속인지 생각하면 돼.

① ㄱ　② ㄱ, ㄴ　③ ㄱ, ㄷ　④ ㄴ, ㄷ　⑤ ㄱ, ㄴ, ㄷ

1st ㄱ은 함수 $f(x)$의 그래프로 해결하고, ㄴ은 함수 $|f(x)|$의 그래프를 그려서!

ㄱ. $\lim\limits_{x\to 1+} f(x)=-1$

$\lim\limits_{x\to 1+} f(-x)=\lim\limits_{x\to -1-} f(x)=1$
→ $-x=t$라 하면 $x\to 1+$일 때 $t\to -1-$이지? 즉, $\lim\limits_{x\to 1+} f(-x)=\lim\limits_{t\to -1-} f(t)$야.

∴ $\lim\limits_{x\to 1+}\{f(x)+f(-x)\}$

$=-1+1=0$ (참)

주의 t 대신에 다시 문자를 x로 바꿔서 생각해도 돼. 그래야 주어진 $y=f(x)$의 그래프를 활용할 수 있겠지.

ㄴ. $y=|f(x)|$의 그래프는 그림과 같다.

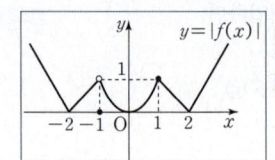

$y=|f(x)|$의 그래프는 $y=f(x)$의 그래프에서 $y<0$인 부분을 x축에 대하여 대칭되도록 그리면 돼.

이때, $x=-1$, $x=1$에서 함수 $f(x)$가 불연속이고 함수 $|f(x)|$는 $x=-1$에서 불연속이므로 $x=-1$과 $x=1$에서 함수 $f(x)-|f(x)|$의 연속성을 따져보자.

(i) $\lim_{x \to -1} \{f(x)-|f(x)|\}=1-1=0$
$f(-1)-|f(-1)|=0-0=0$
따라서 함수 $f(x)-|f(x)|$는 $x=-1$에서 연속이다.

(ii) $\lim_{x \to 1-} \{f(x)-|f(x)|\}=1-1=0$ $\longrightarrow$ $\lim_{x \to -1}\{f(x)-|f(x)|\}$ $=f(-1)-|f(-1)|$ 이니까 $x=-1$에서 연속이야.
$\lim_{x \to 1+} \{f(x)-|f(x)|\}=-1-1=-2$
따라서 함수 $f(x)-|f(x)|$는 <u>$x=1$에서 불연속이다.</u>
$x=1$에서 극한값이 존재하지 않으니까 $x=1$에서 불연속이야.

(i), (ii)에 의해 함수 $f(x)-|f(x)|$는 불연속인 점이 1개이다.
(참)

2nd ㄷ의 경우를 만족하지 않는 반례를 들어보자.

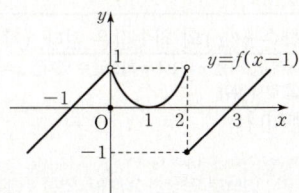

ㄷ. **【반례】** $a=1$일 때 함수 $f(x-1)$은 함수 $f(x)$를 x축의 방향으로

주의 가능한 a는 $a=1$일 때, $a=-1$일 때 2가지가 있어. $a=-1$인 경우는 다음 설명을 보고 스스로 생각해 보자!

1만큼 평행이동한 것이므로 함수 $f(x-1)$은 $x=-1$, $x=1$에서 모두 함숫값이 0이고, 함수 $f(x)$는 $x=2$에서 함숫값이 0이므로 함수 $f(x)f(x-1)$은 실수 전체에서 연속이다. (거짓)
두 함수 $f(x)$와 $f(x-1)$이 불연속인 점, 즉 $x=-1$, $x=1$, $x=2$에서만 $f(x)f(x-1)$이 불연속이 될 수 있어. 따라서 이 세 점에서 함수 $f(x)f(x-1)$이 연속이면 실수 전체의 집합에서 연속이야.
따라서 옳은 것은 ㄱ, ㄴ이다.

🔧 **톡톡 풀이:** 함수 $f(x)-|f(x)|$의 그래프를 그려서 불연속점 찾아 ㄴ의 참·거짓 판단하기

ㄴ. 위의 풀이에 주어진 함수 $|f(x)|$의 그래프를 x축에 대하여 대칭 이동하여 함수 $f(x)-|f(x)|$의 그래프를 그려보면 그림과 같아.

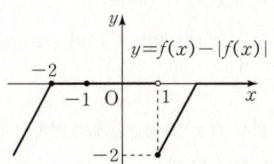

따라서 주어진 함수의 불연속인 점은 $x=1$에서 1개야. (참)
(이하 동일)

B

정답 공식: 함수 $f(x)$가 $x=a$에서 연속이려면 $\lim_{x \to a-} f(x)=\lim_{x \to a+} f(x)=f(a)$ 이어야 한다.

다항함수 $f(x)$에 대하여 함수 $g(x)$를 다음과 같이 정의한다.
$$g(x)=\begin{cases} x & (x<-1 \text{ 또는 } x>1) \\ f(x) & (-1 \le x \le 1) \end{cases}$$
함수 $h(x)=\lim_{t \to 0+} g(x+t) \times \lim_{t \to 2+} g(x+t)$에 대하여
단서1 $\lim_{t \to 0+} g(x+t)$에서 $t \to 0+$이므로 $(x+t) \to x+$이겠지? 즉, 이 극한식은 함수 $g(x)$의 x에서의 우극한값을 뜻해. 또한, $\lim_{t \to 2+} g(x+t)$에서 $t \to 2+$이므로 $(x+t) \to (x+2)+$가 돼. 즉, 이 극한식은 함수 $g(x)$의 $x+2$에서의 우극한값을 뜻해.
[보기]에서 옳은 것만을 있는 대로 고른 것은? (4점)

[보기]

ㄱ. $h(1)=3$

ㄴ. 함수 $h(x)$는 실수 전체의 집합에서 연속이다.
단서2 함수 $h(x)$가 실수 전체의 집합에서 연속이면 $x=1$에서도 연속일 거야. 이때, ㄱ에서 $h(1)$의 값을 찾았으므로 $x=1$에서 연속인지 확인하려면 $x=1$에서의 좌극한, 우극한을 구해봐야 해.

ㄷ. 함수 $g(x)$가 닫힌구간 $[-1, 1]$에서 감소하고 $g(-1)=-2$이면 함수 $h(x)$는 실수 전체의 집합에서 최솟값을 갖는다.
단서3 닫힌구간 $[-1,1]$에서 $g(x)=f(x)$지? 이 구간에서 감소하면서 $g(-1)=f(-1)=-2$인 함수 $y=f(x)$의 그래프를 적당히 그려놓고 판단해보자.

① ㄱ ② ㄴ ③ ㄱ, ㄴ ④ ㄱ, ㄷ ⑤ ㄴ, ㄷ

1st 함수 $h(x)$의 의미를 이해하고 $h(1)$의 값을 구하자.

함수 $h(x)=\lim_{t \to 0+} g(x+t) \times \lim_{t \to 2+} g(x+t)$는 함수 $g(x)$에 대하여 x에서의 우극한값과 $x+2$에서의 우극한값을 곱한 것이다.

ㄱ. $x>1$일 때, $g(x)=x$이므로
$h(1)=\lim_{t \to 0+} g(1+t) \times \lim_{t \to 2+} g(1+t)$
$=\lim_{t \to 0+} (1+t) \times \lim_{t \to 2+} (1+t)$
$=1 \times 3=3$ (참) $t \to 0+$이면 $1+t>1$이고, $t \to 2+$이면 $1+t>3>1$이야.

2nd 함수 $h(x)$가 $x=1$에서 연속인지 확인하자.

ㄴ. 함수 $h(x)$가 실수 전체의 집합에서 연속이면 $x=1$에서도 연속이어야 한다.
이때, ㄱ에서 <u>$x=1$에서의 함숫값 $h(1)=3$이므로 $x=1$에서의 극한값을 알아보자.</u> $x=1$에서 연속이면 $\lim_{x \to 1+} h(x)=\lim_{x \to 1-} h(x)=h(1)$이어야 해.

(i) $x>1$일 때,
$h(x)=\lim_{t \to 0+} g(x+t) \times \lim_{t \to 2+} g(x+t)$
$=\lim_{t \to 0+} (x+t) \times \lim_{t \to 2+} (x+t)=x(x+2)$
이므로 $\lim_{x \to 1+} h(x)=\lim_{x \to 1+} x(x+2)=1 \times 3=3$

(ii) $-1<x<1$일 때,
$h(x)=\lim_{t \to 0+} g(x+t) \times \lim_{t \to 2+} g(x+t)$
$=\lim_{t \to 0+} f(x+t) \times \lim_{t \to 2+} (x+t)$
$-1<x<1$이므로 $\lim_{t \to 0+} g(x+t)=\lim_{t \to 0+} f(x+t)$야. 하지만 $-1<x<1$이어도 $1<x+2<3$이므로 $\lim_{t \to 2+} g(x+t)=\lim_{t \to 2+} (x+t)$가 돼.
$=f(x) \times (x+2)$
이므로 $\lim_{x \to 1-} h(x)=\lim_{x \to 1-} \{f(x) \times (x+2)\}=3f(1)$

$h(1)=3$ ($\because$ ㄱ)이므로 (i), (ii)에 의해 $x=1$에서 연속이려면

$3f(1)=3$이어야 한다.

그런데 $f(1)\neq1$이면 $3f(1)\neq3$이므로 함수 $h(x)$는 $x=1$에서
함수 $f(x)$는 다항함수라는 조건밖에 없어. 따라서 $f(1)$의 값이 정해지지 않았으므로
$f(1)=1$이라 할 수 없어.

불연속이다.

즉, 함수 $h(x)$가 $x=1$에서 불연속일 수 있으므로 실수 전체의
집합에서 연속이라 할 수 없다. (거짓)

3rd 조건을 만족시키는 함수 $y=f(x)$의 그래프를 임의로 그린 후 참, 거짓을
판단하자.

ㄷ. $-1\leq x\leq1$에서 $g(x)=f(x)$이므로

닫힌구간 $[-1,\ 1]$에서 감소하고 $g(-1)=f(-1)=-2$인

다항함수 $f(x)=-x-3$이라 하면 함수 $y=g(x)$의 그래프는
[그림 1]과 같다.

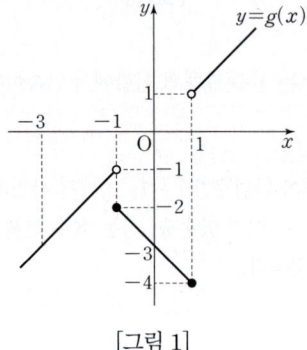

[그림 1]

(i) $x<-3$일 때,

$h(x)=\lim_{t\to0+}g(x+t)\times\lim_{t\to2+}g(x+t)$

$=\lim_{t\to0+}(x+t)\times\lim_{t\to2+}(x+t)=x(x+2)$

(ii) $-3\leq x<-1$일 때,

$h(x)=\lim_{t\to0+}g(x+t)\times\lim_{t\to2+}g(x+t)$

$=\lim_{t\to0+}(x+t)\times\lim_{t\to2+}f(x+t)$

$=x\times\{-(x+2)-3\}=-x(x+5)$

$\lim_{t\to0+}(x+t)\times\lim_{t\to2+}f(x+t)=x\times f(x+2)$야.

이때 $f(x+2)$는 $f(x)=-x-3$에서 x 대신에 $x+2$를 대입하면 돼.

(iii) $x=-1$일 때,

$h(-1)=\lim_{t\to0+}g(-1+t)\times\lim_{t\to2+}g(-1+t)$

$=f(-1)\times1=(-2)\times1=-2$

(iv) $-1<x<1$일 때,

$h(x)=\lim_{t\to0+}g(x+t)\times\lim_{t\to2+}g(x+t)$

$=\lim_{t\to0+}f(x+t)\times\lim_{t\to2+}(x+t)$

$=(-x-3)\times(x+2)=-(x+2)(x+3)$

(v) $x=1$일 때,

$h(1)=3$ ($\because$ ㄱ)

(vi) $x>1$일 때,

$h(x)=x(x+2)$ ($\because$ ㄴ의 (i))

(i)~(vi)에 의해 함수 $y=h(x)$의 그래프는 [그림 2]와 같다.

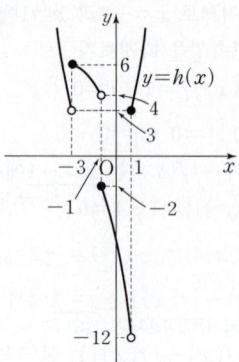

[그림 2]

즉, $\lim_{x\to1-}h(x)=\lim_{x\to1-}\{-(x+2)(x+3)\}=-12$이고,

$h(1)=3$이므로 함수 $h(x)$의 최솟값은 없다. (거짓)
함수 $y=h(x)$의 그래프에서 $h(x)$는 $x=1$에서 최소일 수 있지만 $x=1$에서의 좌극한값과
함숫값이 다르므로 최솟값을 갖지 않아.

따라서 옳은 것은 ㄱ뿐이다.

백규민 영남대 약학과 2023년 입학 · 대구 성화여고 졸

ㄱ은 대입해서 계산하면 간단히 답이 나올 수 있었어. ㄴ도
그래프의 개형에 변화가 있는 $x=-1$과 $x=1$에서의 연속
여부를 판단하면 함수 $h(x)$가 불연속인 부분을 발견할 수
있었지.

ㄷ이 약간 까다로웠는데, 나는 그래프를 직접 그려보는 방법을 선택했어.
함수 $f(x)$를 모르는데 어떻게 그래프를 그리냐고? 당연히 정확히 그린 것은
아니었고, 함수 $h(x)$가 어느 구간에서 증가하는지, 감소하는지 여부만
알아본 것이었지. 그 결과 $x=1$에서 최솟값을 가질 것 같아 보였지만 실제로는
정의가 되지 않아 최솟값을 가지지 않는다는 답이 나왔어.

✿ **함수의 연속을 이용한 미정계수의 결정** 개념·공식

구간에 따라 나누어진 함수의 연속성 조사는 경계점을 주목한다.

① $x\neq a$에서 연속인 함수 $g(x)$에 대하여

$f(x)=\begin{cases}g(x)\ (x\neq a)\\b\ \ \ \ (x=a)\end{cases}$일 때, 함수 $f(x)$가 $x=a$에서 연속이려면

$\Rightarrow\lim_{x\to a}g(x)=b$

② $x<a$에서 연속인 함수 $f(x)$와 $x\geq a$에서 연속인 함수 $g(x)$에

대하여 함수 $y=\begin{cases}f(x)\ (x<a)\\g(x)\ (x\geq a)\end{cases}$가 모든 실수 x에서 연속이려면

$\Rightarrow\lim_{x\to a-}f(x)=g(a)$

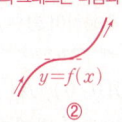

B 123 정답 ⑤ *새롭게 정의된 함수의 연속 ····· [정답률 40%]

(**정답 공식**: 함수 $f(x)$가 연속이면 좌극한값과 우극한값과 함숫값이 모두 같다.)

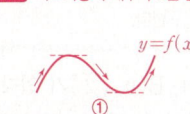 **단서1** 최고차항의 계수가 1인 삼차함수의 그래프는 다음과 같이 크게 3종류야.

$$y=f(x) \quad ① \qquad y=f(x) \quad ② \qquad y=f(x) \quad ③$$

최고차항의 계수가 1이고 $f(-3)=f(0)$인 삼차함수 $f(x)$에 대하여 함수 $g(x)$를

단서2 $f(-3)=f(0)$이어야 하므로 ②, ③의 그래프에서는 이런 경우가 나올 수 없어. 따라서 ①의 그래프 같은 모양이어야 해. 또한, ①의 그래프가 x축과 평행한 직선과 두 점에서 만나려면 두 점 중 한 점은 극점이어야 해.

단서3 함수 $f(x)$는 다항함수라 모든 실수에서 연속인데 $g(x)$는 정의역에 따라 식이 달라서 경계의 지점에서 불연속일 수 있어.

$$g(x)=\begin{cases} f(x) & (x<-3 \text{ 또는 } x\ge0) \\ -f(x) & (-3\le x<0) \end{cases}$$

이라 하자. 함수 $g(x)g(x-3)$이 $x=k$에서 불연속인 실수 k의 값이 한 개일 때, [보기]에서 옳은 것만을 있는 대로 고른 것은?

단서4 한 점에서만 불연속이면 다른 점에서는 연속임을 알 수 있어. (4점)

[보기]
ㄱ. 함수 $g(x)g(x-3)$은 $x=0$에서 연속이다.

ㄴ. $f(-6) \times f(3)=0$

ㄷ. 함수 $g(x)g(x-3)$이 $x=k$에서 불연속인 실수 k가 음수일 때 집합 $\{x|f(x)=0, x$는 실수$\}$의 모든 원소의 합이 -1이면 $g(-1)=-48$이다.

① ㄱ　② ㄱ, ㄴ　③ ㄱ, ㄷ　④ ㄴ, ㄷ　⑤ ㄱ, ㄴ, ㄷ

1st 함수 $g(x)g(x-3)$이 $x=0$에서 연속인지 따져봐.

ㄱ. $t=x-3$이라 할 때, $x=0$에서 함수 $g(x)g(t)$의 좌극한, 우극한, 함숫값을 따져보면

	$t=x-3$	$g(x)g(t)$
$x\to0-$	$t\to-3-$	$-f(0)f(-3)$
$x\to0+$	$t\to-3+$	$f(0)\{-f(-3)\}$
$x=0$	$t=-3$	$f(0)\{-f(-3)\}$

$$\lim_{x\to0-}g(x)g(x-3)=-f(0)f(-3)$$
$$\lim_{x\to0+}g(x)g(x-3)=f(0)\{-f(-3)\}$$
$$g(0)g(-3)=f(0)\{-f(-3)\}$$

이때,

함숫값, 좌극한값, 우극한값이 모두 같아서 연속이야.

$$g(0)g(-3)=f(0)\times\{-f(-3)\}=-f(0)f(-3)$$
이므로 함수 $g(x)g(x-3)$은 $x=0$에서 연속이다. (참)

2nd 함수 $g(x)g(x-3)$이 불연속일 가능성이 있는 점에 대하여 살펴봐.

ㄴ. 함수 $g(x)g(x-3)$이 $x=k$에서 불연속인 실수 k의 값이 한 개이므로 $k=-3$ 또는 $k=3$

(ⅰ) 함수 $g(x)g(x-3)$이 $x=-3$에서 연속이고, $x=3$에서 불연속인 경우

$k=3$이고, $t=x-3$이라 할 때,

$x=-3$에서 함수 $g(x)g(t)$의 좌극한, 우극한, 함숫값을 따져보자.

	$t=x-3$	$g(x)g(t)$
$x\to-3-$	$t\to-6-$	$f(-3)f(-6)$
$x\to-3+$	$t\to-6+$	$-f(-3)f(-6)$
$x=-3$	$t=-6$	$-f(-3)f(-6)$

$$\lim_{x\to-3-}g(x)g(x-3)=f(-3)f(-6)$$
$$\lim_{x\to-3+}g(x)g(x-3)=-f(-3)f(-6)$$
$g(-3)g(-6)=-f(-3)f(-6)$이므로
$\underline{f(-3)f(-6)=0}$ ··· ㉠

$x=-3$에서 연속이므로 $x=-3$에서의 좌극한, 우극한, 함숫값이 같아야 해.

$x=3$에서 함수 $g(x)g(t)$의 좌극한, 우극한, 함숫값을 따져보면

	$t=x-3$	$g(x)g(t)$
$x\to3-$	$t\to0-$	$f(3)\{-f(0)\}$
$x\to3+$	$t\to0+$	$f(3)f(0)$
$x=3$	$t=0$	$f(3)f(0)$

$$\lim_{x\to3-}g(x)g(x-3)=f(3)\{-f(0)\}$$
$$\lim_{x\to3+}g(x)g(x-3)=f(3)f(0)$$

$x=3$에서 불연속이므로 $f(3)f(0)=0$이면 극한값과 함숫값이 같으므로 연속이 되지?

$g(3)g(0)=f(3)f(0)$이므로 $f(3)f(0)\ne0$ ··· ㉡
$f(-3)=f(0)$이므로 ㉠, ㉡에 의하여 $f(-6)=0$

(ⅱ) 함수 $g(x)g(x-3)$이 $x=3$에서 연속이고, $x=-3$에서 불연속인 경우

ㄷ에서 실수 k가 음수라고 하므로 $k=-3$

$k=-3$이고, (ⅰ)과 같은 방법에 의하여
$\underline{f(-3)f(-6)\ne0}$ ··· ㉢

$x=-3$에서 불연속이므로 $f(-3)f(-6)=0$이면 안돼.

$\underline{f(3)f(0)=0}$ ··· ㉣

$x=3$에서 연속이므로 $x=3$에서의 극한값과 함숫값이 같도록 해주는 값이 0이어야 해.

이라 하면 $f(-3)=f(0)$이므로 ㉢, ㉣에 의하여 $f(3)=0$임을 알 수 있다.

(ⅰ), (ⅱ)에 의하여 $f(-6)=0$ 또는 $f(3)=0$이므로
$f(-6)\times f(3)=0$ (참)

ㄷ. $k=-3$이므로
(ⅱ)에 의하여 $f(3)=0$
$f(x)=(x-3)(x^2+ax+b)$라 하자. (단 a, b는 상수)
$f(-3)=f(0)$이므로
$-6(9-3a+b)=-3b$, $b=6a-18$
$\therefore f(x)=(x-3)(x^2+ax+6a-18)$
이때, 방정식 $x^2+ax+6a-18=0$의 근을 3가지로 나누어서 살펴 보자.

① 3이 아닌 서로 다른 두 실근을 갖는 경우
방정식 $x^2+ax+6a-18=0$의 서로 다른 두 실근을 α, β라 하면 $f(x)=0$인 모든 x의 값의 합이 -1이므로
$3+\alpha+\beta=-1$이고, $\alpha+\beta=-4=-a$

(∵ 이차방정식의 근과 계수의 관계)

$\therefore a=4$
하지만 방정식 $x^2+4x+6=0$의 판별식을 D라 하면
$\dfrac{D}{4}<0$이므로 서로 다른 두 실근을 갖는다는 가정에 모순이다.

② 중근을 갖는 경우
집합 $\{x|f(x)=0, x$는 실수$\}$의 모든 원소의 합이 -1이어야 하므로 방정식 $x^2+ax+6a-18=0$의 중근을 α라 하면
$3+\alpha=-1$이므로 $\alpha=-4$이다.
$(-4)^2-4a+6a-18=0$ $\therefore a=1$
하지만 방정식 $x^2+x-12=0$의 판별식을 D라 하면
$D>0$이므로 중근을 갖는다는 가정에 모순이다.

③ 3과 -4를 실근으로 갖는 경우

　두 근의 합이 -1이고, 두근의 곱이 -12이므로

　$x^2+x-12=0$이다.

　$\therefore f(x)=(x-3)(x^2+x-12)$

①~③에 의하여 $f(x)=(x-3)(x^2+x-12)$이다.

$\therefore g(-1)=-f(-1)=-(-4)\times(1-1-12)=-48$ (참)

따라서 옳은 것은 ㄱ, ㄴ, ㄷ이다.

✳ 불연속일 가능성이 높은 후보 선별하기

우리가 다루는 대부분의 함수는 대부분의 점에서 연속인 경우가 많아.
함수의 식이 달라지는 경계나 절댓값으로 인해 부호가 바뀌는 경계 등에서
불연속점이 생길 가능성이 있어 그 부분에 대한 연속성을 따지는 문제가
많이 출제되고 있어.

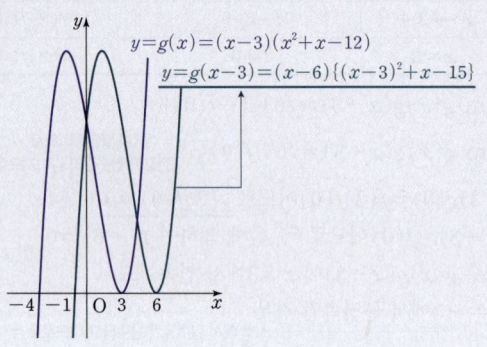

♻ 함수의 연속을 이용한 미정계수의 결정

구간에 따라 나누어진 함수의 연속성 조사는 경계점을 주목한다.

① $x\neq a$에서 연속인 함수 $g(x)$에 대하여

　$f(x)=\begin{cases} g(x) & (x\neq a) \\ b & (x=a) \end{cases}$일 때, 함수 $f(x)$가 $x=a$에서 연속이려면

　$\Rightarrow \lim\limits_{x\to a}g(x)=b$

② $x<a$에서 연속인 함수 $f(x)$와 $x\geq a$에서 연속인 함수 $g(x)$에

　대하여 함수 $y=\begin{cases} f(x) & (x<a) \\ g(x) & (x\geq a) \end{cases}$가 모든 실수 x에서 연속이려면

　$\Rightarrow \lim\limits_{x\to a-}f(x)=g(a)$

B 124 　정답 ⑤ 　✳함수의 연속의 활용 　[정답률 42%]

> **정답 공식:** 좌표평면 위에 두 점 A, B를 잇는 직선 l을 그린 후 직선 l에 평행하면서 두 직선 사이의 거리가 자연수가 되도록 직선을 그려본다. 점 O를 중심으로 하는 원 C의 반지름의 길이를 변화시키면서 직선 l과 평행한 여러 개의 직선과 원 C가 만나는 점의 개수를 이용하여 함수 $f(t)$를 구한다.

좌표평면에 세 점 $O(0, 0)$, $A(\sqrt{2}, 0)$, $B(0, \sqrt{2})$가 있다. 점 O를 중심으로 하는 원 C의 반지름의 길이가 t일 때, 삼각형 ABP의 넓이가 자연수인 원 C 위의 점 P의 개수를 함수 $f(t)$라 하자. [보기]에서 옳은 것만을 있는 대로 고른 것은? (단, 점 P는 직선 AB 위에 있지 않다.) (4점)

> **단서 2** 함수 $f(t)$의 함숫값이 삼각형 ABP의 넓이가 자연수가 되는 점 P의 개수이니까 함수 $f(t)$는 t의 값이 자연수일 때 불연속이 될 수 있어.

[보기]

> **단서 1** 선분 AB의 길이는 고정되어 있으므로 선분 AB를 밑변으로 하여 삼각형 ABP의 넓이를 구하자.

ㄱ. $f\left(\dfrac{1}{2}\right)=2$

ㄴ. $\lim\limits_{t\to 1+}f(t)\neq f(1)$

ㄷ. $0<a<4$인 실수 a에 대하여 함수 $f(t)$가 $t=a$에서 불연속인 a의 개수는 3이다.

① ㄱ 　② ㄴ 　③ ㄱ, ㄴ 　④ ㄴ, ㄷ 　⑤ ㄱ, ㄴ, ㄷ

1st 삼각형 ABP의 넓이가 자연수가 되기 위한 조건을 구하자.

두 점 $A(\sqrt{2}, 0)$, $B(0, \sqrt{2})$를 지나는 직선을 l이라 할 때,

직선 l의 방정식은 $\dfrac{x}{\sqrt{2}}+\dfrac{y}{\sqrt{2}}=1$, 즉 $x+y-\sqrt{2}=0$이다.

　└ 두 점 $(a,0), (0,b)$를 지나는 직선의 방정식은 $\dfrac{x}{a}+\dfrac{y}{b}=1$

이때, 원 C의 중심 O와 직선 l 사이의 거리는

$\dfrac{|0+0-\sqrt{2}|}{\sqrt{1^2+1^2}}=\dfrac{\sqrt{2}}{\sqrt{2}}=1$ 　└ 직선 $ax+by+c=0$과 점 (x_1, y_1) 사이의 거리는 $\dfrac{|ax_1+by_1+c|}{\sqrt{a^2+b^2}}$

한편, 두 점 $A(\sqrt{2}, 0)$, $B(0, \sqrt{2})$ 사이의 거리는

$\overline{AB}=\sqrt{(0-\sqrt{2})^2+(\sqrt{2}-0)^2}=2$이므로 원 C 위의 한 점 P와 직선 l 사이의 거리를 h라 하면 삼각형 ABP의 넓이는

$\triangle ABP=\dfrac{1}{2}\times\overline{AB}\times h=\dfrac{1}{2}\times2\times h=h$

따라서 삼각형 ABP의 넓이가 자연수가 되도록 하는 점 P의 개수는 h가 자연수가 되도록 하는 점 P의 개수와 같다.

2nd $f\left(\dfrac{1}{2}\right)$의 값을 구하자.

ㄱ. $t=\dfrac{1}{2}$일 때,

중심이 원점이고 반지름의 길이가 $\dfrac{1}{2}$인 원 위의 점 중 h가 자연수가 되는 경우는 [그림 1]과 같이 $h=1$인 경우뿐이다.

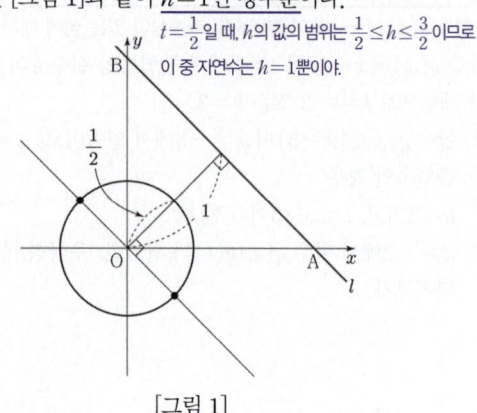

> $t=\dfrac{1}{2}$일 때, h의 값의 범위는 $\dfrac{1}{2}\leq h\leq\dfrac{3}{2}$이므로 이 중 자연수는 $h=1$뿐이야.

[그림 1]

즉, $h=1$이 되는 원 C 위의 점의 개수는 2이므로

$f\left(\dfrac{1}{2}\right)=2$ (참)

> 직선 l에 평행하면서 원점을 지나는 직선이 중심이 원점이고 반지름의 길이가 $\dfrac{1}{2}$인 원과 만나는 점의 개수는 2야.

3rd 함수 $f(t)$의 $t=1$에서의 우극한값과 $f(1)$의 값을 비교하자.

ㄴ. $t=1$일 때,

중심이 원점이고 반지름의 길이가 1인 원 위의 점 중 h가 자연수가 되는 경우는 [그림 2]와 같이 $h=1$인 경우와 $h=2$인 경우이다.

$h=1$이 되는 원 C 위의 점의 개수는 2이고

$h=2$가 되는 원 C 위의 점의 개수는 1이므로

$f(1)=3$

> 직선 l에 평행하면서 직선 l과의 거리가 2인 직선은 중심이 원점이고 반지름의 길이가 1인 원과 접해.

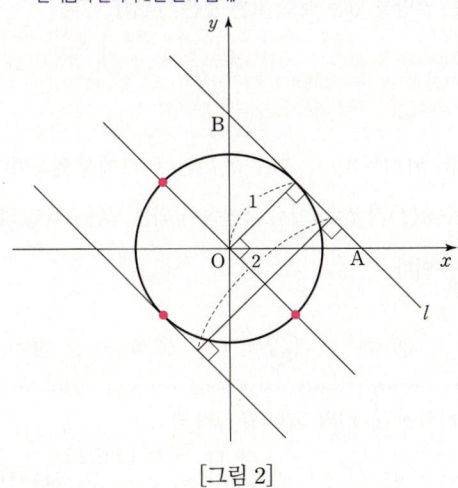

[그림 2]

$1<t<2$일 때,

중심이 원점이고 반지름의 길이가 t인 원 C 위의 점 중 h가 자연수가 되는 경우는 [그림 3]과 같이 $h=1$인 경우와 $h=2$인 경우이다.

$h=1$이 되는 원 C 위의 점의 개수는 2이고

$h=2$가 되는 원 C 위의 점의 개수도 2이므로

$\displaystyle\lim_{t\to1+}f(t)=4$

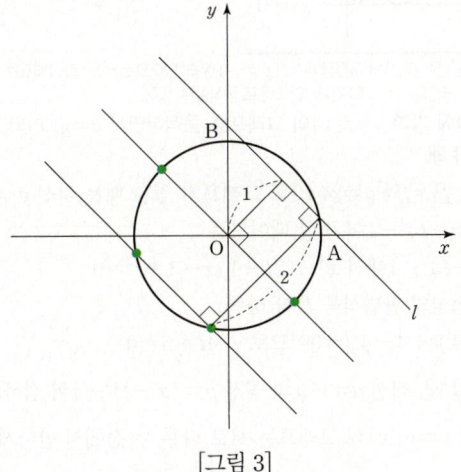

[그림 3]

$\therefore \displaystyle\lim_{t\to1+}f(t)\neq f(1)$ (참)

4th 열린구간 $(0, 4)$에서 함수 $y=f(t)$의 그래프를 이용하여 함수 $f(t)$의 불연속점의 개수를 구하자.

ㄷ. ㄴ과 같은 방법으로 열린구간 $(0, 4)$에서 함수 $f(t)$와 그 그래프를 구하면 다음과 같다.

> 직선 l은 고정시키고, 직선 l과 평행하면서 간격을 1만큼씩 커지도록 직선을 그어봐. 중심이 원점인 원의 반지름의 길이 t를 변화하면서 원과 만나는 점의 개수를 구하면 돼.

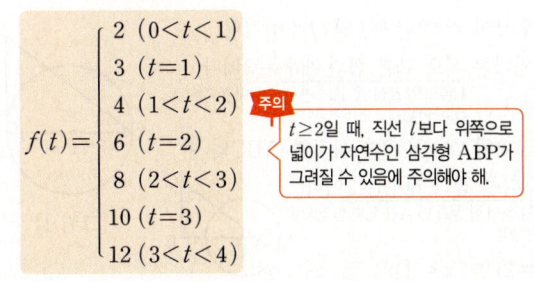

$$f(t)=\begin{cases}2 & (0<t<1)\\3 & (t=1)\\4 & (1<t<2)\\6 & (t=2)\\8 & (2<t<3)\\10 & (t=3)\\12 & (3<t<4)\end{cases}$$

> **주의** $t\geq2$일 때, 직선 l보다 위쪽으로 넓이가 자연수인 삼각형 ABP가 그려질 수 있음에 주의해야 해.

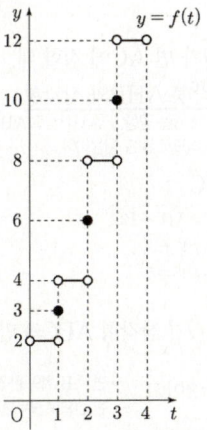

즉, $0<a<4$인 실수 a에 대하여 함수 $f(t)$가 $t=a$에서 불연속인 a의 값은 1, 2, 3이므로 a의 개수는 3이다. (참)

따라서 옳은 것은 ㄱ, ㄴ, ㄷ이다.

B 125 정답 19 *새롭게 정의된 함수의 연속성 ···· [정답률 35%]

> **정답 공식:** 원 O가 삼각형 ABC의 각 변과 접할 때의 x의 값을 기준으로 원 O와 삼각형 ABC의 서로 다른 교점의 개수를 구한다.

그림과 같이 $\overline{\text{AB}}=4$, $\overline{\text{BC}}=3$, $\angle\text{B}=90°$인 삼각형 ABC의 변 AB 위를 움직이는 점 P를 중심으로 하고 반지름의 길이가 2인 원 O가 있다. $\overline{\text{AP}}=x\,(0<x<4)$라 할 때, <mark>원 O가 삼각형 ABC와 만나는 서로 다른 점의 개수를 $f(x)$라 하자.</mark> 함수 $f(x)$가 $x=a$에서 불연속이 되는 모든 실수 a의 값의 합은 $\dfrac{q}{p}$이다. $p+q$

> **단서2** $x=a$에서의 극한값이 없거나, 극한값과 함숫값이 다른 경우를 찾아보자.

의 값을 구하시오. (단, p와 q는 서로소인 자연수이다.) (4점)

> **단서1** 점 P를 움직이면서 원 O가 삼각형 ABC와 만나는 경우를 확인해 봐. 특히, 원이 삼각형의 한 변에 접하는 경우를 중심으로 생각해.

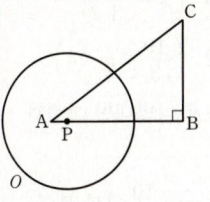

1st 점 P를 점 A부터 점 B까지 움직이면서 원과 삼각형이 만나는 점의 개수 $f(x)$를 구해보자.

> **함정** 이러한 문제를 풀 때에는 점 P를 움직이면서 삼각형과 원의 위치 관계를 살펴보고, 경우를 나누어 접근해야 해. 빠지는 경우가 생기지 않으려면 직접 여러 상황을 그려보면서 두 도형의 위치 관계를 모두 고려할 수 있어야겠지.

(i) [그림 1]과 같이 $x=2$일 때, 원 O가 삼각형 ABC와 만나는 서로 다른 점의 개수는 3이다. 지름의 양 끝점 A, B와 변 AC 위의 점으로 모두 3개야.

$\therefore f(2)=3$

즉, $0<x<2$일 때, 원 O가 삼각형 ABC와 만나는 서로 다른 점의 개수는 2이다. 변 AB 위의 점과 변 AC 위의 한 점으로 모두 2개야.

$\therefore f(x)=2\,(0<x<2)$

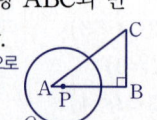

[그림 1]

(ii) [그림 2]와 같이 원 O가 변 AC에 접할 때, 접점을 H라 하면 삼각형 AHP와 삼각형 ABC는 닮음이므로 ∠A는 공통, ∠AHP=∠ABC=90° 이므로 AA 닮음이야.

$\overline{AP}:\overline{AC}=\overline{HP}:\overline{BC}$

$x:5=2:3$ → $\overline{AC}=\sqrt{\overline{AB}^2+\overline{BC}^2}$
$=\sqrt{4^2+3^2}$
$\therefore x=\dfrac{10}{3}$ $=\sqrt{25}=5$

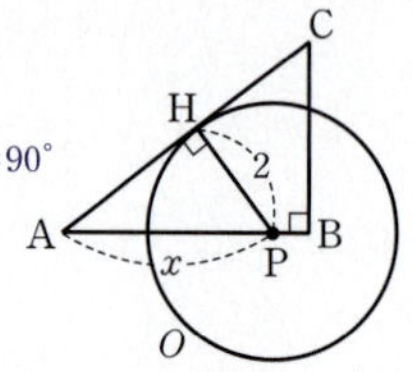

[그림 2]

즉, $x=\dfrac{10}{3}$일 때, 원 O가 삼각형 ABC와 만나는 서로 다른 점의 개수는 3이므로 $f\left(\dfrac{10}{3}\right)=3$이고, 변 AB 위의 한 점과 점 H, 변 BC 위의 한 점으로 모두 3개야.

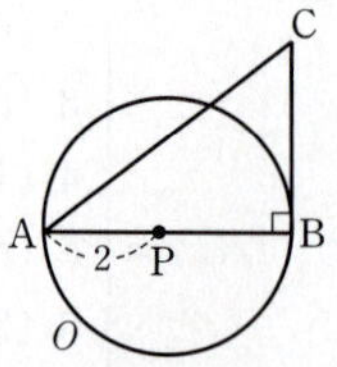

$2<x<\dfrac{10}{3}$일 때, 원 O가 삼각형 ABC와 만나는 서로 다른 점의 개수는 4이다. 변 AB 위의 한 점, 변 AC 위의 두 점, 변 BC 위의 한 점으로 모두 4개야.

$\therefore f(x)=4\left(2<x<\dfrac{10}{3}\right)$

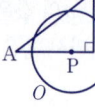

(iii) [그림 3]과 같이 $\dfrac{10}{3}<x<4$일 때, 원 O가 삼각형 ABC와 만나는 서로 다른 점의 개수는 2이다. 변 AB 위의 한 점과 변 BC 위의 한 점으로 모두 2개야.

$\therefore f(x)=2\left(\dfrac{10}{3}<x<4\right)$

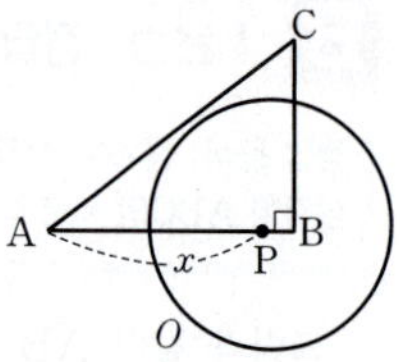

[그림 3]

2nd 함수 $f(x)$의 그래프를 그려서 불연속이 되는 점의 x좌표의 값을 찾자.

(i)~(iii)에서 $f(x)=\begin{cases}2 & (0<x<2)\\3 & (x=2)\\4 & \left(2<x<\dfrac{10}{3}\right)\\3 & \left(x=\dfrac{10}{3}\right)\\2 & \left(\dfrac{10}{3}<x<4\right)\end{cases}$

함수 $y=f(x)$의 그래프를 나타내면 그림과 같다.

즉, 함수 $f(x)$는 $x=2$, $x=\dfrac{10}{3}$에서 불연속이므로 구하는 모든 실수 a의 값의 합은 $2+\dfrac{10}{3}=\dfrac{16}{3}$이다.

따라서 $p=3$, $q=16$이므로 $p+q=3+16=19$

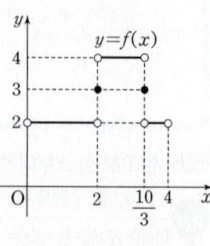

정답 공식: $f(x)=(x-t)^2-1$에 대하여 곡선 $y=f(x)$는 꼭짓점의 좌표가 $(t,-1)$인 이차함수의 그래프이다. 즉, t의 값에 따라서 곡선 $y=f(x)$의 꼭짓점이 직선 $y=-1$ 위를 움직인다.

실수 t에 대하여 두 함수

$$f(x)=(x-t)^2-1,\quad g(x)=\begin{cases}-x & (x\le 1)\\x+2 & (x>1)\end{cases}$$

의 그래프가 만나는 서로 다른 점의 개수를 $h(t)$라 할 때, [보기] 에서 옳은 것만을 있는 대로 고른 것은? (4점)

→ **단서** 두 함수 $f(x)$와 $g(x)$의 그래프를 그려보자. $f(x)$에서 t의 값이 정해져 있지 않으므로 t의 값에 따라 움직이면서 $g(x)$의 그래프와 만나는 서로 다른 점의 개수가 몇 개인지 살펴보아야 해. 여기서 주의해야 할 점은 함수 $f(x)$가 움직이면서 접할 수도 있고 함수 $g(x)$의 불연속이 되는 점을 지날 수도 있다는 거야.

[보기]

ㄱ. $\lim\limits_{t\to-1+}h(t)=3$ ㄴ. 함수 $h(t)$는 $t=1$에서 연속이다.

ㄷ. 함수 $h(t)$가 $t=a$에서 불연속이 되는 모든 a의 값의 합은 $\dfrac{15}{4}$이다.

① ㄱ   ② ㄷ   ③ ㄱ, ㄴ   ④ ㄴ, ㄷ   ⑤ ㄱ, ㄴ, ㄷ

1st $y=f(x)$와 $y=g(x)$의 그래프를 그려 봐.

두 함수 $f(x)=(x-t)^2-1,\ g(x)=\begin{cases}-x & (x\le1)\\x+2 & (x>1)\end{cases}$의 그래프는 다음 그림과 같다.

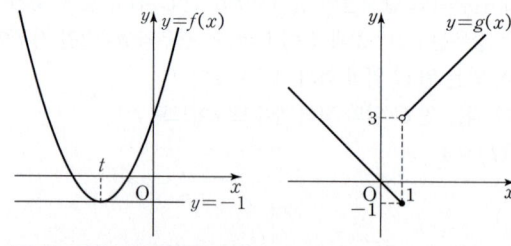

→ 함수 $f(x)$의 꼭짓점이 직선 $y=-1$ 위에 있으므로 $f(x)$의 그래프는 직선 $y=-1$의 위에서만 좌우로 움직일 수 있어.

2nd t의 값에 따라 $y=f(x)$의 그래프를 움직이면서 $y=g(x)$와 만나는 점을 살펴야 해.

두 함수 $y=f(x)$와 $y=g(x)$의 그래프가 접할 때는 직선 $y=-x$와 곡선 $y=(x-t)^2-1$이 접할 때이므로 $-x=(x-t)^2-1$에서 $x^2-(2t-1)x-1+t^2=0$

이 이차방정식의 판별식을 D라 하면 $D=(2t-1)^2+4-4t^2=0$이므로 $-4t+5=0$

즉, $t=\dfrac{5}{4}$일 때, 직선 $y=-x$와 곡선 $y=(x-t)^2-1$이 접하고 두 함수 $y=f(x)$와 $y=g(x)$의 그래프는 서로 다른 두 점에서 만나게 된다.

$\therefore h\left(\dfrac{5}{4}\right)=2$

한편, 함수 $y=f(x)$의 그래프가 점 $(1,3)$을 지날 때는 $3=f(1)=(1-t)^2-1$이므로 $t^2-2t-3=0,\ (t-3)(t+1)=0$

$\therefore t=3$ 또는 $t=-1$

함정 두 함수 $y=f(x)$와 $y=g(x)$의 그래프가 접할 때와 더불어 접하지 않을 때도 함수 $y=f(x)$의 그래프가 직선 한 개와 만날 때와 두 개와 만날 때를 모두 고려해야 $h(t)$를 틀리지 않게 구할 수 있어.

이때, 두 함수 $y=f(x)$와 $y=g(x)$의 그래프는 $t\le-1$, $t>3$일 때, 서로 다른 두 점에서 만나고 $-1<t<\dfrac{5}{4}$일 때, 서로 다른 세 점에서 만나고 $\dfrac{5}{4}<t\le3$일 때, 한 점에서 만난다.

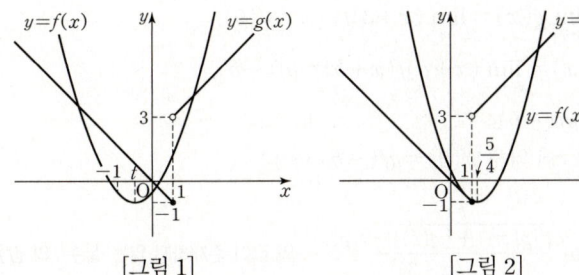

[그림 1]　　　　　　　　[그림 2]

즉, 함수 $y=h(t)$와 그 그래프는 다음과 같다.

$$h(t)=\begin{cases} 2 \ (t\le -1) \\ 3 \ \left(-1<t<\dfrac{5}{4}\right) \\ 2 \ \left(t=\dfrac{5}{4}\right) \\ 1 \ \left(\dfrac{5}{4}<t\le 3\right) \\ 2 \ (t>3) \end{cases}$$

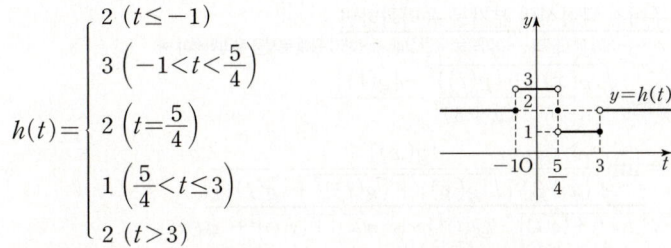

3rd 함수 $y=h(t)$를 이용하여 ㄱ, ㄴ, ㄷ의 진위를 판단해.

ㄱ. $t\to -1+$일 때, 두 함수 $y=f(x)$와 $y=g(x)$의 그래프는 [그림 1] 과 같이 서로 다른 세 점에서 만나므로 $\displaystyle\lim_{t\to -1+}h(t)=3$ (참)

ㄴ. $\displaystyle\lim_{t\to 1+}h(t)=3$, $\displaystyle\lim_{t\to 1-}h(t)=3$, $h(1)=3$이므로 함수 $h(t)$는 $t=1$에서 <u>연속이다.</u> (참)　$t=1$에서 좌극한값과 우극한값, 함숫값이 모두 같으므로 연속이야.

ㄷ. 함수 $y=h(t)$는 $t=-1$, $t=\dfrac{5}{4}$, $t=3$에서 불연속이므로

불연속인 모든 a의 값의 합은 $-1+\dfrac{5}{4}+3=\dfrac{13}{4}$ (거짓)

따라서 옳은 것은 ㄱ, ㄴ이다.

B 127 정답 ④ ＊새롭게 정의된 함수의 연속성 ···· [정답률 36%]

> **정답 공식**: 두 원이 한 점에서 만나는 경우는 내접하는 경우, 외접하는 경우 두 가지이다. 구간 $(0, 4)$에서 두 원이 외접할 때, 내접할 때의 r의 최솟값을 구해본다.

좌표평면에서 중심이 $(0, 3)$이고 반지름의 길이가 1인 원을 C라 하자. <u>양수 r에 대하여 $f(r)$를 반지름의 길이가 r인 원 중에서, 원 C 와 한 점에서 만나고 동시에 x축에 접하는 원의 개수</u>라 하자. [보기] 에서 옳은 것을 모두 고른 것은? (4점)　**단서** 반지름의 길이를 변화시키면서 x축에 접하는 원이 원 C와 한 점에서 만나게 그려봐. 이때 조건을 만족하는 원을 빠짐없이 그려봐야 해.

[보기]
ㄱ. $f(2)=3$
ㄴ. $\displaystyle\lim_{r\to 1+}f(r)=f(1)$
ㄷ. 구간 $(0, 4)$에서 함수 $f(r)$의 불연속점은 2개이다.

① ㄱ　　② ㄴ　　③ ㄷ　　④ ㄱ, ㄷ　　⑤ ㄱ, ㄴ, ㄷ

1st 반지름의 길이 r는 0보다 크고, 주어진 원의 반지름의 길이가 1이니까 r의 범위를 일단 나눠야 해.

(i) $0<r<1$일 때, 그림과 같이 원이 그려지므로 $f(r)=0$

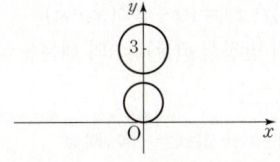

(ii) $r=1$일 때, 그림과 같이 원이 그려지므로 $f(r)=1$

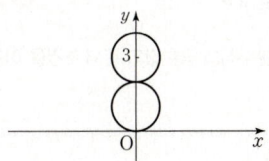

마찬가지 방식으로 생각하면 각 경우의 그림은 다음과 같다.

(iii) $1<r<2 \Rightarrow f(r)=2$

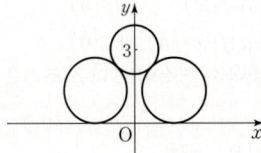

(iv) $r=2 \Rightarrow f(r)=3$

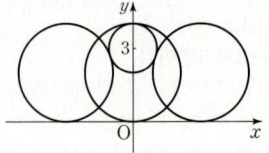

(v) $r>2 \Rightarrow f(r)=4$

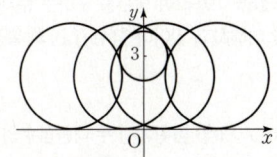

2nd (i)~(v)로 $f(r)$를 구하는 거야.

구간에 따른 함수 $f(r)$를 구하면 다음과 같다.

$$f(r)=\begin{cases} 0 \ (0<r<1) \\ 1 \ (r=1) \\ 2 \ (1<r<2) \ \Rightarrow \\ 3 \ (r=2) \\ 4 \ (r>2) \end{cases}$$

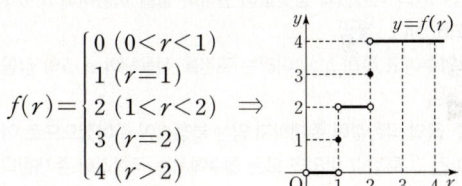

3rd 이제 ㄱ, ㄴ, ㄷ을 따져야 해.

ㄱ. $f(2)=3$ (참)

ㄴ. $\displaystyle\lim_{r\to 1+}f(r)=2\ne f(1)=1$ (거짓)　$r=1$의 오른쪽에서 $r=1$로 다가갈 때의 함숫값을 구하면 돼.

ㄷ. <u>구간 $(0, 4)$에서 불연속점은 $r=1$, 2일 때의 2개이다. (참)</u>

따라서 옳은 것은 ㄱ, ㄷ이다.　그래프를 보고 끊어진 점을 찾으면 되지만 각 점에서 좌극한값과 우극한값을 확인하여 불연속인 점을 찾아도 돼.

수능 핵강

＊ 두 원이 접하는 경우 알아보기

이 문제는 먼저 문제가 요구하는 조건이 어떤 의미를 가지고 있는지 파악해야 해. 원 C와 한 점에서 만난다는 말은 접한다는 말을 돌려서 말한 거잖아. 접하는 경우는 내접하는 경우와 외접하는 경우가 있다는 것까지 생각해야지. 원이 외접하는 경우엔 어떤 점과 점 $(0, 3)$ 사이의 거리에서 1을 '뺀' 값이 x축까지의 거리와 같은 점이 외접원의 중심이 되어서, $r<1$일 때 외접원이 존재하지 않고, $r=1$일 때 외접원 한 개, $r>1$일 때 외접원이 좌우로 각각 하나씩 두 개가 존재해. 내접하는 경우에는 외접원과 반대로 어떤 점과 점 $(0, 3)$ 사이의 거리에 1을 '더한' 값이 x축까지의 거리와 같은 점이 내접원의 중심이고, 이 경우를 살펴보면 $r=2$일 때 내접원이 한 개 존재하고, $r>2$일 때 내접원이 y축을 기준으로 좌우 하나씩 두 개가 존재해.

* 함수의 연속 조건과 분수식의 극한값의 존재 조건을 이용하여 함수 구하기

[유형 13]

두 양수 a, $b(b>3)$과 최고차항의 계수가 1인 이차함수 $f(x)$에 대하여 함수 → **단서2** $x=0$에서 함수 $g(x)$의 (극한값)=(함숫값)임을 적용할 때 a, b가 양수라는 것을 이용해야 조건이 좀 더 명확해져. 특히 $b>3$이라는 것은 b의 값을 결정할 때 중요한 힌트가 된다는 점 기억하자.

$$g(x)=\begin{cases}(x+3)f(x) & (x<0) \\ (x+a)f(x-b) & (x\geq 0)\end{cases}$$

이 실수 전체의 집합에서 연속이고 다음 조건을 만족시킬 때,

→ **단서1** $x<0$, $x>0$인 범위에서 함수 $g(x)$는 연속이므로 $g(x)$가 실수 전체의 집합에서 연속이려면 $x=0$에서도 연속이어야 해.

$g(4)$의 값을 구하시오. (4점)

$$\lim_{x\to -3}\frac{\sqrt{|g(x)|+\{g(t)\}^2}-|g(t)|}{(x+3)^2}$$의 값이 존재하지 않는

실수 t의 값은 -3과 6뿐이다.

→ **단서3** 분수 꼴의 극한식에서 극한값이 존재하지 않는 경우는 $\dfrac{(상수)}{0}$ 꼴이야.

왜 1등급? 구간에 따라 다르게 정의된 함수의 연속 조건과 분수 꼴의 극한값이 존재하지 않는 경우의 특징을 이용하여 함수를 구하는 문제이다. 분수 꼴의 극한값이 존재하게 하는 조건을 이해하고 있어야 함수 $f(x)$의 특징을 찾아낼 수 있다.

 **단서+발상**

단서1 함수 $g(x)$가 $x<0$, $x>0$인 범위에서 두 다항함수의 곱으로 정의되었으므로 이 범위에서 함수 $g(x)$는 연속이다. (**개념**)

따라서 모든 실수 x에서 함수 $g(x)$가 연속이려면 $x=0$에서 함수 $g(x)$가 연속이어야 하므로 (**개념**)

단서2 $x=0$에서의 $g(x)$의 극한값과 함숫값이 같아야 함을 이용하여 a, b 사이의 관계식을 찾도록 한다. (**발상**)

이때, a, b가 양수이고 특히 $b>3$이라는 조건을 적용해야 a, b의 값을 확정할 수 있다. (**적용**)

단서3 조건에서 분수 꼴의 극한값이 존재하지 않는 특정값이 주어졌으므로 이를 역으로 생각하면 그 특정값 이외의 모든 실수에서는 극한값이 존재한다는 것을 알 수 있다. (**발상**)

즉, 분수 꼴의 극한값의 존재 유무를 결정하는 것은 분모를 0으로 만드는 인수를 분자가 갖고 있냐 갖고 있지 않냐이므로 이를 이용하여 함수 $f(x)$를 유추해야 한다. (**해결**)

주의 주어진 분수식의 극한값이 $t=-3$과 $t=6$에서 존재하지 않는다는 것은 $t\neq -3$이고 $t\neq 6$인 모든 실수 t에 대하여 극한값이 존재한다는 것이다. 이를 이용해야 함수 $f(x)$에 대한 조건을 찾아낼 수 있다.

핵심 정답 공식: 함수 $f(x)$가 $x=a$에서 연속이면 $\lim\limits_{x\to a-}f(x)=\lim\limits_{x\to a+}f(x)=f(a)$ 이다.

-------------------- [문제 풀이 순서] --------------------

1st 함수 $g(x)$가 $x=0$에서 연속이어야 함을 이용하자.

함수

$$g(x)=\begin{cases}(x+3)f(x) & (x<0) \\ (x+a)f(x-b) & (x\geq 0)\end{cases}$$

이 실수 전체의 집합에서 연속이려면 $x=0$에서 연속이어야 하므로

$$\lim_{x\to 0-}g(x)=\lim_{x\to 0+}g(x)=g(0) \cdots ㉠$$

이 성립한다.

이때, $\lim\limits_{x\to 0-}g(x)=\lim\limits_{x\to 0-}(x+3)f(x)=3f(0)$,

$\lim\limits_{x\to 0+}g(x)=\lim\limits_{x\to 0+}(x+a)f(x-b)=af(-b)$,

$g(0)=af(-b)$

이므로 ㉠에 의해 $3f(0)=af(-b) \cdots ㉡$

2nd $\lim\limits_{x\to -3}\dfrac{\sqrt{|g(x)|+\{g(t)\}^2}-|g(t)|}{(x+3)^2}$의 값이 존재하지 않는 실수 t의 값을 이용하여 b의 값을 구하자.

주어진 극한식의 분자를 유리화하면

$x\to -3$일 때 (분모) $\to 0$이므로 극한값을 계산하기 위해 분자를 유리화해야 해.

$$\lim_{x\to -3}\frac{\sqrt{|g(x)|+\{g(t)\}^2}-|g(t)|}{(x+3)^2}$$

$$=\lim_{x\to -3}\frac{|g(x)|}{(x+3)^2(\sqrt{|g(x)|+\{g(t)\}^2}+|g(t)|)}$$

$(\sqrt{|g(x)|+\{g(t)\}^2}-|g(t)|)\times(\sqrt{|g(x)|+\{g(t)\}^2}+|g(t)|)$
$=|g(x)|+\{g(t)\}^2-|g(t)|^2$
$=|g(x)|+\{g(t)\}^2-\{g(t)\}^2$
$=|g(x)|$

$$=\lim_{x\to -3}\frac{|(x+3)f(x)|}{(x+3)^2(\sqrt{|(x+3)f(x)|+\{g(t)\}^2}+|g(t)|)} \cdots ㉢$$

이때, 조건에 의해 $t\neq -3$이고 $t\neq 6$인 모든 실수 t에 대하여 ㉢의 값이 존재해야 한다.

그런데 ㉢에서 $x\to -3$일 때 분모를 0으로 만드는 인수인 $(x+3)^2$이 있으므로 분자에도 $(x+3)^2$이 있어야 ㉢의 값이 존재할 수 있다.

따라서 최고차항의 계수가 1인 이차함수 $f(x)$를

$$f(x)=(x+3)(x-k)\ (k는 상수)$$

극한값이 존재하기 위해서는 분모의 $(x+3)^2$항이 소거되어야 하는데 분자가 $f(x)$에 $x+3$이 곱해져 있는 꼴이므로 $f(x)$는 $x+3$을 인수로 가지는 이차함수가 되어야 해.

라 놓을 수 있으므로 이 식을 ㉢에 대입하면

$$\lim_{x\to -3}\frac{|(x+3)f(x)|}{(x+3)^2(\sqrt{|(x+3)f(x)|+\{g(t)\}^2}+|g(t)|)}$$

$$=\lim_{x\to -3}\frac{|(x+3)^2(x-k)|}{(x+3)^2(\sqrt{|(x+3)^2(x-k)|+\{g(t)\}^2}+|g(t)|)}$$

$$=\lim_{x\to -3}\frac{|x-k|}{\sqrt{|(x+3)^2(x-k)|+\{g(t)\}^2}+|g(t)|}$$

$$=\lim_{x\to -3}\frac{|x-k|}{2|g(t)|} \cdots ㉣$$

분모에서 $\lim\limits_{x\to -3}|(x+3)^2(x-k)|=0$이고 실수 a에 대하여 $\sqrt{a^2}=|a|$이므로 $\sqrt{\{g(t)\}^2}=|g(t)|$야.

한편, 조건에 의해 $t=-3$과 $t=6$에서만 ㉣의 값이 존재하지 않으므로

분모가 0이 될 때 분자가 0이 되지 않으면 ㉣의 값이 존재하지 않으므로 $g(-3)$, $g(6)$이 0이 되어야 해.

방정식 $g(x)=0$의 실근은 $x=-3$과 $x=6$뿐이다.

이때, 주어진 식에서 $g(-3)=(-3+3)f(-3)=0$이므로 $g(6)=0$, 즉 $(6+a)f(6-b)=0$이어야 한다.

그런데 $a>0$에서 $6+a\neq 0$이므로 $f(6-b)=0$이다.

즉, $(6-b+3)(6-b-k)=0$이므로

$6-b=-3$ 또는 $6-b=k$

$\therefore b=9$ 또는 $k+b=6$

3rd b의 값을 이용하여 함수 $f(x)$를 구하고, $g(4)$의 값을 구하자.

(ⅰ) $b=9$인 경우

ⅰ) $x<0$에서

$$g(x)=(x+3)f(x)=(x+3)^2(x-k)$$

이때, $x<0$에서 방정식 $g(x)=0$의 해는 $x=-3$뿐이므로

$$k\geq 0\ 또는\ k=-3$$

방정식 $g(x)=(x+3)^2(x-k)=0$의 해는 $x=-3$ 또는 $x=k$이므로 $x<0$에서 해가 $x=-3$뿐이기 위해서는 $k\geq 0$ 또는 $k=-3$이어야 해.

ii) $x \geq 0$에서
$$g(x) = (x+a)f(x-b)$$
$$= (x+a)f(x-9)$$
$$= (x+a)(x-6)(x-9-k)$$

이때, $x \geq 0$에서 $g(x) = 0$의 해는 $x = 6$뿐이고, $a > 0$이므로
$$9+k < 0 \ \text{또는} \ 9+k = 6 \quad \therefore k < -9 \ \text{또는} \ k = -3$$

방정식 $g(x) = (x+a)(x-6)(x-9-k) = 0$의 해는 $x = -a$ 또는 $x = 6$ 또는 $x = 9+k$인데 $-a < 0$이므로 $x \geq 0$에서 해가 $x = 6$뿐이기 위해서는 $9+k < 0$ 또는 $9+k = 6$이어야 해.

i), ii)를 모두 만족시키는 k의 값은 $k = -3$이다.

따라서 $f(x) = (x+3)^2$이고 ⓛ에서 $3f(0) = af(-b)$이므로
$$3f(0) = af(-9), \ 3 \times 3^2 = a \times (-6)^2$$
$$27 = 36a \quad \therefore a = \frac{3}{4}$$

(ii) $k+b = 6$인 경우

i) $x < 0$에서
$$g(x) = (x+3)f(x) = (x+3)^2(x-k)$$
이때, $x < 0$에서 $g(x) = 0$의 해는 $x = -3$뿐이므로
$$k \geq 0 \ \text{또는} \ k = -3$$

ii) $x \geq 0$에서
$$g(x) = (x+a)f(x-b)$$
$$= (x+a)(x-b+3)\underline{(x-b-k)}$$
$$= (x+a)(x-b+3)\underline{(x-6)}$$

$\rightarrow x-b-k = x-(b+k)$에서 $k+b = 6$을 대입한 거야.

이때, $x \geq 0$에서 $g(x) = 0$의 해는 $x = 6$뿐이고, $a > 0$, $b > 3$이므로
$$b - 3 = 6$$에서 $b = 9$

또한, $k+b = 6$에서 $k = 6-b = 6-9 = -3$이다.

i), ii)를 모두 만족시키는 k의 값은 $k = -3$이므로 (i)과 같다.

따라서 $a = \frac{3}{4}$, $b = 9$이고, $f(x) = (x+3)^2$이므로
$$g(4) = (4+a)f(4-b) = \left(4+\frac{3}{4}\right)f(-5)$$
$$= \frac{19}{4} \times (-2)^2 = 19$$

My Top Secret　　서울대 선배의 **❶** 등급 대비 전략

주어진 분수식의 극한값이 $t + (-3)$이고 $t + 6$인 모든 실수 t에 대하여 존재해야 하므로 $x \rightarrow -3$일 때, 분모와 분자의 $(x+3)$의 차수가 같아야 해. 이 부분을 정리할 때 헷갈리지 않기 위해서는 x로 이루어진 식과 t로 이루어진 식을 구분하여 다루어야 해.

B 129 정답 96 ·········· ⭕**1등급 대비** [정답률 6%]

B

[**정답 공식**: 함수 $f(x)$가 $x=a$와 $x=b$에서 불연속이면 함수 $f(x+k)$는 $x=a-k$와 $x=b-k$에서 불연속이다.]

두 자연수 a, b $(a < b < 8)$에 대하여 함수 $f(x)$는
$$f(x) = \begin{cases} |x+3|-1 & (x < a) \\ x-10 & (a \leq x < b) \\ |x-9|-1 & (x \geq b) \end{cases}$$

단서1 함수 $f(x)$는 $x=a$와 $x=b$에서만 불연속임을 알 수 있어.

이다. 함수 $f(x)$와 양수 k는 다음 조건을 만족시킨다.

(가) 함수 $f(x)f(x+k)$는 실수 전체의 집합에서 연속이다.
단서2 함수 $f(x)$는 $x=a$와 $x=b$에서만 불연속이고, 함수 $f(x+k)$는 $x=a-k$와 $x=b-k$에서만 불연속이므로 함수 $f(x)f(x+k)$가 $x=a$, $x=b$, $x=a-k$, $x=b-k$에서 연속이면 함수 $f(x)f(x+k)$는 실수 전체의 집합에서 연속임을 알 수 있어.

(나) $f(k) < 0$

$f(a) \times f(b) \times f(k)$의 값을 구하시오. (4점)

💡 **단서＋발상** [유형 12]

단서1 함수 $f(x)$의 그래프를 그려보면 $y = |x+3|-1$의 그래프와 $y = x-10$의 그래프는 만나지 않고, $y = x-10$의 그래프와 $y = |x-9|-1$의 그래프는 $x \geq 9$에서만 만나므로 함수 $f(x)$는 $x=a$와 $x=b$에서 불연속인 것을 알 수 있다. **발상**

단서2 함수 $f(x)$는 $x=a$와 $x=b$에서만 불연속이고, 함수 $f(x+k)$는 $x=a-k$와 $x=b-k$에서만 불연속이므로 **적용** 상수 a, b, k를 적절히 맞추어 $f(x)f(x+k)$가 $x=a$, $x=b$, $x=a-k$, $x=b-k$에서 연속이 되도록 만들어 주면 된다. **해결**

---------------------- [문제 풀이 순서] ----------------------

1st 함수 $f(x)f(x+k)$가 실수 전체의 집합에서 연속이 되도록 하는 조건을 이용하여 $a \neq b-k$인 경우에 만족하는 상수 a, b, k의 값을 구할 수 있는지 확인해.

먼저 두 자연수 a, b $(a < b < 8)$에 대하여 함수 $f(x)$의 그래프의 개형을 그리면 다음과 같다.

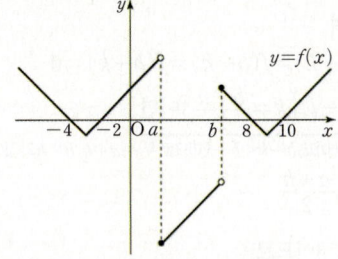

함수 $f(x)$는 $x=a$와 $x=b$에서만 불연속이고,
함수 $f(x+k)$는 $x=a-k$와 $x=b-k$에서만 불연속이므로
함수 $f(x)f(x+k)$가 $x=a$, $x=b$, $x=a-k$, $x=b-k$에서 연속이면
함수 $f(x)f(x+k)$는 실수 전체의 집합에서 연속이다.
$a-k < a$, $b-k < b$이므로 두 수 a와 $b-k$에 대하여 다음과 같은 경우가 존재한다.

두 수 a, $b-k$가 같은 경우와 다른 경우, 즉 두 가지 경우를 확인해야 해.

(i) $a \neq b-k$ ($k \neq b-a$)인 경우

① $x=a-k$에서 함수 $f(x)f(x+k)$의 연속성

$x=a$에서 함수 $f(x)f(x+k)$의 연속성은
$\lim_{x \to a+} f(x)f(x+k) = \lim_{x \to a-} f(x)f(x+k) = f(a)f(a+k)$가 성립함을 확인해.

$$\lim_{x \to (a-k)+} f(x)f(x+k) = \lim_{x \to (a-k)+} f(x) \times \lim_{x \to (a-k)+} f(x+k)$$
$$= f(a-k) \times (a-10)$$
$$\lim_{x \to (a-k)-} f(x)f(x+k) = \lim_{x \to (a-k)-} f(x) \times \lim_{x \to (a-k)-} f(x+k)$$
$$= f(a-k) \times (a+2)$$

$f(a-k)f(a-k+k) = f(a-k) \times (a-10)$

함수 $f(x)f(x+k)$가 $x=a-k$에서 연속이므로

$f(a-k) \times (a-10) = f(a-k) \times (a+2)$

∴ $f(a-k) = 0$

② $x=a$에서 함수 $f(x)f(x+k)$의 연속성

$\lim_{x \to a+} f(x)f(x+k) = (a-10)f(a+k)$

$\lim_{x \to a-} f(x)f(x+k) = (a+2)f(a+k)$

$f(a)f(a+k) = (a-10)f(a+k)$

함수 $f(x)f(x+k)$가 $x=a$에서 연속이므로

$(a-10)f(a+k) = (a+2)f(a+k)$

∴ $f(a+k) = 0$

③ $x=b-k$에서 함수 $f(x)f(x+k)$의 연속성

$\lim_{x \to (b-k)+} f(x)f(x+k) = f(b-k) \times (-b+8)$

$\lim_{x \to (b-k)-} f(x)f(x+k) = f(b-k) \times (b-10)$

$f(b-k)f(b-k+k) = f(b-k) \times (-b+8)$

함수 $f(x)f(x+k)$가 $x=b-k$에서 연속이므로

$f(b-k) \times (-b+8) = f(b-k) \times (b-10)$

∴ $f(b-k) = 0$

④ $x=b$에서 함수 $f(x)f(x+k)$의 연속성

$\lim_{x \to b+} f(x)f(x+k) = (-b+8)f(b+k)$

$\lim_{x \to b-} f(x)f(x+k) = (b-10)f(b+k)$

$f(b)f(b+k) = (-b+8)f(b+k)$

함수 $f(x)f(x+k)$가 $x=b$에서 연속이므로

$(-b+8)f(b+k) = (b-10)f(b+k)$

∴ $f(b+k) = 0$

①~④에 의하여

$f(a-k) = f(a+k) = f(b-k) = f(b+k) = 0$

이때, $a+k = b-k$ $\left(k = \dfrac{b-a}{2}\right)$이면

$a-k < a+k$이고, $b-k < b+k$이므로 두 수 $a+k$, $b-k$의 값이 같을 수도 있음에 유의해.

$a+k = b-k = \dfrac{a+b}{2}$

$a < \dfrac{a+b}{2} < b < 8$이므로

$f\left(\dfrac{a+b}{2}\right) = \dfrac{a+b}{2} - 10 < 0$

→ $a < \dfrac{a+b}{2} < b$이므로 $x = \dfrac{a+b}{2}$에서의 함수 $f(x)$는 $x-10$이야.

즉, $f\left(\dfrac{a+b}{2}\right) = f(a+k) = f(b-k) = 0$을 만족시키지 않는다.

$a+k \neq b-k$이므로 네 수 $a-k$, $a+k$, $b-k$, $b+k$는 방정식 $f(x) = 0$의 서로 다른 네 실근이다.

주의
네 수 $a-k$, $a+k$, $b-k$, $b+k$는 크기순으로 나열한 것이 아님에 주의해.

방정식 $f(x) = 0$의 모든 실근은 -4, -2, 8, 10이므로

$|x+3| - 1 = 0$에서 $x=-4$ 또는 $x=-2$이고, $|x-9|-1=0$에서 $x=8$ 또는 $x=10$이야.

$\{a-k, a+k, b-k, b+k\} = \{-4, -2, 8, 10\}$

$0 < a+k < b+k$이므로

→ a, b, k 모두 양수이므로 양수끼리의 합도 양수이고 크기가 서로 다른 두 양수에 같은 양수를 더해도 부등호의 방향은 바뀌지 않아.

$a+k = 8$, $b+k = 10$

$a-k < b-k$이므로

$a-k = -4$, $b-k = -2$

두 식 $a-k = -4$, $a+k = 8$을 연립하면

$a=2$, $k=6$

$b+k = b+6 = 10$ ∴ $b=4$

$a < b < k$이므로

$f(k) = f(6) = |6-9| - 1 = 2$

$f(k) > 0$이므로 조건 (나)를 만족시키지 않는다.

2nd 함수 $f(x)f(x+k)$가 실수 전체의 집합에서 연속이 되도록 하는 조건을 이용하여 $a=b-k$인 경우에 $f(k) < 0$의 조건까지 만족하는 상수 a, b, k의 값을 구해.

(ii) $a=b-k$ ($k=b-a$)인 경우

① $x=a-k$에서 함수 $f(x)f(x+k)$의 연속성

(i)-①에 의하여 $f(a-k) = 0$

$a-k = a-(b-a) = 2a-b$이므로 $f(2a-b) = 0$

② $x=b$에서 함수 $f(x)f(x+k)$의 연속성

(i)-④에 의하여 $f(b+k) = 0$

$b+k = b+(b-a) = 2b-a$이므로 $f(2b-a) = 0$

③ $x=a(=b-k)$에서 함수 $f(x)f(x+k)$의 연속성

$\lim_{x \to a+} f(x)f(x+k) = \lim_{x \to a+} f(x)f(x+b-a)$
$= (a-10)(-b+8)$

$\lim_{x \to a-} f(x)f(x+k) = \lim_{x \to a-} f(x)f(x+b-a)$
$= (a+2)(b-10)$

$f(a)f(a+k) = f(a)f(b) = (a-10)(-b+8)$

함수 $f(x)f(x+k)$가 $x=a=b-k$에서 연속이므로

$(a-10)(-b+8) = (a+2)(b-10)$

$-ab+8a+10b-80 = ab-10a+2b-20$

$2ab - 18a - 8b + 60 = 0$

$a(b-9) - 4b + 30 = 0$

 a, b가 자연수이므로 방정식 $a(b-9)-4b+30=0$을 만족하는 두 자연수 a, b의 순서쌍 (a, b)를 a 또는 b에 1부터 7까지 순차적으로 대입하여 만족하는 것을 찾아도 돼.

$a = \dfrac{4b-30}{b-9} = 4 + \dfrac{6}{b-9}$

$a < b < 8$이므로 이를 만족시키는 두 자연수 a, b의 순서쌍 (a, b)는 $(1, 7)$, $(2, 6)$이다.

$a=1$, $b=7$이면 $f(2a-b) = f(-5) = 1$이므로 $f(2a-b) = 0$을 만족시키지 않는다.

$a=2$, $b=6$이면 $f(2a-b) = f(-2) = 0$, $f(2b-a) = f(10) = 0$을 만족시킨다.

∴ $k = 6-2 = 4$

$a < k < b$이므로

$f(k) = f(4) = 4 - 10 = -6$

$f(k) < 0$이므로 조건 (나)를 만족시킨다.

(i), (ii)에 의하여 $a=2$, $b=6$, $k=4$이고 함수 $f(x)$는 다음과 같다.

$$f(x) = \begin{cases} |x+3| - 1 & (x < 2) \\ x - 10 & (2 \leq x < 6) \\ |x-9| - 1 & (x \geq 6) \end{cases}$$

3rd $f(a) \times f(b) \times f(k)$의 값을 구해.

$$\therefore f(a) \times f(b) \times f(k) = f(2) \times f(6) \times f(4)$$
$$= (-8) \times 2 \times (-6) = 96$$

My Top Secret — 서울대 선배의 ❶등급 대비 전략

본 문제와 같이 좌/우극한이 각각 존재하면서 불연속인 함수 $f(x)$를 곱함수를 통해 연속으로 만들어 주는 방법은 곱해지는 함수가
① 그 지점에서 연속이면서 함숫값이 0인 경우와
② 그 지점에서 불연속이면서 곱함수가 연속인 경우로 나눌 수 있어.
①의 경우에는 $f(x) = 0$인 곳을 알 수 있으므로 쉽게 맞춰줄 수 있고, ②의 경우에는 k가 양수이므로 $a = b - k$인 경우밖에 존재하지 않아. 이 성질을 이용한다면 체계적으로 곱함수가 연속이 되도록 만들어 줄 수 있을 거야.

B 130   정답 60   ⭐2등급 대비 [정답률 27%]

*곡선과 직선이 만나는 점의 개수로 정의된 함수가 연속이 되도록 하는 미정계수 구하기 [유형 13]

> **단서3** a, b, c에 대한 관계식을 구한 후 a, b, c가 정수라는 조건을 잊으면 값을 구하기 어려워져.
>
> 세 정수 a, b, c에 대하여 이차함수 $f(x) = a(x-b)^2 + c$라 하고, 함수 $f(x)$에 대하여 함수 $g(x)$를
>
> **단서1** 함수 $g(x)$가 $f(x)$와 $f(-x)$로 나눠져 표현되어 있으므로 $g(x)$의 그래프를 그려 보고 직선 $y = t$를 움직이며 만나는 점의 개수를 생각해 봐.
>
> $$g(x) = \begin{cases} f(x) & (x \geq 0) \\ f(-x) & (x < 0) \end{cases}$$
>
> 이라 하자. 실수 t에 대하여 직선 $y = t$가 곡선 $y = g(x)$와 만나는 서로 다른 점의 개수를 $h(t)$라 할 때, 함수 $h(t)$가 다음 조건을 만족시킨다.
>
> (가) $h(2) < h(-1) < h(0)$
> (나) 함수 $(t^2 - t)h(t)$는 모든 실수 t에서 연속이다.
>
> **단서2** 함수 $(t^2 - t)h(t)$가 모든 실수 t에서 연속이기 위해서는 모든 실수 t에서 극한값과 함숫값이 같아야 해. 그런데 이렇게 조건으로 준 이유는 $h(t)$가 어딘가에서 끊어져 있다는 반증이야.
>
> $80f\left(\dfrac{1}{2}\right)$의 값을 구하시오. (4점)

왜 2등급? 이차함수를 이용하여 정의된 함수의 그래프 중에서 조건을 만족시키는 그래프를 찾아 그 그래프와 직선이 만나는 서로 다른 점의 개수로 정의된 함수가 연속이 되도록 하는 미정계수를 구하는 문제이다.

이 문제를 해결하기 위해서는 함수 $f(x)$를 이용하여 정의된 함수 $g(x)$의 특성을 파악하고 교점의 개수로 정의된 함수 $h(t)$의 함숫값의 대소를 이용하여 함수 $y = g(x)$의 그래프를 찾는 것이 우선되어야 한다.

💡 단서+발상

단서1 함수 $g(x)$는 $x \geq 0$일 때 $f(x)$이고 $x < 0$일 때 $f(-x)$이므로 $f(x)$의 이차항의 계수의 부호와 꼭짓점의 위치에 따라 경우를 나누어 함수 $y = g(x)$의 그래프의 개형을 그릴 수 있어야 한다. (개념)

이 그래프의 개형 중 조건 (가)를 만족시키는 그래프를 찾아 함수 $y = g(x)$의 그래프와 직선 $y = t$의 교점의 개수로 정의된 함수 $h(t)$를 구해야 한다. (적용)

단서2 조건 (나)의 함수가 모든 실수에서 연속이 되도록 함수 $h(t)$가 불연속이 되는 점을 찾아내 구간에 따라 상수함수인 함수 $h(t)$를 정확히 구해내야 한다. (발상)

단서3 함수 $h(t)$를 이용하여 함수 $f(x)$를 구해야 하는데 a, b, c가 정수임을 이용하는 것이 중요하다. 이 조건을 놓치면 조건이 부족해 함수 $f(x)$를 구할 수 없다. (개념)

> **주의** 정수 a, b의 부호에 따라 경우를 모두 나타내지 못하면 조건을 만족시키는 함수 $y = g(x)$의 그래프의 개형을 찾지 못할 수 있음에 주의해야 한다.

> **핵심 정답 공식**: 실수 전체의 집합에서 연속인 함수와 $x \neq a$에서 연속인 함수의 곱으로 나타내어진 함수가 실수 전체의 집합에서 연속이려면 $x = a$에서만 연속이면 된다.

---------------------- [문제 풀이 순서] ----------------------

1st $y = g(x)$의 그래프의 개형을 생각해 보자.

$f(-x) = a(-x-b)^2 + c = a(x+b)^2 + c$이므로

$$g(x) = \begin{cases} a(x-b)^2 + c & (x \geq 0) \\ a(x+b)^2 + c & (x < 0) \end{cases}$$

즉, 함수 $y = g(x)$의 그래프는 함수 $y = f(x)$ $(x \geq 0)$의 그래프를 y축에 대하여 대칭이동한 $f(-x)$의 그래프와 $f(x)$의 그래프를 합친 것이므로 다음과 같은 6개의 개형으로 나타낼 수 있다.

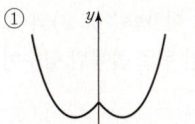 ① a가 양수이고 꼭짓점의 x좌표인 b도 양수인 경우

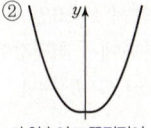 ② a가 양수이고 꼭짓점이 y축 위에 있는 경우

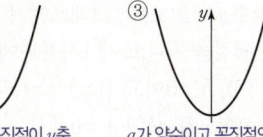 ③ a가 양수이고 꼭짓점의 x좌표인 b는 음수인 경우

④ a가 음수이고 꼭짓점의 x좌표인 b는 양수인 경우

⑤ a가 음수이고 꼭짓점이 y축 위에 있는 경우

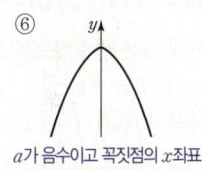 ⑥ a가 음수이고 꼭짓점의 x좌표인 b도 음수인 경우

이때, 실수 t에 대하여 직선 $y = t$와 함수 $y = g(x)$의 그래프가 만나는 서로 다른 점의 개수는 0, 1, 2, 3, 4가 될 수 있다.

따라서 위의 6개의 그래프 중에서 함수 $h(t)$가 조건 (가)의 $h(2) < h(-1) < h(0)$을 만족시키게 하는 함수 $y = g(x)$의 그래프의 개형은 ④이다.
직선 $y = t$를 움직여 갈 때, $h(2) < h(-1) < h(0)$을 만족시키는 것은 $t = 2$, $t = -1$, $t = 0$일 때 교점의 개수가 다르고 점점 늘어나야 한다는 것이다.

함정 조건 (가)를 통해 $h(t)$가 증가했다 도중에는 한 번 감소하는 개형을 가진다는 걸 알아야 해!

2nd 함수 $y = g(x)$의 그래프를 이용하여 함수 $y = h(t)$의 그래프를 그려 보고 함수로 표현해 봐.

$h(t) = 3$을 만족시키는 t의 값을 α, $h(t) = 2$를 만족시키는 t의 값을 β $(\alpha < \beta)$라 하면 함수 $y = g(x)$의 그래프와 함수 $y = h(t)$의 그래프의 개형은 그림과 같다. (단, $-1 \leq \alpha \leq 0$, $0 < \beta \leq 2$)

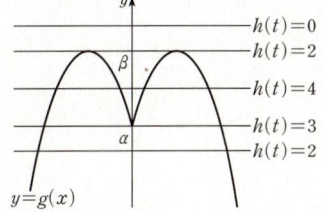

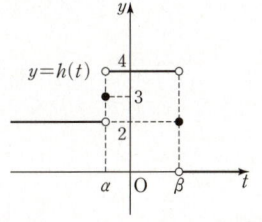

그림에서 함수 $y=h(t)$의 그래프는 $t=\alpha$, $t=\beta$에서 불연속이다.
그런데 조건 (나)에서 함수 $(t^2-t)h(t)$가 모든 실수 t에서 연속이므로 $t=\alpha$, $t=\beta$에서 연속이어야 한다.

(i) 함수 $(t^2-t)h(t)$가 $t=\alpha$에서 연속이어야 하므로
$$\lim_{t\to\alpha-}(t^2-t)h(t)=\lim_{t\to\alpha+}(t^2-t)h(t)=(\alpha^2-\alpha)h(\alpha)$$
즉, $\alpha^2-\alpha=0$이어야 하므로 $\alpha=0$ 또는 $\alpha=1$

(ii) 함수 $(t^2-t)h(t)$가 $t=\beta$에서 연속이어야 하므로
$$\lim_{x\to\beta-}(t^2-t)h(t)=\lim_{x\to\beta+}(t^2-t)h(t)=(\beta^2-\beta)h(\beta)$$
즉, $\beta^2-\beta=0$이어야 하므로 $\beta=0$ 또는 $\beta=1$

이때, $-1\le\alpha\le0$, $0<\beta\le2$이므로 $\alpha=0$, $\beta=1$

$$\therefore h(t)=\begin{cases} 0 & (t>1) \\ 2 & (t=1) \\ 4 & (0<t<1) \\ 3 & (t=0) \\ 2 & (t<0) \end{cases}$$

> $h(t)$가 $t=\alpha$와 $t=\beta$에서 불연속이므로 $\alpha^2-\alpha=0$이고 $\beta^2-\beta=0$이어야 $(t^2-t)h(t)$의 극한값과 함숫값이 같아져서 연속이 돼.

3rd $y=f(x)$를 구하여 $80f\left(\dfrac{1}{2}\right)$의 값을 구하자.

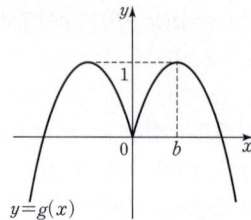

위의 함수 $y=g(x)$의 그래프에서 $x\ge0$인 부분의 이차함수 $f(x)$의 그래프는 원점을 지나고 제1사분면에서 최댓값이 1인 위로 볼록한 함수이므로 $a<0$, $b>0$이고 $f(x)=a(x-b)^2+1$

$f(0)=0$이므로 $ab^2+1=0$에서

$ab^2=-1$ $\quad\therefore a=-\dfrac{1}{b^2}$

이때, <mark>a는 정수이므로</mark> $b^2=1$이고 $b>0$이므로

$b=1$, $a=-1$

 주의
> a를 구할 다른 정보가 없어 보여도 문제에서 다 제시되어 있다는 걸 잊지 마.

따라서 $f(x)=-(x-1)^2+1$이므로

$80f\left(\dfrac{1}{2}\right)=80\times\dfrac{3}{4}=60$

My Top Secret 　　　　　서울대 선배의 **❶등급 대비 전략**

어떤 함수 $f(x)$와 연속함수 $g(x)$에 대하여 $f(x)$가 $x=a$에 불연속이고 함수 $f(x)g(x)$가 $x=a$에서 연속이면 연속의 정의에 의해 $g(a)=0$임을 알 수 있어. 이것을 문제에 적용하면 연속함수 $y=t^2-t$와 $t=a$에서 불연속인 함수 $h(t)$에 대하여 함수 $(t^2-t)h(t)$가 $t=a$에서 연속이 되려면 $a^2-a=0$이어야 해.

B 131 　정답 65　　　　　　　　　❷1등급 대비 [정답률 18%]

> **정답 공식:** 두 함수 $f(x)$, $g(x)$에 대하여 $\lim\limits_{x\to a}\dfrac{f(x)}{g(x)}=\alpha$ (α는 실수)일 때 $\lim\limits_{x\to a}g(x)=0$이면 $\lim\limits_{x\to a}f(x)=0$

최고차항의 계수가 양수인 삼차함수 $f(x)$와 실수 t에 대하여 함수
$$g(x)=\begin{cases} -f(x) & (x<t) \\ f(x) & (x\ge t) \end{cases}$$
는 실수 전체의 집합에서 연속이고 다음 조건을 만족시킨다.

단서1 $g(x)$가 실수 전체의 집합에서 연속이려면 $x=t$에서도 연속일 조건 $\lim\limits_{x\to t-}g(x)=\lim\limits_{x\to t+}g(x)=g(t)$를 생각해.

(가) 모든 실수 a에 대하여 $\lim\limits_{x\to a+}\dfrac{g(x)}{x(x-2)}$의 값이 존재한다.

단서2 $a=0$ 또는 $a=2$일 때, 즉 분모가 0에 수렴할 때에도 존재해야 해.

(나) $\lim\limits_{x\to m+}\dfrac{g(x)}{x(x-2)}$의 값이 음수가 되도록 하는 자연수 m의 집합은 $\left\{g(-1),\ -\dfrac{7}{2}g(1)\right\}$이다.

단서3 $\lim\limits_{x\to m+}\dfrac{g(x)}{x(x-2)}$에서 자연수 m의 값에 따라 분모의 부호가 결정되므로 분모가 음수, 양수, 0이 되는 경우로 나누어서 생각하면 돼.

$g(-5)$의 값을 구하시오. $\left(\text{단, } g(-1)\ne-\dfrac{7}{2}g(1)\right)$ (4점)

💡 **단서+발상**

단서1 함수 $g(x)$가 실수 전체의 집합에서 연속이라는 조건을 이용해 $f(t)$의 값을 구할 수 있다. (적용)

단서2, 3 두 조건 (가), (나)를 이용해 삼차함수 $f(x)$의 인수를 추론하고, 함수 $y=g(x)$의 그래프의 개형을 추론할 수 있다. (발상)
얻은 정보들을 조합해 삼차함수 $f(x)$를 결정하고 $g(-5)$의 값을 구한다. (해결)

--------------------- [문제 풀이 순서] ---------------------

1st 함수 $g(x)$가 실수 전체의 집합에서 연속이라는 것을 이용하여 $f(t)$의 값을 알아내자.

다항함수 $f(x)$는 실수 전체의 집합에서 연속이므로
함수 $g(x)$가 실수 전체의 집합에서 연속이려면
$x=t$에서 연속이어야 한다.
그러므로 $\lim\limits_{x\to t-}g(x)=\lim\limits_{x\to t+}g(x)=g(t)$

즉, $\lim\limits_{x\to t-}\{-f(x)\}=\lim\limits_{x\to t+}f(x)=f(t)$

그런데 $f(x)$는 실수 전체의 집합에서 연속이고
$\lim\limits_{x\to t-}\{-f(x)\}=-f(t)$, $\lim\limits_{x\to t+}f(x)=f(t)$이므로
$-f(t)=f(t)$ 　　$\therefore f(t)=0 \cdots \bigcirc$

2nd 조건 (가)를 이용하여 삼차함수 $f(x)$를 추측하자.

또한, 조건 (가)에서 $a=0$ 또는 $a=2$일 때에도
$\lim\limits_{x\to a+}\dfrac{g(x)}{x(x-2)}$의 값이 존재해야 하므로

> 모든 a의 값에 대하여 $\lim\limits_{x\to a+}\dfrac{g(x)}{x(x-2)}$의 값이 존재하려면 (분모) $\to$ 0인 $a=0$, $a=2$일 때에도 (분자) $\to$ 0이어야 해.

$g(0)=0$, $g(2)=0 \cdots$ ⓐ

> $g(x)$는 실수 전체의 집합에서 연속이므로 $\lim\limits_{x\to0}g(x)=g(0)$, $\lim\limits_{x\to2}g(x)=g(2)$야.

즉, $f(0)=0$, $f(2)=0$이다.

그러므로 최고차항의 계수가 양수인 삼차함수 $f(x)$를
$f(x)=bx(x-2)(x-k)$ $(b>0, k$는 상수$)$ … ㉡라 하자.

3rd 조건 (나)를 이용하여 조건을 더 알아내자.

한편, 자연수 m에 대하여 조건 (나)에서

$\boxed{\displaystyle\lim_{x\to m+}\frac{g(x)}{x(x-2)}<0}$일 조건은 다음과 같다.

> **실수❺** 분모 $x(x-2)$는
> $0<x<2$일 때, $x(x-2)<0$
> $x=0$ 또는 $x=2$일 때, $x(x-2)=0$
> $x<0$ 또는 $x>2$일 때, $x(x-2)>0$이고
> m의 값이 자연수이므로
> (i) (분모)<0, 즉 $m=1$
> (ii) (분모)$=0$, 즉 $m=2$
> (iii) (분모)>0, 즉 $m>2$인 경우로 나누어서 생각해야 해.

(ⅰ) $m=1$일 때,
$\displaystyle\lim_{x\to1+}x(x-2)=1\times(1-2)<0$이므로
$\displaystyle\lim_{x\to1+}\frac{g(x)}{x(x-2)}$의 값이 음수가 되려면 $g(1)>0$이어야 한다.

그런데 조건 (나)에서 $-\dfrac{7}{2}g(1)>0$이므로 $g(1)<0$

따라서 조건에 모순이다.

(ⅱ) $m=2$일 때,
$$\lim_{x\to2+}\frac{g(x)}{x(x-2)}=\lim_{x\to2+}\frac{1}{x}\times\lim_{x\to2+}\frac{g(x)}{x-2}$$
$$=\lim_{x\to2+}\frac{1}{x}\times\lim_{x\to2+}\frac{g(x)-g(2)}{x-2}$$
<u>㉮에서 $g(2)=0$이라 했어.</u>
$$=\frac{1}{2}\times\lim_{x\to2+}\frac{g(x)-g(2)}{x-2}<0$$

이므로 $\displaystyle\lim_{x\to2+}\frac{g(x)-g(2)}{x-2}<0$이어야 한다.

(ⅲ) $m>2$일 때,
$$\lim_{x\to m+}\frac{g(x)}{x(x-2)}=\frac{g(m)}{m(m-2)}$$이고
$m(m-2)>0$이므로 $g(m)<0$이어야 한다.

(ⅰ), (ⅱ), (ⅲ)에서
$\displaystyle\lim_{x\to m+}\frac{g(x)}{x(x-2)}<0$인 자연수 m의 개수가 2이려면
$g(m)<0$이고 $m>2$인 자연수 m이 적어도 한 개가 존재해야 한다.
<u>함수 $y=g(x)$의 그래프에서 $g(3)<0$이고 함수 $f(x)$에서 $k>3$인 것을 알아낼 수 있어.</u>
그러므로 조건 (나)에서
$f(x)=bx(x-2)(x-k)$ $(k>3)$이고
$g(-1)>0$, $g(1)<0$이므로 $t=2$이어야 한다.
<u>∵ 조건 (나)</u> <u>㉠에서 $f(t)=0$이라고 하였으므로
$t=0$ 또는 $t=2$ 또는 $t=k$인데 조건에 맞는 $t=2$야.</u>

그러므로 $g(x)=\begin{cases}-bx(x-2)(x-k) & (x<2)\\ bx(x-2)(x-k) & (x\geq2)\end{cases}$ $(b>0)$이다.

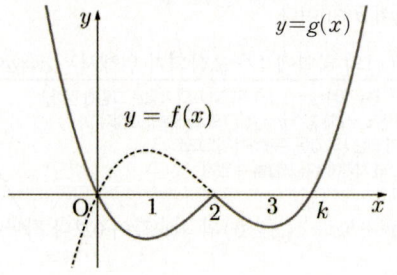

4th k의 값과 $g(-5)$의 값을 알아내자.

이때, 두 자연수 2, 3이 조건 (나)를 만족시키므로 $3<k\leq4$이어야 한다.
조건 (나)에서 자연수 m의 집합의 원소는 2개이므로 2, 3 두 개만 성립하고 4일 때는 조건을 만족시키지 않아야 하므로 $3<k\leq4$
한편, $g(-1)=3b(k+1)$, $g(1)=-b(k-1)$이고
조건 (나)에서
$g(-1)=2$, $-\dfrac{7}{2}g(1)=3$ 또는 $g(-1)=3$, $-\dfrac{7}{2}g(1)=2$이다.

① $g(-1)=2$, $-\dfrac{7}{2}g(1)=3$일 때,

$3b(k+1)=2$에서 $b=\dfrac{2}{3(k+1)}$

$-\dfrac{7}{2}\times\{-b(k-1)\}=3$에서 $b=\dfrac{6}{7(k-1)}$

즉, $b=\dfrac{2}{3(k+1)}=\dfrac{6}{7(k-1)}$이므로

$k=-8$이고, 이는 $3<k\leq4$에 모순이다.

② $g(-1)=3$, $-\dfrac{7}{2}g(1)=2$일 때,

$3b(k+1)=3$에서 $b=\dfrac{1}{k+1}$

$-\dfrac{7}{2}\times\{-b(k-1)\}=2$에서 $b=\dfrac{4}{7(k-1)}$

즉, $b=\dfrac{1}{k+1}=\dfrac{4}{7(k-1)}$이므로

$k=\dfrac{11}{3}$이고, 이는 $3<k\leq4$를 만족시킨다.

①, ②에서 $k=\dfrac{11}{3}$, $b=\dfrac{1}{k+1}=\dfrac{3}{14}$이다.

$$g(x)=\begin{cases}-\dfrac{3}{14}x(x-2)\left(x-\dfrac{11}{3}\right) & (x<2)\\ \dfrac{3}{14}x(x-2)\left(x-\dfrac{11}{3}\right) & (x\geq2)\end{cases}$$

∴ $g(-5)=-\dfrac{3}{14}\times(-5)\times(-7)\times\left(-\dfrac{26}{3}\right)=65$

> **1등급 대비 특강**
> ＊ **극한을 어떻게 읽어야 하는가**
>
> 이번 문제를 비롯해서 새롭게 정의된 함수를 다룰 때 종종 마주하는 문제는 '주어진 극한을 어떻게 파악할 것인가'일 거야. 극한을 다룰 때는 항상 분모를 주의 깊게 살펴볼 필요가 있어. 극한값을 조사하고 싶은 지점을 $x\to a$라고 해보자. $x\to a$일 때, 분모가 0에 가까워지지 않는다면 그대로 그 값을 분모, 분자에 모두 대입하면 되지. 하지만 우리가 진짜 주의 깊게 봐야 하는 경우는 $x\to a$일 때, 분모가 0에 가까워지는 경우야. 이 경우에는 분자에 들어갈 함수의 함숫값이나 미분계수에 대한 정보를 얻을 수 있거든. 어려운 극한 문제에서는 여러 개념을 복합적으로 쓸 것을 출제자가 은근히 요구하는 경우가 많아. 혹시 이번 문제에서 자신이 떠올리지 못한 부분이 어디인지 잘 살펴보고 다음에 비슷한 상황을 마주했을 때 어떻게 대처하면 좋을지 잘 고민해 보자!

B 132 정답 ①   ⊕2등급 대비 [정답률 28%]

★조건을 만족시키는 연속함수 $y=f(x)$의 그래프 그리기 [유형 13]

세 실수 a, b, c에 대하여 함수 $f(x)$는 **단서1** $x<0$인 경우와 $x>0$인 경우는 함수 $f(x)$와 함수 $|f(x)|$ 모두 연속이므로, $x=0$인 경우에 연속이 되도록 하는 세 실수 a, b, c의 값을 구하면 돼.

$$f(x)=\begin{cases} -|2x+a| & (x<0) \\ x^2+bx+c & (x\geq0) \end{cases}$$

이고, 함수 $|f(x)|$는 실수 전체의 집합에서 연속이다.

실수 t에 대하여 직선 $y=t$가 두 함수 $y=f(x)$, $y=|f(x)|$의 그래프와 만나는 점의 개수를 각각 $g(t)$, $h(t)$라 할 때, 두 함수 $g(t)$, $h(t)$가 다음 조건을 만족시킨다.

> (가) 함수 $g(t)$의 치역은 $\{1, 2, 3, 4\}$이다.
> **단서2** $x<0$일 때 $-|2x+a|\leq0$이므로 함수 $g(t)$의 치역에 4가 포함되기 위해서는 $x\geq0$에서 $x^2+bx+c<0$인 부분이 있어야 해.
> (나) $\displaystyle\lim_{t\to2-}h(t)\times\lim_{t\to2+}h(t)=12$
> **단서3** 함수 $h(t)$에 대하여 $t=2$에서의 좌극한값과 우극한값의 곱이 12가 된다는 뜻이야.

$f(-2)+f(6)$의 값은? (4점)

① 12   ② 14   ③ 16   ④ 18   ⑤ 20

왜 2등급? 주어진 조건을 만족시키도록 경우를 나누어 함수의 그래프를 그려서 직선과 만나는 점의 개수로 정의된 함수를 찾는 문제이다.
이때, 주어진 함수 $f(x)$의 미정계수가 a, b, c로 세 개이므로 함수 $y=f(x)$의 그래프는 여러 가지로 그려질 수 있다. 그 중 조건 (가)를 만족시키는 함수 $y=f(x)$의 그래프의 개형을 찾을 수 있어야 한다.

💡 단서+발상

단서1 함수 $|f(x)|$가 실수 전체의 집합에서 연속임을 이용하여 두 상수 a, c에 대한 관계식을 찾아야 한다. **발상**
이때, 어떤 함수가 구간별로 서로 다른 함수로 정의되어 있고 그 서로 다른 함수가 연속함수이면 어떤 함수가 실수 전체의 집합에서 연속이 되기 위해서는 구간의 끝 점에서 연속이 되어야 함을 적용해야 한다. **개념**

단서2 조건 (가)를 이용하여 함수 $y=f(x)$의 그래프의 개형을 결정해야 한다.
이때, 일차함수에 절댓값을 씌운 함수의 그래프는 절댓값 안이 0이 되는 x에서 아래로 뾰족한 V 꼴이고 최고차항의 계수가 양수인 이차함수의 그래프는 아래로 볼록한 포물선임을 알아야 한다. **개념**
이를 이용하여 함수 $y=f(x)$의 그래프의 개형이 될 수 있는 것 중 함수 $g(t)$의 치역이 $\{1, 2, 3, 4\}$가 되는 함수 $y=f(x)$의 그래프를 결정해야 한다. **적용**

단서3 $x\geq0$일 때의 함수 $y=f(x)$의 그래프의 꼭짓점의 y좌표의 범위에 따라 함수 $y=|f(x)|$의 그래프를 그리고 **개념**
조건 (나), 즉 $t=2$에서의 함수 $h(t)$의 우극한값과 좌극한값의 곱이 12가 되는 함수 $y=|f(x)|$의 그래프를 결정하면 된다. **해결**

주의 함수 $f(x)$의 미정계수가 세 개이기 때문에 함수 $y=f(x)$의 그래프의 개형은 여러 가지가 존재한다. 조건 (가)를 이용하여 함수 $y=f(x)$의 그래프의 개형을 먼저 파악해야 한다.

> **핵심 정답 공식:** $\displaystyle\lim_{t\to2-}h(t)$는 t의 값이 2보다 작은 값을 가지면서 2에 가까이 다가갈 때 함수 $h(t)$의 값이 가까워지는 일정한 값이고, $\displaystyle\lim_{t\to2+}h(t)$는 t의 값이 2보다 큰 값을 가지면서 2에 가까이 다가갈 때 함수 $h(t)$의 값이 가까워지는 일정한 값이다.

------------------ [문제 풀이 순서] ------------------

1st 함수 $|f(x)|$가 실수 전체의 집합에서 연속이고 조건 (가)를 만족시키기 위한 세 실수 a, b, c의 값의 부호를 구하자.

$x<0$인 경우와 $x>0$인 경우, 함수 $f(x)$와 함수 $|f(x)|$는 각각 연속이다.
즉, 함수 $|f(x)|$가 실수 전체의 집합에서 연속이라 했으므로 $x=0$에서 연속이어야 한다.
   → 함수 $g(x)$와 $h(x)$가 각각 연속함수일 때,
$\displaystyle\lim_{x\to0-}|f(x)|=\lim_{x\to0-}|-|2x+a||=|a|$
   → 함수 $f(x)=\begin{cases} g(x) & (x<k) \\ h(x) & (x\geq k) \end{cases}$가 연속이기
$\displaystyle\lim_{x\to0+}|f(x)|=\lim_{x\to0+}|x^2+bx+c|=|c|=|f(0)|$
   → 위해서는 $g(k)=h(k)$가 성립해야 하지
$\therefore c=a$ 또는 $c=-a$ → $|c|=|a|$이므로 $c=\pm a$

한편, 조건 (가)에서 4가 함수 $g(t)$의 치역의 원소 중 하나이므로 함수 $y=f(x)$의 그래프와 직선 $y=t$가 서로 다른 네 점에서 만나도록 하는 실수 t가 존재해야 한다.
즉, [그림 1]과 같이 직선 $y=t$가 $x<0$에서 함수 $y=f(x)$의 그래프와 서로 다른 두 점에서 만나도록 하고, $x\geq0$에서 함수 $y=f(x)$의 그래프와 서로 다른 두 점에서 만나도록 하는 실수 t가 존재해야 한다.

[그림 1]

따라서 $x<0$일 때 $-|2x+a|\leq0$이므로 x축과 만나는 점의 x좌표인 $-\dfrac{a}{2}$는 음수, 즉 $-\dfrac{a}{2}<0$에서 $a>0$이다.

또한, $x\geq0$일 때 $x^2+bx+c<0$을 만족시키는 x의 값이 존재해야 하므로 이차함수 $y=x^2+bx+c$의 그래프의 꼭짓점의 x좌표인 $-\dfrac{b}{2}$는 양수,
   $y=x^2+bx+c=\left(x+\dfrac{b}{2}\right)^2-\dfrac{b^2}{4}+c$
즉 $-\dfrac{b}{2}>0$에서 $b<0$이다.

그리고 함수 $g(t)$의 치역에 4가 포함되기 위해서는 $c=a$이어야 하고,
   $c=-a$인 경우 함수 $y=f(x)$의 그래프의 개형은 그림과 같아. 이 경우 직선 $y=t$와 함수 $y=f(x)$의 그래프의 교점의 개수가 4가 되는 t의 값은 존재하지 않으므로 함수 $g(t)$의 치역에 4가 포함될 수 없지

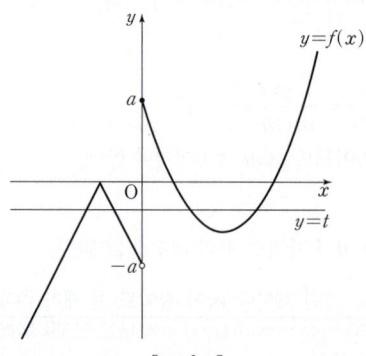

이차함수 $y=x^2+bx+c$ $(x\geq0)$의 최솟값이 0보다 작아야 한다.

2nd 함수 $y=x^2+bx+c\,(x\geq0)$의 최솟값을 k라 두고 k의 값의 범위에 따라 함수 $h(t)$의 그래프의 개형을 그린 뒤 조건 (나)를 만족시키는 경우를 구하자.

이차함수 $y=x^2+bx+c\,(x\geq0)$의 최솟값을 $k\,(k<0)$라 하자.

(ⅰ) $-a<k<0$일 때

함수 $y=f(x)$의 그래프의 개형은 [그림 2]와 같으므로 함수 $g(t)$의 치역은 $\{1,\ 2,\ 3,\ 4\}$이다.

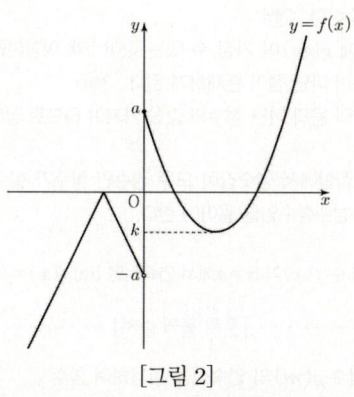

[그림 2]

이때, 함수 $y=|f(x)|$의 그래프의 개형과 함수 $y=h(t)$의 그래프는 [그림 3]과 같다.

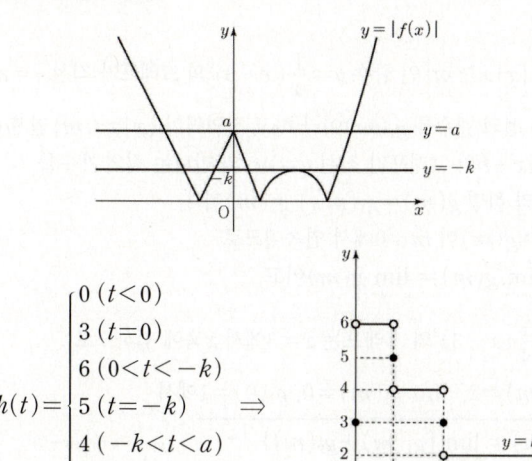

$$h(t)=\begin{cases}0 & (t<0)\\3 & (t=0)\\6 & (0<t<-k)\\5 & (t=-k)\\4 & (-k<t<a)\\3 & (t=a)\\2 & (t>a)\end{cases}\quad\Rightarrow$$

[그림 3]

이 경우 조건 (나)를 만족시키는 t의 값이 존재하지 않는다.

(ⅱ) $k<-a$일 때 ^{(좌극한 값)×(우극한 값)=12가 되는 값}

함수 $y=f(x)$의 그래프의 개형은 [그림 4]와 같으므로 함수 $g(t)$의 치역은 $\{1,\ 2,\ 3,\ 4\}$이다.

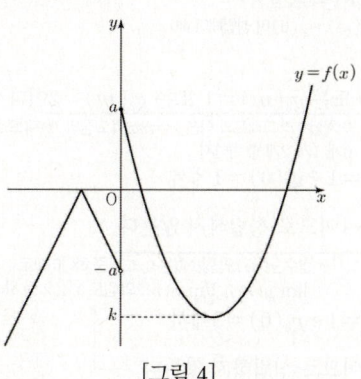

[그림 4]

이때, 함수 $y=|f(x)|$의 그래프의 개형과 함수 $y=h(t)$의 그래프는 [그림 5]와 같다.

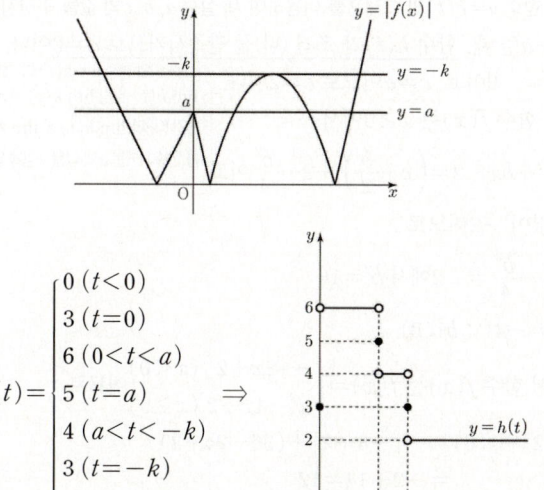

$$h(t)=\begin{cases}0 & (t<0)\\3 & (t=0)\\6 & (0<t<a)\\5 & (t=a)\\4 & (a<t<-k)\\3 & (t=-k)\\2 & (t>-k)\end{cases}\quad\Rightarrow$$

[그림 5]

이 경우도 조건 (나)를 만족시키는 t의 값이 존재하지 않는다.

(ⅲ) $k=-a$일 때

함수 $y=f(x)$의 그래프의 개형은 [그림 6]과 같으므로 함수 $g(t)$의 치역은 $\{1,\ 2,\ 3,\ 4\}$이다.

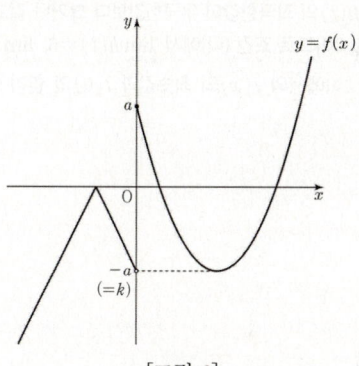

[그림 6]

이때, 함수 $y=|f(x)|$의 그래프의 개형과 함수 $y=h(t)$의 그래프는 [그림 7]과 같다.

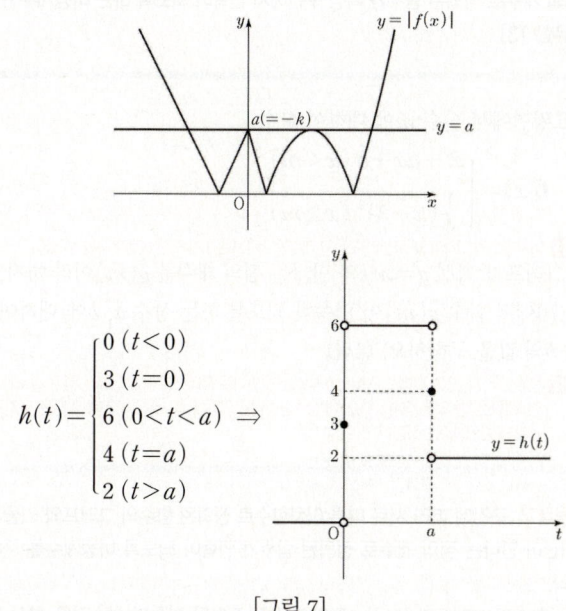

$$h(t)=\begin{cases}0 & (t<0)\\3 & (t=0)\\6 & (0<t<a)\\4 & (t=a)\\2 & (t>a)\end{cases}\quad\Rightarrow$$

[그림 7]

이 경우는 조건 (나)를 만족시키는 t의 값이 존재한다.

$$\lim_{t\to a-}h(t)\times\lim_{t\to a+}h(t)=6\times2=12$$

3rd 함수 $y=h(t)$의 그래프를 이용하여 세 실수 a, b, c의 값을 구하자.

$k=-a$일 때, 함수 $h(t)$가 조건 (나)를 만족시키므로 $a=2$이다.

즉, $k=-2$이고, $c=a$이므로 $c=2$이다.

또한, 함수 $f(x)$는 $x\geq0$에서

$$y=x^2+bx+2=\left(x+\frac{b}{2}\right)^2+2-\frac{b^2}{4}$$이고

최솟값이 -2이므로

$$k=2-\frac{b^2}{4}=-2$$에서 $b^2=16$

$$\therefore b=-4(\because b<0)$$

따라서 함수 $f(x)$는 $f(x)=\begin{cases}-|2x+2| & (x<0) \\ x^2-4x+2 & (x\geq0)\end{cases}$이므로

$$f(-2)+f(6)=-|-4+2|+(36-24+2)$$
$$=-2+14=12$$

> [그림 7]의 함수 $y=h(t)$의 그래프에서 $\lim\limits_{t\to a-}h(t)=6$, $\lim\limits_{t\to a+}h(t)=2$이므로 조건 (나)의 $\lim\limits_{t\to a-}h(t)\times\lim\limits_{t\to a+}h(t)=12$를 만족시키는 a의 값은 2임을 알 수 있어.

★ 조건 (다)에서 함수 $h(t)$의 좌·우극한 값의 곱이 12임을 이용하기 1등급 대비 특강

$g(t)=4$가 되는 t가 존재함을 이용하여 함수 $y=f(x)$의 그래프와 함수 $y=|f(x)|$의 그래프를 그려보면 직선 $y=t$가 함수 $y=|f(x)|$의 그래프의 극점을 지나지 않을 때 함수 $h(t)$의 함숫값은 짝수이므로 함수 $h(t)$의 임의의 점에서의 좌극한값과 우극한값은 모두 짝수야. 또, $t>0$에서 임의의 t에 대하여 함수 $h(t)$의 좌극한값이 우극한값보다 크거나 같고 곱해서 12가 되는 두 짝수는 6, 2이므로 조건 (나)에서 $\lim\limits_{t\to2-}h(t)=6$, $\lim\limits_{t\to2+}h(t)=2$야.

이를 이용하면 $x\geq0$에서의 $f(x)$의 최솟값과 $f(0)$의 합이 0이 됨을 바로 알 수 있어.

B 133 정답 48 ·········· ★1등급 대비 [정답률 10%]

★교점의 개수로 정의된 함수가 특정 구간에서 연속이 되도록 하는 미정계수 구하기 [유형 13]

좌표평면에서 실수 m에 대하여 함수

$$f(x)=\begin{cases}x^2+ax+b & (x<m) \\ \dfrac{1}{4}(x-3)^2 & (x\geq m)\end{cases}$$

단서1 이차함수의 그래프와 직선의 교점의 개수는 2개 또는 1개 또는 0개가 나올 수 있어.

의 그래프가 직선 $y=mx$와 만나는 점의 개수를 $g(m)$이라 하자.

$m\leq0$에서 함수 $g(m)$이 연속이 되도록 하는 상수 a, b에 대하여 $a+b$의 값을 구하시오. (4점)

단서2 함수 $y=f(x)$의 그래프와 직선 $y=mx$가 만나는 점의 개수를 나타내는 함수 $g(m)$이 연속이 된다는 것은 함수 $g(m)$이 상수함수임을 의미해. 즉, $m\leq0$일 때, 만나는 점의 개수가 일정하다는 뜻이야.

왜 1등급? 구간에 따라 서로 다른 이차함수로 정의된 함수의 그래프와 기울기가 m인 직선이 만나는 점의 개수로 정의된 함수가 연속이 되도록 미정계수를 구하는 문제이다.

우선, 두 함수의 그래프가 만나는 점의 개수로 정의된 함수의 함숫값은 항상 음이 아닌 정수이므로 이 함수가 연속이려면 만나는 점의 개수가 바뀌면 안 된다는 사실을 고려해야 한다. 즉, 이 함수는 상수함수이어야 함을 파악할 수 있어야 한다.

 단서+발상

단서1 이차방정식의 서로 다른 실근의 개수는 0 또는 1 또는 2이다. **개념**
따라서 이차함수의 그래프와 직선의 교점의 개수는 0, 1, 2 중 하나이다. **개념**
이를 이용하여 $x<m$일 때의 교점의 개수와 $x\geq m$일 때의 교점의 개수를 나누어 함수 $g(m)$을 파악해야 한다. **발상**

단서2 $g(m)$은 곡선과 직선의 교점의 개수로 함수 $g(m)$이 가질 수 있는 값은 음이 아닌 정수이다. **개념**
즉, $m\leq0$일 때 $g(m)$이 가질 수 있는 값이 2개 이상이면 $m\leq0$에서 함수 $g(m)$은 연속이 아닌 점이 존재하게 된다. **적용**
$g(m)$은 하나의 음이 아닌 정수의 값을 가져야 하므로 상수함수이다. **해결**

주의 실수 전체의 집합에서 함숫값이 모두 정수인 함수가 실수 전체의 집합에서 연속이면 이 함수는 상수함수임을 알아야 한다.

(핵심 정답 공식: 함수 $f(x)$가 $x=a$에서 연속이면 $\lim\limits_{x\to a}f(x)=f(a)$가 성립한다.)

---------------------- [문제 풀이 순서] ----------------------

1st $m=0$에서 함수 $g(m)$의 연속성을 이용하여 함수
$f(x)=x^2+ax+b$ $(x<m)$의 그래프의 개형을 찾자.

먼저, $m=0$에서 함수 $g(m)$이 연속이 되도록 하는 상수 a, b의 조건을 찾아보자.

정의역이 $\{x|x\geq m\}$인 함수 $y=\dfrac{1}{4}(x-3)^2$의 그래프가 직선 $y=mx$와 만나는 점의 개수를 $g_1(m)$이라 하고 정의역이 $\{x|x<m\}$인 함수 $y=x^2+ax+b$의 그래프가 직선 $y=mx$와 만나는 점의 개수를 $g_2(m)$이라 하면 $g(m)=g_1(m)+g_2(m)$이다.

이때, 함수 $g(m)$이 $m=0$에서 연속이므로

$$g(0)=\lim\limits_{m\to0+}g(m)=\lim\limits_{m\to0-}g(m)$$이고

함수 $y=\dfrac{1}{4}(x-3)^2$의 그래프는 $x=3$에서 x축에 접하므로

$$\lim\limits_{m\to0+}g_1(m)=2,\ \lim\limits_{m\to0-}g_1(m)=0,\ g_1(0)=1$$에서

$$\lim\limits_{m\to0+}g(m)=\lim\limits_{m\to0+}\{g_1(m)+g_2(m)\}$$
$$=2+\lim\limits_{m\to0+}g_2(m)$$

$$\lim\limits_{m\to0-}g(m)=\lim\limits_{m\to0-}\{g_1(m)+g_2(m)\}$$
$$=0+\lim\limits_{m\to0-}g_2(m)$$

$$g(0)=g_1(0)+g_2(0)=1+g_2(0)$$

따라서

$$2+\lim\limits_{m\to0+}g_2(m)=0+\lim\limits_{m\to0-}g_2(m)=1+g_2(0)$$

> 함수 $g(m)$이 $m=0$에서 연속이므로 $\lim\limits_{m\to0+}g(m)=\lim\limits_{m\to0-}g(m)=g(0)$이 성립해야 해.

이어야 한다.

한편, $g_2(m)=0$ 또는 $g_2(m)=1$ 또는 $g_2(m)=2$이다.

> 이차함수의 그래프와 직선 $y=mx$의 교점의 개수이므로 0개, 1개, 2개 중 하나지.

$g_2(0)=0$이면

$$2+\lim\limits_{m\to0+}g_2(m)=1+g_2(0)=1$$에서

$$\lim\limits_{m\to0+}g_2(m)=-1$$이므로 성립하지 않는다.

$g_2(0)=2$이면

> 함수 $g(m)$의 함숫값은 0, 1, 2 중 하나이므로 $\lim\limits_{m\to0+}g(m)$, $\lim\limits_{m\to0-}g(m)$의 값도 0, 1, 2 중 하나여야 해.

$$0+\lim\limits_{m\to0-}g_2(m)=1+g_2(0)=3$$에서

$$\lim\limits_{m\to0-}g_2(m)=3$$이므로 성립하지 않는다.

따라서 $g_2(0)=1$이어야 하고,

$$2+\lim\limits_{m\to0+}g_2(m)=1+g_2(0)=1+1=2$$에서 $\lim\limits_{m\to0+}g_2(m)=0$,

$$0+\lim\limits_{m\to0-}g_2(m)=1+g_2(0)=1+1=2$$에서 $\lim\limits_{m\to0-}g_2(m)=2$

이므로 함수 $y=x^2+ax+b$의 그래프는 $x<0$에서 x축에 접한다.

즉, $y=x^2+ax+b=\left(x+\dfrac{a}{2}\right)^2+b-\dfrac{a^2}{4}$에서

$-\dfrac{a}{2}<0$, $b-\dfrac{a^2}{4}=0$이므로 $a>0$, $b=\dfrac{a^2}{4}$이다.

또한, $g(0)=g_1(0)+g_2(0)=1+1=2$이다.

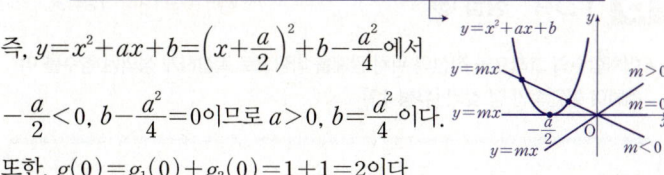

2nd 함수 $y=\dfrac{1}{4}(x-3)^2$의 그래프와 직선 $y=mx$의 위치 관계를 확인하고 m의 값에 따른 교점의 개수를 구하자.

함수 $y=\dfrac{1}{4}(x-3)^2$의 그래프와 직선 $y=mx$의 위치 관계를 판별하기 위해 두 식을 연립하면 $mx=\dfrac{1}{4}(x-3)^2$에서

$x^2-2(2m+3)x+9=0 \cdots \bigcirc$

x에 대한 이차방정식 $\bigcirc$의 판별식을 D라 하면

$\dfrac{D}{4}=(2m+3)^2-9=4m(m+3)$

즉, 함수 $y=\dfrac{1}{4}(x-3)^2$의 그래프와 직선 $y=mx$는

$\underline{-3<m<0}$이면 만나지 않고,

$\underline{m=0}$ 또는 $\underline{m=-3}$이면 한 점에서 만나고,

$\underline{m<-3}$ 또는 $\underline{m>0}$이면 두 점에서 만난다.

① $\dfrac{D}{4}=4m(m+3)<0$, 즉 $-3<m<0$이면 교점의 개수는 0개

② $\dfrac{D}{4}=4m(m+3)=0$, 즉 $m=-3$ 또는 $m=0$이면 교점의 개수는 1개

③ $\dfrac{D}{4}=4m(m+3)>0$, 즉 $m<-3$ 또는 $m>0$이면 교점의 개수는 2개

이때, $x=m$일 때 직선 $y=mx$와 곡선 $y=\dfrac{1}{4}(x-3)^2$의 y좌표의 대소 관계를 확인하기 위해 두 y좌표의 차를 구하면

$\dfrac{1}{4}(m-3)^2-m^2=-\dfrac{3}{4}(m^2+2m-3)=-\dfrac{3}{4}(m+3)(m-1)$

이므로 $m<0$에서

$-3<m<0$이면 곡선 $y=\dfrac{1}{4}(x-3)^2$의 y좌표가 직선 $y=mx$의 y좌표보다 더 크고

$m<-3$이면 직선 $y=mx$의 y좌표가 곡선 $y=\dfrac{1}{4}(x-3)^2$의 y좌표보다 더 크다.

$-3<m<0$이면 $\dfrac{1}{4}(m-3)^2-m^2=-\dfrac{3}{4}(m+3)(m-1)>0$

$m<-3$이면 $\dfrac{1}{4}(m-3)^2-m^2=-\dfrac{3}{4}(m+3)(m-1)<0$

따라서 직선 $y=mx$와 함수 $y=\dfrac{1}{4}(x-3)^2$의 그래프의 교점의 개수는 다음과 같다.

(i) $m<-3$일 때

　$x\geq m$에서 교점의 개수 $g_1(m)=1$

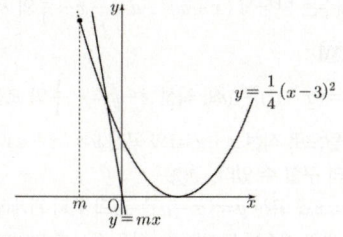

(ii) $m=-3$일 때

　$x\geq m$에서 교점의 개수 $g_1(m)=1$

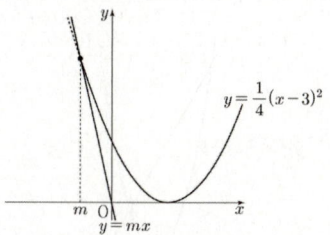

(iii) $-3<m<0$일 때

　$x\geq m$에서 교점의 개수 $g_1(m)=0$

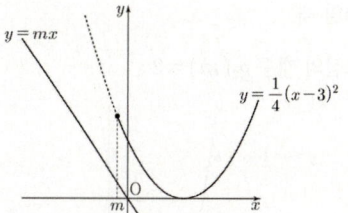

이때, 함수 $g(m)$은 $m\leq 0$에서 연속이고 $g(0)=2$이므로 $m\leq 0$인 모든 m에 대하여 $g(m)=2$이다.

즉, (i)~(iii)에서 $g(m)=g_1(m)+g_2(m)=2$를 만족시키려면

$\left. \begin{array}{l} m<-3 \text{일 때 } g_2(m)=1 \\ m=-3 \text{일 때 } g_2(m)=1 \\ -3<m<0 \text{일 때 } g_2(m)=2 \end{array} \right\} (\mathrm{I})$

이어야 한다.

3rd 위에서 구한 조건들을 만족시키는 함수 $y=x^2+ax+b(x<m)$를 구하자.

이제, $x=m$일 때 직선 $y=mx$와 곡선 $y=x^2+ax+\dfrac{a^2}{4}$의 y좌표의 대 소 관계를 확인하기 위해 두 y좌표의 차를 구하면 $\rightarrow b=\dfrac{a^2}{4}$

$m^2+am+\dfrac{a^2}{4}-m^2=a\left(m+\dfrac{a}{4}\right)$이므로

$m<-\dfrac{a}{4}$이면 직선 $y=mx$의 y좌표가 곡선 $y=x^2+ax+\dfrac{a^2}{4}$의 y좌 표보다 더 크고

$m>-\dfrac{a}{4}$이면 곡선 $y=x^2+ax+\dfrac{a^2}{4}$의 y좌표가 직선 $y=mx$의 y좌표 보다 더 크다.
　　　　　　　　$a>0$이므로

$m<-\dfrac{a}{4}$이면 $m^2+am+\dfrac{a^2}{4}-m^2=a\left(m+\dfrac{a}{4}\right)<0$

$m>-\dfrac{a}{4}$이면 $m^2+am+\dfrac{a^2}{4}-m^2=a\left(m+\dfrac{a}{4}\right)>0$

(iv) $m<-\dfrac{a}{4}$일 때

　$x<m$에서 교점의 개수 $g_2(m)=1$

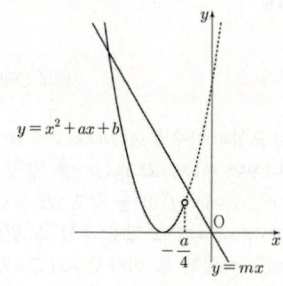

(v) $m=-\dfrac{a}{4}$일 때

$x<m$에서 교점의 개수 $g_2(m)=1$

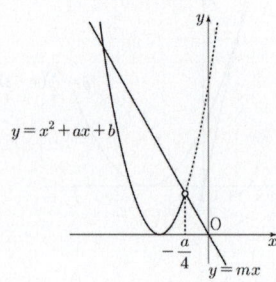

(vi) $-\dfrac{a}{4}<m<0$일 때

$x<m$에서 교점의 개수 $g_2(m)=2$

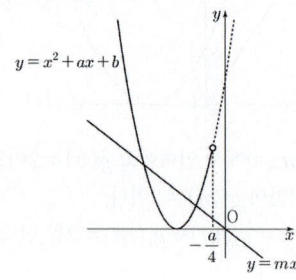

(iv) ~ (vi)에서

$$\left.\begin{array}{l} m<-\dfrac{a}{4}\text{일 때, } g_2(m)=1 \\[2mm] m=-\dfrac{a}{4}\text{일 때, } g_2(m)=1 \\[2mm] -\dfrac{a}{4}<m<0\text{일 때, } g_2(m)=2 \end{array}\right\} \quad (\text{II})$$

4th $m\le 0$에서 함수 $g(m)$이 연속이 될 조건을 만족시키는 $a,\ b$의 값을 구하자.

(Ⅰ)과 (Ⅱ)를 표로 정리하면 다음과 같다.

$g_2(m)$	1	1	2
(Ⅰ)	$m<-3$	$m=-3$	$-3<m<0$
(Ⅱ)	$m<-\dfrac{a}{4}$	$m=-\dfrac{a}{4}$	$-\dfrac{a}{4}<m<0$

따라서 $m\le 0$에서 함수 $g(m)$이 연속이 되려면

$-\dfrac{a}{4}=-3$이어야 하므로 $a=12$

또한, $b=\dfrac{a^2}{4}$이므로 $b=\dfrac{12^2}{4}=\dfrac{144}{4}=36$

$\therefore a+b=12+36=48$

My Top Secret 서울대 선배의 **①** 등급 대비 전략

$g(m)$을 $x\ge m$에서 교점의 개수인 $g_1(m)$과 $x<m$에서 교점의 개수인 $g_2(m)$으로 나누어 $g_1(m)$과 $g_2(m)$을 합한 함수가 연속임을 이용해야 해. 이때, $x\ge m$에서 $f(x)$를 알고 있으므로 $g_1(m)$은 m의 값의 범위에 따라 나누어 그 값을 구할 수 있어. 즉, $y=f(m)$과 $y=mx$에 $x=m$을 대입한 후 이차함수의 그래프와 직선의 위치 관계를 이용하여 $x\ge m$에서의 교점의 개수를 구할 수 있어야 해. 또한, $g(m)$이 상수함수이므로 $g_2(m)$도 m의 값의 범위에 따라 구할 수 있으며 이를 만족시키는 $a,\ b$를 구하자.

---

* 이차함수의 그래프와 직선의 위치 관계를 바탕으로 복잡하게 정의된 함수를 이해하여 불연속인 점 찾기 [유형 13]

실수 t에 대하여 좌표평면에서 집합
$$\{(x,\ y)\,|\,y=x \text{ 또는 } y=(x-a)^2-a\} \ (\text{단, } a \text{는 실수})$$
가 나타내는 도형이 직선 $x+y=t$와 만나는 점의 개수를 $f(t)$라 하자. [보기]에서 옳은 것만을 있는 대로 고른 것은? (4점)

단서1 주어진 도형은 a의 값에 따라 곡선 $y=(x-a)^2-a$의 위치가 달라지므로 직선 $y=x$와의 교점의 개수도 달라져. 이로 인해 직선 $x+y=t$와 만나는 교점의 개수도 달라짐을 알 수 있어.

[보기]

ㄱ. $a=0$일 때, $f(0)=2$이다.

단서2 직선 $y=x$와 곡선 $y=x^2$을 좌표평면 위에 나타낸 후 직선 $x+y=0$과의 교점의 개수를 구해.

ㄴ. 함수 $f(t)$는 $t=-\dfrac{1}{4}$에서 불연속이다.

단서3 곡선 $y=(x-a)^2-a$와 직선 $x+y=-\dfrac{1}{4}$, 즉 $y=-x-\dfrac{1}{4}$의 교점의 개수를 찾아봐. 이때, 교점의 개수는 방정식 $(x-a)^2-a=-x-\dfrac{1}{4}$의 실근의 개수와 같아.

ㄷ. 함수 $f(t)$가 $t=a$에서 불연속이 되는 실수 a의 개수가 2인 모든 a의 값의 합은 $\dfrac{1}{4}$이다.

단서4 곡선 $y=(x-a)^2-a$와 직선 $y=x$의 위치 관계에 따라 $f(t)$가 불연속이 되는 점의 개수를 파악해봐.

① ㄱ　② ㄱ, ㄴ　③ ㄱ, ㄷ　④ ㄴ, ㄷ　⑤ ㄱ, ㄴ, ㄷ

왜 1등급? 이차함수의 그래프와 직선과의 교점의 개수로 정의된 함수에 대하여 [보기]의 참, 거짓을 따지는 문제이다.

이를 위해서는 이차함수 $y=(x-a)^2-a$의 그래프와 두 직선 $y=x,\ y=-x+t$를 그리는 과정에서 각각의 교점의 개수에 유의하여 4가지의 경우로 나눌 수 있어야 한다. 그런 다음, 각 경우에서 t의 범위에 따라 직선 $y=-x+t$를 움직여가며 $f(t)$의 불연속점을 찾으면 된다.

💡 **단서 + 발상**

단서1 곡선 $y=(x-a)^2-a$의 꼭짓점의 좌표가 $(a,\ -a)$이므로 a의 값에 따라 곡선의 위치가 달라지고, 이에 따라 직선 $y=x$와 만나는 점의 개수도 달라짐을 파악하자. **발상**

단서2 $a=0$이고 $t=0$일 때, 곡선 $y=x^2$과 직선 $y=x$를 좌표평면 위에 그린 후, 직선 $x+y=0$을 그려 주어진 도형과 직선 $x+y=0$의 교점이 2개인지 따져보면 된다. **적용**

단서3 함수 $f(t)$는 두 직선 $y=x$와 $x+y=t$가 만나는 점의 개수와 곡선 $y=(x-a)^2-a$와 직선 $x+y=t$가 만나는 점의 개수를 더한 뒤, 세 함수의 그래프가 동시에 만나는 점의 개수를 뺀 값이다. **개념**

두 직선 $y=x$와 $x+y=-\dfrac{1}{4}$이 만나는 점의 개수는 쉽게 구할 수 있으므로 **개념**

곡선 $y=(x-a)^2-a$와 직선 $x+y=-\dfrac{1}{4}$의 교점의 개수를 찾아야 한다. **적용**

이때, 교점의 개수는 방정식 $(x-a)^2-a=-x-\dfrac{1}{4}$의 서로 다른 실근의 개수와 같다. **개념**

단서4 ㄴ에서 곡선 $y=(x-a)^2-a$와 직선 $x+y=-\dfrac{1}{4}$의 교점의 개수를 구하였으므로 이를 바탕으로 직선 $x+y=t$와 곡선 $y=(x-a)^2-a$의 교점의 개수를 t의 값에 따라 구할 수 있다. **적용**

따라서 직선 $y=x$와 곡선 $y=(x-a)^2-a$의 위치 관계에 따라 세 그래프가 동시에 만나는 점의 개수를 따져본 후, 함수 $f(t)$를 파악할 수 있다. **해결**

주의 함수 $y=(x-a)^2-a$의 그래프와 직선 $y=-x-\dfrac{1}{4}$은 a의 값에 관계없이 접한다는 것을 파악해야 한다.

-------------------------- [문제 풀이 순서] --------------------------

1st $a=0$일 때 집합이 나타내는 도형과 $t=0$일 때 직선 $x+y=t$를 좌표평면에 그리고 교점의 개수를 구해.

ㄱ. $a=0$일 때, 즉 집합 $\{(x, y) | y=x$ 또는 $y=x^2\}$이 나타내는 도형과 직선 $x+y=0$을 좌표평면에 나타내면 [그림 1]과 같다.

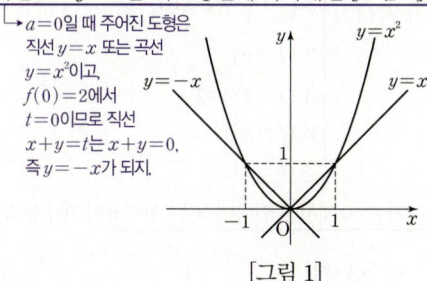

$a=0$일 때 주어진 도형은 직선 $y=x$ 또는 곡선 $y=x^2$이고, $f(0)=2$에서 $t=0$이므로 직선 $x+y=t$는 $x+y=0$, 즉 $y=-x$가 되지.

[그림 1]

두 직선 $y=x$, $y=-x$는 원점에서만 만난다.

또, 곡선 $y=x^2$과 직선 $y=-x$의 교점의 좌표를 구하기 위해 연립하면 $x^2=-x$에서 $x^2+x=0$

$x(x+1)=0$　　∴ $x=-1$ 또는 $x=0$

즉, 직선 $y=x$ 또는 곡선 $y=x^2$과 직선 $y=-x$는 x좌표가 -1, 0 인 두 점에서 만나므로 $a=0$일 때, $f(0)=2$이다. (참)

2nd $t=-\dfrac{1}{4}$일 때, 즉 직선 $x+y=-\dfrac{1}{4}$과 곡선 $y=(x-a)^2-a$의 그래프가 만나는 교점의 개수를 구해.

ㄴ. $t=-\dfrac{1}{4}$일 때 직선 $x+y=-\dfrac{1}{4}$, 즉 $y=-x-\dfrac{1}{4}$과 직선 $y=x$는 한 점에서 만난다.

두 식 $y=x$와 $y=-x-\dfrac{1}{4}$을 연립하여 풀면 $x=-x-\dfrac{1}{4}$, $2x=-\dfrac{1}{4}$　∴ $x=-\dfrac{1}{8}$ 즉, 두 직선은 점 $\left(-\dfrac{1}{8}, -\dfrac{1}{8}\right)$에서 만나.

이제, 직선 $y=-x-\dfrac{1}{4}$과 곡선 $y=(x-a)^2-a$의 교점의 개수를 파악해보자.

두 식 $y=-x-\dfrac{1}{4}$과 $y=(x-a)^2-a$를 연립하여 정리하면 $-x-\dfrac{1}{4}=(x-a)^2-a$, $-x-\dfrac{1}{4}=x^2-2ax+a^2-a$ ∴ $x^2-(2a-1)x+a^2-a+\dfrac{1}{4}=0$

$x^2-(2a-1)x+a^2-a+\dfrac{1}{4}=0$

이 이차방정식의 판별식을 D_1이라 하면 $D_1=(2a-1)^2-4\left(a^2-a+\dfrac{1}{4}\right)=0$이므로

> 함정: 해를 정확하게 구하는 것이 아니라 교점의 개수를 구하려는 것이니까 고민할 것 없이 판별식을 사용하면 돼.

직선 $y=-x-\dfrac{1}{4}$과 곡선 $y=(x-a)^2-a$는 a의 값에 관계없이 항상 한 점에서 만난다.

접한다는 뜻이야.

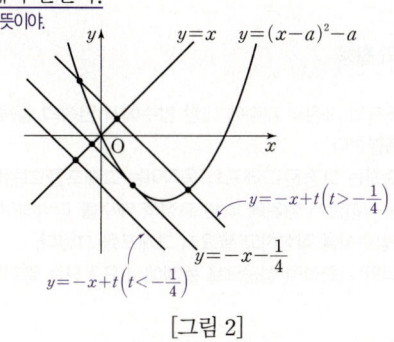

$y=-x+t\left(t>-\dfrac{1}{4}\right)$

$y=-x-\dfrac{1}{4}$

$y=-x+t\left(t<-\dfrac{1}{4}\right)$

[그림 2]

즉, 두 직선 $y=x$, $y=-x-\dfrac{1}{4}$과 곡선 $y=(x-a)^2-a$가 [그림 2]와 같다고 하면 $\lim\limits_{t \to -\frac{1}{4}-} f(t)=1$, $\lim\limits_{t \to -\frac{1}{4}+} f(t)=3$이므로

$f(t)$는 $t=-\dfrac{1}{4}$에서 불연속이다. (참)

3rd 곡선 $y=(x-a)^2-a$와 직선 $y=x$가 만나는 점의 개수에 따라 경우를 나누고 함수 $f(t)$가 불연속이 되는 점의 개수를 구해.

ㄷ. 두 직선 $y=x$, $y=-x+t$는 항상 한 점에서 만나고, ㄴ에 의해 직선 $y=-x+t$와 곡선 $y=(x-a)^2-a$는 $t=-\dfrac{1}{4}$일 때 a의 값에 관계없이 한 점에서 접함을 알 수 있다.

> 실수: 이런 유형의 문제는 보통 [보기]의 앞의 내용에서 구한 것을 바탕으로 푸는 문제들이 많아.

이를 이용하여 곡선 $y=(x-a)^2-a$와 직선 $y=x$의 위치 관계를 나누어 $f(t)$의 불연속인 점의 개수를 파악해보자.

(i) 곡선 $y=(x-a)^2-a$와 직선 $y=x$가 만나는 점의 개수가 0인 경우

[그림 3]에서 $f(t)=\begin{cases} 1 & \left(t<-\dfrac{1}{4}\right) \\ 2 & \left(t=-\dfrac{1}{4}\right) \\ 3 & \left(t>-\dfrac{1}{4}\right) \end{cases}$

즉, 함수 $f(t)$가 $t=a$에서 불연속이 되는 실수 a의 개수는 1이다.

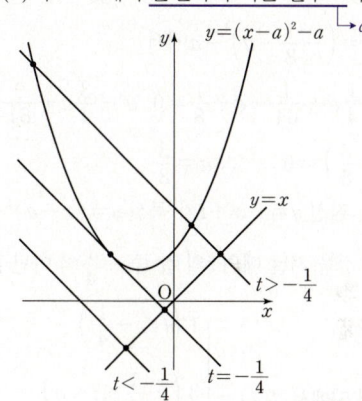

$y=(x-a)^2-a$

$a=-\dfrac{1}{4}$이지?

$y=x$

$t>-\dfrac{1}{4}$

$t<-\dfrac{1}{4}$　$t=-\dfrac{1}{4}$

[그림 3]

> 곡선 $y=(x-a)^2-a$와 직선 $y=x$가 접하는 경우야.

(ii) 곡선 $y=(x-a)^2-a$와 직선 $y=x$가 만나는 점의 개수가 1인 경우

먼저 곡선 $y=(x-a)^2-a$와 직선 $y=x$가 접할 때의 a의 값을 구하기 위해 두 식을 연립하면 $(x-a)^2-a=x$에서 $x^2-(2a+1)x+a^2-a=0$ 이 이차방정식의 판별식을 D_2라 하면 $D_2=0$이므로

$D_2=(2a+1)^2-4(a^2-a)=0$, $8a+1=0$　　∴ $a=-\dfrac{1}{8}$

이때, 직선 $y=-x+t$가 곡선 $y=(x-a)^2-a$와 직선 $y=x$의 접점을 지날 때의 t의 값을 p라 하면

[그림 4]에서 $f(t)=\begin{cases} 1 & \left(t<-\dfrac{1}{4}\right) \\ 2 & \left(t=-\dfrac{1}{4}\right) \\ 3 & \left(-\dfrac{1}{4}<t<p\right) \\ 2 & (t=p) \\ 3 & (t>p) \end{cases}$

즉, 함수 $f(t)$가 $t=\alpha$에서 불연속이 되는 실수 α의 개수는 2이고, 이때의 α의 값은 $\alpha=-\dfrac{1}{8}$이다. ($\to \alpha=-\dfrac{1}{4}$, $\alpha=p$야.)

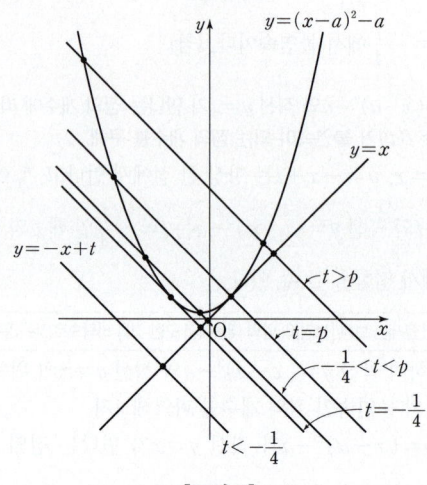

[그림 4]

(iii) <u>곡선 $y=(x-a)^2-a$와 직선 $y=x$가 만나는 점의 개수가 2인 경우</u> 곡선 $y=(x-a)^2-a$는 직선 $y=-x-\dfrac{1}{4}$과 a의 값에 관계없이 접하잖아.

따라서 곡선 $y=(x-a)^2-a$와 직선 $y=x$가 두 점에서 만나는 경우를 따질 때, 그 두 점 중에 두 직선 $y=x$, $y=-x-\dfrac{1}{4}$의 교점, 즉 점 $\left(-\dfrac{1}{8}, -\dfrac{1}{8}\right)$이 포함되는 경우와 포함되지 않는 경우를 구분해서 풀어야 해.

i) 곡선 $y=(x-a)^2-a$가 점 $\left(-\dfrac{1}{8}, -\dfrac{1}{8}\right)$을 지나는 경우

$-\dfrac{1}{8}=\left(-\dfrac{1}{8}-a\right)^2-a$에서

$a^2+\dfrac{1}{4}a+\dfrac{1}{64}-a+\dfrac{1}{8}=0$, $a^2-\dfrac{3}{4}a+\dfrac{9}{64}=0$

$\left(a-\dfrac{3}{8}\right)^2=0$ $\therefore a=\dfrac{3}{8}$

이때, 직선 $y=-x+t$가 곡선 $y=(x-a)^2-a$와 직선 $y=x$의 교점을 지날 때의 t의 값 중 $-\dfrac{1}{4}$이 아닌 값을 q라 하면

[그림 5]에서 $f(t)=\begin{cases}1 \left(t\leq-\dfrac{1}{4}\right)\\ 3\left(-\dfrac{1}{4}<t<q\right)\\ 2\ (t=q)\\ 3\ (t>q)\end{cases}$

즉, 함수 $f(t)$가 $t=\alpha$에서 불연속이 되는 실수 α의 개수는 2이고, 이때의 α의 값은 $\alpha=\dfrac{3}{8}$이다. ($\to \alpha=-\dfrac{1}{4}$, $\alpha=q$야.)

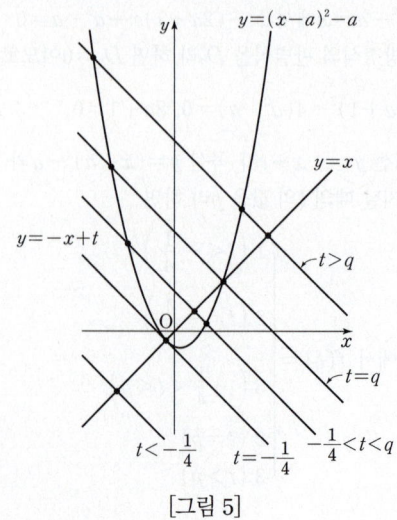

[그림 5]

ii) 곡선 $y=(x-a)^2-a$가 점 $\left(-\dfrac{1}{8}, -\dfrac{1}{8}\right)$을 지나지 않는 경우

직선 $y=-x+t$가 곡선 $y=(x-a)^2-a$와 직선 $y=x$의 교점을 지날 때의 t의 값을 r, $s\,(r<s)$라 하면

[그림 6]에서 $f(t)=\begin{cases}1 \left(t<-\dfrac{1}{4}\right)\\ 2\left(t=-\dfrac{1}{4}\right)\\ 3\left(-\dfrac{1}{4}<t<r\right)\\ 2\ (t=r)\\ 3\ (r<t<s)\\ 2\ (t=s)\\ 3\ (t>s)\end{cases}$

즉, 함수 $f(t)$가 $t=\alpha$에서 불연속이 되는 실수 α의 개수는 3이다. ($\to \alpha=-\dfrac{1}{4}$, $\alpha=r$, $\alpha=s$야.)

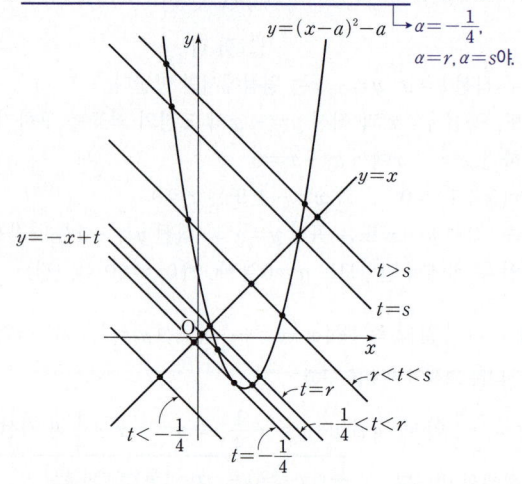

[그림 6]

(i)~(iii)에 의하여 함수 $f(t)$가 $t=\alpha$에서 불연속이 되는 실수 α의 개수가 2일 때, a의 값은 각각 $-\dfrac{1}{8}$, $\dfrac{3}{8}$이므로 모든 a의 값의 합은

$-\dfrac{1}{8}+\dfrac{3}{8}=\dfrac{1}{4}$이다. (참)

따라서 옳은 것은 ㄱ, ㄴ, ㄷ이다.

My Top Secret   서울대 선배의 ❶ 등급 대비 전략

ㄴ에서 왜 하필 $t=-\dfrac{1}{4}$에서의 함수 $f(t)$의 연속성을 물어봤을까?

그 이유는 바로 $t=-\dfrac{1}{4}$일 때, $f(t)$가 불연속인 모든 점을 판단하는 데 도움이 되는 정보를 주기 때문이야.
이처럼 [보기]의 합답형 문제에서는 ㄱ, ㄴ, ㄷ 사이의 관계를 통해 해결의 실마리를 찾는 과정이 꼭 필요해.

❀ **함수의 연속의 활용**   개념·공식

두 함수의 그래프의 교점의 개수에 대한 함수에서 연속의 활용 문제는 다음의 순서로 해결한다.
(i) 조건을 만족하는 고정된 그래프와 움직이는 그래프를 그린다.
(ii) 그래프를 움직이면서 범위에 따른 교점의 개수를 파악하여 교점의 개수에 대한 함수식을 작성하고 필요시 그래프를 그린다.
(iii) 연속의 정의와 기하학적 접근으로 문제에서 요구하는 결과를 얻는다.

B **135** 정답 **40** ·········· ⭐**1등급 대비** [정답률 16%]

＊새롭게 정의된 함수가 두 점에서만 불연속이 되도록 하는 함수식 구하기
[유형 13]

양수 a와 실수 b에 대하여 함수 $f(x)$는
$$f(x)=\begin{cases}-3x(x+2) & (x<0)\\ |ax^2+bx| & (x\geq0)\end{cases}$$
단서1 함수 $y=f(x)$의 그래프의 개형을 그려봐야 해. 특히, $x=-\dfrac{b}{a}$인 점의 위치에 주의하도록 해!

이다. 실수 t에 대하여 $f(x)=t$인 모든 x를 작은 수부터 크기순으로 나열한 것을 $x_1, x_2, x_3, \cdots, x_m$ (m은 자연수)라 할 때, 함수 $g(t)$를 $g(t)=x_1$이라 하자. 함수 $g(t)$가 다음 조건을 만족시킨다.
단서2 $g(t)$의 정의를 파악해야 해. $g(t)$는 함수 $y=f(x)$의 그래프와 직선 $y=t$의 교점의 x좌표 중 가장 작은 값을 뜻하는 거야.

(가) 함수 $g(t)$는 $t=3$, $t=4$에서만 불연속이다.
(나) $\displaystyle\lim_{t\to3+}g(t)=\dfrac{2}{3}$
단서3 함수 $y=f(x)$의 그래프를 따라가면 $y=3-$일 때와 $y=3+$일 때, 또 $y=4-$일 때와 $y=4+$일 때의 함수의 식이 바뀐다는 것을 알아내야 해.
단서4 점 $\left(\dfrac{2}{3},3\right)$이 $y=f(x)$의 그래프 위의 점이라는 거야.

$30\times g(4)$의 값을 구하시오. (4점)

왜 1등급? 절댓값을 포함한 함수 $f(x)$에 대하여 방정식 $f(x)=t$를 만족시키는 가장 작은 실수 x를 새로운 함수 $g(t)$로 정의하여 조건을 만족시키는 함수 $f(x)$를 구하는 문제이다.
$x\geq0$에서의 함수 $y=f(x)$의 그래프의 꼭짓점의 위치에 따라 경우를 나누어 그래프를 그려보고 각 경우에 주어진 조건을 만족시키는 함수 $y=f(x)$의 그래프를 찾아야 한다.

단서+발상
단서1 $x<0$에서의 함수 $y=f(x)$의 그래프는 쉽게 그릴 수 있지만 $x\geq0$에서 $f(x)$는 절댓값을 포함한 함수이므로 절댓값 안의 함수의 그래프를 그린 후, $y<0$인 부분을 x축에 대하여 대칭이동시켜 그려야 한다. **개념**
단서2 함수 $g(t)$가 $t=3$, $t=4$에서만 불연속이 되므로 이 점을 기준으로 함수식이 바뀔 것이라는 것을 예상할 수 있다. **개념**
단서3 즉, $x\geq0$일 때의 함수 $y=f(x)$의 그래프의 꼭짓점의 x좌표가 0보다 작을 때와 0보다 클 때를 나누고 다시 꼭짓점의 y좌표를 k라 할 때, $0<k<3$, $k=3$, $3<k<4$, $k=4$, $k>4$일 때로 나누어 조건 (가)에 맞는 함수 $y=f(x)$의 그래프의 개형을 찾는다. **발상**
단서4 조건 (가)를 이용하여 함수 $y=f(x)$의 그래프의 개형을 찾은 후, 조건 (나)를 만족시키도록 하는 상수 a, b의 값을 각각 결정해야 한다. **적용**
이때, $g(t)$는 함수 $y=f(x)$의 그래프와 직선 $y=t$의 교점 중 가장 왼쪽에 있는 점의 x좌표이므로 점 $\left(\dfrac{2}{3},3\right)$이 함수 $y=f(x)$ 그래프 위의 점임을 파악해야 한다. **해결**

주의 주어진 함수 $f(x)$의 식에 의하여 $x\geq0$에서의 함수 $y=f(x)$의 그래프는 원점을 지난다는 정보만 주어졌기 때문에 함수 $y=ax^2+bx$의 그래프의 꼭짓점의 위치가 $x\leq0$일 때와 $x>0$일 때로 나누어 생각해야 한다.

핵심 정답 공식 : $F(a)$ 또는 $\displaystyle\lim_{x\to a}F(x)$의 값이 존재하지 않거나 $\displaystyle\lim_{x\to a}F(x)\neq F(a)$일 때 함수 $F(x)$는 $x=a$에서 불연속이다. 함수 $g(t)$의 정의와 주어진 조건을 이용하여 $f(x)$에서의 미정계수 a, b의 값을 구한다.

-------------------- [문제 풀이 순서] --------------------

1st 조건 (가)를 만족시키는 함수 $y=f(x)$의 그래프의 개형을 찾아봐.
$x<0$일 때, 함수 $y=-3x(x+2)$의 그래프는 $x=-2$, $x=0$에서 x축과 만나는 이차함수의 그래프이고 $x\geq0$일 때, 함수 $y=|ax^2+bx|$의 그

래프는 $x=0$, $x=-\dfrac{b}{a}$에서 x축과 만나는 이차함수의 그래프에서 x축
절댓값이 포함된 함수의 그래프는 원래의 함수의 그래프를 그리고 $y\geq0$인 부분은 그대로, $y<0$인 부분은 x축에 대하여 대칭이동시키면 돼!
의 아랫부분을 x축에 대하여 대칭이동시킨 그래프이다.
이때,
$$y=-3x(x+2)=-3x^2-6x$$
$$=-3(x+1)^2+3$$
$$y=ax^2+bx$$
$$=a\left(x+\dfrac{b}{2a}\right)^2-\dfrac{b^2}{4a}$$
이므로 함수 $y=f(x)$의 그래프의 개형은 다음과 같이 6가지의 경우 중 하나가 될 수 있다.
주의 $-\dfrac{b}{a}$가 단순히 0보다 크고 작은 경우 뿐만 아니라, 조건 (가)로부터 $f\left(-\dfrac{b}{2a}\right)$의 값을 3과 4를 기준으로 나눠야 된다는 것을 생각해야 해.

(i) $-\dfrac{b}{a}<0$인 경우

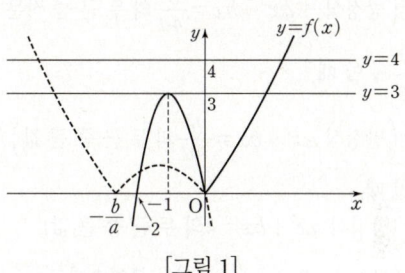

[그림 1]

(ii) $-\dfrac{b}{a}>0$, $0<f\left(-\dfrac{b}{2a}\right)<3$인 경우
꼭짓점의 y좌표의 위치에 따라 그래프의 개형이 달라져

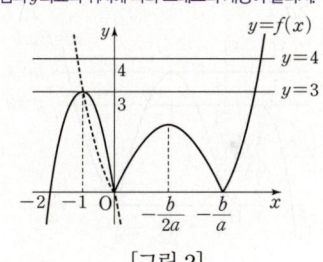

[그림 2]

(iii) $-\dfrac{b}{a}>0$, $f\left(-\dfrac{b}{2a}\right)=3$인 경우

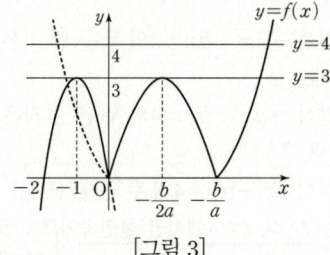

[그림 3]

이때, (i), (ii), (iii)의 경우
ⅰ) $t\to3-$일 때,
 　$g(t)=$(방정식 $-3x(x+2)=3$의 두 근 중 작은 값)
ⅱ) $t\to3+$일 때,
 　$g(t)=$(방정식 $ax^2+bx=3$의 두 근 중 큰 값)
ⅲ) $t\to4$일 때,
 　$g(t)=$(방정식 $ax^2+bx=4$의 두 근 중 큰 값)
즉, 함수 $g(t)$는 $t=3$에서는 불연속이지만 $t=4$에서는 연속이므로 조건을 만족시키지 않는다.

(iv) $-\dfrac{b}{a}>0$, $3<f\left(-\dfrac{b}{2a}\right)<4$인 경우 $\left|-\dfrac{b^2}{4a}\right|=\dfrac{b^2}{4a}(\because a>0)$

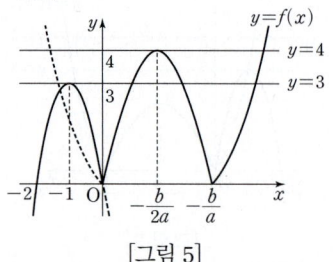

[그림 4]

i) $t \to 3-$일 때,

　$g(t)=($방정식 $-3x(x+2)=3$의 두 근 중 작은 값$)$

ii) $t \to 3+$일 때,

　$g(t)=($방정식 $-ax^2-bx=3$의 두 근 중 작은 값$)$

iii) $t \to \dfrac{b^2}{4a}-$일 때,

　$g(t)=\left($방정식 $-ax^2-bx=\dfrac{b^2}{4a}$의 두 근 중 작은 값$\right)$

iv) $t \to \dfrac{b^2}{4a}+$일 때,

　$g(t)=\left($방정식 $ax^2+bx=\dfrac{b^2}{4a}$의 두 근 중 큰 값$\right)$

v) $t \to 4$일 때,

　$g(t)=($방정식 $ax^2+bx=4$의 두 근 중 큰 값$)$

즉, 함수 $g(t)$는 $t=3$, $t=\dfrac{b^2}{4a}$에서는 불연속이고

$t=4$에서는 연속이므로 조건 (가)를 만족시키지 않는다.

(v) $-\dfrac{b}{a}>0$, $f\left(-\dfrac{b}{2a}\right)=4$인 경우

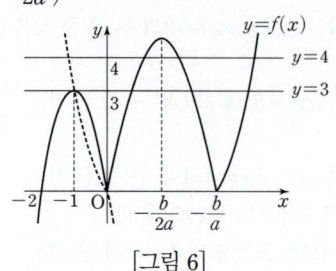

[그림 5]

i) $t \to 3-$일 때,

　$g(t)=($방정식 $-3x(x+2)=3$의 두 근 중 작은 값$)$

ii) $t \to 3+$일 때,

　$g(t)=($방정식 $-ax^2-bx=3$의 두 근 중 작은 값$)$

iii) $t \to 4-$일 때,

　$g(t)=($방정식 $-ax^2-bx=4$의 두 근 중 작은 값$)$

iv) $t \to 4+$일 때,

　$g(t)=($방정식 $ax^2+bx=4$의 두 근 중 큰 값$)$

즉, 함수 $g(t)$는 $t=3$, $t=4$에서만 불연속이므로 조건 (가)를 만족시킨다. → $t<3, t>4$에서는 함수 $g(t)$는 연속이야.

(vi) $-\dfrac{b}{a}>0$, $f\left(-\dfrac{b}{2a}\right)>4$인 경우

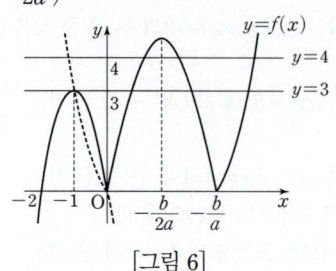

[그림 6]

i) $t \to 3-$일 때,

　$g(t)=($방정식 $-3x(x+2)=3$의 두 근 중 작은 값$)$

ii) $t \to 3+$일 때,

　$g(t)=($방정식 $-ax^2-bx=3$의 두 근 중 작은 값$)$

iii) $t \to 4$일 때,

　$g(t)=($방정식 $-ax^2-bx=4$의 두 근 중 작은 값$)$

iv) $t \to \dfrac{b^2}{4a}-$일 때,

　$g(t)=\left($방정식 $-ax^2-bx=\dfrac{b^2}{4a}$의 두 근 중 작은 값$\right)$

v) $t \to \dfrac{b^2}{4a}+$일 때,

　$g(t)=\left($방정식 $ax^2+bx=\dfrac{b^2}{4a}$의 두 근 중 큰 값$\right)$

즉, 함수 $g(t)$는 $t=3$, $t=\dfrac{b^2}{4a}$에서는 불연속이고

$t=4$에서는 연속이므로 조건 (가)를 만족시키지 않는다.

따라서 함수 $y=f(x)$의 그래프의 개형은 [그림 5]와 같다.

2nd 함수 $f(x)$의 그래프의 개형과 조건 (나)를 이용하여 함수 $f(x)$의 식을 구하자.

[그림 5]의 그래프에 의해 이차함수 $y=-ax^2-bx\left(0\leq x \leq -\dfrac{b}{a}\right)$의 그래프의 꼭짓점의 y좌표는 4이므로

$y=-ax^2-bx=-a\left(x+\dfrac{b}{2a}\right)^2+\dfrac{b^2}{4a}$에서 → 꼭짓점의 좌표는 $\left(-\dfrac{b}{2a},\ \dfrac{b^2}{4a}\right)$이야.

$\dfrac{b^2}{4a}=4$　　$\therefore b^2=16a \cdots$ ㉠

또, 조건 (나)에 의하여 함수 $g(t)$의 $t=3$에서의 우극한의 값이 $\dfrac{2}{3}$이므로

이차함수 $y=-ax^2-bx\left(0\leq x \leq -\dfrac{b}{a}\right)$의 그래프는 점 $\left(\dfrac{2}{3},\ 3\right)$을 지난

다. 즉, $-\dfrac{4}{9}a-\dfrac{2}{3}b=3$이므로

함수 $g(t)$의 $t=3$에서의 좌극한의 값은 곡선 $y=-3x(x+2)$에서 $y=3$일 때의 x의 값 -1이고, 우극한의 값은 곡선 $y=-ax^2-bx$에서 $y=3$일 때의 x의 값 중 작은 값이야.

$4a=-6b-27 \cdots$ ㉡

㉡을 ㉠에 대입하면 $b^2=4(-6b-27)$

$b^2+24b+108=0$, $(b+18)(b+6)=0$

$\therefore b=-18$ 또는 $b=-6$

b의 값을 ㉡에 대입하여 a의 값을 구하면 $\begin{cases} a=\dfrac{81}{4} \\ b=-18 \end{cases}$ 또는 $\begin{cases} a=\dfrac{9}{4} \\ b=-6 \end{cases}$

그런데 [그림 5]에서 이차함수 $y=-ax^2-bx\left(0\leq x \leq -\dfrac{b}{a}\right)$의 그래프의 꼭짓점의 x좌표 $-\dfrac{b}{2a}$는 $\dfrac{2}{3}$보다 커야 하므로 $-\dfrac{b}{2a}>\dfrac{2}{3} \cdots$ ㉢

㉢에 의하여 $a=\dfrac{9}{4}$, $b=-6$

즉,

$f(x)=\begin{cases} -3x(x+2) & (x<0) \\ \left|\dfrac{9}{4}x^2-6x\right| & (x\geq 0) \end{cases}$

$a=\dfrac{81}{4}$, $b=-18$일 때, $-\dfrac{b}{2a}=-(-18)\times\dfrac{1}{2}\times\dfrac{4}{81}=\dfrac{4}{9}<\dfrac{2}{3}$

$a=\dfrac{9}{4}$, $b=-6$일 때, $-\dfrac{b}{2a}=-(-6)\times\dfrac{1}{2}\times\dfrac{4}{9}=\dfrac{4}{3}>\dfrac{2}{3}$

이므로 함수 $y=f(x)$의 그래프는 [그림 7]과 같다.

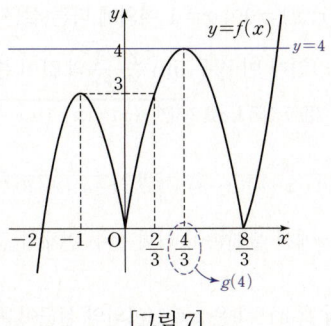

[그림 7]

3rd 함수 $f(x)$를 이용하여 $g(4)$의 값을 찾자.

따라서 $g(4)$의 값은 함수 $y=f(x)$의 그래프와 직선 $y=4$의 교점의 x좌표 중 가장 작은 값이므로 $g(4)=\dfrac{4}{3}$

$\therefore 30 \times g(4) = 30 \times \dfrac{4}{3} = 40$

1등급 대비 **특강**

* 함수 $y=g(t)$의 그래프

[그림 7]의 그래프를 이용하여 함수 $y=g(t)$의 그래프를 그려보자.

(ⅰ) $t \le 3$일 때,

방정식 $-3x(x+2)=t$에서 $3x^2+6x+t=0$

$\therefore x = \dfrac{-3 \pm \sqrt{9-3t}}{3}$ $\therefore g(t) = \dfrac{-3-\sqrt{9-3t}}{3}$

(ⅱ) $3 < t \le 4$일 때,

방정식 $-\dfrac{9}{4}x^2+6x=t$에서 $9x^2-24x+4t=0$

$\therefore x = \dfrac{4 \pm 2\sqrt{4-t}}{3}$ $\therefore g(t) = \dfrac{4-2\sqrt{4-t}}{3}$

(ⅲ) $t > 4$일 때,

방정식 $\dfrac{9}{4}x^2-6x=t$에서 $9x^2-24x-4t=0$

$\therefore x = \dfrac{4 \pm 2\sqrt{4+t}}{3}$ $\therefore g(t) = \dfrac{4+2\sqrt{4+t}}{3}$

(ⅰ)~(ⅲ)에 의하여 함수 $y=g(t)$의 그래프는 다음과 같아.

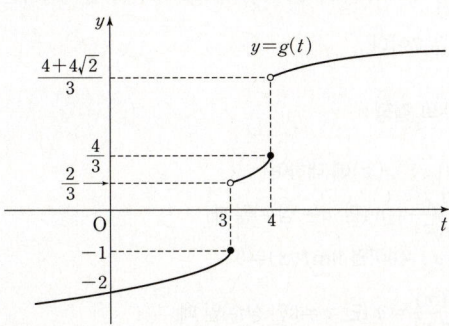

위에서 보듯이 함수 $g(t)$의 그래프를 직접 그리는 것은 복잡해. 따라서 함수 $g(t)$의 불연속인 점의 개수가 2이고, 불연속인 한 점의 우극한값을 이용하여 주어진 함수 $f(x)$의 식의 미정계수를 구해야 해. 즉, 실수 t에 따라 $f(x)=t$를 만족시키는 가장 작은 x의 값이 $y=3$인 지점 좌우에서 바뀌고, 또 $y=3$부터 계속 이어지다가 $y=4$인 지점 좌우에서 다시 바뀌도록 하는 함수 $f(x)$의 그래프의 개형을 찾는 것이 핵심 포인트야.

B 136 정답 ④ *연속함수의 성질 ────────── [정답률 51%]

정답 공식: 함수 $f(x)$가 $x=5$에서 연속임을 이용하여 함수 $f(x)$의 식을 구한 후, 함수 $g(x)h(x)$가 $x=1$에서 연속이 되도록 a의 값을 정한다.

함수
$$f(x) = \begin{cases} \dfrac{x^2+ax+b}{x-5} & (x \ne 5) \\ 7 & (x=5) \end{cases}$$
에 대하여 두 함수 $g(x)$, $h(x)$를
$$g(x) = \begin{cases} \sqrt{4-f(x)} & (x<1) \\ f(x) & (x \ge 1) \end{cases},$$
$$h(x) = |\{f(x)\}^2+a|-11$$

단서1 함수 $f(x)$가 $x=5$에서 연속이어야 해.

이라 하자. 함수 $f(x)$가 실수 전체의 집합에서 연속일 때, 함수 $g(x)h(x)$도 실수 전체의 집합에서 연속이 되도록 하는 모든 실수

단서2 함수 $f(x)$가 실수 전체의 집합에서 연속이므로 함수 $h(x)$도 실수 전체의 집합에서 연속이겠지? 함수 $g(x)$가 $x=1$에서 불연속이므로 함수 $g(x)h(x)$가 실수 전체의 집합에서 연속이 되려면 $x=1$에서 연속이 되도록 하면 돼.

a의 값의 곱은? (단, a, b는 상수이다.) (4점)

① -34 ② -36 ③ -38

④ -40 ⑤ -42

1st 함수 $f(x)$의 식을 구하자.

함수 $f(x)$가 실수 전체의 집합에서 연속이므로
$\displaystyle \lim_{x \to 5} f(x) = f(5)$이다.

→ $\dfrac{0}{0}$ 꼴이어야 하므로 분모 $\displaystyle \lim_{x \to 5}(x-5)=0$이고, 분자 $\displaystyle \lim_{x \to 5}(x^2+ax+b)=0$이어야 해.

이때, $\displaystyle \lim_{x \to 5} \dfrac{x^2+ax+b}{x-5}$의 극한값이 존재해야 하므로

$\displaystyle \lim_{x \to 5}(x^2+ax+b)=0$에서 $25+5a+b=0$

$\therefore b=-5a-25$

$\displaystyle \lim_{x \to 5} \dfrac{x^2+ax+b}{x-5} = \lim_{x \to 5} \boxed{\dfrac{x^2+ax-5a-25}{x-5}}$ →
$$\begin{array}{c|cc|c} & 1 & a & -5a-25 \\ 5 & & 5 & 5a+25 \\ \hline & 1 & a+5 & 0 \end{array}$$

$\qquad = \displaystyle \lim_{x \to 5} \dfrac{(x-5)(x+a+5)}{x-5}$

$\qquad = \displaystyle \lim_{x \to 5}(x+a+5)$

$\qquad = a+10 = 7$

이므로 $a=-3$이고, $b=15-25=-10$이다.

$x \ne 5$일 때, $f(x) = \dfrac{x^2-3x-10}{x-5} = \dfrac{(x-5)(x+2)}{x-5} = x+2$이고,

$x=5$일 때, $f(x) = x+2 = 7$이므로

모든 실수 x에 대하여 $f(x) = x+2$이다.

2nd 함수 $g(x)h(x)$가 실수 전체의 집합에서 연속이 되도록 하는 모든 실수 a의 값을 구하자.

함수 $f(x)$가 실수 전체의 집합에서 연속이므로
함수 $h(x)$는 실수 전체의 집합에서 연속이다.

→ 연속함수 $f(x)$에 대하여 $|f(x)|$, $|f(x+a)|+b$도 연속함수야.

함수 $g(x) = \begin{cases} \sqrt{-x+2} & (x<1) \\ x+2 & (x \ge 1) \end{cases}$ 는 $x=1$에서 불연속이므로

함수 $g(x)h(x)$가 실수 전체의 집합에서 연속이 되려면
경곗점인 $x=1$에서 연속이어야 하므로
$\displaystyle \lim_{x \to 1-} g(x)h(x) = \lim_{x \to 1+} g(x)h(x) = g(1)h(1)$이어야 한다.

$\displaystyle \lim_{x \to 1+} g(x)h(x) = g(1)h(1) = 3h(1)$

$$\lim_{x \to 1-} g(x)h(x) = \lim_{x \to 1-}\sqrt{-x+2}\,h(x) = h(1)$$

$g(1)h(1) = 3h(1)$이므로 $3h(1) = h(1) = 3h(1)$에서

$\hookrightarrow h(1) = 3h(1),\, 2h(1) = 0$에서 $h(1) = 0$

$\underline{h(1) = 0}$이어야 한다.

한편, $h(1) = |\{f(1)\}^2 + a| - 11 = |9 + a| - 11$이므로

$|9 + a| - 11 = 0$에서 $9 + a = 11$ 또는 $9 + a = -11$이므로

$a = 2$ 또는 $a = -20$

따라서 조건을 만족시키는 모든 실수 a의 값의 곱은 $2 \times (-20) = -40$

B 137 정답 ① *새롭게 정의된 함수의 연속 ········ [정답률 53%]

정답 공식: $\lim\limits_{x \to a}\dfrac{f(x)}{g(x)} = a$ (a는 상수)일 때, $\lim\limits_{x \to a}g(x) = 0$이면 $\lim\limits_{x \to a}f(x) = 0$이어야 한다.

자연수 n과 $\lim\limits_{x \to \infty}\dfrac{f(x) - x^3}{x^2} = 2$인 다항함수 $f(x)$에 대하여

함수 $g(x)$가 **[단서 1]** (분모) $\to \infty$일 때, 0이 아닌 극한값이 존재하면 분모와 분자의 차수가 같아야 해. 또, $\frac{\infty}{\infty}$ 꼴의 극한값이 2이면 분모와 분자의 최고차항의 계수의 비가 2야.

$$g(x) = \begin{cases} \dfrac{x-1}{f(x)} & (f(x) \neq 0) \\ \dfrac{1}{n} & (f(x) = 0) \end{cases}$$ **[단서 2]** $f(x) = 0$이 되는 x의 값에서 함수 $g(x)$가 연속이면 실수 전체의 집합에서 함수 $g(x)$가 연속이야.

이다. $g(x)$가 실수 전체의 집합에서 연속이 되도록 하는 n의 최솟값은? (4점) **[단서 3]** $f(a) = 0$일 때, $\lim\limits_{x \to a}\dfrac{x-1}{f(x)}$의 값이 존재해야 $x = a$에서 함수 $g(x)$가 연속일 수 있겠지? 즉, $\lim\limits_{x \to a}\dfrac{x-1}{f(x)}$의 값이 존재하려면 a는 어떤 값이 되어야 할지 찾아낼 수 있어야 해.

① 7　　　② 8　　　③ 9

④ 10　　　⑤ 11

[1st] $\lim\limits_{x \to \infty}\dfrac{f(x) - x^3}{x^2} = 2$임을 이용하여 다항함수 $f(x)$를 유추해.

다항함수 $f(x)$에 대하여 $\lim\limits_{x \to \infty}\dfrac{f(x) - x^3}{x^2} = 2$에서 $x \to \infty$일 때

(분모) $\to \infty$이고 0이 아닌 극한값이 존재하므로 분모와 분자의 차수가 같아야 한다.

즉, 분자의 차수는 2이어야 하고, $\frac{\infty}{\infty}$ 꼴의 극한값은 분모와 분자의 최고차항의 계수의 비와 같으므로 $\underline{f(x) - x^3}$은 최고차항의 계수가 2인 이차함수이다. 다항함수 $f(x)$에 대하여 $\lim\limits_{x \to \infty}\dfrac{f(x)}{x^n} = c$ (c는 0이 아닌 실수, n은 자연수)이면 $f(x)$의 차수는 n이고, 최고차항의 계수는 c이다.

따라서 $f(x) - x^3 = 2x^2 + ax + b$ (a, b는 상수)라 놓으면 $f(x) = x^3 + 2x^2 + ax + b$이다.

[2nd] $f(x) = 0$이 되는 x의 값을 찾자.

삼차함수 $f(x)$에 대하여 방정식 $f(x) = 0$은 적어도 하나의 실근을 가지므로 그 실근을 $x = k$라 하면 $f(k) = 0$이다.

이때, 함수 $g(x)$가 실수 전체의 집합에서 연속이려면 $x = k$에서도 연속이어야 하는데 $f(k) = 0$에서 $g(k) = \dfrac{1}{n}$이므로 $\lim\limits_{x \to k}\dfrac{x-1}{f(x)} = \dfrac{1}{n}$이어야 한다. $x = k$에서의 극한값과 함숫값이 같아야 연속이 돼.

그런데 이 극한식에서 $x \to k$일 때 (분모) $\to 0$이고 극한값이 존재하므로 (분자) $\to 0$이어야 한다.

따라서 $\lim\limits_{x \to k}(x - 1) = 0$이므로

$k - 1 = 0$　　∴ $k = 1$

한편, 삼차방정식 $f(x) = 0$이 $x = 1$ 이외에 다른 실근 $x = a$가 존재한다면 $f(a) = 0$ ($a \neq 1$)인데 이 경우 $\lim\limits_{x \to a}\dfrac{x-1}{f(x)}$의 값이 존재하지 않으므로

방정식 $f(x) = 0$이 서로 다른 두 실근 1, a를 가지면 $f(x) = (x-1)(x-a)(x-\beta)$ (β는 실수)라 할 수 있어, 그러면

$\lim\limits_{x \to a}\dfrac{x-1}{f(x)} = \lim\limits_{x \to a}\dfrac{x-1}{(x-1)(x-a)(x-\beta)} = \lim\limits_{x \to a}\dfrac{1}{(x-a)(x-\beta)}$은 $\frac{1}{0}$ 꼴로 ∞ 또는 $-\infty$가 되어 발산해.

함수 $g(x)$는 $x = a$에서 불연속이 되어 실수 전체의 집합에서 연속이 될 수 없다.

따라서 삼차방정식 $f(x) = 0$은 $x = 1$ 이외의 실근이 존재하지 않으므로

$$f(x) = x^3 + 2x^2 + ax + b = (x-1)(x^2 + 3x + c) \text{ (c는 상수)}$$

	1	2	a	b
1		1	3	$a+3$
	1	3	$a+3$	$a+b+3$

즉, $a + b + 3 = 0$이고, $c = a + 3$이야.

라 하면 이차방정식 $x^2 + 3x + c = 0$은 실근을 가지지 않아야 한다.

즉, 이차방정식 $x^2 + 3x + c = 0$의 판별식을 D라 하면

$D = 9 - 4c < 0$에서 $c > \dfrac{9}{4}$이다.

[3rd] $g(x)$가 실수 전체의 집합에서 연속이 되도록 하는 n의 최솟값을 구하자.

$f(x) = 0$을 만족시키는 실수 x의 값이 1뿐이므로

함수 $g(x) = \begin{cases} \dfrac{x-1}{f(x)} & (f(x) \neq 0) \\ \dfrac{1}{n} & (f(x) = 0) \end{cases}$ 은 $g(x) = \begin{cases} \dfrac{x-1}{f(x)} & (x \neq 1) \\ \dfrac{1}{n} & (x = 1) \end{cases}$ 로

나타낼 수 있다.

함수 $g(x)$가 실수 전체의 집합에서 연속이려면 $x = 1$에서 연속이어야 하므로 $\lim\limits_{x \to 1}\dfrac{x-1}{f(x)} = \dfrac{1}{n}$에서 함수 $g(x)$가 $x = 1$에서 연속이면 $\lim\limits_{x \to 1}g(x) = g(1)$이 성립해.

$\lim\limits_{x \to 1}\dfrac{x-1}{(x-1)(x^2+3x+c)} = \lim\limits_{x \to 1}\dfrac{1}{x^2+3x+c} = \dfrac{1}{4+c} = \dfrac{1}{n}$

∴ $n = 4 + c$

따라서 $c > \dfrac{9}{4}$에서 $n = 4 + c > \dfrac{25}{4}$이므로 조건을 만족시키는 자연수 n의 최솟값은 7이다.

🌼 미정계수의 결정　　　　개념·공식

두 함수 $f(x)$, $g(x)$에 대하여
① $\lim\limits_{x \to a}\dfrac{f(x)}{g(x)} = a$ (단, a는 상수)일 때,
　$\lim\limits_{x \to a}g(x) = 0$이면 $\lim\limits_{x \to a}f(x) = 0$
② $\lim\limits_{x \to a}\dfrac{f(x)}{g(x)} = a$ (단, $a \neq 0$인 상수)일 때,
　$\lim\limits_{x \to a}f(x) = 0$이면 $\lim\limits_{x \to a}g(x) = 0$

B

[**정답 공식**: $f(x)=t$의 실근은 함수 $y=f(x)$의 그래프와 직선 $y=t$의 교점의 x좌표이다.]

$-6 \le t \le 2$인 실수 t와 함수 $f(x)=2x(2-x)$에 대하여 x에 대한 방정식

$$\{f(x)-t\}\{f(x-1)-t\}=0$$

단서1 $f(x)=t$ 또는 $f(x-1)=t$를 의미하고 이 방정식의 해는 두 함수 $y=f(x)$, $y=f(x-1)$의 그래프와 직선 $y=t$의 교점의 x좌표와 같아.

의 실근 중에서 집합 $\{x\,|\,0 \le x \le 3\}$에 속하는 가장 큰 값과 가장 작은 값의 차를 $g(t)$라 할 때, 함수 $g(t)$는 $t=a$에서 불연속이다.

단서2 불연속인 t의 값에서의 좌극한값과 우극한값의 합을 구하자.

$$\lim_{t \to a-} g(t) + \lim_{t \to a+} g(t)$$의 값은?

(단, a는 $-6 < a < 2$인 상수이다.) (4점)

① 3   ② $\dfrac{7}{2}$ ③ 4

④ $\dfrac{9}{2}$ ⑤ 5

1st 주어진 방정식의 의미를 해석해.

방정식 $\{f(x)-t\}\{f(x-1)-t\}=0$에서
$f(x)-t=0$ 또는 $f(x-1)-t=0$
즉, $f(x)=t$ 또는 $f(x-1)=t$이므로 이 방정식의 실근은
두 함수 $y=f(x)$, $y=f(x-1)$의 그래프와 직선 $y=t$의 교점의
x좌표이다. <u>함수 $y=f(x)$의 그래프를 x축의 양의 방향으로 1만큼 평행이동한 그래프야.</u>
$f(x)=2x(2-x)=-2x^2+4x=-2(x-1)^2+2$이므로
$y=f(x)$와 $y=f(x-1)$의 그래프를 그리면 다음과 같다.
이때, 방정식의 실근 중 집합 $\{x\,|\,0 \le x \le 3\}$에 속하는 값만 고려하고 있으므로
$0 \le x \le 3$ 범위에서의 그래프만 그려.

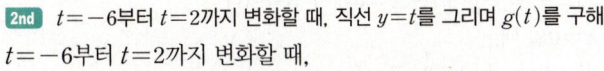

2nd $t=-6$부터 $t=2$까지 변화할 때, 직선 $y=t$를 그리며 $g(t)$를 구해.

$t=-6$부터 $t=2$까지 변화할 때,
함수 $y=f(x)$의 그래프와 직선 $y=t$의 교점의 x좌표와
함수 $y=f(x-1)$의 그래프와 직선 $y=t$의 교점의 x좌표 중
가장 큰 값과 가장 작은 값의 차인 $g(t)$의 값을 구하자.

주의 집합 $\{x\,|\,0 \le x \le 3\}$의 범위에서 두 함수 $y=f(x)$, $y=f(x-1)$의 그래프를 그려 함수 $g(t)$가 불연속인 t의 값을 찾아.

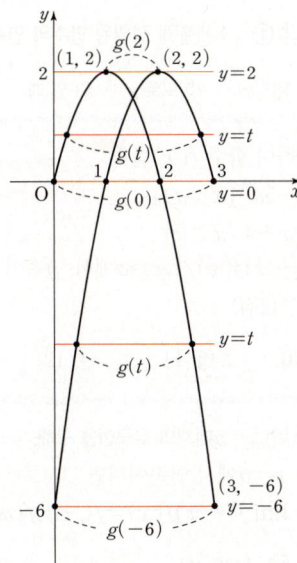

(ⅰ) $t=-6$일 때,
　　$g(-6)=3-0=3$

(ⅱ) $-6<t<0$일 때,
　　t의 값이 커질수록 $g(t)$의 값은 감소하여 1에 가까워진다.
　　즉, $\displaystyle\lim_{t \to -6+} g(t)=3$, $\displaystyle\lim_{t \to 0-} g(t)=1$

(ⅲ) $t=0$일 때,
　　$g(0)=3-0=3$

(ⅳ) $0<t<2$일 때,
　　t의 값이 커질수록 $g(t)$의 값은 감소하여 1에 가까워진다.
　　즉, $\displaystyle\lim_{t \to 0+} g(t)=3$, $\displaystyle\lim_{t \to 2-} g(t)=1$

(ⅴ) $t=2$일 때,
　　$g(2)=2-1=1$

3rd 불연속인 점에서의 좌극한값과 우극한값의 합을 구하자.

(ⅰ)~(ⅴ)에서 함수 $g(t)$는 $t=0$에서 불연속이므로 $a=0$이다.
$\therefore \displaystyle\lim_{t \to 0-} g(t) + \lim_{t \to 0+} g(t) = 1+3 = 4$

🌸 평행이동 　　　　　　　　개념·공식

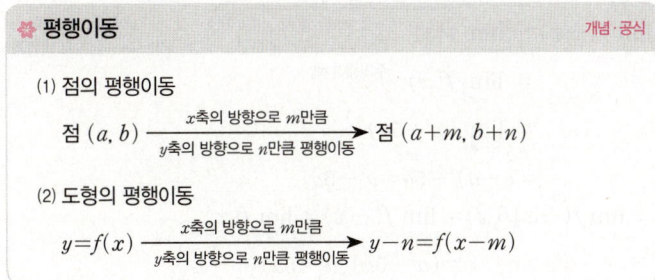

(1) 점의 평행이동
　　점 (a, b) $\xrightarrow[\;y축의\ 방향으로\ n만큼\ 평행이동\;]{\;x축의\ 방향으로\ m만큼\;}$ 점 $(a+m, b+n)$

(2) 도형의 평행이동
　　$y=f(x)$ $\xrightarrow[\;y축의\ 방향으로\ n만큼\ 평행이동\;]{\;x축의\ 방향으로\ m만큼\;}$ $y-n=f(x-m)$

정답 공식: $-x=t$라 하면 $x=-t$이므로 $x \to a+$일 때 $t \to -a-$이다.

양의 실수 a에 대하여 함수 $f(x)$를 _{단서} 함수 $f(-x)f(x)$의 $x=a$에서의 우극한, 좌극한, 함숫값을 구하여 서로 같음을 이용해.

$$f(x) = \begin{cases} x^2 - 5a & (x < a) \\ -2x + 4 & (x \geq a) \end{cases}$$

라 하자. 함수 $f(-x)f(x)$가 $x=a$에서 연속이 되도록 하는 모든 a의 값의 합은? (4점)

이때, $f(-x)$의 극한값을 구하기 위해 $-x=t$로 치환해봐.

① 9 ② 10 ③ 11 ④ 12 ⑤ 13

1st 함수 $f(-x)f(x)$의 $x=a$에서의 우극한을 구해.

함수 $f(-x)f(x)$가 $x=a$에서 연속이려면

$$\lim_{x \to a+} f(-x)f(x) = \lim_{x \to a-} f(-x)f(x) = f(-a)f(a)$$이어야 한다.

먼저, $f(x) = \begin{cases} x^2 - 5a & (x<a) \\ -2x+4 & (x \geq a) \end{cases}$에서

$$\lim_{x \to a+} f(x) = \lim_{x \to a+} (-2x+4) = -2a+4$$

한편, $-x=t$라 하면 $\underline{x \to a+$일 때, $t \to -a-}$이므로

$$\lim_{x \to a+} f(-x) = \lim_{t \to -a-} f(t)$$
$-x=t$라 할 때, $x>a$이면 $-x<-a$에서 $t<-a$야. 즉, $-x=t$로 치환하면 $x \to a+$가 $t \to -a-$로 바뀜에 주의해야 해.
$$= \lim_{x \to -a-} f(x)$$

이때, 양의 실수 a에 대하여 $-a < a$이므로

$$\lim_{x \to a+} f(-x) = \lim_{x \to -a-} f(x) = \lim_{x \to -a-} (x^2 - 5a)$$
$x<a$일 때, $f(x) = x^2 - 5a$이고, $-a<a$이므로 $x=-a$에서 함수 $f(x)$는 연속이야. 즉, $\lim_{x \to -a-} f(x) = \lim_{x \to -a} f(x) = \lim_{x \to -a} (x^2-5a)$가 돼.
$$= (-a)^2 - 5a = a^2 - 5a$$

$$\therefore \lim_{x \to a+} f(-x)f(x) = \lim_{x \to a+} f(-x) \times \lim_{x \to a+} f(x)$$
$$= (a^2 - 5a)(-2a+4)$$

2nd 함수 $f(-x)f(x)$의 $x=a$에서의 좌극한을 구해.

또한, $f(x) = \begin{cases} x^2 - 5a & (x<a) \\ -2x+4 & (x \geq a) \end{cases}$에서

$$\lim_{x \to a-} f(x) = \lim_{x \to a-} (x^2 - 5a) = a^2 - 5a$$

한편, $-x=s$라 하면 $\underline{x \to a-$일 때, $s \to -a+}$이므로

$$\lim_{x \to a-} f(-x) = \lim_{s \to -a+} f(s)$$
$-x=s$라 할 때, $x<a$이면 $-x>-a$에서 $s>-a$야. 즉, $-x=s$로 치환하면 $x \to a-$가 $s \to -a+$로 바뀜에 주의해야 해.
$$= \lim_{x \to -a+} f(x)$$
$$= \lim_{x \to -a+} (x^2 - 5a)$$
$$= (-a)^2 - 5a = a^2 - 5a$$

$$\therefore \lim_{x \to a-} f(-x)f(x) = \lim_{x \to a-} f(-x) \times \lim_{x \to a-} f(x)$$
$$= (a^2 - 5a)(a^2 - 5a)$$

3rd 함수 $f(-x)f(x)$가 $x=a$에서 연속이기 위한 a의 값을 구하자.

$$f(-a)f(a) = \{(-a)^2 - 5a\}(-2a+4) = (a^2 - 5a)(-2a+4)$$
$x=-a$에서 함수 $f(x)$는 연속이라 했지? 즉, $x<a$에서 $f(x) = x^2 - 5a$이므로 $f(-a) = (-a)^2 - 5a$야.

즉, 함수 $f(-x)f(x)$가 $x=a$에서 연속이기 위해서는

$$(a^2 - 5a)(-2a+4) = (a^2 - 5a)(a^2 - 5a)$$이어야 하므로
$$(a^2 - 5a)(a^2 - 5a) - (a^2 - 5a)(-2a+4) = 0$$
$$(a^2 - 5a)(a^2 - 5a + 2a - 4) = 0$$
$$(a^2 - 5a)(a^2 - 3a - 4) = 0$$
$$a(a-5)(a-4)(a+1) = 0$$
$$\therefore a = -1 \text{ 또는 } a = 0 \text{ 또는 } a = 4 \text{ 또는 } a = 5$$

따라서 양의 실수 a의 값은 $a=4$ 또는 $a=5$이므로 구하는 모든 a의 값의 합은 $4+5=9$이다.

정답 공식: 함수 $f(x)$가 $x=a$에서 연속이면 $\lim_{x \to a} f(x) = f(a)$가 성립한다.

실수 k에 대하여 함수 $f(x)$를
$$f(x) = x^3 - kx$$
_{단서1} 함수 $f(x)$는 각 항의 차수가 홀수로만 이루어진 다항함수이므로 원점에 대하여 대칭인 함수야.

라 하고, 실수 a와 함수 $f(x)$에 대하여 함수 $g(x)$를

$$g(x) = \begin{cases} f(x) & (x < a \text{ 또는 } x > a+1) \\ -f(x) & (a \leq x \leq a+1) \end{cases}$$
_{단서2} 함수 $f(x)$와 함수 $-f(x)$는 x축에 대하여 대칭인 함수야.

이라 하자. [보기]에서 옳은 것만을 있는 대로 고른 것은? (4점)

[보기]

ㄱ. 두 실수 k, a의 값에 관계없이 함수 $g(x)$는 $x=0$에서 연속이다.
_{단서3} $\lim_{x \to 0} g(x) = g(0)$임을 이용해.

ㄴ. $k=4$일 때, 함수 $g(x)$가 $x=p$에서 불연속인 실수 p의
_{단서4} 주어진 구간 내에서는 함수 $f(x)$ 또는 함수 $-f(x)$가 연속이므로 함수 $g(x)$도 연속이어서 구간의 경계인 점인 $x=a$ 또는 $x=a+1$에서 불연속 조건을 체크해야 해.
개수가 1이 되도록 하는 모든 실수 a의 개수는 3이다.

ㄷ. 함수 $g(x)$가 실수 전체의 집합에서 연속이 되도록 하는
_{단서5} 함수 $g(x)$가 모든 실수에서 연속이려면 $x=a$와 $x=a+1$에서 모두 연속인 실수 a가 존재해야 해.
모든 순서쌍 (k, a)의 개수는 2이다.

① ㄱ ② ㄴ ③ ㄷ ④ ㄱ, ㄴ ⑤ ㄱ, ㄷ

1st 실수 a의 값에 따라 $x=0$에서의 함수 $g(x)$의 극한값과 함숫값을 비교하자.

ㄱ. $f(x) = x^3 - kx$이므로 $f(0) = 0$

(i) $a = -1$일 때,
$$\lim_{x \to 0+} (x^3 - kx) = 0, \quad \lim_{x \to 0-} (-x^3 + kx) = 0$$
$g(x) = \begin{cases} f(x) & (x<-1 \text{ 또는 } x>0) \\ -f(x) & (-1 \leq x \leq 0) \end{cases}$이므로
$x \to 0+$이면 $x>0$이므로 $g(x) = f(x)$이고 $x \to 0-$이면 $x<0$이므로 $g(x) = -f(x)$야.

이므로 $\lim_{x \to 0} g(x) = 0$이다.

$g(0) = -f(0) = 0$이므로 $\lim_{x \to 0} g(x) = g(0)$이다.

따라서 함수 $g(x)$는 $x=0$에서 연속이다.

(ii) $-1 < a < 0$일 때,
$a < 0 < a+1$이므로
$$\lim_{x \to 0} g(x) = \lim_{x \to 0} \{-f(x)\} = 0, \quad g(0) = -f(0)$$
$g(x) = \begin{cases} f(x) & (x<a \text{ 또는 } x>a+1) \\ -f(x) & (a \leq x \leq a+1) \end{cases}$이고
$a<0<a+1$이면 $a<x<a+1$이므로 $g(x) = -f(x)$야.

이므로 함수 $g(x)$는 $x=0$에서 연속이다.

(iii) $a = 0$일 때,
$$\lim_{x \to 0-} (x^3 - kx) = 0, \quad \lim_{x \to 0+} (-x^3 + kx) = 0$$
$g(x) = \begin{cases} f(x) & (x<0 \text{ 또는 } x>1) \\ -f(x) & (0 \leq x \leq 1) \end{cases}$이므로
$x \to 0+$이면 $x>0$이므로 함수 $g(x) = -f(x)$이고 $x \to 0-$이면 $x<0$이므로 함수 $g(x) = f(x)$야.

이므로 $\lim_{x \to 0} g(x) = 0$이다.

$g(0) = -f(0) = 0$이므로 $\lim_{x \to 0} g(x) = g(0)$이다.

따라서 함수 $g(x)$는 $x=0$에서 연속이다.

(iv) $a<-1$ 또는 $a>0$일 때,

$a+1<0$ 또는 $a>0$이고,

$\lim_{x \to 0} g(x) = \lim_{x \to 0} \{f(x)\} = 0 = f(0) = g(0)$

> $g(x) = \begin{cases} f(x) & (x<a \text{ 또는 } x>a+1) \\ -f(x) & (a \le x \le a+1) \end{cases}$ 이고
> $a+1<0$ 또는 $a>0$이면 $x<a$ 또는 $x>a+1$이므로 $g(x)=f(x)$야.

이므로 $\lim_{x \to 0} g(x) = g(0)$이다.

따라서 함수 $g(x)$는 $x=0$에서 연속이다.

(i) ~ (iv)에 의하여 두 실수 k와 a의 값에 관계없이 함수 $g(x)$는 $x=0$에서 연속이다. (참)

2nd $k=4$일 때, 함수 $g(x)$가 $x=a$ 또는 $x=a+1$에서 불연속이 되게 하는 조건을 비교하자.

함수 $g(x)$가 주어진 각 구간 내에서는 연속인 다항함수 $f(x)$ 또는 $-f(x)$로 정의되므로 함수 $g(x)$도 연속이다. 따라서 구간의 경곗점인 $x=a$ 또는 $x=a+1$에서 $k=4$일 때, 불연속 조건을 체크해 보자.

ㄴ. (i) $x=a$에서 연속이려면

$\lim_{x \to a+} g(x) = \lim_{x \to a-} g(x) = g(a)$이어야 하므로

> 함수 $g(x)$가 $x=a$를 기준으로 a보다 클 때와 a보다 작을 때의 함수가 다르므로 좌극한과 우극한, 함숫값 이렇게 세 가지의 값이 다 같음을 확인해야 해.

$\lim_{x \to a+} \{-f(x)\} = \lim_{x \to a-} f(x) = -f(a)$

즉, $-f(a) = f(a) = -f(a)$를 만족시키므로 $f(a)=0$이다.

$a^3 - 4a = 0$에서 $a(a-2)(a+2)=0$

$\therefore a=0$ 또는 $a=2$ 또는 $a=-2$

(ii) $x=a+1$에서 연속이려면

$\lim_{x \to (a+1)+} g(x) = \lim_{x \to (a+1)-} g(x) = g(a+1)$이어야 하므로

$\lim_{x \to (a+1)+} f(x) = \lim_{x \to (a+1)-} \{-f(x)\} = -f(a+1)$

즉, $f(a+1) = -f(a+1) = -f(a+1)$을 만족시키므로 $f(a+1)=0$이다.

$(a+1)^3 - 4(a+1) = 0$에서 $(a+1)(a^2+2a-3)=0$

$(a+1)(a-1)(a+3)=0$

$\therefore a=-1$ 또는 $a=1$ 또는 $a=-3$

(i), (ii)에 의하여

$a \ne -2$, $a \ne 0$, $a \ne 2$이면 $x=a$에서 불연속이고

$a \ne -3$, $a \ne -1$, $a \ne 1$이면 $x=a+1$에서 불연속이다.

따라서 함수 $g(x)$가 $x=p$에서 불연속인 실수 p의 개수가 1이 되도록 하는 실수 a의 개수는 -3, -2, -1, 0, 1, 2로 6이다. (거짓)

3rd 함수 $g(x)$가 $x=a$와 $x=a+1$에서 모두 연속이기 위한 k와 a의 값을 각각 구하자.

ㄷ. ㄴ에 의하여 $x=a$에서 연속이려면 $f(a)=0$이어야 하고 $x=a+1$에서 연속이려면 $f(a+1)=0$이어야 하므로 함수 $g(x)$가 실수 전체의 집합에서 연속이려면 $f(a) = f(a+1) = 0$이어야 한다.

즉, $a^3 - ka = 0$, $(a+1)^3 - k(a+1) = 0$이고,

여기서 $k \le 0$이면 $f(a)=0$일 때, $a=0$뿐이고

> $f(a)=0$에서 $a(a^2-k)=0$ $\therefore a=0$ 또는 $a^2=k$
> 그런데 $k=0$이면 $a^2=k$에서 $a=0$이고
> $k<0$이면 $a^2=k$를 만족시키는 실수 k는 존재하지 않으므로
> $k \le 0$일 때 $f(a)=0$을 만족시키는 실수 a의 값은 0뿐이야.

$f(a+1)=0$일 때, $a=-1$뿐이므로 $f(a)=f(a+1)=0$을 만족시키는 a의 값은 존재하지 않는다.

> $f(a)=0$을 만족시키는 a의 값이 0뿐이므로 $f(a+1)=0$을 만족시키는 a의 값은 $a+1=0$에서 $a=-1$뿐이야.

$k>0$이면

$f(a)=0$일 때, $a=0$ 또는 $a=\pm\sqrt{k}$

> $f(x)=x(x-\sqrt{k})(x+\sqrt{k})$이므로 $f(a)=0$이면 $a=0$ 또는 $a=\pm\sqrt{k}$
> $f(a+1)=0$이면 $a=-1$ 또는 $a=\sqrt{k}-1$ 또는 $a=-\sqrt{k}-1$이야.

$f(a+1)=0$일 때, $a=-1$ 또는 $a=\sqrt{k}-1$ 또는 $a=-\sqrt{k}-1$

(i) $k=1$이면 $a=0$ 또는 $a=-1$일 때, 함수 $g(x)$는 모든 실수에서 연속이다.

> $f(a)=f(a+1)=0$이어야 하므로 $\sqrt{k}-1=0$ 또는 $-\sqrt{k}=-1$인 값이 $k=1$이야.

(ii) $k = \dfrac{1}{4}$이면 $a = -\dfrac{1}{2}$일 때, 함수 $g(x)$는 모든 실수에서 연속이다.

> $f(a)=f(a+1)=0$이어야 하므로 $\sqrt{k}-1=-\sqrt{k}$인 값이 $k=\dfrac{1}{4}$이야.

(i), (ii)에 의하여 함수 $g(x)$가 모든 실수에서 연속이기 위한 순서쌍 (k, a)의 개수는 $(1, 0)$, $(1, -1)$, $\left(\dfrac{1}{4}, -\dfrac{1}{2}\right)$로 3이다. (거짓)

따라서 옳은 것은 ㄱ뿐이다.

B 141 정답 ④ *함수의 연속성의 진위 판정 ……… [정답률 39%]

> **정답 공식:** 합성함수 $f(x)$가 $x=a$에서 연속이려면 $\lim_{x \to a-} f(x) = \lim_{x \to a+} f(a)$가 성립해야 한다.

양의 실수 x에 대하여 $f(x) = \dfrac{|x-1|}{[x]+1}$일 때, [보기]에서 옳은 것만을 있는 대로 고른 것은? (단, $[x]$는 x보다 크지 않은 최대 정수이다.) (4점)

[보기]

ㄱ. $f(x)$는 $x=1$에서 연속이다. → **단서1** 연속이려면 함숫값과 극한값이 같아야 해.

ㄴ. $\lim_{x \to 2} f(x) = \dfrac{1}{2}$ → **단서2** $x=2$에서의 좌극한과 우극한을 조사하자.

ㄷ. $\lim_{x \to \infty} f(x) = 1$ → **단서3** $[x]$와 $|x|$는 x의 값의 범위에 따라 값이 달라져. 따라서 x의 값의 범위에 따른 $f(x)$의 범위를 구해 극한값을 따져 봐.

① ㄴ ② ㄷ ③ ㄱ, ㄴ

④ ㄱ, ㄷ ⑤ ㄱ, ㄴ, ㄷ

1st 연속의 정의를 생각해 봐.

ㄱ. $f(1) = \dfrac{|1-1|}{[1]+1} = 0$

> x가 1보다 작은 쪽에서 $x=1$로 한없이 접근하면 $0<x<1$이므로 $\lim_{x \to 1-}[x]=0$이야.

$\lim_{x \to 1-} \dfrac{|x-1|}{[x]+1} = \lim_{x \to 1-} \dfrac{-(x-1)}{[x]+1} = \dfrac{-(1-1)}{0+1} = 0$

$\lim_{x \to 1+} \dfrac{|x-1|}{[x]+1} = \lim_{x \to 1+} \dfrac{x-1}{[x]+1} = \dfrac{1-1}{1+1} = 0$

$\therefore \lim_{x \to 1} f(x) = 0$

> x가 1보다 큰 쪽에서 $x=1$로 한없이 접근하면 $1<x<2$이므로 $\lim_{x \to 1+}[x]=1$이지.

즉, $x=1$에서의 함숫값과 극한값이 같으므로 $f(x)$는 $x=1$에서 연속이다. (참)

ㄴ. $\lim_{x \to 2-} f(x) = \lim_{x \to 2-} \dfrac{|x-1|}{[x]+1} = \dfrac{1}{2}$

> $\lim_{x \to 2-} |x-1| = |2-1| = 1$이고 $\lim_{x \to 2-}([x]+1) = 1+1 = 2$야.

$\lim_{x \to 2+} f(x) = \lim_{x \to 2+} \dfrac{|x-1|}{[x]+1} = \dfrac{1}{3}$

> $\lim_{x \to 2+} |x-1| = |2-1| = 1$이고 $\lim_{x \to 2+}([x]+1) = 2+1 = 3$이야.

즉, $x=2$에서의 좌극한값과 우극한값이 다르므로 $\lim_{x \to 2} f(x)$는 존재하지 않는다. (거짓)

2nd 극한의 대소 관계를 이용해보자.

ㄷ. $x-1 < [x] \le x$이므로 $x < [x]+1 \le x+1$에서

$\dfrac{1}{x+1} \le \dfrac{1}{[x]+1} < \dfrac{1}{x}$, $\dfrac{|x-1|}{x+1} \le \dfrac{|x-1|}{[x]+1} < \dfrac{|x-1|}{x}$

$|x-1| \ge 0$이므로 부등식 $\dfrac{1}{x+1} \le \dfrac{1}{[x]+1} < \dfrac{1}{x}$의 각 변에 $|x-1|$을 곱해도 부등호의 방향은 바뀌지 않아.

$\therefore \dfrac{|x-1|}{x+1} \le f(x) < \dfrac{|x-1|}{x}$ … ㉠

이때, $x \to \infty$이면 $x-1>0$이라 할 수 있으므로 ㉠에서

$\dfrac{x-1}{x+1} \le f(x) < \dfrac{x-1}{x}$이다.

그런데 $\displaystyle\lim_{x\to\infty}\dfrac{x-1}{x+1}=1$, $\displaystyle\lim_{x\to\infty}\dfrac{x-1}{x}=1$이므로

극한의 성질에 의해 $\displaystyle\lim_{x\to\infty}f(x)=1$이다. (참)

따라서 옳은 것은 ㄱ, ㄷ이다. ── 함수 $h(x)$에 대하여 $f(x) \le h(x) \le g(x)$이고 $\displaystyle\lim_{x\to a}f(x)=\alpha$, $\displaystyle\lim_{x\to a}g(x)=\alpha$ (α는 실수)이면 $\displaystyle\lim_{x\to a}h(x)=\alpha$야.

B 142 정답 5 *함수의 연속의 활용 ········ [정답률 38%]

> **정답 공식:** 고정된 선분 AB와 원 위를 움직이는 점 P에 대하여 삼각형 ABP의 넓이가 최대 또는 최소일 때는 원 위의 점 P에서의 접선의 기울기가 직선 AB의 기울기와 같을 때를 확인하면 된다.

> 좌표평면 위에 원점을 중심으로 하고 반지름의 길이가 1인 원 C 와 두 점 $A(3, 3)$, $B(0, -1)$이 있다. 실수 t $(0<t\le4)$에 대하 여 $f(t)$를 집합
>
> $\{X \mid X$는 원 C 위의 점이고, 삼각형 ABX의 넓이는 $t\}$
>
> 단서1 선분 AB의 길이는 고정되어 있고 원 C 위를 움직이는 점 X의 위치에 따라 삼각형의 높이가 변하므로 삼각형 ABX의 넓이는 선분 AB와 점 X 사이의 거리에 따라 변해.
>
> 의 원소의 개수라 하자. 함수 $f(t)$가 연속하지 않은 모든 t의 값의 합을 구하시오. (4점)
>
> 단서2 함수 $f(t)$는 삼각형 ABX의 넓이가 t $(0<t\le4)$ 일 때의 원 C 위의 서로 다른 점 X의 개수를 뜻하므로 t의 좌우에서 같은 넓이를 갖게 하는 점 X의 개수가 변할 때 함수 $f(t)$가 불연속이 돼.

1st 삼각형 ABX의 높이 h의 값의 범위를 구하고, 삼각형 ABX의 넓이를 h 에 대하여 나타내보자.

[그림 1]과 같이 좌표평면 위에 원점을 중심으로 하고 반지름의 길이가 1 인 원 C와 두 점 $A(3, 3)$, $B(0, -1)$을 그린 후 원 위의 점 X에서 선 분 AB에 내린 수선의 발을 H라 하고, 삼각형 ABX에서 밑변을 $\overline{AB}$라 할 때의 높이를 h라 하자.

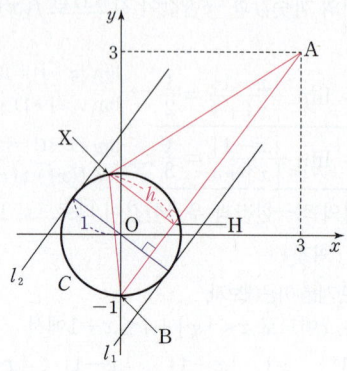

[그림 1]

이때, $\overline{AB}=\sqrt{9+16}=5$이므로 삼각형 ABX의 넓이 t $(0<t\le4)$는

$t=\dfrac{1}{2}\times5\times h=\dfrac{5}{2}h$

2nd 점 X를 움직여 삼각형 ABX의 넓이를 변화시키면서 $f(t)$를 구하자.

두 점 $A(3, 3)$, $B(0, -1)$을 지나는 직선의 방정식은

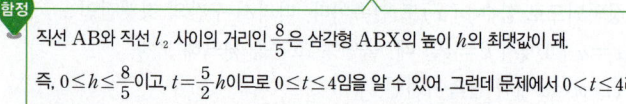

이때, 직선 $y=\dfrac{4}{3}x-1$, 즉 $4x-3y-3=0$과 원점 사이의 거리 d는 ── 직선 $ax+by+c=0$과 한 점 (x_1, y_1) 사이의 거리 d는

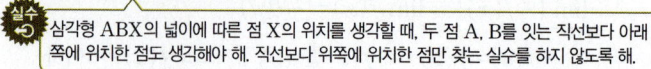 $d=\dfrac{|ax_1+by_1+c|}{\sqrt{a^2+b^2}}$

이때, 위의 [그림 1]과 같이 직선 AB와 평행하고 원 C에 접하는 두 직 선을 l_1, l_2라 하면, 원 C의 반지름의 길이가 1이므로

직선 AB와 직선 l_1 사이의 거리는 $1-\dfrac{3}{5}=\dfrac{2}{5}$

직선 AB와 직선 l_2 사이의 거리는 $1+\dfrac{3}{5}=\dfrac{8}{5}$

> 🟢함정 직선 AB와 직선 l_2 사이의 거리인 $\dfrac{8}{5}$은 삼각형 ABX의 높이 h의 최댓값이 돼.
>
> 즉, $0\le h\le\dfrac{8}{5}$이고, $t=\dfrac{5}{2}h$이므로 $0\le t\le4$임을 알 수 있어. 그런데 문제에서 $0<t\le4$라 했으므로 $t=h=0$인 경우, 즉 점 X가 선분 AB 위에 있는 경우는 제외해야 해.

따라서 삼각형 ABX의 높이 h의 값의 범위를 다음과 같이 나눈 후 점 X를 원 C 위에서 움직이면서 t의 변화에 따른 함수 $f(t)$를 구해보자.

> 🏅실수 삼각형 ABX의 넓이에 따른 점 X의 위치를 생각할 때, 두 점 A, B를 잇는 직선보다 아래 쪽에 위치한 점도 생각해야 해. 직선보다 위쪽에 위치한 점만 찾는 실수를 하지 않도록 해.

(ⅰ) $0<h<\dfrac{2}{5}$인 경우

삼각형 ABX에서 점 X의 위치는 [그림 2]처럼 그려질 수 있다.

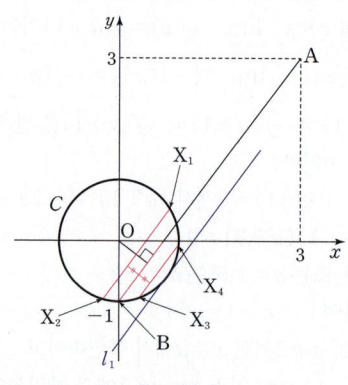

[그림 2]

이때, $t=\dfrac{5}{2}h$에서 $0<t<1$이므로 이 경우를 만족시키는 원 C 위의 ── $0\times\dfrac{5}{2}<\dfrac{5}{2}h<\dfrac{2}{5}\times\dfrac{5}{2}$

점 X의 개수는 4이다. ── 삼각형 ABX의 넓이가 0과 1 사이에 있는 경우, 점 X는 두 점 A, B를 잇는 직선보다 위쪽에 2개, 아래쪽에 2개 존재해.

(ⅱ) $h=\dfrac{2}{5}$인 경우

삼각형 ABX에서 점 X의 위치는 [그림 3]처럼 그려질 수 있다.

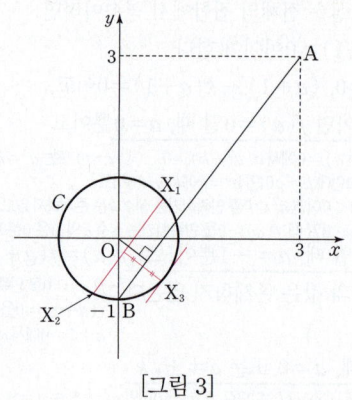

[그림 3]

이때, $t=\dfrac{5}{2}h$에서 $t=1$이므로 이 경우를 만족시키는 원 C 위의

점 X의 개수는 3이다. → $\dfrac{5}{2}h=\dfrac{5}{2}\times\dfrac{2}{5}$

(iii) $\dfrac{2}{5}<h<\dfrac{8}{5}$인 경우 → 삼각형 ABX의 넓이가 1인 경우, 점 X는 두 점 A, B를 잇는 직선보다 위쪽에 2개, 아래쪽에 1개 존재해.

삼각형 ABX에서 점 X의 위치는 [그림 4]처럼 그려질 수 있다.

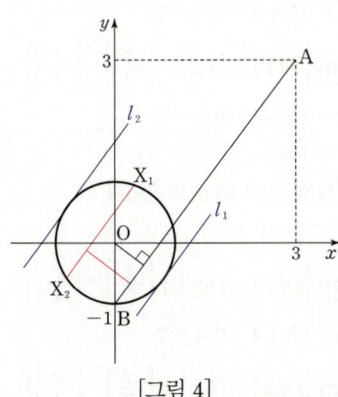

[그림 4]

이때, $t=\dfrac{5}{2}h$에서 $1<t<4$이므로 이 경우를 만족시키는 원 C 위의

점 X의 개수는 2이다.

(iv) $h=\dfrac{8}{5}$인 경우

삼각형 ABX에서 점 X의 위치는 [그림 5]처럼 그려질 수 있다.

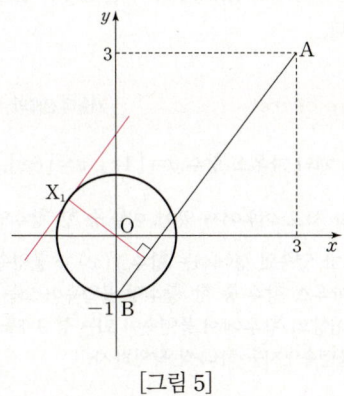

[그림 5]

이때, $t=\dfrac{5}{2}h$에서 $t=4$이므로 이 경우를 만족시키는 원 C 위의

점 X의 개수는 1이다. → $\dfrac{5}{2}h=\dfrac{5}{2}\times\dfrac{8}{5}$

삼각형 ABX의 넓이가 4인 경우, 점 X는 두 점 A, B를 잇는 직선보다 위쪽에만 1개 존재해.

3rd 함수 $f(t)$의 그래프를 그려서 불연속이 되는 t의 값을 찾자.

(i)~(iv)에서 $f(t)=\begin{cases}4\,(0<t<1)\\3\,(t=1)\\2\,(1<t<4)\\1\,(t=4)\end{cases}$ 이므로

함수 $y=f(t)$의 그래프를 나타내면 [그림 6]과 같다.

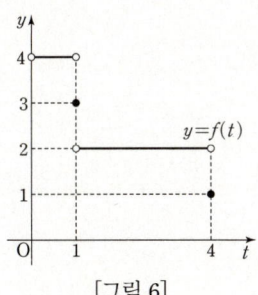

[그림 6]

따라서 함수 $f(t)$는 $t=1$, $t=4$에서 불연속이므로 연속하지 않은
모든 t의 값의 합은 $1+4=5$이다.

＊가우스 함수를 이용하여 정의된 함수의 연속성 판단하기 [유형 03]

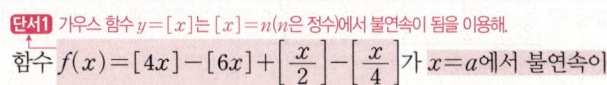

단서1 가우스 함수 $y=[x]$는 $[x]=n$(n은 정수)에서 불연속이 됨을 이용해.

함수 $f(x)=[4x]-[6x]+\left[\dfrac{x}{2}\right]-\left[\dfrac{x}{4}\right]$가 $x=a$에서 불연속이

되는 실수 $a\,(0<a<5)$의 개수는? (단, $[x]$는 x보다 크지 않은
최대의 정수이다.) (5점)

단서2 4개의 함수 $y=[4x]$, $y=[6x]$, $y=\left[\dfrac{x}{2}\right]$, $y=\left[\dfrac{x}{4}\right]$가 불연속이 되는 점에서
$f(x)$가 불연속이 될 수 있어.

① 30 ② 31 ③ 32

④ 33 ⑤ 34

왜 1등급? 가우스 함수를 이용하여 정의된 함수의 불연속인 점의 개수를 구하는
문제이다.
이를 위해서는 $f(x)$를 구성하는 4개 각각의 가우스 함수가 불연속인 점을 구한 뒤
이 중 전체 함수가 연속인 경우를 따져보아야 한다.

단서+발상

단서1 정수 n에 대하여 $n\le x<n+1$일 때 $[x]=n$이므로 $\displaystyle\lim_{x\to n+}[x]=n$이고,

$n-1\le x<n$일 때 $[x]=n-1$이므로 $\displaystyle\lim_{x\to n-}[x]=n-1$이다. 개념

따라서 가우스 함수 $y=[x]$는 $x=n$에서 불연속이다. 개념

단서2 함수 $f(x)$에서 각각의 항의 가우스 함수가 연속이면, 함수 $f(x)$는 연속이므로 개념

함수 $f(x)$가 불연속인 점은 각각의 항의 가우스 함수가 불연속이 되는 점 중
에서 찾으면 된다. 발상

따라서 각각의 항의 가우스 함수가 불연속이 되는 x의 값을 먼저 구한 후, 그
x의 값에 대하여 함수 $f(x)$가 불연속이 되는지 따져보자. 해결

주의 4개의 가우스 항 중 1개만 불연속이 되도록 하는 실수에 대해 함수 $f(x)$는
불연속인 것을 알고, 두 개 이상의 가우스 함수에서 공통으로 불연속이 되도록 하
는 실수에 대해 일일이 연속성을 따져 불연속인 점의 개수를 중복되거나 빠지는 것
없이 구해야 한다.

(**핵심 정답 공식**: 함수 $y=[f(x)]$는 $f(x)$가 정수가 되는 점에서 불연속이 될 수 있다.)

------------------ [문제 풀이 순서] ------------------

1st 불연속이 될 수 있는 점의 개수를 구하자.

주어진 함수 $f(x)=[4x]-[6x]+\left[\dfrac{x}{2}\right]-\left[\dfrac{x}{4}\right]$는 각각의 항의 가우스

함수 $y=[4x]$, $y=[6x]$, $y=\left[\dfrac{x}{2}\right]$, $y=\left[\dfrac{x}{4}\right]$가 불연속이 되는 점에서

불연속이 될 수 있다.
따라서 각각의 항의 가우스 함수가 불연속이 되는 x의 값을 먼저 구해
보자.
가우스 함수는 가우스 기호 안의 값이 정수가 되는 곳에서 불연속이
되므로

$0<x<5$일 때,
$y=[4x]$에서 $4x$가 정수가 되는 x의 값은

$x=a$에서 불연속이 되는 a의 값을 찾아야 하는데 a의 값의 범위가
$0<a<5$이므로 $0<4a<20$이 되지. 즉, $4a$의 값이 정수인 경우는 1, 2, 3, ⋯, 19로 19개가 있어.

$\dfrac{1}{4}$, $\dfrac{2}{4}$, $\dfrac{3}{4}$, ⋯, $\dfrac{19}{4}$로 19개이다.

$y=[6x]$에서 $6x$가 정수가 되는 x의 값은

$\dfrac{1}{6}$, $\dfrac{2}{6}$, $\dfrac{3}{6}$, ⋯, $\dfrac{29}{6}$로 29개이다.
$0<6x<30$

$y=\left[\dfrac{x}{2}\right]$에서 $\dfrac{x}{2}$가 정수가 되는 x의 값은 $\underline{2,\ 4}$로 2개이다.

$\underset{0<\frac{x}{2}<\frac{5}{2}}{}$

$y=\left[\dfrac{x}{4}\right]$에서 $\dfrac{x}{4}$가 정수가 되는 x의 값은 $\underline{4}$뿐이다.

$\underset{0<\frac{x}{4}<\frac{5}{4}}{}$

이 값들 중 $\dfrac{1}{2}$, 1, $\dfrac{3}{2}$, 2, $\dfrac{5}{2}$, 3, $\dfrac{7}{2}$, 4, $\dfrac{9}{2}$의 9개가 중복해서 나오므로 각

<u>자연수 a, b $(1\le a\le 19, 1\le b\le 29)$에 대하여 $\dfrac{a}{4}=\dfrac{b}{6}$이면 $3a=2b$</u>
<u>즉, a는 2의 배수, b는 3의 배수여야 하므로 순서쌍 (a, b)는 $(2, 3), (4, 6), \cdots, (18, 27)$이 돼.</u>

의 항의 가우스 함수가 불연속이 되는 <u>서로 다른 점은 모두 39개</u>이다.

<u>불연속이 될 수 있는 서로 다른 x의 개수는 $19+29-9=39$(개)</u>

이때, 이 중 하나의 가우스 함수만 불연속으로 만드는 점에서는 함수 $f(x)$가 불연속이다. **주의**

> 위에서 찾은 39개의 점에서 함수 $f(x)$가 모두 불연속일 것이라고 생각하면 안 돼! 한 개의 가우스 함수만 불연속이 되도록 하는 점에서는 $f(x)$가 확실히 불연속이지만, 두 개 이상의 가우스 함수를 불연속이 되도록 하는 점에서는 $f(x)$가 불연속이라고 말할 수 없어.

2nd 두 개 이상의 가우스 함수에서 공통으로 불연속인 점에 대해 함수 $f(x)$의 연속성을 조사하자.

이제 두 개 이상의 가우스 함수가 공통으로 불연속인 점 $\dfrac{1}{2}$, 1, $\dfrac{3}{2}$, 2, $\dfrac{5}{2}$, 3, $\dfrac{7}{2}$, 4, $\dfrac{9}{2}$에 대하여 연속성을 조사하자.

(i) $x=\dfrac{1}{2}$일 때

$$\lim_{x\to\frac{1}{2}-}f(x)=\lim_{x\to\frac{1}{2}-}\left\{[4x]-[6x]+\left[\dfrac{x}{2}\right]-\left[\dfrac{x}{4}\right]\right\}$$

$x\to\dfrac{1}{2}-$이면 $4x\to 2-$야. 즉, $4x$의 값은 2보다 작으면서 2에 한없이 가까이 가는 값이 되니까 이때의 $[4x]$의 값은 1이 돼. 같은 방법으로 나머지 극한값을 계산해봐.

$$=1-2+0-0=-1$$

$$\lim_{x\to\frac{1}{2}+}f(x)=\lim_{x\to\frac{1}{2}+}\left\{[4x]-[6x]+\left[\dfrac{x}{2}\right]-\left[\dfrac{x}{4}\right]\right\}$$

$$=2-3+0-0=-1$$

$$f\left(\dfrac{1}{2}\right)=2-3+0-0=-1$$

즉, $x=\dfrac{1}{2}$에서 함수 $f(x)$는 연속이고, 마찬가지 방법으로 하면

> $\lim\limits_{x\to a}f(x)=f(a)$일 때, $x=a$에서 함수 $f(x)$는 연속이야.

$x=\dfrac{3}{2}$, $x=\dfrac{5}{2}$, $x=\dfrac{7}{2}$, $x=\dfrac{9}{2}$에서도 함수 $f(x)$가 연속임을 알 수 있다.

(ii) $x=1$일 때

$$\lim_{x\to 1-}f(x)=\lim_{x\to 1-}\left\{[4x]-[6x]+\left[\dfrac{x}{2}\right]-\left[\dfrac{x}{4}\right]\right\}$$

$$=3-5+0-0=-2$$

$$\lim_{x\to 1+}f(x)=\lim_{x\to 1+}\left\{[4x]-[6x]+\left[\dfrac{x}{2}\right]-\left[\dfrac{x}{4}\right]\right\}$$

$$=4-6+0-0=-2$$

$$f(1)=4-6+0-0=-2$$

즉, $x=1$에서 함수 $f(x)$는 연속이다.

(iii) $x=2$일 때

$$\lim_{x\to 2-}f(x)=\lim_{x\to 2-}\left\{[4x]-[6x]+\left[\dfrac{x}{2}\right]-\left[\dfrac{x}{4}\right]\right\}$$

$$=7-11+0-0=-4$$

$$\lim_{x\to 2+}f(x)=\lim_{x\to 2+}\left\{[4x]-[6x]+\left[\dfrac{x}{2}\right]-\left[\dfrac{x}{4}\right]\right\}$$

$$=8-12+1-0=-3$$

에서 $\lim\limits_{x\to 2-}f(x)\ne\lim\limits_{x\to 2+}f(x)$이므로 $x=2$에서 함수 $f(x)$는 불연속이다.

> $\lim\limits_{x\to 2-}f(x)\ne\lim\limits_{x\to 2+}f(x)$이므로 $x=2$에서 극한값이 존재하지 않아.

(iv) $x=3$일 때

$$\lim_{x\to 3-}f(x)=\lim_{x\to 3-}\left\{[4x]-[6x]+\left[\dfrac{x}{2}\right]-\left[\dfrac{x}{4}\right]\right\}$$

$$=11-17+1-0=-5$$

$$\lim_{x\to 3+}f(x)=\lim_{x\to 3+}\left\{[4x]-[6x]+\left[\dfrac{x}{2}\right]-\left[\dfrac{x}{4}\right]\right\}$$

$$=12-18+1-0=-5$$

$$f(3)=12-18+1-0=-5$$

이므로 $x=3$에서 함수 $f(x)$는 연속이다.

(v) $x=4$일 때

$$\lim_{x\to 4-}f(x)=\lim_{x\to 4-}\left\{[4x]-[6x]+\left[\dfrac{x}{2}\right]-\left[\dfrac{x}{4}\right]\right\}$$

$$=15-23+1-0=-7$$

$$\lim_{x\to 4+}f(x)=\lim_{x\to 4+}\left\{[4x]-[6x]+\left[\dfrac{x}{2}\right]-\left[\dfrac{x}{4}\right]\right\}$$

$$=16-24+2-1=-7$$

$$f(4)=16-24+2-1=-7$$

이므로 $x=4$에서 함수 $f(x)$는 연속이다.

따라서 (i)~(v)에서 x의 값이 $\dfrac{1}{2}$, 1, $\dfrac{3}{2}$, $\dfrac{5}{2}$, 3, $\dfrac{7}{2}$, 4, $\dfrac{9}{2}$인 8개의 점에서 함수 $f(x)$가 연속이므로 함수 $f(x)$가 불연속인 점은 $39-8=31$(개)이다.

My Top Secret   서울대 선배의 **①** 등급 대비 전략

함수 $f(x)$는 네 개의 가우스 함수 $y=[4x]$, $y=[6x]$, $y=\left[\dfrac{x}{2}\right]$, $y=\left[\dfrac{x}{4}\right]$의 합과 차로 이루어져 있어. 이들 중 한 함수만 불연속이고 나머지 세 함수가 연속인 점에서는 함수 $f(x)$가 불연속이야. 따라서 4개의 가우스 함수 중 한 함수만 불연속이 되는 점 30개를 찾은 다음, 두 개 이상의 함수에서 불연속이 되는 점 9개를 찾아 이들 점에서 $f(x)$가 불연속인지를 하나씩 확인하자.

✿ **연속함수의 성질**   개념·공식

두 함수 $f(x)$, $g(x)$가 각각 $x=a$에서 연속이면, 다음 함수도 $x=a$에서 연속이다.

① $kf(x)$ (단, k는 상수)   ② $f(x)\pm g(x)$

③ $f(x)g(x)$ ④ $\dfrac{f(x)}{g(x)}$ (단, $g(a)\ne 0$)

> **정답 공식**: 함수 $f(x)$가 $x=a$에서 연속이려면
> $\lim\limits_{x \to a-} f(x) = \lim\limits_{x \to a+} f(x) = f(a)$가 성립해야 한다.

이차함수 $f(x)$에 대하여 함수

$$g(x) = \begin{cases} -x+4 & (x \le 0 \text{ 또는 } x \ge 6) \\ f(x) & (0 < x < 6) \end{cases}$$

이 다음 조건을 만족시킬 때, $g(f(2))$의 값은? (4점)

> (가) 함수 $g(x)$는 실수 전체의 집합에서 연속이다.
> └ **단서1** $x=0$, $x=6$에서 연속이어야 해.
> (나) x에 대한 방정식 $|g(x)|=k$의 서로 다른 양의 실근의
> **단서2** 함수 $y=|g(x)|$의 그래프는 함수 $y=g(x)$의 그래프를 x축의 아랫부분을 x축에 대하여 대칭이동하여 그린 것이야.
> **단서3** 함수 $y=|g(x)|$의 그래프와 직선 $y=k$가 $x>0$인 부분에서 만나는 점의 개수가 3
> 개수가 3이 되도록 하는 양수 k의 개수는 1이다.

① 4   ② $\dfrac{9}{2}$ ③ 5

④ $\dfrac{11}{2}$ ⑤ 6

💡 단서+발상

단서1 함수 $g(x)$는 범위에 따라 식이 다른 함수이다. 조건 (가)에서 함수 $g(x)$는 실수 전체의 집합에서 연속이라고 하고 있으므로 식이 바뀌는 $x=0$과 $x=6$에서 연속임을 이용한다. **개념**

따라서 $f(0)=4$, $f(6)=-2$임을 알 수 있다. **적용**

단서2 함수에 절댓값 기호가 씌워져 있다면 x축을 기준으로 아랫부분을 위쪽으로 접어 올리면 된다. **적용**

함수 $y=f(x)$의 그래프의 개형에 따라 함수 $y=|g(x)|$의 그래프의 모양이 달라지는 것을 고려하여 문제를 풀어나가면 된다. **발상**

단서3 $|g(x)|=k$의 서로 다른 양의 실근의 개수가 3이라는 것은 함수 $y=|g(x)|$의 그래프와 직선 $y=k$가 $x>0$인 부분에서 만나는 점의 개수가 3이라는 의미이다. **발상**

a의 범위에 따라 $y=|g(x)|$의 그래프의 개형을 그리고 직선 $y=k$의 위치에 따라 달라지는 실근의 개수를 파악하면 된다. **해결**

-------------------- [문제 풀이 순서] --------------------

1st 함수 $g(x)$가 실수 전체의 집합에서 연속임을 이용하여 함수 $f(x)$를 추정해.

조건 (가)에서 함수 $g(x)$가 실수 전체의 집합에서 연속이기 위해서는 $x=0$, $x=6$에서 연속이어야 한다.
이외의 실수에서는 다항함수이므로 연속이야.

$\lim\limits_{x \to 0-} g(x)=4$, $\lim\limits_{x \to 0+} g(x)=f(0)$, $g(0)=4$이므로

$f(0)=4$

$\lim\limits_{x \to 6-} g(x)=f(6)$, $\lim\limits_{x \to 6+} g(x)=-2$, $g(6)=-2$이므로

$f(6)=-2$

이차함수 $f(x)=ax^2+bx+c$ (a, b, c는 $a \ne 0$인 상수)라 하면

$f(0)=4$에서 $c=4$

$f(6)=36a+6b+4=-2$에서

$6b=-36a-6$, $b=-6a-1$

$\therefore f(x)=ax^2-(6a+1)x+4$

이차함수 $f(x)=ax^2-(6a+1)x+4$의 그래프의 축의 방정식은

$x=\dfrac{6a+1}{2a}=3+\dfrac{1}{2a}$이다.
이차함수 $f(x)=ax^2+bx+c$의 축의 방정식은 $x=-\dfrac{b}{2a}$

2nd 이차함수의 최고차항의 계수의 부호와 축의 방정식의 범위에 따라 조건을 만족하는 함수 $y=|g(x)|$의 그래프를 찾아.

└→ $a<0$, $3+\dfrac{1}{2a}>3$인 경우나 $a>0$, $3+\dfrac{1}{2a}<3$의 경우는 불가능해.

이차함수의 최고차항의 계수의 부호와 축의 방정식의 범위에 따라 조건을 만족시키는 함수 $y=|g(x)|$의 그래프를 찾아보자.

(i) $a<0$, $3+\dfrac{1}{2a}<0$일 때,

함수 $y=|g(x)|$의 그래프를 그리면 다음과 같다.

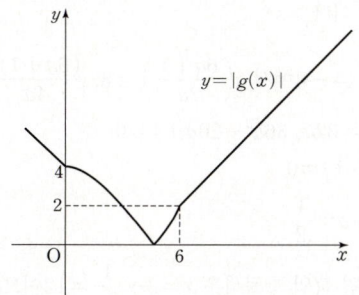

이때, x에 대한 방정식 $|g(x)|=k$의 서로 다른 양의 실근의 개수가 3이 되도록 하는 양수 k는 존재하지 않는다.
방정식 $|g(x)|=k$의 서로 다른 양의 실근의 개수는 $0<k<4$일 때, 2이고, $k \ge 4$일 때, 1이야.

(ii) $a<0$, $0<3+\dfrac{1}{2a}<3$일 때,

함수 $y=|g(x)|$의 그래프를 그리면 다음과 같다.

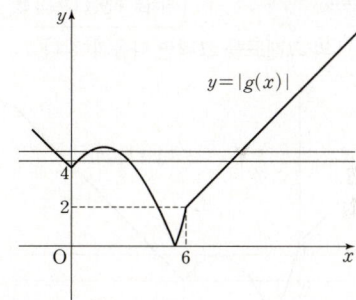

이때, x에 대한 방정식 $|g(x)|=k$의 서로 다른 양의 실근의 개수가 3이 되도록 하는 양수 k는 무수히 많다.

(iii) $a>0$, $3+\dfrac{1}{2a}>6$일 때,

함수 $y=|g(x)|$의 그래프를 그리면 다음과 같다.

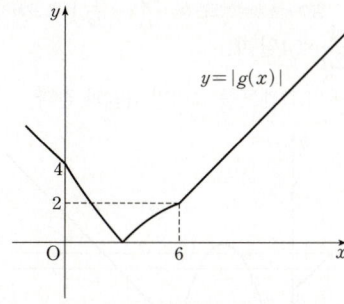

이때, x에 대한 방정식 $|g(x)|=k$의 서로 다른 양의 실근의 개수가 3이 되도록 하는 양수 k는 존재하지 않는다.

3rd $a>0$이고 주어진 조건을 만족하는 경우를 찾아.

$a>0$이고, 축의 방정식이 $0<3+\dfrac{1}{2a}<6$에 있는 경우 함수 $f(x)$의 꼭

짓점의 y좌표가 -4인 경우를 기준으로 나눠서 생각해야 한다.

> **주의**
> 함수 $y=|g(x)|$의 그래프를 그려야 하므로 $y=|f(x)|$를 생각해야 하는데, 함수 $f(x)$의 꼭짓점의 y좌표를 절댓값을 씌운 값을 변화해보며 x에 대한 방정식 $|g(x)|=k$의 서로 다른 양의 실근의 개수가 3이 되도록 하는 양수 k의 개수가 1이 되려면 함수 $y=f(x)$의 그래프의 꼭짓점의 y좌표의 절댓값이 4가 되어야 하는 것을 찾을 수 있어야 해.

즉, $f(x)=ax^2-(6a+1)x+4$

$$=a\left\{x^2-\frac{6a+1}{a}x+\left(\frac{6a+1}{2a}\right)^2-\left(\frac{6a+1}{2a}\right)^2\right\}+4$$

$$=a\left(x-\frac{6a+1}{2a}\right)^2+4-a\left(\frac{6a+1}{2a}\right)^2$$

이므로 함수 $y=f(x)$의 그래프의 꼭짓점의 y좌표는

$4-a\left(\frac{6a+1}{2a}\right)^2$이다.

$4-a\left(\frac{6a+1}{2a}\right)^2=-4$에서 $a\left(\frac{6a+1}{2a}\right)^2=8$, $\frac{(6a+1)^2}{4a}=8$

$36a^2+12a+1=32a$, $36a^2-20a+1=0$

$(18a-1)(2a-1)=0$

$\therefore a=\frac{1}{18}$ 또는 $a=\frac{1}{2}$

이때 $a=\frac{1}{18}$이면 축의 방정식은 $x=3+\frac{1}{2a}=12$이므로 축의 방정식이

$0<3+\frac{1}{2a}<6$에 있다는 조건에 모순이다.

즉, $a=\frac{1}{2}$이고 축의 방정식은 $x=3+\frac{1}{2a}=4$이다.

> **함정**
> $a>0$, $0<3+\frac{1}{2a}<6$일 때, 다양한 경우가 나오기 때문에 이차함수의 그래프의 꼭짓점의 위치로 구간을 나눠야 해.

(iv) $a>0$, $4<3+\frac{1}{2a}<6$일 때,

함수 $y=|g(x)|$의 그래프를 그리면 다음과 같다.

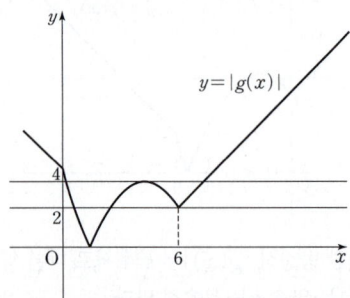

이때, x에 대한 방정식 $|g(x)|=k$의 서로 다른 양의 실근의 개수가 3이 되도록 하는 양수 k의 개수는 2이다.

> 방정식 $|g(x)|=k$의 서로 다른 양의 실근의 개수가 3이 되도록 하는 양수 k는 $k=2$ 또는 $k=\left|f\left(3+\frac{1}{2a}\right)\right|$로 2개야.

(v) $a>0$, $3<3+\frac{1}{2a}<4$일 때,

함수 $y=|g(x)|$의 그래프를 그리면 다음과 같다.

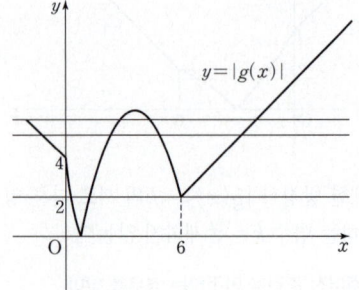

이때, x에 대한 방정식 $|g(x)|=k$의 서로 다른 양의 실근의 개수가 3이 되도록 하는 양수 k는 무수히 많다.

(vi) $a>0$, $3+\frac{1}{2a}=4$일 때,

함수 $y=|g(x)|$의 그래프를 그리면 다음과 같다.

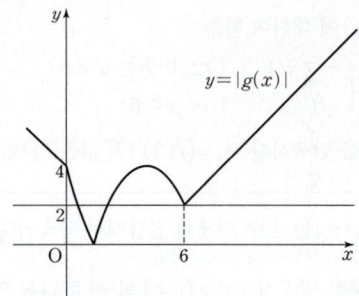

이때, x에 대한 방정식 $|g(x)|=k$의 서로 다른 양의 실근의 개수가 3이 되도록 하는 양수 k의 개수는 1이다.

4th 함수 $f(x)$를 완성하여 $g(f(2))$의 값을 구하자.

(i)~(vi)에 의하여

$a=\frac{1}{2}$이므로 $f(x)=\frac{1}{2}x^2-4x+4$

$f(2)=\frac{1}{2}\times2^2-4\times2+4=-2$이므로

$g(f(2))=g(-2)=-(-2)+4=6$

 My Top Secret 　　　서울대 선배의 **①** 등급 대비 전략

범위를 나누어 문제를 풀어야 하는 경우에 범위를 나누는 것이 꽤 복잡하다고 느낄 수 있어. 그래서 범위를 나누는 연습을 하는 것이 필요해. 그러면 어떻게 연습해야 할까? 그래프의 특성을 생각하면서 중요한 요소들을 기준으로 범위를 나누면 돼.

예를 들어, 이번 문제에서는 접어 올린 그래프의 모양을 고려하는 게 중요했지? 그러면 이차함수의 최고차항의 계수의 부호와 축의 방정식에 따라 바뀌는 그래프의 모양을 생각하는 게 중요해. 함수 $f(x)=ax^2+bx+c$라 하면 $a<0$일 때와 $a>0$일 때로 구분할 수 있어. 그리고 이 문제에서 축의 방정식을 구하면 $x=3+\frac{1}{2a}$인데, a의 부호에 따라 각각 범위를 나눠주면 돼. 특히, $a>0$일 때 함수 $y=f(x)$의 그래프의 꼭짓점의 y좌표가 $y=|g(x)|$의 그래프의 y절편과 같아지는 경우를 기준으로 범위를 한 번 더 나누어야 한다는 것을 생각해야 해.

범위를 나누는 것만 잘해도, 각각의 그래프를 그리는 것은 쉽고, 답을 찾는 과정도 빨라질 수 있어!

C # 미분계수와 도함수

🐝 기본 기출 문제

C 01 정답 24 *도함수를 이용하여 미분계수 구하기 ··· [정답률 93%]

> **정답 공식:** 함수 $y=x^n$(n은 자연수)의 도함수는 $y'=nx^{n-1}$이고 $y=c$(c는 상수) 의 도함수는 $y'=0$이다.

함수 $f(x)=x^3+3x^2+3$에 대하여 $f'(2)$의 값을 구하시오. (3점)

> **단서** 주어진 함수를 x에 대하여 미분한 후 $x=2$를 대입하면 돼.

1st 다항함수의 미분법을 이용하여 $f'(2)$의 값을 구해.

$f(x)=x^3+3x^2+3$에서 $f'(x)=3x^2+6x$

$\therefore f'(2)=3\times2^2+6\times2=24$ → $y=x^n$(단, n은 자연수)에 대하여 $y'=nx^{n-1}$

C 02 정답 17 *도함수를 이용하여 미분계수 구하기 ··· [정답률 93%]

> **정답 공식:** 함수 $y=x^n$(n은 자연수)의 도함수는 $y'=nx^{n-1}$이고 $y=c$(c는 상수) 의 도함수는 $y'=0$이다.

이차함수 $f(x)=x^2+3x$에 대하여 $f(2)+f'(2)$의 값을 구하시오. (3점) **단서** $f(2)$는 $x=2$에서의 함숫값이고 $f'(2)$는 $x=2$에서의 미분계수야.

1st $f(x)$를 미분하여 $x=2$일 때의 미분계수를 구하자.

$f(x)=x^2+3x$에서 $f'(x)=2x+3$

$\therefore f(2)+f'(2)=(2^2+3\cdot2)+(2\cdot2+3)=10+7=17$
→ $x=2$에서의 미분계수
→ $x=2$에서의 함숫값

C 03 정답 41 *곱의 미분법을 이용하여 미분계수 구하기 [정답률 90%]

> **정답 공식:** $y=f(x)g(x)$일 때, $y'=f'(x)g(x)+f(x)g'(x)$

함수 $f(x)=(x^2+1)(x^2+x-2)$에 대하여 $f'(2)$의 값을 구하시오. (3점) **단서** 곱의 미분법을 이용해서 도함수를 구해.

1st $y=f(x)g(x)$의 도함수는 $y'=f'(x)g(x)+f(x)g'(x)$임을 이용하자.

$f(x)=(x^2+1)(x^2+x-2)$에서

$f'(x)=2x(x^2+x-2)+(x^2+1)(2x+1)$

$\therefore \underline{f'(2)}=4(4+2-2)+(4+1)(4+1)=16+25=41$
$f'(x)$에 $x=2$를 대입해.

C 04 정답 ④ *$x\to a$일 때의 미분계수의 정의 ··· [정답률 92%]

> **정답 공식:** $f(1)=3$이므로 $\lim\limits_{x\to1}\dfrac{f(x)-3}{x-1}=\lim\limits_{x\to1}\dfrac{f(x)-f(1)}{x-1}=f'(1)$

함수 $f(x)=x^2+2x$에 대하여 $\lim\limits_{x\to1}\dfrac{f(x)-3}{x-1}$의 값은? (2점)
단서1 $f(1)=3$
단서2 $\lim\limits_{x\to1}\dfrac{f(x)-f(1)}{x-1}$ 이므로 미분계수의 형태야.

① 1   ② 2   ③ 3
④ 4   ⑤ 5

1st $\lim\limits_{x\to a}\dfrac{f(x)-f(a)}{x-a}=f'(a)$임을 이용해.

함수 $f(x)=x^2+2x$에서 $f(1)=3$이므로

$\lim\limits_{x\to1}\dfrac{f(x)-3}{x-1}=\lim\limits_{x\to1}\dfrac{f(x)-f(1)}{x-1}=f'(1)$

> **주의** 미분계수의 정의를 이용할 수 있도록 $f(x)$가 3이 되는 x값을 주어진 식에서 찾자. 이때, 분모의 $x-1$이 힌트가 될 수 있겠지.

이때, $f'(x)=2x+2$이므로

$f'(1)=2+2=4$

🎲 **다른 풀이:** 직접 $f(x)$를 대입하여 극한값 구하기

$f(x)=x^2+2x$를 식에 대입하여 구해도 돼.

$\lim\limits_{x\to1}\dfrac{f(x)-3}{x-1}=\lim\limits_{x\to1}\dfrac{x^2+2x-3}{x-1}$
$=\lim\limits_{x\to1}\dfrac{(x+3)(x-1)}{x-1}$ → $\dfrac{0}{0}$ 꼴의 극한이므로 분자, 분모를 $x-1$로 약분해.
$=\lim\limits_{x\to1}(x+3)=4$

C 05 정답 21 *$h\to0$일 때의 미분계수의 정의 ··· [정답률 90%]

> **정답 공식:** $f'(a)=\lim\limits_{h\to0}\dfrac{f(a+h)-f(a)}{h}$

함수 $f(x)=x^3+4x-2$에 대하여 $\lim\limits_{h\to0}\dfrac{f(1+3h)-f(1)}{h}$의 값을 구하시오. (4점)
단서 분모에도 $3h$를 만들어야 해.

1st $\lim\limits_{\square\to0}\dfrac{f(a+\square)-f(a)}{\square}=f'(a)$임을 이용할 수 있게 변형하자.

$\lim\limits_{h\to0}\dfrac{f(1+3h)-f(1)}{h}=\lim\limits_{h\to0}3\cdot\dfrac{f(1+3h)-f(1)}{3h}=3f'(1)$ ··· ㉠
→ $h\to0$일 때, $3h\to0$이므로 분모에도 $3h$가 필요해. 그런데 등식이 성립하려면 3을 분자에도 곱해야 해.

2nd $f'(x)$를 구하자.

$f(x)=x^3+4x-2$에서

$f'(x)=3x^2+4$ $\therefore f'(1)=3\cdot1^2+4=7$

따라서 ㉠에 의해 구하는 값은 $3f'(1)=3\cdot7=21$

C 06 정답 ① *$h\to0$일 때의 미분계수의 정의 ··· [정답률 85%]

> **정답 공식:** $f'(a)=\lim\limits_{h\to0}\dfrac{f(a+h)-f(a)}{h}$

함수 $f(x)=x^2+ax$에 대하여 **단서** 주어진 식을 미분계수의 정의를 이용할 수 있도록 변형하면 되겠지?
$\lim\limits_{h\to0}\dfrac{f(1+h)-f(1)}{2h}=6$일 때, 상수 a의 값은? (3점)

① 10   ② 11   ③ 12
④ 13   ⑤ 14

1st 미분계수의 정의를 이용하자.

$\lim\limits_{h\to0}\dfrac{f(1+h)-f(1)}{2h}=\dfrac{1}{2}\lim\limits_{h\to0}\dfrac{f(1+h)-f(1)}{h}$
$=\dfrac{1}{2}f'(1)=6$ → $f'(a)=\lim\limits_{h\to0}\dfrac{f(a+h)-f(a)}{h}$에서 $a=1$을 대입한 거야.

$\therefore f'(1)=12$

2nd $(x^n)'=nx^{n-1}$(n은 자연수)임을 이용하자.

$f(x)=x^2+ax$에서

$f'(x)=(x^2+ax)'=2x+a$이므로

$f'(1)=2+a=12$

$\therefore a=10$

> **꿀팁** $\lim\limits_{h\to0}\dfrac{f(a+h)-f(a)}{h}$ 꼴로 식을 변형해. 이때, 분모 또는 분자에 상수를 곱하는 과정에서 실수하지 않도록 주의하자.

C 07 정답 ④ *미분가능하도록 하는 미정계수의 결정 … [정답률 80%]

[정답 공식: $\lim\limits_{x \to 1+} f'(x) = \lim\limits_{x \to 1-} f'(x)$이어야 한다.]

함수 $f(x) = \begin{cases} x^3 + ax + 1 & (x \geq 1) \\ 2x^2 + a & (x < 1) \end{cases}$ 가 모든 실수 x에 대하여 미분가능하도록 하는 상수 a의 값은? (3점)
단서 $x=1$에서만 미분가능한지 확인하면 돼.

① -2 ② -1 ③ 0 ④ 1 ⑤ 2

1st $x=1$에서 미분가능해야 하므로 $\lim\limits_{x \to 1+} f'(x) = \lim\limits_{x \to 1-} f'(x)$이어야 해.

$\lim\limits_{x \to 1} f(x) = f(1) = 2 + a$이므로 함수 $f(x)$는 $x=1$에서 연속이다.

함수 $f(x)$를 x에 대하여 미분하면

$f'(x) = \begin{cases} 3x^2 + a & (x > 1) \\ 4x & (x < 1) \end{cases}$

이때, $x=1$에서 미분가능하려면 미분계수 $f'(1)$이 존재해야 한다.

즉, $\lim\limits_{x \to 1+} f'(x) = \lim\limits_{x \to 1-} f'(x)$에서 (좌미분계수)=(우미분계수)

$\lim\limits_{x \to 1+} (3x^2 + a) = \lim\limits_{x \to 1-} 4x$이므로 $3 + a = 4$

$\therefore a = 1$

수능 핵강

＊모든 실수에서 미분가능할 때 따져야 하는 조건 알아보기

모든 실수 x에 대하여 미분가능하려면 모든 x에 대하여 연속이고 미분계수가 존재해야 해. 주어진 함수 $f(x)$에 대하여

$\lim\limits_{x \to 1+} f(x) = \lim\limits_{x \to 1-} f(x) = f(1) = 2 + a$

이므로 a의 값에 관계없이 $x=1$에서 연속이지? 이 문제에서는 미분계수의 존재성을 가지고 상수 a의 값을 구할 수 있지만, 문제에서 주어진 단서에 의해 파생되는 모든 조건 즉, 미분가능하면 연속이고 미분계수가 존재함을 꼼꼼히 따져야 해.

C 08 정답 ③ *미분가능하도록 하는 미정계수의 결정 … [정답률 76%]

[정답 공식: 함수 $f(x)$가 $x=k$에서 미분가능하면 $x=k$에서 연속이고 $x=k$에서의 좌미분계수와 우미분계수가 같다.]

단서 두 곡선이 $x=1$에서 뾰족하지 않게 이어지려면?
함수 $f(x) = \begin{cases} x^3 + ax & (x < 1) \\ bx^2 + x + 1 & (x \geq 1) \end{cases}$ 이 $x=1$에서 미분가능할 때, $a+b$의 값은? (단, a, b는 상수이다.) (4점)

① 5 ② 6 ③ 7 ④ 8 ⑤ 9

1st 함수 $f(x)$가 $x=1$에서 미분가능하기 위한 조건을 이용해.

함수 $f(x)$가 $x=1$에서 미분가능하므로 함수 $f(x)$는 $x=1$에서 연속이다.

$f(x) = \begin{cases} f_1(x) & (x < a) \\ f_2(x) & (x \geq a) \end{cases}$가 $x=a$에서 미분가능하면 (i) $f_1(a) = f_2(a)$ (ii) $f_1'(a) = f_2'(a)$

즉, $\lim\limits_{x \to 1-} f(x) = \lim\limits_{x \to 1+} f(x) = f(1)$이므로 $1 + a = b + 2$

$\therefore a - b = 1 \cdots \bigcirc$

또, $f'(x) = \begin{cases} 3x^2 + a & (x < 1) \\ 2bx + 1 & (x > 1) \end{cases}$이고 $f(x)$는 $x=1$에서

미분가능하므로 $x=1$에서의 미분계수가 존재해야 한다.

즉, $\lim\limits_{x \to 1-} f'(x) = \lim\limits_{x \to 1+} f'(x)$이므로 $3 + a = 2b + 1$

$\therefore a - 2b = -2 \cdots \bigcirc$

$\bigcirc$, $\bigcirc$을 연립하면 $a = 4$, $b = 3$ $\therefore a + b = 4 + 3 = 7$

수능 **유형별** 기출 문제 [2점, 3점, 쉬운 4점]

C 09 정답 ⑤ *도함수를 이용하여 미분계수 구하기 … [정답률 97%]

[정답 공식: 함수 $y = x^n$ (n은 자연수)의 도함수는 $y' = nx^{n-1}$이고 $y = c$ (c는 상수)의 도함수는 $y' = 0$이다.]

함수 $f(x) = x^3 + 3x^2 + x - 1$에 대하여 $f'(1)$의 값은? (2점)
단서 $x=1$에서의 미분계수를 구해야 하므로 $f(x)$의 도함수 $f'(x)$를 먼저 구해.

① 6 ② 7 ③ 8
④ 9 ⑤ 10

1st 함수 $f(x)$의 도함수 $f'(x)$에 $x=1$을 대입하자.

$f(x) = x^3 + 3x^2 + x - 1$을 x에 대하여 미분하면

$f'(x) = 3x^2 + 6x + 1$

$\therefore f'(1) = 3 \times 1^2 + 6 \times 1 + 1 = 10$
$f'(1)$의 값은 $f'(x)$의 계수와 상수항의 총합이기도 하므로 $3 + 6 + 1 = 10$이야.

다른 풀이: 미분계수의 정의 이용하여 직접 대입하기

$f'(1) = \lim\limits_{h \to 0} \dfrac{f(1+h) - f(1)}{h}$ $f'(a) = \lim\limits_{x \to a} \dfrac{f(x) - f(a)}{x - a}$ $= \lim\limits_{h \to 0} \dfrac{f(a+h) - f(a)}{h}$

$= \lim\limits_{h \to 0} \dfrac{(1+h)^3 + 3(1+h)^2 + (1+h) - 1 - (1 + 3 + 1 - 1)}{h}$

$= \lim\limits_{h \to 0} \dfrac{h^3 + 6h^2 + 10h}{h}$

$= \lim\limits_{h \to 0} (h^2 + 6h + 10) = 10$

C 10 정답 10 *도함수를 이용하여 미분계수 구하기 … [정답률 92%]

[정답 공식: 함수 $f(x)$의 도함수 $f'(x)$에 대해 $f'(a)$를 $x=a$에서 $f(x)$의 미분계수라고 한다.]

함수 $f(x) = 2x^2 + ax + 3$에 대하여 $x=2$에서의 미분계수가 18일 때, 상수 a의 값을 구하시오. (3점)
단서 $x=2$에서의 미분계수는 $f'(2)$를 뜻해. $f'(x)$를 구한 후 $x=2$를 대입하자.

1st $f'(2) = 18$임을 이용해서 a의 값을 구해.

함수 $f(x) = 2x^2 + ax + 3$에서

$f'(x) = 4x + a$ 음이 아닌 정수 n에 대하여 $(x^n)' = nx^{n-1}$

이때, $f'(2) = 18$이므로

$f'(2) = 4 \times 2 + a = 18$

$\therefore a = 10$

C 11 정답 ④ *도함수를 이용한 미분계수 … [정답률 90%]

(정답 공식: 함수 $y = x^n$ (n은 자연수)의 도함수는 $y' = nx^{n-1}$)

함수 $f(x) = 2x^3 - x^2 + 6$에 대하여 $f'(1)$의 값은? (2점)
단서 주어진 함수를 x에 대하여 미분하여 $f'(x)$를 구한 후 $x=1$을 대입하면 돼.
① 1 ② 2 ③ 3 ④ 4 ⑤ 5

1st 함수 $f(x)$를 x에 대하여 미분한 후 $x=1$을 대입해 봐.

함수 $f(x) = 2x^3 - x^2 + 6$에 대하여

$f'(x) = 6x^2 - 2x$이므로

$f'(1) = 6 - 2 = 4$ 함수 $y = x^n$ (n은 자연수)의 도함수는 $y' = nx^{n-1}$이고, $y = c$ (c는 상수)의 도함수는 $y' = 0$

C 12 정답 ② *도함수를 이용하여 미분계수 구하기 ·· [정답률 96%]

(정답 공식: 함수 $y=x^n$ (n은 자연수)의 도함수는 $y'=nx^{n-1}$이다.)

함수 $f(x)=x^2-ax$에 대하여 $f'(1)=0$일 때, 상수 a의 값은?
단서 함수 $f(x)$의 도함수 $f'(x)$를 구한 후 $x=1$을 대입해봐.
(3점)

① 1   ② 2   ③ 3
④ 4   ⑤ 5

1st 함수 $f(x)$를 x에 대하여 미분한 후 $x=1$을 대입하여 a의 값을 구하자.
함수 $f(x)=x^2-ax$에 대하여
$f'(x)=2x-a$이고, $f'(1)=0$이므로
$2-a=0$ $\therefore a=2$

실수 함수 $f(x)$의 $x=1$에서의 미분계수를 구해야 하는데, 미분계수의 정의를 이용해서 구하는 것보다는 다항함수의 도함수를 구하는 공식을 이용하는 것이 계산도 빠르고 실수를 줄일 수 있어.

C 13 정답 2 *도함수를 이용하여 미분계수 구하기 ·· [정답률 94%]

[정답 공식: 함수 $y=x^n$ (n은 자연수)의 도함수는 $y'=nx^{n-1}$이고 함수 $y=c$ (c는 상수)의 도함수는 $y'=0$이다.]

함수 $f(x)=x^2+ax$에 대하여 $f'(1)=4$일 때, 상수 a의 값을 구하시오. (3점)
단서 $f'(1)$의 값이 주어졌으니까 $f'(x)$를 먼저 구한 후 $x=1$을 대입해서 a의 값을 구해.

1st 함수 $f(x)$를 x에 대하여 미분한 후 $x=1$을 대입해봐.
함수 $f(x)=x^2+ax$에 대하여
$f'(x)=2x+a$이므로
$f'(1)=2+a=4$ → $(x^2)'=2\times x^{2-1}=2x$
$(ax)'=a\times 1\times x^{1-1}=a\times 1=a$
$\therefore a=2$

C 14 정답 ② *도함수를 이용하여 미분계수 구하기 ·· [정답률 98%]

[정답 공식: 함수 $y=x^n$ (n은 자연수)의 도함수는 $y'=nx^{n-1}$이고 $y=c$ (c는 상수)의 도함수는 $y'=0$이다.]

함수 $f(x)=x^3+2x^2+3x+4$에 대하여 $f'(-1)$의 값은? (2점)
단서 $f(x)$를 x에 대하여 미분한 식에 $x=-1$을 대입하면 돼.

① 1   ② 2   ③ 3
④ 4   ⑤ 5

1st 도함수 $f'(x)$를 구해 $x=1$을 대입하자.
함수 $f(x)=x^3+2x^2+3x+4$를 x에 대하여 미분하면
$f'(x)=3x^2+4x+3$
$(x^3)'=3\times x^{3-1}=3x^2, (2x^2)'=2\times 2\times x^{2-1}=4x$
$(3x)'=3\times 1=3, (4)'=0$
$\therefore f'(-1)=3\times(-1)^2+4\times(-1)+3$
$\qquad =2$

C 15 정답 ⑤ *도함수를 이용하여 미분계수 구하기 ·· [정답률 98%]

[정답 공식: 함수 $y=x^n$ (n은 자연수)의 도함수는 $y'=nx^{n-1}$이고 $y=c$ (c는 상수)의 도함수는 $y'=0$이다.]

함수 $f(x)=x^3+7x-4$에 대하여 $f'(1)$의 값은? (2점)
단서 $x=1$에서의 미분계수를 구해야 하므로 $f'(x)$를 먼저 구해.

① 6   ② 7   ③ 8
④ 9   ⑤ 10

1st 함수 $f(x)$를 미분한 후 도함수 $f'(x)$에 $x=1$을 대입해.
함수 $f(x)=x^3+7x-4$를 x에 대하여 미분하면
$f'(x)=3x^2+7$ → $(x^3)'=3\times x^{3-1}=3x^2, (7x)'=7\times 1=7, (-4)'=0$
$\therefore f'(1)=3\times 1^2+7=10$

C 16 정답 ① *도함수를 이용하여 미분계수 구하기 ·· [정답률 98%]

(정답 공식: 자연수 n에 대하여 함수 $f(x)=x^n$의 도함수는 $f'(x)=nx^{n-1}$이다.)

함수 $f(x)=x^3+2x+7$에 대하여 $f'(1)$의 값은? (3점)
단서 $f'(x)$를 구한 후 $x=1$을 대입하면 되겠지?

① 5   ② 6   ③ 7
④ 8   ⑤ 9

1st $f'(x)$를 구한 후, $f'(1)$의 값을 구해.
$f(x)=x^3+2x+7$이므로
$f'(x)=3x^2+2$ → ① $y=x^n$ ($n\geq 2$인 자연수)이면 $y'=nx^{n-1}$
② $y=x$이면 $y'=1$
③ $y=c$ (c는 상수)이면 $y'=0$
$\therefore f'(1)=3\times 1^2+2=5$

C 17 정답 ① *도함수를 이용하여 미분계수 구하기 ·· [정답률 91%]

[정답 공식: 함수 $y=x^n$ (n은 자연수)의 도함수는 $y'=nx^{n-1}$이고 $y=c$ (c는 상수)의 도함수는 $y'=0$이다.]

함수 $f(x)=x^4+3x-2$에 대하여 $f'(2)$의 값은? (3점)
단서 주어진 함수를 x에 대하여 미분한 후 $x=2$를 대입하면 돼.
① 35   ② 37   ③ 39   ④ 41   ⑤ 43

1st 다항함수의 미분법을 이용하여 $f'(2)$의 값을 구하자.
$f(x)=x^4+3x-2$에서
$f'(x)=4x^3+3$ → 미분가능한 두 함수 $f(x), g(x)$에 대하여
$y=f(x)\pm g(x)$이면 $y'=f'(x)\pm g'(x)$ (복호동순)
$\therefore f'(2)=4\times 2^3+3=35$

수능 핵강

★ 미분계수의 정의 이용하여 직접 대입하기보다는 도함수를 이용하여 미분계수 구하기

미분계수 정의 $f'(2)=\lim\limits_{h\to 0}\dfrac{f(2+h)-f(2)}{h}$를 이용하여 $f'(2)$의 값을 구하려고 하면 극한식에서 $f(2+h)=(2+h)^4+3(2+h)-2$를 정리해 풀어야 하므로 시간도 걸리고, 실수를 할 수도 있어. 기본적인 개념은 반드시 알고 있어야 하지만, 다항함수에 대한 미분계수를 이용하는 문제는 웬만하면 다항함수의 미분법을 이용하는 것이 효율적이야.

C 18 정답 ① *도함수를 이용하여 미분계수 구하기 ⋯⋯ [정답률 98%]

정답 공식: 함수 $y=x^n$(n은 자연수)의 도함수는 $y'=nx^{n-1}$이다.

> 함수 $f(x)=x^3-2x-7$에 대하여 $f'(1)$의 값은? (2점)
> 단서 주어진 함수를 x에 대하여 미분한 후 $x=1$을 대입하면 돼.
> ① 1   ② 2   ③ 3   ④ 4   ⑤ 5

1st 다항함수의 미분법을 이용하여 $f'(1)$의 값을 구하자.

$f(x)=x^3-2x-7$에서 $f'(x)=3x^2-2$
함수 $y=x^n$(n은 자연수)의 도함수는 $y'=nx^{n-1}$
$\therefore f'(1)=3\times1^2-2=1$
함수 $y=c$(c는 상수)의 도함수는 $y'=0$

🎲 **다른 풀이: 미분계수의 정의 이용하여 직접 대입하기**

$f'(1)=\lim\limits_{h\to0}\dfrac{f(1+h)-f(1)}{h}$

$\quad\to f'(a)=\lim\limits_{h\to0}\dfrac{f(a+h)-f(a)}{h}$
$\quad\ =\lim\limits_{x\to a}\dfrac{f(x)-f(a)}{x-a}$

$=\lim\limits_{h\to0}\dfrac{(1+h)^3-2(1+h)-7-(-8)}{h}$

$=\lim\limits_{h\to0}\dfrac{h^3+3h^2+h}{h}=\lim\limits_{h\to0}(h^2+3h+1)=1$

C 19 정답 ④ *도함수를 이용하여 미분계수 구하기 ⋯⋯ [정답률 98%]

정답 공식: 함수 $y=x^n$(n은 자연수)의 도함수는 $y'=nx^{n-1}$이다.

> 함수 $f(x)=x^3+7x+1$에 대하여 $f'(0)$의 값은? (2점)
> 단서 주어진 함수를 x에 대하여 미분한 후 $x=0$을 대입하면 돼.
> ① 1   ② 3   ③ 5   ④ 7   ⑤ 9

1st 다항함수의 미분법을 이용하여 $f'(0)$의 값을 구하자.

$f(x)=x^3+7x+1$에서 $f'(x)=3x^2+7$
$\therefore f'(0)=7$
함수 $y=x^n$(n은 자연수)의 도함수는 $y'=nx^{n-1}$이고
$y=c$(c는 상수)의 도함수는 $y'=0$이다.

C 20 정답 112 *도함수를 이용한 미분계수 ⋯⋯ [정답률 92%]

정답 공식: 함수 $f(x)$의 도함수 $f'(x)$를 구해 $x=5$에서의 미분계수 $f'(5)$의 값을 계산한다.

> 함수 $f(x)=10x^2+12x$에 대하여 $f'(5)$의 값을 구하시오. (3점)
> 단서 함수 $f(x)$의 식이 주어져 있으므로 도함수 $f'(x)$를 구한 뒤 $x=5$를 대입해.

1st 함수 $f(x)$의 도함수를 구한 후 $f'(5)$의 값을 계산해.

$f(x)=10x^2+12x$에서
$f'(x)=20x+12$
함수 $f(x)=x^n$(n은 자연수)의 도함수는 $f'(x)=nx^{n-1}$
$\therefore f'(5)=100+12=112$

C 21 정답 12 *도함수를 이용하여 미분계수 구하기 ⋯⋯ [정답률 93%]

정답 공식: 자연수 n에 대하여 $(x^n)'=nx^{n-1}$이다.

> 함수 $f(x)=x^4-5x^2+9$에 대하여 $f'(2)$의 값을 구하시오. (3점)
> 단서 $f(x)$를 x에 대하여 미분하여 $f'(x)$를 구한 후, $x=2$를 대입하면 돼.

1st 다항함수의 미분법을 이용하여 $f'(x)$를 구해.

함수 $f(x)=x^4-5x^2+9$에서
$f'(x)=4x^3-10x$

$\quad\to y=x^n$(n은 자연수)에 대하여 $y'=nx^{n-1}$
$\quad\ \ y=c$(c는 상수)에 대하여 $y'=0$
$\quad\ \ y=cf(x)$(c는 상수)에 대하여 $y'=cf'(x)$

$\therefore f'(2)=4\times2^3-10\times2$
$\qquad\quad=32-20=12$

🎲 **다른 풀이: 미분계수의 정의 이용하여 직접 대입하기**

$f(x)=x^4-5x^2+9$에서
$f(2)=2^4-5\times2^2+9=16-20+9=5$이므로

$f'(2)=\lim\limits_{x\to2}\dfrac{f(x)-f(2)}{x-2}=\lim\limits_{x\to2}\dfrac{x^4-5x^2+9-5}{x-2}$

$=\lim\limits_{x\to2}\dfrac{x^4-5x^2+4}{x-2}=\lim\limits_{x\to2}\dfrac{(x^2-1)(x^2-4)}{x-2}$

$\to\dfrac{0}{0}$ 꼴의 극한이므로 분자를 인수분해하여 분자, 분모를 $x-2$로 약분해.

$=\lim\limits_{x\to2}\dfrac{(x+1)(x-1)(x+2)(x-2)}{x-2}$

$=\lim\limits_{x\to2}(x+1)(x-1)(x+2)$

$=3\times1\times4=12$

C 22 정답 20 *도함수를 이용하여 미분계수 구하기 ⋯⋯ [정답률 90%]

정답 공식: $f'(x)$를 구한 후 $x=2$를 대입한다.

> 함수 $f(x)=x^4-3x^2+8$에 대하여 $f'(2)$의 값을 구하시오. (3점)
> 단서 함수 $f(x)$를 미분하고 $x=2$를 대입해.

1st 다항함수의 미분법을 이용하여 $f'(x)$를 구하자.

$f(x)=x^4-3x^2+8$을 미분하면
$f'(x)=4x^3-6x$이므로
$\to y=c$ (단, c는 상수)의 미분은 $y'=0$,
$f'(2)=4\times2^3-6\times2=20$
$y=x^n$ (단, n은 자연수)의 미분은 $y'=n\cdot x^{n-1}$이고,
$y=cf(x)$(c는 실수)의 미분은 $y'=cf'(x)$야.

C 23 정답 ④ *도함수를 이용하여 미분계수 구하기 ⋯⋯ [정답률 98%]

정답 공식: 함수 $f(x)$의 도함수 $f'(x)$를 구하면 $x=1$에서의 미분계수 $f'(1)$의 값을 찾을 수 있다.

> 함수 $f(x)=x^4$에 대하여 $f'(1)$의 값은? (2점)
> 단서 함수 $f(x)$의 식이 주어져 있으므로 도함수 $f'(x)$를 구한 뒤 $x=1$을 대입해.
> ① 1   ② 2   ③ 3
> ④ 4   ⑤ 5

1st 함수 $f(x)$의 도함수를 구해.

함수 $f(x)=x^4$을 x에 대하여 미분하면
$f'(x)=4x^3$이므로
$\to$ 함수 $f(x)=x^n$(n은 자연수)의 도함수는 $f'(x)=nx^{n-1}$이지.
$f'(1)=4\times1^3=4$

C 24 정답 ② ＊도함수를 이용하여 미분계수 구하기 … [정답률 97%]

(정답 공식: $f(x)$를 미분하여 $x=1$을 대입한다.)

함수 $f(x)=x^3+2x^2$에 대하여 $f'(1)$의 값은? (2점)
단서 함수 $f(x)$를 미분하고 $x=1$을 대입해.
① 6　　②7　　③ 8　　④ 9　　⑤ 10

1st 다항함수의 미분법을 이용하여 $f'(x)$를 구하자.
$f(x)=x^3+2x^2$을 미분하면 $f'(x)=3x^2+4x$이므로
$f'(1)=3+4=7$
→ $y=x^n$ (단, n은 자연수일 때, $y'=n\cdot x^{n-1}$
$y=cf(x)$ (c는 실수)일 때, $y'=cf'(x)$

C 25 정답 13 ＊도함수를 이용하여 미분계수 구하기 … [정답률 93%]

(정답 공식: $(x^n)'=nx^{n-1}$)

함수 $f(x)=x^3+5x^2+1$에 대하여 $f'(1)$의 값을 구하시오. (3점)
단서 함수 $f(x)$를 미분하고 $x=1$을 대입해.

1st 다항함수의 미분법을 이용하여 $f'(x)$를 구하면 돼.
$f(x)=x^3+5x^2+1$을 미분하면 $f'(x)=3x^2+10x$
$\therefore f'(1)=3+10=13$
→ $y=x^n$ (단, n은 자연수)의 미분은 $y'=n\cdot x^{n-1}$이고
$y=cf(x)$(c는 실수)의 미분은 $y'=cf'(x)$임을 이용해.

C 26 정답 21 ＊도함수를 이용하여 미분계수 구하기 … [정답률 93%]

(정답 공식: 다항함수의 미분법을 이용한다.)

함수 $f(x)=2x^3-3x+1$에 대하여 $f'(2)$의 값을 구하시오. (3점)
단서 함수 $f(x)$를 미분하고 $x=2$를 대입해.

1st $f(x)$를 미분하여 $x=2$일 때의 미분계수를 구해.
$f(x)=2x^3-3x+1$에서 $f'(x)=6x^2-3$
$\therefore f'(2)=24-3=21$
→ $f(x)=x^n$ (n은 자연수)을 미분하면 $f'(x)=nx^{n-1}$이고,
$\{f(x)+g(x)\}'=f'(x)+g'(x)$임을 이용해.

C 27 정답 15 ＊도함수를 이용하여 미분계수 구하기 … [정답률 93%]

(정답 공식: 다항함수의 미분법을 이용한다.)

함수 $f(x)=x^3-2x^2+4$에 대하여 $f'(3)$의 값을 구하시오. (3점)
단서 함수 $f(x)$를 미분하고 $x=3$을 대입해야겠지?

1st $f(x)$를 미분하여 $x=3$일 때의 미분계수를 구해.
$f(x)=x^3-2x^2+4$에서 $f'(x)=3x^2-4x$
$\therefore f'(3)=27-12=15$
→ 미분가능한 두 함수 $f(x),g(x)$에 대하여
$\{f(x)+g(x)\}'=f'(x)+g'(x)$

C 28 정답 7 ＊도함수를 이용하여 미분계수 구하기 … [정답률 92%]

(정답 공식: 함수 $y=x^n$(n은 자연수)의 도함수는 $y'=nx^{n-1}$이고 $y=c$(c는 상수)의 도함수는 $y'=0$이다.)

함수 $f(x)=2x^3+x+1$에 대하여 $f'(1)$의 값을 구하시오. (3점)
단서 함수 $f(x)$를 미분하고 $x=1$을 대입해.

1st 다항함수의 미분법을 이용하여 $f'(x)$를 구해.
$f(x)=2x^3+x+1$을 미분하면 $f'(x)=6x^2+1$이므로
$f'(1)=6\times1^2+1=7$
→ $y=x^n$ (단, n은 자연수) $\Rightarrow y'=n\cdot x^{n-1}$
$y=cf(x)$(c는 실수) $\Rightarrow y'=cf'(x)$

C 29 정답 30 ＊도함수를 이용하여 미분계수 구하기 … [정답률 94%]

(정답 공식: 함수 $y=x^n$(n은 자연수)의 도함수는 $y'=nx^{n-1}$이고 $y=c$(c는 상수)의 도함수는 $y'=0$이다.)

함수 $f(x)=4x^4+7x^2+1$에 대하여 $f'(1)$의 값을 구하시오. (3점)
단서 함수 $f(x)$를 미분하고 $x=1$을 대입해.

1st 다항함수의 미분법을 이용하여 $f'(x)$를 구해.
$f(x)=4x^4+7x^2+1$을 x에 대하여 미분하면
$f'(x)=16x^3+14x$
→ $y=x^n$(단, n은 자연수)에 대하여 $y'=nx^{n-1}$
$y=cf(x)$(c는 실수)에 대하여 $y'=cf'(x)$
$\therefore f'(1)=16\cdot1^3+14\cdot1=30$

C 30 정답 4 ＊도함수를 이용하여 미분계수 구하기 … [정답률 96%]

(정답 공식: 함수 $y=x^n$(n은 자연수)의 도함수는 $y'=nx^{n-1}$이고 $y=c$(c는 상수)의 도함수는 $y'=0$이다.)

함수 $f(x)=3x^2-2x$에 대하여 $f'(1)$의 값을 구하시오. (3점)
단서 주어진 함수를 x에 대하여 미분하자. $x=1$에서의 미분계수를 구해야 하니까 $f'(x)$를 구한 후, $x=1$을 대입하면 돼. 이때, $f'(1)$은 $f'(x)$의 모든 계수들의 합임을 이용하면 조금 더 쉽게 구할 수 있어.

1st 다항함수의 미분법을 이용하자.
$f(x)=3x^2-2x$에서 $f'(x)=6x-2$이므로
→ $y=x^n$(단, n은 자연수)이면 $y'=nx^{n-1}$
$f'(1)=6-2=4$
$f'(1)$은 $f'(x)$의 계수의 총합과 같으므로 $f'(1)=6+(-2)=4$

C 31 정답 ① ＊도함수를 이용하여 미분계수 구하기 … [정답률 93%]

(정답 공식: 함수 $y=x^n$(n은 자연수)의 도함수는 $y'=nx^{n-1}$이고 $y=c$(c는 상수)의 도함수는 $y'=0$이다.)

함수 $f(x)=x^2-2x+3$에 대하여 $f'(2)$의 값은? (3점)
단서 $f(x)$를 x에 대하여 미분한 식에 $x=2$를 대입하면 돼.
①2　　② 4　　③ 6
④ 8　　⑤ 10

1st $f(x)$를 미분한 후 $x=2$에서의 미분계수를 구하자.
$f(x)=x^2-2x+3$에서
$f'(x)=2x-2$
→ $y=x^n$ (n은 자연수)에 대하여 $y'=nx^{n-1}$
$\therefore f'(2)=2\cdot2-2=2$

C 32 정답 35 ＊도함수를 이용하여 미분계수 구하기 … [정답률 95%]

(정답 공식: 함수 $y=x^n$(n은 자연수)의 도함수는 $y'=nx^{n-1}$이고 $y=c$(c는 상수)의 도함수는 $y'=0$이다.)

함수 $f(x)=5x^5+3x^3+x$에 대하여 $f'(1)$의 값을 구하시오. (3점)
단서 $x=1$에서의 미분계수를 구해야 하니까 $f'(x)$를 구한 후, $x=1$을 대입하면 돼.

1st 함수 $f(x)$를 미분한 후 도함수 $f'(x)$에 $x=1$을 대입해.
$f(x)=5x^5+3x^3+x$를 x에 대하여 미분하면
$f'(x)=25x^4+9x^2+1$
→ $y=x^n$(단, n은 자연수)에 대하여 $y'=nx^{n-1}$
$\therefore f'(1)=25\times1^4+9\times1^2+1=35$
$f'(1)$은 $f'(x)$의 계수의 총합과 같으므로 $f'(1)=25+9+1=35$

33 정답 56 * 도함수를 이용하여 미분계수 구하기 ··· [정답률 65%]

> **정답 공식:** 방정식 $f(x)=0$의 세 근이 주어졌으므로 $f(x)$의 함수식을 만들 수 있다.

최고차항의 계수가 1인 삼차함수 $f(x)$가 있다. 양수 t에 대하여 곡선 $y=f(x)$와 x축이 만나는 서로 다른 세 점의 x좌표가 $-2t$, 0, t일 때, $f'(4)$의 최댓값을 구하시오. (4점) 〔단서 곡선 $y=f(x)$와 x축이 만나는 점의 x좌표가 a이면 $f(a)=0$이지?〕

1st 함수 $f(x)$의 식을 구하자.

곡선 $y=f(x)$와 x축이 만나는 서로 다른 세 점의 x좌표가 $-2t$, 0, t이므로

$f(-2t)=f(0)=f(t)=0$

〔방정식 $f(x)=0$의 해가 $x=-2t$, $x=0$, $x=t$라는 거야. 즉, 다항식 $f(x)$는 $x-(-2t)$, x, $x-t$를 인수로 가져.〕

이때, $f(x)$는 최고차항의 계수가 1인 삼차함수이므로

$f(x)=(x+2t)x(x-t)=x^3+tx^2-2t^2x$

〔**주의** 인수정리를 이용한 거야. 곡선 $y=f(x)$와 x축과의 교점은 y의 값이 0인 점이므로 삼차방정식의 해로 접근할 수 있지.〕

2nd 도함수 $f'(x)$를 구하고, $f'(4)$의 최댓값을 찾아.

$f'(x)=3x^2+2tx-2t^2$이므로

$f'(4)=48+8t-2t^2=-2(t-2)^2+56$

이차함수 $y=a(x-m)^2+n$에 대하여 $a<0$이면 $x=m$에서 최댓값 n을 가져.

따라서 양수 t에 대하여

$f'(4)$의 최댓값은 $t=2$일 때 56이다.

---

34 정답 ④ * 도함수를 이용하여 미분계수 구하기 ··· [정답률 46%]

> **정답 공식:** 함수 $y=x^n$(n은 자연수)의 도함수는 $y'=nx^{n-1}$이고 $y=c$(c는 상수)의 도함수는 $y'=0$이다.

함수 $f(x)=\sum\limits_{n=1}^{10}\dfrac{x^n}{n}$에 대하여 $f'\left(\dfrac{1}{2}\right)=\dfrac{q}{p}$일 때, $q-p$의 값은?

〔단서 $f(x)=x+\dfrac{x^2}{2}+\dfrac{x^3}{3}+\cdots+\dfrac{x^{10}}{10}$이므로 $(x^n)'=nx^{n-1}$을 이용해〕

(단, p와 q는 서로소인 자연수이다.) (3점)

① 508 ② 509 ③ 510
④ 511 ⑤ 512

1st 함수 $f(x)$의 $\sum$를 전개해 보자.

$f(x)=\sum\limits_{n=1}^{10}\dfrac{x^n}{n}=x+\dfrac{x^2}{2}+\dfrac{x^3}{3}+\cdots+\dfrac{x^{10}}{10}$이므로

$n=1,2,\cdots,10$을 $\dfrac{x^n}{n}$에 차례로 대입한 항을 모두 더해.

$f'(x)=1+x+x^2+\cdots+x^9$ 〔**함정** $f'(x)$의 도함수가 첫째항이 1, 공비가 x, 항수가 10인 등비수열의 합인 걸 알아채야 해!〕

2nd 첫째항이 a, 공비가 r($r\neq1$), 항수가 n인 등비수열의 합은 $\dfrac{a(1-r^n)}{1-r}$으로 구해.

$f'\left(\dfrac{1}{2}\right)=1+\dfrac{1}{2}+\dfrac{1}{2^2}+\dfrac{1}{2^3}+\cdots+\dfrac{1}{2^9}=\dfrac{1-\dfrac{1}{2^{10}}}{1-\dfrac{1}{2}}$

$=\dfrac{2^{10}-1}{2^9}=\dfrac{1023}{512}=\dfrac{q}{p}$

〔$\dfrac{\dfrac{2^{10}-1}{2^{10}}}{\dfrac{1}{2}}=\dfrac{2(2^{10}-1)}{2^{10}}=\dfrac{2^{10}-1}{2^9}$〕

따라서 $p=512$, $q=1023$이므로

$q-p=1023-512=511$

---

35 정답 ③ * 곱의 미분법을 이용하여 미분계수 구하기 [정답률 96%]

> **정답 공식:** $y=f(x)g(x)$일 때, $y'=f'(x)g(x)+f(x)g'(x)$

함수 $f(x)=(x+2)(2x^2-x-2)$에 대하여 $f'(1)$의 값은? 〔단서1 곱의 미분법을 이용해서 도함수를 구해. 단서2 도함수 $f'(x)$에 $x=1$을 대입해. 〕(3점)

① 6 ② 7 ③ 8
④ 9 ⑤ 10

1st $y=f(x)g(x)$의 도함수는 $y'=f'(x)g(x)+f(x)g'(x)$임을 이용해.

$f(x)=(x+2)(2x^2-x-2)$에서

$f'(x)=(x+2)'(2x^2-x-2)+(x+2)(2x^2-x-2)'$

$y=f(x)g(x)$일 때, $y'=f'(x)g(x)+f(x)g'(x)$

$=1\times(2x^2-x-2)+(x+2)(4x-1)$

〔**실수** 구한 식을 전개한 후 $x=1$을 대입하면 식을 전개하는 과정에서 실수가 생길 수 있으므로 전개하지 않고 $x=1$을 대입하여 계산해.〕

2nd 도함수 $f'(x)$에 $x=1$을 대입해.

$\therefore f'(1)=(2-1-2)+(1+2)\times(4-1)$

$=-1+9$

$=8$

한기주 | 2026 수능 응시 · 화성 삼괴고 졸

곱의 미분법을 활용하여 주어진 식을 미분하고, 그 식에 특정한 수를 대입하여 원하는 값을 구하는 문제였어. 단순한 계산만을 요구하긴 하지만 곱의 미분법 특성상 여러 번의 계산을 거쳐야 하니, 모든 과정에서 계산 실수를 하지는 않았는지 살펴보는 세심함이 중요하다고 할 수 있지! 여담으로 보통 계산 실수를 하면 비슷한 실수를 반복하는 경우가 많으니, 계산 실수를 줄이고 싶다면 본인이 어떤 유형의 실수를 많이 했는지 정리해보는 것도 좋은 방법이야.

---

36 정답 ② * $y=f(x)g(x)$ 꼴의 함수에서의 미분계수 ··· [정답률 95%]

> **정답 공식:** 미분가능한 두 함수 $f(x)$, $g(x)$에 대하여 $y=f(x)g(x)$일 때, $y'=f'(x)g(x)+f(x)g'(x)$이다.

〔단서1 $f(x)$가 두 다항식의 곱으로 이루어진 함수이므로 곱의 미분법을 이용하여 $f'(x)$를 구해.〕

함수 $f(x)=(x^2+2)(x^2+x-3)$에 대하여 $f'(1)$의 값은? (3점)

〔단서2 $f'(x)$에 $x=1$을 대입하면 돼.〕

① 6 ② 7 ③ 8 ④ 9 ⑤ 10

1st 함수 $f(x)$의 도함수 $f'(x)$를 구해.

$f(x)=(x^2+2)(x^2+x-3)$에서

$f'(x)=2x(x^2+x-3)+(x^2+2)(2x+1)$

$f'(x)=(x^2+2)'(x^2+x-3)+(x^2+2)(x^2+x-3)'$

2nd $f'(1)$의 값을 구해.

$\therefore f'(1)=2\times(1^2+1-3)+(1^2+2)\times(2\times1+1)$

$=2\times(-1)+3\times3=-2+9=7$

C 37 정답 ⑤   *곱의 미분법을 이용하여 미분계수 구하기 [정답률 93%]

(정답 공식: $y=f(x)g(x)$일 때, $y'=f'(x)g(x)+f(x)g'(x)$이다.)

[단서1] $f(x)$가 두 다항식의 곱으로 이루어진 함수이므로 곱의 미분법을 이용하여 $f'(x)$를 구해.
함수 $f(x)=(x^2+x)(2x^2-x)$에 대하여 $f'(1)$의 값은? (3점)
[단서2] $f'(x)$에 $x=1$을 대입하면 돼.

① 5   ② 6   ③ 7   ④ 8   ⑤ 9

1st $y=f(x)g(x)$의 도함수는 $y'=f'(x)g(x)+f(x)g'(x)$임을 이용해.

$f(x)=(x^2+x)(2x^2-x)$에서

$\underbrace{f'(x)=(x^2+x)'(2x^2-x)+(x^2+x)(2x^2-x)'}_{y=f(x)g(x)\text{일 때, }y'=f'(x)g(x)+f(x)g'(x)}$

$=(2x+1)(2x^2-x)+(x^2+x)(4x-1)$

[실수] 이 식을 전개한 다음에 $x=1$을 대입하면 식을 전개하는 과정에서 실수할 수 있으므로 이 식에 바로 $x=1$을 대입하여 $f'(1)$의 값을 구할 거야.

2nd 도함수 $f'(x)$에 $x=1$을 대입해.

$\therefore f'(1)=3\times1+2\times3=9$

C 38 정답 ①   *$y=f(x)g(x)$ 꼴의 함수에서의 미분계수 [정답률 94%]

[정답 공식: 미분가능한 두 함수 $f(x)$, $g(x)$에 대하여 $y=f(x)g(x)$일 때, $y'=f'(x)g(x)+f(x)g'(x)$]

[단서1] $f(x)$가 두 다항식의 곱으로 이루어진 함수이므로 곱의 미분법을 이용하여 $f'(x)$를 구해.
함수 $f(x)=(x^2-1)(2x+5)$에 대하여 $f'(-1)$의 값은? (3점)
[단서2] $f'(x)$에 $x=-1$을 대입해.

① -6 ② -7 ③ -8 ④ -9 ⑤ -10

1st 함수 $f(x)$의 도함수 $f'(x)$를 구해.

$f(x)=(x^2-1)(2x+5)$에서

$\underbrace{f'(x)=2x(2x+5)+2(x^2-1)}_{f'(x)=(x^2-1)'(2x+5)+(x^2-1)(2x+5)'}$

2nd $f'(-1)$의 값을 구해.

$\therefore f'(-1)=(-2)\times3+0=-6$

C 39 정답 ④   *$y=f(x)g(x)$ 꼴의 함수에서의 미분계수 [정답률 93%]

[정답 공식: 미분가능한 두 함수 $f(x)$, $g(x)$에 대하여 $y=f(x)g(x)$일 때, $y'=f'(x)g(x)+f(x)g'(x)$이다.]

[단서2] $f'(x)$에 $x=2$를 대입하면 돼.
함수 $f(x)=(2x+1)(x^2-2x+5)$에 대하여 $f'(2)$의 값은?
[단서1] $f(x)$가 두 다항식의 곱으로 이루어진 함수이므로 곱의 미분법을 이용하여 $f'(x)$를 구해.
(3점)

① 8   ② 12   ③ 16   ④ 20   ⑤ 24

1st 함수 $f(x)$의 도함수 $f'(x)$를 구해.

$f(x)=(2x+1)(x^2-2x+5)$에서

$\underbrace{f'(x)=2(x^2-2x+5)+(2x+1)(2x-2)}_{f'(x)=(2x+1)'(x^2-2x+5)+(2x+1)(x^2-2x+5)'}$

2nd $f'(2)$의 값을 구해.

$\therefore f'(2)=2\times(2^2-2\times2+5)+(2\times2+1)(2\times2-2)$

$=10+10=20$

C 40 정답 ①   *$y=f(x)g(x)$꼴의 함수에서의 미분계수 [정답률 94%]

(정답 공식: 함수 $y=f(x)g(x)$의 도함수는 $y'=f'(x)g(x)+f(x)g'(x)$이다.)

함수 $f(x)=(x^2-x)(2x^2-5)$에 대하여 $f'(2)$의 값은? (3점)
[단서] 두 다항식의 곱 형태로 이루어져 있으니 곱의 미분법을 이용할 수 있어.

① 25   ② 26   ③ 27
④ 28   ⑤ 29

1st 곱의 미분법을 이용하여 $f'(x)$를 구하자.

함수 $f(x)=(x^2-x)(2x^2-5)$에 대하여 →함수 $y=f(x)g(x)$의 도함수 $y'=f'(x)g(x)+f(x)g'(x)$

$f'(x)=(x^2-x)'(2x^2-5)+(x^2-x)(2x^2-5)'$

$=(2x-1)(2x^2-5)+4x(x^2-x)$

2nd $f'(2)$의 값을 구하자.

$\therefore f'(2)=3\times3+4\times2\times2=25$

[다른 풀이: 식을 전개하여 도함수 구하기]

$f(x)=(x^2-x)(2x^2-5)=2x^4-2x^3-5x^2+5x$이므로

$f'(x)=8x^3-6x^2-10x+5$

$\therefore f'(2)=8\times2^3-6\times2^2-10\times2+5=25$

C 41 정답 7   *$y=f(x)g(x)$꼴의 함수에서의 미분계수 [정답률 88%]

[정답 공식: 미분가능한 두 함수 $f(x)$, $g(x)$에 대하여 $y=f(x)g(x)$일 때, $y'=f'(x)g(x)+f(x)g'(x)$]

[단서1] $f(x)$가 두 다항식의 곱으로 이루어진 함수이므로 곱의 미분법을 이용하여 $f'(x)$를 구해.
함수 $f(x)=(x-1)(x^3+x^2+5)$에 대하여 $f'(1)$의 값을
구하시오. (3점)
[단서2] $f'(x)$에 $x=1$을 대입하면 돼.

1st 곱의 미분법을 이용하여 함수 $f(x)$를 미분한 후 $f'(1)$을 구해.

함수 $f(x)=(x-1)(x^3+x^2+5)$에서

$\underbrace{f'(x)=(x^3+x^2+5)+(x-1)(3x^2+2x)}_{f'(x)=(x-1)'(x^3+x^2+5)+(x-1)(x^3+x^2+5)'}$

[주의] $x=1$을 대입하면 0이 되므로 식을 전개하지 않아도 돼.

$\therefore f'(1)=(1+1+5)+(1-1)(3+2)$

$=7+0=7$

C 42 정답 50   *$y=f(x)g(x)$꼴의 함수에서의 미분계수 [정답률 88%]

(정답 공식: $y=f(x)g(x)$를 미분하면 $y'=f'(x)g(x)+f(x)g'(x)$이다.)

함수 $f(x)=(x-3)(x^2+x-2)$에 대하여 $f'(5)$의 값을
[단서1] 곱의 미분법을 이용해서 도함수를 구해.   [단서2] 도함수 $f'(x)$에 $x=5$를 대입해.
구하시오. (3점)

1st 곱의 미분법을 이용하여 함수 $f'(x)$를 구해.

함수 $f(x)=(x-3)(x^2+x-2)$의 양변을 x에 대하여 미분하면

$\underbrace{f'(x)=(x-3)'(x^2+x-2)+(x-3)(x^2+x-2)'}_{y=f(x)g(x)\text{일 때, }y'=f'(x)g(x)+f(x)g'(x)}$

$=(x^2+x-2)+(x-3)(2x+1)$
주어진 식을 전개하지 않고 $x=5$를 대입해도 $f'(5)$의 값을 구할 수 있어.

2nd $f'(5)$의 값을 구해.

$\therefore f'(5)=(25+5-2)+(5-3)\times(10+1)$

$=28+22=50$

43 정답 58 　＊$y=f(x)g(x)$꼴의 함수에서의 미분계수 ···· [정답률 80%]

> **정답 공식**: 미분가능한 두 함수 $f(x)$, $g(x)$에 대하여 $y=f(x)g(x)$일 때, $y'=f'(x)g(x)+f(x)g'(x)$이다.

> 함수 $f(x)=(x^2+3x)(x^2-x+2)$에 대하여 $f'(2)$의 값을
> **단서1** 함수 $f(x)$가 두 함수의 곱으로 표현되어 있으므로 곱의 미분법을 이용해.
> 구하시오. (3점)

1st 곱의 미분법을 이용해서 함수 $f(x)$를 미분하자.

$f(x)=(x^2+3x)(x^2-x+2)$에서

$f'(x)=(x^2+3x)'(x^2-x+2)+(x^2+3x)(x^2-x+2)'$

$\quad=(2x+3)(x^2-x+2)+(x^2+3x)(2x-1)$

$\therefore f'(2)=(2\times2+3)(2^2-2+2)+(2^2+3\times2)(2\times2-1)$

> **주의**
> $f'(2)$의 값을 구하기 위해서 도함수 $f'(x)$를 간단히 정리할 필요는 없어. 즉, 위의 식에 $x=2$를 바로 대입하여 $f'(2)$의 값을 계산하면 돼.

$\qquad\qquad=7\times4+10\times3=58$

다른 풀이: $f(x)$의 식을 전개하여 미분하기

$f(x)=(x^2+3x)(x^2-x+2)=x^4+2x^3-x^2+6x$

> **실수**
> 전개하는 과정에서 계산 실수가 나오지 않게 주의해야 해.

$f'(x)=4x^3+6x^2-2x+6$이므로

$f'(2)=4\times2^3+6\times2^2-2\times2+6=32+24-4+6=58$

---

44 정답 ⑤　＊$y=f(x)g(x)$꼴의 함수에서의 미분계수 ···· [정답률 91%]

> **정답 공식**: 미분가능한 함수 $f(x)$, $g(x)$에 대하여 함수 $y=f(x)g(x)$의 도함수는 $y'=f'(x)g(x)+f(x)g'(x)$이다.

> **단서2** $f'(x)$에 $x=1$을 대입하면 되지?
> 함수 $f(x)=(x^2-1)(x^2+2x+2)$에 대하여 $f'(1)$의 값은?
> **단서1** $f(x)$가 두 다항식의 곱으로 이루어진 함수이므로 곱의 미분법을 이용하여 $f'(x)$를 구해. (3점)
>
> ① 6 　　　　② 7 　　　　③ 8
> ④ 9 　　　　⑤ 10

1st 함수 $f(x)$의 도함수 $f'(x)$를 구해.

$f(x)=(x^2-1)(x^2+2x+2)$에서

$f'(x)=2x(x^2+2x+2)+(x^2-1)(2x+2)$

$\quad\rightarrow f'(x)=(x^2-1)'(x^2+2x+2)+(x^2-1)(x^2+2x+2)'$

2nd $f'(1)$의 값을 구해.

$\therefore f'(1)=2\times1\times(1^2+2\times1+2)+(1^2-1)\times(2\times1+2)$

$\qquad\quad=10+0=10$

> **곱의 미분법**　　　　　　　　　　　　　개념·공식
>
> 세 함수 $f(x)$, $g(x)$, $h(x)$가 미분가능할 때,
> (1) $\{f(x)g(x)\}'=f'(x)g(x)+f(x)g'(x)$
> (2) $\{f(x)g(x)h(x)\}'$
> 　　$=f'(x)g(x)h(x)+f(x)g'(x)h(x)+f(x)g(x)h'(x)$

---

45 정답 8　＊곱의 미분법을 이용하여 미분계수 구하기 ··· [정답률 94%]

> **정답 공식**: $y=f(x)g(x)$를 미분하면 $y'=f'(x)g(x)+f(x)g'(x)$이다.

> 함수 $f(x)=(x+1)(x^2+3)$에 대하여 $f'(1)$의
> 값을 구하시오. (3점)
> **단서** $x=1$에서의 미분계수를 구하라는 거야. $f(x)$를 x에 대하여 미분해.

1st 곱의 미분법을 이용하여 함수 $f'(x)$를 구하자.

함수 $f(x)=(x+1)(x^2+3)$의 양변을 x에 대하여 미분하면

$f'(x)=3x^2+2x+3$

$\quad\rightarrow f'(x)=(x+1)'(x^2+3)+(x+1)(x^2+3)'$
$\qquad\quad=(x^2+3)+(x+1)2x$
$\qquad\quad=x^2+3+2x^2+2x$
$\qquad\quad=3x^2+2x+3$

$\therefore f'(1)=3\times1^2+2\times1+3=8$

> **변준서** | 건국대 수의예과 2024년 입학 · 화성 화성고 졸
>
> 주어진 식의 우변을 전개하여 $f(x)$의 식을 구체적으로 구한 다음 미분하고, $x=1$을 대입하여 답을 구해도 전혀 상관없지만 난 곱의 미분이 조금 더 익숙해서 그렇게 풀었던 것 같아.
> 이 문제에서 실수로 틀린다면 3점이 날아가는 거잖아.
> 생각보다 꽤 타격이 크니까 절대로 빠르게 풀지 말고 침착하게 자신이 익숙한 방법으로 문제를 해결해 내는 게 좋을 것 같아.

---

46 정답 5　＊$y=f(x)g(x)$ 꼴의 함수에서의 미분계수 구하기 ··· [정답률 88%]

> **정답 공식**: $y=f(x)g(x)$일 때, $y'=f'(x)g(x)+f(x)g'(x)$

> 함수 $f(x)=(x^2+1)(x^2+ax+3)$에 대하여 $f'(1)=32$일 때,
> **단서1** 곱의 미분법을 이용해서 도함수를 구해.　　**단서2** 도함수 $f'(x)$에 $x=1$을 대입해.
> 상수 a의 값을 구하시오. (3점)

1st $y=f(x)g(x)$의 도함수는 $y'=f'(x)g(x)+f(x)g'(x)$임을 이용해.

$f(x)=(x^2+1)(x^2+ax+3)$에서

$\quad\rightarrow y=f(x)g(x)$일 때, $y'=f'(x)g(x)+f(x)g'(x)$

$f'(x)=(x^2+1)'(x^2+ax+3)+(x^2+1)(x^2+ax+3)'$

$\quad=2x(x^2+ax+3)+(x^2+1)(2x+a)$

$\quad\rightarrow f'(1)$의 값을 구하기 위해 식을 전개하지 않는 것이 효율적이야.

2nd 도함수 $f'(x)$에 $x=1$을 대입하여 a의 값을 구하자.

도함수 $f'(x)$에 $x=1$을 대입하면

$f'(1)=2(a+4)+2(2+a)=4a+12=32$

이므로 $4a=20$ 　　$\therefore a=5$

---

47 정답 ⑤　＊$y=f(x)g(x)$ 꼴의 함수에서의 미분계수 ··· [정답률 90%]

> **정답 공식**: 미분가능한 두 함수 $f(x)$, $g(x)$에 대하여 $y=f(x)g(x)$일 때, $y'=f'(x)g(x)+f(x)g'(x)$

> 함수 $f(x)=(x-2)(x^3-4x+a)$에 대하여 $f'(1)=6$일 때, 상수 a의 값은? (3점)
> **단서** $f(x)$가 두 함수 $y=x-2$, $y=x^3-4x+a$의 곱으로 이루어진 함수이므로 곱의 미분법을 이용해 $f'(x)$를 구한 후 $x=1$을 대입해 봐.
>
> ① 4 　　② 5 　　③ 6 　　④ 7 　　⑤ 8

1st 곱의 미분법을 이용하여 상수 a의 값을 구해.

$f(x)=(x-2)(x^3-4x+a)$에서
$f'(x)=(x^3-4x+a)+(x-2)(3x^2-4)$
$f'(1)=(a-3)+1=6$
∴ $a=8$

$f(x)=(x-2)(x^3-4x+a)$에서
$f'(x)$
$=(x-2)'\times(x^3-4x+a)+(x-2)\times(x^3-4x+a)'$
$=1\times(x^3-4x+a)+(x-2)\times(3x^2-4)$

C 48 정답 ⑤ ＊$y=f(x)g(x)$의 꼴의 함수에서의 미분계수 … [정답률 90%]

정답 공식: 미분가능한 두 함수 $f(x)$, $g(x)$에 대하여
$\{f(x)g(x)\}'=f'(x)g(x)+f(x)g'(x)$

다항함수 $f(x)$에 대하여 함수 $g(x)$를
$$g(x)=5x^2+xf(x)$$
단서1 함수 $g(x)$에서 함수 $y=xf(x)$는 두 함수의 곱으로 표현되어 있으므로 곱의 미분법을 이용할 수 있어.
라 하자. $f(3)=2$, $f'(3)=1$일 때, $g'(3)$의 값은? (3점)
단서2 $g(x)$를 미분한 후 $g'(x)$에 $x=3$을 대입하여 $g'(3)$의 값을 구할 때, $f(3)$, $f'(3)$의 값을 알아야 해.
① 31　　② 32　　③ 33　　④ 34　　⑤ 35

1st 곱의 미분법을 이용하여 함수 $g(x)$를 미분해.

함수 $g(x)=5x^2+xf(x)$의 양변을 x에 대하여 미분하면
$f(x)$가 다항함수이므로 함수 $y=xf(x)$는 두 다항함수의 곱의 꼴이야.
$g'(x)=10x+f(x)+xf'(x)$
$g'(x)=(5x^2)'+\{xf(x)\}'=10x+x'f(x)+xf'(x)=10x+f(x)+xf'(x)$

2nd $g'(x)$에 $x=3$을 대입하여 $g'(3)$의 값을 구해.

$x=3$을 $g'(x)=10x+f(x)+xf'(x)$에 대입하면
$g'(3)=30+f(3)+3f'(3)$
이때, $f(3)=2$, $f'(3)=1$이므로
$g'(3)=30+2+3\times1=35$

❂ 곱의 미분법　　　　　　　　　개념·공식

세 함수 $f(x)$, $g(x)$, $h(x)$가 미분가능할 때,
(1) $\{f(x)g(x)\}'=f'(x)g(x)+f(x)g'(x)$
(2) $\{f(x)g(x)h(x)\}'$
$=f'(x)g(x)h(x)+f(x)g'(x)h(x)+f(x)g(x)h'(x)$

C 49 정답 ⑤ ＊$y=f(x)g(x)$꼴의 함수에서의 미분계수 … [정답률 94%]

정답 공식: 함수 $y=f(x)g(x)$의 도함수는 $y'=f'(x)g(x)+f(x)g'(x)$이다.

단서1 다항함수는 모든 실수에서 미분가능해.
다항함수 $f(x)$에 대하여 함수 $g(x)$를
$$g(x)=(x^2-1)f(x)$$
라 하자. $f(1)=5$일 때, $g'(1)$의 값은? (3점)
단서2 $g'(x)$를 구하여 $x=1$을 대입해.
① 2　　　② 4　　　③ 6
④ 8　　　⑤ 10

1st $g'(x)$를 이용하여 $g'(1)$의 값을 구하자.

$g(x)=(x^2-1)f(x)$에서
$g'(x)=2xf(x)+(x^2-1)f'(x)$
함수 $y=f(x)g(x)$의 도함수 $y'=f'(x)g(x)+f(x)g'(x)$
양변에 $x=1$을 대입하면
$g'(1)=2f(1)+0=2\times5=10$

C 50 정답 ① ＊곱의 미분법을 이용하여 미분계수 구하기 [정답률 82%]

정답 공식: 미분가능한 두 함수 $f(x)$, $g(x)$에 대하여
$\{f(x)g(x)\}'=f'(x)g(x)+f(x)g'(x)$

다항함수 $f(x)$에 대하여 함수 $g(x)$를
$$g(x)=(x^3+1)f(x)$$
단서1 함수 $g(x)$가 두 함수의 곱으로 이루어져 있으므로 곱의 미분법을 이용해.
라 하자. $f(1)=2$, $f'(1)=3$일 때, $g'(1)$의 값은? (3점)
① 12　　② 14　　③ 16　　④ 18　　⑤ 20
단서2 $g'(1)$의 값은 $g(x)$를 미분한 후 $x=1$을 대입하면 돼.

1st 주어진 관계식의 양변을 x에 관해 미분하고 $x=1$에서의 함수 $g(x)$의 미분계수 $g'(1)$을 구해.

$g(x)=(x^3+1)f(x)$이므로

주의 $f(x)$가 다항함수라 했으므로 $g(x)=(x^3+1)f(x)$는 두 다항함수의 곱의 꼴이므로 다항함수야. 다항함수는 미분가능하니까 $g(x)$는 미분할 수 있겠지?

$g'(x)=3x^2f(x)+(x^3+1)f'(x)$ **실수**
이때, $f(1)=2$, $f'(1)=3$이므로
$g'(1)=3f(1)+2f'(1)$
$=3\times2+2\times3=12$
$f(1)=2$, $f'(1)=3$을 대입하여 계산하면 돼.

실수 함수의 곱의 미분법은
$\{f(x)g(x)\}'$
$=f'(x)g(x)+f(x)g'(x)$야.
$\{f(x)g(x)\}'=f'(x)g'(x)$로 실수하지 않아야 해.

C 51 정답 ③ ＊곱의 미분법을 이용하여 미분계수 구하기 … [정답률 91%]

정답 공식: 미분가능한 두 함수 $f(x)$, $g(x)$에 대하여
$\{f(x)g(x)\}'=f'(x)g(x)+f(x)g'(x)$

다항함수 $f(x)$에 대하여 함수 $g(x)$를
$$g(x)=x^2f(x)$$
단서2 함수 $g(x)$가 두 함수 $y=x^2$, $y=f(x)$의 곱으로 표현되어 있으므로 곱의 미분법을 이용해.
라 하자. $f(2)=1$, $f'(2)=3$일 때, $g'(2)$의 값은? (3점)
단서1 $g'(2)$의 값은 $g(x)$를 미분한 후 $x=2$를 대입하면 돼.
① 12　　② 14　　③ 16　　④ 18　　⑤ 20

1st 곱의 미분법을 이용해서 함수 $g(x)$를 미분하자.

함수 $g(x)=x^2f(x)$의 양변을 x에 대하여 미분하면
$f(x)$가 다항함수라 했으니까 함수 $g(x)=x^2f(x)$는 두 다항함수의 곱의 꼴이야.
$g'(x)=(x^2)'\times f(x)+x^2\times f'(x)=2xf(x)+x^2f'(x)$

2nd $g'(x)$에 $x=2$를 대입하여 $g'(2)$의 값을 구하자.

$g'(x)=2xf(x)+x^2f'(x)$에 $x=2$를 대입하면
$f(2)=1$, $f'(2)=3$이므로
$g'(2)=4f(2)+4f'(2)=4\times1+4\times3=4+12=16$

백규민 영남대 약학과 2023년 입학 · 대구 성화여고 졸

먼저 $g(x)$를 미분해서 $g'(x)$를 $f(x)$와 $f'(x)$를 이용하여 표현해 봐. 그러면 $f(2)$와 $f'(2)$의 값이 문제에 주어졌으니까 $g'(2)$의 값을 간단하게 구할 수 있어.
이 문제는 간단한 계산 문제였지만, 이와 비슷한 유형에서 어려운 문제가 나오더라도 문제의 조건을 활용할 수 있는 방법을 생각하려는 자세는 문제 풀이에 많은 도움이 될 거야.

C 52 정답 ③ *곱의 미분법을 이용하여 미분계수 구하기 ······ [정답률 89%]

정답 공식: 미분가능한 두 함수 $f(x)$, $g(x)$에 대하여
$\{f(x)g(x)\}'=f'(x)g(x)+f(x)g'(x)$

다항함수 $f(x)$에 대하여 함수 $g(x)$를
$g(x)=(x^2+3)f(x)$ **단서1** $g'(1)$의 값을 구하려면 $g(x)$를 미분한 후 $x=1$을 대입해야 해.
라 하자. $f(1)=2$, $f'(1)=1$일 때, $g'(1)$의 값은? (3점)
단서2 함수 $g(x)$가 두 함수 $y=x^2+3$, $y=f(x)$의 곱으로 표현되어 있으므로 곱의 미분법을 이용하는 거야.

① 6 　② 7 　③ 8 　④ 9 　⑤ 10

1st 곱의 미분법을 이용해서 함수 $g(x)$를 미분하자.

함수 $g(x)=(x^2+3)f(x)$의 양변을 x에 대하여 미분하면
$f(x)$가 다항함수라 했으니까 함수 $g(x)=(x^2+3)f(x)$는 두 다항함수의 곱의 꼴이야.
$g'(x)=(x^2+3)'f(x)+(x^2+3)f'(x)$
$\quad\ =2xf(x)+(x^2+3)f'(x)$

실수 만약 함수 $g(x)$를 전개하여 도함수를 구하면 $g(x)=x^2f(x)+3f(x)$이므로 $g'(x)=2xf(x)+x^2f'(x)+3f'(x)$야.
여기에서 $3f(x)$를 상수함수로 착각하고 $\{3f(x)\}'$를 0으로 구하면 안 돼.

2nd $g'(x)$에 $x=1$을 대입하여 $g'(1)$의 값을 구해.

$g'(x)=2xf(x)+(x^2+3)f'(x)$에 $x=1$을 대입하면
$f(1)=2$, $f'(1)=1$이므로
$g'(1)=2f(1)+4f'(1)$
$\qquad\ =2\times2+4\times1=8$

C 53 정답 10 *곱의 미분법을 이용하여 미분계수 구하기 ··· [정답률 88%]

정답 공식: 미분가능한 함수 $f(x)$, $g(x)$에 대하여 $y=f(x)g(x)$일 때, $y'=f'(x)g(x)+f(x)g'(x)$이다.

두 함수 $f(x)=2x^2+5x+3$, $g(x)=x^3+2$에 대하여
함수 $f(x)g(x)$의 $x=0$에서의 미분계수를 구하시오. (3점)
단서 함수 $f(x)g(x)$가 두 다항함수의 곱으로 주어졌으므로 곱의 미분법을 이용해 미분한 다음 $x=0$을 대입해.

1st 곱의 미분법을 이용해서 함수 $f(x)g(x)$를 미분하자.

함수 $f(x)g(x)$의 도함수는
$\{f(x)g(x)\}'=f'(x)g(x)+f(x)g'(x)$
$f(x)=2x^2+5x+3$에서 $f'(x)=4x+5$
$g(x)=x^3+2$에서 $g'(x)=3x^2$
따라서 함수 $f(x)g(x)$의 $x=0$에서의 미분계수는
$f'(0)g(0)+f(0)g'(0)$이고, 함수 $f(x)g(x)$의 $x=0$에서의 미분계수는 도함수 $\{f(x)g(x)\}'$에 $x=0$을 대입한 값이야.
$f(0)=3$, $g(0)=2$, $f'(0)=5$, $g'(0)=0$이므로
$f'(0)g(0)+f(0)g'(0)=5\times2+3\times0=10$

다른 풀이: 전개하여 직접 함수 $h(x)$를 구한 뒤 미분계수 구하기

$f(x)g(x)=h(x)$라 하고 직접 계산하면 **실수** 함수 $f(x)g(x)$를 직접 구하는 과정에서 계산 실수를 하지 않도록 해.
$h(x)=f(x)g(x)$
$\quad\ =(2x^2+5x+3)(x^3+2)$
$\quad\ =2x^5+5x^4+3x^3+4x^2+10x+6$
$\therefore h'(x)=10x^4+20x^3+9x^2+8x+10$
따라서 함수 $f(x)g(x)$의 $x=0$에서의 미분계수는
$h'(0)=10$

C 54 정답 ② *$y=f(x)g(x)$꼴의 함수에서의 미분계수 ······ [정답률 82%]

정답 공식: 미분가능한 두 함수 $f(x)$, $g(x)$에 대하여
$\{f(x)g(x)\}'=f'(x)g(x)+f(x)g'(x)$

단서1 x에 대한 항등식의 성질을 이용할 수 있어.
두 다항함수 $f(x)$, $g(x)$에 대하여 **단서2** $f(0)=4$이므로 $x=0$을 대입해 봐.
$(x+1)f(x)+(1-x)g(x)=x^3+9x+1$, $f(0)=4$일 때,
$f'(0)+g'(0)$의 값은? (3점)

① 1 　② 2 　③ 3
④ 4 　⑤ 5

1st 주어진 식에 $x=0$을 대입하여 $g(0)$의 값을 구해.

$x=0$을 $(x+1)f(x)+(1-x)g(x)=x^3+9x+1$에 대입하면,
$f(0)+g(0)=1$ 주어진 식은 x에 대한 항등식이므로 x에 어떠한 수를 대입하여도 등식이 성립해.
이때, $f(0)=4$이므로
$4+g(0)=1$
$\therefore g(0)=-3$

2nd 곱의 미분법을 이용해서 주어진 식을 미분한 후 $x=0$을 대입하여 $f'(0)+g'(0)$의 값을 구해.

주어진 식의 양변을 x에 대해 미분하면
$f(x)+(x+1)f'(x)-g(x)+(1-x)g'(x)=3x^2+9$
곱의 미분법을 이용하면
$\{(x+1)f(x)\}'=(x+1)'f(x)+(x+1)f'(x)$,
$\{(1-x)g(x)\}'=(1-x)'g(x)+(1-x)g'(x)$
여기에 $x=0$을 대입하면
$f(0)+f'(0)-g(0)+g'(0)=9$이고
$f(0)=4$, $g(0)=-3$이므로
$4+f'(0)+3+g'(0)=9$
$\therefore f'(0)+g'(0)=2$

C 55 정답 ② *$y=f(x)g(x)$꼴의 함수에서의 미분계수 ······ [정답률 95%]

정답 공식: $y=f(x)g(x)$일 때, $y'=f'(x)g(x)+f(x)g'(x)$

함수 $f(x)=(x+1)(x^2+x-5)$에 대하여 $f'(2)$의 값은? (3점)
단서 곱의 미분법을 이용해서 도함수를 구해.

① 15 　② 16 　③ 17
④ 18 　⑤ 19

1st 곱의 미분법을 이용해.

$f(x)=(x+1)(x^2+x-5)$에서
$f'(x)=(x+1)'(x^2+x-5)+(x+1)(x^2+x-5)'$
$\underline{\{f(x)g(x)\}'=f'(x)g(x)+f(x)g'(x)}$
$\quad\ =(x^2+x-5)+(x+1)(2x+1)$
주어진 식을 전개하지 않고 $x=2$를 대입해서 $f'(2)$의 값을 구하자.

2nd 도함수 $f'(x)$에 $x=2$를 대입해.

$\therefore f'(2)=(2^2+2-5)+(2+1)(2\times2+1)$
$\qquad\ =1+15=16$

C 56 정답 ④　*$y=f(x)g(x)$꼴의 함수에서의 미분계수 ······ [정답률 95%]

(**정답 공식**: $y=f(x)g(x)$일 때, $y'=f'(x)g(x)+f(x)g'(x)$)

함수 $f(x)=(x^2+1)(3x^2-x)$에 대하여 $f'(1)$의 값은? (3점)

단서 곱의 미분법을 이용해서 도함수를 구해.

① 8　　　　② 10　　　　③ 12
④ 14　　　　⑤ 16

1st 곱의 미분법을 이용해.

$f(x)=(x^2+1)(3x^2-x)$에서
$\underline{\{f(x)g(x)\}'=f'(x)g(x)+f(x)g'(x)}$
$f'(x)=(x^2+1)'(3x^2-x)+(x^2+1)(3x^2-x)'$
$\quad\ =2x(3x^2-x)+(x^2+1)(6x-1)$

2nd 도함수 $f'(x)$에 $x=1$을 대입해.

$\therefore f'(1)=2(3-1)+(1+1)(6-1)$
　$\underline{f'(x)$식을 정리하지 않고 $x=1$을 대입해서 $f'(1)$의 값을 구하자.}$
$\qquad\quad =4+10=14$

이지원 | 고려대 생명과학과 2025년 입학·대구 성화여고 졸
단순 계산력을 알아보는 문제야. 생각할 것도 없이 그냥 $f(x)$를 미분한 $f'(x)$를 구하고 1을 대입하면 되지. 하지만 이런 문제일수록 계산 실수에 조심해야 하는 거 알고 있지? 나도 이런 문제를 풀 때마다 속으로 '실수하지 말자'를 되뇌면서 풀어. 계산 실수가 많은 친구들은 꼭 기억하기!
$f(x)$를 미분할 때 다 전개해서 미분하면 그만큼 풀이 시간도 길어지고 실수할 확률도 올라가겠지? 그러니까 곱의 미분법을 사용해서 미분해보자. 답이 쉽게 보일 거야.

$f'(4)=(4-1)(4-2)(4-3)(4-5)\cdots(4-10)$
　$\underline{(x-4)$가 곱해진 식의 값은 0이 되므로$}$
　$\underline{(x-1)(x-2)(x-3)(x-5)\cdots(x-10)$에 $x=4$를 대입한 값이야.$}$
$\quad\ =3\cdot2\cdot1\cdot(-1)(-2)\cdots(-6)$
$\quad\ =6\cdot6!$
$\therefore \dfrac{f'(1)}{f'(4)}=-\dfrac{9!}{6\cdot6!}=-\dfrac{9\cdot8\cdot7}{6}=-84$

🎲 **다른 풀이**: 미분계수의 정의 이용하여 직접 대입하기

$f(1)=f(4)=0$이므로 미분계수의 정의를 이용하여 $f'(1)$, $f'(4)$를 계산하자.

$f'(1)=\lim\limits_{x\to1}\dfrac{f(x)-f(1)}{x-1}\to\lim\limits_{x\to1}\dfrac{(x-1)(x-2)(x-3)\cdots(x-10)}{x-1}$
$\quad\ =\lim\limits_{x\to1}(x-2)(x-3)\cdots(x-10)=-9!$

$f'(4)=\lim\limits_{x\to4}\dfrac{f(x)-f(4)}{x-4}\to\lim\limits_{x\to4}\dfrac{(x-1)(x-2)(x-3)\cdots(x-10)}{x-4}$
$\quad\ =\lim\limits_{x\to4}(x-1)(x-2)(x-3)(x-5)(x-6)\cdots(x-10)$
$\quad\ =6\cdot6!$

$\therefore \dfrac{f'(1)}{f'(4)}=-\dfrac{9!}{6\cdot6!}=-\dfrac{9\cdot8\cdot7}{6}=-84$

❀ **곱의 미분법**　　　　　　　　　　　　　개념·공식

세 함수 $f(x)$, $g(x)$, $h(x)$가 미분가능할 때,
(1) $\{f(x)g(x)\}'=f'(x)g(x)+f(x)g'(x)$
(2) $\{f(x)g(x)h(x)\}'$
$\quad =f'(x)g(x)h(x)+f(x)g'(x)h(x)+f(x)g(x)h'(x)$

C 57 정답 ②　*곱의 미분법을 이용하여 미분계수 구하기 ···· [정답률 58%]

(**정답 공식**: $y=f(x)g(x)$일 때, $y'=f'(x)g(x)+f(x)g'(x)$)

함수 $f(x)=(x-1)(x-2)(x-3)\cdots(x-10)$에 대하여
$\dfrac{f'(1)}{f'(4)}$의 값은? (4점)

단서 $f(x)$는 10차 함수이고 10개의 일차식인 인수의 곱이야. 곱의 미분법을 이용해서 $f'(x)$를 구해.

① -80　　　② -84　　　③ -88
④ -92　　　⑤ -96

1st 곱의 미분법을 이용하여 $f'(x)$를 구해.

$f(x)=(x-1)(x-2)(x-3)\cdots(x-10)$에서 $\to(x-2)$가 없음
$f'(x)=\underline{(x-2)(x-3)\cdots(x-10)}+(x-1)(x-3)\cdots(x-10)$
$\qquad\qquad\qquad(x-1)$이 없음
$\qquad\quad +\cdots+(x-1)(x-2)\cdots(x-9)$
$\qquad\qquad\qquad\qquad\qquad (x-10)$이 없음

실수 $f(x)$가 10개의 일차식의 곱인 걸 통해 $f'(x)$는 9개의 일차식의 곱으로 된 항 10개의 합이 됨을 염두하고 계산하자.

2nd $f'(1)$, $f'(4)$를 계산해.

$f'(1)=\underline{(1-2)(1-3)\cdots(1-10)}\to(x-1)$이 곱해진 식의 값은 0이 되므로
　$\underline{(x-2)(x-3)\cdots(x-10)$에}$
$\quad\ =(-1)(-2)\cdots(-9)\qquad x=1$을 대입한 값이야.
$\quad\ =-9!$

C 58 정답 28　*$y=\{f(x)\}^n$꼴의 함수에서의 미분계수 ···· [정답률 88%]

[**정답 공식**: n이 자연수일 때, 미분가능한 함수 $f(x)$에 대하여 함수 $y=\{f(x)\}^n$의 도함수는 $y'=n\{f(x)\}^{n-1}\times f'(x)$이다.]

함수 $f(x)=(2x^3+1)(x-1)^2$에 대하여 $f'(-1)$의 값을 구하시오. (3점)　**단서** $f(x)$가 곱의 형태로 주어졌으므로 곱의 미분법을 이용해.
$\{(x-1)^2\}'=2(x-1)(x-1)'=2(x-1)\cdot1=2(x-1)$인 것에 주의해.

1st 곱의 미분법 $\{f(x)g(x)\}'=f'(x)g(x)+f(x)g'(x)$를 이용해.

$f(x)=(2x^3+1)(x-1)^2$에서 $\to$ [$(x+a)^n$의 미분] $\{(x+a)^n\}'=n(x+a)^{n-1}$
$f'(x)=6x^2(x-1)^2+2(2x^3+1)(x-1)$
$\quad\to\{(x-1)^2\}'=2(x-1)^1\cdot(x-1)'=2(x-1)$
$\therefore f'(-1)=6\cdot4+2\cdot(-1)\cdot(-2)$
$\qquad\quad =24+4=28$

❀ **$y=\{f(x)\}^n$꼴의 함수에서의 미분계수**　개념·공식

자연수 n에 대하여 함수 $f(x)$가 미분가능할 때, 함수 $y=\{f(x)\}^n$의 도함수는 $y'=n\{f(x)\}^{n-1}f'(x)$이다.

C 59 정답 92 *$y=\{f(x)\}^n$꼴의 함수에서의 미분계수 … [정답률 87%]

> **정답 공식:** n이 자연수일 때, 미분가능한 함수 $f(x)$에 대하여 함수 $y=\{f(x)\}^n$
> 의 도함수는 $y'=n\{f(x)\}^{n-1}\times f'(x)$이다.

> 함수 $f(x)=(3x^2-1)^2(5-x)$에 대하여 $f'(1)$의 값을 구하시
> 오. (3점)　**단서** $x=1$에서의 미분계수를 묻는 거지? 도함수 $f'(x)$를 구하여 $x=1$을 대입해.

1st 함수 $f(x)$의 도함수를 구하여 $x=1$을 대입하자.

$f(x)=(3x^2-1)^2(5-x)$에서

$f'(x)=\underbrace{2(3x^2-1)\times 6x}\times(5-x)+(3x^2-1)^2\times(-1)$

$\quad\quad\,{}_{\{(3x^2-1)^2\}'=2(3x^2-1)\times(3x^2)'=2(3x^2-1)\times 6x}$

$\therefore f'(1)=2\times(3-1)\times 6\times(5-1)+(3-1)^2\times(-1)$

$\quad\quad\quad=96-4=92$

> 🌸 **미분계수 (또는 순간변화율)**　　개념·공식
>
> 함수 $y=f(x)$의 $x=a$에서의 미분계수 $f'(a)$는
> $$f'(a)=\lim_{h\to 0}\frac{f(a+h)-f(a)}{h}=\lim_{x\to a}\frac{f(x)-f(a)}{x-a}$$
> 이고, $f'(a)$는 곡선 $y=f(x)$ 위의 점 $(a,f(a))$에서의 접선의 기울기를
> 의미한다.

C 60 정답 ② *$y=\{f(x)\}^n$꼴의 함수에서의 미분계수 … [정답률 49%]

> **정답 공식:** x의 값의 범위를 $x<0$, $0\le x<1$, $x\ge 1$로 나눠서 절댓값을 풀
> 어 $f(x)$의 식을 정리하고, $f'(x)$의 좌극한과 우극한을 비교한다.

> 함수 $f(x)=x|x|+|x-1|^3$에 대하여 $f'(0)+f'(1)$의 값은?
> **단서** $x|x|$와 $|x-1|^3$이 모두 미분가능하므로 $f(x)$는 미분가능해. (4점)
>
> ① -3　　② -1　　③ 1
> ④ 3　　⑤ 5

1st $g(x)=x|x|$, $h(x)=|x-1|^3$ 으로 놓고 $g'(0)$, $g'(1)$, $h'(0)$, $h'(1)$을
구해 봐.

$\underline{g(x)=x|x|}$, $\underline{h(x)=|x-1|^3}$이라 하면
두 함수 $g(x)$, $h(x)$는 실수 전체에서
미분가능하므로 함수 $f(x)$도 실수 전체에서
미분가능하다.

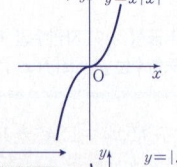

$g(x)=\begin{cases}-x^2\ (x<0)\\ x^2\ (x\ge 0)\end{cases}$에서 $g'(x)=\begin{cases}-2x\ (x<0)\\ 2x\ (x>0)\end{cases}$

$g'(0)=\lim_{x\to 0}g'(x)=0$, $g'(1)=\lim_{x\to 1}g'(x)=2$

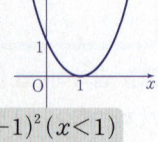

$h(x)=\begin{cases}-(x-1)^3\ (x<1)\\ (x-1)^3\ (x\ge 1)\end{cases}$에서 $h'(x)=\begin{cases}-3(x-1)^2\ (x<1)\\ 3(x-1)^2\ (x>1)\end{cases}$

$h'(0)=\lim_{x\to 0}h'(x)=\lim_{x\to 0}\{-3(x-1)^2\}=-3$

$h'(1)=\lim_{x\to 1}h'(x)=0$

> ⚠ **실수** 절댓값 함수의 도함수를 구할 때에는 x의 구간을 나눠서 구해야 하지만, 두 함수 $g(x)$
> 와 $h(x)$가 실수 전체에서 미분가능하므로 각 구간의 경계점에서의 미분계수는 같겠지.

2nd $f'(0)$, $f'(1)$을 구하자.

$f'(0)=g'(0)+h'(0)=0+(-3)=-3$이고,

$f'(1)=g'(1)+h'(1)=2+0=2$이므로　→ 두 함수 $f(x), g(x)$가 미분가능할 때

$f'(0)+f'(1)=(-3)+2=-1$　$\quad\quad\quad y=f(x)+g(x)$이면
$\quad\quad\quad\quad\quad\quad\quad\quad\quad\quad\quad\quad\quad y'=f'(x)+g'(x)$
$\quad\quad\quad\quad\quad\quad\quad\quad\quad\quad\quad\quad\quad y=f(x)-g(x)$이면
$\quad\quad\quad\quad\quad\quad\quad\quad\quad\quad\quad\quad\quad y'=f'(x)-g'(x)$

🔷 **다른 풀이 ❶ : 미분계수의 정의를 이용하기**

$\displaystyle\lim_{h\to 0+}\frac{f(0+h)-f(0)}{h}=\lim_{h\to 0+}\frac{h|h|+|h-1|^3-1}{h}\ (\because f(0)=1)$

$\quad\quad=\lim_{h\to 0+}\frac{h^2\underline{-(h-1)^3}-1}{h}\ \longrightarrow{}_{\lim_{h\to 0+}|h-1|^3=-(h-1)^3}$

$\quad\quad=\lim_{h\to 0+}\frac{-h^3+4h^2-3h}{h}$

$\quad\quad=\lim_{h\to 0+}(-h^2+4h-3)=-3$

$\displaystyle\lim_{h\to 0-}\frac{f(0+h)-f(0)}{h}=\lim_{h\to 0-}\frac{h|h|+|h-1|^3-1}{h}\ (\because f(0)=1)$

$\quad\quad=\lim_{h\to 0-}\frac{-h^2\underline{-(h-1)^3}-1}{h}\ \longrightarrow{}_{\lim_{h\to 0-}|h-1|^3=-(h-1)^3}$

$\quad\quad=\lim_{h\to 0-}\frac{-h^3+2h^2-3h}{h}$

$\quad\quad=\lim_{h\to 0-}(-h^2+2h-3)=-3$

$\therefore f'(0)=-3$

$\displaystyle\lim_{h\to 0+}\frac{f(1+h)-f(1)}{h}=\lim_{h\to 0+}\frac{(1+h)|1+h|+|1+h-1|^3-1}{h}$

$\quad\quad{}_{\lim_{h\to 0+}|h|^3=h^3\ \leftarrow}\quad\quad\quad\quad\quad\quad\quad(\because f(1)=1)$

$\quad\quad=\lim_{h\to 0+}\frac{(1+h)^2+h^3-1}{h}$

$\quad\quad=\lim_{h\to 0+}\frac{h^3+h^2+2h}{h}$

$\quad\quad=\lim_{h\to 0+}(h^2+h+2)=2$

$\displaystyle\lim_{h\to 0-}\frac{f(1+h)-f(1)}{h}=\lim_{h\to 0-}\frac{(1+h)|1+h|+|1+h-1|^3-1}{h}$

$\quad\quad\quad\quad\quad\quad\quad\quad\quad\quad\quad\quad(\because f(1)=1)$

$\quad\quad=\lim_{h\to 0-}\frac{(1+h)^2-h^3-1}{h}\ \longrightarrow{}_{\lim_{h\to 0-}|h|^3=-h^3}$

$\quad\quad=\lim_{h\to 0-}\frac{-h^3+h^2+2h}{h}$

$\quad\quad=\lim_{h\to 0-}(-h^2+h+2)=2$

$\therefore f'(1)=2$

$\therefore f'(0)+f'(1)=(-3)+2=-1$

🔷 **다른 풀이 ❷ : 범위에 따른 함수 $f(x)$를 직접 구한 뒤, 미분법 이용하기**

$f(x)$를 x의 값의 범위에 따라 나누어 생각해.

$f(x)=\begin{cases}x^2+(x-1)^3 & (x\ge 1)\\ x^2-(x-1)^3 & (0\le x<1)\\ -x^2-(x-1)^3 & (x<0)\end{cases}$이므로

$f'(x)=\begin{cases}2x+3(x-1)^2 & (x>1)\\ 2x-3(x-1)^2 & (0<x<1)\\ -2x-3(x-1)^2 & (x<0)\end{cases}$

$\displaystyle\lim_{x\to 0+}f'(x)=2\cdot 0-3(0-1)^2=-3$

$\displaystyle\lim_{x\to 0-}f'(x)=-2\cdot 0-3(0-1)^2=-3$

$\therefore f'(0)=-3$

$\displaystyle\lim_{x\to 1+}f'(x)=2\cdot 1+3(1-1)^2=2$

$\displaystyle\lim_{x\to 1-}f'(x)=2\cdot 1-3(1-1)^2=2$

$\therefore f'(1)=2$

$\therefore f'(0)+f'(1)=(-3)+2=-1$

C 61 정답 ③ ＊평균변화율 ──────────── [정답률 93%]

정답 공식: 함수 $f(x)$에 대하여 x의 값이 a부터 b까지 변할 때의 평균변화율은 $\dfrac{f(b)-f(a)}{b-a}$이다.

함수 $f(x)=x(x+1)(x-2)$에서 x의 값이 -2에서 0까지 변할 때의 평균변화율과 x의 값이 0에서 a까지 변할 때의 평균변화율이 서로 같을 때, 양수 a의 값은? (3점)

단서 a에 대한 방정식 $\dfrac{f(0)-f(-2)}{0-(-2)}=\dfrac{f(a)-f(0)}{a-0}$의 해를 구하는 거야.

① 1   ② 2   ③ 3   ④ 4   ⑤ 5

1st 평균변화율을 각각 구하자.

함수 $f(x)$에 대하여 x의 값이 a에서 b까지 변할 때의 평균변화율의 기하학적 의미는 두 점 $(a, f(a))$, $(b, f(b))$를 지나는 직선의 기울기이다.

함수 $f(x)=x(x+1)(x-2)$에서 x의 값이 -2부터 0까지 변할 때의 평균변화율은

$$\frac{f(0)-f(-2)}{0-(-2)}=\frac{0-(-8)}{2}=4 \cdots \bigcirc$$

또, x의 값이 0에서 a까지 변할 때의 평균변화율은

$$\frac{f(a)-f(0)}{a-0}=\frac{a(a+1)(a-2)}{a}=(a+1)(a-2) \cdots \bigcirc$$

2nd 양수 a의 값을 구하자.

이때, 조건에 의하여 $\bigcirc=\bigcirc$이므로 $(a+1)(a-2)=4$에서
$a^2-a-6=0$, $(a+2)(a-3)=0$ $\therefore a=3$ ($\because a>0$)

❈ **평균변화율**   개념·공식

(1) 함수 $y=f(x)$에서 x의 값이 a에서 b까지 변할 때의 평균변화율

$$\Rightarrow \frac{\Delta y}{\Delta x}=\frac{f(b)-f(a)}{b-a}=\frac{f(a+\Delta x)-f(a)}{\Delta x}$$

(2) 함수 $y=f(x)$에서 x의 값이 a에서 b까지 변할 때의 평균변화율은 그래프 위의 두 점 $A(a, f(a))$, $B(b, f(b))$를 지나는 직선 AB의 기울기와 같다.

C 62 정답 11 ＊평균변화율과 미분계수 ──── [정답률 83%]

정답 공식: x의 값이 a에서 b까지 변할 때의 함수 $f(x)$의 평균변화율은 $\dfrac{f(b)-f(a)}{b-a}$이다.

함수 $f(x)=x^3-6x^2+5x$에서 x의 값이 0에서 4까지 변할 때의 평균변화율과 $f'(a)$의 값이 같게 되도록 하는 $0<a<4$인

단서1 x의 값이 0에서 4까지 변할 때의 함수 $f(x)$의 평균변화율은 $\dfrac{f(4)-f(0)}{4-0}$이야.

모든 실수 a의 값의 곱은 $\dfrac{q}{p}$이다. $p+q$의 값을 구하시오.

단서2 도함수 $f'(x)$를 구한 후 $x=a$를 대입하여 $f'(a)$를 a에 대한 식으로 나타낸 후 조건을 만족시키는 실수 a의 값을 직접 찾아봐.

(단, p와 q는 서로소인 자연수이다.) (3점)

1st x의 값이 0에서 4까지 변할 때의 평균변화율을 구해.

$f(x)=x^3-6x^2+5x$에 대하여
$f(0)=0$, $f(4)=4^3-6\times 4^2+5\times 4=64-96+20=-12$

즉, x의 값이 0에서 4까지 변할 때의 함수 $f(x)$의 평균변화율은

$$\frac{f(4)-f(0)}{4-0}=\frac{-12-0}{4}=-3$$

x의 값이 a에서 b까지 변할 때의 함수 $f(x)$의 평균변화율은 $\dfrac{f(b)-f(a)}{b-a}$

2nd 구한 평균변화율과 $f'(a)$의 값이 같게 되도록 하는 $0<a<4$인 실수 a의 값을 찾자.

한편, $f'(x)=3x^2-12x+5$이므로
$$f'(a)=3a^2-12a+5$$

x의 값이 0에서 4까지 변할 때의 평균변화율과 $f'(a)$의 값이 같다고 하였으므로 $3a^2-12a+5=-3$에서
$$3a^2-12a+8=0$$

$$\therefore a=\frac{-(-6)\pm\sqrt{(-6)^2-3\times 8}}{3}=2\pm\frac{2\sqrt{3}}{3}$$

실수 구하는 값이 모든 실수 a의 값의 곱이므로 바로 이차방정식의 근과 계수의 관계를 이용하여 두 근의 곱을 구할 수도 있어. 하지만 구하는 a의 값의 범위가 $0<a<4$이어야 한다고 했지? 따라서 정확한 답을 구하기 위해서는 이차방정식 $3a^2-12a+8=0$의 해를 근의 공식을 이용하여 구한 후 a의 값이 $0<a<4$를 만족시키는지 확인해야 해.

이때, 두 실수 a의 값은 모두 $0<a<4$이므로 조건을 만족시키는 모든
$1<\sqrt{3}<2$에서 $\dfrac{2}{3}<\dfrac{2\sqrt{3}}{3}<\dfrac{4}{3}$이므로 $\dfrac{8}{3}<2+\dfrac{2\sqrt{3}}{3}<\dfrac{10}{3}$
또, $-\dfrac{4}{3}<-\dfrac{2\sqrt{3}}{3}<-\dfrac{2}{3}$이므로 $\dfrac{2}{3}<2-\dfrac{2\sqrt{3}}{3}<\dfrac{4}{3}$

실수 a의 값의 곱은 이차방정식의 근과 계수의 관계에 의하여 $\dfrac{8}{3}$이다.

따라서 $p=3$, $q=8$이므로
$$p+q=3+8=11$$

C 63 정답 13 ＊평균변화율과 미분계수 ──── [정답률 83%]

정답 공식: 함수 $f(x)$에 대하여 x의 값이 a부터 b까지 변할 때의 평균변화율은 $\dfrac{f(b)-f(a)}{b-a}$이다.

함수 $f(x)=x^3+ax$에서 x의 값이 1에서 3까지 변할 때의 평균변화율이 $f'(a)$의 값과 같게 되도록 하는 양수 a에 대하여 $3a^2$의 값을 구하시오. (3점)

단서2 도함수 $f'(x)$를 구해서 $x=a$를 대입하면 돼.

단서1 x의 값이 1에서 3까지 변할 때의 평균변화율은 $\dfrac{f(3)-f(1)}{3-1}$이야.

1st x의 값이 1에서 3까지 변할 때의 평균변화율을 구하자.

$f(x)=x^3+ax$에 대하여
$$f(3)=27+3a, \quad f(1)=1+a$$

이므로 x의 값이 1에서 3까지 변할 때의 함수 $f(x)$의 평균변화율은

함수 $f(x)$에 대하여 x의 값이 a부터 b까지 변할 때의 평균변화율의 기하학적 의미는 함수 $y=f(x)$의 그래프 위의 두 점 $(a, f(a))$, $(b, f(b))$를 지나는 직선의 기울기야.

$$\frac{f(3)-f(1)}{3-1}=\frac{(27+3a)-(1+a)}{2}=13+a$$

2nd 평균변화율과 $x=a$에서의 미분계수가 같게 되도록 하는 양수 a에 대하여 $3a^2$의 값을 구하자.

이때, $f(x)=x^3+ax$에서 $f'(x)=3x^2+a$이고
$f'(a)=3a^2+a$이므로

$$13+a=3a^2+a$$

실수 방정식 $13+a=3a^2+a$를 풀면
$3a^2=13$ $\therefore a=\sqrt{\dfrac{13}{3}}$ ($\because a>0$)

그런데 최종적으로 구해야 하는 값은 a가 아닌 $3a^2$이잖아? 구해야 하는 값을 먼저 생각하고 문제를 풀면 이렇게 일부러 시간을 더 들여서 방정식을 풀 필요가 없다는 걸 알아둬.

$$\therefore 3a^2=13$$

정답 공식: 함수 $f(x)$에 대하여 x의 값이 a부터 b까지 변할 때의 평균변화율은 $\dfrac{f(b)-f(a)}{b-a}$ 이고, $x=a$에서의 미분계수는 $f'(a)$이다.

함수 $f(x)=x^3-3x^2+5x$에서 x의 값이 0에서 a까지 변할 때의 평균변화율이 $f'(2)$의 값과 같게 되도록 하는 양수 a의 값을 구하시오. (4점)
단서2 $f'(2)$의 값은 $x=2$에서의 미분계수야.
단서1 함수 $f(x)$에서 0에서 a까지의 평균변화율은 $\dfrac{f(a)-f(0)}{a-0}$ 이야.

1st 0에서 a까지의 평균변화율과 $f'(2)$의 값을 각각 구하자.

함수 $f(x)$에서 x의 값이 0에서 a까지 변할 때의 평균변화율은

함수 $f(x)$에 대하여 x의 값이 a에서 b까지 변할 때의 평균변화율의 기하학적 의미는 곡선 $y=f(x)$ 위의 두 점 $(a,f(a))$, $(b,f(b))$를 지나는 직선의 기울기 $\dfrac{f(b)-f(a)}{b-a}$ 야.

$$\frac{f(a)-f(0)}{a-0}=\frac{a^3-3a^2+5a}{a}=a^2-3a+5\ (\because a>0)$$

또한, 함수 $f(x)$를 x에 대하여 미분하면
$f'(x)=3x^2-6x+5$이므로
$f'(2)=12-12+5=5$

$$f'(2)=\lim_{x\to 2}\frac{f(x)-f(2)}{x-2}$$
$$=\lim_{x\to 2}\frac{(x^3-3x^2+5x)-6}{x-2}$$
$$=\lim_{x\to 2}\frac{(x-2)(x^2-x+3)}{x-2}$$
$$=\lim_{x\to 2}(x^2-x+3)=4-2+3=5$$

2nd a의 값을 구하자.

따라서 x의 값이 0에서 a까지 변할 때의 평균변화율과 $f'(2)$의 값이 같으므로
$a^2-3a+5=5$
$a^2-3a=0$, $a(a-3)=0$
$\therefore a=3\ (\because a>0)$

C 65 정답 32 ＊평균변화율과 미분계수 ──────── [정답률 89%]

정답 공식: $\dfrac{f(2)-f(0)}{2-0}=9$에서 a의 값을 구한다.

함수 $f(x)=x^3+ax$에서 x의 값이 0에서 2까지 변할 때의 평균변화율이 9일 때, $f'(3)$의 값을 구하시오. (단, a는 상수이다.) (3점)
단서 다항함수의 미분계수를 구하는 문제인데 함수 $f(x)$의 일차항의 계수가 주어지지 않았으니까 주어진 평균변화율을 이용하여 a의 값을 구한 뒤 미분하여 $f'(3)$의 값을 구하면 돼.

1st 주어진 구간에서의 평균변화율을 이용하여 a의 값을 구해.

x의 값이 0에서 2까지 변할 때의 평균변화율이 9이므로
$$\frac{f(2)-f(0)}{2-0}=\frac{(8+2a)-0}{2-0}$$

x의 값이 0에서 2까지 변할 때의 평균변화율은 두 점 $(0,f(0))$, $(2,f(2))$를 지나는 직선의 기울기야.

$$=\frac{8+2a}{2}=4+a=9$$

$\therefore a=5$
$\therefore f(x)=x^3+5x$

2nd $f'(3)$의 값을 구하자.

즉, $f'(x)=3x^2+5$이므로
$f'(3)=3^3+5=32$

C 66 정답 ① ＊평균변화율과 미분계수 ──────── [정답률 84%]

정답 공식: x의 값이 a에서 b까지 변할 때의 함수 $y=f(x)$의 평균변화율은 $\dfrac{f(b)-f(a)}{b-a}$ 이고, 자연수 n에 대하여 $(x^n)'=nx^{n-1}$이다.

함수 $f(x)=2x^3-x+1$에서 x의 값이 -1에서 2까지 변할 때의 평균변화율과 $f'(k)$의 값이 서로 같을 때, 양수 k의 값은? (3점)
단서 $f(x)$의 도함수를 구해 x의 값이 -1에서 2까지 변할 때의 평균변화율과 미분계수가 같아지도록 하는 k의 값을 찾아.

① 1　② $\dfrac{5}{4}$　③ $\dfrac{3}{2}$　④ $\dfrac{7}{4}$　⑤ 2

1st x의 값이 -1에서 2까지 변할 때의 평균변화율을 구하자.

$f(x)=2x^3-x+1$에 대하여
$f(-1)=-2+1+1=0$
$f(2)=16-2+1=15$

즉, x의 값이 -1에서 2까지 변할 때의 함수 $f(x)$의 평균변화율은
$$\frac{f(2)-f(-1)}{2-(-1)}=\frac{15-0}{3}=5$$

x의 값이 a에서 b까지 변할 때의 함수 $f(x)$의 평균변화율은 $\dfrac{f(b)-f(a)}{b-a}$

2nd 구한 평균변화율과 미분계수가 같아지는 k의 값을 구하자.

이때, $f(x)=2x^3-x+1$에서 $f'(x)=6x^2-1$이고
$f'(k)=6k^2-1$이므로 $5=6k^2-1$, $k^2=1$
$\therefore k=1\ (\because k>0)$

C 67 정답 ⑤ ＊평균변화율과 미분계수 ──────── [정답률 70%]

정답 공식: 함수 $f(x)$에 대하여 x의 값이 a에서 b까지 변할 때의 함수 $f(x)$의 평균변화율은 $\dfrac{f(b)-f(a)}{b-a}$ 이다. $f'(a)=\lim\limits_{h\to 0}\dfrac{f(a+h)-f(a)}{h}$

0이 아닌 모든 실수 h에 대하여 다항함수 $f(x)$에서 x의 값이 1에서 $1+h$까지 변할 때의 평균변화율이 h^2+2h+3일 때, $f'(1)$의 값은? (3점)
단서1 함수 $f(x)$에서 x의 값이 1에서 $1+h$까지 변할 때의 평균변화율은 $\dfrac{f(1+h)-f(1)}{(1+h)-1}$ 이야.
단서2 $f'(1)=\lim\limits_{h\to 0}\dfrac{f(1+h)-f(1)}{h}$

① 1　② $\dfrac{3}{2}$　③ 2　④ $\dfrac{5}{2}$　⑤ 3

함수 $f(x)$에 대하여 x의 값이 a에서 b까지 변할 때의 평균변화율의 기하학적 의미는 두 점 $(a,f(a))$, $(b,f(b))$를 지나는 직선의 기울기 $\dfrac{f(b)-f(a)}{b-a}$ 야.

1st x의 값이 1에서 $1+h$까지 변할 때의 평균변화율을 구하자.

다항함수 $f(x)$에서 x의 값이 1에서 $1+h$까지 변할 때의 평균변화율은
$$\frac{f(1+h)-f(1)}{(1+h)-1}=\frac{f(1+h)-f(1)}{h}=h^2+2h+3$$

함수 $f(x)$에 대하여 x의 값이 a에서 b까지 변할 때의 함수 $f(x)$의 평균변화율은 $\dfrac{f(b)-f(a)}{b-a}$

2nd $f'(1)$의 값을 구하자.

$$f'(1)=\lim_{h\to 0}\frac{f(1+h)-f(1)}{h}$$

$f'(a)=\lim\limits_{h\to 0}\dfrac{f(a+h)-f(a)}{h}$

$$=\lim_{h\to 0}(h^2+2h+3)=3$$

$h\to 0$일 때, $h^2\to 0$, $2h\to 0$이야.

⚙ **평균변화율**　　　　　　　　　　　　　개념·공식

(1) 함수 $y=f(x)$에서 x의 값이 a에서 b까지 변할 때의 평균변화율

➡ $\dfrac{\Delta y}{\Delta x}=\dfrac{f(b)-f(a)}{b-a}=\dfrac{f(a+\Delta x)-f(a)}{\Delta x}$

(2) 함수 $y=f(x)$에서 x의 값이 a에서 b까지 변할 때의 평균변화율은 그래프 위의 두 점 $A(a,f(a))$, $B(b,f(b))$를 지나는 직선 AB의 기울기와 같다.

정답 공식: x의 값이 a에서 b까지 변할 때의 함수 $y=f(x)$의 평균변화율은 $\dfrac{f(b)-f(a)}{b-a}$ 이다.

자연수 n에 대하여 **구간 $[n, n+1]$에서 함수 $y=f(x)$의 평균변화율은 $n+1$이다.** 이때, 함수 $y=f(x)$의 구간 $[1, 100]$에서의 평균변화율을 구하시오. (3점)

단서 구간 $[n, n+1]$에서의 함수 $y=f(x)$의 평균변화율이 $n+1$임을 이용해 $f(n)$에 대한 관계식을 세울 수 있어.

1st 구간 $[n, n+1]$에서의 평균변화율을 식으로 나타내어 관계식을 구해.

구간 $[n, n+1]$에서 함수 $y=f(x)$의 평균변화율이 $n+1$이므로

$$\frac{f(n+1)-f(n)}{(n+1)-n}=n+1$$

$$\therefore f(n+1)-f(n)=n+1 \cdots \text{ㄱ}$$

2nd 구간 $[1, 100]$에서의 평균변화율을 구해.

따라서 함수 $y=f(x)$의 구간 $[1, 100]$에서의 평균변화율은

함정 조건으로부터 찾은 관계식 ㄱ을 이용할 수 있도록 식을 변형하는 거야. 이렇게 같은 값을 더하고 빼면(곱하고 나누면) 식이 변하지 않는 성질을 이용해서 식을 변형하는 문제가 많이 나오니까 연습을 많이 해둬야 해.

$$\frac{f(100)-f(1)}{100-1}$$

$$=\frac{1}{99}\{f(100)-f(99)+f(99)-f(98)+\cdots+f(2)-f(1)\}$$

$$=\frac{1}{99}[\{f(100)-f(99)\}+\{f(99)-f(98)\}+\cdots+\{f(2)-f(1)\}]$$

$$=\frac{1}{99}\times(100+99+\cdots+2)$$ ← 첫째항이 2이고 공차가 1인 등차수열의 첫째항부터 제99항까지의 합이야.

$$=\frac{1}{99}\times\frac{99\times(2+100)}{2}=51$$ ← 첫째항이 a, 제n항이 l인 등차수열의 첫째항부터 제n항까지의 합은 $\dfrac{n(a+l)}{2}$

정답 공식: 미분가능한 함수 $f(x)$에 대하여 $f'(a)=\lim\limits_{x\to a}\dfrac{f(x)-f(a)}{x-a}$

함수 $f(x)=2x^2+5x-2$에 대하여 $\lim\limits_{x\to 1}\dfrac{f(x)-f(1)}{x-1}$의 값은?

단서 함수 $f(x)$의 $x=1$에서의 미분계수를 의미해. (2점)

① 6　② 7　③ 8　④ 9　⑤ 10

1st 미분계수의 정의를 이용해.

$f(x)=2x^2+5x-2$에서 $f'(x)=4x+5$이고

자연수 n에 대하여 함수 $y=x^n$의 도함수는 $y'=nx^{n-1}$이고 함수 $y=f(x)+g(x)$의 도함수는 $y'=f'(x)+g'(x)$야.

$$\lim_{x\to 1}\frac{f(x)-f(1)}{x-1}=f'(1) \qquad \therefore f'(1)=4\times 1+5=9$$

$\lim\limits_{x\to a}\dfrac{f(x)-f(a)}{x-a}$에서 $a=1$일 때이므로 $f'(1)$이 돼.

다른 풀이: 미분계수의 정의를 이용하여 직접 대입하기

$$\lim_{x\to 1}\frac{f(x)-f(1)}{x-1}=\lim_{x\to 1}\frac{(2x^2+5x-2)-(2+5-2)}{x-1}$$

$$=\lim_{x\to 1}\frac{2x^2+5x-7}{x-1}=\lim_{x\to 1}\frac{(2x+7)(x-1)}{x-1}$$

$\dfrac{0}{0}$ 꼴이니까 분모, 분자의 공통인수인 $x-1$로 약분하여 계산해.

$$=\lim_{x\to 1}(2x+7)=2\times 1+7=9$$

정답 공식: 다항함수 $f(x)$에 대하여 $f'(a)=\lim\limits_{x\to a}\dfrac{f(x)-f(a)}{x-a}$이다.

함수 $f(x)=x^3-2x^2-4x$에 대하여 $\lim\limits_{x\to 1}\dfrac{f(x)+5}{x-1}$의 값은?

단서 $f(1)=-5$이므로 미분계수의 정의를 이용해야겠지? (2점)

① -1　② -2　③ -3　④ -4　⑤ -5

1st 미분계수의 정의를 이용해.

함수 $f(x)=x^3-2x^2-4x$에 대하여

$f(1)=1-2-4=-5$

$$\therefore \lim_{x\to 1}\frac{f(x)+5}{x-1}=\lim_{x\to 1}\frac{f(x)-f(1)}{x-1}=f'(1)$$

다항함수 $f(x)$에 대하여 $\lim\limits_{x\to a}\dfrac{f(x)-f(a)}{x-a}=f'(a)$

2nd $f'(1)$의 값을 구하자.

$f'(x)=3x^2-4x-4$이므로

자연수 n에 대하여 함수 $y=x^n$의 도함수는 $y'=nx^{n-1}$

구하는 $f'(1)=3-4-4=-5$

다른 풀이: 함수의 극한 이용하기

$$\lim_{x\to 1}\frac{f(x)+5}{x-1}=\lim_{x\to 1}\frac{x^3-2x^2-4x+5}{x-1}$$

조립제법을 하면
```
1 | 1  -2  -4   5
  |     1  -1  -5
    1  -1  -5   0
```

$$=\lim_{x\to 1}\frac{(x-1)(x^2-x-5)}{x-1}$$

분모, 분자의 공통인수인 $x-1$로 약분해.

$$=\lim_{x\to 1}(x^2-x-5)=-5$$

정답 공식: 함수 $f(x)$에 대하여 $f'(a)=\lim\limits_{x\to a}\dfrac{f(x)-f(a)}{x-a}$이다.

함수 $f(x)=2x^2-x$에 대하여 $\lim\limits_{x\to 1}\dfrac{f(x)-1}{x-1}$의 값은? (2점)

단서 $f(1)=1$이므로 $\lim\limits_{x\to 1}\dfrac{f(x)-1}{x-1}=\lim\limits_{x\to 1}\dfrac{f(x)-f(1)}{x-1}$이고 $f(x)$의 $x=1$에서의 미분계수를 의미해.

① 1　② 2　③ 3　④ 4　⑤ 5

1st 미분계수의 정의를 이용해.

$f(x)=2x^2-x$에서

자연수 n에 대하여 함수 $y=x^n$의 도함수는 $y'=nx^{n-1}$이고 함수 $y=f(x)+g(x)$의 도함수는 $y'=f'(x)+g'(x)$

$f(1)=2-1=1$이고, $f'(x)=4x-1$이다.

미분계수의 정의에 의하여

$f'(a)=\lim\limits_{x\to a}\dfrac{f(x)-f(a)}{x-a}$

$$\lim_{x\to 1}\frac{f(x)-1}{x-1}=\lim_{x\to 1}\frac{f(x)-f(1)}{x-1}=f'(1)=4-1=3$$

$\lim\limits_{x\to a}\dfrac{f(x)-f(a)}{x-a}$에서 $a=1$일 때이므로 $f'(1)$이 돼.

다른 풀이: 주어진 극한식은 $\dfrac{0}{0}$꼴임을 이용하여 극한값 구하기

$$\lim_{x\to 1}\frac{f(x)-1}{x-1}=\lim_{x\to 1}\frac{(2x^2-x)-1}{x-1}=\lim_{x\to 1}\frac{(2x+1)(x-1)}{x-1}$$

$$=\lim_{x\to 1}(2x+1)=3$$

$\dfrac{0}{0}$ 꼴이니까 분모, 분자의 공통인수인 $x-1$로 약분하여 계산해.

C 72 정답 ① ＊$x \rightarrow a$일 때의 미분계수의 정의 ····· [정답률 96%]

정답 공식: 미분가능한 함수 $f(x)$에 대하여 $f'(a) = \lim\limits_{x \to a} \dfrac{f(x)-f(a)}{x-a}$이다.

> 함수 $f(x) = 2x^2 + 5$에 대하여 $\lim\limits_{x \to 2} \dfrac{f(x)-f(2)}{x-2}$의 값은? (2점)
>
> **단서** 함수 $f(x)$의 $x=2$에서의 미분계수를 의미해.
>
> ① 8　② 9　③ 10　④ 11　⑤ 12

1st 미분계수의 정의를 이용하자.

$f(x) = 2x^2 + 5$에서 $f'(x) = 4x$이므로

$\lim\limits_{x \to 2} \dfrac{f(x)-f(2)}{x-2} = f'(2) = 4 \times 2 = 8$

└ $f'(x)$에서 x 대신 2를 대입한 값이야.

다른 풀이: 미분계수의 정의 이용하여 직접 대입하기

$\lim\limits_{x \to 2} \dfrac{f(x)-f(2)}{x-2} = \lim\limits_{x \to 2} \dfrac{(2x^2+5)-13}{x-2} = \lim\limits_{x \to 2} \dfrac{2x^2-8}{x-2}$

$= \lim\limits_{x \to 2} \dfrac{2(x-2)(x+2)}{x-2}$　→ $\dfrac{0}{0}$ 꼴이니까 분모, 분자의 공통인수인 $x-2$로 약분하여 계산해.

$= \lim\limits_{x \to 2} 2(x+2) = 2 \times (2+2) = 8$

C 73 정답 ① ＊$x \rightarrow a$일 때의 미분계수의 정의 ····· [정답률 81%]

정답 공식: $f'(a) = \lim\limits_{x \to a} \dfrac{f(x)-f(a)}{x-a}$

> **단서** $x \rightarrow 1$일 때, (분모)→ 0이고, 극한값이 존재하니까 (분자)→0이어야 해.
> 즉, $f(1)=0$이므로 주어진 식은 $\lim\limits_{x \to 1} \dfrac{f(x)-f(1)}{x-1}$이라 할 수 있고,
> 이 식은 미분계수의 정의에 대한 식이 돼.
>
> 함수 $f(x) = 2x^2 + ax + b$에 대하여 $\lim\limits_{x \to 1} \dfrac{f(x)}{x-1} = 5$일 때, $f(2)$
> 의 값은? (단, a와 b는 상수이다.) (3점)
>
> ① 7　② 8　③ 9　④ 10　⑤ 11

1st 극한의 성질과 미분계수의 정의를 이용하여 $f(1)$, $f'(1)$의 값을 구하자.

$\lim\limits_{x \to 1} \dfrac{f(x)}{x-1} = 5$이고 $x \rightarrow 1$일 때, $\lim\limits_{x \to 1}(x-1)=0$이므로

$\underline{\lim\limits_{x \to 1} f(x) = 0}$이어야 한다. → $f(x)$가 다항함수로 연속함수이니까

즉, $f(x) = 2x^2 + ax + b$에서　$\lim\limits_{x \to 1}f(x)=0$이면 $f(1)=0$이 돼.

$\lim\limits_{x \to 1} f(x) = f(1) = 2 + a + b = 0 \cdots \bigcirc$

한편, $f(1)=0$이므로 $\lim\limits_{x \to 1} \dfrac{f(x)}{x-1} = \lim\limits_{x \to 1} \dfrac{f(x)-f(1)}{x-1} = f'(1) = 5$

2nd $f(x)$의 식을 완성하여 $f(2)$의 값을 구하자. └ $f'(a) = \lim\limits_{x \to a} \dfrac{f(x)-f(a)}{x-a}$

이때, $f(x) = 2x^2 + ax + b$에서

$f'(x) = 4x + a$이므로 $f'(1) = 4 + a = 5$　∴ $a = 1$

이것을 $\bigcirc$에 대입하면 $2 + 1 + b = 0$　∴ $b = -3$

따라서 $f(x) = 2x^2 + x - 3$이므로 $f(2) = 8 + 2 - 3 = 7$

다른 풀이: $\bigcirc$의 결과를 이용하여 $f(x)$가 포함된 극한값을 직접 구하여 값 구하기

위의 풀이의 $\bigcirc$에서 $b = -a - 2$이므로

$f(x) = 2x^2 + ax + b = 2x^2 + ax - a - 2 = (x-1)(2x + a + 2)$

$\lim\limits_{x \to 1} \dfrac{f(x)}{x-1} = \lim\limits_{x \to 1} \dfrac{(x-1)(2x+a+2)}{x-1} = \lim\limits_{x \to 1}(2x+a+2)$

$= 2 + a + 2 = 5$

∴ $a = 1$, $b = -a - 2 = -1 - 2 = -3$

따라서 $f(x) = 2x^2 + x - 3$이므로 $f(2) = 7$

C 74 정답 14 ＊$x \rightarrow a$일 때의 미분계수의 정의 ····· [정답률 84%]

정답 공식: 극한값이 존재하고 (분모)→ 0이므로 (분자)→ 0이다.

> 다항함수 $f(x)$가 $\lim\limits_{x \to 1} \dfrac{f(x)-5}{x-1} = 9$를 만족시킨다.
>
> **단서1** 미분계수를 알아내.
>
> $g(x) = xf(x)$라 할 때, $g'(1)$의 값을 구하시오. (4점)
>
> **단서2** $g(x)$를 미분할 때 곱의 미분법을 이용해.

1st $x = a$에서의 미분계수의 정의 $f'(a) = \lim\limits_{x \to a} \dfrac{f(x)-f(a)}{x-a}$를 이용해.

$x \rightarrow 1$일 때, 극한값이 존재하고 (분모) $\rightarrow$ 0이므로 (분자) $\rightarrow$ 0이다.

즉,

$\lim\limits_{x \to 1}\{f(x) - 5\} = f(1) - 5 = 0$　∴ $f(1) = 5 \cdots \bigcirc$

$\therefore \lim\limits_{x \to 1} \dfrac{f(x)-5}{x-1} = \lim\limits_{x \to 1} \dfrac{f(x)-f(1)}{x-1}$ $(\because \bigcirc)$

$= f'(1) = 9 \cdots \bigcirc\!\!\bigcirc$

> 두 함수 $f(x)$, $g(x)$에 대하여 $\lim\limits_{x \to a} \dfrac{f(x)}{g(x)} = \alpha$ (α는 상수)이고 $\lim\limits_{x \to a} g(x) = 0$이면 $\lim\limits_{x \to a} f(x) = 0$

2nd 곱의 미분법을 이용하여 $g'(1)$의 값을 구하자.

$g(x) = xf(x)$의 양변을 x에 대하여 미분하면

$g'(x) = f(x) + xf'(x)$

$\therefore g'(1) = f(1) + 1 \cdot f'(1)$

$= 5 + 9 = 14$ $(\because \bigcirc, \bigcirc\!\!\bigcirc)$

C 75 정답 ① ＊$x \rightarrow a$일 때의 미분계수의 정의 ····· [정답률 69%]

정답 공식: $x \rightarrow a$일 때, 극한값이 존재하고 (분모)→ 0이면 (분자)→ 0이어야 한다. 또한, 다항함수 $f(x)$에 대하여 $\lim\limits_{x \to a} \dfrac{f(x)-f(a)}{x-a} = f'(a)$이다.

> 두 다항함수 $f(x)$, $g(x)$가
>
> **단서1** $x \rightarrow 0$일 때, 극한값이 존재하고 (분모) $\rightarrow$ 0이므로 (분자) $\rightarrow$ 0이어야 하지? 이를 이용해 주어진 식을 미분계수를 구하는 식으로 나타내봐.
>
> $\lim\limits_{x \to 0} \dfrac{f(x)+g(x)}{x} = 3$, $\lim\limits_{x \to 0} \dfrac{f(x)+3}{xg(x)} = 2$
>
> 를 만족시킨다. 함수 $h(x) = f(x)g(x)$에 대하여 $h'(0)$의 값은?
>
> **단서2** 함수 $h(x)$가 두 미분가능한 함수의 곱으로 표현되었으므로 곱의 미분법을 이용하여 $h'(x)$를 구하자. (4점)
>
> ① 27　② 30　③ 33
> ④ 36　⑤ 39

1st 함수의 극한의 성질을 이용하여 $f(0)$, $f'(0)$, $g(0)$, $g'(0)$의 값을 각각 구하자.

$\lim\limits_{x \to 0} \dfrac{f(x)+g(x)}{x} = 3$에서 극한값이 존재하고 $x \rightarrow 0$일 때,

(분모) $\rightarrow$ 0이므로 (분자) $\rightarrow$ 0이어야 한다.

즉, $f(x)$, $g(x)$가 모두 다항함수이므로

$\lim\limits_{x \to 0}\{f(x)+g(x)\} = f(0) + g(0) = 0 \cdots \bigcirc$

$\therefore \lim\limits_{x \to 0} \dfrac{f(x)+g(x)}{x}$　→ $\lim\limits_{x \to 0} \dfrac{f(x)+g(x)}{x}$를 이용하여 $f'(0)+g'(0)$의 값을 유도하기 위해, $f(0)+g(0)=0$이므로 분자에서 $f(0)+g(0)$을 뺀 거야.

$= \lim\limits_{x \to 0} \dfrac{f(x)-f(0)+g(x)-g(0)}{x}$

$= \lim\limits_{x \to 0}\left\{\dfrac{f(x)-f(0)}{x} + \dfrac{g(x)-g(0)}{x}\right\}$

$= \lim\limits_{x \to 0} \dfrac{f(x)-f(0)}{x} + \lim\limits_{x \to 0} \dfrac{g(x)-g(0)}{x}$

$= f'(0) + g'(0) = 3 \cdots \bigcirc\!\!\bigcirc$　$\lim\limits_{x \to 0} \dfrac{f(x)-f(0)}{x} = \lim\limits_{x \to 0} \dfrac{f(x)-f(0)}{x-0} = f'(0)$

$\lim\limits_{x \to 0} \dfrac{g(x)-g(0)}{x} = \lim\limits_{x \to 0} \dfrac{g(x)-g(0)}{x-0} = g'(0)$

[정답 공식: $\displaystyle\lim_{x \to -2}\frac{f(x^2)-f(4)}{f(x)-f(-2)}$

$\displaystyle=\lim_{x \to -2}\left\{\frac{f(x^2)-f(4)}{x^2-4}\times\frac{x+2}{f(x)-f(-2)}\times(x-2)\right\}$]

함수 $y=f(x)$의 그래프는 y축에 대하여 대칭이고, $f'(2)=-3$,

단서1 $f'(x)$의 그래프는 원점에 대하여 대칭이야.

$f'(4)=6$일 때, $\displaystyle\lim_{x \to -2}\frac{f(x^2)-f(4)}{f(x)-f(-2)}$의 값은? (3점)

단서2 미분계수의 꼴로 변형하기 위하여 분자, 분모를 나누는 식을 찾아봐.

① -8 ② -4 ③ 4

④ 8 ⑤ 12

1st 미분계수의 정의 $f'(a)=\displaystyle\lim_{x \to a}\frac{f(x)-f(a)}{x-a}$를 이용해.

$\displaystyle\lim_{x \to -2}\frac{f(x^2)-f(4)}{x^2-4}$에서 $x^2=t$로 치환하면 $x \to -2$일 때 $t \to 4$이므로

$\displaystyle\lim_{x \to -2}\frac{f(x^2)-f(4)}{x^2-4}=\lim_{t \to 4}\frac{f(t)-f(4)}{t-4}=f'(4)$

2nd 분모, 분자를 미분계수의 정의 꼴로 바꾸자.

함수 $y=f(x)$의 그래프가 y축에 대하여 대칭이므로 함수 $y=f'(x)$의 그래프는 원점에 대하여 대칭이다.

즉, $f'(-x)=-f'(x)$이므로 $f'(2)=-3$에서

$f(-x)=f(x)$이므로

$f'(-x)=\displaystyle\lim_{\Delta x \to 0}\frac{f(-x+\Delta x)-f(-x)}{\Delta x}=\lim_{\Delta x \to 0}\frac{f(x-\Delta x)-f(x)}{\Delta x}$

$=\displaystyle\lim_{\Delta x \to 0}\frac{f(x-\Delta x)-f(x)}{-\Delta x}\times(-1)=-f'(x)$

$f'(-2)=-f'(2)=3$

주의
분자 $f(x^2)-f(4)$와 분모 $f(x)-f(-2)$에서 x^2-4, $x-(-2)$를 이용하여 극한식을 어떻게 변형해야 할지 알아낼 수 있어야 해.

$\therefore \displaystyle\lim_{x \to -2}\frac{f(x^2)-f(4)}{f(x)-f(-2)}=\lim_{x \to -2}\frac{\dfrac{f(x^2)-f(4)}{x^2-4}}{\dfrac{f(x)-f(-2)}{x^2-4}}$

$\displaystyle\lim_{x \to a}f(x)=\alpha,\ \lim_{x \to a}g(x)=\beta$
(α,β는 상수)일 때,
$\displaystyle\lim_{x \to a}f(x)g(x)$
$=\displaystyle\lim_{x \to a}f(x)\lim_{x \to a}g(x)=\alpha\beta$
$\displaystyle\lim_{x \to a}\frac{f(x)}{g(x)}=\frac{\lim_{x \to a}f(x)}{\lim_{x \to a}g(x)}=\frac{\alpha}{\beta}$
(단, $g(x)\neq 0,\ \beta \neq 0$)

$=\displaystyle\lim_{x \to -2}\frac{\dfrac{f(x^2)-f(4)}{x^2-4}}{\dfrac{f(x)-f(-2)}{x-(-2)}\cdot\dfrac{1}{x-2}}$

$=\dfrac{f'(4)}{f'(-2)}\displaystyle\lim_{x \to -2}(x-2)$

$=\dfrac{6\cdot(-4)}{3}=-8$

🔆 **미정계수의 결정**   개념·공식

두 함수 $f(x),\ g(x)$에 대하여

① $\displaystyle\lim_{x \to a}\frac{f(x)}{g(x)}=\alpha$ (단, α는 상수)일 때, $\displaystyle\lim_{x \to a}g(x)=0$이면 $\displaystyle\lim_{x \to a}f(x)=0$

② $\displaystyle\lim_{x \to a}\frac{f(x)}{g(x)}=\alpha$ (단, $\alpha\neq 0$인 상수)일 때, $\displaystyle\lim_{x \to a}f(x)=0$이면 $\displaystyle\lim_{x \to a}g(x)=0$

[정답 공식: $\dfrac{0}{0}$ 꼴의 극한에서 무리식을 포함하고 있으면 유리화를 한다.]

미분가능한 함수 $f(x)$에 대하여 $f(2)=1,\ f'(2)=3$일 때,

$\displaystyle\lim_{x \to 2}\frac{\sqrt{f(x)}-\sqrt{f(2)}}{\sqrt{x}-\sqrt{2}}$의 값은? (3점) → 단서 미분계수의 정의를 이용하기 위해 분자, 분모를 각각 유리화하자.

① $3\sqrt{2}$ ② $4\sqrt{2}$ ③ 6 ④ 8 ⑤ $6\sqrt{2}$

1st 분자, 분모를 각각 유리화하여 식을 정리해.

$\displaystyle\lim_{x \to 2}\frac{\sqrt{f(x)}-\sqrt{f(2)}}{\sqrt{x}-\sqrt{2}}$

$=\displaystyle\lim_{x \to 2}\left\{\frac{\sqrt{f(x)}-\sqrt{f(2)}}{\sqrt{x}-\sqrt{2}}\cdot\frac{\sqrt{x}+\sqrt{2}}{\sqrt{x}+\sqrt{2}}\cdot\frac{\sqrt{f(x)}+\sqrt{f(2)}}{\sqrt{f(x)}+\sqrt{f(2)}}\right\}$

$=\displaystyle\lim_{x \to 2}\left\{\frac{f(x)-f(2)}{x-2}\cdot\frac{\sqrt{x}+\sqrt{2}}{\sqrt{f(x)}+\sqrt{f(2)}}\right\}$

$=f'(2)\cdot\dfrac{2\sqrt{2}}{2\sqrt{f(2)}}$ $\displaystyle\lim_{x \to a}\frac{f(x)-f(a)}{x-a}=f'(a)$

$=3\cdot\dfrac{2\sqrt{2}}{2}$ ($\because f(2)=1,\ f'(2)=3$)

$=3\sqrt{2}$

[정답 공식: 극한값이 존재하고 (분모) → 0이므로 (분자) → 0이다. $f(0)g(0)=4$ 임을 이용해 $h(x)=f(x)g(x)$일 때 $h'(0)$의 값을 구할 수 있다.]

두 다항함수 $f(x),\ g(x)$가 다음 조건을 만족시킬 때, $g'(0)$의 값을 구하시오. (4점)

(가) $f(0)=1,\ f'(0)=-6,\ g(0)=4$

(나) $\displaystyle\lim_{x \to 0}\frac{f(x)g(x)-4}{x}=0$ 단서 $f(0)g(0)=1\cdot 4=4$이므로 $\displaystyle\lim_{x \to 0}\frac{f(x)g(x)-f(0)g(0)}{x}$이 돼.

1st (가)에서 $f(0)g(0)=4$임을 이용하여 (나)를 변형하자.

(나)에서

분자에서 $f(x)g(x)-f(x)g(0)+f(x)g(0)-f(0)g(0)$
이라 변형하여도 무방해. 그러면
$\displaystyle\lim_{x \to 0}\frac{f(x)\{g(x)-g(0)\}}{x}+\lim_{x \to 0}\frac{g(0)\{f(x)-f(0)\}}{x}$
$=f(0)g'(0)+g(0)f'(0)$으로 결과는 같아.

$\displaystyle\lim_{x \to 0}\frac{f(x)g(x)-4}{x}$

$=\displaystyle\lim_{x \to 0}\frac{f(x)g(x)-f(0)g(0)}{x}$ ($\because f(0)=1,\ g(0)=4$)

$=\displaystyle\lim_{x \to 0}\frac{f(x)g(x)-f(0)g(x)+f(0)g(x)-f(0)g(0)}{x}$

$=\displaystyle\lim_{x \to 0}\frac{\{f(x)-f(0)\}g(x)}{x}+\lim_{x \to 0}\frac{f(0)\{g(x)-g(0)\}}{x}$

$=\displaystyle\lim_{x \to 0}\frac{f(x)-f(0)}{x}\cdot\lim_{x \to 0}g(x)+f(0)\cdot\lim_{x \to 0}\frac{g(x)-g(0)}{x}$

$=f'(0)g(0)+f(0)g'(0)$

$=-6\times 4+1\times g'(0)$

$=0$ ($\because$ (나))

주의
$g'(0)$을 얻으려면 $\displaystyle\lim_{x \to 0}\frac{g(x)-g(0)}{x}$의 형태가 나와야 한다는 걸 생각하면서 식을 변형해.

$\therefore g'(0)=24$

C 122 정답 ⑤   *미분계수를 이용한 극한값 구하기   [정답률 49%]

정답 공식: 함수 $f(x)$가 $x=a$에서 미분가능하면 $x=a$에서 연속이다. $f(x)=|x-1|$은 $x=1$에서 미분가능하지 않다는 것에 유의한다.

함수 $f(x)$에 대하여 [보기]에서 항상 옳은 것을 모두 고른 것은?   (3점)

[보기]

ㄱ. $\lim\limits_{h\to 0}\dfrac{f(1+h)-f(1)}{h}=0$이면 $\lim\limits_{x\to 1}f(x)=f(1)$이다.

ㄴ. $\lim\limits_{h\to 0}\dfrac{f(1+h)-f(1)}{h}=0$이면

단서1 $h\to 0$일 때 극한값이 상수이고 (분모)$\to 0$이므로 (분자)$\to 0$이어야 해.

$\lim\limits_{h\to 0}\dfrac{f(1+h)-f(1-h)}{2h}=0$이다.

ㄷ. $f(x)=|x-1|$일 때, $\lim\limits_{h\to 0}\dfrac{f(1+h)-f(1-h)}{2h}=0$이다.

단서2 h의 값에 상관없이 $f(1+h)=f(1-h)$이므로 (분자)=0이야.

① ㄱ   ② ㄷ   ③ ㄱ, ㄴ   ④ ㄴ, ㄷ   ⑤ ㄱ, ㄴ, ㄷ

1st $\lim\limits_{x\to a}\dfrac{f(x)}{g(x)}=\alpha$ (α는 상수)일 때, $\lim\limits_{x\to a}g(x)=0$이면 $\lim\limits_{x\to a}f(x)=0$이지?

ㄱ. $\lim\limits_{h\to 0}\dfrac{f(1+h)-f(1)}{h}=0$에서 극한값이 존재하고 (분모)$\to 0$이므로 (분자)$\to 0$이다.

즉, $\lim\limits_{h\to 0}\{f(1+h)-f(1)\}=0$이므로 $\lim\limits_{h\to 0}f(1+h)=f(1)$

$\therefore \lim\limits_{x\to 1}f(x)=f(1)$ (참)

2nd 주어진 조건을 이용할 수 있게 변형하자.

ㄴ. $\lim\limits_{h\to 0}\dfrac{f(1+h)-f(1-h)}{2h}$

$=\lim\limits_{h\to 0}\dfrac{f(1+h)-f(1)-f(1-h)+f(1)}{2h}$

$=\lim\limits_{h\to 0}\dfrac{f(1+h)-f(1)-\{f(1-h)-f(1)\}}{2h}$

$=\dfrac{1}{2}\left\{\lim\limits_{h\to 0}\dfrac{f(1+h)-f(1)}{h}+\lim\limits_{h\to 0}\dfrac{f(1-h)-f(1)}{-h}\right\}$

$=\dfrac{1}{2}\left\{\lim\limits_{h\to 0}\dfrac{f(1+h)-f(1)}{h}+\lim\limits_{t\to 0}\dfrac{f(1+t)-f(1)}{t}\right\}$

$=\dfrac{1}{2}(0+0)=0$ (참)

→ 실수 h의 값에 상관없이 $f(1+h)=|h|$, $f(1-h)=|-h|=|h|$ 이므로 $f(1+h)=f(1-h)$에서 (분자)=0이야. 따라서 주어진 극한은 0이지

주의 미분가능하지 않은 점에서는 함수식을 직접 대입하여 함수의 극한으로 풀어내야 해.

ㄷ. $\lim\limits_{h\to 0}\dfrac{f(1+h)-f(1-h)}{2h}=\lim\limits_{h\to 0}\dfrac{|h|-|-h|}{2h}$

$=\lim\limits_{h\to 0}\dfrac{|h|-|h|}{2h}$

$=0$ (참)

따라서 옳은 것은 ㄱ, ㄴ, ㄷ이다.

🦉 **평가원 해설**

함수 $f(x)$는 $f(x)=|x-1|$이므로

$\lim\limits_{h\to 0}\dfrac{f(1+h)-f(1-h)}{2h}=\lim\limits_{h\to 0}\dfrac{|1+h-1|-|1-h-1|}{2h}$

$=\lim\limits_{h\to 0}\dfrac{|h|-|-h|}{2h}=0$

따라서 'ㄷ'은 참입니다.

---

* 보기 ㄴ처럼 보기 ㄷ을 풀면 안되는 이유 알아보기

ㄷ에서 함수 $f(x)=|x-1|$은 $x=1$에서 미분가능하지 않으므로 ㄴ처럼 미분계수의 변형식 $\lim\limits_{h\to 0}\dfrac{f(1+h)-f(1-h)}{2h}=f'(1)$에 의해 거짓이라고 하면 안돼.

ㄷ의 함수는 $\lim\limits_{h\to 0}\dfrac{f(1+h)-f(1)}{h}$의 극한값이 존재하지 않으므로 ㄴ에서처럼

$\lim\limits_{h\to 0}\dfrac{f(1+h)-f(1-h)}{2h}=\lim\limits_{h\to 0}\dfrac{f(1+h)-f(1)}{2h}+\lim\limits_{h\to 0}\dfrac{f(1-h)-f(1)}{-2h}$

이라고 할 수 없어.

따라서 풀이처럼 함수를 대입하여 진위를 판단해야 해.

C 123 정답 ①   *치환을 이용한 극한값 구하기   [정답률 88%]

정답 공식: $f'(a)=\lim\limits_{x\to a}\dfrac{f(x)-f(a)}{x-a}$

$\lim\limits_{x\to 1}\dfrac{x^3-4x^2+3}{x^2-1}$의 값은? (3점)

단서 $f(x)=x^3-4x^2$이라 하고 주어진 극한식을 미분계수의 정의를 이용할 수 있도록 식을 변형해 봐.

① $-\dfrac{5}{2}$ ② $-\dfrac{3}{2}$ ③ $\dfrac{1}{2}$

④ $\dfrac{3}{2}$ ⑤ $\dfrac{5}{2}$

1st 주어진 식의 일부를 $f(x)$라 하고 극한값을 구해.

$f(x)=x^3-4x^2$이라 하면 $f'(x)=3x^2-8x$이고

자연수 n에 대하여 $(x^n)'=nx^{n-1}$

$f(1)=1^3-4\times 1^2=-3$이므로

$\lim\limits_{x\to 1}\dfrac{x^3-4x^2+3}{x^2-1}=\lim\limits_{x\to 1}\dfrac{f(x)-f(1)}{(x-1)(x+1)}$

$=\lim\limits_{x\to 1}\left\{\dfrac{f(x)-f(1)}{x-1}\times\dfrac{1}{x+1}\right\}$

$=\dfrac{1}{2}f'(1)=\dfrac{1}{2}\times(3\times 1^2-8\times 1)$

$=-\dfrac{5}{2}$

🔍 **다른 풀이**: 주어진 식을 인수분해를 통해 간단히 하고 $\dfrac{0}{0}$꼴의 극한값 이용하기

$\lim\limits_{x\to 1}\dfrac{x^3-4x^2+3}{x^2-1}=\lim\limits_{x\to 1}\dfrac{(x-1)(x^2-3x-3)}{(x-1)(x+1)}$

$=\lim\limits_{x\to 1}\dfrac{x^2-3x-3}{x+1}$

$=\dfrac{1^2-3\times 1-3}{1+1}$

$=-\dfrac{5}{2}$

C 124 정답 ③ *치환을 이용한 극한값 구하기 ────── [정답률 66%]

[정답 공식: $f'(a)=\lim\limits_{x\to a}\dfrac{f(x)-f(a)}{x-a}$]

$\lim\limits_{x\to -1}\dfrac{x^n-5x-6}{x+1}=-9$를 만족시키는 자연수 n의 값은?

단서 주어진 극한이 수렴함을 이용해 봐.

(단, $n\geq 2$) (4점)

① 2　② 3　③ 4　④ 5　⑤ 6

1st 극한의 성질을 이용하여 $(-1)^n$의 값을 구하자.

$\lim\limits_{x\to -1}\dfrac{x^n-5x-6}{x+1}$이 -9로 수렴하고

$x\to -1$일 때, (분모) $\to 0$이므로 (분자) $\to 0$이어야 한다.

즉, $\lim\limits_{x\to -1}(x^n-5x-6)=0$에서 $(-1)^n+5-6=0$

$\therefore (-1)^n=1$

2nd 치환을 이용하여 자연수 n의 값을 구해.

치환을 통해 미분계수의 정의를 이용할 수 있도록 변형하는 것이 핵심이야. 함정

$f(x)=x^n-5x$라 하면

$f(-1)=(-1)^n+5=6$이므로

$\lim\limits_{x\to -1}\dfrac{x^n-5x-6}{x+1}=\lim\limits_{x\to -1}\dfrac{f(x)-f(-1)}{x-(-1)}=f'(-1)=-9$

한편, $f(x)=x^n-5x$에서 $f'(x)=nx^{n-1}-5$이므로

$x=-1$을 대입하면

$f'(-1)=n(-1)^{n-1}-5=-9$

$(-1)^{n-1}=1$이므로 n은 짝수야.

$-n-5=-9$　$\therefore n=4$

즉, $n-1$은 홀수이므로 $(-1)^{n-1}=-1$이지?

✿ 미정계수의 결정　　　　　　　　　개념·공식

두 함수 $f(x)$, $g(x)$에 대하여

① $\lim\limits_{x\to a}\dfrac{f(x)}{g(x)}=\alpha$ (단, a는 상수)일 때, $\lim\limits_{x\to a}g(x)=0$이면 $\lim\limits_{x\to a}f(x)=0$

② $\lim\limits_{x\to a}\dfrac{f(x)}{g(x)}=\alpha$ (단, $\alpha\neq 0$인 상수)일 때, $\lim\limits_{x\to a}f(x)=0$이면

$\lim\limits_{x\to a}g(x)=0$

C 125 정답 17 *치환을 이용한 극한값 구하기 ────── [정답률 69%]

[정답 공식: $f'(a)=\lim\limits_{x\to a}\dfrac{f(x)-f(a)}{x-a}$]

$\lim\limits_{x\to -2}\dfrac{x^n-3x^3-40}{x^2-4}$의 값을 구하시오. (단, n은 자연수) (4점)

단서 주어진 극한이 수렴함을 이용하여 n의 값부터 구해 봐.

1st 극한의 성질을 이용하여 n의 값부터 구해.

$\lim\limits_{x\to -2}\dfrac{x^n-3x^3-40}{x^2-4}$의 극한값이 존재하고 $\lim\limits_{x\to -2}(x^2-4)=0$이므로

$\lim\limits_{x\to -2}(x^n-3x^3-40)=0$에서

$(-2)^n-3\times(-2)^3-40=0$

$\lim\limits_{x\to a}\dfrac{f(x)}{g(x)}$가 수렴하고 $\lim\limits_{x\to a}g(x)=0$이면 $\lim\limits_{x\to a}f(x)=0$이야.

$(-2)^n=16$　$\therefore n=4$

2nd 주어진 극한값을 구하자.

$n=4$를 주어진 식에 대입하면 $\lim\limits_{x\to -2}\dfrac{x^4-3x^3-40}{x^2-4}$이고

$f(x)=x^4-3x^3$이라 하면 $f(-2)=16-3\times(-8)=40$이므로

$\lim\limits_{x\to -2}\dfrac{x^4-3x^3-40}{x^2-4}=\lim\limits_{x\to -2}\dfrac{f(x)-f(-2)}{(x+2)(x-2)}$

$=\lim\limits_{x\to -2}\left\{\dfrac{f(x)-f(-2)}{x-(-2)}\times\dfrac{1}{x-2}\right\}$

$=-\dfrac{1}{4}f'(-2)\cdots$ ㉠

이때, $f'(x)=4x^3-9x^2$이고

$f'(-2)=4\times(-2)^3-9\times(-2)^2=-68$이므로

주어진 극한값은 ㉠에 의하여

$-\dfrac{1}{4}f'(-2)=-\dfrac{1}{4}\times(-68)=17$

🔷 다른 풀이: 주어진 식을 인수분해를 통해 간단히 하고 $\dfrac{0}{0}$꼴의 극한값 이용하기

위의 풀이에서 $n=4$이므로

$\lim\limits_{x\to -2}\dfrac{x^4-3x^3-40}{x^2-4}=\lim\limits_{x\to -2}\dfrac{(x+2)(x^3-5x^2+10x-20)}{(x+2)(x-2)}$

$=\lim\limits_{x\to -2}\dfrac{x^3-5x^2+10x-20}{x-2}$

$=\dfrac{(-2)^3-5\times(-2)^2+10\times(-2)-20}{-2-2}$

$=\dfrac{-68}{-4}=17$

C 126 정답 ⑤ *연속성과 미분가능성 ────── [정답률 60%]

[정답 공식: 함수 $f(x)$가 $x=a$에서 미분가능하려면 $x=a$에서 연속이고 $x=a$에서의 좌미분계수와 우미분계수가 같아야 한다.]

함수 $f(x)=\dfrac{1}{2}x^2$에 대하여 실수 전체의 집합에서 정의된 함수 $g(x)$를

$g(x)=\begin{cases}f(x) & (f(x)\leq x)\\ x & (f(x)>x)\end{cases}$

라 할 때, [보기]에서 옳은 것만을 있는 대로 고른 것은? (4점)

─── [보기] ───

ㄱ. $g(1)=\dfrac{1}{2}$

단서1 $g(x)$는 $f(x)$과 x의 대소에 따라 달라지므로 $g(1)$의 값을 구하기 위해서는 $f(1)$의 값이 1보다 큰지 작은지 알아야 해.

ㄴ. 모든 실수 x에 대하여 $g(x)\leq x$이다.

ㄷ. 실수 전체의 집합에서 함수 $g(x)$가 미분가능하지 않은 점의 개수는 2이다.

단서2 $x=a$에서의 좌미분계수와 우미분계수가 다르면 함수 $g(x)$는 $x=a$에서 미분가능하지 않아.

① ㄱ　② ㄷ　③ ㄱ, ㄴ　④ ㄴ, ㄷ　⑤ ㄱ, ㄴ, ㄷ

1st $g(x)$의 정의를 잘 파악하여 $g(1)$의 값을 구해봐.

ㄱ. $f(x)=\dfrac{1}{2}x^2$에 대하여 $f(1)=\dfrac{1}{2}\leq 1$이므로

$x=1$일 때는 $f(x)\leq x$라는 뜻이야.

$g(1)=f(1)=\dfrac{1}{2}$ (참)

2nd $f(x)\leq x$인 경우와 $f(x)>x$인 경우로 나누어 함수 $g(x)$가 모든 실수 x에 대하여 $g(x)\leq x$인지 확인해.

ㄴ. $g(x)=\begin{cases}f(x) & (f(x)\leq x)\\ x & (f(x)>x)\end{cases}$에서

$f(x)\leq x$인 경우 $g(x)=f(x)\leq x$

$f(x)>x$인 경우 $g(x)=x$

즉, 모든 실수 x에 대하여 $g(x)\leq x$이다. (참)

3rd 함수 $g(x)$의 그래프를 그려보고 미분가능하지 않은 점을 찾자.

함수 $g(x)$의 그래프에서 부드럽게 이어지지 않고 꺾인 점은 미분가능하지 않은 점으로 의심할 수 있어. 그 점에서 미분계수가 존재하는지 확인해봐.

ㄷ. 먼저 $f(x) \leq x$인 경우와 $f(x) > x$인 경우의 x의 값의 범위를 구해보자.

(1) $f(x) \leq x$, 즉 $\frac{1}{2}x^2 \leq x$인 경우

$x^2 - 2x \leq 0$

$x(x-2) \leq 0$ $\therefore 0 \leq x \leq 2$

(2) $f(x) > x$, 즉 $\frac{1}{2}x^2 > x$인 경우

$x^2 - 2x > 0$

$x(x-2) > 0$ $\therefore x < 0$ 또는 $x > 2$

(1), (2)에서 $g(x) = \begin{cases} \frac{1}{2}x^2 & (0 \leq x \leq 2) \\ x & (x < 0 \text{ 또는 } x > 2) \end{cases}$ 이므로

함수 $y = g(x)$의 그래프는 다음과 같다.

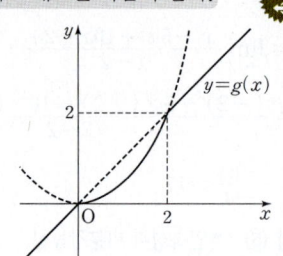

실수 $x=0$과 $x=2$일 때 좌미분계수와 우미분계수를 직접 구해서 비교해 봐도 되지만, 그래프에서 $x=0$과 $x=2$일 때 그래프의 모양이 뾰족하니까 미분가능하지 않다고 할 수도 있어.

→ 함수 $g(x)$는 $x < 0$ 또는 $x > 2$에서 $g(x) = x$, $0 < x < 2$에서 $g(x) = \frac{1}{2}x^2$으로 모두 다항함수이므로 이 범위에서 미분가능해.

즉, 함수 $g(x)$는 $x < 0$ 또는 $0 < x < 2$ 또는 $x > 2$에서 미분가능하므로 $x = 0$, $x = 2$에서의 미분가능성을 조사해보면 된다.

함수 $g(x)$가 $x=a$에서 미분가능하면 $\lim\limits_{h \to 0} \frac{g(a+h)-g(a)}{h}$가 존재해야 해.

(i) $x = 0$일 때,

$(\text{좌미분계수}) = \lim\limits_{h \to 0-} \frac{g(0+h)-g(0)}{h}$

$= \lim\limits_{h \to 0-} \frac{h-0}{h} = 1$

→ $h \to 0-$이면 h는 0보다 작으므로 $x < 0$일 때의 $g(x) = x$를 적용해야 해. 즉, $g(h) = h$야. 또, 그래프에서 $g(0) = 0$이지?

$(\text{우미분계수}) = \lim\limits_{h \to 0+} \frac{g(0+h)-g(0)}{h}$

$= \lim\limits_{h \to 0+} \frac{\frac{1}{2}h^2 - 0}{h}$

→ $h \to 0+$이면 h는 0보다 크므로 $x > 0$일 때의 $g(x) = \frac{1}{2}x^2$을 적용해야 해. 즉, $g(h) = \frac{1}{2}h^2$이야.

$= \lim\limits_{h \to 0+} \frac{1}{2}h = 0$

이므로 함수 $g(x)$는 $x = 0$에서 미분가능하지 않다.

$x=0$에서 좌미분계수와 우미분계수가 다르므로 미분계수가 존재하지 않아. 즉, $x=0$에서 미분가능하지 않지.

(ii) $x = 2$일 때,

$(\text{좌미분계수}) = \lim\limits_{h \to 0-} \frac{g(2+h)-g(2)}{h}$

$= \lim\limits_{h \to 0-} \frac{\frac{1}{2}(2+h)^2 - 2}{h}$

→ $g(2) = \frac{1}{2} \times 2^2 = 2$

$= \lim\limits_{h \to 0-} \left(2 + \frac{1}{2}h\right) = 2$

$(\text{우미분계수}) = \lim\limits_{h \to 0+} \frac{g(2+h)-g(2)}{h} = \lim\limits_{h \to 0+} \frac{(2+h)-2}{h} = 1$

이므로 함수 $g(x)$는 $x = 2$에서 미분가능하지 않다.

즉, 실수 전체의 집합에서 함수 $g(x)$가 미분가능하지 않은 점의 개수는 2이다. (참)

따라서 옳은 것은 ㄱ, ㄴ, ㄷ이다.

C 127 정답 ③ *연속성과 미분가능성 ·········· [정답률 63%]

정답 공식: 함수 $f(x)$가 $x=a$에서 미분가능하면 $x=a$에서 연속이고 $x=a$에서의 좌미분계수와 우미분계수가 같아야 한다. 즉, $x=a$에서의 미분계수가 존재해야 한다.

함수 $y = f(x)$의 그래프가 그림과 같을 때, [보기]에서 옳은 것만을 있는 대로 고른 것은? (3점)

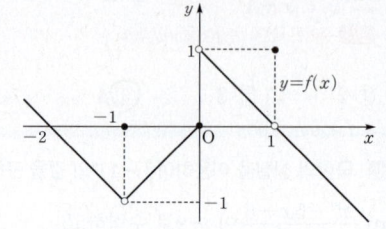

[보기]

ㄱ. $\lim\limits_{x \to 1} f(x)f(-x) = 0$

ㄴ. 함수 $y = f(x)f(-x)$는 $x = -1$에서 연속이다.

ㄷ. 함수 $y = f(x)f(-x)$는 $x = 0$에서 미분가능하다.

단서 $x=0$에서 미분가능이면 $x=0$에서의 우극한과 좌극한이 일치해야 해.

① ㄱ   ② ㄷ   ③ ㄱ, ㄴ   ④ ㄴ, ㄷ   ⑤ ㄱ, ㄴ, ㄷ

1st $\lim\limits_{x \to 1} f(x)f(-x)$의 좌극한과 우극한을 비교하자.

ㄱ. $-x = t$라 하면 $\lim\limits_{x \to 1-} f(-x) = \lim\limits_{t \to -1+} f(t) = -1$이고,

$\lim\limits_{x \to 1+} f(-x) = \lim\limits_{t \to -1-} f(t) = -1$이므로

$\lim\limits_{x \to 1-} f(x)f(-x) = 0 \times (-1) = 0$

$\lim\limits_{x \to 1+} f(x)f(-x) = 0 \times (-1) = 0$에서

$\lim\limits_{x \to 1} f(x)f(-x) = 0$ (참)

2nd $\lim\limits_{x \to -1} f(x)f(-x) = f(-1)f(1)$인지 따져보자.

ㄴ. $-x = t$라 하면 $\lim\limits_{x \to -1-} f(-x) = \lim\limits_{t \to 1+} f(t) = 0$이고,

$\lim\limits_{x \to -1+} f(-x) = \lim\limits_{t \to 1-} f(t) = 0$이므로

$\lim\limits_{x \to -1-} f(x)f(-x) = (-1) \times 0 = 0$,

$\lim\limits_{x \to -1+} f(x)f(-x) = (-1) \times 0 = 0$에서

$\lim\limits_{x \to -1} f(x)f(-x) = 0$

또한, $f(-1)f(-(-1)) = f(-1)f(1) = 0 \times 1 = 0$이므로

함수 $y = f(x)f(-x)$는 $x = -1$에서 연속이다. (참)

3rd 0의 주변에서 $f(x)$와 $f(-x)$의 식을 만들어 $x=0$일 때의 미분계수를 구하자.

함수 $y=f(x)$의 그래프와 y축에 대하여 대칭인 함수 $y=f(-x)$의 식을 구하는 과정에서 틀리지 않도록 하자.

ㄷ. $f(x) = \begin{cases} x & (-1 < x \leq 0) \\ -x+1 & (0 < x < 1) \end{cases}$ 이고

$f(-x) = \begin{cases} x+1 & (-1 < x < 0) \\ -x & (0 \leq x < 1) \end{cases}$ 이므로

$f(x)f(-x) = \begin{cases} x^2 + x & (-1 < x < 0) \\ 0 & (x = 0) \\ x^2 - x & (0 < x < 1) \end{cases}$

$\lim\limits_{x \to 0-} \frac{f(x)f(-x)-f(0)f(0)}{x} = \lim\limits_{x \to 0-} \frac{x^2+x}{x} = \lim\limits_{x \to 0-}(x+1) = 1$

$\lim\limits_{x \to 0+} \frac{f(x)f(-x)-f(0)f(0)}{x} = \lim\limits_{x \to 0+} \frac{x^2-x}{x} = \lim\limits_{x \to 0+}(x-1) = -1$

즉, 함수 $y = f(x)f(-x)$는 $x = 0$에서 미분가능하지 않다. (거짓)

따라서 옳은 것은 ㄱ, ㄴ이다.

$x=0$에서 미분가능이면 $f'(0)$이 존재, 즉 $x=0$에서 평균변화율의 극한값이 존재한다는 것이므로 $x=0$에서 우극한과 좌극한이 일치해야 해.

C 128 정답 ② *연속성과 미분가능성 [정답률 71%]

정답 공식: 함수 $f(x)$가 $x=a$에서 미분가능하려면 $x=a$에서 연속이고 $x=a$에서의 좌미분계수와 우미분계수가 같아야 한다.

함수 $f(x)$가 다음과 같다.

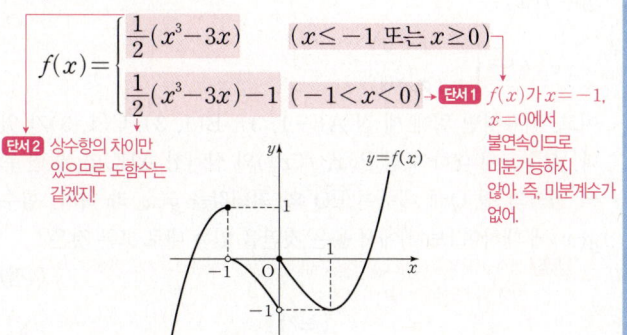

$$f(x)=\begin{cases} \dfrac{1}{2}(x^3-3x) & (x\le-1 \text{ 또는 } x\ge0) \\ \dfrac{1}{2}(x^3-3x)-1 & (-1<x<0) \end{cases}$$

단서2 상수항의 차이만 있으므로 도함수는 같겠지!

단서1 $f(x)$가 $x=-1$, $x=0$에서 불연속이므로 미분가능하지 않아. 즉, 미분계수가 없어.

옳은 것만을 [보기]에서 있는 대로 고른 것은? (4점)

[보기]
ㄱ. 함수 $f(x)$는 $x=0$에서 미분가능하다.
ㄴ. $\displaystyle\lim_{x\to0}f'(x)=-\frac{3}{2}$ ㄷ. $\displaystyle\lim_{x\to-1+}f(f'(x))=0$

① ㄱ ② ㄴ ③ ㄷ ④ ㄱ, ㄷ ⑤ ㄴ, ㄷ

1st 도함수 $f'(x)$를 찾고 도함수 $f'(x)$의 그래프를 그려 봐.

함수 $f(x)$는 $x=-1$과 $x=0$에서 불연속이므로 미분가능하지 않다.

「미분가능하면 연속이다.」의 대우를 이용하면 「불연속이면 미분가능하지 않다.」가 성립해.

[함수: 연속함수 / 미분 가능한 함수 / 연속이지만 미분가능하지 않은 함수 / 불연속이고 미분가능하지 않은 함수]

즉, $f'(x)=\dfrac{3}{2}(x^2-1)$ (단, $x\ne-1$, $x\ne0$)

따라서 도함수 $f'(x)$의 그래프는 그림과 같다.

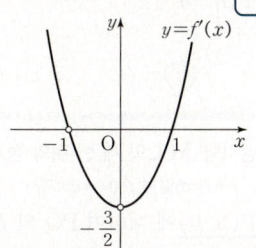

2nd 함수 $f'(x)$의 그래프를 이용하여 참, 거짓을 따져 보자.

ㄱ. 함수 $f(x)$는 $x=0$에서 불연속이므로 $x=0$에서 미분가능하지 않다. (거짓)
$\displaystyle\lim_{x\to0-}\frac{f(x)-f(0)}{x}$
$=\displaystyle\lim_{x\to0+}\frac{f(x)-f(0)}{x}$
$=-\dfrac{3}{2}$이지만 미분가능하지 않아.

ㄴ. 함수 $y=f'(x)$의 그래프에서
$\displaystyle\lim_{x\to0}f'(x)=-\frac{3}{2}$ (참)

ㄷ. $\displaystyle\lim_{x\to-1+}f(f'(x))=\lim_{t\to0-}f(t)=-1$ (거짓)
$x\to-1+$일 때, $f'(x)\to0-$이므로 $f'(x)=t$로 치환하면 $\displaystyle\lim_{t\to0-}f(t)$가 돼.

따라서 옳은 것은 ㄴ이다.

수능 핵강

＊합성함수에서 함숫값, 좌극한값, 우극한값 셋 중 무엇으로 극한값을 구할지 판단하기

합성함수의 극한값 $\displaystyle\lim_{x\to a}(f\circ g)(x)$는 우선 x의 값이 a에 가까워지면 $g(x)$의 값이 b로 가까이 간다고 하자. 이때 $g(x)=b$, $g(x)\to b+$, $g(x)\to b-$ 중 무엇인지는 그래프를 보면 알 수 있을 거야.
즉, $f(b)$, $\displaystyle\lim_{x\to b-}f(x)$, $\displaystyle\lim_{x\to b+}f(x)$ 중 무엇을 구해야 하는지 판단하여 극한값을 구해야 하는 것을 명심해.

C 129 정답 ⑤ *연속성과 미분가능성 [정답률 59%]

정답 공식: 함수 $f(x)$가 $x=a$에서 미분가능하면 $x=a$에서 연속이고 $x=a$에서의 좌미분계수와 우미분계수가 같아야 한다. 즉, $x=a$에서의 미분계수가 존재해야 한다.

그림과 같이 구간 $[0, 5]$를 정의역으로 하는 두 함수 $f(x)$, $g(x)$에 대하여 [보기]에서 옳은 것만을 있는 대로 고른 것은? (4점)

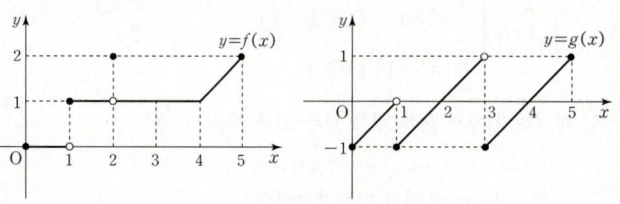

[보기]
ㄱ. 함수 $\dfrac{g(x)}{f(x)}$는 $x=2$에서 연속이다. 단서1 $x\to2$일 때의 극한값과 $x=2$에서의 함숫값이 같은지 확인해.
ㄴ. 함수 $(g\circ f)(x)$는 $x=1$에서 연속이다.
ㄷ. 함수 $f(x)g(x)$는 $x=4$에서 미분가능하다.
단서2 $x=4$에서의 미분계수가 존재하는지를 확인해.

① ㄱ ② ㄷ ③ ㄱ, ㄴ ④ ㄴ, ㄷ ⑤ ㄱ, ㄴ, ㄷ

1st 연속의 정의에 따라 참, 거짓을 가려보자.

ㄱ. $h(x)=\dfrac{g(x)}{f(x)}$라 하면 $h(2)=\dfrac{g(2)}{f(2)}=\dfrac{0}{2}=0$이고,
$\displaystyle\lim_{x\to2}h(x)=\lim_{x\to2}\frac{g(x)}{f(x)}=\frac{0}{1}=0$이므로
$\displaystyle\lim_{x\to2}h(x)=h(2)$ → $x\to2$일 때 $f(x)\to1$, $g(x)\to0$
즉, $h(x)$는 $x=2$에서 연속이다. (참)

ㄴ. $h(x)=(g\circ f)(x)$라 하면
$h(1)=(g\circ f)(1)=g(1)=-1$이고,
$\displaystyle\lim_{x\to1-}h(x)=\lim_{x\to1-}g(f(x))=g(0)=-1$, → $x\to1-$이면 x가 1보다 작으므로 $f(x)\to0$이야.
$\displaystyle\lim_{x\to1+}h(x)=\lim_{x\to1+}g(f(x))=g(1)=-1$이므로
$\displaystyle\lim_{x\to1}h(x)=h(1)$ → $x\to1+$이면 x가 1보다 크므로 $f(x)\to1$이야.
즉, $h(x)$는 $x=1$에서 연속이다. (참)

2nd $x=4$에서 $f(x)g(x)$의 미분가능성을 조사해 보자.

ㄷ. $h(x)=f(x)g(x)$라 하면
$3\le x<4$일 때, $f(x)=1$이고 $g(x)=x-4$
$4\le x<5$일 때, $f(x)=x-3$이고 $g(x)=x-4$
$\therefore h(x)=\begin{cases} x-4 & (3\le x<4) \\ (x-3)(x-4) & (4\le x<5) \end{cases}$

$x=4$에서 미분가능성을 확인하는 거니까 $x=4$의 주변만 따져주면 돼. 주의

$x=4$에서 $h(x)$의 좌미분계수는
$\displaystyle\lim_{x\to4-}\frac{h(x)-h(4)}{x-4}=\lim_{x\to4-}\frac{(x-4)-0}{x-4}=1$

$x=4$에서 $h(x)$의 우미분계수는
$\displaystyle\lim_{x\to4+}\frac{h(x)-h(4)}{x-4}=\lim_{x\to4+}\frac{(x-3)(x-4)-0}{x-4}=\lim_{x\to4+}(x-3)=1$

즉, $x=4$에서 $h(x)$의 좌미분계수와 우미분계수가 같으므로 $x=4$에서의 미분계수 $h'(4)$가 존재한다. (참)

따라서 옳은 것은 ㄱ, ㄴ, ㄷ이다.

C 130 정답 ③ *연속성과 미분가능성 .... [정답률 65%]

정답 공식: $\lim\limits_{h\to 0+}\dfrac{f(a+h)-f(a)}{h}=\lim\limits_{h\to 0-}\dfrac{f(a+h)-f(a)}{h}$ 가 성립하는지 확인한다.

함수 $f(x)$가

$$f(x)=\begin{cases} 1-x & (x<0) \\ x^2-1 & (0\le x<1) \\ \dfrac{2}{3}(x^3-1) & (x\ge 1) \end{cases}$$

단서 $x\neq 0,\ x\neq 1$일 때는 $f(x)$가 모두 다항함수이므로 연속이고 미분가능해.

일 때, [보기]에서 옳은 것을 모두 고른 것은? (3점)

[보기]

ㄱ. $f(x)$는 $x=1$에서 미분가능하다.

ㄴ. $|f(x)|$는 $x=0$에서 미분가능하다.

ㄷ. $x^k f(x)$가 $x=0$에서 미분가능하도록 하는 최소의 자연수 k는 2이다.

① ㄱ ② ㄴ ③ ㄱ, ㄷ ④ ㄴ, ㄷ ⑤ ㄱ, ㄴ, ㄷ

1st 주어진 점에서의 좌미분계수와 우미분계수를 각각 구해 보자.

ㄱ. 함수 $f(x)$는 $x=1$에서 연속이고

(좌미분계수)$=\lim\limits_{h\to 0-}\dfrac{f(1+h)-f(1)}{h}=\lim\limits_{h\to 0-}\dfrac{(1+h)^2-1-0}{h}$

$=\lim\limits_{h\to 0-}\dfrac{h^2+2h}{h}=\lim\limits_{h\to 0-}(h+2)=2$

$h\to 0-$이면 h는 0보다 작으므로 $1+h<1$이야. 때문에 $0\le x<1$일 때의 $f(x)=x^2-1$을 사용해서 $f(1+h)=(1+h)^2-1$이 돼.

(우미분계수)$=\lim\limits_{h\to 0+}\dfrac{\frac{2}{3}\{(1+h)^3-1\}-0}{h}$

$=\lim\limits_{h\to 0+}\dfrac{\frac{2}{3}(h^3+3h^2+3h)}{h}=\lim\limits_{h\to 0+}\dfrac{2}{3}(h^2+3h+3)=2$

따라서 $f(x)$는 $x=1$에서 미분가능하다. (참)

ㄴ. (좌미분계수)$=\lim\limits_{h\to 0-}\dfrac{|f(h)|-|f(0)|}{h}$

$=\lim\limits_{h\to 0-}\dfrac{|1-h|-|-1|}{h}$

$h\to 0-$이면 h는 0보다 작으므로 $x<0$일 때의 $f(x)=1-x$를 사용해. 즉, $f(h)=1-h$가 돼.

$=\lim\limits_{h\to 0-}\dfrac{(1-h)-1}{h}=\lim\limits_{h\to 0-}\dfrac{-h}{h}=-1$

(우미분계수)$=\lim\limits_{h\to 0+}\dfrac{|f(h)|-|f(0)|}{h}$

$=\lim\limits_{h\to 0+}\dfrac{|h^2-1|-|-1|}{h}$

$h\to 0+$이면 h는 0보다 크므로 $0\le x<1$일 때의 $f(x)=x^2-1$을 사용해. 즉, $f(h)=h^2-1$이 돼.

$=\lim\limits_{h\to 0+}\dfrac{(1-h^2)-1}{h}=\lim\limits_{h\to 0+}\dfrac{-h^2}{h}=0$

따라서 $|f(x)|$는 $x=0$에서 미분가능하지 않다. (거짓)

ㄷ. 함수 $x^k f(x)$는 $x=0$에서 연속이고

(좌미분계수)$=\lim\limits_{h\to 0-}\dfrac{h^k f(h)}{h}=\lim\limits_{h\to 0-}h^{k-1}(1-h)$

(우미분계수)$=\lim\limits_{h\to 0+}\dfrac{h^k f(h)}{h}=\lim\limits_{h\to 0+}h^{k-1}(h^2-1)$

$x=0$에서 미분가능하므로 $\lim\limits_{h\to 0-}h^{k-1}(1-h)=\lim\limits_{h\to 0+}h^{k-1}(h^2-1)$

그런데 $\lim\limits_{h\to 0-}(1-h)=1$, $\lim\limits_{h\to 0+}(h^2-1)=-1$이므로 $\lim\limits_{h\to 0}h^{k-1}=0$이어야 한다. 즉, $k=1$일 때, $\lim\limits_{h\to 0}h^0=1$이므로 $k\ge 2$이다. (참)

따라서 옳은 것은 ㄱ, ㄷ이다.

C 131 정답 ③ *미분가능한 함수의 활용 .... [정답률 43%]

정답 공식: $\lim\limits_{x\to a-}\dfrac{f(x)-f(a)}{x-a}=\lim\limits_{x\to a+}\dfrac{f(x)-f(a)}{x-a}$ 이면 함수 $f(x)$는 $x=a$에서 미분가능하다고 한다.

함수 $f(x)$는

$$f(x)=\begin{cases} x^2 & (x<0) \\ x & (x\ge 0) \end{cases}$$

이고, 좌표평면 위에 세 점 $A(-1,\,3)$, $B(1,\,3)$, $C(1,\,5)$가 있다. 실수 x에 대하여 점 $P(x,\,f(x))$와 삼각형 ABC의 세 변 위의 임의의 점 Q에 대하여 $\overline{PQ}^2$의 최댓값을 $g(x)$라 하자. 함수 $g(x)$에 대하여 [보기]에서 옳은 것만을 있는 대로 고른 것은?

단서1 함수 $g(x)$에서 x의 값이 정해지면 점 $P(x,\,f(x))$의 위치도 정해지니까 $\overline{PQ}^2$의 최댓값을 구할 수 있어. (4점)

[보기]

ㄱ. $g(0)=26$

ㄴ. 닫힌구간 $[0,\,3]$에서 함수 $g(x)$의 최솟값은 10이다.

ㄷ. 함수 $g(x)$가 $x=a$에서 미분가능하지 않은 모든 a의 값의 합은 2이다.

단서2 함수 $g(x)$가 x의 값에 따라 정의역의 구간이 나뉘면 그 경계에서 미분이 가능하지 않을 수 있어.

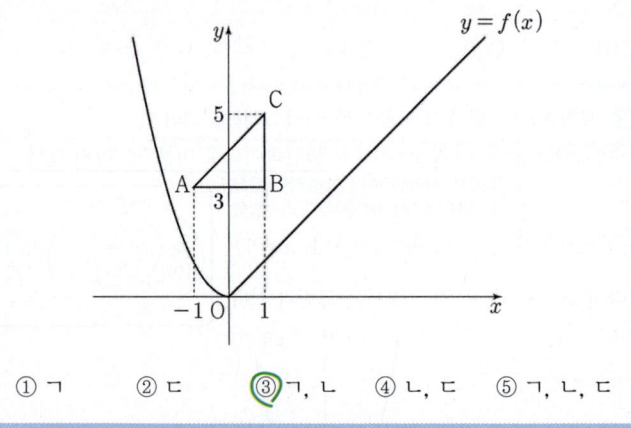

① ㄱ ② ㄷ ③ ㄱ, ㄴ ④ ㄴ, ㄷ ⑤ ㄱ, ㄴ, ㄷ

1st 점 $P(0,\,f(0))$과 삼각형 ABC의 세 변 위의 점 Q에 대하여 $\overline{PQ}^2$의 최댓값을 구해. → $x=0$일 때, $f(0)=0$이지?

ㄱ. $x=0$일 때, 즉 점 $P(0,\,0)$에 대하여 $\overline{PQ}^2$의 값이 최대일 때는 점 Q가 점 $C(1,\,5)$일 때이다.

$\overline{PQ}\le \overline{PC}=\sqrt{1+25}=\sqrt{26}$

$\therefore g(0)=(\sqrt{26})^2=26$ (참)

2nd x의 값의 범위를 나누고 $\overline{PQ}^2$의 최댓값 $g(x)$가 각각 어떻게 되는지 구하자.

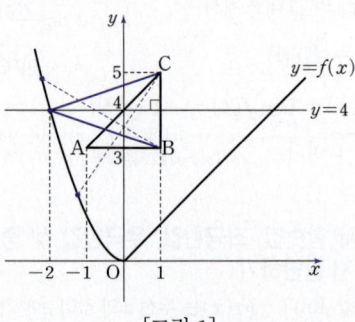

[그림 1]

먼저, [그림 1]과 같이 선분 BC의 수직이등분선 $y=4$는
두 점 $B(1,\,3)$, $C(1,\,5)$를 지나는 직선의 방정식은 $x=1$이고 두 점의 중점의 좌표가 $(1,\,4)$이므로 선분 BC의 수직이등분선의 방정식은 $y=4$야.
함수 $y=f(x)\,(x<0)$의 그래프와 점 $(-2,\,4)$에서 만난다.
$y=x^2\,(x<0)$과 $y=4$를 연립하여 풀면 $x=-2,\,y=4$

이때, $x<0$에서
$x<-2$인 경우 $\overline{PB}>\overline{PC}$,
$x=-2$인 경우 $\overline{PB}=\overline{PC}$,
$x>-2$인 경우 $\overline{PB}<\overline{PC}$
임을 알 수 있다.

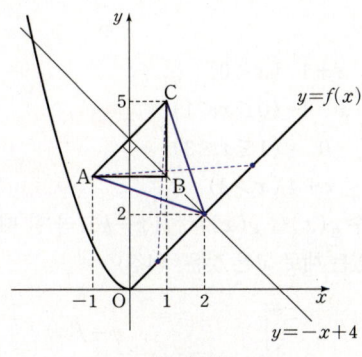

[그림 2]

또한, [그림 2]와 같이 선분 AC의 수직이등분선 $y=-x+4$는
두 점 $A(-1,3)$, $C(1,5)$를 지나는 직선의 방정식은 $y-5=\dfrac{5-3}{1-(-1)}(x-1)$에서
$y=x+4$이고, 두 점 A, C의 중점의 좌표가 $(0,4)$이므로 선분 AC의 수직이등분선,
즉 직선 $y=x+4$에 수직이고 점 $(0,4)$를 지나는 직선의 방정식은 $y=-x+4$야.
함수 $y=f(x)(x \ge 0)$의 그래프와 점 $(2,2)$에서 만난다.
$y=x(x \ge 0)$와 $y=-x+4$를 연립하여 풀면
$x=2, y=2$

이때, $x \ge 0$에서
$x<2$인 경우 $\overline{PA}<\overline{PC}$,
$x=2$인 경우 $\overline{PA}=\overline{PC}$,
$x>2$인 경우 $\overline{PA}>\overline{PC}$
임을 알 수 있다.
따라서 점 $P(x, f(x))$에 대하여 $\overline{PQ}^2$의 값이 최대가 되도록 하는 점 Q는
$x \le -2$일 때 점 $B(1,3)$,
$-2 \le x \le 2$일 때 점 $C(1,5)$,
$x \ge 2$일 때 점 $A(-1,3)$
이다.

(i) $x \le -2$일 때
점 $P(x, x^2)$에 대하여 $g(x)=\overline{PB}^2$이므로
$g(x)=(x-1)^2+(x^2-3)^2$
$\qquad =x^2-2x+1+x^4-6x^2+9$
$\qquad =x^4-5x^2-2x+10$

(ii) $-2 \le x <0$일 때
점 $P(x, x^2)$에 대하여 $g(x)=\overline{PC}^2$이므로
$g(x)=(x-1)^2+(x^2-5)^2$
$\qquad =x^2-2x+1+x^4-10x^2+25$
$\qquad =x^4-9x^2-2x+26$

(iii) $0 \le x \le 2$일 때
점 $P(x, x)$에 대하여 $g(x)=\overline{PC}^2$이므로
$g(x)=(x-1)^2+(x-5)^2$
$\qquad =x^2-2x+1+x^2-10x+25$
$\qquad =2x^2-12x+26$

(iv) $x \ge 2$일 때
점 $P(x, x)$에 대하여 $g(x)=\overline{PA}^2$이므로
$g(x)=(x+1)^2+(x-3)^2$
$\qquad =x^2+2x+1+x^2-6x+9$
$\qquad =2x^2-4x+10$

(i)~(iv)에 의하여
$$g(x)=\begin{cases} x^4-5x^2-2x+10 & (x \le -2) \\ x^4-9x^2-2x+26 & (-2 \le x <0) \\ 2x^2-12x+26 & (0 \le x \le 2) \\ 2x^2-4x+10 & (x \ge 2) \end{cases}$$

ㄴ. 닫힌구간 $[0, 3]$에서 함수 $g(x)$의 최솟값은 x의 값의 범위를 $0 \le x \le 2$와 $2 \le x \le 3$으로 나누어서 구하자.
닫힌구간 $[0,3]$에서 $0 \le x \le 2$인 경우와 $2 \le x \le 3$인 경우 함수 $g(x)$의 식이 다르기 때문에 구간에 따라 최솟값을 각각 조사하고 비교해야 해.
$0 \le x \le 2$일 때, 함수 $y=2x^2-12x+26=2(x-3)^2+8$은 $x=2$에서 최솟값 10을 갖고,
$2 \le x \le 3$일 때, 함수 $y=2x^2-4x+10=2(x-1)^2+8$은 $x=2$에서 최솟값 10을 가지므로 닫힌구간 $[0, 3]$에서 함수 $g(x)$의 최솟값은 10이다. (참)

3rd 함수 $g(x)$에서 $x=-2, 0, 2$에서의 미분가능성을 각각 조사하자.
함수 $g(x)$의 정의역을 나눈 구간의 경계인 $x=-2, 0, 2$를 제외한 x의 값에서는 $g(x)$가 각각 다항함수이므로 연속이고 미분가능해.

ㄷ. 함수 $g(x)$는 $x=-2, 0, 2$를 제외한 모든 실수 x에서 미분가능하므로 $x=-2, 0, 2$에서의 미분가능성을 조사하자.

주의 일반적으로는 미분가능성을 조사하기 전에 다음과 같이 연속성을 먼저 조사해야 해.
(i) $\lim\limits_{x \to -2-} g(x)=16-20+4+10=10$
$\lim\limits_{x \to -2+} g(x)=16-36+4+26=10=g(-2)$
(ii) $\lim\limits_{x \to 0-} g(x)=g(0)=\lim\limits_{x \to 0+} g(x)=26$
(iii) $\lim\limits_{x \to 2-} g(x)=8-24+26=10$
$\lim\limits_{x \to 2+} g(x)=8-8+10=10=g(2)$
이처럼 함수 $g(x)$는 모든 실수 x에서 연속인 함수이므로 구간이 나뉜 경계에서의 미분가능성을 바로 조사한 거야.

(i) $x=-2$일 때,
$\lim\limits_{x \to -2-} \dfrac{g(x)-g(-2)}{x-(-2)}$
$\qquad g(-2)=16-20+4+10=10$
$=\lim\limits_{x \to -2-} \dfrac{x^4-5x^2-2x+10-10}{x+2}$
$=\lim\limits_{x \to -2-} \dfrac{x(x+2)(x^2-2x-1)}{x+2}$
$=\lim\limits_{x \to -2-} x(x^2-2x-1)=(-2) \times 7=-14$
$\lim\limits_{x \to -2+} \dfrac{g(x)-g(-2)}{x-(-2)}$
$=\lim\limits_{x \to -2+} \dfrac{x^4-9x^2-2x+26-10}{x+2}$
$=\lim\limits_{x \to -2+} \dfrac{(x+2)(x^3-2x^2-5x+8)}{x+2}$
$=\lim\limits_{x \to -2+} (x^3-2x^2-5x+8)=2$
즉, $\lim\limits_{x \to -2-} \dfrac{g(x)-g(-2)}{x-(-2)} \ne \lim\limits_{x \to -2+} \dfrac{g(x)-g(-2)}{x-(-2)}$이므로
함수 $g(x)$는 $x=-2$에서 미분가능하지 않다.

(ii) $x=0$일 때,
$\lim\limits_{x \to 0-} \dfrac{g(x)-g(0)}{x}$
$\qquad g(0)=26$
$=\lim\limits_{x \to 0-} \dfrac{x^4-9x^2-2x+26-26}{x}=\lim\limits_{x \to 0-} \dfrac{x(x^3-9x-2)}{x}$
$=\lim\limits_{x \to 0-} (x^3-9x-2)=-2$
$\lim\limits_{x \to 0+} \dfrac{g(x)-g(0)}{x}$
$=\lim\limits_{x \to 0+} \dfrac{2x^2-12x+26-26}{x}=\lim\limits_{x \to 0+} \dfrac{x(2x-12)}{x}$
$=\lim\limits_{x \to 0+} (2x-12)=-12$

즉, $\lim\limits_{x \to 0^-} \dfrac{g(x)-g(0)}{x} \neq \lim\limits_{x \to 0^+} \dfrac{g(x)-g(0)}{x}$ 이므로

함수 $g(x)$는 $x=0$에서 미분가능하지 않다.

(iii) $x=2$일 때,

$\lim\limits_{x \to 2^-} \dfrac{g(x)-g(2)}{x-2}$ ┌─ $g(2)=8-24+26=10$

$= \lim\limits_{x \to 2^-} \dfrac{2x^2-12x+26-10}{x-2}$

$= \lim\limits_{x \to 2^-} \dfrac{2(x-2)(x-4)}{x-2}$

$= \lim\limits_{x \to 2^-} 2(x-4) = 2 \times (-2) = -4$

$\lim\limits_{x \to 2^+} \dfrac{g(x)-g(2)}{x-2}$

$= \lim\limits_{x \to 2^+} \dfrac{2x^2-4x+10-10}{x-2}$

$= \lim\limits_{x \to 2^+} \dfrac{2x(x-2)}{x-2}$

$= \lim\limits_{x \to 2^+} 2x = 2 \times 2 = 4$

즉, $\lim\limits_{x \to 2^-} \dfrac{g(x)-g(2)}{x-2} \neq \lim\limits_{x \to 2^+} \dfrac{g(x)-g(2)}{x-2}$ 이므로

함수 $g(x)$는 $x=2$에서 미분가능하지 않다.

(i)~(iii)에 의하여 함수 $g(x)$가 미분가능하지 않은 모든 a의 값은 -2, 0, 2이므로

(구하는 합) $= -2+0+2=0$ (거짓)

따라서 옳은 것은 ㄱ, ㄴ이다.

🔄 쉬운 풀이: 범위에 따른 함수 $g'(x)$를 직접 구한 뒤 극한값을 이용하여 ㄴ의 참·거짓 판단하기

ㄴ. $g'(x) = \begin{cases} 4x^3-10x-2 & (x<-2) \\ 4x^3-18x-2 & (-2<x<0) \\ 4x-12 & (0<x<2) \\ 4x-4 & (x>2) \end{cases}$

(i) $x=-2$일 때,

$\lim\limits_{x \to -2^-} g'(x) = \lim\limits_{x \to -2^-} (4x^3-10x-2) = -32+20-2 = -14$

$\lim\limits_{x \to -2^+} g'(x) = \lim\limits_{x \to -2^+} (4x^3-18x-2) = -32+36-2 = 2$

따라서 $\lim\limits_{x \to -2^-} g'(x) \neq \lim\limits_{x \to -2^+} g'(x)$이므로 함수 $g(x)$는 $x=-2$에서 미분가능하지 않아.

(ii) $x=0$일 때,

$\lim\limits_{x \to 0^-} g'(x) = \lim\limits_{x \to 0^-} (4x^3-18x-2) = -2$

$\lim\limits_{x \to 0^+} g'(x) = \lim\limits_{x \to 0^+} (4x-12) = -12$

따라서 $\lim\limits_{x \to 0^-} g'(x) \neq \lim\limits_{x \to 0^+} g'(x)$이므로 함수 $g(x)$는 $x=-2$에서 미분가능하지 않아.

(iii) $x=2$일 때,

$\lim\limits_{x \to 2^-} g'(x) = \lim\limits_{x \to 2^-} (4x-12) = 8-12 = -4$

$\lim\limits_{x \to 2^+} g'(x) = \lim\limits_{x \to 2^+} (4x-4) = 8-4 = 4$

따라서 $\lim\limits_{x \to 2^-} g'(x) \neq \lim\limits_{x \to 2^+} g'(x)$이므로 함수 $g(x)$는 $x=2$에서 미분가능하지 않아.

(이하 동일)

C 132 정답 ④ *미분가능한 함수의 활용 ········· [정답률 41%]

> **정답 공식:** 함수 $f(x)$가 $x=a$에서 연속이기 위해서는
> $\lim\limits_{x \to a^+} f(x) = \lim\limits_{x \to a^-} f(x) = f(a)$가 성립해야 한다. 또한, 함수 $f(x)$가 $x=k$에서
> 미분가능하면 $x=k$에서 연속이고 $x=k$에서의 좌미분계수와 우미분계수가 같다.

정수 k와 함수

$f(x) = \begin{cases} x+1 & (x<0) \\ x-1 & (0 \le x < 1) \\ 0 & (1 \le x \le 3) \\ -x+4 & (x>3) \end{cases}$

┌─ **단서 1** 함수 $y=g(x)$의 그래프는 함수 $y=|f(x)|$의 그래프를 x축의 방향으로 k만큼 평행이동한 거야.

에 대하여 함수 $g(x)$를 $g(x)=|f(x-k)|$라 할 때, [보기]에서 옳은 것만을 있는 대로 고른 것은? (4점)

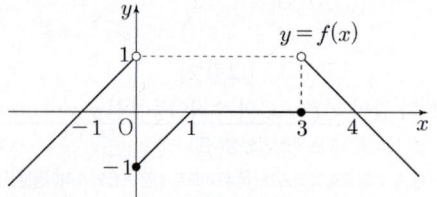

[보기]

ㄱ. $k=-3$일 때, $\lim\limits_{x \to 0^-} g(x) = g(0)$이다.
→ **단서 2** 함수 $y=|f(x)|$의 그래프를 x축의 방향으로 -3만큼 평행 이동하면 $x=3$인 점은 $x=0$인 점으로 이동한다는 것을 생각해.

ㄴ. 함수 $f(x)+g(x)$가 $x=0$에서 연속이 되도록 하는 정수 k가 존재한다.
→ **단서 3** ㄱ을 이용해 $k \neq -3$일 때와 $k=-3$일 때 함수 $f(x)+g(x)$에 대하여 $x=0$에서의 연속성에 대해 조사해보는 거야.

ㄷ. 함수 $f(x)g(x)$가 $x=0$에서 미분가능하도록 하는 모든 정수 k의 값의 합은 -5이다.
→ **단서 4** 함수 $f(x)g(x)$가 $x=0$에서 미분가능하기 위해서는 먼저 $x=0$에서 연속이어야 해.

① ㄱ ② ㄷ ③ ㄱ, ㄴ ④ ㄱ, ㄷ ⑤ ㄱ, ㄴ, ㄷ

1st $y=|f(x)|$의 그래프를 통해 함수 $g(x)$의 그래프를 이해해보자.

함수 $y=|f(x)|$의 그래프는 그림과 같으므로 함수 $|f(x)|$는 $x=3$에서만 불연속이다. → 함수 $y=|f(x)|$의 그래프는 함수 $y=f(x)$의 그래프에서 x축 윗부분은 그대로 두고, x축 아랫부분은 x축에 대하여 대칭이동한 거야.

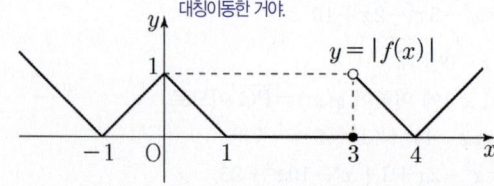

즉, 함수 $y=g(x)$의 그래프는 함수 $y=|f(x)|$의 그래프를 x축의 방향으로 k만큼 평행이동한 것이므로 함수 $g(x)$는 $x=k+3$에서만 불연속이다.

2nd $k=-3$일 때, 함수 $g(x)$의 $x=0$에서의 좌극한과 함숫값을 비교해봐.

ㄱ. $k=-3$일 때

$\lim\limits_{x \to 0^-} g(x) = \underline{\lim\limits_{x \to 0^-} |f(x+3)|}$

$x+3=t$라 하면 $x \to 0-$일 때 $t \to 3-$이므로
$\underline{\lim\limits_{x \to 0^-} |f(x+3)| = \lim\limits_{t \to 3^-} |f(t)| = \lim\limits_{x \to 3^-} |f(x)|}$야.

$= \lim\limits_{x \to 3^-} |f(x)| = 0$이고

$g(0) = |f(0+3)| = |f(3)| = 0$이므로

$\underline{\lim\limits_{x \to 0^-} g(x) = g(0)}$ (참)

> **⚠️** $k=-3$일 때
> $\lim\limits_{x \to 0^+} g(x) = \lim\limits_{x \to 3^+} |f(x+3)| = 1$
> 이므로 함수 $g(x)$는 $x=0$에서 불연속이야. 하지만 $x=0$에서의 좌극한값과 함숫값은 같을 수 있지.

3rd 모든 정수 k에 대하여 함수 $f(x)+g(x)$의 $x=0$에서의 연속성을 조사해봐.

ㄴ. $\lim\limits_{x\to 0} f(x)=1$, $f(0)=-1$에서 $\lim\limits_{x\to 0} f(x)\neq f(0)$이다.

$k\neq -3$일 때, 함수 $g(x)$는 $x=0$에서 연속이므로

함수 $g(x)$가 $x=k+3$에서만 불연속이므로 $k=-3$인 경우만 함수 $g(x)$가 $x=0$에서 불연속이야.

$$\lim_{x\to 0}\{f(x)+g(x)\}\neq f(0)+g(0) \cdots ㉠$$

또한, $k=-3$일 때, ㄱ에 의해 $\lim\limits_{x\to 0^-} g(x)=g(0)$이므로

$$\lim_{x\to 0^-}\{f(x)+g(x)\}\neq f(0)+g(0) \cdots ㉡$$

즉, ㉠, ㉡에 의해 모든 정수 k에 대하여

함수 $f(x)+g(x)$는 $x=0$에서 불연속이다. (거짓)

$k\neq -3$인 경우와 $k=-3$인 경우 모두 함수 $f(x)+g(x)$는 $x=0$에서의 좌극한과 함숫값이 같지 않아.

4th 함수 $f(x)g(x)$의 $x=0$에서의 좌미분계수와 우미분계수가 같도록 하는 정수 k의 값을 구해보자.

ㄷ. 함수 $f(x)g(x)$가 $x=0$에서 미분가능하면

함수 $f(x)g(x)$가 $x=0$에서 연속이다.

$$\lim_{x\to 0^-} f(x)g(x)=\lim_{x\to 0^-} f(x)\times \lim_{x\to 0^-} g(x)$$
$$=1\times \lim_{x\to 0^-} g(x)=\lim_{x\to 0^-} g(x)$$

$$\lim_{x\to 0^+} f(x)g(x)=\lim_{x\to 0^+} f(x)\times \lim_{x\to 0^+} g(x)$$
$$=(-1)\times \lim_{x\to 0^+} g(x)=-\lim_{x\to 0^+} g(x)$$

$$f(0)g(0)=(-1)\times g(0)=-g(0)$$

즉, $\lim\limits_{x\to 0^-} g(x)=-\lim\limits_{x\to 0^+} g(x)=-g(0)$이어야 하는데

ㄱ, ㄴ에서 모든 정수 k에 대하여 $\lim\limits_{x\to 0^-} g(x)=g(0)$이라 했으므로

$$\lim_{x\to 0} g(x)=g(0)=0$$이다.

$\lim\limits_{x\to 0^-} g(x)=-\lim\limits_{x\to 0^+} g(x)=-g(0)$이고 $\lim\limits_{x\to 0^-} g(x)=g(0)$이므로 $g(0)=-g(0)$에서 $g(0)=0$이지? 따라서 $\lim\limits_{x\to 0^-} g(x)=\lim\limits_{x\to 0^+} g(x)=g(0)=0$이므로 $\lim\limits_{x\to 0} g(x)=g(0)=0$이야.

따라서 함수 $f(x)g(x)$가 $x=0$에서 연속이려면 $g(x)$가 $x=0$에서 함숫값이 0이면서 연속이어야 하므로 이러한 조건을 만족시키는 정수 k의 값은 $-4, -2, -1, 1$이다.

함수 $|f(x)|$에서 함숫값이 0이면서 연속인 점 중에서 x좌표가 정수인 점은 $x=-1, 1, 2, 4$인 점이므로 k만큼 평행이동하여 x좌표가 0이 되게 하려면 $k=-4, -2, -1, 1$이어야 하는 거야.

(i) $k=-4$ 또는 $k=1$일 때

$$\lim_{x\to 0^-}\frac{f(x)g(x)-f(0)g(0)}{x-0}$$
$$=\lim_{x\to 0^-}\frac{(x+1)(-x)}{x}=\lim_{x\to 0^-}\{-(x+1)\}=-1$$

$$\lim_{x\to 0^+}\frac{f(x)g(x)-f(0)g(0)}{x-0}$$
$$=\lim_{x\to 0^+}\frac{(x-1)x}{x}=\lim_{x\to 0^+}(x-1)=-1$$

즉, 함수 $f(x)g(x)$는 $x=0$에서 미분가능하다.

(ii) $k=-2$일 때

$$\lim_{x\to 0^-}\frac{f(x)g(x)-f(0)g(0)}{x-0}=\lim_{x\to 0^-}\frac{(x+1)\times 0}{x}=0$$
$$\lim_{x\to 0^+}\frac{f(x)g(x)-f(0)g(0)}{x-0}=\lim_{x\to 0^+}\frac{(x-1)\times 0}{x}=0$$

즉, 함수 $f(x)g(x)$는 $x=0$에서 미분가능하다.

(iii) $k=-1$일 때

$$\lim_{x\to 0^-}\frac{f(x)g(x)-f(0)g(0)}{x-0}$$
$$=\lim_{x\to 0^-}\frac{(x+1)(-x)}{x}=\lim_{x\to 0^-}\{-(x+1)\}=-1$$

$$\lim_{x\to 0^+}\frac{f(x)g(x)-f(0)g(0)}{x-0}=\lim_{x\to 0^+}\frac{(x-1)\times 0}{x}=0$$

즉, 함수 $f(x)g(x)$는 $x=0$에서 미분가능하지 않다.

(i), (ii), (iii)에 의하여 조건을 만족시키는 정수 k는

$-4, -2, 1$이므로 구하는 모든 정수 k의 값의 합은

$-4+(-2)+1=-5$이다. (참)

따라서 옳은 것은 ㄱ, ㄷ이다.

C 133 정답 186 *미분가능한 함수의 활용 ─── [정답률 41%]

(정답 공식: $x<1$, $x\geq 1$일 때로 구간을 나누어 $g(x)$를 구한다.)

함수 $f(x)$는

$$f(x)=\begin{cases} x+1 & (x<1) \\ -2x+4 & (x\geq 1) \end{cases}$$

단서1 점 $(x, f(x))$를 점 P라 두고 $\overline{\mathrm{AP}}^2$, $\overline{\mathrm{BP}}^2$을 각각 구해 봐. 이때, $\overline{\mathrm{AP}}^2$, $\overline{\mathrm{BP}}^2$ 중 크지 않은 값이 $g(x)$라는 거야.

이고, 좌표평면 위에 두 점 $\mathrm{A}(-1, -1)$, $\mathrm{B}(1, 2)$가 있다. 실수 x에 대하여 점 $(x, f(x))$에서 점 A까지의 거리의 제곱과 점 B까지의 거리의 제곱 중 크지 않은 값을 $g(x)$라 하자. 함수 $g(x)$가 $x=a$에서 미분가능하지 않은 모든 a의 값의 합이 p일 때, $80p$의 값을 구하시오. (4점)

단서2 미분가능하지 않은 점은 불연속 점이거나 뾰족점, 즉 좌미분계수와 우미분계수가 다른 점이야.

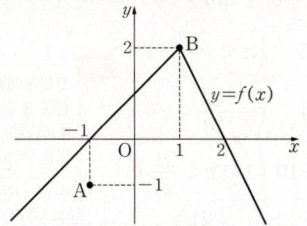

1st 점 $(x, f(x))$를 점 P라 하고 $x<1$에서 함수 $g(x)$를 구해 보자.

점 $(x, f(x))$를 점 P라 하면 $\mathrm{A}(-1, -1)$, $\mathrm{B}(1, 2)$이므로

(i) $x<1$일 때

두 점 (x_1, y_1), (x_2, y_2) 사이의 거리를 d라 하면 $d=\sqrt{(x_2-x_1)^2+(y_2-y_1)^2}$이야.

$$\overline{\mathrm{AP}}^2=\{x-(-1)\}^2+\{(x+1)-(-1)\}^2=2x^2+6x+5$$
$$\overline{\mathrm{BP}}^2=(x-1)^2+\{(x+1)-2\}^2=2x^2-4x+2$$

이때, $\overline{\mathrm{AP}}^2$, $\overline{\mathrm{BP}}^2$ 중 크지 않은 값이 $g(x)$이므로 부등식

$\overline{\mathrm{AP}}^2\geq \overline{\mathrm{BP}}^2$을 풀면

$2x^2+6x+5\geq 2x^2-4x+2$에서

크지 않은 값은 결국 작거나 같은 값이라는 거니까 어느 지점을 경계로 하는지 알아보기 위해서 이 부등식을 풀어 보는 거야. 물론 부등식 $\overline{\mathrm{AP}}^2<\overline{\mathrm{BP}}^2$을 풀어서 확인해 봐도 돼.

$10x\geq -3 \qquad \therefore x\geq -\dfrac{3}{10}$

따라서 $x\geq -\dfrac{3}{10}$일 때, $\overline{\mathrm{AP}}^2\geq \overline{\mathrm{BP}}^2$이므로

$$g(x)=\overline{\mathrm{BP}}^2=2x^2-4x+2$$

$x<-\dfrac{3}{10}$일 때, $\overline{\mathrm{AP}}^2<\overline{\mathrm{BP}}^2$이므로

$$g(x)=\overline{\mathrm{AP}}^2=2x^2+6x+5$$

$$\therefore g(x)=\begin{cases} 2x^2+6x+5 & \left(x<-\dfrac{3}{10}\right) \\ 2x^2-4x+2 & \left(-\dfrac{3}{10}\leq x<1\right) \end{cases}$$

2nd 같은 방법으로 $x\geq 1$일 때, 함수 $g(x)$를 구해 보자.

(ii) $x\geq 1$일 때

$$\overline{\mathrm{AP}}^2=\{x-(-1)\}^2+\{(-2x+4)-(-1)\}^2=5x^2-18x+26$$
$$\overline{\mathrm{BP}}^2=(x-1)^2+\{(-2x+4)-2\}^2=5x^2-10x+5$$

이때, $\overline{\mathrm{AP}}^2$, $\overline{\mathrm{BP}}^2$ 중 크지 않은 값이 $g(x)$이므로 부등식

$\overline{\mathrm{AP}}^2\geq \overline{\mathrm{BP}}^2$을 풀면 $5x^2-18x+26\geq 5x^2-10x+5$에서

$8x\leq 21$

$\therefore x\leq \dfrac{21}{8}$

따라서 $x\leq\dfrac{21}{8}$일 때, $\overline{AP}^2\geq\overline{BP}^2$이므로

$g(x)=\overline{BP}^2=5x^2-10x+5$

$x>\dfrac{21}{8}$일 때, $\overline{AP}^2<\overline{BP}^2$이므로

$g(x)=\overline{AP}^2=5x^2-18x+26$

$\therefore g(x)=\begin{cases}5x^2-10x+5 & \left(1\leq x\leq\dfrac{21}{8}\right)\\[2mm]5x^2-18x+26 & \left(x>\dfrac{21}{8}\right)\end{cases}$

(i), (ii)에 의하여

$g(x)=\begin{cases}2x^2+6x+5 & \left(x<-\dfrac{3}{10}\right)\\[2mm]2x^2-4x+2 & \left(-\dfrac{3}{10}\leq x<1\right)\\[2mm]5x^2-10x+5 & \left(1\leq x\leq\dfrac{21}{8}\right)\\[2mm]5x^2-18x+26 & \left(x>\dfrac{21}{8}\right)\end{cases}$

3rd 함수 $g(x)$를 미분하여 좌미분계수와 우미분계수가 다른 점을 찾자.

$\therefore g'(x)=\begin{cases}4x+6 & \left(x<-\dfrac{3}{10}\right)\\[2mm]4x-4 & \left(-\dfrac{3}{10}<x<1\right)\\[2mm]10x-10 & \left(1<x<\dfrac{21}{8}\right)\\[2mm]10x-18 & \left(x>\dfrac{21}{8}\right)\end{cases}$

> **주의** 좌미분계수와 우미분계수가 같을 때 미분가능하다고 해. 함수의 연속 조건과 헷갈리지 않도록 주의해.

> 함수 $g(x)$는 각 구간에서 다항함수니까 각 구간에서는 미분가능해. 즉, 각 구간의 경계 값에서만 미분가능한지 확인해 보면 돼.

i) $x=-\dfrac{3}{10}$에서의 좌미분계수와 우미분계수는 각각

$\lim\limits_{x\to-\frac{3}{10}-}g'(x)=\lim\limits_{x\to-\frac{3}{10}-}(4x+6)=\dfrac{24}{5}$

$\lim\limits_{x\to-\frac{3}{10}+}g'(x)=\lim\limits_{x\to-\frac{3}{10}+}(4x-4)=-\dfrac{26}{5}$

따라서 $\lim\limits_{x\to-\frac{3}{10}-}g'(x)\neq\lim\limits_{x\to-\frac{3}{10}+}g'(x)$이므로 함수 $g(x)$는 $x=-\dfrac{3}{10}$에서 미분가능하지 않다.

ii) $x=1$에서의 좌미분계수와 우미분계수는 각각

$\lim\limits_{x\to1-}g'(x)=\lim\limits_{x\to1-}(4x-4)=0$

$\lim\limits_{x\to1+}g'(x)=\lim\limits_{x\to1+}(10x-10)=0$

따라서 $\lim\limits_{x\to1-}g'(x)=\lim\limits_{x\to1+}g'(x)$이므로 함수 $g(x)$는 $x=1$에서 미분가능하다.

iii) $x=\dfrac{21}{8}$에서의 좌미분계수와 우미분계수는 각각

$\lim\limits_{x\to\frac{21}{8}-}g'(x)=\lim\limits_{x\to\frac{21}{8}-}(10x-10)=\dfrac{65}{4}$

$\lim\limits_{x\to\frac{21}{8}+}g'(x)=\lim\limits_{x\to\frac{21}{8}+}(10x-18)=\dfrac{33}{4}$

따라서 $\lim\limits_{x\to\frac{21}{8}-}g'(x)\neq\lim\limits_{x\to\frac{21}{8}+}g'(x)$이므로 함수 $g(x)$는 $\dfrac{21}{8}$에서 미분가능하지 않다.

i)~iii)에 의하여 함수 $g(x)$가 미분가능하지 않은 점은 $x=-\dfrac{3}{10}$ 또는 $x=\dfrac{21}{8}$이므로 모든 a의 값은 $-\dfrac{3}{10}$, $\dfrac{21}{8}$이다.

$\therefore 80p=80\left(-\dfrac{3}{10}+\dfrac{21}{8}\right)$
$=186$

＊ 미분가능하지 않음을 그래프로 살펴보기

미분계수란 접선의 기울기이므로 미분가능이란 접선이 있는 것이고, 미분가능하지 않음이란 접선이 없는 것이지.

그렇다면 미분가능하지 않음을 그래프로 살펴볼까? 미분가능하지 않음은 다음 두 가지 상황에서 발생해. 두 경우 모두 $x=a$에서 접선이 확정되지 않으므로 $x=a$에서 미분가능하지 않아.

(1) 불연속점

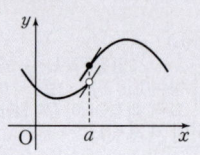

(2) 뾰족점

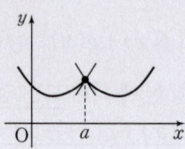

C 134 정답 ③ ＊미분가능한 함수의 활용 ───── [정답률 42%]

(**정답 공식**: t의 범위에 따라 $f(t)$의 함수식을 구하고 $f'(t)$를 구해본다.)

좌표평면 위에 그림과 같이 어두운 부분을 내부로 하는 도형이 있다. 이 도형과 네 점 $(0,0)$, $(t,0)$, (t,t), $(0,t)$를 꼭짓점으로 하는 정사각형이 겹치는 부분의 넓이를 $f(t)$라 하자. 열린구간 $(0,4)$에서 함수 $f(t)$가 미분가능하지 않은 모든 t의 값의 합은? (4점)

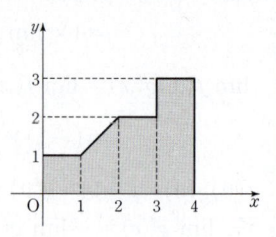

> **단서** 정사각형의 넓이는 t^2이므로 $f(t)=t^2-(\text{흰 부분의 넓이})$로 구해도 돼.

① 2 ② 3 ③ 4 ④ 5 ⑤ 6

1st t의 범위에 따라 넓이 $f(t)$의 값을 계산해 봐.

$0<t<4$일 때, t의 범위에 따라 주어진 도형과 한 변의 길이가 t인 정사각형이 겹치는 부분의 넓이 $f(t)$의 값을 구하자.

따라서 t의 범위에 따라 넓이 $f(t)$를 구하면

(i) $0<t\leq1$일 때,

> **주의** t의 값의 범위에 따라 주어진 도형과 한 변의 길이가 t인 정사각형이 겹치는 부분의 모양이 달라지기 때문에 구간을 적절히 나누어 $f(t)$를 구해야 해.

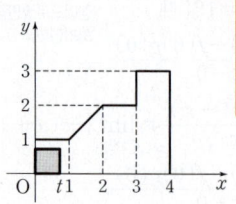

$f(t)=t^2$

(ii) $1<t\leq2$일 때,

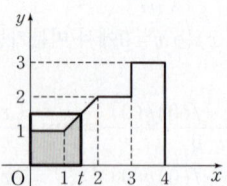

$f(t)=t^2-\dfrac{1}{2}(t+1)(t-1)=\dfrac{1}{2}t^2+\dfrac{1}{2}$

(iii) $2<t\leq3$일 때, → (정사각형의 넓이)−(흰 부분의 넓이)

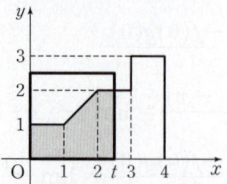

$f(t)=t^2-\left\{\dfrac{1}{2}\times(2+1)\times1+t(t-2)\right\}=2t-\dfrac{3}{2}$

(ⅳ) $3<t<4$일 때,

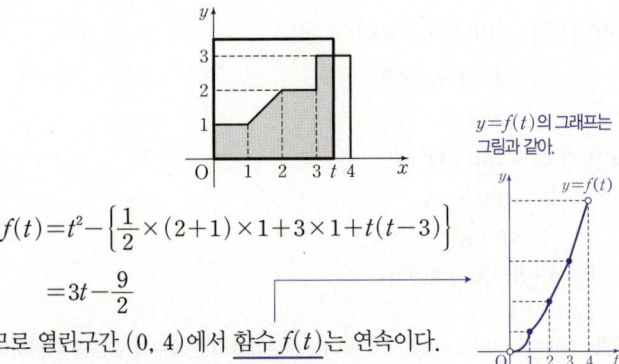

$y=f(t)$의 그래프는 그림과 같아.

$$f(t)=t^2-\left\{\frac{1}{2}\times(2+1)\times1+3\times1+t(t-3)\right\}$$
$$=3t-\frac{9}{2}$$

이므로 열린구간 $(0, 4)$에서 함수 $f(t)$는 연속이다.

2nd $t=1, 2, 3$에서 미분가능성을 조사해.

이때, 함수 $f(t)$의 도함수는

$$f'(t)=\begin{cases}2t & (0<t<1)\\ t & (1<t<2)\\ 2 & (2<t<3)\\ 3 & (3<t<4)\end{cases}$$

이므로 $t=1, 2, 3$에서 함수 $f(t)$의 미분가능성을 알아보자.

$\lim\limits_{t\to1-}f'(t)=2$, $\lim\limits_{t\to1+}f'(t)=1$이므로 $t=1$에서 미분가능하지 않다.

━ 좌·우 미분계수가 다르니까 미분계수가 존재하지 않는 거야.

$\lim\limits_{t\to2-}f'(t)=\lim\limits_{t\to2+}f'(t)=2$이므로 $t=2$에서 미분가능하다.

$\lim\limits_{t\to3-}f'(t)=2$, $\lim\limits_{t\to3+}f'(t)=3$이므로 $t=3$에서 미분가능하지 않다.

따라서 함수 $f(t)$는 $t=1$, $t=3$에서 미분가능하지 않으므로 미분가능하지 않은 모든 t의 값의 합은 $1+3=4$이다.

C **135** 정답 ③ *미분가능한 함수의 미정계수의 결정 ··· [정답률 89%]

정답 공식: 함수 $f(x)$에 대하여 $x=a$에서의 좌미분계수와 우미분계수가 같을 때, 즉 $\lim\limits_{x\to a-}\dfrac{f(x)-f(a)}{x-a}=\lim\limits_{x\to a+}\dfrac{f(x)-f(a)}{x-a}$일 때 함수 $f(x)$는 $x=a$에서 미분가능하다고 한다.

두 함수 $f(x)=|x+3|$, $g(x)=2x+a$에 대하여 함수 $f(x)g(x)$가 실수 전체의 집합에서 미분가능할 때, 상수 a의 값은? (3점) **단서** $f(x)g(x)=|x+3|(2x+a)$에서 $x=-3$인 점 좌우에서 함수식이 바뀌지? 함수 $f(x)g(x)$가 실수 전체의 집합에서 미분가능하므로 $x=-3$에서도 미분가능해야 해.

① 2 　　② 4 　　③ 6
④ 8 　　⑤ 10

1st 함수 $f(x)g(x)$를 구해.

$f(x)=|x+3|$에서
━ $f(x)=|x+3|$이므로 $x<-3$인 경우와 $x\geq-3$인 경우의 함수식이 달라.
$x<-3$이면 $f(x)=-(x+3)$이고,
$x\geq-3$이면 $f(x)=x+3$이므로

$$f(x)g(x)=\begin{cases}-(x+3)(2x+a) & (x<-3)\\ (x+3)(2x+a) & (x\geq-3)\end{cases}$$

2nd 함수 $f(x)g(x)$의 $x=-3$에서의 좌미분계수와 우미분계수를 비교해.

함수 $f(x)g(x)$가 실수 전체의 집합에서 미분가능하면
$x=-3$에서도 미분가능하므로

 실수 절댓값 기호를 포함한 함수에서는 절댓값 기호 안의 값이 0인 점에서 뾰족점이 되어 미분가능하지 않을 수 있으므로 이러한 점에서의 미분가능성을 판단해야 하는 경우가 대부분이야.

$$\lim_{x\to-3-}\frac{f(x)g(x)-f(-3)g(-3)}{x+3}$$
$$=\lim_{x\to-3+}\frac{f(x)g(x)-f(-3)g(-3)}{x+3}$$
이다.

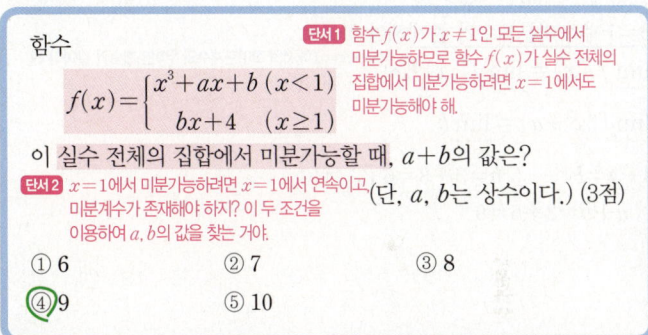
→ 함수 $f(x)$에 대하여
$$\lim_{x\to a-}\frac{f(x)-f(a)}{x-a}=\lim_{x\to a+}\frac{f(x)-f(a)}{x-a}$$
이면 $x=a$에서 함수 $f(x)$의 미분계수가 존재한다고 하고, 이때 함수 $f(x)$는 $x=a$에서 미분가능하다고 해.

$$\lim_{x\to-3-}\frac{f(x)g(x)-f(-3)g(-3)}{x+3}$$
$$=\lim_{x\to-3-}\frac{-(x+3)(2x+a)-0}{x+3}$$
$$=\lim_{x\to-3-}\{-(2x+a)\}=6-a$$

$$\lim_{x\to-3+}\frac{f(x)g(x)-f(-3)g(-3)}{x+3}$$
$$=\lim_{x\to-3+}\frac{(x+3)(2x+a)-0}{x+3}$$
$$=\lim_{x\to-3+}(2x+a)=-6+a$$

따라서 $6-a=-6+a$이므로
$2a=12$ 　 $\therefore a=6$

C **136** 정답 ④ *미분가능하도록 하는 미정계수의 결정 ··· [정답률 87%]

정답 공식: 함수 $f(x)$가 $x=a$에서 미분가능하면 $x=a$에서 연속이고 $x=a$에서의 미분계수가 존재한다.

함수

단서1 함수 $f(x)$가 $x\neq1$인 모든 실수에서 미분가능하므로 함수 $f(x)$가 실수 전체의 집합에서 미분가능하려면 $x=1$에서도 미분가능해야 해.

$$f(x)=\begin{cases}x^3+ax+b & (x<1)\\ bx+4 & (x\geq1)\end{cases}$$

이 실수 전체의 집합에서 미분가능할 때, $a+b$의 값은?

단서2 $x=1$에서 미분가능하려면 $x=1$에서 연속이고, 미분계수가 존재해야 하지? 이 두 조건을 이용하여 a, b의 값을 찾는 거야. (단, a, b는 상수이다.) (3점)

① 6 　　② 7 　　③ 8
④ 9 　　⑤ 10

1st 함수 $f(x)$가 $x=1$에서 연속이어야 함을 이용하여 a의 값을 구해.

함수 $f(x)$가 실수 전체의 집합에서 미분가능하므로 $x=1$에서도 미분가능하다.

함정 함수가 미분가능하려면 '연속'이면서 '미분계수가 존재'해야 해.

먼저, $x=1$에서 연속이므로
$f(1)=\lim\limits_{x\to1-}f(x)=\lim\limits_{x\to1+}f(x)$가 성립한다.
━ 함수 $f(x)$가 $x=a$에서 연속이려면
(ⅰ) $f(a)$가 존재하고
(ⅱ) $\lim\limits_{x\to a}f(x)$의 값이 존재하며
(ⅲ) $f(a)=\lim\limits_{x\to a}f(x)$이어야 한다.

$f(1)=b\times1+4=b+4$
$\lim\limits_{x\to1-}f(x)=\lim\limits_{x\to1-}(x^3+ax+b)$
$\qquad\qquad=1^3+a\times1+b=1+a+b$
$\lim\limits_{x\to1+}f(x)=\lim\limits_{x\to1+}(bx+4)$
$\qquad\qquad=b\times1+4=b+4$
즉, $b+4=1+a+b$이므로
$a=3$ ··· ㉠

2nd 함수 $f(x)$의 $x=1$에서의 우미분계수와 좌미분계수가 같음을 이용하여 b의 값을 구해.

또, $x=1$에서 미분가능하므로 $x=1$에서의 좌미분계수와 우미분계수가 같아야 한다.

$$\lim_{x \to 1-} \frac{f(x)-f(1)}{x-1} = \lim_{x \to 1-} \frac{x^3+ax+b-b-4}{x-1}$$
$$= \lim_{x \to 1-} \frac{x^3+3x-4}{x-1} \; (\because \, \text{㉠})$$
$$= \lim_{x \to 1-} \frac{(x-1)(x^2+x+4)}{x-1}$$
$$= \lim_{x \to 1-} (x^2+x+4)$$
$$= 1^2+1+4$$
$$= 6 \cdots \text{㉡}$$

오른쪽 나눗셈 표:
$$\begin{array}{r|rrrr} 1 & 1 & 0 & 3 & -4 \\ & & 1 & 1 & 4 \\ \hline & 1 & 1 & 4 & 0 \end{array}$$
$$\therefore x^3+3x-4 = (x-1)(x^2+x+4)$$

$$\lim_{x \to 1+} \frac{f(x)-f(1)}{x-1} = \lim_{x \to 1+} \frac{bx+4-b-4}{x-1}$$
$$= \lim_{x \to 1+} \frac{b(x-1)}{x-1}$$
$$= \lim_{x \to 1+} b$$
$$= b \cdots \text{㉢}$$

㉡=㉢이므로 $b=6$
$$\therefore a+b=3+6=9$$

(🔭) **쉬운 풀이:** 범위에 따른 함수 $f'(x)$를 직접 구한 뒤 극한값을 이용하기

2nd 에서
$$f(x) = \begin{cases} x^3+ax+b & (x<1) \\ bx+4 & (x \geq 1) \end{cases} \text{이므로}$$
$$f'(x) = \begin{cases} 3x^2+a & (x<1) \\ b & (x>1) \end{cases}$$

$x=1$에서 미분계수가 존재해야 하므로
$$\lim_{x \to 1-} f'(x) = \lim_{x \to 1+} f'(x) \text{에서} \quad \rightarrow x=1\text{에서의 좌미분계수와 우미분계수가 같아야 해.}$$
$$\lim_{x \to 1-} (3x^2+a) = \lim_{x \to 1+} b$$
$$3+a=b \qquad \therefore b=3+3=6 \; (\because \, \text{㉠})$$
$$\therefore a+b=3+6=9$$

C 137 정답 ⑤ *미분가능하도록 하는 미정계수의 결정 … [정답률 84%]*

[정답 공식: 함수 $f(x)$가 $x=a$에서 미분가능하면 $x=a$에서 연속이고 $x=a$에서의 좌미분계수와 우미분계수가 같다. 즉, $x=a$에서의 미분계수가 존재한다.]

> 함수
> $$f(x) = \begin{cases} 2x^2+ax & (x<2) \\ 4x+b & (x \geq 2) \end{cases}$$
> 가 실수 전체의 집합에서 미분가능할 때, ab의 값은? (단, a와 b는 상수이다.) (3점)
>
> **단서** 함수 $f(x)$가 $x \neq 2$인 모든 실수에서 미분가능하므로 함수 $f(x)$가 실수 전체의 집합에서 미분가능하려면 $x=2$에서도 미분가능해야 해.
>
> ① 24　　② 26　　③ 28
> ④ 30　　⑤ 32

1st 함수 $f(x)$가 $x=2$에서 연속이어야 함을 이용하여 a, b 사이의 관계식을 구해.

주의 함수가 미분가능하려면 '연속'이면서 '미분계수가 존재'해야 한다는 걸 잊지 마!

함수 $f(x)$가 실수 전체의 집합에서 미분가능하므로 $x=2$에서도 미분가능하다. 즉, $x=2$에서 연속이므로 $f(2)=\lim_{x \to 2-} f(x) = \lim_{x \to 2+} f(x)$가 성립한다.
함수 $f(x)$가 $x=a$에서 연속이려면 (i) $f(a)$가 존재하고 (ii) $\lim_{x \to a} f(x)$의 값이 존재하며 (iii) $f(a)=\lim_{x \to a} f(x)$이어야 해.

이때, $f(2)=4 \times 2+b=b+8$이고
$$\lim_{x \to 2-} f(x) = \lim_{x \to 2-} (2x^2+ax)$$
$$= 2 \times 2^2 + a \times 2$$
$$= 2a+8$$
$$\lim_{x \to 2+} f(x) = \lim_{x \to 2+} (4x+b)$$
$$= 4 \times 2+b$$
$$= b+8$$
따라서 $b+8=2a+8$에서
$$b=2a \cdots \text{㉠}$$

2nd 함수 $f(x)$의 $x=2$에서의 우미분계수와 좌미분계수가 같음을 이용하여 a, b의 값을 각각 구하고 ab를 계산하자.

또, $x=2$에서 미분가능하므로 $x=2$에서의 좌미분계수와 우미분계수가 같아야 한다.

$$\lim_{x \to 2-} \frac{f(x)-f(2)}{x-2} = \lim_{x \to 2-} \frac{(2x^2+ax)-(8+b)}{x-2}$$
$$= \lim_{x \to 2-} \frac{(2x^2+ax)-(8+2a)}{x-2} \; (\because \, \text{㉠})$$
$$= \lim_{x \to 2-} \frac{(x-2)(2x+a+4)}{x-2}$$
$$= \lim_{x \to 2-} (2x+a+4)$$
$$= a+8 \cdots \text{㉡}$$

$$\lim_{x \to 2+} \frac{f(x)-f(2)}{x-2} = \lim_{x \to 2+} \frac{(4x+b)-(8+b)}{x-2} \quad = \lim_{h \to 0} \frac{f(a+h)-f(a)}{h}$$
$$= \lim_{x \to 2+} \frac{4(x-2)}{x-2} = 4 \cdots \text{㉢}$$

$\rightarrow f'(a) = \lim_{x \to a} \frac{f(x)-f(a)}{x-a}$

㉡=㉢이므로 $a+8=4$에서 $a=-4$
$$b=2 \times (-4) = -8 \; (\because \, \text{㉠})$$
$$\therefore ab = (-4) \times (-8) = 32$$

(🔭) **쉬운 풀이:** 범위에 따른 함수 $f'(x)$를 직접 구한 뒤 극한값을 이용하기

$$f(x) = \begin{cases} 2x^2+ax & (x<2) \\ 4x+b & (x \geq 2) \end{cases} \text{에서}$$
$$f'(x) = \begin{cases} 4x+a & (x<2) \\ 4 & (x>2) \end{cases}$$

$x=2$에서 미분계수가 존재해야 하므로
$$\lim_{x \to 2-} f'(x) = \lim_{x \to 2+} f'(x) \text{에서} \quad \rightarrow x=2\text{에서의 우미분계수와 좌미분계수가 같아야 해.}$$
$$\lim_{x \to 2-} (4x+a) = \lim_{x \to 2+} 4$$
$$8+a=4 \qquad \therefore a=-4$$
따라서 ㉠에 의하여 $b=-8$이므로
$$ab = -4 \times (-8) = 32$$

✿ 연속과 미분가능성 개념·공식

① 함수 $f(x)$가 $x=a$에서 미분가능하면 $f(x)$는 $x=a$에서 연속이다.
② 함수 $f(x)$가 $x=a$에서 불연속이면 $f(x)$는 $x=a$에서 미분가능하지 않다.

(**정답 공식**: 함수 $f(x)$가 $x=a$에서 미분가능하면 $x=a$에서 연속이다.)

함수

$$f(x)=\begin{cases} 3x+a & (x\le 1) \\ 2x^3+bx+1 & (x>1) \end{cases}$$

단서 1 $x=1$을 기준으로 좌우의 함수식이 다름을 이용할 수 있어.

이 $x=1$에서 미분가능할 때, $a+b$의 값은?

단서 2 미분가능의 정의를 이용해 볼 수 있어. (단, a, b는 상수이다.) (3점)

① -8 ② -6 ③ -4 ④ -2 ⑤ 0

1st 미분가능하면 연속임을 이용해.

함수 $f(x)$가 $x=1$에서 미분가능하면 $x=1$에서 연속이다.

주의 일반적으로 다항함수는 모든 실수에 대하여 미분가능해. 그런데 위와 같이 특정한 값을 기준으로 함수의 식이 달라지는 지점에서는 미분가능하지 않거나 불연속일 가능성이 존재해.

$$\therefore f(1)=\lim_{x\to 1}f(x)$$

함수 $f(x)$가 $x=a$에서 연속이면 극한값과 함숫값이 같아.

2nd $x=1$에서 좌극한값과 우극한값을 각각 구하여 a, b의 관계식을 찾아.

$$\lim_{x\to 1-}f(x)=\lim_{x\to 1+}f(x)=f(1)$$

$$\lim_{x\to 1-}f(x)=\lim_{x\to 1-}(3x+a)=a+3$$

$$\lim_{x\to 1+}f(x)=\lim_{x\to 1+}(2x^3+bx+1)=b+3$$

$$f(1)=a+3$$

$a+3=b+3 \quad \therefore a=b$

함수 $f(x)$가 $x=a$에서 미분가능하면 $\lim_{x\to a+}\dfrac{f(x)-f(a)}{x-a}=\lim_{x\to a-}\dfrac{f(x)-f(a)}{x-a}$가 성립해.

3rd $x=1$에서의 미분계수를 구하여 $a+b$의 값을 구해.

함수 $f(x)$가 $x=1$에서 미분가능하므로

$$\lim_{x\to 1-}\frac{f(x)-f(1)}{x-1}=\lim_{x\to 1+}\frac{f(x)-f(1)}{x-1}$$

→ 좌극한값과 우극한값이 같은 경우 극한값이 존재해.

$$\lim_{x\to 1-}\frac{f(x)-f(1)}{x-1}=\lim_{x\to 1-}\frac{3x+a-(a+3)}{x-1}=\lim_{x\to 1-}\frac{3(x-1)}{x-1}=3$$

$$\lim_{x\to 1+}\frac{f(x)-f(1)}{x-1}=\lim_{x\to 1+}\frac{(2x^3+bx+1)-(b+3)}{x-1}$$

→ 조립제법에 의하여

$$=\lim_{x\to 1+}\frac{2x^3+bx-b-2}{x-1}$$

$$\begin{array}{r|rrr|r} 1 & 2 & 0 & b & (-b-2) \\ & & 2 & 2 & (b+2) \\ \hline & 2 & 2 & (b+2) & 0 \end{array}$$

$$=\lim_{x\to 1+}\frac{(x-1)(2x^2+2x+b+2)}{x-1}$$

$$=b+6$$

이므로 $f'(1)=3=6+b$에서 $b=-3$, $a=-3$

$$\therefore a+b=-6$$

→ $x\le 1$에서는 $f'(x)=3$이고 $x>1$에서는 $f'(x)=6x^2+b$야.

❀ 미분가능성과 미정계수의 결정   개념·공식

두 다항함수 $g(x)$, $h(x)$에 대하여

함수 $f(x)=\begin{cases} g(x) & (x\ge a) \\ h(x) & (x<a) \end{cases}$ 가 $x=a$에서 미분가능하면

① 함수 $f(x)$가 $x=a$에서 연속이다. ➡ $g(a)=h(a)$
② 함수 $f(x)$가 $x=a$에서 미분가능하다. ➡ $g'(a)=h'(a)$

[**정답 공식**: 구간에 따라 함수가 다르게 제시된 경우에는 구간의 경계에 대한 x의 값에서의 미분계수와 함숫값을 반드시 확인해야 한다.]

함수

$$f(x)=\begin{cases} x^3+ax^2+b & (x<2) \\ 4x^2 & (x\ge 2) \end{cases}$$

가 실수 전체의 집합에서 미분가능할 때, $f(1)$의 값은? (단, a, b는 상수이다.) (3점)

단서 함수 $f(x)$가 실수 전체의 집합에서 미분가능하면 $x=2$에서도 함수 $f(x)$가 연속이고 미분가능해야 해.

① 4 ② 5 ③ 6 ④ 7 ⑤ 8

1st $x=2$에서 연속임을 이용하자.

$f(2)=4\times 2^2=16$이고 함수 $f(x)$가 $x=2$에서 미분가능하면 $x=2$에서 연속이므로

$$\lim_{x\to 2-}f(x)=\lim_{x\to 2+}f(x)=f(2)에서$$

$$8+4a+b=16$$

$$\therefore b=-4a+8 \cdots \bigcirc$$

2nd 함수 $f(x)$를 구하여 $f(1)$의 값을 구하자.

함수 $f(x)$가 실수 전체의 집합에서 미분가능하므로 $x=2$에서도 미분가능하다.

좌미분계수와 우미분계수가 같아야 $x=2$에서 미분가능하지?

$$\lim_{x\to 2-}\frac{f(x)-f(2)}{x-2}$$

[함수 $y=f(x)$의 $x=a$에서의 순간변화율 또는 미분계수]
$y=f(x)$에 대하여 x의 값이 a에서 $a+\Delta x$까지 변할 때의 평균변화율의 극한값
$$f'(a)=\lim_{\Delta x\to 0}\frac{\Delta y}{\Delta x}=\lim_{\Delta x\to 0}\frac{f(a+\Delta x)-f(a)}{\Delta x}$$

$$=\lim_{x\to 2-}\frac{x^3+ax^2+b-16}{x-2}$$

$$=\lim_{x\to 2-}\frac{x^3+ax^2-4a+8-16}{x-2} (\because \bigcirc)$$

$$=\lim_{x\to 2-}\frac{(x-2)(x^2+2x+4)+a(x-2)(x+2)}{x-2}$$

$$=\lim_{x\to 2-}(x^2+2x+4+ax+2a)$$

$$=4a+12$$

$$\lim_{x\to 2+}\frac{f(x)-f(2)}{x-2}$$

$$=\lim_{x\to 2+}\frac{4x^2-16}{x-2}$$

$$=\lim_{x\to 2+}\frac{4(x+2)(x-2)}{x-2}$$

$$=\lim_{x\to 2+}4(x+2)=16$$

$$4a+12=16 \quad \therefore a=1$$

$x=2$에서 미분가능하므로 좌미분계수와 우미분계수의 값이 같아야 해. 즉,
$$\lim_{x\to 2-}\frac{f(x)-f(2)}{x-2}=\lim_{x\to 2+}\frac{f(x)-f(2)}{x-2}$$

$\bigcirc$에 $a=1$을 대입하면 $b=-4+8=4$

따라서 $f(x)=\begin{cases} x^3+x^2+4 & (x<2) \\ 4x^2 & (x\ge 2) \end{cases}$ 이므로

$$f(1)=1^3+1^2+4=6$$

C 140 정답 ⑤ *미분가능하도록 하는 미정계수의 결정 … [정답률 75%]

정답 공식: 함수 $f(x)$가 $x=k$에서 미분가능하면 $x=k$에서 연속이고 $x=k$에서의 좌미분계수와 우미분계수가 같다.

함수
$$f(x)=\begin{cases} x^2+ax+b & (x\le -2) \\ 2x & (x>-2) \end{cases}$$
가 실수 전체의 집합에서 미분가능할 때, $a+b$의 값은?

(단, a와 b는 상수이다.) (4점)

단서 함수 $f(x)$는 $x\ne -2$인 모든 실수에서 미분가능하지? 그럼, $f(x)$가 실수 전체의 집합에서 미분가능하려면 $x=-2$에서도 미분가능해야겠지?

① 6 　　② 7 　　③ 8
④ 9 　　⑤10

1st $x=-2$에서 연속임을 이용해 a, b의 관계식을 찾아.

$f(x)$가 실수 전체의 집합에서 미분가능하므로 $x=-2$에서도 미분가능해야 하고 $x=-2$에서 미분가능하려면 $x=-2$에서 연속이어야 한다.

즉, $\lim\limits_{x\to -2-}f(x)=\lim\limits_{x\to -2+}f(x)=f(-2)$에서

$\lim\limits_{x\to -2-}(x^2+ax+b)=\lim\limits_{x\to -2+}2x=f(-2)$

$4-2a+b=-4$

$\therefore 2a-b=8 \Rightarrow b=2a-8 \cdots \bigcirc$

> $f(x)=\begin{cases} f_1(x) & (x\le a) \\ f_2(x) & (x>a) \end{cases}$가 $x=a$에서 미분가능하면
> (i) $f_1(a)=f_2(a)$
> (ii) $f_1'(a)=f_2'(a)$
> 가 성립해.

2nd $x=-2$에서 좌미분계수와 우미분계수가 같음을 이용해.

$x=-2$에서 미분가능하려면 $x=-2$에서의 좌미분계수와 우미분계수가 같아야 한다.

$x=-2$에서의 좌미분계수는

$\lim\limits_{x\to -2-}\dfrac{f(x)-f(-2)}{x-(-2)}=\lim\limits_{x\to -2-}\dfrac{x^2+ax+b-(-4)}{x+2}$

> $x\le -2$일 때, $f(x)=x^2+ax+b$
> $x=-2$에서 연속이므로 $f(-2)=\lim\limits_{x\to -2+}2x=-4$

[미분계수의 정의]
$f'(a)=\lim\limits_{x\to a}\dfrac{f(x)-f(a)}{x-a}$
$=\lim\limits_{h\to 0}\dfrac{f(a+h)-f(a)}{h}$

$=\lim\limits_{x\to -2-}\dfrac{x^2+ax+2a-8+4}{x+2}$ ($\because \bigcirc$)

$=\lim\limits_{x\to -2-}\dfrac{(x+2)(x+a-2)}{x+2}$

$=\lim\limits_{x\to -2-}(x+a-2)=a-4$

> $x^2+ax+2a-4$
> $=x^2-4+ax+2a$
> $=(x+2)(x-2)$
> 　$+a(x+2)$
> $=(x+2)(x+a-2)$

$x=-2$에서의 우미분계수는

$\lim\limits_{x\to -2+}\dfrac{f(x)-f(-2)}{x-(-2)}=\lim\limits_{x\to -2+}\dfrac{2x-(-4)}{x+2}$

> $x>-2$일 때, $f(x)=2x$

$=\lim\limits_{x\to -2+}\dfrac{2(x+2)}{x+2}=2$

즉, $a-4=2$에서 $a=6$이고 $\bigcirc$에 의하여 $b=4$

$\therefore a+b=6+4=10$

> $b=2a-8=2\cdot 6-8=4$

🔍 **쉬운 풀이:** 범위에 따른 함수 $f'(x)$를 직접 구한 뒤 극한값을 이용하기

$f(x)=\begin{cases} x^2+ax+b & (x\le -2) \\ 2x & (x>-2) \end{cases}$에서

$f'(x)=\begin{cases} 2x+a & (x<-2) \\ 2 & (x>-2) \end{cases}$이고 $x=-2$에서 미분가능하므로

미분계수 $f'(-2)$의 값이 존재해야 해.

즉, $\lim\limits_{x\to -2-}f'(x)=\lim\limits_{x\to -2+}f'(x)$에서

> $x=-2$에서의 (좌미분계수)=(우미분계수)여야 해.

$\lim\limits_{x\to -2-}(2x+a)=\lim\limits_{x\to -2+}2$

$-4+a=2$ 　　$\therefore a=6$

(이하 동일)

C 141 정답 2 *미분가능하도록 하는 미정계수의 결정 … [정답률 75%]

정답 공식: 함수 $f(x)$가 $x=k$에서 미분가능하면 $x=k$에서 연속이고 $x=k$에서의 좌미분계수와 우미분계수가 같다.

함수 $f(x)=\begin{cases} ax^2+1 & (x<1) \\ x^4+a & (x\ge 1) \end{cases}$ 이 $x=1$에서 미분가능할 때, 상수 a의 값을 구하시오. (3점)

단서 $x=1$에서 미분가능하려면 함수 $f(x)$가 $x=1$에서 연속이고 $x=1$에서의 좌미분계수와 우미분계수가 같아야 해. 그런데 주어진 함수 $f(x)$는 $x=1$에서 연속이므로 $x=1$에서의 좌미분계수와 우미분계수가 같도록 a의 값을 결정하면 돼.

1st $x=1$에서 미분가능하므로 $x=1$에서 연속이고 $x=1$에서의 좌미분계수와 우미분계수가 같아야겠지?

$f(1)=1+a$이고

$\lim\limits_{x\to 1-}f(x)=\lim\limits_{x\to 1-}(ax^2+1)=a+1$ → $x<1$일 때의 $f(x)$야.

$\lim\limits_{x\to 1+}f(x)=\lim\limits_{x\to 1+}(x^4+a)=1+a$이므로 → $x\ge 1$일 때의 $f(x)$야.

$f(1)=\lim\limits_{x\to 1}f(x)$가 성립한다.

즉, 함수 $f(x)$는 $x=1$에서 연속이므로 함수 $f(x)$가 $x=1$에서 미분가능하려면 $x=1$에서의 좌미분계수와 우미분계수가 같기만 하면 된다.

$\lim\limits_{x\to 1-}\dfrac{f(x)-f(1)}{x-1}=\lim\limits_{x\to 1-}\dfrac{ax^2+1-(1+a)}{x-1}=\lim\limits_{x\to 1-}\dfrac{ax^2-a}{x-1}$

$=\lim\limits_{x\to 1-}\dfrac{a(x+1)(x-1)}{x-1}$

$=\lim\limits_{x\to 1-}a(x+1)=2a$

$\lim\limits_{x\to 1+}\dfrac{f(x)-f(1)}{x-1}=\lim\limits_{x\to 1+}\dfrac{x^4+a-(1+a)}{x-1}$

$=\lim\limits_{x\to 1+}\dfrac{(x^2+1)(x+1)(x-1)}{x-1}$

$=\lim\limits_{x\to 1+}(x^2+1)(x+1)=4$

[미분계수의 정의]
$f'(a)$
$=\lim\limits_{x\to a}\dfrac{f(x)-f(a)}{x-a}$
$=\lim\limits_{h\to 0}\dfrac{f(a+h)-f(a)}{h}$

따라서 $\lim\limits_{x\to 1-}\dfrac{f(x)-f(1)}{x-1}=\lim\limits_{x\to 1+}\dfrac{f(x)-f(1)}{x-1}$이어야 하므로

$2a=4$ 　　$\therefore a=2$

🔍 **쉬운 풀이:** 범위에 따른 함수 $f'(x)$를 직접 구한 뒤 극한값을 이용하기

$f(x)=\begin{cases} ax^2+1 & (x<1) \\ x^4+a & (x\ge 1) \end{cases}$에서 $f'(x)=\begin{cases} 2ax & (x<1) \\ 4x^3 & (x>1) \end{cases}$이므로

$x=1$에서 미분가능하려면 $\lim\limits_{x\to 1-}f'(x)=\lim\limits_{x\to 1+}f'(x)$가 성립해야 해.

즉, $\lim\limits_{x\to 1-}f'(x)=\lim\limits_{x\to 1-}2ax=2a$, $\lim\limits_{x\to 1+}f'(x)=\lim\limits_{x\to 1+}4x^3=4$이므로

$2a=4$ 　　$\therefore a=2$

C 142 정답 ② *미분가능하도록 하는 미정계수의 결정 … [정답률 79%]

정답 공식: 함수 $f(x)$가 $x=k$에서 미분가능하면 $x=k$에서 연속이고 $x=k$에서의 좌미분계수와 우미분계수가 같다.

미분가능한 함수 **단서1** $x=0$에서 연속이고 미분계수가 존재해야 해.

$f(x)=\begin{cases} -x+1 & (x<0) \\ a(x-1)^2+b & (x\ge 0) \end{cases}$

단서2 $x<0$일 때 직선과 $x\ge 0$일 때의 포물선이 $x=0$에서 뾰족하지 않게 이어져야 해.

에 대하여 $f(1)$의 값은? (단, a, b는 상수이다.) (3점)

① $\dfrac{1}{4}$ 　　② $\dfrac{1}{2}$ 　　③ 1 　　④ $\dfrac{3}{2}$ 　　⑤ 2

1st $f(x)$가 미분가능한 함수이므로 함수 $f(x)$는 $x=0$에서 연속이지?

함수 $f(x)$가 미분가능한 함수이므로 함수 $f(x)$는 연속함수이다.

즉, 함수 $f(x)$는 $x=0$에서 연속이어야 하므로

$$\lim_{x\to 0-}(-x+1)=\lim_{x\to 0+}\{a(x-1)^2+b\}=f(0) \qquad \therefore a+b=1 \cdots \text{㉠}$$

2nd 함수 $f(x)$가 $x=0$에서 미분가능하므로 $x=0$에서 미분계수의 정의를 이용해.

$f(x)$는 $x=0$에서 미분가능하므로 미분계수가 존재해야 한다.

$$f'(x)=\begin{cases} -1 & (x<0) \\ 2a(x-1) & (x>0) \end{cases}$$
$x=0$에서의 좌미분계수와 우미분계수가 같아야 해.

$$\lim_{x\to 0-}f'(x)=\lim_{x\to 0+}f'(x)$$이므로

$$-1=-2a \qquad \therefore a=\frac{1}{2} \cdots \text{㉡}$$

㉡을 ㉠에 대입하면 $b=\frac{1}{2}$이므로

$$f(x)=\begin{cases} -x+1 & (x<0) \\ \dfrac{1}{2}(x-1)^2+\dfrac{1}{2} & (x\ge 0) \end{cases}$$

$$\therefore f(1)=\frac{1}{2}(1-1)^2+\frac{1}{2}=\frac{1}{2}$$

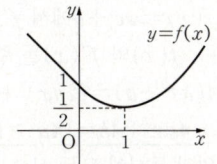

수능 핵강

* 미분가능성과 함수의 기하학적 의미 연결하기

구간별로 나누어진 함수의 기하학적 의미를 살펴보자.

함수 $f(x)$가 $f(x)=\begin{cases} f_1(x) & (x<a) \\ f_2(x) & (x\ge a) \end{cases}$ 일 때 $x=a$에서 $y=f_1(x)$의

<u>그래프와 $y=f_2(x)$의 그래프가 뾰족하지 않게 이어져야 해.</u> 위의 그래프를 보면 $x=0$에서 직선 $y=-x+1$과 포물선 $y=\frac{1}{2}(x-1)^2+\frac{1}{2}$이 뾰족하지 않게 이어져 있으니까 $x=0$에서 미분가능한 거야.

C 143 정답 36　*미분가능하도록 하는 미정계수의 결정 ‥ [정답률 79%]

> **정답 공식**: 함수 $f(x)$가 $x=k$에서 미분가능하면 $x=k$에서 연속이고 $x=k$에서의 좌미분계수와 우미분계수가 같다.

함수 $f(x)=\begin{cases} x^2 & (x\le 3) \\ -\dfrac{1}{2}(x-a)^2+b & (x>3) \end{cases}$ 가 모든 실수에서 미분가능할 때, $a+b$의 값을 구하시오. (3점)

단서 $x=3$에서 미분가능한지 확인하면 돼.

1st 주어진 구간에서 미분가능하면 이 구간에서 연속임을 이용하자.

함수 $f(x)=\begin{cases} x^2 & (x\le 3) \\ -\dfrac{1}{2}(x-a)^2+b & (x>3) \end{cases}$ 가 모든

함정 미분가능한 함수는 연속이지만 연속함수가 모두 미분가능하지는 않아.

실수에서 미분가능하므로 함수 $f(x)$는 $x=3$에서 연속이다.

즉, $\displaystyle\lim_{x\to 3-}f(x)=\lim_{x\to 3+}f(x)=f(3)$이므로

모든 실수에서 미분가능한 함수 $f(x)$의 그래프는 그림처럼 그려져야 해.

$$\lim_{x\to 3-}x^2=\lim_{x\to 3+}\left\{-\frac{1}{2}(x-a)^2+b\right\}=3^2$$이므로

$$-\frac{1}{2}(3-a)^2+b=9 \qquad \therefore (3-a)^2-2b=-18 \cdots \text{㉠}$$

2nd 미분가능하므로 좌미분계수와 우미분계수가 같지?

함수 $f(x)$의 도함수를 구하면 $f'(x)=\begin{cases} 2x & (x<3) \\ -x+a & (x>3) \end{cases}$ 이고 $x=3$에서 미분가능하므로

$f(x)=-\dfrac{1}{2}(x-a)^2+b=-\dfrac{1}{2}x^2+ax-\dfrac{1}{2}a^2+b$ 에서 $f'(x)=-\dfrac{1}{2}\cdot 2x+a=-x+a$

$$\lim_{x\to 3-}f'(x)=\lim_{x\to 3+}f'(x), \ 즉 \ 6=-3+a$$

$$\therefore a=9 \cdots \text{㉡}$$

㉡을 ㉠에 대입하면

$$6^2-2b=-18 \qquad \therefore b=27$$

$$\therefore a+b=9+27=36$$

C 144 정답 ②　*미분가능하도록 하는 미정계수의 결정　[정답률 62%]

> **정답 공식**: 함수 $f(x)$가 $x=k$에서 미분가능하면 $x=k$에서 연속이고 $x=k$에서의 좌미분계수와 우미분계수가 같다.

함수 $f(x)=\begin{cases} x^3+ax^2+bx & (x\ge 1) \\ 2x^2+1 & (x<1) \end{cases}$ 이 모든 실수 x에서 미분가능

하도록 상수 a, b를 정할 때, ab의 값은? (3점)

단서 함수 $f(x)$가 $x=1$을 기준으로 함수식이 바뀌고 $x\ge 1$, $x<1$에서 모두 다항함수이므로 함수 $f(x)$는 $x=1$을 제외한 모든 실수에서 미분가능해. 즉, 함수 $f(x)$가 $x=1$에서만 미분가능하면 함수 $f(x)$는 모든 실수 x에서 미분가능하겠지?

① -5　②-3　③ -1　④ 0　⑤ 1

1st $f(x)$가 $x=1$에서 미분가능하려면 먼저 $f(x)$는 $x=1$에서 연속이어야 해.

함수 $f(x)$가 $x=1$을 제외한 모든 실수에서 연속이므로 함수 $f(x)$가

함수 $f(x)$는 $x\ne 1$인 범위에서는 다항함수이므로 $x=1$을 제외한 모든 실수에서는 미분가능해. 즉, $x=1$을 제외한 모든 실수에서 연속이야.

$x=1$에서 연속이 되어야 한다.

즉, $\displaystyle\lim_{x\to 1+}f(x)=\lim_{x\to 1-}f(x)=f(1)$에서

$$1+a+b=3 \qquad \therefore a+b=2 \cdots \text{㉠}$$

2nd 이번에는 $x=1$에서의 미분계수가 존재하도록 해 보자.

또, $x=1$에서 미분계수가 존재해야 하므로

$$\lim_{x\to 1+}\frac{f(x)-f(1)}{x-1}=\lim_{x\to 1+}\frac{x^3+ax^2+bx-(1+a+b)}{x-1}$$
<u>$x=1$에서의 우미분계수</u>

$$=\lim_{x\to 1+}\frac{x^3+ax^2+(2-a)x-3}{x-1} \ (\because \text{㉠})$$

$$=\lim_{x\to 1+}\frac{(x-1)\{x^2+(a+1)x+3\}}{x-1}$$

$$=\lim_{x\to 1+}\{x^2+(a+1)x+3\}=a+5$$

$$\lim_{x\to 1-}\frac{f(x)-f(1)}{x-1}=\lim_{x\to 1-}\frac{2x^2+1-3}{x-1}=\lim_{x\to 1-}\frac{2(x+1)(x-1)}{x-1}$$
<u>$x=1$에서의 좌미분계수</u>

$$=\lim_{x\to 1-}2(x+1)=4$$

즉, $x=1$에서 미분계수가 존재하려면

$$\lim_{x\to 1+}\frac{f(x)-f(1)}{x-1}=\lim_{x\to 1-}\frac{f(x)-f(1)}{x-1}$$이어야 하므로

$$a+5=4 \qquad \therefore a=-1 \cdots \text{㉡}$$

㉠, ㉡에서 $b=3$

$$\therefore ab=-1\cdot 3=-3$$

🔧 톡톡 풀이: 범위에 따른 함수 $f'(x)$를 직접 구한 뒤 미분가능성 이용하기

$f(x)=\begin{cases} x^3+ax^2+bx & (x\ge 1) \\ 2x^2+1 & (x<1) \end{cases}$ 이 모든 실수 x에서 미분가능하려면

$x=1$에서 미분가능해야 해.

이때, $g(x)=x^3+ax^2+bx$, $h(x)=2x^2+1$이라 하면

$g(1)=h(1)$이어야 하므로

$$1+a+b=3 \qquad \therefore a+b=2 \cdots \text{㉠}$$

또, $g'(x)=3x^2+2ax+b$, $h'(x)=4x$이고,
$g'(1)=h'(1)$이어야 하므로
$3+2a+b=4$　∴ $2a+b=1 \cdots$ ㉡
㉠, ㉡을 연립하면 $a=-1$, $b=3$
∴ $ab=-3$

[수능 핵강]

* 함수의 미분가능성과 연속성의 관계를 벤다이어그램으로 알아보기

함수의 미분가능, 연속을 생각했을 때, 포함 관계를 나타내면 이해가 쉽겠지?

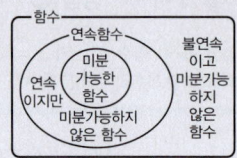

C 145 정답 ③　* $f(x)$와 $f'(x)$의 관계식이 주어진 경우 ·· [정답률 80%]

(**정답 공식:** 다항함수 $f(x)$의 차수가 n이면 $f'(x)$는 $(n-1)$차식이다.)

최고차항의 계수가 1인 다항함수 $f(x)$가 모든 실수 x에 대하여
$$xf'(x)-3f(x)=2x^2-8x$$
를 만족시킬 때, $f(1)$의 값은? (4점)

[단서] 다항함수 $f(x)$의 차수가 n이면 $f'(x)$는 $(n-1)$차식이지? 주어진 등식이 x에 대한 항등식이므로 이를 이용하여 $f(x)$의 차수 n을 구해야 해.

① 1　② 2　③ 3　④ 4　⑤ 5

1st 다항함수 $f(x)$의 차수를 구해.
다항함수 $f(x)$의 차수를 n이라 하자.

[함정] 다항함수 $f(x)$와 그 도함수 $f'(x)$ 사이의 관계식이 주어지면 $f(x)$의 차수를 먼저 구하는 게 순서야.

(i) $n \le 1$일 때,
주어진 등식에서 좌변의 차수는 1 이하이고, 우변의 차수는 2이므로 등식이 성립하지 않는다.

(ii) $n=2$일 때,
└→ 좌변과 우변의 차수가 다르므로 등식이 성립하지 않아.
$f(x)=x^2+\cdots$이면 $f'(x)=2x+\cdots$이므로
$xf'(x)=2x^2+\cdots$이다.

$\begin{aligned}(2x^2+\cdots)-3(x^2+\cdots)\\=-x^2+\cdots\end{aligned}$

즉, 주어진 등식에서 좌변의 이차항의 계수는 -1이고, 우변의 이차항의 계수는 2이므로 등식이 성립하지 않는다.

(iii) $n \ge 3$일 때,
좌변과 우변의 차수는 같지만 최고차항의 계수가 다르므로 등식이 성립하지 않아.
$f(x)=x^n+\cdots$이면 $f'(x)=nx^{n-1}+\cdots$이므로
$xf'(x)=nx^n+\cdots$이다.

$\begin{aligned}(nx^n+\cdots)-3(x^n+\cdots)\\=(n-3)x^n+\cdots\end{aligned}$

즉, 주어진 등식에서 좌변의 n차항의 계수가 $n-3$이고, 우변의 차수는 2이므로 등식이 성립하기 위해서는 $n-3=0$에서 $n=3$이어야 한다.

$n \ge 4$이면 좌변 $xf'(x)-3f(x)$의 최고차항인 $(n-3)x^n$의 계수가 0이 아니므로 좌변과 우변의 차수가 다르게 되어 등식이 성립하지 않게 돼.

(i)~(iii)에 의해 $f(x)$는 삼차함수임을 알 수 있다.

2nd 삼차함수 $f(x)$를 구하자.
주어진 등식의 양변에 $x=0$을 대입하면 $f(0)=0$이므로 최고차항의 계수가 1인 삼차함수 $f(x)$는
$f(x)=x^3+ax^2+bx$ (a, b는 상수)라 놓을 수 있다.
이때, $f'(x)=3x^2+2ax+b$이므로
$\begin{aligned}xf'(x)-3f(x)&=x(3x^2+2ax+b)-3(x^3+ax^2+bx)\\&=-ax^2-2bx=2x^2-8x\end{aligned}$
즉, 주어진 등식이 모든 실수 x에 대하여 성립하므로
$-a=2$, $-2b=-8$에서 $a=-2$, $b=4$이다.
따라서 $f(x)=x^3-2x^2+4x$이므로 $f(1)=1-2+4=3$

C 146 정답 ①　* $f(x)$와 $f'(x)$의 관계식이 주어진 경우 ·· [정답률 82%]

(**정답 공식:** $f'(x)$를 구해서 대입하고, x에 대한 항등식을 이용해 양변의 계수를 비교해 $f(x)$를 구한다.)

[단서1] 모든 실수 x에 대하여 식이 성립하므로 항등식의 성질을 생각해.
함수 $f(x)=ax^2+b$가 모든 실수 x에 대하여
$$4f(x)=\{f'(x)\}^2+x^2+4$$ **[단서2]** 도함수 $f'(x)$를 구하여 대입해봐.
를 만족시킨다. $f(2)$의 값은? (단, a, b는 상수이다.) (4점)

① 3　② 4　③ 5
④ 6　⑤ 7

1st 도함수 $f'(x)$를 구하여 식에 대입하고, 항등식의 성질을 이용해.
$f(x)=ax^2+b$에서 $f'(x)=2ax$
즉, $f(x)$와 $f'(x)$를 주어진 등식에 대입하면
$4(ax^2+b)=(2ax)^2+x^2+4$
∴ $4ax^2+4b=(4a^2+1)x^2+4$

└→ 모든 실수 x에 대하여 성립하는 식이므로 항등식이야. 계수비교법으로 두 상수 a, b의 값을 구할 수 있어.

위의 등식이 모든 실수 x에 대하여 성립하므로 항등식의 성질에 의해
$4a=4a^2+1$, $4b=4$이다.
$4a=4a^2+1$에서 $4a^2-4a+1=0$
$(2a-1)^2=0$　∴ $a=\dfrac{1}{2}$
$4b=4$에서 $b=1$

2nd $f(2)$의 값을 구하자.
따라서 $f(x)=\dfrac{1}{2}x^2+1$이므로
$f(2)=\dfrac{1}{2}\times 4+1=3$

C 147 정답 16　* $f(x)$와 $f'(x)$의 관계식이 주어진 경우 ·· [정답률 43%]

(**정답 공식:** $f(x)$가 n차식이면 $f'(x)$는 $(n-1)$차식이다. 두 식을 곱한 식이 삼차식이 되려면 $f(x)$는 이차식이다.)

최고차항의 계수가 1인 다항함수 $f(x)$가
$$f(x)f'(x)=2x^3-9x^2+5x+6$$
을 만족할 때, $f(-3)$의 값을 구하시오. (3점)

[단서] $f(x)f'(x)$의 최고차항이 3차이려면 $f(x)$가 몇 차 함수이어야 할까? $f'(x)$는 $f(x)$보다 차수가 1만큼 작음을 이용해.

1st 다항함수 $f(x)$가 n차 함수이면 $f'(x)$는 $(n-1)$차겠지?
함수 $f(x)$를 n차인 다항함수라 하면 $f'(x)$는 $(n-1)$차 다항함수이다.
$f(x)f'(x)=2x^3-9x^2+5x+6$의 차수가 3차이므로
$n+(n-1)=3$　∴ $n=2$　$x^n \times x^{n-1}=x^{2n-1}$
즉, 함수 $f(x)$는 이차함수이고, 최고차항의 계수가 1이므로
$f(x)=x^2+bx+c$ (b, c는 상수)라 놓으면 $f'(x)=2x+b$이다.

2nd x에 대한 항등식은 같은 차수끼리의 계수가 같아.
$\begin{aligned}f(x)f'(x)&=(x^2+bx+c)(2x+b)\\&=2x^3+3bx^2+(b^2+2c)x+bc\\&=2x^3-9x^2+5x+6\end{aligned}$
위 식은 모든 실수 x에 대하여 성립하므로 계수를 비교하면
$3b=-9$, $b^2+2c=5$, $bc=6$
∴ $b=-3$, $c=-2$　└→ $bc=6$에 $b=-3$을 대입해서 구하면 돼.
따라서 $f(x)=x^2-3x-2$이므로
$f(-3)=9+9-2=16$

C **148** 정답 ⑤ *$f(x)$와 $f'(x)$의 관계식이 주어진 경우 … [정답률 43%]

> **정답 공식:** 수열 a_n이 등차수열이 되기 위해서는 일반항이 n에 대한 일차식의 꼴로 표현되어야 한다.

> **단서 1** 등차수열은 n에 대한 일차 이하의 식이야.
> 등차수열 $\{x_n\}$과 이차함수 $f(x)=ax^2+bx+c$에 대하여 [보기]에 **단서 2** $f'(x)$는 일차함수겠지.
> 서 옳은 것을 모두 고른 것은? (3점)
>
> **[보기]**
> ㄱ. 수열 $\{f'(x_n)\}$은 등차수열이다.
> **단서 3** 일차식을 일차함수 식에 대입하면 몇 차식이 될까?
> ㄴ. 수열 $\{f(x_{n+1})-f(x_n)\}$은 등차수열이다.
> ㄷ. $f(0)=3$, $f(2)=5$, $f(4)=9$이면 $f(6)=15$이다.
>
> ① ㄱ　　　② ㄴ　　　③ ㄱ, ㄷ　　　④ ㄴ, ㄷ　　⑤ ㄱ, ㄴ, ㄷ

1st 수열 $\{x_n\}$이 등차수열이려면 일반항 x_n이 n에 대한 일차 이하의 다항식의 꼴이 되어야 해.

등차수열 $\{x_n\}$의 일반항을 $x_n=pn+q$ (p, q는 실수) … ㉠라 하자.

ㄱ. $f(x)=ax^2+bx+c$에서 $f'(x)=2ax+b$이므로
$f'(x_n)=2ax_n+b=2apn+2aq+b$ (∵ ㉠) → $f(x)$가 이차함수이므로 $f'(x)$는 일차함수야.
이때, $2ap$와 $2aq+b$는 실수이므로 $f'(x_n)$은 n에 대한 일차 이하의 다항식의 꼴이다.
즉, 수열 $\{f'(x_n)\}$은 등차수열이다. (참)

ㄴ. $f(x)=ax^2+bx+c$, $x_{n+1}=p(n+1)+q$, $x_n=pn+q$이므로
$f(x_{n+1})-f(x_n)=(ax_{n+1}^2+bx_{n+1}+c)-(ax_n^2+bx_n+c)$
다 계산할 필요 없어. $=a\{p(n+1)+q\}^2+b\{p(n+1)+q\}+c$
n의 이차항만 가지고 생각해 봐. $\quad-a(pn+q)^2-b(pn+q)-c$
$a(pn)^2-a(pn)^2$
이 되어 이차항이 소거되니까 $=2ap^2n+ap^2+2apq+bp$
결국 n에 대한 일차식이 되지.
즉, $f(x_{n+1})-f(x_n)=(n$에 대한 일차 이하의 다항식)이므로
수열 $\{f(x_{n+1})-f(x_n)\}$은 등차수열이다. (참)

ㄷ. 정의역 0, 2, 4, 6은 공차가 2인 등차수열이므로 ㄴ에 의해
$f(2)-f(0)$, $f(4)-f(2)$, $f(6)-f(4)$가 등차수열을 이루게 된다.
ㄴ에서 수열 $\{f(x_{n+1})-f(x_n)\}$이 등차수열이라 했으므로 $x_n=2n-2$라고 생각하면 돼.
$f(0)=3$, $f(2)=5$, $f(4)=9$에서
$f(2)-f(0)=2$, $f(4)-f(2)=4$, …이므로
$f(2n)-f(2n-2)=2+2(n-1)=2n$
즉, $f(6)-f(4)=6$이므로
$f(6)=f(4)+6=9+6=15$ (참)

따라서 옳은 것은 ㄱ, ㄴ, ㄷ이다.

C **149** 정답 ③ *다항식의 나눗셈에서 미분의 활용 … [정답률 81%]

> **정답 공식:** 다항식 $f(x)$가 $g(x)$로 나누어떨어지고, 나누었을 때의 몫이 $Q(x)$이면 $f(x)=g(x)Q(x)$이다.

> 다항식 x^3-3x^2+a가 $(x-b)^2$으로 나누어떨어질 때, 0이 아닌 상수 a, b에 대하여 ab의 값은? (3점) **단서** 몫을 $Q(x)$라 하고 다항식 x^3-3x^2+a를 $Q(x)$를 이용하여 나타내.
>
> ① 6　　　② 7　　　③ 8
> ④ 9　　　⑤ 10

1st 다항식의 나눗셈과 주어진 조건을 이용하여 x에 대한 항등식을 만들어.

다항식 x^3-3x^2+a가 $(x-b)^2$으로 나누어떨어지므로 몫을 $Q(x)$라 하면 $x^3-3x^2+a=(x-b)^2Q(x)$ … ㉠

2nd 미분을 이용하여 상수 a, b의 값을 각각 구하자.

㉠의 양변에 $x=b$를 대입하면 $b^3-3b^2+a=0$ … ㉡

㉠의 양변을 x에 대하여 미분하면
미분가능한 함수 $f(x)$에 대하여 함수 $y=\{f(x)\}^n$의 도함수는 $y'=n\{f(x)\}^{n-1}f'(x)$
$3x^2-6x=2(x-b)Q(x)+(x-b)^2Q'(x)$
미분가능한 두 함수 $f(x)$, $g(x)$에 대하여 $\{f(x)g(x)\}'=f'(x)g(x)+f(x)g'(x)$
양변에 $x=b$를 대입하면 $3b^2-6b=0$에서 $3b(b-2)=0$
∴ $b=2$ (∵ $b\neq0$)
$b=2$를 ㉡에 대입하면 $2^3-3\times2^2+a=0$ ∴ $a=4$
∴ $ab=8$

C **150** 정답 ⑤ *다항식의 나눗셈에서 미분의 활용 … [정답률 75%]

> **정답 공식:** 다항식 $f(x)$를 $g(x)$로 나누었을 때의 몫이 $Q(x)$이고 나머지가 $R(x)$이면 $f(x)=g(x)Q(x)+R(x)$이다.

> 다항식 $x^{10}+5x^3+1$을 $(x+1)^2$으로 나누었을 때의 나머지를 $R(x)$라 할 때, $R(2)$의 값은? (3점) **단서** 다항식 $x^{10}+5x^3+1$을 몫과 나머지를 이용하여 나타낸 후 $R(-1)$, $R'(-1)$의 값을 이용하여 $R(x)$를 구해야 해.
>
> ① 4　　　　② 6　　　　③ 8
> ④ 10　　　⑤ 12

1st 다항식의 나눗셈과 주어진 조건을 이용하여 x에 대한 항등식을 만들어.

$x^{10}+5x^3+1$을 $(x+1)^2$으로 나누었을 때의 몫을 $Q(x)$라 하면 나머지가 $R(x)$이므로
$x^{10}+5x^3+1=(x+1)^2Q(x)+R(x)$ … ㉠

2nd 미분을 이용하여 $R(-1)$, $R'(-1)$의 값을 각각 구하자.

㉠의 양변에 $x=-1$을 대입하면 $R(-1)=-3$ … ㉡

㉠의 양변을 x에 대하여 미분하면
$10x^9+15x^2=2(x+1)Q(x)+(x+1)^2Q'(x)+R'(x)$이고
양변에 $x=-1$을 대입하면 $R'(-1)=5$ … ㉢

3rd $R(x)$를 구하자.

이때, 다항식 $x^{10}+5x^3+1$을 이차식 $(x+1)^2$으로 나눈 나머지 $R(x)$는 일차 이하의 식이므로 $R(x)=ax+b$ (a, b는 상수)라 하면 $R'(x)=a$
이차식 $(x+1)^2$으로 나눈 나머지는 이차식보다 낮은 차수의 식이어야 하므로 $R(x)=ax+b$로 표현할 수 있어.
즉, ㉢에 의하여 $a=5$이고 ㉡에 의하여
$-a+b=-5+b=-3$ ∴ $b=2$
따라서 $R(x)=5x+2$이므로
$R(2)=5\times2+2=12$

C **151** 정답 ⑤ *다항식의 나눗셈에서 미분의 활용 … [정답률 70%]

> **정답 공식:** $x\to a$일 때, 극한값이 존재하고 (분모) $\to 0$이면 (분자) $\to 0$이어야 한다. 또한, 다항식 $f(x)$를 다항식 $P(x)$로 나눈 몫을 $Q(x)$, 나머지를 $R(x)$라 하면 $f(x)=P(x)Q(x)+R(x)$이다.

> 다항함수 $f(x)$에 대하여 $\displaystyle\lim_{x\to-1}\frac{f(x)-3}{x+1}=2$일 때, 다항식 $f(x)$를 **단서 1** $x\to-1$일 때, 극한값이 존재하고 (분모) $\to0$이므로 (분자) $\to0$이어야 해.
> $(x+1)^2$으로 나눈 나머지를 $R(x)$라 하자. $R(2)$의 값은? (3점) **단서 2** $f(x)=(x+1)^2Q(x)+R(x)$라 놓을 수 있어.
>
> ① 5　　　　② 6　　　　③ 7
> ④ 8　　　　⑤ 9

1st 주어진 극한식을 이용하여 $f(-1)$, $f'(-1)$의 값을 구하자.

$\lim\limits_{x\to-1}\dfrac{f(x)-3}{x+1}=2$에서 $x\longrightarrow -1$일 때, 극한값이 2로 존재하고

$\lim\limits_{x\to-1}(x+1)=0$이므로 $\lim\limits_{x\to-1}\{f(x)-3\}=0$이어야 한다.

$\therefore f(-1)=3$

즉, $\lim\limits_{x\to-1}\dfrac{f(x)-3}{x+1}=\lim\limits_{x\to-1}\dfrac{f(x)-f(-1)}{x-(-1)}=f'(-1)$

이므로 $f'(-1)=2$이다. 미분가능한 함수 $f(x)$에 대하여 $\lim\limits_{x\to a}\dfrac{f(x)-f(a)}{x-a}=f'(a)$

2nd $f(x)$를 $(x+1)^2$으로 나눈 나머지 $R(x)$의 식을 구하자.

한편, 다항식 $f(x)$를 $(x+1)^2$으로 나누었을 때의 몫을 $Q(x)$라 하자.

이때, 나머지 $R(x)$는 일차 이하의 다항식이므로

$R(x)=ax+b$ $(a,\ b$는 상수$)$라 놓으면 다항식의 나눗셈에서 나머지는 나누는 식보다 차수가 작아야 하지? 즉, 나누는 식이 이차식인 $(x+1)^2$이므로 나머지는 일차 이하의 식이야.

$f(x)=(x+1)^2Q(x)+ax+b$

위의 식의 양변에 $x=-1$을 대입하면

$f(-1)=-a+b=3$ … ㉠

또, $f(x)=(x+1)^2Q(x)+ax+b$의 양변을 x에 대해 미분하면

$f'(x)=2(x+1)Q(x)+(x+1)^2Q'(x)+a$

① $\{f(x)g(x)\}'=f'(x)g(x)+f(x)g'(x)$
② 자연수 n에 대하여 $[\{f(x)\}^n]'=n\times\{f(x)\}^{n-1}\times f'(x)$

위의 식의 양변에 $x=-1$을 대입하면 $f'(-1)=a=2$

$a=2$를 ㉠에 대입하면 $-2+b=3$

$\therefore b=5$

따라서 $R(x)=2x+5$이므로

$R(2)=4+5=9$

C 152 정답 ② *미분을 이용한 함수의 결정 ……… [정답률 84%]

> **정답 공식:** 두 다항함수 $f(x)$, $g(x)$에 대하여 $\lim\limits_{x\to a}\dfrac{f(x)}{g(x)}=a$($a$는 실수)이고
> $\lim\limits_{x\to a}g(x)=0$이면 $\lim\limits_{x\to a}f(x)=0$이다. 또한, $\lim\limits_{x\to a}\dfrac{f(x)-f(a)}{x-a}=f'(a)$이다.

삼차함수 $f(x)$가

$$\lim\limits_{x\to0}\dfrac{f(x)}{x}=\lim\limits_{x\to1}\dfrac{f(x)}{x-1}=1$$

단서 (분모) $\longrightarrow$ 0일 때, 극한값이 존재하기 위해서는 $\dfrac{0}{0}$ 꼴이어야 함을 이용하여 $f(0)$, $f(1)$의 값을 찾은 후, 주어진 극한식을 미분계수의 정의에 대한 식의 꼴로 나타내봐.

을 만족시킬 때, $f(2)$의 값은? (3점)

① 4 ② 6 ③ 8
④ 10 ⑤ 12

1st 주어진 극한식을 이용해 $x=0$, $x=1$에서의 함수 $f(x)$의 함숫값과 미분계수를 구해.

먼저, $\lim\limits_{x\to0}\dfrac{f(x)}{x}=1$에서 $x\longrightarrow 0$일 때 극한값이 존재하고

(분모) $\longrightarrow$ 0이므로 (분자) $\longrightarrow$ 0이어야 한다.

$\lim\limits_{x\to a}\dfrac{f(x)}{g(x)}=a$($a$는 실수)일 때, $\lim\limits_{x\to a}g(x)=0$이면 $\lim\limits_{x\to a}f(x)=0$이야.

즉, $\lim\limits_{x\to0}f(x)=0$에서 $f(0)=0$ … ㉠이므로

삼차함수 $f(x)$는 모든 실수 x에서 연속이므로 (극한값)=(함숫값)이야.

$$\lim\limits_{x\to0}\dfrac{f(x)}{x}=\lim\limits_{x\to0}\dfrac{f(x)-f(0)}{x-0}=f'(0)=1$$

함정 $f'(a)=\lim\limits_{x\to a}\dfrac{f(x)-f(a)}{x-a}$이므로 $\lim\limits_{x\to0}\dfrac{f(x)}{x}$와 같이 표현된 극한식에서는 미분계수의 정의를 떠올리기 어려울 수 있어. 하지만 $f(0)=0$인 경우는 $\lim\limits_{x\to0}\dfrac{f(x)-0}{x-0}$과 같이 생각하여 미분계수의 정의에 대한 식으로 변형할 수 있지.

또한, $\lim\limits_{x\to1}\dfrac{f(x)}{x-1}=1$에서 $x\longrightarrow 1$일 때 극한값이 존재하고

(분모) $\longrightarrow$ 0이므로 (분자) $\longrightarrow$ 0이어야 한다.

즉, $\lim\limits_{x\to1}f(x)=0$에서 $f(1)=0$ … ㉡이므로

$$\lim\limits_{x\to1}\dfrac{f(x)}{x-1}=\lim\limits_{x\to1}\dfrac{f(x)-f(1)}{x-1}=f'(1)=1$$

2nd 삼차함수 $f(x)$의 식을 구하자.

㉠, ㉡에 의해 삼차함수 $f(x)$를

$f(x)=x(x-1)(ax+b)$ $($단, $a,\ b$는 상수, $a\neq0)$

로 놓을 수 있다. ㉠, ㉡에서 $f(0)=0$, $f(1)=0$이므로 $f(x)$는 x, $x-1$을 인수로 가져. 따라서 최고차항의 계수를 모르는 삼차함수 $f(x)$를 $f(x)=x(x-1)(ax+b)$(단, a,b는 상수, $a\neq0$)로 놓을 수 있는 거야.

이때, $f'(x)=(x-1)(ax+b)+x(ax+b)+ax(x-1)$이고

$f'(0)=1$, $f'(1)=1$이므로

$f'(0)=-b=1$ $\therefore b=-1$

$f'(1)=a+b=1$, $a+(-1)=1$ $\therefore a=2$

따라서 $f(x)=x(x-1)(2x-1)$이므로

$f(2)=2\times1\times3=6$

🔷 **다른 풀이:** 삼차함수 $f(x)=x(x-1)(ax+b)$로 놓고 주어진 극한값을 이용하기

1st 에서 $f(0)=0$, $f(1)=0$이므로 삼차함수 $f(x)$를

$f(x)=x(x-1)(ax+b)$ $($단, $a,\ b$는 상수, $a\neq0)$

로 놓고 주어진 극한식에 대입하자.

$$\begin{aligned}\lim\limits_{x\to0}\dfrac{f(x)}{x}&=\lim\limits_{x\to0}\dfrac{x(x-1)(ax+b)}{x}\\&=\lim\limits_{x\to0}(x-1)(ax+b)\\&=-b=1\end{aligned}$$

$\dfrac{0}{0}$ 꼴의 극한이므로 분모, 분자의 공통인수를 약분한 후 극한값을 계산하면 돼.

$\therefore b=-1$

$$\begin{aligned}\lim\limits_{x\to1}\dfrac{f(x)}{x-1}&=\lim\limits_{x\to1}\dfrac{x(x-1)(ax+b)}{x-1}=\lim\limits_{x\to1}\dfrac{x(x-1)(ax-1)}{x-1}\\&=\lim\limits_{x\to1}x(ax-1)\\&=a-1=1\end{aligned}$$

$\therefore a=2$

따라서 $f(x)=x(x-1)(2x-1)$이므로

$f(2)=2\times1\times3=6$

🔶 **톡톡 풀이:** 이차함수 $f'(x)=ax(x-1)+1$로 놓고, 부정적분을 이용하기

$f(x)$가 삼차함수이므로 $f'(x)$는 이차함수겠지?

그런데 **1st** 에서 $f'(0)=f'(1)=1$이므로

$f'(x)=ax(x-1)+1$ $($단, a는 상수, $a\neq0)$

이라 놓을 수 있어. $f'(0)=1$, $f'(1)=1$에서 $f'(0)-1=0$, $f'(1)-1=0$이므로 함수 $f'(x)-1$은 x, $x-1$을 인수로 가져. 따라서 이차함수 $f'(x)-1$을 $f'(x)-1=ax(x-1)$(단, a는 상수, $a\neq0$)로 놓을 수 있는 거야.

즉, $f'(x)=ax^2-ax+1$이므로

$$\begin{aligned}f(x)&=\int f'(x)dx\\&=\int(ax^2-ax+1)dx\\&=\dfrac{a}{3}x^3-\dfrac{a}{2}x^2+x+C\ (\text{단},\ C\text{는 적분상수})\end{aligned}$$

이때, $f(0)=0$이므로 $C=0$이야. 또한, $f(1)=0$이므로

$\dfrac{a}{3}-\dfrac{a}{2}+1=0$, $-\dfrac{a}{6}=-1$ $\therefore a=6$

따라서 $f(x)=2x^3-3x^2+x$이므로

$f(2)=2\times2^3-3\times2^2+2=16-12+2=6$

C 153 정답 ③ *미분을 이용한 함수의 결정 ······· [정답률 81%]

정답 공식: 최고차항의 계수가 1인 이차함수 $y=f(x)$의 그래프가 x축에 접하면 $f(x)=(x-a)^2(a$는 상수) 꼴이다.

최고차항의 계수가 1인 이차함수 $y=f(x)$의 그래프가 x축에 접한다. 함수 $g(x)=(x-3)f'(x)$에 대하여 곡선 $y=g(x)$가 y축에 대하여 대칭일 때, $f(0)$의 값은? (3점)
> 단서2 곡선 $y=g(x)$가 y축에 대하여 대칭이라는 말은 함수 $g(x)$에서 x의 홀수차수의 항이 없다는 뜻이야.

① 1   ② 4   ③ 9
④ 16   ⑤ 25
> 단서1 이차함수 $y=f(x)$의 그래프가 x축에 접하니까 $f(x)$의 식을 완전제곱 꼴로 나타낼 수 있어.

1st 이차함수 $y=f(x)$의 그래프가 x축에 접함을 이용하여 $f(x)$의 식을 유추하자.

이차함수 $f(x)$는 최고차항의 계수가 1이고 함수 $y=f(x)$의 그래프가 x축에 접하므로 x축과 접하는 점의 x좌표를 a라 하면
$f(x)=(x-a)^2$ (단, a는 상수)라 놓을 수 있다.
이차함수 $y=f(x)$의 그래프가 x축에 접한다.
⇔ 이차함수 $y=f(x)$의 그래프는 x축과 한 점에서 만난다.
⇔ 이차방정식 $f(x)=0$은 중근을 갖는다.
⇔ $f(x)$는 완전제곱 꼴이다.

2nd 함수 $g(x)$의 성질을 이용하여 a의 값을 찾자.
$f(x)=(x-a)^2$에서
$f'(x)=2(x-a)$이므로
$f(x)=(x-a)^n(a$는 상수, n은 2 이상의 자연수)일 때, $f'(x)=n(x-a)^{n-1}$
$g(x)=(x-3)f'(x)$
$\quad=2(x-3)(x-a)$
$\quad=2x^2-2(a+3)x+6a$
이때, 이차함수 $y=g(x)$의 그래프가 y축에 대하여 대칭이므로 x의 계수가 0이다.
곡선 $y=g(x)$가 y축에 대하여 대칭이므로 함수 $g(x)$의 식은 x의 홀수차수의 항이 없어야 해.
따라서 x의 계수가 0이어야 하지.
또 다른 방법으로 생각해보자.
이차함수 $y=g(x)$의 그래프의 축이 y축, 즉 축의 방정식이 $x=0$이어야 하므로 함수 $g(x)$의 식이 $g(x)=px^2+q$ (p, q는 상수, $p\neq0$) 꼴이어야 해. 따라서 x의 계수가 0이어야 하는 거야.
$-2(a+3)=0$ ∴ $a=-3$
따라서 $f(x)=(x+3)^2$이므로
$f(0)=3^2=9$

C 154 정답 ④ *미분을 이용한 함수의 결정 ······· [정답률 80%]

정답 공식: 두 다항함수 $f(x)$, $g(x)$에 대하여 $\lim\limits_{x\to a}\dfrac{f(x)}{g(x)}=a$($a$는 실수)이고 $\lim\limits_{x\to a}g(x)=0$이면 $\lim\limits_{x\to a}f(x)=0$이다.

$f(3)=2$, $f'(3)=1$인 다항함수 $f(x)$와 최고차항의 계수가 1인 이차함수 $g(x)$가
> 단서 (분모)→0일 때 극한값이 존재하면 (분자)→0이어야 함을 이용하여 $g(3)$의 값을 구하고, 주어진 극한식을 미분계수의 정의에 대한 식의 꼴로 나타내어 $g'(3)$의 값을 구해.

$$\lim_{x\to3}\frac{f(x)-g(x)}{x-3}=1$$

을 만족시킬 때, $g(1)$의 값은? (3점)

① 3   ② 4   ③ 5
④ 6   ⑤ 7

1st 주어진 극한식을 이용하여 $g(3)$, $g'(3)$의 값을 구해봐.
$$\lim_{x\to3}\frac{f(x)-g(x)}{x-3}=1$$에서 $x\to3$일 때 (분모)→0이고 극한값이 존재하므로 (분자)→0이어야 한다.
즉, $\lim\limits_{x\to3}\{f(x)-g(x)\}=0$에서 $f(x)$, $g(x)$가 모두 다항함수이므로
$\lim\limits_{x\to3}\{f(x)-g(x)\}=f(3)-g(3)=0$
> 다항함수 $f(x)$, $g(x)$는 모든 실수 x에서 연속이므로 (극한값)=(함숫값)이야.

이때, $f(3)=2$이므로 $g(3)=2$이다. ··· ㉠

$\lim\limits_{x\to3}\dfrac{f(x)-g(x)}{x-3}$

$=\lim\limits_{x\to3}\dfrac{\{f(x)-f(3)\}-\{g(x)-g(3)\}}{x-3}$

$=\lim\limits_{x\to3}\dfrac{f(x)-f(3)}{x-3}-\lim\limits_{x\to3}\dfrac{g(x)-g(3)}{x-3}$

> 두 함수 $f(x)$, $g(x)$에서
> $\lim\limits_{x\to a}f(x)=\alpha$,
> $\lim\limits_{x\to a}g(x)=\beta(\alpha, \beta$는 실수)일 때,
> $\lim\limits_{x\to a}\{f(x)-g(x)\}$
> $=\lim\limits_{x\to a}f(x)-\lim\limits_{x\to a}g(x)=\alpha-\beta$

$=f'(3)-g'(3)=1$
이때, $f'(3)=1$이므로 $g'(3)=0$이다. ··· ㉡

2nd 이차함수 $g(x)$를 구하자.
함수 $g(x)$는 최고차항의 계수가 1인 이차함수이므로
$g(x)=x^2+ax+b(a, b$는 상수)라 하면
$g'(x)=2x+a$
㉠에서 $g(3)=9+3a+b=2$ ∴ $3a+b=-7$ ··· ㉢
㉡에서 $g'(3)=6+a=0$ ∴ $a=-6$
㉢에 $a=-6$을 대입하면 $-18+b=-7$ ∴ $b=11$
따라서 $g(x)=x^2-6x+11$이므로
$g(1)=1-6+11=6$

C 155 정답 ② *미분을 이용한 함수의 결정 ······· [정답률 70%]

정답 공식: 삼차함수 $f(x)$에 대하여 $f(\alpha)=k$, $f(\beta)=k$, $f(\gamma)=k$이면 $f(x)=(x-\alpha)(x-\beta)(x-\gamma)+k$라 할 수 있다.

최고차항의 계수가 1인 삼차함수 $f(x)$가 다음 조건을 만족시킨다.
> 단서1 삼차함수 $f(x)$에 대하여 $f(\alpha)=9$, $f(\beta)=9$, $f(\gamma)=9$이면 $f(x)=(x-\alpha)(x-\beta)(x-\gamma)+9$라 할 수 있어.

방정식 $f(x)=9$는 서로 다른 세 실근을 갖고, 이 세 실근은 크기 순서대로 등비수열을 이룬다.
> 단서2 세 실근이 크기 순서대로 등비수열을 이루니까 세 실근을 a, ar, ar^2으로 놓자.

$f(0)=1$, $f'(2)=-2$일 때, $f(3)$의 값은? (4점)

① 6   ② 7   ③ 8
④ 9   ⑤ 10

1st 방정식 $f(x)=9$의 서로 다른 세 실근의 조건을 이용하여 삼차함수 $f(x)$를 유추하자.
방정식 $f(x)=9$의 세 실근이 크기순으로 등비수열을 이루므로 세 실근을 a, ar, ar^2 (a, r는 실수)이라 하면
$f(a)=9$, $f(ar)=9$, $f(ar^2)=9$이므로
$f(x)=(x-a)(x-ar)(x-ar^2)+9$
$\quad=x^3-a(1+r+r^2)x^2+a^2r(1+r+r^2)x-(ar)^3+9$
라 할 수 있다.

2nd $f(0)=1$, $f'(2)=-2$를 이용하여 $f(x)$의 식을 완성해.
이때, $f(0)=1$에서 $f(0)=-(ar)^3+9=1$
$(ar)^3=8$ ∴ $ar=2$ ($\because ar$는 실수)

또한, $f(x)$를 x에 대하여 미분하면

$f'(x)=3x^2-2a(1+r+r^2)x+a^2r(1+r+r^2)$이므로

$f'(2)=-2$에서

$f'(2)=12-4a(1+r+r^2)+a^2r(1+r+r^2)=-2$

이때, $ar=2$이므로

$12-4a(1+r+r^2)+2a(1+r+r^2)=-2$

$2a(1+r+r^2)=14$ $\therefore a(1+r+r^2)=7$

따라서

$f(x)=x^3-a(1+r+r^2)x^2+ar\times a(1+r+r^2)x-(ar)^3+9$

$\quad=x^3-7x^2+14x+1$

이므로

$f(3)=27-63+42+1=7$

> **함정** $ar=2,\ a(1+r+r^2)=7$이므로 두 식을 연립하여 $a,\ r$의 값을 구할 수 있으나 삼차함수 $f(x)$의 식이 $f(x)=x^3-a(1+r+r^2)x^2+a^2r(1+r+r^2)x$ $\quad-(ar)^3+9$ 이므로 두 식을 적절히 대입하면 삼차함수 $f(x)$의 식을 구할 수 있어.

3rd 미분계수의 정의와 곱의 미분법을 이용하여 $f'(1)$의 값을 구하자.

한편, 조건 (가)에서 $h(x)=f(x)g(x)$라 하면

$\displaystyle\lim_{x\to1}\frac{h(x)+4}{x-1}=\lim_{x\to1}\frac{h(x)-(-4)}{x-1}$

$\displaystyle\qquad=\lim_{x\to1}\frac{h(x)-h(1)}{x-1}$

$\displaystyle\qquad=h'(1)\quad{}^{h(1)=f(1)g(1)=(-2)\times2=-4}$

즉, $h'(1)=8$이고 $h'(x)=f'(x)g(x)+f(x)g'(x)$이므로

$f'(1)g(1)+f(1)g'(1)=8$

$2f'(1)+(-2)\times1=8$
$\underset{\substack{g(1)=2\text{이고},\ g'(x)=1\text{에서}\ g'(x)\text{는}\\ \text{상수함수이므로}\ g'(1)=1\text{이야.}}}{}$

$2f'(1)=10$

$\therefore f'(1)=5$

> **실수** 함수의 곱의 미분법은 $\{f(x)g(x)\}'=f'(x)g(x)+f(x)g'(x)$야. $\{f(x)g(x)\}'\neq f'(x)g'(x)$로 실수하지 않아야 해.

C 156 정답 ① *미분을 이용한 함수의 결정 ······· [정답률 62%]

> **정답 공식:** $\displaystyle\lim_{x\to a}\frac{F(x)}{G(x)}$의 값이 존재하고 $\displaystyle\lim_{x\to a}G(x)=0$이면 $\displaystyle\lim_{x\to a}F(x)=0$이다.

$f(1)=-2$인 다항함수 $f(x)$에 대하여 일차함수 $g(x)$가 다음 조건을 만족시킨다.

(가) $\displaystyle\lim_{x\to1}\frac{f(x)g(x)+4}{x-1}=8$

> **단서 1** $x\to1$일 때, 극한값이 존재하고 (분모) $\to0$이므로 (분자) $\to0$이어야 함을 이용하여 함숫값에 대한 힌트를 얻자. 또, 이를 이용하여 주어진 극한식을 변형하면 함수 $f(x)g(x)$의 $x=1$에서의 미분계수에 대한 힌트도 얻을 수 있어.

(나) $g(0)=g'(0)$

> **단서 2** 일차함수 $g(x)=ax+b$ (a,b는 상수, $a\neq0$)에 대하여 $g(0)$은 y절편인 b, $g'(0)$은 기울기인 a를 나타내.

$f'(1)$의 값은? (4점)

① 5 ② 6 ③ 7
④ 8 ⑤ 9

1st 조건 (가)에서 극한의 성질을 이용해 함숫값에 대한 힌트를 얻자.

조건 (가)에서 $\displaystyle\lim_{x\to1}\frac{f(x)g(x)+4}{x-1}$의 극한값이 존재하고 $x\to1$일 때, (분모) $\to0$이므로 (분자) $\to0$이어야 한다.
$\underset{\text{두 함수 }F(x),\,G(x)\text{에 대하여 }\lim_{x\to a}\frac{F(x)}{G(x)}=\alpha\,(\alpha\text{는 상수})\text{이고 }\lim_{x\to a}G(x)=0\text{이면}}{}$
$\lim_{x\to a}F(x)=0$이야.

즉, $\displaystyle\lim_{x\to1}\{f(x)g(x)+4\}=0$이므로

$f(1)g(1)+4=0$ $\therefore f(1)g(1)=-4$

이때, 함수 $f(x)$와 $g(x)$가 $x=1$에서 연속이고, $f(1)=-2$이므로
$f(1)g(1)=-4$에서 $\underset{\text{다항함수 }f(x)\text{와 일차함수 }g(x)\text{는 모든 실수의 집합에서 연속이야.}}{}$

$-2g(1)=-4$ $\therefore g(1)=2\cdots\text{㉠}$

2nd 함수 $g(x)$는 일차함수이므로 $g(x)=ax+b$ (a,b는 상수, $a\neq0$)로 놓자.

$g(x)$는 일차함수이므로 $g(x)=ax+b$ (a,b는 상수, $a\neq0$)라 하면

$g'(x)=a\cdots\text{㉡}$

그런데 조건 (나)에서 $g(0)=g'(0)$이라 했고,

$g(0)=b,\ g'(0)=a$이므로 $b=a\cdots\text{㉢}$이다.

즉, ㉠에서 $a+b=2$이므로 ㉢에 의해

$a+a=2$ $\therefore a=1$

또, ㉢에 의해 $b=1$이고, ㉡에서 $g'(x)=a=1$이다.

C 157 정답 ④ *미분을 이용한 함수의 결정 ······· [정답률 72%]

> **정답 공식:** 극한값이 존재하고 (분모) $\to0$이므로 (분자) $\to0$이다. $f(x)$의 함수식을 만들어 주어진 극한식에 대입해본다.

최고차항의 계수가 1이고 $f(1)=0$인 삼차함수 $f(x)$가

$\displaystyle\lim_{x\to2}\frac{f(x)}{(x-2)\{f'(x)\}^2}=\frac14$

> **단서** $x\to2$일 때 극한값이 존재하고 (분모) $\to0$이므로 $\displaystyle\lim_{x\to2}f(x)=0$, 즉 $f(2)=0$이야. 이를 이용해 삼차함수 $f(x)$식을 세워봐.

을 만족시킬 때, $f(3)$의 값은? (4점)

① 4 ② 6 ③ 8
④ 10 ⑤ 12

1st $\displaystyle\lim_{x\to a}\frac{f(x)}{g(x)}=\alpha$ (단, α는 상수)일 때, $\displaystyle\lim_{x\to a}g(x)=0$이면 $\displaystyle\lim_{x\to a}f(x)=0$이지?

$\displaystyle\lim_{x\to2}\frac{f(x)}{(x-2)\{f'(x)\}^2}=\frac14$에서 극한값이 존재하고 $x\to2$일 때 (분모) $\to0$이므로 (분자) $\to0$이어야 한다.

즉, $\displaystyle\lim_{x\to2}f(x)=0$이고 $f(x)$는 삼차함수이므로 $f(2)=0$이다.
$\underset{f(x)\text{는 삼차함수이므로 연속함수야. 따라서 }\lim_{x\to2}f(x)=0\text{이면 }\lim_{x\to2}f(x)=f(2)=0\text{이 돼.}}{}$

2nd 주어진 조건을 이용하여 삼차함수 $f(x)$의 식을 유추하자.

삼차함수 $f(x)$의 최고차항의 계수가 1이고 $f(1)=0$, $f(2)=0$이므로

$f(x)=(x-1)(x-2)(x-a)$ (단, a는 상수)로 놓을 수 있다.

$f'(x)=(x-2)(x-a)+(x-1)(x-a)+(x-1)(x-2)$이므로
$\underset{\{f(x)g(x)h(x)\}'=f'(x)g(x)h(x)+f(x)g'(x)h(x)+f(x)g(x)h'(x)}{}$

$\displaystyle\lim_{x\to2}\frac{f(x)}{(x-2)\{f'(x)\}^2}$

$\displaystyle=\lim_{x\to2}\frac{(x-1)(x-2)(x-a)}{(x-2)\{f'(x)\}^2}$

$\displaystyle=\lim_{x\to2}\frac{(x-1)(x-a)}{\{f'(x)\}^2}$
$\underset{\substack{x\to2\text{이므로 }x\text{는 }2\text{에 가까워}\\\text{지는 수야. 즉, }x-2\text{는 }0\text{은 아}\\\text{니고 }0\text{에 가까운 수가 되지. 따}\\\text{라서 분모, 분자를 }x-2\text{로 나눌}\\\text{수 있어.}}}{}$

$\displaystyle=\frac{(2-1)\times(2-a)}{\{f'(2)\}^2}$

$\displaystyle=\frac{2-a}{(2-a)^2}=\frac{1}{2-a}\cdots(*)$
$\underset{\{f'(x)\}^2=\{(x-2)(x-a)+(x-1)(x-a)+(x-1)(x-2)\}^2\text{에서}}{}$
$\{f'(2)\}^2=\{(2-2)(2-a)+(2-1)(2-a)+(2-1)(2-2)\}^2=(2-a)^2$

따라서 $\dfrac{1}{2-a}=\dfrac14$에서 $a=-2$이므로

$f(x)=(x-1)(x-2)(x+2)$

$\therefore f(3)=2\times1\times5=10$

＊극한값이 발산하거나 수렴값이 같지 않은지 확인하기

(＊)에서 $a=2$이면

$$f'(x)=(x-2)(x-a)+(x-1)(x-a)+(x-1)(x-2)$$
$$=(x-2)^2+2(x-1)(x-2)=(x-2)(3x-4)$$

에서

$$\lim_{x\to2}\frac{(x-1)(x-2)}{\{f'(x)\}^2}=\lim_{x\to2}\frac{(x-1)(x-2)}{(x-2)^2(3x-4)^2}$$
$$=\lim_{x\to2}\frac{x-1}{(x-2)(3x-4)^2}$$

즉, 이 값은 ∞ 또는 $-\infty$로 발산하므로 $\frac{1}{4}$로 수렴한다는 조건에 맞지 않아.

따라서 $a\neq2$이므로 $\dfrac{2-a}{(2-a)^2}$에서 분모, 분자의 $2-a$를 약분할 수 있어.

C 158 정답 5 ＊미분을 이용한 함수의 결정 ·········[정답률 67%]

【정답 공식: $f(a)=f(2)=f(6)=k$로 두면 방정식 $f(x)-k=0$의 세 근이 a, 2, 6이다.】

최고차항의 계수가 1인 삼차함수 $f(x)$와 실수 a가 다음 조건을 만족시킬 때, $f'(a)$의 값을 구하시오. (4점)

(가) $f(a)=f(2)=f(6)$ 【단서】 $x=a$, $x=2$, $x=6$에서의 함숫값이 같아. 이 값이 0으로 같으면 세 근이 되지만 알 수 없으므로 k라고 해볼까?

(나) $f'(2)=-4$

1st 상수 k에 대하여 $f(a)=f(2)=f(6)=k$로 놓고 $f(x)$를 구해.

조건 (가)에서 $f(a)=f(2)=f(6)=k$로 놓으면

$$f(a)-k=f(2)-k=f(6)-k=0$$

즉, $g(x)=f(x)-k$라 하면

【실수 $f(a)$, $f(2)$, $f(6)$의 값이 같다고 한 것이기 때문에 꼭 $f(a)=f(2)=f(6)=k$로 놓고 풀어야 해! k를 0으로 놓는 실수를 하지 말자.】

$g(a)=g(2)=g(6)=0$이므로

$x-a$, $x-2$, $x-6$은 $g(x)$의 인수가 돼

$$g(x)=(x-a)(x-2)(x-6)$$
$$\therefore f(x)=(x-a)(x-2)(x-6)+k$$

2nd $f(x)$에 대하여 곱의 미분법을 이용하여 $f'(x)$를 구해.

$$f'(x)=(x-2)(x-6)+(x-a)(x-6)+(x-a)(x-2)\cdots\text{㉠}$$

조건 (나)에서 $f'(2)=-4$이므로

[세 함수의 곱의 미분법] $y=fgh$일 때, $y'=f'gh+fg'h+fgh'$

㉠에 $x=2$를 대입하면

$$-4(2-a)=-4\quad\therefore a=1$$

따라서 ㉠에 $x=a$를 대입하면

$$f'(a)=(a-2)(a-6)$$
$$\therefore f'(1)=(-1)\times(-5)=5$$

↳ $a=1$ 대입

＊$f(a)=f(b)=f(c)$의 조건이 주어질 때, 삼차함수 구하기

삼차함수를 이용하여 미분계수를 구하면 되네.

조건 (가)에서 $f(a)=f(2)=f(6)$이므로 $f(a)=f(2)=f(6)=k$로 놓으면 $f(a)-k=f(2)-k=f(6)-k=0$이지. 즉, 삼차방정식 $f(x)-k=0$의 세 근이 a, 2, 6이야. 이때, $f(x)$는 최고차항의 계수가 1인 삼차함수이니까 $f(x)-k=(x-a)(x-2)(x-6)$에서 $f(x)=(x-a)(x-2)(x-6)+k$가 나온 거야. 이제 곱의 미분법을 이용하면 되는데 곱의 미분의 경우 전개하지 않고 쉽게 미분할 수 있으니까 무작정 전개하지 말고, 조건을 충분히 이용하여 빠르게 계산하자.

C 159 정답 32 ＊미분을 이용한 함수의 결정 ·········[정답률 41%]

【정답 공식: 함수 $h(x)=f(x)g(x)$가 실수 전체의 집합에서 미분가능하므로 $x=4$에서도 미분가능하다. 또한, 다항함수 $f(x)$에 대하여 $\lim_{x\to a}\frac{f(x)}{x-a}=\alpha$($\alpha$는 실수)이면 $f(a)=0$이므로 다항식 $f(x)$는 $x-a$를 인수로 갖는다.】

최고차항의 계수가 1인 삼차함수 $f(x)$와 함수

$$g(x)=\begin{cases}\dfrac{1}{x-4}&(x\neq4)\\2&(x=4)\end{cases}$$

【단서1】 삼차함수 $f(x)$는 모든 실수 x에 대하여 미분가능하고, 함수 $g(x)$는 $x=4$를 제외한 모든 실수에서 미분가능해.

에 대하여 $h(x)=f(x)g(x)$라 할 때, 함수 $h(x)$는 실수 전체의 집합에서 미분가능하고 $h'(4)=6$이다. $f(0)$의 값을 구하시오. (4점)

【단서2】 미분계수의 정의에 의해 $h'(4)=\lim_{x\to4}\frac{h(x)-h(4)}{x-4}=\lim_{x\to4}\frac{f(x)g(x)-f(4)g(4)}{x-4}$야. 이때, $h'(4)$의 값이 존재하고 $x\to4$일 때, (분모)$\to0$이므로 (분자)$\to0$이어야 해.

1st 미분계수의 정의를 이용하여 $h'(4)$를 구해.

$$h'(4)=\lim_{x\to4}\frac{h(x)-h(4)}{x-4}$$
$$=\lim_{x\to4}\frac{f(x)g(x)-f(4)g(4)}{x-4}$$
$$=\lim_{x\to4}\frac{f(x)\times\dfrac{1}{x-4}-2f(4)}{x-4}$$
$$=\lim_{x\to4}\frac{f(x)-2(x-4)f(4)}{(x-4)^2}=6\cdots\text{㉠}$$

$x\to4$의 의미는 x가 4와 다른 값을 가지면서 4에 가까워진다는 뜻이야. 즉, $\lim_{x\to4}\frac{f(x)g(x)-f(4)g(4)}{x-4}$에서 $x\neq4$이므로 $g(x)=\frac{1}{x-4}$을 대입하고, $g(4)=2$를 대입해야 해.

이때, 극한값이 존재하고 $\lim_{x\to4}(x-4)^2=0$이므로

$$\lim_{x\to4}\{f(x)-2(x-4)f(4)\}=0$$이어야 한다.

$$\therefore f(4)=0$$

삼차함수 $f(x)$는 모든 실수 x에 대하여 연속이므로 $\lim_{x\to4}f(x)=f(4)$야.
즉, $\lim_{x\to4}\{f(x)-2(x-4)f(4)\}=f(4)=0$이 돼.

2nd $f(x)=(x-4)(x^2+ax+b)$라 두고 $h'(4)=6$이기 위한 a와 b의 값을 구하자.

$f(4)=0$이므로 $f(x)$는 $x-4$를 인수로 갖는다.

즉, 최고차항의 계수가 1인 삼차함수 $f(x)$를

$$f(x)=(x-4)(x^2+ax+b) \text{ (단, } a, b\text{는 상수)라 놓을 수 있다.}$$

이 식을 ㉠에 대입하면

$$\lim_{x\to4}\frac{f(x)-2(x-4)f(4)}{(x-4)^2}$$
$$=\lim_{x\to4}\frac{(x-4)(x^2+ax+b)}{(x-4)^2}\;(\because f(4)=0)$$
$$=\lim_{x\to4}\frac{x^2+ax+b}{x-4}=6\cdots\text{㉡}$$

이때, 극한값이 존재하고 $\lim_{x\to4}(x-4)=0$이므로

$$\lim_{x\to4}(x^2+ax+b)=0$$이어야 한다.

즉, $\lim_{x\to4}(x^2+ax+b)=16+4a+b=0$이므로 $b=-4a-16\cdots\text{㉢}$

㉢을 ㉡에 대입하면

$$\lim_{x\to4}\frac{x^2+ax-4a-16}{x-4}$$
$$=\lim_{x\to4}\frac{x^2-16+a(x-4)}{x-4}=\lim_{x\to4}\frac{(x-4)(x+4)+a(x-4)}{x-4}$$
$$=\lim_{x\to4}\frac{(x-4)(x+4+a)}{x-4}=\lim_{x\to4}(x+4+a)=8+a=6$$

$$\therefore a=-2$$

$a=-2$를 ㉢에 대입하면 $b=-4a-16=8-16=-8$

3rd $f(0)$의 값을 구해.

따라서 $f(x)=(x-4)(x^2-2x-8)$이므로

$f(0)=-4\times(-8)=32$

🔭 쉬운 풀이: $\dfrac{0}{0}$꼴의 극한값이 존재하려면 필요한 인수 알아보기

1st에서 $h'(4)=\lim\limits_{x\to4}\dfrac{f(x)-2(x-4)f(4)}{(x-4)^2}$이고 $f(4)=0$이므로

$h'(4)=\lim\limits_{x\to4}\dfrac{f(x)}{(x-4)^2}$임을 알 수 있지.

이때, $\dfrac{0}{0}$ 꼴의 극한에서 분모에 $(x-4)^2$이 있으므로 극한값이 존재하기

위해서는 삼차함수 $f(x)$가 $(x-4)^2$을 인수로 가져야 해.

즉, $f(x)$의 최고차항의 계수가 1이라 했으니까

$f(x)=(x-4)^2(x+p)$ (단, p는 상수)로 놓을 수 있어.

$h'(4)=\lim\limits_{x\to4}\dfrac{f(x)}{(x-4)^2}=\lim\limits_{x\to4}\dfrac{(x-4)^2(x+p)}{(x-4)^2}$

$\qquad=\lim\limits_{x\to4}(x+p)=4+p=6$

$\therefore p=2$

따라서 $f(x)=(x-4)^2(x+2)$이므로

$f(0)=(-4)^2\times2=32$

✿ 미정계수의 결정　　　　　　　　　　　　개념·공식

두 함수 $f(x)$, $g(x)$에 대하여

① $\lim\limits_{x\to a}\dfrac{f(x)}{g(x)}=\alpha$ (단, α는 상수)일 때, $\lim\limits_{x\to a}g(x)=0$이면 $\lim\limits_{x\to a}f(x)=0$

② $\lim\limits_{x\to a}\dfrac{f(x)}{g(x)}=\alpha$ (단, $\alpha\ne0$인 상수)일 때, $\lim\limits_{x\to a}f(x)=0$이면

　　$\lim\limits_{x\to a}g(x)=0$

💣 1등급 마스터 문제　[4점 + 2등급 대비 + 1등급 대비]

C 160 정답 ③　＊도함수를 이용하여 미분계수 구하기 … [정답률 32%]

정답 공식: 이차함수 $y=f(x)$가 $x=3$에 대하여 대칭이면 꼭짓점의 좌표는 $(3,f(3))$이다.

이차함수 $y=f(x)$의 그래프가 직선 $x=3$에 대하여 대칭일 때, [보기]에서 옳은 것을 모두 고른 것은? (3점)　**단서 1** 꼭짓점의 x좌표가 정해지지?

━━━━━━━━━━━ [보기] ━━━━━━━━━━━

ㄱ. $y=f(x)$에서 x의 값이 -1에서 7까지 변할 때의 평균변화율은 0이다. **단서 2** $\dfrac{-1+7}{2}=3$이므로 두 값은 $x=3$에 대하여 대칭이야.

ㄴ. 두 실수 a, b에 대하여 $a+b=6$이면 $f'(a)+f'(b)=0$이다. **단서 3** $\dfrac{a+b}{2}=3$이므로 $x=a$와 $x=b$는 직선 $x=3$에 대하여 대칭이야.

ㄷ. $\displaystyle\sum_{k=1}^{15}f'(k-3)=0$

━━━━━━━━━━━━━━━━━━━━━━━━━━━

① ㄱ　　② ㄷ　　③ ㄱ, ㄴ　　④ ㄴ, ㄷ　　⑤ ㄱ, ㄴ, ㄷ

1st 주어진 조건을 이용해서 $f(x)$의 함수식을 구해.

이차함수 $y=f(x)$의 그래프가 직선 $x=3$에 대하여 대칭이므로

$f(x)=p(x-3)^2+q\,(p\ne0)$로 놓자.

2nd $f(x)$의 식과 미분을 이용하여 ㄱ~ㄷ의 참·거짓을 알아봐.

ㄱ. $f(-1)=p(-1-3)^2+q=16p+q$,

　　$f(7)=p(7-3)^2+q=16p+q$

　　즉, $f(-1)=f(7)$이므로 x의 값이 -1에서 7까지 변할 때의 평균

　　변화율은 $\dfrac{f(7)-f(-1)}{7-(-1)}=0$이다. (참)　함수 $f(x)$에 대하여 $x=a$에서 $x=b$까지 변할 때의 평균변화율은 $\dfrac{f(b)-f(a)}{b-a}$

ㄴ. $f(x)=p(x-3)^2+q$에서

　　$f'(x)=2p(x-3)$ … ㉠

　　$a+b=6$에서 $b=6-a$이므로

　　$f'(a)=2p(a-3)$　$\dfrac{a+b}{2}=3$이므로 $x=a$와 $x=b$는 직선 $x=3$에 대하여 대칭이야!

　　$f'(b)=f'(6-a)$

　　　　$=-2p(a-3)$

　　$\therefore f'(a)+f'(b)=0$ (참)

　　주의 식을 논리적으로 전개하여 보기의 참과 거짓을 판단할 수도 있지만 이처럼 반례를 하나 찾아서 보기가 거짓임을 쉽고 빠르게 증명할 수 있어.

ㄷ. 【반례】 ㄴ에 의해 $a+b=6$일 때, $f'(a)+f'(b)=0$, $f'(3)=0$이므로

　　$\displaystyle\sum_{k=1}^{15}f'(k-3)$

　　$=f'(-2)+f'(-1)+f'(0)+\cdots+f'(12)$

　　$=\{f'(-2)+f'(8)\}+\{f'(-1)+f'(7)\}$　모두 0이야.

　　$\quad+\{f'(0)+f'(6)\}+\{f'(1)+f'(5)\}+\{f'(2)+f'(4)\}$

　　$\quad+f'(3)+f'(9)+f'(10)+f'(11)+f'(12)$

　　$=f'(9)+f'(10)+f'(11)+f'(12)$

　　$=12p+14p+16p+18p\ (\because ㉠)$

　　$=60p\ne0$ (거짓)

따라서 옳은 것은 ㄱ, ㄴ이다.

🔭 쉬운 풀이: 그래프를 그려서 ㄱ, ㄴ의 참·거짓 판단하기

그래프를 그려서 이해해 보자.

ㄱ. 이차함수 $y=f(x)$의 그래프는 직선 $x=3$에 대하여 대칭이므로 $f(-1)=f(7)$이야.

　　$\therefore$ (평균변화율)$=\dfrac{\Delta y}{\Delta x}=0$ (참)

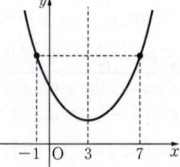

ㄴ. $\dfrac{a+b}{2}=3$이므로 $x=a$에서의 접선과 $x=b$에서의 접선은 $x=3$에 대하여 대칭이야.

따라서 접선의 기울기는 부호가 다르고 절댓값이 같아.

　　$\therefore f'(a)+f'(b)=0$ (참)

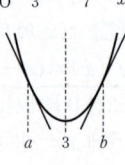

> **정답 공식:** 함수 $f(x)$가 $x=a$에서 연속이려면
> $f(a)=\lim\limits_{x\to a-}f(x)=\lim\limits_{x\to a+}f(x)$를 만족시켜야 한다.
> 미분가능한 함수 $f(x)$에 대하여 $f'(a)=\lim\limits_{x\to a}\dfrac{f(x)-f(a)}{x-a}$이다.

두 상수 a, $k\,(k>0)$과 함수 $f(x)=x(x-1)^2(x-2)$에 대하여
함수 $g(x)$는

> **단서1** 사차함수 $y=f(x)$의 그래프의 개형을 그려봐.

$$g(x)=f(x-a)$$

> **단서2** 함수 $y=g(x)$의 그래프는 함수 $y=f(x)$의 그래프를 x축의 방향으로 a만큼 평행이동한 것이야.

이고 다음 조건을 만족시키는 함수 $h(x)$가 존재할 때,
$a+20k^2$의 값을 구하시오. (4점)

> **단서3** 함수 $h(x)$는 실수 전체의 집합에서 연속이므로
> $x=k$ 또는 $x=-k$에서도 연속이야.

> (가) 함수 $h(x)$는 실수 전체의 집합에서 연속이다.
> (나) 모든 실수 x에 대하여
> $$\left(|x|-k\right)h(x)=\left|g(x)-g(k)\right|$$ 이다.
> **단서4** $|x|\neq k$일 때, 식을 변형하여 미분계수의 정의를 이용할 수 있어.

1st 함수 $f(x)$가 극값을 가지는 x의 값을 구하고 두 함수 $y=f(x)$, $y=g(x)$의 그래프의 개형을 파악해.

$f(x)=x(x-1)^2(x-2)$에서
$f'(x)=(x-1)^2(x-2)+2x(x-1)(x-2)+x(x-1)^2$
$\quad=(x-1)\{(x-1)(x-2)+2x(x-2)+x(x-1)\}$
$\quad=(x-1)(x^2-3x+2+2x^2-4x+x^2-x)$
$\quad=2(x-1)(2x^2-4x+1)$
$\quad=4(x-1)\left(x-1-\dfrac{\sqrt{2}}{2}\right)\left(x-1+\dfrac{\sqrt{2}}{2}\right)$

$f'(x)=0$에서 $x=1$ 또는 $x=1+\dfrac{\sqrt{2}}{2}$ 또는 $x=1-\dfrac{\sqrt{2}}{2}$이므로

함수 $f(x)$는 $x=1-\dfrac{\sqrt{2}}{2}$, $x=1$, $x=1+\dfrac{\sqrt{2}}{2}$에서 극값을 갖는다.

함수 $f(x)=x(x-1)^2(x-2)$의 그래프의 개형은 그림과 같다.

함수 $y=f(x)$의 그래프는 직선 $x=1$에 대하여 대칭이야.

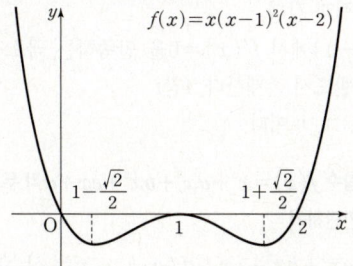

한편, 함수 $g(x)$는 $g(x)=f(x-a)$이므로 함수 $y=g(x)$의 그래프는
함수 $y=f(x)$의 그래프를 x축의 방향으로 a만큼 평행이동한 것이다.
따라서 함수 $y=g(x)$의 그래프의 개형은 그림과 같다.

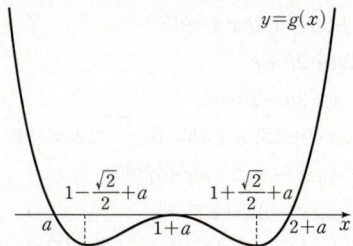

2nd 함수 $h(x)$가 $x=k$에서 연속임을 이용하여 $g'(k)$, $g'(-k)$의 값을 구해.

조건 (나)에서 모든 실수 x에 대하여

$$\left(|x|-k\right)h(x)=\left|g(x)-g(k)\right|\quad\cdots\text{㉠}$$

이 성립하므로 $x=k$이면 $(|x|-k)h(x)=|g(x)-g(k)|$에서
$0\times h(k)=|g(k)-g(k)|=0$이므로 주어진 등식이 성립해.

㉠에 $x=-k\,(k>0)$를 대입하면
$(|-k|-k)h(-k)=|g(-k)-g(k)|$
$(k-k)h(-k)=|g(-k)-g(k)|$
즉, $|g(-k)-g(k)|=0$에서
$$g(-k)=g(k)\quad\cdots\text{㉡}$$

또한, 조건 (가)에서 함수 $h(x)$는 실수 전체의 집합에서 연속이므로
$|x|\neq k$일 때,
$(|x|-k)h(x)=|g(x)-g(k)|$에서
$$h(x)=\dfrac{|g(x)-g(k)|}{|x|-k}$$이므로 함수 $h(x)$는

$x=k$, $x=-k$에서 연속이어야 한다.

(i) $x=k$일 때,

$$\lim_{x\to k+}h(x)=\lim_{x\to k+}\left\{\dfrac{|g(x)-g(k)|}{|x-k|}\times\dfrac{|x-k|}{|x|-k}\right\}$$
$$=\lim_{x\to k+}\left\{\left|\dfrac{g(x)-g(k)}{x-k}\right|\times\dfrac{|x-k|}{|x|-k}\right\}$$

$x\to k+$는 $x=k$의 오른쪽에서 $x=k$로 접근하는 것이므로 $x-k>0$이야.

$$=\lim_{x\to k+}\left|\dfrac{g(x)-g(k)}{x-k}\right|\times\lim_{x\to k+}\dfrac{x-k}{x-k}$$

함수 $g(x)$에 대하여 $g'(a)=\lim\limits_{x\to a}\dfrac{g(x)-g(a)}{x-a}$

$$=|g'(k)|\times 1=|g'(k)|$$

$$\lim_{x\to k-}h(x)=\lim_{x\to k-}\left\{\dfrac{|g(x)-g(k)|}{|x-k|}\times\dfrac{|x-k|}{|x|-k}\right\}$$
$$=\lim_{x\to k-}\left\{\left|\dfrac{g(x)-g(k)}{x-k}\right|\times\dfrac{|x-k|}{|x|-k}\right\}$$

$x\to k-$는 $x=k$의 왼쪽에서 $x=k$로 접근하는 것이므로 $x-k<0$이야.

$$=\lim_{x\to k-}\left|\dfrac{g(x)-g(k)}{x-k}\right|\times\lim_{x\to k-}\dfrac{-(x-k)}{x-k}$$
$$=|g'(k)|\times(-1)=-|g'(k)|$$

함수 $h(x)$가 $x=k$에서 연속이므로
$$\lim_{x\to k+}h(x)=\lim_{x\to k-}h(x)$$이어야 한다.
즉, $|g'(k)|=-|g'(k)|$
$$\therefore g'(k)=0$$

$|g'(k)|=0$이므로 $g'(k)=0$이 성립해.

(ii) $x=-k$일 때,

$$\lim_{x\to -k+}h(x)=\lim_{x\to -k+}\left\{\dfrac{|g(x)-g(k)|}{|x-(-k)|}\times\dfrac{|x+k|}{|x|-k}\right\}$$
$$=\lim_{x\to -k+}\left\{\left|\dfrac{g(x)-g(-k)}{x-(-k)}\right|\times\dfrac{|x+k|}{|x|-k}\right\}\;(\because\text{㉡})$$
$$=\lim_{x\to -k+}\left|\dfrac{g(x)-g(-k)}{x-(-k)}\right|\times\lim_{x\to -k+}\dfrac{x+k}{-x-k}$$
$$=|g'(-k)|\times(-1)=-|g'(-k)|$$

$$\lim_{x\to -k-}h(x)=\lim_{x\to -k-}\left\{\dfrac{|g(x)-g(k)|}{|x-(-k)|}\times\dfrac{|x+k|}{|x|-k}\right\}$$
$$=\lim_{x\to -k-}\left\{\left|\dfrac{g(x)-g(-k)}{x-(-k)}\right|\times\dfrac{|x+k|}{|x|-k}\right\}\;(\because\text{㉡})$$
$$=\lim_{x\to -k-}\left|\dfrac{g(x)-g(-k)}{x-(-k)}\right|\times\lim_{x\to -k-}\dfrac{-x-k}{-x-k}$$
$$=|g'(-k)|\times 1=|g'(-k)|$$

함수 $h(x)$가 $x=-k$에서 연속이므로
$$\lim_{x\to -k+}h(x)=\lim_{x\to -k-}h(x)$$이어야 한다.

즉, $-|g'(-k)|=|g'(-k)|$

$\therefore g'(-k)=0$

(i), (ii)에 의하여 $g'(k)=g'(-k)=0$이다.

3rd 두 상수 a, k의 값을 각각 구하고 $a+20k^2$의 값을 구해.

$g(x)=f(x-a)$이므로 $g'(k)=0$을 만족시키는 k의 값은

$\left(1-\dfrac{\sqrt{2}}{2}\right)+a$, $1+a$, $\left(1+\dfrac{\sqrt{2}}{2}\right)+a$ 중 하나이다.

함수 $y=g(x)$의 그래프는 함수 $y=f(x)$의 그래프를
x축의 방향으로 a만큼 평행이동한 것이므로 $f'(x)=0$을
만족하는 x의 값을 x축의 방향으로 a만큼 평행이동한 것이야.

그런데 $\bigcirc$을 만족시켜야 하므로

$-\left\{\left(1-\dfrac{\sqrt{2}}{2}\right)+a\right\}=\left(1+\dfrac{\sqrt{2}}{2}\right)+a$

$-1+\dfrac{\sqrt{2}}{2}-a=1+\dfrac{\sqrt{2}}{2}+a$

$2a=-2$

$\therefore a=-1$

따라서 $k=\left(1+\dfrac{\sqrt{2}}{2}\right)-1=\dfrac{\sqrt{2}}{2}$ $(\because k>0)$

$\therefore a+20k^2=(-1)+20\times\left(\dfrac{\sqrt{2}}{2}\right)^2$

$\qquad\qquad =-1+10=9$

C 162 정답 ③ * 미분가능하도록 하는 미정계수의 결정 ··· [정답률 35%]

정답 공식: 함수 $f(x)$가 $x=a$에서 미분가능하기 위해서는 $x=a$에서 연속이고 $x=a$에서의 좌미분계수와 우미분계수의 값이 같아야 한다.

최고차항의 계수가 1인 사차함수 $f(x)$에 대하여 함수 $g(x)$가 다음 조건을 만족시킨다.

(가) $-1\le x<1$일 때, $g(x)=f(x)$이다.
(나) 모든 실수 x에 대하여 $g(x+2)=g(x)$이다.
단서1 $g(x)$는 주기가 2라는 것을 뜻하지?

옳은 것만을 [보기]에서 있는 대로 고른 것은? (4점)

[보기]
단서2 $g(x)$가 $x=-1$, 1에서 연속이 될 수 있는 조건이야.
ㄱ. $f(-1)=f(1)$이고 $f'(-1)=f'(1)$이면, $g(x)$는 실수 전체의 집합에서 미분가능하다. 단서3 $g(x)$가 $x=-1$, 1에서 미분계수가 존재할 수 있는 조건이야.
ㄴ. $g(x)$가 실수 전체의 집합에서 미분가능하면, $f'(0)f'(1)<0$이다. 단서4 $f'(0)\ne 0$, $f'(1)\ne 0$이어야 해.
ㄷ. $g(x)$가 실수 전체의 집합에서 미분가능하고 $f'(1)>0$이면, 구간 $(-\infty,-1)$에 $f'(c)=0$인 c가 존재한다.

① ㄱ 　② ㄴ 　③ ㄱ, ㄷ 　④ ㄴ, ㄷ 　⑤ ㄱ, ㄴ, ㄷ

1st 조건 (가), (나)를 이용해 $g(x)$가 어떤 함수인지부터 따져야 해.

(가)에서 $-1\le x<1$일 때 $g(x)$는 사차함수이고, (나)에서
$g(x+2)=g(x)$는 주기가 2인 주기함수임을 알 수 있다.

2nd $-1\le x<1$에서 $g(x)=f(x)$이니까 $g(x)$의 $x=-1$, $x=1$에서의 미분 가능성만 따져.

ㄱ. $g(x)$는 $-1<x<1$에서 미분가능하고, $g(x)$는 주기함수이므로 $x=-1$과 $x=1$에서 미분가능성만 확인하면 된다. 이 구간에서 $g(x)=f(x)$이고 f는 사차함수이므로 $-1<x<1$에서 $g(x)$는 미분가능해.

(i) $x=-1$일 때
$\displaystyle\lim_{h\to 0+}\frac{g(-1+h)-g(-1)}{h}=\lim_{h\to 0+}\frac{f(-1+h)-f(-1)}{h}$
$\qquad\qquad\qquad\qquad\qquad =f'(-1)$

$\displaystyle\lim_{h\to 0-}\frac{g(-1+h)-g(-1)}{h}=\lim_{h\to 0-}\frac{f(1+h)-f(1)}{h}=f'(1)$

이때, $f'(-1)=f'(1)$이므로 $g'(-1)$은 존재한다.

$g(x)$는 주기가 2인 주기함수이므로 $\displaystyle\lim_{h\to 0-}\frac{g(-1+h+2)-g(-1+2)}{h}$ $=\displaystyle\lim_{h\to 0-}\frac{g(1+h)-g(1)}{h}$과 같아.

(ii) $x=1$일 때
(i)과 마찬가지로 하면 $g'(1)$이 존재한다.

따라서 $g(x)$는 모든 실수 x에 대하여 미분가능하다. (참)

ㄴ. **[반례]** $f(x)=(x-1)^2(x+1)^2$이라 하면 $g(x)$는 실수 전체의 집합에서 미분가능하다. $f(1)=f(-1)=0$, $f'(1)=f'(-1)=0$이므로 ㄱ에 의해 $g(x)$는 실수 전체의 집합에서 미분가능해.

그러나 $f'(x)=2(x-1)(x+1)^2+2(x-1)^2(x+1)$에서 $f'(0)\cdot f'(1)=0$이므로 $f'(0)\cdot f'(1)<0$인 것은 아니다. (거짓)

함정 함수 $g(x)$가 실수 전체의 집합에서 미분가능이 되는 조건을 만족시키면서 $f'(0)\ge 0$, $f'(1)\ge 0$인 함수 $f(x)$를 생각해 보자.

3rd $g(x)$가 미분가능하려면 $f(-1)$, $f(1)$, $f'(-1)$, $f'(1)$의 관계가 어떻게 되어야 할지 생각해.

ㄷ. $g(x)$가 실수 전체에서 미분가능하므로 조건 (가), (나)에 의하여
$\begin{cases} f(-1)=f(1) \\ f'(-1)=f'(1) \end{cases}$ ··· $\bigcirc$이 성립한다.

이때, $f'(1)>0$이므로 $f'(-1)>0$ ··· $\bigcirc$ $x=1$에서의 접선의 기울기가 양수야.

한편 $f(x)$는 사차항의 계수가 1로 양수인 사차함수이고, $\bigcirc$, $\bigcirc$을 만족해야 하므로 $-1\le x\le 1$에서 그래프 개형은 그림과 같다.

따라서 $(-\infty, -1)$에서 $f'(x)=0$을 만족하는 극소점이 존재하므로 $f'(c)=0$인 c가 반드시 존재한다. (참)

따라서 옳은 것은 ㄱ, ㄷ이다.

다른 풀이: 함수 $f(x)=x^4+ax^3+bx^2+cx+d$라 두고 ㄴ의 참·거짓 판단하기

ㄴ. $f(x)=x^4+ax^3+bx^2+cx+d$ $(a, b, c, d$는 상수)라 하면
$f(1)=1+a+b+c+d$
$f(-1)=1-a+b-c+d$
$f(1)=f(-1)$이므로 $a+c=0$ $\therefore a=-c$
$f'(x)=4x^3+3ax^2+2bx+c$이고
$f'(1)=4+3a+2b+c$
$f'(-1)=-4+3a-2b+c$
$f'(1)=f'(-1)$이므로 $8+4b=0$ $\therefore b=-2$
즉, $f(x)=x^4+ax^3-2x^2-ax+d$이고
$f'(x)=4x^3+3ax^2-4x-a$가 돼.
$f'(0)=-a$, $f'(1)=4+3a-4-a=2a$이므로
$f'(0)f'(1)=-2a^2\le 0$이야. (거짓)

(이하 동일)

정답 공식: 극한값 $\lim\limits_{x \to a} \dfrac{f(x)}{g(x)}$ 이 존재할 때, (분모) → 0이면 (분자) → 0이다.

상수 a와 최고차항의 계수가 1인 이차함수 $f(x)$에 대하여 함수 $g(x)$를 $g(x) = (x^2 - x + a)f(x)$라 할 때, 두 함수 $f(x)$, $g(x)$ 는 다음 조건을 만족시킨다. **단서1** 함수 $f(x) = x^2 + bx + c$ (b, c는 상수라 둘 수 있지.

(가) $\lim\limits_{x \to 1} \dfrac{g(x) - f(x)}{x - 1} = 0$ **단서2** 극한값이 존재하고 (분모) → 0이므로 (분자) → 0이어야 해.

(나) $g'(1) \neq 0$ **단서3** $f(x)$가 다항함수이니까 $g(x)$를 두 다항함수의 곱으로 생각하여 미분한 후 $g'(1) \neq 0$임을 이용하면 새로운 조건을 찾아낼 수 있어.

(다) $f(\alpha) = f'(\alpha)$이고 $g'(\alpha) = 2f'(\alpha)$인 실수 α가 존재한다.

$g(\alpha + 4) = \dfrac{q}{p}$일 때, $p + q$의 값을 구하시오. (단, p와 q는 서로 소인 자연수이다.) (4점)

1st 두 조건 (가)와 (나)를 이용하여 상수 a와 $f(1)$의 값을 구하자.

$f(x)$가 최고차항의 계수가 1인 이차함수이므로
$f(x) = x^2 + bx + c$ (b, c는 상수)라 하자.
조건 (가)에서

$$\lim_{x \to 1} \frac{g(x) - f(x)}{x - 1} = \lim_{x \to 1} \frac{(x^2 - x + a)f(x) - f(x)}{x - 1}$$
$$= \lim_{x \to 1} \frac{(x^2 - x + a - 1)f(x)}{x - 1} = 0$$

이고, $\lim\limits_{x \to 1}(x - 1) = 0$이므로

$\lim\limits_{x \to 1}(x^2 - x + a - 1)f(x) = (a - 1)f(1) = 0$

따라서 $a = 1$ 또는 $f(1) = 0$이다. → 두 함수 $F(x), G(x)$에 대하여 $\lim\limits_{x \to a} \dfrac{F(x)}{G(x)} = a$ (a는 실수)이고 $\lim\limits_{x \to a} G(x) = 0$이면 $\lim\limits_{x \to a} F(x) = 0$이야.

주의 $AB = 0$인 경우 $A = 0$, $B \neq 0$인 경우 나 $A \neq 0$, $B = 0$인 경우만 생각하는 것 이 일반적이지만 $A = 0$, $B = 0$인 경우 도 있음에 주의해야 해.

(i) $a \neq 1$, $f(1) = 0$인 경우
  $f(1) = 1 + b + c = 0$에서 $c = -b - 1$이므로
  $f(x) = x^2 + bx + c$에 $c = -b - 1$을 대입하여 정리하면
  $f(x) = x^2 + bx - b - 1 = (x - 1)(x + b + 1)$
  즉, 조건 (가)에서 → $f(x) = x^2 + bx - b - 1 = (x^2 - 1) + b(x - 1)$ $= (x + 1)(x - 1) + b(x - 1)$ $= (x - 1)(x + b + 1)$

$$\lim_{x \to 1} \frac{g(x) - f(x)}{x - 1}$$
$$= \lim_{x \to 1} \frac{(x^2 - x + a)f(x) - f(x)}{x - 1}$$
$$= \lim_{x \to 1} \frac{(x^2 - x + a - 1)f(x)}{x - 1}$$
$$= \lim_{x \to 1} \frac{(x^2 - x + a - 1)(x - 1)(x + b + 1)}{x - 1}$$
$$= \lim_{x \to 1}(x^2 - x + a - 1)(x + b + 1)$$
$$= (a - 1)(b + 2)$$
$$= 0$$

이때, $a \neq 1$이므로 $b = -2$
$\therefore f(x) = (x - 1)^2$ → $f(x) = (x - 1)(x - 2 + 1) = (x - 1)(x - 1)$ $= (x - 1)^2$

그런데 이 경우 $g(x) = (x^2 - x + a)(x - 1)^2$에서
$g'(x) = (2x - 1)(x - 1)^2 + 2(x^2 - x + a)(x - 1)$이므로
→ 두 함수 $f(x), g(x)$가 미분가능할 때 $\{f(x)g(x)\}' = f'(x)g(x) + f(x)g'(x)$
$g'(1) = 0$이다.
따라서 조건 (나)를 만족시키지 않는다.

(ii) $a = 1$, $f(1) \neq 0$인 경우
  $g(x) = (x^2 - x + 1)f(x)$이므로 조건 (가)에서

$$\lim_{x \to 1} \frac{g(x) - f(x)}{x - 1} = \lim_{x \to 1} \frac{(x^2 - x + 1)f(x) - f(x)}{x - 1}$$
$$= \lim_{x \to 1} \frac{x(x - 1)f(x)}{x - 1} = \lim_{x \to 1} xf(x)$$
$$= f(1) = 0$$

이 경우 $f(1) \neq 0$임에 모순이다.

(i), (ii)에 의하여 $a = 1$이고 $f(1) = 0$이다.

2nd 조건 (다)를 이용하여 α의 값을 구해.

$a = 1$이므로 $g(x) = (x^2 - x + 1)f(x)$
$f(1) = 0$이므로
$f(x) = x^2 + bx - b - 1 = (x - 1)(x + b + 1)$
한편, $f(x)$, $g(x)$를 x에 대하여 미분하면 → $f(1) = 1 + b + c = 0$에서 $c = -b - 1$이므로 c 대신에 $-b - 1$을 대입하여 정리한 거야.
$f'(x) = 2x + b$
$g'(x) = (2x - 1)f(x) + (x^2 - x + 1)f'(x)$
이때, 조건 (나)에서 $g'(1) \neq 0$이므로
$g'(1) = f(1) + f'(1) = 2 + b \neq 0$
$\therefore b \neq -2$
또한, 조건 (다)에서 $f(\alpha) = f'(\alpha)$이므로
$(\alpha - 1)(\alpha + b + 1) = 2\alpha + b$ ··· ㉠이고
$g'(\alpha) = 2f'(\alpha)$이므로
$(2\alpha - 1)f(\alpha) + (\alpha^2 - \alpha + 1)f'(\alpha) = 2f'(\alpha)$에서
$(2\alpha - 1)f'(\alpha) + (\alpha^2 - \alpha + 1)f'(\alpha) = 2f'(\alpha)$ ($\because f(\alpha) = f'(\alpha)$)
$(\alpha^2 + \alpha - 2)f'(\alpha) = 0$, $(\alpha - 1)(\alpha + 2)(2\alpha + b) = 0$
$\therefore \alpha = 1$ 또는 $\alpha = -2$ 또는 $\alpha = -\dfrac{b}{2}$

(i) $\alpha = 1$인 경우
  ㉠에 대입하면 $0 = 2 + b$에서 $b = -2$이므로 모순이다.

(ii) $\alpha = -\dfrac{b}{2}$인 경우
  ㉠에 대입하면
  $\left(-\dfrac{b}{2} - 1\right)\left(\dfrac{b}{2} + 1\right) = -b + b = 0$에서 $b = -2$이므로 모순이다.

따라서 $\alpha = -2$이므로 ㉠에 대입하면
$-3(b - 1) = -4 + b$, $4b = 7$ $\therefore b = \dfrac{7}{4}$

$\therefore g(x) = (x^2 - x + 1)(x - 1)\left(x + \dfrac{11}{4}\right)$
$g(x) = (x^2 - x + 1)f(x)$, $f(x) = (x - 1)(x + b + 1)$이므로 $b = \dfrac{7}{4}$을 대입하면 $g(x) = (x^2 - x + 1)(x - 1)\left(x + \dfrac{11}{4}\right)$이야.

3rd $g(\alpha + 4)$의 값을 계산하자.

$\alpha = -2$이고, $g(x) = (x^2 - x + 1)(x - 1)\left(x + \dfrac{11}{4}\right)$이므로

$g(\alpha + 4) = g(2) = 3 \times 1 \times \dfrac{19}{4} = \dfrac{57}{4}$

따라서 $p = 4$, $q = 57$이므로
$p + q = 4 + 57 = 61$

> **정답 공식:** $y=6x-6$, $y=2x^3-2$의 그래프를 좌표평면 위에 나타내본다. 두 그래프가 점 $(1, 0)$에서 서로 접하므로 $f(1)=f'(1)=0$이다. 모든 양의 실수에 대해 부등식이 성립하려면 $f(x)$의 차수는 삼차 이하이어야 한다.

최고차항의 계수가 1인 다항함수 $f(x)$가 다음 조건을 만족시킬 때, $f(3)$의 값은? (4점)

(가) $f(0)=-3$ **단서** $f(x)$는 삼차 이하의 다항함수야.
(나) 모든 양의 실수 x에 대하여 $6x-6 \le f(x) \le 2x^3-2$이다.

① 36   ② 38   ③ 40   ④ 42   ⑤ 44

1st 주어진 조건을 이용하여 함수 $f(x)$의 함수식을 유추해.

조건 (나)에 $x=1$을 대입하면 $0 \le f(1) \le 0$이므로 $f(1)=0$ ··· ㉠
$x>1$일 때, 조건 (나)의 부등식의 각 변을 $x-1$로 나누고 극한 $\lim\limits_{x \to 1+}$을 취하면

주의 조건 (나)의 부등식의 각 변을 $6(x-1)$, $2(x-1)(x^2+x+1)$ 꼴로 인수분해하고, 미분계수의 정의를 이용해. 이때, $f(1)=0$이므로 식에 더하거나 빼도 영향을 주지 않아.

$$\lim_{x \to 1+} \frac{6x-6}{x-1} \le \lim_{x \to 1+} \frac{f(x)-f(1)}{x-1} \le \lim_{x \to 1+} \frac{2x^3-2}{x-1} \;(\because ㉠) \text{에서}$$

$$\lim_{x \to 1+} \frac{6(x-1)}{x-1} \le \lim_{x \to 1+} \frac{f(x)-f(1)}{x-1} \le \lim_{x \to 1+} \frac{2(x-1)(x^2+x+1)}{x-1}$$

$$\lim_{x \to 1+} 6 \le \lim_{x \to 1+} \frac{f(x)-f(1)}{x-1} \le \lim_{x \to 1+} 2(x^2+x+1)$$

$$6 \le \lim_{x \to 1+} \frac{f(x)-f(1)}{x-1} \le 6$$

[함수의 극한의 대소 관계]
$\lim\limits_{x \to a} f(x)=\alpha$, $\lim\limits_{x \to a} g(x)=\beta$일 때,
$$\therefore \lim_{x \to 1+} \frac{f(x)-f(1)}{x-1}=6 \cdots ㉡ \quad f(x) \le h(x) \le g(x)$$이고 $\alpha=\beta$이면 $\lim\limits_{x \to a} h(x)=\alpha$

또, $x<1$일 때, 같은 방법으로 하면 $\lim\limits_{x \to 1-} \dfrac{f(x)-f(1)}{x-1}=6 \cdots ㉢$

㉡, ㉢과 함수 $f(x)$가 다항함수로 모든 실수 x에 대하여 연속이고 미분 가능하므로

$$\lim_{x \to 1} \frac{f(x)-f(1)}{x-1}=f'(1)=6 \cdots ㉣$$

한편, 조건 (가)에 의하여 상수항이 -3인 다항함수 $f(x)$가 조건 (나)를 만족시키려면 $f(x)$는 삼차 이하의 다항함수이다.

일반적으로 최고차항의 계수가 양수인 두 함수에서 적당히 큰 양수 x에서의 함숫값은 차수가 높은 함수의 함숫값이 더 커.

(i) $f(x)$가 일차함수일 때,
$f(x)=x-3$이고
$f'(x)=1<6$이므로 ㉣에 의해 성립하지 않는다.

(ii) $f(x)$가 이차함수일 때,
$f(x)=x^2+ax-3$이라 하면
$f'(x)=2x+a$
㉠에서 $f(1)=1+a-3=0$이므로 $a=2$이고,
$f'(1)=2+2=4$이므로
㉣에 의해 성립하지 않는다.

(iii) $f(x)$가 삼차함수일 때,
$f(x)=x^3+ax^2+bx-3$이라 하면
$f'(x)=3x^2+2ax+b$
㉠에서 $f(1)=1+a+b-3=0$
㉣에서 $f'(1)=3+2a+b=6$이므로
두 식을 연립하면 $a=1$, $b=1$
$\therefore f(x)=x^3+x^2+x-3$

(i)~(iii)에 의하여
$f(x)=x^3+x^2+x-3$이므로
$f(3)=27+9+3-3=36$

쉬운 풀이: 함수 $y=f(x)$의 그래프를 그려서 $f(1)$, $f'(1)$의 값 구하여 문제 풀이 방향 잡기

그래프를 이용해 보자.

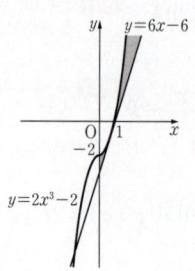

$x>0$일 때,
$y=f(x)$의 그래프가 어두운 부분에 있어야 하므로 $f(1)=0$이고 곡선 $y=f(x)$의 $x=1$에서의 접선은 $y=6x-6$이므로 $f'(1)=6$이야. (이하 동일)

> **정답 공식:** $\lim\limits_{x \to \infty} \dfrac{f(x)}{x^m}$의 값에서 $f(x)$의 최고차항의 계수와 차수를 알 수 있고, $\lim\limits_{x \to 0} \dfrac{f(x)}{x^n}$의 값에서 최저차항의 계수와 차수를 알 수 있다.

다항함수 $f(x)$와 두 자연수 m, n이 **단서** 먼저 $\lim\limits_{x \to \infty} \dfrac{f(x)}{x^m}=1$에서 $f(x)$는 최고차항의 계수가 1인 m차식임을 알 수 있어. 또 $\lim\limits_{x \to 0} \dfrac{f(x)}{x^n}=b$에서 $f(x)$는 최저차항의 계수가 b이고, 최저차항의 차수는 n임을 알 수 있지.

$$\lim_{x \to \infty} \frac{f(x)}{x^m}=1, \quad \lim_{x \to \infty} \frac{f'(x)}{x^{m-1}}=a$$
$$\lim_{x \to 0} \frac{f(x)}{x^n}=b, \quad \lim_{x \to 0} \frac{f'(x)}{x^{n-1}}=9$$

를 모두 만족시킬 때, 옳은 것만을 [보기]에서 있는 대로 고른 것은? (단, a, b는 실수이다.) (4점)

[보기]
ㄱ. $m \ge n$
ㄴ. $ab \ge 9$
ㄷ. $f(x)$가 삼차함수이면 $am=bn$이다.

① ㄱ   ② ㄷ   ③ ㄱ, ㄴ   ④ ㄴ, ㄷ   ⑤ ㄱ, ㄴ, ㄷ

1st 주어진 극한을 이용해 $f(x)$의 대략적인 식을 결정해.

$$\lim_{x \to \infty} \frac{f(x)}{x^m}=1$$에서 $f(x)$는 최고차항의 계수가 1인 m차식이다.

$\dfrac{\infty}{\infty}$ 꼴의 극한이 1에 수렴하므로 분자와 분모의 차수가 같아야 해.

그리고, $\lim\limits_{x \to 0} \dfrac{f(x)}{x^n}=b$에서 $f(x)$는 최저차항의 계수가 b이고, 최저차항은 n차식이다.

$\dfrac{0}{0}$ 꼴의 극한이 b에 수렴하므로 분자에 n차 미만의 항이 있으면 극한은 발산해.

$$\therefore f(x)=x^m+\cdots+bx^n$$

함정 x의 값이 무한히 커지면 $f(x)$에서 최고차항 x^m의 계수가 극한값이 되고, x의 값이 0에 가까워지면 주어진 식 $\dfrac{f(x)}{x^n}$에서 분모와 분자를 x^n으로 약분한 결과 나오는 $f(x)$의 최저차항의 계수가 극한값이 돼. 이때, $f(x)$의 최저차항의 차수가 n보다 큰 경우, $b=0$이 되는데 이는 뒤에 나오는 조건과 맞지 않아. 따라서 $f(x)$의 최저차항의 차수는 n이야.

즉, 함수 $p(x)f(x)$가 $x=0$에서 연속이어야 하므로
$p(0)=0$이다. (참)

$\lim\limits_{x\to0^-}p(x)f(x)=\lim\limits_{x\to0^+}p(x)f(x)=p(0)f(0)$이어야 하므로 $0=-p(0)$에서 $p(0)=0$이야.

2nd 미분가능의 정의를 이용하여 ㄴ의 참, 거짓을 판단하자.

ㄴ. 함수 $p(x)f(x)$가 실수 전체의 집합에서 미분가능하면 $x=2$에서도 미분가능하다.　함수 $p(x)f(x)$가 $x=2$에서 연속이어야 하고 미분계수가 존재해야 해.

이때, <mark>함수 $p(x)f(x)$는 $x=2$에서 연속이므로</mark>
두 함수 $p(x)$, $f(x)$가 $x=2$에서 연속이므로 연속함수의 성질에 의해 함수 $p(x)f(x)$도
$x=2$에서 미분계수가 존재하는지 확인하자.　$x=2$에서 연속이야.

$x=a$에서 함수의 좌미분계수와 우미분계수가 같으면 $x=a$에서 미분계수가 존재한다고 해.

함정 $x=0$에서의 연속성, $x=0$, $x=2$에서의 미분가능성 총 3가지를 순서대로 확인해볼 수도 있지만, ㄴ에서 $p(2)$에 대해 말하고 있으니까 $x=2$에서의 미분가능성을 먼저 따져보는 것이 좋겠지?

$$\lim_{x\to2^-}\frac{p(x)f(x)-p(2)f(2)}{x-2}$$
$$=\lim_{x\to2^-}\frac{p(x)(x-1)-p(2)\times1}{x-2}$$

실수 미분계수의 정의를 이용하기 위해 같은 값을 더해주고 빼주는 거야. 자주 쓰이는 방법이니까 꼭 익혀두자.

$$=\lim_{x\to2^-}\frac{p(x)(x-1)-(x-1)p(2)+(x-1)p(2)-p(2)}{x-2}$$
$$=\lim_{x\to2^-}\left\{\frac{p(x)-p(2)}{x-2}\times(x-1)\right\}+\lim_{x\to2^-}\left\{\frac{(x-1)-1}{x-2}\times p(2)\right\}$$
$$=p'(2)\times1+1\times p(2)　\to F'(a)=\lim_{x\to a}\frac{F(x)-F(a)}{x-a}$$
$$=p'(2)+p(2)$$

$$\lim_{x\to2^+}\frac{p(x)f(x)-p(2)f(2)}{x-2}$$
$$=\lim_{x\to2^+}\frac{p(x)(2x-3)-p(2)\times1}{x-2}$$
$$=\lim_{x\to2^+}\frac{p(x)(2x-3)-(2x-3)p(2)+(2x-3)p(2)-p(2)}{x-2}$$
$$=\lim_{x\to2^+}\left\{\frac{p(x)-p(2)}{x-2}\times(2x-3)\right\}+\lim_{x\to2^+}\left\{\frac{(2x-3)-1}{x-2}\times p(2)\right\}$$
$$=p'(2)\times1+2\times p(2)　\lim_{x\to2^+}\frac{2x-4}{x-2}=\lim_{x\to2^+}\frac{2(x-2)}{x-2}$$
$$=p'(2)+2p(2)$$

즉, $p'(2)+p(2)=p'(2)+2p(2)$이어야 하므로
$p(2)=0$이다. (참)

3rd ㄴ과 같은 방법으로 ㄷ의 참, 거짓을 판단하자.

ㄷ. 함수 $p(x)\{f(x)\}^2$이 실수 전체의 집합에서 미분가능하면 $x=0$, $x=2$에서도 미분가능하다.

(ⅰ) $x=0$에서 연속이어야 함을 이용하자.
$$\lim_{x\to0^-}p(x)\{f(x)\}^2=\lim_{x\to0^-}p(x)\times\lim_{x\to0^-}\{f(x)\}^2$$
$$=p(0)\times0^2=0$$
$$\lim_{x\to0^+}p(x)\{f(x)\}^2=\lim_{x\to0^+}p(x)\times\lim_{x\to0^+}\{f(x)\}^2$$
$$=p(0)\times(-1)^2=p(0)$$
$$p(0)\{f(0)\}^2=p(0)\times0^2=0$$

즉, 함수 $p(x)\{f(x)\}^2$이 $x=0$에서 연속이어야 하므로
$p(0)=0$이다. … ㉠

또, $x=0$에서 미분가능해야 함을 이용하자.
$$\lim_{x\to0^-}\frac{p(x)\{f(x)\}^2-p(0)\{f(0)\}^2}{x}$$
$$=\lim_{x\to0^-}\frac{p(x)(-x)^2-p(0)\times0^2}{x}=\lim_{x\to0^-}\{xp(x)\}=0$$
$$\lim_{x\to0^+}\frac{p(x)\{f(x)\}^2-p(0)\{f(0)\}^2}{x}$$
$$=\lim_{x\to0^+}\frac{p(x)(x-1)^2-p(0)\times0^2}{x}$$

$$=\lim_{x\to0^+}\frac{p(x)(x-1)^2-p(0)(x-1)^2}{x}　(\because p(0)=0)$$
$$=\lim_{x\to0^+}\left\{\frac{p(x)-p(0)}{x}\times(x-1)^2\right\}=p'(0)\times(-1)^2=p'(0)$$

즉, 함수 $p(x)\{f(x)\}^2$이 $x=0$에서 미분가능해야 하므로
$p'(0)=0$이다. … ㉡

따라서 ㉠, ㉡에 의해 다항식 $p(x)$는 x^2을 인수로 갖는다.
다항함수 $F(x)$에 대하여 $F(a)=0$이고 $F'(a)=0$이면 $F(x)$는 $(x-a)^2$을 인수로 가져

(ⅱ) 함수 $p(x)\{f(x)\}^2$은 $x=2$에서 연속이므로 $x=2$에서 미분가능해야 함을 이용하자.
두 함수 $p(x)$, $f(x)$가 $x=2$에서 연속이므로 연속함수의 성질에 의해 함수 $p(x)\{f(x)\}^2$, 즉 $p(x)f(x)f(x)$도 $x=2$에서 연속이야.

$$\lim_{x\to2^-}\frac{p(x)\{f(x)\}^2-p(2)\{f(2)\}^2}{x-2}$$
$$=\lim_{x\to2^-}\frac{p(x)(x-1)^2-p(2)\times1^2}{x-2}$$
$$=\lim_{x\to2^-}\frac{p(x)(x-1)^2-p(2)(x-1)^2+p(2)(x-1)^2-p(2)}{x-2}$$
$$=\lim_{x\to2^-}\left\{\frac{p(x)-p(2)}{x-2}\times(x-1)^2\right\}+\lim_{x\to2^-}\left\{\frac{(x-1)^2-1}{x-2}\times p(2)\right\}$$
$$=p'(2)\times1^2+2\times p(2)　\lim_{x\to2^-}\frac{(x-1+1)(x-1-1)}{x-2}$$
$$=p'(2)+2p(2)　\lim_{x\to2}\frac{x(x-2)}{x-2}$$

$$\lim_{x\to2^+}\frac{p(x)\{f(x)\}^2-p(2)\{f(2)\}^2}{x-2}$$
$$=\lim_{x\to2^+}\frac{p(x)(2x-3)^2-p(2)\times1^2}{x-2}$$
$$=\lim_{x\to2^+}\frac{p(x)(2x-3)^2-p(2)(2x-3)^2+p(2)(2x-3)^2-p(2)}{x-2}$$
$$=\lim_{x\to2^+}\left\{\frac{p(x)-p(2)}{x-2}\times(2x-3)^2\right\}$$
$$\quad+\lim_{x\to2^+}\left\{\frac{(2x-3)^2-1}{x-2}\times p(2)\right\}$$
$$=p'(2)\times1^2+4\times p(2)　\lim_{x\to2^+}\left\{\frac{(2x-3+1)(2x-3-1)}{x-2}\times p(2)\right\}$$
$$=p'(2)+4p(2)　\lim_{x\to2^+}\left\{\frac{(2x-2)(2x-4)}{x-2}\times p(2)\right\}$$
$$\lim_{x\to2}\left\{\frac{4(x-1)(x-2)}{x-2}\times p(2)\right\}$$

즉, 함수 $p(x)\{f(x)\}^2$이 $x=2$에서 미분가능해야 하므로
$p'(2)+2p(2)=p'(2)+4p(2)$
$\therefore p(2)=0$
따라서 다항식 $p(x)$는 $x-2$를 인수로 갖는다.

(ⅰ), (ⅱ)에 의해 다항식 $p(x)$는 $x^2(x-2)$를 인수로 갖지만 $x^2(x-2)^2$을 인수로 갖는지는 알 수 없으므로 $p(x)$가 $x^2(x-2)^2$으로 나누어떨어지는지도 알 수 없다. (거짓)

따라서 옳은 것은 ㄱ, ㄴ이다.

다른 풀이: 범위에 따른 함수 $f'(x)$를 직접 구한 뒤 미분가능성을 이용하여 ㄷ의 참·거짓 판단하기

ㄷ에서 함수 $p(x)\{f(x)\}^2$이 $x=0$에서 미분계수가 존재해야 하는 조건을 다른 방법을 이용하여 구해보자.

$$f(x)=\begin{cases}-x & (x\leq0)\\x-1 & (0<x\leq2)\\2x-3 & (x>2)\end{cases}$$ 에서 $f'(x)=\begin{cases}-1 & (x<0)\\1 & (0<x<2)\\2 & (x>2)\end{cases}$ 이고,

$[p(x)\{f(x)\}^2]'=p'(x)\{f(x)\}^2+2p(x)f(x)f'(x)$이므로
$$\lim_{x\to0^-}[p(x)\{f(x)\}^2]'$$
$$=\lim_{x\to0^-}[p'(x)\{f(x)\}^2+2p(x)f(x)f'(x)]$$
$$=p'(0)\times0^2+2p(0)\times0\times(-1)=0$$

$$\lim_{x\to 0+}[p(x)\{f(x)\}^2]'$$
$$=\lim_{x\to 0+}[p'(x)\{f(x)\}^2+2p(x)f(x)f'(x)]$$
$$=p'(0)\times(-1)^2+2p(0)\times(-1)\times 1$$
$$=p'(0)\ (\because p(0)=0)$$

즉, $x=0$에서 미분계수가 존재해야 하므로 $p'(0)=0$이야.

또한, 마찬가지 방법으로 하면 $p(2)=0$임을 알 수 있어.

(이하 동일)

 My Top Secret　　서울대 선배의 ❶등급 대비 전략

실수 전체의 집합에서 연속인 함수와 불연속인 점을 포함하는 함수를 곱하여 만든 함수가 실수 전체에서 연속이면 불연속인 점에서의 연속함수의 함숫값이 0이 되어야 한다는 것은 정말 많이 다뤄지는 내용이니 꼭 이해하고 있어야 해.

또, 이를 활용하여 미분가능성도 판단할 수 있어. 미분가능성은 일반적으로 도함수의 연속으로 바꾸어 따져보면 돼.

예를 들어, 연속함수 $p(x)$와 불연속인 점을 포함하는 함수 $f(x)$에 대하여

(i) $p(x)f(x)$가 연속함수이려면, $f(x)$가 불연속인 점에서 $p(x)$의 함숫값이 0이 된다는 것을 이용하기

(ii) $p(x)f(x)$가 어떤 점에서 미분가능하려면, 일반적으로 그 점에서 $p'(x)f(x)+p(x)f'(x)$가 연속이어야 함을 이용하기

1등급 대비 특강

＊ 함숫값이 0이고, 미분계수가 0이면 함수를 유추하기 좋은 이유 알아보기

함수 $f(x)$가 $f(a)=0$, $f'(a)=0$을 만족시키면 $(x-a)^2$을 인수로 갖는 이유는?

$f(a)=0$이므로 $f(x)=(x-a)Q(x)$(단, $Q(x)$는 다항식) … ㉠이라 하면
$f'(x)=Q(x)+(x-a)Q'(x)$가 되지.

그런데 $f'(a)=0$이므로 $f'(x)$도 $x-a$를 인수로 가져.

따라서 $Q(x)=(x-a)P(x)$(단, $P(x)$는 다항식)라 할 수 있어.

$\therefore f(x)=(x-a)\{(x-a)P(x)\}(\because ㉠)=(x-a)^2P(x)$

봐, $(x-a)^2$을 인수로 갖지?

C 169 정답 13 ········· ⭐2등급 대비 [정답률 27%]

＊삼차함수 $f(x)$를 이용하여 구간에 따라 다르게 정의된 함수 $g(x)$가 실수 전체의 집합에서 미분가능하도록 하는 조건 구하기 [유형 13＋17]

삼차함수 $f(x)=x^3-x^2-9x+1$에 대하여 함수 $g(x)$를
$$g(x)=\begin{cases} f(x) & (x\ge k) \\ f(2k-x) & (x<k)\end{cases}$$
단서1 $y=f(x)$를 직선 $x=k$에 대하여 대칭이동한 거야.

라 하자. 함수 $g(x)$가 실수 전체의 집합에서 미분가능하도록 하 단서2 그래프에 뾰족한 점이 없어야 해.

는 모든 실수 k의 값의 합을 $\dfrac{q}{p}$라 할 때, p^2+q^2의 값을 구하시오.

(단, p와 q는 서로소인 자연수이다.) (4점)

왜 2등급? 구간별로 다르게 정의된 함수가 실수 전체의 집합에서 미분가능하도록 하는 미지수의 값을 구하는 문제이다.

해결의 키포인트는 구간별로 다르게 정의된 함수 $g(x)$가 $x=k$에 대하여 대칭이라는 점을 파악하여, 이 대칭성을 바탕으로 $x=k$에서 미분가능하기 위한 조건을 따져볼 수 있어야 한다.

 단서＋발상

단서1 함수 $y=f(2k-x)$의 그래프는 $y=f(x)$의 그래프를 $x=k$에 대하여 대칭이동한 그래프이다. 개념

함수 $g(x)$는 직선 $x=k$에 대하여 대칭이다. 개념

단서2 함수 $g(x)$가 실수 전체에서 미분가능하므로 그래프를 그렸을 때 뾰족점이 없어야 한다. 개념

$x>k$일 때 $g(x)$는 삼차함수의 일부이므로 미분가능하고, $x<k$일 때도 마찬가지로 미분가능하다. 개념

함수 $g(x)$가 실수 전체에서 미분가능하려면 $y=g(x)$의 그래프가 $x=k$에서 뾰족하지 않아야 한다. 적용 해결

주의 함수 $g(x)$가 실수 전체의 집합에서 미분가능하기 위해서는 $f'(k)=0$이어야 한다는 것을 이용할 수 있어야 한다.

핵심 정답 공식: 주어진 함수 $g(x)$는 $x=k$에 대해 대칭이다. 함수 $g(x)$가 $x=k$에서 미분가능하려면 $x=k$에서의 좌미분계수와 우미분계수가 같아야 한다.

------------------- [문제 풀이 순서] -------------------

1st $x=k$에서 함수 $g(x)$의 좌미분계수를 구해 보자.

함수 $g(x)=\begin{cases} f(x) & (x\ge k) \\ f(2k-x) & (x<k)\end{cases}$ 는

직선 $x=k$에 대하여 대칭이고,

다항함수 $f(x)=x^3-x^2-9x+1$은 실수 전체의 집합에서 미분가능하므로 함수 $g(x)$가 실수 전체의 집합에서 미분가능하려면 $x=k$에서 미분가능하면 된다.

즉, $x=k$에서 함수 $g(x)$의 좌미분계수와 우미분계수가 같으면 함수 $g(x)$는 실수 전체의 집합에서 미분가능하게 된다.

먼저, 좌미분계수를 구해 보면 $x<k$에서

실수 식의 전개가 복잡하니 곱셈 공식을 적절히 사용하여 최대한 실수하지 않도록 하자.

$$\lim_{x\to k-}\frac{g(x)-g(k)}{x-k}$$
　　　$f(x)=x^3-x^2-9x+1$에서 x 대신에 $2k-x$를 대입하면 돼.
$$=\lim_{x\to k-}\frac{f(2k-x)-f(k)}{x-k}$$
$$=\lim_{x\to k-}\frac{\{(2k-x)^3-(2k-x)^2-9(2k-x)+1\}-(k^3-k^2-9k+1)}{x-k}$$
$$=\lim_{x\to k-}\frac{\{(2k-x)^3-k^3\}-\{(2k-x)^2-k^2\}-9\{(2k-x)-k\}}{x-k}$$
　　　$a^3-b^3=(a-b)(a^2+ab+b^2)$
$$=\lim_{x\to k-}\left[\frac{(2k-x-k)\{(2k-x)^2+(2k-x)k+k^2\}}{x-k}\right.$$
$$\left.-\frac{(2k-x-k)(2k-x+k)+9(2k-x-k)}{x-k}\right]$$
$$=\lim_{x\to k-}\{-(2k-x)^2-(2k-x)k-k^2+(3k-x)+9\}$$
$$=-(2k-k)^2-(2k-k)k-k^2+(3k-k)+9$$
$$=-3k^2+2k+9$$

2nd $x=k$에서 함수 $g(x)$의 우미분계수를 구해 보자.

또한, 우미분계수를 구해 보면 $x\ge k$에서

$$\lim_{x\to k+}\frac{g(x)-g(k)}{x-k}=\lim_{x\to k+}\frac{f(x)-f(k)}{x-k}$$
$$=\lim_{x\to k+}\frac{(x^3-x^2-9x+1)-(k^3-k^2-9k+1)}{x-k}$$
$$=\lim_{x\to k+}\frac{(x^3-k^3)-(x^2-k^2)-9(x-k)}{x-k}$$
$$=\lim_{x\to k+}\frac{(x-k)(x^2+kx+k^2)-(x-k)(x+k)-9(x-k)}{x-k}$$
$$=\lim_{x\to k+}\{x^2+kx+k^2-(x+k)-9\}$$
$$=k^2+k^2+k^2-2k-9=3k^2-2k-9$$

3rd $x=k$에서 미분가능하려면 좌미분계수와 우미분계수가 같아야 하지?

함수 $g(x)$의 $x=k$에서의 좌미분계수와 우미분계수가 같아야 함수 $g(x)$가 실수 전체의 집합에서 미분가능하므로

$$\lim_{x \to k-} \frac{g(x)-g(k)}{x-k} = \lim_{x \to k+} \frac{g(x)-g(k)}{x-k} \text{에서}$$

$-3k^2+2k+9 = 3k^2-2k-9 \qquad \therefore 3k^2-2k-9=0 \cdots \text{㉠}$

이차방정식 ㉠의 판별식을 D라 하면 $\dfrac{D}{4} = 1+27 = 28 > 0$

이므로 이차방정식 ㉠은 서로 다른 두 실근을 갖는다.

즉, 이차방정식의 근과 계수의 관계에 의해 ㉠을 만족시키는 모든 실수 k의 값의 합은 $\dfrac{2}{3}$이다.

> 이차방정식 $ax^2+bx+c=0$의 두 근을 α, β라 하면
> $\alpha+\beta = -\dfrac{b}{a}, \alpha\beta = \dfrac{c}{a}$

따라서 $p=3, q=2$이므로

$p^2+q^2 = 3^2+2^2 = 13$

🔍 **쉬운 풀이:** 직선 $x=k$에 대하여 대칭인 함수 $f(x)$가 미분가능하려면 $f'(k)=0$임을 이용하기

$g(x) = \begin{cases} f(x) & (x \geq k) \\ f(2k-x) & (x < k) \end{cases}$에서 $2k-x=t$라 하면 $k = \dfrac{x+t}{2}$이므로

$f(2k-x) = f(t) = h(x)$라 할 때 두 함수 $y=f(x)$와 $y=h(x)$의 그래프는 직선 $x=k$에 대하여 서로 대칭이야.

즉, 함수 $g(x)$의 그래프는 직선 $x=k$에 대하여 대칭이고, 함수 $g(x)$가 실수 전체의 집합에서 미분가능하기 위해서는 $x=k$에서 미분가능해야 하므로 $f'(k)=0$이어야 해.

$f(x) = x^3-x^2-9x+1$에서 $f'(x) = 3x^2-2x-9$이므로

$f'(k) = 3k^2-2k-9 = 0$

따라서 이차방정식의 근과 계수의 관계에 의해 모든 실수 k의 값의 합은 $\dfrac{2}{3}$라는 것을 알 수 있어.

1등급 대비 특강

✳ **대칭으로 미분가능성 확인하기**

함수 $g(x)$의 대칭성을 이용하여 미분가능성을 직관적으로 판단하면 계산이 간단해져.

함수 $g(x)$는 직선 $x=k$에 대하여 대칭이므로 $x<k$일 때의 $g(x)$의 그래프는 $x>k$일 때의 $g(x)$의 그래프를 직선 $x=k$를 기준으로 왼쪽으로 접은 모양이야.

따라서 $f'(k) \neq 0$이면 $x=k$에서 $g(x)$가 미분가능하지 않을 알 수 있어.

이를 통해 조건을 만족시키는 모든 k는 $f'(k)=0$이어야 함을 알 수 있겠지?

My Top Secret　　　서울대 선배의 **❶** 등급 대비 전략

미분가능성을 판단해야 하는 문제에서 대칭이동은 자주 나오는 유형 중 하나야. 흔히 나오는 절댓값 기호를 사용한 함수도 일종의 대칭이동을 활용한 함수이지.

미분가능과 관련된 문제에서 대칭이동이 나오면 함수의 그래프를 반대편으로 접는다고 생각하자. 그런 다음, 미분가능하려면 뾰족한 점이 생기지 않아야 하므로 이에 대한 조건을 찾으면 돼. 즉, 대칭이동의 기준이 되는 점이 뾰족점이 안 되려면 이 점에서의 미분계수가 0이어야 한다는 사실을 기억해두자.

C 170 정답 486　　　⭐**1등급 대비** [정답률 11%]

> **정답 공식:** 함수 $g(x)$가 $x=\alpha$에서 연속이려면 $g(\alpha) = \lim_{x \to \alpha} g(x)$를 만족해야 한다. 또한, 함수 $g(x)$가 $x=\alpha$에서 미분가능하려면 $\lim_{x \to \alpha+} \dfrac{g(x)-g(\alpha)}{x-\alpha} = \lim_{x \to \alpha-} \dfrac{g(x)-g(\alpha)}{x-\alpha}$를 만족해야 한다.

최고차항의 계수가 1인 삼차함수 $f(x)$에 대하여 함수 $g(x)$를

$g(x) = \begin{cases} f(x)+x & (f(x) \geq 0) \\ 2f(x) & (f(x) < 0) \end{cases}$라 할 때, 함수 $g(x)$는 다음

> **단서1** $f(x)=0$인 지점, 즉 삼차함수 $y=f(x)$의 그래프가 x축과 만나는 점에서 함수 $g(x)$의 식이 바뀌어.

조건을 만족시킨다.

(가) 함수 $g(x)$가 $x=t$에서 불연속인 실수 t의 개수는 1이다.

> **단서2** $f(t)=0$인 $x=t$의 좌우에서 $f(x)$의 부호를 따져서 $g(x)$의 연속성을 조사해야 해.

(나) 함수 $g(x)$가 $x=t$에서 미분가능하지 않은 실수 t의 개수는 2이다.

> **단서3** 불연속인 실수 t가 1개인 상황에서 미분가능하지 않은 실수 t는 2개이므로 나머지 하나는 연속이면서 미분가능하지 않은 꺾인 점이야.

$f(-2)=-2$일 때, $f(6)$의 값을 구하시오. (4점)

💡 **단서+발상** [유형 12]

단서1 함수 $g(x)$의 식이 바뀌는 곳은 함수 $f(x)$의 부호가 바뀌는 경우이거나 $f(x)$의 극댓값이 0인 경우이다. *발상*

단서2 함수 $g(x)$의 식이 바뀌는 곳에서 $g(x)$가 연속이기 위해서는 그 점이 $(0, 0)$이어야 한다. *발상*

따라서 $f(t)=0$인 곳을 기준으로 부호가 어떻게 바뀌는지 관찰하면서 함수 $g(x)$의 식이 바뀌는지, 그리고 그 점이 $(0, 0)$이 아닌지 확인해야 한다. *해결*

단서3 함수가 어떤 점에서 불연속이면 항상 미분가능하지 않은데, *개념* 조건 (가)에 의해 함수 $g(x)$의 불연속점은 한 개이므로, 연속이면서 미분가능하지 않은 점이 한 개 존재하는 것을 알 수 있다. *적용*

---------------------- [문제 풀이 순서] ----------------------

1st 조건을 만족시키는 실수 t의 조건을 확인해.

실수 t에 대하여 $f(t) > 0$이면 $g(x) = f(x)+x$이므로 함수 $g(x)$는 $x=t$에서 연속이고 미분가능하다.

또한, $f(t) < 0$이면 $g(x) = 2f(x)$이므로 함수 $g(x)$는 $x=t$에서 연속이고 미분가능하다.

따라서 조건을 만족시키는 실수 t는 $f(t)=0$인 값이다.

> 삼차함수 $y=f(x)$의 그래프가 x축과 만나는 점의 x좌표가 t야.

$f(t)=0$인 $x=t$의 좌우에서 $f(x)$의 부호에 따라 연속성을 살펴보자.

(ⅰ) $x=t$의 좌우에서 $f(x)$의 부호가 서로 다른 경우

함숫값 $g(t) = f(t)+t = t$이고 좌극한값과 우극한값은

$\displaystyle\lim_{x \to t-} g(x) = \lim_{x \to t-} \{f(x)+x\} = f(t)+t = t$와

$\displaystyle\lim_{x \to t+} g(x) = \lim_{x \to t+} 2f(x) = 2f(t) = 0$

또는

$\displaystyle\lim_{x \to t-} g(x) = \lim_{x \to t-} 2f(x) = 2f(t) = 0$과

$\displaystyle\lim_{x \to t+} g(x) = \lim_{x \to t+} \{f(x)+x\} = f(t)+t = t$이다.

따라서 함수 $g(x)$는 $t=0$이면 $x=t$에서 연속이고
$t \neq 0$이면 $x=t$에서 불연속이다.

(ii) $x=t$의 좌우에서 $f(x)$의 부호가 모두 양인 경우
   (i)에 의해 함숫값과 극한값이 모두 $f(t)+t=t$이므로
   함수 $g(x)$는 $x=t$에서 연속이다.

(iii) $x=t$의 좌우에서 $f(x)$의 부호가 모두 음인 경우
   (i)에 의해 함숫값은 $g(t)=f(t)+t=t$
   극한값은 $2f(t)=0$이므로
   함수 $g(x)$는 $t=0$이면 $x=t$에서 연속이고
   $t \neq 0$이면 $x=t$에서 불연속이다.

(i)~(iii)에 의해
삼차방정식 $f(x)=0$을 만족시키는 실근의 개수가 1이면
<u>(i)의 경우일 때야.</u>
조건 (나)를 만족시키지 않고,
삼차방정식 $f(x)=0$을 만족시키는 실근의 개수가 3이면
<u>모두(i)의 경우일 때야.</u>
0이 아닌 서로 다른 실근의 개수가 2 이상이고
함수 $g(x)$가 $x=t$에서 불연속인 t의 개수가 2 이상이므로 조건 (가)를
만족시키지 않는다.
따라서 삼차방정식 $f(x)=0$을 만족시키는 실근의 개수는 2이다. … ㉠
<u>삼차함수 $y=f(x)$의 그래프는 한 점에서 x축에 접해.
즉, (i)과 (ii)의 경우일 때 또는 (i)과 (iii)의 경우일 때야.</u>

2nd 조건 (가)를 만족시키는 삼차함수 $f(x)$의 식을 결정해.

조건 (가)에 의하여
$g(x)$가 $x=t$에서 불연속인 실수 t의 개수가 1이므로
$f(x)=0$인 x의 값 중 0이 아닌 값은 1개이다.
이 값을 β라 하면 ㉠에 의해 최고차항의 계수가 1인 삼차함수
<u>$f(x)$는 $f(x)=x(x-\beta)^2$ 또는 $f(x)=x^2(x-\beta)$이다.</u>
<u>$f(x)=(x-\beta)^3$은 ㉠을 만족하지 않아.</u>

(I) $f(x)=x(x-\beta)^2$이면
   $f(-2)=-2$이므로
   $(-2) \times (-2-\beta)^2 = -2$
   $(\beta+2)^2 = 1$
   $\therefore \beta=-1$ 또는 $\beta=-3$

   ① $\beta=-1$, 즉 $f(x)=x(x+1)^2$일 때
   $x \geq 0$ 또는 $x=-1$이면
   $f(x) \geq 0$이고
   $x < -1$ 또는 $-1 < x < 0$이면
   $f(x) < 0$이므로
   $$g(x)=\begin{cases} x(x+1)^2 + x & (x \geq 0 \text{ 또는 } x=-1) \\ 2x(x+1)^2 & (x < -1 \text{ 또는 } -1 < x < 0) \end{cases}$$
   $$=\begin{cases} x^3 + 2x^2 + 2x & (x \geq 0 \text{ 또는 } x=-1) \\ 2x^3 + 4x^2 + 2x & (x < -1 \text{ 또는 } -1 < x < 0) \end{cases}$$
   이때, 함수 $g(x)$는 $x=-1$에서만 불연속이지만
   <u>$x=0$에서 미분가능하므로 조건 (나)를 만족시키지 않는다.</u>
   <u>$x \to 0+$이면 $\dfrac{g(x)-g(0)}{x-0} = x^2 + 2x + 2 \to 2$,
   $x \to 0-$이면 $\dfrac{g(x)-g(0)}{x-0} = 2x^2 + 4x + 2 \to 2$이므로
   $x=0$에서 미분가능해. 따라서 미분가능하지 않은 실수 t의 개수는 1이야.</u>

   ② $\beta=-3$, 즉 $f(x)=x(x+3)^2$일 때
   $x \geq 0$ 또는 $x=-3$이면
   $f(x) \geq 0$이고
   $x < -3$ 또는 $-3 < x < 0$이면
   $f(x) < 0$이므로

$$g(x)=\begin{cases} x(x+3)^2 + x & (x \geq 0 \text{ 또는 } x=-3) \\ 2x(x+3)^2 & (x < -3 \text{ 또는 } -3 < x < 0) \end{cases}$$
$$=\begin{cases} x^3 + 6x^2 + 10x & (x \geq 0 \text{ 또는 } x=-3) \\ 2x^3 + 12x^2 + 18x & (x < -3 \text{ 또는 } -3 < x < 0) \end{cases}$$
이때, 함수 $g(x)$는 $x=-3$에서만 불연속이고,
<u>$x=0$과 $x=-3$에서 미분가능하지 않다.</u>
<u>$x \to 0+$이면 $\dfrac{g(x)-g(0)}{x-0} = x^2 + 6x + 10 \to 10$,
$x \to 0-$이면 $\dfrac{g(x)-g(0)}{x-0} = 2x^2 + 12x + 18 \to 18$이므로
$x=0$에서 미분가능하지 않아.</u>

(II) $f(x)=x^2(x-\beta)$이면 $f(-2)=-2$이므로
   $(-2)^2 \times (-2-\beta) = -2$
   $-2-\beta = -\dfrac{1}{2}$
   $\therefore \beta = -\dfrac{3}{2}$

   $f(x)=x^2\left(x+\dfrac{3}{2}\right)$일 때
   $x \geq -\dfrac{3}{2}$이면 $f(x) \geq 0$이고
   $x < -\dfrac{3}{2}$이면 $f(x) < 0$이므로
   $$g(x)=\begin{cases} x^2\left(x+\dfrac{3}{2}\right)+x & \left(x \geq -\dfrac{3}{2}\right) \\ 2x^2\left(x+\dfrac{3}{2}\right) & \left(x < -\dfrac{3}{2}\right) \end{cases} \text{이 되며}$$

   이는 조건 (나)를 만족시키지 않는다.
   <u>미분가능하지 않은 점의 개수가 1(경계점)이야.</u>

(I), (II)에 의하여 $f(x)=x(x+3)^2$이다.

3rd $f(6)$의 값을 구하자.
$\therefore f(6) = 6 \times 9^2 = 6 \times 81 = 486$

 My Top Secret   서울대 선배의 **①** 등급 대비 전략

본 문제에서 $f(x)$가 극댓값 0을 갖는 경우와 극솟값 0을 갖는 경우가
비슷하다고 생각할 수 있는데, 사실은 그렇지 않아. 함수 $g(x)$의
식이 바뀌는 곳은 $f(x)$의 부호가 바뀌는 경우이거나 $f(x)$의 극댓값이
0인 경우로 해석할 수 있으므로 $f(x)$가 극솟값 0을 갖는 경우에는
$g(x)$의 식이 바뀌지 않고, $g(x)$가 그 점에서 항상 연속이면서
미분가능해.

❖ 미분가능성과 미정계수의 결정   개념·공식

두 다항함수 $g(x)$, $h(x)$에 대하여
함수 $f(x)=\begin{cases} g(x) & (x \geq a) \\ h(x) & (x < a) \end{cases}$ 가 $x=a$에서 미분가능하면
① 함수 $f(x)$가 $x=a$에서 연속이다. ➡ $g(a)=h(a)$
② 함수 $f(x)$가 $x=a$에서 미분가능하다. ➡ $g'(a)=h'(a)$

삼차함수 $f(x)$에 대하여 함수 $g(x)$를

$$g(x)=\begin{cases} -f(x) & (x<0) \\ |f(x)|-|2x^2-8| & (x\geq 0) \end{cases}$$

단서1 $x\geq 0$에서 절댓값이 포함된 함수이기 때문에 절댓값 안의 식의 값이 0이 되는 점이 첨점이 될 수 있으므로 그 점에서의 미분가능성을 판단해야 해.

이라 하자. 함수 $g(x)$가 실수 전체의 집합에서 미분가능할 때,

단서2 미분가능하면 연속임을 알 수 있어. 또한, $y=|2x^2-8|\,(x\geq 0)$에서 미분가능하지 않은 점에서도 $g(x)=|f(x)|-|2x^2-8|$은 미분가능해야 해.

$f(-5)$의 값을 구하시오. (4점)

💡 **단서+발상**

단서1 함수 $g(x)$는 실수 전체의 집합에서 미분가능한 함수이므로 $x=0$에서의 연속성과 미분가능성을 이용하여 $f(0)$의 값과 $f'(0)$의 값을 구할 수 있다. **발상**

단서2 함수 $y=|2x^2-8|$의 첨점에서도 함수 $g(x)$가 미분가능함을 이용하여 또 다른 관계식을 구한다. **발상**

모든 단서들을 조합해 삼차함수 $f(x)$를 찾아서 $f(-5)$의 값을 구한다. **해결**

---------------- [문제 풀이 순서] ----------------

1st 함수 $g(x)$가 $x=0$에서 연속임을 이용해.

함수 $g(x)$가 실수 전체의 집합에서 미분가능하므로 함수 $g(x)$는 실수 전체의 집합에서 연속이어야 한다.

함수 $g(x)$가 $x=0$에서 연속이므로

함수 $f(x)$가 $x=a$에서 미분가능하면 $f(x)$는 $x=a$에서 연속이야.

$\lim\limits_{x\to 0-}g(x)=-f(0)$, $\lim\limits_{x\to 0+}g(x)=|f(0)|-8=g(0)$에서

$-f(0)=|f(0)|-8$이어야 한다.

함수 $f(x)$가 $x=a$에서 연속이려면
(i) $f(a)$가 존재하고
(ii) $\lim\limits_{x\to a}f(x)$의 값이 존재하며
(iii) $f(a)=\lim\limits_{x\to a}f(x)$이어야 해.

위 식에서

(i) $f(0)\geq 0$이면 $-f(0)=f(0)-8$ ∴ $f(0)=4$

(ii) $f(0)<0$이면 $-f(0)=-f(0)-8$이므로 모순이다.

(i), (ii)에서 $f(0)=4$ ··· ㉠

$g(0)=|f(0)|-8=-4$

2nd 함수 $g(x)$가 $x=0$에서 미분가능하므로 $x=0$에서의 좌미분계수와 우미분계수가 같아야 해.

함수 $g(x)$가 $x=0$에서 미분가능하므로

주의 함수가 미분가능하려면 '연속'이면서 '미분계수가 존재'해야 해.

$\lim\limits_{h\to 0}\dfrac{g(0+h)-g(0)}{h}$

$x<0$에서 $g(x)=-f(x)$이고, $g(0)=-f(0)$이야.

$=\lim\limits_{h\to 0-}\dfrac{-f(0+h)+f(0)}{h}$

$=-\lim\limits_{h\to 0-}\dfrac{f(0+h)-f(0)}{h}$

$=-f'(0)$

$\lim\limits_{h\to 0+}\dfrac{g(0+h)-g(0)}{h}$

$x\geq 0$에서 $g(x)=|f(x)|-|2x^2-8|$이고, $g(0)=-f(0)=-4$야.

$=\lim\limits_{h\to 0+}\dfrac{|f(0+h)|-|2h^2-8|+4}{h}$

$=\lim\limits_{h\to 0+}\dfrac{|f(0+h)|+2h^2-8+4}{h}$

$=\lim\limits_{h\to 0+}\dfrac{|f(0+h)|-f(0)}{h}+\lim\limits_{h\to 0+}\dfrac{2h^2}{h}\ (\because f(0)=4)$

삼차함수 $f(x)$에 대하여 $f(0)=4$이므로
$\lim\limits_{h\to 0+}f(0+h)>0$, 즉 $\lim\limits_{h\to 0+}|f(0+h)|=\lim\limits_{h\to 0+}f(0+h)$

$=\lim\limits_{h\to 0+}\dfrac{f(0+h)-f(0)}{h}+\lim\limits_{h\to 0+}2h=f'(0)$

함수 $g(x)$의 $x=0$에서의 좌미분계수와 우미분계수가 같아야 하므로

$-f'(0)=f'(0)$

∴ $f'(0)=0$ ··· ㉡

3rd 함수 $g(x)$가 $x=2$에서 미분가능하므로 $x=2$에서의 좌미분계수와 우미분계수가 같아야 해.

$x\geq 0$에서 함수 $y=|2x^2-8|$의 그래프가 x축을 통과하는 점에서 그래프가 꺾어지므로 이 점에서 미분가능하지 않은 첨점이 생긴다.

즉, $x=2$에서 첨점이 생기므로 함수 $y=|2x^2-8|$은 $x=2$에서 미분가능하지 않다.

그러나 함수 $g(x)$는 $x=2$에서 미분가능해야 하므로

$\lim\limits_{h\to 0-}\dfrac{g(2+h)-g(2)}{h}$

$=\lim\limits_{h\to 0-}\dfrac{|f(2+h)|-|2(2+h)^2-8|-|f(2)|}{h}$

$=\lim\limits_{h\to 0-}\dfrac{|f(2+h)|+2(2+h)^2-8-|f(2)|}{h}$

$=\lim\limits_{h\to 0-}\dfrac{|f(2+h)|-|f(2)|}{h}+\lim\limits_{h\to 0-}\dfrac{2h^2+8h}{h}$

$\lim\limits_{h\to 0-}\dfrac{2h^2+8h}{h}=\lim\limits_{h\to 0-}(2h+8)=8$

$=\lim\limits_{h\to 0-}\dfrac{|f(2+h)|-|f(2)|}{h}+8$

$\lim\limits_{h\to 0+}\dfrac{g(2+h)-g(2)}{h}$

$=\lim\limits_{h\to 0+}\dfrac{|f(2+h)|-|2(2+h)^2-8|-|f(2)|}{h}$

$=\lim\limits_{h\to 0+}\dfrac{|f(2+h)|-2(2+h)^2+8-|f(2)|}{h}$

$=\lim\limits_{h\to 0+}\dfrac{|f(2+h)|-|f(2)|}{h}-\lim\limits_{h\to 0+}\dfrac{2h^2+8h}{h}$

$=\lim\limits_{h\to 0+}\dfrac{|f(2+h)|-|f(2)|}{h}-8$

함수 $g(x)$의 $x=2$에서의 좌미분계수와 우미분계수가 같아야 하므로

$\lim\limits_{h\to 0-}\dfrac{|f(2+h)|-|f(2)|}{h}+8$

$=\lim\limits_{h\to 0+}\dfrac{|f(2+h)|-|f(2)|}{h}-8$ ··· ㉢

즉, ㉢에서 함수 $|f(x)|$는 $x=2$에서 미분가능하지 않다.

∴ $f(2)=0$ ··· ㉣

함정 삼차함수 $f(x)$는 실수 전체의 집합에서 미분가능한 함수야. 그런데 함수 $y=|f(x)|$의 그래프는 $y=f(x)$의 그래프가 x축을 통과하는 점에서 그래프가 꺾어지므로 이 점에서 미분가능하지 않은 첨점이 생겨. $x=2$에서 미분가능하지 않으므로 $f(2)=0$이 돼.

이제 $\lim\limits_{h\to 0-}\dfrac{|f(2+h)|-|f(2)|}{h}=-|f'(2)|$와

$\lim\limits_{h\to 0+}\dfrac{|f(2+h)|-|f(2)|}{h}=|f'(2)|$를 ㉢에 대입하면

함수 $y=|f(x)|$의 그래프는 $x=2$에서 꺾어 올라가는 형태이므로 $y=|f(x)|$의 $x=2$에서의 좌미분계수는 음의 부호를, 우미분계수는 양의 부호를 가져.

$-|f'(2)|+8=|f'(2)|-8$

$\therefore |f'(2)|=8 \cdots$ ㅁ

4th 삼차함수 $f(x)$를 찾아 $f(-5)$의 값을 구해.

네 식 ㉠, ㉡, ㉣, ㅁ을 이용하여 삼차함수 $f(x)$를 찾자.

㉠에서 $f(0)=4$이므로

$f(x)=ax^3+bx^2+cx+4$, $f'(x)=3ax^2+2bx+c$라 하자.

㉡에서 $f'(0)=0$이므로 $c=0$

즉, $f(x)=ax^3+bx^2+4$, $f'(x)=3ax^2+2bx$

㉣에서 $f(2)=8a+4b+4=0$

ㅁ에서 $|f'(2)|=|12a+4b|=8$

두 식을 연립하면

<u>$4b=-8a-4$를 $|12a+4b|=8$에 대입해.</u>

$|12a+4b|=|12a+(-8a-4)|=|4a-4|=8$

$4a-4=8$일 때, $a=3$, $b=-7$

$4a-4=-8$일 때, $a=-1$, $b=1$

따라서 $f(x)=3x^3-7x^2+4$ 또는 $f(x)=-x^3+x^2+4$이다.

(i) $f(x)=3x^3-7x^2+4$인 경우

$f(x)=3x^3-7x^2+4=(x-1)(x-2)(3x+2)$이므로

함수 $g(x)$의 $x=1$에서의 좌미분계수와 우미분계수를 구해 보면

$\lim_{h\to 0^-} \dfrac{g(1+h)-g(1)}{h}$

$=\lim_{h\to 0^-} \dfrac{|f(1+h)|+2(1+h)^2-8-|f(1)|+6}{h}$

<u>함수 $f(x)$의 최고차항의 계수가 양수이고</u>

$f\left(-\dfrac{2}{3}\right)=f(1)=f(2)=0$이므로 그래프의 개형을 그려보면

$\lim_{h\to 0^-} f(1+h)>0$, $\lim_{h\to 0^+} f(1+h)<0$

$=\lim_{h\to 0^-} \dfrac{f(1+h)}{h}+\lim_{h\to 0^-} \dfrac{2h^2+4h}{h}$

$=\lim_{h\to 0^-} \dfrac{3h^3+2h^2-5h}{h}+4$

$=-1$

$\lim_{h\to 0^+} \dfrac{g(1+h)-g(1)}{h}$

$=\lim_{h\to 0^+} \dfrac{|f(1+h)|+2(1+h)^2-8-|f(1)|+6}{h}$

$=\lim_{h\to 0^+} \dfrac{-f(1+h)}{h}+\lim_{h\to 0^+} \dfrac{2h^2+4h}{h}$

$=\lim_{h\to 0^+} \dfrac{-3h^3-2h^2+5h}{h}+4$

$=9$

즉, $\lim_{h\to 0^-} \dfrac{g(1+h)-g(1)}{h} \neq \lim_{h\to 0^+} \dfrac{g(1+h)-g(1)}{h}$이므로

<u>$x=1$에서의 좌미분계수와 우미분계수가 다르므로 함수 $g(x)$는 $x=1$에서 미분가능하지 않아.</u>

함수 $g(x)$가 $x=1$에서 미분가능하지 않다.

<u>조건을 만족시키지 않으므로 구하는 함수가 아니야.</u>

(ii) $f(x)=-x^3+x^2+4$인 경우

$f(x)=-x^3+x^2+4=-(x-2)(x^2+x+2)$이므로

함수 $g(x)$는 실수 전체의 집합에서 미분가능하다.

(i), (ii)에서 $f(x)=-x^3+x^2+4$

$\therefore f(-5)=125+25+4=154$

✳ 절댓값 기호와 미분가능성

처음에 함수 $g(x)$의 형태를 보고 많이 놀랐을 거야. 절댓값이 한 번만 쓰여도 함수를 미분하기 까다로워지는데 절댓값이 두 번이나 쓰였으니 처음에는 당황했을 거야. 하지만 이번 문제의 $g(x)$처럼 절댓값 기호가 있지만 미분가능한 함수를 다룰 때 우리가 해야 하는 일이 있어. 먼저 연속성을 만족시키는 조건을 찾으면서 함수를 결정할 단서들을 조금씩 모으는 거야. 이렇게 모은 단서들을 기반으로 미분가능성을 만족시키는 단서들을 또 모아. 이 관점에서 이번 문제의 풀이를 분석해 볼까? $g(x)$가 $x=0$을 경계로 형태가 달라지지? $x=0$에서도 $g(x)$가 연속임을 만족시키기 위해 $f(0)=4$라는 정보를 얻었어. 다음으로 $g(x)$의 미분가능성을 만족시키기 위해 $x=0$에서 미분계수를 조사하면서 $f'(0)=0$을 얻고, $x=2$에서 미분계수를 조사하면서 $f(2)=0$, $|f'(2)|=8$임을 얻었지. 이렇게 얻은 단서들을 기반으로 다음 단계로 나아가면 문제를 해결할 단서를 얻을 수 있어. 이번 문제에서 자신이 어느 부분을 놓쳤는지 잘 복습해 보고 다음에 비슷한 상황을 마주쳐도 당황하지 않을 수 있도록 잘 대비해 보자!

C 172 정답 105 ·············· ⊕2등급 대비 [정답률 20%]

✳삼차함수 $f(x)$를 이용해 절댓값 기호를 사용하여 새롭게 정의된 함수가 실수 전체에서 미분가능하도록 하는 함수 $f(x)$ 구하기 [유형 13＋17]

삼차함수 $f(x)$가 다음 조건을 만족시킨다.

(가) $f(1)=f(3)=0$

단서1 삼차함수 $y=f(x)$의 그래프가 x축과 $x=1$, $x=3$에서 만난다는 뜻이야. 이것을 만족시키는 삼차함수의 그래프의 개형을 그려봐.

(나) 집합 $\{x|x\geq 1$이고 $f'(x)=0\}$의 원소의 개수는 1이다.

단서2 $x\geq 1$인 범위에서 함수 $f(x)$의 극값이 1개만 있어야 한다는 거야.

단서1 에서 그린 그래프들 중에서 해당되는 그래프를 찾아내면 이를 이용하여 삼차함수 $f(x)$의 식을 세울 수 있을 거야.

상수 a에 대하여 함수 $g(x)=|f(x)f(a-x)|$가 실수 전체의 집합에서 미분가능할 때, $\dfrac{g(4a)}{f(0)\times f(4a)}$의 값을 구하시오. (4점)

단서3 함수 $|F(x)|$와 같이 절댓값을 씌운 함수는 첨점이 생겨 미분가능하지 않을 수 있어. 그런데 함수 $g(x)=|f(x)f(a-x)|$가 실수 전체의 집합에서 미분가능하다고 했으니까 뾰족점이 생기면 안 되겠지? 즉, $f(x)f(a-x)$는 어떤 식의 제곱 이상인 식을 인수로 가져야 해.

왜 2등급? 삼차함수 $f(x)$와 $f(x)$를 평행이동, 대칭이동한 함수를 이용하여 새롭게 정의된 함수가 실수 전체의 집합에서 미분가능하도록 하는 삼차함수 $f(x)$를 구하는 문제이다.

문제 해결을 위해서는 먼저 삼차함수 $y=f(x)$의 그래프가 x축과 만나는 점을 바탕으로 $f(x)$의 식을 유추해야 한다. 그런 다음, 절댓값 기호를 사용한 함수가 실수 전체의 집합에서 미분가능하기 위해서는 함수 $f(x)$를 어떻게 평행이동, 대칭이동을 해야 하는지 따져볼 수 있어야 한다.

💡 단서+발상

단서1 조건 (가)에서 $f(1)=0$, $f(3)=0$이므로 함수 $y=f(x)$의 그래프는 x축과 $x=1$, $x=3$인 점에서 만난다. 개념

삼차함수 $y=f(x)$의 그래프의 개형을 그려보자. 적용

단서2 함수 $y=f(x)$의 그래프가 x축과 적어도 2개의 점에서 만나므로 삼차함수 $f(x)$는 2개의 극값을 갖는다. 개념

$f(x)$의 도함수 $f'(x)$에 대하여 방정식 $f'(x)=0$은 서로 다른 두 실근을 갖는다. 개념

$x \geq 1$이면서 $f'(x)=0$인 x가 1개여야 하므로 $x \geq 1$에서 함수 $f(x)$는 하나의 극값만을 갖는다. 〔발상〕

조건들을 종합하여 위에서 그린 삼차함수 $y=f(x)$의 그래프의 개형을 좀 더 구체적으로 나타낼 수 있다. 〔적용〕

〔단서3〕 미분가능한 함수 $F(x)$에 대하여 $y=|F(x)|$의 그래프는 $y=F(x)$의 그래프를 x축을 기준으로 x축 위로 꺾어 올린 그래프이다. 〔개념〕

함수 $|F(x)|$가 미분불가능한 점은 $y=F(x)$의 그래프가 x축과 만나지만 접하지는 않는 점이다. 〔개념〕

이를 함수 $g(x)=|f(x)f(a-x)|$에 적용하자. 〔적용〕

함수 $g(x)$가 실수 전체의 집합에서 미분가능하므로 함수 $y=f(x)f(a-x)$의 그래프는 x축과 접함을 알 수 있다. 〔발상〕

방정식 $f(x)f(a-x)=0$의 실근을 k라 하면 $f(x)f(a-x)$는 $(x-k)^2$으로 나누어떨어진다. 〔해결〕

〔주의〕 방정식 $f(x)=0$의 두 실근이 주어졌으므로 나머지 한 실근을 q라 했을 때 $q<1$, $q=1$, $1<q<3$, $q=3$, $q>3$인 경우로 나눈 후 그래프의 개형을 통해 조건 (나)를 만족시키는 q의 값 또는 범위를 구할 수 있다.

〔핵심 정답 공식〕: 다항함수 $F(x)$에 대하여 $F(a)=0$일 때, 함수 $|F(x)|$가 $x=a$에서 미분가능하려면 $F(x)$는 $x-a$의 제곱 이상인 식을 인수로 가져야 한다.

------------------------ [문제 풀이 순서] ------------------------

〔1st〕 주어진 조건을 만족시키는 함수 $f(x)$의 식을 세워봐.

조건 (가)에 의해 함수 $y=f(x)$의 그래프는 x축과 $x=1$, $x=3$에서 만난다.

또, 조건 (나)에 의해 $x \geq 1$인 범위에서 함수 $f(x)$의 극값이 1개만 존재한다.

이를 종합하여 삼차함수 $y=f(x)$의 그래프의 개형을 그리면 최고차항의 계수의 부호에 따라 다음의 두 경우가 가능하다.

$x=1$ 또는 $x=3$에서 삼차함수 $y=f(x)$의 그래프가 접하는 경우도 $x \geq 1$에서 $f'(x)=0$인 점이 2개가 생기게 되어 조건 (나)를 만족시키지 않아.

(1) 최고차항의 계수가 양수인 경우　(2) 최고차항의 계수가 음수인 경우

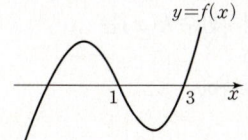　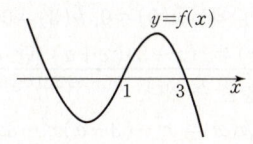

따라서 위의 그림에 의해 삼차함수 $y=f(x)$의 그래프는 x의 값이 1보다 작은 점에서 x축과 만나므로

$f(x)=p(x-1)(x-3)(x-q)$ (p, q는 상수, $p \neq 0$, $q<1$)로 놓을 수 있다.

〔2nd〕 함수 $g(x)$가 미분가능하기 위한 조건을 찾아내야 해.

$\underline{f(a-x)}$ ▸ $f(a-x)$는 $f(x)$의 식에 x 대신에 $a-x$를 대입하면 돼.
$=p(a-x-1)(a-x-3)(a-x-q)$
$=-p(x-a+1)(x-a+3)(x-a+q)$

즉, $f(x)$의 최고차항의 계수가 양수일 때,
두 함수 $y=f(x)$, $y=f(a-x)$의 그래프의 개형은 다음과 같다.

$f(x)$ $\xrightarrow[\text{대칭이동}]{y축에 대하여}$ $f(-x)$ $\xrightarrow[a만큼 평행이동]{x축의 방향으로}$ $f(-(x-a))=f(a-x)$

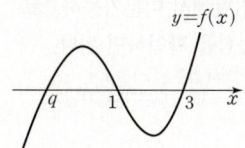　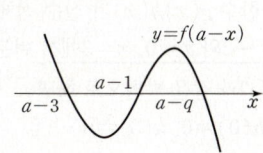

한편,
$f(x)f(a-x)$
$=-p^2(x-1)(x-3)(x-q)(x-a+1)(x-a+3)(x-a+q)$

이므로
$g(x)$
$=|f(x)f(a-x)|$
$=p^2|(x-1)(x-3)(x-q)(x-a+1)(x-a+3)(x-a+q)|$

이고, 함수 $g(x)$가 실수 전체의 집합에서 미분가능하려면
$g(x)=p^2|(x-a)^2(x-\beta)^2(x-\gamma)^2|$ 꼴이어야 하므로

 〔함정〕 함수 $g(x)$가 실수 전체의 집합에서 미분가능하려면 $g(t)=0$인 모든 실수 t에 대하여 $g'(t)=0$이어야 해.
즉, $g(x)$의 인수인 $x-q$, $x-1$, $x-3$의 차수가 제곱 이상이 되어야 하니까 $f(x)f(a-x)$는 $(x-1)^2$, $(x-3)^2$, $(x-q)^2$을 인수로 가져야 해.

즉, 위의 그림에서
$q<1<3$이고 $a-3<a-1<a-q$이므로
$a-3=q$, $a-1=1$, $a-q=3$
$\therefore a=2$, $q=-1$　▸ $a-1=1$에서 $a=2$
　　　　　　　　　$a-3=q$에서 $q=2-3=-1$

〔3rd〕 $\dfrac{g(4a)}{f(0) \times f(4a)}$의 값을 구하자.

따라서 $f(x)=p(x+1)(x-1)(x-3)$이고,
$f(a-x)=-p(x+1)(x-1)(x-3)=-f(x)$에서
　　$f(a-x)=-p(x-a+1)(x-a+3)(x-a+q)$
　　에서 $a=2$, $q=-1$을 대입한 거야.
$g(x)=|f(x)f(a-x)|=|f(x) \times \{-f(x)\}|=\{f(x)\}^2$

이므로
$\dfrac{g(4a)}{f(0) \times f(4a)}=\dfrac{\{f(8)\}^2}{f(0) \times f(8)}=\dfrac{f(8)}{f(0)}=\dfrac{p \times 9 \times 7 \times 5}{p \times 1 \times (-1) \times (-3)}$
$=105$

My Top Secret　서울대 선배의 ❶ 등급 대비 전략

다항함수에 대하여 절댓값 기호를 사용한 함수가 절댓값 기호 안을 0으로 만드는 점에서 미분가능하면 절댓값 기호를 사용하기 전의 원래의 함수의 그래프는 그 점에서 x축에 접해.
그리고 함수의 그래프가 $x=a$인 점에서 x축에 접하면 이 함수는 반드시 $(x-a)^2$을 인수로 가져.
이와 같은 내용은 미분가능에 관한 고난도 문제에 자주 사용되는 개념이므로 꼭 기억하도록 해.

Ⓒ 173　정답 **64**　⋯⋯⋯⋯⋯　★1등급 대비 [정답률 18%]

＊미분가능하지 않거나 불연속인 함수와 다항함수의 곱으로 정의된 함수가 미분가능하도록 하는 다항함수 구하기 [유형 13+17]

함수 $f(x)=|3x-9|$에 대하여 함수 $g(x)$는
$$g(x)=\begin{cases} \dfrac{3}{2}f(x+k) & (x<0) \\ f(x) & (x \geq 0) \end{cases}$$
〔단서1〕 함수 $g(x)$는 $x=0$을 기준으로 함수식이 나누어져 있으므로 $x=0$에서 연속인 경우와 불연속인 경우를 나누어 생각하자.

이다. 최고차항의 계수가 1인 삼차함수 $h(x)$가 다음 조건을 만족시킬 때, 모든 $h(k)$의 값의 합을 구하시오. (단, $k>0$) (4점)

(가) 함수 $g(x)h(x)$는 실수 전체의 집합에서 미분가능하다.
(나) $h'(3)=15$

〔단서2〕 함수 $g(x)$가 미분가능하지 않은 점이 존재하니까 그 점에서 $g(x)h(x)$가 미분가능하도록 하는 $h(x)$의 조건을 따져야 해.

왜 1등급? 절댓값이 포함된 함수와 다항함수의 곱으로 정의된 새로운 함수가 절댓값이 포함된 함수의 미분가능하지 않은 점과 불연속인 점에서 미분가능하도록 하는 모든 다항함수를 구하는 문제이다.

이를 위해서는 절댓값이 포함된 함수의 미분가능하지 않은 점과 연속이 되지 않는 점을 우선 찾아낼 수 있어야 한다.

💡 단서+발상

단서1 함수 $g(x)$가 $x=0$을 기준으로 나누어 정의되어 있으므로 $x=0$에서 함수 $g(x)$가 연속인 경우와 연속이 아닌 경우로 나누어 생각하자. **발상**
함수 $g(x)$가 연속일 때의 k의 값과 연속이 아닐 때의 k의 값을 구한 후 **개념** 각 k의 값에 따라 함수 $g(x)h(x)$가 실수 전체의 집합에서 미분가능하도록 하는 다항함수 $h(x)$를 구하면 된다. **적용**

단서2 함수 $g(x)$가 실수 전체의 집합에서 연속일 때는 함수 $g(x)$가 미분가능하지 않은 점에서 함수 $g(x)h(x)$가 미분가능하도록 다항함수 $h(x)$를 결정하면 되고 **발상**
함수 $g(x)$가 연속이 아닌 점이 존재할 때는 함수 $g(x)$가 불연속인 점과 미분가능하지 않은 점에서 함수 $g(x)h(x)$가 미분가능하도록 다항함수 $h(x)$를 결정하면 된다. **발상**

🌟 주의 함수 $g(x)$는 $x=0$에서 연속일 수도 있고, 연속이 아닐 수도 있기 때문에 함수 $g(x)$가 미분가능하지 않은 점에서만 함수 $g(x)h(x)$가 미분가능하도록 하는 다항함수 $h(x)$를 구하는 실수를 하지 않도록 주의해야 한다.

핵심 정답 공식: 함수 $g(x)$가 $x=0$에서 연속인 경우와 불연속인 경우로 나누어 삼차함수 $h(x)$를 구한다.

-------------------- [문제 풀이 순서] --------------------

1st 먼저 함수 $g(x)$가 $x=0$에서 연속인 경우의 k의 값을 찾자.

함수 $g(x)$가 $x=0$에서 연속이면
<u>함수 $g(x)$가 $x=0$에서 연속이면 $\lim\limits_{x\to 0}g(x)=g(0)$</u>
즉, $\lim\limits_{x\to 0+}g(x)=\lim\limits_{x\to 0-}g(x)=g(0)$이어야 해.

$$\lim_{x\to 0+}g(x)=\lim_{x\to 0+}f(x)=\lim_{x\to 0+}|3x-9|=9,$$

$$\lim_{x\to 0-}g(x)=\lim_{x\to 0-}\frac{3}{2}f(x+k)=\lim_{x\to 0-}\frac{3}{2}|3x+3k-9|$$
$$=\frac{3}{2}|3k-9|$$

에서 $9=\dfrac{3}{2}|3k-9|$

$|k-3|=2$　　$\therefore k=1$ 또는 $k=5$

2nd **1st**에서 구한 k의 값에 대하여 함수 $g(x)h(x)$가 실수 전체의 집합에서 미분가능하도록 하는 $h(x)$의 조건을 찾아.

(i) $k=1$인 경우　→ $=\dfrac{3}{2}|3(x+1)-9|$

$$g(x)=\begin{cases}\dfrac{3}{2}f(x+1) & (x<0)\\ f(x) & (x\ge 0)\end{cases}$$
$$=\begin{cases}\dfrac{3}{2}|3x-6| & (x<0)\\ |3x-9| & (x\ge 0)\end{cases}$$

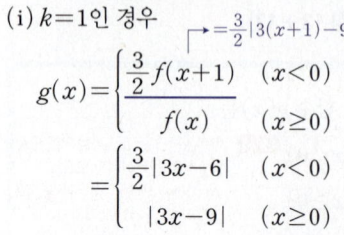
[그림 1]

이므로 $y=g(x)$의 그래프는 [그림 1]과 같다.
즉, 실수 전체의 집합에서 미분가능한 함수 $h(x)$에 대하여 함수 $g(x)h(x)$가 실수 전체의 집합에서 미분가능하므로
$x=0$과 $x=3$에서 미분가능함을 확인하면 된다.
[그림 1]을 보면 $x=0$과 $x=3$에서만 함수 $g(x)$가 미분가능하지 않음을 알 수 있어.

　i) 함수 $g(x)h(x)$가 $x=0$에서 미분가능해야 하므로

$$\lim_{x\to 0+}\frac{g(x)h(x)-g(0)h(0)}{x-0}$$

→ $x\to 0+$이면 $3x-9<0$이므로 $|3x-9|=-(3x-9)=9-3x$

$$=\lim_{x\to 0+}\frac{(9-3x)h(x)-9h(0)}{x}$$
$$=\lim_{x\to 0+}\frac{9\{h(x)-h(0)\}}{x-0}-\lim_{x\to 0+}\frac{3xh(x)}{x}$$
$$=9h'(0)-3h(0)$$　→ $\lim\limits_{x\to a}\dfrac{h(x)-h(a)}{x-a}=h'(a)$

$$\lim_{x\to 0-}\frac{g(x)h(x)-g(0)h(0)}{x-0}$$

→ $x\to 0-$이면 $3x-6<0$이므로

$$=\lim_{x\to 0-}\frac{\dfrac{3}{2}(6-3x)h(x)-9h(0)}{x}$$　$\dfrac{3}{2}|3x-6|=-\dfrac{3}{2}(3x-6)$
$$=\dfrac{3}{2}(6-3x)$$

$$=\lim_{x\to 0-}\frac{9\{h(x)-h(0)\}}{x-0}-\lim_{x\to 0-}\frac{\dfrac{9}{2}xh(x)}{x}$$
$$=9h'(0)-\frac{9}{2}h(0)$$

🌟 실수 미분계수의 정의를 나타내는 식의 형태를 잘 파악하고 복잡한 식을 계산하는 과정에서 활용할 수 있어야 해.

이때, $9h'(0)-3h(0)=9h'(0)-\dfrac{9}{2}h(0)$이므로
$h(0)=0 \cdots \bigcirc$

　ii) 함수 $g(x)h(x)$가 $x=3$에서 미분가능해야 하므로

$$\lim_{x\to 3+}\frac{g(x)h(x)-g(3)h(3)}{x-3}$$　→ $g(3)=|3\cdot 3-9|=0$
$$=\lim_{x\to 3+}\frac{(3x-9)h(x)}{x-3}=\lim_{x\to 3+}\frac{3(x-3)h(x)}{x-3}$$
$$=\lim_{x\to 3+}3h(x)=3h(3)$$
$$\lim_{x\to 3-}\frac{g(x)h(x)-g(3)h(3)}{x-3}$$
$$=\lim_{x\to 3-}\frac{(9-3x)h(x)}{x-3}=\lim_{x\to 3-}\frac{-3(x-3)h(x)}{x-3}$$
$$=\lim_{x\to 3-}\{-3h(x)\}=-3h(3)$$

이때, $3h(3)=-3h(3)$이므로 $h(3)=0 \cdots \bigcirc$

$\bigcirc$, $\bigcirc$에서 $h(0)=0$, $h(3)=0$이므로 삼차함수 $h(x)$는
<u>$h(x)=x(x-3)(x+a)$ (단, a는 상수)</u>　$h(x)$의 최고차항의 계수는 1이라 했어.
라 놓을 수 있다.
즉, $h(x)=x^3-(3-a)x^2-3ax$에서
$h'(x)=3x^2-2(3-a)x-3a$이므로
조건 (나)에 의해 $h'(3)=27-6(3-a)-3a=15$
$3a=6$　　$\therefore a=2$
$\therefore h(x)=x^3-x^2-6x$
따라서 $k=1$일 때, $h(1)=1-1-6=-6$

(ii) $k=5$인 경우　→ $\dfrac{3}{2}|3(x+5)-9|$

$$g(x)=\begin{cases}\dfrac{3}{2}f(x+5) & (x<0)\\ f(x) & (x\ge 0)\end{cases}$$
$$=\begin{cases}\dfrac{3}{2}|3x+6| & (x<0)\\ |3x-9| & (x\ge 0)\end{cases}$$

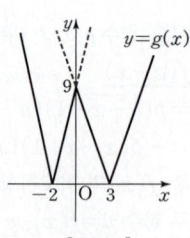
[그림 2]

이므로 $y=g(x)$의 그래프는 [그림 2]와 같다.
즉, 함수 $g(x)h(x)$가 실수 전체의 집합에서 미분가능하므로
<u>$x=-2$와 $x=0$, $x=3$에서 미분가능함을 확인하면 된다.</u>

　i) (i)과 같은 방법으로 하면　→ [그림 2]에서 함수 $g(x)$는 $x=-2$, $x=0$, $x=3$에서 미분가능하지 않아.
$h(0)=0$, $h(3)=0 \cdots \bigcirc$

　ii) 함수 $g(x)h(x)$가 $x=-2$에서 미분가능해야 하므로

$$\lim_{x\to -2+}\frac{g(x)h(x)-g(-2)h(-2)}{x-(-2)}$$　→ $g(-2)=\dfrac{3}{2}|3\cdot(-2)+6|=0$

$$= \lim_{x \to -2+} \frac{\frac{3}{2}(3x+6)h(x)}{x+2}$$

$$= \lim_{x \to -2+} \frac{\frac{9}{2}(x+2)h(x)}{x+2} = \frac{9}{2}h(-2)$$

$$\lim_{x \to -2-} \frac{g(x)h(x) - g(-2)h(-2)}{x-(-2)}$$

$$= \lim_{x \to -2-} \frac{-\frac{3}{2}(3x+6)h(x)}{x+2}$$

$$= \lim_{x \to -2-} \frac{-\frac{9}{2}(x+2)h(x)}{x+2} = -\frac{9}{2}h(-2)$$

이때, $\frac{9}{2}h(-2) = -\frac{9}{2}h(-2)$이므로 $h(-2)=0$ $\cdots$ ㉣

㉢, ㉣에서 $h(0)=0$, $h(3)=0$, $h(-2)=0$이므로 삼차함수
$h(x)$는 $h(x) = x(x-3)(x+2) = x^3 - x^2 - 6x$

따라서 $k=5$일 때,
$h(5) = 125 - 25 - 30 = 70$

> (i)의 경우에서 구한 $h(x)$의 식과 같지?
> 따라서 조건 (나)를 만족시킴을 알 수 있어.

3rd 함수 $g(x)$가 $x=0$에서 불연속인 경우에 대하여 함수 $g(x)h(x)$가 실수 전체의 집합에서 미분가능하도록 하는 $h(x)$의 조건을 찾자.

(iii) $k \neq 1$, $k \neq 5$인 경우

함수 $g(x)$는 $x=0$에서 연속이 아니지만 함수 $g(x)h(x)$가 $x=0$에서 연속이므로

> 함수 $g(x)h(x)$가 실수 전체의 집합에서 미분가능하니까 실수 전체의 집합에서 연속이어야 해.

$$\lim_{x \to 0-} g(x)h(x) = \lim_{x \to 0+} g(x)h(x) = g(0)h(0)$$이어야 한다.

즉, $g(x) = \begin{cases} \frac{3}{2}|3x+3k-9| & (x<0) \\ |3x-9| & (x \geq 0) \end{cases}$에서

$\frac{3}{2}|3k-9| \times h(0) = 9h(0)$이므로 $h(0) = 0$ $\cdots$ ㉤

$\frac{3}{2}|3k-9| \times h(0) - 9h(0) = 0$에서 $h(0)\left(\frac{3}{2}|3k-9|-9\right)=0$인데 $\frac{3}{2}|3k-9|-9=0$이면 $|3k-9|=6$, $|k-3|=2$가 되어 $k=1$ 또는 $k=5$가 되어 조건에 맞지 않아.

또한, 함수 $g(x)h(x)$가 $x=0$에서 미분가능해야 하므로

$$\lim_{x \to 0-} \frac{g(x)h(x) - g(0)h(0)}{x-0}$$

> ㉤에서 $h(0)=0$이므로 미분계수를 구하는 식의 형태로 나타낼 수 있도록 식을 변형했어.

$$= \lim_{x \to 0-} \frac{\frac{3}{2}|3x+3k-9| \times h(x) - \frac{3}{2}|3x+3k-9| \times h(0)}{x}$$

$$= \lim_{x \to 0-} \left\{ \frac{3}{2}|3x+3k-9| \times \frac{h(x)-h(0)}{x-0} \right\} = \frac{3}{2}|3k-9| \times h'(0)$$

$$\lim_{x \to 0+} \frac{g(x)h(x) - g(0)h(0)}{x-0}$$

$$= \lim_{x \to 0+} \frac{|3x-9| \times h(x)}{x}$$

$$= \lim_{x \to 0+} \left\{ |3x-9| \times \frac{h(x)-h(0)}{x-0} \right\} (\because ㉤)$$

$$= 9h'(0)$$

$\frac{3}{2}|3k-9| \times h'(0) = 9h'(0)$

> $x=0$에서의 좌미분계수와 우미분계수가 같아야 미분계수가 존재하여 $x=0$에서 미분가능하게 돼.

$\therefore h'(0) = 0$ $\cdots$ ㉥

> ㉤과 같은 방법으로 구한 거야.

따라서 ㉤, ㉥에서 $h(x)$는 x^2을 인수로 갖고, (i)의 ii)에서 $h(3)=0$

> $h(3)=0$은 k의 값에 관계없이 함수 $g(x)h(x)$가 $x=3$에서 미분가능하기 위한 조건이야.

이므로 삼차함수 $h(x)$는
$h(x) = x^2(x-3) = x^3 - 3x^2$이다.

그런데 $h'(x) = 3x^2 - 6x$에서 $h'(3) = 27 - 18 = 9 \neq 15$

즉, 조건 (나)를 만족시키지 않으므로 이 경우의 함수 $h(x)$는 존재하지 않는다.

따라서 (i)~(iii)에 의해 모든 $h(k)$의 값의 합은 $(-6) + 70 = 64$

 My Top Secret   서울대 선배의 **1**등급 대비 전략

함수 $f(x)g(x)$가 $x=a$에서 미분가능한데, 함수 $g(x)$는 $x=a$에서 연속이지만 미분가능하지 않다면 $f(a)=0$이어야 하는 내용은 자주 쓰여. 다만, 함수 $g(x)$가 $x=a$에서 불연속이고 좌극한값과 우극한값이 모두 존재할 때, $f'(a)=0$이면 미분가능하지만, $f'(a)=0$이 아니어도 $f(x)g(x)$는 미분가능할 수 있으니 조심해야 해.

C 174 정답 39 $\cdots\cdots$ ✪**2등급 대비** [정답률 21%]

★절댓값 기호가 포함된 함수와 구간별로 다르게 정의된 함수의 연속성과 미분가능성을 판단하여 함수 구하기 [유형 **13 + 17**]

함수 $f(x)$는 최고차항의 계수가 1인 삼차함수이고, 함수 $g(x)$는 일차함수이다. 함수 $h(x)$를

> **단서2** $x=1$을 기준으로 다르게 정의된 함수 $h(x)$가 실수 전체의 집합에서 미분가능하다고 했으니까 $x=1$에서도 미분가능해야 해. 즉, $x=1$에서 연속이고 미분계수가 존재함을 이용하자.

$$h(x) = \begin{cases} |f(x) - g(x)| & (x<1) \\ f(x) + g(x) & (x \geq 1) \end{cases}$$

이라 하자. 함수 $h(x)$가 실수 전체의 집합에서 미분가능하고, $h(0)=0$, $h(2)=5$일 때, $h(4)$의 값을 구하시오. (4점)

> **단서1** $x<1$일 때, $h(x) = |f(x)-g(x)|$이므로 $h(0)=0$에서 $f(0)-g(0)=0$이야. 이때, $h(x)$가 실수 전체의 집합에서 미분가능 하다고 했으니까 $x=0$에서도 미분가능 해야겠지? 즉, 절댓값 기호를 포함한 함수에서 미분가능할 조건을 생각해내야 해.

🟢**왜 2등급?** 이 문제는 절댓값 기호가 포함된 함수의 미분가능성과 구간에 따라 다르게 정의된 함수의 미분가능성을 이용해서 삼차함수 $f(x)$와 일차함수 $g(x)$를 추론해야 한다.
문제 해결을 위해서는 절댓값 기호가 포함된 함수의 미분가능 조건을 알고 있어야 하며, 구간의 경계에서의 연속, 미분가능 조건을 활용할 수 있어야 한다.

💡 **단서+발상**

단서1 $h(0) = |f(0)-g(0)| = 0$이므로 이 식을 통해 절댓값 기호를 포함한 함수 $h(x)$의 그래프가 x축과 교점을 가진다고 해석하는 것이 중요하다. **발상**
$y = f(x)-g(x)$의 그래프가 $x=0$인 점에서 x축을 관통한다면 $h(x) = |f(x)-g(x)|$의 그래프는 $y=f(x)-g(x)$의 그래프의 x축 아랫부분에 있는 곡선을 x축 위로 꺾어 올려야 하기 때문에 이 점에서 미분이 불가능하다. **개념**
함수 $h(x)$가 모든 실수에 대하여 미분가능하려면 x축과의 교점인 $x=0$에서의 미분계수가 0이 되어야 한다. **개념**
즉, $h'(0) = 0$이다. **적용**

단서2 구간별로 다르게 정의된 함수 $h(x)$가 실수 전체의 집합에서 미분가능하려면 구간의 경계에서 연속이고, 미분계수가 같아야 한다. **개념**
$x=1$을 기준으로 다르게 정의된 함수 $h(x)$가 연속이므로
$|f(1)-g(1)| = f(1)+g(1)$이다. **적용**
$x=1$에서 미분가능하므로 함수 $f(x)$와 $g(x)$의 대소 관계에 따라 경우를 나누어 $f'(1)-g'(1) = f'(1)+g'(1)$ 또는 $-f'(1)+g'(1) = f'(1)+g'(1)$인 경우로 나눈다. **해결**

🟠**주의** 일차함수 $g(x) = mx+n$에서 $m \neq 0$이다. 즉, 일차함수 $g'(x)$의 미분계수는 m이므로 0이 될 수 없다.

[**핵심 정답 공식**: 다항함수 $h(x)$에 대하여 $h(a)=0$일 때, 함수 $|h(x)|$가 $x=a$에서 미분가능하려면 $h'(a)=0$이다.]

1st 함수 $h(x)$가 $x=0$에서 미분가능할 조건을 찾자.

$h(0)=0$이므로 $h(0)=|f(0)-g(0)|=0$에서 $f(0)-g(0)=0$이다.
이때, 함수 $h(x)$가 실수 전체의 집합에서 미분가능하므로 $x=0$에서도 미분가능해야 한다.

즉, $h'(0)=0$이어야 하므로 $f'(0)-g'(0)=0$이다.

> **함정** $h(0)=|f(0)-g(0)|=0$이므로 함수 $h(x)=|f(x)-g(x)|$의 그래프는 $x=0$에서 $y=f(x)-g(x)$의 그래프의 x축 아랫부분을 x축을 기준으로 하여 위로 꺾어 올려야 하지? 즉, $x=0$인 점에서 미분계수가 0이 아니라면 이 점은 뾰족점이 되어 미분가능하지 않게 돼. 따라서 $x=0$에서 $h(x)$가 미분가능하려면 $h'(0)=0$이어야 해.

2nd 함수 $h(x)$가 $x=1$에서 미분가능함을 이용해 $f(1)$, $f'(1)$의 값을 찾자.

한편, 함수 $h(x)$가 실수 전체의 집합에서 미분가능하므로 $x=1$에서도 미분가능해야 한다.
먼저, 함수 $h(x)$가 $x=1$에서 연속이어야 하므로

$\lim\limits_{x\to1-}h(x)=\lim\limits_{x\to1+}h(x)$에서

$\lim\limits_{x\to1-}|f(x)-g(x)|=\lim\limits_{x\to1+}\{f(x)+g(x)\}$
$\qquad\qquad\qquad\qquad=f(1)+g(1) \cdots \bigcirc$

이제, $x=1$에서의 미분가능성을 확인하자.
함수 $h(x)$가 $x=1$에서 미분가능해야 하므로

$\lim\limits_{x\to1-}\dfrac{h(x)-h(1)}{x-1}=\lim\limits_{x\to1+}\dfrac{h(x)-h(1)}{x-1} \cdots \bigcirc\!\!\!\!\bigcirc$

이어야 한다.

(ⅰ) $f(x)>g(x)$인 경우

$x<1$에서
$h(x)=|f(x)-g(x)|=f(x)-g(x)$
이므로 충분히 작은 양수 k에 대하여
$1-k<x<1$일 때

$\lim\limits_{x\to1-}\dfrac{h(x)-h(1)}{x-1}=f'(1)-g'(1)$이고,

$\lim\limits_{x\to1+}\dfrac{h(x)-h(1)}{x-1}=f'(1)+g'(1)$

즉, $\bigcirc\!\!\!\!\bigcirc$에 의해
$f'(1)-g'(1)=f'(1)+g'(1) \qquad \therefore g'(1)=0$
그런데 $g(x)$는 일차함수이므로 이 경우는 모순이다.

(ⅱ) $f(x)<g(x)$인 경우 *$g(x)$는 일차함수이므로 $g(x)=mx+n (m\neq0)$ 꼴이야. 즉, $g'(x)=m\neq0$이어야 해.*

$x<1$에서
$h(x)=|f(x)-g(x)|=-\{f(x)-g(x)\}=g(x)-f(x)$
이므로 충분히 작은 양수 k에 대하여
$1-k<x<1$일 때

$\lim\limits_{x\to1-}\dfrac{h(x)-h(1)}{x-1}=g'(1)-f'(1)$이고,

$\lim\limits_{x\to1+}\dfrac{h(x)-h(1)}{x-1}=f'(1)+g'(1)$

즉, $\bigcirc\!\!\!\!\bigcirc$에 의해
$g'(1)-f'(1)=f'(1)+g'(1) \qquad \therefore f'(1)=0$
또한,

$\lim\limits_{x\to1-}|f(x)-g(x)|=\lim\limits_{x\to1-}\{g(x)-f(x)\}$
$\qquad\qquad\qquad\qquad=g(1)-f(1)$

이므로 $\bigcirc$에 의해
$g(1)-f(1)=f(1)+g(1) \qquad \therefore f(1)=0$

3rd $f(x)$, $g(x)$의 식을 구하자.

$f(1)=0$, $f'(1)=0$에서 최고차항의 계수가 1인 삼차함수 $f(x)$는 $(x-1)^2$을 인수로 가지므로

다항함수 $F(x)$에 대하여 $F(\alpha)=0$, $F'(\alpha)=0$이면 함수 $F(x)$는 $(x-\alpha)^2$을 인수로 가져

$f(x)=(x-1)^2(x-a)$ (a는 상수)
라 놓을 수 있다.
이때, 일차함수 $g(x)$를
$g(x)=mx+n$(m, n은 상수, $m\neq0$)
이라 하면
$f'(x)=2(x-1)(x-a)+(x-1)^2$,
$g'(x)=m$
이므로 **1st**에서 구한 $f(0)=g(0)$, $f'(0)=g'(0)$에 의해
$-a=n$, $2a+1=m \cdots \bigcirc\!\!\!\!\bigcirc$
또한, $h(2)=5$라 했으므로
$h(2)=f(2)+g(2)=2-a+2m+n=5$
위의 식에 $\bigcirc\!\!\!\!\bigcirc$을 대입하면

$2-a+2(2a+1)-a=5 \qquad \therefore a=\dfrac{1}{2}$

$a=\dfrac{1}{2}$을 $\bigcirc\!\!\!\!\bigcirc$에 대입하면 $n=-\dfrac{1}{2}$, $m=2$

따라서 $f(x)=(x-1)^2\left(x-\dfrac{1}{2}\right)$, $g(x)=2x-\dfrac{1}{2}$이므로

$h(4)=f(4)+g(4)$
$\qquad=9\times\dfrac{7}{2}+8-\dfrac{1}{2}=39$

다른 풀이: 삼차함수 $y=f(x)-g(x)$의 그래프의 개형을 예상해 보기

1st에서 $f(0)-g(0)=0$이고, $f'(0)-g'(0)=0$이라 했지?
따라서 함수 $f(x)-g(x)$는 최고차항의 계수가 1인 삼차함수이고, x^2을 인수로 가지므로

$f(x)$가 최고차항의 계수가 1인 삼차함수이고 $g(x)$는 일차함수이므로 함수 $f(x)-g(x)$는 삼차함수이고, 최고차항의 계수는 $f(x)$의 최고차항의 계수와 같은 1이 돼

$f(x)-g(x)=x^2(x-b)$ (b는 상수)와 같이 나타낼 수 있어.
즉, 삼차함수 $y=f(x)-g(x)$의 그래프는 $x=0$인 점에서 x축에 접하므로 그래프의 개형은 다음 두 가지 중 하나가 돼.

(1) $x=0$에서 극대일 때

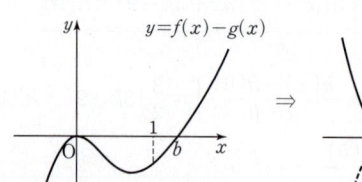

(2) $x=0$에서 극소일 때

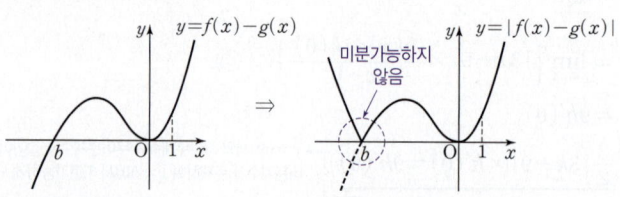

그런데 함수 $h(x)=|f(x)-g(x)|$가 $x<1$에서 미분가능해야 하므로 $y=f(x)-g(x)$의 그래프로 가능한 것은 (1)이야.
따라서 (1)에서의 $y=f(x)-g(x)$의 그래프에 의해
$x<1$일 때 $f(x)-g(x)\leq0$이어야 하므로

$h(x)=\begin{cases} -f(x)+g(x) & (x<1) \\ f(x)+g(x) & (x\geq1) \end{cases}$이야.

(이하 동일)

C 175 정답 ② ⭐2등급 대비 [정답률 29%]

＊복잡하게 정의된 함수가 미분가능하도록 하는 함수값의 최댓값 구하기

[유형 13＋17]

다음 조건을 만족시키며 최고차항의 계수가 음수인 모든 사차함수 $f(x)$에 대하여 $f(1)$의 최댓값은? (4점)

> 단서1 $f(x)$는 사차함수이므로 방정식 $f(x)=0$의 실근은 중근을 포함하여 4개를 가질 수 있는데 실근이 0, 2, 3뿐이므로 방정식 $f(x)=0$은 $x=0$, $x=2$, $x=3$ 중에 하나만을 중근으로 가져야 해.

(가) 방정식 $f(x)=0$의 실근은 0, 2, 3뿐이다.

(나) 실수 x에 대하여 $f(x)$와 $|x(x-2)(x-3)|$ 중 크지 않은 값을 $g(x)$라 할 때, 함수 $g(x)$는 실수 전체의 집합에서 미분가능하다.

> 단서2 $g(x)$의 정의를 이용하여 $g(x)$가 실수 전체의 집합에서 미분가능하기 위한 조건을 생각해봐.

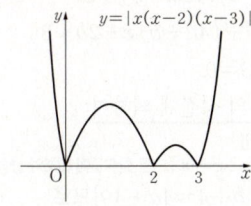

① $\dfrac{7}{6}$　② $\dfrac{4}{3}$　③ $\dfrac{3}{2}$　④ $\dfrac{5}{3}$　⑤ $\dfrac{11}{6}$

왜 2등급? 이 문제는 임의의 사차함수와 절댓값이 포함된 함수 중 크지 않은 값을 새로운 함수로 정의하여 이 함수가 실수 전체의 집합에서 미분가능하도록 하는 임의의 사차함수를 구하는 문제이다.

두 함수 중 크지 않은 값이 $g(x)$이므로 $g(x)$는 두 곡선 $y=f(x)$와 $y=|x(x-2)(x-3)|$의 교점에서 미분가능하지 않을 수 있음을 알고 이 점에서 함수 $g(x)$가 미분가능하도록 함수 $f(x)$를 결정할 수 있어야 한다.

💡 **단서＋발상**

> 단서1 방정식 $f(x)=0$은 0, 2, 3을 실근으로 가지므로 다항식 $f(x)$는 $x(x-2)(x-3)$으로 나누어떨어진다. (개념)
> $f(x)$는 사차함수이므로 $f(x)$를 $x(x-2)(x-3)$으로 나눈 몫은 일차식이고 최고차항의 계수는 음수이므로 (개념)
> 양수 k에 대하여 몫인 일차식을 $-k(x-\alpha)$라 할 때, $f(\alpha)=0$이고 $f(x)=0$의 실근은 0, 2, 3뿐이므로 α는 0, 2, 3 중 하나이다. (적용)

> 단서2 α의 값에 따라 경우를 나누어 $g(x)$가 실수 전체의 집합에서 미분가능하기 위한 조건을 구해야 한다. (유형)
> $|x(x-2)(x-3)|\geq0$이므로 $f(x)<0$인 x에 대하여 $g(x)=f(x)$이므로 이 x에서 함수 $g(x)$는 미분가능하다. (개념)
> $f(x)\geq0$인 x에서 함수 $g(x)$가 미분가능하도록 k의 값의 범위를 구하면 된다. (발상)

> **주의** 어떤 함수가 구간에 따라 서로 다른 미분가능한 함수로 정의되어 있을 때 그 함수는 구간이 나누어지는 점에서 미분가능하지 않을 수 있다. 즉, 어떤 함수의 미분가능성은 구간이 나누어지는 점에서만 확인해 주면 된다.

> **핵심 정답 공식:** 사차함수가 실근을 3개 가진다는 것은 한 실근이 중근이라는 의미이다. 이때, 사차방정식 $f(x)=0$의 실근이 0, 2, 3뿐이므로 $x=0$이 중근일 때, $x=2$가 중근일 때, $x=3$이 중근일 때의 경우로 나누어 함수 $f(x)$를 생각한다.

-------------------- [문제 풀이 순서] --------------------

1st 조건 (가)를 만족시키는 사차함수를 모두 구하자.

최고차항의 계수가 음수인 사차함수 $f(x)$에 대하여 $f(x)=0$의 실근이 0, 2, 3뿐이므로 양수 k에 대하여 가능한 $f(x)$는 다음과 같이 세 가지이다.

> **주의** 사차방정식의 실근은 최대 4개이고 허근은 쌍으로 존재하므로 조건 (가)에서 서로 다른 실근이 3개뿐이라면 셋 중 하나는 반드시 중근이 되겠지.

$f(x)=-kx^2(x-2)(x-3)$ → 방정식 $f(x)=0$이 $x=0$을 중근으로 가질 때야.
$f(x)=-kx(x-2)^2(x-3)$ → 방정식 $f(x)=0$이 $x=2$를 중근으로 가질 때야.
$f(x)=-kx(x-2)(x-3)^2$ → 방정식 $f(x)=0$이 $x=3$을 중근으로 가질 때야.

이때, 위의 세 가지 경우에 대하여 함숫값 $f(1)$을 구하면

$f(1)=-k\times1^2\times(-1)\times(-2)=-2k<0$
$f(1)=-k\times1\times(-1)^2\times(-2)=2k>0$
$f(1)=-k\times1\times(-1)\times(-2)^2=4k>0$

즉, 구하는 $f(1)$의 최댓값은 $2k$ 또는 $4k$이므로 $f(x)$가 될 수 있는 위의 세 가지 경우 중에서

$f(x)=-kx(x-2)^2(x-3)$과 $f(x)=-kx(x-2)(x-3)^2$인 경우만 고려하면 된다.

2nd 각 사차함수 $f(x)$가 조건 (나)를 만족시킬 때의 $f(1)$의 값을 구하자.

$h(x)=|x(x-2)(x-3)|$

$=\begin{cases} x(x-2)(x-3) & (0\leq x\leq2 \text{ 또는 } x\geq3) \\ -x(x-2)(x-3) & (x<0 \text{ 또는 } 2<x<3) \end{cases}$

이라 하면

$h'(x)$ → [곱의 미분법] $y=fgh$ 이면 $y'=f'gh+fg'h+fgh'$

$=\begin{cases} (x-2)(x-3)+x(x-3)+x(x-2) & (0<x<2 \text{ 또는 } x>3) \\ -(x-2)(x-3)-x(x-3)-x(x-2) & (x<0 \text{ 또는 } 2<x<3) \end{cases}$

이고 각 $f(x)$에 대하여 함수 $g(x)$가 실수 전체의 집합에서 미분가능할 때, $f(1)$의 값을 구하자.

(i) $f(x)=-kx(x-2)^2(x-3)$일 때

$f'(x)=-k(x-2)^2(x-3)-2kx(x-2)(x-3)-kx(x-2)^2$

이고 함수 $g(x)$가 실수 전체의 집합에서 미분가능하려면 $x=0$에서 미분가능해야 한다.

즉, $\lim\limits_{x\to0-}f'(x)\leq\lim\limits_{x\to0+}h'(x)$가 성립해야 하므로

$12k\leq6$　∴ $0<k\leq\dfrac{1}{2}$ ($\because k>0$)

이때, $f(1)=2k$이므로 $0<f(1)=2k\leq1$이다.

(ii) $f(x)=-kx(x-2)(x-3)^2$일 때

$f'(x)=-k(x-2)(x-3)^2-kx(x-3)^2-2kx(x-2)(x-3)$

이고 $x\leq0$, $x\geq2$에서 $f(x)\leq0$이므로 함수 $g(x)$는 $x<0$, $x>2$에서 미분가능하다.

한편, $0<x<2$에서 $f(x)>0$이고 함수 $g(x)$가 실수 전체의 집합에서 미분가능하려면 $x=0$, $x=2$에서 미분가능해야 한다.

즉, $\lim\limits_{x\to0-}f'(x)\le\lim\limits_{x\to0+}h'(x)$, $\lim\limits_{x\to2-}f'(x)\le\lim\limits_{x\to2+}h'(x)$가 성립해야 하므로

$18k\le6$, $-2k\le2$ $\therefore 0<k\le\dfrac{1}{3}$

이때, $f(1)=4k$이므로 $0<f(1)=4k\le\dfrac{4}{3}$이다.

(i), (ii)에 의하여 $f(1)$의 최댓값은 $\dfrac{4}{3}$이다.

1등급 대비 특강

＊ 조건을 만족시키는 함수 $y=f(x)$의 그래프

함수 $g(x)$가 실수 전체의 집합에서 미분가능하려면 함수 $y=f(x)$의 그래프는 각각 그림과 같아야 해.

(i) $f(x)=-kx^2(x-2)(x-3)$일 때,

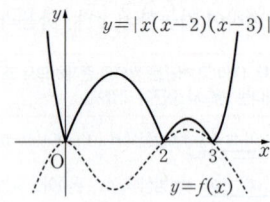

(ii) $f(x)=-kx(x-2)^2(x-3)$일 때,

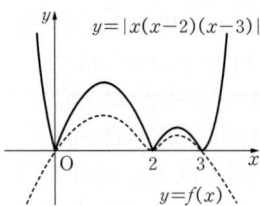

(iii) $f(x)=-kx(x-2)(x-3)^2$일 때,

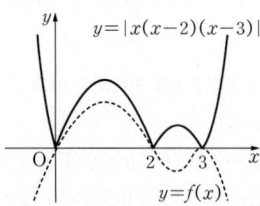

My Top Secret　서울대 선배의 ❶등급 대비 전략

해설의 풀이와 같이 함수 $g(x)$를 수식으로 표현하여 미분가능성을 판단하기 어려울 수 있어. 이런 경우 함수의 그래프를 그려 미분가능하려면 그래프가 매끄럽게 연결되어야 함을 바탕으로 해결할 수 있겠지? 이 문제에서는 함수 $y=f(x)$의 그래프를 그려 함수 $y=g(x)$의 그래프를 유추할 수 있고, 함수 $g(x)$가 미분가능하기 위한 조건을 구할 수 있어.

C 176 정답 **31**　＊평균변화율과 미분계수 ┄┄┄┄ [정답률 34%]

(정답 공식: 다항함수 $f(x)$가 n차식이면 다항함수 $f'(x)$는 $(n-1)$차식이다.)

다항함수 $f(x)$가 다음 조건을 만족시킬 때, $f(1)$의 값을 구하시오.
→단서1 $f'(x)$가 $f(x)$의 차수보다 1만큼 작음을 이용하여 $f(x)$의 차수를 생각해 봐.　(4점)

(가) 모든 실수 x에 대하여 $2f(x)-(x+2)f'(x)-8=0$ 이다.
→단서2 $2f(x)-(x+2)f'(x)-8=0$은 x에 대한 항등식이므로 항등식의 성질을 이용해야겠지?

(나) x의 값이 -3에서 0까지 변할 때, 함수 $f(x)$의 평균변화율은 3이다.

1st 조건 (가)를 이용하여 다항함수 $f(x)$의 차수를 결정하고, 함수 $f(x)$의 식을 세워보자.

다항함수 $f(x)$가 n차식이면 다항함수 $f'(x)$는 $(n-1)$차식이므로 함수 $(x+2)f'(x)$는 n차식이다.

$f(x)=a_nx^n+a_{n-1}x^{n-1}+\cdots+a_0(a_n\ne0)$이라 하면
→n차의 다항함수가 주어지면 $f(x)=a_nx^n+a_{n-1}x^{n-1}+\cdots+a_0$이라고 놓는 연습을 반드시 해야 해.

$f'(x)=na_nx^{n-1}+\cdots+a_1$이다.

조건 (가)에 의하여 최고차항의 계수를 비교하면

$2a_n-na_n=0$이므로 $n=2$ $(\because a_n\ne0)$이다.

그러므로 $f(x)$는 이차함수이다.

조건 (가)에서

$2f(x)=(x+2)f'(x)+8$이므로 $f'(x)$의 최고차항의 계수가 $f(x)$의 최고차항의 계수의 2배와 같다.

$f(x)=ax^2+bx+c(a\ne0)$라 하면 $f'(x)=2ax+b$이므로

$2f(x)=(x+2)f'(x)+8$에서

$2(ax^2+bx+c)=(x+2)(2ax+b)+8$

$2ax^2+2bx+2c=2ax^2+(4a+b)x+2b+8$

$(b-4a)x+2c-2b-8=0$

이므로 x에 대한 항등식의 성질에 의하여

$b=4a$이고, → [항등식의 성질] 등식 $ax^2+bx+c=0$이 모든 실수 x에 대하여 성립하면 $a=0$, $b=0$, $c=0$이야.

$2c-2b-8=0$에서 $c=b+4=4a+4$이므로

$f(x)=ax^2+4ax+4a+4$이다.

2nd 평균변화율을 이용하여 $f(1)$의 값을 구하자.

조건 (나)에 의하여 $\dfrac{f(0)-f(-3)}{0-(-3)}=3$에서
→ [평균변화율] 함수 $y=f(x)$에서 x의 값이 a에서 b까지 변할 때의 평균변화율은 $\dfrac{f(b)-f(a)}{b-a}$

$f(0)-f(-3)=9$이므로

$(4a+4)-(9a-12a+4a+4)=9$

$3a=9$ $\therefore a=3$

따라서 $f(x)=3x^2+12x+16$이므로

$f(1)=3+12+16=31$

C 177 정답 ④ *함수의 정적분 ──────── [정답률 47%]

> **정답 공식:** 두 다항함수 $f(x)$, $g(x)$에 대하여 $\lim\limits_{x \to a}\dfrac{f(x)}{g(x)}=a$ (a는 실수)이고 $\lim\limits_{x \to a}g(x)=0$이면 $\lim\limits_{x \to a}f(x)=0$이다.

최고차항의 계수가 양수인 다항함수 $f(x)$와 함수 $y=f(x)$의 그래프를 y축에 대하여 대칭이동한 그래프를 나타내는 함수 $g(x)$가 다음 조건을 만족시킨다. ──**단서1** $g(x)=f(-x)$야.

(가) $\lim\limits_{x \to 1}\dfrac{f(x)}{x-1}$의 값이 존재한다. ──**단서2** 분수 꼴의 극한에서 (분모) → 0일 때 극한값이 존재하려면 (분자) → 0 이어야 해.

(나) $\lim\limits_{x \to 3}\dfrac{f(x)}{(x-3)g(x)}=k$ (k는 0이 아닌 상수)

(다) $\lim\limits_{x \to -3+}\dfrac{1}{g'(x)}=\infty$

단서3 $x \to -3+$일 때, $g'(x) \to 0+$가 되어야 $\lim\limits_{x \to -3+}\dfrac{1}{g'(x)}=\infty$가 성립해.

$f(x)$의 차수의 최솟값이 m이다. $f(x)$의 차수가 최소일 때, $m+k$의 값은? (5점)

① $\dfrac{10}{3}$ ② $\dfrac{43}{12}$ ③ $\dfrac{23}{6}$

④ $\dfrac{49}{12}$ ⑤ $\dfrac{13}{3}$

1st 조건을 이용하여 함수 $f(x)$를 유추하자.

조건 (가)에서 $\lim\limits_{x \to 1}\dfrac{f(x)}{x-1}$의 값이 존재하고 $x \to 1$일 때,

(분모) → 0이므로 (분자) → 0이어야 한다.

즉, $\lim\limits_{x \to 1}f(x)=0$에서 $f(1)=0 \cdots$ ㉠

또, 조건 (나)에서 $\lim\limits_{x \to 3}\dfrac{f(x)}{(x-3)g(x)}$의 값이 존재하고

$x \to 3$일 때, (분모) → 0이므로 (분자) → 0이어야 한다.

즉, $\lim\limits_{x \to 3}f(x)=0$에서 $f(3)=0 \cdots$ ㉡

마지막으로, 조건 (다)에서 $x \to -3+$일 때 $g'(x) \to 0+$가 되어야

$x \to -3+$일 때, $g'(x)$가 0에 한없이 가까워지면 $\dfrac{1}{g'(x)}$이 ∞ 또는 $-\infty$로 발산하는데,

$\dfrac{1}{g'(x)}$이 ∞로 발산하므로 $x \to -3+$일 때, $g'(x)$는 0보다 크면서 0에 가까워져야 하는 거야.

$\lim\limits_{x \to -3+}\dfrac{1}{g'(x)}=\infty$가 성립한다.

즉, $g'(x)$의 $x=-3$에서의 우극한은 0보다 크면서 0이 되어야 하므로 $g'(-3)=0$이다.

다항함수 $g(x)$의 도함수 $g'(x)$는 연속함수야.
즉, $g'(x)$의 $x=-3$에서의 좌극한 우극한 함숫값이 같아.

한편, 다항함수 $f(x)$에 대하여 함수 $y=f(x)$의 그래프를 y축에 대하여 대칭이동한 그래프를 나타내는 함수를 $g(x)$라 했으므로 $f(-x)=g(x)$이다.

즉, $-f'(-x)=g'(x)$에서 $g'(-3)=-f'(3)=0$이므로

$f'(3)=0 \cdots$ ㉢ ──→ $f(-x)=g(x)$의 양변을 x에 대하여 미분하면 $\{f(-x)\}'=f'(-x)\times(-x)'=-f'(-x)$야.

따라서 다항함수 $f(x)$는 ㉠에 의해 $x-1$을 인수로 가지고, ㉡, ㉢에 의해 $(x-3)^2$을 인수로 가지므로

$f(a)=f'(a)=0$, $f(b)=0$이면 다항식 $f(x)$는 $(x-a)^2$, $x-b$를 인수로 가져.

$f(x)=a(x-1)(x-3)^2P(x)$ (a는 상수, $a>0$, $P(x)$는 최고차항의 계수가 양수인 다항식)이라 놓을 수 있다.

2nd 조건 (나)를 이용하여 함수 $f(x)$의 차수의 최솟값과 상수 k의 값을 각각 구하자.

조건 (나)에서

$$\lim\limits_{x \to 3}\dfrac{f(x)}{(x-3)g(x)}=\lim\limits_{x \to 3}\dfrac{f(x)}{(x-3)f(-x)}$$
$$=\lim\limits_{x \to 3}\dfrac{a(x-1)(x-3)^2P(x)}{(x-3)\{a(-x-1)(-x-3)^2P(-x)\}}$$
$$=\lim\limits_{x \to 3}\dfrac{(x-1)(x-3)P(x)}{-(x+1)(x+3)^2P(-x)}$$

위의 극한값이 0이 아닌 값이 나오기 위해서는 $x \to 3$일 때 (분자) → 0이므로 (분모) → 0이어야 한다.

즉, $P(-3)=0$이어야 하므로 $P(x)$는 $x+3$을 인수로 가져야 한다.

따라서 $P(x)=(x+3)Q(x)$ ($Q(x)$는 최고차항의 계수가 양수인 다항식)이라 놓으면 $f(x)=a(x-1)(x-3)^2(x+3)Q(x)$이다.

이때, $Q(x)$가 상수이면 $f(x)$의 차수가 최소가 되므로

$f(x)=b(x-1)(x+3)(x-3)^2$ (b는 상수, $b>0$)이라 놓을 수 있고,

이때의 $f(x)$의 차수가 4이므로 $m=4$이다.

이제, $f(x)$의 차수가 최소일 때 k의 값을 구하면 조건 (나)에서

$$\lim\limits_{x \to 3}\dfrac{f(x)}{(x-3)g(x)}=\lim\limits_{x \to 3}\dfrac{f(x)}{(x-3)f(-x)}$$
$$=\lim\limits_{x \to 3}\dfrac{b(x-1)(x+3)(x-3)^2}{(x-3)\{b(-x-1)(-x+3)(-x-3)^2\}}$$
$$=\lim\limits_{x \to 3}\dfrac{x-1}{(x+1)(x+3)}=\dfrac{2}{4\times6}=\dfrac{1}{12}=k$$

$\therefore m+k=4+\dfrac{1}{12}=\dfrac{49}{12}$

C 178 정답 ② *미분을 이용한 함수의 결정 ──────── [정답률 42%]

> **정답 공식:** 분수 꼴의 극한에서 극한값이 존재할 때 (분모) → 0이면 (분자) → 0이다. 또한, $f'(a)$가 존재하면 $\lim\limits_{h \to 0+}\dfrac{f(a+h)-f(a)}{h}=\lim\limits_{h \to 0-}\dfrac{f(a+h)-f(a)}{h}$이다.

최고차항의 계수가 1인 이차함수 $f(x)$에 대하여 함수 $g(x)$를

$$g(x)=\begin{cases} f(x) & (x<1) \\ 2f(1)-f(x) & (x \geq 1) \end{cases}$$

이라 하자. 함수 $g(x)$에 대하여 [보기]에서 옳은 것만을 있는 대로 고른 것은? (4점)

[보기]

ㄱ. 함수 $g(x)$는 실수 전체의 집합에서 연속이다.
단서1 함수 $g(x)$는 $x=1$의 좌우에서 다항함수이므로 $x=1$에서 연속이면 실수 전체의 집합에서 연속이야.

ㄴ. $\lim\limits_{h \to 0+}\dfrac{g(-1+h)+g(-1-h)-6}{h}=a$ (a는 상수)
단서2 극한값이 존재하고 (분모) → 0이므로 (분자) → 0이어야 함을 이용해. 또 이 식을 변형하여 미분계수에 대한 조건을 찾을 수 있어야 해.

이고 $g(1)=1$이면 $g(a)=1$이다.

ㄷ. $\lim\limits_{h \to 0+}\dfrac{g(b+h)+g(b-h)-6}{h}=4$ (b는 상수)이면 $g(4)=1$이다.

① ㄱ ② ㄱ, ㄴ ③ ㄱ, ㄷ ④ ㄴ, ㄷ ⑤ ㄱ, ㄴ, ㄷ

1st 함수 $g(x)$가 $x=1$에서 연속임을 보이자.

ㄱ. 함수 $f(x)$는 이차함수이고, 함수 $g(x)$는 $x<1$, $x>1$에서 다항함수이므로 연속이다.

따라서 $x=1$에서 연속이면 함수 $g(x)$는 실수 전체의 집합에서 연속이다.

$\lim\limits_{x\to 1-}g(x)=\lim\limits_{x\to 1-}f(x)=f(1)$

<u>$x<1$일 때 $g(x)=f(x)$이고, $f(x)$는 다항함수이므로 $\lim\limits_{x\to1-}f(x)=f(1)$이야.</u>

$\lim\limits_{x\to 1+}g(x)=\lim\limits_{x\to 1+}\{2f(1)-f(x)\}=2f(1)-f(1)=f(1)$

<u>$x>1$일 때 $g(x)=2f(1)-f(x)$이고 $f(x)$는 다항함수이므로 $\lim\limits_{x\to1+}\{2f(1)-f(x)\}=2f(1)-f(1)$이야.</u>

$g(1)=2f(1)-f(1)=f(1)$

이므로 $\lim\limits_{x\to 1-}g(x)=\lim\limits_{x\to 1+}g(x)=g(1)$에서

함수 $g(x)$는 $x=1$에서 연속이다.

즉, 함수 $g(x)$는 실수 전체의 집합에서 연속이다. (참)

2nd 미분계수의 정의를 활용하여 $g(a)$의 값을 구하자.

ㄴ. $\lim\limits_{h\to 0+}\dfrac{g(-1+h)+g(-1-h)-6}{h}$의 값이 존재하고

(분모) $\to 0$이므로 (분자) $\to 0$이어야 한다.

즉, $\lim\limits_{h\to 0+}\{g(-1+h)+g(-1-h)-6\}=0$이므로

$2g(-1)-6=0$　∴ $g(-1)=3$

따라서 $g(-1)=f(-1)=3$이고, $g(1)=f(1)=1$이므로

최고차항의 계수가 1인 이차함수 $f(x)$를

$f(x)=x^2+px+q$ (p, q는 상수)라 놓으면

$3=1-p+q$　∴ $p-q=-2 \cdots$ ㉠

$1=1+p+q$　∴ $p+q=0 \cdots$ ㉡

㉠, ㉡을 연립하여 풀면 $p=-1$, $q=1$

∴ $f(x)=x^2-x+1$

한편, $\lim\limits_{h\to 0+}\dfrac{g(-1+h)+g(-1-h)-6}{h}=a$에서

<u>$\lim\limits_{h\to 0+}\dfrac{g(-1+h)-g(-1)+g(-1-h)-g(-1)}{h}=a$이므로</u>

미분계수의 정의를 이용하기 위해 $g(-1)=3$이므로 -6 대신에 $-g(-1)-g(-1)$을 대입한 거야.

$\lim\limits_{h\to 0+}\dfrac{g(-1+h)-g(-1)}{h}+\lim\limits_{h\to 0+}\dfrac{g(-1-h)-g(-1)}{h}=a$

이때, $-h=k$라 하면 $h\to 0+$일 때 $k\to 0-$이므로

$\lim\limits_{h\to 0+}\dfrac{g(-1+h)-g(-1)}{h}-\lim\limits_{k\to 0-}\dfrac{g(-1+k)-g(-1)}{k}=a$

그런데 $g(x)$는 $x=-1$에서 미분가능하므로

$x<1$일 때, $g(x)=f(x)$로 $g(x)$는 다항함수야.
따라서 $x<1$인 모든 실수 x에서 $g(x)$는 미분가능해.

$\lim\limits_{h\to 0+}\dfrac{g(-1+h)-g(-1)}{h}=\lim\limits_{k\to 0-}\dfrac{g(-1+k)-g(-1)}{k}$
$=g'(-1)$

이다. 즉, $g'(-1)-g'(-1)=0=a$이므로

$f(x)=x^2-x+1$에서 $g(a)=g(0)=f(0)=1$이다. (참)

3rd ㄴ에서 미분계수를 구하는 과정을 생각하며 함수 $f(x)$를 구하자.

ㄷ. $\lim\limits_{h\to 0+}\dfrac{g(b+h)+g(b-h)-6}{h}$의 값이 존재하고

(분모) $\to 0$이므로 (분자) $\to 0$이어야 한다.

즉, $\lim\limits_{h\to 0+}\{g(b+h)+g(b-h)-6\}=0$이므로

$2g(b)-6=0$　∴ $g(b)=3$

한편, $\lim\limits_{h\to 0+}\dfrac{g(b+h)+g(b-h)-6}{h}=4$에서

$\lim\limits_{h\to 0+}\dfrac{g(b+h)-g(b)+g(b-h)-g(b)}{h}=4$이므로

$\lim\limits_{h\to 0+}\dfrac{g(b+h)-g(b)}{h}+\lim\limits_{h\to 0+}\dfrac{g(b-h)-g(b)}{h}=4$

이때, $-h=k$라 하면 $h\to 0+$일 때 $k\to 0-$이므로

$\lim\limits_{h\to 0+}\dfrac{g(b+h)-g(b)}{h}-\lim\limits_{k\to 0-}\dfrac{g(b+k)-g(b)}{k}=4 \cdots$ ㉢

이때, $x=b$에서 함수 $g(x)$가 미분가능하면

함수 $g(x)$의 $x=b$에서의 우미분계수와 좌미분계수가 같아.

ㄴ에서와 같이 ㉢의 좌변은 0이 된다. 그런데 ㉢에서 $x=b$에서의 $g(x)$의 우미분계수와 좌미분계수의 차가 0이 아닌 4이므로 $x=b$에서 함수 $g(x)$는 미분가능하지 않아야 한다.

즉, $x=b$인 점은 첨점(꺾인 점)이어야 하고,

함정 함수 $g(x)$가 실수 전체의 집합에서 연속이므로 $x=b$에서 미분가능하지 않다면 이 점은 첨점이어야 해.

연속함수 $g(x)$는 $x=1$에서 첨점일 수 있으므로 $b=1$이다.

$\lim\limits_{h\to 0+}\dfrac{g(b+h)-g(b)}{h}=\lim\limits_{h\to 0+}\dfrac{g(1+h)-g(1)}{h}$
$=\lim\limits_{h\to 0+}\dfrac{\{2f(1)-f(1+h)\}-f(1)}{h}$
$=\lim\limits_{h\to 0+}\dfrac{f(1)-f(1+h)}{h}$
$=-\lim\limits_{h\to 0+}\dfrac{f(1+h)-f(1)}{h}=-f'(1) \cdots$ ㉣

$\lim\limits_{k\to 0-}\dfrac{g(b+k)-g(b)}{k}=\lim\limits_{k\to 0-}\dfrac{g(1+k)-g(1)}{k}$
$=\lim\limits_{k\to 0-}\dfrac{f(1+k)-f(1)}{k}=f'(1) \cdots$ ㉤

따라서 ㉢에 ㉣, ㉤을 대입하면

$-f'(1)-f'(1)=4$, $-2f'(1)=4$　∴ $f'(1)=-2$

이차함수 $f(x)$의 최고차항의 계수가 1이므로

$f(x)=x^2+rx+s$ (r, s는 상수)라 놓으면 $f'(x)=2x+r$이고,

$g(b)=g(1)=f(1)=3$, $f'(1)=-2$이므로

$1+r+s=3$　∴ $r+s=2 \cdots$ ㉥

$2+r=-2$　∴ $r=-4$

㉥에 $r=-4$를 대입하면 $-4+s=2$이므로 $s=6$

∴ $f(x)=x^2-4x+6$

즉, $f(4)=16-16+6=6$이므로

$g(4)=2f(1)-f(4)=2\times 3-6=0$이다. (거짓)

따라서 옳은 것은 ㄱ, ㄴ이다.

C 179 정답 3 ·········· ➕**2등급 대비** [정답률 25%]

*함수 $f(x)$가 실수 전체의 집합에서 미분가능하다는 조건과 $g(1)$의 값의 범위를 통해 자연수 k의 값 구하기 [유형 13＋14]

다항함수 $g(x)$와 자연수 k에 대하여 함수 $f(x)$가 다음과 같다.

$$f(x)=\begin{cases} x+1 & (x\le 0) \\ g(x) & (0<x<2) \\ k(x-2)+1 & (x\ge 2) \end{cases}$$

단서1 구간별로 정의된 주어진 함수 $f(x)$가 미분가능하려면 각 구간의 경계에서 미분가능하면 돼.

함수 $f(x)$가 모든 실수 x에 대하여 미분가능하도록 하는 가장 낮은 차수의 다항함수 $g(x)$에 대하여 $\dfrac{1}{4}<g(1)<\dfrac{3}{4}$일 때, k의 값을 구하시오. (4점)

단서2 일차함수부터 차수를 늘려가며 주어진 조건을 만족시키는 함수 $g(x)$를 찾아봐.

·왜 2등급? 함수 $f(x)$가 구간에 따라 다르게 정의되어 있는데 다르게 정의된 식 중에 함수 $g(x)$를 포함하고 있는 형태이다. 이 문제는 이러한 함수 $f(x)$가 실수 전체의 집합에서 미분가능하도록 하는 함수 $g(x)$의 조건을 구한 뒤 $f(x)$의 미정계수를 구해야 하는 것이다. 이를 위해서는 $g(x)$의 차수를 찾아야 하는데, 차수를 1일 때부터 차례대로 가정하며 가능한 경우를 따져볼 수 있어야 한다.

단서+발상

단서1 구간별로 정의된 함수 $f(x)$가 각 구간에서는 다항함수이므로 미분가능하다. **개념**

따라서 각 구간의 경계에서 미분가능하면 함수 $f(x)$가 실수 전체의 집합에서 미분가능하므로 $x=0$과 $x=2$에서 미분가능하면 된다. **발상**

단서2 가장 낮은 차수의 함수 $g(x)$를 찾아야 하므로 $g(x)$를 구하기 위해서는 차수가 낮은 순서대로. 즉 일차함수부터 차례로 $g(x)$를 설정하여 **개념** 가능한 경우가 나올 때까지 조건을 만족시키는지 따져봐야 한다. **해결**

주의 $g(x)$가 이차함수이면 k가 유리수가 나온다. 이는 k가 자연수라는 조건에 모순이므로 $g(x)$는 최소 삼차함수이다. 또한, 제시된 $g(1)$의 값의 범위를 이용해 자연수 k의 값을 추려내야 한다.

핵심 정답 공식: 구간별로 정의된 함수가 모든 실수에 대하여 미분가능하려면 $f(x)$가 정의된 각 구간의 경계에서 함숫값과 미분계수가 각각 같아야 한다.

---------------- [문제 풀이 순서] ----------------

1st $f(x)$가 모든 실수 x에 대하여 미분가능할 조건을 찾자.

함수 $f(x)$가 모든 실수 x에 대하여 미분가능하므로 연속이다.

즉, $f(0)=1$, $\displaystyle\lim_{x\to 0-}f(x)=\lim_{x\to 0-}(x+1)=1$에서

$\displaystyle\lim_{x\to 0+}f(x)=\lim_{x\to 0+}g(x)=1$이고,

$f(2)=1$, $\displaystyle\lim_{x\to 2+}f(x)=\lim_{x\to 2+}\{k(x-2)+1\}=1$에서

$\displaystyle\lim_{x\to 2-}f(x)=\lim_{x\to 2-}g(x)=1$이므로

다항함수 $g(x)$에 대하여 $g(0)=1$, $g(2)=1$이다.

또한, 함수 $f(x)$가 모든 실수 x에 대하여 미분가능하므로

$\displaystyle\lim_{x\to 0-}f'(x)=\lim_{x\to 0+}f'(x)$에서 $\displaystyle\lim_{x\to 0+}g'(x)=1$이고,

어떤 점에서 미분가능하다는 것은 그 점에서의 미분계수가 존재한다는 뜻이므로 좌미분계수와 우미분계수가 같아야 해.

$\displaystyle\lim_{x\to 2+}f'(x)=\lim_{x\to 2-}f'(x)$에서 $\displaystyle\lim_{x\to 2-}g'(x)=k$이므로

$g'(0)=1$, $g'(2)=k$이다.

2nd 다항함수 $g(x)$가 일차함수, 이차함수인 경우 조건을 만족시키는지 확인해봐.

(i) 함수 $g(x)$가 일차함수 $g(x)=ax+b$ (단, a, b는 상수, $a\ne 0$)라면

$g(0)=g(2)=1$에서 $g(x)=1$

즉, $a=0$이 되어 일차함수라는 가정에 모순이므로 함수 $g(x)$는 일차함수가 아니다.

(ii) 함수 $g(x)$가 이차함수라면

$g(0)=1$, $g(2)=1$에서 $g(x)-1=cx(x-2)$ (단, c는 상수, $c\ne 0$)

$g(0)=1$, $g(2)=1$에서 $g(0)-1=0$, $g(2)-1=0$이므로 $h(x)=g(x)-1$이라 하면 $h(0)=0$, $h(2)=0$이므로 $h(x)$는 x, $x-2$를 각각 인수로 가져.

라 하자. 즉, $g(x)=cx(x-2)+1$에서 $g'(x)=2cx-2c$이므로

$g'(0)=-2c=1$ $\therefore c=-\dfrac{1}{2}$

$\therefore g'(x)=-x+1$

이때, $g'(2)=-2+1=-1$인데 $g'(2)=k$에서 k의 값이 자연수라는 조건에 모순이므로 함수 $g(x)$는 이차함수가 아니다.

3rd 삼차함수 $g(x)$를 이용하여 자연수 k의 값을 구하자.

함수 $g(x)$가 삼차함수라면 $g(0)=1$, $g(2)=1$에서

$g(x)-1=x(x-2)(dx+e)$ (단, d, e는 상수, $d\ne 0$)라 하자.

즉, $g(x)=x(x-2)(dx+e)+1$에서

$g'(x)=(x-2)(dx+e)+x(dx+e)+dx(x-2)$이므로

$g'(0)=-2e=1$ $\therefore e=-\dfrac{1}{2}$

또, $g(1)=-(d+e)+1=-d+\dfrac{3}{2}$이고, 주어진 조건에서

$\dfrac{1}{4}<g(1)<\dfrac{3}{4}$이므로

→ $-d-e+1$에 $e=-\dfrac{1}{2}$ 을 대입했어.

$\dfrac{1}{4}<-d+\dfrac{3}{2}<\dfrac{3}{4}$ $\therefore \dfrac{3}{4}<d<\dfrac{5}{4}$ … ㉠

이때, $g'(2)=2\left(2d-\dfrac{1}{2}\right)=4d-1=k$이고, ㉠에 의해 $2<4d-1<4$

에서 $2<k<4$이므로 자연수 k의 값은 3이다.

My Top Secret 　서울대 선배의 ❶ 등급 대비 전략

문제를 해결하기 위해 가장 낮은 차수의 다항함수 $g(x)$를 찾아야 하므로 차수가 낮은 순서대로 경우를 나누어 대입해보아야 해.
즉, 이 과정에서 가능한 $g(x)$를 찾았다면 이 함수보다 큰 차수를 갖는 다항함수를 고려할 필요가 없어.

 **도함수의 활용(1)**

 기본 기출 문제

D 01 정답 28 *곡선 위의 점에서의 접선 ──────── [정답률 84%]

정답 공식: 곡선 $y=f(x)$ 위의 점 (x_1, y_1)에서의 접선의 방정식은
$y-y_1=f'(x_1)(x-x_1)$

> 곡선 $y=x^3+2$ 위의 점 $\mathrm{P}(a, -6)$에서의 접선의 방정식을
> **단서** 점 P의 x좌표, y좌표를 곡선의 식에 대입하면 성립해.
> $y=mx+n$이라 할 때, 세 수 a, m, n의 합을 구하시오. (3점)

1st 점 P가 주어진 곡선 위의 점이므로 대입하자.
점 $\mathrm{P}(a, -6)$을 곡선 $y=x^3+2$에 대입하면
$a^3+2=-6$, $a^3=-8$ ∴ $a=-2$

2nd 곡선 $y=f(x)$ 위의 점 $(a, f(a))$에서의 접선의 기울기는 $f'(a)$지?
$y'=3x^2$이므로 점 $\mathrm{P}(-2, -6)$에서의 접선의 기울기는
$3\times(-2)^2=12$ ← $x=-2$에서의 미분계수와 같아.
따라서 기울기가 12이고, 점 $\mathrm{P}(-2, -6)$을 지나는 접선의 방정식은
$y-(-6)=12\{x-(-2)\}$, 즉 $y=12x+18$ ← $y=f'(a)(x-a)+f(a)$
따라서 $m=12$, $n=18$이므로 $a+m+n=28$

D 02 정답 21 *곡선과 접선의 교점 ──────── [정답률 75%]

정답 공식: 곡선과 접선의 방정식을 연립해서 P가 아닌 점의 좌표를 구한다.

> **단서1** 접점의 x좌표가 -1이야.
> 곡선 $y=x^3+2x+7$ 위의 점 $\mathrm{P}(-1, 4)$에서의 접선이 점 P가 아
> 닌 점 (a, b)에서 곡선과 만난다. $a+b$의 값을 구하시오. (4점)
> **단서2** 접선과 곡선의 방정식을 연립해서 풀어야 해.

1st 곡선 위의 점 $(-1, 4)$에서의 접선의 방정식을 구해.
$y=x^3+2x+7$에서 $y'=3x^2+2$ ← $y'=3x^2+2$에 $x=-1$을 대입한 거야.
점 $\mathrm{P}(-1, 4)$에서의 접선의 기울기는 5이므로 접선의 방정식은
$y-4=5(x+1)$ ∴ $y=5x+9$ … ㉠

2nd 곡선과 접선의 교점의 x좌표를 구해.
곡선 $y=x^3+2x+7$과 직선 $y=5x+9$의 교점의 x좌표를 구하면
$x^3+2x+7=5x+9$, $x^3-3x-2=0$, $(x+1)^2(x-2)=0$
곡선 $y=x^3+2x+7$과 접선 $y=5x+9$의 교점을 구하므로 두 식을 연립해. $x=-1$에서 접하므로 $(x+1)^2$을 반드시 인수로 가져.
∴ $x=-1$ 또는 $x=2$
접점 P가 아닌 점의 x좌표는 2이고 ㉠에서 y좌표는 $5\times2+9=19$이다.
따라서 $a=2$, $b=19$이므로 $a+b=21$ ← 곡선에 대입하지 말고 접선에 대입해야 더 간단해.

다른 풀이: 접선의 방정식과 곡선의 방정식을 연립한 삼차방정식은 중근 $x=-1$과 다른 한 근 $x=a$를 가짐을 이용하기

곡선 $f(x)=x^3+2x+7$ 위의 점 $\mathrm{P}(-1, 4)$에서의 접선의 방정식을
$y=mx+k$라 하고 점 P가 아닌 교점을 점 $\mathrm{Q}(a, b)$라 하면 방정식
$f(x)-(mx+k)=0$, 즉 $x^3+(2-m)x+7-k=0$의 근은 중근
$x=-1$, 다른 한 근 $x=a$를 가져.
근과 계수의 관계에 의해 모든 근의 합은 ← 삼차방정식 $ax^3+bx^2+cx+d=0$의
$-1+(-1)+a=0$이므로 $a=2$ 세 근을 α, β, γ라고 하면
$f(a)=b$이므로 $b=f(2)=8+4+7=19$ $\alpha+\beta+\gamma=-\dfrac{b}{a}$, $\alpha\beta+\beta\gamma+\gamma\alpha=\dfrac{c}{a}$
∴ $a+b=2+19=21$ $\alpha\beta\gamma=-\dfrac{d}{a}$

D 03 정답 ③ *평균값 정리 ──────── [정답률 79%]

정답 공식: 닫힌구간 $[a, b]$에서 연속이고 열린구간 (a, b)에서 미분가능한 함수 $f(x)$
에 대하여 $f'(c)=\dfrac{f(b)-f(a)}{b-a}$인 c가 열린구간 (a, b)에 적어도 하나 존재한다.

> 함수 $f(x)=-x^2+3x$에 대하여
> $\dfrac{f(2)-f(0)}{2}=f'(c)$, $0<c<2$를 만족시키는 실수 c의 값은?
> **단서** $f'(x)$를 구한 후 식에 주어진 값을 대입하여 정리하면 쉽게 해결할 수 있어. (3점)
> ① $\dfrac{2}{3}$ ② $\dfrac{3}{4}$ ③ 1 ④ $\dfrac{4}{3}$ ⑤ $\dfrac{3}{2}$

1st $f'(x)$를 구한 후 주어진 식에 대입해.
$f(x)=-x^2+3x$에서 $f'(x)=-2x+3$
이때, $\dfrac{f(2)-f(0)}{2}=f'(c)$에서 $f(2)=-2^2+3\times2=2$, $f(0)=0$이므로
$\dfrac{f(2)-f(0)}{2}=\dfrac{2-0}{2}=1$ ← $\dfrac{f(2)-f(0)}{2-0}=f'(c)$이므로 이 문제는 닫힌구간 $[0, 2]$에서 평균값 정리를 만족시키는 실수 c의 값을 구하는 문제와 같아.
따라서 $f'(c)=-2c+3=1$이므로
$-2c=-2$ ∴ $c=1$

수능 핵강

* 평균값 정리

이 문제는 $f'(x)$를 구한 후 주어진 값만 착실히 대입하면 쉽게 풀 수 있는 문제
야. 그런데 주어진 식을 보니 한 번쯤은 본 듯한 형태이지? 맞아. 바로 평균값 정
리야!!

평균값 정리란 함수 $f(x)$가 닫힌구간 $[a, b]$
에서 연속이고 열린구간 (a, b)에서 미분가능
할 때, $\dfrac{f(b)-f(a)}{b-a}=f'(c)$인 실수 c가 열
린구간 (a, b)에 적어도 하나 존재한다는 거야.
즉, 문제에서 다항함수 $f(x)$는 닫힌구간
$[0, 2]$에서 연속이고 열린구간 $(0, 2)$에서 미분가능하므로
$\dfrac{f(2)-f(0)}{2-0}=f'(c)$인 c가 0과 2 사이에 존재해. 실제로 구한 값도 $c=1$이
지? 평균값 정리를 기하학적으로 해석하면 곡선 $y=f(x)$ 위의 두 점
$(a, f(a))$, $(b, f(b))$를 연결한 직선과 평행한 접선이 두 점 사이에 적어도 하
나 존재한다는 뜻이기도 해.

D 04 정답 3 *미분을 이용한 함수의 증가, 감소의 결정 ─ [정답률 83%]

정답 공식: $f'(x)$가 구간 내에서 음수의 값을 가져야 한다.

> 함수 $f(x)=\dfrac{1}{3}x^3-9x+3$이 열린구간 $(-a, a)$에서 감소할 때,
> **단서** $-a<x<a$일 때 $f'(x)\leq0$이어야 해.
> 양수 a의 최댓값을 구하시오. (4점)

1st 함수 $f(x)$의 증가와 감소를 표로 나타낸 후 함수 $f(x)$가 감소하는 구간을 찾아.
$f(x)=\dfrac{1}{3}x^3-9x+3$에서
$f'(x)=x^2-9=(x+3)(x-3)$
$f'(x)=0$에서 $x=-3$ 또는 $x=3$이므로 함수 $f(x)$의 증가와 감소를
표로 나타내면 다음과 같다.

x	$\cdots$	-3	$\cdots$	3	$\cdots$
$f'(x)$	$+$	0	$-$	0	$+$
$f(x)$	↗	극대	↘	극소	↗

따라서 함수 $f(x)$는 열린구간 $(-3, 3)$에서 감소하므로 양수 a의 최댓값은 3이다.

3 이하의 양수 a이면 다 감소해.
그러니까 양수 a의 최댓값이 3인 거야.

D 05 정답 ④ *함수의 증가와 감소의 활용 .... [정답률 80%]

정답 공식: 함수 $f(x)$가 어떤 구간에서 미분가능하고, 이 구간의 모든 x에 대하여 $f'(x)>0$이면 $f(x)$는 이 구간에서 증가하고 $f'(x)<0$이면 $f(x)$는 이 구간에서 감소한다.

삼차함수 $f(x)$의 그래프가 그림과 같을 때, 다음 중 부등식 $f(x)\times f'(x)<0$을 만족시키는 실수 x의 값의 범위가 될 수 있는 것은? (3점)

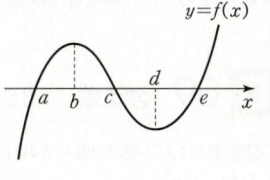

단서 $f(x)\times f'(x)<0$이려면 $f(x)$와 $f'(x)$의 부호가 달라야 해. 이때, $f'(x)$의 부호는 그래프의 증가, 감소 상태로 파악할 수 있어.

① $x>a$ ② $a<x<c$ ③ $b<x<d$
④ $d<x<e$ ⑤ $x>d$

1st $y=f(x)$의 그래프를 이용하여 $f(x)$, $f'(x)$의 부호를 판단해 보자.

$f(x)\times f'(x)<0$은 $\begin{cases} f(x)>0 \\ f'(x)<0 \end{cases}$ 또는 $\begin{cases} f(x)<0 \\ f'(x)>0 \end{cases}$ 이므로

(i) $\begin{cases} f(x)>0 \\ f'(x)<0 \end{cases}$ 일 때, 두 실수 A, B에 대하여 $AB<0$이면 $A>0$, $B<0$ 또는 $A<0$, $B>0$이어야 해.

$y=f(x)$의 그래프에서 x축 위에 있고, 감소하는 구간이므로
$b<x<c$ $f(x)>0$ $f'(x)<0$

(ii) $\begin{cases} f(x)<0 \\ f'(x)>0 \end{cases}$ 일 때,

$y=f(x)$의 그래프에서 x축 아래에 있고, 증가하는 구간이므로
$x<a$ 또는 $d<x<e$ $f(x)<0$ $f'(x)>0$

따라서 (i), (ii)에 의해 구하는 실수 x의 값의 범위는
$x<a$ 또는 $b<x<c$ 또는 $d<x<e$

✿ 함수의 그래프와 증가 · 감소   개념·공식

그래프를 이용한 함수 $f(x)$의 증가와 감소는
① 함수 $y=f(x)$의 그래프가 주어진 경우
  • 그래프의 개형이 ↗과 같으면 이 구간에서 $f(x)$는 증가한다.
  • 그래프의 개형이 ↘과 같으면 이 구간에서 $f(x)$는 감소한다.
② 도함수 $y=f'(x)$의 그래프가 주어진 경우
  • 그래프가 x축의 위쪽에 있으면 이 구간에서 $f(x)$는 증가한다.
  • 그래프가 x축의 아래쪽에 있으면 이 구간에서 $f(x)$는 감소한다.

D 06 정답 25 *미분을 이용한 극댓값 구하기 .... [정답률 83%]

정답 공식: $f'(x)=0$을 만족하는 x의 값을 알고 그 주변 x의 값의 증감을 확인한다.

함수 $f(x)=x^3-9x^2+24x+5$의 **극댓값**을 구하시오. (3점)

단서 $f'(x)$를 구해야겠지?

1st $f(x)$의 증가와 감소를 표로 나타내어 보자.
$f(x)=x^3-9x^2+24x+5$에서
$f'(x)=3x^2-18x+24$
$\qquad =3(x^2-6x+8)$
$\qquad =3(x-2)(x-4)$
$f'(x)=0$에서 $x=2$ 또는 $x=4$이므로 함수 $f(x)$의 증가와 감소를 표로 나타내면 다음과 같다.

x	$\cdots$	2	$\cdots$	4	$\cdots$
$f'(x)$	$+$	0	$-$	0	$+$
$f(x)$	↗	극대	↘	극소	↗

2nd $y=f(x)$의 그래프가 증가에서 감소로 바뀌는 점에서의 함숫값이 극댓값이야.

실수 $f'(a)=0$이라고 해서 무조건 $x=a$에서 극값을 갖는다고 생각하면 안 돼. $x=a$의 좌, 우에서 미분계수의 부호가 바뀌는지 반드시 확인해야 해.

$x=2$에서 함수 $f(x)$가 증가에서 감소로 바뀌므로 함수 $f(x)$의 극댓값은
$f(2)=8-36+48+5=25$ $f'(x)$의 부호가 $+$에서 $-$로 바뀐다는 거야.

D 07 정답 ② *함수의 그래프를 이용한 극값의 판정 ... [정답률 72%]

정답 공식: 미분가능한 함수 $f(x)$에 대하여 $f'(a)=0$이고 $x=a$의 좌우에서 $f'(x)$의 부호가 바뀌면 함수 $f(x)$는 $x=a$에서 극값을 갖는다.

그림은 이차함수 $y=f(x)$의 도함수 $y=f'(x)$의 그래프와 삼차함수 $y=g(x)$의 도함수 $y=g'(x)$의 그래프를 나타낸 것이다.

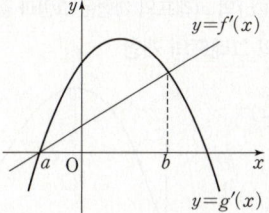

$f(0)=g(0)=0$일 때, 함수 $h(x)=f(x)-g(x)$에 대하여 옳은 것만을 [보기]에서 있는 대로 고른 것은? (4점)

[보기]

ㄱ. $a<x<b$에서 함수 $h(x)$는 증가한다.
단서1 $a<x<b$에서 $h'(x)$의 부호를 조사해.

ㄴ. 함수 $h(x)$는 $x=b$에서 극솟값을 갖는다.
단서2 $h'(b)=0$이고 $x=b$의 좌우에서 $h'(x)$의 부호가 음에서 양으로 바뀌는지 확인해.

ㄷ. $h(a)h(b)>0$
단서3 $f(0)=g(0)=0$과 함수 $h(x)$의 증가와 감소를 나타낸 표를 이용해.

① ㄱ   ② ㄴ   ③ ㄱ, ㄴ
④ ㄴ, ㄷ   ⑤ ㄱ, ㄴ, ㄷ

1st 함수 $h(x)$의 증가와 감소를 표로 나타내자.

$h(x)=f(x)-g(x)$에서 $h'(x)=f'(x)-g'(x)$

이때, $f'(a)=g'(a)$, $f'(b)=g'(b)$이므로

$h'(x)=0$에서 $x=a$ 또는 $x=b$

따라서 함수 $h(x)$의 증가와 감소를 나타낸 표는 다음과 같다.

$x<a$ 또는 $x>b$일 때, $f'(x)>g'(x)$에서 $f'(x)-g'(x)>0$
$a<x<b$일 때 $f'(x)<g'(x)$에서 $f'(x)-g'(x)<0$

x	$\cdots$	a	$\cdots$	b	$\cdots$
$h'(x)$		$+$	0	$-$	0	$+$
$h(x)$		$\nearrow$	극대	$\searrow$	극소	$\nearrow$

2nd 증가와 감소를 나타낸 표를 이용하여 ㄱ, ㄴ, ㄷ의 참, 거짓을 따지자.

ㄱ. $a<x<b$에서 $h'(x)<0$이므로 이 구간에서 함수 $h(x)$는 감소한다. (거짓)

ㄴ. $h'(b)=0$이고 $x=b$의 좌우에서 $h'(x)$의 부호가 음에서 양으로 바뀌므로 함수 $h(x)$는 $x=b$에서 극솟값을 갖는다. (참)

ㄷ. $f(0)=g(0)=0$이므로

$h(0)=f(0)-g(0)=0$

이때, $a<x<b$에서 함수 $h(x)$는 감소하므로 $h(a)>0$, $h(b)<0$이다. ∴ $h(a)h(b)<0$ (거짓)

따라서 옳은 것은 ㄴ이다.

수능 핵강

★ 두 함수 $y=f(x)$, $y=g(x)$의 그래프의 개형과 삼차함수 $h(x)$의 최고차항의 부호

(1) 함수 $y=f(x)$의 그래프의 개형

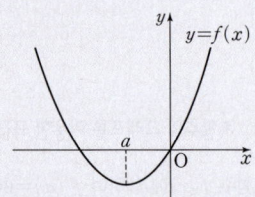

함수 $y=f'(x)$의 그래프에서 $x<a$일 때 $f'(x)<0$이므로 함수 $f(x)$는 이 구간에서 감소하고 $x>a$일 때 $f'(x)>0$이므로 함수 $f(x)$는 이 구간에서 증가해. 또, $f'(a)=0$이므로 함수 $f(x)$는 $x=a$에서 극솟값을 가져.
따라서 함수 $y=f(x)$의 그래프의 개형은 그림과 같아.

(2) 함수 $y=g(x)$의 그래프의 개형

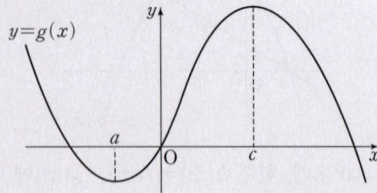

함수 $y=g'(x)$의 그래프가 x축의 양의 방향과 만나는 점의 x좌표를 c라 하면 $x<a$ 또는 $x>c$일 때 $g'(x)<0$이므로 함수 $g(x)$는 이 구간에서 감소하고 $a<x<c$일 때 $g'(x)>0$이므로 함수 $g(x)$는 이 구간에서 증가해. 또, $g'(a)=g'(c)=0$이므로 함수 $g(x)$는 $x=a$에서 극솟값, $x=c$에서 극댓값을 가져. 따라서 함수 $y=g(x)$의 그래프의 개형은 그림과 같아.

(3) 삼차함수 $h(x)$의 최고차항의 부호

$f(x)$가 이차함수이고 $g(x)$가 삼차함수이므로 함수 $h(x)=f(x)-g(x)$는 삼차함수야. 그런데 함수 $g'(x)$는 이차함수이고 그래프가 위로 볼록한 모양이므로 $g'(x)$의 최고차항의 계수는 음수야. 즉, 삼차함수 $g(x)$의 최고차항의 계수도 음수이므로 삼차함수 $h(x)$의 최고차항의 계수는 양수야.

 수능 유형별 기출 문제 [2점, 3점, 쉬운 4점]

D 08 정답 7 ＊접선의 기울기 ─────── [정답률 92%]

정답 공식: 함수 $f(x)$에 대하여 $x=a$에서의 미분계수 $f'(a)$가 곡선 $y=f(x)$ 위의 점 $(a, f(a))$에서의 접선의 기울기이다.

곡선 $y=4x^3-5x+9$ 위의 점 $(1, 8)$에서의 접선의 기울기를 구하시오. (3점) 단서 $f(x)=4x^3-5x+9$라 할 때, $f'(1)$을 구하는 거야.

1st 도함수를 이용하여 접선의 기울기를 구하자.

$f(x)=4x^3-5x+9$라 하면

$f'(x)=12x^2-5$

따라서 곡선 $y=f(x)$ 위의 점 $(1, 8)$에서의 접선의 기울기는

$f'(1)=12\times1^2-5=7$

미분가능한 함수 $f(x)$에 대하여 $y=f(x)$의 그래프 위의 점 $(a, f(a))$에서의 접선의 기울기는 $f'(a)$이므로 점 $(1, 8)$에서의 접선의 기울기는 $f'(1)$의 값과 같아.

D 09 정답 ⑤ ＊접선의 기울기 ─────── [정답률 85%]

정답 공식: x의 값이 a에서 b까지 변할 때의 함수 $f(x)$의 평균변화율은 $\dfrac{f(b)-f(a)}{b-a}$이다. 또한, 곡선 $y=f(x)$ 위의 점 $(x_1, f(x_1))$에서의 접선의 기울기는 $f'(x_1)$이다.

함수 $f(x)=x^3-3x$에서 x의 값이 1에서 4까지 변할 때의 평균변화율과 곡선 $y=f(x)$ 위의 점 $(k, f(k))$에서의 접선의 기울기가 서로 같을 때, 양수 k의 값은? (3점) 단서2 점 $(k, f(k))$에서의 접선의 기울기는 함수 $f(x)$의 $x=k$에서의 미분계수와 같지.

① $\sqrt3$ ② 2 ③ $\sqrt5$
④ $\sqrt6$ ⑤ $\sqrt7$

단서1 x의 값이 1에서 4까지 변할 때의 평균변화율은 두 점 $(1, f(1))$, $(4, f(4))$를 지나는 직선의 기울기와 같아.

1st x의 값이 1에서 4까지 변할 때의 평균변화율을 구해봐.

$f(x)=x^3-3x$에 대하여

$f(4)=64-12=52$, $f(1)=1-3=-2$

즉, x의 값이 1에서 4까지 변할 때의 함수 $f(x)$의 평균변화율은

$\dfrac{f(4)-f(1)}{4-1}=\dfrac{52-(-2)}{3}=\dfrac{54}{3}=18$

x의 값이 a에서 b까지 변할 때의 함수 $f(x)$의 평균변화율은 $\dfrac{f(b)-f(a)}{b-a}$

2nd 미분을 이용하여 곡선 위의 점에서의 접선의 기울기를 구해.

$f(x)=x^3-3x$에서 $f'(x)=3x^2-3$이므로 곡선 $y=f(x)$ 위의 점 $(k, f(k))$에서의 접선의 기울기는 $f'(k)=3k^2-3$이다.

따라서 $3k^2-3=18$이므로

$3k^2=21$, $k^2=7$

∴ $k=\sqrt7$ (∵ $k>0$)

❀ 평균변화율 개념·공식

(1) 함수 $y=f(x)$에서 x의 값이 a에서 b까지 변할 때의 평균변화율

→ $\dfrac{\Delta y}{\Delta x}=\dfrac{f(b)-f(a)}{b-a}=\dfrac{f(a+\Delta x)-f(a)}{\Delta x}$

(2) 함수 $y=f(x)$에서 x의 값이 a에서 b까지 변할 때의 평균변화율은 그래프 위의 두 점 $A(a, f(a))$, $B(b, f(b))$를 지나는 직선 AB의 기울기와 같다.

D 10 정답 22 *접선의 기울기 ———————— [정답률 92%]

정답 공식: 함수 $f(x)$의 도함수 $f'(x)$를 통해 곡선 $y=f(x)$ 위의 점에서의 접선의 기울기를 구한다.

삼차함수 $f(x)$에 대하여 함수 $g(x)$를 $g(x)=(x+2)f(x)$라 하자.
단서1 $(x+2)f(x)$를 미분할 때, 곱의 미분법을 이용해.
곡선 $y=f(x)$ 위의 점 $(3, 2)$에서의 접선의 기울기가 4일 때,
단서2 곡선 $y=f(x)$ 위의 점 $(a, f(a))$에서의 접선의 기울기는 $f'(a)$임을 이용해.
$g'(3)$의 값을 구하시오. (3점)

1st 곡선 $y=f(x)$ 위의 점에서의 접선의 기울기를 이용하여 $f(3)$, $f'(3)$의 값을 각각 구하자.

점 $(3, 2)$는 곡선 $y=f(x)$ 위의 점이므로 $f(3)=2$이고,
→ 점 (a, b)가 곡선 $y=f(x)$ 위의 점이면 $b=f(a)$가 성립해.
곡선 $y=f(x)$ 위의 점 $(3, 2)$에서의 접선의 기울기가 4이므로
$f'(3)=4$ → 미분가능한 함수 $f(x)$에 대하여 곡선 $y=f(x)$ 위의 점 $(a, f(a))$에서의 접선의 기울기는 $f'(a)$이므로 점 $(3, 2)$에서의 접선의 기울기는 $f'(3)$이야.

2nd 곱의 미분법을 이용하여 $g'(3)$의 값을 구하자.

$g(x)=(x+2)f(x)$에서
$g'(x)=f(x)+(x+2)f'(x)$이므로
→ [곱의 미분법]
미분가능한 두 함수 $f(x), g(x)$에 대하여 $\{f(x)g(x)\}'=f'(x)g(x)+f(x)g'(x)$
$g'(3)=f(3)+5f'(3)=2+5\times 4=22$

D 11 정답 50 *접선의 기울기 ———————— [정답률 85%]

정답 공식: 곡선 $y=f(x)$ 위의 점 (x_1, y_1)에서의 접선의 기울기는 $f'(x_1)$

사차함수 $f(x)=x^4-4x^3+6x^2+4$의 그래프 위의 점 (a, b)에
단서1 점 (a, b)가 그래프 위의 점이므로 접점이야.
서의 접선의 기울기가 4일 때, a^2+b^2의 값을 구하시오. (3점)
단서2 $x=a$에서의 미분계수야.

1st $x=a$에서의 곡선 $f(x)$의 접선의 기울기는 $f'(a)$임을 이용해.
$f(x)=x^4-4x^3+6x^2+4$에서
$f'(x)=4x^3-12x^2+12x$이므로
$f'(a)=4a^3-12a^2+12a=4$ → $x=a$에서의 접선의 기울기는 미분계수와 같아.
$a^3-3a^2+3a-1=0$
$(a-1)^3=0$　∴ $a=1$
$b=f(a)=f(1)=7$ → 점 $(1, b)$가 $y=f(x)$의 그래프 위의 점이므로 $x=1, y=b$를 대입해.
∴ $a^2+b^2=1+49=50$

D 12 정답 20 *접선의 기울기 ———————— [정답률 68%]

정답 공식: 주어진 조건을 이용해 삼차함수 $f(x)$의 미정계수를 결정한다.

단서1 조건에 맞는 삼차함수 $f(x)$의 식을 세워야 해.
최고차항의 계수가 1이고 $f(0)=2$인 삼차함수 $f(x)$가
$$\lim_{x \to 1}\frac{f(x)-x^2}{x-1}=-2$$
단서2 극한값이 존재하고 (분모)→0이므로 (분자)→0이야.
를 만족시킨다. 곡선 $y=f(x)$ 위의 점 $(3, f(3))$에서의 접선의
기울기를 구하시오. (4점)
단서3 $f'(3)$의 값을 구하라는 거야.

1st 삼차함수 $f(x)$의 식을 세우자.
$f(x)$는 최고차항의 계수가 1인 삼차함수이고 $f(0)=2$이므로
$f(x)=x^3+ax^2+bx+2$ (단, a, b는 상수) … ㉠라 놓자.

2nd 주어진 극한을 이용하여 삼차함수 $f(x)$의 식을 구하자.
$$\lim_{x \to 1}\frac{f(x)-x^2}{x-1}=-2$$에서 극한값이 존재하고 $x \to 1$일 때,
(분모)→0이므로 (분자)→0이다.
즉, $\lim_{x \to 1}\{f(x)-x^2\}=f(1)-1=0$에서 $f(1)=1$이므로
→ $f(x)-x^2$은 다항함수이므로 $x=1$에서 연속이야.
즉, $\lim_{x \to 1}\{f(x)-x^2\}=f(1)-1^2$이어야 해.
㉠에 $x=1$을 대입하면
$1+a+b+2=1$
∴ $b=-a-2$ … ㉡
이때, ㉠, ㉡을 주어진 극한식에 대입하면
$$\lim_{x \to 1}\frac{f(x)-x^2}{x-1}$$
$$=\lim_{x \to 1}\frac{x^3+ax^2+(-a-2)x+2-x^2}{x-1}$$
$$=\lim_{x \to 1}\frac{x^3+(a-1)x^2-(a+2)x+2}{x-1}$$

	1	$a-1$	$-(a+2)$	2
1		1	a	-2
	1	a	-2	0

$$=\lim_{x \to 1}\frac{(x-1)(x^2+ax-2)}{x-1}$$
$$=\lim_{x \to 1}(x^2+ax-2)$$
$$=a-1=-2$$
∴ $a=-1$
$a=-1$을 ㉡에 대입하면 $b=-1$
∴ $f(x)=x^3-x^2-x+2$

3rd 미분을 이용하여 접선의 기울기를 구하자.
따라서 $f'(x)=3x^2-2x-1$이므로 곡선 $y=f(x)$ 위의 점 $(3, f(3))$
에서의 접선의 기울기는
$f'(3)=27-6-1=20$

🔁 **다른 풀이:** 주어진 조건과 미분계수의 정의를 이용하여 함수 $f(x)$ 결정하기

$$\lim_{x \to 1}\frac{f(x)-x^2}{x-1}=-2$$에서 $g(x)=f(x)-x^2$이라 하자.
이때, 극한값이 존재하고 $x \to 1$일 때, (분모)→0이므로
(분자)→0이어야 하지?
즉, $g(1)=f(1)-1=0$이므로 $f(1)=1$이야.
$$\therefore \lim_{x \to 1}\frac{f(x)-x^2}{x-1}=\lim_{x \to 1}\frac{g(x)}{x-1}$$
$$=\lim_{x \to 1}\frac{g(x)-g(1)}{x-1}=g'(1)=-2 \cdots ㉢$$
→ $g(1)=0$
$\lim_{x \to a}\frac{g(x)-g(a)}{x-a}=g'(a)$
한편, $g(x)=f(x)-x^2$의 양변을 x에 대하여 미분하면
$g'(x)=f'(x)-2x$이고
$g'(1)=f'(1)-2=-2$ (∵ ㉢)이므로 $f'(1)=0$
즉, 최고차항의 계수가 1이고 $f(0)=2$인 삼차함수 $f(x)$를
$f(x)=x^3+ax^2+bx+2$ (단, a, b는 상수)라 하면
$f(1)=1$에서 $f(1)=1+a+b+2=1$
∴ $a+b=-2 \cdots ㉣$
또, $f'(x)=3x^2+2ax+b$이고 $f'(1)=0$에서
$f'(1)=3+2a+b=0$
∴ $2a+b=-3 \cdots ㉤$
㉣, ㉤을 연립하면
$a=-1, b=-1$ → 구하는 값이 $f'(3)$이므로 a, b의 값을 $f(x)$가 아닌 $f'(x)$에 대입한 거야.
따라서 $f'(x)=3x^2-2x-1$이므로 곡선 $y=f(x)$ 위의 점 $(3, f(3))$에
서의 접선의 기울기는
$f'(3)=27-6-1=20$

D 13 정답 ③ *접선의 기울기 ──────────── [정답률 73%]

정답 공식: 미분가능한 함수 $f(x)$에 대하여 $f'(a)$는 함수 $y=f(x)$의 그래프에서 $x=a$에서의 접선의 기울기이다.

실수 전체의 집합에서 미분가능하고 다음 조건을 만족시키는 모든 함수 $f(x)$에 대하여 $f(5)$의 최솟값은? (3점)

(가) $f(1)=3$
(나) $1<x<5$인 모든 실수 x에 대하여 $f'(x)\geq5$이다.
단서 $1<x<5$인 모든 실수 x에 대하여 $y=f(x)$의 그래프 위의 점에서의 접선의 기울기가 5 이상이라는 거야.
구간 $[1,5]$에서 함수 $y=f(x)$의 그래프가 어떻게 그려질지 파악해봐.

① 21 ② 22 ③ 23 ④ 24 ⑤ 25

1st 도함수의 기하학적인 정의를 생각하며 $y=f(x)$의 그래프의 개형을 그려 보자.

조건 (나)에서 $1<x<5$인 모든 실수 x에 대하여 $f'(x)\geq5$라 했으므로 이 구간의 모든 실수 x에 대하여 함수 $y=f(x)$의 그래프에서의 접선의 기울기가 5 이상임을 알 수 있다.
즉, 함수 $f(x)$가 실수 전체의 집합에서 미분가능하고 조건 (가)에서 $f(1)=3$이라 했으므로 구간 $[1,5]$에서의 함수 $y=f(x)$의 그래프는 다음 그림처럼 그릴 수 있다.

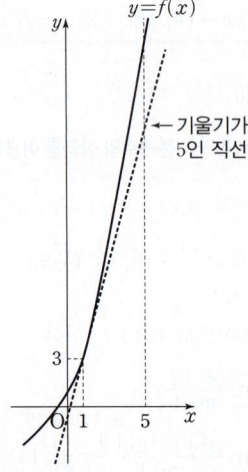

이때, 그림과 같이 함수 $y=f(x)$의 그래프가 기울기가 5인 직선일 때 $f(5)$의 값이 최소가 된다.
즉, 함수 $y=f(x)$의 그래프가 기울기가 5이고 $f(1)=3$인 직선인 경우 $f(x)=5x-2$이므로
$f(5)=5\times5-2=23$ → 함수 $y=f(x)$의 그래프는 기울기가 5인 직선이고, $f(1)=3$이므로 $f(x)=5(x-1)+3=5x-2$야.
따라서 $f(5)$의 최솟값은 23이다.

🔷 **다른 풀이 ❶: 평균값 정리를 이용하여 $f(5)$의 최솟값 구하기**
함수 $f(x)$는 닫힌구간 $[1,5]$에서 연속이고 열린구간 $(1,5)$에서 미분가능하므로 평균값 정리에 의하여

$$f'(c)=\frac{f(5)-f(1)}{5-1}=\frac{f(5)-3}{4}$$

을 만족시키는 c가 열린구간 $(1,5)$에 적어도 하나 존재해.
그런데 조건 (나)에 의하여 $f'(c)\geq5$이므로 $\dfrac{f(5)-3}{4}\geq5$에서

$f(5)-3\geq20$ ∴ $f(5)\geq23$
따라서 $f(5)$의 최솟값은 23이야.

🔷 **다른 풀이 ❷: 정적분의 정의를 이용하여 $f(5)$의 최솟값 구하기**
함수 $f(x)$가 실수 전체의 집합에서 미분가능하고,

$$1<x<5에서 f'(x)\geq5이므로 \int_1^5 f'(x)dx\geq\int_1^5 5\,dx$$

이때, $\displaystyle\int_1^5 f'(x)dx=\Big[f(x)\Big]_1^5=f(5)-f(1)$이고,
→ 미분가능한 함수 $f(x)$에 대하여
$$\int_1^5 5\,dx=\Big[5x\Big]_1^5=25-5=20이므로 \quad \int_a^b f'(x)dx=\Big[f(x)\Big]_a^b=f(b)-f(a)$$
$f(5)-f(1)\geq20$에서 $f(5)\geq20+f(1)=23$ ($\because f(1)=3$)
따라서 $f(5)$의 최솟값은 23이야.

D 14 정답 ④ *접선의 기울기 ──────────── [정답률 45%]

정답 공식: 점 $(1,2)$는 함수 $y=f(x)$의 그래프와 직선 $y=2x$의 교점이고, 점 $(2,6)$은 함수 $y=f(x)$의 그래프와 직선 $y=3x$의 교점이다. 함수 $y=f(x)$의 그래프가 두 직선 $y=2x$, $y=3x$ 사이에 있으려면 두 점이 접점이 되어야 한다.

단서1 $x>0$에서 $f(x)$의 그래프는 꺾인 점이 없어야 해.
$x>0$에서 함수 $f(x)$가 미분가능하고 $2x\leq f(x)\leq3x$이다.
$f(1)=2$이고 $f(2)=6$일 때, $f'(1)+f'(2)$의 값은? (4점)
단서2 함수 $f(x)$는 점 $(1,2)$, 점 $(2,6)$을 지나.
단서3 $x=1,2$에서의 접선의 기울기를 구해 봐.

① 8 ② 7 ③ 6 ④ 5 ⑤ 4

1st 주어진 조건을 이용하여 그래프를 그려봐.

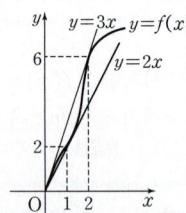

$x>0$에서 함수 $f(x)$가 미분가능하고 $f(1)=2$, $f(2)=6$이므로 $y=f(x)$의 그래프는 두 점 $(1,2)$와 $(2,6)$을 지난다.
$y=f(x)$의 그래프는 꺾인 점이 없어야 해.
또, $2x\leq f(x)\leq3x$이므로 $y=f(x)$의 그래프는 그림과 같이 두 직선 $y=2x$, $y=3x$와 그 사이에 위치해야 한다.
따라서 $y=f(x)$는 점 $(1,2)$에서 직선 $y=2x$에 접하고 점 $(2,6)$에서 직선 $y=3x$에 접하는 곡선이다.
곡선 $y=f(x)$ 위의 점 $(1,2)$에서의 접선이 $y=2x$이고 점 $(2,6)$에서의 접선이 $y=3x$가 돼.
따라서 $f'(1)=2$, $f'(2)=3$이므로
→ $y=2x$의 기울기 → $y=3x$의 기울기
$f'(1)+f'(2)=5$

함정 함수 $f(x)$의 식이 주어지지 않더라도 접선의 식을 알면 그 점에서의 미분계수를 얻어 낼 수 있겠지?

수능 핵강
$*y=f(x)$의 그래프가 점 $(1,2)$에서 직선 $y=2x$에 접해야 하는 이유

만약 함수 $y=f(x)$의 그래프가 점 $(1,2)$에서 직선 $y=2x$에 접하지 않는다면 $y=f(x)$의 그래프는 점 $(1,2)$를 뚫고 지나가야 하는데 그렇게 되면 그림처럼 $f(x)<2x$인 구간이 생기겠지? 이것은 $x>0$에서 $2x\leq f(x)\leq3x$를 만족해야 하는 조건에 어긋나서 모순이야.

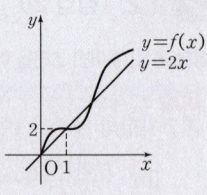

🌸 **접선의 방정식** 개념·공식

곡선 $y=f(x)$ 위의 점 $(a,f(a))$에서의 접선의 방정식은
$y-f(a)=f'(a)(x-a)$

D 15 정답 ① *곡선 위의 점에서 그은 접선의 방정식 ─── [정답률 92%]

정답 공식: 곡선 $y=f(x)$ 위의 점 (a,b)에서의 접선의 방정식은 $y-b=f'(a)(x-a)$이다.

[단서1] 곡선 $y=x^3-5x^2+6x$ 위의 점 $(3,0)$에서의 접선의 방정식을 구해야 해.
곡선 $y=x^3-5x^2+6x$ 위의 점 $(3,0)$에서의 접선이 점 $(5,a)$를 지날 때, a의 값은? (3점) [단서2] 접선의 방정식에 점 $(5,a)$를 대입해.

① 6　② 7　③ 8　④ 9　⑤ 10

[1st] 곡선 $y=x^3-5x^2+6x$ 위의 점 $(3,0)$에서의 접선의 방정식을 구해.
곡선 $y=x^3-5x^2+6x$에서 $f(x)=x^3-5x^2+6x$라 하면 $f'(x)=3x^2-10x+6$이므로 곡선 $y=x^3-5x^2+6x$ 위의 점 $(3,0)$에서의 접선의 기울기는 ($x=3$에서의 미분계수와 같아.)
$f'(3)=3\times3^2-10\times3+6=3$
따라서 기울기가 3이고 점 $(3,0)$을 지나는 접선의 방정식은
$y-0=3(x-3)$
$\therefore y=3x-9$

[2nd] a의 값을 구해.
이 접선이 점 $(5,a)$를 지나므로
$a=3\times5-9=6$ (접선의 방정식에 $x=5, y=a$를 대입해.)

D 16 정답 ⑤ *곡선 위의 점에서 그은 접선의 방정식 ─── [정답률 92%]

정답 공식: 곡선 $y=f(x)$ 위의 점 $(a,f(a))$에서의 접선의 기울기는 $f'(a)$, 접선의 방정식은 $y-f(a)=f'(a)(x-a)$

곡선 $y=x^3-6x+7$ 위의 점 $(1,2)$에서의 접선의 y절편은? [단서] 곡선 위의 점이므로 곡선 식을 x에 관해 미분하여 접점의 x좌표를 대입하면 접선의 기울기를 알 수 있어. (3점)

① 1　② 2　③ 3　④ 4　⑤ 5

[1st] 곡선 $y=x^3-6x+7$ 위의 점 $(1,2)$에서의 접선의 기울기를 구하자.
$f(x)=x^3-6x+7$이라 하면 $f'(x)=3x^2-6$이므로
$f'(1)=3-6=-3$
$f'(x)$의 식에 접점의 x좌표를 대입하면 해당 점에서의 접선의 기울기를 구할 수 있어.

[2nd] 곡선 $y=x^3-6x+7$ 위의 점 $(1,2)$에서의 접선의 y절편을 구하자.
그러므로 곡선 $y=x^3-6x+7$ 위의 점 $(1,2)$에서의 접선의 방정식은
$y-2=-3(x-1)$, 즉 $y=-3x+5$
따라서 접선의 y절편은 5이다.
(y절편은 $x=0$일 때의 y좌표를 의미해.)

🌸 접선의 방정식 [개념·공식]
곡선 $y=f(x)$ 위의 점 $(a,f(a))$에서의 접선의 방정식은
$y-f(a)=f'(a)(x-a)$

D 17 정답 12 *곡선 위의 점에서의 접선 ─── [정답률 91%]

정답 공식: 곡선 $y=f(x)$ 위의 점 (x_1,y_1)에서의 접선의 방정식은 $y-y_1=f'(x_1)(x-x_1)$

[단서1] 점 $(1,3)$이 접점이야.
곡선 $y=-x^3+4x$ 위의 점 $(1,3)$에서의 접선의 방정식이 $y=ax+b$이다. $10a+b$의 값을 구하시오. (단, a, b는 상수이다.) [단서2] 접선의 기울기를 a로 볼 수 있지? (4점)

[1st] $y=f(x)$ 위의 점 $(a,f(a))$에서 접선의 방정식은
$y=f'(a)(x-a)+f(a)$야.
$y=f(x)=-x^3+4x$에서 $f'(x)=-3x^2+4$이므로 $f'(1)=1$이다.
점 $(1,3)$에서의 접선의 방정식은 (미분계수가 접선의 기울기야.)
$y=(x-1)+3=x+2=ax+b$
따라서 $a=1, b=2$이므로 $10a+b=12$

D 18 정답 10 *곡선 위의 점에서 그은 접선의 방정식 ─── [정답률 84%]

정답 공식: 곡선 $y=f(x)$ 위의 점 $(a,f(a))$에서의 접선의 방정식은 $y-f(a)=f'(a)(x-a)$이다.

곡선 $y=x^3-6x^2+6$ 위의 점 $(1,1)$에서의 접선이 점 $(0,a)$를 지날 때, a의 값을 구하시오. (3점) [단서] 접점의 좌표를 이용하여 접선의 기울기를 구한 후 접선의 방정식을 구해.

[1st] 곡선 위의 점 $(1,1)$에서의 접선의 기울기를 구하자.
$y=x^3-6x^2+6$에서 $y'=3x^2-12x$이므로 곡선 위의 점 $(1,1)$에서의 접선의 기울기는 $3\times1^2-12\times1=-9$ ($x=1$에서의 미분계수와 같아.)

[2nd] 점 $(1,1)$에서의 접선의 방정식을 이용하여 a의 값을 구하자.
따라서 점 $(1,1)$에서의 접선의 방정식은 $y-1=-9(x-1)$에서
곡선 $y=f(x)$ 위의 점 (x_1,y_1)에서의 접선의 방정식은 $y=f'(x_1)(x-x_1)+y_1$
$y=-9x+10$이다.
이 접선이 점 $(0,a)$를 지나므로 접선의 방정식에 $x=0, y=a$를 대입하면 $a=-9\times0+10=10$

D 19 정답 12 *곡선 위의 점에서의 접선 ─── [정답률 81%]

정답 공식: 곡선 $y=f(x)$ 위의 점 (x_1,y_1)에서의 접선의 방정식은 $y-y_1=f'(x_1)(x-x_1)$

곡선 $y=-x^3+2x$ 위의 점 $(1,1)$에서의 접선이 점 $(-10,a)$를 지날 때, a의 값을 구하시오. (4점) [단서] 접점의 좌표를 알 때의 접선의 방정식을 구해 봐.

[1st] 기울기가 a이고 점 (x_1,y_1)을 지나는 직선의 방정식은 $y=a(x-x_1)+y_1$이야.
$y=-x^3+2x$에서 $y'=-3x^2+2$이므로 점 $(1,1)$에서의 접선의 기울기는 $-3\cdot1+2=-1$이고 접선의 방정식은 ($x=1$에서의 미분계수와 같아.)
$y=-(x-1)+1=-x+2$
이 접선이 점 $(-10,a)$를 지나므로
$a=-(-10)+2=12$ (접선의 방정식에 $x=-10, y=a$를 대입해.)

D 20 정답 ③ ＊곡선 위의 점에서의 접선 ········ [정답률 90%]

정답 공식: 곡선 $y=f(x)$ 위의 점 $(a, f(a))$에서의 접선의 방정식은 $y=f'(a)(x-a)+f(a)$이다.

함수 $f(x)=x^3-2x^2+2x+a$에 대하여 **곡선 $y=f(x)$ 위의 점** $(1, f(1))$에서의 **접선이 x축, y축과 만나는 점을 각각 P, Q라** 하자. $\overline{PQ}=6$일 때, 양수 a의 값은? (3점)

> **단서2** 두 점 P, Q의 좌표를 a에 대하여 나타낸 후 두 점 사이의 거리 공식을 이용해.

① $2\sqrt{2}$ ② $\dfrac{5\sqrt{2}}{2}$ ③ $3\sqrt{2}$ ④ $\dfrac{7\sqrt{2}}{2}$ ⑤ $4\sqrt{2}$

> **단서1** 곡선 $y=f(x)$ 위의 점 $(1, f(1))$에서의 접선의 방정식을 구해봐.

1st 곡선 $y=f(x)$ 위의 점 $(1, f(1))$에서의 접선의 방정식을 구하자.

$f(x)=x^3-2x^2+2x+a$에서 $f'(x)=3x^2-4x+2$이므로

$f'(1)=3-4+2=1$

$x=1$에서의 미분계수가 점 $(1, f(1))$에서의 접선의 기울기야.

이때, $f(1)=1-2+2+a=a+1$이므로

곡선 $y=f(x)$ 위의 점 $(1, f(1))$에서의 접선의 방정식은

$y=(x-1)+a+1$ ∴ $y=x+a$

2nd 두 점 P, Q 사이의 거리를 이용하여 a의 값을 구하자.

직선 $y=x+a$의 x절편과 y절편은 각각 $-a$, a이므로

직선의 방정식에 $y=0$을 대입하여 얻은 x의 값이 x절편, $x=0$을 대입하여 얻은 y의 값이 y절편이지?

두 점 P, Q의 좌표는 $P(-a, 0)$, $Q(0, a)$이다.

따라서 $\overline{PQ}=6$이므로 $\sqrt{(-a-0)^2+(0-a)^2}=6$, $2a^2=36$

$a^2=18$ ∴ $a=3\sqrt{2}$ (∵ $a>0$)

🪄 **톡톡 풀이:** 삼각형 OPQ가 직각삼각형임을 이용하여 양수 a의 값 구하기

곡선 $y=f(x)$ 위의 점 $(1, f(1))$에서의 접선의 방정식이

$y=x+a$이므로 두 점 P, Q의 좌표는 $P(-a, 0)$, $Q(0, a)$야.

즉, 원점 O에 대하여 $\overline{OP}=\overline{OQ}=a$이므로

a가 양수이므로 절댓값 기호를 쓰지 않고 바로 나타낼 수 있어.

삼각형 POQ는 $\angle POQ=90°$인 직각이등변삼각형이야.

따라서 빗변의 길이가 $\overline{PQ}=6$이므로 직각이등변삼각형의 세 변의

길이의 비에 의해 $\overline{PQ} : \overline{OP}=\sqrt{2} : 1$에서

$6 : a=\sqrt{2} : 1$ ∴ $a=\dfrac{6}{\sqrt{2}}=3\sqrt{2}$

D 21 정답 ① ＊곡선 위의 점에서의 접선 ········ [정답률 81%]

정답 공식: 곡선 $y=f(x)$ 위의 점 (x_1, y_1)에서의 접선의 방정식은 $y-y_1=f'(x_1)(x-x_1)$이다.

곡선 $y=x^3-4x+5$ 위의 점 $(1, 2)$에서의 접선이 곡선 $y=x^4+3x+a$에 접할 때, 상수 a의 값은? (3점)

> **단서2** 곡선과 직선이 접하면 접하는 점에서의 접선의 기울기와 직선의 기울기가 같음을 이용하는 거야.

① 6 ② 7 ③ 8 ④ 9 ⑤ 10

> **단서1** 곡선 $y=x^3-4x+5$ 위의 점 $(1, 2)$에서의 접선의 방정식을 구해야 해.

1st 곡선 $y=x^3-4x+5$ 위의 점 $(1, 2)$에서의 접선의 방정식을 구해.

$y=x^3-4x+5$에서 $f(x)=x^3-4x+5$라 하면

$f'(x)=3x^2-4$이므로 곡선 $y=x^3-4x+5$ 위의 점 $(1, 2)$에서의

접선의 기울기는

함수 $f(x)=x^3-4x+5$의 $x=1$에서의 미분계수와 같아.

$f'(1)=3-4=-1$

따라서 기울기가 -1이고 점 $(1, 2)$를 지나는 접선의 방정식은

$y-2=-(x-1)$ ∴ $y=-x+3$

2nd 직선 $y=-x+3$과 곡선 $y=x^4+3x+a$의 접점의 좌표를 구한 후 a의 값을 결정해.

한편, $y=x^4+3x+a$에서 $g(x)=x^4+3x+a$라 하면

$g'(x)=4x^3+3$

이때, 곡선 $y=x^4+3x+a$와 직선 $y=-x+3$의 접점의 x좌표를 t라

하면 $g'(t)=-1$이므로 $4t^3+3=-1$에서 $4t^3=-4$

$t^3=-1$ ∴ $t=-1$

실수 t의 값이 1개이므로 곡선 $y=x^4+3x+a$와 직선 $y=-x+3$의 접점의 개수는 1개임을 알 수 있어.

즉, 곡선 $y=x^4+3x+a$와 직선 $y=-x+3$의 접점의 좌표는

$(-1, 4)$이고, 점 $(-1, 4)$는 곡선 $y=x^4+3x+a$ 위의 점이므로

$x=-1$을 직선 $y=-x+3$에 대입하여 y좌표를 구하면 돼.

$4=1-3+a$ ∴ $a=6$

📌 **접선의 방정식** 개념·공식

곡선 $y=f(x)$ 위의 점 $(a, f(a))$에서의 접선의 방정식은

$y-f(a)=f'(a)(x-a)$

D 22 정답 11 ＊곡선 위의 점에서 그은 접선의 방정식 [정답률 80%]

정답 공식: 함수 $y=f(x)$ 위의 점 $(t, f(t))$에서의 접선의 기울기는 $f'(t)$이다.

직선 $y=4x+5$가 곡선 $y=2x^4-4x+k$에 접할 때, 상수 k의 값을 구하시오. (3점) **단서** 접점에서의 미분계수가 접선의 기울기와 같지?

1st 접선의 기울기가 4임을 이용하자.

> 접점의 좌표를 미지수로 두면 미분계수(접선의 기울기)를 이 미지수를 이용하여 나타낼 수 있어.

직선 $y=4x+5$와 곡선 $y=2x^4-4x+k$가 점 $P(a, b)$에서 접한다고

하자.

$f(x)=2x^4-4x+k$라 하면 $f'(x)=8x^3-4$

곡선 위의 점 P에서의 접선의 기울기가 4이므로

$f'(a)=8a^3-4=4$, $a^3=1$

∴ $a=1$

> **주의** 접점은 두 그래프가 만나는 점이니까 이 점은 직선 위의 점이기도 하고 곡선 위의 점이기도 해.

2nd 접점을 대입하자.

점 $P(1, b)$는 직선 $y=4x+5$ 위의 점이므로

$b=4\times1+5=9$ ∴ $P(1, 9)$

이때, 점 P는 곡선 $y=f(x)$ 위의 점이기도 하므로

$f(1)=2-4+k=9$, $k-2=9$

∴ $k=11$

D 23 정답 ① ＊곡선 위의 점에서 그은 접선의 방정식 ······ [정답률 75%]

정답 공식: 곡선 $y=f(x)$ 위의 점 $(a, f(a))$에서의 접선의 방정식은 $y=f'(a)(x-a)+f(a)$이다. $\{f(x)g(x)\}'=f'(x)g(x)+f(x)g'(x)$

> **단서1** 함수 $y=f(x)$ 위의 점 $(a, f(a))$에서의 접선의 방정식은 $y-f(a)=f'(a)(x-a)$

다항함수 $f(x)$에 대하여 **곡선 $y=f(x)$ 위의 점 $(0, f(0))$에서의 접선의 방정식이 $y=3x-1$이다.** 함수 $g(x)=(x+2)f(x)$에 대하여 $g'(0)$의 값은? (3점) **단서2** 일차함수 $y=3x-1$의 그래프의 기울기는 3이고, y절편은 -1

① 5 ② 6 ③ 7 ④ 8 ⑤ 9

> **단서4** 함수 $g(x)$의 도함수를 구한 후 $x=0$을 대입해.

> **단서3** 함수 $g(x)$는 두 함수 $y=x+2$, $y=f(x)$의 곱으로 표현되어 있으므로 곱의 미분법을 이용하여 미분해.

1st 곡선 위의 점에서의 접선의 방정식을 이용하여 $f'(0)$, $f(0)$의 값을 구하자.

곡선 $y=f(x)$ 위의 점 $(0, f(0))$에서의

접선의 방정식은 $y-f(0)=f'(0)(x-0)$이므로

$\underline{y=f'(0)x+f(0)}=3x-1$ → 일차함수 $y=f'(0)x+f(0)$의 그래프의 기울기는

$\therefore f'(0)=3$, $f(0)=-1$ ← $f'(0)$, y절편은 $f(0)$이야.

2nd 곱의 미분법을 이용하여 도함수 $g'(x)$를 구하고, $g'(0)$의 값을 구하자.

→ 미분가능한 두 함수 $f(x)$, $g(x)$에 대하여 $\{f(x)g(x)\}'=f'(x)g(x)+f(x)g'(x)$

함수 $g(x)=(x+2)f(x)$의 양변을 x에 대하여 미분하면

$g'(x)=f(x)+(x+2)f'(x)$

→ 함수 $g(x)=(x+2)f(x)$가 두 함수의 곱의 형태이므로 곱의 미분법을 이용하면

$g'(x)=(x+2)'f(x)+(x+2)f'(x)$

$\therefore g'(0)=f(0)+2f'(0)=-1+2\times3=5$

D 24 정답 ⑤ *곡선 위의 점에서 그은 접선의 방정식 ········ [정답률 63%]

> **정답 공식**: 미분가능한 함수 $f(x)$에 대하여 곡선 $y=f(x)$ 위의 점 $(a, f(a))$에서의 접선의 방정식은 $y=f'(a)(x-a)+f(a)$이다.

최고차항의 계수가 1이고 $f(0)=0$인 삼차함수 $f(x)$가

$\displaystyle\lim_{x\to a}\dfrac{f(x)-1}{x-a}=3$을 만족시킨다.

단서1 실수 전체의 집합에서 $f(x)$가 연속이고 미분가능한 함수임을 이용하여 a에 대한 조건을 찾아.

곡선 $y=f(x)$ 위의 점 $(a, f(a))$에서의 접선의 y절편이 4일 때,

단서2 접선의 방정식에 $x=0$, $y=4$를 대입했을 때 식이 성립해야 해.

$f(1)$의 값은? (단, a는 상수이다.) (4점)

① -1 ② -2 ③ -3 ④ -4 ⑤ -5

1st 주어진 극한식에서 a에 대한 조건을 찾아.

$\displaystyle\lim_{x\to a}\dfrac{f(x)-1}{x-a}$의 값이 3으로 존재하고 $x\to a$일 때 (분모)$\to0$이므로

(분자)$\to0$이어야 한다.

즉, $\displaystyle\lim_{x\to a}\{f(x)-1\}=f(a)-1=0$에서 $f(a)=1\cdots\bigcirc$

$\underline{f(x)$는 삼차함수이므로 실수 전체의 집합에서 연속이야. 즉, 임의의 실수 a에 대하여}
$\displaystyle\lim_{x\to a}f(x)=f(a)$가 성립해.

$\displaystyle\lim_{x\to a}\dfrac{f(x)-1}{x-a}=\lim_{x\to a}\dfrac{f(x)-f(a)}{x-a}=f'(a)=3\cdots\bigcirc$

$f'(a)=\displaystyle\lim_{x\to a}\dfrac{f(x)-f(a)}{x-a}=\lim_{h\to0}\dfrac{f(a+h)-f(a)}{h}$

2nd 점 $(a, f(a))$에서의 접선의 y절편이 4임을 이용하여 a의 값을 구해.

곡선 $y=f(x)$ 위의 점 $(a, f(a))$에서의 접선의 방정식은

$y=f'(a)(x-a)+f(a)$에서

$y=3(x-a)+1(\because\bigcirc, \bigcirc)$이고

이 접선의 y절편이 4이므로 직선의 방정식에 $x=0$, $y=4$를 대입하면

$4=-3a+1$

$-3a=3$ $\therefore a=-1\cdots\bigcirc$

3rd $f(x)$의 함수식을 찾아 $f(1)$의 값을 구해.

$f(x)$는 최고차항의 계수가 1인 삼차함수이고 $f(0)=0$이므로 두 상수 m, n에 대하여 $f(x)=x^3+mx^2+nx$라 하면

$f'(x)=3x^2+2mx+n$이다.

$\bigcirc$, $\bigcirc$, $\bigcirc$에 의하여

$f(a)=f(-1)=-1+m-n=1$에서 $m-n=2$

$f'(a)=f'(-1)=3-2m+n=3$에서 $-2m+n=0$

두 식을 연립하여 풀면 $m=-2$, $n=-4$

따라서 $f(x)=x^3-2x^2-4x$이므로

$f(1)=1-2-4=-5$

다른 풀이: 접점의 x좌표가 -1임을 이용하여 $f(x)$의 식 구하기

위의 풀이에 의하여 $a=-1$이고 $f(-1)=1$, $f'(-1)=3$이므로

곡선 $y=f(x)$ 위의 점 $(a, f(a))$, 즉 $(-1, 1)$에서의 접선의 방정식은

$\underline{y=3(x+1)+1}=3x+4$
$y=f'(a)(x-a)+f(a)$

즉, 두 점 $(-1, 1)$, $(0, 0)$을 지나는 곡선 $y=f(x)$와 직선 $y=3x+4$는

→ 최고차항의 계수가 양수인 삼차함수 $y=f(x)$의 그래프에서 감소하는 구간이 존재하니까 함수 $y=f(x)$의 그래프는 임의의 직선과 한 점에서 만나거나, 한 점에서 접하고 또 다른 한 점에서 만나거나, 서로 다른 세 점에서 만나.

한 점에서 접하고 또 다른 한 점에서 만나므로

$f(x)-(3x+4)=(x+1)^2(x-k)$(단, k는 상수)라 할 수 있어.

→ 곡선 $y=f(x)$와 직선 $y=3x+4$가 $x=-1$에서 접하고 $x=k$에서 만난다는 거야.

이때, $f(0)=0$이므로 $x=0$을 대입하면

$0-4=-k$에서 $k=4$

따라서 $f(x)-(3x+4)=(x+1)^2(x-4)$에서

$f(x)=(x+1)^2(x-4)+3x+4$

$\therefore f(1)=2^2\times(-3)+3+4=-5$

D 25 정답 97 *곡선 위의 점에서의 접선 ········ [정답률 47%]

> **정답 공식**: 극한값이 존재하고 (분모)$\to0$이므로 (분자)$\to0$이다. 즉, $f(2)=g(2)$에서 $g(2)$의 값을 구하고 $f'(2)$, $g'(2)$의 값을 구한다.

두 다항함수 $f(x)$, $g(x)$가 다음 조건을 만족시킨다.

(가) $g(x)=x^3f(x)-7$ **단서1** 양변에 $x=2$를 대입하면 $g(2)$의 값을 알 수 있어.

(나) $\displaystyle\lim_{x\to2}\dfrac{f(x)-g(x)}{x-2}=2$ **단서2** $x\to2$일 때, (분모)$\to0$이고 극한값이 존재해. 그러면 (분자)$\to0$이겠지.

곡선 $y=g(x)$ 위의 점 $(2, g(2))$에서의 접선의 방정식이

$y=ax+b$일 때, a^2+b^2의 값을 구하시오. (단, a, b는 상수이다.)

(4점)

1st 곡선 $y=g(x)$ 위의 점 $(2, g(2))$에서의 접선의 방정식을 구하려면 $g(2)$와 $g'(2)$의 값을 구해야 해. $g(2)$의 값부터 구해 볼까?

조건 (가)에서 양변에 $x=2$를 대입하면

$g(2)=8f(2)-7\cdots\bigcirc$

조건 (나)에서 $x\to2$일 때, (분모)$\to0$이고 극한값이 존재하므로

(분자)$\to0$이다. $\displaystyle\lim_{x\to a}\dfrac{f(x)}{g(x)}=\alpha$일 때, $\displaystyle\lim_{x\to a}g(x)=0$이면 $\displaystyle\lim_{x\to a}f(x)=0$

즉, $\displaystyle\lim_{x\to2}\{f(x)-g(x)\}=f(2)-g(2)=0$이므로

$f(2)=g(2)$

$\bigcirc$에서 $g(2)=8g(2)-7$

$7g(2)=7$ $\therefore g(2)=1$

또한, 조건 (나)에서

$\displaystyle\lim_{x\to2}\dfrac{f(x)-g(x)}{x-2}=\lim_{x\to2}\dfrac{f(x)-f(2)+g(2)-g(x)}{x-2}$

$(\because f(2)=g(2))$

$=\displaystyle\lim_{x\to2}\dfrac{f(x)-f(2)}{x-2}-\lim_{x\to2}\dfrac{g(x)-g(2)}{x-2}$

$=f'(2)-g'(2)=2\cdots\bigcirc$

주의 $g'(2)$를 구해야 하니까 미분계수의 정의의 형태가 나오도록 변형해야 해.

2nd $g'(2)$의 값을 알아야 접선의 기울기를 알 수 있어.

조건 (가)의 양변을 x에 대하여 미분하면

$g'(x)=3x^2f(x)+x^3f'(x)$

위 식의 양변에 $x=2$를 대입하면

$g'(2)=12f(2)+8f'(2)$
$\qquad=12\cdot 1+8f'(2)\,(\because f(2)=g(2)=1)$
$\qquad=12+8f'(2)\,\cdots\,\boxdot$

$\boxdot$, $\boxdot$을 연립하여 풀면

$f'(2)=-2,\ g'(2)=-4$

곡선 $y=g(x)$ 위의 점 $(2,\ g(2))$, 즉 점 $(2,\ 1)$에서의 접선의 기울기는

$g'(2)=-4$이므로 접선의 방정식은 $\rightarrow y=g'(2)(x-2)+g(2)$

$y=-4(x-2)+1$
$\ =-4x+9=ax+b$

따라서 $a=-4,\ b=9$이므로

$a^2+b^2=16+81=97$

D 26 정답 ④ *곡선 밖의 점에서 그은 접선의 방정식 ─ [정답률 83%]

> **정답 공식:** 곡선 $y=f(x)$ 밖의 점에서 접선을 긋는 경우 접점의 좌표를 $(t,\ f(t))$라 하고 접선의 방정식을 구해서 접선이 지나는 점의 좌표를 대입한다.

점 $(0,\ 4)$에서 곡선 $y=x^3-x+2$에 그은 접선의 x절편은? (3점)
단서 주어진 곡선 위의 한 점에서 그은 접선의 방정식을 세운 후 이 접선이 점 $(0,\ 4)$를 지남을 이용해.

① $-\dfrac{1}{2}$ ② -1 ③ $-\dfrac{3}{2}$ ④ -2 ⑤ $-\dfrac{5}{2}$

1st 접점의 x좌표를 구하자.

$f(x)=x^3-x+2$라 하면 $f'(x)=3x^2-1$

이때, 점 $(0,\ 4)$에서 곡선 $y=f(x)$에 그은 접선의 접점의 좌표를 $(t,\ t^3-t+2)$라 하면 접선의 기울기는 $f'(t)=3t^2-1$이므로 접선의 방정식은 곡선 $y=f(x)$ 위의 점 $(t,f(t))$에서 그은 접선의 기울기는 $f'(t)$야.

$y=(3t^2-1)(x-t)+t^3-t+2\,\cdots\,\boxdot$이다.

이 접선이 점 $(0,\ 4)$를 지나므로 직선의 방정식에 $x=0,\ y=4$를 대입해.

$4=(3t^2-1)(0-t)+t^3-t+2$
$4=-3t^3+t+t^3-t+2,\ 2t^3=-2$
$t^3=-1\qquad \therefore t=-1$

2nd 접선의 x절편을 구하자.

$\boxdot$에 $t=-1$을 대입하면

$y=(3-1)\times\{x-(-1)\}-1-(-1)+2\qquad \therefore y=2x+4$

따라서 점 $(0,\ 4)$에서 곡선 $y=f(x)$에 그은 접선의 x절편은 -2이다.
접선의 방정식 $y=2x+4$에 $y=0$을 대입했을 때의 x의 값이므로 $0=2x+4\quad\therefore x=-2$

백규민 영남대 약학과 2023년 입학 · 대구 성화여고 졸

이와 같은 유형은 처음에는 계산할 게 많아서 복잡하게 느껴질 수 있으니까 기출 문제를 풀어보며 평소에 연습을 많이 해 두어야 해.

곡선에 그은 접선의 접점의 x좌표를 미지수로 두고, 접점이 주어진 접선의 방정식을 세우면 돼. 그런 다음, 접점이 곡선 위의 한 점 $(0,\ 4)$를 지나므로 접선의 방정식에 $x=0,\ y=4$를 대입하면 접점의 x좌표를 구할 수 있어. 이때, 여기서 끝이 아니지? 구한 접점의 x좌표의 값을 이용해 접선의 방정식까지 구해주어야 하거든. 이러한 문제에서는 접점의 x좌표를 미지수로 둔다는 것만 기억하고 있으면 간단해.

D 27 정답 ① *곡선 밖의 점에서 그은 접선의 방정식 ─ [정답률 77%]

> **정답 공식:** 곡선 $y=f(x)$ 밖의 한 점에서 접선을 긋는 경우 접점의 좌표를 $(t,\ f(t))$라 하고 접선의 방정식을 구한 후 접선이 지나는 점의 좌표를 대입한다.

점 $(0,\ 1)$에서 곡선 $y=x^3-2x+17$에 그은 접선이 점 $(a,\ 11)$
단서2 접선의 방정식에 $x=a,\ y=11$을 대입해.
을 지날 때, a의 값은? (3점)
단서1 주어진 곡선 위의 한 점에서 그은 접선의 방정식을 세운 후 이 접선이 점 $(0,\ 1)$을 지남을 이용해.

① 1 ② 2 ③ 3 ④ 4 ⑤ 5

1st 점 $(0,\ 1)$에서 주어진 곡선에 그은 접선의 접점의 x좌표를 구해.

$f(x)=x^3-2x+17$이라 하면 $f'(x)=3x^2-2$

이때, 점 $(0,\ 1)$에서 곡선 $y=f(x)$에 그은 접선의 접점을 $(t,\ t^3-2t+17)$이라 하면 곡선 $y=f(x)$ 위의 점 $(t,f(t))$에서 그은 접선의 기울기는 $f'(t)$야.

접선의 기울기는 $f'(t)=3t^2-2$이므로 접선의 방정식은

$y-(t^3-2t+17)=(3t^2-2)(x-t)$이다.

한편, 이 접선이 점 $(0,\ 1)$을 지나므로 직선의 방정식에 $x=0,\ y=1$을 대입해.

$1-(t^3-2t+17)=(3t^2-2)(0-t)$에서
$1-t^3+2t-17=-3t^3+2t$
$2t^3-16=0,\ 2(t-2)(t^2+2t+4)=0$
$\therefore t=2\,(\because t$는 실수$)$

t는 접점의 x좌표이고, 접점의 x좌표는 실수야.
이차방정식 $t^2+2t+4=0$은 서로 다른 두 허근을 가지므로 이 이차방정식의 해는 t의 값이 될 수 없어.

2nd 접선이 점 $(a,\ 11)$을 지남을 이용하여 a의 값을 구해.

따라서 접선의 방정식은

$y-(t^3-2t+17)=(3t^2-2)(x-t)$에 $t=2$를 대입하면
$y=10(x-2)+21=10x+1$

이 접선이 점 $(a,\ 11)$을 지나므로 직선의 방정식에 $x=a,\ y=11$을 대입해.

$11=10a+1,\ 10a=10$
$\therefore a=1$

D 28 정답 ② *곡선 밖의 점에서 그은 접선의 방정식 ─ [정답률 73%]

> **정답 공식:** 곡선 $y=f(x)$ 밖의 한 점에서 접선을 긋는 경우 접점의 좌표를 $(t,\ f(t))$라 하고 접선의 방정식을 구한 후 접선이 지나는 점의 좌표를 대입한다.

원점을 지나고 곡선 $y=-x^3-x^2+x$에 접하는 모든 직선의 기울기의 합은? (4점)
단서 곡선 $y=f(x)$ 위의 임의의 점에서 그은 접선의 방정식을 세운 후 이 접선이 원점을 지남을 이용해.

① 2 ② $\dfrac{9}{4}$ ③ $\dfrac{5}{2}$ ④ $\dfrac{11}{4}$ ⑤ 3

1st 원점에서 주어진 곡선에 그은 접선의 접점의 x좌표를 구하자.

$f(x)=-x^3-x^2+x$라 하면 $f'(x)=-3x^2-2x+1$

이때, 원점에서 곡선 $y=f(x)$에 그은 접선의 접점을 $(t,\ -t^3-t^2+t)$라 하면 접선의 기울기는 $f'(t)=-3t^2-2t+1$이므로 접선의 방정식은
곡선 $y=f(x)$ 위의 점 $(t,f(t))$에서 그은 접선의 기울기는 $f'(t)$야.
$y-(-t^3-t^2+t)=(-3t^2-2t+1)(x-t)$이다.
곡선 $y=f(x)$ 위의 점 $(a,f(a))$에서의 접선의 방정식은 $y-f(a)=f'(a)(x-a)$야.
한편, 이 접선이 원점을 지나므로 직선의 방정식에 $x=0,\ y=0$을 대입해.

$0-(-t^3-t^2+t)=(-3t^2-2t+1)\times(0-t)$에서
$t^3+t^2-t=3t^3+2t^2-t$
$2t^3+t^2=0,\ t^2(2t+1)=0\qquad \therefore t=0$ 또는 $t=-\dfrac{1}{2}$

(ⅰ) $t=0$일 때

$f'(t)=-3t^2-2t+1$에 $t=0$을 대입하면

$f'(0)=1$

> **주의** 곡선 위의 접점의 좌표가 $(t, -t^3-t^2+t)$인데 $t=0$이면 $(0, 0)$, 즉 원점도 접점이 돼. 그러면 이 곡선은 원점에서 접하는 접선이 생기므로 원점을 지나는 접선이 1개라는 오해가 생길 수 있으니 주의해.

(ⅱ) $t=-\dfrac{1}{2}$일 때

$f'(t)=-3t^2-2t+1$에 $t=-\dfrac{1}{2}$을 대입하면

$f'\left(-\dfrac{1}{2}\right)=-3\times\left(-\dfrac{1}{2}\right)^2-2\times\left(-\dfrac{1}{2}\right)+1$

$=-\dfrac{3}{4}+1+1=\dfrac{5}{4}$

(ⅰ), (ⅱ)에 의하여 구하는 모든 접선의 기울기의 합은

$1+\dfrac{5}{4}=\dfrac{9}{4}$이다.

D 29 정답 **48** *곡선 밖의 한 점에서 그은 접선 ······ [정답률 43%]

> **정답 공식:** 곡선 밖의 점에서 접선을 긋는 경우 접점의 좌표를 $(t, f(t))$라 하고 접선의 방정식을 구해서 접선이 지나는 점의 좌표를 대입한다.

> 함수 $f(x)=x^3-ax$에 대하여 점 $(0, 16)$에서 곡선 $y=f(x)$에
> **단서** 곡선 밖의 점에서 그은 접선이므로 접점의 좌표를 먼저 정해야 해.
> 그은 접선의 기울기가 8일 때, $f(a)$의 값을 구하시오. (단, a는 상수이다.) (4점)

1st 곡선 $y=f(x)$의 접점의 좌표가 $(t, f(t))$이면 접선의 방정식은 $y-f(t)=f'(t)(x-t)$지?

함수 $f(x)=x^3-ax$에서 $f'(x)=3x^2-a$

곡선 $y=f(x)$의 접점의 좌표를 (t, t^3-at)라 하면 접점 (t, t^3-at)에서의 접선의 기울기는 $3t^2-a$이므로 접선의 방정식은

> 곡선 밖의 점에서 접선을 그을 때에는 곡선 위에서의 접점의 좌표가 필요해.

$y-(t^3-at)=(3t^2-a)\times(x-t)$

> 기울기가 m이고 점 (x_1, y_1)을 지나는 직선의 방정식은 $y-y_1=m(x-x_1)$

$\therefore y=(3t^2-a)x-2t^3 \cdots$ ㉠

2nd 주어진 접선의 기울기를 이용하여 접선의 방정식을 구하고, a의 값을 구해.

점 $(0, 16)$에서 곡선 $y=f(x)$에 그은 접선의 기울기가 8이므로 접선은 기울기가 8이고 y축과 만나는 점의 좌표가 $(0, 16)$인 직선과 같다.

즉, $y=8x+16$이고 이 식이 ㉠과 같아야 하므로

> 기울기가 m이고 y절편이 n인 직선의 방정식은 $y=mx+n$

$-2t^3=16$에서 $t^3=-8$

$\therefore t=-2$

$3t^2-a=8$에서 $3\times(-2)^2-a=8$

$\therefore a=4$

3rd $f(a)$의 값을 구해.

따라서 $f(x)=x^3-4x$이므로

$f(a)=f(4)=4^3-4\times4=48$

D 30 정답 **③** *곡선 밖의 한 점에서 그은 접선의 방정식 ··· [정답률 79%]

> **정답 공식:** 곡선 밖의 점에서 접선을 긋는 경우 접점의 좌표를 $(t, f(t))$라 하고 접선의 방정식을 구해서 접선이 지나는 점의 좌표를 대입한다.

> 점 $(-2, 0)$에서 곡선 $y=x^2-3$에 그을 수 있는 접선은 두 개이다. 접선과 곡선의 두 접점의 x좌표의 곱은? (3점)
> **단서** 점 $(-2, 0)$에서 곡선 $y=x^2-3$에 그은 접선의 접점의 좌표가 (t, t^2-3)이라 두고 시작해.
> ① 1 ② 2 ③ 3
> ④ 4 ⑤ 5

1st 점 $(-2, 0)$에서 그은 접선의 접점의 x좌표를 구하자.

$f(x)=x^2-3$이라 하면 $f'(x)=2x$

이때, 점 $(-2, 0)$에서 곡선 $y=f(x)$에 그은 접선의 접점을 (t, t^2-3)이라 하면 접선의 기울기는 $f'(t)=2t$이므로 접선의 방정식은

> $y=f(x)$ 위의 점 $(t, f(t))$에서 그은 접선의 기울기는 $f'(t)$야.

$y=2t(x-t)+t^2-3 \cdots$ ㉠이다.

> 점 (a, b)를 지나고 기울기가 m인 직선의 방정식은 $y=m(x-a)+b$

한편, 접선이 점 $(-2, 0)$을 지나므로

㉠에 $x=-2$, $y=0$을 대입하면

$2t(-2-t)+t^2-3=0$에서 $t^2+4t+3=0$, $(t+1)(t+3)=0$

$\therefore t=-3$ 또는 $t=-1$

따라서 점 $(-2, 0)$에서 곡선 $y=f(x)$에 그은 접선의 두 접점의 좌표는 각각 $(-3, 6)$, $(-1, -2)$이므로 두 접점의 x좌표의 곱은

$(-3)\times(-1)=3$이다.

D 31 정답 **16** *곡선 위의 점에서의 접선 ············· [정답률 73%]

> **정답 공식:** 곡선 $y=f(x)$ 위의 점 (x_1, y_1)에서의 접선의 기울기는 $f'(x_1)$이고 접선의 방정식은 $y-y_1=f'(x_1)(x-x_1)$이다.

> **단서1** 점 $(0, 1)$에서의 접선의 기울기는 $f'(0)$이야.
> 최고차항의 계수가 1인 삼차함수 $f(x)$에 대하여 곡선 $y=f(x)$ 위의 점 $(0, 1)$에서의 접선이 곡선 $y=f(x)$와 점 $(1, 0)$에서 만난다. $f(3)$의 값을 구하시오. (3점) **단서2** 곡선 $y=f(x)$ 위의 점 $(0, 1)$에서의 접선이 점 $(1, 0)$을 지나므로 두 점을 지나는 직선의 기울기와 미분계수 $f'(0)$의 값이 같아.

1st 조건을 이용하여 함수 $f(x)$의 식을 세워.

최고차항의 계수가 1인 삼차함수 $f(x)$에 대하여 곡선 $y=f(x)$가 점 $(0, 1)$을 지나므로

> $f(0)=1$

$f(x)=x^3+ax^2+bx+1$ (a, b는 상수) $\cdots$ ㉠이라 할 수 있다.

2nd 함수 $f(x)$를 구해.

$f(x)=x^3+ax^2+bx+1$에서 $f'(x)=3x^2+2ax+b$

곡선 $y=f(x)$ 위의 점 $(0, 1)$에서의 접선을 l이라 하면 직선 l의 기울기는 $f'(0)=b$

> 곡선 $y=f(x)$ 위의 점 (x_1, y_1)에서의 접선의 기울기는 $f'(x_1)$이야.

이때, 직선 l이 두 점 $(0, 1)$, $(1, 0)$을 지나므로 직선 l의 기울기는

$\dfrac{0-1}{1-0}=-1$ $\therefore b=-1$

> 두 점 (x_1, y_1), (x_2, y_2)을 지나는 직선의 기울기는 $\dfrac{y_2-y_1}{x_2-x_1}$이야.

한편, 곡선 $y=f(x)$가 점 $(1, 0)$을 지나므로

> $f(1)=0$

㉠에 $x=1$을 대입하면 $f(1)=2+a+b=a+1$

$a+1=0$ $\therefore a=-1$

따라서 $f(x)=x^3-x^2-x+1$이다.

3rd $f(3)$의 값을 구해.

$\therefore f(3)=27-9-3+1=16$

정답 공식: 곡선 $y=f(x)$ 위의 점 $(2, 4)$에서의 접선이 점 $(-1, 1)$을 지난다.

단서1 점 $(2, 4)$가 접점이므로 접선의 기울기는 $f'(2)$이고, $f(2)=4$임을 이용해.

최고차항의 계수가 1인 삼차함수 $f(x)$에 대하여 **곡선 $y=f(x)$ 위의 점 $(2, 4)$에서의 접선이 점 $(-1, 1)$에서 이 곡선과 만날 때,** $f'(3)$의 값은? (4점) 단서2 $f(-1)=1$이네?

① 10 ② 11 ③ 12 ④ 13 ⑤ 14

1st 두 점 $(2, 4)$, $(-1, 1)$을 지나는 직선의 방정식을 구하자.

점 $(2, 4)$에서의 접선이 점 $(-1, 1)$에서 곡선과 만나므로 <u>두 점 $(2, 4)$, $(-1, 1)$을 지나는 직선의 방정식을 구하면</u>

$y-1=\dfrac{1-4}{-1-2}(x+1)$ → 두 점 (x_1, y_1), (x_2, y_2)를 지나는 직선의 방정식은 $y-y_1=\dfrac{y_2-y_1}{x_2-x_1}(x-x_1)$

$\therefore y=x+2$

2nd 접선의 기울기, 접점의 좌표, 교점의 좌표를 이용하여 $f'(x)$의 식을 찾자.

즉, 점 $(2, 4)$에서의 접선의 기울기가 1이므로 $f'(2)=1$이다.

이때, $f(x)=x^3+ax^2+bx+c$ (a, b, c는 상수)라 하면

$f'(x)=3x^2+2ax+b$이고

$f(2)=4$에서 $8+4a+2b+c=4$

$\therefore 4a+2b+c=-4 \cdots$ ㉠

$f(-1)=1$에서 $-1+a-b+c=1$

$\therefore a-b+c=2 \cdots$ ㉡

$f'(2)=1$에서 $12+4a+b=1$

$\therefore 4a+b=-11 \cdots$ ㉢

㉠, ㉡, ㉢을 연립하여 풀면

$a=-3$, $b=1$, $c=6$ → $a=-3$, $b=1$, $c=6$을 $f(x)=x^3+ax^2+bx+c$에 대입하면 $f(x)$의 식을 구할 수 있어. 그런데 구해야 하는 값은 $f'(3)$의 값이니까 $f'(x)$의 식을 구한 거야.

$\therefore f'(x)=3x^2-6x+1$

따라서 $f'(3)=3\times3^2-6\times3+1=10$이다.

🔧 **다른 풀이:** $x=2$에서의 접선의 기울기는 $f'(2)$임을 이용하여 $f'(2)$의 값 구하기

곡선 $y=f(x)$ 위의 점 $(2, 4)$에서의 접선의 방정식은

$y-4=f'(2)(x-2)$에서 $y=f'(2)(x-2)+4$야.

이때, 이 직선이 점 $(-1, 1)$을 지나므로

$1=f'(2)\times(-3)+4$ $\therefore f'(2)=1$

(이하 동일)

⚡ **톡톡 풀이:** **곡선의 방정식과 접선의 방정식을 연립한 삼차방정식이 중근 $x=2$와 다른 한 근 $x=-1$을 가짐을 이용하여 $f(x)$의 식 구하기**

두 점 $(2, 4)$, $(-1, 1)$을 지나는 직선의 방정식은

$y-1=\dfrac{1-4}{-1-2}(x+1)$에서 $y=x+2$야.

이때, 최고차항의 계수가 1인 삼차함수 $y=f(x)$의 그래프와 직선 $y=x+2$가 $x=2$인 점에서 접하고 $x=-1$인 점에서 만나지?

즉, 방정식 $f(x)-(x+2)=0$은 중근 $x=2$와 실근 $x=-1$을 가지므로 $f(x)-(x+2)=(x-2)^2(x+1)$이라 놓을 수 있어.

$\therefore f(x)=(x^3-3x^2+4)+(x+2)$ → $f(x)$가 삼차함수이고 $f(x)$의 최고차항의 계수가 1이므로 함수 $f(x)-(x+2)$도 최고차항의 계수가 1인 삼차함수가 돼.
$=x^3-3x^2+x+6$

따라서 $f'(x)=3x^2-6x+1$이므로

$f'(3)=3\times3^2-6\times3+1=10$

함정 두 함수의 교점을 알고 있을 때 하나의 함수로 나타내 풀면 쉽게 풀 수 있어.

정답 공식: 접선의 방정식을 구하고 곡선과 접선의 방정식을 연립해서 A가 아닌 점의 좌표를 구한다.

단서 접점은 당연히 곡선과 만나지?

곡선 $y=x^3-5x$ 위의 점 $A(1, -4)$에서의 접선이 점 A가 아닌 점 B에서 곡선과 만난다. 선분 AB의 길이는? (4점)

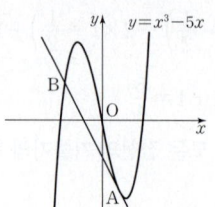

① $\sqrt{30}$ ② $\sqrt{35}$ ③ $2\sqrt{10}$ ④ $3\sqrt{5}$ ⑤ $5\sqrt{2}$

1st 곡선 위의 점 A에서의 접선의 방정식을 구해.

$f(x)=x^3-5x$라 하면 $f'(x)=3x^2-5$

점 $A(1, -4)$에서의 접선의 기울기는

$f'(1)=3\cdot1^2-5=-2$이므로 접선의 방정식은

$y-(-4)=-2(x-1)$ $\therefore y=-2x-2$

2nd 접선과 곡선의 교점을 구하여 접점이 아닌 점 B를 찾아봐.

직선 $y=-2x-2$와 곡선 $y=x^3-5x$의 교점의 x좌표를 구하면

$x^3-5x=-2x-2$, $x^3-3x+2=0$ → $x=1$에서 접하므로 이 방정식은 중근을 가지니까 반드시 $(x-1)^2$을 인수로 가져.

$(x-1)^2(x+2)=0$

$\therefore x=1$ 또는 $x=-2$

이때, 점 A의 x좌표가 1이므로 $B(-2, 2)$

$\therefore \overline{AB}=\sqrt{(-2-1)^2+\{2-(-4)\}^2}$
$=\sqrt{9+36}$
$=3\sqrt{5}$

정답 공식: 접점의 좌표를 잡고 접선의 방정식을 만든다. 곡선과 직선의 방정식을 연립하여 교점의 x좌표를 구할 수 있다.

그림은 삼차함수 $f(x)=x^3-3x^2+3x$의 그래프이다.

원점을 지나고 곡선 $y=f(x)$에 접하는 직선은 두 개이다. 두 접선과 곡선 $y=f(x)$의 교점 중 원점이 아닌 점들의 x좌표의 합을 S라 하자. 이때, $10S$의 값을 구하시오. (4점)

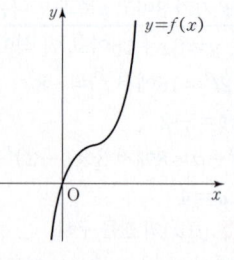

단서 원점이 곡선 위의 점이지만 원점에서 접할 수도 있고 다른 점에서 접할 수도 있겠지?

1st 원점을 지나는 접선이므로 접점을 찾자.

$f'(x)=3x^2-6x+3$이므로 점 $(a, f(a))$에서 접선의 방정식은

$y-a^3+3a^2-3a=(3a^2-6a+3)(x-a) \cdots$ ㉠ → 원점에서 그은 접선의 방정식을 구해야 하므로 접점을 두어야 해.

이고, 원점 $(0, 0)$을 지나므로

$-a^3+3a^2-3a=-3a^3+6a^2-3a$

$2a^3-3a^2=0$, $a^2(2a-3)=0$

$\therefore a=0$ 또는 $a=\dfrac{3}{2}$

2nd 접선이 삼차함수와 만나는 교점의 x좌표를 찾자.

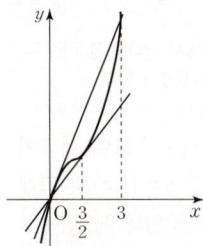

(i) $a=0$일 때, ⊙에서 접선은 $y=3x$이고, $f(x)$의 그래프와의 교점의 x좌표를 구하면 $3x=x^3-3x^2+3x$

$\underline{x^2(x-3)=0}$ ⟶ $x=0$에서 접하므로 x^2을 인수로 갖는 거야.

∴ $x=0$ 또는 $x=3$

(ii) $a=\dfrac{3}{2}$일 때, ⊙에서 접선은 $y=\dfrac{3}{4}x$이고,

$f(x)$의 그래프와의 교점의 x좌표를 구하면

$\dfrac{3}{4}x=x^3-3x^2+3x$, $x(2x-3)^2=0$ ⟶ $x=\dfrac{3}{2}$에서 접하므로 $(2x-3)^2$을 인수로 갖겠지.

∴ $x=0$ 또는 $x=\dfrac{3}{2}$

∴ $10S=10\times\left(3+\dfrac{3}{2}\right)=45$

원점이 아닌 점들의 좌표는 3과 $\dfrac{3}{2}$이었지?

🔧 **다른 풀이:** **삼차함수 $y=f(x)$의 그래프와 직선 $y=ax$가 접하고 또 다른 한 점에서 만나면 방정식 $f(x)=ax$는 중근과 또 다른 한 근을 가짐을 이용하기**

접선의 방정식을 $y=ax$라 하고 삼차함수 $y=f(x)$와 연립하면

$f(x)-ax=0$에서 $x^3-3x^2+(3-a)x=0$

$y=f(x)$의 그래프와 직선 $y=ax$가 접하고 원점을 지나기 때문에 중근과 한 개의 실근을 가져.

이때, 세 근의 합이 3이므로 삼차방정식의 근과 계수의 관계에 의하여

(i) 세 근이 0, 0, α일 때, (세 근의 합)$=0+0+\alpha=3$

∴ $\alpha=3$

(ii) 세 근이 0, β, β일 때, (세 근의 합)$=0+\beta+\beta=3$

∴ $\beta=\dfrac{3}{2}$

실수 원점에서 접할 수도 있으니 중근이 어디에서 생길 지 두 가지 경우를 다 따져봐야 해.

∴ $S=3+\dfrac{3}{2}=\dfrac{9}{2}$

(이하 동일)

D 35 정답 ③ *곡선과 접선의 교점 .... [정답률 45%]

정답 공식: 점 A에서의 접선의 방정식을 구하고 곡선과 접선의 방정식을 연립하여 점 B의 좌표를 구한다.

단서1 접점이야.
삼차함수 $f(x)=x^3+ax$가 있다. 곡선 $y=f(x)$ 위의 점 A(-1, $-1-a$)에서의 접선이 이 <u>곡선과 만나는 다른 한 점을 B</u>라 하자. 또, 곡선 $y=f(x)$ 위의 점 B에서의 접선이 이 곡선과 만나는 다른 한 점을 C라 하자. 두 점 B, C의 x좌표를 각각 b, c라 할 때, $f(b)+f(c)=-80$을 만족시킨다. 상수 a의 값은? (4점)
단서2 곡선과 접선을 연립해야 점 B의 x좌표를 알 수 있겠지?

① 8 ② 10 ③ 12
④ 14 ⑤ 16

1st 미분계수를 이용하여 점 B의 x좌표를 구해.

$f(x)=x^3+ax$에서 $f'(x)=3x^2+a$

곡선 위의 점 A(-1, $-1-a$)에서의 접선의 기울기는 $f'(-1)=3+a$ 이므로 접선의 방정식은

$y=(3+a)(x+1)+(-1-a)$

$\quad=(3+a)x+2$

이 접선이 곡선과 만나는 점의 x좌표를 구하면 곡선과 접선의 방정식을 연립해서 풀어야 해.

$x^3+ax=(3+a)x+2$

$x^3-3x-2=0$ ⟶ $(x+1)^2$을 반드시 인수로 가짐을 미리 예상하고 $x=-1$로 조립제법을 해 봐.

$(x+1)^2(x-2)=0$

∴ $x=-1$ 또는 $x=2$

이때, 점 A의 x좌표가 -1이므로 점 B의 x좌표는 2, 즉 $b=2$이다.

주의 곡선과 다시 만나는 직선은 곡선과 연립하면 해가 두 개 이상 나오고 그 중 새로 알게 된 x좌표를 갖는 점이 구해야 하는 점인 거지.

∴ B(2, $f(2)$)$=(2, 8+2a)$

2nd 접점 B에서의 접선의 방정식을 구하여 같은 방법으로 점 C의 x좌표를 구해.

마찬가지 방법으로 접점 B(2, $8+2a$)에서의 접선의 기울기는 $f'(2)=12+a$이므로 접선의 방정식은

$y=(12+a)(x-2)+(8+2a)$

$\quad=(12+a)x-16$ ⋯ ⊙

이때, 곡선 $y=f(x)$와 접선 ⊙이 만나는 점의 x좌표를 구하면

$x^3+ax=(12+a)x-16$

$x^3-12x+16=0$ ⟶ $x=2$에서 접하니까 $(x-2)^2$을 인수로 가지지?

$(x-2)^2(x+4)=0$

∴ $x=-4$ 또는 $x=2$

점 B의 x좌표가 2이므로 점 C의 x좌표는 -4, 즉 $c=-4$이다.

$f(b)+f(c)=f(2)+f(-4)$

$\qquad\qquad\quad=(8+2a)+(-64-4a)$

$\qquad\qquad\quad=-56-2a$

$\qquad\qquad\quad=-80$

∴ $a=12$

D 36 정답 ① *기울기가 주어진 접선 .... [정답률 84%]

정답 공식: 곡선 $y=f(x)$ 위의 점 (x_1, y_1)에서의 접선의 방정식은 $y-y_1=f'(x_1)(x-x_1)$

단서1 접점의 x좌표가 1이라는 것을 뜻해.
삼차함수 $f(x)=x^3+ax^2+9x+3$의 그래프 위의 점 (1, $f(1)$)에서의 접선의 방정식이 $y=2x+b$이다. $a+b$의 값은?
단서2 접선의 기울기는 2야.
(단, a, b는 상수이다.) (4점)

① 1 ② 2 ③ 3 ④ 4 ⑤ 5

1st 함수 $f(x)$ 위의 점 $(a, f(a))$에서의 접선의 방정식은

$y-f(a)=f'(a)(x-a)$임을 이용하자.

함수 $f(x)$의 그래프 <u>위의 점 (1, $f(1)$)에서의 접선의 방정식이 $y=2x+b$</u>

이므로 함수 $f(x)$의 $x=1$에서의 접선의 기울기는 2이다.

즉, $f'(1)=2$ 접점이니까 이 점에서의 미분계수가 접선의 기울기와 같아.

이때, $f(x)=x^3+ax^2+9x+3$에서 $f'(x)=3x^2+2ax+9$이므로

$f'(1)=3+2a+9=2$, $2a=-10$ ∴ $a=-5$ ⋯ ⊙

㉠에 의하여 $f(x)=x^3-5x^2+9x+3$이므로

$f(1)=1-5+9+3=8$ ← 접점의 좌표가 $(1,8)$이 되고 접점은 당연히 접선 위의 점이니까 대입해 봐.

따라서 접선 $y=2x+b$가 점 $(1,8)$을 지나므로

$8=2+b$ $\therefore b=6$

$\therefore a+b=(-5)+6=1$

✿ **기울기가 주어진 접선** 　　　　　　 개념·공식

곡선 $y=f(x)$에 접하는 접선의 기울기 m이 주어졌을 때

➡ 접점의 좌표를 $(t, f(t))$라 하고 $f'(t)=m$임을 이용하여 t의 값을 구한 후 접점의 좌표를 구한다.

D 37 정답 ⑤ ＊기울기가 주어진 접선 　············ [정답률 77%]

(**정답 공식**: 접선의 방정식을 구하고 $g'(x)=f(x)$임을 이용한다.)

함수 $f(x)=(x-3)^2$에 대하여 함수 $g(x)$의 도함수가 $f(x)$이고 곡선 $y=g(x)$ 위의 점 $(2, g(2))$에서의 접선의 y절편이 -5일 때, 이 접선의 x절편은? (3점) 단서 $g(x)$는 몇 차 함수일까?

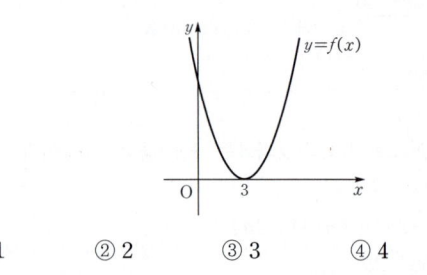

① 1　　② 2　　③ 3　　④ 4　　⑤ 5

1st 함수 $g(x)$의 도함수가 $f(x)$임을 이용하여 점 $(2, g(2))$에서의 접선의 방정식을 구해.

$g'(x)=f(x)$이므로 곡선 $y=g(x)$ 위의 점 $(2, g(2))$에서의 접선의 기울기 $g'(2)=f(2)$이고 접선의 방정식은 ← $g(x)$의 $x=2$에서의 미분계수를 구해야 해.

$y-g(2)=f(2)(x-2)$, 즉 $y=f(2)(x-2)+g(2)$

이때, $f(x)=(x-3)^2$이므로 $f(2)=(2-3)^2=1$

즉, 구하는 접선의 방정식은 $y=x-2+g(2) \cdots$ ㉠

2nd 접선의 y절편이 -5임을 이용하여 $g(2)$의 값을 구해.

㉠에서 y절편이 -5이므로 $-2+g(2)=-5$

$\therefore g(2)=-3$ ← $x=0$일 때의 y의 값이 -5야.

따라서 접선의 방정식은 $y=x-5$이므로

$y=0$을 대입하면 x절편은 5이다.

✿ **접선의 방정식** 　　　　　　 개념·공식

곡선 $y=f(x)$ 위의 점 $(a, f(a))$에서의 접선의 방정식은

$y-f(a)=f'(a)(x-a)$

D 38 정답 ① ＊기울기가 주어진 접선 　············ [정답률 59%]

(**정답 공식**: 서로 다른 두 점에서 만나는 경우는 두 그래프가 접할 때라는 사실을 안다. 미분계수가 5인 점의 좌표를 구한다.)

함수 $f(x)=x(x+1)(x-4)$에 대하여 직선 $y=5x+k$와 함수 $y=f(x)$의 그래프가 서로 다른 두 점에서 만날 때, 양수 k의 값은? (4점)

단서 $y=f(x)$는 삼차함수이므로 직선 $y=5x+k$와 서로 다른 두 점에서 만나려면 한 점에서는 접해야겠지?

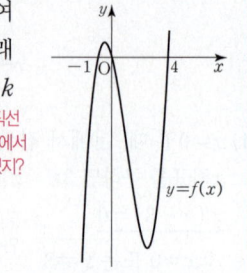

① 5　　② $\dfrac{11}{2}$　　③ 6

④ $\dfrac{13}{2}$　　⑤ 7

1st 직선 $y=5x+k$가 $y=f(x)$의 그래프와 두 점에서 만나는 경우를 생각해.

직선 $y=5x+k$와 함수 $f(x)=x(x+1)(x-4)$의 그래프의 교점의 개수를 구하기 위해 연립하면 $x(x+1)(x-4)=5x+k$에서

[두 함수의 그래프의 교점의 개수]
두 함수 $y=f(x), y=g(x)$의 그래프의 교점의 개수는 연립방정식 $f(x)=g(x)$의 해의 개수와 같아.

$x^3-3x^2-9x-k=0 \cdots$ ㉠

이때, 삼차방정식 ㉠이 중근과 한 실근을 갖게 되면 직선 $y=5x+k$와 $y=f(x)$의 그래프는 서로 다른 두 점에서 만난다. 즉, 직선 $y=5x+k$는 $y=f(x)$의 그래프에 접한다. ← 곡선 $y=f(x)$의 접선이 $y=5x+k$가 되는 거야.

함정 두 함수의 그래프가 서로 다른 두 점에서 만날 때, 곡선 $y=f(x)$와 직선 $y=5x+k$의 위치 관계를 생각해 보면 k의 값이 범위로 나오는 것이 아니라 특정한 값이어야 함을 알 수 있어. 즉, 두 함수가 접할 때이므로 미분계수를 이용해서 k의 값을 구해야 해.

2nd $y=f(x)$의 그래프에 접하고 기울기가 5인 접선의 방정식을 구해.

$f(x)=x(x+1)(x-4)=x^3-3x^2-4x$에서 $f'(x)=3x^2-6x-4$

직선 $y=5x+k$와 $y=f(x)$의 그래프의 접점의 좌표를 $(a, f(a))$라 하면 $f'(a)=5$이므로 $f'(a)=3a^2-6a-4=5$

$a^2-2a-3=0, (a+1)(a-3)=0$

$\therefore a=-1$ 또는 $a=3$

(i) $a=-1$일 때,

$f(-1)=-1\cdot0\cdot(-5)=0$에서 접점의 좌표는 $(-1, 0)$이므로 접선의 방정식은 $y=5(x+1)=5x+5$

$\therefore k=5$

(ii) $a=3$일 때,

$f(3)=3\cdot4\cdot(-1)=-12$에서 접점의 좌표는 $(3, -12)$이므로 접선의 방정식은 $y=5(x-3)-12=5x-27$

$\therefore k=-27$

(i), (ii)에 의하여 양수 k의 값은 5이다.

D 39 정답 ① ＊접선과 수직인 직선의 방정식 　············ [정답률 85%]

(**정답 공식**: 다항함수 $f(x)$에 대하여 곡선 $y=f(x)$ 위의 점 (x_1, y_1)에서의 접선과 수직인 직선의 기울기는 $-\dfrac{1}{f'(x_1)}$이다.)

단서1 곡선 $y=f(x)$ 위의 점 $A(0, 2)$에서의 접선의 기울기는 $f'(0)$이지? ←

곡선 $y=x^3-3x^2+2x+2$ 위의 점 $A(0, 2)$에서의 접선과 수직이고 점 A를 지나는 직선의 x절편은? (3점)

① 4　　② 6　　③ 8

④ 10　　⑤ 12

단서2 두 직선이 서로 수직이면 두 직선의 기울기의 곱은 -1이야. ←

1st 미분을 이용하여 $x=0$에서의 접선의 기울기를 구해.

$f(x)=x^3-3x^2+2x+2$라 하면 $\underline{f'(x)=3x^2-6x+2}$이고
　　　함수 $y=x^n$ (n은 자연수)의 도함수는 $y'=nx^{n-1}$이고 함수 $y=c$ (c는 상수)의 도함수는 $y'=0$

곡선 $y=f(x)$ 위의 점 $A(0, 2)$에서의 접선의 기울기는 $f'(0)=2$

2nd 점 A에서의 접선과 수직인 직선의 방정식을 구하자.

이때, 점 $A(0, 2)$에서의 접선과 수직인 직선의 기울기는

$-\dfrac{1}{f'(0)}=-\dfrac{1}{2}$이므로 기울기가 $-\dfrac{1}{2}$이고 점 $A(0, 2)$를 지나는 직선
서로 수직인 두 직선의 기울기의 곱은 -1이므로 점 $A(0, 2)$에서의 접선과 수직인 직선의
기울기를 m이라 하면 $2\times m=-1$ $\therefore m=-\dfrac{1}{2}$

의 방정식은 $y=-\dfrac{1}{2}(x-0)+2$
　　　　　　기울기가 m이고 한 점 (x_1, y_1)을 지나는 직선의 방정식은
$\therefore y=-\dfrac{1}{2}x+2$　$y=m(x-x_1)+y_1$

따라서 이 직선의 x절편을 구하면
(1) 직선의 x절편 ⇒ 직선의 방정식에 $y=0$을 대입했을 때의 x의 값
(2) 직선의 y절편 ⇒ 직선의 방정식에 $x=0$을 대입했을 때의 y의 값

$0=-\dfrac{1}{2}x+2$

$\therefore x=4$

D 40 정답 **2** ＊접선과 수직인 직선의 방정식 ────── [정답률 88%]

[**정답 공식:** 곡선 $y=f(x)$ 위의 점 (x_1, y_1)에서의 접선과 수직인 직선의 기울기는 $-\dfrac{1}{f'(x_1)}$이다.]

곡선 $y=x^3-ax+b$ 위의 점 $(1, 1)$에서의 접선과 수직인 직선의

기울기가 $-\dfrac{1}{2}$이다. 두 상수 a, b에 대하여 $a+b$의 값을 구하시오.

단서 서로 수직인 두 직선의 기울기의 곱을 이용하면 접선의 기울기를 알 수 있어.　　　(4점)

1st 주어진 곡선이 점 $(1, 1)$을 지남을 이용해.

점 $(1, 1)$이 곡선 $y=x^3-ax+b$ 위의 점이므로
$1=1^3-a\times1+b$에서 $a=b$ … ㉠

2nd 미분을 이용하여 접선의 기울기를 구해.

$f(x)=x^3-ax+b$라 하면 $f'(x)=3x^2-a$이고
곡선 $y=f(x)$ 위의 점 $(1, 1)$에서의 접선의 기울기는
함수 $y=f(x)$의 그래프의 $x=a$에서의 접선의 기울기는 함수 $f(x)$의 $x=a$에서의
미분계수 $f'(a)$를 의미해.
$f'(1)=3\times1^2-a=3-a$

이때, 점 $(1, 1)$에서의 접선과 수직인 직선의 기울기가 $-\dfrac{1}{2}$이므로

$f'(1)\times\left(-\dfrac{1}{2}\right)=-1$에서
$(3-a)\times\left(-\dfrac{1}{2}\right)=-1$
서로 수직인 두 직선의 기울기를 각각 m, m'이라 하면
$m\times m'=-1$이 성립해.

$3-a=2$
$\therefore a=1$

또, ㉠에 의하여 $b=1$이므로
$a+b=1+1=2$

D 41 정답 ② ＊접선과 수직인 직선의 방정식 ────── [정답률 82%]

(**정답 공식:** 곡선 $y=f(x)$ 위의 점 (x_1, y_1)에서의 접선의 기울기는 $f'(x_1)$이다.)

　　　　　　　　　　　단서1 곡선 위의 점이므로 접점이야.
곡선 $f(x)=\dfrac{2}{3}x^3+ax$ 위의 두 점 $(0, f(0)), (1, f(1))$에서의

접선이 서로 수직일 때, 상수 a의 값은? (4점)
　　단서2 두 접선의 기울기의 곱이 -1이야.

① -2　　　② -1　　　③ 0

④ 1　　　⑤ 2

1st $y=f(x)$ 위의 점 $(a, f(a))$에서의 접선의 기울기는 $f'(a)$야.

$f(x)=\dfrac{2}{3}x^3+ax$에서 $f'(x)=2x^2+a$

두 점 $(0, f(0)), (1, f(1))$에서의 접선의 기울기는 각각
$f'(0)=a, f'(1)=a+2$　　$x=0, x=1$에서의 미분계수야.

2nd 두 직선이 서로 수직이면 두 직선의 기울기의 곱은 -1이지?

$f'(0)f'(1)=a(a+2)=-1$이므로
$a^2+2a+1=0, (a+1)^2=0$ $\therefore a=-1$

D 42 정답 ④ ＊접선과 수직인 직선의 방정식 ────── [정답률 50%]

[**정답 공식:** $f(t)$와 $g(t)$를 구하기 위해 점 P, Q, R, A의 좌표와 선분들의 길이 를 모두 t에 대하여 나타낸 다음, 문제의 지시에 맞게 식을 세운다.]

그림과 같이 곡선 $y=x^2$ 위의 점 $P(t, t^2)(0<t<1)$에서의 접선 l
이 x축과 만나는 점을 Q, 점 P에서 x축에 내린 수선의 발을 R라
단서1 점 Q의 좌표를 찾기 위해서 먼저 접선 l의 방정식을 찾아야 해.
할 때, 삼각형 PQR의 넓이를 $f(t)$라 하자. 또한, 점 P를 지나고
기울기가 -1인 직선 m이 곡선 $y=\sqrt{x}$와 만나는 점을 A라 할 때,
선분 PA를 대각선으로 하는 정사각형 PCAB의 넓이를 $g(t)$라

하자. $\displaystyle\lim_{t\to0+}\dfrac{t\times g(t)}{f(t)}$의 값은? (4점)
단서2 두 함수 $y=\sqrt{x}, y=x^2$의 그래프는 직선 $y=x$에 대하여 대칭이야. 그림에서 점 A와
점 P가 직선 $y=x$에 대하여 대칭이겠지?

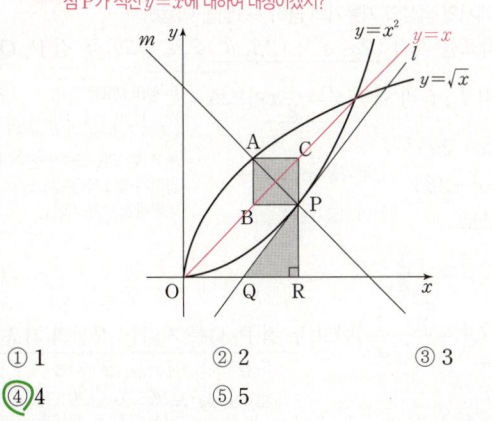

① 1　　　② 2　　　③ 3

④ 4　　　⑤ 5

1st 두 점 Q, R의 좌표를 각각 t에 대해 나타내어 $f(t)$를 구하자.

곡선 $y=x^2$ 위의 점 $P(t, t^2)$에서의 접선 l의 기울기는 $2t$이므로 접선의
방정식은　　$y=x^2$에서 $y'=2x$야.
$y=2t(x-t)+t^2$ $\therefore y=2tx-t^2$

즉, 접선 l이 x축과 만나는 점은 $Q\left(\dfrac{t}{2}, 0\right)$이다.
접선 l의 방정식에서 $y=0$을 대입하면 $2tx-t^2=0$에서 $x=\dfrac{t}{2}$야.

점 $P(t, t^2)$에서 x축에 내린 수선의 발은 $R(t, 0)$이므로

$$\overline{QR}=\frac{t}{2}, \overline{PR}=t^2 \quad \longrightarrow \overline{QR}=t-\frac{t}{2}=\frac{t}{2}, \overline{PR}=t^2-0=t^2$$

$$\therefore \triangle PQR=f(t)=\frac{1}{2}\times\overline{QR}\times\overline{PR}$$

$$=\frac{1}{2}\times\frac{t}{2}\times t^2=\frac{1}{4}t^3$$

2nd 점 A의 좌표를 t에 대하여 나타내고, $g(t)$를 구하자.

$x>0$일 때, 두 곡선 $y=x^2$, $y=\sqrt{x}$는 직선 $y=x$에 대하여 대칭이다.
이때, 두 점 P, A는 각각 두 곡선 위의 점이고, 기울기가 -1인 직선 위에 있으므로 두 점 P, A는 직선 $y=x$에 대하여 대칭이다.
기울기가 -1인 직선 m을 직선 $y=x$에 대칭이동시키면 자기 자신이 되지?

즉, 점 $P(t, t^2)$의 직선 $y=x$에 대한 대칭점은 점 $A(t^2, t)$가 된다.
따라서 정사각형 PCAB는 한 변의 길이가 $t-t^2$인 정사각형이므로

$$\Box PCAB=g(t)=(t-t^2)^2$$
정사각형 PCAB의 한 변의 길이는
(두 점 A, P의 x좌표의 차)$=t-t^2$

$$\therefore \lim_{t\to 0+}\frac{t\times g(t)}{f(t)}=\lim_{t\to 0+}\frac{t(t^2-t)^2}{\frac{1}{4}t^3}$$

$$=\lim_{t\to 0+}\frac{t^3(t-1)^2}{\frac{1}{4}t^3}$$

$$=4\lim_{t\to 0+}(t-1)^2=4$$

함정 이런 대칭성을 이용하면 복잡하게 직선의 방정식을 구하고 교점을 찾는 계산을 생략할 수 있으니까 훨씬 간편하지?

D 43 정답 ④ *접선과 수직인 직선의 방정식 ─────── [정답률 71%]

(**정답 공식**: 곡선 $y=f(x)$ 위의 점 (x_1, y_1)에서의 접선의 기울기는 $f'(x_1)$이다.)

곡선 $y=\frac{1}{4}x^2$ 위의 서로 다른 두 점 P, Q에서의 <u>두 접선이 서로 수직으로 만날</u> 때, 직선 PQ의 y절편은 항상 k이다. 이때, 상수 k의 값은? (3점)   **단서** 두 직선이 수직으로 만나면 두 직선의 기울기의 곱은 -1이야.

① -1 ② 0 ③ $\frac{1}{2}$

④ 1 ⑤ $\frac{3}{2}$

1st 두 점 P, Q에서의 접선의 기울기의 곱이 -1임을 이용하자.
두 점 P, Q의 좌표를 각각 $(2\alpha, \alpha^2)$, $(2\beta, \beta^2)$으로 놓고, 두 점 P, Q에서의 접선을 각각 l_1, l_2라 하면 $y'=\frac{1}{2}x$이므로

두 점의 좌표를 $\left(\alpha, \frac{1}{4}\alpha^2\right), \left(\beta, \frac{1}{4}\beta^2\right)$으로 놓고 계산해도 되지만 분수가 많아져 식이 복잡해지므로 이렇게 놓고 푼 거야.

$l_1 : y-\alpha^2=\alpha(x-2\alpha)$ l_1의 기울기는 $\frac{1}{2}\cdot 2\alpha=\alpha$

$l_2 : y-\beta^2=\beta(x-2\beta)$ l_2의 기울기는 $\frac{1}{2}\cdot 2\beta=\beta$

이때, $l_1 \perp l_2$이므로

$$\alpha\beta=-1 \quad \therefore \beta=-\frac{1}{\alpha}$$

즉, $P(2\alpha, \alpha^2)$, $Q\left(-\frac{2}{\alpha}, \frac{1}{\alpha^2}\right)$이고 두 점 P, Q를 지나는 직선의 기울기를 m이라 하면

두 점 $(x_1, y_1), (x_2, y_2)$를 지나는 직선의 기울기는 $\frac{y_2-y_1}{x_2-x_1}=\frac{y_1-y_2}{x_1-x_2}$

$$m=\frac{\alpha^2-\frac{1}{\alpha^2}}{2\alpha+\frac{2}{\alpha}}=\frac{\alpha^4-1}{2\alpha^3+2\alpha}=\frac{(\alpha^2+1)(\alpha^2-1)}{2\alpha(\alpha^2+1)}=\frac{\alpha^2-1}{2\alpha}$$

즉, 두 점 P, Q를 지나는 직선의 방정식은

$$y-\alpha^2=\frac{\alpha^2-1}{2\alpha}(x-2\alpha) \quad \therefore y=\frac{\alpha^2-1}{2\alpha}x+1$$

따라서 직선 PQ는 α의 값에 관계없이 y절편이 항상 1이다.
$\therefore k=1$

(**정답 공식**: 직선 l, m의 기울기를 알고 점 Q의 좌표를 구할 수 있다. 직선 PQ의 방정식을 구한다.)

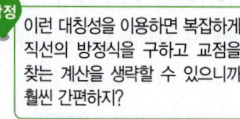

곡선 $y=\frac{x^2}{2}$ 위의 점 $P\left(a, \frac{a^2}{2}\right)$에서 접하는 직선을 l이라 하자. <u>직선 l과 수직인 직선</u> 중 곡선 $y=\frac{x^2}{2}$에 접하

단서 직선 l의 기울기는 알 수 있으므로 l에 수직인 직선의 기울기를 갖는 접선과의 접점을 구해야 해.

는 직선을 m이라 하고, 직선 m과 곡선 $y=\frac{x^2}{2}$의 접점을 Q라 하자.
y축과 직선 PQ가 점 R에서 만날 때, 점 R의 y좌표는? (단, $a\neq 0$)
(4점)

① $\frac{3}{8}$ ② $\frac{1}{2}$ ③ $\frac{5}{8}$ ④ $\frac{3}{4}$ ⑤ $\frac{7}{8}$

1st 기울기가 각각 m, m'인 두 직선이 서로 수직이면 $mm'=-1$이지?

$f(x)=\frac{x^2}{2}$이라 하면 $f'(x)=x \cdots ㉠$

곡선 위의 점 $P\left(a, \frac{a^2}{2}\right)$에서의 접선 l의 기울기는 $f'(a)=a$
$f(x)$의 $x=a$에서의 미분계수야.

직선 l에 수직이고 곡선 $y=\frac{x^2}{2}$과 점 Q에서 접하는 직선 m의 기울기는 $-\frac{1}{a}$이므로 접점 Q의 좌표를 $(x_1, f(x_1))$이라 하면 $f'(x_1)=-\frac{1}{a}$이고 ㉠에 의하여 $x_1=-\frac{1}{a}$이다.

즉, 점 Q의 좌표는 $\left(-\frac{1}{a}, \frac{1}{2a^2}\right)$이다.

2nd 두 점 $P\left(a, \frac{a^2}{2}\right)$, $Q\left(-\frac{1}{a}, \frac{1}{2a^2}\right)$을 지나는 직선의 방정식을 구하여 y절편을 찾자.

이때, 두 점 P, Q를 지나는 직선 PQ의 방정식은

$$y=\frac{\frac{a^2}{2}-\frac{1}{2a^2}}{a-\left(-\frac{1}{a}\right)}(x-a)+\frac{a^2}{2}=\frac{a^2-1}{2a}x+\frac{1}{2} \cdots ㉡$$

따라서 점 R의 y좌표는 직선 PQ의 y절편이므로

(점 R의 y좌표)$=\frac{1}{2}$

함정 a의 값이 상수로 명확히 드러나 있지는 않지만 다른 정보가 더 없으니 직선의 방정식을 구하는 공식에 대입해 정리해보자.

$$\frac{\frac{a^4-1}{2a^2}}{a+\frac{1}{a}}=\frac{\frac{(a^2+1)(a^2-1)}{2a^2}}{\frac{a^2+1}{a}}=\frac{a^2-1}{2a}$$

수능 핵강

* 접선의 방정식을 구하는 문제의 유형
접선의 방정식에는 세 가지 유형이 있어.
  (i) 접점이 주어진 경우
  (ii) 접선의 기울기가 주어진 경우
  (iii) 곡선 밖의 한 점이 주어진 경우
이 중 어떤 유형이라도 접선의 방정식을 구할 수 있어야 해.
특히, (iii)의 경우는 점 (a, b)에서 곡선 $y=f(x)$에 그은 접선의 접점을 $(t, f(t))$라고 놓으면 접선의 기울기는 $f'(t)$이므로 접선의 방정식은 $y-f(t)=f'(t)(x-t)$야. 이 접선이 점 (a, b)를 지나므로 대입하여 접점과 접선의 방정식을 구할 수 있어.

D 45 정답 ② *접선과 평행한 직선의 방정식 ········· [정답률 74%]

정답 공식: 점 A에서의 접선의 기울기를 구할 수 있고, 도함수의 식에서 접선의 기울기가 같은 다른 점을 구할 수 있다.

곡선 $y=x^3-3x^2+x+1$ 위의 서로 다른 **두 점 A, B에서의 접선이 서로 평행하다.** 점 A의 x좌표가 3일 때, 점 B에서의 접선의 y절편의 값은? (4점) **단서** 두 점 A, B에서의 접선의 기울기가 같다는 거야.

① 5 ② 6 ③ 7 ④ 8 ⑤ 9

1st 곡선 위의 두 점 A, B에서의 접선이 서로 평행함을 이용하자.

$f(x)=x^3-3x^2+x+1$에서 $f'(x)=3x^2-6x+1$

점 A의 x좌표가 3이므로 점 A에서의 접선의 기울기는

$f'(3)=27-18+1=10$

이때, 점 B의 x좌표를 $a(a\neq 3)$라 하면 점 B에서의 접선의 기울기도

$f'(a)=f'(3)=10$이므로 → 접선의 기울기가 10이 되는 접점의 x좌표를 구해야 해.

$3a^2-6a+1=10$, $a^2-2a-3=0$

$(a+1)(a-3)=0$ ∴ $a=-1$ ($\because a\neq 3$)

2nd 함수 $y=f(x)$ 위의 점 $(a, f(a))$에서의 접선의 방정식은

$y=f'(a)(x-a)+f(a)$야.

$f(-1)=-1-3-1+1=-4$이므로 점 B의 좌표는 $(-1, -4)$이다.

따라서 곡선 위의 점 B에서의 접선의 방정식은

$y=10(x+1)-4=10x+6$이므로

구하는 접선의 y절편의 값은 6이다.

D 46 정답 20 *접선과 평행한 직선의 방정식 ········· [정답률 76%]

정답 공식: 접점의 좌표를 미지수로 놓고 접선의 방정식을 세운다.

단서1 곡선 위의 점이 아니므로 곡선 밖의 한 점이야.

양수 a에 대하여 점 $(a, 0)$에서 곡선 $y=3x^3$에 그은 접선과 점 $(0, a)$에서 곡선 $y=3x^3$에 그은 접선이 **서로 평행**할 때, $90a$의 값을 구하시오. (3점) **단서2** 서로 평행한 두 직선은 기울기가 같아.

1st 접점에서의 기울기는 미분을 이용해.

$y=3x^3$에서 $y'=9x^2$

두 점 $(a, 0)$, $(0, a)$에서 곡선 $y=3x^3$에 그은 접선의 두 접점의 좌표를 각각 $A(t, 3t^3)$, $B(s, 3s^3)$이라 하면 각 접점에서의 기울기가 같으므로

곡선 밖의 점 $(a, 0)$, $(0, a)$에서 접선을 그을 때는 곡선 위에서의 접점의 좌표가 필요해.

$9t^2=9s^2$, $9(t^2-s^2)=0$, $9(t+s)(t-s)=0$ ∴ $s=-t$ ($\because s\neq t$)

$s=t$이면 두 접선의 방정식은 일치하므로 평행이라는 조건에 맞지 않아.

점 $A(t, 3t^3)$에서의 접선의 방정식은 $y=9t^2(x-t)+3t^3$

이 직선이 점 $(a, 0)$을 지나므로 $9t^2a-6t^3=0$ … ㉠

a, t의 값을 구해야 하므로 방정식이 하나 더 필요하지?

점 $B(-t, -3t^3)$에서의 접선의 방정식은 $y=9t^2(x+t)-3t^3$

이 직선이 점 $(0, a)$를 지나므로 $6t^3=a$ … ㉡

주의 두 접선이 서로 평행하다고 했을 때 '기울기가 서로 같고 일치하지 않는다.'라는 조건을 떠올려야 해.

㉠에 ㉡을 대입하면

$9t^2\cdot 6t^3-6t^3=0$, $6t^3(9t^2-1)=0$

$6t^3(3t+1)(3t-1)=0$

∴ $t=0$ 또는 $t=\pm\dfrac{1}{3}$

(i) $t=0$이면 $a=0$

(ii) $t=\dfrac{1}{3}$이면 $a=6\cdot\dfrac{1}{27}=\dfrac{2}{9}$

(iii) $t=-\dfrac{1}{3}$이면 $a=6\cdot\left(-\dfrac{1}{27}\right)=-\dfrac{2}{9}$

(i)~(iii)에 의하여 $t=\dfrac{1}{3}$, $a=\dfrac{2}{9}$ ($\because a>0$)이므로

$90a=90\cdot\dfrac{2}{9}=20$

D 47 정답 ② *접선과 평행한 직선의 방정식 ········· [정답률 79%]

정답 공식: 곡선 $y=f(x)$에 접하는 직선의 기울기 m이 주어진 경우 접점의 좌표를 $(t, f(t))$라 하고 $f'(t)=m$임을 이용한다.

곡선 $y=x^3+2x^2$에 접하고 직선 $y=-x+4$에 평행한 직선은 두 개이다. 곡선과 직선의 두 접점의 x좌표의 곱은? (3점) **단서** 직선 $y=-x+4$에 평행한 직선의 기울기는 -1이야.

① $\dfrac{1}{2}$ ② $\dfrac{1}{3}$ ③ $\dfrac{1}{4}$ ④ $\dfrac{1}{5}$ ⑤ $\dfrac{1}{6}$

1st 직선 $y=-x+4$에 평행하고 주어진 곡선에 접하는 접선의 접점의 x좌표를 구해.

직선 $y=-x+4$에 평행한 직선의 기울기는 -1이다.

따라서 곡선 $y=x^3+2x^2$에 접하고 기울기가 -1인 접선의 접점의 x좌표를 구하자.

$f(x)=x^3+2x^2$이라 하면 $f'(x)=3x^2+4x$이고 접점의 x좌표를 t라 하면 접점의 기울기는 $f'(t)=3t^2+4t$이다.

함수 $f(x)$에 대하여 $x=t$에서의 미분계수 $f'(t)$는 곡선 $y=f(x)$의 $x=t$에서의 접선의 기울기야.

이때, 접선의 기울기가 -1이므로 $f'(t)=-1$에서

$3t^2+4t=-1$, $3t^2+4t+1=0$

이 이차방정식의 판별식을 D라 하면 $\dfrac{D}{4}=4-3=1>0$이므로 서로 다른 두 실근을 가져.

따라서 이차방정식의 근과 계수의 관계에 의하여 두 실근의 곱은 $\dfrac{1}{3}$임을 이용해도 돼.

$(t+1)(3t+1)=0$

∴ $t=-1$ 또는 $t=-\dfrac{1}{3}$

따라서 직선 $y=-x+4$에 평행한 두 접선의 접점의 x좌표는 각각 -1, $-\dfrac{1}{3}$이므로 x좌표의 곱은 $(-1)\times\left(-\dfrac{1}{3}\right)=\dfrac{1}{3}$이다.

D 48 정답 ④ *접선과 평행한 직선의 방정식 ········· [정답률 75%]

정답 공식: 곡선 $y=f(x)$에 접하는 직선의 기울기 m이 주어진 경우 접점의 좌표를 $(t, f(t))$라 하고 $f'(t)=m$임을 이용한다.

곡선 $y=x^3-2x+1$ 위의 점 $(-1, 2)$에서의 접선에 평행하고 곡선 $y=-x^2-7x$에 접하는 직선의 방정식은 $y=mx+n$이다. 상수 m, n에 대하여 $m+n$의 값은? (3점) **단서** $f(x)=x^3-2x+1$이라 하면 직선 $y=mx+n$의 기울기 $m=f'(-1)$이야.

① 14 ② 15 ③ 16 ④ 17 ⑤ 18

1st 곡선 $y=x^3-2x+1$ 위의 점 $(-1, 2)$에서의 접선의 기울기를 구해.

$f(x)=x^3-2x+1$이라 하면 $f'(x)=3x^2-2$이므로 곡선 $y=f(x)$ 위의 점 $(-1, 2)$에서의 접선의 기울기는

$f'(-1)=3\times(-1)^2-2=1$

접선의 기울기가 1이고 점 $(-1, 2)$를 지나므로 접선의 방정식은 $y=(x+1)+2=x+3$이야.

곡선 $y=-x^2-7x$에 접하고 기울기가 $f'(-1)$인 직선의 방정식을 구해.

$g(x)=-x^2-7x$라 하면

$g'(x)=-2x-7$

이때, 곡선 $y=g(x)$ 위의 점 $(t, -t^2-7t)$에서 그은 접선이 곡선

$y=f(x)$ 위의 점 $(-1, 2)$에서 그은 접선에 평행하다고 하면

$g'(t)=f'(-1)$ → 두 직선 $y=ax+b, y=cx+d$가 서로 평행하면 $a=c, b\neq d$

즉, $-2t-7=1$에서 $2t=-8$

$\therefore t=-4$

따라서 접점의 좌표는 $(-4, 12)$이고 접선의 기울기는 $f'(-1)=1$이

므로 구하는 접선의 방정식은

$y=(x+4)+12=x+16$

따라서 $m=1, n=16$이므로

$m+n=1+16=17$

D **49** 정답 ⑤ *공통인 접선 ················· [정답률 70%]

정답 공식: 곡선 $y=f(x)$ 위의 점 (x_1, y_1)에서의 접선의 방정식은
$y-y_1=f'(x_1)(x-x_1)$이다.

> 삼차함수 $f(x)$에 대하여 곡선 $y=f(x)$ 위의 점 $(0, 0)$에서의
> 단서1 $f(0)=0$임을 알 수 있어.
>
> 접선과 곡선 $y=xf(x)$ 위의 점 $(1, 2)$에서의 접선이 일치할
> 때, $f'(2)$의 값은? (4점) 단서2 $1\times f(1)=2$, 즉 $f(1)=2$임을 알 수 있어.
> → 단서3 곡선 $y=f(x)$ 위의 점 $(0,0)$에서의 접선과 곡선 $y=xf(x)$
> 위의 점 $(1,2)$에서의 접선을 구한 후 두 접선이 같은 조건을 찾아내.
>
> ① -18 ② -17 ③ -16
> ④ -15 ⑤ -14

곡선 $y=f(x)$가 지나는 점과 곡선 $y=xf(x)$가 지나는 점을 이용하여 $x=0, x=1$에서의 $f(x)$의 함숫값을 구해.

점 $(0, 0)$이 곡선 $y=f(x)$ 위의 점이므로 $f(0)=0$이다.
점 (a,b)가 곡선 $y=f(x)$ 위의 점이면 $y=f(x)$에 $x=a, y=b$를 대입할 때 등식이 성립해. 즉, $b=f(a)$야.

또, 점 $(1, 2)$가 곡선 $y=xf(x)$ 위의 점이므로

$1\times f(1)=2$에서 $f(1)=2$이다.

두 접선의 방정식이 일치함을 이용하여 $x=0, x=1$에서의 $f(x)$의 미분계수를 구해.

함수 $f(x)$에 대하여 $x=0$에서의 미분계수는 $f'(0)$이므로

곡선 $y=f(x)$ 위의 점 $(0, 0)$에서의 접선의 방정식을 구하면

$y=f'(0)(x-0)+0$
미분가능한 함수 $f(x)$에 대하여 곡선 $y=f(x)$ 위의 점 $(a, f(a))$에서의 접선의 기울기는 $f'(a)$야.
$\therefore y=f'(0)x \cdots$ ㉠

또, 함수 $xf(x)$에 대하여 $x=1$에서의 미분계수는

$\{xf(x)\}'=f(x)+xf'(x)$에서 $f(1)+f'(1)$이므로

곡선 $y=xf(x)$ 위의 점 $(1, 2)$에서의 접선의 방정식을 구하면

$y=\{f(1)+f'(1)\}(x-1)+2$

$\therefore y=\{f(1)+f'(1)\}x-f(1)-f'(1)+2 \cdots$ ㉡

이때, ㉠, ㉡의 식이 일치하므로

$f'(0)x=\{f(1)+f'(1)\}x-f(1)-f'(1)+2$이고, 이 식은 x에 대한

항등식이므로
$ax+b=a'x+b'$이 x에 대한 항등식이면 $a=a', b=b'$

$f(1)+f'(1)=f'(0) \cdots$ ㉢

$-f(1)-f'(1)+2=0$에서

$f(1)+f'(1)=2 \cdots$ ㉣

㉢, ㉣에서 $f'(0)=2$

또한, $f(1)=2$이므로 ㉣에 대입하면 $f'(1)=0$

함수 $f'(x)$를 유추하여 $f'(2)$의 값을 구하자.

$f(x)$가 삼차함수이고, $f(0)=0$이므로

$f(x)=ax^3+bx^2+cx$ (a, b, c는 상수, $a\neq0$)라 하면

$f'(x)=3ax^2+2bx+c$

$f'(0)=2$이므로 $c=2$

$f'(1)=0$이므로 $3a+2b+c=0$

$3a+2b+2=0$

$\therefore 3a+2b=-2 \cdots$ ㉤

한편, $f(1)=2$이므로 $a+b+c=2$에서

$a+b+2=2$

$\therefore a+b=0 \cdots$ ㉥

㉤, ㉥을 연립하여 풀면 $a=-2, b=2$

따라서 $f'(x)=-6x^2+4x+2$이므로

$f'(2)=-6\times2^2+4\times2+2=-14$

🔍 다른 풀이: 부정적분을 이용하여 도함수 $f'(x)$의 식 구하기

에서 삼차함수 $f(x)$의 도함수 $f'(x)$는 이차함수이고, $f'(1)=0$이

므로

$f'(x)=p(x-1)(x-q)$ → $f'(1)=0$에서 $f'(x)$는 $x-1$를 인수로 가지지?

$\quad\quad =px^2-(p+pq)x+pq$ (p, q는 상수, $p\neq0$)

로 놓을 수 있어.

이때, $f'(0)=2$이므로 $pq=2$야.

이제 부정적분을 이용하여 $f(x)$를 구하자.

$f(x)=\int f'(x)dx$

$\quad\quad =\int \{px^2-(p+2)x+2\}dx$ → $f'(x)=px^2-(p+pq)x+pq$에 $pq=2$를 대입했어.

$\quad\quad =\dfrac{p}{3}x^3-\dfrac{p+2}{2}x^2+2x+C$ (C는 적분상수)

그런데 $f(0)=0$이므로 $C=0$이지?

즉, $f(x)=\dfrac{p}{3}x^3-\dfrac{p+2}{2}x^2+2x$에서

$f(1)=2$이므로

$\dfrac{p}{3}-\dfrac{p+2}{2}+2=2$, $2p-3p-6=0$

$\therefore p=-6$

따라서 $f'(x)=-6x^2+4x+2$이므로

$f'(2)=-6\times2^2+4\times2+2$

$\quad\quad =-14$

⚙ 접선의 방정식   개념·공식

함수 $y=f(x)$가 $x=a$에서 미분가능할 때,
곡선 $y=f(x)$ 위의 점 $(a, f(a))$에서의
접선의 방정식은
$y-f(a)=f'(a)(x-a)$

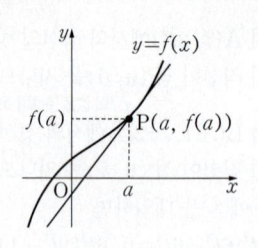

정답 공식: 곡선 $y=f(x)$ 위의 점 (x_1, y_1)에서의 접선의 방정식은
$y-y_1=f'(x_1)(x-x_1)$

> **단서 1** 곡선 $y=x^3-10$에 대하여 $f(x)=x^3-10$이라 하여 도함수 $f'(x)$를 구하고, 접선의 기울기 $f'(-2)$를 구해.
>
> 곡선 $y=x^3-10$ 위의 점 $P(-2, -18)$에서의 접선과 곡선 $y=x^3+k$ 위의 점 Q에서의 **접선이 일치**할 때, **양수** k의 값을 구하시오. (3점)
>
> **단서 2** 두 접선의 방정식은 일치함수가 되므로 두 일차함수의 기울기와 y절편이 같음을 이용해.
> **단서 3** k의 값이 양수 또는 음수가 나올 수 있음에 주의해.

1st 곡선 $y=x^3-10$ 위의 점 $P(-2, -18)$에서의 접선의 방정식을 구하자.

$f(x)=x^3-10$이라 하면

$f'(x)=3x^2$이므로

곡선 $y=f(x)$ 위의 점 $P(-2, -18)$에서의 접선의 기울기는

$\underline{f'(-2)=12}$ ▶ 함수 $y=f(x)$에 대하여 $x=a$에서의 접선의 기울기는 $f'(a)$야.

접선의 방정식은

$y-(-18)=12\{x-(-2)\}$ ▶ 곡선 $y=f(x)$ 위의 점 (x_1, y_1)에서의 접선의 방정식은 $y-y_1=f'(x_1)(x-x_1)$이야.

$\therefore y=12x+6 \cdots \bigcirc$

2nd 곡선 $y=x^3+k$ 위의 점 Q의 좌표를 (a, a^3+k)라 하고, 점 Q에서의 접선의 방정식을 구하자.

$g(x)=x^3+k$라 하고, 점 Q의 좌표를 (a, a^3+k)라 하자.

(단, a는 상수)

$g'(x)=3x^2$이므로

곡선 $y=g(x)$ 위의 점 $Q(a, a^3+k)$에서의 접선의 기울기는

$\underline{g'(a)=3a^2}$ ▶ 함수 $y=f(x)$에 대하여 $x=a$에서의 접선의 기울기는 $f'(a)$야.

접선의 방정식은

$y-(a^3+k)=3a^2(x-a)$

$\therefore y=3a^2x-2a^3+k \cdots \bigcirc\!\!\!\!\bigcirc$

3rd 두 접선이 일치함을 이용하여 양수 k의 값을 구하자.

이때, 두 접선이 일치하므로 $\bigcirc$, $\bigcirc\!\!\!\!\bigcirc$의 접선의 방정식의 기울기가 일치해야 한다. ▶ 두 접선의 방정식은 일차함수이고, 두 일차함수의 식이 같기 위해서는 두 일차함수의 기울기와 y절편이 같으면 돼

$3a^2=12$, $a^2=4$

$\therefore a=-2$ 또는 $a=2$

또, $\bigcirc$, $\bigcirc\!\!\!\!\bigcirc$의 접선의 방정식의 y절편이 일치해야 한다.

$-2a^3+k=6$

$a=2$이면 $k=22$

$a=-2$이면 $k=-10$

따라서 $k>0$이므로 $k=22$

⚙ **접선의 방정식** 　　　　　　　　　　　　　　개념·공식

곡선 $y=f(x)$ 위의 점 $(a, f(a))$에서의 접선의 방정식은
$y-f(a)=f'(a)(x-a)$

D

정답 공식: $ax+b=0$이 x에 대한 항등식이면 $a=0, b=0$

서로 다른 두 점에서 만나는 두 곡선

$\qquad C_1: y=x^2-2x+2, \quad C_2: y=-x^2+ax+b$

의 한 교점을 P라 하고, 점 P에서 두 곡선 C_1, C_2에 접하는 직선을 각각 l, m이라 하자. 두 접선 l, m이 서로 수직일 때, 곡선 C_2는 두 실수 a, b의 값에 관계없이 일정한 점 Q를 지난다. 다음은 점 Q의 좌표를 구하는 과정이다. **단서** '~의 값에 관계없이'라고 하면 항등식이 생각나야 해.

> $f(x)=x^2-2x+2$, $g(x)=-x^2+ax+b$라 하고, 두 곡선 C_1, C_2의 한 교점 P의 x좌표를 t라 하자.
>
> 두 접선 l, m이 서로 수직이므로
>
> $f'(t)g'(t)=-1$에서 $4t^2-2(a+2)t+\boxed{(가)}=0 \cdots \bigcirc$
>
> $f(t)=g(t)$에서 $2t^2-(a+2)t+2-b=0 \cdots \bigcirc\!\!\!\!\bigcirc$
>
> $\bigcirc$, $\bigcirc\!\!\!\!\bigcirc$에서 $b=\boxed{(나)}-a$를 $y=-x^2+ax+b$에 대입하고 a에 관하여 정리하면,
>
> $a(x-1)-x^2-y+\boxed{(나)}=0 \cdots \bigcirc\!\!\!\!\bigcirc\!\!\!\!\bigcirc$
>
> $\bigcirc\!\!\!\!\bigcirc\!\!\!\!\bigcirc$에서 $x-1=0$, $-x^2-y+\boxed{(나)}=0$을 만족시키는 x와 y의 값을 구하면 점 Q의 좌표는 $(1, \boxed{(다)})$이다.

위의 (가)에 알맞은 식을 $h(a)$라 하고, (나)와 (다)에 알맞은 수를 각각 α, β라 할 때, $h(\alpha) \times h(\beta)$의 값은? (4점)

① 4　　　　　　　② 8　　　　　　　③ 12

④ 16　　　　　　⑤ 20

1st $f'(t)g'(t)=-1$, $f(t)=g(t)$를 구한 후 연립해서 a, b의 관계식을 찾자.

$f(x)=x^2-2x+2$, $g(x)=-x^2+ax+b$라 하고 두 곡선 C_1, C_2의 한 교점 P의 x좌표를 t라 하자.

이때, $f'(x)=2x-2$, $g'(x)=-2x+a$이므로 점 P에서의 두 접선 l, m의 기울기는 각각 $f'(t)=2t-2$, $g'(t)=-2t+a$이고 두 접선 l, m이 서로 수직이므로 $f'(t)\,g'(t)=-1$에서 ◀ 수직인 두 직선의 기울기의 곱은 -1이야.

$(2t-2)(-2t+a)=-1$

$-4t^2+2(a+2)t-2a+1=0$

$4t^2-2(a+2)t+2a-1=0 \cdots \bigcirc$ ◀ (가)

또, 두 곡선 C_1, C_2의 교점이 P이므로 $x=t$에서 두 함수 $f(x)$, $g(x)$의 함숫값이 같다.

즉, $f(t)=g(t)$에서

$2t^2-(a+2)t+2-b=0 \cdots \bigcirc\!\!\!\!\bigcirc$

$\bigcirc-(2\times\bigcirc\!\!\!\!\bigcirc)$을 하면

주의 a, b 사이의 관계식을 구하기 위해 $\bigcirc$, $\bigcirc\!\!\!\!\bigcirc$에서 t^2항과 t항을 소거하는 법을 생각해보자.

$2a-1-4+2b=0$이므로 $b=\dfrac{5}{2}-a$ ◀ (나)

2nd b의 값을 함수 $g(x)$에 대입한 후 곡선 $y=g(x)$가 a의 값에 관계없이 항상 일정한 점을 지나는 점 Q를 구하자.

$b=\dfrac{5}{2}-a$를 $y=-x^2+ax+b$에 대입하면

$y=-x^2+ax+\dfrac{5}{2}-a$

이므로 a에 대한 식으로 정리하면

$(x-1)a-x^2-y+\dfrac{5}{2}=0 \cdots \bigcirc\!\!\!\!\bigcirc\!\!\!\!\bigcirc$

$\bigcirc\!\!\!\!\bigcirc\!\!\!\!\bigcirc$이 a의 값에 관계없이 항상 성립하려면

$x-1=0$, $-x^2-y+\frac{5}{2}=0$ → $ax+b=0$이 x의 값에 관계없이 항상 성립하려면 $a=0, b=0$이어야 해.

따라서 $x=1$이고 $-x^2-y+\frac{5}{2}=0$에 대입하면 $y=\frac{3}{2}$이므로

곡선 C_2는 실수 a의 값에 관계없이 점 $Q\left(1, \dfrac{3}{2}\right)$을 지난다.
(다)

3rd $h(\alpha)\times h(\beta)$의 값을 구하자.

따라서 $\alpha=\dfrac{5}{2}$, $\beta=\dfrac{3}{2}$, $h(a)=2a-1$이므로

$$h(\alpha)\times h(\beta)=h\left(\frac{5}{2}\right)\times h\left(\frac{3}{2}\right)=4\times 2=8$$

D 52 정답 ⑤ *공통인 접선 ·········· [정답률 51%]

정답 공식: 직선 l의 방정식을 구한다. 직선 l의 기울기를 통해 점 Q의 x좌표를 알고 직선 l의 방정식에 대입해 y좌표를 구한다. 점 Q의 좌표를 함수 $g(x)$에 대입해서 k의 값을 구하고 삼각형의 넓이를 구한다.

두 함수 $f(x)=x^2$과 $g(x)=-(x-3)^2+k(k>0)$에 대하여 곡선 $y=f(x)$ 위의 점 P(1, 1)에서의 접선을 l이라 하자. 직선 l에

[단세 1] $y=f(x)$의 식과 접점이 주어졌으므로 접선의 방정식은 구해져.

곡선 $y=g(x)$가 접할 때의 접점을 Q, 곡선 $y=g(x)$와 x축이 만나는 두 점을 각각 R, S라 할 때, 삼각형 QRS의 넓이는? (4점)

[단세 2] 직선 l이 곡선 $y=g(x)$의 접선이 돼.

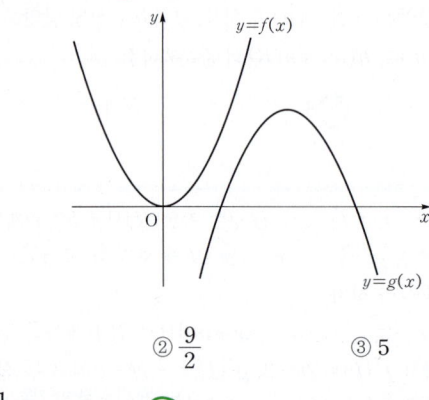

① 4   ② $\dfrac{9}{2}$ ③ 5

④ $\dfrac{11}{2}$ ⑤ 6

1st 곡선 $y=f(x)$ 위의 점 (1, 1)에서의 접선의 방정식부터 구하자.

$f(x)=x^2$에서 $f'(x)=2x$

곡선 $y=f(x)$ 위의 점 P(1, 1)에서의 접선의 기울기는

$f'(1)=2$이므로 접선 l의 방정식은

$y=2(x-1)+1=2x-1$ ··· ㉠

2nd 직선 l과 곡선 $y=g(x)$의 접점 Q의 좌표와 k의 값을 각각 구해.

직선 l과 곡선 $y=g(x)$의 접점 Q의 좌표를 (a, b)라 하면

점 Q는 직선 l 위의 점이므로 ㉠에 의하여

$b=2a-1$ ··· ㉡

$g(x)=-(x-3)^2+k=-x^2+6x-9+k$에서

$g'(x)=-2x+6$

㉠에 의하여 점 Q에서의 접선의 기울기가 2이므로

$g'(a)=-2a+6=2$ $\therefore a=2$ → 직선 l이 접선인데 기울기가 2이기 때문이야.

㉡에 $a=2$를 대입하면 $b=2\times 2-1=3$

한편, 점 Q(2, 3)이 곡선 $y=g(x)$ 위의 점이므로

$3=-(2-3)^2+k$ $\therefore k=4$

$\therefore g(x)=-(x-3)^2+4=-x^2+6x-5$

주의 접선의 기울기가 2인 점이 있다는 것은 미분계수가 2인 점이 있다는 것과 같은 말로 받아들일 수 있어.

3rd 두 점 R, S의 좌표를 찾으면 삼각형 QRS의 넓이를 구할 수 있어.

곡선 $y=g(x)$와 x축이 만나는 두 점 R, S의 x좌표는 방정식 $g(x)=0$의 두 근이다.

즉, $-x^2+6x-5=0$에서 $(x-1)(x-5)=0$

$\therefore x=1$ 또는 $x=5$

따라서 $\overline{RS}=|1-5|=4$이므로 삼각형 QRS의 넓이를 S라 하면

$$S=\frac{1}{2}\times \overline{RS}\times |(\text{점 Q의 }y\text{좌표})|=\frac{1}{2}\times 4\times 3=6$$

D 53 정답 ② *접선의 방정식의 활용 ·········· [정답률 66%]

정답 공식: 접선의 방정식을 구한 뒤, 삼차함수와 연립해 나온 삼차방정식이 접점의 x좌표를 중근으로 가지므로, 세 근을 α, α, β로 놓고 근과 계수의 관계를 이용한다.

곡선 $y=x^2$ 위의 점 $(-2, 4)$에서의 접선이 곡선 $y=x^3+ax-2$에 접할 때, 상수 a의 값은? (3점)

[단서] 곡선 $y=x^3+ax-2$ 위의 점 (t, t^3+at-2)에서의 접선이 곡선 $y=x^2$ 위의 점 $(-2, 4)$에서의 접선임을 이용하여 식을 세우자.

① -9 ② -7 ③ -5

④ -3 ⑤ -1

1st $y=x^2$ 위의 점 $(-2, 4)$에서의 접선의 방정식을 구하자.

$y'=2x$이므로 점 $(-2, 4)$에서의 접선의 기울기는 -4

따라서 접선의 방정식은 $y=-4(x+2)+4=-4x-4$ ··· ㉠

곡선 $y=f(x)$ 위의 점 $(t, f(t))$에서의 접선의 방정식은 $y=f'(t)(x-t)+f(t)$

2nd 1st에서 구한 접선이 곡선 $y=x^3+ax-2$와 접하므로 접점을 먼저 잡자.

이 접선과 곡선 $y=x^3+ax-2$의 접점을 (t, t^3+at-2)라 하면

곡선 $y=x^3+ax-2$ 위의 점 (t, t^3+at-2)에서의 접선의 기울기는 ㉠의 기울기 -4와 같고, $y=x^3+ax-2$에서 $y'=3x^2+a$이므로 $x=t$에서

$3t^2+a=-4$ $\therefore a+4=-3t^2$ ··· ㉡

이때, 접점에서는 곡선과 접선의 함숫값이 서로 같으므로

$t^3+at-2=-4t-4$

$t^3+(a+4)t+2=t^3-3t^2\times t+2=0$ ($\because$ ㉡)

$2t^3=2$, $t^3=1$

$\therefore t=1$ ($\because t$는 실수)

따라서 ㉡에 의하여 $a=-7$이다.

톡톡 풀이: 곡선 $y=x^3+ax-2$와 직선 $y=-4x-4$의 방정식을 연립한 삼차방정식이 중근과 또 다른 근을 가짐을 이용하기

곡선 $y=x^3+ax-2$와 직선 $y=-4x-4$를 연립하면

$x^3+ax-2=-4x-4$

$\therefore x^3+(a+4)x+2=0$ ··· (*)

이때, 곡선과 직선이 접하므로 $y=x^3+(a+4)x+2$의 그래프의 개형은 다음과 같아야 해.

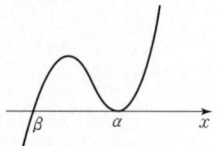 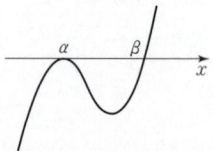

즉, 삼차방정식 $x^3+(a+4)x+2=0$의 세 근을 α, α, β라 하면 삼차방정식의 근과 계수의 관계에 의해 → 삼차방정식 $ax^3+bx^2+cx+d=0$의 세 근을 α, β, γ라 하면 $\alpha+\beta+\gamma=-\dfrac{b}{a}$,

$2\alpha+\beta=0$, $\alpha^2\beta=-2$

두 식을 연립하면 $\alpha=1$, $\beta=-2$

$\alpha\beta+\beta\gamma+\gamma\alpha=\dfrac{c}{a}$, $\alpha\beta\gamma=-\dfrac{d}{a}$

α가 중근이므로 접점의 x좌표는 α야.

여기서 근 $\alpha=1$을 (*)에 대입하면 $a=-7$

D 54 정답 ④ ＊공통인 접선 ──────────── [정답률 82%]

[정답 공식: 두 곡선 $y=f(x)$, $y=g(x)$가 $x=t$인 점에서 공통인 접선을 가지면 $f(t)=g(t)$, $f'(t)=g'(t)$이다.]

두 함수 $f(x)=x^3+ax-3$, $g(x)=bx^2+5$에 대하여 **두 곡선 $y=f(x)$, $y=g(x)$가 $x=2$인 점에서 접할 때**, 상수 a, b에 대하여 $a+b$의 값은? (3점) 〔단서〕 $x=2$인 점에서 접하므로 이 점에서 두 곡선이 만나고 이 점에서의 접선의 기울기가 같아.

① 12 ② 14 ③ 16 ④ 18 ⑤ 20

1st 두 곡선은 $x=2$인 점에서 접해.

두 곡선 $y=f(x)$, $y=g(x)$가 $x=2$인 점에서 접하므로 이 점에서의 함숫값이 같다. 즉, $f(2)=g(2)$에서

$8+2a-3=4b+5$ ∴ $a-2b=0$ … ㉠

2nd 두 곡선의 $x=2$에서의 접선의 기울기가 같아.

두 곡선 $y=f(x)$, $y=g(x)$가 $x=2$인 점에서 접하므로 이 점에서의 접선의 기울기가 같다. 두 곡선이 한 점에서 접하면 접점에서 두 곡선의 접선의 방정식은 같아.

즉, $f'(x)=3x^2+a$, $g'(x)=2bx$이므로 $f'(2)=g'(2)$에서

$12+a=4b$ ∴ $a-4b=-12$ … ㉡

3rd $a+b$의 값을 구하자.

㉠, ㉡을 연립하여 풀면 $a=12$, $b=6$이므로

$a+b=12+6=18$

D 55 정답 ③ ＊곡선과 원의 접선 ──────── [정답률 72%]

(정답 공식: 원의 접선은 접점을 지나는 반지름과 서로 수직이다.)

그림과 같이 원 C가 최고차항의 계수가 1인 이차함수 $y=f(x)$의 그래프와 **두 점 $(0, 0)$, $(2, 0)$에서 접한다.** 원 C의 반지름의 길이를 r라 할 때, r^2의 값은? (3점) 〔단서1〕 함수 $f(x)$의 식을 구할 수 있어.

〔그래프: $y=f(x)$, 원 C, 점 O와 2〕

〔단서2〕 원 C의 중심의 좌표를 구해서 중심과 점 $(0,0)$ 또는 점 $(2,0)$ 사이의 거리를 구하면 되겠지?

① $\dfrac{7}{6}$ ② $\dfrac{6}{5}$ ③ $\dfrac{5}{4}$ ④ $\dfrac{4}{3}$ ⑤ $\dfrac{3}{2}$

1st 이차함수의 그래프와 원의 접점에서의 접선에 수직인 직선의 방정식을 구해.

최고차항의 계수가 1인 이차함수 $y=f(x)$의 그래프가 두 점 $(0, 0)$, $(2, 0)$을 지나므로

$f(x)=x(x-2)=x^2-2x$

이차함수 $y=f(x)$의 그래프가 x축과 두 점 $(0, 0)$, $(2, 0)$에서 만나므로 방정식 $f(x)=0$의 실근은 $x=0$ 또는 $x=2$야. 즉, 함수 $f(x)$는 x, $x-2$를 인수로 가져.

즉, $f'(x)=2x-2$이므로 두 점 $(0, 0)$, $(2, 0)$에서의 접선의 기울기는 각각 $f'(0)=-2$, $f'(2)=4-2=2$이다.

따라서 두 점 $(0, 0)$, $(2, 0)$에서의 접선과 수직이고 각각 $(0, 0)$, $(2, 0)$을 지나는 직선의 방정식은 $y=\dfrac{1}{2}x$, $y=-\dfrac{1}{2}(x-2)=-\dfrac{1}{2}x+1$이다.

곡선 $y=f(x)$ 위의 점 $(t, f(t))$를 지나고 이 점에서의 접선에 수직인 직선의 방정식은
$$y=-\frac{1}{f'(t)}(x-t)+f(t)$$

2nd 원 C의 중심의 좌표를 찾고, 반지름의 길이를 구하여 r^2의 값을 구해.

이때, 원 C의 중심을 C라 하면 점 C는 두 직선 $y=\dfrac{1}{2}x$, $y=-\dfrac{1}{2}x+1$의 교점이므로 원의 접선에 수직이고 접점을 지나는 직선은 원의 중심을 지나. 즉, 두 접선에 각각 수직이고 접점을 지나는 두 직선의 교점은 원의 중심이야.

$\dfrac{1}{2}x=-\dfrac{1}{2}x+1$에서 $x=1$, $y=\dfrac{1}{2}$ ∴ $C\left(1, \dfrac{1}{2}\right)$

따라서 원 C의 반지름의 길이는 $r=\overline{OC}=\sqrt{1^2+\left(\dfrac{1}{2}\right)^2}=\sqrt{\dfrac{5}{4}}$이므로

$r^2=\dfrac{5}{4}$

👀 **쉬운 풀이:** 원의 접선과 수직인 직선은 원의 중심을 지남을 이용하기

원 C의 중심을 C라 하면 점 C의 x좌표는 1이므로 $C(1, a)$라 하자. 현의 수직이등분선은 원의 중심을 지나므로 원 C의 중심의 x좌표는 $\dfrac{0+2}{2}=1$이야.

이때, $f(x)=x^2-2x$에서 $f'(x)=2x-2$이고 곡선 $y=f(x)$ 위의 점 $(0, 0)$에서의 접선의 기울기는 $f'(0)=-2$야.

한편, 원 C의 중심 C와 접점 $(0, 0)$을 지나는 직선을 l이라 하면 직선 l 은 점 $(0, 0)$에서의 접선과 수직이므로 직선 l의 기울기는 $\dfrac{1}{2}$이 되어야 해. 원의 접선과 접점을 지나는 원의 반지름은 서로 수직이야.

기울기가 각각 m, n인 두 직선이 서로 수직이면 $mn=-1$

즉, $\dfrac{a-0}{1-0}=\dfrac{1}{2}$에서 $a=\dfrac{1}{2}$이므로 점 C의 좌표는 $\left(1, \dfrac{1}{2}\right)$이야.

(이하 동일)

D 56 정답 ③ ＊곡선과 원의 접선 ──────── [정답률 69%]

[정답 공식: 곡선 $y=f(x)$ 위의 점 $(t, f(t))$를 지나고 이 점에서의 접선에 수직인 직선의 방정식은 $y=-\dfrac{1}{f'(t)}(x-t)+f(t)$이다.]

그림과 같이 원점 O를 지나고 곡선 $y=x^3-3x$ 위의 점 O에서의 **접선에 수직인 직선을 l이라** 하자. 직선 l과 곡선 $y=x^3-3x$가 제1사 〔단서1〕 점 O에서의 접선의 기울기와 직선 l의 기울기의 곱은 -1이야.
분면에서 만나는 점을 A라 할 때, 선분 OA를 반지름으로 하는 원 〔단서2〕 점 A의 x좌표, y좌표는 모두 양수야.
의 방정식은 $(x-a)^2+(y-b)^2=r^2$이다. $\dfrac{ab}{r^2}$의 값은? (단, a, b는 양의 상수이다.) (4점)

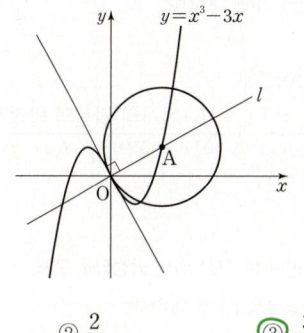

① $\dfrac{1}{8}$ ② $\dfrac{2}{9}$ ③ $\dfrac{3}{10}$

④ $\dfrac{4}{11}$ ⑤ $\dfrac{5}{12}$

1st 직선 l의 방정식을 구해.

$f(x)=x^3-3x$라 하면 $f'(x)=3x^2-3$이므로 곡선 $y=f(x)$ 위의 원점 O에서의 접선의 기울기는 $f'(0)=-3$이다.

따라서 직선 l의 기울기는 $\dfrac{1}{3}$이므로 직선 l의 방정식은 $y=\dfrac{1}{3}x$이다.

직선 l의 기울기를 m이라 하면 $f'(0)\times m=-1$에서 $-3m=-1$ ∴ $m=\dfrac{1}{3}$

2nd 점 A의 좌표를 구해.

곡선 $y=f(x)$와 직선 l의 교점 A의 좌표를 구하기 위해 연립하면

$x^3-3x=\dfrac{1}{3}x$에서 $3x^3-10x=0$, $x(3x^2-10)=0$

$\therefore x=\sqrt{\dfrac{10}{3}}=\dfrac{\sqrt{30}}{3}$ $(\because x>0)$

└▶ 점 A는 제1사분면 위의 점이므로 x좌표는 양수이어야 해.

따라서 점 A의 좌표는 $\left(\dfrac{\sqrt{30}}{3},\dfrac{\sqrt{30}}{9}\right)$이다. ─▶ 점 A는 직선 l 위의 점이므로 점 A의 y좌표는 $\dfrac{1}{3}\times\dfrac{\sqrt{30}}{3}=\dfrac{\sqrt{30}}{9}$이야.

3rd 선분 OA를 반지름으로 하는 원의 방정식을 구해.

구하는 원의 반지름의 길이는 선분 OA의 길이이므로

$r^2=\overline{\text{OA}}^2=\left(\dfrac{\sqrt{30}}{3}\right)^2+\left(\dfrac{\sqrt{30}}{9}\right)^2=\dfrac{100}{27}$

이때, 이 원의 중심이 점 $A\left(\dfrac{\sqrt{30}}{3},\dfrac{\sqrt{30}}{9}\right)$이므로 구하는 원의 방정식은

$\left(x-\dfrac{\sqrt{30}}{3}\right)^2+\left(y-\dfrac{\sqrt{30}}{9}\right)^2=\dfrac{100}{27}$

─▶ 중심이 (a,b)이고 반지름의 길이가 r인 원의 방정식은 $(x-a)^2+(y-b)^2=r^2$

$\therefore \dfrac{ab}{r^2}=\dfrac{\dfrac{\sqrt{30}}{3}\times\dfrac{\sqrt{30}}{9}}{\dfrac{100}{27}}=\dfrac{3}{10}$

D 57 정답 ⑤ ＊곡선 위의 점에서 그은 접선의 방정식 ···· [정답률 64%]

〔 **정답 공식**: 곡선 $y=f(x)$ 위의 점 $(a,f(a))$에서의 접선의 방정식은 $y-f(a)=f'(a)(x-a)$이다. 〕

┌─────────────────────────────────────┐
함수 $f(x)=x^2-4x-3$에 대하여 〔**단서 1** 접선의 방정식을 각각 구할 수 있어.〕
곡선 $y=f(x)$ 위의 점 $(1,-6)$에서의 접선을 l이라 하고,
함수 $g(x)=(x^3-2x)f(x)$에 대하여 곡선 $y=g(x)$ 위의
점 $(1,6)$에서의 접선을 m이라 하자. 두 직선 l, m과 y축으로
둘러싸인 도형의 넓이는? (4점) 〔**단서 2** y축은 직선 $x=0$이므로 세 직선이 만나는 세 교점의 좌표를 각각 구해.〕
└─────────────────────────────────────┘

① 21 　　　② 28 　　　③ 35
④ 42 　　　⑤ 49

1st 함수 $f(x)$의 도함수로 직선 l의 방정식을 구해.

함수 $f(x)=x^2-4x-3$에 대하여

$f'(x)=2x-4$

$f'(1)=2-4=-2$이므로

곡선 $y=f(x)$ 위의 점 $(1,-6)$에서의 접선의 방정식 l은

곡선 $y=f(x)$ 위의 점 $(a,f(a))$에서의 접선의 방정식은 $y-f(a)=f'(a)(x-a)$

$y-(-6)=-2(x-1)$

$\therefore l:y=-2x-4$

2nd 함수 $g(x)$의 도함수로 직선 m의 방정식을 구해.

함수 $g(x)=(x^3-2x)f(x)$에 대하여

$g'(x)=(3x^2-2)f(x)+(x^3-2x)f'(x)$

$g'(1)=f(1)-f'(1)=-6-(-2)=-4$이므로

곡선 $y=g(x)$ 위의 점 $(1,6)$에서의 접선의 방정식 m은

$y-6=-4(x-1)$

$\therefore m:y=-4x+10$

3rd 두 직선 l, m의 교점을 구한 후 주어진 도형의 넓이를 구해.

두 직선 l, m의 방정식을 연립하여 교점의 x좌표를 구하면

$-2x-4=-4x+10$, $2x=14$

$\therefore x=7$

또한, 두 직선 l, m의 y절편은 각각 -4, 10이므로
두 직선 l, m과 y축으로 둘러싸인 도형의 넓이는

삼각형의 넓이
$\dfrac{1}{2}\times|(-4)-10|\times7=\dfrac{1}{2}\times14\times7=49$

(밑변의 길이)＝(두 직선 l, m의 y절편의 차)

🔖 **다른 풀이**: 정적분으로 도형의 넓이 구하기

두 직선 l, m의 교점의 x좌표가 7이므로
두 직선 l, m과 y축으로 둘러싸인 도형의 넓이는

$\displaystyle\int_0^7|(-2x-4)-(-4x+10)|\,dx$

적분구간에서 $-4x+10\ge-2x-4$

$=\displaystyle\int_0^7\{(-4x+10)-(-2x-4)\}dx$

$=\displaystyle\int_0^7(-2x+14)dx=\Big[-x^2+14x\Big]_0^7=-49+98=49$

한기주 | 2026 수능 응시·화성 삼괴고 졸

공통 객관식의 마무리를 향해 가는 13번 문제이지만, 조금만
공부했다면 누구나 수월하게 풀어낼 수 있을 만큼 쉬운 난이도의
문제였어. 이 문제는 $f(x)$에 관련된 정보를 주고, $f(x)$와 다른
함수의 곱 꼴로 나타내어진 함수 $g(x)$의 정보를 구해내는 것이
포인트였는데, 곱 꼴로 나타낸 함수의 미분계수를 구하려고 하다
보면 자연스럽게 곱의 미분법을 이용해야겠지? 이 과정을 통해 모든 정보를 구하고
난 후에는 어려울 것이 없으니, 실수 없이 계산으로 마무리하기!

D 58 정답 10 ＊접선으로 둘러싸인 도형의 넓이 ······ [정답률 72%]

〔 **정답 공식**: 미분가능한 함수 $f(x)$에 대하여 곡선 $y=f(x)$ 밖의 한 점 (a,b)에서 이 곡선에 그은 접선의 접점의 좌표를 $(t,f(t))$라 하면 $b-f(t)=f'(t)(a-t)$ 이다. 〕

┌─────────────────────────────────────┐
점 $A(0,-3)$에서 곡선 $y=x^2-2x+1$에 그은 두 접선의 접점
을 각각 B, C라 할 때, 삼각형 OBC의 넓이를 구하시오. (단, O는
원점이다.) (3점) 〔**단서 2** 두 점 B, C를 좌표평면 위에 나타낸 후 △OBC의 넓이를 구해.〕
└─────────────────────────────────────┘
─▶ **단서 1** 점 A가 주어진 곡선 위의 점이 아니니까 접점의 좌표를 문자를 사용하여 나타낸 후 접선의 방정식을 세워 이 접선이 점 A를 지남을 이용해.

1st 점 $A(0,-3)$에서 곡선 $y=x^2-2x+1$에 그은 접선의 접점의 좌표를 구하자.

점 $A(0,-3)$에서 곡선 $y=x^2-2x+1$에 그은 접선의 접점의 좌표를 (a,a^2-2a+1)이라 하자.

$y=x^2-2x+1$에서 $y'=2x-2$이므로 접선의 방정식은

$y=(2a-2)(x-a)+a^2-2a+1$

이때, 이 접선이 점 $A(0,-3)$을 지나므로

곡선 $y=f(x)$ 위의 점 $(a,f(a))$에서의 접선의 방정식은 $y-f(a)=f'(a)(x-a)$

$-3=-a(2a-2)+a^2-2a+1$

$a^2=4$ 　　$\therefore a=\pm2$

즉, 점 $A(0,-3)$에서 곡선 $y=x^2-2x+1$에 그은 두 접선의 접점의 좌표는 $(-2,9)$, $(2,1)$이다.

─▶ $a=-2$, $a=2$를 a^2-2a+1에 각각 대입하면 9, 1이 나와.

다른 풀이: 함수 $f(x)$의 증가와 감소를 나타내는 표를 이용하여 $f(x)$가 감소하는 구간 찾기

$f'(x)=4x^3-32x=4x(x+2\sqrt{2})(x-2\sqrt{2})$이므로

$f'(x)=0$에서 $x=-2\sqrt{2}$ 또는 $x=0$ 또는 $x=2\sqrt{2}$

즉, 함수 $f(x)$의 증가와 감소를 표로 나타내면 다음과 같아.

x	$\cdots$	$-2\sqrt{2}$	$\cdots$	0	$\cdots$	$2\sqrt{2}$	$\cdots$
$f'(x)$	$-$	0	$+$	0	$-$	0	$+$
$f(x)$	$\searrow$	-64	$\nearrow$	0	$\searrow$	-64	$\nearrow$

조건 (가)에 의하여 함수 $f(x)$는 구간 $(k, k+1)$에서 감소해.
그런데 그래프가 감소하는 구간은 $(-\infty, -2\sqrt{2})$, $(0, 2\sqrt{2})$이고,
k는 정수이어야 하니까 $k=0$, 1 또는 $k=-4$, -5, $\cdots$야.
(이하 동일)

✿ 함수의 증가와 감소   개념·공식

함수 $f(x)$가 어떤 구간에서 미분가능하고, 이 구간의 모든 x에 대하여
① $f'(x)>0$이면 $f(x)$는 그 구간에서 증가한다.
② $f'(x)<0$이면 $f(x)$는 그 구간에서 감소한다.

D 91   정답 11   *함수의 극대·극소   [정답률 89%]

정답 공식: 미분가능한 함수 $f(x)$에 대하여 $f'(a)=0$이고 $x=a$의 좌우에서 $f'(x)$의 부호가 양($+$)에서 음($-$)으로 바뀌면 함수 $f(x)$는 $x=a$에서 극대이고, 음($-$)에서 양($+$)으로 바뀌면 함수 $f(x)$는 $x=a$에서 극소이다.

두 상수 a, b에 대하여 함수 $f(x)$를
$$f(x)=x^3-6x^2+ax+b$$
라 하자. 함수 $f(x)$는 $x=3$에서 극값을 갖고, 함수 $f(x)$의 극댓값과 극솟값의 합이 8이다. $a+b$의 값을 구하시오. (3점)

단서1 $f(x)$는 미분가능한 함수이므로 $f'(3)=0$이 성립해.
단서2 $f'(k)=0$인 3이 아닌 실수 k를 찾아 $f(3)+f(k)=8$로 식을 세워야 해.

1st $f'(3)=0$을 이용해 a의 값을 구하자.

$f(x)=x^3-6x^2+ax+b$에서

$f'(x)=3x^2-12x+a$

삼차함수 $f(x)$가 $x=3$에서 극값을 가지므로

$f'(3)=27-36+a=0$

$\therefore a=9$

2nd 극대, 극소가 되는 x의 값을 파악하자.

$f'(x)=3x^2-12x+9=3(x-1)(x-3)$이므로

함수 $f(x)$는 $x=1$에서 극대, $x=3$에서 극소이다.
$x<1$ 또는 $x<3$에서 $f'(x)>0$, $1<x<3$에서 $f'(x)<0$임을 이용하면 극대, 극소를 파악할 수 있어.

3rd b의 값을 구하여 답을 계산하자.

함수 $f(x)=x^3-6x^2+9x+b$의 극댓값과 극솟값의 합이 8이므로

$f(1)+f(3)=8$

$(1-6+9+b)+(27-54+27+b)=8$

$2b+4=8$ $\therefore b=2$

$\therefore a+b=9+2=11$

D 92   정답 ③   *함수의 극값 구하기   [정답률 85%]

정답 공식: 함수 $f(x)$가 $x=a$에서 극값을 가지면 $f'(a)=0$이다.

단서1 $f'(-1)=0$을 의미해.   단서2 $f'(3)=0$을 의미해.
함수 $f(x)=x^3+ax^2+bx+1$은 $x=-1$에서 극대이고, $x=3$에서 극소이다. 함수 $f(x)$의 극댓값은? (단, a, b는 상수이다.) (3점)

① 0   ② 3   ③ 6   ④ 9   ⑤ 12

1st $f'(x)$를 구하고 $f'(-1)=0$, $f'(3)=0$임을 이용하여 a, b의 값을 구하자.

$f(x)=x^3+ax^2+bx+1$에서

$f'(x)=3x^2+2ax+b$

이때 함수 $f(x)$가 $x=-1$에서 극대이므로 $f'(-1)=0$이고,

$x=3$에서 극소이므로 $f'(3)=0$이다.
↳ 미분가능한 함수 $f(x)$가 $x=a$에서 극값을 가지면 $f'(a)=0$이야.

$f'(-1)=3-2a+b=0$ $\cdots$ ㉠

$f'(3)=27+6a+b=0$ $\cdots$ ㉡

㉡$-$㉠을 하면

$24+8a=0$ $\therefore a=-3$

$a=-3$을 ㉠에 대입하면 $9+b=0$ $\therefore b=-9$

2nd 함수 $f(x)$의 극댓값을 구하자.

따라서 $f(x)=x^3-3x^2-9x+1$이고

함수 $f(x)$는 $x=-1$에서 극댓값을 가지므로
↳ 미분가능한 함수 $f(x)$가 $x=-1$에서 극댓값을 가지면 $f'(-1)=0$이고, $x=-1$의 좌우에서 $f'(x)$의 부호가 양에서 음으로 바뀌어.

$f(-1)=-1-3+9+1=6$

🔍 쉬운 풀이: 이차방정식의 근과 계수의 관계를 이용하여 a, b의 값 구하기

$f(x)=x^3+ax^2+bx+1$에서 $f'(x)=3x^2+2ax+b$

이때, 함수 $f(x)$가 $x=-1$, $x=3$에서 극값을 가지므로

$f'(-1)=0$, $f'(3)=0$이야.

즉, 이차방정식 $f'(x)=0$에서 $3x^2+2ax+b=0$은 서로 다른 두 실근 $x=-1$, $x=3$을 가지므로 이차방정식의 근과 계수의 관계에 의하여

$-\dfrac{2a}{3}=-1+3=2$, $\dfrac{b}{3}=-1\times3=-3$

$\therefore a=-3$, $b=-9$

(이하 동일)

* 삼차함수의 실근과 극값의 관계 알아보기   수능 핵강

최고차항의 계수가 양수인 삼차함수 $f(x)$에 대하여 $f'(x)=0$이 서로 다른 두 실근 α, $\beta(\alpha<\beta)$를 갖는 경우 극댓값 $f(\alpha)$와 극솟값 $f(\beta)$을 가져.

✿ 함수의 극대와 극소를 이용한 미정계수의 결정   개념·공식

미분가능한 함수 $f(x)$가
① $x=a$에서 극값을 갖는다. ➡ $f'(a)=0$
② $x=a$에서 극값 β를 갖는다. ➡ $f(a)=\beta$, $f'(a)=0$

D 93 정답 ③ * 미분을 이용한 극대, 극소 [정답률 89%]

정답 공식: $f'(a)=0$일 때, $x=a$의 좌우에서 $f'(x)$의 값이 $(+)$에서 $(-)$로 바뀌면 $x=a$에서 극댓값을 가지고, $f'(x)$의 값이 $(-)$에서 $(+)$로 바뀌면 $x=a$에서 극솟값을 가진다.

함수 $f(x)=2x^3+3x^2-12x+1$의 극댓값과 극솟값을 각각 M, m이라 할 때, $M+m$의 값은? (3점)

단서 도함수 $f'(x)$에 대하여 $f'(x)=0$을 만족시키는 x의 값을 찾아 증가와 감소를 나타내는 표를 만들면 극값을 구할 수 있어.

① 13   ② 14   ③ 15
④ 16   ⑤ 17

1st 함수 $f(x)$의 도함수를 구하고 함수 $f(x)$의 증가와 감소를 나타내는 표를 작성해.

$f(x)=2x^3+3x^2-12x+1$에서

$f'(x)=6x^2+6x-12=6(x+2)(x-1)$

$f'(x)=0$에서 $x=-2$ 또는 $x=1$이므로 함수 $f(x)$의 증가와 감소를 표로 나타내면 다음과 같다.

x	$\cdots$	-2	$\cdots$	1	$\cdots$
$f'(x)$	$+$	0	$-$	0	$+$
$f(x)$	↗	극대	↘	극소	↗

2nd 함수 $f(x)$의 극댓값과 극솟값을 구하자.

$f(-2)=2\times(-2)^3+3\times(-2)^2-12\times(-2)+1$
$\quad\quad=-16+12+24+1$
$\quad\quad=21$

$f(1)=2\times1^3+3\times1^2-12\times1+1$
$\quad\quad=2+3-12+1$
$\quad\quad=-6$

이므로 함수 $f(x)$는 $x=-2$에서 극댓값 $M=21$,
$f'(-2)=0$이고 $x=-2$의 좌우에서 $f'(x)$의 부호가 양에서 음으로 바뀌므로 $x=-2$에서 극대야.
$x=1$에서 극솟값 $m=-6$을 가진다.
$f'(1)=0$이고 $x=1$의 좌우에서 $f'(x)$의 부호가 음에서 양으로 바뀌므로 $x=1$에서 극소야.
$\therefore M+m=21+(-6)=15$

✿ 미분가능한 함수의 극대·극소의 판정   개념·공식

미분가능한 함수 $f(x)$에 대하여 $f'(a)=0$이고 $x=a$의 좌우에서
① $f'(x)$의 부호가 양 $(+)$에서 음 $(-)$으로 바뀌면 $f(x)$는 $x=a$에서 극대이고 극댓값은 $f(a)$이다.
② $f'(x)$의 부호가 음 $(-)$에서 양 $(+)$으로 바뀌면 $f(x)$는 $x=a$에서 극소이고 극솟값은 $f(a)$이다.

D 94 정답 11 * 함수의 극대, 극소 [정답률 89%]

정답 공식: 미분가능한 함수 $f(x)$가 $x=a$에서 극솟값을 가지면 $f'(a)=0$이고, $x=a$의 좌우에서 $f'(x)$의 부호가 음에서 양으로 바뀐다.

함수 $f(x)=x^3-3x+12$가 $x=a$에서 극소일 때, $a+f(a)$의 값을 구하시오. (단, a는 상수이다.) (3점)

단서 $f(x)$를 미분하여 $f'(x)=0$이 되는 x의 값을 먼저 구한 후 극소가 되는 x의 값을 찾아.

1st $f'(x)$를 구하고 함수 $f(x)$의 증가와 감소를 나타내는 표를 작성하자.

$f(x)=x^3-3x+12$에서

$f'(x)=3x^2-3=3(x+1)(x-1)$
삼차함수 $f(x)$의 최고차항의 계수가 양수이므로 그래프의 개형으로 $x=-1$에서 극대, $x=1$에서 극소임을 바로 알 수도 있어.

$f'(x)=0$에서 $x=-1$ 또는 $x=1$이므로 함수 $f(x)$의 증가와 감소를 표로 나타내면 다음과 같다.

x	$\cdots$	-1	$\cdots$	1	$\cdots$
$f'(x)$	$+$	0	$-$	0	$+$
$f(x)$	↗	극대	↘	극소	↗

2nd 극솟값을 구하자.

따라서 함수 $f(x)$는 $x=1$에서 극소이므로 $a=1$이고,
$f(a)=f(1)=1^3-3\times1+12=10$
$\therefore a+f(a)=1+f(1)=1+10=11$

D 95 정답 ② * 미분을 이용한 극대, 극소 [정답률 85%]

정답 공식: 미분가능한 함수 $f(x)$가 $x=a$에서 극값을 가지면 $f'(a)=0$이다.

함수 $f(x)=x^3-6x^2+9x+1$이 $x=a$에서 극댓값 M을 가질 때, $a+M$의 값은? (3점)
단서 함수 $f(x)$의 도함수 $f'(x)$에 대하여 $f'(x)=0$의 해를 구해 증가와 감소를 나타내는 표를 만들어봐.

① 4   ② 6   ③ 8
④ 10   ⑤ 12

1st 함수 $f(x)$의 도함수를 구하고 함수 $f(x)$의 그래프의 증가와 감소를 나타내는 표를 작성해봐.

함수 $f(x)=x^3-6x^2+9x+1$을 x에 대하여 미분하면

$f'(x)=3x^2-12x+9=3(x-1)(x-3)$

$f'(x)=0$에서 $x=1$ 또는 $x=3$이므로 함수 $f(x)$의 증가와 감소를 표로 나타내면 다음과 같다.
함수 $f(x)$의 도함수 $f'(x)=3(x-1)(x-3)$의 그래프는 x축과 $x=1$, $x=3$인 두 점에서 만나고 이 두 점의 좌우에서 $f'(x)$의 부호가 바뀌므로 이 두 점에서 함수 $f(x)$는 극값을 가지게 돼.

x	$\cdots$	1	$\cdots$	3	$\cdots$
$f'(x)$	$+$	0	$-$	0	$+$
$f(x)$	↗	5	↘	1	↗

따라서 함수 $f(x)$는 $x=1$일 때,
극댓값 $f(1)=1-6+9+1=5$를 가지므로
$a=1$, $M=f(1)=5$
$x=a$의 좌우에서 $f'(x)$의 부호가 양에서 음으로 바뀌면 $f(x)$는 $x=a$에서 극대이고, 극댓값 $f(a)$를 가져.
$\therefore a+M=1+5=6$

D 96 정답 **16** *미분을 이용한 극대, 극소 ········· [정답률 88%]

정답 공식: $f'(x)$의 값이 $(+)$에서 $(-)$로 바뀔 때, $f'(x)=0$을 만족하는 x의 값에서 극댓값을 가지고, $f'(x)$의 값이 $(-)$에서 $(+)$로 바뀔 때, $f'(x)=0$을 만족하는 x의 값에서 극솟값을 가진다.

함수 $f(x)=x^3-3x^2+20$의 극솟값을 구하시오. (3점)
단서 $f'(a)=0$을 만족시키는 a의 값부터 찾자.

1st $f'(x)=0$을 만족시키는 x의 값을 찾은 후 극소가 되는 x의 값과 극솟값을 구해.

$f(x)=x^3-3x^2+20$에서 $f'(x)=3x^2-6x$

$f'(x)=0$에서 $3x^2-6x=0$

$3x(x-2)=0$ ∴ $x=0$ 또는 $x=2$

따라서 함수 $f(x)$는 $x=2$에서 극솟값을 가지므로 구하는 극솟값은
$f(2)=8-12+20=16$

x	$\cdots$	0	$\cdots$	2	$\cdots$
$f'(x)$		$+$	0	$-$	0	$+$
$f(x)$		↗	극대	↘	극소	↗

D 97 정답 **14** *미분을 이용한 극대, 극소 ········· [정답률 87%]

정답 공식: $f'(x)$의 값이 $(+)$에서 $(-)$로 바뀔 때, $f'(x)=0$을 만족하는 x값에서 극댓값을 가지고 $(-)$에서 $(+)$로 바뀔 때, 극솟값을 가진다.

함수 $f(x)=x^3-12x$가 $x=a$에서 극댓값 b를 가질 때, $a+b$의 값을 구하시오. (3점)
단서 $f'(a)=0, f(a)=b$

1st $f'(x)=0$을 구한 후 $f'(a)=0, f(a)=b$임을 이용해.

$f(x)=x^3-12x$에서

$f'(x)=3x^2-12=3(x^2-4)$

$f'(x)=0$에서 $x^2=4$

∴ $x=-2$ 또는 $x=2$ ├ $x=-2$에서 극대
└ $x=2$에서 극소

$f(x)$는 최고차항의 계수가 양수인 삼차함수이므로 그래프의 개형은 위의 그림과 같다.

즉, $f(x)$는 $x=-2$에서 극댓값을 가지므로

$a=-2$, $b=f(-2)=-8+24=16$

∴ $a+b=-2+16=14$

D 98 정답 **42** *미분을 이용한 극대, 극소 ········· [정답률 81%]

정답 공식: $f'(x)$의 값이 $(+)$에서 $(-)$로 바뀔 때, $f'(x)=0$을 만족하는 x값에서 극댓값을 가지고 $(-)$에서 $(+)$로 바뀔 때, 극솟값을 가진다.

함수 $f(x)=2x^3-9x^2+12x+2$의 극댓값을 M, 극솟값을 m이라 할 때, Mm의 값을 구하시오. (3점)
단서 극댓값, 극솟값을 구하려면 극대, 극소가 되는 x의 값을 알아야 해. 그럼, 주어진 함수를 미분해 보자.

1st $f'(x)=0$인 x의 값부터 구해.

x	$\cdots$	1	$\cdots$	2	$\cdots$
$f'(x)$		$+$	0	$-$	0	$+$
$f(x)$		↗	극대	↘	극소	↗

$f(x)=2x^3-9x^2+12x+2$에서

$f'(x)=6x^2-18x+12=6(x^2-3x+2)=6(x-1)(x-2)$

$f'(x)=0$에서 $x=1$ 또는 $x=2$이므로 함수 $f(x)$의 극댓값 M과 극솟값 m의 곱은 $Mm=f(1)f(2)$

2nd $f(1), f(2)$를 각각 구하여 Mm의 값을 계산해.

$f(1)=2-9+12+2=7$, $f(2)=16-36+24+2=6$이므로

$Mm=f(1)f(2)=7\times6=42$

✿ 미분가능한 함수의 극대·극소의 판정 　　개념·공식

미분가능한 함수 $f(x)$에 대하여 $f'(a)=0$이고 $x=a$의 좌우에서
① $f'(x)$의 부호가 양$(+)$에서 음$(-)$으로 바뀌면 $f(x)$는 $x=a$에서 극대이고 극댓값은 $f(a)$이다.
② $f'(x)$의 부호가 음$(-)$에서 양$(+)$으로 바뀌면 $f(x)$는 $x=a$에서 극소이고 극솟값은 $f(a)$이다.

D 99 정답 **②** *그래프를 이용한 극대, 극소 ········· [정답률 65%]

정답 공식: $y'=f'(x)g(x)+f(x)g'(x)$의 값의 부호를 x의 범위를 나눠서 구해 본다.

삼차함수 $y=f(x)$와 일차함수 $y=g(x)$의 그래프가 그림과 같고, $f'(b)=f'(d)=0$이다.

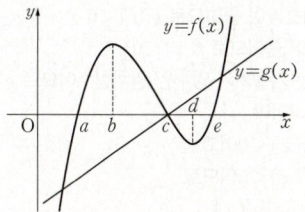

함수 $y=f(x)g(x)$는 $x=p$와 $x=q$에서 극소이다. 다음 중 옳은 것은? (단, $p<q$) (4점)
단서 미분가능한 함수는 도함수를 이용하여 극대, 극소를 찾을 수 있어. 즉, $y'=0$이고 y'의 부호가 음$(-)$에서 양$(+)$으로 바뀌는 점을 찾으면 돼.

① $a<p<b$이고 $c<q<d$　　②$a<p<b$이고 $d<q<e$
③ $b<p<c$이고 $c<q<d$　　④ $b<p<c$이고 $d<q<e$
⑤ $c<p<d$이고 $d<q<e$

1st 함수 $y=f(x)g(x)$의 도함수를 구하자. **삼차항의 계수는 양수야.**

두 함수 $f(x)$, $g(x)$가 각각 삼차함수, 일차함수이므로 함수 $f(x)g(x)$는 사차함수이다. **일차항의 계수가 양수야.**
ㄴ> 최고차항의 계수가 양수이겠지.

즉, 함수 $f(x)g(x)$는 실수 전체에서 미분가능한 함수이다.

따라서 함수 $y=f(x)g(x)$의 양변을 x에 대하여 미분하면

$y'=f'(x)g(x)+f(x)g'(x)$

2nd 함수 $y=f(x)g(x)$가 극소가 되는 두 점 $x=p$, $x=q$에 대하여 p, q가 속하는 구간을 찾자. ㄴ> 선택지를 보면 p, q가 a, b, c, d, e 사이의 어딘가 존재하는 거잖아. 그러니까 이 값들을 경계로 하여 도함수의 부호를 따져 봐야 해.

$x=a, x=b, x=c, x=d, x=e$를 기준으로 함수 $y=f(x)g(x)$의 도함수 $y'=f'(x)g(x)+f(x)g'(x)$의 부호를 판단하면 다음과 같다.

x	$f'(x)g(x)$	$f(x)g'(x)$	y'
$x<a\cdots$(★)	$-$	$-$	$-$
$x=a$	$-$	0	$-$
$a<x<b$	$-$	$+$	
$x=b$	0	$+$	$+$
$b<x<c$	$+$	$+$	$+$
$x=c$	0	0	0
$c<x<d$	$-$	$-$	$-$
$x=d$	0	$-$	$-$
$d<x<e$	$+$	$-$	
$x=e$	$+$	0	$+$
$x>e$	$+$	$+$	$+$

따라서 함수 $y=f(x)g(x)$의 증가와 감소를 표로 나타내면 다음과 같다.

x	$\cdots$	a	$\cdots$	b	$\cdots$	c	$\cdots$	d	$\cdots$	e	$\cdots$
y'		$-$		$+$	$+$	0	$-$		$-$		$+$	$+$
y		$\searrow$		$\nearrow$		극대		$\searrow$		$\searrow$		$\nearrow$	

즉, 함수 $y=f(x)g(x)$는 $x=c$에서 극대이고
$a<x<b \cdots(\bigstar)$, $d<x<e$에서 극소인 점이 존재한다.
이때, 문제의 조건에서 함수 $y=f(x)g(x)$가 $x=p$, $x=q(p<q)$에서 극소이므로 $a<p<b$, $d<q<e$이다.

수능 핵강

※ 주어진 그래프로 함수 $y=f(x)g(x)$의 도함수 y'의 부호와 극소가 되는 x의 값의 범위 알아보기

$(\bigstar)$, 즉 $x<a$일 때의 도함수 $y'=f'(x)g(x)+f(x)g'(x)$의 부호를 따져 보자.
(ⅰ) 함수 $y=f(x)$의 그래프의 접선의 기울기가 양이므로 $f'(x)>0$
(ⅱ) 함수 $g(x)$의 함숫값이 음이므로 $g(x)<0$
(ⅲ) $f(x)$의 함숫값이 음이므로 $f(x)<0$
(ⅳ) 직선 $y=g(x)$는 기울기가 양수인 일차함수이므로 $g'(x)$는 양의 상수야. 즉, $g'(x)>0$이야.
(ⅰ), (ⅱ)에서 $f'(x)g(x)<0$이고
(ⅲ), (ⅳ)에서 $f(x)g'(x)<0$이므로
$\underline{y'=f'(x)g(x)+f(x)g'(x)}$
$\underline{=(-)+(-)=(-)}$
나머지도 같은 방법으로 따져보면 돼.
또, $(\bigstar\bigstar)$, 즉 $a<x<b$에서 극소인 점이 존재하는 이유는?
증가와 감소를 나타낸 표를 보면 b보다 작은 부분에서 y'의 부호가
$\underline{(-)\to(+)}$이 되고 함수 $y=f(x)g(x)$는 다항함수니까 미분가능해.
따라서 $\underline{b$보다 작은 어떤 점에서 반드시 $y'=0$인 점이 존재하게 되는 거지.}$
즉, $a<x<b$에서 극소점이 존재하는 거야.
$d<x<e$에서도 마찬가지이고.

D 100 정답 **20** ＊그래프를 이용한 극대, 극소 ────── [정답률 50%]

정답 공식: 미분가능한 함수 $f(x)$에 대하여 $f(x)$가 $x=a$에서 극값을 가지면 $f'(a)=0$이다.

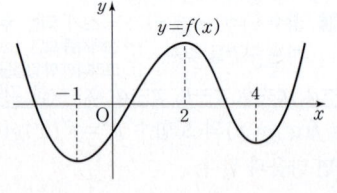

그림과 같이 사차함수 $f(x)$의 그래프가 $x=-1, 2, 4$에서 극값을 가질 때, 방정식 $f(x)=0$의 네 근의 합이 m이다. 이때, $3m$의 값을 구하시오. (4점)

> **단서** $f(x)$가 사차함수이니까 $f'(x)$는 삼차함수야. 이때, $x=-1, 2, 4$에서 극값을 가지므로 삼차방정식 $f'(x)=0$은 $x=-1, 2, 4$를 근으로 갖는다는 뜻이지.

1st 사차함수 $f(x)$의 식을 세운 후 극값을 찾는 과정을 생각해 봐.
사차함수 $f(x)=ax^4+bx^3+cx^2+dx+e$ $(a\neq0)$ $\cdots\bigcirc$로 놓으면
$f'(x)=4ax^3+3bx^2+2cx+d$
이때, 사차함수 $f(x)$가 $x=-1, 2, 4$에서 극값을 가지므로 $f'(x)=0$,
즉 방정식 $4ax^3+3bx^2+2cx+d=0$의 세 근이 $-1, 2, 4$이다.
즉, 삼차방정식의 근과 계수의 관계에 의해서

(세 근의 합)$=-1+2+4=5=-\dfrac{3b}{4a}$

> 삼차방정식 $ax^3+bx^2+cx+d=0$의 세 근을 α, β, γ라 하면
> $\alpha+\beta+\gamma=-\dfrac{b}{a}$, $\alpha\beta+\beta\gamma+\gamma\alpha=\dfrac{c}{a}$
> $\alpha\beta\gamma=-\dfrac{d}{a}$

$\therefore \dfrac{b}{a}=-\dfrac{20}{3} \cdots\bigcirc$

2nd 사차방정식 $f(x)=0$의 네 근의 합만 구하면 되는 거지?
사차방정식 $f(x)=0$의 네 근을 $\alpha, \beta, \gamma, \delta$라 하면

> $f(x)$의 최고차항의 계수를 a라 놓았어.

$f(x)=\underset{\textcircled{a}}{\underline{a}}(x-\alpha)(x-\beta)(x-\gamma)(x-\delta)$
$\quad=a\{x^4-(\alpha+\beta+\gamma+\delta)x^3+\cdots+\alpha\beta\gamma\delta\}$
$\quad=ax^4-a(\alpha+\beta+\gamma+\delta)x^3+\cdots+a\alpha\beta\gamma\delta$
이때, $\bigcirc$에서
$b=-a(\alpha+\beta+\gamma+\delta)$이므로

$\alpha+\beta+\gamma+\delta=-\dfrac{b}{\textcircled{a}}$ → $a\neq0$이야.

따라서 방정식 $f(x)=0$의 네 근의 합은

$m=\alpha+\beta+\gamma+\delta=-\dfrac{b}{a}=-\left(-\dfrac{20}{3}\right)=\dfrac{20}{3}$ $(\because\bigcirc)$

$\therefore 3m=3\cdot\dfrac{20}{3}=20$

📐 **다른 풀이: 부정적분을 이용하여 $f(x)$를 구하고 사차방정식의 근과 계수의 관계를 이용하여 네 근의 합 구하기**

사차함수 $f(x)$의 최고차항의 계수를 a라 하면
$f'(x)$의 최고차항의 계수는 $\underline{4a}$지? → $(ax^4)'=4ax^3$
즉, $f'(x)=0$의 세 근이 $-1, 2, 4$이므로
$f'(x)=4a(x+1)(x-2)(x-4)=4a(x^3-5x^2+2x+8)$
$\quad\quad=4ax^3-20ax^2+8ax+32a$

$\therefore f(x)=\displaystyle\int f'(x)dx=\int(4ax^3-20ax^2+8ax+32a)dx$

$\quad\quad=ax^4-\dfrac{20}{3}ax^3+4ax^2+32ax+C$ (단, C는 적분상수)

따라서 $f(x)=0$의 네 근의 합은 $-\dfrac{-\dfrac{20}{3}a}{a}=\dfrac{20}{3}$이야.

$\therefore 3m=3\times\dfrac{20}{3}=20$

D 101 정답 **④** ＊그래프를 이용한 극대, 극소 ────── [정답률 58%]

정답 공식: 미분가능한 함수 $f(x)$에 대하여 $f(x)$가 $x=a$에서 극값을 가지면 $f'(a)=0$이다.

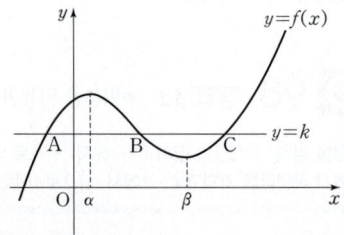

그림과 같이 최고차항의 계수가 1인 삼차함수 $y=f(x)$가 직선 $y=k$와 세 점 A, B, C에서 만나고, $x=a$, $x=\beta$에서 극값을 갖는다. $a+\beta=6$일 때, 세 점 A, B, C의 x좌표의 합은? (4점)

> **단서** 세 점 A, B, C의 x좌표를 a, b, c라 하면 방정식 $f(x)=k$의 세 실근이 a, b, c가 돼. 즉, $f(x)-k$의 식을 세울 수 있어.

① 6 ② 7 ③ 8 ④ 9 ⑤ 10

1st 세 점 A, B, C의 x좌표를 이용하여 $f(x)$의 식을 세우자.
세 점 A, B, C의 x좌표를 각각 a, b, c라 하면
$f(a)=f(b)=f(c)=k$이므로
$\underline{f(x)=(x-a)(x-b)(x-c)-k}$이다.

> 방정식 $f(x)=k$의 세 실근이 a, b, c이므로 $f(x)-k$는 $x-a, x-b, x-c$를 인수로 가져. 즉, $f(x)$의 최고차항의 계수가 1이므로 $f(x)-k=(x-a)(x-b)(x-c)$야.

$f'(x)=(x-b)(x-c)+(x-a)(x-c)+(x-a)(x-b)$
$\quad\quad=3x^2-2(a+b+c)x+(ab+bc+ca)$

> $y=f(x)g(x)h(x)$에 대하여
> $y'=f'(x)g(x)h(x)+f(x)g'(x)h(x)+f(x)g(x)h'(x)$

2nd $f(x)$가 $x=\alpha$, $x=\beta$에서 극값을 가지면 $f'(\alpha)=0$, $f'(\beta)=0$이야.

이때, $f'(x)=0$의 두 근이 α, β이므로 근과 계수의 관계에 의해

$$\alpha+\beta=\frac{2}{3}(a+b+c)$$

$$\therefore a+b+c=\frac{3}{2}(\alpha+\beta)=\frac{3}{2}\times 6=9$$

다른 풀이: 부정적분을 이용하여 $f(x)$를 구하고 삼차방정식의 근과 계수의 관계를 이용하여 세 점의 x좌표의 합 구하기

최고차항의 계수가 1인 삼차함수 $y=f(x)$가 $x=\alpha$, $x=\beta$에서 극값을 가지므로

$$f'(x)=\underset{\underset{(x^3)'=3x^2}{}}{③}(x-\alpha)(x-\beta)$$
$$=3x^2-3(\alpha+\beta)x+3\alpha\beta$$
$$=3x^2-18x+3\alpha\beta\ (\because \alpha+\beta=6)$$

$$f(x)=\int f'(x)dx$$
→ n이 음이 아닌 정수일 때 $\int x^n dx=\frac{1}{n+1}x^{n+1}+C$ (C는 적분상수)

$$=\int (3x^2-18x+3\alpha\beta)dx$$
$$=x^3-9x^2+3\alpha\beta x+C\ (C\text{는 적분상수})$$

함수 $y=f(x)$의 그래프와 직선 $y=k$의 교점의 좌표를 구하기 위해 연립하면 $f(x)=k$에서

$$f(x)-k=x^3-9x^2+3\alpha\beta x+C-k=0$$

따라서 이 방정식의 세 실근은 세 점 A, B, C의 x좌표이므로 위의 삼차방정식의 근과 계수의 관계를 이용하면

$$(\text{세 점 A, B, C의 }x\text{좌표의 합})=-\frac{-9}{1}=9$$

D 102 정답 ① *그래프를 이용한 극대, 극소 ---- [정답률 43%]

정답 공식: $h(-2)=h(1)=0$, $h'(-2)=h'(1)=0$이므로 $h(x)$의 함수식을 구할 수 있다.

그림과 같이 일차함수 $y=f(x)$의 그래프와 최고차항의 계수가 1인 사차함수 $y=g(x)$의 그래프는 x좌표가 -2, 1인 두 점에서 접한다. 함수 $h(x)=g(x)-f(x)$라 할 때, 함수 $h(x)$의 극댓값은? (4점)

단서 방정식 $f(x)=g(x)$는 최고차항의 계수가 1인 사차방정식이고 이 방정식은 두 중근 -2, 1을 갖는다는 거니까 함수 $h(x)=f(x)-g(x)$의 식을 세울 수 있지?

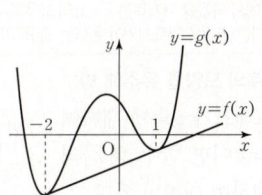

① $\dfrac{81}{16}$ ② $\dfrac{83}{16}$ ③ $\dfrac{85}{16}$ ④ $\dfrac{87}{16}$ ⑤ $\dfrac{89}{16}$

1st 함수 $h(x)=g(x)-f(x)$의 식을 세워 봐.

사차함수 $g(x)$와 일차함수 $f(x)$의 그래프가 $x=-2$와 $x=1$에서 각각 접하므로 사차방정식 $f(x)=g(x)$, 즉 $h(x)=g(x)-f(x)=0$은 $x=-2$와 $x=1$을 각각 중근으로 가진다.

실수! 사차식에서 일차식을 빼도 사차식이므로 $h(x)=0$은 사차방정식이야.

따라서
$$h(x)=g(x)-f(x)$$
$$=a(x+2)^2(x-1)^2\ (\text{단, }a\text{는 상수})$$
이라 놓을 수 있다.

그런데 $g(x)$의 최고차항의 계수가 1이므로 $a=1$
$$\therefore h(x)=(x+2)^2(x-1)^2$$

2nd 함수 $h(x)$의 증가와 감소를 표로 나타내어 극댓값을 구하자.

$$h'(x)=2(x+2)(x-1)^2+(x+2)^2\cdot 2(x-1)$$
→ [함수의 곱의 미분법]
$$=2(x+2)(x-1)(x-1+x+2)$$
$\{f(x)g(x)\}'$ $=f'(x)g(x)+f(x)g'(x)$
$$=2(x+2)(x-1)(2x+1)$$

이므로 함수 $h(x)$의 증가와 감소를 표로 나타내면 다음과 같다.

x	$\cdots$	-2	$\cdots$	$-\frac{1}{2}$	$\cdots$	1	$\cdots$
$h'(x)$	$-$	0	$+$	0	$-$	0	$+$
$h(x)$	↘	극소	↗	극대	↘	극소	↗

따라서 함수 $h(x)$는 $x=-\frac{1}{2}$일 때, 극댓값을 가지므로 함수 $h(x)$의 극댓값은
→ $h'\left(-\frac{1}{2}\right)=0$이고 $h'(x)$의 좌우에서 부호가 양에서 음으로 바뀌므로 $h(x)$는 $x=-\frac{1}{2}$에서 극댓값을 가지지.

$$h\left(-\frac{1}{2}\right)=\left(\frac{3}{2}\right)^2\times\left(-\frac{3}{2}\right)^2=\frac{3^4}{2^4}=\frac{81}{16}$$

D 103 정답 ① *도함수의 그래프의 해석 ---- [정답률 70%]

정답 공식: 미분가능한 함수 $f(x)$에 대하여 $f'(x)=0$이고 $x=a$의 좌우에서 $f'(x)$의 부호가 바뀌면 $f(x)$는 $x=a$에서 극값을 갖는다.

함수 $y=f'(x)$의 그래프가 그림과 같을 때, 다음 중 함수 $y=f(x)$의 그래프의 개형으로 가장 적당한 것은? (4점)

단서 $f'(x)>0$이면 $f(x)$는 증가하고 $f'(x)<0$이면 $f(x)$는 감소해. 또한, $f'(x)=0$인 점의 좌우에서 $f'(x)$의 부호가 바뀌면 $f(x)$는 그 점에서 극값을 가져.

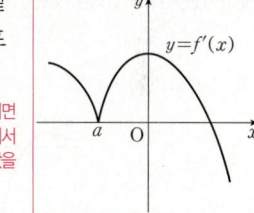

①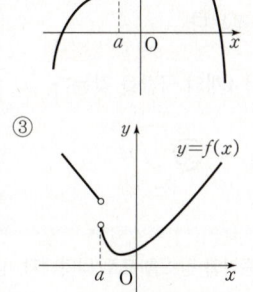

②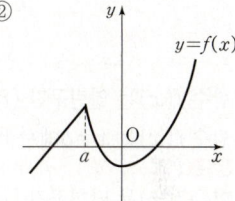

③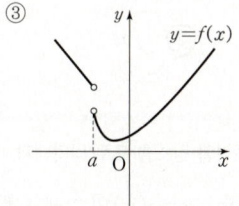

④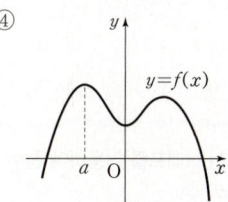

⑤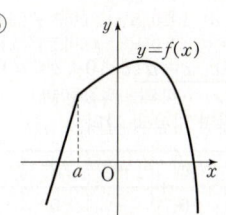

1st $f'(x)$의 그래프를 이용해 $f(x)$의 증가, 감소 상태를 파악해.

주어진 도함수 $y=f'(x)$의 그래프에서

(i) $x<a$일 때, $f'(x)>0$이므로 함수 $f(x)$는 증가한다.

(ii) $x=a$일 때, $x=a$의 좌우에서 $y=f'(x)$의 부호가 변하지 않으므로 극값을 가지지 않고, $f'(a)$의 값이 존재하므로 미분가능하다.
  즉, $x=a$에서 꺾이는 점이 나타나면 안 되며, 함숫값 $f(a)$가 존재해야 한다. → $x=a$의 좌우에서 $f'(x)>0$이므로 $f(x)$는 → $x=a$의 좌우에서 계속 증가상태에 있지.

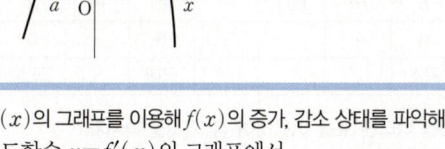

(iii) $x>a$일 때, $f'(x)>0$이다가 $x=a$가 아닌 $f'(x)=0$인 점을 지나면서 $f'(x)<0$이므로 함수 $f(x)$는 증가하다가 감소한다.
따라서 그래프의 개형으로 적당한 것은 ①번이다.

＊ 도함수의 그래프를 보고 함수의 그래프 유추하기

도함수의 그래프를 보고 원래 함수의 개형을 찾을 때는 도함수에서 알 수 있는 최대한의 정보들을 다 끌어 모아야 해. 그런데 선택지에 있는 그림을 보면서 답을 추려내면 이 문제는 도리어 자기 생각에 갇혀서 실수하기 쉬워. 그러니까 도함수의 그래프 밑에 자기가 추론한 함수의 개형을 그려놓고 선택지에서 자기가 그린 것에 맞는 함수의 개형을 선택하는 것이 좋아.

D 104 정답 ③ ＊도함수의 그래프의 해석 ········· [정답률 66%]

(**정답 공식:** $g(x)$의 그래프의 개형을 통해 $f'(x)$의 그래프의 개형을 유추할 수 있다.)

실수 전체의 집합에서 함수 $f(x)$가 미분가능하고 도함수 $f'(x)$가 연속이다. x축과의 교점의 x좌표가 b, c, d뿐인 함수
$g(x)=\dfrac{f'(x)}{x}$의 그래프가 그림과 같을 때, 옳은 것만을 [보기]
단서1 $f'(x)=xg(x)$가 돼.
에서 있는 대로 고른 것은? (4점)

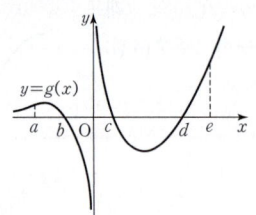

단서2 $f'(x)$의 부호가 ＋인지를 확인해 봐.
[보기]
ㄱ. 함수 $f(x)$는 열린구간 $(b, 0)$에서 증가한다.
ㄴ. 함수 $f(x)$는 $x=b$에서 극솟값을 갖는다.
단서3 $f'(x)$의 부호가 $x=b$의 좌우에서 $(-) \to (+)$로 바뀌는지 확인해 봐.
ㄷ. 함수 $f(x)$는 닫힌구간 $[a, e]$에서 4개의 극값을 갖는다.

① ㄱ   ② ㄷ   ③ ㄱ, ㄴ
④ ㄴ, ㄷ   ⑤ ㄱ, ㄴ, ㄷ

1st 주어진 그래프를 이용하여 함수 $f(x)$의 증가와 감소를 표로 나타내자.

$g(x)=\dfrac{f'(x)}{x}$에서 $f'(x)=xg(x)$이고, 함수 $y=g(x)$의 그래프에서
$x<0, g(x)<0$이면 $f'(x)>0$, $x<0, g(x)>0$이면 $f'(x)<0$
$x>0, g(x)<0$이면 $f'(x)<0$, $x>0, g(x)>0$이면 $f'(x)>0$
$g(x)=0$을 만족하는 x의 값은 $x=b$, $x=c$, $x=d$ $(b<0<c<d)$이므
$x\neq 0$이므로 $g(x)=0$이 되는 x의 값들이야.
로 함수 $f(x)$의 증가와 감소를 표로 나타내면 다음과 같다.

x	$\cdots$	b	$\cdots$	(0)	$\cdots$	c	$\cdots$	d	$\cdots$
$f'(x)$	$-$	0	$+$		$+$	0	$-$	0	$+$
$f(x)$	$\searrow$	극소	$\nearrow$		$\nearrow$	극대	$\searrow$	극소	$\nearrow$

2nd 증가와 감소를 나타낸 표를 이용하여 참, 거짓을 따지자.
ㄱ. 함수 $f(x)$는 열린구간 $(b, 0)$에서 $f'(x)>0$이므로 증가한다. (참)
ㄴ. 함수 $f(x)$는 $x=b$의 좌우에서 감소하다가 증가하므로 $x=b$에서 극솟값을 갖는다. (참)
ㄷ. 함수 $f(x)$는 닫힌구간 $[a, e]$에서 $x=b$, c, d일 때 극값을 가지므로 3개의 극값을 갖는다. (거짓)
$f'(x)=0$이고 그 좌우에서 $f'(x)$의 부호가 바뀌지
따라서 옳은 것은 ㄱ, ㄴ이다.

D 105 정답 ⑤ ＊도함수의 그래프의 해석 ········· [정답률 62%]

(**정답 공식:** $x=0$의 좌우에서 $f'(x)$의 부호가 바뀌어야 $x=0$에서 $f(x)$가 극값을 가진다. $f'(x)$의 그래프가 y축에 대하여 대칭이면 $f(x)$의 그래프는 점 $(0, f(0))$에 대하여 대칭이다.)

단서 x축과의 위치 관계를 보고 $f'(x)$의 부호를 알 수 있어야 해.
그림과 같이 함수 $f(x)$의 도함수 $f'(x)$의 그래프가 y축에 대하여 대칭이고 $x>0$일 때 위로 볼록하다. 함수 $f(x)$에 대하여 옳은 것만을 [보기]에서 있는 대로 고른 것은?

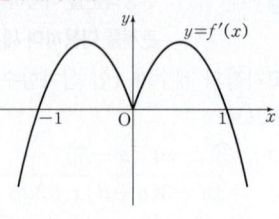

(단, $f'(-1)=f'(0)=f'(1)=0$) (4점)

[보기]
ㄱ. 함수 $f(x)$는 $x=0$에서 극값을 갖는다.
ㄴ. $f(0)=0$이면 함수 $f(x)$의 극댓값과 극솟값의 합은 0이다.
ㄷ. $f(1)<0$이면 방정식 $f(x)=0$은 오직 하나의 실근을 갖는다.

① ㄱ   ② ㄴ   ③ ㄷ
④ ㄱ, ㄴ   ⑤ ㄴ, ㄷ

1st 주어진 도함수 $f'(x)$의 그래프를 이용하여 증가와 감소를 표로 나타내 보자.
주어진 도함수 $f'(x)$의 그래프를 이용하여 함수 $f(x)$의 증가와 감소를 표로 나타내면 다음과 같다. x축보다 아랫부분에 있으면 $f'(x)<0$이고 x축보다 윗부분에 있으면 $f'(x)>0$이야.

x	$\cdots$	-1	$\cdots$	0	$\cdots$	1	$\cdots$
$f'(x)$	$-$	0	$+$	0	$+$	0	$-$
$f(x)$	$\searrow$	극소	$\nearrow$		$\nearrow$	극대	$\searrow$

ㄱ. $x=0$에서 함수 $f(x)$가 극값을 가지려면 $x=0$의 좌우에서 $f'(x)$의 함숫값의 부호가 바뀌어야 하는데 증가와 감소를 나타낸 표를 보면 $x=0$의 좌우에서 $f'(x)$의 함숫값이 모두 0보다 크다.
따라서 함수 $f(x)$는 $x=0$에서 극값을 갖지 않는다. (거짓)

실수 함수 $f(x)$가 $x=a$에서 극값을 가지려면 $x=a$의 좌우에서 $f'(x)$의 부호가 바뀌어야 한다는 조건도 만족시켜야 한다는 걸 꼭 기억하자!

2nd 함수 $f(x)$의 그래프의 모양을 유추해 봐.
ㄴ. 도함수 $f'(x)$의 그래프가 y축에 대하여 대칭이므로 $f(0)=0$이면 함수 $f(x)$의 그래프는 원점에 대하여 대칭이 된다.
따라서 극댓값 $f(1)$, 극솟값 $f(-1)$에 대하여 $f(1)=-f(-1)$이므로 $f(1)+f(-1)=0$이다. (참)

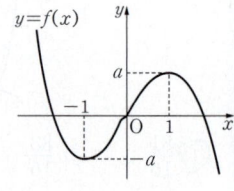

ㄷ. 증가와 감소를 나타낸 표를 보면 $x \geq 0$에서의 함수 $f(x)$의 최댓값은 극댓값 $f(1)$이다. 즉, $f(1)<0$이면 $x \geq 0$에서 방정식 $f(x)=0$은 근을 갖지 않는다. 또, $x<0$에서의 함수 $f(x)$의 최솟값은 극솟값 $f(-1)$이고 함수 $f(x)$는 구간 $(-\infty, -1)$에서 감소하므로 방정식 $f(x)=0$은 $x<-1$인 오직 하나의 실근을 갖는다. (참)
따라서 옳은 것은 ㄴ, ㄷ이다.

D 106 정답 ④ *미분을 이용한 극값의 판정 ····· [정답률 80%]

(정답 공식: 삼차함수의 그래프의 개형을 생각한다.)

❶ $a>1$일 때, 함수 $f(x)=2x^3-3(a+1)x^2+6ax-4a+2$에 대하여 방정식 $f(x)=0$의 한 실근을 b라 하자. 다음은 두 수 a, b의 크기를 비교하는 과정이다.

> $f'(x)=$ (가) 이고 $a>1$이므로
> $f(x)$는 $x=1$에서 (나) 을 가진다.
> 그런데 ❷ $f(1)<0$이고 $f(b)=0$이므로
> a (다) b이다. [단서] $f(x)$를 미분하고 ❶, ❷의 조건을 활용해야 해.

위의 과정에서 (가), (나), (다)에 알맞은 것은? (3점)

	(가)	(나)	(다)
①	$6(x+a)(x+1)$	극솟값	$>$
②	$6(x+a)(x+1)$	극솟값	$<$
③	$6(x-a)(x-1)$	극솟값	$>$
④	$6(x-a)(x-1)$	극댓값	$<$
⑤	$6(x-a)(x-1)$	극댓값	$>$

1st $f(x)$를 미분하여 증가와 감소를 표로 나타낸 후 $x=1$에서 극댓값을 가짐을 이용해. $f(x)$는 다항함수이므로 미분하면 그 특징을 판단할 수 있어.

$f(x)=2x^3-3(a+1)x^2+6ax-4a+2$에서
$f'(x)=6x^2-6(a+1)x+6a=6\{x^2-(a+1)x+a\}$
$\qquad =6(x-a)(x-1)$ ← (가)
$a>1$이므로 $f(x)$의 증가와 감소를 표로 나타내면 다음과 같다.

x	$\cdots$	1	$\cdots$	a	$\cdots$
$f'(x)$	$+$	0	$-$	0	$+$
$f(x)$	$\nearrow$	극대	$\searrow$	극소	$\nearrow$

$f(x)$는 $x=1$에서 극댓값을 가진다. ← (나)

그런데 $f(1)=-a+1<0$이고 $f(b)=0$이므로
$y=f(x)$의 그래프는 오른쪽 그림과 같다.
$\therefore a<b$ ← (다)

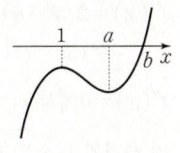

최고차항이 양수인 삼차함수의 그래프의 개형을 생각해보고, $f(b)=0$일 경우를 따져주자.

D 107 정답 ⑤ *미분을 이용한 극값의 판정 ········ [정답률 62%]

(정답 공식: 함수 $f(x)$, $f'(x)$의 그래프의 개형을 그릴 수 있다. $f'(x)=0$을 만족하는 x의 값을 구하고, 극댓값과 극솟값을 구할 수 있다.)

함수 $f(x)=x^3-3x$에 대한 [보기]의 설명 중에서 옳은 것을 모두 고른 것은? (3점) [단서] $f(x)$의 증가와 감소를 표로 나타내어 알아봐!

[보기]
ㄱ. $f(x)$는 극댓값과 극솟값을 가진다.
ㄴ. $x\geq2$이면 $f(x)\geq2$이다.
ㄷ. $|x|\leq2$이면 $|f(x)|\leq2$이다.

① ㄱ ② ㄱ, ㄴ ③ ㄱ, ㄷ
④ ㄴ, ㄷ ⑤ ㄱ, ㄴ, ㄷ

1st 증가와 감소를 나타내는 표를 이용하여 ㄱ~ㄷ의 옳고 그름을 판별해.

$f(x)=x^3-3x$에서 $f'(x)=3x^2-3=3(x+1)(x-1)$
$f'(x)=0$에서 $x=-1$ 또는 $x=1$이므로 함수 $f(x)$의 증가와 감소를 표로 나타내면 다음과 같다.

x	$\cdots$	-1	$\cdots$	1	$\cdots$
$f'(x)$	$+$	0	$-$	0	$+$
$f(x)$	$\nearrow$	2(극대)	$\searrow$	-2(극소)	$\nearrow$

ㄱ. $f(x)$는 극댓값 2, 극솟값 -2를 가진다. (참)
ㄴ. $f(x)$는 $x>1$에서 증가함수이고, $f(2)=8-6=2$이므로 $x\geq2$이면 $f(x)\geq2$ (참) $f'(x)$의 값이 양수면 돼.
ㄷ. $|x|\leq2$, 즉 $-2\leq x\leq2$에서 $f(-2)=-2$, $f(2)=2$ 또한, 함수 $f(x)$는 $x=-1$에서 극댓값 2, $x=1$에서 극솟값 -2를 가지므로
$-2\leq f(x)\leq2$ $\therefore |f(x)|\leq2$ (참)

따라서 옳은 것은 ㄱ, ㄴ, ㄷ이다.

D 108 정답 6 *미분가능한 함수의 극값의 판정 ─ [정답률 48%]

[정답 공식: 미분가능한 함수 $f(x)$에 대하여 $f'(a)=0$이고 $x=a$의 좌우에서 $f'(x)$의 부호가 음에서 양으로 바뀌면 함수 $f(x)$는 $x=a$에서 극솟값을 갖는다.]

함수 $f(x)=x^3-6x^2+ax+10$에 대하여 함수
$$g(x)=\begin{cases} b-f(x) & (x<3) \\ f(x) & (x\geq3) \end{cases}$$
[단서] 함수 $g(x)$가 $x<3$과 $x\geq3$에서 각각 미분가능하므로 함수 $g(x)$가 실수 전체의 집합에서 미분가능하기 위해서는 $x=3$에서 미분가능하면 돼.

이 실수 전체의 집합에서 미분가능할 때, 함수 $g(x)$의 극솟값을 구하시오. (단, a, b는 상수이다.) (4점)

1st $x=3$에서 미분가능함을 이용하여 a, b의 값을 각각 구하자.

함수 $g(x)$가 실수 전체의 집합에서 미분가능하므로 함수 $g(x)$는 $x=3$에서 연속이고 미분가능하다.

[함정] 이 문제에서 함수 $g(x)$가 실수 전체의 집합에서 미분가능하다는 정보를 통해 $x=3$에서 연속임을 이끌어내야 상수 a, b의 값을 모두 구할 수 있어.

먼저, 함수 $g(x)$가 $x=3$에서 연속이므로
$\displaystyle\lim_{x\to3-}g(x)=\lim_{x\to3+}g(x)=g(3)$이어야 한다.
함수 $f(x)$가 $x=a$에서 연속이면 $\displaystyle\lim_{x\to a-}f(x)=\lim_{x\to a+}f(x)=f(a)$
즉, $b-f(3)=f(3)$ ··· ㉠이고
$f(3)=27-54+3a+10=3a-17$이므로
㉠에 대입하면
$b-(3a-17)=3a-17$
$\therefore b=6a-34$ ··· ㉡

또한, 함수 $g(x)$가 $x=3$에서 미분가능하므로
$\displaystyle\lim_{x\to3-}\frac{g(x)-g(3)}{x-3}=\lim_{x\to3+}\frac{g(x)-g(3)}{x-3}$이어야 한다.

이때, 함수 $f(x)$가 $x=a$에서 미분가능하면 $\displaystyle\lim_{x\to a-}\frac{f(x)-f(a)}{x-a}=\lim_{x\to a+}\frac{f(x)-f(a)}{x-a}$

$\displaystyle\lim_{x\to3-}\frac{g(x)-g(3)}{x-3}=\lim_{x\to3+}\frac{b-f(x)-f(3)}{x-3}$

$\displaystyle=\lim_{x\to3-}\frac{-f(x)+\{b-f(3)\}}{x-3}$

$\displaystyle=\lim_{x\to3-}\frac{-f(x)+f(3)}{x-3}$ → 함수 $g(x)$가 $x=3$에서 연속이므로 $b-f(3)=f(3)$이야.

$\displaystyle=-\lim_{x\to3-}\frac{f(x)-f(3)}{x-3}$

$=-f'(3)$

한편, $\lim_{x \to 3+} \dfrac{g(x)-g(3)}{x-3} = \lim_{x \to 3+} \dfrac{f(x)-f(3)}{x-3} = f'(3)$이므로

$-f'(3) = f'(3)$

$\therefore f'(3) = 0$

이때, $f(x) = x^3 - 6x^2 + ax + 10$에서

$f'(x) = 3x^2 - 12x + a$이므로

$f'(3) = 27 - 36 + a = 0$

$\therefore a = 9$

$a = 9$를 ㉡에 대입하면 $b = 54 - 34 = 20$

2nd 함수 $g(x)$의 극솟값을 찾자.

$f(x) = x^3 - 6x^2 + 9x + 10$, $b = 20$을

$g(x) = \begin{cases} b - f(x) & (x < 3) \\ f(x) & (x \geq 3) \end{cases}$에 대입하여 정리하면

$g(x) = \begin{cases} -x^3 + 6x^2 - 9x + 10 & (x < 3) \\ x^3 - 6x^2 + 9x + 10 & (x \geq 3) \end{cases}$

(ⅰ) $x < 3$일 때

$g'(x) = -3x^2 + 12x - 9 = -3(x-1)(x-3)$이므로

$g'(x) = 0$에서 $x = 1$ ($\because x < 3$)

(ⅱ) $x \geq 3$일 때

$g'(x) = 3x^2 - 12x + 9 = 3(x-1)(x-3)$이므로

$g'(x) = 0$에서 $x = 3$ ($\because x \geq 3$)

(ⅰ), (ⅱ)에 의하여 함수 $g(x)$의 증가와 감소를 표로 나타내면 다음과 같다.

x	$\cdots$	1	$\cdots$	3	$\cdots$
$g'(x)$	$-$	0	$+$	0	$+$
$g(x)$	↘	극소	↗		↗

따라서 함수 $g(x)$는 $x = 1$에서 극솟값을 가지므로 구하는 극솟값은

$g(1) = -1 + 6 - 9 + 10 = 6$이다.

$g(x)$의 $x < 3$일 때의 함수식에 $x = 1$을 대입한 거야.

∞ 쉬운 풀이: 함수 $g(x)$의 도함수 $g'(x)$를 구한 후 $g'(x)$의 $x = 3$에서의 극한값이 존재함을 이용하여 a의 값 구하기

$g(x) = \begin{cases} -x^3 + 6x^2 - ax + b - 10 & (x < 3) \\ x^3 - 6x^2 + ax + 10 & (x \geq 3) \end{cases}$에서

$g'(x) = \begin{cases} -3x^2 + 12x - a & (x < 3) \\ 3x^2 - 12x + a & (x > 3) \end{cases}$

이때, 함수 $g(x)$가 $x = 3$에서 미분가능하므로

$\lim_{x \to 3-} g'(x) = \lim_{x \to 3+} g'(x)$가 성립해야 해.

즉, $\lim_{x \to 3-} g'(x) = \lim_{x \to 3-}(-3x^2 + 12x - a) = -27 + 36 - a = -a + 9$,

$\lim_{x \to 3+} g'(x) = \lim_{x \to 3+}(3x^2 - 12x + a) = 27 - 36 + a = a - 9$이므로

$-a + 9 = a - 9$에서 $2a = 18$

$\therefore a = 9$

(이하 동일)

❁ 미분가능한 함수의 극대·극소의 판정   개념·공식

미분가능한 함수 $f(x)$에 대하여 $f'(a) = 0$이고 $x = a$의 좌우에서

① $f'(x)$의 부호가 양$(+)$에서 음$(-)$으로 바뀌면 $f(x)$는 $x = a$에서 극대이고 극댓값은 $f(a)$이다.

② $f'(x)$의 부호가 음$(-)$에서 양$(+)$으로 바뀌면 $f(x)$는 $x = a$에서 극소이고 극솟값은 $f(a)$이다.

D 109 정답 ③   *미분을 이용한 극값의 판정   [정답률 46%]

정답 공식: $g(x) = (x+n)f(x)$로 두면 $g(n) = g(-n) = 0$이다. 또한 모든 실수 x에 대하여 $g(x) \geq 0$이어야 하므로 조건을 만족시키는 $g(x)$는 $x = \pm n$에서 x축에 접해야 한다.

자연수 n에 대하여 최고차항의 계수가 1이고 다음 조건을 만족시키는 삼차함수 $f(x)$의 극댓값을 a_n이라 하자.

> (가) $f(n) = 0$ **단서** 인수정리에 의하여 $f(x)$는 $x - n$을 인수로 가져.
> (나) 모든 실수 x에 대하여 $(x+n)f(x) \geq 0$이다.

a_n이 자연수가 되도록 하는 n의 최솟값은? (4점)

① 1   ② 2   ③ 3
④ 4   ⑤ 5

1st 주어진 조건을 이용하여 삼차함수 $f(x)$의 식을 유추해.

          ↳ $x = n$이 삼차방정식 $f(x) = 0$의 근이라는 거야.

조건 (가)에서 $f(n) = 0$이고 삼차함수 $f(x)$의 최고차항의 계수가 1이므로 두 상수 a, b에 대하여 $f(x) = (x-n)(x^2 + ax + b)$라 하자.

한편, $g(x) = (x+n)f(x) = (x+n)(x-n)(x^2 + ax + b) \cdots$ ㉠

라 하면   ↳ $x = n$과 $x = -n$에서 $y = g(x)$의 그래프가 x축과 만나야겠지.

$g(n) = g(-n) = 0$

조건 (나)에서 모든 실수 x에 대하여

$(x+n)f(x) = g(x) \geq 0$이므로

$y = g(x)$의 그래프가 x축 아래에 있는 부분이 없어.

사차함수 $y = g(x)$의 그래프는 그림과 같이

$x = -n$, $x = n$에서 x축에 접해야 한다.

$\therefore g(x) = (x-n)^2(x+n)^2$

따라서 ㉠에 의하여

$f(x) = (x-n)^2(x+n) \cdots$ ㉡

실수 $f'(x) = 0$이 되는 값에서 좌우 미분계수의 부호를 확인해야 해.

2nd 함수 $f(x)$의 극댓값 a_n을 구하자.

$f'(x) = 2(x-n)(x+n) + (x-n)^2$
      $= (x-n)(3x+n)$

$f'(x) = 0$에서 $x = n$ 또는 $x = -\dfrac{n}{3}$이므로 자연수 n에 대하여 함수 $f(x)$의 증가와 감소를 표로 나타내면 다음과 같다.   ↳ n이 자연수이므로 $n > -\dfrac{n}{3}$이야.

x	$\cdots$	$-\dfrac{n}{3}$	$\cdots$	n	$\cdots$
$f'(x)$	$+$	0	$-$	0	$+$
$f(x)$	↗	극대	↘	극소	↗

따라서 함수 $f(x)$는 $x = -\dfrac{n}{3}$에서 극댓값을 가지므로 ㉡에 의하여

$a_n = f\left(-\dfrac{n}{3}\right) = \left(-\dfrac{n}{3} - n\right)^2 \left(-\dfrac{n}{3} + n\right) = \dfrac{32}{27}n^3$

3rd a_n이 자연수가 되도록 하는 자연수 n의 최솟값을 구해.

$a_n = \dfrac{32}{27}n^3$이 자연수가 되려면 n^3은 27의 배수가 되어야 한다.

따라서 자연수 k에 대하여 $n^3 = 27k = 3^3 k$이어야 하므로

$k = 1$일 때, 자연수 n의 최솟값은 3이다.

D 110 정답 ⑤ *미분을 이용한 극값의 판정 ────── [정답률 44%]

(**정답 공식:** 함수의 증가와 감소가 바뀌는 x값에서의 함숫값을 극값이라고 한다.)

다항함수 $f(x)$, $g(x)$에 대하여 함수 $h(x)$를

$$h(x) = \begin{cases} f(x) & (x \geq 0) \\ g(x) & (x < 0) \end{cases}$$

단서 1 다항함수는 모든 실수 x에 대하여 연속이고 미분가능해.

라고 하자. $h(x)$가 실수 전체의 집합에서 연속일 때, 옳은 것만을 [보기]에서 있는 대로 고른 것은? (4점) **단서 2** $x=0$에서 연속임을 알려주는 조건이야.

[보기]

ㄱ. $f(0) = g(0)$ **단서 3** $h(x)$의 $x=0$에서 미분계수의 우극한과 좌극한이 같음을 뜻해.

ㄴ. $f'(0) = g'(0)$이면 $h(x)$는 $x=0$에서 미분가능하다.

ㄷ. $f'(0)g'(0) < 0$이면 $h(x)$는 $x=0$에서 극값을 갖는다.

① ㄱ   ② ㄴ   ③ ㄷ

④ ㄱ, ㄴ   ⑤ ㄱ, ㄴ, ㄷ

1st 실수 전체에서 함수 $h(x)$가 연속일 조건을 찾아봐.

ㄱ. $h(x) = \begin{cases} f(x) & (x \geq 0) \\ g(x) & (x < 0) \end{cases}$ 에서

$$\lim_{x \to 0+} h(x) = f(0), \quad \lim_{x \to 0-} h(x) = g(0)$$

함수 $h(x)$는 실수 전체에서 연속이므로 $f(0) = g(0)$ (참)

2nd 미분계수의 정의와 극값의 존재 조건을 생각해 보자.

ㄴ. $f'(0) = g'(0) = k$라 하면 → $h(x)$의 $x=0$에서의 우미분계수

$$\lim_{x \to 0+} \frac{h(x) - h(0)}{x} = \lim_{x \to 0+} \frac{f(x) - f(0)}{x} = f'(0) = k$$

$$\lim_{x \to 0-} \frac{h(x) - h(0)}{x} = \lim_{x \to 0-} \frac{g(x) - g(0)}{x} = g'(0) = k$$

→ $h(x)$의 $x=0$에서의 좌미분계수

$$\therefore h'(0) = \lim_{x \to 0} \frac{h(x) - h(0)}{x} = k \text{ (참)}$$

ㄷ. (i) $f'(0) > 0$, $g'(0) < 0$일 때,

함수 $h(x)$는 $x=0$에서 극솟값이 존재한다.

(ii) $f'(0) < 0$, $g'(0) > 0$일 때, → $f'(0)g'(0) < 0$인 경우

함수 $h(x)$는 $x=0$에서 극댓값이 존재한다.

(i), (ii)에 의하여 $x=0$에서 극값을 갖는다. (참)

따라서 옳은 것은 ㄱ, ㄴ, ㄷ이다.

D 111 정답 ⑤ *미분을 이용한 극값의 판정 ────── [정답률 45%]

정답 공식: 함수 $|f(x)|$의 그래프는 $f(x)$의 그래프 중 x축 아래에 있는 부분을 x축에 대하여 대칭이동시킨 그래프이다. 또, $f(|x|)$의 그래프는 y축에 대하여 대칭이므로 $x=0$의 좌우에서 도함수의 부호를 판단해본다.

$x=0$에서 극댓값을 갖는 모든 다항함수 $f(x)$에 대하여 옳은 것만을 [보기]에서 있는 대로 고른 것은? (3점)

[보기]

ㄱ. 함수 $|f(x)|$은 $x=0$에서 극댓값을 갖는다. **단서 1** $y=f(x)$의 그래프에서 $y<0$인 부분을 x축에 대하여 대칭시킨 거야.

ㄴ. 함수 $f(|x|)$은 $x=0$에서 극댓값을 갖는다. **단서 2** $y=f(x)$의 그래프에서 $x>0$인 부분을 y축에 대하여 대칭시킨 거야.

ㄷ. 함수 $f(x) - x^2|x|$은 $x=0$에서 극댓값을 갖는다. **단서 3** $x<0$일 때와 $x \geq 0$일 때를 나누어서 함수를 구해보자.

① ㄴ   ② ㄷ   ③ ㄱ, ㄴ   ④ ㄱ, ㄷ   ⑤ ㄴ, ㄷ

1st 틀린 것은 반례를 하나 잡자!

ㄱ. 【반례】 $f(x) = -x^2$은 $x=0$에서 극댓값을 갖지만 $|f(x)| = x^2$은 $x=0$에서 극솟값을 가진다. (거짓)

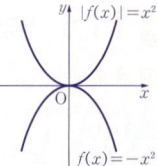

함정 x축에 대하여 대칭 후 극대점이 극소점이 되는 다항함수의 그래프를 생각해보자.

ㄴ. $f(|x|)$의 그래프는 $x > 0$일 때의 $f(x)$의 그래프를 y축에 대하여 대칭이동한 것이다. $x=0$에서 극댓값을 가지므로 충분히 작은 양수 h에 대하여 $0 < x < h$일 때, $f(x)$는 감소상태이고 y축에 대칭시키면 $-h < x < 0$일 때 $f(|x|)$는 증가상태이다.

따라서 $f(|x|)$는 $x=0$의 좌우에서 증가상태에서 감소상태로 바뀌므로 $x=0$에서 극댓값을 가진다. (참)

2nd $x=0$의 좌우에서 $f'(x)$의 부호가 +에서 −로 바뀔 때, 극댓값은 $f(0)$이야.

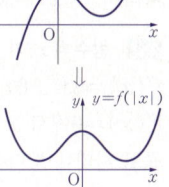

ㄷ. $g(x) = f(x) - x^2|x|$라 하고 $x=0$의 좌우에서 $g'(x)$의 부호가 +에서 −로 바뀌는지 확인하자.

$f(x)$가 $x=0$에서 극댓값을 가지므로 충분히 작은 양수 h에 대하여

$$\begin{cases} f'(x) > 0 \ (-h < x < 0) & \cdots \ \bigcirc \\ f'(x) < 0 \ (0 < x < h) & \cdots \ \bigcirc \end{cases}$$

(i) $-h < x < 0$일 때, $g(x) = f(x) + x^3$

$\therefore g'(x) = f'(x) + 3x^2 > 0$ (증가) ($\because \bigcirc$)

(ii) $0 < x < h$일 때, $g(x) = f(x) - x^3$

$\therefore g'(x) = f'(x) - 3x^2 < 0$ (감소) ($\because \bigcirc$)

(i), (ii)에서 $f(x) - x^2|x|$는 $x=0$에서 극댓값을 가진다. (참)

따라서 옳은 것은 ㄴ, ㄷ이다.

D 112 정답 8 *함수의 극값을 이용한 미정계수의 결정 [정답률 88%]

정답 공식: 미분가능한 함수 $f(x)$가 $x=a$에서 극값을 가지면 $f'(a) = 0$이고 $x=a$의 좌우에서 $f'(x)$의 부호가 바뀐다.

단서 극댓값을 구하기 위해 함수 $f(x)$를 미분하여 $f'(x)$를 구하고 $f'(x) = 0$을 만족시키는 x의 값을 찾아 함수 $f(x)$의 증가와 감소를 나타내는 표를 만들어 봐.

상수 a에 대하여 함수 $f(x) = 3x^3 - 9x^2 + a$의 극댓값이 20일 때, 함수 $f(x)$의 극솟값을 구하시오. (3점)

1st 도함수 $f'(x)$를 구하고 함수 $f(x)$의 증가와 감소를 나타내는 표를 작성해.

$f(x) = 3x^3 - 9x^2 + a$에서 $f'(x) = 9x^2 - 18x = 9x(x-2)$

$f'(x) = 0$에서 $x=0$ 또는 $x=2$이므로 함수 $f(x)$의 증가와 감소를 표로 나타내면 다음과 같다. 삼차함수 $f(x)$의 최고차항의 계수가 양수이므로 $x=0$에서 극대, $x=2$에서 극소임을 알 수도 있어.

x	$\cdots$	0	$\cdots$	2	$\cdots$
$f'(x)$	$+$	0	$-$	0	$+$
$f(x)$	↗	극대	↘	극소	↗

따라서 함수 $f(x)$는 $x=0$에서 극댓값을 갖고, $x=2$에서 극솟값을 갖는다. 다항함수 $f(x)$가 $x=a$에서 극댓값 M을 가지면 $f'(a) = 0$, $f(a) = M$이고, $x=b$에서 극솟값 m을 가지면 $f'(b) = 0$, $f(b) = m$이야.

2nd 주어진 극댓값을 이용하여 상수 a의 값을 구하고 함수 $f(x)$의 극솟값을 구해.

이때, 함수 $f(x)$의 극댓값이 20이므로 $f(0) = a = 20$

따라서 $f(x) = 3x^3 - 9x^2 + 20$이고 함수 $f(x)$의 극솟값은 $f(2)$이므로 구하는 극솟값은 $f(2) = 3 \times 2^3 - 9 \times 2^2 + 20 = 24 - 36 + 20 = 8$

(**정답 공식**: 함수 $f(x)$가 $x=a$에서 극값을 가지면 $f'(a)=0$이다.)

> 단서1 다항함수 $f(x)$가 $x=-2$에서 극대이면 $f'(-2)=0$이야.
> 함수 $f(x)=x^3+ax^2+b$는 $x=-2$에서 극대이다. 함수 $f(x)$의
> 극솟값이 5일 때, $f(3)$의 값을 구하시오.
> 단서2 $x=-2$를 제외하고 $f'(x)=0$을 만족시키는 x의
> 값을 찾아 이 값을 함수 $f(x)$의 식에 대입해. (단, a와 b는 상수이다.) (3점)

1st 함수 $f(x)$가 $x=-2$에서 극대이면 $f'(-2)=0$임을 이용하여 도함수 $f'(x)$를 구해.

$f(x)=x^3+ax^2+b$에서 $f'(x)=3x^2+2ax$

이때, 함수 $f(x)$가 $x=-2$에서 극대이므로 $f'(-2)=0$이다.

$f'(-2)=12-4a=0$에서 $a=3$ ┐ 다항함수 $f(x)$가 $x=a$에서
                                     └ 극값을 가지면 $f'(a)=0$이야.

따라서 $f'(x)=3x^2+6x$

2nd 함수 $f(x)$가 극솟값을 가지는 x의 값을 찾고 $f(3)$의 값을 구해.

$f'(x)=3x^2+6x=3x(x+2)$

$f'(x)=0$에서 $x=-2$ 또는 $x=0$이므로 함수 $f(x)$의 증가와 감소를 표로 나타내면 다음과 같다.

x	$\cdots$	-2	$\cdots$	0	$\cdots$
$f'(x)$	$+$	0	$-$	0	$+$
$f(x)$	↗	극대	↘	극소	↗

즉, 함수 $f(x)$는 $x=0$에서 극소이고 극솟값 5를 가지므로 $f(0)=b=5$

따라서 $f(x)=x^3+3x^2+5$ ┐ 미분가능한 함수 $f(x)$가 $x=a$에서 극솟값을 가지면
                            │ $f'(a)=0$이고 $x=a$의 좌우에서 $f'(x)$의 부호가
$\therefore f(3)=3^3+3\times3^2+5$ └ 음에서 양으로 바뀌어.
$=27+27+5=59$

(**정답 공식**: 미분가능한 함수 $f(x)$가 $x=a$에서 극값을 가지면
$f'(a)=0$이고 $x=a$의 좌우에서 $f'(x)$의 부호가 바뀐다.)

> 단서 함수 $f(x)$를 미분하고 a의 범위에 따른 증가와 감소를 나타내는 표를 만들어봐.
> 함수 $f(x)=2x^3-3ax^2+5a$의 극솟값이 a일 때, 함수 $f(x)$의
> 극댓값을 구하시오. (단, a는 상수이다.) (3점)

1st $f'(x)$를 구하고 함수 $f(x)$의 증가와 감소를 나타내는 표를 작성하여 극솟값을 이용해 상수 a의 값을 구해.

$f(x)=2x^3-3ax^2+5a$에서 ┌ $a=0$이면 $f'(x)=6x^2$이 되고 $f'(x)=0$에서
$f'(x)=6x^2-6ax=6x(x-a)$ │ $x=0$이야. 이때, $x=0$의 좌우에서 $f'(x)$의 부호가
                             └ 바뀌지 않으므로 극값을 가질 수 없어.

이때, 함수 $f(x)$는 극솟값을 가지므로 $a\neq0$이다.

$f'(x)=0$에서 $x=0$ 또는 $x=a$이므로 실수 a의 값의 범위에 따라 함수
실수 a의 범위에 따라 극값을 가지는 x의 값이 변해.
$f(x)$의 증가와 감소를 표로 나타내면 다음과 같다.

(i) $a<0$일 때,

x	$\cdots$	a	$\cdots$	0	$\cdots$
$f'(x)$	$+$	0	$-$	0	$+$
$f(x)$	↗	극대	↘	극소	↗

따라서 함수 $f(x)$는 $x=a$에서 극댓값 갖고, $x=0$에서 극솟값을
갖는다. ┐ 다항함수 $f(x)$가 $x=a$에서 극댓값 M을 가지면 $f'(a)=0$, $f(a)=M$이고
         └ $x=b$에서 극솟값 m을 가지면 $f'(b)=0$, $f(b)=m$이야.
즉, $f(0)=5a=a$ $\quad\therefore a=0$

그런데 $a<0$이므로 조건을 만족시키지 않는다.

(ii) $a>0$일 때,

x	$\cdots$	0	$\cdots$	a	$\cdots$
$f'(x)$	$+$	0	$-$	0	$+$
$f(x)$	↗	극대	↘	극소	↗

따라서 함수 $f(x)$는 $x=0$에서 극댓값을 갖고, $x=a$에서 극솟값을
갖는다. ┐ $f'(a)=0$이고 $x=a$의 좌우에서 $f'(x)$의 부호가 음에서 양으
         └ 로 바뀌므로 $x=a$에서 극소가 돼.
즉, $f(a)=2a^3-3a^3+5a=-a^3+5a=a$

$a^3-4a=0$, $a(a+2)(a-2)=0$

이때, $a>0$이므로 $a=2$

(i), (ii)에 의하여 $a=2$이다.

2nd 함수 $f(x)$의 극댓값을 구해.

따라서 $f(x)=2x^3-3ax^2+5a$에서 $f(x)=2x^3-6x^2+10$이고

함수 $f(x)$는 $x=0$에서 극댓값을 가지므로

구하는 극댓값은 $f(0)=10$이다.

(**정답 공식**: $x=2$에서 극솟값 -6을 가지므로 $f'(2)=0$, $f(2)=-6$)

> 단서1 함수 $y=f(x)$의 그래프가 y축에 대하여 대칭이므로 홀수 차수의 항은 모두 사라져.
> 즉, $f(x)=x^4+ax^2+b$
> 최고차항의 계수가 1인 사차함수 $f(x)$가 모든 실수 x에 대하여
> $f(x)=f(-x)$를 만족시킨다. 함수 $f(x)$가 $x=2$에서 극솟값
> -6을 가질 때, 함수 $f(x)$의 극댓값을 구하시오. (3점)
> 단서2 $f'(2)=0$, $f(2)=-6$

1st $f(x)=f(-x)$임을 이용하여 사차함수 $f(x)$를 구하자.

최고차항의 계수가 1인 사차함수 $f(x)$가 모든 실수 x에 대하여

$f(x)=f(-x)$를 만족시키므로

$f(x)=x^4+ax^2+b$ $(a,\ b$는 상수)
$f(x)=x^4+mx^3+ax^2+nx+b$라 하면 모든 실수 x에 대하여 $f(x)=f(-x)$이므로
$x^4+mx^3+ax^2+nx+b=x^4-mx^3+ax^2-nx+b$
즉, $m=0$, $n=0$이므로 $f(x)=x^4+ax^2+b$

$f'(x)=4x^3+2ax$

함수 $f(x)$가 $x=2$에서 극솟값 -6을 가지므로
$f'(2)=0$, $f(2)=-6$

$f'(2)=32+4a=0$, $f(2)=16+4a+b=-6$

$\therefore a=-8,\ b=10$

$\therefore f(x)=x^4-8x^2+10$

2nd 함수 $f(x)$의 증가와 감소를 표로 나타내어 극댓값을 구하자.

$f'(x)=4x^3-16x=4x(x+2)(x-2)$이므로

함수 $f(x)$의 증가와 감소를 표로 나타내면 다음과 같다.

x	$\cdots$	-2	$\cdots$	0	$\cdots$	2	$\cdots$
$f'(x)$	$-$	0	$+$	0	$-$	0	$+$
$f(x)$	↘	극소	↗	극대	↘	극소	↗

따라서 함수 $f(x)$의 극댓값은 $f(0)=10$이다.

D 116 정답 ⑤ *함수의 극값을 이용한 미정계수의 결정 ····· [정답률 85%]

정답 공식: 미분가능한 함수 $f(x)$에 대하여 $f(a)=0$일 때, $x=a$의 좌우에서 $f'(x)$의 부호가 음에서 양으로 바뀌면 $x=a$에서 극솟값을 가지고, $f'(x)$의 부호가 양에서 음으로 바뀌면 $x=a$에서 극댓값을 가진다.

상수 k에 대하여 함수 $f(x)=x^3-3x^2-9x+k$의 극솟값이 -17일 때, 함수 $f(x)$의 극댓값은? (3점)

단서 다항함수 $f(x)$가 $x=a$에서 극값을 가지면 $f'(a)=0$이야.

① 11 　② 12 　③ 13 　④ 14 　⑤ 15

1st $f'(x)$를 구해 극솟값을 가질 때의 x의 값을 찾자.

$f(x)=x^3-3x^2-9x+k$에서

$f'(x)=3x^2-6x-9=3(x+1)(x-3)$

$f'(x)=0$에서 $x=-1$ 또는 $x=3$이므로 함수 $f(x)$의 증가와 감소를

$f'(x)=0$인 두 점의 좌우에서 $f'(x)$의 부호가 바뀌므로 이 두 점에서 함수 $f(x)$는 극값을 가져.

표로 나타내면 다음과 같다.

x	$\cdots$	-1	$\cdots$	3	$\cdots$
$f'(x)$	$+$	0	$-$	0	$+$
$f(x)$	↗	극대	↘	극소	↗

따라서 함수 $f(x)$는 $x=-1$에서 극댓값을 갖고

$f'(-1)=0$이고 $x=-1$의 좌우에서 $f'(x)$의 부호가 양에서 음으로 바뀌므로 $x=-1$에서 극대야.

$x=3$에서 극솟값을 갖는다.

$f'(3)=0$이고 $x=3$의 좌우에서 $f'(x)$의 부호가 음에서 양으로 바뀌므로 $x=3$에서 극소야.

2nd k의 값과 극댓값을 구해.

함수 $f(x)$의 극솟값은

$f(3)=27-27-27+k=k-27=-17$

$\therefore k=10$

따라서 함수 $f(x)=x^3-3x^2-9x+10$의 극댓값은

$f(-1)=-1-3+9+10$
$\qquad\quad =15$

D 117 정답 ② *극값을 이용한 미정계수의 결정 [정답률 92%]

정답 공식: $f'(1)=0$임을 이용한다.

함수 $f(x)=x^3-ax+6$이 $x=1$에서 극소일 때, 상수 a의 값은?

단서 $f'(1)=0$을 의미해. (3점)

① 1 　②3 　③ 5 　④ 7 　⑤ 9

1st $f'(x)$를 구하고 $f'(1)=0$임을 이용하면 돼.

$f(x)=x^3-ax+6$에서 $f'(x)=3x^2-a$

이때, 함수 $f(x)$가 $x=1$에서 극소이므로 $f'(1)=0$이다.

$3-a=0$ 　미분가능한 함수 $f(x)$가 $x=a$에서 극값을 가지면 $f'(a)=0$이야.

$\therefore a=3$

D 118 정답 8 *극값을 이용한 미정계수의 결정 [정답률 83%]

정답 공식: 미분가능한 함수 $f(x)$가 $x=a$에서 극값을 가지면 $f'(a)=0$이다.

다항함수 $f(x)$에 대하여 함수 $g(x)$를

$$g(x)=(x^2-2x)f(x)$$

단서 2 구하는 값이 $g'(3)$이므로 $g'(3)$를 알아야 하지? $g(x)$가 두 함수의 곱으로 주어졌으니까 곱의 미분법을 이용해봐.

라 하자. 함수 $f(x)$가 $x=3$에서 극솟값 2를 가질 때, $g'(3)$의 값을 구하시오. (3점) 　단서 1 다항함수 $f(x)$가 $x=3$에서 극솟값 2를 가지면 $f'(3)=0$이고, $f(3)=2$야.

1st 극값에 대한 조건을 이용해 $f(3)$의 값과 $f'(3)$의 값을 구하자.

다항함수 $f(x)$가 $x=3$에서 극솟값을 가지므로 $f'(3)=0$이고,

다항함수 $f(x)$가
$x=a$에서 극댓값 M을 가지면
$f'(a)=0, f(a)=M$
$x=b$에서 극솟값 m을 가지면
$f'(b)=0, f(b)=m$

함정 다항함수는 미분가능한 함수이고 미분가능한 함수 $f(x)$가 $x=a$에서 극값을 가지면 $f'(a)=0$이야. 즉, $f'(3)$의 값은 $g'(3)$를 구할 때 반드시 필요한 값이므로 이 조건을 반드시 이용할 수 있어야 해.

$x=3$에서의 극솟값 즉, 함숫값이 2이므로 $f(3)=2$이다.

2nd 곱의 미분법을 이용하여 $g'(3)$의 값을 구하자.

$g(x)=(x^2-2x)f(x)$에서

$g'(x)=(2x-2)f(x)+(x^2-2x)f'(x)$이므로

두 미분가능한 함수 $f(x), g(x)$에 대하여 $\{f(x)g(x)\}'=f'(x)g(x)+f(x)g'(x)$

$g'(3)$의 값을 구하기 위해 $x=3$을 대입하면

$x=3$에서의 미분계수이므로 $g'(x)$를 구하고 $x=3$을 대입해 구하면 돼.

$g'(3)=4f(3)+3f'(3)=4\times2+3\times0=8$

D 119 정답 ① *극값을 이용한 미정계수의 결정 [정답률 90%]

정답 공식: 함수 $f(x)$의 극값을 구하기 위해 미분을 이용하고, 함수 $f(x)$의 증감표를 작성하면 극대인지 극소인지 알 수 있다.

함수 $f(x)=2x^3-6x+a$의 극솟값이 2일 때, 상수 a의 값은? (3점)

단서 함수 $f(x)$를 미분하고 증가와 감소를 나타내는 표를 만들어 극솟값을 구해.

①6 　② 7 　③ 8 　④ 9 　⑤ 10

1st $f'(x)$를 구하고 함수 $f(x)$의 그래프의 개형을 파악하자.

$f(x)=2x^3-6x+a$에서

$f'(x)=6x^2-6=6(x+1)(x-1)$

주의 극값을 구하기 위해 $f'(x)$를 구하면 $f'(x)=0$이 되는 x의 값이 두 개가 나와. $x=a$에서 $f'(x)$의 부호가 음$(-)$에서 양$(+)$으로 바뀌면 함수 $f(x)$는 $x=a$에서 극소야.

$f'(x)=0$에서 $x=-1$ 또는 $x=1$이므로 함수 $f(x)$의 그래프의 증가와 감소를 표로 나타내면 다음과 같다. 　최고차항의 계수가 양수이므로 $x=-1$에서 극대, $x=1$에서 극소야.

x	$\cdots$	-1	$\cdots$	1	$\cdots$
$f'(x)$	$+$	0	$-$	0	$+$
$f(x)$	↗	극대	↘	극소	↗

2nd 주어진 극솟값을 이용하여 상수 a의 값을 구하자.

따라서 함수 $f(x)$의 극솟값이 2일 때, 　$f(1)=2, f'(1)=0$

$f(1)=2-6+a=2$이므로 $a=6$이다.

D 120 정답 ① *극값을 이용한 미정계수의 결정 ···· [정답률 87%]

(**정답 공식**: 미분가능한 함수 $f(x)$가 $x=a$에서 극값을 가지면 $f'(a)=0$이다.)

> 함수 $f(x)=-\dfrac{1}{3}x^3+2x^2+mx+1$이 $x=3$에서 극대일 때,
> [단서] 다항함수 $f(x)$가 $x=3$에서 극대이면 $f'(3)=0$이야.
> 상수 m의 값은? (3점)
>
> ① -3 ② -1 ③ 1 ④ 3 ⑤ 5

1st 함수 $f(x)$가 $x=a$에서 극대가 되기 위해서는 $f'(a)=0$임을 이용하자.

$f(x)=-\dfrac{1}{3}x^3+2x^2+mx+1$에서

$f'(x)=-x^2+4x+m$

이때, 함수 $f(x)$가 $x=3$에서 극대이므로 $f'(3)=0$이다.

$f'(3)=-9+12+m=m+3=0$
> 미분가능한 함수 $f(x)$가 $x=a$에서 극댓값을 가지면 $f'(a)=0$이고, $x=a$의 좌우에서 $f'(x)$의 부호가 양에서 음으로 바뀌지.

$\therefore m=-3$

수능 핵강

＊함수 $f(x)$가 극값을 갖는 x의 값

$m=-3$이므로

$f'(x)=-x^2+4x-3=-(x^2-4x+3)$

$\qquad\quad =-(x-1)(x-3)$

$f'(x)=0$에서 $x=1$ 또는 $x=3$

즉, 함수 $f(x)$의 증가와 감소를 표로 나타내면 다음과 같아.

x	$\cdots$	1	$\cdots$	3	$\cdots$
$f'(x)$	$-$	0	$+$	0	$-$
$f(x)$	$\searrow$	극소	$\nearrow$	극대	$\searrow$

따라서 함수 $f(x)$는 $x=1$에서 극소이고 $x=3$에서 극대야.

D 121 정답 ⑤ *극값을 이용한 미정계수의 결정 [정답률 94%]

(**정답 공식**: 함수 $f(x)$가 $x=a$에서 극대 또는 극소이면 $f'(a)=0$이다.)

> [단서] $x=a$에서 극대 또는 극소이면 $f'(a)=0$이야.
> 함수 $f(x)=\dfrac{1}{3}x^3-2x^2-12x+4$가 $x=\alpha$에서
> 극대이고 $x=\beta$에서 극소일 때, $\beta-\alpha$의 값은?
> (단, α와 β는 상수이다.) (3점)
>
> ① -4 ② -1 ③ 2 ④ 5 ⑤ 8

1st 도함수를 이용하여 함수 $f(x)$가 극댓값, 극솟값을 갖는 x의 값을 찾자.

$f(x)=\dfrac{1}{3}x^3-2x^2-12x+4$의 양변을 미분하면

$f'(x)=x^2-4x-12=(x-6)(x+2)$
> 삼차함수 $f(x)$의 최고차항의 계수가 양수이므로 $x=-2$에서 극대, $x=6$에서 극소임을 알 수 있어.

$f'(x)=0$에서 $x=-2$ 또는 $x=6$이므로 함수 $f(x)$의 증가와 감소를 표로 나타내면 다음과 같다.

x	$\cdots$	-2	$\cdots$	6	$\cdots$
$f'(x)$	$+$	0	$-$	0	$+$
$f(x)$	$\nearrow$	극대	$\searrow$	극소	$\nearrow$

즉, 함수 $f(x)$는 $x=-2$에서 극대, $x=6$에서 극소이다.

2nd α, β의 값을 구하여 $\beta-\alpha$의 값을 구하자.

$\alpha=-2$, $\beta=6$이므로 $\beta-\alpha=6-(-2)=8$

D 122 정답 ① *극값을 이용한 미정계수의 결정 ···· [정답률 80%]

(**정답 공식**: 미분가능한 함수 $f(x)$에 대하여 $f'(a)=0$이고 $x=a$의 좌우에서 $f'(x)$의 부호가 양($+$)에서 음($-$)으로 바뀌면 함수 $f(x)$는 $x=a$에서 극대이다.)

> 함수 $f(x)=-x^4+8a^2x^2-1$이 $x=b$와 $x=2-2b$에서 극대일
> 때, $a+b$의 값은? (단, a, b는 $a>0$, $b>1$인 상수이다.) (3점)
> [단서] $f(x)$를 미분하여 $f'(x)=0$이 되는 x의 값을 먼저 구한 후 극대가 되는 x의 값을 찾아.
>
> ① 3 ② 5 ③ 7
>
> ④ 9 ⑤ 11

1st 도함수를 이용하여 함수 $f(x)$가 극댓값을 갖는 x의 값을 찾자.

$f(x)=-x^4+8a^2x^2-1$의 양변을 미분하면

$f'(x)=-4x^3+16a^2x$
> 사차함수 $f(x)$의 최고차항의 계수가 음수이므로 사차함수의 그래프의 개형을 알고 있다면 $x=-2a$에서 극대, $x=0$에서 극소, $x=2a$에서 극대임을 알 수도 있어.

$\qquad =-4x(x^2-4a^2)$

$\qquad =-4x(x-2a)(x+2a)$

$f'(x)=0$에서 $x=-2a$ 또는 $x=0$ 또는 $x=2a$이므로 함수 $f(x)$의 증가와 감소를 표로 나타내면 다음과 같다. $a>0$이므로 $-2a<0<2a$야.

x	$\cdots$	$-2a$	$\cdots$	0	$\cdots$	$2a$	$\cdots$
$f'(x)$	$+$	0	$-$	0	$+$	0	$-$
$f(x)$	$\nearrow$	극대	$\searrow$	극소	$\nearrow$	극대	$\searrow$

즉, 함수 $f(x)$는 $x=0$에서 극소, $x=-2a$, $x=2a$에서 극대이다.

2nd 극대가 되는 조건을 이용해 a, b의 값을 구해.

그런데 함수 $f(x)$가 $x=b$와 $x=2-2b$에서 극대라 했으므로
$b+(2-2b)=(-2a)+2a=0$
> $x=-2a$ 또는 $x=2a$에서 극대이므로 두 값을 더하면 0이야.

실수 ➡ $b>1$에서 $2-2b<b$이니까 $\begin{cases}2-2b=-2a \\ b=2a\end{cases}$라고 연립방정식을 세워서 a, b의 값을 구해도 돼. 하지만 $-2a$와 $2a$를 더하면 0이 된다는 점을 이용해서 바로 이렇게 계산하면 시간을 조금이라도 단축할 수 있지.

$-b=-2$

$\therefore b=2$

따라서 함수 $f(x)$가 $x=-2$, $x=2$에서 극대이므로

$2a=2$
> $a>0$이고, $x=-2a$, $x=2a$에서 극대라 했으므로 $-2a=-2$, $2a=2$가 돼.

$\therefore a=1$

$\therefore a+b=1+2=3$

D 123 정답 ⑤ *극값을 이용한 미정계수의 결정 ·· [정답률 88%]

(**정답 공식**: 미분가능한 함수 $f(x)$가 $x=a$에서 극값을 가지면 $f'(a)=0$이다.)

> 함수 $f(x)=x^3+ax^2+3a$가 $x=-2$에서 극대일 때, 함수 $f(x)$의
> [단서1] $f'(-2)=0$을 의미해.
> 극솟값은? (단, a는 상수이다.) (3점)
> [단서2] 도함수 $f'(x)$에 대하여 $f'(x)=0$을 만족시키는 x의 값을 찾아 증가와 감소를 나타내는 표를 만들자.
>
> ① 5 ② 6 ③ 7
>
> ④ 8 ⑤ 9

1st $f'(-2)=0$임을 이용하여 도함수 $f'(x)$를 구해.

$f(x)=x^3+ax^2+3a$에서

$f'(x)=3x^2+2ax$

이때, 함수 $f(x)$가 $x=-2$에서 극대이므로
> 미분가능한 함수 $f(x)$가 $x=a$에서 극값을 가지면 $f'(a)=0$

$f'(-2)=12-4a=0$

$\therefore a=3$

$\therefore f'(x)=3x^2+6x=3x(x+2)$

2nd 함수 $f(x)$의 증가와 감소를 나타내는 표를 작성해.

$f'(x)=0$에서 $x=-2$ 또는 $x=0$이므로

함수 $f(x)$의 증가와 감소를 표로 나타내면 다음과 같다.

x	$\cdots$	-2	$\cdots$	0	$\cdots$
$f'(x)$	$+$	0	$-$	0	$+$
$f(x)$	↗	극대	↘	극소	↗

따라서 함수 $f(x)$는 $x=0$에서 극소이므로

함수 $f(x)$의 극솟값은

$f(0)=3a=9$

D 124 정답 ② ＊함수의 극값을 이용한 미정계수의 결정 - [정답률 90%]

【 **정답 공식**: 미분가능한 함수 $f(x)$에 대하여 $f'(a)=0$일 때, $x=a$의 좌우에서 $f'(x)$의 값이 ($-$)에서 ($+$)로 바뀌면 $x=a$에서 극솟값을 가지고, $f'(x)$의 값이 ($+$)에서 ($-$)로 바뀌면 $x=a$에서 극댓값을 가진다. 】

함수 $f(x)=x^3-3x+2a$의 극솟값이 $a+3$일 때, 함수 $f(x)$의
  <u>단서</u> 도함수 $f'(x)$에 대하여 $f'(x)=0$을 만족시키는 x의 값을 찾아
  증가와 감소를 나타내는 표를 만들어 극솟값과 극댓값을 구할 수 있어.
극댓값은? (단, a는 상수이다.) (3점)

① 11 ② 12 ③ 13 ④ 14 ⑤ 15

1st 함수 $f(x)$의 도함수를 구하고 함수 $f(x)$의 그래프의 증가와 감소를
나타내는 표를 작성해.

$f(x)=x^3-3x+2a$에서

$f'(x)=3x^2-3=3(x+1)(x-1)$

$f'(x)=0$에서 $x=-1$ 또는 $x=1$이므로 함수 $f(x)$ 의 증가와 감소를
함수 $f(x)$의 도함수 $f'(x)=3(x+1)(x-1)$의 그래프는 x축과 $(-1, 0), (1, 0)$ 두 점에서
만나고 이 두 점의 좌우에서 $f'(x)$의 부호가 바뀌므로 이 두 점에서 함수 $f(x)$는 극값을 가져.
표로 나타내면 다음과 같다.

x	$\cdots$	-1	$\cdots$	1	$\cdots$
$f'(x)$	$+$	0	$-$	0	$+$
$f(x)$	↗	극대	↘	극소	↗

2nd 함수 $f(x)$의 극솟값과 극댓값을 구해.
  다항함수 $f(x)$가 $x=a$에서 극댓값 M을 가지면 $\Rightarrow f'(a)=0, f(a)=M$
  $x=b$에서 극솟값 m을 가지면 $\Rightarrow f'(b)=0, f(b)=m$

주어진 조건에 의하여

함수 $f(x)$의 극솟값이 $a+3$이므로
$f'(1)=0$이고 $x=1$의 좌우에서 $f'(x)$의 부호가 음에서 양으로 바뀌므로 $x=1$에서 극소가 돼.

$f(1)=1-3+2a=a+3$

$\therefore a=5$

따라서 $f(x)=x^3-3x+10$이고

함수 $f(x)$의 극댓값은 $f(-1)$이므로
$f'(-1)=0$이고 $x=-1$의 좌우에서 $f'(x)$의 부호가 양에서 음으로 바뀌므로 $x=-1$에서 극대가 돼.
구하는 극댓값은

$f(-1)=(-1)^3-3\times(-1)+10$

$\qquad =-1+3+10=12$

D 125 정답 4 ＊함수의 극값 구하기 ································· [정답률 92%]

【 **정답 공식**: 함수 $f(x)$가 $x=a$에서 극값을 가지면 $f'(a)=0$이다. 】

함수 $f(x)=x^3+ax^2-9x+b$는 $x=1$에서 극소이다.
  <u>단서1</u> $f'(1)=0$이야.
함수 $f(x)$의 극댓값이 28일 때, $a+b$의 값을 구하시오.
  <u>단서2</u> 도함수 $f'(x)$에 대하여 $f'(x)=0$을 만족시키는 x의 값을 찾아
  극댓값을 가질 때의 x의 값을 구해.

  (단, a와 b는 상수이다.) (3점)

1st $x=1$에서 극소임을 이용하여 미정계수 a의 값을 구해.

$f(x)=x^3+ax^2-9x+b$에서

$f'(x)=3x^2+2ax-9$

이때, 함수 $f(x)$가 $x=1$에서 극소이므로 $f'(1)=0$이다.
  다항함수 $f(x)$가 $x=a$에서 극값을 가지면 $f'(a)=0$

$f'(1)=3+2a-9=0$에서 $a=3$

2nd $f'(x)=0$인 x의 값을 구해 극댓값을 가질 때의 x의 값을 구해.

$f'(x)=3x^2+6x-9=3(x+3)(x-1)$

$f'(x)=0$에서 $x=-3$ 또는 $x=1$이므로 함수 $f(x)$의 증가와 감소를
표로 나타내면 다음과 같다.

x	$\cdots$	-3	$\cdots$	1	$\cdots$
$f'(x)$	$+$	0	$-$	0	$+$
$f(x)$	↗	극대	↘	극소	↗

함수 $f(x)$는 $x=-3$에서 극대이고, 극댓값이 28이다.
다항함수 $f(x)$가 $x=-3$에서 극댓값을 가지면 $f'(-3)=0$이고,
$x=-3$의 좌우에서 $f'(x)$의 부호가 양에서 음으로 바뀌어야 해.

$f(-3)=(-3)^3+3\times(-3)^2-9\times(-3)+b=27+b=28$

$\therefore b=1$

$\therefore a+b=3+1=4$

D 126 정답 41 ＊극값을 이용한 미정계수의 결정 - [정답률 80%]

【 **정답 공식**: 함수 $f(x)$의 극값을 구하기 위해 도함수를 이용하고, 함수 $f(x)$의 증감표를 작성하면 극대인지 극소인지 알 수 있다. 】

양수 a에 대하여 함수 $f(x)$를

$\qquad f(x)=2x^3-3ax^2-12a^2x$

라 하자. 함수 $f(x)$의 극댓값이 $\dfrac{7}{27}$일 때, $f(3)$의 값을
  <u>단서</u> 도함수 $f'(x)$에 대하여 $f'(x)=0$을 만족시키는 x의 값 좌우에서
  $f'(x)$의 값의 부호가 양($+$)에서 음($-$)으로 바뀌는 것을 찾아.
구하시오. (3점)

1st 함수 $f(x)$의 도함수를 구하고 함수 $f(x)$의 그래프의 증가와 감소를
나타내는 표를 작성해.

$f(x)=2x^3-3ax^2-12a^2x$에서

$f'(x)=6x^2-6ax-12a^2=6(x^2-ax-2a^2)$

$\qquad =6(x+a)(x-2a)$

$f'(x)=0$에서 $x=-a$ 또는 $x=2a$이므로 함수 $f(x)$의 증가와 감소를
  $a>0$이므로 $-a<2a$
표로 나타내면 다음과 같다.

x	$\cdots$	$-a$	$\cdots$	$2a$	$\cdots$
$f'(x)$	$+$	0	$-$	0	$+$
$f(x)$	↗	극대	↘	극소	↗

2nd 주어진 극댓값을 이용하여 상수 a의 값을 구해.

따라서 함수 $f(x)$는 $x=-a$일 때 극댓값을 갖고, $x=2a$일 때 극솟값을 갖는다. _{$f'(-a)=0$이고 $x=-a$의 좌우에서 $f'(x)$의 값의 부호가 양에서 음으로 바뀌므로 $x=-a$에서 극대야.}

함수 $f(x)$의 극댓값이 $\dfrac{7}{27}$이므로

$$f(-a)=-2a^3-3a^3+12a^3$$
$$=7a^3=\frac{7}{27}$$

$$a^3=\frac{1}{27}=\left(\frac{1}{3}\right)^3$$

_{삼차방정식 $a^3-\dfrac{1}{27}=0$은 실근 $a=\dfrac{1}{3}$ 한 개와 서로 다른 두 허근을 가져.}

$$\therefore a=\frac{1}{3}$$

3rd $f(3)$의 값을 구해.

따라서 $f(x)=2x^3-x^2-\dfrac{4}{3}x$이므로

$$f(3)=54-9-4=41$$

 **이지원** | 고려대 생명과학과 2025년 입학·대구 성화여고 졸
극댓값이 뭔지만 안다면 누구나 풀 수 있는 개념 문제야. 이런 문제일수록 계산 실수하지 않도록 더 조심하도록 하자! 우선 극댓값을 갖는 x의 값을 찾아야 하니까 미분해서 0이 되는 x의 값을 찾으면 $x=-a$와 $x=2a$가 나와. 소소한 꿀팁 한 개를 알려주자면 $f(x)$의 최고차항 계수를 아니까 그래프의 개형을 그리는 거야. 그러면 $x=-a$에서 극댓값을 가진다는 것을 쉽게 알 수 있어. 이제 방정식 $f(-a)=\dfrac{7}{27}$만 풀어주면 끝나.

D 127 **정답 ⑤** *극값을 이용한 미정계수의 결정 ···· [정답률 86%]

(**정답 공식**: 함수 $f(x)$의 증감표를 작성하면 극대인지 극소인지 알 수 있다.)

> 함수 $f(x)=x^3-3x+a$의 극댓값이 7일 때, 상수 a의 값은? (3점)
> **단서** 극댓값을 구하기 위해 함수 $f(x)$를 미분하고 증가와 감소를 나타내는 표를 만들어봐.
> ① 1 　② 2 　③ 3 　④ 4 　⑤ 5

1st $f'(x)$를 구하고 함수 $f(x)$의 증가와 감소를 나타내는 표를 작성하자.

$f(x)=x^3-3x+a$에서 $f'(x)=3x^2-3=3(x+1)(x-1)$
_{삼차함수 $f(x)$의 최고차항의 계수가 양수이므로 그래프의 개형으로 $x=-1$에서 극대, $x=1$에서 극소임을 알 수도 있어.}

$f'(x)=0$에서 $x=-1$ 또는 $x=1$이므로 함수 $f(x)$의 증가와 감소를 표로 나타내면 다음과 같다.

x	$\cdots$	-1	$\cdots$	1	$\cdots$
$f'(x)$	$+$	0	$-$	0	$+$
$f(x)$	↗		↘		↗

즉, 함수 $f(x)$는 $x=-1$에서 극대, $x=1$에서 극소이다.
이때, 함수 $f(x)$의 극댓값이 7이므로

$$f(-1)=-1+3+a=2+a$$
$$=7$$

$$\therefore a=5$$

D 128 **정답 ⑤** *극값을 이용한 미정계수의 결정 ···· [정답률 80%]

(**정답 공식**: $g'(-3)=0$임을 이용한다.)

> 함수 $f(x)$의 도함수 $f'(x)$가 $f'(x)=x^2-1$이고, 함수 $g(x)=f(x)-kx$가 $x=-3$에서 극값을 가질 때, 상수 k의 값은?
> **단서1** $g(x)$는 삼차함수야.
> **단서2** $g'(-3)=0$이겠지.
> (3점)
>
>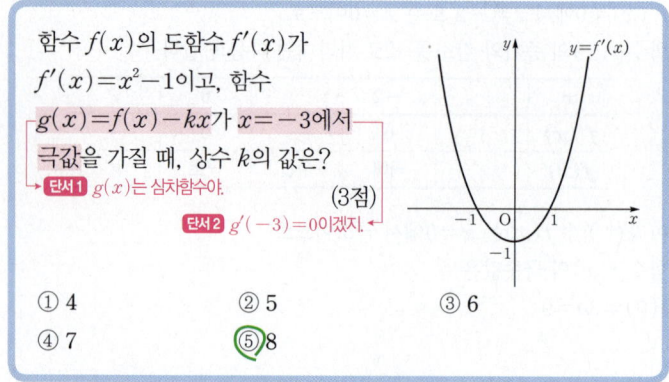
>
> ① 4 　② 5 　③ 6
> ④ 7 　⑤ 8

1st 함수 $g(x)$가 $x=-3$에서 극값을 가지므로 $g'(-3)=0$이지?

$g(x)=f(x)-kx$이므로
$g'(x)=f'(x)-k$ _{$f'(x)$가 이차함수이면 $f(x)$는 삼차함수이므로 $g(x)$도 삼차함수야.}
$f'(x)=x^2-1$이므로
$g'(x)=x^2-1-k$
함수 $g(x)$가 $x=-3$에서 극값을 가지므로
$g'(-3)=0$
즉, $g'(-3)=9-1-k=0$이므로 $k=8$이다.

✿ 함수의 극대와 극소를 이용한 미정계수의 결정 　개념·공식

> 미분가능한 함수 $f(x)$가
> ① $x=a$에서 극값을 갖는다. ➡ $f'(a)=0$
> ② $x=a$에서 극값 β를 갖는다. ➡ $f(a)=\beta,\ f'(a)=0$

D 129 **정답 ①** *극값을 이용한 미정계수의 결정 [정답률 84%]

(**정답 공식**: 미분가능한 함수 $f(x)$가 $x=a$에서 극값을 가지면 $f'(a)=0$이다.)

> 함수 $f(x)=x^3+ax^2-9x+4$가 $x=1$에서 극값을 갖는다. 함수 $f(x)$의 극댓값은? (단, a는 상수이다.) (3점)
> **단서** 다항함수 $f(x)$가 $x=1$에서 극값을 가지면 $f'(1)=0$이야.
> ① 31 　② 33 　③ 35 　④ 37 　⑤ 39

1st 함수 $f(x)$가 $x=k$에서 극값을 가지면 $f'(k)=0$임을 이용하여 a의 값을 구하자.

$f(x)=x^3+ax^2-9x+4$에서
$f'(x)=3x^2+2ax-9$
$x=1$에서 극값을 가지므로 _{다항함수 $f(x)$가 $x=a$에서 극값을 가지면 $f'(a)=0$이야.}
$f'(1)=3+2a-9=0$이므로
$a=3$

2nd $f'(x)$를 구하고 함수 $f(x)$의 증가와 감소를 나타내는 표를 작성해.

$f'(x)=3x^2+6x-9=3(x-1)(x+3)$

> **주의** 극값을 구하기 위해 $f'(x)$를 구하면 $f'(x)=0$이 되는 x의 값이 두 개가 나와. 어느 것이 극대가 되는지는 $f'(x)$의 부호가 양($+$)에서 음($-$)으로 바뀌는 것을 찾아.

$f'(x)=0$에서 $x=-3$ 또는 $x=1$이므로 함수 $f(x)$의 증가와 감소를 표로 나타내면 다음과 같다. _{최고차항의 계수가 양수이므로 $x=-3$에서 극대, $x=1$에서 극소야.}

x	$\cdots$	-3	$\cdots$	1	$\cdots$
$f'(x)$	$+$	0	$-$	0	$+$
$f(x)$	↗	극대	↘	극소	↗

3rd 함수 $f(x)$의 극댓값을 구하자. → $f'(-3)=0$이고 $x=-3$의 좌우에서 $f'(x)$의 부호가 양에서 음으로 바뀌므로 $x=-3$에서 극대야.

함수 $f(x)$는 $x=-3$에서 극대이고
$f(x)=x^3+3x^2-9x+4$이므로 극댓값은
$f(-3)=-27+27+27+4$
$\qquad =31$

D 130 정답 ② *극값을 이용한 미정계수의 결정 ··· [정답률 90%]

(**정답 공식:** 미분가능한 함수 $f(x)$가 $x=a$에서 극값을 가지면 $f'(a)=0$이다.)

함수 $f(x)=2x^3-9x^2+ax+5$는 $x=1$에서 극대이고, $x=b$에서 극소이다. $a+b$의 값은? (3점)

단서 $f'(x)=0$을 만족시키는 x의 값이 1과 b라는 거야.

① 12 ② 14 ③ 16
④ 18 ⑤ 20

1st $f'(x)$를 구한 후 $x=1$에서 극대임을 이용하자.
$f(x)=2x^3-9x^2+ax+5$에서 $f'(x)=6x^2-18x+a$
함수 $f(x)$가 $x=1$에서 극대이므로 $f'(1)=0$이다.
즉, $f'(1)=6-18+a=0$이므로 $a=12$이다.

2nd 함수 $f(x)$가 극댓값을 갖는 x의 값을 찾자.
$f'(x)=6x^2-18x+a$에 $a=12$를 대입하면
$f'(x)=6x^2-18x+12=6(x-1)(x-2)$
이때, $f'(x)=0$에서 $x=1$ 또는 $x=2$이고, 함수 $f(x)$가 $x=1$에서 극대이므로 $x=2$에서 극소이다.

최고차항의 계수가 양수인 삼차함수 $f(x)$에 대하여 $f'(x)=0$이 서로 다른 두 실근 $\alpha,\ \beta\ (\alpha<\beta)$를 가지면 $x=\alpha$에서 극대, $x=\beta$에서 극소야.

따라서 $b=2$이므로
$a+b=12+2=14$

백규민 영남대 약학과 2023년 입학 · 대구 성화여고 졸

다항함수 $f(x)$가 $x=1$에서 극값을 가진다는 말은 도함수 $f'(x)$에 대하여 $f'(x)=0$이 $x=1$을 근으로 갖는다는 거야. 즉, $f'(1)=0$이니까 $f(x)$를 미분해서 $x=1$을 대입하면 a의 값을 쉽게 구할 수 있을 거야.

또한, b의 값은 $f'(x)=0$의 1이 아닌 근이니까 위에서 구한 a의 값을 $f'(x)=0$에 대입해서 이차방정식을 풀면 돼.

D 131 정답 ⑤ *극값을 이용한 미정계수의 결정 ··· [정답률 90%]

정답 공식: $f'(a)=0$일 때, $x=a$에서 $f'(x)$의 부호가 $(+)$에서 $(-)$로 바뀌면 $f(x)$는 $x=a$에서 극댓값을 가지고, $f'(x)$의 부호가 $(-)$에서 $(+)$로 바뀌면 $f(x)$는 $x=a$에서 극솟값을 가진다.

함수 $f(x)=x^3-3x^2+k$의 극댓값이 9일 때, 함수 $f(x)$의 극솟값은? (단, k는 상수이다.) (3점)

단서 도함수 $f'(x)$에 대하여 $f'(x)=0$을 만족시키는 x의 값을 찾아 증가와 감소를 나타내는 표를 이용해 극대, 극소를 판단해.

① 1 ② 2 ③ 3
④ 4 ⑤ 5

1st 함수 $f(x)$의 도함수를 구하고, $f(x)$의 증가와 감소를 나타내는 표를 작성해.

$f(x)=x^3-3x^2+k$에서
$f'(x)=3x^2-6x=3x(x-2)$
$f'(x)=0$에서 $x=0$ 또는 $x=2$이므로 $f(x)$의 증가와 감소를 표로 나타내면 다음과 같다.

x	$\cdots$	0	$\cdots$	2	$\cdots$
$f'(x)$	$+$	0	$-$	0	$+$
$f(x)$	↗	극대	↘	극소	↗

따라서 함수 $f(x)$는 $x=0$에서 극대이고 $x=2$에서 극소이다.

2nd 극댓값을 이용해 k의 값을 구하고, 극솟값을 결정해.

함수 $f(x)$의 극댓값이 9이므로
$f(0)=k=9$ → $f'(0)=0$이고 $x=0$의 좌우에서 $f'(x)$의 부호가 양에서 음으로 바뀌므로 $f(x)$는 $x=0$에서 극댓값을 가져.

따라서 $f(x)=x^3-3x^2+9$이고 함수 $f(x)$의 극솟값은 $f(2)$이므로 구하는 극솟값은
→ $f'(2)=0$이고 $x=2$의 좌우에서 $f'(x)$의 부호가 음에서 양으로 바뀌므로 $f(x)$는 $x=2$에서 극솟값을 가져.
$f(2)=2^3-3\times 2^2+9$
$\qquad =5$

함수의 극대와 극소를 이용한 미정계수의 결정 개념·공식

미분가능한 함수 $f(x)$가
① $x=a$에서 극값을 갖는다. ➡ $f'(a)=0$
② $x=a$에서 극값 β를 갖는다. ➡ $f(a)=\beta,\ f'(a)=0$

D 132 정답 2 *극값을 이용한 미정계수의 결정 ··· [정답률 80%]

(**정답 공식:** 미분가능한 함수 $f(x)$가 $x=a$에서 극값을 가지면 $f'(a)=0$이다.)

함수 $f(x)=x^4+ax^2+b$는 $x=1$에서 극소이다. 함수 $f(x)$의 극댓값이 4일 때, $a+b$의 값을 구하시오. (단, a와 b는 상수이다.)

단서1 $f'(1)=0$이야.
단서2 최고차항의 계수가 양수인 사차함수 $f(x)$의 그래프의 개형을 생각하면서 $f(x)$가 극댓값을 갖는 x의 값을 찾아봐.

(3점)

1st $f'(x)$를 구한 후 $x=1$에서 극솟값을 가짐을 이용하자.
$f(x)=x^4+ax^2+b$에서 $f'(x)=4x^3+2ax$
이때, 함수 $f(x)$가 $x=1$에서 극소이므로 $f'(1)=0$이다.
즉, $f'(1)=4+2a=0$이므로
$2a=-4$ ∴ $a=-2$

2nd 함수 $f(x)$가 극댓값을 갖는 x의 값을 찾자.
$f'(x)=4x^3+2ax$에 $a=-2$를 대입하면
$f'(x)=4x^3-4x=4x(x+1)(x-1)$
$f'(x)=0$에서 $x=-1$ 또는 $x=0$ 또는 $x=1$이므로 함수 $f(x)$의 증가와 감소를 표로 나타내면 다음과 같다.

x	$\cdots$	-1	$\cdots$	0	$\cdots$	1	$\cdots$
$f'(x)$	$-$	0	$+$	0	$-$	0	$+$
$f(x)$	↘	극소	↗	극대	↘	극소	↗

즉, 함수 $f(x)$는 $x=0$에서 극댓값 4를 가지므로
$f(0)=b=4$ → 사차함수 $f(x)=x^4+ax^2+b$는 y축에 대하여 대칭이고 최고항의 계수가 1로 양수이므로 $f(x)$는 $x=0$에서 극대.
∴ $a+b=(-2)+4=2$ $x=-1$과 $x=1$에서 극소야.

D

D 133 정답 15 *극값을 이용한 미정계수의 결정 [정답률 88%]

(**정답 공식:** 다항함수 $f(x)$가 $x=a$에서 극값을 가지면 $f'(a)=0$이다.)

함수 $f(x)=x^3-3x^2+ax+10$이 $x=3$에서 극소일 때,
단서1 $f'(3)=0$이겠지?
함수 $f(x)$의 극댓값을 구하시오. (단, a는 상수이다.) (3점)
단서2 함수 $f(x)$가 극댓값을 갖는 x의 값을 찾아야 해.

1st $f'(3)=0$임을 이용하여 a의 값을 구해.

$f(x)=x^3-3x^2+ax+10$에서 $f'(x)=3x^2-6x+a$
함수 $f(x)$가 $x=3$에서 극솟값을 가지므로 $f'(3)=0$에서
$f'(3)=27-18+a=0$ ∴ $a=-9$

2nd 함수 $f(x)$의 극댓값을 구해.

$f'(x)=3x^2-6x+a$에서 $a=-9$이므로
$f'(x)=3x^2-6x-9=3(x+1)(x-3)$
$f'(x)=0$에서 $x=-1$ 또는 $x=3$이므로 함수 $f(x)$의 증가와 감소를
삼차함수 $f(x)$가 극값을 가지면 극솟값과 극댓값을 각각 1개씩 갖는데, $x=3$에서 극솟값을
가지므로 $x=-1$에서 극댓값을 가짐을 바로 알 수 있어.
표로 나타내면 다음과 같다.

x	$\cdots$	-1	$\cdots$	3	$\cdots$
$f'(x)$	$+$	0	$-$	0	$+$
$f(x)$	↗	극대	↘	극소	↗

따라서 함수 $f(x)$는 $x=-1$에서 극대이고, $f(x)=x^3-3x^2-9x+10$
이므로 구하는 극댓값은
$f(-1)=-1-3+9+10=15$

D 134 정답 ④ *함수의 극값을 이용한 미정계수의 결정 [정답률 71%]

[**정답 공식:** 함수 $f(x)$의 극값을 구하기 위해 미분을 이용하고, 함수 $f(x)$의 증감]
표를 작성하면 극대인지 극소인지 알 수 있다.

양수 a에 대하여 함수 $f(x)$를
$f(x)=x^3+3ax^2-9a^2x+4$
단서1 함수 $f(x)$를 미분하고 증가와 감소를 나타내는 표를 만들어
함수 $f(x)$의 그래프의 개형을 파악해.
라 하자. 직선 $y=5$가 곡선 $y=f(x)$에 접할 때, $f(2)$의 값은?
단서2 $y=5$는 기울기가 0인 직선이므로 곡선 $y=f(x)$는
$f(x)=5$인 점에서 극값을 가져.
(4점)
① 11 ② 12 ③ 13
④ 14 ⑤ 15

1st 함수 $f(x)$의 도함수를 구하고 함수 $f(x)$의 그래프의 증가와 감소를 나타내는 표를 작성해.

$f(x)=x^3+3ax^2-9a^2x+4$에서
$f'(x)=3x^2+6ax-9a^2=3(x^2+2ax-3a^2)$
$=3(x+3a)(x-a)$
$f'(x)=0$에서 $x=-3a$ 또는 $x=a(a>0)$이므로 함수 $f(x)$의 증가와
함수 $f(x)$의 최고차항의 계수가 양수이므로 양수 a에 대하여 $x=-3a$에서 극대, $x=a$에서 극소야.
감소를 표로 나타내면 다음과 같다.

x	$\cdots$	$-3a$	$\cdots$	a	$\cdots$
$f'(x)$	$+$	0	$-$	0	$+$
$f(x)$	↗	극대	↘	극소	↗

2nd 직선 $y=5$가 곡선 $y=f(x)$에 접하는 점의 x좌표를 찾아.
→ 5는 극댓값이어야 해.
한편, $f(0)=4<5$이고, 직선 $y=5$가 곡선 $y=f(x)$에 접하므로
주의 최고차항의 계수가 1인 삼차함수이고, $x=-3a$에서 극대, $x=a$에서 극소를 가져.
$f(0)$의 값이 4이므로 직선 $y=4$의 위치와 직선 $y=5$의 위치를 비교해보면
직선 $y=5$가 삼차함수 $y=f(x)$의 그래프의 극대에서 만나야 해.
$f(-3a)=5$이어야 한다.
$f(-3a)=(-3a)^3+3a(-3a)^2-9a^2(-3a)+4$
$=27a^3+4$
이므로
$27a^3+4=5$에서 $a^3=\dfrac{1}{27}$
∴ $a=\dfrac{1}{3}$

3rd $f(2)$의 값을 구해.

따라서 $f(x)=x^3+x^2-x+4$이므로
$f(2)=2^3+2^2-2+4=14$

한기주 | 2026 수능 응시·화성 삼괴고 졸
수능 수학 영역의 첫 4점 문제이지만, 씩씩하게 접근하면 무난하게
해결할 수 있는 문제였어. 주어진 식을 미분하여 그래프의 개형을
파악하고, a가 양수라는 조건을 이용하여, $y=5$가 주어진 곡선에
접할 수 있는 한 경우를 특정하는 문제였어. 여담으로 이 문제처럼
겉보기에 계수가 복잡하게 제시된 문제를 만나서 단번에 실근과
같은 정보가 보이지 않는다면, 당황하지 말고 미분했을 때 인수분해가 가능한지를
살펴보는 것도 좋은 접근이야.

D 135 정답 ① *함수의 극값을 이용한 미정계수의 결정 [정답률 80%]

[**정답 공식:** 미분가능한 함수 $f(x)$가 $x=a$에서 극값을 가지면 $f'(a)=0$이고]
$x=a$의 좌우에서 $f'(x)$의 부호가 바뀐다.

단서1 실수 a의 범위를 $a>0$ 또는 $a<0$으로 나누어 생각할 수 있어.
0이 아닌 실수 a에 대하여 함수 $f(x)$를
$f(x)=x^3+3ax^2+4a$
라 하자. 함수 $f(x)$의 극솟값이 -40일 때, $f(2)$의 값은? (4점)
단서2 함수 $f(x)$를 미분하고 증가와 감소를 나타내는 표를 만들어봐.
① -24 ② -20 ③ -16
④ -12 ⑤ -8

1st $f'(x)$를 구하고 함수 $f(x)$의 증가와 감소를 나타내는 표를 작성하여 극솟값을 이용해 실수 a의 값을 구해.

$f(x)=x^3+3ax^2+4a$에서
$f'(x)=3x^2+6ax=3x(x+2a)$
$f'(x)=0$에서 $x=-2a$ 또는 $x=0$이므로 실수 a의 값의 범위에 따라
실수 a의 범위에 따라 극값을 가지는 x의 값이 변해.
함수 $f(x)$의 증가와 감소를 표로 나타내면 다음과 같다.
(i) $a>0$일 때,

x	$\cdots$	$-2a$	$\cdots$	0	$\cdots$
$f'(x)$	$+$	0	$-$	0	$+$
$f(x)$	↗	극대	↘	극소	↗

따라서 함수 $f(x)$는 $x=-2a$에서 극댓값을 갖고, $x=0$에서 극솟값
을 갖는다. 다항함수 $f(x)$가
$x=a$에서 극댓값 M을 가지면 $f'(a)=0, f(a)=M$이고,
$x=b$에서 극솟값 m을 가지면 $f'(b)=0, f(b)=m$이야.

즉, $f(0)=4a=-40$ $\therefore a=-10$

이때, $a=-10<0$이므로 조건을 만족시키지 않는다.

(ii) $a<0$일 때,

x	$\cdots$	0	$\cdots$	$-2a$	$\cdots$
$f'(x)$	$+$	0	$-$	0	$+$
$f(x)$	↗	극대	↘	극소	↗

따라서 함수 $f(x)$는 $x=0$에서 극댓값을 갖고, $x=-2a$에서 극솟값을 갖는다. 즉,

$$f(-2a)=(-2a)^3+3a\times(-2a)^2+4a$$
$$=4a^3+4a=-40$$

> $f'(-2a)=0$이고 $x=-2a$의 좌우에서 $f'(x)$의 부호가 음에서 양으로 바뀌므로 $x=-2a$에서 극소가 돼.

$a^3+a+10=0$

$(a+2)(a^2-2a+5)=0$

$\therefore a=-2$ $(\because a$는 실수$)$

(i), (ii)에 의하여 $a=-2$이다.

2nd $f(2)$의 값을 구해.

따라서 $f(x)=x^3+3ax^2+4a$에서 $f(x)=x^3-6x^2-8$이므로

$f(2)=8-24-8=-24$

✿ 미분가능한 함수의 극대·극소의 판정   개념·공식

미분가능한 함수 $f(x)$에 대하여 $f'(a)=0$이고 $x=a$의 좌우에서

① $f'(x)$의 부호가 양$(+)$에서 음$(-)$으로 바뀌면 $f(x)$는 $x=a$에서 극대이고 극댓값은 $f(a)$이다.

② $f'(x)$의 부호가 음$(-)$에서 양$(+)$으로 바뀌면 $f(x)$는 $x=a$에서 극소이고 극솟값은 $f(a)$이다.

D 136 정답 ② ＊함수의 극값을 이용한 미정계수의 결정 · [정답률 62%]

> **정답 공식:** 함수 $y=|f(x)|$의 그래프는 $y=f(x)$의 그래프에서 $y<0$인 부분을 x축에 대하여 대칭이 되도록 그린 모양이다.

함수 $f(x)=|x^3-3x^2+p|$는 $x=a$와 $x=b$에서 극대이다. $f(a)=f(b)$일 때, 실수 p의 값은? (단, a, b는 $a\neq b$인 상수이다.)

> **단서** $y=x^3-3x^2+p$의 그래프에서 $y<0$인 부분만 x축에 대하여 대칭이 되도록 그리면 돼. (4점)

① $\dfrac{3}{2}$ ② 2 ③ $\dfrac{5}{2}$ ④ 3 ⑤ $\dfrac{7}{2}$

1st 함수의 그래프의 개형을 살펴봐.

$g(x)=x^3-3x^2+p$라 하면 $f(x)=|g(x)|$이다.

한편, $g'(x)=3x^2-6x=3x(x-2)$에서

$g'(x)=0$을 만족시키는 x의 값은 $x=0$ 또는 $x=2$이므로 함수 $g(x)$의 증가와 감소를 표로 나타내면 다음과 같다.

> $g'(x)<0$인 구간에서는 $g(x)$가 감소하고, $g'(x)>0$인 구간에서는 $g(x)$가 증가해.

x	$\cdots$	0	$\cdots$	2	$\cdots$
$g'(x)$	$+$	0	$-$	0	$+$
$g(x)$	↗	극대	↘	극소	↗

2nd 함수 $y=f(x)$의 그래프에서 극대가 2개가 되는 경우를 생각해봐.

함수 $g(x)$는 극대와 극소를 가지고,

> $y=f(x)$의 그래프에서 극대가 2개가 되려면 $y=g(x)$의 그래프에서 극댓값>0,

함수 $f(x)=|g(x)|$는 극대 2개를 가져야 하므로   극솟값<0이어야 해.

함수 $g(x)$의 극소인 부분이 x축 윗부분으로 올라가는, 다시 말해서 함수 $g(x)$의 그래프는 자신의 극댓값과 극솟값 사이를 x축이 지나는 형태일 수밖에 없다. 즉,

$g(0)=p>0$, $g(2)=p-4<0$이므로 $0<p<4$

$f(0)=|p|=p$, $f(2)=|p-4|=4-p$이고,

$f(0)=f(2)$이므로

$p=4-p$ $\therefore p=2$

수능 핵강

＊극댓값과 극솟값을 모두 갖는 삼차함수 $y=g(x)$의 그래프와 x축의 위치 관계로 함수 $y=|g(x)|$의 그래프 파악하기

최고차항의 계수가 양수이고, 극대와 극소를 가지는 전형적인 삼차함수 $y=g(x)$의 그래프가 x축과 만나는 위치에 따라 함수 $y=|g(x)|$의 그래프가 가지는 극값, 뾰족점 등이 달라질 수 있어.

따라서 **가능한 삼차함수 $y=g(x)$의 개형을 모두 그려 보고,** 이 중에서 함수 $y=|g(x)|$가 **극대가 2개인 경우는** 어떤 것인지 **직관적으로 보고** 판단할 수 있어야 해.

이러한 삼차함수 $y=g(x)$의 그래프와 x축의 위치 관계를 이해하는데 시간과 힘을 들여서 연습을 해놔야 수능에서 이런 경우나 이를 변형한 경우에 대해서 극값이 존재하도록 또는 존재하지 않도록 하는 곡선과 직선의 위치 관계를 바로 바로 떠올릴 수 있을 거야.

참고 그림: 최고차항의 계수가 양수이고 극값을 가지는 삼차함수 $y=f(x)$의 그래프의 개형들과 함수 $y=|f(x)|$의 그래프의 개형들

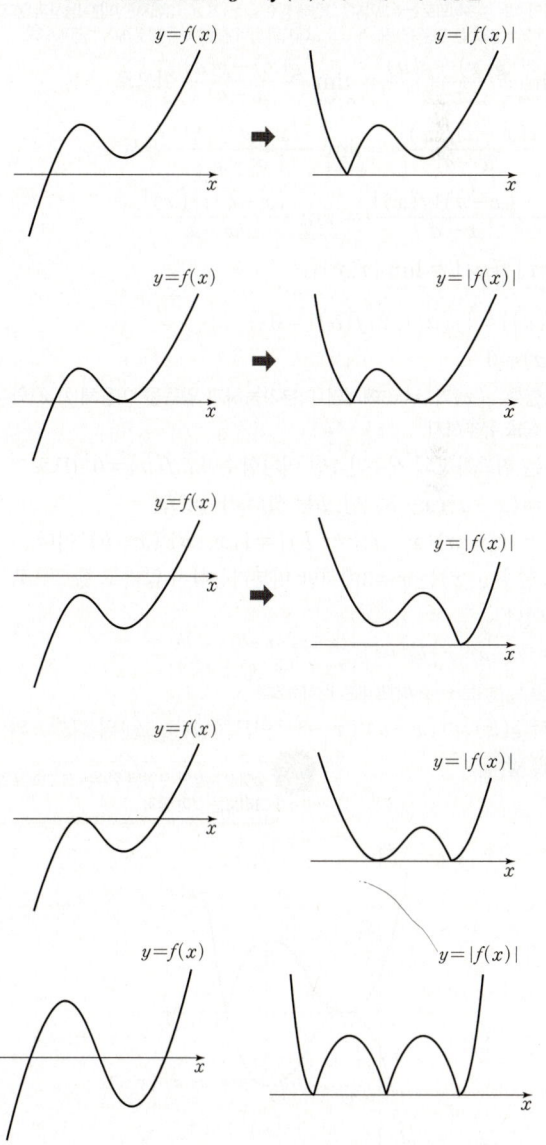

D 137 정답 ① *극값을 이용한 미정계수의 결정 --- [정답률 54%]

정답 공식: 다항함수 $f(x)$에 대하여 $f(a)=0$일 때 함수 $|f(x)|$가 $x=a$에서 미분가능하면 $y=f(x)$의 그래프는 $x=a$인 점에서 x축에 접한다.

> 최고차항의 계수가 1인 이차함수 $f(x)$와 3보다 작은 실수 a에 대하여 함수 $g(x)=|(x-a)f(x)|$가 $x=3$에서만 미분가능하지 않다. 함수 $g(x)$의 극댓값이 32일 때, $f(4)$의 값은? (4점)
>
> [단서 3] $g(x)$가 삼차함수에 절댓값 기호를 씌운 함수이므로 삼차함수의 그래프의 개형과 $g(x)$의 극댓값을 이용하여 $f(x)$의 식을 완성해.
>
> ① 7 ② 9 ③ 11
> ④ 13 ⑤ 15
>
> [단서 2] $a \neq 3$이고, 함수 $g(x)$가 $x=3$에서만 미분가능하지 않으므로 $g(x)$는 $x=a$에서는 미분가능해. 이를 이용해 함수 $f(x)$를 유추해봐.
>
> [단서 1] $f(x)=(x-p)(x-q)$라 하면 $g(x)=|(x-a)(x-p)(x-q)|$는 $x=a$, $x=p$, $x=q$인 점에서 미분가능하지 않을 수 있어.

1st 함수 $g(x)$가 $x=a$에서 미분가능함을 이용해.

함수 $g(x)=|(x-a)f(x)|$에 대하여 $g(a)=0$이고, $g(x)$가 $x=a$에서 미분가능하므로 $x=a$에서의 미분계수가 존재한다.

a가 3보다 작은 실수이므로 $a \neq 3$이지? 그런데 함수 $g(x)$가 $x=3$에서만 미분가능하지 않다고 했으니까 $x=a$에서는 미분가능해. 즉, $x=a$에서의 좌미분계수와 우미분계수가 같아야 해.

즉, $\displaystyle\lim_{x \to a-}\frac{g(x)-g(a)}{x-a}=\lim_{x \to a+}\frac{g(x)-g(a)}{x-a}$이므로

$\displaystyle\lim_{x \to a-}\frac{|(x-a)f(x)|}{x-a}=\lim_{x \to a+}\frac{|(x-a)f(x)|}{x-a}$에서

$\displaystyle\lim_{x \to a-}\frac{-(x-a)|f(x)|}{x-a}=\lim_{x \to a+}\frac{(x-a)|f(x)|}{x-a}$

$-\displaystyle\lim_{x \to a-}|f(x)|=\lim_{x \to a+}|f(x)|$

$-|f(a)|=|f(a)|$, $2|f(a)|=0$

$\therefore f(a)=0$

2nd 함수 $g(x)$가 $x=3$에서만 미분가능하지 않음을 이용해 $f(x)$와 $g(x)$의 식을 유추하자.

$f(x)$는 최고차항의 계수가 1인 이차함수이고 $f(a)=0$이므로 $f(x)=(x-a)(x-b)$ (단, b는 실수)라 놓으면 $g(x)=|(x-a)(x-a)(x-b)|=|(x-a)^2(x-b)|$이다.

이때, 함수 $g(x)$는 $x=3$에서만 미분가능하지 않다고 했으므로 $b=3$이다.

$g(x)=|(x-a)^2(x-b)|=\begin{cases} -(x-a)^2(x-b) & (x<b) \\ (x-a)^2(x-b) & (x \geq b) \end{cases}$

이므로 함수 $g(x)$는 $x=b$에서만 미분가능하지 않아.

따라서 $g(x)=|(x-a)^2(x-3)|$이므로 $y=g(x)$의 그래프의 개형은 그림과 같다.

> [실수] 절댓값 기호가 포함된 함수는 그 그래프의 개형을 그려보는 것이 좋아.

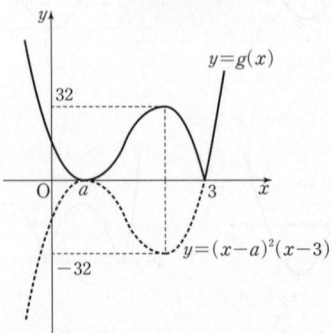

3rd 함수 $g(x)$가 극댓값 32를 가짐을 이용해 a의 값을 구해.

함수 $g(x)=|(x-a)^2(x-3)|$의 극댓값이 32이므로 위의 그림에서와 같이 곡선 $y=(x-a)^2(x-3)$의 극솟값은 -32이다.

함수 $h(x)$를 $h(x)=(x-a)^2(x-3)$이라 하면

$h'(x)=2(x-a)(x-3)+(x-a)^2=(x-a)(3x-6-a)$

$h'(x)=0$에서 $x=a$ 또는 $x=\dfrac{6+a}{3}$이므로 최고차항의 계수가 양수인

삼차함수 $h(x)$는 $x=\dfrac{6+a}{3}$에서 극솟값 -32를 갖는다.

> 최고차항의 계수가 양수인 삼차함수 $h(x)$가 $x=a$인 점에서 x축에 접하고 $x=3$인 점에서 x축과 만나므로 $x=k$인 점에서 극솟값을 갖는다면 그림과 같은 삼차함수의 그래프의 비례 관계에 의해 k의 값을 다음과 같이 바로 구할 수도 있어.
>
>
>
> $k=a+(3-a)\times\dfrac{2}{3}=\dfrac{6+a}{3}$

$h\left(\dfrac{6+a}{3}\right)=\left(\dfrac{6+a}{3}-a\right)^2\left(\dfrac{6+a}{3}-3\right)$

$=\left(2-\dfrac{2a}{3}\right)^2\left(-1+\dfrac{a}{3}\right)=-4\left(1-\dfrac{a}{3}\right)^3$

이므로 $-4\left(1-\dfrac{a}{3}\right)^3=-32$에서 $\left(1-\dfrac{a}{3}\right)^3=8$

$1-\dfrac{a}{3}=2$ $\therefore a=-3$

따라서 $f(x)=(x+3)(x-3)$이므로 $f(4)=7\times1=7$

D 138 정답 ② *극값을 이용한 미정계수의 결정 --- [정답률 68%]

정답 공식: 삼차함수 $f(x)$에 대하여 $f'(x)=a(x-\alpha)(x-\beta)$ $(\alpha<\beta)$일 때, $a>0$이면 $x=\alpha$에서 극댓값, $x=\beta$에서 극솟값을 갖고, $a<0$이면 $x=\alpha$에서 극솟값, $x=\beta$에서 극댓값을 갖는다.

> 함수 $f(x)=x^3-3ax^2+3(a^2-1)x$의 극댓값이 4이고
> [단서 1] 삼차함수 $f(x)$가 $x=k$에서 극값을 가지면 $f'(k)=0$이야.
> $f(-2)>0$일 때, $f(-1)$의 값은? (단, a는 상수이다.) (4점)
> [단서 2] a의 값의 범위를 알 수 있어.
> ① 1 ② 2 ③ 3 ④ 4 ⑤ 5

1st $f'(x)$를 이용하여 극댓값을 가지는 x의 값을 찾아야 해.

$f(x)=x^3-3ax^2+3(a^2-1)x$에서

$f'(x)=3x^2-6ax+3(a^2-1)$

$f'(x)=0$에서 $3x^2-6ax+3(a^2-1)=0$

$3\{x^2-2ax+(a-1)(a+1)\}=0$

$3(x-a+1)(x-a-1)=0$

$\therefore x=a-1$ 또는 $x=a+1$

> 삼차함수 $f(x)$의 도함수 $f'(x)$에 대하여 $f'(x)=0$이 서로 다른 두 실근을 가지므로 삼차함수 $f(x)$는 반드시 극댓값과 극솟값을 각각 가지게 돼.

즉, 함수 $f(x)$의 증가와 감소를 표로 나타내면 다음과 같다.

x	$\cdots$	$a-1$	$\cdots$	$a+1$	$\cdots$
$f'(x)$	$+$	0	$-$	0	$+$
$f(x)$	↗	극대	↘	극소	↗

따라서 함수 $f(x)$는 $x=a-1$에서 극댓값을 가지고, 함수 $f(x)$의 극댓값이 4이므로 $f(a-1)=4$이다.

> 다항함수 $f(x)$가 $x=k$에서 극댓값 M을 가지면 $f'(k)=0$, $f(k)=M$

2nd $f(-2)>0$을 이용하여 $f(x)$의 식을 완성하자.

$f(a-1)=4$에서 $(a-1)^3-3a(a-1)^2+3(a^2-1)(a-1)=4$

$a^3-3a^2+3a-1-3a^3+6a^2-3a+3a^3-3a^2-3a+3=4$

$a^3-3a-2=0$, $(a+1)^2(a-2)=0$

> $g(a)=a^3-3a-2$라 하면 $g(-1)=-1+3-2=0$
> 즉, 조립제법을 이용하여 인수분해하면
> $g(a)=a^3-3a-2=(a+1)(a^2-a-2)=(a+1)^2(a-2)$

$$\begin{array}{r|rrrr} -1 & 1 & 0 & -3 & -2 \\ & & -1 & 1 & 2 \\ \hline & 1 & -1 & -2 & 0 \end{array}$$

$\therefore a=-1$ 또는 $a=2$

(i) $a=-1$일 때

$f(x)=x^3+3x^2$이고, $f(-2)=-8+12=4>0$이므로 주어진 조건을 만족한다.

(ii) $a=2$일 때

$f(x)=x^3-6x^2+9x$이고, $f(-2)=-8-24-18=-50<0$이므로 주어진 조건을 만족하지 않는다.

따라서 $f(x)=x^3+3x^2$이므로 $f(-1)=-1+3=2$

D 139 정답 6 *극값의 조건이 주어진 삼차함수 … [정답률 70%]

정답 공식: $f'(x)$의 값이 $(+)$에서 $(-)$로 바뀔 때, $f'(x)=0$을 만족시키는 x의 값에서 극댓값을 가지고 $(-)$에서 $(+)$로 바뀔 때, $f'(x)=0$을 만족시키는 x의 값에서 극솟값을 가진다.

두 상수 a, b에 대하여 삼차함수 $f(x)=ax^3+bx+a$는 $x=1$에서 극소이다. 함수 $f(x)$의 극솟값이 -2일 때, 함수 $f(x)$의 극댓값을 구하시오. (3점)
→ **단서** $x=1$에서 극소이므로 $f'(1)=0$이고 극솟값이 -2이므로 $f(1)=-2$임을 이용해서 a, b의 값을 구해야 해.

1st $f(1)=-2$, $f'(1)=0$을 이용하여 a, b의 값을 각각 구해.

$f(x)=ax^3+bx+a$이므로 $f'(x)=3ax^2+b$ → $(x^n)'=nx^{n-1}$ (n은 자연수)임을 이용해.

함수 $f(x)$가 $x=1$에서 극솟값 -2를 가지므로

$f(1)=-2$

$a+b+a=-2$, $2a+b=-2$ … ㉠

또, 함수 $f(x)$가 $x=1$에서 극소이므로

$f'(1)=0$

$3a+b=0$ … ㉡

㉠$-$㉡을 하면 $-a=-2$이므로 $a=2$

이를 ㉡에 대입하면

$3\times 2+b=0$이므로 $b=-6$이다.

∴ $f(x)=2x^3-6x+2$ → 함수 $f(x)$에 $a=2$, $b=-6$을 대입하면 돼.

2nd 함수 $f(x)$의 도함수 $f'(x)$로부터 극대가 되는 x의 값을 찾아 극댓값을 구해.

$f(x)=2x^3-6x+2$에서

$f'(x)=6x^2-6=6(x-1)(x+1)$이고

$f'(x)=0$에서 $x=1$ 또는 $x=-1$이다.

함수 $f(x)$의 증가와 감소를 표로 나타내면 다음과 같다.

x	…	-1	…	1	…
$f'(x)$	$+$	0	$-$	0	$+$
$f(x)$	↗	극대	↘	극소	↗

따라서 함수 $f(x)$는 $x=-1$에서 극대이고,

$f(x)=2x^3-6x+2$이므로 극댓값은

$f(-1)=-2+6+2=6$

🔍 **쉬운 풀이**: 이차항이 없는 삼차함수의 그래프의 특징 이용하기

삼차함수 $f(x)=ax^3+bx+a$에서 이차항의 계수가 0이므로 도함수 $f'(x)$의 대칭축은 $x=0$, 즉 변곡점은 $(0, f(0))$이야.   ∴ $f(0)=a$

도함수의 대칭축이 $x=0$이므로

$f'(1)=0$이면 $f'(-1)=0$이고

함수 $f(x)$는 $x=1$ 또는 $x=-1$에서 극값을 갖지?

두 점 $(1, f(1))$, $(-1, f(-1))$은 변곡점 $(0, a)$에 대하여 점대칭이므로 → 변곡점의 y좌표와 두 점을 이은 선분의 중점의 y좌표가 일치해.

$a=\dfrac{f(1)+f(-1)}{2}=\dfrac{-2+f(-1)}{2}$ → $x=1$에서 극솟값이 -2이므로 $f(1)=-2$

$f(-1)=2a+2$이므로 극댓값은 $2a+2$이고,

극솟값은 $f(1)=-2$이므로 극댓값과 극솟값의 차는

$f(-1)-f(1)=2a+2-(-2)=2a+4$

한편, 극댓값과 극솟값의 차는 → $f'(x)=3a(x-\alpha)(x-\beta)\,(a\neq 0)$에 대하여 $|f(\alpha)-f(\beta)|=\dfrac{|a|}{2}(\beta-\alpha)^3$

$\dfrac{|a|}{2}\{1-(-1)\}^3=4a$

주의 $x=1$에서 극소이고 $x=-1$에서 극대여야 하므로 삼차함수의 최고차항의 계수 a는 양수이어야 해!

$2a+4=4a$이므로 $a=2$

따라서 극댓값은 $f(-1)=2a+2=2\times 2+2=6$이야.

수능 핵강

＊ 삼차함수의 극댓값과 극솟값의 차

극값을 갖는 삼차함수 $f(x)=ax^3+bx^2+cx+d\,(a\neq 0)$에 대하여 $f'(x)=3a(x-\alpha)(x-\beta)$이면 극댓값과 극솟값의 차는

$|f(\alpha)-f(\beta)|=\dfrac{|a|}{2}(\beta-\alpha)^3$

D 140 정답 ③ *극값의 조건이 주어진 삼차함수 … [정답률 77%]

정답 공식: 미분가능한 함수 $f(x)$에 대하여 $f'(a)=0$일 때, $x=a$의 좌우에서 $f'(x)$의 부호가 양$(+)$에서 음$(-)$으로 또는 음$(-)$에서 양$(+)$으로 바뀌면 $f(x)$는 $x=a$에서 극값 $f(a)$를 갖는다.

삼차함수 $f(x)$에 대하여 방정식 $f'(x)=0$의 두 실근 α, β는 다음 조건을 만족시킨다. **단서1** $f'(\alpha)=f'(\beta)=0$이지?

(가) $|\alpha-\beta|=10$

(나) 두 점 $(\alpha, f(\alpha))$, $(\beta, f(\beta))$ 사이의 거리는 26이다.

함수 $f(x)$의 극댓값과 극솟값의 차는? (4점)
단서2 α, β에 대한 조건이 주어져 있으므로 극값을 α, β를 이용하여 나타내봐.

① $12\sqrt{2}$ ② 18 ③ 24 ④ 30 ⑤ $24\sqrt{2}$

1st α, β를 이용하여 함수 $f(x)$의 극댓값과 극솟값을 나타내.

방정식 $f'(x)=0$의 두 실근이 α, β이므로 $f'(\alpha)=f'(\beta)=0$이다.

즉, $f(\alpha)$, $f(\beta)$는 함수 $f(x)$의 극값이다.

삼차함수 $f(x)$의 도함수 $f'(x)$는 이차함수이고 α, β가 서로 다른 값이므로 그림과 같이 $x=\alpha$, $x=\beta$의 좌우에서 $f'(x)$의 부호가 반드시 바뀌게 되어 있어.

2nd 주어진 조건을 이용하여 함수 $f(x)$의 극댓값과 극솟값의 차를 구해.

조건 (가)에서 $|\alpha-\beta|=10$이고, 조건 (나)에 의해

$\sqrt{(\beta-\alpha)^2+\{f(\beta)-f(\alpha)\}^2}=26$이므로

$\sqrt{10^2+\{f(\beta)-f(\alpha)\}^2}=26$

$\{f(\beta)-f(\alpha)\}^2=26^2-10^2=(26+10)\times(26-10)$

$=36\times 16=24^2$ → $6^2\times 4^2=(6\times 4)^2$

따라서 $|f(\beta)-f(\alpha)|=24$이므로 함수 $f(x)$의 극댓값과 극솟값의 차는 24이다.

D

2nd 에서 삼차함수의 그래프의 개형을 알고 있으면 쉽게 접근할 수 있어. 조건을 만족시키는 삼차함수 $y=f(x)$의 그래프는 다음과 같이 두 가지야.

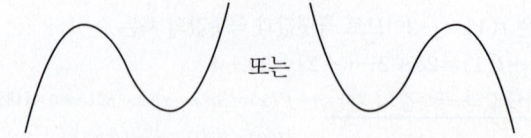

또는

그런데 구하는 값이 극댓값과 극솟값의 차이니까 두 경우 중 어느 것을 구해도 결과는 같아.

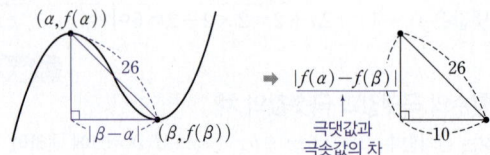

즉, 피타고라스 정리에 의해
$$|f(\alpha)-f(\beta)|^2=26^2-10^2=24^2$$
$$\therefore |f(\alpha)-f(\beta)|=24$$

D 141 정답 ① ✱극값의 조건이 주어진 삼차함수 ····· [정답률 71%]

정답 공식: 함수 $f(x)$의 극값을 구하기 위해 미분을 이용하고, 함수 $f(x)$의 증감표를 작성하면 극대인지 극소인지 알 수 있다.

> 함수 $f(x)=x^3-3x^2+a$의 모든 극값의 곱이 -4일 때, 상수 a의 값은? (4점) **단서** 극값을 구하려면 $f'(x)=0$이 되는 x의 값부터 구해야겠지?
>
> ① 2   ② 4   ③ 6
> ④ 8   ⑤ 10

1st 미분을 이용하여 함수 $f(x)$의 극값을 찾자.
$f(x)=x^3-3x^2+a$에서 $f'(x)=3x^2-6x=3x(x-2)$
$f'(x)=0$에서 $x=0$ 또는 $x=2$이므로 함수 $f(x)$의 증가와 감소를 표로 나타내면 다음과 같다.

x	$\cdots$	0	$\cdots$	2	$\cdots$
$f'(x)$	$+$	0	$-$	0	$+$
$f(x)$	↗	a	↘	$a-4$	↗

즉, 함수 $f(x)$는 $x=0$에서 극댓값 a, $x=2$에서 극솟값 $a-4$를 가지고 극값의 곱이 -4이므로 $f(0)=a, f(2)=8-12+a=a-4$
$a(a-4)=-4$
$a^2-4a+4=0, (a-2)^2=0$
$\therefore a=2$

✿ 미분가능한 함수의 극대·극소의 판정   개념·공식

미분가능한 함수 $f(x)$에 대하여 $f'(a)=0$이고 $x=a$의 좌우에서
① $f'(x)$의 부호가 양$(+)$에서 음$(-)$으로 바뀌면 $f(x)$는 $x=a$에서 극대이고 극댓값은 $f(a)$이다.
② $f'(x)$의 부호가 음$(-)$에서 양$(+)$으로 바뀌면 $f(x)$는 $x=a$에서 극소이고 극솟값은 $f(a)$이다.

D 142 정답 ① ✱극값의 조건이 주어진 삼차함수 ····· [정답률 78%]

정답 공식: 다항함수 $f(x)$가 극값을 가지려면 방정식 $f'(x)=0$이 중근이 아닌 실근을 가져야 한다.

> 함수 $f(x)=x^3+ax^2+(a^2-4a)x+3$이 극값을 갖도록 하는 모든 정수 a의 개수는? (3점) **단서** 삼차함수 $f(x)$가 극값을 가지려면 이차방정식 $f'(x)=0$이 중근이 아닌 실근을 가져야 해.
>
> ① 5   ② 6   ③ 7
> ④ 8   ⑤ 9

1st 삼차함수 $f(x)$가 극값을 가지기 위해서는 이차방정식 $f'(x)=0$이 서로 다른 실근을 가져야 함을 이용하자. **함정** 실수가 많이 나오는 부분이야. 이차방정식 $f'(x)=0$이 중근을 가지면 삼차함수 $f(x)$는 극값을 가지지 않아!

삼차함수 $f(x)$가 극값을 가지려면
$f'(x)=3x^2+2ax+(a^2-4a)$에 대하여 방정식 $f'(x)=0$이 서로 다른 두 실근을 가져야 한다.
다항함수 $f(x)$가 극값을 가지려면 $f'(x)=0$을 만족시키는 x의 값이 존재해야 하고 그 x의 값 좌우에서 $f'(x)$의 부호가 바뀌어야 해. 즉, 방정식 $f'(x)=0$은 중근이 아닌 실근을 가져야 해.
즉, 이차방정식 $3x^2+2ax+(a^2-4a)=0$의 판별식을 D라 할 때,

$$\frac{D}{4}=a^2-3(a^2-4a)>0$$

→ 이차방정식 $ax^2+bx+c=0$의 판별식을 D라 할 때, 이 이차방정식이
① 서로 다른 두 실근을 가지면 $D>0$
② 중근을 가지면 $D=0$
③ 서로 다른 두 허근을 가지면 $D<0$

$-2a^2+12a>0, a^2-6a<0$
$a(a-6)<0 \quad \therefore 0<a<6$

따라서 조건을 만족시키는 정수 a는 1, 2, 3, 4, 5이므로 주어진 함수가 극값을 갖도록 하는 정수 a의 개수는 5이다.

D 143 정답 ⑤ ✱극값의 조건이 주어진 삼차함수 ····· [정답률 42%]

정답 공식: 함수 $f(x)$의 극댓값이 존재하도록 하는 a의 조건을 찾는다.

> 함수 $f(x)=\begin{cases} a(3x-x^3) & (x<0) \\ x^3-ax & (x\geq0) \end{cases}$의 극댓값이 5일 때, $f(2)$의 값은? (단, a는 상수이다.) (4점) **단서** $x<0$일 때, 극대가 될지 $x\geq0$일 때, 극대가 될지 판단해봐.
>
> ① 5   ② 7   ③ 9   ④ 11   ⑤ 13

1st 상수 a의 범위에 따른 함수 $f(x)$의 그래프의 개형을 각각 그려봐.

함수 $f(x)=\begin{cases} a(3x-x^3)=ax(\sqrt{3}+x)(\sqrt{3}-x) & (x<0) \\ x^3-ax=x(x^2-a) & (x\geq0) \end{cases}$에 대하여

a의 범위에 따라 경우를 나누어 보자.
(i) $a>0$일 때, a의 부호에 따라서 $f(x)$의 그래프가 달라지므로 각각 판단해야 해.

실수 a의 값의 부호에 따라 그래프의 모양이 바뀌고, 이에 따라 극대 또는 극소가 결정되므로 경우를 나누어 문제의 조건을 만족시키는지 확인하자.

$f(x)=\begin{cases} ax(\sqrt{3}+x)(\sqrt{3}-x) & (x<0) \\ x(x^2-a)=x(x+\sqrt{a})(x-\sqrt{a}) & (x\geq0) \end{cases}$
이므로 함수 $f(x)$의 그래프의 개형은 그림과 같다.

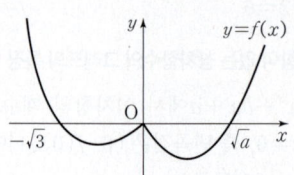

즉, $a>0$일 때, 함수 $f(x)$의 극댓값은 $x=0$에서 0인데, 이것은 극댓값이 5라는 조건에 모순이다.

(ii) $a=0$일 때,

$$f(x)=\begin{cases} 0 & (x<0) \\ x^3 & (x\geq 0) \end{cases}$$

이므로 함수 $f(x)$의 그래프의 개형은 그림과 같다.

즉, $a=0$일 때 함수 $f(x)$의 극댓값은 존재하지 않는다.

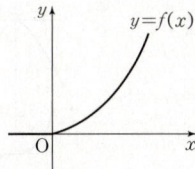

(iii) $a<0$일 때,

$$f(x)=\begin{cases} ax(\sqrt{3}+x)(\sqrt{3}-x) & (x<0) \\ x(x^2-a) & (x\geq 0) \end{cases}$$

이므로 함수 $f(x)$의 그래프의 개형은 그림과 같다.

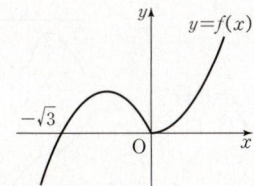

즉, $a<0$일 때, 함수 $f(x)$는 $-\sqrt{3}<x<0$에서 극댓값이 5로 존재할 수 있으므로 주어진 조건을 만족한다.

2nd 함수 $f(x)$의 극댓값을 이용하여 함수 $f(x)$를 유추하자.

(i)~(iii)에 의하여 $a<0$일 때, 함수 $f(x)$는 $x<0$에서 극댓값 5를 가진다.

$f'(x)=a(3-3x^2)=3a(1+x)(1-x)$ (단, $x<0$)

즉, $a<0$일 때, 함수 $f(x)=a(3x-x^3)$은 $x=-1$에서 극댓값 5를 가지므로
<u>최고차항의 계수가 음수이므로 $x=\pm1$ 중에서 더 작은 값인 $x=-1$에서 극대가 돼.</u>

$$\begin{aligned} f(-1)&=a(-3+1) \\ &=-2a \\ &=5 \end{aligned}$$

$\therefore a=-\dfrac{5}{2}$

$$f(x)=\begin{cases} -\dfrac{5}{2}(3x-x^3) & (x<0) \\ x^3+\dfrac{5}{2}x & (x\geq 0) \end{cases}$$

$\therefore f(2)=8+5=13$

다른 풀이: 극값을 갖도록 a의 값을 먼저 결정하기

$x<0$일 때, $f(x)=a(3x-x^3)$이므로

$f'(x)=a(3-3x^2)=3a(1-x)(1+x)$

$f(x)$가 극댓값을 가지려면 $a\neq 0$이므로 a의 값에 상관없이 $x=\pm1$에서 극값을 갖지?

$x<0$이므로 $f(-1)=5$라 하면

$-2a=5$

$\therefore a=-\dfrac{5}{2}$

이때, $x\geq 0$에서 $f(x)=x^3+\dfrac{5}{2}x$이므로

$f'(x)=3x^2+\dfrac{5}{2}>0$

따라서 $x=-1$에서 극댓값이 5인 조건을 만족하고

$f(2)=8+5=13$

(**정답 공식:** $f'(x)=0$의 세 근의 범위에 대한 조건으로 a의 값의 범위를 구한다.)

사차함수 $f(x)=\dfrac{1}{4}x^4+\dfrac{1}{3}(a+1)x^3-ax$가 $x=\alpha$, γ에서 극소,

$x=\beta$에서 극대일 때, 실수 a의 값의 범위는?

단서 삼차방정식 $f'(x)=0$의 세 근이 α, β, γ가 돼.
(단, $\alpha<0<\beta<\gamma<3$) (4점)

① $-\dfrac{9}{2}<a<-4$ ② $-4<a<-\dfrac{7}{2}$ ③ $-\dfrac{7}{2}<a<-3$

④ $-3<a<-\dfrac{5}{2}$ ⑤ $-\dfrac{5}{2}<a<-2$

1st $f'(x)=0$의 세 근이 α, β, γ가 되어야지? → $f'(-1)=0$이므로 $f'(x)$는 $x+1$을 인수로 가져.

$f'(x)=x^3+(a+1)x^2-a=(x+1)(x^2+ax-a)$

$f'(x)=0$의 서로 다른 세 실근이 α, β, γ이므로

$\alpha=-1(\because \alpha<0)$이고, $x^2+ax-a=0$의

서로 다른 두 실근이 β, γ이다. → $\alpha<0<\beta<\gamma<3$이라 했어.

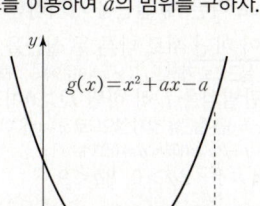

2nd 이차함수의 그래프를 이용하여 a의 범위를 구하자.

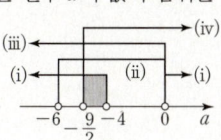

$g(x)=x^2+ax-a$라 하면 $0<\beta<\gamma<3$이므로 $y=g(x)$의 그래프는 그림과 같아야 한다. → 이차방정식 $g(x)=0$의 두 실근은 모두 0과 3 사이의 값이야.

방정식 $g(x)=0$의 판별식을 D라 하면

$D>0$, $0<$(축)<3,

$g(0)>0$, $g(3)>0$이어야 하므로

(i) $D=a^2+4a>0$, $a(a+4)>0$

   $\therefore a<-4$ 또는 $a>0$

(ii) $0<-\dfrac{a}{2}<3$ $\therefore -6<a<0$

(iii) $g(0)=-a>0$ $\therefore a<0$

(iv) $g(3)=9+3a-a>0$ $\therefore a>-\dfrac{9}{2}$

(i)~(iv)에 의하여 구하는 실수 a의 값의 범위는 $-\dfrac{9}{2}<a<-4$

D 145 정답 ① ＊극값의 조건이 주어진 사차함수 ⋯ [정답률 73%]

[정답 공식: 최고차항의 계수가 양수인 사차함수 $f(x)$가 극댓값을 가지려면 삼차 방정식 $f'(x)=0$은 서로 다른 세 실근을 가져야 한다.]

함수 $f(x)=x^4-4x^3+4ax^2$이 극댓값을 갖기 위한 정수 a의 최댓값은? (4점) **단서** $f(x)$는 최고차항의 계수가 양수인 사차함수이므로 함수 $f(x)$가 극댓값을 가지려면 함수 $y=f(x)$의 그래프의 개형은 $\vee\!\!\wedge\!\!\vee$ 꼴이어야 해.

① 1　　　② 2　　　③ 3
④ 4　　　⑤ 5

1st 함수 $f(x)$가 극댓값을 갖기 위한 a의 값의 범위를 구해.

$f(x)=x^4-4x^3+4ax^2$에서 $f'(x)=4x^3-12x^2+8ax$이고 함수 $f(x)$가 극댓값을 가지려면 삼차방정식 $f'(x)=0$이 서로 다른 세 실근을 가져야 한다. 즉, $4x^3-12x^2+8ax=0$에서 <최고차항의 계수가 양수인 사차함수는 한 개의 극솟값을 갖거나, 두 개의 극솟값과 한 개의 극댓값을 가지는 경우뿐이야. 따라서 $f(x)$가 극댓값을 가지려면 $f'(x)=0$을 만족시키는 서로 다른 실근이 $4x(x^2-3x+2a)=0$ 　3개이어야 해.

$\therefore x=0$ 또는 $x^2-3x+2a=0$

이때, $f'(x)=0$이 서로 다른 세 실근을 가지려면

$x^2-3x+2a=0$이 0이 아닌 서로 다른 두 실근을 가져야 한다. <$x^2-3x+2a=0$이 $x=0$을 실근으로 가지면 $f'(x)=0$은 최대 2개의 실근 밖에 갖지 않게 돼.

즉, 이 이차방정식의 판별식을 D라 하면 $D>0$이고 $a\neq0$이어야 한다. <$x^2-3x+2a=0$이 $x=0$을 실근을 갖지 않으므로 $x=0$을 이 방정식에 대입했을 때 성립하지 않아야 해. 즉, $0^2-3\times0+2a\neq0$에서 $a\neq0$이야.

$D>0$에서 $(-3)^2-4\times1\times2a>0$, $8a<9$

$\therefore a<\dfrac{9}{8}$

따라서 함수 $f(x)$가 극댓값을 갖기 위한 a의 값의 범위는 $a\neq0$, $a<\dfrac{9}{8}$ 이므로 정수 a의 최댓값은 1이다.

수능 핵강

＊**최고차항의 계수가 양수인 사차함수 $f(x)$의 극댓값과 극솟값의 개수**

(1) $f'(x)=0$이 한 실근 α와 중근 β를 갖는 경우 1개의 극솟값을 가져.

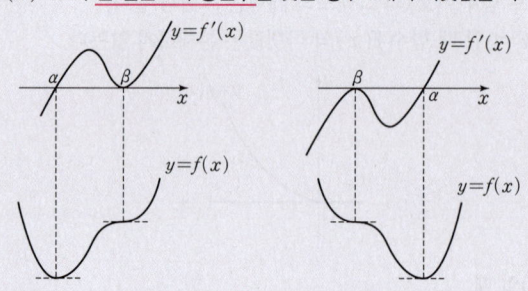

(2) $f'(x)=0$이 한 실근 α와 서로 다른 두 허근을 갖는 경우 1개의 극솟값을 가져.

(3) $f'(x)=0$이 삼중근 α를 갖는 경우 1개의 극솟값을 가져.

(4) $f'(x)=0$이 서로 다른 세 실근 α, β, γ를 갖는 경우 2개의 극솟값과 1개의 극댓값을 가져.

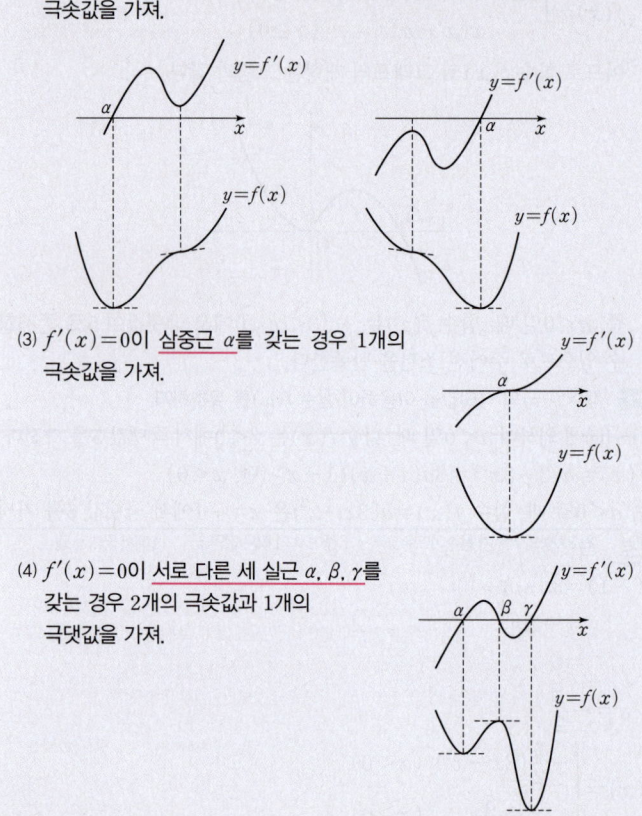

D 146 정답 ③ ＊극값의 조건이 주어진 사차함수 ⋯ [정답률 50%]

[정답 공식: 사차함수 $f(x)$가 서로 다른 세 점에서 극값을 가지면 삼차방정식 $f'(x)=0$의 서로 다른 실근의 개수는 3이다.]

단서1 $f'(x)=0$을 만족시키는 x의 값이 α, β, γ라는 뜻이야.

최고차항의 계수가 1이고 x좌표가 α, β, γ인 서로 다른 세 점에서 극값을 갖는 사차함수 $f(x)$가 있다. 기울기가 2인 직선이 이 곡선과 접하는 접점의 x좌표를 a_1, a_2, a_3이라 하고, 기울기가 -1인 직선이 이 곡선과 접하는 접점의 x좌표를 b_1, b_2, b_3이라 할 때, $a_1a_2a_3-b_1b_2b_3$의 값은? (4점)

단서2 $x=a_1, a_2, a_3$에서의 접선의 기울기가 2이므로 $f'(a_1)=f'(a_2)=f'(a_3)=2$야.

① $\dfrac{1}{4}$　　　② $\dfrac{1}{2}$　　　③ $\dfrac{3}{4}$

④ 1　　　⑤ $\dfrac{5}{4}$

단서3 $x=b_1, b_2, b_3$에서의 접선의 기울기가 -1이므로 $f'(b_1)=f'(b_2)=f'(b_3)=-1$이지.

1st $f(x)$가 $x=\alpha, \beta, \gamma$에서 극값을 가지므로 $f'(x)=0$의 세 근이 α, β, γ야.

사차함수 $f(x)$에 대하여 $f'(x)$는 삼차함수이고, x좌표가 α, β, γ인 점에서 극값을 가지므로 삼차방정식 $f'(x)=0$의 세 근이 $x=\alpha$ 또는 $x=\beta$ 또는 $x=\gamma$이다.

음이 아닌 정수 n에 대하여 $(x^n)'=nx^{n-1}$ ← 즉, n차 함수를 미분하면 $(n-1)$차 함수가 돼.

$$\therefore f'(x)=a(x-\alpha)(x-\beta)(x-\gamma)$$
$$=a\{x^3-(\alpha+\beta+\gamma)x^2+(\alpha\beta+\beta\gamma+\gamma\alpha)x-\alpha\beta\gamma\}$$

그런데 사차함수 $f(x)$의 최고차항의 계수가 1이므로 $a=4$이다.

$(x^4)'=4x^3$

즉, $f'(x)=4x^3-4(\alpha+\beta+\gamma)x^2+4(\alpha\beta+\beta\gamma+\gamma\alpha)x-4\alpha\beta\gamma$이다.

2nd $x=k$인 점에서의 접선의 기울기는 $f'(k)$지?

접선의 기울기가 2일 때, 즉 $f'(x)=2$에서
$$4x^3-4(\alpha+\beta+\gamma)x^2+4(\alpha\beta+\beta\gamma+\gamma\alpha)x-4\alpha\beta\gamma-2=0$$

이 삼차방정식의 세 근이 a_1, a_2, a_3이므로 삼차방정식의 근과 계수의 관계에 의하여

접선의 기울기가 2인 접점의 x좌표가 a_1, a_2, a_3이야.

삼차방정식 $ax^3+bx^2+cx+d=0$의 세 근을 α, β, γ라 하면
$\alpha+\beta+\gamma=-\dfrac{b}{a}, \alpha\beta+\beta\gamma+\gamma\alpha=\dfrac{c}{a},$
$\alpha\beta\gamma=-\dfrac{d}{a}$

$$a_1 a_2 a_3=-\dfrac{-4\alpha\beta\gamma-2}{4}=\alpha\beta\gamma+\dfrac{1}{2}$$

마찬가지로 접선의 기울기가 -1일 때

즉, $f'(x)=-1$에서
$$4x^3-4(\alpha+\beta+\gamma)x^2+4(\alpha\beta+\beta\gamma+\gamma\alpha)x-4\alpha\beta\gamma+1=0$$

이 삼차방정식의 세 근이 b_1, b_2, b_3이므로 삼차방정식의 근과 계수의 관계에 의하여

$$b_1 b_2 b_3=-\dfrac{-4\alpha\beta\gamma+1}{4}=\alpha\beta\gamma-\dfrac{1}{4}$$

$$\therefore a_1 a_2 a_3-b_1 b_2 b_3=\alpha\beta\gamma+\dfrac{1}{2}-\left(\alpha\beta\gamma-\dfrac{1}{4}\right)=\dfrac{3}{4}$$

D 147 **정답 9** *극대, 극소의 활용 ········· [정답률 61%]

정답 공식: 함수 $y=f(x)$의 그래프를 좌표평면에 그린다. 세 접선의 기울기의 곱이 음수가 되기 위해서 두 접선의 기울기가 양수이고, 나머지 한 접선의 기울기가 음수여야 한다는 것을 알고, 이를 통해 a의 값의 범위를 구한다.

함수 $f(x)=x^3+3x^2$에 대하여 다음 조건을 만족시키는 정수 a의 최댓값을 M이라 할 때, M^2의 값을 구하시오. (4점)

(가) 점 $(-4, a)$를 지나고 곡선 $y=f(x)$에 접하는 직선이 세 개 있다. **단서1** 접점도 세 개 있어야 해.

(나) 세 접선의 기울기의 곱은 음수이다. **단서2** 세 직선의 기울기가 모두 음수 또는 한 직선의 기울기만 음수야.

1st 함수 $f(x)$의 그래프의 증가와 감소를 확인하자.

함수 $f(x)=x^3+3x^2$에서 $f'(x)=3x^2+6x=3x(x+2)$

$f'(x)=0$에서 $x=-2$ 또는 $x=0$이므로 함수 $f(x)$의 증가와 감소를 표로 나타내면 다음과 같다.

x	$\cdots$	-2	$\cdots$	0	$\cdots$
$f'(x)$	$+$	0	$-$	0	$+$
$f(x)$	$\nearrow$	4	$\searrow$	0	$\nearrow$

2nd 두 조건 (가), (나)를 만족시키는 정수 a의 값의 범위를 구해.

두 조건 (가), (나)에 의하여 점 $(-4, a)$를 지나고 곡선 $y=f(x)$에 접하는 세 개의 직선의 기울기의 곱이 음수이므로 그림과 같이 두 개의 접선의 기울기는 양수이고, 나머지 한 개의 접선의 기울기는 음수이다.

a값에 따라 접선의 기울기가 달라져.

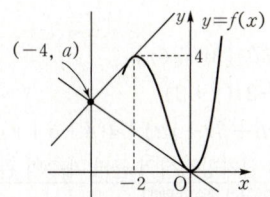

이때, 함수 $f(x)$는 $x=-2$에서 극댓값 4를 가지고, $x=0$에서 극솟값 0을 가지므로

(i) $a>4$일 때, 기울기가 양수인 접선은 → 이해가 안 되면 수능 핵강 으로!
1개, 음수인 접선은 1개 또는 2개이다. ⋯ (*)

(ii) $a=4$일 때, 기울기가 0인 접선은 1개, 음수인 접선은 1개, 양수인 접선은 1개이다.

(iii) $0<a<4$일 때, 기울기가 양수인 접선은 2개, 음수인 접선은 1개이다.

(iv) $a=0$일 때, 기울기가 0인 접선은 1개, 양수인 접선은 2개이다.

(v) $a<0$일 때, 기울기가 양수인 접선은 1개 또는 2개 또는 3개이다.
$a<-16$일 때 ↘ $a=-16$ ⋯ (**)
일 때

실수 ⊖ 위의 그림에 나타나 있지 않은 범위에서 함수 $y=f(x)$의 그래프와 직선이 만나는 부분이 있기 때문에 그것 또한 빠지지 않고 세어줘야 해!

(i)~(v)에 의하여 조건을 만족시키는 a의 값의 범위는 $0<a<4$가 된다. 따라서 정수 a의 최댓값은 $M=3$이므로 $M^2=3^2=9$

다른 풀이: 접선이 3개이므로 접점도 3개임을 이용하여 정수 a의 최댓값 구하기

$f(x)=x^3+3x^2$에서 $f'(x)=3x^2+6x$야.

곡선 $y=f(x)$와 접선의 접점의 좌표를 (t, t^3+3t^2)이라 하면 접선의 기울기는 $3t^2+6t$이므로 접선의 방정식은
$$y=(3t^2+6t)(x-t)+t^3+3t^2$$이지? 그런데 이 접선은 점 $(-4, a)$를 지나므로
$$a=(3t^2+6t)(-4-t)+t^3+3t^2$$
$$\therefore 2t^3+15t^2+24t+a=0 \cdots \text{㉠}$$

이때, $g(t)=-2t^3-15t^2-24t$, $h(t)=a$라 하면
$g'(t)=-6t^2-30t-24=-6(t+1)(t+4)$이므로
$g'(t)=0$에서 $t=-1$ 또는 $t=-4$야.
$$\therefore g(-1)=11, g(-4)=-16$$

$g'(t)$의 부호를 조사하여 함수 $g(t)$의 그래프의 개형을 그리면 그림과 같아.

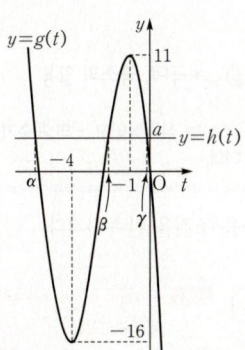

조건 (가)에 의하여 ㉠을 만족시키는 t의 값이 3개가 되려면 두 함수 $y=g(t)$, $y=h(t)$의 그래프의 교점이 3개여야 해.
$$\therefore -16<a<11 \cdots \text{㉡}$$

이제, ㉠을 만족시키는 세 실근 t의 값을 각각 α, β, γ라 하자.

조건 (나)에 의하여 세 접선의 기울기의 곱이 음수이므로 함수 $f(x)$의 $x=\alpha, x=\beta, x=\gamma$에서의 미분계수의 곱이 음수여야 해. 즉,

$y=f(x)$의 세 접선의 기울기

$f'(\alpha)f'(\beta)f'(\gamma)$
$=(3\alpha^2+6\alpha)(3\beta^2+6\beta)(3\gamma^2+6\gamma)$
$=27\alpha\beta\gamma(\alpha+2)(\beta+2)(\gamma+2)$
$=27\alpha\beta\gamma\{\alpha\beta\gamma+2(\alpha\beta+\beta\gamma+\gamma\alpha)+4(\alpha+\beta+\gamma)+8\}<0$ ··· ⓒ
이어야 해. 이때, ⊙의 삼차방정식의 근과 계수의 관계에 의해

[삼차방정식의 근과 계수의 관계]
삼차방정식 $ax^3+bx^2+cx+d=0$의 세 근을 α, β, γ라 할 때,
$\alpha+\beta+\gamma=-\dfrac{b}{a}, \alpha\beta+\beta\gamma+\gamma\alpha=\dfrac{c}{a}, \alpha\beta\gamma=-\dfrac{d}{a}$

$\alpha+\beta+\gamma=-\dfrac{15}{2}, \alpha\beta+\beta\gamma+\gamma\alpha=12, \alpha\beta\gamma=-\dfrac{a}{2}$

이를 ⓒ에 대입하면
$-\dfrac{27}{2}a\left(-\dfrac{a}{2}+24-30+8\right)<0$

$a(a-4)<0$

∴ $0<a<4$ ··· ②

따라서 ⓒ, ②에 의하여 a의 값의 범위는 $0<a<4$이고, 정수 a의 최댓값은 $M=3$이므로 $M^2=9$야.

✱ 점 $(-4, a)$에서 곡선에 그은 접선의 기울기의 부호

(✱)과 (✱✱)가 되는 경우를 한 번 살펴볼까?
$a>4$인 a에 대하여 곡선과 직선의 접점이 [그림 1]과 같이 곡선의 볼록과 오목이 바뀌는 점 P이면 기울기가 양수인 접선은 1개, 음수인 접선도 1개이고, 그 외의 경우에서는 기울기가 양수인 접선은 1개, 음수인 접선은 2개가 돼.
또한, $a<0$인 a에 대하여 [그림 2]와 같이 $a=-16$일 때의 곡선 위의 점 $(-4, -16)$이 곡선과 직선의 접점이면 기울기가 양수인 접선은 2개이고, $-16<a<0$인 경우는 기울기가 양수인 접선은 3개, $a<-16$인 경우는 기울기가 양수인 접선이 1개가 돼.

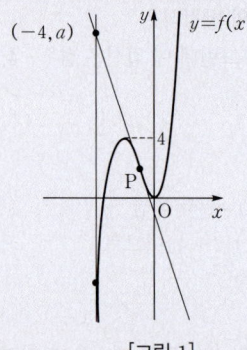

[그림 1]　　　[그림 2]

D 148 정답 ⑤　✱극대, 극소의 활용 ·········· [정답률 68%]

정답 공식: 조건 (가)에서 $f(x)$는 삼차식이고 x^3의 계수가 1이다. 조건 (나)에서 $f'(x)=0$의 두 근이 1, 2이다.

다항함수 $f(x)$는 다음 조건을 만족시킨다.

(가) $\displaystyle\lim_{x\to\infty}\dfrac{f(x)}{x^3}=1$
　　단서1　$\dfrac{\infty}{\infty}$꼴의 극한이 수렴하려면 분모와 분자의 차수가 같아야 하므로 $f(x)$는 삼차함수야.

(나) $x=-1$과 $x=2$에서 극값을 갖는다.
　　단서2　$f'(-1)=f'(2)=0$이야.

$\displaystyle\lim_{h\to 0}\dfrac{f(3+h)-f(3-h)}{h}$의 값은? (3점)
단서3　미분계수의 변형식이야. $f'(3)$의 몇 배일까?

① 8　　　　② 12　　　　③ 16
④ 20　　　　⑤ 24

1st 주어진 조건을 이용하여 함수 $f(x)$를 유추하자.

조건 (가)에서 $\displaystyle\lim_{x\to\infty}\dfrac{f(x)}{x^3}=1$이므로 $f(x)$는 최고차항의 계수가 1인 삼차함수이고 $f'(x)$는 이차항의 계수가 3인 이차함수이다. ┌ $f(x)=x^3+\cdots$이면 $f'(x)=3x^2+\cdots$
조건 (나)에서 함수 $f(x)$가 $x=-1$과 $x=2$에서 극값을 가지므로 $f'(x)$는 $(x+1)$과 $(x-2)$를 인수로 가진다.
즉, $f'(x)=3(x+1)(x-2)$ ··· ⊙

2nd $\displaystyle\lim_{h\to 0}\dfrac{f(a+h)-f(a)}{h}=f'(a)$임을 이용해.

∴ $\displaystyle\lim_{h\to 0}\dfrac{f(3+h)-f(3-h)}{h}$　┌ $\displaystyle\lim_{h\to 0}\dfrac{f(a+kh)-f(a+lh)}{h}=(k-l)f'(a)$
　　　　　　　　　　　　　　　└ $\displaystyle\lim_{h\to 0}\dfrac{f(a+kh)-f(a-lh)}{h}=(k+l)f'(a)$

$=\displaystyle\lim_{h\to 0}\dfrac{\{f(3+h)-f(3)\}-\{f(3-h)-f(3)\}}{h}$

$=\displaystyle\lim_{h\to 0}\dfrac{f(3+h)-f(3)}{h}+\lim_{h\to 0}\dfrac{f(3-h)-f(3)}{-h}$

$=2f'(3)=2\times 3\times 4\times 1(\because \text{⊙})=24$

D 149 정답 ①　✱극대, 극소의 활용 ·········· [정답률 62%]

정답 공식: 삼차함수가 원점에 대하여 대칭이므로 $f(x)=ax^3+bx$로 식을 세울 수 있다. $f'(x)=0$의 두 근이 $x=\pm\dfrac{1}{2}$이므로 이를 통해 두 점 A, B의 좌표를 구할 수 있고 사각형의 높이를 구할 수 있다.

그림은 원점 O에 대하여 대칭인 삼차함수 $f(x)$의 그래프이다. 곡선 $y=f(x)$와 x축이 만나는 점 중 원점이 아닌 점을 각각 **A, B**라 하고, 함수 $f(x)$의 극대, 극소인 점을 각각 **C, D**라 하자.
　단서1　A와 B, C와 D는 각각 원점에 대하여 대칭이야.

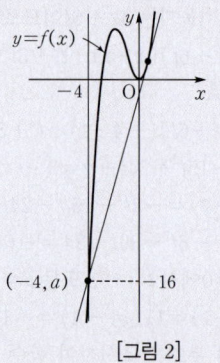

　단서2　(사각형 ADBC의 넓이)=△ABC＋△BAD로 나누어서 구해야겠지.
점 D의 x좌표가 $\dfrac{1}{2}$이고 사각형 ADBC의 넓이가 $\sqrt{3}$일 때, 함수 $f(x)$의 극댓값은? (3점)
　단서3　점 C의 좌표와 같으니까 △ABC의 높이를 구해야겠지?

① 1　　② $\dfrac{4}{3}$　　③ $\dfrac{5}{3}$　　④ $\dfrac{\sqrt{3}}{2}$　　⑤ $\sqrt{2}$

1st 함수 $f(x)$가 원점에 대하여 대칭이면 $f(x)=-f(-x)$야.

삼차함수 $f(x)$가 원점에 대하여 대칭이므로 $f(x)=-f(-x)$가 성립한다. 즉, 삼차함수 $f(x)$는 이차항과 상수항이 없으므로 ··· (✱)
$f(x)=ax^3+bx(a>0)$ ··· ⊙라 하자.　┌ $f(x)$는 홀수 차수의 항으로만 이루어져.

함정　삼차함수 $f(x)$의 식을 세울 때 미정계수를 두 개로 줄일 수 있어.

2nd 함수 $f(x)$가 $x=k$에서 극점을 가질 때, $f'(k)=0$임을 이용하자.

⊙에서 $f'(x)=3ax^2+b$이고 극소인 점 D의 x좌표가 $\dfrac{1}{2}$이므로

$f'\left(\dfrac{1}{2}\right)=0$

$f'\left(\dfrac{1}{2}\right)=3a\times\left(\dfrac{1}{2}\right)^2+b=\dfrac{3}{4}a+b=0$　∴ $b=-\dfrac{3}{4}a$ ··· ⓒ

3rd 사각형 ADBC의 넓이가 $\sqrt{3}$임을 이용하여 극댓값을 구하자.

㉡을 ㉠에 대입하면

$$f(x)=ax^3-\frac{3}{4}ax=ax\left(x-\frac{\sqrt{3}}{2}\right)\left(x+\frac{\sqrt{3}}{2}\right)$$

$f(x)=0$일 때,

$x=\pm\dfrac{\sqrt{3}}{2}$이므로 $A\left(-\dfrac{\sqrt{3}}{2},0\right)$, $B\left(\dfrac{\sqrt{3}}{2},0\right)$

$\therefore \overline{AB}=2\times\dfrac{\sqrt{3}}{2}=\sqrt{3}$

점 C에서 선분 AB에 내린 수선의 발을 H라 하면 점 C의 y좌표의 값과 같은 $\overline{CH}$의 길이가 극댓값이다.

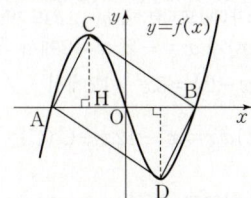

이때, △ABC와 △BAD는 원점에 대하여 대칭이므로
△ABC=△BAD이고 (사각형 ADBC의 넓이)$=\sqrt{3}$이므로

$$\triangle ABC=\frac{1}{2}\times(\text{사각형 ADBC의 넓이})$$
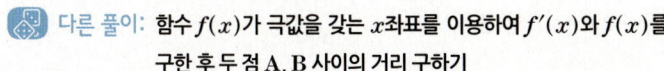
→ 사각형 ADBC는 평행사변형이야.

$\dfrac{1}{2}\times\sqrt{3}\times\overline{CH}=\dfrac{\sqrt{3}}{2}$ $\therefore \overline{CH}=1$

따라서 함수 $f(x)$의 극댓값은 1이다.

🔍 **다른 풀이:** 함수 $f(x)$가 극값을 갖는 x좌표를 이용하여 $f'(x)$와 $f(x)$를 구한 후 두 점 A, B 사이의 거리 구하기

함수 $f(x)$가 원점에 대하여 대칭이고 극소인 점 D의 x좌표가 $\dfrac{1}{2}$이므로

극대인 점 C의 x좌표는 $-\dfrac{1}{2}$이야.

즉, $f'(x)=a\left(x-\dfrac{1}{2}\right)\left(x+\dfrac{1}{2}\right)=a\left(x^2-\dfrac{1}{4}\right)$ $(a>0)$이므로

$$f(x)=a\int\left(x^2-\frac{1}{4}\right)dx$$
$$=a\left(\frac{1}{3}x^3-\frac{1}{4}x+C\right)\text{ (단, }C\text{는 적분상수)}$$

그런데 함수 $f(x)$가 원점에 대하여 대칭이므로 $C=0$이야.

$\therefore f(x)=a\left(\dfrac{1}{3}x^3-\dfrac{1}{4}x\right)$

$f(x)=0$의 실근은 두 점 A, B의 x좌표가 되지?

$a\left(\dfrac{1}{3}x^3-\dfrac{1}{4}x\right)=0$, $\dfrac{a}{3}x\left(x^2-\dfrac{3}{4}\right)=0$

$\dfrac{a}{3}x\left(x+\dfrac{\sqrt{3}}{2}\right)\left(x-\dfrac{\sqrt{3}}{2}\right)=0$

$\therefore x=-\dfrac{\sqrt{3}}{2}$ 또는 $x=\dfrac{\sqrt{3}}{2}$

따라서 두 점 A, B의 x좌표는 각각 $-\dfrac{\sqrt{3}}{2}$, $\dfrac{\sqrt{3}}{2}$이므로 $\overline{AB}=\sqrt{3}$

(이하 동일)

D **150** 정답 16 **✱극대, 극소의 활용** ············ [정답률 66%]

[**정답 공식:** $f(x)$가 삼차함수이므로 a, b의 값을 구할 수 있고, 접점을 지나는 접선의 방정식을 구할 수 있다.]

함수 $f(x)=\dfrac{1}{3}x^3-x^2-3x$는 $x=a$에서 극솟값 b를 가진다. 함수 $y=f(x)$의 그래프 위의 점 $(2, f(2))$에서 접하는 직선을 l이라 할 때, 점 (a, b)에서 직선 l까지의 거리가 d이다. $90d^2$의 값을 구하시오. (4점)   **단서** $f(x)$는 삼차항의 계수가 양수이므로 $f'(x)=0$이 되는 x의 값 중에서 더 큰 값에서 극소가 돼.

1st 함수 $f(x)$의 극솟값을 구해.

$f(x)=\dfrac{1}{3}x^3-x^2-3x$에서

$f'(x)=x^2-2x-3=(x+1)(x-3)$

$f'(x)=0$에서 $x=-1$ 또는 $x=3$이므로 함수 $f(x)$의 증가와 감소를 표로 나타내면 다음과 같다.

x	$\cdots$	-1	$\cdots$	3	$\cdots$
$f'(x)$	$+$	0	$-$	0	$+$
$f(x)$	↗	극대	↘	극소	↗

따라서 함수 $f(x)$는 $x=3$에서 극솟값 $f(3)=-9$를 가지므로
$a=3$, $b=-9$

2nd 점 $(2, f(2))$에서의 접선 l의 방정식을 구해.

한편, $f(2)=\dfrac{8}{3}-4-6=-\dfrac{22}{3}$이고

$f'(2)=4-4-3=-3$이므로

점 $(2, f(2))$에서의 접선 l의 방정식은

[곡선 $y=f(x)$ 위의 점 $(a, f(a))$에서의 접선의 방정식]
$y=f'(a)(x-a)+f(a)$

$y=f'(2)(x-2)+f(2)$

$\quad=-3(x-2)-\dfrac{22}{3}$

$\quad=-3x-\dfrac{4}{3}$

3rd 점 (a, b)에서 직선 l까지의 거리 d를 구해.

따라서 점 $(3, -9)$에서 직선 $l:9x+3y+4=0$ 사이의 거리 d는

$d=\dfrac{|9\cdot3+3\cdot(-9)+4|}{\sqrt{9^2+3^2}}=\dfrac{4}{\sqrt{90}}$ $y=-3x-\dfrac{4}{3}$의 양변에 3을 곱하여 일반형으로 고친 거야.

$\therefore 90d^2=16$

⚙ **접선의 방정식**   개념·공식

함수 $y=f(x)$가 $x=a$에서 미분가능할 때,
곡선 $y=f(x)$ 위의 점 $(a, f(a))$에서의
접선의 방정식은
$y-f(a)=f'(a)(x-a)$

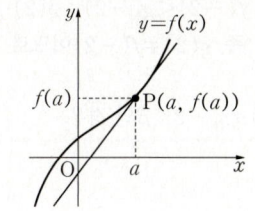

정답 공식: 극값이 존재하는 삼차함수 $y=f(x)$의 그래프와 직선 $y=k$가 서로 다른 두 점에서 만나면 함수 $f(x)$의 극댓값 또는 극솟값이 k이다.

최고차항의 계수가 1이고 $f(0)=\dfrac{1}{2}$인 삼차함수 $f(x)$에 대하여

함수 $g(x)$를 【단서1 함수 $y=g(x)$의 그래프는 $x<-2$에서는 $y=f(x)$의 그래프와 같고, $x\geq-2$에서는 $y=f(x)$의 그래프를 y축의 방향으로 8만큼 평행이동한 것과 같아.】

$$g(x)=\begin{cases} f(x) & (x<-2) \\ f(x)+8 & (x\geq-2) \end{cases}$$

라 하자. 방정식 $g(x)=f(-2)$의 실근이 2뿐일 때, 함수 $f(x)$의

극댓값은? (4점) 【단서2 함수 $y=g(x)$의 그래프와 x축에 평행한 직선 $y=f(-2)$가 한 점 $(2,f(-2))$에서만 만나야 해.】

① 3　　　② $\dfrac{7}{2}$　　　③ 4

④ $\dfrac{9}{2}$　　　⑤ 5

1st 함수 $y=f(x)$의 그래프의 개형을 파악하자.

함수 $f(x)$의 극댓값을 묻고 있으므로 삼차함수 $f(x)$는 극댓값과 극솟값을 갖는다. 최고차항의 계수가 양수인 삼차함수 $f(x)$가 극값이 존재하지 않으면 실수 전체의 집합에서 $f(x)$는 증가하므로 $f(-2)<f(2)$야. 그러면 $g(2)=f(2)+8\neq f(-2)$가 되어 문제의 조건을 만족시키지 않게 돼.

따라서 다음 그림과 같이 함수 $f(x)$가 $x=\alpha$에서 극댓값을 갖고 $x=\beta$에서 극솟값을 갖는다고 하면

$f'(x)=3(x-\alpha)(x-\beta)$ $(\alpha<\beta)$

라 놓을 수 있다. $f(x)=x^3+\cdots$일 때, $f'(x)=3x^2+\cdots$야.

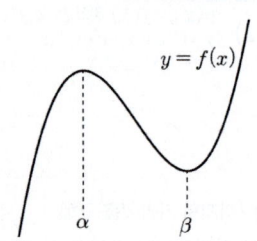

2nd 조건을 이용하여 함수 $f(x)$를 구하자.

(ⅰ) $\alpha<\beta\leq-2$인 경우

$g(-2)=f(-2)+8$이고, $x\geq-2$에서 함수 $g(x)$가 증가하므로

$f(-2)<g(-2)<g(2)$

즉, $g(2)\neq f(-2)$이므로 조건을 만족시키지 않는다.

(ⅱ) $\alpha<-2<\beta$인 경우

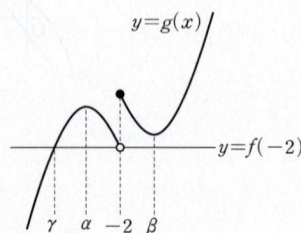

$\gamma<\alpha$이면서 $f(\gamma)=g(\gamma)=f(-2)$인 γ가 존재하므로 방정식 $g(x)=f(-2)$의 실근이 2뿐이라는 조건을 만족시키지 않는다.

(ⅲ) $\alpha=-2$인 경우

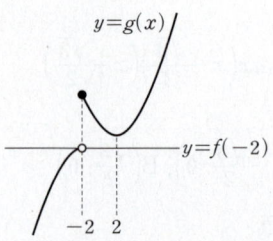

방정식 $g(x)=f(-2)$의 실근이 2뿐이려면 $\beta=2$이어야 한다.

즉, 함수 $f(x)$는 $x=2$에서 극솟값을 가져야 한다. 방정식 $g(x)=f(-2)$가 β가 아닌 $p(p<\beta)$를 실근으로 갖도록 $y=g(x)$의 그래프를 그려보면 이 방정식은 p가 아닌 또 다른 실근 $q(q>\beta)$도 가짐을 확인할 수 있어.

따라서 삼차함수 $f(x)$가 $x=-2$, $x=2$에서 극값을 가지므로

$f'(x)=3(x+2)(x-2)=3x^2-12$에서

$f(x)=\displaystyle\int(3x^2-12)dx=x^3-12x+C$ (C는 적분상수)

이고, $f(0)=C=\dfrac{1}{2}$이므로 $f(x)=x^3-12x+\dfrac{1}{2}$이다.

그런데 방정식 $g(x)=f(-2)$의 실근이 2라 했는데

$g(2)=f(2)+8=\left(8-24+\dfrac{1}{2}\right)+8=-\dfrac{15}{2}$이고,

$f(-2)=-8+24+\dfrac{1}{2}=\dfrac{33}{2}$에서

$g(2)\neq f(-2)$이므로 조건을 만족시키지 않는다.

(ⅳ) $-2<\alpha<\beta$인 경우

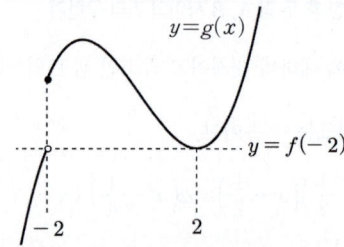

방정식 $g(x)=f(-2)$의 실근이 2뿐이려면

(ⅲ)과 마찬가지로 함수 $f(x)$는 $x=2$에서 극솟값을 가져야 한다.

또한, 방정식 $g(x)=f(-2)$의 실근이 2이므로

$g(2)=f(2)+8=f(-2)$를 만족시켜야 한다.

즉, 최고차항의 계수가 1이고 $f(0)=\dfrac{1}{2}$인 삼차함수 $f(x)$를

$f(x)=x^3+ax^2+bx+\dfrac{1}{2}$ (a, b는 상수)라 하면

$f(2)=8+4a+2b+\dfrac{1}{2}$, $f(-2)=-8+4a-2b+\dfrac{1}{2}$

이므로 $f(2)+8=f(-2)$에서

$\left(8+4a+2b+\dfrac{1}{2}\right)+8=-8+4a-2b+\dfrac{1}{2}$

$4b=-24$　　∴ $b=-6$

또, $f(x)=x^3+ax^2-6x+\dfrac{1}{2}$에서

$f'(x)=3x^2+2ax-6$이고, $f'(2)=0$이므로 미분가능한 함수 $f(x)$가 $x=k$에서 극값을 가지면 $f'(k)=0$

$f'(2)=12+4a-6=0$

$4a=-6$　　∴ $a=-\dfrac{3}{2}$

∴ $f(x)=x^3-\dfrac{3}{2}x^2-6x+\dfrac{1}{2}$

(i)~(iv)에 의하여 $f(x)=x^3-\dfrac{3}{2}x^2-6x+\dfrac{1}{2}$이므로

$f'(x)=3x^2-3x-6=3(x+1)(x-2)$

$f'(x)=0$에서 $x=-1$ 또는 $x=2$이므로 함수 $f(x)$는 $x=-1$에서 극댓값을 갖는다.

따라서 구하는 극댓값은

$f(-1)=-1-\dfrac{3}{2}+6+\dfrac{1}{2}=4$

D 152 정답 19 *극대, 극소의 활용 ················· [정답률 47%]

정답 공식: $f'(x)=0$의 두 근 사이에 a가 있으므로 $f'(a)<0$이다.

직선 $x=a$가 곡선 $f(x)=x^3-ax^2-100x+10$의 극대가 되는 점과 극소가 되는 점 사이를 지날 때, 정수 a의 개수를 구하시오.

단서 이 구간에서 $f(x)$는 감소할까? 증가할까?

(3점)

1st 직선 $x=a$가 극대·극소점 사이를 지나는 조건을 생각해 보자.

직선 $x=a$가 곡선 $f(x)$의 극대점과 극소 점 사이를 지나도록 그래프를 그려보자.

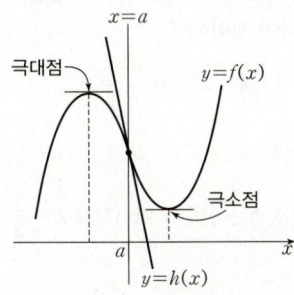

이때, $x=a$에서 곡선 $y=f(x)$의 접선의 방정식을 $y=h(x)$라 하면 접선 $h(x)$의 기울기는 $f'(a)$이므로 그림과 같이 극대점과 극소점 사이를 직선 $x=a$가 지나는 조건은 $f'(a)<0$이다.

삼차항의 계수가 양수인 삼차함수의 극대점에서 극소점까지는 함수가 감소하므로 그 구간 안의 x의 값에 대하여 미분계수는 음수겠지.

2nd a가 정수라는 것에 주의하여 정수 a의 개수를 구하자.

$f(x)=x^3-ax^2-100x+10$에서

$f'(x)=3x^2-2ax-100$

즉, $f'(a)=3a^2-2a^2-100<0$이므로

$a^2-100<0$, $(a+10)(a-10)<0$

$\therefore -10<a<10$

주의 극대점에서 극소점으로 가려면 함수의 그래프가 아래로 내려가야 해. 즉, 극대점과 극소점 사이에 있는 점은 함수 $f(x)$가 감소하는 구간에 존재해.

따라서 조건을 만족하는 정수 a는 $-9, -8, \cdots, -1, 0, 1, \cdots, 8, 9$로 19개이다.

🔍 **다른 풀이:** 극댓값과 극솟값을 갖고 최고차항의 계수가 양수인 삼차함수의 도함수의 그래프를 이용하여 a에 대한 조건 찾기

극대점과 극소점이 되는 x좌표의 값을 각각 α, β라 하고, 곡선 $f(x)$의 도함수 $f'(x)$의 그래프를 그려보자.

$f'(x)$는 이차함수야.

이때, 직선 $x=a$는 극대·극소가 되는 점 사이를 지나야 하므로

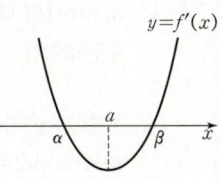

$\alpha<a<\beta$를 만족해야겠지?

이차방정식 $f'(x)=0$의 두 근 사이에 a가 있을 조건을 구해야 해.

$\therefore f'(a)<0$

(이하 동일)

☢ **1등급 마스터 문제** [4점 + 2등급 대비 + 1등급 대비]

D 153 정답 25 *곡선 위의 점에서 그은 접선의 방정식 [정답률 24%]

정답 공식: 함수 $f(x)$ 위의 점 $(t, f(t))$에서의 접선의 방정식은 $y=f'(t)(x-t)+f(t)$이다.

$a>\sqrt{2}$인 실수 a에 대하여 함수 $f(x)$를

$f(x)=-x^3+ax^2+2x$

라 하자. 곡선 $y=f(x)$ 위의 점 $O(0, 0)$에서의 접선이 곡선 $y=f(x)$와 만나는 점 중 O가 아닌 점을 A라 하고, 곡선 $y=f(x)$ 위의 점 A에서의 접선의 x축과 만나는 점을 B라 하자.

단서1 곡선 $f(x)$ 위의 원점에 대한 접선과 곡선 $f(x)$가 만나는 또 다른 점을 구하고, 이 점이 곡선 $f(x)$ 위의 점임을 이용하여 이 점에 대한 접선을 또 구해야 해.

점 A가 선분 OB를 지름으로 하는 원 위의 점일 때, $\overline{OA}\times\overline{AB}$의 값을 구하시오. (4점)

단서2 원 위의 점 A와 점 B를 이으면 지름 $\overline{OB}$에 대한 원주각 $\angle OAB=\dfrac{\pi}{2}$야. 즉, 두 직선 OA, AB는 서로 수직이야.

1st 곡선 $f(x)$ 위의 점 $O(0, 0)$에서 접선의 방정식을 이용하여 직선 AB의 기울기를 구하자.

$f(x)=-x^3+ax^2+2x$에 대하여

$f'(x)=-3x^2+2ax+2$이므로

$f'(0)=2$이다.

따라서 곡선 $y=f(x)$ 위의 점 $O(0, 0)$에서의 접선의 방정식은 $y=2x$이다.

곡선 $y=f(x)$와 직선 $y=2x$가 만나는 점의 x좌표를 구해 보자.

$f(x)=2x$에서 $-x^3+ax^2+2x=2x$이므로

$x^3-ax^2=0$, $x^2(x-a)=0$ → 곡선 $y=f(x)$ 위의 점 $O(0,0)$에서의 접선이 곡선 $y=f(x)$와 만나는 점 중 원점 O가 아닌 점을 A라 했으니까 $a\neq0$이겠지?

$\therefore x=0$ 또는 $x=a$

점 A의 x좌표는 a이므로 $A(a, 2a)$이고,

$f'(a)=-3a^2+2a^2+2=-a^2+2$이므로 직선 AB의 기울기는 $-a^2+2$이다.

2nd 점 B의 좌표를 구하자.

→ 지름에 대한 원주각의 크기는 $\dfrac{\pi}{2}$야.

한편, 점 A가 선분 OB를 지름으로 하는 원 위의 점이므로

$\angle OAB=\dfrac{\pi}{2}$이다. 즉, 두 직선 OA, AB는 서로 수직이므로

직선 OA의 기울기는 2이고, 직선 AB의 기울기는 $-a^2+2$이므로

$2\times(-a^2+2)=-1$에서 $-a^2+2=-\dfrac{1}{2}$

$a^2=\dfrac{5}{2}$

$\therefore a=\dfrac{\sqrt{10}}{2}(\because a>\sqrt{2}) \Rightarrow A\left(\dfrac{\sqrt{10}}{2}, \sqrt{10}\right)$

따라서 곡선 $y=f(x)$ 위의 점 $A\left(\dfrac{\sqrt{10}}{2}, \sqrt{10}\right)$에서의 접선의 방정식은

$y=-\dfrac{1}{2}\left(x-\dfrac{\sqrt{10}}{2}\right)+\sqrt{10}$ ··· ㉠

㉠에 $y=0$을 대입하면

$0=-\dfrac{1}{2}\left(x-\dfrac{\sqrt{10}}{2}\right)+\sqrt{10}$, $x-\dfrac{\sqrt{10}}{2}=2\sqrt{10}$

$\therefore x=\dfrac{5\sqrt{10}}{2}$

접선 ㉠과 x축이 만나는 점 B의 좌표는 $\left(\dfrac{5\sqrt{10}}{2}, 0\right)$이다.

3rd $\overline{OA} \times \overline{AB}$의 값을 구하자.

$$\overline{OA} = \sqrt{\left(\frac{\sqrt{10}}{2}\right)^2 + (\sqrt{10})^2} = \frac{5\sqrt{2}}{2}$$

$$\overline{AB} = \sqrt{\left(\frac{5\sqrt{10}}{2} - \frac{\sqrt{10}}{2}\right)^2 + (0 - \sqrt{10})^2} = 5\sqrt{2}$$

$$\therefore \overline{OA} \times \overline{AB} = 25$$

참고 그림: 세 점 O, A, B의 위치 관계 알아보기

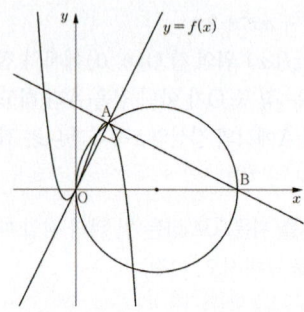

오서윤 | 충남대 의예과 2024년 입학 · 서울 광문고 졸

구해야 할 것을 차근차근 알려주는 것처럼 느껴져서 친절한 문제였던 것 같아. 점 A의 좌표를 구하고 이후에 선분 OB가 지름이라는 점을 활용하여 선분 OA와 선분 OB가 수직을 이룬다는 것을 알 수 있지? 원이 등장할 때는 항상 지름과 연관 지어서 직각을 만들어낼 수 있다는 사실을 명심하자.

한편, 삼각형 OAB의 점 A에서 선분 OB에 수선의 발만 딱 그어주면 닮음을 통해 간단하게 점 B의 좌표도 구할 수 있어.

직각삼각형에서의 닮음의 성질 내용은 수학 I 의 사인법칙과 관련해서도 자주 나오는 주제이니 잘 챙길 수 있도록 하자.

D 154 정답 ① *기울기가 주어진 접선 [정답률 33%]

정답 공식: 조건 (가)에 의해 $f_i'(0) = \lim\limits_{x \to 0} \dfrac{f_i(x)}{x}$이다. 조건 (나)에 대입하면

$$f_i'(0) = \lim_{x \to 0} \frac{f_i(x) + 2kx}{f_i(x) + kx} = \lim_{x \to 0} \frac{\dfrac{f_i(x)}{x} + 2k}{\dfrac{f_i(x)}{x} + k} = \frac{f_i'(0) + 2kx}{f_i'(0) + x}$$

두 다항함수 $f_1(x)$, $f_2(x)$가 다음 세 조건을 만족시킬 때, 상수 k의 값은? (4점)

(가) $f_1(0) = 0$, $f_2(0) = 0$
단서 $f'(0)$의 꼴을 만들어내기 위해 x로 분모 분자를 나누어 보자.
(나) $f_i'(0) = \lim\limits_{x \to 0} \dfrac{f_i(x) + 2kx}{f_i(x) + kx}$ $(i=1, 2)$
(다) $y = f_1(x)$와 $y = f_2(x)$의 원점에서의 접선이 서로 직교한다.

① $\dfrac{1}{2}$　　　② $\dfrac{1}{4}$　　　③ 0

④ $-\dfrac{1}{4}$　　　⑤ $-\dfrac{1}{2}$

1st $f_1'(0) = \lim\limits_{x \to 0} \dfrac{f_1(x) - f_1(0)}{x - 0}$임을 이용해.

(나)에서 $f_1'(0) = \lim\limits_{x \to 0} \dfrac{f_1(x) + 2kx}{f_1(x) + kx} = \lim\limits_{x \to 0} \dfrac{\dfrac{f_1(x)}{x} + 2k}{\dfrac{f_1(x)}{x} + k}$

한편, $f_1'(0) = \lim\limits_{x \to 0} \dfrac{f_1(x) - f_1(0)}{x - 0} = \lim\limits_{x \to 0} \dfrac{f_1(x)}{x}$ ($\because$ 조건 (가))

$$\therefore f_1'(0) = \frac{f_1'(0) + 2k}{f_1'(0) + k}$$

함정 주어진 식을 $x=0$일 때 미분계수의 정의를 이용할 수 있도록 변형해.

$f_1'(0) = a$(a는 실수)라 하면

$$a = \frac{a + 2k}{a + k}, \quad a + 2k = a^2 + ak \cdots ㉠$$

같은 방법으로 $f_2'(0) = b$(b는 실수)라 하면

$$b = \frac{b + 2k}{b + k}, \quad b + 2k = b^2 + bk \cdots ㉡$$

㉠-㉡에서 $a - b = (a - b)(a + b + k)$
(다)에서 $ab = -1$이므로 $a \neq b$

$$\therefore a + b = 1 - k \cdots ㉢$$

$x=0$에서의 $f_1(x)$의 미분계수와 $f_2(x)$의 미분계수는 접선의 기울기와 같으므로 두 접선이 직교하면 그 곱이 -1이야.

또한, $ab = \dfrac{a+2k}{a+k} \cdot \dfrac{b+2k}{b+k} = -1$

$$\therefore 5k^2 + 3(a+b)k - 2 = 0$$

2nd 구해진 식에 ㉢을 대입하여 정리한 다음 k의 값을 구해.

위의 식에 ㉢을 대입하여 정리하면

$$2k^2 + 3k - 2 = (2k - 1)(k + 2) = 0$$

$$\therefore k = \frac{1}{2} \text{ 또는 } k = -2$$

그런데, $k = -2$이면 a, b는 실수가 아니므로 $k = \dfrac{1}{2}$

D 155 정답 ⑤ *접선의 방정식의 활용 [정답률 40%]

정답 공식: 함수의 그래프에서 불연속점 또는 뾰족점에서는 미분가능하지 않다.

0이 아닌 실수 m에 대하여 두 함수

$$f(x) = 2x^3 - 8x,$$

$$g(x) = \begin{cases} -\dfrac{47}{m}x + \dfrac{4}{m^3} & (x < 0) \\ 2mx + \dfrac{4}{m^3} & (x \geq 0) \end{cases}$$

단서1 $h(x) = \begin{cases} f(x) & (f(x) \leq g(x)) \\ g(x) & (f(x) \geq g(x)) \end{cases}$
즉, 두 함수 $f(x)$, $g(x)$의 그래프 중 아래쪽에 있는 것이 $h(x)$의 그래프가 돼.

이 있다. 실수 x에 대하여 $f(x)$와 $g(x)$ 중 크지 않은 값을 $h(x)$라 할 때, [보기]에서 옳은 것만을 있는 대로 고른 것은? (4점)

[보기]

ㄱ. $m = -1$일 때, $h\left(\dfrac{1}{2}\right) = -5$이다.
단서2 $m = -1$을 대입하여 $f\left(\dfrac{1}{2}\right)$, $g\left(\dfrac{1}{2}\right)$의 값을 직접 비교해.

ㄴ. $m = -1$일 때, 함수 $h(x)$가 미분가능하지 않은 x의 개수는 2이다.
단서3 $m = -1$일 때, 두 함수 $f(x)$, $g(x)$의 그래프를 그려보고, 함수의 식이 바뀌어 뾰족점이 생기는 경우가 몇 개인지 찾아봐.

ㄷ. 함수 $h(x)$가 미분가능하지 않은 x의 개수가 1인 양수 m의 최댓값은 6이다.
단서4 $m > 0$일 때, 함수 $g(x)$의 그래프의 개형을 이용하여 함수 $h(x)$가 미분가능하지 않은 점이 1개가 되는 경우를 찾아내야 해.

① ㄱ　　　② ㄱ, ㄴ　　　③ ㄱ, ㄷ

④ ㄴ, ㄷ　　　⑤ ㄱ, ㄴ, ㄷ

1st $m=-1$을 대입하여 $h\left(\dfrac{1}{2}\right)$의 값을 구하자.

ㄱ. $m=-1$일 때,

$$g(x)=\begin{cases} 47x-4 & (x<0) \\ -2x-4 & (x\geq 0)\end{cases}$$

이때, $f\left(\dfrac{1}{2}\right)=2\times\left(\dfrac{1}{2}\right)^3-8\times\dfrac{1}{2}=\dfrac{1}{4}-4=-\dfrac{15}{4}$이고,

$\underline{g\left(\dfrac{1}{2}\right)=-2\times\dfrac{1}{2}-4=-1-4=-5}$

$g\left(\dfrac{1}{2}\right)$은 $g(x)=-2x-4\,(x\geq0)$에 $x=\dfrac{1}{2}$을 대입하면 돼.

즉, $g\left(\dfrac{1}{2}\right)<f\left(\dfrac{1}{2}\right)$이므로

$h\left(\dfrac{1}{2}\right)=g\left(\dfrac{1}{2}\right)=-5$ (참)

2nd $m=-1$을 대입하여 함수 $h(x)$가 미분가능하지 않은 점의 개수를 구하자.

ㄴ. $m=-1$일 때,

$g(x)=\begin{cases} 47x-4 & (x<0) \\ -2x-4 & (x\geq 0)\end{cases}$이고

$f(x)=2x^3-8x=2x(x+2)(x-2)$이므로 두 함수

$y=f(x)$, $y=g(x)$의 그래프의 개형은 다음과 같다.

삼차함수 $y=f(x)$의 그래프는 x축과 $x=-2,\,0,\,2$에서 만나고
$f(-x)=2(-x)^3-8(-x)=-2x^3+8x=-f(x)$이므로 그림과 같이 함수 $y=f(x)$의
그래프는 원점에 대하여 대칭이야.

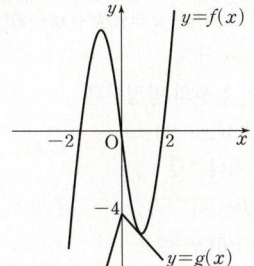

(i) $x<0$일 때,

함수 $y=g(x)$의 그래프는 기울기가 양수이고 y절편이 음수인 직선의 일부이므로 두 함수 $y=f(x)$, $y=g(x)$의 그래프는 단 하나의 교점을 갖는다.

그 교점의 x좌표를 $x_1(x_1<0)$이라 하면 $x<0$에서 함수 $h(x)$는 $x=x_1$에서만 미분가능하지 않다.

$h(x)=\begin{cases} f(x) & (x<x_1) \\ g(x) & (x\geq x_1)\end{cases}$이므로 함수 $h(x)$는 $x=x_1$에서 미분가능하지 않아.

(ii) $x=0$일 때,

$g(0)=-4$, $f(0)=0$에서

$g(0)<f(0)$이므로 $h(0)=g(0)$이다.

이때, $x=0$에서 함수 $h(x)$의 미분가능성은 함수 $g(x)$의 미분가능성과 같으므로 함수 $h(x)$는 $x=0$에서 미분가능하지 않다.

함수 $g(x)$의 $x=0$에서의 좌미분계수는 $\displaystyle\lim_{x\to0-}g'(x)=47$, 우미분계수는 $\displaystyle\lim_{x\to0+}g'(x)=-2$
이므로 $x=0$에서 함수 $g(x)$는 미분가능하지 않아.

(iii) $x>0$일 때,

$\begin{aligned}f(x)-g(x)&=2x^3-8x-(-2x-4)\\&=2x^3-6x+4\\&=2(x-1)^2(x+2)\geq0\end{aligned}$

이므로 $\underline{f(x)\geq g(x)}$에서 $h(x)=g(x)$이다.

$x>0$인 모든 실수 x에 대하여 $f(x)\geq g(x)$야.

즉, $x>0$에서 함수 $h(x)$의 미분가능성은 함수 $g(x)$의 미분가능성과 같으므로 $x>0$인 모든 실수 x에서 함수 $h(x)$는 미분가능하다.

$x>0$에서 함수 $g(x)=-2x-4$로 다항함수이므로 모든 실수에서 미분가능해.

(i), (ii), (iii)에 의하여 함수 $h(x)$가 미분가능하지 않은 x의 개수는 2이다. (참)

3rd 양수 m에 대하여 $x<0$, $x=0$, $x>0$에서 미분가능하지 않은 점이 1개 존재하도록 하는 경우를 생각해.

ㄷ. 양수 m에 대하여 두 함수 $y=f(x)$, $y=g(x)$의 그래프의 개형은 다음과 같다.

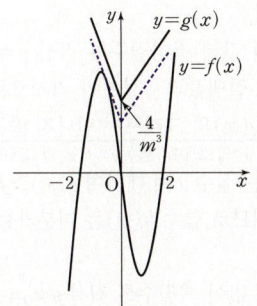

$x=0$일 때, $g(0)=\dfrac{4}{m^3}$, $f(0)=0$이고 $m>0$이면 $\dfrac{4}{m^3}>0$이므로

$g(0)>f(0)$에서 $h(0)=f(0)$이다.

즉, $x=0$에서 함수 $h(x)$의 미분가능성은 함수 $f(x)$의 미분가능성과 같으므로 함수 $h(x)$는 $x=0$에서 미분가능하다.

> **함정** 양수 m에 대하여 함수 $h(x)$는 $x=0$에서 함수 $f(x)$와 같으므로 $x=0$에서 $h(x)$는 미분가능해. $g(x)$가 $x=0$에서 미분가능하지 않음을 착각하여 $h(x)$가 $x=0$에서 미분가능하지 않다고 판단하면 안 돼.

$x>0$일 때, 함수 $y=g(x)$의 그래프는 기울기가 양수이고 y절편도 양수인 직선의 일부이므로 두 함수 $y=f(x)$, $y=g(x)$의 그래프는 단 하나의 교점을 갖는다.

그 교점의 x좌표를 $x_2(x_2>0)$라 하면 $x>0$에서 함수 $h(x)$는 $x=x_2$에서만 미분가능하지 않다.

양수 m에 대하여 $x>0$에서 함수 $h(x)$는 $h(x)=\begin{cases} f(x) & (0<x\leq x_2) \\ g(x) & (x>x_2)\end{cases}$이므로
$x=x_2$인 점에서 미분가능하지 않아.

따라서 함수 $h(x)$가 미분가능하지 않은 x의 개수가 1이려면 $x<0$인 모든 실수 x에서 $h(x)$는 미분가능해야 하므로 $x<0$인 부분에서 $f(x)$와 $g(x)$의 대소가 바뀌면 안 된다.

즉, 위의 그림에서 보듯이 $x<0$일 때, 항상 $g(x)\geq f(x)$이어야 한다.

한편, $x<0$에서 두 함수 $y=f(x)$, $y=g(x)$의 그래프가 접한다고 할 때, 접점의 x좌표를 t라 하면

$f(t)=g(t)$에서

$2t^3-8t=-\dfrac{47}{m}t+\dfrac{4}{m^3}\cdots$ ㉠이고

$f'(t)=g'(t)$에서

$f(x)=2x^3-8x$에서 $f'(x)=6x^2-8$
$g(x)=-\dfrac{47}{m}x+\dfrac{4}{m^3}$에서 $g'(x)=-\dfrac{47}{m}$

$6t^2-8=-\dfrac{47}{m}\cdots$ ㉡이다.

㉡$\times t-$㉠을 하면

$4t^3=-\dfrac{4}{m^3}$, $t^3=\left(-\dfrac{1}{m}\right)^3$

$\therefore t=-\dfrac{1}{m}\;(\because t,\;m$은 실수$)\cdots$ ㉢

㉢을 ㉡에 대입하면

$\dfrac{6}{m^2}-8=-\dfrac{47}{m}$, $8m^2-47m-6=0$

$(8m+1)(m-6)=0$ $\therefore m=6\,(\because m>0)$

즉, $m=6$일 때, 두 함수 $y=f(x)$, $y=g(x)$의 그래프는

$x=-\dfrac{1}{6}$인 점에서 접한다.

(ⅰ) $m=6$일 때,

$x<0$인 모든 실수 x에 대하여 $g(x)\geq f(x)$이므로 $h(x)=f(x)$이다.

즉, $x<0$인 모든 실수 x에 대하여 함수 $h(x)$는 미분가능하다.

(ⅱ) $0<m<6$일 때,

$x<0$에서 m의 값이 작아질수록 직선 $y=g(x)$는 $m=6$일 때보다 기울기의 절댓값이 y절편이 커지므로 $x<0$에서 두 함수 <u>$y=f(x)$, $y=g(x)$의 그래프는 만나지 않는다.</u>

<u>$x<0$에서 함수 $y=g(x)$의 그래프가 함수 $y=f(x)$의 그래프 위쪽에 위치해.</u>

즉, $x<0$인 모든 실수 x에 대하여 $g(x)>f(x)$에서 $h(x)=f(x)$이므로 함수 $h(x)$는 미분가능하다.

(ⅲ) $m>6$일 때,

$x<0$에서 m의 값이 커질수록 직선 $y=g(x)$는 $m=6$일 때보다 기울기의 절댓값이 y절편이 작아지므로 $x<0$에서 두 함수 $y=f(x)$, $y=g(x)$의 그래프는 서로 다른 두 점에서 만난다.

이때, 두 점의 x좌표를 각각 x_3, x_4라 하면 <u>함수 $h(x)$는 $x=x_3$, $x=x_4$에서 미분가능하지 않다.</u>

<u>$x_3<x_4$라 하면 $h(x)=\begin{cases}f(x)\ (x<x_3\ \text{또는}\ x>x_4)\\g(x)\ (x_3\leq x\leq x_4)\end{cases}$이므로 함수 $h(x)$는 $x=x_3$, $x=x_4$에서 미분가능하지 않아.</u>

(ⅰ), (ⅱ), (ⅲ)에 의하여 함수 $h(x)$가 미분가능하지 않은 x의 개수가 1인 양수 m의 최댓값은 6이다. (참)

따라서 옳은 것은 ㄱ, ㄴ, ㄷ이다.

D 156 정답 42 *접선의 방정식의 활용 ··········· [정답률 31%]

정답 공식: 네 수 A, B, C, D가 이 순서대로 등차수열을 이루면 $B-A=C-B=D-C$이다. 또한, 곡선 $y=f(x)$ 위의 점 $(t, f(t))$에서의 접선의 방정식은 $y-f(t)=f'(t)(x-t)$이다.

> 최고차항의 계수가 1인 사차함수 $f(x)$에 대하여 네 개의 수
> $f(-1)$, $f(0)$, $f(1)$, $f(2)$가 이 순서대로 등차수열을 이루고, 곡
> **단서1** -1, 0, 1, 2가 이 순서대로 등차수열을 이루고, $f(-1)$, $f(0)$, $f(1)$, $f(2)$도 이 순서대로 등차수열을 이루므로 좌표평면에서 네 점 $(-1, f(-1))$, $(0, f(0))$, $(1, f(1))$, $(2, f(2))$는 한 직선 위에 있음을 알 수 있어.
> 선 $y=f(x)$ 위의 점 $(-1, f(-1))$에서의 접선과 점 $(2, f(2))$
> 에서의 접선이 점 $(k, 0)$에서 만난다. $f(2k)=20$일 때, $f(4k)$의
> 값을 구하시오. (단, k는 상수이다.) (4점)
> **단서2** 점 $(-1, f(-1))$에서의 접선과 점 $(2, f(2))$에서의 접선이 모두 점 $(k, 0)$을 지난다는 거야.

1st 등차수열의 성질을 이용하여 사차함수 $f(x)$의 식을 유추해.

네 개의 수 -1, 0, 1, 2가 이 순서대로 등차수열을 이루고, 네 개의 수 $f(-1)$, $f(0)$, $f(1)$, $f(2)$도 이 순서대로 등차수열을 이루므로 좌표평면에서 네 점 $(-1, f(-1))$, $(0, f(0))$, $(1, f(1))$, $(2, f(2))$는 한 직선 위에 있다.

$f(-1)$, $f(0)$, $f(1)$, $f(2)$가 이 순서대로 등차수열을 이루므로 $f(0)-f(-1)=f(1)-f(0)=f(2)-f(1)=$(공차)야.

즉, $\dfrac{f(0)-f(-1)}{0-(-1)}=\dfrac{f(1)-f(0)}{1-0}=\dfrac{f(2)-f(1)}{2-1}$에서 두 점을 지나는 직선의 기울기가 모두 같으므로 네 점 $(-1, f(-1))$, $(0, f(0))$, $(1, f(1))$, $(2, f(2))$는 한 직선 위에 있음을 알 수 있어.

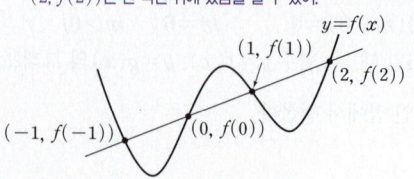

이 네 점을 지나는 직선의 방정식을 $y=mx+n$ (단, m, n은 상수)이라 하면 그림과 같이 <mark>사차함수 $y=f(x)$의 그래프와 직선 $y=mx+n$의 교점의 x좌표가 -1, 0, 1, 2이고, 사차함수 $f(x)$의 최고차항의 계수가 1이므로 $f(x)-(mx+n)=x(x+1)(x-1)(x-2)$라 놓을 수 있다.</mark>

사차함수 $y=f(x)$의 그래프와 직선 $y=mx+n$의 교점의 x좌표가 -1, 0, 1, 2이므로 사차방정식 $f(x)=mx+n$, 즉 $f(x)-(mx+n)=0$은 $x=-1$ 또는 $x=0$ 또는 $x=1$ 또는 $x=2$를 네 실근으로 가져. 따라서 인수정리에 의해 $f(x)-(mx+n)=x(x+1)(x-1)(x-2)$로 나타낼 수 있는 거야.

함정 이렇게 $f(x)$에 대한 식을 세우는 것이 이 문제의 핵심이야. 이런 식으로 함수식을 세우는 문제는 자주 나오니까 잘 익혀두자.

2nd 점 $(-1, f(-1))$에서의 접선과 점 $(2, f(2))$에서의 접선이 모두 점 $(k, 0)$을 지남을 이용하여 k의 값을 구하자.

$f(x)=x(x+1)(x-1)(x-2)+mx+n$에서

$f(-1)=-m+n$, $f(2)=2m+n$이고,

$f'(x)=(x+1)(x-1)(x-2)+x(x-1)(x-2)$
$\qquad\quad +x(x+1)(x-2)+x(x+1)(x-1)+m$

미분가능한 함수 $f(x)$, $g(x)$, $h(x)$, $i(x)$에 대하여 $y=f(x)g(x)h(x)i(x)$이면 $y'=f'(x)g(x)h(x)i(x)+f(x)g'(x)h(x)i(x)+f(x)g(x)h'(x)i(x)+f(x)g(x)h(x)i'(x)$

이므로 $f'(-1)=m-6$, $f'(2)=m+6$

이때, 점 $(-1, f(-1))$에서의 접선의 방정식은

$y-(-m+n)=(m-6)(x+1)$

이 접선이 점 $(k, 0)$을 지나므로

$m-n=(m-6)(k+1)$, $m-n=mk+m-6(k+1)$

$\therefore mk+n=6(k+1)$ ··· ㉠

또, 점 $(2, f(2))$에서의 접선의 방정식은

$y-(2m+n)=(m+6)(x-2)$

이 접선이 점 $(k, 0)$을 지나므로

$-2m-n=(m+6)(k-2)$

$-2m-n=mk-2m+6(k-2)$

$\therefore mk+n=6(2-k)$ ··· ㉡

㉠, ㉡에서 $6(k+1)=6(2-k)$이므로

$6k+6=12-6k$, $12k=6$ $\therefore k=\dfrac{1}{2}$

3rd $f(2k)=20$임을 이용해 m, n의 값을 구하고 $f(x)$의 식을 완성하자.

㉠에 $k=\dfrac{1}{2}$을 대입하면 $\dfrac{1}{2}m+n=9$ ··· ㉢

이때, $f(2k)=20$에서

$f(2k)=f(1)=m+n=20$ ··· ㉣

$k=\dfrac{1}{2}$이므로 $f(2k)=f\left(2\times\dfrac{1}{2}\right)=f(1)$이고 $f(x)=x(x+1)(x-1)(x-2)+mx+n$이므로 $f(1)=m+n$이야.

㉣-㉢을 하면

$\dfrac{1}{2}m=11$ $\therefore m=22$

$m=22$를 ㉣에 대입하면 $22+n=20$

$\therefore n=-2$

따라서 $f(x)=x(x+1)(x-1)(x-2)+22x-2$이므로

$f(4k)=f\left(4\times\dfrac{1}{2}\right)=f(2)=22\times 2-2=42$

🔄 **다른 풀이:** $f(0)-f(-1)=f(1)-f(0)=f(2)-f(1)$과 곡선 $y=f(x)$ 위의 점 $(-1, f(-1))$, $(2, f(2))$에서의 접선이 점 $(k, 0)$을 지남을 이용하여 $f(x)$의 식 완성하기

최고차항의 계수가 1인 사차함수 $f(x)$를 $f(x)=x^4+ax^3+bx^2+cx+d$ (a, b, c, d는 상수)라 하자.

$f(-1)=1-a+b-c+d$, $f(0)=d$,

$f(1)=1+a+b+c+d$, $f(2)=16+8a+4b+2c+d$

위의 네 수가 등차수열을 이루므로

$f(0)-f(-1)=f(1)-f(0)=f(2)-f(1)$에서

$-1+a-b+c=1+a+b+c=15+7a+3b+c$

$-1+a-b+c=1+a+b+c$에서

$2b=-2$ $\therefore b=-1$

$1+a+b+c=15+7a+3b+c$에서

$6a+2b=-14,\ 6a-2=-14$ $\longrightarrow b=-1$을 대입한 거야.

$6a=-12$ $\therefore a=-2$

즉, $f(x)=x^4-2x^3-x^2+cx+d$이고

$f'(x)=4x^3-6x^2-2x+c$이므로

$f(-1)=2-c+d,\ f(2)=-4+2c+d$

$f'(-1)=c-8,\ f'(2)=c+4$

따라서 점 $(-1, f(-1))$에서의 접선의 방정식은

$y-(2-c+d)=(c-8)(x+1)$

이고, 이 접선이 점 $(k, 0)$을 지나므로

$-2+c-d=(c-8)(k+1),\ -2+c-d=(c-8)k+c-8$

$\therefore 6-d=ck-8k \cdots \unicode{x1F16A}$

또, 점 $(2, f(2))$에서의 접선의 방정식은

$y-(-4+2c+d)=(c+4)(x-2)$

이고, 이 접선이 점 $(k, 0)$을 지나므로

$4-2c-d=(c+4)(k-2),\ 4-2c-d=(c+4)k-2c-8$

$\therefore 12-d=ck+4k \cdots \unicode{x1F16B}$

$\unicode{x1F16B}-\unicode{x1F16A}$을 하면

$6=12k$ $\therefore k=\dfrac{1}{2}$

$k=\dfrac{1}{2}$을 $\unicode{x1F16A}$에 대입하면

$6-d=\dfrac{1}{2}c-4$ $\therefore c=20-2d$

즉, $f(x)=x^4-2x^3-x^2+(20-2d)x+d$이고

$f(2k)=f(1)=1-2-1+20-2d+d=20$이므로

$18-d=20$ $\therefore d=-2$

따라서 $f(x)=x^4-2x^3-x^2+24x-2$이므로

$f(4k)=f(2)=16-16-4+48-2=42$

D 157 정답 **240** *접선의 방정식 활용 ············· [정답률 33%]

정답 공식: 다항함수 $f(x)$에 대하여 $f(-x)=-f(x)$를 만족시키면 $f(x)$는 원점에 대하여 대칭인 함수이다. 또한, 다항함수 $f(x)$의 $x=a$에서의 접선의 기울기는 $f'(a)$이다.

> 최고차항의 계수가 1인 삼차함수 $f(x)$가 모든 실수 x에 대하여
>
> $f(-x)=-f(x)$를 만족시킨다. 양수 t에 대하여 좌표평면 위의
>
> ▶ 단서 1 삼차함수 $f(x)$가 모든 실수 x에 대하여 $f(-x)=-f(x)$이므로 곡선 $y=f(x)$와 x축이 만나는 점의 개수는 1 또는 3이야.
>
> 네 점 $(t, 0),\ (0, 2t),\ (-t, 0),\ (0, -2t)$를 꼭짓점으로 하는
>
> 마름모가 곡선 $y=f(x)$와 만나는 점의 개수를 $g(t)$라 할 때,
>
> ▶ 단서 2 마름모의 변 중에서 두 점 $(t, 0),\ (0, -2t)$를 지나는 직선의 기울기는 t의 값에 관계없이 2임을 알 수 있어.
>
> 함수 $g(t)$는 $t=\alpha,\ t=8$에서 불연속이다. $\alpha^2 \times f(4)$의 값을
>
> 구하시오. (단, α는 $0<\alpha<8$인 상수이다.) (4점)
>
> ▶ 단서 3 x축과 1개 또는 3개의 점에서 만나는 삼차함수의 그래프를 그려보면서 마름모와 만나는 점의 개수가 변할 수 있는 경우를 찾아. 특히, 마름모의 변이 삼차함수의 그래프와 접하는 경우에 집중해.

D

1st 곡선 $y=f(x)$와 x축이 만나는 점의 개수가 1인 경우 함수 $g(t)$가 연속인지 불연속인지 판단해봐.

최고차항의 계수가 1인 삼차함수 $f(x)$가 모든 실수 x에 대하여

$\underline{f(-x)=-f(x)}$이므로 곡선 $y=f(x)$와 x축이 만나는 점의 개수는

1 또는 3이다. └▶ 함수 $y=f(x)$의 그래프가 원점에 대하여 대칭이라는 뜻이야.

(ⅰ) 곡선 $y=f(x)$와 x축이 만나는 점의 개수가 1인 경우

삼차함수 $f(x)$가 원점에 대하여 대칭이므로 $f(x)$는 x^3항과 x항의 합으로 나타낼 수 있어. 이때, $f(x)=x^3+bx\,(b\geq0)$인 경우 곡선 $y=f(x)$와 x축은 원점에서만 만나므로 곡선 $y=f(x)$와 x축이 만나는 점의 개수가 1이 돼.

[그림 1]과 같이 모든 양수 t에 대하여 $g(t)=2$이므로 함수 $g(t)$는 양의 실수 전체의 집합에서 연속이다.

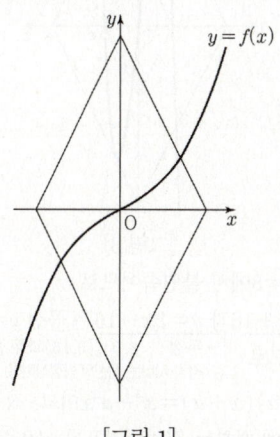

[그림 1]

2nd 곡선 $y=f(x)$와 x축이 만나는 점의 개수가 3인 경우 함수 $g(t)$가 연속인지 불연속인지 판단해봐.

(ⅱ) 곡선 $y=f(x)$와 x축이 만나는 점의 개수가 3인 경우

$f(x)=x^3+cx\,(c<0)$인 경우 곡선 $y=f(x)$와 x축이 만나는 점의 개수가 3이 돼.

최고차항의 계수가 1인 삼차함수 $f(x)$를

$f(x)=x(x-a)(x+a)\,(a$는 실수, $a>0)$이라 하자.

두 점 $(t, 0),\ (0, -2t)$를 지나는 직선의 기울기는 t의 값에

관계없이 2이므로 $x=a$인 점에서의 곡선 $y=f(x)$의 접선의 기울기,

두 점 $(t, 0),\ (0, -2t)$를 지나는 직선의 기울기는 $\dfrac{-2t-0}{0-t}=\dfrac{-2t}{-t}=2$

즉 $f'(a)$의 값이 마름모의 한 변이 되는 직선의 기울기인 2와 어떤 관계가 있느냐에 따라 함수 $g(t)$가 $t=k$에서 불연속이 되는 k의 개수가 달라진다.

ⅰ) $f'(a)\leq2$일 때

[그림 2]와 같이 모든 양수 t에 대하여 $g(t)=2$이므로 함수 $g(t)$는 양의 실수 전체의 집합에서 연속이다.

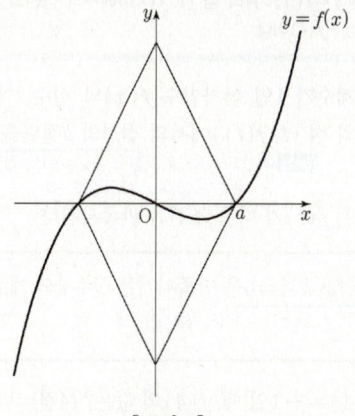

[그림 2]

3rd $f'(a)>2$인 경우 함수 $g(t)$가 연속인지 불연속인지 판단해봐.

ⅱ) $f'(a)>2$일 때

곡선 $y=f(x)$의 기울기가 2인 두 접선의 x절편을 각각

$\beta,\ -\beta\,(a<\beta)$라 하면

$$g(t) = \begin{cases} 2 & (0 < t < a \text{ 또는 } t > \beta) \\ 4 & (t = a \text{ 또는 } t = \beta) \\ 6 & (a < t < \beta) \end{cases}$$

즉, 함수 $g(t)$는 $t = a$, $t = \beta$에서 불연속이므로 $a = \alpha$, $\beta = 8$이다.
<small>문제에서 함수 $g(t)$가 $t = a$, $t = 8$에서 불연속이라 했지?</small>

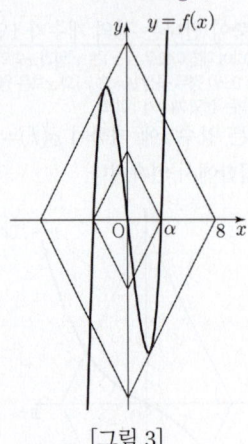

[그림 3]

함수 $g(t)$가 $t = 8$에서 불연속이므로
두 직선 $y = 2x + 16$과 $y = 2x - 16$은 곡선 $y = f(x)$에 접한다.
이때, $a = \alpha$이므로
<small>→ 두 점 $(-8, 0)$, $(0, 16)$과 두 점 $(8, 0)$, $(0, -16)$을 각각 지나는 직선의 방정식이야.</small>
$f(x) = x(x - a)(x + a) = x^3 - a^2 x$이고, 직선 $y = 2x - 16$이
곡선 $y = f(x)$에 접하는 점의 x좌표를 $p(0 < p < a)$라 하면
$p^3 - a^2 p = 2p - 16 \cdots \text{㉠}$
또한, $f'(x) = 3x^2 - a^2$이므로 $f'(p) = 3p^2 - a^2 = 2$에서
$a^2 = 3p^2 - 2 \cdots \text{㉡}$
㉡을 ㉠에 대입하면
$p^3 - (3p^2 - 2)p = 2p - 16$, $-2p^3 = -16$
$p^3 = 8$ $\therefore p = 2 \ (\because p \text{는 실수})$
따라서 ㉡에 의해 $a^2 = 3 \times 2^2 - 2 = 10$이므로
$f(x) = x^3 - 10x$
$\therefore a^2 \times f(4) = 10 \times (4^3 - 10 \times 4) = 240$

D 158 정답 ② *접선의 방정식의 활용 ·········· [정답률 36%]

정답 공식: 곡선 $y = f(x)$ 위의 점 $(t, f(t))$에서의 접선의 방정식은 $y = f'(t)(x - t) + f(t)$이다.

최고차항의 계수가 1인 삼차함수 $f(x)$와 실수 t에 대하여 곡선 $y = f(x)$ 위의 점 $(t, f(t))$에서의 접선의 y절편을 $g(t)$라 하자.
<small>**단서 1** 곡선 $y = f(x)$위의 점 $(t, f(t))$에서의 접선의 방정식을 구하고, $x = 0$을 대입하여 $g(t)$의 값을 구해.</small>
두 함수 $f(x)$, $g(t)$가 다음 조건을 만족시킨다.

> $|f(k)| + |g(k)| = 0$을 만족시키는 실수 k의 개수는 2이다.
> <small>**단서 2** $|f(k)| + |g(k)| = 0$이기 위해서는 $f(k) = g(k) = 0$이어야 해.</small>

$4f(1) + 2g(1) = -1$일 때, $f(4)$의 값은? (4점)

① 46　　② 49　　③ 52　　④ 55　　⑤ 58

1st 조건을 만족시키는 삼차함수 $f(x)$에 대하여 함수 $y = f(x)$의 그래프의 개형을 구해.

곡선 $y = f(x)$ 위의 점 $(t, f(t))$에서의 접선의 방정식을 구하면
$y = f'(t)(x - t) + f(t)$
이때, $x = 0$을 대입하여 접선의 y절편을 구하면
$y = f'(t)(0 - t) + f(t) = -tf'(t) + f(t)$
즉, $g(t) = -tf'(t) + f(t)$이다.
$\underline{|f(k)| + |g(k)| = 0}$이기 위해서는 $f(k) = g(k) = 0$이어야 한다.
<small>$\because |f(k)| \geq 0, |g(k)| \geq 0$</small>
$f(k) = 0$을 만족시키는 실수 k에 대하여 조건을 만족시키는 삼차함수 $y = f(x)$의 그래프의 개형을 구하자.

(i) $k = 0$인 경우
$\underline{f(k) = f(0) = 0}$이므로 곡선 $y = f(x)$ 위의 점 $(0, 0)$에서의 접선의 $\underline{y}$절편 $g(k)$의 값은 0이다.
<small>$g(0) = -0 \times f'(0) + f(0) = 0$</small>

(ii) $k \neq 0$인 경우
$\underline{\text{곡선 } y = f(x) \text{ 위의 점 } (k, 0)\text{에서의 접선의 } y\text{절편 } g(k)\text{의 값이}}$
$\underline{0\text{이 되기 위해서는 } f'(k) = 0}$이어야 한다.
<small>$g(k) = -kf'(k) + f(k) = -kf'(k)$이므로 $g(k)$의 값이 0이 되기 위해서는 $f'(k) = 0$이어야 한다. 즉, $x = k$에서 삼차함수의 극대 또는 극소가 되어야 해.</small>

(i), (ii)에 의하여
$|f(k)| + |g(k)| = 0$을 만족시키는 실수 k의 개수가 2인 삼차함수 $y = f(x)$의 그래프의 개형은 그림과 같다.

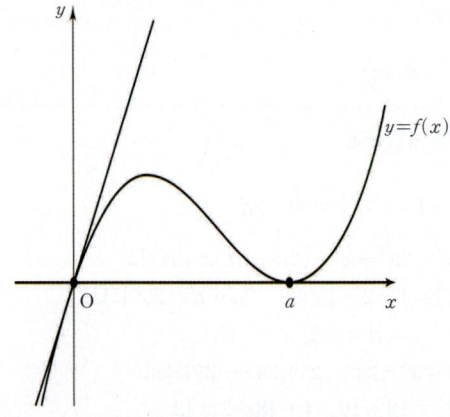

2nd 함수 $f(x)$를 추론하고, $f(4)$의 값을 구해.

최고차항의 계수가 1인 삼차함수 $y = f(x)$의 그래프는 원점을 지나고, $(a, 0)$에서 접하므로
<small>삼차식 $f(x)$는 x, $(x - a)^2$을 인수로 가져.</small>
$f(x) = x(x - a)^2 = x^3 - 2ax^2 + a^2 x \ (a \neq 0)$
$f'(x) = 3x^2 - 4ax + a^2$
곡선 $y = f(x)$ 위의 점 $(t, f(t))$에서의 접선의 방정식은
<small>곡선 $y = f(x)$위의 점 $(t, f(t))$에서의 접선의 방정식은 $y = f'(t)(x - t) + f(t)$</small>
$y = (3t^2 - 4at + a^2)(x - t) + (t^3 - 2at^2 + a^2 t)$
위 식에 $x = 0$을 대입하여 접선의 y절편을 구하면
$g(t) = (3t^2 - 4at + a^2)(0 - t) + (t^3 - 2at^2 + a^2 t) = -2t^3 + 2at^2$
$4f(1) + 2g(1) = -1$이므로
$4(1 - 2a + a^2) + 2(-2 + 2a) = -1$
$4a^2 - 4a + 1 = 0$, $(2a - 1)^2 = 0$
$\therefore a = \dfrac{1}{2}$

따라서 $f(x) = x\left(x - \dfrac{1}{2}\right)^2$이므로
$f(4) = 4 \times \left(4 - \dfrac{1}{2}\right)^2 = 4 \times \dfrac{49}{4} = 49$

D 159 정답 ③   *미분을 이용한 함수의 증가, 감소의 결정 [정답률 33%]

> **정답 공식:** 함수 $f(x)$가 구간에서 증가하기 위해서는 구간 안의 모든 실수 x에 대하여 $f'(x) \geq 0$이고, 구간에서 감소하기 위해서는 $f'(x) \leq 0$이다.

두 실수 a, b에 대하여 함수

$$f(x) = \begin{cases} -\dfrac{1}{3}x^3 - ax^2 - bx & (x < 0) \\ \dfrac{1}{3}x^3 + ax^2 - bx & (x \geq 0) \end{cases}$$

> **단서2** 증가하는 구간에서 $f'(x) \geq 0$이야.

이 구간 $(-\infty, -1]$에서 감소하고 구간 $[-1, \infty)$에서 증가할 때, $a+b$의 최댓값을 M, 최솟값을 m이라 하자. $M-m$의 값은? (4점)

> **단서1** 감소하는 구간에서 $f'(x) \leq 0$이야.

① $\dfrac{3}{2}+3\sqrt{2}$ ② $3+3\sqrt{2}$ ③ $\dfrac{9}{2}+3\sqrt{2}$

④ $6+3\sqrt{2}$ ⑤ $\dfrac{15}{2}+3\sqrt{2}$

1st 함수 $f(x)$의 증가와 감소 구간을 이용하여 $f'(-1)$의 값을 구하자.

$$f(x) = \begin{cases} -\dfrac{1}{3}x^3 - ax^2 - bx & (x < 0) \\ \dfrac{1}{3}x^3 + ax^2 - bx & (x \geq 0) \end{cases} \text{에서}$$

> 두 함수 $y = -x^2 - 2ax - b$와 $y = x^2 + 2ax - b$는 직선 $y = -b$에 대하여 대칭이므로 함수 $y = x^2 + 2ax - b(x>0)$의 그래프의 개형을 먼저 그리고, 직선 $y = -b$에 대하여 대칭인 함수 $y = -x^2 - 2ax - b(x<0)$의 그래프를 나중에 그리면 돼.

$$f'(x) = \begin{cases} -x^2 - 2ax - b & (x < 0) \\ x^2 + 2ax - b & (x > 0) \end{cases} \text{이다.}$$

구간 $(-\infty, -1]$에서 $f(x)$는 감소하므로 $f'(x) \leq 0$이고, 구간 $[-1, \infty)$에서 $f(x)$는 증가하므로 $f'(x) \geq 0$이다.

또한, $x = -1$에서 $f'(x) = 0$

> 함수 $f(x)$가 $x = -1$의 좌측에서 감소하다 증가하고, 함수 $f(x)$가 $x = -1$에서 미분가능하므로 $f'(x)$는 연속이야. $\therefore f'(-1) = 0$

이므로 $f'(-1) = 0$ $-1 + 2a - b = 0$에서 $b = 2a - 1 \cdots$ ㉠

2nd 이차함수 $y = x^2 + 2ax - b$의 그래프의 축의 방정식 $x = -a$에 대하여 $-a$의 값에 따라 $a+b$의 값의 범위를 구하자.

이차함수 $y = x^2 + 2ax - b = (x+a)^2 - b - a^2$의 축의 방정식이 $x = -a$이므로 $-a$의 값의 범위에 따라 경우를 나누고 이 함수의 그래프를 나타내 보자.

(i) $-a \leq 0$인 경우

> $-a \leq 0$인 경우 축의 방정식 $x = -a$가 -1보다는 크거나 같아야 하므로 $-1 \leq -a \leq 0$에서 $0 \leq a \leq 1$

$a \geq 0$일 때 함수 $y = f'(x)$의 그래프가 $x \leq -1$에서 $f'(x) \leq 0$이고, $x \geq -1$에서 $f'(x) \geq 0$이 되도록 그래프를 그리면 다음과 같다.

> $x = -1$의 좌측에서 $y = f'(x)$의 그래프의 부호가 음에서 양이 되어야 해.

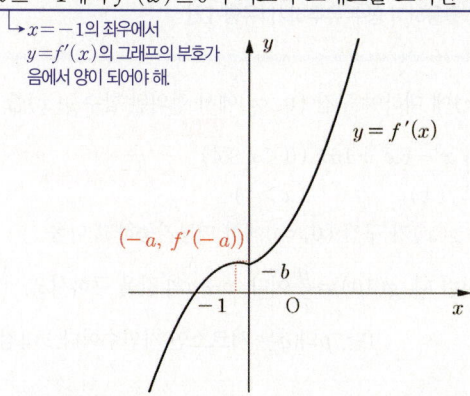

$f(x)$가 $x = 0$에서 미분가능하므로 $x = 0$에서 좌미분계수와 우미분계수가 같아야 한다.

> 함수 $y = -x^2 - 2ax - b$에 $x = 0$을 대입한 값이야.

즉, $f'(0) = -b \geq 0$이면 조건을 만족시킨다.

> 함수 $y = x^2 + 2ax - b$에 $x = 0$을 대입한 값이야.

$b \leq 0$에서 $2a - 1 \leq 0$ ($\because$ ㉠)이므로 $a \leq \dfrac{1}{2}$

$\therefore 0 \leq a \leq \dfrac{1}{2}$

㉠에 의하여 $a + b = 3a - 1$이므로

$-1 \leq a + b \leq \dfrac{1}{2}$이다.

(ii) $-a > 0$인 경우

$a < 0$일 때 함수 $y = f'(x)$의 그래프가 $x \leq -1$에서 $f'(x) \leq 0$이고, $x \geq -1$에서 $f'(x) \geq 0$이 되도록 그래프를 그리면 다음과 같다.

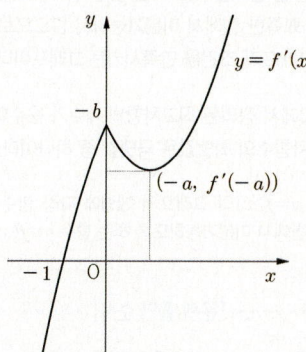

즉, $f'(-a) \geq 0$이면 조건을 만족시킨다.

> 곡선 $y = x^2 + 2ax - b$의 꼭짓점의 y좌표가 0보다 크거나 같으면 돼.

$$f'(-a) = -a^2 - b$$
$$= -a^2 - 2a + 1 \geq 0 (\because ㉠)$$

이어야 한다.

> 이차방정식의 근의 공식을 이용하여 인수분해해.

$-a^2 - 2a + 1 \geq 0$, $a^2 + 2a - 1 \leq 0$

$\{a - (-1 - \sqrt{2})\}\{(a - (-1 + \sqrt{2}))\} \leq 0$

$\therefore -1 - \sqrt{2} \leq a \leq -1 + \sqrt{2}$

한편, $a < 0$이므로

$-1 - \sqrt{2} \leq a < 0$

㉠에 의하여 $a + b = 3a - 1$이므로

$-4 - 3\sqrt{2} \leq a + b < -1$이다.

(i), (ii)에 의하여

$a + b$의 최솟값은 $m = -4 - 3\sqrt{2}$, 최댓값은 $M = \dfrac{1}{2}$이므로

$$M - m = \dfrac{9}{2} + 3\sqrt{2}$$

D 160 정답 ①   ⭐2등급 대비 [정답률 28%]

*최고차항의 계수가 음수인 사차함수 $f(x)$의 $x \leq t$에서의 최댓값으로 정의된 함수가 실수 전체의 집합에서 미분가능하도록 $f(x)$ 결정하기 [유형 21 + 24]

> **단서1** 최댓값을 구하려면 $f(x)$의 그래프부터 그려봐.
>
> 함수 $f(x) = -3x^4 + 4(a-1)x^3 + 6ax^2$ ($a > 0$)과 실수 t에 대하여, $x \leq t$에서 $f(x)$의 최댓값을 $g(t)$라 하자. 함수 $g(t)$가 실수 전체의 집합에서 미분가능하도록 하는 a의 최댓값은? (4점)
>
> **단서2** 경우를 나누어 함수 $y = g(t)$의 그래프를 나타낸 다음 그래프를 직관적으로 이해하여 미분가능하지 않은 점이 없도록 하는 조건을 찾아야 해.
>
> ① 1   ② 2   ③ 3   ④ 4   ⑤ 5

왜 2등급? 최고차항의 계수가 음수이고 극댓값과 극솟값을 모두 갖는 사차함수의 임의의 구간에서의 최댓값으로 정의된 함수가 실수 전체의 집합에서 미분가능하도록 하는 사차함수를 구하는 문제로 주어진 함수 $f(x)$의 도함수 $f'(x)$를 구하여 함수 $y = f(x)$의 그래프로 가능한 모든 그래프를 그려보고 그 중 조건을 만족시키는 함수 $y = f(x)$의 그래프를 찾아야 한다.

단서1 사차함수 $f(x)$가 극댓값과 극솟값을 모두 가지면 최고차항의 계수가 양수일 때 함수 $f(x)$의 극댓값은 1개, 극솟값은 2개이고, 최고차항의 계수가 음수일 때 함수 $f(x)$의 극댓값은 2개, 극솟값은 1개임을 이용하여 함수 $y=f(x)$의 그래프의 개형을 그려 본다. **개념**

단서2 t의 값을 변화시키면서 $x \leq t$에서의 함수 $f(x)$의 최댓값 $g(t)$를 함수 $y=f(x)$의 그래프의 개형에서 구하고 $g(t)$가 실수 전체의 집합에서 미분가능하도록 하는 함수 $y=f(x)$의 그래프의 개형을 찾는다. 이때, 실수 전체의 집합에서 미분가능한 함수를 찾으려면 함수의 그래프가 연속이 아닌 점이나 그래프의 모양이 뾰족한 점에서 미분가능하지 않으므로 이런 형태의 그래프가 나오지 않는 그래프가 조건을 만족시키는 그래프이다. **발상**

주의 실수 전체의 집합에서 정의된 최고차항의 계수가 음수이고 극댓값과 극솟값을 모두 갖는 사차함수의 최댓값은 극댓값 중 하나이다.

> **핵심 정답 공식**: 함수 $y=f(x)$의 그래프의 개형에 따라 함수 $g(t)$가 결정되므로 $g(t)$가 실수 전체의 집합에서 미분가능하도록 하는 함수 $y=f(x)$의 그래프의 개형을 찾는다.

---------------------- [문제 풀이 순서] ----------------------

1st 우선 함수 $f(x)$를 미분하여 극점을 구하자.

$f'(x)=-12x^3+12(a-1)x^2+12ax=-12x(x-a)(x+1)$

따라서 함수 $f(x)$는 $x=-1$, 0, a에서 각각 극값을 가진다.
그런데 a가 양수이고 사차항의 계수가 음수이므로 함수 $f(x)$는 각각 $x=-1$과 $x=a$에서 극댓값, $x=0$에서 극솟값을 가진다.

2nd 두 극댓값을 비교하여 최댓값 $g(t)$를 구하자.

(i) $\underline{f(-1) \geq f(a)}$인 경우 → x가 모든 실수일 때는 $f(-1)$의 값이 최댓값이 돼. 하지만 x의 범위를 어떻게 잡느냐에 따라서 달라져.

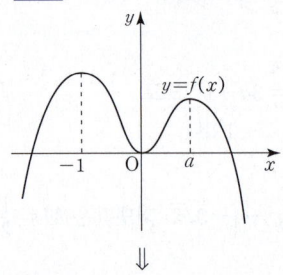

⟱

극대점에서 연결되면 $t=-1$에서 뾰족하지 않으므로 미분가능해.

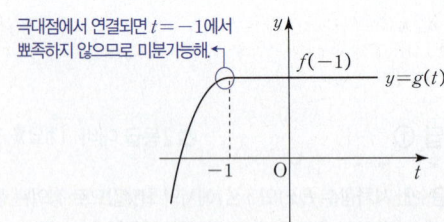

$g(t)=\begin{cases} f(t) & (t<-1) \\ f(-1) & (t \geq -1) \end{cases}$ → $x \geq -1$일 때는 $f(x)$의 최댓값은 $f(-1)$ $x<-1$일 때는 $f(x)$의 최댓값은 $f(t)$

이때, $f(t)$, $f(-1)$은 다항함수이므로 함수 $g(t)$는 $t=-1$을 제외한 모든 실수에서 미분가능하다. 그런데

$\lim\limits_{t \to -1^-} g'(t) = \lim\limits_{t \to -1^-} f'(t) = 0$, $\lim\limits_{t \to -1^+} g'(t) = \{f(-1)\}' = 0$

에서 함수 $g(t)$는 $t=-1$에서 미분가능하므로 모든 실수에서 미분가능하다.

필수 미분가능성은 도함수의 좌극한과 우극한의 값이 같은지 확인하면 알 수 있어.

(ii) $f(-1) < f(a)$인 경우

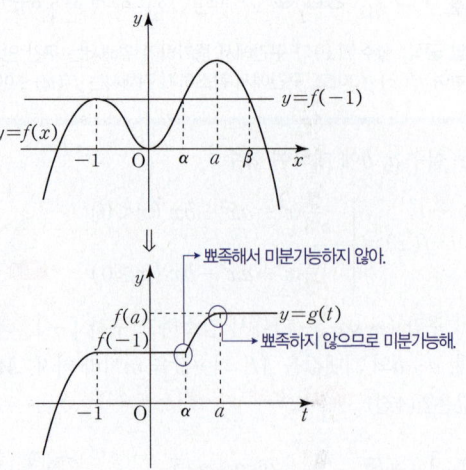

⟱

→ 뾰족해서 미분가능하지 않아.

→ 뾰족하지 않으므로 미분가능해.

$f(x)=f(-1)$의 세 근을 -1, α, β라 하고 범위에 따라 $g(t)$를 구하자.

$g(t)=\begin{cases} f(t) & (t<-1) \\ f(-1) & (-1 \leq t \leq \alpha) \\ f(t) & (\alpha < t < a) \\ f(a) & (t \geq a) \end{cases}$

이때, $\lim\limits_{t \to a^-} g'(t) = \{f(-1)\}' = 0$, $\lim\limits_{t \to a^+} g'(t) = \lim\limits_{t \to a^+} f'(t) \neq 0$

이므로 $x=a$에서 함수 $g(t)$는 미분가능하지 않다.

(i), (ii)에 의하여 함수 $g(t)$가 모든 실수에서 미분가능하려면 $f(-1) \geq f(a)$이어야 한다.

3rd $f(-1) \geq f(a)$를 만족하는 a의 최댓값을 구해.

$f(-1)=2a+1$이고 $f(a)=a^4+2a^3$이므로

$f(a)-f(-1)=a^4+2a^3-2a-1 \leq 0$

$(a-1)(a+1)^3 \leq 0$

$\therefore 0 < a \leq 1 \ (\because a>0)$

따라서 a의 최댓값은 1이다.

D 161 정답 29 ·········· ⭐**1등급 대비** [정답률 8%]

*접선의 방정식을 활용하여 함수 유추하기 [유형 12]

> 삼차함수 $f(x)$에 대하여 구간 $(0, \infty)$에서 정의된 함수 $g(x)$를
>
> $g(x)=\begin{cases} x^3-8x^2+16x & (0<x \leq 4) \\ f(x) & (x>4) \end{cases}$
>
> **단서1** 함수 $g(x)$가 구간 $(0, \infty)$에서 미분가능하므로 $x=4$에서 연속이고, 미분가능해.
>
> 라 하자. 함수 $g(x)$가 구간 $(0, \infty)$에서 미분가능하고 다음 조건을 만족시킬 때, $g(10)=\dfrac{q}{p}$이다. $p+q$의 값을 구하시오.
>
> (단, p와 q는 서로소인 자연수이다.) (4점)
>
> (가) $g\left(\dfrac{21}{2}\right)=0$ → **단서2** $\dfrac{21}{2}>4$이므로 $g\left(\dfrac{21}{2}\right)=f\left(\dfrac{21}{2}\right)=0$
>
> (나) 점 $(-2, 0)$에서 곡선 $y=g(x)$에 그은, 기울기가 0이 아닌 접선이 오직 하나 존재한다.

1등급? 여러 조건을 해석하여 조건을 만족시키는 함수 $y=g(x)$의 그래프의 개형을 찾은 뒤 함수 $f(x)$를 결정하는 문제이다. 조건 (나)를 만족시키는 접선은 함수 $y=g(x)$의 그래프와 두 점에서 접함을 찾아야 해결할 수 있는 어려운 문제이다.

단서+발상

단서1 구간별로 정의된 함수 $g(x)$가 $x>0$에서 미분가능하므로 함수 $g(x)$가 바뀌는 경계에서 연속이고 미분가능함을 이용해야 한다. **발상**

즉, $h(x)=x^3-8x^2+16x$라 할 때 $h(4)=f(4)$, $h'(4)=f'(4)$이어야 하므로 $f(4)=0$, $f'(4)=0$이다. **적용**

단서2 $\dfrac{21}{2}>4$이므로 $g\left(\dfrac{21}{2}\right)=f\left(\dfrac{21}{2}\right)=0$이고, 함수 $f(x)$는 $2x-21$을 인수로 가짐을 알 수 있다. **개념**

따라서 삼차함수 $f(x)$를 최고차항의 계수의 부호에 따라 경우를 나누어 함수 $y=g(x)$의 그래프를 그려보고 조건 (나)를 만족시키는 함수 $y=g(x)$의 그래프를 찾아 함수 $f(x)$의 최고차항의 계수를 결정한다. **해결**

주의 접선의 방정식을 세운 뒤 대입하여 접점을 구하는 과정에서 구한 접점이 문제에서 주어진 범위 안에 들어 오는지 반드시 확인해야 한다.

> **핵심 정답 공식:** 곡선 $y=f(x)$ 위의 점 (x_1, y_1)에서의 접선의 방정식은 $y-y_1=f'(x_1)(x-x_1)$이다.

------------------ **[문제 풀이 순서]** ------------------

1st 함수 $g(x)$가 구간 $(0, \infty)$에서 미분가능함을 이용하여 $f(4)$, $f'(4)$의 값을 구하자.

$0<x\le4$에서

$g(x)=x^3-8x^2+16x=x(x^2-8x+16)=x(x-4)^2$이고

함수 $g(x)$가 $x=4$에서 연속이므로 → $x=4$에서 미분가능하므로 연속이지?

$\displaystyle\lim_{x\to4+}g(x)=\lim_{x\to4-}g(x)=g(4)=0$

> 함수 $f(x)$가 $x=a$에서 연속이려면 함숫값 $f(a)$와 $\displaystyle\lim_{x\to a}f(x)$가 정의되어 있고, 그 값이 같아야 해.

$\displaystyle\lim_{x\to4+}f(x)=\lim_{x\to4-}x(x-4)^2=f(4)=0$

함수 $g(x)$가 $x=4$에서 미분가능하므로

> 함수 $g(x)$가 $x=4$에서 미분가능해야 하므로 $x=4$에서의 좌미분계수와 우미분계수의 값이 같아야 해.

$\displaystyle\lim_{x\to4+}\frac{g(x)-g(4)}{x-4}=\lim_{x\to4-}\frac{g(x)-g(4)}{x-4}$,

$\displaystyle\lim_{x\to4+}\frac{f(x)-f(4)}{x-4}=\lim_{x\to4-}\frac{x(x-4)^2}{x-4}=0$이므로 $f'(4)=0$

> $g(x)=\begin{cases}x^3-8x^2+16x & (0<x\le4) \\ f(x) & (x>4)\end{cases}$이므로 $x=4$의 우미분계수를 구하기 위해서는 $f(x)$, $x=4$의 좌미분계수를 구하기 위해서는 $x^3-8x^2+16x=x(x-4)^2$를 이용해.

2nd $f(4)=f'(4)=0$, $g\left(\dfrac{21}{2}\right)=f\left(\dfrac{21}{2}\right)=0$을 이용하여 삼차함수 $f(x)$를 추측한 후 조건에 맞는 함수 $y=g(x)$의 그래프의 개형을 찾자.

$f(4)=f'(4)=0$이고 $g\left(\dfrac{21}{2}\right)=f\left(\dfrac{21}{2}\right)=0$이므로

> $f(4)=f'(4)=0$이면 $f(x)$는 $(x-4)^2$을 인수로 가져.

> $g\left(\dfrac{21}{2}\right)=f\left(\dfrac{21}{2}\right)=0$이므로 $f(x)$는 $\left(x-\dfrac{21}{2}\right)$ 또는 $(2x-21)$을 인수로 가져. 우리는 $(2x-21)$을 인수로 가진다고 하자.

$f(x)=a(x-4)^2(2x-21)\ (a\ne0)$이라 하자. → 함수 $y=f(x)$의 그래프는 $x=4$에서 x축과 접하고 $x=\dfrac{21}{2}$에서 축과 만나.

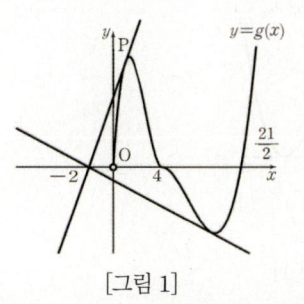

[그림 1]

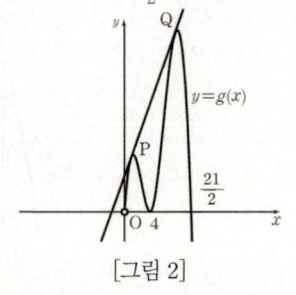

[그림 2]

$a>0$이면 함수 $y=g(x)$의 그래프의 개형이 [그림 1]과 같으므로 조건 (나)를 만족시키지 못한다.

> 점 $(-2, 0)$에서 곡선 $y=g(x)$에 그은, 기울기가 0이 아닌 접선이 두 개 존재하므로 조건 (나)를 만족시키지 못해.

$a<0$이면 [그림 2]와 같이 조건 (나)를 만족시키는 함수 $y=g(x)$의 그래프의 개형이 존재한다.

3rd 접선의 방정식을 활용하여 함수 $f(x)$를 완성하자.

조건 (나)에 의하여 점 $(-2, 0)$에서 곡선 $y=g(x)$에 그은 기울기가 0이 아닌 접선은 곡선 $y=g(x)$ 위의 두 점 P, Q에서 곡선 $y=g(x)$에 접한다. (단, P, Q는 제 1사분면 위의 점이다.) … (*)

두 점 P, Q의 x좌표를 각각 t, $s\ (0<t<4, s>4)$라 하자.

$0<t<4$에서 $g'(t)=3t^2-16t+16$이므로 점 P에서의 접선의 방정식은

> 곡선 $y=f(x)$ 위의 점 (a, b)에서의 접선의 방정식은 $y-b=f'(a)(x-a)$

$y=(3t^2-16t+16)(x-t)+t^3-8t^2+16t$ … ㉠이다.

이 접선이 점 $(-2, 0)$을 지나므로 ㉠의 식에 $x=-2$, $y=0$을 대입하면

$(3t^2-16t+16)(-2-t)+t^3-8t^2+16t=0$

$2t^3-2t^2-32t+32=0$, $2(t-4)(t+4)(t-1)=0$

$\therefore t=1\ (\because 0<t<4)$

따라서 접선의 방정식은 $y=3(x-1)+9=3x+6\ (\because$ ㉠$)$이다.

한편, 이 접선이 점 Q에서 곡선 $y=f(x)\ (x>4)$에 접한다. 즉,

$f(x)=a(x-4)^2(2x-21)$에서

$f'(x)=2a(x-4)(2x-21)+2a(x-4)^2$
$\quad\quad=2a(3x^2-37x+100)=2a(x-4)(3x-25)$ … ㉡

이므로 점 Q에서의 접선의 방정식은

$y=2a(s-4)(3s-25)(x-s)+a(s-4)^2(2s-21)$ … ㉢

이 접선이 점 $(-2, 0)$을 지나므로 ㉢의 식에 $x=-2$, $y=0$을 대입하면

$2a(s-4)(3s-25)(-2-s)+a(s-4)^2(2s-21)=0$

이때, $a\ne0$, $s>4$이므로 양변을 $a(s-4)$로 나누면

$(s-4)(2s-21)=2(s+2)(3s-25)$

$2s^2-29s+84=2(3s^2-19s-50)$

$4s^2-9s-184=0$, $(4s+23)(s-8)=0$ $\quad\therefore s=8\ (\because s>4)$

(*)에 의하여 접선 ㉠의 기울기와 접선 ㉢의 기울기가 같으므로

$f'(8)=3$이다.

㉡에 의하여 $2a\times(8-4)\times(24-25)=3$, $-8a=3$ $\quad\therefore a=-\dfrac{3}{8}$

즉, $f(x)=-\dfrac{3}{8}(x-4)^2(2x-21)$이므로

$g(10)=f(10)=-\dfrac{3}{8}\times(10-4)^2\times(20-21)=-\dfrac{3}{8}\times36\times(-1)=\dfrac{27}{2}$

따라서 $p=2$, $q=27$이므로 $p+q=29$

> **My Top Secret** 서울대 선배의 **1**등급 대비 전략
>
> 조건들을 모두 해석하여 함수 $y=g(x)$의 그래프의 개형을 구하고, 접선의 방정식을 세우는 계산을 두 번 한다면 $f(x)$의 최고차항의 계수를 구할 수 있는 것을 알 수 있어.
>
> 이때, 위의 방식으로 풀면 계산량이 꽤 많아 최고차항의 계수를 구할 수 있는 다른 방식을 찾으려고 할 수도 있는데, 시험장에서는 주어진 시간이 한정적이기 때문에 자신의 계산이 틀리지 않는다면 정답을 구할 수 있다는 확신을 갖고 많은 양의 계산을 그냥 진행하는 것이 나을 수도 있어.

✱함수 $f(x)$가 미분가능할 조건과 주어진 부등식을 만족시키는 함수 $g(x)$를 찾아 미정계수의 최솟값 구하기 [유형 05＋12]

두 실수 a와 k에 대하여 두 함수 $f(x)$와 $g(x)$는

$$f(x)=\begin{cases} 0 & (x\le a) \\ (x-1)^2(2x+1) & (x>a) \end{cases},$$

$$g(x)=\begin{cases} 0 & (x\le k) \\ 12(x-k) & (x>k) \end{cases}$$

이고, 다음 조건을 만족시킨다.

> 단서1 함수 $f(x)$는 $x<a$ 또는 $x>a$에서 미분가능하므로 $x=a$에서의 미분가능성을
> (가) 함수 $f(x)$는 실수 전체의 집합에서 미분가능하다. 조사하면 돼.
> (나) 모든 실수 x에 대하여 $f(x)\ge g(x)$이다.
> 단서2 모든 실수 x에 대하여 $f(x)\ge g(x)$이어야 하므로 함수 $y=f(x)$의 그래프는 함수 $y=g(x)$의 그래프보다 위쪽에 있거나 접해야 해.

k의 최솟값이 $\dfrac{q}{p}$일 때, $a+p+q$의 값을 구하시오.

(단, p와 q는 서로소인 자연수이다.) (4점)

왜 2등급? 함수가 미분가능할 조건과 두 함수의 위치 관계를 이용해 미정계수의 최솟값을 구하는 문제로 $x=a$를 기준으로 식이 달라지는 함수 $f(x)$가 실수 전체의 집합에서 미분가능하도록 하는 a의 값을 찾아 $y=f(x)$의 그래프를 그려야 하고 모든 실수 x에 대해 $f(x)\ge g(x)$가 성립하는 경우를 그래프로 나타내어 두 함수의 그래프가 접할 때 k가 최솟값을 가짐을 찾을 수 있어야 한다.

💡 단서＋발상

단서1 함수 $f(x)$는 $x<a$에서 상수함수이므로 미분가능하고, $x>a$에서 삼차함수이므로 미분가능하다. 따라서 함수 $f(x)$가 실수 전체의 집합에서 미분가능하려면 $x=a$에서 미분가능하면 된다. 발상

단서2 함수 $f(x)$와 $g(x)$를 직관적으로 이해하기 위하여 두 함수의 그래프를 그려보자. 조건 (나)에서 모든 실수 x에 대하여 $f(x)\ge g(x)$라 했으므로 $y=f(x)$의 그래프는 $y=g(x)$의 그래프보다 위쪽에 있거나 접해야 한다. 적용

주의 두 함수 $f(x)$, $g(x)$의 그래프의 위치 관계를 이해하는 것이 중요하다. 즉, 그래프를 통해 k의 최솟값이 직선 $y=12(x-k)$와 함수 $y=(x-1)^2(2x+1)$의 그래프가 접할 때임을 직관적으로 파악할 수 있다.

핵심 정답 공식: 함수 $f(x)$가 실수 전체의 집합에서 미분가능하려면 $f'(a)$이고 $x=a$에서 연속이고 $x=a$에서 미분가능해야 한다. 좌표평면에 $f(x)$, $g(x)$의 그래프를 그려보면 $f(x)$, $g(x)$가 접할 때 k가 최솟값을 가진다는 것을 알 수 있다.

-------------------- [문제 풀이 순서] --------------------

1st 함수의 미분가능성을 이용하여 실수 a의 값을 구하자.

함수 $f(x)$는 $x<a$, $x>a$일 때, 미분가능하다.

이때, 조건 (가)에서 함수 $f(x)$가 실수 전체의 집합에서 미분가능하다고 했으므로 함수 $f(x)$는 $x=a$에서 미분가능해야 한다.

먼저 $x=a$에서 연속이어야 하므로

$$\lim_{x\to a-} f(x)=\lim_{x\to a-} 0=0$$

$$\lim_{x\to a+} f(x)=\lim_{x\to a+}(x-1)^2(2x+1)=(a-1)^2(2a+1)$$

$$f(a)=0$$

즉, $(a-1)^2(2a+1)=0$이어야 하므로

$$a=-\frac{1}{2} \text{ 또는 } a=1 \cdots ㉠$$

$\underset{x\to a-}{\rule{0pt}{0pt}} \lim_{x\to a-}\dfrac{f(x)-f(a)}{x-a}=\lim_{x\to a+}\dfrac{f(x)-f(a)}{x-a}$여야 해.

또한, $x=a$에서 미분가능하려면 미분계수가 존재해야 한다.

$$\lim_{x\to a-}\frac{f(x)-f(a)}{x-a}=\lim_{x\to a-}\frac{0-0}{x-a}=0 \cdots ㉡$$

$$\lim_{x\to a+}\frac{f(x)-f(a)}{x-a}=\lim_{x\to a+}\frac{(x-1)^2(2x+1)}{x-a} \quad (\because f(a)=0)$$

(i) ㉠에 의해 $a=-\dfrac{1}{2}$일 때

$$\lim_{x\to a+}\frac{f(x)-f(a)}{x-a}=\lim_{x\to -\frac{1}{2}+}\frac{(x-1)^2(2x+1)}{x-\left(-\dfrac{1}{2}\right)}$$

$$=\lim_{x\to -\frac{1}{2}+}\frac{(x-1)^2(2x+1)}{\dfrac{1}{2}(2x+1)}$$

$$=\lim_{x\to -\frac{1}{2}+}2(x-1)^2$$

$$=\frac{9}{2} \cdots ㉢$$

그런데 ㉢의 값이 ㉡의 값과 다르므로 $a=-\dfrac{1}{2}$일 때 함수 $f(x)$는 $x=a$에서 미분가능하지 않다.

(ii) ㉠에 의해 $a=1$일 때

$$\lim_{x\to a+}\frac{f(x)-f(a)}{x-a}=\lim_{x\to 1+}\frac{(x-1)^2(2x+1)}{x-1}$$

$$=\lim_{x\to 1+}(x-1)(2x+1)=0 \cdots ㉣$$

즉, ㉣의 값이 ㉡의 값과 같으므로 $a=1$일 때 함수 $f(x)$는 $x=a$에서 미분가능하다.

따라서 (i), (ii)에서 $a=1$이다.

2nd 두 함수 $y=f(x)$, $y=g(x)$의 그래프를 이용하여 조건 (나)의 부등식을 만족시키는 경우를 찾자.

조건 (나)에서 모든 실수 x에 대하여 $f(x)\ge g(x)$이어야 하므로 함수 $y=f(x)$의 그래프는 함수 $y=g(x)$의 그래프보다 위쪽에 있거나 접해야 한다.

먼저 $x>1$일 때, $y=f(x)$의 그래프를 그려보자.

$h(x)=(x-1)^2(2x+1)$이라 하면

$$h'(x)=2(x-1)(2x+1)+(x-1)^2\times 2$$

$$=6x(x-1) \cdots ㉤$$

이므로 $h'(x)=0$에서 $x=0$ 또는 $x=1$이다.

함수 $h(x)$의 증가와 감소를 표로 나타내면 다음과 같다.

x	$\cdots$	0	$\cdots$	1	$\cdots$
$h'(x)$	$+$	0	$-$	0	$+$
$h(x)$	↗	1	↘	0	↗

즉, 함수 $y=h(x)$의 그래프는 [그림 1]과 같다.

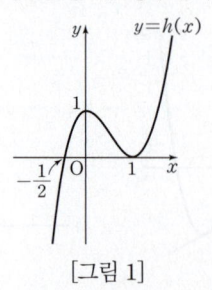

[그림 1]

따라서 조건 (나)에서 두 함수

$$f(x)=\begin{cases} 0 & (x\leq 1) \\ h(x) & (x>1) \end{cases}, g(x)=\begin{cases} 0 & (x\leq k) \\ 12(x-k) & (x>k) \end{cases}$$

에 대하여 모든 실수 x에 대하여 $f(x)\geq g(x)$이려면 $y=f(x)$의 그래프와 $y=g(x)$의 그래프는 [그림 2]와 같아야 한다.

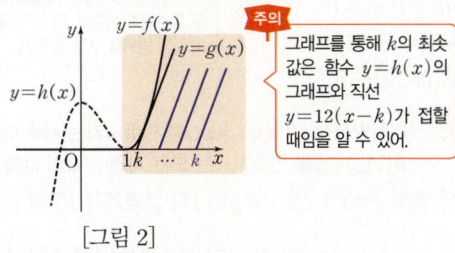

주의
그래프를 통해 k의 최솟값은 함수 $y=h(x)$의 그래프와 직선 $y=12(x-k)$가 접할 때임을 알 수 있어.

[그림 2]

$x>1$일 때 함수 $f(x)=(x-1)^2(2x+1)$의 그래프에 접하고 <u>기울기가 12인 접선</u>의 접점을 $(t, f(t))$ $(t>1)$라 하자.

$x>k$일 때, $g(x)=12(x-k)$이므로 $g(x)$의 그래프는 기울기가 12인 직선이 돼.

$f'(x)=6x(x-1)(\because$ ㉤)에서 접선의 기울기가 12이므로

$6t(t-1)=12$, $t^2-t-2=0$

$(t+1)(t-2)=0$

$\therefore t=-1$ 또는 $t=2$

이때, $t>1$이므로 $t=2$이다.

3rd k의 최솟값을 구하자.

$f(2)=(2-1)^2\times(4+1)=5$이므로 점 $(2, 5)$에서의 접선의 방정식은

$y-5=12(x-2)$

곡선 $y=f(x)$ 위의 점 $(t, f(t))$에서의 접선의 방정식은 $y-f(t)=f'(t)(x-t)$

$\therefore y=12x-19$

이때, $0=12x-19$에서 $x=\dfrac{19}{12}$이므로 이 접선의 x절편은 $\dfrac{19}{12}$이다.

즉, 조건 (나)의 부등식을 만족시키려면 $k\geq\dfrac{19}{12}$이므로

k의 최솟값은 $\dfrac{19}{12}$이다.

따라서 $p=12$, $q=19$이므로

$a+p+q=1+12+19=32$

1등급 대비 **특강**

＊ 조건 (나)의 부등식 해석하기

x의 범위를 나누어 식을 통해 부등식 $f(x)\geq g(x)$를 풀려고 하면 계산이 복잡해.

따라서 이 부등식을 두 함수 $y=f(x)$와 $y=g(x)$의 그래프를 그려 $y=f(x)$의 그래프가 $y=g(x)$의 그래프의 위쪽에 있거나 접한다는 조건으로 바꾸어 해석해야 해.

My Top Secret　　　　서울대 선배의 **①** 등급 대비 전략

방정식 $f(x)=g(x)$의 해를 두 함수 $y=f(x)$, $y=g(x)$의 그래프가 만나는 점의 x좌표라 하지? 마찬가지로 부등식 $f(x)\geq g(x)$의 풀이도 두 함수 $y=f(x)$, $y=g(x)$의 그래프 사이의 위치 관계로 해석할 수 있어.

$f(x)\geq g(x)$이면 함수 $y=f(x)$의 그래프가 함수 $y=g(x)$의 그래프의 위쪽에 위치하거나 접한다는 뜻이야. 주어진 부등식에 함수의 식을 직접 대입해 나타내는 것이 복잡하다고 생각되면 그래프를 그려서 살펴보는 것도 좋은 해결 방법 중 하나야.

D **163** 정답 **35** ⋯⋯⋯⋯ ✦1등급 대비 [정답률 14%]

＊삼차함수의 그래프 위의 두 점을 잇는 직선의 기울기와 접선을 활용하여 삼차함수의 도함수 구하기 [유형 12]

양의 실수 t와 최고차항의 계수가 1인 삼차함수 $f(x)$에 대하여 함수

단서1 $g(t)=\dfrac{f(t)-f(0)}{t}=\dfrac{f(t)-f(0)}{t-0}$이므로 함수 $g(t)$는 곡선 $y=f(x)$ 위의 두 점 $(0, f(0))$, $(t, f(t))$를 잇는 직선의 기울기임을 알 수 있어.

$$g(t)=\frac{f(t)-f(0)}{t}$$

이라 하자. 두 함수 $f(x)$와 $g(t)$가 다음 조건을 만족시킨다.

(가) 함수 $g(t)$의 최솟값은 0이다.
단서2 $g(k)=0$인 양수 k에 대하여 함수 $y=f(x)$의 그래프가 점 $(k, f(k))$에서 직선 $y=f(0)$과 접함을 알 수 있어야 해.

(나) x에 대한 방정식 $f'(x)=g(a)$를 만족시키는 x의 값은 a와 $\dfrac{5}{3}$이다. $\left(단, a>\dfrac{5}{3}인 상수이다.\right)$
단서3 방정식 $f'(x)=g(a)$의 만족시키는 x의 값이 a와 $\dfrac{5}{3}$이니까 $f'(a)=g(a)$이고, $f'\left(\dfrac{5}{3}\right)=g(a)$야.

자연수 m에 대하여 집합 A_m을

$$A_m=\{x|f'(x)=g(m), 0<x\leq m\}$$

이라 할 때, $n(A_m)=2$를 만족시키는 모든 자연수 m의 값의 합을 구하시오. (4점)

왜 **1등급?** 새롭게 정의된 함수의 의미를 파악한 후 조건을 만족시키는 삼차함수의 도함수를 구하고, 이 도함수를 활용한 방정식에 대한 조건을 해석하는 문제로 $g(t)$가 삼차함수 $y=f(x)$의 그래프 위의 두 점을 잇는 직선의 기울기임을 이해하고, 이를 이용하여 접선을 그어 방정식 $f'(x)=g(a)$를 만족시키는 a의 값을 따져 보아야 한다.

💡 **단서＋발상**

단서1 $g(t)=\dfrac{f(t)-f(0)}{t}=\dfrac{f(t)-f(0)}{t-0}$이므로 직선의 기울기의 정의를 적용하면 $g(t)$는 두 점 $(0, f(0))$, $(t, f(t))$를 잇는 직선의 기울기를 뜻한다. 발상
따라서 곡선 위의 두 점의 직선의 기울기를 이용하기 위해 삼차함수의 그래프의 개형을 그려본다. 적용

단서2 함수 $g(t)$의 최솟값이 0이므로 $g(t)\geq0$이고, $g(t)=0$이 되는 양수 t가 존재한다. 즉, $\dfrac{f(t)-f(0)}{t}\geq0$이므로 $f(t)\geq f(0)$이고 $f(t)=f(0)$이 되는 t가 존재한다는 뜻이다. 발상
이러한 t의 값을 k라 할 때, 모든 양수 x에 대해 $f(x)\geq f(k)$이므로 $x=k$에서 함수 $f(x)$는 극솟값을 갖는다. 따라서 $f(k)-f(0)=0$, $f'(k)=0$이므로 $f(x)-f(0)$은 $(x-k)^2$을 인수로 가진다. 적용

단서3 조건 (나)에 주어진 등식에 $x=a$, $x=\dfrac{5}{3}$를 대입하면 $f'(a)=f'\left(\dfrac{5}{3}\right)=g(a)$임을 알 수 있다. 이를 $f(x)-f(0)=x(x-k)^2$에 대입하여 a와 k의 값을 각각 구할 수 있다. 해결

주의 $g(m)$의 값은 m의 값에 따라 변하지만, $f'(x)$는 x의 값에 따라 변하므로 x와 y의 관계를 나타내는 함수에서는 직선 $y=g(m)$은 x축과 평행하다.

> **핵심 정답 공식**: $g(t)=\dfrac{f(t)-f(0)}{t}=\dfrac{f(t)-f(0)}{t-0}$이므로 함수 $g(t)$는 곡선 $y=f(x)$ 위의 두 점 $(0, f(0))$, $(t, f(t))$를 잇는 직선의 기울기이다.

1st 조건 (가), (나)를 이용하여 두 함수 $f'(x)$, $g(t)$를 구하자.

조건 (가)에서 함수 $g(t)=\dfrac{f(t)-f(0)}{t}$의 최솟값이 0이므로

$g(k)=0$인 양수 k가 존재한다. → 함수 $g(t)$가 양의 실수 t에 대하여 정의되어 있어.

이때, $g(k)=\dfrac{f(k)-f(0)}{k}=0$이므로 $f(k)=f(0)$이다.

즉, 조건 (가)에 의하여 함수 $y=f(x)$의 그래프는 [그림 1]과 같이 점 $(k,\,f(k))$에서 직선 $y=f(0)$과 접한다.
함수 $g(t)$가 곡선 $y=f(x)$ 위의 두 점 $(0,f(0))$, $(t,f(t))$를 잇는 직선의 기울기이므로 양수 t에 대하여 $g(t)$의 최솟값이 0이 되려면 $f(t)$의 값은 $f(0)$의 값보다 작으면 안 돼.

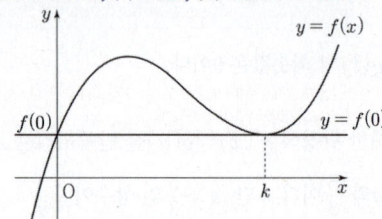

[그림 1]

따라서 삼차함수 $y=f(x)-f(0)$에 대하여 $f(k)-f(0)=0$, $f'(k)=0$을 만족시키므로 $f(x)-f(0)$은 $(x-k)^2$을 인수로 가지고, $f(0)-f(0)=0$에서 $f(x)-f(0)$은 x도 인수로 가진다.

즉, $f(x)-f(0)=x(x-k)^2$이므로

$f(x)=x(x-k)^2+f(0)$ → $f(x)$는 최고차항의 계수가 1인 삼차함수이므로

위의 함수를 x에 대하여 미분하면 $f(x)-f(0)$도 최고차항의 계수가 1인 삼차함수가 돼.

$f'(x)=(x-k)^2+2x(x-k)=(3x-k)(x-k)$ ··· ㉠

한편, $g(t)=\dfrac{f(t)-f(0)}{t}$에 $f(t)=t(t-k)^2+f(0)$을 대입하면

$g(t)=\dfrac{t(t-k)^2}{t}=(t-k)^2$ ··· ㉡

이때, 조건 (나)에서 $f'(a)=g(a)$이므로 ㉠, ㉡에 의하여
→ $f'(a)=g(a)$ → $f'\left(\dfrac{5}{3}\right)=g(a)$

$(3a-k)(a-k)=(a-k)^2$

$2a(a-k)=0$ $\therefore a=k\left(\because a>\dfrac{5}{3}>0\right)$

또, ㉠에서 $f'(k)=0$이므로 $g(a)=0$ ··· ㉢

그런데 조건 (나)에서 $f'\left(\dfrac{5}{3}\right)=g(a)$이고

㉢에서 $g(a)=0$이므로 $f'\left(\dfrac{5}{3}\right)=0$

즉, ㉠의 $f'(x)=0$에서 $x=\dfrac{k}{3}$ 또는 $x=k$이므로

$\dfrac{k}{3}=\dfrac{5}{3}$ 또는 $k=\dfrac{5}{3}$, 즉 $k=5$ 또는 $k=\dfrac{5}{3}$

그런데 조건 (나)에서 $a>\dfrac{5}{3}$이므로 $k>\dfrac{5}{3}$ $\therefore k=5$

$\therefore f'(x)=(3x-5)(x-5)$, $g(t)=(t-5)^2$

2nd 이차방정식 $f'(x)=g(m)$이 서로 다른 두 양의 실근을 갖게 하는 m의 값의 범위를 찾자.

이차방정식 $f'(x)=g(m)$을 정리하면 $(3x-5)(x-5)=(m-5)^2$

$\therefore 3x^2-20x-m^2+10m=0$

위의 x에 대한 이차방정식의 판별식을 D라 하면

$\dfrac{D}{4}=(-10)^2-3(-m^2+10m)=3m^2-30m+100$

$=3(m-5)^2+25>0$

이므로 이차방정식 $f'(x)=g(m)$은 m의 값에 관계없이 서로 다른 두 실근을 갖는다. 이차방정식 $f'(x)=g(m)$은 판별식 D가 $\dfrac{D}{4}>0$이므로 서로 다른 두 실근을 가져.

이때, 이 서로 다른 두 실근을 c_1, $c_2\,(c_1<c_2)$라 하자.

$n(A_m)=2$이려면 $0<c_1<c_2\leq m$이어야 하므로 이차방정식의 근과 계수의 관계에 의하여

$c_1c_2=\dfrac{-m^2+10m}{3}>0$

> **함정** 이 문제에서 m의 값의 범위를 구하는 것이 중요한 단서인데, 이차방정식 $f'(x)=g(m)$, 즉 $3x^2-20x-m^2+10m=0$의 서로 다른 두 근이 모두 양수여야 하므로 두 근의 곱도 양수임을 이용하여 m의 값의 범위를 구할 수 있어.

$m^2-10m<0$

$m(m-10)<0$

$\therefore 0<m<10$

3rd 이차방정식 $f'(x)=g(m)$을 만족시키는 서로 다른 두 실근에 대하여 $n(A_m)=2$를 만족시키는 모든 자연수 m의 값의 합을 구하자.

두 함수 $y=f'(x)$, $y=g(x)$의 그래프는 [그림 2]와 같다.

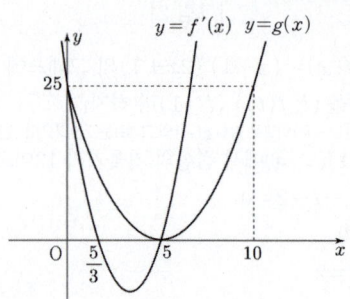

[그림 2]

한편, $g(m)=(m-5)^2\geq0$이므로 $f'(x)=g(m)$에서 $f'(x)=(3x-5)(x-5)\geq0$이어야 한다.

$\therefore x\leq\dfrac{5}{3}$ 또는 $x\geq5$

따라서 조건을 만족시키는 자연수 m의 값의 범위를 다음과 같이 나눠 보자.

(i) $0<m<5$인 경우

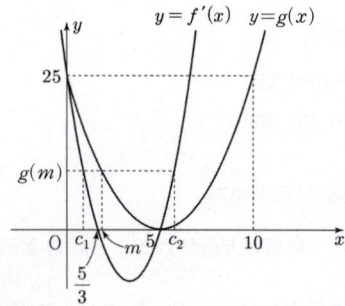

[그림 3]

[그림 3]에 의해 $0<c_1<m<5<c_2$이므로

$A_m=\{c_1\}$에서 $n(A_m)=1$
$0<x\leq m$에서 함수 $y=f'(x)$의 그래프와 직선 $y=g(m)$의 교점의 x좌표가 c_1 하나뿐이야.

이 경우는 조건을 만족시키지 않는다.

(ii) $m=5$인 경우

$g(5)=0$이므로 $f'(x)=g(5)=0$

$(3x-5)(x-5)=0$ $\therefore x=\dfrac{5}{3}$ 또는 $x=5$

즉, $A_5=\left\{\dfrac{5}{3},\,5\right\}$에서 $n(A_5)=2$

이 경우는 조건을 만족시킨다.

(iii) $5 < m < 10$인 경우

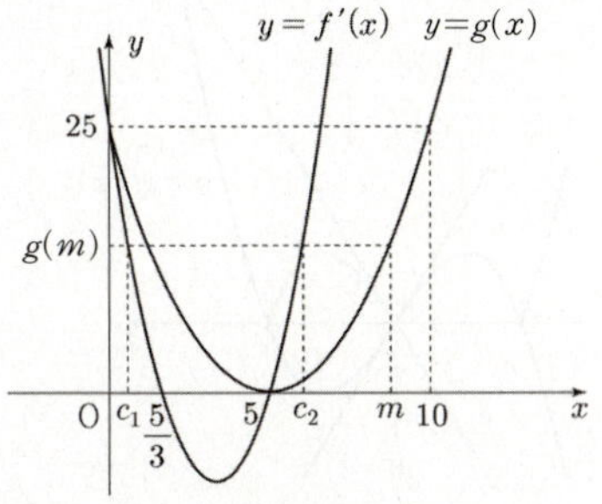

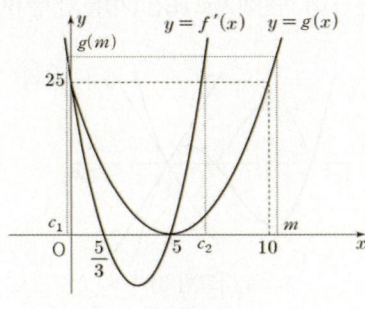

[그림 4]

[그림 4]에 의해 $0 < c_1 < c_2 < m$이므로

$\underline{A_m = \{c_1,\ c_2\}}$에서 $n(A_m) = 2$
$0 \le x \le m$에서 함수 $y=f'(x)$의 그래프와 직선 $y=g(m)$의 교점의 x좌표가 $c_1,\ c_2$야.

이 경우는 조건을 만족시킨다.

(iv) $m \ge 10$인 경우

[그림 5]

[그림 5]에 의해 $c_1 \le 0 < c_2 < m$이므로

$A_m = \{c_2\}$에서 $n(A_m) = 1$

이 경우는 조건을 만족시키지 않는다.

(i)~(iv)에 의하여 $n(A_m) = 2$를 만족시키는 자연수 m은 5, 6, 7, 8, 9이다.

따라서 구하는 m의 값의 합은 $5+6+7+8+9 = 35$이다.

1등급 대비 **특강**

＊$f(x)$와 상수 a의 값 구하기

$g(t)$가 두 점 $(0, f(0))$, $(t, f(t))$를 잇는 직선의 기울기임을 활용하여 이 기울기의 최솟값이 0이기 위한 $f(x)$를 찾을 수 있어.

그리고 $g(a)$와 $f'(a)$의 값이 같음을 파악하여 곡선 $y=f(x)$ 위의 점 $(a, f(a))$에서의 접선이 점 $(0, f(0))$을 지남을 알 수 있으므로 이를 이용하여 a의 값을 구하자.

D 164 정답 **121** ⭐**1등급 대비** [정답률 9%]

＊삼차함수의 그래프와 그 그래프 위의 점에서의 접선과의 교점에 대한 조건을 해석하여 함수의 식 구하기 [유형 **01＋02＋12**]

삼차함수 $f(x)$에 대하여 곡선 $y=f(x)$ 위의 점 $(0, 0)$에서의 접선의 방정식을 $y=g(x)$라 할 때, 함수 $h(x)$를

단서1 $f(0)=0$임을 이용하여 삼차함수 $f(x)$의 식을 세운 후 곡선 $y=f(x)$ 위의 점 $(0,0)$에서의 접선의 방정식을 구해서 $g(x)$의 식을 나타내봐.

$$h(x) = |f(x)| + g(x)$$

단서2 곡선 $y=h(x)$가 x축과 만나는 점은 곡선 $y=|f(x)|$와 직선 $y=-g(x)$가 만나는 점을 뜻해.

라 하자. 함수 $h(x)$가 다음 조건을 만족시킨다.

(가) 곡선 $y=h(x)$ 위의 점 $(k, 0)$ $(k \ne 0)$에서의 접선의 방정식은 $y=0$이다.
　단서3 곡선 $y=h(x)$ 위의 점 $(k, 0)$에서의 접선의 기울기가 0이므로 $h(k)=0$이고, $h'(k)=0$이야. 즉, 직선 $y=-g(x)$가 곡선 $y=|f(x)|$ 위의 점 $(k, |f(k)|)$에서의 접선이 되도록 하는 0이 아닌 상수 k가 존재한다는 뜻이야.

(나) 방정식 $h(x)=0$의 실근 중에서 가장 큰 값은 12이다.
　단서4 $h(12) = |f(12)| + g(12) = 0$이지? 즉, $g(12) = -|f(12)| \le 0$임을 이용하여 직선 $y=g(x)$의 기울기의 부호를 파악할 수 있어.

$h(3) = -\dfrac{9}{2}$일 때, $k \times \{h(6) - h(11)\}$의 값을 구하시오.

(단, k는 상수이다.) (4점)

왜 1등급? 삼차함수 $y=f(x)$의 그래프 위의 한 점에서의 접선의 방정식을 $y=g(x)$라 할 때, $f(x)$, $g(x)$를 이용하여 새롭게 정의된 함수의 그래프에 대한 조건을 이용하여 $f(x)$의 식을 구하는 문제로 방정식의 실근에 대한 조건을 두 함수의 그래프의 교점에 대한 것으로 해석할 수 있어야 한다.

💡 **단서＋발상**

단서1 점 $(0, 0)$을 지나는 삼차함수 $f(x)$의 식을 미정계수를 이용하여 세운 후, 이 식을 이용하여 곡선 $y=f(x)$ 위의 점 $(0, 0)$에서의 접선의 방정식을 구해 $g(x)$의 식을 나타내도록 한다. **적용**

단서2 주어진 조건을 보면 $h(x)=0$을 만족시키는 x의 값에 대한 정보를 주고 있다. 이때, $h(x) = |f(x)| + g(x) = 0$, 즉 $|f(x)| = -g(x)$를 만족시키는 x의 값은 곡선 $y=|f(x)|$와 직선 $y=-g(x)$의 교점의 x좌표이므로 주어진 조건을 그래프를 이용해 해석하는 것으로 풀이 방향을 잡는 것이 좋다. **발상**

단서3 곡선 $y=h(x)$ 위의 점 $(k, 0)$에서의 접선의 기울기가 0이므로 $h(k)=0$, $h'(k)=0$이다. 따라서 곡선 $y=h(x)$는 x축과 $x=k$인 점에서 접하고, 이는 곡선 $y=|f(x)|$와 직선 $y=-g(x)$가 $x=k$인 점에서 접한다는 뜻이므로 이러한 조건을 만족시키는 0이 아닌 상수 k가 존재하는 $y=f(x)$의 그래프의 개형을 찾을 수 있어야 한다. **발상**

단서4 $h(12)=0$, 즉 $|f(12)| + g(12) = 0$에서 $g(12) = -|f(12)|$이다. 그런데 절댓값은 항상 0 이상이므로 $g(12) \le 0$이 된다. 이를 이용하여 $f(x)$의 식에서의 미정계수의 값이 될 수 있는 경우를 줄여가며 조건을 만족시키는 $y=f(x)$의 그래프의 개형을 확정하도록 하자. **해결**

주의 삼차함수 $f(x)$의 최고차항의 계수의 부호를 모르기 때문에 먼저 최고차항의 계수가 양수일 때와 음수일 때로 경우를 나눈 후 삼차함수의 그래프의 개형을 이용하여 조건을 만족시키는지 확인해야 한다.

핵심 정답 공식: 방정식 $f(x)=g(x)$의 실근은 두 함수 $y=f(x)$와 $y=g(x)$의 그래프의 교점의 x좌표와 같다.

1st 직선 $y=g(x)$의 기울기의 부호를 결정하자.

곡선 $y=f(x)$가 점 $(0,0)$을 지나므로 $f(0)=0$이다.

이때, $f(x)$가 삼차함수이므로

$f(x)=ax^3+bx^2+cx\,(a,\,b,\,c$는 상수, $a\neq0)$라 하면

$f'(x)=3ax^2+2bx+c$이므로 $f'(0)=c$

즉, 곡선 $y=f(x)$ 위의 점 $(0,\,0)$에서의 접선의 방정식이

$y=g(x)$이므로 $g(x)=cx$이다.

<u>함수 $f(x)$가 $x=a$에서 미분가능할 때, 곡선 $y=f(x)$ 위의 점 $(a,f(a))$에서의 접선의 방정식은 $y=f'(a)(x-a)+f(a)$</u>

한편, 조건 (나)에 의하여 $h(12)=|f(12)|+g(12)=0$이고,

$|f(12)|\geq0$이므로 $g(12)\leq0$에서 $12c\leq0$, 즉 $c\leq0$이다.

<u>그런데 $c=0$이면 $f(x)$는 x^2을 인수로 갖고,</u> → $f(0)=0$이고 $f'(0)=c=0$이므로 $f(x)$는 x^2을 인수로 갖지.

$g(12)=0$에서 $f(12)=0$이므로

$f(x)=ax^2(x-12)$가 되어

<u>$x=12$에서의 함수 $h(x)=|f(x)|$의 미분계수가 존재하지 않는다.</u>

함수 $h(x)=|f(x)|=|ax^2(x-12)|$에 대하여

$\displaystyle\lim_{x\to12-}\frac{h(x)-h(12)}{x-12}=\lim_{x\to12-}\frac{-|a|\times x^2\times(x-12)}{x-12}=-144|a|$

$\displaystyle\lim_{x\to12+}\frac{h(x)-h(12)}{x-12}=\lim_{x\to12+}\frac{|a|\times x^2\times(x-12)}{x-12}=144|a|$

즉, $a\neq0$이므로 $x=12$에서의 함수 $h(x)=|f(x)|$의 좌미분계수와 우미분계수가 같지 않아.

즉, 곡선 $y=h(x)$는 x축과 $x=0$, $x=12$에서만 만나는데, $x=12$에서

접선이 존재하지 않으므로 이 경우는 조건 (가)를 만족시키지 않는다.

따라서 $c\neq0$이므로 $c<0$이다.

2nd 삼차함수 $f(x)$의 최고차항의 계수의 부호와 그 그래프의 개형을 파악하자.

(ⅰ) $c<0$이고, $a>0$인 경우

$f(x)=ax^3+bx^2+cx$에서 $f'(x)=3ax^2+2bx+c$

이차방정식 $f'(x)=0$의 판별식을 D라 하면

$\dfrac{D}{4}=\underline{b^2-3ac>0}$이므로 이차방정식 $f'(x)=0$은 서로 다른 두

→ $b^2\geq0$이고, $c<0$, $a>0$에서 $-3ac>0$이므로 $b^2-3ac>0$이야.

실근을 갖는다.

즉, 삼차함수 $f(x)$는 극댓값과 극솟값을 각각 1개씩 가지므로 두

함수 $y=f(x)$와 $y=g(x)$의 그래프의 개형은 [그림 1]과 같다.

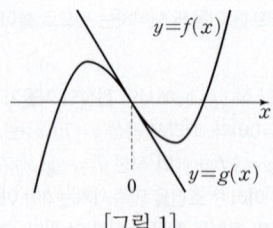

[그림 1]

조건 (가)에 의하여 $h(k)=0$, $h'(k)=0$인 0이 아닌 상수 k가 존재

해야 한다. ⟺ $h(x)$가 $(x-k)^2$을 인수로 가져야 해.
⟺ 방정식 $|f(x)|+g(x)=0$이 $x=k$를 중근으로 가져.
⟺ 곡선 $y=|f(x)|$와 직선 $y=-g(x)$가 $x=k$에서 접해.

즉, 방정식 $h(x)=|f(x)|+g(x)=0$에서 $|f(x)|=-g(x)$의

실근은 곡선 $y=|f(x)|$와 직선 $y=-g(x)$가 만나는 점의

x좌표이므로 조건 (가)를 만족시키려면 직선 $y=-g(x)$가

곡선 $y=|f(x)|$ 위의 점 $(k,\,|f(k)|)$에서의 접선이 되도록 하는

0이 아닌 상수 k가 존재해야 한다.

그런데 [그림 2]와 같이 이를 만족시키는 0이 아닌 상수 k의 값은

존재하지 않으므로 이 경우는 조건 (가)를 만족시키지 않는다.

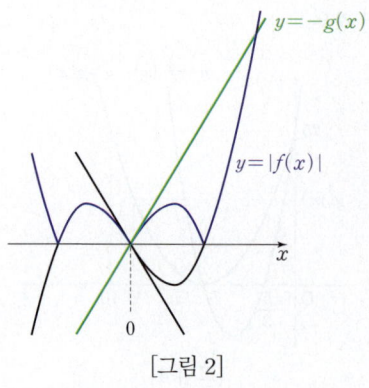

[그림 2]

(ⅱ) $c<0$이고, $a<0$인 경우

삼차함수 $f(x)$가 극값을 갖지 않는 경우에는 조건 (가)를 만족시키지

않는다.

또한, 두 함수 $y=f(x)$와 $y=g(x)$의 그래프의 개형이 [그림 3]과

같은 경우에는 (ⅰ)과 마찬가지로 조건 (가)를 만족시키지 않는다.

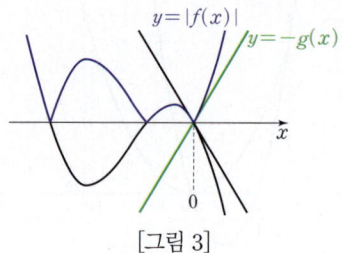

[그림 3]

따라서 두 함수 $y=f(x)$와 $y=g(x)$의 그래프의 개형이 [그림 4]와

같은 경우에만 조건 (가)를 만족시킨다.

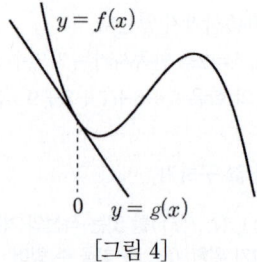

[그림 4]

조건 (가)에 의하여 직선 $y=-g(x)$가 곡선 $y=|f(x)|$ 위의

점 $(k,\,|f(k)|)$에서의 접선이 되도록 하는 0이 아닌 상수 k가

존재해야 하고, 조건 (나)에 의하여 $x=12$에서 직선 $y=-g(x)$와

곡선 $y=|f(x)|$가 만나야 하므로 두 함수 $y=f(x)$와 $y=g(x)$의

그래프는 [그림 5]와 같다.

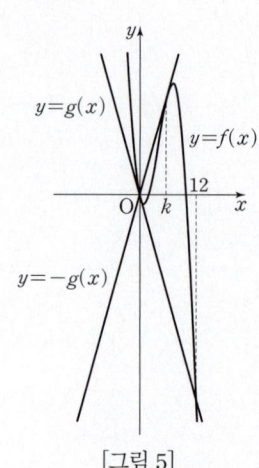

[그림 5]

두 함수 $y=f(x)$와 $y=-g(x)$의 그래프는 $x=0$에서 만나고 $x=k$에서 접하므로

$f(x)-\{-g(x)\}=ax(x-k)^2$

$\therefore f(x)+g(x)=ax(x-k)^2 \cdots \bigcirc$

또한, 두 함수 $y=f(x)$와 $y=g(x)$의 그래프는 $x=0$에서 접하고 $x=12$에서 만나므로

$f(x)-g(x)=ax^2(x-12) \cdots \bigcirc\!\!\bigcirc$

$\bigcirc-\bigcirc\!\!\bigcirc$을 하면

$2g(x)=ax(x-k)^2-ax^2(x-12)$

$\qquad =ax\{(x-k)^2-x(x-12)\}$

$\qquad =ax(-2kx+k^2+12x)$

$\qquad =2a(6-k)x^2+ak^2x$

$\therefore g(x)=a(6-k)x^2+\dfrac{1}{2}ak^2x$

그런데 $g(x)=cx$이므로 계수를 비교하면

$a(6-k)=0$

$\therefore k=6 \ (\because a \neq 0)$

$c=\dfrac{1}{2}ak^2=\dfrac{1}{2}a \times 36=18a$

또한, $\bigcirc+\bigcirc\!\!\bigcirc$을 하면

$2f(x)=ax(x-k)^2+ax^2(x-12)$

$\qquad =ax\{(x-6)^2+x(x-12)\}$

$\qquad =2ax(x^2-12x+18)$

$\therefore f(x)=ax(x^2-12x+18)$

한편, 이차방정식 $x^2-12x+18=0$의 두 근을 $\alpha,\ \beta\ (\alpha<\beta)$라 하면
$\alpha=6-3\sqrt{2},\ \beta=6+3\sqrt{2}$이므로 $\alpha<3<\beta$에서 [그림 5]의 $y=f(x)$의
<u>이차방정식 $x^2-12x+18=0$의 해를 근의 공식을 이용하여 구하면
$x=-(-6)\pm\sqrt{(-6)^2-1\times18}=6\pm3\sqrt{2}$</u>
그래프에 의해 $f(3)>0$이다.

이때, $f(3)=3a\times(9-36+18)=-27a$,
$g(3)=3c=3\times18a=54a$이므로

$h(3)=|f(3)|+g(3)=f(3)+g(3)=-27a+54a=27a$

$h(3)=-\dfrac{9}{2}$이므로 $27a=-\dfrac{9}{2}$

$\therefore a=-\dfrac{1}{6} \Rightarrow c=18a=18\times\left(-\dfrac{1}{6}\right)=-3$

즉, $f(x)=-\dfrac{1}{6}x(x^2-12x+18)$이고, $g(x)=-3x$이므로

$f(11)=-\dfrac{1}{6}\times11\times(11^2-12\times11+18)$

$\qquad =-\dfrac{77}{6}$

$g(11)=-3\times11=-33$

$\therefore h(11)=|f(11)|+g(11)$

$\qquad =\dfrac{77}{6}+(-33)$

$\qquad =-\dfrac{121}{6}$

따라서 $k=6,\ h(6)=0,\ h(11)=-\dfrac{121}{6}$이므로
<u>조건 (가)에 의해 $h(k)=0$이지?
그런데 $k=6$이므로 $h(6)=0$이야.</u>

$k\times\{h(6)-h(11)\}=6\times\left\{0-\left(-\dfrac{121}{6}\right)\right\}$

$\qquad =121$

D

＊함수 $y=h(x)$의 그래프 확인하기

위의 풀이에서 $a=-\dfrac{1}{6},\ k=6$이므로 $\alpha=6-3\sqrt{2},\ \beta=6+3\sqrt{2}$라
했을 때 함수 $h(x)$의 식을 정리하면 다음과 같아.

$$h(x)=\begin{cases}-\dfrac{1}{6}x(x-6)^2 & (x\leq0 \text{ 또는 } \alpha\leq x\leq\beta) \\[2mm] \dfrac{1}{6}x^2(x-12) & (0<x<\alpha \text{ 또는 } x>\beta)\end{cases}$$

따라서 함수 $y=h(x)$의 그래프는 다음과 같아.

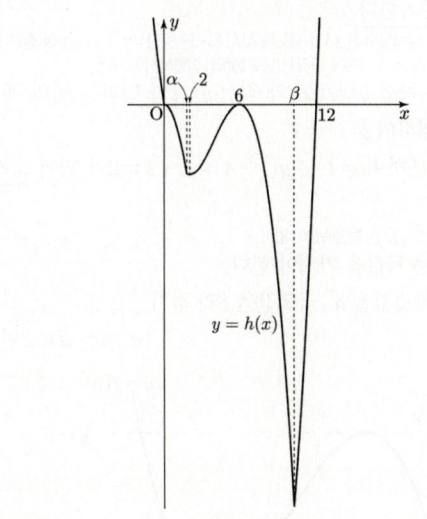

D 165 정답 **200** ········· ⭐**2등급 대비** [정답률 20%]

> **정답 공식:** 함수 $f(x)$가 $x=a$에서 연속이기 위해서는
> $\lim\limits_{x\to a+} f(x)=\lim\limits_{x\to a-} f(x)=f(a)$가 성립해야 한다.

최고차항의 계수가 1이고 $f(0)=0$인 삼차함수 $f(x)$와 실수 t에
대하여 곡선 $y=f(x)$와 직선 $y=t$가 만나는 점의 개수를 $g(t)$라
단서1 삼차함수 $f(x)$가 극값을 가질 때와 갖지 않을 때의 그래프의 개형을 살펴봐.
하자. 양수 a와 함수 $g(t)$가 다음 조건을 만족시킨다.

함수 $\underline{g(t)+g(t-4)}$는 $\underline{t=0}$과 $\underline{t=a}$에서만 불연속이다.

단서3 두 점에서만 불연속이 되도록 하기 위해
곡선 $y=f(x)$의 개형은 극댓값과 극솟값의
차이를 고려해서 추론해.

$f(a)$의 최솟값을 구하시오. (4점)

→ **단서2** 곡선 $y=f(x)$와 두 직선 $y=t,\ y=t-4$가 각각 만나는 점의 개수의 합이야.
두 직선 $y=t,\ y=t-4$ 사이의 간격이 4이므로 x축에 평행한 두 직선의 간격이 4가
되도록 하면서 곡선 $y=f(x)$와의 교점의 개수의 합을 찾아가.

💡 **단서+발상**

단서1 삼차함수 그래프의 개형은 크게 두 가지, 극값이 있는 그래프와 없는 그래프로
나눌 수 있다. **개념**
극값이 없는 그래프의 경우 $y=f(x)$와 $y=t$는 한 점에서 만날 것이고, 극값이
있는 그래프는 범위에 따라 만나는 점의 개수가 다를 것이다. **발상**
범위를 구분하여 함수 $g(t)$를 정의하면 된다. **적용**

단서2 범위에 따라 정의한 함수 $g(t)$를 바탕으로, 함수 $g(t-4)$를 찾을 수 있다. **적용**
찾은 함수 $g(t-4)$의 값과 함수 $g(t)$의 값을 합하여 함수 $g(t)+g(t-4)$의
값을 찾아야 한다. **적용**

단서3 함수 $g(t)$가 불연속인 점과 $g(t-4)$가 불연속인 점은 각각 2개씩 존재한다.
발상
$g(t)$는 삼차함수 $f(x)$의 극솟값 m과 극댓값 M에서 불연속이므로,

$g(t)+g(t-4)$는 $t=m,\ m+4,\ M,\ M+4$인 네 지점에서 불연속일 수 있다.
발상

조건에서 함수 $g(t)+g(t-4)$는 $t=0$과 $t=a$에서만 불연속이라고 했으므로, 극댓값과 극솟값의 차이는 4이어야 한다. 발상

이를 활용하여 a의 값을 찾을 수 있다. 해결

---------------------- [문제 풀이 순서] ----------------------

1st 함수 $g(t)+g(t-4)$가 두 점에서만 불연속이 되도록 하기 위한 삼차함수 $f(x)$에 대하여 함수 $g(t)$를 구하자.

최고차항의 계수가 양수인 삼차함수 $f(x)$가 극값을 갖지 않으면 <u>실수 전체의 집합에서 증가한다.</u>
최고차항의 계수가 양수인 삼차함수 $f(x)$가 극값을 갖지 않으면 방정식 $f'(x)=0$이 중근 또는 서로 다른 두 허근을 가지므로 $f'(x)\geq0$이야. 따라서 실수 전체의 집합에서 증가해.

이때, 함수 $g(t)$는 곡선 $y=f(x)$와 직선 $y=t$가 만나는 점의 개수이므로 모든 실수 t에 대하여 $g(t)=1$

즉, 모든 실수 t에 대하여 $g(t)+g(t-4)=1+1=2$가 되어 <u>조건을 만족시키지 않는다.</u>
이 경우에 함수 $g(t)+g(t-4)$는 불연속점이 없어.

따라서 함수 $f(x)$는 극값을 가져야 한다.

삼차함수 $f(x)$의 극솟값을 α, 극댓값을 β라 하자.

$$(\alpha,\ \beta는\ \alpha<\beta인\ 상수)$$

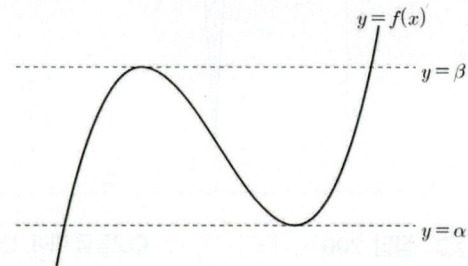

이때, 함수 $g(t)$를 구하면
$$g(t)=\begin{cases}1 & (t<\alpha\ \text{또는}\ t>\beta)\\2 & (t=\alpha\ \text{또는}\ t=\beta)\\3 & (\alpha<t<\beta)\end{cases}$$

이고 함수 $g(t-4)$를 구하면
함수 $y=g(t-4)$의 그래프는 함수 $y=g(t)$의 그래프를 t축의 방향으로 4만큼 평행이동한 그래프야.
$$g(t-4)=\begin{cases}1 & (t<\alpha+4\ \text{또는}\ t>\beta+4)\\2 & (t=\alpha+4\ \text{또는}\ t=\beta+4)\\3 & (\alpha+4<t<\beta+4)\end{cases}$$

2nd 함수 $g(t)+g(t-4)$가 두 점에서만 불연속이 되도록 하는 삼차함수 $f(x)$의 극솟값과 극댓값을 구하자.

따라서 함수 $g(t)$는 $t=\alpha$와 $t=\beta$에서만 불연속이고, 함수 $g(t-4)$는 $t=\alpha+4$와 $t=\beta+4$에서만 불연속이다.

함수 $g(t)+g(t-4)$가 $t=\alpha$에서 연속인지 확인하면
$$\lim_{x\to\alpha+}\{g(t)+g(t-4)\}=\lim_{x\to\alpha+}g(t)+\lim_{x\to\alpha+}g(t-4)$$
$t\to\alpha+$일 때, 두 함수 $g(t),\ g(t-4)$는 모두 수렴하므로 $\lim\limits_{t\to\alpha+}\{g(t)+g(t-4)\}=\lim\limits_{t\to\alpha+}g(t)+\lim\limits_{t\to\alpha+}g(t-4)$가 성립해.
$$=3+1=4$$
$$\lim_{x\to\alpha-}\{g(t)+g(t-4)\}=\lim_{x\to\alpha-}g(t)+\lim_{x\to\alpha-}g(t-4)$$
$$=1+1=2$$
에서
$$\lim_{x\to\alpha+}\{g(t)+g(t-4)\}\neq\lim_{x\to\alpha-}\{g(t)+g(t-4)\}$$이므로
다음의 세 가지 중 하나라도 만족하면 함수 $f(x)$는 $x=a$에서 불연속이야.
① 함수 $f(x)$가 $x=a$에서 정의되어 있지 않다.
② 극한값 $\lim\limits_{x\to a}f(x)$가 존재하지 않는다.
③ 극한값 $\lim\limits_{x\to a}f(x)$와 함숫값 $f(a)$가 다르다.

함수 $g(t)+g(t-4)$는 $t=\alpha$에서 불연속이다.

또한, 함수 $g(t)+g(t-4)$가 $t=\beta+4$에서 연속인지 확인하면
$$\lim_{t\to(\beta+4)+}\{g(t)+g(t-4)\}$$
$$=\lim_{t\to(\beta+4)+}g(t)+\lim_{t\to(\beta+4)+}g(t-4)=1+1=2$$
$$\lim_{t\to(\beta+4)-}\{g(t)+g(t-4)\}$$
$$=\lim_{t\to(\beta+4)-}g(t)+\lim_{t\to(\beta+4)-}g(t-4)=1+3=4$$
에서
$$\lim_{t\to(\beta+4)+}\{g(t)+g(t-4)\}\neq\lim_{t\to(\beta+4)-}\{g(t)+g(t-4)\}$$이므로

함수 $g(t)+g(t-4)$는 $t=\beta+4$에서 불연속이다.

따라서 함수 $g(t)+g(t-4)$는 $t=\alpha$와 $t=\beta+4$에서 불연속이다.

조건에 의하여 함수 $g(t)+g(t-4)$는 $t=0$과 $t=a$에서만 불연속이고 <u>$a>0$이므로</u>
실수⑤ 문제에서 '양수 a'라는 표현이 있는데, a에 대한 중요한 단서가 돼. 이때 $a>0$이므로 α와 $\beta+4$ 중 더 작은 수인 $\alpha=0$. 더 큰 수인 $\beta+4=a$가 되어야 해.

$$\alpha=0,\ \beta+4=a\ \cdots\ \text{㉠}$$

함수 $g(t)+g(t-4)$는 $t=\alpha$와 $t=\beta+4$에서만 불연속이므로 $t=\alpha+4$에서는 연속이 되어야 한다. 문제의 조건에서 함수 $g(t)+g(t-4)$는 두 점에서만 불연속이라고 했으니, 나머지 점에서는 연속이야.

즉,
$$\lim_{t\to(\alpha+4)+}\{g(t)+g(t-4)\}=\lim_{t\to(\alpha+4)-}\{g(t)+g(t-4)\}$$
$$=g(\alpha+4)+g(\alpha)$$ 함수 $f(x)$가 $x=a$에서 연속이면 $\lim\limits_{x\to a+}f(x)=\lim\limits_{x\to a-}f(x)=f(a)$야.
$$\lim_{t\to(\alpha+4)+}\{g(t)+g(t-4)\}$$
$$=\lim_{t\to(\alpha+4)+}g(t)+\lim_{t\to(\alpha+4)+}g(t-4)=\lim_{t\to(\alpha+4)+}g(t)+3$$
$$\lim_{t\to(\alpha+4)-}\{g(t)+g(t-4)\}$$
$$=\lim_{t\to(\alpha+4)-}g(t)+\lim_{t\to(\alpha+4)-}g(t-4)=\lim_{t\to(\alpha+4)-}g(t)+1$$
$g(\alpha+4)+g(\alpha)=g(\alpha+4)+2$이므로
$$\lim_{t\to(\alpha+4)+}g(t)+3=\lim_{t\to(\alpha+4)-}g(t)+1=g(\alpha+4)+2$$

이때, 모든 실수 t에 대하여
$g(t)=1$ 또는 $g(t)=2$ 또는 $g(t)=3$이므로
위 등식을 만족하려면
$$\lim_{t\to(\alpha+4)+}g(t)=1,\ \lim_{t\to(\alpha+4)-}g(t)=3,\ g(\alpha+4)=2$$이어야 한다.
$$\therefore\ \beta=\alpha+4$$

㉠에서 $\alpha=0,\ \beta+4=a$이므로
$$\beta=4,\ a=8$$

즉, 함수 $f(x)$의 극솟값은 0, 극댓값은 4이다.

3rd 함수 $f(x)$의 극소점의 x좌표에 따라 삼차함수 $f(x)$를 구하고 $f(a)=f(8)$의 최솟값을 구하자.

함수 $f(x)$의 극소점의 x좌표를 b라 하자.
삼차함수 $f(x)$의 최고차항의 계수가 10이므로 함수 $f(x)$의 (극대점의 x좌표)<(극소점의 x좌표)야.

(i) $b=0$일 때,

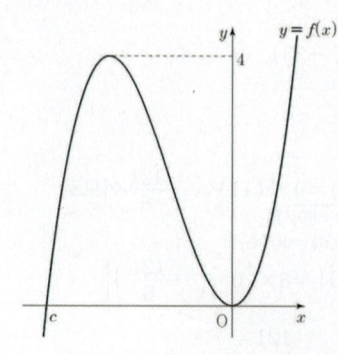

함수 $y=f(x)$의 그래프와 x축이 만나는 점 중 원점이 아닌 점의 x 좌표를 c $(c<0)$라 하자.

$x=0$에서 극솟값을 가지므로 $f'(0)=0$이고,

주어진 조건에서 $f(0)=0$

즉, $f(0)=f'(0)=0$이므로 함수 $f(x)$는 x^2을 인수로 가진다.

$\therefore f(x)=x^2(x-c)=x^3-cx^2$

$f'(x)=3x^2-2cx=x(3x-2c)$이므로

$f'(x)=0$에서 $x=0$ 또는 $x=\dfrac{2}{3}c$

즉, 함수 $f(x)$는 $x=\dfrac{2}{3}c$에서 극댓값 4를 갖는다.

$f\left(\dfrac{2}{3}c\right)=\left(\dfrac{2}{3}c\right)^2\left(\dfrac{2}{3}c-c\right)=-\dfrac{4}{27}c^3=4$이므로

$c^3=-27$ $\therefore c=-3$

따라서 $f(x)=x^2(x+3)$이므로

$f(a)=f(8)=8^2\times11=704$

(ii) $b\neq0$일 때,

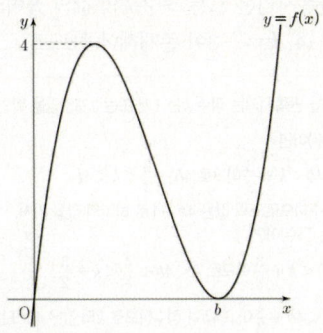

함수 $y=f(x)$의 그래프는 원점을 지나고, $x=b$ $(b>0)$에서 접한다.

$x=b$에서 극솟값을 가지므로 $f'(b)=0$, $f(b)=0$이고,

주어진 조건에서 $f(0)=0$

즉, $f(b)=f'(b)=0$이므로 함수 $f(x)$는 $(x-b)^2$을 인수로 가진다.

$\therefore f(x)=x(x-b)^2=x^3-2bx^2+b^2x$

$f'(x)=3x^2-4bx+b^2=(3x-b)(x-b)$이므로

$f'(x)=0$에서 $x=\dfrac{b}{3}$ 또는 $x=b$

즉, 함수 $f(x)$는 $x=\dfrac{b}{3}$에서 극댓값 4를 갖는다.

$f\left(\dfrac{b}{3}\right)=\dfrac{b}{3}\left(\dfrac{b}{3}-b\right)^2=\dfrac{4}{27}b^3=4$이므로

$b^3=27$ $\therefore b=3$

따라서 $f(x)=x(x-3)^2$이므로

$f(a)=f(8)=8\times5^2=200$

(i), (ii)에 의하여 $f(a)$의 최솟값은 200이다.

＊ 그래프의 이동

킬러 문제를 잘 풀고 싶다면, 식을 있는 그대로 풀기보다 그래프의 이동의 의미를 구조적으로 이해하는 습관을 기르면 좋아. 이번 문제에서 함수 $g(t)+g(t-4)$는 단순히 두 함수를 더한 그래프가 아니라 한 그래프를 오른쪽으로 4만큼 평행이동시켜 겹친 형태를 의미해. 이때 불연속점이 2개만 존재하기 위해서는 그래프를 적절하게 이동하며 생각하면 되는 거지.

이처럼 그래프의 이동이 만들어내는 불연속을 시각적으로 파악할 수 있다면, 복잡한 식을 전개하지 않고도 문제를 빠르게 해결할 수 있어. 결국 이 문제는 함수의 합이 아니라, 두 함수의 겹침 관계를 읽어내는 문제인 거야.

My Top Secret 　　　서울대 선배의 **❶** 등급 대비 전략

문제에서 불연속점이 두 개뿐이라고 했기 때문에 이 부분에 초점을 맞추는 학생이 많을 거야. 이 부분에 초점을 맞추는 방법이 틀린 건 아니지만, 관점을 조금만 바꾸면 더 쉽게 문제를 풀 수 있어.

함수 $g(t-4)$의 불연속점은 함수 $g(t)$의 불연속점이 a만큼 이동한 지점에서 발생해. 이때 불연속이 생기는 이유를 찾기보다는, 불연속이 사라지거나 유지되는 조건을 역으로 떠올려 봐. 4개이던 불연속점을 2개로 줄일 수 있는 방법, 적어도 2개의 불연속점은 유지하는 방법을 생각하는 거지. 이처럼 조건을 다른 관점으로 바라보면, 훨씬 단순한 구조로 문제를 해결할 수 있어.

D 166　**정답 380** ･･････････ **★1등급 대비** [정답률 2%]

정답 공식: 극대 또는 극소가 되는 점이 $x=0$ 또는 $x=\dfrac{4}{3}a$이므로 $k<0<k+\dfrac{3}{2}$, $k<\dfrac{4}{3}a<k+\dfrac{3}{2}$을 만족시키는 정수 k를 구할 수 있다.

정수 $a(a\neq0)$에 대하여 함수 $f(x)$를

주의 정수 a가 0이 아니면 $a>0$일 때와 $a<0$일때로 구분해야 해!

$$f(x)=x^3-2ax^2$$

단서1 $f(x)=x^2(x-2a)$이므로 방정식 $f(x)=0$은 $x=0$에서 중근을 가지므로 $x=0$에서 극대인지 극소인지 경우를 나누어 x축에 접하는 함수 $y=f(x)$의 그래프를 그리면 돼.

이라 하자. 다음 조건을 만족시키는 모든 정수 k의 값의 곱이 -12가 되도록 하는 a에 대하여 $f'(10)$의 값을 구하시오. (4점)

단서2 모든 정수 k의 값의 곱이 -12이면 k는 -12의 약수 중에 하나야.

함수 $f(x)$에 대하여

$$\left\{\dfrac{f(x_1)-f(x_2)}{x_1-x_2}\right\}\times\left\{\dfrac{f(x_2)-f(x_3)}{x_2-x_3}\right\}<0$$

을 만족시키는 세 실수 x_1, x_2, x_3이 열린구간 $\left(k, k+\dfrac{3}{2}\right)$에 존재한다.

단서3 두 점 $(x_1, f(x_1))$, $(x_2, f(x_2))$를 지나는 직선의 기울기와 두 점 $(x_2, f(x_2))$, $(x_3, f(x_3))$을 지나는 직선의 기울기의 부호가 다른 세 실수 x_1, x_2, x_3이 존재해야 하는데 그러려면 극대 또는 극소가 되는 점이 열린구간 $\left(k, k+\dfrac{3}{2}\right)$에 존재해야 해.

💡 단서＋발상 [유형 14＋24]

단서1 함수 $f(x)=x^3-2ax^2$을 미분하면 $f'(x)=3x^2-4ax$이므로 $f(x)$는 $x=0$ 또는 $x=\dfrac{4}{3}a$에서 극값을 가진다. **개념**

a의 부호에 따라 a의 값이 양수일 때는 $x=\dfrac{4}{3}a$에서 극소, $x=0$에서 극대가 되는 경우와 a의 값이 음수일 때는 $x=0$에서 극소, $x=\dfrac{4}{3}a$에서 극대가 되는 경우로 나누어 푼다. **적용**

단서2 극값이 존재하는 구간을 구하고, a의 값의 범위에 관계없이 항상 조건을 만족시키는 k의 값을 먼저 구한다. **적용**

단서3 주어진 조건을 기울기의 개념으로 생각해 본다. 점 $(x_1, f(x_1))$과 $(x_2, f(x_2))$를 지나는 직선의 기울기와 점 $(x_2, f(x_2))$와 $(x_3, f(x_3))$을 지나는 직선의 기울기의 곱이 음수이다. 여기서 평균값 정리와 사잇값의 정리를 이용하면 열린구간 $\left(k, k+\dfrac{3}{2}\right)$에 극값이 존재한다는 것을 알 수 있다. **발상**

1st 주어진 대수적 조건을 기하학적 조건으로 바꾸어 생각해 보자.

└▶ 두 점 $(x_1, f(x_1))$, $(x_2, f(x_2))$를 지나는 직선의 기울기와
 두 점 $(x_2, f(x_2))$, $(x_3, f(x_3))$을 지나는 직선의 기울기의 곱이 음수이므로
 둘 중 하나의 기울기의 부호가 음수여야 해.

두 점 $(x_1, f(x_1))$, $(x_2, f(x_2))$를 지나는 직선의 기울기와 두 점 $(x_2, f(x_2))$, $(x_3, f(x_3))$을 지나는 직선의 기울기의 부호를 비교하자.

즉, 다른 세 실수 x_1, x_2, x_3이 존재하고, 열린구간 $\left(k, k+\dfrac{3}{2}\right)$에 극대 또는 극소가 되는 점이 존재해야 한다. 즉, 열린구간 $\left(k, k+\dfrac{3}{2}\right)$에 극대 또는 극소가 되는 점을 포함해야 하고, 그 모양은 다음과 같은 모양이어야 한다.

└▶ 이해가 안되면 1등급 대비 **특강**을 확인하자.

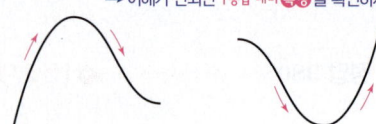

함수 $f(x)=x^3-2ax^2 \ (a \ne 0)$에서

$f'(x)=3x^2-4ax=x(3x-4a)$이고,

$f'(x)=0$이려면 $x=0$ 또는 $x=\dfrac{4}{3}a$이다.

따라서 조건을 만족시키려면 함수 $y=f(x)$의 그래프가 $x=0$과 $x=\dfrac{4}{3}a$에서 모두 극값을 가지면 된다.

2nd $f'(x)=0$을 만족시키는 x의 값 0이 열린구간 $\left(k, k+\dfrac{3}{2}\right)$에 있도록 하는 k의 값을 구하자.

$x=0$이 열린구간 $\left(k, k+\dfrac{3}{2}\right)$에 있어야 하므로

$k<0<k+\dfrac{3}{2}$ $\qquad \therefore -\dfrac{3}{2}<k<0$

따라서 정수 $k=-1$이므로 모든 정수 k의 값의 곱이 -12인데 k의 값 중 하나가 -1이므로 나머지 k의 값의 곱은 12여야 한다.

3rd $f'(x)=0$을 만족시키는 x의 값 $\dfrac{4}{3}a$에 대하여 함수 $y=f(x)$의 그래프의 개형을 $a>0$ 또는 $a<0$일 때로 나누어 $x=\dfrac{4}{3}a$의 값이 열린구간 $\left(k, k+\dfrac{3}{2}\right)$에 있도록 하는 a의 값을 구하자.

함정 정수 a가 0이 아니면 $a>0$일 때뿐만 아니라 $a<0$일 때도 반드시 확인을 해야 해!

$k=-1$일 때 $x=0$이 구간 $\left(k, k+\dfrac{3}{2}\right)$, 즉 $\left(-1, \dfrac{1}{2}\right)$에 존재하므로 조건을 만족시킨다.

(i) $a>0$일 때,

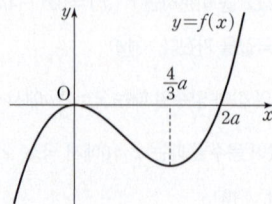

$x=\dfrac{4}{3}a$가 구간 $\left(k, k+\dfrac{3}{2}\right)$에 존재하려면

$k<\dfrac{4}{3}a<k+\dfrac{3}{2}$이므로 $\dfrac{4}{3}a-\dfrac{3}{2}<k<\dfrac{4}{3}a$이어야 한다.

이때, 조건을 만족시키는 모든 정수 k의 값의 곱이 -12가 되려면 이 구간에 $k=3$, $k=4$가 존재해야 하므로

$\dfrac{4}{3}a-\dfrac{3}{2}<3,\ \dfrac{4}{3}a>4$

$\qquad \underset{\raise2pt\hbox{}}{\dfrac{4}{3}a<\dfrac{9}{2}} \quad \therefore a<\dfrac{27}{8}$

$\therefore 3<a<\dfrac{27}{8}=3.\times\times\times$

그런데 이 부등식을 만족시키는 정수 a는 존재하지 않는다.

(ii) $a<0$일 때,

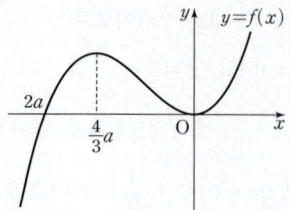

$x=\dfrac{4}{3}a$가 구간 $\left(k, k+\dfrac{3}{2}\right)$에 존재하려면

$k<\dfrac{4}{3}a<k+\dfrac{3}{2}$이므로 $\dfrac{4}{3}a-\dfrac{3}{2}<k<\dfrac{4}{3}a$이어야 한다.

이때, 조건을 만족시키는 모든 정수 k의 값의 곱이 -12가 되려면 이 구간에 $k=-4$, $k=-3$이 존재해야 하므로

> **주의**
>
> $k<\dfrac{4}{3}a<k+\dfrac{3}{2}$을 만족시키는 정수 k는 1개 또는 2개뿐임을 확인하자.
>
> (1) $a=3b$(b는 정수)이면
>
> $k<\dfrac{4}{3}\times 3b=4b<k+\dfrac{3}{2}$이므로 $4b-\dfrac{3}{2}<k<4b$
>
> 여기서 $4b$가 정수이므로 k의 값은 $4b-1$로 하나의 값을 가져.
>
> (2) $a=3b+1$(b는 정수)이면
>
> $k<\dfrac{4}{3}(3b+1)<k+\dfrac{3}{2}$이므로 $k<4b+\dfrac{4}{3}<k+\dfrac{3}{2}$
>
> 즉, $4b-\dfrac{1}{6}<k<4b+\dfrac{4}{3}$이고 $4b$가 정수이므로 k의 값은 $4b$ 또는 $4b+1$로 2개를 가져.
>
> (3) $a=3b+2$(b는 정수)이면
>
> $k<\dfrac{4}{3}(3b+2)<k+\dfrac{3}{2}$이므로 $k<4b+\dfrac{8}{3}<k+\dfrac{3}{2}$
>
> 즉, $4b+\dfrac{7}{6}<k<4b+\dfrac{8}{3}$이고 $4b$가 정수이므로 k의 값은 $4b+2$로 하나의 값을 가져.
>
> (1)~(3)에 의하여 실제로 k의 값은 1개 또는 2개를 가지면서 연속된 정수의 값으로 갖는다는 것을 알 수 있어.

$\dfrac{4}{3}a-\dfrac{3}{2}<-4,\ \dfrac{4}{3}a>-3$

$\qquad \underset{\raise2pt\hbox{}}{\dfrac{4}{3}a<-\dfrac{5}{2}} \quad \therefore a<-\dfrac{15}{8}$

$-\dfrac{9}{4}<a<-\dfrac{15}{8}$

$\therefore a=-2$

(i), (ii)에 의하여 $a=-2$이므로

$f(x)=x^3+4x^2,\ f'(x)=3x^2+8x$

$\therefore f'(10)=3\times 10^2+8\times 10$

$\qquad =380$

🧩 **톡톡 풀이:** 삼차함수 $f(x)$와 극점에서의 접선의 ❶ : ❷ 비율 관계 이용하기

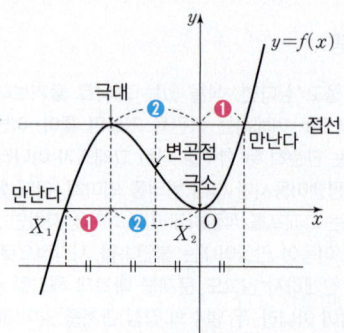

함수 $f(x)=x^2(x-2a)$에 대하여 방정식 $x^2(x-2a)=0$의 근을 구하면 $x=0$에서 중근을 갖고 $x=2a(a<0)$에서 한 실근을 가져.

즉, 함수 $y=f(x)$의 그래프와 x축이 만나는 점의 x좌표를 x_1, x_2라 하면 다른 극점의 x좌표는

$$x=\frac{0\times 1+2a\times 2}{1+2}=\frac{4}{3}a$$

이므로 함수 $y=f(x)$의 개형은 위의 그림과 같아야 해.
$a<0$인 경우에 대하여 k의 값을 구하자.

한편, $x=0$이 열린구간 $\left(k,\ k+\frac{3}{2}\right)$에 있어야 하므로

$$k<0<k+\frac{3}{2} \qquad \therefore\ -\frac{3}{2}<k<0$$

따라서 정수 $k=-1$
(이하 동일)

＊ 문제에서 $a=0$이 될 수 없는 이유

만약 a의 값이 0이라면, $f(x)=x^3$이고 $f'(x)=3x^2$이야. 여기서 도함수의 함숫값이 항상 0 이상이므로 $f(x)$는 증가함수가 돼. 기울기가 음수가 되는 부분이 존재하지 않으므로 안의 조건 박스 안의 조건을 만족시키는 경우가 존재하지 않게 되지.

＊ 열린구간 $\left(k,\ k+\frac{3}{2}\right)$에 극값을 가지는 x의 값을 포함하지 않으면 생기는 문제점 알아보기

열린구간 $\left(k,\ k+\frac{3}{2}\right)$에 극값을 가지는 x의 값을 포함하지 않으면서

$$\left\{\frac{f(x_1)-f(x_2)}{x_1-x_2}\right\}\times\left\{\frac{f(x_2)-f(x_3)}{x_2-x_3}\right\}<0$$

을 만족시키는 세 실수 x_1, x_2, x_3이 열린구간 $\left(k,\ k+\frac{3}{2}\right)$에 존재한다고 가정하면 평균값 정리로부터
└→ 닫힌구간 $[a,b]$에서 연속이고 열린구간 (a,b)에서 미분가능한 함수 $f(x)$에 대하여 $f'(c)=\dfrac{f(b)-f(a)}{b-a}$인 c가 열린구간 (a,b)에 적어도 하나 존재해.

$$\frac{f(x_1)-f(x_2)}{x_1-x_2}=f'(a),\ \frac{f(x_2)-f(x_3)}{x_2-x_3}=f'(b)$$

인 서로 다른 a와 b가 각각 x_1과 x_2 사이, x_2와 x_3 사이에 존재하고 도함수 $y=f'(x)$는 이차함수로 연속함수이고

$$f'(a)f'(b)<0$$

이므로 사잇값 정리로부터 a와 b 사이에 적당한 실수 c에 대하여
└→ 닫힌구간 $[a,b]$에서 연속인 함수 $f(x)$에 대하여 $f(a)f(b)<0$이면 방정식 $f(x)=0$은 열린구간 (a,b)에서 적어도 하나의 실근을 가져.

$f'(c)=0$을 만족시키고 c는 열린구간 $\left(k,\ k+\frac{3}{2}\right)$에 속하는 값이므로 이는 열린구간 $\left(k,\ k+\frac{3}{2}\right)$에 극값을 포함하지 않는다는 가정에 모순이야.
따라서 이런 경우는 존재하지 않아.

＊주어진 함수를 활용하여 새롭게 정의된 함수의 그래프의 개형을 그린 다음 그래프와 직선과의 교점의 개수 파악하기 [유형 17+24]

삼차함수 $f(x)=\dfrac{2\sqrt{3}}{3}x(x-3)(x+3)$에 대하여 $x\geq-3$에서 정의된 함수 $g(x)$는 **단서1** 삼차함수 $f(x)$의 식이 주어졌으니까 미분을 이용해 극값을 찾아 $y=f(x)$의 그래프를 정확히 그릴 수 있어.

$$g(x)=\begin{cases} f(x) & (-3\leq x<3) \\ \dfrac{1}{k+1}f(x-6k) & (6k-3\leq x<6k+3) \end{cases}$$

단서2 자연수 k에 대하여 $6k-3\leq x<6k+3$에서 (단, k는 모든 자연수)
함수 $y=\dfrac{1}{k+1}f(x-6k)$의 그래프는 $y=f(x)$의 그래프를 x축의 방향으로 $6k$만큼 평행이동한 후 $\dfrac{1}{k+1}$배 하여 그려나가는 거야.

이다. 자연수 n에 대하여 직선 $y=n$과 함수 $y=g(x)$의 그래프가 만나는 점의 개수를 a_n이라 할 때, $\displaystyle\sum_{n=1}^{12}a_n$의 값을 구하시오.

단서3 직선 $y=n$과 함수 $y=g(x)$의 그래프가 만나는 점의 개수 a_n을 구할 때, n이 함수 $g(x)$의 극댓값일 경우에 주의하도록 해. (4점)

왜 2등급? 삼차함수의 그래프에 대한 평행이동을 활용하여 만들어진 새로운 함수의 그래프의 개형을 파악한 후 x축에 평행한 직선과의 교점의 개수를 구하는 문제로 삼차함수의 특징과 삼차함수를 바탕으로 새롭게 정의된 함수의 의미를 정확히 파악하여 그래프의 개형을 이해하여야 한다.

💡 **단서+발상**

단서1 삼차함수 $f(x)$의 식이 완전히 주어졌으므로 그래프와 x축과의 교점과 극점을 구해 $-3\leq x<3$에서의 $y=f(x)$의 그래프를 그린다. **적용**

단서2 $6k-3\leq x<6k+3$은 k의 값에 관계없이 구간의 길이가

$$(6k+3)-(6k-3)=6$$임을 알 수 있다. 또한, $y=\dfrac{1}{k+1}f(x-6k)$의

그래프는 자연수 k의 값에 따라 $-3\leq x<3$에서의 $y=f(x)$의 그래프를

x축으로는 $6k$만큼씩 오른쪽으로 평행이동하여 그리고, y축으로는 $\dfrac{1}{k+1}$배

하여 그리면 된다. **발상**

즉, $y=g(x)$의 그래프는 $-3\leq x<3$에서의 $y=f(x)$의 그래프가 위, 아래로 축소되며 간격 6씩 오른쪽으로 반복적으로 그려진다는 것을 알 수 있다. **적용**

단서3 일정한 패턴의 곡선이 반복해서 그려지는 $y=g(x)$의 그래프에 의해 직선 $y=n$이 $y=g(x)$의 그래프와 만나는 오른쪽 맨마지막 점의 y좌표에 따라 직선 $y=n$과 $y=g(x)$의 그래프의 교점의 개수 a_n이 결정된다. **발상**
이때, n이 자연수이므로 $y=g(x)$의 그래프에서 $g(x)$의 극댓값이 자연수인 경우에 주의하며 a_n의 값을 찾는다. **해결**

주의 이 문제는 함수 $g(x)$의 식이 자연수 k의 값에 따라 달라지므로 그래프가 각각의 구간에서 다르게 그려진다. 이런 경우는 함수식 자체를 바로 활용하기 전에 $k=1,\ 2,\ 3,\ \cdots$을 차례로 대입하여 각 구간의 함수식을 찾아 그래프의 규칙을 발견할 필요가 있다.

핵심 정답 공식: 극값을 갖는 삼차함수의 그래프와 x축에 평행한 직선 $y=a$는 a가 삼차함수의 극값일 때 서로 다른 두 점에서 만난다.

------------------ **[문제 풀이 순서]** ------------------

1st $-3\leq x<3$에서의 함수 $y=f(x)$의 그래프를 그려보자.

$$f(x)=\frac{2\sqrt{3}}{3}x(x-3)(x+3)$$에서

$$f'(x) = \frac{2\sqrt{3}}{3}(x-3)(x+3) + \frac{2\sqrt{3}}{3}x(x+3) + \frac{2\sqrt{3}}{3}x(x-3)$$

미분가능한 세 함수 $f(x), g(x), h(x)$에 대하여
$y = f(x)g(x)h(x)$일 때,
$y' = f'(x)g(x)h(x) + f(x)g'(x)h(x) + f(x)g(x)h'(x)$

$$= \frac{2\sqrt{3}}{3}(x^2-9+x^2+3x+x^2-3x)$$

$$= 2\sqrt{3}(x^2-3)$$

$$= 2\sqrt{3}(x-\sqrt{3})(x+\sqrt{3})$$

$f'(x)=0$에서 $x=-\sqrt{3}$ 또는 $x=\sqrt{3}$이므로 함수 $f(x)$의 증가와 감소를 표로 나타내면 다음과 같다.

x	$\cdots$	$-\sqrt{3}$	$\cdots$	$\sqrt{3}$	$\cdots$
$f'(x)$	$+$	0	$-$	0	$+$
$f(x)$	$\nearrow$	12	$\searrow$	-12	$\nearrow$

즉, 함수 $f(x)$는 $x=-\sqrt{3}$에서 극댓값

$$f(-\sqrt{3}) = \frac{2\sqrt{3}}{3} \times (-\sqrt{3}) \times (-\sqrt{3}-3) \times (-\sqrt{3}+3) = 12$$

를 갖고, $x=\sqrt{3}$에서 극솟값

$$f(\sqrt{3}) = \frac{2\sqrt{3}}{3} \times \sqrt{3} \times (\sqrt{3}-3) \times (\sqrt{3}+3) = -12$$

를 가지므로 $-3 \leq x < 3$에서 함수 $y=f(x)$의 그래프는 [그림 1]과 같다.

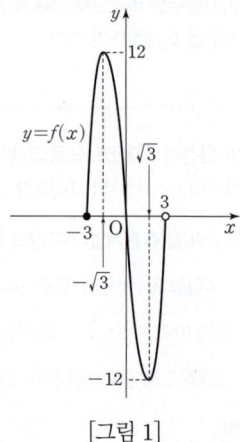

[그림 1]

2nd $-3 \leq x < 3$에서의 $y=f(x)$의 그래프를 이용하여 $y=g(x)$의 그래프의 개형을 그리자.

한편, 자연수 k에 대하여 $6k-3 \leq x < 6k+3$에서 함수

$y = \dfrac{1}{k+1}f(x-6k)$의 그래프는 $-3 \leq x < 3$에서의 $y=f(x)$의 그래프

를 x축의 방향으로 $6k$만큼 평행이동한 후 y의 값 전체를 $\dfrac{1}{k+1}$배 하여 그리면 된다.

즉, $k=1$일 때,

$3 \leq x < 9$에서 $y=\dfrac{1}{2}f(x-6)$의 그래프는 $-3 \leq x < 3$에서의 $y=f(x)$

의 그래프를 x축의 방향으로 6만큼 평행이동한 후 y의 값 전체를 $\dfrac{1}{2}$배

하면 된다.

$\underline{-3 \leq x < 3$에서 함수 $f(x)$의 극댓값이 12이므로}$
$\underline{3 \leq x < 9$에서 함수 $\dfrac{1}{2}f(x-6)$의 극댓값은}$
$\underline{\dfrac{1}{2} \times 12 = 6$이 돼.}$

$k=2$일 때,

$9 \leq x < 15$에서 $y=\dfrac{1}{3}f(x-12)$의 그래프는 $-3 \leq x < 3$에서의 $y=f(x)$

의 그래프를 x축의 방향으로 12만큼 평행이동한 후 y의 값 전체를 $\dfrac{1}{3}$배

하면 된다.

$\underline{-3 \leq x < 3$에서 함수 $f(x)$의 극댓값이 12이므로 $9 \leq x < 15$에서}$
$\underline{함수 \dfrac{1}{3}f(x-12)$의 극댓값은 $\dfrac{1}{3} \times 12 = 4$가 돼.}$

따라서 위와 같은 방법으로 계속 그려가면 함수 $y=g(x)$의 그래프의 개형은 [그림 2]와 같다.

$\underline{함수 y=g(x)$의 그래프를 그리려면 함수 $g(x)$의 극댓값}$
$\underline{12, 6, 4, 3, \dfrac{12}{5}, 2, \dfrac{12}{7}, \dfrac{3}{2}, \dfrac{4}{3}, \dfrac{6}{5}, \dfrac{12}{11}, 1, \cdots$임을 알 수 있어.}$

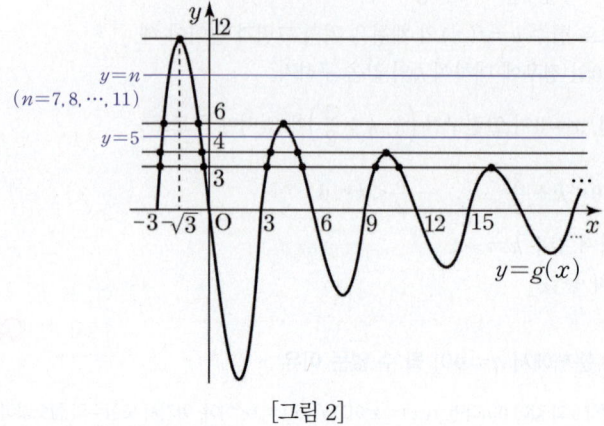

[그림 2]

3rd $a_1, a_2, \cdots, a_{12}$의 값을 찾아 $\displaystyle\sum_{n=1}^{12} a_n$의 값을 구하자.

자연수 k에 대하여 $6k-3 \leq x < 6k+3$일 때

함수 $g(x) = \dfrac{1}{k+1}f(x-6k)$에서

> $k+1$이 12의 양의 약수가 될 때 함수 $g(x)$의 극댓값이 자연수이므로

함정 [그림 2]의 $y=g(x)$의 그래프를 살펴보면 직선 $y=n$은 함수 $y=g(x)$의 그래프의 x축 윗부분에서 각 구간별로 2번씩 만나는 것을 확인할 수 있어.
그런데 n이 함수 $g(x)$의 극댓값과 같을 경우에는 직선 $y=n$이 $y=g(x)$의 그래프와 2번씩 만나다가 마지막 구간에서는 1번만 만나게 돼.
따라서 n이 자연수이므로 극댓값이 자연수가 되는 경우를 반드시 찾아야 하는 거야.

극댓값이 자연수인 경우는 $k=1, 2, 3, 5, 11$일 때뿐이고 이때의 함수 $g(x)$의 극댓값 중 가장 작은 값은 각각 $6, 4, 3, 2, 1$이다.

(i) $k=11$일 때,

함수 $g(x)$의 극댓값 중 가장 작은 값이 1이므로 직선 $y=1$과 함수 $y=g(x)$의 그래프의 교점은 11개의 볼록한 부분에서 2개씩 생기고,

$\underline{k=11}$이면 함수 $y=g(x)$의 그래프와 직선 $y=1$은 12개의 구간 $[-3, 3]$, $[3, 9]$, $[9, 15]$, $[15, 21]$, $\cdots$, $[63, 69]$에서 만날 수 있어. 즉, 함수 $y=g(x)$의 그래프는 이 12개의 구간에 각각 볼록한 부분이 1개씩 생기는데, 11개의 구간 $[-3, 3]$, $[3, 9]$, $[9, 15]$, $[15, 21]$, $\cdots$, $[57, 63]$에서 생기는 볼록한 부분에서 직선 $y=1$과 각각 2개의 점에서 만나게 돼.

$63 \leq x < 69$에서 함수 $g(x) = \dfrac{1}{11+1}f(x-66)$, 즉

$$g(x) = \frac{1}{12}f(x-66)$$의 극대점에서 1개 생긴다.

$\therefore a_1 = 2 \times 11 + 1 = 23$

(ii) $k=5$일 때,

함수 $g(x)$의 극댓값 중 가장 작은 값이 2이므로 직선 $y=2$와 함수 $y=g(x)$의 그래프의 교점은 5개의 볼록한 부분에서 2개씩 생기고,

$27 \leq x < 33$에서 함수 $g(x) = \dfrac{1}{5+1}f(x-30)$, 즉

$$g(x) = \frac{1}{6}f(x-30)$$의 극대점에서 1개 생긴다.

$\therefore a_2 = 2 \times 5 + 1 = 11$

(iii) $k=3$일 때,

함수 $g(x)$의 극댓값 중 가장 작은 값이 3이므로 직선 $y=3$과 함수 $y=g(x)$의 그래프의 교점은 3개의 볼록한 부분에서 2개씩 생기고,

$15 \leq x < 21$에서 함수 $g(x) = \dfrac{1}{3+1}f(x-18)$, 즉

$$g(x) = \frac{1}{4}f(x-18)$$의 극대점에서 1개 생긴다.

$\therefore a_3 = 2 \times 3 + 1 = 7$

(iv) $k=2$일 때,

함수 $g(x)$의 극댓값 중 가장 작은 값이 4이므로 직선 $y=4$와 함수 $y=g(x)$의 그래프의 교점은 2개의 볼록한 부분에서 2개씩 생기고, $9\leq x<15$에서 함수 $g(x)=\dfrac{1}{2+1}f(x-12)$, 즉

$g(x)=\dfrac{1}{3}f(x-12)$의 극대점에서 1개 생긴다.

$\therefore a_4=2\times2+1=5$

(v) $k=1$일 때,

함수 $g(x)$의 극댓값 중 가장 작은 값이 6이므로 직선 $y=6$과 함수 $y=g(x)$의 그래프의 교점은 1개의 볼록한 부분에서 2개 생기고, $3\leq x<9$에서 함수 $g(x)=\dfrac{1}{1+1}f(x-6)$, 즉

$g(x)=\dfrac{1}{2}f(x-6)$의 극대점에서 1개 생긴다.

$\therefore a_6=2\times1+1=3$

(vi) 직선 $y=12$와 함수 $y=g(x)$의 그래프는 [그림 2]와 같이 <u>한 점에서</u> 만난다. 　직선 $y=12$와 함수 $y=g(x)$의 그래프는 $-3\leq x<3$에서 생기는 함수 $g(x)$의 극대점에서만 만나.

$\therefore a_{12}=1$

(vii) 직선 $y=5$와 함수 $y=g(x)$의 그래프는 [그림 2]와 같이 네 점에서 만난다. 　5는 함수 $g(x)$의 극댓값이 될 수 없으므로 직선 $y=5$는 함수 $g(x)$의 극대점을 지나지 않겠지? 즉, 직선 $y=5$와 함수 $y=g(x)$의 그래프는 2개의 볼록한 부분에서만 2개씩 만나게 되므로 $a_5=2\times2=4$야.

$\therefore a_5=4$

(viii) $7\leq n\leq11$일 때, 직선 $y=n$과 함수 $y=g(x)$의 그래프는 [그림 2]와 같이 두 점에서 만난다.

$7\leq n\leq11$인 경우 [그림 2]에서 보면 직선 $y=n$과 함수 $y=g(x)$의 그래프는 $-3\leq x<3$의 볼록한 부분에서만 2개의 점에서 만나.

$\therefore a_n=2\times1=2 \ (7\leq n\leq11)$

$\therefore \displaystyle\sum_{n=1}^{12}a_n=a_1+a_2+a_3+a_4+a_5+a_6+(a_7+a_8+a_9+a_{10}+a_{11})+a_{12}$

$=23+11+7+5+4+3+(2\times5)+1$

$=64$

1등급 대비 특강

＊ 수열과 결합된 복합 유형 문제 해결 방법

교점의 개수가 수열로 제시되어 있고, $g(x)$ 역시 자연수 k의 값에 따라 달라지는 함수이기 때문에 바로 판단하기가 어려울 수 있어.

이런 유형은 자연수 조건이 있는 미지수 (이 문제에서는 k와 n)에 1, 2, 3, … 을 차례로 대입해보며 규칙을 발견해서 힌트를 얻어내도록 하자.

D 168 정답 ⑤ ＊미분의 활용 ⋯⋯⋯⋯⋯⋯ [정답률 46%]

정답 공식: 먼저 함수 $f(x)$가 실수 전체에서 연속인 함수가 되도록 하는 a의 값을 찾고, 모든 실수 x에 대하여 $g(x)\leq f(x)$가 되도록 하는 실수 k의 최댓값을 찾는다.

단서1 $x=a$에서도 연속이야.

실수 a에 대하여 <u>실수 전체의 집합에서 연속인 함수</u>

$$f(x)=\begin{cases}-(x+1)^2(x-3) & (x\leq a) \\ 0 & (x>a)\end{cases}$$

가 다음 조건을 만족시킨다.

기울기가 양수인 직선 중에서 함수 $y=f(x)$의 그래프와 만나는 점의 개수가 2 이상인 직선이 존재한다.

단서2 조건을 만족하는 직선이 하나라도 있으면 된다는 뜻이야.

<u>함수 $g(x)$를 $g(x)=-3x+k$라 할 때, 모든 실수 x에 대하여</u> $g(x)\leq f(x)$가 되도록 하는 실수 k의 최댓값을 M이라 하자. $a+M$의 값은? (4점) **단서3** 함수 $g(x)$는 기울기가 -3이고 y절편이 k인 직선이므로 기울기가 -3인 직선을 y축을 따라 아래로 내려보면서 함수 $f(x)$가 모두 직선보다 위쪽에 놓이게 될 때를 찾아.

① $-\dfrac{26}{27}$ ② $-\dfrac{23}{27}$ ③ $-\dfrac{20}{27}$

④ $-\dfrac{17}{27}$ ⑤ $-\dfrac{14}{27}$

1st 조건을 만족시키는 함수 $f(x)$를 정한다.

함수 $f(x)=\begin{cases}-(x+1)^2(x-3) & (x\leq a) \\ 0 & (x>a)\end{cases}$가 실수 전체의 집합에서 연속이기 위해서는 $a=-1$ 또는 $a=3$이어야 한다. $a\neq-1$이고 $a\neq3$인 경우 함수 $f(x)$는 $x=a$에서 불연속이 돼.

(i) $a=-1$일 때

함수 $y=f(x)$의 그래프가 다음 그림과 같으므로 기울기가 양수인 직선 중에서 함수 $y=f(x)$의 그래프와 만나는 점의 개수가 2 이상인 직선이 존재할 수 없다. 이 경우 함수 $y=f(x)$의 그래프와 기울기가 양수인 직선이 만나는 점의 개수는 1뿐이야.

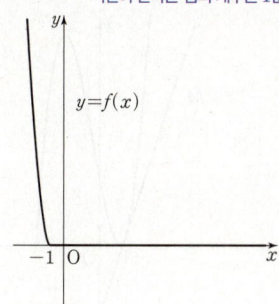

(ii) $a=3$일 때

함수 $y=f(x)$의 그래프가 다음 그림과 같으므로 기울기가 양수인 직선 중에서 함수 $y=f(x)$의 그래프와 만나는 점의 개수가 2 이상인 직선이 존재한다. 이 경우 함수 $y=f(x)$의 그래프와 기울기가 양수인 직선이 만나는 점의 개수는 1, 2, 3이야.

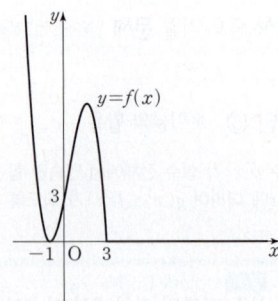

(i), (ii)에서 $a=3$이므로

$$f(x) = \begin{cases} -(x+1)^2(x-3) & (x \le 3) \\ 0 & (x > 3) \end{cases}$$

이고 함수 $f(x)$는 $x \ne 3$에서 미분가능하다.

2nd 모든 실수 x에 대하여 $g(x) \le f(x)$가 되도록 하는 실수 k의 최댓값 M의 값을 구하자.

모든 실수 x에 대하여 $g(x) \le f(x)$가 되기 위해서는

함수 $g(x) = -3x + k$가 함수 $f(x)$보다 항상 아래쪽에 위치해야 하므로 y절편인 k의 값은 두 함수의 그래프가 접할 때보다 작거나 같으면 된다.

함수 $g(x)$의 기울기가 -3이므로 $f(x) = -(x+1)^2(x-3) \ (x \le 3)$의 도함수의 함숫값이 -3일 때의 x의 값을 구하자.

이때 x의 값은 $x < -1$이어야 한다.

$$f'(x) = -2(x+1)(x-3) - (x+1)^2 \quad \substack{y=f(x)g(x)일\ 때, \\ y'=f'(x)g(x)+f(x)g'(x)}$$
$$= (-2x^2 + 4x + 6) - (x^2 + 2x + 1)$$
$$= -3x^2 + 2x + 5 \ (x \le 3)$$

함수 $g(x)$의 기울기가 -3이므로
$f'(x) = -3x^2 + 2x + 5 = -3$에서
$3x^2 - 2x - 8 = 0, \ (3x+4)(x-2) = 0$
이때, $x < -1$이어야 하므로

$$x = -\frac{4}{3}$$

이때의 함숫값은

$$f\left(-\frac{4}{3}\right) = -\left(-\frac{4}{3}+1\right)^2\left(-\frac{4}{3}-3\right) = -\frac{1}{9} \times \left(-\frac{13}{3}\right) = \frac{13}{27}$$

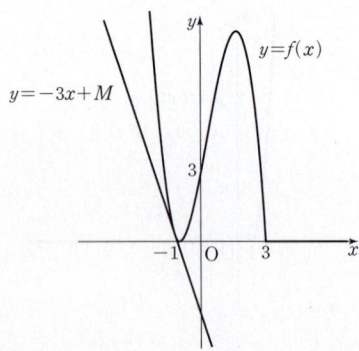

모든 실수 x에 대하여 $g(x) \le f(x)$가 되도록 하는 실수 k의 최댓값 M은 함수 $g(x) = -3x + k$가 점 $\left(-\frac{4}{3}, \frac{13}{27}\right)$을 지날 때이므로

$$\frac{13}{27} = -3 \times \left(-\frac{4}{3}\right) + k, \ k = \frac{13}{27} - 4 = -\frac{95}{27}$$

즉, k의 최댓값 $M = -\frac{95}{27}$이므로

$$a + M = 3 + \left(-\frac{95}{27}\right) = -\frac{14}{27}$$

D **169** 정답 ④ *곡선과 원의 접선 ⸻⸻⸻ [정답률 48%]

> **정답 공식:** 미분가능한 함수 $f(x)$에 대하여 곡선 $y=f(x)$ 위의 점 (x_1, y_1)에서의 접선의 기울기는 $f'(x_1)$이다.

좌표평면에서 점 $(18, -1)$을 지나는 원 C가 곡선 $y=x^2-1$과 만나도록 하는 원 C의 반지름의 길이의 최솟값은? (4점)

단서 곡선 $y=x^2-1$과 원 C가 접할 때 원 C의 반지름의 길이가 최소가 되겠지?

① $\dfrac{\sqrt{17}}{2}$　　② $\sqrt{17}$　　③ $\dfrac{3\sqrt{17}}{2}$

④ $2\sqrt{17}$　　⑤ $\dfrac{5\sqrt{17}}{2}$

1st 곡선 $y=x^2-1$과 만나는 원 C의 반지름의 길이가 최소가 되는 경우를 찾아봐.

좌표평면에서 점 $(18, -1)$을 지나는 원 C가 곡선 $y=x^2-1$과 만날 때, 원 C의 반지름의 길이가 최소가 되는 경우는 곡선과 원이 접할 때이다.

즉, 원 C와 곡선 $y=x^2-1$의 접점을 P라 하면 실수 t에 대하여 점 P의 좌표는 $P(t, t^2-1)$이라 할 수 있다.

또한, 점 $(18, -1)$을 A라 할 때, 점 A를 지나는 원 C의 반지름의 길이가 최소가 되려면 그림과 같이 선분 AP가 원 C의 지름이 되어야 한다. 즉, 곡선 위의 점 P에서의 접선과 직선 AP가 서로 수직이 되어야 한다.

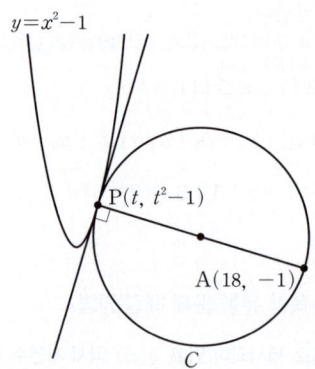

2nd 점 P의 좌표를 구하자.

직선 AP의 기울기는 $\dfrac{(t^2-1)-(-1)}{t-18} = \dfrac{t^2}{t-18}$이고,

서로 다른 두 점 $(x_1, y_1), (x_2, y_2)$를 지나는 직선의 기울기는 $\dfrac{y_2-y_1}{x_2-x_1}$

$y=x^2-1$에서 $y'=2x$이므로 곡선 $y=x^2-1$ 위의 점 $P(t, t^2-1)$에서의 접선의 기울기는 $2t$이다.

점 P에서의 접선과 직선 AP가 서로 수직이므로

$$\frac{t^2}{t-18} \times 2t = -1, \ 2t^3 + t - 18 = 0$$

두 직선이 서로 수직이면 두 직선의 기울기의 곱은 -1이야.

2	2	0	1	-18
		4	8	18
	2	4	9	0

$(t-2)(2t^2 + 4t + 9) = 0 \quad \therefore t = 2$

이차방정식 $2t^2+4t+9=0$의 판별식을 D라 하면
$\dfrac{D}{4} = 2^2 - 2 \times 9 = -14 < 0$이므로 이차방정식 $2t^2+4t+9=0$은 실근을 가지지 않아.

3rd 원 C의 반지름의 길이의 최솟값을 구하자.

따라서 점 P의 좌표는 $P(2, 3)$이므로 구하는 원 C의 반지름의 길이의 최솟값은

$$\frac{1}{2}\overline{AP} = \frac{1}{2}\sqrt{(18-2)^2 + (-1-3)^2} = \frac{1}{2} \times 4\sqrt{17} = 2\sqrt{17}$$

정답 공식: 다항함수 $h(x)$에 대하여 $h'(x)=0$인 x의 값을 구한 후 함수 $h(x)$의 증가와 감소를 표로 나타내면 극댓값, 극솟값을 가질 때의 x의 값을 각각 구할 수 있다.

다항함수 f, g가 모든 실수 x, y에 대하여
$f(0)=5$, $f(x-g(y))=(x+4y^2-1)^3-3$을 만족시킬 때,
> 단서1 $f(0)=5$를 이용하려면 $x-g(y)=0$이어야 해.

함수 $h(x)=f(x)-g(x)$의 극댓값을 구하시오. (4점)
> 단서2 $h'(x)=0$이고 $h'(x)$의 값이 양에서 음으로 변하는 지점의 x의 값을 구해야 해.

1st $x-g(y)=0$으로 두어 다항함수 $g(x)$를 구하자.

$f(x-g(y))=(x+4y^2-1)^3-3$에서

$x-g(y)=0$으로 두면 $x=g(y)$이므로

$f(0)=(x+4y^2-1)^3-3=\{g(y)+4y^2-1\}^3-3=5$

$\{g(y)+4y^2-1\}^3=8=2^3$

$g(y)+4y^2-1=2$

$\therefore g(y)=3-4y^2$

즉, $g(x)=3-4x^2$이다.

2nd $g(y)=0$이면 $f(x-g(y))=f(x)$임을 이용하여 다항함수 $f(x)$를 구하자.

$g(y)=3-4y^2=0$일 때 $y^2=\dfrac{3}{4}$이므로

$f(x-g(y))=(x+4y^2-1)^3-3$에 $y^2=\dfrac{3}{4}$을 대입하면

$f(x)=\left(x+4\times\dfrac{3}{4}-1\right)^3-3$

$\quad\ =(x+2)^3-3=x^3+6x^2+12x+5$

3rd 함수 $h(x)$를 구하고 이를 이용하여 함수 $h(x)$의 극댓값을 구해.

$h(x)=f(x)-g(x)$

$\quad\ \ =(x^3+6x^2+12x+5)-(3-4x^2)$

$\quad\ \ =x^3+10x^2+12x+2 \cdots \bigcirc$

$h'(x)=3x^2+20x+12$

$\quad\ \ \ =(3x+2)(x+6)$

$h'(x)=0$에서 $x=-\dfrac{2}{3}$ 또는 $x=-6$이므로

함수 $h(x)$의 증가와 감소를 표로 나타내면 다음과 같다.

x	$\cdots$	-6	$\cdots$	$-\dfrac{2}{3}$	$\cdots$
$h'(x)$	$+$	0	$-$	0	$+$
$h(x)$	↗	극대	↘	극소	↗

따라서 함수 $h(x)$는 $x=-6$에서 극댓값을 갖는다.

$\bigcirc$에 의하여

$h(-6)=-216+360-72+2=74$

따라서 함수 $h(x)$의 극댓값은 74이다.

정답 공식: 미분가능한 함수 $f(x)$에 대하여 $f'(x)=0$을 만족하는 x의 값의 좌우에서 $f'(x)$의 부호가 $(+)$에서 $(-)$로 바뀌면 그 점에서 $f(x)$는 극댓값을 가지고, $(-)$에서 $(+)$로 바뀌면 그 점에서 $f(x)$는 극솟값을 가진다.

자연수 n에 대하여 함수
$f(x)=|x^2-4|(x^2+n)$
> 단서1 $y=(x^2-4)(x^2+n)=x^4+(n-4)x^2-4n$은 사차함수이고, x^4항, x^2항, 상수항으로만 이루어져 있으므로 그래프의 개형을 유추할 수 있을 거야. 이를 이용해 함수 $y=f(x)$의 그래프의 개형을 그려봐.

이 $x=a$에서 극값을 갖는 a의 개수가 4 이상일 때, $f(x)$의 모든 극값의 합이 최대가 되도록 하는 n의 값은? (5점)

① 1   ② 2   ③ 3   ④ 4   ⑤ 5

> 단서2 $x=\pm2$에서 $f(x)=0$이므로 절댓값 기호가 포함된 함수 $f(x)$는 $x=\pm2$에서 극값을 가질 거야. 즉, $-2<x<2$에서 극값이 2개 이상이 되는 경우를 찾아야 해.

1st 먼저 함수 $y=f(x)$의 그래프의 개형을 파악해봐.

함수 $f(x)=|x^2-4|(x^2+n)$에서

x^2+n은 모든 실수 x에 대하여 항상 양수이므로
> 모든 실수 x에 대하여 $x^2 \geq 0$이고 n은 자연수이므로 모든 실수 x에 대하여 $x^2+n>0$이야. 따라서 $x^2+n=|x^2+n|$이 돼.

$f(x)=|x^2-4|(x^2+n)=|(x^2-4)(x^2+n)|$이라 할 수 있다.

이때, 함수 $h(x)$를

$h(x)=(x^2-4)(x^2+n)$

$\quad\ \ =x^4+(n-4)x^2-4n$

이라 하면 $h(-2)=h(2)=0$이고, x^2+n이 모든 실수 x에 대하여 항상 양수이므로

$x^2-4>0$, 즉 $x<-2$ 또는 $x>2$인 범위에서는 $h(x)>0$,

$x^2-4<0$, 즉 $-2<x<2$인 범위에서는 $h(x)<0$이다.

또한, $h(x)=h(-x)$이므로

함수 $y=h(x)$의 그래프는 y축에 대하여 대칭이다.
> 함수 $h(x)$에 대하여
> ① $h(x)=h(-x)$이면 $y=h(x)$의 그래프는 y축에 대하여 대칭
> ② $h(x)=-h(-x)$이면 $y=h(x)$의 그래프는 원점에 대하여 대칭

이를 바탕으로 $y=h(x)$의 그래프의 개형을 그리면

함수 $y=f(x)=|h(x)|$의 그래프는 $y=h(x)$의 그래프의 x축 아래에 있는 부분을 x축에 대하여 대칭이동하여 그리면 된다.

2nd n의 값에 따라 함수 $y=f(x)$의 그래프의 개형을 그려보자.

$h'(x)=4x^3+2(n-4)x=2x\{2x^2+(n-4)\}$이므로

$h'(x)=0$인 x의 값은 $x=0$ 또는 $2x^2+(n-4)=0$에서 $x^2=\dfrac{4-n}{2}$을 만족시키는 x의 값이다.

따라서 함수 $h(x)$는 $4-n$의 값의 부호에 따라 극값의 개수가 달라지므로

(i) $4-n<0$일 때, $x^2=\dfrac{4-n}{2}$을 만족시키는 실수 x는 존재하지 않으므로 함수 $h(x)$는 극값이 1개 존재해.

(ii) $4-n=0$, 즉 $n=4$이면 $h'(x)=0$을 만족시키는 x의 값이 $x=0$ 하나뿐이므로 함수 $h(x)$는 극값이 1개 존재해.

(iii) $4-n>0$이면 $x^2=\dfrac{4-n}{2}$을 만족시키는 서로 다른 두 실수 x의 값이 존재하므로 함수 $h(x)$는 극값이 3개 존재해.

다음과 같이 경우를 나누어 $y=f(x)=|h(x)|$의 그래프의 개형을 그려보자.

(i) $4-n<0$, 즉 $n>4$인 경우

$h'(x)=0$이 되는 x의 값은 $x=0$뿐이므로

함수 $h(x)$는 $x=0$에서 극솟값 1개만 갖는다.
> $h'(x)=2x\{2x^2+(n-4)\}$에서 $n>4$이면 모든 실수 x에 대하여 $2x^2+n-4>0$이므로 $x=0$의 좌우에서 $h'(x)$의 부호가 $(-)$에서 $(+)$로 바뀌지.

따라서 함수 $y=f(x)=|h(x)|$의 그래프는 [그림 1]과 같다.

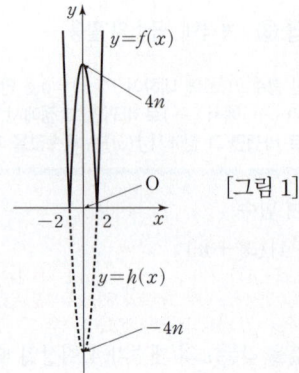

[그림 1]

이 경우 함수 $f(x)$는 $x=-2$, $x=2$에서 극솟값, $x=0$에서 극댓값을 가지게 되어 $x=a$에서 극값을 갖는 a의 개수가 3이므로 주어진 조건을 만족시키지 않는다.

(ii) $4-n=0$, 즉 $n=4$인 경우

$h'(x)=0$이 되는 x의 값은 $x=0$뿐이므로

함수 $h(x)$는 $x=0$에서 극솟값 1개만 갖는다.

따라서 함수 $y=f(x)=|h(x)|$의 그래프는 [그림 2]와 같다.

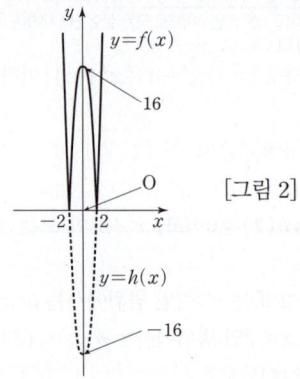

[그림 2]

이 경우 함수 $f(x)$는 $x=-2$, $x=2$에서 극솟값, $x=0$에서 극댓값을 가지게 되어 $x=a$에서 극값을 갖는 a의 개수가 3이므로 주어진 조건을 만족시키지 않는다.

(iii) $4-n>0$, 즉 $n<4$인 경우

$h'(x)=0$이 되는 x의 값은 $x=0$ 또는 $x=\pm\sqrt{\dfrac{4-n}{2}}$이므로

함수 $h(x)$는 $x=0$에서 극댓값을 갖고,

<small>$x=0$의 좌우에서 $h'(x)$의 부호가 $(+)$에서 $(-)$로 바뀌므로 $x=0$에서 극댓값을 가져.</small>

$x=\pm\sqrt{\dfrac{4-n}{2}}$에서 극솟값을 갖는다.

<small>$x=\pm\sqrt{\dfrac{4-n}{2}}$의 좌우에서 각각 $h'(x)$의 부호가 $(-)$에서 $(+)$로 바뀌므로 $x=\pm\sqrt{\dfrac{4-n}{2}}$에서 극솟값을 가져.</small>

따라서 자연수 n의 값은 1, 2, 3이 가능하므로 n의 값에 따른 함수

<small>n은 자연수이므로 $n<4$인 n의 값은 1, 2, 3이야.</small>

$y=f(x)=|h(x)|$의 그래프는 [그림 3]과 같다.

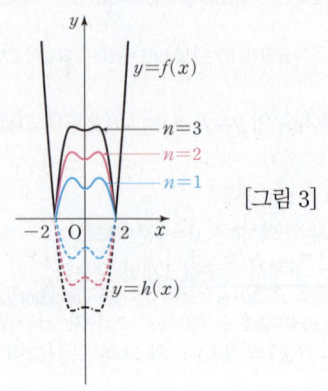

[그림 3]

이 경우 함수 $f(x)$는 $x=-2$, $x=0$, $x=2$에서 극솟값, $x=\pm\sqrt{\dfrac{4-n}{2}}$에서 극댓값을 가지게 되어 $x=a$에서 극값을 갖는 a의 개수가 5이므로 주어진 조건을 만족시킨다.

3rd 주어진 조건을 만족시키는 n의 값을 구하자.

[그림 3]에서 $x=-2$, $x=2$에서의 함수 $f(x)$의 극솟값은 $n=1$, 2, 3일 때 모두 0이다.

즉, 함수 $f(x)$의 모든 극값의 합은 $x=0$에서의 극솟값과

$x=\pm\sqrt{\dfrac{4-n}{2}}$에서의 극댓값의 합과 같은데, [그림 3]의 그래프를 보면

n의 값이 클수록 $x=0$에서의 극솟값과 $x=\pm\sqrt{\dfrac{4-n}{2}}$에서의 극댓값이

커짐을 알 수 있다.

따라서 함수 $f(x)$의 모든 극값의 합이 최대가 되도록 하는 n의 값은 $n=3$이다.

D 172 정답 ⑤ *미분을 이용한 극대, 극소 ────── [정답률 45%]

[정답 공식: $f(x)-x=g(x)$로 두고, $\{f(x)\}^2-x^2f(x)$를 $g(x)$에 대한 식으로 정리한 뒤 $g(x)$로 묶어 $r(x)$의 식을 구한다.**]**

함수 $f(x)=x+(x-1)(x-2)(x-3)(x-4)$에 대하여 $\{f(x)\}^2-x^2f(x)$를 $f(x)-x$로 나눈 나머지를 $r(x)$라 하자. 함수 $r(x)$의 극댓값과 극솟값의 합은? (4점)

단서 다항식 A를 다항식 $B(B\neq 0)$로 나누었을 때의 몫을 Q, 나머지를 R라고 하면 $A=BQ+R$ (단, (R의 차수)$<$(B의 차수)) 꼴로 표현할 수 있어.

① $\dfrac{3}{8}$　　② $\dfrac{4}{9}$　　③ $\dfrac{5}{12}$

④ $\dfrac{3}{16}$　　⑤ $\dfrac{4}{27}$

1st $\{f(x)\}^2-x^2f(x)$를 $f(x)-x$로 나누었을 때의 몫을 $Q(x)$라 놓고 식을 세워 봐.

$\{f(x)\}^2-x^2f(x)$를 $f(x)-x$로 나누었을 때의 몫을 $Q(x)$라 하면

$\{f(x)\}^2-x^2f(x)=\{f(x)-x\}Q(x)+r(x)$

（단, $r(x)$는 3차 이하의 다항식) ⋯ ㉠

이때, $g(x)=f(x)-x$라 하면

$f(x)-x$가 사차식이므로 나머지 $r(x)$는 삼차 이하의 다항식이어야 해.

$f(x)=g(x)+x$이므로 ㉠에서

$\{g(x)+x\}^2-x^2\{g(x)+x\}=g(x)Q(x)+r(x)$

$\{g(x)\}^2+2xg(x)+x^2-x^2g(x)-x^3=g(x)Q(x)+r(x)$

$g(x)\{g(x)+2x-x^2\}-x^3+x^2=g(x)Q(x)+r(x)$

$\therefore r(x)=-x^3+x^2$

2nd 함수 $r(x)$의 극댓값, 극솟값을 구해.

즉, $r(x)=-x^3+x^2$에서 $r'(x)=-3x^2+2x=-x(3x-2)$이므로

$r'(x)=0$에서 $x=0$ 또는 $x=\dfrac{2}{3}$

함수 $r(x)$의 증가와 감소를 표로 나타내면 다음과 같다.

x	$\cdots$	0	$\cdots$	$\dfrac{2}{3}$	$\cdots$
$r'(x)$	$-$	0	$+$	0	$-$
$r(x)$	$\searrow$	0	$\nearrow$	$\dfrac{4}{27}$	$\searrow$

따라서 함수 $r(x)$는 $x=0$에서 극솟값 0, $x=\dfrac{2}{3}$에서 극댓값 $\dfrac{4}{27}$를 가

<small>$x=\dfrac{2}{3}$일 때, $r\left(\dfrac{2}{3}\right)=-\left(\dfrac{2}{3}\right)^3+\left(\dfrac{2}{3}\right)^2=-\dfrac{8}{27}+\dfrac{4}{9}=\dfrac{4}{27}$</small>

지므로 극댓값과 극솟값의 합은 $\dfrac{4}{27}$이다.

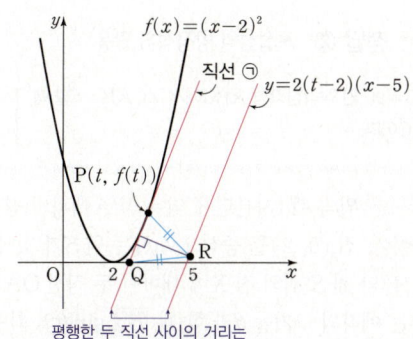

다른 풀이: 함수 $r(x)$를 다른 방법으로 구하기

$f(x)=x+(x-1)(x-2)(x-3)(x-4)$에서

$h(x)=(x-1)(x-2)(x-3)(x-4)$라 하면

$f(x)=x+h(x)$이므로

$$\{f(x)\}^2-x^2f(x)=\{x+h(x)\}^2-x^2\{x+h(x)\}$$
$$=x^2+2xh(x)+\{h(x)\}^2-x^3-x^2h(x)$$
$$=h(x)\{h(x)-x^2+2x\}-x^3+x^2 \cdots \bigcirc$$

↳ $h(x)=(x-1)(x-2)(x-3)(x-4)$
이므로 사차함수지?

즉, $f(x)-x=h(x)$이고 $\underline{h(x)}$가 사차함수이므로 $\{f(x)\}^2-x^2f(x)$
를 $h(x)$로 나누었을 때의 나머지 $r(x)$는 삼차 이하의 함수가 돼.
따라서 $\{f(x)\}^2-x^2f(x)$를 $f(x)-x$, 즉 $h(x)$로 나눈 나머지는 $\bigcirc$에
의해 $r(x)=-x^3+x^2$이야.

(이하 동일)

D 173 정답 ① ＊접선과 평행한 직선의 방정식 ······ [정답률 38%]

[정답 공식: 함수 $y=f(x)$ 위의 점 $P(t, f(t))$에서의 접선의 방정식은
$y=f'(t)(x-t)+f(t)$임을 이용하여 점 Q의 좌표를 구한다. **]**

실수 $t(2<t<8)$에 대하여 이차함수
$f(x)=(x-2)^2$ 위의 점 $P(t, f(t))$에서의 접선이 x축과 만나는
점을 Q라 하자. **[단서1]** 점 P에서의 접선의 기울기는 $f'(t)$이지? 접선의 방정식을
구한 후, 이 방정식에 $y=0$을 대입하여 x의 값을 구하면
점 Q의 x좌표를 구할 수 있어.

[단서2] 점 P에서의 접선과 직선 $y=2(t-2)(x-5)$의 관계를 파악해 봐.
그러면 삼각형 PQR의 넓이를 구하기 위해 필요한 조건들을 알 수 있을 거야.

직선 $y=2(t-2)(x-5)$ 위의 한 점 R를 $\overline{PR}=\overline{QR}$가 되도록
잡는다. 삼각형 PQR의 넓이를 $S(t)$라 할 때,
$\lim\limits_{t\to 2+}\dfrac{S(t)}{(t-2)^2}$의 값은? (5점)

① $\dfrac{3}{2}$ ② 2 ③ $\dfrac{5}{2}$

④ 3 ⑤ $\dfrac{7}{2}$

1st 점 P에서의 접선의 방정식을 이용하여 점 Q의 좌표를 구하자.

이차함수 $y=f(x)$의 그래프 위의 점 $P(t, f(t))$에서의 접선의 방정식은
$y=f'(t)(x-t)+f(t)$이고,
$f(x)=(x-2)^2$에서 $f'(x)=2(x-2)$이므로
$f'(t)=2(t-2)$이다. 즉, 점 P에서 접선의 방정식은

↳ 함수 $y=f(x)$의 그래프 위의 점 $P(t,f(t))$
에서의 접선의 방정식은
$y=2(t-2)(x-t)+(t-2)^2 \cdots \bigcirc$ $y=f'(t)(x-t)+f(t)$야.

위 식에 $y=0$을 대입하면 $\underline{2(t-2)(x-t)+(t-2)^2=0}$

$2(x-t)=-t+2$ ∴ $x=\dfrac{1}{2}t+1$

↳ $t>2$이므로 양변을 $t-2$로 나누면
식이 간단해져.

따라서 $Q\left(\dfrac{1}{2}t+1, 0\right)$이다.

2nd 점 P에서의 접선과 직선 $y=2(t-2)(x-5)$의 관계를 이용하여 $S(t)$를
구하자.

직선 $y=2(t-2)(x-5)$는 실수 $t(2<t<8)$의 값에 관계없이
점 $(5, 0)$을 지나고,
직선 $y=2(t-2)(x-5)$의 기울기는 $2(t-2)$로, 점 P에서의 접선의
기울기와 같으므로 그림과 같이 두 직선은 서로 평행하다.

직선 $y=2(t-2)(x-5)$ 위의 한 점 R에 대하여
$\overline{PR}=\overline{QR}$이므로 삼각형 PQR의 넓이 $S(t)$는

$$S(t)=\dfrac{1}{2}\times\overline{PQ}\times(\text{점 R와 점 P에서의 접선 사이의 거리})$$

$$=\dfrac{1}{2}\times\overline{PQ}\times(\text{점 }(5, 0)\text{과 점 P에서의 접선 사이의 거리})$$

↳ 두 직선이 평행하므로 점 R와
점 P에서의 접선 사이의 거리는
점 $(5, 0)$과 점 P에서의 접선
사이의 거리와 같아.

$$\overline{PQ}=\sqrt{\left\{t-\left(\dfrac{1}{2}t+1\right)\right\}^2+\{(t-2)^2-0\}^2}$$

$$=\sqrt{\left(\dfrac{1}{2}t-1\right)^2+(t-2)^4}$$

$$=\sqrt{\dfrac{1}{4}(t-2)^2+(t-2)^4}$$

$$=(t-2)\sqrt{\dfrac{1}{4}+(t-2)^2}$$

↳ $2<t<8$이므로 $t-2>0$

이고
$\bigcirc$에 의하여 점 $(5, 0)$과 점 P에서의 접선 사이의 거리는

[점과 직선 사이의 거리]
점 $P(x_1, y_1)$과 직선 $ax+by+c=0$
사이의 거리 d는

$$\dfrac{|2(t-2)(5-t)+(t-2)^2|}{\sqrt{4(t-2)^2+1}}$$

$$=\dfrac{|(t-2)(10-2t+t-2)|}{\sqrt{4(t-2)^2+1}}$$ $d=\dfrac{|ax_1+by_1+c|}{\sqrt{a^2+b^2}}$

$$=\dfrac{(t-2)(8-t)}{\sqrt{4(t-2)^2+1}}$$ ↳ $2<t<8$이므로 $(t-2)(8-t)>0$

이므로

$$S(t)=\dfrac{1}{2}\times(t-2)\sqrt{\dfrac{1}{4}+(t-2)^2}\times\dfrac{(t-2)(8-t)}{\sqrt{4(t-2)^2+1}}$$

$$=\dfrac{(t-2)^2(8-t)\sqrt{\dfrac{1}{4}+(t-2)^2}}{2\sqrt{4(t-2)^2+1}}$$

3rd $\lim\limits_{t\to 2+}\dfrac{S(t)}{(t-2)^2}$의 값을 구해.

$$\therefore \lim_{t\to 2+}\dfrac{S(t)}{(t-2)^2}=\lim_{t\to 2+}\dfrac{\dfrac{(t-2)^2(8-t)\sqrt{\dfrac{1}{4}+(t-2)^2}}{2\sqrt{4(t-2)^2+1}}}{(t-2)^2}$$

↳ $\dfrac{0}{0}$ 꼴이므로
$(t-2)^2$을 약분해.

$$=\lim_{t\to 2+}\dfrac{(8-t)\sqrt{\dfrac{1}{4}+(t-2)^2}}{2\sqrt{4(t-2)^2+1}}$$

↳ $t=2$를 대입해도 분모가 0이
아니므로 분모, 분자에 직접
$t=2$를 대입해서 극한값을 구해.

$$=\dfrac{6\times\sqrt{\dfrac{1}{4}}}{2}$$

$$=\dfrac{6\times\dfrac{1}{2}}{2}$$

$$=\dfrac{3}{2}$$

D

D **174** 정답 ② *접선의 방정식의 활용 ········· [정답률 39%]

> **정답 공식:** ∠B=90°인 직각삼각형 ABC에서 ∠CAB=θ일 때,
> $\overline{\text{AC}}\sin\theta=\overline{\text{BC}}$이다.

> 곡선 $y=x^3-x^2$ 위의 제1사분면에 있는 점 A에서의 접선의
> 기울기가 8이다. 점 $(0, 2)$를 중심으로 하는 원 S가 있다.
> 두 점 B$(0, 4)$와 원 S 위의 점 X에 대하여 두 직선 OA와
> BX가 이루는 예각의 크기를 θ라 할 때, $\overline{\text{BX}}\sin\theta$의 최댓값이
> $\dfrac{6\sqrt{5}}{5}$가 되도록 하는 원 S의 반지름의 길이는?
>
> **단서1** 미분계수를 이용하여 접점 A의 좌표를 구해.
> (단, O는 원점이다.) (5점)
> **단서2** 선분의 길이와 삼각비에 대한 식이 나오면 직각삼각형을 그려서
> 직각이 아닌 한 각을 θ라 하고 삼각비를 찾아봐.
>
> ① $\dfrac{3\sqrt{5}}{4}$ ② $\dfrac{4\sqrt{5}}{5}$ ③ $\dfrac{17\sqrt{5}}{20}$
>
> ④ $\dfrac{9\sqrt{5}}{10}$ ⑤ $\dfrac{19\sqrt{5}}{20}$

1st 접선의 기울기를 이용하여 곡선 $y=x^3-x^2$ 위의 접점 A의 좌표를 구하자.

곡선 $y=x^3-x^2$에 접하고 기울기가 8인 접선의 접점 A의 좌표를
구하기 위해 $f(x)=x^3-x^2$이라 하자.

$f'(x)=3x^2-2x$이고, 접점 A의 x좌표를 $t(t>0)$라 하면
   접점 A는 제1사분면 위의 점이므로 $t>0$이야.

접선의 기울기는 $f'(t)=3t^2-2t$이다.
곡선 $y=f(x)$ 위의 점 (x_1, y_1)에서의 접선의 기울기는 $f'(x_1)$이야.

이때, 접선의 기울기가 8이므로 $f'(t)=8$에서

$3t^2-2t=8$, $3t^2-2t-8=0$

$(t-2)(3t+4)=0$ $\therefore t=2\,(\because t>0)$

따라서 $f(2)=2^3-2^2=4$이므로 점 A의 좌표는 A$(2, 4)$이다.

2nd $\overline{\text{BX}}\sin\theta$의 의미를 생각하며 그 값이 최대가 되기 위한 조건을 찾자.

세 점 A, B, X와 원 S 및 두 직선 OA와 BX가 이루는 예각의 크기
θ를 좌표평면 위에 나타내면 [그림 1]과 같다.

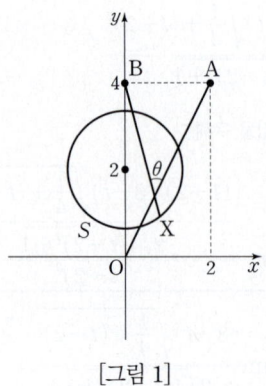

[그림 1]

이제, $\overline{\text{BX}}\sin\theta$의 의미를 생각해보자.

직선 OA에 평행하고 점 X를 지나는 직선을 l이라 하고, 점 B에서
직선 l에 내린 수선의 발을 H라 할 때, 이를 좌표평면 위에 나타내면
[그림 2]와 같다.

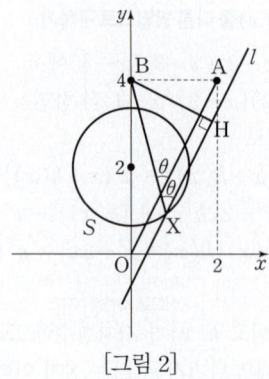

[그림 2]

직각삼각형 BXH에서 $\sin\theta=\dfrac{\overline{\text{BH}}}{\overline{\text{BX}}}$이므로 $\overline{\text{BX}}\sin\theta=\overline{\text{BH}}$이다.

이때, 원 S 위의 점 X를 움직여보며 확인하면 $\overline{\text{BX}}\sin\theta$, 즉 $\overline{\text{BH}}$의
길이가 최대가 되는 경우는 직선 l이 제1사분면에서 원 S에 접할 때임을
알 수 있다. 점 B에서 직선 l을 조금씩 멀리 평행이동시키면서 $\overline{\text{BH}}$의 길이가 최대가
되도록 하는 점 X를 찾으면 점 X는 결국 원 S와 직선 l의 접점이
되어야 해.

따라서 직선 l이 원 S의 접선이 되도록 점 X를 옮겨서 좌표평면에
나타내면 [그림 3]과 같다.

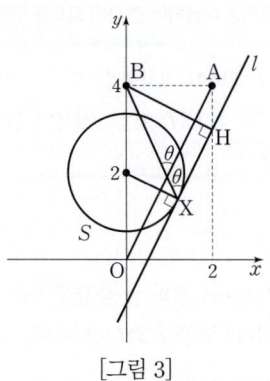

[그림 3]

3rd $\overline{\text{BX}}\sin\theta$의 최댓값이 $\dfrac{6\sqrt{5}}{5}$가 되도록 하는 원 S의 반지름의 길이를 구하자.

$\overline{\text{BX}}\sin\theta$가 최댓값 $\dfrac{6\sqrt{5}}{5}$를 가질 때, 즉 $\overline{\text{BH}}=\dfrac{6\sqrt{5}}{5}$가 될 때의 원 S의
반지름의 길이를 구해보자.

원 S 위의 점 X에서 접하는 접선 l은 직선 OA와 평행하고

(직선 OA의 기울기)$=\dfrac{4-0}{2-0}=2$이므로

직선 l의 방정식을 $y=2x+a\,(a$는 상수, $a<0)$이라 하면
   평행한 두 직선의 기울기는 서로 같아.

점 B와 직선 l 사이의 거리, 즉 $\overline{\text{BH}}=\dfrac{6\sqrt{5}}{5}$이므로

$\dfrac{|0-4+a|}{\sqrt{2^2+(-1)^2}}=\dfrac{6\sqrt{5}}{5}$, $|a-4|=6$ $\therefore a=-2\,(\because a<0)$

따라서 구하는 원 S의 반지름의 길이를 r라 하면 r는 원 S의 중심인
점 $(0, 2)$와 접선 $l:y=2x-2$ 사이의 거리와 같으므로

$r=\dfrac{|0-2-2|}{\sqrt{2^2+(-1)^2}}=\dfrac{4}{\sqrt{5}}=\dfrac{4\sqrt{5}}{5}$

🔑 **다른 풀이:** 서로 닮음인 두 직각삼각형을 찾아 원 S의 반지름의 길이 구하기

3rd에서 $\overline{\text{BX}}\sin\theta$의 최댓값이 $\dfrac{6\sqrt{5}}{5}$가 되도록 하는 원 S의 반지름의

길이를 다른 방법으로 구해보자.

원 S의 중심을 점 P라 하면 원 S와 직선 l이 접하므로 점 P와 접점 X를
이은 직선 PX는 직선 l과 서로 수직이야.

또, 점 P에서 직선 BH에 내린 수선의 발을 Q라 할 때, 이를 좌표평면에 나타내면 그림과 같아.

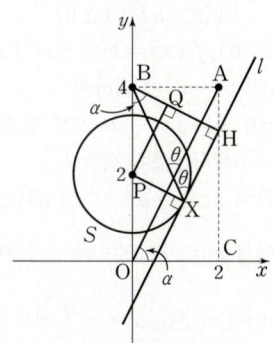

이때, 원 S의 반지름의 길이를 r라 하면 직사각형 PXHQ에서 $\overline{QH} = \overline{PX} = r$야.

한편, 점 $(2, 0)$을 점 C라 하면 삼각형 AOC와 삼각형 PBQ는 닮음이므로 ∠AOC = ∠PBQ = α라 하자.

삼각형 AOC와 삼각형 PBQ에서 ∠ACO = ∠PQB = 90°
∠AOC = ∠OAB = 90° − ∠ABQ = ∠PBQ
∴ △AOC ∽ △PBQ (AA 닮음)

$\overline{OA} = \sqrt{2^2 + 4^2} = 2\sqrt{5}$, $\overline{OC} = 2$이므로

$$\cos\alpha = \frac{\overline{OC}}{\overline{OA}} = \frac{2}{2\sqrt{5}} = \frac{1}{\sqrt{5}}$$

직각삼각형 PBQ에서 $\overline{PB} = 2$이므로

$$\overline{BQ} = \overline{PB}\cos\alpha = 2 \times \frac{1}{\sqrt{5}} = \frac{2\sqrt{5}}{5}$$

따라서 조건을 만족시키는 원 S의 반지름의 길이 r는

$$r = \overline{QH} = \overline{BH} - \overline{BQ} = \frac{6\sqrt{5}}{5} - \frac{2\sqrt{5}}{5} = \frac{4\sqrt{5}}{5}$$

D 175 정답 ② *미분을 이용한 극대, 극소 ────── [정답률 37%]

정답 공식: $g(x)$의 정의를 이용해 ㄱ을 판단하고, $g'(x)$를 구해 ㄴ, ㄷ의 진위 여부를 판정한다.

자연수 n에 대하여 함수 $f(x)$를 $f(x) = x^2 + \dfrac{1}{n}$이라 하고 함수 $g(x)$를 $g(x) = \begin{cases} (x-1)f(x) & (x \geq 1) \\ (x-1)^2 f(x) & (x < 1) \end{cases}$이라 할 때, [보기]에서 옳은 것만을 있는 대로 고른 것은? (4점)

[보기]
ㄱ. $\displaystyle\lim_{x \to 1-} \dfrac{g(x)}{x-1} = 0$ **단서1** $x \to 1-$, 즉 $x < 1$이므로 $g(x) = (x-1)^2 f(x)$가 돼.
ㄴ. $n = 1$일 때, 함수 $g(x)$는 $x = 1$에서 극솟값을 갖는다. **단서2** $x = a$를 포함하는 어떤 구간에 속하는 모든 x에 대하여 $g(x) \geq g(a)$이면 함수 $g(x)$는 $x = a$에서 극소라 해.
ㄷ. 함수 $g(x)$가 극대 또는 극소가 되는 x의 개수가 1인 n의 개수는 5이다. **단서3** ㄴ과 같은 방법으로 자연수 n에 대하여 함수 $g(x)$가 $x = 1$에서 극소인지 확인해봐. $x = 1$에서 극값을 갖는다면 $x \neq 1$인 곳에서는 극값이 존재하지 않아야 해.

① ㄱ ② ㄱ, ㄴ ③ ㄱ, ㄷ ④ ㄴ, ㄷ ⑤ ㄱ, ㄴ, ㄷ

1st $x < 1$일 때의 함수 $g(x)$의 식을 대입하여 $\displaystyle\lim_{x \to 1-} \dfrac{g(x)}{x-1}$의 값을 구해봐.
└→ $x \to 1-$이면 $x < 1$이지.

ㄱ. $x < 1$에서 $g(x) = (x-1)^2 f(x)$이므로

$$\lim_{x \to 1-} \frac{g(x)}{x-1} = \lim_{x \to 1-} \frac{(x-1)^2 f(x)}{x-1}$$
└→ $0 \times$ (상수) 꼴이야.
$$= \lim_{x \to 1-} (x-1)\left(x^2 + \frac{1}{n}\right) = 0 \text{ (참)}$$

2nd $n = 1$일 때, 함수 $g(x)$가 $x = 1$에서 극솟값을 갖는지 확인하자.

ㄴ. $n = 1$이면 $f(x) = x^2 + 1$이므로

$$g(x) = \begin{cases} (x-1)(x^2+1) & (x \geq 1) \\ (x-1)^2(x^2+1) & (x < 1) \end{cases}$$이고

$x \geq 1$일 때,
$g(x) = (x-1)(x^2+1) \geq 0$
$x < 1$일 때,
$g(x) = (x-1)^2(x^2+1) > 0$

→ 함수 $f(x)$가 $x = a$를 포함하는 어떤 열린구간에 속하는 모든 x에 대하여 $f(x) \geq f(a)$이면 함수 $f(x)$는 $x = a$에서 극소라 하고, 그때의 함숫값 $f(a)$를 극솟값이라 해.

즉, 모든 실수 x에 대하여 $g(x) \geq 0 = g(1)$이므로 함수 $g(x)$는 $x = 1$에서 극솟값을 갖는다. (참)

3rd 미분을 이용하여 함수 $g(x)$가 극값을 1개 갖도록 하는 n의 개수를 구해봐.

ㄷ. 자연수 n에 대하여

$$g(x) = \begin{cases} (x-1)\left(x^2 + \dfrac{1}{n}\right) & (x \geq 1) \\ (x-1)^2\left(x^2 + \dfrac{1}{n}\right) & (x < 1) \end{cases}$$이므로

ㄴ에서와 같은 방법으로 하면 자연수 n의 값에 관계없이 함수 $g(x)$는 $x = 1$에서 극솟값을 갖는다.

즉, 함수 $g(x)$가 극값을 갖는 x의 개수가 1이려면 $x > 1$, $x < 1$에서 더 이상의 극값을 갖지 않아야 한다.

(ⅰ) $x > 1$일 때,
$g(x) = (x-1)\left(x^2 + \dfrac{1}{n}\right)$이므로

$$g'(x) = \left(x^2 + \frac{1}{n}\right) + 2x(x-1) = 3x^2 - 2x + \frac{1}{n}$$
$$= 3\left(x - \frac{1}{3}\right)^2 + \frac{1}{n} - \frac{1}{3}$$

그런데 $x > 1$에서 자연수 n의 값에 관계없이 $g'(x) > 0$이므로 함수 $g(x)$는 증가함수가 되어 더 이상의 극값을 가질 수 없다.
$g'(x) = 3\left(x - \dfrac{1}{3}\right)^2 + \dfrac{1}{n} - \dfrac{1}{3}$이므로 함수 $g'(x)$는 점 $\left(\dfrac{1}{3}, \dfrac{1}{n} - \dfrac{1}{3}\right)$을 꼭짓점으로 하는 이차함수야. 즉, $x > 1$에서 $g'(x) = 1 + \dfrac{1}{n} > 1$이므로 $g'(x) > 0$이지.

(ⅱ) $x < 1$일 때,
$g(x) = (x-1)^2\left(x^2 + \dfrac{1}{n}\right)$이므로

$$g'(x) = 2(x-1)\left(x^2 + \frac{1}{n}\right) + 2x(x-1)^2$$
$$= 2(x-1)\left(2x^2 - x + \frac{1}{n}\right)$$

즉, $x < 1$인 모든 x에 대하여 $2x^2 - x + \dfrac{1}{n} \geq 0$이면 함수 $g(x)$는 극값을 더는 가질 수 없으므로

$h(x) = 2x^2 - x + \dfrac{1}{n}$이라 할 때, 최고차항의 계수가 양수인 이차함수 $y = h(x)$의 그래프가 x축과 서로 다른 두 점에서 만나면 그 교점의 x좌표가 함수 $g(x)$가 극값을 갖는 x의 값이 되잖아? 즉, 이차함수 $y = h(x)$의 그래프가 x축과 접하거나 만나지 않아야 하니까 $x < 1$인 모든 실수 x에 대하여 $h(x) \geq 0$이 되어야 해.

$$2x^2 - x + \frac{1}{n} = 2\left(x - \frac{1}{4}\right)^2 + \frac{1}{n} - \frac{1}{8} \geq 0 \text{에서}$$

$$\frac{1}{n} - \frac{1}{8} \geq 0, \ \frac{1}{n} \geq \frac{1}{8} \quad \therefore n \leq 8$$

(ⅰ), (ⅱ)에서 함수 $g(x)$가 극값을 갖는 x의 개수가 1이 되도록 하는 n의 값의 범위는 $n \leq 8$이므로 자연수 n의 개수는 8이다. (거짓)

따라서 옳은 것은 ㄱ, ㄴ이다.

＊곡선과 직선이 만나는 점의 개수로 정의된 함수가 주어진 조건을 만족시키도록 하는 함수 구하기 [유형 05＋12]

> 양수 a에 대하여 함수 $f(x)$는 **[단서1]** $f_1(x)=x(x+a)^2(x<0)$, $f_2(x)=x(x-a)^2(x≥0)$ 이라 하면 $f_1(-x)=-x(-x+a)^2$ $=-x(x-a)^2=-f_2(x)$지? 즉, 함수 $y=f(x)$의 그래프를 그려보면 원점에 대하여 대칭이 된다는 것을 알 수 있어.
>
> $$f(x)=\begin{cases} x(x+a)^2 & (x<0) \\ x(x-a)^2 & (x≥0) \end{cases}$$
>
> 이다. 실수 t에 대하여 곡선 $y=f(x)$와 직선 $y=4x+t$의 서로 다른 교점의 개수를 $g(t)$라 할 때, 함수 $g(t)$가 다음 조건을 만족시킨다. **[단서2]** 직선 $y=4x+t$가 기울기는 4로 고정이니까 직선을 평행이동시키며 곡선 $y=f(x)$와 만나는 점의 개수를 통해 함수 $g(t)$를 유추해봐.
>
> > (가) 함수 $g(t)$의 최댓값은 5이다. **[단서3]** 함수 $g(t)$의 최댓값이 5이고, 불연속점이 2개가 되기 위해서 직선 $y=4x+t$와 곡선 $y=f(x)$의 위치 관계가 어떻게 되어야 할지 판단할 수 있어야 해. 이에 따른 a의 값을 찾아내야 하는 거야.
> > (나) 함수 $g(t)$가 $t=\alpha$에서 불연속인 α의 개수는 2이다.
>
> $f'(0)$의 값을 구하시오. (4점)

왜 2등급? 원점에 대하여 대칭인 함수의 그래프와 직선이 만나는 점의 개수를 새로운 함수로 정할 때, 새로 정의된 함수가 주어진 조건을 만족시키도록 하는 미정계수를 구하는 문제로 주어진 함수가 원점에 대하여 대칭임을 파악한 후 좌표평면 위에 그래프를 그리고, 곡선과 직선의 교점의 개수가 변하는 경우가 직선이 곡선에 접할 때임을 적용해야 한다. 즉, 접선을 기준으로 직선을 평행이동하며 교점의 개수의 변화를 따져보아야 한다.

💡 단서＋발상

[단서1] 함수 $y=x(x+a)^2$을 원점에 대하여 대칭이동하면
$-y=-x(-x+a)^2$에서 $y=x(x-a)^2$이다.
또한, 함수 $y=x(x-a)^2$을 원점에 대하여 대칭이동하면
$-y=-x(-x-a)^2$에서 $y=x(x+a)^2$이다.
즉, 함수 $f(x)$의 그래프를 그리면 $x<0$인 부분과 $x≥0$인 부분이 서로 원점에 대하여 대칭이 된다. **개념**

[단서2] 직선 $y=4x+t$는 직선 $y=4x$를 y축의 방향으로 t만큼 평행이동한 것이다.
따라서 직선 $y=4x$를 평행이동시키며 곡선 $y=f(x)$와 만나는 점의 개수가 주어진 조건을 만족시키는 경우를 찾아보자. **적용**

[단서3] 함수 $g(t)$의 최댓값이 5이므로 직선 $y=4x$를 평행이동한 직선이 곡선 $y=f(x)$와 서로 다른 5개의 점에서 만나는 경우가 존재한다는 것을 알 수 있다. **발상**
또한, 함수 $g(t)$가 불연속이 되는 경우는 직선 $y=4x$를 평행이동한 직선이 곡선 $y=f(x)$와 서로 접할 때이므로 $g(t)$가 불연속인 점이 2개임을 이용하여 접선과 접점의 좌표의 조건을 파악하자. **해결**

주의 곡선 $y=x(x-a)^2$과 곡선 $y=x(x+a)^2$이 서로 원점에 대하여 대칭이므로 기울기가 4이면서 두 곡선에 동시에 접하는 두 접선의 접점의 x좌표도 대칭성이 존재함을 적용해야 풀이가 가능하다.

> **핵심 정답 공식**: 곡선 $y=f(x)$을 그린 후, 직선 $y=4x+t$를 평행이동시키면서 곡선과 직선이 만나는 점의 개수를 구하여 함수 $g(t)$의 불연속인 점의 개수를 구한다. 이때, 직선이 곡선에 접하는 부분에서의 변화에 초점을 맞춘다.

‑‑‑‑‑‑‑‑‑‑‑‑‑‑‑‑‑‑‑‑‑‑‑ [문제 풀이 순서] ‑‑‑‑‑‑‑‑‑‑‑‑‑‑‑‑‑‑‑‑

1st 양수 a에 대하여 함수 $y=f(x)$의 그래프의 개형을 그려보자.

양수 a에 대하여 $f(x)=\begin{cases} x(x+a)^2 & (x<0) \\ x(x-a)^2 & (x≥0) \end{cases}$에서

$f_1(x)=x(x+a)^2 \ (x<0)$, $f_2(x)=x(x-a)^2 \ (x≥0)$이라 하자.

이때, $f_1(x)=x(x+a)^2 \ (x<0)$에 대하여

$x(x+a)^2=0$에서 $x=0$ 또는 $x=-a$이므로 함수 $y=f_1(x)$의 그래프는 원점을 지나고 $x=-a$에서 x축에 접한다.

또한, $f_1'(x)=(x+a)^2+2x(x+a)=(x+a)(3x+a)$이고

$(x+a)(3x+a)=0$에서 $x=-a$ 또는 $x=-\dfrac{a}{3}$이므로

함수 $f_1(x)$는 $x=-a$에서 극댓값, $x=-\dfrac{a}{3}$에서 극솟값을 갖는다.

> 최고차항의 계수가 양수인 삼차함수 $f(x)$에 대하여 $f'(x)=0$의 두 근을 $\alpha,\ \beta\ (\alpha<\beta)$라 하면 함수 $f(x)$는 $x=\alpha$에서 극댓값을 갖고, $x=\beta$에서 극솟값을 가져.

마찬가지 방법으로 $f_2(x)=x(x-a)^2 \ (x≥0)$에 대해서도 구해보면 $y=f_2(x)$의 그래프는 원점을 지나고 $x=a$에서 x축에 접하며

함수 $f_2(x)$는 $x=\dfrac{a}{3}$에서 극댓값, $x=a$에서 극솟값을 갖는다.

따라서 함수 $y=f(x)$의 그래프의 개형은 [그림 1]과 같다.

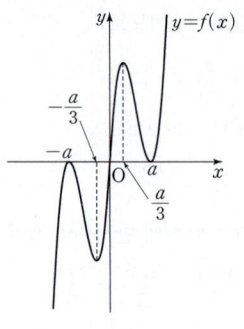

[그림 1]

한편, $f_1(-x)=(-x)(-x+a)^2=-x(x-a)^2=-f_2(x)$이므로 두 함수 $f_1(x)$, $f_2(x)$는 원점에 대하여 대칭이다.

> 함수 $f(x)$에 대하여
> ① $f(-x)=-f(x)$를 만족시키면 원점에 대하여 대칭
> ② $f(-x)=f(x)$를 만족시키면 y축에 대하여 대칭

2nd 조건 (가), (나)를 이용하여 함수 $y=f(x)$의 그래프를 완성하자.

직선 $y=4x+t$의 기울기가 4로 주어졌으므로 직선을 평행이동시키며 곡선 $y=f(x)$와 만나는 점의 개수를 통해 함수 $g(t)$를 유추해보자.

조건 (가)에서 함수 $g(t)$의 최댓값이 5가 되기 위해서는 닫힌구간 $[-a, a]$에서 직선 $y=4x+t$가 곡선 $y=f(x)$와 접하는 경우가 반드시 생겨야 한다. 닫힌구간 $[-a, a]$에서 곡선 $y=f(x)$와 직선 $y=4x+t$가 접하지 않으면 다음 그림과 같이 함수 $g(t)$의 최댓값이 3이 될 수 있어.

또한, 조건 (나)에서 함수 $g(t)$가 $t=\alpha$에서 불연속인 α의 개수가 2이기 위해서는 직선 $y=4x+t$가 두 함수 $y=f_1(x)$, $y=f_2(x)$의 그래프에 동시에 접해야 한다. 직선 $y=4x+t$가 두 함수 $y=f_1(x)$, $y=f_2(x)$의 그래프에 동시에 접하지 않는 경우 직선 $y=4x+t$를 평행이동시키면서 불연속인 점의 개수를 구해보면 2개가 넘어.

즉, 직선 $y=4x+t$가 두 함수 $y=f_1(x)$, $y=f_2(x)$의 그래프에 동시에 접할 때의 t의 값을 t_1, $t_2 \ (t_1<t_2)$라 하면 함수 $g(t)$는

$$g(t)=\begin{cases} 1 & (t>t_2) \\ 3 & (t=t_2) \\ 5 & (t_1<t<t_2) \\ 3 & (t=t_1) \\ 1 & (t<t_1) \end{cases}$$

과 같으므로 불연속인 t의 값은 t_1, t_2로 2개이다.

따라서 [그림 2]와 같이 직선 $y=4x+t$가 두 함수 $y=f_1(x)$, $y=f_2(x)$의 그래프에 동시에 접할 때, 주어진 조건을 만족시키는 함수 $y=f(x)$의 그래프가 된다.

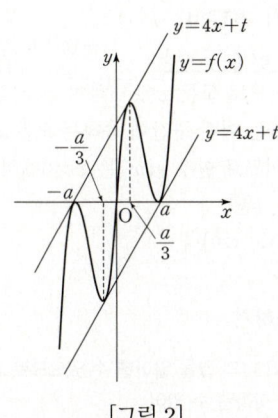

[그림 2]

3rd 직선 $y=4x+t$가 두 함수 $y=f_1(x)$, $y=f_2(x)$의 그래프에 동시에 접함을 이용하여 $f'(0)$의 값을 구해.

$x>0$일 때, 함수 $y=f(x)$의 그래프와 직선 $y=4x+t$가 $x=b$ 또는 $x=c(b<c)$인 점에서 접한다고 하자.

$f(x)=x(x-a)^2$에서

$f'(x)=(x-a)^2+2x(x-a)=3x^2-4ax+a^2$이고,

이차방정식 $3x^2-4ax+a^2=4$의 두 근이 b, c이므로

<u>$x>0$일 때, $x=b$ 또는 $x=c$인 점에서 함수 $y=f(x)$의 그래프와 직선 $y=4x+t$가 접하고, 접선의 기울기는 접점의 x좌표에서의 미분계수와 같으므로 b, c는 $f'(x)=4$의 두 근이 되는 거야.</u>

$b+c=\dfrac{4a}{3}$, $bc=\dfrac{a^2-4}{3}$ ⋯ ㉠

<u>이차방정식 $3x^2-4ax+a^2-4=0$의 근과 계수의 관계를 이용한 거야.</u>

→ $y=f(x)$의 그래프는 원점에 대하여 대칭이라 했지?

한편, 함수 $y=f(x)$의 그래프가 점 $(b, b(b-a)^2)$을 지나면 점 $(-b, -b(-b+a)^2)$을 지나고, 위의 [그림 2]에서 보듯이 두 점 $(-b, -b(-b+a)^2)$, $(c, c(c-a)^2)$을 지나는 직선의 기울기가 4이므로

함정 기울기가 4인 직선이 함수 $y=f_2(x)$의 그래프와 $x=b$ 또는 $x=c$인 점에서 접하면 함수 $y=f_1(x)$의 그래프와 $x=-b$ 또는 $x=-c$인 점에서 접해. 또, $x=b$, $x=-c$인 두 점이 한 직선 위에 있고, $x=-b$, $x=c$인 두 점이 한 직선 위에 있어.

$\dfrac{c(c-a)^2-\{-b(-b+a)^2\}}{c-(-b)}=4$

$c(c-a)^2+b(-b+a)^2=4(c+b)$

$c(c^2-2ac+a^2)+b(b^2-2ab+a^2)=4(c+b)$

$\therefore c^3+b^3-2a(c^2+b^2)+a^2(c+b)=4(c+b)$ ⋯ ㉡

그런데 ㉠에 의해

$c^2+b^2=(c+b)^2-2bc$

$=\left(\dfrac{4a}{3}\right)^2-2\times\dfrac{a^2-4}{3}=\dfrac{10}{9}a^2+\dfrac{8}{3}$ ⋯ ㉢

$c^3+b^3=(c+b)^3-3bc(c+b)$

$=\left(\dfrac{4a}{3}\right)^3-3\times\dfrac{a^2-4}{3}\times\dfrac{4a}{3}=\dfrac{28}{27}a^3+\dfrac{16}{3}a$ ⋯ ㉣

이므로 ㉡에 ㉠, ㉢, ㉣을 대입하면

$\left(\dfrac{28}{27}a^3+\dfrac{16}{3}a\right)-2a\left(\dfrac{10}{9}a^2+\dfrac{8}{3}\right)+a^2\times\dfrac{4a}{3}=4\times\dfrac{4a}{3}$

$\dfrac{28}{27}a^3-\dfrac{20}{9}a^3+\dfrac{16}{3}a-\dfrac{16}{3}a+\dfrac{4}{3}a^3=\dfrac{16}{3}a$

$\dfrac{4}{27}a^3-\dfrac{16}{3}a=0$, $\dfrac{4}{27}a(a^2-36)=0$

$\therefore a^2=36$ → 여기에서 양수 a의 값인 6을 대입하여 $f(x)$의 식을 완전히 구해도 돼.
그런데 아래 풀이를 보면 $f'(0)=a^2$이어서 $a^2=36$에서 계산을 멈춘 거야.

따라서 $f(x)=\begin{cases} x(x+a)^2 & (x<0) \\ x(x-a)^2 & (x\geq0) \end{cases}$에서

$f'(x)=\begin{cases} (x+a)^2+2x(x+a) & (x<0) \\ (x-a)^2+2x(x-a) & (x>0) \end{cases}$이므로

$f'(0)=\lim\limits_{x\to0-}f'(x)=\lim\limits_{x\to0+}f'(x)=a^2=36$

1등급 대비 특강

* $g(t)$를 구하는 다른 방법

두 함수 $f(x)$와 $y=4x$는 모두 실수 전체의 집합에서 미분가능하고, 원점에 대하여 대칭이므로 함수 $f(x)-4x$도 실수 전체의 집합에서 미분가능하고 원점에 대하여 대칭이야.
따라서 함수 $y=f(x)$의 그래프와 직선 $y=4x+t$의 교점의 개수는 함수 $y=f(x)-4x$의 그래프와 직선 $y=t$의 교점의 개수와 같으므로 함수 $g(t)$는 $y=f(x)-4x$의 그래프와 직선 $y=t$의 교점의 개수로 구해도 돼.

D 177 정답 ⑤ ⋯⋯⋯ ★**1등급 대비** [정답률 19%]

* 미분계수의 정의를 이용하여 두 함수 $f(x)$와 $g(x)$ 사이의 관계를 구해 [보기]의 진위 판정하기 [유형 20]

미분가능한 함수 $f(x)$, $g(x)$가
$f(x+y)=f(x)g(y)+f(y)g(x)$, $f(1)=1$
단서1 $f(x+y)$의 꼴의 함수가 나오고, 미분에 대한 문제이면 $f'(x)=\lim\limits_{y\to0}\dfrac{f(x+y)-f(x)}{y}$ 를 이용하는 경우가 많아.
$g(x+y)=g(x)g(y)+f(x)f(y)$, $\lim\limits_{x\to0}\dfrac{g(x)-1}{x}=0$
단서2 이 식을 이용해 $g(0)$의 값과 $g'(0)$의 값을 구할 수 있어.
을 만족시킬 때, 옳은 것만을 [보기]에서 있는 대로 고른 것은? (5점)

[보기]
ㄱ. $f'(x)=f'(0)g(x)$ **단서4** 극소의 정의를 정확히 이해해야 해. $x=a$를 포함하는 어떤 구간에 속하는 모든 x에 대하여 $g(x)\geq g(a)$이면 함수 $g(x)$는 $x=a$에서 극소라 하지?
ㄴ. $g(x)$는 $x=0$에서 극솟값 1을 갖는다.
ㄷ. $\{g(x)\}^2-\{f(x)\}^2=1$ **단서3** $\{g(x)\}^2-\{f(x)\}^2$의 값이 1이라면 함수 $\{g(x)\}^2-\{f(x)\}^2$은 상수함수라는 뜻이야. 이때, 상수함수를 미분하면 0임을 이용해.

① ㄴ ② ㄷ ③ ㄱ, ㄴ
④ ㄱ, ㄷ ⑤ ㄱ, ㄴ, ㄷ

왜 1등급? 도함수의 정의와 극소의 성질을 이해하여 두 함수 사이의 관계를 파악하고, 이를 이용해 [보기]의 참, 거짓을 판정하는 문제로 미분계수의 정의를 이용하여 $f'(x)$와 $g'(x)$를 각각 $g(x)$와 $f(x)$에 대한 식으로 나타낼 수 있어야 한다.

단서+발상
단서1 함수 $f(x)$, $g(x)$가 미분가능한 함수이므로 미분계수의 정의를 이용하여 $f'(x)$를 나타낼 수 있다. 미분계수의 정의를 이용하기 위해 y가 0에 가까워지는 극한값을 취하면 된다. **개념**
단서2 $\lim\limits_{x\to0}\dfrac{g(x)-1}{x}=0$에서 $x\to0$일 때, (분모)→0이므로 (분자)→0이어야 한다. 즉, 극한의 성질과 미분계수의 정의를 이용하여 $g(0)$, $g'(0)$의 값을 알 수 있다. **개념**
단서3 모든 실수 x에 대하여 $\{g(x)\}^2-\{f(x)\}^2=1$이면 $\{g(x)\}^2-\{f(x)\}^2$은 상수함수이다. **발상**
따라서 상수함수 $\{g(x)\}^2-\{f(x)\}^2$을 미분하면 0이 되므로 주어진 $f(x)$와 $g(x)$를 이용하여 ㄷ의 참, 거짓을 판단하자. **적용**
단서4 극소의 정의에 의해 함수 $g(x)$가 0을 포함하는 구간에 속하는 모든 실수 x에 대하여 $g(x)\geq g(0)=1$인지 확인하면 된다. **개념**
이는 ㄷ을 통해 구한 $\{g(x)\}^2=\{f(x)\}^2+1\geq1$을 통해 판단할 수 있다. **해결**

🔔 **주의** 어떤 점에서 미분계수가 0이라고 해서 그 점에서 극솟값을 가지는지 바로 판단할 수 없음을 주의해야 한다. 또한, 일반적인 경우와 달리 [보기] ㄷ이 참임을 알아내어 ㄷ의 식을 이용해야 ㄴ의 참, 거짓을 판단할 수 있다.

> **핵심 정답 공식**: 함수의 연속성을 이용해 $g(0)$, $g'(0)$, $f(0)$을 구하고, 도함수의 정의를 이용해 $f'(x)$, $g'(x)$를 구한다. 이후 $h(x)=\{g(x)\}^2-\{f(x)\}^2$을 미분해서 $h(x)$의 식을 추론한다.

-------------------------------- [문제 풀이 순서] --------------------------------

1st 주어진 조건을 통해 $f(x)$, $g(x)$에 대한 함숫값들을 찾아내자.

$\lim\limits_{x\to0}\dfrac{g(x)-1}{x}=0$에서 극한값이 존재하고 $x\longrightarrow0$일 때, (분모) $\longrightarrow0$

이므로 (분자) $\longrightarrow0$이어야 한다.

즉, $\lim\limits_{x\to0}\{g(x)-1\}=0$이므로 $g(0)=1$

$\therefore \lim\limits_{x\to0}\dfrac{g(x)-1}{x}=\lim\limits_{x\to0}\dfrac{g(x)-g(0)}{x-0}=g'(0)=0$

한편, $g(x+y)=g(x)g(y)+f(x)f(y)$에 $x=1$, $y=0$을 대입하면

$g(1+0)=g(1)g(0)+f(1)f(0)$

$g(1)=g(1)+f(0)$ $\qquad\therefore f(0)=0$

2nd 도함수의 정의를 이용해 $f'(x)$를 구하자.

ㄱ. $f'(x)=\lim\limits_{y\to0}\dfrac{f(x+y)-f(x)}{y}$ ⟶ $f'(x)=\lim\limits_{h\to0}\dfrac{f(x+h)-f(x)}{h}$

$=\lim\limits_{y\to0}\dfrac{f(x)g(y)+f(y)g(x)-f(x)}{y}$

$=\lim\limits_{y\to0}f(x)\left\{\dfrac{g(y)-1}{y}\right\}+\lim\limits_{y\to0}\left\{\dfrac{f(y)g(x)}{y}\right\}$

$=\lim\limits_{y\to0}f(x)\left\{\dfrac{g(y)-1}{y}\right\}+\lim\limits_{y\to0}g(x)\left\{\dfrac{f(y)-f(0)}{y-0}\right\}$

$\underbrace{\lim\limits_{y\to0}\dfrac{g(y)-1}{y}=\lim\limits_{x\to0}\dfrac{g(x)-1}{x}=g'(0)=0}$ $\qquad(\because f(0)=0)$

$=0+f'(0)g(x)$

$\therefore f'(x)=f'(0)g(x)$ … ㉠ (참)

3rd ㄷ의 참, 거짓을 따져보자. 이때, ㄱ과 같은 방법으로 $g'(x)$를 구한 후 $\{g(x)\}^2-\{f(x)\}^2$이 상수함수가 되는지 확인하자.

ㄷ. $g'(x)=\lim\limits_{y\to0}\dfrac{g(x+y)-g(x)}{y}$

$=\lim\limits_{y\to0}\dfrac{g(x)g(y)+f(x)f(y)-g(x)}{y}$

$=\lim\limits_{y\to0}g(x)\left\{\dfrac{g(y)-1}{y}\right\}+\lim\limits_{y\to0}\left\{\dfrac{f(x)f(y)}{y}\right\}$

$=\lim\limits_{y\to0}g(x)\left\{\dfrac{g(y)-1}{y}\right\}+\lim\limits_{y\to0}f(x)\left\{\dfrac{f(y)-f(0)}{y-0}\right\}$

$\qquad\qquad\qquad\qquad\qquad\qquad(\because f(0)=0)$

$=0+f'(0)f(x)$

$\therefore g'(x)=f'(0)f(x)$ … ㉡

한편, $h(x)=\{g(x)\}^2-\{f(x)\}^2$이라 하면

⟶ $h(x)=\{g(x)\}^2-\{f(x)\}^2=g(x)g(x)-f(x)f(x)$이므로
$h'(x)=g'(x)g(x)+g(x)g'(x)-\{f'(x)f(x)+f(x)f'(x)\}$
$\quad=2g(x)g'(x)-2f(x)f'(x)$

$h'(x)=2g(x)g'(x)-2f(x)f'(x)$

$\qquad=2g(x)f'(0)f(x)-2f(x)f'(0)g(x)$ $(\because$ ㉠, ㉡$)$

$\qquad=0$

즉, $h(x)$는 상수함수이고, ⟶ $h'(x)=0$이므로 도함수가 0인 함수는 상수함수뿐이야.

$h(x)=h(0)=\{g(0)\}^2-\{f(0)\}^2=1-0=1$이므로

$\{g(x)\}^2-\{f(x)\}^2=1$ (참)

4th 함수의 극소의 정의를 이용하여 함수 $g(x)$의 극솟값을 구해.

> 함수 $f(x)$가 $x=a$를 포함하는 어떤 열린구간에 속하는 모든 x에 대하여 $f(x)\geq f(a)$이면 함수 $f(x)$는 $x=a$에서 극소라 하고, 그때의 함숫값 $f(a)$를 극솟값이라 해.

ㄴ. ㄷ에서 $\{g(x)\}^2-\{f(x)\}^2=1$이므로

$\{g(x)\}^2=\{f(x)\}^2+1\geq1$

$\therefore \underline{g(x)\geq1$ 또는 $g(x)\leq-1}$ ⟶ $\{g(x)\}^2\geq1$에서 $\{g(x)+1\}\{g(x)-1\}\geq0$

그런데 $g(0)=1$이므로 모든 x에 대하여 $g(x)\geq1$이 성립한다.

즉, $x=0$을 포함하는 어떤 구간에 속하는 모든 x에 대하여

$g(x)\geq1=g(0)$이므로 함수 $g(x)$는 $x=0$에서 극소이고,

극솟값 1을 갖는다. (참)

따라서 옳은 것은 ㄱ, ㄴ, ㄷ이다.

＊ **주어진 조건 활용하기**   1등급 대비 **특강**

주어진 식에서 $g(0)$, $f(1)$의 값을 알아낼 수 있으므로 x, y에 0과 1을 대입해보며 다른 함숫값을 찾아낼 수 있어.

그리고 ㄱ에서 $f'(x)$에 대해 묻고 있으므로 주어진 조건을 활용해 미분해야 해. 그런데 주어진 식에 변수 x, y가 있으므로 주어진 식을 단순히 미분하기는 어렵지? 따라서 미분계수의 정의를 사용해 $f'(x)=f'(0)g(x)$를 얻어내는 아이디어가 중요해! 또한, 같은 방법을 사용해 $g'(x)=f'(0)f(x)$도 얻어내야 해!

⚙ **함수의 극대와 극소**   개념·공식

함수 $f(x)$에서 $x=a$를 포함하는 어떤 열린구간에 속하는 모든 x에 대하여
① $f(x)\leq f(a)$일 때, 함수 $f(x)$는 $x=a$에서 극대라 하고, $f(a)$를 극댓값이라 한다.
② $f(x)\geq f(a)$일 때, 함수 $f(x)$는 $x=a$에서 극소라 하고, $f(a)$를 극솟값이라 한다.

E 도함수의 활용(2)

🐝 기본 기출 문제

E 01 정답 13 *함수의 최대, 최소 ──────── [정답률 85%]

> **정답 공식:** 구간에서 함수의 최댓값, 최솟값을 구하기 위해서는 그 구간에서의 극 값과 구간의 끝점에서의 함숫값을 확인해보면 된다.

> 구간 $[-2, 0]$에서 함수 $f(x)=x^3-3x^2-9x+8$의 최댓값을 구하시오. (3점) **단서** $-2 \leq x \leq 0$일 때, $f(x)$의 그래프를 그려 보아야 판단할 수 있어.

1st 도함수를 구하고 극값, 구간의 경계값을 구해 봐.

$f(x)=x^3-3x^2-9x+8$에서

$f'(x)=3x^2-6x-9=3(x+1)(x-3)$

$f'(x)=0$에서 $x=-1$ 또는 $x=3$

이때, 그래프의 개형은 그림과 같고 → $f'(x)=0$이 되는 x의 값에서 극대. $x=-1$에서 극대이다. └극소가 되는 점을 파악하여 그려야 해.

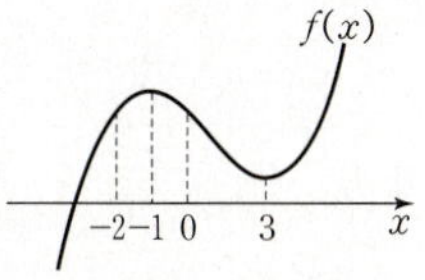

따라서 $f(-2)$, $f(-1)$, $f(0)$ 중 $f(-1)$의 값이 가장 크므로 구간 $[-2, 0]$에서 $f(x)$의 최댓값은 $f(-1)$이다.

$\therefore f(-1)=-1-3+9+8=13$

E 02 정답 ④ *함수의 최대, 최소 ──────── [정답률 84%]

> **정답 공식:** 주어진 구간에서 함수의 최댓값, 최솟값을 구하기 위해서는 그 함수의 극값과 구간의 끝점에서의 함숫값을 확인해보면 된다.

> 닫힌구간 $[1, 4]$에서 함수 $f(x)=x^3-3x^2+a$의 최댓값 M, 최솟값을 m이라 하자. $M+m=20$일 때, 상수 a의 값은? (3점) **단서** 삼차함수의 최댓값, 최솟값은 증가와 감소를 조사하여 그래프를 그린 후 판단해야 해.
> ① 1　② 2　③ 3　④ 4　⑤ 5

1st 주어진 함수의 도함수를 이용하자.

$f(x)=x^3-3x^2+a$에서

$f'(x)=3x^2-6x=3x(x-2)$

$f'(x)=0$에서 $x=0$ 또는 $x=2$ → 최고차항의 계수가 양수이므로 $x=0$에서 극대, $x=2$에서 극소야.

따라서 닫힌구간 $[1, 4]$에서 함수 $f(x)$의 증가와 감소를 표로 나타내면 다음과 같다.

x	1	⋯	2	⋯	4
$f'(x)$	−	−	0	+	+
$f(x)$	↘	↘	극소	↗	↗

2nd 닫힌구간 $[1, 4]$에서 주어진 함수의 최댓값과 최솟값은 극값과 정의역의 양 끝값을 비교해서 구하면 되지?

함수 $f(x)$의 최댓값 M은 $f(1)$과 $f(4)$ 중에서 큰 값이다.

$f(1)=1-3+a=a-2$, $f(4)=64-48+a=a+16$

$\therefore M=a+16$

함수 $f(x)$의 최솟값 m은 극솟값 $f(2)$이다.

$f(2)=8-12+a=a-4$　　$\therefore m=a-4$

$M+m=20$이므로

$M+m=(a+16)+(a-4)=2a+12=20$, $2a=8$

$\therefore a=4$

E 03 정답 ② *삼차방정식의 실근의 개수 ──────── [정답률 80%]

> **정답 공식:** 삼차방정식 $f(x)=0$이 서로 다른 세 실근을 가질 조건은 함수 $f(x)$의 (극댓값)×(극솟값)<0이다.

> 삼차방정식 $x^3+3x^2-9x+4-k=0$이 서로 다른 세 실근을 갖도록 하는 모든 정수 k의 개수는? (3점) $f(x)=x^3+3x^2-9x+4-k$라 할 때, 함수 $y=f(x)$의 그래프와 x축의 교점이 3개가 되도록 생각해 봐.
> ① 28　② 31　③ 34　④ 37　⑤ 40

1st $f(x)=x^3+3x^2-9x+4-k$라 하고 함수 $f(x)$의 극대·극소를 찾자.

$f(x)=x^3+3x^2-9x+4-k$라 하면

$f'(x)=3x^2+6x-9=3(x+3)(x-1)$

$f'(x)=0$에서 $x=-3$ 또는 $x=1$이므로 함수 $f(x)$의 증가와 감소를 표로 나타내면 다음과 같다.

x	⋯	-3	⋯	1	⋯
$f'(x)$	+	0	−	0	+
$f(x)$	↗	극대	↘	극소	↗

2nd 삼차방정식이 서로 다른 세 실근을 가지려면 (극댓값)×(극솟값)<0이어야 해.

함수 $f(x)$의 극댓값은

$f(-3)=-27+27+27+4-k=31-k$

극솟값은 $f(1)=1+3-9+4-k=-1-k$

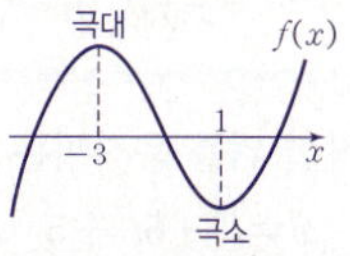

이때, 삼차방정식 $f(x)=0$이 서로 다른 세 실근을 가지려면 함수 $f(x)$의 (극댓값)×(극솟값)<0이어야 하므로 → $y=f(x)$의 그래프가 x축과 세 점에서 만나야 해.

$(31-k)(-1-k)<0$

$(k+1)(k-31)<0$　　$\therefore -1<k<31$

따라서 모든 정수 k의 개수는 0, 1, 2, ⋯, 29, 30으로 31이다.

E 04 정답 22 *부등식이 항상 성립할 조건 $-f(x)>g(x)$ 꼴 [정답률 63%]

> **정답 공식:** $h(x)=f(x)-g(x)$의 최솟값이 0 이상이어야 한다.

> 두 함수 $f(x)=5x^3-10x^2+k$, $g(x)=5x^2+2$가 있다. $\{x|0<x<3\}$에서 부등식 $f(x) \geq g(x)$가 성립하도록 하는 상수 k의 최솟값을 구하시오. (4점) **단서** $h(x)=f(x)-g(x)$라 하면 $h(x) \geq 0$이 성립하면 돼.

1st $h(x)=f(x)-g(x)$로 놓자.

$h(x)=f(x)-g(x)$로 놓으면 → $h(x) \geq 0$이 성립하도록 다항함수를 정리하여 미분하여 보자.

$h(x)=5x^3-10x^2+k-(5x^2+2)=5x^3-15x^2+k-2$

2nd $h'(x)$를 구한 후 $h(x)$의 최솟값이 0보다 크거나 같음을 이용해.

$h'(x)=15x^2-30x=15x(x-2)$

$h'(x)=0$에서 $x=0$ 또는 $x=2$이므로 함수 $h(x)$의 증가와 감소를 표로 나타내면 다음과 같다.

x	(0)	⋯	2	⋯	(3)
$h'(x)$	0	−	0	+	
$h(x)$	$k-2$	↘	$k-22$	↗	

즉, $\{x|0<x<3\}$에서 $h(x)$는 $x=2$일 때 극소이고 최소이다.

$h(2)=k-22$이므로 $h(x) \geq 0$이려면

$k-22 \geq 0$　　$\therefore k \geq 22$

따라서 구하는 k의 최솟값은 22이다.

E 05 정답 ① ＊수직선 위를 움직이는 점의 속도와 가속도 ⋯ [정답률 85%]

> **정답 공식:** 점 P의 시각 t에 대한 위치함수 $x=f(t)$를 t에 대하여 미분하면 속도 $v=f'(t)$이다.

수직선 위를 움직이는 점 P의 시각 $t(t\geq0)$에서의 위치 x가
$x=-t^2+6t$이다. **점 P의 속도가 2일 때, 점 P의 위치는?** (4점)
> **단서** 점 P의 위치 $x=-t^2+6t$를 미분하여 점 P의 속도가 2일 때의 시각 t를 구해.

① 8　　② $\dfrac{17}{2}$　　③ 9　　④ $\dfrac{19}{2}$　　⑤ 10

1st 시각 t에서의 위치 x의 도함수가 속도가 되지.

점 P의 시각 t에서의 위치가 $x=-t^2+6t$이므로
x를 t에 대하여 미분하면 점 P의 속도가 된다.

즉, 속도는 $\dfrac{dx}{dt}=-2t+6$이므로
> 수직선 위를 움직이는 점 P의 시각 t에서 위치를 $x=f(t)$라 할 때, 시각 t에서 점 P의 속도 v와 가속도 a는
> $v=\dfrac{dx}{dt}=f'(t)$, $a=\dfrac{dv}{dt}$

$-2t+6=2$에서 $t=2$
따라서 $t=2$에서의 점 P의 위치는
$-2^2+6\times2=8$

E 06 정답 ① ＊수직선 위를 움직이는 점의 속도와 가속도 ⋯ [정답률 87%]

> **정답 공식:** 속도 $v=\dfrac{dx}{dt}$, 가속도 $a=\dfrac{dv}{dt}$

수직선 위를 움직이는 점 P의 시각 t $(t\geq0)$에서의 위치 x가
$$x=t^3-6t^2+5$$
이다. **점 P의 가속도가 0일 때, 점 P의 속도는?** (3점)
> **단서** 위치를 미분하면 속도이고, 속도를 미분하면 가속도임을 이용해.

① -12　　② -10　　③ -8
④ -6　　⑤ -4

1st 미분을 이용하여 시각 t에서의 속도와 가속도를 각각 구해.

시각 t에서의 점 P의 위치 x가 $x=t^3-6t^2+5$이므로
속도를 v, 가속도를 a라 하면
$v=\dfrac{dx}{dt}=3t^2-12t \cdots \ ㉠$, $a=\dfrac{dv}{dt}=6t-12$
> 수직선 위를 움직이는 점 P의 시각 t일 때의 위치를 $x=f(t)$라 하면 시각 t일 때의 점 P의 속도 v와 가속도 a는 각각 $v=\dfrac{dx}{dt}=f'(t)$, $a=\dfrac{dv}{dt}$야.

이때, 시각 t에서의 점 P의 가속도가 0이라 하면
$a=6t-12=0$에서 $t=2$
따라서 시각 $t=2$일 때 점 P의 속도는 ㉠에 의하여
$v=3\cdot2^2-12\cdot2=-12$

E 07 정답 ① ＊위치에 대한 변화율(속도) ⋯ [정답률 80%]

> **정답 공식:** 서로 반대 방향으로 움직인다는 것은 속도의 부호가 반대라는 뜻이다.

수직선 위를 움직이는 두 점 P, Q의 시각 t일 때의 위치는 각각
$f(t)=2t^2-2t$, $g(t)=t^2-8t$이다. **두 점 P와 Q가 서로 반대 방향으로 움직이는 시각 t의 범위는?** (3점)
> **단서** 점 P와 점 Q의 진행 방향이 반대이므로 속도의 부호가 다르겠지?

① $\dfrac{1}{2}<t<4$　　② $1<t<5$　　③ $2<t<5$
④ $\dfrac{3}{2}<t<6$　　⑤ $2<t<8$

1st 움직이는 두 점 P, Q의 속도를 이용하자.

두 점 P, Q의 시각 t일 때의 위치가 각각
$f(t)=2t^2-2t$, $g(t)=t^2-8t$
이므로 시각 t일 때의 두 점 P, Q의 움직이는 속도는 각각
$f'(t)=4t-2$, $g'(t)=2t-8$

2nd 수직선 위에서 두 점이 움직이는 방향이 반대인 경우는 $f'(t)g'(t)<0$임을 이용해.

이때, 두 점 P와 Q가 서로 반대 방향으로 움직이려면 $f'(t)$와 $g'(t)$의 부호가 반대가 되어야 한다.
$f'(t)g'(t)=(4t-2)(2t-8)<0$
> **[속도의 부호]** 점 P가 출발할 때의 방향을 +로 볼 때, 출발할 때와 같은 방향으로 움직이면 (속도)>0, 출발할 때와 반대 방향으로 움직이면 (속도)<0이야.

$4(2t-1)(t-4)<0$　∴ $\dfrac{1}{2}<t<4$

> **수능 핵강**

＊ 속도함수의 그래프를 이용하여 점이 움직이는 방향 확인하기
방향은 속도가 음에서 양, 양에서 음으로 바뀔 때 바뀌지? 즉, 두 위치함수 $f(t)$, $g(t)$의 시각 t에서의 접선의 기울기를 비교해 보자.

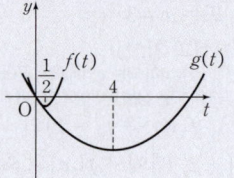

함수 $f(t)=2t^2-2t$는 $t=\dfrac{1}{2}$에서 접선의 기울기가 음에서 양으로 바뀌고,
함수 $g(t)=t^2-8t$는 $t=4$에서 음에서 양으로 바뀌지?
따라서 $t<\dfrac{1}{2}$에서 두 위치함수 $f(t)$, $g(t)$의 접선의 기울기는 모두 음이고
$\dfrac{1}{2}<t<4$에서 두 위치함수 $f(t)$, $g(t)$의 접선의 기울기는 각각 양, 음,
또 $t>4$에서 두 위치함수 $f(t)$, $g(t)$의 접선의 기울기는 모두 양이므로
두 점 P와 Q가 서로 반대 방향으로 움직이는 시각 t의 범위는 $\dfrac{1}{2}<t<4$야.

 수능 유형별 기출 문제 [2점, 3점, 쉬운 4점]

E 08 정답 ① ＊함수의 최대, 최소 ⋯ [정답률 79%]

> **정답 공식:** 다항함수 $f(x)$에 대하여 구간 $[a, b]$에서 함수 $f(x)$의 극값, $f(a)$, $f(b)$ 중에 가장 큰 값이 최댓값이고, 가장 작은 값이 최솟값이다.

닫힌구간 $[1, 4]$에서 함수 $f(x)=x^3-3x^2+8$의 최댓값을 M, 최솟값을 m이라 할 때, $M+m$의 값은? (4점)
> **단서** 함수 $f(x)$는 다항함수이므로 구간 $[1, 4]$에서 연속이야. 즉, 최대·최소의 정리에 의하여 함수 $f(x)$는 이 구간에서 최댓값과 최솟값을 모두 가져.

① 28　　② 32　　③ 36
④ 40　　⑤ 44

1st 함수 $f(x)$의 증가와 감소를 표로 나타내어 최댓값과 최솟값을 각각 구해.

$f(x)=x^3-3x^2+8$에서
$f'(x)=3x^2-6x=3x(x-2)$
$f'(x)=0$에서 $x=0$ 또는 $x=2$이므로 닫힌구간 $[1, 4]$에서
함수 $f(x)$의 증가와 감소를 표로 나타내면 다음과 같다.

x	1	$\cdots$	2	$\cdots$	4
$f'(x)$		$-$	0	$+$	
$f(x)$	6	$\searrow$	4(극소)	$\nearrow$	24

이때, $f(1)=1^3-3\times1^2+8=6$, $f(2)=2^3-3\times2^2+8=4$,
$f(4)=4^3-3\times4^2+8=24$이고 이 중 가장 큰 값과 가장 작은 값이 각
각 닫힌구간 $[1,4]$에서 함수 $f(x)$의 최댓값과 최솟값이므로
$M=f(4)=24$, $m=f(2)=4$이다.
∴ $M+m=24+4=28$

> 닫힌구간 $[1,4]$에서 함수 $f(x)$는 하나의 극솟값을
> 가지므로 이 구간에서 함수 $f(x)$의 최솟값은 극솟값과
> 같고 최댓값은 $f(1)$, $f(4)$ 중에 큰 값이야.

E 09 정답 ③ *함수의 최대, 최소 ·········· [정답률 82%]

정답 공식: 구간에서 함수의 최댓값, 최솟값을 구하기 위해서는 그 구간에서의 극값과 구간의 끝점에서의 함숫값을 확인해보면 된다.

> 닫힌구간 $[-1,3]$에서 함수 $f(x)=x^3-3x+5$의 최솟값은? (3점)
> **단서** 함수 $f(x)$가 미분가능한 함수이므로 미분을 이용하여 최솟값을 구해봐.
> ① 1   ② 2   ③ 3
> ④ 4   ⑤ 5

1st 함수 $f(x)$의 증가와 감소를 표로 나타내고 극대, 극소를 확인한 후 최솟값을 구하자.

$f(x)=x^3-3x+5$에서

> 함수 $f(x)$는 최고차항의 계수가 양수인
> 삼차함수이므로 그래프의 개형은 ∿이야.
> 즉, $f'(x)=0$을 만족시키는 x의 값 중 작은
> 값 -1에서 극대, 큰 값 1에서 극소가 돼.

$f'(x)=3x^2-3=3(x+1)(x-1)$
$f'(x)=0$에서 $x=-1$ 또는 $x=1$

이때, $x=-1$, $x=1$은 닫힌구간 $[-1,3]$에 포함되므로 이 구간에서 함수 $f(x)$의 최솟값은 $f(-1)$, $f(1)$, $f(3)$의 값 중에서 가장 작은 값이다.
$f(-1)=(-1)^3-3\times(-1)+5=7$
$f(1)=1^3-3\times1+5=3$, $f(3)=3^3-3\times3+5=23$
따라서 구하는 함수 $f(x)$의 최솟값은 $f(1)=3$이다.

다른 풀이: 닫힌구간에서 함수 $f(x)$의 증가와 감소를 표로 나타내서 구간의 양 끝값과 극값을 비교해서 최솟값 구하기

닫힌구간 $[-1,3]$에서 함수 $f(x)$의 증가와 감소를 표로 나타내면 다음과 같아.

x	-1	$\cdots$	1	$\cdots$	3
$f'(x)$	0	$-$	0	$+$	$+$
$f(x)$	7	↘	3 (극소)	↗	23

즉, 닫힌구간 $[-1,3]$에서 함수 $f(x)$는 $x=1$에서 극소이면서 최솟값을 가져.
(이하 동일)

E 10 정답 ⑤ *함수의 최대, 최소 ·········· [정답률 69%]

정답 공식: 다항함수 $f(x)$에 대하여 구간 $[a,b]$에서 함수 $f(x)$의 극값, $f(a)$, $f(b)$ 중에 가장 큰 값이 최댓값이고, 가장 작은 값이 최솟값이다.

> 닫힌구간 $[-1,3]$에서 함수 $f(x)=x^3-6x^2+9x+6$의 최댓값은? (3점)
> **단서** 닫힌구간에서 연속인 함수는 반드시 최댓값과 최솟값을 가지지? 이때, 체크해야 하는 값이 양 끝점에서의 함숫값, 극댓값, 극솟값이야.
> ① 6   ② 7   ③ 8
> ④ 9   ⑤ 10

1st 주어진 함수 $f(x)$를 미분하여 $f'(x)=0$을 만족하는 x의 값을 구하자.
함수 $f(x)=x^3-6x^2+9x+6$을 미분하면
$f'(x)=3x^2-12x+9=3(x^2-4x+3)$
$\qquad=3(x-1)(x-3)$
$f'(x)=0$에서 $x=1$ 또는 $x=3$

2nd 함수 $f(x)$의 증가와 감소를 표로 나타내어 최댓값을 구하자.
양 끝점에서의 함숫값을 구하면
$f(-1)=(-1)^3-6\times(-1)^2+9\times(-1)+6=-10$
$f(3)=3^3-6\times3^2+9\times3+6=6$
닫힌구간 $[-1,3]$에서 함수 $f(x)$의 증가와 감소를 표로 나타내면 다음과 같다.

x	-1	$\cdots$	1	$\cdots$	3
$f'(x)$		$+$	0	$-$	0
$f(x)$	-10	↗	10(극대)	↘	6

닫힌구간 $[-1,3]$에서 함수 $f(x)$는 $x=1$에서 극댓값을 가지면서 최댓값을 가진다.
> 닫힌구간에서 극대가 하나이면 (극댓값)=(최댓값)이다.

따라서 구하는 최댓값은 10이다.

E 11 정답 ④ *최대, 최소를 이용한 미정계수의 결정 ·· [정답률 84%]

정답 공식: 다항함수 $f(x)$에 대하여 닫힌구간 $[a,b]$에서 함수 $f(x)$의 극값, $f(a)$, $f(b)$ 중 가장 큰 값이 최댓값이고, 가장 작은 값이 최솟값이다.

> 닫힌구간 $[0,3]$에서 함수 $f(x)=x^3-6x^2+9x+a$의 최댓값이 12일 때, 상수 a의 값은? (4점) **단서** 닫힌구간 $[0,3]$에서의 함수 $f(x)$의 극댓값, $f(0)$, $f(3)$ 중 가장 큰 값이 최댓값이야.
> ① 2   ② 4   ③ 6   ④ 8   ⑤ 10

1st 삼차함수 $f(x)$의 극값을 구하자.
$f(x)=x^3-6x^2+9x+a$에서
$f'(x)=3x^2-12x+9=3(x-1)(x-3)$
$f'(x)=0$에서 $x=1$ 또는 $x=3$이므로 닫힌구간 $[0,3]$에서
> 최고차항의 계수가 양수인 삼차함수 $f(x)$가 $x=a$, $x=\beta(a<\beta)$에서 극값을 가지면 $x=a$에서 극대, $x=\beta$에서 극소이다.

함수 $f(x)$의 증가와 감소를 표로 나타내면 다음과 같다.

x	0	$\cdots$	1	$\cdots$	3
$f'(x)$	$+$	$+$	0	$-$	0
$f(x)$	a	↗	$a+4$	↘	a

즉, 함수 $f(x)$는
$x=1$에서 극댓값 $f(1)=1-6+9+a=a+4$를 갖고,
$x=3$에서 극솟값 $f(3)=27-54+27+a=a$를 갖는다.

2nd 닫힌구간 $[0,3]$에서 함수 $f(x)$의 최댓값을 구하자.
이때, $f(0)=a$, $f(3)=a$이므로 닫힌구간 $[0,3]$에서 함수 $f(x)$의 최댓값은 $f(1)=a+4$이다. ⟶ $a<a+4$
따라서 함수 $f(x)$의 최댓값이 12이므로
$a+4=12$ ∴ $a=8$

E 12 정답 ① * 최대, 최소를 이용한 미정계수의 결정 ········ [정답률 81%]

정답 공식: 구간에서 함수의 최댓값, 최솟값을 구하기 위해서는 그 구간에서의 극값과 구간의 끝점에서의 함숫값을 확인해보면 된다.

> 닫힌구간 $[-2,2]$에서 정의된 함수 $f(x)=-x^3+3x^2+a$의 최솟값이 -4일 때, 최댓값은? (단, a는 상수이다.) (3점)
> **단서** 최고차항의 계수가 음수인 삼차함수이므로 그래프의 개형을 예상할 수 있어.
> ① 16   ② 18   ③ 20
> ④ 22   ⑤ 24

1st 함수 $f(x)$의 증가와 감소를 표로 나타내어 극대, 극소를 확인하자.

$f(x)=-x^3+3x^2+a$에서
$f'(x)=-3x^2+6x=-3x(x-2)$ ⎬ 최고차항의 계수가 음수이므로 $x=0$에서 극소, $x=2$에서 극대야.

$f'(x)=0$에서 $x=0$ 또는 $x=2$이므로 함수 $f(x)$의 증가와 감소를 표로 나타내면 다음과 같다.

x	-2	$\cdots$	0	$\cdots$	2
$f'(x)$		$-$	0	$+$	0
$f(x)$	$a+20$	↘	a(극소)	↗	$a+4$(극대)

2nd 최솟값을 이용하여 a의 값을 구한 후 주어진 구간에 주의하여 최댓값을 구해.

함수 $f(x)$는 닫힌구간 $[-2, 2]$에서 $x=0$일 때, 최솟값 -4를 가지므로
$f(0)=a=-4$
따라서
$f(-2)=a+20=16$, $f(2)=a+4=0$
이므로 닫힌구간 $[-2, 2]$에서 함수 $f(x)$의 최댓값은
$f(-2)=16$이다.

E 13 정답 ⑤ ∗ 최대, 최소를 이용한 미정계수의 결정 ┈┈ [정답률 52%]

정답 공식: 함수 $g(x)$가 실수 전체의 집합에서 미분가능하므로 $g(x)$는 $x=0$에서 미분가능해야 하고, $g(x)$의 최솟값이 $\frac{1}{2}$보다 작으므로 삼차함수 $f(x)$의 극솟값이 $\frac{1}{2}$보다 작아야 한다.

최고차항의 계수가 1인 삼차함수 $f(x)$에 대하여 함수 $g(x)$는
$$g(x)=\begin{cases} \frac{1}{2} & (x<0) \\ f(x) & (x\geq0) \end{cases}$$
단서1 $f(x)=x^3+ax^2+bx+c (a, b, c$는 상수)라 놓을 수 있어.
단서2 함수 $g(x)$가 $x=0$에서 미분가능하면 모든 실수에서 미분가능해.

이다. $g(x)$가 실수 전체의 집합에서 미분가능하고 $g(x)$의 최솟값이 $\frac{1}{2}$보다 작을 때, [보기]에서 옳은 것만을 있는 대로 고른 것은? (4점)
단서3 $x<0$에서의 함숫값은 항상 $\frac{1}{2}$이므로 $\frac{1}{2}$보다 작은 최솟값이 존재하려면 $x\geq0$인 부분에서 $f(x)$의 극솟값이 존재해야 하고, (극솟값)$<\frac{1}{2}$이어야 해.

─ [보기] ─
ㄱ. $g(0)+g'(0)=\frac{1}{2}$
ㄴ. $g(1)<\frac{3}{2}$
ㄷ. 함수 $g(x)$의 최솟값이 0일 때, $g(2)=\frac{5}{2}$이다.

① ㄱ ② ㄱ, ㄴ ③ ㄱ, ㄷ
④ ㄴ, ㄷ ⑤ ㄱ, ㄴ, ㄷ

1st 함수 $g(x)$가 모든 실수에서 미분가능하므로 $x=0$에서 미분가능함을 이용해.
함수 $g(x)$는 실수 전체에서 미분가능하므로 $x=0$에서 미분가능하다.
즉, $x=0$에서 연속이고,
$\lim_{x\to0-}g(x)=\frac{1}{2}$이므로 → 함수 $f(x)$가 $x=a$에서 미분가능하면 연속이야. 그러나 일반적으로 그 역은 성립하지 않음을 기억해.

$g(0)=f(0)=\frac{1}{2}$
함수 $g(x)$가 $x=0$에서 연속이면 $\lim_{x\to0-}g(x)=\lim_{x\to0+}g(x)=g(0)$이야.

또, $x=0$에서 미분계수가 존재하고, $x=0$에서의 좌미분계수가 0이므로 $x=0$에서의 우미분계수도 0이다. $\left(\frac{1}{2}\right)'=0$

∴ $f'(0)=0$ → $x=0$에서 미분계수가 존재하려면 $x=0$에서의 좌미분계수와 우미분계수가 같아야 하지?
ㄱ. $g(0)+g'(0)=\frac{1}{2}+0=\frac{1}{2}$ (참)

2nd $g(x)$의 최솟값이 $\frac{1}{2}$보다 작음을 이용해서 $f(x)$의 극소가 되는 x의 값의 범위를 유추할 수 있어.

ㄴ. $f(x)=x^3+ax^2+bx+c (a, b, c$는 상수)라 하면
$f(0)=c=\frac{1}{2}$ $f(x)$는 최고차항의 계수가 1인 삼차함수야.

또, $f(x)=x^3+ax^2+bx+\frac{1}{2}$에서
$f'(x)=3x^2+2ax+b$이므로
$f'(0)=b=0$
∴ $f(x)=x^3+ax^2+\frac{1}{2}$

이때, $f'(x)=3x^2+2ax=0$에서
$x(3x+2a)=0$이므로
$x=0$ 또는 $x=-\frac{2}{3}a$

즉, 삼차함수 $f(x)$는 $x=0$, $x=-\frac{2}{3}a$에서 극값을 갖는다.

그런데 $g(x)$의 최솟값이 $\frac{1}{2}$보다 작으므로 $f(x)$는 $x=0$에서 극댓값을 갖고, $x=-\frac{2}{3}a$에서 극솟값을 갖는다.

(i) $f(x)$가 $x=0$에서 극솟값을 갖는 경우 (ii) $f(x)$가 $x=0$에서 극댓값을 갖는 경우

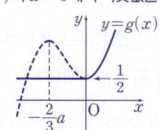 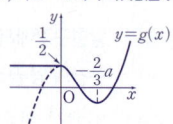

또한, $-\frac{2}{3}a>0$이어야 하므로 $a<0$이다.

∴ $g(1)=f(1)=1+a+\frac{1}{2}=a+\frac{3}{2}<\frac{3}{2}$ (참)
$a<0$의 양변에 $\frac{3}{2}$을 더하면 $a+\frac{3}{2}<\frac{3}{2}$

3rd $g\left(-\frac{2}{3}a\right)=f\left(-\frac{2}{3}a\right)=0$임을 이용해서 $g(2)$의 값을 구하자.

ㄷ. 함수 $g(x)$는 $x=-\frac{2}{3}a$에서 최솟값을 가지므로 $g(x)$의 최솟값이 0일 때, $f\left(-\frac{2}{3}a\right)=0$에서
함수 $g(x)$의 최솟값이 0이므로 $y=g(x)$의 그래프는 그림과 같아.

$\left(-\frac{2}{3}a\right)^3+\left(-\frac{2}{3}a\right)^2a+\frac{1}{2}=0$

$-\frac{8}{27}a^3+\frac{4}{9}a^3+\frac{1}{2}=0$

$\frac{4}{27}a^3+\frac{1}{2}=0$, $a^3+\frac{27}{8}=0$

∴ $a=-\frac{3}{2}$ (∵ a는 실수) → $a^3+\frac{27}{8}=0$, $\left(a+\frac{3}{2}\right)\left(a^2-\frac{3}{2}a+\frac{9}{4}\right)=0$

즉, $f(x)=x^3-\frac{3}{2}x^2+\frac{1}{2}$이므로
$g(2)=f(2)=8-6+\frac{1}{2}=\frac{5}{2}$ (참)

따라서 옳은 것은 ㄱ, ㄴ, ㄷ이다.

정답 공식: 함수 $(g \circ f)(x)$의 정의역은 $f(x)$의 값의 범위, 즉 함수 $f(x)$의 치역이 된다.

두 함수
> **단서 1** $f(x)$가 이차함수라는 것이 포인트야. 최고차항의 계수가 양수인 이차함수는 모든 실수 x에 대하여 최솟값만 존재해. 이를 이용하여 $f(x)$의 함숫값의 범위를 정할 수 있어.

$$f(x)=x^2+2x+k, \quad g(x)=2x^3-9x^2+12x-2$$

> **단서 2** 삼차함수 $g(x)$의 도함수를 구해 $g(x)$의 증가와 감소를 나타내는 표를 작성하고, 함수의 그래프를 그려봐.

에 대하여 함수 $(g \circ f)(x)$의 최솟값이 2가 되도록 하는 실수 k의 최솟값은? (4점)
> **단서 3** 함수 $(g \circ f)(x)=g(f(x))$의 정의역은 $f(x)$의 치역과 같아. 이를 이용해 정의된 구간에서 함수 $(g \circ f)(x)$의 최솟값을 확인해.

① 1　　② $\dfrac{9}{8}$　　③ $\dfrac{5}{4}$　　④ $\dfrac{11}{8}$　　⑤ $\dfrac{3}{2}$

1st 함수 $(g \circ f)(x)$의 정의역을 구하자.

$$f(x)=x^2+2x+k=(x+1)^2+k-1$$

이므로 모든 실수 x에 대하여 $f(x) \geq k-1$이다.
> 모든 실수 x에 대하여 $(x+1)^2 \geq 0$이므로 $(x+1)^2+k-1 \geq k-1$이야.
> 즉, 함수 $f(x)$의 최솟값은 $k-1$이지.

이때, 함수 $(g \circ f)(x)=g(f(x))$에서 $f(x)=t$라 하면 $t \geq k-1$이므로 함수 $g(t)$는 구간 $[k-1, \infty)$에서 정의된 함수이다.
> 함수 $g(t)$가 정의된 구간에서 최솟값이 무엇인지 $k-1$의 값의 범위에 따라 파악하면 돼.

2nd 함수 $g(x)$의 도함수를 구하고 $g(x)$의 증가와 감소를 확인해.

한편, $g(x)=2x^3-9x^2+12x-2$에서

$$g'(x)=6x^2-18x+12=6(x-1)(x-2)$$

$g'(x)=0$에서 $x=1$ 또는 $x=2$이므로 함수 $g(x)$의 증가와 감소를 표로 나타내면 다음과 같다.

x	$\cdots$	1	$\cdots$	2	$\cdots$
$g'(x)$	$+$	0	$-$	0	$+$
$g(x)$	↗	극대	↘	극소	↗

따라서 함수 $g(x)$는 $x=1$에서 극댓값을 갖고, $x=2$에서 극솟값을 갖는다.

3rd 구간 $[k-1, \infty)$에서 정의된 함수 $g(t)$의 최솟값이 2가 되기 위한 조건을 찾아봐.

함수 $g(t)$의 최솟값이 2이므로 $g(t)=2$에서

$$2t^3-9t^2+12t-2=2, \quad 2t^3-9t^2+12t-4=0$$
> $h(t)=2t^3-9t^2+12t-4$라 하면 $h(2)=0$이므로 $h(t)$는 $t-2$를 인수로 가지지?
> 조립제법을 이용하여 인수분해해봐.

$$(t-2)(2t^2-5t+2)=0, \quad (2t-1)(t-2)^2=0$$

$$\therefore t=\dfrac{1}{2} \text{ 또는 } t=2$$

즉, 함수 $y=g(t)$의 그래프와 직선 $y=2$를 좌표평면 위에 나타내면 다음과 같다.

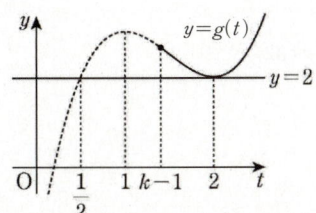

따라서 함수 $(g \circ f)(x)$의 최솟값이 2가 되도록 하는 실수 k의 값의 범위는 $\dfrac{1}{2} \leq k-1 \leq 2$이어야 한다.
> $k-1 < \dfrac{1}{2}$일 때, 함수 $g(t)$의 최솟값은
> $g(k-1)<2$이고, $k-1>2$일 때는
> 함수 $g(t)$의 최솟값은 $g(k-1)>2$야.

즉, $\dfrac{3}{2} \leq k \leq 3$이므로 조건을 만족시키는 실수 k의 최솟값은 $\dfrac{3}{2}$이다.

정답 공식: 구간에서 함수의 최댓값, 최솟값을 구하기 위해서는 그 구간에서의 극값과 구간의 끝점에서의 함숫값을 확인해보면 된다. $x=\dfrac{a}{3}$에서 최솟값을 가지므로 a의 값을 구할 수 있다.

양수 a에 대하여 함수 $f(x)=x^3+ax^2-a^2x+2$가 닫힌구간 $[-a, a]$에서 최댓값 M, 최솟값 $\dfrac{14}{27}$를 갖는다. $a+M$의 값을 구하시오. (4점)
> **단서** 다항함수의 최댓값과 최솟값은 구간의 양 끝값과 극댓값, 극솟값 중에서 존재함에 착안해.

1st 주어진 구간에서 함수 $f(x)$의 증가와 감소를 파악하여야 최솟값을 갖는 x를 찾을 수 있어.

$$f(x)=x^3+ax^2-a^2x+2 \text{에서}$$
$$f'(x)=3x^2+2ax-a^2=(x+a)(3x-a)$$

즉, $f'(x)=0$에서 $x=-a$ 또는 $x=\dfrac{a}{3}$이므로 닫힌구간 $[-a, a]$에서 함수 $f(x)$의 증가와 감소를 표로 나타내면 다음과 같다.

x	$-a$	$\cdots$	$\dfrac{a}{3}$	$\cdots$	a
$f'(x)$	0	$-$	0	$+$	$+$
$f(x)$	$f(-a)$	↘	극소	↗	$f(a)$

증가와 감소를 나타낸 표에 의하여 함수 $f(x)$는 $x=\dfrac{a}{3}$에서 극소이면서 최솟값을 갖는다.

즉, $f\left(\dfrac{a}{3}\right)=\dfrac{14}{27}$이므로
> 구간 $\left[-a, \dfrac{a}{3}\right]$에서 함수 $f(x)$는 감소하고,
> 구간 $\left[\dfrac{a}{3}, a\right]$에서 함수 $f(x)$는 증가해.
> 따라서 $x=\dfrac{a}{3}$에서 함수 $f(x)$는 최솟값을 가져.

$$\dfrac{a^3}{27}+\dfrac{a^3}{9}-\dfrac{a^3}{3}+2=\dfrac{14}{27} \text{에서 } \dfrac{-5a^3+54}{27}=\dfrac{14}{27}$$

$$-5a^3+54=14, \quad a^3=8 \quad \therefore a=2$$

따라서 $f(x)=x^3+2x^2-4x+2$이다.

2nd 함수 $f(x)$의 최댓값을 구하자.

한편, 함수 $f(x)$의 최댓값은 $f(-2)$, $f(2)$ 중 큰 값이 최댓값이고
> 구간 $\left[-a, \dfrac{a}{3}\right]$에서 함수 $f(x)$의 최댓값은 $f(-a)$이고 구간 $\left[\dfrac{a}{3}, a\right]$에서 함수 $f(x)$의 최댓값은 $f(a)$이므로 구간 $[-a, a]$에서 함수 $f(x)$의 최댓값은 $f(-a)$, $f(a)$ 중 큰 값이 최댓값이 되는 거야.

$$f(2)=2^3+2 \times 2^2-4 \times 2+2=10$$
$$f(-2)=(-2)^3+2 \times (-2)^2-4 \times (-2)+2=10$$

이므로 함수 $f(x)$의 최댓값은 10이다.

$$\therefore M=10 \quad \therefore a+M=2+10=12$$

🔍 **쉬운 풀이:** 닫힌구간에서 함수 $f(x)$의 구간의 양 끝값, 극솟값을 a에 대한 식으로 나타낸 후 그 값을 비교해 최댓값, 최솟값 찾기

다항함수는 연속함수이므로 닫힌구간에서 반드시 최댓값과 최솟값을 갖고, 구간의 양 끝값과 극댓값, 극솟값 중 가장 큰 값이 최댓값이고 가장 작은 값이 최솟값임을 이용하여 극댓값과 극솟값을 구해 보자.

닫힌구간 $[-a, a]$의 양 끝값은 각각

$$f(-a)=(-a)^3+a(-a)^2-a^2(-a)+2=a^3+2$$
$$f(a)=a^3+a \cdot a^2-a^2 \cdot a+2=a^3+2 \text{이고}$$

극솟값은 $f\left(\dfrac{a}{3}\right)=\left(\dfrac{a}{3}\right)^3+a \cdot \left(\dfrac{a}{3}\right)^2-a^2 \cdot \left(\dfrac{a}{3}\right)+2=-\dfrac{5}{27}a^3+2$이지?

이때, $a>0$이므로 최솟값은 $-\dfrac{5}{27}a^3+2$, 최댓값은 a^3+2야.

즉, $-\dfrac{5}{27}a^3+2=\dfrac{14}{27}$에서 $a^3=8$ $\quad \therefore a=2$

따라서 최댓값은 $M=a^3+2=8+2=10$이므로 $a+M=2+10=12$

> **정답 공식**: 닫힌구간에서 함수의 최대, 최소는 극값과 구간의 양 끝점의 함숫값을 비교한다. 이때, $x=a$에서 극값을 가질 때, a가 닫힌구간에 속하는지 확인해야 한다.

양수 k에 대하여 함수 $f(x)=2kx^3-3(3k+1)x^2+18x-2$가 닫힌구간 $[0, 3]$에서 최댓값 12를 가질 때, k의 값을 구하는 과정이다.

> **단서1** 삼차함수의 그래프의 개형을 유추하려면 주어진 박스 안에 $f'(x)=6(kx-1)(x-3)$을 이용해.

> 함수 $f(x)$에서
> $$f'(x)=6kx^2-6(3k+1)x+18=6(kx-1)(x-3)$$
> $k=\boxed{(가)}$인 경우를 제외하고 함수 $f(x)$는 실수 전체의 집합에서 극댓값과 극솟값을 모두 가지므로
>
> > **단서2** 삼차함수 $f(x)$가 실수 전체 집합에서 극댓값과 극솟값을 가지려면 $f'(x)=0$이 서로 다른 실근을 가져야 해. 즉, $f'(x)=0$이 서로 다른 실근을 갖지 않을 때의 k의 값을 살펴보자.
>
> (i) $0<k\le\boxed{(가)}$일 때,
> 　$0<x<3$에서 $f'(x)>0$이므로 함수 $f(x)$는 증가한다.
> 　따라서 닫힌구간 $[0, 3]$에서 함수 $f(x)$의 최댓값은 $\boxed{(나)}$이다. 그러나 $\boxed{(나)}=12$를 만족하는 k의 값은 $0<k\le\boxed{(가)}$에 존재하지 않는다.
>
> (ii) $k>\boxed{(가)}$일 때,
> 　닫힌구간 $[0, 3]$에서 함수 $f(x)$의 증가와 감소를 표로 나타내면 다음과 같다.
>
> | x | 0 | $\cdots$ | $\dfrac{1}{k}$ | $\cdots$ | 3 |
> |---|---|---|---|---|---|
> | $f'(x)$ | $+$ | $+$ | 0 | $-$ | 0 |
> | $f(x)$ | | ↗ | 극대 | ↘ | |
>
> 　따라서 함수 $f(x)$는 $x=\dfrac{1}{k}$에서 극대이면서 최대이다.
>
> (i), (ii)에 의하여 함수 $f(x)$가 닫힌구간 $[0, 3]$에서 최댓값 12를 가질 때, $k=\boxed{(다)}$이다.

> **단서3** $f\left(\dfrac{1}{k}\right)$의 값이 최댓값이 되므로 $f\left(\dfrac{1}{k}\right)=12$를 만족시키는 k의 값을 구해.

위의 (가), (다)에 알맞은 수를 각각 a, b라 하고, (나)에 알맞은 식을 $g(k)$라 할 때, $\dfrac{g(a)}{b}$의 값은? (4점)

① 24　　　　② 26　　　　③ 28
④ 30　　　　⑤ 32

1st $\dfrac{1}{k}$의 값의 범위에 따라 함수 $f(x)$의 그래프의 개형을 파악하여 (가), (다)의 값과 (나)의 식을 각각 구하자.

함수 $f(x)$에서
$$f'(x)=6(kx-1)(x-3)$$
$$=6k\left(x-\dfrac{1}{k}\right)(x-3)$$

$\dfrac{1}{k}=3$, 즉 $k=\dfrac{1}{3}$인 경우 모든 실수 x에 대하여

> 모든 실수 x에 대하여 $f'(x)\ge0$이면 함수 $f(x)$의 그래프의 개형은 증가하는 형태야.

$f'(x)=2(x-3)^2\ge0$이므로 함수 $f(x)$는 항상 증가한다.

따라서 $k=\underset{(가)}{\dfrac{1}{3}}$인 경우를 제외하고 함수 $f(x)$는 실수 전체의 집합에서

극댓값과 극솟값을 모두 가지므로

(i) $0<k\le\dfrac{1}{3}$일 때, $\dfrac{1}{k}\ge3$이야.

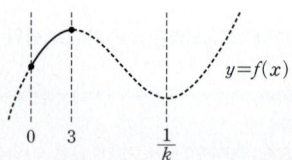

$0<x<3$에서 $f'(x)>0$이므로 함수 $f(x)$는 증가한다.
따라서 닫힌구간 $[0, 3]$에서 함수 $f(x)$의 최댓값은
$f(3)=54k-27(3k+1)+54-2=\underset{(나)}{-27k+25}$이다.
그러나 $-27k+25=12$를 만족하는 k의 값은
$\underline{k=\dfrac{13}{27}}$이므로 $0<k\le\dfrac{1}{3}$에 존재하지 않는다.

(ii) $k>\dfrac{1}{3}$일 때, $0<k\le\dfrac{1}{3}\left(=\dfrac{9}{27}\right)$이므로 $k=\dfrac{13}{27}$은 이 범위에 속하지 않아.
$\dfrac{1}{k}<3$이야.

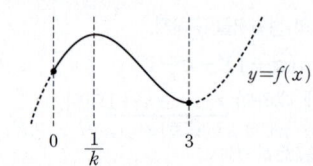

닫힌구간 $[0, 3]$에서 함수 $f(x)$는 $x=\dfrac{1}{k}$에서 극대이면서 최대이다.
따라서 함수 $f(x)$의 최댓값은
$$f\left(\dfrac{1}{k}\right)=2k\times\left(\dfrac{1}{k}\right)^3-3(3k+1)\times\left(\dfrac{1}{k}\right)^2+18\times\dfrac{1}{k}-2$$
$$=\dfrac{2}{k^2}-\dfrac{3(3k+1)}{k^2}+\dfrac{18}{k}-2$$

$$\dfrac{2}{k^2}-\dfrac{3(3k+1)}{k^2}+\dfrac{18}{k}-2=12$$
$$2-3(3k+1)+18k=14k^2$$
$$2-9k-3+18k=14k^2$$
$$14k^2-9k+1=0$$
$$(7k-1)(2k-1)=0$$
$$\therefore k=\dfrac{1}{2}\left(\because k>\dfrac{1}{3}\right)$$

(i), (ii)에 의하여 함수 $f(x)$가 닫힌구간 $[0, 3]$에서 최댓값 12를 가질 때,
$k=\underset{(다)}{\dfrac{1}{2}}$이다.

2nd $\dfrac{g(a)}{b}$의 값을 구하자.

따라서 $a=\dfrac{1}{3}$, $b=\dfrac{1}{2}$, $g(k)=-27k+25$이므로
$$\dfrac{g(a)}{b}=\dfrac{g\left(\dfrac{1}{3}\right)}{\dfrac{1}{2}}$$
$$=\dfrac{-9+25}{\dfrac{1}{2}}=32$$

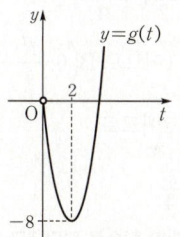
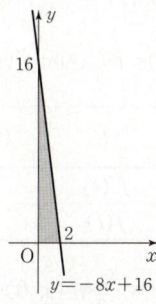

정답 공식: 원점에서 주어진 곡선 $y=f(x)$에 그은 접선의 접점의 좌표를 $(t, f(t))$라 놓고 접선의 방정식을 구한 후 접선이 원점을 지남을 이용하여 t를 a에 대한 식으로 나타낸다.

0<a<6인 실수 a에 대하여 원점에서 곡선 $y=x(x-a)(x-6)$에 그은 두 접선의 기울기의 곱의 최솟값은?

단서1 주어진 곡선을 $y=f(x)$라 놓고, 원점을 지나는 접선과의 접점을 $(t, f(t))$라 한 후 t의 값을 구해야 해.

단서2 기울기의 곱을 a에 대한 함수로 나타낸 후 미분을 이용하여 최솟값을 구해. (4점)

① -54　　② -51　　③ -48
④ -45　　⑤ -42

1st 원점에서 곡선에 그은 두 접선의 기울기를 구하자.

$f(x)=x(x-a)(x-6)$이라 하면 $f(0)=0$에서 원점은 곡선 $y=f(x)$ 위의 점이므로 원점에서 이 곡선에 접하는 접선의 기울기는 $f'(0)$이다.

곡선 $y=f(x)$ 위의 점 $(t, f(t))$에서의 접선의 기울기는 $f'(t)$야.

한편, 원점에서 곡선 $y=f(x)$에 그은 접선 중 이 곡선과 원점이 아닌 점 $\underline{(t, f(t))}$에서 접하는 접선의 방정식은

곡선 $y=f(x)$ 위의 점 $(t,f(t))$에서의 접선의 방정식은 $y-f(t)=f'(t)(x-t)$

$y-f(t)=f'(t)(x-t)$

이 직선이 원점을 지나므로

$0-f(t)=f'(t)(0-t)$　　∴ $tf'(t)-f(t)=0$ … ㉠

그런데 $f(x)=x(x-a)(x-6)=x^3-(a+6)x^2+6ax$에서

$f'(x)=3x^2-2(a+6)x+6a$이므로 ㉠에 의하여

$t\{3t^2-2(a+6)t+6a\}-\{t^3-(a+6)t^2+6at\}=0$

$3t^3-2(a+6)t^2+6at-t^3+(a+6)t^2-6at=0$

$2t^3-(a+6)t^2=0,\ t^2\{2t-(a+6)\}=0$

∴ $t=\dfrac{a+6}{2}$ ($\because t\neq 0$) → 점 $(t, f(t))$는 원점이 아니므로 $t\neq 0$이지?

따라서 원점에서 곡선 $y=f(x)$에 그은 두 접선의 기울기는 $f'(0)=6a$와

$\boxed{f'\left(\dfrac{a+6}{2}\right)}=3\left(\dfrac{a+6}{2}\right)^2-2(a+6)\times\dfrac{a+6}{2}+6a$

$=\dfrac{3(a+6)^2}{4}-(a+6)^2+6a=-\dfrac{(a+6)^2}{4}+6a$

$=-\dfrac{1}{4}(a^2-12a+36)$

실수 $t\neq 0$인 실수 t의 값이 1개 나오므로 접선이 1개만 나온다고 생각하는 실수를 범할 수 있어. 원점에서도 접선이 존재하므로 원점에서의 접선까지 2개의 접선이 생기지.

이다.

2nd 두 접선의 기울기의 곱의 최솟값을 구하자.

0<a<6인 실수 a에 대하여 두 접선의 기울기의 곱을 $g(a)$라 하면

$g(a)=6a\times\left\{-\dfrac{1}{4}(a^2-12a+36)\right\}=-\dfrac{3}{2}(a^3-12a^2+36a)$이고

$g'(a)=-\dfrac{3}{2}(3a^2-24a+36)=-\dfrac{9}{2}(a^2-8a+12)$

$=-\dfrac{9}{2}(a-2)(a-6)$

$g'(a)=0$에서 $a=2$($\because 0<a<6$)이므로 $0<a<6$에서 함수 $g(a)$의 증가와 감소를 표로 나타내면 다음과 같다.

a	(0)	⋯	2	⋯	(6)
$g'(a)$		$-$	0	$+$	
$g(a)$		↘	극소	↗	

따라서 함수 $g(a)$는 $a=2$일 때 극소이면서 최소이므로 $0<a<6$에서 함수 $g(a)$의 최솟값은

$g(2)=-\dfrac{3}{2}\times(2^3-12\times 2^2+36\times 2)=-48$

(정답 공식: $x>0$에서 도함수의 최솟값을 구한다. **)**

단서1 접선의 기울기를 구하려면 접점부터 구해야겠지.

곡선 $y=\dfrac{1}{2}x^4-2x^3+8$ $(x>0)$ 위의 점에서 그은 접선 중에서 기울기가 최소인 접선과 x축, y축으로 둘러싸인 도형의 넓이를 구하시오. (4점)

단서2 접선은 직선이므로, x축, y축으로 둘러싸인 도형은 삼각형이겠네.

1st 주어진 곡선 위의 점에서 그은 접선 중 기울기가 가장 작은 접선을 찾자.

$f(x)=\dfrac{1}{2}x^4-2x^3+8$이라 하면

$f'(x)=2x^3-6x^2$

곡선 $y=f(x)$ 위의 임의의 점 $(t, f(t))$ $(t>0)$에서의 접선의 기울기는

$f'(t)=2t^3-6t^2$ … ㉠

이때, 접선의 기울기가 가장 작은 접선을 구하려면 $f'(t)$의 최솟값을 구해야 하므로 $f'(t)=g(t)=2t^3-6t^2$이라 하면

$g'(t)=6t^2-12t=6t(t-2)$ → 삼차함수의 최솟값을 구해야 하니까 $t>0$인 범위에서 그래프의 개형을 그려서 판단해.

주의 주어진 곡선이 $x>0$에서 정의되었으므로 $t>0$에서의 $g(t)$의 증가와 감소를 파악하면 돼.

$g'(t)=0$에서 $t=0$ 또는 $t=2$이므로 $t>0$인 t에 대하여 $g(t)$의 증가와 감소를 나타낸 표와 그래프는 다음과 같다.

t	(0)	⋯	2	⋯
$g'(t)$		$-$	0	$+$
$g(t)$		↘	극소	↗

즉, 함수 $g(t)$는 $t=2$에서 극소이면서 최솟값을 가지므로 곡선 $y=f(x)$ 위의 점에서 그은 접선 중 기울기가 최소인 접선의 기울기는 ㉠에 $t=2$를 대입하면

$f'(2)=16-24=-8$

또, $f(2)=8-16+8=0$이므로 구하는 접선은 기울기가 -8이고 점 $(2, 0)$을 지나는 직선이다.

∴ $y=-8(x-2)=-8x+16$ … ㉡

2nd 접선과 x축, y축으로 둘러싸인 도형의 넓이를 구하자.

따라서 직선 ㉡과 x축, y축으로 둘러싸인 부분은 그림의 어두운 부분이므로

(구하는 넓이)$=\dfrac{1}{2}\times 2\times 16=16$

✿ 다항함수의 최대·최소 　　개념·공식

① 다항함수는 연속함수이므로 닫힌구간 $[a, b]$에서 $f(x)$는 반드시 최댓값과 최솟값을 가진다.
② 다항함수 $f(x)$가 닫힌구간 $[a, b]$에서 극값을 가질 때 극댓값, 극솟값, $f(a)$, $f(b)$ 중에서 가장 큰 값이 최댓값, 가장 작은 값이 최솟값이다.

E 19 정답 11 *최대, 최소의 활용 [정답률 72%]

정답 공식: 선분 OP의 수직이등분선의 방정식을 구할 수 있다.

좌표평면 위에 점 A$(0, 2)$가 있다. $0 < t < 2$일 때, 원점 O와 직선 $y = 2$ 위의 점 P$(t, 2)$를 잇는 **선분 OP의 수직이등분선**과 y축의 교점을 B라 하자. 삼각형 ABP의 넓이를 $f(t)$라 할 때, $f(t)$의 최댓값은 $\dfrac{b}{a}\sqrt{3}$이다. $a+b$의 값을 구하시오. (단, a, b는 서로소인 자연수이다.) (3점)

단서 OP의 수직이등분선의 방정식을 구하려면 OP와 수직이고 OP의 중점을 지나는 성질을 이용해.

1st 조건에 맞게 좌표평면에 그림을 그리자.

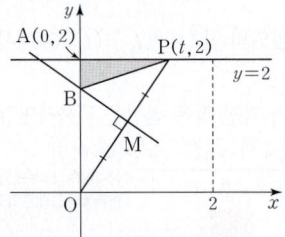

$\overline{\text{OP}}$의 기울기가 $\dfrac{2}{t}$이므로 수직이등분선 $\overline{\text{BM}}$의 기울기는 $-\dfrac{t}{2}$이고,

$\overline{\text{OP}}$의 중점 M$\left(\dfrac{t}{2}, 1\right)$이다.

따라서 **직선 BM의 방정식**은

OP와 수직이고 OP의 중점 M을 지나는 직선의 방정식이야.

$y = -\dfrac{t}{2}\left(x - \dfrac{t}{2}\right) + 1 = -\dfrac{t}{2}x + \dfrac{t^2}{4} + 1$

직선 BM의 y절편이 $\dfrac{t^2}{4} + 1$이므로 B$\left(0, \dfrac{t^2}{4} + 1\right)$

$0 < t < 2$에서 $1 < \dfrac{t^2}{4} + 1 < 2$이므로

$\overline{\text{AB}} = 2 - \left(\dfrac{t^2}{4} + 1\right) = 1 - \dfrac{t^2}{4}$

2nd △ABP의 넓이를 t에 대한 함수로 나타내고 미분하여 최댓값을 구하자.

$△\text{ABP} = \dfrac{1}{2} \times \overline{\text{AB}} \times \overline{\text{AP}} = -\dfrac{1}{8}t^3 + \dfrac{1}{2}t$

$f(t) = -\dfrac{1}{8}t^3 + \dfrac{1}{2}t$라 하면 삼차함수의 최댓값은 도함수를 이용하여 그래프를 그려서 판단해.

$f'(t) = -\dfrac{3}{8}t^2 + \dfrac{1}{2} = -\dfrac{1}{8}(\sqrt{3}t + 2)(\sqrt{3}t - 2)$

$0 < t < 2$에서 $f'(t) = 0$인 t의 값은 $t = \dfrac{2}{\sqrt{3}}$

t	(0)	$\cdots$	$\dfrac{2}{\sqrt{3}}$	$\cdots$	(2)
$f'(t)$		$+$	0	$-$	
$f(t)$		↗	극대	↘	

$t = \dfrac{2}{\sqrt{3}}$일 때, $f(t)$는 극대이고 최대이므로 최댓값은

$f\left(\dfrac{2}{\sqrt{3}}\right) = \dfrac{2}{9}\sqrt{3} = \dfrac{b}{a}\sqrt{3}$

따라서 $a = 9$, $b = 2$이므로

$a + b = 9 + 2 = 11$

E 20 정답 32 *최대, 최소의 활용 [정답률 54%]

정답 공식: (원뿔의 부피)$= \dfrac{1}{3} \times \pi \times \overline{\text{PQ}}^2 \times \overline{\text{AP}}$

그림과 같이 지름 AB의 길이가 4인 원에 대하여 $\overline{\text{OB}}$ 위의 임의의 점 P에서 $\overline{\text{OB}}$와 수직으로 그은 직선이 원과 만나는 점을 Q라 하자. △APQ를 $\overline{\text{AB}}$를 축으로 하여 회전시켜 만들어지는 원뿔 중 그 부피가 최대일 때의 $9\overline{\text{PQ}}^2$의 값을 구하시오. (단, 점 O는 원의 중심이다.) (4점)

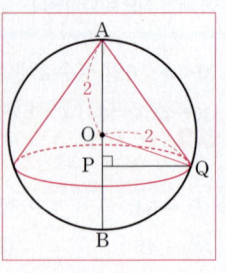

단서 원뿔의 부피를 구하려면 밑면의 반지름의 길이와 높이를 알아야 해. 적당한 선분의 길이를 변수 x로 놓고 원뿔의 반지름의 길이와 높이를 x에 대한 식으로 나타내 봐.

1st $\overline{\text{OP}} = x$라 놓고 원뿔의 밑면의 반지름의 길이와 높이를 구하자.

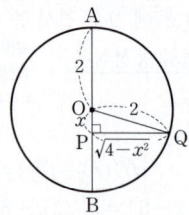

$\overline{\text{OP}} = x \ (0 \le x < 2)$라 하면 직각삼각형 OPQ에서 $\to x = 2$이면 원뿔이 만들어지지 않아.

$\overline{\text{PQ}} = \sqrt{\overline{\text{OQ}}^2 - \overline{\text{OP}}^2}$

$\quad = \sqrt{4 - x^2}$ ($\because \overline{\text{OQ}}$는 원의 반지름의 길이)

$\overline{\text{AP}} = \overline{\text{AO}} + \overline{\text{OP}} = 2 + x$

2nd 원뿔의 부피를 x에 대한 식으로 나타내야 해.

즉, 원뿔의 부피를 $V(x)$라 하면

$V(x) = \dfrac{1}{3}\pi(\sqrt{4 - x^2})^2(2 + x)$ (원뿔의 부피)$= \dfrac{1}{3} \times$ (밑면의 넓이) $\times$ (높이)

$\quad = \dfrac{1}{3}\pi(4 - x^2)(2 + x)$ $= \dfrac{1}{3}\pi r^2 h$

$\quad = \dfrac{1}{3}\pi(-x^3 - 2x^2 + 4x + 8)$

3rd 원뿔의 부피가 최대가 되는 x의 값을 찾자.

$V'(x) = \dfrac{1}{3}\pi(-3x^2 - 4x + 4)$

$\quad = -\dfrac{1}{3}\pi(3x - 2)(x + 2)$

$V'(x) = 0$에서 $x = \dfrac{2}{3}$ ($\because 0 \le x < 2$)이므로 $V(x)$의 증가와 감소를 표로 나타내면 다음과 같다.

x	0	$\cdots$	$\dfrac{2}{3}$	$\cdots$	(2)
$V'(x)$	$+$	$+$	0	$-$	
$V(x)$	↗	↗	극대	↘	

즉, $x = \dfrac{2}{3}$일 때 $V(x)$는 극대이면서 최대이다.

$V(x)$는 $V(0)$, $V\left(\dfrac{2}{3}\right)$의 값 중 큰 값이 최댓값이고 $V(0) = \dfrac{8}{3}\pi$,

$V\left(\dfrac{2}{3}\right) = \dfrac{1}{3}\pi \cdot \left(4 - \dfrac{4}{9}\right)\left(2 + \dfrac{2}{3}\right) = \dfrac{256}{81}\pi$이므로 함수 $V(x)$는 $x = \dfrac{2}{3}$일 때 최댓값을 가져.

$\therefore 9\overline{\text{PQ}}^2 = 9 \cdot \left(4 - \dfrac{4}{9}\right) = 9 \cdot \dfrac{32}{9} = 32$

$\overline{\text{PQ}}^2 = (\sqrt{4 - x^2})^2 = 4 - x^2$

E 21 정답 527 * 최대, 최소의 활용 ──── [정답률 47%]

(**정답 공식**: 겹치는 부분의 넓이는 점 P의 x, y좌표의 곱이다.)

단서1 점 P의 좌표를 $(\alpha, -\alpha^2+5\alpha)$로 놓아야 해.

그림과 같이 좌표평면 위에 네 점 $O(0, 0)$, $A(8, 0)$, $B(8, 8)$, $C(0, 8)$을 꼭짓점으로 하는 정사각형 OABC와 한 변의 길이가 8이고 네 변이 좌표축과 평행한 정사각형 PQRS가 있다. **점 P가 점 $(-1, -6)$에서 출발하여 포물선 $y=-x^2+5x$를 따라 움직이 도록 정사각형 PQRS를 평행이동시킨다.** 평행이동시킨 정사각형 과 정사각형 OABC가 겹치는 부분의 넓이의 최댓값을 $\dfrac{q}{p}$라 할 때, $p+q$의 값을 구하시오. (단, p와 q는 서로소인 자연수이다.) (4점)

단서2 두 정사각형이 겹쳐지도록 실제로 그려보아야 그 넓이 를 파악할 수 있어.

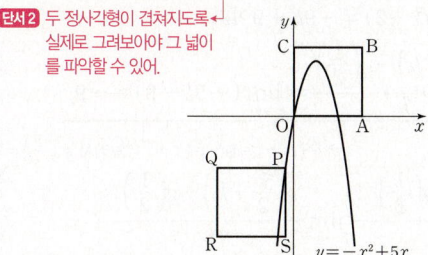

1st 일단 좌표를 설정하여 넓이를 식으로 표현하자.

그림과 같이 곡선 위를 움직이는 정사각형의 꼭짓점 P의 x좌표를 $\alpha\,(\alpha>0)$라 하면 꼭짓점의 좌표는 $(\alpha, -\alpha^2+5\alpha)$이다.

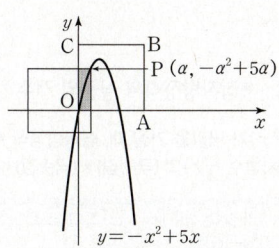

2nd 겹치는 부분의 넓이의 최댓값을 구하자.

겹치는 부분의 넓이는 → (직사각형의 넓이)=(가로의 길이)×(세로의 길이) = (점 P의 x좌표)×(점 P의 y좌표)

$\alpha(-\alpha^2+5\alpha)=-\alpha^3+5\alpha^2$이므로 $f(\alpha)=-\alpha^3+5\alpha^2\,(\alpha>0)$이라 하면

점 P가 포물선 $y=-x^2+5x$ 위의 점이므로 점 P의 좌표만 으로 겹치는 부분의 넓이의 식 을 구할 수 있어. **함정**

$f'(\alpha)=-3\alpha^2+10\alpha=\alpha(-3\alpha+10)$

$f'(\alpha)=0$에서

$\alpha=0$ 또는 $\alpha=\dfrac{10}{3}$

$f(\alpha)$의 증가와 감소를 표로 나타내면 다음과 같다.

α	(0)	$\cdots$	$\dfrac{10}{3}$	$\cdots$
$f'(\alpha)$	0	+	0	−
$f(\alpha)$		↗	극대	↘

따라서 $\alpha=\dfrac{10}{3}$일 때, $f(\alpha)$는 극댓값을 가지면서 최댓값을 가지므로

$f\left(\dfrac{10}{3}\right)=-\left(\dfrac{10}{3}\right)^3+5\cdot\left(\dfrac{10}{3}\right)^2$

$=-\dfrac{1000}{27}+\dfrac{500}{9}=\dfrac{500}{27}=\dfrac{q}{p}$

따라서 $p=27$, $q=500$이므로

$p+q=27+500=527$

E 22 정답 ③ * 최대, 최소의 활용 ──── [정답률 40%]

[**정답 공식**: 두 함수 $f(x)$, $|f(x)|$의 그래프를 그리고, t의 값의 범위에 따른 $g(t)$의 값을 구한다.]

양의 실수 t에 대하여 함수 $f(x)$를

$f(x)=x^3-3t^2x$

라 할 때, 닫힌구간 $[-2, 1]$에서 두 함수 $f(x)$, $|f(x)|$의 최댓값을 각각 $M_1(t)$, $M_2(t)$라 하자. 함수

단서1 함수 $y=|f(x)|$의 그래프는 함수 $y=f(x)$의 그래프에서 x축의 아랫부분을 x축에 대하여 대칭이동시킨 그래프야.

$g(t)=M_1(t)+M_2(t)$

에 대하여 [보기]에서 옳은 것만을 있는 대로 고른 것은? (4점)

[**보기**]

ㄱ. $g(2)=32$ **단서2** $t=2$일 때 두 함수 $f(x)$, $|f(x)|$의 최댓값을 각각 구하여 $g(2)=M_1(2)=M_2(2)$의 값을 구해.

ㄴ. $g(t)=2f(-t)$를 만족시키는 t의 최댓값과 최솟값의 합은 3이다. **단서3** $g(t)=2f(-t)$이려면 $M_1(t)=M_2(t)=f(-t)$라는 것을 눈치채야 해.

ㄷ. $\displaystyle\lim_{h\to 0+}\dfrac{g\left(\frac{1}{2}+h\right)-g\left(\frac{1}{2}\right)}{h}-\lim_{h\to 0-}\dfrac{g\left(\frac{1}{2}+h\right)-g\left(\frac{1}{2}\right)}{h}=5$ **단서4** 함수 $g(t)$의 $t=\frac{1}{2}$에서의 우미분계수와 좌미분계수를 직접 구해.

① ㄱ ② ㄷ ③ ㄱ, ㄴ ④ ㄴ, ㄷ ⑤ ㄱ, ㄴ, ㄷ

1st $t=2$를 대입하여 $M_1(2)$, $M_2(2)$의 값을 각각 구하자.

ㄱ. $f(x)=x^3-3t^2x$에서

$f'(x)=3x^2-3t^2=3(x+t)(x-t)$

$f'(x)=0$에서 $x=-t$ 또는 $x=t$이므로 함수 $f(x)$의 증가와 감소를 표로 나타내면 다음과 같다.

x	$\cdots$	$-t$	$\cdots$	t	$\cdots$
$f'(x)$	+	0	−	0	+
$f(x)$	↗	$2t^3$	↘	$-2t^3$	↗

$x=-t$일 때 극댓값 $f(-t)=2t^3$, $x=t$일 때 극솟값 $f(t)=-2t^3$을 가진다.

$t=2$일 때, $f(x)=x^3-12x$이고,

$x=-t=-2$일 때, 극댓값 $f(-2)=2\times 2^3=16$,

$x=t=2$일 때, 극솟값 $f(2)=-2\times 2^3=-16$을 가진다.

따라서 닫힌구간 $[-2, 1]$에서 두 함수 $f(x)$, $|f(x)|$의 최댓값은 모두 $f(-2)=16$이므로

$t=2$일 때, 닫힌구간 $[-2, 1]$에서 함수 $f(x)$의 최댓값은 $f(-2)$, 최솟값은 $f(1)$이야. 함수 $|f(x)|$의 최댓값은 $|f(-2)|$, 최솟값은 $|f(0)|$이야.

$M_1(2)=M_2(2)=16$

$\therefore g(2)=32$ (참)

2nd 함수 $y=f(x)$의 그래프의 특징을 자세히 살펴서 닫힌구간 $[-2, 1]$의 끝점과 실수 t의 값의 범위를 이용하여 함수 $g(t)$를 구하자.

ㄴ. 함수 $f(x)$의 그래프는 $x=-t$일 때 극댓값 $f(-t)=2t^3$, $x=t$일 때 극솟값 $f(t)=-2t^3$을 가지고, $f(t)=-f(-t)$이므로 함수 $y=f(x)$는 원점 대칭이고, 함수 $y=|f(x)|$는 y축 대칭이다.

방정식 $f(x)=2t^3$에서 $x^3-3t^2x=2t^3$, $(x+t)^2(x-2t)=0$ ①

방정식 $f(x)=-2t^3$에서 $x^3-3t^2x=-2t^3$, $(x-t)^2(x+2t)=0$ ②

이므로

①, ②의 식을 각각 조립제법해 보자.

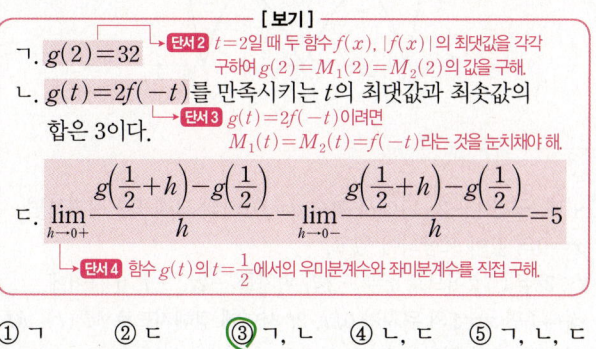

→ 함수 $y=|f(x)|$의 그래프는 함수 $y=f(x)$의 그래프에서
x축의 아랫부분을 x축에 대하여 대칭이동시킨 그래프야.

두 함수 $y=f(x)$, $y=|f(x)|$의 그래프는 그림과 같다.

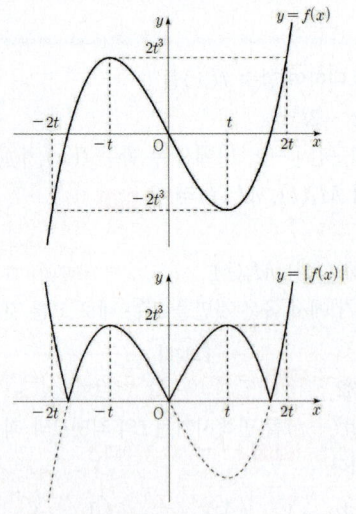

이때, 구간 $[-2, 1]$에서 함수 $y=f(x)$의 그래프를 살펴보면
$x=0$의 값이 포함되어 있고,
$t:2t=1:2$이므로 $x=-2$의 위치를 $-2t$, $-t$, 0 사이에
정해주면 $x=1$의 위치가 0, t, $2t$ 사이에 정해지므로 $M_1(t)$, $M_2(t)$
의 값을 각각 예상해 볼 수 있다.

(i) $-t<-2$, $1<t$일 때

 실수

닫힌구간 $[-2, 1]$은 고정되어 있고, t의 값에 따라 닫힌구간에서의 함수의
최댓값이 달라져. 구간을 $[-2a, a]$와 같이 0을 기준으로 왼쪽 끝이 오른쪽
끝의 2배가 되도록 구간을 설정해서 함수 $y=f(x)$의 그래프 위에 놓고 왼쪽은
-2를 기준으로, 오른쪽은 1을 기준으로 t의 값의 범위를 정하도록 해.

$t>2$이고 → $t>2$일 때 닫힌구간 $[-2, 1]$에서 함수 $f(x)$의 최댓값은 $f(-2)$,
함수 $|f(x)|$의 최댓값은 $|f(-2)|=f(-2)$

$M_1(t)=M_2(t)=f(-2)<f(-t)$이므로

$g(t)=2f(-2)\neq 2f(-t)$ 함정

→ $-t<-2$에서 함수 $f(x)$는
감소함수이므로 $f(-t)>f(-2)$야.
따라서 닫힌구간 $[-2, 1]$에서
$M_1(t)=f(-2)$야.
또한, $y=|f(x)|$는 y축 대칭이므로
$|f(-2)|=|f(2)|>f(1)$이야.
따라서 닫힌구간 $[-2, 1]$에서
$M_2(t)=f(-2)$

(ii) $-2t\leq -2\leq -t$, $1\leq t$일 때

$1\leq t\leq 2$이고

$M_1(t)=M_2(t)=f(-t)$이므로

→ $1\leq t\leq 2$일 때 닫힌구간 $[-2, 1]$에서
함수 $f(x)$의 최댓값은 $f(-t)$, 함수
$|f(x)|$의 최댓값은 $|f(-t)|=f(-t)$

$g(t)=2f(-t)$ (성립)

(iii) $-2<-2t$, $t<1\leq 2t$일 때

$\dfrac{1}{2}\leq t<1$이고

$M_1(t)=f(-t)$, $M_2(t)=-f(-2)>f(-t)$이므로

$g(t)=f(-t)-f(-2)\neq 2f(-t)$

(iv) $-2<-2t$, $2t<1$일 때

$0<t<\dfrac{1}{2}$이고

$M_1(t)=f(1)>f(-t)$, $M_2(t)=-f(-2)>f(-t)$이므로

$g(t)=f(1)-f(-2)\neq 2f(-t)$

(i)~(iv)에 의하여 $g(t)=2f(-t)$를 만족시키는
t의 최댓값과 최솟값의 합은 $2+1=3$ (참)

3rd 함수 $g(t)$의 $t=\dfrac{1}{2}$에서의 우미분계수와 좌미분계수를 구하자.

ㄷ. I. $\dfrac{1}{2}\leq t<1$일 때

ㄴ. (iii)에 의하여 $M_1(t)=f(-t)$, $M_2(t)=-f(-2)$이므로
$g(t)=f(-t)-f(-2)=2t^3-6t^2+8$이다.

$\therefore \displaystyle\lim_{h\to 0+}\dfrac{g\left(\dfrac{1}{2}+h\right)-g\left(\dfrac{1}{2}\right)}{h}$

$=\displaystyle\lim_{h\to 0+}\left(2h^2-3h-\dfrac{9}{2}\right)=-\dfrac{9}{2}$

→ $g'(t)=(2t^3-6t^2+8)'=6t^2-12t$에서 $g'\left(\dfrac{1}{2}\right)=-\dfrac{9}{2}$

II. $0<t<\dfrac{1}{2}$일 때

ㄴ. (iv)에 의하여 $M_1(t)=f(1)$, $M_2(t)=-f(-2)$이므로
$g(t)=f(1)-f(-2)=-9t^2+9$이다.

$\therefore \displaystyle\lim_{h\to 0-}\dfrac{g\left(\dfrac{1}{2}+h\right)-g\left(\dfrac{1}{2}\right)}{h}=\lim_{h\to 0-}(-9h-9)=-9$

I, II에 의하여
→ $g'(t)=(-9t^2+9)'=-18t$에서 $g'\left(\dfrac{1}{2}\right)=-9$

$\displaystyle\lim_{h\to 0+}\dfrac{g\left(\dfrac{1}{2}+h\right)-g\left(\dfrac{1}{2}\right)}{h}-\lim_{h\to 0-}\dfrac{g\left(\dfrac{1}{2}+h\right)-g\left(\dfrac{1}{2}\right)}{h}$

$=-\dfrac{9}{2}-(-9)$

$=\dfrac{9}{2}$ (거짓)

따라서 옳은 것은 ㄱ, ㄴ이다.

E 23 정답 3 *삼차방정식의 실근의 개수 .... [정답률 81%]

정답 공식: 삼차함수 $f(x)$가 극값을 가질 때, 삼차방정식 $f(x)=0$이 서로 다른
세 실근을 가지려면 삼차함수 $f(x)$의 (극댓값)×(극솟값)<0이어야 한다.

단서 $f(x)=x^3+3x^2-k$라 할 때, 함수 $y=f(x)$의 그래프와 x축과의
교점이 3개가 되는 조건을 생각해.

x에 대한 방정식 $x^3+3x^2-k=0$의 서로 다른 실근의 개수가 3이
되도록 하는 자연수 k의 개수를 구하시오. (3점)

1st $f(x)=x^3+3x^2-k$라 하고 함수 $f(x)$의 극대와 극소를 찾아.

$f(x)=x^3+3x^2-k$라 하면

$f'(x)=3x^2+6x=3x(x+2)$

$f'(x)=0$에서 $x=-2$ 또는 $x=0$이므로 함수 $f(x)$의 증가와 감소를
표로 나타내면 다음과 같다. 최고차항의 계수가 양수인 삼차함수 $f(x)$가 $x=\alpha$, $x=\beta (\alpha<\beta)$
에서 극값을 가지면 $x=\alpha$에서 극대, $x=\beta$에서 극소야.

x	$\cdots$	-2	$\cdots$	0	$\cdots$
$f'(x)$	$+$	0	$-$	0	$+$
$f(x)$	↗	극대	↘	극소	↗

따라서 함수 $f(x)$는 $x=-2$에서 극댓값을 갖고 $x=0$에서 극솟값을
가지므로 함수 $f(x)$의 극댓값은 $f(-2)=-8+12-k=4-k$,
극솟값은 $f(0)=-k$이다.

2nd 삼차방정식 $f(x)=0$이 서로 다른 세 실근을 갖는 조건을 이용하여 자연수
k의 개수를 구해.

이때, 삼차방정식 $f(x)=0$의 서로 다른 실근의 개수가 3이므로
(극댓값)×(극솟값)<0이어야 한다.
$(4-k)\times(-k)<0$, $k(k-4)<0$
$\therefore 0<k<4$

삼차함수 $f(x)$에 대하여 방정식 $f(x)=0$이
서로 다른 세 실근을 가지려면 함수 $f(x)$의
(극댓값)×(극솟값)<0이어야 해. 즉, 극댓값과
극솟값의 부호가 다르면 되므로 (극댓값)>0,
(극솟값)<0이면 돼.

따라서 부등식을 만족시키는 자연수 k는 1, 2, 3이므로 그 개수는 3이다.

정답 ③ *삼차방정식의 실근의 개수 ────────── [정답률 85%]

> **정답 공식:** 극값이 존재하는 삼차함수 $y=f(x)$의 그래프와 직선 $y=k$가 만나는 점의 개수가 3이려면 ($f(x)$의 극솟값)$<k<$($f(x)$의 극댓값)이어야 한다.

> 방정식 $2x^3-3x^2-12x+k=0$이 서로 다른 세 실근을 갖도록 하는 정수 k의 개수는? (3점)
>
> **단서** 주어진 방정식을 $2x^3-3x^2-12x=-k$로 놓으면 함수 $f(x)=2x^3-3x^2-12x$의 그래프와 직선 $y=-k$가 만나는 교점의 개수가 3이 되어야 해.
>
> ① 20 　　② 23 　　③ 26
>
> ④ 29 　　⑤ 32

1st 주어진 방정식을 $2x^3-3x^2-12x=-k$로 놓고 함수 $f(x)=2x^3-3x^2-12x$의 그래프를 그리자.

방정식 $2x^3-3x^2-12x+k=0$에서 $2x^3-3x^2-12x=-k$로 변형한 후 $f(x)=2x^3-3x^2-12x$라 하면 주어진 방정식의 서로 다른 실근의 개수는 함수 $y=f(x)$의 그래프와 직선 $y=-k$의 서로 다른 교점의 개수와 같다.

$f(x)=2x^3-3x^2-12x$에서

$f'(x)=6x^2-6x-12=6(x+1)(x-2)$

$f'(x)=0$에서 $x=-1$ 또는 $x=2$이므로 함수 $f(x)$의 증가와 감소를 표로 나타내면 다음과 같다.
→ 최고차항의 계수가 양수인 삼차함수 $f(x)$의 도함수 $f'(x)$에 대하여 $f'(x)=0$인 x의 값 중 작은 값에서 극댓값 큰 값에서 극솟값을 가져.

x	$\cdots$	-1	$\cdots$	2	$\cdots$
$f'(x)$	$+$	0	$-$	0	$+$
$f(x)$	↗	극대	↘	극소	↗

이때,

$f(-1)=2\times(-1)^3-3\times(-1)^2-12\times(-1)=7$,

$f(2)=2\times2^3-3\times2^2-12\times2=-20$

이므로 함수 $y=f(x)$의 그래프는 다음과 같다.

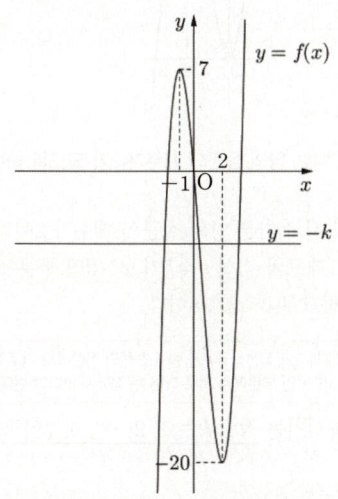

2nd 방정식의 서로 다른 실근의 개수가 3이 되도록 하는 정수 k의 개수를 구해.

방정식 $f(x)=-k$의 서로 다른 실근의 개수가 3이려면 함수 $y=f(x)$의 그래프와 직선 $y=-k$가 서로 다른 세 점에서 만나야 하므로
함수 $y=f(x)$의 그래프와 직선 $y=-k$가 서로 다른 세 점에서 만나기 위해서는 직선이 함수 $y=f(x)$의 그래프의 극댓점과 극솟점 사이에 그려져야 해.

$-20<-k<7$ 　　∴ $-7<k<20$

따라서 조건을 만족시키는 정수 k는 -6, -5, $\cdots$, 18, 19이므로 그 개수는 26이다.
$-7<k<20$인 정수 k의 개수는 $20-(-7)-1=26$이야.

다른 풀이: 삼차함수의 극댓값과 극솟값의 곱을 이용하여 삼차방정식이 서로 다른 세 실근을 가질 조건 구하기

$g(x)=2x^3-3x^2-12x+k$라 하면

$g'(x)=6x^2-6x-12$

$\quad\ =6(x+1)(x-2)$

$g'(x)=0$에서 $x=-1$ 또는 $x=2$이므로 삼차함수 $g(x)$는 $x=-1$에서 극댓값, $x=2$에서 극솟값을 가져.

이때,

$g(-1)=2\times(-1)^3-3\times(-1)^2-12\times(-1)+k=k+7$,

$g(2)=2\times2^3-3\times2^2-12\times2+k=k-20$

이고, 삼차방정식 $g(x)=0$이 서로 다른 세 실근을 갖기 위해서는 함수 $g(x)$의 (극댓값)$\times$(극솟값)<0이어야 하므로
삼차함수 $F(x)$가 극값을 가질 때, 삼차방정식 $F(x)=0$의 실근은 다음과 같이 판별할 수 있어.
① (극댓값)$\times$(극솟값)<0 ⇔ 서로 다른 세 실근
② (극댓값)$\times$(극솟값)$=0$ ⇔ 한 실근과 중근 (서로 다른 두 실근)
③ (극댓값)$\times$(극솟값)>0 ⇔ 한 실근과 두 허근

$(k+7)(k-20)<0$

∴ $-7<k<20$

(이하 동일)

> **김찬우** 전남대 의예과 2022년 입학 · 전북 이리고 졸
>
> 삼차방정식이 서로 다른 세 실근을 가지려면 삼차함수의 극댓값과 극솟값 사이에 x축이 있어야겠지? $f(x)$를 미분해서 극댓값과 극솟값을 구해보면 $k+7$과 $k-20$이고 이 두 값 사이에 0이 들어가야 하므로 정수 k의 개수는 26개임을 알 수 있어. 삼차방정식이 서로 다른 세 실근을 갖는다는 것의 의미를 파악하는 것이 중요해.

E 25 **정답 ③** *삼차방정식의 실근의 개수 ────────── [정답률 72%]

> **정답 공식:** 극값이 존재하는 삼차함수의 그래프가 x축과 만나는 점의 개수가 2개이려면 (극댓값)$\times$(극솟값)$=0$이다.

> 두 곡선 $y=2x^2-1$, $y=x^3-x^2+k$가 만나는 점의 개수가 2가 되도록 하는 양수 k의 값은? (3점)
>
> **단서** 주어진 두 함수가 만나는 점의 개수가 2개라는 것은 방정식 $2x^2-1=x^3-x^2+k$의 실근의 개수가 2라는 의미와 같아. 즉, 방정식 $x^3-3x^2+1+k=0$의 실근의 개수가 2개라는 의미와 같아.
>
> ① 1　　② 2　　③ 3　　④ 4　　⑤ 5

1st 이차함수와 삼차함수의 그래프가 만나는 조건을 삼차함수의 그래프와 직선이 만나는 조건으로 바꾸어 보자.

두 곡선 $y=2x^2-1$, $y=x^3-x^2+k$가 만나는 점의 개수가 2가 되려면 방정식 $2x^2-1=x^3-x^2+k$, 즉 $k=-x^3+3x^2-1$이 서로 다른 두 실근을 가져야 한다. 즉,

주어진 방정식의 서로 다른 실근의 개수는

곡선 $y=-x^3+3x^2-1$과 직선 $y=k$의 서로 다른 교점의 개수와 같다.

$f(x)=-x^3+3x^2-1$이라 하면

$f'(x)=-3x^2+6x=-3x(x-2)$　→ 최고차항의 계수가 음수인 삼차함수 $f(x)$가 $x=\alpha$, $x=\beta$ $(\alpha<\beta)$에서 극값을 가지면 $x=\alpha$에서 극소, $x=\beta$에서 극대야.

$f'(x)=0$에서 $x=0$ 또는 $x=2$

따라서 함수 $f(x)$의 증가와 감소를 표로 나타내면 다음과 같다.

x	$\cdots$	0	$\cdots$	2	$\cdots$
$f'(x)$	$-$	0	$+$	0	$-$
$f(x)$	$\searrow$	극소	$\nearrow$	극대	$\searrow$

$\underset{\substack{=0+0-1=-1}}{\downarrow f(0)}$　　$\underset{\substack{=-8+12-1=3}}{\downarrow f(2)}$

함수 $f(x)$는 $x=0$에서 극솟값 $f(0)=-1$을 갖고, $x=2$에서 극댓값 $f(2)=-2^3+3\times2^2-1=3$을 갖는다.

이때, 함수 $y=f(x)$의 그래프는 다음과 같다.

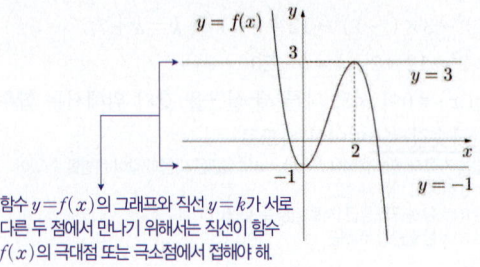

└→ 함수 $y=f(x)$의 그래프와 직선 $y=k$가 서로 다른 두 점에서 만나기 위해서는 직선이 함수 $f(x)$의 극대점 또는 극소점에서 접해야 해.

따라서 함수 $y=f(x)$의 그래프와 직선 $y=k$가 서로 다른 두 점에서 만나도록 하는 양수 k의 값은 3이다.

다른 풀이: $g(x)=x^3-3x^2+1+k$라 하고 함수 $g(x)$의 극대, 극소 찾기

$g(x)=x^3-3x^2+1+k$라 하면
$g'(x)=3x^2-6x=3x(x-2)$

└→ 최고차항의 계수가 양수인 삼차함수 $g(x)$가 $x=\alpha$, $x=\beta(\alpha<\beta)$에서 극값을 가지면 $x=\alpha$에서 극대, $x=\beta$에서 극소야.

$g'(x)=0$에서 $x=0$ 또는 $x=2$이므로 함수 $g(x)$의 증가와 감소를 표로 나타내면 다음과 같아.

x	$\cdots$	0	$\cdots$	2	$\cdots$
$g'(x)$	$+$	0	$-$	0	$+$
$g(x)$	$\nearrow$	극대	$\searrow$	극소	$\nearrow$

최고차항의 계수가 양수인 삼차방정식 $g(x)=0$이 서로 다른 두 실근을 가지려면 삼차함수 $g(x)$의 극댓값이 0이거나 극솟값이 0이어야 한다.

└→ 함수 $y=g(x)$의 그래프가 x축과 두 점에서 만나야 해.

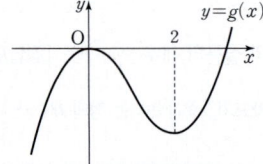 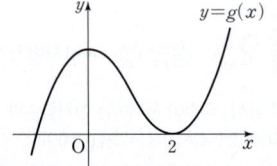

함수 $g(x)$의 극댓값이 0이면 $g(0)=0-0+1+k=0$
$\therefore k=-1$
함수 $g(x)$의 극솟값이 0이면 $g(2)=8-12+1+k=k-3=0$
$\therefore k=3$
따라서 k는 양수이므로 양수 k의 값은 3이야.

참고 그림: 곡선 $h(x)=x^3-3x^2+1$과 직선의 $y=-k$의 그래프

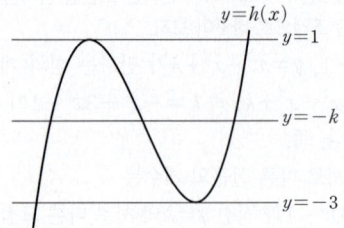

E 26 정답 7　＊삼차방정식의 실근의 개수 ────── [정답률 72%]

정답 공식: 주어진 삼차방정식을 (x에 대한 삼차다항식)$=k$ 꼴로 변형하여 삼차함수의 그래프와 직선 $y=k$의 위치 관계를 생각한다.

방정식 $2x^3-6x^2+k=0$의 서로 다른 양의 실근의 개수가 2가 되도록 하는 정수 k의 개수를 구하시오. (3점)

┗ **단서** 주어진 방정식을 $-2x^3+6x^2=k$로 놓고 함수 $f(x)=-2x^3+6x^2$의 그래프를 그려 $x>0$에서 직선 $y=k$가 그래프와 만나는 교점의 개수가 2가 되도록 하는 k의 값을 결정해.

1st 주어진 방정식을 $-2x^3+6x^2=k$로 놓고 함수 $f(x)=-2x^3+6x^2$의 그래프를 그리자.

방정식 $2x^3-6x^2+k=0$에서 $-2x^3+6x^2=k$이므로
$f(x)=-2x^3+6x^2$이라 하면 $f'(x)=-6x^2+12x=-6x(x-2)$
$f'(x)=0$에서 $x=0$ 또는 $x=2$이므로 함수 $f(x)$의 증가와 감소를

└→ 최고차항의 계수가 음수인 삼차함수 $f(x)$의 도함수 $f'(x)$에 대하여 $f'(x)=0$인 x의 값 중 작은 값에서 극솟값, 큰 값에서 극댓값을 가져.

표로 나타내면 다음과 같다.

x	$\cdots$	0	$\cdots$	2	$\cdots$
$f'(x)$	$-$	0	$+$	0	$-$
$f(x)$	$\searrow$	극소	$\nearrow$	극대	$\searrow$

즉, 함수 $f(x)$는 $x=0$에서 극솟값 $f(0)=0$을 갖고, $x=2$에서 극댓값 $f(2)=-16+24=8$을 가지므로 함수 $y=f(x)$의 그래프는 다음과 같다.

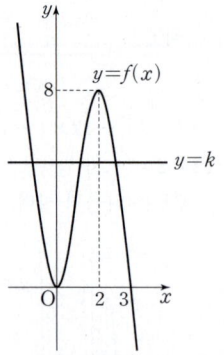

2nd 방정식의 서로 다른 양의 실근의 개수가 2가 되도록 하는 정수 k의 개수를 구하자.

방정식 $f(x)=k$의 서로 다른 양의 실근의 개수가 2이려면 함수 $y=f(x)$의 그래프와 직선 $y=k$가 $x>0$인 부분에서 서로 다른 두 점에서 만나야 하므로 $0<k<8$이다.

┗ **주의** 함수 $y=f(x)$의 그래프와 직선 $y=k$가 실수 전체의 집합에서 서로 다른 두 점에서 만나야 하는 것이 아니라, $x>0$인 부분에서 서로 다른 두 점에서 만나야 한다는 점에 주의해야 해.

따라서 조건을 만족시키는 정수 k는 1, 2, $\cdots$, 6, 7이므로 그 개수는 7이다.

└→ $0<k<8$인 정수 k의 개수는 $8-0-1=7$이야.

최윤성 서울대 공과대학 2023년 입학 · 서울 양정고 졸

이 문제는 자칫 잘못하다간 실수할 수 있었던 문제였어. 문제를 자세히 읽지 않고 어설프게 봤다가는 함수 $f(x)=-2x^3+6x^2$의 그래프와 직선 $y=k$의 서로 다른 교점 개수가 3일 때의 정수 k의 값을 구할 수도 있었지.

그런데 문제에서 "양의 실근의 개수가 2"라 했거든? 이 부분이 함정이었어. 이런 평이한 문제에서 실수하지 않기 위해서는 문제를 꼼꼼히 그리고 자세히 읽어야 한다는 것 다시 한번 강조할게.

정답 공식: 방정식 $f(x)=g(x)$의 서로 다른 실근의 개수는 두 함수 $y=f(x)$, $y=g(x)$의 그래프의 서로 다른 교점의 개수와 같다.

> **단서** 함수 $y=x^3-3x^2-9x+k$의 그래프와 x축이 서로 다른 두 점에서 만난다는 거야.
>
> x에 대한 방정식 $x^3-3x^2-9x+k=0$의 서로 다른 실근의
> 개수가 2가 되도록 하는 모든 실수 k의 값의 합은? (3점)
>
> ① 13　　　② 16　　　③ 19
> ④ 22　　　⑤ 25

1st 함수 $y=x^3-3x^2-9x+k$의 극값을 구해.

$x^3-3x^2-9x+k=0$에서 $f(x)=x^3-3x^2-9x+k$라 하면

$f'(x)=3x^2-6x-9=3(x^2-2x-3)=3(x+1)(x-3)$

$f'(x)=0$에서 $x=-1$ 또는 $x=3$이므로 함수 $f(x)$의 증가와 감소를
표로 나타내면 다음과 같다.

x	…	-1	…	3	…
$f'(x)$	+	0	−	0	+
$f(x)$	↗	극대	↘	극소	↗

즉, 함수 $f(x)$는 $x=-1$에서 극댓값

$f(-1)=-1-3+9+k=k+5$를 갖고, $x=3$에서 극솟값

$f(3)=27-27-27+k=k-27$을 갖는다.

2nd 조건을 만족시킬 때의 극댓값과 극솟값의 조건으로 실수 k의 값을 구해.

삼차방정식 $f(x)=0$의 서로 다른 실근의 개수가 2이어야 하므로
함수 $f(x)$의 극댓값과 극솟값의 곱이 0이어야 한다.

즉, $(k+5)(k-27)=0$에서 $k=-5$ 또는 $k=27$

따라서 조건을 만족시키는 모든 실수 k의 값의 합은

$(-5)+27=22$

> 극값을 가지는 삼차함수 $g(x)$에 대하여 방정식 $g(x)=0$이
> 서로 다른 두 실근을 가지려면 곡선 $y=g(x)$가 x축에 접해야 해.
> 즉, 함수 $g(x)$의 극댓값 또는 극솟값이 0이어야 하므로 극댓값과
> 극솟값의 곱은 0이야.

🔹 **다른 풀이**: $x^3-3x^2-9x=-k$로 변형하여 해결하기

$x^3-3x^2-9x+k=0$에서 $x^3-3x^2-9x=-k$

$f(x)=x^3-3x^2-9x$라 하면

$f'(x)=3x^2-6x-9=3(x+1)(x-3)$

$f'(x)=0$에서 $x=-1$ 또는 $x=3$이므로 함수 $f(x)$의 증가와 감소를
표로 나타내면 다음과 같아.

x	…	-1	…	3	…
$f'(x)$	+	0	−	0	+
$f(x)$	↗	극대	↘	극소	↗

즉, 함수 $f(x)$는 $x=-1$에서 극댓값 $f(-1)=-1-3+9=5$를 갖고,

$x=3$에서 극솟값 $f(3)=27-27-27=-27$을 가져.

최고차항의 계수가 양수이고 극값을 가지는 삼차함수 $g(x)$에 대하여 $g(x)$는 극댓값과 극솟값을 모두
갖고, $g'(x)=0$을 만족시키는 x의 값 중 작은 값에서 극대, 큰 값에서 극소야.

이때, 방정식 $f(x)=-k$가 서로 다른 두 실근을 가져야 하므로
함수 $y=f(x)$와 직선 $y=-k$는 그림과 같이 접해야 해.

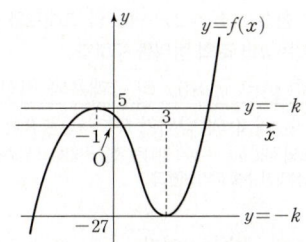

따라서 $-k=5$ 또는 $-k=-27$이어야 하므로

$k=-5$ 또는 $k=27$이야.

∴ (구하는 합)$=(-5)+27=22$

E

정답 공식: 방정식 $f(x)=g(x)$의 실근의 개수는 두 함수 $y=f(x)$, $y=g(x)$의
그래프의 교점의 개수와 같음을 이용한다.

> 방정식 $2x^3+6x^2+a=0$이 $-2\le x\le2$에서 서로 다른 두 실근을
> 갖도록 하는 정수 a의 개수는? (4점)
>
> **단서** 주어진 방정식을 $2x^3+6x^2=-a$로 변형하여 삼차함수 $y=2x^3+6x^2$의 그래프와
> ① 4　　　② 6　　　③ 8
> ④ 10　　　⑤ 12
> 직선 $y=-a$의 위치 관계를 생각해봐.

1st 함수 $f(x)=2x^3+6x^2$의 그래프를 그리자.

방정식 $2x^3+6x^2+a=0$의 좌변에서 a를 이항하여 $2x^3+6x^2=-a$로
변형하자.

$-2\le x\le2$에서 이 방정식의 실근의 개수는 함수 $y=2x^3+6x^2$의 그래
프와 직선 $y=-a$의 교점의 개수와 같다.

이때, $f(x)=2x^3+6x^2$이라 하면

$f'(x)=6x^2+12x=6x(x+2)$이고

$f'(x)=0$에서 $x=-2$ 또는 $x=0$이므로

$-2\le x\le2$에서 함수 $f(x)$의 증가와 감소를 표로 나타내면 다음과 같
다.

x	-2	…	0	…	2
$f'(x)$	0	−	0	+	
$f(x)$	8	↘	0	↗	40

따라서 함수 $f(x)$는 $x=-2$에서 극댓값

$f(-2)=-16+24=8$을 갖고, $x=0$에서 극솟값 $f(0)=0$을 갖는다.

또한, $f(2)=16+24=40$이므로

$-2\le x\le2$에서 함수 $y=f(x)$의 그래프는 그림과 같다.

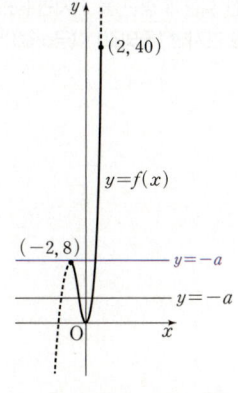

2nd $-2 \le x \le 2$에서 함수 $f(x)=2x^3+6x^2$의 그래프와 직선 $y=-a$의 교점의 개수가 2가 되는 a의 값의 범위를 구하자.

$-2 \le x \le 2$에서 함수 $y=2x^3+6x^2$의 그래프와 직선 $y=-a$의 교점의 개수가 2가 되려면 $-a$의 값의 범위가 $0 < -a \le 8$이 되어야 한다.
함수 $y=2x^3+6x^2$의 그래프와 직선 $y=-a$가 만나는 것을 확인하기 위해서는 x축에 평행한 직선 $y=-a$를 이동하며 교점의 개수를 파악하면 돼.

$\therefore -8 \le a < 0$

따라서 구하는 정수 a의 개수는 8이다.
└─→ $-8, -7, \cdots, -2, -1$의 8개

🎲 **다른 풀이:** 삼차함수 $g(x)=2x^3+6x^2+a$의 그래프를 이용하여 조건을 만족시키는 정수 a의 개수 구하기

$g(x)=2x^3+6x^2+a$라 하면
$g'(x)=6x^2+12x=6x(x+2)$
이때, $g'(x)=0$에서 $x=-2$ 또는 $x=0$이므로 $-2 \le x \le 2$에서 함수 $g(x)$의 증가와 감소를 표로 나타내면 다음과 같아.

x	-2	$\cdots$	0	$\cdots$	2
$g'(x)$	0	$-$	0	$+$	
$g(x)$	$a+8$	$\searrow$	a	$\nearrow$	$a+40$

따라서 함수 $g(x)$는 $x=-2$에서 극댓값 $g(-2)=a+8$을 갖고 $x=0$에서 극솟값 $g(0)=a$를 가져.
또한, $g(2)=a+40$이므로 방정식 $g(x)=0$이 $-2 \le x \le 2$에서 서로 다른 두 실근을 갖기 위해서는 함수 $y=g(x)$의 그래프가 다음 그림과 같아야 해. $-2 \le x \le 2$에서 함수 $y=g(x)$의 그래프가 x축과 서로 다른 두 점에서 만나야 해.

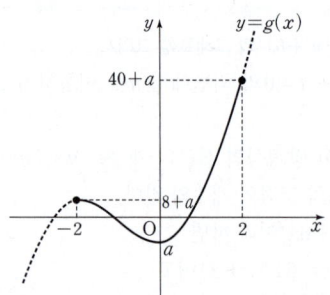

이때, $g(2)>g(-2)$이므로 조건을 만족시키기 위해서는 $g(-2) \ge 0$이고 $g(0)<0$이어야 해. $x=-2$에서 극대이므로 (극대)≥ 0이고, $x=0$에서 극소이므로 (극소)< 0이어야 해.
$g(-2) \ge 0$에서 $8+a \ge 0$
$\therefore a \ge -8 \cdots$ ㉠
또, $g(0)<0$에서 $a<0 \cdots$ ㉡
㉠, ㉡에 의하여 $-8 \le a < 0$이므로 구하는 정수 a의 개수는 8이야.

❄️ **삼차방정식의 실근의 개수** 개념·공식

극값을 가지는 삼차함수 $f(x)$에 대하여 방정식 $f(x)=0$이
(1) 서로 다른 세 실근을 가지면 (극댓값)×(극솟값)<0
(2) 서로 다른 두 실근(한 실근과 중근)을 가지면 (극댓값)×(극솟값)$=0$
(3) 한 실근과 두 허근을 가지면 (극댓값)×(극솟값)>0

E 29 정답 ② ＊삼차방정식의 실근의 개수 ·········· [정답률 78%]

┌─ **정답 공식:** 극값이 존재하는 삼차함수의 그래프가 x축과 만나는 점의 개수가 3이 ─┐
└─ 려면 (극댓값)×(극솟값)<0이다. ─┘

방정식 $x^3-3x^2-9x-k=0$의 서로 다른 실근의 개수가 3이 되도록 하는 정수 k의 최댓값은? (4점) **단서** $f(x)=x^3-3x^2-9x-k$라 할 때, 함수 $y=f(x)$의 그래프와 x축과의 교점이 3개가 되는 조건을 생각해.

① 2 ② 4 ③ 6
④ 8 ⑤ 10

1st $f(x)=x^3-3x^2-9x-k$라 하고 함수 $f(x)$의 극대, 극소를 찾자.

$f(x)=x^3-3x^2-9x-k$라 하면
$f'(x)=3x^2-6x-9=3(x+1)(x-3)$
$f'(x)=0$에서 $x=-1$ 또는 $x=3$이므로 함수 $f(x)$의 증가와 감소를
최고차항의 계수가 양수인 삼차함수 $f(x)$가 $x=\alpha, x=\beta \, (\alpha<\beta)$에서 극값을 가지면 $x=\alpha$에서 극대, $x=\beta$에서 극소야.
표로 나타내면 다음과 같다.

x	$\cdots$	-1	$\cdots$	3	$\cdots$
$f'(x)$	$+$	0	$-$	0	$+$
$f(x)$	$\nearrow$	극대	$\searrow$	극소	$\nearrow$

2nd 삼차방정식이 서로 다른 세 실근을 갖는 조건을 이용하자.

최고차항의 계수가 양수인 삼차방정식 $f(x)=0$이 서로 다른 세 실근을 가지려면 삼차함수 $f(x)$의 (극댓값)>0, (극솟값)<0이어야 한다.
함수 $f(x)$의 극댓값은 └→ 함수 $y=f(x)$의 그래프가 x축과 세 점에서 만나야 해.
$f(-1)=-1-3+9-k=5-k>0$
$\therefore k<5$
함수 $f(x)$의 극솟값은
$f(3)=27-27-27-k=-27-k<0$
$\therefore k>-27$
$\therefore -27<k<5$
따라서 정수 k의 최댓값은 4이다.

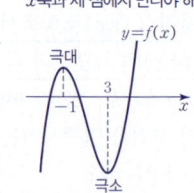

🎲 **다른 풀이:** 삼차함수 $g(x)=x^3-3x^2-9x$의 그래프와 직선 $y=k$를 이용하여 조건을 만족시키는 정수 k의 최댓값 구하기

주어진 방정식을 $x^3-3x^2-9x=k$로 놓고
$g(x)=x^3-3x^2-9x$라 하면 주어진 방정식의 실근의 개수는 곡선 $y=g(x)$와 직선 $y=k$의 교점의 개수와 같아.
$g'(x)=3x^2-6x-9=3(x+1)(x-3)$
$g'(x)=0$에서 $x=-1$ 또는 $x=3$이므로 함수 $g(x)$의 증가와 감소를 표로 나타내고 곡선 $y=g(x)$를 좌표평면 위에 그리면 다음과 같아.

x	$\cdots$	-1	$\cdots$	3	$\cdots$
$g'(x)$	$+$	0	$-$	0	$+$
$g(x)$	$\nearrow$	5	$\searrow$	-27	$\nearrow$

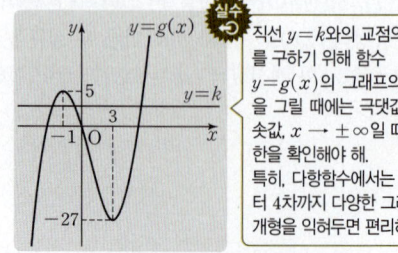

실수 직선 $y=k$와의 교점의 개수를 구하기 위해 함수 $y=g(x)$의 그래프의 개형을 그릴 때에는 극댓값과 극솟값, $x \to \pm\infty$일 때의 극한을 확인해야 해.
특히, 다항함수에서는 1차부터 4차까지 다양한 그래프의 개형을 익혀두면 편리하지.

따라서 곡선 $y=g(x)$와 직선 $y=k$가 서로 다른 세 점에서 만나기 위한 k의 값의 범위는 $-27<k<5$이므로 정수 k의 최댓값은 4야.

E 30 정답 ⑤ *삼차방정식의 실근의 개수 ········· [정답률 56%]

(정답 공식: $h'(x)=f'(x)-g'(x)$를 주어진 그래프를 이용해 파악할 수 있다.)

그림과 같이 두 삼차함수 $f(x)$, $g(x)$의 도함수
$y=f'(x)$, $y=g'(x)$의 그래프가 만나는 서로 다른 두 점의 x좌
표는 a, $b(0<a<b)$이다. 함수 $h(x)$를

$$h(x)=f(x)-g(x)$$

라 할 때, [보기]에서 옳은 것만을 있는 대로 고른 것은?

(단, $f'(0)=7$, $g'(0)=2$) (4점)

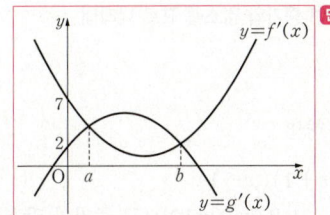

단서 1 주어진 그래프로 각 구간에서의 $h'(x)$의 부호를 파악할 수 있어. 그럼 함수 $h(x)$의 극점을 구할 수 있고, 그래프의 개형도 알 수 있지.

[보기]

ㄱ. 함수 $h(x)$는 $x=a$에서 극댓값을 갖는다.

ㄴ. $h(b)=0$이면 방정식 $h(x)=0$의 서로 다른 실근의 개수는 2이다.

ㄷ. $0<\alpha<\beta<b$인 두 실수 α, β에 대하여 $h(\beta)-h(\alpha)<5(\beta-\alpha)$이다.

단서 2 주어진 부등식은 평균변화율, 즉 직선의 기울기를 의미하는 식이니까 접선의 기울기와 두 점을 지나는 직선의 기울기와 연관이 있음을 알아야 해.

① ㄱ ② ㄷ ③ ㄱ, ㄴ

④ ㄴ, ㄷ ⑤ ㄱ, ㄴ, ㄷ

1st $x<a$, $a<x<b$, $x>b$에서의 함수 $h'(x)$의 부호를 조사하여 ㄱ, ㄴ을 해결해.

$x<a$에서 $f'(x)>g'(x)$이므로
$h'(x)=f'(x)-g'(x)>0$
$a<x<b$에서 $f'(x)<g'(x)$이므로 $h'(x)=f'(x)-g'(x)<0$
$x>b$에서 $f'(x)>g'(x)$이므로 $h'(x)=f'(x)-g'(x)>0$
따라서 함수 $h(x)$의 증가와 감소를 표로 나타내면 다음과 같다.

x	$\cdots$	a	$\cdots$	b	$\cdots$
$h'(x)$	$+$	0	$-$	0	$+$
$h(x)$	↗	극대	↘	극소	↗

ㄱ. 함수 $h(x)$는 $x=a$에서 극댓값을 갖는다. (참)
함수 $f(x)$의 도함수 $f'(x)$에 대하여 $f'(a)=0$이고 $x=a$의 좌우에서 도함수 $f'(x)$의 부호가 양($+$)에서 음($-$)으로 바뀌면 $x=a$에서 함수 $f(x)$는 극대야.

ㄴ. $h(b)=0$일 때, 함수 $y=h(x)$의 그래프는 다음과 같다.

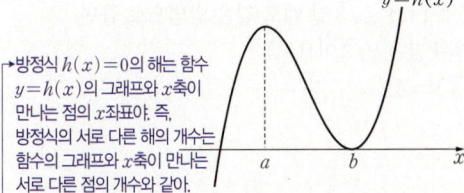

방정식 $h(x)=0$의 해는 함수 $y=h(x)$의 그래프와 x축이 만나는 점의 x좌표야. 즉, 방정식의 서로 다른 해의 개수는 함수의 그래프와 x축이 만나는 서로 다른 점의 개수와 같아.

즉, 함수 $y=h(x)$의 그래프는 x축과 서로 다른 두 점에서 만나므로 방정식 $h(x)=0$의 서로 다른 실근의 개수는 2이다. (참)

2nd 평균값 정리로 ㄷ을 판단해.

ㄷ. 함수 $h(x)$는 닫힌구간 $[\alpha, \beta]$에서 연속이고 열린구간 (α, β)에서 미분가능하므로 평균값 정리에 의하여 $\dfrac{h(\beta)-h(\alpha)}{\beta-\alpha}=h'(\gamma)$이고,

이를 만족시키는 γ가 열린구간 (α, β)에 존재한다.
이때, 열린구간 $(0, b)$의 모든 실수 x에 대하여 $h'(x)<5$이므로

$$\dfrac{h(\beta)-h(\alpha)}{\beta-\alpha}=h'(\gamma)<5$$

$\therefore h(\beta)-h(\alpha)<5(\beta-\alpha)$ (참)

$f'(0)=7$, $g'(0)=2$이므로
$h'(0)=f'(0)-g'(0)=5$
$h'(x)$는 $0<x<a$에서 감소하므로
$h'(x)<h'(0)=5$이고 $a<x<b$에서는 $h'(x)<0$이지. 그러면 $0<x<b$에서 $h'(x)<h'(0)=5$가 성립해.

따라서 옳은 것은 ㄱ, ㄴ, ㄷ이다.

🌟 톡톡 풀이: ㄷ에서 곡선 $y=h(x)$ 위의 두 점을 지나는 직선의 기울기와 한 점에서의 접선의 기울기 사이의 관계를 이용하여 주어진 부등식의 참·거짓 판단하기

ㄷ. 접선의 기울기와 두 점을 연결한 직선의 기울기로 해결해 보자.

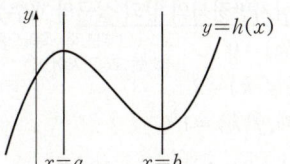

$\dfrac{h(\beta)-h(\alpha)}{\beta-\alpha}$는 두 점 $(\alpha, h(\alpha))$, $(\beta, h(\beta))$를 지나는 직선의 기울기이고 $f'(0)=7$, $g'(0)=2$이므로 $h'(0)=5$야.

그런데 함수 $h(x)$의 그래프의 개형이 그림과 같으므로 $0<\alpha<\beta<b$인 두 실수 α, β에 대하여 두 점 $(\alpha, h(\alpha))$, $(\beta, h(\beta))$를 지나는 직선의 기울기는 $x=0$에서의 접선의 기울기보다 항상 작아.

즉, $\dfrac{h(\beta)-h(\alpha)}{\beta-\alpha}<5$에서 $h(\beta)-h(\alpha)<5(\beta-\alpha)$야. (참)

E 31 정답 13 *삼차방정식의 실근의 개수 ········· [정답률 71%]

(정답 공식: 함수 $y=x^3-12x+22$의 그래프와 직선 $y=4k$를 그린다.)

자연수 k에 대하여 삼차방정식 $x^3-12x+22-4k=0$의 양의 실근의 개수를 $f(k)$라 하자. $\displaystyle\sum_{k=1}^{10} f(k)$의 값을 구하시오. (4점)

단서 $x^3-12x+22=4k$로 분리하여 생각해볼까?

1st 미지수 k를 가지고 있는 x에 대한 삼차방정식의 실근의 개수를 구하는 방법을 생각하자.

x에 대한 삼차방정식 $x^3-12x+22-4k=0$에서 $x^3-12x+22=4k$

이때, $g(x)=x^3-12x+22$라 하면 주어진 삼차방정식의 양의 실근의 개수는 $x>0$인 범위에서 곡선 $y=g(x)$와 직선 $y=4k$의 교점의 개수와 같다.

2nd 곡선 $y=g(x)$와 직선 $y=4k$를 좌표평면에 나타내자.

$g'(x)=3x^2-12=3(x+2)(x-2)$

$g'(x)=0$에서 $x=-2$ 또는 $x=2$이므로 함수 $g(x)$의 증가와 감소를 표로 나타내면 다음과 같다.

x	$\cdots$	-2	$\cdots$	2	$\cdots$
$g'(x)$	$+$	0	$-$	0	$+$
$g(x)$	↗	극대	↘	극소	↗

즉, 함수 $g(x)$의 극댓값은 $g(-2)=-8+24+22=38$,
극솟값은 $g(2)=8-24+22=6$
따라서 곡선 $y=g(x)$와 직선 $y=4k$는 그림과 같다.

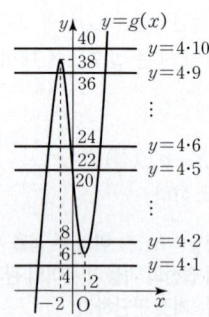

3rd 자연수 k에 따른 $x>0$에서의 교점의 개수를 구하자.

그림에서 주어진 삼차방정식의 양의 실근의 개수 $f(k)$는

(i) $k=1$일 때, $f(k)=0$ $x>0$인 부분, 즉 y축의 오른쪽에서 생기는 교점만 세어 봐.

(ii) $2\leq k\leq5$일 때, $f(k)=2$

(iii) $6\leq k\leq10$일 때, $f(k)=1$

$\therefore \sum_{k=1}^{10} f(k)=0\times1+2\times4+1\times5=13$

E **32** 정답 ③ *삼차방정식의 실근의 개수 ······· [정답률 67%]

(정답 공식: $h'(x)=f'(x)-g'(x)$를 주어진 그래프를 이용해 파악할 수 있다.)

삼차함수 $f(x)$의 도함수의 그래프와 이차함수 $g(x)$의 도함수의 그래프가 그림과 같다.
함수 $h(x)$를 $h(x)=f(x)-g(x)$라 하자.
$f(0)=g(0)$일 때, 옳은 것만을 [보기]에서 있는 대로 고른 것은? (4점)

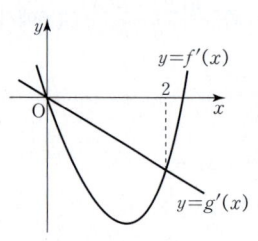

[보기]
ㄱ. $0<x<2$에서 $h(x)$는 감소한다. 단서 $h'(x)$의 부호가 음수인지를 확인해.
ㄴ. $h(x)$는 $x=2$에서 극솟값을 갖는다.
ㄷ. 방정식 $h(x)=0$은 서로 다른 세 실근을 갖는다.

① ㄱ   ② ㄴ   ③ ㄱ, ㄴ
④ ㄱ, ㄷ   ⑤ ㄱ, ㄴ, ㄷ

1st $h'(x)$의 부호를 확인하자. $y=g'(x)$의 그래프가 $y=f'(x)$의 그래프보다 위에 있어.

ㄱ. $0<x<2$일 때, $g'(x)>f'(x)$이므로 $h'(x)=f'(x)-g'(x)<0$
따라서 $h(x)$는 이 구간에서 감소한다. (참) $y=f'(x)$의 그래프가 $y=g'(x)$의 그래프보다 위에 있어.

ㄴ. $x>2$일 때, $f'(x)>g'(x)$이므로 $h'(x)>0$

즉, $x=2$를 기준으로 $h(x)$는 감소상태에서 증가상태로 바뀌므로 $x=2$에서 극솟값을 갖는다. (참)

2nd 삼차함수 $h(x)$의 그래프의 개형을 그려봐.

ㄷ. 함수 $h(x)$는 삼차함수이고 $x=0$에서 극대, $x=2$에서 극소이다.
또 $f(0)=g(0)$이므로 $h(0)=0$이다. $x=0$에서 극대이면서 극댓값이 0이므로 x축에 접하는 거야.

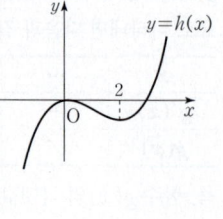

따라서 함수 $y=h(x)$의 그래프의 개형은 그림과 같으므로 방정식 $h(x)=0$의 서로 다른 실근의 개수는 2이다. (거짓)

따라서 옳은 것은 ㄱ, ㄴ이다.

E **33** 정답 12 *삼차방정식의 실근의 개수 ······· [정답률 62%]

(정답 공식: 함수 $y=\frac{1}{3}x^3-x$의 그래프와 직선 $y=k$를 좌표평면 위에 나타낸다. 세 실근의 값의 범위를 추정할 수 있다.)

x에 대한 삼차방정식 $\frac{1}{3}x^3-x=k$가 서로 다른 세 실근 α, β, γ를 가진다. 실수 k에 대하여 $|\alpha|+|\beta|+|\gamma|$의 최솟값을 m이라 할 때, m^2의 값을 구하시오. (4점) 단서 삼차함수의 그래프와 직선 $y=k$의 교점이 3개가 되겠지?

1st $f(x)$를 미분하여 증가와 감소를 표로 나타내.

$\frac{1}{3}x^3-x=k$에서

$f(x)=\frac{1}{3}x^3-x$라 하면

$f'(x)=x^2-1=(x+1)(x-1)$

$f'(x)=0$에서 $x=-1$ 또는 $x=1$이므로 증가와 감소를 표로 나타내면 다음과 같다.

x	$\cdots$	-1	$\cdots$	1	$\cdots$
$f'(x)$	$+$	0	$-$	0	$+$
$f(x)$	↗	극대	↘	극소	↗

2nd 증가와 감소를 나타낸 표를 이용하여 그래프를 그린 다음 실수 k에 대하여 $|\alpha|+|\beta|+|\gamma|$의 최솟값 m을 구해.

이를 이용하여 $y=f(x)$의 그래프를 나타내면 그림과 같다.

주의 부호가 정해지지 않은 β의 값은 구간을 나누어 각 경우에 따라 절댓값을 풀어야겠지.

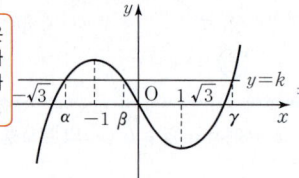

⇒ k가 극솟값과 극댓값 사이의 값을 가지면 곡선 $y=f(x)$와 서로 다른 세 점에서 만나.

여기서 $-\sqrt{3}\leq\alpha<-1<\beta\leq0$, $\gamma\geq\sqrt{3}$이라 하면 α, β, γ는 $\frac{1}{3}x^3-x=k$, 즉 $x^3-3x-3k=0$의 세 근이므로 근과 계수의 관계에 의하여 삼차방정식 $ax^3+bx^2+cx+d=0$의 세근을 α, β, γ라 할 때

$\alpha+\beta+\gamma=0 \Rightarrow \gamma=-\alpha-\beta \cdots$ ㉠

$\therefore |\alpha|+|\beta|+|\gamma|=-\alpha-\beta+\gamma$
$=\gamma+\gamma$ ($\because$ ㉠)
$=2\gamma\geq2\sqrt{3}$ ($\because \gamma\geq\sqrt{3}$)

① $\alpha+\beta+\gamma=-\dfrac{b}{a}$
② $\alpha\beta+\beta\gamma+\gamma\alpha=\dfrac{c}{a}$
③ $\alpha\beta\gamma=-\dfrac{d}{a}$

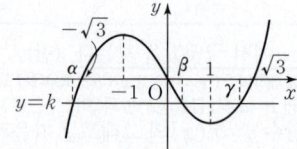

또, $\alpha\leq-\sqrt{3}<0\leq\beta<1<\gamma\leq\sqrt{3}$일 때도 같은 방법으로 풀면 $|\alpha|+|\beta|+|\gamma|$의 최솟값은 $2\sqrt{3}$이므로
$m^2=\{g(0)\}^2=(2\sqrt{3})^2=12$

정답 공식: 함수 $f(x)$의 그래프의 개형을 그릴 수 있다. $g(x)=0$이 서로 다른 두 실근을 가지기 위해서는 극댓값이나 극솟값이 0이어야 한다.

함수 $f(x)=2x^3-3x^2-12x-10$의 그래프를 y축의 방향으로 a만큼 평행이동시켰더니 함수 $y=g(x)$의 그래프가 되었다. 방정식 $g(x)=0$이 서로 다른 두 실근만을 갖도록 하는 모든 a의 값의 합을 구하시오. (3점) **단서** $g(x)=0$은 삼차방정식이므로 한 근은 중근, 다른 한 근은 중근이 아닌 실근이어야 해.

1st 주어진 그래프를 y의 방향으로 a만큼 평행이동한 그래프 $g(x)$의 식을 구해.

함수 $f(x)=2x^3-3x^2-12x-10$의 그래프를 y축의 방향으로 a만큼 평행이동하면 함수 $y=g(x)$의 그래프가 되므로

$y=f(x)$의 그래프를 y축의 방향으로 a만큼 평행이동 시키면 $\Rightarrow y-a=f(x)$ ∴ $y=f(x)+a$

$g(x)=2x^3-3x^2-12x-10+a$

$g'(x)=6x^2-6x-12=6(x+1)(x-2)$이므로 $g'(x)=0$에서

$x=-1$ 또는 $x=2$

2nd 서로 다른 두 실근만을 갖도록 하는 모든 a의 값의 합을 구해.

이때, 삼차방정식 $g(x)=0$이 서로 다른 두 실근을 가지려면 극댓값 또는 극솟값이 0이어야 하므로

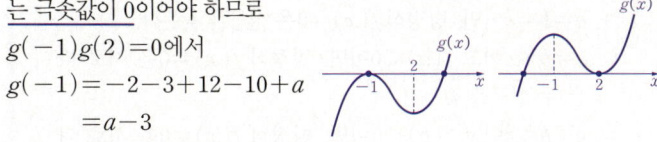

$g(-1)g(2)=0$에서

$g(-1)=-2-3+12-10+a$
    $=a-3$

$g(2)=16-12-24-10+a=a-30$

이므로

$g(-1)g(2)=(a-3)(a-30)=0$ ∴ $a=3$ 또는 $a=30$

따라서 구하는 모든 a의 값의 합은

$3+30=33$

🦉 평가원 해설

중근과 실근 1개를 갖는 상황에서 그냥 실근의 개수를 물어 보았다면, 서로 같은 실근 2 개와 다른 실근 1개를 더해서 실근의 개수는 3이라고 답할 수 있습니다.

그런데 이 문제에서는 "서로 다른" 두 실근이라고 했으므로, 서로 같은 근이 2개인 중근 은 1번만 세어야지 2번을 세어서는 문제의 조건에 어긋나게 됩니다. 또한 실수 계수를 가진 삼차방정식에서는 허근이 한 개만 존재할 수는 없습니다.

따라서 3차 방정식이 서로 다른 두 실근을 가진다면, 이중근 1개와 다른 실근 1개를 가 지는 경우뿐입니다. 따라서 본 문항의 표현의 의미가 오해될 여지는 없습니다.

❀ 함수의 증가와 감소의 판정   개념·공식

함수 $f(x)$가 어떤 구간에서 미분가능하고 이 구간의 모든 x에 대하여
① $f'(x)>0$이면 $f(x)$는 이 구간에서 증가한다.
② $f'(x)<0$이면 $f(x)$는 이 구간에서 감소한다.

E **35** 정답 160 ＊삼차방정식의 실근의 개수 ·········· [정답률 41%]

정답 공식: 삼차방정식 $f(x)=0$이 서로 다른 세 실근을 가지려면 삼차함수 $f(x)$의 (극댓값)×(극솟값)<0이어야 한다.

함수 $f(x)=2x^3-3(a+1)x^2+6ax$에 대하여 방정식 $f(x)=0$ 이 서로 다른 세 실근을 갖도록 하는 자연수 a의 값을 가장 작은 수 **단서1** 삼차함수 $f(x)$에 대하여 방정식 $f(x)=0$은 서로 다른 세 실근을 가질 조건은 (극댓값)×(극솟값)<0이야.
부터 차례대로 나열할 때 n번째 수를 a_n이라 하자. $a=a_n$일 때, $f(x)$의 극댓값을 b_n이라 하자. $\sum\limits_{n=1}^{10}(b_n-a_n)$의 값을 구하시오. **단서2** 조건을 만족시키는 n번째 값 a를 n에 대한 식으로 나타내어 $f(x)$에 대입한 후 $f(x)$의 극댓값을 구해봐.
(4점)

1st 함수 $f(x)$를 미분하여 극대, 극소가 되는 x의 값을 찾아 극값을 구하자.

$f(x)=2x^3-3(a+1)x^2+6ax$에서

$f'(x)=6x^2-6(a+1)x+6a=6(x-1)(x-a)$

이므로 $f'(x)=0$에서 $x=1$ 또는 $x=a$이다.

이때, a는 1보다 큰 자연수이므로 함수 $f(x)$의 증가와 감소를 표로 나타 내면 다음과 같다. a는 자연수라 했으니까 1일 수도 있어. 그런데 $a=1$이면 $f'(1)=0$이지만 $x=1$의 좌우에서 $f'(x)$의 부호가 바뀌지 않으므로 삼차함수 $f(x)$는 극값을 갖지 않게 돼. 그럼 방정식 $f(x)=0$은 서로 다른 세 실근을 가질 수 없겠지? 따라서 a는 1이 아닌 자연수, 즉 1보다 큰 자연수여야 해.

x	$\cdots$	1	$\cdots$	a	$\cdots$
$f'(x)$	$+$	0	$-$	0	$+$
$f(x)$	↗	극대	↘	극소	↗

따라서 함수 $f(x)$는 $x=1$에서

극댓값 $f(1)=2-3(a+1)+6a=3a-1$ … ㉠

을 갖고, $x=a$에서

극솟값 $f(a)=2a^3-3a^2(a+1)+6a^2=-a^2(a-3)$을 갖는다.

2nd 삼차방정식 $f(x)=0$이 서로 다른 세 실근을 갖기 위한 조건을 이용하여 a_n, b_n을 구해.

삼차방정식 $f(x)=0$이 서로 다른 세 실근을 갖기 위해서는

삼차함수 $f(x)$가 극값을 가질 때, 삼차방정식 $f(x)=0$은 다음과 같은 근을 가져.
① (극댓값)×(극솟값)<0 ⟺ 서로 다른 세 실근
② (극댓값)×(극솟값)=0 ⟺ 한 실근과 중근 (서로 다른 두 실근)
③ (극댓값)×(극솟값)>0 ⟺ 한 실근과 두 허근

삼차함수 $f(x)$의 (극댓값)×(극솟값)<0이어야 하므로

$f(1)f(a)=-a^2(3a-1)(a-3)<0$

이때, $a^2>0$이고, 1보다 큰 자연수 a에 대하여 $3a-1>0$이므로 $3a-1>3\times1-1>0$

$-(a-3)<0$ ∴ $a>3$

즉, 3보다 큰 자연수는 작은 수부터 차례로 4, 5, 6, …이므로

$a_1=4$, $a_2=5$, …, $a_n=n+3$ ⟵ 수열 $\{a_n\}$은 첫째항이 4이고 공차가 1인 등차수열이므로 $a_n=4+(n-1)\times1=n+3$

한편, $a=a_n$일 때, $f(x)=2x^3-3(a_n+1)x^2+6a_nx$이고

㉠에 의해 $f(x)$는 $x=1$에서 극댓값을 가지므로

$b_n=f(1)=3a_n-1=3(n+3)-1$
   $=3n+8$

3rd $\sum\limits_{n=1}^{10}(b_n-a_n)$의 값을 구해.

따라서

$b_n-a_n=(3n+8)-(n+3)=2n+5$

이므로

$\sum\limits_{n=1}^{10}(b_n-a_n)=\sum\limits_{n=1}^{10}(2n+5)$ ⟶ $\sum\limits_{k=1}^{n}k=\dfrac{n(n+1)}{2}$, $\sum\limits_{k=1}^{n}c=cn$ (c는 상수)

   $=2\times\dfrac{10\times11}{2}+5\times10$

   $=110+50=160$

E 36 정답 ④ *삼차방정식의 실근의 개수 ·········· [정답률 46%]

(정답 공식: $g(x)$를 $f'(x)$에 대한 식으로 바꾸고, 주어진 그래프를 이용한다.)

삼차함수 $f(x)=x(x-\alpha)(x-\beta)$ $(0<\alpha<\beta)$와 두 실수 a, b에 대하여 함수 $g(x)$를

$$g(x)=f(a)+(b-a)f'(x)$$

단서1 $f(a)$는 상수이고, $f'(x)$는 이차식이므로 $g(x)$는 이차함수야.

라고 하자. $a<0$, $a<b<\beta$일 때, 옳은 것만을 [보기]에서 있는 대로 고른 것은? (4점)

[보기]
ㄱ. x에 대한 방정식 $g(x)=f(a)$는 실근을 갖는다.
ㄴ. $g(b)>f(a)$
　　단서2 **단서1**에 의해 이 식은 이차방정식이야.
ㄷ. $g(a)>f(b)$

① ㄱ　　　　② ㄴ　　　　③ ㄱ, ㄴ
④ ㄱ, ㄷ　　　⑤ ㄱ, ㄴ, ㄷ

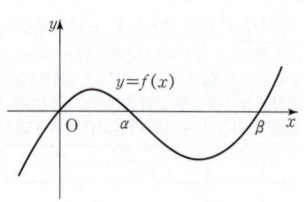

1st 방정식 $g(x)=f(a)$를 세워 함수 $f(x)$가 극값을 가짐을 이용하자.

ㄱ. $g(x)=f(a)$에서
　$f(a)+(b-a)f'(x)=f(a)$
　$\therefore (b-a)f'(x)=0$
　$b-a>0$이므로 $f'(x)=0$
이때, 함수 $f(x)$의 그래프는 극댓값과 극솟값을 가지므로 방정식 $f'(x)=0$은 실근을 가진다. (참)

실제로 $f'(x)=0$은 $3x^2-2(\alpha+\beta)x+\alpha\beta=0$이므로 판별식을 D라 할 때, $\frac{D}{4}=(\alpha+\beta)^2-3\alpha\beta=\alpha^2-\alpha\beta+\beta^2=(\alpha-\beta)^2+\alpha\beta>0$에서 서로 다른 두 실근을 가져.

2nd 부등식 $g(b)>f(a)$, $g(a)>f(b)$의 식을 세워보자.

ㄴ. $g(x)=f(a)+(b-a)f'(x)$에서
　$g(b)=f(a)+(b-a)f'(b)$
　$g(b)-f(a)=(b-a)f'(b)$에서 $b-a>0$이므로
$f'(b)$의 부호를 살피면 그림과 같이 $x=b(\alpha<b<\beta)$의 위치에 따라 $f'(b)>0$, $f'(b)=0$, $f'(b)<0$일 수 있으므로 $g(b)$와 $f(a)$의 대소 관계를 판별할 수 없다. (거짓)

$\alpha<b<(\text{극솟값의 }x\text{좌표})$이면 $f(x)$가 감소하므로 $f'(b)<0$, $b=(\text{극솟값의 }x\text{좌표})$이면 $f'(b)=0$ $(\text{극솟값의 }x\text{좌표})<b<\beta$이면 $f(x)$가 증가하므로 $f'(b)>0$

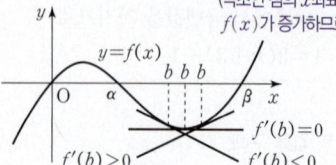

ㄷ. $g(x)=f(a)+(b-a)f'(x)$에서
　$g(a)=f(a)+(b-a)f'(a)$이므로
　$g(a)-f(b)=f(a)-f(b)+(b-a)f'(a)$
　$=(b-a)\left\{f'(a)-\dfrac{f(b)-f(a)}{b-a}\right\}$

구간 (a,b)에서의 평균변화율로 $a<b<\beta$이기 때문에 $f'(a)$의 값보다 작아.

주의 평균변화율은 쉽게 생각하면 곡선 $y=f(x)$ 위의 두 점을 잇는 직선의 기울기야.

이때, $b-a>0$이고 $a<0$인 a에 대하여 점 $(a, f(a))$에서의 접선의 기울기 $f'(a)$는 두 점

$x<0$일 때 $f(x)$는 증가하므로 항상 $f'(a)>0$이야.

$(a, f(a))$, $(b, f(b))$를 잇는 직선의 기울기보다 항상 크므로

$f'(a)-\dfrac{f(b)-f(a)}{b-a}>0$　$\therefore g(a)>f(b)$ (참)

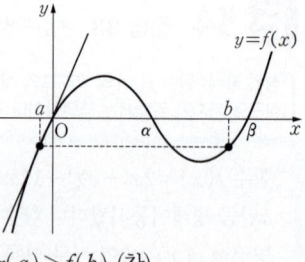

따라서 옳은 것은 ㄱ, ㄷ이다.

E 37 정답 ⑤ *사차방정식의 실근의 개수 ·········· [정답률 60%]

(정답 공식: 각각의 조건에 대해 함수 $y=f(x)$의 그래프의 개형을 그린다.)

세 실수 a, b, c에 대하여 사차함수 $f(x)$의 도함수 $f'(x)$가

$$f'(x)=(x-a)(x-b)(x-c)$$

일 때, [보기]에서 항상 옳은 것을 모두 고른 것은? (4점)

[보기]
ㄱ. $a=b=c$이면, 방정식 $f(x)=0$은 실근을 갖는다.
ㄴ. $a=b\neq c$이고 $f(a)<0$이면, 방정식 $f(x)=0$은 서로 다른 두 실근을 갖는다.
ㄷ. $a<b<c$이고 $f(b)<0$이면, 방정식 $f(x)=0$은 서로 다른 두 실근을 갖는다.

단서 $f'(x)=0$을 만족하는 x의 좌우에서 부호가 바뀌면 이 x에서 함수 $f(x)$는 극값을 갖지? 이를 이용하여 함수 $y=f(x)$의 그래프의 개형을 파악해 봐. 이때, 방정식 $f(x)=0$의 실근은 함수 $y=f(x)$의 그래프와 x축의 교점의 x좌표임을 알아야겠지?

① ㄱ　　② ㄴ　　③ ㄷ　　④ ㄱ, ㄷ　　⑤ ㄴ, ㄷ

1st $f(x)$의 증가와 감소를 표로 나타내고 그래프의 개형을 그려보면서 옳고 그름을 판별해.

실수 보기의 조건에 따른 함수의 개형을 파악하는 것이 중요해.

$f'(x)=(x-a)(x-b)(x-c)$일 때,
ㄱ. $a=b=c$이면 $f'(x)=(x-a)^3$이므로 $f(x)$의 증가와 감소를 나타낸 표와 $y=f(x)$의 그래프의 개형은 다음과 같다.

x	$\cdots$	a	$\cdots$
$f'(x)$	$-$	0	$+$
$f(x)$	$\searrow$	극소	$\nearrow$

따라서 모든 실수 x에 대하여 $f(x)=0$을 만족하는 실근은 존재할 수도 있고 존재하지 않을 수도 있다. (거짓)

방정식 $f(x)=0$의 서로 다른 실근의 개수는 $f(a)>0$이면 0개, $f(a)=0$이면 1개, $f(a)<0$이면 2개야.

ㄴ. $a=b\neq c$이면 $f'(x)=(x-a)^2(x-c)$이므로 $f(x)$의 증가와 감소를 나타낸 표는 다음과 같다. →$x=a$의 좌우에서는 $f'(x)$의 부호가 변하지 않아.

x	$\cdots$	c	$\cdots$
$f'(x)$	$-$	0	$+$
$f(x)$	$\searrow$	극소	$\nearrow$

그런데 $f(a)<0$이므로 $y=f(x)$의 그래프의 개형은 다음과 같다.

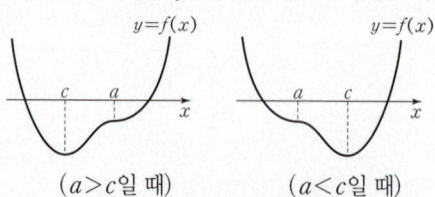

$(a>c$일 때$)$　　　$(a<c$일 때$)$

따라서 방정식 $f(x)=0$은 서로 다른 두 실근을 가진다. (참)

ㄷ. $a<b<c$이므로 $f(x)$는 3개의 극값을 가진다.

또한, $f(b)<0$이므로 $y=f(x)$의
그래프의 개형은 그림과 같다.
따라서 방정식 $f(x)=0$은 서로
다른 두 실근을 가진다. (참)

따라서 옳은 것은 ㄴ, ㄷ이다.

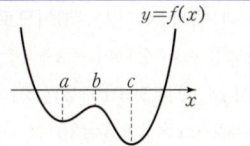

$f(x)$의 증가와 감소를 나타낸 표는 아래와 같아.

x	$\cdots$	a	$\cdots$	b	$\cdots$	c	$\cdots$
$f'(x)$	$-$	0	$+$	0	$-$	0	$+$
$f(x)$	$\searrow$	극소	$\nearrow$	극대	$\searrow$	극소	$\nearrow$

E 38 정답 4 * 사차방정식의 실근의 개수 ·········· [정답률 78%]

 정답 공식: 방정식 $f(x)=g(x)$의 서로 다른 실근의 개수는 두 함수 $y=f(x)$와 $y=g(x)$의 그래프의 서로 다른 교점의 개수와 같다.

방정식 $3x^4-4x^3-12x^2+k=0$이 서로 다른 4개의 실근을 갖도록 하는 자연수 k의 개수를 구하시오. (3점)

단서 $3x^4-4x^3-12x^2=-k$라 놓으면 방정식의 서로 다른 실근의 개수는 함수 $y=3x^4-4x^3-12x^2$의 그래프와 직선 $y=-k$의 서로 다른 교점의 개수와 같아.

1st $f(x)=3x^4-4x^3-12x^2$이라 놓고, 함수 $y=f(x)$의 그래프를 그려봐.

방정식 $3x^4-4x^3-12x^2+k=0$, 즉 $3x^4-4x^3-12x^2=-k$의 서로 다른 실근의 개수는 함수 $y=3x^4-4x^3-12x^2$의 그래프와 직선 $y=-k$의 서로 다른 교점의 개수와 같으므로 먼저 함수 $y=3x^4-4x^3-12x^2$의 그래프를 그리자.

$f(x)=3x^4-4x^3-12x^2$이라 하면

함정 $f(x)=3x^4-4x^3-12x^2+k$로 놓고, 함수 $y=f(x)$의 그래프와 x축의 서로 다른 교점의 개수를 이용해서 문제를 해결할 수도 있지만, 이 경우는 $f(x)$의 극값에 k가 포함되어 함수 $y=f(x)$의 그래프를 고정시키기 어려워. 따라서 k의 값을 우변으로 이항시켜 $3x^4-4x^3-12x^2=-k$라 한 후, 좌변의 함수의 그래프를 정확히 그려 고정시켜 놓고 직선 $y=-k$를 움직이면서 k의 값의 범위를 찾는 것이 문제 해결에 좀 더 효율적이야.

$f'(x)=12x^3-12x^2-24x=12x(x^2-x-2)$
$\qquad =12x(x+1)(x-2)$

$f'(x)=0$에서 $x=-1$ 또는 $x=0$ 또는 $x=2$이므로 함수 $f(x)$의 증가와 감소를 표로 나타내면 다음과 같다.

x	$\cdots$	-1	$\cdots$	0	$\cdots$	2	$\cdots$
$f'(x)$	$-$	0	$+$	0	$-$	0	$+$
$f(x)$	$\searrow$	극소	$\nearrow$	극대	$\searrow$	극소	$\nearrow$

사차함수 $f(x)$는 $x=0$에서 극댓값 $f(0)=0$을 갖고,
$x=-1$, $x=2$에서 각각 극솟값
$f(-1)=3+4-12=-5$, $f(2)=48-32-48=-32$를 갖는다.
즉, 함수 $y=f(x)$의 그래프는 다음과 같다.

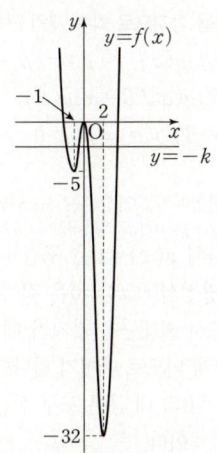

2nd 함수 $y=f(x)$의 그래프와 직선 $y=-k$의 교점의 개수가 4가 되도록 하는 k의 값의 범위를 구해.

방정식 $3x^4-4x^3-12x^2=-k$가 서로 다른 4개의 실근을 가지려면
방정식 $3x^4-4x^3-12x^2=-k$의 서로 다른 실근의 개수는
$-k>0$, 즉 $k<0$일 때 2개, $-k=0$, 즉 $k=0$일 때 3개, $-k=-5$, 즉 $k=5$일 때 3개,
$-32<-k<-5$, 즉 $5<k<32$일 때 2개, $-k=-32$, 즉 $k=32$일 때 1개,
$-k<-32$, 즉 $k>32$일 때 0개야.

함수 $y=f(x)$의 그래프와 직선 $y=-k$가 서로 다른 4개의 점에서 만나야 하므로 위의 그래프에 의해 $-5<-k<0$, 즉 $0<k<5$이어야 한다.
따라서 조건을 만족시키는 자연수 k의 값은 1, 2, 3, 4이므로 그 개수는 4이다.

E 39 정답 ⑤ * 사차방정식의 실근의 개수 ·········· [정답률 40%]

정답 공식: 함수 $y=x^2(x-3)$의 그래프와 직선 $y=t$를 그려서 $f(t)$를 구한다. 조건 (가)에서 $g(x)$의 차수가 삼차 이하임을 안다. $f(t)g(t)$가 연속이기 위해서는 $f(t)$의 불연속점에서의 t의 값이 $g(x)=0$의 근이 되어야 한다.

실수 t에 대하여 x에 대한 사차방정식
$$(x-1)\{x^2(x-3)-t\}=0$$
의 서로 다른 실근의 개수를 $f(t)$라 하자. 다항함수 $g(x)$가 다음 조건을 만족시킨다. 단서 1 방정식 $(x-1)\{x^2(x-3)-t\}=0$의 서로 다른 실근의 개수가 $f(t)$이므로 함수 $f(t)$는 t의 값의 범위에 따라 다른 값을 가지는 상수함수가 돼. 즉, 불연속이 되는 점이 존재함을 알 수 있지.

(가) $\displaystyle\lim_{x\to\infty}\dfrac{g(x)}{x^4}=0$

(나) $g(-3)=6$ 단서 2 다항함수 $g(x)$의 차수는 4보다 작아야 해.

함수 $f(t)g(t)$가 실수 전체의 집합에서 연속일 때, $g(1)$의 값은?
단서 3 다항함수 $g(t)$는 연속함수이므로 함수 $f(t)$가 불연속이 되는 t의 값에 대하여 $g(t)=0$이 되어야 함수 $f(t)g(t)$가 연속이 돼. (4점)

① 22 ② 24 ③ 26
④ 28 ⑤ 30

1st 조건을 만족하는 함수 $f(t)$의 그래프를 그려봐.

사차방정식 $(x-1)\{x^2(x-3)-t\}=0$에서
$x=1$ 또는 $x^2(x-3)-t=0$이다.
이때, 방정식 $x^2(x-3)-t=0$, 즉 $x^2(x-3)=t$의 서로 다른 실근의 개수는 함수 $y=x^2(x-3)$의 그래프와 직선 $y=t$의 교점의 개수와 같으므로 먼저, $y=x^2(x-3)$의 그래프를 그려보자.
함수 $y=x^2(x-3)$의 그래프는 $x=0$, $x=3$에서 x축과 만나고,
$y'=2x(x-3)+x^2=3x(x-2)=0$
에서 $x=0$ 또는 $x=2$일 때 $y'=0$이므로 함수 $y=x^2(x-3)$은 $x=0$ 또는 $x=2$에서 극값을 가진다.

x	$\cdots$	0	$\cdots$	2	$\cdots$
y'	$+$	0	$-$	0	$+$
y	$\nearrow$	극대	$\searrow$	극소	$\nearrow$

즉, $x=0$에서 극대, $x=2$에서 극소가 돼.

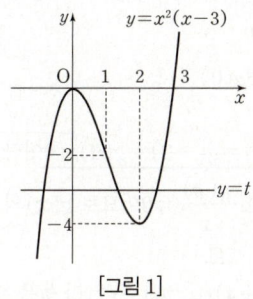

[그림 1]

즉, 함수 $y=x^2(x-3)$의 그래프는 [그림 1]과 같으므로 직선 $y=t$를 움직이면서 교점의 개수를 확인하면 된다.

그런데 사차방정식 $(x-1)\{x^2(x-3)-t\}=0$은 실근 $x=1$을 반드시 가지므로 방정식 $x^2(x-3)-t=0$의 실근의 개수에 1을 더해줘야 $f(t)$의 값이 된다. 이때, 방정식 $x^2(x-3)-t=0$이 $x=1$을 실근으로 가질 때, 즉 $1^2\cdot(1-3)-t=0$에서 $t=-2$일 때는 먼저 구한 실근 $x=1$과 근의 개수가 중복이 되므로 구간을 나누어서 $f(t)$를 구하면 다음과 같다.

$$f(t)=\begin{cases} 2 & (t<-4) \\ 3 & (t=-4) \\ 4 & (-4<t<-2) \\ 3 & (t=-2) \\ 4 & (-2<t<0) \\ 3 & (t=0) \\ 2 & (t>0) \end{cases}$$

$t=-2$일 때,
$(x-1)\{x^2(x-3)+2\}=0,\ (x-1)(x^3-3x^2+2)=0$
$(x-1)\{(x-1)(x^2-2x-2)\}=0$
$(x-1)^2(x^2-2x-2)=0$
즉, 실근은 $x=1$과 $x^2-2x-2=0$의 두 근인 $x=1\pm\sqrt{3}$의 3개야.

따라서 $y=f(t)$의 그래프는 [그림 2]와 같으므로 함수 $f(t)$는 $t=-4$, $t=-2$, $t=0$에서 불연속이다.

$t=-4$, $t=0$에서는 극한값이 존재하지 않고, $t=-2$에서는 극한값과 함숫값이 같지 않아.

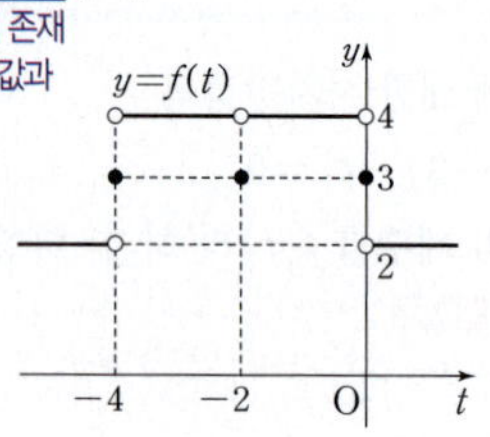

[그림 2]

2nd $t=-4$, $t=-2$, $t=0$에서 함수 $f(t)g(t)$가 연속이 되도록 하는 $g(t)$의 조건을 찾아.

함수 $f(t)g(t)$가 실수 전체의 집합에서 연속이려면 $t=-4$, $t=-2$, $t=0$에서 연속이어야 한다.

실수 전체의 집합에서 연속인 다항함수 $g(t)$와 $t=a$에서만 불연속인 함수 $f(t)$에 대하여 함수 $f(t)g(t)$는 함수 $f(t)$가 불연속인 점 $t=a$에서만 불연속이 될 수 있어.

(i) $t=-4$일 때,
$\lim\limits_{t\to-4-}f(t)g(t)=\lim\limits_{t\to-4-}f(t)\times\lim\limits_{t\to-4-}g(t)=2g(-4)$
$\lim\limits_{t\to-4+}f(t)g(t)=\lim\limits_{t\to-4+}f(t)\times\lim\limits_{t\to-4+}g(t)=4g(-4)$
$f(-4)g(-4)=3g(-4)$
$2g(-4)=4g(-4)=3g(-4)$
$\therefore g(-4)=0$

$x=a$에서 함수 $f(t)g(t)$가 연속이므로 $\lim\limits_{x\to a}f(t)g(t)=f(a)g(a)$

(ii) $t=-2$일 때,
$\lim\limits_{t\to-2-}f(t)g(t)=\lim\limits_{t\to-2-}f(t)\times\lim\limits_{t\to-2-}g(t)=4g(-2)$
$\lim\limits_{t\to-2+}f(t)g(t)=\lim\limits_{t\to-2+}f(t)\times\lim\limits_{t\to-2+}g(t)=4g(-2)$
$f(-2)g(-2)=3g(-2)$
$4g(-2)=3g(-2)$
$\therefore g(-2)=0$

(iii) $t=0$일 때,
$\lim\limits_{t\to0-}f(t)g(t)=\lim\limits_{t\to0-}f(t)\times\lim\limits_{t\to0-}g(t)=4g(0)$
$\lim\limits_{t\to0+}f(t)g(t)=\lim\limits_{t\to0+}f(t)\times\lim\limits_{t\to0+}g(t)=2g(0)$
$f(0)g(0)=3g(0)$
$4g(0)=2g(0)=3g(0)$
$\therefore g(0)=0$

방정식 $g(x)=0$의 해가 $x=-4$, $x=-2$, $x=0$이라는 거야. 즉, 다항식 $g(x)$는 $\{x-(-4)\}$, $\{x-(-2)\}$, $(x-0)$을 인수로 가져.

(i)~(iii)에 의해 $g(-4)=g(-2)=g(0)=0$이다.

또한, 조건 (가)에서 $\lim\limits_{x\to\infty}\dfrac{g(x)}{x^4}=0$이므로 $g(x)$의 차수는 4보다 작다.

즉, $g(x)$는 삼차함수이므로
$g(x)=ax(x+2)(x+4)\ (a\neq0)\ \cdots\ \text{㉠}$라 놓을 수 있다.

3rd $g(x)$의 식을 찾고, $g(1)$의 값을 구하자.

조건 (나)에서 $g(-3)=6$이므로 ㉠에 대입하면
$-3a\times(-3+2)\times(-3+4)=6$ $\therefore a=2$

따라서 $g(x)=2x(x+2)(x+4)$이므로
$g(1)=2\times1\times3\times5=30$

E 40 정답 ⑤ *사차방정식의 실근의 개수 ·········· [정답률 46%]

(정답 공식: $f(\alpha)=f(\beta)=0$이므로 $f(x)$는 $x-\alpha$, $x-\beta$를 인수로 가진다.)

서로 다른 두 실수 α, β가 사차방정식 $f(x)=0$의 근일 때, 옳은 것만을 [보기]에서 있는 대로 고른 것은? (4점)

단서 $f(\alpha)=0$, $f(\beta)=0$이므로 $f(x)$는 $x-\alpha$와 $x-\beta$를 인수로 가져야 해.

[보기]
ㄱ. $f'(\alpha)=0$이면 다항식 $f(x)$는 $(x-\alpha)^2$으로 나누어떨어진다.
ㄴ. $f'(\alpha)f'(\beta)=0$이면 방정식 $f(x)=0$은 허근을 갖지 않는다.
ㄷ. $f'(\alpha)f'(\beta)>0$이면 방정식 $f(x)=0$은 서로 다른 네 실근을 갖는다.

① ㄱ　② ㄷ　③ ㄱ, ㄴ　④ ㄴ, ㄷ　⑤ ㄱ, ㄴ, ㄷ

1st $f(\alpha)=f'(\alpha)=0$이면 $f(x)$는 $(x-\alpha)^2$을 인수로 가져.

ㄱ. $f(x)=(x-\alpha)(x-\beta)g(x)$, $g(x)=ax^2+bx+c(a\neq0)$라 하면
$f'(x)=(x-\beta)g(x)+(x-\alpha)g(x)+(x-\alpha)(x-\beta)g'(x)$
$f'(\alpha)=(\alpha-\beta)g(\alpha)=0$에서 $\alpha\neq\beta$이므로 $g(\alpha)=0$
즉, 이차함수 $g(x)$는 $(x-\alpha)$를 인수로 갖는다.
따라서 $f(x)$는 $(x-\alpha)^2$으로 나누어떨어진다. (참)

2nd $f'(\alpha)f'(\beta)=0$이면 $f'(\alpha)=0$ 또는 $f'(\beta)=0$이지.

ㄴ. (i) $f'(\alpha)=0$일 때, ㄱ에서 $f(x)$는 $(x-\alpha)^2$과 $(x-\beta)$를 인수로 가지므로 $f(x)=(x-\alpha)^2(x-\beta)(ax+d_1)$
(ii) $f'(\beta)=0$일 때, ㄱ에서 $f(x)$는 $(x-\beta)^2$과 $(x-\alpha)$를 인수로 가지므로 $f(x)=(x-\alpha)(x-\beta)^2(ax+d_2)$

(i), (ii)에 의하여 사차방정식 $f(x)=0$은 실수인 중근과 한 근을 가지므로 나머지 한 근도 실근이 된다.

주의 방정식의 근 중 허근이 있을 때는 꼭 켤레복소수의 형태로 존재하게 된다는 걸 기억해.

따라서 $f'(\alpha)=0$ 또는 $f'(\beta)=0$이면 $f(x)=0$은 허근을 갖지 않는다. (참)

3rd 허근은 반드시 켤레근을 가지므로 짝수 개의 근을 가져.

ㄷ. ㄱ에서 $f'(\alpha)=(\alpha-\beta)g(\alpha)$, $f'(\beta)=(\beta-\alpha)g(\beta)$이므로
$f'(\alpha)f'(\beta)=(\alpha-\beta)g(\alpha)(\beta-\alpha)g(\beta)$
$=-(\alpha-\beta)^2g(\alpha)g(\beta)>0$
$\therefore g(\alpha)g(\beta)<0$

[사잇값의 정리의 응용] 함수 $f(x)$가 닫힌구간 $[a,b]$에서 연속이고 $f(a)f(b)<0$이면 $f(c)=0$인 c가 열린구간 (a,b)에 적어도 하나 존재해.

사잇값의 정리에 의하여 $g(x)=0$은 구간 $[\alpha,\beta]$에서 적어도 하나의 실근을 갖고 사차방정식 $f(x)=0$은 적어도 세 개의 실근을 가진다. 이때, 허근은 반드시 켤레근을 가지기 때문에 허근이 존재한다면 짝수개의 허근을 가지게 되므로 나머지 하나만 허근이 될 수가 없다.

즉, 사차방정식 $f(x)=0$의 네 근은 모두 실근이다. (참)

따라서 옳은 것은 ㄱ, ㄴ, ㄷ이다.

🦉 **평가원 해설** ─────────

본 문항의 목적은 사차함수의 그래프를 이용하여 사차방정식의 근의 성질을 알 수 있는지를 평가하는 것입니다. 이의신청 내용은 사차방정식에서 실수 계수 조건이 가정되어 있느냐에 관한 것입니다. 고등학교 교육과정에서 방정식과 다항함수는 모두 실수 계수만을 다루고 있습니다. 따라서 이 문항은 오류가 없습니다.

❇️ **사잇값의 정리**   개념·공식

함수 $f(x)$가 닫힌구간 $[a, b]$에서 연속이고 $f(a) \neq f(b)$이면 $f(a)$와 $f(b)$ 사이에 있는 임의의 값 k에 대하여

$$f(c) = k$$

인 c가 열린구간 (a, b)에 적어도 하나 존재한다.

E 41 정답 ① ＊여러 가지 방정식의 실근의 개수 ·········· [정답률 63%]

정답 공식: 삼차함수 $f(x)$에 대하여 함수 $y = |f(x)|$의 그래프와 직선 $y = k$가 서로 다른 세 점에서 만나기 위해서는 직선 $y = k$가 함수 $y = |f(x)|$의 그래프의 극점을 지나야 한다.

최고차항의 계수가 1인 삼차함수 $f(x)$에 대하여 함수 $g(x)$를

$$g(x) = f(x) + |f'(x)|$$

라 할 때, 두 함수 $f(x)$, $g(x)$가 다음 조건을 만족시킨다.

(가) $f(0) = g(0) = 0$

단서1 $f(0) = 0$, $g(0) = 0$임을 이용하면 $f'(0)$의 값을 구할 수 있어. 이를 이용해 삼차함수 $f(x)$의 식을 유추해봐.

(나) 방정식 $f(x) = 0$은 양의 실근을 갖는다.

(다) 방정식 $|f(x)| = 4$의 서로 다른 실근의 개수는 3이다.

단서2 함수 $y = |f(x)|$의 그래프와 직선 $y = 4$가 서로 다른 세 점에서 만난다는 뜻이야. 함수 $y = |f(x)|$의 그래프의 개형을 그린 후 직선 $y = 4$와 세 점에서 만나는 경우를 이용해 삼차함수 $f(x)$의 특징을 찾아내야 해.

$g(3)$의 값은? (4점)

단서3 위에서 찾아낸 조건들로 함수 $f(x)$를 구한 후 $g(3) = f(3) + |f'(3)|$의 값을 계산해.

① 9   ② 10   ③ 11

④ 12   ⑤ 13

1st 조건 (가)를 이용하여 삼차함수 $f(x)$의 식을 유추하자.

조건 (가)에서 $f(0) = 0$이고 $g(0) = 0$이므로

$g(x) = f(x) + |f'(x)|$에서

$g(0) = f(0) + |f'(0)|$ ∴ $f'(0) = 0$

즉, $f(0) = 0$, $f'(0) = 0$이므로 $f(x)$는 x^2을 인수로 갖는다.

함정 $f(a) = 0$, $f'(a) = 0$이면 다항함수 $f(x)$는 $(x-a)^2$을 인수로 갖는다는 걸 생각해내야 해. 즉, $f(0) = 0$, $f'(0) = 0$이니까 함수 $f(x)$는 x^2을 인수로 가짐을 알 수 있어.

따라서 삼차함수 $f(x)$는 최고차항의 계수가 1이고 x^2을 인수로 가지므로 $f(x) = x^2(x-a)$(단, a는 실수) ··· ㉠로 놓을 수 있다.

2nd $f'(x)$를 이용하여 함수 $y = f(x)$의 그래프를 그려봐.

㉠에 의해 방정식 $f(x) = 0$은 실근 $x = 0$ 또는 $x = a$를 갖는데, 조건 (나)에서 방정식 $f(x) = 0$은 양의 실근을 갖는다고 했으므로 $a > 0$이다.

한편, ㉠의 양변을 x에 대하여 미분하면

$f'(x) = 2x(x-a) + x^2$ → 미분가능한 함수 $f(x), g(x)$에 대하여 $y = f(x)g(x)$일 때 $y' = f'(x)g(x) + f(x)g'(x)$
$= x(3x - 2a)$

이므로 $f'(x) = 0$에서 $x = 0$ 또는 $x = \dfrac{2}{3}a$이다.

이때, $\dfrac{2}{3}a > 0$ ($\because a > 0$)이므로 함수 $f(x)$의 증가와 감소를 표로 나타내면 다음과 같다.

x	$\cdots$	0	$\cdots$	$\dfrac{2}{3}a$	$\cdots$
$f'(x)$	$+$	0	$-$	0	$+$
$f(x)$	↗	극대	↘	극소	↗

따라서 $f(0) = 0$, $f\left(\dfrac{2}{3}a\right) = -\dfrac{4}{27}a^3$이므로 함수 $y = f(x)$의 그래프를 그리면 [그림 1]과 같다.

$f(x) = x^2(x-a)$이므로
$f\left(\dfrac{2}{3}a\right) = \dfrac{4}{9}a^2\left(\dfrac{2}{3}a - a\right) = \dfrac{4}{9}a^2 \times \left(-\dfrac{1}{3}a\right) = -\dfrac{4}{27}a^3$

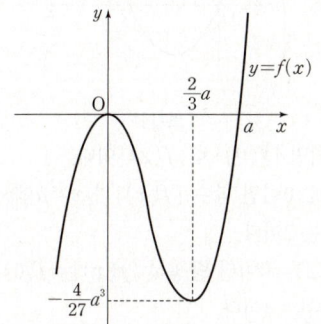

[그림 1]

3rd 조건 (다)를 이용하여 삼차함수 $f(x)$를 완성하고 $g(3)$의 값을 구해.

함수 $y = |f(x)|$의 그래프를 그리면 [그림 2]와 같다.

함수 $y = |f(x)|$의 그래프는 함수 $y = f(x)$의 그래프의 x축 아랫부분을 x축에 대하여 대칭이동하면 돼.

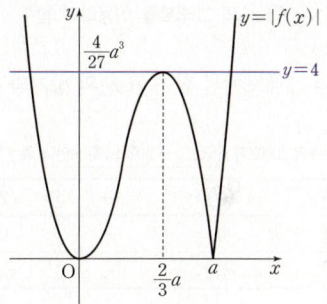

[그림 2]

조건 (다)에 의해 방정식 $|f(x)| = 4$의 서로 다른 실근의 개수가 3이 되기 위해서는 함수 $y = |f(x)|$의 그래프와 직선 $y = 4$가 서로 다른 세 점에서 만나야 한다.

즉, 위의 [그림 2]에서와 같이 직선 $y = 4$가 함수 $y = |f(x)|$의 그래프의 극대점을 지나면 되므로

함수 $y = |f(x)|$의 그래프의 극대점은 함수 $y = f(x)$의 그래프의 극소점이야.

$\left|f\left(\dfrac{2}{3}a\right)\right| = 4$에서

$\dfrac{4}{27}a^3 = 4$, $a^3 = 27$ ∴ $a = 3$

따라서 $f(x) = x^2(x-3)$이고

$f'(x) = x(3x - 6) = 3x(x-2)$이므로

$g(x) = x^2(x-3) + |3x(x-2)|$

∴ $g(3) = 0 + |9| = 9$

E

정답 공식: 함수 $y=f(x)$의 그래프의 개형을 그린다. ㄴ에서 $f(0)f(2) \ge 0$이면 x축이 $f(0)$보다 위에 있거나 $f(2)$보다 아래에 있다.

삼차함수 $f(x)$의 도함수 $y=f'(x)$의 그래프가 그림과 같을 때, [보기]에서 옳은 것만을 있는 대로 고른 것은? (4점)

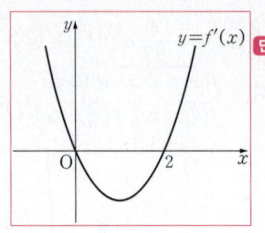

단서 1 도함수 $y=f'(x)$의 그래프에서 각 구간에서의 도함수 $f'(x)$의 부호를 파악하여 함수 $y=f(x)$의 그래프의 개형을 그려 봐.

[보기]

ㄱ. $f(0)<0$이면 $|f(0)|<|f(2)|$이다.

ㄴ. $f(0)f(2) \ge 0$이면 함수 $|f(x)|$가 $x=a$에서 극소인 a의 값의 개수는 2이다.

ㄷ. $f(0)+f(2)=0$이면 방정식 $|f(x)|=f(0)$의 서로 다른 실근의 개수는 4이다.

단서 2 방정식 $|f(x)|=f(0)$의 서로 다른 실근의 개수는 두 함수 $y=|f(x)|$, $y=f(0)$의 그래프의 교점의 개수와 같음을 이용하면 돼.

① ㄱ ② ㄱ, ㄴ ③ ㄱ, ㄷ
④ ㄴ, ㄷ ⑤ ㄱ, ㄴ, ㄷ

1st 주어진 도함수 $y=f'(x)$의 그래프를 이용하여 함수 $y=f(x)$의 그래프의 개형을 파악해.

도함수 $y=f'(x)$의 그래프에서 함수 $f(x)$의 증가와 감소를 표로 나타내면 다음과 같다.

$y=f'(x)$의 그래프가 $x=0$, $x=2$에서 x축과 만나. 즉, $f'(0)=0$, $f'(2)=0$이야.

x	$\cdots$	⓪	$\cdots$	②	$\cdots$
$f'(x)$	$+$	0	$-$	0	$+$
$f(x)$	↗	극대	↘	극소	↗

즉, 함수 $f(x)$는 $x=0$에서 극대, $x=2$에서 극소이므로 함수 $y=f(x)$의 그래프의 개형은 그림과 같다.

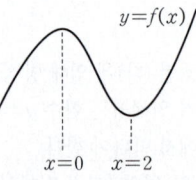

2nd ㄱ, ㄴ, ㄷ의 명제의 가정에 맞도록 함수 $y=f(x)$의 그래프의 개형을 그리고 ㄱ, ㄴ, ㄷ의 참, 거짓을 따져 봐.

ㄱ. $f(0)<0$이면 함수 $y=f(x)$의 그래프의 개형은 그림과 같으므로
$f(2)<f(0)<0$
$\therefore |f(2)|>|f(0)|$ (참)

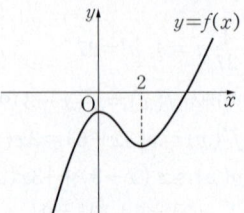

ㄴ. $f(0)f(2) \ge 0$이면 $f(0)$, $f(2)$는 같은 부호이거나 적어도 둘 중 하나의 값이 0이라는 의미이다.

　(i) $f(0)>f(2) \ge 0$일 때, 두 함수 $y=f(x)$와 $y=|f(x)|$의 그래프
삼차함수의 극댓값은 항상 극솟값보다 커. 즉, $f(0)>f(2)$가 돼.
　의 개형은 다음과 같다.
x축의 아랫부분을 꺾어 올리면 돼.

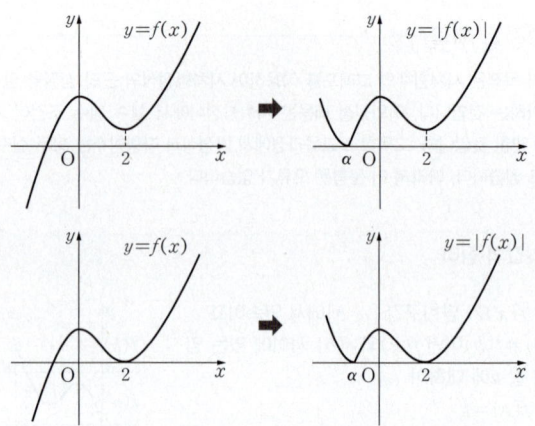

따라서 함수 $|f(x)|$가 극소인 a의 값은 $x=\alpha$ 또는 $x=2$로 2개이다.
$x=a$에서 함수 $y=|f(x)|$의 그래프는 뾰족점을 갖는데 뾰족점에서 미분가능하지 않은 거지, 극점이 아닌 것이 아니야. 함수의 극대, 극소의 정의를 생각해 봐.

　(ii) $f(2)<f(0) \le 0$일 때, 두 함수 $y=f(x)$와 $y=|f(x)|$의 그래프의 개형은 다음과 같다.

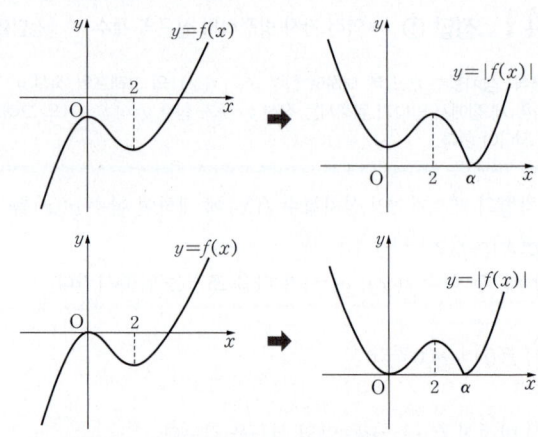

따라서 함수 $|f(x)|$가 극소인 a의 값은 $x=0$ 또는 $x=\alpha$로 2개이다.

　(i), (ii)에 의하여 $f(0)f(2) \ge 0$이면 함수 $|f(x)|$가 $x=a$에서 극소인 a의 값의 개수는 2이다. (참)

ㄷ. $f(0)+f(2)=0$에서 $f(0)=-f(2)$이므로 두 함수 $y=f(x)$와 $y=|f(x)|$의 그래프의 개형은 다음과 같다.

실수 $f(0)>f(2)$이기 때문에 $f(0)$을 양수로 두고 그래프를 그려야 틀리지 않아.

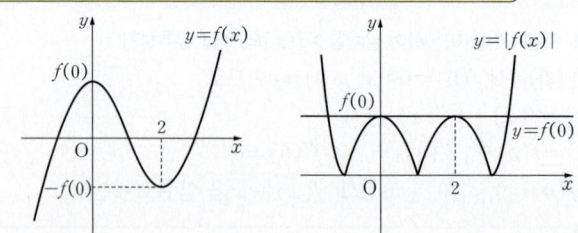

따라서 방정식 $|f(x)|=f(0)$의 서로 다른 실근은 함수 $y=|f(x)|$의 그래프와 직선 $y=f(0)$에서 4개가 존재함을 알 수 있다. (참)
함수 $y=|f(x)|$의 그래프와 직선 $y=f(0)$이 서로 다른 네 점에서 만나니까 구하는 방정식의 실근은 4개 존재하는 거지.

따라서 옳은 것은 ㄱ, ㄴ, ㄷ이다.

정답 공식: 방정식 $g'(x) \times g'(x-4)=0$은 $g'(x)=0$ 또는 $g'(x-4)=0$을 의미하고 함수 $y=g'(x-4)$의 그래프는 함수 $y=g'(x)$의 그래프를 x축의 방향으로 4만큼 평행이동한 그래프이다.

상수 $a(a \neq 3\sqrt{5})$와 최고차항의 계수가 음수인 이차함수 $f(x)$에 대하여 함수

^{단서1} 그래프는 위로 볼록한 포물선이야.

$$g(x) = \begin{cases} x^3+ax^2+15x+7 & (x \leq 0) \\ f(x) & (x > 0) \end{cases}$$

이 다음 조건을 만족시킨다.

(가) 함수 $g(x)$는 실수 전체의 집합에서 미분가능하다.

^{단서2} $x=0$에서도 연속이고 미분계수가 같다는 의미겠지?

(나) x에 대한 방정식 $g'(x) \times g'(x-4)=0$의 서로 다른 실근의 개수는 4이다.

$g(-2)+g(2)$의 값은? (4점)

① 30 ② 32 ③ 34 ④ 36 ⑤ 38

1st 조건 (가)를 이용해서 이차함수 $f(x)$를 유추해.

함수 $g(x) = \begin{cases} x^3+ax^2+15x+7 & (x \leq 0) \\ f(x) & (x > 0) \end{cases}$ ··· ㉠

이므로 함수 $g(x)$의 도함수 $g'(x)$는

$g'(x) = \begin{cases} 3x^2+2ax+15 & (x < 0) \\ f'(x) & (x > 0) \end{cases}$ ··· ㉡

조건 (가)에서 함수 $g(x)$가 실수 전체의 집합에서 미분가능하므로 $x=0$에서도 미분가능하다.

$x=0$에서 연속이므로

$g(0) = \lim_{x \to 0-} g(x) = \lim_{x \to 0+} g(x)$가 성립한다.

㉠에 의해

$g(0) = f(0)$

$\lim_{x \to 0-} g(x) = \lim_{x \to 0-} \{x^3+ax^2+15x+7\} = 7$

$\underline{x < 0$이므로 $g(x)=x^3+ax^2+15x+7}$

$\lim_{x \to 0+} g(x) = \lim_{x \to 0+} f(x) = f(0)$

$\underline{x > 0$이므로 $g(x)=f(x)}$

$\therefore f(0) = 7$

또, $x=0$에서 미분계수가 존재해야 하므로

$\lim_{x \to 0-} g'(x) = \lim_{x \to 0+} g'(x)$이다.

㉡에 의해

$\lim_{x \to 0-} g'(x) = \lim_{x \to 0-} \{3x^2+2ax+15\} = 15$

$\underline{x < 0$이므로 $g'(x)=3x^2+2ax+15}$

$\lim_{x \to 0+} g'(x) = \lim_{x \to 0+} f'(x) = f'(0)$

$\underline{x > 0$이므로 $g'(x)=f'(x)}$

$\therefore f'(0) = 15$

상수 $p(p<0)$, q, r에 대하여 $f(x)=px^2+qx+r$라 하면

$f'(x) = 2px+q$이고

$f(0) = r = 7$

$f'(0) = q = 15$

$\therefore f(x) = px^2+15x+7 (p<0)$ ··· ㉢

2nd 함수 $y=g'(x)$의 그래프를 이용해서 방정식 $g'(x) \times g'(x-4)=0$의 서로 다른 실근의 개수가 4가 되는 함수의 그래프를 생각해.

함수 $y=g'(x)$의 그래프는 $x<0$에서 이차함수의 그래프의 일부이고, $x>0$에서 직선이다.

㉢에서 $f'(x)=2px+15$이므로

$f'(x)=0$에서 $x=-\dfrac{15}{2p}>0$

즉, 직선 $f'(x)$는 $x>0$인 범위에서 x축과 한 점에서 만난다.

따라서 조건 (나)에 의해 함수 $g'(x)=3x^2+2ax+15(x \leq 0)$의

^{$x<0$인 범위에서 함수 $g'(x)$의 그래프가 x축과 만나지 않으면 방정식 $g'(x)=0$의 실근은 1개이므로 조건을 만족하지 않아.}

그래프는 $x<0$인 범위에서도 x축과 만나야 한다.

함수 $g'(x)=3x^2+2ax+15=3\left(x+\dfrac{a}{3}\right)^2+15-\dfrac{a^2}{3}$의 그래프가 $x<0$에서 x축에 접한다고 가정하면

$-\dfrac{a}{3}<0$이고 $15-\dfrac{a^2}{3}=0$이다.

즉, $a>0$이고 $a^2=45$이므로 $a=3\sqrt{5}$인데 문제에서 $a \neq 3\sqrt{5}$라 했으므로 함수 $y=g'(x)$의 그래프는 $x<0$인 범위에서 x축과 서로 다른 두 점에서 만난다.

이차방정식 $3x^2+2ax+15=0$의 두 근을 α, $\beta(\alpha<\beta<0)$라 하면

방정식 $g'(x)=0$의 근은 $x=\alpha$ 또는 $x=\beta$ 또는 $x=-\dfrac{15}{2p}$이고

$\alpha<\beta<-\dfrac{15}{2p}$

방정식 $g'(x-4)=0$의 근은 $x=\alpha+4$ 또는 $x=\beta+4$ 또는

^{방정식 $g'(x)=0$의 근과 두 근이 겹쳐야 해.}

$x=-\dfrac{15}{2p}+4$이다.

조건 (나)에서 방정식 $g'(x)g'(x-4)=0$의 서로 다른 실근의 개수가 4이므로 $\beta=\alpha+4$, $-\dfrac{15}{2p}=\beta+4$를 만족시켜야 한다.

3rd 이차방정식의 근과 계수의 관계를 이용해서 답을 구해.

이차방정식 $3x^2+2ax+15=0$의 서로 다른 두 실근이 α, $\alpha+4(=\beta)$ 이므로 이차방정식의 근과 계수의 관계에 의하여

^{이차방정식 $ax^2+bx+c=0(a \neq 0)$의 두 근을 α, β라 하면 $\alpha+\beta=-\dfrac{b}{a}$, $\alpha\beta=\dfrac{c}{a}$}

$\alpha+(\alpha+4)=-\dfrac{2a}{3}$, $\alpha(\alpha+4)=5$ ··· ㉣

㉣에서 $\alpha^2+4\alpha-5=0$

$(\alpha+5)(\alpha-1)=0$

$\therefore \alpha=-5 (\because \alpha<0)$

$\beta=\alpha+4=(-5)+4=-1$

$-\dfrac{2a}{3}=2\alpha+4=-6$에서 $a=9$

$-\dfrac{15}{2p}=\beta+4=3$에서 $p=-\dfrac{5}{2}$

따라서 $g(x) = \begin{cases} x^3+9x^2+15x+7 & (x \leq 0) \\ -\dfrac{5}{2}x^2+15x+7 & (x > 0) \end{cases}$ 이므로

$g(-2)=(-2)^3+9 \times (-2)^2+15 \times (-2)+7$
$\quad = -8+36-30+7=5$

$g(2)=-\dfrac{5}{2} \times 2^2+15 \times 2+7$
$\quad = -10+30+7=27$

$\therefore g(-2)+g(2)=5+27=32$

이지원 | 고려대 생명과학과 2025년 입학·대구 성화여고 졸

15번이라는 무시무시한 자리에 위치해 있었음에도 복잡한 계산이나 어려운 발상을 요구하는 문제는 아니어서 비교적 쉽게 풀 수 있었어. 조건 (가)에서 함수 $g(x)$는 실수 전체의 집합에서 미분가능하다고 했으니, 경계점인 $x=0$에서도 당연히 미분가능해야겠지? 그러면 벌써 $f(x)$의 조건을 두 개나 얻게 돼!

$f(0)=7, f'(0)=15$ 말이지.

조건 (나)에서 함수 $y=g'(x)$의 그래프와 함수 $y=g'(x)$의 그래프를 x축의 방향으로 4만큼 평행이동한 그래프에 대한 조건이 나와 있어. 그럼 먼저 함수 $y=g'(x)$의 그래프의 개형을 알아야겠지?

$x\leq0$인 범위에서 $g(x)$는 아래로 볼록인 이차함수, $x>0$인 범위에서 $g(x)$는 위로 볼록인 이차함수야. 여기서 키포인트는 y절편이 양수인 거! 이 조건을 통해서 $x>0$일 때 $g'(x)=0$은 무조건 한 개의 근을 가진다는 걸 알 수 있지.

그럼 이제 경우를 나눌 수 있어. $g'(x)=0$이 $x\leq0$에서의 근이 1개일 때랑 2개일 때로 말이지! 문제에서 $a\neq3\sqrt5$라는 조건까지 적용하면 답이 나와. 그래프를 그려가면서 풀면 이해가 더 쉬우니까 한번 시도해봐!

E 44 정답 21 *여러 가지 방정식의 실근의 개수 ···· [정답률 47%]

정답 공식: 주어진 방정식의 절댓값 기호를 풀어 $g(x)=k$ 꼴로 변형했을 때, 함수 $y=g(x)$의 그래프와 직선 $y=k$의 서로 다른 교점의 개수가 주어진 방정식의 서로 다른 실근의 개수가 된다.

함수 $f(x)=\dfrac{1}{2}x^3-\dfrac{9}{2}x^2+10x$에 대하여 x에 대한 방정식

$$f(x)+|f(x)+x|=6x+k$$

단서1 함수 $g(x)$를 $g(x)=f(x)+|f(x)+x|-6x$라 하면 주어진 방정식은 $g(x)=k$가 돼. 먼저, $f(x)+x\geq0$일 때와 $f(x)+x<0$일 때로 나누어 절댓값 기호를 푼 다음 함수 $g(x)$를 구하자.

의 서로 다른 실근의 개수가 4가 되도록 하는 모든 정수 k의 값의 합을 구하시오. (4점) **단서2** 방정식 $g(x)=k$의 서로 다른 실근의 개수는 함수 $y=g(x)$의 그래프와 직선 $y=k$의 서로 다른 교점의 개수와 같아.

1st 주어진 방정식을 $g(x)=k$ 꼴로 변형하고, 함수 $g(x)$를 구해.

방정식 $f(x)+|f(x)+x|=6x+k$를 변형하면

$f(x)+|f(x)+x|-6x=k$이므로 함수 $g(x)$를

$g(x)=f(x)+|f(x)+x|-6x$라 놓으면 주어진 방정식은

$g(x)=k$가 된다.

함정 방정식의 실근의 개수는 두 함수의 그래프의 교점의 개수로 파악하는 것이 좋아. 특히, 주어진 방정식을 $g(x)=k$ 꼴로 변형하면 함수 $y=g(x)$의 그래프와 x축에 평행한 직선 $y=k$의 교점의 개수를 파악하면 되니까 좀 더 쉬워져.

절댓값 기호를 풀어 함수 $g(x)$의 식을 구하면

(i) $f(x)+x<0$, 즉 $f(x)<-x$일 때

$g(x)=f(x)-\{f(x)+x\}-6x=-7x$

(ii) $f(x)+x\geq0$, 즉 $f(x)\geq-x$일 때

$g(x)=f(x)+\{f(x)+x\}-6x=2f(x)-5x$

이므로

$$g(x)=\begin{cases}-7x & (f(x)<-x) \\ 2f(x)-5x & (f(x)\geq-x)\end{cases}$$ 이다.

한편, $f(x)=-x$에서 $\dfrac{1}{2}x^3-\dfrac{9}{2}x^2+10x=-x$

$\dfrac{1}{2}x^3-\dfrac{9}{2}x^2+11x=0$, $\dfrac{1}{2}x(x^2-9x+22)=0$

$\therefore x=0$ 또는 $x^2-9x+22=0$

그런데 모든 실수 x에 대하여

$x^2-9x+22=\left(x-\dfrac{9}{2}\right)^2+\dfrac{7}{4}>0$

이므로 $f(x)=-x$를 만족시키는 실수 x의 값은 0뿐이다.

즉, 함수 $y=f(x)$의 그래프와 직선 $y=-x$는 원점에서만 만나고,

방정식 $f(x)=-x$의 실근이 $x=0$뿐이므로 곡선 $y=f(x)$와 직선 $y=-x$는 $x=0$인 점, 즉 원점에서만 만나.

$y=f(x)$의 그래프의 개형과 직선 $y=-x$를 그리면 [그림 1]과 같으므로 $x<0$일 때, $f(x)<-x$이고 $x\geq0$일 때, $f(x)\geq-x$이다.

주의 $g(x)=\begin{cases}-7x & (f(x)<-x) \\ 2f(x)-5x & (f(x)\geq-x)\end{cases}$에서 함수 $g(x)$의 식이 나누어지는 x의 값의 범위를 정확하게 찾아야 $y=g(x)$의 그래프를 바르게 그릴 수 있어.

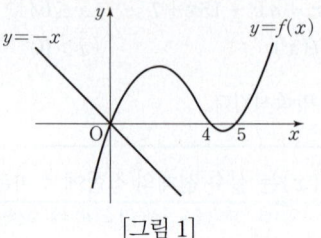

[그림 1]

따라서 함수 $h(x)$를

$h(x)=2f(x)-5x$

$=2\left(\dfrac{1}{2}x^3-\dfrac{9}{2}x^2+10x\right)-5x$

$=x^3-9x^2+15x$

라 하면

$$g(x)=\begin{cases}-7x & (x<0) \\ h(x) & (x\geq0)\end{cases}$$

이다.

2nd 함수 $y=g(x)$의 그래프를 그리고 직선 $y=k$와의 교점의 개수가 4가 되도록 하는 정수 k의 값의 합을 구하자.

$h(x)=x^3-9x^2+15x$에서

$h'(x)=3x^2-18x+15$

$=3(x^2-6x+5)$

$=3(x-1)(x-5)$

$h'(x)=0$에서 $x=1$ 또는 $x=5$이므로 함수 $h(x)$의 증가와 감소를 표로 나타내면 다음과 같다.

x	$\cdots$	1	$\cdots$	5	$\cdots$
$h'(x)$	$+$	0	$-$	0	$+$
$h(x)$	↗	극대	↘	극소	↗

따라서 함수 $h(x)$는 $x=1$에서 극댓값

$h(1)=1^3-9\times1^2+15\times1=1-9+15=7$을 갖고

$x=5$에서 극솟값

$h(5)=5^3-9\times5^2+15\times5=125-225+75=-25$를 가지므로 이를 이용해 함수 $y=g(x)$의 그래프를 그리면 [그림 2]와 같다.

함수 $y=g(x)$의 그래프는 $x<0$일 때, 직선 $y=-7x$이고, $x\geq0$일 때, $x=1$에서 극댓값 7을 갖고 $x=5$에서 극솟값 -25를 갖는 삼차함수 $y=h(x)$의 그래프야.

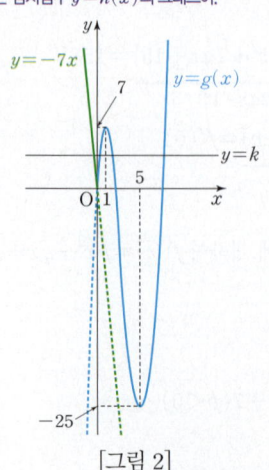

[그림 2]

주어진 방정식, 즉 $g(x)=k$의 서로 다른 실근의 개수가 4가 되기 위해서는 함수 $y=g(x)$의 그래프와 직선 $y=k$의 교점의 개수가 4이어야 하므로 [그림 2]에 의해 실수 k의 값의 범위는 $0<k<7$이다.

따라서 조건을 만족시키는 정수 k의 값은 1, 2, 3, 4, 5, 6이므로 구하는 모든 정수 k의 값의 합은

$$1+2+3+4+5+6=\frac{6\times(6+1)}{2}=21$$

$$\underset{\sum_{k=1}^{n}k=\frac{n(n+1)}{2}}{}$$

E 45 정답 ⑤ ＊여러 가지 방정식의 실근의 개수 ········· [정답률 45%]

정답 공식: 사차함수 $f(x)=ax^4+bx^2+c$의 그래프가 y축에 대하여 대칭임을 파악한 후, 주어진 두 조건을 이용하여 사차함수 $f(x)$의 식을 완성시킨다.

최고차항의 계수가 양수인 사차함수
$f(x)=ax^4+bx^2+c$ (a, b, c는 상수)가 다음 조건을 만족시킨다.

단서1 $f(x)=f(-x)$가 성립하지? 즉, 함수 $f(x)$의 그래프는 y축에 대하여 대칭이므로 최고차항의 계수가 양수인 사차함수 $y=f(x)$의 그래프의 개형은 그림과 같아.

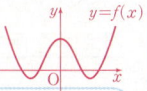

(가) 방정식 $f(x)=0$의 모든 실근이 α, β, γ이다.

단서2 사차함수의 그래프가 x축과 만나는 서로 다른 점이 3개가 되려면 그래프는 x축에 접하는 부분이 있다는 거야. (단, $\alpha<\beta<\gamma$)

(나) $f(1)=-\dfrac{3}{4}$, $f'(-1)=1$

[보기]에서 옳은 것만을 있는 대로 고른 것은? (4점)

[보기]

ㄱ. $f(0)=0$

ㄴ. $f'(\alpha)=-4$

단서3 함수 $y=|f(x)|$의 그래프와 직선 $y=k(x-\alpha)$의 교점의 개수가 3개가 되도록 하는 양수 k의 범위를 찾아야겠지? 함수 $y=|f(x)|$의 그래프와 직선 $y=k(x-\alpha)$가 접하는 경우를 그려보며 이 경우를 기준으로 생각해봐.

ㄷ. 방정식 $|f(x)|=k(x-\alpha)$의 서로 다른 실근의 개수가 3이 되도록 하는 양수 k의 범위는 $\dfrac{8}{27}<k<4$이다.

① ㄱ ② ㄱ, ㄴ ③ ㄱ, ㄷ
④ ㄴ, ㄷ ⑤ ㄱ, ㄴ, ㄷ

1st 조건 (가)를 이용하여 사차함수 $f(x)$의 그래프의 개형을 찾자.

ㄱ. $f(x)=ax^4+bx^2+c$에서 $f(x)=f(-x)$이므로 사차함수 $f(x)$의 그래프는 y축에 대하여 대칭이다.

이때, 조건 (가)에서 방정식 $f(x)=0$의 서로 다른 실근의 개수가 3이므로 최고차항의 계수가 양수인 사차함수 $f(x)$의 그래프의 개형은 [그림 1]과 같다.

방정식 $f(x)=0$의 실근은 함수 $y=f(x)$의 그래프가 x축과 만나는 점의 x좌표를 뜻한다. 즉, y축에 대하여 대칭인 사차함수의 그래프가 x축과 만나는 서로 다른 점이 3개가 되려면 그래프는 [그림 1]과 같이 원점에서 x축에 접해야 해.

함수에 대칭성이 있으면 문제가 훨씬 간단해지기 때문에 꼭 확인해보는 게 좋아.

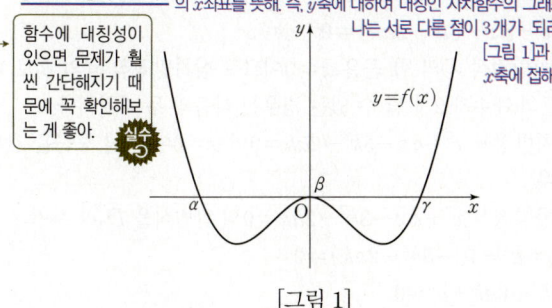

[그림 1]

즉, $f(0)=c=0$이다. (참)

2nd $f(x)$의 식을 구하여 ㄴ의 참, 거짓을 판별해.

ㄴ. $c=0$이므로 $f(x)=ax^4+bx^2$
조건 (나)에 의해

$f(1)=a+b=-\dfrac{3}{4}$이므로
$4a+4b=-3 \cdots \bigcirc$
또, $f'(x)=4ax^3+2bx$이므로
$f'(-1)=-4a-2b=1 \cdots \bigcirc$

$\bigcirc$, $\bigcirc$을 연립하여 풀면 $a=\dfrac{1}{4}$, $b=-1$

$\bigcirc+\bigcirc$을 하면 $2b=-2$ $\therefore b=-1$
$b=-1$을 $\bigcirc$에 대입하면
$4a-4=-3$ $\therefore a=\dfrac{1}{4}$

$\therefore f(x)=\dfrac{1}{4}x^4-x^2$

방정식 $f(x)=0$을 풀면

$\dfrac{1}{4}x^4-x^2=0$, $\dfrac{1}{4}x^2(x^2-4)=0$

$\dfrac{1}{4}x^2(x+2)(x-2)=0$

$\therefore x=-2$ 또는 $x=0$ 또는 $x=2$

즉, $\alpha=-2$, $\beta=0$, $\gamma=2$이고,
$f'(x)=x^3-2x$이므로

조건 (가)에서 방정식 $f(x)=0$의 모든 실근이 α, β, γ이고, $\alpha<\beta<\gamma$이므로 $\alpha=-2$, $\beta=0$, $\gamma=2$야.

$f'(\alpha)=f'(-2)$
$\quad=(-2)^3-2\times(-2)$
$\quad=-8+4$
$\quad=-4$ (참)

3rd 함수 $y=|f(x)|$의 그래프와 직선 $y=k(x-\alpha)$를 좌표평면 위에 나타내어 조건을 만족시키는 양수 k의 범위를 구해.

ㄷ. 방정식 $|f(x)|=k(x-\alpha)$의 실근의 개수를 파악하기 위해 함수 $y=|f(x)|$의 그래프와 직선 $y=k(x-\alpha)$, 즉 $y=k(x+2)$를 그려보자.

직선 $y=k(x+2)$를 l이라 하면 직선 l은 점 $(-2, 0)$을 지나고 기울기가 k인 직선이다.
양수 k에 대하여 조건을 만족하는 k의 범위를 구하는 것이므로 기울기가 양수인 경우만 생각하면 돼.

이때, 방정식 $|f(x)|=k(x+2)$의 서로 다른 실근의 개수가 3이려면 함수 $y=|f(x)|$의 그래프와 직선 l의 서로 다른 교점의 개수가 3이어야 하므로 직선 l의 기울기 k는 [그림 2]와 같이 곡선 $y=-f(x)$ 위의 점 $(-2, 0)$에서의 접선 l_1의 기울기보다 작고 점 $(-2, 0)$에서 곡선 $y=-f(x)$에 그은 접선 l_2의 기울기보다 커야 한다.

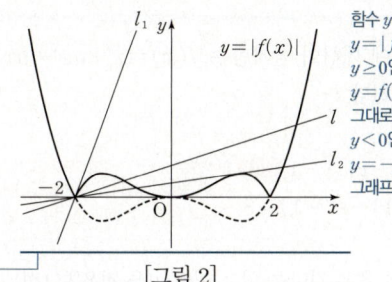

함수 $y=f(x)$에 대하여 $y=|f(x)|$의 그래프는 $y\geq0$인 부분은 $y=f(x)$의 그래프 그대로,
$y<0$인 부분은 $y=-f(x)$의 그래프로~

[그림 2]

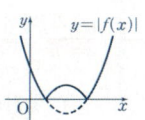

[$y=|f(x)|$의 그래프 그리는 방법]
함수 $y=f(x)$의 그래프 중 x축의 윗부분($y\geq0$)은 그대로 두고, x축의 아랫부분($y<0$)을 x축에 대하여 대칭이동(x축 위로 접어 올림)시켜 그리면 돼.

(i) 곡선 $y=-f(x)$ 위의 점 $(-2, 0)$에서의 접선 l_1의 기울기는 ㄴ에 의하여 $-f'(-2)=-(-4)=4$
곡선 $y=f(x)$ 위의 점 (a, b)에서의 접선의 기울기는 $f'(a)$야.

(ii) 점 $(-2, 0)$에서 곡선 $y=-f(x)$에 그은 접선을 l_2라 할 때,
$f(x)=\dfrac{1}{4}x^4-x^2$이므로 $y=-f(x)=-\dfrac{1}{4}x^4+x^2$
접점의 좌표를 $\left(t, -\dfrac{1}{4}t^4+t^2\right)$ ($t\neq-2$, $t\neq0$)이라 하자.

정답 및 해설 367

직선 l_2의 기울기는 $-f'(t)=-(t^3-2t)=-t^3+2t$이므로
직선 l_2의 방정식은 $\quad$→ 기울기가 m이고, 점 (a,b)를 지나는
$\qquad\qquad\qquad\qquad$ 직선의 방정식은 $y=m(x-a)+b$야.

$$y=(-t^3+2t)(x-t)-\frac{1}{4}t^4+t^2$$

이때, 직선 l_2가 점 $(-2,0)$을 지나므로

$$0=(-t^3+2t)(-2-t)-\frac{1}{4}t^4+t^2$$

$$t(t^2-2)(t+2)-\frac{1}{4}t^2(t+2)(t-2)=0$$

$$\frac{1}{4}t(t+2)(4t^2-8-t^2+2t)=0$$

$$\frac{1}{4}t(t+2)(3t^2+2t-8)=0$$

$$\frac{1}{4}t(3t-4)(t+2)^2=0 \qquad \therefore t=\frac{4}{3}\ (\because t\neq-2,\ t\neq0)$$

즉, 직선 l_2의 기울기는

$$-f'\left(\frac{4}{3}\right)=-\left(\frac{4}{3}\right)^3+2\times\frac{4}{3}=\frac{8}{27}$$

(i), (ii)에 의해 함수 $y=|f(x)|$의 그래프와 직선 $y=k(x+2)$의
교점의 개수가 3, 즉 방정식 $|f(x)|=k(x+2)$의 서로 다른 실근의
양수 k에 대하여 함수 $y=|f(x)|$의 그래프와 직선 $y=k(x+2)$의 교점의 개수는 다음과 같아.

(i) $0<k<\frac{8}{27}$일 때, 5개 $\qquad$ (ii) $k=\frac{8}{27}$일 때, 4개

(iii) $\frac{8}{27}<k<4$일 때, 3개 $\qquad$ (iv) $k\geq4$일 때, 2개

개수가 3이 되도록 하는 양수 k의 범위는 $\frac{8}{27}<k<4$이다. (참)

따라서 옳은 것은 ㄱ, ㄴ, ㄷ이다.

E **46** 정답 ③ *여러 가지 방정식의 실근의 개수 .... [정답률 45%]

> **정답 공식:** 조건 (가), (나)를 이용해 a, b에 관한 정보를 얻고, $f'(x)$를 구해 a, b의 조건으로부터 ㄱ, ㄴ을 해결한다. $f(x)-f'(k)x=0$을 직접 전개해 방정식이 서로 다른 두 실근을 가질 k의 조건을 구한다. 또는 $y=f'(k)x$가 원점을 지나고 기울기가 $f'(k)$인 직선이므로 두 그래프가 서로 다른 두 교점을 가질 조건을 구한다.

상수 a, b에 대하여 삼차함수 $f(x)=x^3+ax^2+bx$가 다음 조건을 만족시킨다.

(가) $f(-1)>-1$ 단서2 이차함수 $y=f'(x)$의 그래프의 축이 어디에 있는지 찾은 후 $-1<x<1$에 속하는 모든 실수 x에
(나) $f(1)-f(-1)>8$ 대하여 $f'(x)\geq0$이 성립하는지 확인해봐.

[보기]에서 옳은 것만을 있는 대로 고른 것은? (4점)
단서1 이차방정식 $f'(x)=0$은 판별식을 이용하면 실근의 개수를 구할 수 있어.

[보기]

ㄱ. 방정식 $f'(x)=0$은 서로 다른 두 실근을 갖는다.

ㄴ. $-1<x<1$일 때, $f'(x)\geq0$이다.

ㄷ. 방정식 $f(x)-f'(k)x=0$의 서로 다른 실근의 개수가 2가 되도록 하는 모든 실수 k의 개수는 4이다.

단서3 삼차방정식 $f(x)-f'(k)x=0$을 정리하면 $xQ(x)=0$ 꼴이 나와. 삼차방정식의 한 근이 $x=0$임을 알 수 있으니까 삼차방정식이 서로 다른 두 근을 갖기 위한 이차방정식 $Q(x)=0$의 조건을 생각해.

① ㄱ $\qquad\qquad$ ② ㄱ, ㄴ $\qquad\qquad$ ③ ㄱ, ㄷ
④ ㄴ, ㄷ $\qquad\qquad$ ⑤ ㄱ, ㄴ, ㄷ

1st 조건 (가), (나)를 이용하여 a, b의 값의 범위를 구하자.

조건 (가)에 의해

$$f(-1)=-1+a-b>-1$$

$$\therefore a>b \cdots ㉠$$

조건 (나)에 의해

$$f(1)-f(-1)=1+a+b-(-1+a-b)$$
$$=2+2b>8$$

$$\therefore b>3 \cdots ㉡$$

2nd 이차방정식 $f'(x)=0$의 해의 개수를 구하자.

ㄱ. $f(x)=x^3+ax^2+bx$에서 $f'(x)=3x^2+2ax+b$

방정식 $f'(x)=0$, 즉 $3x^2+2ax+b=0$의 판별식을 D_1이라 하면

$$\frac{D_1}{4}=a^2-3b$$

이때, ㉠, ㉡에 의해 $a>b>3$이므로 이 부등식의 각 변에 a를 곱하면

$a^2>ab>3a$이고, $3a>3b$이므로

$\underline{a^2>ab>3b}$
a는 양수니까 각 변에 a를 곱해도 부등호의 방향은 변하지 않아.

즉, $a^2>3b$에서 $\frac{D_1}{4}=a^2-3b>0$이므로 이차방정식 $f'(x)=0$은
서로 다른 두 실근을 갖는다. (참)

→ 이차방정식 $ax^2+bx+c=0$의 판별식 $D=b^2-4ac$에 대하여
① $D>0 \Leftrightarrow$ 서로 다른 두 실근
② $D=0 \Leftrightarrow$ 중근
③ $D<0 \Leftrightarrow$ 서로 다른 두 허근

3rd $-1<x<1$일 때, 이차함수 $y=f'(x)$의 그래프의 모양과 a, b의 값의 조건을 따져서 항상 $f'(x)\geq0$이 되는지 따져봐.

ㄴ. $f'(x)=3x^2+2ax+b$

$$=3\left(x+\frac{a}{3}\right)^2-\frac{a^2}{3}+b$$

이므로 이차함수 $f'(x)$는 $x=-\frac{a}{3}$일 때, 최솟값 $-\frac{a^2}{3}+b$를 갖는다.

이때, $a>3$에서 $-\frac{a}{3}<-1$이므로

$-1<x<1$에서 $f'(-1)<f'(x)<f'(1)$이다.
$-\frac{a}{3}<-1$에서 이차함수 $f'(x)$의 그래프의 축인 $x=-\frac{a}{3}$가 -1보다
왼쪽에 있으므로 $-1<x<1$에서 함수 $f'(x)$는 증가함수야.

그런데 $f'(-1)=3-2a+b=(3-a)+(b-a)$이고,
$\underline{3-a<0,\ b-a<0}$이므로 $f'(-1)<0$
$a>b>3$이야.

따라서 $-1<x<1$에서 반드시 $f'(x)\geq0$이라고 할 수는 없다. (거짓)
【반례】 $f'(x)=3x^2+2ax+b$에 $a=5$, $b=4$를 대입하면 $f'(x)=3x^2+10x+4$이고,
$f'\left(-\frac{1}{2}\right)=3\times\left(-\frac{1}{2}\right)^2+10\times\left(-\frac{1}{2}\right)+4=-\frac{1}{4}<0$이므로
$-1<x<1$에서 $f'(x)<0$인 x가 존재해.

4th 방정식 $f(x)-f'(k)x=0$의 서로 다른 실근의 개수가 2가 되도록 하는 실수 k의 값을 모두 구하자.

ㄷ. $f(x)-f'(k)x=0$에서

$$(x^3+ax^2+bx)-(3k^2+2ak+b)x=0$$

$$x^3+ax^2-(3k^2+2ak)x=0$$

$$\therefore x(x^2+ax-3k^2-2ak)=0 \cdots ㉢$$

즉, 삼차방정식 ㉢의 한 근은 $x=0$이므로 삼차방정식 ㉢의 서로 다른 실근의 개수가 2가 될 수 있는 경우는 다음의 두 가지이다.

(i) 이차방정식 $x^2+ax-3k^2-2ak=0$이 $x=0$이 아닌 중근을 갖는 경우:

이차방정식 $x^2+ax-3k^2-2ak=0$의 판별식을 D_2라 하면

$$D_2=a^2-4(-3k^2-2ak)=0$$

$$12k^2+8ak+a^2=0$$

$$(2k+a)(6k+a)=0$$

$$\therefore k=-\frac{a}{2} \text{ 또는 } k=-\frac{a}{6}$$

$k=-\dfrac{a}{2}$ 또는 $k=-\dfrac{a}{6}$일 때, 방정식 $f(x)-f'(k)x=0$, 즉 ⓒ에서

$x\left(x+\dfrac{a}{2}\right)^2=0$이므로 해는 $x=0$ 또는 $x=-\dfrac{a}{2}$로 2개야.

이때, $a\neq0$이므로 $k=-\dfrac{a}{2}$ 또는 $k=-\dfrac{a}{6}$는 모두 0이 아니다.

즉, $k=-\dfrac{a}{2}$ 또는 $k=-\dfrac{a}{6}$일 때, 방정식 $x^2+ax-3k^2-2ak=0$

은 0이 아닌 중근을 갖는다.

(ii) 이차방정식 $x^2+ax-3k^2-2ak=0$의 서로 다른 두 근 중 한 근

이 $x=0$인 경우:

$x=0$을 $x^2+ax-3k^2-2ak=0$에 대입하면

$-3k^2-2ak=0$, $-k(3k+2a)=0$

$$\therefore k=0 \text{ 또는 } k=-\frac{2a}{3}$$

$k=0$ 또는 $k=-\dfrac{2a}{3}$일 때, 방정식 $f(x)-f'(k)x=0$, 즉 ⓒ에서

$x^2(x+a)=0$이므로 해는 $x=0$ 또는 $x=-a$로 2개야.

이때, $a\neq0$이므로 $k=-\dfrac{2a}{3}\neq0$이다.

즉, $k=0$ 또는 $k=-\dfrac{2a}{3}$일 때, 방정식 $x^2+ax-3k^2-2ak=0$

의 서로 다른 두 근 중 한 근이 $x=0$이다.

(i), (ii)에서 방정식 $f(x)-f'(k)x=0$의 서로 다른 실근의 개수가

2가 되도록 하는 실수 k는 $k=0$ 또는 $k=-\dfrac{2a}{3}$ 또는 $k=-\dfrac{a}{2}$ 또는

$k=-\dfrac{a}{6}$로 4개이다. (참)

따라서 옳은 것은 ㄱ, ㄷ이다.

🔷 **다른 풀이 ❶** : 사잇값의 정리를 이용하여 ㄴ의 참·거짓 판단하기

ㄴ. 함수 $f'(x)$는 구간 $[-1, 1]$에서 연속이지?

이때, $f'(-1)=3-2a+b=(3-a)+(b-a)$에서

$3-a<0$, $b-a<0$이므로 $f'(-1)<0$이고,

$f'(1)=3+2a+b>0$이야. 즉, 사잇값의 정리에 의해

방정식 $f'(x)=0$은 구간 $(-1, 1)$에서 적어도 하나의 실근을 가져.

따라서 $f'(a)=0\ (-1<a<1)$이라 하면 구간 $(-1, a)$에서

$f'(x)<0$이야. (거짓)

🔷 **다른 풀이 ❷** : 함수 $y=f(x)$의 그래프와 직선 $y=f'(k)x$의 서로 다른 교점의 개수가 2가 되게 하는 k의 개수 찾기

ㄷ. $f(x)-f'(k)x=0$에서 $f(x)=f'(k)x$라 하면 $y=f'(k)x$는 원점

을 지나는 직선이야.

삼차함수 $y=f(x)$의 그래프와 직선 $y=f'(k)x$가 서로 다른 2개의

교점을 가지려면 직선 $y=f'(k)x$는 삼차함수 $y=f(x)$의 접선이어

야 해. 삼차함수 $y=f(x)$와 직선 $y=g(x)$의 교점의 개수가 2개이기 위해서는 접점과 접점이 아닌 다른 한 점에서 만나면 돼.

즉, 다음 그림과 같이 원점에서 $y=f(x)$의 그래프에 그은 접선은

l_1, l_2의 두 개야. ㄱ에 의해 방정식 $f'(x)=0$은 두 근을 가지므로 함수 $f(x)$는 극값을 2개 가져. 또, $f'(x)=3x^2+2ax+b=0$의
(두 근의 합)$=-\dfrac{2a}{3}<0$, (두 근의 곱)$=\dfrac{b}{3}>0$이므로
x좌표가 음수인 두 점에서 극값을 갖게 돼.

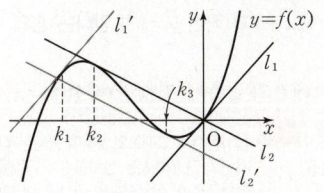

(i) 접선이 l_1인 경우, 즉 원점에서 접하고 다른 한 점에서 만나는 경우

$f'(k)=f'(0)$이므로 위의 그림에서 $k=0$ 또는 $k=k_1$이야.
$y=f(x)$의 그래프에서 원점에서의 접선의 기울기와 같은 기울기를 갖는 접점을 찾는 거야. 원점에서의 접선 l_1과 같은 기울기를 가지는 접선은 $l_1{}'$으로 하나 더 찾아지는데, 그때의 x의 값을 k_1이라 한 거야.

(ii) 접선이 l_2인 경우, 즉 원점에서 만나고 다른 한 점에서 접하는 경

우 원점에서 $y=f(x)$의 그래프에 그은 접선 l_2와의 접점을 k_2라

할 때, $f'(k)=f'(k_2)$이므로 위의 그림에서 $k=k_2$ 또는 $k=k_3$

이야. $y=f(x)$의 그래프에서 $x=k_2$에서의 접선의 기울기와 같은 기울기를 가지는 접점을 찾는 거야. $x=k_2$에서 접선 l_2와 같은 기울기를 가지는 접선은 $l_2{}'$으로 하나 더 찾아지는데, 그 때의 x의 값을 k_3이라 한 거야.

따라서 구하는 k의 개수는 4야. (참)

E **47** 정답 ④ *여러 가지 방정식의 실근의 개수 ·········· [정답률 45%]

〔 **정답 공식**: 조건을 만족하는 사차함수 $f(x)$의 그래프의 개형을 그린다.
$f(|x|)=1$의 실근의 개수가 3개이기 위해서는 $x=0$에서 극솟값을 가져야 한다. 〕

> 최고차항의 계수가 1이고 $f(0)<f(2)$인 사차함수 $f(x)$가 모든
> 실수 x에 대하여 $f(2+x)=f(2-x)$를 만족시킨다.
> 방정식 $f(|x|)=1$의 서로 다른 실근의 개수가 3일 때, 함수
> $f(x)$의 극댓값은? (4점) **단서** $f(x)$의 함숫값은 $x=2$를 기준으로 그 좌우에서 항상 같다고? 바로 그래프가 대칭성이 있다는 거야.
>
> ① 11　　　　② 13　　　　③ 15
> ④ 17　　　　⑤ 19

1st 주어진 조건을 이용하여 함수 $f(x)$의 그래프의 개형을 유추해.

사차함수 $f(x)$는 최고차항의 계수가 1이고 모든 실수 x에 대하여

$f(2+x)=f(2-x)$를 만족하므로 함수 $f(x)$의 그래프는 직선 $x=2$에

대하여 대칭이다.

즉, 함수 $f(x)$는 $x=2$에서 극댓값 또는 극솟값을 갖는다.
사차함수가 직선에 대한 대칭이 되려면 $x=2$에서 극대 또는 극소가 되면서 대칭이 되어야 해.

그런데 $f(0)<f(2)$이므로 $x=2$에서 극댓값을 갖는다.

따라서 $f(x)=(x-2)^4+a(x-2)^2+b$ ⋯ ㉠로 놓을 수 있다.

또한, $y=f(|x|)$는 $y=f(x)\,(x>0)$의 그래프를 y축에 대하여 대칭이

동한 함수이므로 방정식 $f(|x|)=1$의 서로 다른 실근이 3개이려면 그림

과 같이 $x=0$과 $x=4$에서 극솟값 1을 가져야 한다. **주의** 사차함수의 여러 개형들을 잘 기억하고 조건에 따라 적용할 줄 알아야 해.

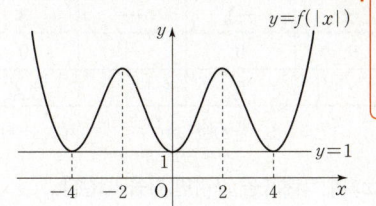

2nd 그래프에서 $f'(0)=f'(4)=0$임을 이용하여 상수 a, b의 값을 구해.

$f(0)=f(4)=1$이므로 ㉠에 의하여

$16+4a+b=1$, $4a+b=-15$ ⋯ ㉡

㉠에서 $f'(x)=4(x-2)^3+2a(x-2)$이고

$f'(0)=f'(4)=0$이므로

$-32-4a=0$　　$\therefore a=-8$

이를 ㉡에 대입하면 $b=17$

따라서 $f(x)=(x-2)^4-8(x-2)^2+17$이므로

극댓값은 $f(2)=17$

🧩 **다른 풀이:** **2nd** 에서 사차함수 $f(x)$가 $x=0$, $x=2$, $x=4$에서 극값을 가짐을 이용하여 $f'(x)$를 세운 후 부정적분을 이용하여 $f(x)$ 구하기

최고차항의 계수가 1인 사차함수 $f(x)$가 $x=0$, $x=4$에서 극솟값을 갖고 $x=2$에서 극댓값을 가지므로

$$f'(x)=4x(x-2)(x-4)=4x^3-24x^2+32x$$

$f'(x)$를 적분하면

$$f(x)=x^4-8x^3+16x^2+C \ (C는 적분상수)이지?$$

이때, $f(0)=1$이므로 $C=1$

$$\therefore f(x)=x^4-8x^3+16x^2+1$$

따라서 극댓값은

$$f(2)=16-64+64+1=17$$

E **48** 정답 ④ ＊두 곡선의 교점의 개수 ········· [정답률 80%]

정답 공식: 극값이 존재하는 삼차함수 $y=f(x)$의 그래프와 직선 $y=k$가 만나는 점의 개수가 3이려면 k는 삼차함수의 극댓값과 극솟값 사이의 값이어야 한다.

곡선 $y=x^3-3x^2-9x$와 직선 $y=k$가 서로 다른 세 점에서 만나도록 하는 정수 k의 최댓값을 M, 최솟값을 m이라 할 때, $M-m$ 의 값은? (3점)
단서2 삼차함수의 그래프 위에 x축에 평행한 직선을 그어 교점의 개수가 3이 되는 경우를 찾아봐.
단서1 삼차함수의 증가와 감소를 표로 나타내어 삼차함수의 그래프를 그리자.

① 27 　　　② 28 　　　③ 29
④ 30 　　　⑤ 31

1st 주어진 삼차함수의 증가와 감소를 표로 나타낸 후 그래프를 그리자.

$f(x)=x^3-3x^2-9x$라 하면

$$f'(x)=3x^2-6x-9$$
$$=3(x^2-2x-3)$$
$$=3(x+1)(x-3)$$

$f'(x)=0$에서 $x=-1$ 또는 $x=3$이므로 함수 $f(x)$의 증가와 감소를 표로 나타내면 다음과 같다. 최고차항의 계수가 양수인 삼차함수 $f(x)$가 $x=\alpha$, $x=\beta(\alpha<\beta)$에서 극값을 가지면 $x=\alpha$에서 극대, $x=\beta$에서 극소야.

x	$\cdots$	-1	$\cdots$	3	$\cdots$
$f'(x)$	$+$	0	$-$	0	$+$
$f(x)$	↗	5	↘	-27	↗

↳ $f(-1)$ = $-1+3+9=5$
↳ $f(3)$ = $27-27-27=-27$

즉, 함수 $y=f(x)$의 그래프를 그리면 다음과 같다.

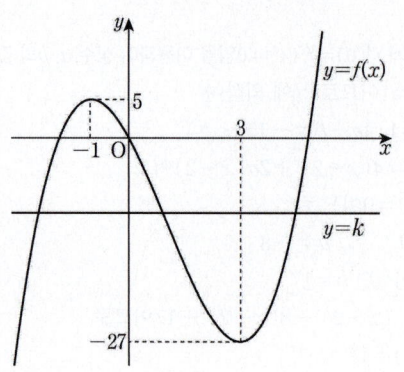

E **49** 정답 15 ＊두 곡선의 교점의 개수 ········· [정답률 82%]

정답 공식: 극값이 존재하는 삼차함수 $y=f(x)$의 그래프와 직선 $y=k$가 만나는 점의 개수가 2이려면 극점에서 직선 $y=k$가 $y=f(x)$의 그래프와 접해야 한다.

곡선 $y=4x^3-12x+7$과 직선 $y=k$가 만나는 점의 개수가 2가 되도록 하는 양수 k의 값을 구하시오. (3점)
단서 삼차함수 $f(x)=4x^3-12x+7$의 그래프를 그리고 x축에 평행한 직선 $y=k$를 그려가며 삼차함수의 그래프와 직선이 만나는 점의 개수가 2가 되는 경우를 찾아봐.

1st 삼차함수 $f(x)=4x^3-12x+7$의 그래프를 그리자.

$f(x)=4x^3-12x+7$이라 하면

$$f'(x)=12x^2-12=12(x+1)(x-1)$$

$f'(x)=0$에서 $x=-1$ 또는 $x=1$이므로 함수 $f(x)$의 증가와 감소를 표로 나타내면 다음과 같다. 최고차항의 계수가 양수인 삼차함수 $f(x)$의 도함수에 대하여 $f'(x)=0$인 x의 값 중 작은 값에서 극댓값, 큰 값에서 극솟값을 가져.

x	$\cdots$	-1	$\cdots$	1	$\cdots$
$f'(x)$	$+$	0	$-$	0	$+$
$f(x)$	↗	극대	↘	극소	↗

즉, 함수 $f(x)$는

$x=-1$에서 극댓값 $f(-1)=-4+12+7=15$,

$x=1$에서 극솟값 $f(1)=4-12+7=-1$

을 가지므로 함수 $y=f(x)$의 그래프는 다음과 같다.

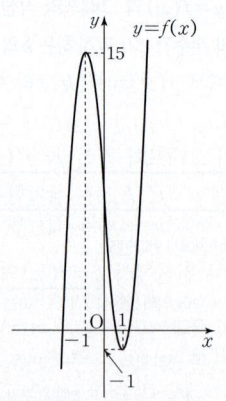

2nd 곡선 $y=4x^3-12x+7$과 직선 $y=k$가 만나는 점의 개수가 2인 양수 k의 값을 구하자.

함수 $y=f(x)$의 그래프와 x축에 평행한 직선 $y=k$가 서로 다른 두 점에서 만나야 하므로

주의 삼차함수의 그래프와 x축에 평행한 직선이 서로 다른 두 점에서 만나기 위해서는 삼차함수가 극값을 가져야 하고, x축에 평행한 직선이 삼차함수의 극점을 지나야 해.

$$k=-1 또는 k=15$$

따라서 구하는 양수 k의 값은 $k=15$이다.

2nd 직선 $y=k$와 함수 $y=f(x)$의 그래프가 서로 다른 세 점에서 만나기 위한 조건을 찾자.

직선 $y=k$는 x축에 평행하므로 함수 $y=f(x)$의 그래프와 서로 다른 세 점에서 만나기 위한 k의 값의 범위는 $-27<k<5$이다.

따라서 정수 k의 최댓값 $M=4$,
실수 k의 값이 극댓값인 5 또는 극솟값인 -27일 때, 직선 $y=k$와 함수 $y=f(x)$의 그래프는 두 점에서 만나지? 따라서 k의 값에 5, -27은 포함되지 않아.

최솟값 $m=-26$이므로

$$M-m=4-(-26)=30$$

정답 ② ＊두 곡선의 교점의 개수 ·········· [정답률 80%]

> **정답 공식**: $h(x)=f(x)-g(x)$로 두고 그래프의 개형을 파악한다.

> 두 함수 $f(x)=x^4-4x+a$, $g(x)=-x^2+2x-a$의 그래프가 오직 한 점에서 만날 때, 실수 a의 값은? (3점)
> **단서** 교점이 1개, 즉 두 그래프는 접해야 해.
> ① 1　　②2　　③ 3　　④ 4　　⑤ 5

1st 두 함수를 연립하여 극솟값을 구해.

두 함수 $f(x)=x^4-4x+a$와 $g(x)=-x^2+2x-a$에 대하여
$h(x)=f(x)-g(x)=x^4+x^2-6x+2a$라 하면

> **함정** 두 함수 $f(x)$와 $g(x)$가 만나는 점을 구할 때에는 방정식 $f(x)=g(x)$의 실근을 구하는 것이 일반적이지만, 이 문제의 경우 두 함수를 연립하면 사차방정식이 나와. 사차방정식이 오직 하나의 실근을 갖는 조건을 알기 위해서는 $h(x)=f(x)-g(x)$로 놓고 함수의 개형을 이용하는 게 편리해.

$h'(x)=4x^3+2x-6$
$\qquad =(x-1)(4x^2+4x+6)$
$4x^2+4x+6=0$의 판별식이 $D<0$이므로 서로 다른 두 허근을 가져.
이므로 $x=1$에서 $h(x)$의 극솟값만 존재한다.
　$h'(x)=0$이 되는 x의 값은 $x=1$뿐이야.

2nd 두 함수의 교점이 한 개이므로 x축과 한 점에서 만남을 생각해.

그런데 두 함수 $f(x)$와 $g(x)$의 그래프의 교점이 한 개이므로 $h(x)$의 그래프는 오른쪽 그림과 같이 x축과 한 점에서 만나야 한다.
[두 함수 $f(x)$와 $g(x)$의 그래프의 교점의 개수]
$h(x)=f(x)-g(x)$라 할 때, $y=h(x)$의 그래프와 x축의 교점의 개수와 같아.
$\therefore h(1)=0$
$h(1)=1+1-6+2a=0$　$\therefore a=2$

🔍 **다른 풀이**: 두 곡선 $y=f(x)$, $y=g(x)$의 공통접선을 가짐을 이용하여 상수 a의 값 구하기

두 곡선 $y=f(x)$와 $y=g(x)$가 오직 한 점에서 만나니까 두 곡선은 공통접선을 가져.
즉, $f'(t)=g'(t)$, $f(t)=g(t)$를 만족시키는 실수 t가 오직 하나만 존재한다구.
먼저 $f'(t)=g'(t)$에서
$4t^3-4=-2t+2$, $4t^3+2t-6=0$
$(t-1)(4t^2+4t+6)=0$
$\therefore t=1$
이를 $f(t)=g(t)$에 적용하면 $f(1)=g(1)$이므로
$1-4+a=-1+2-a$　$\therefore a=2$

> ⚙️ **직선의 기울기** 개념·공식
>
> ① 서로 다른 두 점 (x_1, y_1), (x_2, y_2)를 지나는 직선의 기울기는
> $\Rightarrow \dfrac{y_2-y_1}{x_2-x_1}$ 또는 $\dfrac{y_1-y_2}{x_1-x_2}$
> ② 직선이 x축의 양의 방향과 이루는 각의 크기가 θ일 때, 직선의 기울기는
> $\Rightarrow \tan\theta$
> ③ x축에 평행한 직선의 기울기는 0이다.

정답 ⑤ ＊두 곡선의 교점의 개수 ·········· [정답률 63%]

> **정답 공식**: 곡선 $f(x)$와 직선 $y=k$의 교점의 개수는 방정식 $f(x)=k$의 해의 개수와 같다.

> 양수 k에 대하여 함수 $f(x)$를
> $f(x)=|x^3-12x+k|$ → **단서** 절댓값 안의 함수를 미분하면 변수 k가 사라지므로 곡선의 개형을 파악하기 쉬워.
> 라 하자. 함수 $y=f(x)$의 그래프와 직선 $y=a\,(a\geq 0)$이 만나는
> **주의** 직선 $y=a$를 직접 그려볼 때, $a=0$인 경우도 빼먹지 않고 확인하도록 주의하자.
> 서로 다른 점의 개수가 홀수가 되도록 하는 실수 a의 값이 오직 하나일 때, k의 값은? (4점)
> ① 8　　② 10　　③ 12　　④ 14　　⑤16

1st 함수 $y=f(x)$의 그래프의 개형을 파악하자.

함수 $g(x)=x^3-12x+k$라 하면

> 함수 $y=g(x)$의 그래프는 k의 값에 관계없이 $g(-2)=k+16$이고 $g(2)=k-16$으로 $g(-2)>g(2)$야.
> 따라서 $x=-2$일 때 극대, $x=2$일 때 극소를 가져.

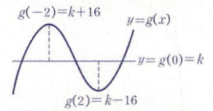

$f(x)=|g(x)|$이다.

> $f(x)=\begin{cases} g(x) & (g(x)\geq 0) \\ -g(x) & (g(x)<0) \end{cases}$이므로
> 곡선 $y=g(x)$에서 x축보다 아래 부분은 x축에 대하여 대칭시켜 $y\geq 0$인 범위에서 함수 $y=f(x)$의 그래프를 그리자.

함수 $g(x)$의 도함수는
$g'(x)=3x^2-12=3(x^2-4)=3(x-2)(x+2)$
이고 $g'(2)=0$, $g'(-2)=0$이므로 증가와 감소를 표로 나타내면 다음과 같다.

x	$\cdots$	-2	$\cdots$	2	$\cdots$
$g'(x)$	$+$	0	$-$	0	$+$
$g(x)$	↗	극대	↘	극소	↗

2nd 양수 k에 따른 함수 $y=f(x)$의 그래프의 개형을 파악하여 k의 값을 구하자.

(i) $k>16$일 때
$f(2)=|k-16|=k-16$이므로 함수 $y=f(x)$의 그래프의 개형은 다음과 같다.

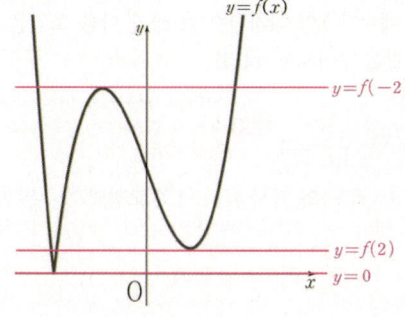

이때, 함수 $y=f(x)$의 그래프와 직선 $y=a$가 만나는 서로 다른 점의 개수가 홀수가 되도록 하는 실수 a의 값의 개수는 3이므로 조건을 만족시키지 않는다.

(ii) $0<k<16$일 때

$f(2)=|k-16|=16-k$이므로 함수 $y=f(x)$의 그래프의 개형은 다음과 같다.

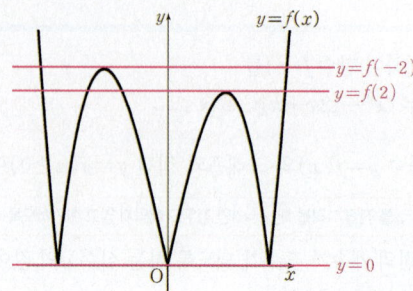

이때, 함수 $y=f(x)$의 그래프와 직선 $y=a$가 만나는 서로 다른 점의 개수가 홀수가 되도록 하는 <u>실수 a의 값의 개수는 3이므로</u> 조건을 만족시키지 않는다.

> ↳ $k\neq0$이므로 두 극값은 서로 일치할 수 없어.
> $f(-2)=\alpha, f(2)=\beta$라 하면 두 극값 α, β에 대하여 $a=0$, $a=|\alpha|$, $a=|\beta|$일 때, 문제의 조건을 만족시키므로 a의 값의 개수는 3이야.

(iii) $k=16$일 때

$f(2)=|k-16|=0$이므로 함수 $y=f(x)$의 그래프의 개형은 다음과 같다.

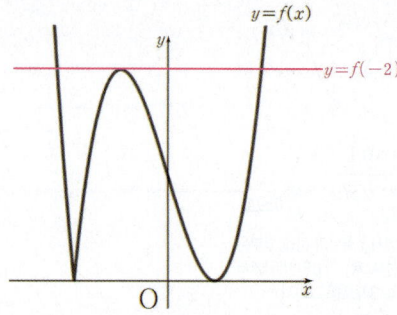

이때, 함수 $y=f(x)$의 그래프와 직선 $y=a$가 만나는 서로 다른 점의 개수가 홀수가 되도록 하는 실수 a의 값의 개수는 1이므로 조건을 만족시킨다.

(i)~(iii)에 의하여 구하는 양수 k의 값은 16

E 52 정답 19 *두 곡선의 교점의 개수 ·················· [정답률 56%]

[정답 공식: 다항함수 $f(x)$에 대하여 $f(a)=b$, $f'(a)=0$이고, $x=a$의 좌우에서 $f'(x)$의 부호가 바뀌면 함수 $f(x)$는 $x=a$에서 극값 b를 갖는다. **]**

> 최고차항의 계수가 1인 삼차함수 $f(x)$가 다음 조건을 만족시킬 때, $f(4)$의 값을 구하시오. (4점)
>
> (가) $\displaystyle\lim_{x\to0}\frac{f(x)-3}{x}=0$ **단서 1** 극한값이 존재할 조건과 미분계수의 정의를 이용해.
>
> (나) 곡선 $y=f(x)$와 직선 $y=-1$의 교점의 개수는 2이다.
> **단서 2** 삼차함수 $y=f(x)$의 그래프와 직선 $y=-1$의 교점이 2개가 되려면 두 그래프가 어떻게 그려져야 할까? 직선 $y=-1$이 삼차함수 $y=f(x)$의 그래프와 접해야 교점이 2개가 되겠지?

1st 조건 (가), (나)를 이용하여 함수 $y=f(x)$의 그래프 개형을 파악해.

조건 (가)에서 $x\to0$일 때, 극한값이 존재하고 (분모) $\to0$이므로 (분자) $\to0$이어야 한다.

즉, $\displaystyle\lim_{x\to0}\{f(x)-3\}=0$이므로

$f(0)-3=0$ $\therefore f(0)=3\cdots\text{㉠}$

> 함수 $y=f(x)$의 $x=p$에서의 미분계수는
> $f'(p)=\displaystyle\lim_{x\to p}\frac{f(x)-f(p)}{x-p}$

이때, $\displaystyle\lim_{x\to0}\frac{f(x)-3}{x}=\lim_{x\to0}\frac{f(x)-f(0)}{x-0}=f'(0)$이므로

$f'(0)=0\cdots\text{㉡}$

또한, 조건 (나)에 의해 함수 $y=f(x)$의 그래프와 직선 $y=-1$이 접하므로 삼차함수 $f(x)$는 극값 -1을 갖는다.

삼차함수의 그래프와 직선의 교점의 개수가 2가 되는 경우는 그래프와 직선이 접할 때야.

따라서 ㉠, ㉡에 의해 함수 $f(x)$는 $x=0$에서 극값 3을 가지므로 두 직선 $y=3$, $y=-1$과 함수 $y=f(x)$의 그래프는 그림과 같다.

$f(x)$는 최고차항의 계수가 양수이고, 극댓값 3, 극솟값 -1을 갖는 삼차함수야.

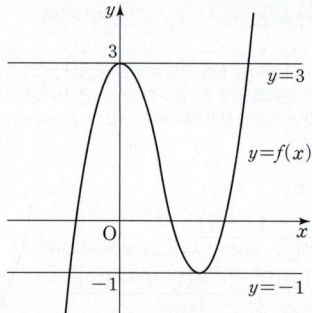

2nd 함수 $f(x)$의 식을 구하여 $f(4)$의 값을 구해.

$f(0)=3$이고, $f(x)$는 최고차항의 계수가 1인 삼차함수이므로 $f(x)=x^3+ax^2+bx+3\,(a,\ b$는 상수$)$이라 놓으면

$f'(x)=3x^2+2ax+b$

> **실수** $f(x)=x^3+ax^2+bx+c\,(a, b, c$는 상수$)$로 두고 $f(0)=3$을 연립해서 $c=3$을 구하는 것 보다, 애초에 상수항은 $f(0)$임에 착안해서 이렇게 미지수 2개로 $f(x)$의 식을 세우는 것이 좋겠지?

$f'(0)=0$이므로 $b=0$

$\therefore f(x)=x^3+ax^2+3$

$f'(x)=3x^2+2ax=0$에서

$x(3x+2a)=0$ $\therefore x=0$ 또는 $x=-\dfrac{2a}{3}$

즉, 위의 그래프에 의해 $f(x)$는 $x=-\dfrac{2a}{3}$일 때 극솟값 -1을 가지므로

$f\left(-\dfrac{2a}{3}\right)=\left(-\dfrac{2a}{3}\right)^3+a\times\left(-\dfrac{2a}{3}\right)^2+3=-1$

$-\dfrac{8}{27}a^3+\dfrac{4}{9}a^3=-4,\ \dfrac{4}{27}a^3=-4,\ a^3=-27$

$\therefore a=-3\,(\because a$는 실수$)$

따라서 $f(x)=x^3-3x^2+3$이므로 $f(4)=64-48+3=19$

다른 풀이: **2nd** 에서 삼차함수 $f(x)$가 $x=0$, $x=k$에서 극값을 가짐을 이용하여 $f'(x)$를 세운 후 부정적분을 이용하여 $f(x)$ 구하기

2nd 에서 $f(x)$는 최고차항의 계수가 1인 삼차함수이고 $x=0$일 때 극댓값을 가지므로 도함수 $f'(x)$의 식을 $f'(x)=3x(x-k)\,(k$는 상수$)$로 세울 수 있어.

즉, $f'(x)=3x^2-3kx$를 부정적분하면

$f(x)=x^3-\dfrac{3}{2}kx^2+3\,(\because f(0)=3)$

이때, 함수 $f(x)$는 $x=k$에서 극솟값 -1을 가지므로

$f(k)=k^3-\dfrac{3}{2}k^3+3=-1$

$k^3=8$ $\therefore k=2\,(\because k$는 실수$)$

따라서 $f(x)=x^3-3x^2+3$이므로

$f(4)=64-48+3=19$

정답 공식: 삼차방정식 $f(x)=0$이 서로 다른 두 실근을 가지려면 삼차함수 $f(x)$의 (극댓값)×(극솟값)=0이어야 한다.

> 곡선 $y=x^3-3x^2+2x-3$과 직선 $y=2x+k$가 서로 다른 두 점에서만 만나도록 하는 모든 실수 k의 값의 곱을 구하시오. (4점)
>
> **단서** 삼차방정식 $x^3-3x^2+2x-3=2x+k$, 즉 $x^3-3x^2-3-k=0$이 서로 다른 두 실근을 갖는다는 뜻이야. 삼차방정식이 서로 다른 두 실근을 가질 조건을 떠올려봐.

1st 곡선 $y=x^3-3x^2+2x-3$과 직선 $y=2x+k$가 서로 다른 두 점에서만 만난다는 것이 어떤 뜻인지 파악해.

곡선 $y=x^3-3x^2+2x-3$과 직선 $y=2x+k$가 서로 다른 두 점에서만 만나려면 방정식 $x^3-3x^2+2x-3=2x+k$, 즉 $x^3-3x^2-3-k=0$이 서로 다른 두 실근을 가져야 한다.

삼차방정식이 서로 다른 두 실근을 갖는 것은 중근과 다른 한 실근을 갖는 경우를 뜻해.

2nd 삼차방정식이 서로 다른 두 실근을 가질 조건을 이용하자.

이때, $f(x)=x^3-3x^2-3-k$로 놓으면

$f'(x)=3x^2-6x=3x(x-2)$ → 최고차항의 계수가 양수인 삼차함수 $f(x)$에 대하여 $f'(0)=f'(2)=0$이면 $x=0$에서 극댓값, $x=2$에서 극솟값을 가져.

$f'(x)=0$에서 $x=0$ 또는 $x=2$

즉, 함수 $f(x)$의 증가와 감소를 표로 나타내면 다음과 같다.

x	$\cdots$	0	$\cdots$	2	$\cdots$
$f'(x)$	$+$	0	$-$	0	$+$
$f(x)$	↗	극대	↘	극소	↗

함수 $f(x)$는
$x=0$에서 극댓값 $f(0)=-3-k$를 갖고,
$x=2$에서 극솟값 $f(2)=2^3-3\times2^2-3-k=-7-k$
를 갖는다.

이때, 삼차방정식 $f(x)=0$이 서로 다른 두 실근을 가지려면 함수 $f(x)$의 (극댓값)×(극솟값)=0이어야 하므로 →

(극댓값)=0 또는 (극솟값)=0이 되어야 한다는 의미지. 각각 식을 세워서 k를 구해도 되지만, 이렇게 식을 세우면 한 번에 풀 수 있어서 실수를 줄일 수 있어.

$(-3-k)(-7-k)=0$

$\therefore k=-3$ 또는 $k=-7$

따라서 구하는 모든 실수 k의 값의 곱은 $(-3)\times(-7)=21$

다른 풀이: 삼차함수 $g(x)=x^3-3x^2+2x-3$의 그래프와 직선 $y=k$를 이용하여 조건을 만족시키는 모든 실수 k의 값의 곱 구하기

1st 에 의해 방정식 $x^3-3x^2+2x-3=2x+k$가 서로 다른 두 실근을 가져야 한다고 했지?

즉, 방정식 $x^3-3x^2-3=k$가 서로 다른 두 실근을 가지려면 $g(x)=x^3-3x^2-3$이라 할 때, 함수 $y=g(x)$의 그래프와 직선 $y=k$가 서로 다른 두 점에서 만나야 해.

$g(x)=x^3-3x^2-3$에서
$g'(x)=3x^2-6x=3x(x-2)$이므로
$g'(x)=0$에서 $x=0$ 또는 $x=2$

즉, 함수 $g(x)$의 증가와 감소를 표로 나타내면 다음과 같다.

x	$\cdots$	0	$\cdots$	2	$\cdots$
$g'(x)$	$+$	0	$-$	0	$+$
$g(x)$	↗	극대	↘	극소	↗

함수 $g(x)$는
$x=0$에서 극댓값 $g(0)=-3$을 갖고,
$x=2$에서 극솟값 $g(2)=2^3-3\times2^2-3=-7$
을 가지므로 함수 $y=g(x)$의 그래프는 그림과 같아.

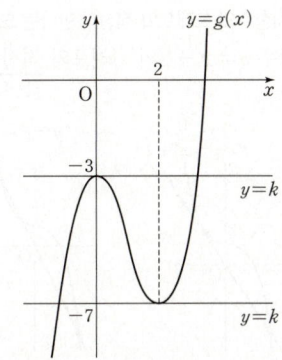

따라서 함수 $y=g(x)$의 그래프와 직선 $y=k$가 서로 다른 두 점에서 만나려면 $k=-3$ 또는 $k=-7$이어야 하므로 구하는 모든 실수 k의 값의 곱은 $(-3)\times(-7)=21$

→ 직선 $y=k$가 함수 $y=g(x)$의 그래프와 서로 다른 두 점에서 만나는 경우는 직선 $y=k$가 함수 $y=g(x)$의 그래프에 접할 때야.

톡톡 풀이: 삼차함수의 그래프와 직선이 서로 다른 두 점에서 만나려면 직선이 삼차함수의 그래프에 접해야 함을 이용하여 모든 실수 k의 값의 곱 구하기

삼차함수의 그래프와 직선이 서로 다른 두 점에서만 만나는 경우는 직선이 삼차함수의 그래프와 접할 때야.

즉, 곡선 $y=x^3-3x^2+2x-3$과 직선 $y=2x+k$가 서로 다른 두 점에서만 만나므로 직선 $y=2x+k$는 곡선 $y=x^3-3x^2+2x-3$의 접선이 돼.

곡선 $y=x^3-3x^2+2x-3$과 직선 $y=2x+k$가 접하는 접점의 좌표를 (t, t^3-3t^2+2t-3)이라 하자. → 미분가능한 함수 $F(x)$에 대하여 곡선 $y=F(x)$ 위의 점 $(k, F(k))$에서의 접선의 기울기는 $F'(k)$야.

$y'=3x^2-6x+2$이므로 접선의 기울기는 $3t^2-6t+2$이고, 직선 $y=2x+k$의 기울기가 2이므로 $3t^2-6t+2=2$에서

$3t^2-6t=0,\ 3t(t-2)=0$ $\therefore t=0$ 또는 $t=2$

따라서 접점의 좌표는 $(0, -3),\ (2, -3)$이고 이 점이 직선 $y=2x+k$ 위의 점이므로 대입하면 → t^3-3t^2+2t-3에 $t=0, t=2$를 각각 대입한 값이야.

(i) 점 $(0, -3)$을 지날 때,
  $k=-3$

(ii) 점 $(2, -3)$을 지날 때,
  $-3=4+k$ $\therefore k=-7$

따라서 구하는 k의 값의 곱은 $(-3)\times(-7)=21$이야.

정답 공식: 두 그래프가 접할 때의 k의 값을 구한다. 그 값을 경계로 교점의 개수가 바뀐다.

> **단서1** 삼차함수의 그래프에 접하고 원점을 지나는 접선의 방정식을 생각해보자.
> 함수 $y=x^3+2$의 그래프와 직선 $y=kx$가 만나는 교점의 개수를 $f(k)$라 할 때, $\sum_{k=1}^{6}f(k)$의 값을 구하시오. (4점)
>
> **단서2** $\sum_{k=1}^{6}f(k)$의 값을 구하는 거니까 직선 $y=kx$에서 $k>0$인 경우만 따져주면 돼.

1st 원점을 지나면서 함수 $y=x^3+2$의 그래프에 접하는 직선의 방정식을 구하자.

원점을 지나고 삼차함수 $y=x^3+2$의 그래프에 접하는 직선이 $y=x^3+2$의 그래프와 만나는 접점의 좌표를 (t, t^3+2)라 하면 $y'=3x^2$이므로 이 접선의 방정식은 $y-(t^3+2)=3t^2(x-t)$

곡선 $y=f(x)$ 위의 점 $(t, f(t))$에서의 접선의 방정식은 $y-f(t)=f'(t)(x-t)$

이때, 직선 $y=3t^2(x-t)+t^3+2$가 원점을 지나므로
$-3t^3+t^3+2=0,\ t^3=1$

$\therefore t=1$ $(\because t$는 실수$)$ → 접점의 좌표는 $(1, 3)$이 돼.

따라서 이 접선의 방정식은 $y=3x$이다.

2nd k의 값에 따라 삼차함수의 그래프와 직선이 만나는 교점의 개수를 구해보자.
k의 값에 따라 삼차함수 $y=x^3+2$의 그래프와 직선 $y=kx$를 나타내면 다음과 같다.
> k는 직선 $y=kx$의 기울기야!

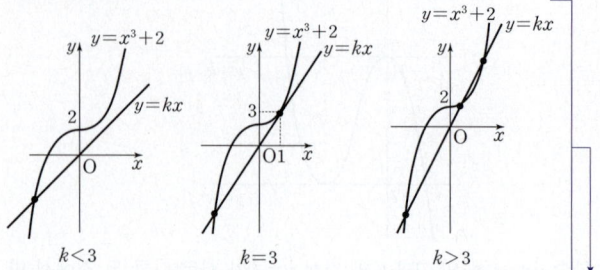

| $k<3$ | $k=3$ | $k>3$ |

함수 $y=x^3+2$의 그래프와 직선 $y=kx(k>0)$는 k의 값에 관계없이 항상 제3사분면에서 1개의 교점을 가져.

즉, 함수 $y=x^3+2$의 그래프와 직선 $y=kx$가 만나는 교점의 개수 $f(k)$는
> k의 값이 변함에 따라 두 그래프가 만나는 점의 개수를 살펴보기 위해 원점을 중심으로 직선을 움직여 봐.

$$f(k)=\begin{cases}1\ (k<3)\\2\ (k=3)\\3\ (k>3)\end{cases}$$

$$\therefore \sum_{k=1}^{6}f(k)=f(1)+f(2)+f(3)+f(4)+f(5)+f(6)$$
$$=1+1+2+3+3+3=13$$

E 55 정답 ④ *두 곡선의 교점의 개수 ·········· [정답률 60%]

> **정답 공식:** 두 함수의 그래프를 좌표평면 위에 나타낸다. 두 그래프가 접할 때를 기준으로 교점의 개수가 바뀐다.

좌표평면에서 두 함수 **단서** 절댓값을 갖는 함수를 생각해 봐.
$x=a$를 기준으로 대칭인 모양이지?
$$f(x)=6x^3-x,\ g(x)=|x-a|$$
의 그래프가 서로 다른 두 점에서 만나도록 하는 모든 실수 a의 값의 합은? (4점)

① $-\dfrac{11}{18}$ ② $-\dfrac{5}{9}$ ③ $-\dfrac{1}{2}$ ④ $-\dfrac{4}{9}$ ⑤ $-\dfrac{7}{18}$

1st a의 값에 따른 $f(x)$와 $g(x)$의 그래프의 교점의 개수를 알아보자.
a의 값에 따른 두 함수 $y=g(x)$와 $y=f(x)$의 그래프는 다음과 같다.

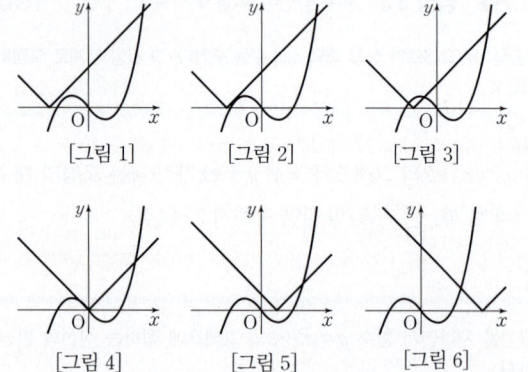

| [그림 1] | [그림 2] | [그림 3] |
| [그림 4] | [그림 5] | [그림 6] |

이때, 두 함수 $f(x)$, $g(x)$의 그래프가 두 점에서 만나려면 [그림 2], [그림 4]와 같이 두 함수 $f(x)$, $g(x)$의 그래프가 접해야 한다.
즉, 함수 $f(x)$의 그래프가 $y=x-a$, $y=-x+a$와 각각 접하면 되므로 접선의 기울기가 1 또는 −1이 되도록 하는 a의 값을 찾으면 된다.
> 접선이 바로 $y=x-a$ 또는 $y=-x+a$가 되는 거야.

2nd 함수 $g(x)$를 $y=x-a$, $y=-x+a$로 나누어 접점의 좌표를 각각 구해.
$f(x)=6x^3-x$이고 $f'(x)=18x^2-1$이므로
접점의 좌표를 $(t,\ 6t^3-t)$라 하고 t의 값을 구하자.

[그림 2]에서 $18t^2-1=1$, $t^2=\dfrac{1}{9}$ $\quad \therefore t=-\dfrac{1}{3}\ (\because t<0)$
[그림 4]에서 $18t^2-1=-1$, $t^2=0$ $\quad \therefore t=0$
따라서 접점의 좌표는 $\left(-\dfrac{1}{3},\ \dfrac{1}{9}\right)$, $(0,\ 0)$이므로
$y=x-a$, $y=-x+a$에 각각 대입하면 $a=-\dfrac{4}{9}$ 또는 $a=0$
$$\therefore (구하는\ 합)=-\dfrac{4}{9}+0=-\dfrac{4}{9}$$

E 56 정답 ③ *두 곡선의 교점의 개수 ·········· [정답률 49%]

> **정답 공식:** 직선 l에 수직이고 점 P를 지나는 직선의 방정식을 구한다.

삼차함수 $f(x)=x(x-1)(ax+1)$의 그래프 위의 점 $P(1,\ 0)$을 접점으로 하는 접선을 l이라 하자. 직선 l에 수직이고 점 P를 지나는 직선이 곡선 $y=f(x)$와 서로 다른 세 점에서 만나도록 하는 a의 값의 범위는? (3점) **단서** 삼차함수 $y=f(x)$의 그래프와 x축의 교점의 x좌표는 $-\dfrac{1}{a}$, 0, 1이야.

① $-1<a<-\dfrac{1}{3}$ 또는 $0<a<1$
② $-\dfrac{1}{3}<a<0$ 또는 $0<a<1$
③ $-1<a<0$ 또는 $0<a<\dfrac{1}{3}$
④ $-1<a<0$ 또는 $\dfrac{1}{3}<a<1$
⑤ $-2<a<-\dfrac{1}{3}$ 또는 $\dfrac{1}{3}<a<2$

1st 함수 $y=f(x)$의 그래프 위의 점 $P(1,\ 0)$에서의 접선 l의 기울기를 구해.
함수 $f(x)=x(x-1)(ax+1)$의 그래프 위의 점 $P(1,\ 0)$에서의 접선 l의 기울기는 $f'(x)=(x-1)(ax+1)+x(ax+1)+ax(x-1)$에서
> 【곱의 미분법】
$f'(1)=a+1$
> ① $y=fg$이면 $y'=f'g+fg'$ ② $y=fgh$이면 $y'=f'gh+fg'h+fgh'$

2nd 접선 l의 방정식을 구하여 그 방정식과 곡선 $y=f(x)$의 교점을 구해.
이때, 접선 l과 수직이면서 점 $P(1,\ 0)$을 지나는 직선의 방정식은
$$y=-\dfrac{1}{f'(1)}(x-1)=-\dfrac{1}{a+1}(x-1)$$
> 기울기가 k인 직선에 수직인 직선의 기울기는 $-\dfrac{1}{k}$이야.
> 이 직선이 존재하려면 $a\neq-1$이어야 해.

> **실수** 문제에 제시된 조건을 이용하여 답을 구하는 과정에서 기본적인 조건은 빼먹기 쉬우니 주의하자.

이 직선과 곡선 $y=f(x)$의 교점을 구하면
$$-\dfrac{1}{a+1}(x-1)=x(x-1)(ax+1)$$
$$\therefore (x-1)\left(ax^2+x+\dfrac{1}{a+1}\right)=0\ \cdots\ \bigcirc$$

3rd 직선과 곡선이 서로 다른 세 실근을 가져야 할 조건을 이용하여 a의 값의 범위를 구해.
방정식 $\bigcirc$이 서로 다른 세 실근을 가져야 하므로
$$ax^2+x+\dfrac{1}{a+1}=0,$$
> 양변에 $a+1$을 곱해서 변형해.

즉 $a(a+1)x^2+(a+1)x+1=0\ (\because a\neq-1)$은
$x\neq1$인 서로 다른 두 실근을 가져야 한다.
> $x=1$을 대입하면 $a(a+1)+(a+1)+1=a^2+2a+2\neq0$이므로 $x=1$을 근으로 갖지 않아.

이차방정식의 판별식을 D라 하면
$$a\neq0,\ D=(a+1)^2-4a(a+1)>0$$
$$a\neq0,\ (a+1)(3a-1)<0$$
> $f(x)$가 삼차함수라 했으니까 $a\neq0$이어야 해.

따라서 구하는 a의 값의 범위는 $-1<a<0$ 또는 $0<a<\dfrac{1}{3}$

E 57 정답 15 *함수의 최대·최소 .... [정답률 74%]

정답 공식: 닫힌구간 $[a, b]$에서 다항함수 $f(x)$의 극값, $f(a)$, $f(b)$ 중 가장 큰 값이 최댓값이고, 가장 작은 값이 최솟값이다.

> **단서** 제한된 범위에서 최대·최소를 물어보지?
> 극값을 이용하여 함수의 증감표를 만들면 빠르게 알아낼 수 있어.
>
> $-2 \le x \le 2$인 모든 실수 x에 대하여 부등식
>
> $$-k \le 2x^3 + 3x^2 - 12x - 8 \le k$$
>
> 가 성립하도록 하는 양수 k의 값을 구하시오. (3점)

1st 도함수를 구하고 극값과 구간의 경곗값을 구하자.

$f(x) = 2x^3 + 3x^2 - 12x - 8$이라 하면

$f'(x) = 6x^2 + 6x - 12 = 6(x^2 + x - 2) = 6(x+2)(x-1)$이므로

<small>최고차항의 계수가 양수이므로 $x = -2$에서 극대, $x = 1$에서 극소야.</small>

도함수 $f'(x) = 0$에서 $x = -2$ 또는 $x = 1$

함수 $f(x)$의 증가와 감소를 표로 나타내면 다음과 같다.

x	...	-2	...	1	...	2
$f'(x)$	$+$	0	$-$	0	$+$	$+$
$f(x)$	↗	극대	↘	극소	↗	↗

$-2 \le x \le 2$에서 함수 $f(x)$의 극값과 양 끝값을 구하면

$\underline{f(-2) = 12,\ f(1) = -15,\ f(2) = -4}$

<small>극값과 양 끝값 중에서 가장 큰 값은 12, 가장 작은 값은 -15야.</small>

2nd $-k \le f(x) \le k$라는 조건을 이용하여 양수 k의 값을 알아내자.

따라서 $-2 \le x \le 2$에서 함수 $f(x)$의 최댓값은 12, 최솟값은 -15이다.

즉, $-15 \le f(x) \le 12$이다.

$-2 \le x \le 2$인 모든 실수 x에 대하여

$-k \le f(x) \le k$이므로

$-k \le -15 \le f(x) \le 12 \le k$

따라서 $k \ge 15$이므로 양수 k의 최솟값은 15이다.

한기주 | 2026 수능 응시 · 화성 삼괴고 졸

이 문제를 푸는 건 어렵지 않지만, 실수할 여지가 있다는 점에서 주의가 필요한 문제야. 일단 문제를 보면 미분하여 그래프의 개형을 파악하는 건 기본이고, 구간 내에서 최댓값, 최솟값도 구해줘야겠지? 그런 다음에는 k의 값이 어떻게 나타나는지를 파악해줘야 할 텐데, 여기서 실수해서 틀린 친구들이 많았을 거야. 항상 '함수의 최대·최소'를 다룬 문제에서는 최대·최소를 동시에 생각하여 구하는 값이 완전히 조건을 만족하는지 파악해줘야 해. 그래서 최댓값인 12만 보고 정답을 고를 것이 아니라, 그 값이 최솟값까지 포함할 수 있는지 살펴보고 15라는 정답을 도출해냈어야만 하는 문제였어. 혹시나 이런 문제에서 실수할 것이 겁난다면, 간단하게 자신이 구한 답을 대입하여 검산해보고 넘어가는 것도 좋은 방법이라고 생각해!

E 58 정답 ① * 부등식이 항상 성립할 조건 $- f(x) > k$ 꼴 ... [정답률 77%]

정답 공식: 어떤 구간에서 부등식 $f(x) \ge a$가 항상 성립하려면 이 구간에서 $f(x)$의 최솟값이 a보다 크거나 같아야 한다.

> 모든 실수 x에 대하여 부등식 $\underline{x^4 - 4x - a^2 + a + 9 \ge 0}$이 항상 성립하도록 하는 정수 a의 개수는? (4점)
>
> **단서** $f(x) = x^4 - 4x - a^2 + a + 9$라 하면 $f(x)$의 최솟값이 0보다 크거나 같으면 주어진 부등식이 모든 실수 x에 대하여 항상 성립하겠지?
>
> ① 6 ② 7 ③ 8
> ④ 9 ⑤ 10

1st $f(x) = x^4 - 4x - a^2 + a + 9$라 하고 $f(x)$의 최솟값을 구하자.

$f(x) = x^4 - 4x - a^2 + a + 9$라 하면

$f'(x) = 4x^3 - 4 = 4(x-1)(x^2 + x + 1)$

$f'(x) = 0$에서 $x = 1 (\because \underline{x^2 + x + 1 > 0})$이므로 함수 $f(x)$의 증가와 감소를 표로 나타내면 다음과 같다. $x^2 + x + 1 = \left(x + \frac{1}{2}\right)^2 + \frac{3}{4} \ge \frac{3}{4} > 0$

x	...	1	...
$f'(x)$	$-$	0	$+$
$f(x)$	↘	극소	↗

따라서 함수 $f(x)$는 $x = 1$일 때 극소이면서 최소이므로 함수 $f(x)$의 최솟값은 $f(1) = -a^2 + a + 6$이다.

2nd 부등식 $f(x) \ge 0$이 항상 성립하도록 하는 a의 값의 범위를 구해.

모든 실수 x에 대하여 부등식 $f(x) \ge 0$이 성립하려면

$f(1) \ge 0$이어야 하므로 $-a^2 + a + 6 \ge 0$에서

<small>$f(x)$의 최솟값이 0보다 크거나 같아야 해.</small>

$a^2 - a - 6 \le 0$

$(a+2)(a-3) \le 0$ $\therefore -2 \le a \le 3$

따라서 주어진 부등식이 항상 성립하도록 하는 정수 a의 개수는

$-2, -1, 0, \cdots, 3$의 6이다.

<small>정수 a, b에 대하여 부등식 $a \le x \le b$를 만족시키는 정수 x의 개수는 $b - a + 1$이야.</small>

E 59 정답 ⑤ * 부등식이 항상 성립할 조건 $- f(x) > k$ 꼴 ... [정답률 65%]

정답 공식: $h(x) = f(x) - g(x)$는 이차함수이다. $f(a) = g(a)$이므로 $h(a) = 0$이고 $f'(a) = g'(a)$이므로 $h'(a) = 0$이다. $h(x)$의 그래프의 개형을 생각한다.

> ❶ 이차함수 $y = f(x)$의 그래프 위의 한 점 $(a, f(a))$에서의 접선의 방정식을 $y = g(x)$라 하자. $h(x) = f(x) - g(x)$라 할 때, [보기]에서 옳은 것을 모두 고른 것은? (4점) **단서1** $g(x) = f'(a)(x-a) + f(a)$겠지?
>
> ──── [보기] ────
>
> ㄱ. $h(x_1) = h(x_2)$를 만족시키는 서로 다른 두 실수 x_1, x_2가 존재한다.
>
> ㄴ. $h(x)$는 $x = a$에서 극소이다. **단서2** ❶에 의해 $h(x)$는 이차 이하의 함수야.
>
> ㄷ. 부등식 $|h(x)| < \dfrac{1}{100}$의 해는 항상 존재한다.
>
> **단서3** 절댓값은 항상 0보다 크거나 같으니까 $|h(x)| = 0 < \dfrac{1}{100}$을 생각해.
>
> ① ㄱ ② ㄴ ③ ㄷ ④ ㄱ, ㄴ ⑤ ㄱ, ㄷ

1st 접선의 방정식이 $y - f(a) = f'(a)(x-a)$임을 이용해.

이차함수 $y = f(x)$의 그래프 위의 한 점 $(a, f(a))$에서의 접선의 방정식은 $y = f'(a)(x-a) + f(a)$이므로 $g(x) = f'(a)(x-a) + f(a)$

$h(x) = f(x) - g(x)$

$\qquad = f(x) - f'(a)(x-a) - f(a) \cdots \ominus$

ㄱ. $h(x_1)-h(x_2)$
$=f(x_1)-f'(a)(x_1-a)-f(a)-\{f(x_2)-f'(a)(x_2-a)-f(a)\}$
$=f(x_1)-f(x_2)-f'(a)(x_1-x_2)$

그런데 $f(x)$는 이차식이므로 $f'(a)=0$인 a가 반드시 존재하고, $f(x_1)=f(x_2)$인 서로 다른 두 실수 x_1, x_2가 존재한다.

따라서 $h(x_1)-h(x_2)=0$ 즉, $h(x_1)=h(x_2)$를 만족시키는 서로 다른 두 실수 x_1, x_2가 존재한다. (참)

┗→ $g(x_1)=f'(a)(x_1-a)+f(a), g(x_2)=f'(a)(x_2-a)+f(a)$이니까
$g(x_1)-g(x_2)=f'(a)(x_1-x_2)=0$ $(\because f'(a)=0)$

ㄴ. ㉠에서 $h'(x)=f'(x)-f'(a)$이므로 $h'(a)=f'(a)-f'(a)=0$

따라서, $h(x)$는 $x=a$에서 극값을 가지지만 극소인지 극대인지 알 수 없다. (거짓)

ㄷ. ㉠에서 $h(a)=f(a)-f(a)=0$이므로

$x=a$일 때, $|h(a)|<\dfrac{1}{100}$이다.

즉, 부등식 $|h(x)|=0<\dfrac{1}{100}$의 해는 항상 존재한다. (참)

따라서 옳은 것은 ㄱ, ㄷ이다.

🦉 평가원 해설

[보기]의 ㄱ에서 "$h(x_1)=h(x_2)$를 만족시키는 서로 다른 두 실수 x_1, x_2가 존재한다."는 표현의 의미는 "실수 전체의 집합에서 $h(x_1)=h(x_2)$를 만족시키는 서로 다른 두 실수 x_1, x_2가 적어도 한 쌍이 있다." 또는 "적어도 한 쌍의 서로 다른 두 실수 x_1, x_2에 대하여 $h(x_1)=h(x_2)$가 성립한다."는 뜻입니다.
이 문제에서는 실수 전체의 집합에서 $h(x_1)=h(x_2)$를 만족시키는 서로 다른 실수가 한 쌍 이상 존재하므로, "x_1, x_2는 a가 아닐 때"라는 조건은 필요 없습니다.

❀ 주어진 구간에서 부등식이 항상 성립할 조건   개념·공식

① 어떤 구간에서 부등식 $f(x) \geq k$가 항상 성립하려면 그 구간에서 (함수 $f(x)$의 최솟값)$\geq k$이어야 한다.
② 어떤 구간에서 부등식 $f(x) \leq k$가 항상 성립하려면 그 구간에서 (함수 $f(x)$의 최댓값)$\leq k$이어야 한다.

E **60** 정답 32 ＊부등식이 항상 성립할 조건 $-f(x)>k$ 꼴 …… [정답률 71%]

〔정답 공식: 어떤 구간에서 부등식 $f(x)\geq 0$이 항상 성립하려면 이 구간에서 $f(x)$의 최솟값이 0보다 크거나 같아야 한다.〕

모든 실수 x에 대하여 부등식 [단서] $f(x)=3x^4-4x^3-12x^2+k$라 할 때,
$$3x^4-4x^3-12x^2+k\geq 0$$
함수 $f(x)$의 최솟값이 0보다 크거나 같으면 주어진 부등식이 모든 실수 x에 대하여 성립해.
이 항상 성립하도록 하는 실수 k의 최솟값을 구하시오. (3점)

1st $f(x)=3x^4-4x^3-12x^2+k$라 놓고 $f(x)$의 최솟값을 구해봐.

$f(x)=3x^4-4x^3-12x^2+k$라 하면
$f'(x)=12x^3-12x^2-24x=12x(x^2-x-2)$
$\qquad =12x(x+1)(x-2)$

$f'(x)=0$에서 $x=-1$ 또는 $x=0$ 또는 $x=2$이므로 함수 $f(x)$의 증가와 감소를 표로 나타내면 다음과 같다.

x	$\cdots$	-1	$\cdots$	0	$\cdots$	2	$\cdots$
$f'(x)$	$-$	0	$+$	0	$-$	0	$+$
$f(x)$	↘	극소	↗	극대	↘	극소	↗

따라서 함수 $f(x)$는 $x=-1$, $x=2$에서 극소, $x=0$에서 극대이다.

이때, $f(-1)=3+4-12+k=-5+k$,
$f(2)=48-32-48+k=-32+k$에서
$f(-1)>f(2)$이므로 함수 $f(x)$의 최솟값은 $f(2)$이다.

사차함수 $f(x)$의 최고차항의 계수가 양수이므로 극댓값과 극솟값을 모두 갖는 사차함수의 그래프의 개형을 그려보면 두 극솟값 중 더 작은 값이 함수 $f(x)$의 최솟값임을 알 수 있어.

즉, 모든 실수 x에 대하여 주어진 부등식이 항상 성립하려면
$f(x)$의 최솟값이 0보다 크거나 같아야 해.
$f(2)=-32+k\geq 0$
$\therefore k\geq 32$
따라서 실수 k의 최솟값은 32이다.

E **61** 정답 11 ＊부등식이 항상 성립할 조건 $-f(x)>k$ 꼴 … [정답률 75%]

〔정답 공식: 어떤 구간에서 부등식 $f(x)\geq 0$이 항상 성립하려면 이 구간에서 $f(x)$의 최솟값이 0보다 크거나 같아야 한다.〕

모든 실수 x에 대하여 부등식 [단서] $f(x)=x^4-4x^3+16x+a$라 할 때
$$x^4-4x^3+16x+a\geq 0$$
$f(x)$의 최솟값이 0보다 크거나 같으면 주어진 부등식이 모든 실수 x에 대하여 성립해.
이 항상 성립하도록 하는 실수 a의 값의 최솟값을 구하시오. (3점)

1st $f(x)=x^4-4x^3+16x+a$라 놓고 $f(x)$의 최솟값을 구해.

$f(x)=x^4-4x^3+16x+a$라 하면
$f'(x)=4x^3-12x^2+16=4(x+1)(x-2)^2$
$f'(x)=0$에서 $x=-1$ 또는 $x=2$이므로 함수 $f(x)$의 증가와 감소를 표로 나타내면 다음과 같다.

x	$\cdots$	-1	$\cdots$	2	$\cdots$
$f'(x)$	$-$	0	$+$	0	$+$
$f(x)$	↘	극소	↗	0	↗

함수 $f(x)$는 $x=-1$에서 극소이면서 최소이므로 $f(x)$의 최솟값은 $f(-1)=1+4-16+a=a-11$이다.

2nd 부등식 $f(x)\geq 0$이 항상 성립하도록 하는 실수 a의 최솟값을 구하자.

즉, 모든 실수 x에 대하여 부등식 $x^4-4x^3+16x+a\geq 0$이 항상 성립하기 위해서는
$f(x)$의 최솟값이 0보다 크거나 같아야 해.
$a-11\geq 0$
$\therefore a\geq 11$
따라서 a의 최솟값은 11이다.

E **62** 정답 ⑤ ＊부등식이 항상 성립할 조건 $-f(x)>g(x)$ 꼴 [정답률 76%]

〔정답 공식: 주어진 부등식을 $h(x)\geq 0$ 꼴로 변형한 후 어떤 구간에서 부등식 $h(x)\geq 0$이 항상 성립하려면 이 구간에서 $h(x)$의 최솟값이 0보다 크거나 같아야 한다.〕

두 함수
$$f(x)=-x^4-x^3+2x^2,\ g(x)=\frac{1}{3}x^3-2x^2+a$$
가 있다. 모든 실수 x에 대하여 부등식
[단서] $h(x)=g(x)-f(x)$라 할 때, 모든 실수 x에 대하여 함수 $h(x)$의 최솟값이 0 이상이면 주어진 부등식이 항상 성립해.
$$f(x)\leq g(x)$$
가 성립할 때, 실수 a의 최솟값은? (3점)

① 8 ② $\dfrac{26}{3}$ ③ $\dfrac{28}{3}$ ④ 10 ⑤ $\dfrac{32}{3}$

1st $h(x)=g(x)-f(x)$라 놓고 주어진 부등식을 정리하자.

$h(x)=g(x)-f(x)$라 하면

└→ 함수 $h(x)$의 최고차항의 계수를 양수로 하기 위해서 $h(x)=g(x)-f(x)$라 놓자.

$h(x)=x^4+\dfrac{4}{3}x^3-4x^2+a$이다.

$f(x)\leq g(x)$에서 $g(x)-f(x)\geq0$

└→ 부등식 $f(x)\leq g(x)$를 정리해서 $g(x)-f(x)\geq0$과 같이 나타내고, 함수 $h(x)=g(x)-f(x)$의 최솟값이 0 이상임을 보이면 모든 실수 x에 대하여 성립함을 보일 수 있어.

이므로 $h(x)\geq0$

2nd $x\geq0$에서 함수 $h(x)$의 최솟값을 구하자.

이때 모든 실수 x에 대하여 부등식 $h(x)\geq0$이 성립하려면 함수 $h(x)$의 최솟값이 0 이상이어야 한다.

$h'(x)=4x^3+4x^2-8x=4x(x^2+x-2)=4x(x-1)(x+2)$

이므로 $h'(x)=0$에서 $x=-2$ 또는 $x=0$ 또는 $x=1$이다.

└→ 함수 $h(x)$는 $x=-2$ 또는 $x=1$에서 극소, $x=0$에서 극대를 가져.

함수 $h(x)$의 증가와 감소를 표로 나타내면 다음과 같다.

x	$\cdots$	-2	$\cdots$	0	$\cdots$	1	$\cdots$
$h'(x)$	$-$	0	$+$	0	$-$	0	$+$
$h(x)$	↘	극소	↗	극대	↘	극소	↗

극소값: $a-\dfrac{32}{3}$, 극대값: a, 극소값: $a-\dfrac{5}{3}$

모든 실수 x에 대하여 함수 $h(x)$는 $x=-2$에서 최솟값

└→ 함수 $h(x)$는 극솟값으로 $h(-2)$, $h(1)$을 가지는데, $h(-2)=a-\dfrac{32}{3}$, $h(1)=a-\dfrac{5}{3}$에서 $h(-2)$가 더 작은 값이므로 $h(-2)$가 최솟값이 돼.

$h(-2)=16-\dfrac{32}{3}-16+a=a-\dfrac{32}{3}$를 갖는다.

3rd 조건을 만족시키는 실수 a의 최솟값을 구하자.

따라서 모든 실수 x에 대하여 주어진 부등식이 성립하려면 최솟값이 0 이상이어야 하므로 $a-\dfrac{32}{3}\geq0$에서 $a\geq\dfrac{32}{3}$

따라서 실수 a의 최솟값은 $\dfrac{32}{3}$이다.

다른 풀이: $k(x)=f(x)-g(x)$라 하고 실수 a의 최솟값 구하기

$k(x)=f(x)-g(x)$라 하면

$k(x)=-x^4-\dfrac{4}{3}x^3+4x^2-a$야.

$f(x)\leq g(x)$에서 $f(x)-g(x)\leq0$이므로 $k(x)\leq0$

따라서 모든 실수 x에 대하여 부등식 $k(x)\leq0$이 성립하려면 함수 $k(x)$의 최댓값이 0 이하이어야 해.

함수 $k(x)$의 증가와 감소를 표로 나타내면 다음과 같아.

x	$\cdots$	-2	$\cdots$	0	$\cdots$	1	$\cdots$
$k'(x)$	$+$	0	$-$	0	$+$	0	$-$
$k(x)$	↗	극대	↘	극소	↗	극대	↘

극대값: $-a+\dfrac{32}{3}$, 극소값: $-a$, 극대값: $-a+\dfrac{5}{3}$

모든 실수 x에 대하여 함수 $k(x)$는 $x=-2$에서 최댓값

└→ 함수 $h(x)$는 극댓값으로 $h(-2)$, $h(1)$을 가지는데, $h(-2)=-a+\dfrac{32}{3}$, $h(1)=-a+\dfrac{5}{3}$에서 $h(-2)$가 더 큰 값이므로 $h(-2)$가 최댓값이 돼.

$k(-2)=-16+\dfrac{32}{3}+16-a=-a+\dfrac{32}{3}$를 가져.

$-a+\dfrac{32}{3}\leq0$

$\therefore a\geq\dfrac{32}{3}$

따라서 실수 a의 최솟값은 $\dfrac{32}{3}$야.

[**정답 공식:** 주어진 부등식을 $h(x)\geq k$ (k는 상수) 꼴로 변형한 후 닫힌구간 $[-1, 4]$에서 함수 $h(x)$의 그래프의 최솟값을 구한다.]

두 함수

$\quad f(x)=x^3+3x^2-k$, $g(x)=2x^2+3x-10$

에 대하여 부등식

단서 주어진 부등식을 $h(x)\geq k$의 꼴로 변형한 후 $y=h(x)$의 그래프를 이용해 주어진 부등식이 성립하기 위한 k의 값의 범위를 찾아봐.

$\quad f(x)\geq3g(x)$

가 닫힌구간 $[-1, 4]$에서 항상 성립하도록 하는 실수 k의 최댓값을 구하시오. (4점)

1st 주어진 부등식을 정리하자.

$f(x)\geq3g(x)$에서

$x^3+3x^2-k\geq3(2x^2+3x-10)$

$x^3+3x^2-k\geq6x^2+9x-30$

$x^3-3x^2-9x+30\geq k$

2nd $h(x)=x^3-3x^2-9x+30$이라 하고 함수 $y=h(x)$의 그래프를 그리자.

$h(x)=x^3-3x^2-9x+30$이라 하면

$h'(x)=3x^2-6x-9$

$h'(x)=0$에서 $3x^2-6x-9=0$

$3(x+1)(x-3)=0$

$\therefore x=-1$ 또는 $x=3$

함수 $h(x)$의 증가와 감소를 표로 나타내면 다음과 같다.

x	$\cdots$	-1	$\cdots$	3	$\cdots$
$h'(x)$	$+$	0	$-$	0	$+$
$h(x)$	↗	극대	↘	극소	↗

즉, 함수 $h(x)$는 $x=-1$에서 극댓값 $h(-1)=-1-3+9+30=35$를 갖고, $x=3$에서 극솟값 $h(3)=27-27-27+30=3$을 가지므로 $y=h(x)$의 그래프는 그림과 같다.

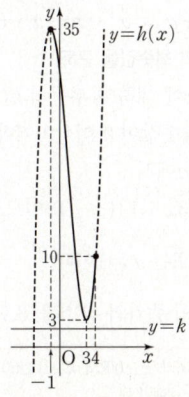

따라서 닫힌구간 $[-1, 4]$에서 부등식 $h(x)\geq k$를 만족시키는 k의 값의 범위는 $k\leq3$이므로 k의 최댓값은 3이다.

주의 부등식이 모든 실수가 아니라 주어진 x의 범위에 대해서만 성립하는 거지?

└→ 닫힌구간 $[-1, 4]$에서 $h(x)\geq k$가 성립하려면 상수 k의 값은 함수 $h(x)$의 최솟값보다 작거나 같으면 되므로 $k\leq3$이야.

다른 풀이: 함수 $H(x)=x^3-3x^2-9x+30-k$에 대하여 (함수 $H(x)$의 극솟값)≥0임을 이용하여 실수 k의 최댓값 구하기

$f(x)\geq3g(x)$에서 $x^3+3x^2-k\geq3(2x^2+3x-10)$

$x^3+3x^2-k\geq6x^2+9x-30$, $x^3-3x^2-9x+30-k\geq0$

$H(x)=x^3-3x^2-9x+30-k$라 하자.

이때, 닫힌구간 $[-1, 4]$에서 부등식 $H(x)\geq0$이 항상 성립하려면 이

구간에서의 함수 $H(x)$의 최솟값이 0 이상이면 되고, 삼차함수 $H(x)$가 닫힌구간 $[-1, 4]$에서 극값을 가지면 (극솟값)=(최솟값)이므로 함수 $H(x)$의 극솟값을 구하자.

$H'(x)=3x^2-6x-9$이므로 $H'(x)=0$에서

$3x^2-6x-9=0$, $3(x+1)(x-3)=0$

$\therefore x=-1$ 또는 $x=3$

즉, 함수 $H(x)$는 $x=3$에서 극솟값을 가지므로

$H(3)=27-27-27+30-k\geq0$ $\therefore k\leq3$

따라서 구하는 k의 최댓값은 3이야.

E 64 **정답 ⑤** *부등식이 항상 성립할 조건 - $f(x)>g(x)$ 꼴* ·· [정답률 76%]

정답 공식: 어떤 구간에서 부등식 $h(x)\geq0$이 항상 성립하려면 이 구간에서 함수 $h(x)$의 최솟값이 0보다 크거나 같아야 한다.

두 함수

$f(x)=x^3-x+6$, $g(x)=x^2+a$

가 있다. $x\geq0$인 모든 실수 x에 대하여 부등식

$f(x)\geq g(x)$ 〔단서〕 $h(x)=f(x)-g(x)$라 할 때, $x\geq0$에서 함수 $h(x)$의 최솟값이 0 이상이면 주어진 부등식이 항상 성립해.

가 성립할 때, 실수 a의 최댓값은? (4점)

① 1   ② 2   ③ 3
④ 4   ⑤ 5

1st $h(x)=f(x)-g(x)$라 놓고 주어진 부등식을 정리해봐.

$f(x)\geq g(x)$에서 $f(x)-g(x)\geq0$

이때, $h(x)=f(x)-g(x)$라 하면

$h(x)=x^3-x+6-(x^2+a)=x^3-x^2-x+6-a$

2nd $x\geq0$에서 함수 $h(x)$의 최솟값을 구해.

이때, $x\geq0$인 모든 실수 x에 대하여 부등식 $h(x)\geq0$이 성립하려면 $x\geq0$에서 함수 $h(x)$의 최솟값이 0 이상이어야 한다.

$h(x)=x^3-x^2-x+6-a$에서

$h'(x)=3x^2-2x-1=(3x+1)(x-1)$이므로

$h'(x)=0$에서 $x=-\dfrac{1}{3}$ 또는 $x=1$이다.

즉, $x\geq0$에서 함수 $h(x)$의 증가와 감소를 표로 나타내면 다음과 같다.

주의 '모든 실수 x에서'가 아니라 '$x\geq0$에서' $h(x)\geq0$이 성립해야 한다는 것에 주의해야 해.

x	0	$\cdots$	1	$\cdots$
$h'(x)$	$-$	$-$	0	$+$
$h(x)$	$6-a$	$\searrow$	극소	$\nearrow$

$x\geq0$에서 함수 $h(x)$는 $x=1$에서 극소이면서 최소이므로 최솟값은

$h(1)=1-1-1+6-a=5-a$이다.

3rd 조건을 만족시키는 실수 a의 최댓값을 구해.

$x\geq0$인 모든 실수 x에 대하여 주어진 부등식이 성립하려면

함수 $h(x)$의 최솟값이 0 이상이어야 하므로

$5-a\geq0$ $\therefore a\leq5$

따라서 조건을 만족시키는 실수 a의 최댓값은 5이다.

E 65 **정답 34** *부등식이 항상 성립할 조건 - $f(x)>g(x)$ 꼴* · [정답률 40%]

정답 공식: 어떤 구간에서 부등식 $f(x)\geq k$가 항상 성립하려면 이 구간에서 $f(x)$의 최솟값이 k보다 크거나 같아야 하고, 어떤 구간에서 부등식 $f(x)\leq k$가 성립하려면 이 구간에서 $f(x)$의 최댓값이 k보다 작거나 같아야 한다.

자연수 a에 대하여 두 함수

〔단서 3〕 $g(x)$는 이차함수이므로 $g(x)-12x$도 이차함수야.
즉, $g(x)-12x\geq k$를 만족시키는 k의 값의 범위를 구해.

$f(x)=-x^4-2x^3-x^2$, $g(x)=3x^2+a$

〔단서 2〕 $f(x)$는 사차함수이므로 $f(x)-12x$도 사차함수야.
즉, $f(x)-12x\leq k$를 만족시키는 k의 값의 범위를 구해.

가 있다. 다음을 만족시키는 a의 값을 구하시오. (4점)

모든 실수 x에 대하여 부등식 〔단서 1〕 주어진 부등식을 $f(x)\leq12x+k$, $g(x)\geq12x+k$로 나눠서 각각의 k의 값의 범위를 찾아봐.

$f(x)\leq12x+k\leq g(x)$

를 만족시키는 자연수 k의 개수는 3이다.

1st 부등식 $f(x)\leq12x+k$를 만족시키는 k의 값의 범위를 구하자.

(i) 모든 실수 x에 대하여 부등식 $f(x)\leq12x+k$를 만족시키는 k의 값의 범위를 구해 보자.

$f(x)\leq12x+k$에서 $f(x)-12x\leq k$ → $h(x)\leq k$를 만족시키는 k의 값의 범위를 구하는 거지.

이때, $h(x)=f(x)-12x$라 하면

$h(x)=-x^4-2x^3-x^2-12x$에서

$h'(x)=-4x^3-6x^2-2x-12$

$=-2(2x^3+3x^2+x+6)$

$=-2(x+2)(2x^2-x+3)$ → $h'(x)=-2(x+2)(2x^2-x+3)$에서 $2x^2-x+3=2\left(x-\dfrac{1}{4}\right)^2+\dfrac{23}{8}>0$이므로 $h'(x)=0$을 만족시키는 실수 x의 값은 $x=-2$뿐이야.

$h'(x)=0$에서 $x=-2$이므로

함수 $h(x)$의 증가와 감소를 표로 나타내면 다음과 같다.

x	$\cdots$	-2	$\cdots$
$h'(x)$	$+$	0	$-$
$h(x)$	$\nearrow$	극대	$\searrow$

즉, 함수 $h(x)$는 $x=-2$에서 극대이면서 최대이므로 최댓값은

$h(-2)=-(-2)^4-2\times(-2)^3-(-2)^2-12\times(-2)=20$
모든 실수 x에 대하여 $h(x)\leq20$이야.

따라서 모든 실수 x에 대하여 부등식 $h(x)\leq k$를 만족시키기 위해서 k는 함수 $h(x)$의 최댓값보다 크거나 같아야 하므로 모든 실수 x에 대하여 부등식 $f(x)\leq12x+k$를 만족시키는 k의 값의 범위는 $k\geq20$이다.

2nd 부등식 $g(x)\geq12x+k$를 만족시키는 k의 값의 범위를 구하자.

(ii) 모든 실수 x에 대하여 부등식 $g(x)\geq12x+k$를 만족시키는 k의 값의 범위를 구해 보자.

$g(x)\geq12x+k$에서 $g(x)-12x-k\geq0$, 즉 $3x^2-12x+a-k\geq0$이 모든 실수 x에 대하여 성립해야 하므로 이차방정식

$3x^2-12x+a-k=0$의 판별식을 D라 하면 $D\leq0$이어야 한다.

$\dfrac{D}{4}=(-6)^2-3(a-k)\leq0$ → 이차부등식 $ax^2+bx+c\geq0$ $(a>0)$이 모든 실수 x에 대하여 항상 성립하기 위한 조건은 이차방정식 $ax^2+bx+c=0$의 판별식을 D라 할 때 $D\leq0$이야.

$\therefore k\leq a-12$

즉, 모든 실수 x에 대하여 부등식 $g(x)\geq12x+k$를 만족시키는 k의 값의 범위는 $k\leq a-12$이다.

3rd 조건을 만족시키는 자연수 k의 개수가 3이 되도록 하는 a의 값을 구하자.

(i), (ii)를 모두 만족시키는 k의 값의 범위는 $20\leq k\leq a-12$이고

자연수 k가 3개 존재해야 하므로 $22\leq a-12<23$에서 $34\leq a<35$
자연수 k의 값은 20, 21, 22가 되겠네.

따라서 자연수 a의 값은 34이다.

톡톡 풀이: 두 함수 $y=f(x)$, $y=g(x)$의 그래프와 직선 $y=12x+k$의 위치 관계를 이용하여 조건을 만족시키는 a의 값 구하기

$$f(x)=-x^4-2x^3-x^2=-x^2(x^2+2x+1)$$
$$=-x^2(x+1)^2$$

→ $x=-1$, $x=0$에서 x축에 접하고 최고차항의 계수가 음수인 사차함수의 그래프의 개형을 떠올려봐.

이므로 사차함수 $y=f(x)$의 그래프와 이차함수 $y=g(x)$의 그래프, 직선 $y=12x+k$의 위치 관계는 그림과 같아.

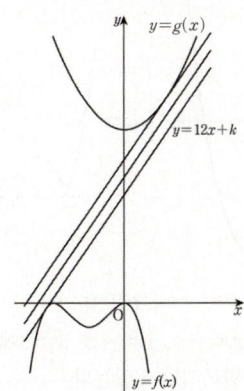

이때, 모든 실수 x에 대하여 부등식 $f(x)\leq 12x+k\leq g(x)$를 만족시킨다는 것은 직선 $y=12x+k$가 두 함수 $y=f(x)$, $y=g(x)$의 그래프 사이에 있거나 접하면 되는 거니까 직선이 두 곡선에 접하는 경우를 따져 보자.

(i) 직선 $y=12x+k$가 곡선 $y=f(x)$에 접하는 경우의 k의 값을 구해 보자.

직선 $y=12x+k$가 점 $(t,\ -t^4-2t^3-t^2)$에서 곡선 $y=f(x)$에 접한다고 하면 $f'(x)=-4x^3-6x^2-2x$이고, $f'(t)=12$이므로

$-4t^3-6t^2-2t=12$에서 $4t^3+6t^2+2t+12=0$

$2(2t^3+3t^2+t+6)=0$, $2(t+2)(2t^2-t+3)=0$

$\therefore t=-2\ (\because t$는 실수$)$

즉, $f(-2)=-(-2)^4-2\times(-2)^3-(-2)^2=-4$에서

직선 $y=12x+k$가 점 $(-2,\ -4)$를 지나므로

$-4=-24+k$ $\quad\therefore k=20$

위의 그림에서 주어진 부등식을 만족시키기 위해서는 k는 20 이상이어야겠지?

(ii) 직선 $y=12x+k$가 곡선 $y=g(x)$에 접하는 경우의 k의 값을 구해 보자.

이차방정식 $3x^2+a=12x+k$, 즉 $3x^2-12x+a-k=0$이 중근을 가지므로 판별식을 D라 하면 $D=0$이어야 한다.

$\dfrac{D}{4}=(-6)^2-3(a-k)=0$ $\quad\therefore k=a-12$

위의 그림에서 주어진 부등식을 만족시키기 위해서는 k는 $a-12$ 이하이어야 해.

(i), (ii)에 의하여 주어진 부등식을 만족시키는 k의 값의 범위는

$20\leq k\leq a-12$

이고 이를 만족시키는 자연수 k의 개수가 3이므로

$(a-12)-20+1=3$ $\quad\therefore a=34$

정수 α, β에 대하여 $\alpha\leq x\leq\beta$를 만족시키는 정수 x의 개수는 $\beta-\alpha+1$이야.

따라서 자연수 a의 값은 34야.

E 66 정답 ⑤ ＊부등식이 항상 성립할 조건 $-f(x)>g(x)$ 꼴 ⋯ [정답률 45%]

정답 공식: 모든 실수 x에 대하여 부등식 $f(x)\geq g(x)$가 성립하면 함수 $y=f(x)$의 그래프가 함수 $y=g(x)$의 그래프와 일치하거나 항상 위쪽에 있어야 한다.

함수 $f(x)$를 다음과 같이 정의한다.

$$f(x)=\begin{cases}-x+2 & (x\leq 1)\\x^3 & (x>1)\end{cases}$$

→ 단서1 함수 $y=f(x)$의 그래프를 그려봐.

이때, 모든 실수 x에 대하여 부등식 $f(x)\geq k(x-1)+1$이 성립하도록 하는 실수 k의 최댓값과 최솟값의 합은? (4점)

단서2 주어진 부등식이 항상 성립하려면 함수 $y=f(x)$의 그래프가 직선 $y=k(x-1)+1$보다 항상 위쪽에 존재하면 돼.

① -2 ② -1 ③ 0
④ 1 ⑤ 2

1st 함수 $y=f(x)$의 그래프와 직선 $y=k(x-1)+1$을 그려 주어진 부등식이 항상 성립할 조건을 생각해 봐.

함수 $f(x)=\begin{cases}-x+2 & (x\leq 1)\\x^3 & (x>1)\end{cases}$이고,

직선 $y=k(x-1)+1$은 k의 값에 관계없이 점 $(1,\ 1)$을 지나는 직선이므로 좌표평면에 나타내면 그림과 같다.

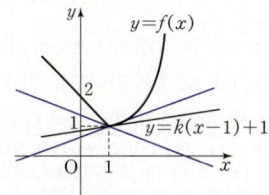

부등식 $f(x)\geq k(x-1)+1$이 성립하기 위해서

$\underline{x\leq 1}$에서는 $y=-x+2$와 $y=k(x-1)+1$이 일치할 때
직선 $y=k(x-1)+1$이 직선 $y=-x+2$와 일치하거나 또는 아래쪽에 위치해야 하므로 기울기 k가 -1 이상이어야 해. 즉, $k\geq-1$이야.
실수 k는 최솟값을 갖고,

$\underline{x>1}$에서는 곡선 $y=x^3$과 직선 $y=k(x-1)+1$이 접할 때
직선 $y=k(x-1)+1$이 점 $(1,1)$에서 접하는 것이 아니라 점 $(1,1)$을 지나게 되면 곡선 $y=x^3$이 직선 $y=k(x-1)+1$보다 아래쪽에 위치하는 부분이 생기게 돼.
최댓값을 갖는다.

그럼, 실수 k의 최솟값은 -1이고, $x=1$에서 곡선 $y=x^3$에 그은 접선의 기울기는 3이므로 최댓값은 3이다.
$y=x^3$에서 $y'=3x^2$ 즉, $x=1$인 점에서의 접선의 기울기는 $3\cdot1^2=3$이야.
따라서 실수 k의 최댓값과 최솟값의 합은 $-1+3=2$이다.

톡톡 풀이: 함수 $y=f(x)$의 그래프 위의 두 점을 지나는 직선의 기울기와 한 점에서의 접선의 기울기 사이의 관계를 이용하여 주어진 부등식을 만족시키는 k의 값의 범위 구하기

→ $f(1)=1$, $h(1-1)+1=1$

$x=1$이면 주어진 부등식이 항상 성립하므로 $x\neq 1$인 경우만 생각해 보자.

(i) $x>1$이면 주어진 부등식은 $\dfrac{f(x)-1}{x-1}\geq k$이고,

$f'(x)=3x^2\ (x>1)$은 증가함수이므로

$\dfrac{f(x)-1}{x-1}\geq 3\geq k$

→ 점 $(1,1)$에서의 접선의 기울기
두 점 $(1,1)$, $(x,f(x))$를 잇는 선분의 기울기

(ii) $x<1$이면 주어진 부등식은 $\dfrac{f(x)-1}{x-1}\leq k$이고,

$f'(x)=-1$이므로

$k\geq -1=\dfrac{f(x)-1}{x-1}$

(i), (ii)에서 $-1\leq k\leq 3$이므로

(구하는 값)$=-1+3=2$

정답 ① *삼차함수의 유추 ·········· [정답률 66%]

> **정답 공식:** 함수 $f(x)=|(x^2-9)(x+a)|$의 그래프는 함수 $y=(x^2-9)$ $(x+a)$의 그래프를 x축 아래에 있는 부분을 x축에 대하여 대칭이동시켜 꺾어 올린 그래프이다. 이 그래프에서 미분가능하지 않은 점은 뾰족점이다.

$a>0$인 상수 a에 대하여 함수 $f(x)=|(x^2-9)(x+a)|$가 오직 한 개의 x값에서만 미분가능하지 않을 때, 함수 $f(x)$의 극댓값은? (4점)

단서 2 함수 $y=f(x)$의 그래프는 $y=(x^2-9)(x+a)$의 그래프가 x축과 만나는 점들에서 x축에 대하여 대칭으로 꺾어 올리는 형태이므로 뾰족점이 생기게 돼. 이런 미분가능하지 않은 뾰족점이 오직 하나만 나와야 한다면 그래프의 모양은 어떤 형태여야 할지 유추할 수 있겠지?

① 32　　② 34　　③ 36　　④ 38　　⑤ 40

단서 1 함수 $f(x)=|(x^2-9)(x+a)|$의 그래프는 $x=-3$ 또는 $x=3$과 $x=-a$인 점에서 x축과 만나므로 $a>0$인 상수 a를 $0<a<3, a=3, a>3$인 경우로 나눠서 생각해 봐.

1st 함수 $f(x)$가 오직 한 개의 x값에서만 미분가능하지 않도록하는 a의 값을 구하자.

함수 $y=(x^2-9)(x+a)$, 즉 $y=(x+3)(x-3)(x+a)$의 그래프는 x축과 $x=-3$, $x=3$, $x=-a$인 세 점에서 만나게 된다.

이때, $a>0$이므로 a의 값의 범위를 다음과 같이 나누어 함수 $y=f(x)$의 그래프의 개형을 그려보자.

(i) $0<a<3$일 때

함수 $y=(x^2-9)(x+a)$의 그래프는 x축과 세 점 $(-3, 0)$, $(-a, 0)$, $(3, 0)$에서 만나므로 함수 $y=(x^2-9)(x+a)$의 그래프와 함수 $y=f(x)$의 그래프의 개형은 [그림 1]과 같다. 함수 $f(x)=|(x^2-9)(x+a)|$의 그래프는 함수 $y=(x^2-9)(x+a)$의 그래프에서 x축 아래에 있는 부분을 x축에 대하여 대칭이동시켜 꺾어 올린 거야.

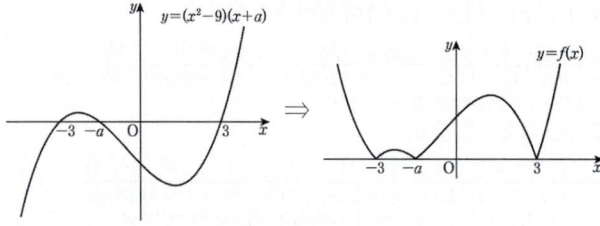

[그림 1]

이때, 함수 $f(x)$는 $x=-3$, $x=-a$, $x=3$에서 미분가능하지 않으므로 주어진 조건을 만족시키지 않는다. 함수 $y=f(x)$의 그래프를 보면 $x=-3, x=-a, x=3$에서 뾰족점이 만들어지므로 $x=-3, x=-a, x=3$에서 미분가능하지 않아.

(ii) $a=3$일 때

$y=(x^2-9)(x+a)=(x-3)(x+3)(x+3)$ $=(x+3)^2(x-3)$

즉, 함수 $y=(x+3)^2(x-3)$의 그래프는 x축과 점 $(-3, 0)$에서 접하고 점 $(3, 0)$에서 만나므로 함수 $y=(x+3)^2(x-3)$의 그래프와 함수 $y=f(x)$의 그래프의 개형은 [그림 2]와 같다.

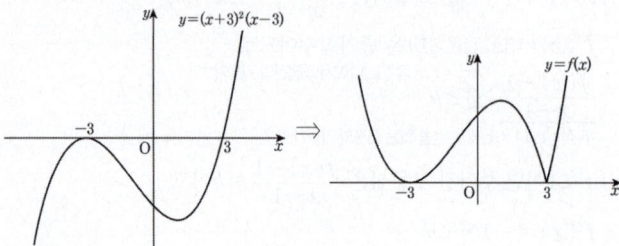

[그림 2]

이때, 함수 $f(x)$는 $x=3$에서만 미분가능하지 않으므로 주어진 조건을 만족시킨다. $x=-3$에서는 미분계수가 존재하고, $x=3$에서는 미분계수가 존재하지 않아.

(iii) $a>3$일 때

함수 $y=(x^2-9)(x+a)$의 그래프는 x축과 세 점 $(-a, 0)$, $(-3, 0)$, $(3, 0)$에서 만나므로 함수 $y=(x^2-9)(x+a)$의 그래프와 함수 $y=f(x)$의 그래프의 개형은 [그림 3]과 같다.

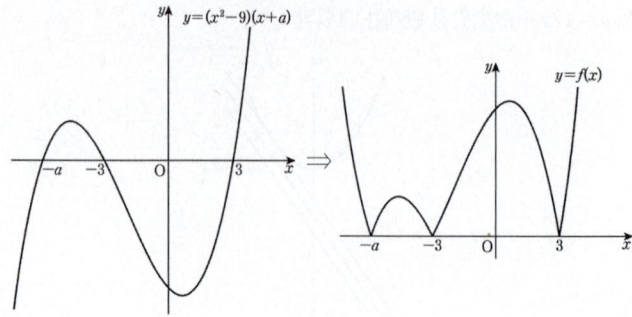

[그림 3]

이때, 함수 $f(x)$는 $x=-a$, $x=-3$, $x=3$에서 미분가능하지 않으므로 주어진 조건을 만족시키지 않는다.

따라서 (i)～(iii)에 의하여 $a=3$이다. … (*)

2nd 함수 $f(x)=|(x^2-9)(x+3)|$의 극댓값을 찾자.

[그림 2]에서 함수 $y=(x^2-9)(x+3)$의 극솟값의 절댓값이 함수 $f(x)=|(x^2-9)(x+3)|$의 극댓값임을 알 수 있다.

$g(x)=(x^2-9)(x+3)$이라 하면

$g'(x)=2x(x+3)+(x^2-9)$ $=2x(x+3)+(x+3)(x-3)=3(x+3)(x-1)$

> $y=f(x)g(x)$이면 $y'=f'(x)g(x)+f(x)g'(x)$

$g'(x)=0$에서 $x=-3$ 또는 $x=1$이므로 함수 $g(x)$의 증가와 감소를 표로 나타내면 다음과 같다.

x	$\cdots$	-3	$\cdots$	1	$\cdots$
$g'(x)$	$+$	0	$-$	0	$+$
$g(x)$	↗	극대	↘	극소	↗

즉, 함수 $g(x)=(x^2-9)(x+3)$은 $x=1$에서 극소이고 극솟값은 $g(1)=(1-9)\times(1+3)=-32$이다.

따라서 함수 $f(x)$는 $x=1$에서 극대이고 극댓값은 $f(1)=|-32|=32$

실수 함수 $y=(x^2-9)(x+3)$의 극솟값의 절댓값을 구해야 해. 함수 $y=(x^2-9)(x+3)$의 극댓값을 구하는 실수를 하면 안 돼.

수능 핵강

* $a=3$일 때 함수 $f(x)$가 $x=3$에서만 미분가능하지 않은 이유

(*)에서 $a=3$일 때 함수 $f(x)$가 $x=3$에서만 미분가능하지 않음을 보이자.

$f(x)=|(x^2-9)(x+3)|=|(x+3)^2(x-3)|$ $=\begin{cases}(x+3)^2(x-3) & (x\geq3) \\ -(x+3)^2(x-3) & (x<3)\end{cases}$

함수 $f(x)$는 구간 $(-\infty, 3)$과 구간 $(3, \infty)$에서 각각 다항함수이므로 $x\neq3$인 모든 실수 x에서 미분가능해. 그런데

$\lim\limits_{x\to3-}\dfrac{f(x)-f(3)}{x-3}=\lim\limits_{x\to3-}\dfrac{-(x+3)^2(x-3)}{x-3}=\lim\limits_{x\to3-}\{-(x+3)^2\}$ $=-36$

$\lim\limits_{x\to3+}\dfrac{f(x)-f(3)}{x-3}=\lim\limits_{x\to3+}\dfrac{(x+3)^2(x-3)}{x-3}=\lim\limits_{x\to3+}(x+3)^2=36$

이므로 극한값 $\lim\limits_{x\to3}\dfrac{f(x)-f(3)}{x-3}$이 존재하지 않아.

즉, 함수 $f(x)$는 $x=3$에서 미분가능하지 않지.

따라서 함수 $f(x)$는 오직 한 개의 x의 값, 즉 $x=3$에서 미분가능하지 않음을 알 수 있어.

E 68 정답 ② *삼차함수의 유추 ·········· [정답률 50%]

> **정답 공식:** 삼차함수 $f(x)$에 대하여 방정식 $f(x)=0$의 서로 다른 실근이 2개이면 함수 $y=f(x)$의 그래프는 x축에 접한다.

최고차항의 계수가 1인 삼차함수 $f(x)$가 다음 조건을 만족시킨다.

> (가) 방정식 $f(x)=0$의 실근은 α, β $(\alpha<\beta)$뿐이다.
> **단서1** 삼차방정식 $f(x)=0$은 $x=\alpha$ 또는 $x=\beta$에서 중근을 갖는다는 의미야. 즉, 함수 $y=f(x)$의 그래프는 x축에 접함을 알 수 있어.
> (나) 함수 $f(x)$의 극솟값은 -4이다.
> **단서2** x축에 접하면서 극솟값이 -4인 삼차함수 $y=f(x)$의 그래프의 개형을 그려보면 $f(x)$의 식을 세울 수 있을 거야.

[보기]에서 옳은 것만을 있는 대로 고른 것은? (4점)

> ─────────── [보기] ───────────
> ㄱ. $f'(\alpha)=0$
> ㄴ. $\beta=\alpha+3$
> ㄷ. $f(0)=16$이면 $\alpha^2+\beta^2=18$이다.

① ㄱ ②ㄱ, ㄴ ③ ㄱ, ㄷ
④ ㄴ, ㄷ ⑤ ㄱ, ㄴ, ㄷ

1st 주어진 조건을 이용하여 삼차함수 $f(x)$의 식을 α, β를 이용하여 나타내.
조건 (가)에 의해 최고차항의 계수가 1, 즉 양수인 삼차함수 $y=f(x)$의 그래프의 개형은 [그림 1] 또는 [그림 2]와 같다.
삼차방정식은 최대 세 개의 서로 다른 실근을 갖게 되는데, 서로 다른 실근을 2개만 갖는다고 했으므로 둘 중 하나가 중근이 된다는 뜻이야. 즉, 삼차함수의 그래프로 해석하면 $x=\alpha$ 또는 $x=\beta$에서 삼차함수의 그래프가 x축에 접한다는 거야.

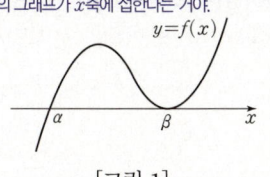
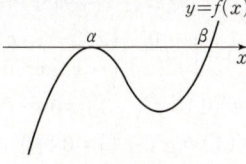

[그림 1]　　　　[그림 2]

그런데 조건 (나)에서 극솟값이 -4로 음수이므로 삼차함수 $y=f(x)$의 그래프의 개형은 [그림 2]와 같다.
즉, 삼차함수 $f(x)$의 최고차항의 계수가 1이고 방정식 $f(x)=0$이 중근 $x=\alpha$와 한 실근 $x=\beta$를 가지므로
$f(x)=(x-\alpha)^2(x-\beta)$

2nd 함수 $f(x)$의 식을 이용하여 ㄱ, ㄴ, ㄷ의 참, 거짓을 파악하자.
ㄱ. [그림 2]의 삼차함수 $y=f(x)$의 그래프 개형에서 알 수 있듯이
함수 $f(x)$는 $x=\alpha$에서 극댓값을 가지므로 $f'(\alpha)=0$이다. (참)
ㄴ. $f(x)=(x-\alpha)^2(x-\beta)$에서
$f'(x)=2(x-\alpha)(x-\beta)+(x-\alpha)^2$
$\quad\quad=(x-\alpha)(3x-\alpha-2\beta)$

즉, 함수 $f(x)$가 $x=\dfrac{\alpha+2\beta}{3}$에서 극솟값 -4를 가지므로
$f'(x)=0$에서 $x=\alpha$, $x=\dfrac{\alpha+2\beta}{3}$이므로 위의 [그림 2]에 의해 $f(x)$는 $x=\alpha$에서 극댓값을, $x=\dfrac{\alpha+2\beta}{3}$에서 극솟값을 갖게 돼.

$f\left(\dfrac{\alpha+2\beta}{3}\right)=\left(\dfrac{\alpha+2\beta}{3}-\alpha\right)^2\times\left(\dfrac{\alpha+2\beta}{3}-\beta\right)=-4$

$\dfrac{4}{9}(\beta-\alpha)^2\times\dfrac{1}{3}(\alpha-\beta)=-4$

$(\beta-\alpha)^3=27$ $\therefore \beta-\alpha=3(\because \alpha, \beta$는 실수$)$
즉, $\beta=\alpha+3$이다. (참)

ㄷ. $f(x)=(x-\alpha)^2(x-\beta)$에서 $f(0)=-\alpha^2\beta=16$이면 ㄴ에 의해
$\beta=\alpha+3$이므로
$\alpha^2(\alpha+3)=-16$
$\alpha^3+3\alpha^2+16=0$, $(\alpha+4)(\alpha^2-\alpha+4)=0$
$\therefore \alpha=-4(\because \alpha$는 실수$)$
이차방정식 $\alpha^2-\alpha+4=0$의 판별식을 D라 할 때
$D=(-1)^2-4\times1\times4=-15<0$이므로
이차방정식 $\alpha^2-\alpha+4=0$은 실근을 갖지 않아.
즉, $\beta=\alpha+3=-4+3=-1$이므로
$\alpha^2+\beta^2=(-4)^2+(-1)^2=17$ (거짓)
따라서 옳은 것은 ㄱ, ㄴ이다.

$\begin{array}{r|rrrr}-4&1&3&0&16\\&&-4&4&-16\\\hline&1&-1&4&0\end{array}$

> **실수** 이런 문제는 각 보기를 따로따로 풀려고 하기 보다는, 전의 보기에서 구한 것을 이용해서 다음 보기를 풀려고 해야 해. ㄴ에서 구한 것을 이용하지 않으면 ㄷ의 참, 거짓을 따지는 게 쉽지 않아.

E 69 정답 ③ *삼차함수의 유추 ·········· [정답률 65%]

> **정답 공식:** 점과 직선 사이의 거리 공식을 이용해 $g(t)$의 함수식을 구한다.

실수 t에 대하여 곡선 $y=x^3$ 위의 점 (t, t^3)과 직선 $y=x+6$ 사이의 거리를 $g(t)$라 하자. [보기]에서 옳은 것만을 있는 대로 고른 것은? (4점) **단서** 거리는 항상 0 이상이므로 주의해. $t=2$이면 점 $(2, 8)$과 직선 $y=x+6$ 사이의 거리는 0이 되는 것도 파악되지?

> ─────────── [보기] ───────────
> ㄱ. 함수 $g(t)$는 실수 전체의 집합에서 연속이다.
> ㄴ. 함수 $g(t)$는 0이 아닌 극솟값을 갖는다.
> ㄷ. 함수 $g(t)$는 $t=2$에서 미분가능하다.

① ㄱ ② ㄷ ③ㄱ, ㄴ
④ ㄴ, ㄷ ⑤ ㄱ, ㄴ, ㄷ

1st 함수 $g(t)$를 구하고 함수 $g(t)$의 그래프의 개형을 그려봐.

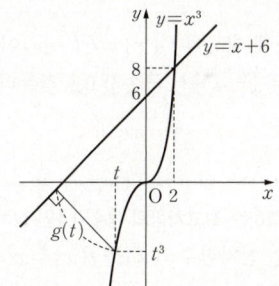

점 (t, t^3)과 직선 $y=x+6$ 즉, $x-y+6=0$ 사이의 거리 $g(t)$는
$g(t)=\dfrac{|t-t^3+6|}{\sqrt{1^2+(-1)^2}}$

[점과 직선 사이의 거리]
점 (x_1, y_1)과 직선 $ax+by+c=0$ 사이의 거리 $d \Rightarrow d=\dfrac{|ax_1+by_1+c|}{\sqrt{a^2+b^2}}$

$\quad\quad=\dfrac{|-t^3+t+6|}{\sqrt{2}}$

이때, $h(t)=\dfrac{-t^3+t+6}{\sqrt{2}}$이라 하면

$h(t)=-\dfrac{1}{\sqrt{2}}(t-2)(t^2+2t+3)$이고,

$h'(t)=\dfrac{1}{\sqrt{2}}(-3t^2+1)=-\dfrac{1}{\sqrt{2}}(3t^2-1)$

$h'(t)=0$에서 $t=-\dfrac{1}{\sqrt{3}}$ 또는 $t=\dfrac{1}{\sqrt{3}}$이므로 함수 $h(t)$의 증가와 감소를 표로 나타내면 다음과 같다. → $h'(t)=\dfrac{1}{\sqrt{2}}(-3t^2+1)=-\dfrac{3}{\sqrt{2}}\left(t+\dfrac{1}{\sqrt{3}}\right)\left(t-\dfrac{1}{\sqrt{3}}\right)$

t	$\cdots$	$-\dfrac{1}{\sqrt{3}}$	$\cdots$	$\dfrac{1}{\sqrt{3}}$	$\cdots$
$h'(t)$	$-$	0	$+$	0	$-$
$h(t)$	$\searrow$	극소	$\nearrow$	극대	$\searrow$

한편, 함수 $h(t)$는 $t \leq 2$일 때 $h(t) \geq 0$, $t > 2$일 때 $h(t) < 0$인 삼차함수이므로 함수 $g(t)$의 그래프의 개형은 $h(t) < 0$인 부분을 t축에 대하여 대칭이동시키면 아래 그림과 같다.

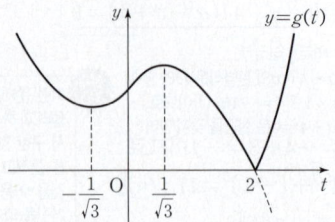

2nd 함수 $g(t)$의 그래프를 이용해서 보기의 옳고 그름을 판별해.

ㄱ. 함수 $g(t)$는 실수 전체의 집합에서 연속이다. (참)

ㄴ. 함수 $g(t)$는 $t = -\dfrac{1}{\sqrt{3}}$에서 극소이고, $g\left(-\dfrac{1}{\sqrt{3}}\right) > 0$이므로 함수 $g(t)$는 양수인 극솟값을 가진다. (참)

ㄷ. $\displaystyle\lim_{t \to 2^-} g'(t) < 0$ ┐ $\dfrac{1}{\sqrt{3}} < t < 2$일 때, $g(t)$는 감소하므로 $g'(t) < 0$이야.
$\displaystyle\lim_{t \to 2^+} g'(t) > 0$ ┘ $t > 2$일 때, $g(t)$는 증가하므로 $g'(t) > 0$이야.
$\therefore \displaystyle\lim_{t \to 2^-} g'(t) \neq \lim_{t \to 2^+} g'(t)$
즉, 함수 $g(t)$는 $t = 2$에서 미분가능하지 않다. (거짓)
따라서 옳은 것은 ㄱ, ㄴ이다.

E 70 정답 **4** *삼차함수의 유추 ──────── [정답률 69%]

(**정답 공식:** $f'(x) = f'(-x)$이므로 $f'(x)$는 y축에 대하여 대칭이다.)

> 최고차항의 계수가 1인 삼차함수 $f(x)$가 다음 조건을 만족시킬 때, $f(x)$의 극댓값을 구하시오. (4점)
>
> > (가) 모든 실수 x에 대하여 $f'(x) = f'(-x)$이다.
> > (나) 함수 $f(x)$는 $x = 1$에서 극솟값 0을 갖는다.
>
> **단서** $f'(1) = 0$이므로 $f'(1) = f'(-1) = 0$이 되겠지? $f'(-1) = 0$이면 $x = -1$에서 어떤 상태일까?

1st 주어진 조건을 만족하는 최고차항의 계수가 1인 삼차함수 $f(x)$를 찾자.
최고차항의 계수가 1인 삼차함수 $f(x)$를 $f(x) = x^3 + ax^2 + bx + c$라 하면 $f'(x) = 3x^2 + 2ax + b$
조건 (가)에서 도함수 $f'(x)$의 그래프는 y축에 대하여 대칭이므로
$2a = 0$ $\therefore a = 0 \cdots \bigcirc$ ┐ $f'(x)$는 짝수 차수의 항들과 상수항만으로 이루어져야 해.
조건 (나)에서 $f'(1) = 0$이고 $f(1) = 0$이므로
$f'(1) = 3 + 2a + b = 0$
$\therefore b = -3 \; (\because \bigcirc) \cdots \bigcirc$
$f(1) = 1 + a + b + c = 0$
$\therefore c = 2 \; (\because \bigcirc, \bigcirc)$
$\therefore f(x) = x^3 - 3x + 2$

> **함정** $f(-x) = f(x)$는 우함수, $f(-x) = -f(x)$는 기함수를 뜻해. 대칭이동과 관련하여 식을 이해하고, 그래프 개형을 결정할 때 활용할 수 있어야 해.

2nd 주어진 조건에서 함수 $f(x)$가 극댓값을 갖는 점을 유추하자.
조건 (가), (나)에서 함수 $f(x)$는 $x = 1$에서 극솟값을 가지므로 $x = -1$에서 극댓값을 갖는다. ┐ $f'(1) = f'(-1) = 0$이 되므로
따라서 함수 $f(x)$의 극댓값은 $f(-1) = -1 + 3 + 2 = 4$

다른 풀이: 극값에 대한 조건을 이용하여 $f'(x)$를 세운 후 부정적분을 이용하여 $f(x)$ 구하기

삼차함수 $f(x)$의 도함수는 $f'(x) = 3(x+1)(x-1) = 3x^2 - 3$이지?
┗ 조건 (가), (나)에 의하여 최고차항의 계수가 1인 삼차함수 $f(x)$는 $x = -1$에서 극댓값을 가져.

$\therefore f(x) = \displaystyle\int (3x^2 - 3) dx = x^3 - 3x + C$ (단, C는 적분상수)
이때, 삼차함수 $f(x)$의 그래프는 점 $(1, 0)$을 지나므로 $f(1) = 0$
$f(1) = 1 - 3 + C = 0$, $C = 2$ $\therefore f(x) = x^3 - 3x + 2$
(이하 동일)

E 71 정답 **②** *삼차함수의 유추 ──────── [정답률 62%]

(**정답 공식:** $g(x)$가 미분가능하기 위해서는 $x = \pm 1$에서 $f(x)$가 극값을 가져야 한다.)

> 삼차식 $f(x)$에 대하여 함수 $g(x)$를
> $$g(x) = \begin{cases} 3 & (x < -1) \\ f(x) & (-1 \leq x \leq 1) \\ -1 & (x > 1) \end{cases}$$
> **단서 1** $x = -1$의 좌우미분계수가 같고 $x = 1$의 좌우미분계수가 같아.
> 로 정의하자. 함수 $g(x)$가 모든 실수에서 미분가능할 때, 옳은 것만을 [보기]에서 있는 대로 고른 것은? (4점)
>
> **[보기]**
> ㄱ. $g'(-1) = g'(1)$ **단서 2** $g'(-1) = f'(-1), g'(1) = f'(1)$인데 그 값이 각각 얼마일까?
> ㄴ. 모든 실수 x에 대하여 $g'(x) \leq 0$
> ㄷ. 함수 $g'(x)$의 최솟값은 -2이다.
>
> ① ㄱ   ② ㄱ, ㄴ   ③ ㄱ, ㄷ
> ④ ㄴ, ㄷ   ⑤ ㄱ, ㄴ, ㄷ

1st 함수 $g(x)$가 모든 실수에서 미분가능하면 $x = -1$, $x = 1$에서 연속이고 미분계수가 존재해야 해.

ㄱ. 함수 $g(x)$가 모든 실수에서 미분가능하므로
$g'(x) = \begin{cases} 0 & (x < -1, \; x > 1) \\ f'(x) & (-1 \leq x \leq 1) \end{cases}$
이고 $f'(1) = f'(-1) = 0 \cdots \bigcirc$
$\therefore g'(1) = g'(-1) = 0$ (참)

2nd 삼차함수 $f(x)$를 구하자.

ㄴ. 함수 $g(x)$가 모든 실수에서 미분가능하므로 $x = -1$, $x = 1$에서 연속이다. 즉, 삼차함수 $f(x)$에 대하여
$f(-1) = 3, f(1) = -1 \cdots \bigcirc$
이때, $f(x) = ax^3 + bx^2 + cx + d$라 하면 $\bigcirc$에 의하여
$f'(x) = 3ax^2 + 2bx + c = 3a(x+1)(x-1) = 3a(x^2 - 1)$
$\therefore b = 0, c = -3a$
따라서 함수 $f(x) = ax^3 - 3ax + d$이고 $\bigcirc$에 의하여
$f(-1) = -a + 3a + d = 2a + d = 3$
$f(1) = a - 3a + d = -2a + d = -1$ $\therefore a = 1, d = 1$
즉, 함수 $f(x) = x^3 - 3x + 1$이므로 구간 $[-1, 1]$에서
$g'(x) = f'(x) = 3x^2 - 3 \leq 0$ (참) ┐ $g'(x) \leq 0$은 감소상태이거나 $g'(x) = 0$일 때를 말해.
ㄷ. $g'(x) = \begin{cases} 0 & (x < -1, \; x > 1) \\ 3x^2 - 3 & (-1 \leq x \leq 1) \end{cases}$
이므로 함수 $g'(x)$의 최솟값은 $x = 0$일 때, -3이다. (거짓)
따라서 옳은 것은 ㄱ, ㄴ이다.

다른 풀이: 모든 실수에서 미분가능한 함수 $y = g(x)$의 그래프의 개형을 그려 [보기]의 참·거짓 판단하기 **주의** 그래프가 뾰족하면 그 점에서의 미분계수가 존재하지 않아.

함수 $g(x)$가 미분가능하므로 $x = -1$, $x = 1$에서 그래프는 뾰족하지 않고 부드럽게 연결되어야 해. 즉, 함수 $f(x)$는 $x = -1$, $x = 1$에서 극점을 가져야 하고 구간 $[-1, 1]$에서 함수 $g(x)$는 감소함수가 돼.

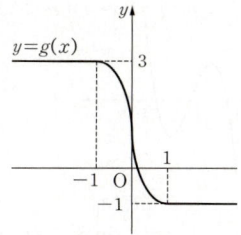

ㄱ. $g(x)$가 $x=-1$, $x=1$에서 극대, 극소이므로 $g'(-1)=g(1)=0$
(참)

ㄴ. $f(x)$가 $-1 \leq x \leq 1$에서 감소함수이므로 모든 실수 x에 대하여
$g(x)$는 감소함수야.
$\therefore g'(x) \leq 0$ (참)

ㄷ. $f(x)=ax^3+bx^2+cx+d$라 하면
$f'(-1)=f'(1)=0$, $f(-1)=3$, $f(1)=-1$을 만족하므로
$a=1$, $b=0$, $c=-3$, $d=1$
따라서 $f(x)=x^3-3x+1$, $f'(x)=3x^2-3$이므로
$g'(x)$의 최솟값은 -3이야. (거짓)

E 72 정답 32 *삼차함수의 유추 .... [정답률 64%]

모든 계수가 정수인 삼차함수 $y=f(x)$는 다음 조건을 만족시킨다.

(가) 모든 실수 x에 대하여 $f(-x)=-f(x)$이다.
(나) $f(1)=5$ ← 단서1 $-x$에서의 함숫값이 x에서의 함숫값과 부호만 다르다면? 그 그래프는 원점에 대하여 대칭이야.
(다) $1<f'(1)<7$ 단서2 $f(-1)=-f(1)=-5$이겠지.

함수 $y=f(x)$의 극댓값은 m이다. m^2의 값을 구하시오. (3점)

1st 조건 (가), (나), (다)를 이용하여 함수 $f(x)$를 구해.

조건 (가)에 의하여 모든 실수 x에 대하여 $f(-x)=-f(x)$이므로 삼차
함수 $y=f(x)$의 그래프는 원점에 대하여 대칭이다.
즉, $f(x)=ax^3+bx$(a, b는 정수, $a \neq 0$)로 놓을 수 있다. ← 그래프가 원점에 대하여 대칭이면 $f(x)$는 홀수 차수의 항들로만 이루어져야 해.
조건 (나)에서 $f(1)=a+b=5$ … ㉠
한편, $f'(x)=3ax^2+b$에서 $f'(1)=3a+b$이므로
조건 (다)에서 $1<3a+b<7$
$b=5-a$를 $1<3a+b<7$에 대입하면
$1<2a+5<7$, $-4<2a<2$ $\therefore -2<a<1$
$\therefore a=-1$ ($\because a \neq 0$인 정수), $b=6$ ($\because$ ㉠)
$\therefore f(x)=-x^3+6x$

2nd 함수 $f(x)$의 극댓값을 구해.

이때, $f'(x)=-3x^2+6=0$에서 $x=\pm\sqrt{2}$이므로 함수 $f(x)$의 증가와
감소를 표로 나타내면 다음과 같다.

x	$\cdots$	$-\sqrt{2}$	$\cdots$	$\sqrt{2}$	$\cdots$
$f'(x)$	$-$	0	$+$	0	$-$
$f(x)$	$\searrow$	극소	$\nearrow$	극대	$\searrow$

즉, $f(x)$는 $x=\sqrt{2}$일 때, 극댓값 $f(\sqrt{2})$를 가지므로
$m=f(\sqrt{2})=-2\sqrt{2}+6\sqrt{2}=4\sqrt{2}$
$\therefore m^2=32$

E 73 정답 14 *삼차함수의 유추 .... [정답률 44%]

함수 $f(x)=x^3-3px^2+q$가 다음 조건을 만족시키도록 하는 25
이하의 두 자연수 p, q의 모든 순서쌍 (p, q)의 개수를 구하시오.
(4점)

(가) 함수 $|f(x)|$가 $x=a$에서 극대 또는 극소가 되도록 하는 모든 실수 a의 개수는 5이다.
단서1 함수 $|f(x)|$의 극점의 개수를 이용하여 삼차함수 $f(x)$의 그래프의 개형을 먼저 찾아.
(나) 닫힌구간 $[-1, 1]$에서 함수 $|f(x)|$의 최댓값과 닫힌
구간 $[-2, 2]$에서 함수 $|f(x)|$의 최댓값은 같다.
단서2 닫힌구간의 양 끝값과 닫힌구간 내에 있는 극값을 비교하여 최댓값을 찾아내야 하는데 두 구간에서의 최댓값이 같게 되는 조건을 생각해봐.

1st 조건 (가)를 만족시키는 자연수 p, q의 조건을 찾자.

조건 (가)를 만족하려면 함수
$y=|f(x)|$의 그래프의 극점의 개수가 5가
되어야 한다.

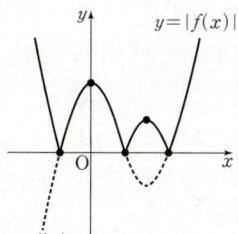

함정 함수의 극점은 함수의 그래프가 증가에서 감소로, 또는 감소에서 증가로 바뀌는 점이야. 미분가능여부와는 상관없어. 따라서 뾰족점도 극점이 될 수 있음을 기억해.

즉, 이를 만족시키면서 최고차항의 계수가
양수인 삼차함수 $y=f(x)$의 그래프는 오
른쪽 그림과 같아야 한다.
따라서 삼차방정식 $f(x)=0$이 서로 다른 세 실근을 가져야 하므로 삼차
함수 $f(x)$의 극댓값은 양수, 극솟값은 음수가 되어야 한다.
$f(x)=x^3-3px^2+q$에서
$f'(x)=3x^2-6px=3x(x-2p)$이므로
$f'(x)=0$에서 $x=0$ 또는 $x=2p$
즉, 함수 $f(x)$는 $x=0$에서 극대, $x=2p$($\because p>0$)에서 극소이므로
최고차항의 계수가 양수인 삼차함수에 대하여 x의 값이 x_1, x_2($x_1<x_2$)
$f(0)=q>0$ 인 점에서 극값을 가지면 이 삼차함수는 $x=x_1$에서 극대, $x=x_2$에서 극소야.
$f(2p)=8p^3-12p^3+q=-4p^3+q<0$
$\therefore 4p^3>q$
$\therefore 0<q<4p^3$ … ㉠

2nd 조건 (나)를 만족시키는 자연수 p, q의 조건을 찾자.

조건 (나)에서 닫힌구간 $[-1, 1]$에서의 함수 $|f(x)|$의 최댓값과 닫힌
닫힌구간 $[-1, 1]$에서 함수 $|f(x)|$의 최댓값은 $|f(-1)|$, $|f(1)|$, 극댓값인 $|f(0)|$ 중 하나야.
구간 $[-2, 2]$에서 함수 $|f(x)|$의 최댓값이 같으므로 두 구간에서의
닫힌구간 $[-2, 2]$에서 함수 $|f(x)|$의 최댓값은 $|f(-2)|$, $|f(2)|$, 극댓값인 $|f(0)|$ 중 하나야.
최댓값은 $|f(0)|=q$이어야 한다.
즉, $|f(-1)| \leq q$, $|f(1)| \leq q$, $|f(-2)| \leq q$, $|f(2)| \leq q$를 모두 만
족시켜야 한다.

(i) $|f(-1)| \leq q$에서 $-q \leq f(-1) \leq q$, $-q \leq -1-3p+q \leq q$
$-2q \leq -1-3p \leq 0$, $-2q+1 \leq -3p \leq 1$
$\therefore -\dfrac{1}{3} \leq p \leq \dfrac{2}{3}q-\dfrac{1}{3}$

(ii) $|f(1)| \leq q$에서 $-q \leq f(1) \leq q$, $-q \leq 1-3p+q \leq q$
$-2q \leq 1-3p \leq 0$, $-2q-1 \leq -3p \leq -1$
$\therefore \dfrac{1}{3} \leq p \leq \dfrac{2}{3}q+\dfrac{1}{3}$

(iii) $|f(-2)|\le q$에서 $-q\le f(-2)\le q$, $-q\le-8-12p+q\le q$

$-2q\le-8-12p\le0$, $-2q+8\le-12p\le8$

$\therefore-\dfrac{2}{3}\le p\le\dfrac{1}{6}q-\dfrac{2}{3}$

(iv) $|f(2)|\le q$에서 $-q\le f(2)\le q$, $-q\le8-12p+q\le q$

$-2q\le8-12p\le0$, $-2q-8\le-12p\le-8$

$\therefore\dfrac{2}{3}\le p\le\dfrac{1}{6}q+\dfrac{2}{3}$ ⟶ (i)~(iv)의 부등식에서 p의 좌변에 있는 값 중 가장 큰 값이야.

(i)~(iv)를 모두 만족시키는 p, q의 값의 범위는 $\dfrac{2}{3}\le p\le\dfrac{1}{6}q-\dfrac{2}{3}$에서 ⟵ (i)~(iv)의 부등식에서 p의 우변에 있는 값 중 가장 작은 값이야.

$4\le6p\le q-4$

$\therefore6p+4\le q\ \cdots\ ⓛ$

p는 자연수이므로 $4\le6p$는 당연히 만족해.

㉠, ㉡에 의하여 $6p+4\le q<4p^3$

3rd 25 이하의 두 자연수 p, q의 모든 순서쌍 (p,q)의 개수를 구하자.

$6p+4\le q<4p^3$을 만족시키는 25 이하의 두 자연수 p, q는

이 식을 만족하는 두 자연수 p, q를 구하기 위해 p에 1, 2, 3, …을 차례로 대입하면서 q의 값의 범위를 찾으면 돼.

$p=1$일 때,

$10\le q<4\Rightarrow$ 자연수 q는 존재하지 않는다.

$p=2$일 때,

$16\le q\le25\Rightarrow25-16+1=10$(개)

$p=2$일 때, $16\le q<32$인데 q가 25 이하의 자연수이므로 $16\le q\le25$라 나타낸 거야. $p=3$인 경우도 마찬가지야.

$p=3$일 때,

$22\le q\le25\Rightarrow25-22+1=4$(개)

$p\ge4$일 때,

q는 25보다 큰 자연수이어야 하므로 조건을 만족시키지 않는다.

따라서 두 자연수 p, q의 모든 순서쌍 (p,q)의 개수는 $10+4=14$이다.

E 74 정답 10 *삼차함수의 유추 ·········· [정답률 43%]

〔정답 공식: $g(x)$가 $x=2$에서 극값을 가지기 위해서는 $(x-2)^2$을 인수로 가져야 한다.〕

> **단서1** $f(x)$와 $g(x)$가 모두 삼차함수이므로 $f(x)g(x)=(x-1)^2(x-2)^2(x-3)^2$에서 $g(x)$의 식의 꼴을 유추할 수 있어.

두 삼차함수 $f(x)$와 $g(x)$가 모든 실수 x에 대하여

$f(x)g(x)=(x-1)^2(x-2)^2(x-3)^2$

을 만족시킨다. $g(x)$의 최고차항의 계수가 3이고, $g(x)$가 $x=2$에서 극댓값을 가질 때, $f'(0)=\dfrac{q}{p}$이다. $p+q$의 값을 구하시오.

(단, p와 q는 서로소인 자연수이다.) (4점)

> **단서2** 함수 $g(x)$의 그래프를 이용해 $x=2$에서 극댓값을 갖는 $g(x)$의 식을 찾아.

1st 삼차함수 $g(x)$의 꼴을 유추하자.

$f(x)$와 $g(x)$가 모두 삼차함수이고

$f(x)g(x)=(x-1)^2(x-2)^2(x-3)^2$

이므로 최고차항의 계수가 3인 삼차함수 $g(x)$의 식은

$g(x)=3(x-1)(x-2)(x-3)$ 또는 $g(x)=3(x-a)(x-b)^2$

또는 $g(x)=3(x-a)^2(x-b)$ (단, $a<b$, $a=1,2,3$, $b=1,2,3$)

이어야 한다.

2nd 주어진 조건을 만족하는 삼차함수 $g(x)$를 찾자.

(i) $g(x)=3(x-1)(x-2)(x-3)$일 때, 함수 $g(x)$의 그래프의 개형은 [그림 1]과 같다.

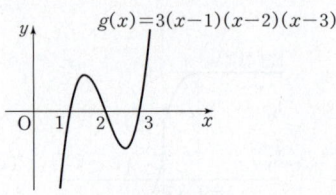

[그림 1]

이때, 함수 $g(x)$는 $x=2$에서 극값을 갖지 않으므로 주어진 조건을 만족시키지 않는다.

(ii) $g(x)=3(x-a)(x-b)^2$ (단, $a<b$, $a=1,2,3$, $b=1,2,3$)일 때, 함수 $g(x)$의 그래프의 개형은 [그림 2]와 같다.

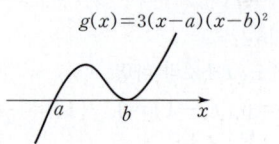

[그림 2]

이때, 함수 $g(x)$가 $x=2$에서 극댓값을 가지려면 $a=1$, $b=3$이어야 한다.

즉, $g(x)=3(x-1)(x-3)^2$이므로

$g'(x)=3(x-3)^2+3(x-1)\cdot2(x-3)$ ⟶ $y=p(x)q(x)$에 대하여 $y'=p'(x)q(x)+p(x)q'(x)$

$\quad=3(x-3)^2+6(x-1)(x-3)$

그런데 $g'(2)=3\cdot1+6\cdot1\cdot(-1)=-3\neq0$이므로 함수 $g(x)$는 $x=2$에서 극댓값을 갖지 않는다.

(iii) $g(x)=3(x-a)^2(x-b)$ (단, $a<b$, $a=1,2,3$, $b=1,2,3$)일 때, 함수 $g(x)$의 그래프의 개형은 [그림 3]과 같다.

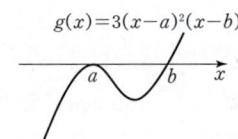

[그림 3]

이때, 함수 $g(x)$가 $x=2$에서 극댓값을 가지려면 $a=2$, $b=3$이어야 한다.

$\therefore g(x)=3(x-2)^2(x-3)$ ⟶ 함수 $g(x)=3(x-2)^2(x-3)$의 그래프는 다음과 같다.

3rd 삼차함수 $f(x)$를 찾고, $f'(0)$의 값을 구하자.

즉, $f(x)g(x)=(x-1)^2(x-2)^2(x-3)^2$에서

$g(x)=3(x-2)^2(x-3)$이므로

$f(x)=\dfrac{1}{3}(x-1)^2(x-3)$이다.

$f'(x)=\dfrac{2}{3}(x-1)(x-3)+\dfrac{1}{3}(x-1)^2$에서

$f'(0)=\dfrac{2}{3}\cdot(-1)\cdot(-3)+\dfrac{1}{3}\cdot(-1)^2=\dfrac{7}{3}$

따라서 $p=3$, $q=7$이므로 $p+q=3+7=10$

🧩 **다른 풀이:** $g(x)$가 $x-2$ 또는 $(x-2)^2$을 인수로 갖는지 여부에 따라 경우를 나누어 조건을 만족시키는 $g(x)$의 식 구하기

함수 $g(x)$의 식이 $(x-2)^2$이 아닌 $x-2$만을 인수로 갖는다면 $y=g(x)$의 그래프는 $x=2$의 좌우에서 $x=2$의 부호가 바뀌므로 $x=2$에서 극값을 갖지 않겠지?

또한, $g(x)$의 식이 $x-2$를 인수로 갖지 않는다면 ⟶ $x-2$를 인수로 갖지 않으면 당연히 $(x-2)^2$도 인수로 가질 수 없어.

$f(x)g(x)=(x-1)^2(x-2)^2(x-3)^2$이고 $g(x)$의 최고차항의 계수가 3이니까 $g(x)=3(x-1)^2(x-3)$ 또는 $g(x)=3(x-1)(x-3)^2$이 돼. 그런데 $g(x)=3(x-1)^2(x-3)$의 그래프는 [그림 4]와 같으므로 $x=2$에서 극댓값을 가질 수 없어.

E 104 정답 ③ *서로 다른 두 점의 속도와 가속도 [정답률 92%]

정답 공식: 수직선 위를 움직이는 점 P의 위치 x가 시각 t의 함수 $x=f(t)$로 나타내어질 때, 속도 $v(t)=\dfrac{dx}{dt}=f'(t)$, 가속도 $a(t)=\dfrac{dv}{dt}=v'(t)$

수직선 위를 움직이는 두 점 P, Q의 시각 $t(t \geq 0)$에서의 위치가 각각

$$x_1=-t^3+7t^2-10t, \quad x_2=t^2+2t$$

이다. 두 점 P, Q의 속도가 같아지는 순간 두 점 P, Q 사이의 거리는? (4점)

> **단서1** 위치 식을 t에 대하여 미분하여 속도 식을 구해야 해.
> **단서2** 두 점의 위치의 차

① 6   ② 7   ③ 8
④ 9   ⑤ 10

1st 두 점 P, Q의 속도를 t에 관한 식으로 나타내자.

두 점 P, Q의 시각 $t(t \geq 0)$에서의 속도를 각각 v_1, v_2라 하면

$$v_1=\frac{dx_1}{dt}=-3t^2+14t-10$$

$$v_2=\frac{dx_2}{dt}=2t+2$$

<u>두 위치 x_1, x_2가 모두 t에 관한 식이니 t에 대하여 미분하면 속도를 구할 수 있어.</u>

2nd 속도가 같아지는 시각을 구하자.

그러므로 두 점 P, Q의 속도가 같아지는 시각을 $t=t_1$이라 하면

$-3t_1^2+14t_1-10=2t_1+2$

$3t_1^2-12t_1+12=0$, $3(t_1-2)^2=0$

$\therefore t_1=2$

3rd 문제에서 묻고 있는 두 점 사이의 거리를 구하자.

따라서 $t=2$일 때, 두 점 P, Q 사이의 거리는

$$\underline{|(-2^3+7\times 2^2-10\times 2)-(2^2+2\times 2)|}=|0-8|=8$$

<u>$t=2$를 두 점 P, Q의 위치 식에 대입한 후 그 차를 이용하여 두 점 사이의 거리를 구해야 해.</u>

E 105 정답 ③ *서로 다른 두 점의 속도와 가속도 [정답률 85%]

정답 공식: 수직선 위를 움직이는 두 점 $P(x_1)$, $Q(x_2)$ 사이의 거리 $\overline{PQ}=|x_1-x_2|$ 이고, 수직선 위를 움직이는 점의 시각 t에서의 위치가 $x(t)$이면 속도 $v(t)=x'(t)$, 가속도 $a(t)=v'(t)$이다.

수직선 위를 움직이는 두 점 P, Q의 시각 $t(t \geq 0)$에서의 위치가 각각

> **단서2** 점 P의 위치, 속도, 가속도를 각각 $x(t), v(t), a(t)$라 하면 $v(t)=x'(t), a(t)=v'(t)$임을 이용해.

$$x_1=t^3-5t^2+10t, \quad x_2=\frac{5}{2}t^2-2t-10$$

이다. 두 점 P, Q 사이의 거리가 최소가 되는 순간 점 P의 가속도는? (4점)

> **단서1** $\overline{PQ}=|x_1-x_2|$ 이므로 삼차함수의 최솟값을 구해야 해.

① 8   ② 11   ③ 14
④ 17   ⑤ 20

1st 두 점 $P(x_1)$, $Q(x_2)$ 사이의 거리 $\overline{PQ}=|x_1-x_2|$임을 이용하여 $\overline{PQ}=|x_1-x_2|=|f(t)|$의 경곗값과 극값의 대소를 비교하자.

시각 $t(t \geq 0)$에서의 두 점 P, Q 사이의 거리는

$$\overline{PQ}=|x_1-x_2|=\left| t^3-\frac{15}{2}t^2+12t+10 \right|$$

$f(t)=t^3-\dfrac{15}{2}t^2+12t+10(t \geq 0)$이라 하면

$f'(t)=3t^2-15t+12=3(t-1)(t-4)$

함수 $f(t)$의 증가와 감소를 표로 나타내면 다음과 같다.

t	0	$\cdots$	1	$\cdots$	4	$\cdots$
$f'(t)$		+	0	−	0	+
$f(t)$	10	↗	$\dfrac{31}{2}$	↘	2	↗

$t \geq 0$에서 함수 $f(t)$의 최솟값은 → $f(t)=t^3-\dfrac{15}{2}t^2+12t+10(t \geq 0)$의 최솟값은 경곗값인 $f(0)$ 또는 극솟값인 $f(4)$에서 생겨.

$f(4)=2$이므로

양수인 모든 실수 t에 대하여 $f(t)>0$

그러므로 $\overline{PQ}=|x_1-x_2|=t^3-\dfrac{15}{2}t^2+12t+10$이고

두 점 P, Q 사이의 거리는 $t=4$에서 최소이다.

2nd 점 P의 위치를 이용하여 $t=4$에서의 가속도를 구하자.

시각 $t(t \geq 0)$에서의 점 P의 속도와 가속도를 각각 $v(t)$, $a(t)$라 하면

$$v(t)=\frac{d}{dt}x_1=3t^2-10t+10, \quad a(t)=\frac{d}{dt}v(t)=6t-10$$

<u>속도 $v(t)=x'(t)$, 가속도 $a(t)=v'(t)$</u>

따라서 $t=4$에서의 점 P의 가속도는

$a(4)=6\times 4-10=14$

E 106 정답 ① *수직선 위를 움직이는 점의 속도와 가속도 [정답률 89%]

정답 공식: 위치 함수를 미분하여 속도 함수를 구하고, 속도 함수를 미분하여 가속도 함수를 구한다.

수직선 위를 움직이는 두 점 P, Q의 시각 $t(t \geq 0)$에서의 위치가 각각

$$x_1=t^2+t-6, \quad x_2=-t^3+7t^2$$

이다. 두 점 P, Q의 위치가 같아지는 순간

> **단서1** $x_1=x_2$가 되는 시각 t의 값을 구해.

두 점 P, Q의 가속도를 각각 p, q라 할 때, $p-q$의 값은? (4점)

> **단서2** 위치 함수를 미분하면 속도 함수가 되고, 속도 함수를 미분하면 가속도 함수가 돼.

① 24   ② 27   ③ 30   ④ 33   ⑤ 36

1st 두 점 P, Q의 위치가 같아지는 순간의 시각 t를 구하자.

수직선 위를 움직이는 두 점 P, Q의 시각 $t(t \geq 0)$에서의 위치가 각각 $x_1=t^2+t-6$, $x_2=-t^3+7t^2$이므로

$x_1=x_2$에서

$t^2+t-6=-t^3+7t^2$

$t^3-6t^2+t-6=0$, $t^2(t-6)+t-6=0$

<u>공통인수 $t-6$으로 묶어서 인수분해 해.</u>

$(t-6)(t^2+1)=0$

$t \geq 0$이므로 $t=6$

즉, 두 점 P, Q의 위치가 같아지는 순간의 시각은 $t=6$이다.

2nd 두 점 P, Q의 시각 t에서의 속도와 가속도를 각각 구하자.

한편, 두 점 P, Q의 시각 t에서의 속도를 각각 v_1, v_2라 하면

$$v_1=\frac{dx_1}{dt}=2t+1, \quad v_2=\frac{dx_2}{dt}=-3t^2+14t$$

<u>수직선 위를 움직이는 점 P의 시각 t에서의 위치를 $x=f(t)$라 하면 시각 t에서의 점 P의 속도 v는 $v=\dfrac{dx}{dt}=f'(t)$</u>

두 점 P, Q의 시각 t에서의 가속도를 각각 a_1, a_2라 하면

$$a_1 = \frac{dv_1}{dt} = 2, \quad a_2 = \frac{dv_2}{dt} = -6t + 14$$

시각 t에서의 점 P의 속도를 $v(t)$라 하면
시각 t에서의 점 P의 가속도 a는 $a = \frac{dv(t)}{dt} = v'(t)$

3rd 두 점 P, Q의 시각 $t=6$에서의 가속도를 각각 구하자.

시각 $t=6$에서의 두 점 P, Q의 가속도가 각각 p, q이므로

$p = 2$, $q = (-6) \times 6 + 14 = -22$

$\therefore p - q = 2 - (-22) = 24$

E 107 정답 27 ＊수직선 위를 움직이는 두 점의 속도 … [정답률 75%]

【정답 공식: 위치 $x(t)$를 시각 t에 대하여 미분하면 $x'(t) = v(t)$로 속도가 된다.
또한, 두 점 $P(x_1)$, $Q(x_2)$에 대하여 $\overline{PQ} = |x_1 - x_2|$ 이다.】

수직선 위를 움직이는 두 점 P, Q에서의 시각 $t(t \geq 0)$에서의 위치 x_1, x_2가 [단서1] 위치를 미분하면 속도가 돼.

$$x_1 = t^3 - 2t^2 + 3t, \quad x_2 = t^2 + 12t$$

이다. 두 점 P, Q의 속도가 같아지는 순간 두 점 P, Q 사이의 거리를 구하시오. (4점) [단서2] 두 점의 속도가 같아지는 시각 t의 값을 찾은 후, 그때의 t의 값을 x_1, x_2에 대입하여 두 점의 위치를 구해.

1st 두 점 P, Q의 속도가 같아지는 시각을 구해.

시각 t에서의 점 P의 속도를 $v_1(t)$, 점 Q의 속도를 $v_2(t)$라 하면

$$v_1(t) = 3t^2 - 4t + 3, \quad v_2(t) = 2t + 12$$

$v_1(t)$는 $x_1 = t^3 - 2t^2 + 3t$를 t에 대해 미분한 식이고, $v_2(t)$는 $x_2 = t^2 + 12t$를 t에 대해 미분한 식이야.

두 점의 속도가 같아지는 시각은 $v_1(t) = v_2(t)$에서

$3t^2 - 4t + 3 = 2t + 12$, $3t^2 - 6t - 9 = 0$

$3(t+1)(t-3) = 0$

$\therefore t = 3 \, (\because t \geq 0)$

2nd $t = 3$일 때, 두 점 P, Q 사이의 거리를 구해.

따라서 $t = 3$일 때, $x_1 = 27 - 18 + 9 = 18$, $x_2 = 9 + 36 = 45$

이므로 두 점 P, Q의 속도가 같아지는 순간 두 점 P, Q 사이의 거리는

$\overline{PQ} = |18 - 45| = 27$

수직선 위의 두 점 $P(x_1)$, $Q(x_2)$ 사이의 거리는 $\overline{PQ} = |x_1 - x_2|$

E 108 정답 12 ＊서로 다른 두 점의 속도와 가속도 … [정답률 79%]

（정답 공식: 각 식을 t에 대해 미분하여 속도에 대한 식을 구한다.）

수직선 위를 움직이는 두 점 P, Q의 시각 t일 때의 위치는 각각

$$P(t) = \frac{1}{3}t^3 + 4t - \frac{2}{3}, \quad Q(t) = 2t^2 - 10$$

이다. 두 점 P, Q의 속도가 같아지는 순간 두 점 P, Q 사이의 거리를 구하시오. (3점) [단서] 주어진 위치 함수 $P(t)$, $Q(t)$의 미분을 이용하면 돼.

1st 두 점 P, Q의 속도가 같아지는 시각 t를 구해.

두 점 P, Q의 시각 t일 때의 속도는 각각

$v_P = P'(t) = t^2 + 4$ 속도는 위치의 변화율이야.
$v_Q = Q'(t) = 4t$ 즉, P의 속도는 $P'(t)$, Q의 속도는 $Q'(t)$야.

$v_P = v_Q$에서 $t^2 + 4 = 4t$

$t^2 - 4t + 4 = 0$, $(t-2)^2 = 0$ $\therefore t = 2$

2nd 두 점 P, Q의 위치를 구하여 두 점 사이의 거리를 구해.

$t = 2$일 때, 두 점 P, Q의 위치를 구하면

$$P(2) = \frac{1}{3} \cdot 2^3 + 4 \cdot 2 - \frac{2}{3} = 10$$

$$Q(2) = 2 \cdot 2^2 - 10 = -2$$

따라서 두 점 P, Q 사이의 거리는 $t=2$일 때 두 점 P, Q의 위치의 차야.

$$|P(2) - Q(2)| = |10 - (-2)| = 12$$

E 109 정답 ③ ＊서로 다른 두 점의 속도와 가속도 … [정답률 61%]

【정답 공식: 점 M의 좌표를 t에 대해 나타낸다. t에 대해 미분하여 속도에 대한 식으로 나타낼 수 있다. 운동 방향이 바뀌는 점의 판단은 속도가 0이고 그 점의 좌우에서 속도의 부호가 바뀌는지 확인한다.】

원점 O를 동시에 출발하여 수직선 위를 움직이는 두 점 P, Q의 t분 후의 좌표를 각각 x_1, x_2라 하면

$$x_1 = 2t^3 - 9t^2, \quad x_2 = t^2 + 8t$$

이다. 선분 PQ의 중점을 M이라 할 때, 두 점 P, Q가 원점을 출발한 후 4분 동안 세 점 P, Q, M이 움직이는 방향을 바꾼 횟수를 각각 a, b, c라고 하자. 이때, $a + b + c$의 값은? (4점) [단서] 세 점 P, Q, M의 t분 후의 위치를 나타내는 함수가 미분가능하므로 움직이는 방향을 바꾸는 시각의 속도는 0이고 그 시각의 좌우에서 속도의 부호가 바뀌어야 해.

① 1　　　② 2　　　③ 3
④ 4　　　⑤ 5

1st 두 점 P, Q의 중점 M의 좌표를 t에 관한 식으로 나타내 봐.

원점 O를 동시에 출발하여 수직선 위를 움직이는 두 점 P, Q의 t분 후의 좌표 x_1, x_2가 $x_1 = 2t^3 - 9t^2$, $x_2 = t^2 + 8t$이므로 두 점 P, Q의 중점 M의 t분 후의 좌표를 x_3이라 하면

$$x_3 = \frac{x_1 + x_2}{2} = \frac{2t^3 - 9t^2 + t^2 + 8t}{2} = t^3 - 4t^2 + 4t$$

두 점 $P(x_1)$, $Q(x_2)$의 중점 $M(x_3)$의 좌표는 $x_3 = \frac{x_1 + x_2}{2}$

2nd x_1, x_2, x_3이 각각 시각 t에 관한 함수이므로 t에 대하여 미분하여 속도를 구해.

$$\frac{dx_1}{dt} = 6t^2 - 18t = 6t(t-3)$$

$$\frac{dx_2}{dt} = 2t + 8 = 2(t+4)$$

$$\frac{dx_3}{dt} = 3t^2 - 8t + 4 = (3t-2)(t-2)$$

3rd 세 점 P, Q, M이 $0 < t \leq 4$에서 움직이는 방향을 바꾼 횟수를 각각 구해.

움직이는 방향이 바뀌는 점에서의 속도는 0이고 이 점의 좌우에서 속도의 부호가 바뀌어야 한다.

[주의] 속도는 크기와 방향을 갖는 값이므로 부호에 주의해야 해. 운동 방향이 바뀐다는 뜻은 속도가 +에서 - 또는 -에서 +로 부호가 바뀐다는 의미야.
따라서 운동 방향이 바뀌는 점에서 속도는 0이 되겠지.

$\frac{dx_1}{dt} = 0$에서 $t = 3$이고 $t = 3$의 좌우에서 $\frac{dx_1}{dt}$의 부호가 바뀌므로 $a = 1$
　　　　　　　　　　　　$(-)$에서 $(+)$로 바뀌어.

$\frac{dx_2}{dt} = 0$을 만족하는 t는 존재하지 않는다.

$\therefore b = 0$

$\frac{dx_3}{dt} = 0$에서 $t = \frac{2}{3}$ 또는 $t = 2$이고 $t = \frac{2}{3}$, $t = 2$에서 $\frac{dx_3}{dt}$의 부호가 바뀌므로 $c = 2$

$t = \frac{2}{3}$의 좌우에서는 $(+)$에서 $(-)$로 바뀌고 $t = 2$의 좌우에서는 $(-)$에서 $(+)$로 바뀌지.

$\therefore a + b + c = 3$

정답 공식: 10초부터 B의 속도가 빠른데 20초에 A, B가 같은 지점에 있다는 말은 20초 이전에 B가 A보다 뒤에 위치했었다는 뜻이다.

두 자동차 A, B가 같은 지점에서 동시에 출발하여 직선 도로를 한 방향으로만 달리고 있다. t초 동안 A, B가 움직인 거리는 각각 미분가능한 함수 $f(t)$, $g(t)$로 주어지고, 다음이 성립한다고 한다.

가. $f(20)=g(20)$ **단서1** A, B가 20초 동안 움직인 거리가 같아.

나. $10 \le t \le 30$에서 $f'(t) < g'(t)$ **단서2** B의 속도가 A의 속도보다 빨라.

이로부터, $10 \le t \le 30$에서의 A와 B의 위치에 관한 다음 설명 중 옳은 것은? (2점)

① B가 항상 A의 앞에 있다.
② A가 항상 B의 앞에 있다.
③ B가 A를 한 번 추월한다.
④ A가 B를 한 번 추월한다.
⑤ A가 B를 추월한 후 B가 다시 A를 추월한다.

1st 가에 의해 $f(20)=g(20)$이므로 20초 동안 A, B가 움직인 거리가 같아.

t초 동안 두 자동차 A, B가 움직인 거리는 각각 미분가능한 함수 $f(t)$, $g(t)$이고 가에서 $f(20)=g(20)$이므로 20초 동안 A, B가 움직인 거리가 같다.

즉, 두 자동차 A, B는 $t=20$일 때 만난다. → A, B가 같은 지점에서 동시에 출발하여 직선 도로를 한 방향으로만 달려.

2nd $f'(t) < g'(t)$이므로 B의 속도가 A의 속도보다 크다는 걸 알 수 있어.

나에서 $10 \le t \le 30$일 때 $f'(t) < g'(t)$이고 $f'(t)$, $g'(t)$는 각각 A, B의 속도이므로 10초에서 30초 사이에서는 B의 속도가 A의 속도보다 크다. 따라서 $10 \le t < 20$에서는 A가 B보다 앞서 달리다가 $t=20$에서 A와 B가 만나고, $20 < t \le 30$에서는 B가 A를 앞질러 달린다는 걸 알 수 있다. 즉, $10 \le t \le 30$에서 B가 A를 한 번 추월한다.

$t=20$에서 추월이 시작된 거야.

❖ 속도와 가속도 개념·공식

수직선 위를 움직이는 점 P의 시각 t에서의 위치 x가 $x=f(t)$일 때, 시각 t에서의 점 P의 속도 v와 가속도 a는

① $v = \dfrac{dx}{dt} = f'(t)$

② $a = \dfrac{dv}{dt} = v'(t)$

정답 공식: 두 점 P, Q의 시각 t에서의 위치가 각각 $p(t)$, $q(t)$이므로 두 점 P, Q의 시각 t에서의 속도는 각각 $p'(t)$, $q'(t)$이다.

단서1 두 점이 만나면 위치가 같다는 뜻이야. 즉, $p(1)=q(1)$이지.

수직선 위를 움직이는 두 점 P, Q의 시각 t에서의 위치는 각각

$$p(t) = -t^3 + 2t^2 + 3at, \quad q(t) = -bt^2 + t - 1$$

이다. $t=1$일 때 두 점 P, Q가 만나고, $t=2$일 때 두 점 P, Q의 속도가 같다. 상수 a, b에 대하여 $b-a$의 값은? (3점)

① -3　　② -1　　③ 0
④ 1　　⑤ 3

단서2 위치가 t에 대한 함수로 주어졌을 때, 위치의 식을 미분하면 속도야. 즉, $p'(2)=q'(2)$이지.

1st 두 점 P, Q가 만나면 두 점의 위치가 같지?

$t=1$일 때, 두 점 P, Q가 만나므로 두 점의 위치가 같다.

즉, $p(1)=q(1)$이므로

$$-1^3 + 2 \times 1^2 + 3a \times 1 = -b \times 1^2 + 1 - 1$$

$$\therefore 3a + b = -1 \cdots ㉠$$

2nd 시각 t에서의 속도를 각각 구하자.

한편, 시각 t에서의 두 점 P, Q의 속도는 각각

$$p'(t) = -3t^2 + 4t + 3a, \quad q'(t) = -2bt + 1$$

→ 점 P의 시각 t에서의 위치를 $x=f(t)$라 할 때, 속도는 $v(t) = \dfrac{dx}{dt} = f'(t)$

이고 $t=2$일 때, 두 점 P, Q의 속도가 같으므로 $p'(2)=q'(2)$에서

$$-3 \times 2^2 + 4 \times 2 + 3a = -2b \times 2 + 1$$

$$\therefore 3a + 4b = 5 \cdots ㉡$$

㉠, ㉡을 연립하여 풀면 $a=-1$, $b=2$

$$\therefore b - a = 2 - (-1) = 3$$

정답 공식: 지면과 수직하게 움직이는 물체의 t초 후의 높이를 $h(t)$라 하면 t초 후의 속도는 $h'(t)$이다.

지면으로부터 높이가 30 m인 지점에서 지면과 수직으로 던져 올린 물체의 t초 후의 높이를 $h(t)$ m라 하면 $h(t) = -5t^2 + 25t + 30$인 관계가 성립한다. 이 물체가 지면에 떨어지는 순간의 속력(m/s)을 구하시오. (3점)

단서1 높이가 0일 때의 시각을 구해야 해.

단서2 속력은 속도의 절댓값이야.

1st 물체가 지면에 떨어지는 순간의 시각을 구해.

t초 후의 물체의 위치가 $h(t) = -5t^2 + 25t + 30$이고 물체가 지면에 떨어지는 순간 물체의 높이는 0이므로 $h(t)=0$에서

$$-5t^2 + 25t + 30 = 0$$

$$t^2 - 5t - 6 = 0$$

$$(t+1)(t-6) = 0$$

$$\therefore t = 6 (\because t > 0)$$ → 물체를 던진 이후의 시각을 구하는 것이므로 $t > 0$이야.

2nd 물체가 지면에 떨어지는 순간의 속력을 구해.

$h(t) = -5t^2 + 25t + 30$에서 t초 후의 물체의 속도는 $h'(t) = -10t + 25$이다.

따라서 물체가 지면에 떨어지는 순간, 즉 $t=6$일 때의 속도는

$$h'(6) = -10 \times 6 + 25 = -35$$이므로 구하는 속력은 $|h'(6)| = 35$

속도는 방향과 크기를 모두 가지고 있어서 0과 음, 양의 값으로 나타낼 수 있지만 속력은 크기만 가지고 있기 때문에 0과 양의 값으로만 나타낼 수 있어.

E 113 정답 ④   ＊수직 방향으로 움직이는 물체의 속도와 가속도 ····· [정답률 88%]

> **정답 공식:** 지면과 수직하게 움직이는 물체가 최고 높이에 도달했을 때의 속도는 0이다.

지면으로부터 높이가 20 m인 지점에서 지면과 수직으로 던져 올린 물체의 t초 후의 높이를 $h(t)$ m라 하면 $h(t)=-5t^2+30t+20$인 관계가 성립한다. 이 물체가 최고 높이에 도달했을 때의 지면으로부터의 높이(m)는? (3점)   단서 올라가다가 떨어지는 물체는 속도가 양의 값에서 음의 값으로 바뀌므로 최고 높이에서의 속도는 0이야.

① 50   ② 55   ③ 60   ④ 65   ⑤ 70

1st 물체가 최고 높이에 도달했을 때의 시각을 구해.

t초 후의 물체의 높이가 $h(t)=-5t^2+30t+20$이므로 t초 후의 물체의 속도는 $h'(t)=-10t+30$야. 지면과 수직하게 움직이는 물체의 t초 후의 높이를 $h(t)$라 하면 t초 후의 속도는 $h'(t)$야.

이때, 물체가 최고 높이에 도달하면 속도는 0이 되므로

$h'(t)=0$에서 $-10t+30=0$

$10t=30$ ∴ $t=3$

2nd 물체가 최고 높이에 도달했을 때의 높이를 구해.

따라서 물체가 최고 높이에 도달했을 때의 지면으로부터의 높이는

$h(3)=-5\times3^2+30\times3+20=65$ (m)이다.

E 114 정답 ①   ＊수직 방향으로 움직이는 물체의 속도와 가속도 ··· [정답률 45%]

> **정답 공식:** 공의 속도 $v(t)=h'(t)$이다. 공이 경사면과 충돌했을 때, 공의 중심의 높이를 구한다.

그림과 같이 편평한 바닥에 60°로 기울어진 경사면과 반지름의 길이가 0.5 m인 공이 있다. 이 공의 중심은 경사면과 바닥이 만나는 점에서 바닥에 수직으로 높이가 21 m인 위치에 있다. 이 공을 자유 낙하시킬 때, t초 후 공의 중심의 높이 $h(t)$는

$$h(t)=21-5t^2(\text{m})$$

라고 한다. 공이 경사면과 처음으로 충돌하는 순간, 공의 속도는? (단, 경사면의 두께와 공기의 저항은 무시한다.) (4점)

단서 공의 중심과 경사면 사이의 거리가 0.5 m가 되는 순간을 말해.

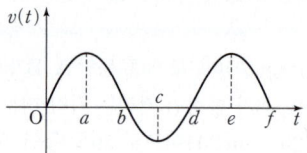

① -20 m/초   ② -17 m/초   ③ -15 m/초
④ -12 m/초   ⑤ -10 m/초

1st 우선 공이 경사면과 처음으로 충돌하는 순간의 공의 중심의 높이를 구하자.

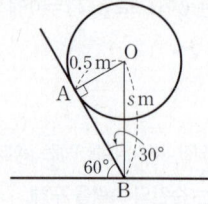

그림과 같이 공이 경사면과 처음으로 충돌하는 순간의 공의 중심의 높이를 s m라 하면 직각삼각형 OAB에서

$$\sin(\angle OBA)=\dfrac{\overline{OA}}{\overline{OB}}$$
└ $\dfrac{1}{2}$이야.

$\sin30°=\dfrac{0.5}{s}=\dfrac{1}{2}$ ∴ $s=1$

2nd 이제 공이 경사면과 처음으로 충돌하는 순간의 시간 t를 구하자.

$\underline{1=21-5t^2}$ ┌ $h(t)=1$인 순간의 t의 값을 구하자.

$t^2=4$ ∴ $t=2 (\because t>0)$

$h(t)=21-5t^2$에서

$h'(t)=-10t$

따라서 $t=2$(초)일 때의 공의 속도는 $h'(2)$이므로

$h'(2)=(-10)\times2=-20$(m/초)

E 115 정답 ①   ＊속도 그래프에 대한 해석 ·········· [정답률 81%]

> **정답 공식:** 수직선 위를 움직이는 점 P의 시각 t에서의 속도 $v(t)$에 대하여 $v(a)=0$이고 $t=a$의 좌우에서 $v(t)$의 부호가 바뀌면 점 P는 $t=a$에서 운동 방향을 바꾼다.

그림은 원점을 출발하여 수직선 위를 움직이는 점 P의 시각 t에서의 속도 $v(t)$의 그래프이다. [보기]에서 옳은 것만을 있는 대로 고른 것은? (3점)

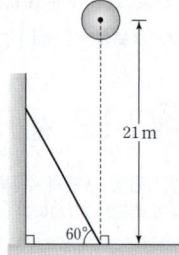

[보기]

ㄱ. $t=a$일 때와 $t=c$일 때 점 P의 운동 방향은 서로 반대이다.
단서1 속도 $v(t)$의 부호가 반대이면 운동 방향이 반대야.

ㄴ. $b<t<c$에서 점 P의 속력은 감소한다. 단서2 속력은 속도의 절댓값이야.

ㄷ. $0<t<f$에서 점 P의 가속도가 0인 순간은 두 번이다.
단서3 속도를 나타내는 함수가 $v(t)$이면 가속도를 나타내는 함수는 $v'(t)$야.

① ㄱ   ② ㄷ   ③ ㄱ, ㄴ
④ ㄱ, ㄷ   ⑤ ㄱ, ㄴ, ㄷ

1st 그래프를 이용하여 주어진 명제의 참, 거짓을 따지자.

ㄱ. $t=a$일 때 $v(t)>0$이고 $t=c$일 때 $v(t)<0$이므로 $t=a$일 때와 $t=c$일 때 점 P의 운동 방향은 서로 반대이다. (참)

ㄴ. $b<t<c$에서 $|v(t)|$의 값은 증가하므로 속력은 증가한다. (거짓)
$b<t<c$에서 $v(t)<0$이고 $v(t)$는 점점 감소하고 있으므로 $|v(t)|$의 값은 증가해.

ㄷ. $v'(a)=0$, $v'(c)=0$, $v'(e)=0$이므로 점 P의 가속도가 0인 순간은 $t=a$, $t=c$, $t=e$일 때의 세 번이다. (거짓)

따라서 옳은 것은 ㄱ이다. → 속도 $v(t)$에 대하여 가속도가 0이면 $v'(t)=0$이야.

> ⚙ **속도 그래프에 대한 해석**   개념·공식
>
> 수직선 위를 움직이는 점 P의 시각 t에서의 속도 $v(t)$의 그래프에서
> ① $v(t)$의 그래프가 t축과 $t=a$에서 만나고 $t=a$의 좌우에서 $v(t)$의 부호가 바뀌면
>   ➡ 점 P는 $t=a$에서 운동 방향을 바꾼다.
> ② $v(t)$가 증가하는 구간
>   ➡ 점 P의 가속도는 양의 값이다.
> ③ $v(t)$가 감소하는 구간
>   ➡ 점 P의 가속도는 음의 값이다.

E 116 정답 ⑤ *속도 그래프에 대한 해석 ········· [정답률 78%]

정답 공식: 수직선 위를 움직이는 점 P의 시각 t에서의 속도 $v(t)$가 증가하는 구간에서 점 P의 가속도는 양수이고, $v(t)$가 감소하는 구간에서 점 P의 가속도는 음수이다.

그림은 수직선 위를 움직이는 점 P의 시각 $t(0 \le t \le 5)$에서의 속도 $v(t)$의 그래프이다. [보기]에서 옳은 것만을 있는 대로 고른 것은? (3점)

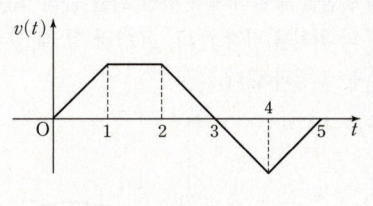

[보기]

ㄱ. 점 P는 운동 방향을 한 번 바꾼다. **단서1** 가속도는 속도의 변화율이야.

ㄴ. $1<t<2$에서 점 P의 가속도는 일정하다.

ㄷ. 시각 t에서의 점 P의 가속도를 $a(t)$라 하면 $a(3)<0$이다. **단서2** $t=3$에서 속도가 감소하는지를 확인하라는 거야.

① ㄱ   ② ㄷ   ③ ㄱ, ㄴ

④ ㄱ, ㄷ   ⑤ ㄱ, ㄴ, ㄷ

1st 어떤 한 점을 기준으로 운동 방향을 바꾼다는 것은 그 점의 좌우에서 속도의 부호가 바뀐다는 거야.

ㄱ. $0<t<3$에서 $v(t)>0$이고 $3<t<5$에서 $v(t)<0$이므로 점 P는 $t=3$에서 운동 방향을 바꾼다. (참)

수직선 위를 움직이는 점 P의 시각 t에서의 속도 $v(t)$의 그래프가 t축과 $t=a$에서 만나고 $t=a$의 좌우에서 $v(t)$의 부호가 바뀌면 점 P는 $t=a$에서 운동 방향을 바꿔.

2nd 속도 $v(t)$에 대하여 가속도는 $v'(t)$야.

ㄴ. $1<t<2$에서 $v(t)$는 일정하므로 이 구간에서 점 P의 가속도는 $v'(t)=0$이다. (참) $v(t)$의 그래프에서 $1<t<2$일 때 $v(t)$는 변하지 않으므로 이 구간에서 점 P의 가속도는 $v'(t)=0$으로 일정해.

ㄷ. 시각 t에서의 점 P의 가속도는 $a(t)=v'(t)$이고 $v'(3)<0$이므로 $a(3)<0$이다. (참) $v(t)$의 그래프의 $t=3$일 때의 접선의 기울기는 음수야.

따라서 옳은 것은 ㄱ, ㄴ, ㄷ이다.

E 117 정답 ② *속도 그래프에 대한 해석 ········· [정답률 50%]

정답 공식: $v'(1)=0$이므로 $a(t)=v'(t)>k$일 때가 존재한다.

오른쪽 그림은 수직선 위를 움직이는 점 P의 시각 t에서의 속도 $v(t)$를 나타내는 그래프이다. $v(t)$는 $t=2$를 제외한 열린구간 $(0, 3)$에서 미분가능한 함수이고, $v(t)$의 그래프는 열린구간 $(0, 1)$에서 원점과 점 $(1, k)$를 잇는 직선과 한 점에서 만난다. 점 P의 시각 t에서의 가속도 $a(t)$를 나타내는 그래프의 개형으로 가장 알맞은 것은? (3점)

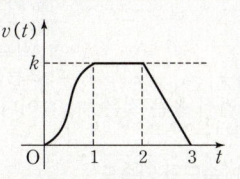

단서 속도의 변화량이야. 즉, 속도가 점점 빨라지면 $a(t)>0$, 속도가 점점 느려지면 $a(t)<0$, 속도가 일정하면 $a(t)=0$이야.

① 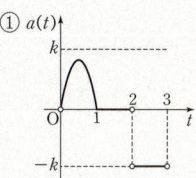   ②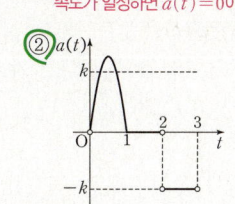

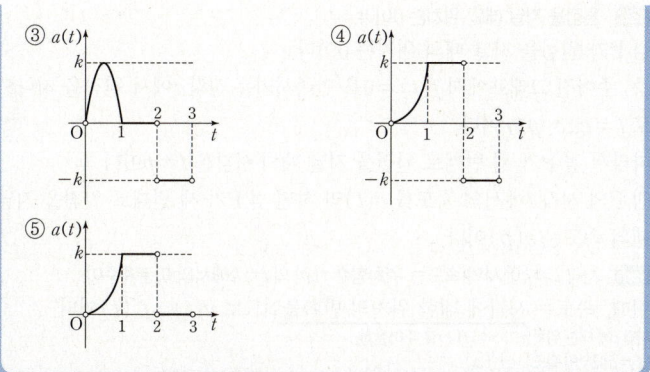

1st $v'(t)=a(t)$임을 이용해.

$v'(t)=a(t)$이므로 $a(t)$의 그래프는 주어진 그래프의 도함수의 그래프이다.

2nd 적당한 구간으로 나눈 후 v'의 부호를 조사해.

$0<t \le 1$에서 $v'(t)$는 증가하다가 감소한다. → $a(t)$의 그래프는 극대가 되는 점이 적어도 1개 있는 거야.

$t=\alpha\ (0<\alpha<1)$에서 $v'(t)$의 값이 최대라고 하면 주어진 그림에서

$v'(\alpha)>k \cdots (*)$

$1 \le t<2$에서 $v(t)=k$이므로

$v'(t)=0$

$2<t<3$에서 $v(t)=-kt+3k$이므로

$v'(t)=-k$

따라서 $a(t)$를 나타내는 그래프의 개형은 ②이다.

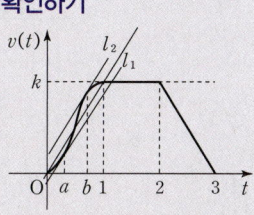

수능 핵강

* $v'(\alpha)>k$를 만족시키는 α의 존재 확인하기

$(*)$에서 $v'(\alpha)>k$를 만족시키는 α가 존재하는지 자세히 알아볼까?

$v(t)$의 그래프가 원점과 점 $(1, k)$를 잇는 직선과 열린구간 $(0, 1)$에서 한 점에서 만난다고 했으므로 기울기가 k인 접선은 그림과 같이 l_1, l_2로 2개야.

이때, l_1, l_2의 접점의 x좌표를 각각 a, b라 하면 $a<t<b$에서 $v'(t)>k$임을 알 수 있어. 따라서 $t=\alpha(0<\alpha<1)$에서 $v'(t)$의 값이 최대라 하면 $v'(\alpha)>k$인 α가 존재하겠지.

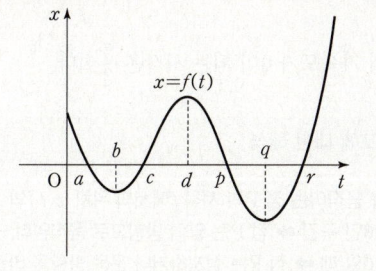

E 118 정답 ④ *위치 그래프에 대한 해석 ········· [정답률 85%]

정답 공식: 시각 t에서의 점 P의 위치, 속도, 가속도를 각각 $x(t)$, $v(t)$, $a(t)$라 하면 $v(t)=x'(t)$, $a(t)=v'(t)$이다.

그림은 수직선 위를 움직이는 점 P에 대하여 시각 t와 점 P의 위치 x 사이의 관계 $x=f(t)$의 그래프이다. 다음 중 점 P가 세 번째로 원점을 지날 때의 속도와 같은 것은? (3점)

단서 점 P가 원점을 지날 때의 위치는 $x=0$이고, 속도는 시각에 대한 위치의 변화율이야.

① $f(a)$ ② $f(q)$ ③ $f'(c)$ ④ $f'(p)$ ⑤ $f'(r)$

1st 원점을 지날 때의 위치는 0이야.

점 P가 원점을 지날 때의 위치는 0이다.

즉, 주어진 그래프에서 $f(t)=0$을 만족시키는 시각 t에서 원점을 지나므로 $t=a, c, p, r$이다.

따라서 점 P가 세 번째로 원점을 지날 때의 시각은 $t=p$이다.

점 P의 시각 t에서의 속도를 $v(t)$라 하면 점 P가 세 번째로 원점을 지날 때의 속도는 $v(p)$이다.

2nd 시각 $t=k$에서의 속도는 위치함수 $f(t)$의 $t=k$에서의 미분계수야.

이때, 속도는 시각에 대한 위치의 변화율이므로 $v(t)=f'(t)$이다.

시각 t에 대한 위치 x가 $x=f(t)$로 주어질 때,
$(t=a$에서의 속도$)=f'(a)$
$=($곡선 $y=f(x)$ 위의 점 $(a, f(a))$에서의 접선의 기울기$)$

$\therefore v(p)=f'(p)$

E 119 정답 ③　＊위치 그래프에 대한 해석 .... [정답률 74%]

정답 공식: 시각 t에서의 점 P의 위치, 속도, 가속도를 각각 $x(t), v(t), a(t)$라 하면 $v(t)=x'(t), a(t)=v'(t)$이다.

그림은 수직선 위를 움직이는 점 P의 시각 t에서의 위치 $x(t)$의 그래프이다. 점 P의 가속도가 0이 되는 시각은? (단, $x(t)$는 t에 대한 삼차함수이다.) (3점)　**단서** $x(t)$의 그래프가 t축과 세 점 $t=0, t=1, t=4$에서 만나고 $x(t)$는 t에 대한 삼차함수이므로 $x(t)$의 식을 구할 수 있어.

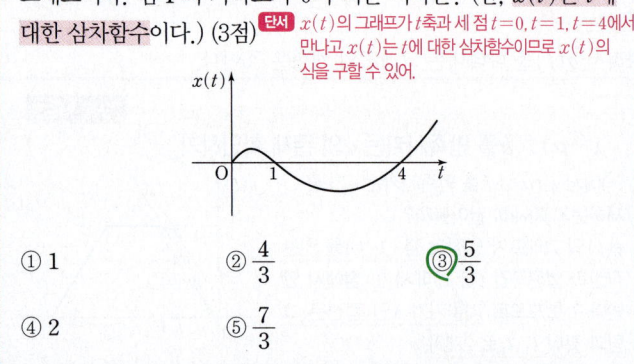

① 1　　　　② $\dfrac{4}{3}$　　　　③ $\dfrac{5}{3}$

④ 2　　　　⑤ $\dfrac{7}{3}$

1st 주어진 그래프로 $x(t)$의 식을 구하고 시각 t에서의 가속도를 구해.

$x(t)$의 그래프가 t축과 세 점 $t=0, t=1, t=4$에서 만나므로

$x(t)=kt(t-1)(t-4)=k(t^3-5t^2+4t)(k>0)$라 하자.

$x(t)$의 그래프의 개형이 ～ 이므로 삼차함수 $x(t)$의 최고차항의 계수는 양수야.

이때, 점 P의 속도와 가속도를 각각 $v(t), a(t)$라 하면

$v(t)=x'(t)=k(3t^2-10t+4)$

$a(t)=v'(t)=k(6t-10)$

2nd 점 P의 가속도가 0이 되는 시각을 구해.

$a(t)=0$에서 $k(6t-10)=0$

$6t-10=0$

$\therefore t=\dfrac{5}{3}$

따라서 점 P의 가속도가 0이 되는 시각은 $\dfrac{5}{3}$이다.

✿ **위치 그래프에 대한 해석**　　개념·공식

수직선 위를 움직이는 점 P의 시각 t에서의 위치 $x(t)$의 그래프에서
① $x'(t)>0$인 구간 ➡ 점 P는 양의 방향으로 움직인다.
② $x'(t)=0$일 때 ➡ 점 P는 정지하거나 운동 방향을 바꾼다.
③ $x'(t)<0$인 구간 ➡ 점 P는 음의 방향으로 움직인다.

E 120 정답 ③　＊위치 그래프에 대한 해석 .... [정답률 67%]

정답 공식: 시각 t에서의 점 P의 위치, 속도, 가속도를 각각 $x(t), v(t), a(t)$라 하면 $v(t)=x'(t), a(t)=v'(t)$이다.

원점을 출발하여 수직선 위를 움직이는 두 점 P, Q의 시각 t에서의 위치를 각각 $f(t), g(t)$라 할 때, $y=f(t), y=g(t)$의 그래프는 그림과 같다.

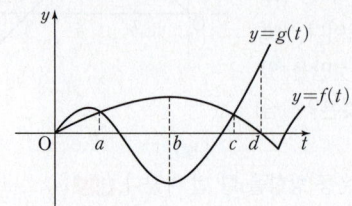

[보기]에서 옳은 것만을 있는 대로 고른 것은? (4점)

[보기]

ㄱ. $0<t<d$에서 두 점 P, Q는 두 번 만난다.
　단서1 두 그래프 $f(t), g(t)$의 교점의 개수를 확인해.

ㄴ. $b<t<d$에서 두 점 P, Q는 같은 방향으로 움직인다.
　단서2 $b<t<d$에서 $f'(t), g'(t)$의 부호를 확인해.

ㄷ. $t=b$에서 두 점 P, Q의 가속도의 곱은 음수이다.
　단서3 두 점 P, Q의 가속도의 부호가 반대인지를 확인해.

① ㄱ　　　　② ㄷ　　　　③ ㄱ, ㄷ

④ ㄴ, ㄷ　　　　⑤ ㄱ, ㄴ, ㄷ

1st 그래프를 이용하여 주어진 명제의 참, 거짓을 따지자.

ㄱ. $f(a)=g(a), f(c)=g(c)$이므로 두 점 P, Q는 $t=a, t=c$일 때 만난다.
　　따라서 $0<t<d$에서 두 점 P, Q는 두 번 만난다. (참)

ㄴ. $b<t<d$에서 $f'(t)<0, g'(t)>0$이므로 $b<t<d$에서 두 점 P, Q는 서로 반대 방향으로 움직인다. (거짓)
　　➜ $b<t<d$에서 점 P는 음의 방향으로 움직이고, 점 Q는 양의 방향으로 움직이므로 이 구간에서 점 P의 속도는 음수이고 점 Q의 속도는 양수야.

ㄷ. $a<t<b$에서 $f'(t)>0$이고 $b<t<c$에서 $f'(t)<0$이므로 $t=b$에서 점 P의 가속도는 음의 값을 갖는다. 또한, $a<t<b$에서 $g'(t)<0$이고 $b<t<c$에서 $g'(t)>0$이므로 $t=b$에서 점 Q의 가속도는 양의 값을 갖는다. 즉, $t=b$에서 두 점 P, Q의 가속도의 곱은 음수이다. (참)
　　$t=b$의 좌우에서 $f(t)$의 그래프의 접선을 그려보면 접선의 기울기가 점점 작아지고 $g(t)$의 그래프의 접선을 그려보면 기울기가 점점 커지지? 이 말은 점 P의 속도는 점점 작아지고 점 Q의 속도는 점점 커진다는 거야. 따라서 $t=b$에서 점 P의 가속도는 음수, 점 Q의 가속도는 양수야.

따라서 옳은 것은 ㄱ, ㄷ이다.

✿ **속도와 가속도**　　개념·공식

수직선 위를 움직이는 점 P의 시각 t에서의 위치 x가 $x=f(t)$일 때, 시각 t에서의 점 P의 속도 v와 가속도 a는

① $v=\dfrac{dx}{dt}=f'(t)$

② $a=\dfrac{dv}{dt}=v'(t)$

E 121 정답 36　*넓이에 대한 변화율　　　　[정답률 63%]

정답 공식: 정삼각형의 한 변의 길이를 이용해 원의 넓이를 나타낸 후 t에 대해 미분한다.

단서1 t초 후의 정삼각형의 한 변의 길이를 알아내야 해.

한 변의 길이가 $12\sqrt{3}$인 정삼각형과 그 정삼각형에 내접하는 원으로 이루어진 도형이 있다. 이 도형에서 정삼각형의 각 변의 길이가 매초 $3\sqrt{3}$씩 늘어남에 따라 원도 정삼각형에 내접하면서 반지름의 길이가 늘어난다. 정삼각형의 한 변의 길이가 $24\sqrt{3}$이 되는 순간, 정삼각형에 내접하는 원의 넓이의 시간(초)에 대한 변화율이 $a\pi$이다. 이때, 상수 a의 값을 구하시오. (4점)　**단서2** 내접원의 반지름의 길이를 시간(초)에 대한 함수로 나타내야 해.

1st 한 변의 길이가 a인 정삼각형의 넓이는 $\frac{\sqrt{3}}{4}a^2$임을 이용하자.

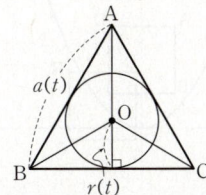

t초 후의 정삼각형의 한 변의 길이를 $a(t)$라 하면
정삼각형의 각 변의 길이가 매초 $3\sqrt{3}$씩 늘어나므로
$a(t)=12\sqrt{3}+3\sqrt{3}t=3\sqrt{3}(t+4)\cdots\,\text{㉠}$

이 정삼각형의 각 꼭짓점을 A, B, C, 내접원의 중심을 O라 하자. 내접원의 반지름의 길이를 $r(t)$라 하면 정삼각형의 넓이로부터

$\triangle\text{ABC}=\triangle\text{ABO}+\triangle\text{BCO}+\triangle\text{CAO}$

[정삼각형의 높이와 넓이]
한 변의 길이가 a인 정삼각형의 높이 $h=\frac{\sqrt{3}}{2}a$, 넓이 $S=\frac{\sqrt{3}}{4}a^2$

$\frac{\sqrt{3}}{4}\{a(t)\}^2=\frac{1}{2}\times a(t)\times r(t)\times 3$

$r(t)=\frac{\sqrt{3}}{6}a(t)=\frac{3}{2}(t+4)(\because\text{㉠})\cdots\,\text{㉡}$

2nd 내접원의 넓이를 t에 관한 식으로 고쳐서 미분하자.

정삼각형의 한 변의 길이가 $24\sqrt{3}$이 되는 시간은 ㉠에 의하여
$3\sqrt{3}(t+4)=24\sqrt{3}$
$t+4=8$　∴ $t=4$

따라서 내접원의 넓이를 $S(t)$라 하고 $t=4$(초)일 때 넓이의 변화율을 구하면 $S(t)=\pi\{r(t)\}^2=\frac{9\pi}{4}(t+4)^2\,(\because\text{㉡})$

$S'(t)=\frac{9\pi}{2}(t+4)$

$S'(4)=36\pi=a\pi$

∴ $a=36$

다른 풀이: 1st 에서 정삼각형의 내심과 무게중심은 일치하므로 무게중심의 성질을 이용하여 반지름의 길이 $r(t)$ 구하기

$\triangle\text{ABC}$는 정삼각형이므로 내접원의 중심 O는 $\triangle\text{ABC}$의 무게중심이고 이 점은 중선을 $2:1$로 내분해.

점 A에서 선분 BC에 내린 수선의 발을 H라 하면 $\overline{\text{AH}}=\frac{\sqrt{3}}{2}a(t)$이고 점 O는 $\overline{\text{AH}}$를 $2:1$로 내분하는 점이므로

$r(t)=\overline{\text{OH}}=\frac{1}{3}\overline{\text{AH}}=\frac{\sqrt{3}}{6}a(t)$

$=\frac{3}{2}(t+4)\,(\because\text{㉠})$

(이하 동일)

E 122 정답 18　*넓이에 대한 변화율　　　　[정답률 60%]

정답 공식: 삼각형 PBD, QDB의 넓이의 합으로 사각형 DPBQ의 넓이를 구한다. 삼각형 PBQ의 넓이를 시간 t에 대해 나타낸다.

그림과 같이 한 변의 길이가 20인 정사각형 ABCD에서 점 P는 A에서 출발하여 변 AB 위를 매초 2씩 움직여 B까지, 점 Q는 B에서 P와 동시에 출발하여 변 BC 위를 매초 3씩 움직여 C까지 간다. 이때, 사각형 DPBQ의 넓이가 정사각형 ABCD의 넓이의 $\frac{11}{20}$이 되는 순간의 삼각형 PBQ의 넓이의 시간(초)에 대한 순간변화율을 구하시오. (3점)　**단서** 시간이 t초 지났을 때의 $\overline{\text{AP}}, \overline{\text{PB}}, \overline{\text{BQ}}, \overline{\text{QC}}$의 길이를 먼저 구해야 되겠지?

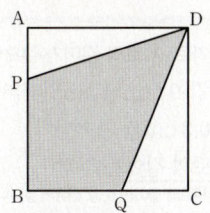

1st t초일 때, 사각형 DPBQ의 넓이를 구하자.

한 변의 길이가 20인 정사각형 ABCD에서 점 P는 A에서 출발하여 $\overline{\text{AB}}$ 위를 매초 2씩 점 B까지, 점 Q는 B에서 P와 동시에 출발하여 $\overline{\text{BC}}$ 위를 매초 3씩 점 C까지 움직이므로 t초일 때,

$\overline{\text{AP}}=2t, \overline{\text{BQ}}=3t, \overline{\text{PB}}=20-2t$

$\triangle\text{PBD}=\frac{1}{2}\times\overline{\text{AD}}\times\overline{\text{PB}}$

$=\frac{1}{2}\times 20\times(20-2t)$

$=200-20t$

$\triangle\text{QDB}=\frac{1}{2}\times\overline{\text{DC}}\times\overline{\text{BQ}}$

$=\frac{1}{2}\times 20\times 3t=30t$

함정 복잡한 모양의 사각형의 넓이는 넓이를 구할 수 있는 삼각형의 넓이를 이용해 표현해 보는 게 좋을 거야.

(사각형 DPBQ의 넓이)
$=$(사각형 ABCD의 넓이)$-\triangle\text{APD}-\triangle\text{DQC}$
$=400-\frac{1}{2}\cdot 2t\cdot 20-\frac{1}{2}\cdot(20-3t)\cdot 20$
$=400-20t-200+30t$
$=200+10t$

∴ (사각형 DPBQ의 넓이)$=\triangle\text{PBD}+\triangle\text{QDB}$
$=200-20t+30t$
$=200+10t$

2nd 주어진 조건을 만족하는 시각 t를 구하자.

이때, (사각형 DPBQ의 넓이)$=\frac{11}{20}\times$(사각형 ABCD의 넓이)이므로

$200+10t=\frac{11}{20}\times 20\times 20=220$

∴ $t=2$(초)

3rd $t=2$일 때, $\triangle\text{PBQ}$의 순간변화율을 구하자.

$\triangle\text{PBQ}$의 넓이를 $S(t)$라 하면

$S(t)=\frac{1}{2}\times\overline{\text{PB}}\times\overline{\text{BQ}}=\frac{1}{2}\times(20-2t)\times 3t$

$=30t-3t^2$

$S'(t)=30-6t$

∴ $S'(2)=30-6\times 2=18$

따라서 $t=2$일 때, $\triangle\text{PBQ}$의 넓이의 순간변화율은 18이다.

정답 공식: 직사각형의 넓이를 시간 t에 대해 나타낼 수 있고, 정사각형이 되는 순간의 t의 값을 구한다.

가로와 세로의 길이가 각각 9 cm, 4 cm인 직사각형이 있다. 이 직사각형의 **가로와 세로의 길이가 각각 매초 0.2 cm, 0.3 cm씩 늘어 난다고 할 때**, 이 직사각형이 정사각형이 되는 순간의 넓이의 변화율은 몇 cm²/초인가? (3점) **단서** 가로의 길이의 변화율이 0.2 cm/초, 세로의 길이의 변화율이 0.3 cm/초라는 것을 뜻해.

① 9.5   ② 10   ③ 10.5
④ 11   ⑤ 11.5

1st t초 후에 직사각형의 가로, 세로의 길이가 같으면 정사각형이 되지?

가로와 세로의 길이가 각각 9 cm, 4 cm인 직사각형의 가로, 세로의 길이가 각각 매초 0.2 cm, 0.3 cm씩 늘어난다.

따라서 t초 후에 가로, 세로의 길이는 각각
　　　가로의 길이는 0.2t cm, 세로의 길이는 0.3t cm가 늘어나 있겠지.
$(9+0.2t)$ cm, $(4+0.3t)$ cm이다.

정사각형은 가로와 세로의 길이가 같으므로

$9+0.2t=4+0.3t$

$\therefore t=50$(초)

2nd 넓이를 t에 대한 식으로 나타내어 $t=50$일 때, 넓이의 순간변화율을 구하자.

이 직사각형의 넓이를 $S(t)$라 하면

$S(t)=(9+0.2t)(4+0.3t)$

$\qquad =36+3.5t+0.06t^2$

$S'(t)=3.5+0.12t$ → 넓이 $S(t)$의 시간 t에 대한 변화율이므로 $S(t)$를 t에 대하여 미분한 도함수를 구해.

$t=50$일 때, 이 직사각형은 정사각형이 되므로

$S'(50)=3.5+0.12\times50$

$\qquad\quad =9.5$

따라서 정사각형이 되는 순간의 넓이의 변화율은 9.5 cm²/초이다.

🔸 **시각에 대한 변화율**   개념·공식

어떤 물체의 시각 t에서의 길이가 l, 넓이가 S, 부피가 V일 때, 시간이 Δt만큼 경과한 후 길이, 넓이, 부피가 각각 Δl, ΔS, ΔV만큼 변했다고 하면 시각 t에서의

(1) 길이의 변화율 : $\displaystyle\lim_{\Delta t\to0}\frac{\Delta l}{\Delta t}=\frac{dl}{dt}$

(2) 넓이의 변화율 : $\displaystyle\lim_{\Delta t\to0}\frac{\Delta S}{\Delta t}=\frac{dS}{dt}$

(3) 부피의 변화율 : $\displaystyle\lim_{\Delta t\to0}\frac{\Delta V}{\Delta t}=\frac{dV}{dt}$

1등급 마스터 문제 [4점 + 2등급 대비 + 1등급 대비]

E 124 정답 ① ＊함수의 최댓값의 활용 ⸻⸻⸻⸻ [정답률 36%]

정답 공식: 곡선 $y=x^2$ 위에 있는 정사각형의 대각선의 교점을 점 $(t,\,t^2)$으로 둔 뒤, 점 E의 좌표를 구해 공통부분의 넓이를 t에 대한 식으로 나타낸다.

그림과 같이 한 변의 길이가 1인 **정사각형 ABCD**의 두 대각선의 **교점의 좌표는 $(0,\,1)$이고**, 한 변의 길이가 1인 정사각형 EFGH의 두 대각선의 **교점은** 곡선 $y=x^2$ 위에 있다. 두 정사각형의 내부의 공통부분의 넓이의 최댓값은? (단, 정사각형의 모든 변은 x축 또는 y축에 평행하다.) (4점) **단서** 교점의 좌표를 실수 t에 대하여 $(t,\,t^2)$으로 놓을 수 있어.

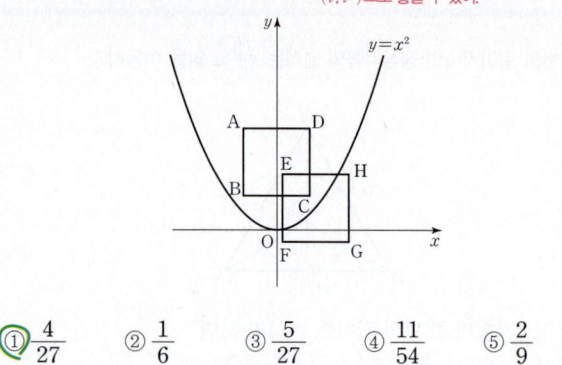

① $\dfrac{4}{27}$ ② $\dfrac{1}{6}$ ③ $\dfrac{5}{27}$ ④ $\dfrac{11}{54}$ ⑤ $\dfrac{2}{9}$

1st 곡선 위의 점을 $(t,\,t^2)$이라 하고 공통인 부분의 넓이를 t에 대한 식으로 나타내자.
　　　　　　　　　　→ 대각선의 중점과 일치해.

정사각형 EFGH의 **두 대각선의 교점을 M**이라 하면 점 M은 곡선 $y=x^2$ 위에 있으므로 점 $\mathrm{M}(t,\,t^2)$이라 할 수 있다.

한편, 정사각형 ABCD와 곡선 $y=x^2$은 모두 y축에 대하여 대칭이므로 $t>0$일 때와 $t<0$일 때의 두 정사각형의 공통부분도 y축에 대하여 대칭이다.

따라서 구하는 공통부분의 넓이의 최댓값은 $t>0$일 때와 $t<0$일 때 같은 값을 가지므로 다음 그림과 같이 $t>0$인 경우로 놓고 생각하자.

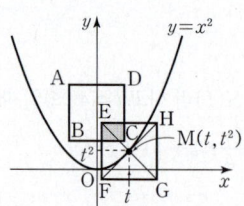

정사각형의 한 변의 길이가 1이므로

점 E의 좌표는 $\left(t-\dfrac{1}{2},\,t^2+\dfrac{1}{2}\right)$ → 정사각형의 한 변의 길이의 $\dfrac{1}{2}$을 x좌표에서 빼고, y좌표에는 더하여 구해야 해.

마찬가지로 정사각형 ABCD에서 두 대각선의 교점의 좌표가 $(0,\,1)$이므로 점 C의 좌표는 $\left(0+\dfrac{1}{2},\,1-\dfrac{1}{2}\right)$에서 $\left(\dfrac{1}{2},\,\dfrac{1}{2}\right)$

그림과 같이 두 정사각형의 공통부분인 직사각형 EPCQ의 넓이를 $S(t)$라 하면

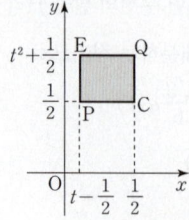

$$S(t)=\overline{EQ}\times\overline{EP}$$
→(점 C의 x좌표)−(점 F의 x좌표)
→(점 E의 y좌표)−(점 C의 y좌표)
$$=\left\{\frac{1}{2}-\left(t-\frac{1}{2}\right)\right\}\left\{\left(t^2+\frac{1}{2}\right)-\frac{1}{2}\right\}=-t^3+t^2$$

2nd $S(t)$를 미분하여 극댓값을 찾자.

$\underline{S'(t)=-3t^2+2t=-t(3t-2)}$이고 →최고차항의 계수가 음수이므로 $t=0$에서 극소, $t=\frac{2}{3}$에서 극대야.
$0<t<1$일 때 공통부분을 만들 수 있으므로

$S'(t)=0$에서 $t=\frac{2}{3}$일 때, 극대이며 최대이다.

$$\therefore S\left(\frac{2}{3}\right)=-\left(\frac{2}{3}\right)^3+\left(\frac{2}{3}\right)^2=-\frac{8}{27}+\frac{4}{9}=\frac{4}{27}$$

다른 풀이: 점 E가 곡선 $y=x^2$ 위에 오도록 두 정사각형을 평행이동한 후 공통부분의 넓이의 최댓값 구하기

정사각형 ABCD가 고정되어 있으므로 점 E가 정해지면 공통부분인 직사각형의 넓이를 구할 수 있어. 정사각형 EFGH의 두 대각선의 교점이 곡선 $y=x^2$ 위에 있으므로 점 E가 그리는 도형은 곡선 $y=\left(x+\frac{1}{2}\right)^2+\frac{1}{2}$이야.

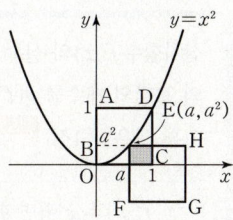

여기서 간단하게 정사각형 ABCD를 x축의 방향으로 $\frac{1}{2}$, y축의 방향으로 $-\frac{1}{2}$만큼 평행이동하면 점 E가 그리는 도형은 곡선 $y=x^2$이 되겠지?
점 E의 좌표를 (a, a^2), 공통부분의 넓이를 $f(a)$라 하면

$\underline{f(a)=a^2(1-a)=a^2-a^3}$ →$f(a)=$(직사각형의 세로의 길이)×(직사각형의 가로의 길이)
$f'(a)=2a-3a^2=a(2-3a)$

$f'(a)=0$에서 $a=0$ 또는 $a=\frac{2}{3}$

따라서 $f(a)$는 $a=\frac{2}{3}$에서 극대이고 최대이므로 최댓값은

$$f\left(\frac{2}{3}\right)=\frac{4}{9}\left(1-\frac{2}{3}\right)=\frac{4}{27}$$

E 125 정답 ② *여러 가지 방정식의 실근의 개수 [정답률 40%]

정답 공식: 방정식 $f(x)+g(x)=0$, $f(x)-g(x)=0$의 서로 다른 실근의 개수는 주어진 등식을 (x에 대한 삼차식)$=kx$라 변형하여 삼차함수의 그래프와 직선 $y=kx$의 교점의 개수로 파악한다.

두 함수
$$f(x)=x^3-kx+6,\quad g(x)=2x^2-2$$
에 대하여 [보기]에서 옳은 것만을 있는 대로 고른 것은? (4점)

─────[보기]─────

ㄱ. $k=0$일 때, 방정식 $f(x)+g(x)=0$은 오직 하나의 실근을 갖는다.

ㄴ. 방정식 $f(x)-g(x)=0$의 서로 다른 실근의 개수가 2가 되도록 하는 실수 k의 값은 4뿐이다.
단서1 삼차방정식의 실근의 개수를 삼차함수의 그래프와 직선의 교점의 개수로 구할 때, 서로 다른 실근의 개수가 2가 되기 위해서는 삼차함수의 그래프와 직선이 접해야 해.

ㄷ. 방정식 $|f(x)|=g(x)$의 서로 다른 실근의 개수가 5가 되도록 하는 실수 k가 존재한다.
단서2 $|x^3-kx+6|=2x^2-2$에서 $|x^3-kx+6|\geq0$임을 이용해 x의 값의 범위를 먼저 구해야 해. 그런 다음 $x^3-kx+6=\pm(2x^2-2)$를 정리하여 삼차함수의 그래프와 직선의 위치 관계를 살펴서 k의 값에 변화에 따른 방정식의 서로 다른 실근의 개수의 최댓값을 구해봐.

① ㄱ　② ㄱ, ㄴ　③ ㄱ, ㄷ　④ ㄴ, ㄷ　⑤ ㄱ, ㄴ, ㄷ

1st $k=0$일 때, 방정식 $f(x)+g(x)=0$의 실근의 개수를 구해봐.

ㄱ. $k=0$일 때,
$f(x)+g(x)=(x^3+6)+(2x^2-2)=x^3+2x^2+4$에서
$h_1(x)=x^3+2x^2+4$라 하면 $h_1'(x)=3x^2+4x=x(3x+4)$

$h_1'(x)=0$에서 $x=-\frac{4}{3}$ 또는 $x=0$이므로

함수 $h_1(x)$의 증가와 감소를 표로 나타내면 다음과 같다.

x	$\cdots$	$-\dfrac{4}{3}$	$\cdots$	0	$\cdots$
$h_1'(x)$	$+$	0	$-$	0	$+$
$h_1(x)$	↗	극대	↘	극소	↗

함수 $h_1(x)$는 $x=-\frac{4}{3}$에서 극대, $x=0$에서 극소이다.

이때, $\underline{h_1(0)=4>0}$이므로 함수 $y=h_1(x)$의 그래프는 x축과 오직 한 점에서만 만난다. →최고차항의 계수가 양수인 삼차함수의 그래프에서 극솟값이 0보다 크면 삼차함수의 그래프는 x축과 한 점에서 만나.

즉, 방정식 $h_1(x)=0$은 오직 하나의 실근을 갖는다. (참)

2nd 삼차함수의 그래프와 직선이 서로 다른 두 점에서 만나려면 접해야 함을 이용하여 실수 k의 값을 구해.

ㄴ. $f(x)-g(x)=0$에서
$x^3-kx+6-(2x^2-2)=0$, $x^3-2x^2+8=kx$
$h_2(x)=x^3-2x^2+8$이라 하면 곡선 $y=h_2(x)$와 직선 $y=kx$가 접할 때, 방정식 $h_2(x)=kx$의 서로 다른 실근의 개수가 2이다.
곡선 $y=h_2(x)$와 직선 $y=kx$의 접점의 좌표를 (a, a^3-2a^2+8)이라 하면 $h_2'(x)=3x^2-4x$이므로 접선의 방정식은
$y-(a^3-2a^2+8)=(3a^2-4a)(x-a)$

이 접선이 원점을 지나므로
위에서 구한 접선의 방정식이 $y=kx$가 되는 거지? 즉, 직선 $y=kx$는 원점을 지나.
$0-(a^3-2a^2+8)=(3a^2-4a)(0-a)$
$-a^3+2a^2-8=-3a^3+4a^2$
$2a^3-2a^2-8=0$, $\underline{2(a-2)(a^2+a+2)=0}$　$\therefore a=2$
실수 a에 대하여 $a^2+a+2=\left(a+\frac{1}{2}\right)^2+\frac{7}{4}\geq\frac{7}{4}$이므로 이차방정식 $a^2+a+2=0$은 실근을 가지지 않아.
즉, 구하는 k의 값은 $h_2'(2)=3\times2^2-4\times2=4$뿐이다. (참)
k는 직선 $y=kx$의 기울기이므로 구하는 k의 값은 접선의 기울기, 즉 $h_2'(2)$의 값이 되는 거야.

3rd k의 값 또는 범위에 따라 방정식 $|f(x)|=g(x)$의 서로 다른 실근의 개수를 구해봐. 절댓값은 0 또는 양수지?

ㄷ. $|f(x)|=g(x)$, 즉 $|x^3-kx+6|=2x^2-2$에서 $\underline{2x^2-2\geq0}$이므로 이 방정식을 만족시키는 x의 값의 범위는 $x\leq-1$ 또는 $x\geq1$이다.
한편, 주어진 방정식은 $2x^2-2\geq0, x^2-1\geq0, (x+1)(x-1)\geq0$ $\therefore x\leq-1$ 또는 $x\geq1$
$x^3-kx+6=-(2x^2-2)$ 또는 $x^3-kx+6=2x^2-2$에서
$x^3+2x^2+4=kx$ 또는 $x^3-2x^2+8=kx$이다.
이때, $h_1(x)=x^3+2x^2+4$, $h_2(x)=x^3-2x^2+8$이라 하자.
곡선 $y=h_1(x)$와 직선 $y=kx$가 접할 때의 접점의 좌표를
(b, b^3+2b^2+4)라 하면 $h_1'(x)=3x^2+4x$이므로 접선의 방정식은
$y-(b^3+2b^2+4)=(3b^2+4b)(x-b)$

이 접선이 원점을 지나므로
$0-(b^3+2b^2+4)=(3b^2+4b)(0-b)$
$-b^3-2b^2-4=-3b^3-4b^2$
$2b^3+2b^2-4=0$, $2(b-1)(b^2+2b+2)=0$　$\therefore b=1$
실수 b에 대하여 $b^2+2b+2=(b+1)^2+1\geq1$이므로 이차방정식 $b^2+2b+2=0$은 실근을 가지지 않아.
즉, $h_1'(1)=3\times1^2+4\times1=7$이므로 곡선 $y=h_1(x)$와 직선 $y=7x$는 $x=1$인 점에서 접한다.

또한, ㄴ에 의해 곡선 $y=h_2(x)$와 직선 $y=4x$는 $x=2$인 점에서 접한다.

그리고 $h_1(x)=h_2(x)$에서

$x^3+2x^2+4=x^3-2x^2+8$, $4x^2-4=0$, $4(x+1)(x-1)=0$

∴ $x=-1$ 또는 $x=1$

즉, $x=-1$, $x=1$인 점에서 두 곡선 $y=h_1(x)$, $y=h_2(x)$가 만난다.

$h_1(-1)=(-1)^3+2\times(-1)^2+4=5$이므로

원점과 점 $(-1, 5)$를 지나는 직선의 방정식은 $y=-5x$이다.

따라서 $x\leq-1$ 또는 $x\geq1$에서 두 직선 $y=4x$, $y=7x$ 및 두 곡선 $y=h_1(x)$, $y=h_2(x)$를 좌표평면 위에 나타내면 다음과 같다.

> **함정** $x\leq-1$ 또는 $x\geq1$에서 두 직선 $y=4x$, $y=7x$ 및 두 곡선 $y=h_1(x)$, $y=h_2(x)$를 그리고, k의 값의 변화에 따라 곡선과 직선의 교점의 개수를 구해야 해.

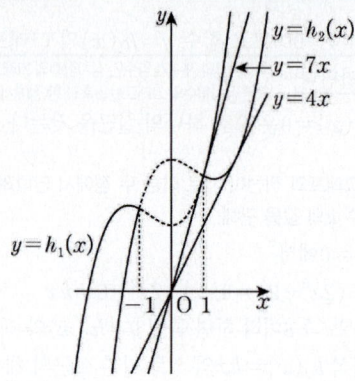

(i) $k\geq7$인 경우

$x\geq1$에서 직선 $y=kx$와 두 곡선 $y=h_1(x)$, $y=h_2(x)$가 각각 한 점에서 만나고, $x\leq-1$에서 직선 $y=kx$와 두 곡선 $y=h_1(x)$, $y=h_2(x)$가 각각 한 점에서 만난다.

따라서 직선 $y=kx$와 두 곡선 $y=h_1(x)$, $y=h_2(x)$의 서로 다른 교점의 개수는 4이다.

(ii) $4<k<7$인 경우

$x\geq1$에서 직선 $y=kx$와 곡선 $y=h_2(x)$가 두 점에서 만나고 _{$x\geq1$에서 직선 $y=kx$와 곡선 $y=h_1(x)$는 만나지 않아.}

$x\leq-1$에서 직선 $y=kx$와 두 곡선 $y=h_1(x)$, $y=h_2(x)$가 각각 한 점에서 만난다.

따라서 직선 $y=kx$와 두 곡선 $y=h_1(x)$, $y=h_2(x)$의 서로 다른 교점의 개수는 4이다.

(iii) $k=4$인 경우

$x\geq1$에서 직선 $y=kx$와 곡선 $y=h_2(x)$가 한 점에서 만나고, _{$x\geq1$에서 직선 $y=kx$와 곡선 $y=h_1(x)$는 만나지 않아.}

$x\leq-1$에서 직선 $y=kx$와 두 곡선 $y=h_1(x)$, $y=h_2(x)$가 각각 한 점에서 만난다.

따라서 직선 $y=kx$와 두 곡선 $y=h_1(x)$, $y=h_2(x)$의 서로 다른 교점의 개수는 3이다.

(iv) $-5<k<4$인 경우

$x\leq-1$에서 직선 $y=kx$와 두 곡선 $y=h_1(x)$, $y=h_2(x)$가 각각 한 점에서 만난다. _{$x\geq1$에서 직선 $y=kx$와 두 곡선 $y=h_1(x)$, $y=h_2(x)$는 만나지 않아.}

따라서 직선 $y=kx$와 두 곡선 $y=h_1(x)$, $y=h_2(x)$의 서로 다른 교점의 개수는 2이다.

(v) $k=-5$인 경우

$x=-1$에서 직선 $y=kx$와 두 곡선 $y=h_1(x)$, $y=h_2(x)$가 동시에 만난다.

따라서 직선 $y=kx$와 두 곡선 $y=h_1(x)$, $y=h_2(x)$의 서로 다른 교점의 개수는 1이다.

(vi) $k<-5$인 경우

$x\leq-1$ 또는 $x\geq1$에서 직선 $y=kx$와 두 곡선 $y=h_1(x)$, $y=h_2(x)$는 만나지 않는다.

(i)~(vi)에 의해 방정식 $|f(x)|=g(x)$의 서로 다른 실근의 개수의 최댓값이 4이므로 방정식 $|f(x)|=g(x)$의 서로 다른 실근의 개수가 5가 되도록 하는 실수 k는 존재하지 않는다. (거짓)

따라서 옳은 것은 ㄱ, ㄴ이다.

E 126 정답 ③ *삼차방정식의 실근의 개수 [정답률 38%]

> **정답 공식:** $f(x)+x=t$의 실근의 개수가 $g(t)$이다. 함수 $y=f(x)+x$의 그래프의 개형을 그린다.

삼차함수 $f(x)$와 실수 t에 대하여 곡선 $y=f(x)$와 직선 $y=-x+t$의 교점의 개수를 $g(t)$라 하자. [보기]에서 옳은 것만을 있는 대로 고른 것은? (4점) → _{**단서1** 삼차함수의 그래프와 직선의 교점의 개수는 1개, 2개, 3개가 될 수 있어.}

[보기]

ㄱ. $f(x)=x^3$이면 함수 $g(t)$는 상수함수이다.

ㄴ. 삼차함수 $f(x)$에 대하여, $g(1)=2$이면 $g(t)=3$인 t가 존재한다. _{**단서2** $g(1)=2$가 되는 삼차함수 $y=f(x)$의 그래프를 유추해.}

ㄷ. 함수 $g(t)$가 상수함수이면, 삼차함수 $f(x)$의 극값은 존재하지 않는다. _{**단서3** 반례를 생각해. $g(t)$가 상수함수일 때, 극값이 존재할 수 있는 삼차함수 $f(x)$가 있는지 생각해봐.}

① ㄱ ② ㄷ ③ ㄱ, ㄴ ④ ㄴ, ㄷ ⑤ ㄱ, ㄴ, ㄷ

1st $f(x)=x^3$일 때, 함수 $g(t)$를 구해.

실수 t에 대하여 곡선 $y=f(x)$와 직선 $y=-x+t$의 교점의 개수는 방정식 $f(x)=-x+t$의 실근의 개수와 같으므로 방정식 $f(x)+x=t$의 실근의 개수가 $g(t)$가 된다.

이때, $h(x)=f(x)+x$라 하면 $h(x)$도 삼차함수이고, 곡선 $y=h(x)$와 _{삼차함수 $f(x)$의 그래프와 직선 $y=-x+t$의 교점을 구하는 것보다 삼차함수 $f(x)+x$의 그래프와 직선 $y=t$의 그래프의 교점을 구하는 것이 편하므로 $h(x)=f(x)+x$로 놓는 거야.} 직선 $y=t$의 교점의 개수가 $g(t)$가 된다.

ㄱ. $f(x)=x^3$이면 $h(x)=x^3+x$

이때, $h'(x)=3x^2+1>0$이므로 $h(x)$는 증가함수이다.

따라서 직선 $y=t$와의 교점의 개수는 t의 값에 관계없이 항상 1이므로 $g(t)=1$, 즉 함수 $g(t)$는 상수함수이다. (참)

2nd $g(1)=2$인 경우를 따져보자.

ㄴ. $g(1)=2$, 즉 곡선 $y=h(x)$와 직선 $y=1$의 교점의 개수가 2인 경우는 삼차방정식 $h(x)=1$의 실근의 개수가 2임을 뜻하므로 중근 1개와 또 다른 실근 1개를 가져야 한다.

따라서 삼차함수 $y=h(x)$는 극대와 극소를 모두 갖는 함수여야 하므로 곡선 $y=h(x)$와 직선 $y=1$의 그래프는 아래의 네 가지 경우 중 하나이다. _{극대와 극소를 모두 가지는 삼차함수 $h(x)$와 상수함수 $y=t$의 그래프의 교점의 개수는 1 또는 2 또는 3이야.}

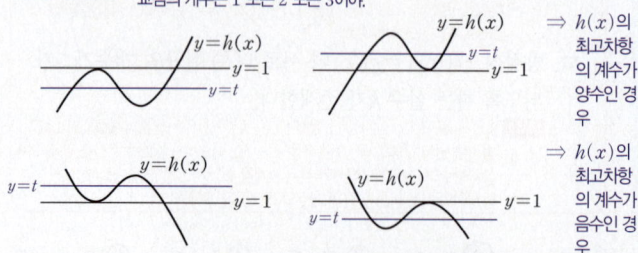

따라서 곡선 $y=h(x)$와 직선 $y=t$의 교점의 개수가 3이 되는 t가 존재하므로 $g(t)=3$인 t가 존재한다. (참)

ㄷ. $f(x)=ax^3+bx^2+cx+d$ ($a>0$, b, c, d는 상수)라 하자.

함수 $g(t)$가 상수함수이면 t의 값에 관계없이 방정식

$ax^3+bx^2+cx+d=-x+t$의 실근이 항상 1개 존재해야 한다.

> 삼차함수의 그래프와 직선은 반드시 한 점 이상에서 만나게 돼.

즉, $ax^3+bx^2+(c+1)x+d=t$에서

함수 $y=ax^3+bx^2+(c+1)x+d$의 그래프와 직선 $y=t$가 오직 한 점에서만 만나야 한다.

따라서 함수 $y=ax^3+bx^2+(c+1)x+d$의 극값이 존재하지 않아야 하므로 $y'=3ax^2+2bx+c+1$에서 이차방정식

$3ax^2+2bx+c+1=0$이 중근을 갖거나 허근을 가져야 한다.

즉, 이차방정식 $3ax^2+2bx+c+1=0$의 판별식을 D_1이라 할 때,

$\dfrac{D_1}{4}=b^2-3a(c+1)=b^2-3ac-3a\leq0$이어야 한다.

한편, $f'(x)=3ax^2+2bx+c$에서 이차방정식 $3ax^2+2bx+c=0$의 판별식을 D_2라 하면 $f(x)=ax^3+bx^2+cx+d$를 x에 대하여 미분한 거야.

$\dfrac{D_2}{4}=b^2-3ac$

그런데, $a=2$, $b=3$, $c=1$이면

$\dfrac{D_1}{4}=3^2-3\times2\times1-3\times2=-3\leq0$을 만족시키지만

$\dfrac{D_2}{4}=3^2-3\times2\times1=3>0$이므로 $f'(x)=0$을 만족시키는 실근이

존재하여 함수 $f(x)$는 극값을 갖는다.

즉, $g(t)$가 상수함수여도 함수 $f(x)$는 극값을 가질 수 있다. (거짓)

따라서 옳은 것은 ㄱ, ㄴ이다.

🔥 톡톡 풀이: ㄷ에서 [반례]를 들어 거짓임을 보이기

ㄷ. $f(x)=x^3-\dfrac{1}{3}x$라 하면

$h(x)=f(x)+x=x^3-\dfrac{1}{3}x+x=x^3+\dfrac{2}{3}x$야.

이때, $h'(x)=3x^2+\dfrac{2}{3}>0$이므로 $h(x)$는 증가함수지?

따라서 방정식 $h(x)=t$의 실근의 개수는 t의 값에 관계없이 항상 1이므로 모든 실수 t에 대하여 $g(t)=1$로 $g(t)$는 상수함수야.

그런데 $f'(x)=3x^2-\dfrac{1}{3}=0$에서 $x=\pm\dfrac{1}{\sqrt{3}}$이므로

함수 $f(x)$는 $x=\pm\dfrac{1}{\sqrt{3}}$에서 극값을 가져. (거짓)

> $3x^2=\dfrac{1}{3}$, $x^2=\dfrac{1}{9}$
> $\therefore x=\pm\dfrac{1}{3}$

수능 핵강

＊함수 $h(x)=f(x)+x$가 증가함수여도 함수 $f(x)$가 극값을 가지는 이유

ㄷ에서 최고차항의 계수가 양수인 삼차함수 $h(x)=f(x)+x$가 모든 실수 x에 대하여 $h'(x)\geq0$이면 $h(x)$는 증가함수지? 즉, $h(x)=t$의 실근의 개수는 t의 값에 관계없이 항상 1이므로 $g(t)=1$이 돼.

이때, $h'(x)=f'(x)+1$이므로 $h'(x)\geq0$에서 $f'(x)\geq-1$이 되어 항상 $f'(x)\geq0$인 것은 아니야. 즉, '$f'(x)\geq0$이면 $h'(x)\geq0$'은 참이지만 그 역인 '$h'(x)\geq0$이면 $f'(x)\geq0$'은 거짓이 돼.

따라서 $h(x)$가 증가함수여도 $f(x)$가 항상 증가함수인 것은 아니므로 $f(x)$가 극값을 갖는 경우가 생길 수 있어.

E 127 정답 ③ ＊두 곡선의 교점의 개수 ············ [정답률 31%]

> **정답 공식:** 함수 $f(x)$가 $x=a$에서 연속이면
> $f(a)=\lim\limits_{x\to a-}f(x)=\lim\limits_{x\to a+}f(x)$이다.

두 정수 a, b에 대하여 함수 $f(x)$는

$$f(x)=\begin{cases}x^2-2ax+\dfrac{a^2}{4}+b^2 & (x\leq0)\\ x^3-3x^2+5 & (x>0)\end{cases}$$

이다. 실수 t에 대하여 함수 $y=f(x)$의 그래프와 직선 $y=t$가 만나는

> **단서1** 함수 $g(t)$는 0과 자연수만을 함숫값으로 가져.

점의 개수를 $g(t)$라 하자. 함수 $g(t)$가 $t=k$에서 불연속인 실수 k의 개수가 2가 되도록 하는 두 정수 a, b의 모든 순서쌍 (a, b)의

> **단서2** 불연속점의 개수가 2라는 것은 교점의 개수가 변하는 t의 값이 2개라는 의미야.
> 보통 t가 $y=f(x)$의 극값과 같거나 $y=f(x)$가 불연속일 때의 함숫값에서 $y=g(t)$가 불연속할 가능성이 있으니 그 부분을 주의해서 보면 좋아.

개수는? (4점)

① 3   ② 4   ③ 5
④ 6   ⑤ 7

1st 함수 $f(x)$의 그래프의 개형을 생각해.

함수 $f(x)=\begin{cases}x^2-2ax+\dfrac{a^2}{4}+b^2 & (x\leq0)\\ x^3-3x^2+5 & (x>0)\end{cases}$ 의 그래프의 개형을

살펴보자.

$x>0$일 때, $f'(x)=3x^2-6x=3x(x-2)$이므로

> $f'(x)$의 최고차항의 계수가 양수이므로 $f(x)$는 $x=0$에서 극대, $x=2$에서 극소야.

$f'(2)=0$이고 $x=2$의 좌우에서 $f'(x)$의 부호가 음에서 양으로 바뀌므로

$x=2$에서 극솟값 $f(2)=8-12+5=1$을 가지는 삼차함수의 일부이고

$\lim\limits_{x\to0+}f(x)=5$이다.

$x\leq0$일 때,

$f(x)=x^2-2ax+\dfrac{a^2}{4}+b^2=(x-a)^2-\dfrac{3}{4}a^2+b^2$이므로

$f(0)=\dfrac{a^2}{4}+b^2$이고, 축의 방정식이 $x=a$인 이차함수의 일부이다.

> 두 정수 a, b의 값에 따라 그래프의 모양이 바뀌어.

2nd 함수 $g(t)$가 $t=k$에서 불연속인 실수 k의 개수가 2가 되도록 하는 두 정수 a, b를 구해.

(ⅰ) $a\geq0$인 경우

① $f(0)=5$인 경우

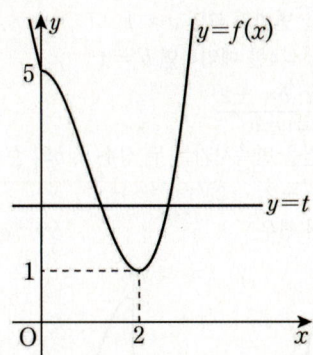

함수 $g(t)$는 $t=1$에서만 불연속이므로 함수 $g(t)$가 $t=k$에서 불연속인 실수 k의 개수는 1이다.

② $f(0) \neq 5$인 경우

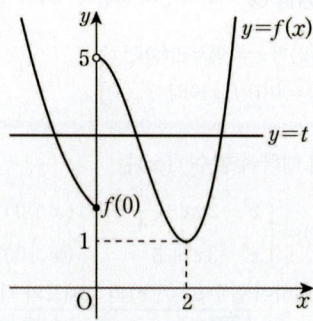

함수 $g(t)$는 $t=1$, $t=5$, $t=f(0)$에서 불연속이다.
　$f(0) \neq 5$이므로 $f(0)=1$이면 불연속인 실수 k의 개수는 2이고,
　$f(0) \neq 1$이면 불연속인 실수 k의 개수는 3이야.
이때, 함수 $g(t)$가 $t=k$에서 불연속인 실수 k의 개수가

2가 되려면 $f(0)=\dfrac{a^2}{4}+b^2=1$이다.

문제에서 a, b가 정수이므로 가능한 경우는

$\dfrac{a^2}{4}=0$, $b^2=1$ 또는 $\dfrac{a^2}{4}=1$, $b^2=0$

즉, $a=0$, $b=\pm1$ 또는 $a=2$, $b=0$
　$a \geq 0$이므로 $a \neq -2$

따라서 조건을 만족시키는 두 정수 a, b의 순서쌍 (a, b)는
$(0, 1)$, $(0, -1)$, $(2, 0)$

(ii) $a < 0$인 경우

① $f(0)=5$인 경우

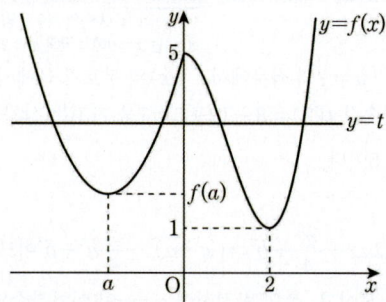

함수 $g(t)$는 $t=1$, $t=5$, $t=f(a)$에서 불연속이다.
　$f(a)<5$이므로 $f(a)=1$이면 불연속인 실수 k의 개수는 2이고,
　$f(a) \neq 1$이면 불연속인 실수 k의 개수는 3이야.
함수 $g(t)$가 $t=k$에서 불연속인 실수 k의 개수가 2가 되려면

$f(a)=-\dfrac{3}{4}a^2+b^2=1$이고 $f(0)=\dfrac{a^2}{4}+b^2=5$이다.

두 방정식을 변끼리 빼면 $a^2=4$

방정식에 $a^2=4$를 대입하면 $b^2=4$

즉, $a=-2$, $b=\pm2$
　$a<0$이므로 $a \neq 2$

따라서 조건을 만족시키는 두 정수 a, b의 순서쌍 (a, b)는
$(-2, 2)$, $(-2, -2)$

② $f(0)=1$인 경우

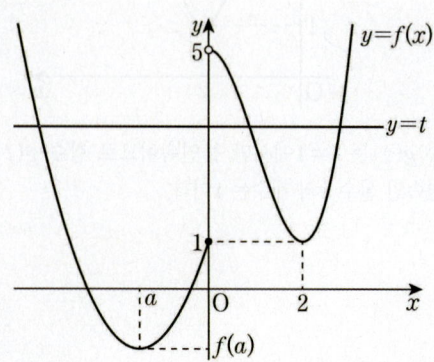

$f(a)<1<5$이고 함수 $g(t)$는 $t=f(a)$, $t=1$, $t=5$에서
불연속이므로 함수 $g(t)$가 $t=k$에서 불연속인 실수 k의 개수가
3이다.

③ $f(0) \neq 1$이고 $f(0) \neq 5$인 경우

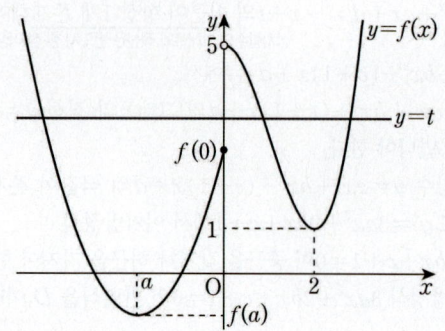

함수 $g(t)$는 $t=1$, $t=5$, $t=f(0)$에서 불연속이므로
함수 $g(t)$가 $t=k$에서 불연속인 실수 k의 개수는
3 이상이다.

(i), (ii)에서 구하는 두 정수 a, b의 모든 순서쌍 (a, b)의 개수는
$3+2=5$이다.

> ✿ **두 곡선의 교점의 개수**　　　　　개념·공식
>
> 두 함수 $f(x)$, $g(x)$에 대하여 두 곡선 $y=f(x)$, $y=g(x)$의 교점의
> 개수는 $h(x)=f(x)-g(x)$라 두고 함수 $y=h(x)$의 그래프를 그려서
> x축과의 교점의 개수를 파악한다.

E 128 정답 31 ＊미분을 이용한 함수의 결정 ········· [정답률 32%]

(**정답 공식:** 부등식 $a \leq x \leq a$의 해는 $x=a$이다.)

> 최고차항의 계수가 1인 삼차함수 $f(x)$가 모든 정수 k에 대하여
> $$2k-8 \leq \dfrac{f(k+2)-f(k)}{2} \leq 4k^2+14k$$
> 단서1 부등식의 양 끝이 같을 때의 k의 값을 구해 보자.
> 를 만족시킬 때, $f'(3)$의 값을 구하시오. (4점)
> 단서2 함수 $f(x)$의 도함수 $f'(x)$를 구하고 $x=3$을 대입하면
> 되므로 함수 $f(x)$의 상수항은 몰라도 되겠지?

1st 부등식의 양 끝이 같을 때, 즉 $2k-8=4k^2+14k$일 때의 k의 값을 구해.

$2k-8=4k^2+14k$에서

$4k^2+12k+8=0$

$k^2+3k+2=0$

$(k+1)(k+2)=0$

$\therefore k=-1$ 또는 $k=-2$

2nd 주어진 부등식에 $k=-1$, $k=-2$를 각각 대입해.

$2k-8 \leq \dfrac{f(k+2)-f(k)}{2} \leq 4k^2+14k \cdots$ ㉠에 대하여

㉠에 $k=-1$을 대입하면

$$-10 \le \frac{f(1)-f(-1)}{2} \le -10$$

부등식 $a \le x \le a$의 해는 $x=a$

이므로 $f(1)-f(-1)=-20$ ··· ㉡

㉠에 $k=-2$를 대입하면

$$-12 \le \frac{f(0)-f(-2)}{2} \le -12$$

$\therefore f(0)-f(-2)=-24$ ··· ㉢

3rd $f'(3)$의 값을 구해.

삼차함수 $f(x)$의 최고차항의 계수가 1이므로

$f(x)=x^3+ax^2+bx+c$ (a, b, c는 상수)라 하면

㉡에서

$$f(1)-f(-1)=(1+a+b+c)-(-1+a-b+c)$$
$$=2+2b=-20$$

$\therefore b=-11$

㉢에서

$$f(0)-f(-2)=c-(-8+4a-2b+c)$$
$$=8-4a+2\times(-11)$$
$$=-4a-14=-24$$

$4a=10$이므로 $a=\dfrac{5}{2}$

즉, $f(x)=x^3+\dfrac{5}{2}x^2-11x+c$에서

> **함정** 상수항을 미분하면 0이므로 함수 $f(x)$의 상수항 c를 구하려고 고민하지 않아도 돼.

$f'(x)=3x^2+5x-11$

$\therefore f'(3)=3\times3^2+5\times3-11$
$$=31$$

다른 풀이: $F'(x)=f(x)$일 때

$$\int_a^b f(x)dx=F(b)-F(a)$$임을 이용하기

삼차함수 $f(x)$의 최고차항의 계수가 1이므로 함수 $f'(x)$는 최고차항의 계수가 3인 이차함수야.

$f'(x)=3x^2+\alpha x+\beta$ (α, β는 상수)라 하면

㉡에서

$$f(1)-f(-1)=\int_{-1}^1 f'(x)dx$$

$\int_a^b f'(x)dx=[f(x)]_a^b=f(b)-f(a)$

$$=\int_{-1}^1 (3x^2+\alpha x+\beta)dx=2\int_0^1 (3x^2+\beta)dx$$

n이 홀수일 때, 함수 $y=x^n$의 그래프가 원점에 대하여 대칭이므로 $\int_{-a}^a x^n dx=0$

n이 짝수일 때, 함수 $y=x^n$의 그래프가 y축에 대하여 대칭이므로 $\int_{-a}^a x^n dx=2\int_0^a x^n dx$

$$=2\left[x^3+\beta x\right]_0^1=2(1+\beta)=-20$$

$\therefore \beta=-11$

㉢에서

$$f(0)-f(-2)=\int_{-2}^0 f'(x)dx=\int_{-2}^0 (3x^2+\alpha x-11)dx$$

$$=\left[x^3+\frac{\alpha}{2}x^2-11x\right]_{-2}^0$$

$$=8-2\alpha-22=-24$$

$2\alpha=10$이므로 $\alpha=5$

따라서 $f'(x)=3x^2+5x-11$이므로

$f'(3)=3\times3^2+5\times3-11=31$

> **정답 공식**: 삼차함수 $y=f(x)$의 그래프와 직선 $y=k$ (k는 상수)의 교점의 개수가 2가 되기 위해서는 직선 $y=k$가 함수 $y=f(x)$의 그래프의 극점을 지나야 한다.

이차함수 $g(x)=x^2-6x+10$에 대하여 삼차함수 $f(x)$가 다음 조건을 만족시킨다.

> **단서1** 이차함수 $g(x)=x^2-6x+10=(x-3)^2+1$의 최솟값을 구할 수 있어.

(가) 방정식 $f(x)=0$은 서로 다른 세 실근을 갖는다.

> **단서2** 방정식 $f(x)=0$이 서로 다른 세 개의 실근을 갖도록 하기 위한 함수 $y=f(x)$의 그래프의 개형을 생각해 봐.

(나) 함수 $(g \circ f)(x)$의 최솟값을 m이라 할 때, 방정식

> **단서3** 함수 $(g \circ f)(x)$의 정의역이 되는 함수 $f(x)$의 치역이 실수 전체의 집합이므로 $g(f(x))=\{f(x)-3\}^2+1$의 최솟값을 구할 수 있어.

$g(f(x))=m$의 서로 다른 실근의 개수는 2이다.

(다) 방정식 $g(f(x))=17$은 서로 다른 세 실근을 갖는다.

> **단서4** $g(x)$의 x 대신에 $f(x)$를 대입해서 방정식 $g(f(x))=17$을 직접 풀어보자.

함수 $f(x)$의 극댓값과 극솟값의 합은? (4점)

① 2   ② 4   ③ 6
④ 8   ⑤ 10

1st 조건 (가)를 만족시키는 삼차함수 $y=f(x)$의 그래프의 개형을 찾자.

삼차함수 $f(x)$의 최고차항의 계수를 a $(a \ne 0)$라 하면 조건 (가)에 의하여 함수 $y=f(x)$의 그래프가 x축과 서로 다른 세 점에서 만나므로 함수 $y=f(x)$의 그래프의 개형은 [그림 1]과 같다.

방정식 $f(x)=0$이 서로 다른 세 실근을 가지므로 $y=f(x)$의 그래프가 x축과 서로 다른 세 점에서 만남을 알 수 있어. 즉, 삼차함수의 그래프가 x축과 서로 다른 세 점에서 만나려면 삼차함수의 (극댓값)×(극솟값) < 0이어야 해.

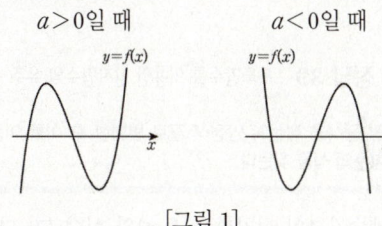

[그림 1]

2nd 조건 (나)를 이용하여 함수 $f(x)$의 극댓값을 찾자.

함수 $f(x)$는 삼차함수이므로 실수 전체의 집합을 치역으로 갖고,

합성함수 $(g \circ f)(x)$에서 함수 $f(x)$의 치역이 함수 $(g \circ f)(x)$의 정의역이 돼.

이차함수 $g(x)=x^2-6x+10=(x-3)^2+1$은 $x=3$에서 최솟값 1을 갖는다.

이차함수 $y=a(x-p)^2+q$에 대하여 $a>0$이면 $x=p$일 때, 최솟값 q를 가져.

그러므로 조건 (나)에서 함수 $g(f(x))=\{f(x)-3\}^2+1$은 $f(x)=3$을 만족시키는 x에서 최솟값 1을 가지므로 함수 $(g \circ f)(x)$의 최솟값은 $m=1$이다.

> **함정** 삼차함수 $f(x)$를 $f(x)=ax^3+bx^2+cx+d$로 놓고 합성함수 $(g \circ f)(x)$를 구하려고 하면 식이 엄청 복잡해져. 삼차함수 $f(x)$를 $f(x)=t$와 같이 상수 취급하는 게 포인트야.

한편, 방정식 $g(f(x))=m$, 즉 $g(f(x))=1$의 서로 다른 실근의 개수가 2이므로 방정식 $f(x)=3$을 만족시키는 서로 다른 실근의 개수가 2이다.

방정식 $f(x)=3$을 만족시키는 서로 다른 실근의 개수가 2가 되기 위해서는 직선 $y=3$이 함수 $y=f(x)$의 그래프의 극대 또는 극소가 되는 점에서 접해야 해.

즉, 직선 $y=3$은 함수 $y=f(x)$의 그래프와 극점에서 접해야 하는데 [그림 1]에 의하여 함수 $f(x)$의 극댓값이 양수, 극솟값이 음수이어야 하므로 직선 $y=3$과 함수 $y=f(x)$의 그래프의 개형은 [그림 2]와 같고, 함수 $f(x)$의 극댓값은 3이다.

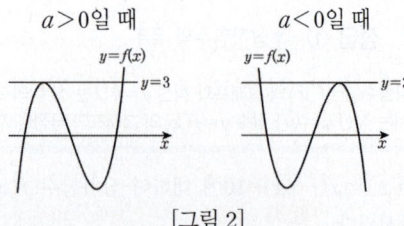

a > 0일 때   **a < 0일 때**

[그림 2]

3rd 조건 (다)를 이용하여 함수 $f(x)$의 극솟값을 찾자.

조건 (다)의 방정식 $g(f(x)) = 17$을 풀면
> $g(x) = (x-3)^2 + 1$의 x 대신에 $f(x)$를 대입하여 풀자.

$\{f(x)-3\}^2 + 1 = 17$, $\{f(x)-3\}^2 = 16$

$f(x)-3 = \pm 4$ $\therefore f(x) = -1$ 또는 $f(x) = 7$

이때, 조건 (다)에서 방정식 $g(f(x)) = 17$은 서로 다른 세 실근을 갖고 위의 [그림 2]의 함수 $y = f(x)$의 그래프에서 방정식 $f(x) = 7$의 실근의 개수는 1이므로 방정식 $f(x) = -1$의 서로 다른 실근의 개수는 2이다.
> 직선 $y = -1$이 함수 $y = f(x)$의 그래프의 극소가 되는 점에 접해야 해.

즉, 세 직선 $y = -1$, $y = 3$, $y = 7$과 함수 $y = f(x)$의 그래프의 개형은 [그림 3]과 같으므로 함수 $f(x)$의 극솟값은 -1이다.

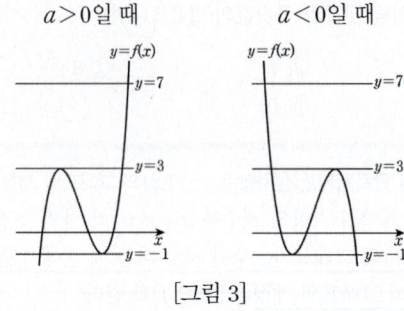

a > 0일 때   **a < 0일 때**

[그림 3]

따라서 함수 $f(x)$의 극댓값은 3, 극솟값은 -1이므로 구하는 합은
$3 + (-1) = 2$

E 130   **정답 39**   *도함수를 이용한 삼차함수의 유추 … [정답률 32%]

> **정답 공식:** 주어진 등식을 접선의 방정식 꼴로 변형한 후 이를 이용하여 조건을 만족시키는 삼차함수의 식을 찾는다.

최고차항의 계수가 1인 삼차함수 $f(x)$와 실수 t가 다음 조건을 만족시킨다.
> **단서 1** 접선의 방정식 $y = f'(a)(x-a) + f(a)$ 꼴이 나오도록 등식을 변형해봐.

등식 $f(a) + 1 = f'(a)(a-t)$를 만족시키는 실수 a의 값이 6 하나뿐이기 위한 필요충분조건은 $-2 < t < k$이다.
> **단서 2** 삼차함수 $y = f(x)$의 그래프의 개형에 따라 조건을 만족시키는 실수 a의 값이 한 개가 나오는 경우를 찾자.

$f(8)$의 값을 구하시오. (단, k는 -2보다 큰 상수이다.) (4점)
> **단서 3** $f(8)$의 값을 구하기 위해서는 삼차함수 $f(x)$의 식을 구해야 해.

1st 등식에서 접선의 방정식을 찾아내고, 조건에 맞는 함수 $f(x)$를 구하자.

$f(a) + 1 = f'(a)(a-t) \cdots \bigcirc$
에서 $-1 = f'(a)(t-a) + f(a)$이다.
> **주의** 주어진 식이 접선의 방정식으로부터 나왔다는 걸 알아낼 수 있어야 해.

이는 곡선 $y = f(x)$ 위의 점 $(a, f(a))$에서의 접선 $y = f'(a)(x-a) + f(a)$가 점 $(t, -1)$을 지남을 뜻한다.

즉, 점 $(t, -1)$을 P라 하면 점 P에서 곡선 $y = f(x)$에 그은 접선의 접점이 $(a, f(a))$이다.

이때, 조건에서 등식 $\bigcirc$을 만족시키는 실수 a의 값이 6 하나뿐이므로
$f(6) + 1 = f'(6)(6-t) \cdots \bigcirc\!\bigcirc$
이고, $-2 < t < k$인 모든 실수 t에 대하여 $\bigcirc\!\bigcirc$이 성립하려면 항등식의 성질에 의해 $f'(6) = 0$, $f(6) = -1$

즉, 함수 $y = f(x)$의 그래프 위의 점 $(6, -1)$을 A라 하면 $y = f(x)$의
> $f(6) = -1$이므로 함수 $y = f(x)$의 그래프는 점 A$(6, -1)$을 지나고 $f'(6) = 0$이므로 직선 $y = -1$에 접해.

그래프가 점 A에서 직선 $y = -1$과 접하므로
$f(x) + 1 = (x-6)^2(x-m)$, 즉
> $g(x) = f(x) + 10$이라 하면 $g(6) = 0$, $g'(6) = 0$이므로 $g(x)$는 $(x-6)^2$을 인수로 가져. 따라서 최고차항의 계수가 1인 $f(x)$에 대하여 $f(x) + 1 = g(x) = (x-6)^2(x-m)$으로 놓을 수 있는 거야.

$f(x) = (x-6)^2(x-m) - 1$ (m은 상수) $\cdots \bigcirc\!\bigcirc\!\bigcirc$이라 놓을 수 있다.

2nd 삼차함수 $y = f(x)$의 그래프의 개형을 비교하여 적절한 함수의 그래프를 찾아.

따라서 두 점 P$(t, -1)$, A$(6, -1)$에 대하여 $\bigcirc\!\bigcirc\!\bigcirc$을 만족시키는 삼차함수 $y = f(x)$의 그래프의 개형은 다음의 3가지이다.

(i) $m = 6$일 때   (ii) $m > 6$일 때

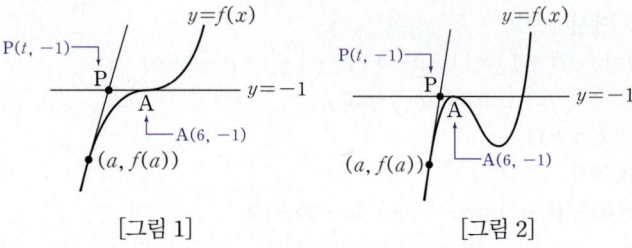

[그림 1]   [그림 2]

(iii) $m < 6$일 때

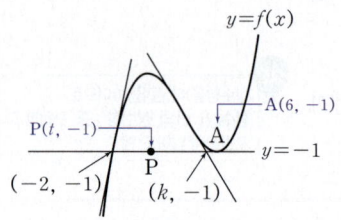

[그림 3]

[그림 1], [그림 2]에서는 등식 $\bigcirc$을 만족시키는 6이 아닌 실수 a가 존재하므로 조건을 만족시키지 않는다.
> 점 P$(t, -1)$에서 곡선 $y = f(x)$에 그은 접선의 접점이 A 이외에 더 존재하지?

[그림 3]에서 $k > -2$인 상수 k에 대하여 등식 $\bigcirc$을 만족시키는 실수 a의 값이 6 하나뿐이기 위한 필요충분조건이 $-2 < t < k$이려면 함수 $y = f(x)$의 그래프가 점 $(-2, -1)$을 지나야 한다.
$\therefore m = -2$

3rd $f(x)$의 식을 이용해 $f(8)$의 값을 구하자.

따라서 $f(x) = (x-6)^2(x+2) - 1$이므로
$f(8) = (8-6)^2(8+2) - 1 = 39$

다른 풀이: **2nd** 에서 등식 $f(a) + 1 = f'(a)(a-t)$를 만족시키는 실수 a의 값이 6 하나뿐이도록 하는 방정식의 조건을 이용해 m의 값 구하기

$f(x) = (x-6)^2(x-m) - 1$에서
$f'(x) = 2(x-6)(x-m) + (x-6)^2 = (x-6)(3x-2m-6)$
이므로 등식 $f(a) + 1 = f'(a)(a-t)$에서
$(a-6)^2(a-m) - 1 + 1 = (a-6)(3a-2m-6)(a-t)$
$(a-6)\{2a^2 - (3t+m)a + 2mt + 6t - 6m\} = 0$
$\therefore a = 6$ 또는 $2a^2 - (3t+m)a + 2mt + 6t - 6m = 0 \cdots \text{⊜}$

이 등식을 만족시키는 실수 a의 값이 6 하나뿐이려면 a에 대한 이차방정식 ⊜이 중근 6을 가지거나 실근을 갖지 않아야 해.

(i) ⊜이 중근 6을 가지는 경우
$2a^2 - (3t+m)a + 2mt + 6t - 6m = 2(a-6)^2$이어야 하므로
$2a^2 - (3t+m)a + 2mt + 6t - 6m = 2a^2 - 24a + 72$에서
$\begin{cases} 3t+m = 24 \cdots \text{ⓐ} \\ 2mt+6t-6m = 72 \cdots \text{ⓑ} \end{cases}$
> ⓐ에서 $m = 24 - 3t$이고, 이것을 ⓑ에 대입하여 정리하면 $6(t-6)^2 = 0$이 나와.

두 식을 연립하여 풀면

$t=6$, $m=6$

즉, 조건을 만족시키는 실수 t는 6 하나뿐이므로

t가 $-2 < t < k$인 모든 실수라는 조건을 만족시키지 않아.

(ii) ㄹ이 실근을 갖지 않는 경우

a에 대한 이차방정식 ㄹ의 판별식을 D라 하면

$$D=(3t+m)^2-8(2mt+6t-6m)<0$$

$$9t^2-(10m+48)t+m(m+48)<0$$

$$9(t-m)\left(t-\frac{m+48}{9}\right)<0 \cdots ㅁ$$

i) $m < \frac{m+48}{9}$, 즉 $m<6$이면 부등식 ㅁ의 해는

$$m<t<\frac{m+48}{9}$$

이때, 실수 t의 값의 범위가 $-2<t<k$이어야 하므로

$m=-2$, $k=\dfrac{46}{9}$ $\longrightarrow$ $k=\dfrac{m+48}{9}$에서 $m=-2$를 대입한 거야.

ii) $m > \frac{m+48}{9}$, 즉 $m>6$이면 부등식 ㅁ의 해는

$$\frac{m+48}{9}<t<m$$

이때, $\frac{m+48}{9}>6$이므로 t의 값의 범위가 $-2<t<k$라는 조건을

만족시키지 않아.

(i), (ii)에서 $m=-2$, $k=\dfrac{46}{9}$이므로

$$f(x)=(x-6)^2(x+2)-1이야.$$

$$\therefore f(8)=(8-6)^2\times(8+2)-1$$
$$=39$$

E 131 정답 40 *삼차함수의 유추 ·········· [정답률 30%]

정답 공식: 방정식 $f(f(x))=x$의 해는 함수 $y=f(x)$의 그래프와 직선 $y=x$의 교점의 x좌표이거나, 직선 $y=x$에 대하여 대칭인 $y=f(x)$ 위의 두 점의 x좌표이다.

최고차항의 계수가 양수인 삼차함수 $f(x)$에 대하여 방정식
$(f\circ f)(x)=x$의 모든 실근이 $0, 1, a, 2, b$이다.

단서1 방정식 $(f\circ f)(x)=x$의 실근이 $0, 1, a, 2, b$라는 것은 함수 $y=f(x)$와 직선 $y=x$에 대칭인 그래프와 $y=f(x)$의 그래프의 교점의 x좌표가 $0, 1, a, 2, b$임을 의미해.

$$f'(1)<0, \ f'(2)<0, \ f'(0)-f'(1)=6$$

일 때, $f(5)$의 값을 구하시오. (단, $1<a<2<b$) (4점)

단서2 삼차함수의 그래프의 개형 중 조건을 만족시키는 것을 찾아봐.

1st 방정식 $(f\circ f)(x)=x$의 해를 만족시키기 위한 $f(x)$의 조건을 찾아내자.

$f(x)=x$를 만족시키는 x는 $(f\circ f)(x)=x$를 만족시킨다.

한편, 서로 다른 두 실수 α, β에 대하여 방정식 $(f\circ f)(x)=x$의 한 실근을 $x=\alpha$라 하고, $f(\alpha)=\beta$라 하면 $f(f(\alpha))=\alpha$이므로 $f(\beta)=\alpha$이다.

즉, $x=\alpha$가 방정식 $(f\circ f)(x)=x$의 한 실근이고 $f(\alpha)=\beta$이면 $x=\beta$ 또한 이 방정식의 실근이 된다. $\longrightarrow$ $f(f(\beta))=\beta$니까 $x=\beta$는 $(f\circ f)(x)=x$의 실근이야.

이를 종합하면 함수 $f(x)$에 대하여 $f(\alpha)=\beta$, $f(\beta)=\alpha$이면 α, β는 주어진 방정식 $(f\circ f)(x)=x$의 해가 된다.

따라서 방정식 $(f\circ f)(x)=x$를 만족하기 위해서는

(i) $f(x)=x$의 해이거나

(ii) $f(\alpha)=\beta$, $f(\beta)=\alpha\,(\alpha\neq\beta)$가 되어야 한다.

$f(\alpha)=\beta$이고, $f(\beta)=\alpha$이면 함수 $y=f(x)$의 그래프 위의 두 점 (α, β), (β, α)는 직선 $y=x$에 대하여 서로 대칭인 점임을 알 수 있어.

또한, 최고차항의 계수가 양수인 삼차함수의 그래프의 개형은 다음의 세 가지 중 하나인데, $f'(1)<0$, $f'(2)<0$이므로 삼차함수 $y=f(x)$의 그래프의 개형은 첫 번째와 같다. $\longrightarrow$ $f'(1)<0$, $f'(2)<0$이므로 $x=1$, $x=2$인 점에서 $y=f(x)$는 감소해. 즉, 감소하는 구간이 존재하는 삼차함수의 그래프는 첫 번째 모양일 수 밖에 없지.

주의 그래프의 개형을 미리 파악하고 문제를 접근하면 쉽게 풀 수 있어.

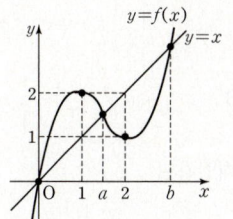

2nd 주어진 조건을 만족시키는 삼차함수 $y=f(x)$의 그래프를 유추하자.

방정식 $(f\circ f)(x)=x$의 5개의 근 중 일부는 $f(x)=x$의 근이고, 일부는 $f(\alpha)=\beta$, $f(\beta)=\alpha\,(a\neq\beta)$를 만족시켜야 한다.

따라서 방정식 $(f\circ f)(x)=x$의 실근 $0, 1, a, 2, b$에 대하여

$1<a<2<b$이고, $f'(1)<0$, $f'(2)<0$이므로 위의 첫 번째의 삼차함수의 그래프의 개형을 바탕으로 (i), (ii)를 종합하여 함수 $y=f(x)$의 그래프를 그리면 다음과 같다.

3rd 위에서 유추한 그래프를 바탕으로 주어진 조건을 만족시키는 삼차함수 $f(x)$의 식을 구하자.

$f(x)=px^3+qx^2+rx+s\,(p, q, r, s는 상수, p>0)$라 하면 위에서 구한 조건에 의해

$f(0)=s=0$이고,

$f(1)=p+q+r+s=p+q+r=2 \cdots ㄱ$

$f(2)=8p+4q+2r+s=8p+4q+2r=1 \cdots ㄴ$

한편, $f'(x)=3px^2+2qx+r$이고,

$f'(0)-f'(1)=6$이므로

$f'(0)-f'(1)=r-(3p+2q+r)=6$

$\therefore 3p+2q=-6 \cdots ㄷ$

ㄱ~ㄷ을 연립하여 풀면

ㄴ$-$ㄱ$\times 2$에서 $6p+2q=-3$이고, 이 식과 ㄷ을 연립하면 돼.

$p=1$, $q=-\dfrac{9}{2}$, $r=\dfrac{11}{2}$

따라서 $f(x)=x^3-\dfrac{9}{2}x^2+\dfrac{11}{2}x$이므로

$f(5)=125-\dfrac{225}{2}+\dfrac{55}{2}=40$

🔍 **다른 풀이: 3rd** 에서 $f(x)=x$의 실근이 $0, a, b$임을 이용해

$$f(x)-x=kx(x-a)(x-b) \ (단, k>0)로 놓고 조건을 만족시키는 f(x) 구하기$$

위의 그림에서 삼차함수 $y=f(x)$의 그래프와 직선 $y=x$가

$x=0$, $x=a$, $x=b$인 점에서 만나므로

$f(x)-x=kx(x-a)(x-b) \ (단, k>0)$에서 $\longrightarrow$ $f(0)=0$, $f(a)=a$, $f(b)=b$에서 $f(0)-0=0$, $f(a)-a=0$, $f(b)-b=0$이므로 $x=0$, $x=a$, $x=b$는 방정식 $f(x)-x=0$의 근이야.

$f(x)=kx(x-a)(x-b)+x$로 놓을 수 있어.

이때, $f(1)=2$이므로

$k(1-a)(1-b)+1=2$

$k\{1-(a+b)+ab\}=1$

$\therefore ab-(a+b)=\dfrac{1}{k}-1 \cdots ㄹ$

또, $f(2)=1$이므로
$$2k(2-a)(2-b)+2=1$$
$$2k\{4-2(a+b)+ab\}=-1$$
$$\therefore ab-2(a+b)=-\frac{1}{2k}-4 \cdots ㉤$$

한편, $f'(x)=k(x-a)(x-b)+kx(x-b)+kx(x-a)+1$이고,

$f'(0)=kab+1$, ┌→ 미분가능한 세 함수 $f(x), g(x), h(x)$에 대하여 $y=f(x)g(x)h(x)$이면 $y'=f'(x)g(x)h(x)+f(x)g'(x)h(x)+f(x)g(x)h'(x)$

$f'(1)=k(1-a)(1-b)+k(1-b)+k(1-a)+1$이므로

$f'(0)-f'(1)=6$에서
$$kab+1-\{k(1-a)(1-b)+2k-k(a+b)+1\}=6$$
$$kab-k\{ab+3-2(a+b)\}=6$$
$$-3k+2k(a+b)=6$$
$$\therefore a+b=\frac{3}{k}+\frac{3}{2} \cdots ㉫$$

㉤$-$㉫을 하면 $a+b=\frac{3}{2k}+3$이므로 이것을 ㉫에 대입하면
$$\frac{3}{2k}+3=\frac{3}{k}+\frac{3}{2}$$

양변에 $2k$를 곱하면
$$3+6k=6+3k, \ 3k=3$$
$$\therefore k=1$$

$k=1$을 ㉤, ㉫에 각각 대입하면
$$a+b=ab=\frac{9}{2}$$

따라서
$$f(x)=kx(x-a)(x-b)+x \quad \text{┐} _{k=1 \text{ 대입}}$$
$$=x\{x^2-(a+b)x+ab\}+x \text{◄┘}$$
$$=x\left(x^2-\frac{9}{2}x+\frac{9}{2}\right)+x \quad \text{┐}_{a+b=ab=\frac{9}{2} \text{ 대입}}$$
$$=x^3-\frac{9}{2}x^2+\frac{11}{2}x$$

(이하 동일)

수능 핵강

✱ 조건을 만족시키는 함수 $y=f(x)$의 그래프의 개형 유추하기

만약 함수 $f(x)$의 역함수가 존재한다면 $(f\circ f)(x)=x$에서 $f(x)=f^{-1}(x)$가 돼. 즉, 방정식 $(f\circ f)(x)=x$의 실근은 함수 $y=f(x)$와 역함수 $y=f^{-1}(x)$의 그래프의 교점의 x좌표가 되는 거지.

방정식 $(f\circ f)(x)=x$의 실근이 5개이니까 함수 $y=f(x)$의 그래프와 역함수 $y=f^{-1}(x)$의 그래프가 만나는 점의 개수가 5가 된다고 생각하는 학생들이 있을 수 있어.

그런데 최고차항의 계수가 양수인 삼차함수 $f(x)$의 역함수가 존재하려면 일대일대응, 즉 증가함수여야 하고, 이때 함수 $y=f(x)$와 그 역함수의 그래프는 많아야 3개의 점에서 만날 수 밖에 없다는 것을 알아야 해.

<u>즉, $f'(1)<0, f'(2)<0$이므로 삼차함수 $f(x)$의 역함수는 존재하지 않지만 함수 $y=f(x)$의 그래프를 직선 $y=x$에 대칭이동시킨 그래프를 그려서 두 그래프의 교점의 개수가 5가 되도록 삼차함수 $y=f(x)$의 그래프의 개형을 유추하면 다음과 같이 돼.</u>

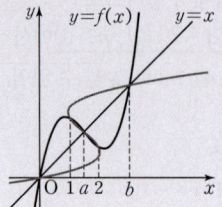

E 132 정답 243 ✱삼차함수의 유추 .... [정답률 35%]

(정답 공식 : $h(x)=f(x)-g(x)$로 두고 조건을 만족시키는 함수식을 구한다.)

최고차항의 계수가 1인 삼차함수 $f(x)$와 최고차항의 계수가 2인 이차함수 $g(x)$가 다음 조건을 만족시킨다.

(가) $f(\alpha)=g(\alpha)$이고 $f'(\alpha)=g'(\alpha)=-16$인 실수 α가 존재한다.

단서1 $h(x)=f(x)-g(x)$라 하면 조건 (가), (나)에 의하여 $h(x)$의 식을 실수 α, β를 이용하여 나타낼 수 있어.

(나) $f'(\beta)=g'(\beta)=16$인 실수 β가 존재한다.

단서2 $g(x)$는 최고차항의 계수가 2인 이차함수야. 조건 (가)의 $g'(\alpha)=-16$과 조건 (나)의 $g'(\beta)=16$을 이용하여 α, β 사이의 관계식을 찾아내.

$g(\beta+1)-f(\beta+1)$의 값을 구하시오. (4점)

1st $h(x)=f(x)-g(x)$라 하고 조건 (가)를 이용하여 $h(x)$의 식을 유추하자.

$h(x)=f(x)-g(x)$라 하면 조건 (가)에서 $f(\alpha)=g(\alpha)$이고 $f'(\alpha)=g'(\alpha)$이므로 $h(\alpha)=h'(\alpha)=0$

이때, $h(x)$는 최고차항의 계수가 1인 삼차함수이므로 상수 p에 대하여
$$h(x)=(x-\alpha)^2(x-p) \cdots ㉠$$ 이다. ┐→ $f(x)$는 삼차함수, $g(x)$는 이차함수이고 $h(x)=f(x)-g(x)$이므로 $h(x)$는 최고차항의 계수가 $f(x)$의 최고차항의 계수와 같은 삼차함수야.

$f(\alpha)=g(\alpha), f'(\alpha)=g'(\alpha)$이므로 두 함수 $y=f(x)$, $y=g(x)$의 그래프는 $x=\alpha$에서 접하지? 즉, 삼차방정식 $f(x)-g(x)=0$은 중근 $x=\alpha$를 가지니까 $f(x)-g(x)=(x-\alpha)^2(x-p)$라 할 수 있는 거지.

함정 두 함수의 그래프의 위치 관계를 이용하여 식으로 나타낼 수 있어야 해.

2nd 조건 (나)를 이용하여 $h(x)$의 식을 완성하자. ┐→ $y=f(x)g(x)$의 도함수는 $y'=f'(x)g(x)+f(x)g'(x)$

$$h'(x)=2(x-\alpha)(x-p)+(x-\alpha)^2=(x-\alpha)(3x-2p-\alpha)$$이고

조건 (나)의 $f'(\beta)=g'(\beta)$에서
$$h'(\beta)=f'(\beta)-g'(\beta)=0$$이므로
$$(\beta-\alpha)(3\beta-2p-\alpha)=0$$

이때, $\alpha\neq\beta$이므로 $3\beta-2p-\alpha=0$

이차함수 $g(x)$의 도함수 $g'(x)$는 일차함수지? 즉, 일대일 대응이야. 따라서 $\alpha=\beta$이면 $g'(\alpha)=g'(\beta)$이어야 하는데 문제의 조건에서 $g'(\alpha)=-16, g'(\beta)=16$이므로 $\alpha\neq\beta$여야 해.

$$\therefore p=\frac{3\beta-\alpha}{2} \Rightarrow h(x)=(x-\alpha)^2\left(x-\frac{3\beta-\alpha}{2}\right) \ (\because ㉠)$$

3rd 이차함수 $g(x)$의 최고차항의 계수가 2임을 이용하여 α, β의 관계식을 찾자.

한편, $g(x)$의 최고차항의 계수는 2이므로 상수 a, b에 대하여 $g(x)=2x^2+ax+b$라 하면 $g'(x)=4x+a$이고 두 조건 (가), (나)에서 $g'(\alpha)=-16, g'(\beta)=16$이므로
$$4\alpha+a=-16 \cdots ㉡,$$
$$4\beta+a=16 \cdots ㉢$$

㉡$-$㉢을 하면
$$4\alpha-4\beta=-32$$
$$\therefore \alpha-\beta=-8 \cdots ㉣$$
$$\therefore g(\beta+1)-f(\beta+1)=-h(\beta+1)$$
$$=-(\beta+1-\alpha)^2\left(\beta+1-\frac{3\beta-\alpha}{2}\right)$$
$$=-(\alpha-\beta-1)^2\left(\frac{\alpha-\beta}{2}+1\right)$$
$$=-(-8-1)^2\left(\frac{-8}{2}+1\right)(\because ㉣)$$
$$=243$$

정답 공식: 함수 $f(x)$는 $x=0$, $x=2$, $x=a$에서 극값을 가질 수 있음을 이용하여 사차함수의 그래프의 개형을 유추한다.

사차함수 $f(x)$가 다음 조건을 만족시킨다.

(가) $f'(x)=x(x-2)(x-a)$ (단, a는 실수)

(나) 방정식 $|f(x)|=f(0)$은 실근을 갖지 않는다.

> **단서 1** 임의의 실수 x에 대하여 $|f(x)| \geq 0$이므로 $f(0)<0$이면 방정식 $|f(x)|=f(0)$이 실근을 갖지 않겠지?

[보기]에서 옳은 것만을 있는 대로 고른 것은? (4점)

> **단서 2** $a=0$이면 $f'(x)=x^2(x-2)$이므로 $f(0)<0$인 사차함수의 그래프를 그려봐.

[보기]

ㄱ. $a=0$이면 방정식 $f(x)=0$은 서로 다른 두 실근을 갖는다.

ㄴ. $0<a<2$이고 $f(a)>0$이면, 방정식 $f(x)=0$은 서로 다른 네 실근을 갖는다.

ㄷ. 함수 $|f(x)-f(2)|$가 $x=k$에서만 미분가능하지 않으면 $k<0$이다.

> **단서 3** $f'(x)=x(x-2)(x-a)$ $(0<a<2)$이므로 사차함수 $y=f(x)$는 반드시 극대, 극소를 가지게 돼. 극댓값 $f(a)$와 극솟값 $f(2)$가 둘 다 양수일 때를 생각해봐.

① ㄱ ② ㄱ, ㄴ ③ ㄱ, ㄷ
④ ㄴ, ㄷ ⑤ ㄱ, ㄴ, ㄷ

1st $a=0$일 때, 함수 $y=f(x)$의 그래프가 x축과 만나는 점을 확인해봐.

임의의 실수 x에 대하여 $|f(x)| \geq 0$인데 조건 (나)에서 방정식 $|f(x)|=f(0)$이 실근을 갖지 않으므로 $f(0)<0$이어야 한다.

> $f(0)<0$이므로 최고차항의 계수가 양수인 사차함수 $y=f(x)$의 그래프는 반드시 x축과 만난다는 것을 알 수 있어.

ㄱ. $a=0$이면 조건 (가)에서 $f'(x)=x^2(x-2)$이므로 $f(0)<0$을 만족시키는 사차함수 $y=f(x)$의 그래프의 개형은 [그림 1]과 같다.

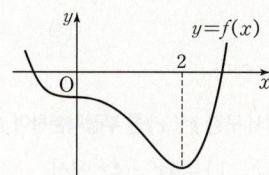

[그림 1]

즉, 함수 $y=f(x)$의 그래프는 x축과 서로 다른 두 점에서 만나므로 방정식 $f(x)=0$은 서로 다른 두 실근을 갖는다. (참)

2nd $0<a<2$일 때, ㄴ을 만족시키지 않는 경우를 찾자.

ㄴ. $0<a<2$이고 $f(a)>0$일 때, $f(2)>0$인 경우의 함수 $y=f(x)$의 그래프의 개형은 [그림 2]와 같다.

> ㄴ에서는 $f(2)$에 대한 조건이 주어지지 않았으니까, $f(2)>0$, $f(2)=0$, $f(2)<0$인 경우를 모두 따져봐야 해.

(ⅰ) $f(2)=0$인 경우 (ⅱ) $f(2)<0$인 경우

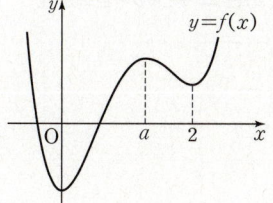

[그림 2]

즉, 함수 $y=f(x)$의 그래프는 x축과 서로 다른 두 점에서 만나므로 방정식 $f(x)=0$은 서로 다른 두 실근을 갖는다. (거짓)

3rd 함수 $|f(x)-f(2)|$가 한 점에서만 미분가능하지 않기 위한 조건을 만족하는 경우를 생각해야 해.

ㄷ. 함수 $h(x)=f(x)-f(2)$라 하면 $h(x)$는 최고차항의 계수가 양수인 사차함수이다. 이때, $h(2)=f(2)-f(2)=0$이고, $h'(x)=f'(x)$에서 $h'(2)=f'(2)=0$이므로 함수 $y=h(x)$의 그래프는 $x=2$에서 x축과 접한다.

그런데 함수 $|f(x)-f(2)|$가 $x=k$에서만 미분가능하지 않으면 함수 $y=h(x)$의 그래프는 $x=k$에서 x축과 만나야 한다.

> 함수 $|f(x)-f(2)|$가 $x=k$에서 미분가능하지 않으면 $x=k$에서 $y=|f(x)-f(2)|$의 그래프가 꺾인다는 거야. 즉, $x=k$의 좌우에서 $f(x)-f(2)$의 부호가 바뀐다는 뜻이므로 $y=f(x)-f(2)$의 그래프는 x축과 $x=k$에서 만나게 돼.

즉, $y=h(x)$의 그래프는 $x=k$인 점과 $x=2$인 점 이외에는 x축과 만나지 않아야 한다.

또, $h'(0)=f'(0)=0$이므로 위에서 구한 조건들을 모두 만족시키는 함수 $y=h(x)$의 그래프와 그에 따른 $y=|h(x)|$의 그래프의 개형은 [그림 3]과 같다.

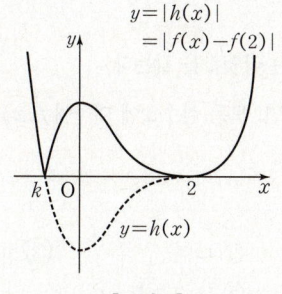

[그림 3]

즉, 함수 $|f(x)-f(2)|$가 $x=k$에서 미분가능하지 않으면 $k<0$이다. (참)

따라서 옳은 것은 ㄱ, ㄷ이다.

🎲 **다른 풀이:** ㄷ에서 방정식 $f(x)-f(2)=0$의 실근을 이용하여 $f(x)-f(2)$의 식을 세운 후 조건을 만족시키는 k의 값 구해보기

ㄷ. 함수 $|f(x)-f(2)|$에서 방정식 $f(x)-f(2)=0$의 한 실근은 $x=2$이고, 조건 (가)에 의해 $f'(2)=0$이므로 사차식 $f(x)-f(2)$는 $(x-2)^2$ 또는 $(x-2)^3$ 또는 $(x-2)^4$을 인수로 가지게 돼.

또한, 함수 $|f(x)-f(2)|$가 $x=k$에서만 미분가능하지 않으면 방정식 $f(x)-f(2)=0$은 $x=k$를 실근으로 가지므로 사차식 $f(x)-f(2)$는 $x-k$를 인수로 가짐을 알 수 있어.

즉, 조건 (가)의 $f'(x)=x(x-2)(x-a)$에 의해 $f(x)$의 최고차항의 계수는 $\frac{1}{4}$이므로 $f(x)-f(2)=\frac{1}{4}(x-k)(x-2)^3$ ··· ㉠이 돼.

> $\left(\frac{1}{4}x^4\right)'=x^3$이지?

> **함정** 문제의 조건에서 함수의 그래프의 개형을 유추하고, 이를 식으로 표현할 수 있어야 해.

㉠의 양변을 x에 대하여 미분하면

$$f'(x)=\frac{1}{4}(x-2)^3+\frac{3}{4}(x-k)(x-2)^2$$

$$=\frac{1}{4}(x-2)^2(4x-3k-2)$$

이고, 조건 (가)에 의해 $f'(0)=0$이므로

$$0=-3k-2 \qquad \therefore k=-\frac{2}{3}$$

따라서 함수 $|f(x)-f(2)|$가 $x=k$에서만 미분가능하지 않으면 $k<0$이야. (참)

[정답 공식: 조건을 만족하는 함수 $y=f'(x)$의 그래프는 $x=0$에서 x축에 접해야 한다.]

> 최고차항의 계수가 1인 사차함수 $f(x)$가 다음 조건을 만족시킨다.
>
> **단서1** 최고차항의 계수가 1인 사차함수 $f(x)$에 대하여 도함수 $f'(x)$의 최고차항의 계수는 4이고 $f'(0)=0$이므로 $f'(x)=4x(x-p)(x-q)(p, q$는 상수)라 놓을 수 있어.
>
> (가) $f'(0)=0, f'(2)=16$
> (나) 어떤 양수 k에 대하여 두 열린구간 $(-\infty, 0), (0, k)$에서 $f'(x)<0$이다.
>
> **단서2** $f'(0)=0$인데 $x=0$의 좌우에서 $f'(x)$의 부호가 $f'(x)<0$이므로 $f'(x)$의 그래프는 $x=0$인 점에서 x축에 접해. 이를 이용하여 삼차함수 $f'(x)$의 그래프의 개형을 그려봐.

[보기]에서 옳은 것만을 있는 대로 고른 것은? (4점)

> [보기]
>
> ㄱ. 방정식 $f'(x)=0$은 열린구간 $(0, 2)$에서 한 개의 실근을 갖는다.   **단서3** 사차함수 $y=f(x)$의 그래프의 개형을 살펴봐.
>
> ㄴ. 함수 $f(x)$는 극댓값을 갖는다.
>
> ㄷ. $f(0)=0$이면, 모든 실수 x에 대하여 $f(x)\geq-\dfrac{1}{3}$이다.
>
> **단서4** 사차함수 $y=f(x)$가 모든 실수 x에 대하여 특정한 값보다 크거나 같으려면 최솟값을 구해봐. 아마 극솟값과 관련이 있겠지?

① ㄱ   ② ㄴ   ③ ㄱ, ㄷ
④ ㄴ, ㄷ   ⑤ ㄱ, ㄴ, ㄷ

1st 주어진 조건을 이용하여 도함수 $f'(x)$를 구하자.

최고차항의 계수가 1인 사차함수 $f(x)$에 대하여 도함수 $f'(x)$는 최고차항의 계수가 4인 삼차함수이고, 조건 (가)에서 $f'(0)=0$이므로 $f'(x)=4x(x-p)(x-q)$ (단, p, q는 상수)
라 놓을 수 있다.

> $f'(0)=0$이니까 삼차식 $f'(x)$는 $x-0$, 즉 x를 인수로 가져.

한편, 조건 (가)에서 $f'(0)=0$인데 조건 (나)에서 어떤 양수 k에 대하여 두 열린구간 $(-\infty, 0), (0, k)$에서 $f'(x)<0$이므로 삼차함수 $y=f'(x)$의 그래프의 개형은 [그림 1]과 같다.

즉, $y=f'(x)$의 그래프는 $x=0$인 점에서 x축에 접하므로 삼차식 $f'(x)$는 x^2을 인수로 가져야 한다.

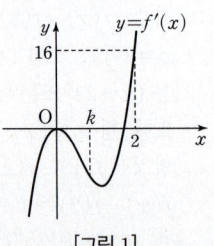

[그림 1]

따라서 $f'(x)=4x^2(x-p)$라 할 수 있다.
이때, 조건 (가)에서 $f'(2)=16$이므로

> $f'(x)=4x(x-p)(x-q)$에서 q의 값을 0으로 한 거야.

$f'(2)=4\times2^2\times(2-p)=16$
$2-p=1$ $\therefore p=1$
$\therefore f'(x)=4x^2(x-1)$ ··· ㉠

2nd 함수 $y=f'(x)$의 식을 이용하여 ㄱ의 참, 거짓을 판별하자.

ㄱ. ㉠에 의해 삼차함수 $y=f'(x)$의 그래프는 $x=0, x=1$인 점에서 x축과 만난다. 즉, 방정식 $f'(x)=0$은 열린구간 $(0, 2)$에서 한 개의 실근을 갖는다. (참)

> 함수 $f'(x)=4x^2(x-1)$의 그래프는 오른쪽 그림과 같아. 즉, 열린구간 $(0, 2)$에서 방정식 $f'(x)=0$은 실근 $x=1$을 가져.

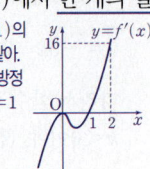

3rd 함수 $y=f(x)$의 그래프를 유추하여 ㄴ, ㄷ의 참, 거짓을 판별하자.

ㄴ. $f'(x)=0$에서 $4x^2(x-1)=0$
$\therefore x=0$ 또는 $x=1$
함수 $f(x)$의 증가와 감소를 표로 나타내면 다음과 같다.

x	$\cdots$	0	$\cdots$	1	$\cdots$
$f'(x)$	$-$	0	$-$	0	$+$
$f(x)$	$\searrow$		$\searrow$	극소	$\nearrow$

즉, $y=f(x)$의 그래프의 개형은 [그림 2]와 같으므로 함수 $f(x)$는 극댓값은 가지지 않고 $x=1$에서 극솟값을 갖는다. (거짓)

→ 어떤 양수 k에 대하여 두 열린구간 $(-\infty, 0), (0, k)$에서 $f'(x)<0$이므로 사차함수 $y=f(x)$의 그래프는 이 구간에서는 감소하고, $x=1$에서 극소이며 $f'(2)=16>0$이므로 $x=2$에서 증가하고 있음을 알 수 있어.

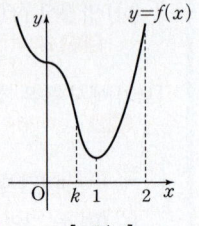

[그림 2]

주의 극값을 가지려면 $f'(x)=0$이 되는 값을 기준으로 좌우에서 도함수의 함숫값의 부호가 바뀌어야 해.

ㄷ. $f(0)=0$이므로
$f(x)=x^4+ax^3+bx^2+cx$ (a, b, c는 상수)라 하면
$f'(x)=4x^3+3ax^2+2bx+c$
이때, ㉠에서 $f'(x)=4x^3-4x^2$이므로 계수끼리 비교하면
$3a=-4$에서 $a=-\dfrac{4}{3}$이고 $b=0$, $c=0$이다.

$\therefore f(x)=x^4-\dfrac{4}{3}x^3$

> 주어진 사차함수 $f(x)$는 극솟값만 가지므로 극솟값이 최솟값이 돼.

이때, 함수 $f(x)$는 $x=1$에서 극소이면서 최솟값을 가지므로
$f(x)$의 최솟값은 $f(1)=1-\dfrac{4}{3}=-\dfrac{1}{3}$
이다.

즉, $y=f(x)$의 그래프는 [그림 3]과 같으므로 모든 실수 x에 대하여 $f(x)\geq-\dfrac{1}{3}$이다. (참)

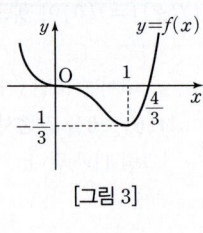

[그림 3]

따라서 옳은 것은 ㄱ, ㄷ이다.

🎲 **다른 풀이: 1st 에서 구한 $f'(x)$를 부정적분하여 $f(x)$ 구하기**

ㄷ. ㉠의 $f'(x)=4x^2(x-1)=4x^3-4x^2$에서
$f(x)=\displaystyle\int f'(x)dx$
$=\displaystyle\int(4x^3-4x^2)dx=x^4-\dfrac{4}{3}x^3+C$ (단, C는 적분상수)
이때, $f(0)=0$이므로 $C=0$에서

> $\displaystyle\int x^n dx=\dfrac{1}{n+1}x^{n+1}+C$ (단, C는 적분상수)

$f(x)=x^4-\dfrac{4}{3}x^3$이야.
(이하 동일)

⚙ **함수의 증가와 감소**   개념·공식

함수 $f(x)$가 어떤 구간에서 미분가능하고, 이 구간의 모든 x에 대하여
① $f'(x)>0$이면 $f(x)$는 그 구간에서 증가한다.
② $f'(x)<0$이면 $f(x)$는 그 구간에서 감소한다.

E 135 정답 ③ ＊위치에 대한 변화율(속도와 가속도) ···· [정답률 36%]

> **정답 공식:** 속도 $v=\dfrac{dx}{dt}$, 가속도 $a=\dfrac{dv}{dt}$이다. A, C 사이의 거리가 3이면 벽으로부터의 거리가 동일하다.

그림과 같이 케이블 l, m, n은 모두 벽면과 수직이고, 케이블 사이의 거리가 각각 2, 1이다. l 위의 광원 A에서 m 위의 물체 B에 빛을 비추면 n 위에 그림자 C가 나타난다.

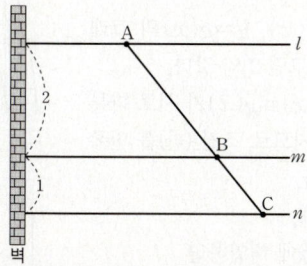

광원 A와 물체 B의 시각 $t(t\le 8)$에서 벽으로부터의 거리를 각각 $x=4-\dfrac{1}{2}t$, $y=t^2-\dfrac{11}{2}t+10$이라 할 때, 옳은 것만을 [보기]에서 있는 대로 고른 것은? (단, 광원, 물체, 그림자의 크기는 무시한다.) (4점)

단서 광원 A는 벽면으로부터의 거리가 점점 줄어들어서 벽에 도착하고 물체 B는 벽면으로부터의 거리가 점점 줄어들다가 다시 벽면으로부터 멀어지지?

[보기]
ㄱ. $t=\dfrac{5}{2}$에서 광원과 물체의 속도가 같아진다.
ㄴ. A와 C 사이의 거리가 3인 순간은 두 번이다.
ㄷ. $2<t<3$에서 그림자 C의 가속도는 1이다.

① ㄱ ② ㄷ ③ ㄱ, ㄴ
④ ㄴ, ㄷ ⑤ ㄱ, ㄴ, ㄷ

1st 거리를 시간에 대해 미분하면 속도를 나타내.

ㄱ. 광원 A와 물체 B의 벽으로부터의 각각의 거리인
$x=4-\dfrac{1}{2}t$, $y=t^2-\dfrac{11}{2}t+10$에서
광원의 속도는 $\dfrac{dx}{dt}=-\dfrac{1}{2}$, 물의 속도는 $\dfrac{dy}{dt}=2t-\dfrac{11}{2}$이므로
$-\dfrac{1}{2}=2t-\dfrac{11}{2}$ ∴ $t=\dfrac{5}{2}$ (참)

ㄴ. 케이블 l, m, n 사이의 거리가 각각 2, 1이므로 광원 A와 그림자 C의 거리가 3인 순간은 $x=y$일 때이다. 즉,

> 세 점 A, B, C와 케이블 l, m, n 사이의 거리가 같도록 위치할 때, 가능해.

$4-\dfrac{1}{2}t=t^2-\dfrac{11}{2}t+10$
$t^2-5t+6=0$, $(t-3)(t-2)=0$
∴ $t=2$ 또는 $t=3$
따라서 $t\le 8$인 시각 t에 대하여 $\overline{AC}=3$인 순간은 두 번이다. (참)

2nd 가속도는 속도를 시간에 대해 미분하면 알 수 있어.

ㄷ. $x-y=\left(4-\dfrac{1}{2}t\right)-\left(t^2-\dfrac{11}{2}t+10\right)$
$\quad\quad =-t^2+5t-6$
$\quad\quad =-(t-2)(t-3)$

> **함정** $2<t<3$이 문제에 제시된 상황에서 어떤 경우를 뜻하는 건지 알아내야 해.

이때, $2\le t\le 3$에서 $x-y\ge 0$이므로 광원 A와 물체 B의 배치는 그림과 같다.

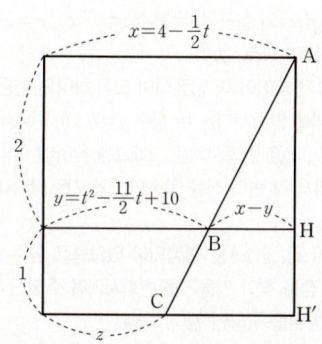

점 A에서 직선 m, n에 내린 수선의 발을 각각 H, H'이라 하면 $\overline{BH}=x-y=-t^2+5t-6$이고 $\overline{AH}:\overline{AH'}=2:3$이므로
$\overline{CH'}=\dfrac{3}{2}\overline{BH}=-\dfrac{3}{2}t^2+\dfrac{15}{2}t-9$
따라서 그림자 C의 벽으로부터의 거리를 z라 하면
$z=x-\overline{CH'}=4-\dfrac{1}{2}t-\left(-\dfrac{3}{2}t^2+\dfrac{15}{2}t-9\right)=\dfrac{3}{2}t^2-8t+13$
이때, 그림자 C의 속도 $v=\dfrac{dz}{dt}=3t-8$이므로 그림자 C의 가속도
$a=\dfrac{dv}{dt}=3$ (거짓)
따라서 옳은 것은 ㄱ, ㄴ이다.

E 136 정답 5 ··········· ⭐1등급 대비 [정답률 13%]

＊접선의 방정식을 이용하여 주어진 조건을 만족시키는 직선의 기울기 k의 값의 범위 구하기 [유형 04]

최고차항의 계수가 1인 삼차함수 $f(x)$와 최고차항의 계수가 -1인 이차함수 $g(x)$가 다음 조건을 만족시킨다.

(가) 곡선 $y=f(x)$ 위의 점 $(0, 0)$에서의 접선과 곡선 $y=g(x)$ 위의 점 $(2, 0)$에서의 접선은 모두 x축이다.
> **단서1** 이차함수 $g(x)$의 식과 삼차함수 $f(x)$의 식의 형태를 찾아내봐.

(나) 점 $(2, 0)$에서 곡선 $y=f(x)$에 그은 접선의 개수는 2이다.

(다) 방정식 $f(x)=g(x)$는 오직 하나의 실근을 가진다.
> **단서2** 두 함수 $y=f(x)$, $y=g(x)$의 그래프의 교점의 개수가 1이 되도록 하는 $f(x)$의 식을 구해.

> **단서3** 직선 $y=kx-2$는 점 $(0, -2)$를 지나고 기울기가 k인 직선이지? 주어진 부등식을 만족시키려면 직선과 두 곡선이 어떻게 위치해야 하고, 그에 따라 직선의 기울기 k의 최댓값 또는 최솟값이 어떻게 나올지 유추할 수 있어야 해.

$x>0$인 모든 실수 x에 대하여
$$g(x)\le kx-2\le f(x)$$
를 만족시키는 실수 k의 최댓값과 최솟값을 각각 α, β라 할 때, $\alpha-\beta=a+b\sqrt{2}$이다. a^2+b^2의 값을 구하시오. (단, a, b는 유리수이다.) (4점)

왜 1등급? 곡선 밖의 한 점에서 곡선에 그은 접선의 개수는 접점의 좌표를 임의로 잡아 접선의 방정식을 구한 후 접선이 지나는 한 점의 좌표를 대입하여 만들어진 방정식의 실근의 개수와 같음을 알아야 $f(x)$를 구할 수 있다.

단서 + 발상

단서1 다항함수 $y=h(x)$의 그래프가 $x=a$에서 x축과 접하면 방정식 $h(x)=0$은 $x=a$에서 중근을 가지므로 함수 $h(x)$는 $(x-a)^2$을 인수로 가짐을 알아야 한다. **발상**
이를 이용하여 $g(x)$를 구하고 $f(x)$는 나머지 조건을 이용하여 결정해야 한다. **적용**

단서2 방정식 $f(x)=g(x)$의 실근은 두 함수 $y=f(x)$, $y=g(x)$의 그래프가 만나는 점의 x좌표이므로 **발상**
만나는 점이 1개가 되어야 이 방정식이 오직 하나의 실근을 갖는다. **적용**
즉, 조건 (가), (나)를 만족시키는 두 함수 $y=f(x)$, $y=g(x)$의 그래프를 모두 그려 그 중 조건 (다)를 만족시키는 그래프를 찾아야 한다. **해결**

단서3 주어진 부등식에서 각 변의 식을 함수의 그래프로 나타내어 접근해야 한다. **발상**
이때, 두 함수 $f(x)$, $g(x)$는 결정되어 있으므로 함수 $y=kx-2$의 그래프가 항상 지나는 점을 찾아 기울기를 변화시키며 주어진 부등식을 만족시키는 상수 k의 값의 범위를 구하면 된다. **해결**

주의 조건 (나)에서 접선의 개수가 2가 됨을 이용할 때, 삼차방정식이 나오게 되는데 이 삼차방정식의 실근의 개수가 2이어야 하므로 삼차방정식은 한 중근과 또 다른 한 근을 가짐을 파악하고 문제에 접근해야 한다.

핵심 정답 공식: 조건을 만족하는 삼차함수 $f(x)$와 이차함수 $g(x)$를 먼저 구한다. 접선의 방정식을 이용하여 실수 k의 값의 범위를 구한다.

------------------ [문제 풀이 순서] ------------------

1st 조건 (가)를 이용하여 이차함수 $g(x)$의 식을 찾고, 삼차함수 $f(x)$의 식을 유추하자.

조건 (가)에서 곡선 $y=g(x)$ 위의 점 $(2, 0)$에서의 접선이 x축이라 했으므로 이차함수 $y=g(x)$의 그래프는 점 $(2, 0)$에서 x축에 접한다.
즉, $g(x)$는 점 $(2, 0)$을 꼭짓점으로 하고, 최고차항의 계수가 -1인 이차함수이므로 $g(x)=-(x-2)^2$이다.
$g(2)=0, g'(2)=0$이므로 $g(x)$는 $(x-2)^2$을 인수로 가져.

또, 조건 (가)에서 곡선 $y=f(x)$ 위의 점 $(0, 0)$에서의 접선이 x축이라 했으므로 함수 $f(x)$의 그래프는 점 $(0, 0)$에서 x축에 접한다.
즉, $f(x)$는 최고차항의 계수가 1인 삼차함수이므로
$f(x)=x^2(x+p)=x^3+px^2$ (p는 상수) … ㉠이라 놓을 수 있다.
$f(0)=0, f'(0)=0$이므로 $f(x)$는 x^2을 인수로 가져.

함정 삼차함수 $y=f(x)$의 그래프가 원점에서 x축에 접하면 $f(x)$는 x를 인수로 갖고, 그 도함수도 x를 인수로 가져야 해. 즉, 함수 $f(x)$는 x^2을 인수로 갖고, 방정식 $f(x)=0$에서 0은 중근임을 의미해.

2nd 조건 (나)를 이용하여 삼차함수 $f(x)$의 식을 찾자.

㉠에서 $f'(x)=3x^2+2px$이고,
곡선 $y=f(x)$ 위의 점 (t, t^3+pt^2)에서의 접선의 방정식은
$y=(3t^2+2pt)(x-t)+(t^3+pt^2)$ … ㉡
곡선 $y=f(x)$ 위의 점 $(k, f(k))$에서의 접선의 방정식은 $y-f(k)=f'(k)(x-k)$

이때, 접선 ㉡이 점 $(2, 0)$을 지나면
$0=(3t^2+2pt)(2-t)+(t^3+pt^2)$이므로
$0=6t^2-3t^3+4pt-2pt^2+t^3+pt^2$, $-2t^3+(6-p)t^2+4pt=0$
$\therefore t\{-2t^2+(6-p)t+4p\}=0$ … ㉢
즉, 조건 (나)에 의해 t에 대한 삼차방정식 ㉢의 서로 다른 실근의 개수가 2이어야 한다.
곡선 $y=f(x)$의 접선 중 점 $(2, 0)$을 지나는 접선의 개수가 2이므로 접점의 x좌표인 t의 개수가 2라는 뜻이야.

(i) 이차방정식 $-2t^2+(6-p)t+4p=0$의 한 근이 $t=0$인 경우 $p=0$
$-2t^2+(6-p)t+4p=0$에 $t=0$을 대입했어.
즉, $p=0$을 ㉠에 대입하면 $f(x)=x^3$이므로 두 함수 $y=f(x)$, $y=g(x)$의 그래프를 그리면 [그림 1]과 같다.
따라서 두 그래프의 교점의 개수가 1에서 방정식 $f(x)=g(x)$는 오직 하나의 실근을 가지므로 조건 (다)를 만족시킨다.
방정식 $f(x)=g(x)$의 실근의 개수 ⟺ 두 함수 $y=f(x)$, $y=g(x)$의 그래프의 서로 다른 교점의 개수

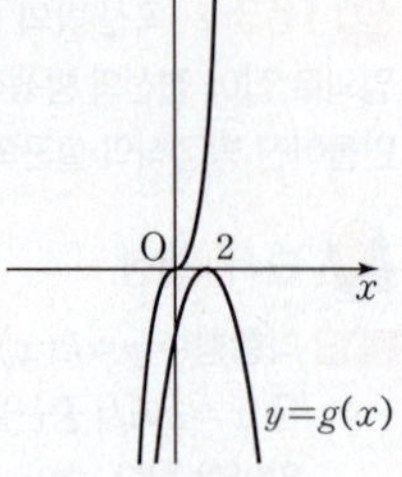

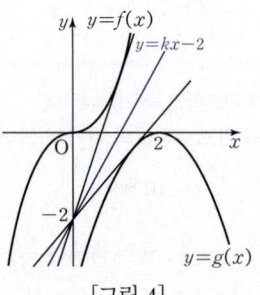
[그림 1]

(ii) 이차방정식 $-2t^2+(6-p)t+4p=0$이 0이 아닌 중근을 갖는 경우
이차방정식 $-2t^2+(6-p)t+4p=0$의 판별식을 D라 하면
$D=(6-p)^2+32p=0$
$p^2+20p+36=0$
$(p+2)(p+18)=0$
$\therefore p=-2$ 또는 $p=-18$

i) $p=-2$일 때,
$p=-2$를 ㉠에 대입하면
$f(x)=x^2(x-2)$이므로
두 함수 $y=f(x)$, $y=g(x)$의 그래프를 그리면 [그림 2]와 같다.
즉, 방정식 $f(x)=g(x)$가 서로 다른 세 실근을 가지므로 조건 (다)를 만족시키지 않는다.

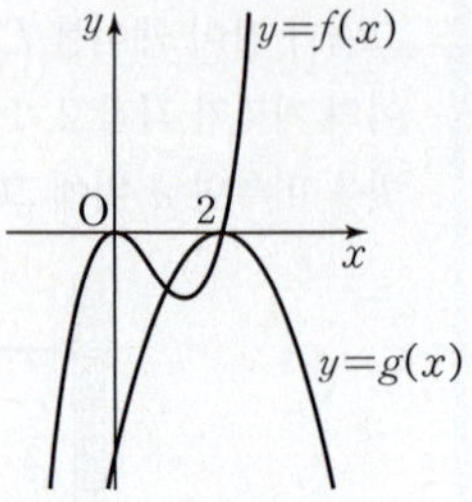

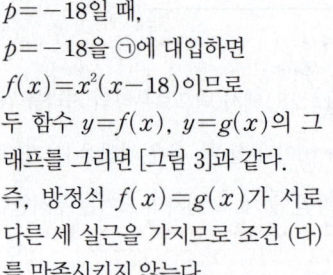
[그림 2]

ii) $p=-18$일 때,
$p=-18$을 ㉠에 대입하면
$f(x)=x^2(x-18)$이므로
두 함수 $y=f(x)$, $y=g(x)$의 그래프를 그리면 [그림 3]과 같다.
즉, 방정식 $f(x)=g(x)$가 서로 다른 세 실근을 가지므로 조건 (다)를 만족시키지 않는다.

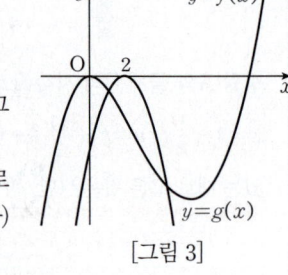
[그림 3]

(i), (ii)에 의해 $f(x)=x^3$이다.

3rd 접선의 방정식을 이용하여 실수 k의 값의 범위를 구하자.
직선 $y=kx-2$는 점 $(0, -2)$를 지나고 기울기가 k이므로
함수 $y=f(x)$, $y=g(x)$의 그래프와 직선 $y=kx-2$를 그리면 [그림 4]와 같다.

$$y=f(x) \quad y=kx-2 \quad y=g(x)$$

[그림 4]

즉, $x>0$인 모든 실수 x에 대하여 $g(x)\le kx-2\le f(x)$를 만족시키려면 곡선 $y=g(x)$는 직선 $y=kx-2$와 만나거나 아래쪽에 있어야 하고, 곡선 $y=f(x)$는 직선 $y=kx-2$와 만나거나 위쪽에 있어야 한다.
따라서 k의 최댓값은 점 $(0, -2)$를 지나고 곡선 $y=f(x)$에 접하는 직선의 기울기이고, k의 최솟값은 점 $(0, -2)$를 지나고 곡선 $y=g(x)$에 접하는 직선의 기울기이다.

(I) 함수 $f(x)=x^3$에 대하여 점 $(0, -2)$를 지나고 곡선 $y=f(x)$에 접하는 접선의 접점의 좌표를 (t, t^3)이라고 하면 이 점에서의 접선의 방정식은
$f'(x)=3x^2$
$y=3t^2(x-t)+t^3$ ($t>0$)
이 접선이 점 $(0, -2)$를 지나므로
$-2=-2t^3, t^3=1 \quad \therefore t=1$
이때의 접선의 기울기는
$3t^2=3\times1^2=3$

(Ⅱ) 함수 $g(x)=-(x-2)^2$에 대하여 점 $(0, -2)$를 지나고 곡선 $y=g(x)$
  $\underline{g'(x)=-2(x-2)}$
에 접하는 접선의 접점의 좌표를 $(s, -(s-2)^2)$이라고 하면 이 점
에서의 접선의 방정식은

$$y=-2(s-2)(x-s)-(s-2)^2 \ (s>0)$$

이 접선이 점 $(0, -2)$를 지나므로

$$-2=2s(s-2)-(s-2)^2, \ -2=2s^2-4s-s^2+4s-4$$

$$s^2=2 \quad \therefore s=\sqrt{2} \ (\because s>0)$$

이때의 접선의 기울기는 $-2(s-2)=-2(\sqrt{2}-2)=4-2\sqrt{2}$이다.

(Ⅰ), (Ⅱ)에 의하여 $4-2\sqrt{2} \leq k \leq 3$이다.

따라서 $\alpha=3$, $\beta=4-2\sqrt{2}$이고

$\alpha-\beta=3-(4-2\sqrt{2})=-1+2\sqrt{2}$이므로 $a=-1$, $b=2$

$\therefore a^2+b^2=(-1)^2+2^2=5$

1등급 대비 특강

＊곡선 밖의 점에서 곡선에 그은 접선의 개수

곡선 $y=f(x)$ 밖의 한 점 (a, b)에서 그은 접선의 접점을 $(t, f(t))$라 하면 접선의 방정식은 $y=f'(t)(x-t)+f(t)$이지?

이때, 점 (a, b)에서 곡선에 그은 접선의 방정식이 $y=f'(t)(x-t)+f(t)$이니까 이 식에 $x=a$, $y=b$를 대입해도 식이 성립해.

대입하면 $b=f'(t)(a-t)+f(t)$이고 이것은 t에 대한 방정식이므로 이것의 실근이 접점의 x좌표가 돼. 즉, 실근의 개수가 접점의 개수이고 접점의 개수가 접선의 개수와 같아. 따라서 곡선 밖의 점에서 곡선에 그은 접선의 개수는 t에 대한 방정식의 실근의 개수와 같아.

My Top Secret — 서울대 선배의 **❶**등급 대비 전략

주어진 부등식이 $g(x) \leq kx-2 \leq f(x)$이므로 $g(x) \leq kx-2$에서 $g(x)-kx+2 \leq 0$이고 $f(x) \geq kx-2$에서 $f(x)-kx+2 \geq 0$이야.

이때, $h(x)=g(x)-kx+2$, $i(x)=f(x)-kx+2$라 하면 $x>0$에서 함수 $h(x)$의 최댓값이 0보다 작거나 같고 함수 $i(x)$의 최솟값이 0보다 크거나 같음을 이용해서 문제를 풀어도 돼. 그런데 문제의 해설과 같이 그래프를 그려 $x>0$에서 두 함수 $y=f(x)$, $y=g(x)$의 그래프 사이에 직선 $y=kx-2$가 있어야 함을 직관적으로 판단해서 문제에 접근하는 것이 더 좋은 풀이야.

E 137 정답 35 ········· **✚2등급 대비** [정답률 23%]

단서1 삼차함수 $f(x)=x^3-12x$의 그래프를 정확히 그려봐.

두 함수 $f(x)=x^3-12x$, $g(x)=a(x-2)+2 (a\neq 0)$에 대하여

단서2 함수 $g(x)=a(x-2)+2$의 그래프는 점 $(2, 2)$를 지나고 기울기가 a인 직선이므로 조건에 맞게 기울기를 변화시켜 봐.

함수 $h(x)$는

$$h(x)=\begin{cases} f(x) & (f(x) \geq g(x)) \\ g(x) & (f(x) < g(x)) \end{cases}$$

단서3 함수 $y=h(x)$의 그래프는 두 함수 $y=f(x), y=g(x)$의 그래프에서 위쪽에 있는 그래프만을 그린 거야.

이다. 함수 $h(x)$가 다음 조건을 만족시키도록 하는 모든 실수 a의 값의 범위는 $m<a<M$이다.

> 함수 $y=h(x)$의 그래프와 직선 $y=k$가 서로 다른 네 점에서 만나도록 하는 실수 k가 존재한다.
>
> **단서4** 함수 $y=h(x)$의 그래프와 직선 $y=k$가 서로 다른 네 점에서 만나는 경우는 직선 $y=k$와 곡선 $y=f(x)$가 서로 다른 세 점에서 만나고 직선 $y=k$와 직선 $y=g(x)$가 한 점에서 만나며 이 네 점이 모두 다른 점일 때야.

$10 \times (M-m)$의 값을 구하시오. (4점)

 단서＋발상 [유형 06]

단서1 함수 $y=f(x)$는 삼차함수이므로 미분을 하면 그래프의 개형을 파악할 수 있다. **발상**

단서2, 단서3 함수 $y=g(x)$는 a의 값에 관계없이 점 $(2, 2)$를 지나고 기울기가 0이 아닌 일차함수이고, 함수 $h(x)$는 두 함수 $f(x)$와 $g(x)$ 중 작지 않은 함수로 정의되는 것을 알 수 있다. **개념**

단서4 함수 $f(x)$는 삼차함수이고 $g(x)$는 일차함수이므로 상수함수와 만날 수 있는 점의 최대 개수는 각각 3, 1이다. **발상**

따라서 함수 $h(x)$가 상수함수와 만나는 점의 개수가 4이기 위해서는 $f(x)$가 $g(x)$보다 작지 않은 범위 내에서 어떤 상수함수와 세 점에서 만나야 하고, $g(x)$가 $f(x)$보다 작지 않은 범위 내에서 같은 상수함수와 만나야 한다. **해결**

-------------------- [문제 풀이 순서] --------------------

1st 함수 $y=h(x)$의 그래프의 개형을 찾아.

삼차함수 $f(x)=x^3-12x=x(x^2-12)$의 그래프는
삼차함수 $f(x)=x^3-12x$의 그래프의 특징을 잘 파악해서 좌표평면 위에 나타내.

세 점 $(-2\sqrt{3}, 0)$, $(0, 0)$, $(2\sqrt{3}, 0)$을 지나면서 $x=-2$에서 극대, $x=2$에서 극소인 그래프이다.

함수 $g(x)=a(x-2)+2$의 그래프는 점 $(2, 2)$를 지나면서
함수 $g(x)=a(x-2)+2$의 그래프는 점 $(2, 2)$를 반드시 지나는 직선이야.
기울기가 a인 직선이다.

직선 $y=k$가 곡선 $y=f(x)$, 직선 $y=g(x)$와 만나는 서로 다른 점의 개수의 최댓값은 각각 3, 1이므로
삼차함수의 그래프와 직선이 만나는 서로 다른 점의 개수의 최댓값은 3.
기울기가 다른 두 직선은 한 점에서 만나.

함수 $y=h(x)$의 그래프와 직선 $y=k$가 서로 다른 네 점에서 만나는 경우는 직선 $y=k$와 곡선 $y=f(x)$는 서로 다른 세 점에서 만나고 직선 $y=k$와 직선 $y=g(x)$는 한 점에서 만나며 이 네 점이 모두 서로 다른 경우이다.

함수 $h(x)=\begin{cases} f(x) & (f(x) \geq g(x)) \\ g(x) & (f(x) < g(x)) \end{cases}$이므로 직선 $y=k$와

직선 $y=g(x)$가 만나는 점의 x좌표를 x_1이라 하면 $f(x_1)<g(x_1)$

직선 $y=k$와 곡선 $y=f(x)$가 만나는 서로 다른 세 점의 x좌표를 작은 수부터 크기순으로 x_2, x_3, x_4라 하면

$f(x_2)>g(x_2)$, $f(x_3)>g(x_3)$, $f(x_4)>g(x_4)$

이를 만족시키는 함수 $y=h(x)$의 그래프의 개형은 다음과 같다.

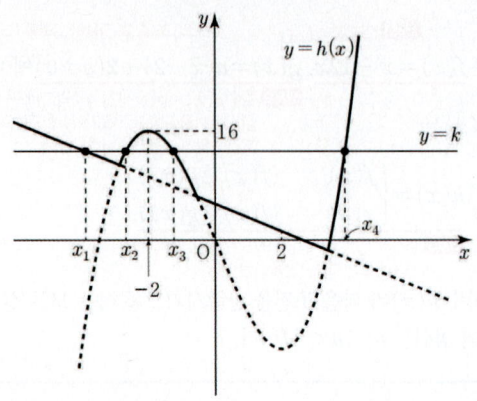

2nd 함수 $y=h(x)$의 그래프와 직선 $y=k$가 서로 다른 네 점에서 만나도록 하는 실수 k가 존재하도록 하는 직선 $y=g(x)$의 기울기의 범위를 구해.

함수 $y=h(x)$의 그래프와 직선 $y=k$가 서로 다른 네 점에서 만나도록 하는 실수 k가 존재하도록 하는 직선 $y=g(x)$의 기울기의 범위를 구하자.

직선 $y=g(x)$가 점 $(2, 2)$를 지나고 $x_1<x_2$, $f(x_1)<g(x_1)=k$인 실수 x_1이 존재하므로 직선 $y=g(x)$의 기울기는 음수이다.
<u>직선 $y=g(x)$의 기울기가 양수이면
함수 $y=h(x)$의 그래프와 직선 $y=k$가 만나는 점의 개수는 3 이하야.</u>

$y=g(x)=a(x-2)+2$에서 $a<0$ … ㉠

한편 $f'(x)=3x^2-12=3(x-2)(x+2)$

함수 $f(x)$는 $x=-2$에서 극댓값을 갖고 $x=-2$에서 함수 $f(x)$의 함숫값은 함수 $g(x)$의 함숫값보다 크다.

$f(-2)>g(-2)$

$16>-4a+2$

$a>-\dfrac{7}{2}$ … ㉡

㉠, ㉡에 의하여 $-\dfrac{7}{2}<a<0$

$\therefore m=-\dfrac{7}{2}$, $M=0$

> **주의**
> 함수 $f(x)$가 $x=-2$에서 극대인데, 극댓값이 함수 $g(x)$의 함숫값보다 크지 않으면 함수 $h(x)$의 그래프와 직선 $y=k$가 만나는 점의 개수가 2 이하가 돼. $x<-2$ 구간에서 함수 $h(x)$의 그래프의 개형은 브이자 형태가 되어야 함에 주의하도록 해.

3rd $10\times(M-m)$의 값을 구해.

$\therefore 10\times(M-m)=10\times\left\{0-\left(-\dfrac{7}{2}\right)\right\}=35$

 My Top Secret   서울대 선배의 ❶ 등급 대비 전략

함수 $f(x)$의 개형이 확정되어 있는 상태이므로 점 $(2, 2)$의 위치를 바로 찾아낼 수 있어.
따라서 함수 $f(x)$와 점 $(2, 2)$를 좌표평면에 그린 뒤 a의 값을 변화해가며 직선이 x축에 평행한 상황이거나 $f(x)$와 접하는 상황 등의 특징적인 곳을 기준으로 관찰하면 박스 안의 조건을 만족시키는 a의 값의 범위를 찾을 수 있을 거야.

E 138 정답 65   ⭐**1등급 대비** [정답률 12%]

✱역함수와 합성함수의 식을 포함한 방정식이 주어진 구간에서 실근을 갖도록 하는 실수 k의 값의 범위 구하기 [유형 06]

> **단서2** $g(x)$가 $f(x)$의 역함수임을 이용하여 구간 $[0, 1]$에서 실근을 갖도록 k의 값의 범위를 결정해.
>
> 실수 k에 대하여 함수 $f(x)=x^3-3x^2+6x+k$의 역함수를 $g(x)$라 하자. 방정식 $4f'(x)+12x-18=(f\circ g)(x)$가 닫힌구간 $[0, 1]$에서 실근을 갖기 위한 k의 최솟값을 m, 최댓값을 M이라 할 때, m^2+M^2의 값을 구하시오. (4점)
> **단서1** $f'(x)$를 구하여 주어진 방정식에 대입해서 방정식을 간단히 정리하는 것부터 해야 해.

💡 **단서+발상**

단서1 $g(x)$는 삼차함수 $f(x)$의 역함수이므로 수식으로 나타내기 힘들기 때문에 주어진 방정식을 x로만 나타낼 수 없다. **발상**
따라서 $f'(x)$를 구한 후 주어진 방정식에 대입하고 $g(x)$를 하나의 문자처럼 취급하여 $g(x)$에 대한 방정식을 만들어 생각하여야 한다. **해결**

단서2 함수 $y=f(x)$의 그래프와 그 역함수 $y=f^{-1}(x)$의 그래프는 직선 $y=x$에 대하여 대칭이므로 $f^{-1}(a)=b$이면 $f(b)=a$가 성립한다. **개념**
즉, $g(x)$에 대한 방정식에서 이를 이용하여 $f(x)$의 방정식으로 나타낸 후 문제를 해결한다. **적용**

> **핵심 정답 공식**: $f'(x)$를 구해서 주어진 방정식에 대입하여 $g(x)$를 x에 대한 식으로 정리한다. 정리한 식을 $f(x)$에 대입하여 구간 $[0, 1]$에서 실근을 갖기 위한 k의 값을 찾는다.

- - - - - - - - - - [문제 풀이 순서] - - - - - - - - - -

1st 주어진 방정식부터 정리하자.

$f(x)=x^3-3x^2+6x+k$에서 $f'(x)=3x^2-6x+6$

이것을 주어진 방정식 $4f'(x)+12x-18=(f'\circ g)(x)$, 즉
$4f'(x)+12x-18=f'(g(x))$에 대입하여 정리하면
$4(3x^2-6x+6)+12x-18=3\{g(x)\}^2-6g(x)+6$에서

$\{g(x)\}^2-2g(x)-4x^2+4x=0$

$\{g(x)+2x\}\{g(x)-2x\}-2\{g(x)-2x\}=0$

$\{g(x)-2x\}\{g(x)+2x-2\}=0$

$\therefore g(x)=2x$ 또는 $g(x)=-2x+2$

> **함정** $g(x)$를 $f'(x)$에 대입하여 $g(x)$에 대한 식으로 정리할 수 있다는 생각을 해야 해.

즉, 주어진 방정식이 닫힌구간 $[0, 1]$에서 실근을 갖는다는 것은 방정식 $g(x)=2x$ 또는 방정식 $g(x)=-2x+2$가 닫힌구간 $[0, 1]$에서 실근을 갖는다는 것과 같은 의미이다.

2nd 두 방정식이 닫힌구간 $[0, 1]$에서 실근을 갖기 위한 k의 범위를 구하자.

(i) $g(x)=2x$에서 $f(2x)=x$이므로
$(2x)^3-3(2x)^2+6\cdot2x+k=x$
> 두 함수 $f(x)$, $g(x)$가 서로 역함수이므로 두 함수는 $y=x$에 대하여 대칭이야. 즉, $f(a)=b$이면 $g(b)=a$가 성립한다는 거지.

$\therefore 8x^3-12x^2+11x=-k$ … ㉠

즉, ㉠이 닫힌구간 $[0, 1]$에서 실근을 가져야 하므로
$h_1(x)=8x^3-12x^2+11x$라 하면 함수 $y=h_1(x)$의 그래프와 직선 $y=-k$가 닫힌구간 $[0, 1]$에서 교점을 가져야 한다.
<u>두 함수 $f(x)$, $g(x)$에 대하여 방정식 $f(x)=g(x)$의 실근은
두 함수 $f(x)$, $g(x)$의 그래프의 교점의 x좌표와 같아.</u>

이때, $h_1'(x)=24x^2-24x+11=24\left(x-\dfrac{1}{2}\right)^2+5>0$이므로 함수 $h_1(x)$는 증가함수이고 $h_1(0)=0$, $h_1(1)=8-12+11=7$이므로
<small>$h_1(x)$의 도함수 $h_1'(x)$가 실수 전체의 집합에서 $h_1'(x)>0$이므로 $h_1(x)$는 증가함수야.</small>

닫힌구간 $[0, 1]$에서 실근을 가지기 위한 실수 k의 값의 범위는
$0 \le -k \le 7$에서 $-7 \le k \le 0$이다.

(ii) $g(x) = -2x + 2$에서 → 함수 $h_1(x)$는 연속함수이면서 증가함수이므로 $h_1(0), h_1(1)$의 값의 사이에 $-k$가 존재하면 닫힌구간 $[0, 1]$에서 실근을 갖게 돼.

$f(-2x + 2) = x$이므로

$(-2x + 2)^3 - 3(-2x + 2)^2 + 6(-2x + 2) + k = x$

$\therefore 8x^3 - 12x^2 + 13x - 8 = k \cdots \text{ⓛ}$

즉, ⓛ이 닫힌구간 $[0, 1]$에서 실근을 가져야 하므로

$h_2(x) = 8x^3 - 12x^2 + 13x - 8$이라 하면 함수 $y = h_2(x)$의 그래프와 직선 $y = k$가 닫힌구간 $[0, 1]$에서 교점을 가져야 한다.

이때, $h_2{}'(x) = 24x^2 - 24x + 13 = 24\left(x - \dfrac{1}{2}\right)^2 + 7 > 0$이므로 함수

$h_2(x)$는 증가함수이고 $h_2(0) = -8$, $h_2(1) = 8 - 12 + 13 - 8 = 1$이므

마찬가지로 실수 전체의 집합에서 $h_2{}'(x) > 0$이므로 $h_2(x)$는 증가함수야.

로 닫힌구간 $[0, 1]$에서 실근을 가지기 위한 실수 k의 값의 범위는

$-8 \le k \le 1$이다. → 함수 $h_2(x)$는 연속함수이면서 증가함수이므로 $h_2(0), h_2(1)$의 값 사이에 k가 존재하면 닫힌구간 $[0, 1]$에서 실근을 가져.

(i), (ii)에 의하여 주어진 방정식이 닫힌구간 $[0, 1]$에서 실근을 갖기 위한 실수 k의 값의 범위는 $-8 \le k \le 1$이므로 $m = -8$, $M = 1$이다.

$\therefore m^2 + M^2 = (-8)^2 + 1^2 = 65$

1등급 대비 특강

＊ 방정식 $f(x) = k$의 실근의 개수 구하기

상수 k에 대하여 방정식 $f(x) = k$의 실근의 개수는 함수 $y = f(x)$의 그래프와 직선 $y = k$의 교점의 개수와 같아. 즉, $f(x) = k$ 꼴의 방정식의 실근의 개수를 구할 때는 함수 $y = f(x)$의 그래프를 그려 직선 $y = k$와 교점의 개수를 구하면 돼. 다만, 함수 $y = f(x)$의 그래프를 그릴 때는 정확하게 그려야 하니까 미분을 이용하여 극값, 최댓값, 최솟값, 절편 등을 파악하여 그래프를 그리는 것이 중요해.

E 139 정답 ④ ＊2등급 대비 [정답률 29%]

＊그래프를 이용해 삼차방정식의 실근의 개수를 구하고, 이로부터 합성함수가 상수함수가 되게 하는 미정계수의 최솟값 구하기 [유형 04 + 06 + 07]

단서1 곡선 밖의 한 점에서 그 곡선에 그은 접선의 개수는 접점의 개수와 같아. 따라서 접점의 좌표를 설정하여 접점의 x좌표에 대한 방정식을 세운 후, 이 방정식의 실근의 개수가 t의 값이 변함에 따라 어떻게 달라지는지를 파악해보면 $f(t)$를 구할 수 있어.

좌표평면 위의 점 $(0, t)$를 지나고 곡선
$$y = x^3 - ax^2 + 3x - 5 \ (a\text{는 자연수})$$
에 접하는 서로 다른 모든 직선의 개수를 $f(t)$라 할 때, 함수 $f(t)$에 대하여 합성함수 $g(t) = (f \circ f)(t)$라 하자. 다음 조건을 만족시키는 a의 최솟값을 m이라 할 때, $m + g(m)$의 값은? (4점)

→ **단서3** 함수 $g(t)$가 상수함수가 되도록 하는 a의 값의 범위를 찾으면 돼.

(가) 모든 실수 t에 대하여 $g(t) > 1$이다.
(나) 함수 $g(t)$의 치역의 원소의 개수는 1이다.

→ **단서2** 함수 $g(t)$는 모든 실수 t에 대하여 함숫값이 1개이므로 상수함수라는 거야. 이때, 그 함숫값이 1보다 크다는 뜻이지.

① 4 　② 6 　③ 8 　④ 10 　⑤ 12

왜 2등급? 특정한 점을 지나는 접선의 개수를 함수로 나타내고, 이 함수와 관련된 합성함수가 주어진 조건을 만족시키도록 하는 미정계수를 구하는 문제이다. 특정한 점을 지나는 접선의 개수가 접점의 좌표에 대한 방정식의 서로 다른 실근의 개수와 같음을 이용하여 함수 $f(t)$를 유추하는 것이 어려웠다.

또한, 조건에 의해 합성함수 $g(t) = (f \circ f)(t)$가 상수함수라는 것을 해석하여 a에 대한 부등식을 세울 수 있어야 했다.

 단서 + 발상

단서1 특정한 점에서 곡선에 그은 접선의 개수는 두 점에서 동시에 접하는 접선이 없다는 전제 하에 곡선 위에서 그은 접선이 그 점을 지나도록 하는 접점의 개수와 같다. **발상**

그런데 삼차함수에서는 두 점에서 동시에 접하는 접선이 없으므로 접점의 x좌표를 k로 설정하여 이 점에서의 접선이 점 $(0, t)$를 지남을 통해 k에 대한 방정식을 세울 수 있고, **적용**

이 방정식의 서로 다른 실근의 개수를 파악하면 $f(t)$를 구할 수 있다. **해결**

단서2 조건 (나)에서 함수 $g(t)$의 치역의 원소의 개수가 1이라 했으므로 모든 실수 t에 대하여 함수 $g(t)$의 함숫값이 같다. **발상**

따라서 함수 $g(t)$는 상수함수가 되고, 조건 (가)에 의해 $g(t)$의 함숫값은 1보다 크다. **적용**

단서3 주어진 조건을 종합하여 $g(t)$가 상수함수가 되도록 하는 a의 값의 범위를 구해 a의 최솟값을 파악할 수 있다. **해결**

주의 a의 값의 범위를 구한 후, a가 자연수임을 놓치지 않아야 a의 최솟값을 정확히 구할 수 있다.

핵심 정답 공식: 곡선 밖의 한 점 (α, β)를 지나는 직선이 곡선 $y = F(x)$와 접할 때의 접점을 $(k, F(k))$라 하면 $\beta - F(k) = F'(k)(\alpha - k)$이고, 이 식을 만족시키는 k의 개수가 점 (α, β)에서 곡선 $y = F(x)$에 그은 접선의 개수와 같음을 이용한다.

-------------------------- [문제 풀이 순서] --------------------------

1st 접선의 개수는 접점의 개수와 같음을 이용하여 $f(t)$를 구하자.

점 $(0, t)$를 지나는 직선이 곡선 $y = x^3 - ax^2 + 3x - 5$와 접할 때의 접점의 좌표를 $(k, k^3 - ak^2 + 3k - 5)$라 하자.

$y' = 3x^2 - 2ax + 3$이므로 접선의 방정식은

$y = (3k^2 - 2ak + 3)(x - k) + k^3 - ak^2 + 3k - 5$이고,

이 접선이 점 $(0, t)$를 지나므로 → 곡선 $y = F(x)$ 위의 점 $(a, F(a))$에서의 접선의 방정식은 $y - F(a) = F'(a)(x - a)$

$t = -k(3k^2 - 2ak + 3) + k^3 - ak^2 + 3k - 5$

$\therefore t = -2k^3 + ak^2 - 5$

접선의 기울기는 $x = k$에서의 미분계수인 동시에 두 점 $(0, t)$, $(k, k^3 - ak^2 + 3k - 5)$를 지나는 직선의 기울기이므로 $3k^2 - 2ak + 3 = \dfrac{k^3 - ak^2 + 3k - 5 - t}{k}$

$3k^3 - 2ak^2 + 3k = k^3 - ak^2 + 3k - 5 - t \quad \therefore t = -2k^3 + ak^2 - 5$

이때, 서로 다른 접선의 개수는 접점의 x좌표의 개수, 즉 서로 다른 실수 k의 개수와 같으므로 $f(t)$는 방정식 $t = -2k^3 + ak^2 - 5$의 서로 다른 실근 k의 개수와 같다.

또한, 방정식 $t = -2k^3 + ak^2 - 5$의 서로 다른 실근 k의 개수는 곡선 $y = -2k^3 + ak^2 - 5$와 직선 $y = t$의 교점의 개수와 같으므로 곡선 $y = -2k^3 + ak^2 - 5$의 개형을 그려보자.

$h(k) = -2k^3 + ak^2 - 5$라 하면 $h'(k) = -6k^2 + 2ak = -2k(3k - a)$

$h'(k) = 0$에서 $k = 0$ 또는 $k = \dfrac{a}{3}$이므로 함수 $h(k)$의 증가와 감소를 표로 나타내면 다음과 같다. a가 자연수라 했으므로 $\dfrac{a}{3} > 0$이야.

k	$\cdots$	0	$\cdots$	$\dfrac{a}{3}$	$\cdots$
$h'(k)$	$-$	0	$+$	0	$-$
$h(k)$	$\searrow$	-5	$\nearrow$	$\dfrac{a^3}{27} - 5$	$\searrow$

$h\left(\dfrac{a}{3}\right) = -2 \times \left(\dfrac{a}{3}\right)^3 + a \times \left(\dfrac{a}{3}\right)^2 - 5 = \dfrac{a^3}{27} - 5$

즉, 함수 $h(k)$는 $k = 0$에서 극솟값 -5, $k = \dfrac{a}{3}$에서 극댓값 $\dfrac{a^3}{27} - 5$를 가지므로 함수 $h(k)$의 그래프의 개형은 [그림 1]과 같다.

다항함수 $y = F(x)$의 그래프는 다음과 같은 방법으로 그리면 돼.
(i) 도함수 $F'(x)$를 구하고, $F'(x) = 0$을 만족시키는 x의 값을 구한다.
(ii) 함수 $F(x)$의 증가와 감소, 극대와 극소를 조사한다.
(iii) 그래프가 좌표축과 만나는 점을 이용하여 함수 $y = F(x)$의 그래프를 그린다.

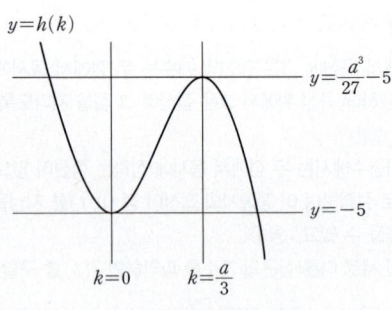

[그림 1]

따라서 $f(t)$는 곡선 $y=-2k^3+ak^2-5$와 직선 $y=t$의 교점의 개수이므로

$$f(t)=\begin{cases} 1 \ (t<-5) \\ 2 \ (t=-5) \\ 3 \ \left(-5<t<\dfrac{a^3}{27}-5\right) \\ 2 \ \left(t=\dfrac{a^3}{27}-5\right) \\ 1 \ \left(t>\dfrac{a^3}{27}-5\right) \end{cases}$$

이고, 함수 $y=f(t)$의 그래프는 [그림 2]와 같다.

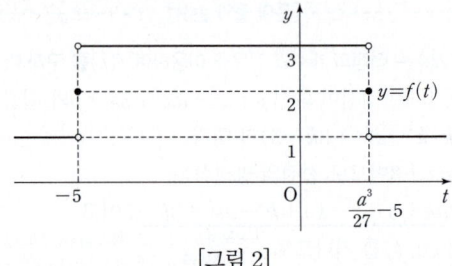

[그림 2]

2nd 합성함수 $g(t)$를 구한 후, 조건을 만족시키는 a의 최솟값 m을 구해.

합성함수 $g(t)=(f\circ f)(t)$를 구하면

$$g(t)=f(f(t))=\begin{cases} f(1) \ (t<-5) \\ f(2) \ (t=-5) \\ f(3) \ \left(-5<t<\dfrac{a^3}{27}-5\right) \\ f(2) \ \left(t=\dfrac{a^3}{27}-5\right) \\ f(1) \ \left(t>\dfrac{a^3}{27}-5\right) \end{cases}$$

이때, 함수 $g(t)$에서

(i) $\dfrac{a^3}{27}-5<3$인 경우

$-5<t<\dfrac{a^3}{27}-5$일 때, $g(t)=f(3)=1$이므로

> 위의 $f(t)$의 식에서 $t=3$일 때의 함숫값을 구하면 되는데 $t=3>\dfrac{a^3}{27}-5$라 했으니까 $f(3)=1$이 되는 거야.

조건 (가)를 만족시키지 않는다.

(ii) $\dfrac{a^3}{27}-5=3$인 경우 $\longrightarrow f(1)=3, f(2)=3, f(3)=2$

$t<-5$ 또는 $t>\dfrac{a^3}{27}-5=3$일 때, $g(t)=f(1)=3$

$t=-5$ 또는 $t=\dfrac{a^3}{27}-5=3$일 때, $g(t)=f(2)=3$

$-5<t<\dfrac{a^3}{27}-5=3$일 때, $g(t)=f(3)=2$

즉, 함수 $g(t)$의 치역의 원소의 개수가 2이므로 조건 (나)를 만족시키지 않는다.

(iii) $\dfrac{a^3}{27}-5>3$인 경우 $\longrightarrow f(1)=3, f(2)=3, f(3)=3$

모든 실수 t에 대하여

$f(t)\le 3<\dfrac{a^3}{27}-5$이므로 $g(t)=3$이다.

즉, 조건 (가), (나)를 모두 만족시킨다.

(i)~(iii)에 의하여 주어진 조건을 만족시키는 a의 값의 범위는

$\dfrac{a^3}{27}-5>3$이므로 $\dfrac{a^3}{27}>8$, $a^3>8\times27=6^3$

> $8\times27=2^3\times3^3=(2\times3)^3=6^3$

$\therefore a>6 \ (\because a$는 자연수$)$

즉, 자연수 a의 최솟값 m은 $m=7$이다.

3rd $m+g(m)$의 값을 구해.

따라서 $m=7$, $g(m)=g(7)=3$이므로

$m+g(m)=7+3=10$ $\longrightarrow$ 모든 실수 t에 대하여 $g(t)=3$이므로 $g(7)=3$이야.

쉬운 풀이: 2nd 에서 두 조건 (가), (나)를 만족시킬 수 있는 $g(t)$의 경우를 나누어 자연수 a의 최솟값 m 찾기

$$f(t)=\begin{cases} 1 \ (t<-5) \\ 2 \ (t=-5) \\ 3 \ \left(-5<t<\dfrac{a^3}{27}-5\right) \\ 2 \ \left(t=\dfrac{a^3}{27}-5\right) \\ 1 \ \left(t>\dfrac{a^3}{27}-5\right) \end{cases}$$

에서 모든 실수 t에 대하여 $f(t)$의 값이 1 또는 2 또는 3이고 $g(t)=f(f(t))$의 값은 $f(1)$ 또는 $f(2)$ 또는 $f(3)$이므로 모든 실수 t에 대하여 $g(t)$의 값도 1 또는 2 또는 3이야.

그런데 조건 (가), (나)에서 $g(t)$의 함숫값은 1보다 큰 단 하나의 값이어야 하므로 모든 실수 t에 대하여 $g(t)$의 값은 2이어야만 하거나 3이어야만 해.

(i) 모든 실수 t에 대하여 $g(t)=2$인 경우

$f(1)=f(2)=f(3)=2$이어야 해.

그런데 $t=-5$, $t=\dfrac{a^3}{27}-5$에서만 $f(t)=2$이므로

$f(1), f(2), f(3)$의 값이 모두 2가 될 수는 없어.

(ii) 모든 실수 t에 대하여 $g(t)=3$인 경우

$f(1)=f(2)=f(3)=3$이어야 하는데 $\dfrac{a^3}{27}-5>3$이면 이를 만족해.

(i), (ii)에 의해 $\dfrac{a^3}{27}-5>3$에서

$a^3>8\times27=6^3$이므로 $a>6$이야.

> $\dfrac{a^3}{27}-5>3$이면 $t=1, t=2, t=3$이 $-5<t<\dfrac{a^3}{27}-5$인 범위에 모두 속하므로 $f(1)=f(2)=f(3)=3$이야.

즉, 자연수 a의 최솟값 m은 $m=7$이야.

(이하 동일)

 My Top Secret 서울대 선배의 **①** 등급 대비 전략

두 점에서 동시에 접하는 접선이 없다면 접선의 개수는 접점의 개수와 같아.

따라서 접점의 x좌표를 k라 두고 접선의 방정식을 구한 뒤 이 접선이 지나는 점 $(0, t)$의 좌푯값을 대입하여 이를 만족시키는 서로 다른 실근의 개수를 구하면 이것이 $f(t)$가 돼. 그런 다음, $f(t)$를 새로운 삼차함수와 상수함수의 교점의 개수로 바꿔 생각하여 삼차함수의 극댓값과 극솟값을 파악한 후 $f(t)$를 구하는 거야.

★주어진 조건을 만족시키는 상수 a와 새롭게 정의된 함수 $g(t)$의 불연속점 구하기
[유형 06+07]

> 함수 $f(x)=x^3-12x$와 실수 t에 대하여 점 $(a, f(a))$를 지나고 기울기가 t인 직선이 함수 $y=|f(x)|$의 그래프와 만나는 점의 개수를 $g(t)$라 하자. 함수 $g(t)$가 다음 조건을 만족시킨다.
>
> **단서1** 함수 $y=f(x)$의 그래프에서 x축의 아랫부분을 x축에 대하여 대칭이동시킨 그래프야.
>
> 함수 $g(t)$가 $t=k$에서 불연속이 되는 k의 값 중에서 가장 작은 값은 0이다. **단서2** $g(t)$는 $t=0$에서 불연속이고, 음수인 t에 대하여는 항상 연속임을 알 수 있어.
>
> $\sum\limits_{n=1}^{36} g(n)$의 값을 구하시오. (4점)

왜 1등급? 삼차함수 $f(x)$에 대하여 함수 $y=|f(x)|$의 그래프와 기울기가 변하는 직선의 교점의 개수로 정의된 함수에 대하여 조건을 만족시키는 경우를 그래프를 그려 유추하는 문제이다. 문제 해석과 이해가 중요하고, 그래프를 통해 t의 값을 변화시켜가면서 직선과 곡선 사이의 교점의 개수가 변하는 점들을 찾을 수 있어야 한다.

💡 단서+발상

단서1 함수 $y=|f(x)|$의 그래프는 함수 $y=f(x)$의 그래프에서 x축의 아랫부분을 x축에 대하여 대칭이동한 그래프이므로 **발상** 우선 삼차함수 $y=f(x)$의 그래프를 그려 $y=|f(x)|$의 그래프를 그려본다. **적용**

단서2 조건을 해석해보자. $t<0$일 때 $g(t)$가 불연속인 점이 있다면 $g(t)$가 $t=k$에서 불연속이 되는 값 중 가장 작은 k의 값은 음수일 것이다. **발상** 그런데 k의 최솟값이 0이라 했으므로 $t<0$에서 $g(t)$는 항상 연속이고, $t=0$에서 불연속임을 알 수 있다. **적용**

주의 $g(t)$가 불연속이 되도록 하는 t의 최솟값이 0이라는 것은 $t=0$에서 불연속일 뿐만 아니라 $t<0$에서는 함수 $g(t)$가 연속임을 의미한다.

핵심 정답 공식: 함수 $f(x)$와 $|f(x)|$의 그래프를 그리고, $g(t)$에 관한 조건을 만족시키는 a의 값을 결정한다.

-------------- [문제 풀이 순서] --------------

1st 함수 $y=|f(x)|$의 그래프를 그리자.
$f(x)=x^3-12x$에서
$f'(x)=3x^2-12$
$\quad=3(x+2)(x-2)$

x	$\cdots$	-2	$\cdots$	2	$\cdots$
$f'(x)$	$+$	0	$-$	0	$+$
$f(x)$	↗		↘		↗

즉, 함수 $f(x)$는 $x=-2$에서 극댓값 $f(-2)=16$을 갖고, $x=2$에서 극솟값 $f(2)=-16$을 갖는다.
이때, 함수 $y=|f(x)|$의 그래프는 함수 $f(x)=x^3-12x$의 그래프에서 x축의 아랫부분을 x축에 대하여 대칭이동시키면 되므로 함수 $y=|f(x)|$의 그래프의 개형은 [그림 1]과 같다.

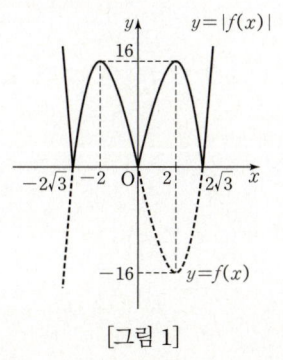

[그림 1]

2nd 주어진 조건을 만족시키는 a의 값을 먼저 구해야 해.
점 $(a, f(a))$를 지나고 기울기가 t인 직선의 방정식은
$y=t(x-a)+f(a) \cdots$ ㉠
즉, 함수 $g(t)$는 함수 $y=|f(x)|$의 그래프와 직선 ㉠이 만나는 서로 다른 점의 개수이다.
이때, 조건에서 함수 $g(t)$가 $t=k$에서 불연속이 되는 k의 값 중에서 가장 작은 값이 0이라 했으므로 함수 $g(t)$는 $t=0$일 때, 불연속이다.
그런데 함수 $g(t)$가 $t=0$에서 불연속이 되는 경우, 즉 함수 $y=|f(x)|$의 그래프와 직선 $y=f(a)$가 만나는 점의 개수가 달라지는 경우는 $f(a)=0$ 또는 $f(a)=16$일 때이다. (직선 ㉠에 $t=0$을 대입한 경우야.)

주의 조건을 만족시키는 함수 $y=f(x)$의 그래프 위의 점 $(a, f(a))$의 위치를 찾기 위해서 $f(a)=0$, $f(a)=16$을 만족시키는 a의 값들을 각각 식에 대입하여 체크해봐야 해.

$f(a)$의 값이 0 또는 16이 아닌 점에서는 $t \to 0+$이거나 $t \to 0-$일 때 $g(t)$의 값이 변하지 않으므로 함수 $g(t)$는 연속이야.

(i) $f(a)=0$일 때,
$f(a)=a^3-12a=a(a^2-12)=0$
$\therefore a=0$ 또는 $a=-2\sqrt{3}$ 또는 $a=2\sqrt{3}$

ⅰ) $a=0$인 경우
㉠에 $a=0$, $f(a)=0$을 대입하면 $y=tx$
즉, 함수 $y=|f(x)|$의 그래프와 원점을 지나는 직선 $y=tx$의 교점을 생각해봐.
$-2\sqrt{3}<x<0$인 범위에서 $|f(x)|=f(x)$이므로
$f'(x)=3x^2-12$ $\quad\therefore \lim\limits_{x \to 0-}(3x^2-12)=-12$
따라서 [그림 2]와 같이 $t=-12$일 때 함수 $g(t)$가 불연속이 되어
$g(t)=\begin{cases} 3\,(-12<t<0) \\ 2\,(t \le -12) \end{cases}$
불연속이 되는 t의 값 중 가장 작은 값이 0이라는 조건에 맞지 않는다.

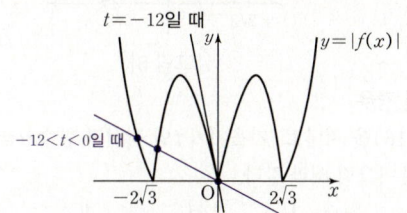

[그림 2]

ⅱ) $a=-2\sqrt{3}$인 경우 ㉠에 $a=-2\sqrt{3}$, $f(a)=0$을 대입하면 $y=t(x+2\sqrt{3})$
즉, 함수 $y=|f(x)|$의 그래프와 점 $(-2\sqrt{3}, 0)$을 지나는 직선 $y=t(x+2\sqrt{3})$의 교점을 생각해봐.
$x<-2\sqrt{3}$인 범위에서 $|f(x)|=-f(x)$이므로
$-f'(x)=-3x^2+12$ $\quad\therefore \lim\limits_{x \to -2\sqrt{3}-}(-3x^2+12)=-24$
따라서 [그림 3]과 같이 $t=-24$일 때 함수 $g(t)$가 불연속이 되어
$g(t)=\begin{cases} 1\,(-24 \le t<0) \\ 2\,(t<-24) \end{cases}$
불연속이 되는 t의 값 중 가장 작은 값이 0이라는 조건에 맞지 않는다.

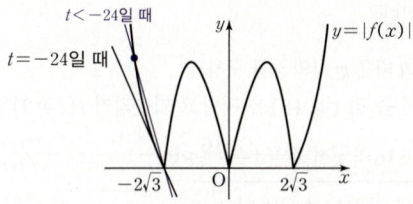

[그림 3]

ⅲ) $a=2\sqrt{3}$인 경우 ㉠에 $a=2\sqrt{3}$, $f(a)=0$을 대입하면 $y=t(x-2\sqrt{3})$
즉, 함수 $y=|f(x)|$의 그래프와 점 $(2\sqrt{3}, 0)$을 지나는 직선 $y=t(x-2\sqrt{3})$의 교점을 생각해봐.
[그림 4]와 같이 점 $(2\sqrt{3}, 0)$을 지나는 직선이 $-2<x<0$에서 함수 $y=|f(x)|$의 그래프와 접할 때의 직선의 기울기 t의 값을 $t=\alpha(\alpha<0)$라 하면 $t=\alpha$에서 함수 $g(t)$가 불연속이므로 불연속이 되는 t의 값 중 가장 작은 값이 0이라는 조건에 맞지 않는다.
$g(t)=\begin{cases} 5\,(\alpha<t<0) \\ 4\,(t=\alpha) \\ 3\,(t<\alpha) \end{cases}$

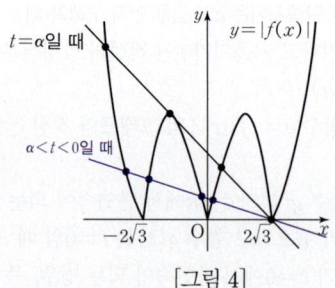

[그림 4]

따라서 $f(a)=0$인 경우 조건을 만족시키지 않는다.

(ii) $f(a)=16$일 때,

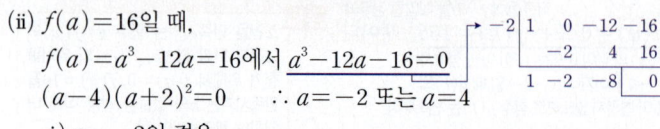

$f(a)=a^3-12a=16$에서 $a^3-12a-16=0$

$(a-4)(a+2)^2=0$ $\quad \therefore a=-2$ 또는 $a=4$

i) $a=-2$인 경우

[그림 5]와 같이 두 점 $(-2, 16)$, $(2\sqrt{3}, 0)$을 지나는 직선의 기울기를 $t=\beta(\beta<0)$라 하면 $t=\beta$에서 함수 $g(t)$가 불연속이므로 불연속이 되는 t의 값 중 가장 작은 값이 0이라는 조건에 맞지 않는다.

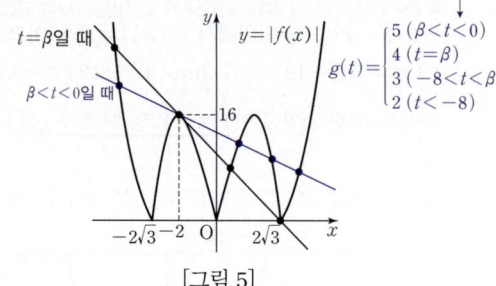

$$g(t)=\begin{cases}5 & (\beta<t<0) \\ 4 & (t=\beta) \\ 3 & (-8<t<\beta) \\ 2 & (t<-8)\end{cases}$$

[그림 5]

ii) $a=4$인 경우

점 $(4, 16)$을 지나고, 기울기가 t인 직선과 함수 $y=|f(x)|$의 그래프는 [그림 6]과 같다.

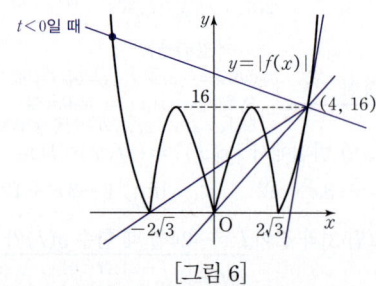

[그림 6]

이 경우 $t<0$일 때, $g(t)=2$이므로 함수 $g(t)$가 불연속이 되는 t의 값 중에서 가장 작은 값이 0이라는 조건을 만족시킨다.

따라서 $a=4$이다.

3rd t의 범위에 따른 $g(t)$의 식을 구하자.

점 $(a, f(a))$, 즉 점 $(4, 16)$을 지나고 기울기가 $t(t\neq0)$인 직선

$y=t(x-4)+16$의 x절편은 $4-\dfrac{16}{t}$이다.

$t(x-4)+16=0$
$t(x-4)=-16$
$x-4=-\dfrac{16}{t}$
$\therefore x=4-\dfrac{16}{t}$

[그림 6]에서 $g(t)$가 불연속이 되는 경우는 기울기가 t인 직선의 x절편이 $-2\sqrt{3}$ 또는 0일 때이다.

$4-\dfrac{16}{t}=-2\sqrt{3}$일 때, $t=8(2-\sqrt{3})=2.1\cdots$

$4-\dfrac{16}{t}=0$일 때, $t=4$

또, 함수 $f(x)=x^3-12x$의 그래프 위의 점 $(4, 16)$에서의 접선의 기울기가 36이고, 이 경우에도 $g(t)$는 불연속이다.

$f'(x)=3x^2-120$므로 $f'(4)=3\times16-12=36$

즉, t의 값의 범위에 따라 함수 $g(t)$의 식과 그래프는 다음과 같다.

$$g(t)=\begin{cases}2 & (t<0) \\ 4 & (t=0) \\ 6 & (0<t<8(2-\sqrt{3})=2.1\cdots) \\ 5 & (t=8(2-\sqrt{3})) \\ 4 & (8(2-\sqrt{3})=2.1\cdots<t<4) \\ 3 & (t=4) \\ 2 & (4<t<36) \\ 1 & (t=36) \\ 2 & (t>36)\end{cases}$$

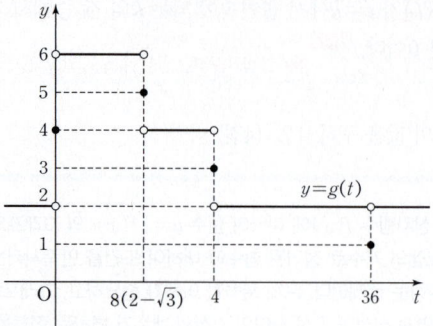

4th $\displaystyle\sum_{n=1}^{36}g(n)$의 값을 구해.

따라서 $t=1, 2$일 때, $g(t)=6$

$t=3$일 때, $g(t)=4$

$t=4$일 때, $g(t)=3$

$t=5, 6, \cdots, 35$일 때, $g(t)=2$

$t=36$일 때, $g(t)=1$이므로 $\quad 35-5+1=31(개)$

$\displaystyle\sum_{n=1}^{36}g(n)=6\times2+4+3+2\times31+1=82$

141 정답 296 ·········· ⭐**2등급 대비** [정답률 23%]

정답 공식: 어떤 구간에서 부등식 $f(x) \leq g(x) \leq h(x)$를 만족하기 위해서는 이 구간에서 $y = g(x)$의 그래프가 두 함수 $y = f(x)$, $y = h(x)$의 그래프 사이에 있어야 한다.

최고차항의 계수가 1인 삼차함수 $f(x)$가 다음 조건을 만족시킬

단서1 $f(x) = x^3 + ax^2 + bx + c$ (a, b, c는 상수)로 놓을 수 있어.

때, $f'(10)$의 값을 구하시오. (4점)

단서2 $f'(10)$의 값을 구하라는 부분에서 함수 $f(x)$의 상수항은 구하지 않아도 됨을 예상할 수 있어.

0이 아닌 모든 실수 x에 대하여

$$\frac{f'(x)}{2} + x^2 - 2 \leq \frac{f(2x) - f(0)}{2x} \leq x^4 \text{이다.}$$

단서3 $f(x)$, $f'(x)$를 대입하여 부등식을 변형해.

💡 **단서+발상**

단서1 $f(x)$가 최고차항의 계수가 1인 삼차함수라고 제시해줬다는 것은 함수식의 형태를 정해줬다는 점에서 매우 큰 단서이다. 즉, $f(x) = x^3 + ax^2 + bx + c$로 놓을 수 있다. **발상**

단서2 구해야하는 값이 $f(x)$의 값이 아니라 $f'(x)$의 값이다. $f(x)$를 미분하면 상수항은 사라지기 때문에 $f(x) = x^3 + ax^2 + bx + c$에서 a, b의 값만 구하면 되는 상황으로 더 간단히 생각해볼 수 있다. **적용**

단서3 $\frac{f'(x)}{2} + x^2 - 2 \leq \frac{f(2x) - f(0)}{2x} \leq x^4$에 $f(x)$와 $f'(x)$가 둘 다 있으므로 $f(x) = x^3 + ax^2 + bx + c$, $f'(x) = 3x^2 + 2ax + b$를 직접 대입해서 부등식을 풀어볼 수 있다. **해결**

--------------------- [문제 풀이 순서] ---------------------

1st 주어진 부등식을 변형해.

$f(x)$는 최고차항의 계수가 1인 삼차함수이므로

$f(x) = x^3 + ax^2 + bx + c$ (a, b, c는 상수)로 놓으면

$f'(x) = 3x^2 + 2ax + b$

함정 삼차함수 $f(x)$를 결정짓기 위해서는 a, b, c 세 개의 상수를 구해야 하지만 문제에서 $f'(10)$의 값을 물어봤으니 두 개의 상수 a, b만 구해도 됨을 알 수 있어.

주어진 조건에서 0이 아닌 모든 실수 x에 대하여

$\frac{f'(x)}{2} + x^2 - 2 \leq \frac{f(2x) - f(0)}{2x} \leq x^4$이므로

$f(2x) - f(0)$에서 삼차함수 $f(x)$의 상수항 c가 소거돼.

$\frac{3x^2 + 2ax + b}{2} + x^2 - 2 \leq \frac{8x^3 + 4ax^2 + 2bx}{2x} \leq x^4$

$\frac{5x^2 + 2ax + b - 4}{2} \leq \frac{8x^2 + 4ax + 2b}{2} \leq x^4$ *0이 아닌 모든 실수 x에 대하여 부등식이 성립하므로 분모, 분자를 x로 나눌 수 있어.*

$4ax + 2b \leq 2x^4 - 8x^2$
즉, $2ax + b \leq x^4 - 4x^2$

$5x^2 + 2ax + b - 4 \leq 8x^2 + 4ax + 2b \leq 2x^4$

$5x^2 - 8x^2 - 4 \leq 4ax - 2ax + 2b - b$

즉, $-3x^2 - 4 \leq 2ax + b$

즉, $-3x^2 - 4 \leq 2ax + b \leq x^4 - 4x^2 \cdots \text{㉠}$

함정 미정계수 a, b가 포함된 식이 가운데 오도록 변형하여 가운데 있는 함수의 그래프가 양쪽에 있는 두 함수의 그래프 사이에 있도록 하는 미정계수를 결정하면 돼.

2nd 두 함수 $y = -3x^2 - 4$, $y = x^4 - 4x^2$의 그래프 사이에 직선 $y = 2ax + b$가 오도록 하는 미정계수 a, b의 값을 결정해.

이때, $g(x) = -3x^2 - 4$, $h(x) = x^4 - 4x^2$이라 하면

곡선 $y = g(x)$는 꼭짓점의 좌표가 $(0, -4)$인 위로 볼록한 포물선이고

$h'(x) = 4x^3 - 8x = 4x(x^2 - 2) = 0$에서

$x = 0$, $x = \sqrt{2}$, $x = -\sqrt{2}$이므로

함수 $h(x)$의 증가와 감소를 표로 나타내면 다음과 같다.

x	$\cdots$	$-\sqrt{2}$	$\cdots$	0	$\cdots$	$\sqrt{2}$	$\cdots$
$h'(x)$	$-$	0	$+$	0	$-$	0	$+$
$h(x)$	↘	-4	↗	0	↘	-4	↗

즉, 두 함수 $y = g(x)$, $y = h(x)$의 그래프는 다음과 같다.

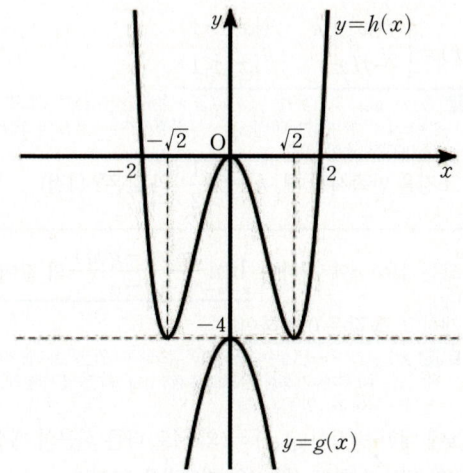

그러므로 부등식 ㉠을 만족시키려면 직선 $y = 2ax + b$가 $y = -4$이어야 한다.

직선 $y = 2ax + b$는 점 $(0, b)$를 지나고 기울기가 $2a$인 직선이므로 부등식 ㉠을 만족하려면 $b = -4$이고, 기울기는 0이 되어야 해. 즉, $y = -4$가 되어야 해.

즉, $a = 0$, $b = -4$이므로

$f'(x) = 3x^2 - 4$

$\therefore f'(10) = 3 \times 10^2 - 4 = 296$

1등급 대비 특강

✱ **부등식 조건**

부등식 조건을 함수의 그래프 간의 위치 관계를 나타낸 것으로 해석하면 문제의 조건을 이용하기 쉬워지는 경우가 많아. 특히나 $f(x) \leq g(x) \leq h(x)$의 형태의 경우, 두 함수 $f(x)$, $h(x)$가 특정한 x의 값에서 교점을 가져서 그 점에서 세 함수 $f(x)$, $g(x)$, $h(x)$가 모두 접한다는 조건을 쓰는 흐름으로 풀이가 전개돼. 이 문제는 $f(x)$, $h(x)$가 직접적으로 만나는 점은 없지만, $f(x)$, $h(x)$의 치역이 겹치고 $g(x)$가 직선이라는 점에서 $g(x)$가 하나로 특정될 수 있는 거지.

E 142 정답 ① ⭐2등급 대비 [정답률 24%]

> **정답 공식:** 연속함수 $f(x)$에 대하여 $f'(x) \leq 0$인 구간에서는 함수 $f(x)$가 감소하거나 일정하다.

상수 k와 $f'(0)=6$인 삼차함수 $f(x)$에 대하여 함수

$$g(x) = \begin{cases} f(x)+k & (|x|>1) \\ -f(x) & (|x| \leq 1) \end{cases}$$

> **단서1** 함수 $y=g(x)$의 그래프는 $|x|>1$일 때, 함수 $y=f(x)$의 그래프를 y축의 방향으로 k만큼 이동한 것이고, $|x| \leq 1$일 때, 함수 $y=f(x)$의 그래프를 x축에 대하여 대칭이동한 것이야.

이 다음 조건을 만족시킬 때, $k+f\left(\dfrac{1}{2}\right)$의 값은? (4점)

(가) 모든 실수 a에 대하여 $\displaystyle\lim_{x \to a+} \dfrac{g(x)-g(a)}{x-a}$의 값이 존재하고 그 값은 0 이하이다.

> **단서2** 함수 $g(x)$는 모든 실수 x에 대하여 감소하거나 일정한 함수이어야 해. 또한 우미분계수가 항상 존재하므로 함수 $g(x)$의 끊어진 부분의 함숫값은 어느 쪽에 붙어 있을지 생각해.

(나) x에 대한 방정식 $g(x)=t$의 서로 다른 실근의 개수가 2가 되도록 하는 실수 t의 최댓값은 13이다.

---

① $\dfrac{15}{4}$ ② $\dfrac{27}{4}$ ③ $\dfrac{39}{4}$

④ $\dfrac{51}{4}$ ⑤ $\dfrac{63}{4}$

🔦 단서+발상

단서1 삼차함수 $y=f(x)$의 그래프를 평행이동, 대칭이동하여 함수 $y=g(x)$의 그래프를 그릴 수 있다. **발상**

단서2 모든 실수 a에 대하여 주어진 우극한이 항상 존재하므로 $a=1$일 때와 $a=-1$일 때에 집중하여 함수 $f(x)$에 대한 힌트를 얻자. **발상**
두 조건 (가), (나)를 이용해 k의 값을 구하고, 삼차함수 $f(x)$의 식을 완성할 수 있다. **해결**

------------ [문제 풀이 순서] ------------

1st 삼차함수 $f(x)$를 $f(x)=ax^3+bx^2+cx+d\,(a \neq 0)$라 놓고 미정계수를 구해.

삼차함수 $f(x)$를
$f(x)=ax^3+bx^2+cx+d$ (a, b, c, d는 상수, $a \neq 0$)이라 하자.
$f'(x)=3ax^2+2bx+c$에서 $f'(0)=6$이므로
$f'(0)=c=6$
즉, $f'(x)=3ax^2+2bx+6$ ··· ㉠
$x \neq -1$, $x \neq 1$인 모든 실수 x에 대하여 함수 $g(x)$는 미분가능하고

$$g'(x) = \begin{cases} f'(x) & (|x|>1) \\ -f'(x) & (|x|<1) \end{cases} \cdots ㉡$$

조건 (가)에서 모든 실수 a에 대하여
$\displaystyle\lim_{x \to a+} \dfrac{g(x)-g(a)}{x-a}$의 값이 존재하므로
$a \neq -1$, $a \neq 1$에서
$$\lim_{x \to a+} \dfrac{g(x)-g(a)}{x-a}=\lim_{x \to a} \dfrac{g(x)-g(a)}{x-a}=g'(a)$$
모든 실수 a에 대하여 $\displaystyle\lim_{x \to a+} \dfrac{g(x)-g(a)}{x-a}$의 값이 0 이하이므로 ㉡에서
함수 $f(x)$는 삼차함수 $f(x)$가 감소하거나 일정한 함수가 되기 위해서는 최고차항의 계수가 음수가 되어야 해.
$x < -1$ 또는 $x > 1$에서 $f'(x) \leq 0$

$-1 < x < 1$에서 $f'(x) \geq 0$을 만족시킨다.
즉, 함수 $f(x)$는 $x=-1$과 $x=1$에서 모두 극값을 가지므로
$f'(-1)=f'(1)=0$이어야 한다.
㉠에서
$\underline{f'(x)=3ax^2+2bx+6=3a(x+1)(x-1)}$
이차방정식의 근과 계수의 관계를 이용해도 돼.
$3ax^2+2bx+6=3ax^2-3a$
위 식은 항등식이므로 동류항의 계수를 비교하면
$a=-2$, $b=0$
$f(x)=-2x^3+6x+d$

2nd $\displaystyle\lim_{x \to 1+} \dfrac{g(x)-g(1)}{x-1}$의 값이 존재함을 이용하여 $f(1)$의 값을 구해.

조건 (가)에서 $\displaystyle\lim_{x \to 1+} \dfrac{g(x)-g(1)}{x-1}$의 값이 존재하므로 $x \to 1+$일 때
(분자) $\to 0$이다.
즉, $\displaystyle\lim_{x \to 1+} g(x)=g(1)$ ··· ㉢에서
함수 $g(x)$는 $x=1$에서 연속이야.
$\displaystyle\lim_{x \to 1+} \{f(x)+k\}=-f(1)$이므로
$\underline{\displaystyle\lim_{x \to 1+} g(x)=\lim_{x \to 1+} \{f(x)+k\},\, g(1)=-f(1)}$
$f(1)+k=-f(1)$, $k=-2f(1)$
$\therefore f(1)=-\dfrac{k}{2}$ ··· ㉣
한편, $\displaystyle\lim_{x \to 1-} g(x)=\lim_{x \to 1-} \{-f(x)\}=-f(1)=g(1)$
위 식과 ㉢에 의해 함수 $g(x)$는 $x=1$에서 연속이므로 함수 $y=g(x)$의 그래프는 다음과 같다.

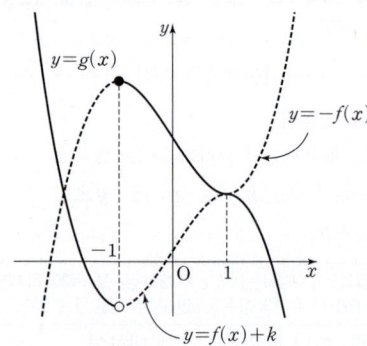

3rd 조건 (나)를 이용하여 $g(-1)$의 값을 구하고, 함수 $f(x)$를 완성해.

조건 (나)에서 방정식 $g(x)=t$의 서로 다른 실근의 개수가 2가 되도록 하는 실수 t의 최댓값이 13이므로
함수 $f(x)$가 $x=-1$에서 극소이므로 함수 $-f(x)$는 $x=-1$에서 극대가 되고, 그래프의 개형으로 확인하면 $g(-1)=13$이 되어야 해.
$g(-1)=-f(-1)=13$
위 식에 $f(-1)=2-6+d=d-4$를 대입하면
$-d+4=13$ $\therefore d=-9$
$\therefore f(x)=-2x^3+6x-9$
㉣에서 $f(1)=-2+6-9=-\dfrac{k}{2}$
$\therefore k=10$
$\therefore k+f\left(\dfrac{1}{2}\right)=10+\left(-\dfrac{1}{4}+3-9\right)=\dfrac{15}{4}$

✱ 우미분계수 이해하기

처음에 조건 (가)를 보고 무슨 뜻인지 고민했던 사람들이 많을 거야. 풀이에서 언급한 것처럼 $a \neq 1$이고 $a \neq -1$이면 $\lim\limits_{x \to a^+} \dfrac{g(x)-g(a)}{x-a}=g'(a)$

를 의미하는 것은 어렵지 않게 알 수 있지? 다들 $a=1$이거나 $a=-1$일 때 저 조건을 어떻게 이해해야 할지 고민이 많이 되었을 거야. 먼저 $a=1$일 때를 보자. 그러면 분모는 0보다 크면서 0에 수렴할 거야. 그런데

$\lim\limits_{x \to a^+} \dfrac{g(x)-g(a)}{x-a} \leq 0$이므로 $\lim\limits_{x \to a^+} \{g(x)-g(a)\} \leq 0$이어야 하겠지? 그리고 삼차함수 $f(x)$의 도함수인 $f'(x)$는 이차함수이므로 다항함수이고, 실수 전체에서 연속인 게 보장이 되어 있지. 그래서 $|x| > 1$일 때 $f'(x) \leq 0$임을 알 수 있어. $a=-1$일 때는 어떻게 우미분계수를 이해해야 할지 복습 겸 스스로 생각해 보면 좋겠어.

이처럼 우미분계수로 주어져 있는 경우에는 자연스럽게 부호의 문제로 이어지는 경우가 많아. 다음에 우미분계수나 좌미분계수가 주어져 있다면 부호를 항상 신경쓰는 습관을 들여보자!

My Top Secret
서울대 선배의 ❶등급 대비 전략

처음에 문제를 읽어 보면 삼차함수 $f(x)$에 대한 정보가 많이 보이지 않아서 당황했을 수도 있어. 하지만 그럴 때일수록 우리가 기억해야 하는 게 있어. 그건 바로 문제 조건 중에 버려지는 조건은 없다는 거야. 이번 문제에서도 조건 (가)를 통해 결국 삼차함수 $f(x)$를 결정할 단서들을 얻었지? 혹시 풀이가 막혀서 다음 단계로 나아가지 못했다면 자신이 놓친 부분이 있을 가능성이 매우 높아. 이 문제를 복습하면서 자신이 어떤 조건을 잘못 해석하거나 놓친 조건들은 없는지 돌아봤으면 좋겠어. 이번에 잘 복습해 두고 다음에 비슷한 문제를 풀 때는 틀리지 않을 수 있도록 잘 대비해 보자!

E 143 정답 13 ⭐1등급 대비 [정답률 9%]

✱ 평균변화율과 순간변화율 사이의 관계를 이용해 조건을 만족시키는 삼차함수 구하기 [유형 10]

> 최고차항의 계수가 1인 삼차함수 $f(x)$와 실수 전체의 집합에서 연속인 함수 $g(x)$가 다음 조건을 만족시킬 때, $f(4)$의 값을 구하시오. (4점)
>
> (가) 모든 실수 x에 대하여
> $f(x)=f(1)+(x-1)f'(g(x))$이다.
> **단서1** $x \neq 1$일 때, $f(x)=f(1)+(x-1)f'(g(x))$를 정리하면 $\dfrac{f(x)-f(1)}{x-1}=f'(g(x))$야. 이 식을 이용하여 함수 $g(x)$의 의미를 파악해야 해.
>
> (나) 함수 $g(x)$의 최솟값은 $\dfrac{5}{2}$이다.
> **단서2** 함수 $g(x)$의 최솟값이 $\dfrac{5}{2}$이므로 모든 실수 x에 대하여 항상 $g(x) \geq \dfrac{5}{2}$야. 이를 이용하여 곡선 $y=f(x)$ 위에서 $g(x)$의 위치를 찾아낼 수 있어.
>
> (다) $f(0)=-3$, $f(g(1))=6$
> **단서3** 이 값들을 이용하여 삼차함수 $f(x)$의 식을 완성하면 돼.

🔴 **1등급?** 주어진 조건을 만족시키는 삼차함수를 추론해 함숫값을 구하는 문제이다.
조건으로 주어진 식을 변형하여 평균변화율과 순간변화율의 관계로 해석하는 것이 중요하고, 삼차함수의 그래프의 개형, 접선의 방정식, 미분계수의 정의 등 미분 단원에서 중요하게 다뤄지는 개념을 모두 잘 활용할 수 있어야 해결 가능하다.

💡 **단서+발상**

단서1 조건 (가)에서 $x \neq 1$일 때, 주어진 식을 정리하면 $\dfrac{f(x)-f(1)}{x-1}=f'(g(x))$ 임을 유추할 수 있어야 한다. **발상**
이 식을 이용하기 위해 곡선 $y=f(x)$ 위에 점 $(1, f(1))$을 잡은 후 두 점 $(1, f(1))$, $(x, f(x))$를 잇는 직선, 이 직선과 평행한 접선을 그려가며 함수 $g(x)$가 연속이기 위해서 만족시켜야 하는 조건을 유추하도록 한다. **적용**

단서2 조건 (나)에서 함수 $g(x)$의 최솟값이 $\dfrac{5}{2}$이므로 모든 실수 x에 대하여 항상 $g(x) \geq \dfrac{5}{2}$인 것을 알 수 있다. **발상**
단서1 에서 구한 조건과 함께 응용하여 곡선 $y=f(x)$ 위에서 $g(x)$의 위치를 찾아낼 수 있어야 한다. **해결**

단서3 $\dfrac{f(x)-f(1)}{x-1}=f'(g(x))$는 $x \neq 1$일 때 성립하므로 이 식의 양변에 $x \to 1$ 인 극한을 취할 수 있다. **적용**
이를 통해 $f'(1)=f'(g(1))$임을 유추한 후 이 조건과 조건 (다)의 함숫값을 이용하여 삼차함수 $f(x)$의 식을 완성할 수 있다. **해결**

주의 조건 (가)의 식을 보고 역함수를 이용하는 것이 아니라 $x \neq 1$일 때의 곡선 $y=f(x)$ 위의 직선과 접선의 기울기를 이용해야 한다는 것을 떠올릴 수 있어야 한다. 또한, 함수 $g(x)$가 연속이므로 (가)에서 변형한 식에 극한을 취해 $x=1$일 때의 조건도 찾을 수 있어야 한다.

> **핵심 정답 공식**: 다항함수 $f(x)$에 대하여 $\dfrac{f(b)-f(a)}{b-a}=f'(c)$이면 곡선 $y=f(x)$ 위의 두 점 $(a, f(a))$, $(b, f(b))$를 잇는 직선과 곡선 $y=f(x)$ 위의 $x=c$에서의 접선의 기울기가 같다.

1st 조건 (가), (나)를 이용하여 함수 $g(x)$를 이해하자.

조건 (가)의 $f(x)=f(1)+(x-1)f'(g(x))$에서

$f(x)-f(1)=(x-1)f'(g(x))$이고, $x\neq1$이면

$\dfrac{f(x)-f(1)}{x-1}=f'(g(x))$ ··· ㉠이다.

㉠은 곡선 $y=f(x)$ 위의 두 점 $(1,f(1))$, $(x,f(x))$를 잇는 직선과 기울기가 같은 접선을 곡선 $y=f(x)$에 그었을 때 접점의 x좌표가 $g(x)$라는 뜻이다.

이때, [그림 1]과 같이 곡선 $y=f(x)$ 위에 점 $(1,f(1))$을 잡은 후 두 점 $(1,f(1))$, $(x,f(x))$를 잇는 직선을 그어보면

> **함정** 삼차함수 $y=f(x)$의 그래프에서 점 $(1,f(1))$의 위치는 정확히 알 수 없지만 조건 (가)의 등식이 모든 실수 x에 대하여 성립하므로 점 $(1,f(1))$을 적당히 잡았을 때 조건을 만족시켜야 해. 따라서 [그림 1]처럼 그림을 그려 확인해도 일반성을 잃지 않아.

이 직선과 기울기가 같은 접선이 2개, 즉 접점의 x좌표인 $g(x)$가 2개 존재하는데, 함수 $g(x)$가 연속이므로 그림에서 $g(x)$는 ①의 부분에서만 나오거나 ②의 부분에서만 나와야 한다.

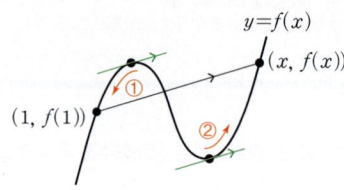

[그림 1]

그런데 $g(x)$가 ①의 부분에서 나오면 x의 값이 커질수록 $g(x)$의 값은 감소하고, 이는 조건 (나)에서 함수 $g(x)$의 최솟값이 $\dfrac{5}{2}$라는 것을 만족시키지 않는다.

즉, 함수 $g(x)$는 ②의 부분에서 나와야 한다.

②의 부분에서 x의 값을 점점 작게 하며 직선을 그은 후 그와 평행한 접선을 그려보면 $g(x)$가 점점 작아짐을 알 수 있을 거야.

이때, 두 점 $(1,f(1))$, $(x,f(x))$를 지나는 직선이 곡선 $y=f(x)$에 접할 때 $g(x)$가 최소가 되고, 함수 $g(x)$의 최솟값이 $\dfrac{5}{2}$이므로

[그림 2]처럼 접점의 x좌표는 $\dfrac{5}{2}$이고 $g\left(\dfrac{5}{2}\right)=\dfrac{5}{2}$이다.

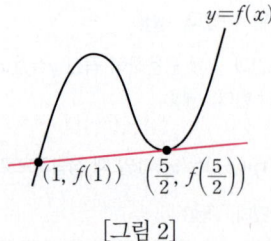

[그림 2]

2nd 함수 $f(x)$를 구하자.

㉠에서 $x\neq1$일 때, $\dfrac{f(x)-f(1)}{x-1}=f'(g(x))$이므로

$\displaystyle\lim_{x\to1}\dfrac{f(x)-f(1)}{x-1}=\lim_{x\to1}f'(g(x))$

미분계수의 정의에 의해 | $f'(x)$, $g(x)$ 모두 연속인 함수이므로

$\displaystyle\lim_{x\to1}\dfrac{f(x)-f(1)}{x-1}$ | $\displaystyle\lim_{x\to1}f'(g(x))=f'(\lim_{x\to1}g(x))=f'(g(1))$

$=f'(1)$이야.

$\therefore f'(1)=f'(g(1))$ ··· ㉡

이때, $g(1)\geq\dfrac{5}{2}$이어야 하므로 $g(1)\neq1$이다.

한편, 두 점 $(1,f(1))$, $\left(\dfrac{5}{2},f\left(\dfrac{5}{2}\right)\right)$를 지나는 직선의 방정식을 $y=px+q$ (p, q는 실수)라 하자.

$f(x)-(px+q)=(x-1)\left(x-\dfrac{5}{2}\right)^2$ ··· ㉢

곡선 $y=f(x)$와 직선 $y=px+q$가 $x=1$인 점에서 만나고 $x=\dfrac{5}{2}$인 점에서 접하므로 방정식 $f(x)-(px+q)=0$은 중근 $x=\dfrac{5}{2}$와 중근이 아닌 실근 $x=1$을 가져.

또한, 조건 (다)에서 $f(0)=-3$이므로

$f(x)=x^3+ax^2+bx-3$ (a, b는 실수)라 하자.

㉢에서 삼차방정식 $f(x)-(px+q)=0$, 즉

$x^3+ax^2+(b-p)x-3-q=0$의 세 실근이 1, $\dfrac{5}{2}$, $\dfrac{5}{2}$이므로

삼차방정식의 근과 계수의 관계에 의해

삼차방정식 $ax^3+bx^2+cx+d=0$의 세 근을 α, β, γ라 하면 $\alpha+\beta+\gamma=-\dfrac{b}{a}$, $\alpha\beta+\beta\gamma+\gamma\alpha=\dfrac{c}{a}$, $\alpha\beta\gamma=-\dfrac{d}{a}$

$-a=1+\dfrac{5}{2}+\dfrac{5}{2}$ $\therefore a=-6$

즉, $f(x)=x^3-6x^2+bx-3$ ··· ㉣이므로

$f'(x)=3x^2-12x+b=3(x-2)^2-12+b$이다.

그런데 ㉡에 의해 이차함수 $y=f'(x)$의 그래프의 축의 방정식은

$x=\dfrac{1+g(1)}{2}$이므로 $\dfrac{1+g(1)}{2}=2$ $\therefore g(1)=3$

조건 (다)에서 $f(g(1))=f(3)=6$이므로 ㉣에 대입하면

$27-54+3b-3=6$ $\therefore b=12$

따라서 $f(x)=x^3-6x^2+12x-3$이므로

$f(4)=64-96+48-3=13$

다른 풀이: **2nd** 에서 ㉢의 양변을 미분한 후 조건을 만족시키는 p, q를 찾아 $f(x)$의 식 구하기

위의 본풀이의

$f(x)-(px+q)=(x-1)\left(x-\dfrac{5}{2}\right)^2$ ··· ㉢

의 양변을 x에 대하여 미분하면

$f'(x)-p=\left(x-\dfrac{5}{2}\right)^2+2(x-1)\left(x-\dfrac{5}{2}\right)$이므로

$f'(x)=\left(x-\dfrac{5}{2}\right)^2+2(x-1)\left(x-\dfrac{5}{2}\right)+p$ ··· ㉤

이때, 조건 (다)에서 $f(0)=-3$이므로 ㉢에 대입하면

$-3-q=-\dfrac{25}{4}$ $\therefore q=\dfrac{13}{4}$

한편, 위의 본풀이의

$f'(1)=f'(g(1))$ ··· ㉡

에서 $g(1)=k$라 하면 ㉤으로부터

$\dfrac{9}{4}+p=\left(k-\dfrac{5}{2}\right)^2+2(k-1)\left(k-\dfrac{5}{2}\right)+p$

$k^2-5k+\dfrac{25}{4}+2k^2-7k+5=\dfrac{9}{4}$, $3k^2-12k+9=0$

$3(k-1)(k-3)=0$ $\therefore k=1$ 또는 $k=3$

그런데 $k=g(1)\neq1$이므로 $k=g(1)=3$

함수 $g(x)$의 최솟값이 $\dfrac{5}{2}$이므로 $g(1)\geq\dfrac{5}{2}$이어야 해.

즉, 조건 (다)의 $f(g(1))=6$에서 $f(3)=6$이므로 ㉢에 대입하면

$6-3p-\dfrac{13}{4}=\dfrac{1}{2}\left(\because q=\dfrac{13}{4}\right)$, $3p=\dfrac{9}{4}$ $\therefore p=\dfrac{3}{4}$

따라서 $f(x)=(x-1)\left(x-\dfrac{5}{2}\right)^2+\dfrac{3}{4}x+\dfrac{13}{4}$이므로

$f(4)=3\times\dfrac{9}{4}+3+\dfrac{13}{4}=13$

✳ 변곡점을 이용하여 해결하기 1등급 대비 특강

삼차함수에 대한 문제를 풀 때 자주 사용하는 개념이 '변곡점'이다. 변곡점은 [수학Ⅱ] 과목에서는 다루지 않고 자세한 내용은 [미적분] 과목에서 배우게 되는데, 고난도 문제에서 삼차함수의 그래프는 변곡점에 대하여 점대칭이라는 것을 알고 있으면 해결이 더 빨리 되는 경우가 많아.

이 문제도 변곡점을 이용하면 $f'(1)=f'(g(1))$임을 알아냈을 때, $g(1)$의 값을 쉽게 구할 수 있어.

[그림 2]에서 삼차함수의 그래프의 비율 관계를 이용하여 변곡점의 x좌표가 2인 것을 구할 수 있어. 따라서 $f'(1)=f'(g(1))$이고, 삼차함수 $y=f(x)$의 그래프는 변곡점인 점 $(2, f(2))$에 대하여 대칭이므로, 점 $(1, f(1))$을 점 $(2, f(2))$에 대하여 대칭이동시키면 점 $(g(1), f(g(1)))$임을 알 수 있어. 이를 이용하여 $g(1)=3$인 것을 쉽게 구할 수 있어.

백규민 영남대 약학과 2023년 입학 · 대구 성화여고 졸

조건 (가)를 함수 $f(x)$의 평균변화율과 순간변화율에 대한 식으로 해석하는 게 문제 풀이의 시작이야. 주어진 식을 변형해서 평균변화율 또는 순간변화율을 이용하는 형태의 문제는 기출에서 꽤 나왔던 유형이지만 여러 번 풀어보지 않으면 눈에 잘 띄지 않지. 또한, 조건 (가)의 식을 변형했더라도 $g(x)$가 연속이라는 조건을 활용해서 풀이를 진행하는 것도 쉽지는 않아.
이런 고난도 문제를 풀려면 문제에 주어진 조건 속에서 단서를 찾아서 차근차근 다음 단계로 넘어가는 게 중요한 것 같아.

E 144 정답 108 ⭐2등급 대비 [정답률 20%]

✳ 절댓값이 씌워진 삼차함수에 대하여 미분가능 조건이 주어졌을 때, 연속과 미분계수의 정의를 적용하여 삼차함수의 식 유추하기 [유형 10]

양수 a에 대하여 최고차항의 계수가 1인 삼차함수 $f(x)$와 실수 전체의 집합에서 정의된 함수 $g(x)$가 다음 조건을 만족시킨다.

(가) 모든 실수 x에 대하여
$|x(x-2)|g(x)=x(x-2)(|f(x)|-a)$이다.
단서1 등식의 양변에 모두 $x(x-2)$라는 인수가 포함되어 있으므로 $x(x-2)≠0$일 때 $g(x)$의 식을 구할 수 있어.
(나) 함수 $g(x)$는 $x=0$과 $x=2$에서 미분가능하다.
단서2 미분가능하면 연속이고, 좌미분계수와 우미분계수가 같음을 이용하여 $x=0$과 $x=2$에서의 삼차함수 $f(x)$의 특징을 찾도록 해.

$g(3a)$의 값을 구하시오. (4점)

 2등급? 이 문제는 절댓값의 성질과 미분가능과 연속 사이의 관계를 이용해 함수식을 정리해야 한다. 그런 다음 미분가능하면 좌미분계수와 우미분계수가 같아야 하므로 이를 바탕으로 특정한 x에서의 함숫값과 미분계수를 찾아 삼차함수를 유추해야 한다.

💡 단서+발상

단서1 $x(x-2)≠0$인 모든 실수 x에 대해서 조건 (가)에 제시된 등식의 양변을 $|x(x-2)|$로 나누면 $g(x)=\dfrac{x(x-2)}{|x(x-2)|}(|f(x)|-a)$이다. **발상**

그런데 $x(x-2)>0$이면 $|x(x-2)|=x(x-2)$이고, $x(x-2)<0$이면 $|x(x-2)|=-x(x-2)$이므로 $x(x-2)=0$인 x의 값, 즉 $x=0$ 또는 $x=2$를 기준으로 $g(x)$를 정리하여 나타낼 수 있다. **적용**

단서2 조건 (나)에 의해 함수 $g(x)$는 우선 $x=0$과 $x=2$에서 연속이다. **발상**
즉, $x=0$, $x=2$에서의 좌극한과 우극한이 각각 같음을 이용해 $f(0)$과 $f(2)$의 값을 유추할 수 있다. **적용**
또한, 함수 $g(x)$가 $x=0$과 $x=2$에서 미분가능하므로 좌미분계수와 우미분계수가 같음을 이용해 $f'(0)$과 $f'(2)$의 값을 유추할 수 있다. **적용**
따라서 이 값들을 정리하여 삼차함수 $f(x)$의 식을 구하도록 한다. **해결**

주의 조건 (가)에 주어진 등식의 양변을 $|x(x-2)|$로 나누기 위해서는 $x(x-2)$가 0이 아니어야 한다.
즉, $x≠0$이고 $x≠2$라는 조건이 필요하다.
또한, 위와 같은 이유로 $g(x)$의 식 자체에서는 $g(0)$과 $g(2)$의 값을 바로 구하지 못한다.
따라서 $x=0$과 $x=2$에서 $g(x)$가 연속이라는 사실을 통해 극한값을 찾아 함숫값을 추론해야 한다.

> **정답 공식:** 다항함수 $f(x)$에 대하여 $f(a)=0$일 때 함수 $|f(x)|$가 $x=a$에서 미분가능하면 $f'(a)=0$이다.

---------------------- [문제 풀이 순서] ----------------------

1st 조건 (가)를 이용해 $g(x)$의 식을 구하자.
조건 (가)에서 $|x(x-2)|g(x)=x(x-2)(|f(x)|-a)$이므로
$x(x-2)≠0$, 즉 $x≠0$이고 $x≠2$이면
$g(x)=\dfrac{x(x-2)}{|x(x-2)|}(|f(x)|-a)$
이때,
$x(x-2)>0$, 즉 $x<0$ 또는 $x>2$이면
$g(x)=\dfrac{x(x-2)}{|x(x-2)|}(|f(x)|-a)$

> 실수 $α$, $β$에 대하여 $α<β$일 때,
> ① 이차부등식 $(x-α)(x-β)>0$의 해는 $x<α$ 또는 $x>β$
> ② 이차부등식 $(x-α)(x-β)<0$의 해는 $α<x<β$

$=\dfrac{x(x-2)}{x(x-2)}(|f(x)|-a)$
$=|f(x)|-a$
$x(x-2)<0$, 즉 $0<x<2$이면
$g(x)=\dfrac{x(x-2)}{|x(x-2)|}(|f(x)|-a)$
$=\dfrac{x(x-2)}{-x(x-2)}(|f(x)|-a)=-|f(x)|+a$

$∴ g(x)=\begin{cases} |f(x)|-a & (x<0 \text{ 또는 } x>2) \\ -|f(x)|+a & (0<x<2) \end{cases}$

2nd 미분가능하면 연속임을 이용해.
조건 (나)에서 함수 $g(x)$가 $x=0$과 $x=2$에서 미분가능하다고 했으므로 함수 $g(x)$는 $x=0$과 $x=2$에서 연속이다.
먼저, 함수 $g(x)$가 $x=0$에서 연속이면 $\lim\limits_{x→0-}g(x)=\lim\limits_{x→0+}g(x)$이므로
$\lim\limits_{x→0-}g(x)=\lim\limits_{x→0-}\{|f(x)|-a\}=|f(0)|-a$
$\lim\limits_{x→0+}g(x)=\lim\limits_{x→0+}\{-|f(x)|+a\}=-|f(0)|+a$
에서 $|f(0)|-a=-|f(0)|+a$
$2|f(0)|=2a$ ∴ $|f(0)|=a$
또, 함수 $g(x)$가 $x=2$에서 연속이면 $\lim\limits_{x→2-}g(x)=\lim\limits_{x→2+}g(x)$이므로
$\lim\limits_{x→2-}g(x)=\lim\limits_{x→2-}\{-|f(x)|+a\}=-|f(2)|+a$
$\lim\limits_{x→2+}g(x)=\lim\limits_{x→2+}\{|f(x)|-a\}=|f(2)|-a$
에서 $-|f(2)|+a=|f(2)|-a$
$2|f(2)|=2a$ ∴ $|f(2)|=a$
따라서 $|f(0)|=a$, $|f(2)|=a$이고, 함수 $g(x)$가 $x=0$과 $x=2$에서 연속이므로 $g(0)=0$, $g(2)=0$이다.
$|f(0)|=a$이므로 $g(0)=\lim\limits_{x→0-}g(x)=\lim\limits_{x→0+}g(x)=0$
마찬가지로 $|f(2)|=a$이므로 $g(2)=\lim\limits_{x→2-}g(x)=\lim\limits_{x→2+}g(x)=0$

$$\therefore g(x)=\begin{cases} |f(x)|-a & (x<0 \text{ 또는 } x>2) \\ -|f(x)|+a & (0\le x\le 2) \end{cases} \cdots \text{㉠}$$

3rd 미분가능하면 좌미분계수와 우미분계수가 같아야 해.

조건 (나)에서 함수 $g(x)$가 $x=0$에서 미분가능하다고 했으므로
<u>미분계수의 정의에 의해 $x=0$에서의 함수 $g(x)$의 좌미분계수와 우미분계수가 같아야 해.</u>

$$\lim_{x\to 0-}\frac{g(x)-g(0)}{x-0}=\lim_{x\to 0+}\frac{g(x)-g(0)}{x-0}\text{에서}$$

$$\lim_{x\to 0-}\frac{|f(x)|-a}{x}=\lim_{x\to 0+}\frac{-|f(x)|+a}{x} \cdots \text{㉡} \quad \rightarrow g(0)=0$$

이때, $|f(0)|=a$이므로 $f(0)=a$ 또는 $f(0)=-a$이다.

(i) $f(0)=a$일 때,

삼차함수 $f(x)$는 $x=0$에서 연속이고
$f(0)=a>0$이므로 $\lim_{x\to 0}f(x)>0$이다. 즉,
<u>함수 $f(x)$가 $x=0$에서 연속이고 $\lim_{x\to0}f(x)>0$이니까 $\lim_{x\to0-}f(x)>0$, $\lim_{x\to0+}f(x)>0$이야.</u>

$$\lim_{x\to 0-}\frac{|f(x)|-a}{x}=\lim_{x\to 0-}\frac{f(x)-f(0)}{x}=f'(0)$$

$$\lim_{x\to 0+}\frac{-|f(x)|+a}{x}=\lim_{x\to 0+}\frac{-f(x)+f(0)}{x}$$
$$=-\lim_{x\to 0+}\frac{f(x)-f(0)}{x}=-f'(0)$$

이므로 ㉡에 의해 $f'(0)=-f'(0)$
$$\therefore f'(0)=0$$

(ii) $f(0)=-a$일 때,

삼차함수 $f(x)$는 $x=0$에서 연속이고
$f(0)=-a<0$이므로 $\lim_{x\to 0}f(x)<0$이다. 즉,

$$\lim_{x\to 0-}\frac{|f(x)|-a}{x}=\lim_{x\to 0-}\frac{-f(x)+f(0)}{x}$$
$$=-\lim_{x\to 0-}\frac{f(x)-f(0)}{x}=-f'(0)$$

$$\lim_{x\to 0+}\frac{-|f(x)|+a}{x}=\lim_{x\to 0+}\frac{f(x)-f(0)}{x}=f'(0)$$

이므로 ㉡에 의해 $-f'(0)=f'(0)$
$$\therefore f'(0)=0$$

(i), (ii)에 의해 $f'(0)=0$이다.

또한, 함수 $g(x)$가 $x=2$에서 미분가능하므로 위와 마찬가지 방법으로
정리하면 $f'(2)=0$이다.

4th 삼차함수 $f(x)$를 구한 후 $g(3a)$의 값을 계산하자.

삼차함수 $f(x)$는 모든 실수 x에 대하여 미분가능하고, $x=0$과 $x=2$에서 $f'(0)=0$, $f'(2)=0$이므로 $x=0$, $x=2$에서 극값을 갖는다.

그런데 삼차함수 $f(x)$의 최고차항의 계수가 1로 양수이므로 $x=0$에서 극댓값을 갖고, $x=2$에서 극솟값을 갖는다.

즉, $|f(0)|=a$, $|f(2)|=a$이고 a가 양수이므로
$f(0)=a$, $f(2)=-a$이다.
<u>최고차항의 계수가 양수인 삼차함수의 그래프의 개형을 그려보면, 극댓값과 극솟값을 모두 갖는 경우에는 극댓값이 극솟값보다 커야 해.</u>

$f(0)=a$에서 최고차항의 계수가 1인 삼차함수 $f(x)$를
$f(x)=x^3+px^2+qx+a$ (단, p, q는 상수)라 놓으면
$f'(x)=3x^2+2px+q$이므로 $f'(0)=q=0$
$f'(2)=12+4p+q=0$, $4p=-12$ $\therefore p=-3$
또한, $f(x)=x^3-3x^2+a$이고 $f(2)=-a$이므로
$8-12+a=-a$, $2a=4$ $\therefore a=2$
따라서 $f(x)=x^3-3x^2+2$이므로 ㉠에 의해
$g(3a)=g(6)=\underline{|f(6)|-2} \quad \rightarrow f(6)=6^3-3\times6^2+2=216-108+2=110$
$=110-2=108$

E 145 정답 58 $\bigstar$ **①**등급 대비 [정답률 10%]

✱극값이 주어진 삼차함수에 대하여 그래프의 대칭이동을 이용하여 조건을 만족시키는 삼차함수 구하기 [유형 06 + 10]

최고차항의 계수가 1이고 $x=3$에서 극댓값 8을 갖는 삼차함수 $f(x)$가 있다. 실수 t에 대하여 함수 $g(x)$를
└→ **단서1** 극댓값을 가지는 삼차함수는 반드시 극솟값을 가지지? 이를 이용하여 최고차항의 계수가 양수이고 극대, 극소를 모두 갖는 삼차함수 $f(x)$의 그래프의 개형을 그려봐.

$$g(x)=\begin{cases} f(x) & (x\ge t) \\ -f(x)+2f(t) & (x<t) \end{cases}$$
└→ **단서2** 함수 $y=g(x)$의 그래프는 $x\ge t$인 부분은 $y=f(x)$의 그래프를 그대로 그리고, $x<t$인 부분은 $y=f(x)$의 그래프를 직선 $y=f(t)$를 기준으로 대칭이동하여 그리는 거야.

라 할 때, 방정식 $g(x)=0$의 서로 다른 실근의 개수를 $h(t)$라 하자. 함수 $h(t)$가 $t=a$에서 불연속인 a의 값이 두 개일 때, $f(8)$의 값을 구하시오. (4점)
└→ **단서3** 삼차함수 $f(x)$의 극솟값의 범위를 나누어 이를 이용하여 $y=g(x)$의 그래프를 그린 후, $y=g(x)$의 그래프가 x축과 만나는 점의 개수가 바뀌게 되는 t의 개수를 찾도록 해.

왜 1등급? 이 문제는 함수의 그래프의 대칭이동과 극값에 대한 조건을 이용하여 삼차함수의 그래프의 개형을 찾는 것이 중요하다. 또한, 방정식의 서로 다른 실근의 개수에 대한 조건을 그래프를 이용하여 해석할 수 있어야 한다.

단서+발상

단서1 삼차함수가 극값을 갖는다는 것은 극댓값과 극솟값을 모두 갖는다는 것이다. **발상**

단서2 $x\ge t$일 때 함수 $y=g(x)$의 그래프는 함수 $y=f(x)$의 그래프와 같다. **적용**
한편, 함수 $y=f(x)$의 그래프를 직선 $y=f(t)$를 기준으로 대칭이동한 그래프의 식은 $y=f(x)$에서 y 대신 $2f(t)-y$를 대입하면 되므로 $2f(t)-y=f(x)$, 즉 $y=-f(x)+2f(t)$이다. **적용**
따라서 $x<t$일 때 함수 $y=g(x)$의 그래프는 함수 $y=f(x)$의 그래프에서 직선 $y=f(t)$의 아랫부분을 $y=f(t)$를 기준으로 위로 꺾어 올린 그래프와 같다. **해결**

단서3 삼차함수 $f(x)$의 극솟값을 모르므로 그 값의 범위에 따라 경우를 나누어 함수 $y=g(x)$의 그래프를 그리자. **발상**
그런 다음, 함수 $y=g(x)$의 그래프가 x축과 만나는 점의 개수인 $h(t)$를 구해서 각 경우에 대하여 $h(t)$의 값이 바뀌게 되는 t의 개수가 2가 되는 경우를 찾도록 한다. **해결**

주의 함수 $h(t)$가 $f(x)=4$를 만족시키는 점에서 불연속이 된다는 것을 알아야 한다.

핵심 정답 공식: 함수 $y=f(x)$의 그래프를 직선 $y=b$에 대하여 대칭이동한 그래프의 식은 $y=2b-f(x)$이다.

------------------ [문제 풀이 순서] ------------------

1st 함수 $f(x)$가 $x=k$에서 극솟값을 갖는다고 할 때, $f(k)<0$인 경우 주어진 조건을 만족하는지 확인해.

삼차함수 $f(x)$는 $x=3$에서 극댓값을 가지므로 반드시 극솟값을 갖는다. 즉, 최고차항의 계수가 1, 즉 양수인 $f(x)$가 $x=k$ $(k>3)$에서 극솟값을 갖는다고 하자.
<u>최고차항의 계수가 양수인 삼차함수 $f(x)$가 $x=\alpha$, $x=\beta$ $(\alpha<\beta)$에서 극값을 가지면 $x=\alpha$에서 극대이고 $x=\beta$에서 극소야.</u>

한편, $g(x)=\begin{cases} f(x) & (x\geq t) \\ -f(x)+2f(t) & (x<t) \end{cases}$ 에 대하여

$\displaystyle\lim_{x\to t+} g(x)=\lim_{x\to t+} f(x)=f(t)$

$\displaystyle\lim_{x\to t-} g(x)=\lim_{x\to t-} \{-f(x)+2f(t)\}=-f(t)+2f(t)=f(t)$

$\therefore g(t)=f(t)$

이므로 함수 $g(t)$는 실수 전체의 집합에서 연속이다.

$g(x)$는 $x>t$, $x<t$에서 각각 연속이므로 $x=t$에서 연속이면 실수 전체의 집합에서 연속이야.

또한, 함수 $y=-f(x)+2f(t)$의 그래프는 $y=f(x)$의 그래프를 x축에 평행한 직선 $y=f(t)$에 대하여 대칭이동한 것이다.

따라서 방정식 $g(x)=0$의 서로 다른 실근의 개수는 함수 $y=g(x)$의 그래프와 x축과의 서로 다른 교점의 개수와 같으므로 최고차항의 계수가 1이고 $x=3$에서 극댓값 8, $x=k(k>3)$에서 극솟값을 갖는 삼차함수 $f(x)$에 대하여 $f(k)$의 값의 범위를 $f(k)<0$, $f(k)=0$, $f(k)>0$인 경우로 나눈 후 $y=g(x)$의 그래프를 그려 조건을 만족시키는지 확인하자.

(i) $f(k)<0$인 경우

함수 $h(t)$가 불연속이 되는 t의 값을 나타내면 다음과 같다.

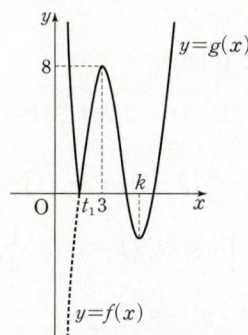

$\Rightarrow \displaystyle\lim_{t\to t_1-} h(t)=4, \ h(t_1)=3, \ \lim_{t\to t_1+} h(t)=2$

t_1은 $f(t_1)=0 \ (t_1<3)$을 만족시키는 값이야.

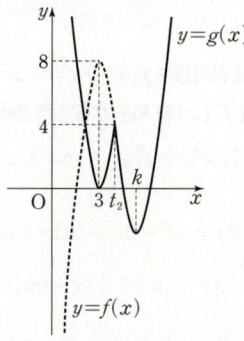

$\Rightarrow \displaystyle\lim_{t\to t_2-} h(t)=2, \ h(t_2)=3, \ \lim_{t\to t_2+} h(t)=4$

t_2는 $f(t_2)=4 \ (3<t_2<k)$를 만족시키는 값이야.

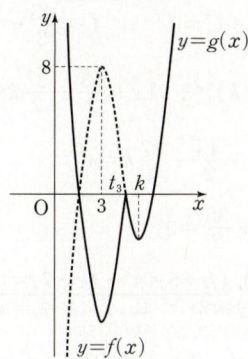

$\Rightarrow \displaystyle\lim_{t\to t_3-} h(t)=4, \ h(t_3)=3, \ \lim_{t\to t_3+} h(t)=2$

t_3은 $f(t_3)=0 \ (3<t_3<k)$을 만족시키는 값이야.

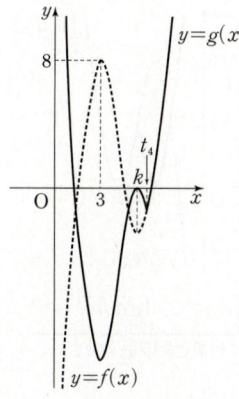

$\Rightarrow \displaystyle\lim_{t\to t_4-} h(t)=2, \ h(t_4)=3, \ \lim_{t\to t_4+} h(t)=4$

t_4는 $f(t_4)=\frac{1}{2}f(k) \ (t_4>k)$를 만족시키는 값이야.

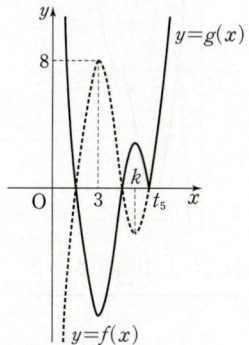

$\Rightarrow \displaystyle\lim_{t\to t_5-} h(t)=4, \ h(t_5)=3, \ \lim_{t\to t_5+} h(t)=2$

t_5는 $f(t_5)=0 \ (t_5>k)$을 만족시키는 값이야.

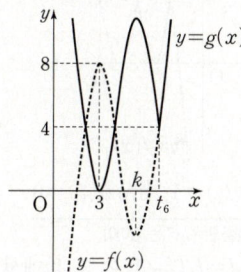

$\Rightarrow \displaystyle\lim_{t\to t_6-} h(t)=2, \ h(t_6)=1, \ \lim_{t\to t_6+} h(t)=0$

t_6은 $f(t_6)=4 \ (t_6>k)$를 만족시키는 값이야.

따라서 함수 $h(t)$는 $t=t_i \ (i=1, 2, 3, 4, 5, 6)$에서 불연속이므로 불연속인 점이 두 개라는 조건을 만족시키지 않는다.

2nd $f(k)=0$인 경우 주어진 조건을 만족하는지 확인해.

(ii) $f(k)=0$인 경우

함수 $h(t)$가 불연속이 되는 t의 값을 나타내면 다음과 같다.

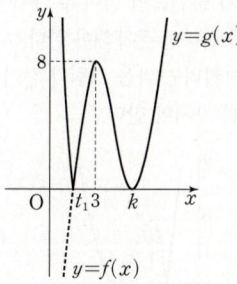

$\Rightarrow \displaystyle\lim_{t\to t_1-} h(t)=3, \ h(t_1)=2, \ \lim_{t\to t_1+} h(t)=1$

t_1은 $f(t_1)=0 \ (t_1<3)$을 만족시키는 값이야.

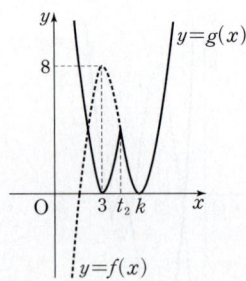

$\Rightarrow \displaystyle\lim_{t\to t_2-}h(t)=1,\ h(t_2)=2,\ \lim_{t\to t_3+}h(t)=3$

<u>t_2는 $f(t_2)=4\,(3<t_2<k)$를 만족시키는 값이야.</u>

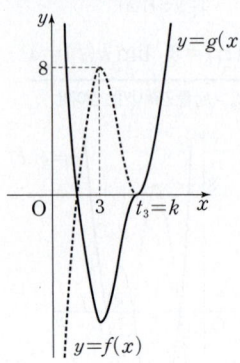

$\Rightarrow \displaystyle\lim_{t\to t_3-}h(t)=3,\ h(t_3)=2,\ \lim_{t\to t_3+}h(t)=2$

<u>t_3는 k야.</u>

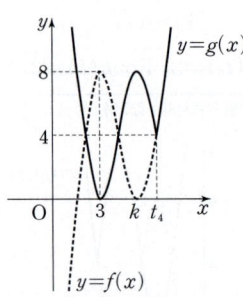

$\Rightarrow \displaystyle\lim_{t\to t_4-}h(t)=2,\ h(t_4)=1,\ \lim_{t\to t_4+}h(t)=0$

<u>t_4는 $f(t_4)=4\,(t_4>k)$를 만족시키는 값이야.</u>

따라서 함수 $h(t)$는 $t=t_i\,(i=1,\,2,\,3,\,4)$에서 불연속이므로 불연속인 점이 두 개라는 조건을 만족시키지 않는다.

3rd $f(k)>0$인 경우 주어진 조건을 만족하는지 확인해.

(ⅲ) $f(k)>0$인 경우

(ⅰ), (ⅱ)를 종합해보면 함수 $h(t)$는 $y=f(x)$의 그래프가 x축과 만나는 점, 3보다 큰 x에 대하여 함숫값이 극댓값의 절반이 되는 점, 즉 $x>3$일 때 $f(x)=4$가 되는 점에서 불연속이 됨을 알 수 있다.

즉, $f(k)>0$인 경우는 $y=f(x)$의 그래프가 x축과 한 점에서만 만나므로 함수 $h(t)$가 불연속인 점이 두 개가 되려면 $x>3$일 때의 $f(x)=4$인 x의 값이 하나만 존재해야 한다.

따라서 조건을 만족시키려면 다음 그림과 같이 함수 $f(x)$가 $x=k$에서 극솟값 4를 가져야 한다.

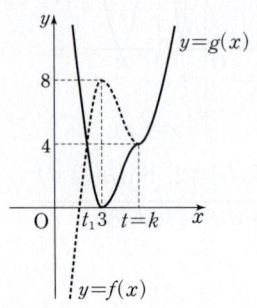

이때, $f(t_1)=0$이라 하면 함수 $h(t)$는

$$h(t)=\begin{cases}2 & (t<t_1)\\ 1 & (t=t_1)\\ 0 & (t_1<t<k)\\ 1 & (t=k)\\ 0 & (t>k)\end{cases}$$

이므로 함수 $h(t)$가 $t=a$에서 불연속인 a의 값은 $t_1,\,k$로 두 개이다.

4th k의 값을 구하고, 함수 $f(x)$를 완성해.

함수 $y=f(x)$의 그래프와 직선 $y=8$은 $x=3$인 점에서 접하고 다른 한 점에서 만나므로, 접점이 아닌 교점의 x좌표를 b라 하면 삼차함수 $f(x)$의 최고차항의 계수가 1이므로

$$f(x)-8=(x-3)^2(x-b)\ (b\text{는 상수},\ b>k)$$

라 놓을 수 있다.

이때, <u>극값을 갖는 삼차함수의 그래프에서의 비율 관계</u>에 의하여

<small>최고차항의 계수가 양수인 삼차함수 $f(x)$가 $x=\alpha$, $x=\beta\,(\alpha<\beta)$에서 각각 극댓값 M, 극솟값 m을 가지고, $f(x_1)=m$, $f(x_2)=M\,(x_1<\alpha<\beta<x_2)$이라 하면
$(\beta-\alpha):(\alpha-x_1)=2:1$
$(\beta-\alpha):(x_2-\beta)=2:1$</small>

$(k-3):(b-k)=2:1$이므로

$$2(b-k)=k-3,\ 2b=3k-3 \qquad \therefore b=\frac{3}{2}(k-1)$$

즉, $f(x)=(x-3)^2\left\{x-\dfrac{3}{2}(k-1)\right\}+8\ \cdots\ \text{㉠}$이고, $f(k)=4$이므로

$$(k-3)^2\left\{k-\frac{3}{2}(k-1)\right\}+8=4,\ (k-3)^2\left(-\frac{1}{2}k+\frac{3}{2}\right)=-4$$

$$-\frac{1}{2}(k-3)^3=-4,\ (k-3)^3=8,\ k-3=2 \qquad \therefore k=5$$

따라서 ㉠에 $k=5$를 대입하면 $f(x)=(x-3)^2(x-6)+8$이므로

$$f(8)=5^2\times 2+8=58$$

🔷 다른 풀이: **4th**에서 삼차함수 $f(x)$가 $x=3$, $x=k$에서 극값을 가짐을 이용하여 $f'(x)$를 세운 후 부정적분을 이용하여 $f(x)$ 구하기

최고차항의 계수가 1인 삼차함수 $f(x)$가 $x=3$, $x=k$에서 극값을 가지므로

$$f'(x)=3(x-3)(x-k)=3x^2-3(3+k)x+9k\text{에서}$$

$$f(x)=\int f'(x)dx=\int\{3x^2-3(3+k)x+9k\}dx$$

$$=x^3-\frac{3}{2}(3+k)x^2+9kx+C\ (C\text{는 적분상수})$$

이때, $f(3)=8$이므로

$$27-\frac{27}{2}(3+k)+27k+C=8 \qquad \therefore C=\frac{43}{2}-\frac{27}{2}k$$

즉, $f(x)=x^3-\dfrac{3}{2}(3+k)x^2+9kx+\dfrac{43}{2}-\dfrac{27}{2}k$이고, $f(k)=4$이므로

$$k^3-\frac{3}{2}(3+k)k^2+9k^2+\frac{43}{2}-\frac{27}{2}k=4$$

$$-\frac{1}{2}k^3+\frac{9}{2}k^2-\frac{27}{2}k+\frac{35}{2}=0$$

$$k^3-9k^2+27k-35=0,\ (k-5)(k^2-4k+7)=0$$

$$\therefore k=5$$ <small>모든 실수 k에 대하여 $k^2-4k+7=(k-2)^2+3>0$이므로 $k^2-4k+7=0$을 만족시키는 실수 k의 값은 존재하지 않아.</small>

따라서 $f(x)=x^3-12x^2+45x-46$이므로

$$f(8)=512-768+360-46=58$$

이 문제에서 가장 중요한 핵심은 $x<t$일 때, $g(x)=-f(x)+2f(t)$ 가 의미하는 바가 무엇인지 알아내는 것이라고 생각해. 이 함수를 보는 순간 '이것은 직선 $y=f(t)$에 대한 선대칭이구나'라고 바로 이해하고 경우를 나누어 그래프의 개형을 그려보는 것이 풀이 시간을 단축할 수 있는 방법이야.

따라서 함수의 그래프의 평행이동, 대칭이동에 대하여 완벽히 이해하고, 이 유형과 비슷한 기출 문제를 풀어보며 다양한 상황에서 그래프를 그려보는 연습을 최대한 많이 해야 고난도 문제에 대비할 수 있을 거야.

E 146 정답 108 ·········· ⊙**1등급 대비** [정답률 10%]

* 절댓값 기호를 포함한 함수의 미분계수의 정의와 그래프를 이용하여 조건을 만족시키는 삼차함수의 식 유추하기 [유형 06+10]

최고차항의 계수가 1인 삼차함수 $f(x)$에 대하여 함수

$$g(x)=f(x-3)\times\lim_{h\to 0+}\frac{|f(x+h)|-|f(x-h)|}{h}$$

단서1 $f(x)$가 미분가능한 함수이면 $\lim_{h\to 0}\frac{f(x+h)-f(x-h)}{h}=2f'(x)$인 것은 많이 접해서 알고 있을 거야. 그런데 주어진 식은 $f(x)$에 절댓값 기호가 씌워져 있는 형태이므로 $f(x)>0$인 경우, $f(x)<0$인 경우, $f(x)=0$인 경우로 나눈 후 미분계수의 정의를 적용하여 $\lim_{h\to 0+}\frac{|f(x+h)|-|f(x-h)|}{h}$를 정리해보도록 해.

가 다음 조건을 만족시킬 때, $f(5)$의 값을 구하시오. (4점)

(가) 함수 $g(x)$는 실수 전체의 집합에서 연속이다.
단서2 함수 $g(x)$는 $f(x)=0$인 x의 값에서 불연속일 수 있어. 따라서 함수 $g(x)$가 실수 전체의 집합에서 연속이려면 $f(x)=0$인 x의 값에서 어떤 조건을 가져야 할지 찾아내야 해.

(나) 방정식 $g(x)=0$은 서로 다른 네 실근 α_1, α_2, α_3, α_4를 갖고 $\alpha_1+\alpha_2+\alpha_3+\alpha_4=7$이다.
단서3 조건 (가)를 통해 삼차함수 $f(x)$의 그래프의 개형을 찾으면 방정식 $g(x)=0$의 서로 다른 4개의 해를 한 문자로 나타낼 수 있어. 이 네 근의 합이 7임을 이용하여 문자의 값을 구하고 $f(x)$의 식을 완성해.

왜 1등급? 이 문제는 삼차함수에 절댓값이 씌워진 새로운 함수에 대하여 좌미분계수와 우미분계수의 의미, 미분계수의 정의 등을 이용하여 주어진 조건을 해석할 수 있어야 한다.

미분계수의 정의, 연속의 판단, 방정식의 실근에 대한 조건들을 종합적으로 해석하여 구해야 하는 함수를 그래프로 먼저 나타내보는 것이 중요하다.

단서+발상

단서1 $g(x)$에 주어진 극한식의 형태가 미분계수의 정의처럼 보이지만 $f(x)$에 절댓값 기호를 씌운 형태이기 때문에 $f(x)>0$, $f(x)<0$, $f(x)=0$인 경우로 나눠서 절댓값 기호를 없애고 식을 정리해야 한다. **발상**

단서2 **단서1**에 따라 함수 $g(x)$는 $f(x)=0$이 될 때를 기준으로 세 가지 경우로 나눠서 식이 만들어지므로 $g(x)$는 $f(x)=0$이 되는 x의 값에서 불연속이 될 수 있다. **적용**

즉, $f(x)=0$이 되는 x의 값에서의 극한값과 함숫값이 같아야 함을 이용하여 $f(x)=0$이 되는 x의 값의 특징을 찾아내고, 이를 삼차함수의 그래프의 개형과 연결시켜 유추하도록 한다. **해결**

단서3 **단서2**를 통해 가능한 삼차함수 $f(x)$의 그래프의 개형을 몇 가지로 추려낸 후 방정식 $g(x)=0$이 서로 다른 네 실근을 가져야 함을 적용하면 $f(x)$의 그래프의 개형을 하나로 특정할 수 있다. **적용**

여기에 조건 (나)를 활용하여 $f(x)$의 식을 완성하면 된다. **해결**

주의 절댓값 기호를 풀어 $g(x)$의 식을 정리하면 $f(x)=0$이 되는 x의 값을 기준으로 식이 나누어진다. 따라서 이를 이용하여 함수 $g(x)$의 연속 여부를 확인할 때, $g(x)$가 불연속이 될 수 있는 x의 값이 반드시 $f(x)=0$을 만족시켜야 함을 기억하도록 한다.

핵심 정답 공식: $\lim_{h\to 0+}\dfrac{f(a+h)-f(a)}{h}$는 $x=a$에서의 함수 $f(x)$의 우미분계수이고, $\lim_{h\to 0-}\dfrac{f(a+h)-f(a)}{h}$는 $x=a$에서의 함수 $f(x)$의 좌미분계수이다. 이때, 우미분계수와 좌미분계수가 같으면 미분계수가 존재한다고 한다.

------------------------- [문제 풀이 순서] -------------------------

1st $\lim\limits_{h\to 0+}\dfrac{|f(x+h)|-|f(x-h)|}{h}$를 정리하여 함수 $g(x)$를 구하자.

$\lim\limits_{h\to 0+}\dfrac{|f(x+h)|-|f(x-h)|}{h}$에서

(i) $f(x)>0$이면

$\quad y=f(x)$ 그래프

$$\lim_{h\to 0+}\frac{|f(x+h)|-|f(x-h)|}{h}$$

$$=\lim_{h\to 0+}\frac{f(x+h)-f(x-h)}{h}$$

미분가능한 함수 $f(x)$에 대하여
$\lim\limits_{h\to 0}\dfrac{f(a+mh)-f(a+nh)}{h}=(m-n)f'(a)$

$$=\lim_{h\to 0+}\frac{f(x+h)-f(x)+f(x)-f(x-h)}{h}$$

$$=\lim_{h\to 0+}\left\{\frac{f(x+h)-f(x)}{h}+\frac{f(x-h)-f(x)}{-h}\right\}$$

$$=\lim_{h\to 0+}\frac{f(x+h)-f(x)}{h}+\lim_{h\to 0+}\frac{f(x-h)-f(x)}{-h}$$

$$=\lim_{h\to 0+}\frac{f(x+h)-f(x)}{h}+\lim_{t\to 0-}\frac{f(x+t)-f(x)}{t}$$

$\lim\limits_{h\to 0+}\dfrac{f(x-h)-f(x)}{-h}$에서 $-h=t$라 하면 $h\to 0+$는 $t\to 0-$가 되므로

$\lim\limits_{h\to 0+}\dfrac{f(x-h)-f(x)}{-h}=\lim\limits_{t\to 0-}\dfrac{f(x+t)-f(x)}{t}$가 되는 거야.

$$=f'(x)+f'(x)=2f'(x)$$

$f(x)>0$인 모든 실수 x에서 좌미분계수와 우미분계수가 같으므로 미분계수 $f'(x)$가 존재해.

(ii) $f(x)<0$이면

$\quad y=f(x)$ 그래프

$$\lim_{h\to 0+}\frac{|f(x+h)|-|f(x-h)|}{h}$$

$$=\lim_{h\to 0+}\frac{-f(x+h)+f(x-h)}{h}$$

$$=\lim_{h\to 0+}\frac{-f(x+h)+f(x)-f(x)+f(x-h)}{h}$$

$$=\lim_{h\to 0+}\left\{-\frac{f(x+h)-f(x)}{h}-\frac{f(x-h)-f(x)}{-h}\right\}$$

$$=-\lim_{h\to 0+}\frac{f(x+h)-f(x)}{h}-\lim_{h\to 0+}\frac{f(x-h)-f(x)}{-h}$$

$$=-\lim_{h\to 0+}\frac{f(x+h)-f(x)}{h}-\lim_{t\to 0-}\frac{f(x+t)-f(x)}{t}$$

$$=-f'(x)-f'(x)=-2f'(x)$$

$f(x)<0$인 모든 실수 x에서 좌미분계수와 우미분계수가 같으므로 미분계수 $f'(x)$가 존재해.

(iii) $f(x)=0$이면

$\quad y=|f(x)|$, $y=f(x)$ 그래프

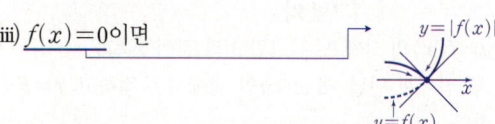

$$\lim_{h \to 0+} \frac{|f(x+h)|-|f(x-h)|}{h}$$

$$=\lim_{h \to 0+} \left\{ \frac{|f(x+h)|-|f(x)|+|f(x)|-|f(x-h)|}{h} \right\}$$

$$=\lim_{h \to 0+} \left\{ \frac{|f(x+h)|-|f(x)|}{h}+\frac{|f(x-h)|-|f(x)|}{-h} \right\}$$

$$=\lim_{h \to 0+} \frac{|f(x+h)|-|f(x)|}{h}+\lim_{h \to 0+} \frac{|f(x-h)|-|f(x)|}{-h}$$

$$=\lim_{h \to 0+} \frac{|f(x+h)|-|f(x)|}{h}+\lim_{t \to 0-} \frac{|f(x+t)|-|f(x)|}{t}$$

$$=0$$

<u>$y=|f(x)|$의 그래프는 $y=f(x)$의 그래프의 x축 아랫부분을 x축에 대하여 대칭이동시킨 것이므로 $f(x)=0$인 x에서의 좌우미분계수는 절댓값은 같고 부호가 반대가 돼. 따라서 $f(x)=0$인 x에서의 (우미분계수)+(좌미분계수)=0이야.</u>

(i)~(iii)에 의해

$$g(x)=\begin{cases} 2f(x-3)f'(x) & (f(x)>0) \\ -2f(x-3)f'(x) & (f(x)<0) \\ 0 & (f(x)=0) \end{cases}$$

2nd 조건 (가), (나)를 만족시키기 위한 함수 $y=f(x)$의 그래프의 개형을 찾자.

조건 (가)에서 함수 $g(x)$가 실수 전체의 집합에서 연속이라 했으므로 $f(x)=0$인 x에서도 연속이어야 한다.

즉, $f(x)=0$인 x에 대하여

$2f(x-3)f'(x)=-2f(x-3)f'(x)=0$

에서 $f(x-3)=0$ 또는 $f'(x)=0$이어야 한다. $\cdots$ ㉠

그런데 최고차항의 계수가 1, 즉 양수인 삼차함수 $y=f(x)$의 그래프의 개형 중에서 [그림 1]의 경우들에서는 $f(x)=0$인 x에 대하여 $f(x-3)=0$ 또는 $f'(x)=0$이 되는 x가 존재하지 않는다.

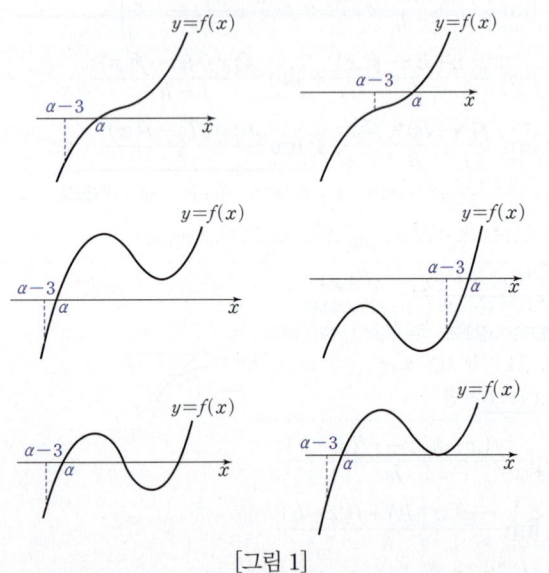

[그림 1]

또한, 조건 (나)에서 방정식 $g(x)=0$이 서로 다른 네 실근을 갖는다고 했는데, 방정식 $g(x)=0$의 근은 $f(x)=0$ 또는 $f(x-3)=0$ 또는 $f'(x)=0$을 만족시키는 x의 값과 같으므로 삼차함수 $y=f(x)$의 그래프의 개형이 [그림 2]와 같으면 조건 (나)를 만족시킬 수 없다.

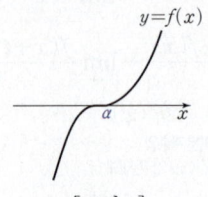

[그림 2]

따라서 삼차함수 $y=f(x)$의 그래프는 [그림 3]과 같이 x축과 $x=\alpha$, $x=\beta$ $(\alpha<\beta)$인 두 점에서 만날 때 $x=\alpha$인 점에서는 접하고 $x=\beta$인 점에서는 만나야 한다.

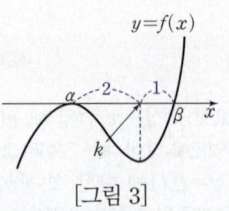

[그림 3]

즉, 함수 $y=f(x)$의 그래프가 x축과 $x=\alpha$인 점에서 접하고 $x=\beta$인 점에서 만나면 ㉠에 의해 $f(\beta-3)=0$ 또는 $f'(\beta)=0$이어야 하는데 [그림 3]에서 $f'(\beta)\neq0$이므로 $f(\beta-3)=0$이어야 한다.

따라서 $\beta-3=\alpha$이어야 하므로 $\beta=\alpha+3$이다.

또, x축에 접하는 삼차함수의 그래프의 비율 관계에 의해

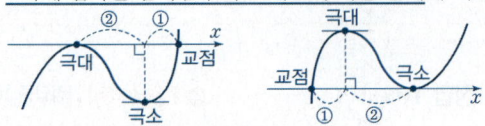

함수 $f(x)$가 $x=k$에서 극솟값을 갖는다면 $(k-\alpha):(\beta-k)=2:1$이고, $\beta-\alpha=3$이므로 $k=\alpha+2$이다.

3rd 방정식 $g(x)=0$의 서로 다른 네 실근의 합을 이용하여 함수 $f(x)$를 구하자.

$$g(x)=\begin{cases} 2f(x-3)f'(x) & (f(x)>0) \\ -2f(x-3)f'(x) & (f(x)<0) \\ 0 & (f(x)=0) \end{cases}$$

에서 방정식 $g(x)=0$의 실근은 $f(x)=0$ 또는 $f(x-3)=0$ 또는 $f'(x)=0$을 만족시키는 x의 값이므로 [그림 4]와 같이 $y=f(x)$의 그래프가 x축과 만나는 점, <u>$y=f(x-3)$의 그래프가 x축과 만나는 점</u>, 함수 $y=f(x-3)$의 그래프는 $y=f(x)$의 그래프는 x축의 방향으로 3만큼 평행이동시킨거야. $y=f(x)$의 그래프의 극점의 x좌표가 구하는 네 실근 <u>α_1, α_2, α_3, α_4</u>가 된다. $\alpha_1, \alpha_2, \alpha_3, \alpha_4$의 순서는 관계없으므로 편의상 $\alpha_1<\alpha_2<\alpha_3<\alpha_4$로 정하고 그림에 나타냈어.

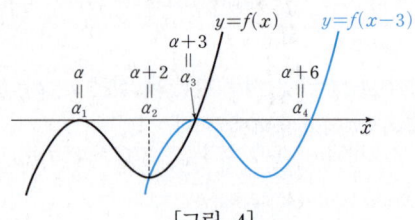

[그림 4]

즉, $f(x-3)=0$을 만족시키는 x의 값은 $x=\alpha+3$, $x=\alpha+6$이고 $f(x)=0$을 만족시키는 x의 값은 $x=\alpha$, $x=\alpha+3$이며 $f'(x)=0$을 만족시키는 x의 값은 $x=\alpha$, $x=\alpha+2$이므로 방정식 $g(x)=0$의 서로 다른 네 실근은 α, $\alpha+2$, $\alpha+3$, $\alpha+6$이다.

조건 (나)에 의해 $\alpha+(\alpha+2)+(\alpha+3)+(\alpha+6)=7$이므로

$4\alpha+11=7$, $4\alpha=-4$

$\therefore \alpha=-1$

따라서 최고차항의 계수가 1인 삼차함수 $y=f(x)$의 그래프가 x축과 $x=-1$인 점에서 접하고 $x=-1+3=2$인 점에서 만나므로

$f(x)=(x+1)^2(x-2)$

$$\therefore f(5)=(5+1)^2\times(5-2)$$
$$=36\times3$$
$$=108$$

🔷 **다른 풀이:** $F(x)=|f(x)|$로 놓고 함수 $y=f(x)$와 $y=F(x)$의 그래프의 개형을 이용해 조건을 만족시키는 $f(x)$의 식 구하기

함수 $F(x)$를 $F(x)=|f(x)|$로 놓으면 $F(x)$는 다항함수 $f(x)$에 절댓값을 씌운 함수이므로 모든 실수 x에 대하여

$$\lim_{h \to 0+} \frac{F(x+h)-F(x)}{h}, \quad \lim_{h \to 0-} \frac{F(x+h)-F(x)}{h}$$

의 값이 항상 존재해.

따라서 함수 $g(x)$에 주어진 극한식은 다음과 같이 정리할 수 있어.

$$\lim_{h \to 0+} \frac{|f(x+h)| - |f(x-h)|}{h}$$

$$= \lim_{h \to 0+} \frac{|f(x+h)| - |f(x)| + |f(x)| - |f(x-h)|}{h}$$

$$= \lim_{h \to 0+} \left\{ \frac{F(x+h) - F(x)}{h} - \frac{F(x-h) - F(x)}{h} \right\}$$

$$= \lim_{h \to 0+} \frac{F(x+h) - F(x)}{h} + \lim_{h \to 0+} \frac{F(x-h) - F(x)}{-h}$$

$$= \lim_{h \to 0+} \frac{F(x+h) - F(x)}{h} + \lim_{h \to 0-} \frac{F(x+h) - F(x)}{h}$$

$\lim\limits_{h \to 0+} \dfrac{F(x-h) - F(x)}{-h}$ 에서 $-h = t$라 하면

$\lim\limits_{h \to 0+} \dfrac{F(x-h) - F(x)}{-h} = \lim\limits_{t \to 0-} \dfrac{F(x+t) - F(x)}{t}$ 가 되지?

따라서 $\lim\limits_{h \to 0+} \dfrac{F(x+h) - F(x)}{h}$ 의 값이 존재하고

$\lim\limits_{h \to 0+} \dfrac{F(x-h) - F(x)}{-h}$, 즉 $\lim\limits_{t \to 0-} \dfrac{F(x+t) - F(x)}{t}$ 의 값도 존재하므로 극한의 성질에 의해 극한식을 나누어 쓸 수 있는 거야.

이제, 최고차항의 계수가 양수인 삼차함수 $f(x)$의 경우를 다음과 같이 나누고 위의 식을 이용해 조건을 만족시키는 $y = f(x)$의 그래프의 개형을 찾아보자.

(ⅰ) 함수 $f(x)$의 극값이 존재하지 않고, 실수 α에 대하여
$f(\alpha) = 0$, $f'(\alpha) \neq 0$인 경우
두 함수 $y = f(x)$, $y = |f(x)| = F(x)$의 그래프의 개형은 [그림 1]과 같아.

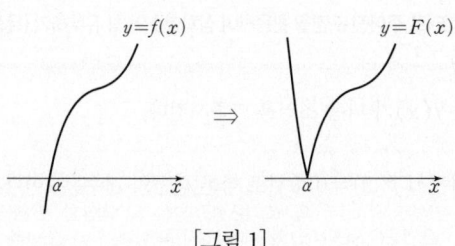

[그림 1]

즉,
$x > \alpha$일 때 $f(x) > 0$에서 $F(x) = f(x)$이므로

$$\lim_{h \to 0+} \frac{F(x+h) - F(x)}{h} = \lim_{h \to 0-} \frac{F(x+h) - F(x)}{h} = f'(x)$$

$x < \alpha$일 때 $f(x) < 0$에서 $F(x) = -f(x)$이므로

$$\lim_{h \to 0+} \frac{F(x+h) - F(x)}{h} = \lim_{h \to 0-} \frac{F(x+h) - F(x)}{h} = -f'(x)$$

$$\therefore g(x) = f(x-3) \times \lim_{h \to 0+} \frac{|f(x+h)| - |f(x-h)|}{h}$$

$$= f(x-3)$$
$$\times \left\{ \lim_{h \to 0+} \frac{F(x+h) - F(x)}{h} + \lim_{h \to 0-} \frac{F(x+h) - F(x)}{h} \right\}$$

$$= \begin{cases} f(x-3) \times \{2f'(x)\} & (x > \alpha) \\ 0 & (x = \alpha) \\ f(x-3) \times \{-2f'(x)\} & (x < \alpha) \end{cases}$$

이때, 조건 (가)를 만족시키기 위해서는 함수 $g(x)$가 $x = \alpha$에서 연속이어야 하므로 $\lim\limits_{x \to \alpha+} g(x) = \lim\limits_{x \to \alpha-} g(x) = g(\alpha)$에서
$f(\alpha-3) \times \{2f'(\alpha)\} = f(\alpha-3) \times \{-2f'(\alpha)\} = 0$이어야 해.
그런데 [그림 1]의 $y = f(x)$의 그래프에서
$f'(\alpha) \neq 0$, $f(\alpha-3) \neq 0$이지?
따라서 이 경우는 조건을 만족시키지 않아.

(ⅱ) 함수 $f(x)$의 극값이 존재하지 않고 실수 α에 대하여
$f(\alpha) = 0$, $f'(\alpha) = 0$인 경우
두 함수 $y = f(x)$, $y = |f(x)| = F(x)$의 그래프의 개형은 [그림 2]와 같아.

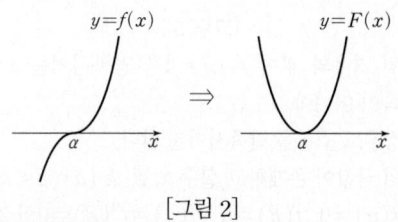

[그림 2]

이 경우도 (ⅰ)과 같으므로

$$g(x) = \begin{cases} f(x-3) \times \{2f'(x)\} & (x > \alpha) \\ 0 & (x = \alpha) \\ f(x-3) \times \{-2f'(x)\} & (x < \alpha) \end{cases}$$

이때, 방정식 $g(x) = 0$의 실근은 $x = \alpha$와 $f(x-3) = 0$ 또는 $f'(x) = 0$을 만족시키는 x의 값이므로 [그림 2]의 $y = f(x)$의 그래프에 의해 방정식 $g(x) = 0$의 서로 다른 실근은 $x = \alpha$와 $x = \alpha + 3$이야.
$f(\alpha) = 0$이므로 $x - 3 = \alpha$에서 $x = \alpha + 3$이지
그런데 조건 (나)에서 방정식 $g(x) = 0$을 만족시키는 서로 다른 실근이 4개라 했지?
따라서 이 경우도 조건을 만족시키지 않아.

(ⅲ) 함수 $f(x)$의 극값이 존재하고 실수 α, β, k에 대하여
$f(k) = 0$, $f(\alpha) \neq 0$, $f(\beta) \neq 0$, $f'(\alpha) = f'(\beta) = 0$인 경우
두 함수 $y = f(x)$, $y = |f(x)| = F(x)$의 그래프의 개형은 [그림 3]과 같아.

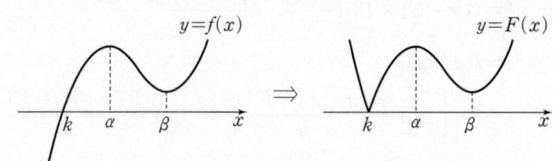

[그림 3]

그러면 (ⅰ)의 경우와 같이 $f(k) = 0$을 만족시키는 $x = k$에서 함수 $g(x)$가 연속이 아니야.
따라서 이 경우도 조건을 만족시키지 않아.

(ⅳ) 함수 $f(x)$의 극값이 존재하고 실수 α, β, k $(k < \alpha < \beta)$에 대하여
$f(k) = 0$, $f(\alpha) \neq 0$, $f(\beta) = 0$, $f'(\alpha) = f'(\beta) = 0$인 경우
두 함수 $y = f(x)$, $y = |f(x)| = F(x)$의 그래프의 개형은 [그림 4]와 같아.

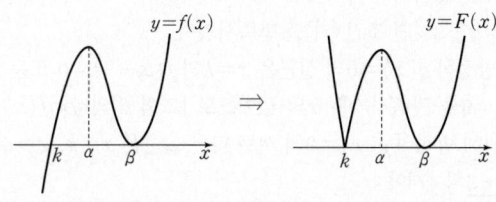

[그림 4]

이때도 (ⅰ)의 경우와 같이 $f(k) = 0$을 만족시키는 $x = k$에서 함수 $g(x)$가 연속이 아니야.
따라서 이 경우도 조건을 만족시키지 않아.

(ⅴ) 함수 $f(x)$의 극값이 존재하고
실수 α, β, k, l, m $(k < \alpha < l < \beta < m)$에 대하여
$f(k) = 0$, $f(l) = 0$, $f(m) = 0$, $f'(\alpha) = f'(\beta) = 0$인 경우
두 함수 $y = f(x)$, $y = |f(x)| = F(x)$의 그래프의 개형은 [그림 5]와 같아.

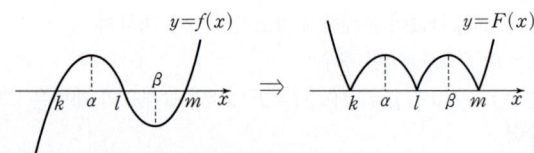

[그림 5]

이때도 (ⅰ)의 경우와 같이 $f(k)=0$을 만족시키는 $x=k$에서 함수 $g(x)$가 연속이 아니야.

따라서 이 경우도 조건을 만족시키지 않아.

(ⅵ) 함수 $f(x)$의 극값이 존재하고 실수 α, β, k $(\alpha<\beta<k)$에 대하여 $f(k)=0$, $f(\alpha)=0$, $f(\beta)\neq0$, $f'(\alpha)=f'(\beta)=0$인 경우 두 함수 $y=f(x)$, $y=|f(x)|=F(x)$의 그래프의 개형은 [그림 6] 과 같아.

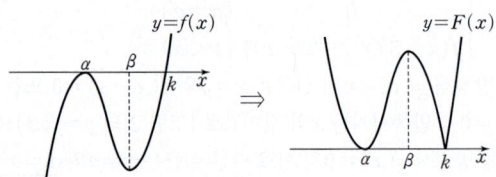

[그림 6]

$x>k$일 때 $f(x)>0$에서 $F(x)=f(x)$이므로
$$\lim_{h\to0+}\frac{F(x+h)-F(x)}{h}=\lim_{h\to0-}\frac{F(x+h)-F(x)}{h}=f'(x)$$
$x<k$일 때 $f(x)\leq0$에서 $F(x)=-f(x)$이므로
$$\lim_{h\to0+}\frac{F(x+h)-F(x)}{h}=\lim_{h\to0-}\frac{F(x+h)-F(x)}{h}=-f'(x)$$
$$\therefore g(x)=f(x-3)\times\lim_{h\to0+}\frac{|f(x+h)|-|f(x-h)|}{h}$$
$$=f(x-3)$$
$$\times\left\{\lim_{h\to0+}\frac{F(x+h)-F(x)}{h}+\lim_{h\to0-}\frac{F(x+h)-F(x)}{h}\right\}$$
$$=\begin{cases}f(x-3)\times\{2f'(x)\} & (x>k)\\ 0 & (x=k)\\ f(x-3)\times\{-2f'(x)\} & (x<k)\end{cases}$$

이때, 조건 (가)를 만족시키기 위해서는 함수 $g(x)$가 $x=k$에서 연속이어야 하므로
$$\lim_{x\to k+}g(x)=\lim_{x\to k-}g(x)=g(k)$$에서
$f(k-3)\times\{2f'(k)\}=f(k-3)\times\{-2f'(k)\}=0$이어야 해.
그런데 [그림 6]의 $y=f(x)$의 그래프에서 $f'(k)\neq0$이므로
$f(k-3)=0$이어야 하니까 $k-3=\alpha$ … ㉠야.
즉, $k=\alpha+3$이면 조건 (가)를 만족시키지.
또한, 방정식 $g(x)=0$의 실근은 $x=k$와 $f(x-3)=0$ 또는 $f'(x)=0$을 만족시키는 x의 값이므로 [그림 6]의 $y=f(x)$의 그래프에 의해 방정식 $g(x)=0$의 서로 다른 실근은 $x=k$, $x=\alpha$, $x=\beta$ $\underline{x=k+3}$의 4개야.
$x=k+3$일 때, $f(k+3-3)=f(k)=0$이므로 $f(x-3)=0$을 만족시켜.
이때, 조건 (나)에서 방정식 $g(x)=0$의 서로 다른 네 실근의 합이 7이므로
$k+\alpha+\beta+(k+3)=7$ $\therefore \alpha+\beta+2k=4$ … ㉡
한편, 이 경우 $f(x)=(x-\alpha)^2(x-k)$이고
$f'(x)=2(x-\alpha)(x-k)+(x-\alpha)^2=(x-\alpha)(3x-\alpha-2k)$
이므로 $f'(x)=0$에서 $x=\alpha$ 또는 $x=\dfrac{\alpha+2k}{3}$
$$\therefore \beta=\frac{\alpha+2k}{3}$$ … ㉢

㉢을 ㉡에 대입하면 $\alpha+\dfrac{\alpha+2k}{3}+2k=4$
$3\alpha+\alpha+2k+6k=12$, $4\alpha+8k=12$ $\therefore \alpha+2k=3$ … ㉣
㉠, ㉣을 연립하여 풀면 $\alpha=-1$, $k=2$이므로
$$f(x)=(x+1)^2(x-2)$$
(ⅰ)~(ⅵ)에 의해 $f(x)=(x+1)^2(x-2)$이므로
$$f(5)=(5+1)^2\times(5-2)=36\times3=108$$

＊함수 $g(x)$에 주어진 극한식을 해석하여 문제 해결하기

$g(x)$에 주어진 극한식이 복잡하여 혼란스러울 수 있지만
$$\lim_{h\to0+}\frac{|f(x+h)|-|f(x-h)|}{h}$$
$$=\lim_{h\to0+}\frac{|f(x+h)|-|f(x)|}{h}+\lim_{h\to0+}\frac{|f(x-h)|-|f(x)|}{-h}$$
로 변형하면 이 극한식은 결국 함수 $|f(x)|$의 '우미분계수'와 '좌미분계수' 의 합을 뜻해. 즉, 위의 극한식은 $y=|f(x)|$의 그래프의 '매끄러운' 점에서 는 $|f(x)|$의 미분계수의 2배, '뾰족한' 점에서는 0이 되므로 함수 $g(x)$는 $y=f(x)$의 그래프가 x축을 '뚫고 지나가는' 점에서 불연속이 될 수 있어.
하지만 함수 $g(x)$가 모든 실수 전체의 집합에서 연속이라 했으므로, 위에서 말한 '$g(x)$가 불연속이 될 가능성이 있는 점'에서 $y=f(x)$와 $y=f(x-3)$의 그래프가 어떤 특징을 가져야 하는지를 그래프를 그려가며 찾아내는 것이 이 문제 해결의 핵심이야.

E 147 정답 61 ········· ★1등급 대비 [정답률 15%]

＊방정식의 형태로 주어진 조건을 활용하여 삼차함수의 식 유추하기 [유형 06＋10]

삼차함수 $f(x)$가 다음 조건을 만족시킨다.

(가) 방정식 $f(x)=0$의 서로 다른 실근의 개수는 2이다.
단서1 삼차방정식 $f(x)=0$의 서로 다른 실근의 개수가 2이려면 한 근은 중근, 다른 한 근은 중근이 아닌 실근이야 하지? 즉, 삼차함수 $y=f(x)$의 그래프가 x축에 접해야 하므로 함수 $f(x)$의 극댓값 또는 극솟값이 0이어야 해.

(나) 방정식 $f(x-f(x))=0$의 서로 다른 실근의 개수는 3이다. 단서2 방정식 $f(x)=0$의 서로 다른 두 실근을 α, β라 하면 방정식 $f(x-f(x))=0$의 근은 $x-f(x)=\alpha$ 또는 $x-f(x)=\beta$ 를 만족시키는 x의 값을 뜻해.

$f(1)=4$, $f'(1)=1$, $f'(0)>1$일 때, $f(0)=\dfrac{q}{p}$이다. $p+q$의 단서3 $x=1$에서의 함숫값과 미분계수가 주어졌으므로 이 점에서 $y=f(x)$의 그래프에 접하는 직선의 방정식을 구할 수 있어.
단서4 $f(0)=\dfrac{q}{p}$에서 p, q가 자연수이므로 $f(0)>0$ 임을 알 수 있지.
값을 구하시오. (단, p와 q는 서로소인 자연수이다.) (4점)

1등급？ 이 문제는 주어진 조건을 활용하여 삼차함수의 그래프를 유추한 후, 그래프와 접선의 위치 관계를 이해하여 함수의 식을 결정해야 한다.
풀이 과정에서 주어진 조건을 만족시키는 삼차함수의 그래프의 개형을 모두 생각 해낼 수 있어야 하며 각각의 개형에서 나머지 조건을 만족시키는 경우만을 선별해 야 한다.

💡 **단서＋발상**

단서1 $f(x)$가 삼차함수이기 때문에 방정식 $f(x)=0$은 삼차방정식이다.
이 방정식의 서로 다른 실근이 2개이므로 두 실근을 각각 α, β라 하면 $f(x)=k(x-\alpha)^2(x-\beta)$로 둘 수 있다. 발상
이때, 최고차항의 계수인 k의 부호와 α, β 사이의 대소 관계에 따라 $y=f(x)$의 그래프는 4가지로 나타낼 수 있으므로 그래프의 개형을 그린 다음 나머지 조건에 접근한다. 적용

단서2 방정식 $f(x)=0$의 서로 다른 두 실근이 α, β이므로 $f(\alpha)=0$, $f(\beta)=0$이다. **발상**

따라서 방정식 $f(x-f(x))=0$의 근은 $x-f(x)=\alpha$ 또는 $x-f(x)=\beta$를 만족시키는 x의 값, 즉 두 방정식 $f(x)=x-\alpha$와 $f(x)=x-\beta$의 근과 같다. **적용**

그런데 두 방정식 $f(x)=x-\alpha$와 $f(x)=x-\beta$의 실근은 곡선 $y=f(x)$와 두 직선 $y=x-\alpha$와 $y=x-\beta$가 각각 만나는 교점의 x좌표와 같으므로 조건 (나)를 만족시키는 경우는 **단서1**에서 구한 4가지 중에서 곡선 $y=f(x)$와 두 직선 $y=x-\alpha$, $y=x-\beta$ 사이의 교점의 개수가 3이 되는 경우를 골라내면 된다. **해결**

단서3 **단서4** $f(1)=4$와 $f'(1)=1$이라는 조건을 사용하면 곡선 $y=f(x)$ 위의 점 $(1, 4)$에서의 접선의 방정식을 구할 수 있다. **적용**

그러면 이 접선의 기울기가 조건 (나)에서 찾아낸 두 직선의 기울기와 같다는 사실을 알 수 있으므로 이러한 내용과 $f(0)>0$임을 활용하여 모든 조건을 만족시키는 유일한 경우를 결정하고 이를 바탕으로 함수 $f(x)$의 식을 유추할 수 있다. **해결**

> **핵심 정답 공식**: 삼차함수 $f(x)$에 대하여 방정식 $f(x)=0$이 서로 다른 두 실근 α, β를 가지면 $f(x)=k(x-\alpha)^2(x-\beta)(\alpha\neq\beta)$로 놓을 수 있고, 함수 $f(x)$의 극댓값 또는 극솟값이 0이다.

------------------ [문제 풀이 순서] ------------------

1st 조건 (가)를 이용하여 함수 $f(x)$의 식을 유추하자.

삼차함수 $f(x)$에 대하여 조건 (가)에서 방정식 $f(x)=0$의 서로 다른 실근의 개수가 2라 했으므로 방정식 $f(x)=0$의 서로 다른 두 실근을 α, β라 하면

$f(x)=k(x-\alpha)^2(x-\beta)$ (k는 상수, $k\neq0$, $\alpha\neq\beta$) $\cdots$ ㉠

삼차방정식 $f(x)=0$의 서로 다른 실근의 개수가 2이려면 한 근은 중근이고 다른 한 근은 중근이 아닌 실근이어야 해.

로 놓을 수 있다.

2nd 조건 (나)를 이용하여 함수 $y=f(x)$의 그래프의 개형을 찾자.

먼저, ㉠을 만족시키는 삼차함수 $y=f(x)$의 그래프의 개형은 [그림 1]과 같이 네 가지 경우가 있다.

삼차함수 $f(x)=k(x-\alpha)^2(x-\beta)$에 대하여 $y=f(x)$의 그래프는 $x=\alpha$인 점에서 x축에 접해야 해. 즉, 삼차함수 $f(x)$의 극대 또는 극소인 점에서 x축에 접하는 거야.

(i) $k>0$, $\alpha<\beta$인 경우   (ii) $k>0$, $\alpha>\beta$인 경우

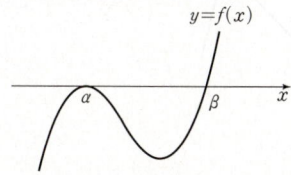 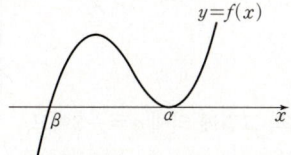

(iii) $k<0$, $\alpha<\beta$인 경우   (iv) $k<0$, $\alpha>\beta$인 경우

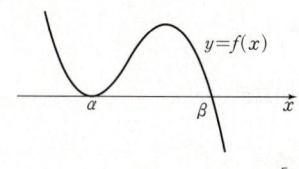 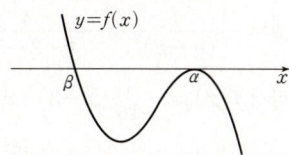

[그림 1]

한편, ㉠에 의해 방정식 $f(x)=0$을 만족시키는 서로 다른 실근은 α, β이므로 조건 (나)에서 방정식 $f(x-f(x))=0$의 근은 $x-f(x)=\alpha$ 또는 $x-f(x)=\beta$를 만족시키는 x의 값을 뜻한다.

즉, 방정식 $f(x-f(x))=0$의 서로 다른 실근의 개수가 3이므로 $x-f(x)=\alpha$ 또는 $x-f(x)=\beta$를 만족시키는 서로 다른 x의 값의 개수가 3이어야 한다.

따라서 $f(x)=x-\alpha$ 또는 $f(x)=x-\beta$에서 곡선 $y=f(x)$와 두 직선 $y=x-\alpha$, $y=x-\beta$가 만나는 서로 다른 점의 개수가 3이어야 한다.

두 직선 $y=x-\alpha$, $y=x-\beta$의 기울기는 모두 1이므로 두 직선은 서로 평행하고, 직선 $y=x-\alpha$의 x절편은 α, 직선 $y=x-\beta$의 x절편은 β야. 이를 이용해 조건을 만족시키도록 곡선 $y=f(x)$와 두 직선을 그려봐.

그런데 [그림 1]의 네 경우 중 조건 (나)를 만족시키는 경우는 [그림 2]와 같이 (iii), (iv)이므로 삼차함수 $f(x)$의 최고차항의 계수는 음수, 즉 $k<0$이다.

(iii) $k<0$, $\alpha<\beta$인 경우   (iv) $k<0$, $\alpha>\beta$인 경우

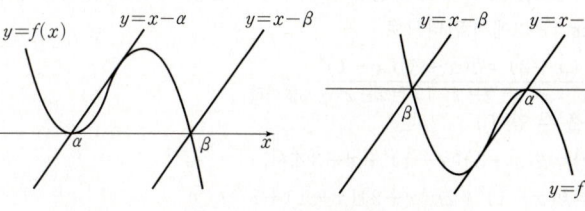

[그림 2]

이때, $f(1)=4$, $f'(1)=1$에서 곡선 $y=f(x)$ 위의 점 $(1, 4)$에서의 접선의 기울기가 1이므로 이 점에서의 접선의 방정식은

$f(1)=4$이므로 곡선 $y=f(x)$는 점 $(1, 4)$를 지나고, $f'(1)=1$이므로 곡선 $y=f(x)$ 위의 $x=1$인 점에서의 접선의 기울기는 1이야.

$y-4=x-1$ $\therefore y=x+3$

미분가능한 함수 $f(x)$에 대하여 곡선 $y=f(x)$ 위의 점 $(a, f(a))$에서의 접선의 방정식은 $y-f(a)=f'(a)(x-a)$

그런데 $f(0)=\dfrac{q}{p}$에서 p, q가 자연수이므로 $f(0)>0$이고, $f'(0)>1$이므로 곡선 $y=f(x)$와 직선 $y=x+3$을 좌표평면에 나타내면 [그림 3]과 같다.

함정 곡선 $y=f(x)$와 직선 $y=x+3$이 점 $(1, 4)$에서 접해야 하고, $f(x)=x+3$에서 $x-f(x)=-3$이므로 방정식 $f(x-f(x))=0$에 대입하면 $f(-3)=0$이야. 따라서 조건을 만족시키는 함수 $y=f(x)$의 그래프의 개형을 그리기 위해서는 함수 $f(x)$가 $x=-3$에서 극솟값을 가져야 한다는 걸 아는 게 핵심이야.

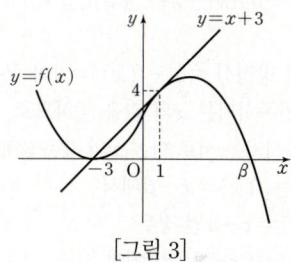

[그림 3]

3rd 함수 $f(x)$를 찾고, $f(0)$의 값을 구해.

[그림 3]에 의해 $\alpha=-3$이므로

$f(x)=k(x+3)^2(x-\beta)$이고,

$f'(x)=2k(x+3)(x-\beta)+k(x+3)^2$

$f(1)=4$에서

$4=k(1+3)^2(1-\beta)$

$\therefore 16k(1-\beta)=4 \cdots$ ㉡

$f'(1)=1$에서

$1=2k(1+3)(1-\beta)+k(1+3)^2$

$\therefore 8k(1-\beta)+16k=1 \cdots$ ㉢

㉡에서 $8k(1-\beta)=2$이므로 ㉢에 대입하면

$2+16k=1$ $\therefore k=-\dfrac{1}{16}$

$k=-\dfrac{1}{16}$을 ㉡에 대입하여 풀면

$-(1-\beta)=4$ $\therefore \beta=5$

즉, $f(x)=-\dfrac{1}{16}(x+3)^2(x-5)$이므로

$f(0)=-\dfrac{1}{16}\times9\times(-5)=\dfrac{45}{16}=\dfrac{q}{p}$

따라서 $p=16$, $q=45$이므로

$p+q=16+45=61$

다른 풀이 ① · **3rd** 에서 곡선 $y=f(x)$와 직선 $y=x+3$의 교점의 x좌표를 이용하여 $f(x)-(x+3)$의 식을 세운 후 조건을 만족시키는 $f(x)$ 구하기

3rd 에서 [그림 3]에 의해 곡선 $y=f(x)$와 직선 $y=x+3$이 $x=1$에서 접하고 $x=-3$에서 만나므로

$$f(x)-(x+3)=k(x+3)(x-1)^2$$

방정식 $f(x)=x+3$은 중근 $x=1$과 한 실근 $x=-3$을 가져.

이라 놓을 수 있어.

즉, $f(x)=k(x+3)(x-1)^2+x+3$에서

$$f'(x)=k(x-1)^2+2k(x+3)(x-1)+1 \cdots ㉠$$

이때, $f'(-3)=0$이므로 ㉠에 $x=-3$을 대입하면

삼차함수 $f(x)$가 $x=-3$에서 극솟값을 가지므로 $f'(-3)=0$이야.

$$0=16k+1 \qquad \therefore k=-\frac{1}{16}$$

따라서 $f(x)=-\frac{1}{16}(x+3)(x-1)^2+x+3$이므로

$$f(0)=-\frac{1}{16}\times 3\times 1+3=\frac{45}{16}=\frac{q}{p}$$에서

$p+q=16+45=61$이야.

다른 풀이 ② : **2nd** 에서 방정식 $f(x)=x-\alpha$, $f(x)=x-\beta$를 만족시키는 서로 다른 실근의 개수가 3이 되도록 하는 k, α, β의 값을 그래프를 이용하여 구하기

조건 (가)에서 삼차방정식 $f(x)=0$의 서로 다른 두 실근을 α, β라 하면

$$f(x)=k(x-\alpha)^2(x-\beta)\ (k는\ 상수,\ k\neq 0,\ \alpha\neq\beta)$$

로 놓을 수 있어.

그러면 조건 (나)에서 방정식 $f(x-f(x))=0$의 근은 $x-f(x)=\alpha$ 또는 $x-f(x)=\beta$를 만족시키는 x의 값을 뜻하므로, $f(x)=x-\alpha$ 또는 $f(x)=x-\beta$를 만족시키는 서로 다른 x의 값은 3개여야 해.

즉, $f(x)=x-\alpha$ 또는 $f(x)=x-\beta$에서

(i) $k(x-\alpha)^2(x-\beta)=x-\alpha$인 경우

$k(x-\alpha)^2(x-\beta)-(x-\alpha)=0$에서

$(x-\alpha)\{k(x-\alpha)(x-\beta)-1\}=0$이므로

$x=\alpha$ 또는 $k(x-\alpha)(x-\beta)=1$

(ii) $k(x-\alpha)^2(x-\beta)=x-\beta$인 경우

$k(x-\alpha)^2(x-\beta)-(x-\beta)=0$에서

$(x-\beta)\{k(x-\alpha)^2-1\}=0$이므로

$x=\beta$ 또는 $k(x-\alpha)^2=1$

(i), (ii)에서 $k>0$이면 방정식 $k(x-\alpha)(x-\beta)=1$의 해는 곡선

$y=(x-\alpha)(x-\beta)$와 직선 $y=\frac{1}{k}$의 교점의 x좌표이고,

방정식 $k(x-\alpha)^2=1$의 해는 곡선 $y=(x-\alpha)^2$과 직선 $y=\frac{1}{k}$의 교점의

x좌표이므로 두 곡선 $y=(x-\alpha)(x-\beta)$, $y=(x-\alpha)^2$과 직선

$y=\frac{1}{k}$의 개형을 그리면 다음과 같아.

그림에는 $\alpha<\beta$인 경우로 두 곡선을 그렸는데, $\alpha>\beta$인 경우도 그려보면 두 곡선과 직선 $y=\frac{1}{k}$의 교점의 개수는 $\alpha<\beta$인 경우와 같아.

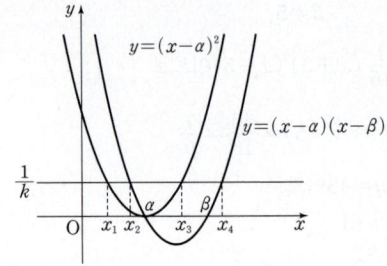

즉, $f(x)=x-\alpha$ 또는 $f(x)=x-\beta$를 만족시키는 서로 다른 x의 값의 개수는 6이야.

그림에서 방정식 $k(x-\alpha)(x-\beta)=1$의 두 근은 x_2, x_4이고, 방정식 $k(x-\alpha)^2=1$의 두 근은 x_1, x_3이므로 $f(x)=x-\alpha$ 또는 $f(x)=x-\beta$를 만족시키는 서로 다른 x의 값은 x_1, x_2, α, β, x_4로 6개야.

따라서 $k<0$이어야 $f(x)=x-\alpha$ 또는 $f(x)=x-\beta$를 만족시키는 서로 다른 x의 값이 3개일 수 있고,

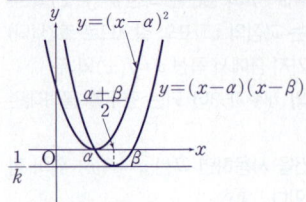

이때의 x의 값은 $x=\alpha$, $x=\beta$, $x=\frac{\alpha+\beta}{2}$가 돼.

이때, 방정식 $k(x-\alpha)(x-\beta)=1$의 근이 $x=\frac{\alpha+\beta}{2}$이므로

$$k\left(\frac{\alpha+\beta}{2}-\alpha\right)\left(\frac{\alpha+\beta}{2}-\beta\right)=1$$에서

$$k\times\frac{\beta-\alpha}{2}\times\frac{\alpha-\beta}{2}=1$$

$$\therefore k=-\frac{4}{(\alpha-\beta)^2}$$

한편, $f(1)=4$, $f'(1)=1$이므로 곡선 $y=f(x)$ 위의 점 $(1, 4)$에서의 접선의 방정식은 $y=x+3$이야.

즉, 조건 (나)를 만족시키기 위해서는 곡선 $y=f(x)$와 두 직선 $y=x-\alpha$, $y=x-\beta$의 서로 다른 교점의 개수가 3이어야 하므로 직선 $y=x-\alpha$ 또는 직선 $y=x-\beta$ 중 하나는 접선 $y=x+3$이어야 해.

기울기가 모두 1이고 x절편이 각각 α, β인 두 직선이 곡선 $y=f(x)$과 서로 다른 세 점에서 만나려면 두 직선 중 한 직선은 곡선에 접해야 해. 그런데 두 직선과 기울기가 같은 직선 $y=x+3$이 곡선에 접하므로 두 직선 중 하나는 $y=x+3$이 되어야 하는 거야.

따라서 $f'(0)>1$을 만족시키는 경우는 다음 그림과 같아.

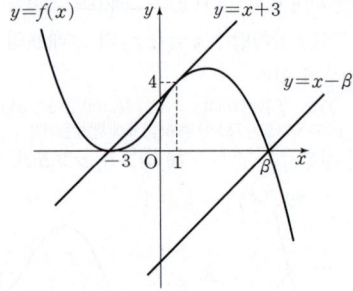

위의 그림에 의해 $\alpha=-3$이고,

$\frac{\alpha+\beta}{2}=1$이므로 $\frac{-3+\beta}{2}=1$에서 $\beta=5$야.

$$\therefore k=-\frac{4}{(\alpha-\beta)^2}=-\frac{4}{(-3-5)^2}=-\frac{1}{16}$$

따라서 $f(x)=-\frac{1}{16}(x+3)^2(x-5)$이므로

$$f(0)=-\frac{1}{16}\times 9\times(-5)=\frac{45}{16}=\frac{q}{p}$$에서

$p+q=16+45=61$이야.

 My Top Secret 　　　　　　서울대 선배의 ❶ 등급 대비 전략

조건 (나)처럼 합성함수를 활용한 방정식의 근은 합성하기 전의 함수에 대한 방정식부터 하나씩 확인하면 돼.

예를 들어, 방정식 $f(g(x))=0$에서 $g(x)=t$라 놓는다면 $f(t)=0$과 같으므로, $f(x)=0$을 만족시키는 x의 값이 t가 되도록 식을 세우는 거야.

E 148 정답 51 ⋯⋯⋯⋯⋯ ⭐**1등급 대비** [정답률 15%]

＊주어진 조건을 만족시키는 삼차함수를 유추하고 함숫값 구하기 [유형 04＋10]

> 최고차항의 계수가 양수인 삼차함수 $f(x)$가 다음 조건을 만족시킨다.
>
> **(가)** 방정식 $f(x)-x=0$의 서로 다른 실근의 개수는 2이다.
>
> **(나)** 방정식 $f(x)+x=0$의 서로 다른 실근의 개수는 2이다.
>
> **단서2** 방정식 $f(x)-x=0$과 $f(x)+x=0$, 즉 $f(x)=x$와 $f(x)=-x$의 서로 다른 실근의 개수가 2이면 함수 $y=f(x)$의 그래프와 직선 $y=x$, 함수 $y=f(x)$의 그래프와 직선 $y=-x$가 각각 서로 다른 두 점에서 만난다는 거야. 이를 이용해 함수 $y=f(x)$의 그래프의 개형을 유추해.
>
> $f(0)=0$, $f'(1)=1$일 때, $f(3)$의 값을 구하시오. (4점)
>
> **단서1** $f(0)=0$, $f'(1)=1$을 이용하여 삼차함수 $f(x)$의 식을 문자를 사용하여 나타내.

🔴**왜 1등급?** 이 문제는 두 삼차방정식이 각각 서로 다른 실근을 2개 갖도록 하는 삼차함수를 구하는 것이다.

풀이 과정에서 조건을 만족시키는 삼차함수 $y=f(x)$의 그래프의 개형을 좌표평면 위에 나타낸 후, 두 직선 $y=-x$, $y=x$를 그려 곡선과 직선의 교점의 개수가 2가 되는 경우를 따져볼 수 있어야 한다.

💡 **단서+발상**

단서1 삼차함수 $f(x)$를 $f(x)=ax^3+bx^2+cx+d$라 한 뒤 $f(0)=0$, $f'(1)=1$을 대입하여 a, b, c, d에 대한 식을 얻을 수 있다. **발상**

단서2 주어진 조건을 직관적으로 이해하기 위하여 두 방정식의 서로 다른 실근의 개수를 함수 $y=f(x)$의 그래프가 두 직선 $y=x$, $y=-x$와 만나는 점의 개수로 바꾸어 이해해보자. **발상**

즉, 삼차함수의 그래프와 직선이 서로 다른 두 점에서 만나면 어느 한 점에서는 접한다는 것을 이용해 함수 $y=f(x)$의 개형을 유추해보도록 한다. **적용**

🟠**주의** 두 직선 $y=x$, $y=-x$가 삼차함수 $y=f(x)$의 그래프에 접함을 이용해서 함수 $f(x)$의 미정계수를 구해야 하는데, 계산이 복잡하여 실수가 나오기 쉽다.

（**핵심 정답 공식:** 삼차함수 $y=f(x)$의 그래프와 직선 $y=g(x)$가 서로 다른 두 점 에서 만나면 함수 $y=f(x)$의 그래프와 직선 $y=g(x)$는 접한다.）

⎯⎯⎯⎯⎯⎯⎯⎯⎯ [문제 풀이 순서] ⎯⎯⎯⎯⎯⎯⎯⎯⎯

1st 문제의 조건을 이용하여 삼차함수 $f(x)$의 식을 나타내 보자.

$f(x)$는 삼차함수이고 조건에서 $f(0)=0$이므로
$f(x)=ax^3+bx^2+cx$ (a, b, c는 상수, <u>$a>0$</u>) →$f(x)$의 최고차항의 계수가 양수라 했어.
라 놓으면 $f'(x)=3ax^2+2bx+c$이고, 조건에서 $f'(1)=1$이라 했으므로
$3a+2b+c=1$ ⋯ ㉠

2nd 방정식의 실근과 함수의 그래프의 교점의 관계를 생각하며 조건 (가)와 (나)를 해석해 보자.

한편, 조건 (가)에서 방정식 $f(x)-x=0$, 즉 $f(x)=x$의 서로 다른 실근의 개수가 2이므로 함수 $y=f(x)$의 그래프와 직선 $y=x$는 서로 다른 두 점에서 만난다.

또한, 조건 (나)에서 방정식 $f(x)+x=0$, 즉 $f(x)=-x$의 서로 다른 실근의 개수가 2이므로 함수 $y=f(x)$의 그래프와 직선 $y=-x$도 서로 다른 두 점에서 만난다.

🟢 **함정** 삼차함수의 그래프와 직선이 서로 다른 두 점에서 만나려면 직선이 삼차함수의 그래프에 접해야 한다는 것을 아는 것이 이 문제의 핵심이야. 자주 이용되는 성질이니까 꼭 기억해두자.

즉, 함수 $y=f(x)$의 그래프는 두 직선 $y=x$, $y=-x$와 각각 접한다.
삼차함수의 그래프와 직선이 서로 다른 두 점에서 만나려면 직선이 삼차함수의 그래프에 접해야 해.

이때, 최고차항의 계수가 양수인 삼차함수 $f(x)$에 대하여 $f(0)=0$, $f'(1)=1$이므로 $y=f(x)$의 그래프는 직선 $y=x$와 원점에서 접하고, 직선 $y=-x$와 x좌표가 양수인 점에서 접해야 한다.

$f(0)=0$이므로 $y=f(x)$의 그래프는 원점을 지나지? 즉, 원점을 지나면서 두 직선 $y=x$, $y=-x$와 각각 한 점에서는 접하고 또 다른 한 점에서는 만나는 삼차함수 $y=f(x)$의 그래프의 개형은 그림의 두 가지 경우가 나와. 그런데 (1)의 경우는 $y=x$의 기울기보다 크니까 $f'(1)>1$이 되어서 $f'(1)=1$을 만족할 수 없어. 따라서 조건을 만족시키는 것은 (2)가 돼.

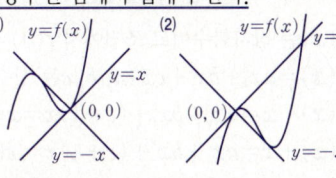

따라서 함수 $y=f(x)$의 그래프의 개형은 그림과 같다.

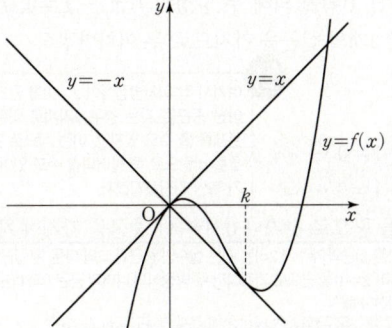

3rd 함수 $y=f(x)$의 그래프가 직선 $y=x$, $y=-x$와 각각 접함을 이용해서 a, b의 값을 찾자.

함수 $y=f(x)$의 그래프가 직선 $y=x$와 원점에서 접하므로 $f'(0)=1$이다.
∴ $c=1$
함수 $y=f(x)$의 $x=0$일 때의 미분계수 $f'(0)$의 값은 곡선 $y=f(x)$ 위의 점 $(0, 0)$에서의 접선의 기울기, 즉 직선 $y=x$의 기울기인 1이야.
$f'(x)=3ax^2+2bx+c$이므로 $f'(0)=c=1$

$c=1$을 ㉠에 대입하면
$3a+2b+1=1$ ∴ $b=-\dfrac{3}{2}a$

∴ $f(x)=ax^3-\dfrac{3}{2}ax^2+x$

또한, 함수 $y=f(x)$의 그래프가 직선 $y=-x$와
점 $(k, f(k))$ (단, $k>0$)에서 접한다고 하면
$f(k)=-k$이고 $f'(k)=-1$
점 $(k, f(k))$가 직선 $y=-x$ 위의 점이므로 $f(k)=-k$
또, 점 $(k, f(k))$에서의 접선 $y=-x$의 기울기가 -1이므로 $f'(k)=-1$

먼저 $f(k)=-k$이므로
$ak^3-\dfrac{3}{2}ak^2+k=-k$, $2ak^3-3ak^2+4k=0$

$k(2ak^2-3ak+4)=0$
∴ $2ak^2-3ak+4=0$ ($\because k>0$) ⋯ ㉡

또, $f'(k)=-1$이므로 $f'(x)=3ax^2-3ax+1$에서
$3ak^2-3ak+1=-1$ ∴ $3ak^2-3ak+2=0$ ⋯ ㉢

㉡－㉢을 하면
$-ak^2+2=0$ ∴ $a=\dfrac{2}{k^2}$

$a=\dfrac{2}{k^2}$를 ㉡에 대입하면
$4-\dfrac{6}{k}+4=0$ ∴ $k=\dfrac{3}{4}$

∴ $a=2\times\left(\dfrac{4}{3}\right)^2=\dfrac{32}{9}$

따라서 $f(x)=\dfrac{32}{9}x^3-\dfrac{16}{3}x^2+x$이므로
$f(3)=\dfrac{32}{9}\times27-\dfrac{16}{3}\times9+3$
$\quad\quad=51$

🔶 **다른 풀이:** 두 삼차방정식 $f(x)-x=0$, $f(x)+x=0$이 각각 서로 다른 두 실근을 가질 조건에서 이차방정식의 판별식의 부호 등을 유추한 후 이를 활용하여 $f(x)$의 식 구하기

$f(x)$는 삼차함수이고 조건에서 $f(0)=0$이므로
$f(x)=ax^3+bx^2+cx$ (a, b, c는 상수, $a>0$)라 하면
$f(x)-x=ax^3+bx^2+(c-1)x=x(ax^2+bx+c-1)$
$f(x)+x=ax^3+bx^2+(c+1)x=x(ax^2+bx+c+1)$
이므로 두 방정식 $f(x)-x=0$, $f(x)+x=0$은 모두 $x=0$을 근으로 가짐을 알 수 있어.

그런데 조건 (가), (나)에 의해 두 방정식 $f(x)-x=0$, $f(x)+x=0$은 각각 서로 다른 2개의 실근을 가지므로 두 이차방정식

> 🔶실수
> 여기서 각 이차방정식이 $x=0$을 근으로 갖는 경우, 0이 아닌 중근을 갖는 경우 4가지로 일일이 경우를 나눠서 문제를 풀 수도 있지만, 이런 식으로 판별식의 대소와 부호를 바탕으로 쭉 풀어나갈 수도 있어. 이렇게 하면 풀이가 훨씬 간단해지겠지.

$$ax^2+bx+c-1=0 \cdots ㉣$$
$$ax^2+bx+c+1=0 \cdots ㉤$$

은 각각 $x=0$을 근으로 갖거나 0이 아닌 중근을 가져야 해.
삼차방정식의 서로 다른 실근의 개수가 2라는 것은 실수인 중근과 그와 다른 실근을 갖는다는 거야. 즉, 두 방정식 모두 이미 $x=0$을 근으로 가지니까 두 방정식의 나머지 근은 0과 0이 아닌 한 실근 또는 0이 아닌 중근이어야 해.

이차방정식 ㉣, ㉤의 판별식을 각각 D_1, D_2라 하면
$D_1=b^2-4a(c-1)$, $D_2=b^2-4a(c+1)$
이때, $a>0$이므로 $D_1>D_2$임을 알 수 있어.
$D_1-D_2=b^2-4a(c-1)-\{b^2-4a(c+1)\}=b^2-4ac+4a-b^2+4ac+4a$
$=8a>0$ $(\because a>0)$

또한, 이차방정식 ㉤이 $x=0$을 근으로 갖거나 0이 아닌 중근을 가지므로 $D_2\geq 0$이지.
즉, $D_1>D_2\geq 0$에서 $D_1>0$이므로 이차방정식 ㉣은 서로 다른 두 실근을 가져야 하고, 두 실근 중 하나는 0이어야 해.
㉣에 $x=0$을 대입하면
$c-1=0$ $\quad \therefore c=1$
$c=1$을 ㉤에 대입하면 이차방정식 ㉤, 즉 $\underline{ax^2+bx+2=0}$은 $x=0$을 근으로 가질 수 없으므로 0이 아닌 중근을 가져야 해.
$ax^2+bx+2=0$에 $x=0$을 대입하면 $2\neq 0$이므로 등식을 만족시키지 않아.
따라서 $D_2=0$에서 $b^2-8a=0 \cdots ㉥$이야.
한편, $f(x)=ax^3+bx^2+x$에서 $f'(x)=3ax^2+2bx+1$이고,
조건에서 $f'(1)=1$이라 했으므로
$3a+2b+1=1$ $\quad \therefore b=-\dfrac{3}{2}a$

$b=-\dfrac{3}{2}a$를 ㉥에 대입하면 $\dfrac{9}{4}a^2-8a=0$
$9a^2-32a=0$, $a(9a-32)=0$
$\therefore a=\dfrac{32}{9}$ $(\because a>0)$
$\therefore b=-\dfrac{3}{2}\times\dfrac{32}{9}=-\dfrac{16}{3}$

따라서 $f(x)=\dfrac{32}{9}x^3-\dfrac{16}{3}x^2+x$이므로
$f(3)=\dfrac{32}{9}\times 27-\dfrac{16}{3}\times 9+3=51$

E 149 **정답 19** ·········· ☆**1등급 대비** [정답률 8%]

✴복잡하게 주어진 조건으로부터 그래프의 개형을 그려내고, 삼차함수의 식 구하기 [유형 07 + 10]

> 최고차항의 계수가 1이고 $f(2)=3$인 삼차함수 $f(x)$에 대하여 함수
> $$g(x)=\begin{cases} \dfrac{ax-9}{x-1} & (x<1) \\ f(x) & (x\geq 1) \end{cases}$$
> 🔴단서1 유리함수 $y=\dfrac{ax-9}{x-1}$의 점근선의 방정식은 $x=1$, $y=a$야.
>
> 이 다음 조건을 만족시킨다.
>
> > 함수 $y=g(x)$의 그래프와 직선 $y=t$가 서로 다른 두 점에서만 만나도록 하는 모든 실수 t의 값의 집합은
> > $\{t|t=-1$ 또는 $t\geq 3\}$이다.
> > 🔵단서2 $t=-1$, $t\geq 3$일 때, 함수 $g(x)$의 그래프와 직선 $y=t$의 교점의 개수가 2이므로 이를 이용해 유리함수의 식에서의 a의 값을 먼저 구한 후 삼차함수 $f(x)$의 그래프를 유추해서 $f(x)$의 식을 찾아야 해.
>
> $(g\circ g)(-1)$의 값을 구하시오. (단, a는 상수이다.) (4점)

🔴**왜 1등급?** 유리함수와 다항함수의 일부분으로 정의된 함수 $g(x)$에 대하여 함수 $y=g(x)$의 그래프와 직선 $y=t$의 서로 다른 교점이 2개이도록 하는 t의 값의 범위를 통해 $g(x)$를 완성하는 문제이다.
유리함수, 삼차함수의 성질 및 개형에 대한 이해를 바탕으로, 주어진 조건과 t의 값의 집합으로부터 유일하게 결정되는 함수 $y=g(x)$의 그래프의 개형을 정확하게 그릴 수 있어야 한다.

💡 **단서 + 발상**

🔴**단서1** 유리함수 $y=\dfrac{ax-9}{x-1}$는 $y=\dfrac{ax-a+a-9}{x-1}=\dfrac{a-9}{x-1}+a$이므로 $x=1$, $y=a$를 점근선으로 갖는다. **개념**
따라서 $a-9$의 부호에 따라 유리함수의 그래프의 개형이 달라진다. **발상**

🔴**단서2** a의 값을 $a>9$일 때, $a=9$일 때, $a<9$일 때로 나누어 유리함수 $y=\dfrac{ax-9}{x-1}$의 그래프를 그린 후 $y=g(x)$의 그래프와 직선 $y=t$의 서로 다른 교점이 2개이도록 하는 삼차함수 $y=f(x)$의 그래프의 개형을 유추해야 한다. **발상**
이때, 삼차함수 $f(x)$의 최고차항의 계수는 1이므로 t가 $f(x)$의 극댓값보다 크다면 $x\geq 1$에서 $g(x)=t$의 실근의 개수가 1이다. **적용**
이를 이용하여 $x<1$에서의 $y=g(x)$의 그래프 개형을 하나로 확정할 수 있다. **해결**

🔴**주의** $g(x)$에 $x=0$을 대입하면 $g(0)=9$이므로 $y=g(x)$의 그래프가 a의 값에 관계없이 점 $(0, 9)$를 지난다.

> 🟨 **핵심 정답 공식:** 유리함수의 점근선 $x=1$, $y=a$와 삼차함수 $f(x)$의 극값을 이용해서 함수 $y=g(x)$의 그래프와 직선 $y=t$ $(t=-1$, $t\geq 3)$의 교점이 2개가 되도록 함수 $g(x)$의 그래프를 유추한다.

1st 유리함수 $y=\dfrac{ax-9}{x-1}$ 의 점근선을 찾고, 그래프를 이용해 조건을 만족시키
는 a의 값을 구하자.

$$y=\frac{ax-9}{x-1}=\frac{a(x-1)+a-9}{x-1}=\frac{a-9}{x-1}+a$$

> 유리함수 $y=\dfrac{a-9}{x}$ 의 그래프를
> x축의 방향으로 1만큼,
> y축의 방향으로 a만큼
> 평행이동시킨 거야.

에서 점근선의 방정식은 $x=1$, $y=a$이므로

> 유리함수 $y=\dfrac{k}{x-m}+n$의 그래프의 점근선의 방정식은 $x=m$, $y=n$

$a-9$의 부호에 따라 다음과 같이 나누어서 생각하자.

> 실수 유리함수의 그래프가 a의 값에 관계없이 점 $(0,9)$를 지난다는 성질도 이용하자.

(i) $a-9>0$, 즉 $a>9$일 때, $y=g(x)$의 그래프의 개형은 [그림 1]과 같다.

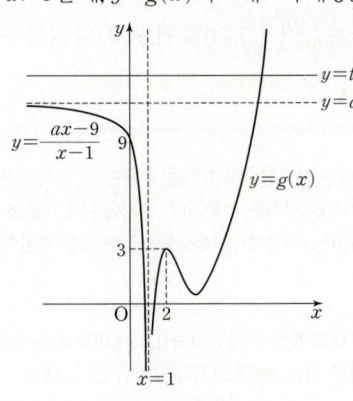

[그림 1]

이때, $t>a>9$이고 t가 충분히 커질 때, $y=g(x)$의 그래프와 직선
$y=t$는 한 점에서 만난다.
즉, 이 경우는 <u>주어진 조건을 만족시키지 않는다.</u>

(ii) $a-9=0$, 즉 $a=9$일 때,

> $t \geq 3$인 모든 t에 대하여 함수 $y=g(x)$의 그래프와 직선 $y=t$가 서로 다른 두 점에서 만나야 하는데 $t>90$고 t가 충분히 커지면 함수 $y=g(x)$의 그래프와 직선 $y=t$가 한 점에서 만나게 되어 조건에 맞지 않아.

$y=\dfrac{a-9}{x-1}+a=9$이므로

$t=9$이면 함수 $y=g(x)$의 그래프와 직선 $y=t$는 무수히 많은 점에
서 만난다.
또, $t>9$이고 t의 값이 충분히 커지면 $y=g(x)$의 그래프와 직선
$y=t$는 한 점에서 만난다.
즉, 주어진 조건을 만족시키지 않는다.

(iii) $a-9<0$, 즉 $a<9$일 때,

　i) $3<a<9$인 경우 $t=3$일 때 함수 $y=g(x)$의 그래프와 직선
　$y=t$가 서로 다른 두 점에서 만나도록 삼차함수 $f(x)$의 그래프
　를 그려보면 [그림 2]와 같이 $3<t<a$에서 $y=g(x)$의 그래프와
　직선 $y=t$가 서로 다른 세 점 또는 한 점에서 만나게 되어 조건에
　맞지 않는다.

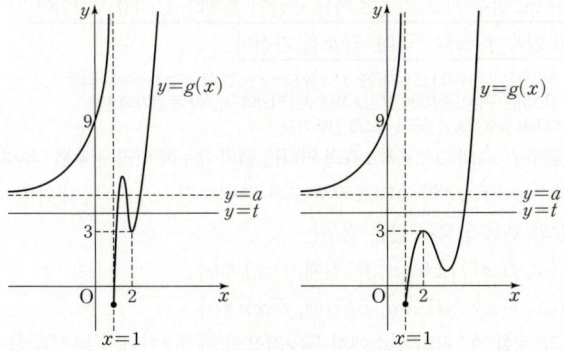

[그림 2]

　ii) $a<3$인 경우 $t=3$일 때 함수 $y=g(x)$의 그래프와 직선 $y=t$가
　만나는 서로 다른 점의 개수는 3 이상이므로 조건을 만족시키지
　않는다.

즉, 조건을 만족시키려면 $a=3$이어야 한다.

$$\therefore g(x)=\begin{cases}\dfrac{3x-9}{x-1} & (x<1) \\ f(x) & (x\geq1)\end{cases}$$

2nd 조건을 만족시키는 삼차함수 $f(x)$의 그래프를 유추하여 $f(x)$의 식을 구
하자.

주어진 조건을 만족시키기 위해서는 [그림 3]과 같이 삼차함수 $y=f(x)$
의 그래프가 두 직선 $y=3$, $y=-1$에 접하고 $f(1)\leq-1$이어야 한다.

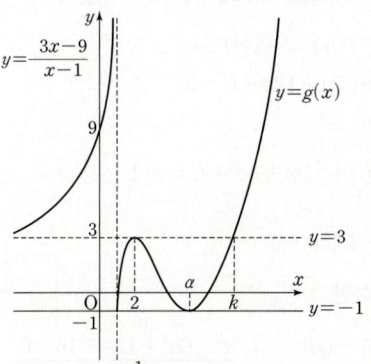

[그림 3]

이때, $f(2)=3$이므로 삼차함수 $f(x)$는 $x=2$에서 극댓값 3을 갖는다.
따라서 최고차항의 계수가 1인 삼차함수 $f(x)$는

$$f(x)=(x-2)^2(x-k)+3 \ (k\text{는 상수})\text{라 놓을 수 있다.}$$

> 삼차함수 $f(x)$가 $x=2$에서 극값 3을 갖는다는 것은 삼차함수 $y=f(x)$의 그래프와 직선 $y=3$이 $x=2$에서 접한다는 뜻과 같아. 따라서 삼차방정식 $f(x)=3$, 즉 $f(x)-3=0$은 중근 $x=2$를 갖고, $f(x)$의 최고차항의 계수가 1이므로 $f(x)-3=(x-2)^2(x-k)$에서 $f(x)=(x-2)^2(x-k)+3$ 으로 놓을 수 있는 거야.

$$f'(x)=2(x-2)(x-k)+(x-2)^2$$

이때, 함수 $f(x)$가 $x=a\ (a>2)$에서 극솟값을 갖는다고 하면
$f'(a)=0$, $f(a)=-1$이다.
$f'(a)=2(a-2)(a-k)+(a-2)^2=0$에서
$(a-2)\{2(a-k)+(a-2)\}=0$
$(a-2)(3a-2k-2)=0$

$$\therefore a=\frac{2k+2}{3}\ (\because a>2)\ \cdots \ \bigcirc$$

또, $f(a)=(a-2)^2(a-k)+3=-1$이므로 이 식에 $\bigcirc$을 대입하면

$$\left(\frac{2k+2}{3}-2\right)^2\left(\frac{2k+2}{3}-k\right)=-4$$

$$\left(\frac{2k-4}{3}\right)^2\left(\frac{-k+2}{3}\right)=-4$$

$$-\frac{4}{27}(k-2)^3=-4,\ (k-2)^3=27$$

$k-2=3\ (\because k\text{는 실수})\quad \therefore k=5$

$$\therefore f(x)=(x-2)^2(x-5)+3$$

3rd $(g \circ g)(-1)$의 값을 구하자.

따라서 $g(x)=\begin{cases}\dfrac{3x-9}{x-1} & (x<1) \\ (x-2)^2(x-5)+3 & (x\geq1)\end{cases}$ 이므로

$$(g \circ g)(-1)=g(g(-1))$$

> $x<1$에서 $g(x)=\dfrac{3x-9}{x-1}$이므로 $g(-1)$의 값은 $\dfrac{3x-9}{x-1}$에 $x=-1$을 대입한 값이야.

$$=g\left(\frac{-3-9}{-1-1}\right)$$

$$=g(6)$$

> $x\geq1$에서 $g(x)=(x-2)^2(x-5)+3$ 이므로 $g(6)$의 값은 $(x-2)^2(x-5)+3$에 $x=6$을 대입한 값이지.

$$=(6-2)^2\times(6-5)+3$$

$$=19$$

🎲 다른 풀이: **3rd** 에서 삼차함수 $f(x)$가 $x=2$, $x=\alpha$ $(\alpha>2)$에서 극값을
가짐을 이용하여 $f'(x)$를 세운 후 부정적분을 이용하여 $f(x)$
구하기

최고차항의 계수가 1인 삼차함수 $f(x)$가 $x=2$에서 극댓값 3을 갖고
$x=\alpha(\alpha>2)$에서 극솟값 -1을 가지므로
$f'(x)=3(x-2)(x-\alpha)=3x^2-3(\alpha+2)x+6\alpha$라 놓을 수 있어.
부정적분을 이용하여 $f(x)$를 구하면

$f(x)=x^3-\dfrac{3}{2}(\alpha+2)x^2+6\alpha x+C$ (C는 적분상수)

이때, $f(2)=3$, $f(\alpha)=-1$이므로
$f(2)=8-6(\alpha+2)+12\alpha+C=3$
$\therefore C=7-6\alpha \cdots$ ㉠

$f(\alpha)=\alpha^3-\dfrac{3}{2}(\alpha+2)\alpha^2+6\alpha^2+C=-1$

$\therefore -\dfrac{1}{2}\alpha^3+3\alpha^2+C=-1 \cdots$ ㉡

㉠을 ㉡에 대입하면

$-\dfrac{1}{2}\alpha^3+3\alpha^2+7-6\alpha=-1$, $\underline{\alpha^3-6\alpha^2+12\alpha-16=0}$

$$\begin{array}{r|rrrr} 4 & 1 & -6 & 12 & -16 \\ & & 4 & -8 & 16 \\ \hline & 1 & -2 & 4 & 0 \end{array}$$

$(\alpha-4)(\alpha^2-2\alpha+4)=0$ $\therefore \alpha=4$ ($\because \alpha$는 실수)

즉, $C=7-6\times4=-17$이므로
$f(x)=x^3-9x^2+24x-17$
$\therefore (g\circ g)(-1)=g(g(-1))=g(6)$
$\qquad\qquad =216-324+144-17=19$

✱ 그래프를 그려 해결하기 `1등급 대비` **특강**

함수 $g(x)$가 $x<1$일 때와 $x\geq1$일 때로 나누어 정의되는데 $x<1$에서 $g(x)$
는 점근선이 $x=1$, $y=a$인 유리함수이므로 그래프의 개형을 그리기 쉬워.
따라서 이를 바탕으로 주어진 집합에 $t\geq3$인 모든 실수 t가 들어가도록 하는
a의 값의 범위를 구할 수 있고, $t=-1$도 원소로 갖도록 하는 a와 $f(x)$를
구할 수 있어.

E 150 정답 483 ⋯⋯⋯⋯ ⭐**1등급 대비** [정답률 5%]

✱도함수의 조건이 주어진 삼차함수의 유추 [유형 10]

최고차항의 계수가 1인 삼차함수 $f(x)$가 다음 조건을 만족시킨다.

단서1 모든 정수 k에 대하여
$f(k-1)f(k+1)\geq0$이므로
두 정수의 차가 2이면 두 함숫값의 곱은
항상 0보다 크거나 같아야 해.

함수 $f(x)$에 대하여
$\quad f(k-1)f(k+1)<0$
을 만족시키는 정수 k는 존재하지 않는다.

$f'\left(-\dfrac{1}{4}\right)=-\dfrac{1}{4}$, $f'\left(\dfrac{1}{4}\right)<0$일 때, $f(8)$의 값을 구하시오.

단서2 구간 $\left(-\dfrac{1}{4}, \dfrac{1}{4}\right)$에서 감소하는 구간이 있음을 알 수 있어.

(4점)

💡**왜 1등급?** 이 문제는 삼차함수의 개형을 추론한 후, x축과 만나는 점의 개수를
구하고 함수 $f(x)$의 식을 구하는 문제이다. 삼차함수의 개형을 추론할 때는 극대,
극소의 개념이 사용되며, x가 정수일 때의 함숫값에 대한 추론이 어려웠다.

🧠 **단서+발상**

단서1 모든 정수 k에 대하여 $f(k-1)f(k+1)\geq0$이므로 두 정수의 차가 2이면
두 함숫값의 곱은 항상 0보다 크거나 같아야 한다. **발상**

단서2 $f(x)$가 구간 $\left(-\dfrac{1}{4}, \dfrac{1}{4}\right)$에서 감소함을 알 수 있다. 최고차항의 계수가

양수이므로 삼차함수 $f(x)$는 극대와 극소를 가진다. **적용**
함수 $f(x)$의 그래프와 x축이 만나는 점의 개수가 각각 1, 2, 3일 때 중 어느
경우가 조건을 만족시키는지 확인해 보고, 삼차함수의 식을 구한다. **해결**

⚠️**주의** 삼차함수 그래프가 x축과 만나는 점의 개수가 3이면 극댓값이 양수이고
극솟값은 음수이다.

┌ **핵심 정답 공식:** 함수 $f(x)$가 어떤 구간에서 미분가능하고, 그 구간의 모든 x에 대하여 ┐
$f'(x)>0$이면 함수 $f(x)$는 그 구간에서 증가하고,
$f'(x)<0$이면 함수 $f(x)$는 그 구간에서 감소한다.

- - - - - - - - - - - [문제 풀이 순서] - - - - - - - - - - -

1st 주어진 조건을 만족시키는 삼차함수의 특징을 파악하자.

함수 $f(x)$에 대하여 $f(k-1)f(k+1)<0$을 만족시키는 정수 k가
없으므로 모든 정수 k에 대하여
$f(k-1)f(k+1)\geq0$을 만족시켜야 한다. $\cdots$ ㉠
삼차함수 $f(x)$의 그래프는 반드시 x축과 만나고,

$f'\left(-\dfrac{1}{4}\right)=-\dfrac{1}{4}$, $f'\left(\dfrac{1}{4}\right)<0$으로 도함수 $f'(x)<0$인 구간이

존재하므로 함수 $f(x)$가 감소하는 구간이 존재하고, $f'(0)<0$이다. $\cdots$ (✱)
따라서 함수 $f(x)$는 극대, 극소를 가진다.

↳ 최고차항의 계수가 1인 삼차함수 $f(x)$는 $x\to\infty$일 때, $f(x)\to\infty$이므로
감소하는 구간이 존재한다면 감소하는 구간 이외의 구간에서는 증가해야 해.
따라서 함수 $f(x)$는 극대, 극소를 전부 가져.

2nd 함수 $f(x)$의 그래프가 x축과 만나는 점의 개수에 따라 경우를 나누자.

삼차함수 $y=f(x)$의 그래프에서 모든 열린구간 (α, β)에 대하여
함숫값의 부호가 모두 같은 경우는
$A=\{(x, f(x)) \mid x\in(\alpha, \beta)$일때, $f(x)<0\}$,
$B=\{(x, f(x)) \mid x\in(\alpha, \beta)$일때, $f(x)>0\}$
이고, 각 집합 A, B의 원소에서 두 x좌표의 차가 2인 정수는 무수히 많고,
그 함숫값은 모두 양수 또는 모두 음수이므로 $f(k-1)f(k+1)<0$의
조건을 만족시킨다. 따라서 곡선 $y=f(x)$와 x축이 만나는 근방에서의
x좌표가 정수값인 경우에 대하여 추론해 보자.

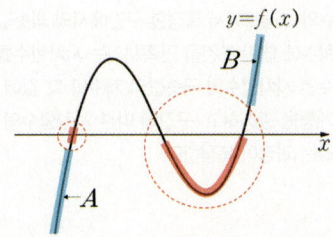

특히, 함수 $f(x)$의 그래프가 x축과 만나는 점의 개수, 즉 방정식 $f(x)=0$의 실근의 개수에 따라서 경우를 나누어 살펴 보자.

(ⅰ) 실근의 개수가 1인 경우

방정식 $f(x)=0$의 실근을 a라 할 때, a보다 작은 정수 중 최댓값을 m이라 하면 $f(m)<0<f(m+2)$이어야 한다.

이때, $f(m)f(m+2)<0$이 되어 ㉠을 만족시키지 않는다.

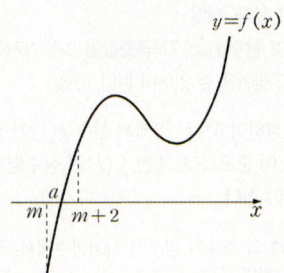

(ⅱ) 실근의 개수가 2인 경우 → 하나의 중근과 다른 실근을 갖는 경우야.

방정식 $f(x)=0$의 실근을 a, $b(a<b)$라 할 때, 최고차항의 계수가 1이므로 $f(x)=(x-a)(x-b)^2$ 또는 $f(x)=(x-a)^2(x-b)$이다.

① $f(x)=(x-a)(x-b)^2$인 경우

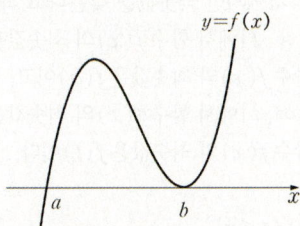

a보다 작은 정수 중 최댓값을 m이라 하면

$f(m-1)<0$, $f(m)<0$,

$f(m+1)\geq0$, $f(m+2)\geq0$

이다. 이때, ㉠을 만족시키려면

$f(m-1)f(m+1)\geq0$이고,

$f(m)f(m+2)\geq0$이어야 하므로

$f(m+1)=0$이고, $f(m+2)=0$이어야 한다.

$\therefore a=m+1$, $b=m+2$

$m+\dfrac{3}{4}<0<m+\dfrac{7}{4}$

$\therefore -\dfrac{7}{4}<m<-\dfrac{3}{4}$

$f'\left(\dfrac{1}{4}\right)<0$이고 $m+1<\dfrac{1}{4}<m+2$이므로 정수 m의

값은 -1이다. … ㉡

$\therefore a=0$, $b=1$

즉, $f(x)=x(x-1)^2$이다.

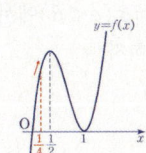

$f'(x)=2x^2-3x+1$
$=(x-1)(2x-1)$

이므로 $x=\dfrac{1}{2}$, $x=1$에서 극값을 가지므로 $f'\left(\dfrac{1}{4}\right)>0$이야.

그러나 이 함수 $y=f(x)$의 그래프에서 $f'\left(\dfrac{1}{4}\right)>0$ 이므로 조건을 만족시키지 않는다.

② $f(x)=(x-a)^2(x-b)$인 경우

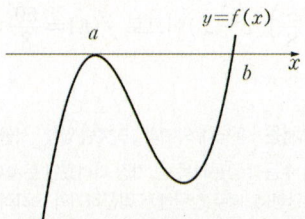

$a<n<b$인 정수 n이 존재한다면 그중 가장 큰 값을 n_1이라 하자. 그러면 $f(n_1)<0<f(n_1+2)$이므로 $f(n_1)f(n_1+2)<0$이 되어 ㉠을 만족시키지 않는다.

즉, $a<n<b$를 만족시키는 정수 n은 존재하지 않는다. … ㉢

따라서 a보다 작은 정수 중 최댓값을 m이라 하면

$f(m-1)<0$, $f(m)<0$,

$f(m+1)\geq0$, $f(m+2)\geq0$

이고, ㉡과 마찬가지이므로 조건을 만족시키지 않는다.

(ⅲ) 실근의 개수가 3인 경우

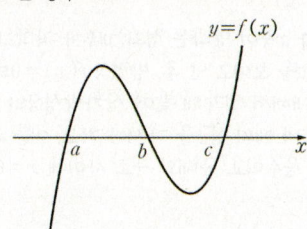

$f(x)=(x-a)(x-b)(x-c)(a<b<c)$라 하자.

이때, ㉢과 마찬가지로 $b<n<c$를 만족시키는 정수 n은 존재하지 않는다. 따라서 a보다 작은 정수 중 최댓값을 m이라 하면

$f(m-1)<0$, $f(m)<0$,

$f(m+1)\geq0$, $f(m+2)\geq0$

이고, ㉡과 마찬가지이므로 $b=m+1$, $c=m+2$이다.

함정 $a=m+1$, $b=m+2$인 경우는 $a=-1$, $b=0$이고,
$f(x)=x(x+1)(x-c)=(x^2+x)(x-c)$, $f'(x)=(2x+1)(x-c)+(x^2+x)$
이므로 $f'\left(-\dfrac{1}{4}\right)=-\dfrac{1}{2}c-\dfrac{5}{16}=-\dfrac{1}{4}$에서 $c=-\dfrac{1}{8}$이고 이는 $b<c$에 모순이야.
$a=m+1$, $c=m+2$인 경우는 $m+1$, $m+2$는 연속하는 두 정수이므로 $f'(n)<0$을 만족시키는 정수 n이 존재하지 않으므로 (＊)에 모순이야.

$\therefore b=0$, $c=1$

즉, $f(x)=(x-a)x(x-1)=(x-a)(x^2-x)$이고,

$f'(x)=(x^2-x)+(x-a)(2x-1)$ … ㉣이므로

$f'\left(-\dfrac{1}{4}\right)=\dfrac{5}{16}+\left(-\dfrac{1}{4}-a\right)\times\left(-\dfrac{3}{2}\right)$

$=\dfrac{5}{16}+\dfrac{3}{8}+\dfrac{3}{2}a=\dfrac{11}{16}+\dfrac{3}{2}a$

$=-\dfrac{1}{4}$

에서 $\dfrac{3}{2}a=-\dfrac{15}{16}$이므로 $a=-\dfrac{5}{8}$이다.

이를 ㉣에 대입하면

$f'(x)=(x^2-x)+\left(x+\dfrac{5}{8}\right)(2x-1)$

$f'\left(\dfrac{1}{4}\right)=-\dfrac{3}{16}+\left(\dfrac{1}{4}+\dfrac{5}{8}\right)\times\left(-\dfrac{1}{2}\right)$

$=-\dfrac{3}{16}-\dfrac{2}{16}-\dfrac{5}{16}=-\dfrac{5}{8}$

이므로 $f'\left(\dfrac{1}{4}\right)<0$도 만족시킨다.

(i)~(iii)에 의하여

함수 $f(x)=\left(x+\dfrac{5}{8}\right)(x^2-x)$이므로 $f(8)=\dfrac{69}{8}\times56=483$

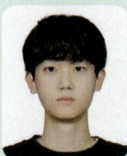

오서윤 | 충남대 의예과 2024년 입학 · 서울 광문고 졸

24 수능의 공통과목 중 '가장 어려웠던 문제'야. 조건 자체는 간단한데, 너무 간단해서 접근하기가 오히려 까다로웠어. 그래서 어떻게 접근해야 하지? 라는 생각이 들면서 당황했던 기억이 나.

삼차함수 $f(x)$의 그래프가 감소하는 부분이 있으니까 이 함수의 그래프와 x축과의 위치 관계에 따라 교점의 개수가 달라지니까 경우를 나누어서 하나씩 따져 봐야 했어. 그 경우에서 주어진 조건을 만족시키는지도 또 따져봐야하니까 확인해야 하는 것들이 조금 많았지.

이런 것들은 한 번에 찾을 수 있기보다는 가능한 경우의 수를 하나씩 따져 가면서 찾게 되는 것들이기 때문에 차근차근 풀이해 나가는 게 중요한 거 같아.

 My Top Secret   서울대 선배의 **①** 등급 대비 전략

나는 함수 $f(x)$와 x축이 만나는 점의 개수가 각각 1, 2인 경우는 조건에 모순된다는 것을 보이고 난 후, 방정식 $f(x)=0$의 실근의 개수가 3이 되는 경우에 대해서 생각해 봤어. 삼차방정식의 실근의 개수가 3이려면 서로 다른 세 개의 실근을 가져야 하고, 이를 위해서는 극댓값이 양수, 극솟값이 음수이고, 극대와 극소 사이에 $x=0$인 점이 존재해야 해. 즉,

$f'\left(-\dfrac{1}{4}\right)=-\dfrac{1}{4}$, $f'\left(\dfrac{1}{4}\right)<0$이기 때문에 극대일 때의 x좌표는 $-\dfrac{1}{4}$보다 작고, 극소일 때의 x좌표는 $\dfrac{1}{4}$보다 크지? 따라서 모든 정수 k에 대하여 $f(k-1)f(k+1)\geq0$이 성립하기 위해서는 $x=0$인 지점에서 함수값이 0이 되어야 한다고 추론했고, 이를 바탕으로 문제를 풀었어!

E 151   정답 82 ·············· ⚙**2등급 대비** [정답률 13%]

★사차함수의 특정 구간에서의 최솟값에 대한 조건을 이용하여 그래프의 개형을 찾아 함수식 구하기 [유형 11]

> 최고차항의 계수가 1인 사차함수 $f(x)$와 실수 t에 대하여
> **단서1** 최고차항의 계수가 양수인 사차함수는 극솟값만 1개 갖는 경우와 극솟값 2개와 극댓값 1개를 갖는 경우의 두 가지가 있어.
> 구간 $(-\infty, t]$에서 함수 $f(x)$의 최솟값을 m_1이라 하고,
> 구간 $[t, \infty)$에서 함수 $f(x)$의 최솟값을 m_2라 할 때,
> $$g(t)=m_1-m_2$$
> **단서2** 사차함수 $f(x)$가 극값을 갖는 x의 값의 좌우에서 함수 $g(t)$의 식이 바뀐다는 것을 알아야 해.
> 라 하자. $k>0$인 상수 k와 함수 $g(t)$가 다음 조건을 만족시킨다.
>
> > $g(t)=k$를 만족시키는 모든 실수 t의 값의 집합은 $\{t\,|\,0\leq t\leq2\}$이다. **단서3** k가 상수이므로 함수 $g(t)$는 구간 $[0, 2]$에서 상수함수가 된다는 뜻이야.
>
> $g(4)=0$일 때, $k+g(-1)$의 값을 구하시오. (4점)

왜 2등급? 사차함수의 그래프에서 특정한 구간에서의 최솟값을 이용하여 새롭게 함수를 정의한 후, 이 함수에 대한 조건을 만족시키는 사차함수를 구하는 문제이다. 최고차항의 계수가 양수인 사차함수의 극솟값의 개수와 그 값에 따라 경우를 나누어 사차함수의 그래프의 개형을 결정하고, 구간에 따른 사차함수의 최솟값을 찾아 조건을 만족시키는지 확인하는 과정이 복잡하다.

🔖 **단서+발상**

단서1, **단서2** $x=t$를 기준으로 구간을 둘로 나누어서 사차함수 $f(x)$의 최솟값을 다루는 문제이기 때문에, **발상**

최고차항의 계수가 양수인 사차함수의 극솟값이 1개인 경우와 극솟값이 2개인 경우에 대하여 함수 $y=f(x)$의 그래프의 개형을 각각 그려본 후 조건을 만족시키는지 확인해보는 것이 필요하다. **적용**

이때, 사차함수 $f(x)$가 극솟값을 갖는 x의 값의 좌우에서 함수 $f(x)$의 최솟값이 바뀔 수 있기 때문에 함수 $f(x)$가 극소가 되는 점을 이용하여 함수 $g(t)$의 식을 유추하도록 한다. **해결**

단서3 k가 양의 상수라 했으므로 조건에 의해 함수 $g(t)$는 구간 $[0, 2]$에서 상수함수가 되어야 한다. **발상**

이 조건을 이용하여 함수 $f(x)$가 극솟값을 2개 가져야 하고, 그 두 값 사이에 어떤 관계가 있는지 찾아낼 수 있어야 한다. **해결**

⚠ **주의** 주어진 조건을 해석하여 $0\leq t\leq2$에서 함수 $g(t)$가 상수함수가 되어야 한다는 것을 알아내는 것이 중요하다. 또한, $g(t)$가 상수함수가 될 때의 함숫값 k가 양수임을 꼭 기억해야 한다.

> **핵심 정답 공식:** 최고차항의 계수가 양수인 사차함수에서 극솟값이 최솟값이 되는 특정 구간이 반드시 존재한다.

--------------------- [문제 풀이 순서] ---------------------

1st 함수 $g(t)$의 조건을 만족시키기 위한 사차함수 $f(x)$의 그래프의 개형을 찾자.

최고차항의 계수가 양수인 사차함수는 극솟값만 1개 갖는 경우와 극솟값 2개와 극댓값 1개를 갖는 경우의 두 가지가 있다.

먼저, 사차함수 $f(x)$가 극솟값만 1개 갖는 경우를 생각해보자.

사차함수 $f(x)$가 $x=\alpha$에서만 극솟값을 갖는다고 하면

$t<\alpha$일 때 구간 $(-\infty, t]$에서 함수 $f(x)$의 최솟값은 $f(t)$, 구간 $[t, \infty)$에서 함수 $f(x)$의 최솟값은 $f(\alpha)$이고,

$t\geq\alpha$일 때 구간 $(-\infty, t]$에서 함수 $f(x)$의 최솟값은 $f(\alpha)$, 구간 $[t, \infty)$에서 함수 $f(x)$의 최솟값은 $f(t)$이다.

따라서 함수 $g(t)$는

$$g(t)=\begin{cases} f(t)-f(\alpha) & (t<\alpha) \\ f(\alpha)-f(t) & (t\geq\alpha) \end{cases}$$이다.

즉, 실수 전체의 집합에서 함수 $g(t)$는 감소한다.
구간 $(-\infty, \alpha)$에서는 함수 $f(t)$가 감소하므로 함수 $g(t)$도 감소하고, 구간 $[\alpha, \infty)$에서는 함수 $f(t)$가 증가하므로 함수 $g(t)$는 감소해.

그런데 조건에서 $0\leq t\leq2$에서 함수 $g(t)$는 상수함수이어야 하므로 이 경우는 조건을 만족시키지 않는다.
함수 $g(t)$는 $t_1<t_2$인 임의의 실수 t_1, t_2에 대하여 $g(t_1)>g(t_2)$이므로 함숫값이 같아지는 구간이 존재하지 않아.

따라서 사차함수 $f(x)$는 극솟값 2개와 극댓값 1개를 가져야 한다.

2nd 함수 $f(x)$의 두 극솟값이 같은 경우와 다른 경우에 대하여 함수 $g(t)$를 확인한 후 사차함수 $f(x)$의 그래프의 개형을 유추하자.

함수 $f(x)$가 $x=\alpha$, $x=\beta$ $(\alpha<\beta)$에서 극솟값을 갖고, $f(\alpha)=a$, $f(\beta)=b$라 하자.

(ⅰ) $f(\alpha)=f(\beta)$인 경우
<u>$a=b$인 경우야.</u>

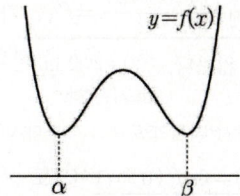

함수 $f(x)$의 최솟값은 a이므로
<u>$f(\alpha)=f(\beta)$이므로 $a=b$지? 실수 전체의 집합에서 함수 $f(x)$의 최솟값은 a 또는 b야.</u>

$$g(t)=\begin{cases} f(t)-a & (t<\alpha) \\ 0 & (\alpha\le t\le\beta) \\ a-f(t) & (t>\beta) \end{cases}$$

즉, <u>조건을 만족시키는 양수 k가 존재하지 않는다.</u>
<u>$\alpha\le t\le\beta$에서 $g(t)=0$이지만 조건에서 양수 k에 대하여 $g(t)=k$이어야 한다고 했어.</u>

(ⅱ) $f(\alpha)<f(\beta)$인 경우
<u>$a<b$인 경우야.</u>

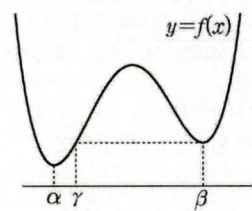

$\alpha<x<\beta$일 때, $f(x)=f(\beta)$를 만족시키는 x의 값을 γ라 하면

$$g(t)=\begin{cases} f(t)-a & (t<\alpha) \\ a-f(t) & (\alpha\le t<\gamma) \\ a-b & (\gamma\le t\le\beta) \\ a-f(t) & (t>\beta) \end{cases}$$

이때, $\gamma\le t\le\beta$에서 $g(t)=a-b$이지만 $a-b<0$이므로 조건을 만족시키는 양수 k가 존재하지 않는다.

(ⅲ) $f(\alpha)>f(\beta)$인 경우
<u>$a>b$인 경우야.</u>

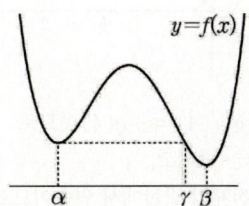

$\alpha<x<\beta$일 때, $f(x)=f(\alpha)$를 만족시키는 x의 값을 γ라 하면

$$g(t)=\begin{cases} f(t)-b & (t<\alpha) \\ a-b & (\alpha\le t\le\gamma) & \cdots \text{㉠} \\ f(t)-b & (\gamma<t<\beta) \\ b-f(t) & (t\ge\beta) \end{cases}$$

이때, $\alpha\le t\le\gamma$에서 $g(t)=a-b$이고 $a-b>0$이므로 $k=a-b$, $\alpha=0$, $\gamma=2$이면 주어진 조건을 만족시킨다.
따라서 주어진 조건을 만족시키려면 (ⅲ)에 의해
<u>$f'(0)=0$</u>, $f(0)=f(2)$이어야 한다.
<u>함수 $f(x)$가 $x=0$에서 극소이므로 $f'(0)=0$이야.</u>

3rd 사차함수 $f(x)$의 식을 찾아 $k+g(-1)$의 값을 구하자.
한편, ㉠에서 $g(t)=0$이 되는 t의 값은 β이고,
$g(4)=0$에서 $\beta=4$이므로 $f'(4)=0$이다.
즉, 사차함수 $y=f(x)$의 그래프의 개형은 그림과 같다.

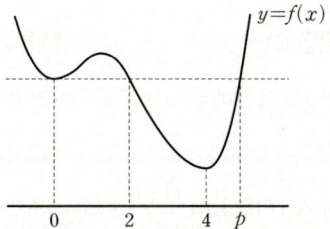

$f(0)=f(2)$이고, 위의 그림과 같이 직선 $y=f(0)$이 함수 $y=f(x)$의 그래프와 만나는 점 중 x좌표가 0, 2가 아닌 점의 x좌표를 p라 하면 방정식 $f(x)-f(0)=0$은 중근 $x=0$과 $x=2$, $x=p$를 실근으로 가지므로 <u>$f(x)-f(0)=x^2(x-2)(x-p)$ (p는 상수)</u>라 놓을 수 있다.
<u>$f(x)$의 최고차항의 계수는 1이야.</u>
$f'(x)=2x(x-2)(x-p)+x^2(x-p)+x^2(x-2)$
<u>미분가능한 세 함수 $f(x),g(x),h(x)$에 대하여 $y=f(x)g(x)h(x)$일 때, $y'=f'(x)g(x)h(x)+f(x)g'(x)h(x)+f(x)g(x)h'(x)$</u>
이므로 $f'(4)=0$에서 $16(4-p)+16(4-p)+32=0$
$32(4-p)=-32$, $4-p=-1$ ∴ $p=5$
따라서 $f(x)=x^2(x-2)(x-5)+f(0)$이고,

$$g(t)=\begin{cases} f(t)-f(4) & (t<0) \\ f(0)-f(4) & (0\le t\le2) \\ f(t)-f(4) & (2<t<4) \\ f(4)-f(t) & (t\ge4) \end{cases}$$ 이므로

$k=f(0)-f(4)=f(0)-\{-32+f(0)\}=32$
$g(-1)=f(-1)-f(4)=\{18+f(0)\}-\{-32+f(0)\}=50$
∴ $k+g(-1)=32+50=82$

My Top Secret 　　　서울대 선배의 **❶**등급 대비 전략

이 문제에서 $f'(0)=0$, $f(0)=f(2)$, $f'(4)=0$임을 알아낸 다음, 사차함수 $f(x)$를 결정하는 방법은 두 가지가 있어.
첫 번째는 위의 풀이에서와 같이 $f(x)$의 식을 세운 후 $f'(4)=0$임을 이용하는 방법이고, 두 번째는 부정적분을 이용하는 방법이지.
즉, $f'(x)=4x(x-4)(x-q)$라 놓고 부정적분하여 구한 $f(x)$의 식에 $f(0)=f(2)$임을 이용하여 실수 q의 값을 구하면 돼.
물론 두 가지 모두 사용할 수 있는 방법이지만 두 번째의 경우 적분 과정에서 미지수의 차수가 커져서 계산 과정이 약간 복잡하게 돼.
고난도 문제를 풀다보면 이처럼 풀이 과정 중에서 풀 수 있는 여러 가지 방법 중 하나를 선택하여 해결해야 하는 순간이 오게 돼.
따라서 기출 문제를 많이 풀어보며 경우에 따라 어떤 계산 방법이 편리한지 빠르게 판단하는 연습을 꾸준히 해야 해. 그래야 실전에서 시간 낭비를 줄일 수 있을 거야.

정답 공식: 다항함수 $f(x)$에 대하여 $f(a)=f'(a)=0$이면 함수 $f(x)$는 $(x-a)^2$을 인수로 가진다.

최고차항의 계수가 1이고 $\lim\limits_{x\to 0}\dfrac{f(x)}{x}=1$인 사차함수 $f(x)$와

단서1 즉, $f(0)=0$, $f'(0)=1$

실수 전체의 집합에서 연속인 함수 $g(x)$가 모든 실수 x에 대하여

$$\{g(x)-x\}\{g(x)-f(x)\}=0$$

단서2 함수 $g(x)$가 실수 전체의 집합에서 연속이기 위해서 구간에 따라 $g(x)=f(x)$ 또는 $g(x)=x$가 되어야 하고, 함수가 바뀌는 점에서는 끊기지 않아야 해.

을 만족시킨다. 함수 $g(x)$가 다음 조건을 만족시킬 때, 모든

$\dfrac{g(-2)}{g(3)}$의 값의 합은? (4점)

단서3 $x=2$에서 연속이고 미분가능하지 않은 첨점이 되어야 해. 즉, $x=2$에서 함수가 변해야 함을 알 수 있어.

(가) $\lim\limits_{x\to 2}\dfrac{g(x)-g(2)}{x-2}$의 값은 존재하지 않는다.

(나) $x\geq a$인 모든 실수 x에 대하여 $g(-x)=-g(x)$를 만족시키는 실수 a의 최솟값은 4이다.

단서4 $x\geq a$에서 함수 $y=g(x)$의 그래프는 원점에 대하여 대칭인 함수가 되어야 해. 문제에서 $g(x)=f(x)$가 되는 구간에서는 원점에 대한 대칭이 될 수 없으므로 $x\geq a$에서 $g(x)=x$가 되어야 함을 알 수 있어.

① $-\dfrac{41}{3}$ ② -13 ③ $-\dfrac{37}{3}$

④ $-\dfrac{35}{3}$ ⑤ -11

🧠 단서+발상

단서1 $f(x)$는 사차함수이기 때문에 실수 전체의 집합에서 연속이다. (개념)

이때, $\lim\limits_{x\to 0}\dfrac{f(x)}{x}$의 값이 존재한다는 것은 $f(x)$가 $x=0$에서 미분가능하다는 의미이며, $f(0)=0$, $f'(0)=1$임을 의미한다. (개념)

단서2 $\{g(x)-x\}\{g(x)-f(x)\}=0$에서 함수 $g(x)$가 실수 전체의 집합에서 연속이기 위해서는 구간에 따라 $g(x)=f(x)$ 또는 $g(x)=x$가 되어야 한다. (발상)

이때, 함수의 정의가 바뀌는 경계점에서는 그래프가 끊기지 않아야 하기 때문에, 경계점에서의 좌극한과 우극한이 서로 같아야 한다. (발상)

단서3 $\lim\limits_{x\to 2}\dfrac{g(x)-g(2)}{x-2}$의 값이 존재하지 않는다는 것은 $x=2$에서 미분가능하지 않다는 것이다. (개념)

즉, $x=2$에서 좌우 기울기가 다른 형태로 그래프가 그려진다. (발상)

따라서 $x=2$를 기준으로 $g(x)$의 형태를 확인하면 된다. (적용)

단서4 조건 (나)에 따르면 $x\geq a$인 모든 실수 x에 대하여 $g(-x)=-g(x)$가 성립하므로 $x\geq a$에서 함수 $y=g(x)$의 그래프는 원점에 대하여 대칭이다. (적용)

$f(x)$는 원점에 대하여 대칭인 함수가 아니기 때문에, $g(x)=f(x)$가 되는 구간에서는 원점에 대한 대칭이 될 수 없다. (발상)

따라서 $x\geq a$에서 $g(x)=x$가 되어야 한다. (해결)

이때 대칭 조건에 의하여 $x\leq -a$에서도 자동으로 $g(x)=x$가 결정된다. (해결)

-------------------- [문제 풀이 순서] --------------------

1st $\{g(x)-x\}\{g(x)-f(x)\}=0$을 이용하여 $f(2)$의 값을 구하자.

먼저 두 함수 $f(x)$, $g(x)$가 모든 실수 x에 대하여

$\{g(x)-x\}\{g(x)-f(x)\}=0$이므로

$g(x)=x$ 또는 $g(x)=f(x)$

이때, 함수 $g(x)$는 실수 전체의 집합에서 연속이므로

$x=2$에서 연속이다. 함수 $g(x)$가 실수 전체의 집합에서 연속이기 위해서는 구간에 따라 $g(x)=f(x)$ 또는 $g(x)=x$가 되어야 하고, 함수가 바뀌는 점에서는 연속이므로 끊기지 않아야 해.

$g(2)=2$ 또는 $g(2)=f(2)$에서

$f(2)\neq 2$이면 곡선 $y=f(x)$와 직선 $y=x$가 $x=2$에서 만나지 않으므로

$\lim\limits_{x\to 2}\dfrac{g(x)-g(2)}{x-2}=\lim\limits_{x\to 2}\dfrac{x-2}{x-2}=1$ 또는

$\lim\limits_{x\to 2}\dfrac{g(x)-g(2)}{x-2}=\lim\limits_{x\to 2}\dfrac{f(x)-f(2)}{x-2}=f'(2)$가 되어

조건 (가)를 만족시키지 않는다. $f(2)\neq 2$이면 $\lim\limits_{x\to 2}\dfrac{g(x)-g(2)}{x-2}$의 값은 반드시 존재해.

$\therefore f(2)=2$
$f(2)\neq 2$일 때 조건 (가)를 만족시키지 않으므로 $f(2)=2$가 되어야 해.

$\lim\limits_{x\to 0}\dfrac{f(x)}{x}=1$에서 $f(0)=0$, $f'(0)=1$이므로

(분모)$\to$ 0이면 (분자)$\to$ 0이어야 하므로 $f(0)=0$이고,

$\lim\limits_{x\to 0}\dfrac{f(x)}{x}=\lim\limits_{x\to 0}\dfrac{f(x)-f(0)}{x-0}=f'(0)=1$이야.

곡선 $y=f(x)$ 위의 점 $(0, 0)$에서의 접선의 방정식은 $y=x$이다.

곡선 $y=f(x)$ 위의 점 $(0,0)$에서의 접선의 방정식은 $y=f'(0)(x-0)+0$, 즉 $y=x$

2nd $h(x)=f(x)-x$라 하고, 함수 $h(x)$를 유추해.

$h(x)=f(x)-x$라 하면 함수 $h(x)$는 최고차항의 계수가 1인 사차함수이고 $h(0)=h'(0)=h(2)=0$이므로

$h(0)=f(0)-0=0$, $h'(0)=f'(0)-1=1-1=0$, $h(2)=f(2)-2=2-2=0$

$h(x)$는 x^2과 $x-2$를 인수로 갖는다.

$f(a)=0$, $f'(a)=0$이면 다항함수 $f(x)$는 $(x-a)^2$을 인수로 가져.

$h(x)=x^2(x-2)(x-b)$ (b는 상수)라 하자.

함수 $h(x)$는 최고차항의 계수가 1인 사차함수이고 x^2, $x-2$를 인수로 가지므로 일차식 $x-b$(b는 상수)도 인수로 가져야 해.

이때, $h(b)=0$이므로 $f(b)=b$

3rd 상수 b의 범위에 따라 함수 $g(x)$를 구하자.

(i) $0\leq b\leq 2$일 때,

함수 $y=f(x)$의 그래프의 개형과 직선 $y=x$를 좌표평면에 나타내면 다음과 같다. 함수 $h(x)=f(x)-x$의 그래프가 $x=0$에서는 접하고, $x=b$, $x=2$를 지나야 하므로 함수 $y=f(x)$의 그래프의 개형과 직선 $y=x$를 그림과 같이 나타낼 수 있어.

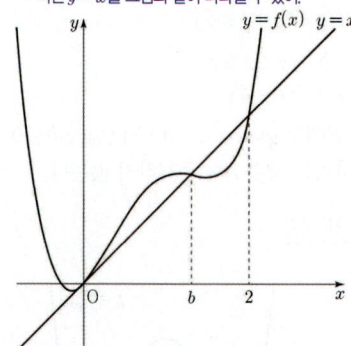

조건 (나)에 의하여 $g(-4)=-g(4)$이므로

$g(4)=4$, $g(-4)=-4$이고,

함수 $g(x)$는 실수 전체의 집합에서 연속이므로

$x\leq 0$ 또는 $x\geq 2$인 모든 실수 x에 대하여

$x=2$에서 반드시 함수가 변해야 하므로 함수 $g(x)$는 다음과 같이 구할 수 있어.

$g(x)=\begin{cases} x & (x\leq 0 \text{ 또는 } x\geq 2) \\ f(x) & (0<x<2) \end{cases}$ 또는

$g(x)=\begin{cases} x & (x\leq b \text{ 또는 } x\geq 2) \\ f(x) & (b<x<2) \end{cases}$

$g(x)=x$이다.

이때, $x\geq 2$인 모든 실수 x에 대하여 $g(-x)=-g(x)$이므로 조건 (나)를 만족시키지 않는다.

(ii) $b>2$일 때,

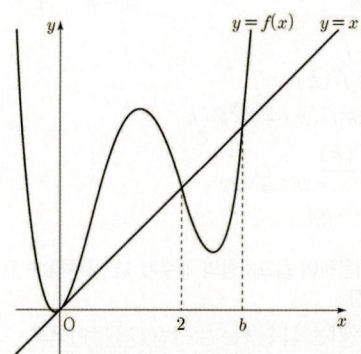

(i)과 같은 방법으로 함수 $g(x)$를 구하면

$x\leq 0$ 또는 $x\geq b$인 모든 실수 x에 대하여 $g(x)=x$이다.

$g(4)=4,\ g(-4)=-4$이고 $x\geq a$인 모든 실수 x에 대하여 $g(-x)=-g(x)$를 만족시키려면 이 구간에서 함수 $g(x)$는 원점에 대한 대칭인 함수가 되어야 해.

$2\leq x\leq b$인 모든 실수 x에 대하여 $g(x)=x$이면

$x\geq 2$인 모든 실수 x에 대하여 $g(-x)=-g(x)$이므로

조건 (나)를 만족시키지 않는다.

조건 (나)에서 실수 a의 최솟값이 2가 돼.

그러므로 $2\leq x\leq b$인 모든 실수 x에 대하여

$g(x)=f(x)$이다.

이때, $0\leq x\leq 2$인 모든 실수 x에 대하여 $g(x)=f(x)$이면

$\displaystyle\lim_{x\to 2}\frac{g(x)-g(2)}{x-2}=f'(2)$가 되어 조건 (가)를 만족시키지 않는다.

$\displaystyle\lim_{x\to 2}\frac{g(x)-g(2)}{x-2}$의 값이 $f'(2)$로 존재하므로 조건 (가)를 만족시키지 않아.

그러므로 $0\leq x\leq 2$인 모든 실수 x에 대하여

$g(x)=x$이다.

$x\geq b$인 모든 실수 x에 대하여 $g(-x)=-g(x)$이므로

조건 (나)에 의하여 $b=4$

$x\geq a$인 모든 실수 x에 대하여 $g(-x)=-g(x)$를 만족시키는 실수 a의 최솟값은 4이므로 $b=a=4$야.

$\therefore f(x)=x^2(x-2)(x-4)+x$

$g(x)=\begin{cases} x & (x\leq 2 \text{ 또는 } x\geq 4) \\ x^2(x-2)(x-4)+x & (2<x<4) \end{cases}$

이므로 함수 $y=g(x)$의 그래프를 좌표평면에 나타내면 다음과 같다.

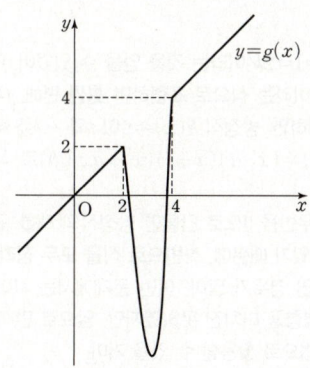

$\therefore \dfrac{g(-2)}{g(3)}=\dfrac{-2}{3^2(3-2)(3-4)+3}=\dfrac{-2}{-6}=\dfrac{1}{3}$

(iii) $b<0$일 때,

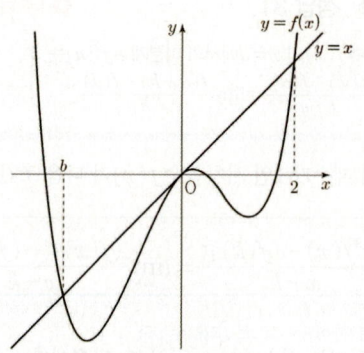

(ii)와 같은 방법으로 함수 $g(x)$를 구하면

$x\leq b$ 또는 $x\geq 2$인 모든 실수 x에 대하여 $g(x)=x$이고

$b<x<2$인 모든 실수 x에 대하여 $g(x)=f(x)$이다.

$0\leq x<2$에서는 $g(x)=f(x)$가 되어야 하는데, $b<x<0$일 때, $g(x)=x$가 되면 조건 (나)를 만족시키지 않아. 따라서 $b<x<2$인 모든 실수 x에 대하여 $g(x)=f(x)$야.

$-2\leq b<0$이면 $x\geq 2$인 모든 실수 x에 대하여

$g(-x)=-g(x)$이므로 조건 (나)를 만족시키지 않는다.

그러므로 $b<-2$이고,

$x\geq -b$인 모든 실수 x에 대하여 $g(-x)=-g(x)$이므로

조건 (나)에 의하여 $b=-4$

$\therefore f(x)=x^2(x-2)(x+4)+x$

$g(x)=\begin{cases} x & (x\leq -4 \text{ 또는 } x\geq 2) \\ x^2(x-2)(x+4)+x & (-4<x<2) \end{cases}$

이므로 함수 $y=g(x)$의 그래프를 좌표평면에 나타내면 다음과 같다.

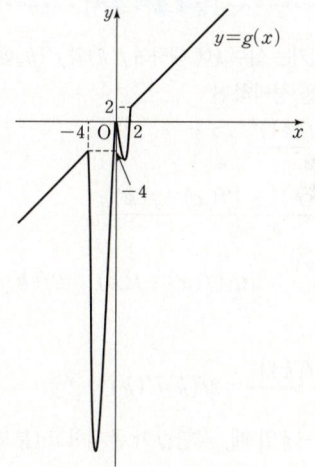

$\therefore \dfrac{g(-2)}{g(3)}=\dfrac{(-2)^2(-2-2)(-2+4)-2}{3}=-\dfrac{34}{3}$

(i), (ii), (iii)에 의하여 모든 $\dfrac{g(-2)}{g(3)}$의 값의 합은

$\dfrac{1}{3}+\left(-\dfrac{34}{3}\right)=-11$

1등급 대비 특강

✳ **함수의 연속성과 대칭성**

이번 문제처럼 여러 조건을 고려해야 하는 경우, 문제의 식보다 그래프의 성질을 통해 빠르게 판단하는 것이 중요해. 이번 문제의 핵심은 함수의 정의가 바뀌는 점에서의 연속 조건과 홀함수(원점에 대하여 대칭인 함수) 조건을 동시에 만족시키는 구간을 찾는 거였어. $g(-x)=-g(x)$를 만족하기 위해서는 함수 $y=g(x)$의 그래프가 원점 대칭인 형태이어야 하는데, $g(x)=f(x)$가 되는 구간에서는 원점 대칭이 아니므로 빠르게 $g(x)=x$임을 파악해야 했어.

정답 공식: 함수 $f(x)$의 $x=a$에서의 미분계수 $f'(a)$는
$$f'(a)=\lim_{x\to a}\frac{f(x)-f(a)}{x-a}=\lim_{h\to 0}\frac{f(a+h)-f(a)}{h}$$

최고차항의 계수가 1인 사차함수 $f(x)$가 다음 조건을 만족시킨다.

$$\lim_{x\to k}\frac{2x^2f(x)-(f(k))^2}{x-k}=\lim_{x\to k}\frac{(f(x))^2-(f(k))^2}{x-k}$$
단서 1 우변의 분자를 $\{f(x)-f(k)\}\{f(x)+f(k)\}$로 인수분해하면
미분계수에 관한 식으로 정리할 수 있어.
을 만족시키는 실수 k는 t, $-t\,(t>1)$뿐이다.

함수 $f(x)$의 최솟값이 17일 때, $f(4)$의 값을 구하시오. (4점)
단서 2 모든 실수 x에 대하여 $f(x)\geq17$이 성립해.

💡 **단서＋발상**

단서 1 함수 $f(x)$의 $x=a$에서의 미분계수 $f'(a)$는
$$f'(a)=\lim_{x\to a}\frac{f(x)-f(a)}{x-a}=\lim_{h\to 0}\frac{f(a+h)-f(a)}{h}$$이다. **개념**
주어진 식의 우변의 분자를 인수분해하면 $\{f(x)-f(k)\}\{f(x)+f(k)\}$임을
알 수 있고, 이를 분모의 $x-k$와 연관지어 미분계수를 활용해야 함을 알 수 있
다. **적용**

단서 2 함수 $f(x)$의 최솟값이 17이라는 것은 모든 실수 x에 대하여 $f(x)\geq17$이 성립
한다는 것을 의미한다. **발상**
따라서 함수 $y=f(x)$의 그래프는 x축과 만나지 않고, 함숫값은 항상 양수임을
활용하면 된다. **적용**

－－－－－－－－－－－－ [문제 풀이 순서] －－－－－－－－－－－－

1st 조건을 만족시키는 실수 k에 대하여 $f(k)$와 $f'(k)$에 관한 식을 구해.
주어진 식의 우변을 정리하면
$$\lim_{x\to k}\frac{(f(x))^2-(f(k))^2}{x-k}$$
$$=\lim_{x\to k}\frac{\{f(x)-f(k)\}\times\{f(x)+f(k)\}}{x-k}$$
$$=\lim_{x\to k}\frac{f(x)-f(k)}{x-k}\times\lim_{x\to k}\{f(x)+f(k)\}=2f(k)f'(k)$$
이므로
$$\lim_{x\to k}\frac{2x^2f(x)-(f(k))^2}{x-k}=2f(k)f'(k)\quad\cdots\,\textcircled{\tiny ㄱ}$$
㉠의 좌변에서 $x\to k$일 때, 극한값이 존재하고 (분모)$\to 0$이므로
(분자)$\to 0$
즉, $2k^2f(k)-(f(k))^2=0$
이때, 모든 실수 x에 대하여
$f(x)\geq17$이므로 $f(k)\neq0$이 되어
$2k^2-f(k)=0$
$\therefore f(k)=2k^2\quad\cdots\,\textcircled{\tiny ㄴ}$
이에 따라 ㉠은
$$\lim_{x\to k}\frac{2x^2f(x)-2k^2f(k)}{x-k}=4k^2f'(k)$$
㉠의 양변에 있는 $f(k)$에 $2k^2$을 각각 대입해.
좌변을 정리하면
$$\lim_{x\to k}\frac{2x^2f(x)-2k^2f(x)+2k^2f(x)-2k^2f(k)}{x-k}$$
$$=\lim_{x\to k}\left\{\frac{2x^2f(x)-2k^2f(x)}{x-k}+\frac{2k^2f(x)-2k^2f(k)}{x-k}\right\}$$

$$=\lim_{x\to k}\left\{\underbrace{\frac{2x^2-2k^2}{x-k}}_{\frac{2(x-k)(x+k)}{x-k}}\times f(x)+2k^2\times\frac{f(x)-f(k)}{x-k}\right\}$$
$$=4kf(k)+2k^2f'(k)$$
즉, $4kf(k)+2k^2f'(k)=4k^2f'(k)$
$4kf(k)=2k^2f'(k)$
$k\neq0$이므로 양변을 $f(k)=2k^2$으로 나눠.
$\therefore f'(k)=4k\quad\cdots\,\textcircled{\tiny ㄷ}$

2nd ㉡, ㉢을 이용하여 최고차항의 계수가 1인 사차함수 $f(x)$를 t에 관한 식으로 나타내자.

㉡, ㉢을 만족시키는 실수 k는 t, $-t\,(t>1)$이므로

⚠️ **실수** ㉡, ㉢에 의해 함수 $y=f(x)$의 그래프와 직선 $y=2t^2$이 $x=t$, $x=-t$에서
접하므로 $f(x)-2t^2=(x-t)^2(x+t)^2$을 바로 구할 수도 있어.

$f(t)=f(-t)=2t^2$
최고차항의 계수가 1인 사차함수 $f(x)$와 두 실수 a, b에 대하여
$f(x)-2t^2=(x-t)(x+t)(x^2+ax+b)$라 하자.
$f(x)=(x^2-t^2)(x^2+ax+b)+2t^2$
이를 x에 대하여 미분하면
t는 상수로 생각해.
$f'(x)=2x(x^2+ax+b)+(x^2-t^2)(2x+a)$
㉢에 의하여 $f'(t)=4t$, $f'(-t)=-4t$이므로
$f'(t)=2t(t^2+at+b)=4t$
이때, $t>1$이니 $t\neq0$이 되어 결국 $t^2+at+b=2$가 성립해.
$f'(-t)=-2t(t^2-at+b)=-4t$
두 식을 연립하면 $a=0$, $b=-t^2+2$
$f(x)=(x^2-t^2)(x^2-t^2+2)+2t^2$
$\quad\;=(x^2-t^2+1)^2+2t^2-1$
$(x^2-t^2+1)^2\geq0$이므로 함수 $f(x)$의 최솟값은 $2t^2-1$

3rd 함수 $f(x)$의 최솟값을 이용하여 $f(4)$의 값을 구하자.
함수 $f(x)$의 최솟값이 17이므로
$2t^2-1=17\qquad\therefore t^2=9$
따라서 $f(x)=(x^2-8)^2+17$이므로
$f(4)=(16-8)^2+17=81$

⭐**1등급 대비** **특강**

✳ 차이 함수

문제를 풀면서 $f(k)=2k^2$이라는 것을 얻을 수 있었어. 이때, 우변을 이항하
여 $f(k)-2k^2=0$이라는 식으로 표현하면 훨씬 편해. $f(k)-2k^2$을 새로운
함수 $h(x)$로 정의하면, 방정식 $h(x)=0$이 t와 $-t$를 해로 가진다고 할 수
있어. 따라서 $h(x)=(x-t)(x+t)(x^2+ax+b)$로 식을 세울 수가 있는
거지.
이처럼 방정식의 우변을 0으로 만들면 방정식의 해를 구하는 것과 같은 방
식으로 이해할 수 있기 때문에, 좌변으로 식을 모두 정리한 '차이 함수'를 만
드는 것이 효과적인 경우가 많아. 이번 문제에서는 차이 함수의 활용이 정
답을 찾는 데 큰 영향을 미치진 못하였지만, 앞으로 만나게 될 여러 킬러 문
제에서 다양한 방법으로 활용할 수 있을 거야.

새롭게 정의된 함수와 미분계수가 존재함을 이용하여 함수 유추하기 [유형 12]

단서1 함수 $y=f(x)$의 그래프 중 직선 $y=t$보다 아래인 부분을 접어서 올린 형태야.

최고차항의 계수가 1인 사차함수 $f(x)$가 있다.

실수 t에 대하여 함수 $g(x)$를 $g(x)=|f(x)-t|$라 할 때,

$\lim\limits_{x \to k} \dfrac{g(x)-g(k)}{|x-k|}$의 값이 존재하는 서로 다른 실수 k의 개수를

단서2 $\lim\limits_{x \to k} \dfrac{g(x)-g(k)}{|x-k|}$의 값이 존재하는 것은 특수한 경우야. $x>k$인 경우와 $x<k$인 경우로 나누어 생각해봐.

$h(t)$라 하자. 함수 $h(t)$는 다음 조건을 만족시킨다.

(가) $\lim\limits_{t \to 4+} h(t)=5$
(나) 함수 $h(t)$는 $t=-60$과 $t=4$에서만 불연속이다.

$f(2)=4$이고 $f'(2)>0$일 때, $f(4)+h(4)$의 값을 구하시오. (4점)

왜 1등급? 미분계수로부터 식의 값이 존재하는 경우를 찾고, $h(t)$에 대해 주어진 조건을 바탕으로 $f(x)$의 그래프 개형과 식을 구하는 문제이다. 미분계수에서 좌극한과 우극한의 부호가 반대가 되는 지점을 찾아내는 과정이 필요했고, $h(t)$가 두 지점에서만 불연속이 되도록 하는 사차함수 그래프 개형을 찾아내는 것이 어려웠다.

단서+발상

단서1 곡선 $g(x)$는 $f(x)=t$보다 아래인 부분을 접어서 올린 형태이므로, $g(x)=0$인 지점에서 기울기의 좌극한과 우극한의 부호가 반대이다. 개념

단서2 $x>k$인 경우 $\lim\limits_{x \to k+} \dfrac{g(x)-g(k)}{|x-k|}$는 $x=k$에서의 $g(x)$의 우극한과 같고,

$x<k$인 경우 $\lim\limits_{x \to k-} \dfrac{g(x)-g(k)}{|x-k|}$는 $x=k$에서의 $g(x)$의 좌극한에서 부호만 변화시킨 값과 같다. 개념

$x=k$에서 $\dfrac{g(x)-g(k)}{|x-k|}$의 좌극한과 우극한의 부호가 다르면서 절댓값은 동일한 점은 $g'(k)$가 0이 되거나 $g(k)$가 0이 되는 지점이다. 발상

주의 함수 $h(t)$가 $t=-60$과 $t=4$에서만 불연속이라는 것은 $f(x)$의 극값의 크기로 -60과 4만 가능하다는 의미로 해석할 수 있다.

[핵심 정답 공식: 미분가능한 함수 $f(x)$에서 $f'(a)=\lim\limits_{x \to a} \dfrac{f(x)-f(a)}{x-a}$이다.]

-------------------- [문제 풀이 순서] --------------------

1st $\lim\limits_{x \to k} \dfrac{g(x)-g(k)}{|x-k|}$의 값이 존재하는 경우를 생각해 보자.

$\lim\limits_{x \to k} \dfrac{g(x)-g(k)}{|x-k|}$의 값이 존재하려면

$\lim\limits_{x \to k-} \dfrac{g(x)-g(k)}{|x-k|}=\lim\limits_{x \to k+} \dfrac{g(x)-g(k)}{|x-k|}$이어야 한다.

$\lim\limits_{x \to k-} \dfrac{g(x)-g(k)}{|x-k|}=\lim\limits_{x \to k-}\left(\dfrac{g(x)-g(k)}{x-k}\times \dfrac{x-k}{|x-k|}\right)$

$=\lim\limits_{x \to k-} \dfrac{g(x)-g(k)}{x-k}\times(-1)\cdots$ ㉠

→ x가 k보다 작은 쪽에서 가까워지기 때문에 $|x-k|=-(x-k)$

$\lim\limits_{x \to k+} \dfrac{g(x)-g(k)}{|x-k|}=\lim\limits_{x \to k+}\left(\dfrac{g(x)-g(k)}{x-k}\times \dfrac{x-k}{|x-k|}\right)$

$=\lim\limits_{x \to k+} \dfrac{g(x)-g(k)}{x-k}\times 1\cdots$ ㉡

㉠과 ㉡이 같아야 하므로 $\lim\limits_{x \to k} \dfrac{g(x)-g(k)}{x-k}=0$이거나

$\lim\limits_{x \to k-} \dfrac{g(x)-g(k)}{x-k}$와 $\lim\limits_{x \to k+} \dfrac{g(x)-g(k)}{x-k}$의 절댓값이 같고 부호가 반대이어야 한다. → $x=k$에서 좌극한과 우극한의 절댓값이 같고 부호가 반대라는 말이지? 함수 $y=g(x)$의 그래프가 x축과 만나는 점이어야 해. 즉, 함수 $y=f(x)$의 그래프와 직선 $y=t$가 만나는 점이므로 $f(x)=t$ 즉, $|f(x)-t|=0$이야.

실수 미분계수와의 연관성을 생각해봐. 부호에서만 차이가 있고 절댓값이 같은 경우를 찾아야 해.

따라서 $g'(k)=0$ 즉, $f'(k)=0$이거나 $g(k)=0$, 즉 $f(k)=t$이다.

2nd 사차함수의 그래프의 형태를 생각해서 조건을 만족시키는 함수 $h(t)$를 찾아 보자.

주의 함수 $y=f(x)$의 그래프와 직선 $y=t$의 교점의 개수가 변화하는 지점이 $h(t)$가 불연속이 되는 지점이야.

방정식 $f'(x)=0$의 서로 다른 실근의 개수에 따라 다음과 같이 경우를 나누어 생각해 보자. → $f'(x)=0$은 최고차항의 계수가 4인 삼차방정식이므로 서로 다른 실근의 개수 1개, 2개, 3개인 3가지 경우로 나눌 수 있어. 특히 2개인 경우는 한 실근과 중근을 가지는 경우야.

(i) $f'(x)=0$의 서로 다른 실근의 개수가 1인 경우

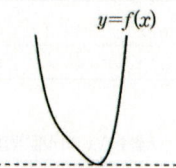

함수 $h(t)$가 불연속이 되는 실수 t가 오직 하나만 존재하므로 조건 (나)를 만족시키지 못한다.

→ $y=f(x)$의 극솟값을 a라고 하면 $t \le a$일 때는 $g'(k)=0$인 지점에서만 $\lim\limits_{x \to k} \dfrac{g(x)-g(k)}{|x-k|}$가 존재해. 즉 $h(t)=1$

$t>a$일 때는 $g'(k)=0$인 지점 1곳과 $y=f(x)$와 $y=t$의 교점이 2곳이므로 $h(t)=3$이지? 따라서 $h(t)$는 $t=a$에서만 불연속이야.

(ii) $f'(x)=0$의 서로 다른 실근의 개수가 2인 경우

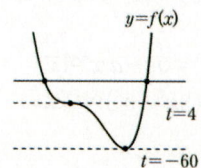

함수 $h(t)$가 $t=-60$과 $t=4$에서 불연속이므로 $f'(a)=0$일 때 $f(a)$의 값은 -60과 4이다.

이때 $\lim\limits_{t \to 4+} h(t)=4$가 되어 조건 (가)를 만족시키지 못한다.

→ (ii)인 경우에는 $g'(k)=0$인 지점은 2곳이고 t의 값의 범위에 따라 $h(t)$를 구하면 다음과 같아.

	$y=f(x)$와 $y=t$의 교점의 개수	$h(t)$
$t>4$	2	4
$t=4$	2 (한 개가 $g'(k)=0$인 지점과 중복)	③
$-60<t<4$	2	4
$t=-60$	1 ($g'(k)=0$인 지점과 중복)	2
$t<-60$	0	2

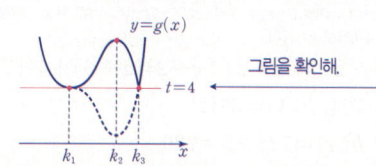

그림을 확인해.

(iii) $f'(x)=0$의 서로 다른 실근의 개수가 3인 경우

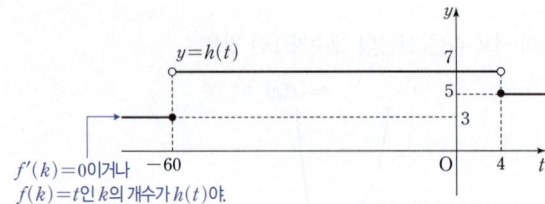

[그림 1]   [그림 2]

[그림 1]과 같이 두 극솟값의 크기가 다르면 함수 $h(t)$가 불연속이 되는 서로 다른 실수 t가 3개 존재하므로 조건 (나)를 만족시키지 못한다. → 함수 $y=f(x)$의 그래프와 직선 $y=t$의 교점의 개수는 $f(x)$의 극댓값과 극솟값일 때의 t의 값을 기준으로 바뀌어. 따라서 함수 $h(t)$가 불연속이 되는 t의 값은 $f(x)$의 극댓값과 극솟값일 때의 $x=t$의 개수와 같으므로 3개야.

[그림 2]와 같이 두 극솟값의 크기가 같은 경우 조건 (나)를 만족시키고, 함수 $f(x)$의 극댓값이 4이면 $\lim\limits_{t\to 4+}h(t)=5$이므로 조건 (가)를 만족시킨다.

이때, $h(4)=5$

[그래프: $y=h(t)$, y축에 7, 5, 3 표시, t축에 -60, 4 표시]

$f'(k)=0$이거나 $f(k)=t$인 k의 개수가 $h(t)$야.
→ 함수 $f(x)$의 식을 직접 찾는 것은 복잡해. 적당히 함수의 평행이동을 이용하면 식을 간단히 구할 수 있어.

3rd 함수 $y=f(x)$를 구하자.

(i)~(iii)에 의하여 사차함수 $f(x)$는 최고차항의 계수가 1이고 3개의 극값 중 두 극솟값은 모두 -60, 극댓값은 4이다. $f(2)=4$이고 $f'(2)>0$이므로 방정식 $f(x)=4$의 가장 큰 실근이 2가 된다.

함수 $f(x)$의 그래프를 극대인 점이 원점에 오도록 평행이동한 그래프를 → x축의 방향으로 얼마만큼 평행이동을 하는지 알 수 없지만, y축의 방향으로는 -4만큼 이동하겠지? 나타내는 함수를 $p(x)$라 하면

$p(0)=0$이고 $p'(0)=0$이므로 $p(x)$는 x^2을 인수로 갖는다. 또한, 함수 $p(x)$의 그래프는 y축에 대하여 대칭이므로 양수 a에 대하여 $p(a)=p(-a)=0$이라 하면 $p(x)$는 $x-a$, $x+a$를 인수로 갖는다. 즉,

$p(x)=x^2(x-a)(x+a)=x^4-a^2x^2$이고,
$p'(x)=4x^3-2a^2x=2x(2x^2-a^2)$이므로
$p'(x)=0$에서

$x=0$ 또는 $x=\dfrac{a}{\sqrt{2}}$ 또는 $x=-\dfrac{a}{\sqrt{2}}$ → $2x^2-a^2=0$, $2x^2=a^2$, $x^2=\dfrac{a^2}{2}$ $x=\dfrac{a}{\sqrt{2}}$ 또는 $x=-\dfrac{a}{\sqrt{2}}$

$p\left(\dfrac{a}{\sqrt{2}}\right)=p\left(-\dfrac{a}{\sqrt{2}}\right)=-64$이므로

$p\left(\dfrac{a}{\sqrt{2}}\right)=\left(\dfrac{a}{\sqrt{2}}\right)^4-a^2\left(\dfrac{a}{\sqrt{2}}\right)^2=-\dfrac{a^4}{4}=-64$

즉, $a^4=256=4^4$이므로 $a=4$이다.

이때, $p(x)=x^2(x-4)(x+4)$에 대하여

방정식 $p(x)=0$의 가장 큰 실근이 4이므로 함수 $y=p(x)$의 그래프를 x축의 방향으로 -2만큼, y축의 방향으로 4만큼 평행이동하면 함수 $y=f(x)$의 그래프와 일치한다.
→ 방정식 $f(x)=4$의 가장 큰 실근이 2인 함수를 찾아야 하는 거니까 평행이동을 다시 이용해 보자. 함수 $y=f(x)$의 그래프를 x축의 방향으로 a만큼, y축의 방향으로 -4만큼 평행이동한 함수를 $y=p(x)$라고 해봐. $f(x)=4$의 가장 큰 실근이 2이면 $p(x)=0$을 만족시키는 가장 큰 실근은 $4=2+a$에서 $a=2$야.

따라서 $f(x)=(x+2)^2(x-2)(x+6)+4$이므로
$f(4)=724$, $h(4)=5$이고,
$f(4)+h(4)=724+5=729$

1등급 대비 특강

＊조건 (가)가 주어진 이유

함수 $h(t)$가 불연속이 되는 지점은 t의 값이 $f(x)$의 극값과 같을 때이며 여기서 $f(x)$의 극솟값은 -60, 극댓값은 4가 돼. 불연속이 되는 지점은 두 개 뿐이므로 서로 다른 극값 두 개를 가지거나, 세 개의 극값을 가지면서 극솟값의 크기가 서로 같은 경우만이 $f(x)$의 개형으로 성립함을 알 수 있어. 여기서 $x=4$에서 $h(t)$의 우극한이 5가 된다는 조건이 주어져 있기 때문에 $f(x)$는 세 개의 극값을 가지며, 두 극값의 크기가 서로 같은 경우라고 한정할 수 있어.

My Top Secret 서울대 선배의 **①** 등급 대비 전략

주로 특수한 형태의 그래프, 또는 특수한 지점이 풀이에 핵심적으로 작용해. 이번 문제에서는 함숫값이 0이 되는 지점과 극값이 함수 $f(x)$의 불연속을 결정하는 중요한 요소였어!

E 155 정답 38 ········· **❖2등급 대비** [정답률 28%]

＊이차함수와 삼차함수의 그래프를 이용하여 미분가능과 방정식에 대한 조건을 만족시키는 함수 구하기 [유형 06+12]

이차함수 $f(x)$는 $x=-1$에서 극대이고, 삼차함수 $g(x)$는 이차항의 계수가 0이다. 함수 **단서1** 이차함수 $f(x)$가 $x=-1$에서 극대이므로 $x=-1$에서 꼭짓점을 갖고, 직선 $x=-1$에 대하여 대칭인 위로 볼록한 포물선이야.

$$h(x)=\begin{cases} f(x) & (x\le 0) \\ g(x) & (x>0) \end{cases}$$

이 실수 전체의 집합에서 미분가능하고 다음 조건을 만족시킬 때, $h'(-3)+h'(4)$의 값을 구하시오. (4점)

단서2 실수 전체에서 미분가능하려면 $x=0$에서 미분가능해야 해. 즉, $y=f(x)$가 위로 볼록한 포물선이니까 $x=0$에서 곡선 $y=g(x)$에 접하는 접선의 기울기는 음수여야 해.

(가) 방정식 $h(x)=h(0)$의 모든 실근의 합은 1이다.
단서3 함수 $y=h(x)$의 그래프와 직선 $y=h(0)$의 교점의 x좌표의 합이 1이 되도록 삼차함수 $y=g(x)$의 그래프의 개형을 유추해낼 수 있어야 해.

(나) 닫힌구간 $[-2, 3]$에서 함수 $h(x)$의 최댓값과 최솟값의 차는 $3+4\sqrt{3}$이다.

왜 2등급? 이차함수와 삼차함수의 일부로 이루어진 함수 $h(x)$가 조건을 만족시킬 때, 이차함수와 삼차함수의 식을 유추하는 문제이다.
풀이 과정에서 기본적인 이차함수와 삼차함수의 그래프의 개형을 이해한 후, 구간에 따라 다르게 정의된 함수의 미분가능 조건과 그래프를 이용한 방정식의 실근 조건, 최댓값, 최솟값의 성질 등을 종합하여 다항함수의 식을 구할 수 있어야 한다.

단서 + 발상

단서1 이차함수는 극값을 하나만 갖는데, 최고차항의 계수가 양수이면 극솟값을, 최고차항의 계수가 음수이면 극댓값을 갖는다. **개념**
즉, 이차함수 $f(x)$가 $x=-1$에서 극대라 했으므로 최고차항의 계수는 음수이고, $x=-1$을 축으로 가짐을 알 수 있다. **적용**

단서2 함수 $h(x)$는 $x<0$에서 이차함수의 일부이고, $x>0$에서 삼차함수의 일부이므로 $x=0$이 아닌 모든 실수에 대하여 미분가능하다. **개념**
따라서 함수 $h(x)$가 실수 전체에서 미분가능하려면 $x=0$에서 미분가능해야 하므로 $x=0$에서의 좌우미분계수가 같아야 한다. **발상**
즉, $f'(0)=g'(0)$인데 최고차항의 계수가 음수인 이차함수의 그래프에서 $f'(0)<0$이므로 $g'(0)<0$이어야 한다. **적용**

단서3 이차함수 $f(x)$는 $x=-1$에 대하여 대칭이므로 $f(0)=f(-2)$이다. **발상**

즉, $h(0)=f(0)=f(-2)$이므로 $x<0$에서 방정식 $h(x)=h(0)$의 실근은 -2, 0이다. **적용**

따라서 방정식 $h(x)=h(0)$의 모든 실근의 합이 1이 되려면 $x>0$에서 $g(x)=g(0)(=f(0))$의 실근의 합은 3이어야 한다. **해결**

주의 삼차함수 $g(x)$의 이차항의 계수가 0임을 활용하여 $g(x)$의 그래프의 개형을 파악하면 계산 과정을 줄일 수 있다.

핵심 정답 공식: 함수 $h(x)$가 실수 전체의 집합에서 미분가능하기 위해서는 $x=0$에서의 곡선 $y=f(x)$의 접선의 기울기와 곡선 $y=g(x)$의 접선의 기울기가 같아야 한다.

-------------------------- [문제 풀이 순서] --------------------------

1st 조건을 만족시키는 이차함수 $f(x)$를 유추하자.

함수 $h(x)$가 $x=0$에서 미분가능하고, 두 다항함수 $f(x)$, $g(x)$는 실수 전체에서 미분가능하므로 $\lim\limits_{x\to 0}h(x)=h(0)$에서 $f(0)=g(0)$이고,
<u>$x=0$에서 함수 $h(x)$는 연속이어야 해.</u>

$\lim\limits_{x\to 0-}\dfrac{h(x)-h(0)}{x}=\lim\limits_{x\to 0+}\dfrac{h(x)-h(0)}{x}$에서 $f'(0)=g'(0)$이다.
<u>$x=0$에서 함수 $h(x)$는 미분계수가 존재해야 해.</u>

이때, 이차함수 $f(x)$가 $x=-1$에서 극대이므로 함수 $y=f(x)$의 그래프는 직선 $x=-1$에 대하여 대칭이다. 즉, $f(-2)=f(0)$이고, $f(0)=h(0)$이므로 $f(-2)=f(0)=h(0)$이다.

따라서 $h(0)=k(k$는 상수$)$라 하면 함수 $f(x)$는
$f(x)=ax(x+2)+k$ → <u>$f(-2)=f(0)=k$이므로 $f(x)-k$는 x, $x+2$를 인수로 가져. 즉, $f(x)-k=ax(x+2)$ (단, a는 상수)</u>
$\quad\ =ax^2+2ax+k(a<0)$ <u>로 놓을 수 있지.</u>
로 놓을 수 있다.
→ <u>이차함수 $f(x)$가 $x=-1$에서 극대라 했으므로 $y=f(x)$는 위로 볼록한 포물선이야. 즉, 이차함수 $f(x)$의 최고차항의 계수는 음수여야 해.</u>

2nd 삼차함수 $g(x)$의 최고차항의 계수가 양수인 경우에 대하여 조건을 만족시키는 함수 $h(x)$를 구하자.

한편, $g(x)$가 삼차함수이므로 함수 $h(x)$가 실수 전체의 집합에서 미분가능하기 위해서는 $x=0$에서의 곡선 $y=g(x)$의 접선의 기울기는 음수이어야 한다. <u>$x\leq 0$인 범위에서 위로 볼록한 포물선인 이차함수 $y=f(x)$의 그래프의 $x=0$에서의 접선의 기울기가 음수이므로 함수 $h(x)$가 실수 전체의 집합에서 미분가능하기 위해서는 $x=0$에서의 곡선 $y=g(x)$의 접선의 기울기는 음수이어야 해.</u>

또한, 조건 (가)에서 방정식 $h(x)=h(0)$의 모든 실근의 합이 1이어야 하므로 다음 두 가지 경우로 나눌 수 있다.

(i) 삼차함수 $g(x)$의 최고차항의 계수가 양수인 경우

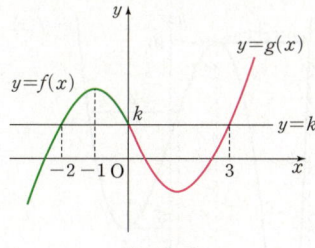

[그림 1]

방정식 $h(x)=h(0)$의 모든 실근의 합이 1이고 [그림 1]과 같이 $x\leq 0$에서 $f(-2)=f(0)=k$이므로 $x>0$에서 $g(3)=k$가 되어야 한다. <u>$-2+0+3=1$이어야 하지?</u>

즉, $g(0)=k$, $g(3)=k$이고, [그림 1]의 $x<0$인 부분에서 함수 $y=g(x)$의 그래프를 연장하여 그려보면 $g(q)=k$인 음수 q가 존재하게 된다.

따라서 $g(x)-k$는 x, $x-3$, $x-q(q$는 0, 3이 아닌 실수$)$를 인수로 가지므로 양수 p에 대하여 <u>$g(0)=g(3)=g(q)=k$야.</u>

$g(x)=px(x-3)(x-q)+k$
$\qquad\ =p\{x^3-(q+3)x^2+3qx\}+k$

라 놓을 수 있다.

그런데 $g(x)$의 이차항의 계수가 0이므로
$q+3=0$에서 $q=-3$
$\therefore g(x)=p(x^3-9x)+k$
이때, $g'(x)=p(3x^2-9)$이므로 $g'(x)=0$에서
$x=\sqrt{3}$ 또는 $x=-\sqrt{3}$ → <u>최고차항의 계수가 양수인 삼차함수에 대하여 두 점 x_1, $x_2(x_1<x_2)$에서 극값을 가지면 x_1에서 극대, x_2에서 극소야.</u>
즉, 함수 $g(x)$는 $x=\sqrt{3}$에서 극소이다.

한편, <u>$x=0$에서의 곡선 $y=f(x)$의 접선의 기울기와 $x=0$에서의 곡선 $y=g(x)$의 접선의 기울기가 같아야 하고,</u> $f'(x)=2ax+2a$, $g'(x)=p(3x^2-9)$이므로 <u>함수 $h(x)$가 실수 전체의 집합에서 미분가능하기 위해서는 $x=0$에서 미분가능해야 해.</u>
$f'(0)=2a$, $g'(0)=-9p$에서

$2a=-9p$ $\therefore a=-\dfrac{9}{2}p\cdots$ ㉠

또한, [그림 1]에 의하여 닫힌구간 $[-2, 3]$에서 함수 $h(x)$의 최댓값은 $f(-1)$, 최솟값은 $g(\sqrt{3})$이고 조건 (나)에서 두 값의 차가 <u>함수 $h(x)$의 그래프를 보면 닫힌구간 $[-2, 3]$에서 함수 $h(x)$의 최댓값은 $f(x)$의 극댓값과 같고, 함수 $h(x)$의 최솟값은 함수 $g(x)$의 극솟값과 같아.</u>
$3+4\sqrt{3}$이므로 ㉠을 이용하면

$f(-1)-g(\sqrt{3})=(-a+k)-(-6\sqrt{3}p+k)$

$\qquad\qquad\qquad =-a+6\sqrt{3}p=\dfrac{9}{2}p+6\sqrt{3}p$

$\qquad\qquad\qquad =\dfrac{9+12\sqrt{3}}{2}p=3+4\sqrt{3}$

$\therefore p=(3+4\sqrt{3})\times\dfrac{2}{3(3+4\sqrt{3})}=\dfrac{2}{3}$

$p=\dfrac{2}{3}$를 ㉠에 대입하면

$a=-\dfrac{9}{2}p=-\dfrac{9}{2}\times\dfrac{2}{3}=-3$

따라서 $f'(x)=-6x-6$, $g'(x)=2x^2-6$이므로

$h'(x)=\begin{cases}-6x-6 & (x<0)\\ 2x^2-6 & (x>0)\end{cases}$

$\therefore h'(-3)+h'(4)=\{-6\times(-3)-6\}+(2\times 4^2-6)$
$\qquad\qquad\qquad\qquad =12+26=38$

3rd 삼차함수 $g(x)$의 최고차항의 계수가 음수인 경우에 대하여 조건을 만족시키는 함수 $h(x)$를 구하자.

(ii) 삼차함수 $g(x)$의 최고차항의 계수가 음수인 경우

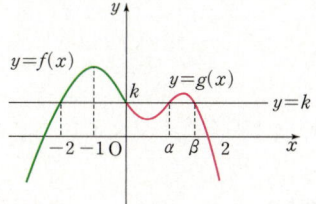

[그림 2]

방정식 $h(x)=h(0)$의 모든 실근의 합이 1이고 [그림 2]와 같이 $x\leq 0$에서 $f(-2)=f(0)=k$이므로 $x>0$에서 $g(\alpha)=g(\beta)=k$ (단, $\alpha+\beta=3$)가 되어야 한다. <u>$-2+0+\alpha+\beta=1$이어야 해.</u>

즉, $g(0)=k$, $g(\alpha)=k$, $g(\beta)=k$이다.

따라서 $g(x)-k$는 x, $x-\alpha$, $x-\beta$ (α, β는 서로 다른 실수, $\alpha+\beta=3$)를 인수로 가지므로 음수 p에 대하여 $g(x)=px(x-\alpha)(x-\beta)+k$
로 놓으면

$g(x)=p\{x^3-(\alpha+\beta)x^2+\alpha\beta x\}+k$
$\qquad\ =p(x^3-3x^2+\alpha\beta x)+k\ (\because \alpha+\beta=3)$

그런데 이때의 함수 $g(x)$의 이차항의 계수는 0이 아니므로 조건을 만족시키지 않는다.

(i), (ii)에 의하여 구하는 $h'(-3)+h'(-4)$의 값은 38이다.

1등급 대비 특강

＊ 조건을 만족시키는 삼차함수의 그래프의 개형

최고차항의 계수가 양수인 삼차함수의 그래프는 $\bigwedge$ 또는 $\diagup$ 꼴이야.
그런데 최고차항의 계수가 양수일 때 해설에서는 $\bigwedge$ 꼴인 경우만 따져줬지? 그 이유는 $\diagup$ 꼴이면 함수 $y=g(x)$의 그래프의 $x=0$에서의 접선의 기울기가 양수이기 때문에 따져주지 않은 거야.
또, 최고차항의 계수가 음수인 삼차함수의 그래프는 $\bigvee$ 또는 $\diagdown$ 꼴이야.
그런데 최고차항의 계수가 음수일 때 해설에서는 $\bigvee$ 꼴인 경우만 따져준 이유는 $\diagdown$ 꼴이면 $x>0$에서 방정식 $h(x)=h(0)$의 실근이 존재하지 않기 때문에 이 방정식의 모든 실근의 합은 $-2+0=-2$가 돼. 즉, 조건 (가)를 만족시키지 않기 때문이야.
그리고 최고차항의 계수가 음수일 때 $x>0$에서 함수 $y=g(x)$의 그래프는 $\diagdown$ 꼴이 될 수도 있지만 이 경우도 $\diagdown$ 꼴인 경우와 마찬가지로 $x>0$에서 방정식 $h(x)=h(0)$의 실근이 존재하지 않기 때문에 조건 (가)를 만족시키지 않아.

My Top Secret 서울대 선배의 ❶등급 대비 전략

삼차함수에서 이차항의 계수가 0이라는 조건은 단순한 숫자만을 제시한 것이 아니야. 삼차함수 $g(x)$를 y축의 방향으로 $-g(0)$만큼 평행이동한 $g(x)-g(0)$이 원점에 대하여 대칭이므로 이를 활용하면 함수 $g(x)$는 점 $(0, g(0))$에 대하여 대칭이라는 거야.
이와 같은 사실을 이해하여 $g(x)$의 그래프로 가능한 경우의 수를 줄인 다음, 그래프를 그리면 풀이 과정을 빠르게 진행할 수 있어.

E 156 정답 2 ⋯⋯⋯⋯⋯⋯ ✪1등급 대비 [정답률 17%]

(**정답 공식**: 미분가능한 함수 $f(x)$가 $x=a$에서 극값을 가지면 $f'(a)=0$)

함수 $f(x)=|x^3-3x+8|$과 실수 t에 대하여 닫힌구간
단서1 절댓값이 포함된 함수의 그래프를 그리는 방법을 이용할 수 있어.
$[t, t+2]$에서의 $f(x)$의 최댓값을 $g(t)$라 하자. 서로 다른 두 실수
단서2 길이가 2인 구간에서의 최댓값은 구간 내에서 함수의 증감에 관련이 있어.
α, β에 대하여 함수 $g(t)$는 $t=\alpha$와 $t=\beta$에서만 미분가능하지 않다.
단서3 미분가능하지 않은 그래프의 특징을 이용할 수 있어.
$\alpha\beta=m+n\sqrt{6}$일 때, $m+n$의 값을 구하시오.
(단, m, n은 정수이다.) (4점)

단서+발상 [유형 12]

단서1 함수 $f(x)=|x^3-3x+8|$은 함수 $y=|x|$에 함수 $y=x^3-3x+8$을 합성한 함수이므로 함수 $y=x^3-3x+8$의 그래프를 그린 뒤 x축 위쪽으로 접어 올려 그래프를 그릴 수 있다. 발상

단서2 닫힌구간 내에서 연속함수 $f(x)$의 최댓값은 구간의 양 끝 값들과 구간 내의 함수 $f(x)$의 극값 중 가장 큰 값이다. 개념

단서3 $f(x)$의 식이 확정된 상태이므로 함수 $f(x)$의 그래프를 그린 뒤 함수 $g(t)$의 우미분계수와 좌미분계수를 구해 함수 $g(t)$가 미분가능하지 않은 두 점을 찾으면 된다. 해결

---------------------- [문제 풀이 순서] ----------------------

1st 함수 $f(x)$의 그래프의 개형을 생각해봐.

함수 $f(x)=|x^3-3x+8|$에 대하여
$h(x)=x^3-3x+8$이라 하면 $f(x)=|h(x)|$
$h'(x)=3x^2-3=3(x-1)(x+1)$이므로
$x=-1$일 때, 극댓값 $f(-1)=-1+3+8=10$을 가지고,
$x=1$일 때, 극솟값 $f(1)=1-3+8=6$을 갖는다.
극솟값이 양수이므로 함수 $y=h(x)$의 그래프는 x축과 한 점에서 만난다.
함수 $y=f(x)$의 그래프도 x축과 한 점에서 만나.

2nd t의 구간을 나누어 $f(x)$의 최댓값 $g(t)$를 구해.

즉, 방정식 $h(x)=0$은 한 개의 실근 $x=a$를 갖고,
$f(x)=\begin{cases} -h(x) & (x<a) \\ h(x) & (x\geq a) \end{cases}$이다.

방정식 $f(t)=f(t+2)$의 해를 구하자.
닫힌구간 $[t, t+2]$의 양 끝에서의 함숫값이 같을 때의 t의 값
$a-2<t<a$일 때, $f(t)=f(t+2)$에서
$a<t+2<a+2$
$-h(t)=h(t+2)$
$-(t^3-3t+8)=(t+2)^3-3(t+2)+8$
$2(t^3+3t^2+3t+9)=2(t+3)(t^2+3)=0$에서 $t=-3$
$t\leq a-2$ 또는 $t\geq a$일 때, $f(t)=f(t+2)$에서
$t<t+2\leq a$ 또는 $t+2>t\geq a$
$h(t)=h(t+2)$
$t^3-3t+8=(t+2)^3-3(t+2)+8$
$2(3t^2+6t+1)=0$에서 $t=\dfrac{-3\pm\sqrt{6}}{3}=-1\pm\dfrac{\sqrt{6}}{3}$이다.
$-1+\dfrac{\sqrt{6}}{3}=b$라 하면 $-1<b<0$

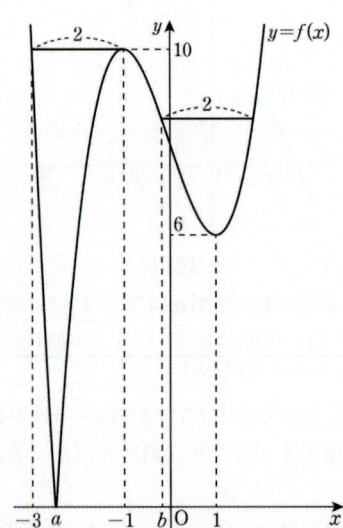

$t<-3$일 때, 닫힌구간 $[t, t+2]$에서의 $f(x)$의 최댓값은 $f(t)$이므로
$g(t)=f(t)=-h(t) \cdots \text{ⓐ}$
$f(x)$의 최댓값을 $g(t)$라 했어.

$-3 \le t \le -1$일 때, 닫힌구간 $[t, t+2]$에서의 $f(x)$의 최댓값은

$f(-1)=h(-1)=-1+3+8=10$이므로 $g(t)=10$ … ㉡

$-1 < t \le b$일 때, 닫힌구간 $[t, t+2]$에서의 $f(x)$의 최댓값은

$f(t)$이므로 $g(t)=f(t)=h(t)$ … ㉢

$b < t$일 때, 닫힌구간 $[t, t+2]$에서의 $f(x)$의 최댓값은 $f(t+2)$이므로

$g(t)=f(t+2)=h(t+2)$ … ㉣

3rd 미분가능하지 않은 두 점 $t=\alpha$와 $t=\beta$를 구해.

또한, $\displaystyle\lim_{t \to -3-}g(t)=10=g(-3)=\lim_{t \to -3+}g(t)$

$\displaystyle\lim_{t \to -1-}g(t)=10=g(-1)=\lim_{t \to -1+}g(t)$

$\displaystyle\lim_{t \to b-}g(t)=g(b)=\lim_{t \to b+}g(t)$

이므로 함수 $g(t)$는 실수 전체의 집합에서 연속이다.

$\displaystyle\lim_{t \to -3-}\frac{g(t)-g(-3)}{t-(-3)} = \lim_{t \to -3-}\frac{-h(t)-10}{t+3}$ $(\because \text{㉠, ㉡})$

$\displaystyle = \lim_{t \to -3-}\frac{-t^3+3t-18}{t+3}$

$\displaystyle = \lim_{t \to -3-}\frac{(t+3)(-t^2+3t-6)}{t+3}$

$\displaystyle = \lim_{t \to -3-}(-t^2+3t-6)$

$= -9-9-6=-24$

$\displaystyle\lim_{t \to -3+}\frac{g(t)-g(-3)}{t-(-3)} = \lim_{t \to -3+}\frac{10-10}{t+3}$ $(\because \text{㉡})=0$

이므로 $g(t)$는 $t=-3$에서 미분가능하지 않다.

같은 방법으로 구하면

$\displaystyle\lim_{t \to -1-}\frac{g(t)-g(-1)}{t-(-1)}=0 (\because \text{㉡})$

$\displaystyle\lim_{t \to -1+}\frac{g(t)-g(-1)}{t-(-1)} = \lim_{t \to -1+}(t^2-t-2)=0$ $(\because \text{㉡, ㉢})$

이므로 $g(t)$는 $t=-1$에서 미분가능하고

$\displaystyle\lim_{t \to b-}\frac{g(t)-g(b)}{t-b} = \lim_{t \to b-}(t^2+bt+b^2-3)$ $(\because \text{㉢})$

$= 3b^2-3$

$\displaystyle\lim_{t \to b+}\frac{g(t)-g(b)}{t-b} = \lim_{t \to b+}\{t^2+(6+b)t+b^2+6b+9\}$ $(\because \text{㉢, ㉣})$

$= 3b^2+12b+9$

에서 $3b^2-3=3b^2+12b+9$인 $b=-1$이므로 모순이다.

즉, $g(t)$는 $t=b$에서 미분가능하지 않다.

따라서 $\alpha=-3$, $\beta=b=-1+\dfrac{\sqrt 6}{3}$이므로

$\alpha\beta = -3\left(-1+\dfrac{\sqrt 6}{3}\right)=3-\sqrt 6$

$m=3$, $n=-1$이므로 $m+n=3-1=2$

My Top Secret　　　　서울대 선배의 **1** 등급 대비 전략

$g(t)$는 구간의 양 끝 값인 $f(t), f(t+2)$와 구간 내의 함수 $f(x)$의 극값 중 가장 큰 값으로 구할 수 있으므로 눈여겨봐야 할 곳은 $f(t)=f(t+2)$인 곳과 함수 $f(x)$의 극값이야. 해당 점들을 기준으로 그 주변을 살펴본다면 함수 $g(t)$의 그래프가 어떻게 그려지고, 어디서 미분가능하지 않은지 찾을 수 있어.

E 157 정답 **12** *삼차방정식의 실근의 개수 ┈┈┈ [정답률 57%]

정답 공식: 방정식 $f(x)=0$의 실근의 개수는 함수 $y=f(x)$의 그래프와 x축의 교점의 개수와 같음을 이용한다.

x에 대한 방정식

$$x^3-\frac{3n}{2}x^2+7=0$$

단서 주어진 방정식을 곡선 $y=x^3-\dfrac{3n}{2}x^2+7$과 x축의 위치 관계로 생각해 봐.

의 1보다 큰 서로 다른 실근의 개수가 2가 되도록 하는 모든 자연수 n의 값의 합을 구하시오. (3점)

1st $f(x)=x^3-\dfrac{3n}{2}x^2+7$이라 하고 함수 $f(x)$의 극대·극소를 찾자.

함수 $f(x)=x^3-\dfrac{3n}{2}x^2+7$이라 하면

$f'(x)=3x^2-3nx=3x(x-n)$이므로

$f'(x)=0$에서 $x=0$ 또는 $x=n$이다.

따라서 함수 $f(x)$의 증가와 감소를 표로 나타내면 다음과 같다.

x	$\cdots$	0	$\cdots$	n	$\cdots$
$f'(x)$	$+$	0	$-$	0	$+$
$f(x)$	↗	극대	↘	극소	↗

이때, $f(0)=7$, $f(n)=7-\dfrac{n^3}{2}$이다.

↳ 최고차항의 계수가 양수인 삼차함수 $f(x)$의 도함수 $f'(x)$에 대하여 $f'(x)=0$을 만족시키는 서로 다른 x의 값이 2개일 때, 두 x의 값 중 작은 값에서 극댓값, 큰 값에서 극솟값을 가져.

2nd $n=1$일 때 조건을 만족시키는지 살펴 보자.

$n=k$일 때 $f_k(x)=x^3-\dfrac{3k}{2}x^2+7$이라 하자.

$n=1$일 때, 함수 $y=f(x)$의 그래프를 그리고 방정식의 1보다 큰 실근의 개수가 2인

주의 함수 $y=f(x)$의 그래프와 x축이 실수 전체의 집합에서 서로 다른 두 점에서 만나야 하는 것이 아니라, $x>1$인 부분에서 서로 다른 두 점에서 만나야 한다는 점을 주의해.

조건을 찾아 보자.

$n=1$이면 $f_1(x)=x^3-\dfrac{3}{2}x^2+7$이므로 함수 $y=f_1(x)$의 그래프는 다음과 같다.

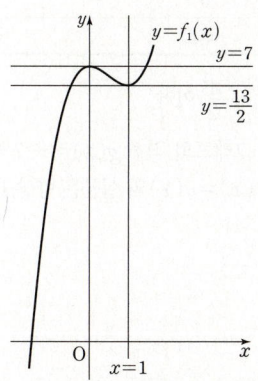

이때, 함수 $y=f_1(x)$의 그래프가 x축과 만나는 점의 x좌표가 0보다 작으므로 방정식 $f_1(x)=0$의 1보다 큰 실근은 없다.

3rd $n>1$일 때, 1보다 큰 실근의 개수가 2가 되도록 하는 함수 $f(x)$의 조건을
　　찾아 보자.

$n>1$인 자연수이면 $f_n(x)=x^3-\dfrac{3n}{2}x^2+7$이므로

방정식 $f_n(x)=0$이 1보다 큰 서로 다른 두 실근을 가지려면
$f_n(n)<0<f_n(1)$을 만족시켜야 한다.

이때, $f_n(n)=7-\dfrac{n^3}{2}$, $f_n(1)=8-\dfrac{3n}{2}$이므로

$$7-\dfrac{n^3}{2}<0<8-\dfrac{3n}{2}$$

$$\Leftrightarrow \begin{cases} n^3>14 \\ 16>3n \end{cases} \Rightarrow \begin{cases} n=3,\,4,\,5,\,6,\,7,\,\cdots \\ n=1,\,2,\,3,\,4,\,5 \end{cases}$$

따라서 두 부등식을 만족시키는 n의 값은 3, 4, 5이므로
조건을 만족시키는 자연수 n의 값의 합은 $3+4+5=12$이다.

참고 그림: $n=1,2,3,4,\cdots$로 변할 때 함수 $y=f_n(x)$의 그래프의 개형의 변화
　　　　　살펴 보기

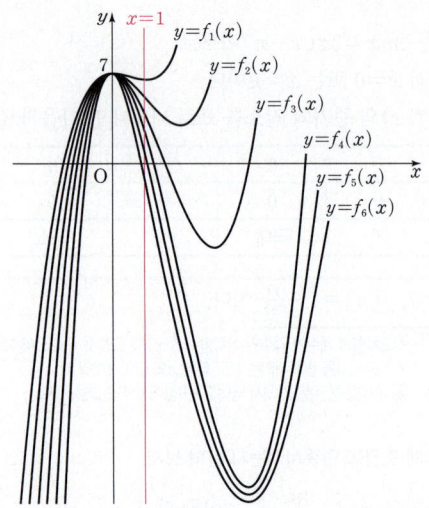

🧩 **다른 풀이:** $f(x)=x^3-\dfrac{3n}{2}x^2$, $g(x)=-7$이라 하고 두 함수
　　　　　　$f(x),g(x)$의 $x>1$인 교점 찾기

$f(x)=x^3-\dfrac{3n}{2}x^2$이므로 $f'(x)=3x^2-3nx=3x(x-n)$이고,

$f'(x)=0$에서 $x=0$ 또는 $x=n$이야.
따라서 함수 $f(x)$의 증가와 감소를 표로 나타내면 다음과 같아.

x	$\cdots$	0	$\cdots$	n	$\cdots$
$f'(x)$	$+$	0	$-$	0	$+$
$f(x)$	↗	극대	↘	극소	↗

이때, $f(0)=0$, $f(n)=-\dfrac{n^3}{2}$이야.

$n=1$이면 함수 $f(x)$의 그래프와 직선 $g(x)=-7$의 교점의 x좌표는
1보다 작으므로 방정식 $f(x)=g(x)$의 실근은 항상 1보다 작아서 조건을
만족시키지 않아.

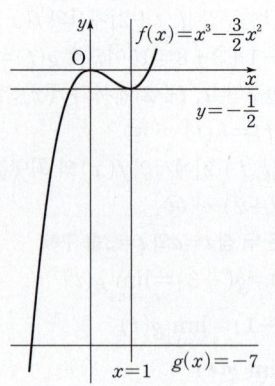

$n>1$인 자연수일 때, $f_n(x)=x^3-\dfrac{3n}{2}x^2$이라 하면

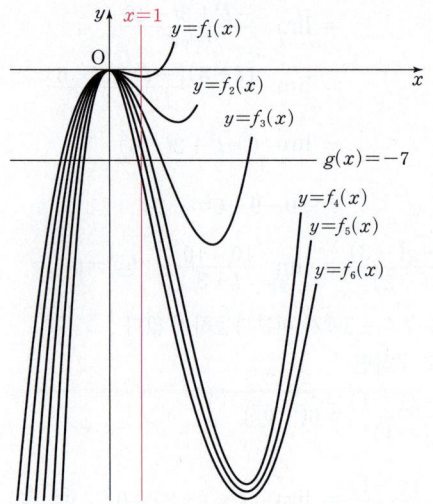

방정식 $f_n(x)=g(x)$의 해가 1보다 크려면
$f_n(n)<-7<f_n(1)$이어야 해.

$f_n(n)=-\dfrac{n^3}{2}$, $f_n(1)=1-\dfrac{3n}{2}$이므로

$$-\dfrac{n^3}{2}<-7<1-\dfrac{3n}{2} \Leftrightarrow \begin{cases} n^3>14 \\ 16>3n \end{cases}$$

따라서 두 부등식을 만족시키는 n의 값은 3, 4, 5이므로
조건을 만족시키는 자연수 n의 값의 합은 12야.

정답 공식: $g(x)$가 실수 전체의 집합에서 연속이려면 $x=a$에서 연속이면 되므로, 이 조건에서 $2f(a)=t$인 교점의 개수가 $h(t)$임을 이용해 $h(t)=3$인 모든 정수 t의 개수를 센다.

함수 $f(x)=x^3+3x^2-9x$가 있다. 실수 t에 대하여 함수

$$g(x)=\begin{cases} f(x) & (x<a) \\ t-f(x) & (x\ge a) \end{cases}$$

단서: 삼차함수 $f(x)$는 모든 실수에 대하여 연속이므로 함수 $g(x)$가 실수 전체의 집합에서 연속이려면 $x=a$에서 연속임을 확인하면 돼.

가 실수 전체의 집합에서 연속이 되도록 하는 실수 a의 개수를 $h(t)$라 하자. 예를 들어 $h(0)=3$이다. $h(t)=3$을 만족시키는 모든 정수 t의 개수는? (4점)

① 55 ② 57 ③ 59 ④ 61 ⑤ 63

1st $f(x)$의 그래프를 그리자.

$f(x)=x^3+3x^2-9x$에서 $f'(x)=3x^2+6x-9=3(x+3)(x-1)$

$f'(x)=0$에서 $x=-3$ 또는 $x=1$이므로 $f(x)$의 증가와 감소를 표로 나타내면 다음과 같다.

x	$\cdots$	-3	$\cdots$	1	$\cdots$
$f'(x)$	$+$	0	$-$	0	$+$
$f(x)$	↗	27	↘	-5	↗

즉, 함수 $f(x)$는 $x=-3$에서 극댓값 27, $x=1$에서 극솟값 -5를 가지므로 함수 $y=f(x)$의

$f(-3)=(-3)^3+3\cdot(-3)^2-9\cdot(-3)=-27+27+27=27$
$f(1)=1+3\cdot1-9\cdot1=-5$

그래프는 그림과 같다.

2nd $g(x)$가 실수 전체의 집합에서 연속이 되려면 a가 어떤 값을 가져야 하는지 찾아.

이때, 함수 $g(x)$가 실수 전체 집합에서 연속이려면 $x=a$에서 연속이면 되므로

$f(x)$가 삼차함수이고 다항함수는 모든 실수의 집합에서 연속이므로 $f(x), t-f(x)$는 각각 그 구간에 연속이야.

$f(a)=t-f(a)$여야 한다.

즉, 실수 a가 두 함수 $f(x)$와 $t-f(x)$의 그래프의 교점의 x좌표여야 하므로 $f(x)=t-f(x)$, 즉 방정식 $f(x)=\dfrac{t}{2}$를 만족시키는 실수 x의 개수가 $h(t)$가 된다.

방정식 $f(x)=g(x)$의 서로 다른 실근의 개수는 두 함수 $y=f(x), y=g(x)$의 그래프의 서로 다른 교점의 개수와 같아.

3rd $h(t)=3$이 되도록 하는 t의 범위를 구해.

따라서 $h(t)=3$이려면 그림에서 함수 $y=f(x)$의 그래프와 직선 $y=\dfrac{t}{2}$의 교점의 개수가 3이어야 하므로

$-5<\dfrac{t}{2}<27$

함수 $y=f(x)$의 그래프와 직선 $y=\dfrac{t}{2}$의 교점이 3개이려면 $\dfrac{t}{2}$의 값이 $f(x)$의 극댓값 27과 극솟값 -5 사이에 있어야 해.

$\therefore -10<t<54$

따라서 모든 정수 t의 개수는 $\underline{63}$이다.

$-10<t<54$인 정수 t의 개수는 $-9, -8, \cdots, -1, 0, 1, 2, \cdots, 53$에서 $10+53=63$이야.

정답 공식: 방정식 $f(x)=0$의 실근은 함수 $y=f(x)$의 그래프가 x축과 만나는 점의 x좌표이다. 또한, 세 다항함수 $f(x), g(x), h(x)$에 대하여
$\{f(x)g(x)h(x)\}'=f'(x)g(x)h(x)+f(x)g'(x)h(x)+f(x)g(x)h'(x)$
이다.

사차함수 $f(x)=k(x-1)(x-a)(x-a+1)(x-a+2)\ (k>0)$ 가 다음 조건을 만족시킨다.

단서 1: 사차방정식 $f(x)=0$, 즉 $k(x-1)(x-a)(x-a+1)(x-a+2)=0$이 서로 다른 세 실근을 가지므로 네 실근 $1, a, a-1, a-2$ 중 2개가 같음을 알 수 있어. 따라서 사차함수 $y=f(x)$의 그래프와 x축이 접하는 점이 하나 존재해.

(가) 사차방정식 $f(x)=0$은 서로 다른 세 실근을 갖는다.
(나) 함수 $f(x)$의 두 극솟값의 곱은 25이다.

단서 2: 두 극솟값은 모두 0이 아님을 알 수 있지.

두 상수 a, k에 대하여 ak의 값은? (4점)

① 30 ② 40 ③ 45 ④ 50 ⑤ 60

1st 사차방정식 $f(x)=0$이 서로 다른 세 실근을 갖도록 하는 a의 값을 찾자.

사차방정식 $f(x)=0$, 즉 $k(x-1)(x-a)(x-a+1)(x-a+2)=0$의 근은 $x=1$ 또는 $x=a$ 또는 $x=a-1$ 또는 $x=a-2$이다.

이때, 조건 (가)에서 사차방정식 $f(x)=0$이 서로 다른 세 실근을 갖는다고 했으므로 위의 네 근 중 두 근이 같음을 알 수 있다.

그런데 $a, a-1, a-2$는 서로 다른 값이므로 $a, a-1, a-2$의 값 중 하나가 1이어야 한다.

실수 ⑤: $a=1, a-1=1, a-2=1$인 경우로 각각 나눠서 문제를 푸는 것보다, 주어진 조건들을 바탕으로 사차함수 $f(x)$의 개형을 그려봐서 $a-1=1$임을 알아내는 것이 훨씬 효율적이야. 이런 문제들은 먼저 경우를 나누는 것보다는 개형을 먼저 그려보는 게 좋아.

즉, 사차함수 $y=f(x)$의 그래프는 $x=1$인 점에서 x축에 접하고, 조건 (나)에 의해 사차함수 $f(x)$가 0이 아닌 두 극솟값을 가져야 하므로 함수 $y=f(x)$의 그래프의 개형은 다음 그림과 같아야 한다.

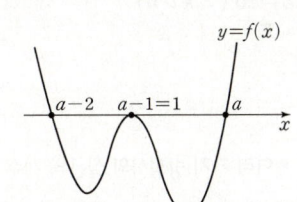

$a, a-1, a-2$의 값 중 하나가 1인 경우에 대하여 $y=f(x)$의 그래프의 개형을 각각 그려보자.
(i) $a=1$일 때
(ii) $a-1=1$, 즉 $a=2$일 때
(iii) $a-2=1$, 즉 $a=3$일 때

(i)~(iii) 중 조건 (나)를 만족시킬 수 있는 것은 (ii)야.

따라서 $a-1=1$에서 $a=2$이고

$a-2<a-1<a$이고 $a-1$이 중근이므로 $a-1=1$이 성립하지.

$a-2=2-2=0$이므로

$f(x)=kx(x-1)^2(x-2)$이다.

2nd 조건 (나)를 이용하여 k의 값을 구해.

$f(x)=kx(x-1)^2(x-2)$에서

$f'(x)=k(x-1)^2(x-2)+kx\times2(x-1)\times(x-2)+kx(x-1)^2$
$=k(x-1)(x^2-3x+2+2x^2-4x+x^2-x)$
$=k(x-1)(4x^2-8x+2)$
$=2k(x-1)(2x^2-4x+1)$

$f'(x)=0$에서 $x=1$ 또는 $2x^2-4x+1=0$

즉, 위의 그림에서 함수 $f(x)$는 $x=1$에서 극댓값을 가지므로 $2x^2-4x+1=0$을 만족시키는 x의 값에서 극솟값을 갖는다.

따라서 이차방정식 $2x^2-4x+1=0$의 두 근을 α, β라 하면 함수 $f(x)$는 $x=\alpha, x=\beta$에서 극솟값을 갖고, $\alpha+\beta=2$, $\alpha\beta=\dfrac{1}{2}$이다.

이차방정식 $2x^2-4x+1=0$의 서로 다른 두 근이 α, β이므로 근과 계수의 관계에 의하여 $\alpha+\beta=-\dfrac{-4}{2}=2, \alpha\beta=\dfrac{1}{2}$

이때, 조건 (나)에서 두 극솟값의 곱이 25이므로

$f(\alpha) \times f(\beta) = 25$에서

$f(\alpha) \times f(\beta) = \{k\alpha(\alpha-1)^2(\alpha-2)\} \times \{k\beta(\beta-1)^2(\beta-2)\}$

$= k^2\alpha\beta(\alpha-1)^2(\beta-1)^2(\alpha-2)(\beta-2)$

$= k^2\alpha\beta\{\alpha\beta-(\alpha+\beta)+1\}^2\{\alpha\beta-2(\alpha+\beta)+4\}$

$\underbrace{}_{}$ $(\alpha-1)^2(\beta-1)^2$

$= k^2 \times \dfrac{1}{2} \times \left(\dfrac{1}{2}-2+1\right)^2 \times \left(\dfrac{1}{2}-4+4\right)$ $\quad = \{(\alpha-1)(\beta-1)\}^2$ $= (\alpha\beta-\alpha-\beta+1)^2$

$= k^2 \times \dfrac{1}{2} \times \dfrac{1}{4} \times \dfrac{1}{2} = \dfrac{k^2}{16} = 25$

$k^2 = 400 \qquad \therefore k = 20 \; (\because k>0)$

따라서 $a=2, k=20$이므로

$ak = 2 \times 20 = 40$

🌟 톡톡 풀이: 함수 $f(x)$를 x축의 방향으로 평행이동한 함수의 극솟값을 구해 조건 (나)를 만족시키는 k의 값 구하기

2nd 에서 함수 $f(x)=kx(x-1)^2(x-2)$의 그래프를 x축의 방향으로만 평행이동하면 극솟값에는 변함이 없지?

따라서 계산을 쉽게 하기 위해 $y=f(x)$의 그래프를 x축의 방향으로 -1만큼 평행이동한 함수를 $g(x)$라 하면 $\quad \rightarrow x$ 대신에 $x+1$을 대입!

$g(x) = k(x+1)(x+1-1)^2(x+1-2) = kx^2(x^2-1)$

$g'(x) = 2kx(x^2-1) + kx^2 \times 2x = 2kx(2x^2-1)$

$g'(x)=0$에서 $x=0$ 또는 $x=\pm\dfrac{1}{\sqrt{2}}$이므로

함수 $g(x)$는 $x=\pm\dfrac{1}{\sqrt{2}}$에서 극솟값을 가지게 돼.

즉, $g\left(\dfrac{1}{\sqrt{2}}\right) \times g\left(-\dfrac{1}{\sqrt{2}}\right) = 25$에서

$\quad \rightarrow$ 두 함수 $f(x), g(x)$의 극값은 같아.

$\left\{k \times \dfrac{1}{2} \times \left(\dfrac{1}{2}-1\right)\right\} \times \left\{k \times \dfrac{1}{2} \times \left(\dfrac{1}{2}-1\right)\right\} = 25$

$\dfrac{k^2}{16}=25, k^2=400 \qquad \therefore k=20 \; (\because k>0)$

(이하 동일)

E 160 정답 ① ＊여러 가지 방정식의 실근의 개수 [정답률 51%]

> **정답 공식:** 두 함수 $f(x), g(x)$가 연속이라는 조건과 조건 (가), (나)를 이용하여 $f(0), f(1), f(2)$의 함숫값을 구한 후, 열린구간 $(0, 2)$에서 함수 $y=f(x)$의 그래프의 개형을 추측한다.

실수 전체의 집합에서 연속인 두 함수 $f(x), g(x)$가 다음 조건을 만족시킨다.

> 단서1 $x=0$을 $f(x)+f(-x)=1$에 대입하면 $f(0)$의 값을 구할 수 있어.

(가) 모든 실수 x에 대하여 $f(x)+f(-x)=1$이다.

(나) $x^2-x-2 \neq 0$일 때, $g(x) = \dfrac{2f(x)-7}{x^2-x-2}$이다.

> 단서2 실수 전체의 집합에서 $g(x) = \dfrac{2f(x)-7}{x^2-x-2}$은 연속이므로 $\lim\limits_{x \to 2} g(x)$의 값과 $\lim\limits_{x \to -1} g(x)$의 값은 존재해야 해.

방정식 $f(x)=k$가 반드시 열린구간 $(0, 2)$에서 적어도 2개의 실근을 갖도록 하는 정수 k의 개수는? (4점)

> 단서3 방정식 $f(x)=k$의 실근의 개수는 함수 $y=f(x)$의 그래프와 직선 $y=k$의 교점의 개수와 같아. 열린구간 $(0, 2)$에서 함수 $y=f(x)$의 그래프 개형을 추측해야 직선 $y=k$와의 교점의 개수를 파악할 수 있었지?

① 3   ② 4   ③ 5   ④ 6   ⑤ 7

1st 주어진 조건을 이용하여 $f(0), f(1), f(2)$의 값을 각각 구하자.

조건 (가)의 양변에 $x=0$을 대입하면 $f(0)+f(0)=1$에서 $f(0)=\dfrac{1}{2}$

함수 $g(x)$는 실수 전체의 집합에서 연속이므로 $\lim\limits_{x \to 2} g(x)$의 값과 $\lim\limits_{x \to -1} g(x)$의 값이 존재해야 한다.

> $\rightarrow x=a$에서 함수 $g(x)$가 연속이기 위해서는 $\lim\limits_{x \to a} g(x)$의 값이 존재해야 하고, $\lim\limits_{x \to a} g(x) = g(a)$가 성립해야 해. 이 문제에서는 $\lim\limits_{x \to a} g(x) = g(a)$까지 확인할 필요는 없어.

$\lim\limits_{x \to 2} g(x) = \lim\limits_{x \to 2} \dfrac{2f(x)-7}{x^2-x-2} = \lim\limits_{x \to 2} \dfrac{2f(x)-7}{(x-2)(x+1)}$의 극한값이

> $\rightarrow x \to 2$일 때의 극한값이 존재하고 $x \to 2$일 때 (분모)$\to$0이므로 (분자)$\to$0이어야 해.

존재하려면 $\lim\limits_{x \to 2}\{2f(x)-7\}=0$에서 $2f(2)-7=0$이어야 한다.

> $\rightarrow$ 함수 $f(x)$가 실수 전체의 집합에서 연속이므로 $\lim\limits_{x \to 2} f(x)$의 값이 존재하고, $\lim\limits_{x \to 2} f(x) = f(2)$야.
> 따라서 $\lim\limits_{x \to 2}\{2f(x)-7\} = 2\lim\limits_{x \to 2} f(x)-7 = 2f(2)-7$

$\therefore f(2) = \dfrac{7}{2}$

마찬가지로

$\lim\limits_{x \to -1} g(x) = \lim\limits_{x \to -1} \dfrac{2f(x)-7}{x^2-x-2} = \lim\limits_{x \to -1} \dfrac{2f(x)-7}{(x-2)(x+1)}$의 극한값이

존재하려면 $\lim\limits_{x \to -1}\{2f(x)-7\}=0$에서 $2f(-1)-7=0$이어야 한다.

$\therefore f(-1) = \dfrac{7}{2}$

조건 (가)의 양변에 $x=1$을 대입하면 $f(1)+f(-1)=1$이므로

$f(1) = 1-f(-1) = 1-\dfrac{7}{2} = -\dfrac{5}{2}$

2nd 함수 $y=f(x)$의 그래프 개형을 추측하여 조건을 만족시키는 정수 k의 개수를 구해 봐.

함수 $f(x)$는 실수 전체의 집합에서 연속이고,

$f(0) = \dfrac{1}{2} > 0, f(1) = -\dfrac{5}{2} < 0, f(2) = \dfrac{7}{2} > 0$

이므로 방정식 $f(x)=0$은 열린구간 $(0, 1)$에서 적어도 하나의 실근을, 열린구간 $(1, 2)$에서 적어도 하나의 실근을 갖는다.

> [사잇값의 정리]
> 함수 $f(x)$가 닫힌구간 $[a,b]$에서 연속이고, $f(a) \neq f(b)$이면 $f(a)$와 $f(b)$ 사이에 있는 임의의 값 k에 대하여 $f(c)=k$인 c가 열린구간 (a, b)에서 적어도 하나 존재해.

이때, 방정식 $f(x)=0$이 열린구간 $(0, 1)$과 열린구간 $(1, 2)$에서 각각 1개의 실근을 가질 때의 함수 $y=f(x)$의 그래프 개형은 다음과 같다.

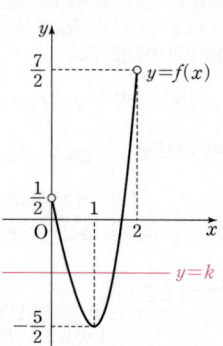

따라서 방정식 $f(x)=k$가 반드시 열린구간 $(0, 2)$에서 적어도 2개의 실근을 갖도록 하는 실수 k의 값의 범위는 $-\dfrac{5}{2} < k < \dfrac{1}{2}$이므로 구하는

> $\rightarrow$ 방정식 $f(x)=k$의 실근의 개수는 함수 $y=f(x)$의 그래프와 직선 $y=k$의 교점의 개수와 같으므로 함수 $y=f(x)$의 그래프와 직선 $y=k$의 교점의 개수가 적어도 2개일 때의 경우를 생각해야 해.

정수 k의 개수는 $-2, -1, 0$의 3이다.

> **주의** 열린구간 $(0, 2)$에서의 실근의 개수를 생각해야 하므로 조건을 만족시키는 실수 k의 값에 $\dfrac{1}{2}$을 포함시키면 안 된다는 것을 주의하자.

E 161 정답 ② *방정식에의 활용 ──────── [정답률 37%]

(정답 공식: 두 그래프를 그린 후, 교점이 세 개일 k의 조건을 구한다.)

방정식 $|x^2-2x-6|=|x-k|+2$가 서로 다른 세 실근을 갖도

단서 방정식 $|x^2-2x-6|=|x-k|+2$가 서로 다른 세 실근을 가지려면 두 함수
$y=|x^2-2x-6|$, $y=|x-k|+2$의 그래프가 서로 다른 세 점에서 만나야 해.

록하는 모든 실수 k의 값의 합은? (4점)

① 1   ② 2   ③ 3

④ 4   ⑤ 5

1st 두 함수 $y=|x^2-2x-6|$, $y=|x-k|+2$의 그래프를 이용하여 세 점에서 만나도록 하는 경우를 생각해보자.

방정식 $|x^2-2x-6|=|x-k|+2$가 서로 다른 세 실근을 가지려면 두 함수 $y=|x^2-2x-6|$, $y=|x-k|+2$의 그래프가 서로 다른 세 점에서 만나야 한다.

먼저 함수 $y=|x^2-2x-6|$의 그래프를 그려보자.

$y=|x^2-2x-6|$의 그래프는 $y=x^2-2x-6=(x-1)^2-7$의 그래프에서 x축의 아랫부분을 x축에 대하여 대칭이동한 것이므로 그 그래프는 [그림 1]과 같다.

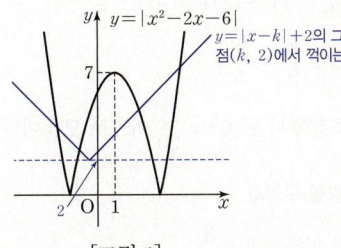

$y=|x-k|+2$의 그래프는
점 $(k, 2)$에서 꺾이는 V자 모양이야.

[그림 1]

이때, $y=|x-k|+2$의 그래프는 $y=|x|$의 그래프를 x축의 방향으로 k만큼, y축의 방향으로 2만큼 평행이동시킨 것이므로

두 함수 $y=|x^2-2x-6|$, $y=|x-k|+2$의 그래프가 서로 다른 세 점에서 만나려면 $y=|x-k|+2$의 그래프가 $y=|x^2-2x-6|$의 그래프에 접해야 한다.

2nd $k<1$인 경우 두 함수의 그래프가 접하도록 하는 k의 값을 구해.

함수 $y=|x^2-2x-6|=|(x-1)^2-7|$의 그래프의 축이 $x=1$이지?
즉, $y=|x-k|+2$의 그래프가 꺾이는 점 $(k, 2)$의 x좌표인 k의 값을 1을 기준으로 나눈 거야.

$k<1$일 때
$y=|x-k|+2$의 그래프가 $y=|x^2-2x-6|$의 그래프에 접하는 경우는 [그림 2]와 같다.

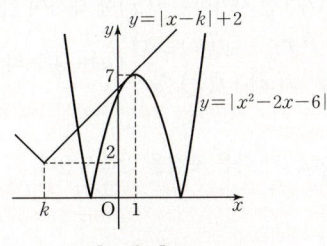

[그림 2]

즉, 곡선 $y=-x^2+2x+6$과 기울기가 양수인 직선 $y=x-k+2$가 접해야 한다.

그림에서 보면 곡선과 직선이 접하는 부분은 $y=|x^2-2x-6|$의 그래프에서 위로 볼록한 부분이야. 즉, $y=x^2-2x-6$의 그래프를 x축에 대하여 대칭이동한 $y=-x^2+2x+6$의 그래프와 직선이 접하게 돼.

접점의 좌표를 $(a, -a^2+2a+6)$이라 하면 $y=-x^2+2x+6$에서 $y'=-2x+2$이므로 접선의 기울기는 $-2a+2$이다.

$-2a+2=①$ $\therefore a=\dfrac{1}{2}$

직선 $y=x-k+2$의 기울기야.

이때, 접점의 좌표는 $\left(\dfrac{1}{2}, \dfrac{27}{4}\right)$이고,

$a=\dfrac{1}{2}$일 때,
$-a^2+2a+6$
$=-\left(\dfrac{1}{2}\right)^2+2\times\dfrac{1}{2}+6=\dfrac{27}{4}$

이 접점이 직선 $y=x-k+2$ 위의 점이므로

$\dfrac{27}{4}=\dfrac{1}{2}-k+2$

$\therefore k=-\dfrac{17}{4}$

3rd $k>1$인 경우 두 함수의 그래프가 접하도록 하는 k의 값을 구해.

$k>1$일 때
$y=|x-k|+2$의 그래프가 $y=|x^2-2x-6|$의 그래프에 접하는 경우는 [그림 3]과 같다.

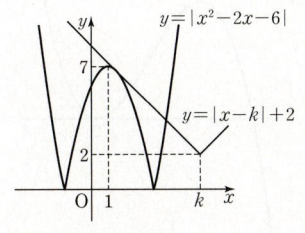

[그림 3]

즉, 곡선 $y=-x^2+2x+6$과 기울기가 음수인 직선 $y=-x+k+2$가 접해야 한다.

접점의 좌표를 $(b, -b^2+2b+6)$이라 하면 접선의 기울기는 $-2b+2$

$y'=-2x+2$에 $x=b$를 대입!

이므로

직선 $y=-x+k+6$의 기울기야.

$-2b+2=-1$ $\therefore b=\dfrac{3}{2}$

이때, 접점의 좌표는 $\left(\dfrac{3}{2}, \dfrac{27}{4}\right)$이고,

$b=\dfrac{3}{2}$일 때,
$-b^2+2b+6$
$=-\left(\dfrac{3}{2}\right)^2+2\times\dfrac{3}{2}+6=\dfrac{27}{4}$

이 접점이 직선 $y=-x+k+2$ 위의 점이므로

$\dfrac{27}{4}=-\dfrac{3}{2}+k+2$ $\therefore k=\dfrac{25}{4}$

따라서 구하는 모든 k의 값의 합은

$-\dfrac{17}{4}+\dfrac{25}{4}=2$

E 162 정답 90 *삼차함수의 유추 ──────── [정답률 40%]

정답 공식: 상수 a, b, c에 대하여 삼차함수 $f(x)=a(x-b)^2(x-c)$이면 함수 $y=f(x)$의 그래프의 개형은 $x=b$에서 x축에 접하면서 극값을 가지고, $x=c$에서 x축과 만난다.

양수 k에 대하여 최고차항의 계수가 5인 삼차함수 $f(x)$와 삼차함수 $g(x)$가 다음 조건을 만족시킨다.

(가) $f(x)$는 $x=2$에서 극소이다. **단서1** $f'(2)=0$

(나) 모든 실수 x에 대하여
$f(x)g(x)=(x-1)^2(x-2)^2(x-k)^2$이다.
단서2 삼차함수 $f(x)$의 최고차항의 계수가 5이므로 삼차함수 $g(x)$의 최고차항의 계수는 $\dfrac{1}{5}$이야.

$g'(0)=\dfrac{21}{20}$일 때, $60k$의 값을 구하시오. (5점)

1st 삼차함수 $f(x)$의 경우를 나누어 각각에서 양수 k의 값을 구하자.

조건 (가)에서 $f'(2)=0$이므로 $f(x)$가 일차식 $x-2$만 인수로 가지게 되면 $x=2$에서 극소가 될 수 없다.

그래프가 $x=2$에서 x축을 지나가는 경우이므로 극값을 가질 수 없어.

$x=2$에서 극소가 되는 경우는 이차식 $(x-2)^2$을 인수로 가지는 경우와 $x-2$를 인수로 가지지 않는 경우뿐이다.

<u>극대에서 x축에 접하는 경우</u>

두 조건 (가), (나)를 만족시키는 삼차함수 $f(x)$는 다음과 같이 세 가지의 경우가 나온다. 각각의 경우에 대하여 양수 k의 값을 구하자.

(i) $f(x)=5(x-1)(x-2)^2$인 경우

함수 $y=f(x)$의 그래프의 개형은 다음과 같다.

함수 $f(x)=5(x-1)(x-2)^2$이므로 $y=f(x)$의 그래프의 개형은 $x=2$에서 x축에 접하면서 극값을 가지고, $x=1$에서 x축과 만나.

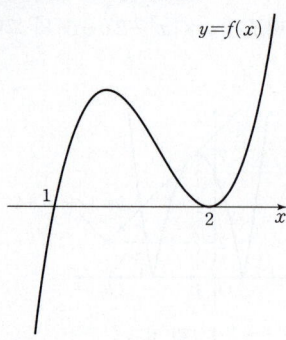

조건 (나)에 의하여 $g(x)=\dfrac{1}{5}(x-1)(x-k)^2$

$g'(x)=\dfrac{1}{5}(x-k)^2+\dfrac{2}{5}(x-1)(x-k)$

$g'(0)=\dfrac{1}{5}k^2+\dfrac{2}{5}k=\dfrac{21}{20}$ $y=f(x)g(x)$일 때,
$y'=f'(x)g(x)+f(x)g'(x)$

$4k^2+8k=21$, $4k^2+8k-21=0$, $(2k-3)(2k+7)=0$

$\therefore k=\dfrac{3}{2}$ 또는 $k=-\dfrac{7}{2}$

이때 k가 양수이므로 $k=\dfrac{3}{2}$

(ii) $f(x)=5(x-k)(x-2)^2 \, (0<k<2)$인 경우

$f(x)$가 $x=2$에서 극소가 되기 위해서는 양수 k의 값이 2보다 작아야 해. $k=2$이면 함수 $f(x)$는 극값을 갖지 않고, $k>2$이면 함수 $f(x)$는 $x=2$에서 극대가 돼.

함수 $y=f(x)$의 그래프의 개형은 다음과 같아야 한다.

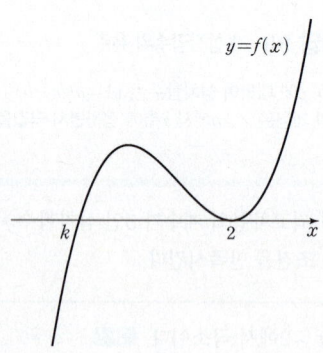

조건 (나)에 의하여 $g(x)=\dfrac{1}{5}(x-1)^2(x-k)$

$g'(x)=\dfrac{2}{5}(x-1)(x-k)+\dfrac{1}{5}(x-1)^2$

$g'(0)=\dfrac{2}{5}k+\dfrac{1}{5}=\dfrac{21}{20}$, $8k=21-4=17$

$\therefore k=\dfrac{17}{8}$

그런데 $0<k<2$를 만족시키지 않으므로 모순이다.

(iii) $f(x)=5(x-1)^2(x-k) \, (\underline{k>2})$인 경우

$f(x)$가 $x=2$에서 <u>극소가 되기</u> 위해서는 $k>2$가 되어야 해.

함수 $y=f(x)$의 그래프의 개형은 다음과 같아야 한다.

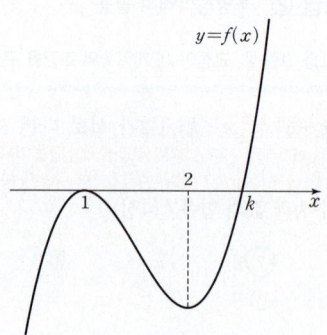

$f'(x)=10(x-1)(x-k)+5(x-1)^2$에서

$f'(2)=10(2-k)+5=25-10k$

이때 $f'(2)=0$이므로

$25-10k=0$ $\therefore k=\dfrac{5}{2}$

조건 (나)에 의하여 $g(x)=\dfrac{1}{5}(x-2)^2\left(x-\dfrac{5}{2}\right)$

$g'(x)=\dfrac{2}{5}(x-2)\left(x-\dfrac{5}{2}\right)+\dfrac{1}{5}(x-2)^2$

$g'(0)=\dfrac{2}{5}\times(-2)\times\left(-\dfrac{5}{2}\right)+\dfrac{1}{5}\times(-2)^2$

$\qquad =2+\dfrac{4}{5}=\dfrac{14}{5}$

주어진 조건에서 $g'(0)=\dfrac{21}{20}$이므로 모순이다.

2nd $60k$의 값을 구하자.

(i), (ii), (iii)에 의하여 $k=\dfrac{3}{2}$

$\therefore 60k=60\times\dfrac{3}{2}=90$

E 163 정답 ② ＊사차함수의 유추 ⋯⋯⋯⋯⋯ [정답률 38%]

정답 공식: 함수 $y=f(x)$의 그래프를 직선 $y=a$에 대하여 대칭이동시킨 그래프의 식은 $y=2a-f(x)$이다. 또한, 사차함수 $f(x)$에 대하여 $f'(k)=0$이지만 $x=k$에서 극값을 갖지 않으면 삼차방정식 $f'(x)=0$은 중근 $x=k$를 갖는다.

최고차항의 계수가 1인 사차함수 $f(x)$에 대하여 함수 $g(x)$를

$$g(x)=\begin{cases} f(x) & (f(x)\geq a) \\ 2a-f(x) & (f(x)<a) \end{cases} \ (a\text{는 상수})$$라 하자.

> **단서1** 함수 $y=2a-f(x)$의 그래프는 함수 $y=f(x)$의 그래프를 직선 $y=a$에 대하여 대칭이동한 거야.

두 함수 $f(x)$, $g(x)$가 다음 조건을 만족시킨다.

> **단서2** 함수 $g(x)$의 그래프는 $f(x)$의 그래프에 대한 대칭이동과 관련 있지? 즉, $x=4$에서만 미분가능하지 않다는 뜻은 그래프가 꺾이는 부분이 $x=4$ 이외에는 없다는 뜻이야.

(가) 함수 $g(x)$는 $x=4$에서만 미분가능하지 않다.

(나) 함수 $g(x)-f(x)$는 $x=\dfrac{7}{2}$에서 최댓값 $2a$를 가진다.

> **단서3** 그래프의 개형을 이용해 함수 $g(x)-f(x)$가 최댓값을 갖는 경우를 유추해보자.

$f\left(\dfrac{5}{2}\right)$의 값은? (4점)

① $\dfrac{5}{4}$ ② $\dfrac{3}{2}$ ③ $\dfrac{7}{4}$ ④ 2 ⑤ $\dfrac{9}{4}$

1st 조건 (가)를 만족시키는 사차함수 $f(x)$와 함수 $g(x)$의 그래프의 개형을 찾자.

$$g(x)=\begin{cases} f(x) & (f(x)\geq a) \\ 2a-f(x) & (f(x)<a) \end{cases}$$에서

함수 $y=2a-f(x)$의 그래프는 함수 $y=f(x)$의 그래프를 <u>직선 $y=a$에 대하여 대칭이동</u>한 것이다.

직선 $x=a$에 대한 대칭이동 : x 대신에 $2a-x$를 대입
직선 $y=a$에 대한 대칭이동 : y 대신에 $2a-y$를 대입

즉, <mark>함수 $y=g(x)$의 그래프는 함수 $y=f(x)$의 그래프에 대하여 직선 $y=a$의 윗부분은 그대로 두고 직선 $y=a$의 아랫부분은 직선 $y=a$에 대하여 대칭이동하여 그린 것이다.</mark>

함정 대칭이라는 말은 전혀 들어있지 않지만 $2a-f(x)$가 무슨 의미인지 파악할 수 있어야 해. 대칭에 관련된 관계식들은 꼭 기억해두자.

그런데 최고차항의 계수가 양수인 사차함수 $f(x)$가 극댓값과 극솟값을 모두 가지면 [그림 1]과 같이 함수 $g(x)$의 그래프가 꺾이는 점, 즉 미분 가능하지 않은 점은 0개 또는 2개 또는 4개가 된다.

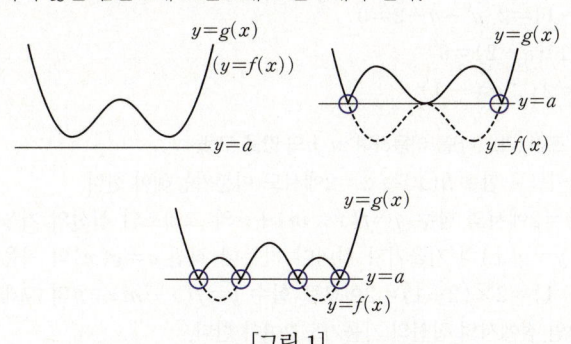

[그림 1]

따라서 조건 (가)에서 함수 $g(x)$가 $x=4$인 한 점에서만 미분가능하지 않으려면 사차함수 $f(x)$는 극댓값은 없고 극솟값을 1개만 가져야 하고, 함수 $y=f(x)$의 그래프와 직선 $y=a$가 접하며, $f(4)=a$여야 하므로 함수 $f(x)$와 $g(x)$의 그래프의 개형은 [그림 2]와 같다. …… (＊)

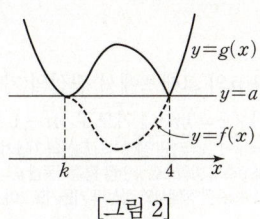

[그림 2]

2nd 조건 (나)를 이용해 $f(x)$의 식을 구하자.

[그림 2]와 같이 함수 $y=f(x)$의 그래프와 직선 $y=a$가 $x=k$인 점에서 접하고 $x=4$인 점에서 만난다고 하면 방정식 $f(x)=a$는 삼중근 $x=k$와 실근 $x=4$를 갖는다.

즉, $f(x)=(x-k)^3(x-4)+a$라 놓을 수 있다.

한편, $g(x)-f(x)=h(x)$라 하면

$$h(x)=\begin{cases} 0 & (f(x)\geq a) \\ 2a-2f(x) & (f(x)<a) \end{cases}$$

> 최고차항의 계수가 1인 사차함수 $y=f(x)$의 그래프와 직선 $y=a$가 $x=k$인 점에서 접하고 $x=4$인 점에서 만나므로 사차방정식 $f(x)=a$, 즉 $f(x)-a=0$의 서로 다른 두 실근은 $x=k$와 $x=4$뿐이야.
> 따라서 $f(x)-a=(x-k)^3(x-4)$에서 $f(x)=(x-k)^3(x-4)+a$가 되는 거야.

$f(x)\geq a$일 때, $g(x)=f(x)$이므로
$h(x)=g(x)-f(x)=f(x)-f(x)=0$
$f(x)<a$일 때, $g(x)=2a-f(x)$이므로
$h(x)=g(x)-f(x)=2a-f(x)-f(x)=2a-2f(x)$

이므로 함수 $y=h(x)$의 그래프의 개형은 [그림 3]과 같다.

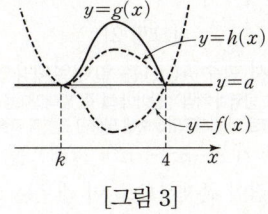

[그림 3]

이때, 조건 (나)에서 함수 $h(x)$가 $x=\dfrac{7}{2}$에서 최댓값을 갖는다고 했으므로 위의 그림에서 확인하면 함수 $f(x)$는 $x=\dfrac{7}{2}$에서 극솟값을 가짐을 알 수 있다.

또, $x=\dfrac{7}{2}$에서 함수 $h(x)$의 최댓값이 $2a$이므로

$$2a-2f\left(\dfrac{7}{2}\right)=2a \qquad \therefore f\left(\dfrac{7}{2}\right)=0$$

따라서 주어진 조건을 만족시키는 사차함수 $f(x)$의 그래프의 개형은 [그림 4]와 같다.

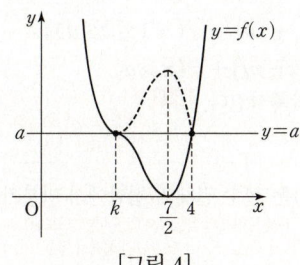

[그림 4]

$f(x)=(x-k)^3(x-4)+a$에서
$$f'(x)=3(x-k)^2(x-4)+(x-k)^3$$
$$=(x-k)^2(4x-k-12)$$

함수 $f(x)$가 $x=\dfrac{7}{2}$에서 극솟값을 가지므로

$$4\times\dfrac{7}{2}-k-12=0 \qquad \therefore k=2$$

> $f'(x)=(x-k)^2(4x-k-12)=0$에서 $4x-k-12=0$을 만족시키는 x의 값에서 극솟값을 갖지?

$$\therefore f(x)=(x-2)^3(x-4)+a$$

3rd $f\left(\dfrac{7}{2}\right)=0$을 이용해 a의 값을 구하자.

$f\left(\dfrac{7}{2}\right)=0$이므로 $f(x)=(x-2)^3(x-4)+a$에 $x=\dfrac{7}{2}$을 대입하면

$$f\left(\dfrac{7}{2}\right)=\left(\dfrac{7}{2}-2\right)^3\times\left(\dfrac{7}{2}-4\right)+a$$
$$=\dfrac{27}{8}\times\left(-\dfrac{1}{2}\right)+a=0$$
$$\therefore a=\dfrac{27}{16}$$

따라서 $f(x)=(x-2)^3(x-4)+\dfrac{27}{16}$이므로

$$f\left(\dfrac{5}{2}\right)=\left(\dfrac{5}{2}-2\right)^3\times\left(\dfrac{5}{2}-4\right)+\dfrac{27}{16}$$
$$=\dfrac{1}{8}\times\left(-\dfrac{3}{2}\right)+\dfrac{27}{16}$$
$$=\dfrac{3}{2}$$

수능 핵강

＊[그림 2]에서 $a>0$인 경우로 그린 이유

(＊)에서 왜 $a>0$인 경우로 그렸는지 확인해보자.

2nd 에서 $h(x)=\begin{cases} 0 & (f(x)\geq a) \\ 2a-2f(x) & (f(x)<a) \end{cases}$라 했지?

그런데 $f(x)\geq a$일 때 $h(x)=0$이고, $f(x)<a$, 즉 $f(x)-a<0$일 때 $h(x)=2a-2f(x)>0$이므로 $h(x)$는 항상 0 이상이야.

따라서 조건 (나)에서 함수 $g(x)-f(x)$, 즉 <u>$h(x)$가 최댓값 $2a$를 가진다고 했으므로 a는 음수일 수 없어.</u>

> **정답 공식:** 미분가능한 점에서는 그래프가 꺾이지 않고 매끄럽게 연결되어야 한다. 즉, 그래프의 모양이 곡선에서 직선으로 바뀌는 점에서 미분가능하려면 그 점에서의 곡선의 접선의 기울기와 직선의 기울기가 같아야 한다.

함수 $f(x)=x^3-x$와 상수 $a(a>-1)$에 대하여 곡선 $y=f(x)$
단서 1 삼차함수 $f(x)=x^3-x$의 그래프를 그려봐.
위의 두 점 $(-1, f(-1))$, $(a, f(a))$를 지나는 직선을
$y=g(x)$라 하자. 함수

$$h(x)=\begin{cases} f(x) & (x<-1) \\ g(x) & (-1\le x\le a) \\ f(x-m)+n & (x>a) \end{cases}$$

가 다음 조건을 만족시킨다.   **단서 2** 함수 $f(x-m)+n$은 함수 $f(x)$를 x축의 방향으로 m만큼, y축의 방향으로 n만큼 평행이동한 거야.

> (가) 함수 $h(x)$는 실수 전체의 집합에서 미분가능하다.
> **단서 3** 함수 $h(x)$가 실수 전체의 집합에서 미분가능하므로 $h(x)$의 식이 바뀌는 점에서 미분가능하면 돼. 즉, $x=-1$, $x=a$인 점에서 함수 $h(x)$가 미분가능할 조건을 생각해야 해.
>
> (나) 함수 $h(x)$는 일대일대응이다.
> **단서 4** $y=f(x)$의 그래프를 그려보면 $x<-1$에서 $f(x)$가 증가하므로 함수 $h(x)$는 $x<-1$에서 증가함을 알 수 있어. 즉, 함수 $h(x)$가 일대일대응이려면 실수 전체의 집합에서 증가함수여야 해.

$m+n$의 값은? (단, m, n은 상수이다.) (4점)

① 1   ② 3   ③ 5
④ 7   ⑤ 9

1st 함수 $h(x)$의 그래프의 개형을 파악하자.

$f(x)=x^3-x=x(x+1)(x-1)$이므로 함수 $y=f(x)$의 그래프는 $x=-1$, $x=0$, $x=1$인 점에서 x축과 만난다.

또한, $f(-1)=0$, $f(a)=a^3-a$이므로 두 점 $(-1, 0)$, (a, a^3-a)를 지나는 직선 $y=g(x)$의 기울기는

$$\frac{(a^3-a)-0}{a-(-1)}=\frac{a(a+1)(a-1)}{a+1}=a(a-1)\ (\because a\ne-1)$$이다.
$a>-1$이니까 $a\ne-1$이야.

즉, 함수 $y=h(x)$의 그래프는 $x<-1$에서는 삼차함수 $y=f(x)$의 그래프인 곡선이고, $-1\le x\le a$에서는 기울기가 $a(a-1)$인 직선이며, $x>a$에서는 함수 $f(x)$의 그래프를 x축의 방향으로 m만큼, y축의 방향으로 n만큼 평행이동한 곡선이다.

2nd 조건 (가)를 이용하여 a의 값을 구해.

조건 (가)에서 함수 $h(x)$는 실수 전체의 집합에서 미분가능하므로 $x=-1$, $x=a$에서 미분가능해야 한다.

먼저, 함수 $h(x)$가 $x=-1$에서 미분가능하려면 $x=-1$인 점에서의 $y=f(x)$의 그래프의 접선의 기울기와 직선 $y=g(x)$의 기울기가 같아야 한다. 미분가능하려면 그 점에서의 좌우미분계수가 같아야 하지? 즉, 그래프의 모양이 곡선에서 직선 또는 직선에서 곡선으로 바뀌는 점에서 미분가능하려면 그 점에서의 곡선의 접선의 기울기와 직선의 기울기가 같아야 해.

따라서 함수 $y=f(x)$의 그래프와 $x=-1$에서 접하는 접선을 좌표평면 위에 나타내면 [그림 1]과 같다.

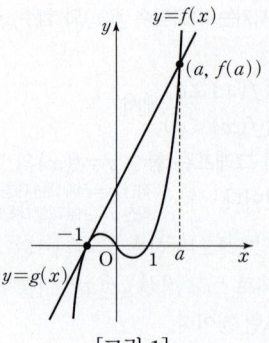

[그림 1]

$f(x)=x^3-x$에서 $f'(x)=3x^2-1$이므로
$f'(-1)=3\times(-1)^2-1=2$
즉, $x=-1$인 점에서의 함수 $y=f(x)$의 그래프의 접선의 기울기는 2이고, 직선 $y=g(x)$의 기울기는 $a(a-1)$이므로
$a(a-1)=2$, $a^2-a-2=0$
$(a+1)(a-2)=0$
$\therefore a=2\ (\because a\ne-1)$

3rd 조건 (가), (나)를 이용하여 m, n의 값을 구해.

$a=2$이므로 함수 $h(x)$는 $x=2$에서도 미분가능해야 한다.

즉, $x=2$에서의 함수 $y=f(x-m)+n$의 그래프의 접선의 기울기와 직선 $y=g(x)$의 기울기가 같아야 하는데 직선 $y=g(x)$의 기울기가 $a(a-1)=2\times(2-1)=2$이므로 함수 $y=f(x-m)+n$의 그래프의 $x=2$인 점에서의 접선의 기울기도 2여야 한다.

이때, 함수 $y=f(x-m)+n$의 그래프에서 접선의 기울기가 2인 점은 $y=f(x)$의 그래프에서 접선의 기울기가 2가 되는 점을 평행이동하여 찾으면 된다.

$f'(x)=3x^2-1$에서 $f'(x)=2$인 x의 값을 구하면
$3x^2-1=2$, $x^2=1$
$\therefore x=-1$ 또는 $x=1$

따라서 $y=f(x-m)+n$의 그래프에서 접선의 기울기가 2가 되는 점의 x좌표는 $x=m-1$ 또는 $x=m+1$이므로 $m-1$ 또는 $m+1$의 값이
함수 $y=f(x)$의 그래프에서 $x=-1$, $x=1$인 점에서의 접선의 기울기가 2이므로 $y=f(x)$의 그래프를 x축의 방향으로 m만큼, y축의 방향으로 n만큼 평행이동한 $y=f(x-m)+n$의 그래프에서 $x=-1+m$, $x=1+m$인 점에서의 접선의 기울기도 2야.
a의 값인 2여야 한다.

(i) $m-1=2$, 즉 $m=3$인 경우

점 $(-1, 0)$을 x축의 방향으로 $m=3$만큼, y축의 방향으로 n만큼 평행이동한 그래프는 [그림 2]와 같이 나타낼 수 있다.

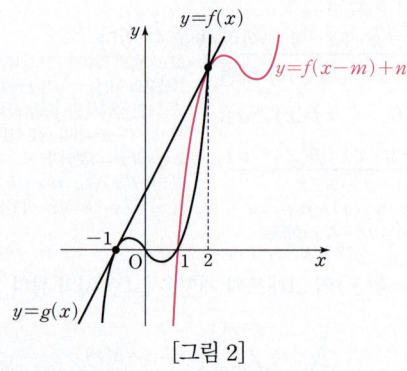

[그림 2]

그런데 조건 (나)에서 함수 $h(x)$는 일대일대응이어야 하는데,
일대일대응은 일대일 함수이고, 공역과 치역이 같아야 해. 즉, 일대일대응인 함수의 그래프는 계속 증가하거나 계속 감소해야 하므로 이 그래프와 x축에 평행한 직선의 교점의 개수는 항상 1이어야 하지.
위의 [그림 2]의 $y=f(x-m)+n$의 그래프를 보면 $x>2$에서 증가와 감소가 바뀌는 점이 존재하므로 이 경우는 조건 (나)를 만족시키지 않는다.

(ii) $m+1=2$, 즉 $m=1$인 경우

점 $(1, 0)$을 x축의 방향으로 $m=1$만큼, y축의 방향으로 n만큼 평행이동한 그래프는 [그림 3]과 같이 나타낼 수 있다.

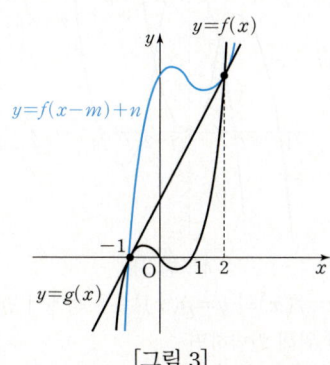

[그림 3]

위의 [그림 3]의 $y=f(x-m)+n$의 그래프를 보면 $x>2$에서 계속 증가하므로 이 경우는 조건 (나)를 만족시킨다.

(i), (ii)에 의해 $m=1$이다.

이때, $f(a)=f(2)=2^3-2=6$이므로 $y=f(x-1)+n$의 그래프는 점 $(2, 6)$을 지나야 한다.

따라서 $y=f(x)$의 그래프 위의 점 $(1, 0)$을 x축의 방향으로 1만큼, y축의 방향으로 n만큼 평행이동시킨 점의 좌표가 $(2, 6)$이므로 $n=6$이다.

$\therefore m+n=1+6=7$ $0+n=6$이 되어야 하므로 $n=6$이지.

E 165 정답 ①   ★1등급 대비 [정답률 16%]

✱방정식의 해와 미분계수 사이의 관계를 해석하여 조건을 만족시키는 두 이차함수의 식 구하기 [유형 07]

> 최고차항의 계수가 1인 두 이차다항식 $P(x)$, $Q(x)$에 대하여 두 함수 $f(x)=(x+4)P(x)$, $g(x)=(x-4)Q(x)$가 다음 조건을 만족시킨다.
>
> (가) $f'(-4)\neq0$, $f(4)\neq0$, $g(-4)\neq0$
> **단서1** 이 조건들로 $P(-4), P(4), Q(-4)$의 값의 특징을 파악하여 이차다항식 $P(x), Q(x)$의 인수에 대한 힌트를 얻을 수 있어.
>
> (나) 방정식 $f(x)g(x)=0$의 서로 다른 모든 해를 크기 순으로 나열한 $-4, a_1, a_2, a_3, 4$는 등차수열을 이룬다.
> **단서2** $-4, a_1, a_2, a_3, 4$가 등차수열을 이루므로 등차중항을 이용하여 a_1, a_2, a_3의 값을 찾아.
>
> (다) $f'(a_i)=0$인 $i\in\{1, 2, 3\}$은 하나만 존재하고 모든 $i\in\{1, 2, 3\}$에 대하여 $g'(a_i)\neq0$이다.
> **단서3** 위에서 구한 a_1, a_2, a_3의 값 중 단 하나만이 $f'(x)=0$을 만족시키는 x의 값이 된다는 뜻이야. 이를 이용해 $P(x), Q(x)$의 인수가 될 수 있는 경우를 나누어 두 함수 $f(x), g(x)$의 식을 세워봐.

두 곡선 $y=f(x)$와 $y=g(x)$가 서로 다른 두 점에서 만날 때, 두 교점의 x좌표의 합은? (5점) **단서4** 위에서 구한 두 함수 $f(x), g(x)$의 각각의 경우에 대하여 두 곡선 $y=f(x)$와 $y=g(x)$가 서로 다른 두 점에서 만나는지 확인하여 $f(x), g(x)$의 식을 확정해.

① $-\dfrac{1}{2}$ ② $-\dfrac{1}{4}$ ③ 0 ④ $\dfrac{1}{4}$ ⑤ $\dfrac{1}{2}$

왜 1등급? 이 문제는 방정식의 해에 대한 유추, 인수정리, 삼차함수의 그래프에 대한 이해 등을 바탕으로 주어진 조건을 해석하여 두 이차다항식을 결정해야 한다. 특히, 함숫값과 미분계수를 모두 0으로 만드는 x의 값에 대한 개념을 정확히 알고 적용해야 하는 점이 어렵다.

 단서+발상

단서1 $f(x)=(x+4)P(x)$이고, $f'(x)=(x+4)P'(x)+P(x)$이므로 여기에 $f'(-4)\neq0$, $f(4)\neq0$임을 적용하면 $P(-4)\neq0$, $P(4)\neq0$이라는 것을 알 수 있다. **발상**
같은 방법으로 하면 $Q(-4)\neq0$이라는 것도 알 수 있다. **적용**

단서2 $-4, a_1, a_2, a_3, 4$는 이 순서대로 등차수열을 이루므로 등차중항에 의해 $2a_2=(-4)+4=0$에서 $a_2=0$이다. **개념**
a_2의 값과 등차중항을 이용하면 a_1, a_3의 값도 구할 수 있다. **적용**

단서3 **단서1**에서 $P(-4)\neq0$, $P(4)\neq0$이므로 방정식 $P(x)=0$의 근은 $a_1=-2, a_2=0, a_3=2$ 중에 있다. **발상**
그런데 조건 (다)에 의해 $a_1=-2, a_2=0, a_3=2$ 중 하나만이 방정식 $f'(x)=0$의 근이 되므로 $P(a_i)=0$인 $a_i(i\in\{1, 2, 3\})$에 대하여 $f'(a_i)=0$이 되는 조건을 찾아낼 수 있다. **적용**

단서4 위에서 구한 조건을 통해 $f(x)$와 $g(x)$로 가능한 경우를 몇 가지로 나눈 후, 두 곡선 $y=f(x)$, $y=g(x)$가 서로 다른 두 점에서 만나는 경우를 찾아 두 함수 $f(x)$, $g(x)$의 식을 결정하면 된다. **해결**

주의 조건 (다)에서 $P(x)$가 $(x-a_i)^2$ 꼴의 인수를 갖는다는 조건을 찾지 못하면 $f(x)$, $g(x)$의 식으로 가능한 경우의 수가 많아져서 두 함수의 식을 확정하는 데 어려워진다.

[**핵심 정답 공식:** 다항함수 $f(x)$에 대하여 $f(a)=0$, $f'(a)=0$이면 함수 $f(x)$는 $(x-a)^2$을 인수로 갖는다.]

------ [문제 풀이 순서] ------

1st 조건 (가), (나)를 이용하여 두 이차다항식 $P(x)$, $Q(x)$를 유추해봐.

$f(x)=(x+4)P(x)$에서

$f'(x)=P(x)+(x+4)P'(x)$

조건 (가)에서 $f'(-4)\neq0$이므로

$f'(-4)=P(-4)\neq0$

또, $f(4)\neq0$이므로

$f(4)=8P(4)\neq0$에서 $P(4)\neq0$

즉, $P(-4)\neq0$, $P(4)\neq0$이므로 이차방정식 $P(x)=0$은 -4, 4를 근으로 갖지 않는다.

그리고 조건 (가)에서 $g(-4)\neq0$이므로

$g(-4)=-8Q(-4)\neq0$에서 $Q(-4)\neq0$

한편, $f(x)g(x)=(x+4)(x-4)P(x)Q(x)$에 대하여 조건 (나)에서 방정식 $f(x)g(x)=0$, 즉 방정식 $(x+4)(x-4)P(x)Q(x)=0$의 서로 다른 해가 $-4, a_1, a_2, a_3, 4$라 했으므로 $x=a_1, x=a_2, x=a_3$은 방정식 $P(x)Q(x)=0$의 서로 다른 해이어야 한다.

그런데 $P(x)Q(x)=0$은 사차방정식이므로 근은 4개이고, $P(-4)\neq0$, $Q(-4)\neq0$이므로 이 방정식의 네 근이 될 수 있는 경우는

(Ⅰ) $a_1, a_2, a_3, 4$인 경우 ──

(Ⅱ) a_1, a_2, a_3과 (a_1, a_2, a_3) 중 하나인 경우 ┐

$P(x), Q(x)$가 모두 이차다항식이므로 $P(x), Q(x)$는 다음과 같은 4개의 일차식 중 둘씩 짝지어서 각각 인수로 가지게 돼
(Ⅰ)의 경우: $x-a_1, x-a_2, x-a_3, x-4$
(Ⅱ)의 경우: $x-a_1, x-a_2, x-a_3$과 $(x-a_1, x-a_2, x-a_3)$ 중 하나

로 크게 나눌 수 있다.

이때, $-4, a_1, a_2, a_3, 4$가 이 순서대로 등차수열을 이루므로

$2a_2=(-4)+4=0$
$-4, a_1, a_2, a_3, 4$가 이 순서대로 등차수열을 이루므로 $-4, 4$의 등차중항은 a_2야.

$\therefore a_2=0$

$2a_1=(-4)+a_2=(-4)+0=-4$

$\therefore a_1=-2$

$2a_3=a_2+4=0+4=4$

$\therefore a_3=2$

따라서 $a_1=-2$, $a_2=0$, $a_3=2$는 방정식 $P(x)Q(x)=0$의 서로 다른 해이고, $P(4)\ne 0$이므로 위의 (I), (II)의 경우 모두에서 이차방정식 $P(x)=0$의 두 해는 반드시 $a_1=-2$, $a_2=0$, $a_3=2$ 중에 존재한다. … ㉠

이차방정식 $P(x)=0$은
(I)의 경우이면 $a_1=-2$, $a_2=0$, $a_3=2$ 중 서로 다른 2개를 뽑아 해로 가져야 하고,
(II)의 경우이면 $a_1=-2$, $a_2=0$, $a_3=2$ 중 중복을 허용하여 2개를 뽑아 해로 가질 수 있어.

2nd 조건 (다)를 이용하여 두 함수 $f(x)$, $g(x)$의 식을 유추해봐.

그런데 $f'(x)=P(x)+(x+4)P'(x)$이므로

$f'(x)=0$이면 $P(a_i)+(a_i+4)P'(a_i)=0$이다.

조건 (다)에서 $f'(a_i)=0$인 $i\in\{1, 2, 3\}$은 하나만 존재하고, ㉠에 의해 $P(a_i)=0$인 a_i가 반드시 존재하므로

$P(a_i)=0$인 a_i에 대하여 <u>$P(a_i)+(a_i+4)P'(a_i)=0$을 만족시키기 위해서는 $P'(a_i)=0$이 되어야 한다.</u>

$P(a_i)+(a_i+4)P'(a_i)=0$에서 $P(a_i)=0$이면 $(a_i+4)P'(a_i)=0$이지?
그런데 a_i의 값은 -2, 0, 2 중 하나이므로 $a_i+4\ne 0$이야. 따라서 $P'(a_i)=0$이어야 해.

즉, $P(a_i)=0$인 a_i에 대하여 $P'(a_i)=0$이므로 이차다항식 $P(x)$는 <u>$(x-a_i)^2$을 인수로 가져야 한다.</u>

다항함수 $P(x)$에 대하여 $P(k)=0$, $P'(k)=0$이면 $P(x)$는 $(x-k)^2$을 인수로 가져.

따라서 최고차항의 계수가 1인 이차다항식 $P(x)$는

$P(x)=(x-a_i)^2$ (a_i는 -2 또는 0 또는 2)

이고 이는 위의 (II)의 경우에 해당되므로 -2, 0, 2 중 $P(a_i)=0$인 a_i의 값을 제외한 두 값을 a_j, a_k라 하면 최고차항의 계수가 1인 이차다항식 $Q(x)$는

$Q(x)=(x-a_j)(x-a_k)$

이다.

이를 이용하여 두 함수 $f(x)$, $g(x)$를 구하면

$f(x)=(x+4)(x-a_i)^2$,

$g(x)=(x-4)(x-a_j)(x-a_k)$

이다.

3rd a_i의 값에 따라 두 함수 $f(x)$, $g(x)$를 정한 후, 두 곡선 $y=f(x)$와 $y=g(x)$가 서로 다른 두 점에서 만날 때의 두 교점의 x좌표의 합을 구하자.

(i) $i=1$, 즉 $a_i=-2$일 때

$f(x)=(x+4)(x+2)^2$이고, $g(x)=x(x-2)(x-4)$이므로 두 곡선 $y=f(x)$와 $y=g(x)$를 좌표평면 위에 나타내면 [그림 1]과 같다.

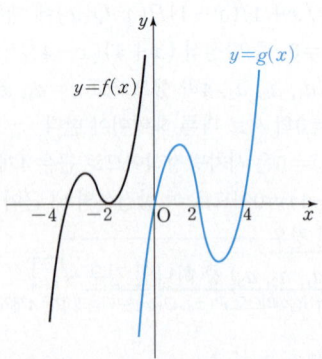

[그림 1]

이때, <u>두 곡선 $y=f(x)$와 $y=g(x)$는 만나지 않는다.</u>

두 곡선의 교점의 x좌표를 구하기 위해 연립하면
$(x+4)(x+2)^2=x(x-2)(x-4)$에서 $7x^2+6x+8=0$
위의 이차방정식의 판별식을 D_1이라 하면 $\dfrac{D_1}{4}=3^2-7\times 8=-47<0$
즉, 이 이차방정식은 실근을 갖지 않으므로 두 곡선 $y=f(x)$와 $y=g(x)$는 만나지 않아.

(ii) $i=2$, 즉 $a_i=0$일 때

$f(x)=x^2(x+4)$이고, $g(x)=(x+2)(x-2)(x-4)$이므로 두 곡선 $y=f(x)$와 $y=g(x)$를 좌표평면 위에 나타내면 [그림 2]와 같다.

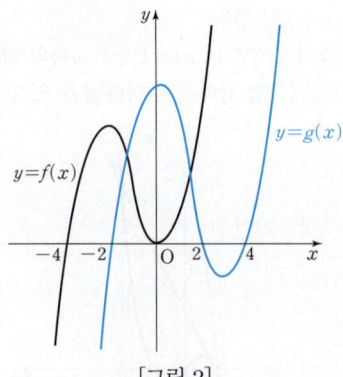

[그림 2]

이때, 두 곡선 $y=f(x)$와 $y=g(x)$는 두 점에서 만나므로 두 교점의 x좌표를 구하기 위해 연립하면

$x^2(x+4)=(x+2)(x-2)(x-4)$에서 $2x^2+x-4=0$
위의 이차방정식의 판별식을 D_2라 하면 $D_2=1^2-4\times 2\times(-4)=33>0$
즉, 이 이차방정식은 서로 다른 두 실근을 가져.

따라서 두 교점의 x좌표의 합은 이차방정식의 근과 계수의 관계에 의하여 $-\dfrac{1}{2}$이다.

두 곡선 $y=f(x)$, $y=g(x)$의 교점의 x좌표는 방정식 $f(x)=g(x)$의 실근이므로 두 교점의 x좌표의 합은 방정식의 두 실근의 합과 같아.

(iii) $i=3$, 즉 $a_i=2$일 때

$f(x)=(x+4)(x-2)^2$이고, $g(x)=x(x+2)(x-4)$이므로 두 곡선 $y=f(x)$와 $y=g(x)$를 좌표평면 위에 나타내면 [그림 3]과 같다.

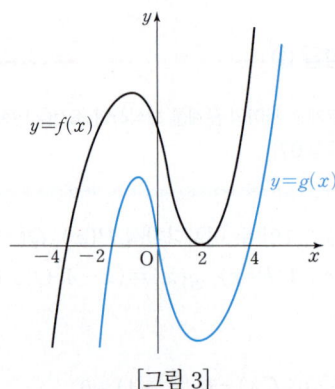

[그림 3]

이때, <u>두 곡선 $y=f(x)$와 $y=g(x)$는 만나지 않는다.</u>

두 곡선의 교점의 x좌표를 구하기 위해 연립하면
$(x+4)(x-2)^2=x(x+2)(x-4)$에서 $x^2-2x+8=0$
위의 이차방정식의 판별식을 D_3이라 하면 $\dfrac{D_3}{4}=(-1)^2-1\times 8=-7<0$
즉, 이 이차방정식은 실근을 갖지 않으므로 두 곡선 $y=f(x)$와 $y=g(x)$는 만나지 않아.

(i)~(iii)에 의하여 두 곡선 $y=f(x)$와 $y=g(x)$가 서로 다른 두 점에서 만날 때, 두 교점의 x좌표의 합은 $-\dfrac{1}{2}$이다.

 My Top Secret   서울대 선배의 **①** 등급 대비 전략

일반적으로, 조건 (가)의 $f'(-4)\ne 0$, $f(4)\ne 0$, $g(-4)\ne 0$과 같이 "어떤 함숫값이 특정한 값이 아니다."라고 주어지는 것은 구해야 하는 함수식이 여러 가지 경우로 나누어질 때 그 중에서 가능한 경우를 제한하는 역할을 해. 따라서 이러한 조건이 주어지면 그 조건 자체에서 어떠한 정보를 얻어내려 하기보다는, 문제 해결 과정 중 여러 가지 경우를 나눌 때 이 조건에 해당되지 않는 것을 제외하는 용도로 사용하는 것이 좋아.

✱절댓값 기호를 여러 번 사용한 함수의 미분가능하지 않은 점의 개수를 이용하여
미정계수의 값 구하기 [유형 11+12]

$a \leq 35$인 자연수 a와 함수 $f(x) = -3x^4 + 4x^3 + 12x^2 + 4$에 대하여 함수 $g(x)$를 **단서1** 함수 $y=f(x)$의 그래프에서 직선 $y=a$보다 아래에 있는 부분을 접어 올린 다음, y축의 방향으로 $-a$만큼 평행이동한 그래프가 함수 $y=g(x)$의 그래프야.

$$g(x) = |f(x) - a|$$

라 할 때, $g(x)$가 다음 조건을 만족시킨다.

(가) 함수 $y=g(x)$의 그래프와 직선 $y=b\,(b>0)$가 서로 다른 4개의 점에서 만난다.

(나) 함수 $|g(x)-b|$가 미분가능하지 않은 실수 x의 개수는 4이다.

단서2 함수 $g(x)$의 미분가능하지 않은 점의 개수는 2 또는 4이고, 함수 $|g(x)-b|$는 함수 $g(x)$가 미분가능하지 않은 점에서 당연히 미분가능하지 않아. 이를 이용하여 함수 $|g(x)-b|$가 미분가능하지 않은 점이 4개가 되면서 $y=g(x)$의 그래프와 직선 $y=b$가 서로 다른 4개의 점에서 만나는 경우를 생각해봐.

두 상수 a, b에 대하여 $a+b$의 값을 구하시오. (4점)

🔴 **1등급?** 주어진 사차함수를 이용해 절댓값 기호를 여러 번 사용한 함수의 그래프를 이해하고, 그래프와 직선 사이의 교점의 개수, 함수의 미분가능하지 않은 점의 개수를 이용해 미정계수를 구해야 하는 최고난도 문제이다.

문제 해결을 위해서는 절댓값 기호가 두 번 포함된 함수의 그래프의 개형을 여러 가지 경우로 나누어 그려보고 그 중 주어진 조건을 만족시키는 그래프의 개형을 찾을 수 있어야 한다. 그런 다음, 그래프를 확인하며 미분가능하지 않은 점을 직관적으로 따져봐야 한다.

💡 **단서+발상**

단서1 함수 $y=g(x)$의 그래프는 $y=f(x)$의 그래프를 y축의 방향으로 $-a$만큼 평행이동한 다음 x축 아래에 있는 부분을 접어 올린 것이다. **발상** $a \leq 35$임을 이용하여 $g(x)$가 미분가능하지 않은 점의 개수를 구할 수 있다. **적용**

단서2 함수 $g(x)$가 미분가능하지 않은 점은 $g(x)=0$인 점 중 일부이다. 이때, 함수 $y=|g(x)-b|$의 그래프는 $y=g(x)$의 그래프를 y축의 방향으로 $-b$만큼 평행이동한 다음 x축 아래에 있는 부분을 접어 올린 것이므로 함수 $|g(x)-b|$는 함수 $g(x)$가 미분가능하지 않은 점에서 미분가능하지 않다. **발상** 즉, $y=g(x)$의 그래프가 직선 $y=b$와 네 점에서 만나고 함수 $|g(x)-b|$가 네 점에서 미분가능하지 않다 했는데, 미분가능하지 않은 점 중 일부는 함수 $g(x)$가 미분가능하지 않은 점이므로 $y=g(x)$의 그래프가 직선 $y=b$와 접하는 점이 존재함을 알 수 있다. **해결**

⚠️ **주의** $y=g(x)$의 그래프와 직선 $y=b$가 만나는 점의 개수가 함수 $|g(x)-b|$가 미분가능하지 않은 점의 개수와 같으므로 $y=g(x)$의 그래프와 직선 $y=b$가 접하는 점이 존재한다.

핵심 정답 공식: 함수 $y=f(x)$의 그래프의 개형을 그린 후, a값의 범위에 따라 함수 $y=g(x)$의 그래프를 그린다. 조건 (가)를 만족하는 b값이 존재할 범위를 $g(x)$에서 찾고, a가 자연수이면서 조건 (나)를 만족하는 a, b의 값을 찾는다.

-------------------- [문제 풀이 순서] --------------------

1st 함수 $f(x) = -3x^4 + 4x^3 + 12x^2 + 4$의 그래프를 그려봐.

$f(x) = -3x^4 + 4x^3 + 12x^2 + 4$에서

$f'(x) = -12x^3 + 12x^2 + 24x = -12x(x+1)(x-2)$

$f'(x)=0$에서 $x=-1$ 또는 $x=0$ 또는 $x=2$이므로 함수 $f(x)$의 증가와 감소를 표로 나타내면 다음과 같다.

x	$\cdots$	-1	$\cdots$	0	$\cdots$	2	$\cdots$
$f'(x)$	$+$	0	$-$	0	$+$	0	$-$
$f(x)$	↗	9	↘	4	↗	36	↘

즉, 함수 $y=f(x)$는 $x=-1$ 또는 $x=2$에서 극댓값을 갖고, $x=0$에서 극솟값을 가지므로 $y=f(x)$의 그래프를 나타내면 [그림 1]과 같다.

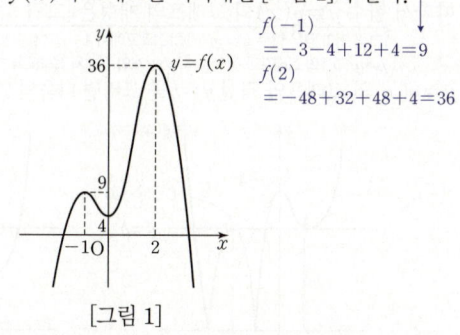

$f(-1) = -3 - 4 + 12 + 4 = 9$
$f(2) = -48 + 32 + 48 + 4 = 36$

[그림 1]

2nd 그래프를 그리면서 주어진 조건에 맞는 상황을 찾자.

이제 $y=f(x)$의 그래프를 이용하여 함수 $y=g(x)$의 그래프를 그려보자. 함수 $g(x) = |f(x) - a|$의 그래프는 $y=f(x)$의 그래프를 y축의 방향

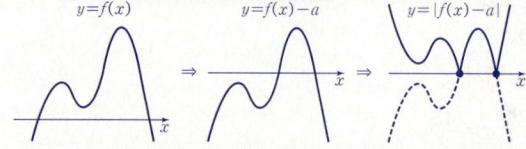

으로 $-a$만큼 평행이동하고, x축 아래에 있는 부분을 접어 올린 그래프와 같다. 이때, $a \leq 35$이므로 $g(x) = |f(x) - a|$의 미분가능하지 않은 점의 개수는 2 또는 4이다. 위의 첨삭의 그래프인 경우와 다음의 그래프인 경우를 생각해봐.

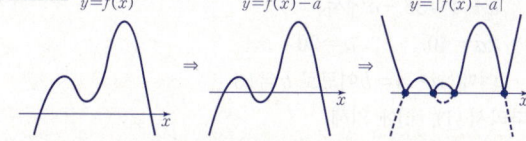

즉, 함수 $|g(x)-b|$의 미분가능하지 않은 점의 개수는 함수 $g(x)$의 미분불가능한 점의 개수와 함수 $y=g(x)$의 그래프를 y축의 방향으로 $-b$만큼 평행이동하고, x축 아래에 있는 부분을 접어 올릴 때의 꺾이는 점의 개수의 합과 같다.

그런데 조건 (나)에서 함수 $|g(x)-b|$의 미분가능하지 않은 점의 개수는 4라 했고, $y=g(x)-b$의 그래프를 x축을 기준으로 접어 올릴 때의 꺾이는 점의 개수는 항상 2 이상이므로 함수 $g(x) = |f(x) - a|$의 미분가능하지 않은 점의 개수는 2이어야 한다.

따라서 함수 $g(x) = |f(x) - a|$의 그래프로 가능한 경우는 다음의 2가지이다.

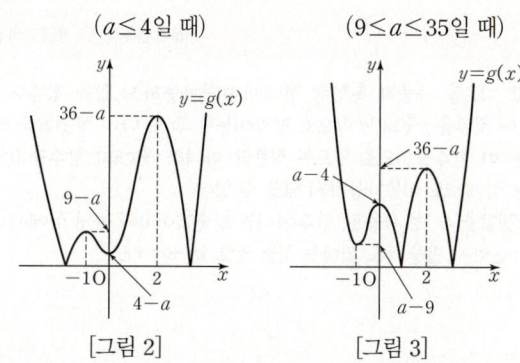

($a \leq 4$일 때) [그림 2]

($9 \leq a \leq 35$일 때) [그림 3]

이때, 함수 $g(x)$의 미분가능하지 않은 점의 개수가 2이므로 조건 (나)에 의해 이 2개의 점을 제외한 함수 $|g(x)-b|$의 미분가능하지 않은 점의 개수는 2이어야 한다.

즉, 조건 (가)에서 함수 $y=g(x)$의 그래프와 직선 $y=b$가 서로 다른 4개의 점에서 만나고, 함수 $|g(x)-b|$의 그래프를 그릴 때 직선 $y=b$에 의해 $y=g(x)$의 그래프가 꺾이게 되는 점의 개수가 2이므로 $y=g(x)$의 그래프와 직선 $y=b$가 만나는 서로 다른 4개의 점 중 2개의 점에서 접해야 한다.

따라서 함수 $y=g(x)$의 그래프의 개형은 [그림 3]과 같아야 하므로

[그림 2]의 경우 함수, $y=g(x)$의 그래프에서 $4-a<9-a<36-a$이므로 $y=g(x)$의 그래프와 직선 $y=b$가 2개의 점에서 접하도록 그릴 수 없어.

$y=g(x)$의 그래프와 직선 $y=b$를 그리면 다음의 2가지 경우가 가능하다.

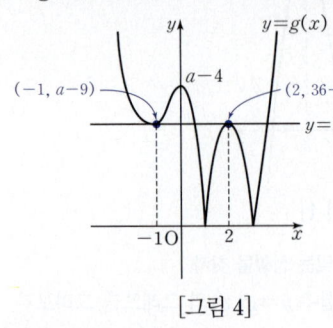 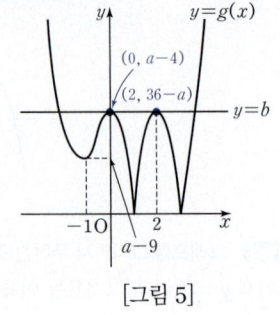

[그림 4]   [그림 5]

 3rd a, b의 값을 찾자.

(ⅰ) [그림 4]의 경우

$a-9=36-a$에서

$2a=45$ $\therefore a=\dfrac{45}{2}$

그런데 a는 자연수이므로 이 경우는 조건을 만족시키지 않는다.

(ⅱ) [그림 5]의 경우

$a-4=36-a$에서

$2a=40$ $\therefore a=20$

이때, $a-4=b$이므로 $b=16$

따라서 (ⅰ), (ⅱ)에 의해

$a+b=20+16=36$

1등급 대비 **특강**

＊ 미지수의 값 정확히 구하기

위의 풀이에서

[그림 4]의 경우 $a-9=36-a$, $36-a=b$

[그림 5]의 경우 $a-4=36-a$, $36-a=b$

로 놓고 풀면 두 경우 모두 $a+b=36$이므로 a, b의 값을 각각 구하지 않아도 $a+b$의 값을 바로 알 수 있어. 하지만 a가 자연수라는 조건이 있으므로 풀이에서처럼 a, b의 값을 정확히 구할 수도 있어야 해.

My Top Secret   서울대 선배의 ❶ 등급 대비 전략

절댓값 기호를 사용해 특정한 점에서 미분가능하지 않은 함수에 대하여 이 함수를 y축의 방향으로 평행이동한 후 또 다시 절댓값을 씌운 함수는 이 함수를 0으로 만드는 점뿐만 아니라 원래의 함수를 0으로 만드는 점에서도 미분가능하지 않을 수 있어.

즉, 절댓값을 두 번 사용한 함수에서는 함숫값이 0이 아닌 점에서 미분가능하지 않을 수도 있다는 점을 알고 있어야 해.

 **F** **부정적분과 정적분**

🐝 **기본 기출 문제**

F 01   **정답 13**   ＊부정적분의 계산 ·········· [정답률 93%]

정답 공식: 음이 아닌 정수 n에 대하여 $\displaystyle\int x^n dx=\dfrac{1}{n+1}x^{n+1}+C$ (C는 적분상수) 이다.

함수 $f(x)$가 **단서** 부정적분을 계산하면 적분상수 C가 나오게 되는데 이 적분상수 C를 결정하기 위해 주어진 거야.

$$f(x)=\int(3x^2+2)dx$$

이고 $f(0)=1$일 때, $f(2)$의 값을 구하시오. (3점)

1st 우변을 부정적분하고 $f(0)=1$을 이용하여 함수 $f(x)$의 식을 구하고 $f(2)$의 값을 구해. $\displaystyle\int x^n dx=\dfrac{1}{n+1}x^{n+1}+C$ (C는 적분상수)

$$f(x)=\int(3x^2+2)dx=x^3+2x+C\ (C는 적분상수)$$

이때, $f(0)=1$이므로 위의 식에 $x=0$을 대입하면

$f(0)=C=1$

따라서 $f(x)=x^3+2x+1$이므로

$f(2)=2^3+2\times2+1=13$

F 02   **정답 ④**   ＊도함수가 주어졌을 때 함수 구하기 ···· [정답률 87%]

정답 공식: $f(x)=\displaystyle\int f'(x)dx$임을 이용한다.

함수 $f(x)$의 도함수가 $f'(x)=6x^2+6x+k$이다. $f(0)=5$, $f(-1)=7$일 때, $f(1)$의 값은? (단, k는 상수이다.) (3점)

단서 $f(0)=5$로 적분상수 C를 결정하고 $f(-1)=7$로 상수 k를 결정해.

① 3   ② 5   ③ 7

④ 9   ⑤ 11

1st 부정적분을 이용하여 $f(x)$를 적분상수가 포함된 식으로 나타내.

$$f(x)=\int f'(x)dx$$

$$=\int(6x^2+6x+k)dx$$ $\displaystyle\int x^n dx=\dfrac{1}{n+1}x^{n+1}+C$ (단, C는 적분상수)

$$=2x^3+3x^2+kx+C\ (C는 적분상수)\ \cdots\ ㉠$$

2nd 주어진 함숫값으로 상수 k, C의 값을 각각 결정하고 $f(1)$의 값을 구해.

이때, $f(0)=5$이므로

㉠의 양변에 $x=0$을 대입하면

$f(0)=C=5$이므로

$f(x)=2x^3+3x^2+kx+5\ \cdots\ ㉡$

또, $f(-1)=7$이므로

㉡의 양변에 $x=-1$을 대입하면

$f(-1)=-2+3-k+5=6-k=7$에서 $k=-1$

따라서 $f(x)=2x^3+3x^2-x+5$이므로

$f(1)=2+3-1+5=9$

도함수가 주어질 때 함수 구하기 〔개념·공식〕

함수 $f(x)$의 도함수 $f'(x)$가 주어지면 다음과 같은 순서로 함수 $f(x)$를 구한다.

① $f(x)=\int f'(x)dx$임을 이용하여 $f(x)$를 적분상수 C를 포함한 식으로 나타낸다.

② 주어진 함숫값을 이용하여 적분상수 C를 구한다.

③ ②에서 구한 적분상수 C를 ①에서 구한 식에 대입하여 함수 $f(x)$를 구한다.

F 03 정답 35 *함수의 정적분 ·········· [정답률 96%]

〔정답 공식: $\int x^n dx=\dfrac{1}{n+1}x^{n+1}+C,\ \int_a^b f(x)dx=\Big[F(x)\Big]_a^b=F(b)-F(a)$〕

$\displaystyle\int_0^5 (4x-3)dx$의 값을 구하시오. (3점)

〔단서〕 $\int x^n dx=\dfrac{1}{n+1}x^{n+1}+C$ (단, C는 적분상수)임을 이용해.

1st 다항함수의 정적분값을 계산해.

$$\underline{\int_0^5 (4x-3)dx=\Big[2x^2-3x\Big]_0^5}=50-15=35$$
$$\to \int_a^b f(x)dx=\Big[F(x)\Big]_a^b=F(b)-F(a)$$

F 04 정답 ① *주어진 그래프에서 정적분의 값 ····· [정답률 80%]

〔정답 공식: $\int_0^2 f'(x)dx=\Big[f(x)\Big]_0^2=f(2)-f(0)$〕

그림과 같이 삼차함수 $y=f(x)$가 $f(-1)=f(1)=f(2)=0$, $f(0)=2$를 만족시킬 때, $\displaystyle\int_0^2 f'(x)dx$의 값은? (3점)

〔단서〕 정적분의 정의를 이용하여 $\int_0^2 f'(x)dx$의 값을 구해.

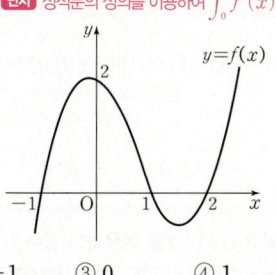

① -2 ② -1 ③ 0   ④ 1   ⑤ 2

1st 정적분의 정의를 이용해.

$$\underline{\int_0^2 f'(x)dx=\Big[f(x)\Big]_0^2} \to F'(x)=f(x)일 때, \int_a^b f(x)dx=F(b)-F(a)$$
$$\underline{=f(2)-f(0)} \to 방정식 f(x)=0의 근은 함수 y=f(x)의 그래프와$$
$$=0-2=-2 \qquad x축의 교점의 x좌표야. 그럼, 주어진 그래프에서 세 근을 찾을 수 있지?$$

🔍 **다른 풀이: 다항함수를 구하여 정적분값 계산하기**

함수 $f(x)$는 삼차함수이고 방정식 $f(x)=0$의 근이 $x=-1$, $x=1$, $x=2$이므로 $f(x)=k(x+1)(x-1)(x-2)$(단, k는 0이 아닌 상수)라 하자. 이때, $f(0)=2$이므로

$f(0)=k\cdot 1\cdot(-1)\cdot(-2)=2$에서 $k=1$

$\therefore \displaystyle\int_0^2 f'(x)dx=\Big[f(x)\Big]_0^2=\Big[(x+1)(x-1)(x-2)\Big]_0^2$
$$=0-2=-2$$

F 05 정답 304 *미분과 적분의 관계 ········· [정답률 83%]

〔정답 공식: $\dfrac{d}{dx}\Big\{\int_a^x g(x)dx\Big\}=g(x)$〕

다항함수 $f(x)$가 모든 실수 x에 대하여

$$\int_0^x f(t)dt=x^3+4x$$

를 만족시킬 때, $f(10)$의 값을 구하시오. (4점)

〔단서〕 구하는 것이 $f(10)$이니까 함수 $f(x)$를 구해야 해. 이때, 주어진 등식의 양변을 x에 대하여 미분하면 $f(x)$가 나오니까 미분을 이용해.

1st 양변을 x에 대하여 미분하자.

다항함수 $f(x)$가 모든 실수 x에 대하여 $\displaystyle\int_0^x f(t)dt=x^3+4x$를 만족하므로 양변을 x에 대하여 미분하면

$\underset{\to \frac{d}{dx}\int_a^x f(t)dt=f(x)}{f(x)=3x^2+4}$

$\therefore f(10)=3\cdot 10^2+4=304$

F 06 정답 4 *정적분으로 정의된 함수의 미정계수의 결정 ··· [정답률 85%]

〔정답 공식: $\int_0^2 f(t)dt=a$로 두고 $f(x)$의 함수식을 정리한다. 정리한 식을 다시 적분식에 대입하여 a의 값을 구한다.〕

$f(x)=3x^2+x+\displaystyle\int_0^2 f(t)dt$를 만족시키는 함수 $f(x)$에 대하여 $f(2)$의 값을 구하시오. (3점)

〔단서〕 $\int_0^2 f(t)dt$는 상수니까 이 값을 a로 놓으면 $f(x)=3x^2+x+a$이지? 그럼, $\int_0^2 f(t)dt=a$를 이용하면 a의 값을 구할 수 있어.

1st $\int_0^2 f(t)dt=a$로 놓고 시작!

〔함정〕 적분구간이 상수로 정해져 있으므로 적분한 결과도 상수가 되겠지.

$\displaystyle\int_0^2 f(t)dt$는 상수이므로 $\int_0^2 f(t)dt=a$라 하면

$f(x)=3x^2+x+a$

$f(t)=3t^2+t+a$를 $\displaystyle\int_0^2 f(t)dt=a$에 대입하면

$\displaystyle\int_0^2 (3t^2+\underline{t}+a)dt=\Big[t^3+\frac{1}{2}t^2+at\Big]_0^2$
$$=8+2+2a=a$$

→ dt는 t에 대하여 적분한다는 의미이니까 a는 상수 취급해야 해. 즉, $\int a\,dt=\frac{1}{2}a^2+C$가 아니라 $\int a\,dt=at+C$야.

$\therefore a=-10$

따라서 $f(x)=3x^2+x-10$이므로

$f(2)=3\cdot 2^2+2-10=4$

F 07 정답 ① *정적분으로 정의된 함수의 미정계수의 결정 ··· [정답률 82%]

〔정답 공식: 등식 $\int_a^x f(t)dt=g(x)$가 주어지면 $\int_a^a f(t)dt=g(a)=0$과 $f(x)=g'(x)$임을 이용한다.〕

다항함수 $f(x)$가 모든 실수 x에 대하여

$$\int_1^x f(t)dt=x^3+ax^2+1$$

을 만족시킬 때, $f(-1)$의 값은? (단, a는 상수이다.) (3점)

〔단서〕 적분과 미분의 관계를 이용하면 $f(x)$를 금방 구할 수 있을 거야. 그런데 상수 a의 값을 구하는 게 우선이야.

① 7   ② 9   ③ 11
④ 13   ⑤ 15

1st $\int_k^k f(x)dx=0$임을 이용하여 상수 a의 값을 구하자.

$\int_1^x f(t)dt=x^3+ax^2+1$에 $x=1$을 대입하면

↱ 위끝과 아래끝이 같으면 정적분의 값은 무조건 0이야.

$\underline{\int_1^1 f(t)dt=1+a+1=0}$ $\therefore a=-2$

2nd 양변을 x에 대하여 미분하자.

다항함수 $f(x)$가 모든 실수 x에 대하여 $\int_1^x f(t)dt=x^3-2x^2+1$

을 만족시키므로 양변을 x에 대하여 미분하면 $f(x)=3x^2-4x$

$\therefore f(-1)=3+4=7$

F 08 **정답 2** ＊정적분으로 나타내어진 함수의 극한 ········· [정답률 80%]

[**정답 공식**: $\lim_{x \to a}\dfrac{1}{x-a}\int_a^x f(t)dt=f(a)$]

$\lim_{x \to 2}\dfrac{1}{x^2-4}\int_2^x (t^2+3t-2)dt$의 값을 구하시오. (3점)

단서 $\int_2^x (t^2+3t-2)dt$를 정적분의 정의를 이용하여 식을 바꿔 보면 무엇을 구하는 것인지 알 수 있을 거야.

1st 정적분의 성질을 이용하자.

$f(x)=x^2+3x-2$라 하고 $f(x)$의 한 부정적분을 $F(x)$라 하면

$F'(x)=f(x)$이므로

$\int_2^x (t^2+3t-2)dt=\int_2^x f(t)dt=\Big[F(t)\Big]_2^x$

함수 $F(x)$의 도함수가 $f(x)$일 때, $\int_a^b f(x)dx=\Big[F(x)\Big]_a^b=F(b)-F(a)$

$=F(x)-F(2)$

$\therefore \lim_{x \to 2}\dfrac{1}{x^2-4}\int_2^x (t^2+3t-2)dt$

$=\lim_{x \to 2}\dfrac{F(x)-F(2)}{x^2-4}=\lim_{x \to 2}\dfrac{F(x)-F(2)}{(x+2)(x-2)}$

$=\lim_{x \to 2}\dfrac{1}{x+2}\cdot\dfrac{F(x)-F(2)}{x-2}=\dfrac{1}{4}F'(2)=\dfrac{1}{4}f(2)$

$\underline{\lim_{x \to a}\dfrac{f(x)-f(a)}{x-a}=f'(a)}$

$=\dfrac{1}{4}(2^2+3\cdot2-2)=2$

 수능 유형별 기출 문제 [2점, 3점, 쉬운 4점]

F 09 **정답 5** ＊부정적분의 계산 ··········· [정답률 94%]

[**정답 공식**: 음이 아닌 정수 n에 대하여 $\int x^n dx=\dfrac{1}{n+1}x^{n+1}+C$ (단, C는 적분상수)]

함수 $f(x)$에 대하여 $f'(x)=6x^2+1$이고 $f(0)=2$일 때, $f(1)$의

단서1 부정적분하여 $f(x)$를 구해. **단서2** 적분상수 C를 결정할 수 있어.

값을 구하시오. (3점)

1st $f'(x)$를 적분하여 $f(x)$를 구하자.

$f(x)=\int f'(x)dx$

$=\int (6x^2+1)dx=2x^3+x+C$ (단, C는 적분상수)

$\underline{\int x^n dx=\dfrac{1}{n+1}x^{n+1}+C}$ (단, C는 적분상수)

$f(0)=2$이므로

$f(0)=C=2$

$\therefore f(x)=2x^3+x+2$

2nd $f(1)$의 값을 구하자.

$\therefore f(1)=2+1+2=5$

F 10 **정답 12** ＊부정적분의 계산 ··········· [정답률 90%]

[**정답 공식**: n이 음이 아닌 정수일 때,
$\int x^n dx=\dfrac{1}{n+1}x^{n+1}+C$ (단, C는 적분상수이다.)]

함수 $f(x)=\int (2x+1)dx$에 대하여 $f(0)=0$일 때, $f(3)$의 값을 구하시오. (3점)

단서 부정적분을 하면 적분상수가 나오겠지? $f(0)=0$을 이용하여 적분상수를 구해.

1st 주어진 부정적분을 계산하자.

$f(x)=\int (2x+1)dx=x^2+x+C$ (단, C는 적분상수)

$F'(x)=f(x)$일 때, $\int f(x)dx=F(x)+C$ (단, C는 적분상수)

이때, $f(0)=0$이므로 $C=0$

따라서 $f(x)=x^2+x$이므로

$f(3)=3^2+3=12$

F 11 **정답 ⑤** ＊부정적분의 계산 ··········· [정답률 94%]

[**정답 공식**: 음이 아닌 정수 n에 대하여 $\int x^n dx=\dfrac{1}{n+1}x^{n+1}+C$ (C는 적분상수)]
이다.

함수 $f(x)=\int (3x^2-6x)dx$에 대하여 $f(0)=7$일 때, $f(1)$의 값은? (3점)

단서 부정적분을 계산하면 적분상수 C가 나오게 되는데 이 적분상수 C를 결정하기 위해 주어진 거야.

① 1   ② 2   ③ 3   ④ 4   ⑤5

1st 우변을 부정적분하고 $f(0)=7$을 이용하여 함수 $f(x)$의 식을 구하고 $f(1)$의 값을 구해.

↱ 부정적분을 정확히 구했는지 확인해보려면 구한 것을 다시 미분해 봐. $(x^3-3x^2+C)'=3x^2-6x$야.

$f(x)=\int (3x^2-6x)dx=x^3-3x^2+C$ (C는 적분상수) ··· ㉠

이때, $f(0)=7$이므로 ㉠의 양변에 $x=0$을 대입하면

$f(0)=C=7$

따라서 $f(x)=x^3-3x^2+7$이므로

$f(1)=1^3-3\times1^2+7=5$

✿ **부정적분 공식**   개념·공식

① k가 상수일 때, $\int k dx=kx+C$ (C는 적분상수)

② n이 양의 정수일 때, $\int x^n dx=\dfrac{1}{n+1}x^{n+1}+C$ (C는 적분상수)

③ n이 양의 정수일 때,
  $\int (ax+b)^n dx=\dfrac{1}{a}\times\dfrac{1}{n+1}(ax+b)^{n+1}+C$ (C는 적분상수)

F 12 정답 ④ *부정적분의 계산 ·············· [정답률 92%]

정답 공식: $\int f(x)dx \pm \int g(x)dx = \int \{f(x) \pm g(x)\}dx$

함수 $f(x)$가 [단서1] $\int f(x)dx - \int g(x)dx = \int \{f(x)-g(x)\}dx$를 이용하여 간단히 해.

$$f(x) = \int \left(\frac{1}{2}x^3 + 2x + 1\right)dx - \int \left(\frac{1}{2}x^3 + x\right)dx$$

이고 $f(0) = 1$일 때, $f(4)$의 값은? (3점)

[단서2] 우변을 부정적분하면 적분상수 C가 나오게 되지? 이 값을 결정해주기 위해 $f(0) = 1$이 주어진 거야.

① $\frac{23}{2}$ ② 12 ③ $\frac{25}{2}$ ④ 13 ⑤ $\frac{27}{2}$

1st 우변을 간단히 정리한 후 부정적분해.

$$f(x) = \int \left(\frac{1}{2}x^3 + 2x + 1\right)dx - \int \left(\frac{1}{2}x^3 + x\right)dx$$
$$= \int \left\{\left(\frac{1}{2}x^3 + 2x + 1\right) - \left(\frac{1}{2}x^3 + x\right)\right\}dx$$
$$= \int (x+1)dx$$

→ n이 음이 아닌 정수일 때 $\int x^n dx = \frac{1}{n+1}x^{n+1} + C$ (단, C는 적분상수)

$$= \frac{1}{2}x^2 + x + C \text{ (단, } C \text{는 적분상수) } \cdots \text{㉠}$$

2nd $f(0) = 1$을 이용하여 적분상수를 구한 후, $f(4)$의 값을 구하자.

이때, $f(0) = 1$이므로 ㉠에 $x = 0$을 대입하면 $f(0) = C = 1$

따라서 $f(x) = \frac{1}{2}x^2 + x + 1$이므로

$$f(4) = 8 + 4 + 1 = 13$$

F 13 정답 ② *부정적분의 계산 ·············· [정답률 45%]

정답 공식: 두 번째 식에서 $g(x)$도 이차식임을 알 수 있다. 적분식에서 이차항이 소거되어야 하므로 $f(x)$의 이차항의 계수는 -1임을 이용하여 가능한 $f(x)$를 찾는다.

[단서1] 이차함수 $f(x)$를 임의로 잡고 부정적분을 이용하여 $g(x)$를 나타내.

이차함수 $f(x)$에 대하여 함수 $g(x)$가

$$g(x) = \int \{x^2 + f(x)\}dx, \quad f(x)g(x) = -2x^4 + 8x^3$$

을 만족시킬 때, $g(1)$의 값은? (4점)

[단서2] $f(x)g(x)$가 사차함수임을 이용하여 $g(x)$의 최고차항의 차수를 결정해.

① 1 ② 2 ③ 3 ④ 4 ⑤ 5

1st 주어진 조건을 이용하여 함수 $g(x)$를 찾자.

$f(x)$는 이차함수이므로 $f(x) = ax^2 + bx + c$ $(a \neq 0)$라 하자.

$$g(x) = \int \{x^2 + f(x)\}dx = \int (x^2 + ax^2 + bx + c)dx$$
$$= \int \{(a+1)x^2 + bx + c\}dx$$
$$= \frac{1}{3}(a+1)x^3 + \frac{b}{2}x^2 + cx + d \text{ (단, } d \text{는 적분상수) } \cdots \text{㉠}$$

이때, $f(x)$는 이차함수이고 $f(x)g(x) = -2x^4 + 8x^3$으로 사차함수이므로 함수 $g(x)$도 이차함수이어야 한다. $f(x)g(x)$의 최고차항은 두 함수 $f(x)$, $g(x)$의 최고차항의 곱과 같아.

즉, ㉠에서 $a = -1$이므로

$$f(x) = -x^2 + bx + c$$

즉, 이차함수 $f(x)$에 대하여 $f(x)g(x)$가 사차함수가 되려면 $g(x)$는 이차함수가 되어야 해.

$$g(x) = \frac{b}{2}x^2 + cx + d \cdots \text{㉡}$$

$$f(x)g(x) = (-x^2 + bx + c)\left(\frac{b}{2}x^2 + cx + d\right)$$
$$= -\frac{b}{2}x^4 + \left(\frac{b^2}{2} - c\right)x^3 + \left(\frac{3}{2}bc - d\right)x^2 + (bd + c^2)x + cd$$
$$= -2x^4 + 8x^3$$

계수비교법을 이용하여 b, c, d의 값을 결정해야 해.

즉, $-\frac{b}{2} = -2$에서 $b = 4$

$\frac{b^2}{2} - c = 8$에서 $c = 0$

$\frac{3}{2}bc - d = 0$에서 $d = 0$

따라서 ㉡에서 $g(x) = 2x^2$이므로

$$g(1) = 2 \cdot 1^2 = 2$$

🧩 **톡톡 풀이:** 주어진 조건을 만족하는 함수 $f(x)$를 통해 함수 $g(x)$ 구하기

우선 두 함수의 곱이 사차식이므로 이차함수 $f(x)$에 대하여 $g(x)$는 이차함수이지?

$g(x) = \int \{x^2 + f(x)\}dx$에서 $g'(x) = x^2 + f(x) \cdots$ ㉠이고, 이차함수 $g(x)$에서 $g'(x)$는 일차식이므로 함수 $f(x)$는 이차항의 계수가 -1이야. $x^2 + f(x)$가 일차식이 되어야 하니까 이차함수 $f(x)$의 이차항의 계수는 -1이어야 해.

즉, $f(x)g(x) = -2x^4 + 8x^3 = -2x^3(x-4)$에서

(i) $f(x) = -x^2$일 때,

㉠에서 $g'(x) = x^2 + f(x) = x^2 - x^2 = 0$이므로 모순!

(ii) $f(x) = -x(x-4)$일 때,

주어진 조건을 만족하므로 $g(x) = 2x^2$

$$\therefore g(1) = 2$$

F 14 정답 16 *부정적분의 계산 ·············· [정답률 94%]

정답 공식: $F'(x) = f(x)$일 때, $\int f(x)dx = F(x) + C$ (단, C는 적분상수)

[단서] $F'(x) = f(x)$이므로 부정적분을 이용하여 $F(x)$의 식을 구해.

함수 $f(x) = 4x^3 - 2x$의 한 부정적분 $F(x)$에 대하여 $F(0) = 4$일 때, $F(2)$의 값을 구하시오. (3점)

1st 부정적분을 이용하여 함수 $F(x)$의 식을 구해.

$F(x)$가 함수 $f(x)$의 한 부정적분이므로

$$F(x) = \int f(x)dx$$
$$= \int (4x^3 - 2x)dx$$

$\int x^n dx = \frac{1}{n+1}x^{n+1} + C$ (단, C는 적분상수)

$$= x^4 - x^2 + C \text{ (단, } C \text{는 적분상수)}$$

💡 부정적분을 이용할 때, 적분상수 C를 잊지마.

$F(0) = 4$이므로 $C = 4$

2nd $F(2)$의 값을 구해.

따라서 $F(x) = x^4 - x^2 + 4$이므로

$$F(2) = 16 - 4 + 4 = 16$$

F 15 정답 6 ＊도함수가 주어졌을 때 함수 구하기 ····· [정답률 93%]

┌ **정답 공식**: 함수 $f(x)$의 도함수 $f'(x)$가 주어지면 $f(x)=\int f'(x)dx$임을 이용한다. ┐

> 단서1 $f'(x)$가 주어져 있으므로 부정적분을 이용하여 $f(x)$의 식을 구할 수 있어.
> 다항함수 $f(x)$에 대하여 $f'(x)=3x^2+4x$이고 $f(0)=3$일 때, $f(1)$의 값을 구하시오. (3점) 단서2 적분상수 C를 구하기 위한 조건이야.

1st 부정적분을 이용하여 다항함수 $f(x)$의 식을 구해.

$f'(x)=3x^2+4x$이므로

$$f(x)=\int f'(x)dx$$
$$=\int(3x^2+4x)dx$$ 음이 아닌 정수 n에 대하여 $\int x^n dx=\frac{1}{n+1}x^{n+1}+C$ (단, C는 적분상수)
$$=x^3+2x^2+C \text{ (단, } C\text{는 적분상수) } \cdots \text{㉠}$$

2nd 적분상수 C의 값을 결정하고 $f(1)$의 값을 구해.

$f(0)=3$이므로 ㉠의 양변에 $x=0$을 대입하면 $f(0)=C=3$

따라서 $f(x)=x^3+2x^2+3$이므로

$\underline{f(1)=1+2+3=6}$

$f(1)$의 값은 함수 $f(x)$의 모든 항의 계수의 합과 같아.

F 16 정답 17 ＊도함수가 주어졌을 때 함수 구하기 ··· [정답률 94%]

┌ **정답 공식**: 함수 $f(x)$의 도함수 $f'(x)$가 주어지면 $f(x)=\int f'(x)dx$임을 이용한다. ┐

> 단서1 $f'(x)$가 주어졌으니까 부정적분을 이용하여 $f(x)$를 나타낼 수 있지?
> 다항함수 $f(x)$에 대하여 $f'(x)=3x^2+2x+1$이고 $f(1)=6$일 때, $f(2)$의 값을 구하시오. (3점) 단서2 적분상수 C를 구하기 위한 조건이야.

1st 부정적분을 이용하여 다항함수 $f(x)$의 식을 구해.

$f'(x)=3x^2+2x+1$이므로

$$f(x)=\int f'(x)dx$$
$$=\int(3x^2+2x+1)dx$$ 음이 아닌 정수 n에 대하여 $\int x^n dx=\frac{1}{n+1}x^{n+1}+C$ (단, C는 적분상수)
$$=x^3+x^2+x+C \text{ (단, } C\text{는 적분상수) } \cdots \text{㉠}$$

2nd 적분상수 C의 값을 결정하고 $f(2)$의 값을 구해.

$f(1)=6$이므로 ㉠의 양변에 $x=1$을 대입하면

$f(1)=1+1+1+C=6$에서 $C=3$

따라서 $f(x)=x^3+x^2+x+3$이므로

$f(2)=8+4+2+3=17$

F 17 정답 ⑤ ＊도함수가 주어졌을 때 함수 구하기 [정답률 88%]

┌ **정답 공식**: 함수 $f(x)$의 도함수 $f'(x)$가 주어지면 $f(x)=\int f'(x)dx$임을 이용한다. ┐

> 다항함수 $f(x)$에 대하여 $f'(x)=x^3+x$이고 $f(0)=-1$일 때, 단서2 적분상수 C를 구하기 위한 조건이야.
> $f(2)$의 값은? (3점) 단서1 $f'(x)$가 주어졌으니까 부정적분을 이용하여 $f(x)$를 나타낼 수 있지?
>
> ① 1　　　　② 2　　　　③ 3
> ④ 4　　　　⑤ 5

1st 부정적분을 이용하여 다항함수 $f(x)$의 식을 구해.

$f'(x)=x^3+x$이므로

$$f(x)=\int f'(x)dx$$
$$=\int(x^3+x)dx$$ 음이 아닌 정수 n에 대하여 $\int x^n dx=\frac{1}{n+1}x^{n+1}+C$ (단, C는 적분상수)
$$=\frac{1}{4}x^4+\frac{1}{2}x^2+C \text{ (단, } C\text{는 적분상수) } \cdots \text{㉠}$$

2nd 적분상수 C의 값을 결정하고 $f(2)$의 값을 구해.

$f(0)=-1$이므로 ㉠의 양변에 $x=0$을 대입하면

$f(0)=C=-1$

따라서 $f(x)=\frac{1}{4}x^4+\frac{1}{2}x^2-1$이므로

$f(2)=4+2-1=5$

🔧 **톡톡 풀이**: 정적분을 이용하여 $f(2)$의 값 구하기

$f(2)-f(0)$을 정적분으로 나타내어 $f(2)$의 값을 구해 보자.

$$\underline{f(2)-f(0)=\int_0^2 f'(x)dx=\int_0^2(x^3+x)dx}$$
$$=\left[\frac{1}{4}x^4+\frac{1}{2}x^2\right]_0^2$$ 함수 $f(x)$의 한 부정적분을 $F(x)$라 하면 $\int_a^b f(x)dx=\left[F(x)\right]_a^b=F(b)-F(a)$
$$=4+2=6$$

이때, $f(0)=-1$이므로 $f(2)-(-1)=6$에서 $f(2)=5$

F 18 정답 53 ＊도함수가 주어졌을 때 함수 구하기 ····· [정답률 88%]

┌ **정답 공식**: 함수 $f(x)$의 도함수 $f'(x)$가 주어지면 $f(x)=\int f'(x)dx$임을 이용한다. ┐

> 단서1 $f'(x)$가 주어졌으니까 부정적분을 이용하여 $f(x)$를 나타낼 수 있지?
> 다항함수 $f(x)$에 대하여 $f'(x)=3x^2-4$이고 $f(2)=5$일 때, $f(4)$의 값을 구하시오. (3점) 단서2 적분상수 C의 값을 구하기 위한 조건이야.

1st 부정적분을 이용하여 $f(x)$의 식을 구해.

$f'(x)=3x^2-4$이므로

$$f(x)=\int f'(x)dx$$
$$=\int(3x^2-4)dx$$ 음이 아닌 정수 n에 대하여 $\int x^n dx=\frac{1}{n+1}x^{n+1}+C$ (단, C는 적분상수)
$$=x^3-4x+C \text{ (단, } C\text{는 적분상수) } \cdots \text{㉠}$$

2nd 적분상수 C의 값을 결정하고 $f(4)$의 값을 구해.

$f(2)=5$이므로 ㉠의 양변에 $x=2$를 대입하면

$f(2)=2^3-4\times2+C=5$　　∴ $C=5$

따라서 $f(x)=x^3-4x+5$이므로

$f(4)=4^3-4\times4+5=64-16+5=53$

F 19 정답 **14** *부정적분의 정의 ················· [정답률 93%]

정답 공식: n이 음이 아닌 정수일 때,
$\int x^n dx = \frac{1}{n+1}x^{n+1}+C$ (C는 적분상수)

다항함수 $f(x)$에 대하여 $f'(x)=6x^2-2x$이고 $f(1)=3$일 때, $f(2)$의 값을 구하시오. (3점) **단서** 도함수가 먼저 제시된 경우에는 부정적분을 통해 원래 함수를 구할 수 있어.

1st 부정적분을 이용하여 $f(x)$를 나타내자.

$f'(x)=6x^2-2x$이므로 → $\left(\frac{1}{n+1}x^{n+1}\right)'=x^n$이니 x^n을 부정적분하면

$f(x)=\int(6x^2-2x)dx$ $\frac{1}{n+1}x^{n+1}+C$가 성립해.

$\quad=2x^3-x^2+C$ (C는 적분상수)

2nd $f(1)$의 값을 통해 C의 값을 구하자.

$f(1)=3$이므로

$2-1+C=3$

$\therefore C=2$

3rd 문제에서 묻고 있는 $f(2)$의 값을 구하자.

따라서 $f(x)=2x^3-x^2+2$이므로

$f(2)=16-4+2=14$

F 20 정답 **23** *도함수가 주어졌을 때 함수 구하기 [정답률 91%]

정답 공식: 함수 $f(x)$의 도함수 $f'(x)$가 주어지면 $f(x)=\int f'(x)dx$임을 이용한다.

단서1 $f'(x)$가 주어졌으니까 부정적분을 이용하여 $f(x)$를 나타낼 수 있지?
함수 $f(x)$에 대하여 $f'(x)=6x^2+2$이고 $f(0)=3$일 때, $f(2)$의 값을 구하시오. (3점) **단서2** 적분상수 C의 값을 구하기 위한 조건이야.

1st 부정적분을 이용하여 $f(x)$의 식을 구해.

$f(x)=\int f'(x)dx$

$\quad=\int(6x^2+2)dx$ → 음이 아닌 정수 n에 대하여
$\int x^n dx=\frac{1}{n+1}x^{n+1}+C$ (단, C는 적분상수)

$\quad=2x^3+2x+C$ (단, C는 적분상수) ··· ㉠

2nd 적분상수 C의 값을 결정하고 $f(2)$의 값을 구해.

$f(0)=3$이므로 ㉠의 양변에 $x=0$을 대입하면

$f(0)=C=3$

따라서 $f(x)=2x^3+2x+3$이므로

$f(2)=16+4+3=23$

🔧 **톡톡 풀이: 정적분을 이용하여 $f(2)$의 값 구하기**

$f(2)-f(0)$을 정적분으로 나타내어 $f(2)$의 값을 구해 보자.

$f(2)-f(0)=\int_0^2 f'(x)dx=\int_0^2(6x^2+2)dx$

$\quad=\left[2x^3+2x\right]_0^2$ → 함수 $f(x)$의 한 부정적분을 $F(x)$라 하면
$\int_a^b f(x)dx=\left[F(x)\right]_a^b=F(b)-F(a)$

$\quad=16+4=20$

이때, $f(0)=3$이므로 $f(2)-3=20$에서 $f(2)=23$

F 21 정답 **5** *도함수가 주어졌을 때 함수 구하기 ···· [정답률 95%]

(정답 공식: $f(x)=\int f'(x)dx$)

함수 $f(x)$에 대하여 $f'(x)=6x^2+2x+1$이고 $f(0)=1$일 때, **단서** $f'(x)$를 부정적분하여 $f(x)$를 구해. $f(1)$의 값을 구하시오. (3점)

1st 부정적분을 이용하여 다항함수 $f(x)$를 구해.

$f(x)=\int f'(x)dx$

$\quad=\int(6x^2+2x+1)dx$

음이 아닌 정수 n에 대하여 $\int x^n dx=\frac{1}{n+1}x^{n+1}+C$ (단, C는 적분상수)

$\quad=2x^3+x^2+x+C$ (단, C는 적분상수)

이때, $f(0)=C=1$이므로 $C=1$ **실수** 부정적분할 때, 적분상수 C를 잊으면 안돼!

$\therefore f(x)=2x^3+x^2+x+1$

2nd $f(1)$의 값을 구해.

$\therefore f(1)=2+1+1+1=5$

⚙ **도함수가 주어졌을 때 함수 구하기** 개념·공식

함수 $f(x)$의 도함수 $f'(x)$가 주어지면 $f(x)=\int f'(x)dx$임을 이용하여 $f(x)$를 적분상수를 포함한 식으로 나타낸다.

F 22 정답 **33** *부정적분의 계산 ················· [정답률 94%]

정답 공식: 함수 $f(x)$의 도함수 $f'(x)$가 주어지면 $f(x)=\int f'(x)dx$임을 이용하여 구한다.

다항함수 $f(x)$에 대하여 $f'(x)=9x^2+4x$이고 $f(1)=6$일 때, **단서** $f'(x)$를 부정적분하여 $f(x)$를 구해. $f(2)$의 값을 구하시오. (3점)

1st 부정적분을 이용하여 다항함수 $f(x)$를 구해.

$f(x)=\int f'(x)dx$

$\quad=\int(9x^2+4x)dx$

음이 아닌 정수 n에 대하여 $\int x^n dx=\frac{1}{n+1}x^{n+1}+C$ (단, C는 적분상수)

$\quad=3x^3+2x^2+C$ (단, C는 적분상수)

$f(1)=6$이므로

$f(1)=3+2+C=6$

따라서 $C=1$이므로 $f(x)=3x^3+2x^2+1$

2nd $f(2)$의 값을 구해.

$\therefore f(2)=3\times2^3+2\times2^2+1=24+8+1=33$

이지원 | 고려대 생명과학과 2025년 입학·대구 성화여고 졸
$f'(x)$의 식이 주어졌고, $f(x)$의 값 중 하나가 주어졌어. 이건 부정적분을 하라는 신호야. 이 정도는 껌이지!

$f(x)=\int f'(x)dx=3x^3+2x^2+C$의 양변에 $x=1$을 대입하면 적분상수 C는 금방 구할 수 있어.

정답 공식: 함수 $f(x)$의 도함수 $f'(x)$가 주어지면
$\int f'(x)dx=f(x)+C$ (단, C는 적분상수)

함수 $f(x)$에 대하여 $f'(x)=8x^3-1$이고 $f(0)=3$일 때, $f(2)$의 값을 구하시오. (3점)

단서2 $f(0)=3$으로 적분상수 C의 값을 결정하자.

단서1 $f'(x)$가 주어져 있으니까 부정적분을 이용해서 $f(x)$의 식을 우선 구해야 해.

1st 부정적분을 이용해 $f(x)$를 구해. **주의** 부정적분을 할 때, 적분상수를 잊지 않고 써야 해.

$f'(x)=8x^3-1$에서

$f(x)=\int(8x^3-1)dx=2x^4-x+C$ (단, C는 적분상수)

이때, $f(0)=3$이므로 $f(0)=C=3$ → 자연수 n에 대하여

따라서 $f(x)=2x^4-x+3$이므로

$f(2)=2\times2^4-2+3=32-2+3=33$

$\int x^ndx=\frac{1}{n+1}x^{n+1}+C, \int 1dx=x+C$ (단, C는 적분상수)

정답 공식: $f(x)=\int f'(x)dx$

함수 $f(x)$에 대하여 $f'(x)=9x^2-8x+1$이고 $f(1)=10$일 때, $f(2)$의 값을 구하시오. (3점)

단서 $f'(x)$가 주어져 있으므로 부정적분을 이용하여 $f(x)$의 식을 구해.

1st 부정적분을 이용하여 다항함수 $f(x)$의 식을 구하자.

$f(x)=\int f'(x)dx$ → 자연수 n에 대하여 $\int x^ndx=\frac{1}{n+1}x^{n+1}+C$ (단, C는 적분상수)

$=\int(9x^2-8x+1)dx$

$=3x^3-4x^2+x+C$ (C는 적분상수)

실수 부정적분을 구할 때, 적분상수 C를 놓치지 않아야 해.

2nd $f(1)=10$을 대입하여 적분상수의 값을 찾아 $f(2)$의 값을 구하자.

이때, $f(1)=3\times1^3-4\times1^2+1+C=10$에서 $C=10$

따라서 $f(x)=3x^3-4x^2+x+10$이므로

$f(2)=3\times2^3-4\times2^2+2+10$

$=24-16+2+10$

$=20$

→ $f(1)$의 값은 $f(x)$의 모든 계수의 합이므로 $3-4+1+C=10$으로도 C의 값을 찾을 수 있어.

정답 공식: 함수 $f(x)$의 도함수 $f'(x)$가 주어지면 $f(x)=\int f'(x)dx$임을 이용한다.

함수 $f(x)$에 대하여 $f'(x)=3x^2+2x$이고 $f(0)=2$일 때, $f(1)$의 값을 구하시오. (3점)

단서1 $f'(x)$가 주어져 있으니까 부정적분을 이용하여 $f(x)$의 식을 구해.

단서2 $f(0)=2$로 적분상수 C를 결정하면 돼.

1st 부정적분을 이용하여 함수 $f(x)$를 구하고 $f(1)$의 값을 계산하자.

$f'(x)=3x^2+2x$에서

$f(x)=\int f'(x)dx=\int(3x^2+2x)dx$

$=x^3+x^2+C$ (C는 적분상수)

음이 아닌 정수 n에 대하여 $\int x^ndx=\frac{1}{n+1}x^{n+1}+C$ (C는 적분상수)

이때, $f(0)=2$이므로 $f(0)=C=2$이다.

따라서 $f(x)=x^3+x^2+2$이므로

$f(1)=1^3+1^2+2=4$

정답 공식: 함수 $f(x)$의 도함수 $f'(x)$가 주어지면 $f(x)=\int f'(x)dx$임을 이용한다.

함수 $f(x)$에 대하여 $f'(x)=8x^3-12x^2+7$이고 $f(0)=3$일 때, $f(1)$의 값을 구하시오. (3점)

단서1 $f'(x)$가 주어져 있으니까 부정적분을 이용하여 $f(x)$의 식을 구해.

단서2 $f(0)=3$으로 적분상수 C의 값을 결정하면 돼.

1st 부정적분을 이용하여 함수 $f(x)$를 구하자.

$f'(x)=8x^3-12x^2+7$에서

$f(x)=\int f'(x)dx$

$=\int(8x^3-12x^2+7)dx$ → 음이 아닌 정수 n에 대하여 $\int x^ndx=\frac{1}{n+1}x^{n+1}+C$ (단, C는 적분상수)

$=2x^4-4x^3+7x+C$ (단, C는 적분상수) … ㉠

2nd 적분상수 C의 값을 정하고, $f(1)$의 값을 구하자.

이때, $f(0)=3$이므로 ㉠의 양변에 $x=0$을 대입하면

$f(0)=C=3$

따라서 $f(x)=2x^4-4x^3+7x+3$이므로

$f(1)=2\times1^4-4\times1^3+7\times1+3=8$

정답 공식: $f(x)=\int f'(x)dx$

다항함수 $f(x)$가

$f'(x)=6x^2-2f(1)x$, $f(0)=4$

를 만족시킬 때, $f(2)$의 값은? (3점)

단서1 $f'(x)$가 주어져 있으므로 부정적분을 이용하여 $f(x)$의 식을 구해.

단서2 $f(0)=4$를 이용하여 적분상수 C를 구해.

① 5   ② 6   ③ 7   ④ 8   ⑤ 9

1st 부정적분을 이용하여 다항함수 $f(x)$를 나타내자.

$f(1)=a$ … ㉠라 하면

$f'(x)=6x^2-2ax$이므로 → $\int x^ndx=\frac{1}{n+1}x^{n+1}+C$ (단, C는 적분상수)

$f(x)=\int f'(x)dx=\int(6x^2-2ax)dx$

$=2x^3-ax^2+C$ (C는 적분상수)

실수 부정적분을 구할 때, 적분상수 C를 놓치지 않아야 해.

2nd $f(0)=4$를 대입하여 적분상수의 값을 찾고 함수 $f(x)$를 구하자.

이때 $f(0)=C=4$이므로 $f(x)=2x^3-ax^2+4$이고,

양변에 $x=1$을 대입하면

$f(1)=2-a+4=a$ (∵ ㉠)에서 $6=2a$ ∴ $a=3$

∴ $f(x)=2x^3-3x^2+4$ → $f(x)=2x^3-ax^2+4$에서 $f(1)$의 값은 계수 $2, -a, 4$의 합 $2-a+4$와 같이 쉽게 구할 수 있어.

3rd 함수 $f(x)$에 $x=2$를 대입하여 $f(2)$의 값을 구하자.

∴ $f(2)=16-12+4=8$

F 28 정답 ④ ＊도함수가 주어졌을 때 함수 구하기 ···· [정답률 91%]

> **정답 공식:** 함수 $f(x)$의 도함수 $f'(x)$가 주어지면 $f(x)=\int f'(x)dx$임을 이용한다.

다항함수 $f(x)$가

단서 2 적분상수는 $f(1)=6$을 이용해서 대입하여 구하면 돼.

$$f'(x)=3x(x-2),\ f(1)=6$$

단서 1 도함수 $f'(x)$가 주어져 있으므로 부정적분을 통하여 $f(x)$를 구해.

을 만족시킬 때, $f(2)$의 값은? (3점)

① 1 　② 2 　③ 3 　④ 4 　⑤ 5

1st 부정적분을 이용하여 다항함수 $f(x)$의 식을 구해.

$f'(x)=3x(x-2)$이므로

$$f(x)=\int f'(x)dx$$
$$=\int 3x(x-2)dx$$
$$=\int (3x^2-6x)dx$$

→ n이 자연수일 때, $\int x^n dx=\dfrac{1}{n+1}x^{n+1}+C$ (단, C는 적분상수)

$$=x^3-3x^2+C (단, C는 적분상수)$$

2nd $f(1)=6$을 대입하여 적분상수를 찾고, $f(2)$의 값을 구하자.

이때, $f(1)=1-3+C=6$에서 $C=8$이므로

$$f(x)=x^3-3x^2+8$$
$$\therefore f(2)=2^3-3\times 2^2+8=4$$

변준서 | 건국대 수의예과 2024년 입학·화성 화성고 졸

$f'(x)$를 적분하고 $f(x)$에 적분상수를 붙여서 전개해도 되지만 $\int_1^2 f'(x)=f(2)-f(1)$임을 이용해서 $f(x)$를 굳이 다 구하지 않고 적분 계산으로만 답을 낼 수 있었어.
위의 정적분 기본 정리는 이런 기본적 문제뿐만 아니라 조금 어려운 문제에서 도함수의 적분값을 원시함수의 함숫값의 차로 이해하는데 많이 쓰이기 때문에 이런 식의 접근에 익숙해지는 것도 좋을 거 같아.

F 29 정답 ⑤ ＊도함수가 주어졌을 때 함수 구하기 ··· [정답률 93%]

> **정답 공식:** $f(x)$의 도함수 $f'(x)$에 대하여 $f(x)=\int f'(x)dx$이다.

함수 $f(x)$가

단서 $f'(x)$가 주어져 있으므로 부정적분을 이용하여 $f(x)$의 식을 구할 수 있어.

$$f'(x)=3x^2-2x,\ f(1)=1$$

을 만족시킬 때, $f(2)$의 값은? (2점)

① 1 　② 2 　③ 3 　④ 4 　⑤ 5

1st 부정적분을 이용하여 다항함수 $f(x)$의 식을 구하자.

$$f(x)=\int f'(x)dx$$

→ 음이 아닌 정수 n에 대하여 $\int x^n dx=\dfrac{1}{n+1}x^{n+1}+C$ (단, C는 적분상수)

$$=\int (3x^2-2x)dx$$
$$=x^3-x^2+C (C는 적분상수)$$

실수 부정적분을 구할 때, 적분상수 C를 빠트리지 않아야 해.

2nd $f(1)=1$을 대입하여 적분상수의 값을 찾아 $f(2)$의 값을 구해.

이때, $f(1)=1-1+C=1$에서 $C=1$

따라서 $f(x)=x^3-x^2+1$이므로 $f(2)=8-4+1=5$

F 30 정답 ① ＊도함수가 주어졌을 때 함수 구하기 ···· [정답률 90%]

> **정답 공식:** $f(x)=\int f'(x)dx$

다항함수 $f(x)$가

단서 $f'(x)$가 주어져 있으므로 부정적분을 이용하여 $f(x)$의 식을 구해.

$$f'(x)=3x^2-kx+1,\ f(0)=f(2)=1$$

을 만족시킬 때, 상수 k의 값은? (3점)

① 5 　② 6 　③ 7 　④ 8 　⑤ 9

1st 부정적분을 이용하여 다항함수 $f(x)$의 식을 구하자.

$$f(x)=\int f'(x)dx=\int (3x^2-kx+1)dx$$
$$=x^3-\frac{k}{2}x^2+x+C (단, C는 적분상수)$$

이때, $f(0)=1$이므로 $C=1$

→ 음이 아닌 정수 n에 대하여 $\int x^n dx=\dfrac{1}{n+1}x^{n+1}+C$ (단, C는 적분상수)

$$\therefore f(x)=x^3-\frac{k}{2}x^2+x+1$$

2nd $f(2)=1$임을 이용해 k의 값을 구해.

또, $f(2)=1$이므로 $f(2)=2^3-\dfrac{k}{2}\times 2^2+2+1=1$에서

$$11-2k=1 \quad \therefore k=5$$

F 31 정답 12 ＊도함수가 주어졌을 때 함수 구하기 ········ [정답률 91%]

> **정답 공식:** 함수 $f(x)$의 도함수 $f'(x)$가 주어지면 $f(x)=\int f'(x)dx$임을 이용한다.

단서 2 $f(0)=4$를 이용하여 적분상수의 값을 정하면 돼.

함수 $f(x)$에 대하여 $f'(x)=3x^2+4x+5$이고 $f(0)=4$일 때, $f(1)$의 값을 구하시오. (3점)

단서 1 $f'(x)$가 주어졌으니까 부정적분을 이용하여 $f(x)$의 식을 구할 수 있어.

1st 부정적분을 이용하여 다항함수 $f(x)$의 식을 구해.

$f'(x)=3x^2+4x+5$이므로

$$f(x)=\int f'(x)dx$$
$$=\int (3x^2+4x+5)dx$$

→ n이 음이 아닌 정수일 때 $\int x^n dx=\dfrac{1}{n+1}x^{n+1}+C$ (단, C는 적분상수)

$$=x^3+2x^2+5x+C (단, C는 적분상수)$$

2nd $f(0)=4$를 대입하여 적분상수의 값을 찾고, $f(1)$의 값을 구하자.

이때, $f(0)=C=4$이므로

$$f(x)=x^3+2x^2+5x+4$$
$$\therefore f(1)=1^3+2\times 1^2+5\times 1+4=12$$

⚙ **도함수가 주어졌을 때 함수 구하기** 　개념·공식

> 함수 $f(x)$의 도함수 $f'(x)$가 주어지면 $f(x)=\int f'(x)dx$임을 이용하여 $f(x)$를 적분상수를 포함한 식으로 나타낸다.

F 32 정답 ④   ＊도함수가 주어졌을 때 함수 구하기 ┈┈ [정답률 90%]

(**정답 공식**: $\int f'(x)dx=f(x)+C$(단, C는 적분상수))

> 다항함수 $f(x)$가 $f'(x)=x(3x+2)$, $f(1)=6$을 만족시킬 때,
> **단서1** 다항함수의 적분 공식을 활용할 수 있어. →**단서2** 도함수와 부정적분의 관계를 활용할 수 있어.
> $f(0)$의 값은? (3점)
>
> ① 1   ② 2   ③ 3   ④ 4   ⑤ 5

1st 다항함수의 부정적분 공식을 이용해.

$f'(x)=x(3x+2)=3x^2+2x$이므로

$\underline{f(x)=x^3+x^2+C}$(단, C는 적분상수)이다.

$\int(3x^2+2x)dx=\int 3x^2 dx+\int 2x\,dx=x^3+x^2+C$

2nd 적분상수 C의 값을 구해.

$f(1)=6$이므로

$f(1)=1+1+C=2+C=6$ $\therefore C=4$

따라서 $f(x)=x^3+x^2+4$이다.

3rd $f(0)$의 값을 구해.

$\therefore f(0)=4$

F 33 정답 ③   ＊도함수가 주어졌을 때 함수 구하기 ┈ [정답률 89%]

(**정답 공식**: 함수 $f(x)$의 도함수 $f'(x)$가 주어지면 $f(x)=\int f'(x)dx$임을 이용한다.)

> 함수 $f(x)$에 대하여 $f'(x)=2x+4$이고
> **단서1** $f'(x)$가 주어져 있으니까 부정적분을 이용하여 $f(x)$의 식을 구할 수 있어.
> $f(-1)+f(1)=0$일 때, $f(2)$의 값은? (3점)
> **단서2** $f(-1)+f(1)=0$을 이용하여 적분상수의 값을 찾으면 돼.
>
> ① 9   ② 10   ③ 11
> ④ 12   ⑤ 13

1st 부정적분을 이용하여 함수 $f(x)$의 식을 구해.

$f'(x)=2x+4$이므로

$f(x)=\int(2x+4)dx$ →음이 아닌 정수 n에 대하여 $\int x^n dx=\frac{1}{n+1}x^{n+1}+C$($C$는 적분상수)

$\quad =x^2+4x+C$ (C는 적분상수)

2nd $f(-1)+f(1)=0$을 이용하여 적분상수의 값을 찾고, $f(2)$의 값을 구하자.

이때, $f(-1)+f(1)=0$이므로

$(1-4+C)+(1+4+C)=0$

$2C+2=0$ $\therefore C=-1$

따라서 $f(x)=x^2+4x-1$이므로

$f(2)=4+8-1=11$

F 34 정답 8   ＊도함수가 주어졌을 때 함수 구하기 ┈┈ [정답률 87%]

(**정답 공식**: $f(x)=\int f'(x)dx$)

> 함수 $f(x)$가   →**단서2** 함숫값을 이용하여 적분상수를 구하면 돼.
> $f'(x)=-x^3+3$, $f(2)=10$
> **단서1** $f'(x)$가 주어져 있으니까 부정적분을 이용하여 $f(x)$의 식을 구해.
> 을 만족시킬 때, $f(0)$의 값을 구하시오. (3점)

1st 부정적분을 이용하여 다항함수 $f(x)$의 식을 구하자.

$f'(x)=-x^3+3$이므로

$f(x)=\int f'(x)dx=\int(-x^3+3)dx$ →n이 음이 아닌 정수일 때, $\int x^n dx=\frac{1}{n+1}x^{n+1}+C$ (단, C는 적분상수)

$\quad =-\frac{1}{4}x^4+3x+C$ (단, C는 적분상수)

실수 부정적분할 때 적분상수 C를 빠뜨리는 실수를 하기 쉬워. 주의해.

2nd $f(2)=10$을 이용하여 적분상수의 값을 찾으면 $f(0)$의 값을 구할 수 있어.

$f(2)=-\frac{1}{4}\times 2^4+3\times 2+C=10$

$-4+6+C=10$ $\therefore C=8$

따라서 $f(x)=-\frac{1}{4}x^4+3x+8$이므로

$f(0)=8$

F 35 정답 15   ＊도함수가 주어졌을 때 함수 구하기 ┈ [정답률 91%]

(**정답 공식**: 미분가능한 함수 $f(x)$에 대하여 $f(x)=\int f'(x)dx$이다.)

> 함수 $f(x)$에 대하여 $f'(x)=4x^3-2x$이고 $f(0)=3$일 때,
> $f(2)$의 값을 구하시오. (3점)   **단서** $f'(x)$와 $f(0)$이 주어져 있으므로 부정적분을 이용하여 $f(x)$의 식을 구해.

1st 부정적분을 이용하여 함수 $f(x)$를 구하자.

$f(x)=\int f'(x)dx=\int(4x^3-2x)dx$ →$\int x^n dx=\frac{1}{n+1}x^{n+1}+C$ (단, C는 적분상수)

$\quad =x^4-x^2+C$ (단, C는 적분상수)

이때, $f(0)=C=3$이므로 $f(x)=x^4-x^2+3$

$\therefore f(2)=16-4+3=15$

최윤성 서울대 공과대학 2023년 입학 · 서울 양정고 졸

교과서나 문제집에서 예제로 볼 수 있는 수준의 문제였어. 간단한 부정적분을 한 뒤에 문제에 주어진 함숫값을 대입하기만 하면 $f(x)$의 식이 완벽히 나오는 문제잖아. 심지어 문제에서 $f(0)=3$이라 했기 때문에 적분상수 C가 3임을 바로 알 수 있어서 더 수월했지. 이런 문제야말로 평가원에서 특별한 덫도 놓지 않고 점수 주려고 만든 문제라고 생각해. 계산 실수만 하지 마!

F 36 정답 15 ＊도함수가 주어졌을 때 함수 구하기 … [정답률 92%]

[**정답 공식**: 함수 $f(x)$에 대하여 $f(x)=\int f'(x)dx$이다.]

함수 $f(x)$에 대하여 $f'(x)=8x^3+6x^2$이고 $f(0)=-1$일 때, $f(-2)$의 값을 구하시오. (3점) **단서2** $f(0)=-1$을 이용하여
단서1 $f'(x)$가 주어져 있으므로 부정적분을 이용하여 $f(x)$의 식을 구하면 돼. 적분상수 C를 구한 후 $f(x)$의 식을 완성해.

1st 부정적분을 이용하여 다항함수 $f(x)$를 구하자.

$f(x)=\int f'(x)dx$

$\quad =\int(8x^3+6x^2)dx$ → 음이 아닌 정수 n에 대하여 $\int x^n dx=\frac{1}{n+1}x^{n+1}+C$ (단, C는 적분상수)

$\quad =2x^4+2x^3+C$ (단, C는 적분상수)

이때, $f(0)=C=-1$이므로

$f(x)=2x^4+2x^3-1$

$\therefore f(-2)=32-16-1=15$

F 37 정답 13 ＊도함수가 주어졌을 때 함수 구하기 … [정답률 90%]

[**정답 공식**: n이 음이 아닌 정수일 때, $\int x^n dx=\frac{1}{n+1}x^{n+1}+C$ (단, C는 적분상수)]

함수 $f(x)$에 대하여 $f'(x)=6x^2-2x-1$이고 $f(1)=3$일 때, $f(2)$의 값을 구하시오. (3점) **단서** 부정적분을 이용하여 $f(x)$를 구한 후 $f(1)$의 값을 이용하여 적분상수를 찾자.

1st 부정적분을 이용하여 함수 $f(x)$를 구해.

$f'(x)=6x^2-2x-1$이므로

$f(x)=\int(6x^2-2x-1)dx$ → $F'(x)=f(x)$일 때, $\int f(x)dx=F(x)+C$ (단, C는 적분상수)

$\quad =2x^3-x^2-x+C$ (단, C는 적분상수)

이때, $f(1)=2-1-1+C=3$이므로 $C=3$

따라서 $f(x)=2x^3-x^2-x+3$이므로

$f(2)=16-4-2+3=13$

F 38 정답 ② ＊도함수가 주어졌을 때 함수 구하기 [정답률 85%]

[**정답 공식**: 삼차함수 $f(x)$가 극값을 갖지 않으면 이차방정식 $f'(x)=0$이 중근 또는 서로 다른 두 허근을 가짐을 이용한다.]

다항함수 $f(x)$가 **단서1** 도함수 $f'(x)$가 이차함수이므로 함수 $f(x)$는 삼차함수야.
$\quad f'(x)=x^2-kx+k-1$, $f(0)=2$ **단서2** 적분상수 C를 결정해.
를 만족시킨다. 함수 $f(x)$가 극값을 갖지 않을 때, $f(3)$의 값은? (단, k는 상수이다.) (3점) **단서3** 삼차함수 $f(x)$가 극값을 갖지 않으려면 방정식 $f'(x)=0$이 중근 또는 서로 다른 두 허근을 가져야 해.

① 2 ② 5 ③ 8
④ 11 ⑤ 14

1st 다항함수 $f(x)$가 극값을 갖지 않을 조건을 이용하여 상수 k의 값을 구하자.

다항함수 $f(x)$가 극값을 갖지 않으므로
모든 실수 x에 대하여 $f'(x)=x^2-kx+k-1\geq 0$이다.
최고차항의 계수가 양수니까 $f'(x)\geq 0$
최고차항의 계수가 음수면 $f'(x)\leq 0$

즉, 이차방정식 $f'(x)=0$이 중근 또는 서로 다른 두 허근을 가져야 한다. 삼차함수 $f(x)$에 대하여 이차방정식 $f'(x)=0$의 판별식을 D라 할 때
$f(x)$가 극댓값과 극솟값을 갖는다.
⇔ $f'(x)=0$이 서로 다른 두 실근을 갖는다.
⇔ 판별식 $D>0$
$f(x)$가 극값을 갖지 않는다.
⇔ $f'(x)=0$이 중근 또는 서로 다른 두 허근을 갖는다.
⇔ 판별식 $D\leq 0$

이차방정식 $x^2-kx+k-1=0$의 판별식을 D라 하면
$D=(-k)^2-4\times1\times(k-1)$ 이차방정식 $ax^2+bx+c=0$의 판별식 $D=b^2-4ac$야.
$\quad =k^2-4k+4$
$\quad =(k-2)^2\leq 0$ 모든 실수 a에 대하여 $a^2\geq 0$이므로 $a^2\leq 0$이기 위한 실수 a의 값은 0 뿐이야.
$\therefore k=2$

2nd 부정적분을 이용하여 함수 $f(x)$를 적분상수가 포함된 식으로 나타내.

$f'(x)=x^2-2x+1$에서

$f(x)=\int f'(x)dx$

$\quad =\int(x^2-2x+1)dx$ $\int x^n dx=\frac{1}{n+1}x^{n+1}+C$ (단, C는 적분상수)

$\quad =\frac{1}{3}x^3-x^2+x+C$ (단, C는 적분상수) ⋯ ㉠

3rd $f(3)$의 값을 구하자.

이때, $f(0)=2$이므로 ㉠의 양변에 $x=0$을 대입하면
$f(0)=C=2$

따라서 $f(x)=\frac{1}{3}x^3-x^2+x+2$이므로

$f(3)=\frac{1}{3}\times3^3-3^2+3+2=5$

F 39 정답 16 ＊도함수가 주어졌을 때 함수 구하기 … [정답률 92%]

[**정답 공식**: $f(x)=\int f'(x)dx$]

함수 $f(x)$에 대하여 $f'(x)=6x^2-4x+3$이고 $f(1)=5$일 때, $f(2)$의 값을 구하시오. (3점) **단서** $f'(x)$가 주어져 있으므로 부정적분을 이용하여 $f(x)$의 식을 구하면 돼.

1st 부정적분을 이용하여 함수 $f(x)$의 식을 구해.

$f(x)=\int f'(x)dx=\int(6x^2-4x+3)dx$ → 음이 아닌 정수 n에 대하여 $\int x^n dx=\frac{1}{n+1}x^{n+1}+C$ (단, C는 적분상수)

$\quad =2x^3-2x^2+3x+C$ (C는 적분상수)

이때, $f(1)=5$이므로

$2\times1^3-2\times1^2+3\times1+C=5$ $\therefore C=2$

따라서 $f(x)=2x^3-2x^2+3x+2$이므로

$f(2)=2\times2^3-2\times2^2+3\times2+2=16$

F 40 정답 ② *도함수가 주어졌을 때 함수 구하기 ···· [정답률 73%]

> **정답 공식**: 함수 $f(x)$가 실수 전체에서 미분가능하고 증가하면 모든 실수 x에 대하여 $f'(x) \geq 0$이다.

> 단서1 모든 실수 x에 대하여 $f'(x) \geq 0$을 의미해.
> 다항함수 $f(x)$가 실수 전체의 집합에서 증가하고
> $$f'(x) = \{3x - f(1)\}(x-1)$$ 단서2 $f'(x)$가 주어져 있으므로 부정적분을 이용하여 $f(x)$의 식을 구하면 돼.
> 을 만족시킬 때, $f(2)$의 값은? (3점)
>
> ① 3 ② 4 ③ 5
> ④ 6 ⑤ 7

1st 다항함수 $f(x)$가 실수 전체의 집합에서 증가하는 조건을 이용하여 $f(1)$의 값을 구해.

다항함수 $f(x)$가 실수 전체의 집합에서 증가하므로 모든 실수 x에 대하여 $f'(x) \geq 0$이다.

$f'(x) = \{3x - f(1)\}(x-1)$
$= 3x^2 - \{f(1)+3\}x + f(1)$
에서 $f'(x) \geq 0$이 되기 위해서는

→ 모든 실수 x에 대하여 이차부등식 $ax^2+bx+c \geq 0(a>0)$이 성립하기 위해서는 $b^2-4ac \leq 0$을 만족해야 해.

이차방정식 $3x^2 - \{f(1)+3\}x + f(1) = 0$의 판별식을 D라 할 때, $D \leq 0$이어야 한다. 즉,
$D = \{f(1)+3\}^2 - 4 \times 3 \times f(1)$
$= \{f(1)+3\}^2 - 12f(1) = \{f(1)-3\}^2$
이므로 $\{f(1)-3\}^2 \leq 0$
$\therefore f(1) = 3$

→ $\{f(1)-3\}$의 값은 실수이고, 모든 실수의 제곱은 0 이상이므로 $f(1)-3=0$이어야 해.

2nd 부정적분을 이용하여 다항함수 $f(x)$의 식을 구해.

$f'(x) = \{3x-f(1)\}(x-1)$에 $f(1)=3$을 대입하면
$f'(x) = (3x-3)(x-1) = 3x^2 - 6x + 3$
$\therefore f(x) = \int f'(x)dx = \int (3x^2-6x+3)dx$
$= x^3 - 3x^2 + 3x + C$ (단, C는 적분상수)

→ 음이 아닌 정수 n에 대하여 $\int x^n dx = \frac{1}{n+1}x^{n+1} + C$ (단, C는 적분상수)

3rd $f(1)=3$임을 이용하여 $f(2)$의 값을 구해.

$f(1) = 1^3 - 3 \times 1^2 + 3 \times 1 + C = 3$
$1 - 3 + 3 + C = 3$ $\therefore C = 2$

→ $f(1)$의 값은 $f(x)$의 모든 항의 계수의 합으로도 구할 수 있어.

따라서 $f(x) = x^3 - 3x^2 + 3x + 2$이므로
$f(2) = 8 - 12 + 6 + 2 = 4$

> ✿ **도함수가 주어졌을 때 함수 구하기** 개념·공식
>
> 함수 $f(x)$의 도함수 $f'(x)$가 주어지면 $f(x) = \int f'(x)dx$임을 이용하여 $f(x)$를 적분상수를 포함한 식으로 나타낸다.

F 41 정답 9 *도함수가 주어졌을 때의 함수 구하기 ···· [정답률 77%]

> **정답 공식**: 실수 전체의 집합에서 미분가능한 함수는 실수 전체의 집합에서 연속이다.

> 실수 전체의 집합에서 미분가능한 함수 $F(x)$의 도함수 $f(x)$가
> 단서2 실수 전체의 집합에서 미분가능하면 실수 전체의 집합에서 연속이지? 즉, 함수 $F(x)$는 $x=0$에서 연속이어야 해.
> $$f(x) = \begin{cases} -2x & (x<0) \\ k(2x-x^2) & (x \geq 0) \end{cases}$$
> 단서1 $F(x) = \int f(x)dx$임을 이용하여 $x<0$일 때와 $x \geq 0$일 때의 함수 $F(x)$를 구해.
> 이다. $F(2) - F(-3) = 21$일 때, 상수 k의 값을 구하시오. (3점)

1st 구간에 따른 부정적분을 구하자.

$F(x)$는 함수 $f(x)$의 한 부정적분이므로

$x<0$일 때, $F(x) = \int(-2x)dx = -x^2 + C_1$ (단, C_1은 적분상수)

$x \geq 0$일 때, $F(x) = \int k(2x-x^2)dx = k\left(x^2 - \frac{1}{3}x^3\right) + C_2$

① 음이 아닌 정수 n에 대하여 $\int x^n dx = \frac{1}{n+1}x^{n+1} + C(C$는 적분상수)
② 상수 k에 대하여 $\int kf(x)dx = k\int f(x)dx$

(단, C_2는 적분상수)

> 주의 부정적분할 때 항상 적분상수 C를 써주는 것을 잊지 말아야 해.

즉, $F(x) = \begin{cases} -x^2 + C_1 & (x<0) \\ k\left(x^2 - \frac{1}{3}x^3\right) + C_2 & (x \geq 0) \end{cases}$

(단, C_1, C_2는 적분상수)

그런데 $F(x)$가 $x=0$에서 미분가능하면 $x=0$에서 연속이므로 $C_1 = C_2$이다.

함수 $F(x)$가 $x=0$에서 미분가능하면 연속이어야 하므로 $\lim_{x \to 0} F(x) = F(0)$이어야 해. 즉, $\lim_{x \to 0-}(-x^2+C_1) = \lim_{x \to 0+}\left\{k\left(x^2-\frac{1}{3}x^3\right)+C_2\right\}$이므로 $C_1 = C_2$가 돼.

$\therefore F(x) = \begin{cases} -x^2 + C_1 & (x<0) \\ k\left(x^2 - \frac{1}{3}x^3\right) + C_1 & (x \geq 0) \end{cases}$

2nd $F(2) - F(-3) = 21$을 이용하여 상수 k의 값을 구하자.

따라서 $F(2) - F(-3) = 21$이므로
$k \times \left(4 - \frac{8}{3}\right) + C_1 - (-9 + C_1) = 21$
$\frac{4}{3}k + C_1 + 9 - C_1 = 21$, $\frac{4}{3}k = 12$ $\therefore k = 9$

> 🪄 **톡톡 풀이**: 정적분의 정의 이용하기
>
> $F(x)$는 함수 $f(x)$의 한 부정적분이므로
> $\int_{-3}^{2} f(x)dx = \Big[F(x)\Big]_{-3}^{2} = F(2) - F(-3)$
>
> → 연속함수 $f(x)$의 한 부정적분을 $F(x)$라 할 때, $\int_a^b f(x)dx = \Big[F(x)\Big]_a^b = F(b) - F(a)$
>
> 그런데
> $\int_{-3}^{2} f(x)dx = \int_{-3}^{0} f(x)dx + \int_{0}^{2} f(x)dx$
> $= \int_{-3}^{0}(-2x)dx + \int_{0}^{2}k(2x-x^2)dx$
>
> → $\int_a^c f(x)dx + \int_c^b f(x)dx = \int_a^b f(x)dx$
>
> $= \Big[-x^2\Big]_{-3}^{0} + k\Big[x^2 - \frac{1}{3}x^3\Big]_{0}^{2}$
> $= 0 - (-9) + k\left(4 - \frac{8}{3} - 0\right) = 9 + \frac{4}{3}k$
>
> 이므로 $9 + \frac{4}{3}k = 21$에서 $k=9$야.

정답 공식: $f'(x)$의 함수식을 세운 후 부정적분하여 $f(x)$의 함수식을 구한다.

사차함수 $f(x)$의 도함수 $y=f'(x)$의 그래프가 그림과 같고, $f'(-\sqrt{2})=f'(0)=f'(\sqrt{2})=0$이다.

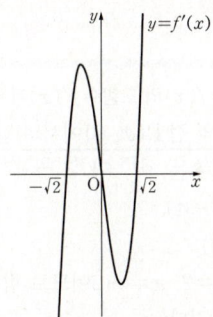

$f(0)=1$, $f(\sqrt{2})=-3$일 때, $f(m)f(m+1)<0$을 만족시키는 모든 정수 m의 값의 합은? (4점)

단서 $f(m)$의 값과 $f(m+1)$의 값의 부호가 반대라는 의미야. 즉, 함수 $f(x)$의 그래프를 그려 보고 x의 값이 $m, m+1$일 때 두 함숫값의 부호가 다른 m의 값을 찾아 봐.

① -2 ② -1 ③ 0 ④ 1 ⑤ 2

1st 함수 $f(x)$의 식을 구하자.

함수 $f'(x)$는 삼차함수이고 $f'(0)=f'(\sqrt{2})=f'(-\sqrt{2})=0$이므로

$f'(x)=kx(x+\sqrt{2})(x-\sqrt{2})$ ▹ $f'(x)$는 $x, x-\sqrt{2}, x+\sqrt{2}$를 인수로 가져

$\qquad =kx(x^2-2)=kx^3-2kx$ (단, k는 $k>0$인 상수)

$f(x)$가 사차함수이므로 도함수 $f'(x)$는 삼차함수이고 $y=f'(x)$의 그래프가 증가하다가 감소, 다시 증가하고 있으니까 $f'(x)$의 최고차항의 계수는 양수야.

$\therefore f(x)=\int(kx^3-2kx)dx=\dfrac{k}{4}x^4-kx^2+C$ (단, C는 적분상수)

이때, $f(0)=1$이므로 $f(0)=C=1$

또, $f(\sqrt{2})=-3$이므로 $f(\sqrt{2})=k-2k+C=-k+1=-3$

$\therefore k=4$

$\therefore f(x)=x^4-4x^2+1$ ▹ 짝수 차수의 항으로만 이루어져 있으므로 그래프가 y축에 대하여 대칭이야.

2nd 함수 $f(x)$의 그래프를 그려서 $f(m)f(m+1)<0$을 만족시키는 정수 m의 값을 구하자.

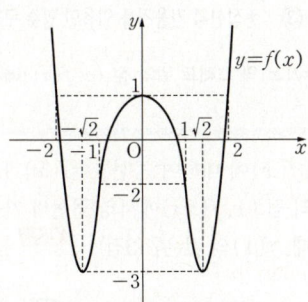

함수 $y=f(x)$의 그래프는 그림과 같고

$f(-2)=f(2)=1>0$, $f(-1)=f(1)=-2<0$이므로

$f(m)f(m+1)<0$을 만족시키는 정수 m은 $-2, -1, 0, 1$이다.

$\therefore$ (구하는 합)$=(-2)+(-1)+0+1=-2$

▹ 1 차이 나는 정수에서 함숫값의 부호가 달라지는 것을 뜻해.

$m<-2$ 또는 $m\geq2$이면 $f(m)f(m+1)>0$이고,
$m=-2$이면 $f(-2)f(-1)=-2<0$
$m=-1$이면 $f(-1)f(0)=-2<0$
$m=0$이면 $f(0)f(1)=-2<0$
$m=10$이면 $f(1)f(2)=-2<0$이야.

정답 공식: 함수 $f(x)$의 도함수를 $f'(x)$라 할 때, $\displaystyle\int f'(x)dx=f(x)+C$ (단, C는 적분상수이다.)

단서1 $f'(x)=4x+a$ (a는 상수)라 놓을 수 있어. $f'(x)$의 식이 주어졌으면? 부정적분을 이용해 $f(x)$를 구할 수 있지.

이차함수 $f(x)$의 도함수는 기울기가 4인 직선이다. 다음 중 이차함수 $y=f(x)$의 그래프의 꼭짓점이 그리는 도형을 좌표평면 위에 바르게 나타낸 것은? (단, $f(0)=0$) (3점) ▹ **단서2** 이차함수 $y=f(x)$의 그래프의 꼭짓점의 x좌표와 y좌표 사이의 관계를 찾으면 돼.

① 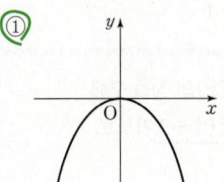 ②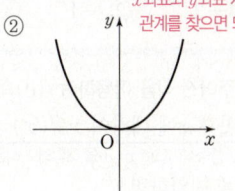

③ 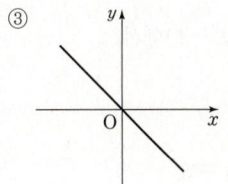 ④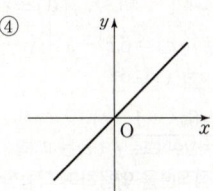

⑤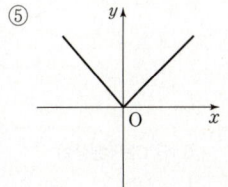

1st $f'(x)$의 식을 세운 후 부정적분을 이용해 $f(x)$를 구해.

도함수 $f'(x)$는 기울기가 4인 직선이므로

$f'(x)=4x+a$ (a는 상수) ▹ 이차함수 $f(x)$의 최고차항의 계수를 k라 놓으면 $(kx^2)'=2kx$에서 $2k=4$, 즉 $k=2$임을 바로 알 수도 있어.

$\therefore f(x)=\int(4x+a)dx$

$\qquad =2x^2+ax+C$ (단, C는 적분상수)

그런데 $f(0)=0$이므로 $C=0$

$\therefore f(x)=2x^2+ax=2\left(x+\dfrac{a}{4}\right)^2-\dfrac{a^2}{8}$

2nd 이차함수의 그래프의 꼭짓점의 좌표를 구하자.

이차함수 $y=f(x)$의 그래프의 꼭짓점의 좌표는 $\left(-\dfrac{a}{4}, -\dfrac{a^2}{8}\right)$이다.

이때, $X=-\dfrac{a}{4}$라 하면 $Y=-2X^2$

$X=-\dfrac{a}{4}$에서 $a=-4X$이므로 $Y=-\dfrac{a^2}{8}=-\dfrac{1}{8}\cdot(-4X)^2=-2X^2$

따라서 이차함수 $y=f(x)$의 그래프의 꼭짓점이 그리는 도형은 곡선 $y=-2x^2$이므로 그 그래프는 그림과 같다.

$Y=-2X^2$에서 X 대신 x, Y 대신 y를 대입한 거야.

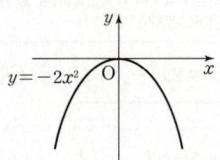

F 44 정답 ① ＊도함수가 주어졌을 때 함수 구하기 ····· [정답률 80%]

(정답 공식: 미분가능한 함수 $f(x)$에 대하여 $f(x)=\int f'(x)dx$이다.)

삼차함수 $f(x)$가 모든 실수 x에 대하여
$$xf'(x)=6x^3-x+f(0)+1$$
단서1 모든 실수 x에 대하여 성립하므로 $x=0$을 대입하여 $f(0)$의 값을 구하고, 식을 변형하여 $f'(x)$의 식을 구할 수 있어.
을 만족시킬 때, $f(-1)$의 값은? (3점)
단서2 삼차함수 $f(x)$를 구한 후 $x=-1$을 대입하면 돼.

① -2 ② -1 ③ 0 ④ 1 ⑤ 2

1st 주어진 식을 이용하여 $f(0)$의 값과 함수 $f'(x)$의 식을 구해.
모든 실수 x에 대하여 $xf'(x)=6x^3-x+f(0)+1$이므로
x에 대한 항등식이므로 $x=0$을 대입해도 식은 성립해.
$x=0$을 대입하면
$0=f(0)+1$ ∴ $f(0)=-1$
한편, $xf'(x)=6x^3-x+(-1)+1=x(6x^2-1)$에서
양변을 x로 나누면
$f'(x)=6x^2-1$
$f(x)$는 삼차함수이므로 $f'(x)$는 이차함수가 되어야 해.

2nd 부정적분을 이용하여 다항함수 $f(x)$의 식을 구해.
$f'(x)=6x^2-1$이므로
$$f(x)=\int f'(x)dx$$
$$=\int(6x^2-1)dx$$
음이 아닌 정수 n에 대하여 $\int x^n dx=\dfrac{1}{n+1}x^{n+1}+C$ (단, C는 적분상수)
$$=2x^3-x+C \text{ (단, }C\text{는 적분상수)}$$
이때, $f(0)=C=-1$이므로
$f(x)=2x^3-x-1$
실수 부정적분을 구할 때, 적분상수 C를 써주는 것을 꼭 잊지 말아야 해.

3rd $f(-1)$의 값을 구해.
∴ $f(-1)=-2+1-1=-2$

F 45 정답 7 ＊접선의 기울기를 이용한 함수 구하기 ····· [정답률 83%]

(정답 공식: 미분가능한 함수 $f(x)$의 그래프 위의 한 점 $(a,f(a))$에서의 접선의 기울기는 $f'(a)$이다.)

함수 $f(x)$의 그래프 위의 임의의 점 $(x,f(x))$에서의 접선의 기울기가 $4x-1$이고 $f(0)=1$일 때, $f(2)$의 값을 구하시오. (3점)
단서 함수 $f(x)$의 도함수 $f'(x)$의 기하학적 의미가 함수 $f(x)$의 그래프 위의 임의의 점에서의 접선의 기울기임을 이용해.

1st 부정적분과 미분의 관계를 이용하여 함수 $f(x)$를 구해.
함수 $f(x)$의 그래프 위의 임의의 점 $(x,f(x))$에서의 접선의 기울기가 $4x-1$이므로
도함수의 기하학적인 의미를 잘 알고 있어야겠지?
$f'(x)=4x-1$
∴ $f(x)=\int(4x-1)dx=2x^2-x+C$ (단, C는 적분상수)
(1) $F'(x)=f(x)$일 때, $\int f(x)dx=F(x)+C$ (단, C는 적분상수)
(2) 함수 $y=x^n$(n은 양의 정수)일 때, $\int x^n dx=\dfrac{1}{n+1}x^{n+1}+C$ (단, C는 적분상수)

2nd $f(0)=1$이므로 적분상수 C의 값을 구할 수 있지?
이때, $f(0)=1$이므로 $f(0)=C=1$
따라서 $f(x)=2x^2-x+1$이므로 $f(2)=2\times2^2-2+1=7$

F 46 정답 35 ＊접선의 기울기를 이용한 함수 구하기 ····· [정답률 87%]

(정답 공식: $f'(x)=3x^2-12$이므로 부정적분을 하여 $f(x)$의 함수식을 구한다.)

곡선 $y=f(x)$ 위의 임의의 점 $P(x,y)$에서의 접선의 기울기가 $3x^2-12$이고 함수 $f(x)$의 극솟값이 3일 때, 함수 $f(x)$의 극댓값을 구하시오. (3점)
단서 다항함수의 접선의 기울기를 구할 때 미분을 이용하잖아. 그런데 그 값이 $3x^2-12$네? 그럼 $f'(x)=3x^2-12$라는 거지?

1st 문제의 조건에서 함수 $f(x)$의 도함수 $f'(x)$가 주어졌지?
곡선 $y=f(x)$ 위의 임의의 점 $P(x,y)$에서의 접선의 기울기가 $3x^2-12$이므로 함수 $f(x)$의 도함수는
점 $P(x,y)$에서의 접선의 기울기는 $f'(x)$야.
$$f'(x)=3x^2-12=3(x^2-4)$$
$$=3(x+2)(x-2)$$
따라서 $f'(x)=0$에서 $x=2$, $x=-2$이므로 함수 $f(x)$의 증가와 감소를 표로 나타내면 다음과 같다.

x	$\cdots$	-2	$\cdots$	2	$\cdots$
$f'(x)$	$+$	0	$-$	0	$+$
$f(x)$	↗	극대	↘	극소	↗

2nd 함수 $f(x)$의 극솟값이 3임을 이용하여 함수 $f(x)$를 찾자.
이때, $f'(x)=3x^2-12$이므로
$$f(x)=\int(3x^2-12)dx$$
$$=x^3-12x+C \text{ (단, }C\text{는 적분상수)}$$
위의 표에서 함수 $f(x)$는 $x=2$에서 극솟값 3을 가지므로
$f(2)=2^3-12\cdot2+C$
$x=2$의 좌우에서 $f'(x)$의 부호가 $(-)$에서 $(+)$로 바뀌므로 $x=2$에서 극소야.
$$=-16+C=3$$
∴ $C=19$
따라서 $f(x)=x^3-12x+19$이고 함수 $f(x)$는 $x=-2$에서 극댓값을 가지므로 함수 $f(x)$의 극댓값은
$x=-2$의 좌우에서 $f'(x)$의 부호가 $(+)$에서 $(-)$로 바뀌므로 $x=-2$에서 극대야.
$f(-2)=(-2)^3-12\cdot(-2)+19$
$$=35$$

F 47 정답 ③ ＊접선의 기울기를 이용한 함수 구하기 ····· [정답률 88%]

(정답 공식: 함수 $y=f(x)$의 그래프 위의 점 $(a,f(a))$에서의 접선의 기울기는 $f'(a)$이다.)

미분가능한 함수 $f(x)$에 대하여 곡선 $y=f(x)$가 점 $(-2,1)$을 지난다. 곡선 위의 점 $(x,f(x))$에서의 접선의 기울기가 $6x^2+8x-1$일 때, $f(1)$의 값은? (3점)
단서1 $f(-2)=1$이라는 거야.
단서2 곡선 $y=f(x)$ 위의 점 $(x,f(x))$에서의 접선의 기울기는 $f'(x)$야.

① 2 ② 3 ③ 4
④ 5 ⑤ 6

1st 접선의 기울기를 이용하여 함수 $f(x)$를 적분상수 C를 포함한 식으로 나타내.
곡선 $y=f(x)$ 위의 점 $(x,f(x))$에서의 접선의 기울기가 $6x^2+8x-1$이므로
$f'(x)=6x^2+8x-1$
∴ $f(x)=\int f'(x)dx=\int(6x^2+8x-1)dx$
$\int x^n dx=\dfrac{1}{n+1}x^{n+1}+C$ (단, C는 적분상수)
$$=2x^3+4x^2-x+C \text{ (}C\text{는 적분상수)}$$

2nd 적분상수 C의 값을 결정하고 $f(1)$의 값을 구해.

한편, 곡선 $y=f(x)$가 점 $(-2, 1)$을 지나므로 $f(-2)=1$에서

$f(-2)=2\times(-2)^3+4\times(-2)^2-(-2)+C$

$\qquad\quad =C+2=1$

$\therefore C=-1$

따라서 $f(x)=2x^3+4x^2-x-1$이므로

$f(1)=2+4-1-1=4$

F 48 정답 **2** ＊접선의 기울기를 이용한 함수 구하기 ······ [정답률 85%]

【 **정답 공식**: 함수 $y=f(x)$의 그래프 위의 점 $(a, f(a))$에서의 접선의 기울기는 $f'(a)$이다. 】

> 미분가능한 함수 $f(x)$에 대하여 곡선 $y=f(x)$가 점 $(-1, 0)$을 지난다. 곡선 위의 점 $(x, f(x))$에서의 접선의 기울기가 $3x^2-4x-13$일 때, 방정식 $f(x)=0$의 모든 실근의 합을 구하시오. (3점)
> **단서1** $f(-1)=0$이라는 거야.
> **단서2** 곡선 $y=f(x)$ 위의 점 $(x, f(x))$에서의 접선의 기울기는 $f'(x)$야.

1st 접선의 기울기를 이용하여 함수 $f(x)$를 적분상수 C를 포함한 식으로 나타내.

곡선 $y=f(x)$ 위의 점 $(x, f(x))$에서의 접선의 기울기가

$3x^2-4x-13$이므로

$f'(x)=3x^2-4x-13$

$\therefore f(x)=\int f'(x)dx=\int(3x^2-4x-13)dx$

$\qquad\qquad =x^3-2x^2-13x+C(C$는 적분상수$)$

> $\int x^n dx=\dfrac{1}{n+1}x^{n+1}+C$ (단, C는 적분상수)

2nd 적분상수 C의 값을 결정하여 $f(x)$의 식을 완성해.

곡선 $y=f(x)$가 점 $(-1, 0)$을 지나므로 $f(-1)=0$에서

$f(-1)=-1-2+13+C=0$

$\therefore C=-10$

$\therefore f(x)=x^3-2x^2-13x-10$

3rd 방정식 $f(x)=0$의 모든 실근의 합을 구해.

$f(x)=0$에서 $x^3-2x^2-13x-10=0$

$(x+1)(x+2)(x-5)=0$

$\therefore x=-1$ 또는 $x=-2$ 또는 $x=5$

따라서 방정식 $f(x)=0$의 모든 실근의 합은

$(-1)+(-2)+5=2$

$$\begin{array}{r|rrrr} -1 & 1 & -2 & -13 & -10 \\ & & -1 & 3 & 10 \\ \hline & 1 & -3 & -10 & 0 \end{array}$$

조립제법을 이용하여 좌변을 인수분해하면

$x^3-2x^2-13x-10$
$=(x+1)(x^2-3x-10)$
$=(x+1)(x+2)(x-5)$

F 49 정답 **③** ＊곡선 위의 점에서의 접선 ············· [정답률 67%]

【 **정답 공식**: 곡선 $y=f(x)$ 위의 점 (α, β)에서의 접선의 방정식은 $y-\beta=f'(\alpha)(x-\alpha)$이다. 】

> 최고차항의 계수가 1인 삼차함수 $f(x)$에 대하여 곡선 $y=f(x)$ 위의 점 $(-2, f(-2))$에서의 접선과 곡선 $y=f(x)$ 위의 점
> **단서1** 점 $(-2, f(-2))$에서의 접선의 방정식은 $y=f'(-2)(x+2)+f(-2)$야.
> $(2, 3)$에서의 접선이 점 $(1, 3)$에서 만날 때, $f(0)$의 값은? (4점)
> **단서2** 곡선 $y=f(x)$ 위의 점 $(2, 3)$에서의 접선이 점 $(1, 3)$을 지나므로 두 점을 지나는 직선의 기울기와 미분계수 $f'(2)$의 값이 같아.
>
> ① 31 ② 33 ③ 35 ④ 37 ⑤ 39

1st 점 $(2, 3)$에서의 접선이 점 $(1, 3)$을 지남을 이용하여 함수 $f(x)$의 식을 구해.

곡선 $y=f(x)$ 위의 점 $(2, 3)$에서의 접선의 방정식은

$y=f'(2)(x-2)+3$이다.

> 곡선 $y=f(x)$ 위의 점 (a, b)에서의 접선의 방정식은 $y=f'(a)(x-a)+b$

이때, 이 직선이 점 $(1, 3)$을 지나므로 $3=f'(2)\times(1-2)+3$에서

$-f'(2)+3=3$ $\therefore f'(2)=0$

> $f'(2)=0$이면 함수 $f'(x)$는 $(x-2)$를 인수로 가져.

즉, 최고차항의 계수가 1인 삼차함수 $f(x)$에 대하여 도함수 $f'(x)$는 최고차항의 계수가 3인 이차함수이므로 상수 a에 대하여

$f'(x)=3(x-2)(x+a)=3x^2+3(a-2)x-6a$ ··· ㉠라 하면

$f(x)=\int f'(x)dx$

$\qquad =\int\{3x^2+3(a-2)x-6a\}dx$

$\qquad =x^3+\dfrac{3(a-2)}{2}x^2-6ax+C$(단, C는 적분상수)

이때, 곡선 $y=f(x)$가 점 $(2, 3)$을 지나므로 $f(2)=3$에서

$8+6(a-2)-12a+C=3$, $-4-6a+C=3$

$\therefore C=6a+7$

$\therefore f(x)=x^3+\dfrac{3(a-2)}{2}x^2-6ax+6a+7$ ··· ㉡

2nd 점 $(-2, f(-2))$에서의 접선이 점 $(1, 3)$을 지남을 이용하여 a의 값을 구해.

곡선 $y=f(x)$ 위의 점 $(-2, f(-2))$에서의 접선의 방정식은

$y=f'(-2)(x+2)+f(-2)$이다.

이때, 이 직선도 점 $(1, 3)$을 지나므로

$3=f'(-2)\times(1+2)+f(-2)$에서 $3f'(-2)+f(-2)=3$ ··· ㉢

이때, ㉠, ㉡에 $x=-2$를 각각 대입하면

$f'(-2)=3\times(-2-2)\times(-2+a)=-12a+24$

$f(-2)=-8+6(a-2)+12a+6a+7=24a-13$

이것을 ㉢에 대입하면 $3(-12a+24)+(24a-13)=3$에서

$-36a+72+24a-13=3$, $12a=56$

$\therefore a=\dfrac{14}{3}$

3rd $f(0)$의 값을 구해.

$a=\dfrac{14}{3}$를 ㉡에 대입하면 $f(x)=x^3+4x^2-28x+35$

$\therefore f(0)=35$

🔧 **다른 풀이**: 연립방정식을 풀어 $f(0)$의 값을 구하자.

최고차항의 계수가 1인 삼차함수 $f(x)$를

$f(x)=x^3+ax^2+bx+c$ (단, a, b, c는 상수)라 두면

$f'(x)=3x^2+2ax+b$이다.

곡선 $y=f(x)$가 점 $(2, 3)$을 지나므로 $f(2)=3$이야.

$f(2)=3$에서

$8+4a+2b+c=3$

$\therefore 4a+2b+c=-5$ ··· ㉠

> 두 점 $(2, 3)$, $(1, 3)$의 y좌표가 3으로 같으므로 두 점을 지나는 직선은 $y=3$이야.

곡선 $y=f(x)$ 위의 점 $(2, 3)$에서의 접선이 점 $(1, 3)$을 지나므로

두 점을 지나는 직선의 기울기는 $\dfrac{3-3}{1-2}=0$, 즉 $f'(2)=0$이야.

> 두 점 (x_1, y_1), (x_2, y_2)를 지나는 직선의 기울기는 $\dfrac{y_1-y_2}{x_1-x_2}$

> 함수 $y=f(x)$에 대하여 $x=2$에서의 접선의 기울기는 $f'(2)$이야.

$f'(2)=0$에서

$12+4a+b=0$

$\therefore 4a+b=-12 \cdots \mathbb{C}$

점 $(-2, f(-2))$에서의 접선의 방정식은

↳ 곡선 $y=f(x)$ 위의 점 $(a, f(a))$에서의 접선의 방정식은 $y-f(a)=f'(a)(x-a)$

$y=f'(-2)(x+2)+f(-2)$이다.

이 접선이 점 $(1, 3)$을 지나므로 $x=1, y=3$을 대입하면

$3=3f'(-2)+f(-2)$에서

$3(12-4a+b)-8+4a-2b+c=3$

$36-12a+3b-8+4a-2b+c=3$

$28-8a+b+c=3$

$\therefore 8a-b-c=25 \cdots \mathbb{E}$

$\mathbb{\bigcirc}+\mathbb{E}$에서

$12a+b=20 \cdots \mathbb{E}$

$\mathbb{E}-\mathbb{C}$에서 $8a=32$

$\therefore a=4$

$a=4$를 $\mathbb{C}$에 대입하면

$16+b=-12$

$\therefore b=-28$

$a=4, b=-28$을 $\mathbb{\bigcirc}$에 대입하면

$16-56+c=-5$

$\therefore c=35$

$\therefore f(0)=c=35$

🌸 **접선의 기울기를 이용한 함수 구하기** 개념·공식

함수 $f(x)$에 대하여 곡선 $y=f(x)$ 위의 점 $(a, f(a))$에서의 접선의 기울기는 함수 $f(x)$의 도함수 $f'(x)$의 $x=a$에서의 함숫값 $f'(a)$이다.

F 50 정답 ④ *함수의 극값이 주어졌을 때 함수 구하기 … [정답률 61%]

정답 공식: 조건 (가), (다)를 동시에 만족하기 위해서는 $x=4$에서 극솟값을 가져야 한다.

최고차항의 계수가 1인 삼차함수 $f(x)$가 다음 조건을 만족시킨다.

(가) $f'\left(\dfrac{11}{3}\right)<0$ **단서 2** $x=2$에서 극댓값을 가지므로 $f'(2)=0$이고, $f(2)=35$야.

(나) 함수 $f(x)$는 $x=2$에서 극댓값 35를 갖는다.

(다) 방정식 $f(x)=f(4)$는 서로 다른 두 실근을 갖는다. **단서 1** 방정식 $f(x)=f(4)$가 서로 다른 두 실근을 가지려면 삼차함수 $y=f(x)$의 그래프의 모양이 어때야 하는지 생각해 봐.

$f(0)$의 값은? (4점)

① 12 ② 13 ③ 14
④ 15 ⑤ 16

1st 방정식 $f(x)=f(4)$가 서로 다른 두 실근을 갖는 경우 중 $f(2)=f(4)$인 경우에 대해 조건을 만족하는지 알아보자.

삼차방정식 $f(x)=f(4)$가 서로 다른 두 실근을 갖는 경우는 곡선 $y=f(x)$와 직선 $y=f(4)$가 극점에서 접하는 경우이므로 다음과 같은 두 가지 경우가 가능하다.

(i) [그림 1]과 같이 $f(2)=f(4)$인 경우 → $y=f(x)$의 그래프와 직선 $y=f(4)$가 극대점에서 접하는 경우야.

$y=f(x)$의 그래프와 직선 $y=f(4)$가 $x=2$에서 접하고, $x=4$에서 만나므로

$f(x)-f(4)=(x-2)^2(x-4)$에서 최고차항의 계수가 1인 삼차함수 $f(x)$에 대하여 $x=a$에서 접하고, $x=b$에서 만나면 $f(x)=(x-a)^2(x-b)$가 돼.

$f(x)=(x-2)^2(x-4)+f(4)$이다.

주의 두 함수의 그래프의 위치 관계를 식으로 표현할 수 있어야 해.

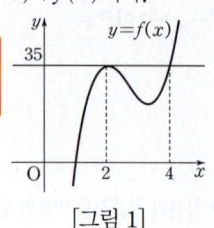

[그림 1]

이때, 조건 (나)에서 함수 $f(x)$가 $x=2$에서 극댓값 35를 가지므로 $f(4)=35$이다.

$\therefore f(x)=(x-2)^2(x-4)+35$

그런데 $f'(x)=2(x-2)(x-4)+(x-2)^2=(x-2)(3x-10)$

이므로 $f'\left(\dfrac{11}{3}\right)=\dfrac{5}{3}>0$에서 조건 (가)를 만족시키지 않는다.

2nd 방정식 $f(x)=f(4)$가 서로 다른 두 실근을 갖는 경우 중 함수 $f(x)$가 $x=4$에서 극솟값을 가지는 경우에 대해 조건을 만족하는지 알아보자.

(ii) [그림 2]와 같이 함수 $f(x)$가 $x=4$에서 극솟값을 가지는 경우 $y=f(x)$의 그래프와 직선 $y=f(4)$가 극소점에서 접하는 경우야.

방정식 $f'(x)=0$의 두 근이 $x=2$ 또는 $x=4$이고, $f(x)$는 최고차항의 계수가 1인 삼차함수이므로

$f'(x)=3(x-2)(x-4)$

함수 $f(x)$가 최고차항의 계수가 1인 삼차함수이므로 도함수 $f'(x)$의 최고차항의 계수는 3이지

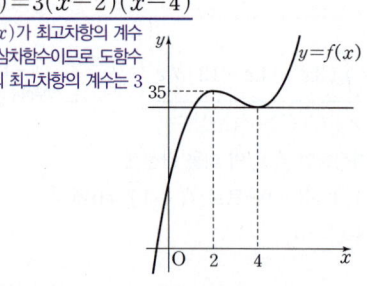

[그림 2]

이때, $f'\left(\dfrac{11}{3}\right)=-\dfrac{5}{3}<0$이므로 조건 (가)를 만족시킨다.

3rd $f'(x)$를 부정적분하여 $f(x)$를 구하자.

$\therefore f(x)=\int 3(x-2)(x-4)dx=\int (3x^2-18x+24)dx$

$=x^3-9x^2+24x+C$ (단, C는 적분상수)

조건 (나)에서 $f(2)=35$이므로

$8-36+48+C=35 \quad \therefore C=15$

따라서 $f(x)=x^3-9x^2+24x+15$이므로 $f(0)=15$이다.

💎 **다른 풀이**: **3rd** 에서 함수 $f(x)=x^3+ax^2+bx+c$로 놓고 조건을 만족시키는 a, b, c의 값 구하기

최고차항의 계수가 1인 삼차함수 $f(x)$를

$f(x)=x^3+ax^2+bx+c$ (단, a, b, c는 상수)라 놓으면

$f'(x)=3x^2+2ax+b \cdots \mathbb{\bigcirc}$

이때, **1st**, **2nd**의 풀이에 의해 함수 $f(x)$가 $x=2$, $x=4$인 점에서 극값을 가지므로 $f'(2)=0$, $f'(4)=0$이지?

즉, $f'(x)=3(x-2)(x-4)=3x^2-18x+24$이므로 $\mathbb{\bigcirc}$에서

$2a=-18, b=24 \quad \therefore a=-9, b=24 \Rightarrow f(x)=x^3-9x^2+24x+c$

조건 (나)에 의해 $f(2)=35$이므로

$35=8-36+48+c \quad \therefore c=15$

따라서 $f(0)=c=15$야.

F 51 정답 ④ *함수의 극값이 주어졌을 때 함수 구하기 … [정답률 77%]

(**정답 공식:** $f'(x)$의 함수식을 만들 수 있고, 부정적분하여 $f(x)$의 함수식을 구한다.)

삼차함수 $y=f(x)$의 도함수 $y=f'(x)$의 그래프가 그림과 같다. $f'(-1)=f'(1)=0$이고 함수 $f(x)$의 극댓값이 4, 극솟값이 0일 때, $f(3)$의 값은? (4점)

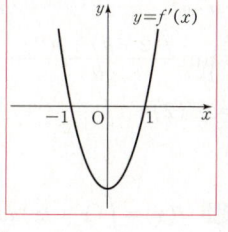

단서 도함수 $y=f'(x)$의 그래프에서 알 수 있는 모든 것을 찾아야 해. 즉, 극댓값과 극솟값이 주어졌으니까 극대인 점과 극소인 점의 좌표를 찾아내고, $f'(x)$의 식을 세워서 부정적분을 이용하여 함수 $f(x)$의 식을 구해야 해.

① 14　　　　② 16　　　　③ 18
④ 20　　　　⑤ 22

1st 주어진 조건을 이용하여 삼차함수 $y=f(x)$를 구하자.

주어진 도함수 $y=f'(x)$의 그래프에서 $x<-1$, $x>1$일 때, $f'(x)>0$이고 $-1<x<1$일 때, $f'(x)<0$이므로 삼차함수 $y=f(x)$는 $x=-1$에서 극댓값 $f(-1)=4$, $x=1$에서 극솟값 $f(1)=0$을 갖는다.

$x=-1$의 좌우에서 $f'(x)$의 부호가 $(+)$에서 $(-)$로 바뀌므로 $x=-1$에서 $f(x)$는 극대이고, $x=1$의 좌우에서 $f'(x)$의 부호가 $(-)$에서 $(+)$로 바뀌므로 $x=1$에서 $f(x)$는 극소야.

이때, $f'(x)=a(x+1)(x-1)$($a>0$인 상수)이라 하면
$\rightarrow$ $y=f'(x)$는 이차함수이고 그래프가 아래로 볼록하므로 $a>0$이어야 해.

$f(x)=\int a(x+1)(x-1)dx$

$=\int a(x^2-1)dx$

$=a\left(\dfrac{x^3}{3}-x\right)+C$ (단, C는 적분상수)

$f(-1)=a\left(-\dfrac{1}{3}+1\right)+C=4$에서 $\dfrac{2}{3}a+C=4$ … ㉠

$f(1)=a\left(\dfrac{1}{3}-1\right)+C=0$에서 $-\dfrac{2}{3}a+C=0$ … ㉡

㉠, ㉡을 연립하여 풀면 $a=3$, $C=2$
따라서 $f(x)=x^3-3x+2$이므로
$f(3)=3^3-3\cdot3+2=20$

F 52 정답 ② *함수의 극값이 주어졌을 때 함수 구하기 … [정답률 76%]

[**정답 공식:** $f(x)$가 원점에 대하여 대칭이므로 점 $(0, 0)$을 지나고, $x=\pm1$에서 극값을 가진다.]

삼차함수 $y=f(x)$는 $x=1$에서 극값을 갖고, 그 그래프가 원점에 대하여 대칭일 때, 이 그래프와 x축과의 교점의 x좌표 중에서 양수인 것은? (3점)

단서 원점에 대하여 대칭인 삼차함수가 $x=a$에서 극값을 가지면 $x=-a$에서도 극값을 가지고 이 삼차함수의 그래프는 원점을 지나.

① $\sqrt{2}$　　　　② $\sqrt{3}$　　　　③ 2
④ $\sqrt{5}$　　　　⑤ $\sqrt{6}$

1st 원점에 대하여 대칭이므로 $x=-1$에서도 극값을 가져.

$f(x)$가 $x=1$에서 극값을 갖고 원점에 대하여 대칭이므로 $x=-1$에서도 극값을 가진다.

즉, $f'(x)=a(x-1)(x+1)=a(x^2-1)$($a\neq0$)로 나타낼 수 있다.
$f(x)$가 삼차함수이므로 $f'(x)$는 이차함수야.
즉, $f'(1)=f'(-1)=0$이니까 $f'(x)=a(x+1)(x-1)$로 나타낼 수 있어.

2nd 적분하여 $f(x)$로 나타내고 주어진 조건을 이용하여 적분상수 C의 값을 구해.

따라서 $f(x)=\int f'(x)dx=a\left(\dfrac{1}{3}x^3-x\right)+C$ (단, C는 적분상수)이고 $f(x)$가 원점에 대하여 대칭이므로 $f(0)=0$이다.

즉, $C=0$이므로 $f(x)=ax\left(\dfrac{1}{3}x^2-1\right)$
$\rightarrow$ 연속함수 $f(x)$가 원점에 대하여 대칭이면 $y=f(x)$의 그래프는 원점을 지나.

함정 기함수는 상수항이 항상 0이지.

한편, $y=f(x)$의 그래프가 x축과 만나는 점의 x좌표는 방정식 $f(x)=0$의 실근이므로

$ax\left(\dfrac{1}{3}x^2-1\right)=0$에서

$\dfrac{1}{3}ax(x+\sqrt{3})(x-\sqrt{3})=0$

$\therefore x=\sqrt{3}$ ($\because x>0$)

F 53 정답 ④ *함수의 극값이 주어졌을 때 함수 구하기 … [정답률 44%]

[**정답 공식:** 함수 $y=f'(x)$의 그래프의 개형을 안다. $f'(x)$가 y축에 대하여 대칭이면 함수 $f(x)$는 원점에 대해 대칭이다.]

함수 $y=f(x)$가 모든 실수에서 연속이고, $|x|\neq1$인 모든 x의 값에 대하여 미분계수 $f'(x)$가

$f'(x)=\begin{cases}x^2 & (|x|<1)\\-1 & (|x|>1)\end{cases}$

단서 도함수 $f'(x)$가 주어졌으니까 부정적분을 이용하여 $f(x)$를 대략적으로 파악해서 [보기]의 참, 거짓을 따지면 돼.

일 때, [보기]에서 옳은 것을 모두 고른 것은? (3점)

[보기]
ㄱ. 함수 $y=f(x)$는 $x=-1$에서 극값을 갖는다.
ㄴ. 모든 실수 x에 대하여 $f(x)=f(-x)$이다.
ㄷ. $f(0)=0$이면 $f(1)>0$이다.

① ㄱ　　　　② ㄴ　　　　③ ㄷ
④ ㄱ, ㄷ　　　　⑤ ㄱ, ㄴ, ㄷ

1st $f'(x)$로부터 $f(x)$를 구해 봐.

$f'(x)=\begin{cases}x^2 & (|x|<1)\\-1 & (|x|>1)\end{cases}$이므로

$f(x)=\begin{cases}\dfrac{1}{3}x^3+C_1 & (-1\leq x<1)\\-x+C_2 & (x<-1)\\-x+C_3 & (x\geq1)\end{cases}$ (단, C_1, C_2, C_3은 적분상수)

2nd ㄱ은 $x=-1$에서의 $f'(x)$의 부호 변화로 참·거짓을 알 수 있지?

ㄱ. $\lim\limits_{x\to-1^-}f'(x)=-1<0$, $\lim\limits_{x\to-1^+}f'(x)=1>0$이므로 $f(x)$는 $x=-1$에서 감소상태에서 증가상태로 바뀐다. 따라서 $f(x)$는 $x=-1$에서 극솟값을 가진다. (참)
$\rightarrow$ 미분가능한 함수가 $x=a$에서 극값을 가지려면 $x=a$의 좌우에서 도함수의 부호가 바뀌어야 해.

3rd ㄴ은 '모든 실수 x'에 주목! ㄷ은 $f(x)$가 모든 실수에서 연속임에 집중!

ㄴ. $-1\leq x<1$일 때, $f(x)=\dfrac{1}{3}x^3+C_1$이므로 y축에 대하여 대칭이 아니다. (거짓)
$\rightarrow$ 여기서 y축에 대하여 대칭이려면 $f(x)$는 짝수 차수의 항으로만 이루어져야 하는데 그럴지가 않지?

ㄷ. $f(0)=0$이므로 $C_1=0$
그런데 $f(x)$가 모든 실수에서 연속이므로 $x=1$에서도 연속이다.

$\therefore f(1)=\lim\limits_{x\to1}f(x)=\lim\limits_{x\to1}\left(\dfrac{1}{3}x^3\right)=\dfrac{1}{3}>0$ (참)

따라서 옳은 것은 ㄱ, ㄷ이다.
함수 $f(x)$가 연속함수이므로 $x=1$에서 극한값이 존재하지?
즉, $\lim\limits_{x\to1^+}f(x)=\lim\limits_{x\to1^-}f(x)$가 성립해.

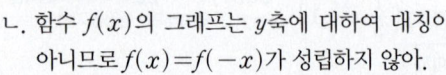 **다른 풀이:** 함수 $f(x)$의 그래프 개형을 그려 [보기]의 진위를 판단하기

$y=f(x)$의 그래프의 개형을 그리면 그림과 같아.

ㄱ. 그래프에서 $y=f(x)$는 $x=-1$에서 극솟값을 가져. (참)

ㄴ. 함수 $f(x)$의 그래프는 y축에 대하여 대칭이 아니므로 $f(x)=f(-x)$가 성립하지 않아. (거짓)

ㄷ. $y=f(x)$의 그래프에서 $f(1)>f(0)$이므로 $f(0)=C_1$이면 $f(1)>C_1$이야. (참)

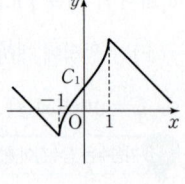

F 54 정답 ④ *부정적분과 미분의 관계 .... [정답률 80%]

정답 공식: 미분가능한 함수 $f(x)$에 대하여
$$\int \left\{\frac{d}{dx}f(x)\right\}dx=f(x)+C \text{ (단, } C\text{는 적분상수)이고,}$$
$$\frac{d}{dx}\left\{\int f(x)dx\right\}=f(x)\text{이다.}$$

다항함수 $f(x)$가 **단서** $\frac{d}{dx}\int$과 $\int \frac{d}{dx}$의 차이를 알아야 해.
$$\frac{d}{dx}\int \{f(x)-x^2+4\}dx=\int \frac{d}{dx}\{2f(x)-3x+1\}dx$$
를 만족시킨다. $f(1)=3$일 때, $f(0)$의 값은? (3점)

① -2 ② -1 ③ 0
④ 1 ⑤ 2

1st 좌변과 우변을 각각 정리해 보자.

(좌변)$=\dfrac{d}{dx}\int \{f(x)-x^2+4\}dx$

$\qquad =f(x)-x^2+4$ 적분을 먼저 하고 미분을 했으니까 적분상수가 필요없어. **실수**

(우변)$=\int \dfrac{d}{dx}\{2f(x)-3x+1\}dx$

$\qquad =2f(x)-3x+C$ (단, C는 적분상수)

$\int \frac{d}{dx}$의 계산처럼 마지막에 하는 계산이 부정적분일 경우 반드시 적분상수를 붙여야 하는 것을 잊지 말자!

이므로 $f(x)-x^2+4=2f(x)-3x+C$

$\therefore f(x)=-x^2+3x+4-C$

2nd 함수 $f(x)$를 구하자.

이때, $f(1)=-1+3+4-C=3$이므로

$C=3$

따라서 $f(x)=-x^2+3x+4-3=-x^2+3x+1$이므로

$f(0)=1$이다.

F 55 정답 ② *부정적분과 미분의 관계 .... [정답률 82%]

정답 공식: $\displaystyle\lim_{h\to 0}\dfrac{f(2+h)-f(2-h)}{h}=2f'(2)$

함수 $f(x)=\displaystyle\int (x^2+2x)dx$일 때, $\displaystyle\lim_{h\to 0}\dfrac{f(2+h)-f(2-h)}{h}$의

값은? (3점) **단서** 주어진 극한식은 미분계수의 정의를 이용해야 할 것 같지? 즉, 주어진 극한식을 적절히 변형하여 간단히 나타내면 무엇을 해야 할지 보일 거야.

① 14 ② 16 ③ 18
④ 20 ⑤ 22

1st 미분계수의 정의를 이용하여 무엇을 구해야 하는지 찾아.

$\displaystyle\lim_{h\to 0}\dfrac{f(2+h)-f(2-h)}{h}$

$=\displaystyle\lim_{h\to 0}\dfrac{f(2+h)-f(2)-\{f(2-h)-f(2)\}}{h}$

$=\displaystyle\lim_{h\to 0}\dfrac{f(2+h)-f(2)}{h}-\lim_{h\to 0}\dfrac{f(2-h)-f(2)}{-h}\times(-1)$

$=2f'(2)$

미분계수의 정의를 이용하기 위해서는 이 부분을 일치시켜야 해. 즉, $\displaystyle\lim_{\square\to 0}\dfrac{f(a+\square)-f(a)}{\square}$ 꼴로 만들어 주는 거지.

2nd $f(x)=\displaystyle\int (x^2+2x)dx$의 양변을 미분해 봐.

$f(x)=\displaystyle\int (x^2+2x)dx$의 양변을 미분하면

$f'(x)=x^2+2x$ $\frac{d}{dx}\displaystyle\int_a^x f(t)dt=f(x)$

$\therefore 2f'(2)=2(2^2+2\cdot 2)=2\cdot 8=16$

F 56 정답 ③ *부정적분과 미분의 관계 .... [정답률 92%]

정답 공식: $f(x)=\displaystyle\int g(x)dx$의 양변을 x에 대하여 미분하면 $f'(x)=g(x)$이다.

두 다항함수 $f(x)$, $g(x)$에 대하여
$$\int \{f(x)+g(x)\}dx=-6x^2+5x$$
가 성립한다. 함수 $y=g(x)$의 그래프가 원점을 지날 때, $f(0)$의 값은? (3점) **단서** 함수 $y=f(x)$의 그래프가 점 (a, b)를 지나면 $f(a)=b$가 성립하지? 즉, 함수 $y=g(x)$의 그래프가 원점을 지나므로 $g(0)=0$이 성립해.

① 1 ② 3 ③ 5
④ 7 ⑤ 9

1st 부정적분과 미분의 관계를 이용하여 $f(0)$의 값을 구해.

$\displaystyle\int \{f(x)+g(x)\}dx=-6x^2+5x$의 양변을 x에 대하여 미분하면

$f(x)+g(x)=-12x+5 \cdots \bigcirc$ $\frac{d}{dx}\left\{\displaystyle\int f(x)dx\right\}=f(x)$

이때, 함수 $y=g(x)$의 그래프가 원점을 지나므로

$g(0)=0$이 성립한다.

즉, $\bigcirc$의 양변에 $x=0$을 대입하면

$f(0)+g(0)=-12\times 0+5$에서

$f(0)=5$

F 57 정답 ② *부정적분과 미분의 관계 .... [정답률 77%]

정답 공식: 다항함수 $f(x)$의 한 부정적분을 $F(x)$라 하면
$$\frac{d}{dx}\left\{\int f(x)dx\right\}=\frac{d}{dx}F(x)=f(x)\text{이다.}$$

단서 1 함수 $F(x)$가 함수 $f(x)$의 한 부정적분이므로 $F'(x)=f(x)$야.
다항함수 $f(x)$의 한 부정적분을 $F(x)$라 하고, 함수 $2f(x)+1$의 한 부정적분을 $G(x)$라 하자. $G(3)=2F(3)$일 때, $G(5)-2F(5)$의 값은? (4점)
단서 2 함수 $G(x)$가 함수 $2f(x)+1$의 한 부정적분이므로 $G'(x)=2f(x)+1$이야.
① 1 ② 2 ③ 3 ④ 4 ⑤ 5
단서 3 $G(3)-2F(3)=0$이므로 $G(x)-2F(x)$에 대한 식을 세워 $G(5)-2F(5)$의 값을 구할 수 있어.

1st $H(x)=G(x)-2F(x)$라 하고 $H(x)$의 식을 세워.

$F(x)$가 $f(x)$의 한 부정적분이므로 $F'(x)=f(x)$이고

> 다항함수 $f(x)$의 한 부정적분을 $F(x)$라 하면 $\int f(x)dx=F(x)$이므로

$$\frac{d}{dx}\left\{\int f(x)dx\right\}=\frac{d}{dx}F(x)=f(x)$$

$G(x)$가 $2f(x)+1$의 한 부정적분이므로

$$G'(x)=2f(x)+1$$

이때, $H(x)=G(x)-2F(x)$라 하면

$$H'(x)=G'(x)-2F'(x)$$
$$=2f(x)+1-2f(x)=1$$

이므로 $\underline{H(x)=x+C}$ (단, C는 적분상수)

> $H(x)=\int H'(x)dx=\int 1dx=x+C$ (단, C는 적분상수)

2nd $G(3)=2F(3)$을 이용하여 적분상수 C를 구하고 $H(x)$의 식을 구해.

한편, $G(3)=2F(3)$에서 $H(3)=G(3)-2F(3)=0$이므로

$$H(3)=3+C=0 \quad \therefore C=-3$$

따라서 $H(x)=x-3$이다.

3rd $G(5)-2F(5)$의 값을 구해.

$H(5)=G(5)-2F(5)$이고 $H(5)=5-3=2$이므로

$$G(5)-2F(5)=2$$

F 58 정답 12 　＊적분과 미분의 관계 ·············· [정답률 65%]

> **정답 공식**: $f(x)=x^2-6x+C$이므로, 이차함수의 형태와 주어진 최솟값을 이용해 C를 구한 뒤 $f(1)$을 계산한다.

함수 $f(x)=\int\left\{\dfrac{d}{dx}(x^2-6x)\right\}dx$에 대하여 $f(x)$의 최솟값이 8

일 때, $f(1)$의 값을 구하시오. (4점)

> **단서** 함수 $f(x)$는 x^2-6x를 미분한 후, 다시 적분하여 나타내어지는 함수니까 함수 $f(x)$는 이차함수야. 이차함수의 최댓값, 최솟값은 이차함수의 식을 완전제곱 꼴로 나타내어 구하면 돼.

1st 함수 $f(x)$에서 적분, 미분 기호를 없애서 함수식을 나타내보자.

$$f(x)=\int\left\{\frac{d}{dx}(x^2-6x)\right\}dx=x^2-6x+C \text{ (단, C는 적분상수)}$$

> 미분 → 적분의 순서로 계산하면 적분상수 C가 남아 있어야 해.

이때, $x^2-6x+C=(x^2-6x+9)-9+C=(x-3)^2-9+C$이므로

함수 $f(x)$는 $x=3$에서 최솟값 $-9+C$를 가진다.

즉, $-9+C=8$에서

> 최고차항의 계수가 양수인 이차함수 $f(x)=a(x-b)^2+c\,(a>0)$는 $x=b$에서 최솟값 c를 가져.

$C=17$이므로 $f(x)=x^2-6x+17$

$\therefore f(1)=1-6+17=12$

🔧 **톡톡 풀이**: $f'(x)=0$인 x의 값을 통해 함수 $f(x)$ 구하기

$$f(x)=\int\left\{\frac{d}{dx}(x^2-6x)\right\}dx=x^2-6x+C \text{ (단, C는 적분상수)}$$이므로

$f'(x)=2x-6$이고 $f'(3)=0$이지?

즉, $f(x)$는 최고차항의 계수가 양수인 이차함수이므로 $f(x)$는 $x=3$에서 극소이면서 최솟값을 가져.

> 이차함수 $f(x)$의 최고차항의 계수가 양수이므로 $y=f(x)$의 그래프는 아래로 볼록해. 따라서 $f'(x)=0$이 되는 x에서 함수 $f(x)$는 극소이면서 최소야.

즉, $f(3)=8$에서

$9-18+C=8$이므로 $C=17$

(이하 동일)

F 59 정답 9 　＊부정적분과 미분의 관계 ·············· [정답률 74%]

> **정답 공식**: 다항함수 $f(x)$의 한 부정적분을 $F(x)$라 하면
> $$\frac{d}{dx}\left\{\int f(x)dx\right\}=\frac{d}{dx}F(x)=f(x)\text{이다.}$$

다항함수 $f(x)$의 한 부정적분 $F(x)$가 모든 실수 x에 대하여

$$F(x)=(x+2)f(x)-x^3+12x$$

> **단서** 함수 $f(x)$와 $f(x)$의 한 부정적분 $F(x)$에 대한 등식이 나오면 등식의 양변을 x에 대하여 미분하여 정리하는 거야.

를 만족시킨다. $F(0)=30$일 때, $f(2)$의 값을 구하시오. (3점)

1st 주어진 등식의 양변을 x에 대하여 미분한 후 정리해.

$F(x)=(x+2)f(x)-x^3+12x$의 양변을 x에 대하여 미분하면

> 함수 $f(x)$의 한 부정적분이 $F(x)$이므로 $F'(x)=f(x)$야.

$$f(x)=f(x)+(x+2)f'(x)-3x^2+12$$

> 미분가능한 두 함수 $f(x),g(x)$에 대하여 $\{f(x)g(x)\}'=f'(x)g(x)+f(x)g'(x)$

$$(x+2)f'(x)=3(x+2)(x-2)$$

이 등식이 모든 실수 x에 대하여 성립하고 $f(x)$는 다항함수이므로

$$f'(x)=3(x-2)=3x-6$$

2nd 부정적분을 이용하여 $f(x)$의 식을 구하자.

$$f(x)=\int f'(x)dx=\int(3x-6)dx$$

$$=\frac{3}{2}x^2-6x+C \text{ (C는 적분상수)} \cdots \bigcirc$$

> **실수** 부정적분할 때 적분상수 C를 빠뜨리는 실수를 하기 쉬우니 조심해.

한편, $F(x)=(x+2)f(x)-x^3+12x$의 양변에 $x=0$을 대입하면

$F(0)=2f(0)=30$에서 $f(0)=15$이므로 $\bigcirc$에 의해

$$C=15$$

따라서 $f(x)=\dfrac{3}{2}x^2-6x+15$이므로

$$f(2)=6-12+15=9$$

F 60 정답 ⑤ 　＊부정적분과 미분의 관계의 활용 ··· [정답률 59%]

> **정답 공식**: 두 등식에서 $f(x)$를 소거해서 $g(x)$에 대한 식으로 정리한다.

두 다항함수 $f(x)$, $g(x)$가

$$f(x)=\int xg(x)dx, \quad \frac{d}{dx}\{f(x)-g(x)\}=4x^3+2x$$

를 만족시킬 때, $g(1)$의 값은? (4점)

> **단서** 주어진 두 번째 등식에서 $f'(x)$가 나오지? 즉, 첫 번째 등식의 양변을 x에 대하여 미분하여 두 번째 등식에 대입한 후 생각해.

① 10 　　② 11 　　③ 12

④ 13 　　⑤ 14

1st 첫 번째 등식의 양변을 x에 대하여 미분하여 두 번째 등식에 대입해 봐.

$f(x)=\int xg(x)dx$의 양변을 x에 대하여 미분하면

$$f'(x)=xg(x) \cdots \bigcirc$$

> $f(x)=\int xg(x)dx$에서 $f'(x)=\dfrac{d}{dx}\int xg(x)dx$
> 이때, $\dfrac{d}{dx}\int f(x)dx=f(x)$이므로 우변은 $xg(x)$가 된 거야.

이때, $\dfrac{d}{dx}\{f(x)-g(x)\}=4x^3+2x$에서

$$f'(x)-g'(x)=4x^3+2x$$이므로

$\bigcirc$을 대입하면

$$xg(x)-g'(x)=4x^3+2x \cdots \bigcirc$$

> **주의** n차 다항함수의 도함수는 $(n-1)$차 다항함수이고 m차 다항함수와 n차 다항함수의 곱으로 나타내어진 다항함수는 $(m+n)$차야.

2nd 다항함수 $g(x)$의 함수식을 구해.

이때, 다항함수 $g(x)$의 차수를 n이라 하면 $xg(x)$는 $(n+1)$차이고 $g'(x)$는 $(n-1)$차이므로 $\bigcirc$의 좌변은 $(n+1)$차식이다.

그런데 ㉡의 우변이 3차식이므로 $n+1=3$에서 $n=2$이다.

따라서 함수 $g(x)$는 최고차항의 계수가 4인 이차함수이므로

$g(x)=4x^2+ax+b$라 하면 → 함수 $g(x)$의 이차항의 계수를 k라 하면 함수 $xg(x)$의 최고차항, 즉 삼차항의 계수는 k로 변함이 없지? 따라서 이차함수 $g(x)$의 최고차항의 계수는 4야.

$g'(x)=8x+a$

이것을 ㉡에 대입하면

$x(4x^2+ax+b)-(8x+a)=4x^3+2x$에서

$4x^3+ax^2+(b-8)x-a=4x^3+2x$이므로

$a=0,\ b-8=2$

$\therefore a=0,\ b=10$

따라서 $g(x)=4x^2+10$이므로

$g(1)=4\cdot1^2+10=14$

F 61 정답 ① *부정적분과 미분의 관계의 활용 ···· [정답률 62%]

정답 공식: 조건 (가), (나)를 이용해서 $f(x)$의 식을 나타내고 조건 (다)로 완성한다. $F'(x)=f(x)<0$인 구간을 찾는다.

> 모든 실수 x에 대하여 이차함수 $y=f(x)$가 다음 조건을 만족한다.
>
> (가) $f(0)=-2$ —
> (나) $f(-x)=f(x)$
> (다) $f(f'(x))=f'(f(x))$
>
> **단서 1** 조건 (가)에서 이차함수의 상수항을, 조건 (나)에서 일차항의 계수를, 조건 (다)에서 이차항의 계수를 구해내야 해.
>
> 함수 $F(x)=\displaystyle\int f(x)dx$가 감소하는 구간의 길이는? (3점)
>
> **단서 2** 미분가능한 함수의 증가와 감소는 도함수의 부호로 판단이 가능해. 이때, 감소하는 구간을 묻고 있으니까 도함수의 부호가 음수인 구간을 구해야 해.
>
> ① 4   ② 5   ③ 6
> ④ 7   ⑤ 8

1st 세 조건을 이용하여 이차함수 $f(x)$를 구하자.

조건 (가)에서 $f(0)=-2$이므로 이차함수 $f(x)$의 상수항은 -2이다.

즉, $f(x)=ax^2+bx-2$라 하면 조건 (나)에 의해 함수 $f(x)$는 y축에 대하여 대칭이므로 $b=0$

→ y축에 대칭인 다항함수는 홀수 차수의 항을 갖지 않아. 즉, 함수 $f(x)$는 일차항이 존재하지 않아야 하므로 $b=0$

$\therefore f(x)=ax^2-2$

이때, $f'(x)=2ax$이고

$\begin{cases} f(f'(x))=a(2ax)^2-2=4a^3x^2-2 \\ f'(f(x))=2a(ax^2-2)=2a^2x^2-4a \end{cases}$ 이므로

조건 (다)에 의해 $4a^3x^2-2=2a^2x^2-4a$

위 식이 모든 실수 x에 대하여 성립하는 항등식이므로

$4a^3=2a^2,\ -2=-4a$ $\therefore a=\dfrac{1}{2}$

→ 함수 $f(x)$의 이차항의 계수를 a로 놓았고 $f(x)$는 이차함수이므로 $a=0$이면 안 돼. 즉, $a\neq0$이니까 양변을 a로 나눌 수 있어.

$\therefore f(x)=\dfrac{1}{2}x^2-2$

2nd 함수 $F(x)$에 대하여 $F'(x)<0$을 만족하는 x의 범위를 구하자.

함수 $F(x)=\displaystyle\int f(x)dx$가 감소하는 조건은 $F'(x)<0$이다.

이때, $F'(x)=f(x)$이므로 $f(x)<0$인 x의 범위를 구하면

$\dfrac{1}{2}x^2-2<0$에서 $x^2-4<0$ $\therefore -2<x<2$

따라서 함수 $F(x)$가 감소하는 구간의 길이는 $2-(-2)=4$

→ [미분과 적분 사이의 관계]
$\dfrac{d}{dx}\displaystyle\int f(x)dx=f(x),\ \displaystyle\int\left\{\dfrac{d}{dx}f(x)\right\}dx=f(x)+C$ (단, C는 적분상수)

🧭 **다른 풀이: 2nd** 에서 함수 $y=F(x)$의 그래프 개형을 그려 해결하기

함수 $F(x)$의 그래프를 대략적으로 그려 보자.

$f(x)=\dfrac{1}{2}x^2-2$이므로

$F(x)=\displaystyle\int f(x)dx$

$=\displaystyle\int\left(\dfrac{1}{2}x^2-2\right)dx$

$=\dfrac{1}{6}x^3-2x+C$ (단, C는 적분상수)

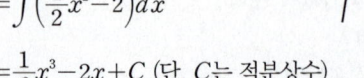

즉, 함수 $F(x)$는 최고차항의 계수가 양수인 삼차함수이므로 감소하는 구간이 생기기 위해서는 그림과 같이 극대·극소가 존재해야 해. 특히, 함수 $F(x)$가 감소하는 구간은 극대점과 극소점의 사이야.

$F'(x)=\dfrac{1}{2}x^2-2=0$

에서 $x=\pm2$이므로 $x=-2$에서 극대, $x=2$에서 극소가 돼.

따라서 함수 $F(x)$가 감소하는 구간은 -2와 2 사이이므로 구하는 구간의 길이는 4야.

F 62 정답 ③ *부정적분과 미분의 관계의 활용 ···· [정답률 73%]

정답 공식: 다항함수 $f(x)$의 한 부정적분을 $F(x)$라 하면 $\displaystyle\int f(x)dx=F(x)$이므로 $\dfrac{d}{dx}\left\{\displaystyle\int f(x)dx\right\}=\dfrac{d}{dx}F(x)=f(x)$이다.

> 다항함수 $f(x)$의 한 부정적분 $F(x)$에 대하여
>
> $F(x)=xf(x)-x^3+3x^2$
>
> **단서** 함수 $f(x)$와 $f(x)$의 한 부정적분 $F(x)$에 대한 등식이 나오면 등식의 양변을 x에 대하여 미분하여 정리하자.
>
> 이 성립한다. 함수 $f(x)$의 최솟값이 2일 때, $f(4)$의 값은? (3점)
>
> ① 6   ② 7   ③ 8   ④ 9   ⑤ 10

1st 주어진 등식의 양변을 x에 대하여 미분하자.

$F(x)=xf(x)-x^3+3x^2$의 양변을 x에 대하여 미분하면

→ 함수 $f(x)$의 한 부정적분이 $F(x)$이므로 $F'(x)=f(x)$야.

$f(x)=f(x)+xf'(x)-3x^2+6x$

미분가능한 두 함수 $f(x),g(x)$에 대하여 $\{f(x)g(x)\}'=f'(x)g(x)+f(x)g'(x)$

$xf'(x)=3x^2-6x$ $\therefore f'(x)=3x-6$

2nd 부정적분을 이용하여 $f(x)$의 식을 구하자.

$f(x)=\displaystyle\int f'(x)dx=\displaystyle\int(3x-6)dx=\dfrac{3}{2}x^2-6x+C$

$=\dfrac{3}{2}(x-2)^2-6+C$ (단, C는 적분상수)

이때, 이차함수 $f(x)$의 최솟값이 2이므로

$-6+C=2$ $\therefore C=8$

따라서 $f(x)=\dfrac{3}{2}x^2-6x+8$이므로 $f(4)=24-24+8=8$

⚙️ **미분과 적분의 관계** 개념·공식

① $\displaystyle\int\left\{\dfrac{d}{dx}f(x)\right\}dx=f(x)+C$ (단, C는 적분상수)

② $\dfrac{d}{dx}\left\{\displaystyle\int f(x)dx\right\}=f(x)$

정답 공식: 미분가능한 함수 $f(x)$의 도함수 $f'(x)$는
$$f'(x)=\lim_{\Delta x\to 0}\frac{f(x+\Delta x)-f(x)}{\Delta x}$$

미분가능한 함수 $y=f(x)$에서 x의 증분을 Δx, Δx에 대한 y의 증분을 Δy라 할 때, $\Delta y=(-4x+3)\Delta x-2(\Delta x)^2$이 성립한다.

단서 함수 $f(x)$에 대하여 $\dfrac{\Delta y}{\Delta x}$는 함수 $f(x)$의 평균변화율이고 $\Delta x\to 0$일 때의 $\dfrac{\Delta y}{\Delta x}$의 극한값은 도함수임을 이용하여 $f'(x)$를 구할 수 있어.

$f(0)=5$일 때, $f(2)$의 값은? (4점)

① 1   ② 2   ③ 3   ④ 4   ⑤ 5

1st 도함수의 정의를 이용하여 $f'(x)$를 구하자.

$\Delta x\neq 0$일 때, 주어진 식의 양변을 Δx로 나누면

$$\frac{\Delta y}{\Delta x}=\frac{(-4x+3)\Delta x-2(\Delta x)^2}{\Delta x}=(-4x+3)-2\Delta x$$

$$\therefore f'(x)=\lim_{\Delta x\to 0}\frac{\Delta y}{\Delta x}=\lim_{\Delta x\to 0}\{(-4x+3)-2\Delta x\}=-4x+3$$

→ $\Delta x\to 0$은 Δx가 0이 아니면서 0에 가까이 가는 것을 의미하니까 $\Delta x\to 0$일 때 Δx로 나눌 수 있는 거야.

2nd $f(x)$를 구하고 $f(2)$의 값을 구하자.

$$\therefore f(x)=\int f'(x)dx=\int(-4x+3)dx$$
$$=-2x^2+3x+C\,(C는\ 적분상수)$$

이때, $f(0)=5$이므로 $C=5$

따라서 $f(x)=-2x^2+3x+5$이므로

$$f(2)=-8+6+5=3$$

정답 공식: 미분가능한 함수 $f(x)$의 도함수 $f'(x)$는
$$f'(x)=\lim_{\Delta x\to 0}\frac{f(x+\Delta x)-f(x)}{\Delta x}$$

임의의 실수 x, y에 대하여 미분가능한 함수 $f(x)$가
$$f(x+y)=f(x)+f(y)+xy(x+y)$$
를 만족시킨다. $f'(0)=1$일 때, $f(-1)$의 값은? (4점)

① -2 ② $-\dfrac{4}{3}$ ③ -1

④ $-\dfrac{1}{3}$ ⑤ 1

단서 $f'(0)=1$로 주어졌으므로 등식의 x, y에 적당한 값을 대입하여 미분계수의 정의를 이용하자.

1st 주어진 등식을 이용하여 $f'(x)$를 구하자.

$f(x+y)=f(x)+f(y)+xy(x+y)$에서 $x=y=0$을 대입하면

$f(0)=f(0)+f(0)$ $\therefore f(0)=0$

$$f'(x)=\lim_{h\to 0}\frac{f(x+h)-f(x)}{h}$$

→ $f(x+y)=f(x)+f(y)+xy(x+y)$에 y 대신에 h를 대입한 거야.

$$=\lim_{h\to 0}\frac{\{f(x)+f(h)+xh(x+h)\}-f(x)}{h}$$

$$=\lim_{h\to 0}\frac{f(h)}{h}+\lim_{h\to 0}\frac{xh(x+h)}{h}$$

→ $f(0)=0$이지?

$$=\lim_{h\to 0}\frac{f(h)-f(0)}{h-0}+\lim_{h\to 0}x(x+h)$$

$$=f'(0)+x^2$$

→ $f'(a)=\lim_{h\to 0}\dfrac{f(a+h)-f(a)}{h}=\lim_{x\to a}\dfrac{f(x)-f(a)}{x-a}$

$$\therefore f'(x)=1+x^2\,(\because f'(0)=1)$$

2nd 부정적분을 이용하여 $f(x)$를 구해.

$$f(x)=\int(x^2+1)dx=\frac{x^3}{3}+x+C\,(단,\ C는\ 적분상수)$$

그런데 $f(0)=0$이므로 $C=0$

따라서 $f(x)=\dfrac{x^3}{3}+x$이므로 $f(-1)=-\dfrac{1}{3}-1=-\dfrac{4}{3}$

톡톡 풀이: 주어진 식에서 y를 상수 취급하여 양변을 x에 대해서 미분하기

$f(x+y)=f(x)+f(y)+xy(x+y)$에서 y를 상수 취급하여 양변을 x에 대해서 미분하면

$$f'(x+y)=f'(x)+2xy+y^2$$

→ $\{xy(x+y)\}'=y(x+y)+xy$
$=2xy+y^2$

양변에 $x=0$을 대입하면

$f'(y)=f'(0)+y^2=y^2+1\,(\because f'(0)=1)$

여기서 y 대신에 x로 바꾸면 $f'(x)=x^2+1$

(이하 동일)

다른 풀이: y를 상수로 취급하고 x에 관하여 미분하기

y를 상수로 취급하고 x에 관하여 미분하면

$f'(x+y)=f'(x)+y(x+y)+xy$가 되지?

이 식에 $x=0$을 대입하면 $f'(y)=f'(0)+y^2$

이때, $y=x$를 대입하면 $f'(x)=f'(0)+x^2$이고,

$f'(0)=1$이므로 $f'(x)=x^2+1\Rightarrow f(x)=\dfrac{1}{3}x^3+x+C(C는\ 적분상수)$

$f(0)=0$이므로 $f(x)=\dfrac{1}{3}x^3+x$

$$\therefore f(-1)=-\frac{4}{3}$$

수능 핵강

＊미분계수의 정의를 이용하는 방법

$\lim\limits_{h\to 0}\dfrac{f(x+h)-f(x)}{h}=f'(x)$를 이용해서 주어진 조건을 대입해서 풀면 답을 얻을 수 있을 거야. 그리고 문제에 $f'(a)$의 값이 나와 있으면 $f(a)$의 값을 구해야 위와 같은 식을 쓸 수 있으니까 이것도 잊지 말고.

정답 공식: 미분가능한 함수 $f(x)$의 도함수 $f'(x)$는
$$f'(x)=\lim_{h\to 0}\frac{f(x+h)-f(x)}{h}\ 이다.$$

실수 전체에서 미분가능한 함수 $f(x)$가 임의의 두 실수 x, y에 대하여 $f(x+y)=f(x)+f(y)+2xy$를 만족시키고 $\lim\limits_{h\to 0}\dfrac{f(h)}{h}=5$

단서1 이러한 등식이 나오면 $x=0$, $y=0$을 대입하여 $f(0)$의 값을 구해보는 게 먼저야.

일 때, $f(-3)$의 값은? (3점)

① -6 ② -3 ③ 0

④ 3 ⑤ 6

단서2 주어진 극한식을 도함수의 정의에 대한 식으로 변형하여 $f'(x)$의 식을 찾자.

1st 주어진 등식에서 $f(0)$의 값을 구하자.

함정 이런 등식이 주어지면 x와 y에 모두 x를 대입하거나, -1, 0, 1과 같은 특수한 수들을 대입해서 함숫값을 얻어내는 것이 일반적이야.

$f(x+y)=f(x)+f(y)+2xy$에 $x=0$, $y=0$을 대입하면

$f(0)=f(0)+f(0)$ $\therefore f(0)=0\cdots\text{㉠}$

2nd 도함수의 정의를 이용하여 $f'(x)$의 식을 찾자.

$$f'(x)=\lim_{h\to0}\frac{f(x+h)-f(x)}{h}=\lim_{h\to0}\frac{f(x)+f(h)+2xh-f(x)}{h}$$

$$=\lim_{h\to0}\frac{f(h)+2xh}{h} \quad \begin{array}{l} f(x+y)=f(x)+f(y)+2xy \text{에 } y \text{ 대신에 } h \text{를 대입하면} \\ f(x+h)=f(x)+f(h)+2xh \end{array}$$

$$=\lim_{h\to0}\frac{f(h)}{h}+\lim_{h\to0}\frac{2xh}{h}$$

$$=5+2x \quad \text{문제에서 } \lim_{h\to0}\frac{f(h)}{h}=5\text{라 했지? 또, } \lim_{h\to0}\frac{2xh}{h}=\lim_{h\to0}2x=2x\text{야.}$$

3rd 부정적분을 이용하여 $f(x)$의 식을 구하자.

$$f(x)=\int f'(x)dx=\int(2x+5)dx$$

$$=x^2+5x+C \text{ (단, } C\text{는 적분상수)}$$

이때, ㉠에서 $f(0)=0$이므로 $C=0$

따라서 $f(x)=x^2+5x$이므로

$$f(-3)=9-15=-6$$

F **66** 정답 ② *정적분의 정의를 이용한 정적분의 값 ⸺⸺ [정답률 92%]

정답 공식: 함수 $f(x)$의 한 부정적분을 $F(x)$라 하면 $\int_a^b f(x)dx=\Big[F(x)\Big]_a^b=F(b)-F(a)$이다.

$\displaystyle\int_0^2(6x^2-2x+1)dx$의 값은? (3점)

단서 음이 아닌 정수 n에 대하여 $\int_a^b x^n dx=\Big[\frac{1}{n+1}x^{n+1}\Big]_a^b$임을 이용해.

① 12　② 14　③ 16　④ 18　⑤ 20

1st 다항함수의 정적분 값을 계산해.

$$\int_0^2(6x^2-2x+1)dx=\Big[2x^3-x^2+x\Big]_0^2 \quad \begin{array}{l}\text{연속함수 } f(x)\text{의 부정적분 중 하나를} \\ F(x)\text{라 할 때,}\end{array}$$

$$=2\times2^3-2^2+2 \quad \int_a^b f(x)dx=\Big[F(x)\Big]_a^b$$

$$=16-4+2=14 \quad =F(b)-F(a)$$

F **67** 정답 ④ *함수의 정적분 ⸺⸺⸺⸺⸺ [정답률 96%]

정답 공식: 음이 아닌 정수 n에 대하여 $\int x^n dx=\frac{1}{n+1}x^{n+1}+C$ (단, C는 적분상수)

$\displaystyle\int_0^3(x+1)^2dx$의 값은? (2점)

단서 다항식의 정적분은 식을 전개해서 각각의 단항식을 적분해야 해.

① 12　② 15　③ 18　④ 21　⑤ 24

1st $(x+1)^2$을 전개한 후 정적분하자.

$(x+1)^2=x^2+2x+1$이므로 $\quad (a+b)^2=a^2+2ab+b^2$임을 이용해서 식을 전개해.

$$\int_0^3(x+1)^2dx=\int_0^3(x^2+2x+1)dx=\Big[\frac{1}{3}x^3+x^2+x\Big]_0^3$$

$$=\frac{1}{3}\times3^3+3^2+3 \quad \begin{array}{l} F'(x)=f(x)\text{이면} \\ \int_a^b f(x)dx=\Big[F(x)\Big]_a^b=F(b)-F(a) \end{array}$$

$$=9+9+3=21$$

다른 풀이: 부정적분을 이용하여 정적분값 계산하기

$$\int(x+1)^2dx=\frac{1}{3}(x+1)^3+C \text{ (단, } C\text{는 적분상수)이므로}$$

$a\neq0$이고, n이 양의 정수일 때

$\int(ax+b)^n dx=\frac{1}{a}\times\frac{1}{n+1}\times(ax+b)^{n+1}+C$ (단, C는 적분상수)

$$\int_0^3(x+1)^2dx=\Big[\frac{1}{3}(x+1)^3\Big]_0^3=\frac{1}{3}\Big[(x+1)^3\Big]_0^3$$

$$=\frac{1}{3}\times(4^3-1^3)=\frac{1}{3}\times63=21$$

F **68** 정답 ④ *함수의 정적분 ⸺⸺⸺⸺ [정답률 98%]

정답 공식: 함수 $f(x)$의 한 부정적분을 $F(x)$라 하면 $\int_a^b f(x)dx=\Big[F(x)\Big]_a^b=F(b)-F(a)$이다.

$\displaystyle\int_0^1(2x+3)dx$의 값은? (2점)

단서 정적분의 정의를 이용하여 주어진 정적분의 값을 구해.

① 1　② 2　③ 3　④ 4　⑤ 5

1st 정적분의 값을 구하자.

$$\int_0^1(2x+3)dx=\Big[x^2+3x\Big]_0^1 \quad \begin{array}{l}\text{음이 아닌 정수 } n\text{에 대하여} \\ \int_a^b x^n dx=\Big[\frac{1}{n+1}x^{n+1}\Big]_a^b\end{array}$$

$$=1+3=4$$

F **69** 정답 9 *함수의 정적분 ⸺⸺⸺⸺⸺ [정답률 93%]

정답 공식: 함수 $f(x)$의 한 부정적분을 $F(x)$라 할 때, $\int_a^b f(x)dx=\Big[F(x)\Big]_a^b=F(b)-F(a)$이다.

$\displaystyle\int_0^3 x^2dx$의 값을 구하시오. (3점)

단서 정적분의 정의를 이용하여 정적분의 값을 계산하면 돼.

1st 정적분의 정의를 이용해 정적분 값을 계산하자.

$$\int_0^3 x^2 dx=\Big[\frac{1}{3}x^3\Big]_0^3 \quad \begin{array}{l}\text{음이 아닌 정수 } n\text{에 대하여} \\ \int_a^b x^n dx=\Big[\frac{1}{n+1}x^{n+1}\Big]_a^b\end{array}$$

$$=\frac{1}{3}\times3^3-0=9$$

F **70** 정답 ③ *함수의 정적분 ⸺⸺⸺⸺⸺ [정답률 96%]

정답 공식: 다항함수 $f(x)$의 한 부정적분을 $F(x)$라 하면 $\int_a^b f(x)dx=\Big[F(x)\Big]_a^b=F(b)-F(a)$이다.

$\displaystyle\int_0^1(3x^2+2)dx$의 값은? (3점)

단서 정적분의 정의를 이용하여 주어진 정적분의 값을 구해.

① 1　② 2　③ 3　④ 4　⑤ 5

1st 다항함수의 정적분을 계산하자.

$$\int_0^1(3x^2+2)dx=\Big[x^3+2x\Big]_0^1 \quad \begin{array}{l}n\text{이 음이 아닌 정수일 때} \\ \int x^n dx=\frac{1}{n+1}x^{n+1}+C\text{(단, }C\text{는 적분상수)}\end{array}$$

$$=(1+2)-(0+0)=3$$

F 71 정답 ① ＊함수의 정적분 ⋯⋯⋯⋯⋯⋯ [정답률 95%]

정답 공식: 음이 아닌 정수 n에 대하여 $\int x^n = \frac{1}{n+1}x^{n+1}+C$ (단, C는 적분상수) 이다.

$\int_0^2 (3x^2+6x)dx$의 값은? (3점)

단서 다항함수 $f(x)$의 한 부정적분을 $F(x)$라 하면 $\int_a^b f(x)dx=\Big[F(x)\Big]_a^b=F(b)-F(a)$야.

① 20　　② 22　　③ 24
④ 26　　⑤ 28

1st 다항함수의 정적분을 계산하자.

닫힌구간 $[a,b]$에서 연속인 두 함수 $f(x), g(x)$에 대하여

$$\int_0^2 (3x^2+6x)dx=\Big[x^3+3x^2\Big]_0^2$$
$$=8+12$$
$$=20$$

$\int_a^b \{f(x)\pm g(x)\}dx$
$=\int_a^b f(x)dx\pm\int_a^b g(x)dx$

$\int_a^b kf(x)dx=k\int_a^b f(x)dx$ (단, k는 상수)

F 72 정답 ① ＊함수의 정적분 ⋯⋯⋯⋯⋯⋯ [정답률 94%]

정답 공식: 음이 아닌 정수 n에 대하여 $\int_a^b x^n dx=\Big[\frac{1}{n+1}x^{n+1}\Big]_a^b$이다.

$\int_0^3 (x^2-2)dx$의 값은? (3점)

단서 $\int x^n dx=\frac{1}{n+1}x^{n+1}+C$ (단, C는 적분상수)임을 이용해.

① 3　　② $\frac{10}{3}$　　③ $\frac{11}{3}$
④ 4　　⑤ $\frac{13}{3}$

1st 다항함수의 정적분 값을 계산하자.

$$\int_0^3 (x^2-2)dx=\Big[\frac{1}{3}x^3-2x\Big]_0^3$$
$$=\frac{1}{3}\times 3^3-2\times 3$$
$$=3$$

연속함수 $f(x)$의 한 부정적분을 $F(x)$라 할 때, $\int_a^b f(x)dx=\Big[F(x)\Big]_a^b=F(b)-F(a)$

F 73 정답 ④ ＊함수의 정적분 ⋯⋯⋯⋯⋯⋯ [정답률 91%]

정답 공식: $\int x^n dx=\frac{1}{n+1}x^{n+1}+C$ (단, n은 음이 아닌 정수)

$\int_0^2 (3x^2+2x)dx$의 값은? (3점)

단서 음이 아닌 정수 n에 대하여 $\int_a^b x^n dx=\Big[\frac{1}{n+1}x^{n+1}\Big]_a^b$임을 이용해.

① 6　　② 8　　③ 10
④ 12　　⑤ 14

1st 다항함수의 정적분값을 계산해.

$$\int_0^2 (3x^2+2x)dx=\Big[x^3+x^2\Big]_0^2$$
$$=8+4=12$$

$f(x)$의 부정적분 중 하나를 $F(x)$라 할 때, $\int_a^b f(x)dx=\Big[F(x)\Big]_a^b=F(b)-F(a)$

F 74 정답 ② ＊함수의 정적분 ⋯⋯⋯⋯⋯⋯ [정답률 91%]

정답 공식: $\int x^n dx=\frac{1}{n+1}x^{n+1}+C$이고, $\int_a^b f(x)dx=\Big[F(x)\Big]_a^b=F(b)-F(a)$이다.

$\int_0^2 (6x^2-x)dx$의 값은? (3점)

단서 정적분의 정의를 이용하여 주어진 정적분의 값을 구해.

① 15　　② 14　　③ 13
④ 12　　⑤ 11

1st $\int_a^b x^n dx=\Big[\frac{1}{n+1}x^{n+1}\Big]_a^b$임을 적용해서 계산하자.

$$\int_0^2 (6x^2-x)dx=\Big[2x^3-\frac{1}{2}x^2\Big]_0^2$$

$\int_a^b f(x)dx=\Big[F(x)\Big]_a^b=F(b)-F(a)$

$$=2\times 2^3-\frac{1}{2}\times 2^2=14$$

F 75 정답 24 ＊함수의 정적분 ⋯⋯⋯⋯⋯⋯ [정답률 91%]

정답 공식: $\int x^n dx=\frac{1}{n+1}x^{n+1}+C$이고, $\int_a^b f(x)dx=\Big[F(x)\Big]_a^b=F(b)-F(a)$이다.

$\int_0^3 (x^2-4x+11)dx$의 값을 구하시오. (3점)

단서 $\int_a^b x^n dx=\Big[\frac{1}{n+1}x^{n+1}\Big]_a^b$임을 이용하여 정적분값을 구해.

1st 다항함수의 부정적분을 구해서 정적분의 정의를 써야겠지.

$$\int_0^3 (x^2-4x+11)dx=\Big[\frac{1}{3}x^3-2x^2+11x\Big]_0^3$$

$F'(x)=f(x)$일 때,
$\int_a^b f(x)dx$
$=\Big[F(x)\Big]_a^b$
$=F(b)-F(a)$

$$=\frac{1}{3}\times 3^3-2\times 3^2+11\times 3$$
$$=24$$

F 76 정답 ② ＊함수의 정적분 ⋯⋯⋯⋯⋯⋯ [정답률 95%]

정답 공식: 음이 아닌 정수 n에 대하여 $\int x^n dx=\frac{1}{n+1}x^{n+1}+C$ (단, C는 적분상수)이다.

$\int_0^2 (2x^3+3x^2)dx$의 값은? (2점)

단서 정적분의 정의를 이용하여 주어진 정적분의 값을 구해.

① 14　　② 16　　③ 18
④ 20　　⑤ 22

1st 정적분의 값을 계산해.

$$\int_0^2 (2x^3+3x^2)dx=\Big[\frac{x^4}{2}+x^3\Big]_0^2$$

함수 $f(x)$의 부정적분 중 하나를 $F(x)$라 할 때, $\int_a^b f(x)dx=\Big[F(x)\Big]_a^b=F(b)-F(a)$

$$=\Big(\frac{16}{2}+8\Big)-0=16$$

F 77 정답 ③ *정적분의 정의를 이용한 정적분의 값 ────── [정답률 88%]

정답 공식: $f(x)$의 도함수가 $f'(x)$일 때,
$$\int_a^b f'(x)dx=\left[f(x)\right]_a^b=f(b)-f(a)$$

삼차함수 $f(x)$가 모든 실수 x에 대하여
$$f(x)-f(1)=x^3+4x^2-5x$$
단서1 주어진 식은 x에 대한 항등식이므로 $x=2$를 대입하면 $f(2)-f(1)$의 값을 구할 수 있어.
를 만족시킬 때, $\int_1^2 f'(x)dx$의 값은? (3점)
단서2 정적분의 정의를 이용하면 $\int_1^2 f'(x)dx=f(2)-f(1)$임을 알 수 있어.

① 10 ② 12 ③ 14 ④ 16 ⑤ 18

1st 정적분의 정의를 이용해.

함수 $f(x)$의 도함수가 $f'(x)$이므로
$$\int_1^2 f'(x)dx=\left[f(x)\right]_1^2=f(2)-f(1)$$
함수 $f(x)$의 도함수가 $f'(x)$이므로 $\int_a^b f'(x)dx=\left[f(x)\right]_a^b=f(b)-f(a)$

2nd 삼차함수의 관계식이 모든 실수 x에 대하여 성립하므로 관계식에 $x=2$를 대입하여 결괏값을 구해. 주어진 삼차함수 $f(x)$의 관계식은 x에 대한 항등식이야.

모든 실수 x에 대하여
$f(x)-f(1)=x^3+4x^2-5x$이므로
$x=2$일 때,
x에 대한 항등식이므로 $x=2$를 대입해도 식이 성립해. 이를 이용해 $f(2)-f(1)$의 값을 구할 수 있어.
$$f(2)-f(1)=2^3+4\times2^2-5\times2=8+16-10=14$$
$$\therefore \int_1^2 f'(x)dx=14$$

✿ 정적분의 정의   개념·공식

함수 $f(x)$가 닫힌구간 $[a, b]$에서 연속이고 $f(x)$의 한 부정적분을 $F(x)$라 할 때,
$$\int_a^b f(x)dx=\left[F(x)\right]_a^b=F(b)-F(a)$$

F 78 정답 ② *정적분의 정의를 이용한 정적분의 값 ────── [정답률 81%]

정답 공식: 음이 아닌 정수 n에 대하여 $\int_a^b x^n dx=\left[\dfrac{1}{n+1}x^{n+1}\right]_a^b$이고 함수 $f(x)$의 한 부정적분을 $F(x)$라 하면 $\int_a^b f(x)dx=\left[F(x)\right]_a^b=F(b)-F(a)$ 이다.

다항함수 $f(x)$가 모든 실수 x에 대하여
$$xf(x)+6=(x^3+2)(x+3)$$
단서1 식의 우변을 전개한 후 상수항 6을 양변에서 소거할 수 있어.
을 만족시킬 때, $\int_0^2 f(x)dx$의 값은? (3점)
단서2 음이 아닌 정수 n에 대하여 $\int_a^b x^n dx=\left[\dfrac{1}{n+1}x^{n+1}\right]_a^b$임을 이용해.

① 12 ② 16 ③ 20 ④ 24 ⑤ 28

1st 주어진 식을 정리하여 다항함수 $f(x)$를 구해.

$xf(x)+6=(x^3+2)(x+3)$의 식에서 우변을 전개하여 정리하면
$$xf(x)+6=x^4+3x^3+2x+6$$
$$xf(x)=x^4+3x^3+2x$$
함수 $f(x)$가 다항함수이므로 $x\ne0$인 경우에 양변을 x로 나누어 줄 수 있어.
따라서 $x\ne0$일 때, $f(x)=x^3+3x^2+2$

이때, 다항함수 $f(x)$는 연속함수이므로
$$f(0)=\lim_{x\to0}f(x)=\lim_{x\to0}(x^3+3x^2+2)=2$$
$$\therefore f(x)=x^3+3x^2+2$$

2nd 정적분 $\int_0^2 f(x)dx$의 값을 계산해.

$$\int_0^2 f(x)dx=\int_0^2(x^3+3x^2+2)dx=\left[\frac{1}{4}x^4+x^3+2x\right]_0^2$$
함수 $f(x)$의 부정적분 중 하나를 $F(x)$라 할 때, $\int_a^b f(x)dx=\left[F(x)\right]_a^b=F(b)-F(a)$
$$=\frac{1}{4}\times2^4+2^3+2\times2=4+8+4=16$$

F 79 정답 ② *함수의 정적분 ───────────── [정답률 60%]

정답 공식: 삼차함수 $y=f(x)$의 그래프와 x축에 평행한 직선 $y=p$가 서로 다른 두 점에서 만나려면 방정식 $f(x)=p$가 한 중근과 다른 한 실근을 가져야 한다.

최고차항의 계수가 1이고 $f(0)=0$인 삼차함수 $f(x)$가 다음 조건을 만족시킨다. 단서 최고차항의 계수가 1인 삼차방정식 $f(x)-p=0$의 서로 다른 실근의 개수가 2가 되기 위해서는 이 방정식은 중근 $x=a$과 실근 $x=b$를 가져야 해. 즉, $f(x)-p=(x-a)^2(x-b)$의 꼴이 되어야 하지

(가) $f(2)=f(5)$
(나) 방정식 $f(x)-p=0$의 서로 다른 실근의 개수가 2가 되게 하는 실수 p의 최댓값은 $f(2)$이다.

$\int_0^2 f(x)dx$의 값은? (4점)

① 25 ② 28 ③ 31 ④ 34 ⑤ 37

1st 조건 (가), (나)를 이용하여 삼차함수 $f(x)$의 식을 구하자.

조건 (나)에서 삼차방정식 $f(x)-p=0$의 서로 다른 실근의 개수가 2가 되려면 함수 $y=f(x)$의 그래프와 직선 $y=p$가 $f(x)$의 극점에서 접해야 한다.
즉, 최고차항의 계수가 양수인 삼차함수 $y=f(x)$의 그래프와 직선 $y=p$의 개형은 다음과 같다.

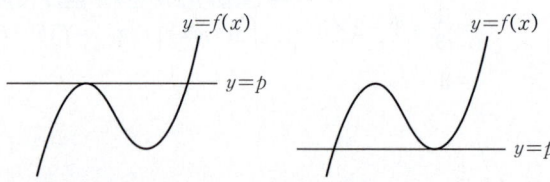

그런데 조건 (나)를 만족시키는 실수 p의 최댓값이 $f(2)$라 했고, 조건 (가)에서 $f(2)=f(5)$이어야 하므로 위의 그림에 의해 $f(2)$가 함수 $f(x)$의 극댓값이어야 한다.
$f(2)$는 극값이 되어야 하므로 극솟값 또는 극댓값이 될 수 있어.
그런데 $f(2)$가 극솟값이라면 $y=f(x)$의 그래프와 직선 $y=p$와 만나는 또다른 점의 x좌표는 2보다 작겠지? 이는 조건 (가의 $f(2)=f(5)$라는 사실에 모순이 돼.
따라서 $y=f(x)$의 그래프와 직선 $y=p$는 $x=2$에서 접하고, 조건 (가)에 의해 $x=5$에서 만나며 $f(x)$의 최고차항의 계수가 1이므로
$f(x)-p=(x-2)^2(x-5)$에서
$f(x)=(x-2)^2(x-5)+p$이다.
$f(0)=(0-2)^2(0-5)+p=0$ $\therefore p=20$
$\therefore f(x)=(x-2)^2(x-5)+20=x^3-9x^2+24x$

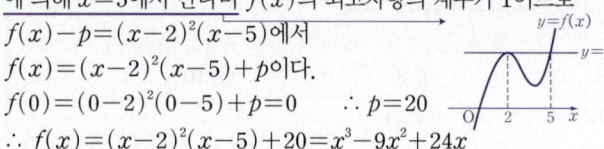

2nd $\int_0^2 f(x)dx$의 값을 구해.

$$\therefore \int_0^2 f(x)dx=\int_0^2(x^3-9x^2+24x)dx=\left[\frac{1}{4}x^4-3x^3+12x^2\right]_0^2$$
$$=4-24+48=28$$

🧩 **다른 풀이:** 함수 $f(x)=x^3+ax^2+bx$로 놓고 조건을 만족시키는 a, b의 값 구하기

최고차항의 계수가 1이고 $f(0)=0$인 삼차함수 $f(x)$를
$f(x)=x^3+ax^2+bx$ (단, a, b는 상수)라 하자.
조건 (가)에서 $f(2)=f(5)$이므로 $8+4a+2b=125+25a+5b$
$\therefore 7a+b=-39 \cdots \textcircled{\scriptsize{¬}}$
한편, 조건 (나)에 의해 <u>함수 $f(x)$는 $x=2$에서 극값을 가지므로</u>
<u>$f'(2)=0$이야.</u> _{미분가능한 함수 $f(x)$가 $x=a$에서 극값을 가지면 $f'(a)=0$이야.}
즉, $f(x)=x^3+ax^2+bx$에서 $f'(x)=3x^2+2ax+b$이므로
$12+4a+b=0$ $\therefore 4a+b=-12 \cdots \textcircled{\scriptsize{∟}}$
$\textcircled{\scriptsize{¬}}$, $\textcircled{\scriptsize{∟}}$을 연립하여 풀면 $a=-9, b=24$ $\therefore f(x)=x^3-9x^2+24x$
(이하 동일)

F 80 정답 110 *함수의 정적분 ⸺⸺⸺⸺⸺ [정답률 42%]

정답 공식: 함수 $f(x)$가 실수 전체의 집합에서 미분가능하면 모든 실수 x에서의 미분계수가 존재한다.

> 실수 전체의 집합에서 미분가능한 함수 $f(x)$가 다음 조건을 만족시킨다.
>
> (가) 닫힌구간 $[0, 1]$에서 $f(x)=x$이다.
> _{**단서1** 닫힌구간 $[0, 1]$에서만 $f(x)=x$로 정의되어 있지만 $f(x)$가 실수 전체의 집합에서 미분가능하므로 $x=1$에서의 함숫값과 미분계수가 존재한다는 것을 이용할 수 있어야 해.}
>
> (나) 어떤 상수 a, b에 대하여 구간 $[0, \infty)$에서 $f(x+1)-xf(x)=ax+b$이다.
> _{**단서2** 구간 $[0, \infty)$ 안에 구간 $[0, 1]$이 포함되지? 따라서 구간 $[0, 1]$에서는 $f(x+1)-xf(x)=ax+b$에 $f(x)=x$를 대입할 수 있어.}
>
> $60 \times \int_1^2 f(x)dx$의 값을 구하시오. (4점)

1st $f(1)=1$임을 이용하여 상수 b의 값을 구하자.
조건 (나)에 의해 구간 $[0, \infty)$에서 $f(x+1)-xf(x)=ax+b$
가 성립하므로 이 등식에 $x=0$을 대입하면 $f(1)=b$
그런데 조건 (가)에 의해 <u>닫힌구간 $[0, 1]$에서 $f(x)=x$이므로 $b=1$이다.</u>
_{$f(x)=x$에 $x=1$을 대입하면 $f(1)=1$이지?}

2nd 함수 $f(x)$가 실수 전체의 집합에서 미분가능함을 이용하여 상수 a의 값을 구하자.
$b=1$을 $f(x+1)-xf(x)=ax+b$에 대입하면
$f(x+1)-xf(x)=ax+1$
이때, $0\le x\le 1$일 때 <u>$f(x)=x$이므로 이 범위에서</u>
$f(x+1)-x^2=ax+1$ $\therefore f(x+1)=x^2+ax+1 \cdots \textcircled{\scriptsize{¬}}$
_{구간 $[0, \infty)$ 안에 구간 $[0, 1]$이 포함되므로 이 구간에서는 $f(x+1)-xf(x)=ax+1$에 $f(x)=x$를 대입할 수 있는 거야.}
$\textcircled{\scriptsize{¬}}$에서 $x+1=t$로 치환하면
$f(t)=(t-1)^2+a(t-1)+1=t^2+(a-2)t+2-a$ $(1\le t\le 2)$
_{$x+1=t$로 치환하면 $x=t-1$이므로 $0\le x\le 1$에서 $0\le t-1\le 1$, 즉 $1\le t\le 2$로 범위가 바뀌게 돼.}
즉, $1\le x\le 2$일 때 $f(x)=x^2+(a-2)x+2-a \cdots \textcircled{\scriptsize{∟}}$이고,
$f'(x)=2x+a-2 \cdots \textcircled{\scriptsize{⊏}}$이다.
그런데 함수 $f(x)$는 실수 전체의 집합에서 미분가능하므로 $f'(1)$의 값이 존재한다.
즉, 닫힌구간 $[0, 1]$에서 $f(x)=x$에 의해 $f'(x)=1$에서 $f'(1)=1$이므로 $\textcircled{\scriptsize{⊏}}$에서 $f'(1)=2+a-2=1$ $\therefore a=1$

💡 **참고** 닫힌구간 $[0, 1]$에서 $f(x)=x$이고 열린구간 $(0, 1)$에서 $f'(x)=1$이므로 $x=1$에서의 좌미분계수는 1이야. 따라서 $x=1$에서의 미분계수가 존재하려면 $x=1$에서의 우미분계수도 1이어야 하므로 $\textcircled{\scriptsize{⊏}}$에 $x=1$을 대입한 값이 1이어야 해.

3rd $60 \times \int_1^2 f(x)dx$의 값을 구하자.
따라서 $\textcircled{\scriptsize{∟}}$에서 $1\le x\le 2$일 때 $f(x)=x^2-x+1$이므로
$$\int_1^2 f(x)dx=\int_1^2 (x^2-x+1)dx=\left[\frac{1}{3}x^3-\frac{1}{2}x^2+x\right]_1^2$$
$$=\frac{8}{3}-2+2-\left(\frac{1}{3}-\frac{1}{2}+1\right)=\frac{11}{6}$$
$$\therefore 60\times\int_1^2 f(x)dx=60\times\frac{11}{6}=110$$

🧩 **다른 풀이:** **2nd** 에서 $\textcircled{\scriptsize{¬}}$을 통해 $\int_1^2 f(x)dx=\int_0^1 f(x+1)dx$ 구하기

2nd 에서 $a=1$이므로 $\textcircled{\scriptsize{¬}}$에서 $0\le x\le 1$일 때 $f(x+1)=x^2+x+1$이야.
따라서
$$\int_1^2 f(x)dx=\int_0^1 f(x+1)dx$$ _{→ $f(x+1)$은 $f(x)$를 x축의 방향으로 -1만큼 평행이동한 것이므로 $\int_1^2 f(x)dx=\int_{1-1}^{2-1}f(x+1)dx=\int_0^1 f(x+1)dx$}
$$=\int_0^1 (x^2+x+1)dx$$
$$=\left[\frac{1}{3}x^3+\frac{1}{2}x^2+x\right]_0^1$$
$$=\frac{1}{3}+\frac{1}{2}+1=\frac{11}{6}$$
이므로 $60\times\int_1^2 f(x)dx=60\times\frac{11}{6}=110$이야.

F 81 정답 2 *적분 구간이 같은 정적분 ⸺⸺⸺ [정답률 87%]

정답 공식: $\int_a^b f(x)dx \pm \int_a^b g(x)dx=\int_a^b \{f(x)\pm g(x)\}dx$ (복호동순)

> <u>$\int_0^a (4x^2-3x)dx=\int_0^a (x^2+x)dx$</u>를 만족시키는 양수 a의 값을 구하시오. (3점) _{**단서** 정적분의 적분 구간이 같으면 두 식을 하나로 합칠 수 있어.}

1st 정적분의 성질을 이용하여 주어진 식을 정리한 후 a의 값을 구해.
$\int_0^a (4x^2-3x)dx=\int_0^a (x^2+x)dx$의 우변을 좌변으로 이항하여
식을 정리하면
$$\int_0^a (4x^2-3x)dx-\int_0^a (x^2+x)dx=0$$
$$\int_0^a \{(4x^2-3x)-(x^2+x)\}dx=0$$
_{[정적분의 성질] $\int_a^b f(x)dx \pm \int_a^b g(x)dx=\int_a^b \{f(x)\pm g(x)\}dx$ (복호동순)}
$$\int_0^a (3x^2-4x)dx=0$$
$$\left[x^3-2x^2\right]_0^a=0$$ _{→ $f(x)$의 부정적분 중 하나를 $F(x)$라 할 때, $\int_a^b f(x)dx=\left[F(x)\right]_a^b=F(b)-F(a)$야.}
$a^3-2a^2=0, a^2(a-2)=0$
$\therefore a=2 \ (\because a>0)$

F 82 정답 16 *적분구간이 같은 정적분 ⸺⸺⸺ [정답률 77%]

정답 공식: $\int_a^b f(x)dx \pm \int_a^b g(x)dx=\int_a^b \{f(x)\pm g(x)\}dx$

> $\int_2^0 (3x^2-2x+3)dx-\int_2^0 (2x+1)dx$의 값을 구하시오. (3점)
> _{**단서** 두 정적분의 아래끝과 위끝이 서로 바뀌어 있음을 이용할 수 있어.}

$$\int_0^2 (3x^2-2x+3)dx - \int_2^0 (2x+1)dx$$

$$= \int_0^2 (3x^2-2x+3)dx + \int_0^2 (2x+1)dx$$

정적분의 아래끝과 위끝을 서로 바꾸면 정적분의 부호가 바뀌어.

즉, $\int_a^b f(x)dx = -\int_b^a f(x)dx$야.

2nd 정적분의 성질을 이용하여 간단히 표현해.

$$= \int_0^2 \{(3x^2-2x+3)+(2x+1)\}dx$$

아래끝, 위끝이 같은 정적분의 합은 하나의 함수의 정적분으로 표현할 수 있어.

$$= \int_0^2 (3x^2+4)dx$$

$$= \Big[x^3+4x \Big]_0^2$$

$$= 2^3+4\times 2 = 8+8 = 16$$

F 83 정답 ⑤   *적분구간이 같은 정적분 ········· [정답률 93%]

[정답 공식: $\int_a^b f(x)dx \pm \int_a^b g(x)dx = \int_a^b \{f(x)\pm g(x)\}dx$]

함수 $f(x)=x^2+x$에 대하여

$$5\int_0^1 f(x)dx - \int_0^1 \{5x+f(x)\}dx$$

단서 적분구간이 같음을 이용하여 식을 간단히 정리해.

의 값은? (4점)

① $\dfrac{1}{6}$ ② $\dfrac{1}{3}$ ③ $\dfrac{1}{2}$ ④ $\dfrac{2}{3}$ ⑤ $\dfrac{5}{6}$

1st 두 정적분의 적분구간이 같으므로 하나의 정적분으로 나타내어 계산해.

함수 $f(x)=x^2+x$에 대하여

$$5\int_0^1 f(x)dx - \int_0^1 \{5x+f(x)\}dx$$

두 정적분의 위끝과 아래끝이 같지? 정적분의 성질을 이용하자.

$$= 5\int_0^1 f(x)dx - \int_0^1 5x\,dx - \int_0^1 f(x)dx$$

$$= 4\int_0^1 f(x)dx - \int_0^1 5x\,dx$$

$$= 4\int_0^1 (x^2+x)dx - \int_0^1 5x\,dx$$

$$= \int_0^1 (4x^2+4x)dx - \int_0^1 5x\,dx$$

$$= \int_0^1 (4x^2-x)dx$$

음이 아닌 정수 n에 대하여 $\int_a^b x^n dx = \Big[\dfrac{1}{n+1}x^{n+1} \Big]_a^b$

$$= \Big[\dfrac{4}{3}x^3 - \dfrac{1}{2}x^2 \Big]_0^1$$

$$= \dfrac{4}{3} - \dfrac{1}{2} = \dfrac{5}{6}$$

🔷 **다른 풀이: 주어진 식 그대로 정적분 계산하기**

$$5\int_0^1 f(x)dx - \int_0^1 \{5x+f(x)\}dx$$

$$= 5\int_0^1 (x^2+x)dx - \int_0^1 (x^2+6x)dx$$

$$= 5\Big[\dfrac{1}{3}x^3 + \dfrac{1}{2}x^2 \Big]_0^1 - \Big[\dfrac{1}{3}x^3 + 3x^2 \Big]_0^1$$

$$= 5\times \dfrac{5}{6} - \dfrac{10}{3}$$

$$= \dfrac{25}{6} - \dfrac{10}{3} = \dfrac{5}{6}$$

F 84 정답 ⑤   *적분구간이 같은 정적분 ········· [정답률 86%]

(정답 공식: $\int_a^b f(x)dx \pm \int_a^b g(x)dx = \int_a^b \{f(x)\pm g(x)\}dx$)

$$\int_1^2 (3x+4)dx + \int_1^2 (3x^2-3x)dx$$의 값은? (3점)

단서 두 정적분의 적분구간이 같으면 두 식을 하나로 합칠 수 있어.

① 7   ② 8   ③ 9   ④ 10   ⑤ 11

1st 정적분의 성질을 이용하여 주어진 식을 간단히 한 후 정적분의 값을 구해.

$$\underline{\int_1^2 (3x+4)dx + \int_1^2 (3x^2-3x)dx}$$

$\int_a^b f(x)dx \pm \int_a^b g(x)dx = \int_a^b \{f(x)\pm g(x)\}dx$

$$= \int_1^2 \{(3x+4)+(3x^2-3x)\}dx = \int_1^2 (3x^2+4)dx$$

두 실수 a, b와 자연수 n에 대하여 $\int_a^b x^n dx = \Big[\dfrac{1}{n+1}x^{n+1} \Big]_a^b$

$$= [x^3+4x]_1^2 = (8+8)-(1+4) = 11$$

F 85 정답 86   *적분 구간이 같은 정적분 ········· [정답률 94%]

[정답 공식: $\int_a^b f(x)dx \pm \int_a^b g(x)dx = \int_a^b \{f(x)\pm g(x)\}dx$]

$$\int_1^3 (4x^3-6x+4)dx + \int_1^3 (6x-1)dx$$의 값을 구하시오. (3점)

단서 정적분의 적분구간이 같으면 두 식을 하나로 합칠 수 있어.

1st 정적분의 성질을 이용하여 주어진 식을 간단히 한 후 정적분의 값을 구해.

$$\int_1^3 (4x^3-6x+4)dx + \int_1^3 (6x-1)dx$$

$$= \underline{\int_1^3 (4x^3+3)dx} = \Big[x^4+3x \Big]_1^3$$

$$= (81+9)-(1+3)$$

$\int_1^3 (4x^3-6x+4)dx + \int_1^3 (6x-1)dx$

$$= 86 \qquad = \int_1^3 \{(4x^3-6x+4)+(6x-1)\}dx$$

F 86 정답 200   *적분구간이 같은 정적분 ········· [정답률 90%]

[정답 공식: $\int_a^b f(x)dx \pm \int_a^b g(x)dx = \int_a^b \{f(x)\pm g(x)\}dx$]

$$\int_0^{10} (x+1)^2 dx - \int_0^{10} (x-1)^2 dx$$의 값을 구하시오. (3점)

단서 정적분의 성질을 이용하여 정적분의 함숫값을 더하거나 빼서 계산하자.

1st 두 정적분의 위끝과 아래끝이 같지? 정적분의 성질을 이용하자.

$$\int_0^{10} (x+1)^2 dx - \int_0^{10} (x-1)^2 dx$$

[정적분의 성질]

$\int_a^b f(x)dx \pm \int_a^b g(x)dx$

$$= \int_0^{10} \{(x+1)^2-(x-1)^2\}dx \qquad = \int_a^b \{f(x)\pm g(x)\}dx\,(복호동순)$$

$$= \int_0^{10} \{(x^2+2x+1)-(x^2-2x+1)\}dx$$

$$= \int_0^{10} 4x\,dx = \Big[4\times \dfrac{1}{1+1}x^{1+1} \Big]_0^{10} = 2\Big[x^2 \Big]_0^{10} = 2(10^2-0) = 200$$

* 정적분의 성질을 이용하기 위한 조건 확인하기

정적분의 성질을 이용하려면 정적분의 위끝과 아래끝을 잘 봐야 해.

이 문제에서 $\int_0^{10} \boxed{} dx - \int_0^{10} \blacksquare dx$로 위끝과 아래끝이 똑같기 때문에

정적분의 성질을 이용할 수 있는 거야.

항상 조건에 맞는지 파악한 후 공식을 적용해야 해.

F 87 정답 ⑤ *적분구간이 같은 정적분 ──────── [정답률 90%]

정답 공식: $\int_a^b f(x)dx \pm \int_a^b g(x)dx = \int_a^b \{f(x) \pm g(x)\}dx$

$\int_0^2 (x^2+1)dx - \int_0^2 x^2 dx$의 값은? (3점)

단서 적분 구간이 같은 두 정적분의 값의 차를 묻고 있네? 그럼, 하나의 정적분으로 만들어 계산해 봐.

① -2　　② -1　　③ 0　　④ 1　　⑤ 2

1st 정적분의 성질을 이용하여 주어진 식을 간단히 한 후 정적분의 값을 구해.

$\int_0^2 (x^2+1)dx - \int_0^2 x^2 dx = \int_0^2 (x^2+1-x^2)dx$

$\underset{\substack{\int_a^b f(x)dx \pm \int_a^b g(x)dx \\ = \int_a^b \{f(x) \pm g(x)\}dx}}{}$

$= \int_0^2 1 dx$

$= \left[x \right]_0^2 = 2$

F 88 정답 ④ *적분구간이 같은 정적분 ──────── [정답률 88%]

정답 공식: $\int_a^b f(x)dx \pm \int_a^b g(x)dx = \int_a^b \{f(x) \pm g(x)\}dx$이다.

$\int_{-3}^3 (x^3+4x^2)dx + \int_3^{-3} (x^3+x^2)dx$의 값은? (3점)

단서 주어진 정적분의 적분구간을 같게 만들면 두 식을 하나로 합칠 수 있어.

① 36　　　② 42　　　③ 48

④ 54　　　⑤ 60

1st 적분구간을 같게 하여 정적분을 계산해.

$\int_{-3}^3 (x^3+4x^2)dx + \int_3^{-3} (x^3+x^2)dx$

$= \int_{-3}^3 (x^3+4x^2)dx - \underset{\substack{\int_a^b f(x)dx = -\int_b^a f(x)dx}}{\int_{-3}^3 (x^3+x^2)dx}$

$= \int_{-3}^3 (x^3+4x^2-x^3-x^2)dx$

$= \int_{-3}^3 3x^2 dx = \left[x^3 \right]_{-3}^3 = 27-(-27) = 54$

다른 풀이: y축 대칭 또는 원점 대칭인 함수의 정적분 계산하기

$\int_{-3}^3 (x^3+4x^2)dx + \int_3^{-3} (x^3+x^2)dx$

$= 2\int_0^3 4x^2 dx + 2\int_3^0 x^2 dx = 8\int_0^3 x^2 dx - 2\int_0^3 x^2 dx$

$\underset{\substack{\int_{-a}^a x^3 dx = 0, \int_{-a}^a x^2 dx = 2\int_0^a x^2 dx}}{}$

$= 6\int_0^3 x^2 dx = 6 \times \left[\frac{1}{3}x^3 \right]_0^3 = 6 \times 9 = 54$

톡톡 풀이: 피적분함수가 같도록 x^3+4x^2을 x^3+x^2과 $3x^2$으로 나누어 계산하기

$\int_{-3}^3 (x^3+4x^2)dx + \int_3^{-3} (x^3+x^2)dx$

$= \int_{-3}^3 3x^2 dx + \int_{-3}^3 (x^3+x^2)dx + \int_3^{-3} (x^3+x^2)dx$

$= \int_{-3}^3 3x^2 dx + \underset{\substack{\int_a^c f(x)dx + \int_c^b f(x)dx = \int_a^b f(x)dx, \int_a^a f(x)dx = 0}}{\int_{-3}^{-3}(x^3+x^2)dx} = 2\int_0^3 3x^2 dx + 0$

$= 2 \times \left[x^3 \right]_0^3 = 2 \times 27 = 54$

F 89 정답 198 *적분구간이 같은 정적분 ──────── [정답률 87%]

정답 공식: 두 함수 $f(x)$, $g(x)$가 닫힌구간 $[a, b]$에서 연속일 때, $\int_a^b f(x)dx \pm \int_a^b g(x)dx = \int_a^b \{f(x) \pm g(x)\}dx$ (복호동순)이다.

정적분 $\int_0^9 \dfrac{x^3}{x+2}dx + \int_0^9 \dfrac{8}{x+2}dx$의 값을 구하시오. (3점)

단서 두 정적분의 적분구간이 같으니까 적분기호를 하나로 하여 식을 만들 수 있어.

1st 정적분의 성질을 이용하여 주어진 식을 간단히 한 후 정적분의 값을 구하자.

$\int_0^9 \dfrac{x^3}{x+2}dx + \int_0^9 \dfrac{8}{x+2}dx$

$= \int_0^9 \dfrac{x^3+8}{x+2}dx = \int_0^9 \dfrac{(x+2)(x^2-2x+4)}{x+2}dx$

$\underset{\substack{a^3+b^3=(a+b)(a^2-ab+b^2) \\ a^3-b^3=(a-b)(a^2+ab+b^2)}}{}$

$= \int_0^9 (x^2-2x+4)dx$

$= \left[\dfrac{1}{3}x^3 - x^2 + 4x \right]_0^9 = 243-81+36 = 198$

F 90 정답 ④ *피적분함수가 같은 정적분 ──────── [정답률 82%]

정답 공식: $\int_a^b f(x)dx + \int_b^c f(x)dx = \int_a^c f(x)dx$

이차함수 $f(x)$가 $\underset{\substack{\text{단서1 } \int_{-1}^1 f'(x)dx = \int_{-1}^k f'(x)dx + \int_k^1 f'(x)dx}}{\int_{-1}^1 f'(x)dx = 0}$을 만족시킬 때,

$f(0)-f(-1)+\int_0^1 \{x^2+2x+f'(x)\}dx$의 값은? (4점)

단서2 $f(0)-f(-1)=\int_{-1}^0 f'(x)dx$로 변형하면 $\int_{-1}^0 f'(x)dx + \int_0^1 f'(x)dx$가 보이지?

① $\dfrac{1}{3}$　　　② $\dfrac{2}{3}$　　　③ 1

④ $\dfrac{4}{3}$　　　⑤ $\dfrac{5}{3}$

1st $\int_a^b f'(x)dx = f(b)-f(a)$와

$\int_a^b f(x)dx + \int_b^c f(x)dx = \int_a^c f(x)dx$를 이용하자.

$f(0)-f(-1) = \int_{-1}^0 f'(x)dx$이므로

$\underset{\substack{\int_a^b f(x)dx = \left[F(x) \right]_a^b = F(b)-F(a)}}{}$

$f(0)-f(-1)+\underset{\substack{\int_a^b \{f(x)+g(x)\}dx = \int_a^b f(x)dx + \int_a^b g(x)dx}}{\int_0^1 \{x^2+2x+f'(x)\}dx}$

$= \underset{\substack{\int_a^b f(x)dx + \int_b^c f(x)dx = \int_a^c f(x)dx}}{\int_{-1}^0 f'(x)dx + \int_0^1 (x^2+2x)dx + \int_0^1 f'(x)dx}$

F

$$=\int_{-1}^{1}f'(x)dx+\int_{0}^{1}(x^2+2x)dx$$

$$=0+\left[\frac{1}{3}x^3+x^2\right]_{0}^{1}$$

$$=\left(\frac{1}{3}+1\right)-0=\frac{4}{3}$$

F 91 정답 ④ *피적분함수가 같은 정적분 ········· [정답률 86%]

(정답 공식: $\int_{a}^{b}f(x)dx+\int_{b}^{c}f(x)dx=\int_{a}^{c}f(x)dx$)

함수 $f(x)=3x^2-16x-20$에 대하여

$$\int_{-2}^{a}f(x)dx=\int_{-2}^{0}f(x)dx$$

단서 적분해야 할 함수가 $f(x)$로 같고 아래 끝도 -2로 같으니까 적분구간을 변형하여 식을 간단히 해.

일 때, 양수 a의 값은? (4점)

① 16   ② 14   ③ 12   ④ 10   ⑤ 8

1st 정적분의 성질을 이용하여 식을 간단히 하자.

$\int_{-2}^{a}f(x)dx=\int_{-2}^{0}f(x)dx$의 우변을 이항하면

$$\int_{-2}^{a}f(x)dx-\underbrace{\int_{-2}^{0}f(x)dx}_{\int_{a}^{b}f(x)dx=-\int_{b}^{a}f(x)dx}$$

$$=\int_{-2}^{a}f(x)dx+\int_{-2}^{0}f(x)dx$$

$$=\underbrace{\int_{-2}^{0}f(x)dx+\int_{-2}^{a}f(x)dx}_{\int_{a}^{b}f(x)dx+\int_{b}^{c}f(x)dx=\int_{a}^{c}f(x)dx의 꼴이 되게 항의 순서를 바꿨어.}$$

$$=\int_{0}^{a}f(x)dx=0$$

2nd 정적분을 계산하여 양수 a의 값을 구하자.

위 식에 $f(x)=3x^2-16x-20$을 대입하면

$$\underbrace{\int_{0}^{a}(3x^2-16x-20)dx}_{음이 아닌 정수 n에 대하여 \int_{a}^{b}x^n dx=\left[\frac{1}{n+1}x^{n+1}\right]_{a}^{b}}$$

$$=\left[x^3-8x^2-20x\right]_{a}^{b}$$

$$=a^3-8a^2-20a$$

$$=a(a^2-8a-20)$$

$$=a(a+2)(a-10)=0$$

$$\therefore a=10\ (\because a>0)$$

이지원 | 고려대 생명과학과 2025년 입학 · 대구 성화여고 졸
이 문제는 풀 수 있는 방법이 정말 많은 문제야! 한 가지 방법으로만 풀지 말고 여러 방법으로 풀어보는 게 실력 향상에 도움이 되니까 귀찮게 생각하지 말고 다양한 방법을 시도해 보자. 첫 번째 방법은 정직하게 주어진 대로 구하는 거야. $f(x)$의 형태가 간단하기 때문에 a의 값을 금방 구할 수 있어. 하지만 이 방법은 적분 계산을 두 번씩 해야 되는 번거로움이 있지. 그럼 두 번째 방법을 써보는 건 어떨까? 주어진 식의 아래끝이 같으니까 우변을 좌변으로 이항해주면 본풀이처럼 두 개의 식을 한 개로 합칠 수 있어. 이렇게 되면 적분 계산을 한 번만 해도 되는 장점이 있지! 이 방법을 바로 떠올리지 못했어도 너무 실망하지 마. 우리는 완벽을 향해 달려가는 중이니까!

F 92 정답 ⑤ *피적분함수가 같은 정적분 ········· [정답률 87%]

정답 공식: $\int_{a}^{c}f(x)dx+\int_{c}^{b}f(x)dx=\int_{a}^{b}f(x)dx$

$\int_{5}^{2}2t\,dt-\int_{5}^{0}2t\,dt$의 값은? (3점)

단서 적분해야 할 함수가 $2t$로 같으니까 정적분의 성질을 이용하여 적분구간을 변형하여 식을 간단히 하자.

① -4 ② -2 ③ 0
④ 2 ⑤ 4

1st 정적분의 성질을 이용하여 주어진 식을 간단히 한 후 정적분의 값을 구하자.

$$\int_{5}^{2}2t\,dt-\int_{5}^{0}2t\,dt=\int_{5}^{2}2t\,dt+\int_{0}^{5}2t\,dt$$

($\to \int_{a}^{b}f(x)dx=-\int_{b}^{a}f(x)dx$)

$$=\int_{0}^{5}2t\,dt+\int_{5}^{2}2t\,dt$$

$$=\underbrace{\int_{0}^{2}2t\,dt}_{\int_{a}^{c}f(x)dx+\int_{c}^{b}f(x)dx=\int_{a}^{b}f(x)dx}=\left[t^2\right]_{0}^{2}=4$$

🔷 **다른 풀이: 직접 정적분 계산하기**

$$\int_{5}^{2}2t\,dt-\int_{5}^{0}2t\,dt=\left[t^2\right]_{5}^{2}-\left[t^2\right]_{5}^{0}$$

$$=(4-25)-(0-25)=4$$

F 93 정답 18 *피적분함수가 같은 정적분 ········· [정답률 70%]

정답 공식: 함수 $f(x)$의 부정적분을 $F(x)$라 하면
$\int_{a}^{b}f(x)dx=\left[F(x)\right]_{a}^{b}=F(b)-F(a)$이다.

$\int_{0}^{3}(x+1)^2dx-\int_{-1}^{3}(x-1)^2dx+\int_{-1}^{0}(x-1)^2dx$의 값을 구하시오. (4점)

단서 피적분함수 $(x-1)^2$이 공통으로 들어가 있지? 정적분의 성질을 이용하여 간단히 한 후 풀자.

1st 정적분의 성질을 이용하여 식을 간단히 하자.

$$-\int_{-1}^{3}(x-1)^2dx+\int_{-1}^{0}(x-1)^2dx$$

$$=-\int_{-1}^{3}(x-1)^2dx-\underbrace{\int_{0}^{-1}(x-1)^2dx}_{\int_{a}^{b}f(x)dx=-\int_{b}^{a}f(x)dx}$$

$$=-\left\{\int_{0}^{-1}(x-1)^2dx+\int_{-1}^{3}(x-1)^2dx\right\}$$

$$=-\int_{0}^{3}(x-1)^2dx$$

($\int_{a}^{b}f(x)dx+\int_{b}^{c}f(x)dx=\int_{a}^{c}f(x)dx$를 이용한 거야. 이때, $a<b<c$일 필요는 없어. 가운데 b가 공통이기만 하면 정적분의 성질을 이용할 수 있어.)

2nd 이제 전체적으로 정적분을 계산하자.

$$\int_{0}^{3}(x+1)^2dx-\int_{-1}^{3}(x-1)^2dx+\int_{-1}^{0}(x-1)^2dx$$

$$=\int_{0}^{3}(x+1)^2dx-\int_{0}^{3}(x-1)^2dx$$

(위끝과 아래끝이 같지? 정적분의 성질 중 합과 차를 이용하면 되겠지?)

$$=\int_{0}^{3}\{(x+1)^2-(x-1)^2\}dx$$

$$=\int_{0}^{3}\{(x^2+2x+1)-(x^2-2x+1)\}dx$$

$$=\int_{0}^{3}4x\,dx=2\left[x^2\right]_{0}^{3}$$

($\int_{a}^{b}f(x)dx\pm\int_{a}^{b}g(x)dx$ $=\int_{a}^{b}\{f(x)\pm g(x)\}dx$ (복호동순))

$$=2(3^2-0)=18$$

F 94 정답 ⑤ * 피적분함수가 같은 정적분 ⋯⋯⋯⋯⋯ [정답률 72%]

(정답 공식: $f(x)<0\,(\alpha<x<\beta)$이므로 이 구간에서의 적분값이 음수이다.)

이차함수 $f(x)=(x-\alpha)(x-\beta)$에서 두 상수 α, β가 다음 조건을 만족시킨다.

> (가) $\alpha<0<\beta$
> (나) $\alpha+\beta>0$

단서 α, β는 이차함수 $f(x)=(x-\alpha)(x-\beta)$의 그래프와 x축이 만나는 점의 x좌표임을 생각하고 주어진 두 조건을 이용하여 이차함수 $y=f(x)$의 그래프의 개형을 그려서 각 구간에서 정적분의 값을 비교해 봐.

이때, 세 정적분

$$A=\int_\alpha^0 f(x)dx,\ B=\int_0^\beta f(x)dx,\ C=\int_\alpha^\beta f(x)dx$$

의 값의 대소 관계를 바르게 나타낸 것은? (3점)

① $A<B<C$ ② $A<C<B$ ③ $B<A<C$
④ $C<A<B$ ⑤ $C<B<A$

1st 두 조건 (가), (나)를 만족하는 이차함수 $f(x)$의 그래프를 그려보자.

이차함수 $f(x)=(x-\alpha)(x-\beta)$의 축의 방정식은

$$x=\frac{\alpha+\beta}{2}>0\ (\because \alpha+\beta>0)$$

조건 (가)에 의해 $\alpha<0<\beta$이고 조건 (나)의 $\alpha+\beta>0$에 의해 $|\alpha|<|\beta|$이므로 그래프는 그림과 같다.

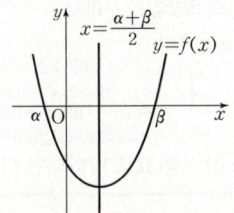

2nd 그래프를 이용하여 세 정적분의 크기를 비교하자.

$\alpha<x<\beta$에서 $f(x)<0$이므로 $\underline{A,\ B,\ C}$는 모두 음수이다.

$\int_\alpha^\beta f(x)dx=\int_\alpha^0 f(x)dx+\int_0^\beta f(x)dx$이므로 $C=A+B$

$\therefore C<A,\ C<B\ (\because A<0,\ B<0,\ C<0)\ \cdots\ \text{㉠}$

이때, $\alpha<0<\dfrac{\alpha+\beta}{2}<\beta$이므로

정적분을 넓이의 개념으로 봤을 때 세 구간 $[\alpha,0]$, $[0,\beta]$, $[\alpha,\beta]$에서 곡선 $y=f(x)$와 x축으로 둘러싸인 부분의 넓이는 각각 $-A$, $-B$, $-C$야. 즉, 그림에서 넓이로 비교해봐도 돼.

$$\int_\alpha^0 f(x)dx>\int_0^\beta f(x)dx$$

$\therefore A>B\ \cdots\ \text{㉡}$

㉠, ㉡에 의해 $C<B<A$

$f(x)<0$인 구간에서 정적분을 하면 값이 음수가 나오기 때문에 해당하는 영역의 넓이가 작은 것이 정적분한 값은 더 커!

(수능 핵강)

* 정적분의 값의 대소를 비교할 때 주의할 점

곡선과 x축으로 둘러싸인 부분의 정적분에 대하여 x축 아래에 있는 구간에 대한 정적분의 값은 음수가 됨을 알아야 해. 이때, 음수는 절댓값이 클수록 작은 수라는 기초적인 개념을 알고 있어야 실수하지 않아.
특히, 넓이가 아닌 정적분의 값을 그래프의 개형을 통해서 비교하는 문제에서는 영역의 넓이만을 가지고 대소 비교를 하면 안 돼. 왜냐하면, 위의 문제와 같이 음수의 값을 비교하는 문제가 나올 수 있기 때문에 주의해야 해.

F 95 정답 ① * 피적분함수가 같은 정적분 ⋯⋯⋯⋯⋯ [정답률 68%]

(정답 공식: $\int_a^c f(x)dx=\int_a^b f(x)dx+\int_b^c f(x)dx$)

모든 다항함수 $f(x)$에 대하여 옳은 것만을 [보기]에서 있는 대로 고른 것은? (4점)

> [보기]
> ㄱ. $\int_0^3 f(x)dx=3\int_0^1 f(x)dx$
> ㄴ. $\int_0^1 f(x)dx=\int_0^2 f(x)dx+\int_2^1 f(x)dx$
> ㄷ. $\int_0^1 \{f(x)\}^2 dx=\left\{\int_0^1 f(x)dx\right\}^2$

단서 정적분의 정의 $\int_a^b f(x)dx=\Big[F(x)\Big]_a^b=F(b)-F(a)$ 를 이용하여 진위를 따져.

① ㄴ   ② ㄷ   ③ ㄱ, ㄴ
④ ㄱ, ㄷ   ⑤ ㄴ, ㄷ

1st 거짓인 것은 반례를 하나 들자.

주어진 등식을 논리적으로 전개하여 보기의 참과 거짓을 판단하는 방법도 있지만 이처럼 반례를 하나 찾아서 보기가 거짓임을 쉽고 빠르게 증명할 수 있어.

ㄱ. 【반례】 $f(x)=x$라 하면

$$\int_0^3 xdx=\left[\frac{1}{2}x^2\right]_0^3=\frac{9}{2}$$

$$3\int_0^1 xdx=3\left[\frac{1}{2}x^2\right]_0^1=\frac{3}{2}$$

$$\therefore \int_0^3 xdx\neq 3\int_0^1 xdx\ (\text{거짓})$$

ㄷ. 【반례】 $f(x)=x$라 하면

$$\int_0^1 x^2 dx=\left[\frac{1}{3}x^3\right]_0^1=\frac{1}{3}$$

$$\left\{\int_0^1 xdx\right\}^2=\left\{\left[\frac{1}{2}x^2\right]_0^1\right\}^2=\left(\frac{1}{2}\right)^2=\frac{1}{4}$$

$$\therefore \int_0^1 x^2 dx\neq\left\{\int_0^1 xdx\right\}^2\ (\text{거짓})$$

2nd 정적분의 정의를 생각해 봐.

ㄴ. 다항함수 $f(x)$의 한 원시함수를 $F(x)$라 하면

$$\underbrace{\int_0^2 f(x)dx+\int_2^1 f(x)dx}_{\int_a^b f(x)dx=\left[F(x)\right]_a^b}=\underbrace{\left[F(x)\right]_0^2+\left[F(x)\right]_2^1}_{=F(b)-F(a)}$$

$$=\{F(2)-F(0)\}+\{F(1)-F(2)\}$$

$$=F(1)-F(0)$$

$$=\int_0^1 f(x)dx\ (\text{참})$$

따라서 옳은 것은 ㄴ이다.

(다른 풀이) $\int_a^c=\int_a^b+\int_b^c$ 이고 $\int_a^b=-\int_b^a$ 임을 이용하여 ㄴ의 참·거짓 판단하기

ㄴ. $\int_0^2 f(x)dx=\int_0^1 f(x)dx+\int_1^2 f(x)dx$이므로

$$\int_0^1 f(x)dx=\int_0^2 f(x)dx-\int_1^2 f(x)dx$$

$$=\int_0^2 f(x)dx+\int_2^1 f(x)dx\ (\text{참})$$

$\int_a^c f(x)dx=\int_a^b f(x)dx+\int_b^c f(x)dx$

$\int_a^b f(x)dx=-\int_b^a f(x)dx$

(이하 동일)

F 96 정답 ② ＊구간에 따라 다르게 정의된 함수의 정적분 … [정답률 85%]

[정답 공식: $\int_0^4 f(x)dx$를 구간에 따라 나누어 두 정적분의 합으로 나타낸다.]

함수 $f(x)=\begin{cases} -x & (x<1) \\ x-2 & (x\geq 1) \end{cases}$에 대하여 $\int_0^4 f(x)dx$의 값은? (3점)

① $\dfrac{1}{2}$　　　② 1　　　③ $\dfrac{3}{2}$

④ 2　　　⑤ $\dfrac{5}{2}$

단서 함수 $f(x)$는 $x<1$과 $x\geq 1$에서 함수식이 다르기 때문에 적분 구간을 나누어서 계산해야 해.

1st 구간별로 식이 다른 함수의 정의에 따라 정적분을 나누어 계산하자.

$\int_0^4 f(x)dx = \int_0^1 f(x)dx + \int_1^4 f(x)dx$

함수 $f(x)=\begin{cases} g(x) & (x\leq c) \\ h(x) & (x>c) \end{cases}$가 닫힌구간 $[a,b]$에서 연속이고 $a<c<b$일 때, $\int_a^b f(x)dx = \int_a^c g(x)dx + \int_c^b h(x)dx$

$= \int_0^1 (-x)dx + \int_1^4 (x-2)dx$

$= \left[-\dfrac{1}{2}x^2\right]_0^1 + \left[\dfrac{1}{2}x^2-2x\right]_1^4$

$= -\dfrac{1}{2} + \left\{(8-8)-\left(\dfrac{1}{2}-2\right)\right\} = 1$

F 97 정답 ④ ＊구간에 따라 다르게 정의된 함수의 정적분 … [정답률 80%]

[정답 공식: $\int_0^3 f(x)dx$를 구간에 따라 나누어 두 정적분의 합으로 나타낸다.]

실수 전체의 집합에서 연속인 함수 $f(x)$가

$f(x)=\begin{cases} 3x^2-a & (x<2) \\ ax+6 & (x\geq 2) \end{cases}$　단서1 함수 $f(x)$는 $x=2$에서 연속인 함수야.

일 때, $\int_0^3 f(x)dx$의 값은? (단, a는 상수이다.) (3점)

단서2 함수 $f(x)$가 $x<2$일 때와 $x\geq 2$일 때의 함수식이 다르므로 적분 구간을 나누어 정적분해야 해.

① 6　　② 9　　③ 12　　④ 15　　⑤ 18

1st 함수 $f(x)$가 실수 전체의 집합에서 연속이 되도록 상수 a의 값을 결정해.

함수 $f(x)=\begin{cases} 3x^2-a & (x<2) \\ ax+6 & (x\geq 2) \end{cases}$이 실수 전체의 집합에서 연속이므로

함수 $f(x)$는 $x<2$일 때와 $x\geq 2$일 때 다항함수이므로 $x=2$ 이외의 점에서는 연속이야. 따라서 함수 $f(x)$가 실수 전체의 집합에서 연속이려면 $x=2$에서만 연속이 되도록 상수 a의 값을 결정하면 돼.

$x=2$에서 연속이어야 한다.

즉, $f(2)=\lim\limits_{x\to 2+}f(x)=\lim\limits_{x\to 2-}f(x)$에서 $2a+6=12-a$

함수 $f(x)$가 $x=a$에서 연속이면 $f(a)=\lim\limits_{x\to a}f(x)$가 성립해야 해.

$3a=6$　∴ $a=2$

∴ $f(x)=\begin{cases} 3x^2-2 & (x<2) \\ 2x+6 & (x\geq 2) \end{cases}$

2nd 구간별로 식이 다른 함수의 정의에 따라 정적분을 나누어 계산하자.

∴ $\int_0^3 f(x)dx = \int_0^2 (3x^2-2)dx + \int_2^3 (2x+6)dx$

$= \left[x^3-2x\right]_0^2 + \left[x^2+6x\right]_2^3$

함수 $f(x)=\begin{cases} g(x) & (x\leq c) \\ h(x) & (x>c) \end{cases}$가 닫힌구간 $[a,b]$에서 연속이고 $a<c<b$일 때,

$= 8-4+9+18-(4+12)$

$\int_a^b f(x)dx = \int_a^c g(x)dx + \int_c^b h(x)dx$

$= 15$

F 98 정답 ② ＊구간에 따라 다르게 정의된 함수의 정적분 … [정답률 70%]

[정답 공식: $\int_{-a}^a f(x)dx = \int_{-a}^0 f(x)dx + \int_0^a f(x)dx$]

함수 $f(x)$를

단서 함수 $f(x)$는 $x=0$을 기준으로 정의되어 있으므로 구간별로 적분을 계산해야 해. 즉,

$f(x)=\begin{cases} 2x+2 & (x<0) \\ -x^2+2x+2 & (x\geq 0) \end{cases}$ $\int_{-a}^a f(x)dx = \int_{-a}^0 f(x)dx + \int_0^a f(x)dx$를 생각해.

라 하자. 양의 실수 a에 대하여 $\int_{-a}^a f(x)dx$의 최댓값은? (4점)

① 5　　② $\dfrac{16}{3}$　　③ $\dfrac{17}{3}$　　④ 6　　⑤ $\dfrac{19}{3}$

1st 구간별로 식이 다른 함수의 정의에 따라 적분을 나누어 계산하자.

$g(a)=\int_{-a}^a f(x)dx$라 하자. (단, $a>0$)

$g(a)=\int_{-a}^a f(x)dx = \int_{-a}^0 f(x)dx + \int_0^a f(x)dx$

$\int_a^c f(x)dx = \int_a^b f(x)dx + \int_b^c f(x)dx$

$= \int_{-a}^0 (2x+2)dx + \int_0^a (-x^2+2x+2)dx$

$= \left[x^2+2x\right]_{-a}^0 + \left[-\dfrac{1}{3}x^3+x^2+2x\right]_0^a$

$= -a^2+2a-\dfrac{1}{3}a^3+a^2+2a = -\dfrac{1}{3}a^3+4a$

2nd $a>0$에서 함수 $g(a)$의 최댓값을 구하자.

이때, $g'(a)=-a^2+4=0$에서

$-(a+2)(a-2)=0$

$g'(a)=0$이 되는 a의 값은 $a=-2$ 또는 $a=2$이지? 즉, $a=-2$에서 극솟값을, $a=2$에서 극댓값을 가져.

∴ $a=2$ ($\because a>0$)

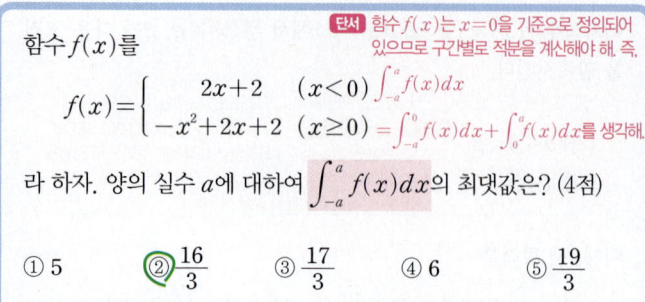

즉, 함수 $g(a)$의 증가와 감소를 표로 나타내면 다음과 같다.

a	(0)	⋯	2	⋯
$g'(a)$		+	0	−
$g(a)$		↗	극대	↘

따라서 함수 $g(a)$는 $a=2$에서 극대이자 최대이므로 함수 $g(a)$의 최댓값은 $g(2)=\left(-\dfrac{1}{3}\right)\times 2^3+4\times 2 = \dfrac{16}{3}$

F 99 정답 10 ＊절댓값을 포함한 함수의 정적분 … [정답률 80%]

[정답 공식: 절댓값 안의 식의 값이 0이 되는 값을 기준으로 구간을 나눈 후 정적분한다.]

$\int_1^4 (x+|x-3|)dx$의 값을 구하시오. (3점)

단서 $|x-3|=\begin{cases} x-3 & (x\geq 3) \\ -(x-3) & (x<3) \end{cases}$이므로 적분구간을 나누어 정적분하면 돼.

1st 절댓값 안의 식의 부호에 따라 구간을 나눠서 정적분의 값을 구하자.

$|x-3|=\begin{cases} x-3 & (x\geq 3) \\ -(x-3) & (x<3) \end{cases}$이므로

함정 절댓값이 포함된 정적분은 절댓값 안의 부호가 바뀌는 점을 기준으로 나누어 정적분해야 해.

$\int_1^4 (x+|x-3|)dx$

$|x-3|$에서 절댓값 안의 식의 값이 $x=3$을 기준으로 부호가 바뀌므로 다음과 같이 구간을 나누자.

$= \int_1^3 (x+|x-3|)dx + \int_3^4 (x+|x-3|)dx$

$\int_1^4 f(x)dx$

$= \int_1^3 f(x)dx + \int_3^4 f(x)dx$

$$=\int_1^3\{x-(x-3)\}dx+\int_3^4\{x+(x-3)\}dx$$
$$=\int_1^3 3dx+\int_3^4(2x-3)dx$$
$$=\Big[3x\Big]_1^3+\Big[x^2-3x\Big]_3^4=(9-3)+\{(16-12)-(9-9)\}=10$$

다른 풀이: 도형의 넓이로 정적분값 구하기

$y=x+|x-3|=\begin{cases}2x-3 & (x\geq3)\\ 3 & (x<3)\end{cases}$ 이므로

$y=x+|x-3|$ 의 그래프를 그리면 다음과 같아.

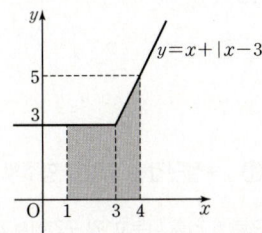

이때, $\underline{\int_1^4(x+|x-3|)dx}$ 의 값은 위의 그래프에서 어두운 부분의 넓이
와 같고,

↳ $f(x)=x+|x-3|$ 이라 할 때, $y=f(x)$ 의 그래프에서 $f(x)\geq0$
이므로 정적분 $\int_1^4 f(x)dx$ 의 값은 $y=f(x)$ 의 그래프와 두 직선
$x=1, x=4$ 및 x 축으로 둘러싸인 부분의 넓이와 같아.

(어두운 부분의 넓이)

$=(3-1)\times3+\Big\{\dfrac{1}{2}\times(3+5)\times(4-3)\Big\}=6+4=10$

이므로 $\int_1^4(x+|x-3|)dx=10$ 이야.

F 100 정답 ② *절댓값을 포함한 함수의 정적분 [정답률 57%]

> **정답 공식:** 최고차항의 계수가 양수인 사차함수 $f(x)$ 에 대하여 방정식 $f(x)=k$
> 가 서로 다른 세 실근을 가지기 위해서는 $f(x)$ 가 극솟값 2개, 극댓값 1개를 가져
> 야 하고, 직선 $y=k$ 가 $y=f(x)$ 의 그래프의 극대 또는 극소인 점을 지나야 한다.

최고차항의 계수가 1인 사차함수 $f(x)$ 의 도함수 $f'(x)$ 에 대하여
방정식 $f'(x)=0$ 의 서로 다른 세 실근 $\alpha, 0, \beta\ (\alpha<0<\beta)$ 가 이

단서1 최고차항의 계수가 양수인 사차함수 $f(x)$ 에 대하여 도함수 $f'(x)$ 는 삼차함수이고,
방정식 $f'(x)=0$ 이 서로 다른 세 실근 $\alpha, 0, \beta\ (\alpha<0<\beta)$ 를 가지므로 $f(x)$ 는
$x=\alpha$ 와 $x=\beta$ 에서 극솟값을, $x=0$ 에서 극댓값을 가져.

순서대로 등차수열을 이룰 때, 함수 $f(x)$ 는 다음 조건을 만족시
킨다. 단서2 세 수 $\alpha, 0, \beta$ 가 순서대로 등차수열을 이루면 $0-\alpha=\beta-0$ 이야.

(가) 방정식 $f(x)=9$ 는 서로 다른 세 실근을 가진다.
단서3 극솟값 2개와 극댓값 1개를 가지는 최고차항의 계수가 양수인 사차함수 $f(x)$ 의
그래프의 개형을 생각해봐. 이 그래프와 직선 $y=9$ 가 만나는 점이 3개가 되는
조건을 찾도록 해.

(나) $f(\alpha)=-16$

함수 $g(x)=|f'(x)|-f'(x)$ 에 대하여 $\int_0^{10}g(x)dx$ 의 값은?
단서4 $f'(x)\geq0$ 일 때와 $f'(x)<0$ 일 때로 나눠서 함수 $g(x)$ 를 구한 후
적분구간을 나눠 정적분해.
(4점)

① 48 ② 50 ③ 52
④ 54 ⑤ 56

1st 조건 (가)를 이용하여 사차함수 $f(x)$ 를 유추하자.

방정식 $f'(x)=0$ 의 서로 다른 세 실근 $\alpha, 0, \beta\ (\alpha<0<\beta)$ 가 이 순서대
로 등차수열을 이루므로 $\beta=-\alpha$ 이다.

세 수 $\alpha, 0, \beta$ 가 순서대로 등차수열을 이루면 공차가 같으므로 $0-\alpha=\beta-0$ 에서 $\beta=-\alpha$ 야.
또, 세 수 $\alpha, 0, \beta$ 의 등차중항이 0이니까 $\dfrac{\alpha+\beta}{2}=0$ 에서 $\beta=-\alpha$ 임을 알 수도 있어.

즉, 최고차항의 계수가 1인 사차함수 $f(x)$ 의 도함수 $f'(x)$ 는 최고차항
의 계수가 4인 삼차함수이므로, 방정식 $f'(x)=0$ 의 서로 다른 세 실근이
함수 $y=x^4+\cdots$ 를 미분하면 $y'=4x^3+\cdots$ 이지?
$\alpha, 0, -\alpha$ 임을 이용하여 함수 $f'(x)$ 의 식을 세우면

$\underline{f'(x)=4x(x-\alpha)(x+\alpha)=4x^3-4\alpha^2 x}$

라 놓을 수 있다. 방정식 $f'(x)=0$ 의 서로 다른 세 실근이 $\alpha, 0, -\alpha$ 이므로 $f'(x)$ 는
$x-\alpha, x, x+\alpha$ 를 인수로 가져.

한편, $f'(x)=0$ 에서 $x=\alpha$ 또는 $x=0$ 또는 $x=-\alpha$ 이므로 함수 $f(x)$
의 증가와 감소를 표로 나타내면 다음과 같다.

x	$\cdots$	α	$\cdots$	0	$\cdots$	$-\alpha$	$\cdots$
$f'(x)$	$-$	0	$+$	0	$-$	0	$+$
$f(x)$	↘	극소	↗	극대	↘	극소	↗

따라서 함수 $f(x)$ 는 $x=0$ 에서 극대, $x=\alpha, x=-\alpha$ 에서 극소이고,

$$f(x)=\int f'(x)dx=\int(4x^3-4\alpha^2 x)dx$$
$$=x^4-2\alpha^2 x^2+C \quad (\text{단, } C\text{는 적분상수})$$

에서 $f(-x)=f(x)$ 이므로 함수 $y=f(x)$ 의 그래프는 y 축에 대하여 대
칭이다. $f'(x)=4x^3-4\alpha^2 x$ 가 원점에 대하여 대칭인 함수이므로 $f(x)$ 는 y 축에 대하여
대칭인 함수임을 바로 알아낼 수도 있지.

그런데 조건 (가)에 의해 방정식 $f(x)=9$ 가 서로 다른 세 실근을 가진
다고 했으므로 직선 $y=9$ 가 함수 $y=f(x)$ 의 그래프의 극대점을 지나야
한다. 즉, $f(0)=9$ 에서 $C=9$ 이므로 사차함수 $y=f(x)$ 의 그래프는
[그림 1]과 같다.

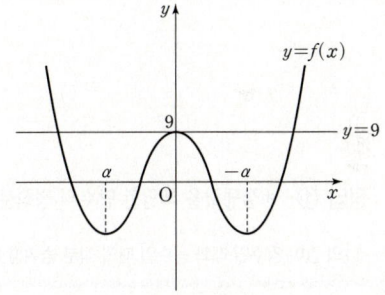

[그림 1]

2nd 조건 (나)를 이용하여 α 의 값을 구하자.

$f(x)=x^4-2\alpha^2 x^2+9$ 이고, 조건 (나)에서 $f(\alpha)=-16$ 이라 했으므로
$\alpha^4-2\alpha^4+9=-16, \ \alpha^4-25=0$
$(\alpha-\sqrt5)(\alpha+\sqrt5)(\alpha^2+5)=0 \quad \therefore \alpha=-\sqrt5\ (\because \alpha<0)$
즉, $f(x)=x^4-10x^2+9$ 이고, $f'(x)=4x(x-\sqrt5)(x+\sqrt5)$ 이므로
$y=f'(x)$ 의 그래프의 개형은 [그림 2]와 같다.

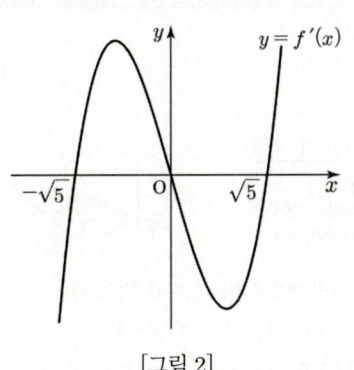

[그림 2]

3rd 함수 $g(x)$를 구한 후 $\int_0^{10} g(x)dx$의 값을 구하자.

$g(x)=|f'(x)|-f'(x)$이므로

$$g(x)=\begin{cases} 0 & (f'(x)\geq 0) \\ -2f'(x) & (f'(x)<0) \end{cases}$$

즉, $y=f'(x)$의 그래프에 의해

$$g(x)=\begin{cases} -2f'(x) & (x<-\sqrt{5}) \\ 0 & (-\sqrt{5}\leq x\leq 0) \\ -2f'(x) & (0<x<\sqrt{5}) \\ 0 & (x\geq\sqrt{5}) \end{cases}$$

이므로 함수 $y=g(x)$의 그래프의 개형은 [그림 3]과 같다.

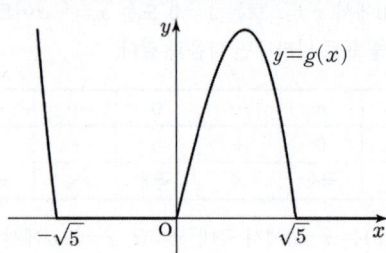

[그림 3]

$$\therefore \int_0^{10} g(x)dx=-2\int_0^{\sqrt{5}} f'(x)dx$$
→ 구간 $[0,\sqrt{5}]$에서 $g(x)=-2f'(x)$이고, 구간 $[\sqrt{5},10]$에서 $g(x)=0$이야.

$$=-2\Big[f(x)\Big]_0^{\sqrt{5}}$$
$\int_a^b f'(x)dx=\Big[f(x)\Big]_a^b=f(b)-f(a)$

$$=-2\{f(\sqrt{5})-f(0)\}$$
$$=-2\times(-16-9)$$
$$=50$$
$f(x)=x^4-10x^2+9$이므로
$f(\sqrt{5})=25-50+9=-16, f(0)=9$

$$\int_0^2 |x^2(x-1)|dx=\int_0^1 \{-x^2(x-1)\}dx+\int_1^2 x^2(x-1)dx$$
$$=\int_0^1 (x^2-x^3)dx+\int_1^2 (x^3-x^2)dx$$
$$=\Big[\frac{1}{3}x^3-\frac{1}{4}x^4\Big]_0^1+\Big[\frac{1}{4}x^4-\frac{1}{3}x^3\Big]_1^2$$
$$=\Big(\frac{1}{3}-\frac{1}{4}\Big)+\Big\{\Big(4-\frac{8}{3}\Big)-\Big(\frac{1}{4}-\frac{1}{3}\Big)\Big\}$$
$$=\frac{1}{12}+\Big(\frac{4}{3}+\frac{1}{12}\Big)$$
$$=\frac{18}{12}=\frac{3}{2}$$

F 102 정답 ① *절댓값을 포함한 함수의 정적분 [정답률 46%]

정답 공식: $x=a$를 기준으로 $f(x)$를 나누고, 각 구간에서 $f'(x)$를 구한 후 $f(x)$가 극댓값을 가지고 그 값이 1일 조건을 이용하여 a의 값을 구한다.

함수

$$f(x)=(x-1)|x-a|$$ 단서1 $f(x)=\begin{cases} (x-1)(x-a) & (x\geq a) \\ -(x-1)(x-a) & (x<a) \end{cases}$야.

의 극댓값이 1일 때, $\int_0^4 f(x)dx$의 값은? (단, a는 상수이다.) (4점)

단서2 $y=f(x)$의 그래프의 개형을 그려보면서 극댓값이 생기는 경우를 판단해.

① $\frac{4}{3}$ ② $\frac{3}{2}$ ③ $\frac{5}{3}$

④ $\frac{11}{6}$ ⑤ 2

1st a의 값의 범위에 따른 함수 $f(x)$의 그래프를 그려보면서 극댓값 1을 갖는 함수 $f(x)$의 그래프를 찾아봐.

$f(x)=(x-1)|x-a|$에서

$$f(x)=\begin{cases} (x-1)(x-a) & (x\geq a) \\ -(x-1)(x-a) & (x<a) \end{cases}$$

즉, 함수 $y=f(x)$의 그래프는 $x=1$, $x=a$에서 x축과 만나므로 $a>1$, $a=1$, $a<1$에 따라 나타낸 함수 $y=f(x)$의 그래프의 개형은 그림과 같다.

(i) $a<1$일 때

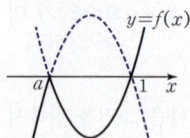

(ii) $a=1$일 때

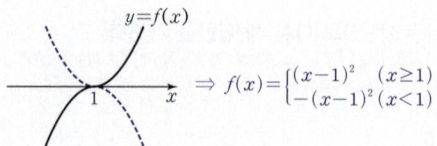

$\Rightarrow f(x)=\begin{cases} (x-1)^2 & (x\geq 1) \\ -(x-1)^2 & (x<1) \end{cases}$

(iii) $a>1$일 때

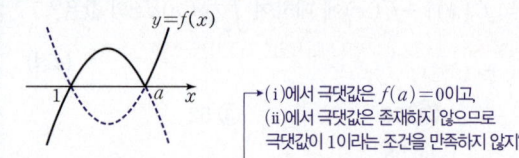

→ (i)에서 극댓값은 $f(a)=0$이고, (ii)에서 극댓값은 존재하지 않으므로 극댓값이 1이라는 조건을 만족하지 않지?

따라서 극댓값 1을 갖는 함수 $y=f(x)$의 그래프의 개형은 (iii)과 같다.

F 101 정답 ① *절댓값을 포함한 함수의 정적분 [정답률 75%]

정답 공식: $x^2(x-1)$의 값이 양수일 때와 음수일 때의 적분 범위를 나눠서 구한다.

$\int_0^2 |x^2(x-1)|dx$의 값은? (3점)

단서 주어진 적분 구간에서 절댓값 안의 부호가 바뀌는 점을 기준으로 적분 구간을 나눠서 계산하자.

① $\frac{3}{2}$ ② 2 ③ $\frac{5}{2}$

④ 3 ⑤ $\frac{7}{2}$

1st 일단 주어진 함수에 절댓값이 있으므로 그래프를 그려서 x축과 만나는 지점을 확인하자.

$x^2(x-1)=0$에서

$x=0$ 또는 $x=1$

즉, $y=|x^2(x-1)|$의 그래프는 그림과 같다.

$y=x^2(x-1)$의 그래프를 그린 후 $y<0$인 부분을 x축에 대하여 대칭이동시켜서 그리면 돼.

2nd 절댓값 안의 식의 부호에 따라 나눠서 적분하자!

$0\leq x<1$일 때, $|x^2(x-1)|=-x^2(x-1)$

$1\leq x\leq 2$일 때, $|x^2(x-1)|=x^2(x-1)$이므로

2nd 함수 $f(x)$의 극댓값이 1임을 이용하여 a의 값을 구해.

$a>1$일 때, (iii)의 그림에 의해 $1<x<a$에서 $f(x)$가 극댓값을 가지므로 $f(x)=-(x-1)(x-a)$에서

$$f'(x)=-(x-a)-(x-1)$$
$$=-2x+a+1$$

$f'(x)=0$에서

$-2x+a+1=0$ $\quad \therefore x=\dfrac{a+1}{2}$ → 최고차항의 계수가 음수인 이차함수는 그래프의 꼭짓점에서 극댓값을 가져.

즉, $x=\dfrac{a+1}{2}$에서 $f(x)$가 극댓값 1을 가지므로

$$f\left(\frac{a+1}{2}\right)=-\left(\frac{a+1}{2}-1\right)\left(\frac{a+1}{2}-a\right)=1$$

$$\frac{(a-1)^2}{4}=1, \ a^2-2a+1=4$$

$a^2-2a-3=0, \ (a+1)(a-3)=0$

$\therefore a=3 \ (\because a>1)$

3rd $\displaystyle\int_0^4 f(x)dx$의 값을 x의 값의 범위에 주의하여 구해.

함수 $y=f(x)$의 그래프는 그림과 같으므로 구하는 값은

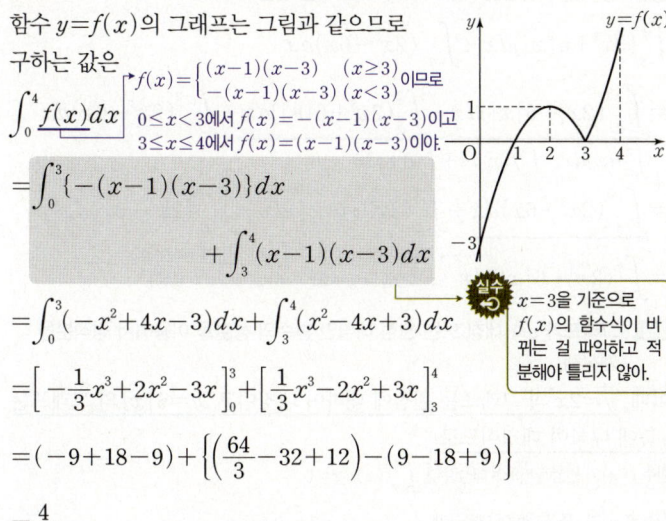

$f(x)=\begin{cases}(x-1)(x-3) & (x\geq 3) \\ -(x-1)(x-3) & (x<3)\end{cases}$ 이므로

$\displaystyle\int_0^4 f(x)dx$ $0\leq x<3$에서 $f(x)=-(x-1)(x-3)$이고 $3\leq x\leq 4$에서 $f(x)=(x-1)(x-3)$이야.

$$=\int_0^3 \{-(x-1)(x-3)\}dx$$
$$+\int_3^4 (x-1)(x-3)dx$$

실수 $x=3$을 기준으로 $f(x)$의 함수식이 바뀌는 걸 파악하고 적분해야 틀리지 않아.

$$=\int_0^3 (-x^2+4x-3)dx+\int_3^4 (x^2-4x+3)dx$$

$$=\left[-\frac{1}{3}x^3+2x^2-3x\right]_0^3+\left[\frac{1}{3}x^3-2x^2+3x\right]_3^4$$

$$=(-9+18-9)+\left\{\left(\frac{64}{3}-32+12\right)-(9-18+9)\right\}$$

$$=\frac{4}{3}$$

다른 풀이: 이차함수의 대칭성을 통해 $\displaystyle\int_0^1 f(x)dx=-\int_3^4 f(x)dx$임을 이용하기

그림에서 영역 S_1의 넓이와 영역 S_2의 넓이가 같으므로 $-\displaystyle\int_0^1 f(x)dx=\int_3^4 f(x)dx$이므로

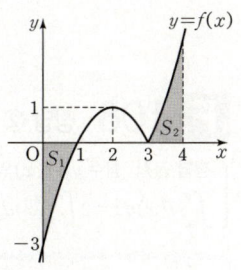

$$\int_0^4 f(x)dx \quad \int_0^1 f(x)dx+\int_3^4 f(x)dx=0$$

$$=\int_0^1 f(x)dx+\int_1^3 f(x)dx+\int_3^4 f(x)dx$$

$$=\int_1^3 f(x)dx$$

실수 함수의 그래프에서 S_1의 넓이와 S_2의 넓이가 같다는 점을 이용하기 위해 x의 범위를 나누어 적분 구간을 설정하면 간단하게 적분값을 구할 수 있어.

$$=\int_1^3 \{-(x-1)(x-3)\}dx$$

$$=\int_1^3 (-x^2+4x-3)dx$$

$$=\left[-\frac{1}{3}x^3+2x^2-3x\right]_1^3$$

$$=(-9+18-9)-\left(-\frac{1}{3}+2-3\right)$$

$$=\frac{4}{3}$$

F 103 정답 9 ＊절댓값을 포함한 함수의 정적분 ⋯ [정답률 43%]

정답 공식: x의 범위를 1을 기준으로 나눠서 각각의 경우에 대하여 적분값을 계산한다.

x에 대한 방정식 $\displaystyle\int_0^x |t-1|dt=x$의 양수인 실근이 $m+n\sqrt{2}$일 때, m^3+n^3의 값을 구하시오. (단, m, n은 유리수이다.) (4점)

단서 절댓값이 포함된 함수의 정적분에 관한 문제지? $t-1$의 값이 음일 때와 양일 때의 구간을 각각 찾아서 $\displaystyle\int_0^x |t-1|dt$를 x에 대한 식으로 나타내.

1st $0<x<1$과 $x\geq 1$일 때 주어진 방정식을 풀자.

구하는 것은 주어진 방정식의 양의 실근이니까 굳이 $x\leq 0$일 때의 방정식을 풀 필요는 없어.

(i) $0<x<1$일 때, → 적분 구간 $[0, x]$에서 $t-1<0$이야.

$$\int_0^x (-t+1)dt=x$$이므로

$$\left[-\frac{1}{2}t^2+t\right]_0^x=-\frac{x^2}{2}+x=x$$에서

$x^2=0$ $\quad \therefore x=0$

따라서 $0<x<1$인 범위에서는 근이 존재하지 않는다.

(ii) $x\geq 1$일 때, $0\leq t<1$일 때 $t-1<0$이고 $1\leq t\leq x$일 때 $t-1\geq 0$이야.

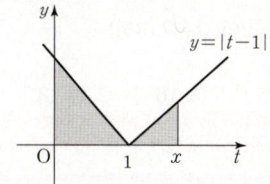

$$\int_0^1 (-t+1)dt+\int_1^x (t-1)dt=x$$이므로

$$\left[-\frac{1}{2}t^2+t\right]_0^1+\left[\frac{1}{2}t^2-t\right]_1^x=\frac{1}{2}+\left(\frac{x^2}{2}-x+\frac{1}{2}\right)=x$$에서

$x^2-4x+2=0$ $\quad \therefore x=2+\sqrt{2} \ (\because x\geq 1)$

2nd 양수인 실근 찾자.

(i), (ii)에 의해 양수인 실근은 $x=2+\sqrt{2}$이므로

$m=2, \ n=1$이다.

$\therefore m^3+n^3=2^3+1^3=9$

F 104 정답 ① ＊그래프의 성질을 이용한 함수의 정적분 ⋯ [정답률 90%]

정답 공식: 함수 $f(x)$가 원점에 대하여 대칭일 때, $\displaystyle\int_{-a}^a f(x)dx=0$이고, 함수 $f(x)$가 y축에 대하여 대칭일 때, $\displaystyle\int_{-a}^a f(x)dx=2\int_0^a f(x)dx$이다.

$\displaystyle\int_2^{-2} (x^3+3x^2)dx$의 값은? (3점)

단서 적분구간의 위끝과 아래끝이 절댓값이 같고 부호가 반대이므로 적분해야 할 함수를 y축에 대하여 대칭인 함수와 원점에 대하여 대칭인 함수로 나누어 정적분의 값을 구하면 계산이 편해.

① -16 ② -8 ③ 0

④ 8 ⑤ 16

1st 그래프가 y축 대칭 또는 원점 대칭인 함수의 성질을 이용해서 정적분을 계산해.

$$\int_2^{-2} (x^3+3x^2)dx=-\int_{-2}^2 (x^3+3x^2)dx \quad \rightarrow \int_a^b f(x)dx=-\int_b^a f(x)dx$$

이때, $y=x^3$의 그래프는 원점에 대하여 대칭이고, $y=3x^2$의 그래프는 y축에 대하여 대칭이므로

n이 홀수일 때, $y=x^n$의 그래프는 원점에 대하여 대칭이므로 $\displaystyle\int_{-a}^a x^n dx=0$

n이 짝수일 때, $y=x^n$의 그래프는 y축에 대하여 대칭이므로 $\displaystyle\int_{-a}^a x^n dx=2\int_0^a x^n dx$

$$\int_{-2}^{2}(x^3+3x^2)dx$$

$$=\int_{-2}^{2}x^3dx+\int_{-2}^{2}3x^2dx=0+2\int_{0}^{2}3x^2dx$$

$$=2\left[x^3\right]_{0}^{2}=2\times(8-0)=16$$

$$\therefore \int_{2}^{-2}(x^3+3x^2)dx=-\int_{-2}^{2}(x^3+3x^2)dx=-16$$

🎲 **다른 풀이: 직접 정적분 계산하기**

정적분을 직접 해보자.

① n이 음이 아닌 정수일 때
$$\int x^n dx=\frac{1}{n+1}x^{n+1}+C \text{ (단, } C\text{는 적분상수)}$$
② 함수 $f(x)$의 한 부정적분을 $F(x)$라 하면
$$\int_{a}^{b}f(x)dx=\left[F(x)\right]_{a}^{b}=F(b)-F(a)$$

$$\int_{2}^{-2}(x^3+3x^2)dx=\left[\frac{1}{4}x^4+x^3\right]_{2}^{-2}$$

$$=(4-8)-(4+8)$$

$$=-16$$

F 105 정답 ⑤ ＊그래프의 성질을 이용한 함수의 정적분 ···· [정답률 93%]

정답 공식: 함수 $f(x)$가 원점에 대하여 대칭일 때, $\int_{-a}^{a}f(x)dx=0$이고
함수 $g(x)$가 y축에 대하여 대칭일 때, $\int_{-a}^{a}g(x)dx=2\int_{0}^{a}g(x)dx$이다.

$\int_{-2}^{2}(3x^2+2x+1)dx$의 값은? (3점)

① 12　　② 14　　③ 16　　④ 18　　⑤ 20

단서 적분 구간의 위끝과 아래끝이 절댓값이 같고 부호가 반대네? 이런 유형에서는 적분함수를 y축에 대칭인 함수와 원점에 대칭인 함수로 나누어 정적분의 값을 구하면 계산이 편해.

1st 그래프가 y축 대칭 또는 원점 대칭인 함수의 성질을 이용해 정적분을 간단히 계산할 수 있어.

$$\int_{-2}^{2}(3x^2+2x+1)dx$$

$$=\int_{-2}^{2}(3x^2+1)dx+\int_{-2}^{2}2xdx$$

$\int_{a}^{b}\{f(x)\pm g(x)\}dx=\int_{a}^{b}f(x)dx\pm\int_{a}^{b}g(x)dx$

$$=2\int_{0}^{2}(3x^2+1)dx+0$$

$y=3x^2, y=1$은 y축에 대하여 대칭인 함수이고, $y=2x$는 원점에 대하여 대칭인 함수야.

$$=2\left[x^3+x\right]_{0}^{2}$$

$$=2\times(8+2)=20$$

F 106 정답 16 ＊그래프의 성질을 이용한 함수의 정적분 ·· [정답률 92%]

정답 공식: 함수 $f(x)$가 원점에 대하여 대칭일 때, $\int_{-a}^{a}f(x)dx=0$이고
함수 $g(x)$가 y축에 대하여 대칭일 때, $\int_{-a}^{a}g(x)dx=2\int_{0}^{a}g(x)dx$이다.

$\int_{-2}^{2}x(3x+1)dx$의 값을 구하시오. (3점)

단서 적분 구간의 위끝과 아래끝이 부호만 다르고 절댓값은 같으니까 y축에 대하여 대칭인 함수와 원점에 대하여 대칭인 함수의 성질을 이용하여 정적분의 값을 구해.

1st 그래프가 y축 대칭 또는 원점 대칭인 함수의 성질을 이용하여 정적분의 값을 구하자.

$$\int_{-2}^{2}x(3x+1)dx=\int_{-2}^{2}(3x^2+x)dx=2\int_{0}^{2}3x^2dx$$

$y=3x^2$은 y축에 대하여 대칭인 함수이고 $y=x$는 원점에 대하여 대칭인 함수이므로 $\int_{-2}^{2}3x^2dx=2\int_{0}^{2}3x^2dx$, $\int_{-2}^{2}xdx=0$이야.

$$=2\left[x^3\right]_{0}^{2}=16$$

🎲 **다른 풀이: 직접 정적분 계산하기**

$$\int_{-2}^{2}x(3x+1)dx=\int_{-2}^{2}(3x^2+x)dx=\left[x^3+\frac{1}{2}x^2\right]_{-2}^{2}$$

$$=8+2-(-8+2)=16$$

F 107 정답 24 ＊그래프의 성질을 이용한 함수의 정적분 [정답률 80%]

정답 공식: 함수 $f(x)$가 원점에 대하여 대칭일 때, $\int_{-a}^{a}f(x)dx=0$이고,
함수 $f(x)$가 y축에 대하여 대칭일 때, $\int_{-a}^{a}f(x)dx=2\int_{0}^{a}f(x)dx$이다.

$\int_{-3}^{2}(2x^3+6|x|)dx-\int_{-3}^{-2}(2x^3-6x)dx$의 값을 구하시오. (3점)

단서 옆에 적분 구간이 $[-3, -2]$인 정적분 식이 있으니까 이 정적분을 적분 구간을 나누어 표현해봐.

1st 정적분의 성질을 이용하여 주어진 식을 간단히 해봐.

$$\int_{-3}^{2}(2x^3+6|x|)dx-\int_{-3}^{-2}(2x^3-6x)dx$$

$$=\int_{-3}^{-2}(2x^3+6|x|)dx+\int_{-2}^{2}(2x^3+6|x|)dx-\int_{-3}^{-2}(2x^3-6x)dx$$

$\int_{a}^{b}f(x)dx=\int_{a}^{c}f(x)dx+\int_{c}^{b}f(x)dx$

$$=\int_{-3}^{-2}(2x^3-6x)dx+\int_{-2}^{2}(2x^3+6|x|)dx-\int_{-3}^{-2}(2x^3-6x)dx$$

적분 구간이 $[-3, -2]$로 $x<0$인 구간이네? $x<0$일 때, $y=2x^3+6|x|=2x^3-6x$야.

$$=\int_{-2}^{2}(2x^3+6|x|)dx$$

2nd 그래프가 y축 대칭 또는 원점 대칭인 함수의 성질을 이용해서 정적분을 계산해.

이때, $y=2x^3$의 그래프는 원점에 대하여 대칭이고, $y=6|x|$의 그래프는 y축에 대하여 대칭이므로

함수 $f(x)$가 원점에 대하여 대칭일 때, $\int_{-a}^{a}f(x)dx=0$

함수 $f(x)$가 y축에 대하여 대칭일 때, $\int_{-a}^{a}f(x)dx=2\int_{0}^{a}f(x)dx$

$$\int_{-2}^{2}(2x^3+6|x|)dx=2\int_{0}^{2}6|x|dx=2\int_{0}^{2}6xdx=2\left[3x^2\right]_{0}^{2}$$

$$=2\times(12-0)=24$$

F 108 정답 ② ＊그래프의 성질을 이용한 함수의 정적분 ·· [정답률 85%]

정답 공식: 함수 $y=f(x)$의 그래프가 y축에 대하여 대칭이면
$\int_{-a}^{a}f(x)dx=2\int_{0}^{a}f(x)dx$, 원점에 대하여 대칭이면 $\int_{-a}^{a}f(x)dx=0$이다.

함수 $f(x)=x^2+ax$에 대하여

$$\int_{-3}^{3}(x+1)f(x)dx=36+\int_{-3}^{3}f(x)dx$$

단서 정적분의 적분 구간이 같으므로 식을 정리할 수 있어. 그리고 정적분의 양 끝값이 -3, 3이므로 함수 $y=f(x)$의 그래프가 원점에 대하여 대칭일 때, $\int_{-3}^{3}f(x)dx=0$이고, 함수 $y=f(x)$의 그래프가 y축에 대하여 대칭일 때, $\int_{-3}^{3}f(x)dx=2\int_{0}^{3}f(x)dx$임을 이용해서 간단히 계산할 수 있어.

일 때, 상수 a의 값은? (4점)

① 1　　　②2　　　③ 3
④ 4　　　⑤ 5

1st 정적분의 성질을 이용하여 주어진 식을 정리해.

$$\int_{-3}^{3}(x+1)f(x)dx=36+\int_{-3}^{3}f(x)dx$$ 에서

> **주의** 주어진 등식에 $f(x)$를 대입하여 복잡하게 계산하기보다 정적분의 성질을 이용하여 식을 정리하면 주어진 등식을 간단히 나타낼 수 있어.

$$\int_{-3}^{3}(x+1)f(x)dx=\underline{\int_{-3}^{3}\{xf(x)+f(x)\}dx}$$

$\underline{\int_{a}^{b}\{f(x)\pm g(x)\}dx=\int_{a}^{b}f(x)dx\pm\int_{a}^{b}g(x)dx\,(\text{복호동순})}$

$$=\int_{-3}^{3}xf(x)dx+\int_{-3}^{3}f(x)dx$$

이므로

$$\int_{-3}^{3}xf(x)dx+\int_{-3}^{3}f(x)dx=36+\int_{-3}^{3}f(x)dx$$

$$\therefore \int_{-3}^{3}xf(x)dx=36$$

2nd 그래프의 성질을 이용하여 정적분을 계산하고 상수 a의 값을 구해.

이때, $f(x)=x^2+ax$이므로

$$\int_{-3}^{3}xf(x)dx=\underline{\int_{-3}^{3}(x^3+ax^2)dx}$$

원점에 대하여 대칭인 함수 $f(x)$에 대하여

$\int_{-a}^{a}f(x)dx=0$이므로 $\int_{-3}^{3}x^3dx=0$이야.

$$=\underline{\int_{-3}^{3}ax^2dx=2\int_{0}^{3}ax^2dx}$$

y축에 대하여 대칭인 함수 $f(x)$에 대하여 $\int_{-a}^{a}f(x)dx=2\int_{0}^{a}f(x)dx$이므로

$\int_{-3}^{3}ax^2dx=2\int_{0}^{3}ax^2dx$야.

$$=2\left[\frac{1}{3}ax^3\right]_{0}^{3}=18a$$

따라서 $18a=36$에서 $a=2$

F 109 정답 ② ＊그래프의 성질을 이용한 함수의 정적분 ·· [정답률 77%]

> **정답 공식:** 함수 $f(x)$가 원점에 대하여 대칭일 때, $\int_{-a}^{a}f(x)dx=0$이고, 함수 $g(x)$가 y축에 대하여 대칭일 때, $\int_{-a}^{a}g(x)dx=2\int_{0}^{a}g(x)dx$이다.

삼차함수 $f(x)$가 모든 실수 x에 대하여

단서1 $f(x)$로 묶어주면 우변이 $(x-1)f(x)$이니까 $f(x)=\dfrac{3x^4-3x}{x-1}$로 정리한 뒤 공통인수를 약분하면 더 간단히 나타낼 수 있어.

$$xf(x)-f(x)=3x^4-3x$$

를 만족시킬 때, $\int_{-2}^{2}f(x)dx$의 값은? (3점)

단서2 $f(x)$가 다항함수이고 정적분의 양 끝값이 -2, 2이므로 함수 $f(x)$가 원점에 대하여 대칭일 때, $\int_{-a}^{a}f(x)dx=0$이고, 함수 $g(x)$가 y축에 대하여 대칭일 때, $\int_{-a}^{a}g(x)dx=2\int_{0}^{a}g(x)dx$임을 이용해서 간단히 계산할 수 있어.

① 12　②16　③ 20　④ 24　⑤ 28

1st 주어진 식을 정리하여 함수 $f(x)$를 찾자.

주어진 식을 $f(x)$에 대하여 정리하면

$$xf(x)-f(x)=3x^4-3x$$
$$(x-1)f(x)=3x^4-3x$$
$$=3x(x^3-1)$$
$$=3x(x-1)(x^2+x+1)\cdots\text{㉠}$$

$f(x)$가 삼차함수이고 ㉠이 x에 대한 항등식이다.

$$\therefore f(x)=3x^3+3x^2+3x$$

2nd 그래프가 y축 대칭 또는 원점 대칭인 함수의 정적분의 성질을 이용하여 $\int_{-2}^{2}f(x)dx$의 값을 구하자.

$$\int_{-2}^{2}f(x)dx=\int_{-2}^{2}(3x^3+3x^2+3x)dx$$

$$=\underline{\int_{-2}^{2}3x^3dx}+\int_{-2}^{2}3x^2dx+\underline{\int_{-2}^{2}3xdx}$$

n이 홀수일 때, $y=x^n$의 그래프는 원점에 대하여 대칭이므로

$$\int_{-a}^{a}x^ndx=0$$

n이 짝수일 때, $y=x^n$의 그래프는 y축에 대하여 대칭이므로

$$\int_{-a}^{a}x^ndx=2\int_{0}^{a}x^ndx$$

$$=0+2\int_{0}^{2}3x^2dx+0=2\left[x^3\right]_{0}^{2}$$

$$=2(2^3-0)=16$$

🔲 **다른 풀이:** 직접 정적분 계산하기

2nd 에서

$$\int_{-2}^{2}f(x)dx=\int_{-2}^{2}(3x^3+3x^2+3x)dx$$

$$=\left[\frac{3}{4}x^4+x^3+\frac{3}{2}x^2\right]_{-2}^{2}$$

$$=\frac{3}{4}\times\{2^4-(-2)^4\}+2^3-(-2)^3+\frac{3}{2}\times\{2^2-(-2)^2\}$$

$$=\frac{3}{4}\times0+(8+8)+\frac{3}{2}\times0=16$$

F 110 정답 ⑤ ＊그래프의 성질을 이용한 함수의 정적분 ·· [정답률 67%]

> **정답 공식:** 함수 $f(x)$가 구간 $[-a,\,a]$에서 연속일 때
> 함수 $y=f(x)$의 그래프가 y축에 대하여 대칭이면 $\int_{-a}^{a}f(x)dx=2\int_{0}^{a}f(x)dx$,
> 원점에 대하여 대칭이면 $\int_{-a}^{a}f(x)dx=0$이다.

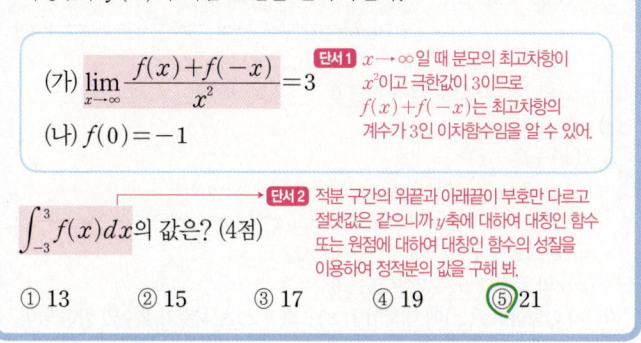

다항함수 $f(x)$가 다음 조건을 만족시킨다.

(가) $\displaystyle\lim_{x\to\infty}\frac{f(x)+f(-x)}{x^2}=3$

단서1 $x\to\infty$일 때 분모의 최고차항이 x^2이고 극한값이 3이므로 $f(x)+f(-x)$는 최고차항의 계수가 3인 이차함수임을 알 수 있어.

(나) $f(0)=-1$

단서2 적분 구간의 위끝과 아래끝이 부호만 다르고 절댓값은 같으니까 y축에 대하여 대칭인 함수 또는 원점에 대하여 대칭인 함수의 성질을 이용하여 정적분의 값을 구해 봐.

$\int_{-3}^{3}f(x)dx$의 값은? (4점)

① 13　② 15　③ 17　④ 19　⑤21

1st 조건 (가), (나)를 이용하여 함수 $f(x)+f(-x)$를 구하자.

조건 (가)에 의하여

> 두 다항함수 $f(x),g(x)$에 대하여 $\displaystyle\lim_{x\to\infty}\frac{f(x)}{g(x)}=a(a\neq0$인 실수)이면 $f(x),g(x)$의 차수는 같고 $a=\dfrac{(f(x)\text{의 최고차항의 계수})}{(g(x)\text{의 최고차항의 계수})}$이다.

$$\lim_{x\to\infty}\frac{f(x)+f(-x)}{x^2}=3$$이므로

$f(x)+f(-x)$는 최고차항의 계수가 3인 이차함수이다.

즉, $f(x)+f(-x)=3x^2+ax+b$ (a,b는 상수)라 하면

$f(x)+f(-x)$는 차수가 홀수인 항을 갖지 않으므로 $\cdots$ (＊)

$$a=0$$

또한, 조건 (나)에 의하여

$$f(0)+f(0)=-2=b$$

> $f(x)+f(-x)=3x^2+ax+b$에서 $a=0$이고, $x=0$을 대입하면 $f(0)+f(0)=2f(0)=2\times(-1)=-2=b$

$$\therefore f(x)+f(-x)=3x^2-2$$

2nd $\int_{-3}^{3}f(x)dx$의 값을 구하자.

한편, 다항함수 $f(x)$에 대하여
$f(x)=a_nx^n+a_{n-1}x^{n-1}+\cdots+a_1x+a_0$ $(a_0, a_1, a_2, \cdots, a_n$은 실수)라
하면 $f(-x)=a_n(-x)^n+a_{n-1}(-x)^{n-1}+\cdots+a_1(-x)+a_0$이다.

즉, k가 홀수일 때, $\int_{-3}^{3}x^kdx=0$에서
$\underline{k가\ 홀수인\ 경우\ y=x^k은\ 원점에\ 대하여\ 대칭인\ 함수이므로\ \int_{-3}^{3}x^kdx=0}$

$\int_{-3}^{3}f(-x)dx=\int_{-3}^{3}f(x)dx$이므로

$\int_{-3}^{3}\{f(x)+f(-x)\}dx$
$=\int_{-3}^{3}f(x)dx+\int_{-3}^{3}f(-x)$
$=2\int_{-3}^{3}f(x)dx$

> $\int_{-3}^{3}f(x)dx$의 값을 구하는 문제이므로 함수 $f(x)$를 직접 구하면 쉽게 해결할 수 있어. 하지만 이 문제는 $f(x)$는 직접 구할 수 없고 함수 $f(x)+f(-x)$를 구할 수 있지.
> 따라서 $\int_{-3}^{3}\{f(x)+f(-x)\}dx$의 값을 이용하여 $\int_{-3}^{3}f(x)dx$의 값을 구해야 해. **함정**

$\therefore \int_{-3}^{3}f(x)dx=\dfrac{1}{2}\int_{-3}^{3}\{f(x)+f(-x)\}dx$
$=\dfrac{1}{2}\int_{-3}^{3}(3x^2-2)dx$
$=\dfrac{1}{2}\times 2\int_{0}^{3}(3x^2-2)dx$
$=\int_{0}^{3}(3x^2-2)dx$
$=\Big[x^3-2x\Big]_{0}^{3}=27-6=21$

→ 함수 $f(x)$가 y축에 대하여 대칭일 때, 양수 a에 대하여 $\int_{-a}^{a}f(x)dx=2\int_{0}^{a}f(x)dx$

수능 핵강

＊(＊)에서 함수 $f(x)+f(-x)$가 왜 차수가 홀수인 항을 갖지 않는지 알아보기

다항함수 $f(x)$에 대하여
$f(x)=a_nx^n+a_{n-1}x^{n-1}+\cdots+a_1x+a_0$ $(a_0, a_1, a_2, \cdots, a_n$은 실수)라 하면
$f(-x)=a_n(-x)^n+a_{n-1}(-x)^{n-1}+\cdots+a_1(-x)+a_0$

(i) n이 짝수일 때
$f(x)+f(-x)$
$=(a_nx^n+a_{n-1}x^{n-1}+a_{n-2}x^{n-2}+\cdots+a_1x+a_0)$
$\qquad+(a_nx^n-a_{n-1}x^{n-1}+a_{n-2}x^{n-2}-\cdots-a_1x+a_0)$
$=2a_nx^n+2a_{n-2}x^{n-2}+\cdots+2a_0$
⇒ x의 차수가 모두 짝수 또는 0

(ii) n이 홀수일 때
$f(x)+f(-x)$
$=(a_nx^n+a_{n-1}x^{n-1}+a_{n-2}x^{n-2}+\cdots+a_1x+a_0)$
$\qquad+(-a_nx^n+a_{n-1}x^{n-1}-a_{n-2}x^{n-2}-\cdots-a_1x+a_0)$
$=2a_{n-1}x^{n-1}+2a_{n-3}x^{n-3}+\cdots+2a_0$
⇒ x의 차수가 모두 짝수 또는 0

따라서 다항함수 $f(x)$에 대하여 $f(x)+f(-x)$는 차수가 홀수인 항이 없어.

F 111 **정답 16** ＊그래프의 성질을 이용한 함수의 정적분 [정답률 57%]

정답 공식: 함수 $y=f(x)$의 그래프가 원점에 대하여 대칭일 때,
$\int_{-a}^{a}f(x)dx=0$이고, 함수 $y=f(x)$의 그래프가 y축에 대하여 대칭일 때,
$\int_{-a}^{a}f(x)dx=2\int_{0}^{a}f(x)dx$이다.

> 최고차항의 계수가 3인 이차함수 $f(x)$가 모든 실수 x에 대하여
> $$\int_{0}^{x}f(t)dt=2x^3+\int_{0}^{-x}f(t)dt$$
> 를 만족시킨다. $f(1)=5$일 때, $f(2)$의 값을 구하시오. (3점)
> **단서** 정적분의 성질을 이용하여 주어진 식을 간단히 해.

1st 정적분의 성질을 이용하여 주어진 식을 간단히 해.
최고차항의 계수가 3인 이차함수 $f(x)$를
$f(x)=3x^2+ax+b$라 하자. $(a, b$는 상수)
$\int_{0}^{x}f(t)dt=2x^3+\int_{0}^{-x}f(t)dt$에서
$2x^3=-\int_{0}^{-x}f(t)dt+\int_{0}^{x}f(t)dt$
$\underline{\int_{a}^{b}f(x)dx=-\int_{b}^{a}f(x)dx}$
$=\int_{-x}^{0}f(t)dt+\int_{0}^{x}f(t)dt=\int_{-x}^{x}f(t)dt$
$\underline{\int_{a}^{b}f(x)dx=\int_{a}^{c}f(x)dx+\int_{c}^{b}f(x)dx}$
$=\int_{-x}^{x}(3t^2+at+b)dt$
두 함수 $y=3t^2, y=b$의 그래프는 y축에 대하여 대칭이고, 함수 $y=at$의 그래프는 원점에 대하여 대칭이야.
$=2\int_{0}^{x}(3t^2+b)dt$
함수 $f(x)$가 원점에 대하여 대칭일 때, $\int_{-a}^{a}f(x)dx=0$이고, 함수 $f(x)$가 y축에 대하여 대칭일 때, $\int_{-a}^{a}f(x)dx=2\int_{0}^{a}f(x)dx$야.
$=2[t^3+bt]_{0}^{x}=2x^3+2bx$

2nd 주어진 등식이 x에 대한 항등식임을 이용하여 $f(2)$의 값을 구해.
모든 실수 x에 대하여 $2x^3=2x^3+2bx$이므로 $b=0$
$\underline{x에\ 대한\ 항등식이므로\ 동류항의\ 계수가\ 같아.}$
$f(1)=3+a+b=5$에서 $a=2$
따라서 $f(x)=3x^2+2x$이므로 $f(2)=12+4=16$

F 112 **정답 ⑤** ＊그래프의 성질을 이용한 함수의 정적분 [정답률 60%]

정답 공식: 함수 $f(x)$가 y축에 대하여 대칭이면 $f(-x)=f(x)$이고, 원점에 대하여 대칭이면 $f(-x)=-f(x)$이다. 또한, 다항함수 $f(x)$에 대하여
$\int_{a}^{c}f(x)dx=\int_{a}^{b}f(x)dx+\int_{b}^{c}f(x)dx$이다.

> 다음 조건을 만족하는 다항함수 $f(x)$에 대하여 $\int_{3}^{5}xf(x)dx$의
> 값은? (3점) **단서1** $g(x)=xf(x)$라 놓고 $f(x)=f(-x)$임을 이용하여 함수 $g(x)$의 성질을 유추해.
>
> (가) 임의의 실수 x에 대하여 $f(x)=f(-x)$
> (나) $\int_{-3}^{1}xf(x)dx=4$, $\int_{-1}^{5}xf(x)dx=6$
> **단서2** $\int_{-1}^{5}xf(x)dx=\int_{-1}^{1}xf(x)dx+\int_{1}^{3}xf(x)dx+\int_{3}^{5}xf(x)dx$이므로 함수 $g(x)$의 성질을 이용하여 조건 (나)의 정적분 값에서 필요한 값을 찾아내야 해.

① 2 ② 4 ③ 6
④ 8 ⑤ 10

1st $g(x)=xf(x)$라 놓고 $g(x)$의 성질을 찾아.

$g(x)=xf(x)$라 하면 → $g(x)$에서 x 대신에 $-x$를 대입하란 뜻이야.

$\underline{g(-x)=-xf(-x)=-xf(x)(\because 조건 (가))}$
$\qquad =-g(x)$

즉, 함수 $xf(x)$는 원점에 대하여 대칭이다.

> **필수** 적분 문제에서는 주어진 함수에 x 대신 $-x$를 대입해서 대칭성이 있는지 먼저 확인해보는 것이 좋아.

y축에 대하여 대칭인 함수를 우함수, 원점에 대하여 대칭인 함수를 기함수라 해. 이때, 다항함수에서 짝수차수의 항들과 상수항의 합으로 이루어진 함수는 우함수이고, 홀수차수의 항들의 합으로 이루어진 함수는 기함수야. 또, 우함수와 우함수의 곱과 기함수와 기함수의 곱은 우함수이고, 우함수와 기함수의 곱은 기함수가 돼.
따라서 $g(x)=xf(x)$에서 x는 기함수, $f(x)$는 우함수이니까 함수 $g(x)$는 기함수가 돼.

2nd 정적분의 성질과 함수 $g(x)$의 특징을 이용하여 조건 (나)의 정적분의 적분 구간을 변형해.

조건 (나)에서

$\int_{-3}^{1}xf(x)dx=\int_{-3}^{-1}xf(x)dx+\int_{-1}^{1}xf(x)dx=4$이고

$\underline{\int_{-1}^{1}xf(x)dx=0}$이므로 $\int_{-3}^{-1}xf(x)dx=4$
함수 $F(x)$가 원점에 대하여 대칭일 때, $\int_{-a}^{a}F(x)dx=0$

$\therefore \underline{\int_{1}^{3}xf(x)dx=-4}$ → 함수 $F(x)$가 원점에 대하여 대칭일 때,
$\int_{-a}^{-b}F(x)dx=-\int_{b}^{a}F(x)dx$

따라서

$\int_{-1}^{5}xf(x)dx$

$=\int_{-1}^{1}xf(x)dx+\int_{1}^{3}xf(x)dx+\int_{3}^{5}xf(x)dx$

이므로

$6=0+(-4)+\int_{3}^{5}xf(x)dx$

$\therefore \int_{3}^{5}xf(x)dx=10$

F 113 정답 ② ＊정적분의 값을 이용한 미정계수의 결정 -- [정답률 98%]

> **정답 공식:** 함수 $f(x)$가 $f(x)=-f(-x)$이면 $\int_{-a}^{a}f(x)dx=0$이고, $f(x)=f(-x)$이면 $\int_{-a}^{a}f(x)dx=2\int_{0}^{a}f(x)dx$이다.

$\int_{-1}^{1}(x^3+a)dx=4$일 때, 상수 a의 값은? (2점)

> **단서** 정적분의 아래끝과 위끝이 -1, 1이므로 대칭인 함수의 정적분의 성질을 이용하여 계산을 간단히 하자.

① 1 ② 2 ③ 3
④ 4 ⑤ 5

1st 대칭인 함수의 정적분의 성질을 이용하여 정적분을 간단히 한 후 계산하자.

연속함수 $f(x)$가
① 원점에 대하여 대칭이면 $\int_{-a}^{a}f(x)dx=0$
② y축에 대하여 대칭이면 $\int_{-a}^{a}f(x)dx=2\int_{0}^{a}f(x)dx$

$\int_{-1}^{1}(x^3+a)dx=\int_{-1}^{1}x^3dx+\int_{-1}^{1}adx$

$\qquad =2\int_{0}^{1}adx$ → 함수 $y=x^3$은 원점에 대하여 대칭인 함수이고, 함수 $y=a$는 상수함수로 y축에 대하여 대칭인 함수야.

$\qquad =2\Big[ax\Big]_{0}^{1}=2a=4$

$\therefore a=2$

다른 풀이: 직접 정적분 계산하기

$\int_{-1}^{1}(x^3+a)dx=\Big[\dfrac{1}{4}x^4+ax\Big]_{-1}^{1}$

$\qquad =\Big(\dfrac{1}{4}+a\Big)-\Big(\dfrac{1}{4}-a\Big)$

$\qquad =2a=4$

$\therefore a=2$

F 114 정답 ① ＊정적분의 값을 이용한 미정계수의 결정 ····· [정답률 90%]

> **정답 공식:** $\int x^n dx=\dfrac{1}{n+1}x^{n+1}+C$이고, $\int_{a}^{b}f(x)dx=\Big[F(x)\Big]_{a}^{b}=F(b)-F(a)$이다.

$\int_{0}^{a}(3x^2-4)dx=0$을 만족시키는 양수 a의 값은? (3점)

> **단서** 다항함수의 정적분을 계산하면 돼.

①2 ② $\dfrac{9}{4}$ ③ $\dfrac{5}{2}$ ④ $\dfrac{11}{4}$ ⑤ 3

1st 다항함수의 정적분 $\int_{a}^{b}x^n dx=\Big[\dfrac{1}{n+1}x^{n+1}\Big]_{a}^{b}$를 이용하여 계산하자.

$\int_{0}^{a}(3x^2-4)dx=\Big[x^3-4x\Big]_{0}^{a}=a^3-4a$
이므로 $a^3-4a=0$에서
→ $f(x)$의 부정적분 중의 하나가 $F(x)$일 때,
$\int_{a}^{b}f(x)dx=\Big[F(x)\Big]_{a}^{b}=F(b)-F(a)$

$\underline{a(a+2)(a-2)=0}$
$\therefore a=-2$ 또는 $a=0$ 또는 $a=2$ → $a^3-4a=a(a^2-4)=a(a+2)(a-2)$

따라서 $a>0$이므로
$a=2$

F 115 정답 ② ＊정적분의 값을 이용한 미정계수의 결정 ····· [정답률 93%]

> **정답 공식:** $\int x^n dx=\dfrac{1}{n+1}x^{n+1}+C$이고, $\int_{a}^{b}f(x)dx=\Big[F(x)\Big]_{a}^{b}=F(b)-F(a)$이다.

$\int_{0}^{1}(ax^2+1)dx=4$일 때, 상수 a의 값은? (3점)

> **단서** 다항함수의 정적분을 계산하면 돼.

① 7 ② 9 ③ 11
④ 13 ⑤ 15

1st $\int_{a}^{b}x^n dx=\Big[\dfrac{1}{n+1}x^{n+1}\Big]_{a}^{b}$ 임을 적용해서 계산하자.

$\int_{0}^{1}(ax^2+1)dx=\Big[\dfrac{ax^3}{3}+x\Big]_{0}^{1}=\dfrac{a}{3}+1=4$
$f(x)$의 부정적분 중의 하나가 $F(x)$일 때,
$\int_{a}^{b}f(x)dx=\Big[F(x)\Big]_{a}^{b}=F(b)-F(a)$

$\dfrac{a}{3}=3$

$\therefore a=9$

F 116 정답 ③ *정적분의 값을 이용한 미정계수의 결정 ····· [정답률 95%]

> **정답 공식:** $\int x^n dx = \dfrac{1}{n+1}x^{n+1}+C$이고,
> $\int_a^b f(x)dx = \Big[F(x)\Big]_a^b = F(b)-F(a)$이다.

> $\int_0^1 (2x+a)dx=4$일 때, 상수 a의 값은? (3점)
> **단서** 주어진 정적분의 값을 a에 관한 식으로 나타내.
>
> ① 1　　　　② 2　　　　③ 3
> ④ 4　　　　⑤ 5

1st 다항함수의 정적분값을 계산해.

$$\int_0^1 (2x+a)dx = \Big[x^2+ax\Big]_0^1 = 1+a = 4$$

$\therefore a=3$　　$\int x^n dx = \dfrac{1}{n+1}x^{n+1}+C$ (단, C는 적분상수)

F 117 정답 25 *정적분의 값을 이용한 미정계수의 결정 ····· [정답률 90%]

> **정답 공식:** 함수 $f(x)$가 원점에 대하여 대칭일 때, $\int_{-a}^{a} f(x)dx=0$이고, 함수 $g(x)$가 y축에 대하여 대칭일 때, $\int_{-a}^{a} g(x)dx = 2\int_0^a g(x)dx$이다.

> 실수 a에 대하여 $\int_{-a}^{a} (3x^2+2x)dx = \dfrac{1}{4}$일 때, $50a$의 값을 구하시오. (3점)
> **단서** 적분 구간의 위끝과 아래끝의 부호는 다르고 절댓값이 같으면 그래프의 대칭을 이용하여 계산해 봐.

1st 그래프가 y축 대칭 또는 원점 대칭인 함수의 성질을 이용하자.

$$\int_{-a}^{a} (3x^2+2x)dx = 2\int_0^a 3x^2 dx = 2\Big[x^3\Big]_0^a = 2a^3 = \dfrac{1}{4}$$

$y=3x^2$은 y축에 대하여 대칭인 함수,
$y=2x$는 원점에 대하여 대칭인 함수이므로
$\int_{-a}^{a} 3x^2 dx = 2\int_0^a 3x^2 dx,\ \int_{-a}^{a} 2x dx = 0$

$a^3 = \dfrac{1}{8}$　$\therefore a = \dfrac{1}{2}$

$\therefore 50a = 50\cdot\dfrac{1}{2} = 25$

🎲 **다른 풀이: 직접 정적분 계산하기**

$$\int_{-a}^{a} (3x^2+2x)dx = \Big[x^3+x^2\Big]_{-a}^{a} = (a^3+a^2)-(-a^3+a^2)$$
$$= 2a^3 = \dfrac{1}{4}$$

(이하 동일)

F 118 정답 ② *정적분의 값을 이용한 미정계수의 결정 [정답률 91%]

> **정답 공식:** $\int x^n dx = \dfrac{1}{n+1}x^{n+1}+C$이고,
> $\int_a^b f(x)dx = \Big[F(x)\Big]_a^b = F(b)-F(a)$이다.

> $\int_0^1 (4x^3+a)dx=8$일 때, 상수 a의 값은? (3점)
> **단서** 주어진 정적분의 값을 a에 관한 식으로 나타내.
>
> ① 6　　② 7　　③ 8　　④ 9　　⑤ 10

1st 다항함수의 정적분의 값을 계산해.

$$\int_0^1 (4x^3+a)dx = \Big[x^4+ax\Big]_0^1 = 1+a = 8$$

$\therefore a = 7$　　$\int_a^b x^n dx = \Big[\dfrac{1}{n+1}x^{n+1}\Big]_a^b$

F 119 정답 ② *정적분의 값을 이용한 미정계수의 결정 ····· [정답률 83%]

> **정답 공식:** 함수 $f(x)$에 대하여 $f(x)=-f(-x)$를 만족시키는 경우에는 $\int_{-a}^{a} f(x)dx=0$이고, $f(x)=f(-x)$를 만족시키는 경우에는 $\int_{-a}^{a} f(x)dx = 2\int_0^a f(x)dx$임을 이용하여 $\int_{-a}^{a} f(x)dx$를 구한다.

> $\int_{-1}^{1} \left(4x^3+x^2-\dfrac{1}{2}x+a\right)dx=2$일 때, 상수 a의 값은? (3점)
> **단서** 정적분의 아래끝과 위끝의 값이 각각 -1, 1이므로 대칭인 함수의 정적분의 성질을 이용하면 되겠지?
>
> ① $\dfrac{1}{3}$　　② $\dfrac{2}{3}$　　③ 1
> ④ $\dfrac{4}{3}$　　⑤ $\dfrac{5}{3}$

1st 주어진 정적분을 간단히 하여 a의 값을 구하자.

대칭인 함수의 정적분의 성질을 이용하면
[정적분의 성질] 연속함수 $f(x)$가
① 원점 대칭이면 $\int_{-a}^{a} f(x)dx = 0$　② y축 대칭이면 $\int_{-a}^{a} f(x)dx = 2\int_0^a f(x)dx$

$$\int_{-1}^{1} \left(4x^3+x^2-\dfrac{1}{2}x+a\right)dx = 2\int_0^1 (x^2+a)dx$$

실수 함수의 대칭성을 이용하면 적분을 훨씬 간단하게 할 수 있어.

$y=4x^3$이나 $y=-\dfrac{1}{2}x$ 같은 경우는 원점 대칭인 함수이므로 -1부터 1까지 정적분한 값은 0이야.

$$= 2\Big[\dfrac{1}{3}x^3+ax\Big]_0^1$$
$$= \dfrac{2}{3}+2a = 2$$

$2a = \dfrac{4}{3}$　　$\therefore a = \dfrac{2}{3}$

F 120 정답 9 *정적분의 값을 이용한 미정계수의 결정 [정답률 80%]

> **정답 공식:** $f(x)=4x^3-12x^2+k$이므로 $\int_0^3 f(x)dx$를 구한다.

> 함수 $y=4x^3-12x^2$의 그래프를 y축의 방향으로 k만큼 평행이동한 그래프를 나타내는 함수를 $y=f(x)$라 하자.
> $\int_0^3 f(x)dx=0$을 만족시키는 상수 k의 값을 구하시오. (3점)
> **단서** y축의 방향으로 k만큼 평행이동한 그래프의 식은 y 대신 $y-k$를 대입하여 구하면 돼.

1st 함수 $y=4x^3-12x^2$의 그래프를 y축의 방향으로 k만큼 평행이동한 함수 $f(x)$의 식을 구하자.

$y=4x^3-12x^2$을 y축의 방향으로 k만큼 평행이동하면
$y-k = 4x^3-12x^2$
$y = 4x^3-12x^2+k$
$\therefore f(x) = 4x^3-12x^2+k$

함수 $y=f(x)$의 그래프를 x축의 방향으로 m만큼, y축의 방향으로 n만큼 평행이동한 그래프의 식은 $y-n=f(x-m)$이야.

2nd $\int_0^3 f(x)dx=0$을 만족하는 상수 k의 값을 구하자.

$$\int_0^3 f(x)dx = \int_0^3 (4x^3-12x^2+k)dx$$

$\int_a^b x^n dx = \Big[\dfrac{1}{n+1}x^{n+1}\Big]_a^b$
$\int_a^b k dx = \Big[kx\Big]_a^b$

$$= \Big[x^4-4x^3+kx\Big]_0^3 = 81-108+3k$$
$$= -27+3k = 0$$

$\therefore k = 9$

F 121 정답 ④ *정적분의 값을 이용한 미정계수의 결정 ---- [정답률 84%]

(정답 공식: $f(x)=x+1$을 대입하여 식을 정리한다.)

함수 $f(x)=x+1$에 대하여

$$\int_{-1}^{1}\{f(x)\}^2dx=k\left\{\int_{-1}^{1}f(x)dx\right\}^2$$

일 때, 상수 k의 값은? (3점)

단서 좌변과 우변의 정적분의 값을 각각 구하여 두 값이 같을 때의 k의 값을 구하면 돼. 이때, 적분 구간을 살펴보면 $[-1, 1]$이므로 그래프의 성질을 이용하여 정적분하자.

① $\frac{1}{6}$ ② $\frac{1}{3}$ ③ $\frac{1}{2}$

④ $\frac{2}{3}$ ⑤ $\frac{5}{6}$

1st 주어진 식에 $f(x)=x+1$을 대입하여 계산해.

주어진 식에 $f(x)=x+1$을 대입하면

(좌변)$=\int_{-1}^{1}(x+1)^2dx=\underline{\int_{-1}^{1}(x^2+2x+1)dx}$

　　　　　　　　　　　　$y=x^2, y=1$은 y축에 대하여 대칭이고 $y=2x$는 원점에 대하여 대칭이야.

$=2\int_{0}^{1}(x^2+1)dx$

$=2\left[\frac{1}{3}x^3+x\right]_{0}^{1}$

$=\frac{8}{3}\cdots ㉠$

(우변)$=k\left\{\underline{\int_{-1}^{1}(x+1)dx}\right\}^2$

　　　　　　$y=x$는 원점에 대하여 대칭, $y=1$은 y축에 대하여 대칭이야.

$=k\left(2\int_{0}^{1}1dx\right)^2$

$=k\left(2\left[x\right]_{0}^{1}\right)^2=4k\cdots ㉡$

㉠=㉡이므로

$\frac{8}{3}=4k$　　$\therefore k=\frac{2}{3}$

F 122 정답 ① *정적분의 값을 이용한 미정계수의 결정 ---- [정답률 88%]

(정답 공식: $f(x)=6x^2+2ax$를 대입하여 적분식을 계산해 a의 값을 구한다.)

함수 $f(x)=6x^2+2ax$가 $\int_{0}^{1}f(x)dx=f(1)$을 만족시킬 때,

상수 a의 값은? (2점)

단서 우변은 $f(x)$를 정적분하고 좌변은 $f(x)$에 $x=1$을 대입하여 a에 관한 방정식을 만들어.

① -4 ② -2 ③ 0

④ 2 ⑤ 4

1st $\int_{0}^{1}f(x)dx$를 직접 구해.

$f(x)=6x^2+2ax$이므로　　$\int_{a}^{b}x^ndx=\left[\frac{1}{n+1}x^{n+1}\right]_{a}^{b}$

$\int_{0}^{1}f(x)dx=\underline{\int_{0}^{1}(6x^2+2ax)dx=\left[2x^3+ax^2\right]_{0}^{1}=2+a}$

이것이 $f(1)=6+2a$와 같으므로

$2+a=6+2a$

$\therefore a=-4$

F 123 정답 ② *정적분의 값을 이용하여 미정계수 구하기 -- [정답률 75%]

정답 공식: $0<a<b$인 모든 실수 a, b에 대하여 $\int_{a}^{b}f(x)dx>0$이 성립하려면 $x\geq 0$에서 $f(x)\geq 0$이어야 한다.

$0<a<b$인 모든 실수 a, b에 대하여

$$\int_{a}^{b}(x^3-3x+k)dx>0$$

이 성립하도록 하는 실수 k의 최솟값은? (4점)

단서 정적분 $\int_{a}^{b}(x^3-3x+k)dx$의 값을 직접 구하는 것이 아니라 $\int_{a}^{b}(x^3-3x+k)dx>0$이 성립하도록 하는 조건을 찾아야 해.

① 1 ② 2 ③ 3

④ 4 ⑤ 5

1st $f(x)=x^3-3x+k$라 놓고, $x\geq 0$에서 함수 $f(x)$의 범위를 구해.

$f(x)=x^3-3x+k$라 하면 $0<a<b$인 모든 실수 a, b에 대하여

$\int_{a}^{b}f(x)dx>0$이기 위해서는 $x\geq 0$인 범위에서

$f(x)\geq 0$이어야 한다.

함수 $f(x)$의 값이 음수가 되는 구간이 존재할 때, 구간 $[a, b]$가 그 구간에 포함된다면 $\int_{a}^{b}f(x)dx<0$이야. 함정

2nd 제한된 범위에서 부등식 $f(x)\geq 0$을 만족시키는 k의 값의 범위를 찾아.

$x\geq 0$일 때 $f(x)=x^3-3x+k\geq 0$이 되기 위해서는

$x\geq 0$일 때 $f(x)=x^3-3x+k\geq 0$이 되기 위해서는 $f(x)$의 최솟값이 0 이상이어야 해. $x\geq 0$에서 삼차함수 $f(x)$의 최솟값이 0 이상이면 된다.

$f(x)=x^3-3x+k$에서

$f'(x)=3x^2-3=3(x+1)(x-1)$이므로

$f'(x)=0$에서 $x=-1$ 또는 $x=1$

즉, 함수 $f(x)$의 증가와 감소를 표로 나타내면 다음과 같다.

x	$\cdots$	-1	$\cdots$	1	$\cdots$
$f'(x)$	$+$	0	$-$	0	$+$
$f(x)$	↗	극대	↘	극소	↗

따라서 함수 $f(x)$는 $x\geq 0$일 때, $x=1$에서 극소이면서 최솟값을 가지므로

$f(1)=1-3+k\geq 0$　　$\therefore k\geq 2$

따라서 구하는 k의 최솟값은 2이다.

F 124 정답 ③ *주어진 그래프에서 정적분의 값 -- [정답률 61%]

(정답 공식: $f'(x)$가 양수일 때와 음수일 때로 구간을 나누어서 적분값을 계산한다.)

그림과 같이 삼차함수 $y=f(x)$가 극댓값 $f(1)=1$과 극솟값

$f(3)=-3$을 가지며, $f(0)=-3$이다. 이때, $\int_{0}^{3}|f'(x)|dx$의

값은? (3점)

단서 적분할 함수에 절댓값 기호가 포함되어 있으니까 정적분을 계산할 때, $f'(x)<0$인 구간과 $f'(x)>0$인 구간으로 나누어야 해.

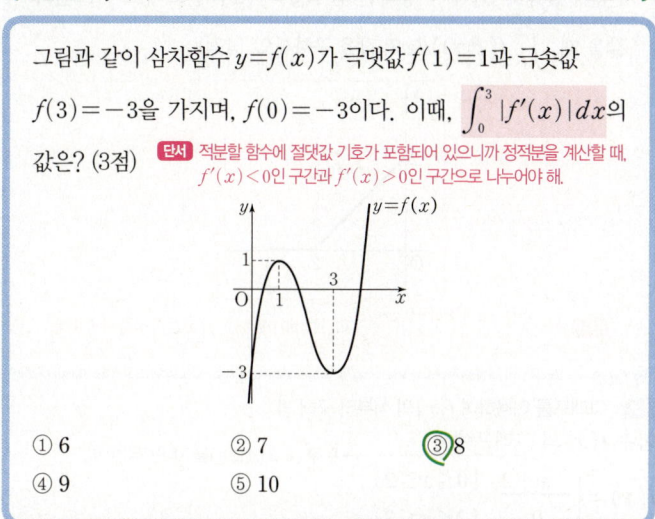

① 6 ② 7 ③ 8

④ 9 ⑤ 10

삼차함수 $f(x)$가 $x=1$에서 극대, $x=3$에서 극소이고 주어진 함수 $y=f(x)$의 그래프에서

$x<1$, $x>3$에서 $f'(x)>0$이고, $1<x<3$에서 $f'(x)<0$이다.

도함수의 부호는 원래 함수의 증가, 감소로 알 수 있어. 즉, $f(x)$가 감소하면 그 구간에서 $f'(x)<0$이고 $f(x)$가 증가하면 그 구간에서 $f'(x)>0$이야.

2nd 주어진 조건을 이용하여 정적분의 값을 구해.

$$\int_0^3 |f'(x)|dx = \int_0^1 f'(x)dx - \int_1^3 f'(x)dx$$

미분한 함수를 부정적분하면 (원래 함수)+(적분상수)가 나오게 돼.
이때, 적분상수는 정적분의 값에 영향을 주지 않아. **주의**

$\int_1^3 \{-f'(x)\}dx = -\int_1^3 f'(x)dx$

$$= \Big[f(x)\Big]_0^1 - \Big[f(x)\Big]_1^3$$
$$= \{f(1)-f(0)\} - \{f(3)-f(1)\}$$
$$= 2f(1) - f(0) - f(3)$$
$$= 2+3+3 = 8$$

톡톡 풀이: $\int_a^b |f'(t)|dt$는 구간 $[a,b]$에서 움직인 거리

주어진 함수가 $y=-3$에서 $y=1$까지 증가하다가 $y=1$에서 $y=-3$까지는 감소하므로 점 $(0, -3)$에서 점 $(1, 1)$까지 y의 값의 변화는 4이고 점 $(1, 1)$에서 점 $(3, -3)$까지 y의 값의 변화는 -4이므로 주어진 구간에서 y의 값의 변화량은 $4+|-4|=8$이야.

시간 t에 따른 수직선 위의 점을 $f(t)$라 하면 $\int_a^b |f'(t)|dt$는 구간 $[a, b]$에서 움직인 거리로 y의 값의 변화량이므로 $\int_0^3 |f'(t)|dt = 4+4 = 8$이야.

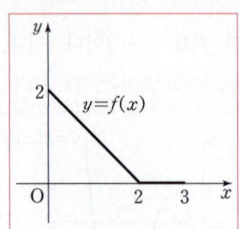

2nd $f(x)$의 값의 범위에 주의하면서 $f(f(x))$의 식을 구해.

$$f(f(x)) = \begin{cases} -f(x)+2 & (0 \le f(x) \le 2) \\ 0 & (2 < f(x) \le 3) \end{cases}$$

그런데 주어진 $y=f(x)$의 그래프에서 $0 \le f(x) \le 2$이므로 $f(f(x)) = -f(x)+2$이다. 즉, $f(f(x))$를 구해 보면

(i) $0 \le x \le 2$일 때,
$f(x) = -x+2$이고 $0 \le f(x) \le 2$이므로
$f(f(x)) = -f(x)+2$
$= -(-x+2)+2 = x$

(ii) $2 < x \le 3$일 때,
$f(x) = 0$이므로
$f(f(x)) = f(0) = 2$

$x=0$은 $0 \le x \le 2$에 속하므로 $f(0)$의 값은 $f(x)=-x+2$에 x 대신에 0을 대입하면 돼.

(i), (ii)에 의해
$$f(f(x)) = \begin{cases} x & (0 \le x \le 2) \\ 2 & (2 < x \le 3) \end{cases}$$

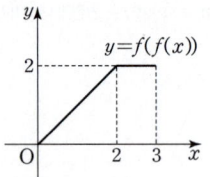

3rd $\int_0^3 f(f(x))dx$를 구하자.

$$\therefore \int_0^3 f(f(x))dx = \int_0^2 x\,dx + \int_2^3 2\,dx$$
$$= \Big[\frac{1}{2}x^2\Big]_0^2 + \Big[2x\Big]_2^3$$
$$= 2+(6-4) = 4$$

수능 핵강

* 그래프가 주어진 함수를 합성한 함수의 정적분

합성함수가 나왔네. 합성함수가 나오면 적분구간 사이에서 함수가 어떻게 변해가는지 하나씩 합성해 가면서 구간을 나눠서 적분하면 어렵지 않게 해결할 수 있을 거야.

F 125 정답 4 *주어진 그래프에서 정적분의 값 ··· [정답률 55%]

(**정답 공식:** 그래프를 이용해 $f(x)$의 식을 구한 후 $f(f(x))$의 식을 찾는다.)

닫힌구간 $[0, 3]$에서 정의된 함수 $y=f(x)$의 그래프가 그림과 같을 때, $\int_0^3 f(f(x))dx$의 값을 구하시오. (4점)

단서 $f(x) = \begin{cases} -x+2 & (0 \le x \le 2) \\ 0 & (2 < x \le 3) \end{cases}$ 이지? 이를 이용해 $f(f(x))$의 식을 구해야 해.

1st 그래프를 이용하여 $f(x)$의 식부터 구해 봐.

함수 $f(x)$의 그래프에서 → 두 점 $(0,2)$, $(2,0)$을 지나는 직선이야.

$$f(x) = \begin{cases} -x+2 & (0 \le x \le 2) \\ 0 & (2 < x \le 3) \end{cases}$$

F 126 정답 43 *주어진 그래프에서 정적분의 값 ··· [정답률 45%]

[**정답 공식:** $\int_a^{a+4} f(x)dx$를 a에 대하여 미분해서 극솟값을 찾는다.]

구간 $[0, 8]$에서 정의된 함수 $f(x)$는

단서 $f(x)$가 $x=4$를 기준으로 함수식이 달라지니까 적분 구간 $[a, a+4]$에 $x=4$가 포함된다면 적분 구간을 $[a, 4]$, $[4, a+4]$로 나누어 정적분을 계산해야 해.

$$f(x) = \begin{cases} -x(x-4) & (0 \le x < 4) \\ x-4 & (4 \le x \le 8) \end{cases}$$

이다. 실수 $a(0 \le a \le 4)$에 대하여 $\int_a^{a+4} f(x)dx$의 최솟값은 $\dfrac{q}{p}$이다. $p+q$의 값을 구하시오. (단, p와 q는 서로소인 자연수이다.)

(4점)

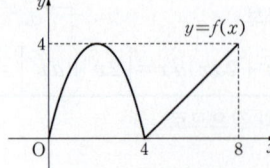

1st $a=0$, $a=4$일 때, $\int_a^{a+4} f(x)dx$의 값을 구해.

(i) $a=0$일 때 ┌▶ $a=0$이면 적분 구간은 $[0,4]$지?
이 구간에서 함수 $f(x)=-x(x-4)$야.

$$\int_a^{a+4} f(x)dx = \int_0^4 f(x)dx = \int_0^4 \{-x(x-4)\}dx$$

$$= \int_0^4 (-x^2+4x)dx = \left[-\frac{1}{3}x^3+2x^2\right]_0^4$$

$$= -\frac{64}{3}+32 = \frac{32}{3}$$

(ii) $a=4$일 때 ┌▶ $a=4$이면 적분 구간은 $[4,8]$이고
이 구간에서 함수 $f(x)=x-4$야.

$$\int_a^{a+4} f(x)dx = \int_4^8 f(x)dx = \int_4^8 (x-4)dx = \left[\frac{1}{2}x^2-4x\right]_4^8$$

$$= (32-32)-(8-16) = 8$$

2nd $0<a<4$에서 $\int_a^{a+4} f(x)dx$의 최솟값을 구해.

(iii) $0<a<4$일 때 ┌▶ $0<a<4$이면 적분 구간 $[a, a+4]$에 $x=4$가 포함되니까
구간 $[a, 4]$에서의 적분하는 함수는 $f(x)=-x(x-4)$이고
구간 $[4, a+4]$에서의 적분하는 함수는 $f(x)=x-4$야.

$$\int_a^{a+4} f(x)dx = \int_a^4 f(x)dx + \int_4^{a+4} f(x)dx$$

$$= \int_a^4 (-x^2+4x)dx + \int_4^{a+4} (x-4)dx$$

$$= \left[-\frac{1}{3}x^3+2x^2\right]_a^4 + \left[\frac{1}{2}x^2-4x\right]_4^{a+4}$$

$$= \frac{32}{3}+\frac{1}{3}a^3-2a^2+\frac{1}{2}(a+4)^2-4(a+4)+8$$

$$= \frac{1}{3}a^3-\frac{3}{2}a^2+\frac{32}{3}$$

이때, $g(a)=\frac{1}{3}a^3-\frac{3}{2}a^2+\frac{32}{3}$라 하면 $g'(a)=a^2-3a=a(a-3)$

$g'(a)=0$에서 $a=0$ 또는 $a=3$이므로 함수 $g(a)$의 증가와 감소를 표로 나타내면 다음과 같다.

a	(0)		3		(4)
$g'(a)$		$-$	0	$+$	
$g(a)$		↘	극소	↗	

따라서 $0<a<4$일 때, 함수 $g(a)$는 $a=3$에서 극소이면서 최솟값을 갖는다. 즉, $g(a)$의 최솟값은

$$g(3)=\frac{1}{3}\times 27-\frac{3}{2}\times 9+\frac{32}{3}=\frac{37}{6}$$

(i)~(iii)에 의하여 $\int_a^{a+4} f(x)dx$의 최솟값은 $a=3$일 때, $\frac{37}{6}$이므로

$p=6$, $q=37$　∴ $p+q=6+37=43$

다른 풀이: 정적분과 미분의 관계 이용하기

$h(a)=\int_a^{a+4} f(x)dx$라 하고 양변을 a에 대하여 미분하면

$h'(a)=f(a+4)-f(a)$ ─▶ 함정
함수 $f(x)$의 한 부정적분을 $F(x)$라 두면 $F'(x)=f(x)$이므로 미분과 적분의 관계를 이해하면 쉽게 도출할 수 있어.

이때, $0\le a\le 4$에서 $4\le a+4\le 8$이므로

$h'(a)=\{(a+4)-4\}-\{-a(a-4)\}$

$f(x)=\begin{cases}-x(x-4) & (0\le x<4) \\ x-4 & (4\le x\le 8)\end{cases}$에서 $4\le a+4\le 8$

이므로 $f(a+4)=(a+4)-4$이고, $0\le a\le 4$이므로 $f(a)=-a(a-4)$야.

$=a+a^2-4a=a^2-3a=a(a-3)$

$h'(a)=0$에서 $a=0$ 또는 $a=3$이므로 함수 $h(a)$의 증가와 감소를 표로 나타내면 다음과 같다.

a	0	$\cdots$	3	$\cdots$	4
$h'(a)$	0	$-$	0	$+$	
$h(a)$		↘	극소	↗	

따라서 함수 $h(a)$는 $a=3$일 때 극소이면서 최소이므로 구하는 최솟값은

$$h(3)=\int_3^7 f(x)dx=\int_3^4 f(x)dx+\int_4^7 f(x)dx$$

$$= \int_3^4 \{-x(x-4)\}dx + \int_4^7 (x-4)dx$$

$$= \left[-\frac{1}{3}x^3+2x^2\right]_3^4 + \left[\frac{1}{2}x^2-4x\right]_4^7$$

$$= -\frac{64}{3}+32+9-18+\frac{49}{2}-28-8+16 = \frac{37}{6}$$

(이하 동일)

F 127 정답 ④ ＊정적분의 계산의 활용 ·········· [정답률 80%]

정답 공식: 함수 $f(x)$가 닫힌구간 $[a, b]$에서 연속이고 $f(x)$의 한 부정적분을 $F(x)$라 할 때, $\int_a^b f(x)dx=\left[F(x)\right]_a^b=F(b)-F(a)$이다.

최고차항의 계수가 1인 삼차함수 $f(x)$가

$$\int_0^1 f'(x)dx=\int_0^2 f'(x)dx=0$$

─▶ 단서 1 정적분의 정의를 이용하여 주어진 식을 정리해봐. 이때, $f(x)$는 $f'(x)$의 부정적분 중 하나임을 이용하면 돼.

을 만족시킬 때, $f'(1)$의 값은? (4점)

─▶ 단서 2 $f(x)$를 x에 대하여 미분하면 $f(x)$의 상수항은 없어진다는 점을 기억해.

① -4　② -3　③ -2　④ -1　⑤ 0

1st 정적분의 정의를 이용하여 $f(x)$의 식을 유추하자.

$f(x)$는 $f'(x)$의 부정적분 중 하나이므로

$$\int_0^1 f'(x)dx=\int_0^2 f'(x)dx=0$$에서

$$\left[f(x)\right]_0^1=\left[f(x)\right]_0^2=0$$

─▶ $\int_0^1 f'(x)dx=\left[f(x)\right]_0^1=f(1)-f(0)=0$

$f(1)-f(0)=f(2)-f(0)=0$

─▶ $\int_0^2 f'(x)dx=\left[f(x)\right]_0^2=f(2)-f(0)=0$

∴ $f(0)=f(1)=f(2)$

즉, $f(0)=f(1)=f(2)=k$ (k는 상수)라 하면 최고차항의 계수가 1인 삼차함수 $f(x)$는

$$f(x)=x(x-1)(x-2)+k$$

─▶ $f(x)$는 최고차항의 계수가 1인 삼차함수이고, $f(0)=f(1)=f(2)=k$이면 방정식 $f(x)=k$, 즉 $f(x)-k=0$은 세 실근 $0, 1, 2$를 가져. 따라서 $f(x)-k=x(x-1)(x-2)$라는 식을 만들 수 있지

로 놓을 수 있다.

2nd $f(x)$를 미분하여 $f'(1)$의 값을 구하자.

따라서 곱의 미분법에 의하여

$f'(x)=(x-1)(x-2)+x(x-2)+x(x-1)$이므로

$f'(1)=0+1\times(-1)+0=-1$

수능 핵강

＊정적분 계산에서 주의할 점

적분 계산에서 자주 하는 실수 중 하나는 무조건 함수식을 $f(x)=x^3+ax^2+bx+c$ 등으로 두고 정적분을 직접 계산하며 문제를 해결하려고 하는 거야.

하지만 최근 모의고사나 수능에 출제된 문제들을 보면 직접적인 계산보다는 문제 자체의 구조를 파악하는 것이 더 중요한 경우가 많으므로 식의 의미를 파악한 뒤에 마지막에 계산을 하려는 방향으로 접근하는 것이 좋아.

> **정답 공식:** 구간에 따라 다르게 정의된 함수가 실수 전체의 집합에서 미분가능하려면 구간의 경계의 좌우에서 다르게 정의된 함수에 대하여 함숫값과 미분계수가 각각 같아야 한다.

최고차항의 계수가 1이고 $f'(0)=f'(2)=0$인 삼차함수 $f(x)$와

단서1 최고차항의 계수가 1인 삼차함수 $f(x)$의 도함수 $f'(x)$는 최고차항의 계수가 3인 이차함수이므로 $f'(x)$의 인수를 이용해 $f'(x)$의 식을 구하고 부정적분하면 $f(x)$를 유추할 수 있어.

양수 p에 대하여 함수 $g(x)$를

단서2 $f(x)$를 이용하여 $g(x)$의 식을 구해봐. 이때, $g(0)=0$임을 기억해.

$$g(x)=\begin{cases} f(x)-f(0) & (x \le 0) \\ f(x+p)-f(p) & (x>0) \end{cases}$$

이라 하자. [보기]에서 옳은 것만을 있는 대로 고른 것은? (4점)

[보기]

ㄱ. $p=1$일 때, $g'(1)=0$이다.

ㄴ. $g(x)$가 실수 전체의 집합에서 미분가능하도록 하는 양수 p의 개수는 1이다. **단서3** 함수 $g(x)$가 $x=0$인 점에서 미분가능하도록 하는 p의 값을 찾아봐.

ㄷ. $p \ge 2$일 때, $\int_{-1}^{1} g(x)dx \ge 0$이다.

① ㄱ ② ㄱ, ㄴ ③ ㄱ, ㄷ ④ ㄴ, ㄷ ⑤ ㄱ, ㄴ, ㄷ

1st 함수 $g(x)$를 구하자.

$f(x)$는 최고차항의 계수가 1인 삼차함수이므로 $f'(x)$는 최고차항의 계수가 3인 이차함수이다. $y=x^3+\cdots$일 때, $y'=3x^2+\cdots$

즉, $f'(0)=f'(2)=0$에서 $f'(0)=0, f'(2)=0$이므로 인수정리에 의해 $f'(x)$는 x와 $x-2$를 인수로 가져.

$f'(x)=3x(x-2)=3x^2-6x$이므로

$$f(x)=\int f'(x)dx=\int (3x^2-6x)dx$$

$$=x^3-3x^2+C \text{ (단, } C \text{는 적분상수)}$$

$f(x)-f(0)$과 $f(x+p)-f(p)$에서 적분상수 C가 소거되므로 함수 $f(x)$의 적분상수 C의 값을 알 수 없어도 $g(x)$의 식을 구하는 데는 지장이 없지.

따라서 $f(x)-f(0)=x^3-3x^2$이고

$f(x+p)-f(p)$
$=(x+p)^3-3(x+p)^2+C-(p^3-3p^2+C)$
$=x^3+3(p-1)x^2+3p(p-2)x$

이므로

$$g(x)=\begin{cases} x^3-3x^2 & (x \le 0) \\ x^3+3(p-1)x^2+3p(p-2)x & (x>0) \end{cases}$$ 이고

$$g'(x)=\begin{cases} 3x^2-6x & (x<0) \\ 3x^2+6(p-1)x+3p(p-2) & (x>0) \end{cases}$$ 이다.

2nd $p=1$일 때 $g'(1)$의 값을 구하자.

ㄱ. $p=1$일 때

$$g'(x)=\begin{cases} 3x^2-6x & (x<0) \\ 3x^2-3 & (x>0) \end{cases}$$ 이므로

$g'(1)=3-3=0$ (참)
$g'(x)=3x^2-3$에 $x=1$을 대입하면 돼.

3rd 함수 $g(x)$가 $x=0$에서 미분가능할 때의 양수 p의 값을 구해.

ㄴ. $x \le 0$일 때와 $x>0$일 때 다항함수 $g(x)$는 모든 실수 x에 대하여 미분가능하므로 함수 $g(x)$가 실수 전체의 집합에서 미분가능하려면 $x=0$에서 미분가능해야 한다.

먼저, $\lim_{x \to 0-} g(x) = \lim_{x \to 0+} g(x) = g(0)=0$이므로

$\lim_{x \to 0-} g(x) = \lim_{x \to 0-} (x^3-3x^2)=0$
$\lim_{x \to 0+} g(x) = \lim_{x \to 0+} \{x^3+3(p-1)x^2+3p(p-2)x\}=0$
$g(0)=0$

함수 $g(x)$는 $x=0$에서 연속이다.

이때,

$$\lim_{x \to 0-} g'(x) = \lim_{x \to 0-} (3x^2-6x)=0$$

$$\lim_{x \to 0+} g'(x) = \lim_{x \to 0+} \{3x^2+6(p-1)x+3p(p-2)\}$$
$$=3p(p-2)$$

주의 $x=0$에서 미분가능하려면 $x=0$에서의 좌미분계수와 우미분계수가 같아야 해. 즉, $\lim_{x \to 0-} g'(x) = \lim_{x \to 0+} g'(x)$를 만족시켜야 하는 거야.

이므로 $x=0$에서 미분가능하려면

$3p(p-2)=0$

$\therefore p=0$ 또는 $p=2$

따라서 양수 p의 값은 2뿐이므로 양수 p의 개수는 1이다. (참)

4th $p \ge 2$일 때, $\int_{-1}^{1} g(x)dx$의 값의 범위를 구하자.

ㄷ. $\int_{-1}^{1} g(x)dx$

$$=\int_{-1}^{0} g(x)dx+\int_{0}^{1} g(x)dx$$

$$=\int_{-1}^{0} (x^3-3x^2)dx+\int_{0}^{1} \{x^3+3(p-1)x^2+3p(p-2)x\}dx$$

$$=\left[\frac{1}{4}x^4-x^3\right]_{-1}^{0}+\left[\frac{1}{4}x^4+(p-1)x^3+\frac{3}{2}p(p-2)x^2\right]_{0}^{1}$$

$$=-\left(\frac{1}{4}+1\right)+\left\{\frac{1}{4}+p-1+\frac{3}{2}p(p-2)\right\}$$

$$=\frac{3}{2}p^2-2p-2=\frac{3}{2}\left(p-\frac{2}{3}\right)^2-\frac{8}{3}$$

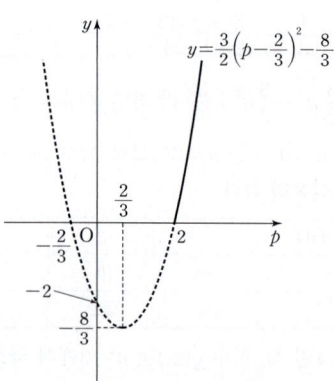

이때, 위와 같이 이차함수 $y=\frac{3}{2}\left(p-\frac{2}{3}\right)^2-\frac{8}{3}$의 그래프를 그려보면 $p \ge 2$에서 $y \ge 0$이므로 $p \ge 2$일 때, $\int_{-1}^{1} g(x)dx \ge 0$이다. (참)

따라서 옳은 것은 ㄱ, ㄴ, ㄷ이다.

다른 풀이: 최고차항의 계수가 양수이고 극값의 x좌표가 주어진 함수의 그래프의 개형을 이용하여 [보기]의 참·거짓 판단하기

삼차함수 $f(x)$는 최고차항의 계수가 1로 양수이고 $f'(0)=f'(2)=0$이므로 함수 $f(x)$는 $x=0$에서 극대이고 $x=2$에서 극소야.

한편, 함수 $y=f(x)-f(0)$ $(x \le 0)$의 그래프는 $y=f(x)$의 그래프를 y축의 방향으로 $-f(0)$만큼 평행이동한 것이므로 $y=f(x)$의 그래프에서 점 $(0, f(0))$이 원점이 되도록 옮긴 후 $x \le 0$인 부분만 그리면 돼.

또한, 함수 $y=f(x+p)-f(p)$ $(x>0)$의 그래프는 $y=f(x)$의 그래프를 x축의 방향으로 $-p$만큼, y축의 방향으로 $-f(p)$만큼 평행이동한 것이므로 $y=f(x)$의 그래프에서 점 $(p, f(p))$가 원점이 되도록 옮긴 후 $x>0$인 부분만 그리면 돼.

이때, 두 함수 $y=f(x)-f(0)$, $y=f(x+p)-f(p)$의 그래프는 모두 p의 값에 관계없이 원점을 지나므로 함수 $y=g(x)$의 그래프의 개형은 [그림 1]과 같아.

$y=f(x)-f(0)$에서 $x=0$을 대입하면 $y=f(0)-f(0)=0$
$y=f(x+p)-f(p)$에서 $x=0$을 대입하면 $y=f(p)-f(p)=0$

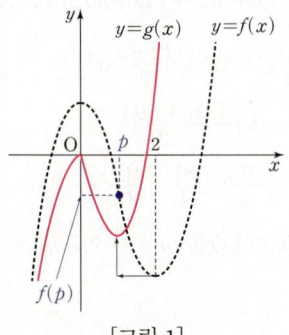

[그림 1]

ㄱ. $p=1$일 때 함수 $y=f(x+1)-f(1)$의 그래프는 $y=f(x)$의 그래프를 x축의 방향으로 -1만큼, y축의 방향으로 $-f(1)$만큼 평행이동한 거니까 $y=g(x)$의 그래프의 개형은 [그림 2]와 같아.

즉, $x=2$인 점에서의 $f(x)$의 미분계수인 $f'(2)=0$이므로 이 점을 x축의 방향으로 -1만큼 평행이동한 점에서의 미분계수인 $g'(1)=0$이야. (참)

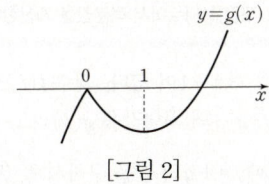

[그림 2]

ㄴ. 함수 $g(x)$가 실수 전체의 집합에서 미분가능하려면 $x=0$에서 미분가능하면 돼.

먼저 $\lim\limits_{x\to 0-} g(x) = \lim\limits_{x\to 0+} g(x) = g(0) = 0$이므로 함수 $g(x)$는 $x=0$에서 연속이야.

즉, $x=0$에서 미분가능하려면 $x=0$에서의 좌미분계수와 우미분계수가 같으면 돼.

이때, [그림 1]의 $y=g(x)$의 그래프를 살펴보면 <u>$x=0$에서의 $g(x)$의 미분계수가 0이 되어야</u> 함을 알 수 있지?

$y=f(x)-f(0)\ (x\le 0)$의 그래프는 $y=f(x)$의 그래프에서 극대점을 원점으로 옮긴 것이니까 $\lim\limits_{x\to 0-} g'(x)=0$이야. 즉 $\lim\limits_{x\to 0-} g'(x)=\lim\limits_{x\to 0+} g'(x)=0$이 되어야 $x=0$에서 미분계수가 존재하는 거야.

그런데 $f'(0)=0$이고 $f'(2)=0$이므로 $g'(0)=0$이 될 조건을

$x=0$에서 미분가능하려면 $x=0$인 점이 뾰족점이 되면 안 돼. 따라서 $y=f(x)$의 그래프의 극소점인 점 $(2, f(2))$가 원점으로 옮겨져야 하므로 양수 p의 값은 $p=2$야.

확인해 보자.

즉, $y=f(x)$의 그래프를 x축의 방향으로 -2만큼, y축의 방향으로 $-f(2)$만큼 평행이동시켜 $y=g(x)$의 그래프의 개형이 [그림 3]과 같게 해야 해.

따라서 양수 p의 값은 2로 1개뿐이야. (참)

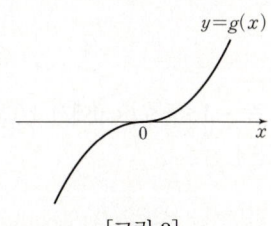

[그림 3]

ㄷ. $f'(0)=f'(2)=0$이므로 [그림 1]에서 보면 함수 $y=f(x)$의 그래프는 점 $(1, f(1))$에 대하여 대칭임을 알 수 있어.

$x=\alpha, x=\beta (\alpha<\beta)$인 점에서 극값을 갖는 삼차함수 $f(x)$의 그래프는 점 $\left(\dfrac{\alpha+\beta}{2}, f\left(\dfrac{\alpha+\beta}{2}\right)\right)$에 대하여 대칭이야. 이 점을 '변곡점'이라고 하는데 더 자세한 내용은 「미적분」 과목에서 배우게 돼.

즉, $y=f(x)$의 그래프에서 $-1\le x\le 0$인 부분과 $2\le x\le 3$인 부분이 점 $(1, f(1))$에 대하여 대칭이지.

그런데 ㄴ에 의해 [그림 3]을 보면 $p=2$일 때 함수 $y=g(x)$의 그래프는 원점에 대하여 대칭이므로 $\int_{-1}^{1} g(x)dx=0$이야.

함수 $g(x)$가 원점에 대하여 대칭이면 $\int_{-a}^{a} g(x)dx=0$

또한, $p>2$일 때 [그림 4]에서와 같이 모든 실수 x에 대하여

$f(x+p)-f(p) > f(x+2)-f(2)$이므로 $\int_{-1}^{1} g(x)dx > 0$이야.

즉, $p\ge 2$일 때, $\int_{-1}^{1} g(x)dx \ge 0$이야. (참)

주어진 정적분을 [그림 4]에 표시한 것처럼 $y=g(x)$의 그래프와 x축, 직선 $x=-1$, 직선 $x=1$로 둘러싸인 부분의 넓이 관계로 확인해보면 이해가 더 빠를 거야.

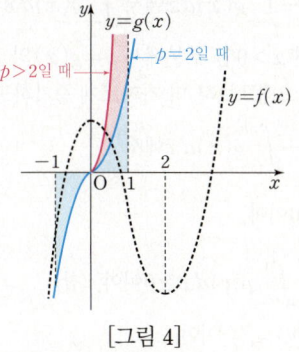

[그림 4]

따라서 옳은 것은 ㄱ, ㄴ, ㄷ이야.

🔍 **쉬운 풀이:** 함수 $g(x)$를 미분하여 ㄱ, ㄴ의 진위를 판단하고 $p\ge 2$일 때 함수 $g(x)$의 그래프의 개형을 그려 ㄷ의 참·거짓 판단하기

ㄱ. $p=1$일 때, $g(x)=\begin{cases} f(x)-f(0) & (x\le 0) \\ f(x+1)-f(1) & (x>0) \end{cases}$

$g'(1)$의 값을 묻고 있으므로 $x>0$에서의 함수 $g(x)=f(x+1)-f(1)$의 양변을 x에 대하여 미분하면

$g'(x)=f'(x+1)$

$\therefore g'(1)=f'(1+1)=f'(2)=0$ (참)

ㄴ. $x\le 0$일 때와 $x>0$일 때 다항함수 $g(x)$는 모든 실수 x에 대하여 미분가능하므로 $g(x)$가 실수 전체의 집합에서 미분가능하려면 $x=0$에서 미분가능하면 돼.

먼저,

$\lim\limits_{x\to 0-} g(x) = \lim\limits_{x\to 0-} \{f(x)-f(0)\} = f(0)-f(0) = 0$

$\lim\limits_{x\to 0+} g(x) = \lim\limits_{x\to 0+} \{f(x+1)-f(1)\} = f(1)-f(1) = 0$

$g(0)=f(0)-f(0)=0$

이므로 함수 $g(x)$는 $x=0$에서 연속이야.

이때, $g'(x)=\begin{cases} f'(x) & (x<0) \\ f'(x+p) & (x>0) \end{cases}$에서

$\lim\limits_{x\to 0-} g'(x) = \lim\limits_{x\to 0-} f'(x) = f'(0) = 0$

$\lim\limits_{x\to 0+} g'(x) = \lim\limits_{x\to 0+} f'(x+p) = f'(p)$

이므로 $x=0$에서 미분가능하려면 $f'(p)=0$이어야 해.

그런데 주어진 조건에서 $f'(0)=f'(2)=0$이라 했으므로 양수 p의 값은 2뿐이야.

즉, $g(x)$가 실수 전체의 집합에서 미분가능하도록 하는 양수 p의 개수는 1이야. (참)

ㄷ. ㄴ에 의해 $p=2$일 때 함수 $g(x)$는 모든 실수 x에서 미분가능하고, $p>2$일 때 함수 $g(x)$는 $x=0$을 제외한 모든 실수 x에서 미분가능하지?

이를 이용하여 함수 $y=g(x)$의 그래프의 개형을 그리면 다음 그림과 같아.

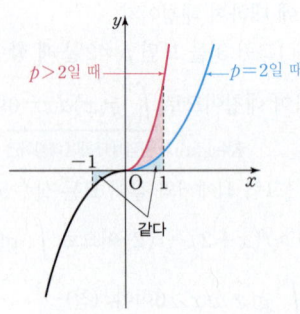

$p=2$일 때 $y=g(x)$의 그래프는 원점에 대하여 대칭이므로
$$\int_0^1 g(x)dx=-\int_{-1}^0 g(x)dx$$에서 $\int_{-1}^1 g(x)dx=0$이야.

또한, $p>2$이면 $x>0$인 부분에서 $y=g(x)$의 그래프는 $p=2$일 때의 $y=g(x)$의 그래프보다 더 가파르게 증가하므로
$$\int_0^1 g(x)dx>-\int_{-1}^0 g(x)dx$$에서
$$\int_{-1}^1 g(x)dx>0$$이야.

즉, $p\geq2$일 때, $\int_{-1}^1 g(x)dx\geq0$이야. (참)

따라서 옳은 것은 ㄱ, ㄴ, ㄷ이야.

F 129 정답 27 *정적분의 계산의 활용 ────── [정답률 42%]

정답 공식: 주어진 조건을 이용해 $f'(x)$의 함수식을 세운 후 부정적분하여 $f(x)$를 구한다.

> 최고차항의 계수가 1이고 다음 조건을 만족시키는 모든 삼차함수 $f(x)$에 대하여 $\int_0^3 f(x)dx$의 최솟값을 m이라 할 때, $4m$의 값을 구하시오. (4점)
> 단서 함수 $f(x)$가 삼차함수이므로 $f'(x)$는 이차함수지? 그런데 $f'(x)$는 직선 $x=2$에 대하여 대칭이니까 $f'(x)$의 식을 임의로 잡을 수 있어. 그럼 부정적분을 이용하면 $f(x)$도 구할 수 있지.
>
> (가) $f(0)=0$
> (나) 모든 실수 x에 대하여 $f'(2-x)=f'(2+x)$이다.
> (다) 모든 실수 x에 대하여 $f'(x)\geq-3$이다.

1st 주어진 조건을 만족시키는 삼차함수 $f(x)$의 식을 찾아야 해.
$f(x)$가 최고차항의 계수가 1인 삼차함수이므로 $f'(x)$는 최고차항의 계수가 3인 이차함수이다.
또, 조건 (나)에 의하여 이차함수 $f'(x)$는 $x=2$에 대하여 대칭이므로
$$f'(x)=3(x-2)^2+a=3x^2-12x+12+a(a는 상수)\cdots ㉠라 하면$$
→ 이차함수 $y=f(x)$의 축이 $x=a$이면 두 상수 a, b에 대하여 $f(x)=a(x-a)^2+b$로 나타낼 수 있어. (단, $a\neq0$)
$$f(x)=\int f'(x)dx$$
$$=\int (3x^2-12x+12+a)dx$$
$$=x^3-6x^2+(12+a)x+C \text{ (단, } C는 적분상수)$$
이때, 조건 (가)에 의하여
$f(0)=C=0$이므로
$$f(x)=x^3-6x^2+(12+a)x$$

2nd $\int_0^3 f(x)dx$의 최솟값을 구하자.
한편, ㉠에서 $f'(x)$의 최솟값은 a이므로 조건 (다)에 의하여 $a\geq-3$이다.
$$\therefore \int_0^3 f(x)dx=\int_0^3 \{x^3-6x^2+(12+a)x\}dx$$
→ $f'(x)$의 최고차항의 계수가 3이므로 $x<2$에서 함수 $f'(x)$는 감소하고 $x>2$에서 함수 $f'(x)$는 증가해. 따라서 함수 $f'(x)$는 $x=2$일 때 최솟값 $f'(2)=a$를 가져.
$$=\left[\frac{1}{4}x^4-2x^3+\frac{12+a}{2}x^2\right]_0^3$$
$$=\frac{81}{4}-54+\frac{108+9a}{2}$$
$$=\frac{81}{4}+\frac{9}{2}a\geq\frac{81}{4}+\frac{9}{2}\times(-3)=\frac{27}{4}$$
따라서 $\int_0^3 f(x)dx$의 최솟값은 $m=\frac{27}{4}$이므로
$$4m=4\times\frac{27}{4}=27$$

F 130 정답 17 *정적분의 계산의 활용 ────── [정답률 48%]

정답 공식: $y=|f(x)|$의 그래프를 좌표평면 위에 나타낸다. $-1\leq t\leq1$에서 $g(t)$의 함수식을 구하고, 구간을 나누어서 적분값을 계산한다.

> 삼차함수 $f(x)=x^3-3x-1$이 있다. 실수 $t(t\geq-1)$에 대하여 $-1\leq x\leq t$에서 $|f(x)|$의 최댓값을 $g(t)$라고 하자.
> $\int_{-1}^1 g(t)dt=\frac{q}{p}$일 때, $p+q$의 값을 구하시오. (단, p, q는 서로소인 자연수이다.) (4점)
> 단서 최댓값 $g(t)$를 구하기 위해서는 먼저 함수 $y=|f(x)|$의 그래프를 그려 봐. 그다음 구간을 나누어서 그 구간 안에서 t의 값을 변화시키며 $|f(t)|$의 값을 읽어서 최댓값 $g(t)$를 찾아내야 해.

1st $y=|f(x)|$의 그래프를 그린 후 $g(t)$를 구해.
$f(x)=x^3-3x-1$에서 $f'(x)=3x^2-3=3(x+1)(x-1)$
이때, $f'(x)=0$에서 $x=-1$ 또는 $x=1$이므로 함수 $f(x)$의 증가와 감소를 나타내는 표와 그래프는 그림과 같다.

x	$\cdots$	-1	$\cdots$	1	$\cdots$
$f'(x)$	$+$	0	$-$	0	$+$
$f(x)$	↗	극대 (1)	↘	극소 (-3)	↗

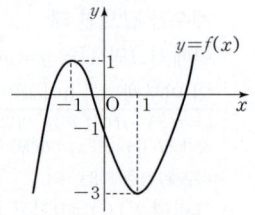

→ $y=f(x)$의 그래프에서 $y<0$인 부분만 x축에 대하여 대칭이 되도록 그리면 돼.
즉, 함수 $y=|f(x)|$의 그래프는 오른쪽과 같으므로 $-1\leq x\leq t$에서 $|f(x)|$의 최댓값을 $g(t)$라 하고 t를 움직여 보자.
t의 값을 각 구간의 그래프 위에서 움직이면서 최댓값 $g(t)$를 파악해야 해.

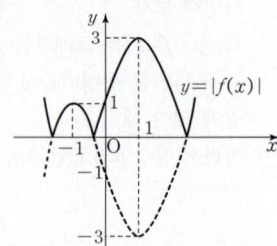

(i) $-1\leq t<0$일 때, 즉 $-1\leq x\leq t<0$에서 $|f(x)|$의 최댓값은 1이므로
$$g(t)=1$$
(ii) $0\leq t\leq1$일 때, 즉 $0\leq x\leq t\leq1$에서 $|f(x)|$의 최댓값은 $-f(t)$이므로
$$g(t)=-f(t)$$
$$=-(t^3-3t-1)$$
$$=-t^3+3t+1$$

함정 $0\leq x\leq t$에서 $0\leq t\leq1$이면 $|f(x)|$는 증가함수기 때문에 t에서의 함숫값이 최댓값이 되는 거야.

구간을 나누어서 $\int_{-1}^{1} g(t)dt$를 구해.

$$\int_{-1}^{1} g(t)dt = \int_{-1}^{0} g(t)dt + \int_{0}^{1} g(t)dt$$

$$= 1 \times 1 + \int_{0}^{1} (-t^3 + 3t + 1)dt$$

$$= 1 + \left[-\frac{1}{4}t^4 + \frac{3}{2}t^2 + t \right]_{0}^{1}$$

$$= 1 - \frac{1}{4} + \frac{3}{2} + 1 = \frac{13}{4} = \frac{q}{p}$$

$$\therefore p + q = 4 + 13 = 17$$

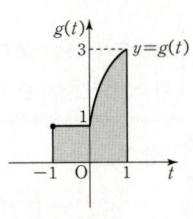

F 131 정답 ③ ＊정적분으로 나타내어진 함수의 미분 ⋯⋯⋯ [정답률 85%]

정답 공식: $\dfrac{d}{dx}\int_{a}^{x} f(t)dt = f(x)$

단서1 $f(x) = ax^2 + bx + c\,(a \neq 0)$로 놓을 수 있어.
이차함수 $f(x)$가 모든 실수 x에 대하여

$$(x+3)f(x) = \int_{-3}^{x} (4f(t) - 2t^2)dt$$

를 만족시킨다. $f(2)$의 값은? (4점)   단서2 양변을 x에 대하여 미분하여 식을 정리하자.

① 24   ② 25   ③ 26
④ 27   ⑤ 28

1st 이차함수 $f(x)$와 도함수 $f'(x)$를 정하자.
이차함수 $f(x) = ax^2 + bx + c\,(a \neq 0)$라 하면
$$f'(x) = 2ax + b$$

2nd 문제의 식을 x에 대하여 미분하여 정리하자.
등식 $(x+3)f(x) = \int_{-3}^{x} (4f(t) - 2t^2)dt$의 양변을 x에 대하여 미분하면
   우변에서 $4f(x) - 2x^2$의 한 부정적분을 $F(x)$라 하면
   $\int_{-3}^{x}(4f(t) - 2t^2)dt = F(x) - F(-3)$이므로
   x에 대하여 미분하면 $4f(x) - 2x^2$만 남게 돼.
$$f(x) + (x+3)f'(x) = 4f(x) - 2x^2$$
$$(x+3)f'(x) - 3f(x) + 2x^2 = 0$$

3rd $f(x)$를 구하여 $f(2)$의 값을 구하자.
위 식에 $f(x)$, $f'(x)$를 대입하면
$$(x+3)(2ax + b) - 3(ax^2 + bx + c) + 2x^2 = 0$$
$$(2-a)x^2 + 2(3a - b)x + 3(b - c) = 0$$
이는 x에 대한 항등식이므로
   모든 실수 x에 대하여 성립하므로 항등식이야.
$$a = 2,\ b = 6,\ c = 6$$
따라서 $f(x) = 2x^2 + 6x + 6$이므로
$$f(2) = 2 \times 2^2 + 6 \times 2 + 6 = 26$$

❀ **정적분의 성질**   개념·공식

세 실수 a, b, c를 포함하는 닫힌구간에서
두 함수 $f(x)$, $g(x)$가 연속일 때,

(1) $\int_{a}^{b} kf(x)dx = k\int_{a}^{b} f(x)dx$ (단, k는 상수)

(2) $\int_{a}^{b} \{f(x) \pm g(x)\}dx = \int_{a}^{b} f(x)dx \pm \int_{a}^{b} g(x)dx$ (복호동순)

(3) $\int_{a}^{b} f(x)dx = \int_{a}^{c} f(x)dx + \int_{c}^{b} f(x)dx$

F 132 정답 ② ＊정적분과 미분의 관계 ⋯⋯⋯ [정답률 83%]

정답 공식: $\dfrac{d}{dx}\left\{\int_{a}^{x} g(x)dx\right\} = g(x)$

함수 $f(x) = \int_{1}^{x} (t-2)(t-3)dt$에 대하여 $f'(4)$의 값은? (3점)
   단서 함수 $f(x)$를 x에 대하여 미분하여 $f'(x)$를 구한 후 $x=4$를 대입해.

① 1   ② 2   ③ 3
④ 4   ⑤ 5

1st $f(x)$의 도함수 $f'(x)$를 구하여 $f'(4)$의 값을 구해.
$f(x) = \int_{1}^{x} (t-2)(t-3)dt$의 양변을 x에 대하여 미분하면
$$f'(x) = \frac{d}{dx}\int_{1}^{x} (t-2)(t-3)dt = (x-2)(x-3)$$
$$\therefore f'(4) = (4-2) \times (4-3) = 2 \qquad \frac{d}{dx}\int_{a}^{x} f(t)dt = f(x)$$

F 133 정답 14 ＊정적분과 미분의 관계 ⋯⋯⋯ [정답률 81%]

정답 공식: $\dfrac{d}{dx}\int_{a}^{x} f(t)dt = f(x)$

함수 $f(x)$가
$$f(x) = \frac{d}{dx}\int_{1}^{x} (t^3 + 2t + 5)dt$$
일 때, $f'(2)$의 값을 구하시오. (3점)
   단서 정적분과 미분의 관계인 $\dfrac{d}{dx}\left\{\int_{a}^{x} f(t)dt\right\} = f(x)$를 이용하여 주어진 식을 정리하자.

1st 주어진 식을 정리하여 $f'(x)$를 구하자.
$f(x) = \dfrac{d}{dx}\int_{1}^{x} (t^3 + 2t + 5)dt$에서
$f(x) = x^3 + 2x + 5$ $\dfrac{d}{dx}\left\{\int_{a}^{x} f(t)dt\right\} = f(x)$
양변을 x에 관하여 미분하면
$$f'(x) = 3x^2 + 2 \qquad (x^n)' = nx^{n-1}\ (n은 자연수)$$
$$\therefore f'(2) = 3 \times 2^2 + 2 = 14$$

F 134 정답 ③ ＊정적분과 미분의 관계 ⋯⋯⋯ [정답률 90%]

정답 공식: 상수 a에 대하여 $\dfrac{d}{dx}\int_{a}^{x} f(t)dt = f(x)$

다항함수 $f(x)$가 모든 실수 x에 대하여
$$\int_{0}^{x} f(t)dt = 3x^3 + 2x$$
   단서 양변을 x에 대하여 미분하면 함수 $f(x)$를 구할 수 있어.
를 만족시킬 때, $f(1)$의 값은? (3점)

① 7   ② 9   ③ 11   ④ 13   ⑤ 15

1st 주어진 정적분을 x에 대하여 미분하여 $f(x)$를 구하자.
$\int_{0}^{x} f(t)dt = 3x^3 + 2x$의 양변을 x에 대하여 미분하면
   상수 a에 대하여 $\dfrac{d}{dx}\left\{\int_{a}^{x} f(t)dt\right\} = f(x)$
$$f(x) = 9x^2 + 2$$
$$\therefore f(1) = 9 + 2 = 11$$

이지원 | 고려대 생명과학과 2025년 입학·대구 성화여고 졸

$f(x)$가 정적분의 형태로 표현되어 있어. 이런 식을 볼 때마다 자동적으로 해야 되는 두 가지가 있어! 이 문제에서는 쓰이지 않지만 언제 어떻게 쓰일지 모르니까 기억해 놓는 게 좋아! 첫 번째는 정적분의 위끝과 아래끝을 맞춰주는 거야. 그러면 좌변이 0이 되니까 우변도 0이 되어야 해. 두 번째는 양변을 미분하는거야. 미분하면 좌변이 $f(x)$가 되는 거 알고 있지? 이 과정은 머릿속에서 5초면 판단 가능하니까 연습하도록 하자.

이 문제는 두 번째만 이용해도 바로 풀려! 양변을 x에 대해 미분하면 $f(x)=9x^2+2$라는 아주 익숙한 형태가 되니 $f(1)$은 x에 1을 대입하면 돼!

F 135 정답 ⑤ *정적분과 미분의 관계 ·············· [정답률 85%]

[**정답 공식:** $\int_a^x f(t)dt=g(t)$ 꼴이 주어지면 함수 $f(x)$를 구하기 위해 양변을 x에 대하여 미분한다.]

다항함수 $f(x)$가 모든 실수 x에 대하여

$$\int_1^x f(t)dt=x^3+3x^2-2x-2$$를 만족시킬 때, $f(2)$의 값은? (3점)

단서 주어진 정적분을 살펴보면 아래끝은 상수이고 윗끝은 변수 x야. 이것을 미분하면 $f(x)$가 나오게 된다구.

① 14 ② 16 ③ 18 ④ 20 ⑤ 22

1st 주어진 정적분을 x에 대하여 미분하여 $f(x)$를 구하자.

$\int_1^x f(t)dt=x^3+3x^2-2x-2$의 양변을 x에 대하여 미분하면

$f(x)=3x^2+6x-2$ ⟶ $\frac{d}{dx}\int_a^x f(t)dt=f(x)$ (단, $a\leq x\leq b$)

$\therefore f(2)=12+12-2=22$

✿ 미분과 적분의 관계 개념·공식

① $\int\left\{\frac{d}{dx}f(x)\right\}dx=f(x)+C$ (단, C는 적분상수)

② $\frac{d}{dx}\left\{\int f(x)dx\right\}=f(x)$

F 136 정답 ③ *정적분과 미분의 관계 ·············· [정답률 89%]

[**정답 공식:** $\frac{d}{dx}\left\{\int_a^x g(x)dx\right\}=g(x)$]

함수 $F(x)=\int_0^x (t^3-1)dt$에 대하여 $F'(2)$의 값은? (3점)

단서 구하는 것이 $F'(2)$, 즉 함수 $F(x)$의 $x=2$에서의 미분계수이므로 $F(x)$를 x에 대하여 미분한 후 $x=2$를 대입하면 돼.

① 11 ② 9 ③ 7 ④ 5 ⑤ 3

1st $\frac{d}{dx}\int_a^x f(t)dt=f(x)$임을 이용하자.

$F(x)=\int_0^x (t^3-1)dt$의 양변을 x에 대하여 미분하면

$F'(x)=x^3-1$ ⟶ $g(t)=t^3-1$이라 하고 $g(t)$의 한 부정적분을 $G(t)$라 하면

$\therefore F'(2)=2^3-1=7$

$F(x)=\int_0^x (t^3-1)dt=\int_0^x g(t)dt$에서

$F'(x)=\frac{d}{dx}\int_0^x g(t)dt=\frac{d}{dx}\left[G(t)\right]_0^x$

$=\frac{d}{dx}\{G(x)-G(0)\}=G'(x)=g(x)$

F 137 정답 5 *정적분과 미분의 관계 ·············· [정답률 51%]

[**정답 공식:** 상수 a에 대하여 $\frac{d}{dx}\left\{\int_a^x f(t)dt\right\}=f(x)$이다. 또한, 다항함수 $f(x)$가 어떤 구간에서 증가하면 이 구간의 모든 x에 대하여 $f'(x)\geq0$이다.]

함수 $f(x)=-x^2-4x+a$에 대하여 함수

$$g(x)=\int_0^x f(t)dt$$
단서 2 정적분과 미분의 관계를 이용하면 $g'(x)$를 쉽게 찾을 수 있어.

가 닫힌구간 $[0, 1]$에서 증가하도록 하는 실수 a의 최솟값을 구하시오. (4점)

단서 1 함수 $g(x)$가 구간 $[0, 1]$에서 증가하면 이 구간의 모든 x에 대하여 $g'(x)\geq0$이어야 해.

1st 함수 $g(x)$가 주어진 구간에서 증가하기 위한 조건을 구하자.

함수 $g(x)$가 닫힌구간 $[0, 1]$에서 증가하려면 이 구간의 모든 x에 대하여 $g'(x)\geq0$이어야 한다.

이때, $g(x)=\int_0^x f(t)dt$에서

$g'(x)=f(x)$ ⟶ 상수 a에 대하여 $\frac{d}{dx}\left\{\int_a^x f(t)dt\right\}=f(x)$

$=-x^2-4x+a=-(x+2)^2+a+4$

2nd 실수 a의 최솟값을 구하자.

$y=g'(x)$의 그래프를 그리면 다음과 같다.
함수 $y=g'(x)$, 즉 이차함수 $y=f(x)$의 그래프는 $x=-2$를 축으로 하고, 위로 볼록한 포물선이야.

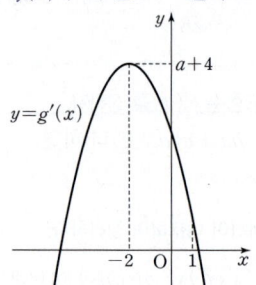

함수 $g(x)$가 닫힌구간 $[0, 1]$에서 증가하려면 구간 $[0, 1]$에서 $g'(x)\geq0$이어야 하므로 위의 그림에 의해

$g'(1)=a-5\geq0$ ⟶ 그림에서 보면 $y=g'(x)$의 그래프는 닫힌구간 $[0, 1]$에서 감소하므로 구간 $[0, 1]$에서 $g'(x)\geq0$이려면 $g'(1)\geq0$이면 돼.

$\therefore a\geq5$

따라서 a의 최솟값은 5이다.

정답 공식: 주어진 등식의 좌변의 식에 $x=12$를 대입하면 $\int_{12}^{12} f(t)dt=0$

모든 실수 x에 대하여 함수 $f(x)$는 다음 조건을 만족시킨다.

$$\int_{12}^{x} f(t)dt = -x^3+x^2+\int_{0}^{1} xf(t)dt$$

$\int_{0}^{1} f(x)dx$의 값을 구하시오. (3점)

단서 주어진 등식에서 $\int_{0}^{1} f(t)dt$는 상수이므로 이를 k로 놓고 대입한 후, 미분해 봐.

그럼, $f(x)$의 식이 나오게 되는데 이를 $\int_{0}^{1} f(t)dt=k$에 대입하여 k의 값을 구하면 돼.

1st $\int g(x)h(t)dt$는 t에 대한 적분을 말하므로 $g(x)$는 상수로 생각해서

$g(x)\int h(t)dt$로 표현할 수 있어.

$\int_{0}^{1} xf(t)dt=x\int_{0}^{1} f(t)dt$이므로 상수 k에 대하여 $\int_{0}^{1} f(t)dt=k$라

하면 $\int_{12}^{x} f(t)dt=-x^3+x^2+kx \cdots$ ㉠

주의 $\int_{0}^{1} f(t)dt$는 위끝과 아래끝에 변수를 포함하고 있지 않기 때문에 상수야.

2nd 적분과 미분의 관계를 이용하여 $f(x)$를 구하자.

㉠의 양변을 x에 대하여 미분하면 $f(x)=-3x^2+2x+k$이고, 이것을

㉠의 좌변에 대입하여 정리하면 $\frac{d}{dx}\int_{a}^{x} f(t)dt=f(x)$

$$\int_{12}^{x}(-3t^2+2t+k)dt=\left[-t^3+t^2+kt\right]_{12}^{x}$$

$$=-x^3+x^2+kx-(-12^3+12^2+12k)$$

$$=-x^3+x^2+kx+12(12^2-12-k)$$

$$=-x^3+x^2+kx+12(132-k) \cdots ㉡$$

이때, ㉡은 ㉠의 우변과 같으므로

$-x^3+x^2+kx=-x^3+x^2+kx+12(132-k)$에서

$12(132-k)=0$　계수비교법을 이용하여 k의 값을 구해야 돼.

$\therefore k=\int_{0}^{1} f(x)dx=132$

쉬운 풀이: 정적분의 성질 $\int_{a}^{a} f(x)dx=0$을 이용하기 위해 양변에 $x=12$를 대입하기

$\int_{12}^{x} f(t)dt=-x^3+x^2+\int_{0}^{1} xf(t)dt$의 양변에 $x=12$를 대입하면

$\underline{\int_{12}^{12} f(t)dt}=-12^3+12^2+\int_{0}^{1} 12f(t)dt$

위끝과 아래끝이 같은 정적분, 즉

$0=-12^2(12-1)+12\int_{0}^{1} f(t)dt$　$\int_{a}^{a} f(x)dx=0$이야.

$12\int_{0}^{1} f(t)dt=12^2\times 11$

$\therefore \int_{0}^{1} f(t)dt=12\times 11=132$

정답 공식: 함수 $f(x)$가 닫힌구간 $[a, b]$에서 연속이고, 열린구간 (a, b)에서 미분 가능하면 $\frac{f(b)-f(a)}{b-a}=f'(c)$인 c가 열린구간 (a, b)에 적어도 하나 존재한다.

함수 $f(x)=x^3+x^2+ax+b$에 대하여 함수 $g(x)$를

$$g(x)=f(x)+(x-1)f'(x)$$

라 하자. [보기]에서 옳은 것만을 있는 대로 고른 것은? (단, a, b는 상수이다.) (4점)

[보기]

ㄱ. 함수 $h(x)$가 $h(x)=(x-1)f(x)$이면 $h'(x)=g(x)$이다.

단서1 함수 $h(x)$가 두 다항함수의 곱으로 표현되어 있으므로 곱의 미분법을 이용하여 $h'(x)$를 구해봐.

ㄴ. 함수 $f(x)$가 $x=-1$에서 극값 0을 가지면 **단서2** $x=-1$에서 극값 0을 가지므로 $f'(-1)=0$, $f(-1)=0$이야. $\int_{0}^{1} g(x)dx=-1$이다.

단서3 [보기] ㄱ이 참임을 이용해야 해. 즉, $g(x)=h'(x)$이므로 $\int_{0}^{1} h'(x)dx=-1$에서 정적분과 미분의 관계를 떠올려봐.

ㄷ. $f(0)=0$이면 방정식 $g(x)=0$은 열린구간 $(0, 1)$에서 적어도 하나의 실근을 갖는다.

단서4 대부분 사잇값의 정리를 떠올릴 거야. 그런데 사잇값의 정리를 적용하려면 $g(0)$과 $g(1)$의 부호를 알아야 하는데 미지수가 a, b의 2개이므로 조건만으로는 부호를 알아내기 힘들어. 여기에서도 주어진 [보기] ㄱ이 참임을 이용해야 해. 즉, $g(x)=h'(x)$이므로 미분계수에 대한 정리, 즉 평균값 정리를 적용해봐.

① ㄱ　　② ㄴ　　③ ㄱ, ㄴ

④ ㄱ, ㄷ　　⑤ ㄱ, ㄴ, ㄷ

1st ㄱ에서 곱의 미분법을 이용하여 $h'(x)$를 구하자.

ㄱ. $h(x)=(x-1)f(x)$에서

$h'(x)=f(x)+(x-1)f'(x)$

즉, $h'(x)=g(x)$이다. (참)

2nd 함수 $f(x)$가 $x=-1$에서 극값 0을 가지면 $f(-1)=0$, $f'(-1)=0$임을 이용하여 함수 $f(x)$의 식을 구하자.

ㄴ. 함수 $f(x)$가 $x=-1$에서 극값 0을 가지므로

$\underline{f(-1)=0, f'(-1)=0}$　다항함수 $f(x)$가 $x=k$에서 극값 M을 가지면 $f(k)=M, f'(k)=0$

$f(x)=x^3+x^2+ax+b$에서

$f(-1)=-1+1-a+b=0$이므로 $a=b$

또, $f'(x)=3x^2+2x+a$에서

$f'(-1)=3-2+a=0$이므로 $a=-1$

즉, $a=-1$, $b=-1$이므로

$f(x)=x^3+x^2-x-1$

이때, ㄱ에서 함수 $h(x)=(x-1)f(x)$에 대하여

$g(x)=h'(x)$라 했으므로

$\int_{0}^{1} g(x)dx=\int_{0}^{1} h'(x)dx=\left[h(x)\right]_{0}^{1}$

함수 $F(x)$의 도함수 $F'(x)$에 대하여 $\int_{p}^{q} F'(x)dx=\left[F(x)\right]_{p}^{q}=F(q)-F(p)$

$=\left[(x-1)f(x)\right]_{0}^{1}$

$=0-\{-f(0)\}$

$=f(0)$

$=-1$ (참)

3rd 평균값 정리를 이용하여 ㄷ의 진위를 판단해.

함정 사잇값의 정리를 먼저 사용해 봤을텐데 안 되는 걸 알았을 거야. ㄱ에서 $g(x)=h'(x)$임을 알았으니까 당황할 필요 없이 평균값 정리를 사용해보면 되지.

ㄷ. 함수 $h(x)=(x-1)f(x)$가 닫힌구간 $[0, 1]$에서 연속이고,

열린구간 $(0, 1)$에서 미분가능하므로

평균값 정리에 의해

$$\frac{h(1)-h(0)}{1-0}=h'(c) \cdots \text{㉠}$$

를 만족시키는 c가 열린구간

$(0, 1)$에 적어도 하나 존재한다.

→ [평균값 정리]
함수 $F(x)$가 닫힌구간 $[a, b]$에서 연속이고,
열린구간 (a, b)에서 미분가능하면
$\frac{F(b)-F(a)}{b-a}=F'(c)$인 c가 열린구간
(a, b)에 적어도 하나 존재한다.

이때, $h(x)=(x-1)f(x)$에 대하여 $h'(x)=g(x)$이고,

㉠에 의해

$$h'(c)=h(1)-h(0)=0-\{-f(0)\}=f(0)=0$$

이므로 $h'(c)=g(c)=0$

즉, 방정식 $g(x)=0$은 열린구간 $(0, 1)$에서 적어도 하나의 실근을

갖는다. (참)

$g(c)=0$, 즉 방정식 $g(x)=0$의 해 $x=c$가 열린구간 (a, b)에
적어도 하나 존재해.

따라서 옳은 것은 ㄱ, ㄴ, ㄷ이다.

🧩 **다른 풀이:** 다항함수 $f(x)$가 $f(-1)=f'(-1)=0$이면 $(x+1)^2$을
인수로 가짐을 이용하여 ㄴ의 참·거짓 판단하기

ㄴ. 함수 $f(x)$가 $x=-1$에서 극값 0을 가지므로

$f(-1)=0$, $f'(-1)=0$이야.

즉, $f(x)$는 $(x+1)^2$을 인수로 가지므로

$f(x)=(x+1)^2(x+k)$ (k는 상수)라 놓을 수 있어.

그런데 | 주어진 $f(x)$의 최고차항의 계수는 1이지?

$$f(x)=x^3+(2+k)x^2+(1+2k)x+k$$
$$=x^3+x^2+ax+b$$

이어야 하므로

$2+k=1$ $\therefore k=-1$

$f(x)=x^3+(2+k)x^2+(1+2k)x+k=x^3+x^2+ax+b$
는 x에 대한 항등식이야.

즉, $f(x)=(x+1)^2(x-1)$이고, ㉠에서

함수 $h(x)=(x-1)f(x)$에 대하여 $g(x)=h'(x)$라 했으므로

$$\int_0^1 g(x)dx=\int_0^1 h'(x)dx=\Big[h(x)\Big]_0^1$$
$$=\Big[(x-1)f(x)\Big]_0^1=0-\{-f(0)\}$$
$$=f(0)=1\times(-1)=-1 \text{ (참)}$$

(이하 동일)

* 사잇값의 정리를 적용해서 ㄷ의 진위를 판단할 수 없는 이유

ㄷ에서 '방정식 $g(x)=0$은 열린구간 $(0, 1)$에서 적어도 하나의 실근을
갖는다.'라는 문장만 보면 사잇값의 정리의 응용을 떠올리기 쉬울 거야.

사잇값의 정리의 응용에서

『함수 $f(x)$가 닫힌구간 $[a, b]$에서 연속이고, $f(a)f(b)<0$이면 $f(c)=0$
인 c가 열린구간 (a, b)에 적어도 하나 존재한다.』

고 했지? 자, 그럼 ㄷ의 조건을 따라 정리해보자.

$f(0)=0$에 의해 $f(x)=x^3+x^2+ax$이고, $f'(x)=3x^2+2x+a$이므로

$g(x)=f(x)+(x-1)f'(x)$에서

$g(0)=f(0)-f'(0)=-f'(0)=-a$

$g(1)=f(1)=1+1+a=a+2$

그런데 상수 a에 대한 조건이 없으므로

$g(0)g(1)=-a(a+2)$의 부호를 판정할 수 없어.

따라서 ㄷ은 사잇값의 정리를 적용해서는 참, 거짓을 따질 수 없게 돼.

이 문제는 보기 ㄱ이 참임을 이용하여 나머지 ㄴ, ㄷ의 진위를 판정해야 하
는 문제였어. 이러한 진위 판정 유형에서는 이 문제처럼 보기 ㄱ, ㄴ, ㄷ이
밀접하게 연관되는 경우가 많으니 문제를 풀 때 꼭 참고하도록 해.

F 140 정답 ④ *함수의 정적분 ············ [정답률 84%]

[**정답 공식:** $\int_a^b f(x)dx=\Big[F(x)\Big]_a^b=F(b)-F(a)$]

다항함수 $f(x)$가 모든 실수 x에 대하여

$$xf(x)=ax^3+2x-3+\int_0^1 f'(t)dt$$

단서1 양변에 $x=0$을 대입해보자.

를 만족시킬 때, $\int_0^2 f(x)dx$의 값은? (단, a는 상수이다.) (4점)

단서2 구한 함수 $f(x)$를 대입하여 정적분의 값을 구하자.

① 3　　　　　② 6　　　　　③ 9

④ 12　　　　　⑤ 15

1st 주어진 식의 양변에 $x=0$을 대입하여 $\int_0^1 f'(t)dt$의 값을 구하자.

$xf(x)=ax^3+2x-3+\int_0^1 f'(t)dt$의 양변에 $x=0$을 대입하면

$$0=-3+\int_0^1 f'(t)dt$$

$$\therefore \int_0^1 f'(t)dt=3 \cdots \text{㉠}$$

2nd 정적분의 정의를 이용하여 함수 $f(x)$를 구하자.

㉠을 다시 주어진 식에 대입하면

$$xf(x)=ax^3+2x$$

함수 $f(x)$가 다항함수이므로 양변을 x로 나누면 함수 $f(x)$를 구할 수 있어.

즉, $f(x)=ax^2+2 \cdots \text{㉡}$

$$\int_0^1 f'(t)dt=\Big[f(t)\Big]_0^1=f(1)-f(0)$$

$f(x)$의 부정적분 중 하나를 $F(x)$라 할 때, $\int_a^b f(x)dx=\Big[F(x)\Big]_a^b=F(b)-F(a)$

$$=(a+2)-2(\because \text{㉡})=a=3$$

따라서 $f(x)=3x^2+2$이다.

3rd $\int_0^2 f(x)dx$의 값을 구하자.

$$\therefore \int_0^2 f(x)dx=\int_0^2 (3x^2+2)dx$$

$\int_a^b x^n dx=\Big[\frac{1}{n+1}x^{n+1}\Big]_a^b$

$$=\Big[x^3+2x\Big]_0^2=2^3+2\times 2=12$$

F 141 정답 ③ *정적분으로 정의된 함수의 미정계수의 결정 ··· [정답률 67%]

[**정답 공식:** $\int_0^1 g(t)dt=k$(k는 상수)로 두고 $g(x)=\int f(x)dx$를 이용한다.]

다항함수 $f(x)$의 한 부정적분 $g(x)$가 다음 조건을 만족시킨다.

단서1 $f(x)$를 부정적분하여 $g(x)$를 구할 때 적분상수를 놓치면 안 돼.

(가) $f(x)=2x+2\int_0^1 g(t)dt$

(나) $g(0)-\int_0^1 g(t)dt=\frac{2}{3}$

단서2 정적분한 값은 상수이므로
$\int_0^1 g(t)dt=k$(k는 상수)라 놓으면
$f(x)$의 식을 세울 수 있어.
이 식을 부정적분해봐.

단서3 적분상수를 구할 수 있는 힌트야.

$g(1)$의 값은? (4점)

① -2　② $-\frac{5}{3}$　③ $-\frac{4}{3}$　④ -1　⑤ $-\frac{2}{3}$

조건 (가)에서 $\int_0^1 g(t)dt$의 값은 상수이므로 상수 k에 대하여

<u>$\int_0^1 g(t)dt=k$라 하면</u>

정적분을 계산하면 상수이므로 $\int_0^1 g(t)dt$의 값을 상수로 놓고 $f(x)$의 식을 세우는 거야.

$f(x)=2x+2k$

이때, $g(x)$는 $f(x)$의 한 부정적분이므로

$g(x)=\int f(x)dx=\int(2x+2k)dx$

주의 부정적분을 구할 때 적분상수를 빠트리면 안 돼.

$=x^2+2kx+C$ (C는 적분상수)

로 나타낼 수 있다.

2nd k의 값과 적분상수 C를 구한 후 $g(1)$의 값을 구하자.

$g(x)=x^2+2kx+C$이고, $g(0)=C$이므로 조건 (나)의 식에 대입하면

$C-\int_0^1(t^2+2kt+C)dt=\dfrac{2}{3}$

$C-\left[\dfrac{t^3}{3}+kt^2+Ct\right]_0^1=\dfrac{2}{3}$

$C-\left(\dfrac{1}{3}+k+C\right)=\dfrac{2}{3}$

$-\dfrac{1}{3}-k=\dfrac{2}{3}$　∴ $k=-1$

한편, $\int_0^1 g(t)dt=k=-1$이므로 조건 (나)에서

$g(0)-\int_0^1 g(t)dt=\dfrac{2}{3}$

$C-(-1)=\dfrac{2}{3}$　∴ $C=-\dfrac{1}{3}$

따라서 $g(x)=x^2-2x-\dfrac{1}{3}$이므로

$g(1)=1-2-\dfrac{1}{3}=-\dfrac{4}{3}$

F 142 **정답 ①** ＊정적분으로 정의된 함수의 미정계수의 결정 … [정답률 79%]

정답 공식: $\int_0^1 f(t)dt=k$라 하고 $f(x)$를 주어진 정적분 식에 대입하여 상수 k의 값을 구한다.

함수 $f(x)$가 모든 실수 x에 대하여

$f(x)=4x^3+x\int_0^1 f(t)dt$

단서 $\int_0^1 f(t)dt=k$(k는 상수)로 놓고 $f(x)$를 정적분 식에 대입하여 k의 값을 구해.

를 만족시킬 때, $f(1)$의 값은? (4점)

① 6　　　　② 7　　　　③ 8
④ 9　　　　⑤ 10

1st $\int_0^1 f(t)dt=k$로 놓고 $f(x)$를 $\int_0^1 f(t)dt=k$에 대입하자.

<u>$\int_0^1 f(t)dt=k$(k는 상수)라 하면</u>

→ 함수 $f(x)$의 한 부정적분을 $F(x)$라 하면

$f(x)=4x^3+x\int_0^1 f(t)dt$　정적분 $\int_0^1 f(t)dt$의 값은 $F(1)-F(0)$

$=4x^3+kx$　　으로 상수야.

이때, $f(t)=4t^3+kt$를 $\int_0^1 f(t)dt=k$에 대입하면

$k=\int_0^1(4t^3+kt)dt$

주의 dt는 t에 대하여 적분한다는 의미이고, k는 상수이므로
$\int kt\,dt=\dfrac{1}{2}k^2t+C$가 아니라 $\int kt\,dt=\dfrac{1}{2}kt^2+C$
임에 주의해야 해.

$=\left[t^4+\dfrac{k}{2}t^2\right]_0^1=1+\dfrac{k}{2}$

$\dfrac{k}{2}=1$　∴ $k=2$

2nd $f(1)$의 값을 구하자.

따라서 $f(x)=4x^3+2x$이므로

$f(1)=4+2=6$

F 143 **정답 40** ＊정적분으로 나타내어진 함수의 추론 … [정답률 70%]

정답 공식: 양변을 미분하면 $f(x)$의 함수식을 얻는다. $\int_0^1 f(t)dt$는 상수이다.

다항함수 $f(x)$에 대하여 $\displaystyle\int_0^x f(t)dt=x^3-2x^2-2x\int_0^1 f(t)dt$

일 때, $f(0)=a$라 하자. $60a$의 값을 구하시오. (4점)

단서 $f(0)$의 값을 구하려면 $f(x)$를 알아야 해. 그런데 주어진 식의 양변을 미분하면 $f(x)$가 나오게 되니까 미분을 이용하여 $f(x)$를 찾아 봐.

1st $\int_0^1 f(t)dt$의 값을 구하자.

다항함수 $f(x)$에 대하여

$\int_0^x f(t)dt=x^3-2x^2-2x\int_0^1 f(t)dt$에서

$\int_0^1 f(t)dt=k$(k는 상수)라 하면

$\int_0^x f(t)dt=x^3-2x^2-2kx$이고 양변에 $x=1$을 대입하면

$k=\int_0^1 f(t)dt=1-2-2k=-1-2k,\ 3k=-1$

∴ $k=\int_0^1 f(t)dt=-\dfrac{1}{3}$

2nd 주어진 등식의 양변을 x에 대하여 미분해.

이때, <u>$\int_0^x f(t)dt=x^3-2x^2+\dfrac{2}{3}x$의 양변을 x에 대하여 미분하면</u>

$f(x)=3x^2-4x+\dfrac{2}{3}$　　$\dfrac{d}{dx}\int_a^x f(t)dt=f(x)$

따라서 $f(0)=a=\dfrac{2}{3}$이므로

$60a=60\times\dfrac{2}{3}=40$

수능 핵강

＊ **미분과 적분의 관계를 이용할 때 주의할 점**

이 문제는 미분과 적분의 관계 $\dfrac{d}{dx}\int_a^x f(t)dt=f(x)$를 이용해서 구하는

문제네. $\int$을 없애려면 미분을 이용해야 된다는 것을 꼭 기억해.

그런데 미분을 먼저하고 적분을 나중에 하면

$\int_a^x\left\{\dfrac{d}{dx}f(t)\right\}dt=\int_a^x f'(t)dt=\left[f(t)\right]_a^x=f(x)-f(a)$

이므로 상수항 $f(a)$를 조심해야겠지.

F

$f(x)$의 정적분의 값을 위에서 구한 함수식으로 구할 수 있어.

$$\int_1^2 f(x)dx = \int_1^2 \left(\frac{12}{7}x^2 - 2ax + a^2\right)dx = \left[\frac{4}{7}x^3 - ax^2 + a^2 x\right]_1^2$$

$$= 4 - 3a + a^2$$

㉠에서 $4 - 3a + a^2 = a$

즉, $a^2 - 4a + 4 = 0$에서 $(a-2)^2 = 0$이므로 $a = 2$

$$a = \int_1^2 f(t)dt = 2$$

$$\therefore 10\int_1^2 f(x)dx = 10 \cdot 2 = 20$$

⚙ 정적분을 포함한 등식의 풀이   개념·공식

① 적분구간이 상수로 주어진 경우 : $A = B + \int_a^b f(t)dt$ 꼴

$\Rightarrow \int_a^b f(t)dt = k$ (k는 상수)로 놓는다.

② 적분구간이 변수로 주어진 경우 : $A = B + \int_a^x f(t)dt$ 꼴

$\Rightarrow$ 양변에 $x = a$를 대입해서 나온 식과 양변을 x에 대해 미분한 식을 이용한다.

F 144 정답 ① ＊정적분으로 나타내어진 함수의 추론 ⸺ [정답률 78%]

[정답 공식: $\int_0^1 tf(t)dt = k$(k는 상수)로 두고 적분식에 $f(t) = t^2 - 2t + k$를 대입한다.**]**

함수 $f(x)$가 $f(x) = x^2 - 2x + \int_0^1 tf(t)dt$를 만족시킬 때, $f(3)$의 값은? (3점) **단서** $\int_0^1 tf(t)dt$는 결정되어 있는 값이니까 이 값을 k로 두고 함수 $f(t)$를 대입하여 k의 값을 구해 봐.

① $\dfrac{13}{6}$　　② $\dfrac{5}{2}$　　③ $\dfrac{17}{6}$

④ $\dfrac{19}{6}$　　⑤ $\dfrac{7}{2}$

1st $\int_0^1 tf(t)dt$의 값은 상수이므로 상수 k로 치환하자.

$\int_0^1 tf(t)dt$의 값은 상수이므로 상수 k에 대하여 $k = \int_0^1 tf(t)dt \cdots$ ㉠
함수 $f(x)$의 식이 어떻게 되는지 확인할 수는 없지만 문제의 조건을 만족시키는 $f(x)$가 존재하니까 $\int_0^1 tf(t)dt$의 값은 하나로 결정되어 있어.
라 하면 $f(x) = x^2 - 2x + k$

이때, $f(t) = t^2 - 2t + k$를 ㉠에 대입하여 정리하자.

$$k = \int_0^1 t(t^2 - 2t + k)dt$$

$$= \int_0^1 (t^3 - 2t^2 + kt)dt$$

$$= \left[\frac{1}{4}t^4 - \frac{2}{3}t^3 + \frac{k}{2}t^2\right]_0^1$$

$$= \frac{1}{4} - \frac{2}{3} + \frac{k}{2}$$

$$\frac{k}{2} = -\frac{5}{12} \qquad \therefore k = -\frac{5}{6}$$

따라서 $f(x) = x^2 - 2x - \dfrac{5}{6}$이므로

$$f(3) = 3^2 - 2 \cdot 3 - \frac{5}{6} = \frac{13}{6}$$

F 145 정답 20 ＊정적분으로 나타내어진 함수의 추론 ⸺ [정답률 72%]

[정답 공식: $\int_1^2 f(t)dt = k$ (k는 상수)로 두고 $f(x)$의 함수식을 적분식에 대입해서 k의 값을 구한다.**]**

이차함수 $f(x)$가 **단서** $\int_1^2 f(t)dt$는 결정되어 있는 값이니까 이 값을 a로 두고 함수 $f(t)$를 대입하여 a의 값을 구해 봐.

$$f(x) = \frac{12}{7}x^2 - 2x\int_1^2 f(t)dt + \left\{\int_1^2 f(t)dt\right\}^2$$

일 때, $10\int_1^2 f(x)dx$의 값을 구하시오. (3점)

1st 정적분의 값이 상수임을 이용해서 $f(x)$의 식을 간단히 해 봐.

$f(x) = \dfrac{12}{7}x^2 - 2x\int_1^2 f(t)dt + \left\{\int_1^2 f(t)dt\right\}^2$에서 정적분의 값은 항상

상수이므로 $\boxed{\int_1^2 f(t)dt = a} \cdots$ ㉠로 놓자. ▸ $\int_1^2 f(t)dt$의 값은 $f(t)$에 의해서 결정되는데 문제의 $f(x)$는 하나로 결정되어 있으니까 $\int_1^2 f(t)dt$의 값은 어떤 하나의 값을 가져.

실수 적분구간이 상수로 정해져 있으므로 적분한 결과도 상수가 되겠지.

$\therefore f(x) = \dfrac{12}{7}x^2 - 2ax + a^2$

F 146 정답 ② ＊정적분으로 정의된 함수의 미정계수의 결정 ⸺ [정답률 60%]

[정답 공식: $\int_0^2 g(t)dt = k$ (k는 상수)라 놓고 $f(x) = x^3 - 3x^2 + k$에 대한 정적분의 값을 계산한다.**]**

두 다항함수 $f(x)$, $g(x)$에 대하여

$$f(x) = x^3 - 3x^2 + \int_0^2 g(t)dt,$$

$$g(x) = 3x^2 + 2 + \int_{-1}^1 f(t)dt$$

단서 $\int_0^2 g(t)dt$, $\int_{-1}^1 f(t)dt$의 값은 상수이므로 적절한 문자를 사용해 $f(x)$, $g(x)$의 식을 나타낸 후 주어진 등식에 각각 대입해봐.

일 때, $f(x) + g(x)$는? (3점)

① $x^3 - 12$　　② $x^3 - 8$　　③ $x^3 - \dfrac{16}{3}$

④ $x^3 - \dfrac{8}{3}$　　⑤ $x^3 - 1$

1st $\int_0^2 g(t)dt = a$, $\int_{-1}^1 f(t)dt = b$ (a, b는 상수)로 놓고 정적분의 값을 구하자.

$\int_0^2 g(t)dt = a$, $\int_{-1}^1 f(t)dt = b$ (a, b는 상수)라 하면

$$f(x) = x^3 - 3x^2 + a, \quad g(x) = 3x^2 + 2 + b$$

이때,

$$a = \int_0^2 g(t)dt = \int_0^2 (3t^2 + 2 + b)dt$$

$$= \left[t^3 + (2+b)t\right]_0^2 = 8 + 4 + 2b = 2b + 12 \cdots ㉠$$

이고,

$$b = \int_{-1}^1 f(t)dt = \int_{-1}^1 (t^3 - 3t^2 + a)dt$$

$$= 2\int_0^1 (-3t^2 + a)dt$$ ▸ $y = x^3$은 원점에 대하여 대칭이므로 $\int_{-1}^1 x^3 dx = 0$
또, $y = -3x^2 + a$는 y축에 대하여 대칭이므로 $\int_{-1}^1 (-3t^2 + a)dt = 2\int_0^1 (-3t^2 + a)dt$

$$= 2\left[-t^3 + at\right]_0^1 = 2(-1 + a)$$

$$= 2a - 2 \cdots ㉡$$

이므로 ㉠, ㉡을 연립하여 풀면

$a = -\dfrac{8}{3},\ b = -\dfrac{22}{3}$ ㉡을 ㉠에 대입하면 $b = 2(2b+12)-2,\ b = 4b+24-2$

$3b = -22$ $\therefore b = -\dfrac{22}{3}$

따라서 $b = -\dfrac{22}{3}$를 ㉠에 대입하면 $a = -\dfrac{44}{3}+12 = -\dfrac{8}{3}$

$f(x) = x^3 - 3x^2 - \dfrac{8}{3}$

$g(x) = 3x^2 + 2 - \dfrac{22}{3} = 3x^2 - \dfrac{16}{3}$

이므로

$f(x) + g(x) = \left(x^3 - 3x^2 - \dfrac{8}{3}\right) + \left(3x^2 - \dfrac{16}{3}\right) = x^3 - 8$

F 147 정답 ④ ＊정적분으로 정의된 함수의 미정계수의 결정 · [정답률 81%]

[정답 공식: 상수 a에 대하여 $\displaystyle\int_a^a f(t)dt = 0$이고

$\dfrac{d}{dx}\left[\displaystyle\int_a^x f(t)dt\right] = f(x)$이다.]

다항함수 $f(x)$가 모든 실수 x에 대하여

단서1 다항함수는 모든 실수에서 미분가능해.

$$\int_1^x f(t)dt = xf(x) - x^3$$

단서2 $x=1$을 대입한 식과 미분한 식을 이용해.

을 만족시킬 때, $f(2)$의 값은? (3점)

① 4   ② $\dfrac{9}{2}$ ③ 5

④ $\dfrac{11}{2}$ ⑤ 6

1st 주어진 식을 미분하여 함수 $f(x)$를 구하자.

$\displaystyle\int_1^x f(t)dt = xf(x) - x^3$의 양변을 x에 대하여 미분하면

$f(x) = f(x) + xf'(x) - 3x^2$

$\dfrac{d}{dx}\left[\displaystyle\int_a^x f(t)dt\right] = f(x)$

$xf'(x) = 3x^2,\ f'(x) = 3x$

함수 $f'(x)$도 다항함수이므로 양변을 x로 나누면 $f'(x)$를 구할 수 있어.

$\therefore f(x) = \dfrac{3}{2}x^2 + C$ (단, C는 적분상수)

2nd $\displaystyle\int_1^1 f(t)dt = 0$을 이용해서 적분상수 C를 구하자.

$\displaystyle\int_1^x f(t)dt = xf(x) - x^3$에서

$x=1$일 때,

$0 = 1 \times f(1) - 1,\ f(1) = 1$

$\displaystyle\int_a^a f(t)dt = 0$

$f(1) = \dfrac{3}{2} + C = 1$이므로 $C = -\dfrac{1}{2}$

따라서 $f(x) = \dfrac{3}{2}x^2 - \dfrac{1}{2}$이므로

$f(2) = 6 - \dfrac{1}{2} = \dfrac{11}{2}$

F 148 정답 ⑤ ＊정적분으로 정의된 함수의 미정계수의 결정 ···· [정답률 82%]

[정답 공식: 정적분의 아래끝과 위끝이 같으면 정적분의 값은 0이다. 적분과 미분의 관계를 이용한다.]

다항함수 $f(x)$가 모든 실수 x에 대하여 단서 상수 k에 대하여 $\displaystyle\int_k^x f(t)dt$의 꼴이 주어지면 위끝과 아래끝이 같도록 $x=k$를 대입해보고, 양변을 미분하여 $f(x)$를 구해봐.

$$\int_1^x \left\{\dfrac{d}{dt}f(t)\right\}dt = x^3 + ax^2 - 2$$

를 만족시킬 때, $f'(a)$의 값은? (단, a는 상수이다.) (4점)

① 1   ② 2   ③ 3

④ 4   ⑤ 5

1st $\displaystyle\int_k^k f(t)dt = 0$이야.

$\displaystyle\int_1^x \left\{\dfrac{d}{dt}f(t)\right\}dt = x^3 + ax^2 - 2$의 양변에 $x=1$을 대입하면

상수 k에 대하여 $\displaystyle\int_k^k f(x)dx = 0$

$0 = 1 + a - 2$ $\therefore a = 1$

2nd 적분과 미분의 관계를 떠올려봐.

이때, $\dfrac{d}{dt}f(t) = f'(t)$이므로

$\displaystyle\int_1^x \left\{\dfrac{d}{dt}f(t)\right\}dt = \int_1^x f'(t)dt$

$\qquad\qquad\qquad = \Big[f(t)\Big]_1^x = f(x) - f(1)$

따라서 $\displaystyle\int_1^x \left\{\dfrac{d}{dt}f(t)\right\}dt = x^3 + x^2 - 2$에서 $\to x^3 + ax^2 - 2$에 $a=1$을 대입했어.

$f(x) - f(1) = x^3 + x^2 - 2$이므로 양변을 x에 대하여 미분하면

$f'(x) = 3x^2 + 2x$ 적분과 미분의 관계에 의해 $\displaystyle\int_1^x \left\{\dfrac{d}{dt}f(t)\right\}dt = x^3 + x^2 - 2$의

$\therefore f'(a) = f'(1)$ 양변을 x에 대하여 미분하면 $\dfrac{d}{dx}f(x) = f'(x) = 3x^2 + 2x$야.

$\qquad = 3 + 2 = 5$

F 149 정답 9 ＊정적분으로 정의된 함수의 미정계수의 결정 · [정답률 84%]

[정답 공식: 미분과 적분의 관계를 이용하여 양변을 미분하면 함수 $f(x)$를 구할 수 있다.]

다항함수 $f(x)$가 모든 실수 x에 대하여 단서 상수 a에 대하여 $\displaystyle\int_a^x f(t)dt$의 꼴이 주어지면 등식의 양변에 $x=a$를 대입해봐. 또, 양변을 미분하면 $f(x)$를 구할 수 있어.

$$\int_a^x f(t)dt = \dfrac{1}{3}x^3 - 9$$

를 만족시킬 때, $f(a)$의 값을 구하시오. (단, a는 실수이다.) (3점)

1st $\displaystyle\int_a^a f(t)dt = 0$임을 이용하여 상수 a의 값을 구해.

$\displaystyle\int_a^x f(t)dt = \dfrac{1}{3}x^3 - 9$의 양변에 $x=a$를 대입하면

$\displaystyle\int_a^a f(t)dt = 0$

$0 = \dfrac{1}{3}a^3 - 9,\ a^3 = 27$

$\therefore a = 3$

2nd 이제 주어진 등식의 양변을 미분하여 $f(x)$를 구하자.

따라서 $\displaystyle\int_3^x f(t)dt = \dfrac{1}{3}x^3 - 9$이므로 양변을 x에 대하여 미분하면

$f(x) = x^2$ $\dfrac{d}{dx}\displaystyle\int_a^x f(t)dt = f(x)$

$\therefore f(a) = f(3) = 3^2 = 9$

정답 공식: $\dfrac{d}{dx}\left\{\displaystyle\int_a^x g(x)dx\right\}=g(x)$이고, $\displaystyle\int_a^a g(x)dx=0$이다.

다항함수 $f(x)$가 모든 실수 x에 대하여

단서 상수 a에 대하여 $\displaystyle\int_a^x f(t)dt$의 꼴이 주어지면 위끝과 아래끝이 같도록 x의 값을 대입하고, 양변을 미분하여 $f(x)$를 구해야 해.

$$\int_1^x f(t)dt=x^3+ax^2-3x+1$$

을 만족시킬 때, $f(a)$의 값은? (단, a는 상수이다.) (3점)

① -2 ② -1 ③ 0
④ 1 ⑤ 2

1st 상수 k에 대하여 $\displaystyle\int_k^k f(t)dt=0$임을 이용하자.

주어진 등식의 양변에 $x=1$을 대입하면

$\displaystyle\int_1^1 f(t)dt=1+a-3+1$에서

$a-1=0$ → $\displaystyle\int_k^k f(t)dt=0$

$\therefore a=1$

2nd 이제 $f(x)$의 식을 완성하고 $f(a)$의 값을 구해.

따라서 $\displaystyle\int_1^x f(t)dt=x^3+x^2-3x+1$이므로 양변을 x에 대하여 미분하면

→ 문제에 주어진 등식에 $a=1$을 대입했어.

$f(x)=3x^2+2x-3$ → $\dfrac{d}{dx}\displaystyle\int_k^x f(t)dt=f(x)$

$\therefore f(a)=f(1)=3+2-3=2$

정답 공식: $\dfrac{d}{dx}\left\{\displaystyle\int_a^x g(x)dx\right\}=g(x)$

함수 $f(x)$가

단서 $f'(2)$의 값이 주어져 있으니까 함수 $f(x)$를 x에 대하여 미분하여 $f'(x)$를 구한 후 $x=2$를 대입해 봐. 그럼, a에 대한 방정식이 만들어질 거야.

$$f(x)=\int_0^x (2at+1)dt$$

이고 $f'(2)=17$일 때, 상수 a의 값을 구하시오. (3점)

1st $f(x)$의 도함수 $f'(x)$를 구하자.

$f(x)=\displaystyle\int_0^x (2at+1)dt$의 양변을 x에 대하여 미분하면

$f'(x)=\dfrac{d}{dx}\displaystyle\int_0^x (2at+1)dt=2ax+1$이고

$f'(2)=17$이므로 $\dfrac{d}{dx}\displaystyle\int_a^x f(t)dt=f(x)$

$4a+1=17$

$\therefore a=4$

수능 핵강

＊직접 정적분을 계산하여 문제 해결하기

다음과 같이 주어진 식의 우변을 직접 적분한 후, 미분해도 상관없어.

즉, $f(x)=\displaystyle\int_0^x (2at+1)dt=\Big[at^2+t\Big]_0^x=ax^2+x$

이므로 $f'(x)=2ax+1$로 구할 수 있지.

그런데 위와 같이 하면 시간이 조금 더 걸릴 뿐만 아니라 주어진 함수가 적분하기 쉽지 않다면 문제를 해결하기 어려울 거야. 그러니까 적분과 미분의 관계는 매우 기본적인 것이고 중요하므로 꼭 기억해 둬.

정답 공식: $\dfrac{d}{dx}\displaystyle\int_a^x f(t)dt=f(x)$, $\{f(x)g(x)\}'=f'(x)g(x)+f(x)g'(x)$

다항함수 $f(x)$가 모든 실수 x에 대하여

$$\int_0^x \{f(t)+t^2\}dt=xf(x)-x^3$$

단서1 정적분과 미분의 관계, 곱의 미분법을 떠올려.

을 만족시킬 때, $\displaystyle\int_0^4 f'(x)dx$의 값을 구하시오. (3점)

단서2 문제에서 $f'(x)$를 적분하기 때문에 다항함수 $f(x)$를 구하기보다 도함수 $f'(x)$를 구하자.

1st 주어진 식을 간단히 정리하고, 정적분과 미분의 관계와 곱의 미분법을 이용하여 양변을 미분해.

주어진 식 $\displaystyle\int_0^x \{f(t)+t^2\}dt=xf(x)-x^3$의 양변을

상수 a에 대하여 $\displaystyle\int_a^x f(t)dt$ 꼴이 주어지면 $\dfrac{d}{dx}\left\{\displaystyle\int_a^x f(t)dt\right\}=f(x)$임을 이용해.

x에 대하여 미분하면

$f(x)+x^2=f(x)+xf'(x)-3x^2$

$xf'(x)=4x^2$

다항함수 $f(x)$의 도함수 $f'(x)$도 다항함수이므로

$xf'(x)=4x^2$에서 $f'(x)$가 다항함수이면 $f'(x)=4x$일 때 등식이 성립해.

$f'(x)=4x$

2nd $\displaystyle\int_0^4 f'(x)dx$의 값을 구하자.

$\therefore \displaystyle\int_0^4 f'(x)dx=\int_0^4 4xdx=\Big[2x^2\Big]_0^4=32$

정답 공식: $f(x)=\displaystyle\int_a^x g(t)dt$의 양변을 x에 대하여 미분하면 $f'(x)=g(x)$이다.

다항함수 $f(x)$가 모든 실수 x에 대하여

$$\int_1^x f(t)dt=x^3-ax+1$$

단서 좌변은 $t=1$부터 $t=x$까지의 정적분이므로 x에 대하여 미분하면 $f(x)$야.

을 만족시킬 때, $f(2)$의 값은? (단, a는 상수이다.) (3점)

① 8 ② 10 ③ 12
④ 14 ⑤ 16

1st $\dfrac{d}{dx}\displaystyle\int_a^x f(t)dt=f(x)$임을 이용하자.

$\displaystyle\int_1^x f(t)dt=x^3-ax+1$ … ㉠

㉠의 양변에 $x=1$을 대입하면 $1-a+1=0$이므로

$a=2$ $\displaystyle\int_1^1 f(t)dt=0$이겠지?

㉠의 양변을 x에 대하여 미분하면

$f(x)=3x^2-a=3x^2-2$

이므로 $f(2)=12-2=10$

정답 공식: 상수 a에 대하여 $\dfrac{d}{dx}\left\{\displaystyle\int_a^x f(t)dt\right\}=f(x)$이고, $\displaystyle\int_a^a f(x)dx=0$이다.

다항함수 $f(x)$가 모든 실수 x에 대하여

$$xf(x)=2x^3+ax^2+3a+\int_1^x f(t)dt$$

→ **단서1** 등식의 우변에 적분구간에 변수 x가 있는 정적분으로 정의된 함수가 있으므로 양변을 x에 대하여 미분한 후 등식을 정리해. 또, 정적분의 아래끝과 위끝이 같아지는 x의 값을 대입하여 함숫값에 대한 힌트를 얻어내.

를 만족시킨다. $f(1)=\displaystyle\int_0^1 f(t)dt$일 때, $a+f(3)$의 값은?

단서2 $\displaystyle\int_0^1 f(t)dt$의 값을 구하기 위해 위에 맨 처음에 주어진 등식에 $x=0$을 대입해봐.

(단, a는 상수이다.) (4점)

① 5   ② 6   ③ 7
④ 8   ⑤ 9

1st 정적분의 성질을 이용하여 $f(1)$의 값을 구해.

주어진 등식을

$$xf(x)=2x^3+ax^2+3a+\int_1^x f(t)dt \cdots ㉠$$

이라 하자.

㉠의 양변에 $x=1$을 대입하면

$$f(1)=2+a+3a+\int_1^1 f(t)dt$$

→ 정적분의 아래끝과 위끝이 같으면 정적분의 값은 0이므로 $\displaystyle\int_1^1 f(t)dt=0$이야.

$$\therefore f(1)=4a+2 \cdots ㉡$$

또한, ㉠의 양변에 $x=0$을 대입하면

$$0=3a+\int_1^0 f(t)dt,\ 0=3a-\int_0^1 f(t)dt$$

→ $\displaystyle\int_a^b f(x)dx=-\int_b^a f(x)dx$

$$\therefore \int_0^1 f(t)dt=3a \cdots ㉢$$

그런데 $f(1)=\displaystyle\int_0^1 f(t)dt$라 했으므로 ㉡, ㉢에서

$$4a+2=3a \quad \therefore a=-2$$

따라서 $f(1)=4\times(-2)+2=-6$이다.

→ ㉡에 $a=-2$를 대입하면 돼.

2nd 주어진 등식의 양변을 x에 대하여 미분한 후 부정적분을 이용하여 $f(x)$를 구해.

한편, ㉠의 양변을 x에 대하여 미분하면

$$f(x)+xf'(x)=6x^2+2ax+f(x)$$

$\{xf(x)\}'=x'\times f(x)+x\times f'(x)$이고, $\dfrac{d}{dx}\displaystyle\int_1^x f(t)dt=f(x)$야.

$$xf'(x)=6x^2-4x,\ xf'(x)=x(6x-4)$$

→ $a=-2$를 대입했어.

$$\therefore f'(x)=6x-4$$

→ 모든 실수 x에 대하여 $xf'(x)=x(6x-4)$가 성립하므로 $f'(x)=6x-4$야.

$$f(x)=\int f'(x)dx$$

$$=\int(6x-4)dx$$

$$=3x^2-4x+C \text{ (단, } C\text{는 적분상수)}$$

이고, $f(1)=-6$이므로

$$f(1)=3\times1^2-4\times1+C=-6 \text{에서 } C=-5$$

따라서 $f(x)=3x^2-4x-5$이므로

$$f(3)=3\times3^2-4\times3-5=27-12-5=10$$

$$\therefore a+f(3)=-2+10=8$$

정답 공식: 상수 a에 대하여 $\displaystyle\int_a^x f(t)dt$ 꼴이 주어지면 $\displaystyle\int_a^a f(t)dt=0$과 $\dfrac{d}{dx}\left\{\displaystyle\int_a^x f(t)dt\right\}=f(x)$임을 이용한다.

다항함수 $f(x)$가 모든 실수 x에 대하여

$$3xf(x)=9\int_1^x f(t)dt+2x$$

단서 $\displaystyle\int_1^x f(t)dt$ 꼴이 보이므로 양변을 x에 대하여 미분하고, 양변에 $x=1$을 대입해 봐.

를 만족시킬 때, $f'(1)$의 값은? (4점)

① -2 ② -1 ③ 0 ④ 1 ⑤ 2

1st $\displaystyle\int_a^a f(t)dt=0$임을 이용하기 위해 양변에 $x=1$을 대입하자.

$3xf(x)=9\displaystyle\int_1^x f(t)dt+2x$의 양변에 $x=1$을 대입하면

$$3f(1)=0+2 \quad \therefore f(1)=\frac{2}{3} \cdots ㉠$$

→ $\displaystyle\int_a^a f(t)dt=0$

2nd 주어진 식의 양변을 x에 대하여 미분하자.

$3xf(x)=9\displaystyle\int_1^x f(t)dt+2x$의 양변을 x에 대하여 미분하면

$$3f(x)+3xf'(x)=9f(x)+2 \cdots ㉡$$

→ $\dfrac{d}{dx}\left\{\displaystyle\int_a^x f(t)dt\right\}=f(x)$

미분가능한 함수 $f(x),g(x)$에 대하여 $y=f(x)g(x)$일 때, $y'=f'(x)g(x)+f(x)g'(x)$

3rd $f'(1)$의 값을 구하자.

㉡에 $x=1$을 대입하면

$3f(1)+3f'(1)=9f(1)+2$에서

$$3f'(1)=6f(1)+2=6\times\frac{2}{3}+2(\because ㉠)$$

$$3f'(1)=6 \quad \therefore f'(1)=2$$

정답 공식: $x=1$을 대입하여 $f(1)$의 값을 찾고, 양변을 미분하여 $f'(x)$를 구한다.

다항함수 $f(x)$가 모든 실수 x에 대하여

$$\int_1^x f(t)dt=xf(x)-3x^4+2x^2$$

단서 주어진 등식에서 $f(x)$가 나올 수 있도록 양변을 x에 대하여 미분해 봐. 그다음, $\displaystyle\int_a^a f(x)dx=0$임을 이용하면 돼.

을 만족시킬 때, $f(0)$의 값은? (4점)

① 1   ② 2   ③ 3   ④ 4   ⑤ 5

1st 주어진 식의 양변을 x에 대하여 미분해.

$\displaystyle\int_1^x f(t)dt=xf(x)-3x^4+2x^2$의 양변을 x에 대하여 미분하면

$$f(x)=f(x)+xf'(x)-12x^3+4x \text{에서}$$

→ $\dfrac{d}{dx}\displaystyle\int_a^x f(t)dt=f(x)$

$xf'(x)=12x^3-4x$이고 함수 $f(x)$가 다항함수이므로

$$f'(x)=12x^2-4$$

$$\therefore f(x)=\int f'(x)dx=\int(12x^2-4)dx$$

$$=4x^3-4x+C \text{ (단, } C\text{는 적분상수) } \cdots ㉠$$

→ 부정적분할 때 항상 적분상수 C를 써주는 것을 잊지 말자.

2nd $\displaystyle\int_a^a f(x)dx=0$임을 이용하여 적분상수 C를 구하자.

이때, $\displaystyle\int_1^x f(t)dt=xf(x)-3x^4+2x^2$의 양변에 $x=1$을 대입하면

$$0=f(1)-3+2 \quad \therefore f(1)=1$$

→ $\displaystyle\int_a^a f(x)dx=0$

㉠에 $x=1$을 대입하면 $f(1)=4-4+C=1$이므로 $C=1$

$$\therefore f(0)=C=1$$

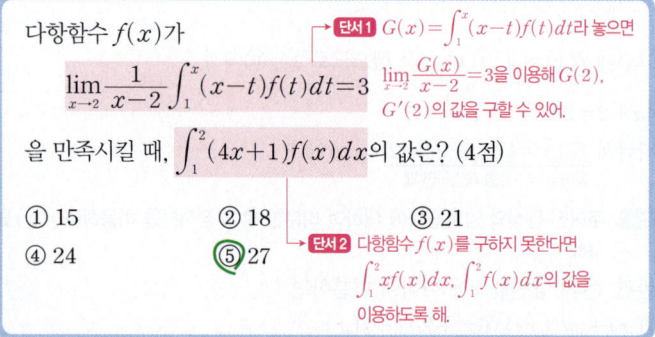

F 157 정답 ① *정적분으로 정의된 함수의 극한 · [정답률 76%]

> **정답 공식**: $f(x)=\int f'(x)dx$이고, 상수 a에 대하여 $\lim\limits_{x\to a}\dfrac{f(x)}{x-a}=c$이면 $f(a)=0$, $f'(a)=c$ (단, $c\neq0$인 실수)

단서1 도함수 $f'(x)$가 주어져 있으므로 부정적분을 이용하여 $f(x)$의 식을 구해.

함수 $f(x)$에 대하여 $f'(x)=3x^2-4x+1$이고

$\lim\limits_{x\to0}\dfrac{1}{x}\int_0^x f(t)dt=1$일 때, $f(2)$의 값은? (4점)

단서2 $\lim\limits_{x\to0}\dfrac{1}{x}\int_0^x f(t)dt=f(0)$

① 3 ② 4 ③ 5 ④ 6 ⑤ 7

1st 부정적분을 이용하여 다항함수 $f(x)$의 식을 구하자.

함수 $f(t)$의 한 부정적분을 $F(t)$라 하면

$$f(x)=\int f'(x)dx$$

주의 부정적분을 구할 때, 적분상수 C를 놓치지 않아야 해.

$$=\int(3x^2-4x+1)dx$$

$\int x^n dx=\dfrac{1}{n+1}x^{n+1}+C$ (단, C는 적분상수, $n\neq-1$)

$$=x^3-2x^2+x+C\ (C는\ 적분상수)$$

에서 $f(0)=C$

2nd 정적분의 정의와 조건 $\lim\limits_{x\to0}\dfrac{1}{x}\int_0^x f(t)dt=1$을 이용하여 적분상수 C의 값을 찾아.

$F(t)=\int f(t)dt$에서

$\int_a^b f(t)dt=\left[F(t)\right]_a^b=F(b)-F(a)$

$$\int_0^x f(t)dt=\left[F(t)\right]_0^x=F(x)-F(0)$$에서

$$\lim_{x\to0}\frac{1}{x}\int_0^x f(t)dt=\lim_{x\to0}\frac{F(x)-F(0)}{x}=F'(0)=f(0)$$

$f'(a)=\lim\limits_{x\to a}\dfrac{f(x)-f(a)}{x-a}$

에서 $f(0)=1$이므로 $C=1$

3rd $f(2)$의 값을 구하자.

따라서 $f(x)=x^3-2x^2+x+1$이므로

$$f(2)=8-8+2+1=3$$

F 158 정답 17 *정적분으로 나타내어진 함수의 극한 · [정답률 79%]

> **정답 공식**: $\dfrac{d}{dx}\left\{\int_a^x g(x)dx\right\}=g(x)$

함수 $f(x)=\int_0^x(3t^2+5)dt$에 대하여

단서 주어진 극한식은 미분계수의 정의지? 적절히 식을 변형하여 간단히 나타내면 무엇을 구해야 할지 보일 거야.

$\lim\limits_{x\to2}\dfrac{f(x)-f(2)}{x-2}$의 값을 구하시오. (3점)

1st $\dfrac{d}{dx}\int_a^x f(t)dt=f(x)$ (a는 상수)임을 이용하자.

$f(x)=\int_0^x(3t^2+5)dt$의 양변을 x에 대하여 미분하면

$$f'(x)=3x^2+5$$

$\dfrac{d}{dx}\int_a^x f(t)dt=f(x)$

2nd 미분계수의 정의를 이용하여 $\lim\limits_{x\to2}\dfrac{f(x)-f(2)}{x-2}$의 값을 구해.

$$\therefore \lim_{x\to2}\frac{f(x)-f(2)}{x-2}=f'(2)=3\times2^2+5=17$$

$f'(a)=\lim\limits_{x\to a}\dfrac{f(x)-f(a)}{x-a}$

F 159 정답 4 *정적분으로 나타내어진 함수의 극한 · [정답률 76%]

> **정답 공식**: 미분가능한 함수 $F(x)$에 대하여 $\dfrac{d}{dx}\int_a^x F(x)dx=F(x)$이다.

미분가능한 함수 $f(x)$가 $f(2)=1$, $f'(2)=4$를 만족시킬 때,

$$\lim_{x\to2}\frac{1}{x-2}\int_2^x\{f(t)\}^2 f'(t)dt$$의 값을 구하시오. (3점)

단서 $F(t)=\int\{f(t)\}^2 f'(t)dt$라 하면 주어진 식은 $\lim\limits_{x\to2}\dfrac{F(x)-F(2)}{x-2}$가 돼.

함수 $f(x)$가 구간 $[a,b]$에서 연속이고, $f(x)$의 한 부정적분을 $F(x)$라 할 때

$$\int_a^b f(x)dx=\left[F(x)\right]_a^b=F(b)-F(a)$$

1st 정적분의 정의를 이용하여 주어진 식을 정리해.

$F(t)=\int\{f(t)\}^2 f'(t)dt$라 하면 $F'(t)=\{f(t)\}^2 f'(t)$이므로

$$\int_2^x\{f(t)\}^2 f'(t)dt=\left[F(t)\right]_2^x$$

$\{f(t)\}^2 f'(t) \overset{적분}{\underset{미분}{\rightleftarrows}} F(t)$

$$=F(x)-F(2)$$

$$\lim_{x\to2}\frac{1}{x-2}\int_2^x\{f(t)\}^2 f'(t)dt$$

$$=\lim_{x\to2}\frac{F(x)-F(2)}{x-2}=F'(2)$$

$$\therefore F'(2)=\{f(2)\}^2 f'(2)=1^2\cdot4=4$$

F 160 정답 ⑤ *정적분으로 나타내어진 함수의 극한 · [정답률 45%]

> **정답 공식**: 미분가능한 함수 $f(x)$에 대하여 $\dfrac{d}{dx}\int_a^x f(t)dt=f(x)$이다.
> 또, 두 함수 $f(x)$, $g(x)$에 대하여 $\lim\limits_{x\to a}\dfrac{f(x)}{g(x)}=\alpha$($\alpha$는 실수)이고 $\lim\limits_{x\to a}g(x)=0$이면 $\lim\limits_{x\to a}f(x)=0$이다.

다항함수 $f(x)$가

단서1 $G(x)=\int_1^x(x-t)f(t)dt$라 놓으면 $\lim\limits_{x\to2}\dfrac{G(x)}{x-2}=3$을 이용해 $G(2)$, $G'(2)$의 값을 구할 수 있어.

$$\lim_{x\to2}\frac{1}{x-2}\int_1^x(x-t)f(t)dt=3$$

을 만족시킬 때, $\int_1^2(4x+1)f(x)dx$의 값은? (4점)

① 15 ② 18 ③ 21 ④ 24 ⑤ 27

단서2 다항함수 $f(x)$를 구하지 못한다면 $\int_1^2 xf(x)dx$, $\int_1^2 f(x)dx$의 값을 이용하도록 해.

1st $G(x)=\int_1^x(x-t)f(t)dt$라 놓고 $G(2)$, $G'(2)$의 값을 구해.

$G(x)=\int_1^x(x-t)f(t)dt$라 하자.

$\lim\limits_{x\to2}\dfrac{1}{x-2}\int_1^x(x-t)f(t)dt=\lim\limits_{x\to2}\dfrac{G(x)}{x-2}=3$에서 $x\to2$일 때 (분모) $\to0$이고 극한값이 존재하므로 (분자) $\to0$이어야 한다.

$\lim\limits_{x\to a}\dfrac{f(x)}{g(x)}=a$($a$는 실수)일 때, $\lim\limits_{x\to a}g(x)=0$이면 $\lim\limits_{x\to a}f(x)=0$이어야 해.

즉, $\lim\limits_{x\to2}G(x)=0$에서 $G(2)=0$이다.

또한, 함수 $G(x)$는 실수 전체의 집합에서 미분가능하므로

$f(x)$가 다항함수이므로 $G(x)=\int_1^x(x-t)f(t)dt$도 다항함수야. 따라서 함수 $G(x)$는 실수 전체의 집합에서 미분가능해.

$$\lim_{x\to2}\frac{G(x)}{x-2}=\lim_{x\to2}\frac{G(x)-G(2)}{x-2}=G'(2)=3$$

미분가능한 함수 $f(x)$에 대하여 $f'(a)=\lim\limits_{x\to a}\dfrac{f(x)-f(a)}{x-a}$

2nd $\int_1^2 xf(x)dx$, $\int_1^2 f(x)dx$의 값을 이용하여 $\int_1^2 (4x+1)f(x)dx$의 값을 구하자.

$G(x)=\int_1^x (x-t)f(t)dt=x\int_1^x f(t)dt-\int_1^x tf(t)dt$의 양변을 x에 대하여 미분하면

$G'(x)=\int_1^x f(t)dt+xf(x)-xf(x)=\int_1^x f(t)dt$이고

$G'(2)=3$이므로

$G'(2)=\int_1^2 f(t)dt=3 \cdots \bigcirc$

> **주의**
> $\dfrac{d}{dx}\int_1^x (x-t)f(t)dt=(x-x)f(x)$
> 라고 하면 안 돼!
> 적분해야 할 함수에 x가 포함되어 있으므로 전개하여 나타낸 후 곱의 미분법을 써야 해.

또한, $G(2)=0$이므로

$G(2)=2\int_1^2 f(t)dt-\int_1^2 tf(t)dt=0$에서

$\int_1^2 tf(t)dt=2\int_1^2 f(t)dt=2\times 3=6 \cdots \bigcirc\!\!\!-$

따라서 $\bigcirc$, $\bigcirc\!\!\!-$에 의하여

$\int_1^2 (4x+1)f(x)dx=4\int_1^2 xf(x)dx+\int_1^2 f(x)dx=4\times 6+3=27$

> **함정** 다항함수 $f(x)$를 구할 수 없으므로 $\int_1^2 xf(x)dx$, $\int_1^2 f(x)dx$의 값을 이용하여 $\int_1^2 (4x+1)f(x)dx$의 값을 구해야 하는 거야.

F 161 정답 ① *정적분으로 나타내어진 함수의 극한 … [정답률 45%]

> **정답 공식**: 극한값이 존재하고 (분모)→0이므로 (분자)→0이어야 한다.
> $\lim_{x\to 1}\left[\left\{\dfrac{F(x)-F(1)}{x-1}-\dfrac{f(x)-f(1)}{x-1}\right\}\cdot\dfrac{1}{x+1}\right]$로 식을 변형해본다.

> 다항함수 $f(x)$가 $\lim_{x\to 1}\dfrac{\int_1^x f(t)dt-f(x)}{x^2-1}=2$를 만족할 때, $f'(1)$의 값은? (4점) **단서** 미분계수의 정의를 이용할 수 있도록 주어진 식을 변형해 봐. 이때, 극한값이 존재하는 분수식의 극한에서 (분모) → 0이면 (분자) → 0이야.
>
> ① -4 ② -3 ③ -2 ④ -1 ⑤ 0

1st $f(1)$의 값부터 구하자. → $\lim_{x\to a}\dfrac{f(x)}{g(x)}=\alpha$일 때, $\lim_{x\to a}g(x)=0$이면 $\lim_{x\to a}f(x)=0$이어야 해.

$\lim_{x\to 1}\dfrac{\int_1^x f(t)dt-f(x)}{x^2-1}=2$에서 $\lim_{x\to 1}(x^2-1)=0$이므로

$\lim_{x\to 1}\left\{\int_1^x f(t)dt-f(x)\right\}=0$, $\int_1^1 f(t)dt-f(1)=0$

$\therefore f(1)=0 \cdots \bigcirc$ → $\int_a^a f(x)dx=0$

2nd $f(x)$의 한 부정적분을 $F(x)$라 하고 식을 정리해 봐.

이때, $f(x)$의 한 부정적분을 $F(x)$라 하면

$\lim_{x\to 1}\dfrac{\int_1^x f(t)dt-f(x)}{x^2-1}$

$=\lim_{x\to 1}\left\{\dfrac{F(x)-F(1)}{x^2-1}-\dfrac{f(x)-f(1)}{x^2-1}\right\} (\because \bigcirc)$

> **주의** $f'(1)$의 값을 얻어내기 위해 어떻게 식을 변형해야 할지 생각해봐.

$=\lim_{x\to 1}\left\{\dfrac{1}{x+1}\cdot\dfrac{F(x)-F(1)}{x-1}-\dfrac{1}{x+1}\cdot\dfrac{f(x)-f(1)}{x-1}\right\}$

$=\dfrac{1}{2}F'(1)-\dfrac{1}{2}f'(1)$ [미분계수의 정의] $f'(a)=\lim_{x\to a}\dfrac{f(x)-f(a)}{x-a}$

$=\dfrac{1}{2}f(1)-\dfrac{1}{2}f'(1)=2$ $\therefore f(1)-f'(1)=4$

따라서 $\bigcirc$에 의해 $f'(1)=-4$

F 162 정답 ⑤ *정적분으로 정의된 함수의 극대, 극소 … [정답률 84%]

> **정답 공식**: $\dfrac{d}{dx}\int_a^x f(t)dt=f(x)$

> 함수 $f(x)=\int_1^x (t^2+t)dt$의 극댓값과 극솟값의 합은? (3점)
> **단서** 미분가능한 함수 $f(x)$에 대하여 $x=a$에서 $f'(x)=0$이고 $x=a$의 좌우에서 $f'(x)$의 부호가 바뀌면 $f(a)$는 함수 $f(x)$의 극값이야.
>
> ① $-\dfrac{2}{3}$ ② -1 ③ $-\dfrac{7}{6}$ ④ $-\dfrac{4}{3}$ ⑤ $-\dfrac{3}{2}$

1st 함수 $f(x)$의 증가와 감소를 표로 나타내자. → $\int_1^x (t^2+t)dt=\left[\dfrac{1}{3}t^3+\dfrac{1}{2}t^2\right]_1^x$

$f(x)=\int_1^x (t^2+t)dt$에서 $f'(x)=x^2+x$

$=\dfrac{1}{3}x^3+\dfrac{1}{2}x^2-\dfrac{5}{6}$

이므로 $f(x)=\int_1^x (t^2+t)dt$의 양변을 x에 대하여 미분하면 $f'(x)=x^2+x$야.

$f'(x)=0$에서

$x^2+x=0$, $x(x+1)=0$

$\therefore x=0$ 또는 $x=-1$

즉, 함수 $f(x)$의 증가와 감소를 표로 나타내면 다음과 같다.

x	$\cdots$	-1	$\cdots$	0	$\cdots$
$f'(x)$	$+$	0	$-$	0	$+$
$f(x)$	↗	극대	↘	극소	↗

2nd 함수 $f(x)$의 극댓값과 극솟값의 합을 구해.

따라서 함수 $f(x)$의 극댓값과 극솟값은 각각

$f(-1)=\int_1^{-1}(t^2+t)dt$ → $f'(-1)=0, f'(0)=0$이고 $x=-1$의 좌우에서 $f'(x)$의 부호가 양에서 음으로, $x=0$의 좌우에서 $f'(x)$의 부호가 음에서 양으로 바뀌므로 함수 $f(x)$의 극댓값과 극솟값은 각각 $f(-1), f(0)$이야.

$=\left[\dfrac{1}{3}t^3+\dfrac{1}{2}t^2\right]_1^{-1}$

$=\left(-\dfrac{1}{3}+\dfrac{1}{2}\right)-\left(\dfrac{1}{3}+\dfrac{1}{2}\right)$

$=-\dfrac{2}{3}$

$f(0)=\int_1^0 (t^2+t)dt=\left[\dfrac{1}{3}t^3+\dfrac{1}{2}t^2\right]_1^0$

$=0-\left(\dfrac{1}{3}+\dfrac{1}{2}\right)=-\dfrac{5}{6}$

이므로 구하는 극댓값과 극솟값의 합은

$\left(-\dfrac{2}{3}\right)+\left(-\dfrac{5}{6}\right)=-\dfrac{3}{2}$

F 163 정답 ② *정적분으로 정의된 함수의 극대, 극소 … [정답률 57%]

> **정답 공식**: $F'(x)=f(x)$이므로 함수 $y=f(x)$의 그래프가 x축에 접하지 않으면서 x축과 만나는 점의 개수가 1개여야 한다.

> 삼차함수 $f(x)=x^3-3x+a$에 대하여 함수
> $F(x)=\int_0^x f(t)dt$
> **단서** 함수 $F(x)$의 도함수가 $f(x)$이니까 함수 $F(x)$가 오직 하나의 극값을 가지려면 도함수 $y=f(x)$의 그래프의 개형이 어때야 하는지 생각해 보거나, 방정식 $f(x)=0$의 실근에 대하여 어때야 하는지 생각해 봐.
> 가 오직 하나의 극값을 갖도록 하는 양수 a의 최솟값은? (4점)
>
> ① 1 ② 2 ③ 3 ④ 4 ⑤ 5

1st 두 함수 $F(x)$와 $f(x)$의 관계를 따져봐.

$F(x)=\int_0^x f(t)dt$의 양변을 미분하면

$F'(x)=\dfrac{d}{dx}\int_0^x f(t)dt=f(x) \cdots \bigcirc$

F

한편, 함수 $f(x)$가 삼차함수이므로 ㉠에 의해 함수 $F(x)$는 사차함수이다. **주의** 삼차함수 $f(x)$가 주어졌으므로 방정식 $F'(x)=f(x)=0$이 가져야 할 조건을 유추할 수 있어야 해.

이때, 사차함수 $F(x)$가 오직 하나의 극값을 가지려면 방정식 $F'(x)=f(x)=0$은 중근과 실근을 각각 1개 가지거나 또는 오직 하나의 실근만 가져야 한다. … ㉡
$x=a$에서 극값을 가지려면 $f(a)=0$이고 $x=a$의 좌우에서 $f(x)$의 부호가 바뀌어야 하잖아. 그런데 극값이 오직 하나이려면 이런 점이 하나만 존재해야 해.

2nd 삼차함수 $f(x)$의 극댓값과 극솟값을 이용하여 부등식을 세워봐.

$f(x)=x^3-3x+a$에서
$f'(x)=3x^2-3=3(x+1)(x-1)$이고
$f'(x)=0$에서 $x=-1$ 또는 $x=1$이므로
삼차함수 $f(x)$는 $x=-1$에서
극댓값 $f(-1)=-1+3+a=a+2$,
$x=1$에서 극솟값 $f(1)=1-3+a=a-2$를 가진다.
이때, ㉡을 만족하려면 (극댓값)×(극솟값)≥0이어야 한다.
삼차함수 $f(x)$에 대하여 방정식 $f(x)=0$은 (극댓값)×(극솟값)>0이면 오직 하나의 실근, (극댓값)×(극솟값)=0이면 한 실근과 중근, (극댓값)×(극솟값)<0이면 서로 다른 세 실근을 가져.
즉, $(a+2)(a-2)\geq 0$에서
$a\leq -2$ 또는 $a\geq 2$
따라서 양의 실수 a의 최솟값은 2이다.

F **164** 정답 ⑤ *정적분으로 정의된 함수의 극대, 극소 … [정답률 79%]

정답 공식: $\dfrac{d}{dx}\left\{\displaystyle\int_a^x f(x)dx\right\}=f(x)$

함수 $f(x)=x(x+2)(x+4)$에 대하여 함수 $g(x)=\displaystyle\int_2^x f(t)dt$ 는 $x=a$에서 극댓값을 갖는다. $g(a)$의 값은? (4점)

단서2 미분가능한 함수 $g(x)$에 대하여 $x=a$에서 극댓값을 갖는다면 $g'(a)=0$이면서 $x=a$의 좌우에서 $g'(x)$의 부호가 양에서 음으로 바뀌어야 해.

단서1 $g(x)$가 정적분을 이용한 함수로 표현되었네? 양변을 x에 대하여 미분하여 도함수 $g'(x)$와 함수 $f(x)$의 관계를 찾아봐.

① -28 ② -29 ③ -30
④ -31 ⑤ -32

1st $g(x)=\displaystyle\int_2^x f(t)dt$의 양변을 미분하여 $g'(x)=0$이 되는 x의 값을 찾아봐.

$g(x)=\displaystyle\int_2^x f(t)dt$의 양변을 x에 대하여 미분하면
$g'(x)=f(x)$
$g'(x)=f(x)=x(x+2)(x+4)$야.
이때, $g'(x)=0$, 즉 $x(x+2)(x+4)=0$에서
$x=-4$ 또는 $x=-2$ 또는 $x=0$이므로 함수 $g(x)$의 증가와 감소를 표로 나타내면 다음과 같다.

x	$\cdots$	-4	$\cdots$	-2	$\cdots$	0	$\cdots$
$g'(x)$	$-$	0	$+$	0	$-$	0	$+$
$g(x)$	↘	극소	↗	극대	↘	극소	↗

즉, 함수 $g(x)$는 $x=-2$에서 극댓값을 갖는다.
$\therefore a=-2$

2nd $g(a)$의 값을 구하자.

$\;\;f(t)=t(t+2)(t+4)$
$\;\;=t(t^2+6t+8)=t^3+6t^2+8t$

$\therefore g(a)=\displaystyle\int_2^{-2} f(t)dt=\int_2^{-2}(t^3+6t^2+8t)dt$

$=-\displaystyle\int_{-2}^{2}(t^3+6t^2+8t)dt=-2\int_0^2 6t^2 dt$

$=-2\left[2t^3\right]_0^2=-32$

$y=x^3, y=8x$는 원점에 대하여 대칭인 함수이고 $y=6x^2$은 y축에 대하여 대칭인 함수이므로 $\displaystyle\int_{-2}^{2} t^3 dt=0,\ \int_{-2}^{2} 8t dt=0,\ \int_{-2}^{2} 6t^2 dt=2\int_0^2 6t^2 dt$

쉬운 풀이: 함수 $f(x)$의 그래프를 보고 함수 $g(x)$가 극대인 점 찾기

$g(x)=\displaystyle\int_2^x f(t)dt$의 양변을 x에 대하여 미분하면 $g'(x)=f(x)$야.

이때, $g(x)$가 극대인 점을 찾으려면 $g'(x)$, 즉 $f(x)$의 값이 양에서 음으로 변하는 점을 찾으면 돼.

그런데 문제에 $y=f(x)$의 그래프가 주어져 있으므로 $f(x)$의 값이 양에서 음으로 변하는 점의 x좌표는 -2라는 것을 쉽게 알 수 있지?

따라서 $a=-2$야.

(이하 동일)

F **165** 정답 ⑤ *정적분으로 정의된 함수의 극대, 극소 … [정답률 62%]

정답 공식: 실수 전체의 범위에서 미분가능한 함수 $f(x)$가 $x=a$에서 극값을 가지면 $f'(a)=0$이다.

실수 a에 대하여 함수 $f(x)$는
$$f(x)=\begin{cases} 3x^2+3x+a & (x<0) \\ 3x+a & (x\geq 0) \end{cases}$$

단서3 미분가능한 함수 $g(x)$가 $x=2$에서 극솟값을 가지니 $g'(2)=0$이야.

이다. 함수 $g(x)=\displaystyle\int_{-4}^x f(t)dt$가 $x=2$에서 극솟값을 가질 때,

단서1 $f(0)=a$이고 $\displaystyle\lim_{x\to 0+} f(x)=\lim_{x\to 0-} f(x)=a$이므로 $x=0$에서 연속이고 $\displaystyle\lim_{x\to 0+} f'(x)=\lim_{x\to 0-} f'(x)=3$으로 $x=0$에서 미분가능하므로 함수 $f(x)$는 실수 전체에서 미분가능한 함수야.

함수 $g(x)$의 극댓값은? (4점)

단서2 $g(x)=\displaystyle\int_{-4}^x f(t)dt$이므로 함수 $g(x)$는 미분가능한 함수이고 $g'(x)=f(x)$야.

① 18 ② 20 ③ 22 ④ 24 ⑤ 26

1st $g'(x)$를 구해.

$g'(x)=\dfrac{d}{dx}\displaystyle\int_{-4}^x f(t)dt=f(x)$

$F'(x)=f(x)$라 할 때, 실수 a에 대하여
$\dfrac{d}{dx}\displaystyle\int_a^x f(t)dt=\dfrac{d}{dx}\{F(x)-F(a)\}=f(x)$가 성립해.

2nd 도함수의 성질을 이용해서 $g(2)$가 극솟값이면 $g'(2)=0$임을 이용해.

$g'(2)=f(2)=6+a=0$

따라서 $a=-6$
$a=-6$이면 $f(x)=\begin{cases} 3x^2+3x-6 (x<0) \\ 3x-6 \quad (x\geq 0) \end{cases}$이야.

함수 $y=f(x)$의 그래프를 그려보면 $x=2$를 기준으로 함숫값이 음의 값에서 양의 값으로 바뀐다는 것을 알 수 있어. 그럼 이 그래프를 도함수로 갖는 함수 $y=g(x)$는 $x=2$를 기준으로 감소에서 증가로 바뀌니 $x=2$에서 극솟값을 갖는다고 할 수 있어.

3rd $g(a)$의 값이 극댓값이면 $g'(a)=0$임을 이용해.

$x<0$일 때, 방정식 $3x^2+3x-6=0$을 풀면
$3(x+2)(x-1)=0$
따라서 $x=-2$ 또는 $x=1$이다.
그런데 $x<0$이 되어야 하므로 $x=-2$이고
$a=-2$가 되어야 한다.
그러므로 $x=-2$일 때 극댓값을 갖는다.

$$g(-2)=\int_{-4}^{-2}f(t)dt$$
$$=\left[x^3+\frac{3}{2}x^2-6x\right]_{-4}^{-2}$$
$$=(-8+6+12)-(-64+24+24)=10+16=26$$

F 166 정답 8 ＊정적분으로 정의된 함수의 극대, 극소 ··· [정답률 40%]

> **정답 공식**: 미분가능한 함수 $F(x)$가 $x=b$에서 극값을 가지면 $x=b$의 좌우에서 $F'(x)$의 부호가 바뀌어야 한다. 또한, $\dfrac{d}{dx}\displaystyle\int_a^x F(t)dt=F(x)$이다.

> 실수 a와 함수 $f(x)=x^3-12x^2+45x+3$에 대하여 함수
>
> $$g(x)=\int_a^x\{f(x)-f(t)\}\times\{f(t)\}^4 dt$$
>
> **단서 2** $\displaystyle\int_a^x\{f(x)-f(t)\}\times\{f(t)\}^4 dt$에서 적분변수가 t이므로 $f(x)$는 상수라 생각하면 돼. 식을 정리한 후 곱의 미분법을 이용하여 $g'(x)$를 구해.
>
> 가 오직 하나의 극값을 갖도록 하는 모든 a의 값의 합을 구하시오.
>
> **단서 1** 함수 $g(x)$의 극값에 대한 조건이 주어졌으므로 $g'(x)$를 구한 후 $g'(x)=0$이 되는 x의 값을 찾아봐야 해.
>
> (4점)

1st 함수 $g(x)$를 x에 대하여 미분하여 $g'(x)=0$이 되는 x의 값을 구하자.

$$g(x)=\int_a^x\{f(x)-f(t)\}\times\{f(t)\}^4 dt$$

$$=f(x)\int_a^x\{f(t)\}^4 dt-\int_a^x\{f(t)\}^5 dt$$

> **실수** $g(x)=\displaystyle\int_a^x\{f(x)-f(t)\}\times\{f(t)\}^4 dt$의 양변을 x에 대하여 미분할 때, $g'(x)=\{f(x)-f(x)\}\times\{f(x)\}^4=0$으로 계산하는 실수를 하지 않도록 해.

이므로 양변을 x에 대하여 미분하면

$f(x)\displaystyle\int_a^x\{f(t)\}^4 dt$가 두 함수의 곱의 형태이므로 곱의 미분법을 이용하면

$\left[f(x)\displaystyle\int_a^x\{f(t)\}^4 dt\right]'=f'(x)\displaystyle\int_a^x\{f(t)\}^4 dt+f(x)\left[\displaystyle\int_a^x\{f(t)\}^4 dt\right]'$이야.

$$g'(x)=f'(x)\int_a^x\{f(t)\}^4 dt+f(x)\times\{f(x)\}^4-\{f(x)\}^5$$

$\dfrac{d}{dx}\displaystyle\int_a^x\{f(t)\}^4 dt=\{f(x)\}^4,\ \dfrac{d}{dx}\displaystyle\int_a^x\{f(t)\}^5 dt=\{f(x)\}^5$

$$=f'(x)\int_a^x\{f(t)\}^4 dt+\{f(x)\}^5-\{f(x)\}^5$$

$$=f'(x)\int_a^x\{f(t)\}^4 dt$$

즉, $g'(x)=0$이면 $f'(x)=0$ 또는 $\underline{x=a}$이다.

$\displaystyle\int_a^x\{f(t)\}^4 dt$에서 $\{f(x)\}^4\geq0$이므로

$x>a$이면 $\displaystyle\int_a^x\{f(t)\}^4 dt>0$이고, $x<a$이면 $\displaystyle\int_a^x\{f(t)\}^4 dt<0$이야.

따라서 $\displaystyle\int_a^a\{f(t)\}^4 dt=0$이므로 $\displaystyle\int_a^x\{f(t)\}^4 dt=0$인 경우는 $x=a$일 때뿐이야.

한편, $f(x)=x^3-12x^2+45x+3$에서

$f'(x)=3x^2-24x+45$

$\quad\ =3(x-3)(x-5)$

이므로 $f'(x)=0$에서 $x=3$ 또는 $x=5$이다.

따라서 $g'(x)=0$이 되는 x의 값은 $x=3$ 또는 $x=5$ 또는 $x=a$이다.

2nd 함수 $g(x)$가 오직 하나의 극값을 갖도록 하는 a의 값을 구하자.

(i) $a\neq3$, $a\neq5$일 때

$\quad g'(x)=0$에서 $x=3$ 또는 $x=5$ 또는 $x=a$이므로

$\quad$ 함수 $g(x)$는 $x=3$, $x=5$, $x=a$에서 모두 극값을 갖는다. ··· (＊)

(ii) $a=3$일 때

$\quad g'(x)=0$에서 $x=3$ 또는 $x=5$이다.

$\quad f'(x)=3(x-3)(x-5)$에 대하여

$\quad g'(x)=f'(x)\displaystyle\int_3^x\{f(t)\}^4 dt$에서

$\quad$ i) $x<3$일 때,

$\qquad f'(x)>0,\ \displaystyle\int_3^x\{f(t)\}^4 dt<0$이므로

$\qquad g'(x)<0$

$\quad$ ii) $3<x<5$일 때,

$\qquad f'(x)<0,\ \displaystyle\int_3^x\{f(t)\}^4 dt>0$이므로

$\qquad g'(x)<0$

$\quad$ iii) $x>5$일 때,

$\qquad f'(x)>0,\ \displaystyle\int_3^x\{f(t)\}^4 dt>0$이므로

$\qquad g'(x)>0$

즉, 함수 $g(x)$의 증가와 감소를 표로 나타내면 다음과 같다.

x	$\cdots$	3	$\cdots$	5	$\cdots$
$g'(x)$	$-$	0	$-$	0	$+$
$g(x)$	$\searrow$		$\searrow$	극소	$\nearrow$

따라서 함수 $g(x)$는 $x=5$에서만 극값을 갖는다.

(iii) $a=5$일 때

$\quad g'(x)=0$에서 $x=3$ 또는 $x=5$이다.

$\quad f'(x)=3(x-3)(x-5)$에 대하여

$\quad g'(x)=f'(x)\displaystyle\int_5^x\{f(t)\}^4 dt$에서

$\quad$ i) $x<3$일 때,

$\qquad f'(x)>0,\ \displaystyle\int_5^x\{f(t)\}^4 dt<0$이므로

$\qquad g'(x)<0$

$\quad$ ii) $3<x<5$일 때,

$\qquad f'(x)<0,\ \displaystyle\int_5^x\{f(t)\}^4 dt<0$이므로

$\qquad g'(x)>0$

$\quad$ iii) $x>5$일 때,

$\qquad f'(x)>0,\ \displaystyle\int_5^x\{f(t)\}^4 dt>0$이므로

$\qquad g'(x)>0$

즉, 함수 $g(x)$의 증가와 감소를 표로 나타내면 다음과 같다.

x	$\cdots$	3	$\cdots$	5	$\cdots$
$g'(x)$	$-$	0	$+$	0	$+$
$g(x)$	$\searrow$	극소	$\nearrow$		$\nearrow$

따라서 함수 $g(x)$는 $x=3$에서만 극값을 갖는다.

(i)~(iii)에서 함수 $g(x)$가 오직 하나의 극값을 갖도록 하는 a의 값은 3 또는 5이므로 모든 a의 값의 합은 $3+5=8$이다.

(*)에서 $a \neq 3$, $a \neq 5$일 때 함수 $g(x)$가 $x=3$, $x=5$, $x=a$에서 모두 극값을 갖는지 확인하기

먼저 $a<3$인 경우, $f'(x)=3(x-3)(x-5)$에 대하여
$g'(x)=f'(x)\int_a^x \{f(t)\}^4 dt$에서

(i) $x<a$일 때,
$$f'(x)>0, \int_a^x \{f(t)\}^4 dt<0$$이므로 $\underline{g'(x)<0}$

(ii) $a<x<3$일 때,
$$f'(x)>0, \int_a^x \{f(t)\}^4 dt>0$$이므로 $\underline{g'(x)>0}$

(iii) $3<x<5$일 때,
$$f'(x)<0, \int_a^x \{f(t)\}^4 dt>0$$이므로 $\underline{g'(x)<0}$

(iv) $x>5$일 때,
$$f'(x)>0, \int_a^x \{f(t)\}^4 dt>0$$이므로 $\underline{g'(x)>0}$

즉, 함수 $g(x)$의 증가와 감소를 표로 나타내면 다음과 같아.

x	$\cdots$	a	$\cdots$	3	$\cdots$	5	$\cdots$
$g'(x)$	$-$	0	$+$	0	$-$	0	$+$
$g(x)$	$\searrow$	극소	$\nearrow$	극대	$\searrow$	극소	$\nearrow$

따라서 $a<3$인 경우 함수 $g(x)$는 $x=3$, $x=5$, $x=a$에서 모두 극값을 갖게 돼. 또한, 위와 마찬가지 방법으로 하면 $3<a<5$, $a>5$인 경우도 함수 $g(x)$가 $x=3$, $x=5$, $x=a$에서 모두 극값을 가짐을 알 수 있어.

✿ 미분과 적분의 관계　　　　　　　개념·공식

① $\int \left\{ \dfrac{d}{dx} f(x) \right\} dx = f(x)+C$ (단, C는 적분상수)

② $\dfrac{d}{dx} \left\{ \int f(x)dx \right\} = f(x)$

F 167 정답 8 ＊정적분으로 정의된 함수의 극대, 극소 ── [정답률 45%]

[**정답 공식:** $\dfrac{d}{dx}\int_a^x f(t)dt = f(x)$ (단, a는 실수)이다.]

최고차항의 계수가 3인 이차함수 $f(x)$에 대하여 함수

$$g(x)=x^2\int_0^x f(t)dt - \int_0^x t^2 f(t)dt$$

┗➤ **단서1** 정적분으로 정의된 함수 $g(x)$의 극값에 대한 조건이 있으니 일단 $g'(x)$를 구하자. 이때, $x^2\int_0^x f(t)dt$를 미분할 때는 곱의 미분법을 이용해야 해.

가 다음 조건을 만족시킨다.

(가) 함수 $g(x)$는 극값을 갖지 않는다.
┗➤ **단서2** 함수 $g(x)$가 극값을 갖지 않으려면 $g'(k)=0$인 $x=k$의 좌우에서 $g'(x)$의 부호가 바뀌지 않아야 해.

(나) 방정식 $g'(x)=0$의 모든 실근은 0, 3이다.

$\int_0^3 |f(x)|dx$의 값을 구하시오. (4점)
┗➤ **단서3** 주어진 조건들을 이용하여 이차함수 $f(x)$를 구한 후, $f(x)=0$인 x의 값을 찾아 구간을 나누어 정적분하자.

1st $g'(x)$를 구한 후, 이를 이용하여 함수 $f(x)$의 식을 구해.

$g(x)=x^2\int_0^x f(t)dt - \int_0^x t^2 f(t)dt$에서

$g'(x)=2x\int_0^x f(t)dt + x^2 f(x) - x^2 f(x)$
　　　　　　┗➤ 미분가능한 두 함수 $f(x)$, $g(x)$에 대하여
　　　　　　　　$\{f(x)g(x)\}' = f'(x)g(x)+f(x)g'(x)$
　　　$=2x\int_0^x f(t)dt$

이때, $h(x)=\int_0^x f(t)dt$라 하면

$h(0)=\int_0^0 f(t)dt=0$이고,

조건 (나)에서 방정식 $g'(x)=0$의 모든 실근이 0, 3이라 했으므로 방정식 $h(x)=0$의 모든 실근도 0, 3이어야 한다.

즉, $h(x)$는 최고차항의 계수가 1인 삼차함수이므로 $h(x)$는 다음 두 가지 중 하나이다.
┗➤ 최고차항의 계수가 3인 이차함수 $f(x)$를
　　$f(x)=3x^2+mx+n$ (단, m, n은 상수)이라 하면
　　$h(x)=\int_0^x f(t)dt = \int_0^x (3t^2+mt+n)dt$
　　　　$=\left[t^3+\dfrac{1}{2}mt^2+nt \right]_0^x = x^3+\dfrac{1}{2}mx^2+nx$
　　이므로 $h(x)$는 최고차항의 계수가 1인 삼차함수야.

(i) $h(x)=x^2(x-3)$인 경우
$g'(x)=2xh(x)=2x^3(x-3)$
이 경우 $g'(0)=0$, $g'(3)=0$이고, $x=0$과 $x=3$의 좌우에서 $g'(x)$의 부호가 바뀌므로 함수 $g(x)$는 $x=0$과 $x=3$에서 극값을 갖게 되어 조건 (가)를 만족시키지 않는다.

(ii) $h(x)=x(x-3)^2$인 경우
$g'(x)=2xh(x)=2x^2(x-3)^2$
이 경우 $g'(0)=0$, $g'(3)=0$이지만 $x=0$과 $x=3$의 좌우에서 $g'(x)$의 부호가 바뀌지 않으므로 함수 $g(x)$는 극값을 갖지 않아
모든 실수 x에 대하여 $2x^2(x-3)^2 \geq 0$이야.
조건 (가)를 만족시킨다.

(i), (ii)에 의해 $h(x)=x(x-3)^2$이고, $h'(x)=\dfrac{d}{dx}\int_0^x f(t)dt = f(x)$

이므로
$f(x)=(x-3)^2+2x(x-3)$
　　$=3(x-1)(x-3)$

┗➤ 함수 $f(x)$의 한 부정적분을 $F(x)$라 하면 $F'(x)=f(x)$이므로
　　$\dfrac{d}{dx}\int_0^x f(t)dt = \dfrac{d}{dx}\left[F(x)-F(0) \right]$
　　　　　　　　　　$=F'(x)=f(x)$

2nd $\int_0^3 |f(x)|dx$의 값을 구하자.

$0 \leq x \leq 1$일 때,
$f(x) \geq 0$이므로 $|f(x)|=f(x)$이고
$1 \leq x \leq 3$일 때,
$f(x) \leq 0$이므로 $|f(x)|=-f(x)$이다.

$\therefore \int_0^3 |f(x)|dx$

$=\int_0^1 3(x-1)(x-3)dx + \int_1^3 \{-3(x-1)(x-3)\}dx$

$=3\int_0^1 (x^2-4x+3)dx - 3\int_1^3 (x^2-4x+3)dx$

$=3\left[\dfrac{1}{3}x^3-2x^2+3x \right]_0^1 - 3\left[\dfrac{1}{3}x^3-2x^2+3x \right]_1^3$

$=3 \times \left(\dfrac{1}{3}-2+3 \right) - 3 \times \left\{ (9-18+9) - \left(\dfrac{1}{3}-2+3 \right) \right\}$

$=8$

F 168 정답 ② *정적분으로 정의된 함수의 최대, 최소 … [정답률 67%]

정답 공식: $f(x)$의 함숫값이 가장 작은 영역을 구한다.

그림은 $y=f(x)$의 그래프이다. 함수 $g(x)$를

$g(x)=\int_x^{x+1} f(t)dt$라 할 때, $g(x)$의 최솟값은? (2점)

단서 주어진 그래프에서 함수 $f(x)$의 식을 파악한 후 정적분으로 표현된 함수 $g(x)$를 미분하여 최솟값을 구해 봐.

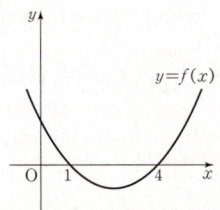

① $g(1)$ ② $g(2)$ ③ $g\left(\dfrac{5}{2}\right)$

④ $g\left(\dfrac{7}{2}\right)$ ⑤ $g(4)$

1st $\dfrac{d}{dx}\int_x^{x+a} f(t)dt = f(x+a)-f(x)$임을 이용해.

주어진 그래프에서

$f(x)=a(x-1)(x-4)\ (a>0)$
이차함수 $f(x)$의 그래프가 아래로 볼록하므로 $f(x)$의 이차항의 계수는 양수야.

또, $g(x)=\int_x^{x+1} f(t)dt$에서

주의 함수 $f(x)$의 부정적분을 $F(x)$라 두면 $F'(x)=f(x)$이므로 미분과 적분의 관계를 이해하면 쉽게 도출할 수 있어.

$g'(x)=f(x+1)-f(x)$

$f(t)$의 한 부정적분을 $F(t)$라 하면
$g'(x)=\dfrac{d}{dx}\int_x^{x+1} f(t)dt$
$=\dfrac{d}{dx}\Big[F(t)\Big]_x^{x+1}$
$=\dfrac{d}{dx}\{F(x+1)-F(x)\}$
$=f(x+1)-f(x)$

$=ax(x-3)-a(x-1)(x-4)$
$=a\{x^2-3x-(x^2-5x+4)\}$
$=a(2x-4)=2a(x-2)$

즉, $g'(x)=0$이 되는 x의 값은 $x=2$뿐이고 $a>0$이므로 $y=g(x)$는 $x=2$일 때 극소이고 최소이다.

$x<2$일 때 $g'(x)<0,\ x>2$일 때, $g'(x)>0$이고 $g'(2)=0$이므로 $g(x)$는 $x=2$에서 극소야.

따라서 $g(x)$의 최솟값은 $g(2)$이다.

🔧 **톡톡 풀이:** 함수 $f(x)$의 그래프를 보고 함수 $g(x)$가 최소인 점 찾기

$g(x)=\int_x^{x+1} f(t)dt$ … ⊙는 함수 $f(x)$를 x부터 $x+1$까지 적분한 값이야. 이때, 함수 $f(x)$의 그래프가 직선 $x=\dfrac{5}{2}$에 대하여 대칭이고 구간 $[1,4]$에서 함수 $f(x)$의 정적분 값이 음수이므로 $\int_{\frac{5}{2}-a}^{\frac{5}{2}+a} f(x)dx$에서 함수 $g(x)$가 최솟값을 가진다고 하면 ⊙에서 적분 구간의 길이가 1이므로

$\dfrac{5}{2}+a-\left(\dfrac{5}{2}-a\right)=1$ ∴ $a=\dfrac{1}{2}$

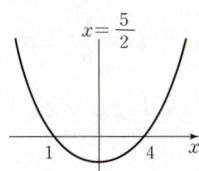

따라서 함수 $g(x)$의 최솟값은 $\int_2^3 f(x)dx$인 $g(2)$야.

F 169 정답 ④ *정적분으로 정의된 함수의 최대, 최소 … [정답률 69%]

정답 공식: 연속함수 $f(x)$가 닫힌구간 $[a,b]$에서 극값을 가질 때 극댓값, 극솟값, $f(a),f(b)$ 중에서 가장 큰 값이 최댓값, 가장 작은 값이 최솟값이다.

$-2\le x\le 1$에서 함수 $f(x)=\int_x^{x+1}(t^2-t)dt$의 최댓값을 M, 최솟값 m이라 할 때, $M-m$의 값은? (4점)

단서 함수 $f(x)$의 증가와 감소를 표로 나타내어 최댓값과 최솟값을 구해.

① 1 ② 2 ③ 3 ④ 4 ⑤ 5

1st 함수 $f(x)$의 증가와 감소를 표로 나타내.

$f(x)=\int_x^{x+1}(t^2-t)dt$의 양변을 x에 대하여 미분하면

$f'(x)=\{(x+1)^2-(x+1)\}-(x^2-x)=2x$

$\dfrac{d}{dx}\int_x^{x+a} f(t)dt=f(x+a)-f(x)$

$f'(x)=0$에서 $x=0$이므로 $-2\le x\le 1$에서 함수 $f(x)$의 증가와 감소를 표로 나타내면 다음과 같다.

x	-2	$\cdots$	0	$\cdots$	1
$f'(x)$		$-$	0	$+$	
$f(x)$		$\searrow$	극소	$\nearrow$	

2nd 함수 $f(x)$의 최댓값과 최솟값을 각각 구하고 $M-m$의 값을 계산해.

따라서 함수 $f(x)$는 $x=0$에서 극소이면서 최솟값을 갖고,

함수 $f(x)$는 구간 $[-2,0]$에서 감소하고 구간 $(0,1]$에서 증가하므로 구간 $[-2,1]$에서 함수 $f(x)$는 최솟값 $f(0)$을 가져.

$f(-2)$와 $f(1)$의 값 중 큰 값이 최댓값이다.

즉, $m=f(0)=\int_0^1(t^2-t)dt=\left[\dfrac{1}{3}t^3-\dfrac{1}{2}t^2\right]_0^1=\dfrac{1}{3}-\dfrac{1}{2}=-\dfrac{1}{6}$이고

$f(-2)=\int_{-2}^{-1}(t^2-t)dt=\left[\dfrac{1}{3}t^3-\dfrac{1}{2}t^2\right]_{-2}^{-1}$

$=\left(-\dfrac{1}{3}-\dfrac{1}{2}\right)-\left(-\dfrac{8}{3}-2\right)=\dfrac{23}{6}$

$f(1)=\int_1^2(t^2-t)dt=\left[\dfrac{1}{3}t^3-\dfrac{1}{2}t^2\right]_1^2$

$=\left(\dfrac{8}{3}-2\right)-\left(\dfrac{1}{3}-\dfrac{1}{2}\right)=\dfrac{5}{6}$

이므로 $M=f(-2)=\dfrac{23}{6}$이다.

∴ $M-m=\dfrac{23}{6}-\left(-\dfrac{1}{6}\right)=4$

🔄 **다른 풀이:** 직접 정적분 계산하기

우변을 직접 적분하여 $f(x)$를 구할 수도 있어.

$f(x)=\int_x^{x+1}(t^2-t)dt=\left[\dfrac{1}{3}t^3-\dfrac{1}{2}t^2\right]_x^{x+1}$

$=\dfrac{1}{3}(x+1)^3-\dfrac{1}{2}(x+1)^2-\left(\dfrac{1}{3}x^3-\dfrac{1}{2}x^2\right)$

$=x^2-\dfrac{1}{6}$

즉, 함수 $y=f(x)$의 그래프는 꼭짓점의 좌표가 $\left(0,-\dfrac{1}{6}\right)$이고 아래로 볼록한 이차함수의 그래프이므로 $-2\le x\le 1$에서 최솟값은 $f(0)$, 최댓값은 $f(-2)$야.

함수 $y=f(x)$의 그래프의 축이 $x=0$이므로 그림과 같이 $x=1$일 때보다 $x=-2$일 때가 축에서 더 멀리 떨어져 있으므로 최댓값은 $f(-2)$야.

∴ $M-m=f(-2)-f(0)$

$=\left\{(-2)^2-\dfrac{1}{6}\right\}-\left(-\dfrac{1}{6}\right)=4$

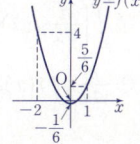

정답 공식: $\dfrac{d}{dx}\displaystyle\int_a^x f(t)dt=f(x)$ (단, a는 상수)

닫힌구간 $[-1, 2]$에서 함수 $f(x)=\displaystyle\int_{-1}^x (t^2-|t|)dt$의 최댓값을 M, 최솟값을 m이라 할 때, $M-m$의 값은? (4점)

단서 함수 $f(x)$의 증가와 감소를 표로 나타내어 최댓값과 최솟값을 각각 구해.

① $\dfrac{1}{6}$　　② $\dfrac{1}{3}$　　③ $\dfrac{1}{2}$

④ $\dfrac{2}{3}$　　⑤ $\dfrac{5}{6}$

1st 함수 $f(x)$의 증가와 감소를 표로 나타내자.

$f(x)=\displaystyle\int_{-1}^x (t^2-|t|)dt$의 양변을 x에 대하여 미분하면

$f'(x)=x^2-|x|=\begin{cases} x^2-x & (x\geq 0) \\ x^2+x & (x<0) \end{cases}$

→ 함수 $y=f'(x)$의 그래프는 그림과 같아.

이므로 $f'(x)=0$에서

(i) $x\geq 0$일 때, $x^2-x=x(x-1)=0$
   $\therefore x=0$ 또는 $x=1$

(ii) $x<0$일 때, $x^2+x=x(x+1)=0$
   $\therefore x=-1$

즉, 닫힌구간 $[-1, 2]$에서 함수 $f(x)$의 증가와 감소를 표로 나타내면 다음과 같다.

x	-1	$\cdots$	0	$\cdots$	1	$\cdots$	2
$f'(x)$	0	$-$	0	$-$	0	$+$	
$f(x)$		$\searrow$		$\searrow$	극소	$\nearrow$	

2nd 함수 $f(x)$의 최댓값과 최솟값을 각각 구하고 $M-m$의 값을 계산해.

따라서 함수 $f(x)$는 $x=1$에서 극소이면서 최솟값을 갖고, $f(-1)$, $f(2)$ 중에서 큰 값을 최댓값으로 갖는다. 즉,

$m=f(1)=\displaystyle\int_{-1}^1 (t^2-|t|)dt=\int_{-1}^0 (t^2+t)dt+\int_0^1 (t^2-t)dt$

→ 피적분함수에 절댓값이 포함되어 있으니까 절댓값 안이 0이 되는 값을 기준으로 나누어 계산해야 해.

$=\left[\dfrac{1}{3}t^3+\dfrac{1}{2}t^2\right]_{-1}^0+\left[\dfrac{1}{3}t^3-\dfrac{1}{2}t^2\right]_0^1$

$=-\dfrac{1}{3}$

이고 $f(-1)=\displaystyle\int_{-1}^{-1}(t^2-|t|)dt=0$, → $\displaystyle\int_a^a f(x)dx=0$

$f(2)=\displaystyle\int_{-1}^2 (t^2-|t|)dt=\int_{-1}^0 (t^2+t)dt+\int_0^2 (t^2-t)dt$

$=\left[\dfrac{1}{3}t^3+\dfrac{1}{2}t^2\right]_{-1}^0+\left[\dfrac{1}{3}t^3-\dfrac{1}{2}t^2\right]_0^2$

$=\dfrac{1}{2}$

이므로 $M=f(2)=\dfrac{1}{2}$이다.

$\therefore M-m=\dfrac{1}{2}-\left(-\dfrac{1}{3}\right)=\dfrac{5}{6}$

🌸 **미분과 적분의 관계**　　　　　　　　　개념·공식

① $\displaystyle\int\left\{\dfrac{d}{dx}f(x)\right\}dx=f(x)+C$ (단, C는 적분상수)

② $\dfrac{d}{dx}\left\{\displaystyle\int f(x)dx\right\}=f(x)$

정답 공식: 모든 실수 x에 대하여 $g(x+2)=g(x)$이면 $\displaystyle\int_{a-2}^{b-2}g(x)dx=\int_a^b g(x)dx=\int_{a+2}^{b+2}g(x)dx$이다.

닫힌구간 $[0, 1]$에서 연속인 함수 $f(x)$가

$f(0)=0, f(1)=1, \displaystyle\int_0^1 f(x)dx=\dfrac{1}{6}$

을 만족시킨다. 실수 전체의 집합에서 정의된 함수 $g(x)$가 다음 조건을 만족시킬 때, $\displaystyle\int_{-3}^2 g(x)dx$의 값은? (4점)

단서 3 정적분의 성질을 이용해 구간을 나눠 정적분의 값을 구해야 해. 이때, 함수 $g(x)$가 주기함수이므로 구간 $[-3, -1]$과 구간 $[-1, 1]$에서의 정적분의 값이 같음을 이용하도록 해.

(가) $g(x)=\begin{cases} -f(x+1)+1 & (-1<x<0) \\ f(x) & (0\leq x\leq 1) \end{cases}$

단서 1 함수 $g(x)$가 구간에 따라 다르게 정의되었네? 그런데 $-1<x<0$에서 $g(x)=-f(x+1)+1$이므로 함수 $g(x)$가 함수 $f(x)$를 어떻게 평행이동, 대칭이동하였는지 찾아낸 후 주어진 조건을 이용하도록 해.

(나) 모든 실수 x에 대하여 $g(x+2)=g(x)$이다.

단서 2 함수 $g(x)$는 주기가 2인 주기함수야.

① $\dfrac{5}{2}$　　② $\dfrac{17}{6}$　　③ $\dfrac{19}{6}$

④ $\dfrac{7}{2}$　　⑤ $\dfrac{23}{6}$

1st 주어진 조건을 이용하여 $\displaystyle\int_{-1}^1 g(x)dx$의 값을 구하자.

조건 (가)에 주어진 함수 $y=-f(x+1)+1$의 그래프는 $y=f(x)$의

$y=f(x)$
　$\xrightarrow[\text{대칭이동}]{x축에 대하여}$ $y=-f(x)$
　　$\xrightarrow[\text{$y$축의 방향으로 1만큼 평행이동}]{x축의 방향으로 -1만큼}$ $y-1=-f(x-(-1))$
　$\therefore y=-f(x+1)+1$

그래프를 x축에 대하여 대칭이동시킨 후, x축의 방향으로 -1만큼, y축의 방향으로 1만큼 평행이동시킨 것이다.

즉, $f(0)=0, f(1)=1, \displaystyle\int_0^1 f(x)dx=\dfrac{1}{6}$이고, 조건 (가)에서

$g(x)=-f(x+1)+1(-1<x<0)$이므로

$\displaystyle\int_{-1}^0 g(x)dx=\int_{-1}^0 \{-f(x+1)+1\}dx$

$=\displaystyle\int_{-1}^0 \{-f(x+1)\}dx+\int_{-1}^0 1dx$

$=-\displaystyle\int_{-1}^0 f(x+1)dx+\left[x\right]_{-1}^0$

$=-\displaystyle\int_0^1 f(x)dx+\{0-(-1)\}$

→ $y=f(x+1)$의 그래프는 $y=f(x)$의 그래프를 x축의 방향으로 -1만큼 평행이동한 것이므로 구간 $[0, 1]$에서의 $y=f(x)$의 그래프를 x축의 방향으로 -1만큼 평행이동하면 구간 $[-1, 0]$에서의 $y=f(x+1)$의 그래프와 같아.
즉, $\displaystyle\int_{-1}^0 f(x+1)dx$의 값과 $\displaystyle\int_0^1 f(x)dx$의 값은 같지.

$=-\dfrac{1}{6}+1=\dfrac{5}{6}$

또한, $\displaystyle\int_0^1 g(x)dx=\int_0^1 f(x)dx=\dfrac{1}{6}$이므로

$\displaystyle\int_{-1}^1 g(x)dx=\int_{-1}^0 g(x)dx+\int_0^1 g(x)dx$

$=\dfrac{5}{6}+\dfrac{1}{6}=1$

→ $\displaystyle\int_a^b g(x)dx=\int_a^c g(x)dx+\int_c^b g(x)dx$

2nd 주기함수에 대한 정적분의 성질을 이용하여 $\int_{-3}^{2} g(x)dx$의 값을 구하자.

조건 (나)에서 모든 실수 x에 대하여 $g(x+2)=g(x)$이므로

$\int_{-3}^{2} g(x)dx$

$=\int_{-3}^{-1} g(x)dx+\int_{-1}^{1} g(x)dx+\int_{1}^{2} g(x)dx$

$=\int_{-1}^{1} g(x)dx+\int_{-1}^{1} g(x)dx+\int_{-1}^{0} g(x)dx$
　　　　　　　　　　함수 $g(x)$는 주기가 2인 함수이므로

$=2\int_{-1}^{1} g(x)dx+\int_{-1}^{0} g(x)dx$　$\int_{-3}^{-1} g(x)dx=\int_{-3+2}^{-1+2} g(x)dx=\int_{-1}^{1} g(x)dx$
　　　　　　　　　　이고,

$=2\times1+\dfrac{5}{6}=\dfrac{17}{6}$　$\int_{1}^{2} g(x)dx=\int_{1-2}^{2-2} g(x)dx=\int_{-1}^{0} g(x)dx$야.

톡톡 풀이: $\int_{0}^{1} f(x)dx=\dfrac{1}{6}$을 만족시키는 함수 $f(x)$와 함수 $g(x)$의 그래프의 개형을 통해 정적분값 구하기

구간 $[0,1]$에서 함수 $f(x)$가 연속이고
$f(0)=0$, $f(1)=1$이므로
구간 $[0,1]$에서 $y=f(x)$의 그래프를 [그림 1]과 같다고 생각하자.

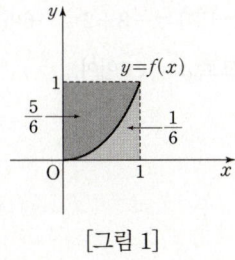

[그림 1]

그러면 $\int_{0}^{1} f(x)dx=\dfrac{1}{6}$에서 $y=f(x)$의 그래프와 x축 및 직선 $x=1$로 둘러싸인 부분의 넓이가 $\dfrac{1}{6}$이므로 $y=f(x)$의 그래프와 y축 및 직선 $y=1$로 둘러싸인 부분의 넓이는 $\dfrac{5}{6}$가 돼.

$y=f(x)$의 그래프와 y축 및 직선 $y=1$로 둘러싸인 부분의 넓이는 한 변의 길이가 1인 정사각형의 넓이에서 $y=f(x)$의 그래프와 x축 및 직선 $x=1$로 둘러싸인 부분의 넓이를 빼면 되므로 구하는 넓이는 $1-\dfrac{1}{6}=\dfrac{5}{6}$야.

한편, 조건 (가)에서
$g(x)=-f(x+1)+1$ $(-1<x<0)$이고, $y=-f(x+1)+1$의 그래프는 $y=f(x)$의 그래프를 x축에 대하여 대칭이동시킨 후, x축의 방향으로 -1만큼, y축의 방향으로 1만큼 평행이동시킨 것이므로 그래프로 나타내면 [그림 2]와 같아.

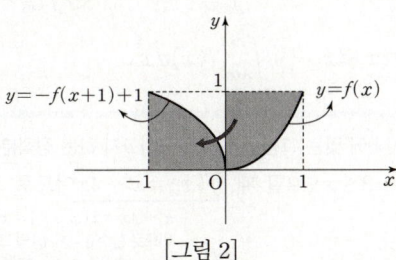

[그림 2]

즉, [그림 2]의 그래프에 의해 $y=-f(x+1)+1$의 그래프와 x축 및 직선 $x=-1$로 둘러싸인 부분의 넓이는 $\dfrac{5}{6}$야.

또한, 조건 (나)에서 함수 $g(x)$는 주기가 2인 주기함수이므로 구간 $[-3,2]$에서 $y=g(x)$의 그래프를 나타내면 [그림 3]과 같아.

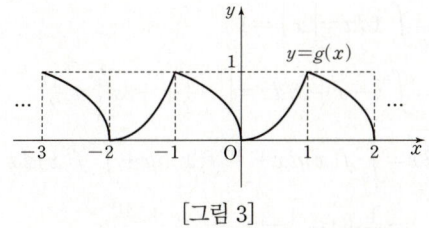

[그림 3]

따라서 위의 그래프에 의해 구간 $[-3,2]$에서 $\int_{-3}^{2} g(x)dx$의 값은 이 구간에서 함수 $y=g(x)$의 그래프와 x축으로 둘러싸인 부분의 넓이와 같아.
　　구간 $[-3,2]$에서 $g(x)\geq0$이므로 $-3\leq x\leq2$일 때,
　　(함수 $y=g(x)$의 그래프와 x축으로 둘러싸인 부분의 넓이)

$\therefore \int_{-3}^{2} g(x)dx$　$=\int_{-3}^{2}|g(x)|dx=\int_{-3}^{2} g(x)dx$임을 알 수 있어.

$=\int_{-3}^{-2} g(x)dx+\int_{-2}^{-1} g(x)dx+\int_{-1}^{0} g(x)dx$

$\qquad +\int_{0}^{1} g(x)dx+\int_{1}^{2} g(x)dx$

$=\dfrac{5}{6}+\dfrac{1}{6}+\dfrac{5}{6}+\dfrac{1}{6}+\dfrac{5}{6}$

$=\dfrac{17}{6}$

F 172 정답 ① ＊주기함수의 정적분 ········· [정답률 69%]

정답 공식: $f(x)$는 y축에 대하여 대칭인 함수이므로 $\int_{-a}^{a} f(x)dx=2\int_{0}^{a} f(x)dx$이다.

함수 $f(x)$는 모든 실수 x에 대하여 $f(x+3)=f(x)$를 만족시키고,
단서1 $f(x)=f(x+3)$에서 $f(x)$는 주기가 3인 주기함수이므로 적분 구간 $[0,3]$, $[3,6]$, $[6,9]$, … 에서의 정적분의 값은 같아.

$f(x)=\begin{cases} x & (0\leq x<1) \\ 1 & (1\leq x<2) \\ -x+3 & (2\leq x<3) \end{cases}$

이다. $\int_{-a}^{a} f(x)dx=13$일 때, 상수 a의 값은? (4점)
단서2 $y=f(x)$의 그래프를 보면 $f(x)$는 y축에 대하여 대칭인 함수니까 $\int_{-a}^{a} f(x)dx$를 적분 구간을 줄여서 나타낼 수 있어.

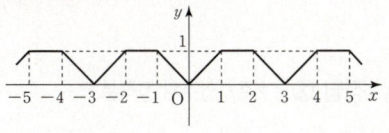

① 10　　　　② 12　　　　③ 14
④ 16　　　　⑤ 18

1st 함수 $f(x)$의 그래프는 y축에 대하여 대칭이지?

함수 $f(x)$의 그래프가 y축에 대하여 대칭이므로 ▶ 문제에서 직접적으로 주어지지는 않았지만 $y=f(x)$의 그래프에서 파악할 수 있어.

$\int_{-a}^{a} f(x)dx=2\int_{0}^{a} f(x)dx=13$에서

$\int_{0}^{a} f(x)dx=\dfrac{13}{2}$ … ㉠　함수 $y=f(x)$가 y축에 대하여 대칭이면 $\int_{-a}^{a} f(x)dx=2\int_{0}^{a} f(x)dx$

한편, $f(x)=\begin{cases} x & (0\leq x<1) \\ 1 & (1\leq x<2) \\ -x+3 & (2\leq x<3) \end{cases}$이므로

$\int_{0}^{1} f(x)dx=\int_{0}^{1} xdx=\left[\dfrac{1}{2}x^2\right]_{0}^{1}=\dfrac{1}{2}$

주의 그래프를 보고 함수 $f(x)$가 y축에 대하여 대칭인 걸 파악하고 이를 이용할 수 있어야 해.

정답 및 해설　**521**

$$\int_1^2 f(x)dx = \int_1^2 1 dx = \Big[x \Big]_1^2 = 1$$

$$\int_2^3 f(x)dx = \int_2^3 (-x+3)dx = \Big[-\frac{1}{2}x^2+3x \Big]_2^3 = \frac{1}{2}$$

$$\therefore \int_0^3 f(x)dx = \int_0^1 f(x)dx + \int_1^2 f(x)dx + \int_2^3 f(x)dx$$
$$= \frac{1}{2}+1+\frac{1}{2}=2$$

이때, 함수 $f(x)$는 모든 실수 x에 대하여 $f(x+3)=f(x)$를 만족시키므로 함수 $f(x)$는 주기가 3인 주기함수이다.

즉, $\int_0^3 f(x)dx = \int_3^6 f(x)dx = \int_6^9 f(x)dx = \cdots = 2$이므로

$$\int_0^9 f(x)dx = \int_0^3 f(x)dx + \int_3^6 f(x)dx + \int_6^9 f(x)dx$$
$$= 3 \cdot 2 = 6$$

따라서 ㉠에 의해

$$\int_0^a f(x)dx = \int_0^9 f(x)dx + \int_9^a f(x)dx$$
$$= \frac{13}{2}$$이므로

→ $f(x)$는 주기가 3인 주기함수이므로
$\int_0^1 f(x)dx = \int_3^4 f(x)dx = \int_6^7 f(x)dx$
$= \int_9^{10} f(x)dx$

$$\int_9^a f(x)dx = \frac{13}{2} - 6 = \frac{1}{2}$$

그런데 $\int_0^1 f(x)dx = \int_9^{10} f(x)dx = \frac{1}{2}$이므로

$$a = 10$$

수능 핵강

＊도형의 넓이로 정적분의 값 구하기

구간 $[0, 3]$에서의 함수 $f(x)$의 정적분값을 도형의 넓이로 쉽게 구해 볼까?
구간 $[a, b]$에서 $f(x) \geq 0$인 함수 $f(x)$에 대하여 $\int_a^b f(x)dx$의 값은 $f(x)$의 그래프와 x축 및 두 직선 $x=a$, $x=b$로 둘러싸인 부분의 넓이와 같으므로 문제에 주어진 함수 $f(x)$에 대하여 구간 $[0, 3]$에서의 정적분값은 아랫변과 윗변의 길이가 각각 3, 1이고 높이가 1인 <u>사다리꼴의 넓이</u>야.

$$\therefore \int_0^3 f(x)dx = \frac{1}{2} \times (3+1) \times 1 = 2$$

F 173 정답 ② ＊주기함수의 정적분 .... [정답률 65%]

정답 공식: $f(x)$가 일정한 주기를 갖는 연속함수임을 이용해 a의 값을 구한다.
$f(x)=f(x+4)$이므로 $\int_9^{11} f(x)dx = \int_1^3 f(x)dx$이다.

실수 전체에서 정의된 연속함수 $f(x)$가 $f(x)=f(x+4)$를 만족하고 **단서1** 함수 $f(x)$는 주기가 4인 함수야.

$$f(x) = \begin{cases} -4x+2 & (0 \leq x < 2) \\ x^2-2x+a & (2 \leq x \leq 4) \end{cases}$$

일 때, $\int_9^{11} f(x)dx$의 값은? (3점)
단서2 $\int_9^{11} f(x)dx = \int_5^7 f(x)dx = \int_1^3 f(x)dx$야.

① -8 ② $-\dfrac{26}{3}$ ③ $-\dfrac{28}{3}$

④ -10 ⑤ $-\dfrac{32}{3}$

1st $f(x)=f(x+4)$가 의미하는 것이 무엇인지 생각해보자.

$f(x)=f(x+4)$이므로 함수 $f(x)$의 그래프는 주기가 4인 주기함수이다.
이때, $x=0$을 대입하면 $f(0)=f(4)$이다.
즉, $f(0)=-4 \cdot 0+2=2$이고,
$f(4)=4^2-2 \cdot 4+a=a+8$이므로
$2=a+8$에서 $a=-6$

함정 $f(x)$가 주기함수인 걸 이용해 위끝과 아래끝을 계산할 수 있도록 바꾸는 게 핵심이야.

$$\therefore \int_9^{11} f(x)dx = \int_5^7 f(x)dx$$

→ $0 < x < 2$와 $2 \leq x \leq 4$에서의 함수 $f(x)$의 식이 다르니까 구간을 나누어서 계산해야 해.

$$= \int_1^3 f(x)dx$$
$$= \int_1^2 (-4x+2)dx + \int_2^3 (x^2-2x-6)dx$$
$$= \Big[-2x^2+2x \Big]_1^2 + \Big[\frac{1}{3}x^3-x^2-6x \Big]_2^3$$
$$= (-4-0)+\Big(-18+\frac{40}{3}\Big) = -\frac{26}{3}$$

다른 풀이: 연속의 정의를 이용해서 a의 값 구하기

실수 전체에서 함수 $f(x)$가 연속이므로 $x=2$에서도 연속이어야 해.
즉 $\lim\limits_{x \to 2+} f(x) = \lim\limits_{x \to 2-} f(x) = f(2)$가 성립해야 한다는 거야.
이때, $\lim\limits_{x \to 2+} f(x) = \lim\limits_{x \to 2+} (x^2-2x+a)=4-4+a=a$,

함수 $f(x)$가 $x=a$에서 연속이면 $f(a)=\lim\limits_{x \to a}f(x)$가 성립해.

$\lim\limits_{x \to 2-} f(x) = \lim\limits_{x \to 2-} (-4x+2)=-8+2=-6$이고
$f(2)=4-4+a=a$이므로 $a=-6$이야.
(이하 동일)

F 174 정답 ③ ＊주기함수의 정적분 .... [정답률 60%]

정답 공식: 주기가 4이므로 $\int_1^2 f(x)dx = \int_{1+4n}^{2+4n} f(x)dx$이다.

함수 $f(x)$는 다음 두 조건을 만족한다.

(가) $-2 \leq x \leq 2$일 때, $f(x)=x^3-4x$
(나) 임의의 실수 x에 대하여 $f(x)=f(x+4)$

단서 조건 (가)에 의해 $-2 \leq x \leq 2$에서 $y=f(x)$의 그래프를 그리고 조건 (나)에 의해 실수 전체의 범위에서 $y=f(x)$의 그래프를 완성할 수 있어.

정적분 $\int_1^2 f(x)dx$와 같은 것은? (4점)

① $\int_{2004}^{2005} f(x)dx$ ② $-\int_{2004}^{2005} f(x)dx$ ③ $\int_{2005}^{2006} f(x)dx$

④ $-\int_{2005}^{2006} f(x)dx$ ⑤ $\int_{2006}^{2007} f(x)dx$

1st 조건 (가), (나)에 맞는 그림을 그려서 구하고자 하는 정적분의 값을 구해.

조건 (가)에서 $-2 \leq x \leq 2$일 때, $f(x)=x^3-4x$이므로 그래프는 그림과 같다.

$x^3-4x=x(x^2-4)=x(x+2)(x-2)$
이므로 함수 $y=f(x)$의 그래프는 x축과 세 점 $x=-2$, $x=0$, $x=2$에서 만나.

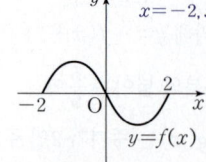

또한, 조건 (나)에서 임의의 실수 x에 대하여 $f(x)=f(x+4)$를 만족하므로 $f(x)$는 주기가 4인 주기함수이다.

따라서 조건 (가), (나)에 의해 $y=f(x)$의 그래프는 다음 그림과 같다.

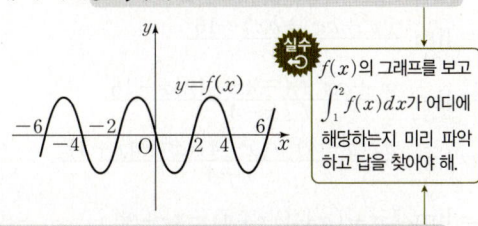

실수 ⊖ $f(x)$의 그래프를 보고 $\int_1^2 f(x)dx$가 어디에 해당하는지 미리 파악하고 답을 찾아야 해.

즉, $\int_1^2 f(x)dx=\int_5^6 f(x)dx=\int_9^{10} f(x)dx=\cdots$이므로

$\int_1^2 f(x)dx=\int_{4k+1}^{4k+2} f(x)dx=\int_{2005}^{2006} f(x)dx$ (단, $k=1, 2, 3, \cdots$)

F 175 정답 ⑤ ＊주기함수의 정적분 ·············· [정답률 51%]

> **정답 공식**: 함수 $y=f(x-1)$ 의 그래프는 함수 $y=f(x)$의 그래프를 x축의 방향으로 1만큼 평행이동시킨 것이다.

함수 $f(x)=\begin{cases}-x^2+2x & (0\le x\le 1) \\ -x+2 & (1<x\le 2)\end{cases}$ 이고, 모든 실수 x에 대하여

$f(x)=f(x+2)$이다. 이때, $\int_0^2 f(x-1)dx$의 값은? (4점)

단서1 $f(x)$는 주기가 2인 주기함수임을 알 수 있어. 즉, 같은 정적분 값을 갖도록 적분구간을 변형할 수 있지.

① $\frac{1}{6}$ ② $\frac{1}{3}$ ③ $\frac{2}{3}$

④ $\frac{5}{6}$ ⑤ $\frac{7}{6}$

단서2 함수 $y=f(x-1)$의 그래프는 함수 $y=f(x)$의 그래프를 x축의 방향으로 1만큼 평행이동시킨 거야. 이를 이용해 $\int_0^2 f(x-1)dx$와 같은 값을 찾아 봐.

1st 구하는 정적분 식을 $f(x)$에 대한 식으로 바꾸자.

$\int_0^2 f(x-1)dx=\int_{-1}^1 f(x)dx$

$=\int_{-1+2}^{1+2} f(x)dx$ ──── $f(x)$의 주기가 2이지?

$=\int_1^3 f(x)dx$

$=\int_1^2 f(x)dx+\int_2^3 f(x)dx$ ──── $\int_2^3 f(x)dx=\int_{2-2}^{3-2} f(x)dx$

$=\int_1^2 f(x)dx+\int_0^1 f(x)dx$ ⋯ ㉠

↳ $y=f(x-1)$의 그래프는 $y=f(x)$의 그래프를 x축의 방향으로 1만큼 평행이동한 거야. 즉, 그림과 같이 $\int_0^2 f(x-1)dx=\int_{-1}^1 f(x)dx$야.

$y=f(x-1)$ $y=f(x)$

2nd 구간을 나누어 정적분 값을 구하자.

따라서 $f(x)=\begin{cases}-x^2+2x & (0\le x\le 1) \\ -x+2 & (1<x\le 2)\end{cases}$이므로

$\int_0^2 f(x-1)dx=\int_1^2(-x+2)dx+\int_0^1(-x^2+2x)dx$ ($\because$ ㉠)

$=\left[-\dfrac{x^2}{2}+2x\right]_1^2+\left[-\dfrac{x^3}{3}+x^2\right]_0^1$

$=\left\{(-2+4)-\left(-\dfrac{1}{2}+2\right)\right\}+\left(-\dfrac{1}{3}+1\right)$

$=\dfrac{1}{2}+\dfrac{2}{3}=\dfrac{7}{6}$

F 176 정답 12 ＊주기함수의 정적분 ·············· [정답률 42%]

> **정답 공식**: 모든 실수 x에 대하여 $f(x+3)=f(x)$이므로
> $\int_{-1}^2 f(x)dx=\int_2^5 f(x)dx=\int_5^8 f(x)dx=\cdots=\int_{23}^{26} f(x)dx$이다.

모든 실수 x에 대하여 $f(x)\ge 0$, $f(x+3)=f(x)$이고

$\int_{-1}^2 \{f(x)+x^2-1\}^2 dx$의 값이 최소가 되도록 하는 연속함수

단서1 $\{f(x)+x^2-1\}^2\ge 0$이지? 즉, 정적분 $\int_{-1}^2 \{f(x)+x^2-1\}^2 dx$의 값이 최소이려면 $-1\le x\le 2$에서 $f(x)+x^2-1$의 값이 0이면 돼. 이를 만족시키는 함수 $f(x)$를 유추해야 해.

$f(x)$에 대하여 $\int_{-1}^{26} f(x)dx$의 값을 구하시오. (4점)

단서2 함수 $f(x)$가 주기함수임을 이용하여 구간을 잘 나누어 반복되는 정적분의 값의 합으로 $\int_{-1}^{26} f(x)dx$의 값을 구하면 돼.

1st 조건을 만족시키는 함수 $f(x)$를 유추하자.

먼저, $g(x)=x^2-1$이라 하면

$-1\le x\le 1$일 때, $g(x)\le 0$, $x\ge 1$일 때 $g(x)\ge 0$이다.

따라서 $\int_{-1}^2 \{f(x)+x^2-1\}^2 dx$의 값이 최소가 되려면 $f(x)+x^2-1$의

값이 0이 되거나, 0이 될 수 없다면 가능한한 최소의 양수가 되게 하는 $f(x)$를 찾아야 한다.

즉, 모든 실수 x에 대하여 $\{f(x)+x^2-1\}^2\ge 0$이고,

$f(x)\ge 0$이므로 정적분 $\int_{-1}^2 \{f(x)+x^2-1\}^2 dx$의 값이 최소가 되려면

(i) $-1\le x\le 1$에서

$-1\le x\le 1$에서 $\{f(x)+x^2-1\}^2=0$이 되면 정적분 $\int_{-1}^1 \{f(x)+x^2-1\}^2 dx$의 값은 0이 돼.

$x^2-1\le 0$이므로

$f(x)=-(x^2-1)$

$=-x^2+1$

함정 $\{f(x)+x^2-1\}^2$
$=\{f(x)\}^2+x^4+1+2x^2 f(x)-2f(x)-2x^2$
이므로 이 함수를 정적분하는 것은 불가능해. 즉, 문제가 요구하는 것은 정적분 $\int_{-1}^2 \{f(x)+x^2-1\}^2 dx$의 값이 최소가 되는 조건을 찾아낼 수 있느냐는 거야. 즉, $\{f(x)+x^2-1\}^2\ge 0$이므로 구간에 따라 이 식이 0 또는 최소의 양수가 되도록 하는 함수 $f(x)$를 유추해야 하는 거지.

(ii) $1<x\le 2$에서

$x^2-1>0$이므로 $f(x)=0$

2nd 주기함수의 정적분을 이용하여 $\int_{-1}^{26} f(x)dx$의 값을 구하자.

이때, $f(x+3)=f(x)$이므로 (i), (ii)에 의하여 조건을 만족시키는 함수 $y=f(x)$의 그래프는 다음과 같다.

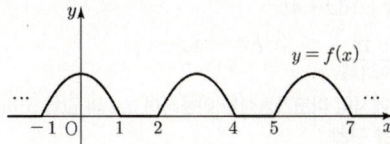

한편, $\int_{-1}^2 f(x)dx=\int_2^5 f(x)dx=\int_5^8 f(x)dx=\cdots=\int_{23}^{26} f(x)dx$

이므로 정적분의 윗끝을 보면 2, 5, 8, ⋯, 26이고 이 수들은 등차수열 $\{3n-1\}$을 이루고 있음을 알 수 있어. 이때, $3n-1=26$에서 $n=9$이므로 항의 개수는 9개지?

$\int_{-1}^{26} f(x)dx=9\int_{-1}^2 f(x)dx$ 즉, $\int_{-1}^{26} f(x)dx$의 값이 9개의 $\int_{-1}^2 f(x)dx$의 값의 합임을 찾을 수 있지.

$=9\left\{\int_{-1}^1 f(x)dx+\int_1^2 f(x)dx\right\}$

$-1\le x\le 1$에서 $f(x)=-x^2+1$ ↳ $1<x\le 2$에서 $f(x)=0$

$=9\int_{-1}^1(-x^2+1)dx=18\int_0^1(-x^2+1)dx$

$y=-x^2+1$은 y축에 대하여 대칭인 함수이므로 $\int_{-1}^1(-x^2+1)dx=2\int_0^1(-x^2+1)dx$야.

$=18\left[-\dfrac{1}{3}x^3+x\right]_0^1$

$=18\times\left(-\dfrac{1}{3}+1\right)=12$

> **정답 공식:** 모든 실수 x에 대하여 $f(x+4)=f(x)+16$이 성립함을 이용하여 적분구간 $[4, 7]$에서의 함수 $f(x)$를 적분한다.

두 상수 a, b에 대하여 실수 전체의 집합에서 <u>미분가능한 함수</u> $f(x)$가 다음 조건을 만족시킨다.

> **단서 1** 함수 $f(x)$가 실수 전체의 집합에서 미분가능하므로 실수 전체의 집합에서 연속이야.

> (가) $0 \le x < 4$일 때, $f(x)=x^3+ax^2+bx$이다.
> (나) 모든 실수 x에 대하여 $f(x+4)=f(x)+16$이다.
> **단서 2** $f(x)=f(x-4)+16$으로 변형한 후 그래프의 평행이동과 관련지어 생각해. 이때, 함수 $f(x)$가 정의되는 구간을 꼭 신경쓰도록 해!

$\displaystyle\int_4^7 f(x)dx$의 값은? (4점)
단서 3 적분구간 $[4, 7]$에서의 함수 $f(x)$를 찾아.

① $\dfrac{255}{4}$ ② $\dfrac{261}{4}$ ③ $\dfrac{267}{4}$ ④ $\dfrac{273}{4}$ ⑤ $\dfrac{279}{4}$

1st 함수 $f(x)$가 실수 전체의 집합에서 미분가능하므로 연속임을 이용하여 a, b의 관계식을 찾아.

함수 $f(x)$가 실수 전체의 집합에서 미분가능하므로 실수 전체의 집합에서 연속이다. 함수 $f(x)$가 $x=4$에서 연속이므로

> 함수 $f(x)$가 $x=a$에서 연속이면 $\displaystyle\lim_{x\to a-}f(x)=\lim_{x\to a+}f(x)=f(a)$가 성립해.

$$\lim_{x\to 4+}f(x)=\lim_{x\to 4-}f(x)=f(4)$$

<u>$4 \le x < 8$에서의 함수 $y=f(x)$의 그래프는</u> <u>$0 \le x < 4$에서의 함수 $y=f(x)$의 그래프를 x축의 방향으로 4만큼, y축의 방향으로 16만큼 평행이동한 그래프와 일치한다.</u>

> $f(x+4)=f(x)+16$이므로 $f(x)=f(x-4)+16$으로 변형하면 $4 \le x < 8$에서의 함수 $y=f(x)$의 그래프는 $0 \le x < 4$에서의 함수 $y=f(x)$의 그래프를 x축의 방향으로 4만큼, y축의 방향으로 16만큼 평행이동한 그래프임을 알 수 있어.

모든 실수 x에 대하여 $f(x+4)=f(x)+16$이므로

$$\lim_{x\to 4+}f(x)=\lim_{x\to 0+}f(x+4)$$

> $t=x-4$로 치환하면 $x\to 4+$일 때 $(t+4)\to 4+$이므로 $t\to 0+$이고, x 대신에 $t+4$를 대입하면 $\displaystyle\lim_{x\to 4+}f(x)=\lim_{t\to 0+}f(t+4)$가 성립해.

$$=\lim_{x\to 0+}\{f(x)+16\}=0+16=16$$

$$\lim_{x\to 4-}f(x)=\lim_{x\to 4-}(x^3+ax^2+bx)$$

> $x=4$에서의 좌극한값을 구하기 위해서는 $f(x)=x^3+ax^2+bx$를 이용하면 돼.

$$=64+16a+4b$$

$16=64+16a+4b$ ∴ $b=-4a-12$
연속이므로 두 값이 같아야 해.

2nd 함수 $x=4$에서의 미분가능성을 이용하여 a, b의 값을 구하고 함수 $f(x)$를 구해.

함수 $f(x)$가 $x=4$에서 미분가능하므로

> 함수 $f(x)$가 $x=4$에서 미분가능하려면 $\displaystyle\lim_{x\to 4+}\frac{f(x)-f(4)}{x-4}=\lim_{x\to 4-}\frac{f(x)-f(4)}{x-4}$
> 즉, 우미분계수와 좌미분계수의 값이 같으면 돼.

$$\lim_{x\to 4+}\frac{f(x)-f(4)}{x-4}=\lim_{x\to 4-}\frac{f(x)-f(4)}{x-4}$$

$$\lim_{x\to 4+}\frac{f(x)-f(4)}{x-4}$$

> $x=4$에서의 우미분계수를 구하기 위해서 x 대신 $x+4$를 대입해.

$$=\lim_{x\to 0+}\frac{f(x+4)-f(4)}{x}$$

$$=\lim_{x\to 0+}\frac{\{f(x)+16\}-16}{x}$$

$$=\lim_{x\to 0+}\frac{x^3+ax^2+bx}{x}$$

$$=\lim_{x\to 0+}(x^2+ax+b)=b=-4a-12$$

이고 $\displaystyle\lim_{x\to 4-}\frac{f(x)-f(4)}{x-4}$

$$=\lim_{x\to 4-}\frac{(x^3+ax^2+bx)-16}{x-4}$$

$$=\lim_{x\to 4-}\frac{x^3+ax^2+(-4a-12)x-16}{x-4}$$

$$=\lim_{x\to 4-}\frac{ax(x-4)+(x-4)(x^2+4x+4)}{x-4}$$

$$=\lim_{x\to 4-}\{x^2+(a+4)x+4\}=4a+36$$

이때, $\displaystyle\lim_{x\to 4+}\frac{f(x)-f(4)}{x-4}=\lim_{x\to 4-}\frac{f(x)-f(4)}{x-4}$이므로

$-4a-12=4a+36$ ∴ $a=-6$, $b=12$
$x=4$에서 미분가능하려면 우미분계수와 좌미분계수가 서로 같아야 해.
∴ $f(x)=x^3-6x^2+12x\,(0 \le x < 4)$

3rd 함수 $y=f(x)$의 그래프의 개형을 그리고 $\displaystyle\int_4^7 f(x)dx$의 값을 구해.

조건 (나)의 $f(x+4)=f(x)+16$에 의해

$f(x)=f(x-4)+16$이므로 $0 \le x-4 < 4$, 즉 $4 \le x < 8$일 때,
$f(x+4)=f(x)+16$에서 x 대신 $x-4$를 대입한 거야.
$f(x)=(x-4)^3-6(x-4)^2+12(x-4)$의 그래프는 함수 $f(x)=x^3-6x^2+12x\,(0 \le x < 4)$의 그래프를 x축의 방향으로 4만큼, y축의 방향으로 16만큼 평행이동한 것이다. 따라서 함수 $f(x)$는 미분가능한 함수이므로 함수 $y=f(x)$의 그래프의 개형은 다음과 같다.

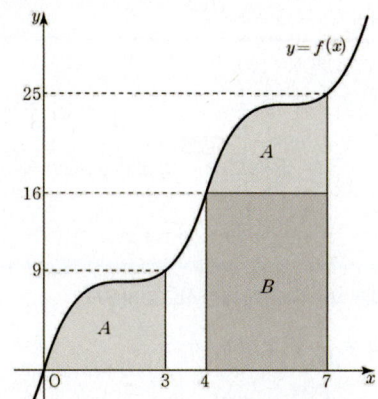

함수 $y=f(x)$의 그래프와 x축 및 직선 $x=3$으로 둘러싸인 부분의 넓이를 A, <u>직선 $y=16$과 x축 및 두 직선 $x=4$, $x=7$로 둘러싸인 부분의 넓이를 B</u>라 하면
넓이가 B인 도형은 직사각형으로 가로의 길이와 세로의 길이를 알면 구할 수 있어.

$$A=\int_0^3 f(x)dx=\int_0^3(x^3-6x^2+12x)dx$$

$$=\left[\frac{1}{4}x^4-2x^3+6x^2\right]_0^3$$

$$=\frac{81}{4}-54+54$$

> A를 구하기 위해 $\displaystyle\int_4^7\{f(x)-16\}dx$보다 $\displaystyle\int_0^3 f(x)dx$로 구하는 것이 실수를 줄일 수 있어.

$$=\frac{81}{4}$$

$B=3\times 16=48$

따라서 $\displaystyle\int_4^7 f(x)dx=A+B=\frac{81}{4}+48=\frac{273}{4}$

(**정답 공식**: $g(a+4)-g(a)=\int_{-2}^{a+4}f(t)dt-\int_{-2}^{a}f(t)dt=\int_{a}^{a+4}f(t)dt$)

모든 실수 x에 대하여 함수 $f(x)$는 다음 조건을 만족시킨다.

> (가) $f(x+2)=f(x)$
> (나) $f(x)=|x|\ (-1\le x<1)$

함수 $g(x)=\int_{-2}^{x}f(t)dt$라 할 때, 실수 a에 대하여

단서 구하는 것이 $g(a+4)-g(a)$의 값이니까 정적분으로 나타내어진 함수 $g(x)$에서 x 대신 $a+4, a$를 각각 대입하여 $g(a+4)-g(a)$를 정적분으로 나타내 봐.

$g(a+4)-g(a)$의 값은? (4점)

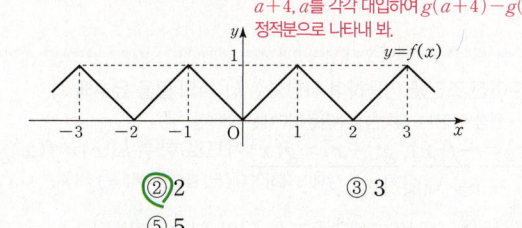

① 1   ② 2   ③ 3
④ 4   ⑤ 5

1st 정적분의 성질을 이용하여 $g(a+4)-g(a)$를 간단하게 나타내자.

$g(a+4)=\int_{-2}^{a+4}f(t)dt,$

$g(a)=\int_{-2}^{a}f(t)dt=-\int_{a}^{-2}f(t)dt$이므로 → $\int_{a}^{b}f(x)dx=-\int_{b}^{a}f(x)dx$

$$g(a+4)-g(a)=\int_{-2}^{a+4}f(t)dt-\left\{-\int_{a}^{-2}f(t)dt\right\}$$
$$=\int_{-2}^{a+4}f(t)dt+\int_{a}^{-2}f(t)dt$$
$$=\int_{a}^{a+4}f(t)dt \qquad \int_{a}^{b}f(x)dx=\int_{a}^{c}f(x)dx+\int_{c}^{b}f(x)dx$$

2nd 함수 $f(x)$의 그래프를 이용하여 $g(a+4)-g(a)$의 값을 구하자.

이때, 조건 (가)에서 함수 $f(x)$는 주기가 2인 함수이므로

$$\int_{a}^{a+4}f(t)dt=\int_{a}^{a+2}f(t)dt+\int_{a+2}^{a+4}f(t)dt$$
$$=\int_{a}^{a+2}f(t)dt+\int_{a}^{a+2}f(t)dt$$
$$=2\int_{a}^{a+2}f(t)dt=2\int_{a-2}^{a}f(t)dt$$
$$=\cdots=2\int_{0}^{2}f(t)dt$$

주의 $f(x)$가 주기함수인 걸 이용하려면 어떻게 변형해야 할지 생각해봐.

한편, 함수 $f(x)$의 그래프는 조건 (나)에 의해 주어진 그림과 같으므로 $\int_{0}^{2}f(t)dt$는 밑변의 길이가 2이고 높이가 1인 삼각형의 넓이와 같다.

$$\therefore g(a+4)-g(a)=2\int_{0}^{2}f(t)dt=2\times\left(\frac{1}{2}\times2\times1\right)=2$$

🌸 주기함수의 정적분   개념·공식

정의역에 속하는 모든 실수 x에 대하여 $f(x+p)=f(x)$인 함수 $f(x)$의 정적분은 다음을 이용하여 구한다.

① $\int_{a}^{b}f(x)dx=\int_{a+np}^{b+np}f(x)dx$ (단, n은 정수)

② $\int_{a}^{a+p}f(x)dx=\int_{b}^{b+p}f(x)dx$

(**정답 공식**: 조건 (가)에서 $f(x)$가 y축에 대하여 짝수 차수의 항들만 가진다.)

정수 a, b, c에 대하여 함수 $f(x)=x^4+ax^3+bx^2+cx+10$이 다음 두 조건을 모두 만족시킨다.

단서1 $\int_{-a}^{a}f(x)dx=2\int_{0}^{a}f(x)dx$를 만족하니까 함수 $y=f(x)$의 그래프의 형태를 알 수 있어. 그럼, 사차함수 $f(x)$의 식에서 a,c의 값을 결정할 수 있어.

> (가) 모든 실수 a에 대하여 $\int_{-a}^{a}f(x)dx=2\int_{0}^{a}f(x)dx$
> (나) $-6<f'(1)<-2$

단서2 도함수 $f'(x)$를 구해서 조건 (나)의 부등식에 대입해 봐. 그럼, b의 값을 결정할 수 있어.

이때, 함수 $y=f(x)$의 극솟값은? (4점)

① 5   ② 6   ③ 7
④ 8   ⑤ 9

1st 조건 (가)에서 함수 $f(x)$의 그래프의 형태를 파악하자.

조건 (가)에서 $\int_{-a}^{a}f(x)dx=2\int_{0}^{a}f(x)dx$이므로 $y=f(x)$의 그래프는

주어진 조건에 의해 $\int_{-a}^{0}f(x)dx=\int_{0}^{a}f(x)dx$이고 $f(x)$는 다항함수이므로 연속함수야. 따라서 함수 $f(x)$는 y축에 대하여 대칭이야.

y축에 대하여 대칭이다. 즉, 함수 $f(x)$에서 홀수 차수의 항의 계수는 0이므로 $a=c=0$이다. → y축에 대하여 대칭인 다항함수의 각 항은 짝수 차수의 항으로만 이루어져 있고 원점에 대하여 대칭인 다항함수의 각 항은 홀수 차수의 항으로만 이루어져 있어.

$\therefore f(x)=x^4+bx^2+10$

2nd $f'(1)$을 구하여 조건 (나)의 부등식을 풀어봐.

$f'(x)=4x^3+2bx$이므로 $f'(1)=4+2b$

이때, 조건 (나)에서 $-6<f'(1)<-2$이므로

$-6<4+2b<-2,\ -10<2b<-6$

$-5<b<-3$ $\therefore b=-4\ (\because b$는 정수)

따라서 $f(x)=x^4-4x^2+10$이고,

$f'(x)=4x^3-8x=4x(x^2-2)$
$\qquad\qquad =4x(x+\sqrt{2})(x-\sqrt{2})$

즉, $f'(x)=0$이 되는 경우의 x의 값은 $-\sqrt{2},\ 0,\ \sqrt{2}$이고 함수 $f(x)$의 증가와 감소를 나타낸 표는 다음과 같다.

x	$\cdots$	$-\sqrt{2}$	$\cdots$	0	$\cdots$	$\sqrt{2}$	$\cdots$
$f'(x)$	$-$	0	$+$	0	$-$	0	$+$
$f(x)$	$\searrow$	극소	$\nearrow$	극대	$\searrow$	극소	$\nearrow$

따라서 함수 $f(x)$는 $x=\pm\sqrt{2}$일 때, 극솟값을 가지므로

$f(\pm\sqrt{2})=(\pm\sqrt{2})^4-4(\pm\sqrt{2})^2+10=4-8+10=6$

함수 $f(x)$는 y축에 대하여 대칭이므로 $f(\sqrt{2})=f(-\sqrt{2})$야. $x=\sqrt{2}, x=-\sqrt{2}$ 둘 중 어느 것을 대입하여 구해도 상관없어.

⭐ y축 대칭 또는 원점 대칭인 함수의 정적분 계산   수능 핵강

정적분의 위끝과 아래끝의 값이 부호가 다르고 절댓값이 같은 경우, 복잡한 다항식에서는 정적분의 성질을 알고 있다면 좀 더 간단하게 계산할 수 있어.

(1) 함수 $f(x)$가 y축에 대하여 대칭일 때, $\int_{-a}^{a}f(x)dx=2\int_{0}^{a}f(x)dx$

(2) 함수 $f(x)$가 원점에 대하여 대칭일 때, $\int_{-a}^{a}f(x)dx=0$

함수 $f(x)=x^n$일 때, 자연수 k에 대하여 $n=2k$이면 y축에 대하여 대칭, $n=2k-1$이면 원점에 대하여 대칭이 됨을 기억하고 있으면 다항함수를 적분할 때 쉽게 계산할 수 있을 거야.

정답 공식: $f(x)$는 주기가 4이고, y축에 대하여 대칭인 함수이다.
$$2\int_0^2 f(x)dx = \int_{-2}^2 f(x)dx = \int_0^4 f(x)dx$$

연속함수 $f(x)$는 임의의 실수 x에 대하여 다음을 만족시킨다.

(가) $f(-x) = f(x)$ **단서** 자주 나오는 함수의 성질이야. $f(-x)=f(x)$는 $y=f(x)$의 그래프가 y축에 대하여 대칭이라는 의미이고,

(나) $f(x) = f(x+4)$ $f(x)=f(x+4)$는 주기가 4라는 의미지 추가로 $f(a+x)=f(a-x)$는 직선 $x=a$에 대하여 대칭이라는 것도 기억해두자.

$\int_0^2 f(x)dx = 16$일 때, 정적분 $\int_{-4}^8 f(x)dx$의 값을 구하시오.

(4점)

1st 주어진 조건을 이용하여 함수 $f(x)$의 성질을 파악해.

조건 (가)에서 $f(-x)=f(x)$이므로 $f(x)$는 그 그래프가 y축에 대하여 대칭인 함수이고 조건 (나)에서 $f(x)=f(x+4)$이므로 $f(x)$는 주기가 4인 주기함수이다.

이때, $\int_0^2 f(x)dx = 16$에서 $y=f(x)$의 그래프가 y축에 대하여 대칭이므로 $\int_{-2}^0 f(x)dx = 16$이다.

또한, 주기가 4이므로
$$\int_0^2 f(x)dx = \int_{-4}^{-2} f(x)dx$$
즉, $\int_{-4}^{-2} f(x)dx = 16$이다.

2nd $\int_{-4}^8 f(x)dx$의 값을 구해.

따라서
$$\int_{-4}^0 f(x)dx = \int_{-4}^{-2} f(x)dx + \int_{-2}^0 f(x)dx = 32$$
이므로 $\int_a^b f(x)dx = \int_a^c f(x)dx + \int_c^b f(x)dx$이지?

$$\int_{-4}^8 f(x)dx = \int_{-4}^0 f(x)dx + \int_0^4 f(x)dx + \int_4^8 f(x)dx$$
$$= 3\int_{-4}^0 f(x)dx \quad \int_4^8 f(x)dx = \int_0^4 f(x)dx = \int_{-4}^0 f(x)dx = \cdots$$
$$= 3 \cdot 32 = 96$$

✿ 대칭함수와 주기함수 개념·공식

함수 $f(x)$가 다음을 만족하는 경우
① $f(x)=f(-x)$: y축에 대하여 대칭인 함수
② $f(x)=-f(-x)$: 원점에 대하여 대칭인 함수
③ $f(a-x)=f(a+x)$: 직선 $x=a$를 기준으로 좌우대칭인 함수
④ $f(x)=f(x+p)$: 주기가 p인 함수

정답 공식: $h(-x)=f(-x)g(-x)=-f(x)g(x)=-h(x)$이므로 $h(x)$는 원점에 대하여 대칭인 함수이다. 즉, $h'(x)$는 y축에 대하여 대칭인 함수이다.

두 다항함수 $f(x)$, $g(x)$가 모든 실수 x에 대하여
$$f(-x)=-f(x), \quad g(-x)=g(x)$$
를 만족시킨다. 함수 $h(x)=f(x)g(x)$에 대하여

$$\int_{-3}^3 (x+5)h'(x)dx = 10$$

단서 주어진 적분식에서 적분 구간의 위끝과 아래끝이 부호만 다르고 절댓값은 같으니까 y축에 대하여 대칭인 함수와 원점에 대하여 대칭인 함수의 성질을 이용해야 함을 파악하고 문제 풀이에 들어가야 해.

일 때, $h(3)$의 값은? (4점)

① 1 ② 2 ③ 3
④ 4 ⑤ 5

1st 주어진 조건을 이용하여 다항함수 $h(x)$의 꼴을 유추해 봐.

원점에 대하여 대칭인 함수임을 나타내는 식이야.
$f(-x)=-f(x)$, $g(-x)=g(x)$이므로 함수 $h(x)=f(x)g(x)$에 x 대신 $-x$를 대입하면 y축에 대하여 대칭인 함수를 나타내는 식이야.

$$h(-x)=f(-x)g(-x)=-f(x)g(x)=-h(x)$$

함정 두 다항함수 $f(x)$, $g(x)$에 대한 조건과 주어진 적분구간을 보면 우함수와 기함수의 성질을 이용하여 문제를 풀어야 한다는 힌트를 얻을 수 있겠지.

에서 함수 $h(x)$는 원점에 대하여 대칭인 함수이다.

그런데 함수 $h(x)$는 두 다항함수 $f(x)$, $g(x)$의 곱으로 이루어진 다항함수이므로 함수 $h(x)$가 원점에 대하여 대칭이 되려면
$$h(x)=a_1 x + a_3 x^3 + \cdots$$
과 같이 홀수 차수의 항들의 합으로만 나타나야 한다.

즉, $h'(x)=a_1 + 3a_3 x^2 + \cdots$이고, $xh'(x)=a_1 x + 3a_3 x^3 + \cdots$이므로 함수 $h'(x)$는 y축에 대하여 대칭인 함수이고 함수 $xh'(x)$는 원점에 대하여 대칭인 함수이다.

$$\therefore \int_{-a}^a h'(x)dx = 2\int_0^a h'(x)dx$$
$$\int_{-a}^a xh'(x)dx = 0 \ (단, a는 상수)$$

2nd 주어진 정적분의 값을 이용하여 $h(3)$의 값을 구하자.

한편, 모든 실수 x에 대하여 함수 $h(x)$가 $h(-x)=-h(x)$를 만족시키므로 함수 $h(x)$의 그래프는 원점을 지난다.

따라서 $h(0)=0$이므로 $h(x)$가 다항함수이니까 연속함수지? 그런데 $h(x)$가 원점에 대하여 대칭이므로 $h(x)$의 그래프는 원점을 지날 수 밖에 없어.

$$\int_{-3}^3 (x+5)h'(x)dx = \int_{-3}^3 xh'(x)dx + \int_{-3}^3 5h'(x)dx$$
$$= 0 + 2\int_0^3 5h'(x)dx = 10\int_0^3 h'(x)dx$$
$$= 10\Big[h(x)\Big]_0^3 = 10\{h(3)-h(0)\}$$
$$= 10$$

$$\therefore h(3)=1$$

수능 핵강

✻ 원점에 대하여 대칭인 다항함수의 식 알아보기

다항함수가 원점에 대하여 대칭인 함수이면 홀수 차수의 항들의 합으로만 표현됨을 알아야 해.
예를 들어 삼차함수 $f(x)=ax^3+bx^2+cx+d$가 원점에 대하여 대칭인 함수이면 $f(-x)=-f(x)$에서
$-ax^3+bx^2-cx+d = -(ax^3+bx^2+cx+d)$이므로 $b=0$, $d=0$이야.

정답 공식: 구간 $[a, b]$에서 $f(x)>0$이면 $\int_a^b f(x)dx>0$이고, 구간 $[a, b]$에서 $f(x)<0$이면 $\int_a^b f(x)dx<0$이다.

모든 실수 x에 대하여 $f(-x)=-f(x)$를 만족시키는 함수 $y=f(x)$의 그래프가 오른쪽 그림과 같을 때, 다음 중 함수 $y=\int_{-1}^x f(t)dt$의 그래프의 개형으로 가장 적당한 것은? (4점)

$y=f(x)$의 그래프 (점 -1, O, 1 표시)

①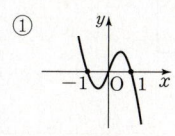

②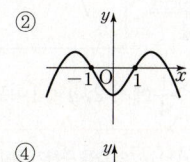

③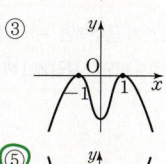

④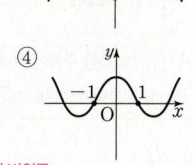

⑤

단서 x의 값의 범위를 $x<-1$, $-1<x<0$, $0<x<1$, $x>1$로 나누어 $f(x)$의 증가, 감소를 확인한 후 $y=\int_{-1}^x f(t)dt$의 그래프를 그려 봐.

1st x의 범위를 나누어 $f(x)$의 증가, 감소, 부호를 조사해 봐.

함수 $g(x)=\int_{-1}^x f(t)dt$라 하자.

(i) $x<-1$일 때, $f(x)<0$이므로

$$g(x)=\int_{-1}^x f(t)dt=-\int_x^{-1} f(t)dt>0$$

→ $x<-1$에서 $f(x)<0$이므로 $\int_x^{-1} f(t)dt<0$이야. 즉, $-\int_x^{-1} f(t)dt>0$이지.

(ii) $-1<x<1$일 때,

$$\int_0^1 f(t)dt<\int_0^x f(t)dt<0,$$

$$\int_0^1 f(t)dt=-\int_{-1}^0 f(t)dt$$이므로

$$g(x)=\int_{-1}^x f(t)dt=\int_{-1}^0 f(t)dt+\int_0^x f(t)dt>0$$

$\int_0^x f(t)dt>\int_0^1 f(t)dt$에서 $\int_0^x f(t)dt>-\int_{-1}^0 f(t)dt$ ∴ $\int_0^x f(t)dt+\int_{-1}^0 f(t)dt>0$

(iii) $x>1$일 때, $f(x)>0$이므로

$$g(x)=\int_{-1}^x f(t)dt=\int_{-1}^1 f(t)dt+\int_1^x f(t)dt>0$$

($\int_{-1}^1 f(t)dt=0$)

즉, 함수 $g(x)$의 함숫값은 $x<-1$, $-1<x<1$, $x>1$인 범위에서는 항상 0보다 크다. 또한, 함수 $f(x)$는 원점에 대하여 대칭이므로 $x=-1$, $x=1$에서의 함숫값은 0이다.

따라서 $y=g(x)$의 그래프는 $x=-1$, $x=1$에서만 x축과 만나고 그 이외의 구간에서는 x축보다 위에 있어야 한다.

함수 $g(x)=\int_{-1}^x f(t)dt$에서 $g'(x)=f(x)=0$인 $x=-1$, $x=1$을 지날 때마다 함수 $f(x)$의 부호는 $-$, $+$가 반복되므로 함수 $g(x)=\int_{-1}^x f(t)dt$의 그래프는 $x=-1$과 $x=1$을 지날 때마다 감소와 증가를 반복한다.

따라서 $y=g(x)=\int_{-1}^x f(t)dt$의 그래프의 개형으로 적당한 것은 ⑤이다.

쉬운 풀이: $g'(x)=f(x)$의 그래프를 보고 함수 $g(x)$의 증감 알아보기

$g(x)=\int_{-1}^x f(t)dt$이므로 $g'(x)=f(x)$가 되어 주어진 함수 $f(x)$의 그래프로 함수 $g(x)$의 증가와 감소를 표로 나타내면 다음과 같아.

x	$\cdots$	-1	$\cdots$	0	$\cdots$	1	$\cdots$
$g'(x)$	$-$	0	$+$	0	$-$	0	$+$
$g(x)$	$\searrow$	극소	$\nearrow$	극대	$\searrow$	극소	$\nearrow$

(이하 동일)

정답 공식: $\int_{-1}^0 f(x)dx=\int_{-1}^0 f(x)dx=0$이므로 이차함수 $f(x)$의 축은 $x=0$이다.

이차함수 $f(x)$는 $f(0)=-1$이고,

$$\int_{-1}^1 f(x)dx=\int_0^1 f(x)dx=\int_{-1}^0 f(x)dx$$

를 만족시킨다. $f(2)$의 값은? (4점)

단서 정적분의 성질 $\int_a^b f(x)dx=\int_a^c f(x)dx+\int_c^b f(x)dx$임을 이용하면 주어진 조건에 의하여 $\int_{-1}^0 f(x)dx$, $\int_0^1 f(x)dx$, $\int_{-1}^0 f(x)dx$의 값을 구할 수 있어. 이때, $f(x)=ax^2+bx+c$라 두고 각 정적분 식에 대입하여 방정식을 만들면 돼.

① 11 ② 10 ③ 9
④ 8 ⑤ 7

1st 정적분의 성질을 이용하여 $\int_{-1}^1 f(x)dx=\int_{-1}^0 f(x)dx=\int_0^1 f(x)dx$의 값을 구해.

→ $\int_a^b f(x)dx=\int_a^c f(x)dx+\int_c^b f(x)dx$

정적분의 성질에 의해 $\int_{-1}^1 f(x)dx=\int_{-1}^0 f(x)dx+\int_0^1 f(x)dx$이므로 주어진 조건

$\int_{-1}^1 f(x)dx=\int_0^1 f(x)dx=\int_{-1}^0 f(x)dx$를 대입하면

$\int_{-1}^1 f(x)dx=\int_{-1}^1 f(x)dx+\int_{-1}^1 f(x)dx$에서

$\int_{-1}^1 f(x)dx=0$

∴ $\int_{-1}^1 f(x)dx=\int_0^1 f(x)dx=\int_{-1}^0 f(x)dx=0 \cdots$ ㉠

2nd 이차함수 $f(x)=ax^2+bx+c$라 하고 a, b, c를 구하자.

함수 $f(x)$가 이차함수이므로 $f(x)=ax^2+bx+c$라 하면 $f(0)=-1$이므로 $f(x)=ax^2+bx-1$

이때, $\int_{-1}^1 f(x)dx=0$이므로

→ y축에 대하여 대칭인 함수 $f(x)$에 대하여 $\int_{-a}^a f(x)dx=2\int_0^a f(x)dx$이고 원점에 대하여 대칭인 함수 $f(x)$에 대하여 $\int_{-a}^a f(x)dx=0$

$$\int_{-1}^1 f(x)dx=\int_{-1}^1 (ax^2+bx-1)dx=2\int_0^1 (ax^2-1)dx$$
$$=2\left[\frac{a}{3}x^3-x\right]_0^1=2\left(\frac{a}{3}-1\right) \cdots ㉡$$
$$=0 (\because ㉠)$$

실수 직선 $y=bx$가 원점에 대하여 대칭이므로 $\int_{-1}^1 bx dx=0$임을 이용하면 미지수 a만 남게 되어 계산이 편해질 수 있어.

∴ $a=3$

또한, ㉠에서 $\int_0^1 f(x)dx=0$이므로

$$\int_0^1 (3x^2+bx-1)dx=\left[x^3+\frac{b}{2}x^2-x\right]_0^1$$
$$=1+\frac{b}{2}-1=0$$

$\therefore b=0$

따라서 $f(x)=3x^2-1$이므로

$f(2)=3\times2^2-1=11$

다른 풀이: 2nd 에서 $\int_0^1 f(x)dx=\int_{-1}^0 f(x)dx$와

$\int_{-1}^1 f(x)dx=\int_0^1 f(x)dx$ 이용하기

$$\int_0^1 f(x)dx=\int_0^1 (ax^2+bx-1)dx$$
$$=\left[\frac{a}{3}x^3+\frac{b}{2}x^2-x\right]_0^1$$
$$=\frac{a}{3}+\frac{b}{2}-1 \cdots ㉢$$

$$\int_{-1}^0 f(x)dx=\int_{-1}^0 (ax^2+bx-1)dx$$
$$=\left[\frac{a}{3}x^3+\frac{b}{2}x^2-x\right]_{-1}^0$$
$$=\frac{a}{3}-\frac{b}{2}-1 \cdots ㉣$$

이때, ㉠에 의해 ㉡=㉢=㉣이야. 즉, ㉢=㉣이므로

$$\frac{a}{3}+\frac{b}{2}-1=\frac{a}{3}-\frac{b}{2}-1 \quad \therefore b=0$$

㉡=㉢이므로

$$2\left(\frac{a}{3}-1\right)=\frac{a}{3}-1 \;(\because b=0)$$

$$\frac{a}{3}-1=0 \quad \therefore a=3$$

따라서 $f(x)=3x^2-1$이므로 $f(2)=11$이야.

F 184 정답 ② *정적분의 값을 이용한 다항함수의 추론 [정답률 52%]

정답 공식: $\int_0^1 |f(t)|dt=a$로 두고 $f(x)$의 함수식을 정리한다. 정리한 함수식 $f(x)$를 $\int_0^1 |f(t)|dt=a$에 대입하여 상수 a의 값을 구한다.

함수 $f(x)$가 모든 실수 x에 대하여 단서1 $\int_0^1 |f(t)|dt$의 값을 상수 a라

$$f(x)=x^3-4x\int_0^1 |f(t)|dt$$

놓으면 $f(x)=x^3-4ax$이고 이것을 $a=\int_0^1 |f(t)|dt$임에 대입하면 a의 값을 구할 수 있어.

를 만족시킨다. $f(1)>0$일 때, $f(2)$의 값은? (4점)

단서2 $f(1)$의 값이 양수임을 이용하여 상수 a의 값의 범위를 구해야 해.

① 6 ②7 ③ 8
④ 9 ⑤ 10

1st $\int_0^1 |f(t)|dt$의 값의 범위를 구하자.

상수 a에 대하여 $a=\int_0^1 |f(t)|dt$라 하면 $a>0$이다.

또한, $f(x)=x^3-4ax$이고

$f(1)>0$이므로

$f(1)=1-4a>0$에서

$a<\frac{1}{4}$

$\therefore 0<a<\frac{1}{4}$

함정: $|f(x)|\geq0$이므로 $\int_0^1 |f(t)|dt\geq0$이야.

그런데 $\int_0^1 |f(t)|dt=0$이려면 $|f(t)|=0$으로 상수함수가 되어야 하는데 $|f(t)|$는 상수함수가 아니지?

즉, $\int_0^1 |f(t)|dt\neq0$이므로 $\int_0^1 |f(t)|dt>0$이야.

2nd $f(x)\geq0$, $f(x)<0$인 x의 범위를 찾은 후, $\int_0^1 |f(t)|dt$의 값을 구하자.

$f(x)=0$에서

$x^3-4ax=0$, $x(x^2-4a)=0$

$\therefore \underline{x=0 \text{ 또는 } x=\pm2\sqrt{a}}$

$0<a<\frac{1}{4}$이므로 삼차방정식 $x(x^2-4a)=0$은 $x=0$ 또는 $x=\pm2\sqrt{a}$의 3개의 실근을 가져.

즉, 그림과 같이 삼차함수 $y=f(x)$의 그래프는 x축과 3개의 점에서 만나고 $0<x<2\sqrt{a}$일 때 $f(x)<0$, $x\geq2\sqrt{a}$일 때 $f(x)\geq0$이다.

$f(x)$는 최고차항의 계수가 양수인 삼차함수이고 $f(x)=-f(-x)$가 성립하므로 원점에 대하여 대칭인 함수이므로 함수 $y=f(x)$의 그래프는 해설의 그림과 같아. 그런데 $f(1)>0$이므로 $2\sqrt{a}<1$이어야 해.

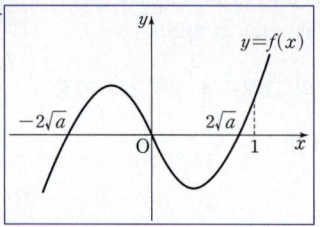

한편, $0<a<\frac{1}{4}$에서 $2\sqrt{a}<1$이므로

주의: $a=\int_0^1 |f(t)|dt$의 값을 구하기 위해서는 구간 $[0,1]$에서 $f(t)$가 음수이면 $-f(t)$를, 양수이면 $f(t)$를 적분해야 하므로 $2\sqrt{a}$의 값이 0과 1 사이의 수인지 반드시 확인해야 해.

$$a=\int_0^1 |f(t)|dt$$
$$=\int_0^{2\sqrt{a}}\{-f(t)\}dt+\int_{2\sqrt{a}}^1 f(t)dt$$

함수 $|f(t)|$는 $0\leq t<2\sqrt{a}$일 때 $f(t)<0$ $2\sqrt{a}\leq t<1$일 때 $f(t)>0$

$$=\int_0^{2\sqrt{a}}(-t^3+4at)dt+\int_{2\sqrt{a}}^1 (t^3-4at)dt$$
$$=\left[-\frac{1}{4}t^4+2at^2\right]_0^{2\sqrt{a}}+\left[\frac{1}{4}t^4-2at^2\right]_{2\sqrt{a}}^1$$
$$=-4a^2+8a^2+\left(\frac{1}{4}-2a\right)-(4a^2-8a^2)$$
$$=8a^2-2a+\frac{1}{4}$$

에서 $8a^2-3a+\frac{1}{4}=0$

$32a^2-12a+1=0$, $(4a-1)(8a-1)=0$

$\therefore a=\frac{1}{8}\left(\because 0<a<\frac{1}{4}\right)$

3rd $f(2)$의 값을 구하자.

따라서 $f(x)=x^3-\frac{1}{2}x$이므로

$$f(2)=2^3-\frac{1}{2}\times2=7$$

F 185 정답 ① *정적분의 값을 이용한 다항함수의 추론 [정답률 66%]

정답 공식: $f(x)$는 원점 대칭인 함수이고, $f(x-b)$는 $f(x)$를 x축의 방향으로 b만큼 평행이동한 것이다.

양수 a에 대하여 삼차함수 $f(x)=-x(x+a)(x-a)$의 극대점의 x좌표를 b라 하자. 단서 삼차함수 $y=f(x)$의 그래프는 x축과 세 점 $x=a$, $x=0$, $x=-a$에서 만나고 최고차항의 계수가 음수이므로

$$\int_{-b}^a f(x)dx=A, \int_b^{a+b} f(x-b)dx=B$$

그래프를 그릴 수 있지? 그린 그래프와 정적분의 값 A, B를 이용해서 $\int_{-b}^a |f(x)|dx$를 나타내면 돼.

일 때, $\int_{-b}^a |f(x)|dx$의 값은? (3점)

① $-A+2B$ ② $-2A+B$ ③ $-A+B$
④ $A+B$ ⑤ $A+2B$

1st $y=f(x)$와 $y=f(x-b)$의 그래프를 이용하여 식을 전개해.

$y=f(x)$의 그래프와 $y=f(x-b)$의 그래프는 다음과 같다.

최고차항의 계수가 음수인 삼차함수의 그래프의 개형은 ⌢또는⌢야.

$y=f(x)$의 그래프를 x축의 방향으로 b만큼 평행이동시킨 거야.

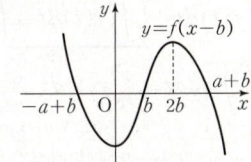

$\int_{-b}^{a} f(x)dx=A$이고 $\int_{b}^{a+b} f(x-b)dx=\int_{0}^{a} f(x)dx=B$이므로

$\int_{-b}^{0} f(x)dx=\int_{-b}^{a} f(x)dx-\int_{0}^{a} f(x)dx=A-B$

$\therefore \int_{-b}^{a} |f(x)|dx=\int_{-b}^{0} \{-f(x)\}dx+\int_{0}^{a} f(x)dx$

$-b \leq x \leq 0$에서 $f(x) \leq 0$이므로 이 구간에서 $|f(x)|=-f(x)$야.

$=-(A-B)+B$

$=-A+2B$

F **186** 정답 **16** ＊정적분의 값을 이용한 다항함수의 추론 ⋯ [정답률 67%]

정답 공식: $g(x)=(x-a)^3+a^3$이고, $\int_{a}^{3a} (x-a)^3 dx=\int_{0}^{2a} x^3 dx$이다.

> 함수 $f(x)=x^3$의 그래프를 x축 방향으로 a만큼, y축 방향으로 b만큼 평행이동시켰더니 함수 $y=g(x)$의 그래프가 되었다.
>
> $g(0)=0$이고 $\int_{a}^{3a} g(x)dx-\int_{0}^{2a} f(x)dx=32$
>
> 일 때, a^4의 값을 구하시오. (3점)
>
> **단서** 함수 $f(x)=x^3$을 평행이동시킨 함수 $g(x)$의 식을 주어진 적분식에 대입하여 계산하면 돼. 이때, $y=f(x)$를 x축의 방향으로 a만큼, y축의 방향으로 b만큼 평행이동시킨 도형의 방정식은 x 대신 $x-a$, y 대신 $y-b$를 대입하면 되지?

1st 평행이동시킨 함수 $g(x)$를 구해.

함수 $y=g(x)$는 $f(x)=x^3$의 그래프를 x축 방향으로 a만큼, y축 방향으로 b만큼 평행이동시킨 것이므로

함수 $y=f(x)$를 x축의 방향으로 m만큼, y축의 방향으로 n만큼 평행이동시키면 $y-n=f(x-m)$이야.

$g(x)=(x-a)^3+b$

이때, $g(0)=-a^3+b=0$이므로 $b=a^3$

$\therefore g(x)=(x-a)^3+a^3$

2nd 남은 조건 하나를 이용해서 a^4의 값을 구하면 돼.

$\int_{a}^{3a} g(x)dx-\int_{0}^{2a} f(x)dx=\int_{a}^{3a} \{(x-a)^3+a^3\}dx-\int_{0}^{2a} x^3 dx$

$=\left[\dfrac{(x-a)^4}{4}+a^3 x \right]_{a}^{3a}-\left[\dfrac{x^4}{4} \right]_{0}^{2a}$

$=6a^4-4a^4=2a^4=32$

$\therefore a^4=16$

다른 풀이: 2nd 에서 평행이동한 함수의 정적분 이용하기

그래프의 평행이동에 의해 $\int_{a}^{b} g(x)dx=\int_{a-c}^{b-c} g(x+c)dx$가 성립함을 이용하면

$\int_{a}^{3a} g(x)dx=\int_{a}^{3a} \{(x-a)^3+b\}dx=\int_{0}^{2a} (x^3+b)dx$

$\therefore \int_{a}^{3a} g(x)dx-\int_{0}^{2a} f(x)dx=\int_{0}^{2a} (x^3+b)dx-\int_{0}^{2a} x^3 dx$

$=\int_{0}^{2a} b dx=\left[bx \right]_{0}^{2a}=2ab=32$

$\therefore ab=16$

한편, $g(0)=0$에서 $b=a^3$이므로 $a^4=16$

F **187** 정답 ① ＊정적분으로 정의된 다항함수의 추론 [정답률 51%]

정답 공식: $f(x)$의 도함수가 $f'(x)$일 때, $\int_{a}^{b} f'(x)dx=f(b)-f(a)$

> 최고차항의 계수가 1인 삼차함수 $f(x)$가 다음 조건을 만족시킨다.
> **단서1** 삼차함수의 최고차항의 계수가 1이면 $f(x)=x^3+ax^2+bx+c$의 형태임을 이용할 수 있어.
>
> (가) 모든 실수 x에 대하여 $f(1+x)+f(1-x)=0$이다.
> **단서2** $x=0$을 대입해서 $f(1)$의 값을 구할 수 있어.
> (나) $\int_{-1}^{3} f'(x)dx=12$
> **단서3** $f'(x)$를 적분하면 $f(x)$가 됨을 이용할 수 있어.
>
> $f(4)$의 값은? (4점)
>
> **①** 24   ② 28   ③ 32   ④ 36   ⑤ 40

1st 조건 (가)를 살펴보면 함수 $f(x)$의 그래프의 개형을 알 수 있어.

모든 실수 x에 대하여 $f(1+x)+f(1-x)=0$이 성립하므로 $x=0$을 대입하면 $f(1)=0$이다.

$f(1+x)+f(1-x)=0$에 $x=0$을 대입하면 $f(1)+f(1)=2f(1)=0$이므로 $f(1)=0$이야.

따라서 함수 $f(x)$의 그래프는 점 $(1, 0)$을 지나고 점 $(1, 0)$에 대칭인 함수이다.

주의 함수 $f(x)$가 모든 실수 x에 대하여 $f(a-x)+f(a+x)=2b$이면 함수 $f(x)$의 그래프는 점 (a, b)에 대하여 대칭이야.

조건 (나)에 의하여

$\int_{-1}^{3} f'(x)dx=f(3)-f(-1)=12$이고 함수 $f(x)$의 그래프가

점 $(1, 0)$에 대하여 대칭이므로 $f(3)=-f(-1)$이다.

따라서 $f(3)=6$, $f(-1)=-6$이다.

두 점 $(-1, f(-1))$과 $(3, f(3))$의 중점이 $(1, 0)$이므로 $\dfrac{f(-1)+f(3)}{2}=0$

$f(3)=a$라 하면 $a-(-a)=12$, $2a=12$ $\therefore a=6$

2nd 함수 $f(x)$를 식으로 표현해봐.

$f(1)=0$이고 최고차항의 계수가 1이므로

$f(x)=(x-1)(x^2+ax+b)$라 두자.

인수정리에 의하여 $f(1)=0$이면 다항식 $f(x)$가 $x-1$을 인수로 가짐을 이용한 결과야.

주의 다항함수의 각 항의 계수를 구하는 과정이라고 생각하고 식을 세운 후에 계수를 찾도록 해봐.

3rd $f(x)=(x-1)(x^2+ax+b)$에 $x=3$, $x=-1$을 대입해.

$f(3)=2(3a+b+9)=6$이므로 $3a+b=-6$이고,

$f(-1)=-2(-a+b+1)=-6$이므로 $-a+b=2$이다.

이 두 식을 연립하여 a, b의 값을 각각 구하면

$a=-2$, $b=0$이다.

따라서 $f(x)=(x-1)(x^2-2x)=x(x-1)(x-2)$이므로

$f(4)=4\times3\times2=24$이다.

참고 그림: 삼차함수 $f(x)$의 그래프가 점 $(1, 0)$에 대하여 대칭임을 확인하기

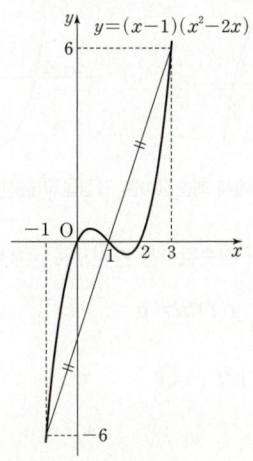

> **정답 공식:** 구간 $[a, b]$에서 $f(x) \geq 0$이면 $\int_a^b f(x)dx \geq 0$이고,
> 구간 $[a, b]$에서 $f(x) \leq 0$이면 $\int_a^b f(x)dx \leq 0$이다.

실수 전체의 집합에서 연속인 함수 $f(x)$가 다음 조건을 만족시킨다.

단서1 $|f(x)| = |6(x-n+1)(x-n)|$이므로 $f(x)=6(x-n+1)(x-n)$ 또는 $f(x)=-6(x-n+1)(x-n)$이야. 즉, $n=1, 2, 3, \cdots$일 때의 함수 $y=f(x)$의 그래프를 유추해볼 수 있어.

> $n-1 \leq x < n$일 때, $|f(x)| = |6(x-n+1)(x-n)|$
> 이다. (단, n은 자연수이다.)

열린구간 $(0, 4)$에서 정의된 함수

$$g(x) = \int_0^x f(t)dt - \int_x^4 f(t)dt$$

단서2 $g(2)=0$임을 이용해 주어진 정적분의 식을 정리한 후, 함수 $g(x)$가 $x=2$에서 최소가 되려면 함수 $y=f(x)$의 그래프가 어떻게 그려져야 할지 판단해봐.

가 $x=2$에서 최솟값 0을 가질 때, $\int_{\frac{1}{2}}^4 f(x)dx$의 값은? (4점)

단서3 구간 $[0, 1], [1, 2], \cdots$에서의 $f(x)$의 식이 달라지므로 구간을 나누어 정적분해야 해.

① $-\dfrac{3}{2}$ ② $-\dfrac{1}{2}$ ③ $\dfrac{1}{2}$

④ $\dfrac{3}{2}$ ⑤ $\dfrac{5}{2}$

1st 함수 $y=f(x)$의 그래프의 개형을 유추하자.

자연수 n에 대하여 $n-1 \leq x < n$일 때,
$|f(x)| = |6(x-n+1)(x-n)|$이므로 이 범위에서
$f(x)=6(x-n+1)(x-n)$ 또는 $f(x)=-6(x-n+1)(x-n)$
이다. 즉, $n-1 \leq x < n$일 때, 함수 $y=f(x)$의 그래프는 x축과 두 점 $(n-1, 0)$, $(n, 0)$에서 만나면서 위로 볼록이거나 아래로 볼록인 포물선이야.
$n=1$이면 $0 \leq x < 1$일 때,
$f(x)=6x(x-1)$ 또는 $f(x)=-6x(x-1)$
$n=2$이면 $1 \leq x < 2$일 때,
$f(x)=6(x-1)(x-2)$ 또는 $f(x)=-6(x-1)(x-2)$
$n=3$이면 $2 \leq x < 3$일 때,
$f(x)=6(x-2)(x-3)$ 또는 $f(x)=-6(x-2)(x-3)$
$n=4$이면 $3 \leq x < 4$일 때,
$f(x)=6(x-3)(x-4)$ 또는 $f(x)=-6(x-3)(x-4)$
이다. 그런데 함수 $f(x)$가 실수 전체의 집합에서 연속이므로 $n-1 \leq x < n$일 때 $y=f(x)$의 그래프의 개형은 다음 두 가지 중 하나이어야 한다.

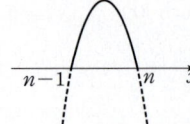 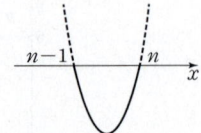

2nd 함수 $g(x)$가 $x=2$에서 최솟값 0을 가짐을 이용하여 함수 $y=f(x)$의 그래프를 확정하자.

함수 $g(x)$가 $x=2$에서 최솟값 0을 가지므로 $g(2)=0$에서

$$g(2) = \int_0^2 f(t)dt - \int_2^4 f(t)dt = 0$$

$$\therefore \int_0^2 f(t)dt = \int_2^4 f(t)dt \cdots \text{㉠}$$

한편, 주어진 함수 $g(x)$의 식을 정리하면

$$g(x) = \int_0^x f(t)dt - \int_x^4 f(t)dt$$

$$= \int_0^x f(t)dt - \left\{ \int_0^4 f(t)dt - \int_0^x f(t)dt \right\}$$

$0 < x < 4$이므로 구간 $[x, 4]$에서 함수 $f(x)$를 정적분한 값은 구간 $[0, 4]$에서 함수 $f(x)$를 정적분한 값에서 구간 $[0, x]$에서 함수 $f(x)$를 정적분한 값을 빼면 돼.

$$= 2\int_0^x f(t)dt - \int_0^4 f(t)dt$$

이고, 함수 $g(x)$가 $x=2$에서 최솟값을 가지므로 $x=2$일 때 $g(x)=2\int_0^x f(t)dt - \int_0^4 f(t)dt$에서 $\int_0^4 f(t)dt$의 값은 고정이므로 $g(x)$의 값이 최소가 되려면 $\int_0^x f(t)dt$의 값이 최소가 되어야 해.

$\int_0^x f(t)dt$의 값이 최소가 되어야 한다. $\cdots$ ㉡

따라서 ㉠, ㉡을 모두 만족시키는 함수 $y=f(x)$의 그래프는 다음과 같다.

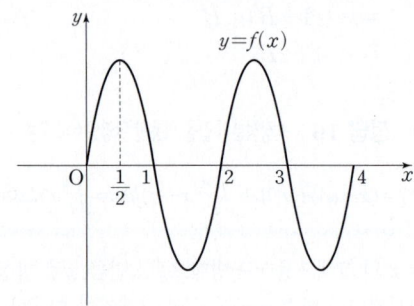

3rd $\int_{\frac{1}{2}}^4 f(x)dx$의 값을 구하자.

$0 \leq x < 1$일 때, $f(x)=-6x(x-1)=-6x^2+6x$이므로

$$\int_0^1 f(x)dx = \int_0^1 (-6x^2+6x)dx$$

$$= \left[-2x^3 + 3x^2 \right]_0^1 = -2+3 = 1$$

이때, $f(x)=-6x^2+6x=-6\left(x-\dfrac{1}{2}\right)^2+\dfrac{3}{2}$에서 이차함수 $y=f(x)$의 그래프는 직선 $x=\dfrac{1}{2}$에 대하여 대칭이므로

$$\int_{\frac{1}{2}}^1 f(x)dx = \dfrac{1}{2}\int_0^1 f(x)dx = \dfrac{1}{2} \times 1 = \dfrac{1}{2}$$

$$\therefore \int_{\frac{1}{2}}^4 f(x)dx$$

$$= \int_{\frac{1}{2}}^1 f(x)dx + \int_1^2 f(x)dx + \int_2^3 f(x)dx + \int_3^4 f(x)dx$$

$$= \int_{\frac{1}{2}}^1 f(x)dx - \int_0^1 f(x)dx + \int_0^1 f(x)dx - \int_0^1 f(x)dx$$

각 구간 $[1, 2], [2, 3], [3, 4]$에서의 함수 $y=f(x)$의 그래프는 구간 $[0, 1]$에서의 함수 $y=f(x)$의 그래프를 평행이동 또는 대칭이동한 것이므로, 이 구간에서의 정적분 값은 각 구간에서 그래프가 x축 위에 있느냐 아래에 있느냐에 따라 구간 $[0, 1]$에서 함수 $f(x)$를 정적분한 값에 부호만 달라져.

$$= \int_{\frac{1}{2}}^1 f(x)dx - \int_0^1 f(x)dx$$

$$= \dfrac{1}{2} - 1 = -\dfrac{1}{2}$$

🔖 **다른 풀이:** 함수 $g(x)$를 미분한 함수 $g'(x)$의 부호가 $x=2$의 좌우에서 음에서 양으로 바뀌어야 함을 이용하여 구간 $[1, 3]$에서 함수 $f(x)$의 그래프 개형 그리기

함수 $y=f(x)$의 그래프를 다른 방법으로 확정해보자.

$g(x) = \int_0^x f(t)dt - \int_x^4 f(t)dt$의 양변을 x에 대하여 미분하면

$f(x)$가 연속함수이면 상수 a에 대하여 정의된 함수 $g(x)=\int_a^x f(t)dt$는 미분가능해.

$g'(x)=f(x)-\{-f(x)\}=2f(x)$야.

$\dfrac{d}{dx}\left[\displaystyle\int_0^x f(t)dt\right]=f(x),\ \dfrac{d}{dx}\left[\displaystyle\int_x^4 f(t)dt\right]=-f(x)$

그런데 함수 $g(x)$가 $x=2$에서 최솟값 0을 가지므로 $x=2$에서 극소가 되어야 하지? 즉, $x=2$의 좌우에서 $g'(x)$의 부호가 음$(-)$에서 양$(+)$으로 바뀌어야 해.

따라서 $x=2$의 왼쪽은 $f(x)=6(x-1)(x-2)$의 그래프를 그리고, $x=2$의 오른쪽은 $f(x)=-6(x-2)(x-3)$의 그래프를 그려야 하므로 구간 $[1,3]$에서 함수 $y=f(x)$의 그래프의 개형은 [그림 1]과 같아.

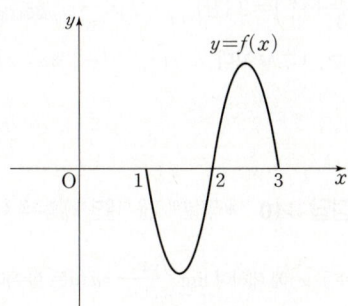

[그림 1]

한편, 위의 본풀이의 ⓛ에서 함수 $g(x)$가 $x=2$에서 최솟값을 가지면 $x=2$일 때 $\displaystyle\int_0^x f(t)dt$의 값이 최소가 되어야 한다고 했지?

만약 [그림 2] 같이 구간 $[0,1]$에서 $f(x)=6x(x-1)$의 그래프가 그려진다고 하면 $g(2)=0$에서 $\displaystyle\int_0^2 f(t)dt=\int_2^4 f(t)dt$이어야 하는데, 구간 $[2,3]$에서 $f(x)=-6(x-2)(x-3)$의 그래프가 그려져야 하므로 구간 $[3,4]$에서 $f(x)=-6(x-3)(x-4)$이든지 $f(x)=6(x-3)(x-4)$이든지 상관없이 이를 만족시킬 수 없어.

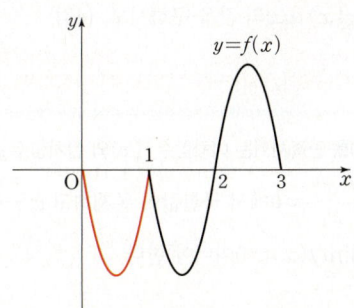

[그림 2]

따라서 함수 $y=f(x)$의 그래프는 위의 본풀이처럼 그려져야 해. (이하 동일)

백규민 영남대 약학과 2023 입학 · 대구 성화여고 졸

절댓값 기호가 포함되어 있는 식은 먼저 그 안에 있는 식이 양수일 때와 음수일 때로 경우를 나누어 그래프가 어떤 식으로 표현될 수 있을지 생각해 보도록 하자.

나는 이 문제를 풀 때 연속함수를 적분한 함수는 미분가능하다는 사실을 이용해서 쉽게 풀었어. $f(x)$가 주어진 범위에서 연속이니까 $f(x)$를 적분한 함수 $g(x)$는 미분가능하다는 거지.

즉, $x=1$, $x=2$, $x=3$에서 $g(x)$의 미분계수가 존재해야 하므로 이를 만족시키는 함수 $y=f(x)$의 그래프는 두 가지 경우로 좁혀지게 돼.

그런 다음, 함수 $g(x)$가 $x=2$에서 최솟값을 가진다는 것을 이용해서 둘 중 맞는 그래프를 찾아내기만 하면 되는 거였어.

정답 공식: 삼차함수의 그래프와 이차함수의 그래프가 서로 다른 두 점에서만 만나는 것은 한 점에서 접하고 다른 한 점에서 만나는 경우이다. 또한, $x>k$인 모든 실수 x에 대하여 $\displaystyle\int_k^x h(t)dt\geq0$이면 $h(x)\geq0$이어야 한다.

두 다항함수 $f(x)$, $g(x)$가 다음 조건을 만족시킨다.

(가) $f'(x)=x^2-4x,\ g'(x)=-2x$

> 단서1 $f'(x)$가 이차함수이므로 $f(x)$는 삼차함수이고, $g'(x)$가 일차함수이므로 $g(x)$는 이차함수임을 알 수 있어. 또, 부정적분을 이용하면 대략적인 두 함수 $f(x)$, $g(x)$의 식을 구할 수 있지.

(나) 함수 $y=f(x)$의 그래프와 함수 $y=g(x)$의 그래프는 서로 다른 두 점에서만 만난다.

> 단서2 삼차함수 $y=f(x)$의 그래프와 이차함수 $y=g(x)$의 그래프가 서로 다른 두 점에서만 만나는 경우는 한 점에서는 접하고 다른 한 점에서는 만나는 거야.

[보기]에서 옳은 것만을 있는 대로 고른 것은? (4점)

[보기]

ㄱ. 두 함수 $f(x)$와 $g(x)$는 모두 $x=0$에서 극대이다.

> 단서3 $x=0$에서 $f'(x)$, $g'(x)$의 값이 0인지 확인하고, $x=0$의 좌우에서 $f'(x)$, $g'(x)$의 부호가 양에서 음으로 바뀌는지 확인하면 되겠지?

ㄴ. $\{f(0)-g(0)\}\times\{f(2)-g(2)\}=0$

ㄷ. 모든 실수 x에 대하여 $\displaystyle\int_{-1}^x\{f(t)-g(t)\}dt\geq0$이면

> 단서4 $h(x)=f(x)-g(x)$로 놓을 때, 함수 $h(x)$의 그래프를 그려보면서 모든 실수 x에 대하여 $\displaystyle\int_{-1}^x h(t)dt\geq0$을 만족시키는 함수 $h(x)$를 찾아야 해.

$\displaystyle\int_{-1}^1\{f(x)-g(x)\}dx=2$이다.

① ㄱ   ② ㄱ, ㄴ   ③ ㄱ, ㄷ
④ ㄴ, ㄷ   ⑤ ㄱ, ㄴ, ㄷ

1st 도함수를 이용하여 두 함수 $f(x)$와 $g(x)$가 $x=0$에서 극대인지 판별하자.

ㄱ. 조건 (가)에 의하여 $f'(x)=x^2-4x=x(x-4)$, $g'(x)=-2x$에서
$f'(0)=g'(0)=0$

이때, $x<0$에서 $f'(x)>0$, $g'(x)>0$이고
$0<x<4$에서 $f'(x)<0$, $g'(x)<0$이므로
두 함수 $f(x)$와 $g(x)$는 모두 $x=0$에서 극대이다. (참)

> ⚠주의 $f'(0)=g'(0)=0$이라고 해서 무조건 $x=0$에서 극값을 갖는다고 생각하면 안 돼. $x=0$의 좌우에서 도함수의 부호가 바뀌는지 반드시 확인해야 해. 두 함수 $f(x)$와 $g(x)$는 모두 $x=0$에서 $f'(x)$와 $g'(x)$의 부호가 $+$에서 $-$로 바뀌므로 극댓값을 가져.

2nd $h(x)=f(x)-g(x)$라 하고 삼차함수 $h(x)$의 그래프의 개형을 통해 ㄴ의 진위를 판정하자.

ㄴ. $f'(x)=x^2-4x$, $g'(x)=-2x$이므로
$f(x)=\dfrac{1}{3}x^3-2x^2+C_1,\ g(x)=-x^2+C_2$ (단, C_1, C_2는 적분상수)
라 하자. → $h(x)=\dfrac{1}{3}x^3-2x^2-(-x^2)+C_1-C_2=\dfrac{1}{3}x^3-x^2+C_1-C_2$

이때, $h(x)=f(x)-g(x)$라 하면
$h'(x)=f'(x)-g'(x)$
$=x^2-4x-(-2x)$
$=x^2-2x=x(x-2)$

이므로 삼차함수 $h(x)$는 $x=0$에서 극댓값을 갖고, $x=2$에서 극솟값을 갖는다. $h(x)$는 최고차항의 계수가 양수인 삼차함수이므로 $x=0$에서 극대, $x=2$에서 극소야.

그런데, 조건 (나)에 의하여 삼차함수 $y=f(x)$와 이차함수 $y=g(x)$의 그래프가 서로 다른 두 점에서만 만나는 것은 한 점에서 접하고 다른 한 점에서 만나는 경우이고, 이 경우는 삼차함수 $y=h(x)$의 그래프가 x축과 서로 다른 두 점에서만 만나는 경우와 같으므로 삼차함수의 그래프가 x축과 서로 다른 두 점에서만 만나는 경우는 극대가 되는 점에서 접하거나 극소가 되는 점에서 접하는 경우야.
차함수 $y=h(x)$의 그래프의 개형은 [그림 1]의 $y=h_1(x)$의 그래프 또는 $y=h_2(x)$의 그래프의 두 가지 중 하나이다.

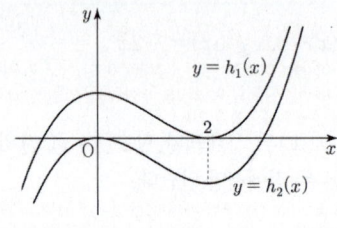

[그림 1]

(i) $h(x)=h_1(x)$일 때,
$h_1(2)=0$이므로 $h_1(0)\times h_1(2)=0$
(ii) $h(x)=h_2(x)$일 때,
$h_2(0)=0$이므로 $h_2(0)\times h_2(2)=0$
(i), (ii)에 의하여
$\{f(0)-g(0)\}\times\{f(2)-g(2)\}=h(0)\times h(2)=0$ (참)

3rd ㄴ에서 구한 $h_1(x)$, $h_2(x)$ 중 조건에 맞는 함수를 찾아 $\int_{-1}^{1}\{f(x)-g(x)\}dx$의 값을 구하자.

ㄷ. ㄴ에서 구한 [그림 1]의 그래프 중 $f(x)-g(x)=h_2(x)$이면 $\int_{-1}^{0}h_2(t)dt<0$이므로 함수 $h_2(x)$는 모든 실수 x에 대하여

$\int_{-1}^{x}\{f(t)-g(t)\}dt\geq0$을 만족시키는 함수 $h(x)$가 아니다.
$f(x)-g(x)=h_2(x)$이면 $-1<x<0$인 모든 실수 x에 대하여 $f(x)-g(x)=h_2(x)<0$이므로 $\int_{-1}^{x}\{f(t)-g(t)\}dt<0$이 돼.
즉, 조건을 만족시키려면 $f(x)-g(x)=h_1(x)$에 대하여 $h_1(2)=0$이므로

$h_1(2)=f(2)-g(2)=\left(\dfrac{8}{3}-8+C_1\right)-(-4+C_2)$

$=-\dfrac{4}{3}+C_1-C_2=0$

$\therefore C_1-C_2=\dfrac{4}{3}$

따라서 함수 $h_1(x)$의 식과 그래프를 구하면 다음과 같다.

$h_1(x)=f(x)-g(x)=\dfrac{1}{3}x^3-x^2+\dfrac{4}{3}$

$=\dfrac{1}{3}(x+1)(x-2)^2$
삼차함수 $y=h_1(x)$의 그래프는 $x=-1$에서 x축을 지나가고 $x=2$에서 x축에 접해.

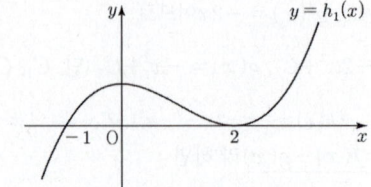

이때, $x<-1$일 때, $h_1(x)<0$이므로

$\int_{-1}^{x}h_1(t)dt=\int_{x}^{-1}\{-h_1(t)\}dt>0$

$x\geq-1$일 때, $h_1(x)\geq0$이므로 $\int_{-1}^{x}h_1(t)dt\geq0$

즉, 모든 실수 x에 대하여 $\int_{-1}^{x}\{f(t)-g(t)\}dt\geq0$을 만족시키는 함수 $h(x)$는 $h_1(x)$이다.

$\therefore \int_{-1}^{1}\{f(x)-g(x)\}dx$

$=\int_{-1}^{1}\left(\dfrac{1}{3}x^3-x^2+\dfrac{4}{3}\right)dx=2\int_{0}^{1}\left(-x^2+\dfrac{4}{3}\right)dx$

$=2\left[-\dfrac{1}{3}x^3+\dfrac{4}{3}x\right]_{0}^{1}$
$y=\dfrac{1}{3}x^3$은 원점에 대하여 대칭인 함수이므로
$\int_{-1}^{1}\dfrac{1}{3}x^3dx=0$

$=2\times\left(-\dfrac{1}{3}+\dfrac{4}{3}\right)=2$ (참)
$y=-x^2+\dfrac{4}{3}$는 y축에 대하여 대칭인 함수이므로

따라서 옳은 것은 ㄱ, ㄴ, ㄷ이다.
$\int_{-1}^{1}\left(-x^2+\dfrac{4}{3}\right)dx=2\int_{0}^{1}\left(-x^2+\dfrac{4}{3}\right)dx$

F 190 정답 340 　*정적분의 값을 이용한 다항함수의 추론 ···· [정답률 42%]

정답 공식: 다항함수 $f(x)$에 대하여 $\lim\limits_{x\to a}\dfrac{f(x)}{x-a}=\alpha$ (α는 실수)이면 $f(a)=0$, $f'(a)=\alpha$이다.

양수 a에 대하여 최고차항의 계수가 1인 이차함수 $f(x)$와 최고차항의 계수가 1인 삼차함수 $g(x)$가 다음 조건을 만족시킨다.

(가) $f(0)=g(0)$
단서1 극한값이 존재할 조건과 미분계수의 정의를 이용하여 주어진 조건을 해석하면 두 함수 $f(x)$와 $g(x)$의 식을 구할 수 있어.

(나) $\lim\limits_{x\to 0}\dfrac{f(x)}{x}=0$, $\lim\limits_{x\to a}\dfrac{g(x)}{x-a}=0$

(다) $\int_{0}^{a}\{g(x)-f(x)\}dx=36$
단서2 정적분을 계산하여 양수 a의 값을 구해 봐.

$3\int_{0}^{a}|f(x)-g(x)|dx$의 값을 구하시오. (4점)
단서3 구간 $[0, a]$에서 두 함수 $y=f(x)$, $y=g(x)$의 그래프의 교점을 찾아 $f(x)\geq g(x)$인 구간과 $f(x)<g(x)$인 구간으로 나눠 정적분의 값을 구해.

1st 조건 (가), (나)를 만족시키는 이차함수 $f(x)$와 삼차함수 $g(x)$의 식을 구해.

조건 (나)의 $\lim\limits_{x\to 0}\dfrac{f(x)}{x}=0$에서 극한값이 존재하고 $x\to 0$일 때,

$\lim\limits_{x\to 0}x=0$이므로 $\lim\limits_{x\to 0}f(x)=0$이어야 한다.

$\therefore f(0)=0$

또한, $\lim\limits_{x\to 0}\dfrac{f(x)}{x}=\lim\limits_{x\to 0}\dfrac{f(x)-f(0)}{x-0}=f'(0)$이므로

$f'(0)=0$이다.

즉, 최고차항의 계수가 1인 이차함수 $f(x)$에 대하여

$f(0)=0$, $f'(0)=0$이므로
$f(x)=x^2$
이차함수는 꼭짓점에서 극값을 갖지? 즉, $x=0$인 점에서 극값 0을 가지므로 이차함수 $f(x)$의 그래프의 꼭짓점의 좌표가 $(0, 0)$이라는 거야.

한편, 조건 (나)의 $\lim\limits_{x\to a}\dfrac{g(x)}{x-a}=0$에서 위와 마찬가지 방법으로 구하면

$g(a)=0$, $g'(a)=0$이고, 조건 (가)에서 $g(0)=f(0)=0$이므로 최고차항의 계수가 1인 삼차함수 $g(x)$는

$g(x)=x(x-a)^2=x^3-2ax^2+a^2x$
다항함수 $g(x)$에 대하여 $g(a)=0$, $g'(a)=0$이면 $g(x)$는 $(x-a)^2$을 인수로 가져.

필수 꼭 외우고 있어야 하는 성질이야.

2nd 조건 (다)를 이용하여 양수 a의 값을 구해.

조건 (다)에서 $\int_{0}^{a}\{g(x)-f(x)\}dx=36$이므로

$$\int_0^a \{g(x)-f(x)\}dx$$

$$=\int_0^a (x^3-2ax^2+a^2x-x^2)dx=\int_0^a \{x^3-(2a+1)x^2+a^2x\}dx$$

$$=\left[\frac{1}{4}x^4-\frac{2a+1}{3}x^3+\frac{a^2}{2}x^2\right]_0^a=\frac{1}{4}a^4-\frac{2a^4+a^3}{3}+\frac{1}{2}a^4$$

$$=\frac{1}{12}a^4-\frac{1}{3}a^3=36$$

에서 $a^4-4a^3-432=0$

$(a-6)(a^3+2a^2+12a+72)=0$

$\therefore a=6 \ (\because a>0) \cdots (*)$

$$\begin{array}{r|rrrrr} 6 & 1 & -4 & 0 & 0 & -432 \\ & & 6 & 12 & 72 & 432 \\ \hline & 1 & 2 & 12 & 72 & 0 \end{array}$$

$\therefore a^4-4a^3-432$
$=(a-6)(a^3+2a^2+12a+72)$

> **주의** 양수 a, 정수 a, 자연수 a 등 미지수에 대한 조건은 확실히 체크해서 기억해놔야 해.

3rd $3\int_0^a |f(x)-g(x)|dx$의 값을 구해.

$f(x)=x^2$, $g(x)=x^3-12x^2+36x$에 대하여 두 곡선 $y=f(x)$, $y=g(x)$의 교점의 좌표를 구하기 위해 두 식을 연립하면

$x^3-12x^2+36x=x^2$, $x^3-13x^2+36x=0$

$x(x^2-13x+36)=0$, $x(x-4)(x-9)=0$

$\therefore x=0$ 또는 $x=4$ 또는 $x=9$

즉, 두 곡선 $f(x)=x^2$, $g(x)=x^3-12x^2+36x$의 교점의 좌표는 $(0, 0)$, $(4, 16)$, $(9, 81)$이고, 두 곡선을 좌표평면 위에 나타내면 다음과 같다. $f(x)=x^2$이므로 $f(0)=0, f(4)=16, f(9)=81$이야.

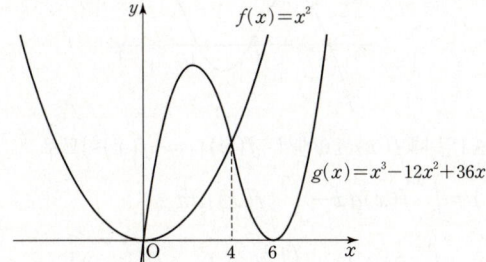

따라서

$$\int_0^6 |f(x)-g(x)|dx$$

$\rightarrow$ $0\le x\le 4$일 때, $g(x)\ge f(x)$이고, $4\le x\le 6$일 때, $f(x)\ge g(x)$야.

$$=\int_0^4 \{g(x)-f(x)\}dx+\int_4^6 \{f(x)-g(x)\}dx$$

$$=\int_0^4 (x^3-13x^2+36x)dx+\int_4^6 (-x^3+13x^2-36x)dx$$

$$=\left[\frac{1}{4}x^4-\frac{13}{3}x^3+18x^2\right]_0^4+\left[-\frac{1}{4}x^4+\frac{13}{3}x^3-18x^2\right]_4^6$$

$$=\left(\frac{1}{4}\times 4^4-\frac{13}{3}\times 4^3+18\times 4^2\right)+\left(-\frac{1}{4}\times 6^4+\frac{13}{3}\times 6^3-18\times 6^2\right)$$

$$\qquad\qquad -\left(-\frac{1}{4}\times 4^4+\frac{13}{3}\times 4^3-18\times 4^2\right)$$

$$=2\times\left(\frac{1}{4}\times 4^4-\frac{13}{3}\times 4^3+18\times 4^2\right)+\left(-\frac{1}{4}\times 6^4+\frac{13}{3}\times 6^3-18\times 6^2\right)$$

$$=2\times 4^3-\frac{26}{3}\times 4^3+6^2\times 4^2-9\times 6^2+26\times 6^2-18\times 6^2$$

$$=\left(2-\frac{26}{3}\right)\times 4^3+(16-9+26-18)\times 6^2$$

$$=-\frac{20}{3}\times 64+15\times 36=-\frac{1280}{3}+\frac{1620}{3}=\frac{340}{3}$$

이므로

$$3\int_0^a |f(x)-g(x)|dx=3\times\frac{340}{3}=340$$

---

*(*)에서 방정식 $(a-6)(a^3+2a^2+12a+72)=0$을 만족시키는 양수 a의 값이 6 하나인 것을 확인하기

$h(a)=a^3+2a^2+12a+72$라 하면 $h'(a)=3a^2+4a+12$

방정식 $h'(a)=0$의 판별식을 D라 하면

$\dfrac{D}{4}=2^2-3\times 12=-32<0$이므로 모든 실수 a에 대하여 $h'(a)>0$이야.

즉, $h(a)$는 증가함수이고, $h(0)=72>0$이므로 $h(a)=0$을 만족하는 실근 a의 값은 음수일 수밖에 없어.

따라서 방정식 $(a-6)(a^3+2a^2+12a+72)=0$을 만족시키는 양수 a의 값은 6 하나야.

F 191 정답 ① *정적분으로 정의된 함수 ·········· [정답률 73%]

> **정답 공식:** $\int \{f'(x)g(x)+f(x)g'(x)\}dx=f(x)g(x)+C$
> (단, C는 적분상수)

두 다항함수 $f(x)$, $g(x)$는 모든 실수 x에 대하여 다음 조건을 만족시킨다.

> (가) $\displaystyle\int_1^x tf(t)dt+\int_{-1}^x tg(t)dt=3x^4+8x^3-3x^2$
> **단서** 양변을 x에 대하여 미분해야겠다는 생각이 들지?
> (나) $f(x)=xg'(x)$

$\displaystyle\int_0^3 g(x)dx$의 값은? (4점)

① 72　② 76　③ 80　④ 84　⑤ 88

1st 조건 (가)의 식을 미분하여 두 함수 $f(x)$, $g(x)$의 합 $f(x)+g(x)$를 구해.

조건 (가)의 식에서 $\displaystyle\int_1^x tf(t)dt+\int_{-1}^x tg(t)dt=3x^4+8x^3-3x^2$의 양변을 x에 대하여 미분하면

$\dfrac{d}{dx}\displaystyle\int_a^x f(t)dt=f(x)$

$xf(x)+xg(x)=12x^3+24x^2-6x$

양변을 x로 나누면

$f(x)+g(x)=12x^2+24x-6 \cdots$ ㉠

2nd 조건 (나)를 이용하여 함수 $g(x)$를 구해.

이때, 조건 (나)에서 $f(x)=xg'(x)$이므로 ㉠에 대입하면

$xg'(x)+g(x)=12x^2+24x-6$

$\{xg(x)\}'=12x^2+24x-6$

$\{xg(x)\}'=g(x)+xg'(x)$이므로

$\int\{g(x)+xg'(x)\}dx=xg(x)+C$ (단, C는 적분상수)

$\therefore xg(x)=\int\{xg(x)\}'dx$

함수 $xg(x)$는 $\{xg(x)\}'$의 원시함수 중 하나야.

$\qquad =\int(12x^2+24x-6)dx$

$\qquad =4x^3+12x^2-6x+C$ (단, C는 적분상수) $\cdots$ ㉡

양변에 $x=0$을 대입하면 $0=C$

㉡에 $C=0$을 대입하고 양변을 x로 나누면

$g(x)=4x^2+12x-6$

3rd 적분을 계산해.

$\therefore \displaystyle\int_0^3 g(x)dx=\int_0^3 (4x^2+12x-6)dx=\left[\frac{4}{3}x^3+6x^2-6x\right]_0^3$

$\qquad\qquad =36+54-18=72$

F 192 정답 ⑤ ＊정적분으로 나타내어진 다항함수의 추론 ‥ [정답률 51%]

[정답 공식: $\int_a^b f(x)dx = \int_a^b |f(x)|dx$이면 구간 $[a, b]$에서 $f(x) \geq 0$이다.]

최고차항의 계수가 1이고 $f(0)=0$, $f(1)=0$인 삼차함수 $f(x)$에 대하여 함수 $g(t)$를 **단서1** 삼차함수 $y=f(x)$의 그래프가 x축과 $x=0$, $x=1$에서 만난다는 뜻이므로 이를 이용하여 $y=f(x)$의 그래프의 개형을 그려봐.

$$g(t) = \int_t^{t+1} f(x)dx - \int_0^1 |f(x)|dx$$

단서2 구간 $[0, 1]$에서 $f(x) \geq 0$이면 $\int_0^1 |f(x)|dx = \int_0^1 f(x)dx$이고,

구간 $[0, 1]$에서 $f(x) < 0$이면 $\int_0^1 |f(x)|dx = -\int_0^1 f(x)dx$야.

라 할 때, [보기]에서 옳은 것만을 있는 대로 고른 것은? (4점)

[보기]

ㄱ. $g(0)=0$이면 $g(-1)<0$이다.
　단서3 $g(0)=0$을 만족시키는 $y=f(x)$의 그래프의 개형을 그린 후 $g(-1)$의 값을 유추해봐.

ㄴ. $g(-1)>0$이면 $f(k)=0$을 만족시키는 $k<-1$인 실수 k가 존재한다.
　단서4 $g(-1)>0$이 되도록 하는 함수 $y=f(x)$의 그래프의 개형을 그린 후 $f(x)$의 식을 세워 $g(-1)>0$이기 위한 조건을 찾자.

ㄷ. $g(-1)>1$이면 $g(0)<-1$이다.

① ㄱ　　　　② ㄱ, ㄴ　　　　③ ㄱ, ㄷ
④ ㄴ, ㄷ　　　⑤ ㄱ, ㄴ, ㄷ

1st $g(0)=0$을 만족시키는 함수 $y=f(x)$의 그래프의 개형을 그리고, $g(-1)$의 값의 부호를 결정해.

최고차항의 계수가 1이고 $f(0)=0$, $f(1)=0$인 삼차함수 $f(x)$를 $f(x)=x(x-1)(x-a)$ (a는 상수) ‥ ㉠라 하자.
　$f(0)=0$, $f(1)=0$이므로 $f(x)$는 x, $x-1$을 인수로 가져. 따라서 삼차함수 $f(x)$를 $f(x)=x(x-1)(x-a)$로 나타낼 수 있지. 이때, $y=f(x)$의 그래프는 x축과 $x=0$, $x=1$, $x=a$인 점에서 만나게 돼.

ㄱ. $g(t) = \int_t^{t+1} f(x)dx - \int_0^1 |f(x)|dx$에서 $g(0)=0$이면

$g(0) = \int_0^1 f(x)dx - \int_0^1 |f(x)|dx = 0$

$\therefore \int_0^1 f(x)dx = \int_0^1 |f(x)|dx$

즉, $0 \leq x \leq 1$일 때 $f(x) \geq 0$이어야 하므로
　구간 $[0, 1]$에서 $f(x)<0$이면 $\int_0^1 |f(x)|dx = \int_0^1 \{-f(x)\}dx = -\int_0^1 f(x)dx$야.
함수 $y=f(x)$의 그래프의 개형은 다음의 두 가지 경우 중 하나이다.

(i) $a>1$일 때

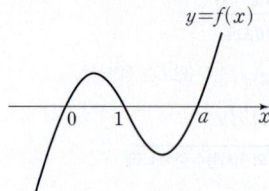

(ii) $a=1$일 때

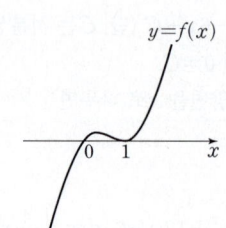

(i), (ii)에 의하여 $\int_{-1}^0 f(x)dx < 0$이므로
　(i), (ii)의 경우 모두 $x<0$에서 항상 $f(x)<0$이므로 구간 $[-1, 0]$에서 함수 $f(x)$의 정적분 값은 음수야.

$g(-1) = \int_{-1}^0 f(x)dx - \int_0^1 |f(x)|dx < 0$이다. (참)
　$\int_{-1}^0 f(x)dx < 0$, $\int_0^1 |f(x)|dx > 0$이므로 (음수) − (양수) = (음수)야.

2nd $g(-1)>0$을 만족시키는 함수 $y=f(x)$의 그래프의 개형을 그려서 $f(k)=0$을 만족시키는 $k<-1$인 실수 k가 존재하는지 확인하자.

ㄴ. $g(-1) = \int_{-1}^0 f(x)dx - \int_0^1 |f(x)|dx > 0$이면

$\int_{-1}^0 f(x)dx > \int_0^1 |f(x)|dx$이다.

그런데 $\int_0^1 |f(x)|dx > 0$이므로 $\int_{-1}^0 f(x)dx > 0$이어야 한다.

즉, 구간 $[-1, 0]$에서의 함수 $f(x)$의 정적분의 값이 양수가 되려면 $x<0$인 부분에서 반드시 $f(x)>0$인 구간이 존재해야 하므로 ㉠에서 $a<0$이어야 한다.

주의 $f(x)=x(x-1)(x-a)$의 구간 $[-1, 0]$에서의 정적분 값이 양수가 되기 위해서는 $x<0$인 부분에서 함수 $f(x)$가 양수인 부분이 존재해야 해. 만약, $a \geq 0$이면 $x<0$인 모든 실수 x에 대하여 $f(x)<0$이야.

따라서 함수 $y=f(x)$의 그래프의 개형은 그림과 같다.

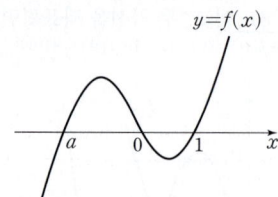

$0 \leq x \leq 1$일 때 $f(x) \leq 0$에서 $|f(x)|=-f(x)$이므로

$g(-1) = \int_{-1}^0 f(x)dx - \int_0^1 |f(x)|dx$

$= \int_{-1}^0 f(x)dx + \int_0^1 f(x)dx = \int_{-1}^1 f(x)dx$
　$\int_a^c f(x)dx + \int_c^b f(x)dx = \int_a^b f(x)dx$

$= \int_{-1}^1 x(x-1)(x-a)dx$ (∵ ㉠)

$= \int_{-1}^1 \{x^3 - (a+1)x^2 + ax\}dx$
　→ 함수 $y=x^3+ax$는 원점에 대하여 대칭이므로 $\int_{-1}^1 (x^3+ax)dx=0$

$= 2\int_0^1 \{-(a+1)x^2\}dx$
　함수 $y=-(a+1)x^2$은 y축에 대하여 대칭이므로 $\int_{-1}^1 \{-(a+1)x^2\}dx = 2\int_0^1 \{-(a+1)x^2\}dx$

$= 2\left[-\dfrac{a+1}{3}x^3\right]_0^1 = \dfrac{-2(a+1)}{3}$

즉, $g(-1)>0$이면 $\dfrac{-2(a+1)}{3}>0$에서 $a<-1$이므로

$f(k)=0$을 만족시키는 $k<-1$인 실수 k가 존재한다. (참)

3rd ㄴ을 이용하여 $g(-1)>1$이면 $g(0)<-1$임을 확인하자.

ㄷ. ㄴ에 의해 $g(-1)>1>0$이면 $g(-1)=\dfrac{-2(a+1)}{3}$이다.

이때, $g(-1)>1$이면 $\dfrac{-2(a+1)}{3}>1$에서

$a+1 < -\dfrac{3}{2}$　$\therefore a < -\dfrac{5}{2}$ ‥ ㉡

또한, ㄴ에서 $g(-1)>1>0$이면
$0 \leq x \leq 1$일 때 $f(x) \leq 0$에서 $|f(x)|=-f(x)$이므로

$$g(0) = \int_0^1 f(x)dx - \int_0^1 |f(x)|dx$$
$$= \int_0^1 f(x)dx + \int_0^1 f(x)dx = 2\int_0^1 f(x)dx$$
$$= 2\int_0^1 x(x-1)(x-a)dx \ (\because \text{㉠})$$
$$= 2\int_0^1 \{x^3 - (a+1)x^2 + ax\}dx$$
$$= 2\left[\frac{1}{4}x^4 - \frac{a+1}{3}x^3 + \frac{a}{2}x^2\right]_0^1$$
$$= 2 \times \left(\frac{1}{4} - \frac{a+1}{3} + \frac{a}{2}\right) = \frac{1}{3}a - \frac{1}{6}$$

즉, ㉡에 의해 $\frac{1}{3}a - \frac{1}{6} < -\frac{5}{6} - \frac{1}{6} = -1$이므로

$g(0) < -1$이다. (참)

따라서 옳은 것은 ㄱ, ㄴ, ㄷ이다.

즉, $g'(3) = 0$이므로 $g'(x) = -xf'(x)$에서

$-3f'(3) = 0 \qquad \therefore f'(3) = 0$

따라서 $g'(x) = -xf'(x)$에서 $f'(3) = 0$에 의해 $f'(x)$가 $x-3$을 인수로 가지므로 $g'(x)$도 $x-3$을 인수로 가지고, $g'(x)$는 최고차항의 계수가 -12인 삼차함수이므로

$g'(x) = -12x(x-3)(x-a)$ (a는 상수)라 놓을 수 있다.

$g'(x) = -xf'(x)$에서 $g'(x)$는 x를 인수로 가지고, 위에서 $x-3$도 인수로 가지므로 삼차함수 $g'(x)$를 이렇게 나타낼 수 있는 거야.

그런데 사차함수 $g(x)$가 오직 1개의 극값만 가지므로 함수 $g(x)$는 $x=0$에서 극값을 가질 수 없다.

함정 $g'(0) = 0$인데 $x=0$에서 극값을 갖지 않아야 하므로 $g'(x)$는 $x=0$의 좌우에서 부호가 바뀌지 않아야 해. 즉, $y=g'(x)$의 그래프가 $x=0$에서 접해야 하니까 $g'(x)$는 x^2을 인수로 갖는다는 걸 알 수 있어.

즉, $g'(x)$는 x^2을 인수로 가져야 하므로 $a=0$

$\therefore g'(x) = -12x^2(x-3) = -12x^3 + 36x^2$

$\therefore \int_0^1 g'(x)dx = \int_0^1 (-12x^3 + 36x^2)dx = \left[-3x^4 + 12x^3\right]_0^1$
$$= -3 + 12 = 9$$

F (원 안 알파벳 표시)

F 193 정답 ② ＊조건을 이용한 함수의 추론 ⋯⋯⋯⋯ [정답률 46%]

정답 공식: 함수 $F(x)$에서 $x=a$를 포함하는 어떤 열린구간에 속하는 모든 x에 대하여 $F(x) \le F(a)$일 때, 함수 $F(x)$는 $x=a$에서 극대라 하고, $F(a)$를 극댓값이라고 한다.

> 최고차항의 계수가 4인 삼차함수 $f(x)$에 대하여 함수 $g(x)$를
> $$g(x) = \int_0^x f(t)dt - xf(x)$$
> **단서1** $g(x) = \int_0^x f(t)dt - xf(x)$와 같이 적분구간이 변수인 정적분으로 정의된 함수가 주어지면 우선은 양변을 미분하여 $g'(x)$와 $f(x)$ 사이의 관계식을 찾고, 정적분의 값을 0으로 만드는 x의 값, 즉 $x=0$을 양변에 대입해 $g(0)$의 값에 대한 정보를 얻어.
> 라 하자. 모든 실수 x에 대하여 $g(x) \le g(3)$이고 함수 $g(x)$는 오직 1개의 극값만 가진다. $\int_0^1 g'(x)dx$의 값은? (4점)
> **단서2** 사차함수 $g(x)$가 모든 실수 x에 대하여 함숫값이 $g(3)$보다 작거나 같다는 뜻이니까 $g(x)$는 $x=3$에서 극댓값이자 최댓값을 갖는다는 걸 알 수 있어.
> ① 8　　② 9　　③ 10　　④ 11　　⑤ 12

1st 정적분으로 정의된 함수 $g(x)$를 미분하여 $f(x)$, $g(x)$에 대한 조건을 찾자.

$g(x) = \int_0^x f(t)dt - xf(x)$의 양변을 x에 대하여 미분하면

$g'(x) = f(x) - \{f(x) + xf'(x)\} = -xf'(x)$

$\frac{d}{dx}\int_0^x f(t)dt = f(x)$이고, 곱의 미분법에 의해 $\{xf(x)\}' = x'f(x) + xf'(x)$야.

한편, 삼차함수 $f(x)$의 최고차항의 계수 4이므로 $f'(x)$는 최고차항의 계수 12인 이차함수이다. $f(x) = 4x^3 + \cdots$를 미분하면 $f'(x) = 12x^2 + \cdots$이지?

따라서 $g'(x) = -xf'(x)$에서 $g'(x)$는 최고차항의 계수가 -12인 삼차함수이다.
$f'(x) = 12x^2 + \cdots$이므로 $g'(x) = -xf'(x) = -x(12x^2 + \cdots) = -12x^3 + \cdots$

2nd 함수 $g(x)$가 오직 1개의 극값을 가짐을 이용하여 $g'(x)$를 추론해봐.

$g'(x)$가 최고차항의 계수가 음수인 삼차함수이므로 $g(x)$는 최고차항의 계수가 음수인 사차함수이다.

즉, $y=g(x)$의 그래프의 개형은 다음 3가지 중 하나가 된다.

이때, 최고차항의 계수가 음수인 사차함수 $g(x)$가 모든 실수 x에 대하여 $g(x) \le g(3)$이므로 위의 $y=g(x)$의 그래프의 개형에 의해 함수 $g(x)$는 $x=3$에서 극댓값이자 최댓값을 갖는다.

F 194 정답 ⑤ ＊정적분으로 나타내어진 다항함수의 추론 ⋯ [정답률 41%]

정답 공식: 연속인 두 함수 $h_1(x)$, $h_2(x)$에 대하여 함수
$$g(x) = \begin{cases} h_1(x) & (x < p) \\ h_2(x) & (x \ge p) \end{cases}$$
가 실수 전체의 집합에서 연속이려면 $h_1(p) = h_2(p)$이어야 한다.

> 최고차항의 계수가 4이고 $f(0) = f'(0) = 0$을 만족시키는 삼차함수 $f(x)$에 대하여 함수 $g(x)$를
> **단서1** 다항함수 $f(x)$에 대하여 $f(0) = f'(0) = 0$을 만족시키면 $f(x)$는 x^2을 인수로 가짐을 유추할 수 있겠지? 즉, 삼차함수의 최고차항의 계수가 주어졌으니까 $f(x) = 4x^2(x-a)$ 꼴로 세울 수 있어.
> $$g(x) = \begin{cases} \displaystyle\int_0^x f(t)dt + 5 & (x < c) \\ \left|\displaystyle\int_0^x f(t)dt - \dfrac{13}{3}\right| & (x \ge c) \end{cases}$$
> **단서2** 함수 $h(x)$를 $h(x) = \int_0^x f(t)dt - \frac{13}{3}$이라 하면 함수 $g(x)$는 $x=c$를 기준으로 $h(x)$를 y축의 방향으로 평행이동시킨 함수와 $h(x)$에 절댓값을 씌운 함수로 나뉘어짐을 알 수 있어. 즉, 함수 $g(x)$를 추론하기 위해서는 함수 $h(x)$의 특징을 파악하는 것이 중요해.
> 라 하자. 함수 $g(x)$가 실수 전체의 집합에서 연속이 되도록 하는 실수 c의 개수가 1일 때, $g(1)$의 최댓값은? (4점)
> **단서3** $g(x)$에서 $x < c$일 때와 $x \ge c$일 때의 함수는 각각 연속이야. 그렇다면 함수 $g(x)$는 $x=c$인 점에서만 연속이 아닐 수 있겠지? 따라서 $x=c$에서 함수 $g(x)$가 연속이 되도록 하는 조건을 따져본 후 그 조건을 만족시키는 실수 c의 개수가 1이 되는 경우를 찾도록 해.
> ① 2　　② $\dfrac{8}{3}$　　③ $\dfrac{10}{3}$　　④ 4　　⑤ $\dfrac{14}{3}$

1st $f(x)$의 식을 유추한 후 $g(x)$를 파악하자.

삼차함수 $f(x)$에 대하여 $f(0) = f'(0) = 0$이므로 $f(x)$는 x^2을 인수로 갖는다.

따라서 최고차항의 계수가 4인 삼차함수 $f(x)$를

$f(x) = 4x^2(x-a) = 4x^3 - 4ax^2$ (단, a는 실수)으로 나타낼 수 있다.

한편, $g(x) = \begin{cases} \displaystyle\int_0^x f(t)dt + 5 & (x < c) \\ \left|\displaystyle\int_0^x f(t)dt - \dfrac{13}{3}\right| & (x \ge c) \end{cases}$ 에서

함수 $h(x)$를 $h(x) = \int_0^x f(t)dt - \dfrac{13}{3}$이라 하면

$\int_0^x f(t)dt+5$는 함수 $h(x)$를 y축의 방향으로 $\dfrac{28}{3}$만큼 평행이동시킨 것

이므로 $h(x)+\dfrac{28}{3}=\int_0^x f(t)dt-\dfrac{13}{3}+\dfrac{28}{3}=\int_0^x f(t)dt+5$

$$g(x)=\begin{cases} h(x)+\dfrac{28}{3} \ (x<c) \\ |h(x)| \quad (x\geq c) \end{cases}$$가 된다.

이제, 함수 $h(x)$의 그래프의 개형을 유추하자.

$h(x)=\int_0^x f(t)dt-\dfrac{13}{3}$에서 $f(x)$가 최고차항의 계수가 4, 즉 양수인

삼차함수이므로 $h(x)$는 최고차항의 계수가 양수인 사차함수이다.

또한, $h(0)=-\dfrac{13}{3}$이고, $\rightarrow h(0)=\int_0^0 f(t)dt-\dfrac{13}{3}=0-\dfrac{13}{3}=-\dfrac{13}{3}$

$h(x)=\int_0^x f(t)dt-\dfrac{13}{3}$의 양변을 x에 대하여 미분하면

$h'(x)=f(x)=4x^2(x-a)$이므로

$h'(x)=0$에서 $x=0$ 또는 $x=a$이다.

따라서 사차함수 $h(x)$는 $x=a$에서 오직 하나의 극솟값만을 갖는다.

$\quad$ $h'(x)=4x^2(x-a)$에서 $h'(0)=0$이지만 $x=0$의 좌우에서 $h'(x)$의
$\quad$ 부호가 바뀌지 않으므로 함수 $h(x)$는 $x=0$에서 극값을 갖지 않아. … ㉠
$\quad$ 따라서 최고차항의 계수가 양수인 사차함수의 그래프의 개형을 그려보면 오직 하나의 극값을
$\quad$ 갖는 사차함수 $h(x)$는 $x=a$에서 극솟값을 가짐을 알 수 있어.

2nd 함수 $g(x)$가 실수 전체의 집합에서 연속이 되도록 하는 c의 개수가 1일
$\quad$ 조건을 찾아내.

함수 $g(x)$가 실수 전체의 집합에서 연속이려면 $x=c$에서 연속이어야

하므로 $h(c)+\dfrac{28}{3}=|h(c)|$이어야 한다.

$\quad$ 함수 $g(x)$가 $x=c$에서 연속이려면
$\quad$ $\lim\limits_{x\to c-}g(x)=\lim\limits_{x\to c+}g(x)=g(c)$여야 해. 즉,
$\quad$ $\lim\limits_{x\to c-}g(x)=\lim\limits_{x\to c-}\left\{h(x)+\dfrac{28}{3}\right\}=h(c)+\dfrac{28}{3}, \ \lim\limits_{x\to c+}g(x)=\lim\limits_{x\to c+}|h(x)|=|h(c)|,$
$\quad$ $g(c)=|h(c)|$에서 $h(c)+\dfrac{28}{3}=|h(c)|$여야 하는 거야.

즉, 두 함수 $y=h(x)+\dfrac{28}{3}$의 그래프와 $y=|h(x)|$의 그래프가 $x=c$인

점에서 만나야 하므로 두 함수의 그래프의 개형을 그리면 다음 그림과

같다.

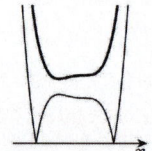 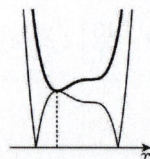 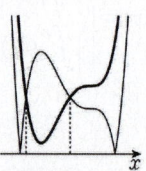

[c의 개수가 0] $\quad$ [c의 개수가 1] $\quad$ [c의 개수가 2]

따라서 조건을 만족시키는 실수 c의 개수가 1이려면 위의 그림에서와 같

이 $x=c$인 점에서 함수 $h(x)+\dfrac{28}{3}$의 극솟값과 함수 $|h(x)|$의 극댓값

이 같아야 한다. $\quad$ 두 함수 $y=h(x)+\dfrac{28}{3}, y=|h(x)|$의 그래프가 한 번 접하고,
$\qquad\qquad\qquad\qquad$ 더 이상 만나지 않아야 해.

3rd c의 개수가 1인 경우에 대해 $g(1)$의 최댓값을 구해.

$h(x)=\int_0^x f(t)dt-\dfrac{13}{3}=\int_0^x (4t^3-4at^2)dt-\dfrac{13}{3}$

$\quad =\left[t^4-\dfrac{4}{3}at^3\right]_0^x-\dfrac{13}{3}=x^4-\dfrac{4}{3}ax^3-\dfrac{13}{3}$

이므로 함수 $h(x)$의 극솟값은 ㉠에 의해

$h(a)=a^4-\dfrac{4}{3}a^4-\dfrac{13}{3}=\underline{-\dfrac{1}{3}a^4-\dfrac{13}{3}}$ $\qquad$ 실수 a에 대하여 $a^4\geq 0$이므로
$\qquad\qquad\qquad\qquad\qquad\qquad\qquad\qquad -\dfrac{1}{3}a^4\leq 0$

즉, 함수 $h(x)+\dfrac{28}{3}$의 극솟값은 $\qquad \therefore -\dfrac{1}{3}a^4-\dfrac{13}{3}<0$

$h(a)+\dfrac{28}{3}=-\dfrac{1}{3}a^4-\dfrac{13}{3}+\dfrac{28}{3}=-\dfrac{1}{3}a^4+5$이고,

함수 $|h(x)|$의 극댓값은

함수 $|h(x)|$는 $h(x)$의 그래프에서 x축 아랫부분을 x축에 대하여 대칭이동시킨 것이고,
$h(x)$의 극솟값이 음수이므로 이 극솟값에 절댓값을 취하면 $|h(x)|$의 극댓값이 돼.

$|h(a)|=\left|-\dfrac{1}{3}a^4-\dfrac{13}{3}\right|=\dfrac{1}{3}a^4+\dfrac{13}{3}$이므로

$-\dfrac{1}{3}a^4+5=\dfrac{1}{3}a^4+\dfrac{13}{3}$에서 $\dfrac{2}{3}a^4-\dfrac{2}{3}=0, \ \dfrac{2}{3}(a^4-1)=0$

$\dfrac{2}{3}(a+1)(a-1)(a^2+1)=0 \qquad \therefore a=-1$ 또는 $a=1$

그런데 $x=c$인 점에서 함수 $h(x)+\dfrac{28}{3}$의 극솟값과 함수 $|h(x)|$의 극

댓값이 같다고 했으므로 $a=c$이다.

따라서 $a=-1, c=-1$ 또는 $a=1, c=1$이므로

(i) $a=-1, c=-1$일 때

$\quad h(x)=x^4+\dfrac{4}{3}x^3-\dfrac{13}{3}$에서

$\quad g(x)=\begin{cases} h(x)+\dfrac{28}{3} \ (x<-1) \\ |h(x)| \quad (x\geq -1) \end{cases}$이므로

$\quad g(1)=|h(1)|=\left|1+\dfrac{4}{3}-\dfrac{13}{3}\right|=2$

(ii) $a=1, c=1$일 때

$\quad h(x)=x^4-\dfrac{4}{3}x^3-\dfrac{13}{3}$에서

$\quad g(x)=\begin{cases} h(x)+\dfrac{28}{3} \ (x<1) \\ |h(x)| \quad (x\geq 1) \end{cases}$이므로

$\quad g(1)=|h(1)|=\left|1-\dfrac{4}{3}-\dfrac{13}{3}\right|=\dfrac{14}{3}$

(i), (ii)에 의해 $g(1)$의 최댓값은 $\dfrac{14}{3}$이다.

✿ **정적분을 포함한 등식의 풀이** $\qquad$ 개념·공식

① 적분구간이 상수로 주어진 경우 : $A=B+\int_a^b f(t)dt$ 꼴

$\quad \Rightarrow \int_a^b f(t)dt=k$ (k는 상수)로 놓는다.

② 적분구간이 변수로 주어진 경우 : $A=B+\int_a^x f(t)dt$ 꼴

$\quad \Rightarrow$ 양변에 $x=a$를 대입해서 나온 식과 양변을 x에 대해 미분한 식을
$\quad$ 이용한다.

F 195 정답 ② ＊정적분으로 나타내어진 다항함수의 추론 … [정답률 62%]

> **정답 공식**: 정적분으로 정의된 함수 $G(x)=\int_0^x F(t)dt$의 양변을 x에 대하여 미분하면 $G'(x)=F(x)$이다.

최고차항의 계수가 1인 삼차함수 $f(x)$에 대하여 함수 $g(x)$를

$$g(x)=\int_0^x f(t)dt+f(x)$$

단서1 양변을 x에 대하여 미분하면 $g'(x)=f(x)+f'(x)$가 돼.

라 할 때, 함수 $g(x)$는 다음 조건을 만족시킨다.

(가) 함수 $g(x)$는 $x=0$에서 극댓값 0을 갖는다.
단서2 $g(0)=0, g'(0)=0$임을 알 수 있어.

(나) 함수 $g(x)$의 도함수 $y=g'(x)$의 그래프는 원점에 대하여 대칭이다.
단서3 모든 실수 x에 대하여 $g'(-x)=-g'(x)$가 성립한다는 뜻이야.

$f(2)$의 값은? (4점)

① -5 ② -4 ③ -3
④ -2 ⑤ -1

1st $f(0), f'(0)$의 값을 각각 구해.

$f(x)$가 삼차함수, 즉 미분가능하므로 $g(x)=\int_0^x f(t)dt+f(x)$ … ㉠
의 양변을 x에 대하여 미분하면
다항함수 $f(x)$에 대하여 $\frac{d}{dx}\left\{\int_a^x f(t)dt\right\}=f(x)$ (단, a는 상수)

$g'(x)=f(x)+f'(x)$ … ㉡
이때, 조건 (가)에서 함수 $g(x)$가 $x=0$에서 극댓값 0을 가지므로
$g(0)=0, g'(0)=0$이다.
즉, ㉠의 양변에 $x=0$을 대입하면

$$g(0)=\int_0^0 f(t)dt+f(0)=f(0)=0 \text{ … ㉢}$$

또, ㉡의 양변에 $x=0$을 대입하면 $\int_a^a f(t)dt=0$
$g'(0)=f(0)+f'(0)=0+f'(0)=f'(0)=0$ … ㉣

2nd 조건 (나)를 이용하여 함수 $f(x)$의 식을 완성하고 $f(2)$의 값을 구하자.
㉢, ㉣에 의하여 함수 $f(x)$는 x^2을 인수로 가지므로
최고차항의 계수가 1인 삼차함수 $f(x)$를
$f(a)=0, f'(a)=0$이면 다항함수 $f(x)$는 $(x-a)^2$을 인수로 가져.
$f(x)=x^2(x-k)=x^3-kx^2$ (단, k는 상수)라 하면
$f'(x)=3x^2-2kx$이고
$g'(x)=f(x)+f'(x)=x^3-kx^2+3x^2-2kx$
$\qquad =x^3+(3-k)x^2-2kx$ … ㉤
한편, 조건 (나)에 의하여 함수 $y=g'(x)$의 그래프는 원점에 대하여 대칭이므로 모든 실수 x에 대하여 $g'(-x)=-g'(x)$가 성립한다.

(1) 다항함수 $F(x)$가 원점에 대하여 대칭
 ① $F(-x)=-F(x)$ ② $F(x)$는 x의 홀수차수의 항의 합
(2) 다항함수 $F(x)$가 y축에 대하여 대칭
 ① $F(-x)=F(x)$ ② $F(x)$는 x의 짝수차수의 항과 상수항의 합

즉, ㉤에 의하여 $-x^3+(3-k)x^2+2kx=-x^3-(3-k)x^2+2kx$이므로
이 등식은 x에 대한 항등식이야.
$2(3-k)x^2=0$에서
$2(3-k)=0$
$\therefore k=3$
따라서 $f(x)=x^2(x-3)$이므로 $f(2)=2^2\times(2-3)=-4$

🔧 **다른 풀이**: 함수 $f(x)=x^3+ax^2+bx+c$로 놓고 조건을 만족시키는 a, b, c의 값 구하기

최고차항의 계수가 1인 삼차함수 $f(x)$를
$f(x)=x^3+ax^2+bx+c$ (a, b, c는 상수)라 놓으면
㉢에 의하여 $f(0)=0$이므로 $c=0$

또, $f'(x)=3x^2+2ax+b$에서
㉣에 의하여 $f'(0)=0$이므로 $b=0$
즉, $f(x)=x^3+ax^2$이야.
$g'(x)=f(x)+f'(x)$에 위의 $f(x), f'(x)$의 식을 대입하면
$g'(x)=f(x)+f'(x)=x^3+ax^2+3x^2+2ax$
$\qquad =x^3+(a+3)x^2+2ax$
이때, 조건 (나)에 의하여 함수 $y=g'(x)$의 그래프는 원점에 대하여 대칭이므로 x^2의 계수는 0이어야 해.
다항함수 $y=g'(x)$의 그래프가 원점에 대하여 대칭이면 $g'(x)$는 x의 홀수차수의 항의 합으로만 이루어져 있어야 해. 즉, x^2항이 없어야 하니까 x^2항의 계수가 0이어야 하지.
$a+3=0$
$\therefore a=-3$
따라서 $f(x)=x^3-3x^2$이므로
$f(2)=2^3-3\times2^2=-4$

F 196 정답 7 ＊조건을 이용한 함수의 추론 ……… [정답률 46%]

> **정답 공식**: 다항함수 $f(x)$에 대하여 $\frac{d}{dx}\int_1^x f(t)dt=f(x)$이다.

다항함수 $f(x)$가 다음 조건을 만족시킨다.

(가) 모든 실수 x에 대하여

$$\int_1^x f(t)dt=\frac{x-1}{2}\{f(x)+f(1)\}\text{이다.}$$

단서1 양변을 x에 대하여 미분하여 얻은 $f(x)$와 $f'(x)$에 대한 등식이 모든 실수 x에 대하여 성립하니까 $f(x)$의 최고차항을 ax^n(a는 0이 아닌 상수, n은 음이 아닌 정수)이라 놓고 항등식의 성질을 이용해.

(나) $\int_{-1}^2 f(x)dx=5\int_{-1}^1 xf(x)dx$

단서2 조건 (가)를 통해 $f(x)$의 식을 대략 정리한 후 정적분의 값을 이용하여 $f(x)$의 식을 구해.

$f(0)=1$일 때, $f(4)$의 값을 구하시오. (4점)

1st 조건 (가)의 등식을 미분하여 $f(x), f'(x)$ 사이의 관계식을 구하자.

조건 (가)에서 $\int_1^x f(t)dt=\frac{x-1}{2}\{f(x)+f(1)\}$의 양변을 x에 대하여
미분하면 $\frac{d}{dx}\int_1^x f(t)dt=\left[\frac{x-1}{2}\right]'\times\{f(x)+f(1)\}+\frac{x-1}{2}\times\{f(x)+f(1)\}'$

$f(x)=\frac{1}{2}\{f(x)+f(1)\}+\frac{x-1}{2}\cdot f'(x)$

$\frac{1}{2}f(x)=\frac{1}{2}f(1)+\frac{x-1}{2}\cdot f'(x)$

$\therefore f(x)=(x-1)f'(x)+f(1)$ … ㉠

2nd $f(x)$가 다항함수임을 이용하여 $f(x)$의 최고차항을 찾자.

💡 **함정** '다항함수 $f(x)$'와 같은 표현이 나오면 일단 주어진 관계식으로부터 최고차항의 차수와 계수를 구하려고 하면 돼.

이때, 다항함수 $f(x)$의 최고차항을 ax^n (단, a는 0이 아닌 상수, n은 음이 아닌 정수)이라 하면
$f(x)=ax^n+\cdots$이고
$f'(x)=anx^{n-1}+\cdots$ … ㉡
㉡을 ㉠에 대입하면
$ax^n+\cdots=(x-1)\{anx^{n-1}+\cdots\}+f(1)=anx^n+\cdots$
위의 등식이 모든 실수 x에 대해 성립하므로 항등식의 성질에 의해
$a=an$ $\therefore n=1 (\because a\neq0)$
항등식에서 같은 차수의 항의 계수끼리 같아야 해.
$ax+b=0$이 x에 대한 항등식이면 $a=0, b=0$
$ax+b=cx+d$가 x에 대한 항등식이면 $a=c, b=d$
즉, $f(x)$는 일차항의 계수가 a인 일차함수이고,
$f(0)=1$이므로 $f(x)=ax+1$ … ㉢

3rd 조건 (나)를 이용하여 $f(x)$를 구하자.

©을 조건 (나)의 정적분의 식에 대입하여 계산하자.

$$\int_0^2 f(x)dx = \int_0^2 (ax+1)dx$$
$$= \left[\frac{a}{2}x^2 + x\right]_0^2$$
$$= 2a+2$$

$$5\int_{-1}^1 xf(x)dx = 5\int_{-1}^1 x(ax+1)dx$$

$$= 5\int_{-1}^1 (ax^2+x)dx$$

정적분에서 적분구간의 처음과 끝이 절댓값은 같고 부호가 다르다면, 적분하려는 함수의 대칭성을 이용하려고 해봐!

$$= 10\int_0^1 ax^2 dx$$

$\int_{-1}^1 ax^2 dx = 2\int_0^1 ax^2 dx$이고, $\int_{-1}^1 x dx = 0$이야.

$$= 10\left[\frac{a}{3}x^3\right]_0^1$$
$$= \frac{10}{3}a$$

$$2a+2 = \frac{10}{3}a, \quad \frac{4}{3}a = 2 \quad \therefore a = \frac{3}{2}$$

따라서 $f(x) = \frac{3}{2}x + 1$이므로

$$f(4) = \frac{3}{2} \times 4 + 1 = 7$$

F 197 정답 ⑤ *조건을 이용한 함수의 추론 ········ [정답률 46%]

정답 공식 : $g'(x) = xf(x)$, $g(0) = 0$, $f(\beta) = g(\beta) = 0$이면 $g(x)$는 $(x-\beta)^2$을 인수로 가진다.

최고차항의 계수가 양수인 이차함수 $f(x)$에 대하여

$$g(x) = \int_0^x tf(t)dt$$

라 할 때, [보기]에서 옳은 것만을 있는 대로 고른 것은? (4점)

[보기]
ㄱ. $g'(0) = 0$ **단서1** 함수 $g(x)$의 양변을 x에 대하여 미분해봐.

ㄴ. 양수 α에 대하여 $g(\alpha) = 0$이면 방정식 $f(x) = 0$은 열린구간 $(0, \alpha)$에서 적어도 하나의 실근을 갖는다.

ㄷ. 양수 β에 대하여 $f(\beta) = g(\beta) = 0$이면 모든 실수 x에 대하여 $\int_\beta^x tf(t)dt \geq 0$이다. **단서2** 열린구간 $(0, \alpha)$에서의 방정식의 실근의 존재여부에 대한 내용이므로 롤의 정리를 생각해.

① ㄱ ② ㄷ ③ ㄱ, ㄴ
④ ㄴ, ㄷ ⑤ ㄱ, ㄴ, ㄷ

1st 주어진 조건을 이용하여 [보기]의 ㄱ, ㄴ의 진위 여부를 판정해.

ㄱ. $g(x) = \int_0^x tf(t)dt$의 양변을 x에 대하여 미분하면

$g'(x) = xf(x)$이므로 $g'(0) = 0$이다. (참) $\frac{d}{dx}\int_a^x f(t)dt = f(x)$

ㄴ. $g(x) = \int_0^x tf(t)dt$의 양변에 $x = 0$을 대입하면

$$g(0) = \int_0^0 tf(t)dt = 0$$

[롤의 정리]
함수 $h(x)$가 닫힌구간 $[a, b]$에서 연속이고, 열린구간 (a, b)에서 미분가능할 때, $h(a) = h(b)$이면 $h'(c) = 0 (a < c < b)$인 c가 적어도 하나 존재해.

즉, 함수 $g(x)$는 닫힌구간 $[0, \alpha]$에서 연속이고, 열린구간 $(0, \alpha)$에서 미분가능하며 $g(0) = g(\alpha) = 0$이므로 롤의 정리에 의하여 $g'(c) = cf(c) = 0$인 c가 열린구간 $(0, \alpha)$에 적어도 하나 존재한다.

함정 미분가능한 함수 $f(x)$에 대하여 열린구간에서 방정식 $f(x) = 0$이 적어도 하나의 실근을 갖는다는 조건에서 '롤의 정리'를 떠올려야 해.

이때, $c \neq 0$이므로 $f(c) = 0$이다.

따라서 $g(\alpha) = 0$이면 방정식 $f(x) = 0$은 열린구간 $(0, \alpha)$에서 적어도 하나의 실근을 갖는다. (참) $f(c) = 0$이므로 c가 하나의 실근이지

2nd ㄴ을 이용하여 함수 $f(x)$를 유추하고, $y = xf(x)$의 그래프를 이용하여 ㄷ의 진위 여부를 판정하자.

ㄷ. $\beta > 0$이고 $g(\beta) = 0$이므로 ㄴ에 의하여 방정식 $f(x) = 0$은 열린구간 $(0, \beta)$에서 적어도 하나의 실근을 가진다.

즉, $f(\gamma) = 0$인 실수 $\gamma (0 < \gamma < \beta)$가 존재하므로 $f(\beta) = f(\gamma) = 0$에서 이차함수 $f(x)$는

$$f(x) = a(x-\gamma)(x-\beta) (a > 0)$$

이차함수 $f(x)$는 $(x-\beta)$와 $(x-\gamma)$를 인수로 가져.

라 할 수 있다.

즉, $y = xf(x)$의 그래프는 오른쪽 그림과 같고,

$$S_1 = \int_0^\gamma |xf(x)|dx,$$

$$S_2 = \int_\gamma^\beta |xf(x)|dx$$

$y = xf(x) = ax(x-\gamma)(x-\beta)$이므로 함수 $y = xf(x)$의 그래프는 최고차항의 계수가 양수이고, $x = 0, x = \gamma, x = \beta$인 점에서 x축과 만나는 곡선이야.

라 하자.

이때, $g(\beta) = 0$에서

$$g(\beta) = \int_0^\beta tf(t)dt = S_1 + (-S_2) = 0$$

이므로 $S_1 = S_2$이고 $\int_0^\beta tf(t)dt = \int_0^\gamma tf(t)dt + \int_\gamma^\beta tf(t)dt = S_1 + (-S_2)(\because S_2 > 0)$

$$\int_\beta^x tf(t)dt = \int_0^x tf(t)dt - \int_0^\beta tf(t)dt$$
$$= g(x) - g(\beta) = g(x)$$
$$= \int_0^x tf(t)dt$$

다음과 같이 구간을 나누고 위의 그림의 $y = xf(x)$의 그래프를 이용하여 $\int_0^x tf(t)dt$의 값의 범위를 구하자.

(i) $x < 0$일 때,

$$\int_x^0 tf(t)dt < 0$$이므로

$$\int_0^x tf(t)dt = -\int_x^0 tf(t)dt > 0$$

$y = xf(x)$의 그래프에서 $x < 0$일 때 $xf(x) < 0$이야.

$\int_a^b h(x)dx = -\int_b^a h(x)dx$

(ii) $0 \leq x < \gamma$일 때,

$$\int_0^x tf(t)dt \geq 0$$

(iii) $\gamma \leq x < \beta$일 때,

$$\int_0^x tf(t)dt = \int_0^\gamma tf(t)dt + \int_\gamma^x tf(t)dt$$

이때, $\int_0^\gamma tf(t)dt = S_1$이고 $\int_\gamma^x tf(t)dt \geq -S_2$이므로

$\int_\gamma^\beta tf(t)dt = -S_2$이지!

$\gamma \leq x \leq \beta$일 때, $\int_\gamma^x tf(t)dt \geq \int_\gamma^\beta tf(t)dt$이므로 $\int_\gamma^x tf(t)dt \geq -S_2$

$$\int_0^x tf(t)dt = \int_0^\gamma tf(t)dt + \int_\gamma^x tf(t)dt \geq S_1 - S_2 = 0$$

(iv) $x \geq \beta$일 때,

$$\int_0^x tf(t)dt = \int_0^\beta tf(t)dt + \int_\beta^x tf(t)dt$$

$$= \int_\beta^x tf(t)dt \geq 0$$

(i)~(iv)에서 $\int_0^x tf(t)dt \geq 0$

즉, 모든 실수 x에 대하여

$$\int_\beta^x tf(t)dt = \int_0^x tf(t)dt \geq 0$$이다. (참)

따라서 옳은 것은 ㄱ, ㄴ, ㄷ이다.

🔷 **다른 풀이:** 직접 정적분을 계산하여 ㄷ의 참·거짓 판단하기

ㄷ. 위의 풀이에서

$f(x) = a(x-\gamma)(x-\beta)(a > 0, 0 < \gamma < \beta)$

라 할 수 있다고 했지?

이때, $g(\beta) = \int_0^\beta tf(t)dt = 0$이므로

$$\int_0^\beta at(t-\gamma)(t-\beta)dt = 0$$

$$a\int_0^\beta \{t^3 - (\gamma+\beta)t^2 + \gamma\beta t\}dt = 0$$

$$\left[\frac{1}{4}t^4 - \frac{(\gamma+\beta)}{3}t^3 + \frac{\gamma\beta}{2}t^2\right]_0^\beta = 0 \ (\because a \neq 0)$$

$$\frac{1}{4}\beta^4 - \frac{(\gamma+\beta)}{3}\beta^3 + \frac{\gamma}{2}\beta^3 = 0$$

$$\frac{\beta^3}{12}\{3\beta - 4(\gamma+\beta) + 6\gamma\} = 0$$

$$3\beta - 4(\gamma+\beta) + 6\gamma = 0 \ (\because \beta \neq 0)$$

$$\therefore \beta = 2\gamma \cdots \text{㉠}$$

$$\int_0^x tf(t)dt = a\int_0^x (t^3 - 3\gamma t^2 + 2\gamma^2 t)dt \ (\because \text{㉠})$$

$$= a\left[\frac{1}{4}t^4 - \gamma t^3 + \gamma^2 t^2\right]_0^x$$

$$= a\left(\frac{1}{4}x^4 - \gamma x^3 + \gamma^2 x^2\right)$$

$$= \frac{a}{4}x^2(x - 2\gamma)^2$$

즉, $a > 0$에서 모든 실수 x에 대하여

$\frac{a}{4}x^2(x-2\gamma)^2 \geq 0$이므로 $\int_0^x tf(t)dt \geq 0$이야.

$$\therefore \int_\beta^x tf(t)dt = \int_0^x tf(t)dt - \underbrace{\int_0^\beta tf(t)dt}_{= g(\beta) = 0}$$

$$= \int_0^x tf(t)dt \geq 0 \text{ (참)}$$

⚙️ **정적분을 포함한 등식의 풀이**   개념·공식

① 적분구간이 상수로 주어진 경우 : $A = B + \int_a^b f(t)dt$ 꼴

   $\Rightarrow \int_a^b f(t)dt = k$ (k는 상수)로 놓는다.

② 적분구간이 변수로 주어진 경우 : $A = B + \int_a^x f(t)dt$ 꼴

   $\Rightarrow$ 양변에 $x = a$를 대입해서 나온 식과 양변을 x에 대해 미분한 식을 이용한다.

F 198 **정답 13** *정적분으로 정의된 함수의 추론 ·· [정답률 41%]

> 🔖 **정답 공식:** 함수 $f(x)$가 $x = a$에서 연속일 때, $x = a$의 좌우에서 $f(x)$가 감소하다가 증가하면 함수 $f(x)$는 $x = a$에서 극소이다.

> 최고차항의 계수가 2인 이차함수 $f(x)$에 대하여
> 함수 $g(x) = \int_x^{x+1}|f(t)|dt$는 $x = 1$과 $x = 4$에서 극소이다.
> $f(0)$의 값을 구하시오. (4점)
>
> **단서 1** $g(x)$는 적분 구간의 길이를 1로 일정하게 유지하면서 함수 $|f(x)|$를 정적분한 함수야. 즉, $|f(x)| \geq 0$이므로 $g(x)$는 간격이 1인 구간에 대한 $y = |f(x)|$의 그래프와 x축 사이의 넓이를 의미해.
>
> **단서 2** 간격이 1인 구간에 대하여 $y = |f(x)|$의 그래프와 x축 사이의 넓이가 $x = 1$과 $x = 4$의 좌우에서 감소하다가 증가한다는 뜻이야.

1st 조건을 만족시키는 이차함수 $y = f(x)$의 그래프의 개형을 유추하자.

$g(x) = \int_x^{x+1}|f(t)|dt$에서 적분 구간의 길이가 항상 1이므로 $g(x)$는 적분 구간의 길이를 1로 일정하게 유지하면서 함수 $|f(x)|$를 정적분한 함수이다.

즉, 함수 $g(x)$는 간격이 1인 구간에 대한 $y = |f(x)|$의 그래프와 x축 사이의 넓이와 같다.

이때, 이차함수 $y = f(x)$의 그래프가 x축과 접하거나 만나지 않으면, 즉 모든 실수 x에 대하여 $f(x) \geq 0$이면 $|f(x)| = f(x)$이므로 이차함수 $y = f(x)$의 그래프의 축의 방정식을 $x = p$라 할 때 [그림 1]과 같이 함수 $g(x)$는 $x = p - \frac{1}{2}$에서 오직 하나의 극솟값을 가지게 되어 극솟값을 2개 가진다는 조건을 만족시키지 않는다.

이차함수 $y = f(x)$의 그래프의 축을 $x = p$라 하면 함수 $g(x)$는 $x < p - \frac{1}{2}$에서 감소하다가 $x > p - \frac{1}{2}$에서 증가해.

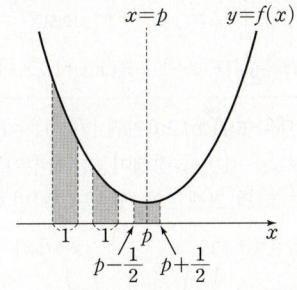

[그림 1]

따라서 이차함수 $y = f(x)$의 그래프는 x축과 서로 다른 두 점에서 만난다.

2nd 함수 $g(x)$가 극솟값을 두 개 가지도록 하는 함수 $f(x)$를 구하자.

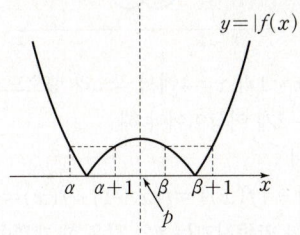

[그림 2]

최고차항의 계수가 2, 즉 양수인 이차함수 $y = f(x)$의 그래프가 x축과 서로 다른 두 점에서 만날 때 그래프의 축의 방정식을 $x = p$라 하면 [그림 2]와 같이 실수 α, $\beta (\alpha < \beta)$에 대하여

$|f(\alpha)|=|f(\alpha+1)|$이고 $|f(\beta)|=|f(\beta+1)|$일 때, 함수 $g(x)$는 $x=\alpha$와 $x=\beta$에서 극소가 된다.

함수 $y=|f(x)|$의 그래프와 x축 사이의 간격이 1인 구간의 넓이는 x가

(i) $x<\alpha$에서 $x=\alpha$로 다가갈 때 점점 감소

(ii) $\alpha<x<p-\dfrac{1}{2}$에서 $x=p-\dfrac{1}{2}$로 다가갈 때 점점 증가

(iii) $p-\dfrac{1}{2}<x<\beta$에서 $x=\beta$로 다가갈 때 점점 감소

(iv) $x>\beta$일 때 점점 증가

하게 돼.

즉, 함수 $g(x)$가 $x=1$과 $x=4$에서 극소라 했으므로 $\alpha=1$, $\beta=4$이다.

또한, 이차함수 $y=f(x)$의 그래프는 축 $x=p$에 대하여 대칭이므로

$p=\dfrac{\alpha+(\beta+1)}{2}=\dfrac{1+4+1}{2}=3$이다.

최고차항의 계수가 2이고 그래프의 축이 직선 $x=3$인 이차함수 $f(x)$를

$f(x)=2(x-3)^2+k\,(k$는 상수$)$

라 하면 $|f(1)|=|f(2)|$에서 $f(1)=-f(2)$이므로

$|f(\alpha)|=|f(\alpha+1)|$에서 $\alpha=1$을 대입하면 $|f(1)|=|f(2)|$이고, [그림 2]에서 $f(1)>0$, $f(2)<0$임을 알 수 있어.

$8+k=-(2+k)$, $2k=-10$ ∴ $k=-5$

따라서 $f(x)=2(x-3)^2-5$이므로

$f(0)=2\times9-5=13$

🔷 **다른 풀이: 정적분의 정의와 평행이동한 함수의 그래프 이용하기**

$g(x)=\displaystyle\int_x^{x+1}|f(t)|dt$의 양변을 x에 대하여 미분하면

$\boxed{g'(x)=|f(x+1)|-|f(x)|}$

주의
$|f(t)|$의 한 부정적분을 $F(t)$라 하면
$\displaystyle\int_x^{x+1}|f(t)|dt=\Big[F(t)\Big]_x^{x+1}=F(x+1)-F(x)$이므로
$\dfrac{d}{dx}\displaystyle\int_x^{x+1}|f(t)|dt=\dfrac{d}{dx}\{F(x+1)-F(x)\}=|f(x+1)|-|f(x)|$

먼저, 모든 실수 x에 대하여 $f(x)\geq0$이면 $|f(x)|=f(x)$고, $f(x+1)$은 $f(x)$를 x축의 방향으로 -1만큼 평행이동한 함수이므로 두 함수 $y=f(x)$와 $y=f(x+1)$의 그래프의 개형을 그리면 다음 그림과 같아.

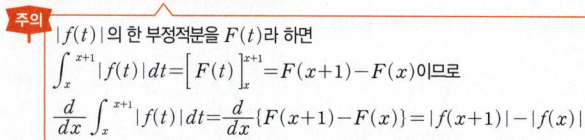

이때, 함수 $g(x)$가 $x=1$과 $x=4$에서 극소라 했으므로 $g'(x)=0$을 만족시키는 x의 값은 2개 이상이어야 해.

그런데 위의 그림에서

$g'(x)=|f(x+1)|-|f(x)|=f(x+1)-f(x)=0$,

즉 $f(x+1)=f(x)$를 만족시키는 x의 값은 한 개뿐이므로 조건을 만족시키지 않아.

따라서 함수 $g(x)$가 $x=1$과 $x=4$에서 극소이려면

$x=1$과 $x=4$의 좌우에서 $g'(x)=|f(x+1)|-|f(x)|$의 부호가 음에서 양으로 바뀌어야 하므로

$|f(x+1)|<|f(x)|$이면 $g'(x)=|f(x+1)|-|f(x)|<0$
$|f(x+1)|>|f(x)|$이면 $g'(x)=|f(x+1)|-|f(x)|>0$

두 함수 $y=|f(x)|$와 $y=|f(x+1)|$의 그래프의 개형은 다음 그림과 같아야 해.

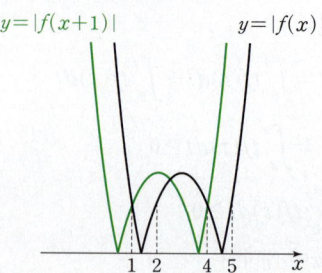

$g'(1)=g'(4)=0$이므로

$g'(1)=|f(2)|-|f(1)|=0$, $g'(4)=|f(5)|-|f(4)|=0$에서

$|f(2)|=|f(1)|$, $|f(5)|=|f(4)|$

즉, 위의 그림에서 $f(2)=-f(1)$, $f(4)=-f(5)$이므로

최고차항의 계수가 2인 이차함수 $f(x)$를

$f(x)=2x^2+ax+b\,(a,\,b$는 상수$)$라 놓으면

$f(2)=-f(1)$에서

$8+2a+b=-(2+a+b)$ ∴ $3a+2b=-10\cdots$㉠

$f(4)=-f(5)$에서

$32+4a+b=-(50+5a+b)$ ∴ $9a+2b=-82\cdots$㉡

㉠, ㉡을 연립하여 풀면 $a=-12$, $b=13$

따라서 $f(x)=2x^2-12x+13$이므로 $f(0)=13$이야.

F 199 정답 ① ＊정적분으로 나타내어진 다항함수의 추론 … [정답률 42%]

정답 공식: 함수 $f(x)$에 대하여 $f'(a)$의 값이 존재하면, 즉
$\displaystyle\lim_{h\to0-}\dfrac{f(a+h)-f(a)}{h}=\lim_{h\to0+}\dfrac{f(a+h)-f(a)}{h}$이면
함수 $f(x)$는 $x=a$에서 미분가능하다고 한다.

최고차항의 계수가 1인 이차함수 $f(x)$에 대하여 함수

$g(x)=\begin{cases}f(x+2) & (x<0) \\ \displaystyle\int_0^x tf(t)dt & (x\geq0)\end{cases}$

이 실수 전체의 집합에서 미분가능하다. 실수 a에 대하여 함수 $h(x)$를

단서1 함수 $g(x)$는 $x<0$, $x>0$에서 모두 다항함수이므로 미분가능해. 따라서 함수 $g(x)$가 실수 전체의 집합에서 미분가능하려면 $x=0$에서도 미분가능해야 해. 이때, 미분가능하면 연속임을 잊지 말자.

$h(x)=|g(x)-g(a)|$

단서2 함수 $y=h(x)$의 그래프는 함수 $y=g(x)$의 그래프를 y축의 방향으로 $-g(a)$만큼 평행이동한 후 x축 아랫부분을 x축 위로 대칭이동시킨 거야. 즉, 대칭이동하여 그래프가 꺾어지는 부분에서 미분가능하지 않을 수 있어.

라 할 때, 함수 $h(x)$가 $x=k$에서 미분가능하지 않은 실수 k의 개수가 1이 되도록 하는 모든 a의 값의 곱은? (4점)

① $-\dfrac{4\sqrt{3}}{3}$ ② $-\dfrac{7\sqrt{3}}{6}$ ③ $-\sqrt{3}$ ④ $-\dfrac{5\sqrt{3}}{6}$ ⑤ $-\dfrac{2\sqrt{3}}{3}$

1st 함수 $g(x)$가 $x=0$에서 미분가능함을 이용하여 함수 $f(x)$를 구해.

함수 $g(x)$는 $x<0$, $x>0$에서 모두 다항함수이므로 미분가능하다.

따라서 함수 $g(x)$가 실수 전체의 집합에서 미분가능하면 $x=0$에서도 미분가능하다.

먼저, $x=0$에서 연속이므로 $g(0)=0$에서

함수 $f(x)$가 $x=a$에서 미분가능하면 $x=a$에서 연속이야.

$x\geq0$에서 $g(x)=\displaystyle\int_0^x tf(t)dt$이므로 $x=0$을 대입하면
$g(0)=\displaystyle\int_0^0 tf(t)dt=0$이지.

$\displaystyle\lim_{x\to0-}g(x)=\lim_{x\to0-}f(x+2)=f(2)=0$

$x=0$에서 연속이므로 $\displaystyle\lim_{x\to0-}g(x)=\lim_{x\to0+}g(x)=g(0)$이야.

즉, 최고차항의 계수가 1인 이차함수 $f(x)$를
$f(x)=(x-2)(x-p)$ (p는 상수)라 하면
$f(x+2)=x(x+2-p)$이므로

$$\lim_{h\to0-}\frac{g(0+h)-g(0)}{h}=\lim_{h\to0-}\frac{f(h+2)}{h}=\lim_{h\to0-}\frac{h(h+2-p)}{h}$$

<u>$x<0$일 때 $g(x)$의 $x=0$에서의 좌미분계수이므로 $f(x+2)=x(x+2-p)=x^2+(2-p)x$를 미분한 후, $f'(x+2)=2x+(2-p)$의 양변에 $x=0$을 대입하여 구할 수도 있어.</u>

$$=\lim_{h\to0-}(h+2-p)=2-p$$

한편, 함수 $xf(x)$의 한 부정적분을 $F(x)$라 하면
$x\geq0$일 때 $g(x)=F(x)-F(0)$이므로

$$\lim_{h\to0+}\frac{g(0+h)-g(0)}{h}=\lim_{h\to0+}\frac{F(0+h)-F(0)}{h}=F'(0)=0$$

<u>$x\geq0$일 때 $g(x)$의 $x=0$에서의 우미분계수이고 $F'(x)=xf(x)$이므로 $F'(0)=0$이지.</u>

이때, 함수 $g(x)$가 $x=0$에서 미분가능하므로
$2-p=0$ $\therefore p=2$
따라서 $f(x)=(x-2)^2$이다.

2nd 함수 $g(x)$의 그래프의 개형을 이용하여 조건을 만족시키는 $g(a)$의 값을 구해.

$f(x)=(x-2)^2$을 $g(x)$의 식에 대입하면

$$g(x)=\begin{cases}x^2 & (x<0)\\ \int_0^x t(t-2)^2 dt & (x\geq0)\end{cases}$$ 이고, $g'(x)=\begin{cases}2x & (x<0)\\ 0 & (x=0)\\ x(x-2)^2 & (x>0)\end{cases}$

이때, $g'(x)=0$에서 $x=0$, $x=2$이므로
함수 $g(x)$의 증가와 감소를 표로 나타내면 다음과 같다.

x	$\cdots$	0	$\cdots$	2	$\cdots$
$g'(x)$	$-$	0	$+$	0	$+$
$g(x)$	$\searrow$	극소	$\nearrow$		$\nearrow$

즉, 함수 $y=g(x)$의 그래프의 개형은 [그림 1]과 같다.

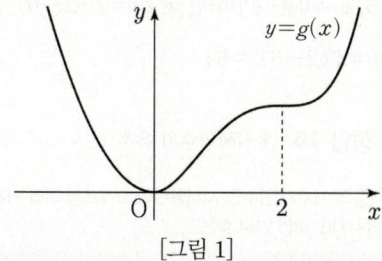

[그림 1]

이때, 함수 $y=h(x)$의 그래프는 함수 $y=g(x)$의 그래프를 y축의 방향으로 $-g(a)$만큼 평행이동한 후 x축 아랫부분을 x축 위로 대칭이동시킨 것이므로 $g(a)$의 값의 범위에 따라 함수 $y=h(x)$의 그래프의 개형을 그려보며 함수 $h(x)$가 $x=k$에서 미분가능하지 않은 실수 k의 개수를 구해보자.

(i) $g(a)<0$인 경우
함수 $y=h(x)$의 그래프의 개형은 [그림 2]와 같으므로 함수 $h(x)$가 $x=k$에서 미분가능하지 않은 실수 k의 개수는 0이다.

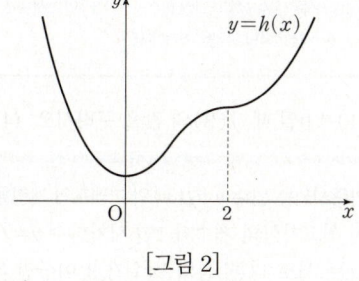

[그림 2]

(ii) $g(a)=0$인 경우
$h(x)=g(x)$이므로 위의 [그림 1]에 의해 함수 $h(x)$가 $x=k$에서 미분가능하지 않은 실수 k의 개수는 0이다.

(iii) $0<g(a)<g(2)$인 경우
함수 $y=h(x)$의 그래프의 개형은 [그림 3]과 같고 그래프가 x축과 $x=\alpha$, $x=\beta$에서 만난다고 하면 함수 $h(x)$는 <u>$x=\alpha$, $x=\beta$에서 미분가능하지 않다.</u>

<u>$\lim_{x\to\alpha-}\frac{h(x)-h(\alpha)}{x-\alpha}\neq\lim_{x\to\alpha+}\frac{h(x)-h(\alpha)}{x-\alpha}$이고, $\lim_{x\to\beta-}\frac{h(x)-h(\beta)}{x-\beta}\neq\lim_{x\to\beta+}\frac{h(x)-h(\beta)}{x-\beta}$이므로 $x=\alpha$, $x=\beta$에서 미분계수가 존재하지 않아.</u>

즉, 함수 $h(x)$가 $x=k$에서 미분가능하지 않은 실수 k의 개수는 2이다.

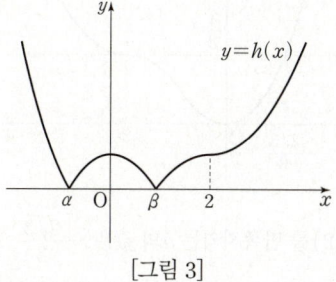

[그림 3]

(iv) $g(a)=g(2)$인 경우
함수 $y=h(x)$의 그래프의 개형은 [그림 4]와 같고 그래프가 x축과 $x=\gamma$, $x=2$에서 만난다고 하면 함수 $h(x)$는 <u>$x=\gamma$에서만 미분가능하지 않다.</u>

<u>$\lim_{x\to\gamma-}\frac{h(x)-h(\gamma)}{x-\gamma}\neq\lim_{x\to\gamma+}\frac{h(x)-h(\gamma)}{x-\gamma}$이므로 $x=\gamma$에서 미분계수가 존재하지 않고, $\lim_{x\to2-}\frac{h(x)-h(2)}{x-2}=\lim_{x\to2+}\frac{h(x)-h(2)}{x-2}=0$이므로 $x=2$에서 미분계수가 존재해.</u>

즉, 함수 $h(x)$가 $x=k$에서 미분가능하지 않은 실수 k의 개수는 1이다.

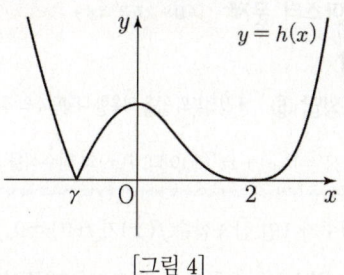

[그림 4]

(v) $g(a)>g(2)$인 경우
함수 $y=h(x)$의 그래프의 개형은 [그림 5]와 같고 그래프가 x축과 $x=\alpha$, $x=\beta$에서 만난다고 하면 함수 $h(x)$는 $x=\alpha$, $x=\beta$에서 미분가능하지 않다.

즉, 함수 $h(x)$가 $x=k$에서 미분가능하지 않은 실수 k의 개수는 2이다.

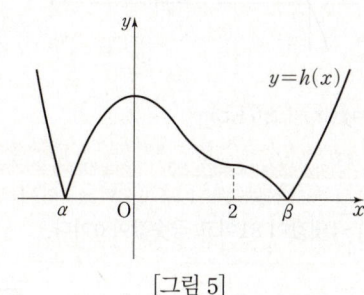

[그림 5]

(ⅰ)~(ⅴ)에 의해 함수 $h(x)$가 $x=k$에서 미분가능하지 않은 실수 k의 개수가 1이 되기 위해서는 $g(a)=g(2)$이어야 한다.

3rd $g(a)=g(2)$를 만족시키는 모든 a의 값을 구해.

$$g(2)=\int_0^2 t(t-2)^2 dt=\int_0^2 (t^3-4t^2+4t)dt$$
$$=\left[\frac{1}{4}t^4-\frac{4}{3}t^3+2t^2\right]_0^2=4-\frac{32}{3}+8=\frac{4}{3}$$

이고, $x<0$일 때 $g(x)=x^2$이므로 $x^2=\frac{4}{3}$에서

$$x=-\frac{2\sqrt{3}}{3}\ (\because x<0)$$이다.

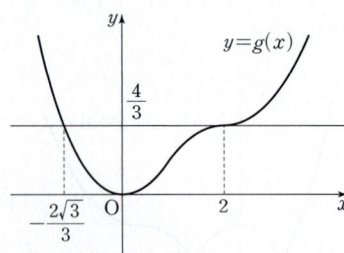

따라서 $g(a)=g(2)$를 만족시키는 a의 값은 $-\frac{2\sqrt{3}}{3}$, 2이므로

함수 $h(x)$가 $x=k$에서 미분가능하지 않은 실수 k의 개수가 1이 되도록 하는 모든 a의 값의 곱은

$$\left(-\frac{2\sqrt{3}}{3}\right)\times 2=-\frac{4\sqrt{3}}{3}$$

1등급 마스터 문제 [4점 + 2등급 대비 + 1등급 대비]

F 200 정답 ⑤ ＊정적분의 값을 이용한 다항함수의 추론 …… [정답률 39%]

（정답 공식: $\{xf(x)\}'=f(x)+xf'(x)$이다. $f(x)$의 함수식을 세운다.）

최고차항의 계수가 1인 삼차함수 $f(x)$가 $f(0)=0$, $f(a)=0$, $f'(a)=0$이고 함수 $g(x)$가 다음 두 조건을 만족시킬 때, $g\left(\dfrac{a}{3}\right)$의 값은? (단, a는 양수이다.) (4점)

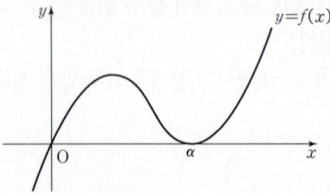

（가）$g'(x)=f(x)+xf'(x)$

단서 이 문제는 $\{f(x)g(x)\}'=f'(x)g(x)+f(x)g'(x)$임을 이용하여 $g(x)=xf(x)$임을 파악하는 것이 핵심이야. 이것을 파악했다면 주어진 그래프에서 $f(x)$의 식을 구하고 조건 (나)를 이용하여 $g(x)$의 식을 결정할 수 있어.

（나）$g(x)$의 극댓값이 81이고 극솟값이 0이다.

① 56 　② 58 　③ 60 　④ 62 　⑤64

1st 함수 $g(x)$의 극대, 극소점을 찾아.

함수 $f(x)$에 대하여 방정식 $f(x)=0$의 실근은 $x=0$, $x=\alpha$(중근)이고 함수 $f(x)$의 최고차항의 계수가 1이므로 $f(x)=x(x-\alpha)^2\cdots\ ㉠$

한편, 조건 (가)에서 $g'(x)=f(x)+xf'(x)=\{xf(x)\}'$이므로

$\{f(x)g(x)\}'=f'(x)g(x)+f(x)g'(x)$

$g(x)=xf(x)+C$ (단, C는 적분상수) $\cdots\ ㉡$

$g'(x)=\{xf(x)\}'$의 양변을 x에 대하여 부정적분하면 $g(x)+C_1=xf(x)+C_2$ (단, C_1, C_2는 적분상수)이지만 C_2-C_1도 상수이므로 $C_2-C_1=C$, 즉 두 적분상수를 하나의 적분상수로 나타낼 수 있어.

> **주의** $\{xf(x)\}'=f(x)+xf'(x)$ 인 걸 알고 있어야 해.

㉠을 ㉡에 대입하면 $g(x)=x^2(x-\alpha)^2+C\cdots\ ㉢$

$g'(x)=2x(x-\alpha)^2+2x^2(x-\alpha)=2x(x-\alpha)(2x-\alpha)$

$g'(x)=0$에서 $x=0$ 또는 $x=\dfrac{\alpha}{2}$ 또는 $x=\alpha$

따라서 양수 α에 대하여 함수 $g(x)$의 증가와 감소를 표로 나타내면 다음과 같다.

x	$\cdots$	0	$\cdots$	$\dfrac{\alpha}{2}$	$\cdots$	α	$\cdots$
$g'(x)$	$-$	0	$+$	0	$-$	0	$+$
$g(x)$	↘	극소	↗	극대	↘	극소	↗

즉, $y=g(x)$는 $x=0$, $x=\alpha$에서 극솟값, $x=\dfrac{\alpha}{2}$에서 극댓값을 가진다.

2nd 조건 (나)를 이용하여 α의 값을 구해.

조건 (나)에 의해 함수 $g(x)$는 $x=\dfrac{\alpha}{2}$에서 극댓값 81을 가지고, $x=0$, $x=\alpha$에서 극솟값 0을 가지므로 ㉢에서 각각의 극값을 이용하면

$$g\left(\frac{\alpha}{2}\right)=\left(\frac{\alpha}{2}\right)^2\left(\frac{\alpha}{2}-\alpha\right)^2+C=81,\ g(0)=g(\alpha)=C=0$$이므로

$$\frac{\alpha^4}{16}=81 \qquad \therefore \alpha=6\ (\because \alpha>0)$$

따라서 ㉢에 $\alpha=6$, $C=0$을 대입하면 $g(x)=x^2(x-6)^2$

$$\therefore g\left(\frac{\alpha}{3}\right)=g(2)=2^2(2-6)^2=64$$

F 201 정답 15 ＊사차함수의 유추 …… [정답률 31%]

（정답 공식: 최고차항의 계수가 양수인 사차함수의 그래프의 여러 가지 개형 중에서 조건을 만족시키는 것을 먼저 찾는다.）

최고차항의 계수가 1인 사차함수 $f(x)$가 다음 조건을 만족시킨다.

（가）$f'(a)\leq 0$인 실수 a의 최댓값은 2이다.

단서1 $f'(a)\leq 0$이면 실수 a는 함수 $f(x)$가 감소하는 구간에 있어. 즉, 함수 $f(x)$는 $x=2$에서 극소야.

（나）집합 $\{x|f(x)=k\}$의 원소의 개수가 3 이상이 되도록 하는 실수 k의 최솟값은 $\dfrac{8}{3}$이다.

단서2 주어진 집합의 원소의 개수 3 이상이라는 것은 함수 $y=f(x)$의 그래프와 직선 $y=k$의 서로 다른 교점의 개수가 3 이상이라는 거야. 또한, $\dfrac{8}{3}$보다 작은 실수 k에 대하여 함수 $y=f(x)$의 그래프와 직선 $y=k$는 2개 이하의 교점을 가져야 해.

$f(0)=0$, $f'(1)=0$일 때, $f(3)$의 값을 구하시오. (4점)

1st 조건 (나)를 만족시키는 함수 $y=f(x)$의 그래프의 개형을 찾아.

조건 (나)에 의하여 최고차항의 계수가 1인 사차함수 $y=f(x)$의 그래프와 직선 $y=k$가 만나는 서로 다른 점의 개수가 3 이상인 경우가 존재해야 하므로 가능한 함수 $y=f(x)$의 그래프의 개형은 다음과 같이 3가지이다.

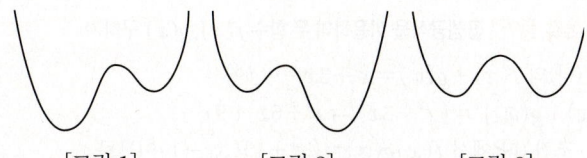

[그림 1]　　　　[그림 2]　　　　[그림 3]

그런데 [그림 3]의 경우 조건 (나)를 만족시키는 실수 k의 최솟값이 존재하지 않으므로

[그림 3]의 경우에 극댓값을 $f(p)$, 극솟값을 $f(q)$, $f(r)$라 하면 $f(q)=f(r)<f(p)$이므로 원소의 개수는 $k=f(q)$일 때 3, $f(q)<k<f(p)$일 때 4, $k=f(q)=f(r)$일 때 2이므로 최솟값이 존재하지 않아.

함수 $y=f(x)$의 그래프의 개형은 [그림 1] 또는 [그림 2]와 같다.

2nd 조건 (가)를 이용하여 함수 $f(x)$의 식을 세워.

사차함수 $y=f(x)$의 그래프의 개형에 의하여 $f(x)$는 한 개의 극대점과 두 개의 극소점을 가지므로 $f(x)$의 도함수 $f'(x)$에 대하여 삼차방정식 $f'(x)=0$은 서로 다른 세 실근을 갖는다.

즉, $f'(x)=0$의 서로 다른 세 실근을 l, m, $n(l<m<n)$이라 하면 $f'(x)=4(x-l)(x-m)(x-n)$이므로

사차함수 $f(x)$의 최고차항의 계수가 1이므로 도함수 $f'(x)$는 최고차항의 계수가 4인 삼차함수야.

$f'(x)\leq0$의 해는 $x\leq l$ 또는 $m\leq x\leq n$이다.

사차함수 $y=f(x)$의 그래프의 개형에서 감소하는 구간이야.

그런데 조건 (가)에 의하여 $f'(a)\leq0$인 실수 a의 최댓값이 2이므로 $n=2$이다.

또한, 문제에서 $f'(1)=0$이고 $f'(n)=f'(2)=0$이므로 $t\neq1$, $t<2$인 상수 t에 대하여 $f'(t)=0$이라 하면

2가 $f'(x)=0$을 만족시키는 x의 최댓값이므로 $t<2$이어야 해. 또, $f'(x)=0$을 만족시키는 서로 다른 x의 값은 l, m, 2이므로 $l=1$, $m=t$ 또는 $l=t$, $m=1$에서 $t\neq1$이어야 해.

$f'(x)=4(x-1)(x-2)(x-t)$
$\quad=4(x^2-3x+2)(x-t)$
$\quad=4x^3-4(t+3)x^2+4(3t+2)x-8t$

라 하면 $f(x)=\displaystyle\int f'(x)dx$
$\quad=x^4-\dfrac{4}{3}(t+3)x^3+2(3t+2)x^2-8tx+C$(단, C는 적분상수)

그런데 $f(0)=0$이므로 $C=0$

$\therefore f(x)=x^4-\dfrac{4}{3}t+3x^3+2(3t+2)x^2-8tx$ … ㉠

3rd 조건 (나)를 만족시키도록 함수 $f(x)$를 결정해.

(i) 함수 $y=f(x)$의 그래프의 개형이 [그림 1]일 때,

　Ⅰ) $t<1$이면 조건 (나)를 만족시키기 위해 함수 $y=f(x)$의 그래프는 직선 $y=\dfrac{8}{3}$과 $x=2$에서 접해야 하고 $f(t)<f(2)$이어야 한다.

　$t<1$이고 함수 $y=f(x)$의 그래프의 개형이 [그림 1]과 같으므로 $f(t)<f(2)$이어야 해.

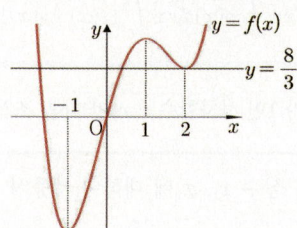

즉, $f(2)=\dfrac{8}{3}$이므로 ㉠에 $x=2$를 대입하면

$f(2)=16-\dfrac{32}{3}(t+3)+8(3t+2)-16t=-\dfrac{8}{3}t=\dfrac{8}{3}$

$\therefore t=-1$

$\therefore f(x)=x^4-\dfrac{8}{3}x^3-2x^2+8x$

한편, $f(t)=f(-1)=1+\dfrac{8}{3}-2-8=-\dfrac{19}{3}<f(2)=\dfrac{8}{3}$이므로 이때의 $f(x)$는 조건을 만족시킨다.

　Ⅱ) $1<t<2$이면 조건 (나)를 만족시키기 위해 함수 $y=f(x)$의 그래프는 직선 $y=\dfrac{8}{3}$과 $x=2$에서 접해야 한다.

즉, $f(2)=\dfrac{8}{3}$인데 이것을 만족시키는 t의 값은 위의 Ⅰ)에 의하여 $t=-1$이므로 $1<t<2$를 만족시키지 않는다.

따라서 이때의 조건의 만족시키는 함수 $f(x)$는 존재하지 않는다.

(ii) 함수 $y=f(x)$의 그래프의 개형이 [그림 2]일 때,

　Ⅰ) $t<1$이면 조건 (나)를 만족시키기 위해 함수 $y=f(x)$의 그래프는 직선 $y=\dfrac{8}{3}$과 $x=t$에서 접해야 한다.

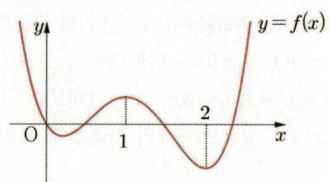

즉, $f(t)=\dfrac{8}{3}$이어야 하는데 $f(0)=0$이므로 $f(t)\leq0$이다.

$f(0)=0$이므로 함수 $y=f(x)$의 그래프는 원점을 지나. 이때, 함수 $f(x)$는 $x<t$에서 감소하고 $t<x<1$에서 증가하므로 $t<0$ 또는 $0<t<1$이면 $f(t)<f(0)=0$이야. 또, $t=0$이면 $f(t)=f(0)=0$이므로 $f(t)=\dfrac{8}{3}$을 만족시키지 않아.

따라서 이때의 조건의 만족시키는 함수 $f(x)$는 존재하지 않는다.

　Ⅱ) $1<t<2$이면 조건 (나)를 만족시키기 위해 함수 $y=f(x)$의 그래프는 직선 $y=\dfrac{8}{3}$과 $x=1$에서 접해야 한다.

즉, $f(1)=\dfrac{8}{3}$이어야 하는데 함수 $y=f(x)$의 그래프가 원점을 지나므로 $f(1)<0$이다.

$f(0)=0$이고 함수 $f(x)$는 $x<1$에서 감소하므로 $f(1)<f(0)=0$이야.

따라서 이때의 조건의 만족시키는 함수 $f(x)$는 존재하지 않는다.

(i), (ii)에 의하여 $f(x)=x^4-\dfrac{8}{3}x^3-2x^2+8x$이므로

$f(3)=81-72-18+24=15$

F 202 정답 ③　＊구간에 다라 다르게 정의된 함수의 정적분 — [정답률 40%]

┌───
│ **정답 공식:** 구간에 따라 다르게 정의된 함수도 연속함수가 될 수 있다. 또한, 구간 $[a, b]$에서 연속인 함수 $f(x)$에 대하여 $\displaystyle\int_a^b f(x)dx=\int_a^c f(x)dx+\int_c^b f(x)dx$이다.
└───

실수 전체의 집합에서 **연속인 두 함수 $f(x)$와 $g(x)$**가 모든 실수

단서3 두 함수 $f(x)$와 $g(x)$가 실수 전체의 집합에 연속이라고 했지, 꼭 하나의 식으로만 된 함수라고 하지는 않았어. 이점을 기억해. 구간에 따라 다르게 정의된 함수도 연속함수가 될 수 있어!

x에 대하여 다음 조건을 만족시킨다.

(가) $f(x)\geq g(x)$

단서2 $f(x)\geq g(x)$를 만족시키는지는 두 함수 $y=x^2+1$, $y=3x-1$의 그래프를 그려보면 알 수 있겠지?

(나) $f(x)+g(x)=x^2+3x$

(다) $f(x)g(x)=(x^2+1)(3x-1)$

단서1 두 함수를 $y=x^2+1$, $y=3x-1$이라 할 때, 이 두 함수를 더하면 $y=x^2+3x$가 되니까 $f(x)$와 $g(x)$는 x^2+1, $3x-1$과 관련된 함수임을 알 수 있어.

$\displaystyle\int_0^2 f(x)dx$의 값은? (4점)

① $\dfrac{23}{6}$　② $\dfrac{13}{3}$　③ $\dfrac{29}{6}$　④ $\dfrac{16}{3}$　⑤ $\dfrac{35}{6}$

조건 (다)에서 두 함수 $f(x)g(x)$의 곱이 $(x^2+1)(3x-1)$이고

$f(x)$, $g(x)$는 무리함수, 분수함수 등은 될 수 없으므로 두 함수는 0이 아

> 두 함수 $f(x)$와 $g(x)$가 실수 전체의 집합에서 연속이라 했지? 특수한 경우를 제외하면, 무리함수는 근호 안이 음수가 되는 값에서 불연속이고, 분수함수는 분모를 0으로 만드는 값에서 불연속이야.

닌 실수 a에 대하여 $a(x^2+1)$, $\dfrac{1}{a}(3x-1)$과 같이 나타낼 수 있다.

> $2(x^2+1)$과 $\dfrac{1}{2}(3x-1)$, $-\dfrac{3}{5}(x^2+1)$과 $-\dfrac{5}{3}(3x-1)$, ⋯ 등

이때, 조건 (나)에서 $f(x)+g(x)=x^2+3x$라 했는데

$x^2+3x=(x^2+1)+(3x-1)$이므로 $a=1$임을 알 수 있다.

즉, $f(x)$, $g(x)$는 x^2+1과 $3x-1$에 대한 함수로 나타낼 수 있다.

2nd 조건 (가)를 만족시키는 연속함수 $f(x)$, $g(x)$를 구하자.

한편, 두 함수 $y=x^2+1$, $y=3x-1$에 대하여 조건 (가)를 만족시키는

지 알아보기 위해 $y=x^2+1$, $y=3x-1$의 그래프를 그려보자.

우선, 두 함수 $y=x^2+1$, $y=3x-1$의 그래프의 교점의 x좌표를 구하

기 위해 연립하면

$x^2+1=3x-1$, $x^2-3x+2=0$

$(x-1)(x-2)=0$ ∴ $x=1$ 또는 $x=2$

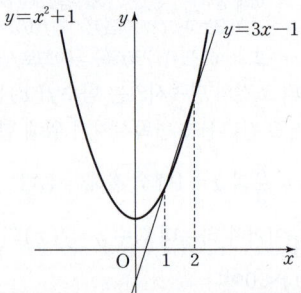

두 함수 $y=x^2+1$, $y=3x-1$의 그래프는 위의 그림과 같으므로 두 함

수 $f(x)$와 $g(x)$는 $f(x)=x^2+1$, $g(x)=3x-1$처럼 각각 하나의 다

항함수로 나타낼 수 없음을 알 수 있다.

> $x=1$, $x=2$를 기준으로 두 함수 $y=x^2+1$과 $y=3x-1$의 대소 관계가 바뀌므로 $f(x)$와 $g(x)$를 x^2+1 또는 $3x-1$ 중 하나의 식으로 나타내면 조건 (가)를 만족시킬 수 없어.

따라서 문제에서 두 함수 $f(x)$, $g(x)$는 실수 전체의 집합에서 연속이라

했으므로, $f(x)$와 $g(x)$는 각각 두 함수 $y=x^2+1$, $y=3x-1$에 대하

여 조건 (가)를 만족시키면서 연속함수인, 구간에 따라 다르게 정의된 함

수이면 된다.

즉, $x\leq1$ 또는 $x\geq2$일 때, $x^2+1\geq3x-1$

$1<x<2$일 때, $x^2+1<3x-1$

이므로 조건 (가)를 만족시키는 함수 $f(x)$, $g(x)$는 각각 다음과 같다.

$f(x)=\begin{cases} x^2+1 & (x\leq1) \\ 3x-1 & (1<x<2) \\ x^2+1 & (x\geq2) \end{cases}$

> **함정** '실수 전체의 집합에서 연속인'이라는 문제 첫 부분만 읽고 바로 두 함수 $f(x)$, $g(x)$가 다항함수라 생각해버리면 안 돼. 주어진 조건을 파악한 후, 구간에 따라 다르게 정의된 함수도 연속함수가 될 수 있다는 것을 캐치하여 $f(x)$, $g(x)$의 식을 파악해 내는 것이 이 문제의 핵심이야.

$g(x)=\begin{cases} 3x-1 & (x\leq1) \\ x^2+1 & (1<x<2) \\ 3x-1 & (x\geq2) \end{cases}$

3rd 함수 $f(x)$를 구간을 나누어 정적분해.

$$\therefore \int_0^2 f(x)dx=\int_0^1 (x^2+1)dx+\int_1^2 (3x-1)dx$$

$$=\left[\frac{1}{3}x^3+x\right]_0^1+\left[\frac{3}{2}x^2-x\right]_1^2$$

> 연속함수 $f(x)$에 대하여
> $\int_a^b f(x)dx$
> $=\int_a^c f(x)dx+\int_c^b f(x)dx$

$$=\frac{1}{3}+1+6-2-\left(\frac{3}{2}-1\right)$$

$$=\frac{29}{6}$$

🔧 **톡톡 풀이: 곱셈공식을 이용하여 두 함수 $f(x)$, $g(x)$ 구하기**

조건 (나)의 $f(x)+g(x)=x^2+3x$ ⋯ ㉠에서

$\{f(x)+g(x)\}^2=(x^2+3x)^2=x^4+6x^3+9x^2$

이고, 조건 (다)에서 $f(x)g(x)=(x^2+1)(3x-1)$이므로

$\{f(x)-g(x)\}^2=\{f(x)+g(x)\}^2-4f(x)g(x)$

> $(A-B)^2$
> $=(A+B)^2-4AB$

$=x^4+6x^3+9x^2-4(x^2+1)(3x-1)$

$=x^4+6x^3+9x^2-4(3x^3-x^2+3x-1)$

$=x^4+6x^3+9x^2-12x^3+4x^2-12x+4$

$=x^4-6x^3+13x^2-12x+4$

$=(x-1)^2(x-2)^2$

$=\{(x-1)(x-2)\}^2$

이때, 조건 (가)에서 모든 실수 x에 대하여 $f(x)\geq g(x)$,

즉 $f(x)-g(x)\geq0$이므로

$f(x)-g(x)=|(x-1)(x-2)|$ ⋯ ㉡

따라서

$f(x)=\dfrac{1}{2}[\{f(x)+g(x)\}+\{f(x)-g(x)\}]$

이므로 ㉠, ㉡에 의해

$f(x)=\dfrac{1}{2}\{x^2+3x+|(x-1)(x-2)|\}$

```
1 |  1  -6   13  -12    4
  |      1   -5    8   -4
1 |  1  -5    8   -4 |  0
  |      1   -4    4
2 |  1  -4    4 |  0
  |      2   -4
  |  1  -2 |  0
```

그런데,

$|(x-1)(x-2)|=\begin{cases} (x-1)(x-2) & (x\leq1 \text{ 또는 } x\geq2) \\ -(x-1)(x-2) & (1<x<2) \end{cases}$

$=\begin{cases} x^2-3x+2 & (x\leq1 \text{ 또는 } x\geq2) \\ -x^2+3x-2 & (1<x<2) \end{cases}$

이므로

$f(x)=\begin{cases} \dfrac{1}{2}(x^2+3x+x^2-3x+2) & (x\leq1 \text{ 또는 } x\geq2) \\ \dfrac{1}{2}(x^2+3x-x^2+3x-2) & (1<x<2) \end{cases}$

$=\begin{cases} x^2+1 & (x\leq1 \text{ 또는 } x\geq2) \\ 3x-1 & (1<x<2) \end{cases}$

(이하 동일)

F 203 정답 ④ *사차함수의 유추 ⋯⋯ [정답률 46%]

> 정답 공식: $\int_a^b f(x)dx \pm \int_a^b g(x)dx=\int_a^b \{f(x)\pm g(x)\}dx$

최고차항의 계수가 1인 사차함수 $f(x)$가 다음 조건을 만족시킨다.

> $x_1\leq x_2$인 모든 실수 x_1, x_2에 대하여 부등식
>
> $\int_{x_1}^{x_2} \{f(t)-f(a)\}dt \geq \int_{x_1}^{x_2} f'(a)(t-a)dt$
>
> **단서 1** 적분구간이 같음을 이용하여 부등식을 변형해
>
> 를 만족시키는 모든 실수 a의 값의 범위가
> $a\leq-1$ 또는 $a\geq3$이다.

$f(1)=15$, $f'(1)=1$일 때, $f(4)$의 값은? (4점)

단서 2 사차함수 $f(x)$를 유추하면서 미정계수 2개를 두 함숫값을 이용하여 구하자.

① 21 ② 23 ③ 25 ④ 27 ⑤ 29

1st 적분구간이 같음을 이용하여 주어진 식을 변형해.

$\int_{x_1}^{x_2}\{f(t)-f(a)\}dt \geq \int_{x_1}^{x_2}f'(a)(t-a)dt$에서

$\int_{x_1}^{x_2}f(t)dt - \int_{x_1}^{x_2}f(a)dt \geq \int_{x_1}^{x_2}f'(a)(t-a)dt$

$\int_{x_1}^{x_2}f(t)dt \geq \int_{x_1}^{x_2}f'(a)(t-a)dt + \int_{x_1}^{x_2}f(a)dt$

$\int_{x_1}^{x_2}f(t)dt \geq \int_{x_1}^{x_2}\{f'(a)(t-a)+f(a)\}dt$

$x_1 \leq x_2$인 모든 실수 x_1, x_2에 대하여 위 부등식을 만족하려면 사차함수

> **함정** 적분구간 $[x_1, x_2]$의 모든 실수 x에서 접선보다 사차함수의 그래프가 위쪽에 있어야 부등식을 만족해. 식의 모양을 통해 무엇을 의미하는지 파악하자.

$f(x)$는 모든 실수 x에 대하여
$f(x) \geq f'(a)(x-a)+f(a)$이어야 한다.

2nd 두 점 $(-1, f(-1))$, $(3, f(3))$을 지나는 직선의 방정식을 이용하여 사차함수 $f(x)$를 구하자.

모든 실수 x에 대하여 $f(x) \geq f'(a)(x-a)+f(a)$를 만족시키는 모든 실수 a의 값의 범위가 $a \leq -1$ 또는 $a \geq 3$이므로 최고차항의 계수가 1인 사차함수 $f(x)$의 그래프는 두 점 $(-1, f(-1))$, $(3, f(3))$을 지나는 직선에서 공통으로 접한다.
두 점 $(-1, f(-1))$, $(3, f(3))$을 지나는 직선의 방정식을 $y=mx+n(m, n$은 상수$)$라 하면
$f(x)-(mx+n)=(x+1)^2(x-3)^2 \cdots$ ㉠이고,
<u>$x=-1, x=3$인 점에서 x축에 접하므로 $(x+1)^2, (x-3)^2$을 인수로 가져.
즉, 최고차항의 계수가 1인 사차함수 $f(x)-(mx+n)=(x+1)^2(x-3)^2$</u>
양변을 미분하면
$f'(x)-m=2(x+1)(x-3)^2+2(x+1)^2(x-3) \cdots$ ㉡
<u>$y=f(x)g(x)$일 때, $y'=f'(x)g(x)+f(x)g'(x)$</u>
$f(1)=15, f'(1)=1$을 이용하기 위해
㉠, ㉡에 각각 $x=1$을 대입하자.
㉡에서 $f'(1)-m=2\times 2\times(-2)^2+2\times 2^2\times(-2)$
$1-m=16-16$ $\therefore m=1$
㉠에서 $f(1)-(m+n)=2^2\times(-2)^2$
$15-(1+n)=16$ $\therefore n=-2$
이 값을 ㉠에 대입하면
$f(x)-(x-2)=(x+1)^2(x-3)^2$
$\therefore f(x)=(x+1)^2(x-3)^2+x-2$

3rd $f(4)$의 값을 구하자.
$\therefore f(4)=5^2\times 1^2+4-2=27$

> **정답 공식:** 상수 a에 대하여 $\dfrac{d}{dx}\int_a^x f(t)dt=f(x)$이다.

실수 전체의 집합에서 연속인 함수 $f(x)$와 최고차항의 계수가 1인 삼차함수 $g(x)$가

$$g(x)=\begin{cases} -\int_0^x f(t)dt & (x<0) \\ \int_0^x f(t)dt & (x \geq 0) \end{cases}$$

을 만족시킬 때, [보기]에서 옳은 것만을 있는 대로 고른 것은? (4점)

[보기]

ㄱ. $f(0)=0$
> **단서1** 삼차함수 $g(x)$는 실수 전체의 집합에서 미분가능하므로 $g'(0)$의 값이 존재해. 이를 이용하기 위해 정적분과 미분의 관계를 이용하여 $g'(x)$를 구해봐.

ㄴ. 함수 $f(x)$는 극댓값을 갖는다.
> **단서2** $g'(x)$는 최고차항의 계수가 3인 이차함수이므로 함수 $f(x)$를 $g'(x)$를 이용하여 경우를 나누어 나타낸 후, $y=f(x)$의 그래프의 개형을 그려보며 극댓값이 있는지 확인해.

ㄷ. $2<f(1)<4$일 때, 방정식 $f(x)=x$의 서로 다른 실근의 개수는 3이다.
> **단서3** $f(1)$의 값의 범위를 이용해 ㄴ에서 찾아낸 $y=f(x)$의 그래프를 좀 더 자세히 나타낼 수 있어. 이 그래프와 직선 $y=x$가 만나는 점의 개수를 파악해봐.

① ㄱ   ② ㄷ   ③ ㄱ, ㄴ

④ ㄱ, ㄷ   ⑤ ㄱ, ㄴ, ㄷ

1st 함수 $g(x)$는 모든 실수 x에 대하여 미분가능함을 이용하여 $f(0)$의 값을 구해.

ㄱ. 주어진 함수 $g(x)$를 x에 대하여 미분하면
$$g'(x)=\begin{cases} -f(x) & (x<0) \\ f(x) & (x>0) \end{cases}$$ → 상수 a에 대하여 $\dfrac{d}{dx}\int_a^x f(t)dt=f(x)$이다.
그런데 함수 $g(x)$는 $x=0$에서 미분가능하므로
$\lim\limits_{x\to 0-}g'(x)=\lim\limits_{x\to 0+}g'(x)$이다. → $g(x)$는 삼차함수라 했지? 다항함수는 실수 전체의 집합에서 미분가능해.
즉, $\lim\limits_{x\to 0-}\{-f(x)\}=\lim\limits_{x\to 0+}f(x)$이고
<u>함수 $f(x)$는 실수 전체의 집합에서 연속이므로</u>
$-f(0)=f(0), 2f(0)=0$ → 함수 $f(x)$는 실수 전체의 집합에서 연속이므로 $x=0$에서도 연속이야.
$\therefore f(0)=0$ (참)   즉, $\lim\limits_{x\to 0-}f(x)=\lim\limits_{x\to 0+}f(x)=f(0)$이지.

2nd $g(x)$를 이용해 함수 $f(x)$를 추론한 후 그래프를 그려보며 극댓값을 가지는지 확인해.

ㄴ. 삼차함수 $g(x)$는 $x=0$에서 미분가능하고 ㄱ에 의해
$f(0)=0$이므로 $\lim\limits_{x\to 0-}g'(x)=\lim\limits_{x\to 0+}g'(x)=g'(0)=0$이다.
<u>$\lim\limits_{x\to 0-}g'(x)=-f(0)=0, \lim\limits_{x\to 0+}g'(x)=f(0)=0$</u>

따라서 최고차항의 계수가 1인 삼차함수 $g(x)$를 x에 대하여 미분한 $g'(x)$는 최고차항의 계수가 3인 이차함수이고, $g'(0)=0$이므로 $g'(x)=3x(x-a)$ (단, a는 상수)라 놓을 수 있다.

한편, $g'(x)=\begin{cases} -f(x) & (x<0) \\ f(x) & (x>0) \end{cases}, g'(0)=f(0)=0$에서

> **함정** [보기]의 ㄱ, ㄴ, ㄷ 모두 함수 $f(x)$에 대해 묻고 있지? 따라서 $f(x)$를 추론할 수 있도록 식을 정리해야 해. 이 문제는 대다수의 정적분으로 정의된 식을 추론하는 방법과는 반대로 $g(x)$를 적당히 식으로 나타낸 후 $g(x)$를 이용하여 $f(x)$를 추론해야 해결이 쉬워지는 특징이 있어.

$f(x)=\begin{cases} -g'(x) & (x<0) \\ g'(x) & (x\geq 0) \end{cases}$이므로

$f(x)=\begin{cases} -3x(x-a) & (x<0) \\ 3x(x-a) & (x\geq 0) \end{cases}$이다.

(i) $a>0$일 때

함수 $y=f(x)$의 그래프의 개형은 [그림 1]과 같으므로
함수 $f(x)$는 극댓값을 갖는다.

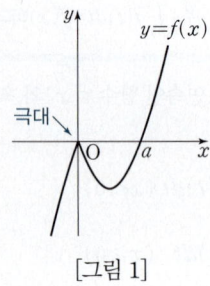

[그림 1]

(ii) $a<0$일 때

함수 $y=f(x)$의 그래프의 개형은 [그림 2]와 같으므로
함수 $f(x)$는 극댓값을 갖는다.

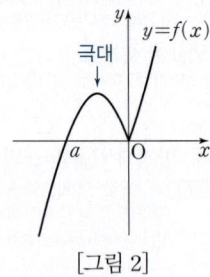

[그림 2]

(iii) $a=0$일 때

함수 $y=f(x)$의 그래프의 개형은 [그림 3]과 같으므로
함수 $f(x)$는 극댓값을 갖지 않는다.

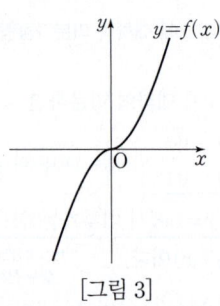

[그림 3]

따라서 (iii)에 의하여 함수 $y=f(x)$의 그래프는 극댓값을 갖지 않을
수 있다. (거짓)

3rd $f(1)$의 값의 범위에 따른 함수 $y=f(x)$의 그래프와 직선 $y=x$가 서로
다른 세 점에서 만나는지 확인해.

ㄷ. 방정식 $f(x)=x$의 서로 다른 실근의 개수는 두 함수
$y=f(x)$, $y=x$의 그래프의 서로 다른 교점의 개수와 같다.

$f(x)=\begin{cases} -3x(x-a) & (x<0) \\ 3x(x-a) & (x\geq0) \end{cases}$에 대하여 ㄴ에서와 같이 a의 값에

따라 경우를 나누어 보자.

(i) $a>0$일 때

$f(1)=3(1-a)$이므로 $2<f(1)<4$에서

$2<3(1-a)<4$ $\quad \therefore 0<a<\dfrac{1}{3}$ $\cdots$ ㉠

$2<3(1-a)<4$를 정리하면 $-\dfrac{1}{3}<a<\dfrac{1}{3}$인데 $a>0$인 경우이므로 $0<a<\dfrac{1}{3}$이 돼.

한편, $x<0$일 때

$f'(x)=-3(x-a)-3x=-6x+3a$이므로

$\lim\limits_{x\to0-}f'(x)=\lim\limits_{x\to0-}(-6x+3a)=3a$

이때, ㉠에 의해 $0<3a<1$이므로 함수 $y=f(x)$의 그래프와
$\lim\limits_{x\to0-}f'(x)=3a$에 대하여 $0<3a<1$이라는 것은 $x=0$의 왼쪽에서 $x=0$에 가까워질 때
$y=f(x)$의 그래프의 접선의 기울기가 0과 1 사이라는 거야. 이를 만족시키려면 $x<0$에서의
$y=f(x)$의 그래프가 [그림 1]처럼 그려져야 해.

직선 $y=x$는 [그림 1]과 같이 세 점에서 만난다. $\cdots$ (※)

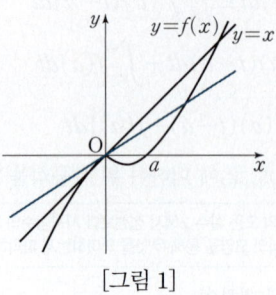

[그림 1]

(ii) $a<0$일 때

$f(1)=3(1-a)$이므로 $2<f(1)<4$에서

$2<3(1-a)<4$ $\quad \therefore -\dfrac{1}{3}<a<0$ $\cdots$ ㉡

$2<3(1-a)<4$를 정리하면 $-\dfrac{1}{3}<a<\dfrac{1}{3}$인데 $a<0$인 경우이므로 $-\dfrac{1}{3}<a<0$이 돼.

한편, $x>0$일 때

$f'(x)=3(x-a)+3x=6x-3a$이므로

$\lim\limits_{x\to0+}f'(x)=\lim\limits_{x\to0+}(6x-3a)=-3a$

이때, ㉡에 의해 $0<-3a<1$이므로 함수 $y=f(x)$의 그래프와
$\lim\limits_{x\to0+}f'(x)=-3a$에 대하여 $0<-3a<1$이라는 것은 $x=0$의 오른쪽에서 $x=0$에
가까워질 때 $y=f(x)$의 그래프의 접선의 기울기가 0과 1 사이라는 거야. 이를 만족시키려면
$x>0$에서의 $y=f(x)$의 그래프가 [그림 2]처럼 그려져야 해.

직선 $y=x$는 [그림 2]와 같이 세 점에서 만난다.

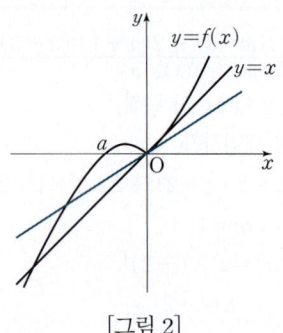

[그림 2]

(iii) $a=0$일 때

$f(1)=3$이므로 $2<f(1)<4$를 만족시키고,
함수 $y=f(x)$의 그래프와 직선 $y=x$는 [그림 3]과 같이 세 점에서
만난다. $a=0$이면 $f(x)=\begin{cases} -3x^2 & (x<0) \\ 3x^2 & (x\geq0) \end{cases}$이므로 $y=f(x)$의 그래프와

직선 $y=x$는 $x=-\dfrac{1}{3}$, $x=0$, $x=\dfrac{1}{3}$인 점에서 만나.

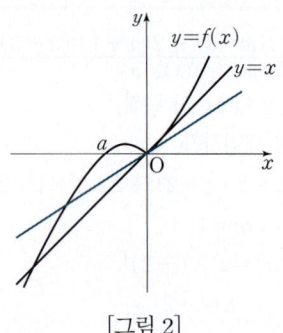

[그림 3]

(i)~(iii)에 의하여 $2<f(1)<4$일 때, 함수 $y=f(x)$의 그래프와
직선 $y=x$는 서로 다른 세 점에서 만나므로 방정식 $f(x)=x$의 서로
다른 실근의 개수는 3이다. (참)

따라서 옳은 것은 ㄱ, ㄷ이다.

※ 방정식 $f(x)=x$의 실근 구하기

※에 대해 좀 더 알아보자.

$a>0$일 때, $2<f(1)<4$에서 $0<a<\dfrac{1}{3}$

즉, $f(x)=\begin{cases} -3x(x-a) & (x<0) \\ 3x(x-a) & (x\geq0) \end{cases}$ 이므로 방정식 $f(x)=x$를 풀면

ⅰ) $x<0$일 때, $-3x(x-a)=x$에서

$\quad -x(3x-3a+1)=0 \quad \therefore x=\dfrac{3a-1}{3}\ (\because x<0)$

ⅱ) $x\geq0$일 때, $3x(x-a)=x$에서

$\quad x(3x-3a-1)=0 \quad \therefore x=0\ 또는\ x=\dfrac{3a+1}{3}$

따라서 $2<f(1)<4$일 때 방정식 $f(x)=x$는 서로 다른 세 실근

$\dfrac{3a-1}{3}$, 0, $\dfrac{3a+1}{3}$을 가져.

$a<0$, $a=0$인 경우도 마찬가지 방법으로 구하면 방정식 $f(x)=x$는 서로 다른 세 근을 가짐을 알 수 있어.

F 205 정답 ④ ＊도함수를 이용하여 극값을 가질 조건 구하기 … [정답률 36%]

정답 공식: 미분가능한 함수 $f(x)$에 대하여 $f'(a)=0$이고 $x=a$의 좌우에서 $f'(x)$의 부호가
① 양($+$)에서 음($-$)으로 바뀌면 함수 $f(x)$는 $x=a$에서 극대이고 극댓값은 $f(a)$이다.
② 음($-$)에서 양($+$)으로 바뀌면 함수 $f(x)$는 $x=a$에서 극소이고 극솟값은 $f(a)$이다.

함수 $f(x)$가

$$f(x)=\begin{cases} -x^2 & (x<0) \\ x^2-x & (x\geq0) \end{cases}$$

〔단서1〕 함수 $f(x)$는 각 구간에서 이차함수이므로 함수 $y=f(x)$의 그래프를 그릴 수 있어.

이고, 양수 a에 대하여 함수 $g(x)$를

$$g(x)=\begin{cases} ax+a & (x<-1) \\ 0 & (-1\leq x<1) \\ ax-a & (x\geq1) \end{cases}$$

〔단서2〕 함수 $g(x)$는 각 구간에서 직선이고, 양수 a의 값에 따라 직선의 기울기가 달라져.

이라 하자. 함수 $h(x)=\displaystyle\int_0^x (g(t)-f(t))dt$가 오직 하나의

〔단서3〕 정적분과 미분의 관계에 의해 양변을 x에 대하여 미분하면 $h'(x)=g(x)-f(x)$

극값을 갖도록 하는 a의 최댓값을 k라 하자. $a=k$일 때,

〔단서4〕 $h'(x)=0$인 점의 좌우에서 $h'(x)$의 부호가 바뀌는지 따져서 극값인지 아닌지 확인해야 해.

$k+h(3)$의 값은? (4점)

① $\dfrac{9}{2}$ ② $\dfrac{11}{2}$ ③ $\dfrac{13}{2}$

④ $\dfrac{15}{2}$ ⑤ $\dfrac{17}{2}$

1st a의 범위를 나누어 $h'(x)=0$인 점에서 극값의 조건을 만족하는지 확인해.

$h(x)=\displaystyle\int_0^x (g(t)-f(t))dt$에서

$\dfrac{d}{dx}\displaystyle\int_a^x f(t)dt=f(x)$

$h'(x)=g(x)-f(x)$이므로 함수 $h(x)$가 오직 하나의 극값을 가지려면 $h'(x)=0$, 즉 $g(x)=f(x)$인 점의 좌우에서 $h'(x)$의 부호가 바뀌는 점이 오직 한 개만 있어야 한다.

이때, $f'(x)=\begin{cases} -2x & (x<0) \\ 2x-1 & (x>0) \end{cases}$에서

$f'(1)=2-1=1$이므로

$a\leq1$일 때, 두 함수 $y=f(x)$, $y=g(x)$의 그래프의 개형은 다음과 같다.

직선 $y=ax-a(x\geq1)$의 기울기 a와 미분계수 $f'(1)=1$의 값을 비교한 거야.

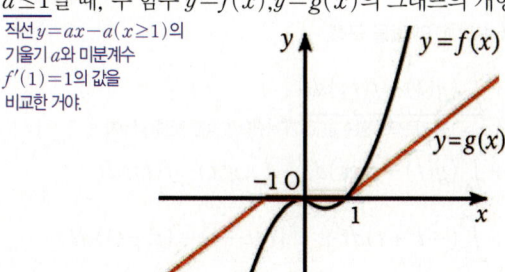

즉, $x=0$, $x=1$에서만 $h'(x)=0$, 즉 $g(x)=f(x)$이다.

이때, $x<1$인 모든 실수 x에 대하여 $g(x)\geq f(x)$이므로 함수 $h(x)$는 극값을 갖지 않고,

$x=1$의 좌우에서 $h'(x)=g(x)-f(x)$의 부호가 바뀌므로 함수 $h(x)$는 $x=1$에서만 극값을 갖는다.

따라서 $a\leq1$이면 조건을 만족시킨다.
$a>1$에서 조건을 만족시키지 않으면 a의 최댓값은 1이야.

2nd $a>1$일 때에도 극값의 조건을 만족하는 a의 값이 존재하는지 확인해.

$a>1$이면 $x>1$에서 $g(x)=f(x)$인 x의 값이 반드시 존재하므로
직선 $y=ax-a(x\geq1)$의 기울기 a가 $f'(1)=1$보다 커.
이 값을 $b(b>1)$라 하자.

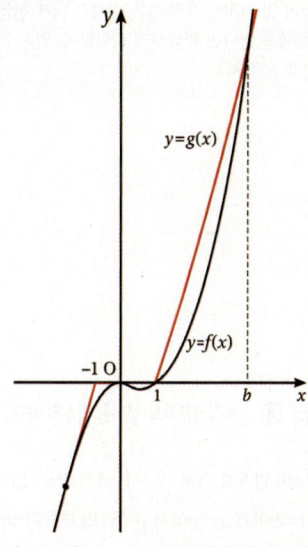

$h'(b)=g(b)-f(b)=0$이고, $x=b$의 좌우에서 $h'(x)=g(x)-f(x)$의 부호가 바뀌므로 함수 $h(x)$는 $x=b$에서 극값을 갖는다.

그러므로 극값이 1개라는 조건을 만족시키려면 $x<-1$에서는 극값을 갖지 않아야 한다.
$x<-1$에서 두 함수 $y=-x^2$과 $y=ax+a$가 접하거나 만나지 않아야 해.

즉, 이 경우의 a의 최댓값은 곡선 $y=-x^2$과 직선 $y=ax+a$가 접할 때의 값이다.
$y=a(x+1)$이므로 점 $(-1,0)$을 지나고 기울기가 $a(a>1)$인 직선

곡선 $y=-x^2$ 위의 접점의 좌표를 $(t,-t^2)(t<-1)$이라 하면 접선의 기울기가 $-2t$이므로 접선의 방정식은
$y=-x^2$에서 $y'=-2x$

$y-(-t^2)=-2t(x-t)$
이 직선이 $y=a(x+1)$이어야 하므로 점 $(-1,0)$의 좌표를 대입해.

이 직선이 점 $(-1,0)$을 지나야 하므로

$t^2=-2t(-1-t)$

$t^2+2t=0$, $t(t+2)=0$

$t < -1$이므로 $t = -2$

$\therefore a = -2t = 4$
　　접선의 기울기

따라서 a의 최댓값은 $a = 4$이므로 $k = 4$이다.

3rd $a = k$일 때, $k + h(3)$의 값을 구해.

$\therefore k + h(3) = 4 + \displaystyle\int_0^3 (g(t) - f(t)) dt$
　　　　　　　　　$x = 1$을 기준으로 함수 $g(x)$가 바뀌므로 적분구간을 나누자.

$= 4 + \displaystyle\int_0^1 (g(t) - f(t)) dt + \int_1^3 (g(t) - f(t)) dt$

$= 4 + \displaystyle\int_0^1 (-t^2 + t) dt + \int_1^3 \{(4t - 4) - (t^2 - t)\} dt$

$= 4 + \displaystyle\int_0^1 (-t^2 + t) dt + \int_1^3 (-t^2 + 5t - 4) dt$

$= 4 + \left[-\dfrac{1}{3} t^3 + \dfrac{1}{2} t^2 \right]_0^1 + \left[-\dfrac{1}{3} t^3 + \dfrac{5}{2} t^2 - 4t \right]_1^3$

$= 4 + \dfrac{1}{6} + \dfrac{10}{3} = \dfrac{15}{2}$

한기주 | 2026 수능 응시 · 화성 삼괴고 졸
공통 객관식의 마지막 문제인 만큼 어느 정도의 난이도는 있었지만, 공부를 열심히 해왔다면 충분히 풀어낼 수 있었으리라 생각해. 딱 보기에는 주어진 함수가 굉장히 복잡해 보이지만, 정확한 개형을 그릴 수 있는 $f(x)$를 먼저 파악하고, $g(x)$를 파악하려고 시도하면 어느 정도 갈피가 잡힐 거야. 그런 다음 세세한 개형을 파악할 땐, 직선과 곡선이 접하는 매우 특수한 상황을 중심으로 살펴보는 것은 기본이겠지? 이렇게 풀다 보면 상황이 몇 가지로 추려지고, 어렵지 않게 정답을 구할 수 있었어. 다음에 또 15번 같은 문제를 만나면 확실하게 파악할 수 있는 것 먼저 보고, 특수한 경우부터 생각하기! 할 수 있겠지?

F 206 정답 ④ ＊정적분으로 정의된 함수의 극대, 극소 … [정답률 32%]

> **정답 공식:** 적분과 미분의 관계에 의해 $\dfrac{d}{dx} \displaystyle\int_a^x f(t) dt = f(x)$이다. 또한, 함수 $g(x)$에 대하여 $g'(a) = 0$이고 $x = a$에서 $g'(x)$의 부호가 바뀌면 $g(x)$는 $x = a$에서 극값을 가진다.

실수 $a(a > 1)$에 대하여 함수 $f(x)$를
$$f(x) = (x+1)(x-1)(x-a)$$
라 하자. 함수
단서 1 $g(x)$가 정적분으로 정의된 함수이므로 $g(x)$를 x에 대하여 미분하여 $g'(x)$를 구해봐.
$$g(x) = x^2 \int_0^x f(t) dt - \int_0^x t^2 f(t) dt$$
가 오직 하나의 극값을 갖도록 하는 a의 최댓값은? (4점)
단서 2 $g'(x) = 0$을 만족시키는 x의 값의 좌우에서 $g'(x)$의 부호가 바뀔 때 극값을 갖는다고 하지? 이런 x의 값이 오직 하나만 존재한다고 하니까 이 조건을 만족시키도록 하는 $g'(x)$의 조건을 찾아야 해.

① $\dfrac{9\sqrt{2}}{8}$ ② $\dfrac{3\sqrt{6}}{4}$ ③ $\dfrac{3\sqrt{2}}{2}$ ④ $\sqrt{6}$ ⑤ $2\sqrt{2}$

1st 정적분으로 정의된 함수 $g(x)$를 미분해보자.

함수 $g(x)$가 오직 하나의 극값을 가지려면 $g'(k) = 0$이면서 $x = k$의 좌우에서 $g'(x)$의 부호가 바뀌는 k의 값이 하나만 존재해야 한다.

이때, $g(x) = x^2 \displaystyle\int_0^x f(t) dt - \int_0^x t^2 f(t) dt$의 양변을 x에 대해 미분하면

$g'(x) = 2x \displaystyle\int_0^x f(t) dt + x^2 f(x) - x^2 f(x)$
　　　　　　곱의 미분법에 의해

$= 2x \displaystyle\int_0^x f(t) dt$ 　 $g'(x) = \left(\dfrac{d}{dx} x^2\right) \times \int_0^x f(t) dt + x^2 \times \left\{\dfrac{d}{dx} \int_0^x f(t) dt\right\}$
　　　　　　　　　　　　　　　　　　　$- \dfrac{d}{dx} \int_0^x t^2 f(t) dt$

이고, $\dfrac{d}{dx} \displaystyle\int_0^x f(t) dt = f(x)$야.

이므로 $g'(x) = 0$을 만족시키는 x의 값은 $x = 0$ 또는 $\displaystyle\int_0^x f(t) dt = 0$을 만족시키는 x의 값이다.

2nd $x = 0$에서 $g(x)$가 극값을 갖는지 확인해보자.

먼저, 함수 $y = f(x)$의 그래프의 개형을 그리면 [그림 1]과 같다.
$f(x) = (x+1)(x-1)(x-a)$이므로 $y = f(x)$의 그래프는 x축과 $x = -1, 1, a$인 서로 다른 세 점에서 만나고, $f(0) = a(a > 1)$이므로 y축의 양인 부분에서 y축과 만나.

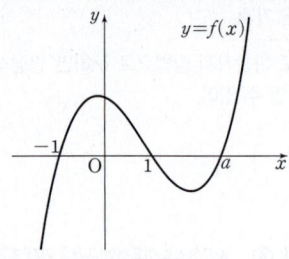

[그림 1]

이때, $g'(0) = 0$이므로 함수 $g(x)$가 $x = 0$에서 극값을 갖는지 확인하기 위해 $x = 0$의 좌우에서의 $g'(x)$의 부호를 확인하자.

$g'(x) = 2x \displaystyle\int_0^x f(t) dt$에서

(ⅰ) $-1 \leq x < 0$일 때
　$2x < 0$이고,
　[그림 1]의 $y = f(x)$의 그래프에서 $\displaystyle\int_x^0 f(t) dt > 0$, 즉
　$\displaystyle\int_0^x f(t) dt = -\int_x^0 f(t) dt < 0$이므로
　$g'(x) = 2x \displaystyle\int_0^x f(t) dt > 0$ 　→ (음수)×(음수)=(양수)

(ⅱ) $0 < x \leq 1$일 때
　$2x > 0$이고,
　[그림 1]의 $y = f(x)$의 그래프에서 $\displaystyle\int_0^x f(t) dt > 0$이므로
　$g'(x) = 2x \displaystyle\int_0^x f(t) dt > 0$ 　→ (양수)×(양수)=(양수)

따라서 $x = 0$의 좌우에서 $g'(x) > 0$이므로 함수 $g(x)$는 $x = 0$에서 극값을 갖지 않는다.

3rd $g(x)$가 극값을 하나만 갖도록 하는 a의 조건을 찾아 a의 최댓값을 구하자.

한편, $x < -1$일 때,

$\displaystyle\int_0^x f(t) dt = -\int_x^0 f(t) dt = -\left\{\int_x^{-1} f(t) dt + \int_{-1}^0 f(t) dt\right\}$

인데, [그림 1]의 $y = f(x)$의 그래프에서

$\displaystyle\int_x^{-1} f(t) dt < 0, \ \int_{-1}^0 f(t) dt > 0$이므로

$\displaystyle\int_0^x f(t) dt = 0$을 만족시키는 실수 $\alpha(\alpha < -1)$가 반드시 존재한다.

즉, $x = \alpha$에서 $g'(x) = 0$이고 $x = \alpha$의 좌우에서 $g'(x)$의 부호가 음에서 양으로 바뀌므로 함수 $g(x)$는 $x = \alpha$에서 극솟값을 갖는다.

$x < \alpha$일 때, $2x < 0$, $\displaystyle\int_0^x f(t) dt > 0$
$\alpha < x < -1$일 때, $2x < 0$, $\displaystyle\int_0^x f(t) dt < 0$

또한, (i), (ii)에 의해 $-1 \leq x \leq 1$에서 $g'(x) \geq 0$이다.
따라서 함수 $g(x)$가 오직 하나의 극값을 가지려면

$x > 1$에서 $\int_0^x f(t)dt \geq 0$이어야 하므로 이를 만족시키기 위해서는

<small>$x > 1$일 때, $g'(x) = 2x\int_0^x f(t)dt$에서 $2x$는 항상 양수이므로 $\int_0^x f(t)dt \geq 0$이면 $g'(x)$의 부호가 항상 0 이상이 돼. 즉, $x > 1$에서는 $g(x)$가 극값을 갖지 않아.</small>

[그림 2]에 의해 $\int_0^1 f(t)dt \geq -\int_1^a f(t)dt$, 즉 $\int_0^a f(t)dt \geq 0$이어야

한다. <small>$x > a$일 때 $\int_a^x f(t)dt > 0$이지? 즉, $\int_0^a f(t)dt \geq 0$이면 $x > 1$에서 $\int_0^x f(t)dt \geq 0$이 돼.</small>

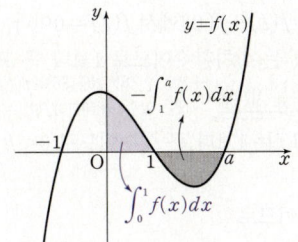

[그림 2]

이때, $f(x) = (x+1)(x-1)(x-a) = x^3 - ax^2 - x + a$이므로

$$\int_0^a f(t)dt = \int_0^a (t^3 - at^2 - t + a)dt$$
$$= \left[\frac{1}{4}t^4 - \frac{1}{3}at^3 - \frac{1}{2}t^2 + at \right]_0^a$$
$$= \frac{1}{4}a^4 - \frac{1}{3}a^4 - \frac{1}{2}a^2 + a^2$$
$$= -\frac{1}{12}a^4 + \frac{1}{2}a^2$$
$$= -\frac{1}{12}a^2(a^2 - 6)$$

$-\dfrac{1}{12}a^2(a^2-6) \geq 0$, $a^2 - 6 \leq 0$
<small>모든 실수 a에 대하여 $a^2 \geq 0$이므로 $-a^2 \leq 0$이야.</small>

$\therefore -\sqrt{6} \leq a \leq \sqrt{6}$

따라서 $a > 1$에서 $1 < a \leq \sqrt{6}$이므로 구하는 a의 최댓값은 $\sqrt{6}$이다.

🔷 **다른 풀이:** $F(x) = \int_0^x f(t)dt$라 두고 함수 $y = F(x)$의 그래프 개형을
그려 해결하기

1st 에서 $g'(x) = 2x\int_0^x f(t)dt$라 했으므로

$F(x) = \int_0^x f(t)dt$라 하면

$F'(x) = f(x) = (x+1)(x-1)(x-a)$

$F'(x) = 0$에서 $x = -1$ 또는 $x = 1$ 또는 $x = a$이므로 함수 $F(x)$의 증가와 감소를 표로 나타내면 다음과 같아.

x	$\cdots$	-1	$\cdots$	1	$\cdots$	a	$\cdots$
$F'(x)$	$-$	0	$+$	0	$-$	0	$+$
$F(x)$	$\searrow$	극소	$\nearrow$	극대	$\searrow$	극소	$\nearrow$

즉, 함수 $F(x)$는 $x = -1$, $x = a$에서 극솟값을 갖고, $x = 1$에서 극댓값을 가져. <small>$F(0) = \int_0^0 f(t)dt = 0$</small>

그런데 $F(0) = 0$이므로, 조건을 만족시키는 함수 $y = F(x)$의 그래프의 개형을 그리면 다음과 같아.
<small>$F(a)$의 값을 양수로 나타내어 $y = F(x)$의 그래프의 개형을 그린 것은 방정식 $g'(x) = 2xF(x)$에서 0이 아닌 근을 한 개로 만들기 위한 거야.</small>

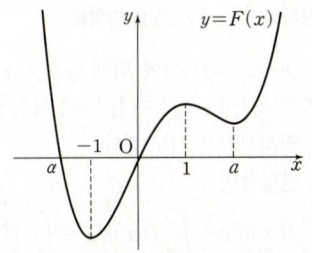

위의 그림에 의해 방정식 $F(x) = 0$은 서로 다른 두 실근 $x = \alpha(\alpha < -1)$와 $x = 0$을 갖게 돼.

먼저, $g'(x) = 2xF(x)$는 x^2을 인수로 가지므로 $x = 0$의 좌우에서 $g'(x)$의 부호가 바뀌지 않아. <small>$F(0) = 0$에서 $F(x)$가 x를 인수로 가지므로 다항식 $g'(x) = 2xF(x)$는 x^2을 인수로 가져.</small>

또한, $x = \alpha$의 좌우에서 $g'(x)$의 부호가 변하므로 함수 $g(x)$는 $x = \alpha$에서 극값을 가져.

따라서 함수 $g(x)$가 오직 하나의 극값을 가지려면 $x = \alpha$ 이외의 점에서는 $g'(x)$의 부호가 바뀌지 않아야 하므로 위의 그림과 같이 $F(a) \geq 0$,

즉 $\int_0^a f(t)dt \geq 0$이어야 해.

(이하 동일)

F 207 정답 40 *대칭, 주기함수의 적분값 ⸺ [정답률 36%]

> **정답 공식:** 두 조건 (가), (나)를 이용해 $\int_{-1}^1 f(x)dx$의 값을 구할 수 있다.

연속함수 $f(x)$가 모든 실수 x에 대하여 다음 조건을 만족시킨다.

> (가) $f(-x) = f(x)$
> (나) $f(x+2) = f(x)$
> (다) $\int_{-1}^1 (2x+3)f(x)dx = 15$

<small>**단서** 조건 (가)에 의해 함수 $f(x)$는 y축에 대하여 대칭이고 조건 (나)에 의해 함수 $f(x)$는 주기가 2인 주기함수야. 이를 이용하여 구하는 정적분의 적분 구간을 변형할 수 있어.</small>

$\int_{-6}^{10} f(x)dx$의 값을 구하시오. (4점)

1st 먼저 주어진 조건의 의미를 파악하고 문제 풀이에 적용해.

조건 (가)의 $f(-x) = f(x)$에 의해 함수 $f(x)$의 그래프는 y축에 대하여 대칭이다. <small>$y = f(x)$가 y축에 대하여 대칭이면 $\int_{-a}^a f(x)dx = 2\int_0^a f(x)dx$</small>

이때, $g(x) = xf(x)$라 하면

🔺 **주의** <small>기함수와 우함수를 나타내는 식을 응용해서 유추할 수 있어.</small>

$g(-x) = -xf(-x) = -xf(x) = -g(x)$이므로

함수 $g(x) = xf(x)$의 그래프는 원점에 대하여 대칭이다.

$\therefore \int_{-a}^0 f(x)dx = \int_0^a f(x)dx$ <small>$y = f(x)$가 원점에 대하여 대칭이면 $\int_{-a}^a f(x)dx = 0$</small>

$$\int_{-a}^a xf(x)dx = \int_{-a}^a g(x)dx = 0$$

따라서 이것을 조건 (다)에 적용하면

$$\int_{-1}^1 (2x+3)f(x)dx = 2\int_{-1}^1 xf(x)dx + 3\int_{-1}^1 f(x)dx$$
$$= 3\int_{-1}^1 f(x)dx = 15$$

$$\therefore \int_{-1}^1 f(x)dx = 5$$

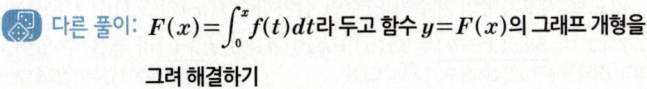

한편, 조건 (나)의 $f(x+2)=f(x)$에 의해 함수 $f(x)$는 주기가 2인 함수이므로 구간 $[-5,\,-3]$, $[-3,\,-1]$, $[-1,\,1]$, $[1,\,3]$, $\cdots$, $[2k-1,\,2k+1]$의 정적분값은 서로 같다.

따라서 구하는 식을 변형하면

$$\int_{-6}^{10} f(x)dx = \underline{\int_{-6}^{-5} f(x)dx} + \int_{-5}^{9} f(x)dx + \int_{9}^{10} f(x)dx$$

$$= \int_{-1}^{0} f(x)dx + 7\int_{-1}^{1} f(x)dx + \int_{0}^{1} f(x)dx$$

$$= 8\int_{-1}^{1} f(x)dx = 8 \cdot 5 = 40$$

$\rightarrow$ 함수 $f(x)$의 주기가 2이므로 $\int_{-6}^{-5} f(x)dx = \int_{-4}^{-3} f(x)dx = \cdots = \int_{0}^{1} f(x)dx$

그런데 함수 $f(x)$는 y축에 대하여 대칭이므로 $\int_{0}^{1} f(x)dx = \int_{-1}^{0} f(x)dx$

나머지도 마찬가지로 정리할 수 있어.

F 208 정답 ⑤   *조건을 이용한 함수의 추론   [정답률 32%]

정답 공식: 삼차함수 $f(x)$의 그래프의 개형을 그리고, t의 범위에 따라 구간을 나눠서 적분값을 계산한다.

최고차항의 계수가 양수인 삼차함수 $f(x)$가 다음 조건을 만족시킨다.

(가) 함수 $f(x)$는 $x=0$에서 극댓값, $x=k$에서 극솟값을 가진다. (단, k는 상수이다.)

(나) 1보다 큰 모든 실수 t에 대하여

$$\int_{0}^{t} |f'(x)|dx = f(t) + f(0)\text{이다.}$$

단서 $f(x)$는 최고차항의 계수가 양수인 삼차함수이므로 $f'(x)$는 최고차항의 계수가 양수인 이차함수야. 이때, $x=0$, $x=k$에서 각각 극대, 극소이므로 $k>0$이고 $0<x<k$에서 $f'(x)<0$이지.

[보기]에서 옳은 것만을 있는 대로 고른 것은? (4점)

[보기]

ㄱ. $\int_{0}^{k} f'(x)dx < 0$

ㄴ. $0 < k \le 1$

ㄷ. 함수 $f(x)$의 극솟값은 0이다.

① ㄱ   ② ㄷ   ③ ㄱ, ㄴ

④ ㄴ, ㄷ   ⑤ ㄱ, ㄴ, ㄷ

1st 조건 (가)에 의해 $0<x<k$에서 $f'(x)$의 부호를 결정할 수 있어.

ㄱ. 삼차함수 $f(x)$의 최고차항의 계수가 양수이고 $x=0$에서 극댓값, $x=k$에서 극솟값을 가지므로 함수 $y=f(x)$의 그래프의 개형은 그림과 같다.

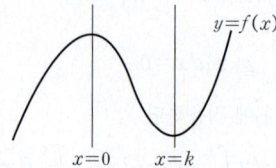

즉, $0<x<k$에서 함수 $f(x)$는 감소하므로 $0<x<k$에서 $f'(x)<0$이다.

$\therefore \underline{\int_{0}^{k} f'(x)dx < 0}$ (참) $\rightarrow f'(x)<0$에서 $\int_{0}^{k} f'(x)dx < \int_{0}^{k} 0dx = 0$이지?

2nd 조건 (나)를 이용하여 ㄴ, ㄷ의 참, 거짓을 따져.

ㄴ. $1 < t \le k$이면 구간 $[0,\,t]$에서 함수 $f(x)$는 감소하므로 $f'(x) \le 0$이다. 즉,

$$\int_{0}^{t} |f'(x)|dx = \int_{0}^{t} \{-f'(x)\}dx$$

$$= \Big[-f(x) \Big]_{0}^{t}$$

$$= -f(t) + f(0)$$

주의 $f(t)=0$이 되면 주어진 구간에서 $f(x)$가 상수함수가 된다는 걸 의미하니까 문제에서 제시한 $f(x)$의 조건과 맞지 않게 되는 거야.

이고 이것을 조건 (나)에 대입하면

$-f(t) + f(0) = f(t) + f(0)$에서 $f(t) = 0$이다.

그런데 함수 $f(x)$는 삼차함수이므로 1보다 큰 모든 실수 t에 대하여 $f(t) = 0$이 될 수는 없다. $\rightarrow t>1$인 어떤 t에 대하여 $f(t)=0$이 성립할 수는 있지만 모든 실수 t에 대하여 $f(t)=0$이 될 수는 없어.

즉, $0<k<t$이고 t는 1보다 큰 실수이므로 $0<k\le1$이 성립한다. (참)

ㄷ. ㄴ에서 $0<k<t$이므로

$0 \le x \le k$에서 $f'(x) \le 0$,

$k < x \le t$에서 $f'(x) > 0$이다.

$$\int_{0}^{t} |f'(x)|dx = \int_{0}^{k} \{-f'(x)\}dx + \int_{k}^{t} f'(x)dx$$

$$= \Big[-f(x) \Big]_{0}^{k} + \Big[f(x) \Big]_{k}^{t}$$

$$= -f(k) + f(0) + f(t) - f(k)$$

$$= f(t) + f(0) - 2f(k)$$

이것을 조건 (나)에 대입하면

$f(t) + f(0) - 2f(k) = f(t) + f(0)$에서 $f(k) = 0$

이때, 함수 $f(x)$는 $x=k$에서 극솟값을 가지므로 함수 $f(x)$의 극솟값은 0이다. (참)

따라서 옳은 것은 ㄱ, ㄴ, ㄷ이다.

다른 풀이: 직접 정적분을 계산하여 ㄱ의 참·거짓 판단하기

ㄱ. 조건 (가)에 의해 $f(x)$가 $x=0$에서 극댓값, $x=k$에서 극솟값을 가지므로 최고차항의 계수가 양수인 삼차함수 $f(x)$의 도함수 $f'(x)$는 $f'(x) = 3ax(x-k) = 3a(x^2 - kx)\ (a>0,\ k>0)$라 놓을 수 있어.

최고차항의 계수가 a인 삼차함수 $f(x)$의 도함수 $f'(x)$의 최고차항은 2차이고 계수는 $3a$야. 또, $x=0$, $x=k$에서 극값을 가지므로 $f'(0) = f'(k) = 0$이야.

최고차항의 계수가 양수인 삼차함수 $f(x)$가 $x=\alpha$에서 극대, $x=\beta$에서 극소이면 $\alpha < \beta$가 성립해.

$$\therefore \int_{0}^{k} f'(x)dx = 3a\int_{0}^{k} (x^2 - kx)dx = 3a\Big[\frac{1}{3}x^3 - \frac{k}{2}x^2 \Big]_{0}^{k}$$

$$= 3a\Big(\frac{1}{3}k^3 - \frac{1}{2}k^3 \Big)$$

$$= a\Big(-\frac{1}{2}k^3 \Big) < 0\ \text{(참)}$$

$a>0$, $k>0$이므로 $a\Big(-\frac{1}{2}k^3\Big) < 0$이야.

수능 핵강

＊ 삼차함수의 극댓값과 극솟값의 차

극값을 갖는 삼차함수 $f(x) = ax^3 + bx^2 + cx + d\ (a \ne 0)$에 대하여 $f'(x) = 3a(x-\alpha)(x-\beta)$이면 극댓값과 극솟값의 차는

$$|f(\alpha) - f(\beta)| = \frac{|a|}{2}(\beta - \alpha)^3$$

정답 공식: 미분가능한 함수 $f(x)$에서

$f'(a)=\lim\limits_{x\to a}\dfrac{f(x)-f(a)}{x-a}=\lim\limits_{h\to 0}\dfrac{f(a+h)-f(a)}{h}$이고,

$\displaystyle\int_0^a x^n dx=\left[\dfrac{1}{n+1}x^{n+1}\right]_0^a=\dfrac{a^{n+1}}{n+1}(n\neq-1)$이다.

최고차항의 계수가 1이고 $f(0)=1$인 삼차함수 $f(x)$와 양의 실수 p에 대하여 함수 $g(x)$가 다음 조건을 만족시킨다.

> 단서 $x<0$일 때와 $x>0$일 때의 $g(x)$를 나타내는 식이 다르므로 $g'(0)$은
> $\lim\limits_{x\to 0-}\dfrac{g(x)-g(0)}{x-0}$, $\lim\limits_{x\to 0+}\dfrac{g(x)-g(0)}{x-0}$으로 나누어서 살펴봐.

(가) $g'(0)=0$

(나) $g(x)=\begin{cases}f(x-p)-f(-p) & (x<0)\\ f(x+p)-f(p) & (x\geq 0)\end{cases}$

$\displaystyle\int_0^p g(x)dx=20$일 때, $f(5)$의 값을 구하시오. (4점)

1st $g'(0)=0$임을 이용하자.

조건 (가)의 도함수의 값을 이용하려면 함숫값 $g(0)$을 알아야 하고, 조건 (나)에서 $g(0)=f(0+p)-f(p)=0$임을 알 수 있다.
이때, $x=0$에서 좌, 우미분계수를 각각 구해 보면

→ 미분계수의 정의를 적용할 수 있어야 해.

$\lim\limits_{x\to 0-}\dfrac{f(x-p)-f(-p)}{x}=\lim\limits_{h\to 0-}\dfrac{f(-p+h)-f(-p)}{h}=f'(-p)$

$\lim\limits_{x\to 0-}\dfrac{g(x)-g(0)}{x-0}=\lim\limits_{x\to 0-}\dfrac{g(x)}{x}=\lim\limits_{x\to 0-}\dfrac{f(x-p)-f(-p)}{x}=f'(-p)$

$\lim\limits_{x\to 0+}\dfrac{g(x)-g(0)}{x-0}=\lim\limits_{x\to 0+}\dfrac{g(x)}{x}=\lim\limits_{x\to 0+}\dfrac{f(x+p)-f(p)}{x}=f'(p)$

$g'(0)=0$이므로 $f'(-p)=f'(p)=0$

2nd $f(x)$가 최고차항의 계수가 1인 삼차식임을 이용하여 식으로 나타내자.

$f'(x)$는 이차항의 계수가 3인 이차식이므로
$f'(x)=3(x+p)(x-p)=3x^2-3p^2$
따라서 $f(x)=x^3-3p^2x+C$ (단, C는 적분상수)이고,
$f(0)=1$이므로 $f(x)=x^3-3p^2x+1$이다.

3rd $\displaystyle\int_0^p g(x)dx=20$을 이용하자.

$x\geq 0$에서 $g(x)=f(x+p)-f(p)$이므로

$\displaystyle\int_0^p g(x)dx$

$=\displaystyle\int_0^p\{f(x+p)-f(p)\}dx$

↳ 직접 식을 정리해야 해.

$f(x+p)-f(p)$
$=(x+p)^3-3p^2(x+p)+1-(p^3-3p^3+1)$
$=x^3+3px^2+3p^2x+p^3-3p^2x-3p^3+1-p^3+3p^3-1$
$=x^3+3px^2$

$=\displaystyle\int_0^p(x^3+3px^2)dx$

$=\left[\dfrac{x^4}{4}+px^3\right]_0^p$

$=\dfrac{p^4}{4}+p^4$

$=\dfrac{5}{4}p^4$

$=20$

이므로 $p^4=2^4$에서 $p=2$ ($\because p>0$)이고, $f(x)=x^3-12x+1$
$\therefore f(5)=5^3-12\times 5+1=125-60+1=66$

정답 공식: x에 대한 방정식 $f(x)=k$의 실근의 개수는 함수 $y=f(x)$의 그래프와 직선 $y=k$의 서로 다른 교점의 개수와 같다.

최고차항의 계수가 1인 삼차함수 $f(x)$와 실수 t에 대하여 x에 대한 방정식

> 단서 1 함수 $f(x)$의 한 부정적분을 $F(x)$라 두고 주어진 정적분식을 $F(x)$에 관한 식으로 바꾸어서 정리하여 함수 $g(t)$가 의미하는 것을 알아내야 해.

$\displaystyle\int_t^x f(s)ds=0$

의 서로 다른 실근의 개수를 $g(t)$라 할 때, [보기]에서 옳은 것만을 있는 대로 고른 것은? (4점)

[보기]

ㄱ. $f(x)=x^2(x-1)$일 때, $g(1)=1$이다.

ㄴ. 방정식 $f(x)=0$의 서로 다른 실근의 개수가 3이면 $g(a)=3$인 실수 a가 존재한다.

> 단서 2 주어진 정적분식은 삼차함수 $f(x)$를 적분한 것이므로 사차함수가 되지? 따라서 최고차항의 계수가 양수인 삼차함수 $f(x)$의 식을 세운 후, $f(x)$의 특징을 이용해 사차함수의 그래프의 개형을 유추해.

ㄷ. $\lim\limits_{t\to b}g(t)+g(b)=6$을 만족시키는 실수 b의 값이 0과 3뿐이면 $f(4)=12$이다.

> 단서 3 함수 $g(t)$의 정의에 의하여 $\lim\limits_{t\to b}g(t)$, $g(b)$의 값은 1, 2, 3, 4 중 하나이므로 조건을 만족시키는 사차함수의 그래프의 개형을 찾아내야 해.

① ㄱ　　② ㄱ, ㄴ　　③ ㄱ, ㄷ　　④ ㄴ, ㄷ　　⑤ ㄱ, ㄴ, ㄷ

1st 함수 $g(t)$의 의미를 파악하자.

함수 $f(x)$의 한 부정적분을 $F(x)$라 하면
$f(x)$가 최고차항의 계수가 1, 즉 양수인 삼차함수이므로 $F(x)$는 최고차항의 계수가 양수인 사차함수야.

$\displaystyle\int_t^x f(s)ds=\left[F(s)\right]_t^x=F(x)-F(t)$이므로

x에 대한 방정식 $\displaystyle\int_t^x f(s)ds=0$의 서로 다른 실근은 $F(x)-F(t)=0$, 즉 $F(x)=F(t)$를 만족시키는 서로 다른 x의 값을 뜻한다.
따라서 함수 $g(t)$는 삼차함수 $f(x)$의 한 부정적분인 $F(x)$에 대하여 방정식 $F(x)=F(t)$의 서로 다른 실근의 개수, 즉 곡선 $y=F(x)$와 직선 $y=F(t)$가 만나는 서로 다른 점의 개수를 의미한다.
$y=F(t)$는 곡선 $y=F(x)$ 위의 한 점 $(t, F(t))$를 지나고 x축에 평행한 직선이야.

2nd $f(x)=x^2(x-1)$일 때, $g(1)$의 값을 파악하자.

ㄱ. 부정적분의 정의에 의하여
$f(x)=x^2(x-1)$에서 $F'(x)=x^2(x-1)$이다.
$\int_t^x f(s)ds=F(x)-F(t)$의 양변을 x에 대해 미분하면 $f(x)=F'(x)$임을 확인할 수 있어.

$F'(x)=0$에서 $x=0$ 또는 $x=1$이므로 사차함수 $F(x)$의 증가와 감소를 표로 나타내면 다음과 같다.

x	$\cdots$	0	$\cdots$	1	$\cdots$
$F'(x)$	$-$	0	$-$	0	$+$
$F(x)$	$\searrow$		$\searrow$	극소	$\nearrow$

즉, 최고차항의 계수가 양수인 사차함수 $F(x)$는 $x=1$에서 극소이면서 최소이므로 함수 $y=F(x)$의 그래프의 개형은 [그림 1]과 같다.

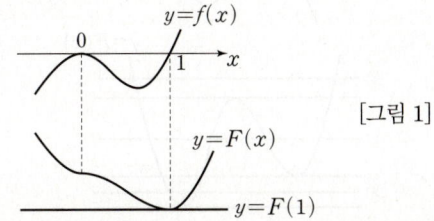

[그림 1]

[그림 1]에 의해 곡선 $y=F(x)$와 직선 $y=F(1)$은
오직 한 점에서만 만나므로 $g(1)=1$이다. (참)

3rd 사차함수 $y=F(x)$의 그래프의 개형을 파악하여 $g(t)$의 값을 추론하자.

ㄴ. 방정식 $f(x)=0$의 서로 다른 실근의 개수가 3이면
실수 α, β, γ $(\alpha<\beta<\gamma)$에 대하여 최고차항의 계수가 1인 삼차함수
$f(x)$는 $f(x)=(x-\alpha)(x-\beta)(x-\gamma)$라 할 수 있다.
이때, 사차함수 $F(x)$는 $x=\alpha$, $x=\gamma$에서 극솟값을 갖고
$x=\beta$에서 극댓값을 가지므로 두 극솟값이 서로 같거나 같지 않은
경우에 대하여 함수 $y=F(x)$의 그래프의 개형은 [그림 2]와 같다.

(1) 두 극솟값이 서로 다른 경우   (2) 두 극솟값이 서로 같은 경우

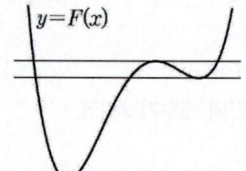   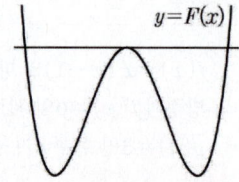

[그림 2]

[그림 2]에 의해 두 경우 모두 곡선 $y=F(x)$와 직선 $y=F(a)$가
서로 다른 세 점에서 만나는 a의 값이 존재하므로 $g(a)=3$인
실수 a가 존재한다. (참)

4th 조건을 만족시키는 사차함수 $y=F(x)$의 그래프의 개형을 찾아 함수
$f(x)$를 추론하자.

ㄷ. 사차함수 $y=F(x)$의 그래프의 개형으로
$\lim\limits_{t\to b}g(t)+g(b)=6$을 만족시키는 경우를 찾자.

(i) 사차함수 $F(x)$가 극댓값을 갖지 않는 경우

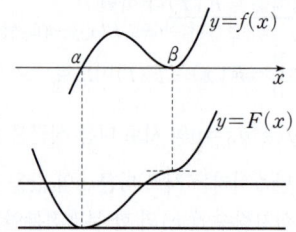

위의 그림에서
i) $b=\alpha$인 경우
$$\lim_{t\to b}g(t)+g(b)=2+1=3$$
ii) $b\neq\alpha$인 경우
$$\lim_{t\to b}g(t)+g(b)=2+2=4$$

즉, 사차함수 $F(x)$가 극댓값을 갖지 않는 경우에는
$\lim\limits_{t\to b}g(t)+g(b)=6$을 만족시키는 b의 값이 존재하지 않는다.

주의
그림에서는 사차함수 $F(x)$가 극댓값을 갖지 않는 경우 중에서 방정식 $F'(x)=0$,
즉 $f(x)=0$이 한 실근 α와 중근 β를 갖는 경우만 나타냈어. 하지만 $f(x)=0$이 한 실근과
서로 다른 두 허근을 갖거나 삼중근을 갖는 경우도 그림을 그려서 확인하면 위와
마찬가지임을 알 수 있을 거야.

(ii) 사차함수 $F(x)$가 극댓값을 갖고, 두 극솟값이 서로 다른 경우

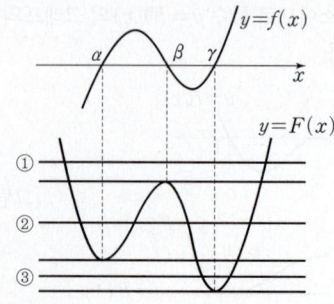

위의 그림에서
i) $b=\alpha$ 또는 $b=\beta$인 경우
$$\lim_{t\to b}g(t)+g(b)=4+3=7$$
ii) $b=\gamma$인 경우
$$\lim_{t\to b}g(t)+g(b)=2+1=3$$
iii) 직선 $y=F(b)$가 ① 또는 ③처럼 그려지는 경우
$$\lim_{t\to b}g(t)+g(b)=2+2=4$$
iv) 직선 $y=F(b)$가 ②처럼 그려지는 경우
$$\lim_{t\to b}g(t)+g(b)=4+4=8$$

즉, 사차함수 $F(x)$가 극댓값을 갖고, 두 극솟값이 서로 다른 경우
$\lim\limits_{t\to b}g(t)+g(b)=6$을 만족시키는 b의 값이 존재하지 않는다.

따라서 (i), (ii)에 의해 $\lim\limits_{t\to b}g(t)+g(b)=6$을 만족시키는 b의 값이

존재하려면 사차함수 $F(x)$가 극댓값을 갖고, 두 극솟값이 서로
같아야 한다.

이때, $\lim\limits_{t\to b}g(t)+g(b)=6$을 만족시키는 실수 b의 값이

0과 3뿐이므로 함수 $y=F(x)$의 그래프의 개형은 [그림 3]과
~~같아야 한다.~~ $b=0$ 또는 $b=3$일 때, $\lim\limits_{t\to b}g(t)+g(b)=4+2=6$

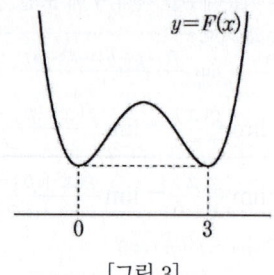

[그림 3]

$F(0)=F(3)$이고 방정식 $F(x)-F(0)=0$의 서로 다른 실근이
0과 3뿐이므로

$$F(x)-F(0)=\frac{1}{4}x^2(x-3)^2$$

삼차함수 $f(x)$의 최고차항의 계수가 1이므로 $f(x)$의 한 부정적분인 사차함수 $F(x)$의
최고차항의 계수는 $\frac{1}{4}$이야.

위 등식의 양변을 x에 대하여 미분하면

$$f(x)=\frac{1}{2}x(x-3)^2+\frac{1}{2}x^2(x-3)$$
$$=\frac{1}{2}x(x-3)(2x-3)$$

사차함수 $F(x)$가 $x=0$, $x=3$에서 극솟값을 갖고, 두 극솟값이 서로 같으므로 그래프의 대칭성에
의해 $F(x)$는 $x=\dfrac{0+3}{2}=\dfrac{3}{2}$에서 극댓값을 가져.

따라서 방정식 $f(x)=0$의 세 실근이 0, $\dfrac{3}{2}$, 3이므로 최고차항의 계수가 1인 삼차함수 $f(x)$를
$f(x)=x\left(x-\dfrac{3}{2}\right)(x-3)=\dfrac{1}{2}x(x-3)(2x-3)$으로 구할 수도 있어.

$$\therefore f(4)=\frac{1}{2}\times4\times1\times5=10 \text{ (거짓)}$$

따라서 옳은 것은 ㄱ, ㄴ이다.

F 211 정답 ④ ＊조건을 이용한 함수의 추론 ── [정답률 30%]

> **정답 공식:** $f(t)\geq 0$, $f(t)<0$인 경우를 나누고 조건을 만족시키는 $f(x)$의 개형을 구한다. $y=f(x)-|f(x)|$의 그래프를 이용하여 $g(x)$의 조건을 만족시키는 $f(x)$의 식을 구한다.

사차함수 $f(x)=x^4+ax^2+b$에 대하여 $x\geq 0$에서 정의된 함수

$$g(x)=\int_{-x}^{2x}\{f(t)-|f(t)|\}dt$$ **단서 1** $f(t)-|f(t)|$을 $f(t)\geq 0$, $f(t)<0$일 때로 나누어 정리하자.

가 다음 조건을 만족시킨다.

> (가) $0<x<1$에서 $g(x)=c_1$ (c_1은 상수) **단서 2** 주어진 조건에서 함수 $g(x)$는 상수함수인 구간과 감소함수인 구간으로 나타내어짐을 알 수 있어.
> (나) $1<x<5$에서 $g(x)$는 감소한다.
> (다) $x>5$에서 $g(x)=c_2$ (c_2는 상수)

$f(\sqrt{2})$의 값은? (단, a, b는 상수이다.) (4점)

① 40 ② 42 ③ 44 ④ 46 ⑤ 48

1st 사차함수 $y=f(x)$의 그래프의 개형을 유추한다.

$f(x)=x^4+ax^2+b$에서 모든 실수 x에 대하여 $f(-x)=f(x)$이므로
$f(-x)=(-x)^4+a(-x)^2+b=x^4+ax^2+b=f(x)$
사차함수 $y=f(x)$의 그래프는 y축에 대하여 대칭이다.

한편, $f(t)\geq 0$인 구간에서는 $f(t)-|f(t)|=0$이고, $f(t)<0$인 구간에서는 $f(t)-|f(t)|=2f(t)<0$이다. $f(t)-|f(t)|=\begin{cases}0 & (f(t)\geq 0)\\ 2f(t) & (f(t)<0)\end{cases}$

이때, 주어진 조건에서 적분구간이 변수인 정적분으로 정의된 함수 $g(x)$가 상수함수인 구간이 존재하므로 $f(t)-|f(t)|=0$인 구간이 있어야 한다. 즉, 조건 (가)에 의하여 $-1\leq t\leq 2$일 때 $f(t)\geq 0$이어야 한다.
$0<x<1$에서 $-1<-x<0$이고, $0<2x<2$야.

또, 조건 (나)에 의하여 $f(t)<0$인 구간이 있어야 한다.

$f(0)=b\leq 0$이면 $y=f(x)$와 $y=f(x)-|f(x)|$의 그래프의 개형은 다음과 같아.

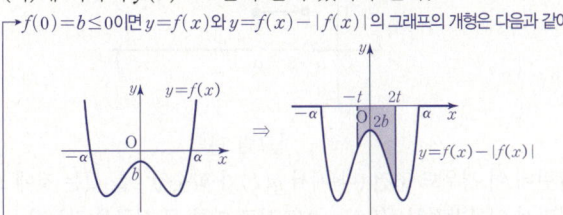

즉, $0<x<1$에서 $g(x)$가 감소함수이므로 조건 (가)를 만족시키지 않아.

따라서 $f(0)=b>0$이고, 함수 $y=f(x)$의 그래프의 개형은 다음과 같아야 한다.

> **함정** 함수 $g(x)$에 대한 조건을 이용하여 $f(x)-|f(x)|$의 그래프의 개형을 유추하고, 이를 통해 함수 $f(x)$의 그래프를 파악할 수 있어야 해.

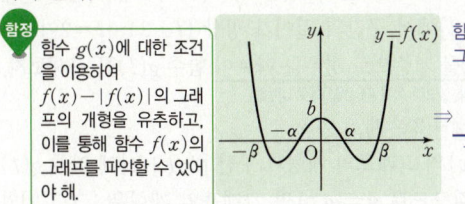

함수 $y=f(x)-|f(x)|$의 그래프는 다음과 같아.

2nd 사차함수 $y=f(x)$의 그래프와 x축과의 교점의 x좌표를 구해야 해.

그림과 같이 함수 $y=f(x)$의 그래프가 x축과 만나는 네 점의 x좌표를 각각 $-\beta$, $-\alpha$, α, β ($0<\alpha<\beta$)라 하자.
$f(x)=x^4+ax^2+b$는 y축에 대하여 대칭인 함수이니까 $y=f(x)$의 그래프가 $x=\alpha$, $x=\beta$인 점에서 x축과 만나면 $x=-\alpha$, $x=-\beta$인 점에서도 x축과 만나야 해.

(i) $0<x<\dfrac{\alpha}{2}$일 때, 구간 $[-x, 2x]$에서 $f(x)\geq 0$이므로
$g(x)=\int_{-x}^{2x}0\,dt=0$ $y=f(x)-|f(x)|=0$

즉, 조건 (가)에 의하여 $0<x<1$일 때 $g(x)=c_1$ (c_1은 상수)이므로
$\dfrac{\alpha}{2}\geq 1$ ∴ $\alpha\geq 2$

(ii) $\dfrac{\alpha}{2}<x<\beta$일 때, 구간 $[-x, 2x]$에서 $y=f(x)-|f(x)|$의 값은 0 또는 음수의 값을 가지므로 $g(x)$는 감소한다. 구간 $[-\frac{\alpha}{2}, \alpha]$부터 $[-\beta, 2\beta]$까지 구간을 키우면 함수 $g(x)$는 점점 감소함을 알 수 있어.

즉, 조건 (나)에 의하여 $1<x<5$일 때 $g(x)$는 감소하므로
$\dfrac{\alpha}{2}\leq 1$, $\beta\geq 5$ ∴ $\alpha\leq 2$, $\beta\geq 5$

(iii) $x>\beta$일 때, 구간 $[-x, -\beta]$와 구간 $[\beta, 2x]$에서 $f(x)\geq 0$이므로 이 두 구간에서 $g(x)=0$이다. $g(\beta)$의 값은 일정하니까 $x>\beta$일 때, $g(x)$는 상수함수가 돼.

즉, $x>\beta$이면 $g(x)=g(\beta)$이다.

따라서 조건 (다)에 의하여 $x>5$에서 $g(x)=c_2$ (c_2는 상수)이므로
$\beta\leq 5$

(i), (ii), (iii)에 의하여 $\alpha=2$, $\beta=5$

3rd $f(x)$의 식을 찾아 $f(\sqrt{2})$의 값을 구하자.

따라서 함수 $f(x)=x^4+ax^2+b$의 그래프가 $x=-2$, $x=2$, $x=-5$, $x=5$인 점에서 x축과 만나므로 $f(x)$는 $x+2$, $x-2$, $x+5$, $x-5$를 인수로 가져야 하고, 최고차항의 계수가 1이므로
$f(x)=(x+2)(x-2)(x+5)(x-5)=(x^2-4)(x^2-25)$
∴ $f(\sqrt{2})=(2-4)\times(2-25)=46$

F 212 정답 ① ＊정적분으로 정의된 함수의 미정계수의 결정 ─ [정답률 38%]

> **정답 공식:** $f(x)$가 n차식일 때, $f(f(x))$는 n^2차 다항식이고, $\int_0^x f(t)dt$는 $(n+1)$차 다항식이다.

다음 식을 만족하는 다항식 $f(x)$의 계수들의 합은? (3점) **단서** $f(x)$가 다항식이므로 $f(x)$를 n차 다항식이라 하고 좌변과 우변이 몇 차 다항식이 되는지를 따져보자.

$$f(f(x))=\int_0^x f(t)dt-x^2+3x+3$$

① 3 ② 2 ③ 1 ④ 0 ⑤ -1

1st $f(x)$의 차수를 결정한 후 $f(x)$를 미지수로 표시하여 주어진 식에 대입해.

$f(x)$를 n차 다항식이라 하면 $f(f(x))$는 n^2차 다항식, $\int_0^x f(t)dt$는 $(n+1)$차 다항식이므로 $f(f(x))=\int_0^x f(t)dt-x^2+3x+3$ … ㉠에서

좌변은 n^2차, 우변은 $(n+1)$차 다항식이 된다. 이때, 좌변과 우변의 차수는 같아야 하는데 $n^2=n+1$을 만족하는 자연수 n은 없다. **주의** $n=1$인 경우와 $n\geq 2$인 경우로 나누어 생각해야 해.

하지만 $f(x)$가 일차식이면 $\int_0^x f(t)dt$가 이차식이 되고 ㉠의 우변에서 x^2을 소거할 수 있으므로 좌변도 일차식이 나올 수 있다.

즉, $f(x)=ax+b$ … ㉡라 하고 ㉠에 대입하면
$a(ax+b)+b=\int_0^x (at+b)dt-x^2+3x+3$

양변을 x에 대하여 미분하면 $a^2=ax+b-2x+3$에서
$a^2=(a-2)x+b+3$
이것은 x에 대한 항등식이므로 임의의 실수 x에 대하여 $ax+b=0$이 항상 성립하려면 $a=0$이고 $b=0$이어야 해.
$a-2=0$, $b+3=a^2$ ∴ $a=2$, $b=1$
따라서 $f(x)=2x+1$ ($\because$ ㉡)이므로 계수들의 합은 $2+1=3$이다.

정답 및 해설 **553**

F 213 정답 9 ·········· ⭐2등급 대비 [정답률 20%]

✱조건을 이용하여 삼차함수의 도함수에 관한 정보를 찾아 삼차함수의 식 유추하기 [유형 02]

최고차항의 계수가 $\frac{1}{2}$인 삼차함수 $f(x)$와 실수 t에 대하여 방정식 $f'(x)=0$이 닫힌구간 $[t, t+2]$에서 갖는 실근의 개수를 $g(t)$라 할 때, 함수 $g(t)$는 다음 조건을 만족시킨다.

▶단서1 삼차함수 $f(x)$의 도함수 $f'(x)$는 이차함수야. 즉, 이차방정식 $f'(x)=0$은 서로 다른 두 허근을 가지거나 중근(서로 같은 실근)을 가지거나 서로 다른 두 실근을 가지므로 주어진 조건을 통해서 이차방정식 $f'(x)=0$의 실근의 개수를 유추해봐.

(가) 모든 실수 a에 대하여 $\lim\limits_{t \to a+} g(t) + \lim\limits_{t \to a-} g(t) \le 2$이다.

▶단서3 모든 실수 t에 대하여 함수 $g(t)$의 좌극한값과 우극한값의 합이 2 이하여야 한다는 뜻이야.

(나) $g(f(1))=g(f(4))=2,\ g(f(0))=1$

▶단서4 조건 (나)를 통해 $f(x)$의 식을 완성하면 돼.

$f(5)$의 값을 구하시오. (4점)

▶단서2 닫힌구간 $[t, t+2]$는 t의 값에 관계없이 항상 간격을 2를 유지하지? 즉, 이 간격을 기준으로 이차방정식 $f'(x)=0$의 실근 사이의 관계에 대한 경우를 나누어야 해.

왜 2등급? 삼차함수 $f(x)$의 도함수 $f'(x)$에 대하여 주어진 조건을 만족시키는 방정식 $f'(x)=0$의 서로 다른 두 실근 사이의 관계를 찾아 $f(x)$의 식을 유추하는 문제이다.

이를 위해서 주어진 조건의 의미를 파악하는 것이 어려웠다.

💡 단서+발상

단서1 삼차함수 $f(x)$의 도함수 $f'(x)$는 이차함수이므로 이차방정식 $f'(x)=0$의 서로 다른 실근의 개수는 0, 1, 2 중 하나이다. 개념

그런데 조건 (나)에서 보면 이차방정식 $f'(x)=0$의 실근의 개수로 정의된 $g(t)$의 함숫값 중 2가 있다. 즉, 이차방정식 $f'(x)=0$은 서로 다른 두 실근을 가짐을 알 수 있다. 발상

단서2 닫힌구간 $[t, t+2]$에서 $(t+2)-t=2$이다. 즉, t의 값에 관계없이 이 구간의 길이는 항상 2이므로 이차방정식 $f'(x)=0$의 두 실근 사이의 간격이 2보다 더 큰지, 더 작은지, 아니면 같은지를 $g(t)$에 대한 조건을 해석하면서 따져보아야 한다. 발상

단서3, 단서4 함수 $g(t)$가 모든 실수 t에 대하여 연속이면 $g(t)$의 좌극한값, 우극한값, 함숫값이 같다. 개념

그런데 조건 (나)에서 $g(t)$의 함숫값이 2인 t가 존재한다 했으므로 이때의 t에서 $g(t)$가 연속이라면 (좌극한값)+(우극한값)$=2+2=4$가 되고 이것은 조건 (가)에 모순이다. 따라서 이러한 사실로 함수 $g(t)$는 $g(t)=2$가 되는 t에서 불연속임을 유추할 수 있고, $g(f(1))=g(f(4))=2$, $g(f(0))=1$을 통해 $f(1)$과 $f(4)$의 값 사이의 관계, $f(0)$의 값 등을 특정할 수 있다. 적용

주의 함수 $g(t)$는 $y=f'(x)$의 그래프에서 일정한 간격의 구간을 잡았을 때, 그 구간에 들어있는 방정식 $f'(x)=0$의 실근의 개수이다. 즉, 구간에 따라 $y=f'(x)$의 그래프의 개형이 바뀌는 것은 아니므로 이 점에 유의한다.

또한, 조건 (나)에서 $g(t)=2$가 되는 t의 값이 $f(1)$과 $f(4)$란 뜻이지, 1과 4가 $g(t)=2$의 두 근이라고 착각해서는 안 된다.

┌ **핵심 정답 공식**: 방정식 $f'(x)=0$이 서로 다른 두 실근 α, β를 가지면 구간 $[t, t+2]$에 α, β가 어떻게 포함되는지 경우에 따라 함수 $g(t)$는 0 또는 1 또는 2를 함숫값으로 갖는다. ┘

·········· [문제 풀이 순서] ··········

1st 이차방정식 $f'(x)=0$이 허근 또는 중근을 가질 때의 $g(t)$를 구하자.

$f(x)$는 삼차함수이므로 $f'(x)$는 이차함수이다.

즉, 이차방정식 $f'(x)=0$은 서로 다른 두 허근 또는 중근 또는 서로 다른 두 실근을 가질 수 있다.

먼저, 이차방정식 $f'(x)=0$이 서로 다른 두 허근을 가지면 모든 실수 t에 대하여 $g(t)=0$이다.

이차방정식 $f'(x)=0$이 실근을 갖지 않으면 닫힌구간 $[t, t+2]$를 어떻게 잡더라도 그 구간에는 실근이 없겠지? 즉, t의 값에 관계없이 $g(t)=0$이 돼.

그런데 조건 (나)에서 함수 $g(t)$의 0이 아닌 함숫값이 존재하므로 이 경우는 모순이다.

$g(f(1))=g(f(4))=2$, $g(f(0))=1$에서 함수 $g(t)$의 함숫값이 1, 2이므로 모든 실수 t에 대해 $g(t)=0$이 될 수 없어.

또한, 이차방정식 $f'(x)=0$이 중근 α를 가질 때, 이차함수 $y=f'(x)$의 그래프의 개형과 구간 $[t, t+2]$에 따른 $g(t)$의 값은 다음과 같으므로

$f(x)$의 최고차항의 계수가 양수이니까 $f'(x)$의 최고차항의 계수도 양수야. 즉, $y=f'(x)$의 그래프는 아래로 볼록한 포물선이야.

$y=g(t)$의 그래프의 개형은 [그림 1]과 같다.

① $t+2 < \alpha$일 때   ② $t \le \alpha \le t+2$일 때   ③ $t > \alpha$일 때
   $t < \alpha - 2$ $\alpha - 2 \le t \le \alpha$

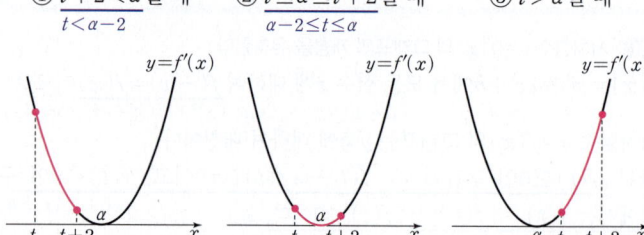

$\Rightarrow g(t)=0$ $\Rightarrow g(t)=1$ $\Rightarrow g(t)=0$

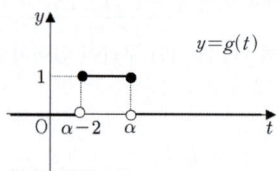

[그림 1]

그런데 이 경우도 조건 (나)에서 $g(t)$가 함숫값 2를 갖는 것에 모순이다.

따라서 이차방정식 $f'(x)=0$은 서로 다른 두 실근을 갖는다.

2nd $f'(x)=0$이 서로 다른 두 실근을 가질 때의 $g(t)$를 구하자.

이차방정식 $f'(x)=0$이 서로 다른 두 실근 α, $\beta(\alpha < \beta)$를 갖는다고 할 때, 닫힌구간 $[t, t+2]$에서 구간의 길이가 항상 $(t+2)-t=2$이므로 α, β 사이의 간격을 2를 기준으로 경우를 나누어 함수 $g(t)$를 구해보자.

α, β 사이의 간격이 2보다 클 때, 2보다 작을 때, 2일 때로 나눠봐.

(i) $\beta - \alpha > 2$, 즉 $\beta > \alpha + 2$일 때,

이차함수 $y=f'(x)$의 그래프의 개형과 구간 $[t, t+2]$에 따른 $g(t)$의 값은 다음과 같으므로 $y=g(t)$의 그래프의 개형은 [그림 2]와 같다.

① $t+2 < \alpha$일 때   ② $t \le \alpha \le t+2$일 때   ③ $t > \alpha, t+2 < \beta$일 때
   $t < \alpha - 2$ $\alpha - 2 \le t \le \alpha$ $\alpha < t < \beta - 2$

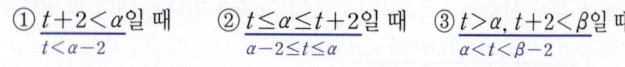

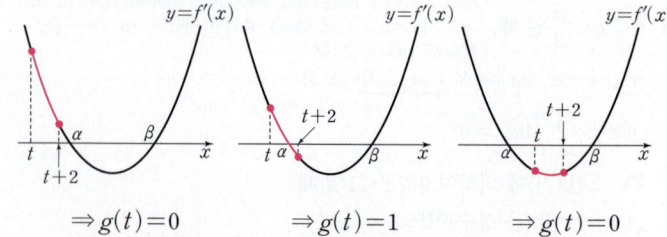

$\Rightarrow g(t)=0$ $\Rightarrow g(t)=1$ $\Rightarrow g(t)=0$

④ $t \le \beta \le t+2$일 때
$\beta-2 \le t \le \beta$

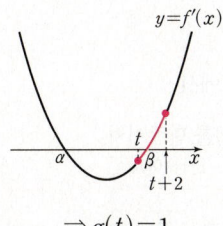

⇒ $g(t)=1$

⑤ $t>\beta$일 때

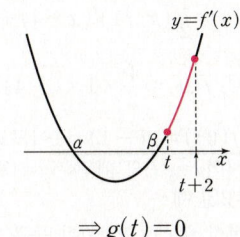

⇒ $g(t)=0$

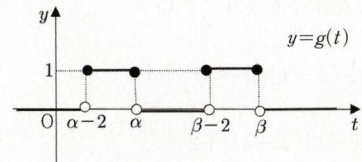

[그림 2]

그런데 이 경우는 조건 (나)에서 $g(t)$가 함숫값 2를 갖는 것에 모순이다.

(ii) $\beta-\alpha<2$, 즉 $\beta<\alpha+2$일 때

이차함수 $y=f'(x)$의 그래프의 개형과 구간 $[t, t+2]$에 따른 $g(t)$의 값은 다음과 같으므로 $y=g(t)$의 그래프의 개형은 [그림 3]과 같다.

① $t+2<\alpha$일 때
$t<\alpha-2$

② $\alpha \le t+2<\beta$일 때
$\alpha-2 \le t<\beta-2$

③ $t \le \alpha, t+2 \ge \beta$일 때
$\beta-2 \le t \le \alpha$

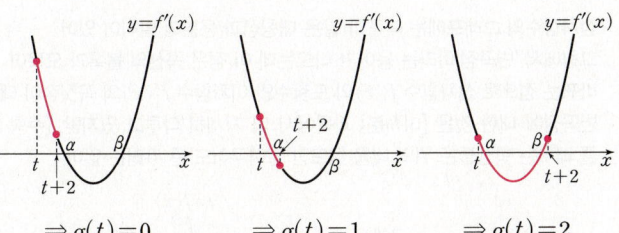

⇒ $g(t)=0$ ⇒ $g(t)=1$ ⇒ $g(t)=2$

④ $\alpha<t \le \beta$일 때

⑤ $t>\beta$일 때

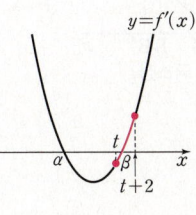

⇒ $g(t)=1$ ⇒ $g(t)=0$

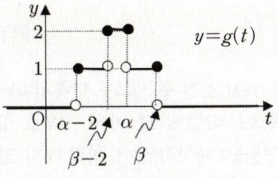

[그림 3]

그런데 $\beta-2<a<\alpha$인 실수 a에 대하여

$$\lim_{t \to a+} g(t) + \lim_{t \to a-} g(t) = 2+2=4$$

이므로 이 경우는 조건 (가)를 만족시키지 않는다.

(iii) $\beta-\alpha=2$, 즉 $\beta=\alpha+2$일 때

이차함수 $y=f'(x)$의 그래프의 개형과 구간 $[t, t+2]$에 따른 $g(t)$의 값은 다음과 같으므로 $y=g(t)$의 그래프의 개형은 [그림 4]와 같다.

① $t+2<\alpha$일 때
$t<\alpha-2$

② $t<\alpha \le t+2$일 때
$\alpha-2 \le t<\alpha$

③ $t=\alpha, t+2=\beta$일 때
$t=\alpha$

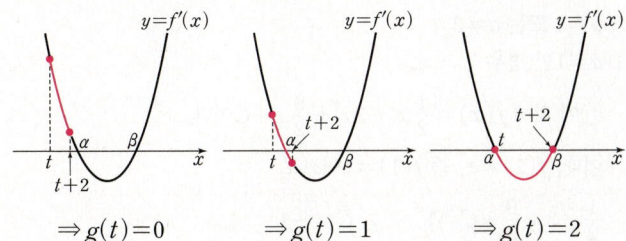

⇒ $g(t)=0$ ⇒ $g(t)=1$ ⇒ $g(t)=2$

④ $t \le \beta<t+2$일 때
$\alpha<t \le \alpha+2$

⑤ $t>\beta$일 때
$t>\alpha+2$

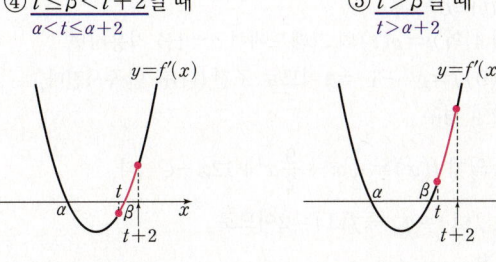

⇒ $g(t)=1$ ⇒ $g(t)=0$

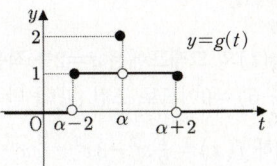

[그림 4]

이 경우는 두 조건 (가), (나)를 모두 만족시킨다.
함수 $y=g(t)$의 그래프를 보면 모든 실수 t에 대하여 함수 $g(t)$의 (좌극한값)+(우극한값)은 0 또는 1 또는 2이고, $g(t)$의 함숫값이 1 또는 2가 되는 t가 존재해.

따라서 (i)~(iii)에 의해 $\beta=\alpha+2$이다.

3rd 삼차함수 $f(x)$를 구하자.

삼차함수 $f(x)$의 최고차항의 계수가 $\frac{1}{2}$이므로 이차함수 $f'(x)$의 최고차항의 계수는 $\frac{3}{2}$이다.

이때, 이차방정식 $f'(x)=0$의 두 근이 α, $\alpha+2$이므로

$$f'(x)=\frac{3}{2}(x-\alpha)\{x-(\alpha+2)\}$$

$$=\frac{3}{2}\{x^2-2(\alpha+1)x+\alpha^2+2\alpha\}$$

이고, 부정적분을 하여 $f(x)$를 구하면

$$f(x)=\frac{1}{2}x^3-\frac{3}{2}(\alpha+1)x^2+\frac{3}{2}(\alpha^2+2\alpha)x+C$$

(단, C는 적분상수) ⋯ ㉠

한편, 조건 (나)에서
$g(f(1))=g(f(4))=2$라 했는데
[그림 4]의 $y=g(t)$의 그래프를 보면 $g(t)=2$인 t의 값은 α로 하나뿐이므로 $f(1)=f(4)=\alpha$이다.

주의 $f(1)=\alpha$, $f(4)=\alpha+2$라 생각하면 안 돼.

즉, ㉠에 의해

$$\frac{1}{2}-\frac{3}{2}(\alpha+1)+\frac{3}{2}(\alpha^2+2\alpha)+C=32-24(\alpha+1)+6(\alpha^2+2\alpha)+C$$

이므로 이 식을 정리하면

$$1-3(\alpha+1)+3(\alpha^2+2\alpha)=64-48(\alpha+1)+12(\alpha^2+2\alpha)$$

$$9(\alpha^2+2\alpha)-45(\alpha+1)+63=0$$

$$\alpha^2+2\alpha-5\alpha-5+7=0$$

$$a^2-3a+2=0$$
$$(a-1)(a-2)=0$$
$$\therefore a=1 \text{ 또는 } a=2$$

(1) $a=1$인 경우

⊙에 의해 $f(x)=\frac{1}{2}x^3-3x^2+\frac{9}{2}x+C$이다.

이때, $f(1)=a$, 즉 $f(1)=1$이므로

$$\frac{1}{2}-3+\frac{9}{2}+C=1 \qquad \therefore C=-1$$

즉, $\underline{f(0)=-1}$이고,
　$f(0)=C=-1$

[그림 4]의 $y=g(t)$의 그래프에서 $a=1$을 적용하면

$g(f(0))=g(-1)=1$이므로 조건 (나)를 만족시킨다.

(2) $a=2$인 경우

⊙에 의해 $f(x)=\frac{1}{2}x^3-\frac{9}{2}x^2+12x+C$이다.

이때, $f(1)=a$, 즉 $f(1)=2$이므로

$$\frac{1}{2}-\frac{9}{2}+12+C=2 \qquad \therefore C=-6$$

즉, $\underline{f(0)=-6}$이고,
　$f(0)=C=-6$

[그림 4]의 $y=g(t)$의 그래프에서 $a=2$를 적용하면

$g(f(0))=g(-6)=0$이므로 조건 (나)를 만족시키지 않는다.

따라서 (1), (2)에 의해 $f(x)=\frac{1}{2}x^3-3x^2+\frac{9}{2}x-1$이므로

$$f(5)=\frac{1}{2}\times5^3-3\times5^2+\frac{9}{2}\times5-1$$

$$=\frac{125}{2}-75+\frac{45}{2}-1=9$$

톡톡 풀이: 3rd 에서 극값을 갖는 삼차함수의 그래프의 비례 관계를 통해 $f(x)$ 구하기

삼차함수 $f(x)$의 최고차항의 계수가 $\frac{1}{2}$, 즉 양수이고 방정식 $f'(x)=0$

의 두 근이 a, $a+2$이므로 $f(x)$는 $x=a$에서 극댓값을 갖고 $x=a+2$

에서 극솟값을 가져.

즉, 삼차함수 $y=f(x)$의 그래프의 개형은 다음 그림과 같아.

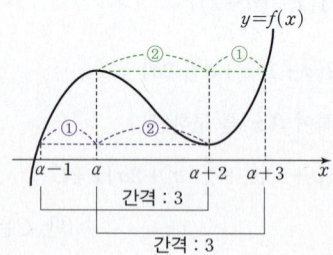

이때, 조건 (나)에서 $g(f(1))=g(f(4))=2$라 했고, [그림 4]의

$y=g(t)$의 그래프를 보면 $g(t)=2$인 t의 값은 a로 하나뿐이므로

$f(1)=f(4)=a$야.

즉, 방정식 $f(x)-a=0$은 $x=1$, $x=4$를 근으로 갖는데 두 근 1과 4

의 간격이 3이므로 위의 그림에 의해 $a=1$, $a+3=4$이거나 $a-1=1$,

$a+2=4$이어야 해. 위의 그림에서 같은 함숫값을 갖는 두 x의 값 사이의 간격이 3인 경우는 2가지가 존재해.

(1) $a=1$일 때

방정식 $f(x)-1=0$이 중근 $x=1$과 중근이 아닌 근 $x=4$를 갖고,

$f(x)$의 최고차항의 계수가 $\frac{1}{2}$이다.

$f(x)-1=\frac{1}{2}(x-1)^2(x-4)$에서

$$f(x)=\frac{1}{2}(x-1)^2(x-4)+1$$

이때, $f(0)=\frac{1}{2}\times1\times(-4)+1=-1$에서

$\underline{g(f(0))=g(-1)=1}$이므로 조건 (나)를 만족시켜.
　[그림 4]의 $y=g(t)$의 그래프에서 $a=1$을 적용하면 $g(-1)=1$이야.

(2) $a=2$일 때

방정식 $f(x)-2=0$이 중근 $x=4$와 중근이 아닌 근 $x=1$을 갖고,

$f(x)$의 최고차항의 계수가 $\frac{1}{2}$이다.

$f(x)-2=\frac{1}{2}(x-1)(x-4)^2$에서

$$f(x)=\frac{1}{2}(x-1)(x-4)^2+2$$

이때, $f(0)=\frac{1}{2}\times(-1)\times16+2=-6$에서

$\underline{g(f(0))=g(-6)=0}$이므로 조건 (나)를 만족시키지 않아.
　[그림 4]의 $y=g(t)$의 그래프에서 $a=2$를 적용하면 $g(-6)=0$이야.

따라서 (1), (2)에 의해 $f(x)=\frac{1}{2}(x-1)^2(x-4)+1$이므로

$$f(5)=\frac{1}{2}\times4^2\times1+1=9$$

1등급 대비 특강

＊ 삼차함수의 그래프의 특징

삼차함수의 그래프에는 다음과 같은 대칭성과 등분의 법칙이 있어.
그림에서 '변곡점'이라는 용어가 나오는데 이 점은 곡선의 볼록과 오목이
바뀌는 점으로 삼차함수 $f(x)$의 도함수인 이차함수 $f'(x)$의 꼭짓점이 돼.
변곡점에 대한 것은 [미적분] 과목에서 더 자세히 다루고 있지만, [수학Ⅱ]
를 배우는 학생들은 위의 내용 정도만 알아두어도 큰 무리는 없어.

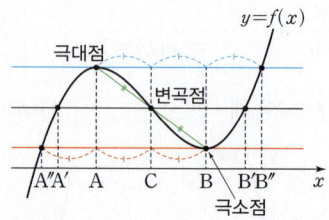

즉, 위의 그림에 대하여 다음이 성립해.
(1) $\overline{AC}=\overline{BC}$
(2) $\overline{AC}=\overline{CB}=\overline{BB''}$, $\overline{A''A}=\overline{AC}=\overline{CB}$
(3) $\overline{A'C}=\sqrt{3}\,\overline{AC}$, $\overline{B'C}=\sqrt{3}\,\overline{BC}$

My Top Secret 　　　서울대 선배의 ❶ 등급 대비 전략

이 문제처럼 여러 개의 조건 중 일부를 만족시키는 함수는 보통 몇 가지 경우로 나타나게 돼. 이렇게 몇 가지 경우로 압축시킨 후, 적용하지 않은 나머지 조건들을 해석하면서 적합하지 않은 경우들을 제거해 나가는 게 이러한 유형을 푸는 일반적인 방법이야.
여기에 다항함수, 특히 삼차함수와 사차함수의 그래프의 개형, 삼차 함수의 극값에 대한 비례 관계 등을 연관시키며 구해야 하는 함수의 특징을 찾는다면 좀 더 빠르게 해결할 수 있지.

김찬우 전남대 의예과 2022년 입학 · 전북 이리고 졸

조건 (나)를 통해서 방정식 $f'(x)=0$은 서로 다른 두 근을 가짐을 알 수 있어. 그런데 이 두 근의 차가 2보다 크면 $g(t)=2$인 구간을 잡을 수 없고, 두 근의 차가 2보다 작으면 조건 (가)를 만족시키지 못해. 이를 종합하면 $f'(x)=0$의 두 실근의 차는 2가 되어야 해.

따라서 삼차함수 $f(x)$는 극댓값을 갖는 x와 극솟값을 갖는 x의 값의 차가 2이고, 조건 (나)에서 $f(1)=f(4)$임을 활용해서 살펴보면 1과 4가 3만큼 차이나므로 삼차함수의 그래프의 비례 관계를 이용하면 $f(1)$이 극댓값이고 $f(4)$가 극솟값이어야 하는 거야.

이 문제는 삼차함수의 그래프의 비례 관계를 이용하여 직관적으로 극값을 갖는 x와 그때의 함숫값을 정해 조건을 적용하면 좀 더 빠르게 풀 수 있어서 공통문항 중 최고난도 문제인 22번치고는 어려운 문제는 아니었어.

---

 214 정답 114 ·········· ★**1등급 대비** [정답률 4%]

> **정답 공식**: 함수 $g(x)h(x)$가 $x=k$에서 연속이면
> $g(k)h(k)=\lim\limits_{x\to k+}g(x)h(x)=\lim\limits_{x\to k-}g(x)h(x)$를 만족시킨다.

최고차항의 계수가 4이고 서로 다른 세 극값을 갖는 사차함수
[단서1] 최고차항의 계수가 양수이고 서로 다른 세 극값을 갖는 사차함수는 극소 2개와 극대 1개를 가져.
$f(x)$와 두 함수 $g(x)$,

$$h(x)=\begin{cases} 4x+2 & (x<a) \\ -2x-3 & (x\geq a)\end{cases}$$

[단서2] 함수 $h(x)$는 a의 값의 범위를 나눠서 $h(x)=0$이 되는 x의 값을 구할 필요가 있어.
가 있다. 세 함수 $f(x)$, $g(x)$, $h(x)$가 다음 조건을 만족시킨다.

(가) 모든 실수 x에 대하여
$|g(x)|=f(x)$,
[단서3] 즉, 모든 실수 x에 대하여 $f(x)\geq0$이므로 사차함수 $y=f(x)$의 그래프는 x축보다 위쪽에 있어.
$$\lim_{t\to 0+}\frac{g(x+t)-g(x)}{t}=|f'(x)|$$이다.

(나) 함수 $g(x)h(x)$는 실수 전체의 집합에서 연속이다.

$g(0)=\dfrac{40}{3}$일 때, $g(1)\times h(3)$의 값을 구하시오. (단, a는 상수이다.)

(4점)

💡 **단서+발상** [유형 11]

[단서1] 함수 $f(x)$는 최고차항의 계수가 양수이고 서로 다른 세 극값을 갖는 사차함수이므로 서로 다른 극솟값 두 개와 극댓값 한 개를 가진다. (개념)

[단서2] 함수 $h(x)$가 $x=a$를 기준으로 구간별로 정의되어 있으므로, a의 범위를 나누어 $h(x)=0$이 되는 곳을 찾아야 한다. (적용)

[단서3] $|g(x)|\geq0$이므로 $f(x)\geq0$인 것을 알 수 있다. (개념)
이때, $f(x)$는 미분가능한 함수이므로 $f(c)=0$이면 $f'(c)=0$인 것을 알 수 있다. (발상)

1st 모든 실수 x에 대하여 $|g(x)|=f(x)$를 만족시키는 함수 $y=f(x)$의 그래프의 개형을 구해.

최고차항의 계수가 양수인 사차함수 $f(x)$가 서로 다른 세 극값을 가지므로
최고차항의 계수가 양수이고 서로 다른 세 극값을 갖는 사차함수는 극소 2개와 극대 1개를 가져.
$f(x)$가 극대 또는 극소가 되는 x의 값을
α_1, α_2, α_3 $(\alpha_1<\alpha_2<\alpha_3)$이라 하자.
함수 $f(x)$의 증가와 감소를 표로 나타내면

x	$\cdots$	α_1	$\cdots$	α_2	$\cdots$	α_3	$\cdots$
$f'(x)$	$-$	0	$+$	0	$-$	0	$+$
$f(x)$	$\searrow$	극소	$\nearrow$	극대	$\searrow$	극소	$\nearrow$

조건 (가)에서 모든 실수 x에 대하여 $|g(x)|=f(x)$이므로
모든 실수 x에 대하여 $f(x)\geq0$이고,
임의의 실수 k에 대하여 사차함수 $y=f(x)$의 그래프는 x축보다 위쪽에 있어.
$g(k)=f(k)$ 또는 $g(k)=-f(k)$이다.

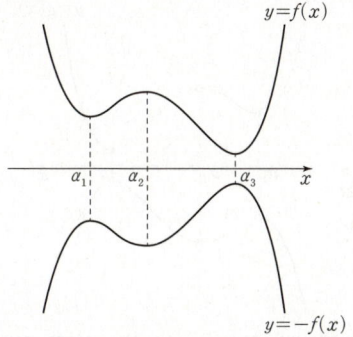

2nd 함수 $f(x)$가 감소하는 구간 또는 증가하는 구간에 따라 조건 (가)를 만족시키는 함수 $y=g(x)$의 그래프의 개형을 구해.

$$\lim_{t\to 0+}\frac{g(k+t)-g(k)}{t}=|f'(k)|$$에서

$\lim\limits_{t\to 0+}t=0$이므로 $\lim\limits_{t\to 0+}\{g(k+t)-g(k)\}=0$
두 함수 $f(x)$, $g(x)$에 대하여 $\lim\limits_{x\to a}\dfrac{f(x)}{g(x)}=\alpha$($\alpha$는 실수)일 때 $\lim\limits_{x\to a}g(x)=0$이면 $\lim\limits_{x\to a}f(x)=0$이야.

$\therefore g(k)=\lim\limits_{t\to 0+}g(k+t)$ ··· ㉠

실수 k에 대하여
(i) $k<\alpha_1$ 또는 $\alpha_2\leq k<\alpha_3$일 때
사차함수 $f(x)$가 감소하는 구간, 즉 $f'(x)\leq0$인 구간이야.
　(I) $k<\alpha_1$ 또는 $\alpha_2<k<\alpha_3$일 때
　　$g(k)=f(k)$이면 ㉠에 의하여

$$\lim_{t\to 0+}\frac{g(k+t)-g(k)}{t}=f'(k)<0$$이므로

$$\lim_{t\to 0+}\frac{g(k+t)-g(k)}{t}=|f'(k)|$$를 만족시키지 않는다.

$\lim\limits_{t\to 0+}\dfrac{g(k+t)-g(k)}{t}<0$이고, $|f'(k)|\geq0$이므로
$\lim\limits_{t\to 0+}\dfrac{g(k+t)-g(k)}{t}\neq|f'(k)|$

$\therefore g(k)=-f(k)$
　(II) $k=\alpha_2$일 때
　　(I)과 ㉠에 의하여
　　$g(\alpha_2)=\lim\limits_{t\to 0+}g(\alpha_2+t)=-f(\alpha_2)$

(ii) $a_1 \leq k < a_2$ 또는 $k \geq a_3$일 때

사차함수 $f(x)$가 증가하는 구간, 즉 $f'(x) \geq 0$인 구간이야.

（I）$a_1 < k < a_2$ 또는 $k > a_3$일 때

$g(k) = -f(k)$이면 ㉠에 의하여

$$\lim_{t \to 0+} \frac{g(k+t) - g(k)}{t} = -f'(k) < 0$$이므로

$$\lim_{t \to 0+} \frac{g(k+t) - g(k)}{t} = |f'(k)|$$를 만족시키지 않는다.

$$\therefore g(k) = f(k)$$

（II）$k = a_1$ 또는 $k = a_3$일 때

（I）과 ㉠에 의하여

$$g(a_1) = \lim_{t \to 0+} g(a_1 + t) = f(a_1),$$

$$g(a_3) = \lim_{t \to 0+} g(a_3 + t) = f(a_3)$$

(i), (ii)에 의하여

$$g(x) = \begin{cases} -f(x) & (x < a_1 \text{ 또는 } a_2 \leq x < a_3) \\ f(x) & (a_1 \leq x < a_2 \text{ 또는 } x \geq a_3) \end{cases}$$

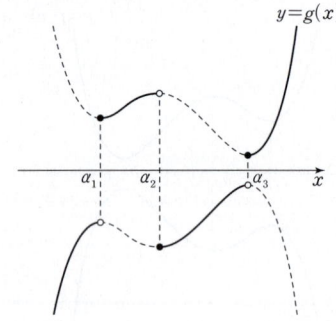

3rd 조건 (나)를 만족시키는 함수 $y = g(x)$의 그래프를 구해.

함수 $g(x)$가 $x = k$에서 불연속이면 $f'(k) = 0$이고 $f(k) \neq 0$이다.

또한, 함수 $f(x)$의 최솟값은 $f(a_1)$ 또는 $f(a_3)$이고 $f(a_1) \neq f(a_3)$이므로

문제에서 사차함수 $f(x)$의 세 극값이 서로 달라.

함수 $g(x)$가 $x = k$에서 불연속인 실수 k의 개수는

$f(a_1) > 0$이고 $f(a_3) > 0$이면 3,

함수 $g(x)$는 $x = a_1$ 또는 $x = a_2$ 또는 $x = a_3$에서 불연속이므로 불연속인 실수 k의 개수는 3이야.

$f(a_1) = 0$ 또는 $f(a_3) = 0$이면 2이다.

함수 $g(x)$는 $x = a_2$ 또는 $x = a_3$에서 불연속이거나 $x = a_1$ 또는 $x = a_2$에서 불연속이므로 불연속인 실수 k의 개수는 2야.

함수 $g(x)$가 $x = k$에서 불연속이라 하자.

조건 (나)에 의하여 함수 $g(x)h(x)$는 $x = k$에서 연속이므로

$$g(k)h(k) = \lim_{x \to k+} g(x)h(x) = \lim_{x \to k-} g(x)h(x)$$

그러므로 $h(k) = \lim_{x \to k+} h(x) = \lim_{x \to k-} h(x) = 0 \cdots$ ㉡ 또는

$h(k) \neq 0$이고 $h(k) = \lim_{x \to k+} h(x) = -\lim_{x \to k-} h(x) \cdots$ ㉢

함수 $g(x)$가 $x = k$에서 불연속이고 함수 $g(x)h(x)$가 연속이 되기 위해서 $g(x)$의 값이 0이 되는 곳에서만 함수 $g(x)h(x)$의 연속성을 확인하는 실수를 범하면 안 돼.

함수 $g(x)$가 $x = k$에서 불연속이면 $\lim\limits_{x \to k+} g(x) = -\lim\limits_{x \to k-} g(x)$이므로

$h(k) \neq 0$에서 $\lim\limits_{x \to k+} h(x) = -\lim\limits_{x \to k-} h(x)$이면

$$\lim_{x \to k+} g(x)h(x) = \lim_{x \to k+} g(x) \times \lim_{x \to k+} h(x)$$
$$= \{-\lim_{x \to k-} g(x)\} \times \{-\lim_{x \to k-} h(x)\}$$
$$= \lim_{x \to k-} g(x) \times \lim_{x \to k-} h(x)$$
$$= \lim_{x \to k-} g(x)h(x)$$

㉢을 만족시키는 실수 k의 값은

$a \leq -\dfrac{3}{2}$이면 다음 그림과 같이 $-\dfrac{3}{2}$이고

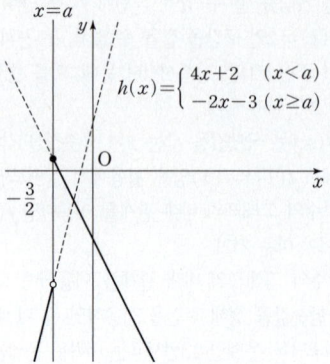

$$h(x) = \begin{cases} 4x+2 & (x < a) \\ -2x-3 & (x \geq a) \end{cases}$$

$-\dfrac{3}{2} < a \leq -\dfrac{1}{2}$이면 다음 그림과 같이 존재하지 않으며

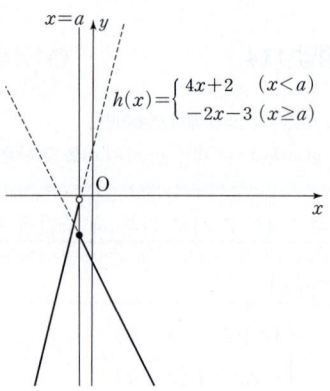

$$h(x) = \begin{cases} 4x+2 & (x < a) \\ -2x-3 & (x \geq a) \end{cases}$$

$a > -\dfrac{1}{2}$이면 다음 그림과 같이 $-\dfrac{1}{2}$이다.

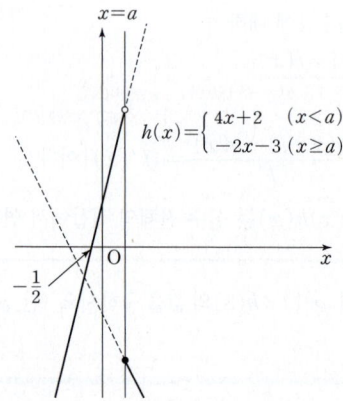

$$h(x) = \begin{cases} 4x+2 & (x < a) \\ -2x-3 & (x \geq a) \end{cases}$$

또한, ㉢을 만족시키는 실수 k의 값은

함수 $h(x)$가 $x = k$에서 불연속이므로 $k = a$이고

$4k+2 = -(-2k-3)$에서

$k = a = \dfrac{1}{2}$이다.

그러므로 ㉡ 또는 ㉢을 만족시키는 실수 k의 개수는 실수 a의 값에 따라서 <u>최대 2이다.</u> $a = \dfrac{1}{2}$일 때 2개야.

그러므로 $a = \dfrac{1}{2}$이고 $f(a_1) = 0$ 또는 $f(a_3) = 0$이며

함수 $g(x)$는 $x = -\dfrac{1}{2}$, $x = \dfrac{1}{2}$에서만 불연속이다.

(ⅰ) $f(\alpha_1)=0$일 때

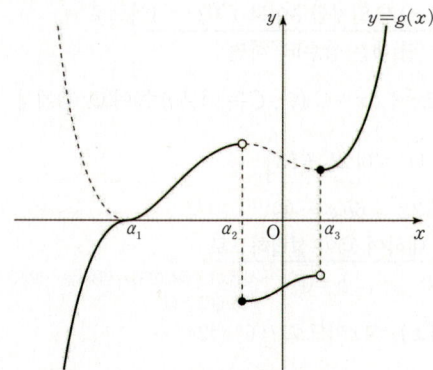

함수 $g(x)$가 $x=\alpha_2$, $x=\alpha_3$에서 불연속이므로
$\alpha_2=-\dfrac{1}{2}$, $\alpha_3=\dfrac{1}{2}$이다.

하지만 $g(0)<0$이므로 $g(0)=\dfrac{40}{3}$을 만족시키지 않는다.

(ⅱ) $f(\alpha_3)=0$일 때

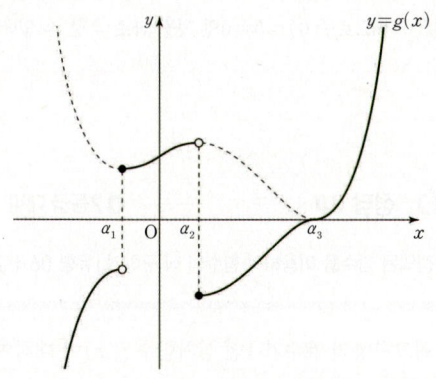

함수 $g(x)$가 $x=\alpha_1$, $x=\alpha_2$에서 불연속이므로
$\alpha_1=-\dfrac{1}{2}$, $\alpha_2=\dfrac{1}{2}$이다.

사차함수 $f(x)$는 $x=-\dfrac{1}{2}$ 또는 $x=\dfrac{1}{2}$ 또는 $x=\alpha_3$에서 세 극값을

가지므로 $f'(x)=0$의 해는 $x=-\dfrac{1}{2}$ 또는 $x=\dfrac{1}{2}$ 또는 $x=\alpha_3$이다.

즉, $f'(x)=16\left(x+\dfrac{1}{2}\right)\left(x-\dfrac{1}{2}\right)(x-\alpha_3)$

최고차항의 계수가 4인 사차함수를 미분했으므로 최고차항의 계수가 16이고,
$f'(x)=0$의 해가 $x=-\dfrac{1}{2}$ 또는 $x=\dfrac{1}{2}$ 또는 $x=\alpha_3$이므로
다항식 $f'(x)$는 $x+\dfrac{1}{2}$, $x-\dfrac{1}{2}$, $x-\alpha_3$을 인수로 가져.

$=16\left(x^2-\dfrac{1}{4}\right)(x-\alpha_3)=16x^3-16\alpha_3 x^2-4x+4\alpha_3$

에서 $f(x)=\displaystyle\int(16x^3-16\alpha_3 x^2-4x+4\alpha_3)dx$ $\quad$ $f(x)=\displaystyle\int f'(x)dx$

$=4x^4-\dfrac{16}{3}\alpha_3 x^3-2x^2+4\alpha_3 x+C$(단, C는 적분상수)

$f(0)=g(0)=\dfrac{40}{3}$이므로 $C=\dfrac{40}{3}$

$f(\alpha_3)=-\dfrac{4}{3}\alpha_3^4+2\alpha_3^2+\dfrac{40}{3}=0$

$2\alpha_3^4-3\alpha_3^2-20=0$

$(\alpha_3^2-4)(2\alpha_3^2+5)=0$

$(\alpha_3+2)(\alpha_3-2)(2\alpha_3^2+5)=0$

$\alpha_3>\dfrac{1}{2}$이므로 $\alpha_3=2$

4th 세 함수 $f(x)$, $g(x)$, $h(x)$를 구하고, $g(1)\times h(3)$의 값을 구해.
그러므로
$$f(x)=4x^4-\dfrac{32}{3}x^3-2x^2+8x+\dfrac{40}{3}$$

$$g(x)=\begin{cases} -f(x) & \left(x<-\dfrac{1}{2}\ \text{또는}\ \dfrac{1}{2}\le x<2\right) \\[2mm] f(x) & \left(-\dfrac{1}{2}\le x<\dfrac{1}{2}\ \text{또는}\ x\ge 2\right) \end{cases}$$

$$h(x)=\begin{cases} 4x+2 & \left(x<\dfrac{1}{2}\right) \\[2mm] -2x-3 & \left(x\ge\dfrac{1}{2}\right) \end{cases}$$

따라서 $g(1)\times h(3)=\left(-\dfrac{38}{3}\right)\times(-9)=114$
$\underline{g(1)=-f(1), h(3)=-2\times3-3=-9}$

My Top Secret $\qquad$ 서울대 선배의 ❶ 등급 대비 전략

조건 (가)의 두 항등식 모두 한 쪽에 절댓값이 있는 함수가 있는데, 절댓값이 있는 함수는 0보다 크거나 같다는 경계 조건을 이용해야 하는 경우가 많아. 또한, 조건 (가)에 의해 함수 $g(x)$의 개형이 어느 정도 정해지는데, 이후 조건 (나)에 의해 $g(x)$가 불연속인 지점의 후보는 $x=-\dfrac{3}{2}$과 $x=-\dfrac{1}{2}$로 좁혀져. 이때, 모든 실수 x에 대해서 $\displaystyle\lim_{t\to 0+}\{g(x+t)-g(x)\}=0$이 성립한다는 것을 생각하며 $g(x)$를 확정지어야 해.

✿ 함수의 연속을 이용한 미정계수의 결정 $\qquad$ 개념·공식

구간에 따라 나누어진 함수의 연속성 조사는 경계점을 주목한다.
① $x\ne a$에서 연속인 함수 $g(x)$에 대하여
$f(x)=\begin{cases} g(x) & (x\ne a) \\ b & (x=a) \end{cases}$일 때, 함수 $f(x)$가 $x=a$에서 연속이려면
$\Rightarrow \displaystyle\lim_{x\to a}g(x)=b$
② $x<a$에서 연속인 함수 $f(x)$와 $x\ge a$에서 연속인 함수 $g(x)$에
대하여 함수 $y=\begin{cases} f(x) & (x<a) \\ g(x) & (x\ge a) \end{cases}$가 모든 실수 x에서 연속이려면
$\Rightarrow \displaystyle\lim_{x\to a-}f(x)=g(a)$

F 215 $\quad$ **정답 24** $\quad$ ⭐2등급 대비 [정답률 18%]

* 정적분과 미분의 관계를 이용하여 함수 유추하기 [유형 17]

다항함수 $f(x)$가 모든 실수 x에 대하여
$$2x^2 f(x)=3\int_0^x (x-t)\{f(x)+f(t)\}dt$$
단서 t에 대한 정적분이므로 x, $f(x)$는 상수 취급해야 해.
를 만족시킨다. $f'(2)=4$일 때, $f(6)$의 값을 구하시오. (4점)

왜 2등급? 적분으로 정의된 함수 안에 두 개의 변수가 같이 들어 있는 상황이므로 해당 식을 해석하거나 미분하려고 할 때 변수 사이의 관계를 따져줘야 하므로 까다로웠다.

단서+발상

단서 t에 대하여 정의된 정적분 함수이므로 x는 상수 취급해야 한다. **발상**
이때, 주어진 함수의 변수는 x이므로 미분할 때는 x에 대하여 미분해야
한다. **유형**
따라서 주어진 항등식을 간단히 정리한 후 x에 대하여 미분하여 다른 조건을
찾아 $f(x)$를 결정해야 한다. **해결**

주의 적분변수가 t인 정적분으로 정의된 함수에 x가 포함되어 있는 상황이므로
x를 상수로 봐야 하는 상황과 변수로 봐야 하는 상황을 헷갈리지 않아야 한다.

[**핵심 정답 공식:** $\dfrac{d}{dx}\displaystyle\int_a^x f(t)dt=f(x)$, $\{f(x)g(x)\}'=f'(x)g(x)+f(x)g'(x)$]

-------------------- [문제 풀이 순서] --------------------

1st 주어진 식을 간단히 정리하고, 정적분과 미분의 관계, 곱의 미분법을
이용하여 양변을 미분하자.

$$2x^2 f(x)=3\int_0^x (x-t)\{f(x)+f(t)\}dt$$
$$=3\int_0^x (x-t)f(x)dt+3\int_0^x (x-t)f(t)dt$$

└ t에 대한 적분이므로 $f(x)$는 상수처럼 생각하여 적분의 성질을 이용하여 정리해.
$$3\int_0^x (x-t)f(x)dt=3f(x)\int_0^x (x-t)dt$$

$$=3f(x)\int_0^x (x-t)dt+3\int_0^x (x-t)f(t)dt$$
$$=3f(x)\left[xt-\frac{1}{2}t^2\right]_0^x+3\int_0^x (x-t)f(t)dt$$

└ $x^2-\frac{1}{2}x^2=\frac{1}{2}x^2$
$$=\frac{3}{2}x^2 f(x)+3\int_0^x (x-t)f(t)dt$$
$$\frac{1}{2}x^2 f(x)=3\int_0^x (x-t)f(t)dt$$
$$x^2 f(x)=6\int_0^x (x-t)f(t)dt$$

└ t에 대한 적분이므로 x는 상수처럼 생각하여 적분의 성질을 이용하여 정리해.
$$6\int_0^x (x-t)f(t)dt=6x\int_0^x f(t)dt-6\int_0^x tf(t)dt$$
$$\therefore x^2 f(x)=6x\int_0^x f(t)dt-6\int_0^x tf(t)dt \cdots \text{㉠}$$

㉠의 양변을 x에 대하여 미분하면
$$2xf(x)+x^2 f'(x)=6\int_0^x f(t)dt \cdots \text{㉡}$$

└ $\left\{6x\int_0^x f(t)dt-6\int_0^x tf(t)dt\right\}'$
$$=6\int_0^x f(t)dt+6xf(x)-6xf(x)$$
$$=6\int_0^x f(t)dt$$

2nd 함수 $f(x)$의 차수와 최고차항의 계수를 찾아 완성하자.

$f'(2)=4$이므로 다항함수 $f(x)$의 차수는 1 이상이다.

└ 다항함수 $f(x)$가 상수함수이면 모든 실수 x에 대하여 $f'(x)=0$이므로 다항함수 $f(x)$의 차수는 1 이상이야.

함수 $f(x)$의 차수를 n이라 하고, 최고차항의 계수를 $a(a\ne 0)$이라 하자.
㉡의 양변의 최고차항의 계수를 비교하면

└ $f(x)=ax^n+\cdots$라 하면 $f'(x)=nax^{n-1}+\cdots$이고, $\int_0^x f(t)dt=\frac{a}{n+1}x^{n+1}+\cdots$이므로

$2xf(x)=2ax^{n+1}+\cdots$, $x^2 f'(x)=nax^{n+1}+\cdots$, $6\int_0^x f(t)dt=\frac{6a}{n+1}x^{n+1}+\cdots$

이고, $2xf(x)+x^2 f'(x)=6\int_0^x f(t)dt$의 양변의 최고차항은 $n+1$로 같고,

최고차항의 계수를 비교하면 $2a+na=\frac{6a}{n+1}$에서 $a(2+n)=\frac{6a}{n+1}$

$a(2+n)=\frac{6a}{n+1}$에서 $(n+1)(n+2)=6$ $(\because a\ne 0)$
$n^2+3n-4=0$, $(n-1)(n+4)=0$
$\therefore n=1$ $(\because n$은 자연수$)$

└ 함수 $f(x)$가 일차함수이므로 $f(x)=ax+b$라 하면 $f'(x)=a$

따라서 함수 $f(x)$가 일차함수이고 $f'(2)=4$이므로
$f(x)=4x+b$ (단, b는 상수)라 하면
$\displaystyle\int f(x)dx=2x^2+bx+C$ (단, C는 적분상수)이고, ㉡에서
$$2x(4x+b)+4x^2=6\left[2t^2+bt\right]_0^x$$
$$12x^2+2bx=12x^2+6bx \cdots \text{㉢}$$
모든 실수 x에 대하여 ㉢이 성립하므로
$$2b=6b, \ 4b=0 \quad \therefore b=0$$
└ 식 ㉢이 항등식이 되기 위해서는 양변의 계수를 비교하여 서로 같으면 돼.

따라서 함수 $f(x)=4x$이므로 $f(6)=24$

My Top Secret   서울대 선배의 **❶** 등급 대비 전략

$f(x)=4x+b$인 것을 구한 뒤 b를 구하는 과정에서 계수 비교를
하기보다는 ㉡의 식 $2xf(x)+x^2 f'(x)=6\int_0^x f(t)dt$의 양변을 x로
나눈 뒤 $\lim\limits_{x\to 0}$을 취하면 $\lim\limits_{x\to 0}\{2f(x)+xf'(x)\}=6\lim\limits_{x\to 0}\dfrac{\int_0^x f(t)dt}{x}$에서
$2f(0)=6f(0)$이므로 $f(0)=b=0$인 것을 바로 구할 수 있어.

F 216   **정답 30** ·········· ✪**2등급 대비** [정답률 18%]

＊정적분으로 정의된 함수를 이용하여 함수의 식 구하기 [유형 06＋21]

> 양수 a와 최고차항의 계수가 1인 삼차함수 $f(x)$에 대하여 함수
> $$g(x)=\int_0^x \{f'(t+a)\times f'(t-a)\}dt$$
> **단서1** 양변을 x에 대하여 미분하면 $g'(x)=f'(x+a)\times f'(x-a)$이지?
> 여기서 $f(x)$가 최고차항의 계수가 1인 삼차함수이니까 $f'(x)$는 최고차항의 계수가 3인 이차함수임을 이용.
> 가 다음 조건을 만족시킨다.
>
> > 함수 $g(x)$는 $x=\dfrac{1}{2}$과 $x=\dfrac{13}{2}$에서만 극값을 갖는다.
> > **단서2** $g'\left(\dfrac{1}{2}\right)=0$, $g'\left(\dfrac{13}{2}\right)=0$이고, $x=\dfrac{1}{2}$과 $x=\dfrac{13}{2}$인 점의 좌우에서 $g'(x)$의 부호가 바뀐다는 거야.
>
> $f(0)=-\dfrac{1}{2}$일 때, $a\times f(1)$의 값을 구하시오. (4점)
> **단서3** $f'(x)$를 부정적분하여 $f(x)$를 구한 후 $f(0)$의 값을 이용하여 함수 $f(x)$를 완성할 수 있어.

왜 2등급? 정적분으로 정의된 함수에서 극값에 대한 조건이 주어질 때, 도함수
의 그래프를 추론하여 함수를 구하는 문제이다.
정적분으로 정의된 함수 $g(x)$의 도함수인 $g'(x)=f'(x+a)\times f'(x-a)$에서
$g(x)$가 두 점에서만 극값을 가지므로 이 두 점에서만 $g'(x)$의 부호가 바뀐다는
것을 이차함수 $y=f'(x)$의 그래프에 적용하는 것이 어려웠다.

단서+발상

단서1 정적분으로 정의된 함수인 $g(x)$의 양변을 x에 대하여 미분하면
$g'(x)=f'(x+a)\times f'(x-a)$를 얻을 수 있다. 이때, 함수 $f(x)$가
최고차항의 계수가 1인 삼차함수이므로 $f'(x)$는 최고차항의 계수가 3인
이차함수이고, 방정식 $f'(x)=0$의 서로 다른 실근의 개수는 0 또는 1 또는
2가 될 수 있음을 알아야 한다. **발상**

단서2 미분가능한 함수 $g(x)$가 $x=\dfrac{1}{2}$과 $x=\dfrac{13}{2}$에서 극값을 가지므로

$g'\!\left(\dfrac{1}{2}\right)=0$, $g'\!\left(\dfrac{13}{2}\right)=0$이고, 극값의 정의에 의해 $x=\dfrac{1}{2}$과 $x=\dfrac{13}{2}$인 점의 좌우에서 $g'(x)$의 부호가 바뀐다는 것을 알 수 있다. 또한, 함수 $g(x)$가 두 점에서만 극값을 가지므로 그 두 점의 좌우에서만 $g'(x)$의 부호가 바뀐다는 것도 유추할 수 있다. **적용**

단서3 방정식 $f'(x)=0$의 해의 개수를 구하고, 각각의 해 사이의 대소 관계에 따라 경우를 나누어 계산하여 양수 a의 값과 $f'(x)$의 식을 구할 수 있다. 그런 다음 $f'(x)$를 부정적분한 후 $f(0)$의 값을 이용하면 함수 $f(x)$를 완성할 수 있다. **해결**

주의 어떤 점에서 극값이 존재하면 그 점의 좌우에서 도함수의 부호가 바뀌어야 한다는 사실을 이용해야 한다.

핵심 정답 공식: $\dfrac{d}{dx}\left\{\displaystyle\int_a^x f(t)dt\right\}=f(x)$이다. 미분가능한 함수 $f(x)$에 대하여 $f'(a)=0$이고 $x=a$의 좌우에서 $f'(x)$의 부호가 바뀌면 $f(x)$는 $x=a$에서 극값을 갖는다.

-------------------- [문제 풀이 순서] --------------------

1st 이차함수 $f'(x)$에 대하여 방정식 $f'(x)=0$의 서로 다른 실근의 개수가 0 또는 1인 경우 주어진 조건을 만족하는지 확인해.

$g(x)=\displaystyle\int_0^x \{f'(t+a)\times f'(t-a)\}dt$의 양변을 x에 대하여 미분하면

$\underline{g'(x)=f'(x+a)\times f'(x-a)}$
$\dfrac{d}{dx}\left\{\displaystyle\int_a^x f(t)dt\right\}=f(x)$

[$f(x)=x^3+px^2+qx+r$라 하면 $f'(x)=3x^2+2px+q$야. 즉 $f'(x)$는 최고차항의 계수가 3인 이차함수야.]

이때, $\underline{f'(x)}$는 최고차항의 계수가 3인 이차함수이므로 방정식 $f'(x)=0$의 서로 다른 실근의 개수는 0 또는 1 또는 2이다.

함정 이 문제의 핵심 아이디어야!!
최고차항의 계수가 양수인 이차함수 $f'(x)$에 대하여 방정식 $f'(x)=0$의 서로 다른 실근의 개수에 따라 $f'(x+a)\times f'(x-a)$의 값의 부호를 따져 $g'(x)$의 극값의 개수에 대한 조건을 만족시키는지 알아봐야 해.

(i) 방정식 $f'(x)=0$의 서로 다른 실근의 개수가 0 또는 1인 경우
최고차항의 계수가 양수인 이차함수 $y=f'(x)$의 그래프가 x축에 접하거나 x축과 만나지 않는 경우야.

모든 실수 x에 대하여 $f'(x)\ge 0$이므로

$\underline{g'(x)=f'(x+a)\times f'(x-a)\ge 0}$
$f'(x+a)$, $f'(x-a)$는 각각 $f'(x)$를 x축의 방향으로만 $-a$만큼, a만큼 평행이동한 함수이므로 모든 실수 x에 대하여 $f'(x)\ge 0$인 경우 a의 값에 관계없이 $f'(x+a)\ge 0$이고 $f'(x-a)\ge 0$이야.

즉, 함수 $g(x)$는 극값을 갖지 않으므로 조건을 만족시키지 않는다.
모든 실수 x에 대하여 $g'(x)\ge 0$이므로 함수 $g(x)$는 증가함수이고, 극값을 갖지 않아.

2nd 방정식 $f'(x)=0$이 서로 다른 두 실근을 가질 때, 두 실근의 크기에 대한 경우를 나누어 조건을 만족시키는 함수 $f'(x)$를 구해.

(ii) 방정식 $f'(x)=0$의 서로 다른 실근의 개수가 2인 경우

방정식 $f'(x)=0$의 서로 다른 두 실근을 α, $\beta\,(\alpha<\beta)$라 하면

$f'(x)=3(x-\alpha)(x-\beta)$이므로

ⅰ) $\alpha+a<\beta-a$일 때

주의 $\alpha<\beta$이지만 a의 값에 따라 $\alpha+a$와 $\beta-a$의 값의 대소가 달라질 수 있으므로 $\alpha+a<\beta-a$, $\alpha+a=\beta-a$, $\alpha+a>\beta-a$의 세 가지의 경우를 모두 확인해야 해.

두 함수 $y=f'(x+a)$, $y=f'(x-a)$의 그래프의 개형은 [그림 1]과 같다.

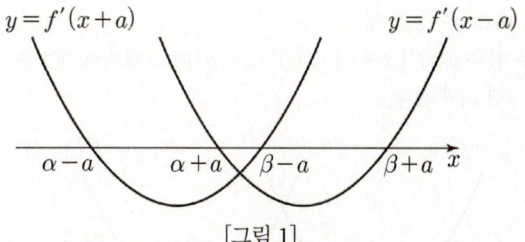

[그림 1]

$g'(x)=f'(x+a)\times f'(x-a)$이므로 함수 $g(x)$의 증가와 감소를 표로 나타내면 다음과 같다.

x	$\cdots$	$\alpha-a$	$\cdots$	$\alpha+a$	$\cdots$	$\beta-a$	$\cdots$	$\beta+a$	$\cdots$
$f'(x+a)$	$+$	0	$-$	$-$	$-$	0	$+$	$+$	$+$
$f'(x-a)$	$+$	$+$	$+$	0	$-$	$-$	$-$	0	$+$
$g'(x)$	$+$	0	$-$	0	$+$	0	$-$	0	$+$
$g(x)$	$\nearrow$	극대	$\searrow$	극소	$\nearrow$	극대	$\searrow$	극소	$\nearrow$

즉, 함수 $g(x)$는 $x=\alpha-a$, $x=\alpha+a$, $x=\beta-a$, $x=\beta+a$에서 극값을 가지므로 조건을 만족시키지 않는다.
함수 $g(x)$가 $x=\dfrac{1}{2}$과 $x=\dfrac{13}{2}$인 두 점에서만 극값을 갖는다고 했어.

ⅱ) $\alpha+a=\beta-a$일 때

두 함수 $y=f'(x+a)$, $y=f'(x-a)$의 그래프의 개형은 [그림 2]와 같다.

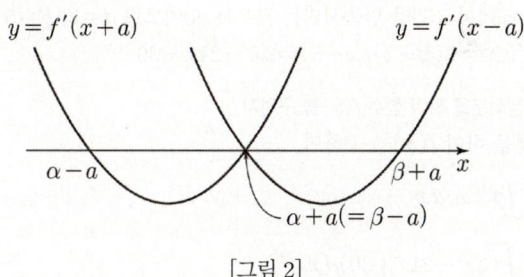

[그림 2]

$g'(x)=f'(x+a)\times f'(x-a)$이므로 함수 $g(x)$의 증가와 감소를 표로 나타내면 다음과 같다.

x	$\cdots$	$\alpha-a$	$\cdots$	$\alpha+a$ $(=\beta-a)$	$\cdots$	$\beta+a$	$\cdots$
$f'(x+a)$	$+$	0	$-$	0	$+$	$+$	$+$
$f'(x-a)$	$+$	$+$	$+$	0	$-$	0	$+$
$g'(x)$	$+$	0	$-$	0	$-$	0	$+$
$g(x)$	$\nearrow$	극대	$\searrow$		$\searrow$	극소	$\nearrow$

즉, 함수 $g(x)$는 $x=\alpha-a$, $x=\beta+a$에서만 극값을 갖는다.

이때, $\alpha+a=\beta-a$에서 $\beta-\alpha=2a \cdots$ ㉠이고,

조건을 만족시키려면 $\alpha-a=\dfrac{1}{2}$, $\beta+a=\dfrac{13}{2}$이어야 하므로

$(\beta+a)-(\alpha-a)=\dfrac{13}{2}-\dfrac{1}{2}=6$에서

$\beta-\alpha+2a=6$, $2a+2a=6$ ($\because$ ㉠)

$4a=6$ $\therefore a=\dfrac{3}{2}$

따라서 이 경우에서는

$\alpha-\dfrac{3}{2}=\dfrac{1}{2}$에서 $\alpha=2$이고, $\beta+\dfrac{3}{2}=\dfrac{13}{2}$에서 $\beta=5$이다.

F

iii) $a+a > \beta-a$일 때

두 함수 $y=f'(x+a)$, $y=f'(x-a)$의 그래프의 개형은 [그림 3]과 같다.

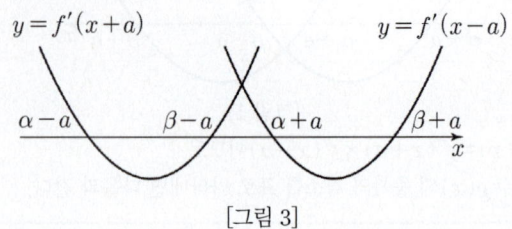

[그림 3]

$g'(x)=f'(x+a) \times f'(x-a)$이므로,
함수 $g(x)$의 증가와 감소를 표로 나타내면 다음과 같다.

x	$\cdots$	$a-a$	$\cdots$	$\beta-a$	$\cdots$	$a+a$	$\cdots$	$\beta+a$	$\cdots$
$f'(x+a)$	$+$	0	$-$	0	$+$	$+$	$+$	$+$	$+$
$f'(x-a)$	$+$	$+$	$+$	$+$	$+$	0	$-$	0	$+$
$g'(x)$	$+$	0	$-$	0	$+$	0	$-$	0	$+$
$g(x)$	↗	극대	↘	극소	↗	극대	↘	극소	↗

즉, 함수 $g(x)$는 $x=a-a$, $x=\beta-a$, $x=a+a$, $x=\beta+a$에서 극값을 가지므로 조건을 만족시키지 않는다.

i) $\sim$ iii)에서 조건을 만족시키는 경우는 ii)이므로 $a=2$, $\beta=5$이다.

$\therefore f'(x)=3(x-2)(x-5)=3x^2-21x+30$

3rd 부정적분을 하여 함수 $f(x)$를 구하자.

부정적분을 하여 $f(x)$를 구하면

$f(x)=\int f'(x)dx$

$=\int(3x^2-21x+30)dx$

$=x^3-\dfrac{21}{2}x^2+30x+C$ (단, C는 적분상수)

이때, $f(0)=-\dfrac{1}{2}$이므로 $C=-\dfrac{1}{2}$이다.

따라서 $f(x)=x^3-\dfrac{21}{2}x^2+30x-\dfrac{1}{2}$이므로

$a \times f(1)=\dfrac{3}{2} \times \left(1-\dfrac{21}{2}+30-\dfrac{1}{2}\right)=\dfrac{3}{2} \times 20=30$

My Top Secret   서울대 선배의 **①** 등급 대비 전략

방정식 $f'(x)=0$의 서로 다른 실근의 개수가 0 또는 1이면 모든 실수 x에 대하여 $g'(x)$의 부호가 바뀌지 않아. 또한, 방정식 $f'(x)=0$의 서로 다른 실근의 개수가 2일 때, 방정식 $f'(x+a)=0$의 근과 방정식 $f'(x-a)=0$의 근 중 공통인 근이 없으면 $g'(x)$의 부호가 바뀌는 x의 값이 4개 생긴다는 것을 알 수 있어. 이를 바탕으로 조건을 만족시키는 경우를 쉽게 유추할 수 있어.

F 217   정답 182 ·········   **⊙1등급 대비** [정답률 5%]

* 접선에서 만나는 점의 개수를 이용해 사차함수 식 구하기 [유형 11]

최고차항의 계수가 양수인 사차함수 $f(x)$가 있다. 실수 t에 대하여
단서1 최고차항의 계수가 양수인 사차함수의 개형을 생각해.
함수 $g(x)$를

$g(x)=f(x)-x-f(t)+t$
단서2 $x \neq t$일 때 $f(x)-x-f(t)+t=0$에서 $\dfrac{f(x)-f(t)}{x-t}=1$이야.
단서3 함수 $h(t)$는 곡선 $y=f(x)$ 위의 한 점 $(t, f(t))$를 지나고 기울기가 1인 직선 l과 곡선 $y=f(x)$의 교점의 개수야.

라 할 때, 방정식 $g(x)=0$의 서로 다른 실근의 개수를 $h(t)$라 하자. 두 함수 $f(x)$와 $h(t)$가 다음 조건을 만족시킨다.

(가) $\displaystyle\lim_{t \to -1}\{h(t)-h(-1)\}=\lim_{t \to 1}\{h(t)-h(1)\}=2$

(나) $\displaystyle\int_0^a f(x)dx=\int_0^a |f(x)|dx$를 만족시키는 실수 a의 최솟값은 -1이다.
단서4 $0 \leq x \leq a$에서 두 함수 $f(x)$와 $|f(x)|$의 정적분값이 같으므로 $0 \leq x \leq a(a>0)$ 또는 $a \leq x \leq 0(a<0)$에서 $f(x) \geq 0$이야.

(다) 모든 실수 x에 대하여

$\dfrac{d}{dx}\displaystyle\int_0^x \{f(u)-ku\}du \geq 0$이 되도록 하는

실수 k의 최댓값은 $f'(\sqrt{2})$이다.
단서5 $\dfrac{d}{dx}\displaystyle\int_a^x f(t)dt=f(x)$ 임을 이용하여 좌변의 식을 계산해.

$f(6)$의 값을 구하시오. (4점)

왜 1등급? $g(x)=0$이 되는 지점을 함수의 기울기로 이해하여 사차함수의 개형을 구한 후, 주어진 정적분값으로 $f(x)$가 0이 되는 지점을 찾아내고 직선의 기울기와 접선을 이용하여 $f(x)$의 식을 구하는 문제이다. 함수의 기울기, 직선과 곡선의 교점, 정적분까지 수학 Ⅱ 개념들이 복합적으로 사용되었고, 주어진 조건을 통해 단서를 얻는 과정에서 발상이 필요해 어려웠다.

💡 단서+발상

단서1 최고차항의 계수가 양수인 사차함수의 개형은 도함수의 함숫값에 의해 결정된다. (개념)
도함수의 함숫값이 함수의 기울기가 된다는 것을 생각해 본다. (발상)

단서2 $\dfrac{f(x)-f(t)}{x-t}=1$은 서로 다른 두 점 $(x, f(x))$와 $(t, f(t))$ 사이의 기울기가 1이라는 것으로 해석할 수 있다. (발상)

단서3 $h(t)$는 점 $(t, f(t))$를 지나고 기울기가 1인 직선과 곡선 $y=f(x)$의 교점의 개수이다. (개념)
따라서 곡선 $y=f(x)$ 위의 점 $(t, f(t))$에서의 접선의 기울기가 1이 될 때 $h(t)$가 불연속이 된다. (발상)
조건 (가)에서 $t=-1$과 $t=1$에서 $h(t)$가 불연속이 되므로 함수 $y=f(x)$는 $x=-1$과 $x=1$에서 기울기가 1인 사차함수임을 알 수 있다. 이를 이용해 사차함수의 그래프의 개형을 생각해 본다. (적용)

단서4 한 함수와 그 함수의 절댓값을 정적분한 값이 서로 같으려면 정적분 구간 내에서 모든 함숫값이 0 이상이어야 한다. 따라서 x가 0에서부터 감소할 때, $f(x)$의 값은 $x=-1$을 지나는 지점에서 처음으로 음수가 된다는 것을 알 수 있다. (발상)
최고차항의 계수를 미지수로 놓고 $f(x)$의 식을 세워본다. (적용)

단서5 $f(x)-kx \geq 0$을 만족시키기 위해서는 직선 $y=kx$가 곡선 $y=f(x)$보다 밑에 존재해야 한다. 이때 k의 최댓값은 $f'(\sqrt{2})$이므로 직선 $y=f'(\sqrt{2})x$와 곡선 $y=f(x)$가 접한다. (발상)
점 $(\sqrt{2}, f'(\sqrt{2}))$에서의 접선이 원점을 지난다는 것을 이용해 함수 $f(x)$의 최고차항의 계수를 구하면 된다. (해결)

주의 $\frac{d}{dx}\int_0^x \{f(u)-ku\}du$는 중괄호 내부의 식을 x에 대해 적분한 후 미분한 식이므로 원래 주어진 식에서 u를 x로 바꾸고 적분·미분 수식을 제거하여 식을 간단히 하면 된다.

> **핵심 정답 공식:** $x\neq t$일 때, $\frac{f(x)-f(t)}{x-t}=1$은 두 점 $(x, f(x))$, $(t, f(t))$를 이은 직선의 기울기가 1이다. 함수 $f(x)$가 닫힌구간 $[a, b]$에서 연속일 때, 정적분과 미분은 다음과 같은 관계가 있다. $\frac{d}{dx}\int_a^x f(t)dt=f(x)$

---------------------------- [문제 풀이 순서] ----------------------

1st 방정식 $g(x)=0$을 이용하여 함수 $h(t)$를 유추하자.

방정식 $g(x)=0$의 서로 다른 실근의 개수를 함수 $h(t)$라 하므로 함수 $h(t)$를 정의해 보자.

$x=t$일 때, $f(t)-t-f(t)+t=0$이므로

$g(t)=0$

$x\neq t$일 때, $f(x)-x-f(t)+t=0$에서

$\underline{\frac{f(x)-f(t)}{x-t}}=1$이다. ┌→ 두 점 $(x, f(x))$, $(t, f(t))$를 이은 직선의 기울기는 $\frac{f(x)-f(t)}{x-t}=1$이야.

그러므로 함수 $h(t)$는 곡선 $y=f(x)$ 위의 한 점 $(t, f(t))$를 지나고 기울기가 1인 직선 l과 곡선 $y=f(x)$의 교점의 개수이다.

<u>임의의 실수 s에 대하여 $h(s)\geq 1$이다.</u> ┌→ 방정식 $g(x)=0$의 해가 적어도 한 개는 있으므로 임의의 실수 s에 대하여 $h(s)\geq 1$이야.

2nd 임의의 실수 s에 대하여 $h(s)$의 값을 이용하여 식 $\lim_{t\to -1}\{h(t)-h(-1)\}=\lim_{t\to 1}\{h(t)-h(1)\}=2$를 만족시키는 사차함수 $f(x)$의 개형을 찾자.

(ⅰ) $h(s)=1$인 경우

기울기가 1인 직선 l과 곡선 $y=f(x)$의 교점의 개수가 1인 경우이다.

① 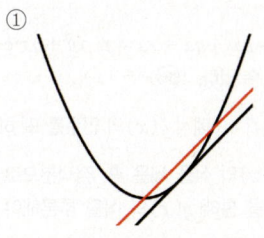　　②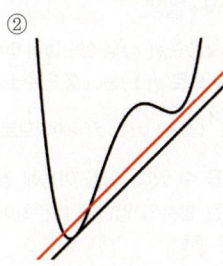

$\lim_{t\to s} h(t)=2$이므로 $\lim_{t\to s}\{h(t)-h(s)\}=1$

(ⅱ) $h(s)=2$인 경우 →t가 s에 가까워지면 곡선 $f(x)$와 기울기가 1인 직선 l과의 교점이 각 접점 근처에서 2개씩이므로 극한값은 2야. $\therefore \lim_{t\to s} h(t)=2$

③ 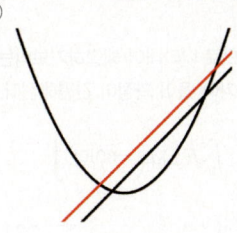　　④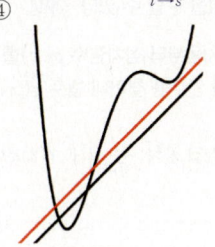

$\lim_{t\to s} h(t)=2$이므로 $\lim_{t\to s}\{h(t)-h(s)\}=0$

⑤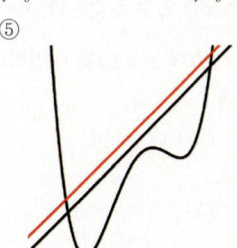

$\lim_{t\to s} h(t)=2$이므로 $\lim_{t\to s}\{h(t)-h(s)\}=0$

⑥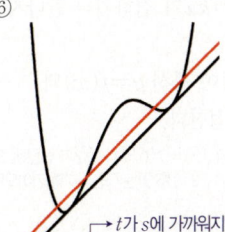

→t가 s에 가까워지면 곡선 $f(x)$와 기울기가 1인 직선 l과의 교점이 각 접점 근처에서 4개씩이므로 극한값은 4야. $\therefore \lim_{t\to s} h(t)=4$

$\underline{\lim_{t\to s} h(t)=4}$이므로 $\lim_{t\to s}\{h(t)-h(s)\}=2$

(ⅲ) $h(s)=3$인 경우

$\lim_{t\to s} h(t)$가 존재하지 않는다.

(ⅳ) $h(s)=4$인 경우

$\lim_{t\to s} h(t)=4$이므로 $\lim_{t\to s}\{h(t)-h(s)\}=0$

(ⅴ) $h(s)\geq 5$인 경우

$\lim_{t\to s} h(t)$가 존재하지 않는다.

(ⅰ)~(ⅴ)에 의하여 그림 ⑥과 같은 위치 관계 즉, 곡선 $y=f(x)$와 직선 l이 두 점 $(-1, f(-1))$, $(1, f(1))$에서 접할 때 $\lim_{t\to -1}\{h(t)-h(-1)\}=\lim_{t\to 1}\{h(t)-h(1)\}=2$를 만족시킨다.

따라서 함수 $y=f(x)$가 $x=-1$, $x=1$에서 극솟값을 가지고, 기울기가 1인 직선 l과 x좌표가 $x=-1$, $x=1$인 두 점에서 동시에 접하므로 곡선 $y=f(x)$의 그래프는 다음과 같다.

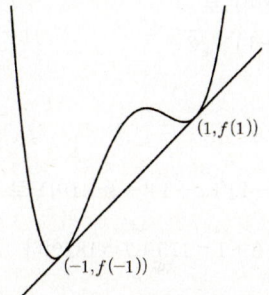

$(1, f(1))$

$(-1, f(-1))$

3rd 조건 (나)를 이용하여 사차함수 $f(x)$를 유추하자.

함수 $f(x)$의 최고차항의 계수를 a, 직선 l의 방정식을 $y=x+b$라 하자. (단, a, b는 상수)

$f(x)-(x+b)=a(x-1)^2(x+1)^2$ →두 함수 $y=f(x)$, $y=x+b$의 그래프가 $x=-1$, $x=1$에서 접하므로 $f(x)-(x+b)$의 식은 $(x+1)^2$, $(x-1)^2$을 인수로 가져.

$f(x)=a(x-1)^2(x+1)^2+x+b$

조건 (나)에서 $\int_0^a \{f(x)-|f(x)|\}dx=0$을 만족시키는 <u>실수 a의 최솟값이 -1이므로 $-1\leq x\leq 0$에서 $f(x)\geq 0$, $f(-1)\geq 0$</u>

→ $\int_0^{-1} f(x)dx=\int_0^{-1}|f(x)|dx$이면 $\int_{-1}^0 f(x)dx=\int_{-1}^0 |f(x)|dx$이므로 구간 $[-1, 0]$에서 $f(x)\geq 0$

$f(-1)>0$이면 실수 a의 최솟값이 -1이 아니므로 $f(-1)=0$이다.

$f(-1)=-1+b=0$에서 $b=1$

이므로 $f(x)=a(x-1)^2(x+1)^2+x+1$

4th 조건 (다)를 이용하여 사차함수 $f(x)$를 구하자.

조건 (다)에서

$\frac{d}{dx}\int_0^x \{f(u)-ku\}du=f(x)-kx\geq 0$

→ $\frac{d}{dx}\int_a^x f(x)dx=f(x)$이므로 $g(u)=f(u)-ku$라 하면 $\frac{d}{dx}\int_a^x \{f(u)-ku\}du=\frac{d}{dx}\int_0^x g(u)du=g(x)=f(x)-kx$

$f(x) \geq kx$이므로 곡선 $y=f(x)$와 직선 $y=kx$가 접하거나 만나지 않는다.

실수 k의 최댓값이 $f'(\sqrt{2})$이므로 그림과 같이 곡선 $y=f(x)$와 직선 $y=f'(\sqrt{2})x$가 점 $(\sqrt{2}, f(\sqrt{2}))$에서 접한다.

└→ 점 $(\sqrt{2}, f(\sqrt{2}))$는 직선 $y=f'(\sqrt{2})x$ 위에 있으므로 $f(\sqrt{2})=f'(\sqrt{2}) \times \sqrt{2}$가 성립해. 또한,
직선 $y=f'(\sqrt{2})x$의 기울기는 원점 $(0, 0)$과 점 $(\sqrt{2}, f(\sqrt{2}))$를 잇는 직선의 기울기이므로
$f'(\sqrt{2})=\dfrac{f(\sqrt{2})}{\sqrt{2}}$가 성립해.

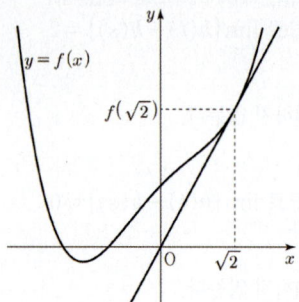

$f(x)=a(x-1)^2(x+1)^2+x+1$
$\quad\quad =ax^4-2ax^2+x+a+1$

이므로 $f'(x)=4ax^3-4ax+1$이고,
$f(\sqrt{2})=4a-4a+\sqrt{2}+a+1=a+\sqrt{2}+1$
$f'(\sqrt{2})=8\sqrt{2}a-4\sqrt{2}a+1=4\sqrt{2}a+1$

원점을 지나는 직선 $y=f'(\sqrt{2})x$에 대하여
$f(\sqrt{2})=f'(\sqrt{2}) \times \sqrt{2}$이므로
$a+\sqrt{2}+1=(4\sqrt{2}a+1) \times \sqrt{2}$
$a+\sqrt{2}+1=8a+\sqrt{2}$

$\therefore a=\dfrac{1}{7}$

따라서 $f(x)=\dfrac{1}{7}(x-1)^2(x+1)^2+x+1$이므로

$f(6)=\dfrac{1}{7} \times 5^2 \times 7^2+6+1=175+7=182$이다.

1등급 대비 특강

**＊ 조건 (가)에서 극한값과 함숫값의 차를 이용하여
사차함수의 개형 구하기**

이 문제에서는 $f'(t)=1$을 만족시키는 t에서 함수 $h(t)$가 불연속이 돼.
따라서 $x=-1, x=1$일 때 곡선 $f(x)$의 접선의 기울기는 각각 1이야.
한편, 조건 (가)에서 $h(t)$의 극한값과 함숫값의 차가 2이므로 점 $(-1, f(-1))$
에서의 접선은 함수 $y=f(x)$의 그래프와 서로 다른 두 점에서 동시에 접하며
이는 점 $(1, f(1))$에서도 동일하게 성립해. 이런 조건을 모두 만족시키려면
$x=-1$에서의 접선과 $x=1$에서의 접선이 서로 일치하는 사차함수 $f(x)$의
그래프의 개형만이 가능하다는 것을 알 수 있어.

My Top Secret   서울대 선배의 **❶ 등급 대비 전략**

이 문제에서는 주어진 조건이 많기 때문에 정보를 끊어서 문제의 호흡을
짧게 가져가는 방법을 택했어. 조건별로 얻을 수 있는 정보를 모으고
풀이의 마지막 단계에서 이 정보들을 종합해서 풀었어.

＊정적분으로 정의된 함수를 이용하여 함수의 식 구하기 [유형 05＋19＋26]

실수 전체의 집합에서 연속인 함수 $f(x)$와 최고차항의 계수가
1이고 상수항이 0인 삼차함수 $g(x)$가 있다. 양의 상수 a에 대하여
두 함수 $f(x), g(x)$가 다음 조건을 만족시킨다.
└→ **단서1** 상수항이 0이므로 삼차함수 $g(x)$는 x를 인수로 가짐을 알 수 있어.

(가) 모든 실수 x에 대하여 $x|g(x)|=\displaystyle\int_{2a}^{x}(a-t)f(t)dt$
　　 이다.
└→ **단서2** $x=2a$일 때 정적분의 값이 0이 됨을 이용하고, 정적분으로
　　　 정의된 함수이니까 양변을 미분해서 식을 정리해봐.

(나) 방정식 $g(f(x))=0$의 서로 다른 실근의 개수는
　　 4이다.
└→ **단서3** $g(x)=0$을 만족시키는 x의 값이 α, β일 때, 방정식
　　　 $g(f(x))=0$의 실근은 $f(x)=\alpha, f(x)=\beta$를
　　　 만족시키는 x의 값이야.

$\displaystyle\int_{-2a}^{2a}f(x)dx$의 값을 구하시오. (4점)

왜 2등급? 삼차함수 $g(x)$에 대하여 함수 $x|g(x)|$가 연속함수 $f(x)$에 대한
정적분으로 정의되었을 때, 방정식의 실근에 대한 조건을 만족시키는 함수 $f(x)$를
유추해야 하는 문제이다.
먼저, 정적분으로 정의된 함수의 성질과 미분가능성을 이용하여 함수 $g(x)$를
추론한 후, 방정식 $g(f(x))=0$의 서로 다른 실근의 개수가 4인 것을 이용해서
함수 $f(x)$의 식을 완성하는 것이 어려웠다.

💡 단서＋발상

단서1 삼차함수 $g(x)$의 상수항이 0이면 $g(x)=px^3+qx^2+rx=x(px^2+qx+r)$
꼴이므로 $g(x)$는 x를 인수로 가짐을 알 수 있다. **발상**

단서2 $\displaystyle\int_{2a}^{2a}(a-t)f(t)dt=0$이므로 $2a|g(2a)|=0$에서 $g(x)$의 인수를 또 하나
찾을 수 있다. 이를 이용해 삼차함수 $g(x)$의 식을 세운 후, 정적분으로 정
의된 함수의 양변을 미분하여 미분가능을 통해 $g(x)$의 식을 추론해야 한
다. **적용**

단서3 방정식 $g(f(x))=0$의 실근은 방정식 $g(x)=0$의 한 근을 α라고 했을 때,
방정식 $f(x)=\alpha$의 실근이다. 이때, 방정식 $f(x)=\alpha$의 실근은 함수
$y=f(x)$의 그래프와 직선 $y=\alpha$의 교점의 x좌표이므로 이를 바탕으로 α의
값을 구할 수 있다. **발상**

주의 처음부터 삼차함수 $g(x)$를 일반적인 식으로 나타내어 해결하기보다는,
$g(x)$의 인수를 찾아내 함수 $g(x)$를 유추해 나가야 풀이 과정이 간편해진다.

핵심 정답 공식: $\dfrac{d}{dx}\left\{\displaystyle\int_{a}^{x}f(t)dt\right\}=f(x)$이고, $\displaystyle\int_{a}^{a}f(x)dx=0$이다.

------------------ [문제 풀이 순서] ------------------

1st 조건에 맞는 삼차함수 $g(x)$를 유추해봐.

삼차함수 $g(x)$의 상수항이 0이므로 $g(x)$는 x를 인수로 갖는다. … ㉠

한편, 조건 (가)의 $x|g(x)|=\displaystyle\int_{2a}^{x}(a-t)f(t)dt$에 $x=2a$를 대입하면

$\underline{2a|g(2a)|=0}$ └→ 정적분의 위끝과 아래끝이 같으면
　　　　　　　　　 정적분의 값이 0이므로 $\displaystyle\int_{2a}^{2a}(a-t)f(t)dt=0$이야.

이때, a가 양수이므로 $g(2a)=0$이어야 한다.

따라서 $g(x)$는 $x-2a$를 인수로 갖는다. … ㉡

㉠, ㉡에서

$g(x)=x(x-2a)(x-b)$ (단, b는 실수) … ㉢
로 놓을 수 있다.
└→ 삼차함수 $g(x)$는 최고차항의 계수가 1이고 $x, x-2a$를
　 인수로 가지므로 이렇게 나타낼 수 있어.

2nd 함수 $x|g(x)|$가 실수 전체의 집합에서 미분가능함을 이용하여 함수 $f(x)$를 구하자.

함수 $(a-x)f(x)$가 실수 전체의 집합에서 연속이므로

함수 $\displaystyle\int_{2a}^{x}(a-t)f(t)dt$는 실수 전체의 집합에서 미분가능하고,

$\displaystyle\frac{d}{dx}\int_{2a}^{x}(a-t)f(t)dt=(a-x)f(x)$이다.

따라서 함수 $x|g(x)|$도 실수 전체의 집합에서 미분가능해야 하므로 $x=2a$에서 미분가능하다.

<u>함수 $x|g(x)|$의 $x=2a$에서의 우미분계수와 좌미분계수가 같아야 해.</u>

$\displaystyle\lim_{x \to 2a+}\frac{x|g(x)|-2a|g(2a)|}{x-2a}$ ⟶ $g(2a)=0$

$\displaystyle=\lim_{x \to 2a+}\frac{x|x(x-2a)(x-b)|}{x-2a}$ $(\because$ ㉢$)$

$\displaystyle=\lim_{x \to 2a+}x^2|x-b|$ ⟶ $x \to 2a+$일 때, x는 양수이고 $2a$보다 큰 수이므로 $|x|=x$, $|x-2a|=x-2a$야.

$=4a^2|2a-b|$

$\displaystyle\lim_{x \to 2a-}\frac{x|g(x)|-2a|g(2a)|}{x-2a}$

$\displaystyle=\lim_{x \to 2a-}\frac{x|x(x-2a)(x-b)|}{x-2a}$

$\displaystyle=\lim_{x \to 2a-}(-x^2|x-b|)$ ⟶ $x \to 2a-$일 때, x는 양수이고 $2a$보다 작은 수이므로 $|x|=x$, $|x-2a|=-(x-2a)$야.

$=-4a^2|2a-b|$

즉, $x=2a$에서 미분가능하려면

$4a^2|2a-b|=-4a^2|2a-b|$이어야 하고, a는 양수이므로 $b=2a$이다.

따라서 ㉢에 의해 $g(x)=x(x-2a)^2$이므로

$\displaystyle\int_{2a}^{x}(a-t)f(t)dt=x|g(x)|=x|x(x-2a)^2|$

$=\begin{cases} -x^2(x-2a)^2 & (x<0) \\ x^2(x-2a)^2 & (x \geq 0) \end{cases}$

이때, 함수 $f(x)$가 실수 전체의 집합에서 연속이므로

$(a-x)f(x)=\begin{cases} -4x(x-a)(x-2a) & (x<0) \\ 4x(x-a)(x-2a) & (x \geq 0) \end{cases}$

<u>$x|g(x)|=\begin{cases} -x^2(x-2a)^2 & (x<0) \\ x^2(x-2a)^2 & (x \geq 0) \end{cases}$를 x에 대하여 미분하면</u>

<u>$\displaystyle\frac{d}{dx}\{x|g(x)|\}=\begin{cases} -4x(x-a)(x-2a) & (x<0) \\ 4x(x-a)(x-2a) & (x>0) \end{cases}$</u>

<u>즉, $(a-x)f(x)=\begin{cases} -4x(x-a)(x-2a) & (x<0) \\ 4x(x-a)(x-2a) & (x>0) \end{cases}$이야.</u>

<u>그런데 함수 $f(x)$가 실수 전체의 집합에서 연속이므로 $x=0$에서도 연속이고, 함수 $(a-x)f(x)$도 $x=0$에서 연속이야.</u>

<u>따라서 $(a-x)f(x)=\begin{cases} -4x(x-a)(x-2a) & (x<0) \\ 4x(x-a)(x-2a) & (x \geq 0) \end{cases}$으로 나타낼 수 있어.</u>

$\therefore f(x)=\begin{cases} 4x(x-2a) & (x<0) \\ -4x(x-2a) & (x \geq 0) \end{cases}$

3rd 방정식 $g(f(x))=0$의 서로 다른 실근의 개수가 4임을 이용하여 실수 a의 값을 구해.

$g(x)=x(x-2a)^2$이므로 방정식 $g(f(x))=0$에서

$f(x)=0$ 또는 $f(x)=2a$

<u>$g(0)=0$이고 $g(2a)=0$이므로 방정식 $g(f(x))=0$의 해는 $f(x)=0$ 또는 $f(x)=2a$를 만족시키는 x의 값을 뜻해.</u>

그런데 방정식 $f(x)=0$은 서로 다른 두 실근 0, $2a$를 가지므로

조건 (나)에 의해 방정식 $f(x)=2a$는 서로 다른 두 실근을 가져야 한다.

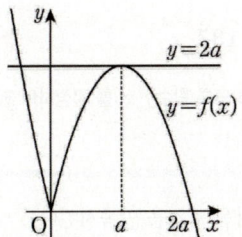

즉, 조건을 만족시키는 곡선 $y=f(x)$와 직선 $y=2a$는 그림과 같아야 하므로 곡선 $y=f(x)$와 직선 $y=2a$의 교점의 개수가 2이려면

$f(a)=2a$에서

<u>$f(a)>2a$이면 곡선 $y=f(x)$와 직선 $y=2a$의 교점의 개수는 3이 되고, $f(a)<2a$이면 곡선 $y=f(x)$와 직선 $y=2a$의 교점의 개수는 1이 돼.</u>

$-4a(a-2a)=2a$, $4a^2=2a$, $2a(2a-1)=0$

$\therefore a=\dfrac{1}{2}$ $(\because a>0)$

4th $\displaystyle\int_{-2a}^{2a}f(x)dx$의 값을 구하자.

따라서

$f(x)=\begin{cases} 4x(x-1) & (x<0) \\ -4x(x-1) & (x \geq 0) \end{cases}=\begin{cases} 4x^2-4x & (x<0) \\ -4x^2+4x & (x \geq 0) \end{cases}$

이므로

$\displaystyle\int_{-2a}^{2a}f(x)dx=\int_{-1}^{1}f(x)dx$

$\displaystyle=\int_{-1}^{0}f(x)dx+\int_{0}^{1}f(x)dx$

$\displaystyle=\int_{-1}^{0}(4x^2-4x)dx+\int_{0}^{1}(-4x^2+4x)dx$

$\displaystyle=\left[\frac{4}{3}x^3-2x^2\right]_{-1}^{0}+\left[-\frac{4}{3}x^3+2x^2\right]_{0}^{1}$

$\displaystyle=-\left(-\frac{4}{3}-2\right)+\left(-\frac{4}{3}+2\right)=4$

My Top Secret 　　　　　서울대 선배의 ❶ 등급 대비 전략

$g(x)$의 상수항이 0이므로 $g(0)=0$이야. 또한, 연속함수의 정적분으로 정의된 함수는 미분가능하므로 함수 $x|g(x)|$가 모든 실수 x에서 미분가능하다는 점을 이용하면 $g(2a)=0$이라는 것을 알 수 있어. 따라서 방정식 $g(f(x))=0$의 해가 4개라는 조건으로 두 방정식 $f(x)=0$, $f(x)=2a$의 서로 다른 실근의 개수가 모두 4개임을 알 수 있으므로 이를 통해 $f(x)$의 식을 완성할 수 있어.

*함수 $g(x)$가 미분가능하도록 함수 $f(x)$를 결정하여 $g(x)$의 정적분의 값 구하기
[유형 11]

다항함수 $f(x)$가 다음 조건을 만족시킨다.

> (가) $\lim\limits_{x\to\infty}\dfrac{f(x)}{x^4}=1$ 〈단서1〉 $-1\le x<5$에서 함수 $g(x)$는 $x=0$, $x=1, x=2, x=3, x=4$를 기준으로 함수식이 변하니까 열린구간 $(-1,5)$에서 미분가능하려면 함수식이 변하는 점에서 연속이고 좌미분계수와 우미분계수가 같아야 해.
>
> (나) $f(1)=f'(1)=1$

$-1\le n\le 4$인 정수 n에 대하여 함수 $g(x)$를
$$g(x)=f(x-n)+n\ (n\le x<n+1)$$
이라 하자. 함수 $g(x)$가 열린구간 $(-1,5)$에서 미분가능할 때, $\displaystyle\int_0^4 g(x)dx=\dfrac{q}{p}$이다. $p+q$의 값을 구하시오. (단, p, q는 서로소인 자연수이다.) (4점)

〈단서2〉 함수 $g(x)$가 $f(x)$를 어떻게 평행이동한 것인지 파악하여 구간을 나눠 정적분해야 해.

왜 1등급? 어떤 함수가 어떤 구간에서 미분가능하면 그 함수는 그 구간에서 연속이고 미분계수가 존재해야 함을 이용하여 다항함수를 구하고 그 함수의 정적분의 값을 구하는 문제이다.

특히, 이 문제는 정적분의 값을 계산할 때 x축의 방향으로 평행이동한 함수의 정적분의 값이 모두 같음을 이용하여 적분 구간을 일치시켜 계산하는 것이 어려웠다.

단서+발상

〈단서1〉 먼저, 미분가능성을 이용하여 함수 $f(x)$를 구해야 한다.

주어진 함수 $g(x)$는 구간별로 서로 다른 다항함수이다. 이때, 다항함수는 실수 전체의 집합에서 연속이고 미분가능하므로 함수가 바뀌는 지점의 x에서 미분가능성을 따져주어야 한다. (유형)

즉, $x=0$, $x=1$, $x=2$, $x=3$, $x=4$에서 함수 $g(x)$의 연속성과 미분계수가 존재함을 이용하여 함수 $f(x)$의 조건을 찾아 함수 $f(x)$의 식을 완성해야 한다. (적용)

〈단서2〉 이제, 각 구간에서의 함수 $g(x)$의 특징을 파악하여 함수 $g(x)$의 정적분의 값을 구하면 된다.

함수 $f(x-n)$은 함수 $f(x)$를 x축의 방향으로 n만큼 평행이동한 함수이므로
$$\int_n^{n+1}f(x-n)dx=\int_0^1 f(x)dx$$임을 파악하여 정적분의 값을 구한다. (해결)

주의 $x=1$에서 미분가능하면 실수 전체에서 미분가능하므로 $x=1$만 고려해도 된다.

핵심 정답 공식: 함수 $f(x)$가 $x=a$에서 미분가능하려면 $x=a$에서 연속이고 미분계수가 존재해야 한다.

---------------- [문제 풀이 순서] ----------------

1st 정수 $n(-1\le n\le 4)$에 대하여 함수 $g(x)$가 열린구간 $(-1,5)$에서 미분가능함을 이용하여 함수 $f(x)$를 구하자.

$-1\le x<5$에서 함수 $g(x)$는
$g(x)=f(x-n)+n(n<x<n+1)$에
$$g(x)=\begin{cases} f(x+1)-1 & (-1\le x<0) \leftarrow n=-1을 대입한 식이야.\\ f(x) & (0\le x<1) \leftarrow n=0을 대입한 식이야.\\ f(x-1)+1 & (1\le x<2) \leftarrow n=1을 대입한 식이야.\\ \quad\vdots \\ f(x-4)+4 & (4\le x<5) \leftarrow n=4를 대입한 식이야. \end{cases}$$

이고 함수 $g(x)$가 열린구간 $(-1,5)$에서 미분가능하므로 함수 $g(x)$는 $x=1$에서 연속이다.

$x=0, x=2, x=3, x=4$에서 연속임을 이용해도 $x=1$에서의 연속성을 따졌을 때와 같은 결과인 $f(1)=f(0)+1$을 얻게 돼.

이때, $g(1)=f(1-1)+1=\underset{x=1에서의 함숫값이야.}{\underline{f(0)}}+1$이고

$\lim\limits_{x\to1+}g(x)=\lim\limits_{x\to1+}\{f(x-1)+1\}=\underset{x=1에서의 우극한값이야.}{\underline{f(0)}}+1$

$\lim\limits_{x\to1-}g(x)=\lim\limits_{x\to1-}f(x)=f(1)$이므로

$g(1)=\lim\limits_{x\to1+}g(x)=\lim\limits_{x\to1-}g(x)$에서

$g(1)=f(0)+1=\underset{x=1에서의 좌극한값이야.}{\underline{f(1)}}$

이때, 조건 (나)에 의해 $f(1)=1$이므로

$g(1)=f(0)+1=1$ $\quad\therefore f(0)=0 \cdots \bigcirc$

실수
미분가능한 함수는 연속이지만 그 역이 항상 성립하지는 않아.

또, 함수 $g(x)$의 $x=1$에서의 좌미분계수와 우미분계수가 같아야 한다.

이때,

$$\begin{aligned} \lim\limits_{x\to1+}\dfrac{g(x)-g(1)}{x-1} &=\lim\limits_{x\to1+}\dfrac{f(x-1)+1-g(1)}{x-1}\\ &=\lim\limits_{x\to1+}\dfrac{f(x-1)}{x-1}\ (\because g(1)=1)\\ &=\lim\limits_{x\to0+}\dfrac{f(x)}{x}\\ &=f'(0) \end{aligned}$$

$\lim\limits_{x\to1+}\dfrac{f(x-1)}{x-1}$에서 $x-1=t$라 하면 $x\to1+$일 때 $t\to0+$이므로 $\lim\limits_{x\to1+}\dfrac{f(x-1)}{x-1}=\lim\limits_{t\to0+}\dfrac{f(t)}{t}$야.

이고

$$\begin{aligned} \lim\limits_{x\to1-}\dfrac{g(x)-g(1)}{x-1} &=\lim\limits_{x\to1-}\dfrac{f(x)-f(1)}{x-1}\\ &=f'(1)=1(조건 (나)) \end{aligned}$$

이므로

$\lim\limits_{x\to1+}\dfrac{g(x)-g(1)}{x-1}=\lim\limits_{x\to1-}\dfrac{g(x)-g(1)}{x-1}$에서

$f'(0)=1 \cdots \bigcirc\!\!\!\!\!\!/\,$ (ㄴ)

한편, 조건 (가)에 의해 함수 $f(x)$는 최고차항의 계수가 1인 사차함수이

조건 (가)의 $\lim\limits_{x\to\infty}\dfrac{f(x)}{x^4}$에서 분모가 ∞인데, 극한값이 1로 존재하니까 다항함수인 $f(x)$의 차수도 분모의 차수랑 같아야 해. 이때, 분모의 차수가 4이니까 $f(x)$의 차수도 4이고 극한값이 1이니까 $f(x)$의 최고차항의 계수도 1이 되어야 해.

므로 $f(x)=x^4+ax^3+bx^2+cx+d$라 하면

(ㄱ)에 의해 $d=0$이고

$f'(x)=4x^3+3ax^2+2bx+c$이므로

(ㄴ)에 의해 $c=1$이다.

따라서 $f(x)=x^4+ax^3+bx^2+x$이고

$f'(x)=4x^3+3ax^2+2bx+1$이므로

조건 (나)에 의하여

$f(1)=1+a+b+1=1$에서 $a+b=-1 \cdots$ (ㄷ)

$f'(1)=4+3a+2b+1=1$에서 $3a+2b=-4 \cdots$ (ㄹ)

(ㄷ), (ㄹ)을 연립하여 풀면 $a=-2$, $b=1$

$\therefore f(x)=x^4-2x^3+x^2+x$

2nd $\displaystyle\int_0^4 g(x)dx$의 값을 구하자.

$\therefore \displaystyle\int_0^4 g(x)dx$

$$\begin{aligned} &=\int_0^1 g(x)dx+\int_1^2 g(x)dx+\int_2^3 g(x)dx+\int_3^4 g(x)dx\\ &=\int_0^1 f(x)dx+\int_1^2\{f(x-1)+1\}dx\\ &\quad +\int_2^3\{f(x-2)+2\}dx+\int_3^4\{f(x-3)+3\}dx \end{aligned}$$

$$=\int_0^1 f(x)dx+\int_0^1 \{f(x)+1\}dx$$
$$+\int_0^1 \{f(x)+2\}dx+\int_0^1 \{f(x)+3\}dx$$

$f(x-n)$은 함수 $f(x)$를 x축의 방향으로 n만큼 평행이동한 함수니까 $\int_0^1 f(x)dx$의 값과 $\int_n^{n+1} f(x-n)dx$의 값은 같아. 좌표평면에 그래프와 평행이동한 그래프를 함께 그려 보면 이해하기가 좀 더 쉬울 거야.

$$=\int_0^1 \{4f(x)+6\}dx$$
$$=4\int_0^1 f(x)dx+\int_0^1 6\,dx$$
$$=4\int_0^1 (x^4-2x^3+x^2+x)dx+\int_0^1 6\,dx$$
$$=4\left[\frac{1}{5}x^5-\frac{1}{2}x^4+\frac{1}{3}x^3+\frac{1}{2}x^2\right]_0^1+\left[6x\right]_0^1$$
$$=\frac{122}{15}$$

따라서 $p=15$, $q=122$이므로
$$p+q=15+122=137$$

1등급 대비 특강

$*\ \int_n^{n+1} f(x-n)dx=\int_0^1 f(x)dx$를 그래프로 이해하기

함수 $y=f(x-n)$의 그래프는 함수 $y=f(x)$의 그래프를 x축의 방향으로 n만큼 평행이동시킨 거야.

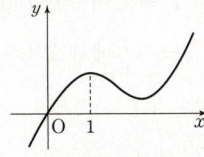 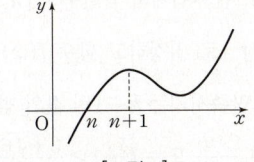

[그림 1]　　　　[그림 2]

즉, 함수 $y=f(x)$의 그래프가 [그림 1]과 같다면 함수 $y=f(x-n)$의 그래프는 [그림 2]와 같아. 즉, 구간 $[0,1]$에서 함수 $y=f(x)$의 그래프와 구간 $[n,n+1]$에서 함수 $y=f(x-n)$의 그래프가 같으므로

$$\int_n^{n+1} f(x-n)dx=\int_0^1 f(x)dx$$가 성립해.

F 220 정답 37 ⭐ 1등급 대비 [정답률 9%]

$*$원점에 대하여 대칭인 함수가 길이가 일정한 특정 구간에서 최대 또는 최소가 되도록 하는 구간의 끝값 구하기 [유형 11]

$t\geq 6-3\sqrt{2}$인 실수 t에 대하여 실수 전체의 집합에서 정의된 함수 $f(x)$가

$$f(x)=\begin{cases} 3x^2+tx & (x<0) \\ -3x^2+tx & (x\geq 0) \end{cases}$$

[단서1] 함수 $f(x)$는 원점에 대하여 대칭인 함수이네? 그래프를 그려보자.

일 때, 다음 조건을 만족시키는 실수 k의 최솟값을 $g(t)$라 하자.

(가) 닫힌구간 $[k-1,\ k]$에서 함수 $f(x)$는 $x=k$에서 최댓값을 갖는다.

[단서2] 닫힌구간 $[k-1,k]$와 $[k,k+1]$ 모두 k의 값에 관계없이 구간의 길이가 항상 1로 일정함을 기억해.

(나) 닫힌구간 $[k,\ k+1]$에서 함수 $f(x)$는 $x=k+1$에서 최솟값을 갖는다.

$3\int_2^4 \{6g(t)-3\}^2 dt$의 값을 구하시오. (4점)

[단서3] 함수 $g(t)$가 t의 값의 범위에 따라 그래프가 달라지므로 닫힌구간 $[2,4]$에서 함수 $\{6g(t)-3\}^2$의 범위를 나눠서 정적분해야 해.

왜 1등급? 이 문제는 원점에 대하여 대칭인 두 이차함수의 일부로 정의된 함수가 주어진 구간의 끝에서 최댓값 또는 최솟값을 갖도록 하는 함수의 미정계수를 구하는 것이다.

이를 위해서 원점에 대하여 대칭인 함수 $y=f(x)$의 그래프를 그린 후, k의 값에 관계없이 길이가 항상 1인 구간을 이동시키며 조건을 만족시키는 k의 값의 범위를 찾는 것이 어렵다.

💡 단서+발상

[단서1] 먼저, $f(0)=0$이고, $x<0$일 때, $-x>0$이므로
$$f(x)+f(-x)=(3x^2+tx)+\{-3(-x)^2+t(-x)\}=0$$이다.
또, $x>0$일 때, $-x<0$이므로
$$f(x)+f(-x)=(-3x^2+tx)+\{3(-x)^2+t(-x)\}=0$$이다.
따라서 모든 실수 x에 대하여 $f(x)+f(-x)=0$이므로 $f(x)$는 원점에 대해 대칭인 함수이다. **(발상)**
대칭축이 존재하는 이차함수의 그래프의 특징과 원점에 대하여 대칭인 그래프의 성질을 종합하여 $y=f(x)$의 그래프를 그려보자. **(적용)**

[단서2] 두 닫힌구간 $[k-1,\ k]$와 $[k,\ k+1]$은 모두 k의 값에 관계없이 구간의 길이가 1이다.
$x\geq 0$ 또는 $x<0$에서 함수 $y=f(x)$의 그래프가 x축과 만나는 점과 원점 사이의 거리가 $\frac{t}{3}$이므로 이 거리가 주어진 구간의 길이인 1보다 크거나 같을 때와 작을 때로 경우를 나누어 두 조건 (가), (나)를 만족시키는 k의 값의 범위를 찾아 $g(t)$를 구한다. **(해결)**

[단서3] 연속함수 $h(x)$에 대하여 $\int_a^b h(x)dx=\int_a^c h(x)dx+\int_c^b h(x)dx$이므로 정적분을 계산할 때, 적분해야 할 함수가 범위에 따라 식이 달라진다면, 적분 구간을 나누어 정적분을 구해야 한다. **(개념)**

핵심 정답 공식: 닫힌구간 $[k-1,\ k]$와 닫힌구간 $[k,\ k+1]$의 구간의 길이가 각각 1이므로 길이가 1이고 x축에 평행한 두 선을 $y=f(x)$의 그래프 위에 그려서 함수 $f(x)$가 $x=k$에서 최댓값, $x=k+1$에서 최솟값을 가지게 되는 경우를 찾는다.

---------------- [문제 풀이 순서] ----------------

1st 함수 $y=f(x)$의 그래프의 개형을 그리기 위한 여러 기본 조건들을 찾아내자.

$$f(x)=\begin{cases} 3x^2+tx & (x<0) \\ -3x^2+tx & (x\geq 0) \end{cases}$$에서
함수 $y=f(x)$의 그래프는 원점에 대하여 대칭이고,
$x<0$일 때, $f'(x)=6x+t$,
$x>0$일 때, $f'(x)=-6x+t$

$x<0$에서 $f(x)=3x^2+tx$이므로 $f(-x)=3x^2-tx$이고, $-f(-x)=-3x^2+tx$이므로 $x\geq 0$에서의 함수와 일치하지? 따라서 함수 $y=f(x)$의 그래프는 원점에 대하여 대칭이야.

이므로 함수 $f(x)$는 $x=-\frac{t}{6}$에서 극소, $x=\frac{t}{6}$에서 극대이다.

또한, $f(x)=0$을 만족시키는 x의 값은
$3x^2+tx=0$에서 $x=0$ 또는 $x=-\frac{t}{3}$
$-3x^2+tx=0$에서 $x=0$ 또는 $x=\frac{t}{3}$

x	$\cdots$	$-\frac{t}{6}$	$\cdots$	$\frac{t}{6}$	$\cdots$
$f'(x)$	$-$	0	$+$	0	$-$
$f(x)$	$\searrow$	극소	$\nearrow$	극대	$\searrow$

즉, 함수 $y=f(x)$의 그래프는 x축과 $x=-\frac{t}{3}$ 또는 $x=0$ 또는 $x=\frac{t}{3}$인 점에서 만난다.

2nd 주어진 조건에서 구간 $[k-1,\ k]$, $[k,\ k+1]$의 길이가 1임을 이용하여 $\frac{t}{3}\geq 1$일 때의 함수 $g(t)$를 구하자.

이제, $f_1(x)=3x^2+tx$, $f_2(x)=-3x^2+tx$라 하자.

(ⅰ) $\frac{t}{3}\geq 1$, 즉 $t\geq 3$일 때,

조건 (가), (나)에서 닫힌구간 $[k-1,\ k]$, $[k,\ k+1]$ 모두 간격이 1이지? 따라서 함수 $y=f(x)$의 그래프가 x축과 만나는 점의 간격 $\frac{t}{3}$가 1보다 큰 경우와 작은 경우로 나눠서 생각해보도록 하자. **(함정)**

F

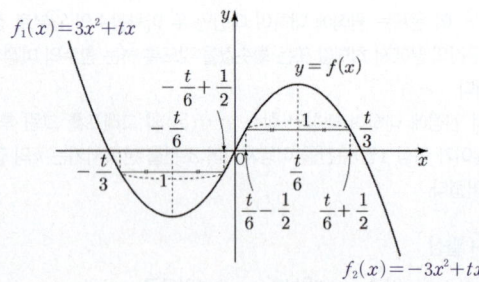

조건 (가)에서 닫힌구간 $[k-1, k]$의 길이는 k의 값에 관계없이 항상 1로 일정하다. 함수 $y=f_1(x)$의 그래프는 직선 $x=-\dfrac{t}{6}$에 대하여 대칭이므로 방정식 $f_1(k-1)=f_1(k)$를 만족시키는 k의 값은

$\dfrac{(k-1)+k}{2}=-\dfrac{t}{6}$에서 $k=-\dfrac{t}{6}+\dfrac{1}{2}$

<u>$x=k-1$과 $x=k$의 중점이 $x=-\dfrac{t}{6}$가 되어야 해.</u>

또, 함수 $y=f_2(x)$의 그래프는 직선 $x=\dfrac{t}{6}$에 대하여 대칭이므로 방정식 $f_2(k-1)=f_2(k)$를 만족시키는 k의 값은

$\dfrac{(k-1)+k}{2}=\dfrac{t}{6}$에서 $k=\dfrac{t}{6}+\dfrac{1}{2}$

<u>$x=k-1$과 $x=k$의 중점이 $x=\dfrac{t}{6}$가 되어야 해.</u>

이때, 함수 $f(x)$는 $x=\dfrac{t}{6}$에서 극대이므로

<u>조건 (가)를 만족시키는 k의 값의 범위는</u>

$-\dfrac{t}{6}+\dfrac{1}{2} \le k \le \dfrac{t}{6}$ … ㉠

k의 값은 극댓값을 갖는 x의 값보다는 작거나 같아야 하고, $f(k-1) \le f(k)$를 만족시키는 k의 값보다는 크거나 같아야 해.

그리고, 조건 (나)에서 닫힌구간 $[k, k+1]$의 길이는 k의 값에 관계없이 항상 1로 일정하고 함수 $f(x)$는 $x=-\dfrac{t}{6}$에서 극소이므로 <u>조건 (나)를 만족시키는 $k+1$의 값의 범위는</u>

$k+1 \le -\dfrac{t}{6}$ 또는 $k+1 \ge \dfrac{t}{6}+\dfrac{1}{2}$에서

$k \le -\dfrac{t}{6}-1$ 또는 $k \ge \dfrac{t}{6}-\dfrac{1}{2}$ … ㉡

$k+1$의 값은 극솟값을 갖는 x의 값보다는 작거나 같거나 또는 $f(k) \ge f(k+1)$을 만족시키는 $k+1$의 값보다 크거나 같아야 해.

㉠, ㉡에 의하여 $t \ge 3$에서 조건 (가), (나)를 모두 만족시키는 k의 값의 범위는 $\dfrac{t}{6}-\dfrac{1}{2} \le k \le \dfrac{t}{6}$이고, 실수 k의 최솟값이 $g(t)$이므로

$g(t)=\dfrac{t}{6}-\dfrac{1}{2}=\dfrac{t-3}{6}$

3rd $\dfrac{t}{3}<1$일 때의 함수 $g(t)$를 구하자.

(ii) $\dfrac{t}{3}<1$, 즉 $6-3\sqrt{2} \le t < 3$일 때

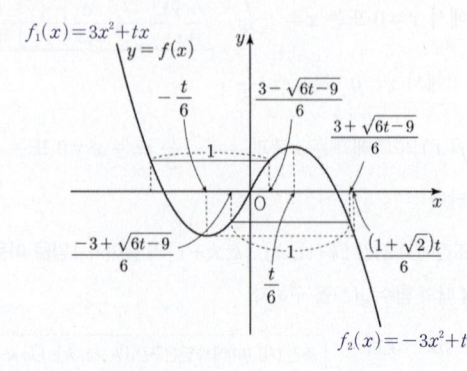

$f_1\left(-\dfrac{t}{6}\right)=3\times\left(-\dfrac{t}{6}\right)^2+t\left(-\dfrac{t}{6}\right)=-\dfrac{t^2}{12}$이므로

$f_2(x)=-\dfrac{t^2}{12}$을 만족시키는 양수 x의 값은 x에 대한 이차방정식 $-3x^2+tx=-\dfrac{t^2}{12}$의 양의 실근인 $x=\dfrac{(1+\sqrt{2})t}{6}$이다.

이때, $t \ge 6-3\sqrt{2}$이므로

이차방정식 $-3x^2+tx=-\dfrac{t^2}{12}$, 즉 $36x^2-12tx-t^2=0$에서 근의 공식을 이용하여 해를 구하면
$x=\dfrac{6t\pm\sqrt{(-6t)^2+36t^2}}{36}=\dfrac{t\pm\sqrt{2}t}{6}=\dfrac{(1\pm\sqrt{2})t}{6}$

$\dfrac{(1+\sqrt{2})t}{6}-\left(-\dfrac{t}{6}\right)$

$=\dfrac{(2+\sqrt{2})t}{6} \ge \dfrac{(2+\sqrt{2})(6-3\sqrt{2})}{6}=1$

조건 (가)에서 닫힌구간 $[k-1, k]$의 길이는 k의 값에 관계없이 항상 1로 일정하다.

$6-3\sqrt{2} \le t < 3$에서 방정식 $f_1(k-1)=f_2(k)$를 만족시키는 k의 값은 k에 대한 방정식 $3(k-1)^2+t(k-1)=-3k^2+tk$의 실근인

$k=\dfrac{3-\sqrt{6t-9}}{6}$ 또는 $k=\dfrac{3+\sqrt{6t-9}}{6}$

이차방정식 $3(k-1)^2+t(k-1)=-3k^2+tk$에서
$3k^2-6k+3+tk-t+3k^2-tk=0$
$6k^2-6k+3-t=0$
$\therefore k=\dfrac{3\pm\sqrt{9-6(3-t)}}{6}=\dfrac{3\pm\sqrt{6t-9}}{6}$

이때, 함수 $f(x)$는 $x=\dfrac{t}{6}$에서 극대이므로 조건 (가)를 만족시키는 k의 값의 범위는

$\dfrac{3-\sqrt{6t-9}}{6} \le k \le \dfrac{t}{6}$ … ㉢

또한, 조건 (나)에서 닫힌구간 $[k, k+1]$의 길이는 k의 값에 관계없이 항상 1로 일정하고 함수 $f(x)$는 $x=-\dfrac{t}{6}$에서 극소이므로 조건 (나)를 만족시키는 $k+1$의 값의 범위는

$k+1 \le -\dfrac{t}{6}$ 또는 $k+1 \ge \dfrac{3+\sqrt{6t-9}}{6}$에서

$k \le -\dfrac{t}{6}-1$ 또는 $k \ge \dfrac{-3+\sqrt{6t-9}}{6}$ … ㉣

㉢, ㉣에 의하여 $6-3\sqrt{2} \le t < 3$에서 조건 (가), (나)를 모두 만족시키는 k의 값의 범위는 $\dfrac{3-\sqrt{6t-9}}{6} \le k \le \dfrac{t}{6}$이고, 실수 k의 최솟값이 $g(t)$이므로 $g(t)=\dfrac{3-\sqrt{6t-9}}{6}$

(i), (ii)에 의하여

$g(t)=\begin{cases} \dfrac{3-\sqrt{6t-9}}{6} & (6-3\sqrt{2} \le t < 3) \\[3mm] \dfrac{t-3}{6} & (t \ge 3) \end{cases}$

4th 정적분 $3\displaystyle\int_2^4 \{6g(t)-3\}^2 dt$의 값을 구하자.

$\therefore 3\displaystyle\int_2^4 \{6g(t)-3\}^2 dt$

$=3\displaystyle\int_2^3 \{6g(t)-3\}^2 dt+3\int_3^4 \{6g(t)-3\}^2 dt$

$=3\displaystyle\int_2^3 \left\{6\times\dfrac{3-\sqrt{6t-9}}{6}-3\right\}^2 dt+3\int_3^4 \left(6\times\dfrac{t-3}{6}-3\right)^2 dt$

$=3\displaystyle\int_2^3 (6t-9)dt+3\int_3^4 (t-6)^2 dt$

$=3\displaystyle\int_2^3 (6t-9)dt+3\int_3^4 (t^2-12t+36)dt$

$=3\left[3t^2-9t\right]_2^3+3\left[\dfrac{1}{3}t^3-6t^2+36t\right]_3^4$

$=3\times(27-27-12+18)+3\times\left(\dfrac{64}{3}-96+144-9+54-108\right)$

$=18+19=37$

쉬운 풀이: 함수 $f(x)$의 그래프 개형을 그려 조건을 만족시키는 k의 위치를 조금씩 왼쪽으로 움직여 보면서 최솟값 구하기

2nd 에서 $f_1(x)=3x^2+tx$, $f_2(x)=-3x^2+tx$라 하자.

(i) $\dfrac{t}{3}\geq 1$, 즉 $t\geq 3$일 때

[그림 1]과 같이 $f_2(k)=f_2(k+1)$이고, 구간의 길이가 각각 1이 되도록 두 구간 $[k-1,\ k]$, $[k,\ k+1]$을 잡으면 두 조건 (가), (나)를 <u>모두 만족시켜.</u> 닫힌구간 $[k-1,k]$에서 함수 $f(x)$는 $x=k$에서 최댓값을 갖고, 닫힌구간 $[k,k+1]$에서 함수 $f(x)$는 $x=k+1$에서 최솟값을 가져.

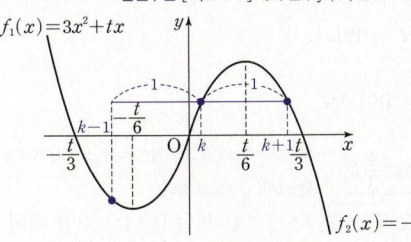

[그림 1]

이때, 구해야 하는 것이 k의 최솟값이니까 두 구간을 각각 왼쪽으로 약간씩 이동시켜보면 [그림 2]와 같게 되는데, 이 경우 <u>조건 (가)는 만족시키지만 조건 (나)는 만족시키지 않아.</u> 닫힌구간 $[k,k+1]$에서 함수 $f(x)$는 $x=k$에서 최솟값을 가져.

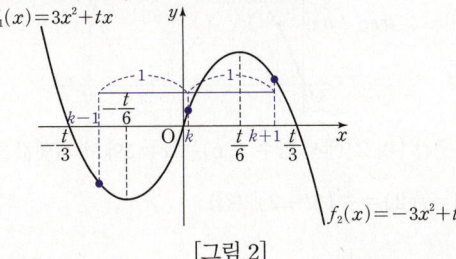

[그림 2]

즉, $t\geq 3$일 때는 $f_2(k)=f_2(k+1)$을 만족시키는 k의 값이 k의 최솟값이므로

$\dfrac{k+(k+1)}{2}=\dfrac{t}{6}$에서 $k=\dfrac{t}{6}-\dfrac{1}{2}$

$\therefore g(t)=\dfrac{t}{6}-\dfrac{1}{2}\ (t\geq 3)$

(ii) $\dfrac{t}{3}<1$, 즉 $6-3\sqrt{2}\leq t<3$일 때

[그림 3]과 같이 $f_1(k-1)=f_2(k)$이고, 구간의 길이가 각각 1이 되도록 두 구간 $[k-1,\ k]$, $[k,\ k+1]$을 잡으면 두 조건 (가), (나)를 모두 만족시켜.

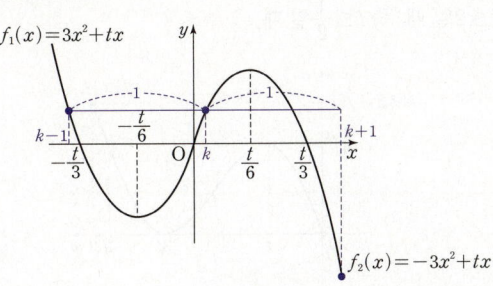

[그림 3]

이때, 구해야 하는 것이 k의 최솟값이니까 두 구간을 각각 왼쪽으로 약간씩 이동시켜보면 [그림 4]와 같게 되는데, 이 경우 조건 (나)는 만족시키지만 조건 (가)는 만족시키지 않아. 닫힌구간 $[k-1,k]$에서 함수 $f(x)$는 $x=k-1$에서 최댓값을 가져.

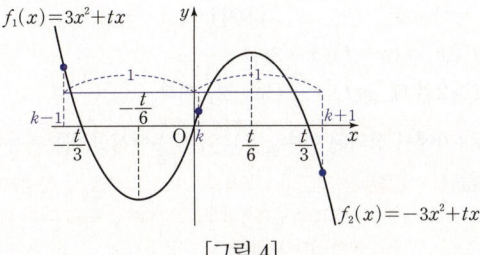

[그림 4]

즉, $6-3\sqrt{2}\leq t<3$일 때는 $f_1(k-1)=f_2(k)$를 만족시키는 k의 값이 k의 최솟값이므로

이차방정식 $3(k-1)^2+t(k-1)=-3k^2+tk$를 풀면

$k=\dfrac{3\pm\sqrt{6t-9}}{6}\ \cdots\ (\alpha)$

그런데 [그림 3]에서 $k<\dfrac{t}{6}\ \cdots\ (\beta)$이어야 하지?

$6-3\sqrt{2}\leq t<3$이니까 대략 $t=2$를 α, β의 k의 값에 대입해보면 $=1.7\times\times\times$

$k=\dfrac{3\pm\sqrt{12-9}}{6}=\dfrac{3\pm\sqrt{3}}{6}\ \cdots\ (\alpha')$

$k<\dfrac{2}{6}=\dfrac{1}{3}\ \cdots\ (\beta')$

β'을 만족시키는 α'의 값은 $k=\dfrac{3-\sqrt{3}}{6}$이므로

α에서 k의 최솟값은 $k=\dfrac{3-\sqrt{6t-9}}{6}$야.

$\therefore g(t)=\dfrac{3-\sqrt{6t-9}}{6}\ (6-3\sqrt{2}\leq t<3)$

(i), (ii)에 의하여

$$g(t)=\begin{cases}\dfrac{3-\sqrt{6t-9}}{6} & (6-3\sqrt{2}\leq t<3)\\[2mm]\dfrac{t}{6}-\dfrac{1}{2} & (t\geq 3)\end{cases}$$

(이하 동일)

My Top Secret   서울대 선배의 **①**등급 대비 전략

주어진 두 구간의 길이가 1이므로 $\dfrac{t}{3}$의 값이 1, 즉 $t=3$을 기준으로 t의 범위를 나누어야 해. 그런 다음 최고차항의 계수가 양수인 이차함수에서 닫힌구간 $[a,\ b]$에서의 최댓값은 $f(a)$와 $f(b)$ 중 큰 값이고, 최고차항의 계수가 음수인 이차함수의 최솟값은 $f(a)$와 $f(b)$ 중 작은 값임을 활용하자. 즉, $f(k)$와 $f(k-1)$이 같거나, $f(k)$와 $f(k+1)$이 같을 때의 k를 t로 나타내어 이 값들을 기준으로 두 조건을 모두 만족시키는 k의 값의 범위를 잡은 후 k의 최솟값을 찾으면 이 값이 $g(t)$가 돼.

F **221** 정답 ⑤ ········· ✪**2등급 대비** [정답률 23%]

★ 정적분으로 정의된 함수를 이해하여 [보기]의 진위 판정하기 [유형 22]

양수 t에 대하여 함수 $f(x)$를 **단서1** 정적분으로 정의된 함수가 주어지면 이용할 수 있는 정보가 많아.

$$f(x)=\int_{3t}^{x}(s^2-4ts+3t^2)ds$$

① $x=3t$를 대입해 보면 $f(3t)=0$
② 양변을 미분하면 $f'(x)=x^2-4tx+3t^2$ 이고, $x=t$를 대입하면 $f'(t)=t^2-4t^2+3t^2=0$

라 할 때, 닫힌구간 $[0,\ 2]$에서 함수 $f(x)$의 최댓값을 $g(t)$라 하자.

단서2 $f(x)$가 연속함수이므로 닫힌구간 $[0,\ 2]$에서의 최댓값은 $f(0)$, $f(2)$와 극값 중에서 가장 큰 값을 비교하여 구하면 돼.

[보기]에서 옳은 것만을 있는 대로 고른 것은? (4점)

[보기]

ㄱ. $f'(x)=(x-t)(x-3t)$

ㄴ. $t>2$일 때, $g(t)=\dfrac{2}{3}(3t-2)^2$이다.

ㄷ. $t>0$에서 정의된 함수 $g(t)$는 $t=\dfrac{1}{2}$에서만 미분가능하지 않다. **단서3** 닫힌구간 $[0, 2]$에서 함수 $f(x)$의 최댓값 $g(t)$를 범위에 맞게 구하고 $t=\dfrac{1}{2}$에서 좌미분계수와 우미분계수를 각각 구해서 미분가능을 판단하자.

① ㄱ   ② ㄷ   ③ ㄱ, ㄴ

④ ㄴ, ㄷ   ⑤ ㄱ, ㄴ, ㄷ

왜 2등급? 정적분으로 정의된 함수의 특정한 구간에서의 최댓값을 나타내는 함수를 유추하여 [보기]의 참, 거짓을 판단하는 문제이다.

정적분으로 정의된 함수가 주어지면 적분과 미분의 관계를 적용하는 것이 기본이다. 즉, 정적분으로 정의된 함수를 미분하여 함수가 극대, 극소가 되는 점을 구해 그래프를 그려보는 것이 어려워요.

단서+발상

단서1 정적분으로 정의된 함수에서는 정적분의 위끝과 아래끝이 같도록 하는 x의 값을 대입하여 특정 함숫값을 찾아내야 한다. 또한, x에 대해 미분하여 도함수를 구하면 정적분의 피적분함수가 됨을 이용하여 함수에 대해 정보를 얻을 수 있다. **유형**

따라서 주어진 함수에서 $x=3t$를 대입하여 함숫값을 찾고, 양변을 x에 대해 미분해 $f'(x)=x^2-4tx+3t^2$임을 알아내자. **적용**

단서2 이차함수 $f'(x)$에서 $f(x)$는 삼차함수가 되므로 $f(x)$는 연속이다. 따라서 $g(t)$는 주어진 구간의 양 끝점인 $f(0)$, $f(2)$와 열린구간 $(0, 2)$에서의 극댓값을 비교하여 가장 큰 값을 구하면 된다. **발상**

단서3 마지막으로, $g(t)$가 미분가능하지 않은 t의 값이 $t=\dfrac{1}{2}$뿐이려면 $t=\dfrac{1}{2}$에서만 미분가능하지 않고 다른 점에서는 모두 미분가능해야 한다. 따라서 t의 값의 범위를 나누어 $g(t)$를 구한 뒤, 미분가능성을 판단하도록 하자. **적용**

핵심 정답 공식: $a \le x \le b$에서 함수 $f(x)$의 최대, 최소는 주어진 구간에서 $f(x)$의 극값과 양 끝점의 함숫값을 비교하여 구한다.

--------------------- **[문제 풀이 순서]** ---------------------

1st 정적분으로 정의된 함수에 대하여 미분을 이용하여 함수 $f(x)$의 특징을 파악해.

ㄱ. $f(x)=\displaystyle\int_{3t}^{x}(s^2-4ts+3t^2)ds$의 양변을 x에 대하여 미분하면

$f'(x)=x^2-4tx+3t^2=(x-t)(x-3t)$ (참)

주의 s에 대한 식에서 s 대신 x를 대입하면 $f'(x)$를 구할 수 있지. 여기서 실수하면 그 다음 보기들은 전부 못 푸는 거니까 꼭 정확히 구했는지 확인하자.

2nd 함수 $y=f(x)$의 그래프의 개형을 이용하여 $t>0$에서의 함수 $g(t)$를 유추해.

ㄴ. $f'(x)=(x-t)(x-3t)$이므로

$f'(x)=0$에서

$x=t$ 또는 $x=3t$

즉, 함수 $f(x)$는 $x=t$에서 극댓값을 갖고, $x=3t$에서 극솟값을 갖는다.

$f(x)=\displaystyle\int_{3t}^{x}(s^2-4ts+3t^2)ds$

$=\left[\dfrac{1}{3}s^3-2ts^2+3t^2s\right]_{3t}^{x}$

$=\dfrac{1}{3}x(x-3t)^2$

우측 계산:
$f(x)$
$=\left[\dfrac{1}{3}s^3-2ts^2+3t^2s\right]_{3t}^{x}$
$=\dfrac{1}{3}x^3-2tx^2+3t^2x$
$\quad -\left\{\dfrac{1}{3}(3t)^3-2t(3t)^2+3t^2(3t)\right\}$
$=\dfrac{1}{3}x^3-2tx^2+3t^2x-(9t^3-18t^3+9t^3)$
$=\dfrac{1}{3}x(x^2-6tx+9t^2)=\dfrac{1}{3}x(x-3t)^2$

우측 컬럼

$f(x)$에 $x=t$를 대입하면

$f(t)=\dfrac{1}{3}t(t-3t)^2=\dfrac{4}{3}t^3$이므로

$f(x)-\dfrac{4}{3}t^3=\dfrac{1}{3}x(x-3t)^2-\dfrac{4}{3}t^3$

$=\dfrac{1}{3}(x^3-6tx^2+9t^2x-4t^3)$

$=\dfrac{1}{3}(x-t)^2(x-4t)$

조립제법을 이용하면

t	1	$-6t$	$9t^2$	$-4t^3$
		t	$-5t^2$	$4t^3$
t	1	$-5t$	$4t^2$	0
		t	$-4t^2$	
	1	$-4t$	0	

즉, $f(t)-\dfrac{4}{3}t^3=0$이고

$f(4t)-\dfrac{4}{3}t^3=0$이므로

$f(t)=f(4t)=\dfrac{4}{3}t^3$ 함수 $y=f(x)$의 그래프는 $x=t$, $x=4t$에서의 함숫값이 $\dfrac{4}{3}t^3$으로 같아.

이제, (i) $t>2$ 또는 (ii) $t \le 2 < 4t$ 또는 (iii) $4t \le 2$일 때의 함수 $g(t)$를 파악하자.

(i) $t>2$일 때,

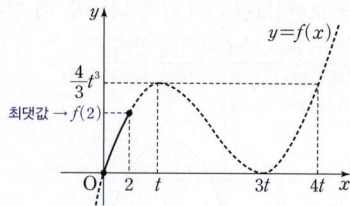

닫힌구간 $[0, 2]$에서 함수 $f(x)$는 $x=2$에서 최댓값을 가지므로

$g(t)=f(2)=\dfrac{2}{3}(3t-2)^2$ (참)

ㄷ. (ii) $t \le 2 < 4t$, 즉 $\dfrac{1}{2} < t \le 2$일 때,

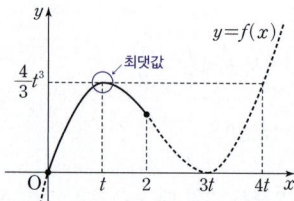

닫힌구간 $[0, 2]$에서 함수 $f(x)$는 $x=t$에서 최댓값을 가지므로

$g(t)=f(t)=\dfrac{4}{3}t^3$

(iii) $4t \le 2$일 때, 즉 $t \le \dfrac{1}{2}$일 때,

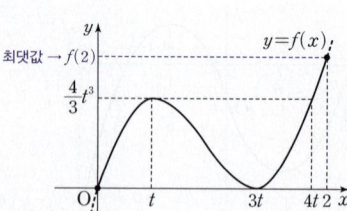

닫힌구간 $[0, 2]$에서 함수 $f(x)$는 $x=2$에서 최댓값을 가지므로

$g(t)=f(2)=\dfrac{2}{3}(3t-2)^2$

(i) ~ (iii)에 의하여

$g(t)=\begin{cases} \dfrac{2}{3}(3t-2)^2 & \left(0<t\le\dfrac{1}{2}\right) \\[2mm] \dfrac{4}{3}t^3 & \left(\dfrac{1}{2}<t\le2\right) \\[2mm] \dfrac{2}{3}(3t-2)^2 & (t>2) \end{cases}$

이므로 함수 $g(t)$가 $t=\frac{1}{2}$, $t=2$에서 좌미분계수와 우미분계수의 값이 같은지 확인하여 미분가능한지 판단하자.

$\rightarrow t=\frac{1}{2}$, $t=2$에서 함수 $g(t)$는 연속이야.

Ⅰ. $t=\frac{1}{2}$에서 좌미분계수와 우미분계수를 구하면

$$\lim_{t\to\frac{1}{2}^-}\frac{g(t)-g\left(\frac{1}{2}\right)}{t-\frac{1}{2}}=\lim_{t\to\frac{1}{2}^-}\frac{\frac{2}{3}(3t-2)^2-\frac{2}{3}\times\left(\frac{1}{2}\right)^2}{t-\frac{1}{2}}$$

$$=\lim_{t\to\frac{1}{2}^-}\frac{2\left(3t-\frac{5}{2}\right)\left(t-\frac{1}{2}\right)}{t-\frac{1}{2}}$$

$$=\lim_{t\to\frac{1}{2}^-}2\left(3t-\frac{5}{2}\right)=-2$$

$$\lim_{t\to\frac{1}{2}^+}\frac{g(t)-g\left(\frac{1}{2}\right)}{t-\frac{1}{2}}=\lim_{t\to\frac{1}{2}^+}\frac{\frac{4}{3}t^3-\frac{2}{3}\times\left(\frac{1}{2}\right)^2}{t-\frac{1}{2}}$$

$$=\lim_{t\to\frac{1}{2}^+}\frac{\frac{4}{3}\left(t-\frac{1}{2}\right)\left(t^2+\frac{1}{2}t+\frac{1}{4}\right)}{t-\frac{1}{2}}$$

$$=\lim_{t\to\frac{1}{2}^+}\frac{4}{3}\left(t^2+\frac{1}{2}t+\frac{1}{4}\right)=1$$

이므로 $t=\frac{1}{2}$에서 미분가능하지 않다.

$\rightarrow$ 좌미분계수와 우미분계수가 같지 않아.

Ⅱ. $t=2$에서 좌미분계수와 우미분계수를 구하면

$$\lim_{t\to2^-}\frac{g(t)-g(2)}{t-2}=\lim_{t\to2^-}\frac{\frac{4}{3}t^3-\frac{4}{3}\times2^3}{t-2}$$

$$=\lim_{t\to2^-}\frac{\frac{4}{3}(t-2)(t^2+2t+4)}{t-2}$$

$$=\lim_{t\to2^-}\frac{4}{3}(t^2+2t+4)=16$$

$$\lim_{t\to2^+}\frac{g(t)-g(2)}{t-2}=\lim_{t\to2^+}\frac{\frac{2}{3}(3t-2)^2-\frac{4}{3}\times2^3}{t-2}$$

$$=\lim_{t\to2^+}\frac{2(3t+2)(t-2)}{t-2}$$

$$=\lim_{t\to2^+}2(3t+2)=16$$

이 되어 $t=2$에서 미분가능하다.

$\rightarrow$ 좌미분계수와 우미분계수가 같아.

Ⅰ, Ⅱ에 의하여 $t>0$에서 함수 $g(t)$는 $t=\frac{1}{2}$에서만 미분가능하지 않다. (참)

따라서 옳은 것은 ㄱ, ㄴ, ㄷ이다.

My Top Secret   서울대 선배의 ① 등급 대비 전략

정적분으로 정의된 함수는 보통 미분을 통해 그 함수를 파악해.
즉, 주어진 함수를 미분하여 $f'(x)$를 구하면 이 식이 $x-3t$를 인수로 가지는 것을 알 수 있는데, $f(3t)=0$이므로 $f(x)$는 $(x-3t)^2$을 인수로 가져.
이를 통해 t의 값의 범위를 나누어 닫힌구간 $[0, 2]$에서 $f(x)$의 최댓값을 t에 대한 함수로 나타낼 수 있어.

F 222 정답 ④ ·········· ★2등급 대비 [정답률 24%]

핵심 정답 공식: 세 실수 a, b, c를 포함하는 닫힌구간에서 두 함수 $f(x)$, $g(x)$가 연속일 때,

$$\int_a^b\{f(x)\pm g(x)\}dx=\int_a^b f(x)dx\pm\int_a^b g(x)dx \text{ (복호동순)}$$

$$\int_a^b f(x)dx=\int_a^c f(x)dx+\int_c^b f(x)dx$$

F

최고차항의 계수가 양수인 이차함수 $f(x)$에 대하여 함수 $g(x)$를

$$g(x)=\int_0^x |f(t)|dt+\left|\int_0^x f(t)dt\right|$$

단서1 함수 $y=f(x)$의 그래프가 x축과 만나는 점의 개수에 따라 $\int_0^x |f(t)|dt$를 생각하는 방법이 달라져.

라 하자. 함수 $g(x)$가 다음 조건을 만족시킨다.

> (가) $g(x)=0$을 만족시키는 모든 실수 x의 값의 범위는 $-7\le x\le0$이다.
> (나) 양수 p에 대하여 $g(x)=81$을 만족시키는 모든 실수 x의 값의 범위는 $4p\le x\le7p$이다.
> **단서2** 함수 $g(x)$는 $-7\le x\le0$과 $4p\le x\le7p$에서 각각 상수함수야.

$f(-10)$의 값은? (4점)

① 3　　　② 6　　　③ 9
④ 12　　　⑤ 15

🔍 단서+발상

단서1 함수 $y=f(x)$가 이차함수이기 때문에 x축과 만나지 않거나, 한 점에서 접하거나, 두 점에서 만난다. **개념**
$\int_0^x |f(t)|dt$는 함수 $f(x)$의 절댓값을 적분한 것이기 때문에 $f(x)$가 x축과 만나는 점의 개수에 따라 생각해야 하는 방향이 다르다. **발상**
따라서 x축과 만나는 점의 개수에 따라 경우를 나누어 조건을 만족하는지 확인하면 된다. **적용**

단서2 조건 (가), (나)는 모두 함수 $g(x)$가 어떤 값을 만족하는 모든 실수 x의 범위를 제시하고 있다. **발상**
x가 범위로 주어진다는 것은 범위 내에서 함수 $g(x)$가 항상 그 값을 만족한다는 의미이므로, $g(x)$는 각 범위에서 상수함수임을 알 수 있다. **발상**
함수 $g(x)$의 범위에 따라 함수를 정의한 후, $-7\le x\le0$과 $4p\le x\le7p$가 어떤 범위에 대응하는지 찾으면 된다. **해결**

-------------------- [문제 풀이 순서] --------------------

1st 조건에 맞는 이차함수 $f(x)$를 설정하자.

최고차항의 계수가 양수인 이차함수 $f(x)$에 대하여
모든 실수 x에 대하여 $f(x)\ge0$이면

$x\ge0$에서 $g(x)=2\int_0^x f(t)dt$

$g'(x)=2f(x)\ge0$

즉, 함수 $g(x)$는 $x\ge0$에서 증가하므로

조건 (나)를 만족시키는 양수 p가 존재하지 않는다.

함수 $f(x)$가 $x\ge0$에서 증가하면 $g(x)=81$인 x의 값이 유일하게 존재하므로 조건 (나)를 만족시키지 않게 돼.

그러므로 양수 a와 두 상수 b, $c(b<c)$에 대하여

$f(x)=a(x-b)(x-c)$

이때 $b\ge0$이면 $x\le0$인 모든 실수 x에 대하여

$$g(x)=\int_0^x f(t)dt-\int_0^x f(t)dt=0$$이므로

조건 (가)를 만족시키지 않는다. $\therefore b<0$

또한, $c\leq0$이면 $x\geq0$에서 $g(x)=2\displaystyle\int_0^x f(t)dt$

$g'(x)=2f(x)\geq0$

즉, 함수 $g(x)$는 $x\geq0$에서 증가하므로

조건 (나)를 만족시키지 않는다. $\therefore c>0$

그러므로 $b<0<c$가 성립하고 그림과 같이

$\displaystyle\int_0^k f(x)dx=0$이고 c보다 큰 양수 k가 존재한다. $\cdots$ ㉠

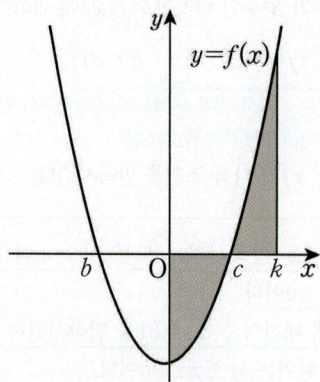

2nd x의 범위에 따라 $g(x)$를 파악한 후, 조건을 모두 만족시키는 b, c, k의 값을 생각하자.

함수 $g(x)=\displaystyle\int_0^x |f(t)|dt+\left|\displaystyle\int_0^x f(t)dt\right|$를 다음과 같이 경우를 나누어 생각할 수 있다.

(i) $x<b$일 때,

$\quad g(x)=\displaystyle\int_0^b |f(t)|dt+\displaystyle\int_b^x |f(t)|dt+\left|\displaystyle\int_0^x f(t)dt\right|$

$\qquad\quad =\displaystyle\int_0^b \{-f(t)\}dt+\displaystyle\int_b^x f(t)dt+\left|\displaystyle\int_0^x f(t)dt\right|>0$

(ii) $b\leq x<0$일 때,

$\quad g(x)=\displaystyle\int_0^x \{-f(t)\}dt+\displaystyle\int_0^x f(t)dt=0$

(iii) $0\leq x<c$일 때,

$\quad g(x)=\displaystyle\int_0^x \{-f(t)\}dt+\left(-\displaystyle\int_0^x f(t)dt\right)=-2\displaystyle\int_0^x f(t)dt$

(iv) $c\leq x\leq k$일 때,

$\quad g(x)=\displaystyle\int_0^c \{-f(t)\}dt+\displaystyle\int_c^x f(t)dt+\left(-\displaystyle\int_0^x f(t)dt\right)$

$\qquad\quad =-2\displaystyle\int_0^c f(t)dt \cdots$ ㉡

(v) $x>k$일 때, _{여기서 c는 실수 값을 갖게 되므로 $g(x)$는
상수함수가 되어 조건 (나)를 만족시켜.}

$\quad g(x)=\displaystyle\int_0^c \{-f(t)\}dt+\displaystyle\int_c^x f(t)dt+\displaystyle\int_0^x f(t)dt$

$\qquad\quad =2\displaystyle\int_c^x f(t)dt$

(i)~(v)에 의하여

$\underset{\because\text{(ii)}}{b=-7}$이고 $\underset{\because\text{(iv)}}{c=4p,\ k=7p}$이다.

3rd ㉠, ㉡을 이용하여 $f(x)$ 및 $f(-10)$의 값을 구하자.

$f(x)=a(x-b)(x-c)=a(x+7)(x-4p)$이고 ㉠에 의하여

$\displaystyle\int_0^{7p} a(x+7)(x-4p)dx=0$

$a\displaystyle\int_0^{7p} \{x^2+(7-4p)x-28p\}dx=0$

$a\left[\dfrac{1}{3}x^3+\dfrac{7-4p}{2}x^2-28px\right]_0^{7p}=0$

$a\left(\dfrac{343}{3}p^3+\dfrac{343}{2}p^2-98p^3-196p^2\right)=0,\ \dfrac{49}{3}ap^2\left(p-\dfrac{3}{2}\right)=0$

$a>0$, $p>0$이므로 $p=\dfrac{3}{2}$이고 $c=6$, $k=\dfrac{21}{2}$

㉡과 조건 (나)에 의하여

$g(x)=-2\displaystyle\int_0^6 a(x+7)(x-6)dx=81$

$a\displaystyle\int_0^6 (x^2+x-42)dx=-\dfrac{81}{2}$

$a\left[\dfrac{1}{3}x^3+\dfrac{1}{2}x^2-42x\right]_0^6=-\dfrac{81}{2}$

$a(72+18-252)=-\dfrac{81}{2},\ -162a=-\dfrac{81}{2}$

$\therefore a=\dfrac{1}{4}$

따라서 $f(x)=\dfrac{1}{4}(x+7)(x-6)$이므로

$f(-10)=\dfrac{1}{4}\times(-3)\times(-16)=12$

(**정답 공식:** 구간 $[a, b]$에서 $f(x) \geq 0$이면 $\int_a^b f(x)dx \geq 0$, $\int_b^a f(x)dx \leq 0$)

최고차항의 계수가 1인 삼차함수 $f(x)$와 상수 $k\,(k \geq 0)$에 대하여 함수

$$g(x) = \begin{cases} 2x-k & (x \leq k) \\ f(x) & (x > k) \end{cases}$$

단서1 함수 $y=g(x)$의 그래프는 $x \leq k$에서 직선이고 $x > k$에서 삼차함수 $y=f(x)$의 그래프의 일부분이야.

가 다음 조건을 만족시킨다.

(가) 함수 $g(x)$는 실수 전체의 집합에서 증가하고 미분가능하다. **단서2** 함수 $g(x)$는 $x \leq k$에서 일차함수, $x > k$에서 삼차함수이므로 $x \neq k$인 모든 실수 x에서 미분가능해. 그런데 조건 (가)를 만족시켜야 하므로 $x=k$에서도 미분가능해야 해.

(나) 모든 실수 x에 대하여

$$\int_0^x g(t)\{|t(t-1)| + t(t-1)\}dt \geq 0$$이고

$$\int_3^x g(t)\{|(t-1)(t+2)| - (t-1)(t+2)\}dt \geq 0$$이다.

단서3 모든 실수 t에 대하여 $|t(t-1)| + t(t-1) \geq 0$, $|(t-1)(t+2)| - (t-1)(t+2) \geq 0$이므로 정적분의 값의 부호는 $g(t)$에 의하여 결정돼.

$g(k+1)$의 최솟값은? (4점)

① $4-\sqrt{6}$ 　 **② $5-\sqrt{6}$** 　 ③ $6-\sqrt{6}$
④ $7-\sqrt{6}$ 　 ⑤ $8-\sqrt{6}$

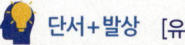 **단서+발상** [유형 25]

단서1 구간별로 정의된 함수 $g(x)$는 $x \leq k$에서는 기울기가 2인 일차함수이고, $x > k$에서는 최고차항의 계수가 1인 삼차함수이다. (개념)

단서2 구간별로 정의된 함수 $g(x)$는 $x \neq k$인 모든 실수 x에 대해 항상 미분가능하므로 $g(x)$가 $x=k$에서도 미분가능하도록 상수를 맞춰야 한다. (개념)

단서3 모든 실수 x에 대하여 $-|x| \leq x \leq |x|$가 성립하므로 $|x| + x \geq 0$, $|x| - x \geq 0$이 성립한다. (발상)
따라서 $|t(t-1)| + t(t-1) \geq 0$, $|(t-1)(t-2)| - (t-1)(t-2) \geq 0$이 성립하므로 조건 (나)의 정적분 값의 부호는 $g(t)$의 개형에 의해 결정되는 것을 알 수 있다. (해결)

---------------- [문제 풀이 순서] ----------------

1st 함수 $y=g(x)$의 그래프의 개형을 그려 보자.

함수 $y=g(x)$의 그래프는 $x \leq k$일 때 기울기가 2이고 x절편이 $\dfrac{k}{2}$, y절편이 $-k$인 직선이고 $x > k$일 때 최고차항의 계수가 1인 삼차함수 $y=f(x)$의 그래프의 일부분이다.
이때, 조건 (가)에 의하여 함수 $g(x)$가 $x=k$에서 미분가능하므로
$x=k$에서 연속이고 직선 $y=2x-k$는 삼차함수 $y=f(x)$의 그래프와 $x=k$에서 접한다는 거야.
미분가능하다.
즉, $\displaystyle\lim_{x \to k+} g(x) = \lim_{x \to k-} g(x)$에서 $\displaystyle\lim_{x \to k+} f(x) = \lim_{x \to k-}(2x-k)$

함수 $f(x)$가 $x=a$에서 연속이면 $\displaystyle\lim_{x \to a+} f(x) = \lim_{x \to a-} f(x) = f(a)$가 성립해.

$\therefore f(k) = 2k-k = k \cdots$ ㉠

$\displaystyle\lim_{x \to k+} g'(x) = \lim_{x \to k-} g'(x)$에서 $\displaystyle\lim_{x \to k+} f'(x) = \lim_{x \to k-} 2$

$g(x) = \begin{cases} 2x-k & (x \leq k) \\ f(x) & (x > k) \end{cases}$에서 $g'(x) = \begin{cases} 2 & (x < k) \\ f'(x) & (x > k) \end{cases}$

$\therefore f'(k) = 2 \cdots$ ㉡

또한, 조건 (가)에 의하여 함수 $g(x)$가 실수 전체의 집합에서 증가하므로 함수 $y=g(x)$의 그래프의 개형은 그림과 같다.

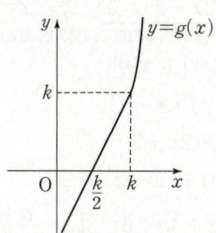

2nd 조건 (나)를 이용하여 상수 k의 값을 구해.

$$h_1(t) = |t(t-1)| + t(t-1) = \begin{cases} 2t(t-1) & (t \leq 0 \text{ 또는 } t \geq 1) \\ 0 & (0 < t < 1) \end{cases}$$

$$h_2(t) = |(t-1)(t+2)| - (t-1)(t+2)$$
$$= \begin{cases} 0 & (t \leq -2 \text{ 또는 } t \geq 1) \\ -2(t-1)(t+2) & (-2 < t < 1) \end{cases}$$

라 하면 두 함수 $y=h_1(t)$, $y=h_2(t)$의 그래프는 다음 그림과 같다.

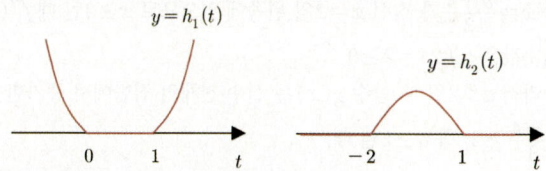

조건 (나)에서 모든 실수 x에 대하여

(i) $\displaystyle\int_0^x g(t)h_1(t)dt \geq 0$이려면
<u>구간 $[0, x]$에서 $g(t)h_1(t) \geq 0$이고 구간 $[x, 0]$에서 $g(t)h_1(t) \leq 0$</u>
이어야 한다. 상수 p와 모든 실수 x에 대하여 $\displaystyle\int_p^x h(t)dt \geq 0$이려면 구간 $[p, x]$에서 $h(t) \geq 0$이고 구간 $[x, p]$에서 $h(t) \leq 0$이어야 해.
이때, 모든 실수 t에 대하여 $h_1(t) \geq 0$이므로
구간 $[0, x]$에서 $g(t) \geq 0$이고 구간 $[x, 0]$에서 $g(t) \leq 0$이다.
즉, $g(1) \geq 0$, $g(0) \leq 0$이어야 하므로 그림과 같이 $0 \leq \dfrac{k}{2} \leq 1$
이어야 한다.

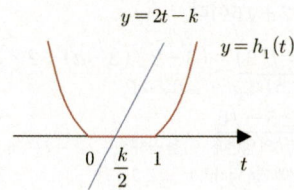

따라서 $0 \leq k \leq 2$이다.

(ii) $\displaystyle\int_3^x g(t)h_2(t)dt \geq 0$이려면
구간 $[3, x]$에서 $g(t)h_2(t) \geq 0$이고 구간 $[x, 3]$에서 $g(t)h_2(t) \leq 0$
이어야 한다.
이때, 모든 실수 t에 대하여 $h_2(t) \geq 0$이므로
구간 $[3, x]$에서 $g(t) \geq 0$이고 구간 $[x, 3]$에서 $g(t) \leq 0$이다.
즉, $g(1) \leq 0$이어야 하므로 그림과 같이 $\dfrac{k}{2} \geq 1$이어야 한다.

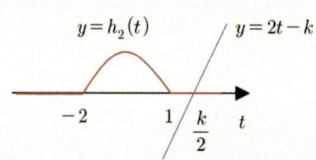

따라서 $k \geq 2$이다.

(i), (ii)를 모두 만족시키는 k의 값은 2이다.

3rd 조건 (가)를 이용하여 $g(k+1)$의 최솟값을 구해.

㉠에서 $f(2)=2$이고 ㉡에서 $f'(2)=2$이므로 함수 $y=f(x)$의 그래프와 직선 $y=2x-k=2x-2$는 점 $(2, 2)$에서 접한다.

즉, 삼차방정식 $f(x)-(2x-2)=0$은 중근 $x=2$를 갖고,
<u>함수 $f(x)$가 최고차항의 계수가 1인 삼차함수이므로 이 방정식은 최고차항의 계수가 1인 삼차방정식이야.</u>
또 다른 실근 $x=a$를 갖는다고 하면

$f(x)-(2x-2)=(x-2)^2(x-a)$

$f(x)=(x-2)^2(x-a)+2x-2 \cdots$ ㉢

$f'(x)=2(x-2)(x-a)+(x-2)^2+2$

$\quad = 3x^2-2(a+4)x+4a+6 = 3\left(x-\dfrac{a+4}{3}\right)^2+\dfrac{-a^2+4a+2}{3}$

한편, 함수 $g(x)$가 실수 전체의 집합에서 증가하므로 $x \geq 2$에서도 증가한다.

즉, $x \geq 2$에서 $f'(x) \geq 0$이어야 한다.

이때, 함수 $y=f'(x)$의 그래프의 축은 직선 $x=\dfrac{a+4}{3}$이므로 $\dfrac{a+4}{3}$의 값의 범위를 나누어 $f'(x)$의 최솟값을 구하자.

(I) $\dfrac{a+4}{3}<2$, 즉 $a<2$일 때,

축 $x=\dfrac{a+4}{3}$가 직선 $x=2$의 왼쪽에 있으므로 $x \geq 2$일 때 $f'(x)$의 최솟값은 $f'(2)=2 \geq 0$

따라서 $a<2$일 때 함수 $g(x)$는 실수 전체의 집합에서 증가한다.

(II) $\dfrac{a+4}{3} \geq 2$, 즉 $a \geq 2$일 때,

축 $x=\dfrac{a+4}{3}$가 직선 $x=2$와 일치하거나 오른쪽에 있으므로 $x \geq 2$일 때 $f'(x)$의 최솟값은 $f'\left(\dfrac{a+4}{3}\right)=\dfrac{-a^2+4a+2}{3}$

즉, $\dfrac{-a^2+4a+2}{3} \geq 0$에서 $-a^2+4a+2 \geq 0$

$a^2-4a-2 \leq 0 \quad \therefore 2-\sqrt{6} \leq a \leq 2+\sqrt{6}$
<u>$a^2-4a-2=0$에서 이차방정식의 근의 공식에 의하여 $a=2\pm\sqrt{4+2}=2\pm\sqrt{6}$</u>
그런데 $a \geq 2$이어야 하므로 $2 \leq a \leq 2+\sqrt{6}$

따라서 $2 \leq a \leq 2+\sqrt{6}$일 때 함수 $g(x)$는 실수 전체의 집합에서 증가한다.

(I), (II)에 의하여 함수 $g(x)$가 실수 전체의 집합에서 증가하도록 하는 a의 값의 범위는 $a \leq 2+\sqrt{6}$이다.

$\therefore g(k+1)=g(3)=f(3)=(3-2)^2(3-a)+2\times3-2 \ (\because$ ㉢$)$
<u>$x>k=2$일 때, $g(x)=f(x)$지?</u>
$\quad = 7-a \geq 5-\sqrt{6}$
<u>$a \leq 2+\sqrt{6}$의 양변에 -1을 곱하면 $-a \geq -2-\sqrt{6}$
다시 양변에 7을 더하면 $7-a \geq 5-\sqrt{6}$</u>
따라서 $g(k+1)$의 최솟값은 $5-\sqrt{6}$이다.

My Top Secret 　　서울대 선배의 ❶ 등급 대비 전략

$a<b$인 두 실수 a, b와 연속함수 $f(x)$에 대하여 $f(x) \geq 0$이면 $\int_a^b f(x)dx \geq 0$이 성립하지만, 그 역은 일반적으로 성립하지 않아.
따라서 조건 (나)를 해석할 때 해당 조건만을 근거로 정적분 안의 함수의 부호가 특정 범위 내에서 일정하다고 판단하면 안돼.

F 224 　정답 54 ⚫1등급 대비 [정답률 15%]

정답 공식: 상수 a에 대하여 $\int_a^x f(t)dt$꼴이 주어지면 $\int_a^a f(t)dt=0$과 $\dfrac{d}{dx}\left\{\int_a^x f(t)dt\right\}=f(x)$임을 이용한다.

실수 전체의 집합에서 미분가능한 함수 $f(x)$가 모든 실수 x에 대하여

$$\{f(x)\}^2=2\int_3^x (t^2+2t)f(t)dt$$

단서 양변에 $x=3$을 대입하여 $f(3)$의 값을 구하고, 양변을 x에 대하여 미분하여 $f(x)$ 또는 $f'(x)$를 구해.

를 만족시킬 때, $\int_{-3}^0 f(x)dx$의 최댓값을 M, 최솟값을 m이라 하자. $M-m$의 값을 구하시오. (4점)

💡 단서+발상 [유형 26]

단서 주어진 항등식에 $x=3$을 대입하면 우변이 0이 되므로 $f(3)=0$인 것을 알 수 있고, 양변을 x에 대해 미분하면 $2f(x)f'(x)=2(x^2+2x)f(x)$인 것을 알 수 있다. **적용**

따라서 모든 실수 x에 대하여 $f(x)=0$ 또는 $f'(x)=x^2+2x$인 것을 알 수 있다. **발상**

---------------------- [문제 풀이 순서] ----------------------

1st 주어진 식의 양변에 $x=3$을 대입해.

$\{f(x)\}^2=2\int_3^x (t^2+2t)f(t)dt \cdots$ ㉠

㉠에 $x=3$을 대입하면

$\int_a^a f(t)dt=0$

$\{f(3)\}^2=0$

$\therefore f(3)=0$

2nd 주어진 식의 양변을 x에 대하여 미분해.

㉠의 양변을 x에 대하여 미분하면

<u>$\dfrac{d}{dx}\left\{\int_a^x f(t)dt\right\}=f(x)$</u>

$2f(x)f'(x)=2(x^2+2x)f(x)$
<u>곱의 미분법을 이용하면 $\{f(x)\}^2=f(x)\times f(x)$이므로
$\dfrac{d}{dx}\{f(x)\}^2=f'(x)\times f(x)+f(x)\times f'(x)=2f(x)f'(x)$</u>

$2f(x)f'(x)-2(x^2+2x)f(x)=0$

$2f(x)\{f'(x)-(x^2+2x)\}=0$

$\therefore f(x)=0$ 또는 $f'(x)=x^2+2x$

이때, $\int (x^2+2x)dx=\dfrac{1}{3}x^3+x^2+C$(단, C는 적분상수)이므로

$g(x)=\dfrac{1}{3}x^3+x^2+C$라 하면

$f(x)=0$ 또는 $f(x)=g(x)$이다.

3rd 함수 $f(x)$가 위의 조건을 만족시키며 실수 전체의 집합에서 미분가능한 경우를 모두 구해.

함수 $f(x)$는 모든 실수에 대하여 미분가능하고,

$f(3)=0$, $f(x)=0$ 또는 $f(x)=g(x)$이므로

이를 만족시키는 함수 $f(x)$는 4가지 경우가 있다.
<u>함수 $f(x)$가 실수 전체의 집합에서 $f(x)=0$인 경우와 $f(x)=g(x)$인 경우와 구간에 따라 $f(x)=0$ 또는 $f(x)=g(x)$인 경우로 나눌 거야.</u>

각각의 경우에서 $\int_{-3}^0 f(x)dx$의 값을 구해 보자.

(i) 모든 실수 x에 대하여 $f(x)=0$인 경우

$\int_{-3}^0 f(x)dx=\int_{-3}^0 0\,dx=0$

(ii) 모든 실수 x에 대하여 $f(x)=g(x)$인 경우

$f(3)=g(3)=0$이므로

$g(3)=\dfrac{1}{3}\times 3^3+3^2+C=18+C=0$ $\therefore C=-18$

$\therefore f(x)=g(x)=\dfrac{1}{3}x^3+x^2-18$

$\therefore \displaystyle\int_{-3}^{0}f(x)dx=\int_{-3}^{0}\left(\dfrac{1}{3}x^3+x^2-18\right)dx$

$\qquad =\left[\dfrac{1}{12}x^4+\dfrac{1}{3}x^3-18x\right]_{-3}^{0}$

$\qquad =0-\left\{\dfrac{1}{12}\times(-3)^4+\dfrac{1}{3}\times(-3)^3-18\times(-3)\right\}$

$\qquad =-\dfrac{27}{4}+9-54=-\dfrac{207}{4}$

(iii) 구간에 따라 $f(x)=0$ 또는 $f(x)=g(x)$인 경우

구간에 따라 $f(x)=0$ 또는 $f(x)=g(x)$이려면
함수 $f(x)$가 실수 전체의 집합에서 미분가능하므로
두 함수 $y=g(x)$와 $y=0$의 경계에서 함숫값과 미분계수가 각각
0으로 같아야 한다.

$g(x)=\dfrac{1}{3}x^3+x^2+C$에 대하여

$g'(x)=x^2+2x=x(x+2)=0$에서

$x=-2$ 또는 $x=0$

즉, $x=-2$에서 극대, $x=0$에서 극소이므로

삼차함수 $g(x)$의 극댓값 또는 극솟값이 0이어야 한다.
이 중 함숫값이 0인 점이 함수식이 바뀌는 경계야.

주의
$f(x)=0$인 경우의 미분계수는 0이므로 $f'(x)=0$인 경우
즉, $x=-2$ 또는 $x=0$에서만 $f(x)=0$인 경우와 $f(x)=g(x)$인 경우가 바뀌어야 해.

Ⅰ) 극댓값 $g(-2)=0$인 경우

$g(-2)=-\dfrac{8}{3}+4+C=0$ $\therefore C=-\dfrac{4}{3}$

$\therefore g(x)=\dfrac{1}{3}x^3+x^2-\dfrac{4}{3}$

이때, $f(x)=0$이어야 하는데 $g(3)\neq 0$이므로

$f(x)=\begin{cases}\dfrac{1}{3}x^3+x^2-\dfrac{4}{3} & (x<-2)\\ 0 & (x\geq -2)\end{cases}$

$\therefore \displaystyle\int_{-3}^{0}f(x)dx=\int_{-3}^{-2}\left\{\dfrac{1}{3}x^3+x^2-\dfrac{4}{3}\right\}dx+\int_{-2}^{0}0dx$

$\qquad =\left[\dfrac{1}{12}x^4+\dfrac{1}{3}x^3-\dfrac{4}{3}x\right]_{-3}^{-2}$

$\qquad =\left(\dfrac{4}{3}-\dfrac{8}{3}+\dfrac{8}{3}\right)-\left(\dfrac{27}{4}-9+4\right)$

$\qquad =\dfrac{4}{3}-\dfrac{7}{4}=-\dfrac{5}{12}$

Ⅱ) 극솟값 $g(0)=0$인 경우

$g(0)=C=0$이므로 $g(x)=\dfrac{1}{3}x^3+x^2$

이때, $f(x)=0$이어야 하는데 $g(3)\neq 0$이므로

$f(x)=\begin{cases}\dfrac{1}{3}x^3+x^2 & (x<0)\\ 0 & (x\geq 0)\end{cases}$

$\therefore \displaystyle\int_{-3}^{0}f(x)dx=\int_{-3}^{0}\left(\dfrac{1}{3}x^3+x^2\right)dx$

$\qquad =\left[\dfrac{1}{12}x^4+\dfrac{1}{3}x^3\right]_{-3}^{0}$

$\qquad =0-\left(\dfrac{27}{4}-9\right)=\dfrac{9}{4}$

4th $M-m$의 값을 구해.

(ⅰ)~(ⅲ)에 의해

$\displaystyle\int_{-3}^{0}f(x)dx$로 가능한 값은

$0,\ -\dfrac{207}{4},\ -\dfrac{5}{12},\ \dfrac{9}{4}$

따라서 최댓값 $M=\dfrac{9}{4}$, 최솟값 $m=-\dfrac{207}{4}$이므로

$M-m=\dfrac{9}{4}-\left(-\dfrac{207}{4}\right)=\dfrac{216}{4}=54$

My Top Secret 　서울대 선배의 ❶등급 대비 전략

도함수 $f'(x)=x^2+2x$인 삼차함수 $y=f(x)$의 그래프의 개형은
어느 정도 정해진 상태이므로 $\displaystyle\int_{-3}^{0}f(x)dx$의 값이 최대, 최소인 상황
을 각각 구했다면 그래프의 성질을 이용하여 계산량을 줄일 수 있어.

$\displaystyle\int_{-3}^{0}f(x)dx$의 값이 최소인 경우에는 $-3\leq x\leq 0$에서
$f(x)=\dfrac{1}{3}(x+3)x^2-18$이고, $\displaystyle\int_{-3}^{0}f(x)dx$의 값이 최대인 경우에는
$-3\leq x\leq 0$에서 $f(x)=\dfrac{1}{3}(x+3)x^2$이므로 $M-m$의 값은

$\displaystyle\int_{-3}^{0}18dx=54$야.

F 225 정답 32 ‥‥‥‥‥‥‥‥ ★1등급 대비 [정답률 5%]

＊함수의 연속을 이용한 도함수의 그래프 완성하기 [유형 26]

두 상수 a, $b(b\neq 1)$과 이차함수 $f(x)$에 대하여 함수 $g(x)$가
다음 조건을 만족시킨다.

(가) 함수 $g(x)$는 실수 전체의 집합에서 미분가능하고,
도함수 $g'(x)$는 실수 전체의 집합에서 연속이다.
단서1 함수 $y=g'(x)$의 그래프가 끊기지 않고 연속적으로 그려져야
함에 주의해.

(나) $|x|<2$일 때, $g(x)=\displaystyle\int_{0}^{x}(-t+a)dt$이고
단서2 $g'(x)=-x+a,\ g(0)=0$

$|x|\geq 2$일 때, $|g'(x)|=f(x)$이다.

(다) 함수 $g(x)$는 $x=1$, $x=b$에서 극값을 갖는다.
단서3 미분가능한 함수 $g(x)$가 $x=a$에서 극값을 가지면
$g'(a)=0$이므로 $g'(1)=0,\ g'(b)=0$이야.

$g(k)=0$을 만족시키는 모든 실수 k의 값의 합이 $p+q\sqrt{3}$일 때,
$p\times q$의 값을 구하시오. (단, p와 q는 유리수이다.) (4점)

왜 1등급? 함수 $g(x)$가 미분가능하고 특정한 지점에서 극값을 가진다는 조건과
$g'(x)$는 실수 전체의 집합이라는 것을 이용하여 도함수 $g'(x)$를 먼저 구하고
$g(x)$가 0이 되는 지점을 찾아야 해서 어려웠다.

단서1 함수 $g(x)$가 미분가능하고 도함수 $g'(x)$는 연속이므로 $g'(x)$는 $x=2$와
$x=-2$에서도 연속이다. **개념**

함수 위의 한 점에서 연속이기 위해서는 함숫값, 좌극한의 값, 우극한의 값이
서로 같아야 한다. **개념**

조건 (나) 조건에서 $|x|=2$인 지점에서 연속이 되도록 하는 $g'(x)$에 대해
생각해 본다. **적용**

단서2 $x=0$인 지점에서 $g(0)=\int_0^0 (-t+a)dt$이므로 $g(0)=0$이고, 주어진 식을
미분하여 $g'(x)=-x+a$를 구할 수 있다. **개념**

단서3 도함수 $g'(x)$의 값이 0이 되는 x에서 $g(x)$는 극값을 가지므로
$g'(1)=g'(b)=0$이고 $g'(1)=0$으로부터 a의 값이 나온다. **적용**

$|x|\geq 2$인 범위에서 $g'(x)$에 절댓값을 취한 것이 $f(x)$이므로 함수 $f(x)$는
동일한 정의역에서 $f(x)\geq 0$인 이차함수임을 알 수 있다. **발상**

함수 $f(x)$가 $x=b$에서도 극값을 가지기 때문에 함수 $f(x)$의 그래프는 x축과
접하는 지점이 존재한다. **개념**

$g'(x)$가 연속이 되도록 하는 $f(x)$의 식을 구하면 된다. **해결**

주의 이차방정식을 세워 b를 구할 때 b의 절댓값은 2 이상이어야 한다.

핵심 정답 공식: $\dfrac{d}{dx}\int_a^x g(t)dt=g(x)$, 미분가능한 함수 $g(x)$가 $x=a$에서 극값을 가지면 $g'(a)=0$이다.

-------------------------- [문제 풀이 순서] --------------------------

1st 함수 $g'(x)$를 조건을 이용하여 구하자. $\rightarrow \dfrac{d}{dx}\int_a^x g(t)dt=g(x)$

조건 (나)에서 $|x|<2$일 때 $g'(x)=-x+a$이고
조건 (다)에서 함수 $g(x)$가 $x=1$에서 극값을 가지므로
$g'(1)=-1+a=0$ $\therefore a=1$ $\rightarrow$ 미분가능한 함수 $g(x)$가 $x=a$에서 극값을 가지면

$|x|<2$일 때 $g'(x)=-x+1$에서 $g'(a)=0$이야.

함수 $g(x)$는 $x=1$에서만 극값을 가지므로 $|b|\geq 2$

한편, 조건 (가)에서 도함수 $g'(x)$는 실수 전체의 집합에서 연속이다.

즉, 함수 $g'(x)$가 $x=-2$, $x=2$에서 $\rightarrow$ 함수 $f(x)$가 $x=a$에서 연속이려면
연속이므로

(i) $x=a$에서 $f(a)$가 정의되어 있고

$g'(-2)=\lim\limits_{x\to -2+} g'(x)$ (ii) $\lim\limits_{x\to a} f(x)$의 값이 존재하며

$=\lim\limits_{x\to -2+}(-x+1)=3 \cdots \bigcirc$ (iii) $\lim\limits_{x\to a} f(x)=f(a)$를 만족시켜야 해.

$g'(2)=\lim\limits_{x\to 2-} g'(x)=\lim\limits_{x\to 2-}(-x+1)=-1 \cdots \bigcirc$

에서 $b\neq \pm 2$이므로 $|b|>2 \cdots \bigcirc$

조건 (나)에서 $|g'(b)|=f(b)=0$이고 $|x|\geq 2$인 모든 실수 x에
대하여 이차함수 $f(x)$는 $f(x)=|g'(x)|\geq 0$이므로

$f(x)=m(x-b)^2 \ (m>0)$ $\rightarrow$ 최고차항의 계수가 양수인 이차함수 $f(x)$에 대하여

$\bigcirc$, $\bigcirc$에 의하여 $f(p)=0$이고, 모든 실수 x에 대하여 $f(x)\geq 0$이면

$f(-2)=|g'(-2)|=3$, $f(2)=|g'(2)|=1 \cdots \textcircled{a}$ $f(x)=m(x-p)^2(m>0)$으로 놓을 수 있어.

이고 $f(-2)>f(2)$에서
$m(-2-b)^2>m(2-b)^2$
$b^2+4b+4>b^2-4b+4$에서 $b>0$
$\bigcirc$에 의하여 $b>2$이고
조건을 만족시키는 함수 $g'(x)$는

$$g'(x)=\begin{cases} m(x-b)^2 & (x\leq -2) \\ -x+1 & (-2<x<2) \\ -m(x-b)^2 & (2\leq x<b) \\ m(x-b)^2 & (x\geq b) \end{cases}$$

이고, 함수 $y=g'(x)$의 그래프를 그리면 다음과 같다.

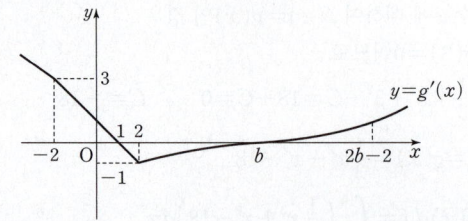

2nd 상수 b의 값을 구하자.

$\textcircled{a}$에 의하여 $f(-2)=m(-2-b)^2=3$
$f(2)=m(2-b)^2=1$
두 식을 연립하면
$m(-2-b)^2=3m(2-b)^2$
$b^2+4b+4=3b^2-12b+12$
$b^2-8b+4=0$

$\rightarrow$ 이차방정식 $ax^2+bx+c=0$의 근의 공식

에서 $b>2$이므로 $b=4+2\sqrt{3}$ $x=\dfrac{-b\pm\sqrt{b^2-4ac}}{2a}$를 이용하여 해를 구할 수 있어.

3rd $g(k)=0$을 만족시키는 모든 실수 k의 값을 구하자.

조건 (나)에서 $g(0)=\int_0^0 (-t+1)dt=0$이므로

$\rightarrow \int_a^a f(x)dx=0$

$g(k)=\int_0^k g'(t)dt$에서 **함정**

$g(k)=0$을 만족시키는 실수 k의 값을 구하기
위해 함수 $g(k)$를 도함수를 이용하여 나타낼 수
있어야 해. $g(0)=0$이므로 함수 $g(k)$는
도함수 $g'(t)$를 0부터 k까지 정적분한 값과 같아.

(i) $k<0$일 때
$x\leq 0$에서 $g'(x)>0$이므로

$g(k)=\int_0^k g'(t)dt=-\int_k^0 g'(t)dt<0$

그러므로 $g(k)=0$을 만족시키지 않는다.

(ii) $k=0$일 때

$g(0)=\int_0^0 g'(t)dt=0$이므로

$g(k)=0$을 만족시킨다.

(iii) $0<k\leq 2$일 때

$\int_0^k g'(t)dt=\int_0^k (-t+1)dt=\left[-\dfrac{t^2}{2}+t\right]_0^k$

$=-\dfrac{k^2}{2}+k=0$

에서 $k=2$일 때 $g(k)=0$을 만족시킨다.

(iv) $k>2$일 때

$2<x<b$에서 $g'(x)<0$이므로

$\int_0^k g'(t)dt=0$이려면 $k>b$ $\rightarrow$ $1<x<b$에서 $g'(x)<0$이므로 $2<x<b$에서도 $g'(x)<0$이야.

$\int_0^k g'(t)dt$ $\rightarrow \int_a^b f(x)dx=\int_a^c f(x)dx+\int_c^b f(x)dx$ $\rightarrow \int_0^2 g'(t)dt$

$=\int_0^2 g'(t)dt+\int_2^b g'(t)dt+\int_b^k g'(t)dt$ $=\int_0^2 (-t+1)dt$

$=0-\int_2^b m(t-b)^2dt+\int_b^k m(t-b)^2dt$ $=\left[-\dfrac{1}{2}t^2+t\right]_0^2$

$=-m\int_2^b (t^2-2bt+b^2)dt+m\int_b^k (t^2-2bt+b^2)dt$ $=-\dfrac{1}{2}\times 2^2+2=0$

$=-m\left[\dfrac{t^3}{3}-bt^2+b^2t\right]_2^b+m\left[\dfrac{t^3}{3}-bt^2+b^2t\right]_b^k$

$=-\dfrac{m}{3}\left[t^3-3bt^2+3b^2t\right]_2^b+\dfrac{m}{3}\left[t^3-3bt^2+3b^2t\right]_b^k$

$=-\dfrac{m}{3}(b^3-6b^2+12b-8)+\dfrac{m}{3}(k^3-3bk^2+3b^2k-b^3)$

$=-\dfrac{m}{3}(b-2)^3+\dfrac{m}{3}(k-b)^3=0$

에서 $(k-b)^3=(b-2)^3$

$k-b$, $b-2$는 모두 실수이므로 $k-b=b-2$

그러므로 $k=2b-2=6+4\sqrt{3}$일 때

$g(k)=0$을 만족시킨다.

(i)~(iv)에 의하여 $g(k)=0$을 만족시키는 모든 실수 k의 값의 합은

$0+2+(6+4\sqrt{3})=8+4\sqrt{3}$

따라서 $p=8$, $q=4$이므로 $p\times q=32$

F 226 정답 39 ············ ⭐2등급 대비 [정답률 13%]

＊극소인 점과 함숫값이 0이 되는 점을 이용하여 도함수를 구하여 다항함수 추론하기

[유형 26]

최고차항의 계수가 1인 이차함수 $f(x)$에 대하여 함수

$g(x)=\int_0^x f(t)dt$ **단서1** $f(x)$의 최고차항의 계수가 1이므로 이를 적분한 $g(x)$는 최고차항의 계수가 $\frac{1}{3}$인 삼차함수임을 기억해야 해.

가 다음 조건을 만족시킬 때, $f(9)$의 값을 구하시오. (4점)

$x\geq1$인 모든 실수 x에 대하여 $g(x)\geq g(4)$이고 $|g(x)|\geq|g(3)|$이다.

→ **단서2** $x\geq1$인 모든 실수 x에 대하여 $g(x)\geq g(4)$이므로 $x=4$에서 $g(x)$는 극소임을 알 수 있어. → **단서3** $x\geq1$인 모든 실수 x에 대하여 $|g(x)|\geq|g(3)|$이므로 $x=3$에서 $|g(x)|$는 극소임을 알 수 있어.

왜 2등급? 함수 $f(x)$가 $g(x)$의 도함수라는 것을 이용하여 함수 $f(x)$의 식을 구하는 문제이다. 주어진 조건으로부터 $g(x)$의 극소가 되는 점과 $g(x)=0$이 되는 점을 찾아내는 과정이 까다로웠다.

💡 단서+발상

단서1 함수 $f(x)$를 적분한 함수가 $g(x)$이므로 함수 $g(x)$는 최고차항의 계수가 $\frac{1}{3}$인 삼차함수이고, $g(x)$가 극값을 가지는 x에서 $f(x)$의 함숫값은 0이 된다. **개념**

주어진 식으로부터 $g(0)=0$임을 알 수 있다. **개념**

단서2 $x=4$에서 $g(x)$가 극소이므로 $f(4)=0$이다. **개념**

$f(x)=(x-4)(x-a)$로 두고 적분하면 $g(x)$에 관한 식으로 나타낼 수 있다. 이때 적분상수는 $g(0)=0$을 이용해서 구한다. **적용**

단서3 $|g(3)|$이 극소이기 위해서는 $g(3)=0$이거나 $g(3)<0$인 극댓값이어야 한다. $g(3)$이 극대일 경우 $x\geq1$인 실수 x에 대하여 $g(x)\geq g(4)$를 만족시킬 수 없다. 따라서 $g(3)=0$이고, 이를 이용해서 a의 값을 구한다. **해결**

주의 $|g(x)|$는 $g(x)$의 그래프 중 x축보다 아래인 부분을 접어 위로 올린 형태이다. 따라서 $g(x)=0$이 되는 x에서 $|g(x)|$는 극소가 된다.

핵심 정답 공식: 함수 $f(x)$에서 $x=b$를 포함하는 어떤 열린구간에 속하는 모든 x에 대하여 $f(x)\geq f(b)$이면 함수 $f(x)$는 $x=b$에서 극소가 된다고 하고, 그때의 함숫값 $f(b)$를 극솟값이라고 한다.

-------------------- [문제 풀이 순서] --------------------

1st $g(x)=\int_0^x f(t)dt$의 조건으로부터 $f(x)$의 식을 유추하자.

최고차항의 계수가 1인 이차함수 $f(x)$의 부정적분 중 하나를 $F(x)$라 하면 $F'(x)=f(x)$이고,

$g(x)=\int_0^x f(t)dt=F(x)-F(0)$이므로 $g'(x)=f(x)$

따라서 함수 $g(x)$는 최고차항의 계수가 $\frac{1}{3}$인 삼차함수이다.

한편, 조건에서 $x\geq1$인 모든 실수 x에 대하여 $g(x)\geq g(4)$이므로 삼차함수 $g(x)$는 구간 $[1,\infty)$에서 $x=4$일 때 최소이자 극소이다. … ㉠

즉, $g'(4)=f(4)=0$이므로 이차함수 $f(x)$는

↳ $g'(x)=\dfrac{d}{dx}\left\{\int_0^x f(x)dx\right\}=\{F(x)-F(0)\}'=f(x)$
(단, $F(x)$는 $f(x)$의 하나의 부정적분이므로 $g'(4)=f(4)$)

$f(x)=(x-4)(x-a)$(a는 상수) … ㉡ 로 놓을 수 있다.

2nd a의 값을 구하자.

(i) $g(4)\geq0$인 경우

$x\geq1$인 모든 실수 x에 대하여 $g(x)\geq g(4)\geq0$이므로 이 범위에서 $|g(x)|=g(x)$

또한, 조건에서 $x\geq1$인 모든 실수 x에 대하여 $g(x)\geq g(4)$이고 $|g(x)|\geq|g(3)|$이어야 한다. … ㉢

그런데 ㉠에서 $x=3$을 대입하면 $g(3)\geq g(4)$이므로 ㉢을 만족시키지 않는다.
→ 0보다 크거나 같은 두 수의 크기가 $g(3)\geq g(4)$이면 $|g(3)|\geq|g(4)|$일 수밖에 없어.

(ii) $g(4)<0$인 경우

$x\geq1$인 모든 실수 x에 대하여 $|g(x)|\geq|g(3)|$이려면 $x=4$를 대입하면 $|g(4)|\geq|g(3)|$이 성립해야 하므로 $g(3)=0$이어야 한다. … ㉣

㉡에서 $f(x)=x^2-(a+4)x+4a$이므로

$F(x)=\dfrac{1}{3}x^3-\dfrac{a+4}{2}x^2+4ax+C$ (단, C는 적분상수)

따라서
→ 자연수 n에 대하여 $\int x^n dx=\dfrac{1}{n+1}x^{n+1}+C$, $\int 1dx=x+C$

$g(x)=F(x)-F(0)$

$=\dfrac{1}{3}x^3-\dfrac{a+4}{2}x^2+4ax+C-C$

$=\dfrac{1}{3}x^3-\dfrac{a+4}{2}x^2+4ax$

㉣에서

$g(3)=\dfrac{1}{3}\times3^3-\dfrac{a+4}{2}\times3^2+4a\times3$

$=9-\dfrac{9}{2}(a+4)+12a=0$

에서 $\dfrac{15}{2}a=9$이므로 $a=\dfrac{6}{5}$ → $9-\dfrac{9}{2}a-18+12a=0$
$\dfrac{15}{2}a=9$ ∴ $a=9\times\dfrac{2}{15}=\dfrac{6}{5}$

ⓒ에 의하여 $f(x)=(x-4)\left(x-\dfrac{6}{5}\right)$이므로

$$f(9)=(9-4)\times\left(9-\dfrac{6}{5}\right)=5\times\dfrac{39}{5}=39$$

다른 풀이: $g(0)=0, g(3)=0$을 이용하여 $g(x)$의 식 구하기

최고차항의 계수가 1인 이차함수 $f(x)$에 대하여 함수

$g(x)=\displaystyle\int_0^x f(t)dt$는 최고차항의 계수가 $\dfrac{1}{3}$인 삼차함수야.

$x=0$을 대입하면

$\underline{g(0)=0}$ 위끝과 아래끝이 같은 정적분의 값은 0이야. 즉, 임의의 실수 a에 대하여 $\displaystyle\int_a^a f(x)dx=0$

한편, 조건에서 $x\geq1$인 모든 실수 x에 대하여

$g(x)\geq g(4)$이므로 삼차함수 $f(x)$는 구간 $[1,\infty)$에서 $\underline{x=4}$일 때

<u>최소이자 극소야.</u> $\cdots$ (*) 즉, $g'(4)=f(4)=0$ $\cdots$ ⑩

$g'(x)=\dfrac{d}{dx}\left\{\displaystyle\int_0^x f(x)dx\right\}=\{F(x)-F(0)\}'=f(x)$
(단, $F(x)$는 $f(x)$의 하나의 부정적분이므로 $g'(4)=f(4)$)

(i) $g(4)\geq0$ 인 경우

$x\geq1$인 모든 실수 x에 대하여 $g(x)\geq g(4)\geq0$이므로 이 범위에서

$|g(x)|=g(x)$

조건에서 $x\geq1$인 모든 실수 x에 대하여

$|g(x)|\geq|g(3)|$, 즉 $g(x)\geq g(3)$이어야 하므로 $g(3)=g(4)$야.

그러나 $g(3)\geq0$이므로 $g(3)=\displaystyle\int_0^3 f(t)dt\geq0$이고, (*)에 의하여

$g(4)>0$이므로 $g(4)>g(3)$가 되어 모순이야.

(ii) $g(4)<0$인 경우

$x\geq1$인 모든 실수 x에 대하여 $|g(x)|\geq|g(3)|$이려면

$g(3)=0$이어야 해.

따라서 함수 $g(x)$는 $g(0)=0$이고, $g(3)=0$이므로

$g(x)=\dfrac{1}{3}x(x-3)(x+a)$ (단, a는 상수)로 놓을 수 있어.

$g(x)$는 $g(0)=0, g(3)=0$이고
최고차항의 계수가 $\dfrac{1}{3}$이므로
인수정리를 이용하여
$g(x)=\dfrac{1}{3}x(x-3)(x+a)$ (단, a는 상수)

$g(x)=\dfrac{1}{3}x^3+\dfrac{a-3}{3}x^2-ax$이므로

$g'(x)=x^2+\dfrac{2(a-3)}{3}x-a$

$g'(4)=0\;(\because ⑩)$이므로

$16+\dfrac{8}{3}(a-3)-a=0,\; 8+\dfrac{5}{3}a=0$

$\therefore a=-\dfrac{24}{5}$

따라서 $f(x)=g'(x)=x^2-\dfrac{26}{5}x+\dfrac{24}{5}$이므로

$f(9)=81-\dfrac{234}{5}+\dfrac{24}{5}=81-\dfrac{210}{5}=81-42=39$

My Top Secret　　　　서울대 선배의 ❶ 등급 대비 전략

$\displaystyle\int_a^a f(x)dx=0$이라는 정적분의 성질을 이용해서 $g(x)$의 함숫값을

구하였어.

정적분의 성질을 이용해서 식을 구하는 단서를 얻어보자!

F 227 정답 **10** ─────── ★**1등급 대비** [정답률 8%]

＊정적분으로 정의된 다항함수의 추론 [유형 26]

두 다항함수 $f(x)$, $g(x)$에 대하여 $f(x)$의 한 부정적분을
$F(x)$라 하고 $g(x)$의 한 부정적분을 $G(x)$라 할 때,
이 함수들은 모든 실수 x에 대하여 다음 조건을 만족시킨다.

단서1 적분 구간이 변수 x로 되어 있을 때는 아래끝 상수를 식에 대입하여 $\int$의 값을
0으로 만들어. 또한, 양변을 변수 x에 대하여 미분하여 $f(x)$를 구해.

(가) $\displaystyle\int_1^x f(t)dt=xf(x)-2x^2-1$

(나) $f(x)G(x)+F(x)g(x)=8x^3+3x^2+1$

단서2 $F'(x)=f(x), G'(x)=g(x)$이므로
$f(x)G(x)+F(x)g(x)$
$=F'(x)G(x)+F(x)G'(x)$
$=\{F(x)G(x)\}'$

$\displaystyle\int_1^3 g(x)dx$의 값을 구하시오. (4점)

 1등급? 최고차항의 차수와 계수가 주어지지 않은 두 다항함수 $f(x)$, $g(x)$
를 주어진 두 조건을 이용하여 찾아야 하는 문제이다. 주어진 조건을 해석하여 두
다항함수 $f(x)$, $g(x)$를 결정하는 것이 까다로웠다.

단서+발상

단서1 정적분의 위끝과 아래끝이 같으면 정적분의 값은 0이 됨을 이용하여 개념
조건 (가)의 식의 양변에 $x=1$을 대입하여 $f(1)$의 값을 구한다. 발상
정적분으로 정의된 함수의 양변을 x에 대하여 미분하여 $f'(x)$를 찾고
$f(1)$의 값을 이용하여 $f(x)$를 결정한다. 해결

단서2 조건 (나)의 좌변은 $\dfrac{d}{dx}\{F(x)G(x)\}$로 볼 수 있으므로 발상

양변을 부정적분하여 $F(x)G(x)=2x^4+x^3+x+C$(C는 적분상수)임을
파악한다. 해결

주의 조건 (가)의 $\displaystyle\int_1^x f(t)dt$와 조건 (나)의 $F(x)$가 같은 함수라고 착각하지
않아야 한다.
$\displaystyle\int_1^x f(t)dt=F(x)-F(1)$이다.

> **핵심 정답 공식:** $\dfrac{d}{dx}\left\{\displaystyle\int_a^x f(t)dt\right\}=f(x)$이고, $\displaystyle\int f'(x)dx=f(x)+C$
> （단, C는 적분상수)이다.

- - - - - - - - - - - - - - - - - - - [문제 풀이 순서] - - - - - - - - - - - - - - - - - - -

1st $\displaystyle\int_a^a f(x)dx=0$, $\dfrac{d}{dx}\left\{\displaystyle\int_a^x f(t)dt\right\}=f(x)$를 이용하여

함수 $f(x)$를 구하자.

조건 (가)에서

$\displaystyle\int_1^x f(t)dt=xf(x)-2x^2-1$의 양변에 $x=1$을 대입하면

$\displaystyle\int_1^1 f(t)dt=1\times f(1)-2\times1^2-1$

$0=f(1)-2-1$　$\displaystyle\int_a^a f(x)dx=0$

$\therefore f(1)=3$

양변을 $x(x \neq 0)$에 대하여 미분하면

$f(x) = f(x) + xf'(x) - 4x$에서 → 양변을 x에 대하여 미분할 수 있지?

$f'(x) = 4$이므로 → $\dfrac{d}{dx}\left\{\displaystyle\int_a^x f(t)dt\right\} = f(x)$를 이용해.

$f(x) = 4x + C_1$이라 하면

$f(1) = 4 + C_1 = 3 \qquad \therefore C_1 = -1$

따라서 $f(x) = 4x - 1$이므로

$$F(x) = \int f(x)dx$$
$$= \int (4x-1)dx$$
$$= 2x^2 - x + C_2 \ (C_2\text{는 적분상수}) \cdots \ ㉠$$

2nd 곱의 미분법을 이용하여 함수 $g(x)$를 유추하자.

조건 (나)에서 좌변을 먼저 살펴보면

$F'(x) = f(x)$, $G'(x) = g(x)$이므로

$f(x)G(x) + F(x)g(x) = F'(x)G(x) + F(x)G'(x)$이고

$\underline{F'(x)G(x) + F(x)G'(x) = \{F(x)G(x)\}'}$이므로

→ 미분가능한 두 함수 $f(x), g(x)$에 대하여
$\{f(x)g(x)\}' = f'(x)g(x) + f(x)g'(x)$

조건 (나)의 양변을 x에 대하여 부정적분하면

$$F(x)G(x) = \int \{F(x)G(x)\}'dx$$
$$= \int (8x^3 + 3x^2 + 1)dx$$
$$= 2x^4 + x^3 + x + C_3 \ (C_3\text{은 적분상수}) \cdots \ ㉡$$

주의 부정적분할 때 적분상수를 빠뜨리지 마.

이때, ㉡에 의하여 $F(x)G(x)$는 최고차항의 계수가 2인 사차식이고, ㉠에 의하여 $F(x)$는 최고차항의 계수가 2인 이차식이므로 $G(x)$는 최고차항의 계수가 1인 이차식이 되어야 한다.

$G(x) = x^2 + ax + b (a, b\text{는 상수}) \cdots \ ㉢$

로 놓으면

$g(x) = G'(x) = 2x + a$이다.

3rd 함수 $g(x)$를 구하고, $\displaystyle\int_1^3 g(x)dx$의 값을 구하자.

㉠, ㉢에 의하여 $F(x)G(x) = (2x^2 - x + C_2)(x^2 + ax + b)$이고 ㉡에 의하여 $F(x)G(x) = 2x^4 + x^3 + x + C_3$이므로

$(2x^2 - x + C_2)(x^2 + ax + b) = 2x^4 + x^3 + x + C_3$

이때, 양변의 x^3의 계수를 비교하면

$2a - 1 = 1$에서 $a = 1$

$\therefore g(x) = 2x + 1$, $G(x) = x^2 + x + b$

$$\therefore \int_1^3 g(x)dx = \int_1^3 (2x+1)dx$$
$$= \left[x^2 + x \right]_1^3$$
$$= 12 - 2 = 10$$

다른 풀이: $\displaystyle\int g(x)dx = G(x) + C$를 이용하여 $\displaystyle\int_1^3 g(x)dx$의 값 구하기

3rd 에서 다음과 같이 계산할 수 있어.

$$\int_1^3 g(x)dx = \left[G(x) \right]_1^3 = G(3) - G(1)$$
$$= (3^2 + 3 + b) - (1^2 + 1 + b) = 10$$

My Top Secret 서울대 선배의 **1** 등급 대비 전략

선택과목인 적분을 공부한 학생이라면 함수의 몫의 미분법을 이용하여 조금 더 간단히 해결할 수 있어.

조건 (가) $\displaystyle\int_1^x f(t)dt = xf(x) - 2x^2 - 1$에서

$$\frac{xf(x) - \displaystyle\int_1^x f(t)dt}{x^2} = 2 + \frac{1}{x^2}$$

이때, 좌변은 몫의 미분법에 의하여

$$\frac{d}{dx}\left\{ \frac{\displaystyle\int_1^x f(t)dt}{x} \right\} = \frac{xf(x) - \displaystyle\int_1^x f(t)dt}{x^2} \text{이므로}$$

조건 (가)의 식은 $\dfrac{d}{dx}\left\{ \dfrac{\displaystyle\int_1^x f(t)dt}{x} \right\} = 2 + \dfrac{1}{x^2}$로 변형할 수 있고

이 식의 양변을 x에 대하여 적분하면

$$\frac{\displaystyle\int_1^x f(t)dt}{x} = 2x - \frac{1}{x} + C(\text{단, } C\text{는 적분상수})\text{에서}$$

$$\int_1^x f(t)dt = 2x^2 - x - 1\text{이야.}$$

따라서 $f'(x)$, $f(x)$를 직접 구하지 않고도

$F(x) = 2x^2 - x - 1 + F(1)$인 것을 알 수 있어.

F 228 정답 16 ············ **2등급 대비** [정답률 20%]

★ 정적분에 대한 조건과 대칭성을 이용하여 함수의 정적분값 구하기 [유형 25]

최고차항의 계수가 1인 삼차함수 $y = f(x)$는 다음 조건을 만족시킨다.

단서2 조건 (나)에서 주어진 정적분의 값이 k의 값에 관계없이 성립하므로 우선 간단하게 $k = 0$이라 두고 함수 $f(x)$의 식을 구해 봐.

(가) $f(0) = f(6) = 0$

(나) 함수 $y = f(x)$의 그래프와 함수 $y = -f(x-k)$의 그래프가 서로 다른 세 점 $(\alpha, f(\alpha)), (\beta, f(\beta)), (\gamma, f(\gamma))$ (단, $\alpha < \beta < \gamma$)에서 만나면 k의 값에 관계없이

$$\int_\alpha^\gamma \{f(x) + f(x-k)\}dx = 0\text{이다.}$$

단서1 주어진 $y = f(x)$의 그래프가 x축과 세 점에서 만나므로 이를 이용해 $f(x)$의 식을 세울 수 있어.

함수 $y = f(x)$의 그래프와 함수 $y = -f(x-k)$의 그래프가 그림과 같이 서로 다른 세 점에서 만나고 가운데 교점의 x좌표의 값이 4일 때, $\displaystyle\int_0^k f(x)dx$의 값을 구하시오. (4점)

단서3 두 그래프가 $x = 4$에 대하여 대칭이야.

왜 2등급? 함숫값에 대한 조건과 미지수의 값에 관계없이 성립하는 정적분의 식을 이용하여 삼차함수를 유추하여 정적분의 값을 구하는 문제이다.

이를 위해서 조건에 주어진 정적분 식이 k의 값에 관계없이 성립한다는 것을 충분히 이용해야 한다. 즉, $k = 0$을 대입하여 함수를 구한 후 대칭성을 이용해 적분구간을 정한 다음 정적분의 값을 따져보는 것이 어려웠다.

💡 **단서+발상**

단서1 먼저, 주어진 함수의 그래프가 x축과 서로 다른 세 점에서 만남을 알 수 있다. 즉, 삼차방정식 $f(x)=0$이 서로 다른 세 실근을 가지므로 $f(x)=x(x-p)(x-6)\,(0<p<6)$이라 할 수 있다. **적용**

단서2 $0<p<6$이고, 조건 (나)에 의해 $k=0$일 때 두 함수 $y=f(x)$과 $y=-f(x)$의 그래프가 서로 다른 세 점에서 만나므로 $\int_0^6 2f(x)dx=0$이다. **발상**

그런데 $y=f(x)$의 그래프와 x축으로 둘러싸인 부분 중 x축 위에 있는 부분의 넓이와 x축 아래에 있는 부분의 넓이가 서로 같으므로 $p=3$이다. 따라서 $f(x)=x(x-3)(x-6)$이다. **해결**

단서3 방정식 $f(x)=-f(x-k)$의 실근 중 $x=4$가 가운데에 있다. **발상**
따라서 $y=f(x)$의 그래프와 $y=-f(x-k)$의 그래프는 $x=4$에 대하여 대칭이므로 $f(8-x)=-f(x-k)$임을 이용하자. **적용**

주의 $f(4)+f(4-k)=0$을 적용하면 가능한 k의 값이 세 가지 나오는데, 이 중 두 그래프의 교점 중 x좌표의 값이 4인 점이 가운데 위치하도록 하는 k의 값을 찾도록 한다.

핵심 정답 공식 : $f(x)$의 함수식을 구한다. 조건 (나)에 따르면 $\int_0^6 f(x)dx=0$이어야 하므로 교점의 x좌표가 4라는 점을 이용해 k의 값을 구한다.

-------------------- [문제 풀이 순서] --------------------

1st 삼차함수 $f(x)$의 식을 구하자.
$f(x)$는 최고차항의 계수가 1인 삼차함수이고 조건 (가)에서
$f(0)=f(6)=0$이므로
$f(x)=x(x-p)(x-6)(0<p<6)$ … ㉠으로 놓을 수 있다.
주어진 그래프에서 $y=f(x)$의 그래프는 $x=0$, $x=6$과 0과 6 사이의 한 점에서 만나고 있지?

2nd 조건 (나)를 이용해서 $f(x)$의 식의 미지수 p의 값을 구해.
조건 (나)에서 k의 값에 관계없이 성립하므로 $k=0$일 때를 생각해 보면 두 함수 $y=f(x)$, $y=-f(x)$의 그래프의 교점의 좌표는 ㉠에서 $(0,0)$, $(p,0)$, $(6,0)$이므로
$f(x)=-f(x)$에서 $2f(x)=0$, 즉 $f(x)=0$이므로 두 함수 $y=f(x)$, $y=-f(x)$의 그래프의 교점의 x좌표는 방정식 $f(x)=0$의 해와 같아.

$$\int_a^\gamma \{f(x)+f(x)\}dx=2\int_0^6 f(x)dx=0$$

💡 **함정** $f(a-x)+f(a+x)=2f(a)$를 치환하여 얻은 식이야.

즉, $y=x(x-p)(x-6)$의 그래프는 점 $(p,0)$에 대하여 대칭이므로
$f(x)=-f(2p-x)$에서

점 (a,b)에 대하여 대칭인 함수 $f(x)$는 $f(x)+f(2a-x)=2b$로 표현 가능해.

$x(x-p)(x-6)$
$=-(2p-x)(2p-x-p)(2p-x-6)$
$=(x-2p+6)(x-p)(x-2p)$
이때, $-2p+6=0$, $2p=6$이므로 $p=3$
$\therefore f(x)=x(x-3)(x-6)(\because$ ㉠$)$

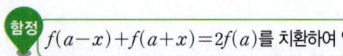

3rd 가운데 교점의 x좌표가 4임을 이용하면 k의 값을 구할 수 있어.
그런데 함수 $y=f(x)$의 그래프와 함수 $y=-f(x-k)$의 그래프의 가운데 교점의 x좌표의 값이 4이므로
$f(4)=-f(4-k)$
$4\cdot(4-3)\cdot(4-6)=-(4-k)(4-k-3)(4-k-6)$
$(k-4)(k-1)(k+2)=-8$
$k^3-3k^2-6k+16=0$
$(k-2)(k^2-k-8)=0$
$\therefore k=2$

$$\therefore \int_0^k f(x)dx=\int_0^2 x(x-3)(x-6)dx$$
$$=\int_0^2 (x^3-9x^2+18x)dx$$
$$=\left[\frac{x^4}{4}-3x^3+9x^2\right]_0^2=16$$
$\int_a^b x^n dx=\left[\frac{1}{n+1}x^{n+1}\right]_a^b$

👨‍🏫 ***My Top Secret***   서울대 선배의 **①** 등급 대비 전략

문제에서 방정식 $f(x)=0$이 서로 다른 세 실근을 갖는다는 조건이 직접 주어지지는 않았지만, 주어진 그림을 통해 방정식 $f(x)=0$이 서로 다른 세 실근을 갖는다는 것을 알 수 있어.
이를 바탕으로 조건 (나)의 정적분 식에 $k=0$을 대입하여 적용할 수 있고 함수 $f(x)$를 구할 수 있어.

F **229** 정답 ⑤ ·········· ✪**2등급 대비** [정답률 33%]

정답 공식 : 상수 a에 대하여 $\dfrac{d}{dx}\left[\displaystyle\int_a^x f(t)dt\right]=f(x)$

최고차항의 계수가 양수이고 $f(0)=0$인 삼차함수 $f(x)$에 대하여 함수 **단서1** 삼차함수 $y=f(x)$의 그래프가 원점을 지나.

$$g(x)=\int_0^x (|f(t)|-|t|)dt$$

가 다음 조건을 만족시킨다. **단서2** 양변을 x에 대하여 미분하면 $g'(x)=|f(x)|-|x|$야.

  (가) 방정식 $g'(x)=0$의 서로 다른 실근의 개수는 4이다.
  (나) 함수 $g(x)$는 $x=2$, $x=6$에서 극값을 갖는다.
               단서3 $g'(2)=0$, $g'(6)=0$

$f(6)\times g(2)<0$일 때, $f(8)$의 값은? (4점)
단서4 $f(6)$과 $g(2)$의 부호가 서로 다름을 의미하고,
$g(2)=\displaystyle\int_0^2(|f(t)|-|t|)dt$의 부호는 구간 $[0,2]$에서 두 곡선 $y=|f(x)|$, $y=|x|$로 둘러싸인 부분의 정적분을 이용하여 찾아.

① 16   ② 22   ③ 28
④ 34   ⑤ 40

💡 **단서+발상**

단서1 $f(x)$를 식의 관점뿐만 아니라 그래프의 관점으로도 동시에 생각할 수 있어야 한다. **발상**
따라서 $f(0)=0$을 보고 함수 $y=f(x)$의 그래프가 원점을 지남을 생각해 볼 수 있다. **발상**

단서2 정적분으로 정의된 함수가 제시되면 양변을 미분해서 도함수를 구할 수 있다. **적용**

단서3 함수 $g(x)$가 극값을 갖는 x의 값을 제시해줬다는 것은 $g'(x)=0$인 점을 제시해 준 것이다. **발상**
특히나 $g(x)$가 정적분으로 정의된 함수인 만큼 미분하여 $g'(x)=|f(x)|-|x|$, 즉 $g(x)$가 포함된 방정식을 $f(x)$가 포함된 방정식으로 바꾸어 생각할 수 있게 된 것이다. **적용**

단서4 $f(6)\times g(2)<0$이라는 조건은 다양한 경우 중에서 어떤 것이 틀리고 어떤 것이 알맞은 경우인지 판단하는 기준이 된다. **발상**
두 수의 곱이 음수라는 것은 두 수의 부호가 다름을 의미한다. **개념**
이때 $g(2)$의 부호는 $g(2)=\displaystyle\int_0^2(|f(t)|-|t|)dt$의 부호이다. **개념**
정적분 값은 부호를 가지는 넓이 값이므로 구간 $[0,2]$의 그래프 상에서 두 곡선 $y=|f(x)|$, $y=|x|$으로 둘러싸인 부분의 넓이를 보면 된다. **해결**

1st 방정식 $g'(x)=0$의 서로 다른 실근의 개수가 4가 되기 위한 조건을 생각 해보자.

$g(x)=\int_0^x(|f(t)|-|t|)dt$에서

$g'(x)=|f(x)|-|x|$

조건 (나)에서 함수 $g(x)$는 $x=2$, $x=6$에서 극값을 가지므로

$g'(2)=0$, $g'(6)=0$

미분가능한 함수 $f(x)$가 $x=a$에서 극값을 가지면 $f'(a)=0$이야.

즉, $|f(2)|=2$, $|f(6)|=6$이므로

$f(2)=-2$ 또는 $f(2)=2$이고

$f(6)=-6$ 또는 $f(6)=6$이다.

이 경우 다음의 네 가지 경우를 체크해야 해.
(i) $f(2)=2$, $f(6)=6$
(ii) $f(2)=2$, $f(6)=-6$
(iii) $f(2)=-2$, $f(6)=6$
(iv) $f(2)=-2$, $f(6)=-6$

주어진 조건에서 $f(0)=0$이고

조건 (가)에서 $g'(x)=|f(x)|-|x|=0$의 서로 다른 실근의 개수가 4 이므로 $f(x)=x$ 또는 $f(x)=-x$의 서로 다른 실근의 개수가 4이다.

2nd $f(0)=0$, $f(2)=2$, $f(6)=6$일 때, 주어진 조건을 만족하는지 확인해.

(i) $f(0)=0$, $f(2)=2$, $f(6)=6$일 때,

삼차방정식 $f(x)=x$가 $x=0$, $x=2$, $x=6$의 세 실근을 가지므로

삼차방정식 $f(x)=x$, 즉 $f(x)-x=0$이 $x=0$, $x=2$, $x=6$의 세 실근을 가지므로 최고차항의 계수가 양수인 삼차함수 $f(x)-x$는 x, $x-2$, $x-6$을 인수로 가져.

$f(x)-x=kx(x-2)(x-6)$, 즉

$f(x)=kx(x-2)(x-6)+x$ $(k>0)$라 하자.

이때, 방정식 $f(x)=-x$가 0이 아닌 한 실근을 가져야 조건 (가)를 만족시킨다.

방정식 $f(x)=-x$가 0이 아닌 한 실근을 가져야 하므로 $f(x)+x=x\times$(이차식)일 때, (이차식)$=0$은 중근을 가져야 해.

$kx(x-2)(x-6)+x=-x$에서

$x\{k(x-2)(x-6)+2\}=0$, $x(kx^2-8kx+12k+2)=0$

즉, x에 대한 이차방정식 $kx^2-8kx+12k+2=0$이 중근을 가져야 한다.

이 이차방정식의 판별식을 D라 하면

$\dfrac{D}{4}=(-4k)^2-k(12k+2)=4k^2-2k=2k(2k-1)=0$

$k>0$이므로 $k=\dfrac{1}{2}$

이 값을 이차방정식에 대입하면

$\dfrac{1}{2}x^2-4x+8=0$

$x^2-8x+16=0$, $(x-4)^2=0$ $\therefore x=4$

따라서 함수 $f(x)=\dfrac{1}{2}x(x-2)(x-6)+x$의 그래프는 다음과 같다.

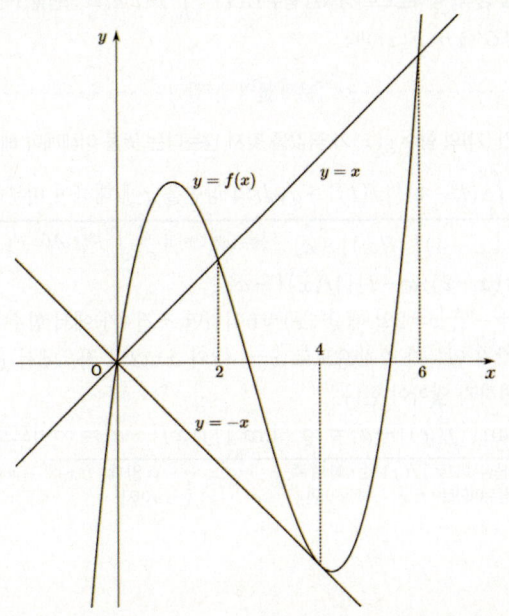

구간 $[0, 2]$에서 $|f(x)|\geq|x|$이므로

$g(2)=\int_0^2(|f(t)|-|t|)dt>0$

구간 $[0, 2]$에서 두 곡선 $y=|f(x)|$, $y=|x|$로 둘러싸인 부분의 정적분의 부호는 양임을 알 수 있어.

이때 $f(6)\times g(2)>0$이므로 모순이다.

3rd $f(0)=0$, $f(2)=2$, $f(6)=-6$일 때, 주어진 조건을 만족하는지 확인해.

(ii) $f(0)=0$, $f(2)=2$, $f(6)=-6$일 때,

최고차항의 계수가 양수인 삼차함수 $f(x)$에 대하여 $f(6)=-6$이므로 $x>6$에서 직선 $y=x$와 반드시 교점을 갖는다.

따라서 조건 (가)를 만족시키기 위해서는 $y=f(x)$의 그래프와 직선 $y=-x$가 $x=6$에서 접해야 한다.

그러면 함수 $g(x)$가 $x=6$에서 극값을 갖지 않으므로 조건 (나)에 모순이다.

$g'(6)=0$이지만 $x=6$의 좌우에서 $g'(x)$의 부호가 바뀌지 않으므로 극값을 갖지 않아.

4th $f(0)=0$, $f(2)=-2$, $f(6)=-6$일 때, 주어진 조건을 만족하는지 확인해.

(iii) $f(0)=0$, $f(2)=-2$, $f(6)=-6$일 때,

방정식 $f(x)=-x$가 $x=0$, $x=2$, $x=6$의 세 실근을 가지므로

$f(x)+x=kx(x-2)(x-6)$, 즉

$f(x)=kx(x-2)(x-6)-x$ $(k>0)$라 하자.

이때, 방정식 $f(x)=x$가 0이 아닌 한 실근을 가져야 조건 (가)를 만족시킨다.

$kx(x-2)(x-6)-x=x$에서

$x\{k(x-2)(x-6)-2\}=0$, $x(kx^2-8kx+12k-2)=0$

즉, x에 대한 이차방정식 $kx^2-8kx+12k-2=0$이 중근을 가져야 한다.

이 이차방정식의 판별식을 D'이라 하면

$\dfrac{D'}{4}=(-4k)^2-k(12k-2)=4k^2+2k=2k(2k+1)=0$

$\therefore k=0$ 또는 $k=-\dfrac{1}{2}$

그런데 $k>0$이므로 모순이다.

5th $f(0)=0$, $f(2)=-2$, $f(6)=6$일 때, 주어진 조건을 만족하는지 확인한 후 $f(8)$의 값을 구해.

(iv) $f(0)=0$, $f(2)=-2$, $f(6)=6$일 때,

$f(x)=px^3+qx^2+rx$ $(p, q, r$은 $p>0$인 상수)라 하자.

$f(2)=8p+4q+2r=-2$ … ㉠

$f(6)=216p+36q+6r=6$ … ㉡

이므로 $2<x<6$에서 $f(x)=0$을 만족시키는 x의 값이 반드시 존재한다.

∵ 사잇값의 정리

이때 $f(6)\times g(2)<0$에서 $g(2)<0$이어야 하고, 조건 (나)에서 함수 $g(x)$는 $x=2$에서 극값을 가지므로 $2<x<6$에서 방정식 $|f(x)|=|x|$를 만족시키는 x의 값이 반드시 존재한다.

즉, $x<0$에서 방정식 $f(x)=-x$는 근을 갖지 않아야

조건 (가)를 만족시키므로 함수 $y=f(x)$의 그래프는 직선 $y=x$와 $x=0$에서 접해야 한다. 즉, $f'(0)=1$

$f'(x)=3px^2+2qx+r$이므로

$f'(0)=r=1$

이 값을 ㉠, ㉡에 대입하여 두 식을 연립하면

$p=\dfrac{1}{4}$, $q=-\dfrac{3}{2}$

$\therefore f(x)=\dfrac{1}{4}x^3-\dfrac{3}{2}x^2+x$

F

(i)~(iv)에서 $f(x)=\dfrac{1}{4}x^3-\dfrac{3}{2}x^2+x$이므로

$f(8)=\dfrac{1}{4}\times8^3-\dfrac{3}{2}\times8^2+8=40$

참고 그림: 함수 $y=f(x)$의 그래프

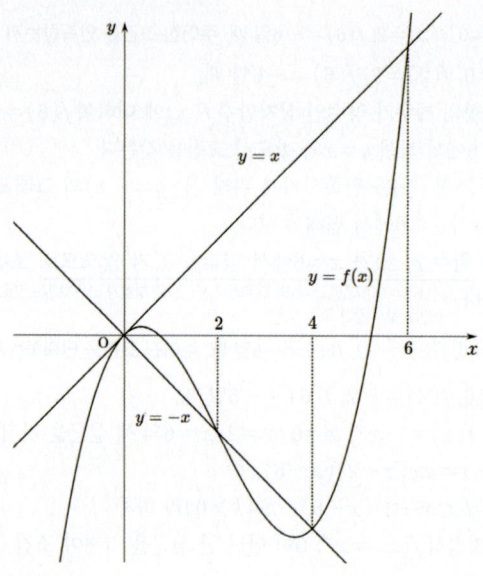

1등급 대비 특강

＊ 정적분으로 정의된 함수

정적분으로 정의된 함수가 제시되었을 때 가장 먼저 해야 될 것은 대입이야. 식에 적당한 수를 대입해서 관계식을 얻고, 양변을 미분해서도 관계식을 얻어야 해. 특히나 문제에서도 제시된 $g(x)=\displaystyle\int_0^x f(t)dt$ 형태는 자주 나오는 것이기 때문에 이 경우 $g'(x)=f(x)$임을 외워두면 좋아. 조건 (가)에 나온 조건은 결국 방정식 $g'(x)=|f(x)|-|x|=0$의 실근을 나타내는 조건이었던 거지. 조건 (나) 또한 미분계수가 0인 점을 알려준다는 점에서 $g'(x)=|f(x)|-|x|=0$의 실근에 대한 정보야. 결국 $g(x)$라는 새로운 형태의 식 때문에 지레 겁먹을 수 있지만, $g(x)$에 대한 조건은 전부 우리가 익숙한 함수인 삼차함수 $f(x)$에 대한 조건으로 바꿔쓸 수 있는 거였어.

F 230 정답 16 · · · · · · · · · · · · **＋2등급 대비** [정답률 21%]

＊극값을 갖지 않을 조건을 이용해 함수의 식을 유추하기 [유형 26]

양수 a와 일차함수 $f(x)$에 대하여 실수 전체의 집합에서 정의된 함수 **단서1** 함수 $g(x)$가 적분구간이 변수인 정적분으로 정의되었네? 이런 꼴로 나타내어진 함수는 우선 양변을 x에 대하여 미분하여 $g'(x)$를 구해보는 것이 핵심이야.

$$g(x)=\int_0^x (t^2-4)\{|f(t)|-a\}dt$$

가 다음 조건을 만족시킨다.

(가) 함수 $g(x)$는 극값을 갖지 않는다.
(나) $g(2)=5$ **단서2** $g'(x)=0$이 되는 x의 값 좌우에서 $g'(x)$의 부호가 변하지 않으면 $g(x)$는 극값을 갖지 않아. 이 조건을 이용하여 일차함수 $f(x)$를 a에 대한 식으로 나타내어야 해.

$g(0)-g(-4)$의 값을 구하시오. (4점)

왜 2등급? 정적분으로 정의된 함수가 극값을 갖지 않을 조건을 활용하여 함수의 식을 유추하는 문제이다.
$g'(x)=0$인 x의 값에서 극값을 갖지 않을 조건과 일차함수 $f(x)$에 대하여 $|f(x)|$의 특징을 복합적으로 이용해야 하는 것이 어려웠다.

단서＋발상

단서1 $g(x)$처럼 함수가 적분구간이 변수인 정적분으로 제시되면 먼저 양변을 x로 미분하여 $g'(x)$를 구하고, 도함수의 특징을 통해 함수 $g(x)$를 유추하도록 한다. **유형**

단서2 함수 $g(x)$가 극값을 갖지 않기 위해서는 $g'(x)=0$이 되는 x의 값이 없거나, $g'(x)=0$이 되는 x의 값의 좌우에서 $g'(x)$의 부호가 바뀌지 않아야 한다. 그런데 $g'(x)$는 $(x+2)(x-2)$라는 인수를 가지므로 $x=-2$, $x=2$에서 $g'(x)=0$이다. **발상**
따라서 $x=-2$, $x=2$의 좌우에서 $g'(x)$의 부호가 바뀌지 않으려면 $|f(x)|-a$가 $x=-2$, $x=2$에서 0이 되어야 한다. 이를 활용하면 일차함수 $f(x)$를 a에 대한 식으로 표현할 수 있다. **적용**

주의 극값의 개념을 정확히 이해해야 극값을 갖지 않을 조건을 식으로 나타내어 필요한 관계식을 찾을 수 있다. 이를 위해서 조건을 만족시키는 여러 가지 경우의 함수를 생각해보고, 이 중 불가능한 경우를 적절히 제거하면서 가능한 경우만을 고르도록 한다.

핵심 정답 공식: 정적분으로 정의된 함수 $G(x)=\displaystyle\int_0^x F(t)dt$의 양변을 x에 대하여 미분하면 $G'(x)=F(x)$이다.

- - - - - - - - - - - - - - **[문제 풀이 순서]** - - - - - - - - - - - - - -

1st 조건 (가)의 함수 $g(x)$가 극값을 갖지 않는다는 뜻을 이해해야 해.

$g(x)=\displaystyle\int_0^x (t^2-4)\{|f(t)|-a\}dt$의 양변을 x에 대하여 미분하면

$g'(x)=(x^2-4)\{|f(x)|-a\}$ 상수 a에 대하여 $\dfrac{d}{dx}\displaystyle\int_a^x F(t)dt=F(x)$

$\quad\ \ =(x+2)(x-2)\{|f(x)|-a\}$

이때, $x=-2$, $x=2$일 때 $g'(x)=0$이지만 조건 (가)에서 함수 $g(x)$가 극값을 갖지 않는다고 했으므로 $x=-2$와 $x=2$의 좌우에서 $g'(x)$의 부호가 변하지 않아야 한다.

따라서 $\displaystyle\lim_{x\to\infty}\{|f(x)|-a\}=\infty$, $\displaystyle\lim_{x\to-\infty}\{|f(x)|-a\}=\infty$이므로

$f(x)$가 일차함수이므로 $|f(x)|\ge0$이 돼. 즉, $x\to\infty$, $x\to-\infty$일 때 $|f(x)|\to\infty$야.
여기서 a는 상수이므로 $|f(x)|\to\infty$이면 $\{|f(x)|-a\}\to\infty$이지.

$g'(x)$, x^2-4, $|f(x)|-a$의 증가와 감소를 표로 나타내면 다음과 같다.

> **함정** $x<-2$일 때, $x^2-4>0$이고 $-2<x<0$일 때, $x^2-4<0$이지?
> 즉, $x=-2$의 좌우에서 $g'(x)$의 부호가 변하지 않으려면 $\lim_{x\to-\infty}\{|f(x)|-a\}=\infty$
> 이므로 $x<-2$일 때 $|f(x)|-a>0$이고 $-2<x<0$일 때 $|f(x)|-a<0$이어야 해.
> 마찬가지 방법으로 따져보면 $0<x<2$일 때 $|f(x)|-a<0$이고 $x>2$일 때 $|f(x)|-a>0$이어야 하지.

x	$\cdots$	-2	$\cdots$	2	$\cdots$
$g'(x)$	$+$	0	$+$	0	$+$
x^2-4	$+$	0	$-$	0	$+$
$\|f(x)\|-a$	$+$		$-$		$+$

2nd 함수 $|f(x)|$를 구하자.

함수 $|f(x)|-a$는 연속함수이므로 <u>사잇값의 정리</u>에 의해

[사잇값의 정리의 응용]
닫힌구간 $[a,b]$에서 연속인 함수 $f(x)$에 대하여 $f(a)f(b)<0$이면 방정식 $f(x)=0$은 열린구간 (a,b)에서 적어도 하나의 실근을 갖는다.

$|f(-2)|-a=0$, $|f(2)|-a=0$이다. $\cdots$ (*)

함수 $|f(x)|-a$는 연속함수이고, $x=-2$의 좌우에서 $|f(x)|-a$의 부호가 다르므로 $x=-2$에서 $|f(x)|-a$의 함숫값이 0이 되어야 해. 마찬가지로 $x=2$의 좌우에서도 $|f(x)|-a$의 부호가 다르므로 $x=2$에서 $|f(x)|-a$의 함숫값이 0이 되어야 하지.

즉, 두 실수 m, n에 대하여 일차함수 $f(x)=mx+n$이라 하면

$m\neq0$이고, $|-2m+n|=|2m+n|=a$가 성립한다.

$f(x)$가 일차함수라 했으니까 $f(x)=mx+n$에 대하여 일차항의 계수 m은 0이 아니어야 하지? $m=0$이면 $f(x)=n$은 상수함수야.

(i) $-2m+n=2m+n$인 경우

정리하면 $4m=0$에서 $m=0$이 되므로 모순이다.

(ii) $-(-2m+n)=2m+n$인 경우

정리하면 $2n=0$에서 $n=0$이다.

즉, $|-2m|=|2m|=2|m|=a$이므로

$|m|=\dfrac{a}{2}$이다.

(i), (ii)에서

$\begin{aligned}|f(x)|&=|mx|\\&=|m|\times|x|\\&=\frac{a}{2}|x|\end{aligned}$

3rd $g(2)$의 값을 이용하여 양수 a의 값을 구하자.

조건 (나)에서 $g(2)=5$이므로

$g(2)=\displaystyle\int_0^2(t^2-4)\{|f(t)|-a\}dt$

$\quad=\displaystyle\int_0^2(t^2-4)\Big(\frac{a}{2}|t|-a\Big)dt=5$

이때, 닫힌구간 $[0,2]$에서 $|t|=t$이므로 $\longrightarrow t\geq0$에서 $|t|=t$

$g(2)=\displaystyle\int_0^2(t^2-4)\Big(\frac{a}{2}t-a\Big)dt=\frac{a}{2}\int_0^2(t^2-4)(t-2)dt$

$\quad=\dfrac{a}{2}\displaystyle\int_0^2(t^3-2t^2-4t+8)dt$

$\quad=\dfrac{a}{2}\Big[\dfrac{1}{4}t^4-\dfrac{2}{3}t^3-2t^2+8t\Big]_0^2$

$\quad=\dfrac{a}{2}\times\Big(4-\dfrac{16}{3}-8+16\Big)=\dfrac{10}{3}a$

$\dfrac{10}{3}a=5$ $\quad\therefore a=\dfrac{3}{2}$

4th $g(0)-g(-4)$의 값을 구해.

따라서 $|f(x)|=\dfrac{1}{2}\times\dfrac{3}{2}|x|=\dfrac{3}{4}|x|$에서

$g(0)=\displaystyle\int_0^0(t^2-4)\Big(\frac{3}{4}|t|-\frac{3}{2}\Big)dt=0$이고

닫힌구간 $[-4,0]$에서 $|t|=-t$이므로 $\longrightarrow t<0$에서 $|t|=-t$

$g(-4)=\displaystyle\int_0^{-4}(t^2-4)\Big(\frac{3}{4}|t|-\frac{3}{2}\Big)dt$

$\quad=\displaystyle\int_0^{-4}(t^2-4)\Big(-\frac{3}{4}t-\frac{3}{2}\Big)dt$

$\quad=\dfrac{3}{4}\displaystyle\int_0^{-4}(t^2-4)(-t-2)dt$

$\quad=\dfrac{3}{4}\displaystyle\int_0^{-4}(-t^3-2t^2+4t+8)dt$

$\quad=\dfrac{3}{4}\Big[-\dfrac{1}{4}t^4-\dfrac{2}{3}t^3+2t^2+8t\Big]_0^{-4}$

$\quad=\dfrac{3}{4}\times\Big(-64+\dfrac{128}{3}+32-32\Big)=-16$

$\therefore g(0)-g(-4)=0-(-16)=16$

1등급 대비 특강

* (*)와 같아야 하는 이유를 알아볼까?

만약 $x=-2$일 때, $|f(x)|-a$가 0이 아닌 A라는 값을 갖는다고 하면 $x\to-2-$일 때와 $x\to-2+$일 때의 $|f(x)|-a$의 부호가 같으므로 $g'(x)=(x^2-4)\{|f(x)|-a\}$는 $x=-2$의 좌우에서 부호가 변하게 되어 함수 $g(x)$는 $x=-2$에서 극값을 갖게 돼.

$x=2$에서도 마찬가지야.

따라서 $x=-2$, $x=2$일 때, $|f(x)|-a=0$이어야 하고, 이를 바탕으로 $y=|f(x)|-a$의 그래프의 개형을 그리면 그림과 같아.

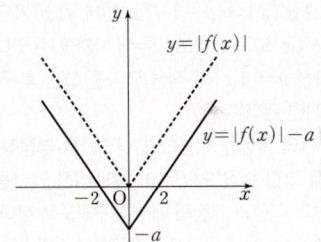

＊정적분으로 정의된 함수의 그래프와 직선이 만나는 점의 개수 구하기

[유형 06＋19＋26]

함수 $f(x)=\begin{cases} -3x^2 & (x<1) \\ 2(x-3) & (x\geq1) \end{cases}$ 에 대하여 함수 $g(x)$를 **[단서1]**

$g(x)=\displaystyle\int_0^x (t-1)f(t)dt$

[단서1] $g(x)$가 적분구간이 변수 x로 주어진 정적분으로 정의되었으니까 양변을 x에 대하여 미분하면 $g'(x)$를 $f(x)$에 대한 식으로 나타낼 수 있어. 이때, $f(x)$의 식이 $x=1$을 기준으로 다르므로 이에 주의해야 해.

라 할 때, 실수 t에 대하여 직선 $y=t$와 곡선 $y=g(x)$가 만나는 서로 다른 점의 개수를 $h(t)$라 하자.

[단서2] 함수 $y=g(x)$의 그래프를 그리고 직선 $y=t$를 t의 값에 따라 평행이동하면서 두 곡선이 만나는 점의 개수를 구해봐.

$\left|\displaystyle\lim_{t\to a+}h(t)-\lim_{t\to a-}h(t)\right|=2$를 만족시키는 모든 실수 a에 대하여 $|a|$의 값의 합을 S라 할 때, $30S$의 값을 구하시오. (4점)

[단서3] 곡선 $y=g(x)$와 직선 $y=t$의 교점의 개수가 바뀌는 점 중에서 좌우극한값의 차이가 2가 되는 t를 찾으면 돼.

💡**왜 2등급?** 정적분으로 정의된 함수 $g(x)$의 그래프와 직선 $y=t$의 교점의 개수로 정의된 함수 $h(t)$에 대하여 함수 $h(t)$가 불연속이 되는 점을 찾는 문제이다. 정적분과 미분의 관계를 이해하고, 구간별로 다르게 정의된 함수에 대한 조건을 찾아 도함수를 이용하여 함수 $y=g(x)$의 그래프를 정확히 그리는 것이 어려웠다.

💡**단서+발상**

[단서1] $g(x)$가 정적분으로 정의된 함수이므로 적분 구간의 위끝과 아래끝이 같도록 하는 x의 값을 대입하고, $g(x)$의 양변을 x에 대해 미분하여 함숫값과 도함수에 대한 조건을 찾아내자. **유형**

즉, $g(0)=0$이고 $g'(x)=(x-1)f(x)$인데, $f(x)$가 구간별로 다르게 정의된 함수이므로 $g'(x)$도 구간별로 나누어 따져줄 수 있다. **개념**

[단서2] 함수 $h(t)$는 곡선 $y=g(x)$와 직선 $y=t$를 그린 후 곡선과 직선이 만나는 점의 개수를 구하면 된다. **유형**

즉, 도함수 $g'(x)$의 특징을 적용하고, $g'(x)$를 부정적분하여 $g(x)$를 구해 곡선 $y=g(x)$를 그릴 수 있으므로 이 위에 직선 $y=t$를 t의 값에 따라 평행이동하면서 곡선과 직선의 교점의 개수를 구하도록 한다. **적용**

[단서3] 마지막으로, 함수 $h(t)$에서 우극한과 좌극한의 차가 2가 되는 점을 구하면 된다. 우극한과 좌극한의 차가 2가 되는 점에서는 곡선 $y=g(x)$와 직선 $y=t$의 교점의 개수가 달라진다. 따라서 곡선과 직선의 교점의 개수가 달라지는 점을 파악한 뒤 그 중에서 좌, 우극한의 차가 2가 되는 점을 찾으면 된다. **해결**

⚠️**주의** $g'(x)$가 구간에 따라 다른 함수이므로 $g'(x)$에서 $g(x)$를 구하기 위해 부정적분할 때, 적분 상수에 주의해야 한다.

핵심 정답 공식: 곡선과 직선의 교점의 개수로 정의된 함수의 좌우극한값이 달라지는 경우를 찾을 때, 먼저 곡선과 직선이 접하는 때를 생각해본다.

-------------- [문제 풀이 순서] --------------

1st 적분과 미분의 관계를 이용해 함수 $g(x)$를 구하자.

$g(x)=\displaystyle\int_0^x (t-1)f(t)dt$의 양변을 x에 대하여 미분하면

$g'(x)=(x-1)f(x)$ 상수 a에 대하여 $\dfrac{d}{dx}\displaystyle\int_a^x f(t)dt=f(x)$야.

$=\begin{cases} -3x^2(x-1) & (x<1) \\ 2(x-1)(x-3) & (x\geq1) \end{cases}$

$=\begin{cases} -3x^3+3x^2 & (x<1) \\ 2x^2-8x+6 & (x\geq1) \end{cases}$ ··· ㉠ ▶$g(x)=\displaystyle\int g'(x)dx$야.

$g(x)$를 구하기 위해 $g'(x)$를 부정적분하자.

$g(x)=\begin{cases} -\dfrac{3}{4}x^4+x^3+C_1 & (x<1) \\ \dfrac{2}{3}x^3-4x^2+6x+C_2 & (x\geq1) \end{cases}$ (C_1, C_2는 적분상수) ··· ㉡

⚠️**주의** 부정적분 했으므로 적분상수를 빠트리면 안 돼.

이때, $g(x)=\displaystyle\int_0^x (t-1)f(t)dt$의 양변에 $x=0$을 대입하면 $g(0)=0$이므로 ㉡에서 $C_1=0$이다.

한편, ㉠에서

$\displaystyle\lim_{x\to1-}g'(x)=\lim_{x\to1-}(-3x^3+3x^2)=-3+3=0$,

$\displaystyle\lim_{x\to1+}g'(x)=\lim_{x\to1+}(2x^2-8x+6)=2-8+6=0$

이므로 $g'(1)=0$이다.

즉, $g(x)$는 $x=1$에서 미분계수가 존재하므로 미분가능하고, $x=1$에서 연속이다. 함수 $F(x)$가 $x=k$에서 미분가능하면 항상 $x=k$에서 연속이지만 $x=k$에서 연속이라고 해서 $x=k$에서 반드시 미분가능한 것은 아니야.

따라서 ㉡에서

$-\dfrac{3}{4}+1=\dfrac{2}{3}-4+6+C_2$ ($\because C_1=0$)

$\therefore C_2=-\dfrac{29}{12}$ ▶ $g(x)$가 $x=1$에서 연속이므로 $\displaystyle\lim_{x\to1-}g(x)=\lim_{x\to1+}g(x)=g(1)$이어야 해.

$\therefore g(x)=\begin{cases} -\dfrac{3}{4}x^4+x^3 & (x<1) \\ \dfrac{2}{3}x^3-4x^2+6x-\dfrac{29}{12} & (x\geq1) \end{cases}$

2nd 함수 $y=g(x)$의 그래프를 그려봐.

(i) $x<1$일 때,

㉠에서 $g'(x)=-3x^3+3x^2=-3x^2(x-1)$

$g'(x)=0$에서 $x=0$ 또는 $x=1$이므로 함수 $g(x)$의 증가와 감소를 표로 나타내면 다음과 같다.

x	⋯	0	⋯	(1)
$g'(x)$	＋	0	＋	
$g(x)$	↗		↗	

(ii) $x\geq1$일 때,

㉠에서 $g'(x)=2x^2-8x+6=2(x-1)(x-3)$

$g'(x)=0$에서 $x=1$ 또는 $x=3$이므로 함수 $g(x)$의 증가와 감소를 표로 나타내면 다음과 같다.

x	1	⋯	3	⋯
$g'(x)$	0	－	0	＋
$g(x)$	↘		극소	↗

(i), (ii)에 의해 함수 $g(x)$는 $x=1$에서 극댓값

$g(1)=\dfrac{2}{3}-4+6-\dfrac{29}{12}=\dfrac{1}{4}$,

$x=3$에서 극솟값

$g(3)=\dfrac{2}{3}\times3^3-4\times3^2+6\times3-\dfrac{29}{12}=-\dfrac{29}{12}$를 가지므로

함수 $y=g(x)$의 그래프는 다음과 같다.

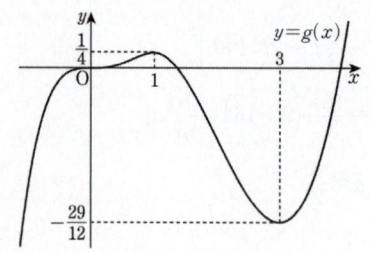

함수 $y=g(x)$의 그래프와 x축에 평행한 직선 $y=t$의 교점의 개수 $h(t)$를 위의 그래프를 이용하여 구하면

$$h(t)=\begin{cases} 1 & \left(t<-\dfrac{29}{12}\right) \\ 2 & \left(t=-\dfrac{29}{12}\right) \\ 3 & \left(-\dfrac{29}{12}<t<\dfrac{1}{4}\right) \\ 2 & \left(t=\dfrac{1}{4}\right) \\ 1 & \left(t>\dfrac{1}{4}\right) \end{cases}$$

$\lim\limits_{t\to\frac14+}h(t)=1,\ \lim\limits_{t\to\frac14-}h(t)=3$

이므로 $\left|\lim\limits_{t\to a+}h(t)-\lim\limits_{t\to a-}h(t)\right|=2$를 만족시키는 실수 a의 값은 $\dfrac{1}{4}$과

$-\dfrac{29}{12}$뿐이다. $\lim\limits_{t\to-\frac{29}{12}+}h(t)=3,\ \lim\limits_{t\to-\frac{29}{12}-}h(t)=1$

따라서 $S=\left|\dfrac{1}{4}\right|+\left|-\dfrac{29}{12}\right|=\dfrac{1}{4}+\dfrac{29}{12}=\dfrac{8}{3}$이므로

$30S=30\times\dfrac{8}{3}=80$

다른 풀이: 직접 정적분을 계산하여 함수 $g(x)$ 구하기

$g(x)=\displaystyle\int_0^x(t-1)f(t)dt$이고,

$f(x)=\begin{cases} -3x^2 & (x<1) \\ 2(x-3) & (x\ge1) \end{cases}$이므로

$g(x)$를 다음과 같이 구할 수도 있어.

(i) $x<1$일 때,

$g(x)=\displaystyle\int_0^x(t-1)(-3t^2)dt$

$\quad=\displaystyle\int_0^x(-3t^3+3t^2)dt$

$\quad=-\dfrac{3}{4}x^4+x^3$

(ii) $x\ge1$일 때,

$g(x)=\displaystyle\int_0^1(t-1)(-3t^2)dt+\int_1^x2(t-1)(t-3)dt$

$\quad=\left[-\dfrac{3}{4}t^4+t^3\right]_0^1+\displaystyle\int_1^x(2t^2-8t+6)dt$

$x=1$을 기준으로 $f(x)$의 식이 바뀌므로 정적분을 나누어서 구해야 해.

$\quad=-\dfrac{3}{4}+1+\dfrac{2}{3}x^3-4x^2+6x-\left(\dfrac{2}{3}-4+6\right)$

$\quad=\dfrac{2}{3}x^3-4x^2+6x-\dfrac{29}{12}$

(i), (ii)에 의해

$g(x)=\begin{cases} -\dfrac{3}{4}x^4+x^3 & (x<1) \\ \dfrac{2}{3}x^3-4x^2+6x-\dfrac{29}{12} & (x\ge1) \end{cases}$

(이하 동일)

My Top Secret 서울대 선배의 **①** 등급 대비 전략

곡선 $y=g(x)$와 직선 $y=t$의 교점의 개수는 t의 값이 함수 $g(x)$의 극댓값 또는 극솟값이 될 때 달라져.
따라서 함수 $g(x)$의 극댓값과 극솟값을 파악하여 함수 $h(t)$가 어떻게 변하는지 관찰하면 주어진 조건을 만족시키는 a를 파악할 수 있어.

F 232 정답 ⑤ 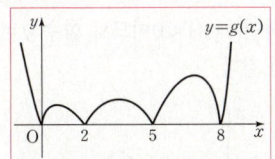 **●2등급 대비** [정답률 25%]

*함수 $g(x)$의 그래프로 함수 $f(x)$의 그래프의 개형 구하기 [유형 26]

삼차함수 $f(x)$는 $f(0)>0$을 만족시킨다. 함수 $g(x)$를

$$g(x)=\left|\int_0^x f(t)dt\right|$$

라 할 때, 함수 $y=g(x)$의 그래프가 그림과 같다.

단서 그래프에서 $g(2)=g(5)=g(8)=0$이므로 $\displaystyle\int_0^2 f(t)dt=\int_0^5 f(t)dt=\int_0^8 f(t)dt=0$이지? 이때, 정적분의 값을 기하학적 의미로 생각하면 $y=f(x)$의 그래프의 개형을 파악할 수 있어. 이를 이용하여 ㄱ, ㄴ, ㄷ의 참, 거짓을 따지면 돼.

[보기]에서 옳은 것만을 있는 대로 고른 것은? (4점)

[보기]

ㄱ. 방정식 $f(x)=0$은 서로 다른 3개의 실근을 갖는다.
ㄴ. $f'(0)<0$
ㄷ. $\displaystyle\int_m^{m+2}f(x)dx>0$을 만족시키는 자연수 m의 개수는 3이다.

① ㄴ   ② ㄷ   ③ ㄱ, ㄴ
④ ㄱ, ㄷ   ⑤ ㄱ, ㄴ, ㄷ

왜2등급? 이 문제는 정적분으로 정의된 함수의 그래프의 개형을 이용하여 함수의 그래프를 추론하는 문제이다.
특히, 함수 $g(x)$가 절댓값을 포함한 함수이므로 그 그래프는 사차함수 $y=\displaystyle\int_0^x f(t)dt$의 그래프에서 $y<0$인 부분을 x축에 대하여 대칭이동한 것이 된다.
이때, 사차함수 $y=\displaystyle\int_0^x f(t)dt$의 최고차항의 계수를 $f(0)$의 부호를 이용하여 결정하는 것이 어려웠다.

단서 + 발상

단서 함수 $y=g(x)$의 그래프를 이용하여 함수 $y=\displaystyle\int_0^x f(t)dt$의 그래프의 개형을 찾아야 한다.
즉, 함수 $y=g(x)$의 그래프에 의하여 함수 $y=\displaystyle\int_0^x f(t)dt$의 그래프의 개형은

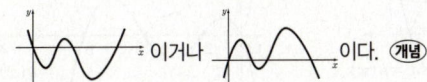

이거나 이다. **개념**

그런데 함수 $y=\displaystyle\int_0^x f(t)dt$의 도함수는 $y'=f(x)$이고 $f(0)>0$이므로 **발상**

함수 $y=\displaystyle\int_0^x f(t)dt$의 그래프의 개형을 결정할 수 있다. **적용**

주의 함수 $g(x)$는 함수 $y=\displaystyle\int_0^x f(t)dt$에 절댓값을 씌운 함수이므로 함수 $y=\displaystyle\int_0^x f(t)dt$의 그래프는 두 가지로 나타낼 수 있는데, $f(0)>0$임을 이용하여 하나로 결정해야 한다.

핵심 정답 공식: $h(x)=\displaystyle\int_0^x f(t)dt$로 두면, $f(0)>0$이므로 $h(x)$는 $x=0$에서 증가 상태여야 한다. 이를 통해 $h(x)$의 그래프의 개형을 알고 $f(x)$의 그래프의 개형도 그릴 수 있다.

------------------ [문제 풀이 순서] ------------------

1st 함수 $g(x)$를 이용하여 함수 $f(x)$가 어떤 함수인지부터 파악하자.

함수 $g(x)$는 함수 $f(t)$를 $t=0$부터 $t=x$까지 적분하여 값을 구한 후 절댓값을 씌운 함수이다.

이때, 주어진 함수 $g(x)$의 그래프에서 $g(2)=0$이므로

$$\int_0^2 f(t)dt=0$$이고 $f(0)>0$이므로 $f(2)<0$

또 $g(5)=0$이므로 $\underline{\int_2^5 f(t)dt=0}$이고 $f(2)<0$이므로 $f(5)>0$

$g(5)=0$에서 $\int_0^5 f(t)dt=0$인데 $\int_0^5 f(t)dt=\int_0^2 f(t)dt+\int_2^5 f(t)dt$

이고 $\int_0^2 f(t)dt=0$이므로 $\int_2^5 f(t)dt=0$이야.

마찬가지 방법으로 하면 $f(8)<0$이므로 함수 $y=f(x)$의 그래프의 대략적인 개형은 그림과 같다.

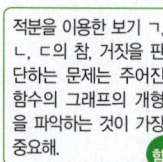
적분을 이용한 보기 ㄱ, ㄴ, ㄷ의 참, 거짓을 판단하는 문제는 주어진 함수의 그래프의 개형을 파악하는 것이 가장 중요해.

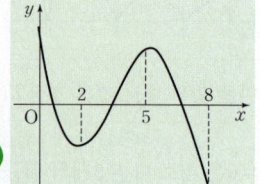

2nd 함수 $f(x)$의 그래프를 이용하여 [보기]의 옳고 그름을 판단해.

ㄱ. 방정식 $f(x)=0$의 해는 구간 $(0, 2)$, $(2, 5)$, $(5, 8)$에서 각각 하나씩 존재한다. (참)
→ 방정식 $f(x)=0$의 해는 $y=f(x)$의 그래프와 x축의 교점의 x좌표와 같아.

ㄴ. 함수 $f(x)$는 $x=0$에서 감소하므로 $f'(0)<0$ (참)

ㄷ. 그래프에서 $\int_0^2 f(t)dt=\int_2^5 f(t)dt=\int_5^8 f(t)dt=0$이므로

$$\int_m^{m+2} f(x)dx>0$$을 만족하는 자연수 m은 3, 4, 5로 3개이다. (참)

따라서 옳은 것은 ㄱ, ㄴ, ㄷ이다.

🔍 **다른 풀이:** 절댓값 기호 안에 있는 사차함수를 $h(x)$라 두고 $h(x)$의 그래프 이용하기

함수 $g(x)$의 그래프는 삼차함수 $f(x)$에 대하여 사차함수

$h(x)=\int_0^x f(t)dt$의 그래프를 x축 위로 접어 올린 그래프이다.
$y=|f(x)|$의 그래프는 $y=f(x)$의 그래프에서 $y<0$인 부분을 x축에 대하여 대칭이 되도록 그리면 돼

즉, $h(x)=\int_0^x f(t)dt$의 그래프는 최고차항의 계수가 양수인 경우와 음수인 경우에 따라 다음과 같이 2가지야.

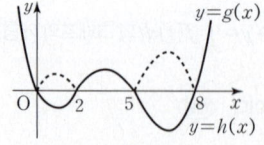
[그림 1] $\frac{d}{dx}\int_a^x f(t)dt=f(x)$

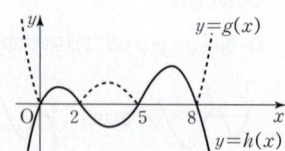
[그림 2]

이때, $h'(x)=f(x)$이므로 $h'(0)=f(0)$이고 문제에서 $f(0)>0$이라 했으므로 $h'(0)>0$이지? 즉, $h(x)$는 $x=0$에서 증가상태에 있으므로 $h(x)$의 그래프는 [그림 2]와 같아.

ㄱ. 방정식 $h'(x)=f(x)=0$을 만족하는 x의 개수는 함수 $h(x)$의 극값의 개수를 찾으면 되니까 3개야. (참)
극값에서의 미분계수는 0이지?

ㄴ. $f'(x)=\frac{d}{dx}h'(x)$이고, 이것은 함수 $h'(x)$의 증가·감소를 생각하

면 함수 $h'(x)$는 $x=0$에서 감소하므로 $\frac{d}{dx}h'(0)<0$이야. (참)
$x=0$을 포함하는 아주 작은 구간에서 $y=h(x)$의 그래프는 위로 볼록해. 즉, $h(x)$는 이 구간에서 증가하고는 있지만 증가하는 크기는 점점 작아져. 따라서 $h'(x)$는 이 구간에서 감소해.

ㄷ. $h(x)=\int_0^x f(t)dt$의 그래프를 알고 있으므로

$$\int_m^{m+2} f(x)dx=\int_0^{m+2} f(x)dx-\int_0^m f(x)dx$$로 적분 구간을 나누어서 생각하면 $\int_m^{m+2} f(x)dx>0$, 즉 $h(m+2)-h(m)>0$ ⋯ ㉠

을 만족하는 자연수 m을 찾자.

$m=1$일 때, $h(3)<0$, $h(1)>0$이므로 ㉠에서 $h(3)-h(1)<0$

마찬가지로

$m=2$일 때, $h(4)<0$, $h(2)=0$이므로 $h(4)-h(2)<0$

$m=3$일 때, $h(5)=0$, $h(3)<0$이므로 $h(5)-h(3)>0$

$m=4$일 때, $h(6)>0$, $h(4)<0$이므로 $h(6)-h(4)>0$

$m=5$일 때, $h(7)>0$, $h(5)=0$이므로 $h(7)-h(5)>0$

$m=6$일 때, $h(8)=0$, $h(6)>0$이므로 $h(8)-h(6)<0$

$m=7$일 때, $h(9)<0$, $h(7)>0$이므로 $h(9)-h(7)<0$

$m≥8$일 때, $h(m+2)-h(m)<0$

따라서 만족하는 자연수 m은 3, 4, 5로 3개야. (참)

👩 ***My Top Secret***　　　서울대 선배의 **①**등급 대비 전략

n차 다항함수 $f(x)$에 대하여 $g(x)=\int_0^x f(t)dt$라 하면 $g(x)$는 $(n+1)$차 다항함수야. 이때, $g'(x)=f(x)$이므로 함수 $y=g(x)$의 그래프는 도함수인 $f(x)$를 이용하여 구할 수 있어. 즉, 문제의 조건에서 $f(0)>0$이므로 함수 $y=\int_0^x f(t)dt$의 그래프는 $x=0$에서 증가해야 함을 알 수 있어.

F 233 정답 251 ⋯⋯⋯ ⭐**1등급 대비** [정답률 16%]

＊정적분으로 정의된 함수를 인수로 갖는 사차함수 그래프를 통해 함수의 식 유추하기 [유형 26]

실수 a에 대하여 두 함수 $f(x)$, $g(x)$를
단서1 함수 $f(x)$가 일차함수로 간단하니까 정적분을 계산하여 함수 $g(x)$를 구해.

$$f(x)=3x+a, \quad g(x)=\int_2^x (t+a)f(t)dt$$

라 하자. 함수 $h(x)=f(x)g(x)$가 다음 조건을 만족시킬 때,
단서2 $f(x)$는 일차함수이고 $g(x)$는 삼차함수이므로 $h(x)$는 사차함수가 돼. 사차함수의 그래프의 개형을 염두에 두고 주어진 두 조건을 해석하는 거야.

$h(-1)$의 최솟값은 $\frac{q}{p}$이다. $p+q$의 값을 구하시오. (단, p와 q는 서로소인 자연수이다.) (4점)

(가) 곡선 $y=h(x)$ 위의 어떤 점에서의 접선이 x축이다.
단서3 곡선 $y=h(x)$ 위의 $x=k$인 점에서의 접선이 x축이라는 것은 곡선이 $x=k$인 점에서 x축에 접한다는 거야. 즉, 사차함수 $h(x)$에서 $h(k)=0$이고 $h'(k)=0$이어야 해.

(나) 곡선 $y=|h(x)|$가 x축과 평행한 직선과 만나는 서로 다른 점의 개수의 최댓값은 4이다.
단서4 함수 $y=h(x)$의 그래프에서 x축의 아랫부분을 x축을 기준으로 꺾어 올린 후 x축과 평행한 직선과 만나는 점의 개수를 확인해봐. 만나는 점이 최대 4개가 나오려면 사차함수 $y=h(x)$의 그래프의 모양이 어떤 형태여야 하는지 알아내야 해.

💬 **1등급?** 일차함수와 정적분으로 정의된 함수의 곱으로 이루어진 함수의 그래프의 특징을 이용해 미정계수를 구하는 문제이다.

특히, 주어진 여러 조건을 동시에 만족시키는 사차함수의 그래프의 개형을 파악하여 함수의 식을 유추해내는 것이 어려웠다.

단서1 먼저, $f(x)$의 식이 $f(x)=3x+a$로 비교적 간단하니까 정적분을 직접 계산하여 삼차함수 $g(x)$를 구한다. 이때, $g(2)=0$이므로 함수 $g(x)$의 식을 인수 $x-2$와 나머지 식의 곱으로 정리할 수 있다. **적용**

단서2 $h(x)$는 일차함수인 $f(x)$와 삼차함수인 $g(x)$의 곱으로 표현되어 있으므로 사차함수이다. 따라서 최고차항의 계수가 양수인 사차함수의 그래프의 개형을 그려보며 주어진 조건에 접근하도록 한다. **개념**

단서3 조건 (가)에 제시된 어떤 점을 $x=k$인 점이라 하면, 곡선 $y=h(x)$의 $x=k$인 점에서의 접선이 x축이므로 $x=k$인 점에서의 함숫값 $h(k)=0$이고, 접선의 기울기 $h'(k)=0$이다. 즉, $h(k)=0$, $h'(k)=0$을 만족시키려면 함수 $h(x)$는 $(x-k)^2$을 인수로 가져야 한다. **발상**

단서4 곡선 $y=|h(x)|$는 곡선 $y=h(x)$를 x축을 기준으로 x축의 아랫부분을 꺾어 올린 것이다. 조건 (가)를 만족시키는 몇 가지 사차함수 $h(x)$에 대하여 $y=|h(x)|$의 그래프를 그린 후, x축에 평행한 직선과 만나는 점이 최대 4개인 경우를 찾는다. **적용**

주의 정적분을 이용하여 함수 $g(x)$의 식을 $x-2$라는 인수를 갖는 형태로 구한 후, 사차함수 $h(x)$가 $(x-k)^2$ 꼴의 인수를 가져야 함을 추론해내야 문제 해결이 좀 더 수월해진다. 인수 조건을 모르는 상태에서 조건 (가), (나)를 동시에 만족시키는 사차함수의 그래프의 개형만 가지고 접근하면 식이 많이 복잡해진다.

핵심 정답 공식: 곡선 $y=h(x)$ 위의 어떤 점에서의 접선이 x축이면 $h(k)=h'(k)=0$을 만족시키는 실수 k가 존재한다.

-------------------- [문제 풀이 순서] --------------------

1st $f(x)$를 대입하고 정적분을 계산하여 함수 $g(x)$를 찾자.

$f(x)=3x+a$이므로

$g(x)=\displaystyle\int_2^x (t+a)(3t+a)dt=\int_2^x (3t^2+4at+a^2)dt$

$\quad=\left[t^3+2at^2+a^2t\right]_2^x$

$\quad=x^3+2ax^2+a^2x-(2a^2+8a+8) \cdots (*)$

이때, $g(2)=0$이므로 $g(x)$의 식을 정리하면
정적분에서 적분구간의 위끝과 아래끝이 같으면 정적분의 값은 0이므로
$g(2)=\displaystyle\int_2^2 (t+a)(3t+a)dt=0$이야. 즉, $g(x)$는 $x-2$를 인수로 가져.

$g(x)=(x-2)\{x^2+2(a+1)x+(a+2)^2\}$이다.
$(*)$을 조립제법을 이용해 인수분해하면

$$
\begin{array}{r|rrrr}
2 & 1 & 2a & a^2 & -(2a^2+8a+8) \\
  &   & 2 & 4a+4 & 2a^2+8a+8 \\
\hline
  & 1 & 2a+2 & a^2+4a+4 & 0
\end{array}
$$

즉, $h(x)=f(x)g(x)$이므로
$h(x)=(x-2)(3x+a)\{x^2+2(a+1)x+(a+2)^2\}$이다.

2nd 조건 (가)를 이용해 $h(x)$의 특징을 찾아내.

조건 (가)에 의해 곡선 $y=h(x)$ 위의 어떤 점에서의 접선이 x축이므로
곡선 $y=h(x)$가 $x=k$인 점에서 x축에 접하면 방정식 $h(x)=0$이 중근 $x=k$를 가진다는 것이므로 $h(x)$는 $(x-k)^2$을 인수로 가짐을 알 수 있어.
$h(k)=h'(k)=0$을 만족시키는 실수 k가 존재한다.
따라서 실수 k에 대하여 함수 $h(x)$는 $(x-k)^2$을 인수로 갖는다.

주의 함수 $h(x)$에 대한 정보를 찾는 것이 중요해. 조건 (가)를 통해 $h(k)=h'(k)=0$을 만족시키는 실수 k가 존재함을 알아내면 함수 $h(x)$는 $(x-k)^2$을 인수로 갖기 때문에 사차함수 $y=h(x)$의 그래프의 개형을 찾을 수 있어. 그래야 조건 (나)에 의해 곡선 $y=|h(x)|$의 그래프의 개형을 확인해서 문제를 풀 수 있음에 주의하자.

3rd k의 값에 따라 조건을 만족시키는 $h(-1)$의 최솟값을 찾자.

$h(x)=(x-2)(3x+a)\{x^2+2(a+1)x+(a+2)^2\} \cdots \text{㉠}$임을 이용하여 $h(x)$가 $(x-k)^2$을 인수로 가질 때의 k의 값이 될 수 있는 경우를
㉠에서 $h(x)$는 $x-2$, $3\left(x+\dfrac{a}{3}\right)$, $x^2+2(a+1)x+(a+2)^2$을 인수로 가지니까
$(x-k)^2$ 꼴의 인수를 갖는 경우는 $x-k$가 $x-2$일 때, $x-k$가 $x+\dfrac{a}{3}$일 때, $(x-k)^2$이 $x^2+2(a+1)x+(a+2)^2$일 때로 나눌 수 있어.

다음과 같이 나누어 조건을 만족시키는 a의 값을 찾고, 그때의 $h(-1)$의 값을 계산해보자.

(i) $k=2$인 경우

$h(x)$가 $(x-2)^2$을 인수로 가지므로 ㉠에 의해
$3x+a$가 $3(x-2)$이거나 $x^2+2(a+1)x+(a+2)^2$이
$x-2$를 인수로 가져야 한다.

　ⅰ) $3x+a=3(x-2)$인 경우
　　$a=-6$이므로
　　$h(x)=(x-2)(3x-6)(x^2-10x+16)$
　　　　$=3(x-2)^3(x-8)$
　　즉, 곡선 $y=|h(x)|$는 [그림 1]과 같으므로

사차함수 $h(x)=3(x-2)^3(x-8)$의 그래프는 x축과 $x=8$인 점에서 만나고, $x=2$인 점에서 접해. 또, $h'(2)=0$이지만 $x=2$에서 극값을 갖지 않아. 이를 이용해 최고차항의 계수가 양수인 사차함수의 그래프를 그린 후 x축 아랫부분을 x축에 대하여 대칭이동하여 그리면 돼.

함수 $h(x)$는 조건 (나)를 만족시킨다.

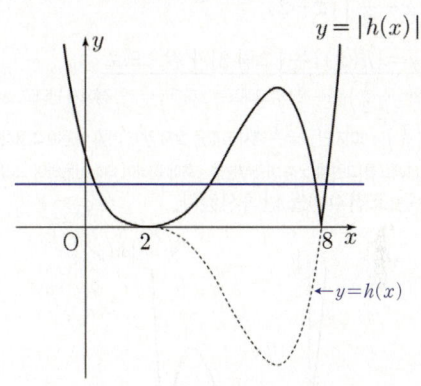

[그림 1]

$\therefore h(-1)=3\times(-1-2)^3\times(-1-8)=729$

　ⅱ) $x^2+2(a+1)x+(a+2)^2$이 $x-2$를 인수로 갖는 경우
　　$\underline{4+4(a+1)+(a+2)^2=0}$이므로 　$x^2+2(a+1)x+(a+2)^2$이 $x-2$를 인수로 가지면 인수정리에 의해 이 식에 $x=2$를 대입한 값이 0이 되어야 해.
　　$a^2+8a+12=0$, $(a+2)(a+6)=0$
　　$\therefore a=-2$ 또는 $a=-6$
　　$a=-6$이면 ⅰ)과 같다.
　　$a=-2$이면
　　$h(x)=(x-2)(3x-2)(x^2-2x)$
　　　　$=x(3x-2)(x-2)^2$
　　즉, 곡선 $y=|h(x)|$는 [그림 2]와 같으므로

사차함수 $h(x)=x(3x-2)(x-2)^2$의 그래프는 x축과 $x=0$, $x=\dfrac{2}{3}$인 점에서 만나고, $x=2$인 점에서 접해. 이를 이용해 최고차항의 계수가 양수인 사차함수의 그래프를 그린 후 x축 아랫부분을 x축에 대하여 대칭이동하여 그리면 돼.

함수 $h(x)$는 조건 (나)를 만족시키지 않는다.
곡선 $y=|h(x)|$의 그래프와 x축과 평행한 직선이 만나는 서로 다른 점의 개수의 최댓값은 6이야.

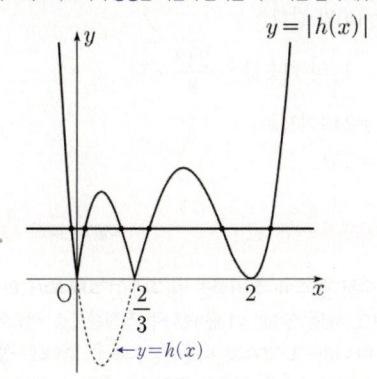

[그림 2]

(ii) $k=-\dfrac{a}{3}(a\neq -6)$인 경우   → $a=-6$이면 $k=2$인 경우와 같지?

$h(x)$가 $\left(x+\dfrac{a}{3}\right)^2$을 인수로 가지므로

$x^2+2(a+1)x+(a+2)^2$이 $x+\dfrac{a}{3}$를 인수로 가져야 한다.

$\dfrac{1}{9}a^2-\dfrac{2}{3}a(a+1)+(a+2)^2=0$이므로   → $x^2+2(a+1)x+(a+2)^2$이 $x+\dfrac{a}{3}$를 인수로 가지면 인수정리에 의해 이 식에 $x=-\dfrac{a}{3}$를 대입한 값이 0이 되어야 해.

$\dfrac{4}{9}a^2+\dfrac{10}{3}a+4=0$, $\dfrac{2}{9}(2a+3)(a+6)=0$

$\therefore a=-\dfrac{3}{2}\ (\because a\neq -6)$

즉,

$h(x)=(x-2)\left(3x-\dfrac{3}{2}\right)\left(x^2-x+\dfrac{1}{4}\right)$

$=3\left(x-\dfrac{1}{2}\right)^3(x-2)$

에서 곡선 $y=|h(x)|$는 [그림 3]과 같으므로

사차함수 $h(x)=3\left(x-\dfrac{1}{2}\right)^3(x-2)$의 그래프는 x축과 $x=2$인 점에서 만나고, $x=\dfrac{1}{2}$인 점에서 접해. 또, $h'\left(\dfrac{1}{2}\right)=0$이지만 $x=\dfrac{1}{2}$에서 극값을 갖지 않아. 이를 이용해 최고차항의 계수가 양수인 사차함수의 그래프를 그린 후 x축 아랫부분을 x축에 대하여 대칭이동하여 그리면 돼.

함수 $h(x)$는 조건 (나)를 만족시킨다.

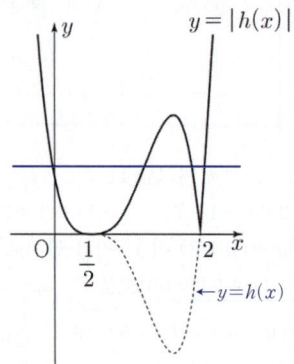

[그림 3]

$\therefore h(-1)=3\times\left(-1-\dfrac{1}{2}\right)^3\times(-1-2)=\dfrac{243}{8}$

(iii) $x^2+2(a+1)x+(a+2)^2$이 $(x-k)^2$ 꼴인 경우

$x^2+2(a+1)x+(a+2)^2=x^2-2kx+k^2$에서

$a+1=-k,\ (a+2)^2=k^2$

$ax^2+bx+c=a'x^2+b'x+c'$이 항등식이면 $a=a', b=b', c=c'$이야.

위의 두 식을 연립하면 $(a+2)^2=(-a-1)^2$이므로

$a^2+4a+4=a^2+2a+1$, $2a=-3$ $\therefore a=-\dfrac{3}{2}$

즉, 이 경우는 (ii)와 같다.

(i)~(iii)에서 $h(-1)$의 최솟값은 $\dfrac{243}{8}$이다.

따라서 $p=8$, $q=243$이므로

$p+q=8+243=251$

My Top Secret   서울대 선배의 ❶등급 대비 전략

정적분으로 정의된 함수가 주어졌을 때 무조건 미분부터 하여 도함수의 특징을 찾으려고 하면 안돼. 이 문제처럼 정적분으로 정의된 함수의 특징을 찾는 게 아니라 그 함수와 다른 함수의 곱 형태로 정의된 새로운 함수에 대한 조건이 주어진 경우는 정적분을 직접 계산하여 식의 형태를 알아보는 방법도 생각해낼 수 있어야 해.

✱ 삼차함수, 사차함수의 그래프의 개형

다항함수의 그래프의 개형을 파악하는 고난도 문제는 보통 삼차함수 또는 사차함수에 대하여 제시되고 있어. 따라서 삼차함수와 사차함수는 그래프의 개형이 함수식의 특징에 맞춰 몇 가지로 확실히 정해져 있으므로 이를 정리해서 기억하고 있는 게 중요해.
조건이 아무리 복잡해도 함수의 그래프는 정해진 개형 중 하나라는 점을 기억한다면 문제에 좀 더 쉽게 접근할 수 있어.

F 234   정답 432 .... ⭕1등급 대비 [정답률 15%]

✱절댓값으로 정의된 함수에서 미분가능하지 않은 점의 개수에 대한 조건을 만족시키는 사차함수의 그래프의 개형 파악하기 [유형 26]

최고차항의 계수가 4인 삼차함수 $f(x)$와 실수 t에 대하여 함수 $g(x)$를

단서1 $f(x)$가 삼차함수이므로 $g(x)$는 사차함수이고, $g(x)=\displaystyle\int_t^x f(s)ds$의 양변을 x에 대하여 미분하면 $g'(x)=f(x)$야.

$$g(x)=\int_t^x f(s)ds$$

라 하자. 상수 a에 대하여 두 함수 $f(x)$와 $g(x)$가 다음 조건을 만족시킨다.

단서2 함수 $y=|g(x)-g(a)|$의 그래프는 사차함수 $y=g(x)$의 그래프에서 직선 $y=g(a)$의 아랫부분을 꺾어 올린 거야. 이 그래프에 대하여 미분가능하지 않은 x의 개수가 1인 경우를 생각해보자.

(가) $f'(a)=0$

(나) 함수 $|g(x)-g(a)|$가 미분가능하지 않은 x의 개수는 1이다.

실수 t에 대하여 $g(a)$의 값을 $h(t)$라 할 때, $h(3)=0$이고 함수 $h(t)$는 $t=2$에서 최댓값 27을 가진다. $f(5)$의 값을 구하시오. (4점)

오! 1등급? 이 문제는 정적분으로 정의된 사차함수 $g(x)$의 그래프의 특징을 파악한 후, 절댓값 기호가 포함된 함수의 미분가능하지 않은 점의 개수를 통해 $g(x)$의 그래프의 개형을 추론해야 한다.
이를 위해서 사차함수의 그래프의 개형을 파악하고 있어야 하며 각각의 개형에 따른 함수를 수식으로 표현할 수 있어야 한다. 또한, 절댓값 기호를 사용한 함수의 미분가능과 불가능에 대한 특징을 제대로 이해하고 적용해야 하는 점이 어려웠다.

💡 단서＋발상

단서1 먼저, 함수 $y=4x^3$을 적분하면 $y=x^4$이 되므로 최고차항의 계수가 4인 삼차함수 $f(x)$를 정적분한 함수로 정의된 $g(x)$는 최고차항의 계수가 1인 사차함수임을 알 수 있다. 발상
한편, $g(x)$를 x에 대하여 미분하면 $f(x)$이므로 도함수 $f(x)$를 통해 $g(x)$를 파악할 수 있다. 이때, 정적분의 아래끝인 t의 값이 고정된 값이 아니라는 점도 기억하고 있어야 한다. 유형

단서2 $g(a)$는 상수이므로 함수 $y=|g(x)-g(a)|$의 그래프는 $y=g(x)-g(a)$의 그래프에서 직선 $y=g(a)$를 기준으로 $y=g(a)$의 아랫부분을 대칭시켜 위로 꺾어 올린 형태이다. 이때, $g(x)$는 사차함수로 미분가능한 함수이기 때문에 꺾어 올리는 지점에서 미분가능하지 않은 점이 생긴다. 그런데 만약 꺾어 올리는 점에서의 미분계수가 0이면 그 점은 미분가능한 점이 된다. 발상
즉, $g(k)-g(a)=0$이고, $g'(k)=0$이면 함수 $|g(x)-g(a)|$는 $x=k$에서 미분가능하다.
따라서 이러한 개념을 고려하여 함수 $|g(x)-g(a)|$가 미분가능하지 않은 점이 1개만 생기도록 하는 사차함수 $y=g(x)$의 개형을 파악해야 한다. 적용

주의 $g'(x)=0$을 만족시키는 서로 다른 2개의 x의 값 α, β 중에서 $g(x)-g(a)=0$을 만족시키는 x의 값을 α라 하면, 사차함수 $y=g(x)$의 그래프의 개형을 유추할 때 $\alpha<\beta$인 경우와 $\beta<\alpha$인 경우로 나누어서 따져봐야 한다.

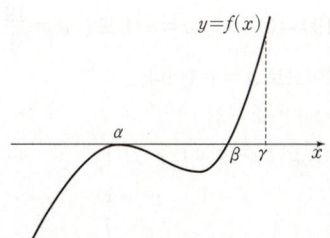

핵심 정답 공식: 삼차함수 $f(x)$에 대하여 함수 $g(x)=\int_t^x f(s)ds$는 사차함수이다. 이때, 함수 $|g(x)-g(a)|$가 미분가능하지 않은 x의 개수가 1이려면 함수 $y=g(x)$의 그래프를 직선 $y=g(a)$를 기준으로 꺾어 올렸을 때 뾰족점이 1개만 나와야 한다.

----------- [문제 풀이 순서] -----------

1st 사차함수 $y=g(x)$의 그래프의 개형을 찾자.

$f(x)$가 최고차항의 계수가 4인 삼차함수이므로

$g(x)=\int_t^x f(s)ds$는 최고차항의 계수가 1인 사차함수이다.

또한, $g(x)=\int_t^x f(s)ds$의 양변을 x에 대하여 미분하면 $g'(x)=f(x)$ 이므로 최고차항의 계수가 양수인 사차함수 $y=g(x)$의 그래프의 개형은 방정식 $f(x)=0$의 근의 형태에 따라 다음 4가지 중 하나가 될 수 있다.

이때, 조건 (나)에서 함수 $|g(x)-g(a)|$가 미분가능하지 않은 x의 개수가 1이므로 다음의 4가지 경우 중에서 조건 (나)를 만족시키는 함수 $y=g(x)$의 그래프가 될 수 있는 것은 (ii)이다.

(i) $f(x)=0$이 서로 다른 세 실근을 갖는 경우

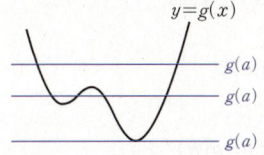

(ii) $f(x)=0$이 한 실근과 중근을 갖는 경우

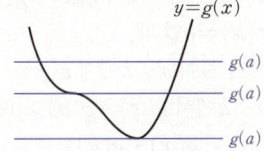

(iii) $f(x)=0$이 삼중근을 갖는 경우

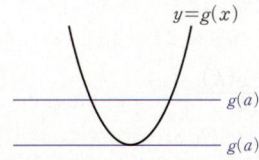

(iv) $f(x)=0$이 한 실근과 서로 다른 두 허근을 갖는 경우

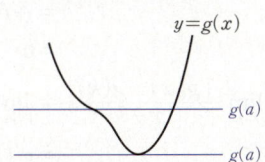

따라서 사차함수 $g(x)$는 단 하나의 극솟값을 갖는다.

또한, 함수 $y=g(x)$의 그래프와 직선 $y=g(a)$는 서로 다른 두 점에서 만나는데 그 두 점 중 한 점에서는 접하고 나머지 한 점에서 만난다는 것을 알 수 있다.

2nd 사차함수 $y=g(x)$의 그래프의 개형을 이용하여 함수 $f(x)$를 유추하자.

$g'(x)=0$이면서 방정식 $g(x)-g(a)=0$을 만족시키는 x의 값을 α라 하고, 함수 $g(x)$가 극솟값을 가질 때의 x의 값을 β라 하면 α, β의 대소 관계에 따라 다음과 같이 두 경우로 나눌 수 있다.

(i) $\alpha < \beta$인 경우 (단, $g(\gamma)=g(a)$, $\beta<\gamma$)

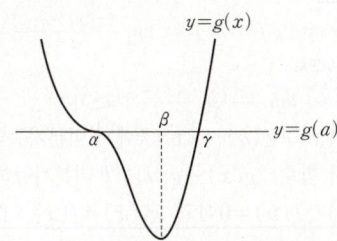

함수 $y=g(x)$의 그래프와 직선 $y=g(a)$는 위의 그림과 같고 이를 이용하여 함수 $y=g(x)$의 도함수 $y=f(x)$의 그래프를 그려 보면 다음과 같다. $g'(a)=0$이지만 $x=a$의 좌우에서 $g(x)$가 감소하므로 $f(x)$의 그래프는 $x=a$에서 x축에 접해. 또, $x=\beta$에서 $g(x)$가 극솟값을 가지므로 $f(\beta)=0$이야. 즉, $x=a$에서 x축에 접하고 $x=\beta$에서 x축과 만나는 최고차항의 계수가 양수인 삼차함수의 그래프를 그리면 돼.

이때, $g(\alpha)=g(\gamma)=g(a)$이므로

$\alpha=a$ 또는 $\gamma=a$

그런데 조건 (가)에서 $f'(a)=0$이므로 $\alpha=a$이다.

따라서 $x=a$에서 x축에 접하고 $x=\beta$에서 x축과 만나는 최고차항의 계수가 4인 삼차함수 $f(x)$의 식은

$f(x)=4(x-a)^2(x-\beta)$ … ㉡이다.

한편, 실수 t에 대하여

$h(t)=g(a)=\int_t^a f(s)ds=-\int_a^t f(s)ds$

에서 $h'(t)=-f(t)$이고,

함수 $h(t)$가 $t=2$에서 최댓값, 즉 극댓값을 가지므로

[실수] 함수 $h(t)$는 최고차항의 계수가 음수인 사차함수가 되므로 최댓값이 존재하고, 그 최댓값은 극댓값임을 알 수 있어. 문제에서 함수 $h(t)$는 $t=2$에서 최댓값 27을 가진다고 하였지만 결국 그 최댓값이 극댓값임을 이용해야 문제를 해결할 수 있어.

$h'(2)=-f(2)=0$

$\therefore f(2)=0$

즉, ㉡에 의하여 $a=2$ 또는 $\beta=2$이다.

이때, $h(2)=27$인데

$a=2$이면 $h(2)=\int_2^2 f(s)ds=0\neq27$이므로 $a\neq2$이다.

$\therefore \beta=2$

한편, $h(3)=0$에서 $h(3)=\int_3^a f(s)ds=0$이고

$h(2)=\int_2^a f(s)ds=27$이므로

$\underset{\substack{=27-0\\=27}}{h(2)-h(3)}=\int_2^a f(s)ds-\int_3^a f(s)ds$

$=\int_2^a f(s)ds+\int_a^3 f(s)ds$

$=\int_2^3 f(s)ds=27$

이때, $f(x)=4(x-a)^2(x-2)$이므로

$\int_2^3 f(s)ds=\int_2^3 4(s-a)^2(s-2)ds$

$=\int_2^3 \{4s^3-8(a+1)s^2+4(a^2+4a)s-8a^2\}ds$

$=\left[s^4-\frac{8}{3}(a+1)s^3+2(a^2+4a)s^2-8a^2s\right]_2^3$

$=\{81-72(a+1)+18(a^2+4a)-24a^2\}$
$\quad-\left\{16-\frac{64}{3}(a+1)+8(a^2+4a)-16a^2\right\}$

$=65-\frac{152}{3}(a+1)+10(a^2+4a)-8a^2$

$=2a^2-\frac{32}{3}a+\frac{43}{3}=27$

에서 $3a^2-16a-19=0$

$(a+1)(3a-19)=0$ $\therefore a=-1$ 또는 $a=\dfrac{19}{3}$

이때, $a<\beta=2$이므로 $a=-1$이다.

$\therefore f(x)=4(x+1)^2(x-2)$

(ii) $a>\beta$인 경우 (단, $g(\gamma)=g(a)$, $\gamma<\beta$)

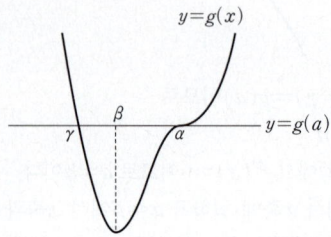

함수 $y=g(x)$의 그래프와 직선 $y=g(a)$는 위의 그림과 같고 이를 이용하여 함수 $y=g(x)$의 도함수 $y=f(x)$의 그래프를 그려 보면 다음과 같다.

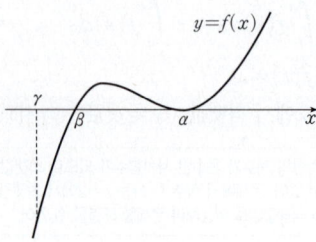

이때, $g(a)=g(\gamma)=g(a)$이므로

$a=a$ 또는 $\gamma=a$

그런데 조건 (가)에서 $f'(a)=0$이므로 $a=a$이다.

따라서 $f(x)=4(x-a)^2(x-\beta)$로 놓을 수 있고

(i)에서와 마찬가지 방법으로 구하면 $\beta=2$이다.

$\therefore f(x)=4(x-a)^2(x-2)$

한편, $h(3)=0$인데,

$a\neq3$이면 $h(3)=\displaystyle\int_3^a f(s)ds\neq0$이므로 $a=3$이다.

즉, $f(x)=4(x-3)^2(x-2)$이므로

$h(2)=\displaystyle\int_2^a f(s)ds=\int_2^3 4(s-3)^2(s-2)ds$

$\qquad=\displaystyle\int_2^3 (4s^3-32s^2+84s-72)ds$

$\qquad=\left[s^4-\dfrac{32}{3}s^3+42s^2-72s\right]_2^3$

$\qquad=(81-288+378-216)-\left(16-\dfrac{256}{3}+168-144\right)$

$\qquad=\dfrac{1}{3}$

그런데 (i)에서 $h(2)=27$이므로 이 경우는 주어진 조건을 만족시키지 않는다.

따라서 (i), (ii)에 의하여 $f(x)=4(x+1)^2(x-2)$이므로

$f(5)=4\times36\times3=432$

🔷 **다른 풀이:** 함수 $y=g(x)$와 직선 $y=g(a)$의 교점에서의 $g(x)$의 미분계수를 통해 함수 $g(x)$의 그래프의 개형 찾기

$f(x)$가 최고차항의 계수가 4인 삼차함수이므로

$g(x)=\displaystyle\int_t^x f(s)ds$는 최고차항의 계수가 1인 사차함수이고

$\underline{\displaystyle\int(4x^3+\cdots)dx=x^4+\cdots}$

실수 전체의 집합에서 함수 $g(x)-g(a)$는 미분가능해.

함수 $g(x)-g(a)$은 사차함수 $g(x)$와 상수함수 $g(a)$의 차이므로 두 미분가능한 함수의 차는 미분가능한 함수가 돼.

이때,

$g(x)\geq g(a)$이면 $|g(x)-g(a)|=g(x)-g(a)$

$g(x)<g(a)$이면 $|g(x)-g(a)|=-\{g(x)-g(a)\}$

이므로 함수 $|g(x)-g(a)|$는 $g(x)-g(a)\neq0$인 모든 x에서 미분가능하지.

이제, 사차함수 $g(x)$의 특징을 파악하기 위해 $g(x)-g(a)=0$을 만족시키는 x의 값을 k라 하자.

$g(k)=g(a)$이므로

$\dfrac{|g(x)-g(a)|-|g(k)-g(a)|}{x-k}=\dfrac{|g(x)-g(k)|}{x-k}$

한편, $g(x)=\displaystyle\int_t^x f(s)ds$의 양변을 x에 대하여 미분하면

$g'(x)=f(x)$ $\cdots$ ㉠

(i) $x=k$의 좌우에서 $g(x)-g(a)$의 부호가 같을 때

$\displaystyle\lim_{x\to k-}\dfrac{|g(x)-g(k)|}{x-k}=\lim_{x\to k+}\dfrac{|g(x)-g(k)|}{x-k}$이므로

함수 $|g(x)-g(a)|$는 $x=k$에서 미분가능해.

좌미분계수와 우미분계수의 값이 같으면 미분계수가 존재하는 것이고, 미분가능하다고 해.

(ii) $x=k$의 좌우에서 $g(x)-g(a)$의 부호가 다르고

$f(k)=0$일 때,

예를 들어 $x<k$에서 $g(x)-g(a)<0$이고

$x>k$에서 $g(x)-g(a)>0$이면

$\displaystyle\lim_{x\to k-}\dfrac{|g(x)-g(k)|}{x-k}=-\lim_{x\to k-}\dfrac{g(x)-g(k)}{x-k}$

$\qquad\qquad\qquad\qquad\quad=-g'(k)$

$\qquad\qquad\qquad\qquad\quad=-f(k)\ (\because ㉠)$

$\qquad\qquad\qquad\qquad\quad=0$

$\displaystyle\lim_{x\to k+}\dfrac{|g(x)-g(k)|}{x-k}=\lim_{x\to k+}\dfrac{g(x)-g(k)}{x-k}$

$\qquad\qquad\qquad\qquad\quad=g'(k)$

$\qquad\qquad\qquad\qquad\quad=f(k)\ (\because ㉠)$

$\qquad\qquad\qquad\qquad\quad=0$

즉, $\displaystyle\lim_{x\to k-}\dfrac{|g(x)-g(k)|}{x-k}=\lim_{x\to k+}\dfrac{|g(x)-g(k)|}{x-k}$이므로

함수 $|g(x)-g(a)|$는 $x=k$에서 미분가능해.

(iii) $x=k$의 좌우에서 $g(x)-g(a)$의 부호가 다르고

$f(k)\neq0$일 때,

$\displaystyle\lim_{x\to k-}\dfrac{|g(x)-g(a)|}{x-k}\neq\lim_{x\to k+}\dfrac{|g(x)-g(a)|}{x-k}$

위의 (ii)의 예와 같이 풀면

$\displaystyle\lim_{x\to k-}\dfrac{|g(x)-g(a)|}{x-k}=-g'(k)=-f(k),\ \lim_{x\to k+}\dfrac{|g(x)-g(a)|}{x-k}=g'(k)=f(k)$

이고, $-f(k)\neq f(k)$이므로

$\displaystyle\lim_{x\to k-}\dfrac{|g(x)-g(k)|}{x-k}\neq\lim_{x\to k+}\dfrac{|g(x)-g(k)|}{x-k}$가 되는 거야.

이므로 함수 $|g(x)-g(a)|$는 $x=k$에서 미분가능하지 않아.

이때, 조건 (나)에서 함수 $|g(x)-g(a)|$가 미분가능하지 않은 x의 개수가 1이므로 $g(x)-g(a)=0$이고, $g'(x)=f(x)\neq0$인 x가 단 하나 존재한다는 것을 알 수 있어.

사차함수 $y=g(x)$의 그래프와 직선 $y=g(a)$의 교점에서의 $g(x)$의 미분계수가 0이 아닌 점이 1개만 있어야 한다는 거야.

따라서 사차함수 $g(x)$는 단 하나의 극값, 즉 극솟값 하나만을 갖고 극댓값은 없으며 함수 $y=g(x)$의 그래프와 직선 $y=g(a)$는 서로 다른 두 점에서 만난다는 것을 알 수 있어.

(이하 동일)

✳ 그래프를 통해 함수 유추하기

1등급 대비 특강

$h(3)=0$인 조건과 함수 $h(t)$가 $t=2$에서 최댓값 27을 가진다는 조건을 활용하여 $y=g(x)$의 그래프의 개형과 a, a, b, c 값들을 추론할 때, 함수식을 통해 추론하는 것도 방법이야.
문제를 푸는 시간을 절약시킬 수 있는 방법 중 하나는 함수 $y=g(x)$의 그래프를 먼저 그려놓고 그래프의 개형에 기하학적으로 맞는 값을 하나씩 대응시키는 것이야.

My Top Secret
서울대 선배의 ❶ 등급 대비 전략

다항함수는 일차함수, 이차함수, 삼차함수, 사차함수까지 그래프의 개형의 종류 및 그래프에 따라 함수를 식으로 나타내는 방법까지 유기적으로 알고 있어야 해.
특히, 고난도 유형일수록 함수와 그에 대응되는 도함수의 성질까지 묶어서 생각해야 하니까 제대로 정리해 놓을 필요가 있어.
또한, 다항함수를 단순히 $y=ax^3+bx^2+cx+d$처럼 나열해서 나타내는 방법도 있지만, 함수의 그래프와 x축의 교점을 이용해 인수정리를 적용하여 $y=a(x-\alpha)(x-\beta)(x-\gamma)$와 같이 항으로 묶어서 나타내는 방식도 자주 쓰이니까 문제를 풀어나갈 때 어느 방식이 더 수월할지 빠르게 판단하고 풀이 계획을 정하는 연습을 많이 하도록 해.

F 235 정답 80 ━━━━ ⊕1등급 대비 [정답률 16%]

✳주어진 조건을 이용하여 정적분으로 정의된 함수식 구하기 [유형 12+26]

> $x=-3$과 $x=a(a>-3)$에서 극값을 갖는 삼차함수 $f(x)$에 대
> **단서1** 삼차함수 $f(x)$의 최고차항의 계수가 양수인지 음수인지 아직은 알 수 없어. 주어진 조건들을 이용하여 삼차함수 $f(x)$의 최고차항의 계수의 부호를 파악해 봐.
> 하여 실수 전체의 집합에서 정의된 함수
> **단서2** $x\geq-3$일 때,
> $$g(x)=\begin{cases} f(x) & (x<-3) \\ \int_0^x |f'(t)|dt & (x\geq-3) \end{cases}$$
> $g(x)=\int_0^x|f'(t)|dt$이므로 $f'(t)\geq0$일 때의 t의 범위와 $f'(t)<0$일 때의 t의 범위를 파악해야 함수 $g(x)$를 좀 더 간단히 나타낼 수 있겠지? 즉, $y=f'(t)$의 그래프의 개형을 알아야 해.
> 이 다음 조건을 만족시킨다.
>
> (가) $g(-3)=-16$, $g(a)=-8$
> (나) 함수 $g(x)$는 실수 전체의 집합에서 연속이다.
> (다) 함수 $g(x)$는 극솟값을 갖는다.
>
> **단서3** 함수 $g(x)$가 $x=-3$에서 연속이면 실수 전체의 집합에서 연속이 돼.
> $\left|\int_a^4 \{f(x)+g(x)\}dx\right|$의 값을 구하시오. (4점)

왜 1등급? 이 문제는 조건을 만족시키는 함수 $f(x)$, $g(x)$를 구하는 문제이다.
한편, $\int_0^x|f'(t)|dt$에서 $|f'(t)|\geq0$이므로 정적분의 기하학적 의미에 의하여 $x>0$일 때 x의 값이 증가하면 $\int_0^x|f'(t)|dt$는 양수이고 그 값은 증가, $x<0$일 때 x의 값이 감소하면 $\int_0^x|f'(t)|dt$는 음수이고 그 값은 감소한다. 즉, 절댓값을 포함한 함수의 정적분으로 정의된 함수는 실수 전체의 집합에서 증가함을 이용하여 그래프의 개형을 따져보는 것이 어려웠다.

💡 단서+발상

단서1 함수 $f(x)$가 $x=-3$과 $x=a>-3$에서 극값을 가지므로 $f'(x)$의 부호는 $x=-3$과 $x=a$일 때 바뀐다. 즉, 삼차함수 $f(x)$의 최고차항의 계수의 부호에 따라 두 경우로 나눌 수 있다. **유형**

단서2 $x>-3$일 때, $g'(x)=|f'(x)|\geq0$이므로 $g(x)$는 $x>-3$에서 증가하는 함수이다. 즉, 함수 $g(x)$가 극솟값을 가지려면 $x<-3$에서 감소해야 한다. **발상**
따라서 $f(x)$의 최고차항의 계수는 음수이므로 즉, $x<-3$에서 $f'(x)<0$, $-3<x<a$에서 $f'(x)>0$, $x>a$에서 $f'(x)<0$이다. **적용**

단서3 함수 $g(x)$가 실수 전체의 집합에서 연속이므로 $x=-3$에서 연속이다.
즉, $\lim\limits_{x\to-3+}g(x)=\lim\limits_{x\to-3-}g(x)=g(-3)$임을 이용하여 a의 값을 구한다. **해결**

핵심 정답 공식: 조건 (다)를 이용하여 삼차함수 $f(x)$의 도함수 $f'(x)$의 그래프의 개형을 파악한 후, 조건 (가), (나)를 이용하여 함수 $g(x)$를 함수 $f(x)$를 이용하여 나타낸다.

------------------ [문제 풀이 순서] ------------------

1st 삼차함수 $f(x)$의 도함수 $f'(x)$의 그래프의 개형을 파악해야 해.
삼차함수 $f(x)$는 $x=-3$과 $x=a(a>-3)$에서 극값을 가지므로 삼차
$f'(-3)=0, f'(a)=0$
함수 $f(x)$의 그래프의 개형과 그 도함수 $f'(x)$의 그래프의 개형은 삼차
삼차함수 $f(x)$의 도함수 $f'(x)$는 이차함수야.
함수 $f(x)$의 최고차항의 계수의 부호에 따라 다음과 같이 나뉜다.
주의 $f(x)$의 최고차항의 계수가 양수인지 음수인지 꼭 경우를 나눠서 생각해야 해.

(1) 최고차항의 계수의 부호가 양수일 때,

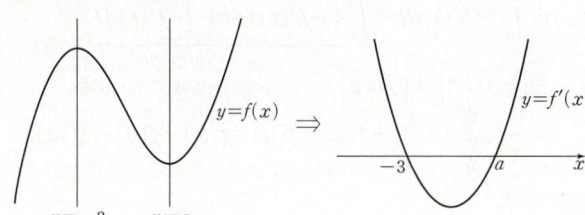

(2) 최고차항의 계수의 부호가 음수일 때,

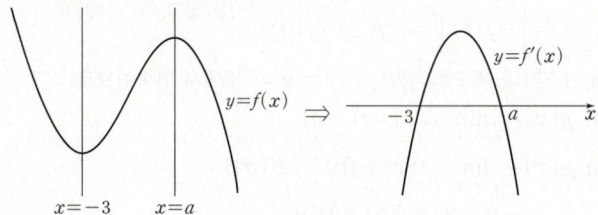

(1), (2)에 의해 $y=|f'(x)|$의 그래프의 개형은 다음과 같다.

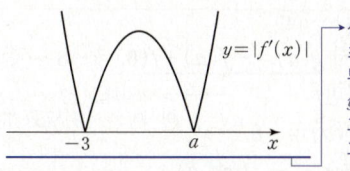

→삼차함수 $f(x)$의 최고차항의 계수의 부호와 관계없이 $y=|f'(x)|$의 그래프의 개형은 그림과 같아.

이때, 모든 실수 x에 대해서 $|f'(x)|\geq0$인데 조건 (가)에서
$g(a)=\int_0^a|f'(t)|dt=-8<0$이므로 $a<0$이다.
만약 $a>0$이면 $\int_0^a|f'(t)|dt>0$이야. 즉, $a<0$이면 $\int_a^0|f'(t)|dt>0$이므로 $\int_0^a|f'(t)|dt=-\int_a^0|f'(t)|dt<0$이지.
한편, $x\geq-3$에서 $|f'(x)|\geq0$이므로 $x\geq-3$일 때,

함수 $g(x)=\int_0^x |f'(t)|dt$는 증가한다. $\cdots$ ㉠

$-3\le x\le 0$일 때, $\int_x^0 |f'(t)|dt$는 함수 $y=|f'(t)|$의 그래프와 t축 및 두 직선 $t=x$, $t=0$으로 둘러싸인 부분의 넓이이므로 $\int_x^0 |f'(t)|dt$의 값은 x의 값이 증가할수록 감소해.

즉, $\int_x^0 |f'(t)|dt = -\int_0^x |f'(t)|dt$ 이므로 $\int_0^x |f'(t)|dt$는 x의 값이 증가할수록 증가해. 또, $x>0$일 때, $|f'(t)|\ge 0$이면서 $|f'(t)|$는 증가함수이므로 $\int_0^x |f'(t)|dt$는 x의 값이 증가할수록 증가해.

따라서 $x\ge -3$일 때, 함수 $g(x)=\int_0^x |f'(t)|dt$는 증가함수야.

또, 삼차함수 $f(x)$는 $x=-3$과 $x=a(-3<a<0)$에서 극값을 가지는데 $f(x)$의 최고차항의 계수가 양수이면 $x<-3$에서 $f(x)$는 증가하므로 함수 $g(x)$는 $x<-3$에서 증가한다. $\cdots$ ㉡

㉠, ㉡에 의해 $f(x)$의 최고차항의 계수가 양수이면 함수 $g(x)$는 실수 전체의 집합에서 증가하므로 극솟값을 갖지 않는다. 즉, 조건 (다)를 만족시키지 않는다.

따라서 삼차함수 $f(x)$의 최고차항의 계수는 음수이고, $f'(x)$의 그래프의 개형은 다음과 같다. 삼차함수 $f(x)$의 최고차항의 계수가 음수이면 $x<-3$일 때, 함수 $g(x)=f(x)$는 감소하고, $x\ge -3$일 때, 함수 $g(x)$는 증가하므로 $x=-3$에서 함수 $g(x)$는 극솟값을 가지게 되어 조건 (다)를 만족시키지.

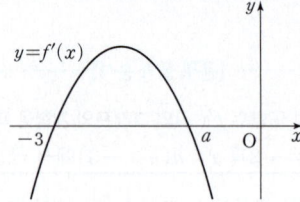

2nd 조건을 만족시키는 함수 $g(x)$를 구해.

(ⅰ) $x<-3$일 때, $g(x)=f(x)$

(ⅱ) $-3\le x<a$일 때,

$g(x)=\int_0^x |f'(t)|dt=\int_0^a \{-f'(t)\}dt+\int_a^x f'(t)dt$

$\quad = \Big[-f(t)\Big]_0^a + \Big[f(t)\Big]_a^x$ $\to$ $x\le t\le a$일 때, $f'(t)\ge 0$이고, $a\le t\le 0$일 때, $f'(t)\le 0$이야.

$\quad = -f(a)+f(0)+f(x)-f(a)=f(x)+f(0)-2f(a)$

(ⅲ) $x\ge a$일 때,

$g(x)=\int_0^x |f'(t)|dt=\int_0^x \{-f'(t)\}dt$

$\quad = \Big[-f(t)\Big]_0^x = -f(x)+f(0)$ $\to$ $t\ge a$일 때, $f'(t)\le 0$이야.

이때, 조건 (나)에 의해 함수 $g(x)$는 $x=-3$에서 연속이므로

$\displaystyle\lim_{x\to -3-} g(x)=\lim_{x\to -3-} f(x)=f(-3)$,

$\displaystyle\lim_{x\to -3+} g(x)=\lim_{x\to -3+} \{f(x)+f(0)-2f(a)\}$

$\qquad = f(-3)+f(0)-2f(a)$

에서 $f(-3)=f(-3)+f(0)-2f(a)$

$\therefore f(0)=2f(a)$ $\cdots$ ㉢

또, 조건 (가)에서 $g(a)=-f(a)+f(0)=-8$ $\cdots$ ㉣ $\to$ $x\ge a$일 때, $g(x)=-f(x)+f(0)$이라 했지? 이 식에 $x=a$를 대입한 거야.

㉢, ㉣을 연립하면

$f(0)=-16$, $f(a)=-8$

$\therefore g(x)=\begin{cases} f(x) & (x<a) \\ -f(x)-16 & (x\ge a) \end{cases}$

$g(x)=\begin{cases} f(x) & (x<-3) \\ f(x)+f(0)-2f(a) & (-3\le x<a) \\ -f(x)+f(0) & (x\ge a) \end{cases}$ 에서 $f(0)=-16$, $f(a)=-8$을 대입하면

$g(x)=\begin{cases} f(x) & (x<-3) \\ f(x) & (-3\le x<a) \\ -f(x)-16 & (x\ge a) \end{cases}$ 이므로 $g(x)=\begin{cases} f(x) & (x<a) \\ -f(x)-16 & (x\ge a) \end{cases}$ 이야.

3rd a의 값을 구해.

삼차함수 $f(x)$가 $x=-3$과 $x=a(-3<a<0)$에서 극값을 가지므로

$f'(x)=k(x+3)(x-a)=k\{x^2+(3-a)x-3a\}$ $(k<0)$이라 하면

$f(x)=k\Big(\dfrac{1}{3}x^3+\dfrac{3-a}{2}x^2-3ax\Big)-16$

$f(x)=\int f'(x)dx=\int k\{x^2+(3-a)x-3a\}dx$

$\qquad = k\Big(\dfrac{1}{3}x^3+\dfrac{3-a}{2}x^2-3ax\Big)+C$ (단, C는 적분상수)

이때, $f(0)=-16$이므로 위 식의 양변에 $x=0$을 대입하면 $C=-16$이야.

또한, 함수 $g(x)$는 $x=-3$에서 연속이므로

$f(-3)=\displaystyle\lim_{x\to -3-} g(x)=g(-3)=-16$에서

$k\Big\{\dfrac{1}{3}\times(-27)+\dfrac{9}{2}(3-a)+9a\Big\}-16=-16$

$\dfrac{9}{2}k(a+1)=0$ $\therefore a=-1\ (\because k\ne 0)$

$\therefore g(x)=\begin{cases} f(x) & (x<-1) \\ -f(x)-16 & (x\ge -1) \end{cases}$

4th $\int_a^4 \{f(x)+g(x)\}dx$의 값을 구하자.

$\displaystyle\int_a^4 \{f(x)+g(x)\}dx=\int_{-1}^4 [f(x)+\{-f(x)-16\}]dx$ $\to$ $x\ge -1$일 때, $g(x)=-f(x)-16$이야.

$\qquad = \int_{-1}^4 (-16)dx$

$\qquad = \Big[-16x\Big]_{-1}^4$

$\qquad = -64-16=-80$

$\therefore \left|\int_a^4 \{f(x)+g(x)\}dx\right|=80$

1등급 대비 특강

* 함수 $y=g(x)$의 그래프

$a=-1$이므로

$f(x)=k\Big(\dfrac{1}{3}x^3+\dfrac{3-a}{2}x^2-3ax\Big)-16$

$\qquad = k\Big(\dfrac{1}{3}x^3+2x^2+3x\Big)-16$

그런데 $f(a)=f(-1)=-8$이므로

$f(-1)=k\times\Big(-\dfrac{4}{3}\Big)-16=-8$ $\therefore k=-6$

즉, $f(x)=-6\Big(\dfrac{1}{3}x^3+2x^2+3x\Big)-16=-2x^3-12x^2-18x-16$이므로

$g(x)=\begin{cases} -2x^3-12x^2-18x-16 & (x<-1) \\ 2x^3+12x^2+18x & (x\ge -1) \end{cases}$

따라서 함수 $y=g(x)$의 그래프는 다음과 같아.

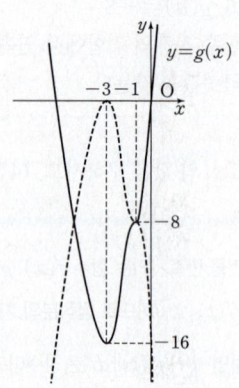

✱정적분으로 정의된 함수가 조건을 만족시키도록 하는 함수식 구하기 [유형 26]

삼차함수 $f(x)=4x^3-24x^2+36x-8k$(k는 정수)에 대하여 실수 전체의 집합에서 연속인 함수 $g(x)$를 **[단서1]**

$$g(x)=\begin{cases}\displaystyle\int_0^x f(t)dt & (x\le a \text{ 또는 } x\ge b)\\ c & (a<x<b)\end{cases}$$

[단서1] $a<x<b$에서 함수 $g(x)$의 그래프는 x축에 평행한 직선이야. 또, $x=a$와 $x=b$에서의 좌극한과 우극한이 각각 같아야 함수 $g(x)$가 연속일 수 있지?

라 하자. 어떤 정수 k에 대하여 함수 $g(x)$가 오직 한 점에서만 미분가능하지 않도록 세 실수 a, b, c를 정할 때, $k+a+b+c$의 최솟값은? (4점) **[단서2]** 오직 한 점에서 미분가능하지 않다는 것은 그 점에서 그래프가 꺾인 경우라는 뜻이야.

① 1　　　　② 3　　　　③ 5
④ 7　　　　⑤ 9

왜 1등급? 정수 k의 값에 따른 함수 $f(x)$를 이용하여 함수 $y=g(x)$의 그래프를 그려서 조건을 만족시키는 상수를 구하는 문제이다.
함수 $g(x)$의 $x<a$ 또는 $x>b$에서의 도함수가 $f(x)$이므로 함수 $y=f(x)$의 그래프를 이용하여 함수 $y=g(x)$의 그래프의 개형을 파악해야 한다. 이때, k가 정수임을 이용하여 함수 $y=g(x)$의 그래프의 개형이 바뀌게 되는 k의 값을 차례로 대입하여 상수를 구하는 것이 어려웠다.

단서+발상

[단서1] 먼저 함수 $g(x)$가 연속이어야 함을 파악하자.

함수 $y=\displaystyle\int_0^x f(t)dt$의 그래프는 이 함수의 도함수인 $y=f(x)$의 그래프를 이용하여 그리면 된다. 이때, 함수 $g(x)$가 실수 전체의 집합에서 연속이 되어야 하므로 $a<x<b$에서 직선 $y=c$는

$$\lim_{x\to a-}\int_0^x f(t)dt=\lim_{x\to a+}\int_0^x f(t)dt=c$$가 되도록 그려야 한다. **발상**

[단서2] 함수 $g(x)$가 $x\ne a$, $x\ne b$ 이외의 점에서는 미분가능함을 파악해야 한다.

$f(x)$가 삼차함수이므로 $\displaystyle\int_0^x f(t)dt$는 사차함수이고, 다항함수는 미분가능하므로 $x<a$ 또는 $x>b$에서 함수 $g(x)$는 미분가능하다. 또, 상수함수 $y=c$의 도함수는 $y'=0$이므로 $a<x<b$에서 미분가능하다. 즉, 함수 $g(x)$가 한 점에서만 미분가능하지 않으려면 $x=a$에서만 미분가능하지 않거나 $x=b$에서만 미분가능하지 않아야 한다. **발상**
이때, 함수 $g(x)$의 $a<x<b$에서의 미분계수가 0이므로 함수 $g(x)$가 $x=a$에서 미분가능하지 않다면 $\lim_{x\to a+}g'(x)=0$이어야 하고 $x=b$에서 미분가능하지 않다면 $\lim_{x\to b+}g'(x)=0$이어야 한다. **적용**

주의 이 문제는 $x\le a$ 또는 $x\ge b$에서 함수 $y=\displaystyle\int_0^x f(t)dt$의 그래프를 그리고 $a<x<b$에서 직선 $y=c$를 그려서 해결하는 문제가 아니다. 먼저, 실수 전체의 집합에서 $y=\displaystyle\int_0^x f(t)dt$의 그래프를 그리고 조건을 만족시키도록 상수 c의 값을 결정하고 그에 따른 a, b의 값을 구해야 한다.

핵심 정답 공식: 함수 $f(x)$가 $x=a$에서 불연속이거나 함수 $y=f(x)$의 그래프가 꺾인 경우에는 함수 $f(x)$는 $x=a$에서 미분가능하지 않음을 이용하여 함수 $g(x)$가 오직 한 점에서만 미분가능하지 않도록 하는 $y=g(x)$의 그래프 개형을 찾는다.

------------- [문제 풀이 순서] -------------

1st $k\le 0$일 때, k의 값에 따른 함수 $y=f(x)$와 $y=g(x)$의 그래프를 살펴보자.
함수 $f(x)=4x^3-24x^2+36x-8k$에 대하여
$f'(x)=12x^2-48x+36$
　　　$=12(x-1)(x-3)$

$f'(x)=0$에서 $x=1$ 또는 $x=3$이므로
함수 $f(x)$는 $x=1$에서 극댓값 $f(1)=4-24+36-8k=16-8k$를 갖고 $x=3$에서 극솟값 $f(3)=108-216+108-8k=-8k$를 가진다.

(ⅰ) $k<0$일 때
$f(0)=-8k>0$이고, $x=1$에서 극댓값, $x=3$에서 극솟값을 가지므로 함수 $y=f(x)$의 그래프의 개형과 $h(x)=\displaystyle\int_0^x f(t)dt$라 할 때, 함수 $y=h(x)$의 그래프의 개형은 [그림 1]과 같다.

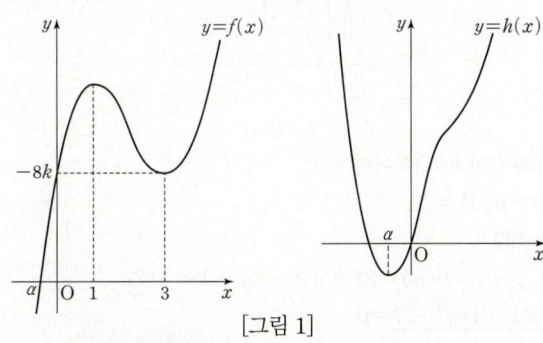

[그림 1]

즉, 함수 $h(x)$는 $x>a$인 x에 대하여 증가함수이므로 함수 $y=g(x)$의 그래프의 개형은 [그림 2]와 같다.

함수 $g(x)$는 실수 전체의 집합에서 연속이어야 해.

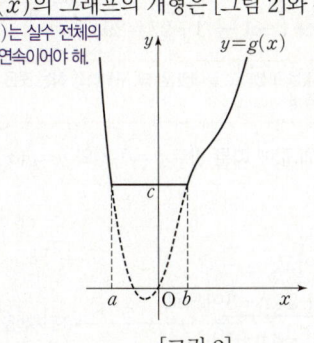

[그림 2]

그러나 이러한 개형의 그래프는 $x=a$, $x=b$인 두 점에서 미분가능하지 않으므로 조건을 만족시키지 않는다. 즉,

$$g(x)=\begin{cases}\displaystyle\int_0^x f(t)dt & (x\le a \text{ 또는 } x\ge b)\\ c & (a<x<b)\end{cases}$$

를 만족시키는 서로 다른 a, b의 값은 존재하지 않는다.

(ⅱ) $k=0$일 때
$f(0)=-8k=0$이고, $f(x)$는 $x=1$에서 극댓값 $f(1)=16$, $x=3$에서 극솟값 $f(3)=0$을 가진다.
$h(x)=\displaystyle\int_0^x f(t)dt$라 하면 $f(x)=4x^3-24x^2+36x=4x(x-3)^2$

이므로 $h(x)=\displaystyle\int_0^x f(t)dt=x^4-8x^3+18x^2$

$\displaystyle\int_0^x(4t^3-24t^2+36t)dt$
$=\left[t^4-8t^3+18t^2\right]_0^x$
$=x^4-8x^3+18x^2$

이때, $h(3)=81-216+162=27$이므로 두 함수 $y=f(x)$, $y=h(x)$의 그래프의 개형은 [그림 3]과 같다.

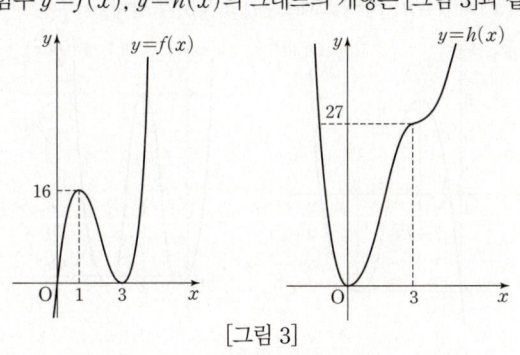

[그림 3]

즉, 조건을 만족시키는 함수 $y=g(x)$의 그래프의 개형은 [그림 4]와 같아야 한다. <u>$x=a$에서는 미분가능하지 않고 $x=b$에서는 미분가능</u>

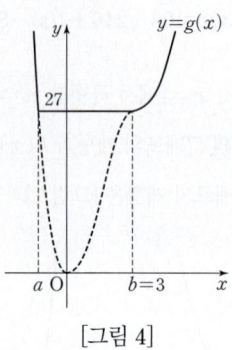

[그림 4]

그림과 같이 $b=3$이어야 하고
$g(3)=h(3)=27$
$\therefore c=27$
이때, $g(a)=h(a)=27$에서 $a^4-8a^3+18a^2=27$
$\underline{a^4-8a^3+18a^2-27=0}$
$\underline{(a+1)(a-3)^3=0}$ ⟶ 조립제법을 이용하면
$\therefore a=-1\ (\because a\neq3)$

$$\begin{array}{r|rrrrr} -1 & 1 & -8 & 18 & 0 & -27 \\ & & -1 & 9 & -27 & 27 \\ \hline & 1 & -9 & 27 & -27 & \boxed{0} \end{array}$$

$\therefore k+a+b+c=0+(-1)+3+27=29$

> **주의** 여기서 $k+a+b+c$의 값을 구했다고 끝내면 안 돼. 구하려고 하는 것은 $k+a+b+c$의 최솟값이야!

2nd k가 자연수일 때, k의 값에 따른 함수 $y=f(x)$와 $y=g(x)$의 그래프를 살펴보자.

(iii) $k=1$일 때
$f(0)=-8k=-8$이고,
$f(x)=\underline{4x^3-24x^2+36x-8}$이므로 ⟶ 조립제법을 이용하면
$f(x)=4(x-2)(x^2-4x+1)$
방정식 $x^2-4x+1=0$의 근은 $x=2\pm\sqrt{3}$이야.
$=4(x-2)(x-2+\sqrt{3})(x-2-\sqrt{3})$

$$\begin{array}{r|rrrr} 2 & 4 & -24 & 36 & -8 \\ & & 8 & -32 & 8 \\ \hline & 4 & -16 & 4 & \boxed{0} \end{array}$$

$h(x)=\displaystyle\int_0^x f(t)dt$라 하면

$h(x)=\displaystyle\int_0^x f(t)dt$
$=x^4-8x^3+18x^2-8x$이고,

$h'(x)=0$, 즉 $f(x)=0$에서 $x=2-\sqrt{3}$ 또는 $x=2$ 또는 $x=2+\sqrt{3}$
이므로 함수 $h(x)$의 증가와 감소를 표로 나타내면 다음과 같다.

x	$\cdots$	$2-\sqrt{3}$	$\cdots$	2	$\cdots$	$2+\sqrt{3}$	$\cdots$
$h'(x)$	$-$	0	$+$	0	$-$	0	$+$
$h(x)$	$\searrow$	극소	$\nearrow$	극대	$\searrow$	극소	$\nearrow$

즉, 함수 $h(x)$는 $x=2-\sqrt{3}$, $x=2+\sqrt{3}$에서 각각 극솟값을 갖고, $x=2$에서 극댓값 $h(2)=16-64+72-16=8$을 가지므로 함수 $y=f(x)$와 $y=h(x)$의 그래프는 [그림 5]와 같다.

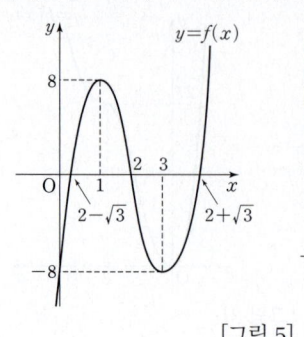 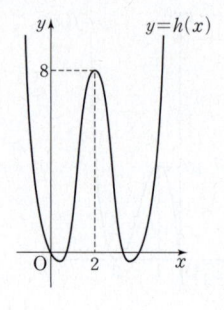

[그림 5]

이때, 조건을 만족시키는 함수 $y=g(x)$의 그래프는 다음의 2가지를 생각해볼 수 있다.

i) 그림과 같이 $b=2$일 때
$g(2)=h(2)=8$
$\therefore c=8$
$g(a)=8$에서
$a^4-8a^3+18a^2-8a=8$
$\underline{a^4-8a^3+18a^2-8a-8=0}$
$\underline{(a-2)^2(a^2-4a-2)=0}$
방정식 $a^2-4a-2=0$의 근은 $a=2\pm\sqrt{6}$
$(a-2)^2(a-2+\sqrt{6})(a-2-\sqrt{6})=0$
$\therefore a=2-\sqrt{6}\ (\because a<2)$
$\therefore k+a+b+c$
$=1+(2-\sqrt{6})+2+8$
$=13-\sqrt{6}$

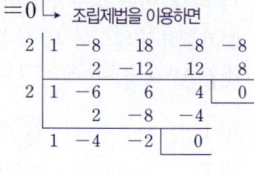

조립제법을 이용하면

$$\begin{array}{r|rrrrr} 2 & 1 & -8 & 18 & -8 & -8 \\ & & 2 & -12 & 12 & 8 \\ \hline 2 & 1 & -6 & 6 & 4 & \boxed{0} \\ & & 2 & -8 & -4 & \\ \hline & 1 & -4 & -2 & \boxed{} & \end{array}$$

ii) 그림과 같이 $a=2$일 때
i)과 같은 방법으로 하면 $c=8$이고,
$b=2+\sqrt{6}$
$\therefore k+a+b+c$
$=1+2+(2+\sqrt{6})+8=13+\sqrt{6}$

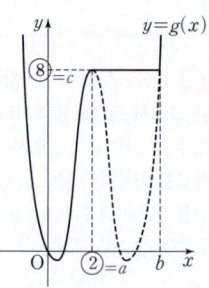

(iv) $k=2$일 때
$f(0)=-8k=-16$이고,
$f(x)=4x^3-24x^2+36x-16$
이므로 $f(x)=4(x-1)^2(x-4)$ ⟶ 조립제법을 이용하면

$$\begin{array}{r|rrrr} 1 & 4 & -24 & 36 & -16 \\ & & 4 & -20 & 16 \\ \hline 1 & 4 & -20 & 16 & \boxed{0} \\ & & 4 & -16 & \\ \hline 4 & 4 & -16 & \boxed{0} & \\ & & 16 & & \\ \hline & 4 & \boxed{} & & \end{array}$$

$h(x)=\displaystyle\int_0^x f(t)dt$라 하면

$h(x)=\displaystyle\int_0^x f(t)dt$
$=x^4-8x^3+18x^2-16x$이고,

$h'(x)=0$, 즉 $f(x)=0$에서 $x=1$ 또는 $x=4$이므로 함수 $h(x)$의 증가와 감소를 표로 나타내면 다음과 같다.

x	$\cdots$	1	$\cdots$	4	$\cdots$
$h'(x)$	$-$	0	$-$	0	$+$
$h(x)$	$\searrow$		$\searrow$	극소	$\nearrow$

즉, 함수 $h(x)$는 $x=4$에서 극솟값을 가지고
$h(1)=1-8+18-16=-5$
$h(4)=256-512+288-64=-32$
이므로 함수 $y=f(x)$와 $y=h(x)$의 그래프는 [그림 6]과 같다.

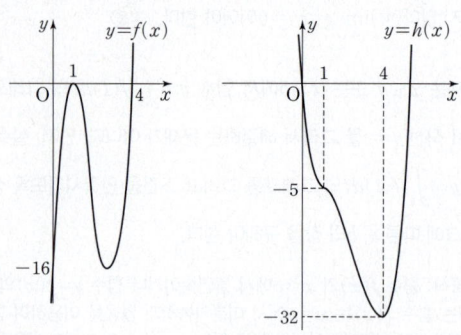

[그림 6]

즉, 조건을 만족시키는 함수 $y=g(x)$의 그래프의 개형은 [그림 7]과 같아야 한다.

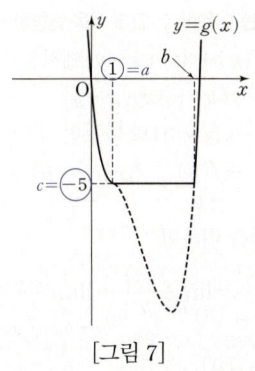

[그림 7]

그림과 같이 $a=1$이어야 하고
$g(1)=h(1)=-5$
$\therefore c=-5$
$g(b)=-5$에서
$b^4-8b^3+18b^2-16b=-5$

$\underline{b^4-8b^3+18b^2-16b+5=0}$

$(b-1)^3(b-5)=0$
$\therefore b=5 \ (\because b>1)$
$\therefore k+a+b+c=2+1+5+(-5)=3$

→ 조립제법을 이용하면

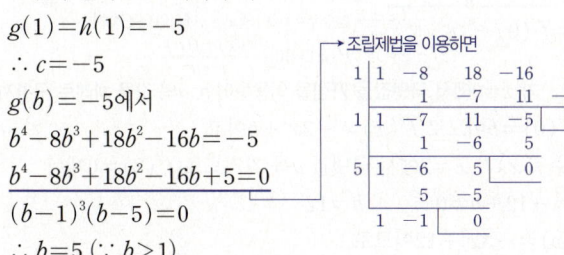

(v) $k \geq 3$일 때

$k<0$인 경우와 마찬가지 방법으로 하여 $y=g(x)$의 그래프의 개형을 그리면 [그림 8]과 같으므로 함수 $g(x)$가 한 점에서만 미분가능하지 않도록 하는 서로 다른 실수 a, b는 존재하지 않는다.
따라서 (i)~(v)에 의하여 조건을 만족시키는 $k+a+b+c$의 최솟값은 (iv)의 경우에서 구한 3이다.

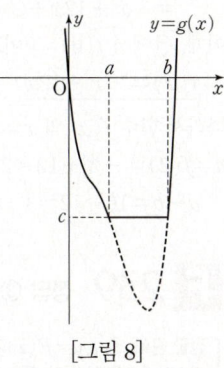

[그림 8]

1등급 대비 특강

＊ 극점의 개수를 이용해 그래프의 개형 추론하기

삼차함수 $f(x)$의 정적분으로 정의된 함수는 사차함수이므로 삼차함수 $y=f(x)$의 그래프의 개형을 이용하여 그 그래프를 그릴 수 있어. 이때, 함수 $y=\int_0^x f(t)dt$의 그래프의 극점이 하나인 경우 오직 한 점에서만 미분가능하지 않으려면 $\int_0^x f(t)dt=c$가 삼중근을 가져야 해. 또, 함수 $y=\int_0^x f(t)dt$의 그래프의 극점이 세 개인 경우 오직 한 점에서만 미분가능하지 않으려면 함수 $y=\int_0^x f(t)dt$의 그래프의 극대점의 x좌표가 a 또는 b가 되어야 해.

My Top Secret   서울대 선배의 ❶ 등급 대비 전략

이 문제는 정수 k를 어떻게 나누어서 생각해야 하는지를 파악하기가 힘들어. 근데 함수 $y=f(x)$의 그래프의 개형을 이용하여 함수 $y=\int_0^x f(t)dt$의 그래프의 개형을 그릴 수 있으니까 방정식 $f(x)=0$의 실근의 개수에 따라 정수 k를 나누어 구하면 돼. 즉, $f(x)=0$의 근이 한 개일 때는 k의 값이 음수이거나 $k \geq 3$이고 근이 두 개일 때는 k의 값이 0 또는 2, 근이 세 개일 때는 k의 값이 1이므로 이를 기준으로 k의 값을 대입해보면서 조건을 만족시키도록 a, b, c의 값을 결정하면 돼.

F 237   정답 ④   ＊도함수가 주어졌을 때의 함수 구하기 …… [정답률 41%]

정답 공식: 함수 $F(x)$의 역함수가 존재하려면 함수 $F(x)$는 일대일대응이어야 하므로 증가함수이거나 감소함수이어야 한다.

0이 아닌 실수 k에 대하여 다항함수 $f(x)$의 도함수 $f'(x)$가
$$f'(x)=3(x-k)(x-2k)$$
이다. 함수 **단서3** 함수 $f(x)$는 $f'(x)=0$인 $x=k$ 또는 $x=2k$에서 극값을 갖겠지?

$$g(x)=\begin{cases} f(x) & (x \leq 1 \text{ 또는 } x \geq 4) \\ \dfrac{f(4)-f(1)}{3}(x-1)+f(1) & (1<x<4) \end{cases}$$

단서2 함수 $g(x)$가 증가함수 또는 감소함수가 되기 위한 그래프의 모양을 유추해야 해. 특히, $1<x<4$에서 정의된 $g(x)=\dfrac{f(4)-f(1)}{3}(x-1)+f(1)$의 식을 봐. 두 점 $(1, f(1))$, $(4, f(4))$를 지나는 직선의 방정식이지?

의 역함수가 존재하도록 하는 모든 실수 k의 값의 범위가 **단서1** 함수 $g(x)$의 역함수가 존재하려면 $g(x)$는 증가함수이거나 감소함수여야 해. $\alpha \leq k < \beta$일 때, $\beta-\alpha$의 값은? (4점)

① $\dfrac{3}{8}$ ② $\dfrac{1}{2}$ ③ $\dfrac{5}{8}$ ④ $\dfrac{3}{4}$ ⑤ $\dfrac{7}{8}$

1st 역함수가 존재하도록 하는 함수 $g(x)$의 그래프의 모양을 추론하자.

함수 $y=g(x)$의 그래프는 $x \leq 1$ 또는 $x \geq 4$인 범위에서는 함수 $y=f(x)$의 그래프이고, $1<x<4$인 범위에서는 두 점 $(1, f(1))$, $(4, f(4))$를 잇는 직선이다.

두 점 $(1, f(1))$, $(4, f(4))$를 지나는 직선의 방정식은 $y=\dfrac{f(4)-f(1)}{4-1}(x-1)+f(1)$, 즉 $y=\dfrac{f(4)-f(1)}{3}(x-1)+f(1)$이야.

한편, 다항함수 $f(x)$의 도함수가 $f'(x)=3(x-k)(x-2k)$이므로 다항함수 $f(x)$는 최고차항의 계수가 1인 삼차함수이다.

$f'(x)$가 최고차항의 계수가 3인 이차함수이므로 $f(x)$는 최고차항의 계수가 1인 삼차함수가 돼.

이때, 함수 $g(x)$의 역함수가 존재하기 위해서는 함수 $g(x)$가 실수 전체의 집합에서 증가함수이거나 감소함수가 되어야 하는데, $f(x)$의 최고차항의 계수가 양수이므로 함수 $g(x)$는 실수 전체의 집합에서 증가함수여야 한다. 따라서 $x \leq 1$ 또는 $x \geq 4$일 때 $g(x)=f(x)$이므로

함수 $g(x)$의 역함수가 존재하기 위해서는 함수 $f(x)$가 극값을 갖는 x의 값이 모두 닫힌구간 $[1, 4]$에 존재해야 한다.

함정 극값이 존재하면 증가와 감소가 바뀌는 점이 생기게 되어 증가함수 또는 감소함수가 될 수 없어. 즉, 함수 $f(x)$의 모든 극값이 $1 \leq x \leq 4$인 범위에서 존재하면 $x \leq 1$ 또는 $x \geq 4$일 때는 함수 $f(x)$는 항상 증가하거나 항상 감소하게 돼.

즉, 조건을 만족시키는 함수 $y=g(x)$의 그래프의 개형은 그림과 같다.

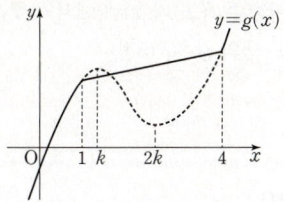

2nd 닫힌구간 $[1, 4]$에서 함수 $f(x)$의 극값이 모두 존재하기 위한 k의 값의 범위를 구하자.

$f'(x)=3(x-k)(x-2k)$이므로 $f'(x)=0$에서 $x=k$ 또는 $x=2k$ 즉, 함수 $f(x)$는 $x=k$ 또는 $x=2k$일 때, 극값을 갖는다.
그런데 함수 $f(x)$의 모든 극값이 닫힌구간 $[1, 4]$에 존재해야 하므로 $k>0$이다.

따라서 함수 $f(x)$는 $x=k$에서 극대, $x=2k$에서 극소가 되므로

최고차항의 계수가 양수인 삼차함수 $f(x)$에 대하여 $f'(x)=0$의 두 근을 $\alpha, \beta\,(\alpha<\beta)$라 하면 함수 $f(x)$는 $x=\alpha$에서 극댓값을 갖고, $x=\beta$에서 극솟값을 가져.

닫힌구간 $[1,\,4]$에서 극대, 극소를 모두 포함하기 위해서는

$1\leq k$이고, $2k\leq 4$이어야 한다.

$\therefore 1\leq k\leq 2$ $\cdots$ ㉠

3rd 닫힌구간 $[1,\,4]$에서 함수 $g(x)$가 증가함수가 되기 위한 k의 값의 범위를 구하자.

닫힌구간 $[1,\,4]$에서 함수 $y=g(x)$의 그래프는 직선이므로

이 직선이 증가하는 직선이 되기 위해서는

함수 $g(x)$는 증가함수이므로 닫힌구간 $[1,\,4]$에서의 직선도 증가해야 해.

$f(4)-f(1)>0$이어야 한다.

이때, 증가하는 직선이려면 기울기가 양수여야 하겠지?

$$f(x)=\int f'(x)dx=\int 3(x-k)(x-2k)dx$$
$$=\int (3x^2-9kx+6k^2)dx$$
$$=x^3-\frac{9}{2}kx^2+6k^2x+C \text{ (단, } C\text{는 적분상수)}$$

이므로

$f(4)-f(1)$
$=(64-72k+24k^2+C)-\left(1-\frac{9}{2}k+6k^2+C\right)$
$=18k^2-\frac{135}{2}k+63=\frac{9}{2}(4k^2-15k+14)$
$=\frac{9}{2}(4k-7)(k-2)>0$

$\therefore k<\dfrac{7}{4}$ 또는 $k>2$ $\cdots$ ㉡

㉠, ㉡에서 k의 값의 공통범위를 구하면 $1\leq k<\dfrac{7}{4}$

따라서 $\alpha=1$, $\beta=\dfrac{7}{4}$이므로 $\beta-\alpha=\dfrac{7}{4}-1=\dfrac{3}{4}$

F 238 정답 ② *도함수가 주어졌을 때의 함수 구하기 — [정답률 49%]

정답 공식: 함수 $y=f(x)$의 $x=a$에서의 미분계수는
$f'(a)=\lim\limits_{x\to a}\dfrac{f(x)-f(a)}{x-a}=\lim\limits_{h\to 0}\dfrac{f(a+h)-f(a)}{h}$
이고, 다항함수 $f(x)$가 $x=p$에서 극값을 가지면 $f'(p)=0$이다.

임의의 두 실수 x, y에 대하여

단서 1 이런 유형의 문제는 대부분 $f(0)$의 값을 찾아내는 게 풀이의 첫 순서야. 임의의 실수 x, y에 대하여 성립하는 식이니까 $x=0, y=0$을 대입해보자.

$f(x-y)=f(x)-f(y)+3xy(x-y)$

를 만족시키는 다항함수 $f(x)$가 $x=2$에서 극댓값 a를 가진다.

$f'(0)=b$일 때, $a-b$의 값은? (5점)

단서 2 다항함수 $f(x)$가 $x=2$에서 극댓값을 가지므로 $f'(2)=0$이야. 이것을 이용할 수 있게 주어진 등식을 미분계수의 정의를 이용할 수 있는 식으로 변형해.

① 2 ② 4 ③ 6 ④ 8 ⑤ 10

1st $f(0)$의 값을 구하자.

임의의 두 실수 x, y에 대하여

$f(x-y)=f(x)-f(y)+3xy(x-y)$가 성립하므로

$x=0$, $y=0$을 주어진 식에 대입하면

실수 이런 식으로 관계식이 주어지는 유형의 경우에는 x와 y에 적절한 수를 대입해서 함숫값을 얻어내야 해. 보통은 y 대신에 x를 대입하거나, x, y에 0 또는 1을 대입해보는 것이 일반적이야.

$f(0)=f(0)-f(0)+0$

$\therefore f(0)=0$ $\cdots$ ㉠

2nd 미분계수의 정의를 이용할 수 있게 식을 변형하여 $f'(x)$를 구해.

$f(x-y)=f(x)-f(y)+3xy(x-y)$에서

$f(x-y)-f(x)=-f(y)+3xy(x-y)$

위의 등식의 양변을 $-y(y\neq 0)$로 나누면

$$\dfrac{f(x-y)-f(x)}{-y}=\dfrac{-f(y)}{-y}+\dfrac{3xy(x-y)}{-y}$$

양변에 $y\to 0$인 극한을 취하면

$$\lim_{y\to 0}\dfrac{f(x-y)-f(x)}{-y}=\lim_{y\to 0}\dfrac{f(y)}{y}+\lim_{y\to 0}\dfrac{3xy(x-y)}{-y}$$

미분가능한 함수 $f(x)$의 도함수는 $f'(x)=\lim\limits_{h\to 0}\dfrac{f(x+h)-f(x)}{h}$

$$f'(x)=\lim_{y\to 0}\dfrac{f(y)-f(0)}{y-0}-\lim_{y\to 0}3x(x-y)\ (\because \text{㉠})$$
$$=f'(0)-3x^2$$

함수 $y=f(x)$의 $x=a$에서의 미분계수는
$f'(a)=\lim\limits_{x\to a}\dfrac{f(x)-f(a)}{x-a}$

3rd $f(x)$가 $x=2$에서 극댓값을 가짐을 이용하여 b, a의 값을 차례로 구하자.

이때, $f'(0)=b$이므로 $f'(x)=-3x^2+b$이고,

다항함수 $f(x)$가 $x=2$에서 극댓값 a를 가지므로 $f'(2)=0$에서

$f'(2)=-12+b=0$ $\therefore b=12$

즉, $f'(x)=-3x^2+12$이므로

$$f(x)=\int f'(x)dx=\int(-3x^2+12)dx$$
$$=-x^3+12x+C \text{ (단, } C\text{는 적분상수)}$$

함수 $f(x)=-x^3+12x$의 그래프는 그림과 같아.

이때, ㉠에서 $f(0)=0$이므로 $C=0$

$\therefore f(x)=-x^3+12x$

따라서 함수 $f(x)$의 $x=2$에서의 극댓값은

$a=f(2)=-2^3+12\times 2=16$

$\therefore a-b=16-12=4$

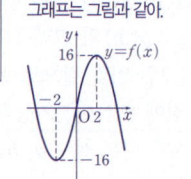

F 239 정답 ③ *부정적분을 이용하여 함수 구하기 — [정답률 43%]

정답 공식: 함수 $y=F(x)$가 $x=a$에서 미분가능하려면 $x=a$에서 연속이고 미분계수가 존재해야 한다. 즉, $x=a$에서의 좌미분계수와 우미분계수가 같아야 한다.

두 실수 a, b와 최고차항의 계수가 1인 삼차함수 $f(x)$에 대하여 함수 $g(x)$를

$$g(x)=\begin{cases} a & (x<-1) \\ |f(x)| & (-1\leq x\leq 5) \\ b & (x>5) \end{cases}$$

단서 2 $g(x)$가 $x<-1$에서와 $x>5$에서는 상수함수이므로 $x<-1$에서와 $x>5$에서의 함수 $g(x)$의 미분계수는 0이야.

라 하자. $g(x)$가 $x=-1$, $x=5$에서 미분가능할 때, [보기]에서 옳은 것만을 있는 대로 고른 것은? (4점)

단서 1 $x=-1$, $x=5$에서 미분가능하려면 $x=-1$, $x=5$에서 연속이고 미분계수가 존재해야 해. 이때, $g(x)$가 구간에 따라 다르게 정의되었으니까 미분계수가 존재하려면 좌미분계수와 우미분계수가 같아야 해.

[보기]

ㄱ. $f(x)$는 $x=-1$에서 극댓값을 갖는다.
ㄴ. $f(9)=0$이면 $a>b$이다.
ㄷ. $a=b$이면 $f(0)=46$이다.

① ㄱ ② ㄴ ③ ㄱ, ㄷ
④ ㄴ, ㄷ ⑤ ㄱ, ㄴ, ㄷ

1st $x=-1$, $x=5$에서 미분가능함을 이용해 $f(x)$에 대한 조건을 찾아내자.

함수 $g(x)$가 $x=-1$, $x=5$에서 미분가능하려면 연속이어야 하므로

$|f(-1)|=a$, $|f(5)|=b$ $\cdots$ ㉠

절댓값은 0 이상이므로 $a\geq 0$, $b\geq 0$임을 알 수 있어.

(1) $f(-3)$과 $f(x)$의 극솟값이 같을 경우

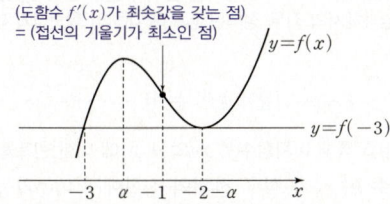

(2) $x=-3$에서 $f(x)$가 극댓값을 갖는 경우

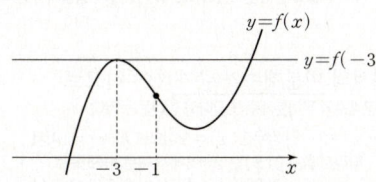

(1)의 경우

최고차항의 계수가 1인 삼차함수 $f(x)$의 도함수 $f'(x)$가 $x=-1$에서 최솟값을 갖는다고 했으므로

$f'(x)=3(x+1)^2+a=3x^2+6x+3+a$ (단, a는 상수)로 놓자.

위의 (1)의 그림과 같이 함수 $f(x)$가

$\underline{x=\alpha,\ x=-2-\alpha\,(-3<\alpha<-1)}$에서 극값을 갖는다고 하면

$x=\alpha$에서 $f(x)$가 극값을 가지면 $f'(\alpha)=0$이고, $f'(x)$가 $x=-1$에 대하여 대칭이므로 $f'(-2-\alpha)=0$이 돼.

이차방정식의 근과 계수의 관계에 의해

$\alpha(-2-\alpha)=\dfrac{3+a}{3}$

$\therefore 3+a=-3\alpha(2+\alpha)\ \cdots\ \bigcirc$

또한,

$f(x)=\displaystyle\int f'(x)dx$

$\qquad =\displaystyle\int (3x^2+6x+3+a)dx$

$\qquad =x^3+3x^2+(3+a)x+C_1$ (단, C_1은 적분상수)

이고, $f(-3)=f(-2-\alpha)$이므로

$-27+27-3(3+a)+C_1$

$=(-2-\alpha)^3+3(-2-\alpha)^2+(3+a)(-2-\alpha)+C_1$

에서

$9\alpha(2+\alpha)+(2+\alpha)^3-3(2+\alpha)^2-3\alpha(2+\alpha)^2=0\ (\because\ \bigcirc)$

$(2+\alpha)(9\alpha+4+4\alpha+\alpha^2-6-3\alpha-6\alpha-3\alpha^2)=0$

$-2(2+\alpha)(\alpha-1)^2=0$

$\therefore \alpha=-2\ (\because\ -3<\alpha<-1)$

$\alpha=-2$를 $\bigcirc$에 대입하면

$3+a=0$

$\therefore a=-3$

따라서 $f(x)=x^3+3x^2+C_1$ (단, C_1은 적분상수)이고, **1st**에서 k의 값의 범위가 $0<k<\{(\text{함수 }f(x)\text{의 극댓값})-(\text{함수 }f(x)\text{의 극솟값})\}$이라 했으므로

$f(-2)=-8+12+C_1=4+C_1,\ f(0)=C_1$

에서 $0<k<4$

$\therefore m=4$ $\quad\longrightarrow(4+C_1)-C_1=4$

$\alpha=-2$이므로 $-2-\alpha=-2-(-2)=0$이야.

(2)의 경우

함수 $f(x)$가 $x=-3$에서 극댓값을 가지므로

$f'(-3)=0$

$f'(x)=3(x+1)^2+a$ (단, a는 상수)에 $x=-3$을 대입하면

$3\times(-3+1)^2+a=0$

$\therefore a=-12$

즉, $f'(x)=3(x+1)^2-12$에서

$f'(x)=3x^2+6x-9=3(x+3)(x-1)$

$f'(x)=0$에서

$x=-3$ 또는 $x=1$이므로

(2)의 그림에 의해

함수 $f(x)$는 $x=1$에서 극솟값을 갖는다.

$f(x)=\displaystyle\int f'(x)dx$

$\qquad =\displaystyle\int (3x^2+6x-9)dx$

$\qquad =x^3+3x^2-9x+C_2$ (단, C_2는 적분상수)

(1)과 마찬가지로 k의 값의 범위는

$0<k<\{(f(x)\text{의 극댓값})-(f(x)\text{의 극솟값})\}$이고

$f(-3)=-27+27+27+C_2$

$\qquad =27+C_2,$

$f(1)=1+3-9+C_2$

$\qquad =-5+C_2$

에서 $0<k<\underset{(27+C_2)-(-5+C_2)=32}{32}$

$\therefore m=32$

3rd 실수 m의 최댓값을 구하자.

따라서 (1), (2)에 의해 m의 최댓값은 32이다.

1등급 대비 **특강**

* 삼차함수의 그래프의 특징

삼차함수의 그래프에는 다음과 같은 대칭성과 등분의 법칙이 있어.

그림에서 '변곡점'이라는 용어가 나오는데 이 점은 곡선의 볼록과 오목이 바뀌는 점으로 삼차함수 $f(x)$의 도함수인 이차함수 $f'(x)$의 꼭짓점이 돼. 변곡점에 대한 것은 [미적분] 과목에서 더 자세히 다루고 있지만, [수학Ⅱ]를 배우는 학생들은 위의 내용 정도만 알아두어도 큰 무리는 없어.

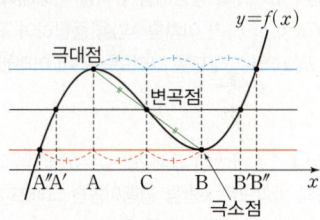

즉, 위의 그림에 대하여 다음이 성립해.

(1) $\overline{AC}=\overline{BC}$

(2) $\overline{AC}=\overline{CB}=\overline{BB''},\ \overline{A''A}=\overline{AC}=\overline{CB}$

(3) $\overline{A'C}=\sqrt{3}\,\overline{AC},\ \overline{B'C}=\sqrt{3}\,\overline{BC}$

이제, 여기에서 다룬 삼차함수의 성질을 이용하여 위의 문제 풀이에서의 α의 값을 쉽게 구해보자.

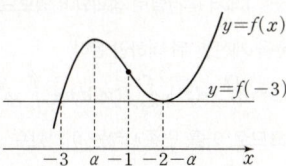

위의 (2)의 성질에 의해 $\alpha-(-3)=-1-\alpha$이므로

$2\alpha=-4$

$\therefore \alpha=-2$

참 쉽게 구해지지?

여기에서 다룬 삼차함수의 그래프의 대칭성과 등분의 법칙에 대한 내용은 앞으로 고난도 문제를 다룰 때 요긴하게 쓸 수 있는 스킬이니까 꼭 알아두었으면 좋겠어!!

＊구간별로 정의된 미분가능한 함수의 함숫값 구하기 [유형 11＋25]

두 이차함수 $f(x)$, $g(x)$에 대하여 실수 전체의 집합에서 정의된 함수 $h(x)$가 $0 \le x < 4$에서

$$h(x) = \begin{cases} x & (0 \le x < 2) \\ f(x) & (2 \le x < 3) \\ g(x) & (3 \le x < 4) \end{cases}$$

──▶단서1 $0 \le x < 4$에서의 $y = h(x)$의 그래프가 평행이동하여 계속 반복되는 그래프라는 것을 알 수 있어.

이고, 다음 조건을 만족시킨다.

(가) 모든 실수 x에 대하여 $h(x) = h(x-4) + k$ (k는 상수)이다.
──▶단서2 함수 $h(x)$가 실수 전체에서 미분가능하기 위해서는 구간의 경계, 즉 $x = 2$, $x = 3$에서 연속이고, $x = 2$, $x = 3$의 좌, 우미분계수가 같아야 하고, 또 조건 (가)를 통해 $x = 4$에서의 연속성과 미분가능성을 이용하여 힌트를 또 얻어낼 수 있어.

(나) 함수 $h(x)$는 실수 전체의 집합에서 미분가능하다.

(다) $\displaystyle\int_0^4 h(x)\,dx = 6$
──▶단서3 $\displaystyle\int_0^4 h(x)\,dx = \int_0^2 x\,dx + \int_2^3 f(x)\,dx + \int_3^4 g(x)\,dx = 6$이지? 그런데 $\displaystyle\int_0^2 x\,dx$의 값은 알 수 있으니까 나머지 식이 무엇을 의미하는지 찾아내야 해.

$h\left(\dfrac{13}{2}\right) = \dfrac{q}{p}$일 때, $p + q$의 값을 구하시오. (단, p와 q는 서로소인 자연수이다.) (4점)
──▶단서4 조건 (가)에 의해 $h\left(\dfrac{13}{2}\right) = h\left(\dfrac{13}{2} - 4\right) + k = h\left(\dfrac{5}{2}\right) + k = f\left(\dfrac{5}{2}\right) + k$임을 알 수 있어. 즉, 이차함수 $f(x)$의 식과 k의 값을 알아내는 데 집중하면 돼.

왜 1등급? 구간별로 다르게 정의된 함수 $h(x)$가 미분가능하도록 $h(x)$를 구성하는 두 함수 $f(x)$, $g(x)$를 구하는 문제이다.
먼저, 조건에 주어진 함수 $h(x)$의 평행이동 규칙을 이해해야 하고, $h(x)$에 대한 정적분 값과 두 함수 $f(x)$, $g(x)$가 이차함수임을 종합하여 구간의 경계에서 연속이고 미분가능한 함수 $h(x)$의 그래프를 그려보는 것이 어려웠다.

💡 단서＋발상

단서1 먼저, 함수 $y = h(x-4) + k$의 그래프는 $y = h(x)$의 그래프를 x축의 방향으로 4만큼, y축의 방향으로 k만큼 평행이동한 그래프이므로 $0 \le x < 4$에서의 $y = h(x)$의 그래프가 평행이동을 통해 $4 \le x < 8$, $8 \le x < 12$에서 같은 패턴으로 나타나는 것을 알 수 있다. **발상**

단서2 함수 $h(x)$가 구간별로 정의되어 있는데, 각 구간 내에서는 당연히 미분가능하므로 실수 전체 집합에서 미분가능하려면 구간의 경계에서 미분가능하면 된다. 즉, 구간의 경계인 $x = 2$, $x = 3$, $x = 4$에서 연속이고, 좌, 우미분계수가 같아야 한다. **개념**

단서3 함수 $h(x)$가 $0 \le x \le 4$에서 구간별로 정의되어 있으므로 $\displaystyle\int_0^4 h(x)\,dx$은 구간별로 나누어 정적분을 계산한 뒤 더하면 된다.
그런데 $\displaystyle\int_0^4 h(x)\,dx = \int_0^2 x\,dx + \int_2^3 f(x)\,dx + \int_3^4 g(x)\,dx = 6$으로 정적분 값이 고정되어 있으므로 이를 만족시키는 이차함수 $f(x)$, $g(x)$를 찾아낼 수 있다. **적용**

단서4 마지막으로, 구하고자 하는 값이 $h\left(\dfrac{13}{2}\right)$의 값인데, $h(x) = h(x-4) + k$를 활용하면 $h\left(\dfrac{13}{2} - 4\right) + k$의 값으로 바꾸어 구할 수 있다. **발상**
이때, $\dfrac{13}{2} - 4 = \dfrac{5}{2}$이고, $2 \le \dfrac{5}{2} \le 3$이므로 $f(x)$의 식과 k의 값을 알아내면 된다. **해결**

주의 $h(x)$가 실수 전체에서 미분가능하려면 $x = 4$에서도 미분가능해야 하고, $h'(x) = h'(x-4)$를 이용해 $x = 4$에서 좌, 우미분계수를 비교할 수 있다.

핵심 정답 공식: 구간에 따라 다르게 정의된 함수가 실수 전체의 집합에서 미분가능하려면 구간의 경계에서의 좌우 정의된 함수에 대하여 함숫값과 미분계수가 각각 같아야 한다.

──────────── [문제 풀이 순서] ────────────

1st 조건 (가), (나)를 통해 이차함수 $f(x)$와 $g(x)$에 대한 힌트를 얻자.
조건 (나)에서 함수 $h(x)$가 실수 전체의 집합에서 미분가능하다 했으므로 먼저 구간의 경계에서의 함숫값이 같음을 이용하면
$f(2) = 2$　실수 전체의 집합에서 미분가능하므로 실수 전체의 집합에서 연속이어야 해.
$f(3) = g(3)$
또, 구간의 경계에서의 미분계수가 존재해야 하므로 $x = 2$, $x = 3$에서의 좌미분계수와 우미분계수가 같아야 한다는 뜻이야.
$\underline{f'(2) = 1}$ ──▶ $x \to 2-$인 경우 $h(x) = x$이므로 $h'(2) = 1$이지. 따라서 함수 $h(x)$는 $x = 2$에서 미분가능하므로 $x \to 2+$인 경우 $h'(2)$, 즉 $f'(2)$의 값도 1이어야 해.
$f'(3) = g'(3)$

한편, 조건 (가)에서 함수 $y = h(x-4) + k$는 함수 $y = h(x)$를 x축의 방향으로 4만큼, y축의 방향으로 k만큼 평행이동한 것이므로

$$h(x) = \begin{cases} x & (0 \le x < 2) \\ f(x) & (2 \le x < 3) \\ g(x) & (3 \le x < 4) \end{cases}$$ 에서

$$h(x-4) + k = \begin{cases} x-4+k & (4 \le x < 6) \\ f(x-4)+k & (6 \le x < 7) \\ g(x-4)+k & (7 \le x < 8) \end{cases}$$

이때, 함수 $h(x)$가 실수 전체의 집합에서 미분가능하다 했으므로
$g(4) = k$ ── $x \to 4-$일 때, $h(x) = g(x)$
$g'(4) = 1$ ── $x \to 4+$일 때, $h(x) = x-4+k$

2nd 조건 (다)를 이용해 함수 $h(x)$의 그래프의 개형을 찾아 $f(x)$의 식을 구하자.
조건 (다)의 $\displaystyle\int_0^4 h(x)\,dx = 6$에서

$\displaystyle\int_0^2 x\,dx + \int_2^3 f(x)\,dx + \int_3^4 g(x)\,dx = 6$
──▶ $\displaystyle\int_0^2 x\,dx$의 값은 밑변의 길이가 2, 높이가 2인 직각삼각형의 넓이와 같아. 즉, $\displaystyle\int_0^2 x\,dx = \frac{1}{2} \times 2 \times 2 = 2$야.

$2 + \displaystyle\int_2^3 f(x)\,dx + \int_3^4 g(x)\,dx = 6$

함정
$\therefore \displaystyle\int_2^3 f(x)\,dx + \int_3^4 g(x)\,dx = 4$

여기까지 구하고서 무슨 의미인지 몰라서 그냥 넘어가는 경우가 많아. 이것이 각 꼭짓점이 점 $(2, 0)$, $(4, 0)$, $(4, 2)$, $(2, 2)$인 사각형의 넓이와 같은 것을 눈치 채고 함수 $y = h(x)$의 그래프의 개형을 그릴 수 있어야 해.

즉, $f(3) = g(3)$, $f'(3) = g'(3)$에 의해 $x = 3$에서 두 함수 $f(x)$, $g(x)$의 그래프가 접해야 하므로 위의 정적분 값에 대한 조건까지 종합하여 모든 조건을 만족시키는 함수 $y = h(x)$의 그래프의 개형은 다음 그림과 같아야 한다. $\displaystyle\int_2^3 f(x)\,dx + \int_3^4 g(x)\,dx = 4$여야 하는데 그림에서 빗금친 사각형의 넓이가 4지? 즉, $S_1 = S_2$가 되어야 하므로 이차함수 $f(x)$와 $g(x)$의 최고차항의 부호는 반대이고 절댓값은 같아야 해.

위의 그래프에 의해 $f(3) = 2$임을 알 수 있고 $f(2) = 2$이므로 이차함수 $f(x)$의 그래프의 축의 방정식은 $x = \dfrac{2+3}{2} = \dfrac{5}{2}$

즉, $f(x) = a\left(x - \dfrac{5}{2}\right)^2 + b$ (a, b는 상수, $a \ne 0$)라 하면 $f(2) = 2$이므로

$a \times \left(2 - \dfrac{5}{2}\right)^2 + b = 2$　$\therefore \dfrac{a}{4} + b = 2 \cdots$ ㉠

$f'(x)=2a\left(x-\dfrac{5}{2}\right)$이고, $f'(2)=1$이므로

$2a\times\left(2-\dfrac{5}{2}\right)=1$ ∴ $a=-1$

$a=-1$을 ㉠에 대입하면 $b=\dfrac{9}{4}$

∴ $f(x)=-\left(x-\dfrac{5}{2}\right)^2+\dfrac{9}{4}$

> $g(x)$의 식을 구해보자.
> $f(x)$의 최고차항의 계수가 -1이므로 $g(x)$의 최고차항의 계수는 1이야. 또, 이차함수 $g(x)$의 그래프의 축의 방정식은 $x=\dfrac{3+4}{2}=\dfrac{7}{2}$이지.
> 즉, $g(x)=\left(x-\dfrac{7}{2}\right)^2+c$ (c는 상수)라 하면
> $g(3)=2$이므로 $\left(3-\dfrac{7}{2}\right)^2+c=2$ ∴ $c=\dfrac{7}{4}$
> ∴ $g(x)=\left(x-\dfrac{7}{2}\right)^2+\dfrac{7}{4}$

3rd k의 값을 구하고 조건 (가)를 이용하여 $h\left(\dfrac{13}{2}\right)$의 값을 구해.

위의 그래프에 의해 $g(4)=2$임을 알 수 있으므로 조건 (가), (나)에 의해
$k=g(4)=2$

즉, 조건 (가)에 의해 $h(x)=h(x-4)+2$이므로

$h\left(\dfrac{13}{2}\right)=h\left(\dfrac{13}{2}-4\right)+2$

$=h\left(\dfrac{5}{2}\right)+2=f\left(\dfrac{5}{2}\right)+2$

> ▶ $2\le x<3$일 때, $h(x)=f(x)$야.

$=\dfrac{9}{4}+2=\dfrac{17}{4}=\dfrac{q}{p}$

따라서 $p=4$, $q=17$이므로 $p+q=4+17=21$

1등급 대비 특강

* 주어진 조건들을 직관적으로 해석하여
함수 $y=h(x)$의 그래프를 좀 더 쉽게 파악하기

$h(x)$가 실수 전체의 집합에서 미분가능하므로 $f'(2)=1$, $f(2)=2$, $g'(4)=1$, $g(4)=k$이고, $g(3)=f(3)$, $g'(3)=f'(3)$이야.
이때, $g(3)=f(3)$, $g'(3)=f'(3)$을 통해 $y=g(x)$와 $y=f(x)$의 그래프는 서로 접함을 알 수 있고, $f'(2)=1$, $g'(4)=1$을 통해 두 함수 $f(x)$와 $g(x)$는 최고차항의 절댓값이 같고 부호가 반대임을 알 수 있어.
즉, 위의 사실들을 종합하면 세 점 $(2, h(2))$, $(3, h(3))$, $(4, h(4))$가 한 직선 위에 있음을 알 수 있고, 이를 통해 $\displaystyle\int_2^4 h(x)dx$를 계산할 수 있어.

F 252 정답 56 ⊕2등급 대비 [정답률 23%]

*삼차함수의 그래프의 개형을 이용하여 직선과의 교점의 개수에 대한 조건을 만족시키는 함수의 식 찾기 [유형 26]

일차함수 $f(x)$에 대하여 함수 $g(x)$를

$g(x)=\displaystyle\int_0^x (x-2)f(s)ds$

> **단서1** 정적분으로 정의된 함수 $g(x)$를 추론해야겠지? $f(x)$가 일차함수라는 것을 기억하고, $g(x)=\displaystyle\int_0^x (x-2)f(s)ds$에서 정적분의 성질을 이용해 $g(x)=0$인 x의 값을 찾아.

라 하자. 실수 t에 대하여 직선 $y=tx$와 곡선 $y=g(x)$가 만나는 점의 개수를 $h(t)$라 할 때, 다음 조건을 만족시키는 모든 함수 $g(x)$에 대하여 $g(4)$의 값의 합을 구하시오. (4점)

> **단서2** 실수 t는 직선 $y=tx$의 기울기이므로 곡선 $y=g(x)$의 개형을 그린 후, 원점을 지나는 직선 $y=tx$와의 교점의 개수를 파악해봐.

$g(k)=0$을 만족시키는 모든 실수 k에 대하여 함수 $h(t)$는 $t=-k$에서 불연속이다.

> **단서3** 직선 $y=tx$의 기울기를 변화시키며 그려서 곡선과 직선의 교점의 개수가 변하는 경우를 찾아 함수 $h(t)$가 불연속이 되는 점을 찾아야 해.

왜 2등급? 정적분으로 정의된 다항함수의 그래프와 직선과의 교점의 개수에 대한 조건이 주어졌을 때, 그래프의 개형을 추론하여 가능한 함수의 식을 파악하는 문제이다.
문제 해결을 위해서 정적분의 개념과 성질을 이용해 함수의 그래프가 x축과 만나는 점의 x좌표를 찾아내는 것이 어려웠다.

💡 단서+발상

단서1 $g(x)=\displaystyle\int_0^x (x-2)f(s)ds$에서 정적분의 위끝과 아래끝이 같아지는 $x=0$을 대입하면 정적분의 성질에 의해 $g(0)=0$이다. 또한, $x=2$이면 적분해야 할 함수가 0이 되어 정적분의 결과가 0이 되므로 $g(2)=0$이다. **발상**

단서2 $f(x)$가 일차함수이므로 $(x-2)f(x)$는 이차함수가 되어 이를 정적분한 $g(x)$는 삼차함수가 된다. 또한, 직선 $y=tx$는 원점을 지나는 직선이다. **개념**
따라서 삼차함수 $y=g(x)$의 그래프의 개형들을 그린 후, 기울기 t의 값을 변화시키며 직선 $y=tx$가 곡선 $y=g(x)$와 만나는 점의 개수를 파악하면 함수 $h(t)$를 구할 수 있다. **적용**

단서3 단서1에 의해 $g(0)=g(2)=0$이므로 조건에 의해 함수 $h(t)$는 $t=0$과 $t=-2$에서 불연속이다. 따라서 함수 $h(t)$는 직선 $y=tx$와 곡선 $y=g(x)$의 교점의 개수이므로 $h(t)$가 불연속이 되는 $t=0$, $t=-2$의 좌우에서 교점의 개수가 각각 변해야 한다. 이때, 곡선과 직선의 교점의 개수가 변하는 순간은 직선이 곡선에 접할 때임을 이용하자. **발상**

주의 정적분으로 정의된 함수에 대한 문제는 양변을 미분하여 도함수의 특징을 찾는 경우가 대부분인데, 이 문제는 도함수의 특징보다는 정적분의 성질을 이용하여 함수 자체의 특징을 바로 찾아야 해서 그동안 학습해온 유형과 약간 다른 형태라 할 수 있다.
즉, 이 문제는 정적분으로 정의된 함수와 관련된 풀이를 어느 한 방향으로 정형화해선 안 된다는 것을 보여준다.

> **핵심 정답 공식:** 곡선 $y=g(x)$와 직선 $y=tx$의 교점의 개수로 정의된 함수 $h(t)$가 $t=\alpha$에서 불연속이면 $t=\alpha$의 좌우에서 곡선 $y=g(x)$와 직선 $y=tx$의 교점의 개수가 달라진다.

-------------------- [문제 풀이 순서] --------------------

1st 함수 $g(x)$를 추론하고, $g(k)=0$을 만족시키는 k의 값을 찾자.

$g(x)=\displaystyle\int_0^x (x-2)f(s)ds=(x-2)\int_0^x f(s)ds$에서

> $g(x)=\displaystyle\int_0^x (x-2)f(s)ds$에서 적분변수가 s이므로 정적분식에서 $x-2$는 상수 취급하면 돼.

$f(x)$가 일차함수이므로 $\displaystyle\int_0^x f(s)ds$는 이차함수가 된다.

즉, $g(x)$는 삼차함수이고, → **함정**

$g(x)=\displaystyle\int_0^x (x-2)f(s)ds$의 양변에

> $\displaystyle\int_0^x f(s)ds$가 이차함수이므로 $g(x)=(x-2)\times\displaystyle\int_0^x f(s)ds$는 삼차함수임을 알아야 해. 그래야 $y=g(x)$의 그래프의 개형을 그릴 수 있어.

$x=0$을 대입하면 $g(0)=0$

> 정적분의 위끝과 아래끝이 같으면 정적분의 값은 0이야.
> 즉, $\displaystyle\int_a^a f(x)dx=0$이지.

$x=2$를 대입하면 $g(2)=0$

이므로 삼차함수 $y=g(x)$의 그래프는 x축과 $x=0$, $x=2$인 점에서 만난다.

한편, 실수 t에 대하여 원점을 지나고 기울기가 t인 직선 $y=tx$와 곡선 $y=g(x)$가 만나는 점의 개수를 $h(t)$라 했고, 조건에서 $g(k)=0$을 만족시키는 모든 실수 k에 대하여 함수 $h(t)$는 $t=-k$에서 불연속이라 했는데, 우선 $g(k)=0$이 되는 k의 값 중 0과 2는 찾았으므로 함수 $h(t)$는 $t=0$, $t=-2$에서 불연속임을 알 수 있다.

> $g(x)$는 삼차함수이므로 $g(k)=0$을 만족시키는 k의 값은 최대 3개 있을 수 있어.

따라서 함수 $h(t)$는 $t=0$, $t=-2$에서 불연속이므로 $t=0$, $t=-2$의 좌우에서 각각 직선 $y=tx$와 곡선 $y=g(x)$가 만나는 점의 개수가 변해야 한다.

F

2nd 함수 $y=g(x)$의 그래프가 x축과 서로 다른 세 점에서 만나는 경우에 대하여 주어진 조건을 만족시키는지 확인해.

삼차함수 $g(x)$에 대하여 $g(0)=0$, $g(2)=0$이므로 삼차함수 $y=g(x)$의 그래프와 x축은 서로 다른 세 점에서 만나거나 한 점에서 접하고 다른 한 점에서 만나는 두 가지 경우가 있다. ⟶ $g(0)=0$, $g(2)=0$,
$g(0)=0$, $g(2)=0$이므로 $x=0$에서 접하고 $x=2$에서 만나는 경우, $x=0$에서 만나고 $x=2$에서 접하는 경우의 두 가지가 있어. $g(a)=0(a{\neq}0, a{\neq}2)$인 경우야.

먼저, $y=g(x)$의 그래프가 x축과 서로 다른 세 점에서 만나는 경우 그래프의 개형을 그려보면 [그림 1]과 같다.

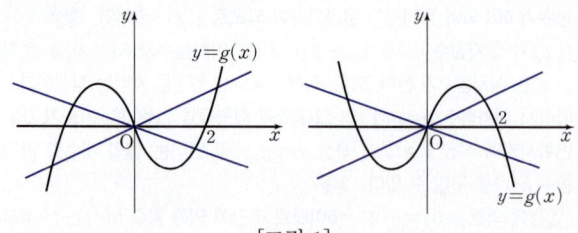

[그림 1]

이 경우 원점을 지나고 기울기가 0인 직선을 그려보면 ⟶ x축이겠지? 곡선 $y=g(x)$와의 교점의 개수는 3인데, $t \to 0+$일 때와 $t \to 0-$일 때의 직선 $y=tx$를 그려봐도 교점의 개수는 3으로 변함이 없다.

따라서 이 경우 함수 $h(t)$는 $t=0$에서 연속이므로 조건을 만족시키지 않는다.

3rd 최고차항의 계수가 양수인 함수 $y=g(x)$의 그래프가 x축과 한 점에서 접하고 다른 한 점에서 만나는 경우에 대하여 조건을 만족시키는지 확인해.

이제, 삼차함수 $y=g(x)$의 그래프가 x축과 한 점에서 접하고 다른 한 점에서 만나는 경우를 살펴보자.

(i) 삼차함수 $g(x)$의 최고차항의 계수가 양수이면서 그래프가 x축과 $x=0$에서 만나고 $x=2$에서 접하는 경우

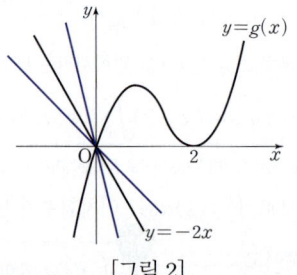

[그림 2]

$y=g(x)$의 그래프의 개형은 [그림 2]와 같다.

이 경우 원점을 지나고 기울기가 -2인 직선을 그려보면 곡선 $y=g(x)$와의 교점의 개수는 1인데, $t \to -2+$일 때와 $t \to -2-$일 때의 직선 $y=tx$를 그려봐도 교점의 개수는 1로 변함이 없다.

따라서 이 경우 함수 $h(t)$는 $t=-2$에서 연속이므로 조건을 만족시키지 않는다.

(ii) 삼차함수 $g(x)$의 최고차항의 계수가 양수이면서 그래프가 x축과 $x=0$에서 접하고 $x=2$에서 만나는 경우

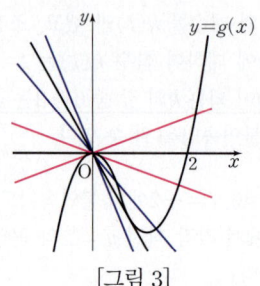

[그림 3]

$y=g(x)$의 그래프의 개형은 [그림 3]과 같다.

이때, 원점을 지나고 기울기가 -2인 직선이 곡선 $y=g(x)$에 접한다면 직선과 곡선의 교점의 개수는 2이고 $t \to -2-$이면 교점의 개수는 1, $t \to -2+$이면 교점의 개수는 3이므로 함수 $h(t)$는 $t=-2$에서 불연속이다. $\lim\limits_{t \to -2} h(t)=1$, $\lim\limits_{t \to -2} h(t)=3$에서 $\lim\limits_{t \to -2} h(t)$의 값이 존재하지 않으므로 함수 $h(t)$는 $t=-2$에서 불연속이야.

또한, 원점을 지나고 기울기가 0인 직선과 곡선 $y=g(x)$의 교점의 개수는 2이고, $t \to 0-$이면 교점의 개수는 3, $t \to 0+$이면 교점의 개수는 3이므로 함수 $h(t)$는 $t=0$에서 불연속이다. $\lim\limits_{t \to 0} h(t)=3$, $h(0)=2$에서 $\lim\limits_{t \to 0} h(t) \neq h(0)$이므로 함수 $h(t)$는 $t=0$에서 불연속이야.

즉, 이 경우는 조건을 만족시킨다.

함수 $g(x)$의 최고차항의 계수를 $a(a>0)$라 하면

$g(x)=ax^2(x-2)$
함수 $y=g(x)$의 그래프가 x축과 $x=0$인 점에서 접하고, $x=2$인 점에서 만나므로 $g(x)$는 x^2과 $x-2$를 인수로 가져.

곡선 $y=g(x)$와 직선 $y=-2x$가 $x=0$에서 만나고, 다른 한 점에서 접하므로 삼차방정식 $ax^2(x-2)=-2x$는 실근 $x=0$과 0이 아닌 중근을 가져야 한다.

$ax^3-2ax^2+2x=0$, $x(ax^2-2ax+2)=0$에서 이차방정식 $ax^2-2ax+2=0$이 중근을 가져야 하므로 판별식을 D라 하면

$\dfrac{D}{4}=(-a)^2-a{\times}2=0$, $a(a-2)=0$ $\quad \therefore a=2(\because a>0)$

따라서 $g(x)=2x^2(x-2)$이므로 $g(4)=2{\times}4^2{\times}(4-2)=64$

4th 최고차항의 계수가 음수인 함수 $y=g(x)$의 그래프가 x축과 한 점에서 접하고 다른 한 점에서 만나는 경우에 대하여 조건을 만족시키는지 확인해.

(iii) 삼차함수 $g(x)$의 최고차항의 계수가 음수이면서 그래프가 x축과 $x=0$에서 만나고 $x=2$에서 접하는 경우

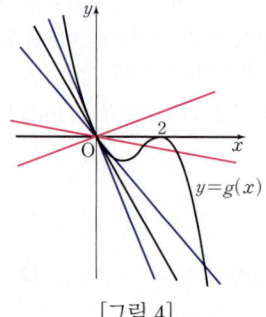

[그림 4]

$y=g(x)$의 그래프의 개형은 [그림 4]와 같다.

이때, 원점을 지나고 기울기가 -2인 직선이 원점에서 곡선 $y=g(x)$에 접한다면 직선과 곡선의 교점의 개수는 2이고 $t \to -2-$이면 교점의 개수는 3, $t \to -2+$이면 교점의 개수는 3이므로 함수 $h(t)$는 $t=-2$에서 불연속이다. $\lim\limits_{t \to -2} h(t)=3$, $h(-2)=2$에서 $\lim\limits_{t \to -2} h(t) \neq h(-2)$이므로 함수 $h(t)$는 $t=-2$에서 불연속이야.

또한, 원점을 지나고 기울기가 0인 직선과 곡선 $y=g(x)$의 교점의 개수는 2이고, $t \to 0-$이면 교점의 개수는 3, $t \to 0+$이면 교점의 개수는 1이므로 함수 $h(t)$는 $t=0$에서 불연속이다. $\lim\limits_{t \to 0-} h(t)=3$, $\lim\limits_{t \to 0+} h(t)=1$에서 $\lim\limits_{t \to 0} h(t)$의 값이 존재하지 않으므로 함수 $h(t)$는 $t=0$에서 불연속이야.

즉, 이 경우는 조건을 만족시킨다.

함수 $g(x)$의 최고차항의 계수를 $b(b<0)$라 하면

$g(x)=bx(x-2)^2=bx^3-4bx^2+4bx$

곡선 $y=g(x)$에서 $x=0$인 점에서의 접선의 기울기가 -2이어야 하므로 $g'(x)=3bx^2-8bx+4b$에서

$g'(0)=4b=-2 \quad \therefore b=-\dfrac{1}{2}$

따라서 $g(x)=-\dfrac{1}{2}x(x-2)^2$이므로

$$g(4)=-\dfrac{1}{2}\times 4\times(4-2)^2=-8$$

(iv) 삼차함수 $g(x)$의 최고차항의 계수가 음수이면서 그래프가 x축과 $x=0$에서 접하고 $x=2$에서 만나는 경우

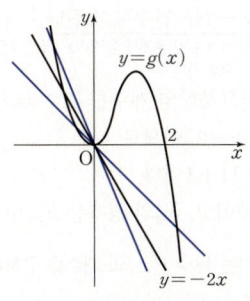

[그림 5]

$y=g(x)$의 그래프의 개형은 [그림 5]와 같다.

이 경우 원점을 지나고 기울기가 -2인 직선을 그려보면 곡선 $y=g(x)$와의 교점의 개수는 3인데, $t\rightarrow-2+$일 때와 $t\rightarrow-2-$일 때의 직선 $y=tx$를 그려봐도 교점의 개수는 3으로 변함이 없다.

따라서 이 경우 함수 $h(t)$는 $t=-2$에서 연속이므로 조건을 만족시키지 않는다.

(i)~(iv)에 의하여 조건을 만족시키는 함수 $g(x)$에 대하여 구하는 $g(4)$의 모든 값의 합은 $64+(-8)=56$이다.

My Top Secret ． 서울대 선배의 **1** 등급 대비 전략

두 다항함수의 그래프의 교점의 개수에 대해 새롭게 정의된 함수가 불연속인 경우는 교점의 개수가 변하는 지점이야. 특히, 두 다항함수의 그래프가 곡선과 직선이라면 교점의 개수가 변하는 지점은 직선이 곡선에 접할 때임을 기억하고 있으면 조건을 좀 더 쉽게 해석할 수 있어.

F 253 정답 11 ·········· **1등급 대비** [정답률 16%]

*두 함수의 그래프의 교점의 x좌표를 이용해 삼차함수의 그래프의 개형을 찾고, 조건을 만족시키는 삼차함수의 개수 구하기 [유형 25]

최고차항의 계수가 정수인 삼차함수 $f(x)$에 대하여 $f(1)=1$,
> **단서1** 최고차항의 계수에 대한 식을 정리했을 때, 그 값이 정수인 경우를 세면 조건을 만족시키는 함수 $f(x)$의 개수가 될 수 있어. 이때, 최고차항의 계수가 양의 정수일 때와 음의 정수일 때로 나누어 생각해.

$f'(1)=0$이다. 함수 $g(x)$를
> **단서2** $f'(1)=0$이므로 삼차함수 $f(x)$가 $x=1$에서 극댓값 또는 극솟값을 가지는 경우와 극값을 갖지 않는 경우로 나눌 수 있어.

$$g(x)=f(x)+|f(x)-1|$$

이라 할 때, 함수 $g(x)$가 다음 조건을 만족시키도록 하는 함수 $f(x)$의 개수를 구하시오. (4점)

> **(가)** 두 함수 $y=f(x)$, $y=g(x)$의 그래프의 모든 교점의 x좌표의 합은 3이다.
> **단서3** $f(x)=g(x)$, 즉 $f(x)=f(x)+|f(x)-1|$을 만족시키는 모든 x의 값의 합이 3이라는 뜻이야.
>
> **(나)** 모든 자연수 n에 대하여 → **단서4** 모든 자연수 n에 대하여
> $$n<\int_0^n g(x)dx<n+16$$이다. $n<\int_0^n g(x)dx<n+16$ 이 성립하므로 $n=1, 2, \cdots$를 대입해볼 수 있어.

:왜 **1등급** ? 삼차함수 $f(x)$와 $f(x)$를 이용하여 새롭게 정의된 함수 $g(x)$가 주어졌을 때, 두 함수 $y=f(x)$, $y=g(x)$의 그래프의 교점의 x좌표와 함수 $g(x)$를 정적분한 값에 대한 조건을 모두 만족시키는 함수 $f(x)$의 개수를 구하는 문제이다. 이를 위해서 삼차함수의 그래프의 개형을 그려보며 두 함수의 그래프의 교점에 대한 조건을 해석하는 것이 어려웠다.

💡 단서+발상

단서1 삼차함수 $f(x)$의 최고차항의 계수가 정수이므로 이 최고차항의 계수에 대한 식을 정리했을 때, 그 값이 정수인 경우를 세면 조건을 만족시키는 함수 $f(x)$의 개수가 될 수 있다.
또한, $f(x)$의 최고차항의 계수의 부호도 결정되지 않았으므로 삼차함수의 그래프의 개형을 그릴 때 최고차항의 계수가 양의 정수일 때와 음의 정수일 때로 나누어 생각해야 한다. **발상**

단서2 $f'(1)=0$이므로 삼차함수 $f(x)$가 $x=1$에서 극댓값 또는 극솟값을 가지는 경우와 극값을 갖지 않는 경우로 나누어 생각해야 한다. **발상**

단서3 또한, 조건 (가)에서 구하는 삼차함수 $f(x)$에 대하여 $f(x)=g(x)$, 즉 $f(x)=f(x)+|f(x)-1|$을 만족시키는 모든 x의 값의 합이 3임을 알 수 있다.
따라서 삼차함수 $y=f(x)$의 그래프의 개형을 그려보며 조건 (가)를 만족시키는지 확인한 후 이를 통해 함수 $y=g(x)$의 그래프의 개형 또한 유추해야 한다. **적용**

단서4 위의 조건들을 이용해 유추한 함수 $g(x)$가 모든 자연수 n에 대하여
$$n<\int_0^n g(x)dx<n+16$$
이 성립하는지 확인하기 위해 n 대신 $1, 2, 3, \cdots$을 대입하여 확인해야 한다. **발상**
그러면 함수 $f(x)$의 최고차항의 계수에 대한 부등식을 세울 수 있으므로 이를 정리하여 최고차항의 계수가 정수인 함수 $f(x)$의 개수를 구하도록 한다. **해결**

주의 함수 $f(x)$의 최고차항의 계수가 정수라고 했지만 양수인지 음수인지는 알 수 없다. 따라서 삼차함수의 그래프의 개형을 그릴 때에는 먼저 최고차항의 계수가 양수인 경우와 음수인 경우로 나누고 풀이를 시작해야 한다.

> **핵심 정답 공식**: 두 함수 $y=f(x)$, $y=g(x)$의 그래프의 교점의 x좌표는 $f(x)=g(x)$를 만족시키는 실수 x의 값이다.

-------------------- [문제 풀이 순서] --------------------

1st 조건 (가)를 만족시키는 삼차함수 $f(x)$를 유추하자.

$g(x)=f(x)+|f(x)-1|$이므로

$$g(x)=\begin{cases} 2f(x)-1 & (f(x)\geq 1) \\ 1 & (f(x)<1) \end{cases} \cdots \text{⊙}$$

한편, 조건 (가)에서 두 함수 $y=f(x)$, $y=g(x)$의 그래프의 모든 교점의 x좌표는 $f(x)=g(x)$를 만족시키는 모든 x의 값이고, $g(x)=f(x)+|f(x)-1|$이므로 $f(x)=f(x)+|f(x)-1|$에서 $|f(x)-1|=0$ ∴ $f(x)=1$

따라서 조건 (가)에 의해 $f(x)=1$을 만족시키는 x의 값의 합은 3이 되어야 한다.

이때, $f(x)=1$을 만족시키는 x의 값은 함수 $y=f(x)$의 그래프와 직선 $y=1$의 교점의 x좌표이므로 삼차함수 $y=f(x)$의 그래프의 개형을 그려 이러한 x좌표의 값들의 합이 3이 되는지 확인하자.

> **함정** $f'(1)=0$인 경우는 $x=1$에서 극솟값을 갖는 경우, 극댓값을 갖는 경우, 극값을 갖지 않는 경우로 나눌 수 있어.
> 또한, 삼차함수 $f(x)$의 최고차항의 계수가 양수인지 음수인지도 경우를 나눠야 해. 즉, 함수 $y=f(x)$의 그래프의 개형을 $3\times 2=6$가지 경우로 나누어 그려봐야 해.

(i) 삼차함수 $f(x)$의 최고차항의 계수가 양수이고, $f(x)$가 $x=1$에서 극댓값 $f(1)=1$을 갖는 경우

두 함수 $y=f(x)$, $y=g(x)$의 그래프의 교점의 x좌표, 즉
$y=g(x)$의 그래프는 $y=f(x)$의 그래프에서 $f(x)\geq 1$을 만족시키는 부분에서는 $2f(x)-1$을 그리고, $f(x)<1$을 만족시키는 부분에서는 직선 $y=1$을 그리면 돼.

$f(x)=1$이 되도록 하는 x의 값의 합이 3이어야 하므로
[그림 1]과 같이 두 그래프의 교점의 x좌표는 1과 2이다.

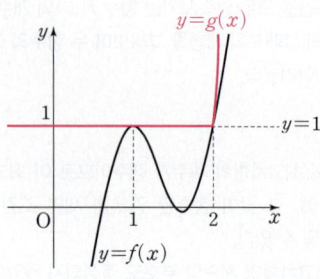

[그림 1]

(ii) 삼차함수 $f(x)$의 최고차항의 계수가 양수이고,
　　$f(x)$가 $x=1$에서 극솟값 $f(1)=1$을 갖는 경우

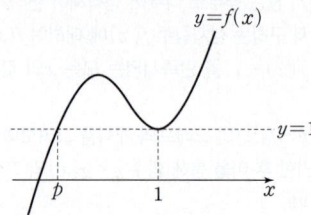

　　이때, $f(x)=1$이 되도록 하는 x의 값을 p와 1이라 하면
　　$p<1$이므로 p와 1의 합은 3이 될 수 없다.

(iii) 삼차함수 $f(x)$의 최고차항의 계수가 음수이고,
　　$f(x)$가 $x=1$에서 극댓값 $f(1)=1$을 갖는 경우

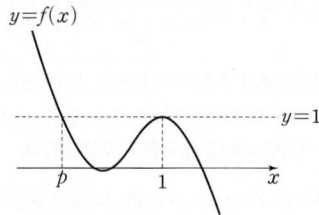

　　이때, $f(x)=1$이 되도록 하는 x의 값을 p와 1이라 하면
　　이 경우에도 $p<1$이므로 p와 1의 합은 3이 될 수 없다.

(iv) 삼차함수 $f(x)$의 최고차항의 계수가 음수이고,
　　$f(x)$가 $x=1$에서 극솟값 $f(1)=1$을 갖는 경우
　　두 함수 $y=f(x)$, $y=g(x)$의 그래프의 교점의 x좌표, 즉
　　$f(x)=1$이 되도록 하는 x의 값의 합이 3이어야 하므로
　　[그림 2]와 같이 두 그래프의 교점의 x좌표는 1과 2이다.

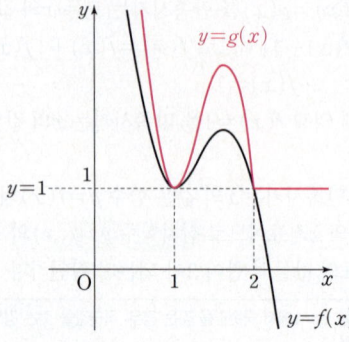

[그림 2]

(v) 삼차함수 $f(x)$의 최고차항의 계수가 양수이든지 음수이든지
　　상관없이 $f(1)=1$이면서 $f(x)$가 $x=1$에서 극값을 갖지 않는 경우
　　$f(x)=1$이 되도록 하는 x의 값은 1 하나뿐이므로 $f(x)=1$이
　　되도록 하는 x의 값의 합이 3이 될 수 없다.

따라서 (i), (iv)의 두 가지의 경우에 대해서만 조건 (가)를 만족시키는
함수 $f(x)$가 가능하다.

2nd 함수 $y=f(x)$의 그래프와 직선 $y=1$이 접함을 이용하여 $f(x)$를 구하자.

(i), (iv)의 두 가지의 경우 모두 $y=f(x)$의 그래프와 직선 $y=1$이
$x=1$인 점에서 접하고 $x=2$인 점에서 만나므로
$\underline{f(x)-1은\ (x-1)^2,\ x-2를\ 인수로\ 가진다.}$
　$\underset{\ \ f(x)-c는\ (x-a)^2,\ x-b를\ 인수로\ 가져}{\scriptsize y=f(x)의\ 그래프가\ 직선\ y=c와\ x=a인\ 점에서\ 접하고\ x=b인\ 점에서\ 만나면}$
즉, 삼차함수 $f(x)$의 최고차항의 계수를 정수 k라 하면
$f(x)-1=k(x-1)^2(x-2)$이므로
$f(x)=k(x-1)^2(x-2)+1$이다.
이때, (i)의 경우는 $k>0$이고, (iv)의 경우는 $k<0$이다.

3rd 조건 (나)를 만족시키는 함수 $f(x)$의 개수를 구하자.

조건 (나)에서 모든 자연수 n에 대하여 $n<\displaystyle\int_0^n g(x)dx<n+16$이므로

(i), (iv)의 두 경우에서 이를 만족시키는 정수 k의 값을 찾아보자.

(i)의 경우, 즉 $k>0$일 때 함수 $y=g(x)$의 그래프는 위의 [그림 1]과
같다.

그런데 $n=1$일 때, $\displaystyle\int_0^1 g(x)dx=1$에서 부등식 $1<\displaystyle\int_0^1 g(x)dx<17$이
　　　　　　　　　　　$\underset{\scriptsize 한\ 변의\ 길이가\ 1인\ 정사각형의\ 넓이와\ 같아.}{}$
성립하지 않으므로 이 경우는 조건 (나)를 만족시키지 않는다.

(iv)의 경우, 즉 $k<0$일 때 함수 $y=g(x)$의 그래프는 위의 [그림 2]와
같다.

이제, 모든 자연수 n에 대하여 $n<\displaystyle\int_0^n g(x)dx<n+16$을 만족시키는
정수 k의 개수를 구하기 위해 $n=1$, $n=2$, $n>2$인 경우로 나눠서
확인해보자.

(1) $n=1$이면 $1<\displaystyle\int_0^1 g(x)dx<17$이어야 한다.

$$\int_0^1 g(x)dx=\int_0^1 \{2f(x)-1\}dx\ (\because \text{㉠})$$
$$=\int_0^1 \{2k(x-1)^2(x-2)+2-1\}dx$$
$$=1+2k\int_0^1 \{(x-1)^2(x-2)\}dx$$
$$=1+2k\int_0^1 (x^3-4x^2+5x-2)dx$$
$$=1+2k\left[\frac{1}{4}x^4-\frac{4}{3}x^3+\frac{5}{2}x^2-2x\right]_0^1=1-\frac{7}{6}k$$

즉, $1<1-\dfrac{7}{6}k<17$에서 $-\dfrac{96}{7}<k<0$이므로 가능한 정수 k는
-1부터 -13까지 13개이다. ← $-13.\times\times\times$

(2) $n=2$이면 $2<\displaystyle\int_0^2 g(x)dx<18$이어야 한다.

$$\int_0^2 g(x)dx=\int_0^2 \{2f(x)-1\}dx$$
$$=\int_0^2 \{2k(x-1)^2(x-2)+2-1\}dx$$
$$=2+2k\int_0^2 \{(x-1)^2(x-2)\}dx$$
$$=2+2k\int_0^2 (x^3-4x^2+5x-2)dx$$
$$=2+2k\left[\frac{1}{4}x^4-\frac{4}{3}x^3+\frac{5}{2}x^2-2x\right]_0^2=2-\frac{4}{3}k$$

즉, $2<2-\dfrac{4}{3}k<18$에서 $-12<k<0$이므로 가능한 정수 k는

-1부터 -11까지 11개이다.

(3) $n>2$이면 $n<\displaystyle\int_0^n g(x)dx<n+16$이어야 한다.

$\displaystyle\int_0^n g(x)dx=\int_0^2 g(x)dx+\int_2^n g(x)dx$

<u>$2\le x<n$에서 $\displaystyle\int_2^n g(x)dx$는 가로의 길이가 $n-2$이고 세로의 길이가 1인 직사각형의</u>
<u>넓이로 구해도 돼.</u>

$\displaystyle=\int_0^2 g(x)dx+\int_2^n 1\,dx$

$\displaystyle=\int_0^2 g(x)dx+\Big[\,x\,\Big]_2^n=2-\dfrac{4}{3}k+n-2\;(\because (2))$

$=n-\dfrac{4}{3}k$

즉, $n<n-\dfrac{4}{3}k<n+16$에서 $-12<k<0$이므로 가능한

정수 k는 -1부터 -11까지 11개이다.

따라서 (1)~(3)에서 $n=1$, $n=2$, $n>2$인 경우를 동시에 만족시키는

정수 k는 -1부터 -11까지 11개이므로 조건을 만족시키는 함수 $f(x)$의

개수는 11이다.

1등급 대비 특강

＊ 정수 k의 개수를 구할 때 $n=1$, $n=2$, $n>2$인
경우로 나눠야 하는 이유

함수 $f(x)$의 최고차항의 계수가 음수인 것을 알아낸 후, 모든 자연수 n에

대하여 $n<\displaystyle\int_0^n g(x)dx<n+16$을 만족시키는지를 확인할 때

함수 $y=g(x)$의 그래프의 개형을 꼭 그려봐야 해.

함수 $y=g(x)$의 그래프가 $x\le2$일 때는 함수 $y=2f(x)-1$의 그래프와

같고, $x>2$일 때는 직선 $y=1$이므로 n이 1, 2일 때와 2 이상인 경우를

나누어서 정적분값을 확인해야 $f(x)$의 최고차항의 계수 중 정수의 개수를

바르게 구할 수 있어.

G 정적분의 활용

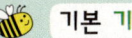 기본 **기출 문제**

G 01 정답 ④ ＊곡선과 x축으로 둘러싸인 부분의 넓이 … [정답률 84%]

> **정답 공식:** 구간 $[a, b]$에서 $f(x)\ge0$일 때, 곡선 $y=f(x)$와 x축으로 둘러싸인 도형의 넓이는 $\displaystyle\int_a^b f(x)dx$이다.

곡선 $y=-x^2-2x$와 x축으로 둘러싸인 도형의 넓이는? (3점)

단서 곡선과 x축으로 둘러싸인 도형이 $y\ge0$에 존재하는지 $y<0$에 존재하는지를 파악하기 위해 곡선을 그려 봐.

① $\dfrac{1}{3}$ ② $\dfrac{2}{3}$ ③ 1 ④ $\dfrac{4}{3}$ ⑤ $\dfrac{5}{3}$

1st 주어진 곡선을 좌표평면에 나타낸 후 넓이를 구해.

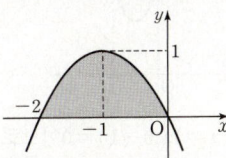

곡선 $y=-x^2-2x$와 x축으로 둘러싸인 도형의 넓이를 S라 하면

$S=\displaystyle\int_{-2}^0 (-x^2-2x)dx=\Big[-\dfrac{1}{3}x^3-x^2\Big]_{-2}^0$

<u>함수 $f(x)$의 부정적분이 $F(x)$일 때,</u>
$=-\Big(\dfrac{8}{3}-4\Big)$ <u>$\displaystyle\int_a^b f(x)dx=\Big[F(x)\Big]_a^b=F(b)-F(a)$</u>

$=\dfrac{4}{3}$

G 02 정답 2 ＊곡선과 축으로 둘러싸인 부분의 넓이 … [정답률 86%]

> **정답 공식:** 곡선 $y=f(x)$와 x축 및 두 직선 $x=a$, $x=b$로 둘러싸인 부분의 넓이는 $\displaystyle\int_a^b |f(x)|dx$이다.

함수 $y=4x^3-12x^2+8x$의 그래프와 x축으로 둘러싸인 부분의 넓이를 구하시오. (4점)

단서 먼저 주어진 삼차함수의 그래프와 x축이 만나는 점의 x좌표를 구하고 그래프를 그려 보면 구하는 부분이 어디인지 알 수 있어. 그럼 정적분을 이용하여 넓이를 구하면 되지?

1st 함수 $y=4x^3-12x^2+8x$의 그래프의 개형을 그려 봐.

$f(x)=4x^3-12x^2+8x$

$\quad=4x(x-1)(x-2)$

라 하면 함수 $f(x)$의 그래프의 개형은 그림과 같다.

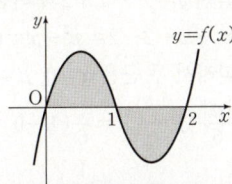

2nd x축으로 둘러싸인 부분의 넓이를 구하자.

따라서 구하는 넓이를 S라 하면

최고차항의 계수가 양수인 삼차함수의 그래프의 개형은 ⌒⌒ 또는 ⌒⌒이야.

$S=\displaystyle\int_0^2 |4x^3-12x^2+8x|dx$

$=\displaystyle\int_0^1 (4x^3-12x^2+8x)dx+\int_1^2 (-4x^3+12x^2-8x)dx$

<u>구간 $[0, 1]$에서 $y\ge0$이고</u>
<u>구간 $[1, 2]$에서 $y\le0$이야.</u>

$=\Big[x^4-4x^3+4x^2\Big]_0^1+\Big[-x^4+4x^3-4x^2\Big]_1^2$

$=(1-4+4)+\{(-16+32-16)-(-1+4-4)\}$

$=2$

G 03 정답 ② *두 곡선으로 둘러싸인 부분의 넓이 ··· [정답률 84%]

> **정답 공식:** 구간 $[a, b]$에서 두 곡선 $y=f(x)$, $y=g(x)$로 둘러싸인 부분의 넓이는 $\int_a^b |f(x)-g(x)|dx$이다.

곡선 $y=x^2-x+2$와 직선 $y=2$로 둘러싸인 부분의 넓이는? (3점)

단서 곡선과 직선의 교점의 x좌표를 구한 후 곡선과 직선을 좌표평면에 나타내어 문제가 요구하는 부분이 어디인지를 살펴서 넓이를 구해. 이때, 넓이는 정적분을 이용하여 구할 수 있지?

① $\dfrac{1}{9}$ ② $\dfrac{1}{6}$ ③ $\dfrac{2}{9}$

④ $\dfrac{5}{18}$ ⑤ $\dfrac{1}{3}$

1st 곡선 $y=x^2-x+2$와 직선 $y=2$가 만나는 점의 x좌표를 구하자.

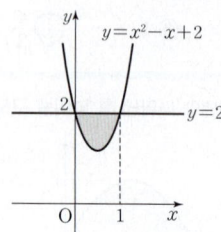

$x^2-x+2=2$에서 $x^2-x=x(x-1)=0$이므로 곡선과 직선의 교점의 x좌표는 0과 1이다.

> 곡선과 직선의 교점의 x좌표는 곡선과 직선의 방정식을 연립하여 구할 수 있어.

2nd 정적분을 이용해서 두 곡선 사이의 넓이를 계산해.

이때, 구간 $[0, 1]$에서 직선 $y=2$가 곡선 $y=x^2-x+2$ 보다 위에 있으므로

(구하는 도형의 넓이)

$= \int_0^1 \{2-(x^2-x+2)\}dx$

> 구간 $[a, b]$에서 두 곡선 $f(x), g(x)$로 둘러싸인 부분의 넓이는 $\int_a^b |f(x)-g(x)|dx$

주의 두 함수의 그래프로 둘러싸인 도형의 넓이를 구할 때에는 그 값이 항상 양수이므로 절댓값을 이용해야 해. 단, 그림과 같이 구간 $[0, 1]$에서 직선 $y=2$가 곡선 $y=x^2-x+2$보다 항상 위에 있는 것이 확인될 때에는 절댓값을 생략하고 $\int_0^1 \{2-(x^2-x+2)\}dx$로 나타낼 수 있어.

$= \int_0^1 (-x^2+x)dx = \left[-\dfrac{1}{3}x^3 + \dfrac{1}{2}x^2 \right]_0^1$

$= -\dfrac{1}{3} + \dfrac{1}{2} = \dfrac{1}{6}$

쉬운 풀이: 공식을 이용하여 곡선과 직선으로 둘러싸인 부분의 넓이 구하기

포물선 $y=a(x-\alpha)(x-\beta)(a\neq 0)$와 x축으로 둘러싸인 부분의 넓이 공식을 이용하자.

즉, $S=\dfrac{|a|}{6}(\beta-\alpha)^3$ (단, $\beta > \alpha$)이야.

이때, 곡선과 직선의 교점의 x좌표를 구해야 하므로 곡선 $y=x^2-x+2$와 직선 $y=2$를 연립하면

$x^2-x+2-2=x^2-x=0$

따라서 두 근은 $\alpha=0$, $\beta=1$이므로 둘러싸인 부분의 넓이는

$\dfrac{|a|}{6}(\beta-\alpha)^3 = \dfrac{1}{6}(1-0)^3$

> 곡선 $y=x^2-x+2$와 직선 $y=2$로 둘러싸인 넓이는 곡선과 직선을 연립하여 나온 식, 즉 곡선 $y=x^2-x$와 x축으로 둘러싸인 부분의 넓이와 같아.

$= \dfrac{1}{6}$

✿ 두 곡선 사이의 넓이 개념·공식

> 닫힌구간 $[a, b]$에서 두 함수 $y=f(x)$, $y=g(x)$가 연속일 때, 두 곡선 $y=f(x)$, $y=g(x)$와 두 직선 $x=a$, $x=b(a<b)$로 둘러싸인 도형의 넓이 S는
> $S=\int_a^b |f(x)-g(x)|dx$

G 04 정답 ③ *두 곡선으로 둘러싸인 부분의 넓이 ··· [정답률 73%]

> **정답 공식:** 직선 PQ의 방정식을 구한 후 직선 PQ와 곡선 $y=f(x)$ 및 y축으로 둘러싸인 부분의 넓이를 구한다.

자연수 n에 대하여 좌표가 $(0, 2n+1)$인 점을 P라 하고, 함수 $f(x)=nx^2$의 그래프 위의 점 중 y좌표가 1이고 제1사분면에 있는 점을 Q라 하자.

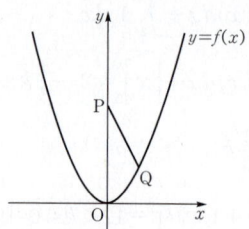

$n=1$일 때, 선분 PQ와 곡선 $y=f(x)$ 및 y축으로 둘러싸인 부분의 넓이는? (3점) 단서 주어진 그래프에 구하는 부분을 표시한 후 정적분을 이용하여 어떤 방식으로 넓이를 구할지 생각해 보자.

① $\dfrac{3}{2}$ ② $\dfrac{19}{12}$ ③ $\dfrac{5}{3}$

④ $\dfrac{7}{4}$ ⑤ $\dfrac{11}{6}$

1st $n=1$일 때, 두 점 P, Q의 좌표를 구하자.

$n=1$일 때, 점 P의 좌표는 $(0, 3)$이고 $f(x)=x^2$이다. 이때, 점 Q의 좌표를 $(a, 1)(a>0)$이라 하면 $a^2=1$에서

$a=1 (\because a>0)$ $\therefore Q(1, 1)$

> 점 Q는 제1사분면 위에 점이므로 x좌표, y좌표는 모두 양수야.

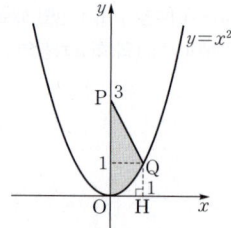

즉, 선분 PQ와 곡선 $f(x)=x^2$ 및 y축으로 둘러싸인 부분은 그림의 어두운 부분이다.

2nd 어두운 부분의 넓이를 구하자.

그림과 같이 점 Q에서 x축에 내린 수선의 발을 H라 하면 구하는 넓이는 사다리꼴 POHQ의 넓이에서 곡선 $y=x^2$과 x축 및 직선 $x=1$로 둘러싸인 부분의 넓이를 뺀 것과 같으므로

(구하는 넓이)=(사각형 POHQ의 넓이)$- \int_0^1 x^2 dx$

$= \dfrac{1}{2} \times (1+3) \times 1 - \left[\dfrac{1}{3}x^3 \right]_0^1$

$= \dfrac{5}{3}$

다른 풀이: 선분 AB와 곡선 $f(x)=x^2$ 및 y축으로 둘러싸인 부분의 넓이 구하기

두 점 P$(0, 3)$, Q$(1, 1)$을 지나는 직선의 방정식은

$y=\dfrac{3-1}{0-1}(x-0)+3=-2x+3$

> 기울기가 m이고 점 (a, b)를 지나는 직선의 방정식은 $y=m(x-a)+b$

따라서 선분 PQ와 곡선 $f(x)=x^2$ 및 y축으로 둘러싸인 부분의 넓이는

$\int_0^1 \{(-2x+3)-x^2\}dx = \int_0^1 (-x^2-2x+3)dx$

> 직선 $y=-2x+3$이 곡선 $y=x^2$보다 위쪽에 있으니까 넓이를 구할 때는 직선의 방정식에서 곡선의 방정식을 빼서 구해야 해.

$= \left[-\dfrac{1}{3}x^3 - x^2 + 3x \right]_0^1 = \dfrac{5}{3}$

곡선과 직선 사이의 넓이

개념·공식

① 포물선과 직선이 서로 다른 두 점에서 만날 때의 넓이
⇒ 포물선 $y=ax^2+bx+c\,(a\neq 0)$와 직선 $y=mx+n$이 서로 다른 두 점에서 만날 때, 교점의 x좌표를 α, $\beta\,(\alpha<\beta)$라 하자. 포물선과 직선 사이의 넓이를 S라 하면

$$S=\frac{|a|}{6}(\beta-\alpha)^3$$

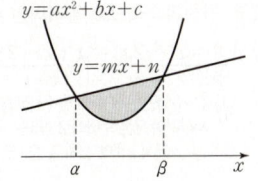

② 삼차곡선과 접선 사이의 넓이
⇒ 삼차곡선 $y=ax^3+bx^2+cx+d\,(a\neq 0)$와 그 접선 $y=mx+n$이 서로 다른 두 점에서 만날 때, 교점의 x좌표를 α, $\beta\,(\alpha<\beta)$라 하자. 곡선과 접선 사이의 넓이를 S라 하면 $S=\dfrac{|a|}{12}(\beta-\alpha)^4$

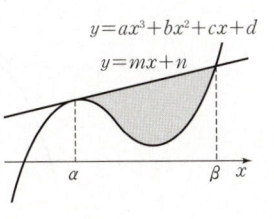

G 05 정답 ③ * 적분을 이용한 점의 위치 ─────── [정답률 69%]

(정답 공식: $t=0$부터 $t=35$까지의 $v(t)$의 적분값을 구한다.)

지면에 정지해 있던 열기구가 수직 방향으로 출발한 후 t분일 때, 속도 $v(t)$(m/분)를

$$v(t)=\begin{cases} t & (0\leq t\leq 20) \\ 60-2t & (20\leq t\leq 40) \end{cases}$$

단서 시각 $t=0$에서 $t=35$까지의 속도 $v(t)$의 정적분값을 의미해.

라 하자. 출발한 후 $t=35$분일 때, 지면으로부터 열기구의 높이는? (단, 열기구는 수직 방향으로만 움직이는 것으로 가정한다.)
(3점)

① 225 m ② 250 m ③ 275 m
④ 300 m ⑤ 325 m

1st 그래프를 그려서 도형의 넓이를 이용하여 높이를 구해.
시간 t와 $v(t)$에 대한 그래프를 그리면 그림과 같다. 즉, $t=35$일 때 열기구의 높이는 $0<t<30$에서의 삼각형의 넓이에서 $30<t<35$에서의 삼각형의 넓이를 빼면 된다.
출발한 지 t분 후의 열기구의 위치는 $\displaystyle\int_0^t v(t)dt$이지?

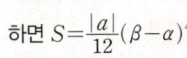

이때, $\displaystyle\int_0^{30} v(t)dt$는 양의 값이고 $\displaystyle\int_{30}^{35} v(t)dt$는 음의 값이야.

$$\therefore \text{(구하는 높이)}=\frac{1}{2}\times 30\times 20-\frac{1}{2}\times 5\times 10$$
$$=300-25$$
$$=275(\text{m})$$

다른 풀이: 적분을 이용하여 높이 구하기

높이를 $h(t)$라 하면 $h(t)=\displaystyle\int v(t)dt$이므로 구하는 높이는

$$\int_0^{35} v(t)dt=\int_0^{20} tdt+\int_{20}^{35}(60-2t)dt$$
$$=\left[\frac{1}{2}t^2\right]_0^{20}+\left[60t-t^2\right]_{20}^{35}$$
$$=\frac{1}{2}\times 400+60\cdot(35-20)-(35^2-20^2)$$
$$=275(\text{m})$$

G 06 정답 ① * 적분을 이용한 점이 움직인 거리 ─── [정답률 88%]

(정답 공식: 속도의 절댓값을 적분하면 움직인 거리를 구할 수 있다.)

수직선 위를 움직이는 점 P의 시각 $t\,(t\geq 0)$에서의 속도 $v(t)$가
$$v(t)=-2t+4$$
이다. $t=0$부터 $t=4$까지 점 P가 움직인 거리는? (3점)
단서 속도 $v(t)$의 부호가 음수일 때와 양수일 때를 나누어 $t=0$에서 $t=4$까지 정적분하면 돼.

① 8 ② 9 ③ 10 ④ 11 ⑤ 12

1st 정적분을 이용하여 $t=0$에서 $t=4$까지 점 P가 움직인 거리를 구해.
$t=0$에서 $t=4$까지 점 P가 움직인 거리를 S라 하면

$$S=\int_0^4 |v(t)|dt=\int_0^4 |-2t+4|dt$$
$$=\int_0^2 (-2t+4)dt+\int_2^4 (2t-4)dt$$

$t<2$일 때 $-2t+4>0$이므로 $|v(t)|=-2t+4$이고 $t\geq 2$일 때 $-2t+4\leq 0$이므로 $|v(t)|=2t-4$야.

$$=\left[-t^2+4t\right]_0^2+\left[t^2-4t\right]_2^4$$
$$=(-4+8)+\{(16-16)-(4-8)\}=8$$

실수 함수 $v(t)$의 값이 양이 되는 구간과 음이 되는 구간을 나누어 적분을 계산해야 해.

쉬운 풀이: 그림을 그려서 함수의 그래프와 축 사이의 넓이를 직접 구하기

점 P가 움직인 거리는 $t=0$에서 $t=4$까지 속도함수 $v(t)$의 그래프와 t축으로 둘러싸인 부분의 넓이와 같아. 이때, 속도함수 $v(t)$의 그래프는 그림과 같으므로 구하는 거리를 S라 하면

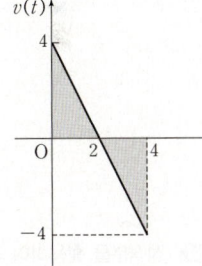

$$S=\frac{1}{2}\times 2\times 4+\frac{1}{2}\times 2\times 4=8$$

G 07 정답 ⑤ * 적분을 이용한 점이 움직인 거리 ─── [정답률 80%]

(정답 공식: 속도의 절댓값을 적분하면 움직인 거리를 알 수 있다.)

원점을 출발하여 수직선 위를 움직이는 점 P의 시각 $t\,(0\leq t\leq 6)$에서의 속도 $v(t)$의 그래프가 그림과 같다. 점 P가 시각 $t=0$에서 시각 $t=6$까지 움직인 거리는? (3점)
단서 움직인 거리를 묻고 있으므로 속도함수의 그래프와 t축으로 둘러싸인 부분의 넓이를 구하면 돼.

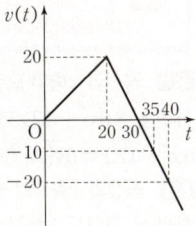

① $\dfrac{3}{2}$ ② $\dfrac{5}{2}$ ③ $\dfrac{7}{2}$ ④ $\dfrac{9}{2}$ ⑤ $\dfrac{11}{2}$

1st 시각 $t=0$에서 시각 $t=6$까지 움직인 거리는 $\displaystyle\int_0^6 |v(t)|dt$를 계산하면 돼.
시각 $t=0$에서 시각 $t=6$까지 점 P가 움직인 거리는 속도함수의 그래프와 t축으로 둘러싸인 부분의 넓이와 같으므로

$$\int_0^6 |v(t)|dt=\int_0^4 v(t)dt+\int_4^6 \{-v(t)\}dt$$

$0\leq t\leq 4$에서 $v(t)\geq 0$이고 $4\leq t\leq 6$에서 $v(t)\leq 0$이야.

$$=\frac{1}{2}\cdot 1\cdot 1+\frac{1}{2}\cdot(1+2)\cdot 2+\frac{1}{2}\cdot 1\cdot 2+\frac{1}{2}\cdot 2\cdot 1$$
$$=\frac{1}{2}+3+1+1=\frac{11}{2}$$

G 08 정답 ② ＊곡선과 x축으로 둘러싼 부분의 넓이 … [정답률 80%]

정답 공식: 구간 $[a, b]$에서 $f(x) \leq 0$일 때, 곡선 $y=f(x)$와 x축으로 둘러싸인 부분의 넓이는 $\int_a^b |f(x)| dx = \int_a^b \{-f(x)\} dx$이다.

두 양수 a, b ($a < b$)에 대하여 함수 $f(x)$를
$f(x) = (x-a)(x-b)$라 하자.
단서1 이차함수 $y=f(x)$의 그래프가 x축과 $x=a$, $x=b$인 두 점에서 만남을 알 수 있어.

$\int_0^a f(x) dx = \dfrac{11}{6}$, $\int_0^b f(x) dx = -\dfrac{8}{3}$

단서2 이차함수 $y=f(x)$의 그래프의 개형을 그리고, 주어진 정적분의 값을 넓이와 연관지어 생각해봐.

일 때, 곡선 $y=f(x)$와 x축으로 둘러싸인 부분의 넓이는? (4점)

① 4   ② $\dfrac{9}{2}$ ③ 5   ④ $\dfrac{11}{2}$ ⑤ 6

1st 곡선 $y=f(x)$의 개형을 그리자.

함수 $f(x) = (x-a)(x-b)$ ($0 < a < b$)에 대하여 곡선 $y=f(x)$의 개형을 그리면 다음과 같다.

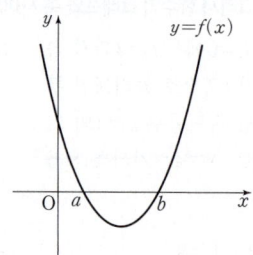

2nd 정적분을 활용하여 곡선 $y=f(x)$와 x축으로 둘러싸인 부분의 넓이를 구하자.

구간 $[a, b]$에서 $f(x) \leq 0$이므로
곡선 $y=f(x)$와 x축으로 둘러싸인 부분의 넓이는

$\int_a^b |f(x)| dx = -\int_a^b f(x) dx$
　　　　　　　곡선 $y=f(x)$와 x축 및 두 직선 $x=a$, $x=b$로 둘러싸인 부분의 넓이는 $\int_a^b |f(x)| dx$

$= -\left\{ \int_a^0 f(x) dx + \int_0^b f(x) dx \right\}$
　　　구간을 나누어 정적분을 나타내면
　　　$\int_a^b f(x) dx = \int_a^0 f(x) dx + \int_0^b f(x) dx$

$= -\left\{ \int_0^b f(x) dx - \int_0^a f(x) dx \right\}$

$= -\left(-\dfrac{8}{3} - \dfrac{11}{6} \right) = \dfrac{9}{2}$　　$\int_a^0 f(x) dx = -\int_0^a f(x) dx$

G 09 정답 ② ＊곡선과 x축으로 둘러싼 부분의 넓이 … [정답률 82%]

정답 공식: 곡선 $y=f(x)$와 x축 및 두 직선 $x=a$, $x=b$로 둘러싸인 부분의 넓이는 $\int_a^b |f(x)| dx$이다.

곡선 $y = x^3 - 2x^2$과 x축으로 둘러싸인 부분의 넓이는? (3점)
단서 먼저 곡선과 x축이 만나는 점의 x좌표를 찾은 다음, 곡선과 x축으로 둘러싸인 부분이 x축의 위인지 아래인지 주의하여 정적분을 이용하여 넓이를 구해.

① $\dfrac{7}{6}$ ② $\dfrac{4}{3}$ ③ $\dfrac{3}{2}$

④ $\dfrac{5}{3}$ ⑤ $\dfrac{11}{6}$

1st 곡선과 x축의 교점의 x좌표를 구하자.

곡선 $y = x^3 - 2x^2$과 x축의 교점의 x좌표를 구하면
$x^3 - 2x^2 = 0$에서 $x^2(x-2) = 0$　　$\therefore x=0$ 또는 $x=2$

2nd 곡선과 x축으로 둘러싸인 부분의 넓이를 구하자.

곡선 $y = x^3 - 2x^2 = x^2(x-2)$를 좌표평면에 나타내면 그림과 같다.
　삼차함수 $y = a(x-\alpha)^2(x-\beta)$ ($a \neq 0, \alpha < \beta$)의 그래프는
　(i) $a > 0$이면 왼쪽 아래에서 시작하여 오른쪽 위로 향하는 곡선 $\diagup$을, $a < 0$이면 왼쪽 위에서 시작하여 오른쪽 아래로 향하는 곡선 $\diagdown$을 그린다.
　(ii) $x=\alpha$에서 x축에 접하고, 점 $(\beta, 0)$을 지나도록 그린다.

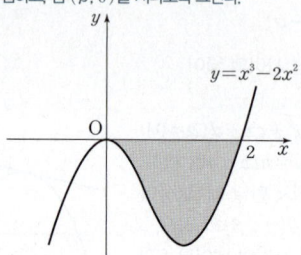

따라서 구하는 넓이를 S라 하면

주의 곡선 $y = x^3 - 2x^2$과 x축으로 둘러싸인 부분이 x축의 아래쪽에 있으므로 $|f(x)| = -f(x)$야.

$S = \int_0^2 |x^3 - 2x^2| dx = \int_0^2 (-x^3 + 2x^2) dx$

$= \left[-\dfrac{1}{4} x^4 + \dfrac{2}{3} x^3 \right]_0^2 = -4 + \dfrac{16}{3} = \dfrac{4}{3}$

🔗 쉬운 풀이: 공식을 이용하여 곡선 $y = x^3 - 2x^2$과 축으로 둘러싸인 부분의 넓이 구하기

곡선 $y = x^3 - 2x^2 = x^2(x-2)$와 x축으로 둘러싸인 부분의 넓이를 S라 하면

$S = \dfrac{|1|}{12} (2-0)^4 = \dfrac{4}{3}$
→ 삼차함수 $y = a(x-\alpha)^2(x-\beta)$ ($a \neq 0, \alpha < \beta$)의 그래프와 x축으로 둘러싸인 부분의 넓이 S는 $S = \dfrac{|a|}{12}(\beta-\alpha)^4$

G 10 정답 8 ＊곡선과 x축으로 둘러싼 부분의 넓이 … [정답률 85%]

정답 공식: 곡선 $y=f(x)$와 x축 및 두 직선 $x=a$, $x=b$로 둘러싸인 부분의 넓이는 $\int_a^b |f(x)| dx$이다.

곡선 $y = 6x^2 - 12x$와 x축으로 둘러싸인 부분의 넓이를 구하시오.
단서 곡선과 x축이 만나는 점의 x좌표를 구한 후 x축 위인지 아래인지 주의하여 정적분을 이용하자. (4점)

1st 곡선과 x축의 교점의 x좌표를 구하자.

곡선 $y = 6x^2 - 12x$와 x축의 교점의 x좌표를 구하면
$6x^2 - 12x = 0$에서 $6x(x-2) = 0$　　$\therefore x=0$ 또는 $x=2$

2nd 곡선과 x축으로 둘러싸인 부분의 넓이를 구해.

따라서 구하는 넓이는
구간 $[a, b]$에서 곡선 $y=f(x)$와 x축으로 둘러싸인 부분의 넓이는 $\int_a^b |f(x)| dx$

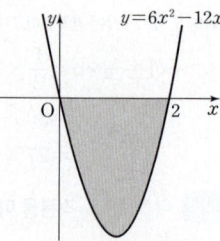

$\int_0^2 |6x^2 - 12x| dx$

$= -\int_0^2 (6x^2 - 12x) dx$

$= -\left[2x^3 - 6x^2 \right]_0^2 = -(16-24) = 8$

🔗 쉬운 풀이: 공식을 이용하여 곡선 $y = 6x^2 - 12x$와 x축으로 둘러싸인 부분의 넓이 구하기

곡선 $y = 6x^2 - 12x = 6x(x-2)$와 x축으로 둘러싸인 부분의 넓이를 S라 하면

$S = \dfrac{6 \times (2-0)^3}{6} = 8$

포물선 $f(x) = a(x-\alpha)(x-\beta)$ ($a \neq 0, \alpha < \beta$)와 x축으로 둘러싸인 부분의 넓이 S는 $S = \dfrac{|a|(\beta-\alpha)^3}{6}$

G 11 정답 32 ∗곡선과 축으로 둘러싸인 부분의 넓이 [정답률 85%]

곡선 $y=-x^2+4x-4$와 x축 및 y축으로 둘러싸인 부분의 넓이를 S라 할 때, $12S$의 값을 구하시오. (3점)

단서 곡선과 x축으로 둘러싸인 부분이 x축 위에 존재하는지 x축 아래에 존재하는지 파악하기 위해 곡선을 좌표평면 위에 그려봐야 해.

1st 주어진 곡선을 좌표평면에 나타내봐.

$y=-x^2+4x-4=-(x-2)^2$

이므로 주어진 곡선은 꼭짓점의 좌표가 $(2, 0)$이고 위로 볼록한 포물선이다. → 곡선 $y=-x^2+4x-4=-(x-2)^2$은 x축에 접해.

따라서 곡선 $y=-x^2+4x-4$와 x축 및 y축으로 둘러싸인 부분을 좌표평면 위에 나타내면 다음의 어두운 부분과 같다.

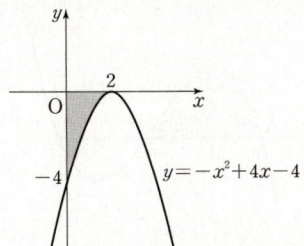

2nd 곡선 $y=-x^2+4x-4$와 x축 및 y축으로 둘러싸인 부분의 넓이를 구하자.

곡선 $y=-x^2+4x-4$와 x축 및 y축으로 둘러싸인 부분은 곡선 $y=-x^2+4x-4$와 x축 및 두 직선 $x=0$, $x=2$로 둘러싸인 부분이므로 구하는 넓이 S는

→ 곡선 $y=f(x)$와 x축 및 두 직선 $x=a$, $x=b$로 둘러싸인 부분의 넓이는 $\int_a^b |f(x)|dx$

$S=\int_0^2 |-x^2+4x-4|dx$

→ 구간 $[0, 2]$에서 $-x^2+4x-4\leq0$이므로 $\int_0^2 |-x^2+4x-4|dx=\int_0^2 (x^2-4x+4)dx$

$=\int_0^2 (x^2-4x+4)dx$

$=\left[\dfrac{1}{3}x^3-2x^2+4x\right]_0^2$

$=\dfrac{8}{3}-8+8=\dfrac{8}{3}$

$\therefore 12S=12\times\dfrac{8}{3}=32$

G 12 정답 25 ∗곡선과 x축으로 둘러싸인 부분의 넓이 ⋯ [정답률 80%]

함수 $f(x)=|x|^3-10x$에 대하여 곡선 $y=f(x)$와 x축으로 둘러싸인 부분의 넓이를 구하시오. (3점)

단서 곡선과 x축으로 둘러싸인 도형이 $y\geq0$에 존재하는지 $y<0$에 존재하는지를 파악하기 위해 곡선을 그려 봐.

1st 주어진 곡선을 좌표평면에 나타내어 넓이를 구하는 부분을 확인해.

$x\geq0$일 때,
$f(x)=x^3-10x=x(x^2-10)=x(x+\sqrt{10})(x-\sqrt{10})$

$x<0$일 때,
$f(x)=-x^3-10x=-x(x^2+10)$

한편, $x<0$에서 $f'(x)=-3x^2-10<0$이므로 이 구간에서 함수 $f(x)$는 감소함수이다. 따라서 곡선 $y=f(x)$는 그림과 같다.

구간 $[a, b]$에서 함수 $f(x)$가 감소하면 이 구간에서 $f'(x)\leq0$이고 증가하면 이 구간에서 $f'(x)\geq0$이야.

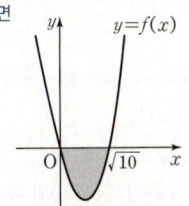

2nd 곡선 $y=f(x)$와 x축으로 둘러싸인 부분의 넓이를 구해.

따라서 구하는 부분의 넓이를 S라 하면

$S=\int_0^{\sqrt{10}} |f(x)|dx=\int_0^{\sqrt{10}} (-x^3+10x)dx$

$=\left[-\dfrac{1}{4}x^4+5x^2\right]_0^{\sqrt{10}}$

→ 곡선 $y=f(x)$와 x축 및 두 직선 $x=a$, $x=b$로 둘러싸인 부분의 넓이는 $\int_a^b |f(x)|dx$야.

$=-25+50=25$

G 13 정답 ① ∗곡선과 x축으로 둘러싸인 부분의 넓이 [정답률 85%]

$y=\dfrac{1}{3}x^2+1$과 x축, y축 및 직선 $x=3$으로 둘러싸인 부분의 넓이는? (3점)

단서 곡선과 x축으로 둘러싸인 부분이 $y\geq0$에 존재하므로 $\int_0^3 \left|\dfrac{1}{3}x^2+1\right|dx=\int_0^3 \left(\dfrac{1}{3}x^2+1\right)dx$를 하면 돼.

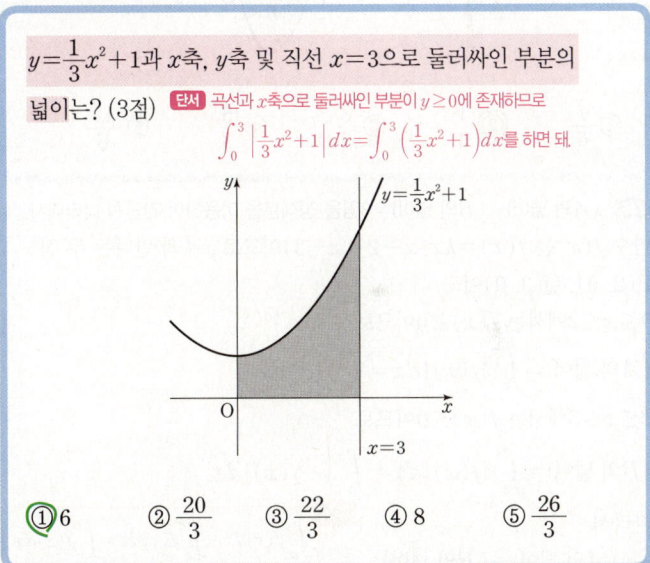

① 6   ② $\dfrac{20}{3}$ ③ $\dfrac{22}{3}$ ④ 8   ⑤ $\dfrac{26}{3}$

1st 곡선 $y=\dfrac{1}{3}x^2+1$과 x축, y축 및 직선 $x=3$으로 둘러싸인 부분의 넓이를 구하자.

곡선 $y=\dfrac{1}{3}x^2+1$과 x축, y축 및 직선 $x=3$으로 둘러싸인 부분을 S라 하면 S는 곡선 $y=\dfrac{1}{3}x^2+1$과 x축 및 두 직선 $x=0$, $x=3$으로

→ 곡선 $y=f(x)$와 x축 및 두 직선 $x=a$, $x=b$로 둘러싸인 부분의 넓이는 $\int_a^b |f(x)|dx$

둘러싸인 부분이므로

$S=\int_0^3 \left|\dfrac{1}{3}x^2+1\right|dx$

→ 구간 $[0, 3]$에서 $y>0$이므로 $\int_0^3 \left|\dfrac{1}{3}x^2+1\right|dx=\int_0^3 \left(\dfrac{1}{3}x^2+1\right)dx$

$=\int_0^3 \left(\dfrac{1}{3}x^2+1\right)dx$

$=\left[\dfrac{1}{9}x^3+x\right]_0^3$

$=3+3=6$

G 14 정답 ② *곡선과 x축으로 둘러싸인 부분의 넓이 [정답률 65%]

정답 공식: 곡선 $y=f(x)$와 x축 및 두 직선 $x=a$, $x=b$로 둘러싸인 부분의 넓이는 $\int_a^b |f(x)|\,dx$이다.

양수 k에 대하여 함수 $f(x)$는
$$f(x)=kx(x-2)(x-3)$$
이다. 곡선 $y=f(x)$와 x축이 원점 O와 두 점 P, Q($\overline{OP}<\overline{OQ}$)에서 만난다. 곡선 $y=f(x)$와 선분 OP로 둘러싸인 영역을 A, 곡선 $y=f(x)$와 선분 PQ로 둘러싸인 영역을 B라 하자.

단서1 곡선과 x축이 만나는 점의 x좌표를 구한 후 곡선이 x축 위인지 아래인지 주의하여 정적분을 이용해야 해.

(A의 넓이)$-$(B의 넓이)$=3$ →**단서2** B의 넓이는 $f(x) \le 0$인 부분이므로 해당 구간의 정적분값과 넓이는 부호가 달라.

일 때, k의 값은? (4점)

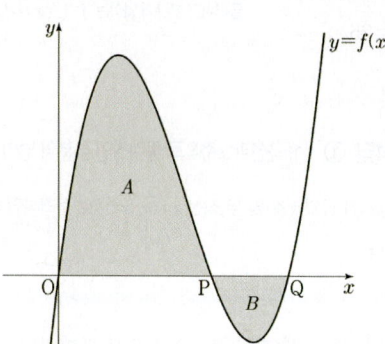

① $\dfrac{7}{6}$ ② $\dfrac{4}{3}$ ③ $\dfrac{3}{2}$ ④ $\dfrac{5}{3}$ ⑤ $\dfrac{11}{6}$

1st (A의 넓이)$-$(B의 넓이)$=3$임을 정적분을 이용하여 간단히 나타내자.

함수 $f(x)$는 $f(x)=kx(x-2)(x-3)$이므로 x축과 만나는 두 점 P$(2, 0)$, Q$(3, 0)$이고

$0 \le x \le 2$에서는 $f(x) \ge 0$이므로

(A의 넓이)$=\int_0^2 |f(x)|\,dx=\int_0^2 f(x)\,dx$

$2 \le x \le 3$에서는 $f(x) \le 0$이므로

(B의 넓이)$=\int_2^3 |f(x)|\,dx=\int_2^3 \{-f(x)\}\,dx$

따라서

$3=$(A의 넓이)$-$(B의 넓이)

주의 $\int_a^c f(x)\,dx+\int_c^b f(x)\,dx=\int_a^b f(x)\,dx$ 임을 이용해야 해. (단, $a<c<b$)

$=\int_0^2 f(x)\,dx-\int_2^3 \{-f(x)\}\,dx$

$=\int_0^2 f(x)\,dx+\int_2^3 f(x)\,dx=\int_0^3 f(x)\,dx$

$\therefore \int_0^3 f(x)\,dx=3$

2nd $\int_0^3 f(x)\,dx=3$임을 통하여 양수 k의 값을 구하자.

$3=\int_0^3 k(x^3-5x^2+6x)\,dx$

주의 $\int_a^b kf(x)\,dx=k\int_a^b f(x)\,dx$ (k는 실수)임을 이용해야 해.

$=k\int_0^3 (x^3-5x^2+6x)\,dx$

$=k\left[\dfrac{1}{4}x^4-\dfrac{5}{3}x^3+3x^2\right]_0^3$ $\int_a^b x^n\,dx=\left[\dfrac{1}{n+1}x^{n+1}\right]_a^b$ (단, $n \ne -1$)

$=k\left(\dfrac{81}{4}-45+27\right)=\dfrac{9}{4}k$

이므로 $\dfrac{9}{4}k=3$ $\therefore k=3\times\dfrac{4}{9}=\dfrac{4}{3}$

톡톡 풀이: 정적분 공식을 활용하여 넓이 구하기 → 수능 핵강 을 참고해.

삼차함수 $f(x)=kx(x-2)(x-3)$이므로

(A의 넓이)$=\left|\dfrac{k}{6}(2-0)^3\right| \times \left|3-\dfrac{0+2}{2}\right|=\dfrac{8k}{6}\times 2=\dfrac{8k}{3}$

(B의 넓이)$=\left|\dfrac{k}{6}(3-2)^3\right| \times \left|0-\dfrac{2+3}{2}\right|=\dfrac{k}{6}\times\dfrac{5}{2}=\dfrac{5k}{12}$

에서 $3=\dfrac{8k}{3}-\dfrac{5k}{12}=\dfrac{32k-5k}{12}=\dfrac{27k}{12}=\dfrac{9k}{4}$이므로

$k=3\times\dfrac{4}{9}=\dfrac{4}{3}$

수능 핵강

＊삼차함수의 그래프와 x축으로 둘러싸인 부분의 넓이

삼차함수 $f(x)=k(x-\alpha)(x-\beta)(x-\gamma)$에 대하여 $\alpha < \beta < \gamma$일 때,

① $S=\int_\alpha^\beta |f(x)|\,dx=\left|\dfrac{k}{6}(\beta-\alpha)^3\right| \times \left|\gamma-\dfrac{\alpha+\beta}{2}\right|$

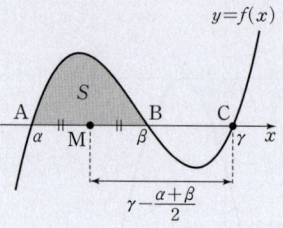

② $S=\int_\beta^\gamma |f(x)|\,dx=\left|\dfrac{k}{6}(\gamma-\beta)^3\right| \times \left|\alpha-\dfrac{\beta+\gamma}{2}\right|$

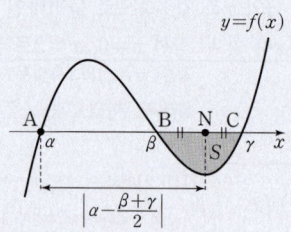

정적분의 성질 개념·공식

세 실수 a, b, c를 포함하는 닫힌구간에서 두 함수 $f(x)$, $g(x)$가 연속일 때,

(1) $\int_a^b kf(x)\,dx=k\int_a^b f(x)\,dx$ (단, k는 상수)

(2) $\int_a^b \{f(x) \pm g(x)\}\,dx=\int_a^b f(x)\,dx \pm \int_a^b g(x)\,dx$ (복호동순)

(3) $\int_a^b f(x)\,dx=\int_a^c f(x)\,dx+\int_c^b f(x)\,dx$

G15 정답 ④ *곡선과 x축으로 둘러싸인 부분의 넓이 ··· [정답률 60%]

정답 공식: 함수 $y=f(x)$의 그래프가 x축의 방향으로 3만큼 평행이동한 그래프와 관련이 있으므로 아래끝과 위끝의 차이가 3이 되도록 적분구간을 나누고, 조건을 이용하여 정적분의 값을 구해본다.

실수 전체의 집합에서 증가하는 연속함수 $f(x)$가 다음 조건을 만족시킨다. **단서1** 함수 $y=f(x)$의 그래프와 함수 $y=f(x)$의 그래프를 x축의 방향으로 3만큼, y축의 방향으로 4만큼 평행이동한 그래프가 일치해야 한다는 뜻이야.

(가) 모든 실수 x에 대하여 $f(x)=f(x-3)+4$이다.

(나) $\int_0^6 f(x)dx=0$ **단서2** 구해야 하는 값이 $\int_6^9 f(x)dx$와 관련있으니까 $\int_0^6 f(x)dx=\int_0^3 f(x)dx+\int_3^6 f(x)dx$로 적분구간을 나눠서 생각해보자.

함수 $y=f(x)$의 그래프와 x축 및 두 직선 $x=6$, $x=9$로 둘러싸인 부분의 넓이는? (4점) **단서3** $6<x<9$에서 $f(x)>0$이면 $y=f(x)$의 그래프와 두 직선 $x=6$, $x=9$ 및 x축으로 둘러싸인 부분의 넓이는 $\int_6^9 f(x)dx$의 값과 같아.

① 9 ② 12 ③ 15
④ 18 ⑤ 21

1st 조건 (가), (나)를 이용하여 $\int_0^3 f(x)dx$의 값을 구하자.

조건 (나)의 $\int_0^6 f(x)dx=0$을 이용하여 $\int_0^3 f(x)dx$를 구하자.

$\int_0^6 f(x)dx$

주의 $\int_a^b f(x)dx=\int_a^c f(x)dx+\int_c^b f(x)dx$ 임을 이용해야 해.

$=\int_0^3 f(x)dx+\int_3^6 f(x)dx$

$=\int_0^3 f(x)dx+\int_3^6 \{f(x-3)+4\}dx$ — 조건 (가)에서 $f(x)=f(x-3)+4$라 했어.

$=\int_0^3 f(x)dx+\int_3^6 f(x-3)dx+\int_3^6 4dx$

$=\int_0^3 f(x)dx+\int_0^3 f(x)dx+\left[4x\right]_3^6$

$y=f(x-3)$의 그래프는 $y=f(x)$의 그래프를 x축의 방향으로 3만큼 평행이동한 것이므로 $\int_3^6 f(x-3)dx=\int_0^3 f(x)dx$야.

$=2\int_0^3 f(x)dx+(24-12)$

즉, $2\int_0^3 f(x)dx+12=0$이므로

$\int_0^3 f(x)dx=-6 \cdots ㉠$

2nd 그래프의 평행이동을 이용하여 $\int_6^9 f(x)dx$의 값을 구하자.

$f(x)$는 증가함수이므로 $6<x<9$에서 $f(x)>0$이다.

$6<x<9$에서 $f(x)\leq0$이면 $f(x)$가 증가함수이므로 $x\leq6$일 때, $f(x)<0$이어야 해. 그럼 $\int_0^6 f(x)dx$의 값은 음수가 되므로 $\int_0^6 f(x)dx=0$이라는 조건에 모순이야.

따라서 $y=f(x)$의 그래프와 x축 및 두 직선 $x=6$, $x=9$로 둘러싸인 부분의 넓이는 $\int_6^9 f(x)dx$의 값과 같으므로

$\int_6^9 f(x)dx$ 구간 $[a,b]$에서 곡선 $y=f(x)$와 x축으로 둘러싸인 부분의 넓이는 $\int_a^b |f(x)|dx$야.

$=\int_6^9 \{f(x-3)+4\}dx=\int_6^9 f(x-3)dx+\int_6^9 4dx$

$=\int_3^6 f(x)dx+\left[4x\right]_6^9=\int_3^6 \{f(x-3)+4\}dx+(36-24)$

$=\int_3^6 f(x-3)dx+\int_3^6 4dx+12=\int_0^3 f(x)dx+\left[4x\right]_3^6+12$

$=(-6)+(24-12)+12 \ (\because ㉠)=18$

G16 정답 ③ *곡선과 x축으로 둘러싸인 부분의 넓이 ··· [정답률 55%]

정답 공식: $|A-B|=\begin{cases} A-B & (A\geq B) \\ -A+B & (A<B)\end{cases}$ 이다.

또한, 곡선 $y=F(x)$와 x축 및 두 직선 $x=a$, $x=b$로 둘러싸인 부분의 넓이가 S는 $S=\int_a^b |F(x)|dx$이다.

두 함수 $f(x)=x^2-6x+10$, $g(x)=x$에 대하여 함수 $h(x)$를 $$h(x)=\frac{|f(x)-g(x)|+f(x)+g(x)}{2}$$ **단서1** $f(x)\geq g(x)$일 때와 $f(x)<g(x)$일 때로 나누어 절댓값 기호를 푼 후 $h(x)$의 식을 구해.

라 하자. 함수 $y=h(x)$의 그래프와 x축, y축 및 직선 $x=4$로 둘러싸인 부분의 넓이는? (4점) **단서2** 함수 $y=h(x)$의 그래프를 좌표평면 위에 나타내고 구하는 부분의 넓이를 정적분을 이용하여 계산해.

① $\frac{40}{3}$ ② 15 ③ $\frac{50}{3}$

④ $\frac{55}{3}$ ⑤ 20

1st 함수 $h(x)$의 식을 구하자.

실수 ↻ 주어진 함수 $h(x)$의 식에 절댓값이 포함되어 있으니까 절댓값 기호를 없앨 수 있도록 구간을 나누는 것으로 풀이를 시작하면 돼.

(i) $f(x)\geq g(x)$인 경우

$x^2-6x+10\geq x$에서 $x^2-7x+10\geq0$

$(x-2)(x-5)\geq0$ ∴ $x\leq2$ 또는 $x\geq5$

$\alpha<\beta$일 때, 이차부등식 $(x-\alpha)(x-\beta)\geq0$의 해는 $x\leq\alpha$ 또는 $x\geq\beta$ 이차부등식 $(x-\alpha)(x-\beta)\leq0$의 해는 $\alpha\leq x\leq\beta$

이때, $|f(x)-g(x)|=f(x)-g(x)$이므로

$h(x)=\frac{|f(x)-g(x)|+f(x)+g(x)}{2}$

$=\frac{f(x)-g(x)+f(x)+g(x)}{2}=f(x)$

(ii) $f(x)<g(x)$인 경우

$x^2-6x+10<x$에서 $x^2-7x+10<0$

$(x-2)(x-5)<0$

∴ $2<x<5$

이때, $|f(x)-g(x)|=-f(x)+g(x)$이므로

$h(x)=\frac{|f(x)-g(x)|+f(x)+g(x)}{2}$

$=\frac{-f(x)+g(x)+f(x)+g(x)}{2}=g(x)$

(i), (ii)에 의하여

$h(x)=\begin{cases} x^2-6x+10 & (x\leq2 \text{ 또는 } x\geq5) \\ x & (2<x<5)\end{cases}$

2nd 함수 $y=h(x)$의 그래프와 x축, y축 및 직선 $x=4$로 둘러싸인 부분의 넓이를 구해.

함수 $y=h(x)$의 그래프는 그림과 같다. 따라서 구하는 넓이는

$\int_0^2 (x^2-6x+10)dx+\int_2^4 xdx$

$=\left[\frac{1}{3}x^3-3x^2+10x\right]_0^2+\left[\frac{1}{2}x^2\right]_2^4$

$=\frac{8}{3}-12+20+8-2$

$=\frac{50}{3}$

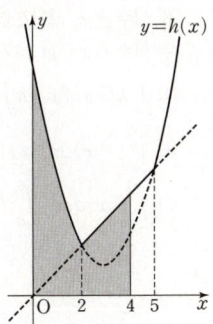

정답 및 해설 **619**

G 17 정답 ⑤ *곡선과 x축으로 둘러싸인 부분의 넓이 ··· [정답률 72%]

정답 공식: 도함수를 이용해 $f(x)$의 함수식을 구할 수 있다. x축과의 교점을 찾고 함숫값의 절댓값을 적분한다.

삼차함수 $f(x)$가 다음 두 조건을 만족시킨다.

(가) $f'(x)=3x^2-4x-4$

(나) 함수 $y=f(x)$의 그래프는 점 $(2, 0)$을 지난다.

이때, 함수 $y=f(x)$의 그래프와 x축으로 둘러싸인 도형의 넓이는? (4점) **단서** 주어진 두 조건에서 삼차함수 $f(x)$의 식을 완성해야 해. 조건 (가)의 도함수 $f'(x)$를 부정적분하고 적분상수는 조건 (나)에서 처리하면 돼. 그럼 정적분을 이용해 넓이를 계산하면 돼.

① $\dfrac{56}{3}$ ② $\dfrac{58}{3}$ ③ 20

④ $\dfrac{62}{3}$ ⑤ $\dfrac{64}{3}$

1st 주어진 조건을 이용하여 함수 $f(x)$를 찾자.

조건 (가)에서 $f'(x)=3x^2-4x-4$이므로

$f(x)=\displaystyle\int f'(x)dx$

$=\displaystyle\int(3x^2-4x-4)dx$ ▶ $\displaystyle\int x^n dx=\dfrac{1}{n+1}x^{n+1}+C$ (단, C는 적분상수)

$=x^3-2x^2-4x+C$ (단, C는 적분상수)

조건 (나)에서 함수 $y=f(x)$의 그래프는 점 $(2, 0)$을 지나므로 $f(2)=0$에 의해

$f(2)=2^3-2\cdot 2^2-4\cdot 2+C=0$ $\therefore C=8$

$\therefore f(x)=x^3-2x^2-4x+8=(x+2)(x-2)^2$

2nd 함수 $y=f(x)$의 그래프 개형을 그려 x축으로 둘러싸인 도형의 넓이를 구해.

이때, 함수 $y=f(x)$의 그래프의 개형은 그림과 같으므로 구하는 넓이를 S라 하면 ▶ $y=f(x)$의 그래프와 x축의 교점의 x좌표야.

$S=\displaystyle\int_{-2}^{2}(x^3-2x^2-4x+8)dx$

$=2\displaystyle\int_0^2(-2x^2+8)dx$

$=2\left[-\dfrac{2}{3}x^3+8x\right]_0^2$

$=\dfrac{64}{3}$

⚙ 정적분의 성질 개념·공식

세 실수 a, b, c를 포함하는 닫힌구간에서 두 함수 $f(x)$, $g(x)$가 연속일 때,

(1) $\displaystyle\int_a^b kf(x)dx=k\int_a^b f(x)dx$ (단, k는 상수)

(2) $\displaystyle\int_a^b\{f(x)\pm g(x)\}dx=\int_a^b f(x)dx\pm\int_a^b g(x)dx$ (복호동순)

(3) $\displaystyle\int_a^b f(x)dx=\int_a^c f(x)dx+\int_c^b f(x)dx$

G 18 정답 14 *곡선과 x축으로 둘러싸인 부분의 넓이 ··· [정답률 74%]

정답 공식: $S(h)=\displaystyle\int_{1-h}^{1+h}(6x^2+1)dx$

곡선 $y=6x^2+1$과 x축 및 두 직선 $x=1-h$, $x=1+h (h>0)$로 둘러싸인 부분의 넓이를 $S(h)$라 할 때, $\displaystyle\lim_{h\to 0+}\dfrac{S(h)}{h}$의 값을 구하시오. (3점) **단서** 구하는 부분의 넓이 $S(h)$는 정적분을 이용하여 나타낼 수 있지? 따라서 $\displaystyle\lim_{h\to 0+}\dfrac{S(h)}{h}$의 값은 정적분과 미분계수의 정의를 이용하여 계산하면 돼.

1st 먼저 $S(h)$를 구해 보자.

곡선 $y=6x^2+1$과 x축 및 두 직선 $x=1-h$, $x=1+h$로 둘러싸인 부분의 넓이 $S(h)$는

$S(h)=\displaystyle\int_{1-h}^{1+h}(6x^2+1)dx$ ▶ $y=6x^2+1\geq 1$이므로 곡선 $y=6x^2+1$은 x축의 위쪽에 존재해.

이때, $f(x)=6x^2+1$이라 하고 $f(x)$의 부정적분 중의 하나를 $F(x)$라 하면

$\displaystyle\lim_{h\to 0+}\dfrac{S(h)}{h}$

$=\displaystyle\lim_{h\to 0+}\dfrac{\displaystyle\int_{1-h}^{1+h}f(x)dx}{h}$

$=\displaystyle\lim_{h\to 0+}\dfrac{F(1+h)-F(1-h)}{h}$

$=\displaystyle\lim_{h\to 0+}\dfrac{F(1+h)-F(1)+F(1)-F(1-h)}{h}$

$=\displaystyle\lim_{h\to 0+}\dfrac{F(1+h)-F(1)}{h}-\lim_{h\to 0+}\dfrac{F(1-h)-F(1)}{-h}\times(-1)$

$=F'(1)+F'(1)$ ▶ $f'(a)=\displaystyle\lim_{h\to 0}\dfrac{f(a+h)-f(a)}{h}$

$=2F'(1)=2f(1)$

$=2\cdot 7=14$

G 19 정답 40 *곡선과 x축으로 둘러싸인 부분의 넓이 ··· [정답률 46%]

정답 공식: $\displaystyle\int_0^3 f(x)dx=0$을 이용해 $f(x)$의 함수식을 구한다.

최고차항의 계수가 1인 이차함수 $f(x)$가 $f(3)=0$이고,

$\displaystyle\int_0^{2013}f(x)dx=\int_3^{2013}f(x)dx$

를 만족시킨다. 곡선 $y=f(x)$와 x축으로 둘러싸인 부분의 넓이가 S일 때, $30S$의 값을 구하시오. (4점)

단서 S를 구하기 위해서는 이차함수 $f(x)$의 식을 알아야 하는데 최고차항의 계수 1과 인수 $x-3$만 주어졌지? 그럼 나머지 인수는 주어진 정적분식을 변형해서 구해야 하는 거야.

1st 주어진 정적분 식을 변형해.

$\displaystyle\int_0^{2013}f(x)dx=\int_0^3 f(x)dx+\int_3^{2013}f(x)dx$를 ▶ $\displaystyle\int_a^c f(x)dx+\int_c^b f(x)dx=\int_a^b f(x)dx$

$\displaystyle\int_0^{2013}f(x)dx=\int_3^{2013}f(x)dx$에 대입하면

$\displaystyle\int_0^3 f(x)dx=0 \cdots \bigcirc$

2nd 이차함수 $f(x)=(x-3)(x-k)$라 하자.

한편, 이차함수 $f(x)$의 최고차항의 계수가 1이고, $f(3)=0$이므로 $f(x)=(x-3)(x-k)$(단, k는 상수)라 하고 이를 $\bigcirc$에 대입하자.

$$\int_0^3 (x-3)(x-k)dx = \int_0^3 \{x^2 - (3+k)x + 3k\}dx$$
$$= \left[\frac{1}{3}x^3 - \frac{1}{2}(3+k)x^2 + 3kx\right]_0^3$$
$$= \frac{9}{2}k - \frac{9}{2} = 0$$

즉, $k=1$이므로 $f(x)=(x-3)(x-1)$

3rd 그래프를 그려 구하는 부분을 찾자.

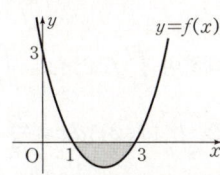

따라서 함수 $f(x)$의 그래프는 그림과 같으므로

$$S = \int_1^3 |(x-3)(x-1)|dx$$
$$= \ominus \int_1^3 (x^2 - 4x + 3)dx$$

> 구간 $[1,3]$에서 $f(x)\leq 0$이므로 절댓값 기호를 없앨 때 $-$ 를 곱해주어야 해.

> **주의** 주어진 적분구간에서 함숫값의 부호를 꼭 확인하자.

$$= -\left[\frac{1}{3}x^3 - 2x^2 + 3x\right]_1^3 = \frac{4}{3}$$

$$\therefore 30S = 30 \times \frac{4}{3} = 40$$

G 20 정답 ④ * 곡선과 x축 사이의 넓이 [정답률 76%]

정답 공식: 함수 $f(x)$가 닫힌구간 $[a, b]$에서 연속일 때, 곡선 $y=f(x)$와 x축 및 두 직선 $x=a$, $x=b$로 둘러싸인 부분의 넓이 S는
$$S = \int_a^b |f(x)|dx$$

상수 $a(a>1)$에 대하여 최고차항의 계수가 1인 삼차함수 $f(x)$가
$$f(0) = f(a) = f(a+1) = 0$$ [단서1 $f(x) = x(x-a)(x-a-1)$]
을 만족시킨다. 곡선 $y=f(x)$와 직선 $y=2x$가 세 점 O, P, Q($\overline{OP} < \overline{OQ}$)에서 만난다. 두 점 R$(a, 0)$, S$(a+1, 0)$에 대하여 곡선 $y=f(x)$와 두 선분 OP, OR로 둘러싸인 부분의 넓이를 A, 곡선 $y=f(x)$와 선분 RS로 둘러싸인 부분의 넓이를 B라 하자. $\overline{OQ}=5\sqrt{5}$일 때, $A-B$의 값은? (단, O는 원점이다.) (4점)

[단서2 넓이 A를 구할 때 점 P의 x좌표를 기준으로 적분해야 하는 식이 달라짐에 주의하자.]

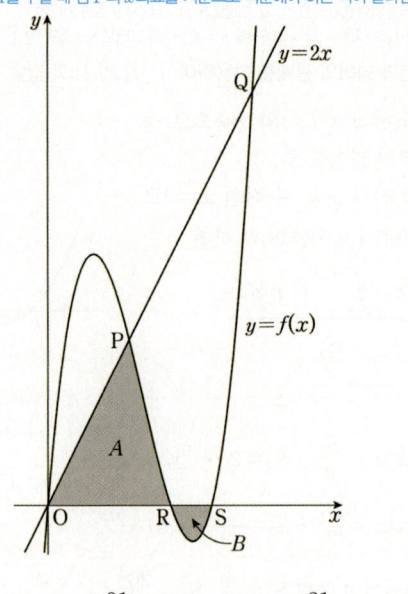

① $\frac{61}{12}$ ② $\frac{31}{6}$ ③ $\frac{21}{4}$

④ $\frac{16}{3}$ ⑤ $\frac{65}{12}$

1st 함수 $f(x)$ 및 점 Q에 대한 정보를 정리하자.

최고차항의 계수가 1인 삼차함수 $f(x)$가 $f(0)=f(a)=f(a+1)=0$을 만족시키므로
$$f(x) = x(x-a)(x-a-1)$$
직선 $y=2x$ 위의 점 Q의 좌표를
Q$(b, 2b)$ $(b>0)$이라 하면
$$\overline{OQ} = \sqrt{b^2 + 4b^2} = \sqrt{5}\,b = 5\sqrt{5}$$에서 $b=5$
$$\therefore Q(5, 10)$$

2nd 점 Q와 $f(x)$를 이용하여 상수 a의 값 및 세 점 P, R, S의 좌표를 각각 구하자.

점 Q가 곡선 $y=f(x)$ 위의 점이므로
$$f(5) = 5(5-a)(4-a) = 10$$
$$(a-5)(a-4) = 2$$
$$a^2 - 9a + 18 = 0,\ (a-3)(a-6) = 0$$
$$\therefore a=3 \ \text{또는}\ a=6$$
이 중 $\overline{OP} < \overline{OQ}$를 만족시키는 a의 값을 찾아야 해.
$a=6$이면 $f(x) = x(x-6)(x-7)$에서
곡선 $y=f(x)$와 직선 $y=2x$의 교점의 x좌표는
$$x(x-6)(x-7) = 2x$$에서
$$x\{(x-6)(x-7)-2\} = 0,\ x(x-5)(x-8) = 0$$
세 점 O, P, Q의 x좌표는 차례로 0, 8, 5야.
이때, $\overline{OP} = 8\sqrt{5} > \overline{OQ} = 5\sqrt{5}$가 되어
조건을 만족시키지 않는다.
그러므로 $a=3$이고 $f(x) = x(x-3)(x-4)$에서
곡선 $y=f(x)$와 직선 $y=2x$의 교점의 x좌표는
$$x(x-3)(x-4) = 2x$$
$$x\{(x-3)(x-4)-2\} = 0,\ x(x-2)(x-5) = 0$$
세 점 O, P, Q의 x좌표는 차례로 0, 2, 5야.
이때, $\overline{OP} = 2\sqrt{5} < \overline{OQ} = 5\sqrt{5}$가 되어 조건을 만족시키므로 점 P의 좌표는 P$(2, 4)$이고 두 점 R, S의 좌표는 각각 R$(3, 0)$, S$(4, 0)$이다.

3rd $A-B$의 값을 구하자.

그러므로 두 넓이 A, B는 각각
$$A = \int_0^2 2x\,dx + \int_2^3 (x^3 - 7x^2 + 12x)dx$$

$$B = -\int_3^4 (x^3 - 7x^2 + 12x)dx$$
$3 \leq x \leq 4$에서 $x(x-3)(x-4) \leq 0$이므로
$$\int_3^4 |x(x-3)(x-4)|dx = \int_3^4 \{-x(x-3)(x-4)\}dx$$
$$= -\int_3^4 x(x-3)(x-4)dx$$
가 성립해.

$$\therefore A-B = \int_0^2 2x\,dx + \int_2^4 (x^3 - 7x^2 + 12x)dx$$
$\int_a^b f(x)dx + \int_b^c f(x)dx = \int_a^c f(x)dx$
$$= \left[x^2\right]_0^2 + \left[\frac{1}{4}x^4 - \frac{7}{3}x^3 + 6x^2\right]_2^4 = 4 + \frac{4}{3} = \frac{16}{3}$$

G 21 정답 ④ *곡선과 x축으로 둘러싸인 부분의 넓이 ··· [정답률 69%]

함수 $f(x)=x^2-4x+3$에 대하여 함수 $y=f(|x|)$의 그래프와

> **단서 1** 함수 $y=f(|x|)$의 그래프의 $x\geq 0$인 부분은 함수 $y=f(x)$의 그래프이고 $x<0$인 부분은 함수 $y=f(x)$의 $x\geq 0$인 부분을 y축에 대하여 대칭이동시킨 그래프야.

x축으로 둘러싸인 부분의 넓이는? (3점)

> **단서 2** 함수 $y=f(|x|)$의 그래프는 y축에 대하여 대칭이므로 구하는 넓이는 $x\geq 0$에서 함수 $y=f(x)$의 그래프와 x축으로 둘러싸인 부분의 넓이의 2배야.

① $\dfrac{4}{3}$ ② $\dfrac{8}{3}$ ③ 4   ④ $\dfrac{16}{3}$ ⑤ $\dfrac{20}{3}$

1st 함수 $y=f(|x|)$의 그래프를 그리자.

$$f(|x|)=\begin{cases} f(x) & (x\geq 0) \\ f(-x) & (x<0) \end{cases}$$
$$=\begin{cases} x^2-4x+3 & (x\geq 0) \\ x^2+4x+3 & (x<0) \end{cases}$$
$$=\begin{cases} (x-1)(x-3) & (x\geq 0) \\ (x+1)(x+3) & (x<0) \end{cases}$$

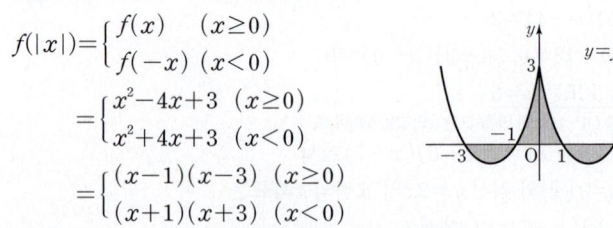

이므로 함수 $y=f(|x|)$의 그래프는 그림과 같다.

2nd 함수 $y=f(|x|)$의 그래프와 x축으로 둘러싸인 부분의 넓이를 구하자.

함수 $f(|x|)$는 y축에 대하여 대칭인 함수이므로 구하는 부분의 넓이를 $\underline{f(|-x|)=f(|x|)$이므로 함수 $f(|x|)$는 y축에 대하여 대칭인 함수야.}$

S라 하면 S는 $x\geq 0$에서 함수 $y=f(|x|)$의 그래프와 x축으로 둘러싸인 부분의 넓이의 2배이므로

$$S=2\int_0^3 |f(|x|)|\,dx=2\left[\int_0^1 f(x)\,dx+\int_1^3 \{-f(x)\}\,dx\right]$$
$$=2\left\{\int_0^1 (x^2-4x+3)\,dx+\int_1^3 (-x^2+4x-3)\,dx\right\}$$
$$=2\left\{\left[\frac{1}{3}x^3-2x^2+3x\right]_0^1+\left[-\frac{1}{3}x^3+2x^2-3x\right]_1^3\right\}$$
$$=2\left[\left(\frac{1}{3}-2+3\right)+\left\{(-9+18-9)-\left(-\frac{1}{3}+2-3\right)\right\}\right]$$
$$=2\times\frac{8}{3}=\frac{16}{3}$$

> → 구간 $[1,3]$에서 $f(x)\leq 0$이고 넓이는 양수이기 때문에 넓이를 구할 때, 이 구간에서 피적분함수를 양의 값을 갖도록 만들어 주어야 해.

G 22 정답 25 *곡선과 x축으로 둘러싸인 부분의 넓이 ··· [정답률 50%]

최고차항의 계수가 양수인 이차함수 $f(x)$가 다음 조건을 만족시킨다.

> **단서 1** 이차함수 $f(x)$의 그래프의 중요한 특징 중 하나가 축이 존재한다는 거야. 이 조건을 이용하여 축을 찾을 수 있어.

(가) 모든 실수 t에 대하여 $\int_0^t f(x)\,dx=\int_{2a-t}^{2a} f(x)\,dx$이다.

(나) $\int_a^2 f(x)\,dx=2$, $\int_a^2 |f(x)|\,dx=\dfrac{22}{9}$

> **단서 2** $a\leq x\leq 2$에서 두 함수 $f(x)$와 $|f(x)|$의 정적분값이 다르므로 $f(a)$와 $f(2)$의 부호가 서로 다르다는 것을 알 수 있지.

$f(k)=0$이고 $k<a$인 실수 k에 대하여 $\int_k^2 f(x)\,dx=\dfrac{q}{p}$이다.

> **단서 3** 이차함수 $f(x)$에 대하여 $f(k)=0$이므로, 축을 찾아낸다면 이차함수의 그래프가 x축과 만나는 두 점의 좌표를 알아낼 수 있어.

$p+q$의 값을 구하시오. (단, a는 상수이고, p와 q는 서로소인 자연수이다.) (4점)

1st 조건 (가)를 이용하여 함수 $f(x)$가 $x=a$에서 대칭임을 확인해.

함수 $f(x)$는 이차함수이고 조건 (가)에서

$$\underline{\int_0^t f(x)\,dx=\int_{2a-t}^{2a} f(x)\,dx}$$이므로 함수 $y=f(x)$의 그래프는

직선 $x=\dfrac{0+2a}{2}=a$에 대하여 대칭이다.

2nd 조건 (나)를 이용하여 그래프의 개형을 그려봐.

이때, 조건 (나)에서

$$\int_a^2 f(x)\,dx\neq\int_a^2 |f(x)|\,dx$$이므로

이차함수 $y=f(x)$의 그래프는 $a<x<2$에서 x축과 만난다.

즉, 이차함수 $f(x)$의 최고차항의 계수가 양수이므로 $f(a)<0$이다.

또한, $0<\int_a^2 f(x)\,dx<\int_a^2 |f(x)|\,dx$이므로 $a<2$이고,

$k<a$인 실수 k에 대하여 $f(k)=0$이므로 이차함수 $y=f(x)$의 그래프는 x축과 두 점 $(k,\,0)$, $(2a-k,\,0)$에서 만난다.

> 축이 $x=a$이므로 $y=f(x)$의 그래프가 $x=k$에서 x축과 만나면 $x=a+(a-k)=2a-k$에서도 $y=f(x)$의 그래프가 x축과 만나.

3rd 정적분과 넓이의 관계를 이용하여 $\int_k^2 f(x)\,dx$의 값을 구하자.

그림에서 곡선 $y=f(x)$와 x축으로 둘러싸인 부분의 넓이를 S_1,

곡선 $y=f(x)$와 x축 및 직선 $x=2$로 둘러싸인 부분의 넓이를 S_2라 하면

$$\underline{\int_k^a f(x)\,dx=\int_a^{2a-k} f(x)\,dx}$$
$$=-\frac{S_1}{2}$$

이므로

$$\int_a^2 f(x)\,dx=-\frac{S_1}{2}+S_2=2 \cdots \text{㉠}$$

$$\int_a^2 |f(x)|\,dx=\frac{S_1}{2}+S_2=\frac{22}{9} \cdots \text{㉡}$$

> → 넓이 S_1은 양수이고, 정적분 $\int_k^a f(x)\,dx$의 값은 음수이므로
> $$\int_k^a f(x)\,dx=\int_a^{2a-k} f(x)\,dx=-\frac{S_1}{2}$$
> 이야.

㉠, ㉡을 연립하여 풀면 $S_1=\dfrac{4}{9}$, $S_2=\dfrac{20}{9}$

$$\therefore \int_k^2 f(x)\,dx=-S_1+S_2=-\frac{4}{9}+\frac{20}{9}=\frac{16}{9}=\frac{q}{p}$$

따라서 $p=9$, $q=16$이므로 $p+q=9+16=25$

G 23 정답 ④ *곡선과 x축으로 둘러싸인 부분의 넓이 … [정답률 77%]

정답 공식: 도함수를 이용해 $f(x)$의 함수식을 구할 수 있다. x축과의 교점을 찾고 함숫값의 절댓값을 적분한다.

함수 $f(x)$의 도함수 $f'(x)$가 $f'(x)=x^2-1$이고, $f(0)=0$일 때, 곡선 $y=f(x)$와 x축으로 둘러싸인 부분의 넓이는? (4점)

단서 도함수 $f'(x)$가 주어졌으니까 $f'(x)$의 한 부정적분을 구하고 적분상수는 $f(0)=0$을 이용하여 결정해. 그 다음은 $y=f(x)$의 그래프를 그려서 넓이를 계산하면 돼. 이때, $f(x)<0$인 부분에 주의해!

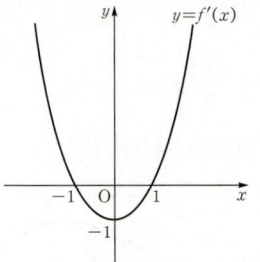

① $\dfrac{9}{8}$ ② $\dfrac{5}{4}$ ③ $\dfrac{11}{8}$ ④ $\dfrac{3}{2}$ ⑤ $\dfrac{13}{8}$

1st 부정적분을 이용해 $f(x)$를 구해 볼까?

$$f(x)=\int f'(x)dx=\int (x^2-1)dx$$
$$=\frac{1}{3}x^3-x+C \text{ (단, } C\text{는 적분상수)}$$

이때, $f(0)=0$이므로 $C=0$이다.

$$\therefore f(x)=\frac{1}{3}x^3-x$$

2nd 함수 $y=f(x)$의 그래프가 x축과 만나는 점의 좌표를 찾은 후 그래프를 그려 넓이를 구해 봐.

함수 $y=f(x)$의 그래프가 x축과 만나는 점의 x좌표는

$f(x)=\dfrac{1}{3}x^3-x=0$에서

$x^3-3x=0,\ x(x+\sqrt{3})(x-\sqrt{3})=0$

$\therefore x=-\sqrt{3}$ 또는 $x=0$ 또는 $x=\sqrt{3}$

> $f(x)$의 각 항은 홀수 차수의 항으로만 구성되어 있으니까 $f(x)$는 원점에 대하여 대칭이야.

따라서 함수 $y=f(x)$는 그림과 같은 원점에 대하여 대칭인 삼차함수이므로 $y=f(x)$의 그래프와 x축으로 둘러싸인 부분의 넓이는

$$\int_{-\sqrt{3}}^{\sqrt{3}}|f(x)|dx=2\int_{0}^{\sqrt{3}}\left(-\frac{1}{3}x^3+x\right)dx$$

> 원점에 대하여 대칭이므로 그림의 어두운 두 부분의 넓이는 같아.

$$=2\times\left[-\frac{1}{12}x^4+\frac{1}{2}x^2\right]_{0}^{\sqrt{3}}$$
$$=2\times\left\{-\frac{1}{12}\times(\sqrt{3})^4+\frac{1}{2}\times(\sqrt{3})^2\right\}$$
$$=2\times\left(-\frac{3}{4}+\frac{3}{2}\right)=\frac{3}{2}$$

수능 핵강

$* \int_{-\sqrt{3}}^{\sqrt{3}}|f(x)|dx=2\int_{0}^{\sqrt{3}}\left(-\frac{1}{3}x^3+x\right)dx$인 이유!

함수 $f(x)=\dfrac{1}{3}x^3-x$에 대하여 $f(-x)=-\dfrac{1}{3}x^3+x=-f(x)$이므로 함수 $f(x)$의 그래프는 원점에 대하여 대칭이야.

따라서 곡선 $y=f(x)$와 x축 및 두 직선 $x=-\sqrt{3},\ x=0$으로 둘러싸인 도형의 넓이와 곡선 $y=f(x)$와 x축 및 두 직선 $x=0,\ x=\sqrt{3}$으로 둘러싸인 도형의 넓이는 같으므로

$$\int_{-\sqrt{3}}^{\sqrt{3}}|f(x)|dx=2\int_{0}^{\sqrt{3}}\left(-\frac{1}{3}x^3+x\right)dx=2\int_{-\sqrt{3}}^{0}\left(\frac{1}{3}x^3-x\right)dx$$

가 성립하는 거야.

G 24 정답 32 *곡선과 x축으로 둘러싸인 부분의 넓이 … [정답률 52%]

정답 공식: 다항함수 $f(x)$가 $x=a$에서 극값을 가지면 $f'(a)=0$이다. 또한, $f(-x)=-f(x)$이면 $f(x)$는 원점에 대하여 대칭이다.

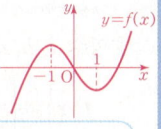

> **단서1** 조건 (가), (나)에서 함수 $f(x)$가 원점에 대하여 대칭이고, $x=1$에서 극솟값을 가지므로 삼차함수 $y=f(x)$의 그래프의 개형은 그림과 같다.

삼차함수 $f(x)$가 다음 조건을 만족시킨다.

> (가) $f(-x)=-f(x)$
> (나) 함수 $f(x)$는 $x=1$에서 극솟값을 갖는다.
> (다) 함수 $y=f(x)$의 그래프와 x축으로 둘러싸인 부분의 넓이는 72이다. → **단서2** 단서1을 이용해 $f(x)$의 식을 세운 후 $y=f(x)$의 그래프와 x축으로 둘러싸인 부분의 넓이를 구해 봐.

함수 $f(x)$의 극댓값을 구하시오. (4점)

1st 조건을 이용해 $f(x)$의 식을 세워야 해.

조건 (가)에서 함수 $f(x)$는 원점에 대하여 대칭이고 조건 (나)에서 $x=1$에서 극솟값을 가지므로 함수 $f(x)$는 $x=-1$에서 극댓값을 가진다.

따라서 조건 (가), (나)를 만족시키는 삼차함수 $f(x)$에 대하여

$$f'(x)=k(x+1)(x-1)(k>0),\ f(0)=0$$

> 삼차함수 $f(x)$가 $x=-1, 1$에서 극값을 가지므로 이차방정식 $f'(x)=0$의 두 실근은 $x=-1$ 또는 $x=1$이야.

> $f(x)$가 원점에 대하여 대칭인 삼차함수이므로 $y=f(x)$의 그래프는 반드시 원점을 지나야 해.

$$f(x)=\int k(x+1)(x-1)dx$$
$$=k\int (x^2-1)dx$$
$$=\frac{k}{3}x^3-kx+C \text{ (단, } C\text{는 적분상수)}$$

이때, $f(0)=C=0$이므로

$$f(x)=\frac{k}{3}x^3-kx$$

2nd 조건 (다)를 이용하여 k의 값을 구하자.

함수 $y=f(x)$의 그래프와 x축으로 둘러싸인 부분의 넓이를 구하기 위해 그래프와 x축의 교점의 x좌표를 구하면 $f(x)=0$에서

$$\frac{k}{3}x^3-kx=0,\ \frac{k}{3}x(x^2-3)=0$$
$$\frac{k}{3}x(x+\sqrt{3})(x-\sqrt{3})=0$$

$\therefore x=-\sqrt{3}$ 또는 $x=0$ 또는 $x=\sqrt{3}$

조건 (다)에서 $\int_{-\sqrt{3}}^{\sqrt{3}}|f(x)|dx=72$이므로 $\int_{0}^{\sqrt{3}}|f(x)|dx=36$이다.

$$\int_{0}^{\sqrt{3}}|f(x)|dx=\int_{0}^{\sqrt{3}}\left(kx-\frac{k}{3}x^3\right)dx$$

> $f(x)$가 원점에 대하여 대칭이므로 $\int_{-\sqrt{3}}^{0}f(x)dx=-\int_{0}^{\sqrt{3}}f(x)dx$
> $=\frac{1}{2}\cdot72=36$

$$=\left[\frac{k}{2}x^2-\frac{k}{12}x^4\right]_{0}^{\sqrt{3}}$$
$$=\frac{3}{4}k$$

$\dfrac{3}{4}k=36 \qquad \therefore k=48$

따라서 함수 $f(x)=16x^3-48x$의 극댓값은

$$f(-1)=16\cdot(-1)^3-48\cdot(-1)=32$$

정답 공식: 함수 $y=f(x)$의 그래프와 x축 및 직선 $x=0$, $x=\sqrt{3}$으로 둘러싸인 부분의 넓이는 $\int_0^{\sqrt{3}}|f(x)|\,dx$이다.

세 양수 a, b, k에 대하여 함수 $f(x)$를

$$f(x)=\begin{cases} ax & (x<k) \\ -x^2+4bx-3b^2 & (x\geq k)\end{cases}$$

단서 $x\neq k$에서 다항함수이므로 $x\neq k$인 모든 점에서 미분가능해.

라 하자. 함수 $f(x)$가 실수 전체의 집합에서 미분가능할 때, [보기]에서 옳은 것만을 있는 대로 고른 것은? (4점)

[보기]

ㄱ. $a=1$이면 $f'(k)=1$이다.

ㄴ. $k=3$이면 $a=-6+4\sqrt{3}$이다.

ㄷ. $f(k)=f'(k)$이면 함수 $y=f(x)$의 그래프와 x축으로 둘러싸인 부분의 넓이는 $\dfrac{1}{3}$이다.

① ㄱ ② ㄱ, ㄴ ③ ㄱ, ㄷ
④ ㄴ, ㄷ ⑤ ㄱ, ㄴ, ㄷ

1st $x=k$에서 미분가능함을 이용하자.

함수 $f(x)$가 실수 전체의 집합에서 미분가능하므로
함수 $f(x)$는 $x=k$에서 미분가능하다.
이때, 함수 $f(x)$는 $x=k$에서 연속이므로

$$f(k)=\lim_{x\to k-}f(x)=ak$$

→ 함수 $f(x)$가 $x=k$에서 연속이려면 함수값 $f(k)$가 존재하고 극한값 $\lim_{x\to k}f(x)$가 존재하면서 그 두 값이 같아야 해.

한편, 함수 $f(x)$가 $x=k$에서 미분가능하므로

$$f'(k)=\lim_{x\to k-}\frac{f(x)-f(k)}{x-k}=\lim_{x\to k-}\frac{ax-ak}{x-k}=a$$

→ $x=a$에서 미분가능하려면 $x=a$에서 연속이고 $x=a$에서의 좌미분계수와 우미분계수가 같아야 해.

ㄱ. $f'(k)=a$이고 $a=1$이므로 $f'(k)=1$이다. (참)

2nd $x=k$에서 미분가능하도록 이어져야 해.

ㄴ. $g(x)=-x^2+4bx-3b^2$이라 하자.

직선 $y=ax$는 원점에서 곡선 $y=g(x)$에 그은 기울기가 양수인 접선 중 하나이고, 접점의 좌표는 $(k, g(k))$이다.

→ 직선 $y=ax$와 곡선 $y=-x^2+4bx-3b^2$이 미분가능하도록 이어지는 지점이 $x=k$야. 즉, $y=ax$는 $x=k$에서의 접선이라고 할 수 있어.

$g'(x)=-2x+4b$이므로
곡선 $y=g(x)$ 위의 점 $(k, g(k))$에서의 접선의 방정식은
$y-(-k^2+4bk-3b^2)=(-2k+4b)(x-k)$이다.
또한, 이 직선이 원점을 지나므로 위 식에 $x=0$, $y=0$을 대입하면
$0-(-k^2+4bk-3b^2)=(-2k+4b)(0-k)$
$k^2-4bk+3b^2=2k^2-4bk$
$k^2-3b^2=0$
$\therefore k=\sqrt{3}b\;(\because k>0,\; b>0)$

$k=3$이면 $b=\dfrac{k}{\sqrt{3}}=\dfrac{3}{\sqrt{3}}=\sqrt{3}$이고
$a=g'(k)=-2k+4b=-6+4\sqrt{3}$ (참)

3rd ㄷ을 확인하기 위해 $f(k)$, $f'(k)$를 구하자.

ㄷ. ㄴ에서 $a=(4-2\sqrt{3})b$, $k=\sqrt{3}b$를 대입하면

→ $a=g'(k)=-2k+4b=-2\sqrt{3}b+4b=(4-2\sqrt{3})b$

$$f(x)=\begin{cases}(4-2\sqrt{3})bx & (x<\sqrt{3}b) \\ -x^2+4bx-3b^2 & (x\geq\sqrt{3}b)\end{cases}$$ 이고

$$f'(x)=\begin{cases}(4-2\sqrt{3})b & (x<\sqrt{3}b) \\ -2x+4b & (x>\sqrt{3}b)\end{cases}$$ 이다.

$f(k)=f'(k)$에서 $f(\sqrt{3}b)=f'(\sqrt{3}b)$이므로
$-3b^2+4\sqrt{3}b^2-3b^2=-2\sqrt{3}b+4b$

→ $f'(x)=\begin{cases}(4-2\sqrt{3})b & (x<\sqrt{3}b) \\ -2x+4b & (x>\sqrt{3}b)\end{cases}$로 $x=\sqrt{3}b$일 때의 도함수는 구할 수 없어. 그러나 조건에서 함수 $f(x)$가 실수 전체의 집합에서 미분가능하니까 좌우극한값이 같겠지? 따라서 극한값으로 그 값을 구할 수 있는 거야.

$(-6+4\sqrt{3})b^2=(-2\sqrt{3}+4)b$
$\therefore b=\dfrac{\sqrt{3}}{3}\;(\because b>0)$

$$b=\frac{-2\sqrt{3}+4}{-6+4\sqrt{3}}$$
$$=\frac{(-2\sqrt{3}+4)\times(-6-4\sqrt{3})}{(-6+4\sqrt{3})\times(-6-4\sqrt{3})}$$
$$=\frac{12\sqrt{3}+24-24-16\sqrt{3}}{36-48}$$
$$=\frac{4\sqrt{3}}{12}=\frac{\sqrt{3}}{3}$$

$$f(x)=\begin{cases}\dfrac{4\sqrt{3}-6}{3}x & (x<1) \\ -x^2+\dfrac{4\sqrt{3}}{3}x-1 & (x\geq1)\end{cases}$$

함수 $y=f(x)$의 그래프는 다음과 같다.

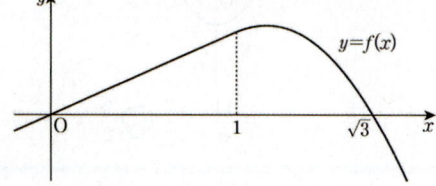

함수 $y=f(x)$의 그래프와 x축은 $x=0$, $x=\sqrt{3}$에서 만나므로 구하는 넓이는

→ $x=1$을 경계로 함수가 달라지지? 구간을 나누어서 넓이를 구해야 해.

$$\int_0^{\sqrt{3}}f(x)\,dx=\int_0^1 f(x)\,dx+\int_1^{\sqrt{3}}f(x)\,dx$$
$$=\frac{1}{2}\times1\times\frac{4\sqrt{3}-6}{3}+\int_1^{\sqrt{3}}\left(-x^2+\frac{4\sqrt{3}}{3}x-1\right)dx$$
$$=\frac{2\sqrt{3}-3}{3}+\left[-\frac{x^3}{3}+\frac{2\sqrt{3}}{3}x^2-x\right]_1^{\sqrt{3}}$$

→ $-\frac{1}{3}(3\sqrt{3}-1)+\frac{2\sqrt{3}}{3}(3-1)-(\sqrt{3}-1)$

$$=-\sqrt{3}+\frac{1}{3}+2\sqrt{3}-\frac{2\sqrt{3}}{3}-\sqrt{3}+1$$
$$=\frac{4-2\sqrt{3}}{3}$$

$$=\frac{2\sqrt{3}-3}{3}+\frac{4-2\sqrt{3}}{3}=\frac{1}{3}$$ (참)

따라서 옳은 것은 ㄱ, ㄴ, ㄷ이다.

수능 핵강

＊계산이 복잡해 보여도 알고 있는 개념을 총동원하여 함수 $f(x)$의 그래프를 구체적으로 살펴보기

$x<1$에서 직선을 살펴보자.
$4\sqrt{3}-6>0$이라 하면 $4\sqrt{3}>6$이고 양변을 제곱하면 $48>36$이므로 참이야.

따라서 직선 $y=\dfrac{4\sqrt{3}-6}{3}x$는 원점을 지나고, 제 1, 3사분면을 지나.

$x\geq1$에서의 곡선을 살펴보자.
$$y=-x^2+\frac{4\sqrt{3}}{3}x-1=-\left\{x^2-\frac{4\sqrt{3}}{3}x+\left(\frac{2}{\sqrt{3}}\right)^2\right\}+\left(\frac{2}{\sqrt{3}}\right)^2-1$$
$$=-\left(x-\frac{2}{\sqrt{3}}\right)^2+\frac{1}{3}$$

이고, $\dfrac{2}{\sqrt{3}}>1$이므로 곡선의 최댓값이 $x=1$보다 오른쪽에 위치하도록 그래프를 그려야 해.

G 26 정답 ④ *곡선과 직선으로 둘러싸인 부분의 넓이 ......[정답률 86%]

> **정답 공식:** 구간 $[a, b]$에서 두 곡선 $y=f(x)$, $y=g(x)$로 둘러싸인 부분의 넓이는 $\int_a^b |f(x)-g(x)|\,dx$이다.

곡선 $y=3x^2-x$와 직선 $y=5x$로 둘러싸인 부분의 넓이는? (3점)

> **단서** 곡선과 직선의 교점의 x좌표를 구한 후 두 곡선을 좌표평면 위에 나타내고 정적분을 이용하여 넓이를 구하면 돼.

① 1　　② 2　　③ 3　　④ 4　　⑤ 5

1st 곡선 $y=3x^2-x$와 직선 $y=5x$가 만나는 점의 x좌표를 구하자.

곡선 $y=3x^2-x$와 직선 $y=5x$의 교점의 x좌표를 구하기 위해 두 식을 연립하면

$3x^2-x=5x$에서 $3x^2-6x=0$

$3x(x-2)=0$　　∴ $x=0$ 또는 $x=2$

즉, 곡선과 직선의 교점의 x좌표는 0, 2이다.

2nd 곡선과 직선을 좌표평면 위에 나타낸 후 정적분을 이용하여 곡선과 직선으로 둘러싸인 부분의 넓이를 구하자.

곡선 $y=3x^2-x$와 직선 $y=5x$를 좌표평면 위에 나타내면 다음 그림과 같다.

> **주의** 구간 $[a, b]$에서 두 곡선 $y=f(x)$, $y=g(x)$로 둘러싸인 부분의 넓이를 구할 때, 그래프의 개형을 그려서 주어진 구간에서 두 곡선의 위치를 파악해야 정적분의 식을 세울 때 실수하지 않게 돼.

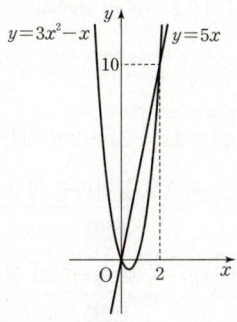

이때, 구간 $[0, 2]$에서 직선 $y=5x$가 곡선 $y=3x^2-x$보다 위쪽에 있거나 만나므로 구하는 넓이를 S라 하면

$S=\int_0^2 |(3x^2-x)-5x|\,dx=\int_0^2 \{5x-(3x^2-x)\}\,dx$

$=\int_0^2 (6x-3x^2)\,dx=\left[3x^2-x^3\right]_0^2=12-8=4$

🔭 **쉬운 풀이:** 공식을 이용하여 곡선 $y=3x^2-x$와 직선 $y=5x$로 둘러싸인 부분의 넓이 구하기

포물선 $y=3x^2-x$와 직선 $y=5x$가 두 점에서 만나고, 그 두 점의 x좌표가 0, 2이므로 포물선과 직선으로 둘러싸인 부분의 넓이를 구하는 공식을 이용하면

> 포물선 $y=ax^2+bx+c$와 직선 $y=mx+n$이 $x=\alpha$, $x=\beta(\alpha<\beta)$인 두 점에서 만날 때, 포물선과 직선으로 둘러싸인 부분의 넓이 S는 $S=\dfrac{|a|}{6}(\beta-\alpha)^3$

$\dfrac{|3|}{6}(2-0)^3=\dfrac{1}{2}\times8=4$

G 27 정답 36 *곡선과 직선으로 둘러싸인 부분의 넓이 ......[정답률 80%]

> **정답 공식:** 구간 $[a, b]$에서 두 곡선 $y=f(x)$, $y=g(x)$로 둘러싸인 부분의 넓이는 $\int_a^b |f(x)-g(x)|\,dx$이다.

곡선 $y=x^2-7x+10$과 직선 $y=-x+10$으로 둘러싸인 부분의 넓이를 구하시오. (4점)

> **단서** 곡선과 직선의 교점의 x좌표를 구한 후 두 곡선을 좌표평면 위에 나타내고 정적분을 이용하여 넓이를 구하면 돼.

1st 먼저 곡선 $y=x^2-7x+10$과 직선 $y=-x+10$이 만나는 점의 x좌표를 구하자.

곡선과 직선의 교점의 x좌표를 구하기 위해 두 식을 연립하면

$x^2-7x+10=-x+10$

$x^2-6x=0$, $x(x-6)=0$

∴ $x=0$ 또는 $x=6$

> $x=0$일 때, $y=10$
> $x=6$일 때, $y=-6+10=4$

즉, 곡선 $y=x^2-7x+10$과 직선 $y=-x+10$이 만나는 점의 x좌표는 0, 6이고 곡선 $y=x^2-7x+10$과 직선 $y=-x+10$을 좌표평면 위에 나타내면 다음 그림과 같다.

> **필수** 곡선과 직선을 좌표평면 위에 나타내면 위쪽에 있는 함수식을 찾기 쉬워져서 정적분을 계산할 때 실수를 줄일 수 있어.

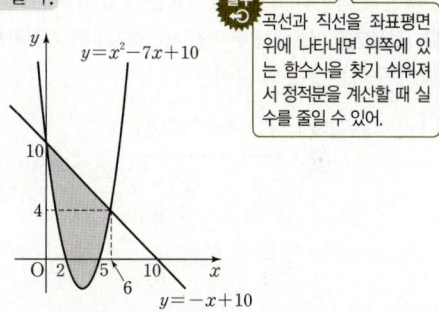

2nd 정적분을 이용해서 곡선과 직선으로 둘러싸인 부분의 넓이를 구하자.

이때, 구간 $[0, 6]$에서 직선 $y=-x+10$이 곡선 $y=x^2-7x+10$보다 위쪽에 있으므로 구하는 넓이를 S라 하면

$S=\int_0^6 \{(-x+10)-(x^2-7x+10)\}\,dx$

$=\int_0^6 (-x^2+6x)\,dx$

> 구간 $[a, b]$에서 두 곡선 $y=f(x)$, $y=g(x)$로 둘러싸인 부분의 넓이는 $\int_a^b |f(x)-g(x)|\,dx$야.
> 즉, 두 곡선 중 위쪽에 있는 곡선을 나타내는 식에서 아래쪽에 있는 곡선을 나타내는 식을 빼서 정적분하면 돼.

$=\left[-\dfrac{1}{3}x^3+3x^2\right]_0^6$

$=-\dfrac{1}{3}\times6^3+3\times6^2=-72+108=36$

🔭 **쉬운 풀이:** 공식을 이용하여 곡선 $y=x^2-7x+10$과 직선 $y=-x+10$으로 둘러싸인 부분의 넓이 구하기

포물선 $y=x^2-7x+10$과 직선 $y=-x+10$이 두 점에서 만나고, 그 두 점의 x좌표가 0, 6이므로 포물선과 직선으로 둘러싸인 부분의 넓이를 구하는 공식을 이용하면 $\dfrac{|1|}{6}(6-0)^3=36$이야.

> 포물선 $y=ax^2+bx+c$와 직선 $y=mx+n$이 $x=\alpha$, $x=\beta(\alpha<\beta)$인 두 점에서 만날 때, 포물선과 직선으로 둘러싸인 부분의 넓이 S는 $S=\dfrac{|a|}{6}(\beta-\alpha)^3$이야.

G 28 정답 ③ *곡선과 직선으로 둘러싸인 부분의 넓이 ······ [정답률 85%]

> 양수 a에 대하여 곡선 $y=x^2$과 직선 $y=ax$로 둘러싸인 부분의
> 넓이는? (3점)
> **단서** 곡선과 직선의 교점의 x좌표를 구한 후 두 곡선으로 둘러싸인
> 부분의 넓이를 정적분을 이용하여 구해.
>
> ① $\dfrac{a^3}{12}$ ② $\dfrac{a^3}{8}$ ③ $\dfrac{a^3}{6}$
>
> ④ $\dfrac{a^3}{4}$ ⑤ $\dfrac{a^3}{3}$

1st 곡선 $y=x^2$과 직선 $y=ax$가 만나는 점의 x좌표를 구하자.

곡선 $y=x^2$과 직선 $y=ax$의 교점의 x좌표를 구하기 위해 두 식을 연립

하면

$x^2=ax$에서 $x^2-ax=0$

$x(x-a)=0$ ∴ $x=0$ 또는 $x=a$

즉, 곡선과 직선의 교점의 x좌표는 0, $a(a>0)$이다.

2nd 정적분을 이용해서 두 곡선 사이의 넓이를 계산하자.

따라서 구하는 부분의 넓이는

$\int_0^a |x^2-ax|\,dx = \int_0^a (ax-x^2)\,dx$

→ 구간 $[0, a]$에서 직선 $y=ax$가 곡선 $y=x^2$보다 위에 있어.

$= \left[\dfrac{a}{2}x^2 - \dfrac{x^3}{3} \right]_0^a$

$= \dfrac{a^3}{2} - \dfrac{a^3}{3} = \dfrac{a^3}{6}$

🔍 **쉬운 풀이:** 공식을 이용하여 곡선 $y=x^2$과 직선 $y=ax$로 둘러싸인 부분의
넓이 구하기

포물선 $y=k(x-\alpha)(x-\beta)(k\neq0, \ \alpha<\beta)$와 x축으로 둘러싸인 부분

의 넓이를 S라 할 때, 공식 $S=\dfrac{|k|}{6}(\beta-\alpha)^3$을 이용할 수 있어.

따라서 곡선 $y=x^2$과 직선 $y=ax$의 교점의 x좌표가 0, a이므로 구하는

부분의 넓이는 넓이 공식에 $k=1$, $\alpha=0$, $\beta=a$를 대입하면

곡선 $y=x^2$과 직선 $y=ax$로 둘러싸인 부분의 넓이는 곡선과 직선을 연립하여 나온 식, 즉 곡선
$y=x^2-ax$와 x축으로 둘러싸인 부분의 넓이와 같아.

$\dfrac{|k|}{6}(\beta-\alpha)^3 = \dfrac{1}{6}(a-0)^3 = \dfrac{a^3}{6}$이야.

G 29 정답 ④ *곡선과 직선으로 둘러싸인 부분의 넓이 ··· [정답률 80%]

> 곡선 $y=x^3-2x^2+k$와 직선 $y=k$로 둘러싸인 부분의 넓이는?
> **단서** 곡선과 직선으로 둘러싸인 부분의 넓이는 곡선의 방정
> 식에서 직선의 방정식을 뺀 것의 절댓값을 피적분함수 (단, k는 상수이다.) (3점)
> 로 하여 정적분하면 돼.
>
> ① $\dfrac{1}{3}$ ② $\dfrac{2}{3}$ ③ 1
>
> ④ $\dfrac{4}{3}$ ⑤ $\dfrac{5}{3}$

1st 곡선과 직선의 교점의 x좌표를 구하자.

곡선 $y=x^3-2x^2+k$와 직선 $y=k$의 교점의 x좌표를 구하면

$x^3-2x^2+k=k$에서   두 곡선 $y=f(x)$, $y=g(x)$의 교점의 x좌표는
방정식 $f(x)=g(x)$의 실근과 같아.

$x^3-2x^2=0$, $x^2(x-2)=0$

∴ $x=0$ 또는 $x=2$

2nd 적분을 이용하여 곡선과 직선으로 둘러싸인 부분의 넓이를 구하자.

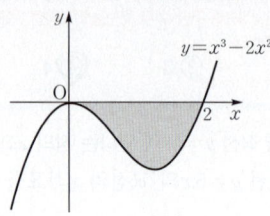

따라서 구하는 넓이는

위의 그래프에 의해
구간 $[0, 2]$에서
$x^3-2x^2\leq0$이지?

$\int_0^2 |x^3-2x^2+k-k|\,dx = \int_0^2 |x^3-2x^2|\,dx = -\int_0^2 (x^3-2x^2)\,dx$

$= -\left[\dfrac{1}{4}x^4 - \dfrac{2}{3}x^3 \right]_0^2$

$= -\left(4 - \dfrac{16}{3} \right) = \dfrac{4}{3}$

G 30 정답 ④ *곡선과 직선으로 둘러싸인 부분의 넓이 ······ [정답률 78%]

> **단서 1** 직선 $y=\dfrac{1}{3}x-\dfrac{2}{3}$에서 $g(x)=\dfrac{1}{3}x-\dfrac{2}{3}$라 하고 함수 $y=f(x)$의 그래프와 직선
> $y=g(x)$의 두 교점의 x좌표를 각각 α, β $(\alpha<\beta)$로 설정해 봐.
>
> 그림과 같이 함수 $f(x)=3x^2-7x+2$에 대하여 곡선 $y=f(x)$와
>
> 직선 $y=\dfrac{1}{3}x-\dfrac{2}{3}$ 및 y축으로 둘러싸인 영역을 A, 곡선
> **단서 2** (A의 넓이)$=\int_0^\alpha \{f(x)-g(x)\}\,dx$
>
> $y=f(x)$와 직선 $y=\dfrac{1}{3}x-\dfrac{2}{3}$로 둘러싸인 영역을 B, 곡선
> **단서 3** (B의 넓이)$=\int_\alpha^\beta \{g(x)-f(x)\}\,dx$
>
> $y=f(x)$와 두 직선 $y=\dfrac{1}{3}x-\dfrac{2}{3}$, $x=k(k>2)$로 둘러싸인
> **단서 4** (C의 넓이)$=\int_\beta^k \{f(x)-g(x)\}\,dx$
>
> 영역을 C라 하자.
>
> (A의 넓이)$+$(C의 넓이)$=$(B의 넓이)
>
> 일 때, 상수 k의 값은? (4점)

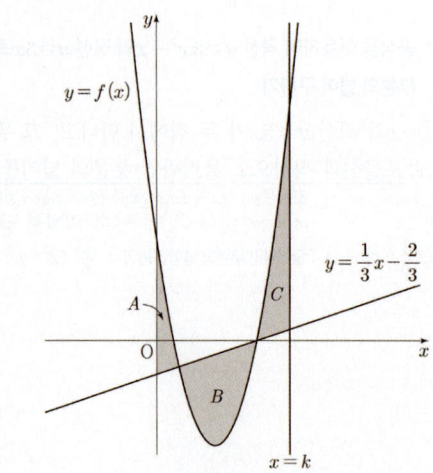

> ① $\dfrac{29}{12}$ ② $\dfrac{5}{2}$ ③ $\dfrac{31}{12}$
>
> ④ $\dfrac{8}{3}$ ⑤ $\dfrac{11}{4}$

1st 곡선 $y=f(x)$와 직선 $y=\dfrac{1}{3}x-\dfrac{2}{3}$의 두 교점의 x좌표를 각각 α, β $(\alpha<\beta)$라 하고 세 영역 A, B, C의 넓이를 각각 정적분을 이용하여 나타내.

직선 $y=\dfrac{1}{3}x-\dfrac{2}{3}$에서 $g(x)=\dfrac{1}{3}x-\dfrac{2}{3}$라 하고 함수 $y=f(x)$의 그래프와 직선 $y=g(x)$의 두 교점의 x좌표를 각각 α, β $(\alpha<\beta)$라 하자. 그림에서 세 영역 A, B, C의 넓이를 각각 S_1, S_2, S_3이라 하면

$$S_1=\int_0^\alpha \{f(x)-g(x)\}dx,$$

$$S_2=\int_\alpha^\beta \{g(x)-f(x)\}dx,$$

닫힌구간 $[\alpha,\beta]$에서 $g(x)\geq f(x)$야.

$$S_3=\int_\beta^k \{f(x)-g(x)\}dx$$

2nd (A의 넓이)+(C의 넓이)=(B의 넓이)의 식을 만족하도록 정적분을 간단히 해.

(A의 넓이)+(C의 넓이)=(B의 넓이)이므로

$\underline{S_1+S_3=S_2,\ S_1-S_2+S_3=0}$

S_1, S_2, S_3를 각각 구한 후 식 $S_1-S_2+S_3=0$에 대입하면 계산 과정이 매우 복잡해. $S_1-S_2+S_3=0$을 정적분의 성질을 이용하여 하나의 정적분으로 간단히 나타낼 수 있어. 정적분의 넓이를 생각해서 이 식이 의미하는 바를 파악하는 것이 중요해.

이때,

$S_1-S_2+S_3$

$=\int_0^\alpha \{f(x)-g(x)\}dx-\int_\alpha^\beta \{g(x)-f(x)\}dx$

$\qquad\qquad\qquad +\int_\beta^k \{f(x)-g(x)\}dx$

$=\underline{\int_0^\alpha \{f(x)-g(x)\}dx+\int_\alpha^\beta \{f(x)-g(x)\}dx}$

$\int_a^c f(x)dx+\int_c^b f(x)dx=\int_a^b f(x)dx$

$\qquad\qquad\qquad +\underline{\int_\beta^k \{f(x)-g(x)\}dx}$

$=\int_0^k \{f(x)-g(x)\}dx$

이므로 $\int_0^k \{f(x)-g(x)\}dx=0$ … ㉠

3rd 상수 k의 값을 구해.

$f(x)-g(x)=3x^2-7x+2-\left(\dfrac{1}{3}x-\dfrac{2}{3}\right)=3x^2-\dfrac{22}{3}x+\dfrac{8}{3}$

이므로 이를 ㉠에 대입하면

$\int_0^k \left(3x^2-\dfrac{22}{3}x+\dfrac{8}{3}\right)dx=0$

$\left[x^3-\dfrac{11}{3}x^2+\dfrac{8}{3}x\right]_0^k=0$

$k^3-\dfrac{11}{3}k^2+\dfrac{8}{3}k=0$

$k(3k^2-11k+8)=0$

$k(k-1)(3k-8)=0$

$\therefore k=\dfrac{8}{3}\ (\because k>2)$

정답 공식: 곡선 $y=f(x)$와 직선 $y=g(x)$ 및 두 직선 $x=a$, $x=b$ $(a<b)$로 둘러싸인 부분의 넓이는 $\int_a^b |f(x)-g(x)|dx$이다.

곡선 $y=\dfrac{1}{4}x^3+\dfrac{1}{2}x$와 직선 $y=mx+2$ 및 y축으로 둘러싸인 부분의 넓이를 A, 곡선 $y=\dfrac{1}{4}x^3+\dfrac{1}{2}x$와 두 직선 $y=mx+2$, $x=2$로 둘러싸인 부분의 넓이를 B라 하자. $B-A=\dfrac{2}{3}$일 때, 상수 m의 값은? (단, $m<-1$) (4점)

단서 두 부분의 넓이 A, B를 정적분으로 나타낸 후 $B-A=\dfrac{2}{3}$에 대입하여 상수 m의 값을 구하면 돼.

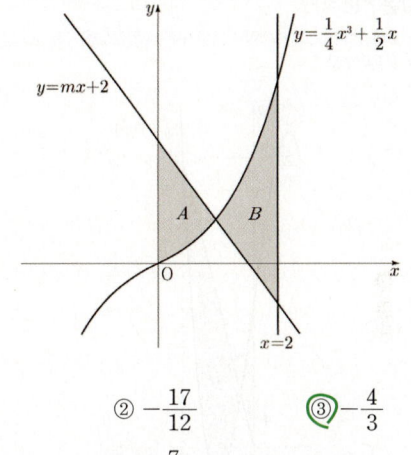

① $-\dfrac{3}{2}$ ② $-\dfrac{17}{12}$ ③ $-\dfrac{4}{3}$

④ $-\dfrac{5}{4}$ ⑤ $-\dfrac{7}{6}$

1st 두 부분 A, B의 넓이를 각각 정적분을 이용하여 나타내자.

$f(x)=\dfrac{1}{4}x^3+\dfrac{1}{2}x$, $g(x)=mx+2$라 하고 곡선 $y=f(x)$와 직선 $y=g(x)$의 교점의 x좌표를 $\alpha\,(0<\alpha<2)$라 하면

닫힌구간 $[0,\alpha]$에서 $f(x)\leq g(x)$야.

$\underline{A=\int_0^\alpha |f(x)-g(x)|dx=\int_0^\alpha \{g(x)-f(x)\}dx}$

$\underline{B=\int_\alpha^2 |f(x)-g(x)|dx=\int_\alpha^2 \{f(x)-g(x)\}dx}$

닫힌구간 $[\alpha,2]$에서 $f(x)\geq g(x)$야.

2nd $B-A=\dfrac{2}{3}$임을 이용하여 상수 m의 값을 구해.

$B-A=\int_\alpha^2 \{f(x)-g(x)\}dx-\int_0^\alpha \{g(x)-f(x)\}dx$

$=\underline{\int_\alpha^2 \{f(x)-g(x)\}dx+\int_0^\alpha \{f(x)-g(x)\}dx}$

$=\underline{\int_0^2 \{f(x)-g(x)\}dx}$

$\int_a^c f(x)dx+\int_c^b f(x)dx=\int_a^b f(x)dx$

$=\int_0^2 \left\{\left(\dfrac{1}{4}x^3+\dfrac{1}{2}x\right)-(mx+2)\right\}dx$

$=\int_0^2 \left\{\dfrac{1}{4}x^3+\left(\dfrac{1}{2}-m\right)x-2\right\}dx$

$=\left[\dfrac{1}{16}x^4+\dfrac{1}{2}\left(\dfrac{1}{2}-m\right)x^2-2x\right]_0^2$

$=1+2\left(\dfrac{1}{2}-m\right)-4=-2m-2$

이때, $B-A=\dfrac{2}{3}$이므로 $-2m-2=\dfrac{2}{3}$에서 $2m=-\dfrac{8}{3}$

$\therefore m=-\dfrac{4}{3}$

G 32 정답 ⑤ ＊ 곡선과 직선으로 둘러싸인 부분의 넓이 ········ [정답률 72%]

정답 공식: 곡선 $y=f(x)$와 직선 $y=g(x)$및 두 직선 $x=a, x=b$ $(a<b)$로 둘러싸인 도형의 넓이 S는 $S=\int_a^b |f(x)-g(x)|dx$이다.

최고차항의 계수가 1인 삼차함수 $f(x)$가

$$f(1)=f(2)=0, f'(0)=-7$$

단서1 함수 $f(x)$의 두 인수를 알려줬어.

을 만족시킨다. 원점 O와 점 P$(3, f(3))$에 대하여 선분 OP가 곡선 $y=f(x)$와 만나는 점 중 P가 아닌 점을 Q라 하자. 곡선 $y=f(x)$와 y축 및 선분 OQ로 둘러싸인 부분의 넓이를 A, 곡선 $y=f(x)$와 선분 PQ로 둘러싸인 부분의 넓이를 B라 할 때, $B-A$의 값은? (4점)

단서2 교점 Q의 좌표를 구해도 되지만 $B-A$를 구할 때 필요 없을 수도 있으니 상수로 두고 풀어보자.

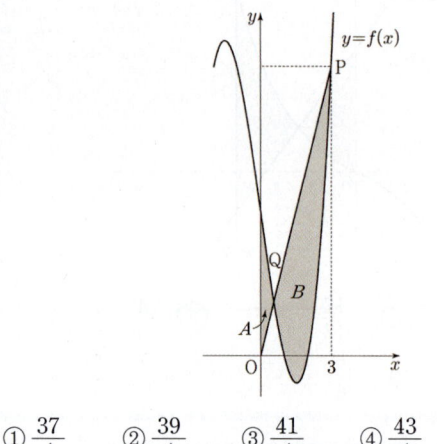

① $\dfrac{37}{4}$ ② $\dfrac{39}{4}$ ③ $\dfrac{41}{4}$ ④ $\dfrac{43}{4}$ ⑤ $\dfrac{45}{4}$

1st 조건을 이용해서 삼차함수 $f(x)$를 구해.

삼차함수 $f(x)$의 최고차항의 계수가 1이고 $f(1)=f(2)=0$이므로 상수 c에 대하여 $f(x)=(x-1)(x-2)(x+c)$라 하면

$$f'(x)=(x-2)(x+c)+(x-1)(x+c)+(x-1)(x-2)$$

함수 $y=f(x)g(x)h(x)$의 도함수는
$y'=f'(x)g(x)h(x)+f(x)g'(x)h(x)+f(x)g(x)h'(x)$

$f'(0)=-2c-c+2=-7$이므로 $c=3$

$\therefore f(x)=(x-1)(x-2)(x+3)$ … ㉠

2nd 직선 OP의 방정식을 이용해서 넓이 A, B를 구해.

㉠에서 $f(3)=2\times1\times6=12$이므로

점 P$(3, 12)$에 대하여 직선 OP의 방정식은 $y=4x$

두 점 O$(0,0)$, P$(3, 12)$를 지나는 직선의 방정식은 $y=\dfrac{12-0}{3-0}x=4x$

곡선 $f(x)$와 직선 $y=4x$의 교점의 x좌표를 a라 하면 넓이 A, B는

$$A=\int_0^a \{f(x)-4x\}dx, \quad B=\int_a^3 \{4x-f(x)\}dx$$

곡선과 직선으로 둘러싸인 부분의 넓이는 위쪽에 있는 식에서 아래쪽에 있는 식을 빼서 정적분해야 해.

3rd 적분을 계산해서 $B-A$의 값을 구해.

$f(x)=(x-1)(x-2)(x+3)=x^3-7x+6$이고 $f(x)$의 한 원시함수를 $F(x)$라 하면

$B-A$

$$=\int_a^3 \{4x-f(x)\}dx-\int_0^a \{f(x)-4x\}dx$$

$$=\Big[2x^2-F(x)\Big]_a^3-\Big[F(x)-2x^2\Big]_0^a$$

$$=18-F(3)-2a^2+F(a)-\{F(a)-2a^2-F(0)\}$$

$$=18-F(3)+F(0)$$

$-F(3)+F(0)=-\{F(3)-F(0)\}=-\int_0^3 f(x)dx$

$$=18-\int_0^3 f(x)dx$$

$$=18-\int_0^3 (x^3-7x+6)dx$$

$$=18-\Big[\frac{1}{4}x^4-\frac{7}{2}x^2+6x\Big]_0^3$$

$$=18-\Big(\frac{81}{4}-\frac{63}{2}+18\Big)$$

$$=\frac{63}{2}-\frac{81}{4}=\frac{45}{4}$$

이지원 | 고려대 생명과학과 2025년 입학·대구 성화여고 졸
문제가 복잡해 보이지만 전혀 그렇지 않아. 천천히 읽어보고, 같이 한 번 생각해보자! 편의상 직선 OP를 $g(x)$라고 해볼게. 우선 구해야 하는 값은 $B-A$, 즉 $|g(x)-f(x)|$를 구간 $[0, 3]$에서 정적분한 값과 같아. 그러려면 $f(x)$와 $g(x)$의 식을 알아야겠지? 친절하게도 문제 조건에서 다 알려줬어. $f(x)$의 식은 쉽게 전개하고 $f(3)$의 값을 이용해 $g(x)$의 식도 알아낼 수 있어! 4점이라고 해서 무조건 어려운건 아니니까 겁먹지 말고 자신감을 가지자!

G 33 정답 14 ＊곡선과 직선으로 둘러싸인 부분의 넓이 ··· [정답률 50%]

정답 공식: 닫힌구간 $[a, b]$에서 두 함수 $y=f(x)$와 $y=g(x)$의 그래프로 둘러싸인 부분의 넓이는 $\int_a^b |f(x)-g(x)|dx$이다.

두 함수

단서1 함수 $g(x)$의 식을 $x\geq1$, $x<1$인 경우로 나눠서 정리해.

$$f(x)=\frac{1}{3}x(4-x), \quad g(x)=|x-1|-1$$

의 그래프로 둘러싸인 부분의 넓이를 S라 할 때, $4S$의 값을 구하시오. (4점)

단서2 두 함수의 그래프로 둘러싸인 부분의 넓이를 구하기 위해 두 함수의 그래프가 만나는 점의 x좌표를 먼저 구하여 적분구간을 찾아야 해.

1st 두 함수의 그래프의 교점을 구하고 좌표평면 위에 나타내자.

두 함수 $f(x)$, $g(x)$의 식을 각각 정리하면

$$f(x)=-\frac{1}{3}x^2+\frac{4}{3}x$$

$$g(x)=\begin{cases} -x & (x<1) \\ x-2 & (x\geq1) \end{cases}$$

$x<1$일 때, $g(x)=-(x-1)-1=-x$
$x\geq1$일 때, $g(x)=(x-1)-1=x-2$

곡선과 직선의 교점의 x좌표를 구하면

$x<1$일 때, $-\dfrac{1}{3}x^2+\dfrac{4}{3}x=-x$에서

$$\frac{1}{3}x^2-\frac{7}{3}x=0, \quad \frac{1}{3}x(x-7)=0$$

$\therefore x=0 \ (\because x<1)$

$x\geq1$일 때, $-\dfrac{1}{3}x^2+\dfrac{4}{3}x=x-2$에서

$$\frac{1}{3}x^2-\frac{1}{3}x-2=0, \quad \frac{1}{3}(x^2-x-6)=0$$

$$\frac{1}{3}(x+2)(x-3)=0$$

$\therefore x=3 \ (\because x\geq1)$

주의 항상 해의 범위에 주의해서 해가 그 범위 안에 들어가는지 꼭 확인해야 해.

즉, 두 함수의 그래프를 좌표평면 위에 나타내면 다음과 같다.

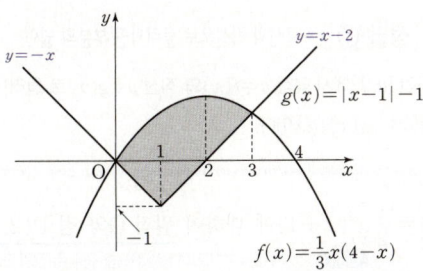

2nd 구간 $[0, 3]$에서 곡선과 직선으로 둘러싸인 부분의 넓이를 구하자.

구간 $[0, 3]$에서 곡선과 직선으로 둘러싸인 부분의 넓이 S는

$S=\int_0^3 |f(x)-g(x)|dx$ ← 두 함수의 그래프를 보면 구간 $[0, 3]$에서 $f(x) \geq g(x)$이지만, 함수 $g(x)$의 식이 $x=1$을 기준으로 바뀌므로 적분구간을 나누어 적분해야 해.

$=\int_0^1 \{f(x)-g(x)\}dx+\int_1^3 \{f(x)-g(x)\}dx$

$=\int_0^1 \left\{-\frac{1}{3}x^2+\frac{4}{3}x-(-x)\right\}dx+\int_1^3 \left\{-\frac{1}{3}x^2+\frac{4}{3}x-(x-2)\right\}dx$

$=\int_0^1 \left(-\frac{1}{3}x^2+\frac{7}{3}x\right)dx+\int_1^3 \left(-\frac{1}{3}x^2+\frac{1}{3}x+2\right)dx$

$=\left[-\frac{1}{9}x^3+\frac{7}{6}x^2\right]_0^1+\left[-\frac{1}{9}x^3+\frac{1}{6}x^2+2x\right]_1^3$

$=\left(-\frac{1}{9}+\frac{7}{6}\right)+\left(-3+\frac{3}{2}+6\right)-\left(-\frac{1}{9}+\frac{1}{6}+2\right)=\frac{7}{2}$

$\therefore 4S=4\times\frac{7}{2}=14$

G 34 정답 4 *곡선과 직선으로 둘러싸인 부분의 넓이 ····· [정답률 71%]

정답 공식: 구간 $[a, b]$에서 두 곡선 $y=f(x)$, $y=g(x)$로 둘러싸인 부분의 넓이는 $\int_a^b |f(x)-g(x)|dx$이다.

곡선 $y=-2x^2+3x$와 직선 $y=x$로 둘러싸인 부분의 넓이가 $\frac{q}{p}$일 때, $p+q$의 값을 구하시오. (단, p와 q는 서로소인 자연수이다.) (4점)

단서 곡선과 직선의 교점의 x좌표를 구한 후 곡선과 직선을 좌표평면에 나타내어 문제가 요구하는 부분이 어디인지를 살펴서 넓이를 구해.

1st 곡선 $y=-2x^2+3x$와 직선 $y=x$가 만나는 점의 x좌표를 구하자.

곡선과 직선의 교점의 x좌표를 구하기 위해 두 식을 연립하면

$-2x^2+3x=x$, $2x^2-2x=0$

$2x(x-1)=0$

$\therefore x=0$ 또는 $x=1$

즉, 곡선 $y=-2x^2+3x$와 직선 $y=x$가 만나는 점의 x좌표는 0, 1이고 곡선 $y=-2x^2+3x$와 직선 $y=x$는 그림과 같다.

2nd 정적분을 이용해서 곡선과 직선으로 둘러싸인 부분의 넓이를 구하자.

이때, 구간 $[0, 1]$에서 곡선 $y=-2x^2+3x$가 직선 $y=x$보다 위쪽에 있으므로 구하는 넓이를 S라 하면

$S=\int_0^1 \{(-2x^2+3x)-x\}dx$

$=\int_0^1 (-2x^2+2x)dx$ ← 구간 $[a, b]$에서 두 곡선 $y=f(x)$, $y=g(x)$로 둘러싸인 부분의 넓이는 $\int_a^b |f(x)-g(x)|dx$

$=\left[-\frac{2}{3}x^3+x^2\right]_0^1$

$=-\frac{2}{3}+1=\frac{1}{3}$

따라서 $p=3$, $q=1$이므로 $p+q=3+1=4$

쉬운 풀이: 공식을 이용하여 포물선 $y=-2x^2+3x$와 직선 $y=x$로 둘러싸인 부분의 넓이 구하기

포물선 $y=-2x^2+3x$와 직선 $y=x$가 두 점에서 만나고, 그 두 점의 x좌표가 0, 1이므로 포물선과 직선으로 둘러싸인 부분의 넓이는

$\frac{|-2|}{6}(1-0)^3=\frac{1}{3}$

→ 포물선 $y=ax^2+bx+c$와 직선 $y=mx+n$이 $x=\alpha$, $x=\beta(\alpha<\beta)$인 두 점에서 만날 때, 포물선과 직선으로 둘러싸인 부분의 넓이 S는 $S=\frac{|a|}{6}(\beta-\alpha)^3$

(이하 동일)

G 35 정답 43 *곡선과 직선으로 둘러싸인 도형의 넓이 ····· [정답률 58%]

정답 공식: 곡선 $y=f(x)$와 직선 $y=g(x)$ 및 두 직선 $x=a$, $x=b$로 둘러싸인 부분의 넓이 S는 $S=\int_a^b |f(x)-g(x)|dx$이다.

함수 $y=|x^2-3x+2|$의 그래프와 직선 $y=6$으로 둘러싸인 부분의 넓이는 $\frac{q}{p}$이다. $p+q$의 값을 구하시오. (단, p, q는 서로소인 자연수이다.) (4점)

단서 함수 $y=|x^2-3x+2|$의 그래프와 직선 $y=6$을 좌표평면 위에 그리고 교점의 x좌표를 구한 후 정적분을 이용하여 넓이를 계산하면 돼.

1st 주어진 함수의 그래프와 직선을 좌표평면 위에 나타내.

함수 $y=|x^2-3x+2|$의 그래프는

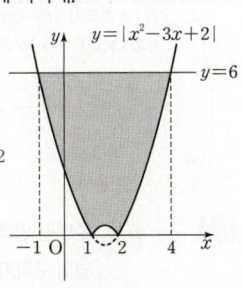

(i) $x^2-3x+2\geq0$일 때,
  $(x-1)(x-2)\geq0$에서 $x\leq1$ 또는 $x\geq2$이면
  $y=x^2-3x+2$

(ii) $x^2-3x+2<0$일 때,
  $(x-1)(x-2)<0$에서 $1<x<2$이면 $y=-x^2+3x-2$

함수 $y=x^2-3x+2$의 그래프에서 x축의 아랫부분을 x축에 대하여 대칭이동하여 그린 것이므로 좌표평면 위에 나타내면 그림과 같다.

2nd 주어진 곡선과 직선 $y=6$으로 둘러싸인 부분의 넓이를 구하자.

이때, 함수 $y=|x^2-3x+2|$의 그래프와 직선 $y=6$의 교점의 x좌표를 구하기 위해 연립하면

$x^2-3x+2=6$

$x^2-3x-4=0$

$(x+1)(x-4)=0$

$\therefore x=-1$ 또는 $x=4$

따라서 구하는 부분의 넓이는

$\int_{-1}^4 \{6-(x^2-3x+2)\}dx-2\int_1^2 |x^2-3x+2|dx$

$\int_{-1}^4 \{6-(x^2-3x+2)\}dx$의 값은 함수 $y=x^2-3x+2$의 그래프와 직선 $y=6$으로 둘러싸인 부분의 넓이야. 즉, 위의 그래프에 의해 구하는 부분의 넓이는 $y=x^2-3x+2$의 그래프와 직선 $y=6$으로 둘러싸인 부분의 넓이에서 함수 $y=x^2-3x+2$의 그래프와 x축으로 둘러싸인 부분의 넓이를 2번 빼줘야 해.

$=\int_{-1}^4 (-x^2+3x+4)dx-2\int_1^2 (-x^2+3x-2)dx$

$=\left[-\frac{1}{3}x^3+\frac{3}{2}x^2+4x\right]_{-1}^4-2\left[-\frac{1}{3}x^3+\frac{3}{2}x^2-2x\right]_1^2$

$=-\frac{64}{3}+24+16-\left(\frac{1}{3}+\frac{3}{2}-4\right)-2\left\{-\frac{8}{3}+6-4-\left(-\frac{1}{3}+\frac{3}{2}-2\right)\right\}$

$=\frac{125}{6}-\frac{1}{3}=\frac{41}{2}=\frac{q}{p}$

따라서 $p=2$, $q=41$이므로

$p+q=2+41=43$

G 36 정답 ③ *곡선과 직선으로 둘러싸인 부분의 넓이 [정답률 72%]

정답 공식: 구간 $[a, b]$에서 $f(x) \geq 0$일 때, 곡선 $y=f(x)$와 x축으로 둘러싸인 도형의 넓이는 $\int_a^b f(x)dx$이다.

함수 $y=|x^2-2x|+1$의 그래프와 x축, y축 및 직선 $x=2$로 둘러싸인 부분의 넓이는? (3점)　　**단서 1** $|x^2-2x|+1>1$이므로 그래프는 x축과 만나지 않지?

단서 2 y축은 $x=0$으로 나타낼 수 있어. 따라서 구간 $[0, 2]$에서 함수 $y=|x^2-2x|+1$의 정적분값을 구하면 돼.

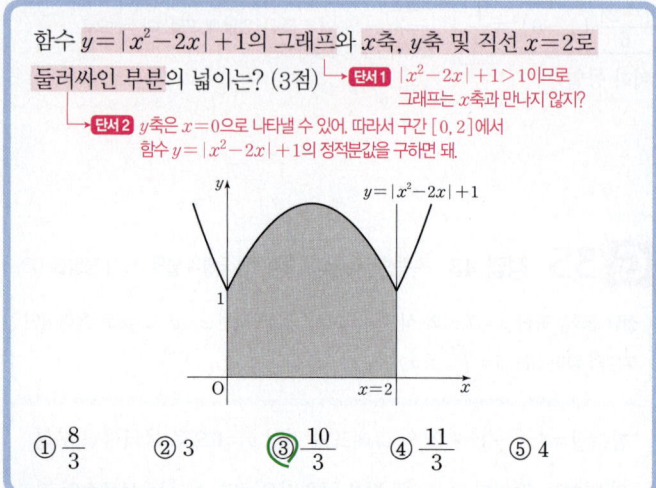

① $\dfrac{8}{3}$　　② 3　　③ $\dfrac{10}{3}$　　④ $\dfrac{11}{3}$　　⑤ 4

1st 정적분을 이용하여 넓이를 구하자.

구하는 부분의 넓이는

$\int_0^2 (|x^2-2x|+1)dx$ ← 구간 $[0, 2]$에서 $|x^2-2x|=-(x^2-2x)$야.

$= \int_0^2 (-x^2+2x+1)dx$

$= \left[-\dfrac{1}{3}x^3 + x^2 + x \right]_0^2 = -\dfrac{1}{3} \times 2^3 + 2^2 + 2$

$= \dfrac{10}{3}$

🎲 **다른 풀이**: 주어진 영역을 직사각형과 나머지 부분으로 쪼개어 더 간단하게 넓이 구하기

주어진 영역을 다음과 같이 ㉠, ㉡으로 나누어 넓이를 구하자.

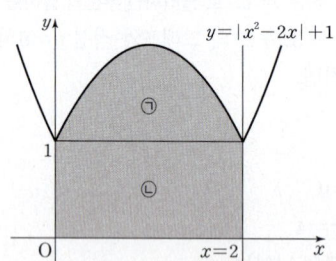

㉠은 주어진 함수 $y=|x^2-2x|+1$의 그래프를 y축의 방향으로 -1만큼 평행이동하면 $y=|x^2-2x|$이므로 그림으로 나타내면 다음과 같다.

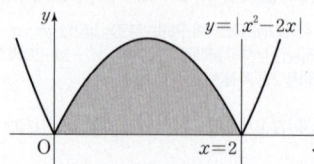

$\therefore \int_0^2 |x^2-2x| dx = \int_0^2 (-x^2+2x)dx = \left[-\dfrac{1}{3}x^3 + x^2 \right]_0^2$
$= \dfrac{4}{3}$

㉡의 넓이는 가로의 길이 2, 세로의 길이 1인 직사각형의 넓이와 같으므로 $2 \times 1 = 2$

따라서 구하는 부분의 넓이는 ㉠$+$㉡$= \dfrac{4}{3} + 2 = \dfrac{10}{3}$

G 37 정답 ① *곡선과 직선으로 둘러싸인 부분의 넓이 ⋯ [정답률 55%]

정답 공식: 구간 $[a, b]$에서 곡선 $y=f(x)$와 직선 $y=g(x)$로 둘러싸인 부분의 넓이는 $\int_a^b |f(x)-g(x)| dx$이다.

함수 $f(x) = \dfrac{1}{2}x^2(x+1)$에 대하여 원점 O와 점 $\mathrm{P}(2, f(2))$를

단서 1 $f(2)$의 값을 구하고 점 P의 좌표를 구해. 두 점의 좌표를 이용하여 직선 OP의 방정식을 구할 수 있어.

지나는 직선이 직선 $y = -\dfrac{1}{2}x+1$과 만나는 점을 Q라 하고,

단서 2 직선 OP의 방정식과 직선 $y = -\dfrac{1}{2}x+1$을 연립하여 점 Q의 좌표를 구할 수 있어.

직선 $y = -\dfrac{1}{2}x+1$이 x축과 만나는 점을 R이라 하자.

단서 3 직선 $y = -\dfrac{1}{2}x+1$의 x절편을 통해 점 R의 좌표를 구할 수 있어.

곡선 $y=f(x)$와 직선 $y = -\dfrac{1}{2}x+1$ 및 선분 PQ로 둘러싸인 부분의 넓이를 A, 곡선 $y=f(x)$와 직선 $y = -\dfrac{1}{2}x+1$ 및 선분 OR로 둘러싸인 부분의 넓이를 B라 할 때, $A-B$의 값은? (4점)

단서 4 곡선 $y=f(x)$와 직선 $y = -\dfrac{1}{2}x+1$ 및 선분 OQ로 둘러싸인 부분의 넓이를 C라 하고 공통된 부분을 고려하면 $A-B = (A+C) - (B+C)$로 생각할 수 있어.

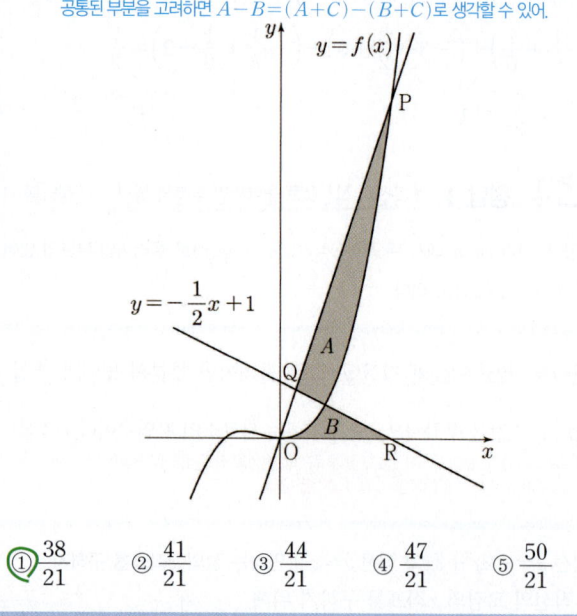

① $\dfrac{38}{21}$　　② $\dfrac{41}{21}$　　③ $\dfrac{44}{21}$　　④ $\dfrac{47}{21}$　　⑤ $\dfrac{50}{21}$

1st 직선 OP의 방정식을 구해.

함수 $f(x) = \dfrac{1}{2}x^2(x+1)$에서

$f(2) = \dfrac{1}{2} \times 2^2 \times (2+1) = 6$이므로 점 P의 좌표는 $\mathrm{P}(2, 6)$이다.

따라서 직선 OP의 방정식은 $y = 3x$이다.

두 점 (x_1, y_1), (x_2, y_2)를 지나는 직선의 방정식은 $y - y_1 = \dfrac{y_2-y_1}{x_2-x_1}(x-x_1)$

2nd 곡선 $y=f(x)$와 직선 $y = -\dfrac{1}{2}x+1$ 및 선분 OQ로 둘러싸인 부분의 넓이를 C라 하고 $A+C$, $B+C$의 값을 각각 구해.

곡선 $y=f(x)$와 직선 $y = -\dfrac{1}{2}x+1$ 및 선분 OQ로 둘러싸인 부분의 넓이를 C라 하면 곡선 $y=f(x)$와 선분 OP로 둘러싸인 부분의 넓이는 $A+C$이다.

구간 $[0, 2]$에서 직선 $y = 3x$가 곡선 $y = \dfrac{1}{2}x^2(x+1)$보다 위에 있으므로 구하는 넓이 $A+C$는

$$A+C=\int_0^2\left|3x-\frac{1}{2}x^2(x+1)\right|dx$$

구간 $[a,b]$에서 두 곡선 $y=f(x),\ y=g(x)$로 둘러싸인 부분의 넓이는 $\int_a^b|f(x)-g(x)|\,dx$야.

$$=\int_0^2\left(3x-\frac{1}{2}x^3-\frac{1}{2}x^2\right)dx$$

구간 $[0,2]$에서 $3x\geq\frac{1}{2}x^2(x+1)$이야.

$$=\left[-\frac{1}{8}x^4-\frac{1}{6}x^3+\frac{3}{2}x^2\right]_0^2$$

$$=-\frac{1}{8}\times2^4-\frac{1}{6}\times2^3+\frac{3}{2}\times2^2$$

$$=(-2)-\frac{4}{3}+6=\frac{8}{3}$$

한편, 그림에서 삼각형 QOR의 넓이는 $B+C$이다.

삼각형 QOR의 넓이를 구하기 위해서는 밑변의 길이와 높이를 알아야 해. 직선의 방정식을 이용하여 점 Q와 점 R의 좌표를 구할 수 있어.

직선 $y=-\frac{1}{2}x+1$의 x절편을 구하면

$0=-\frac{1}{2}x+1$에서 $x=2$

즉, 점 R의 좌표는 $\mathrm{R}(2,0)$이다.

직선 $y=3x$와 직선 $y=-\frac{1}{2}x+1$의 교점의 x좌표는

$3x=-\frac{1}{2}x+1$에서 $\frac{7}{2}x=1$

$\therefore x=\frac{2}{7}$

즉, 점 Q의 좌표는 $\mathrm{Q}\left(\frac{2}{7},\frac{6}{7}\right)$이다.

따라서 삼각형 QOR의 밑변의 길이는 $\overline{\mathrm{OR}}=2$, 높이는 점 Q의 y좌표인 $\frac{6}{7}$이므로 구하는 넓이 $B+C$는

$$B+C=\frac{1}{2}\times2\times\frac{6}{7}=\frac{6}{7}$$

3rd $A-B$의 값을 구해.

따라서 $A-B$의 값은 두 넓이 $A+C$, $B+C$의 차와 같으므로

$$A-B=(A+C)-(B+C)$$

$$=\frac{8}{3}-\frac{6}{7}=\frac{56}{21}-\frac{18}{21}=\frac{38}{21}$$

✿ 절댓값 기호를 포함한 함수의 정적분

절댓값 기호를 포함한 정적분은 다음과 같은 순서로 푼다.

① 절댓값 기호 안의 식의 값이 0이 되는 x의 값을 기준으로 함수를 나타낸다.

$$\Rightarrow |f(x)|=\begin{cases}f(x) & (f(x)\geq0)\\-f(x) & (f(x)<0)\end{cases}$$

② ①에서 구한 절댓값 기호 안의 식의 값이 0이 되는 x의 값을 기준으로 적분 구간을 나눈다.

즉, $a\leq x\leq c$에서 $f(x)<0$, $c\leq x\leq b$에서 $f(x)\geq0$이면

$$\Rightarrow \int_a^b|f(x)|\,dx=\int_a^c\{-f(x)\}\,dx+\int_c^b f(x)\,dx$$

G 38 정답 ⑤ ＊곡선과 직선으로 둘러싸인 부분의 넓이 … [정답률 51%]

[**정답 공식:** 구간 $[a,b]$에서 두 곡선 $y=f(x),\ y=g(x)$로 둘러싸인 부분의 넓이는 $\int_a^b|f(x)-g(x)|\,dx$이다.]

최고차항의 계수가 1인 사차함수 $f(x)$에 대하여 곡선 $y=f(x)$와 직선 $y=\frac{1}{2}x$가 원점 O에서 접하고 x좌표가 양수인 두 점 A, B $(\overline{\mathrm{OA}}<\overline{\mathrm{OB}})$에서 만난다.

곡선 $y=f(x)$와 선분 OA로 둘러싸인 영역의 넓이를 S_1,

단서1 점 A의 좌표를 $\left(a,\frac{a}{2}\right)$라 하면 $S_1=\int_0^a\left|f(x)-\frac{1}{2}x\right|dx$

곡선 $y=f(x)$와 선분 AB로 둘러싸인 영역의 넓이를 S_2라 하자.

단서2 점 B의 좌표를 $\left(b,\frac{b}{2}\right)$라 하면 $S_2=\int_a^b\left|f(x)-\frac{1}{2}x\right|dx$

$\overline{\mathrm{AB}}=\sqrt{5}$이고 $S_1=S_2$일 때, $f(1)$의 값은? (4점)

① $\frac{9}{2}$ ② $\frac{11}{2}$ ③ $\frac{13}{2}$ ④ $\frac{15}{2}$ ⑤ $\frac{17}{2}$

1st 두 점 A, B의 좌표를 각각 $\left(a,\frac{a}{2}\right)$, $\left(b,\frac{b}{2}\right)$라 하여 $f(x)-\frac{1}{2}x$를 나타내.

두 점 A, B의 좌표를 각각 $\left(a,\frac{a}{2}\right)$, $\left(b,\frac{b}{2}\right)$ $(0<a<b)$라 하자.

최고차항의 계수가 1인 사차함수 $f(x)$에 대하여 곡선 $y=f(x)$와 직선 $y=\frac{1}{2}x$가 원점 O에서 접하고 두 점 A, B에서 만나므로

$$f(x)-\frac{1}{2}x=x^2(x-a)(x-b)$$

사차방정식 $f(x)=\frac{1}{2}x$, 즉 $f(x)-\frac{1}{2}x=0$은 $x=0$(중근) 또는 $x=a$ 또는 $x=b$를 네 실근으로 가져.

$$=x^2\{x^2-(a+b)x+ab\}$$

$$=x^4-(a+b)x^3+abx^2$$

2nd 두 영역의 넓이가 같음을 이용하여 a, b에 대한 관계식을 찾아.

$S_1=S_2$이므로

$$S_1-S_2$$

$$=\int_0^a\left|f(x)-\frac{1}{2}x\right|dx-\int_a^b\left|f(x)-\frac{1}{2}x\right|dx$$

구간 $[a,b]$에서 곡선 $y=f(x)$, 직선 $y=g(x)$로 둘러싸인 부분의 넓이는 $\int_a^b|f(x)-g(x)|\,dx$

$$=\int_0^a\left\{f(x)-\frac{1}{2}x\right\}dx+\int_a^b\left\{f(x)-\frac{1}{2}x\right\}dx$$

$\int_a^c f(x)\,dx+\int_c^b f(x)\,dx=\int_a^b f(x)\,dx$

$$=\int_0^b\left\{f(x)-\frac{1}{2}x\right\}dx=\int_0^b\{x^4-(a+b)x^3+abx^2\}\,dx$$

$$=\left[\frac{1}{5}x^5-\frac{a+b}{4}x^4+\frac{ab}{3}x^3\right]_0^b=\frac{b^5}{5}-\frac{ab^4+b^5}{4}+\frac{ab^4}{3}$$

$$=-\frac{b^5}{20}+\frac{ab^4}{12}=0$$

에서 $b>0$이므로 양변을 $-b^4$으로 나누면

$$\frac{b}{20}-\frac{a}{12}=0$$

$$\therefore 3b-5a=0 \cdots \text{㉠}$$

3rd $\overline{AB}=\sqrt{5}$임을 이용하여 a, b에 대한 관계식을 찾아.

$$\overline{AB}=\sqrt{(b-a)^2+\left(\frac{b}{2}-\frac{a}{2}\right)^2}=\sqrt{\frac{5}{4}(b-a)^2}$$

두 점 (x_1, y_1), (x_2, y_2) 사이의 거리는 $\sqrt{(x_2-x_1)^2+(y_2-y_1)^2}$

$$=\frac{\sqrt{5}}{2}(b-a)=\sqrt{5}$$

에서 $b-a=2 \cdots$ ㉡이므로

㉠, ㉡을 연립하면 $a=3$, $b=5$

따라서 $f(x)=x^4-8x^3+15x^2+\frac{1}{2}x$이므로

$$f(1)=1-8+15+\frac{1}{2}=\frac{17}{2}$$

G 39 정답 12 　＊곡선과 직선으로 둘러싸인 부분의 넓이 … [정답률 70%]

[정답 공식: 직선 PQ의 방정식을 이용해 도형의 넓이를 적분하여 구할 수 있다. b를 a에 관한 식으로 나타낸다.]

포물선 $y=x^2$ 위에서 두 점 $P(a, a^2)$, $Q(b, b^2)$이 조건 「선분 PQ 와 포물선 $y=x^2$으로 둘러싸인 도형의 넓이는 36」을 만족하면서 움직이고 있다.

단서 두 점 P, Q의 좌표가 주어져 있으니까 두 점 P, Q를 지나는 직선의 방정식을 구할 수 있지? 이때, 직선이 포물선보다 위쪽에 있으니까 구하는 넓이는 직선의 방정식에서 포물선의 방정식을 뺀 식을 $x=a$에서 $x=b$까지 정적분하면 돼.

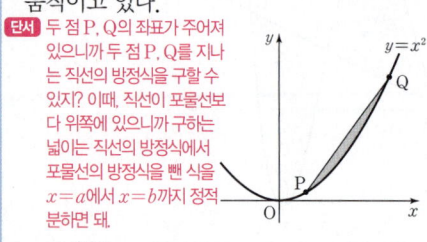

$\displaystyle\lim_{a\to\infty}\frac{\overline{PQ}}{a}$의 값을 구하시오. (4점)

1st 선분 PQ와 포물선 $y=x^2$으로 둘러싸인 도형의 넓이가 36임을 이용하여 a, b 사이의 관계식을 세워.

두 점 $P(a, a^2)$, $Q(b, b^2)$을 지나는 직선의 방정식은

$$y=\frac{b^2-a^2}{b-a}(x-a)+a^2=(b+a)x-ab$$

기울기가 m이고 점 (a, b)를 지나는 직선의 방정식은 $y=m(x-a)+b$

직선 PQ와 포물선 $y=x^2$으로 둘러싸인 부분의 넓이는 36이므로

$$\int_a^b \{(b+a)x-ab-x^2\}dx$$

$$=\int_a^b \{-x^2+(a+b)x-ab\}dx=\int_a^b \{-(x-a)(x-b)\}dx$$

포물선 $y=ax^2+bx+c(a\neq 0)$와 직선 $y=mx+n$의 교점의 x좌표가 α, $\beta(\alpha<\beta)$일 때, 포물선과 직선으로 둘러싸인 부분의 넓이는 $\frac{|a|(\beta-a)^3}{6}$이야.

$$=\frac{|-1|}{6}(b-a)^3$$

$$=36$$

$(b-a)^3=6^3$이므로 $b-a=6 \cdots$ ㉠

2nd $\displaystyle\lim_{a\to\infty}\frac{\overline{PQ}}{a}$의 값을 구해.

$$\overline{PQ}=\sqrt{(b-a)^2+(b^2-a^2)^2}$$

두 점 (x_1, y_1), (x_2, y_2)를 잇는 선분의 길이는 $\sqrt{(x_2-x_1)^2+(y_2-y_1)^2}$

$$=\sqrt{(b-a)^2\{1+(b+a)^2\}}$$

$$=6\sqrt{1+(2a+6)^2} \,(\because \text{㉠})$$

$$=6\sqrt{4a^2+24a+37}$$

$\frac{\infty}{\infty}$ 꼴의 극한이니까 분모, 분자를 각각 a로 나누면 $\displaystyle\lim_{a\to\infty}6\sqrt{4+\frac{24}{a}+\frac{37}{a^2}}$이야.

$$\therefore \lim_{a\to\infty}\frac{\overline{PQ}}{a}=\lim_{a\to\infty}\frac{6\sqrt{4a^2+24a+37}}{a}$$

$$=6\cdot 2=12$$

G 40 정답 ⑤ 　＊두 곡선으로 둘러싸인 부분의 넓이 … [정답률 82%]

[정답 공식: 구간 $[a, b]$에서 두 곡선 $y=f(x)$, $y=g(x)$로 둘러싸인 부분의 넓이는 $\int_a^b |f(x)-g(x)|\,dx$이다.]

두 곡선 $y=x^2+3$, $y=-\frac{1}{5}x^2+3$과 직선 $x=2$로 둘러싸인 부분의 넓이는? (3점)

단서 정적분을 이용하여 두 곡선과 직선 $x=2$로 둘러싸인 부분의 넓이를 구해.

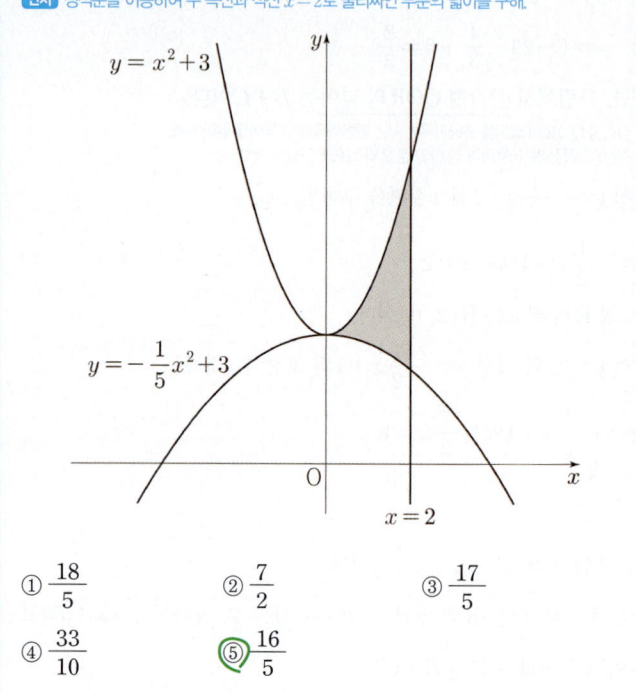

① $\frac{18}{5}$ 　　② $\frac{7}{2}$ 　　③ $\frac{17}{5}$

④ $\frac{33}{10}$ 　　⑤ $\frac{16}{5}$

1st 구간 $[0, 2]$에서 두 곡선의 위치 관계를 조사해.

두 곡선 $y=x^2+3$, $y=-\frac{1}{5}x^2+3$은 점 $(0, 3)$에서 접하고

두 곡선은 모두 점 $(0, 3)$을 지나고, 직선 $y=3$을 기준으로 곡선 $y=x^2+3$은 위쪽에, 곡선 $y=-\frac{1}{5}x^2+3$은 아래쪽에 그려져.

모든 실수 x에 대하여 $x^2+3\geq -\frac{1}{5}x^2+3$이다.

2nd 두 곡선과 직선 $x=2$로 둘러싸인 부분의 넓이를 구해.

두 곡선 $y=x^2+3$, $y=-\frac{1}{5}x^2+3$과 직선 $x=2$로 둘러싸인 부분의 넓이를 S라 하면

$$S=\int_0^2 \left\{(x^2+3)-\left(-\frac{1}{5}x^2+3\right)\right\}dx$$

그래프에 의하여 구간 $[0, 2]$에서 $x^2+3\geq -\frac{1}{5}x^2+3$이야.

$$=\int_0^2 \frac{6}{5}x^2 dx=\left[\frac{2}{5}x^3\right]_0^2=\frac{16}{5}$$

함수 $f(x)$의 부정적분이 $F(x)$일 때, $\int_a^b f(x)dx=\left[F(x)\right]_a^b=F(b)-F(a)$

한기주 | 2026 수능 응시 · 화성 삼괴고 졸

두 곡선으로 둘러싸인 부분의 넓이를 구하는 단골 계산 문제야. 두 함수의 차의 정적분 값을 계산해서 간단하게 답을 구할 수 있었지. 이러한 문제는 주어진 구간에 교점이 포함되거나, 그림이 주어지지 않는 경우에 체감 난이도가 올라갈 수 있으니, 그림이 없거나, 교점이 포함된 구간의 정적분 계산 문제도 많이 접해보는

걸 추천할게!

G 41 정답 4 　＊두 곡선으로 둘러싸인 부분의 넓이 … [정답률 80%]

두 곡선 $y=3x^3-7x^2$과 $y=-x^2$으로 둘러싸인 부분의 넓이를 구하시오. (3점) **단서** 두 곡선의 교점의 x좌표를 구한 후 두 곡선을 좌표평면 위에 나타내고 정적분을 이용하여 넓이를 구해.

1st 두 곡선 $y=3x^3-7x^2$과 $y=-x^2$이 만나는 점의 x좌표를 구하자.

두 곡선 $y=3x^3-7x^2$과 $y=-x^2$의 교점의 x좌표를 구하기 위해 두 식을 연립하면

$3x^3-7x^2=-x^2$에서

$3x^3-6x^2=0$

$3x^2(x-2)=0$

$\therefore x=0$ 또는 $x=2$ → 적분 구간을 구하기 위해 두 곡선의 교점의 x좌표를 구해.

즉, 두 곡선의 교점의 x좌표는 0 또는 2이다.

두 곡선 $y=3x^3-7x^2$과 $y=-x^2$을 좌표평면 위에 나타내면 다음 그림과 같다. **주의** 구간 $[a, b]$에서 두 곡선 $y=f(x)$, $y=g(x)$로 둘러싸인 부분의 넓이를 구할 때, 그래프의 개형을 그려서 구간에서 두 곡선의 위치를 파악해야 해.

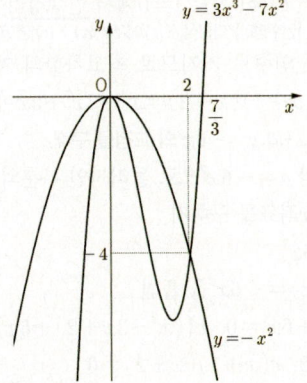

2nd 정적분을 이용하여 두 곡선 $y=3x^3-7x^2$과 $y=-x^2$으로 둘러싸인 부분의 넓이를 구하자.
→ 두 곡선으로 둘러싸여 있는 부분이 적분 구간이 돼.

이때 구간 $[0, 2]$에서 곡선 $y=-x^2$이 곡선 $y=3x^3-7x^2$보다 위쪽에 있으므로 구하는 넓이를 S라 하면 $0 \le x \le 2$인 부분에서 곡선 $y=-x^2$이 곡선 $y=3x^3-7x^2$보다 위에 있으므로 $0 \le x \le 2$에서 $-x^2-(3x^3-7x^2)$의 정적분 값을 구하면 돼.

$S=\int_0^2 |(3x^3-7x^2)-(-x^2)|\,dx$

$=\int_0^2 (-3x^3+6x^2)\,dx$ → 구간 $[a, b]$에서 두 곡선 $y=f(x)$, $y=g(x)$로 둘러싸인 부분의 넓이는 $\int_a^b |f(x)-g(x)|\,dx$이야. 즉, 두 곡선 중 위쪽에 있는 곡선을 나타내는 식에서 아래쪽에 있는 곡선을 나타내는 식을 빼서 정적분의 값을 구하면 돼.

$=\left[-\dfrac{3}{4}x^4+2x^3\right]_0^2$

$=-12+16=4$

G 42 정답 ② 　＊두 곡선으로 둘러싸인 부분의 넓이 … [정답률 88%]

그림은 두 곡선 $y=x^2$, $y=\dfrac{1}{4}x^2$과 꼭짓점의 좌표가 $O(0, 0)$, $A(n, 0)$, $B(n, n^2)$, $C(0, n^2)$인 직사각형 OABC를 나타낸 것이다.

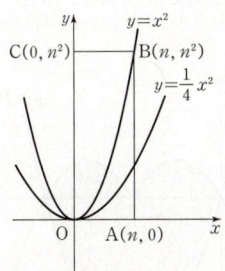

$n=4$일 때, 두 곡선 $y=x^2$, $y=\dfrac{1}{4}x^2$과 직선 AB로 둘러싸인 부분의 넓이는? (3점) **단서** 구하는 넓이는 두 곡선 $y=x^2$, $y=\dfrac{1}{4}x^2$과 x축 및 직선 $x=n$으로 둘러싸인 부분의 넓이야.

① 14　　② 16　　③ 18

④ 20　　⑤ 22

1st 두 곡선 $y=f(x)$와 $y=g(x)$ 및 두 직선 $x=a$, $x=b$ $(a<b)$로 둘러싸인 부분의 넓이는 $\int_a^b |f(x)-g(x)|\,dx$야.

$n=4$이므로 구간 $[0, 4]$에서 두 곡선 $y=x^2$, $y=\dfrac{1}{4}x^2$으로 둘러싸인 부분의 넓이를 구하면 된다.

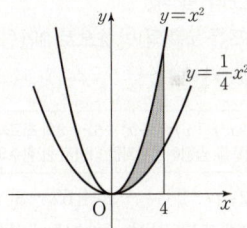

$\int_0^4 \left(x^2-\dfrac{1}{4}x^2\right)dx$ → 두 곡선으로 둘러싸인 부분의 넓이는 위쪽에 있는 곡선의 방정식에서 아래쪽에 있는 곡선의 방정식을 빼서 정적분해야 해.

$=\int_0^4 \dfrac{3}{4}x^2\,dx$

$=\left[\dfrac{1}{4}x^3\right]_0^4$

$=\dfrac{1}{4}\times 4^3=16$

🌸 **두 곡선 사이의 넓이**　　　　개념·공식

닫힌구간 $[a, b]$에서 두 함수 $y=f(x)$, $y=g(x)$가 연속일 때, 두 곡선 $y=f(x)$, $y=g(x)$와 두 직선 $x=a$, $x=b(a<b)$로 둘러싸인 도형의 넓이 S는

$S=\int_a^b |f(x)-g(x)|\,dx$

[정답 공식: 구간 $[a, b]$에서 두 곡선 $y=f(x), y=g(x)$로 둘러싸인 부분의 넓이는 $\int_a^b |f(x)-g(x)|dx$이다. **]**

두 함수

[단서1] 두 함수 $y=f(x), y=g(x)$의 그래프로 둘러싸인 부분은 직선 $x=2$에 대하여 대칭이야.

$$f(x)=x^2-4x, \ g(x)=\begin{cases} -x^2+2x & (x<2) \\ -x^2+6x-8 & (x\geq 2) \end{cases}$$

의 그래프로 둘러싸인 부분의 넓이는? (3점)

[단서2] 구하는 넓이는 두 함수의 그래프로 둘러싸인 부분 중 $0\leq x\leq 2$인 부분의 넓이를 구한 후 2배하면 돼.

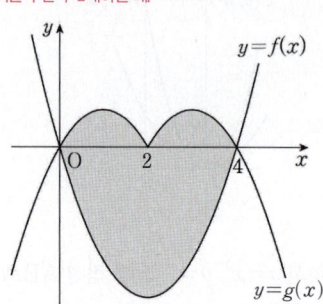

① $\dfrac{40}{3}$ ② 14 ③ $\dfrac{44}{3}$

④ $\dfrac{46}{3}$ ⑤ 16

[1st] 두 함수의 그래프의 대칭성을 찾아봐.

$f(x)=x^2-4x=(x-2)^2-4$이므로

함수 $y=f(x)$의 그래프는 직선 $x=2$에 대하여 대칭이다.

이차함수 $y=a(x-p)^2+q$의 그래프의 축의 방정식은 $x=p$야.

한편, $g_1(x)=-x^2+2x$라 할 때,

함수 $y=g_1(x)$의 그래프를 x축의 방향으로 2만큼 평행이동한 그래프가 나타내는 함수식을 $g_2(x)$라 하면

[함정] 두 함수 $g_1(x)=-x^2+2x, g_2(x)=-x^2+6x-8$의 최고차항의 계수가 같으므로 두 함수 중 한 함수의 그래프를 평행이동시키면 나머지 한 함수의 그래프에 겹쳐질 수 있어.

$g_2(x)=-(x-2)^2+2(x-2)=-x^2+6x-8$

즉, 함수 $y=g(x)$의 그래프도 직선 $x=2$에 대하여 대칭이므로 두 함수 $y=f(x), y=g(x)$의 그래프로 둘러싸인 부분은 직선 $x=2$에 대하여 대칭이다.

[2nd] 대칭성을 활용하여 두 함수의 그래프로 둘러싸인 부분의 넓이를 구하자.

두 함수 $y=f(x), y=g(x)$의 그래프로 둘러싸인 부분은 $0\leq x\leq 2$인 부분과 $2\leq x\leq 4$인 부분의 넓이가 같으므로 구하는 넓이를 S라 하면

$$S=\int_0^4 |f(x)-g(x)|dx=\int_0^4 \{g(x)-f(x)\}dx$$

$0\leq x\leq 4$에서 함수 $y=g(x)$의 그래프가 함수 $y=f(x)$의 그래프보다 위에 있지?

$$=2\int_0^2 \{g(x)-f(x)\}dx$$

$$=2\int_0^2 \{(-x^2+2x)-(x^2-4x)\}dx$$

$$=2\int_0^2 (-2x^2+6x)dx$$

$$=2\left[-\frac{2}{3}x^3+3x^2\right]_0^2$$

$$=2\times\left(-\frac{2}{3}\times 2^3+3\times 2^2\right)=\frac{40}{3}$$

[정답 공식: 구간 $[a, b]$에서 두 곡선 $y=f(x), y=g(x)$로 둘러싸인 부분의 넓이는 $\int_a^b |f(x)-g(x)|dx$이다. **]**

최고차항의 계수가 1인 삼차함수 $f(x)$가 $f(0)=0$이고, 모든 실

[단서1] $f(0)=0$이므로 삼차함수 $f(x)$는 x를 인수로 가져.

수 x에 대하여 $f(1-x)=-f(1+x)$를 만족시킨다. 두 곡선

[단서2] 모든 실수 x에 대하여 $f(1-x)=-f(1+x)$가 성립하고 $f(0)=0$임을 알고 있으므로 x에 0, 1을 대입해서 $f(x)$의 인수를 찾아내면 $f(x)$를 구할 수 있어.

$y=f(x)$와 $y=-6x^2$으로 둘러싸인 부분의 넓이를 S라 할 때, $4S$의 값을 구하시오. (4점)

[1st] $f(1-x)=-f(1+x)$를 이용해 $f(x)$의 인수를 찾자.

모든 실수 x에 대하여 $f(1-x)=-f(1+x)$ ⋯ ㉠가 성립하므로

㉠의 양변에 $x=0$을 대입하면

$f(1)=-f(1), \ 2f(1)=0$

$\therefore \ f(1)=0$

또, ㉠의 양변에 $x=1$을 대입하면

$f(0)=-f(2)$ $\therefore \ f(2)=0$

$f(0)=-f(2)$에서 $f(0)=0$이므로 $f(2)=0$이야.

따라서 $f(0)=0, f(1)=0, f(2)=0$에서 인수정리에 의해 $f(x)$가

[인수정리] 다항식 $f(x)$에서 $f(a)=0$이면 $f(x)$는 $x-a$를 인수로 가져.

$x, x-1, x-2$를 인수로 가지므로 최고차항의 계수가 1인 삼차함수 $f(x)$는 $f(x)=x(x-1)(x-2)=x^3-3x^2+2x$이다.

[2nd] 두 곡선 $y=f(x)$와 $y=-6x^2$의 교점을 구해.

두 곡선 $y=f(x)$와 $y=-6x^2$으로 둘러싸인 부분의 넓이를 구하기 위해 두 곡선의 교점의 x좌표를 구하자.

방정식 $f(x)=-6x^2$,

즉 $x(x-1)(x-2)=-6x^2$을 풀면

$x(x-1)(x-2)+6x^2=0, \ x\{(x^2-3x+2)+6x\}=0$

$x(x^2+3x+2)=0, \ x(x+1)(x+2)=0$

$\therefore \ x=-2$ 또는 $x=-1$ 또는 $x=0$

즉, 두 곡선 $y=f(x)$와 $y=-6x^2$은 $x=-2, x=-1, x=0$인 세 점에서 만난다.

두 곡선 $y=f(x)$와 $y=-6x^2$의 개형을 그려보면 $-2\leq x\leq -1$일 때, $f(x)\geq -6x^2$이고 $-1\leq x\leq 0$일 때, $f(x)\leq -6x^2$이야.

[3rd] 정적분을 이용하여 S를 구해.

따라서 두 곡선 $y=f(x)$와 $y=-6x^2$으로 둘러싸인 부분의 넓이 S를 구하면

$$S=\int_{-2}^{-1} |f(x)-(-6x^2)|dx+\int_{-1}^{0} |f(x)-(-6x^2)|dx$$

$$=\int_{-2}^{-1} |x^3-3x^2+2x+6x^2|dx+\int_{-1}^{0} |x^3-3x^2+2x+6x^2|dx$$

$$=\int_{-2}^{-1} |x^3+3x^2+2x|dx+\int_{-1}^{0} |x^3+3x^2+2x|dx$$

$$=\int_{-2}^{-1} (x^3+3x^2+2x)dx+\int_{-1}^{0} (-x^3-3x^2-2x)dx$$

$$=\left[\frac{1}{4}x^4+x^3+x^2\right]_{-2}^{-1}+\left[-\frac{1}{4}x^4-x^3-x^2\right]_{-1}^{0}$$

$$=\frac{1}{4}-1+1-(4-8+4)-\left(-\frac{1}{4}+1-1\right)$$

$$=\frac{1}{2}$$

$$\therefore \ 4S=4\times\frac{1}{2}=2$$

최고차항의 계수가 1인 삼차함수 $f(x)$에 대하여 $f(0)=0$이므로
$$f(x)=x^3+ax^2+bx \ (\text{단, } a, b\text{는 상수})$$
라 놓은 후 $f(1-x)=-f(1+x)$에 대입하면
$$(1-x)^3+a(1-x)^2+b(1-x)=-(1+x)^3-a(1+x)^2-b(1+x)$$
$$\cdots \text{㉠}$$

㉠은 x에 대한 항등식이므로 ㉠의 양변에 $x=0$을 대입하면
$$1+a+b=-1-a-b \qquad \therefore a+b=-1 \ \cdots \text{㉡}$$
또, ㉠의 양변에 $x=1$을 대입하면
$$0=-8-4a-2b \qquad \therefore 2a+b=-4 \ \cdots \text{㉢}$$
㉡, ㉢을 연립하여 풀면 $a=-3$, $b=2$
따라서 $f(x)=x^3-3x^2+2x$야.
(이하 동일)

함수 $f(x)$가 점 (a, b)에 대하여 대칭이면 모든 실수 x에 대하여
$f(a-x)+f(a+x)=2b$가 성립해.
이때, 모든 실수 x에 대하여 $f(1-x)=-f(1+x)$,
즉 $\underline{f(1-x)+f(1+x)=0}$을 만족시키므로 함수 $f(x)$는 점 $(1, 0)$에
대하여 대칭임을 알 수 있어.
$\quad \small f(a-x)+f(a+x)=2b$에 $a=1$, $b=0$을 대입해봐.
먼저, 삼차함수 $f(x)$가 점 $(1, 0)$에 대하여 대칭이므로 $y=f(x)$의 그
래프는 점 $(1, 0)$을 지나겠지?
또한, $f(0)=0$에서 $y=f(x)$의 그래프는 원점을 지나고,
원점을 점 $(1, 0)$에 대하여 대칭이동시킨 점의 좌표가 $(2, 0)$이므로
$y=f(x)$의 그래프는 점 $(2, 0)$을 지나.
따라서 삼차함수 $y=f(x)$의 그래프가 x축과 $x=0$, $x=1$, $x=2$인 점
에서 만나고, $f(x)$의 최고차항의 계수가 1이므로
$$f(x)=x(x-1)(x-2)$$임을 알 수 있어.
(이하 동일)

G 45 정답 ③ *두 곡선으로 둘러싸인 부분의 넓이 ··· [정답률 72%]

정답 공식: 두 곡선 $y=f(x)$, $y=g(x)$의 교점의 x좌표가 α, $\beta (\alpha<\beta)$이면 두 곡
선으로 둘러싸인 부분의 넓이는 $\int_{\alpha}^{\beta}|f(x)-g(x)|dx$이다.

함수 $f(x)=x^2-2x$에 대하여 두 곡선 $y=f(x)$,
$y=-f(x-1)-1$로 둘러싸인 부분의 넓이는? (4점)
단서 먼저 곡선 $y=-f(x-1)-1$의 식을 구해야겠지? 그런 다음 두 곡선이 만나는 점의
x좌표를 찾아 정적분을 이용하여 두 곡선으로 둘러싸인 부분의 넓이를 구하면 돼.
① $\dfrac{1}{6}$　② $\dfrac{1}{4}$　③ $\dfrac{1}{3}$　④ $\dfrac{5}{12}$　⑤ $\dfrac{1}{2}$

1st 곡선 $y=-f(x-1)-1$의 식을 구하자.
$f(x)=x^2-2x$이므로
$$y=-f(x-1)-1=-\{(x-1)^2-2(x-1)\}-1$$
$$=-(x^2-4x+3)-1=-x^2+4x-4$$

2nd 두 곡선의 교점의 x좌표를 찾자.
두 곡선 $y=f(x)$, $y=-f(x-1)-1$의 교점의 x좌표를 구하기 위해
두 식을 연립하여 풀면
$$x^2-2x=-x^2+4x-4, \ 2x^2-6x+4=0$$
$$x^2-3x+2=0, \ (x-1)(x-2)=0$$

$\therefore x=1$ 또는 $x=2$
$\quad \small x=1$을 $y=x^2-2x$에 대입하면 $y=1-2=-1$
$\quad \small x=2$를 $y=x^2-2x$에 대입하면 $y=4-4=0$
$\quad \small$ 즉, 두 곡선 $y=f(x)$, $y=-f(x-1)-1$의 교점의 좌표는 $(1, -1)$, $(2, 0)$이야.

3rd 두 곡선으로 둘러싸인 부분의 넓이를 정적분을 이용하여 구하자.
따라서 두 곡선 $y=f(x)$, $y=-f(x-1)-1$로 둘러싸인 부분의 넓이는
$\quad \small$ 두 곡선 $y=f(x)$, $y=-f(x-1)-1$로 둘러싸인 부분의 넓이는 두 곡선의 교점의 x좌표가
$\quad \small x=1$, $x=2$이므로 $\int_1^2 |f(x)-\{-f(x-1)-1\}|dx$야.

$$\int_1^2 \{(-x^2+4x-4)-(x^2-2x)\}dx$$

주의 두 곡선으로 둘러싸인 부분의 넓이는 두 곡선의 위치 관계를 고려해야 해.

$$=\int_1^2 (-2x^2+6x-4)dx$$

$\quad \small$ 닫힌구간 $[1, 2]$에서 곡선 $y=-f(x-1)-1$이 곡선 $y=f(x)$보다 위에 있어.

$$=\left[-\frac{2}{3}x^3+3x^2-4x\right]_1^2$$
$$=\left(-\frac{16}{3}+12-8\right)-\left(-\frac{2}{3}+3-4\right)$$
$$=-\frac{4}{3}-\left(-\frac{5}{3}\right)=\frac{1}{3}$$

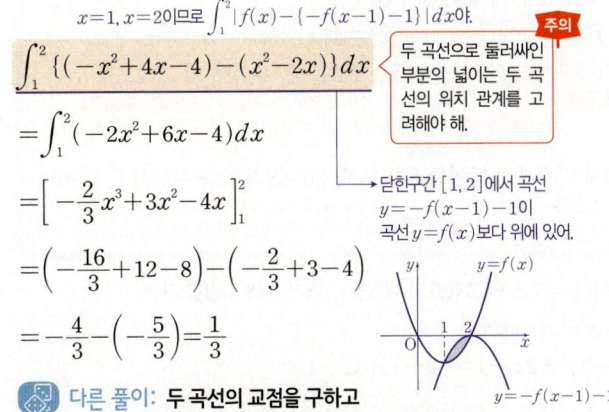

2nd 에서 두 곡선의 교점을 그래프를 이용하여 찾아보자.
곡선 $y=-f(x-1)-1$은 곡선 $y=f(x)$를 x축의 방향으로 1만큼,
y축의 방향으로 1만큼 평행이동한 다음 x축에 대하여 대칭이동한 거야.
$\quad \small y=f(x)$에 x 대신에 $x-1$, y 대신에 $\qquad y=f(x-1)+1$에 y 대신에
$\quad \small y-1$을 대입하면 $y-1=f(x-1) \qquad -y$를 대입하면 $-y=-f(x-1)+1$
$\quad \small \therefore y=f(x-1)+1 \qquad\qquad\qquad \therefore y=-f(x-1)-1$
즉, 함수 $f(x)=x^2-2x$에 대하여 곡선 $y=f(x)$와 곡선
$y=-f(x-1)-1$을 좌표평면 위에 나타내면 다음과 같아.

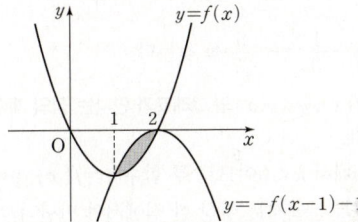

따라서 두 곡선의 교점의 x좌표는 1, 2이고 닫힌구간 $[1, 2]$에서 곡선
$y=-f(x-1)-1$이 곡선 $y=f(x)$보다 위쪽에 있으므로 구하는 넓이는

$$\int_1^2 \{(-x^2+4x-4)-(x^2-2x)\}dx$$
$$=\int_1^2 (-2x^2+6x-4)dx$$
$$=\frac{|-2|}{6}(2-1)^3=\frac{1}{3}$$

$\quad \small$ 이차함수 $f(x)=a(x-\alpha)(x-\beta)$에 대하여 $\alpha<\beta$일 때
$\quad \small \int_\alpha^\beta |a(x-\alpha)(x-\beta)|dx=\dfrac{|a|}{6}(\beta-\alpha)^3$

✿ 두 곡선 사이의 넓이　개념·공식

닫힌구간 $[a, b]$에서 두 함수 $y=f(x)$, $y=g(x)$가 연속일 때, 두 곡선
$y=f(x)$, $y=g(x)$와 두 직선 $x=a$, $x=b (a<b)$로 둘러싸인 도형의
넓이 S는
$$S=\int_a^b |f(x)-g(x)|dx$$

정답 공식: 구간 $[a, b]$에서 두 곡선 $y=f(x)$, $y=g(x)$로 둘러싸인 부분의 넓이는 $\int_a^b |f(x)-g(x)| dx$이다.

상수 $k(k<0)$에 대하여 두 함수

$f(x)=x^3+x^2-x$, $g(x)=4|x|+k$

의 그래프가 만나는 점의 개수가 2일 때, 두 함수의 그래프로

단서 1 $g(x)=4|x|+k$에서 $k<0$이므로 함수 $y=4|x|$의 그래프를 y축을 따라 x축 아래로 이동하면서 두 함수 $y=f(x)$, $y=g(x)$의 그래프가 2개의 점에서 만나는 상황을 찾도록 해.

둘러싸인 부분의 넓이를 S라 하자. $30 \times S$의 값을 구하시오. (4점)

단서 2 두 함수 $y=f(x)$, $y=g(x)$의 그래프의 교점의 x좌표를 구한 후, 정적분을 이용하여 두 함수의 그래프로 둘러싸인 부분의 넓이를 계산하면 돼.

1st 함수 $y=f(x)$의 그래프의 개형을 그리기 위해 극값을 구해.

$f(x)=x^3+x^2-x$에서

$f'(x)=3x^2+2x-1=(x+1)(3x-1)$

$f'(x)=0$에서 $x=-1$ 또는 $x=\dfrac{1}{3}$이므로 함수 $f(x)$의 증가와 감소를 표로 나타내면 다음과 같다.

x	$\cdots$	-1	$\cdots$	$\dfrac{1}{3}$	$\cdots$
$f'(x)$	$+$	0	$-$	0	$+$
$f(x)$	↗	극대	↘	극소	↗

즉, 함수 $f(x)$는 $x=-1$에서 극댓값

$f(-1)=-1+1-(-1)=1$을 갖고, $x=\dfrac{1}{3}$에서 극솟값

$f\left(\dfrac{1}{3}\right)=\dfrac{1}{27}+\dfrac{1}{9}-\dfrac{1}{3}=-\dfrac{5}{27}$를 갖는다.

2nd 두 함수 $y=f(x)$, $y=g(x)$의 그래프가 만나는 점의 개수가 2개이기 위한 k의 값을 구해.

$g(x)=4|x|+k$에서 $k<0$이므로 두 함수 $y=f(x)$, $y=g(x)$의 그래프는 $x<0$인 부분에서는 항상 한 점에서만 만난다.

따라서 두 함수 $f(x)=x^3+x^2-x$, $g(x)=4|x|+k$의 그래프가 만나는 점의 개수가 2이기 위해서는 [그림 1]과 같이 $x>0$인 부분에서

주의 두 함수 $f(x)=x^3+x^2-x$, $g(x)=4|x|+k$의 그래프가 만나는 점의 개수가 2이기 위한 조건을 찾기 위해서는 두 함수의 그래프를 비교적 정확히 그려야 한다는 점에 주의해. $g(x)=4|x|+k$의 그래프는 $y=4|x|$의 그래프를 y축의 방향으로 평행이동을 하여 그리면 되니까 y축을 따라 함수 $g(x)=4|x|+k$의 그래프를 이동하면서 함수 $f(x)=x^3+x^2-x$의 그래프와 만나는 점이 2개가 되는 상황을 찾아야 해.

두 함수 $f(x)=x^3+x^2-x$, $g(x)=4|x|+k$의 그래프가 접해야 한다.

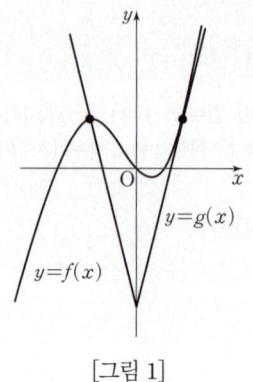

[그림 1]

$x>0$일 때 $g(x)=4x+k$이므로 곡선 $y=f(x)$와 직선 $y=4x+k$가 $x=t$인 점에서 접한다고 하면

$f'(x)=3x^2+2x-1$이므로 $3t^2+2t-1=4$에서

$3t^2+2t-5=0$, $(3t+5)(t-1)=0$

→ $x=t$에서 곡선 $y=f(x)$의 접선의 기울기가 4가 되어야 해.

$\therefore t=1 (\because t>0)$

즉, $f(1)=1+1-1=1$에서 접점의 좌표는 $(1, 1)$이므로

$g(1)=4+k=1$ $\therefore k=-3$

접점이 $(1, 1)$이므로 함수 $y=g(x)$의 그래프는 점 $(1, 1)$을 지나. 즉, $g(1)=1$이 성립해.

3rd 두 곡선으로 둘러싸인 부분의 넓이를 구해.

한편, $x<0$일 때 $g(x)=-4x-3$이므로 $x<0$에서 두 함수 $y=f(x)$, $y=g(x)$의 그래프의 교점의 x좌표를 구하기 위해 연립하면

$x^3+x^2-x=-4x-3$, $x^3+x^2+3x+3=0$

$(x+1)(x^2+3)=0$ $\therefore x=-1$

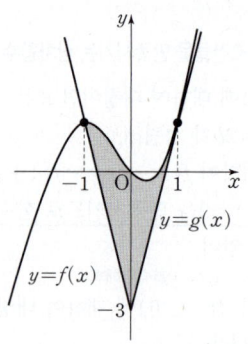

[그림 2]

따라서 두 함수의 그래프로 둘러싸인 부분은 [그림 2]의 어두운 부분과 같으므로 구하는 넓이 S는

$S=\displaystyle\int_{-1}^{1} |(x^3+x^2-x)-(4|x|-3)| dx$

$=\displaystyle\int_{-1}^{0} \{(x^3+x^2-x)-(-4x-3)\} dx$

구간 $[-1, 0]$에서 $g(x)=-4x-3$이고, 구간 $[0, 1]$에서 $g(x)=4x-3$이야. 또한, 구간 $[-1, 1]$에서 $f(x) \geq g(x)$야.

$+\displaystyle\int_{0}^{1} \{(x^3+x^2-x)-(4x-3)\} dx$

$=\displaystyle\int_{-1}^{0} (x^3+x^2+3x+3) dx+\int_{0}^{1} (x^3+x^2-5x+3) dx$

$=\left[\dfrac{1}{4}x^4+\dfrac{1}{3}x^3+\dfrac{3}{2}x^2+3x\right]_{-1}^{0}+\left[\dfrac{1}{4}x^4+\dfrac{1}{3}x^3-\dfrac{5}{2}x^2+3x\right]_{0}^{1}$

$=\dfrac{19}{12}+\dfrac{13}{12}=\dfrac{8}{3}$

$\therefore 30 \times S=30 \times \dfrac{8}{3}=80$

✿ 절댓값 기호를 포함한 함수의 정적분 개념·공식

절댓값 기호를 포함한 정적분은 다음과 같은 순서로 푼다.

① 절댓값 기호 안의 식의 값이 0이 되는 x의 값을 기준으로 함수를 나타낸다.

➡ $|f(x)|=\begin{cases} f(x) & (f(x) \geq 0) \\ -f(x) & (f(x)<0) \end{cases}$

② ①에서 구한 절댓값 기호 안의 식의 값이 0이 되는 x의 값을 기준으로 적분 구간을 나눈다.

즉, $a \leq x \leq c$에서 $f(x)<0$, $c \leq x \leq b$에서 $f(x) \geq 0$이면

➡ $\displaystyle\int_a^b |f(x)| dx=\int_a^c \{-f(x)\} dx+\int_c^b f(x) dx$

정답 공식: 원 C와 이차함수 $y=\frac{1}{2}x^2$의 그래프는 제1, 2사분면에서 각각 접하므로 원의 방정식과 이차함수를 연립한 방정식은 중근을 가져야 한다.

그림과 같이 중심이 $\left(0, \frac{3}{2}\right)$이고, 반지름의 길이가 $r\left(r<\frac{3}{2}\right)$인 원 C가 있다. 원 C가 함수 $y=\frac{1}{2}x^2$의 그래프와 서로 다른 두 점에서 만날 때, 원 C와 함수 $y=\frac{1}{2}x^2$의 그래프로 둘러싸인 ⌣ 모양의 넓이는 $a+b\pi$이다. $120(a+b)$의 값을 구하시오.

단서 두 식을 연립해서 접점의 x좌표를 구하고,
둘러싸인 넓이를 정적분으로 나타내자.

(단, a, b는 유리수이다.) (4점)

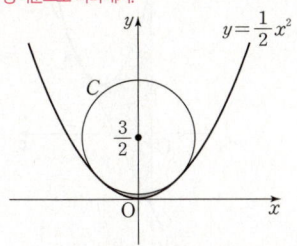

1st 원과 이차함수의 그래프의 교점의 좌표를 구하자.

원 C의 방정식은 $x^2+\left(y-\frac{3}{2}\right)^2=r^2$ → 중심이 (a, b)이고 반지름의 길이가 r인 원의 방정식은 $(x-a)^2+(y-b)^2=r^2$

함수 $y=\frac{1}{2}x^2$, 즉 $x^2=2y$를 원의 방정식에 대입하여 정리하면

$2y+\left(y-\frac{3}{2}\right)^2=r^2$, $y^2-y+\frac{9}{4}-r^2=0$ ⋯ ㉠

그림에서 원 C와 함수 $y=\frac{1}{2}x^2$의 그래프가 서로 다른 두 점에서 접하므로

$D=1^2-4\left(\frac{9}{4}-r^2\right)=0$, $4r^2=8$, $r^2=2$

$\therefore r=\sqrt{2}\ (\because r>0)$

㉠에 대입하면 $y^2-y+\frac{1}{4}=0$, $\left(y-\frac{1}{2}\right)^2=0$

$\therefore y=\frac{1}{2}$

$y=\frac{1}{2}$을 $y=\frac{1}{2}x^2$에 대입하면 $x^2=1$

$\therefore x=1$ 또는 $x=-1$

즉, 원 C와 함수 $y=\frac{1}{2}x^2$의 그래프의 교점의 좌표는 $\left(-1, \frac{1}{2}\right)$, $\left(1, \frac{1}{2}\right)$이다.

2nd 색칠한 부분의 넓이를 구하자.

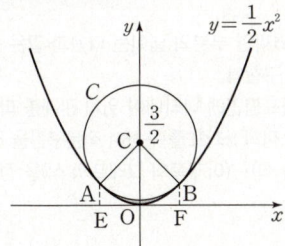

원 C의 중심을 C, 원 C와 함수 $y=\frac{1}{2}x^2$의 그래프의 교점을 A, B, 두 점 A, B에서 x축에 내린 수선의 발을 각각 E, F라 하면 삼각형 CAB의 세 변의 길이의 비는 $1:1:\sqrt{2}$이므로 $\angle ACB=90°$이다.

색칠한 부분의 넓이는

→ 반지름의 길이가 $\sqrt{2}$, 중심각의 크기가 90°인 부채꼴이야.

(오각형 CAEFB의 넓이)$-$(부채꼴 CAB의 넓이)$-\left(\int_{-1}^{1}\frac{1}{2}x^2dx\right)$

사다리꼴 COFB의 넓이의 2배야.

$=2\times\frac{1}{2}\times\left(\frac{3}{2}+\frac{1}{2}\right)\times1-\pi\times(\sqrt{2})^2\times\frac{90}{360}-2\int_{0}^{1}\frac{1}{2}x^2dx$

$y=f(x)$의 그래프가 y축에 대칭이면 $\int_{-a}^{a}f(x)dx=2\int_{0}^{a}f(x)dx$

$=2-\frac{\pi}{2}-\frac{1}{3}$

함정 복잡한 도형의 넓이를 구할 때는 간단한 도형으로 나누어 넓이를 구해.

$=\frac{5}{3}-\frac{\pi}{2}$

따라서 $a=\frac{5}{3}$, $b=-\frac{1}{2}$이므로

$120(a+b)=120\left(\frac{5}{3}-\frac{1}{2}\right)=140$

다른 풀이: 접선과 수직인 직선의 방정식을 구하고, 곡선과 y축으로 둘러싸인 부분에서 부채꼴의 넓이를 빼서 색칠한 부분의 넓이 구하기

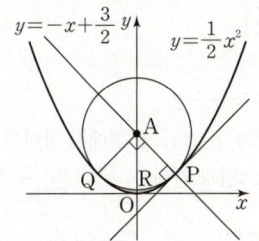

원 C와 함수 $y=\frac{1}{2}x^2$의 그래프의 교점 중 제1사분면 위의 점의 좌표를

$P\left(a, \frac{1}{2}a^2\right)(a>0)$이라 하자,

점 P가 제1사분면 위의 점이므로 (x좌표)>0이야. 즉, $a>0$이지.

$y=\frac{1}{2}x^2$에서 $y'=x$이고, 점 P에서의 접선의 기울기는 a이므로 이 접선에 수직인 직선의 기울기는 $-\frac{1}{a}$이야.

→ 두 직선이 수직이면 기울기의 곱은 -1이야.

따라서 점 P에서의 접선에 수직인 직선 AP의 방정식은

$y=-\frac{1}{a}(x-a)+\frac{1}{2}a^2$이야.

→ 기울기가 $-\frac{1}{a}$이고 점 $\left(a, \frac{1}{2}a^2\right)$을 지나지?

한편, 점 $\left(0, \frac{3}{2}\right)$은 이 직선 위의 점이므로

$\frac{3}{2}=1+\frac{1}{2}a^2$에서 $a^2=1$ $\therefore a=1\ (\because a>0)$

따라서 직선 AP의 방정식은 $y=-x+\frac{3}{2}$이야.

한편, $\angle PAQ=90°$이고 원의 반지름의 길이는 $\sqrt{2}$이므로 색칠한 부분의 넓이를 S라 하면

$S=2\left\{\int_{0}^{1}\left(-x+\frac{3}{2}-\frac{1}{2}x^2\right)dx-\frac{\pi}{4}\right\}$

→ 직선 $y=-x+\frac{3}{2}$과 곡선 $y=\frac{1}{2}x^2$ 및 y축으로 둘러싸인 부분의 넓이에서 부채꼴 ARP의 넓이를 뺀 것의 2배야.

$=2\left\{\left[-\frac{1}{6}x^3-\frac{1}{2}x^2+\frac{3}{2}x\right]_{0}^{1}-\frac{\pi}{4}\right\}=\frac{5}{3}-\frac{\pi}{2}$

(이하 동일)

접선의 방정식   개념·공식

① 곡선 $y=f(x)$ 위의 점 $(a, f(a))$에서의 접선의 방정식은
$y-f(a)=f'(a)(x-a)$

② 곡선 $y=f(x)$ 위의 점 $(a, f(a))$를 지나고, 이 점에서의 접선에 수직인 직선의 방정식은
$y-f(a)=-\frac{1}{f'(a)}(x-a)$ (단, $f'(a)\neq0$)

G 48 정답 ③ *두 곡선으로 둘러싸인 부분의 넓이 ···· [정답률 42%]

> **정답 공식:** 구간 $[\alpha, \beta]$에서 두 곡선 $y=f(x)$, $y=g(x)$로 둘러싸인 부분의 넓이는 $\int_{\alpha}^{\beta} |f(x)-g(x)| dx$이다.

두 곡선 $f(x)=x^2(x-2)$, $g(x)=ax(x-2)$로 둘러싸인 부분의 넓이가 최소가 되게 하는 실수 a의 값은? (단, $0<a<2$) (4점)

단서 두 곡선으로 둘러싸인 부분의 넓이를 구하려면 두 곡선의 교점을 찾아 그래프를 그려봐야 해.

① $\dfrac{1}{2}$　　② $\dfrac{2}{3}$　　③ 1

④ $\dfrac{4}{3}$　　⑤ $\dfrac{3}{2}$

1st 두 곡선을 좌표평면 위에 그려 두 곡선으로 둘러싸인 부분을 확인하자.

두 곡선 $y=f(x)$, $y=g(x)$의 교점의 x좌표는 방정식 $f(x)=g(x)$의 실근이므로

$x^2(x-2)=ax(x-2)$

$x(x-a)(x-2)=0$

$\therefore x=0$ 또는 $x=a$ 또는 $x=2$

즉, 두 곡선이 x좌표가 0, a, 2인 세 점에서 만나므로 두 곡선 $y=f(x)$, $y=g(x)$를 그려보면 그림과 같다.

$f(x)$는 삼차함수, $g(x)$는 이차함수이고 두 함수의 최고차항의 계수는 모두 양수야.

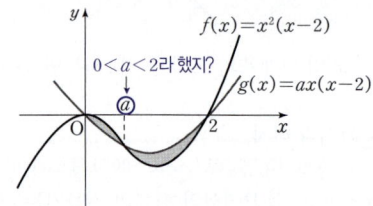

2nd 두 곡선으로 둘러싸인 부분의 넓이를 a에 대한 식으로 나타내자.

두 곡선 $y=f(x)$와 $y=g(x)$로 둘러싸인 부분의 넓이를 $h(a)$라 두고 범위를 나누어 적분하면

$h(a)$ ― $0\le x<a$일 때 $f(x)>g(x)$, $a\le x<2$일 때 $f(x)<g(x)$

$=\int_0^a \{(x^3-2x^2)-(ax^2-2ax)\} dx + \int_a^2 \{(ax^2-2ax)-(x^3-2x^2)\} dx$

$=\left[\dfrac{1}{4}x^4 - \dfrac{2}{3}x^3 - \dfrac{a}{3}x^3 + ax^2\right]_0^a + \left[\dfrac{a}{3}x^3 - ax^2 - \dfrac{1}{4}x^4 + \dfrac{2}{3}x^3\right]_a^2$

$=-\dfrac{1}{6}a^4 + \dfrac{2}{3}a^3 - \dfrac{4}{3}a + \dfrac{4}{3}$

3rd $h(a)$가 최소가 되는 a의 값을 찾아.

$h'(a)=-\dfrac{2}{3}a^3 + 2a^2 - \dfrac{4}{3}$

$=-\dfrac{2}{3}(a^3 - 3a^2 + 2)$

$=-\dfrac{2}{3}(a-1)(a^2-2a-2)$

a^3-3a^2+2
$=a^3-a^2-2a^2+2$
$=a^2(a-1)-2(a+1)(a-1)$
$=(a-1)(a^2-2a-2)$

$h'(a)=0$일 때, $a=1$ $(\because 0<a<2)$

따라서 $a=1$일 때, 넓이의 값은 극소이며 최소이다.

a	(0)	$\cdots$	1	$\cdots$	(2)
$h'(a)$		$-$	0	$+$	
$h(a)$		$\searrow$	극소	$\nearrow$	

수능 핵강

＊ 주어진 조건에 맞게 그래프를 그려 넓이 구하기

둘러싸인 부분의 넓이를 무턱대고 적분하려고 하지 말고, 우선 주어진 함수를 좌표평면에 나타내고 둘러싸인 부분을 찾는 습관을 들이는 게 문제를 풀 때 많은 도움이 될 거야. 그렇게 좌표평면에 나타내야 범위를 나누어 적분해야 되는 경우를 놓치지 않을 수 있어.

G 49 정답 ② *곡선과 접선으로 둘러싸인 부분의 넓이 ···· [정답률 80%]

> **정답 공식:** 곡선 $y=f(x)$ 위의 점 $(a, f(a))$에서의 접선의 방정식은 $y-f(a)=f'(a)(x-a)$이다. 구간 $[a, b]$에서 두 곡선 $y=f(x)$, $y=g(x)$로 둘러싸인 부분의 넓이는 $\int_a^b |f(x)-g(x)| dx$이다.

그림과 같이 곡선 $y=x^2-4x+6$ 위의 점 $\mathrm{A}(3, 3)$에서의 접선을 l이라 할 때, 곡선 $y=x^2-4x+6$과 직선 l 및 y축으로 둘러싸인 부분의 넓이는? (3점)

단서 2 두 곡선 및 y축으로 둘러싸인 부분의 넓이를 정적분을 이용하여 구해봐.

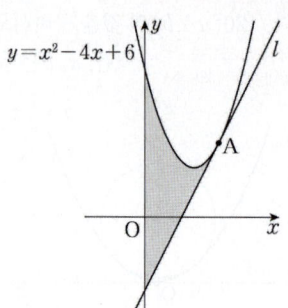

단서 1 접점의 좌표를 이용하여 접선의 방정식을 구해야 해.

① $\dfrac{26}{3}$　　② 9　　③ $\dfrac{28}{3}$

④ $\dfrac{29}{3}$　　⑤ 10

1st 접선 l의 방정식을 구해.

$f(x)=x^2-4x+6$이라 하면 $f'(x)=2x-4$

따라서 곡선 $y=f(x)$ 위의 점 $\mathrm{A}(3, 3)$에서의 접선의 기울기는

$f'(3)=2\times 3-4=2$이므로 접선 l의 방정식은

곡선 $y=f(x)$ 위의 점 (a, b)에서의 접선의 기울기는 $x=a$일 때의 $f(x)$의 미분계수와 같아.

$y-3=2(x-3)$ 　 $\therefore y=2x-3$

2nd 곡선과 접선 및 y축으로 둘러싸인 부분의 넓이를 구하자.

따라서 곡선 $y=f(x)$와 직선 l 및 y축으로 둘러싸인 부분의 넓이를 S라 하면

$S=\int_0^3 |(x^2-4x+6)-(2x-3)| dx$

$=\int_0^3 \{x^2-4x+6-(2x-3)\} dx$

구간 $[0, 3]$에서 두 함수의 그래프의 위치 관계를 보면 $x^2-4x+6\ge 2x-3$이야.

$=\int_0^3 (x^2-6x+9) dx = \left[\dfrac{1}{3}x^3 - 3x^2 + 9x\right]_0^3$

$=\dfrac{1}{3}\times 27 - 3\times 9 + 9\times 3 = 9$

✿ 곡선과 접선으로 둘러싸인 부분의 넓이　　개념·공식

곡선과 접선으로 둘러싸인 부분의 넓이는 다음과 같은 순서로 구한다.

(i) 접선의 방정식을 구한다.
(ii) 곡선과 접선을 좌표평면에 나타내어 위치 관계를 파악한다.
(iii) 곡선과 접선의 교점의 x좌표를 구하여 적분구간을 정한다.
(iv) (위쪽의 그래프의 식)－(아래쪽의 그래프의 식)을 정적분한다.

G 50 정답 ④ *곡선과 접선으로 둘러싸인 부분의 넓이 … [정답률 74%]

> **정답 공식:** 곡선 $y=f(x)$ 위의 점 $(a, f(a))$에서의 접선의 방정식은
> $y-f(a)=f'(a)(x-a)$이다. 구간 $[a, b]$에서 두 곡선 $y=f(x)$, $y=g(x)$로
> 둘러싸인 부분의 넓이는 $\int_a^b |f(x)-g(x)| dx$이다.

함수 $f(x)=x^3+2x^2-x+4$에 대하여 원점 O에서 곡선
$y=f(x)$에 그은 접선의 접점을 A라 하고, 곡선 위의 점

단서1 점 A의 좌표를 $(t, f(t))$라 하고 접선의 방정식을 구해.

B$(-2, f(-2))$에서 x축에 내린 수선의 발을 C라 하자. 곡선

단서2 점 C의 x좌표는 점 B의 x좌표와 같고, x축 위의 점이므로 점 C의 좌표는 $(-2, 0)$임을 알 수 있어.

$y=f(x)$와 세 선분 OA, OC, BC로 둘러싸인 부분의 넓이는? (4점)

단서3 곡선 $y=f(x)$와 직선 $x=-2$, x축, y축으로 둘러싸인 부분과 곡선 $y=f(x)$와 y축, 직선 OA로 둘러싸인 부분으로 나누어 생각할 수 있어.

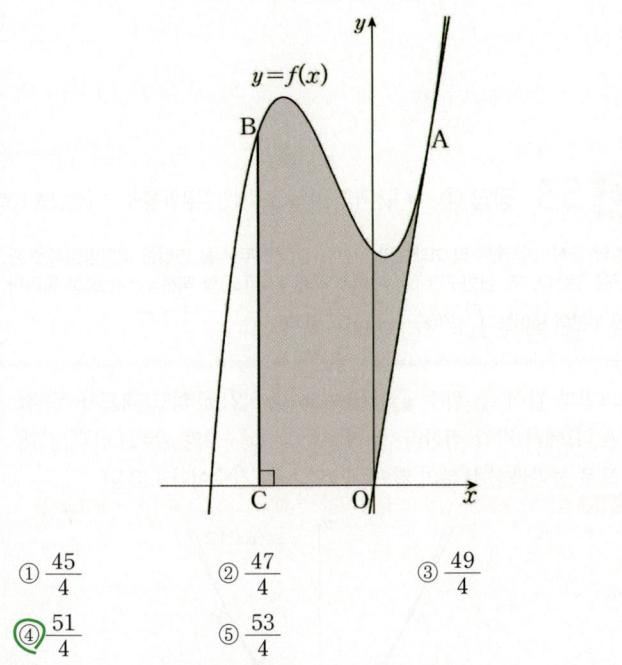

① $\dfrac{45}{4}$　　　② $\dfrac{47}{4}$　　　③ $\dfrac{49}{4}$

④ $\dfrac{51}{4}$　　　⑤ $\dfrac{53}{4}$

1st 원점 O와 점 A를 지나는 접선의 방정식을 세워.

$f(x)=x^3+2x^2-x+4$에서 $f'(x)=3x^2+4x-1$

이때, 점 A의 좌표를 $(t, f(t))$라 하면 접선의 기울기는
$f'(t)=3t^2+4t-1$이므로 접선의 방정식은

> 곡선 $y=f(x)$ 위의 점 (x_1, y_1)에서의 접선의 방정식은 $y-y_1=f'(x_1)(x-x_1)$이야.

$y=(3t^2+4t-1)(x-t)+(t^3+2t^2-t+4)$이다.

2nd t의 값을 구하고 접선의 방정식을 구해.

이 접선이 원점을 지나므로 $x=0$, $y=0$을 대입하면
$-2t^3-2t^2+4=0$, $-2(t-1)(t^2+2t+2)=0$
$\therefore t=1$

따라서 점 A의 좌표는 $(1, 6)$이고 점 A에서의 접선의 방정식은 $y=6x$이다.

3rd 곡선 $y=f(x)$와 세 선분 OA, OC, BC로 둘러싸인 부분의 넓이를 구해.

이때, 곡선 $y=f(x)$와 세 선분 OA, OC, BC로 둘러싸인 부분의 넓이를 S라 하면 곡선 $y=f(x)$와 직선 $x=-2$, x축, y축으로 둘러싸인 부분의 넓이와 곡선 $y=f(x)$와 y축, 직선 OA로 둘러싸인 부분의 넓이의 합과 같다.

곡선 $y=f(x)$와 직선 $x=-2$, x축, y축으로 둘러싸인 부분의 넓이는

> 선분 BC를 의미해.

$$\int_{-2}^{0} |f(x)| dx=\int_{-2}^{0} f(x)dx$$

> 곡선 $y=f(x)$와 x축 및 두 직선 $x=a$, $x=b$로 둘러싸인 부분의 넓이는 $\int_a^b |f(x)| dx$야.

$$=\int_{-2}^{0} (x^3+2x^2-x+4)dx$$

또, 곡선 $y=f(x)$와 y축, 직선 OA로 둘러싸인 부분의 넓이는

$$\underline{\int_0^1 |f(x)-6x| dx}=\underline{\int_0^1 \{f(x)-6x\} dx}$$

> 구간 $[0, 1]$에서 $f(x) \geq 6x$야.

> 구간 $[a, b]$에서 두 곡선 $y=f(x)$, $y=g(x)$로 둘러싸인 부분의 넓이는 $\int_a^b |f(x)-g(x)| dx$야.

$$=\int_0^1 \{(x^3+2x^2-x+4)-6x\}dx$$

$$=\int_0^1 (x^3+2x^2-7x+4)dx$$

이므로 구하는 부분의 넓이 S는

$$S=\int_{-2}^{0} (x^3+2x^2-x+4)dx+\int_0^1 (x^3+2x^2-7x+4)dx$$

$$=\left[\frac{1}{4}x^4+\frac{2}{3}x^3-\frac{1}{2}x^2+4x\right]_{-2}^{0}+\left[\frac{1}{4}x^4+\frac{2}{3}x^3-\frac{7}{2}x^2+4x\right]_0^1$$

$$=\frac{34}{3}+\frac{17}{12}$$

$$=\frac{153}{12}=\frac{51}{4}$$

G 51 정답 ② *곡선과 접선으로 둘러싸인 부분의 넓이 … [정답률 71%]

> **정답 공식:** 곡선 $y=f(x)$ 위의 점 $(a, f(a))$에서의 접선의 방정식은
> $y=f'(a)(x-a)+f(a)$이다.

곡선 $y=x^3+2x-2$ 위의 점 $(1, 1)$에서의 접선을 l이라 할 때,
곡선 $y=x^3+2x-2$와 접선 l로 둘러싸인 부분의 넓이는? (3점)

단서 먼저 좌표평면에 곡선과 접선을 그려서 넓이를 구해야 하는 부분을 먼저 찾아 봐.

① $\dfrac{25}{4}$　　　② $\dfrac{27}{4}$　　　③ $\dfrac{29}{4}$

④ $\dfrac{31}{4}$　　　⑤ $\dfrac{33}{4}$

1st 접선 l의 방정식을 구하자.

> $f'(x)=3x^2+2>0$이므로 $f(x)$는 실수 전체의 집합에서 증가하는 함수야.

$f(x)=x^3+2x-2$라 하면 $f'(x)=3x^2+2$

따라서 곡선 $y=f(x)$ 위의 점 $(1, 1)$에서의 접선 l의 기울기는
$f'(1)=3 \times 1^2+2=5$이므로 접선 l의 방정식은

$y=5(x-1)+1=5x-4$이다.

> 점 (a, b)를 지나고 기울기가 m인 직선의 방정식은 $y=m(x-a)+b$야.

2nd 곡선과 접선의 교점의 x좌표를 구하자.

곡선 $y=f(x)$와 접선 l의 교점의 x좌표는
$x^3+2x-2=5x-4$에서
$x^3-3x+2=0$, $(x-1)^2(x+2)=0$
$\therefore x=-2$ 또는 $x=1$

따라서 곡선 $y=f(x)$와 접선 l은 그림과 같이 $x=-2$에서 만나고
$x=1$에서 접한다.

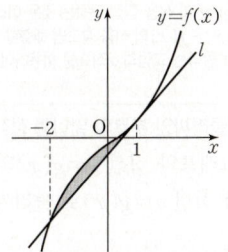

3rd 곡선과 접선으로 둘러싸인 부분의 넓이를 구하자.

곡선 $y=f(x)$와 접선 l로 둘러싸인 부분의 넓이를 S라 하면

$$S=\int_{-2}^{1}\{(x^3+2x-2)-(5x-4)\}dx$$

<small>→ 구간 $[-2,1]$에서 $x^3+2x-2\geq 5x-4$이지?</small>

$$=\int_{-2}^{1}(x^3-3x+2)dx$$

$$=\left[\frac{1}{4}x^4-\frac{3}{2}x^2+2x\right]_{-2}^{1}$$

$$=\left(\frac{1}{4}-\frac{3}{2}+2\right)-(4-6-4)=\frac{27}{4}$$

$$S=\int_{0}^{2}|f(x)-g(x)|dx=\int_{0}^{2}\{g(x)-f(x)\}dx$$

$$=\int_{0}^{2}3x(x-2)^2dx=\int_{0}^{2}(3x^3-12x^2+12x)dx$$

$$=\left[\frac{3}{4}x^4-4x^3+6x^2\right]_{0}^{2}=12-32+24=4$$

🔍 **쉬운 풀이: 공식을 이용하여 곡선과 접선으로 둘러싸인 부분의 넓이 구하기**

삼차함수 $y=f(x)$의 그래프와 그 접선 $y=g(x)$가 $x=0$, $x=2$에서 만나고, $f(x)$의 최고차항의 계수가 -3이므로 곡선 $y=f(x)$와 직선 $y=g(x)$로 둘러싸인 도형의 넓이를 공식을 이용해 구하면

$$\frac{|-3|}{12}(2-0)^4=\frac{1}{4}\times 16=4$$

<small>삼차함수 $y=ax^3+bx^2+cx+d$의 그래프와 그 접선 $y=mx+n$이 서로 다른 두 점에서 만날 때, 교점의 x좌표를 $\alpha,\beta\,(\alpha<\beta)$라 하면 곡선과 접선 사이의 넓이 S는 $S=\frac{|a|}{12}(\beta-\alpha)^4$</small>

G 52 정답 ③   *곡선과 접선으로 둘러싸인 부분의 넓이 ···· [정답률 78%]

> **정답 공식:** 구간 $[a,b]$에서 두 곡선 $y=f(x)$, $y=g(x)$로 둘러싸인 부분의 넓이는 $\int_{a}^{b}|f(x)-g(x)|dx$이다.

최고차항의 계수가 -3인 삼차함수 $y=f(x)$의 그래프 위의 점 $(2, f(2))$에서의 접선 $y=g(x)$가 곡선 $y=f(x)$와 원점에서 만난다. 곡선 $y=f(x)$와 직선 $y=g(x)$로 둘러싸인 도형의 넓이는? (4점)

<small>**단서2** 두 곡선으로 둘러싸인 부분의 넓이를 정적분을 이용해서 구해야 해. 즉, 구하는 넓이는 $\int_{0}^{2}\{g(x)-f(x)\}dx$야.</small>

단서1 두 함수 $y=f(x)$, $y=g(x)$의 그래프는 점 $(2, f(2))$에서 접하고, 점 $(0,0)$에서 만나지? 즉, 방정식 $f(x)=g(x)$는 중근 $x=2$와 다른 한 실근 $x=0$을 갖는다는 거야.

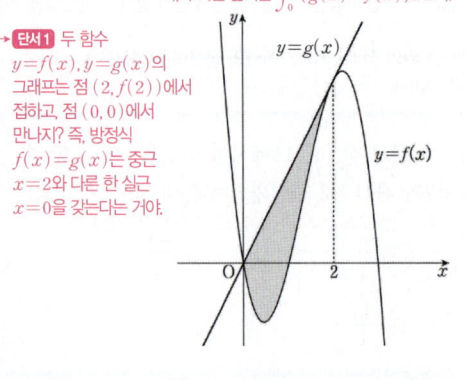

① $\frac{7}{2}$ ② $\frac{15}{4}$ ③ 4 ④ $\frac{17}{4}$ ⑤ $\frac{9}{2}$

1st 두 그래프가 만나는 조건을 이용해 함수 $g(x)-f(x)$의 식을 구하자.

두 함수 $y=f(x)$, $y=g(x)$의 그래프가 $x=2$에서 접하고 $x=0$에서 만나므로 방정식 $f(x)=g(x)$, 즉 $g(x)-f(x)=0$은 중근 $x=2$와 중근이 아닌 실근 $x=0$을 갖는다. <small>주어진 그래프를 보면 구간 $[0,2]$에서 $f(x)\leq g(x)$이므로 넓이를 구하기 위해 $g(x)-f(x)$의 식을 구해야 해.</small>

즉, 삼차방정식 $g(x)-f(x)=0$은 중근 2와 한 실근 0을 가지므로 $g(x)-f(x)$는 $(x-2)^2$과 x를 인수로 가진다.

따라서 삼차함수 $g(x)-f(x)$의 최고차항의 계수가 3이므로

<small>$g(x)$는 일차함수이고 $f(x)$는 삼차함수이므로 함수 $g(x)-f(x)$는 삼차함수이고, 최고차항의 계수는 $-f(x)$의 최고차항의 계수와 같아. 즉, $f(x)$의 최고차항의 계수가 -3이므로 $g(x)-f(x)$의 최고차항의 계수는 3이 되는 거야.</small>

$$g(x)-f(x)=3x(x-2)^2$$

> **함정** 삼차함수 $f(x)$와 접선인 $g(x)$의 식을 직접 구하는 것은 어려워. 이 문제는 $f(x)$, $g(x)$의 식을 정확히 모르더라도 $g(x)-f(x)$의 식을 찾으면 해결할 수 있어. 따라서 두 함수의 그래프가 만나는 교점의 x좌표를 이용하여 $g(x)-f(x)$의 식을 찾아야 하는 거야.

2nd 두 함수의 그래프로 둘러싸인 부분의 넓이를 정적분을 이용하여 구해.

삼차함수 $y=f(x)$의 그래프와 접선 $y=g(x)$의 교점의 x좌표는 0, 2이므로 곡선 $y=f(x)$와 직선 $y=g(x)$로 둘러싸인 도형의 넓이를 S라 하면

G 53 정답 ④   *곡선과 접선으로 둘러싸인 부분의 넓이 ···· [정답률 65%]

> **정답 공식:** 이차함수의 그래프와 직선이 접하면 두 식을 연립한 이차방정식은 중근을 갖는다. 또, 닫힌구간 $[a,b]$에서 곡선 $y=f(x)$와 직선 $y=g(x)$로 둘러싸인 부분의 넓이는 $\int_{a}^{b}|f(x)-g(x)|dx$이다.

그림과 같이 두 함수 $y=ax^2+2$와 $y=2|x|$의 그래프가 두 점 A, B에서 각각 접한다. 두 함수 $y=ax^2+2$와 $y=2|x|$의 그래프로 둘러싸인 부분의 넓이는? (단, a는 상수이다.) (3점)

<small>**단서2** 접점의 x좌표를 구한 후 정적분을 이용해 두 함수의 그래프로 둘러싸인 부분의 넓이를 구하자.</small>

단서1 이차함수의 그래프와 직선이 접하므로 이차방정식의 판별식을 이용하여 a의 값을 구할 수 있어.

① $\frac{13}{6}$ ② $\frac{7}{3}$ ③ $\frac{5}{2}$ ④ $\frac{8}{3}$ ⑤ $\frac{17}{6}$

1st 이차함수의 그래프와 직선이 접함을 이용하여 상수 a의 값을 구하자.

$x\geq 0$일 때, 점 B에서 이차함수 $y=ax^2+2$의 그래프와 직선 $y=2x$가 접하므로 두 식을 연립하면

<small>$y=2|x|$에서 $y=\begin{cases} 2x & (x\geq 0) \\ -2x & (x<0) \end{cases}$</small>

$ax^2+2=2x$, 즉 $ax^2-2x+2=0$ ··· ㉠

x에 대한 이차방정식 ㉠의 판별식을 D라 하면

$$\frac{D}{4}=(-1)^2-2a=0 \quad \therefore a=\frac{1}{2}$$

<small>이차함수 $y=f(x)$의 그래프와 직선 $y=g(x)$가 접한다. ⟺ 그래프와 직선의 교점의 개수가 1개이다. ⟺ 이차방정식 $f(x)=g(x)$가 중근을 갖는다. ⟺ 이차방정식 $f(x)=g(x)$의 판별식 $D=0$이다.</small>

2nd 접점의 x좌표를 찾자.

㉠에 $a=\frac{1}{2}$을 대입하면

$$\frac{1}{2}x^2-2x+2=0, \quad x^2-4x+4=0$$

$$(x-2)^2=0 \quad \therefore x=2$$

즉, 접점 B의 x좌표는 2이다.

3rd 두 함수의 그래프로 둘러싸인 부분의 넓이를 구하자.

따라서 주어진 두 함수 $y=\frac{1}{2}x^2+2$, $y=2|x|$의 그래프가 모두 y축에 대

하여 대칭이므로 구하는 넓이는

그래프를 보면 바로 두 함수의 그래프가 모두 y축에 대하여 대칭임을 알 수 있지만 식으로 정확히 확인해보자.

$f(x)=\frac{1}{2}x^2+2$, $g(x)=2|x|$라 하면 $f(-x)=\frac{1}{2}(-x)^2+2=\frac{1}{2}x^2+2=f(x)$

$g(-x)=2|-x|=2|x|=g(x)$

즉, $f(x)=f(-x)$, $g(x)=g(-x)$가 성립하므로 두 함수 $f(x)$, $g(x)$는 모두 y축에 대하여 대칭임을 알 수 있어.

$2\times\int_0^2\left|\left(\frac{1}{2}x^2+2\right)-2x\right|dx$

두 함수의 그래프가 모두 y축에 대하여 대칭이므로 두 함수의 그래프로 둘러싸인 두 부분도 y축에 대하여 대칭이야. 즉, y축을 기준으로 두 부분의 넓이가 같으니까 한 쪽의 넓이를 구해 2배해주면 돼.

$=2\times\int_0^2\left(\frac{1}{2}x^2+2-2x\right)dx$

$=2\times\left[\frac{1}{6}x^3+2x-x^2\right]_0^2=2\times\frac{4}{3}=\frac{8}{3}$

다른 풀이: 두 함수 $y=ax^2+2$와 $y=2|x|$의 교점의 x좌표를 미분을 이용하여 구하기

이차함수 $y=ax^2+2$의 그래프와 직선 $y=2x$의 접점 B의 좌표를 $(t, 2t)(t>0)$라 하면 점 B에서의 접선의 기울기가 2이므로

$y'=2ax$에서 $2at=2$ $\therefore at=1$ … ㉠

또, $at^2+2=2t$에서 $at\times t+2=2t$

$t+2=2t(\because ㉠)$ $\therefore t=2$

이것을 ㉠에 대입하면 $a=\frac{1}{2}$

따라서 $a=\frac{1}{2}$이고 접점 B의 x좌표는 2야.

(이하 동일)

접선의 방정식   개념·공식

① 곡선 $y=f(x)$ 위의 점 $(a, f(a))$에서의 접선의 방정식은
$y-f(a)=f'(a)(x-a)$

② 곡선 $y=f(x)$ 위의 점 $(a, f(a))$를 지나고, 이 점에서의 접선에 수직인 직선의 방정식은
$y-f(a)=-\frac{1}{f'(a)}(x-a)$ (단, $f'(a)\neq0$)

G 54 정답 ② *곡선과 접선으로 둘러싸인 부분의 넓이 … [정답률 69%]

정답 공식: 곡선 밖의 점에서 접선을 긋는 경우 접점의 좌표를 $(t, f(t))$라 하고 접선의 방정식을 구해서 접선이 지나는 점의 좌표를 대입한다.

점 $(0, 1)$에서 곡선 $y=x^3+3$에 그은 접선과 이 곡선으로 둘러싸인 부분의 넓이는? (3점)

단서 곡선과 접선으로 둘러싸인 부분의 넓이를 구하려면 접선의 방정식부터 구해야겠지? 곡선 밖의 점에서 그은 접선의 접점의 좌표를 (t, t^3+3)이라 하고 접선의 방정식을 구해.

① $\frac{13}{2}$ ② $\frac{27}{4}$ ③ 7

④ $\frac{29}{4}$ ⑤ $\frac{15}{2}$

1st 접선의 방정식을 구하자.

$f(x)=x^3+3$이라 하면
$f'(x)=3x^2$

이때, 점 $(0, 1)$에서 곡선 $y=f(x)$에 그은 접선의 접점을 (t, t^3+3)이라 하면 접선의 기울기는 $f'(t)=3t^2$이므로

접선의 방정식은 $y=3t^2(x-t)+t^3+3$이다.

점 (a, b)를 지나고 기울기가 m인 직선의 방정식은 $y=m(x-a)+b$야.

이 접선이 점 $(0, 1)$을 지나므로 $x=0$, $y=1$을 대입하면

$1=-3t^3+t^3+3$에서

$t^3-1=0$, $(t-1)(t^2+t+1)=0$

$\therefore t=1 (\because t^2+t+1>0)$

따라서 접점의 좌표는 $(1, 4)$이고 접선의 방정식은

$y=3(x-1)+4=3x+1$이다.

2nd 곡선과 접선으로 둘러싸인 부분의 넓이를 구하자.

이때, 곡선과 접선의 교점의 x좌표는

$x^3+3=3x+1$에서

$x^3-3x+2=0$, $(x-1)^2(x+2)=0$

$\therefore x=1$ 또는 $x=-2$

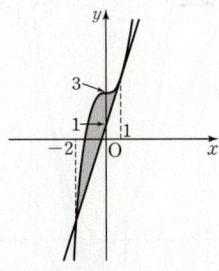

따라서 곡선 $y=f(x)$와 접선은 그림과 같이 $x=-2$에서 만나고 $x=1$에서 접하므로 곡선 $y=f(x)$와 접선으로 둘러싸인 부분의 넓이를 S라 하면

$S=\int_{-2}^1\{(x^3+3)-(3x+1)\}dx$

그림에 의하여 넓이를 구하는 구간에서 $x^3+3\geq3x+1$이지?

$=\int_{-2}^1(x^3-3x+2)dx$

$=\left[\frac{1}{4}x^4-\frac{3}{2}x^2+2x\right]_{-2}^1$

$=\left(\frac{1}{4}-\frac{3}{2}+2\right)-(4-6-4)$

$=\frac{27}{4}$

> **정답 공식:** 미분가능한 함수 $f(x)$에 대하여 곡선 $y=f(x)$ 밖의 한 점 (a, b)에서 이 곡선에 그은 접선의 접점의 좌표를 $(a, f(a))$라 하면 $b-f(a)=f'(a)(a-a)$이다.

좌표평면 위의 점 P$(1, -3)$에서 곡선 $y=x^2$에 그은 두 접선을 l, m이라 할 때, 두 접선 l, m과 곡선 $y=x^2$으로 둘러싸인 부분의 넓이는? (4점) <u>**단서 2**</u> 구하는 부분의 넓이는 접선 l과 곡선 $y=x^2$으로 둘러싸인 부분의 넓이와 접선 m과 곡선 $y=x^2$으로 둘러싸인 부분의 넓이의 합이야.

① 5 ② $\dfrac{16}{3}$ ③ $\dfrac{17}{3}$ ④ 6 ⑤ $\dfrac{19}{3}$

→ **단서 1** 점 P에서 곡선 $y=x^2$에 그은 접선의 접점의 좌표를 (t, t^2)이라 놓고 접선 l, m의 방정식을 구해.

1st 접선 l, m의 방정식을 구하자.

$f(x)=x^2$이라 놓으면 $f'(x)=2x$

점 P에서 곡선 $y=f(x)$에 그은 접선의 접점의 좌표를 (t, t^2)이라 하면 접선의 방정식은 ─→ 곡선 $y=f(x)$ 위의 한 점 $(a, f(a))$에서의 접선의 방정식은 $y-f(a)=f'(a)(x-a)$
$y-t^2=2t(x-t)$ ⋯ ㉠

이때, 이 접선이 점 P$(1, -3)$을 지나므로 대입하면

$-3-t^2=2t(1-t)$

$-3-t^2=2t-2t^2$, $t^2-2t-3=0$

$(t+1)(t-3)=0$ $\therefore t=-1$ 또는 $t=3$

$t=-1$을 ㉠에 대입하면 └→ 접점의 좌표는 $(-1, 1)$, $(3, 9)$가 돼.

$y-1=-2(x+1)$ $\therefore y=-2x-1$

$t=3$을 ㉠에 대입하면

$y-9=6(x-3)$ $\therefore y=6x-9$

즉, 접선 l, m의 방정식은 $y=-2x-1$, $y=6x-9$이므로

곡선 $y=f(x)$와 두 접선 l, m을 좌표평면 위에 나타내면 다음과 같다.

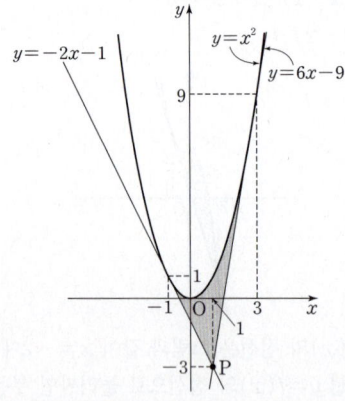

2nd 주어진 곡선과 두 접선으로 둘러싸인 부분의 넓이를 구하자.

따라서 구하는 부분의 넓이를 S라 하면

$S=\displaystyle\int_{-1}^{1}\{x^2-(-2x-1)\}dx+\int_{1}^{3}\{x^2-(6x-9)\}dx$

$\underline{S=(곡선 \ y=x^2과 \ 두 \ 직선 \ y=-2x-1, \ x=1로 \ 둘러싸인 \ 부분의 \ 넓이)}$
$\qquad +(곡선 \ y=x^2과 \ 두 \ 직선 \ x=1, \ y=6x-9로 \ 둘러싸인 \ 부분의 \ 넓이)$

$=\displaystyle\int_{-1}^{1}(x^2+2x+1)dx+\int_{1}^{3}(x^2-6x+9)dx$

$=\left[\dfrac{1}{3}x^3+x^2+x\right]_{-1}^{1}+\left[\dfrac{1}{3}x^3-3x^2+9x\right]_{1}^{3}$

$=\left(\dfrac{1}{3}+1+1\right)-\left(-\dfrac{1}{3}+1-1\right)+(9-27+27)-\left(\dfrac{1}{3}-3+9\right)$

$=\dfrac{16}{3}$

> **정답 공식:** 닫힌구간 $[a, b]$에서 두 곡선 $y=f(x)$와 $y=g(x)$로 둘러싸인 부분의 넓이는 $\displaystyle\int_a^b |f(x)-g(x)|dx$이다.

두 곡선 $y=x^3+x^2$, $y=-x^2+k$와 y축으로 둘러싸인 부분의 넓이를 A, 두 곡선 $y=x^3+x^2$, $y=-x^2+k$와 직선 $x=2$로 둘러싸인 부분의 넓이를 B라 하자. $A=B$일 때, 상수 k의 값은?

단서 두 곡선으로 둘러싸인 부분의 넓이를 구하는 정적분의 식을 떠올려봐. $A=B$에서 정적분의 성질을 이용하면 k의 값을 쉽게 구할 수 있을 거야. (단, $4<k<5$) (4점)

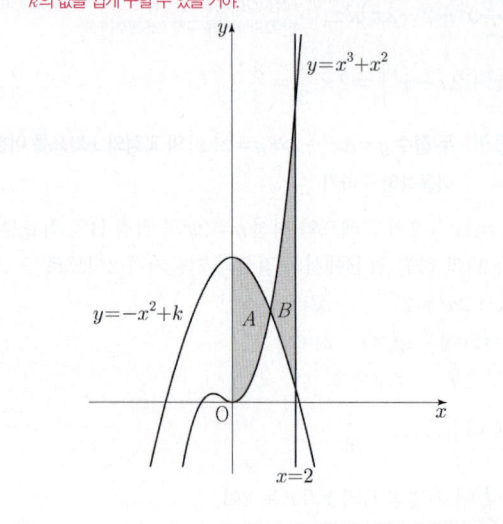

① $\dfrac{25}{6}$ ② $\dfrac{13}{3}$ ③ $\dfrac{9}{2}$ ④ $\dfrac{14}{3}$ ⑤ $\dfrac{29}{6}$

1st $A=B$임을 이용하여 넓이를 구하는 정적분 식을 간단히 정리하자.

$f(x)=x^3+x^2$, $g(x)=-x^2+k$라 할 때, 주어진 그림에서 두 곡선 $y=f(x)$, $y=g(x)$의 교점의 x좌표를 a라 하면 ─→ $0<a<2$

$A=\displaystyle\int_0^a\{g(x)-f(x)\}dx$, $B=\int_a^2\{f(x)-g(x)\}dx$

주어진 구간에서 두 곡선으로 둘러싸인 부분의 넓이는 위쪽의 곡선의 식에서 아래쪽의 곡선의 식을 빼서 정적분해야 하지? 즉, $0\leq x\leq a$일 때는 $g(x)\geq f(x)$이고, $a\leq x\leq 2$일 때는 $f(x)\geq g(x)$야.

이때, $A=B$이므로 $A-B=0$에서

$\displaystyle\int_0^a\{g(x)-f(x)\}dx-\int_a^2\{f(x)-g(x)\}dx=0$

$\displaystyle\int_0^a\{g(x)-f(x)\}dx+\int_a^2\{g(x)-f(x)\}dx=0$

$\therefore \underline{\displaystyle\int_0^2\{g(x)-f(x)\}dx=0}$
$\quad \int_a^c f(x)dx+\int_c^b f(x)dx=\int_a^b f(x)dx$

2nd 정적분을 하여 k의 값을 구하자.

따라서

$\displaystyle\int_0^2\{(-x^2+k)-(x^3+x^2)\}dx$

$=\displaystyle\int_0^2(-x^3-2x^2+k)dx=\left[-\dfrac{1}{4}x^4-\dfrac{2}{3}x^3+kx\right]_0^2$

$=-4-\dfrac{16}{3}+2k=2k-\dfrac{28}{3}$

이므로

$2k-\dfrac{28}{3}=0$

$\therefore k=\dfrac{14}{3}$

백규민 **영남대 약학과 2023년 입학** · 대구 성화여고 졸

시험장에서 이 문제를 딱 본 순간에는 그래프 두 개가 겹쳐 있으니까 꽤나 복잡할 것 같아 걱정이 되었는데, 문제를 천천히 읽고 났더니 기출 문제에서 여러 번 나왔던 발상이 떠올라서 단숨에 풀어낼 수 있었어. 두 넓이 A와 B가 같으니까 두 곡선을 각각 $x=0$에서 $x=2$까지 정적분한 값이 서로 같다는 것을 이용하면 되었지. 이 문제에서 만약 넓이 A와 B를 각각 구하려 했다면 많은 시간이 소요되고 계산 실수도 할 수 있었을 거야.
기출 문제를 공부할 때 답을 얻는 것도 중요하지만 얼마나 간단하면서도 빠르게 해결했느냐도 중요하니까 공부하면서 시간이 오래 걸렸던 문제는 꼭 풀이를 확인해 보는 습관을 갖도록 하자.

G 57 정답 40 *두 도형의 넓이가 같은 경우 ⸺⸺ [정답률 61%]

정답 공식: 닫힌구간 $[a, b]$에서 곡선 $y=f(x)$와 직선 $y=g(x)$로 둘러싸인 부분의 넓이는 $\int_a^b |f(x)-g(x)|\,dx$이다.

함수 $f(x)=\dfrac{1}{2}x^3$의 그래프 위의 점 $\mathrm{P}(a, b)$에 대하여 곡선 $y=f(x)$와 x축 및 직선 $x=1$로 둘러싸인 부분의 넓이를 S_1, 곡선 $y=f(x)$와 두 직선 $x=1$, $y=b$로 둘러싸인 부분의 넓이를 S_2라 하자. $S_1=S_2$일 때, $30a$의 값을 구하시오. (단, $a>1$) (4점)

단서 2 정적분을 이용하여 구한 S_1과 S_2의 값이 같음을 이용하여 방정식을 세우면 a의 값을 구할 수 있어.

단서 1 정적분을 이용하여 곡선과 직선으로 둘러싸인 부분의 넓이를 구해. 이때, 넓이는 양수이므로 곡선이 직선보다 위에 있는지, 아래에 있는지 확인해야 해.

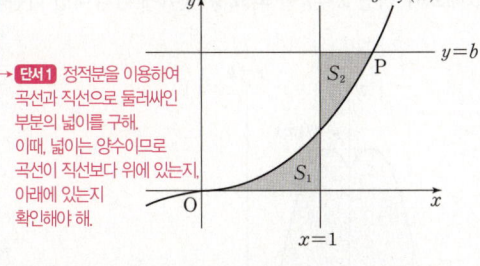

1st 정적분을 이용하여 S_1, S_2를 각각 구해.

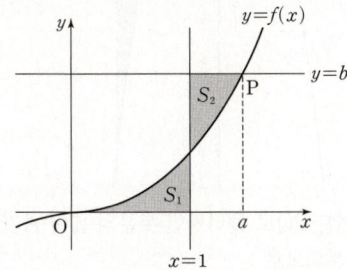

점 $\mathrm{P}(a, b)$가 함수 $f(x)=\dfrac{1}{2}x^3$의 그래프 위의 점이므로

$$b=\frac{1}{2}a^3$$

한편, 정적분을 이용하여 S_1, S_2를 각각 구하면

$$S_1=\int_0^1 \frac{1}{2}x^3\,dx=\left[\frac{1}{8}x^4\right]_0^1=\frac{1}{8}$$

$\int_a^b x^n\,dx=\left[\dfrac{1}{n+1}x^{n+1}\right]_a^b$

$$S_2=\int_1^a \left(b-\frac{1}{2}x^3\right)dx$$
$$=\int_1^a \left(\frac{1}{2}a^3-\frac{1}{2}x^3\right)dx$$
$$=\left[\frac{1}{2}a^3 x-\frac{1}{8}x^4\right]_1^a$$

실수 x에 대해 적분하는 중이니까 a는 상수처럼 생각하면 돼.

$$=\frac{1}{2}a^4-\frac{1}{8}a^4-\frac{1}{2}a^3+\frac{1}{8}$$
$$=\frac{3}{8}a^4-\frac{1}{2}a^3+\frac{1}{8}$$

2nd $S_1=S_2$임을 이용하여 $30a$의 값을 구해.

이때, $S_1=S_2$이므로

$$\frac{1}{8}=\frac{3}{8}a^4-\frac{1}{2}a^3+\frac{1}{8}, \ 3a^4-4a^3=0$$

$$a^3(3a-4)=0 \qquad \therefore a=\frac{4}{3}\ (\because a>1)$$

$$\therefore 30a=30\times \frac{4}{3}=40$$

톡톡 풀이: 가로의 길이가 b, 세로의 길이가 1인 직사각형의 넓이와 구간 $0\le x\le a$에서 $y=f(x)$와 x축 사이의 넓이가 같음 이용하기

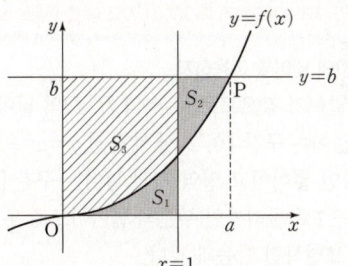

$S_1=S_2$이므로 그림에서 $S_3+S_2=S_3+S_1$이지?
즉, 두 직선 $x=0$, $y=b$와 곡선 $y=f(x)$로 둘러싸인 부분의 넓이는
네 직선 $x=0$, $x=1$, $y=0$(x축), $y=b$로 둘러싸인 직사각형의 넓이와 같아.
(y축)

(두 직선 $x=0$, $y=b$와 곡선 $y=f(x)$로 둘러싸인 부분의 넓이)
$=ab-\int_0^a \frac{1}{2}x^3\,dx$ → $=$(가로, 세로의 길이가 각각 a, b인 직사각형의 넓이) $-$(곡선 $y=f(x)$와 x축 및 직선 $x=a$로 둘러싸인 부분의 넓이)
$=ab-\left[\frac{1}{8}x^4\right]_0^a=ab-\frac{1}{8}a^4 \cdots$ ㉠

(네 직선 $x=0$, $x=1$, $y=0$, $y=b$로 둘러싸인 직사각형의 넓이)
$=1\times b=b \cdots$ ㉡ → 가로의 길이가 1이고, 세로의 길이가 b인 직사각형의 넓이야.

㉠$=$㉡이므로 $ab-\frac{1}{8}a^4=b$

그런데 $b=\frac{1}{2}a^3$이니까 위 식에 대입하면

$$a\times \frac{1}{2}a^3-\frac{1}{8}a^4=\frac{1}{2}a^3$$

$$\frac{3}{8}a^4=\frac{1}{2}a^3, \ 3a^4-4a^3=0$$

$$a^3(3a-4)=0 \qquad \therefore a=\frac{4}{3}\ (\because a>1)$$

$$\therefore 30a=30\times \frac{4}{3}=40$$

G 58 정답 200 ＊두 도형의 넓이가 같은 경우 ········· [정답률 74%]

그림과 같이 네 점 $(0, -1)$, $(2, -1)$, $(2, 4)$, $(0, 4)$를 꼭짓점으로 하는 직사각형 내부가 곡선 $y=x^3-x^2$에 의하여 나누어지는 두 부분을 A, B, 직선 $y=ax$에 의하여 나누어지는 두 부분을 C, D라 하자. 영역 A의 넓이와 영역 C의 넓이가 같을 때, $300a$의 값을 구하시오. (4점)

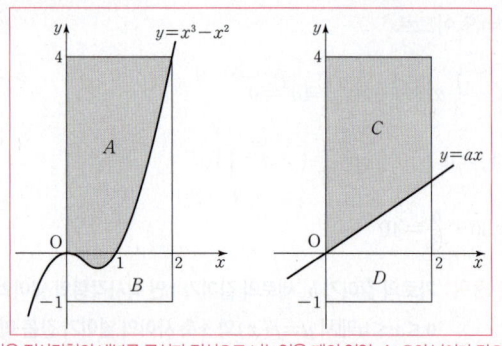

> **단서** 같은 직사각형의 내부를 곡선과 직선으로 나누었을 때의 영역 A, C의 넓이가 같으니까 남은 부분인 영역 B, D의 넓이도 같아. 즉, 영역 B, D의 넓이를 이용하여 a의 값을 구해 봐.

1st 두 영역 B, D의 넓이를 이용하자.

두 영역 A, C의 넓이가 같으므로 두 영역 B, D의 넓이도 같다.

이때, 영역 B의 넓이는 구간 $[0, 2]$에서 곡선 $y=x^3-x^2$과 직선 $y=-1$로 둘러싸인 넓이이고 영역 D의 넓이는 구간 $[0, 2]$에서 두 직선 $y=ax$와 $y=-1$로 둘러싸인 부분의 넓이이므로 두 영역 B, D의 넓이를 정적분으로 표현하면 다음과 같다.

$$B=\int_0^2 (x^3-x^2+1)\,dx, \quad D=\int_0^2 (ax+1)\,dx$$

즉, $\int_0^2 (x^3-x^2+1)\,dx = \int_0^2 (ax+1)\,dx$에서

> $a \le x \le b$에서 두 곡선 $f(x)$, $g(x)$ 사이의 넓이는 $\int_a^b |f(x)-g(x)|\,dx$ 임을 이용하자.

$$\left[\frac{1}{4}x^4 - \frac{1}{3}x^3 + x\right]_0^2 = \left[\frac{a}{2}x^2 + x\right]_0^2$$

$$4 - \frac{8}{3} + 2 = 2a + 2$$

$$\frac{4}{3} = 2a \qquad \therefore a = \frac{2}{3}$$

$$\therefore 300a = 300 \times \frac{2}{3} = 200$$

🌸 **두 곡선 사이의 넓이**   개념·공식

닫힌구간 $[a, b]$에서 두 함수 $y=f(x)$, $y=g(x)$가 연속일 때, 두 곡선 $y=f(x)$, $y=g(x)$와 두 직선 $x=a$, $x=b$ $(a<b)$로 둘러싸인 도형의 넓이 S는

$$S=\int_a^b |f(x)-g(x)|\,dx$$

G 59 정답 ④ ＊두 도형의 넓이가 같은 경우 ········· [정답률 78%]

함수

$$f(x) = \begin{cases} -x^2-2x+6 & (x<0) \\ -x^2+2x+6 & (x\ge 0) \end{cases}$$

의 그래프가 x축과 만나는 서로 다른 두 점을 P, Q라 하고, 상수 $k\,(k>4)$에 대하여 직선 $x=k$가 x축과 만나는 점을 R이라 하자. 곡선 $y=f(x)$와 선분 PQ로 둘러싸인 부분의 넓이를 A, 곡선

> **단서** 정적분을 사용하여 넓이를 구하려면 적분구간에서 함수의 그래프가 x축의 위쪽에 있는지 아래쪽에 있는지 확인해야 해.

$y=f(x)$와 직선 $x=k$ 및 선분 QR로 둘러싸인 부분의 넓이를 B라 하자. $A=2B$일 때, k의 값은? (단, 점 P의 x좌표는 음수이다.)

(4점)

① $\dfrac{9}{2}$ ② 5   ③ $\dfrac{11}{2}$ ④ 6   ⑤ $\dfrac{13}{2}$

1st 함수 $y=f(x)$의 그래프와 직선 $x=k\,(k>4)$를 좌표평면 위에 나타내.

$$\begin{aligned} \text{함수 } f(x) &= \begin{cases} -x^2-2x+6 & (x<0) \\ -x^2+2x+6 & (x\ge 0) \end{cases} \\ &= \begin{cases} -(x+1)^2+7 & (x<0) \\ -(x-1)^2+7 & (x\ge 0) \end{cases} \end{aligned}$$

> 함수 $y=f(x)$의 그래프는 y축에 대하여 대칭이야.

이므로 함수 $y=f(x)$의 그래프는

$x<0$에서 꼭짓점의 좌표가 $(-1, 7)$인 이차함수의 그래프이고,

$x\ge 0$에서 꼭짓점의 좌표가 $(1, 7)$인 이차함수의 그래프이다.

함수 $y=f(x)$의 그래프와 직선 $x=k$를 좌표평면 위에 나타내면 다음과 같다.

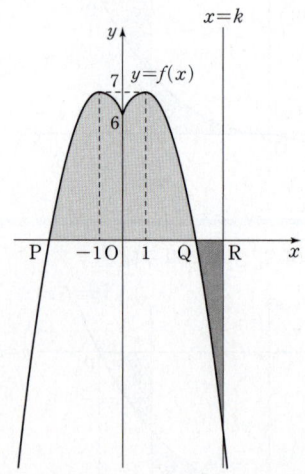

곡선 $y=f(x)$와 선분 PQ로 둘러싸인 부분의 넓이 A가 y축에 의하여 이등분되므로

함수 $y=f(x)$의 그래프와 x축 및 y축으로 둘러싸인 부분의 넓이는 각각 $\dfrac{A}{2}$이다.

이때, $A=2B$, 즉 $\dfrac{A}{2}=B$ ··· ㉠이므로

곡선 $y=f(x)$와 x축 및 y축으로 둘러싸인 부분의 넓이는 곡선 $y=f(x)$와 직선 $x=k$ 및 선분 QR로 둘러싸인 부분의 넓이와 같다.

2nd 두 도형의 넓이가 같음을 이용하여 정적분을 계산해.

점 Q의 x좌표를 q라 하면

> **주의**
> 이 문제에서 점 Q의 x좌표를 구할 수는 있지만 두 도형의 넓이가 같음을 이용하게 되면 점 Q의 x좌표를 구할 필요가 없어서 상수로 두었어.

$$\frac{A}{2}=\int_0^q |f(x)|\,dx=\int_0^q f(x)\,dx,$$

$$B=\int_q^k |f(x)|\,dx=\int_q^k \{-f(x)\}\,dx=-\int_q^k f(x)\,dx$$

이 구간에서 $f(x)\leq 0$이야.

㉠에 의해 $\frac{A}{2}-B=0$이므로 $\int_0^q f(x)\,dx+\int_q^k f(x)\,dx=0$

$\therefore \int_0^k f(x)\,dx=0$

$$\int_a^b f(x)\,dx+\int_b^c f(x)\,dx=\int_a^c f(x)\,dx$$

$$\int_0^k (-x^2+2x+6)\,dx=0$$

$x\geq 0$에서 $f(x)=-x^2+2x+6$이므로 해당 식을 사용했어.

$$\left[-\frac{1}{3}x^3+x^2+6x\right]_0^k=0$$

$$-\frac{1}{3}k^3+k^2+6k=0,\ -\frac{1}{3}k(k^2-3k-18)=0$$

$$-\frac{1}{3}k(k+3)(k-6)=0$$

$\therefore k=6\ (\because k>4)$

G 60 정답 17 *두 도형의 넓이가 같은 경우 ┈┈┈ [정답률 42%]

> **정답 공식**: 점 A의 x좌표를 찾는다. 그 x좌표를 t라고 하면 $\int_0^t \{f(x)-k\}=0$이다.

그림과 같이 삼차함수 $f(x)=-(x+1)^3+8$의 그래프가 x축과 만나는 점을 A라 하고, 점 A를 지나고 x축에 수직인 직선을 l이라 하자. 또, 곡선 $y=f(x)$와 y축 및 직선 $y=k(0<k<7)$로 둘러싸인 부분의 넓이를 S_1이라 하고, 곡선 $y=f(x)$와 직선 l 및 직선 $y=k$로 둘러싸인 부분의 넓이를 S_2라 하자. 이때, $S_1=S_2$가 되도록 하는 상수 k에 대하여 $4k$의 값을 구하시오. (4점)

> **단서** 곡선과 직선의 교점의 x좌표를 a라 하면
> $\int_0^a \{f(x)-k\}\,dx=S_1,$
> $\int_a^1 \{k-f(x)\}\,dx=S_2$이고
> $S_1=S_2$이므로
> $\int_0^a \{f(x)-k\}\,dx$
> $=\int_a^1 \{k-f(x)\}\,dx$가 성립해.

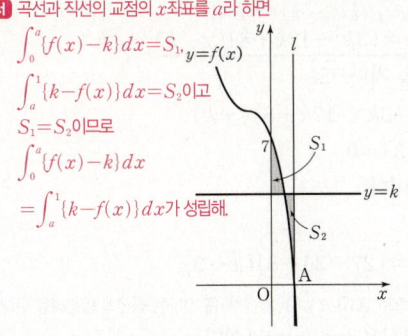

1st 우선 점 A의 좌표를 구하자.

삼차함수 $f(x)=-(x+1)^3+8$의 그래프가 x축과 만나는 점 A의 x좌표는 $f(x)=0$일 때 x의 값이므로

$-(x+1)^3+8=0$

$(x+1)^3=8=2^3,\ x+1=2\quad \therefore x=1$

따라서 점 A의 좌표는 $(1,0)$이고 직선 l의 방정식은 $x=1$이다.

2nd $S_1=S_2$임을 이용하여 정적분의 식을 구하자.

구간 $[0,1]$에서 곡선 $f(x)$가 직선 $y=k(0<k<7)$에 의해 위·아래로 나누어지는 부분의 넓이인 S_1, S_2가 같으므로 $\int_0^1 \{f(x)-k\}\,dx=0$을 만족한다. … (*)

$$\int_0^1 \{-(x+1)^3+8-k\}\,dx=\left[-\frac{1}{4}(x+1)^4+(8-k)x\right]_0^1$$

곡선 $y=f(x)$와 직선 $y=k$의 교점의 x좌표 a에 대하여

$$=-\frac{1}{4}\times 16+(8-k)+\frac{1}{4}$$

$\int_0^1 \{f(x)-k\}\,dx$

$=\int_0^a \{f(x)-k\}\,dx+\int_a^1 \{f(x)-k\}\,dx$ $=-4+8+\frac{1}{4}-k$

이때, $0\leq x\leq a$에서 $f(x)\geq k$이고, $a\leq x\leq 1$에서 $f(x)\leq k$이므로 $\int_0^1 \{f(x)-k\}\,dx=S_1-S_2$야.

$$=\frac{17}{4}-k=0$$

> **주의**
> 정적분했을 때 양수인 부분과 음수인 부분의 넓이가 같다면 더했을 때 상쇄되어 0이 될 수밖에 없지.

따라서 $k=\frac{17}{4}$이므로 $4k=17$

> **수능 핵강**
>
> *** $\int_0^1 \{f(x)-k\}\,dx=0$이 성립하는 이유**
>
> 위의 풀이에서 (*)가 성립하는 이유를 좀 더 자세히 알아볼까?
>
> 주어진 삼차함수 $f(x)$와 직선 $y=k$의 교점의 x좌표를 a라 하면 정적분과 넓이의 관계에 의해
>
> $S_1=\int_0^a |f(x)-k|\,dx$
>
> $=\int_0^a \{f(x)-k\}\,dx,$
>
> $S_2=\int_a^1 |f(x)-k|\,dx$
>
> $=\int_a^1 \{k-f(x)\}\,dx$
>
> 이때, $S_1=S_2$이므로
>
> $\int_0^a \{f(x)-k\}\,dx=\int_a^1 \{k-f(x)\}\,dx$
>
> $\int_0^a \{f(x)-k\}\,dx-\int_a^1 \{k-f(x)\}\,dx=0$
>
> $\therefore \int_0^a \{f(x)-k\}\,dx+\int_a^1 \{f(x)-k\}\,dx=\int_0^1 \{f(x)-k\}=0$
>
> 따라서 구간 $[a,b]$에서 어떤 함수 $g(x)$에 의해 함수 $f(x)$가 위·아래로 나뉘었을 때, 위·아래의 넓이가 각각 같다면 $\int_a^b \{f(x)-g(x)\}\,dx=0$임을 기억하고 있자.

G 61 정답 54　*도형에 의해 둘러싸인 부분의 넓이 ······ [정답률 43%]

> **정답 공식:** 직선 l의 방정식을 $y=ax+b$라 놓고 사다리꼴의 넓이가 $f(x)$의 구간 $[0, 6]$에서의 적분 영역의 넓이와 같음을 이용해 a, b의 관계식을 구한 후 이를 직선의 식에 대입해 직선이 항상 지나는 점 D의 좌표를 구한다.

> **단서 1** 직선 l의 방정식을 $y=ax+b$라 하고 사다리꼴의 넓이와 곡선 $f(x)$와 x축으로 둘러싸인 부분의 넓이가 같음을 이용하여 식을 세워.

그림과 같이 임의로 그은 직선 l이 y축과 만나는 점을 A, 점 C$(6, 0)$을 지나고 y축과 평행하게 그은 직선과의 교점을 B라 하자. 사다리꼴 OABC의 넓이가 곡선 $f(x)=x^3-6x^2$과 x축으로 둘러싸인 부분의 넓이와 같을 때, 임의의 직선 l은 항상 일정한 점 D를 지난다. 이때, △ODC의 넓이를 구하시오. (단, $\overline{AB}$는 $\overline{OC}$ 아래에 있다.)

> **단서 2** 직선 l이 항상 일정한 점 D를 지난다고 하니까 항등식을 이용하여 점 D의 좌표를 구해.

(4점)

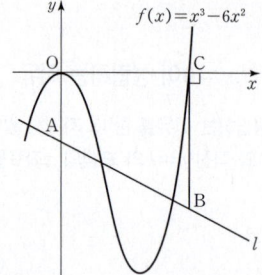

1st 사다리꼴 OABC와 곡선 $y=f(x)$와 x축으로 둘러싸인 부분의 넓이를 각각 구하자.

곡선 $f(x)$와 x축으로 둘러싸인 부분의 넓이를 S_1이라 하면

$S_1=\ominus\int_0^6 (x^3-6x^2)dx$　구간 $(0, 6)$에서 $f(x)<0$이므로 $S_1=\int_0^6 |f(x)|dx=-\int_0^6 f(x)dx$야.

또한, 직선 l을 $y=ax+b$라 하고 사다리꼴 OABC의 넓이를 S_2라 하면 S_2는 두 직선 l, $x=6$ 및 x축, y축으로 둘러싸인 부분의 넓이이므로

$S_2=\ominus\int_0^6 (ax+b)dx$이다.　S_1과 마찬가지로 구간 $(0, 6)$에서 직선 l은 x축의 아래쪽에 존재하므로 $S_2=\int_0^6 |ax+b|dx=-\int_0^6 (ax+b)dx$야.

2nd 임의의 직선 l이 일정한 점을 지나기 위해서는 항등식이 생각나야지?

그런데 $S_1=S_2$라 했으므로

$$-\int_0^6 (x^3-6x^2)dx=-\int_0^6 (ax+b)dx$$

$$\int_0^6 (x^3-6x^2-ax-b)dx=0, \left[\frac{1}{4}x^4-2x^3-\frac{a}{2}x^2-bx\right]_0^6=0$$

$18+3a+b=0$　∴ $b=-3a-18$

따라서 직선 l의 방정식에 대입하면

a의 값에 관계없이 등식이 성립할 조건은 $x=3, y=-18$

$y=ax-3a-18=a(x-3)-18 \Rightarrow a(x-3)-18-y=0$

즉, 직선 l의 방정식은 $x=3, y=-18$일 때, a의 값에 관계없이 등식이 성립하므로 직선 l은 항상 점 $(3, -18)$을 지난다.

따라서 세 점 O$(0, 0)$, C$(6, 0)$, D$(3, -18)$에 대하여 △ODC의 넓이는

$$\frac{1}{2}\times6\times18=54$$

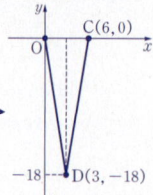

G 62 정답 ②　*두 도형의 넓이가 같은 경우 ······ [정답률 55%]

> **정답 공식:** 두 곡선 $y=f(x), y=g(x)$ 및 두 직선 $x=a, x=b$로 둘러싸인 부분의 넓이는 $\int_a^b |f(x)-g(x)|dx$이다.

그림과 같이 삼차함수 $f(x)=x^3-6x^2+8x+1$의 그래프와 최고차항의 계수가 양수인 이차함수 $y=g(x)$의 그래프가 점 A$(0, 1)$, 점 B$(k, f(k))$에서 만나고, 곡선 $y=f(x)$ 위의 점 B에서의 접선이 점 A를 지난다.

> **단서 1** 곡선 $y=f(x)$ 위의 점 B$(k, f(k))$에서의 접선의 기울기가 $f'(k)$인 접선의 방정식을 구해.

곡선 $y=f(x)$와 직선 AB로 둘러싸인 부분의 넓이를 S_1, 곡선

> **단서 2** 곡선 $y=f(x)$와 직선 AB의 두 교점의 x좌표를 구한 후, 이 x의 값들을 적분 구간으로 하는 정적분의 값을 구하면 돼.

$y=g(x)$와 직선 AB로 둘러싸인 부분의 넓이를 S_2라 하자.

$S_1=S_2$일 때, $\int_0^k g(x)dx$의 값은? (단, k는 양수이다.) (4점)

> **단서 3** 이차함수 $g(x)$의 식을 직접 구하지 않아도 $S_1=S_2$의 관계에서 $\int_0^k g(x)dx$의 값을 구할 수 있어.

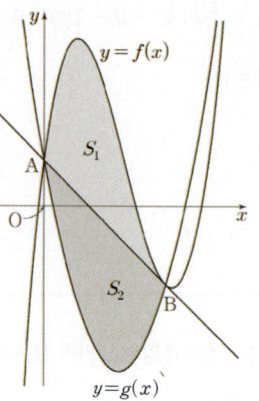

① $-\dfrac{17}{2}$　　② $-\dfrac{33}{4}$　　③ -8

④ $-\dfrac{31}{4}$　　⑤ $-\dfrac{15}{2}$

1st 점 B의 좌표를 구하고, 직선 AB의 방정식을 구하자.

삼차함수 $f(x)=x^3-6x^2+8x+1$에 대하여

$f'(x)=3x^2-12x+8$이므로

곡선 $y=f(x)$ 위의 점 B$(k, f(k))$에서의 접선의 방정식을 구하자.

접선의 방정식은　곡선 $y=f(x)$ 위의 점 $(k, f(k))$에서의 접선의 방정식은 $y=f'(k)(x-k)+f(k)$야.

$y-(k^3-6k^2+8k+1)=(3k^2-12k+8)(x-k)$ ··· ㉠

이 직선이 점 A$(0, 1)$을 지나므로

$1-k^3+6k^2-8k-1=(3k^2-12k+8)(-k)$

$2k^3-6k^2=0, 2k^2(k-3)=0$

에서 $k>0$이므로 $k=3$이다.

$k=3$을 ㉠에 대입하면

$y-(27-54+24+1)=(27-36+8)(x-3)$

∴ $y=-x+1$　$k=3$이므로 A$(0, 1)$, B$(3, -2)$를 지나는 직선의 방정식을 구해도 돼.

따라서 직선 AB의 방정식은 $y=-x+1$이다.

2nd 두 도형의 넓이 S_1, S_2를 적분을 이용하여 각각 나타내자.

삼차함수 $y=f(x)$와 접선 AB의 교점의 x좌표는 0, 3이므로 구하고자 하는 도형의 넓이 S_1은

> **주의** 넓이는 양수이므로 이 구간에서 곡선 또는 직선 중 어느 것이 위에 있는지 확인해야 해. 구간 $[0, 3]$에서 곡선 $y=f(x)$가 직선 AB 위에 있어.

$$S_1=\int_0^3 |f(x)-(-x+1)|dx$$

$$=\int_0^3 \{f(x)+x-1\}dx$$

이차함수 $y=g(x)$와 직선 AB의 교점의 x좌표는 0, 3이므로 구하고자 하는 도형의 넓이 S_2는

$$S_2=\int_0^3 |g(x)-(-x+1)|dx=\int_0^3 \{-x+1-g(x)\}dx$$

주의 넓이는 양수이므로 이 구간에서 곡선 또는 직선 중 어느 것이 위에 있는지 확인해야 해. 구간 $[0, 3]$에서 직선 AB가 곡선 $y=g(x)$ 위에 있어.

3rd $S_1=S_2$를 이용하여 $\int_0^k g(x)dx$의 값을 구하자.

$k=3$이고, $S_1=S_2$에서

$$\int_0^3 \{f(x)+x-1\}dx=\int_0^3 \{-x+1-g(x)\}dx$$

$$\underline{\int_0^3 g(x)dx}=\int_0^3 \{-f(x)-2x+2\}dx$$

▶ **[정적분의 성질]**
$\int_a^b \{f(x)\pm g(x)\}dx$
$=\int_a^b f(x)dx\pm\int_a^b g(x)dx$

$$=\int_0^3 \{-(x^3-6x^2+8x+1)-2x+2\}dx$$

$$=\int_0^3 (-x^3+6x^2-10x+1)dx$$

$$=\left[-\frac{1}{4}x^4+2x^3-5x^2+x\right]_0^3$$

$$=-\frac{81}{4}+54-45+3$$

$$=-\frac{33}{4}$$

다른 풀이: 두 점 $A(0, 1)$, $B(3, -2)$를 지나는 직선의 방정식 구하기

삼차함수 $f(x)=x^3-6x^2+8x+1$에 대하여

$f'(x)=3x^2-12x+8$이므로

곡선 $y=f(x)$ 위의 점 $B(k, f(k))$에서의

접선의 방정식은

$$y-(k^3-6k^2+8k+1)=(3k^2-12k+8)(x-k)$$

이 직선이 점 $A(0, 1)$을 지나므로

$$1-k^3+6k^2-8k-1=(3k^2-12k+8)(-k)$$

에서 $k>0$이므로 $k=3$

따라서 두 점 $A(0, 1)$, $B(3, -2)$를 지나는 직선의 방정식은

$y=-x+1$이야.

(이하 동일)

▶ **[두 점을 지나는 직선의 방정식]**
서로 다른 두 점 $A(x_1, y_1)$, $B(x_2, y_2)$를 지나는 직선의 방정식은
$y=\frac{y_1-y_2}{x_1-x_2}(x-x_1)+y_1$ 또는 $y=\frac{y_1-y_2}{x_1-x_2}(x-x_2)+y_2$

✿ 두 곡선 사이의 넓이 | 개념·공식

닫힌구간 $[a, b]$에서 두 함수 $y=f(x)$, $y=g(x)$가 연속일 때, 두 곡선 $y=f(x)$, $y=g(x)$와 두 직선 $x=a$, $x=b(a<b)$로 둘러싸인 도형의 넓이 S는

$$S=\int_a^b |f(x)-g(x)|dx$$

G 63 정답 ② *도형을 두 부분으로 나누는 경우 ⋯⋯ [정답률 83%]

정답 공식: 정적분을 이용하여 곡선 $y=x^2+1$과 x축 및 두 직선 $x=0$, $x=1$로 둘러싸인 부분의 넓이를 구한다.

함수 $f(x)=x^2+1$의 그래프와 x축 및 두 직선 $x=0$, $x=1$로 둘러싸인 부분의 넓이를 점 $(1, f(1))$을 지나고 기울기가 $m(m\geq 2)$인 직선이 이등분할 때, 상수 m의 값은? (3점)

단서 기울기가 $m(m\geq 2)$인 직선과 x축 및 직선 $x=1$로 이루어진 도형은 삼각형이므로 삼각형의 넓이를 이용해.

① $\frac{5}{2}$ ② 3 ③ $\frac{7}{2}$ ④ 4 ⑤ $\frac{9}{2}$

1st 정적분을 이용하여 넓이를 구해.

함수 $f(x)=x^2+1$의 그래프와 x축 및 두 직선 $x=0$, $x=1$로 둘러싸인 부분의 넓이를 A라 하면

$$A=\int_0^1 |x^2+1|dx=\int_0^1 (x^2+1)dx=\left[\frac{1}{3}x^3+x\right]_0^1=\frac{4}{3} \cdots ㉠$$

곡선 $y=f(x)$와 x축 및 두 직선 $x=a$, $x=b(a<b)$로 둘러싸인 부분의 넓이는 $\int_a^b |f(x)|dx$

곡선 $y=x^2+1$이 x축의 위쪽에 있으므로 절댓값 기호를 생략해도 돼.

2nd 점 $(1, f(1))$을 지나고 기울기가 m인 직선의 방정식을 구해.

$f(1)=1+1=2$이므로

점 $(1, 2)$를 지나고 기울기가 m인 직선의 방정식은

점 (a, b)를 지나고 기울기가 m인 직선의 방정식은 $y-b=m(x-a)$

$y-2=m(x-1)$, 즉 $y=mx-m+2$

이 직선의 x절편은 $1-\frac{2}{m}$이다.

$y=0$을 대입하면 $x=\frac{m-2}{m}=1-\frac{2}{m}$

3rd 삼각형의 넓이가 $\frac{A}{2}$임을 이용하여 상수 m의 값을 구해.

직선 $y=mx-m+2$와 x축 및 직선 $x=1$로 이루어진 도형은

직선 $y=0$

세 점 $(1, 2)$, $(1, 0)$, $\left(1-\frac{2}{m}, 0\right)$을 꼭짓점으로 하는 삼각형이고

세 직선 $y=mx-m+2$, $y=0$, $x=1$의 방정식을 두 개씩 연립하여 교점의 좌표를 구하는 거야.

삼각형의 넓이는 $\frac{A}{2}=\frac{2}{3}$ $(\because ㉠)$

x축 위에 있는 변을 밑변으로 하여 삼각형의 넓이를 구하면

$$\frac{1}{2}\times\frac{2}{m}\times 2=\frac{2}{m}=\frac{2}{3}$$

밑변의 길이는 $1-\left(1-\frac{2}{m}\right)=\frac{2}{m}$이고, 높이는 2야.

$\therefore m=3$

✿ 도형을 두 부분으로 나누는 경우 | 개념·공식

닫힌구간 $[a, b]$에서 곡선 $y=f(x)$와 x축으로 둘러싸인 부분의 넓이 S를 곡선 $y=g(x)$가 이등분할 때, $\int_a^b \{f(x)-g(x)\}dx=\frac{1}{2}S$

G 64 정답 ① *도형을 두 부분으로 나누는 경우 ····· [정답률 79%]

곡선 $y=x^2-5x$와 직선 $y=x$로 둘러싸인 부분의 넓이를 직선 $x=k$가 이등분할 때, 상수 k의 값은? (3점)

> **단서1** 곡선 $y=x^2-5x$와 직선 $y=x$의 교점의 x좌표를 구한 후 곡선과 직선을 좌표평면 위에 나타내고 정적분을 이용하여 넓이를 구해봐.

① 3   ② $\dfrac{13}{4}$ ③ $\dfrac{7}{2}$

④ $\dfrac{15}{4}$ ⑤ 4

> **단서2** 곡선과 직선으로 둘러싸인 부분의 넓이를 S라 하면 구간 $[0, k]$에서 곡선과 직선으로 둘러싸인 부분의 넓이가 $\dfrac{1}{2}S$라는 뜻이야.

1st 곡선 $y=x^2-5x$와 직선 $y=x$가 만나는 점의 x좌표를 구한 후 곡선과 직선으로 둘러싸인 부분의 넓이를 구해.

곡선 $y=x^2-5x$와 직선 $y=x$의 교점의 x좌표를 구하기 위해 두 식을 연립하면

$x^2-5x=x$에서 $x^2-6x=0$

$x(x-6)=0$

$\therefore x=0$ 또는 $x=6$

즉, 곡선 $y=x^2-5x$와 직선 $y=x$의 교점의 x좌표는 0, 6이므로

곡선 $y=x^2-5x$와 직선 $y=x$를 좌표평면 위에 나타내면 [그림 1]과 같다.

> **주의** 구간 $[a, b]$에서 두 곡선 $y=f(x)$, $y=g(x)$로 둘러싸인 부분의 넓이를 구할 때는 그래프의 개형을 그려서 주어진 구간에서 두 곡선의 위치 관계를 파악하는 것이 좋아.

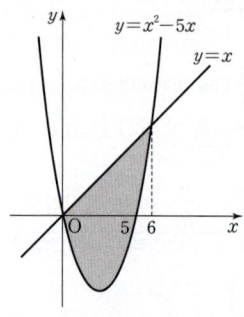

[그림 1]

구간 $[0, 6]$에서 직선 $y=x$가 곡선 $y=x^2-5x$보다 위쪽에 있거나 만나므로 곡선과 직선으로 둘러싸인 부분의 넓이를 S라 하면

$$S=\int_0^6 |(x^2-5x)-x|\,dx$$

> 구간 $[a, b]$에서 두 곡선 $y=f(x)$, $y=g(x)$로 둘러싸인 부분의 넓이는 $\int_a^b |f(x)-g(x)|\,dx$야.

$$=\int_0^6 \{x-(x^2-5x)\}\,dx$$

> 즉, 두 곡선 중 위쪽에 있는 곡선을 나타내는 식에서 아래쪽에 있는 곡선을 나타내는 식을 빼서 정적분의 값을 구하면 돼.

$$=\int_0^6 (6x-x^2)\,dx$$

$$=\left[3x^2-\frac{1}{3}x^3\right]_0^6$$

$$=3\times 36-\frac{1}{3}\times 216=36$$

2nd 구간 $[0, k]$에서 곡선과 직선으로 둘러싸인 부분의 넓이가 $\dfrac{1}{2}S$임을 이용하여 상수 k의 값을 구해.

이때, 직선 $x=k$가 곡선과 직선으로 둘러싸인 부분의 넓이를 이등분하므로 [그림 2]와 같이 구간 $[0, k]$에서 곡선과 직선으로 둘러싸인 부분의 넓이는 $\dfrac{1}{2}S$이다.

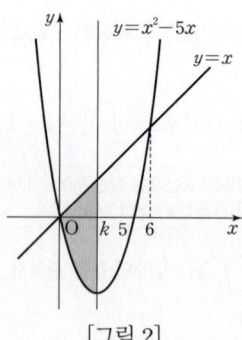

[그림 2]

$$\int_0^k \{x-(x^2-5x)\}\,dx=\int_0^k (6x-x^2)\,dx$$

$$=\left[3x^2-\frac{1}{3}x^3\right]_0^k=-\frac{1}{3}k^3+3k^2$$

따라서 $-\dfrac{1}{3}k^3+3k^2=\dfrac{1}{2}S=18$이므로

$$\frac{1}{3}k^3-3k^2+18=0,\ k^3-9k^2+54=0,\ (k-3)(k^2-6k-18)=0$$

$$\therefore k=3\ (\because 0<k<6)$$

$(k-3)(k^2-6k-18)=0$에서 $k=3$ 또는 $k^2-6k-18=0$ $\therefore k=3$ 또는 $k=3\pm3\sqrt{3}$
그런데 $0<k<6$이어야 하고, $8<3+3\sqrt{3}<9$, $-3<3-3\sqrt{3}<-2$이므로 $k=3$만 답이 돼.

쉬운 풀이: 공식을 이용하여 곡선 $y=x^2-5x$와 직선 $y=x$로 둘러싸인 부분의 넓이 구하기

1st 에서 포물선 $y=x^2-5x$와 직선 $y=x$가 두 점에서 만나고, 그 두 점의 x좌표가 0, 6이므로 포물선과 직선으로 둘러싸인 부분의 넓이를 구하는 공식을 이용하면

포물선 $y=ax^2+bx+c$와 직선 $y=mx+n$이 $x=\alpha$, $x=\beta$ $(\alpha<\beta)$인 두 점에서 만날 때,
포물선과 직선으로 둘러싸인 부분의 넓이 S는 $S=\dfrac{|a|}{6}(\beta-\alpha)^3$

$$\frac{|1|}{6}(6-0)^3=36$$이야.

(이하 동일)

G 65 정답 ③ *도형을 두 부분으로 나누는 경우 ····· [정답률 73%]

실수 전체의 집합에서 정의된 함수

$$f(x)=\begin{cases} x^2-\dfrac{1}{2}k^2 & (x<0) \\ x-\dfrac{1}{2}k^2 & (x\geq 0) \end{cases}$$

가 있다. 그림과 같이 함수 $y=f(x)$의 그래프와 직선 $y=\dfrac{1}{2}k^2$으로 둘러싸인 도형의 넓이가 y축에 의하여 이등분될 때, 상수 k의 값은? (단, $k>0$) (4점)

> **단서** 먼저 두 함수 그래프의 교점의 좌표를 구해야 해.

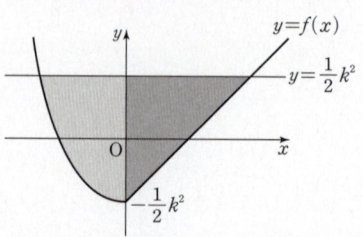

① $\dfrac{2}{3}$ ② 1   ③ $\dfrac{4}{3}$ ④ $\dfrac{5}{3}$ ⑤ 2

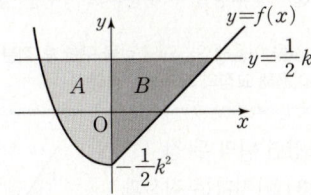

그림과 같이 $x<0$에서 색칠된 넓이를 A, $x\geq0$에서 색칠된 넓이를 B라 하면

(i) $x<0$일 때, 두 식을 연립하면

$$x^2-\frac{1}{2}k^2=\frac{1}{2}k^2,\ x^2=k^2\quad \therefore \underline{x=-k\ (\because x<0)}$$

$x=\pm k$에서 x는 음수, k는 양수이므로 $x=-k$만 답이 돼.

$$\therefore A=\int_{-k}^{0}\left\{\frac{1}{2}k^2-\left(x^2-\frac{1}{2}k^2\right)\right\}dx=\int_{-k}^{0}(-x^2+k^2)dx$$

$$=\left[-\frac{1}{3}x^3+k^2x\right]_{-k}^{0}=\frac{2}{3}k^3$$

(ii) $x\geq0$일 때,

두 식을 연립하면

$$x-\frac{1}{2}k^2=\frac{1}{2}k^2\quad \therefore x=k^2$$

$$\therefore B=\frac{1}{2}\times k^2\times k^2=\frac{1}{2}k^4$$

→ 밑변의 길이와 높이가 모두 k^2인 삼각형의 넓이야.

2nd A, B의 두 넓이가 같으므로 k의 값을 구할 수 있어.

주의 어떠한 도형의 넓이가 이등분되었다는 건 나뉘어진 각각의 부분은 넓이가 서로 같다는 뜻이겠지?

(i), (ii)에서 구한 두 넓이가 같으므로 $\frac{2}{3}k^3=\frac{1}{2}k^4$에서

$$3k^4-4k^3=0,\ \underline{k^3(3k-4)=0}$$

$k>0$이므로 $k\neq0$

$$\therefore k=\frac{4}{3}\ (\because k>0)$$

톡톡 풀이: 곡선과 접선으로 둘러싸인 넓이 구하기

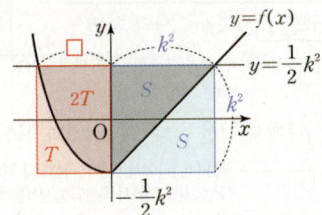

$x<0$에서 함수 $y=f(x)$의 그래프를 y축의 방향으로 $\frac{1}{2}k^2$만큼 평행이동하면 $y=x^2$이므로

$$\int_{-k}^{0}f(x)dx=\int_{-k}^{0}x^2dx=\left[-\frac{1}{3}x^3\right]_{-k}^{0}=\frac{1}{3}k^3$$

전체 빨간 직사각형의 넓이는 k^3이므로 함수 $y=f(x)$의 그래프에 의하여 나뉘어진 부분의 넓이의 비는

$$\int_{-k}^{0}f(x)dx:\int_{-k}^{0}\left\{\frac{1}{2}k^2-f(x)\right\}dx=1:2$$

넓이가 $3T$인 직사각형의 가로 길이를 □라 하자.

넓이가 $2S$인 정사각형의 한 변의 길이가 k^2이므로

$2S=k^2\times k^2=k^4$이고 $3T=k^2\times$□

이때, $2T=S$이므로 $\frac{2}{3}\times k^2\times$□$=\frac{1}{2}k^4$ $\therefore$□$=\frac{3}{4}k^2$

따라서 $x<0$일 때, 직선 $y=\frac{1}{2}k^2$과 곡선 $f(x)$의 교점의 좌표는

$\left(-\frac{3}{4}k^2,\frac{1}{2}k^2\right)$이고, 이 점은 곡선 $f(x)=x^2-\frac{1}{2}k^2$ 위의 점이므로

$$f\left(-\frac{3}{4}k^2\right)=\frac{9}{16}k^4-\frac{1}{2}k^2=\frac{1}{2}k^2$$

$$\frac{9}{16}k^4=k^2,\ k^4=\frac{16}{9}k^2,\ k^2=\frac{16}{9}\quad \therefore k=\frac{4}{3}\ (\because k>0)$$

G 66 정답 ② *두 곡선으로 둘러싸인 부분의 넓이 ···[정답률 56%]

G

정답 공식: 두 곡선 $y=f(x)$, $y=g(x)$ 및 두 직선 $x=a$, $x=b$로 둘러싸인 부분의 넓이는 $\int_a^b|f(x)-g(x)|dx$이다.

단서1 곡선 $y=f(x)$와 직선 $y=x-3$이 만나는 두 점 A, B의 x좌표를 각각 α, β $(\alpha<3<\beta)$로 두고 풀이를 시작해.

최고차항의 계수가 1인 이차함수 $f(x)$에 대하여 곡선 $y=f(x)$와 직선 $y=x-3$이 x좌표가 양수인 두 점 A, B에서 만난다. 직선 $y=x-3$과 x축이 만나는 점을 C라 하자. 곡선 $y=f(x)$와 y축 및 선분 AC로 둘러싸인 부분의 넓이를 S_1, 곡선 $y=f(x)$와 선분 AB로 둘러싸인 부분의 넓이를 S_2라 하자. 곡선 $y=f(x)$와

단서2 $S_1=\int_0^a|f(x)-(x-3)|dx,\ S_2=\int_a^\beta|f(x)-(x-3)|dx$

선분 AB로 둘러싸인 부분의 넓이를 직선 $x=3$이 이등분하고, $S_2-2S_1=6$일 때, $f(-1)$의 값은? (단, 점 A의 x좌표는 3보다 작고, 점 B의 x좌표는 3보다 크다.) (4점)

단서3 양변을 2로 나누면 $\frac{1}{2}S_2-S_1=3$이므로 $\frac{1}{2}S_2-S_1$의 값을 정적분으로 표현해.

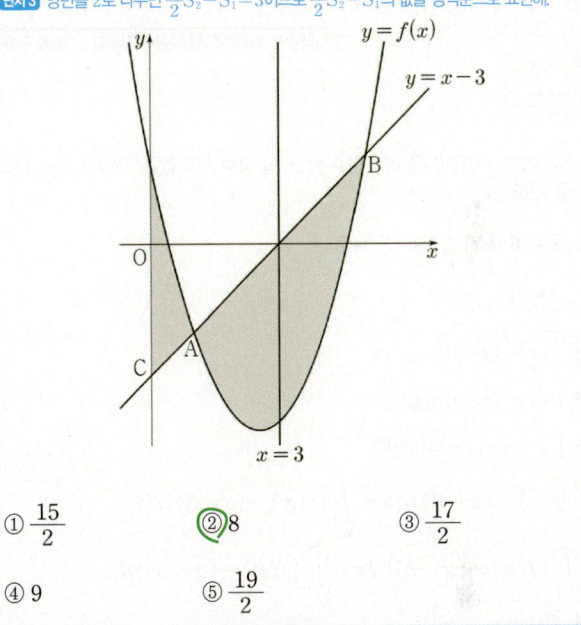

① $\frac{15}{2}$　　②8　　③ $\frac{17}{2}$

④ 9　　⑤ $\frac{19}{2}$

1st 두 곡선으로 둘러싸인 부분의 넓이를 곡선과 x축으로 둘러싸인 부분의 넓이로 나타내.

두 함수 $f(x)$, $g(x)$를

$f(x)=x^2+ax+b$ (a, b는 상수), $g(x)=(x-3)-f(x)$라 하자.

두 점 A, B의 x좌표를 각각 α, β $(\alpha<3<\beta)$라 하면 곡선 $y=f(x)$와 직선 $y=x-3$이 x좌표가 양수인 두 점 A, B에서 만나므로

$g(\alpha)=g(\beta)=0$

$g(\alpha)=\alpha-3$, 즉 $g(\alpha)=(\alpha-3)-f(\alpha)=0$이고,
$f(\beta)=\beta-3$, 즉 $g(\beta)=(\beta-3)-f(\beta)=0$이야.

함수 $g(x)$는 최고차항의 계수가 -1인 이차함수이고, x축과 두 점에서

$f(x)$의 이차항의 계수가 1이므로 $g(x)=(x-3)-f(x)$는 최고차항의 계수가 -1인 이차함수야.

만나므로 곡선 $y=g(x)$의 그래프의 개형은 다음과 같다.

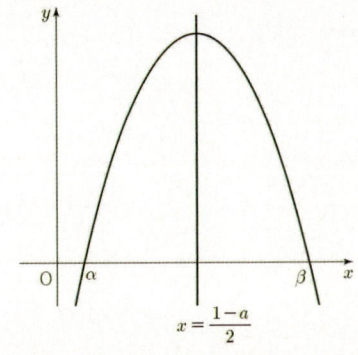

정답 및 해설　**649**

S_2의 넓이를 직선 $x=3$이 이등분함을 이용하여 함수 $f(x)$의 상수 a의 값을 구하자.

$$S_2=\int_\alpha^\beta |f(x)-(x-3)|\,dx$$

$$=\underline{\int_\alpha^\beta\{(x-3)-f(x)\}\,dx}=\int_\alpha^\beta g(x)\,dx$$

구간 $[\alpha, \beta]$에서 $x-3\ge f(x)$야.

이므로 직선 $x=3$은 곡선 $y=g(x)$와 x축으로 둘러싸인 부분의 넓이를 이등분한다.

> 함정 이 문제에서 핵심인 부분으로
> $\int_\alpha^\beta\{(x-3)-f(x)\}\,dx$를 계산하기 위해서는 여러 가지 조건이 필요하고 α, β가 제공되어 있지 않으므로 구하기 어려워. 따라서 $(x-3)-f(x)$를 다른 함수로 정의하는 것이 중요해. 그리고 $g(x)=(x-3)-f(x)$라 할 때, 직선 $x=3$이 S_2를 이등분함을 직선 $x=3$이 곡선 $y=g(x)$와 x축으로 둘러싸인 부분의 넓이를 이등분하는 것으로 바꿔 생각하는 것이 좋아.

$g(x)=(x-3)-f(x)=-x^2+(1-a)x-3-b$에서

이차함수 $y=g(x)$의 그래프는 직선 $x=\dfrac{1-a}{2}$에 대하여 대칭이므로

이차함수의 그래프의 대칭축은 꼭짓점의 x좌표를 구하면 돼.

$$\dfrac{1-a}{2}=3$$

$$\therefore a=-5$$

$S_2-2S_1=6$을 이용하여 함수 $f(x)$의 상수 b의 값을 구하고 $f(-1)$의 값을 구해.

$S_2-2S_1=6$에서 $\dfrac{1}{2}S_2-S_1=3$

$\dfrac{1}{2}S_2-S_1$

$S_1=\int_0^\alpha|f(x)-(x-3)|\,dx$,

$S_2=\int_\alpha^\beta|f(x)-(x-3)|\,dx$,

$\dfrac{1}{2}S_2=\int_\alpha^3|f(x)-(x-3)|\,dx$야.

$$=\int_\alpha^3|f(x)-(x-3)|\,dx-\int_0^\alpha|f(x)-(x-3)|\,dx$$

$$=-\int_\alpha^3\{f(x)-(x-3)\}\,dx-\int_0^\alpha\{f(x)-(x-3)\}\,dx$$

$$=-\left[\int_0^\alpha\{f(x)-(x-3)\}\,dx+\int_\alpha^3\{f(x)-(x-3)\}\,dx\right]$$

$\int_a^c f(x)\,dx=\int_a^b f(x)\,dx+\int_b^c f(x)\,dx$

$$=-\int_0^3\{f(x)-(x-3)\}\,dx$$

$$=-\int_0^3(x^2-6x+b+3)\,dx$$

$$=-\left[\dfrac{1}{3}x^3-3x^2+(b+3)x\right]_0^3=-\{9-27+3(b+3)-0\}$$

$$=18-3(b+3)=9-3b=3$$

$$\therefore b=2$$

따라서 $f(x)=x^2-5x+2$이므로 $f(-1)=1+5+2=8$

G 67 정답 ② *도형을 두 부분으로 나누는 경우 ···· [정답률 42%]

> 정답 공식: S_1+S_2의 값을 이용해 S_1, S_2의 값을 구한 후 적분을 이용해 S_1, S_2를 나타낼 수 있고, 이를 이용해 교점의 좌표를 구한다.

그림과 같이 좌표평면 위의 두 점 A$(2, 0)$, B$(0, 3)$을 지나는 직선과 곡선 $y=ax^2(a>0)$및 y축으로 둘러싸인 부분 중에서 제1사분면에 있는 부분의 넓이를 S_1이라 하자. 또, 직선 AB와 곡선 $y=ax^2$ 및 x축으로 둘러싸인 부분의 넓이를 S_2라 하자.

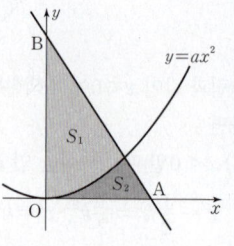

$S_1 : S_2=13 : 3$일 때, 상수 a의 값은? (4점)

> 단서 두 넓이 S_1, S_2의 합은 삼각형 OAB의 넓이와 같아. 그런데 두 넓이 S_1, S_2의 넓이의 비가 주어져 있으니까 S_1, S_2의 값을 구할 수 있어. 그다음, 정적분을 이용하여 a의 값을 결정하면 돼.

① $\dfrac{2}{9}$ ② $\dfrac{1}{3}$ ③ $\dfrac{4}{9}$ ④ $\dfrac{5}{9}$ ⑤ $\dfrac{2}{3}$

넓이 S_1, S_2를 비례식을 이용하여 구하자.

직각삼각형 OAB에 대하여

$\triangle OAB=\dfrac{1}{2}\overline{OA}\cdot\overline{OB}=\dfrac{1}{2}\cdot2\cdot3=3$이고,

$S_1 : S_2=13 : 3$, $\triangle OAB=S_1+S_2$이므로

$S_1=3\cdot\dfrac{13}{16}=\dfrac{39}{16}$ … ㉠, $S_2=3\cdot\dfrac{3}{16}=\dfrac{9}{16}$

정적분을 이용하여 넓이 S_1을 나타내자.

두 점 A$(2, 0)$, B$(0, 3)$을 지나는 직선의 방정식은 $\dfrac{x}{2}+\dfrac{y}{3}=1$, 즉 $y=-\dfrac{3}{2}x+3$이다.

x절편이 a, y절편이 b인 직선의 방정식은 $\dfrac{x}{a}+\dfrac{y}{b}=1$

이때, 직선 $y=-\dfrac{3}{2}x+3$과 곡선 $y=ax^2$의 그래프의 교점의 x좌표를 $p(0<p<2)$라 하면

$ap^2=-\dfrac{3}{2}p+3$ … ㉡

방정식 $-\dfrac{3}{2}x+3=ax^2$의 해가 $x=p$라는 거야.

넓이 S_1은 구간 $[0, p]$에서 직선 $y=-\dfrac{3}{2}x+3$과 곡선 $y=ax^2$으로 둘러싸인 부분이므로

구간 $[0, p]$에서 직선이 곡선보다 위에 있으므로 피적분함수는 직선의 방정식에서 곡선의 방정식을 빼서 나타내야 해.

$$S_1=\int_0^p\left\{\left(-\dfrac{3}{2}x+3\right)-ax^2\right\}dx$$

$$=\left[-\dfrac{3}{4}x^2+3x-\dfrac{1}{3}ax^3\right]_0^p=-\dfrac{3}{4}p^2+3p-\dfrac{1}{3}ap^3$$

$$=-\dfrac{3}{4}p^2+3p-\dfrac{1}{3}p\left(-\dfrac{3}{2}p+3\right)(\because ㉡)$$

$$=-\dfrac{1}{4}p^2+2p$$

㉠에서 $-\dfrac{1}{4}p^2+2p=\dfrac{39}{16}$, $4p^2-32p+39=0$, $(2p-3)(2p-13)=0$

> 주의 곡선과 직선의 교점에서 x축에 내린 수선의 발을 H라 하면 점 H는 선분 OA 위의 점이므로 $0<p<2$야.

$\therefore p=\dfrac{3}{2}(\because 0<p<2)$

이것을 ㉡에 대입하면

$$\dfrac{9}{4}a=-\dfrac{9}{4}+3=\dfrac{3}{4}$$

$$\therefore a=\dfrac{1}{3}$$

> 🔎 다른 풀이: S_2의 넓이를 정적분으로 나타내고 $S_2=\dfrac{9}{16}$임을 이용하여 p의 값 구하기

위의 $S_2=\dfrac{9}{16}$임을 이용하여 넓이 S_2를 정적분으로 나타내자.

직선과 곡선의 교점의 x좌표를 $p(0<p<2)$라 하자.

구간 $[p, 2]$에서 직선 $y=-\dfrac{3}{2}x+3$과 x축으로 둘러싸인 부분인

삼각형의 넓이는

$\dfrac{1}{2}\cdot ap^2\cdot(2-p)$이므로

$S_2=\displaystyle\int_0^p ax^2dx+\dfrac{1}{2}\cdot ap^2\cdot(2-p)$

$\quad=\left[\dfrac{a}{3}x^3\right]_0^p+\dfrac{ap^2(2-p)}{2}=\dfrac{ap^2(6-p)}{6}$

$\quad=\dfrac{1}{6}\left(-\dfrac{3}{2}p+3\right)(6-p)\ (\because \text{ⓛ})$

$\quad=\dfrac{1}{4}(2-p)(6-p)=\dfrac{9}{16}$

$4p^2-32p+39=0,\ (2p-3)(2p-13)=0$

$\therefore p=\dfrac{3}{2}\ (\because 0<p<2)$

(이하 동일)

🔍 **쉬운 풀이:** 두 곡선 $f(x), g(x)$로 둘러싸인 도형의 넓이와 두 곡선 $h(x)$, $g(x)$로 둘러싸인 도형의 넓이가 같음을 이용하기

$f(x)=-x^4+x,\ g(x)=ax(1-x),\ h(x)=x^4-x^3$이라 하자.

두 곡선 $f(x)$와 $h(x)$로 둘러싸인 도형의 넓이가 곡선 $y=g(x)$에 의하여 이등분되므로 두 곡선 $f(x),\ g(x)$로 둘러싸인 도형의 넓이와 두 곡선 $h(x),\ g(x)$로 둘러싸인 도형의 넓이는 같아.

즉, $\displaystyle\int_0^1\{f(x)-g(x)\}dx=\int_0^1\{g(x)-h(x)\}dx$이므로

$2\displaystyle\int_0^1 g(x)dx=\int_0^1 f(x)dx+\int_0^1 h(x)dx=\int_0^1\{f(x)+h(x)\}dx$

$2\displaystyle\int_0^1 (ax-ax^2)dx=\int_0^1 (-x^3+x)dx$ ← 정적분의 성질에 의해

$2\left[\dfrac{a}{2}x^2-\dfrac{a}{3}x^3\right]_0^1=\left[-\dfrac{1}{4}x^4+\dfrac{1}{2}x^2\right]_0^1$

$\displaystyle\int_0^1\{f(x)-g(x)\}dx$

$=\displaystyle\int_0^1 f(x)dx-\int_0^1 g(x)dx$이고

$\dfrac{a}{3}=\dfrac{1}{4}\qquad \therefore a=\dfrac{3}{4}$

$\displaystyle\int_0^1\{g(x)-h(x)\}dx$

$=\displaystyle\int_0^1 g(x)dx-\int_0^1 h(x)dx$

G ⓖ

G 68 정답 ④ *도형을 두 부분으로 나누는 경우 ······ [정답률 49%]

[**정답 공식:** 이등분된 두 영역을 각각 적분을 이용하여 구한다.]

두 곡선 $y=x^4-x^3,\ y=-x^4+x$로 둘러싸인 도형의 넓이가 곡선 $y=ax(1-x)$에 의하여 이등분될 때, 상수 a의 값은?

단서 문제에 주어진 대로 식을 세우면 돼. 즉, 두 곡선 $y=x^4-x^3$, $y=-x^4+x$로 둘러싸인 부분의 넓이의 $\dfrac{1}{2}$이 두 곡선 $y=-x^4+x,\ y=ax(1-x)$로 둘러싸인 부분의 넓이야. (단, $0<a<1$) (3점)

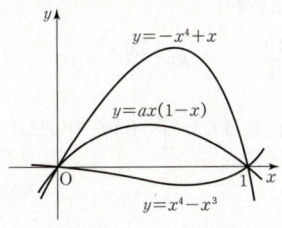

① $\dfrac{1}{4}$ ② $\dfrac{3}{8}$ ③ $\dfrac{5}{8}$ ④ $\dfrac{3}{4}$ ⑤ $\dfrac{7}{8}$

1st 두 곡선 $y=x^4-x^3,\ y=-x^4+x$로 둘러싸인 도형의 넓이부터 구하자.

두 곡선 $y=x^4-x^3,\ y=-x^4+x$로 둘러싸인 도형의 넓이는

$\displaystyle\int_0^1\{-x^4+x-(x^4-x^3)\}dx=\int_0^1(-2x^4+x^3+x)dx$

주어진 그래프에서 $0\le x\le1$일 때 $-x^4+x\ge x^4-x^3$이야.

$\qquad=\left[-\dfrac{2}{5}x^5+\dfrac{1}{4}x^4+\dfrac{1}{2}x^2\right]_0^1$

$\qquad=-\dfrac{2}{5}+\dfrac{1}{4}+\dfrac{1}{2}$

$\qquad=\dfrac{7}{20}\ \cdots\ \text{㉠}$

2nd 두 곡선 $y=ax(1-x)$와 $y=-x^4+x$로 둘러싸인 도형의 넓이를 구하자.

곡선 $y=ax(1-x)$가 두 곡선 $y=x^4-x^3,\ y=-x^4+x$로 둘러싸인 부분의 넓이를 이등분하므로 두 곡선 $y=ax(1-x),\ y=-x^4+x$로 둘러싸인 도형의 넓이가 ㉠의 $\dfrac{1}{2}$, 즉 $\dfrac{1}{2}\times\dfrac{7}{20}=\dfrac{7}{40}$이다.

따라서 $\displaystyle\int_0^1\{-x^4+x-ax(1-x)\}dx=\dfrac{7}{40}$이므로

$\displaystyle\int_0^1\{-x^4+ax^2-(a-1)x\}dx=\left[-\dfrac{1}{5}x^5+\dfrac{a}{3}x^3-\dfrac{a-1}{2}x^2\right]_0^1$

→ 주어진 그래프에서 $0\le x\le1$일 때 $-x^4+x\ge ax(1-x)$지?

$\qquad=\dfrac{3}{10}-\dfrac{a}{6}=\dfrac{7}{40}$

$\therefore a=\dfrac{3}{4}$

G 69 정답 ④ *도형을 세 부분으로 나누는 경우 ······ [정답률 50%]

[**정답 공식:** x의 짝수차수의 항과 상수항의 합으로 이루어진 다항함수 $f(x)$는 y축에 대하여 대칭이다.]

함수 $f(x)=x^4-2x^2$에 대하여 $y=f(x)$의 그래프와 직선 $y=k$는 서로 다른 네 점에서 만난다. 그림과 같이 $y=f(x)$의 그래프와 직선 $y=k$가 만나서 생기는 세 부분의 넓이를 각각 $S_1,\ S_2,\ S_3$이라 하자.

단서1 함수 $f(x)$는 y축에 대하여 대칭이므로 $S_1=S_3$이고 $S_2'=S_2''$이야.

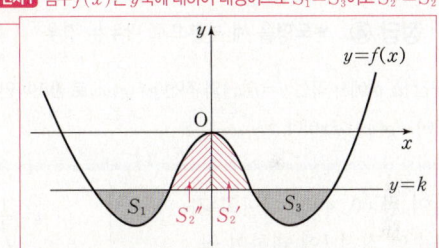

이때, $S_1+S_3=S_2$가 성립하도록 하는 상수 k의 값은? (4점)

단서2 **단서1** 에서 구한 조건을 대입하여 곡선과 직선으로 둘러싸인 부분의 넓이의 특징을 찾아내.

① -2 ② $-\dfrac{5}{4}$ ③ -1 ④ $-\dfrac{5}{9}$ ⑤ $-\dfrac{5}{16}$

1st 함수 $f(x)$가 y축에 대하여 대칭임을 이용하여 $S_1,\ S_2,\ S_3$ 사이의 관계를 찾아.

함수 $f(x)$는 y축에 대하여 대칭인 함수이므로

$S_1=S_3$이고 $S_1+S_3=S_2$에서

→ $f(x)=x^4-2x^2$에서 $f(-x)=(-x)^4-2(-x)^2=x^4-2x^2=f(x)$ 이므로 $f(x)$는 y축에 대하여 대칭이야.

$\dfrac{1}{2}S_2=S_3$이다.

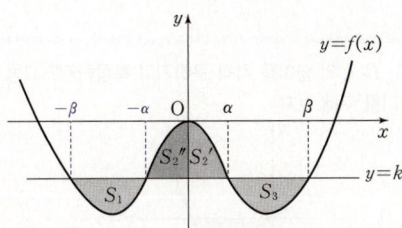

따라서 그림과 같이 $y=f(x)$의 그래프와 직선 $y=k$의 교점의 x좌표를 $\alpha,\ \beta\ (0<\alpha<\beta)$라 하면

$k=\alpha^4-2\alpha^2=\beta^4-2\beta^2\ \cdots\ \text{㉠}$이고

정답 및 해설 **651**

$\int_0^\beta \{f(x)-k\}dx=0$이다.

$\int_0^\beta \{f(x)-k\}dx=\int_0^\alpha \{f(x)-k\}dx+\int_\alpha^\beta \{f(x)-k\}dx$

이때, $f(x)$는 y축에 대하여 대칭이므로 $\int_0^\alpha \{f(x)-k\}dx=\frac{1}{2}S_2$이고,

$\int_\alpha^\beta \{f(x)-k\}dx<0$이므로 $\int_\alpha^\beta \{f(x)-k\}dx=-S_3$

즉, $\int_0^\beta \{f(x)-k\}dx=\frac{1}{2}S_2-S_3=0$이야.

$\int_0^\beta \{f(x)-k\}dx=\int_0^\beta (x^4-2x^2-k)dx$

$=\left[\frac{1}{5}x^5-\frac{2}{3}x^3-kx\right]_0^\beta$

$=\frac{1}{5}\beta^5-\frac{2}{3}\beta^3-k\beta=0$

$\therefore k=\frac{1}{5}\beta^4-\frac{2}{3}\beta^2 \ (\because \beta\neq 0) \cdots$ ㉡

2nd 조건을 만족시키는 k의 값을 구하자.

㉠, ㉡에 의해

$k=\beta^4-2\beta^2=\frac{1}{5}\beta^4-\frac{2}{3}\beta^2$에서

$\frac{4}{5}\beta^4-\frac{4}{3}\beta^2=0$, $\frac{4}{5}\beta^2\left(\beta^2-\frac{5}{3}\right)=0$

$\therefore \beta^2=\frac{5}{3} \ (\because \beta\neq 0)$

따라서 ㉠에 의해

$k=\beta^4-2\beta^2=\frac{25}{9}-\frac{10}{3}=-\frac{5}{9}$

G 70 정답 ④ *도형을 세 부분으로 나누는 경우 ···· [정답률 73%]

정답 공식: 구간 $[a, b]$에서 곡선 $y=f(x)$와 직선 $y=g(x)$로 둘러싸인 부분의 넓이는 $\int_a^b |f(x)-g(x)|dx$이다.

그림과 같이 점 $(0, 4)$를 지나고 기울기가 음수인 직선 l에 대하여 곡선 $y=\frac{1}{4}x^2 (x\geq 0)$과 y축 및 직선 l로 둘러싸인 부분을 A, 곡선과 두 직선 $y=4$, l로 둘러싸인 부분을 B, 곡선과 x축 및 직선 l로 둘러싸인 부분을 C라 하자. 세 부분 A, B, C의 넓이를 각각 S_1, S_2, S_3이라 할 때, $S_1 : S_2 : S_3=3 : 1 : 2$를 만족시키는 직선 l의 기울기는? (4점) **단서** $A+B$ 부분, $A+C$ 부분의 넓이를 구한 후 세 부분의 넓이의 비를 이용하자.

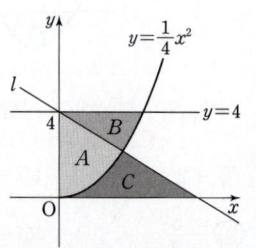

① $-\frac{5}{3}$ ② $-\frac{3}{2}$ ③ -1

④ $-\frac{3}{5}$ ⑤ $-\frac{1}{3}$

1st 세 부분 A, B, C의 넓이를 각각 구하기가 복잡하지? 그럼 두 부분을 합한 부분의 넓이를 구해 보자.

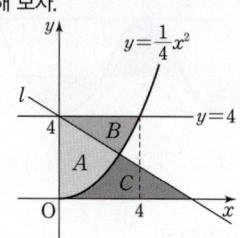

곡선 $y=\frac{1}{4}x^2$과 직선 $y=4$의 교점의 x좌표는 $\frac{1}{4}x^2=4$에서

$x=4 \ (\because x\geq 0)$이므로 교점의 좌표는 $(4, 4)$이다. $x^2=16$ $\therefore x=4$ 또는 $x=-4$

한편, 두 부분 A와 B를 합한 부분은 곡선 $y=\frac{1}{4}x^2$과 직선 $y=4$ 및 y축으로 둘러싸인 부분이므로 한 변의 길이가 4인 정사각형의 넓이에서 곡선 $y=\frac{1}{4}x^2$과 x축 및 직선 $x=4$로 둘러싸인 부분의 넓이를 빼면 돼.

$S_1+S_2=4\times 4-\int_0^4 \frac{1}{4}x^2dx$

$=16-\left[\frac{1}{12}x^3\right]_0^4$

$=16-\frac{16}{3}$

$=\frac{32}{3} \cdots$ ㉠

또한, 두 부분 A와 C를 합한 부분은 직선 l과 x축 및 y축으로 둘러싸인 부분이므로 직선 l의 x절편을 $k (k>0)$이라 하면 밑변의 길이가 k이고 높이가 4인 직각삼각형의 넓이와 같아.

$S_1+S_3=\frac{1}{2}\times k\times 4=2k \cdots$ ㉡

2nd $S_1 : S_2 : S_3=3 : 1 : 2$임을 이용하여 k의 값을 구하자.

이때, $S_1 : S_2 : S_3=3 : 1 : 2$이므로

$S_1=3a$, $S_2=a$, $S_3=2a (a>0)$라 하고 ㉠, ㉡에 각각 대입하면

$S_1+S_2=3a+a=\frac{32}{3}$에서

$4a=\frac{32}{3} \qquad \therefore a=\frac{8}{3}$

$S_1+S_3=3a+2a=2k$에서

$2k=5a=5\times\frac{8}{3}=\frac{40}{3} \qquad \therefore k=\frac{20}{3}$

따라서 직선 l은 두 점 $(0, 4)$, $\left(\frac{20}{3}, 0\right)$을 지나므로 이 직선의 기울기는 두 점 (x_1, y_1), (x_2, y_2)를 지나는

$\dfrac{0-4}{\dfrac{20}{3}-0}=-\frac{3}{5}$이다. 직선의 기울기는 $\frac{y_2-y_1}{x_2-x_1}$

✿ **두 곡선 사이의 넓이** 개념·공식

닫힌구간 $[a, b]$에서 두 함수 $y=f(x)$, $y=g(x)$가 연속일 때, 두 곡선 $y=f(x)$, $y=g(x)$와 두 직선 $x=a$, $x=b(a<b)$로 둘러싸인 도형의 넓이 S는

$S=\int_a^b |f(x)-g(x)|dx$

G 71 정답 ④ *도형을 세 부분으로 나누는 경우 .... [정답률 72%]

> **정답 공식:** 두 곡선 $y=f(x)$, $y=g(x)$ 및 두 직선 $x=a$, $x=b$로 둘러싸인 부분의 넓이 S는 $S=\int_a^b |f(x)-g(x)|\,dx$이다.

함수 $f(x)=-\dfrac{1}{2}x(x-4)$의 그래프를 x축의 방향으로 2만큼 평행이동시킨 곡선을 $y=g(x)$라 하자. 그림과 같이 두 곡선 $y=f(x)$, $y=g(x)$와 x축으로 둘러싸인 세 부분의 넓이를 각각 S_1, S_2, S_3이라 할 때, $S_1-S_2+S_3$의 값은? (4점)

단세1 평행이동의 성질을 이용하면 곡선 $y=g(x)$가 x축과 만나는 교점의 x좌표를 쉽게 알 수 있어.

단세2 평행이동한 곡선의 모양은 바뀌지 않으니까 $S_1=S_3$임을 알 수 있을 거야. 즉, 두 곡선의 위치 관계와 대칭성을 이용하여 S_1, S_2의 값을 구하는 데 집중해.

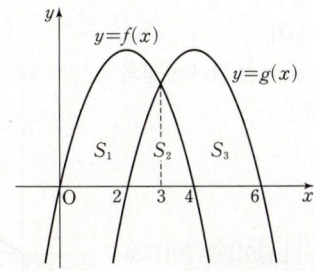

① $\dfrac{14}{3}$ ② 5 ③ $\dfrac{16}{3}$ ④ $\dfrac{17}{3}$ ⑤ 6

1st 두 곡선의 교점의 x좌표를 구하자.

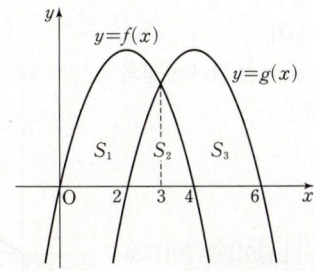

곡선 $y=f(x)$는 x축과 $x=0$, $x=4$일 때 만나고, 곡선 $y=f(x)$를 x축의 방향으로 2만큼 평행이동시킨 곡선 $y=g(x)$는 x축과 $x=2$, $x=6$일 때 만난다.

즉, 그림과 같이 두 곡선 $y=f(x)$과 $y=g(x)$는 직선 $x=\dfrac{2+4}{2}=3$에 대하여 대칭이므로 두 곡선의 교점의 x좌표는 3이다.

2nd S_2, S_1의 값을 정적분을 이용하여 구하자.

$S_2=\int_2^3 g(x)\,dx+\int_3^4 f(x)\,dx=2\int_3^4 f(x)\,dx$

→ 두 곡선은 직선 $x=3$에 대하여 대칭이므로 $\int_2^3 g(x)\,dx=\int_3^4 f(x)\,dx$야.

$=2\int_3^4\left(-\dfrac{1}{2}x^2+2x\right)dx$

$=2\left[-\dfrac{1}{6}x^3+x^2\right]_3^4$

$=2\times\left\{-\dfrac{32}{3}+16-\left(-\dfrac{9}{2}+9\right)\right\}=\dfrac{5}{3}$

$S_1=\int_0^4 f(x)\,dx-S_2=\int_0^4\left(-\dfrac{1}{2}x^2+2x\right)dx-\dfrac{5}{3}$

$=\left[-\dfrac{1}{6}x^3+x^2\right]_0^4-\dfrac{5}{3}$

$=-\dfrac{32}{3}+16-\dfrac{5}{3}=\dfrac{11}{3}$

이때, $\underline{S_3=S_1}$이므로 $S_3=\dfrac{11}{3}$

→ 평행이동을 하여도 곡선의 모양은 변하지 않으므로 곡선 $y=f(x)$와 x축으로 둘러싸인 부분의 넓이와 곡선 $y=g(x)$와 x축으로 둘러싸인 부분의 넓이는 같아.

$\therefore S_1-S_2+S_3=\dfrac{11}{3}-\dfrac{5}{3}+\dfrac{11}{3}=\dfrac{17}{3}$

→ 즉, S_1, S_3의 값은 같은 값에서 S_2의 값을 뺀 것이므로 $S_1=S_3$이야.

G 72 정답 ④ *넓이와 수열 .... [정답률 69%]

> **정답 공식:** S_1, S_2의 넓이를 이용해 S_3의 넓이를 구할 수 있다. 이를 통해 k의 값을 구한다.

그림과 같이 곡선 $f(x)=x^2-5x+4$와 x축 및 y축으로 둘러싸인 부분의 넓이를 S_1, 곡선 $y=f(x)$와 x축으로 둘러싸인 부분의 넓이를 S_2, 곡선 $y=f(x)$와 x축 및 $x=k(k>4)$로 둘러싸인 부분의 넓이를 S_3이라 하자. S_1, S_2, S_3이 이 순서대로 등차수열을 이룰 때, $\int_0^k f(x)\,dx$의 값은? (3점)

단세 S_1, S_2, S_3이 이 순서대로 등차수열을 이루므로 S_2는 S_1, S_3의 등차중항이야. 즉, $2S_2=S_1+S_3$이 성립해.

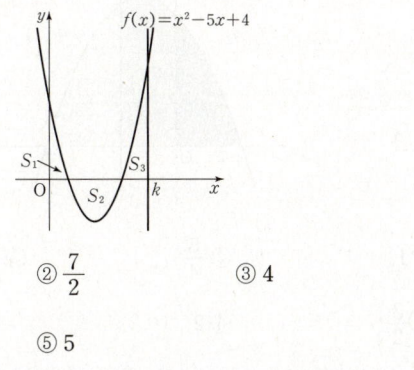

① 3 ② $\dfrac{7}{2}$ ③ 4

④ $\dfrac{9}{2}$ ⑤ 5

1st a, b, c가 순서대로 등차수열을 이루면 $2b=a+c$가 성립해.

함수 $f(x)$에 대하여 그림과 같이 각각의 넓이 S_1, S_2, S_3이 이 순서대로 등차수열을 이루므로 $2S_2=S_1+S_3 \cdots \bigcirc$

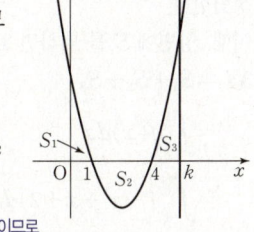

$k>4$일 때,

$\int_0^k f(x)\,dx=S_1-S_2+S_3=(S_1+S_3)-S_2$

$=S_2 \ (\because \bigcirc)\cdots\bigcirc$

→ $0\le x\le1$과 $4\le x\le k$에서 $y\ge0$이고 $1\le x\le4$에서 $y\le0$이므로 $\int_0^1 f(x)\,dx>0$, $\int_4^k f(x)\,dx>0$이고 $\int_1^4 f(x)\,dx<0$이야.

2nd 함수 $y=f(x)$가 x축과 만나는 점의 x좌표를 구해 적분 구간을 정하자.

함수 $f(x)=x^2-5x+4=(x-1)(x-4)$이므로 방정식 $f(x)=0$의 두 근은 각각 1, 4이다.

즉, S_2는 구간 $[1,4]$에서의 곡선 $y=f(x)$와 x축 사이의 넓이이므로

$S_2=\int_1^4 |f(x)|\,dx=\int_1^4(-x^2+5x-4)\,dx$

→ 구간 $[a,b]$에서 곡선 $y=f(x)$와 x축으로 둘러싸인 부분의 넓이는 $\int_a^b |f(x)|\,dx$

$=\left[-\dfrac{1}{3}x^3+\dfrac{5}{2}x^2-4x\right]_1^4$

$=\left(-\dfrac{64}{3}+40-16\right)-\left(-\dfrac{1}{3}+\dfrac{5}{2}-4\right)=\dfrac{9}{2}$

따라서 $\bigcirc$에 의해 $\int_0^k f(x)\,dx=S_2=\dfrac{9}{2}$

수능 핵강

＊공식을 이용하여 이차함수의 그래프와 x축으로 둘러싸인 부분의 넓이 구하기

함수 $f(x)=a(x-\alpha)(x-\beta)$에 대하여 $\alpha\le\beta$일 때

$\underline{\int_\alpha^\beta |a(x-\alpha)(x-\beta)|\,dx=\dfrac{|a|}{6}(\beta-\alpha)^3}$

이것을 이용하면 S_2를 쉽게 구할 수 있어.

$S_2=\int_1^4 |(x-1)(x-4)|\,dx=\dfrac{1}{6}(4-1)^3=\dfrac{9}{2}$

기억하고 있으면 편리하겠지?

정답 공식: $S_1+S_2+S_3=\int_{-1}^{2}f(x)dx$의 값을 구한다.
$2S_2=S_1+S_3$을 이용해 원하고자 하는 값을 얻는다.

함수 $f(x)=-x^2+x+2$에 대하여 그림과 같이 곡선 $y=f(x)$와 x축으로 둘러싸인 부분을 y축과 직선 $x=k(0<k<2)$로 나눈 세 부분의 넓이를 각각 S_1, S_2, S_3이라 하자. S_1, S_2, S_3이 이 순서대로 등차수열을 이룰 때, S_2의 값은? (4점)

단서 세 넓이 S_1, S_2, S_3이 이 순서대로 등차수열을 이루니까 먼저 등차중항, 즉 $2S_2=S_1+S_3$이 떠올라야 해. 이를 이용하여 S_2의 넓이를 구해 봐.

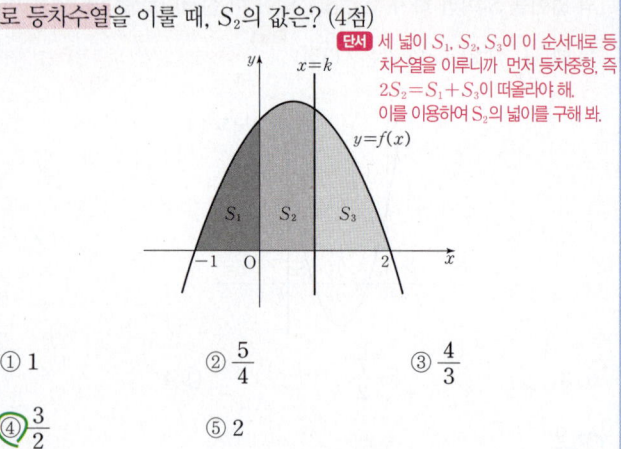

① 1   ② $\dfrac{5}{4}$ ③ $\dfrac{4}{3}$

④ $\dfrac{3}{2}$ ⑤ 2

1st 등차중항의 정의를 이용하여 S_2의 값을 구해.

S_1, S_2, S_3이 이 순서대로 등차수열을 이루므로 $2S_2=S_1+S_3$이 성립한다.

이때, 양변에 S_2를 더하면 $3S_2=S_1+S_2+S_3$이므로
a_1, a_2, a_3이 이 순서대로 등차 수열을 이루면 $2a_2=a_1+a_3$이 성립해.

$3S_2=S_1+S_2+S_3$

$=\int_{-1}^{2}f(x)dx$

$=\int_{-1}^{2}(-x^2+x+2)dx$

$=\left[-\dfrac{1}{3}x^3+\dfrac{1}{2}x^2+2x\right]_{-1}^{2}$

$=-\dfrac{8}{3}+2+4-\left(\dfrac{1}{3}+\dfrac{1}{2}-2\right)=\dfrac{9}{2}$

$\therefore S_2=\dfrac{3}{2}$

다른 풀이: S_1, S_2, S_3을 정적분으로 직접 구하기

세 부분의 넓이 S_1, S_2, S_3을 직접 구하자.

$S_1=\int_{-1}^{0}(-x^2+x+2)dx=\left[-\dfrac{1}{3}x^3+\dfrac{1}{2}x^2+2x\right]_{-1}^{0}=\dfrac{7}{6}$

$S_2=\int_{0}^{k}(-x^2+x+2)dx=\left[-\dfrac{1}{3}x^3+\dfrac{1}{2}x^2+2x\right]_{0}^{k}$

$=-\dfrac{1}{3}k^3+\dfrac{1}{2}k^2+2k \cdots$ ㉠

$S_3=\int_{k}^{2}(-x^2+x+2)dx=\left[-\dfrac{1}{3}x^3+\dfrac{1}{2}x^2+2x\right]_{k}^{2}$

$=\dfrac{10}{3}-\left(-\dfrac{1}{3}k^3+\dfrac{1}{2}k^2+2k\right)=\dfrac{10}{3}-S_2(\because$ ㉠)

이때, $2S_2=S_1+S_3$이 성립하므로

$2S_2=\dfrac{7}{6}+\dfrac{10}{3}-S_2, 3S_2=\dfrac{9}{2}$

$\therefore S_2=\dfrac{3}{2}$

정답 공식: $S_1=\int_{0}^{1}\dfrac{1}{2}x^2dx$이고, $S_1+S_2+S_3=1$이므로 S_2, S_3의 값을 구할 수 있다. S_3의 값을 이용해서 a의 값을 구한다.

그림과 같이 네 점 $(0, 0)$, $(1, 0)$, $(1, 1)$, $(0, 1)$을 꼭짓점으로 하는 정사각형의 내부를 두 곡선 $y=\dfrac{1}{2}x^2$, $y=ax^2$으로 나눈 세 부분의 넓이를 각각 S_1, S_2, S_3이라 하자.

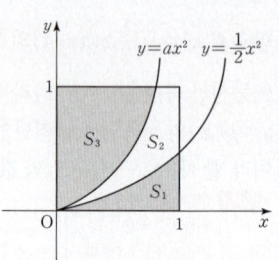

S_1, S_2, S_3이 이 순서로 등차수열을 이룰 때, 양수 a의 값은? (4점)

단서 S_1, S_2, S_3이 이 순서로 등차수열을 이루면 S_2는 S_1, S_3의 등차중항이라는 거야. 즉, $2S_2=S_1+S_3$이 성립한다는 의미지.

① $\dfrac{16}{9}$ ② $\dfrac{17}{9}$ ③ 2

④ $\dfrac{19}{9}$ ⑤ $\dfrac{20}{9}$

1st 일단 S_1은 간단히 정적분하면 구할 수 있으니까 S_1부터 구하자.

$S_1=\int_{0}^{1}\dfrac{1}{2}x^2dx=\left[\dfrac{1}{6}x^3\right]_{0}^{1}=\dfrac{1}{6}$

2nd 이제 S_2, S_3을 구하자.

곡선 $y=ax^2$과 직선 $y=1$이 만나는 점의 x좌표는 $ax^2=1$에서

$x=\dfrac{1}{\sqrt{a}}\ (\because x>0)$

한편, 그림에서

$S_3=$(사각형 OABC의 넓이) $-$ ㉠이므로

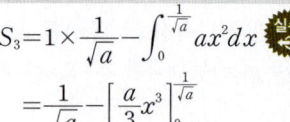

$S_3=1\times\dfrac{1}{\sqrt{a}}-\int_{0}^{\frac{1}{\sqrt{a}}}ax^2dx$

실수 S_3의 값을 좀 더 쉽게 계산할 수 있는 방법을 고민해 보자.

$=\dfrac{1}{\sqrt{a}}-\left[\dfrac{a}{3}x^3\right]_{0}^{\frac{1}{\sqrt{a}}}$

$=\dfrac{1}{\sqrt{a}}-\dfrac{a}{3}\cdot\dfrac{1}{a\sqrt{a}}=\dfrac{2}{3\sqrt{a}}$

→ S_2는 한 변의 길이가 1인 정사각형의 넓이에서 S_1과 S_3의 넓이를 빼면 구할 수 있지?

$\therefore S_2=1\times1-(S_1+S_3)=1-\left(\dfrac{1}{6}+\dfrac{2}{3\sqrt{a}}\right)$

$=\dfrac{5}{6}-\dfrac{2}{3\sqrt{a}}$

3rd S_1, S_2, S_3이 이 순서로 등차수열을 이루니까 S_2는 S_1과 S_3의 등차중항이야.

이때, S_1, S_2, S_3이 이 순서로 등차수열을 이루므로
세 수 a, b, c가 이 순서대로 등차수열을 이룰 때 b를 등차중항이라 하고 $2b=a+c$가 성립해.

$2S_2=S_1+S_3$에서 $2\left(\dfrac{5}{6}-\dfrac{2}{3\sqrt{a}}\right)=\dfrac{1}{6}+\dfrac{2}{3\sqrt{a}}$

$\dfrac{3}{2}=\dfrac{2}{\sqrt{a}}, \sqrt{a}=\dfrac{4}{3}$ $\therefore a=\dfrac{16}{9}$

다른 풀이: S_3이 두 변의 길이가 $\dfrac{1}{\sqrt{a}}$, 1인 직사각형의 넓이에서

곡선 $y=ax^2$과 x축 및 직선 $x=\dfrac{1}{\sqrt{a}}$로 둘러싸인 넓이를 뺀 것과 같음을 이용하기

S_1, S_2, S_3이 이 순서로 등차수열을 이루므로

$2S_2=S_1+S_3 \cdots$ ㉠

이때, 세 넓이 S_1, S_2, S_3의 넓이의 합은 한 변의 길이가 1인 정사각형의 넓이와 같으므로

$S_1+S_2+S_3=1\times1=1 \cdots$ ㉡

⊙을 ⓒ에 대입하면 $3S_2=1$

∴ $S_2=\dfrac{1}{3}$　→ $S_1+S_2+S_3=1$에서 $(S_1+S_3)+S_2=1$이므로
$2S_2+S_2=1$ ∴ $3S_2=1$

또, S_1은 곡선 $y=\dfrac{1}{2}x^2$과 x축 및 직선 $x=1$로 둘러싸인 도형의 넓이이므로

$S_1=\displaystyle\int_0^1 \dfrac{1}{2}x^2dx=\left[\dfrac{1}{6}x^3\right]_0^1=\dfrac{1}{6}$

따라서 S_1, S_2를 ⓒ에 대입하면

$\dfrac{1}{6}+\dfrac{1}{3}+S_3=1$

∴ $S_3=\dfrac{1}{2}$

한편, 곡선 $y=ax^2$과 직선 $y=1$이 만나는 점의 x좌표는 $\dfrac{1}{\sqrt{a}}$이고 S_3은 두 변의 길이가 각각 $\dfrac{1}{\sqrt{a}}$, 1인 직사각형의 넓이에서 곡선 $y=ax^2$과 x축 및 직선 $x=\dfrac{1}{\sqrt{a}}$로 둘러싼 부분의 넓이를 빼면 되므로

$S_3=\dfrac{1}{\sqrt{a}}\times 1-\displaystyle\int_0^{\frac{1}{\sqrt{a}}}ax^2dx$

$=\dfrac{1}{\sqrt{a}}-\left[\dfrac{a}{3}x^3\right]_0^{\frac{1}{\sqrt{a}}}$

$=\dfrac{1}{\sqrt{a}}-\dfrac{a}{3}\cdot\dfrac{1}{a\sqrt{a}}=\dfrac{2}{3\sqrt{a}}=\dfrac{1}{2}$

$3\sqrt{a}=4$, $\sqrt{a}=\dfrac{4}{3}$

∴ $a=\dfrac{16}{9}$

G 75 정답 ③　＊역함수의 정적분 ──────── [정답률 50%]

[정답 공식: 역함수 관계에 있는 두 함수는 직선 $y=x$에 대하여 대칭이다. $f(1)=1$, $f(2)=9$임을 이용하여 함수 $y=g(x)$의 그래프를 그린다.]

함수 $f(x)=x^3+x-1$의 역함수를 $g(x)$라 할 때, $\displaystyle\int_1^9 g(x)dx$의 값은? (4점)　단서 이 문제의 함수 $f(x)$의 역함수를 구하기는 쉽지 않으니까 역함수의 그래프의 성질을 이용하여 풀어야 해. 즉, 서로 역함수 관계인 두 함수의 그래프는 직선 $y=x$에 대하여 대칭임을 이용해.

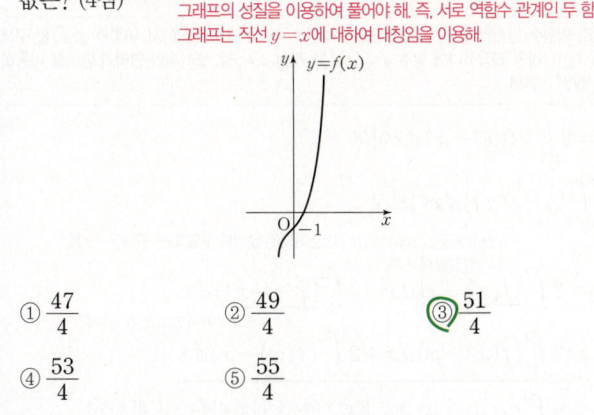

① $\dfrac{47}{4}$　② $\dfrac{49}{4}$　③ $\dfrac{51}{4}$

④ $\dfrac{53}{4}$　⑤ $\dfrac{55}{4}$

1st 함수 $f(x)$의 역함수가 $g(x)$임을 이용하자.

$f(x)=y$일 때, $x=g(y)$이므로 $y=1$, $y=9$일 때, x의 값을 각각 구하면 $x^3+x-1=1$에서

$(x-1)(x^2+x+2)=0$이므로 $x=1$

$x^3+x-1=9$에서

$(x-2)(x^2+2x+5)=0$이므로 $x=2$

즉, 함수 $f(x)$의 그래프는 두 점 $(1, 1)$, $(2, 9)$를 지나므로 함수 $g(x)$의 그래프는 두 점 $(1, 1)$, $(9, 2)$를 지난다.

2nd $f(x)$와 $g(x)$를 좌표평면에 나타내어 $\displaystyle\int_1^9 g(x)dx$의 값을 구하자.

함수 $f(x)$와 역함수 $g(x)$의 그래프는 직선 $y=x$에 대하여 대칭이므로 그림과 같다.

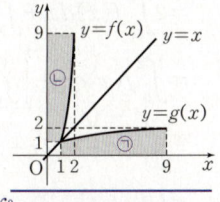

주의 직선 $y=x$에 대하여 대칭임을 이용하여 역함수의 정적분의 값을 구할 수 있어.

즉, $\displaystyle\int_1^9 g(x)dx$의 값은 가로, 세로의 길이가 각각 2, 9인 직사각형의 넓이에서 한 변의 길이가 1인 정사각형의 넓이와 $\displaystyle\int_1^2 f(x)dx$의 값을 빼주면 된다.

$\displaystyle\int_1^9 g(x)dx$는 ⊙의 넓이이고 $y=f(x)$와 $y=g(x)$의 그래프는 직선 $y=x$에 대하여 대칭이므로 ⊙과 ⓒ의 넓이는 같아.

∴ $\displaystyle\int_1^9 g(x)dx=2\times 9-1\times 1-\int_1^2 f(x)dx$

$=2\times 9-1\times 1-\displaystyle\int_1^2 (x^3+x-1)dx$

$=18-1-\left[\dfrac{1}{4}x^4+\dfrac{1}{2}x^2-x\right]_1^2$

$=17-\left\{\left(\dfrac{1}{4}\times 16+\dfrac{1}{2}\times 4-2\right)-\left(\dfrac{1}{4}+\dfrac{1}{2}-1\right)\right\}$

$=\dfrac{51}{4}$

G 76 정답 32　＊역함수의 정적분 ──────── [정답률 60%]

[정답 공식: 함수 $y=f(x)$와 그 역함수 $y=f^{-1}(x)$의 그래프는 직선 $y=x$에 대하여 대칭이다.]

함수 $f(x)=x^3+3$ $(x\geq 0)$의 역함수를 $g(x)$라 할 때,
단서1 두 함수 $y=f(x)$와 $y=g(x)$의 그래프는 직선 $y=x$에 대하여 대칭이야.
$2\displaystyle\int_{g(3)}^{g(11)}f(x)dx+\int_{f(0)}^{f(2)}g(x)dx$의 값을 구하시오. (4점)
단서2 역함수 관계를 이용하여 두 함수 $y=f(x)$, $y=g(x)$의 그래프를 그리고 주어진 정적분 값이 뜻하는 것을 찾아내.

1st 두 함수 $y=f(x)$, $y=g(x)$의 그래프를 그리자.

$f(x)=x^3+3$에서

$f(0)=3$, $f(2)=2^3+3=11$

이때, $g(x)$는 함수 $f(x)$의 역함수이므로

$g(3)=0$, $g(11)=2$이다.

함수 $y=f(x)$의 역함수 $y=f^{-1}(x)$에 대하여 $f(a)=b$이면 $f^{-1}(b)=a$

즉, 두 함수 $y=f(x)$, $y=g(x)$의 그래프는 다음과 같다.

함정 역함수의 적분에 대한 문제는 함수와 그 역함수의 그래프, 직선 $y=x$를 좌표평면에 그린 후에 적분하고자 하는 영역을 표시해보고 대칭성을 이용해 간단히 만들어야 해.

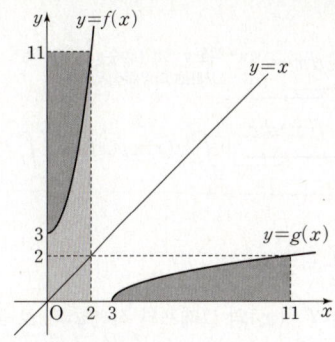

2nd 주어진 정적분의 값을 구하자.

$2\displaystyle\int_{g(3)}^{g(11)}f(x)dx+\int_{f(0)}^{f(2)}g(x)dx=2\int_0^2 f(x)dx+\int_3^{11}g(x)dx$

이때, $\displaystyle\int_3^{11}g(x)dx$의 값은 함수 $y=f(x)$의 그래프와 y축 및 직선 $y=11$로 둘러싸인 부분의 넓이와 같다.

$$\therefore 2\int_{g(3)}^{g(11)}f(x)dx+\int_{f(0)}^{f(2)}g(x)dx$$

$$=2\int_{0}^{2}f(x)dx+\int_{3}^{11}g(x)dx$$

$$=\int_{0}^{2}f(x)dx+\left\{\int_{0}^{2}f(x)dx+\int_{3}^{11}g(x)dx\right\}$$

$$=\int_{0}^{2}(x^3+3)dx+2\times11 \qquad \text{위의 그림에서 } \int_{0}^{2}f(x)dx+\int_{3}^{11}g(x)dx\text{의 값은}$$

$$=\left[\frac{1}{4}x^4+3x\right]_{0}^{2}+22 \qquad \text{가로의 길이가 2, 세로의 길이가 11인 직사각형의 넓이와 같아.}$$

$$=4+6+22=32$$

G 77 정답 ② *역함수의 정적분 ················· [정답률 71%]

> **정답 공식:** 함수 $y=f(x)$와 그 역함수 $y=f^{-1}(x)$의 그래프는 직선 $y=x$에 대하여 대칭이다.

연속함수 $f(x)$에 대하여 함수 $y=f(x)$의 그래프가 두 점 $(1, 1)$, $(3, 3)$을 지난다. $\int_{1}^{3}f(x)dx=\dfrac{7}{2}$일 때, $\int_{1}^{3}f^{-1}(x)dx$의 값은?

> **단서** 함수 $f(x)$의 역함수가 존재하므로 함수 $f(x)$는 증가함수이어야 해.

(단, $f^{-1}(x)$는 $f(x)$의 역함수이다.) (4점)

① 4 　　　 ② $\dfrac{9}{2}$ 　　　 ③ 5

④ $\dfrac{11}{2}$ 　　　 ⑤ 6

1st 두 함수 $y=f(x)$, $y=f^{-1}(x)$의 그래프의 개형을 생각해.

함수 $y=f(x)$의 그래프가 두 점 $(1, 1)$, $(3, 3)$을 지나고 역함수가 존재하므로 함수 $y=f(x)$의 그래프는 그림과 같다.

역함수가 존재하려면 증가함수이어야 해.
또 구간 $[1, 3]$에서 직선 $y=x$와 x축으로 둘러싸인 부분의 넓이는 4이므로 구간 $[1, 3]$에서 $f(x)\le x$이어야 해.
이때, 역함수 $y=f^{-1}(x)$의 그래프는 함수 $y=f(x)$의 그래프와 직선 $y=x$에 대하여 대칭이다.

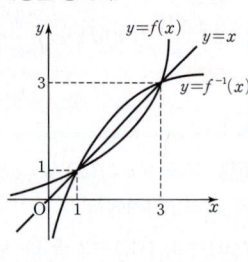

2nd $\int_{1}^{3}f^{-1}(x)dx$의 값을 구하자.

함수 $y=f(x)$의 그래프와 직선 $y=x$로 둘러싸인 부분의 넓이를 A라 하면

$$A=\int_{1}^{3}\{x-f(x)\}dx \qquad \rightarrow \text{직선 } y=x\text{가 함수 } y=f(x)\text{의 그래프보다 위쪽에 있지?}$$

$$=\int_{1}^{3}xdx-\int_{1}^{3}f(x)dx \qquad \rightarrow \int_{a}^{b}\{f(x)\pm g(x)\}dx=\int_{a}^{b}f(x)dx\pm\int_{a}^{b}g(x)dx$$

$$=\left[\frac{1}{2}x^2\right]_{1}^{3}-\frac{7}{2}$$

$$=\left(\frac{9}{2}-\frac{1}{2}\right)-\frac{7}{2}=\frac{1}{2}$$

한편, A는 함수 $y=f^{-1}(x)$의 그래프와 직선 $y=x$로 둘러싸인 부분의 넓이와 같고 $\int_{1}^{3}f^{-1}(x)dx$의 값은 함수 $y=f^{-1}(x)$의 그래프와 x축 및 두 직선 $x=1$, $x=3$으로 둘러싸인 부분의 넓이이므로

$$\int_{1}^{3}f^{-1}(x)dx=2A+\int_{1}^{3}f(x)dx$$

$$=2\times\frac{1}{2}+\frac{7}{2}=\frac{9}{2}$$

G 78 정답 ④ *역함수의 그래프로 둘러싸인 부분의 넓이 ··· [정답률 62%]

> **정답 공식:** 두 함수 $y=f(x)$, $y=g(x)$의 그래프의 두 교점을 대입해 $f(x)$의 식을 구하고, 두 함수의 그래프가 직선 $y=x$에 대해 대칭이므로, 직선 $y=x$와 $y=f(x)$의 그래프로 둘러싸인 부분의 넓이를 이용해 $A-B$를 계산한다.

그림과 같이 함수 $f(x)=ax^2+b(x\ge0)$의 그래프와 그 역함수 $g(x)$의 그래프가 만나는 두 점의 x좌표는 1과 2이다. $0\le x\le1$에서 두 곡선 $y=f(x)$, $y=g(x)$ 및 x축, y축으로 둘러싸인 부분의 넓이를 A라 하고, $1\le x\le2$에서 두 곡선 $y=f(x)$, $y=g(x)$로 둘러싸인 부분의 넓이를 B라 하자. 이때, $A-B$의 값은? (단, a, b는 상수이다.) (3점)

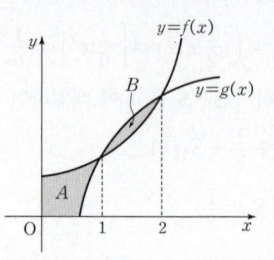

> **단서** 이 문제의 가장 큰 핵심은 두 함수 $f(x)$와 $g(x)$가 서로 역함수 관계라는 거야. 즉, 서로 역함수 관계에 있는 두 함수의 그래프는 직선 $y=x$에 대칭이라는 것만 파악하면 함수 $f(x)$의 식을 완성하고 정적분을 이용하여 $A-B$의 값을 구할 수 있어.

① $\dfrac{1}{9}$ 　 ② $\dfrac{2}{9}$ 　 ③ $\dfrac{1}{3}$ 　 ④ $\dfrac{4}{9}$ 　 ⑤ $\dfrac{5}{9}$

1st 함수 $f(x)$의 식을 완성해.

함수 $f(x)=ax^2+b$의 역함수가 $g(x)$이므로 두 함수의 그래프는 직선 $y=x$에 대하여 대칭이다. 즉, 두 함수의 그래프의 교점이 $(1, 1)$, $(2, 2)$이므로

$$f(1)=1 \Rightarrow a+b=1 \cdots ㉠$$

$$f(2)=2 \Rightarrow 4a+b=2 \cdots ㉡$$

㉠, ㉡을 연립하면

$$a=\frac{1}{3}, b=\frac{2}{3}$$

$$\therefore f(x)=\frac{1}{3}x^2+\frac{2}{3}$$

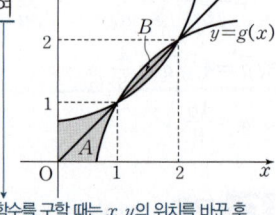

함수의 역함수를 구할 때는 x, y의 위치를 바꾼 후 x에 관하여 정리하지? 즉, 이것의 의미는 서로 역함수 관계인 두 함수의 그래프는 직선 $y=x$에 대하여 대칭이라는 거야.

2nd 곡선 $f(x)$와 직선 $y=x$로 둘러싸인 영역의 넓이를 이용하여 $A-B$의 값을 구해.

A, B는 각각 곡선 $f(x)$와 직선 $y=x$로 둘러싸인 영역의 넓이의 2배이다.

> **함정** 서로 역함수 관계인 두 함수의 그래프는 직선 $y=x$에 대해 대칭이지. 역함수 $g(x)$를 구해서 계산하려면 복잡하니까 함수 $y=f(x)$와 직선 $y=x$로 둘러싸인 영역의 넓이를 이용하면 훨씬 간편해.

즉, $A=2\int_{0}^{1}\{f(x)-x\}dx$이고

$B=2\int_{1}^{2}\{x-f(x)\}dx$이므로

$$A-B=2\int_{0}^{1}\{f(x)-x\}dx-2\int_{1}^{2}\{x-f(x)\}dx$$

$\rightarrow 0\le x\le1$에서 $f(x)\ge x$이므로 넓이를 구할 때는 $f(x)-x$를 정적분해야 해.
$\rightarrow 1\le x\le2$에서는 $x\ge f(x)$지?

$$=2\int_{0}^{1}\{f(x)-x\}dx+2\int_{1}^{2}\{f(x)-x\}dx$$

$$=2\int_{0}^{2}\{f(x)-x\}dx \qquad \int_{a}^{c}g(x)dx+\int_{c}^{b}g(x)dx=\int_{a}^{b}g(x)dx$$

$$=2\int_{0}^{2}\left(\frac{1}{3}x^2+\frac{2}{3}-x\right)dx$$

$$=2\left[\frac{1}{9}x^3+\frac{2}{3}x-\frac{1}{2}x^2\right]_{0}^{2}$$

$$=2\left(\frac{8}{9}+\frac{4}{3}-2\right)$$

$$=\frac{4}{9}$$

G

다른 풀이: *A*, *B*의 값을 정적분을 이용하여 직접 구하기

함수 $f(x)$에 대하여 A, B의 값을 직접 구해서 풀어도 돼.

$$A=2\int_0^1\{f(x)-x\}dx=2\int_0^1\left(\frac{1}{3}x^2+\frac{2}{3}-x\right)dx$$

$$=2\left[\frac{1}{9}x^3+\frac{2}{3}x-\frac{1}{2}x^2\right]_0^1$$

$$=2\left(\frac{1}{9}+\frac{2}{3}-\frac{1}{2}\right)=\frac{5}{9}$$

$$B=2\int_1^2\{x-f(x)\}dx=2\int_1^2\left(x-\frac{1}{3}x^2-\frac{2}{3}\right)dx$$

$$=2\left[\frac{1}{2}x^2-\frac{1}{9}x^3-\frac{2}{3}x\right]_1^2$$

$$=2\left\{\left(2-\frac{8}{9}-\frac{4}{3}\right)-\left(\frac{1}{2}-\frac{1}{9}-\frac{2}{3}\right)\right\}=\frac{1}{9}$$

$$\therefore A-B=\frac{5}{9}-\frac{1}{9}=\frac{4}{9}$$

수능 핵강

＊ A, B의 꼴에 맞게 정적분의 식을 더 간단히 정리하기

함수와 역함수가 주어졌을 때, 두 함수의 그래프가 직선 $y=x$에 대하여 대칭임을 우선 생각해야 해. 그리고 다른 조건들을 이용해야 하는데 함수 $f(x)$에 대하여 $f(x)=ax^2+b$라고 했으므로 미지수가 a, b인 연립방정식을 만든다면 함수 $f(x)$를 구할 수 있겠지?

한편, 구간 $[0, c]$에서의 넓이는 $\int_0^c|f(x)-g(x)|dx$이므로 구간별 $f(x)$와 $g(x)$의 위치를 따져줘야 해. 즉, 이 문제와 같이 $0<x<1$일 때, $f(x)>x$이므로 $\int_0^1\{f(x)-x\}dx$, $1\leq x<2$일 때, $f(x)<x$이므로 $\int_1^2\{x-f(x)\}dx$야.

따라서 **다른 풀이** 처럼 A, B를 각각 구해도 되겠지만, 풀이와 같이 A, B의 꼴을 보고 좀 더 간단하게 정리한다면 계산 실수를 줄이고 시간을 벌 수 있겠지?

G 79 정답 45 ＊역함수의 그래프로 둘러싸인 부분의 넓이 … [정답률 71%]

정답 공식: 역함수 관계에 있는 두 함수는 $y=x$에 대하여 대칭이다. $\int_0^{15}f(x)dx$는 파랑색이 칠해지는 부분의 면적의 절반이다.

정사각형 모양의 타일이 좌표평면에 그림과 같이 가로, 세로가 각각 x축, y축과 일치하게 놓여 있다. 이 타일에 $y=f(x)$와 $y=g(x)$의 그래프를 경계로 하여 파랑색과 노랑색을 칠하려고 한다. 파랑색과 노랑색이 칠해지는 부분의 면적의 비가 $2:3$일 때, $\int_0^{15}f(x)dx$의 값을 구하시오. (단, 함수 $g(x)$는 $f(x)$의 역함수이다.) (2점)

단서 두 함수 $f(x)$, $g(x)$가 서로 역함수이므로 두 함수 $y=f(x)$, $y=g(x)$의 그래프는 직선 $y=x$에 대하여 대칭이야. 즉, 파랑색이 칠해진 두 부분의 넓이는 같아.

1st $f(x)$와 $g(x)$가 서로 역함수의 관계임을 생각해.

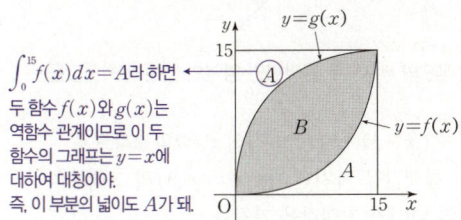

$\int_0^{15}f(x)dx=A$라 하면
두 함수 $f(x)$와 $g(x)$는 역함수 관계이므로 이 두 함수의 그래프는 $y=x$에 대하여 대칭이야. 즉, 이 부분의 넓이도 A가 돼.

그림과 같이 파랑색과 노랑색이 칠해지는 부분의 넓이를 각각 A, B라 하면 $\int_0^{15}f(x)dx=A$이고 파랑색과 노랑색이 칠해지는 부분의 넓이의 비가 $2:3$이므로

$2A:B=2:3$에서 $B=3A$ … ㉠

또, $2A+B=15^2$이므로 ㉠을 대입하면

$2A+3A=225$에서 $A=45$

$$\therefore \int_0^{15}f(x)dx=45$$

G 80 정답 186 ＊역함수의 그래프로 둘러싸인 부분의 넓이 … [정답률 49%]

정답 공식: 함수 $y=f(x)$의 그래프와 그 역함수 $y=f^{-1}(x)$의 그래프는 직선 $y=x$에 대하여 대칭이다.

함수 $f(x)=x^3+\frac{1}{2}x-7$에 대하여 $y=f(x)$의 그래프가 그림과 같다. 함수 $f(x)$의 역함수를 $g(x)$라 할 때, 두 곡선 $y=f(x)$, $y=g(x)$와 직선 $y=-x-7$로 둘러싸인 부분의 넓이는 S이다. $4S$의 값을 구하시오. (4점)

단서2 그림을 그려서 구하는 부분의 넓이를 체크해 봐. 아마 한번에 넓이를 구하기에는 복잡한 부분일 거야. 그럼, 구하기 쉬운 영역을 나눠서 생각하면 되겠지?

단서1 $y=f(x)$의 그래프가 주어졌으니까 함수 $g(x)$의 식을 직접 구하지 않아도 돼. 즉, 서로 역함수 관계인 두 함수의 그래프는 직선 $y=x$에 대하여 대칭인 것만 알면 그래프를 그릴 수 있으니까!

1st 함수 $y=g(x)$의 그래프를 그리고 구하는 부분의 넓이를 표시하자.

함수 $y=g(x)$는 $y=f(x)$의 역함수이므로 두 곡선 $y=f(x)$, $y=g(x)$는 직선 $y=x$에 대하여 대칭이다.
서로 역함수 관계인 두 함수의 그래프는 항상 직선 $y=x$에 대하여 대칭이야.

따라서 두 곡선 $y=f(x)$, $y=g(x)$와 직선 $y=-x-7$로 둘러싸인 부분은 그림의 어두운 부분이다.

이때, 곡선 $y=f(x)$와 직선 $y=x$ 및 y축으로 둘러싸인 부분의 넓이를 S_1, 곡선 $y=g(x)$와 직선 $y=x$ 및 x축으로 둘러싸인 부분의 넓이를 S_2, 세 점 $(0, 0)$, $(-7, 0)$, $(0, -7)$을 꼭짓점으로 하는 직각삼각형의 넓이를 S_3이라 하자.

S_1은 곡선 $y=f(x)$와 직선 $y=x$ 및 y축으로 둘러싸인 부분의 넓이로 S_2와 그 값이 같아.

2nd 함수와 역함수의 그래프의 교점의 x의 값을 찾자.

두 곡선 $y=f(x)$, $y=g(x)$의 교점의 x좌표는 곡선 $y=f(x)$와 직선 $y=x$의 교점의 x좌표와 같으므로 방정식 $f(x)=x$의 실근과 같다.
두 함수 $f(x)$, $g(x)$가 서로 역함수 관계이므로 두 함수의 그래프는 직선 $y=x$에 대하여 대칭이라고 했잖아. 그러니까 생각해 볼 필요도 없이 역함수 관계인 두 함수의 그래프의 교점은 각 함수의 그래프와 직선 $y=x$의 교점과 같아.

즉, $x^3+\frac{1}{2}x-7=x$에서 $2x^3-x-14=0$

$(x-2)(2x^2+4x+7)=0$

$$\therefore x=2 \ (\because 2x^2+4x+7>0)$$

3rd 구하는 부분의 넓이를 정적분을 이용하여 구해.

$S_1 = S_2 \cdots$ ㉠이고

$S_1 = \int_0^2 \left\{ x - \left(x^3 + \frac{1}{2}x - 7 \right) \right\} dx = \int_0^2 \left(-x^3 + \frac{1}{2}x + 7 \right) dx$

$\quad = \left[-\frac{1}{4}x^4 + \frac{1}{4}x^2 + 7x \right]_0^2 = 11 \cdots$ ㉡

$S_3 = \frac{1}{2} \times 7 \times 7 = \frac{49}{2} \cdots$ ㉢

따라서 구하는 부분의 넓이 S는 ㉠, ㉡, ㉢에 의하여

$S = S_1 + S_2 + S_3 = 2S_1 + S_3 = 2 \times 11 + \frac{49}{2} = \frac{93}{2}$

$\therefore 4S = 4 \times \frac{93}{2} = 186$

수능 핵강

＊함수 $f(x)$의 역함수가 존재하는 이유

$f(x) = x^3 + \frac{1}{2}x - 7$을 x에 대하여 미분하면 $f'(x) = 3x^2 + \frac{1}{2}$이므로 모든 실수 x에 대하여 $f'(x) > 0$이지? 따라서 함수 $f(x)$는 실수 전체의 집합에서 증가하는 함수이므로 역함수가 존재해.

G 81 **정답 ②** ＊넓이를 이용한 정적분의 활용 ────[정답률 80%]

정답 공식: 함수 $f(x)$가 모든 실수 x에 대하여 $f(-x) = -f(x)$이면 함수 $f(x)$는 원점에 대하여 대칭이다.

그림은 모든 실수 x에 대하여 $f(-x) = -f(x)$인 연속함수
단서1 함수 $f(x)$가 원점에 대하여 대칭임을 알 수 있어.
$y = f(x)$의 그래프와 함수 $y = f(x)$의 그래프를 x축의 방향으로 1만큼, y축의 방향으로 1만큼 평행이동시킨 함수 $y = g(x)$의 그래프이다. $\int_0^2 g(x) dx$의 값은? (3점)
단서2 그림에서 보면 $\int_0^2 g(x) dx$는 함수 $y = g(x)$의 그래프와 x축 및 두 직선 $x = 0$, $x = 2$로 둘러싸인 부분의 넓이와 같아.

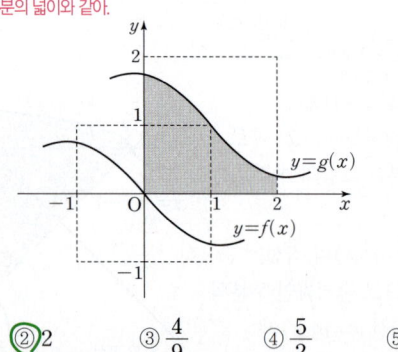

① $\frac{7}{5}$ ② 2 ③ $\frac{4}{9}$ ④ $\frac{5}{2}$ ⑤ $\frac{11}{4}$

1st 먼저 함수 $y = f(x)$의 그래프의 특징을 파악해.

모든 실수 x에 대하여 $f(-x) = -f(x)$이므로 함수 $f(x)$의 그래프는 원점에 대하여 대칭이다. 즉, [그림 1]과 같이 색칠된 부분의 넓이를 각각 S_1, S_2라 하면 $S_1 = S_2$이다.
→ 함수 $f(x)$가 모든 실수 x에 대하여
$f(-x) = -f(x)$이면 원점에 대하여
대칭 $f(-x) = f(x)$이면 y축에 대하여 대칭

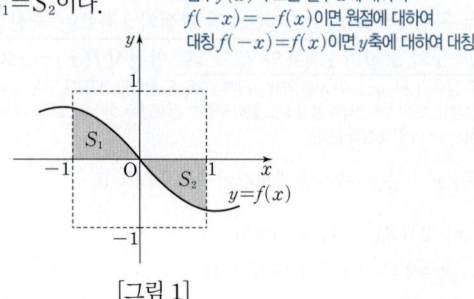

[그림 1]

2nd $\int_0^2 g(x) dx$를 넓이를 이용해서 구해.

따라서 [그림 2]와 같이 함수 $y = g(x)$의 그래프에서 빗금친 부분의 넓이를 S_3이라 하면
→ 함수 $y = g(x)$의 그래프와 x축 및 두 직선
$x = 0$, $x = 2$로 둘러싸인 부분의 넓이와 같아.

$\int_0^2 g(x) dx = S_1 + S_3$
$\qquad = S_2 + S_3 = 2 \times 1 = 2$
→ 가로의 길이가 2, 세로의 길이가 1인 직사각형의 넓이야.

함정 식이 주어지지 않고 그래프만 주어진 함수의 정적분은 구하고자 하는 영역을 대칭성, 대칭이동, 평행이동 등을 통해서 넓이를 쉽게 구할 수 있는 영역으로 바꾼 후에 넓이를 구하면 돼.

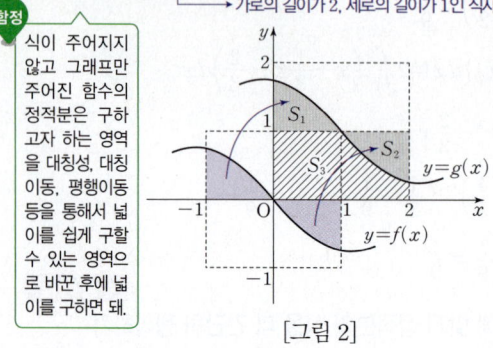

[그림 2]

G 82 **정답 ③** ＊곡선과 접선으로 둘러싸인 부분의 넓이 ────[정답률 67%]

정답 공식: 곡선 $y = f(x)$와 x축 및 두 직선 $x = a$, $x = b$로 둘러싸인 부분의 넓이는 $\int_a^b |f(x)| dx$이다. $\frac{d}{dx} \left\{ \int_a^x f(t) dt \right\} = f(x)$

함수 $f(x) = \frac{1}{9}x(x-6)(x-9)$와 실수 $t (0 < t < 6)$에 대하여 함수 $g(x)$는
$$g(x) = \begin{cases} f(x) & (x < t) \\ -(x-t) + f(t) & (x \geq t) \end{cases}$$
이다. 함수 $y = g(x)$의 그래프와 x축으로 둘러싸인 영역의 넓이의 최댓값은? (4점)
단서 함수 $g(x)$는 $x \geq t$에서 $g(x) = -(x-t) + f(t)$이므로 점 $(t, f(t))$를 지나는 기울기가 -1인 직선인 부분과 x축 및 $x = t$로 둘러싸인 부분의 넓이가 삼각형의 넓이야.

① $\frac{125}{4}$ ② $\frac{127}{4}$ ③ $\frac{129}{4}$ ④ $\frac{131}{4}$ ⑤ $\frac{133}{4}$

1st $x \geq t$에서 함수 $g(x)$의 개형의 특징을 살펴보자.

실수 $t (0 < t < 6)$에 대하여 함수 $g(x)$는

$x < t$에서 $g(x) = f(x) = \frac{1}{9}x(x-6)(x-9)$이므로

삼차함수의 그래프이고,

$x \geq t$에서 $g(x) = -(x-t) + f(t)$이므로

점 $(t, f(t))$를 지나는 기울기가 -1인 직선이고, 이 직선은 x축과 $(t + f(t), 0)$에서 만난다. $\cdots$ ㉠

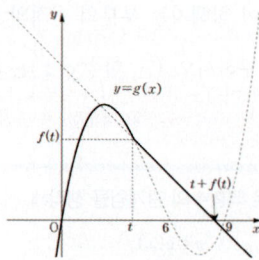

2nd 함수 $y = g(x)$의 그래프와 x축으로 둘러싸인 영역의 넓이의 최댓값을 구하자.

$x \geq t$에서 직선 $g(x) = -(x-t) + f(t)$가 직선 $x = t$와 x축으로 둘러싸인 영역의 넓이가 최댓값을 가지면 함수 $y = g(x)$의 그래프와 x축으로 둘러싸인 영역의 넓이가 최댓값을 가진다.

함수 $y=g(x)$의 그래프와 x축으로 둘러싸인 영역의 넓이를 $S(t)$라 하면

$$S(t)=\int_0^{t+f(t)}g(x)dx$$
$$=\int_0^t f(x)dx+\frac{1}{2}\times\{f(t)\}^2$$

이므로 $S(t)$의 최댓값을 구하기 위하여 양변을 t에 관하여 미분하여 $S'(t)=0$인 t의 값을 찾으면 된다.

┗→ 도함수 $f'(x)=0$에 대하여 함수 $f(x)$는 $x=t$에서 극대 또는 극소야.

$$S'(t)=f(t)+f(t)f'(t)=f(t)\{1+f'(t)\}$$

이므로 $S'(t)=0$이려면 $f(t)=0$이거나 $f'(t)=-1$이다.

(i) $f(t)=0$인 경우

$$f(x)=\frac{1}{9}x(x-6)(x-9)$$이므로

실수 $t(0<t<6)$에 대하여 $f(t)>0$이다.

(ii) $1+f'(t)=0$인 경우 ┌→ $y=f(x)g(x)h(x)$의 도함수는
$y'=f'(x)g(x)h(x)+f(x)g'(x)h(x)+f(x)g(x)h'(x)$

$$1+f'(t)=1+\left\{\frac{1}{9}t(t-6)(t-9)\right\}'$$
$$=1+\frac{1}{9}\{(t-6)(t-9)+t(t-9)+t(t-6)\}$$
$$=1+\frac{1}{9}(3t^2-30t+54)$$
$$=\frac{1}{3}(t^2-10t+21)$$
$$=\frac{1}{3}(t-3)(t-7)$$

그러므로 $0<t<6$에서 $S(t)$의 증가와 감소를 표로 나타내면 다음과 같다.

t	(0)	$\cdots$	3	$\cdots$	(6)
$S'(t)$		$+$	0	$-$	
$S(t)$		↗	(극대)	↘	

따라서 함수 $S(t)$는 $t=3$에서 극대이면서 최대이므로

(i), (ii)에 의하여 함수 $y=g(x)$의 그래프와 x축으로 둘러싸인 부분의 넓이 $S(t)$의 최댓값은

$$S(3)=\int_0^3 f(x)dx+\frac{1}{2}\{f(3)\}^2$$
$$=\frac{1}{9}\int_0^3 x(x-6)(x-9)dx$$
$$\quad+\frac{1}{2}\times\left\{\frac{1}{9}\times 3\times(-3)\times(-6)\right\}^2$$
$$=\frac{1}{9}\int_0^3(x^3-15x^2+54)dx+18$$
$$=\frac{1}{9}\left[\frac{1}{4}x^4-5x^3+27x^2\right]_0^3+18$$
$$=\left(\frac{9}{4}-15+27\right)+18$$
$$=\frac{129}{4}$$

G 83 정답 ⑤ *넓이를 이용한 정적분의 활용 ──────── [정답률 55%]

정답 공식: 함수 $f(x)$가 닫힌구간 $[a, b]$에서 연속일 때, 곡선 $y=f(x)$와 x축 및 두 직선 $x=a$, $x=b$로 둘러싸인 도형의 넓이 S는 $S=\int_a^b|f(x)|dx$이다.

최고차항의 계수가 양수인 사차함수 $f(x)$의 도함수 $f'(x)$에 대하여 방정식 $f'(x)=0$이 세 실근 α, 0, $\beta(\alpha<0<\beta)$를 갖는다.

단서1 $f'(x)$는 최고차항의 계수가 양수인 삼차함수겠지? 이 정보들을 토대로 사차함수 $y=f(x)$의 그래프의 개형을 유추해 보자.

$$S=\int_\alpha^0|f'(x)|dx,$$
$$T=\int_0^\beta|f'(x)|dx$$

라 할 때, [보기]에서 옳은 것만을 있는 대로 고른 것은? (4점)

[보기]

ㄱ. 함수 $f(x)$는 $x=0$에서 극댓값을 갖는다.
단서2 $x=0$의 좌우에서 $f'(x)$의 부호가 양수에서 음수로 바뀌는지 확인해.

ㄴ. $\alpha+\beta=0$이면 $S=T$이다.

ㄷ. $S<T$이고 $f(\alpha)=0$이면 방정식 $f(x)=0$의 양의 실근의 개수는 2이다. 단서3 함수 $y=f(x)$의 그래프와 x축과의 교점을 살펴봐.

① ㄱ ② ㄷ ③ ㄱ, ㄴ

④ ㄴ, ㄷ ⑤ ㄱ, ㄴ, ㄷ

1st 함수 $y=f'(x)$의 그래프의 개형을 그려보자.

ㄱ. 방정식 $f'(x)=0$이 서로 다른 세 실근 α, 0, $\beta(\alpha<0<\beta)$를 근으로 가지고, 삼차함수 $f'(x)$의 최고차항의 계수가 양수이므로 함수

최고차항의 계수가 양수인 사차함수의 도함수 $f'(x)$는 최고차항의 계수가 양수인 삼차함수가 돼.

$y=f'(x)$의 그래프의 개형은 그림과 같다.

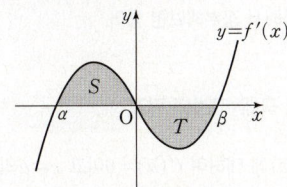

즉, 그래프를 통해 함수 $f(x)$는 $x=0$에서 극댓값을 가짐을 알 수 있다. (참)

$f'(x)$가 $x=0$을 기준으로 $+$에서 $-$로 바뀌므로 함수 $f(x)$는 $x=0$에서 극댓값을 가져.

ㄴ. $\alpha+\beta=0$이므로 $\beta=-\alpha$

양의 상수 k에 대하여

실수 방정식 $f'(x)=0$의 세 실근이 α, 0, β이니까 바로 이렇게 식을 세우면 편하지.

$$f'(x)=k(x-\alpha)x(x-\beta)$$
$$=k(x-\alpha)x(x+\alpha)$$
$$=kx^3-ka^2x$$

라 놓을 수 있으므로 부정적분을 하면

$$f(x)=\frac{k}{4}x^4-\frac{ka^2}{2}x^2+C \text{ (단, C는 적분상수)}$$

즉, 사차함수 $f(x)$는 y축에 대하여 대칭인 함수이다.

이때, ┗→ $f(x)=f(-x)$인 함수야. 즉, 다항함수 $f(x)$가 x의 차수가 짝수인 항들과 상수항의 합이라는 것을 확인해야 해.

$$S=\int_\alpha^0|f'(x)|dx$$
$$=\underline{\int_\alpha^0 f'(x)dx}$$
┗→ $\alpha\le x\le 0$에서 $f'(x)\ge 0$이므로
$$=f(0)-f(\alpha)\quad \int_\alpha^0|f'(x)|dx=\int_\alpha^0 f'(x)dx$$

$$T=\int_0^\beta |f'(x)|dx$$

$$=\int_0^{-\alpha}\{-f'(x)\}dx \qquad \begin{array}{l}\beta=-\alpha\text{이고, }0\le x\le\beta\text{에서}\\ f'(x)\le0\text{이므로}\\ \int_0^\beta |f'(x)|dx=\int_0^{-\alpha}\{-f'(x)\}dx\end{array}$$

$$=-f(-\alpha)+f(0)$$

에서 $f(-\alpha)=f(\alpha)$이므로 $S=T$이다. (참)

ㄷ. $S<T$인 경우 $f(0)-f(\alpha)<-f(\beta)+f(0)$이고, $f(\alpha)=0$이므로

$$f(0)<-f(\beta)+f(0)$$

$$\therefore f(\beta)<0$$

사차함수 $f(x)$는 $x=0$에서 극댓값, $x=\alpha$, $x=\beta$에서 각각 극솟값을 가지므로 함수 $y=f(x)$의 그래프의 개형은 다음과 같다.

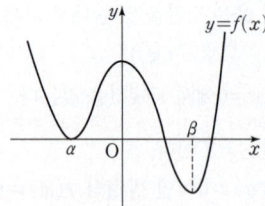

즉, 방정식 $f(x)=0$은 서로 다른 2개의 양의 실근을 갖는다. (참)
<u>함수 $y=f(x)$의 그래프가 x축의 양의 부분과 만나는 점의 개수가 2야.</u>

따라서 옳은 것은 ㄱ, ㄴ, ㄷ이다.

＊ 함수 $f(x)$와 그 도함수 $f'(x)$ 사이의 관계를 그래프로 파악하기

도함수를 이용해서 함수의 그래프 개형을 파악하는 내용은 보통 4점짜리 문제로 많이 출제되는 편이야. $y=f(x)$와 $y=f'(x)$의 관계를 식으로도 이해하고 있어야 되지만 그래프의 개형으로 파악할 수 있으면 이러한 문제를 풀 때 시간을 절약하고, 간단하게 풀 수 있어. $y=f'(x)$의 그래프가 x축과 만나는지, 그에 따라 $f'(x)$의 부호가 어떻게 바뀌는지에 따라 $y=f(x)$의 그래프의 개형을 정리해서 공부해보면 좋아.

✿ 미분가능한 함수의 극대·극소의 판정 　개념·공식

미분가능한 함수 $f(x)$에 대하여 $f'(a)=0$이고 $x=a$의 좌우에서
① $f'(x)$의 부호가 양$(+)$에서 음$(-)$으로 바뀌면 $f(x)$는 $x=a$에서 극대이고 극댓값은 $f(a)$이다.
② $f'(x)$의 부호가 음$(-)$에서 양$(+)$으로 바뀌면 $f(x)$는 $x=a$에서 극소이고 극솟값은 $f(a)$이다.

G 84 정답 ⑤ ＊넓이를 이용한 정적분의 활용 ········· [정답률 51%]

(**정답 공식**: 다항함수가 원점에 대하여 대칭이면, 홀수 차수 항들만을 가진다.)

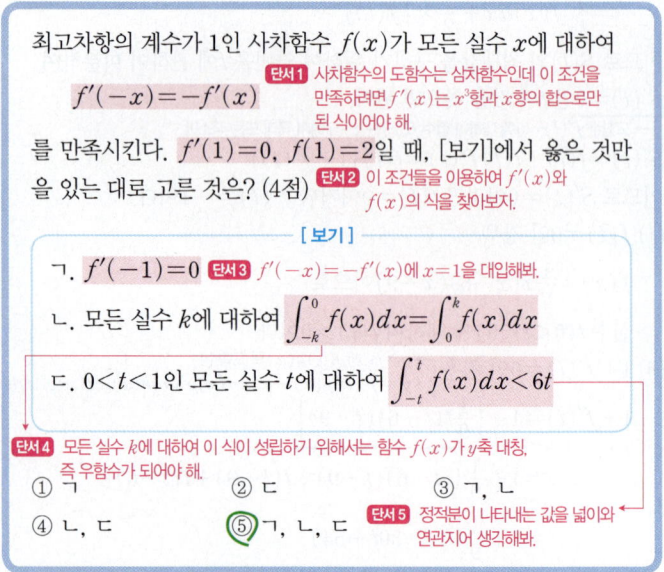

최고차항의 계수가 1인 사차함수 $f(x)$가 모든 실수 x에 대하여
　　단서1 사차함수의 도함수는 삼차함수인데 이 조건을 만족하려면 $f'(x)$는 x^3항과 x항의 합으로만 된 식이어야 해.
$$f'(-x)=-f'(x)$$
를 만족시킨다. $f'(1)=0$, $f(1)=2$일 때, [보기]에서 옳은 것만
　　단서2 이 조건들을 이용하여 $f'(x)$와 $f(x)$의 식을 찾아보자.
을 있는 대로 고른 것은? (4점)

[보기]

ㄱ. $f'(-1)=0$ 단서3 $f'(-x)=-f'(x)$에 $x=1$을 대입해봐.

ㄴ. 모든 실수 k에 대하여 $\int_{-k}^0 f(x)dx=\int_0^k f(x)dx$

ㄷ. $0<t<1$인 모든 실수 t에 대하여 $\int_{-t}^t f(x)dx<6t$

단서4 모든 실수 k에 대하여 이 식이 성립하기 위해서는 함수 $f(x)$가 y축 대칭, 즉 우함수가 되어야 해.

① ㄱ　　② ㄷ　　③ ㄱ, ㄴ
④ ㄴ, ㄷ　　⑤ ㄱ, ㄴ, ㄷ
단서5 정적분이 나타내는 값을 넓이와 연관지어 생각해봐.

1st 주어진 조건을 이용하여 사차함수 $f(x)$의 식을 구하자.

함정 문제에 나온 조건들로 $f(x)$, $f'(x)$의 식을 구하는 게 이 문제의 핵심이야.

사차함수 $f(x)$의 최고차항의 계수가 1이므로 도함수인 $f'(x)$는 삼차함수이며 최고차항의 계수는 4이다. ▸ $(x^4)'=4x^3$임을 이용한 거야.

또한, 모든 실수 x에 대하여 $f'(-x)=-f'(x)$가 성립해야 하므로 삼차함수 $f'(x)$는
함수 $f'(x)$는 원점대칭인 함수, 즉 기함수야. 따라서 다항함수 $f'(x)$는 x의 홀수차수 항들의 합으로 표현돼.
$$f'(x)=4x^3+ax \text{ (단, }a\text{는 상수)}$$
로 놓을 수 있다.

이때, $f'(1)=0$이므로 $f'(1)=4+a=0$

$$\therefore a=-4$$

따라서 $f'(x)=4x^3-4x$이므로

$$f(x)=\int f'(x)dx=\int(4x^3-4x)dx$$
$$=x^4-2x^2+C \text{ (단, }C\text{는 적분상수)}$$

$f(1)=2$이므로 $f(1)=1-2+C=2$ 　　$\therefore C=3$

$$\therefore f(x)=x^4-2x^2+3$$

2nd 구한 $f(x)$의 식을 이용해 ㄱ, ㄴ의 참, 거짓을 따져봐.

ㄱ. 조건에서 $f'(-x)=-f'(x)$이고 $f'(1)=0$이므로
$$f'(-1)=-f'(1)=0 \text{ (참)}$$
▸ $f(-x)=(-x)^4-2(-x)^2+3$ $=x^4-2x^2+3=f(x)$

ㄴ. $f(x)=x^4-2x^2+3$은 <u>우함수</u>
이므로 함수 $f(x)$는 y축에 대하여 대칭이다. ▸ $f'(x)$가 기함수이면 $f(x)$가 우함수임을 이용해도 돼.

즉, 모든 실수 k에 대하여 $\int_{-k}^0 f(x)dx=\int_0^k f(x)dx$가 성립한다.

(참)

3rd 함수 $f(x)$의 그래프를 통해서 정적분 $\int_{-t}^t f(x)dx$의 값을 넓이와 연관지어 $6t$의 값과 비교해봐.

ㄷ. 함수 $f(x)=x^4-2x^2+3$의 그래프는 그림과 같다.

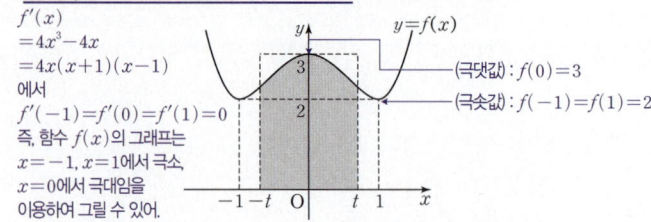

$f'(x)$ $=4x^3-4x$ $=4x(x+1)(x-1)$ 에서
$f'(-1)=f'(0)=f'(1)=0$
즉, 함수 $f(x)$의 그래프는 $x=-1$, $x=1$에서 극소, $x=0$에서 극대임을 이용하여 그릴 수 있어.

(극댓값) : $f(0)=3$
(극솟값) : $f(-1)=f(1)=2$

이때, 그림과 같이 $0<t<1$인 모든 실수 t에 대하여 함수 $y=f(x)$
의 그래프와 두 직선 $x=-t$, $x=t$ 및 x축으로 둘러싸인 부분의 넓
이는 네 직선 $x=-t$, $x=t$, $y=0$, $y=3$으로 둘러싸인 직사각형의
넓이보다 작다. $2t \times 3 = 6t$

$$\therefore \int_{-t}^{t} f(x)dx < 6t \text{ (참)}$$

따라서 옳은 것은 ㄱ, ㄴ, ㄷ이다.

🔷 **다른 풀이:** **최고차항의 계수가 4인 삼차함수 $f'(x)$를 인수정리로 구하고 적분을 통해 $f(x)$의 함수식 유도하기**

$f(x)$를 다른 방법으로 구해보자. 주어진 조건에서
$f'(-1)=f'(1)=0$이고, $\underline{f'(0)=0}$이므로 → $f'(0)=-f'(0)$에서
                                               $f'(0)=0$이야.
삼차식 $f'(x)$는 x, $x-1$, $x+1$을 인수로 가져.
즉, 최고차항의 계수가 4인 삼차함수 $\underline{f'(x)}$는 → 사차함수 $f(x)$의 최고차항의
$f'(x)=4x(x-1)(x+1)=4x^3-4x$가 돼.   계수가 1이라 했지?

$$\therefore f(x) = \int f'(x)dx$$
$$= \int (4x^3-4x)dx$$
$$= x^4-2x^2+C \text{ (단, } C\text{는 적분상수)}$$

이때, $f(1)=2$이므로
$$f(1)=1-2+C=2 \quad \therefore C=3$$
$$\therefore f(x)=x^4-2x^2+3$$
(이하 동일)

G85 **정답 ①**   *넓이를 이용한 정적분의 활용   [정답률 49%]

> **정답 공식:** 곡선 $y=f(x)$와 x축 및 두 직선 $x=a$, $x=b$로 둘러싸인 부분의
> 넓이는 $\int_a^b |f(x)|dx$이고 $\dfrac{d}{dx}\left\{\int_0^x f(t)dt\right\}=f(x)$이다.

최고차항의 계수가 양수이고   **단서1** 삼차함수 $f(x)$에 대하여 방정식
                                         $f(x)=0$의 세 근이 α, β, γ야.
$$f(\alpha)=f(\beta)=f(\gamma)=0 \ (0<\alpha<\beta<\gamma)$$
인 삼차함수 $f(x)$에 대하여 실수 전체의 집합에서 정의된 두 함수
$$g(x)=\int_0^x f(t)dt, \ h(x)=\int_0^x |f(t)|dt$$
 단서2 양변을 x에 대하여 미분하면   **단서3** 함수 $h(x)$는 함수 $f(t)$와 t축 및 두 직선 $t=0$,
              $g'(x)=f(x)$야. $t=x$로 둘러싸인 부분의 넓이와 같아.
가 있다. 함수 $g(x)$의 극댓값이 0이고, $h(\beta)=8$, $h(\gamma)=24$일
때, $g(\alpha)-g(\gamma)$의 값은? (4점) **단서4** $g'(x)=f(x)$이므로 함수 $f(x)$에 대하여
 단서5 $\int_0^\alpha f(t)dt - \int_0^\gamma f(t)dt$야. $f(x)=0$인 x좌표 중 $f(x)$의 값이 양에서
                                         음으로 변하는 x좌표에서 함수 $g(x)$가
                                         극댓값을 가져.
① 12   ② 13   ③ 14   ④ 15   ⑤ 16

1st 함수 $g(x)$가 극댓값을 가지는 x좌표를 구해.

최고차항의 계수가 양수이고
$$f(\alpha)=f(\beta)=f(\gamma)=0 \ (0<\alpha<\beta<\gamma)$$
인 삼차함수 $f(x)$는 $x-\alpha$, $x-\beta$, $x-\gamma$를 인수로 가지므로
$f(x)=a(x-\alpha)(x-\beta)(x-\gamma) \ (a>0)$라 할 수 있다.
함수 $y=f(x)$의 그래프의 개형은 그림과 같다.

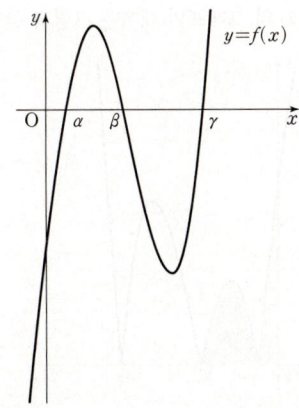

한편, $g(x)=\int_0^x f(t)dt$의 양변을 x에 대하여 미분하면
$g'(x)=f(x)$이다.
이때, $g'(x)=0$ 즉, $a(x-\alpha)(x-\beta)(x-\gamma)=0$에서
$x=\alpha$ 또는 $x=\beta$ 또는 $x=\gamma$이므로 함수 $g(x)$의 증가와 감소를 표로
나타내면 다음과 같다.

x	$\cdots$	α	$\cdots$	β	$\cdots$	γ	$\cdots$
$g'(x)$	$-$	0	$+$	0	$-$	0	$+$
$g(x)$	↘	극소	↗	극대	↘	극소	↗

따라서 함수 $g(x)$는 $x=\beta$에서 극댓값을 갖는다.
   함수 $y=f(x)$의 그래프의 $x=\beta$에서 $f(x)$의 값이 양에서 음으로 변하므로 함수 $g(x)$는
   $x=\beta$에서 극댓값을 가져.

2nd 정적분의 성질과 $h(\beta)=8$, $h(\gamma)=24$의 값을 이용하여 $\int_\beta^\gamma f(x)dx$의 값
      을 구해.

함수 $g(x)$의 극댓값이 0이므로
$$g(\beta)=\int_0^\beta f(x)dx=0 \quad\longrightarrow\quad g(\beta)=\int_0^\beta f(t)dt=\int_0^\beta f(x)dx=0$$

이때, 구간 $[0, \beta]$에서 함수 $f(x)$의 정적분의 값이 0이므로 그림과 같
이 구간 $[0, \alpha]$, $[\alpha, \beta]$에서의 함수 $f(x)$와 x축으로 둘러싸인 부분의
넓이가 같아야 한다.
따라서 구간 $[0, \alpha]$에서 함수 $y=f(x)$의 그래프와 x축으로 둘러싸인
부분의 넓이를 A라 하면   구간 $[0,\alpha]$에서 함수 $y=f(x)$의 그래프가 x축 아래에 있으므로
                                         $\int_0^\alpha f(x)dx$는 음수이고 넓이는 양수이므로 $\int_0^\alpha f(x)dx=-A$야.
$$\int_0^\alpha f(x)dx=-A, \ \int_\alpha^\beta f(x)dx=A\text{이다.}$$

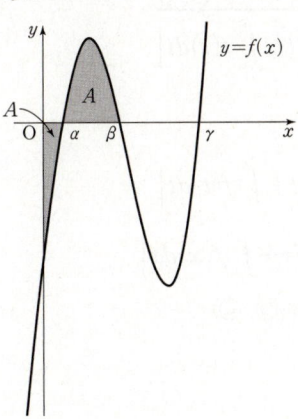

한편, 함수 $y=|f(x)|$의 그래프의 개형은 그림과 같다.

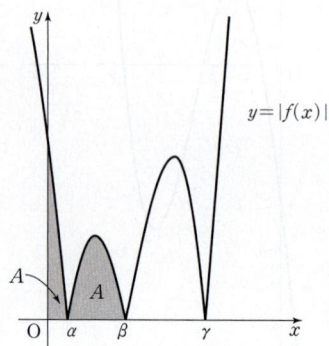

$h(\beta)$의 값은 구간 $[0, \beta]$에서 함수 $y=|f(x)|$의 정적분 값이므로

$$h(\beta)=\int_0^\beta |f(t)|\,dt=\int_0^\alpha \{-f(t)\}dt+\int_\alpha^\beta f(t)dt$$

$$=-(-A)+A=2A \quad \text{구간 } [0, \alpha]\text{에서 } y\leq 0\text{이므로}$$

$h(\beta)=8$이므로 $2A=8$에서 $A=4$ $\quad \int_0^\alpha |f(t)|\,dt=\int_0^\alpha \{-f(x)\}dt,$

$\therefore \underline{\int_\alpha^\beta f(x)dx=4} \cdots \text{㉠}$ $\quad$ 구간 $[\alpha, \beta]$에서 $y\geq 0$이므로

$\underline{=\int_\alpha^\beta f(t)dt}$ $\quad \int_\alpha^\beta |f(t)|\,dt=\int_\alpha^\beta f(t)dt$야.

또, $h(\gamma)$의 값은 구간 $[0, \gamma]$에서 함수 $y=|f(x)|$의 정적분 값이므로

$$h(\gamma)=\int_0^\gamma |f(t)|\,dt$$

$$=\int_0^\alpha \{-f(t)\}dt+\int_\alpha^\beta f(t)dt+\int_\beta^\gamma \{-f(t)\}dt$$

$$=4+4-\int_\beta^\gamma f(t)dt$$

$h(\gamma)=24$이므로 $8-\int_\beta^\gamma f(t)dt=24$에서

$$\underline{\int_\beta^\gamma f(x)dx=-16} \cdots \text{㉡}$$

$\underline{=\int_\beta^\gamma f(t)dt}$

3rd $g(\alpha)-g(\gamma)$의 값을 구해.

$$\therefore g(\alpha)-g(\gamma)$$

$$=\int_0^\alpha f(t)dt-\int_0^\gamma f(t)dt$$

$$=-\left\{\int_0^\gamma f(t)dt-\int_0^\alpha f(t)dt\right\} \rightarrow \int_a^b f(t)dt=-\int_b^a f(t)dt$$

$$=-\left\{\int_0^\gamma f(t)dt+\int_\alpha^0 f(t)dt\right\}$$

$$=-\int_\alpha^\gamma f(t)dt$$

$$=-\left\{\int_\alpha^\beta f(t)dt+\int_\beta^\gamma f(t)dt\right\}$$

$$=-\left\{\int_\alpha^\beta f(x)dx+\int_\beta^\gamma f(x)dx\right\}$$

$$=-(4-16) \ (\because \text{㉠, ㉡})$$

$$=12$$

> **정답 공식:** $\int_1^{11} f(x)dx$를 구간에 따라 나누고, 넓이의 합을 이용하여 정적분의 값을 구한다.

첫째항이 1이고 공차가 2인 등차수열 $\{a_n\}$이 있다. 자연수 n에 대하여 좌표평면 위의 점 P_n을 다음 규칙에 따라 정한다.

▶ **단서1** 첫째항과 공차를 알면 등차수열의 일반항을 구할 수 있어.

(가) 점 P_1의 좌표는 $(1, 1)$이다.
(나) 점 P_n의 x좌표는 a_n이다.
(다) 직선 P_nP_{n+1}의 기울기는 $\frac{1}{2}a_{n+1}$이다.

단서3 이 두 조건을 이용하여 점 P_n의 y좌표의 규칙을 찾아내야 해.

$x\geq 1$에서 정의된 함수 $y=f(x)$의 그래프가 모든 자연수 n에 대하여 닫힌구간 $[a_n, a_{n+1}]$에서 선분 P_nP_{n+1}과 일치할 때, $\int_1^{11} f(x)dx$의 값은? (4점)

단서2 각 구간에 따른 정적분의 값은 선분 P_nP_{n+1}과 직선 $x=a_n$, 직선 $x=a_{n+1}$ 및 x축으로 둘러싸인 도형의 넓이와 같아.

① 140 ② 145 ③ 150
④ 155 ⑤ 160

1st 등차수열 $\{a_n\}$의 일반항을 구하자.

조건 (가)에서 점 P_1의 좌표는 $(1, 1)$이고, 조건 (나)에서 점 P_n의 x좌표가 a_n이므로 점 P_n의 좌표를 (a_n, b_n)이라 하자.

이때, 등차수열 $\{a_n\}$의 첫째항이 1이고 공차가 2이므로

$$\underline{a_n=1+(n-1)\times 2=2n-1}$$

첫째항이 a, 공차가 d인 등차수열 $\{a_n\}$의 일반항은 $a_n=a+(n-1)d$

2nd 선분 P_nP_{n+1}과 두 직선 $x=a_n$, $x=a_{n+1}$ 및 x축으로 둘러싸인 도형의 넓이를 수열 $\{b_n\}$을 이용하여 나타내 봐.

한편, 함수 $y=f(x)$의 그래프가 모든 자연수 n에 대하여 닫힌구간 $[a_n, a_{n+1}]$에서 선분 P_nP_{n+1}과 일치하므로 선분 P_nP_{n+1}과 직선 $x=a_n$, 직선 $x=a_{n+1}$ 및 x축으로 둘러싸인 도형의 넓이를 S_n이라 하면

$$S_n=\int_{a_n}^{a_{n+1}} f(x)dx$$

→ 선분 P_nP_{n+1}과 직선 $x=a_n$, 직선 $x=a_{n+1}$ 및 x축으로 둘러싸인 도형은 윗변의 길이가 b_n, 아랫변의 길이가 b_{n+1}이고, 높이가 $a_{n+1}-a_n=2$인 사다리꼴이야.

$$=(b_n+b_{n+1})\times(a_{n+1}-a_n)\times\frac{1}{2}$$

$$=(b_n+b_{n+1})\times 2\times\frac{1}{2}$$

$\rightarrow a_{n+1}-a_n$은 등차수열 $\{a_n\}$의 공차이므로 2야.

$$=b_n+b_{n+1}$$

함정 정적분의 값을 구해야 하는데, 구간마다 나타낸 함수의 그래프가 x축의 위쪽에서 그려지는 직선이므로 각 구간에서 함수의 그래프와 x축으로 둘러싸인 도형의 넓이가 정적분의 값과 같음을 이용해야 해. 이때, 각 구간에서 함수의 그래프와 x축으로 둘러싸인 도형이 사다리꼴임을 파악하고 사다리꼴의 넓이로 정적분의 값을 구하면 돼.

3rd $\int_1^{11} f(x)dx$의 값을 구하자.

이때, $a_1=1$, $a_6=2\times 6-1=11$이므로

$$\int_1^{11} f(x)dx=\int_{a_1}^{a_6} f(x)dx$$

$$=\int_{a_1}^{a_2} f(x)dx+\int_{a_2}^{a_3} f(x)dx+\int_{a_3}^{a_4} f(x)dx$$

$$+\int_{a_4}^{a_5} f(x)dx+\int_{a_5}^{a_6} f(x)dx$$

$$=S_1+S_2+S_3+S_4+S_5$$

$$=(b_1+b_2)+(b_2+b_3)+(b_3+b_4)+(b_4+b_5)+(b_5+b_6)$$

그런데 조건 (다)에 의하여 직선 P_nP_{n+1}의 기울기가

$$\frac{b_{n+1}-b_n}{a_{n+1}-a_n}=\frac{1}{2}a_{n+1}$$

→ 직선의 기울기 $=\frac{(y\text{의 값의 증가량})}{(x\text{의 값의 증가량})}$

이고, $a_{n+1}-a_n=2$이므로

$$b_{n+1}-b_n=a_{n+1}$$

$$\therefore b_{n+1} = b_n + a_{n+1} \cdots \text{㉠}$$

이때, $b_1 = 1$이므로 ㉠에 의하여

점 P_1의 좌표가 $(1, 1)$이라 했지?

$$b_2 = b_1 + a_2 = 1 + (2 \times 2 - 1) = 4$$
$$b_3 = b_2 + a_3 = 4 + (2 \times 3 - 1) = 9$$
$$b_4 = b_3 + a_4 = 9 + (2 \times 4 - 1) = 16$$
$$b_5 = b_4 + a_5 = 16 + (2 \times 5 - 1) = 25$$
$$b_6 = b_5 + a_6 = 25 + (2 \times 6 - 1) = 36$$

$b_2 = b_1 + a_2 = a_1 + a_2$
$b_3 = b_2 + a_3 = a_1 + a_2 + a_3$
$b_4 = b_3 + a_4 = a_1 + a_2 + a_3 + a_4$
$\vdots$
$b_n = a_1 + a_2 + \cdots + a_n$이므로
$b_n = \sum\limits_{k=1}^{n} a_k = \sum\limits_{k=1}^{n} (2k-1)$
$= 2 \times \dfrac{n(n+1)}{2} - n = n^2$
으로 수열 $\{b_n\}$의 일반항을 구할 수도 있어.

$$\therefore \int_1^{11} f(x)dx$$
$$= (b_1+b_2) + (b_2+b_3) + (b_3+b_4) + (b_4+b_5) + (b_5+b_6)$$
$$= (1+4) + (4+9) + (9+16) + (16+25) + (25+36)$$
$$= 145$$

❀ 정적분의 성질   개념·공식

세 실수 a, b, c를 포함하는 닫힌구간에서
두 함수 $f(x)$, $g(x)$가 연속일 때,

(1) $\displaystyle \int_a^b kf(x)dx = k\int_a^b f(x)dx$ (단, k는 상수)

(2) $\displaystyle \int_a^b \{f(x) \pm g(x)\}dx = \int_a^b f(x)dx \pm \int_a^b g(x)dx$ (복호동순)

(3) $\displaystyle \int_a^b f(x)dx = \int_a^c f(x)dx + \int_c^b f(x)dx$

G 87 정답 ⑤ *넓이를 이용한 정적분의 활용 ········ [정답률 41%]

[정답 공식]: 함수 $y=f(x)$의 그래프와 그 역함수는 $y=f^{-1}(x)$의 그래프는 직선 $y=x$에 대칭이다.

오른쪽 그림은 직선 $y=x$와 다항함수 $y=f(x)$의 그래프의 일부이다. 모든 실수 x에 대하여 $f'(x) \geq 0$이고 $f(0) = \dfrac{1}{5}$, $f(1) = 1$일 때, [보기]에서 옳은 것을 모두 고른 것은? (4점)

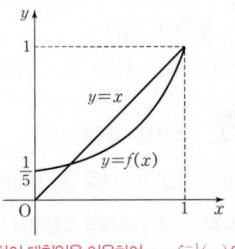

단서 1 서로 역함수 관계인 두 그래프는 직선 $y=x$에 대하여 대칭임을 이용하여 $y=f^{-1}(x)$의 그래프를 그린 후 정적분의 기하학적 의미로 참, 거짓을 따지면 돼.

[보기]

ㄱ. $f'(x) = \dfrac{4}{5}$인 x가 열린구간 $(0, 1)$에 존재한다.

ㄴ. $\displaystyle \int_0^1 f(x)dx + \int_{\frac{1}{5}}^1 f^{-1}(x)dx = 1$

ㄷ. $g(x) = (f \circ f)(x)$일 때, $g'(x) = 1$인 x가 열린구간 $(0, 1)$에 존재한다.

단서 2 합성함수 $y=g(x)$의 그래프에 대하여 구간 $(0, 1)$에서 접선의 기울기가 1인 접선이 존재하는지를 묻는 거야. 평균값 정리를 이용하여 따져 봐.

① ㄱ   ② ㄷ   ③ ㄱ, ㄴ
④ ㄴ, ㄷ   ⑤ ㄱ, ㄴ, ㄷ

→ 평균값 정리에서 $\dfrac{f(b)-f(a)}{b-a}$는 두 점 $(a, f(a))$, $(b, f(b))$를 지나는 직선의 기울기, $f'(c)$는 곡선 위의 점 $(c, f(c))$에서의 접선의 기울기를 의미해. 즉, 두 점 $(a, f(a))$, $(b, f(b))$를 지나는 직선과 기울기가 같은 접선이 존재한다는 거지.

1st 평균값 정리를 이용해서 ㄱ의 참·거짓을 알아봐.

ㄱ. 함수 $y=f(x)$는 닫힌구간 $[0, 1]$에서 연속이고 열린구간 $(0, 1)$에서 미분가능하므로 평균값 정리에 의해 $\dfrac{f(1)-f(0)}{1-0} = f'(c)$를 만족하는 c가 열린구간 $(0, 1)$에 적어도 하나 존재한다.

이때, $\dfrac{f(1)-f(0)}{1-0} = 1 - \dfrac{1}{5} = \dfrac{4}{5}$이므로 $f'(x) = \dfrac{4}{5}$인 x가 열린구간 $(0, 1)$에 존재한다. (참)

2nd 함수와 그 역함수의 그래프 사이의 관계를 이용하여 ㄴ의 참·거짓을 알아봐.

ㄴ. $\displaystyle \int_0^1 f(x)dx = A$, $\displaystyle \int_{\frac{1}{5}}^1 f^{-1}(x)dx = B$라 하면 $f(0) = \dfrac{1}{5}$에서 $f^{-1}\left(\dfrac{1}{5}\right) = 0$, $f(1) = 1$에서 $f^{-1}(1) = 1$이므로 $B = \displaystyle \int_{\frac{1}{5}}^1 f^{-1}(x)dx$는 그림에서 빗금친 부분의 넓이와 같다.

또, A는 그림의 어두운 부분과 같으므로

$$\int_0^1 f(x)dx + \int_{\frac{1}{5}}^1 f^{-1}(x)dx$$
$$= A + B = 1 \text{ (참)}$$

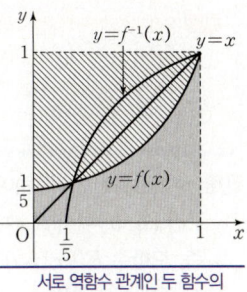

서로 역함수 관계인 두 함수의 그래프는 직선 $y=x$에 대하여 대칭이니까 $f^{-1}(x)$의 그래프를 그릴 수 있지?

3rd 평균값 정리를 이용해서 ㄷ의 참·거짓을 알아봐.

ㄷ. 다항함수 $y=f(x)$가 닫힌구간 $[0, 1]$에서 연속이고 열린구간 $(0, 1)$에서 미분가능하므로 $g(x) = (f \circ f)(x)$도 닫힌구간 $[0, 1]$에서 연속이고 열린구간 $(0, 1)$에서 미분가능하다.

함수 $g(x)$는 다항함수를 합성한 함수니까 $g(x)$는 다항함수야. 즉, $g(x)$는 실수 전체의 집합에서 연속이고 미분가능해.

한편, $0<a<1$인 a에 대하여 직선 $y=x$와 함수 $y=f(x)$의 그래프의
교점의 좌표를 (a, a), $(1, 1)$이라 하면 $g(a)=(f\circ f)(a)=f(a)=a$
이고 $g(1)=(f\circ f)(1)=f(1)=1$이니까 평균값 정리에 의해
$\dfrac{g(1)-g(a)}{1-a}=1=g'(k)$인 k가 열린구간 $(a, 1)$에 적어도 하나 존
재한다. (참)
따라서 옳은 것은 ㄱ, ㄴ, ㄷ이다.

🦉 평가원 해설

$f(0)=\dfrac{1}{5}$, $f(1)=1$을 만족시키는 일차함수는 직선 $y=x$와 오직 한 점 $(1, 1)$에서만 만
납니다. 그러나 문제의 그림에서 다항함수 $y=f(x)$의 그래프는 직선 $y=x$와 두 점에서
만나고 있고, "오른쪽 그림은 … $y=f(x)$의 그래프의 일부이다."라고 명시되어 있으므
로 $y=f(x)$는 일차함수가 될 수 없습니다.

또한 함수 $y=\dfrac{4}{25}x^5-12x^4+8x^3+\dfrac{1}{5}$은 문제의 조건을 만족시키지 않습니다.

G88 정답 ③ *넓이를 이용한 정적분의 활용 ┈┈┈ [정답률 46%]

(정답 공식: 구간 $[a, b]$에서 $f(x)>0$이고, 아래로 볼록하다.)

다음은 연속함수 $y=f(x)$의 그래프와 이 그래프 위의 서로 다른
두 점 $P(a, f(a))$, $Q(b, f(b))$를 나타낸 것이다.

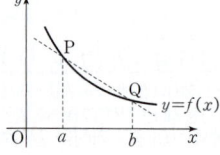

함수 $F(x)$가 $F'(x)=f(x)$를 만족시킬 때, [보기]에서 항상 옳
은 것을 모두 고른 것은? (4점)

[보기]

ㄱ. 함수 $F(x)$는 구간 $[a, b]$에서 증가한다.

ㄴ. $\dfrac{F(b)-F(a)}{b-a}$ 는 직선 PQ의 기울기와 같다.

ㄷ. $\displaystyle\int_a^b \{f(x)-f(b)\}dx\leq\dfrac{(b-a)\{f(a)-f(b)\}}{2}$

단서 정적분을 기하학적 의미로 받아들이면 넓이를 생각할 수 있지? 즉, 주어진 그림에서
$\displaystyle\int_a^b \{f(x)-f(b)\}dx$가 나타내는 부분의 넓이와 $\dfrac{(b-a)\{f(a)-f(b)\}}{2}$가 나타내는
부분의 넓이를 비교해 봐.

① ㄱ ② ㄴ ③ ㄱ, ㄷ ④ ㄴ, ㄷ ⑤ ㄱ, ㄴ, ㄷ

1st 주어진 조건을 이용하여 [보기]의 ㄱ~ㄷ에서 옳고 그름을 판별해.

ㄱ. 구간 $[a, b]$에서 $f(x)>0$이므로 이 구간에서 $F'(x)>0$이다.
즉, 도함수 $F'(x)=f(x)$가 양수이므로 함수 $F(x)$는 구간 $[a, b]$에
서 증가한다. (참)

[도함수를 이용한 증가, 감소의 판정]
$f'(x)>0$이면 $f(x)$는 증가함수이고
$f'(x)<0$이면 $f(x)$는 감소함수야.

ㄴ. 직선 PQ의 기울기는
$\dfrac{f(b)-f(a)}{b-a}=\dfrac{F'(b)-F'(a)}{b-a}\neq\dfrac{F(b)-F(a)}{b-a}$ (거짓)

ㄷ. 그림과 같이 P, Q, R, S, T, U를 지정하자.

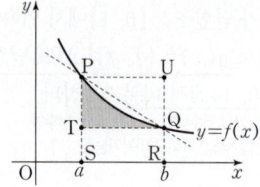

$\displaystyle\int_a^b \{f(x)-f(b)\}dx$
$=\displaystyle\int_a^b f(x)dx-\int_a^b f(b)dx$
$=\displaystyle\int_a^b f(x)dx-\underbrace{(b-a)f(b)}_{\text{직사각형 TSRQ의 넓이야.}}$

함정 식으로 표현된 게 그래프에선 어떤 부분
을 의미하는 건지 해석할 줄 알아야 해.

즉, 이것은 구간 $[a, b]$에서 $y=f(x)$와 x축 사이의 넓이에서 직사
각형 TSRQ의 넓이를 뺀 부분의 넓이를 의미한다.
그림의 어두운 부분의 넓이야.

또, $(b-a)\{f(a)-f(b)\}$는 직사각형 PTQU의 넓이이므로
$\dfrac{(b-a)\{f(a)-f(b)\}}{2}$ 는 삼각형 PTQ의 넓이이다.

이때, 그림에서 삼각형 PTQ의 넓이가 어두운 부분의 넓이보다 크
므로

$\displaystyle\int_a^b \{f(x)-f(b)\}dx\leq\dfrac{(b-a)\{f(a)-f(b)\}}{2}$ (참)

따라서 옳은 것은 ㄱ, ㄷ이다.

🦉 평가원 해설

이 문항과 관련된 이의 제기 내용을 정리하면 3가지로 요약될 수 있습니다.

1. [보기]의 'ㄷ' '<'만이 성립하므로, 'ㄷ'이 거짓이라는 주장
부등호 '≤'의 의미는 '작거나 같다'입니다. 즉, '작다'와 '같다' 중에서 어느 하나만 참
이 됩니다. 예를 들어, '2≤3'과 '2≥2'는 모두 참인 명제입니다.
따라서 [보기]의 'ㄷ'에서

$\displaystyle\int_a^b \{f(x)-f(b)\}dx<\dfrac{(b-a)\{f(a)-f(b)\}}{2}$가 성립하므로

$\displaystyle\int_a^b \{f(x)-f(b)\}dx\leq\dfrac{(b-a)\{f(a)-f(b)\}}{2}$도 참이 됩니다.

2. 그림만으로 모든 정보를 주고 구체적으로 기술하지 않았다는 지적
이 문제는 '그래프의 의미를 이해하고 관련 성질을 파악하여 적용하는 능력'을 평가하
는 문항으로, 주어진 그래프를 보고 필요한 정보를 파악하는 것이 문제해결의 관건이
되는 문항입니다. 수학에서 그래프에 대한 이해는 학생들이 수학 학습을 통해 익혀야
할 중요한 지식이고 앞으로 대학이나 사회에서도 매우 필요한 능력이므로 그래프에
대한 이해 능력의 평가는 매우 중요한 수학적 평가 요소입니다. 또한 그래프는 약속된
기호를 사용하고 있으므로 굳이 기호나 말로 표현하지 않았다고 해서 정보가 부족하
다고 말할 수 없습니다.

3. 두 점 P, Q가 정점이라는 표시가 없다는 지적과 a, b의 크기가 표시되지 않았다는 지
적 문제에서 "다음은 연속함수 $y=f(x)$의 그래프와 이 그래프 위의 서로 다른 두 점
$P(a, f(a))$, $Q(b, f(b))$를 나타낸 것이다."라고 말하고 있으므로, 그래프로 주어진
상황에 맞게 해석해야 합니다. 따라서 "이 그래프 위의 서로 다른 두 점 $P(a, f(a))$,
$Q(b, f(b))$를 나타낸 것"이라는 구절로부터 두 점 P, Q는 정점임을 파악할 수 있고,
그래프에서 두 점의 위치로부터 $a<b$라는 관계도 파악할 수 있습니다.

G89 정답 6 *적분을 이용한 점의 위치 ┈┈┈ [정답률 82%]

(정답 공식: 수직선 위를 움직이는 점 P의 시각 t에서의 속도가 $v(t)$일 때, 시각
$t=a$부터 시각 $t=b$까지 점 P의 위치의 변화량은 $\displaystyle\int_a^b v(t)dt$이다.)

수직선 위를 움직이는 점 P의 시각 $t(t\geq0)$에서의 속도 $v(t)$가
$v(t)=3t^2-4t+k$
이다. 시각 $t=0$에서 점 P의 위치는 0이고, 시각 $t=1$에서 점 P
의 위치는 -3이다. 시각 $t=1$에서 $t=3$까지 점 P의 위치의 변화
량을 구하시오. (단, k는 상수이다.) (3점)

단서1 시각 $t=0$에서의 점 P의 위치가 0이므로
점 P는 원점에서 출발하는 거야.

단서2 원점에서 출발하는 점 P의
시각 $t=1$에서의 위치는 $\displaystyle\int_0^1 v(t)dt$야.

단서3 시각 $t=1$에서 $t=3$까지
점 P의 위치의 변화량은
$\displaystyle\int_1^3 v(t)dt$야.

1st 상수 k의 값부터 구하자.

시각 $t=0$에서 점 P의 위치가 0이므로 점 P는 원점에서 출발한다.

즉, 원점을 출발하는 점 P의 시각 $t=1$에서의 위치가 -3이므로

원점을 출발하여 수직선 위를 움직이는 점 P의 시각 t에서의 속도가 $v(t)$일 때,

점 P의 시각 $t=a$에서의 위치는 $\int_0^a v(t)dt$이다.

$$\int_0^1 (3t^2-4t+k)dt = \left[t^3-2t^2+kt\right]_0^1 = 1-2+k=-3$$

$$\therefore k=-2$$

2nd 시각 $t=1$에서 $t=3$까지 점 P의 위치의 변화량을 구하자.

$v(t)=3t^2-4t-2$이므로 시각 $t=1$에서 $t=3$까지 점 P의 위치의 변화량은

$$\int_1^3 v(t)dt = \int_1^3 (3t^2-4t-2)dt$$

→ 수직선 위를 움직이는 점 P의 속도가 $v(t)$일 때, 시각 $t=a$부터 $t=b$까지 점 P의 위치의 변화량은 $\int_a^b v(t)dt$이다.

$$= \left[t^3-2t^2-2t\right]_1^3$$
$$= 27-18-6-(1-2-2)$$
$$= 6$$

다른 풀이: 시각 t에서 점 P의 위치 $x(t)$를 직접 구하여 $t=1$에서 $t=3$까지 점 P의 위치의 변화량 구하기

시각 t에서 점 P의 위치를 $x(t)$라 하면 속도 $v(t)=3t^2-4t+k$이므로

$$x(t)=\int v(t)dt$$

→ 속도함수를 부정적분하면 위치함수를 구할 수 있어.

$$=\int (3t^2-4t+k)dt$$
$$=t^3-2t^2+kt+C \ (C는 적분상수)$$

이때, 시각 $t=0$에서 점 P의 위치가 0이므로 $x(0)=C=0$

즉, $x(t)=t^3-2t^2+kt$야.

이때, 시각 $t=1$에서 점 P의 위치가 -3이므로

$$x(1)=1-2+k=-3 \quad \therefore k=-2$$

따라서 $x(t)=t^3-2t^2-2t$이고,

$x(1)=-3$, $x(3)=27-18-6=3$

이므로 시각 $t=1$에서 $t=3$까지 점 P의 위치의 변화량은

$$x(3)-x(1)=3-(-3)=6$$

G 90 정답 16 * 점의 위치 ⋯⋯⋯⋯⋯ [정답률 83%]

정답 공식: 수직선 위를 움직이는 점 P의 시각 t에서의 속도가 $v(t)$이고, 시각 t_0에서의 위치를 x_0이라 할 때 시각 t에서 점 P의 위치 $x(t)$는 $x(t)=x_0+\int_{t_0}^t v(t)dt$이다.

시각 $t=0$일 때 원점을 출발하여 수직선 위를 움직이는 점 P의 시각 $t(t\geq 0)$에서의 속도 $v(t)$가

$$v(t)=3t^2+6t-a$$

이다. 시각 $t=3$에서의 점 P의 위치가 6일 때, 상수 a의 값을 구하시오. (3점) **단서** 속도를 적분하면 위치를 구할 수 있지.

1st 속도 $v(t)$를 정적분하여 점 P의 위치를 구해.

시각 t에서의 점 P의 위치를 $x(t)$라 하면 시각 $t=3$에서의 점 P의 위치는

$$x(3)=x(0)+\int_0^3 v(t)dt = \int_0^3 (3t^2+6t-a)dt$$

→ 원점을 출발하여 움직인 점이므로 처음 위치 $x(0)=0$이야.

$$= \left[t^3+3t^2-at\right]_0^3 = 27+27-3a$$
$$= 54-3a$$

이때, 시각 $t=3$에서의 점 P의 위치가 6이므로

$$54-3a=6, \ 3a=48 \quad \therefore a=16$$

G 91 정답 ④ * 적분을 이용한 점의 위치 ⋯⋯⋯ [정답률 80%]

정답 공식: 원점을 출발하여 수직선 위를 움직이는 점의 시각 t에서의 속도가 $v(t)$일 때, 이 점의 시각 $t=a$에서의 위치는 $\int_0^a v(t)dt$이다.

수직선 위의 점 $A(6)$과 시각 $t=0$일 때 원점을 출발하여 이 수직선 위를 움직이는 점 P가 있다. 시각 $t(t\geq 0)$에서의 점 P의 속도 $v(t)$를 $v(t)=3t^2+at \ (a>0)$이라 하자. 시각 $t=2$에서 점 P와 점 A 사이의 거리가 10일 때, 상수 a의 값은? (4점)

단서2 두 점 사이의 거리는 두 점의 위치의 차의 절댓값으로 구할 수 있어.

① 1 　　② 2 　　③ 3
④ 4 　　⑤ 5

단서1 시각 $t=2$에서 점 P의 위치는 $\int_0^2 v(t)dt$야.

1st 시각 $t=2$에서의 점 P의 위치를 구해.

시각 $t=2$에서의 점 P의 위치는

$$\int_0^2 v(t)dt = \int_0^2 (3t^2+at)dt$$

→ 점 P는 $t=0$일 때 원점을 출발해.

$$= \left[t^3+\frac{a}{2}t^2\right]_0^2 = 8+2a$$

2nd 점 P와 점 $A(6)$ 사이의 거리가 10이 되는 양수 a의 값을 구해.

점 $P(8+2a)$와 점 $A(6)$ 사이의 거리가 10이므로

$$|(8+2a)-6|=10$$ 수직선 위의 두 점 $A(x_1)$, $B(x_2)$ 사이의 거리는 $|x_2-x_1|$이야.

실수 수직선 위의 두 점 사이의 거리를 구해야 하므로 두 점의 위치의 차에 절댓값을 계산해야 해.

즉, $|2a+2|=10$에서 $2a+2=\pm 10$이므로

$2a+2=10$일 때, $a=4$

$2a+2=-10$일 때, $a=-6$

이때, $a>0$이므로 구하는 상수 a의 값은 4이다.

G 92 정답 ③ * 적분을 이용한 점의 위치 ⋯⋯ [정답률 82%]

정답 공식: 수직선 위를 움직이는 점 P의 시각 t에서의 속도를 $v(t)$, 위치를 $x(t)$라 하면 시각 $t=a$에서의 점 P의 위치는 $x(a)=x(0)+\int_0^a v(t)dt$이다.

수직선 위를 움직이는 점 P의 시각 $t(t\geq 0)$에서의 속도 $v(t)$가

$$v(t)=4t-10$$

이다. 점 P의 시각 $t=1$에서의 위치와 점 P의 시각 $t=k(k>1)$에서의 위치가 서로 같을 때, 상수 k의 값은? (4점)

단서 정적분을 이용하여 점 P의 시각 $t=1$에서의 위치와 시각 $t=k$의 위치를 구한 다음 두 위치가 서로 같음을 이용해.

① 3 　　② $\frac{7}{2}$ 　　③ 4
④ $\frac{9}{2}$ 　　⑤ 5

1st 시각 $t=1$과 $t=k$에서의 점 P의 위치를 구하자.

시각 t에서의 속도는 $v(t)=4t-10$이고, 시각 t에서의 점 P의 위치를 $x(t)$라 하면 시각 $t=0$에서의 위치는 $x(0)$이므로

점 P는 시각 $t=0$에서부터 움직이므로 이때의 위치는 $x(0)$이야.

$$x(1)=x(0)+\int_0^1 v(t)dt=x(0)+\int_0^1 (4t-10)dt$$
$$=x(0)+\left[2t^2-10t\right]_0^1=x(0)+2-10$$
$$=x(0)-8$$
$$x(k)=x(0)+\int_0^k v(t)dt=x(0)+\int_0^k (4t-10)dt$$
$$=x(0)+\left[2t^2-10t\right]_0^k=x(0)+2k^2-10k$$

2nd 시각 $t=1$과 $t=k$에서의 점 P의 위치가 같음을 이용해 k의 값을 구하자.

이때, $\underline{x(1)=x(k)}$이므로
$x(0)$의 값을 알 수 없어도 $x(1)=x(k)$를 통해 k의 값을 찾을 수 있어.
$$x(0)-8=x(0)+2k^2-10k$$
$$2k^2-10k+8=0,\ k^2-5k+4=0$$
$$(k-1)(k-4)=0\qquad \therefore k=4\ (\because k>1)$$

🔧 **다른 풀이: 시각 $t=1$에서 $t=k$까지 점 P의 위치의 변화량이 0임을 이용하여 k의 값 구하기**

점 P의 시각 $t=1$에서의 위치와 시각 $t=k\,(k>1)$에서의 위치가 서로 같으므로 시각 $t=1$에서 $t=k$까지 점 P의 위치의 변화량은 0이야.

$$\int_1^k v(t)dt=\int_1^k (4t-10)dt$$
속도함수 $v(t)$에 대하여 시각 $t=1$부터 $t=k$까지 점 P의 위치의 변화량은 $\int_1^k v(t)dt$야.

> **함정** 점 P의 시각 $t=1$일 때의 위치와 시각 $t=k\,(k>1)$일 때의 점 P의 위치가 서로 같으므로 $t=1$부터 $t=k$까지의 점 P의 위치의 변화량이 없음을 찾아내면 계산이 빨라질 수 있어.

$$=\left[2t^2-10t\right]_1^k$$
$$=(2k^2-10k)-(2-10)$$
$$=2k^2-10k+8$$

따라서 $2k^2-10k+8=0$이므로
$$k^2-5k+4=0,\ (k-1)(k-4)=0$$
$$\therefore k=4\ (\because k>1)$$

G 93 정답 ③ *적분을 이용한 점의 위치 ············ [정답률 80%]

> **정답 공식:** 원점을 출발한 점의 속도 $v(t)$가 주어졌을 때, 위치 $x(t)=\int_0^t v(t)dt$이다.

원점을 동시에 출발하여 수직선 위를 움직이는 두 점 P, Q의 시각 $t\,(t\geq0)$에서의 속도가 각각 $3t^2+6t-6$, $10t-6$이다. 두 점 P, Q가 출발 후 $t=a$에서 다시 만날 때, 상수 a의 값은? (4점)
> **단서** 시각 $t=a$에서의 두 점 P, Q의 위치가 같다는 뜻이지. 위치는 정적분을 이용해.
> ① 1　　② $\dfrac{3}{2}$　　③ 2
> ④ $\dfrac{5}{2}$　　⑤ 3

1st 시각 t에서의 두 점 P, Q의 위치를 구하자.

수직선 위에서 점 P는 원점을 출발하여 시각 t에서의 속도가 $3t^2+6t-6$이므로 시각 $t=a$에서의 점 P의 위치를 $x_P(a)$라 하면

$$x_P(a)=\int_0^a (3t^2+6t-6)dt$$
원점을 출발하여 수직선 위를 움직이는 점의 시각 t에서의 속도가 $v(t)$일 때, 점 P의 시각 $t=a$에서의 위치는 $\int_0^a v(t)dt$
$$=\left[t^3+3t^2-6t\right]_0^a=a^3+3a^2-6a$$

> **주의** 수직선에서 위치는 $+$와 $-$가 존재하니까 속도를 적분할 때 절댓값을 씌우지 않아.

수직선 위에서 점 Q는 원점을 출발하여 시각 t에서의 속도가 $10t-6$이므로 시각 $t=a$에서의 점 P의 위치를 $x_Q(a)$라 하면

$$x_Q(a)=\int_0^a (10t-6)dt=\left[5t^2-6t\right]_0^a$$
$$=5a^2-6a$$

2nd 시각 $t=a$에서의 두 점의 위치가 같음을 이용하여 a의 값을 구해.

두 점 P, Q가 출발 후 $t=a\,(a>0)$에서 다시 만나므로
$x_P(a)=x_Q(a)$이다.
즉, $a^3+3a^2-6a=5a^2-6a$이므로
$$a^3-2a^2=0,\ a^2(a-2)=0$$
$$\therefore a=0\ \text{또는}\ a=2$$
→ $a=0$인 경우는 두 점 P, Q가 출발점, 즉 원점에 있을 때야.
따라서 $a>0$이므로 $a=2$이다.

G 94 정답 12 *적분을 이용한 점의 위치 ············ [정답률 60%]

> **정답 공식:** $v_1(t)=v_2(t)$인 t의 값을 찾는다. 원점을 출발하여 수직선 위를 움직이는 점의 시각 t에서의 속도가 $v(t)$이면 $t=a$에서의 점의 위치는 $\int_0^a v(t)dt$이다.

시각 $t=0$일 때 동시에 원점을 출발하여 수직선 위를 움직이는 두 점 P, Q의 시각 $t\,(t\geq0)$에서의 속도가 각각
> **단서1** $v_1(t)=v_2(t)$를 만족하는 t의 값을 찾아.

$$v_1(t)=3t^2+t,\ v_2(t)=2t^2+3t$$
이다. 출발한 두 점 P, Q의 속도가 같아지는 순간 두 점 P, Q 사이의 거리를 a라 할 때, $9a$의 값을 구하시오. (4점)
> **단서2** 속도의 식을 적분하면 각 점의 위치를 구할 수 있지? 두 점 사이의 거리는 두 점의 위치의 차와 같아.

1st 두 점 P, Q의 속도가 같아지는 시각을 구하자.

시각 t에서의 점 P의 속도 $v_1(t)$와 점 Q의 속도 $v_2(t)$가 같아지는 시각 t의 값을 구하면 $v_1(t)=v_2(t)$에서
$$3t^2+t=2t^2+3t,\ t^2-2t=0,\ t(t-2)=0$$
$$\therefore t=0\ \text{또는}\ t=2$$
→ $t=0$일 때 두 점 P, Q가 동시에 원점을 출발하므로 출발한 후 두 점 P, Q의 속도가 같아지는 순간은 $t=2$일 때야.
따라서 $t=2$일 때, 두 점 P, Q의 속도가 같아진다.

2nd $t=2$일 때 두 점 P, Q의 위치를 이용하여 a의 값을 구하자.

$t=2$일 때, 점 P의 위치는
→ 원점을 출발하여 수직선 위를 움직이는 점 P의 시각 t에서의 속도가 $v(t)$일 때, 시각 $t=a$에서의 점 P의 위치는 $\int_0^a v(t)dt$야.
$$0+\int_0^2 v_1(t)dt=\int_0^2 (3t^2+t)dt$$
$$=\left[t^3+\frac{1}{2}t^2\right]_0^2=8+2=10$$

$t=2$일 때, 점 Q의 위치는
$$0+\int_0^2 v_2(t)dt=\int_0^2 (2t^2+3t)dt$$
$$=\left[\frac{2}{3}t^3+\frac{3}{2}t^2\right]_0^2$$
$$=\frac{16}{3}+6$$
$$=\frac{34}{3}$$

따라서 두 점 P, Q 사이의 거리 a는
$$a=\left|10-\frac{34}{3}\right|=\frac{4}{3}$$이므로
→ 수직선 위의 두 점 $P(p)$, $Q(q)$ 사이의 거리는 $|p-q|$이야.
$$9a=9\times\frac{4}{3}=12$$

G 95 정답 ② *적분을 이용한 점의 위치 ················ [정답률 77%]

수직선 위를 움직이는 점 P의 시각 $t(t\geq 0)$에서의 속도 $v(t)$가

$$v(t)=3(t-2)(t-a)\ (a>2\text{인 상수})$$

단서1 점 P는 $0<t<2, t>a$에서 $v(t)>0$이므로 양의 방향으로 움직이고, $2<t<a$에서 $v(t)<0$이므로 음의 방향으로 움직임을 알 수 있어.

이다. 점 P의 시각 $t=0$에서의 위치는 0이고, $t>0$에서 점 P의 위치가 0이 되는 순간은 한 번뿐이다. $v(8)$의 값은? (4점)

단서2 정적분을 이용하여 점 P의 위치를 시각 t에 대한 함수 $x(t)$로 나타내었을 때, $x(t)=0$이 되는 양수 t가 1개뿐이라는 뜻이야.

① 27　② 36　③ 45　④ 54　⑤ 63

1st 점 P의 시각 t에서의 위치 $x(t)$를 구해봐.

점 P의 시각 $t(t\geq 0)$에서의 위치를 $x(t)$라 하면 점 P의 시각 $t=0$에서의 위치는 0이므로 $x(0)=0$

$x(t)=x(0)+\int_0^t v(t)dt$　→ 수직선 위를 움직이는 점 P의 시각 t에서의 속도를 $v(t)$, 위치를 $x(t)$라 하면 시각 $t=a$에서의 점 P의 위치는

$=\int_0^t 3(t-2)(t-a)dt$　$x(a)=x(0)+\int_0^a v(t)dt$야.

$=\int_0^t \{3t^2-3(a+2)t+6a\}dt=\left[t^3-\frac{3}{2}(a+2)t^2+6at\right]_0^t$

$=t^3-\frac{3}{2}(a+2)t^2+6at \cdots$ ㉠

2nd $t>0$에서 점 P의 위치가 0이 되는 시각 t가 1개뿐임을 이용하여 상수 a의 값을 구해.

점 P는 $0<t<2, t>a$에서 $v(t)>0$이므로 양의 방향으로 움직이고, $t>0$에서 $v(t)=3(t-2)(t-a)>0$이면 $0<t<2$ 또는 $t>a$야.

$2<t<a$에서 $v(t)<0$이므로 음의 방향으로 움직인다. $v(t)=3(t-2)(t-a)<0$이면 $2<t<a$이지.

그런데 $t>0$에서 점 P의 위치가 0이 되는 순간이 한 번뿐이므로 $x(a)=0$이다.

함정 점 P는 원점에서 출발하여 양의 방향으로 움직이기 시작하여 $t=2$에서 방향을 바꾸고, 다시 $t=a$에서 방향을 바꿔서 계속 양의 방향으로 진행하므로 점 P의 위치가 0이 되는 순간이 한 번뿐이려면 $t=a$일 때의 위치가 0이어야 해.

즉, ㉠에서

$a^3-\frac{3}{2}(a+2)a^2+6a^2=0$

$\frac{1}{2}a^2\{2a-3(a+2)+12\}=0$

$-\frac{1}{2}a^2(a-6)=0$　$\therefore a=6\ (\because a>2)$

따라서 $v(t)=3(t-2)(t-6)$이므로

$v(8)=3\times 6\times 2=36$

✿ 그래프에서의 점의 위치와 움직인 거리　개념·공식

수직선 위를 움직이는 점 P의 시각 t에서의 속도를 $v(t)$라 할 때

① $\int_a^b v(t)dt$ ➡ $t=a$에서 $t=b$까지 점 P의 위치의 변화량

② $\int_a^b |v(t)|dt$ ➡ $t=a$에서 $t=b$까지 점 P가 움직인 거리

➡ $y=v(t)$의 그래프와 t축 및 두 직선 $t=a, t=b$로 둘러싸인 도형의 넓이

G 96 정답 ⑤ *적분을 이용한 점의 위치 ················ [정답률 65%]

두 점 P와 Q는 시각 $t=0$일 때 각각 점 A(1)과 점 B(8)에서 출발하여 수직선 위를 움직인다. 두 점 P, Q의 시각 $t(t\geq 0)$에서의 속도는 각각　→ **단서1** 적분을 이용하여 두 점 P, Q의 시각 t에서의 위치를 각각 구해.

$$v_1(t)=3t^2+4t-7,\ v_2(t)=2t+4$$

이다. 출발한 시각부터 두 점 P, Q 사이의 거리가 처음으로 4가　→ **단서2** 두 점 P, Q 사이의 거리는 두 점 P, Q의 위치의 차이야.

될 때까지 점 P가 움직인 거리는? (4점) 차고, 누가 더 큰지 모르니까 절댓값을 씌워야 해.

① 10　② 14　③ 19　④ 25　⑤ 32

1st 시각 t에서의 두 점 P, Q의 위치를 각각 구하자.

수직선 위에서 점 P는 점 A(1)을 출발하여 시각 $t(t\geq 0)$에서의 속도가 $v_1(t)=3t^2+4t-7$이므로 시각 t에서의 점 P의 위치를 $x_P(t)$라 하면

$x_P(t)=1+\int_0^t (3t^2+4t-7)dt$

$=1+\left[t^3+2t^2-7t\right]_0^t$　→ 처음 위치가 x_0이고 t초 후의 속도가 $v(t)$인 점 P의 시각 a초 후의 위치는 $x_0+\int_0^a v(t)dt$

$=t^3+2t^2-7t+1$

수직선 위에서 점 Q는 점 B(8)을 출발하여 시각 $t(t\geq 0)$에서의 속도가 $v_2(t)=2t+4$이므로 시각 t에서의 점 Q의 위치를 $x_Q(t)$라 하면

$x_Q(t)=8+\int_0^t (2t+4)dt=8+\left[t^2+4t\right]_0^t=t^2+4t+8$

2nd 두 점 P, Q 사이의 거리가 처음으로 4가 되는 시각을 찾자.

두 점 P, Q 사이의 거리는 위치의 차이므로

$|x_P(t)-x_Q(t)|=|t^3+2t^2-7t+1-(t^2+4t+8)|$

$=|t^3+t^2-11t-7|$

두 점 사이의 거리가 4가 되는 $t(t\geq 0)$를 구해야 하므로

실수 두 점 사이의 거리는 위치의 차고, 둘 중 누가 더 큰지 모르니까 절댓값으로 구해야 해. 두 점 사이의 위치의 차의 절댓값 $|t^3+t^2-11t-7|$가 4일 때, 즉 $t^3+t^2-11t-7$의 값이 4 또는 -4인 경우 중 작은 t의 값을 찾아야 해.

$|t^3+t^2-11t-7|=4$에서

$t^3+t^2-11t-7=\pm 4$　→ $|x|=a \Leftrightarrow x=a$ 또는 $x=-a$

(i) $t^3+t^2-11t-7=4$인 경우

$t^3+t^2-11t-11=0$에서

$(t^2-11)(t+1)=0$

$\therefore t=\sqrt{11}\ (\because t\geq 0)$

(ii) $t^3+t^2-11t-7=-4$인 경우

$t^3+t^2-11t-3=0$에서

$(t-3)(t^2+4t+1)=0$

$\therefore t=3$　→ 처음으로 거리가 4인 시각을 찾아야 하니까 더 작은 값을 찾아야겠지? $\sqrt{9}<\sqrt{11}$이므로 $3<\sqrt{11}$이야.

(i), (ii)에 의하여 처음으로 P, Q 사이의 거리가 4가 되는 시각은 $t=3$이다.

3rd 정적분을 이용하여 $t=0$에서 $t=3$까지 점 P가 움직인 거리를 구하자.

따라서 점 P가 $t=0$부터 $t=3$까지 움직인 거리는

$\int_0^3 |3t^2+4t-7|dt$　→ 수직선 위를 움직이는 점 P의 시각 t에서의 속도가 $v(t)$일 때, 시각 $t=a$에서 $t=b$까지 점 P의 움직인 거리는 $\int_a^b |v(t)|dt$

$=\int_0^1 \{-(3t^2+4t-7)\}dt+\int_1^3 (3t^2+4t-7)dt$

$=4+28$　→ $v(t)=(t-1)(3t+7)$이므로 $v(t)>0$인 경우와 $v(t)<0$인 경우로 나누어진 구간에 따라 정적분을 해야 해.

$=32$　적분 구간이 $0\leq t<1$이면 $|v(t)|=-(3t^2+4t-7)$이고, 적분 구간이 $1\leq t\leq 3$이면 $|v(t)|=3t^2+4t-7$이야.

정답 공식: 수직선 위를 움직이는 점 P의 시각 t에서의 속도를 $v(t)$, 점 P의 시각 $t=0$에서의 위치를 x_0라 할 때, 점 P의 시각 $t=a$에서의 위치는 $x_0+\int_0^a v(t)dt$이다.

시각 $t=0$일 때 원점을 출발하여 수직선 위를 움직이는 점 P의 시각
단서1 $t=0$에서의 점 P의 위치가 0이라는 거야.
$t(t\geq0)$에서의 속도 $v(t)$가
$$v(t)=\begin{cases}-t^2+t+2 & (0\leq t\leq 3)\\ k(t-3)-4 & (t>3)\end{cases}$$
이다. 출발한 후 점 P의 운동 방향이 두 번째로 바뀌는 시각에서의
단서2 운동 방향이 바뀌려면 $v(t)=0$을 만족시키는 t의 좌우에서 $v(t)$의 부호가 바뀌어야 해.
점 P의 위치가 1일 때, 양수 k의 값을 구하시오. (3점)

1st 점 P의 운동 방향이 두 번째로 바뀌는 시각을 구해.

$0\leq t\leq 3$일 때 $v(t)=0$에서
$-t^2+t+2=0,\ -(t+1)(t-2)=0$
$\therefore\ t=2$
$t>3$일 때 $v(t)=0$에서
$k(t-3)-4=0,\ kt=3k+4$
$\therefore\ t=3+\dfrac{4}{k}$
양수 k에 대하여 $3+\dfrac{4}{k}>3$

따라서 출발한 후 점 P의 운동 방향이 두 번째로 바뀌는 시각은
$t=3+\dfrac{4}{k}$이다.

2nd 시각 $t=3+\dfrac{4}{k}$에서의 점 P의 위치가 1임을 이용해.

즉, $\int_0^{3+\frac{4}{m}} v(t)dt=1$에서

$\underline{\int_0^3 v(t)dt+\int_3^{3+\frac{4}{k}} v(t)dt=1}$ ··· ㉠
$v(t)$가 구간에 따라 다르므로 구간을 나누어 생각해야 해.

$\int_0^3 v(t)dt=\int_0^3(-t^2+t+2)dt$
$\quad=\left[-\dfrac{1}{3}t^3+\dfrac{1}{2}t^2+2t\right]_0^3$
$\quad=-9+\dfrac{9}{2}+6=\dfrac{3}{2}$ ··· ㉡

$\int_3^{3+\frac{4}{k}} v(t)dt=\int_3^{3+\frac{4}{k}}\{kt-(3k+4)\}dt$
$\quad=\left[\dfrac{k}{2}t^2-(3k+4)t\right]_3^{3+\frac{4}{k}}$
$\quad=\left\{\dfrac{k}{2}\left(3+\dfrac{4}{k}\right)^2-(3k+4)\left(3+\dfrac{4}{k}\right)\right\}-\left\{\dfrac{9}{2}k-(3k+4)\times 3\right\}$
$\quad=-\dfrac{8}{k}$ ··· ㉢

㉡, ㉢을 ㉠에 대입하면
$\dfrac{3}{2}+\left(-\dfrac{8}{k}\right)=1,\ \dfrac{8}{k}=\dfrac{1}{2}$ $\quad\therefore\ k=16$

정답 공식: 원점을 출발하여 수직선 위를 움직이는 점의 시각 t에서의 속도가 $v(t)$일 때, 이 점의 시각 $t=a$에서의 위치는 $\int_0^a v(t)dt$이다.

시각 $t=0$일 때 동시에 원점을 출발하여 수직선 위를 움직이는 두 점 P, Q의 시각 $t(t\geq0)$에서의 속도가 각각
$$v_1(t)=3t^2-15t+k,\ v_2(t)=-3t^2+9t$$
단서1 이 함수를 적분하면 위치를 나타내는 함수를 구할 수 있어.
이다. 점 P와 점 Q가 출발한 후 한 번만 만날 때, 양수 k의 값을 구하시오. (3점)
단서2 만난다는 것은 두 점의 위치가 같아진다는 뜻이야.

1st t초에서의 두 점 P, Q의 위치를 각각 구해.

시각 t에서 두 점 P, Q의 위치를 각각 $x_1(t)$, $x_2(t)$라 하면
속도를 나타내는 함수 $v_1(t)$, $v_2(t)$를 각각 적분한 결과야.
$$\begin{cases}\int_0^t v_1(t)dt=\int_0^t(3t^2-15t+k)dt=t^3-\dfrac{15}{2}t^2+kt\\ \int_0^t v_2(t)dt=\int_0^t(-3t^2+9t)dt=-t^3+\dfrac{9}{2}t^2\end{cases}$$

$x_1(t)=t^3-\dfrac{15}{2}t^2+kt(k>0),\ x_2(t)=-t^3+\dfrac{9}{2}t^2$

주의 위치 함수를 구하면 처음 위치를 체크하는 것을 잊지마. 원점에서 출발했으므로 $x_1(0)=0$, $x_2(0)=0$이야.

2nd 두 점 P, Q의 위치가 같아지는 순간이 한 번임을 이용하자.

두 점 P, Q가 출발한 후 한 번만 만나므로 $t>0$에서 방정식 $x_1(t)=x_2(t)$의 서로 다른 실근의 개수는 1이다.
$x_1(t)-x_2(t)=0$
$t^3-\dfrac{15}{2}t^2+kt-\left(-t^3+\dfrac{9}{2}t^2\right)=0,\ 2t^3-12t+kt=0$

$t(2t^2-12t+k)=0$에서 $t>0$이고, 서로 다른 실근의 개수가 1개여야 하므로 이차방정식 $2t^2-12t+k=0$은 중근을 가져야 한다.
이 이차방정식의 판별식을 D라 하면
$$\dfrac{D}{4}=(-6)^2-2\times k=0,\ 2k=36$$
$\therefore\ k=18$

정답 공식: 시각 t에 대하여 속도함수를 $v(t)$라 할 때, 시각 $t=t_0$에서 $t=a$까지의 점 P의 위치의 변화량은 $\int_{t_0}^a v(t)dt$

실수 $a(a\geq0)$에 대하여 수직선 위를 움직이는 점 P의 시각 $t(t\geq0)$에서의 속도 $v(t)$를
$$v(t)=-t(t-1)(t-a)(t-2a)$$
라 하자. 점 P가 시각 $t=0$일 때 출발한 후 운동 방향을 한 번만 바꾸도록 하는 a에 대하여, 시각 $t=0$에서 $t=2$까지 점 P의 위치의 변화량의 최댓값은? (4점) **단서1** 운동 방향이 바뀐다는 것은 $v(t)$의 부호가 바뀐다는 의미잖아. 그렇다면 운동 방향을 한 번만 바꾼다는 말은 $v(t)$의 부호의 변화가 $t>0$의 범위에서 한 번만 이루어진다는 거야.

단서2 시각 $t=0$에서 $t=2$까지의 점 P의 위치의 변화량은 속도함수를 정적분한 값이야. 즉, $\int_0^2 v(t)dt$야.

① $\dfrac{1}{5}$ ② $\dfrac{7}{30}$ ③ $\dfrac{4}{15}$ ④ $\dfrac{3}{10}$ ⑤ $\dfrac{1}{3}$

1st 출발 후 운동 방향을 한 번만 바꾸도록 하는 a의 값을 구해.

$v(t)=0$인 $t\geq0$인 값으로는 $t=1$ 또는 $t=a$ 또는 $t=2a$가 있는데 운동 방향을 한 번만 바꾸도록 하려면 $1=a$ 또는 $1=2a$ 또는 $a=2a$ 이어야 한다. 만일 $v(t)=0$인 t의 값 $1, a, 2a$가 다 다른 값이라고 하면 $a\neq0$, $a\neq\frac{1}{2}$, $a\neq1$이고, 이 경우에는 점 P는 출발 후 운동 방향이 세 번 바뀌어. 따라서 출발 후 운동 방향이 한 번만 바뀌기 위해서는 $a=0$ 또는 $a=\frac{1}{2}$ 또는 $a=1$이어야 해.

2nd $a=0$ 또는 $a=\frac{1}{2}$ 또는 $a=1$일 때 각각의 시각 $t=0$에서 $t=2$까지 점 P의 위치의 변화량을 구해.

(i) $a=0$일 때,

$v(t)=-t^3(t-1)$이고, 이때, 점 P는 출발 후 운동 방향을 $t=1$에서 한 번만 바꾸므로 조건을 만족시킨다.

따라서 시각 $t=0$에서 $t=2$까지 점 P의 위치의 변화량은

$$\int_0^2 v(t)dt=\int_0^2(-t^4+t^3)dt=\left[-\frac{1}{5}t^5+\frac{1}{4}t^4\right]_0^2$$
$$=-\frac{1}{5}\times(2^5-0^5)+\frac{1}{4}\times(2^4-0^4)$$
$$=-\frac{32}{5}+4=-\frac{12}{5}$$

(ii) $a=\frac{1}{2}$일 때,

$v(t)=-t\left(t-\frac{1}{2}\right)(t-1)^2$이고, 이때, 점 P는 출발 후 운동 방향을 $t=\frac{1}{2}$에서 한 번만 바꾸므로 조건을 만족시킨다.

따라서 시각 $t=0$에서 $t=2$까지 점 P의 위치의 변화량은

$v(t)=-t\left(t-\frac{1}{2}\right)(t-1)^2$

$$\int_0^2 v(t)dt=\int_0^2\left(-t^4+\frac{5}{2}t^3-2t^2+\frac{1}{2}t\right)dt$$

$=\left(-t^2+\frac{1}{2}t\right)(t^2-2t+1)$
$=-t^4+\frac{5}{2}t^3-2t^2+\frac{1}{2}t$

$$=\left[-\frac{1}{5}t^5+\frac{5}{8}t^4-\frac{2}{3}t^3+\frac{1}{4}t^2\right]_0^2$$
$$=-\frac{1}{5}\times(2^5-0^5)+\frac{5}{8}\times(2^4-0^4)$$
$$\qquad-\frac{2}{3}\times(2^3-0^3)+\frac{1}{4}\times(2^2-0^2)$$
$$=-\frac{32}{5}+10-\frac{16}{3}+1$$
$$=-\left(6+\frac{2}{5}\right)+10-\left(5+\frac{1}{3}\right)+1$$
$$=-\frac{2}{5}-\frac{1}{3}=-\frac{6+5}{15}=-\frac{11}{15}$$

(iii) $a=1$일 때,

$v(t)=-t(t-1)^2(t-2)$이고, 이때, 점 P는 출발 후 운동 방향을 $t=2$에서 한 번만 바꾸므로 조건을 만족시킨다.

따라서 시각 $t=0$에서 $t=2$까지 점 P의 위치의 변화량은

$v(t)=-t(t-1)^2(t-2)$
$=(-t^2+2t)(t^2-2t+1)$
$=-t^4+4t^3-5t^2+2t$

$$\int_0^2 v(t)dt=\int_0^2(-t^4+4t^3-5t^2+2t)dt$$
$$=\left[-\frac{1}{5}t^5+t^4-\frac{5}{3}t^3+t^2\right]_0^2$$
$$=-\frac{1}{5}\times(2^5-0^5)+(2^4-0^4)-\frac{5}{3}\times(2^3-0^3)+(2^2-0^2)$$
$$=-\frac{32}{5}+16-\frac{40}{3}+4=-\left(6+\frac{2}{5}\right)+16-\left(13+\frac{1}{3}\right)+4$$
$$=-6+16-13+4-\frac{2}{5}-\frac{1}{3}$$
$$=1-\frac{2}{5}-\frac{1}{3}=\frac{15-6-5}{15}=\frac{4}{15}$$

3rd 점 P의 위치의 변화량의 최댓값을 구하자.

(i)~(iii)에 의하여 구하는 점 P의 위치의 변화량의 최댓값은 $\frac{4}{15}$이다.

다른 풀이: $v(t)$를 $(t-1)$에 대한 내림차순으로 정리하기

(iii) $a=1$일 때,
$$v(t)=-t(t-1)^2(t-2)$$
$$=-(t-1)^2(t^2-2t)$$
$$=-(t-1)^2\{(t-1)^2-1\}$$
$$=-(t-1)^4+(t-1)^2$$

이므로

> 자연수 n에 대하여 적분은 미분의 역이므로
> $$\int(ax+b)^n dx=\frac{1}{n+1}(ax+b)^{n+1}\times\frac{1}{a}+C$$
> (단, C는 적분상수, $n\neq-1$)임을 알 수 있어.

$$\int_0^2 v(t)dt=\int_0^2\{-(t-1)^4+(t-1)^2\}dt$$
$$=\left[-\frac{1}{5}(t-1)^5+\frac{1}{3}(t-1)^3\right]_0^2$$
$$=-\frac{1}{5}\times\{1^5-(-1)^5\}+\frac{1}{3}\times\{1^3-(-1)^3\}$$
$$=-\frac{2}{5}+\frac{2}{3}=\frac{-6+10}{15}=\frac{4}{15}$$

G 100 정답 ③ *적분을 이용한 점의 위치 ·········· [정답률 47%]

> **정답 공식:** 수직선 위를 움직이는 점의 시각 t에서의 속도가 $v(t)$이고 $t=0$일 때의 위치를 $x(0)$이라 하면 이 점의 시각 $t=a$에서의 위치 $x(a)$는 $x(a)=x(0)+\int_0^a v(t)dt$이다.

원점을 동시에 출발하여 수직선 위를 움직이는 두 점 P, Q의 시각 t에서의 속도가 각각

$$v_1(t)=\frac{1}{2}t^2-3t,\quad v_2(t)=-\frac{1}{2}t^2+t$$

이다. 다음은 두 점 P, Q가 출발 후 처음으로 만날 때까지 두 점 P, Q 사이의 거리의 최댓값을 구하는 과정이다.

> 두 점 P, Q의 시각 t에서의 위치를 각각 $x_1(t)$, $x_2(t)$라 하면
>
> **단서1** 두 점의 속도함수가 주어졌고 두 점 모두 원점에서 출발하니까 두 점의 위치함수의 식을 정적분을 이용하여 구해.
>
> $$x_1(t)=\frac{1}{6}t^3-\frac{3}{2}t^2$$
> $$x_2(t)=\boxed{(가)}$$
>
> 출발 후 처음으로 두 점 P, Q가 만나는 시각은 $t=6$이다.
>
> **단서2** 두 점이 만난다는 것은 두 점의 위치가 같다는 뜻이야.
>
> $0<t\leq6$에서 두 점 P, Q 사이의 거리를 $l(t)$라 하면 $l(t)$는
>
> **단서3** 두 점 사이의 거리는 두 점의 위치의 차이므로 항상 양수지? 즉, 두 점의 위치함수를 뺀 식에 절댓값을 취해야 한다는 점 꼭 기억해!!
>
> $t=\boxed{(나)}$일 때 극대이면서 최대이므로 $l(t)$의 최댓값은 $\boxed{(다)}$이다.

위의 (가)에 알맞은 식을 $f(t)$라 하고, (나), (다)에 알맞은 수를 각각 a, b라 할 때, $\dfrac{a\times b}{f(2)}$의 값은? (4점)

① 60   ② 62   ③ 64   ④ 66   ⑤ 68

1st 두 점 P, Q의 위치함수의 식을 구하자.

원점에서 출발하는 두 점 P, Q의 시각 t에서의 위치를 각각 $x_1(t)$, $x_2(t)$라 하자. 두 점 P, Q 모두 원점에서 출발하므로 $x_1(0)=0$, $x_2(0)=0$이야.

$$x_1(t) = \boxed{0} + \int_0^t v_1(t)dt = \int_0^t \left(\frac{1}{2}t^2 - 3t\right)dt$$

$$= \frac{1}{6}t^3 - \frac{3}{2}t^2$$

주의
점의 위치를 구할 때는 처음 위치를 꼭 확인해야 해. 그냥 정적분만 해서는 안 돼.

$$x_2(t) = \boxed{0} + \int_0^t v_2(t)dt = \int_0^t \left(-\frac{1}{2}t^2 + t\right)dt$$

$$= -\frac{1}{6}t^3 + \frac{1}{2}t^2 \quad \text{(가)}$$

이때, 두 점 P, Q가 만나는 시각을 구하면

$$\frac{1}{6}t^3 - \frac{3}{2}t^2 = -\frac{1}{6}t^3 + \frac{1}{2}t^2$$

> 두 점이 만나는 시각은 두 점의 시각 t에 대한 위치함수의 그래프가 만나는 교점의 t좌표와 같아.

$$\frac{1}{3}t^3 - 2t^2 = 0, \quad t^2(t-6) = 0$$

$$\therefore t = 0 \text{ 또는 } t = 6$$

즉, 출발 후 처음으로 두 점 P, Q가 만나는 시각은 $t=6$이다.

> 출발 후 두 점이 만나는 시각은 $t=6$일 때뿐이므로 두 점은 $t=6$ 이후로는 만나지 않아.

2nd 두 점의 거리의 최댓값을 구하자.

$0 < t \leq 6$에서 두 점 P, Q 사이의 거리를 $l(t)$라 하면

$$l(t) = \left| \frac{1}{6}t^3 - \frac{3}{2}t^2 - \left(-\frac{1}{6}t^3 + \frac{1}{2}t^2\right) \right|$$

$$= \left| \frac{1}{3}t^3 - 2t^2 \right|$$

이때, $g(t) = \frac{1}{3}t^3 - 2t^2$이라 하면

$$g'(t) = t^2 - 4t = t(t-4)$$

$g'(t) = 0$에서

$$t(t-4) = 0 \qquad \therefore t = 0 \text{ 또는 } t = 4$$

함수 $g(t)$의 증가와 감소를 표로 나타내면 다음과 같다.

t	0	$\cdots$	4	$\cdots$
$g'(t)$	0	$-$	0	$+$
$g(t)$		$\searrow$	극소	$\nearrow$

즉, 함수 $g(t)$는 $t=4$일 때 극솟값이면서 최솟값인

$$g(4) = \frac{64}{3} - 32 = -\frac{32}{3}$$를 가지므로 함수 $l(t) = |g(t)|$는

$t = \boxed{4}$일 때 극대이면서 최대가 되고, (나)

함수 $l(t)$의 최댓값은 $\boxed{\dfrac{32}{3}}$이다. (다)

따라서 (가)에 알맞은 식은

$$f(t) = -\frac{1}{6}t^3 + \frac{1}{2}t^2$$이고

(나), (다)에 알맞은 수는 각각 $a=4$, $b=\dfrac{32}{3}$이므로

$$\frac{a \times b}{f(2)} = 4 \times \frac{32}{3} \div \left(-\frac{4}{3} + 2\right)$$

$$= 4 \times \frac{32}{3} \times \frac{3}{2} = 64$$

G 101 정답 ② *적분을 이용한 점의 위치 [정답률 47%]

> **정답 공식**: 시각 t에서의 두 점 P, Q의 위치는 각각 $5 + \int_0^t (3t^2 - 2)dt$, $k + \int_0^t 1 dt$ 이다.

수직선 위를 움직이는 두 점 P, Q가 있다. 점 P는 점 A(5)를 출발하여 시각 t에서의 속도가 $3t^2 - 2$이고, 점 Q는 점 B(k)를 출발하여 시각 t에서의 속도가 1이다. 두 점 P, Q가 동시에 출발한 후 2번 만나도록 하는 정수 k의 값은? (단, $k \neq 5$) (4점)

① 2   ② 4   ③ 6

④ 8   ⑤ 10

> **단서** 두 점 P, Q가 만난다는 것은 어떤 시각에서의 두 점의 위치가 같다는 뜻이야. 즉, 두 점 P, Q의 시각 t에서의 위치를 구해서 방정식을 세워 봐.

1st 시각 t에서의 두 점 P, Q의 위치를 먼저 구해.

수직선 위에서 점 P는 점 A(5)를 출발하여 시각 t에서의 속도가 $3t^2 - 2$이므로 시각 t에서의 점 P의 위치를 $x_P(t)$라 하면

$$x_P(t) = 5 + \int_0^t (3t^2 - 2)dt$$

> 처음 위치가 x_0이고 t초 후의 속도가 $v(t)$인 점 P의 시각 a초 후의 위치는 $x_0 + \int_0^a v(t)dt$

$$= 5 + \left[t^3 - 2t\right]_0^t$$

$$= t^3 - 2t + 5$$

수직선 위에서 점 Q는 점 B(k)를 출발하여 시각 t에서의 속도가 1이므로 시각 t에서의 점 Q의 위치를 $x_Q(t)$라 하면

$$x_Q(t) = k + \int_0^t 1 dt$$

$$= k + \left[t\right]_0^t = t + k$$

2nd 두 점이 만나려면 시각 t에서의 위치가 같아야 해.

시각 t에서의 두 점 P, Q가 만나려면

$x_P(t) = x_Q(t)$이므로

$$t^3 - 2t + 5 = t + k \qquad \therefore t^3 - 3t + 5 = k \cdots \text{㉠}$$

3rd 방정식 $f(t) = k$의 실근의 개수는 두 함수 $y = f(t)$, $y = k$의 교점의 개수야.

㉠이 $t > 0$에서 서로 다른 두 실근을 가지기 위해서 두 함수 $y = t^3 - 3t + 5$와 $y = k$의 그래프가 서로 다른 두 점에서 만나야 한다.

$f(t) = t^3 - 3t + 5$라 하면

$$f'(t) = 3t^2 - 3 = 3(t-1)(t+1)$$이고

$t > 0$이므로 $t = 1$에서 극솟값

> $f'(1) = 0$이고 $t=1$의 좌우에서 $f'(t)$의 부호가 $(-)$에서 $(+)$로 바뀌므로 함수 $f(t)$는 $t=1$에서 극솟값을 가져.

$f(1) = 1 - 3 + 5 = 3$을 가진다.

이때, $f(0) = 5$이므로 삼차함수 $f(t)$의 그래프는 그림과 같다.

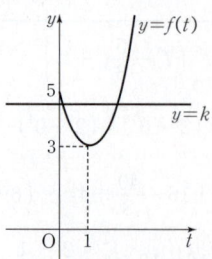

즉, 직선 $y = k$와 곡선 $y = f(t)$가 서로 다른 두 점에서 만날 조건은 $k \neq 5$인 k에 대하여 $3 < k < 5$이므로 정수 k의 값은 4이다.

＊수직선 위를 움직이는 물체의 시각 t에서의 속도 $v(t)$와 $t=a$에서의 위치 x_0을 알 때, 이 물체의 시각 t에서의 위치 $x(t)$와 위치의 변화량 구하기

시각 t에 대한 위치 $x(t)$의 변화량은 $x'(t)=\dfrac{dx(t)}{dt}=v(t)$이고

시각 a에서 t까지 위치는

$\displaystyle\int_a^t x'(t)dt=x(t)-x(a)=\int_a^t v(t)dt \cdots \ ㉠$

이때, 시각 $t=a$에서의 위치가 x_0이면 $x(a)=x_0$이므로 시각 t에서 위치를 구하면

$x(t)=x_0+\displaystyle\int_a^t v(t)dt$

또한, 시각 $t=a$에서 $t=b$까지 물체의 위치의 변화량은 $x(b)-x(a)$이므로 ㉠에 의하여

$x(b)-x(a)=\displaystyle\int_a^b v(t)dt$

임도 알고 있자.

시각 $t=0$에서 시각 $t=4$까지 점 P가 움직인 거리는 속도함수 $v(t)$의 그래프와 t축으로 둘러싸인 부분의 넓이와 같으므로

$(움직인 거리)=\dfrac{1}{2}\times 3\times 12+\dfrac{1}{2}\times 1\times \underset{v(4)=12-16=-4}{4}$

$=18+2=20$

G 103 정답 ③ ＊점이 움직인 거리 ──────────── [정답률 83%]

┌ **정답 공식**: 시각 t에서의 속도가 $v(t)$인 점이 구간 $[a, b]$에서 움직인 거리는 $\displaystyle\int_a^b |v(t)|dt$이다. ┐

수직선 위를 움직이는 점 P의 시각 $t\ (t>0)$에서의 속도 $v(t)$가

$v(t)=-4t^3+12t^2$ **단서1** 속도함수 $v(t)$를 t에 대하여 미분하여 가속도함수를 구해봐.

이다. 시각 $t=k$에서 점 P의 가속도가 12일 때, 시각 $t=3k$에서 $t=4k$까지 점 P가 움직인 거리는? (단, k는 상수이다.) (4점)
→ **단서2** 점 P가 움직인 거리를 구할 때는 속도함수의 절댓값을 적분해야 해.

① 23 ② 25 ③ 27 ④ 29 ⑤ 31

1st 시각 $t=k$에서의 점 P의 가속도를 이용하여 k의 값을 구해.

점 P의 시각 $t\ (t>0)$에서의 속도 $v(t)=-4t^3+12t^2$이므로 가속도를 $a(t)$라 하면 →시각 t에서의 점 P의 속도를 $v(t)$라 하면 시각 t에서의 점 P의 가속도 a는 $a=\dfrac{dv}{dt}=v'(t)$

$a(t)=v'(t)=-12t^2+24t$

시각 $t=k$에서 점 P의 가속도가 12이므로

$a(k)=-12k^2+24k=12$

$12k^2-24k+12=0,\ 12(k^2-2k+1)=0$

$12(k-1)^2=0 \qquad \therefore\ k=1$

2nd 시각 $t=3$에서 $t=4$까지 점 P가 움직인 거리를 구해.

$k=1$이므로 구하는 것은 시각 $t=3k=3$에서 $t=4k=4$까지 점 P가 움직인 거리이다.

따라서 $v(t)=-4t^3+12t^2$이고 $3\le t\le 4$일 때 $v(t)\le 0$이므로
시각 $t=3$에서 $t=4$까지 점 P가 움직인 거리는 →$v(t)=-4t^3+12t^2$ $=-4t^2(t-3)$

$\displaystyle\int_3^4 |v(t)|dt=\int_3^4 |-4t^3+12t^2|dt$ 에서 $0<t<3$일 때, $v(t)>0$ $t\ge 3$일 때, $v(t)\le 0$이야.

$=\displaystyle\int_3^4 \{-(-4t^3+12t^2)\}dt$

$=\displaystyle\int_3^4 (4t^3-12t^2)dt=\Big[t^4-4t^3\Big]_3^4$

$=(256-256)-(81-108)=27$

G 102 정답 20 ＊점이 움직인 거리 ──────────── [정답률 85%]

┌ **정답 공식**: 수직선 위를 움직이는 점 P의 시각 $t\ (t\ge 0)$에서의 속도가 $v(t)$일 때, 시각 $t=a$에서 $t=b$까지 점 P가 움직인 거리는 $\displaystyle\int_a^b |v(t)|dt$이다. ┐

수직선 위를 움직이는 점 P의 시각 $t\ (t\ge 0)$에서의 속도 $v(t)$가

$v(t)=12-4t$일 때, 시각 $t=0$에서 $t=4$까지 점 P가 움직인 거리를 구하시오. (3점) **단서** 움직인 거리는 속도의 절댓값을 정적분해야 하므로 속도의 부호가 바뀌는 지점을 찾은 후 정적분을 이용하여 움직인 거리를 구하자.

1st 정적분을 이용하여 점이 움직인 거리를 구하자.

점 P의 시각 $t\ (t\ge 0)$에서의 속도 $v(t)$가 $v(t)=12-4t$이므로 시각 $t=0$에서 $t=4$까지 점 P가 움직인 거리는 $v(t)=12-4t=0$에서 $t=3$이므로 $0\le t\le 3$일 때 $v(t)\ge 0$이고 $t>3$일 때 $v(t)<0$이야.

점이 움직인 거리는 속도함수의 절댓값을 정적분해서 구해야 하고, 점의 위치의 변화량은 속도함수 자체를 정적분해서 구해야 함을 잊지마.

$\displaystyle\int_0^4 |12-4t|dt=\int_0^3 (12-4t)dt+\int_3^4 \{-(12-4t)\}dt$

$=\displaystyle\int_0^3 (12-4t)dt+\int_3^4 (4t-12)dt$

$=\Big[12t-2t^2\Big]_0^3+\Big[2t^2-12t\Big]_3^4$

$=36-18+32-48-(18-36)=20$

🔍 **쉬운 풀이**: 점 P가 움직인 거리를 속도함수의 그래프와 두 축으로 둘러싸인 부분의 넓이로 구하기

속도함수 $v(t)=12-4t$의 그래프는 그림과 같아.

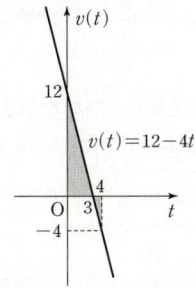

G 104 정답 ③ ＊점이 움직인 거리 ──────────── [정답률 80%]

┌ **정답 공식**: 수직선 위를 움직이는 점 P의 시각 t에서의 속도가 $v(t)$일 때, 시각 a부터 시각 b까지 점 P가 움직인 거리는 $\displaystyle\int_a^b |v(t)|dt$이다. ┐

수직선 위를 움직이는 점 P의 시각 $t\ (t\ge 0)$에서의 속도 $v(t)$가

$v(t)=2t-6$

이다. 점 P가 시각 $t=3$에서 $t=k(k>3)$까지 움직인 거리가 25일 때, 상수 k의 값은? (4점) **단서** 점 P가 움직인 거리는 구간 $[3, k]$에서의 $|v(t)|$의 정적분 값이야. 이 구간에서 속도함수 $v(t)$의 부호를 확인하여 절댓값을 풀어서 계산해.

① 6 ② 7 ③ 8 ④ 9 ⑤ 10

정답 및 해설 **671**

1st 정적분을 이용하여 $t=3$에서 $t=k(k>3)$까지 점 P가 움직인 거리를 구하자.

$t=3$에서 $t=k(k>3)$까지 점 P가 움직인 거리를 s라 하면

$s=\displaystyle\int_3^k |v(t)|dt=\int_3^k |2t-6|dt=\int_3^k (2t-6)dt$

→ $t\geq3$에서 $2t-6\geq0$이고, $k>3$이므로 구간 $[3, k]$에서 $|2t-6|=2t-6$이야.

$=\Big[t^2-6t\Big]_3^k=(k^2-6k)-(3^2-6\times3)$

$=k^2-6k+9$

2nd 움직인 거리가 25이므로 방정식을 풀어 상수 k의 값을 구해.

따라서 $s=25$이므로 $k^2-6k+9=25$에서

$k^2-6k-16=0$, $(k-8)(k+2)=0$

$\therefore k=8\ (\because k>3)$

G 105 정답 ③ *점이 움직인 거리 ·············· [정답률 81%]

[정답 공식]: 점 P의 속도함수 $v(t)$에 대하여 $t=0$에서 $t=k(k>0)$까지 점 P가 움직인 거리는 $\displaystyle\int_0^k |v(t)|dt$이다.

수직선 위를 움직이는 점 P의 시각 $t(t\geq0)$에서의 속도 $v(t)$가
$$v(t)=t^2-at\ (a>0)$$
단서1 움직이는 방향이 바뀌는 점에서의 속도는 0이야.
이다. 점 P가 시각 $t=0$일 때부터 움직이는 방향이 바뀔 때까지 움직인 거리가 $\dfrac{9}{2}$이다. 상수 a의 값은? (3점)
단서2 속도의 절댓값을 적분하면 움직인 거리가 돼.
① 1　　② 2　　③ 3　　④ 4　　⑤ 5

1st 점 P가 움직이는 방향을 바꾸는 시각을 구해.

점 P가 움직이는 방향을 바꾸는 시각을 $k(k>0)$라 하면

$v(k)=k^2-ak=0$에서

점 P의 시각 $t(t\geq0)$에서의 속도가 $v(t)$일 때, 점 P가 $t=a$에서 운동방향을 바꾸면 $v(a)=0$이야.

$k(k-a)=0$　　$\therefore k=a\ (\because k>0, a>0)$

2nd 정적분을 이용하여 점 P가 시각 $t=0$일 때부터 시각 $t=a$일 때까지 움직인 거리를 구하자.

따라서 점 P가 시각 $t=0$부터 시각 $t=a$까지 움직인 거리는

$\displaystyle\int_0^a |v(t)|dt=\int_0^a (-t^2+at)dt$

→ 속도함수 $v(t)=t^2-at$는 $0<t<a$일 때 음수야.

$=\Big[-\dfrac{t^3}{3}+\dfrac{at^2}{2}\Big]_0^a=-\dfrac{a^3}{3}+\dfrac{a^3}{2}=\dfrac{a^3}{6}$

즉, $t=0$부터 시각 $t=a$까지 움직인 거리가 $\dfrac{9}{2}$이므로

$\dfrac{a^3}{6}=\dfrac{9}{2}$, $a^3=27$　　$\therefore a=3$

🌸 **그래프에서의 점의 위치와 움직인 거리**　　개념·공식

수직선 위를 움직이는 점 P의 시각 t에서의 속도를 $v(t)$라 할 때

① $\displaystyle\int_a^b v(t)dt$ ➡ $t=a$에서 $t=b$까지 점 P의 위치의 변화량

② $\displaystyle\int_a^b |v(t)|dt$ ➡ $t=a$에서 $t=b$까지 점 P가 움직인 거리

　➡ $y=v(t)$의 그래프와 t축 및 두 직선 $t=a$, $t=b$로 둘러싸인 도형의 넓이

G 106 정답 80 *점이 움직인 거리 ·············· [정답률 80%]

[정답 공식]: 속도가 $v(t)$인 점이 구간 $[a, b]$에서 움직인 거리는 $\displaystyle\int_a^b |v(t)|dt$이다.

수직선 위를 움직이는 점 P의 시각 $t(t\geq0)$에서의 속도 $v(t)$가
$$v(t)=4t^3-48t$$
이다. 시각 $t=k(k>0)$에서 점 P의 가속도가 0일 때,
단서1 속도함수 $v(t)$를 t에 대하여 미분하면 가속도함수를 구할 수 있어.
시각 $t=0$에서 $t=k$까지 점 P가 움직인 거리를 구하시오.
단서2 점 P가 움직인 거리를 구할 때는 속도함수의 절댓값을 적분하는 거야.
(단, k는 상수이다.) (3점)

1st 시각 $t=k$에서의 점 P의 가속도가 0임을 이용하여 k의 값을 구해.

점 P의 시각 $t(t\geq0)$에서의 속도 $v(t)=4t^3-48t$이므로 가속도를 $a(t)$라 하면 $a(t)=v'(t)=12t^2-48=12(t^2-4)$

시각 t에서의 점 P의 속도를 $v(t)$라 하면 시각 t에서의 점 P의 가속도 a는 $a=\dfrac{d}{dt}v(t)=v'(t)$

시각 $t=k$에서 점 P의 가속도가 0이므로 $a(k)=0$에서

$a(k)=12(k^2-4)=0$, $k^2=4$　　$\therefore k=2\ (\because k\geq0)$

2nd 시각 $t=0$에서 $t=2$까지 점 P가 움직인 거리를 구해.

$k=2$이므로 구하는 것은 시각 $t=0$에서 $t=2$까지 점 P가 움직인 거리이다.

따라서 $v(t)=4t^3-48t$이고 $0\leq t\leq2$일 때 $v(t)\leq0$이므로

$v(t)=4t^3-48t=4t(t^2-12)$
$v(t)=0$에서 $t=0$ 또는 $t=2\sqrt{3}\ (\because t\geq0)$이므로
$0\leq t\leq2\sqrt{3}$일 때, $v(t)\leq0$이고 $t>2\sqrt{3}$일 때, $v(t)>0$이야.

시각 $t=0$에서 $t=2$까지 점 P가 움직인 거리는

$\displaystyle\int_0^2 |v(t)|dt=\int_0^2 |4t^3-48t|dt=\int_0^2 (-4t^3+48t)dt$

$=\Big[-t^4+24t^2\Big]_0^2=-16+96=80$

G 107 정답 ① *점이 움직인 거리 ·············· [정답률 82%]

[정답 공식]: 위치를 미분하여 속도함수 $v(t)$를 구한다.

수직선 위를 움직이는 점 P의 시각 $t(t\geq0)$에서의 위치 x가
$$x=t^4+at^3\ (a는 상수)$$
단서2 속도 함수를 적분하면 위치이고 속도 함수의 절댓값을 적분하면 이동거리가 됨을 이용해.
이다. $t=2$에서 점 P의 속도가 0일 때, $t=0$에서 $t=2$까지 점 P가 움직인 거리는? (3점)
→ 단서1 위치를 미분하여 속도 함수 $v(t)$를 구한 후 $v(2)=0$을 이용하여 상수 a의 값을 구해.
① $\dfrac{16}{3}$　　② $\dfrac{20}{3}$　　③ 8　　④ $\dfrac{28}{3}$　　⑤ $\dfrac{32}{3}$

1st 위치를 미분하면 속도가 돼.

시각 t에서의 점 P의 속도 $v(t)$는 $v(t)=\dfrac{dx}{dt}=4t^3+3at^2$

$t=2$에서 점 P의 속도가 0이므로

수직선 위를 움직이는 점 P의 시각 t일 때의 위치를 $x=f(t)$라 하면 시각 t일 때의 점 P의 속도는 $v=\dfrac{dx}{dt}=f'(t)$

$v(2)=32+12a=0$에서 $a=-\dfrac{8}{3}$

$\therefore v(t)=4t^3-8t^2$

2nd 정적분을 이용하여 $t=0$에서 $t=2$까지 점 P가 움직인 거리를 구하자.

$t=0$에서 $t=2$까지 점 P가 움직인 거리를 s라 하면

$s=\displaystyle\int_0^2 |4t^3-8t^2|dt=\int_0^2 (8t^2-4t^3)dt$

→ $4t^3-8t^2=4t^2(t-2)$이므로 $0\leq t\leq2$에서 $4t^3-8t^2\leq0$이야. 즉, $\displaystyle\int_0^2 |4t^3-8t^2|dt=\int_0^2 (8t^2-4t^3)dt$ 가 돼.

$=\Big[\dfrac{8}{3}t^3-t^4\Big]_0^2=\dfrac{64}{3}-16=\dfrac{16}{3}$

정답 공식: 원점을 출발하여 수직선 위를 움직이는 점의 시각 t에서의 속도가 $v(t)$일 때, 이 점의 시각 $t=a$에서의 위치는 $\int_0^a v(t)dt$이고, 시각 $t=a$부터 시각 $t=b$까지 점 P가 움직인 거리는 $\int_a^b |v(t)|dt$이다.

시각 $t=0$일 때 원점을 출발하여 수직선 위를 움직이는 점 P의 시각 $t(t\geq 0)$에서의 속도 $v(t)$가

$$v(t)=-3t^2+6t$$

이다. 양수 a에 대하여 시각 $t=a$에서 점 P의 위치가 0일 때,

단서1 원점을 출발하여 수직선 위를 움직이는 점의 시각 t에서의 속도가 $v(t)$일 때,
이 점의 시각 $t=a$에서의 위치는 $\int_0^a v(t)dt$야.

시각 $t=0$에서 $t=2a$까지 점 P가 움직인 거리는? (4점)

단서2 정적분 $\int_0^{2a} |v(t)|dt$의 값을 구해.

① 112 ② 114 ③ 116 ④ 118 ⑤ 120

1st 원점에서 출발한 점 P의 시각 $t=a$에서의 위치가 0임을 이용하여 양수 a의 값을 구하자.

원점에서 출발한 점 P의 시각 $t=a$에서의 위치가 0이므로
원점을 출발하여 수직선 위를 움직이는 점의 시각 t에서의 속도가 $v(t)$일 때,
이 점의 시각 $t=a$에서의 위치는 $\int_0^a v(t)dt$야.

$$\int_0^a v(t)dt=\int_0^a (-3t^2+6t)dt=[-t^3+3t^2]_0^a$$
$$=-a^3+3a^2=-a^2(a-3)=0$$

이때, a가 양수이므로 $a=3$, $2a=6$
점 P는 출발한 후 시각 $t=3$일 때 처음 위치로 다시 돌아와.

2nd 정적분을 이용하여 $t=0$에서 $t=6$까지 점 P가 움직인 거리를 구하자.

따라서 시각 $t=0$에서 $t=6$까지 점 P가 움직인 거리는
수직선 위를 움직이는 점의 시각 t에서의 속도가 $v(t)$일 때,
시각 $t=a$에서 $t=b$까지 점 P가 움직인 거리는 $\int_a^b |v(t)|dt$야.

$$\int_0^6 |v(t)|dt=\int_0^6 |-3t^2+6t|dt$$
$$=\int_0^2 (-3t^2+6t)dt+\int_2^6 (3t^2-6t)dt$$
적분구간이 $0\leq t\leq 2$이면 $|v(t)|=-3t^2+6t$,
적분구간이 $2\leq t\leq 6$이면 $|v(t)|=3t^2-6t$가 돼.
$$=[-t^3+3t^2]_0^2+[t^3-3t^2]_2^6$$
$$=\{(-8+12)-0\}+\{(216-108)-(8-12)\}$$
$$=4+108+4=116$$

정답 공식: 수직선 위를 움직이는 점의 시각 t에서의 속도를 $v(t)$, 위치를 $x(t)$라 하면
시각 $t=a$에서의 점 P의 위치는 $x(a)=x(0)+\int_0^a v(t)dt$이고,
시각 $t=a$에서 $t=b$까지 점 P가 움직인 거리는 $\int_a^b |v(t)|dt$이다.

시각 $t=0$일 때 원점을 출발하여 수직선 위를 움직이는 점 P가 있다. 실수 k에 대하여 시각이 $t(t\geq 0)$일 때 점 P의 속도 $v(t)$가

$$v(t)=t^2-kt+4$$

이다. [보기]에서 옳은 것만을 있는 대로 고른 것은? (4점)

[보기]

ㄱ. $k=0$이면, 시각 $t=1$일 때 점 P의 위치는 $\frac{13}{3}$이다.
단서1 원점에서 출발했으므로 $t=1$일 때 점 P의 위치는 $\int_0^1 v(t)dt$

ㄴ. $k=3$이면, 출발한 후 점 P의 운동 방향이 한 번 바뀐다.
단서2 속도함수의 부호가 바뀌는 지점을 찾아. 속도함수의 부호가 바뀌는 지점이 없다면 운동 방향이 바뀌지 않아.

ㄷ. $k=5$이면, 시각 $t=0$에서 $t=2$까지 점 P가 움직인 거리는 3이다.
단서3 정적분 $\int_0^2 |v(t)|dt$의 값을 구해.

① ㄱ ② ㄱ, ㄴ ③ ㄱ, ㄷ
④ ㄴ, ㄷ ⑤ ㄱ, ㄴ, ㄷ

1st $k=0$일 때, 시각 $t=1$에서의 점 P의 위치를 구해.

ㄱ. $k=0$이면 시각 $t(t\geq 0)$에서 점 P의 속도는 $v(t)=t^2+4$이고, 시각 t에서의 점 P의 위치를 $x(t)$라 하면
시각 $t=0$에서의 위치 $x(0)=0$이므로

$$x(1)=x(0)+\int_0^1 v(t)dt$$
$$=0+\int_0^1 (t^2+4)dt$$
$$=\left[\frac{1}{3}t^3+4t\right]_0^1=\left(\frac{1}{3}+4\right)-0=\frac{13}{3} \text{ (참)}$$

2nd $k=3$일 때, 출발한 후 점 P의 운동 방향이 몇 번 바뀌는지 구해.

ㄴ. $k=3$이면 $v(t)=t^2-3t+4=\left(t-\frac{3}{2}\right)^2+\frac{7}{4}>0$

주의 $v(a)=0$이고, 시각 $t=a$의 좌우에서 속도함수 $v(t)$의 부호가 바뀔 때 점 P의 운동 방향이 바뀌는데 모든 시각 t에 대하여 $v(t)>0$이므로 출발한 후 점 P의 운동 방향은 바뀌지 않아.

따라서 $k=3$일 때 출발한 후 점 P의 운동 방향은 바뀌지 않는다.
(거짓)

3rd $k=5$일 때, 시각 $t=0$에서 $t=2$까지 점 P가 움직인 거리를 구해.

ㄷ. $k=5$이면 $v(t)=t^2-5t+4=(t-1)(t-4)$
$0<t<1$일 때, $v(t)>0$이고
$1<t<2$일 때, $v(t)<0$이므로
시각 $t=0$에서 시각 $t=2$까지 점 P가 움직인 거리를 s라 하면
시각 $t=a$에서 $t=b$까지 점 P가 움직인 거리는 $\int_a^b |v(t)|dt$

$$s=\int_0^2 |v(t)|dt=\int_0^2 |t^2-5t+4|dt$$

실수 점 P가 움직인 거리를 구할 때 절댓값 함수 $|v(t)|$를 정적분해야 해. 즉, 속도함수가 양수인 구간에서는 $v(t)$를, 음수인 구간에서는 $-v(t)$를 정적분해야 해.

$$=\int_0^1 (t^2-5t+4)dt+\int_1^2 \{-(t^2-5t+4)\}dt$$

$$=\left[\frac{1}{3}t^3-\frac{5}{2}t^2+4t\right]_0^1-\left[\frac{1}{3}t^3-\frac{5}{2}t^2+4t\right]_1^2$$

$$=\left(\frac{1}{3}-\frac{5}{2}+4\right)-0-\left\{\left(\frac{8}{3}-10+8\right)-\left(\frac{1}{3}-\frac{5}{2}+4\right)\right\}$$

$$=\frac{11}{6}-\left(\frac{2}{3}-\frac{11}{6}\right)=\frac{11}{6}+\frac{7}{6}=3 \text{ (참)}$$

따라서 옳은 것은 ㄱ, ㄷ이다.

G 110 정답 ⑤ ＊수직선 위를 움직이는 점의 속도와 가속도 ·· [정답률 75%]

정답 공식: 수직선 위를 움직이는 점 P의 시각 t에서의 속도를 $v(t)$, 위치를 $x(t)$라 하면 시각 $t=a$에서의 점 P의 위치는 $x(a)=x(0)+\int_0^a v(t)dt$이고 시각 $t=a$에서 $t=b$까지 점 P가 움직인 거리는 $\int_a^b |v(t)|dt$이다.

시각 $t=0$일 때 원점에서 출발하여 수직선 위를 움직이는 점 P가 있다. 시각이 $t(t\geq0)$일 때 점 P의 속도 $v(t)$가

$$v(t)=3t^2-10t+7$$ 단서1 속도함수 $v(t)$를 적분하면 위치함수를 구할 수 있어.

이다. [보기]에서 옳은 것만을 있는 대로 고른 것은? (4점)

──── [보기] ────
ㄱ. 시각 $t=1$일 때 점 P의 운동 방향이 바뀐다.
　단서2 운동 방향이 바뀌는 시점에서의 속도는 0이 되어야 해. $t=1$에서 속도가 0이고
　　　$t=1$ 좌우에서 $v(t)$의 부호가 변하는지 확인해.
ㄴ. 시각 $t=1$일 때 점 P의 위치는 3이다.
　단서3 정적분을 이용하여 점 P의 시각 $t=1$일 때의 위치를 구해.
ㄷ. 시각 $t=0$에서 $t=2$까지 점 P가 움직인 거리는 4이다.
　단서4 위치가 아닌, 움직인 거리이므로 $\int_0^2 |v(t)|dt$야.

① ㄱ　　　② ㄱ, ㄴ　　　③ ㄱ, ㄷ
④ ㄴ, ㄷ　　　⑤ ㄱ, ㄴ, ㄷ

1st 점 P가 출발 후 운동 방향이 바뀌는 시각 t를 구해.

ㄱ. $v(t)=3t^2-10t+7=(t-1)(3t-7)$이므로

$v(t)=0$에서 $t=1$ 또는 $t=\frac{7}{3}$

$0<t<1$일 때, $v(t)>0$이고

$1<t<\frac{7}{3}$일 때, $v(t)<0$이므로 시각 $t=1$일 때 점 P의 운동 방향
이 바뀐다. (참)　　시각 $t=1$의 좌우에서 속도함수 $v(t)$의 부호가 바뀌므로
　　　　　　　　　점 P는 시각 $t=1$에서 운동 방향이 바뀌어.

2nd 시각 $t=1$일 때 점 P의 위치를 구해.

ㄴ. 시각 $t(t\geq0)$일 때 점 P의 위치를 $x(t)$라 하자.

$t=0$일 때 점 P의 위치가 원점이므로 $x(0)=0$

따라서 시각 $t=1$일 때 점 P의 위치는
　수직선 위를 움직이는 점 P의 시각 t에서의 속도를 $v(t)$,
$x(1)=x(0)+\int_0^1 v(t)dt$　위치를 $x(t)$라 하면 시각 $t=a$에서의 점 P의 위치는
　　　　　　　　　$x(a)=x(0)+\int_0^a v(t)dt$
$$=\int_0^1 (3t^2-10t+7)dt$$

$$=\left[t^3-5t^2+7t\right]_0^1=1-5+7=3 \text{ (참)}$$

3rd 정적분을 이용하여 $t=0$에서 $t=2$까지 점 P가 움직인 거리를 구해.

ㄷ. $0\leq t<1$일 때, $v(t)>0$이고
$1\leq t\leq2$일 때, $v(t)\leq0$이므로 시각 $t=0$에서 $t=2$까지 점 P가
움직인 거리를 s라 하면

$$s=\int_0^2 |v(t)|dt$$ 시각 $t=a$에서 $t=b$까지 점 P가 움직인 거리는 $\int_a^b |v(t)|dt$야.

$$=\int_0^2 |3t^2-10t+7|dt$$ $v(t)=3t^2-10t+7$에서 $0\leq t<1$일 때 $v(t)>0$이고, $1\leq t\leq2$일 때, $v(t)\leq0$이야.

$$=\int_0^1 (3t^2-10t+7)dt+\int_1^2 \{-(3t^2-10t+7)\}dt$$

$$=\left[t^3-5t^2+7t\right]_0^1-\left[t^3-5t^2+7t\right]_1^2$$

$$=3-\{(8-20+14)-3\}=3-(-1)=4 \text{ (참)}$$

따라서 옳은 것은 ㄱ, ㄴ, ㄷ이다.

G 111 정답 ① ＊점이 움직인 거리 ·········· [정답률 75%]

정답 공식: 수직선 위를 움직이는 점 P의 시각 t에서의 속도를 $v(t)$, 위치를 $x(t)$라 하면 시각 $t=a$에서의 점 P의 위치는 $x(a)=x(0)+\int_0^a v(t)dt$이고, 시각 $t=a$에서 $t=b$까지 점 P가 움직인 거리는 $\int_a^b |v(t)|dt$이다.

수직선 위를 움직이는 점 P의 시각 $t(t\geq0)$에서의 속도 $v(t)$가
$$v(t)=3t^2+at$$
이다. 시각 $t=0$에서의 점 P의 위치와 시각 $t=6$에서의 점 P의
위치가 서로 같을 때, 점 P가 시각 $t=0$에서 $t=6$까지 움직인
거리는? (단, a는 상수이다.) (4점)　　단서2 정적분 $\int_0^6 |v(t)|dt$의 값을 구하면 돼.

① 64　　　② 66　　　③ 68
④ 70　　　⑤ 72

단서1 정적분을 이용하여 점 P의 시각 $t=0$일 때의 위치와 시각 $t=6$에서의 위치를
구한 다음 두 위치가 서로 같음을 이용해.

1st 시각 $t=0$과 $t=6$에서의 점 P의 위치가 같음을 이용해 a의 값을 구하자.

시각 $t(t\geq0)$에서의 속도는 $v(t)=3t^2+at$이고,

시각 t에서의 점 P의 위치를 $x(t)$라 하면 시각 $t=0$에서의 위치는

$x(0)$이므로 시각 $t=6$에서의 위치를 구하면

$$x(6)=x(0)+\int_0^6 v(t)dt=x(0)+\int_0^6 (3t^2+at)dt$$

$$=x(0)+\left[t^3+\frac{a}{2}t^2\right]_0^6=x(0)+216+18a$$

이때, $x(0)=x(6)$이므로

$x(0)=x(0)+216+18a,\ 18a=-216$

$\therefore a=-12$

2nd 정적분을 이용하여 $t=0$에서 $t=6$까지 점 P가 움직인 거리를 구해.

따라서 $v(t)=3t^2-12t$이므로 점 P가 시각 $t=0$에서 $t=6$까지 움직인
거리는
　수직선 위를 움직이는 점 P의 시각 t에서의 속도가 $v(t)$일 때,
　시각 $t=a$에서 $t=b$까지 점 P가 움직인 거리는 $\int_a^b |v(t)|dt$

$$\int_0^6 |v(t)| \, dt = \int_0^6 |3t^2 - 12t| \, dt$$

> $v(t) = 3t^2 - 12t = 3t(t-4)$이므로
> $0 \le t < 4$이면 $|v(t)| = -3t^2 + 12t$이고,
> $4 \le t \le 6$이면 $|v(t)| = 3t^2 - 12t$야.

$$= \int_0^4 (-3t^2 + 12t) \, dt + \int_4^6 (3t^2 - 12t) \, dt$$

$$= \left[-t^3 + 6t^2 \right]_0^4 + \left[t^3 - 6t^2 \right]_4^6$$

$$= -64 + 96 + 216 - 216 - (64 - 96)$$

$$= 32 + 32 = 64$$

다른 풀이: 시각 $t=0$에서 $t=6$까지 점 P의 위치의 변화량이 0임을 이용하기

점 P의 시각 $t=0$에서의 위치와 시각 $t=6$에서의 위치가 서로 같으므로 시각 $t=0$에서 $t=6$까지 점 P의 위치의 변화량이 0임을 이용하자.

> **함정** 점 P의 시각 $t=0$일 때의 위치와 시각 $t=6$일 때의 위치가 서로 같으므로 $t=0$부터 $t=6$까지의 점 P의 위치의 변화량이 없음을 찾아내어 계산을 빨리 할 수 있어.

점 P의 시각 $t(t \ge 0)$에서의 속도 $v(t)$가 $v(t) = 3t^2 + at$이므로

$$\int_0^6 v(t) \, dt = \int_0^6 (3t^2 + at) \, dt = \left[t^3 + \frac{a}{2} t^2 \right]_0^6$$

$$= 216 + 18a = 0$$

> 수직선 위를 움직이는 점 P의 시각 t에서의 속도가 $v(t)$일 때, 시각 $t=a$에서 $t=b$까지 점 P의 위치의 변화량은 $\int_a^b v(t) \, dt$

$$\therefore a = -12$$

(이하 동일)

G 112 정답 ② ＊점이 움직인 거리 ·········· [정답률 65%]

(정답 공식: 속도함수의 절댓값 $|v(t)|$를 적분하여 점이 움직인 거리를 구한다. **)**

> 수직선 위를 움직이는 점 P의 시각 $t(t \ge 0)$에서의 속도 $v(t)$가
> $$v(t) = t^2 - 4t + 3$$ ← **단서1** 운동 방향이 바뀌는 시점에서의 속도는 0이야.
> 이다. 점 P가 시각 $t=1$, $t=a(a>1)$에서 운동 방향을 바꿀 때, 점 P가 시각 $t=0$에서 $t=a$까지 움직인 거리는? (3점)
> ← **단서2** 속도의 절댓값을 적분하면 돼.
> ① $\frac{7}{3}$ ② $\frac{8}{3}$ ③ 3 ④ $\frac{10}{3}$ ⑤ $\frac{11}{3}$

1st 점 P가 운동 방향을 바꾸는 순간 $v(t) = 0$인 시간을 구하자.

점 P가 운동 방향을 바꿀 때 속도는 0이므로

$$v(t) = t^2 - 4t + 3 = (t-1)(t-3) = 0$$

> ← 움직이는 방향이 바뀌는 점에서의 속도는 0이야.

$$\therefore t = 1 \text{ 또는 } t = 3$$

$$\therefore a = 3$$ ← 점 P는 출발하고 두 번 방향을 바꿔.

2nd 점 P가 시각 $t=0$에서 $t=3$까지 움직인 거리를 구하자.

점 P가 시각 $t=0$에서 $t=3$까지 움직인 거리는

$$\int_0^3 |v(t)| \, dt$$

> **함정** 속도 $v(t)$는 $0 < t < 1$일 때 양수이고, $1 < t < 3$일 때 음수야. 또한, $t=1$, $t=3$일 때 $v(t) = 0$이야.

$$= \int_0^1 v(t) \, dt + \int_1^3 \{-v(t)\} \, dt$$

$$= \int_0^1 (t^2 - 4t + 3) \, dt + \int_1^3 (-t^2 + 4t - 3) \, dt$$

$$= \left[\frac{1}{3} t^3 - 2t^2 + 3t \right]_0^1 + \left[-\frac{1}{3} t^3 + 2t^2 - 3t \right]_1^3$$

$$= \left(\frac{1}{3} - 2 + 3 \right) + \left\{ (-9 + 18 - 9) - \left(-\frac{1}{3} + 2 - 3 \right) \right\}$$

$$= \frac{4}{3} + \frac{4}{3} = \frac{8}{3}$$

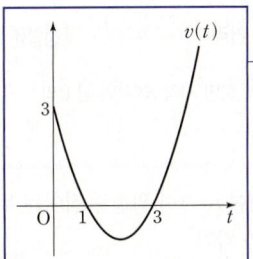

> ← 시각 t에 따라 속도함수의 부호를 구하면 $0 < t < 1$에서 $v(t) > 0$, $1 < t < 3$에서 $v(t) < 0$, $t > 3$에서 $v(t) > 0$이므로 점 P는 $t=1$일 때 처음으로 운동 방향을 바꾸고 $t=3$일 때 다시 운동 방향을 바꿔.

G 113 정답 ⑤ ＊점이 움직인 거리 ·········· [정답률 78%]

[정답 공식: 수직선 위를 움직이는 점 P의 시각 t에서의 속도를 $v(t)$, 위치를 $x(t)$라 하면 시각 $t=a$에서의 점 P의 위치는 $x(a) = x(0) + \int_0^a v(t) \, dt$이다. **]**

> 시각 $t=0$일 때 동시에 원점을 출발하여 수직선 위를 움직이는 두 점 P, Q의 시각 $t(t \ge 0)$에서의 속도가 각각
> $$v_1(t) = 2 - t, \quad v_2(t) = 3t$$
> 이다. 출발한 시각부터 점 P가 원점으로 돌아올 때까지 점 Q가 움직인 거리는? (4점)
> ← **단서1** 원점의 위치는 0이야.
> ① 16 ② 18 ③ 20
> ④ 22 ⑤ 24
> ← **단서2** 속도함수의 절댓값을 적분하여 이동 거리를 구하면 돼.

1st 출발한 후 점 P가 다시 원점으로 돌아올 때의 시각을 구하자.

점 P의 시각 $t(t \ge 0)$에서의 위치를 $x_1(t)$라 하면

$$x_1(t) = x_1(0) + \int_0^t v_1(t) \, dt$$

$$= \int_0^t (2 - t) \, dt$$

> ← 점 P가 $t=0$일 때 원점을 출발한다고 했으므로 $x_1(0) = 0$이야.

$$= \left[2t - \frac{1}{2} t^2 \right]_0^t$$

$$= 2t - \frac{1}{2} t^2$$

이때, 출발한 후 점 P가 다시 원점으로 돌아올 때의 시각은

$$2t - \frac{1}{2} t^2 = 0, \quad t^2 - 4t = 0$$

> ← 원점의 위치는 0이지?

$$t(t-4) = 0$$

$$\therefore t = 4 \, (\because t > 0)$$

2nd 정적분을 이용하여 점 Q가 움직인 거리를 구하자.

따라서 출발한 시각부터 점 P가 원점으로 돌아올 때까지 점 Q가 움직인 거리는

> 시각 $t=0$에서 $t=4$까지 점 Q가 움직인 거리를 구하면 돼.

$$\int_0^4 |v_2(t)| \, dt = \int_0^4 |3t| \, dt$$

$$= \int_0^4 3t \, dt$$

$$= \left[\frac{3}{2} t^2 \right]_0^4$$

$$= \frac{3}{2} \times 4^2$$

$$= 24$$

정답 공식: 시각 t에서의 점 P의 속도를 $v(t)$라 하면 시각 t에서의 점 P의 위치는 $\int v(t)dt$

시각 $t=0$일 때 동시에 원점을 출발하여 수직선 위를 움직이는 두 점 P, Q의 시각 $t(t \geq 0)$에서의 속도가 각각
$$v_1(t)=t^2-6t+5, \ v_2(t)=2t-7$$
이다. 시각 t에서의 두 점 P, Q 사이의 거리를 $f(t)$라 할 때, 함수 $f(t)$는 구간 $[0, a]$에서 증가하고, 구간 $[a, b]$에서 감소하고, 구간 $[b, \infty)$에서 증가한다. **시각 $t=a$에서 $t=b$까지 점 Q가 움직인 거리는?** (단, $0<a<b$) (4점)

단서 단서 $t=a$에서 $t=b$까지 점 Q의 속도함수의 절댓값을 정적분하면 돼.

① $\dfrac{15}{2}$ ② $\dfrac{17}{2}$ ③ $\dfrac{19}{2}$ ④ $\dfrac{21}{2}$ ⑤ $\dfrac{23}{2}$

1st 두 점 P, Q의 위치함수를 각각 구하자.
두 점 P, Q의 시각 $t(t \geq 0)$에서의 위치를 각각 $x_1(t)$, $x_2(t)$라 하면
$$x_1(t)=\int v_1(t)dt=\int (t^2-6t+5)dt$$

→ 시각 t에서의 점 P의 속도를 $v(t)$라 하면 시각 t에서의 점 P의 위치는 $\int v(t)dt$

$$=\frac{1}{3}t^3-3t^2+5t+C_1 \ (C_1\text{은 적분상수})$$
$$x_2(t)=\int v_2(t)dt=\int (2t-7)dt$$
$$=t^2-7t+C_2 \ (C_2\text{는 적분상수}) \cdots \text{㉠}$$

시각 t에서의 두 점 P, Q 사이의 거리는 $f(t)$는 **함정**
$f(t)=x_1(t)-x_2(t)$이다.

> $f(t)=x_2(t)-x_1(t)$라 하면
> $f(t)=-\frac{1}{3}t^3+4t^2-12t-C_3 \ (C_3\text{은 적분상수})$이므로
> 함수 $f(t)$가 구간 $[0, 2]$에서 감소하고, 구간 $[2, 6]$에서 증가하고, 구간 $[6, \infty)$에서 감소하므로 조건을 만족시키지 않아.

$$f(t)=\frac{1}{3}t^3-3t^2+5t+C_1-(t^2-7t+C_2)$$
$$=\frac{1}{3}t^3-4t^2+12t+C_3 \ (C_3\text{은 상수})$$

$f'(t)=t^2-8t+12=(t-2)(t-6)$이므로 $t=2, \ t=6$에서 $f'(t)=0$이므로 함수 $f(t)$의 증가와 감소를 표로 나타내면 다음과 같다.

t	0	$\cdots$	2	$\cdots$	6	$\cdots$
$f'(t)$		$+$	0	$-$	0	$+$
$f(t)$	C_3	↗	극대	↘	극소	↗

함수 $f(t)$가 구간 $[0, 2]$에서 증가하고, 구간 $[2, 6]$에서 감소하고, 구간 $[6, \infty)$에서 증가하므로 $a=2$, $b=6$이다.

주의 삼차함수 $f(t)$가 연속된 3개의 구간에서 증가하고 감소하고, 다시 증가한다면 그 구간의 경곗점이 삼차함수의 도함수 $f'(t)$에서 $f'(t)=0$을 만족시키는 t의 값이야.

시각 $t=2$에서 $t=6$까지 점 Q가 움직인 거리는 ㉠에 의하여
$$|x_2(t)|=\int_2^6 |v_2(t)|dt=-\int_2^{\frac{7}{2}} v_2(t)dt+\int_{\frac{7}{2}}^6 v_2(t)dt$$
$$=\Big[-t^2+7t\Big]_2^{\frac{7}{2}}+\Big[t^2-7t\Big]_{\frac{7}{2}}^6$$
$$=\Big(-\frac{49}{4}+\frac{49}{2}\Big)-(-4+14)+(36-42)-\Big(\frac{49}{4}-\frac{49}{2}\Big)$$
$$=-\frac{49}{2}+49-10-6=-\frac{49}{2}+33=\frac{17}{2}$$

🔧 **다른 풀이:** $v_2(t)$의 그래프의 정적분 값을 이용하여 움직인 거리 구하기

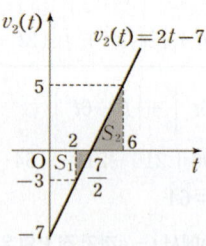

시각 $t=2$에서 $t=6$까지 점 Q가 움직인 거리는
$$|x_2(t)|=\int_2^6 |v_2(t)|dt$$
$$=(S_1\text{의 넓이})+(S_2\text{의 넓이})$$
$$=\frac{1}{2}\times\frac{3}{2}\times 3+\frac{1}{2}\times\frac{5}{2}\times 5$$
$$=\frac{9}{4}+\frac{25}{4}=\frac{34}{4}$$
$$=\frac{17}{2}$$

수능 핵강

★ 함수 $f(t)$가 구간 $[0, a]$에서 증가하고, 구간 $[a, b]$에서 감소하고, 구간 $[b, \infty)$에서 증가한다는 조건을 그림으로 이해하기

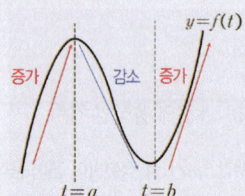

다항함수 $f(t)$의 도함수 $f'(t)$가
$f'(t)=\alpha(t-a)(t-b) \ (\alpha>0)$이면
$f'(t)=0$인 $t=a, \ t=b$이고, 이를 함수 $f(t)$의 그래프에 대하여 기하학적으로 접근하면
함수 $f(t)$는 구간 $[0, a]$에서 증가하고, 구간 $[a, b]$에서 감소하고, 구간 $[b, \infty)$에서 증가한다는 것이야.

변준서 | 건국대 수의예과 2024년 입학 · 화성 화성고 졸

이 유형은 매해 출제되고 꽤 난이도 있게도 나와서 잘 파악하고 있어야 할 유형이야.
이번 수능에서는 위치와 속도 개념만 첨가된, 삼차함수의 증가와 감소의 파악을 요구했기 때문에 극값을 구하는 다항함수의 문제를 풀 듯이 풀었던 것 같아.
두 점 P, Q에서의 속도함수를 빼서 증감이 바뀌는 지점, 즉 $f'(t)=0$이 되는 지점을 찾고 위치의 변화량인지 이동한 거리인지만 신경 써서 계산하면 끝나는 문제여서 비교적 쉬웠어.

G 115 정답 ① *점이 움직인 거리 [정답률 76%]

시각 $t=0$일 때 동시에 원점을 출발하여 수직선 위를 움직이는 두 점 P, Q의 시각 $t(t\geq0)$에서의 속도가 각각

$$v_1(t)=-3t^2+at, \quad v_2(t)=-t+1$$

이다. 출발한 후 두 점 P, Q가 한 번만 만나도록 하는 양수 a에

> 단서1 위치가 같아지는 시각 $t(t>0)$가 하나야.

대하여 점 P가 시각 $t=0$에서 시각 $t=3$까지 움직인 거리는?

> 단서2 속도함수의 절댓값을 정적분해서 구해.

(4점)

① $\dfrac{29}{2}$ ② 15 ③ $\dfrac{31}{2}$ ④ 16 ⑤ $\dfrac{33}{2}$

1st 두 점 P, Q의 시각 t에서의 위치 함수를 구해.

두 점 P, Q의 시각 $t(t\geq0)$에서의 위치를 각각 $x_1(t)$, $x_2(t)$라 하자. 이때, 두 점 P, Q가 시각 $t=0$일 때 동시에 원점을 출발하므로 $x_1(0)=0$, $x_2(0)=0$

$$x_1(t)=x_1(0)+\int_0^t v_1(k)dk$$

수직선 위를 움직이는 점 P의 시각 t에서의 속도를 $v(t)$, 위치를 $x(t)$라 하면

시각 $t=a$에서의 점 P의 위치는 $x(a)=x(0)+\int_0^a v(t)dt$

$$=\int_0^t(-3k^2+ak)dk=\left[-k^3+\frac{a}{2}k^2\right]_0^t$$

$$=-t^3+\frac{a}{2}t^2 \cdots \bigcirc$$

$$x_2(t)=x_2(0)+\int_0^t v_2(k)dk$$

$$=\int_0^t(-k+1)dk=\left[-\frac{k^2}{2}+k\right]_0^t=-\frac{t^2}{2}+t \cdots \bigcirc\!\bigcirc$$

2nd 출발한 후 두 점 P, Q가 한 번만 만나도록 하는 양수 a의 값을 구해.

출발한 후 두 점 P, Q가 한 번만 만나야 하므로 $x_1(t)=x_2(t)$인 $t(t>0)$가 하나뿐이다.

> 두 점 P, Q가 원점을 출발한 후 만나는 시각의 값은 양수야.

$\bigcirc$, $\bigcirc\!\bigcirc$에 의해 $x_1(t)=x_2(t)$에서

$$-t^3+\frac{a}{2}t^2=-\frac{t^2}{2}+t$$

$$t^3-\frac{a+1}{2}t^2+t=t\left(t^2-\frac{a+1}{2}t+1\right)=0$$

$t\neq0$이므로 양변을 t로 나누면

$$t^2-\frac{a+1}{2}t+1=0$$

위의 t에 대한 이차방정식은 양수인 근을 하나만 가져야 한다. 이때, 이차방정식의 근과 계수의 관계에 의하여 두 근의 곱이 양수 1이므로 양수인 근을 중근으로 가져야 한다.

> 두 근의 부호가 같으므로 중근이여야 해.

이차방정식 $t^2-\frac{a+1}{2}t+1=0$의 판별식을 D라 하면

$$D=\left(\frac{a+1}{2}\right)^2-4=0$$

$\frac{a+1}{2}=\pm2$에서 $a+1=\pm4$

$$\therefore a=3 \ (\because a>0)$$

3rd 정적분을 이용하여 시각 $t=0$에서 $t=3$까지 점 P가 움직인 거리를 구하자.

시각 $t=0$에서 $t=3$까지 점 P가 움직인 거리는

시각 $t=a$에서의 속도가 $v(t)$인 점이 구간 $[a,b]$에서 움직인 거리는 $\int_a^b |v(t)|dt$야.

$$\int_0^3 |v_1(t)|dt=\int_0^3 |-3t^2+3t|dt$$

$$|-3t^2+3t|=\begin{cases}-3t^2+3t & (0\leq t\leq 1)\\ 3t^2-3t & (1<t\leq 3)\end{cases}$$

$$=\int_0^1(-3t^2+3t)dt+\int_1^3(3t^2-3t)dt$$

$$=\left[-t^3+\frac{3}{2}t^2\right]_0^1+\left[t^3-\frac{3}{2}t^2\right]_1^3$$

$$=\left(-1+\frac{3}{2}\right)+\left\{\left(27-\frac{27}{2}\right)-\left(1-\frac{3}{2}\right)\right\}$$

$$=25-\frac{21}{2}=\frac{29}{2}$$

G 116 정답 ② *점이 움직인 거리 [정답률 70%]

양수 a에 대하여 수직선 위를 움직이는 점 P의 시각 $t(t\geq0)$에서의 속도 $v(t)$가

$$v(t)=3t(a-t)$$

> 단서1 점 P는 $0<t<a$에서 $v(t)>0$이므로 양의 방향으로 움직이고, $t>a$에서 $v(t)<0$이므로 음의 방향으로 움직이는 것을 알 수 있어.

이다. 시각 $t=0$에서 점 P의 위치는 16이고, 시각 $t=2a$에서 점 P의

> 단서2 시각 $t(t\geq0)$에서의 점 P의 위치를 $x(t)$라 하면 $x(t)=x(0)+\int_0^t v(t)dt$임을 이용해.

위치는 0이다. 시각 $t=0$에서 $t=5$까지 점 P가 움직인 거리는?

> 단서3 정적분 $\int_0^5 |v(t)|dt$의 값을 구하면 돼.

(4점)

① 54 ② 58 ③ 62 ④ 66 ⑤ 70

1st 점 P의 시각 t에서의 위치를 $x(t)$라 하고, $x(t)$를 구해.

시각 $t(t\geq0)$에서의 점 P의 위치를 $x(t)$라 하면 점 P의 시각 $t=0$에서의 위치는 16이므로 $x(0)=16$

$$x(t)=\underline{x(0)+\int_0^t v(t)dt}$$

> 수직선 위를 움직이는 점의 시각 t에서의 속도가 $v(t)$이고 $t=0$일 때의 위치를 $x(0)$이라 하면 이 점의 시각 $t=a$에서의 위치 $x(a)$는 $x(a)=x(0)+\int_0^a v(t)dt$야.

$$=16+\int_0^t 3t(a-t)dt$$

$$=16+\int_0^t(-3t^2+3at)dt$$

$$=16+\left[-t^3+\frac{3}{2}at^2\right]_0^t$$

$$=-t^3+\frac{3}{2}at^2+16$$

2nd $t=2a$에서 점 P의 위치가 0임을 이용하여 상수 a의 값을 구해.

시각 $t=2a$에서 점 P의 위치가 0이므로

> 점 P는 구간 $0\leq t<a$에서 양의 방향(오른쪽)으로 움직이다가 $t=a$에서 방향을 바꾸고 음의 방향(왼쪽)으로 움직이면서 $t=2a$일 때 원점을 지나고 계속 음의 방향(왼쪽)으로 움직여

$$x(2a)=-(2a)^3+\frac{3}{2}a\times(2a)^2+16$$

$$=16-2a^3=0$$

$$-2(a^3-8)=-2(a-2)(a^2+2a+4)=0$$

$$\therefore a=2 \ (\because a는 양수)$$

3rd 정적분을 이용하여 $t=0$에서 $t=5$까지 점 P가 움직인 거리를 구해.

따라서 $v(t)=3t(2-t)=-3t^2+6t$이므로

점 P가 시각 $t=0$에서 $t=5$까지 움직인 거리는

> 수직선 위를 움직이는 점 P의 시각 t에서의 속도가 $v(t)$일 때,
> 시각 $t=a$에서 $t=b$까지 점 P의 움직인 거리는 $\int_a^b |v(t)|dt$야.

$$\int_0^5 |v(t)|dt=\int_0^5 |-3t^2+6t|dt$$
$$=\int_0^2 (-3t^2+6t)dt+\int_2^5 (3t^2-6t)dt$$

> 함수 $v(t)$의 값이 양이 되는 구간과 음이 되는 구간으로 나누어 적분을 계산해야 해.

$$=\left[-t^3+3t^2\right]_0^2+\left[t^3-3t^2\right]_2^5$$
$$=\{(-8+12)-0\}+\{(125-75)-(8-12)\}$$
$$=4+54=58$$

G 117 정답 **102** *점이 움직인 거리 ·········· [정답률 67%]

(**정답 공식:** 속도함수의 절댓값 $|v(t)|$를 적분하여 점이 움직인 거리를 구한다.)

> 시각 $t=0$일 때 동시에 원점을 출발하여 수직선 위를 움직이는 두 점 P, Q의 시각 $t(t\geq 0)$에서의 속도가 각각
> $$v_1(t)=12t-12,\quad v_2(t)=3t^2+2t-12$$
> **단서 1** 위치는 속도함수를 적분하면 나오지? 시각 $t=k$에서 두 점 P, Q의 위치가 같다는 뜻이므로 정적분을 이용하자.
> 이다. 시각 $t=k(k>0)$에서 두 점 P, Q의 위치가 같을 때, 시각 $t=0$에서 $t=k$까지 점 P가 움직인 거리를 구하시오. (3점)
> **단서 2** 점 P가 움직인 거리를 구할 때는 속도함수의 절댓값을 적분해.

1st 시각 $t=k$에서의 두 점 P, Q의 위치를 각각 구하자.

원점에서 출발한 점 P의 시각 $t=k$에서의 위치는

$$\int_0^k v_1(t)dt=\int_0^k (12t-12)dt=\left[6t^2-12t\right]_0^k=6k^2-12k$$

> 원점을 출발하여 수직선 위를 움직이는 점 P의 시각 t에서의 속도가 $v(t)$일 때,
> 점 P의 시각 $t=k$에서의 위치는 $\int_0^k v(t)dt$

원점에서 출발한 점 Q의 시각 $t=k$에서의 위치는

$$\int_0^k v_2(t)dt=\int_0^k (3t^2+2t-12)dt=\left[t^3+t^2-12t\right]_0^k=k^3+k^2-12k$$

2nd 시각 $t=k$에서의 두 점 P, Q의 위치가 같음을 이용하여 상수 k의 값을 구하자.

시각 $t=k$에서 두 점 P, Q의 위치가 같으므로

$6k^2-12k=k^3+k^2-12k$

$k^3-5k^2=0,\ k^2(k-5)=0$

$k>0$이므로 $k=5$

> $k=0$일 때도 성립하는데, $k=0$일 때는 출발할 때이므로 $k>0$인 k의 값을 구해야 해.

3rd 시각 $t=0$에서 $t=k$까지 점 P가 움직인 거리를 구하자.

시각 $t=0$에서 $t=k=5$까지 점 P가 움직인 거리를 구하면

> 시각 $t=0$에서 $t=5$까지의 점 P가 움직인 거리는 $\int_0^5 |v_1(t)|dt$

$$\int_0^5 |v_1(t)|dt=\int_0^5 |12t-12|dt$$

> 함수 $f(t)=|12t-12|(t\geq 0)$을 구간에 따라 나눠서 생각하면
> $$|12t-12|=\begin{cases}-12t+12 & (0\leq t<1)\\ 12t-12 & (t\geq 1)\end{cases}$$

실수 점 P가 움직인 거리를 구할 때 절댓값 함수 $|v_1(t)|$를 정적분해야 해. 속도함수 $v_1(t)$를 정적분하면 점 P의 위치의 변화량을 구하게 돼.

$$=\int_0^1 (-12t+12)dt+\int_1^5 (12t-12)dt$$
$$=\left[-6t^2+12t\right]_0^1+\left[6t^2-12t\right]_1^5$$
$$=(-6+12)+\{6\times(5^2-1^2)-12\times(5-1)\}$$
$$=102$$

G 118 정답 **17** *점이 움직인 거리 ·········· [정답률 53%]

(**정답 공식:** 가속도함수를 적분하면 속도함수를 구할 수 있다. 또한 수직선 위를 움직이는 점 P의 시각 $t=a$에서 $t=b$까지 움직인 거리는 $\int_a^b |v(t)|dt$이다.)

> 수직선 위를 움직이는 점 P의 시각 t $(t\geq 0)$에서의 속도 $v(t)$와 가속도 $a(t)$가 다음 조건을 만족시킨다.
>
> (가) $0\leq t\leq 2$일 때, $v(t)=2t^3-8t$이다. **단서 2** $t=2$일 때, 점 P의 속도가 같아야 해.
> (나) $t\geq 2$일 때, $a(t)=6t+4$이다.
> **단서 1** 가속도함수를 적분하면 속도함수가 됨을 알아야 해.
>
> 시각 $t=0$에서 $t=3$까지 점 P가 움직인 거리를 구하시오. (4점)
> **단서 3** $\int_0^3 |v(t)|dt$의 값을 구하면 돼.

1st $t\geq 2$일 때 점 P의 속도함수를 구하자.

조건 (나)에서 $t\geq 2$일 때, 가속도 $a(t)=6t+4$이므로 이때의 속도 $v(t)$를 구하면

$$v(t)=\int a(t)dt=\int (6t+4)dt$$
$$=3t^2+4t+C\ (단,\ C는 적분상수)$$

그런데 속도함수는 연속이므로 $\lim_{t\to 2-} v(t)=\lim_{t\to 2+} v(t)$이어야 한다. 즉,

$$\lim_{t\to 2-} v(t)=\lim_{t\to 2-} (2t^3-8t)=2\times 2^3-8\times 2$$
$$=16-16=0$$
$$\lim_{t\to 2+} v(t)=\lim_{t\to 2+} (3t^2+4t+C)=3\times 2^2+4\times 2+C$$
$$=20+C$$

에서

$20+C=0$　　$\therefore C=-20$

2nd 정적분을 이용하여 $t=0$에서 $t=3$까지 점 P가 움직인 거리를 구하자.

따라서 $v(t)=\begin{cases} 2t^3-8t & (0\leq t\leq 2)\\ 3t^2+4t-20 & (t\geq 2)\end{cases}$ 이므로 시각 $t=0$에서 $t=3$까지 점 P가 움직인 거리는

$$\int_0^3 |v(t)|dt=\int_0^2 |2t^3-8t|dt+\int_2^3 |3t^2+4t-20|dt$$
$$=\int_0^2 (-2t^3+8t)dt+\int_2^3 (3t^2+4t-20)dt$$

> $v(t)=2t^3-8t=2t(t+2)(t-2)$이므로 $0\leq t\leq 2$일 때 $v(t)\leq 0$이야.
> $v(t)=3t^2+4t-20=3\left(t+\frac{2}{3}\right)^2-\frac{64}{3}$에서 $t\geq 2$일 때 $v(t)$는 증가하고 $v(2)=0$이므로 $t\geq 2$일 때 $v(t)\geq 0$이야.

$$=\left[-\frac{1}{2}t^4+4t^2\right]_0^2+\left[t^3+2t^2-20t\right]_2^3$$
$$=-8+16+(27+18-60)-(8+8-40)$$
$$=17$$

백규민 **영남대 약학과 2023년 입학** · 대구 성화여고 졸

그렇게 어려운 문제는 아니지만 속도와 가속도의 관계를 명확하게 알아두지 않았다면 헷갈릴 수도 있었을 거 같아. 또한, 가속도함수를 부정적분한 후 적분상수를 구할 때 두 조건 (가), (나)에서 제시한 t의 값의 범위가 $t=2$에서 겹쳐진다는 사실을 이용할 수 있어야 해. 그리고 구하는 값이 점의 위치가 아니라 이동한 거리라는 것도 명심하도록 하자!

G 119 정답 ④ *점이 움직인 거리 ·········· [정답률 50%]

시각 $t=0$일 때 동시에 원점을 출발하여 수직선 위를 움직이는

단서1 원점에서 출발하고 있으니 두 점 P, Q의 위치를 각각 $x_1(t)$, $x_2(t)$라 하면 $x_1(0)=0$, $x_2(0)=0$

두 점 P, Q의 시각 $t(t \geq 0)$에서의 속도가 각각

$v_1(t)=3t^2-6t-2$, $v_2(t)=-2t+6$이다. 출발한 시각부터

단서2 속도가 시각 t에 대한 함수로 표현되어 있어 적분하면 위치를 t에 대한 함수로 표현할 수 있어.

두 점 P, Q가 다시 만날 때까지 점 Q가 움직인 거리는? (4점)

단서3 두 점이 만난다는 것은 두 점의 위치가 같다는 말이야. $x_1(t)=x_2(t)$로 t에 대한 방정식을 만들어 언제 만나는지 구할 수 있겠지?

단서4 점이 움직인 거리는 속도의 절댓값을 적분한 값임을 이용할 수 있어. 위치와 움직인 거리의 차이를 알고 있어야 해.

① 7　② 8　③ 9　④ 10　⑤ 11

1st 두 점 P, Q의 위치를 t에 대한 식으로 표현해.

점 P의 위치를 $x_1(t)$, 점 Q의 위치를 $x_2(t)$라 하자.

$x_1(t)=\int_0^t v_1(t)dt=\int_0^t (3t^2-6t-2)dt=t^3-3t^2-2t$

$x_2(t)=\int_0^t v_2(t)dt=\int_0^t (-2t+6)dt=-t^2+6t$

$t=0$에서의 위치가 원점이므로 $x_1(0)=0$, $x_2(0)=0$이야.

2nd 두 점 P, Q가 다시 만나는 시각을 구해.

두 점 P, Q가 다시 만나려면 두 점의 위치가 같아야 한다.

따라서 방정식 $t^3-3t^2-2t=-t^2+6t$를 만족하는 t의 값이 두 점이 만날 때이다. $x_1(t)=x_2(t)$야.

$t^3-2t^2-8t=t(t^2-2t-8)=t(t-4)(t+2)=0$이므로

$t=-2$ 또는 $t=0$ 또는 $t=4$

그런데 $t=0$인 경우가 출발한 시각이고, $t \geq 0$이므로

출발한 지점이 같으므로 $t=0$일 때의 위치가 같고, 그 이후의 시각의 값은 0보다 커야 해.

$t=4$일 때, 두 점 P, Q가 다시 만난다.

3rd $t=4$일 때까지 점 Q가 움직인 거리를 구해.

따라서 점 Q가 $t=0$에서 $t=4$일 때까지 움직인 거리는

$\int_0^4 |v_2(t)|dt=\int_0^4 |-2t+6|dt$

$=\int_0^3 (-2t+6)dt+\int_3^4 (2t-6)dt$

$|-2t+6|=\begin{cases} -2t+6 & (0 \leq t \leq 3) \\ 2t-6 & (3 < t \leq 4) \end{cases}$이므로 구간을 나눠 이렇게 나타낼 수 있어.

$=[-t^2+6t]_0^3+[t^2-6t]_3^4$

$=(-9+18)+\{(16-24)-(9-18)\}=10$

다른 풀이: $\int_0^4 |-2t+6|dt$의 값을 그래프를 이용하여 구하기

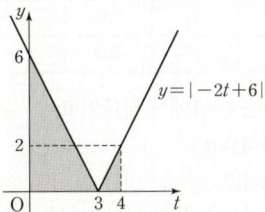

$y=|-2t+6|$

구하고자 하는 정적분의 값은 위 그림의 색칠한 부분의 넓이와 같아.

따라서 두 삼각형의 넓이의 합으로 답을 구하면

$\dfrac{1}{2} \times 3 \times 6 + \dfrac{1}{2} \times 1 \times 2 = 9+1=10$

G 120 정답 ⑤ *점이 움직인 거리 ·········· [정답률 56%]

실수 m에 대하여 수직선 위를 움직이는 두 점 P, Q의 시각 $t(t \geq 0)$에서의 속도를 각각

$v_1(t)=3t^2+1$, $v_2(t)=mt-4$

라 하자. 시각 $t=0$에서 $t=2$까지 두 점 P, Q가 움직인 거리가

단서 점이 움직인 거리를 구할 때는 속도함수의 절댓값을 적분해.

같도록 하는 모든 m의 값의 합은? (4점)

① 3　② 4　③ 5　④ 6　⑤ 7

1st 점 P가 시각 $t=0$에서 $t=2$까지 움직인 거리를 구해.

시각 $t=0$에서 $t=2$까지 점 P가 움직인 거리는

함수 $y=3t^2+1$은 구간 $[0, 2]$에서 $y>0$이므로 $\int_0^2 |3t^2+1|dt=\int_0^2 (3t^2+1)dt$

$\int_0^2 |v_1(t)|dt=\int_0^2 |3t^2+1|dt=\int_0^2 (3t^2+1)dt$

시각 $t=a$에서 $t=b$까지 점이 움직인 거리는 속도함수 $v(t)$에 대하여 $\int_a^b |v(t)|dt$

$=[t^3+t]_0^2=8+2=10$

2nd 점 Q가 시각 $t=0$에서 $t=2$까지 움직인 거리를 구해.

시각 $t=0$에서 $t=2$까지 점 Q가 움직인 거리는

$\int_0^2 |v_2(t)|dt=\int_0^2 |mt-4|dt$

실수 m의 값의 범위를 2를 기준으로 나누는 이유는 함수 $y=mt-4$에서 $t=2$일 때, $2m-4$의 값의 부호가 바뀌는 m의 값이 2이기 때문이야.

(i) $m \leq 2$일 때

$\int_0^2 |mt-4|dt=\int_0^2 (-mt+4)dt$

$m \leq 2$이면 함수 $y=mt-4$가 구간 $[0, 2]$에서 $y \leq 0$이므로 $\int_0^2 |mt-4|dt=\int_0^2 (-mt+4)dt$

$=\left[-\dfrac{1}{2}mt^2+4t\right]_0^2=-2m+8$

이므로 $-2m+8=10$ $\therefore m=-1$

(ii) $m > 2$일 때

$\int_0^2 |mt-4|dt$

$m>2$이면 함수 $y=mt-4$가 구간 $\left[0, \dfrac{4}{m}\right]$에서 $y \leq 0$이고, 구간 $\left[\dfrac{4}{m}, 2\right]$에서 $y \geq 0$이야.

$=\int_0^{\frac{4}{m}} |mt-4|dt+\int_{\frac{4}{m}}^2 |mt-4|dt$

$=\int_0^{\frac{4}{m}} (-mt+4)dt+\int_{\frac{4}{m}}^2 (mt-4)dt$

$=\left[-\dfrac{1}{2}mt^2+4t\right]_0^{\frac{4}{m}}+\left[\dfrac{1}{2}mt^2-4t\right]_{\frac{4}{m}}^2$

$=\left(-\dfrac{8}{m}+\dfrac{16}{m}\right)+\left\{(2m-8)-\left(\dfrac{8}{m}-\dfrac{16}{m}\right)\right\}$

$=2m-8+\dfrac{16}{m}$

이므로 $2m-8+\dfrac{16}{m}=10$

$2m^2-18m+16=0$, $2(m-1)(m-8)=0$

이때, $m>2$이므로 $m=8$

(i), (ii)에 의하여 구하는 모든 m의 값의 합은

$-1+8=7$

G 121 정답 ⑤ *점이 움직인 거리 ──────── [정답률 65%]

정답 공식: 시각 t에서의 속도가 $v(t)$인 점이 구간 $[a, b]$에서 움직인 거리는 $\int_a^b |v(t)|dt$이다.

시각 $t=0$일 때 원점을 출발하여 수직선 위를 움직이는 점 P의 시각 $t(t \geq 0)$에서의 속도 $v(t)$가

$$v(t)=3t^2-6t$$

단서1 속도함수를 미분하면 가속도함수를 구할 수 있고, 적분하면 위치함수를 구할 수 있어.

일 때, [보기]에서 옳은 것만을 있는 대로 고른 것은? (4점)

[보기]

ㄱ. 시각 $t=2$에서 점 P가 움직이는 방향이 바뀐다.
　단서2 $v(t)=0$인 t의 값의 좌우에서 $v(t)$의 부호가 바뀌면 그 시각에서 점 P의 움직이는 방향이 바뀌는 거야.

ㄴ. 점 P가 출발한 후 움직이는 방향이 바뀔 때 점 P의 위치는 -4이다.

ㄷ. 점 P가 시각 $t=0$일 때부터 가속도가 12가 될 때까지 움직인 거리는 8이다. **단서3** 속도함수 $v(t)$를 미분하여 가속도함수를 구해봐.

① ㄱ　② ㄱ, ㄴ　③ ㄱ, ㄷ　④ ㄴ, ㄷ　⑤ ㄱ, ㄴ, ㄷ

1st 점 P가 출발한 후 움직이는 방향이 바뀐 시각을 구하자.

ㄱ. $v(t)=3t^2-6t=3t(t-2)$이므로
　$v(t)=0$에서 $t=2$ ($\because t>0$)
　점 P가 출발한 후 방향이 바뀌는 시각을 구하는 것이므로 양수인 t의 값만 구하면 돼.
　즉, $0<t<2$일 때 $v(t)<0$이고, $t>2$일 때 $v(t)>0$이므로
　$t=2$에서 점 P의 움직이는 방향이 바뀐다. (참)
　점 P의 속도가 $v(t)$일 때, $v(a)=0$이고, 시각 $t=a$의 좌우에서 $v(t)$의 부호가 바뀌면 점 P는 시각 $t=a$에서 움직이는 방향이 바뀐다.

2nd 속도함수를 적분하면 위치함수가 됨을 이용해.

ㄴ. 점 P가 출발한 후 움직이는 방향이 바뀌는 시각은 $t=2$이다.
　즉, 시각 t에서의 점 P의 위치를 $x(t)$라 하면 점 P가 $t=0$에서 원점을 출발하므로 시각 $t=2$에서의 위치 $x(2)$는

$$x(2)=0+\int_0^2 (3t^2-6t)dt$$
$$=\left[t^3-3t^2\right]_0^2$$

→ 수직선 위를 움직이는 점의 시각 t에서의 속도가 $v(t)$이고 $t=0$일 때의 위치를 $x(0)$이라 하면 이 점의 시각 $t=a$에서의 위치 $x(a)$는 $x(a)=x(0)+\int_0^a v(t)dt$

$$=8-12=-4 \text{ (참)}$$

3rd 점 P가 시각 $t=0$일 때부터 가속도가 12가 될 때까지 움직인 거리를 구하자.

ㄷ. 시각 t에서의 점 P의 가속도를 $a(t)$라 하면
　$a(t)=v'(t)=6t-6$
　→ 시각 t에서의 점 P의 속도를 $v(t)$라 하면 시각 t에서의 점 P의 가속도 a는 $a=\dfrac{dv}{dt}=v'(t)$
　가속도가 12일 때의 시각을 구하면
　$6t-6=12$ $\therefore t=3$
　즉, $t=0$에서 $t=3$까지 움직인 거리를 s라 하면

$$s=\int_0^3 |3t^2-6t|dt$$

시각 t에서의 점 P의 속도를 $v(t)$라 하면 $t=a$에서 $t=b$까지 점 P가 움직인 거리는 $\int_a^b |v(t)|dt$

주의 움직인 거리는 음수가 될 수 없으므로 속도함수의 절댓값인 $|v(t)|$를 정적분해야 해. 따라서 적분하는 구간에서 절댓값 함수 $|v(t)|$의 부호에 주의하도록 해. $v(t)=3t^2-6t$는 $0<t<2$일 때 $v(t)<0$이고 $t>2$일 때 $v(t)>0$이야.

$$=\int_0^2 (-3t^2+6t)dt+\int_2^3 (3t^2-6t)dt$$
$$=\left[-t^3+3t^2\right]_0^2+\left[t^3-3t^2\right]_2^3$$
$$=(-8+12-0)+\{27-27-(8-12)\}=4+4=8 \text{ (참)}$$

따라서 옳은 것은 ㄱ, ㄴ, ㄷ이다.

G 122 정답 ④ *점이 움직인 거리 ──────── [정답률 60%]

정답 공식: 시각 t에 대하여 속도함수를 $v(t)$, 가속도함수를 $a(t)$라 할 때, $v(t)=\int a(t)dt$, $v(t)=v(t_0)+\int_{t_0}^t a(t)dt$이다.

수직선 위를 움직이는 점 P의 시각 t에서의 가속도가

$$a(t)=3t^2-12t+9 \ (t \geq 0)$$

단서1 가속도함수를 부정적분하면 속도함수가 돼.

이고, 시각 $t=0$에서의 속도가 k일 때, [보기]에서 옳은 것만을 있는 대로 고른 것은? (4점)

[보기]

ㄱ. 구간 $(3, \infty)$에서 점 P의 속도는 증가한다.
　단서2 $t>3$에서 점 P의 가속도가 양수이면 점 P의 속도는 증가해.

ㄴ. $k=-4$이면 구간 $(0, \infty)$에서 점 P의 운동 방향이 두 번 바뀐다. **단서3** 점 P의 운동 방향이 바뀔 때, 속도의 부호가 바뀌므로 속도의 부호가 바뀌는 시각의 개수를 찾아봐.

ㄷ. 시각 $t=0$에서 시각 $t=5$까지 점 P의 위치의 변화량과 점 P가 움직인 거리가 같도록 하는 k의 최솟값은 0이다.
　단서4 속도 $v(t)$에 대하여 $\int_0^5 v(t)dt=\int_0^5 |v(t)|dt$가 됨을 뜻해.

① ㄱ　② ㄴ　③ ㄱ, ㄴ　④ ㄱ, ㄷ　⑤ ㄱ, ㄴ, ㄷ

1st 수직선 위를 움직이는 점 P의 시각 t에서의 속도를 구하자.

수직선 위를 움직이는 점 P의 시각 t에서의 가속도가 $a(t)=3t^2-12t+9$이므로 시각 t에서의 속도 $v(t)$는

$$v(t)=\int a(t)dt=\int (3t^2-12t+9)dt$$
$$=t^3-6t^2+9t+C \text{ (단, C는 적분상수)}$$

이때, 시각 $t=0$에서의 속도가 k이므로 $v(0)=C=k$
$\therefore v(t)=t^3-6t^2+9t+k$

2nd 구간 $(3, \infty)$에서 점 P의 속도가 증가하는지 확인하기 위해서 가속도 $a(t)$의 부호를 확인하자.

ㄱ. $t>3$이면
　$a(t)=3t^2-12t+9=3(t^2-4t+3)=3(t-1)(t-3)>0$
　이므로 $v(t)$는 증가한다. (참)
　속도함수의 도함수가 가속도함수이므로 가속도함수가 주어진 구간에서 양수이면 속도함수는 증가해.

3rd $k=-4$일 때, 속도함수를 이용하여 점 P의 운동방향이 바뀌는 횟수를 구하자.

ㄴ. $k=-4$이면
　$v(t)=t^3-6t^2+9t-4$이고
　$v'(t)=3t^2-12t+9=3(t-1)(t-3)$이므로
　$v'(t)=0$에서 $t=1$ 또는 $t=3$
　따라서 함수 $v(t)$의 증가와 감소를 표로 나타내면 다음과 같다.

t	0	$\cdots$	1	$\cdots$	3	$\cdots$
$v'(t)$	$+$	$+$	0	$-$	0	$+$
$v(t)$	↗	↗	극대	↘	극소	↗

즉, 속도함수 $v(t)$는 $t=1$에서 극대이고,
$v(1)=1-6+9-4=0$
또, $t=3$에서 극소이고,
$v(3)=27-54+27-4=-4$
따라서 속도함수 $v(t)$의 그래프는 그림과 같으므로 점 P의 운동 방향은 한 번 바뀐다.
$t=4$에서 $v(4)=0$이고, $t=4$의 좌우에서 함수 $v(t)$의 부호가 바뀌지?
(거짓)

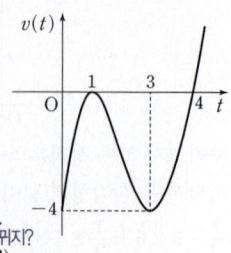

680 자이스토리 고3 수학Ⅱ

ㄷ. 시각 $t=0$에서 시각 $t=5$까지 점 P의 위치의 변화량과 점 P가 움직인 거리가 같으려면 ┌─ 시각 $t=0$에서 시각 $t=5$까지 점 P의 위치의 변화량은 $\int_0^5 v(t)dt$, 점 P가 움직인 거리는 $\int_0^5 |v(t)|dt$야.

$$\int_0^5 v(t)dt = \int_0^5 |v(t)|dt$$이어야 한다.

이때, <u>위의 등식이 성립하기 위해서는 $0 \le t \le 5$에서 $v(t) \ge 0$이어야 한다.</u> 양수 a에 대하여 $\int_0^a f(x)dx = \int_0^a |f(x)|dx$가 성립하려면 $f(x) \ge 0$이어야 해.

즉, 속도함수 $v(t)=t^3-6t^2+9t+k$의 $0 \le t \le 5$에서의 최솟값이 0보다 크거나 같아야 하고 최솟값은 $v(0)=v(3)=k$이므로

$k \ge 0$이 되어 k의 최솟값은 0이다. (참)

> 함수 $v(t)$는 $t=3$에서 극솟값을 가지므로 경곗값 $v(0)$ 또는 극솟값인 $v(3)$이 최솟값이야. 그런데 이 문제에서는 $v(0)=v(3)$이므로 최솟값은 $v(0)=v(3)$이야.

따라서 옳은 것은 ㄱ, ㄷ이다.

🧩 **다른 풀이:** ㄴ에서 $v(t)$를 인수분해하여 $v(t)=0$인 의 값을 구하여 $v(t)$의 그래프를 그려서 점 P의 운동 방향이 바뀌는 횟수 구하기

ㄴ. $k=-4$일 때,

$$v(t)=t^3-6t^2+9t-4$$
$$=(t-1)^2(t-4)$$

즉, 함수 $v(t)$의 그래프는 $t=1$에서 t축과 접하고 $t=4$에서 t축과 만나지?

따라서 함수 $v(t)$의 그래프는 그림과 같으므로 점 P의 운동 방향은 $t=4$일 때 한 번 바뀌. (거짓)

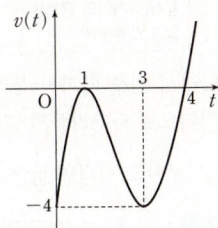

G 123 정답 10 *점이 움직인 거리 ──────── [정답률 77%]

(**정답 공식:** 속도함수의 절댓값 $|v(t)|$를 적분하여 점이 움직인 거리를 구한다.)

> 수직선 위를 움직이는 점 P의 시각 $t(t \ge 0)$에서의 속도 $v(t)$가
> $$v(t)=-4t+8$$
> 일 때 $t=0$에서 $t=3$까지 점 P가 움직인 거리를 구하시오. (4점)
> **단서** 점 P가 움직인 거리를 구할 때는 속도함수의 절댓값을 적분해야 해.

1st 정적분을 이용하여 점 P가 움직인 거리를 구해.

시각 $t=0$에서 $t=3$까지 점 P가 움직인 거리는

속도함수 $v(t)$에 대하여 시각 $t=a$부터 $t=b$까지 점 P가 움직였을 때,
(1) 점 P의 위치의 변화량은 $\int_a^b v(t)dt$ (2) 점 P가 움직인 거리는 $\int_a^b |v(t)|dt$

$$\int_0^3 |v(t)|dt = \int_0^3 |-4t+8|dt \quad \longrightarrow |-4t+8| = \begin{cases} -4t+8 & (0 \le t \le 2) \\ -(-4t+8) & (t>2) \end{cases}$$
$$= \int_0^2 (-4t+8)dt + \int_2^3 (4t-8)dt$$
$$= \Big[-2t^2+8t\Big]_0^2 + \Big[2t^2-8t\Big]_2^3$$
$$= (-8+16) + \{(18-24)-(8-16)\} = 8+2 = 10$$

🧩 **다른 풀이:** 함수 $y=|v(t)|$의 그래프를 그려서 t축으로 둘러싸인 부분의 넓이 구하기

$\int_0^3 |v(t)|dt$는 구간 $[0, 3]$에서

함수 $y=|v(t)|$의 그래프와 t축으로 둘러싸인 부분의 넓이와 같아.

즉, 함수 $y=|v(t)|$의 그래프는 그림과 같으므로

$$\int_0^3 |v(t)|dt = \frac{1}{2} \times 2 \times 8 + \frac{1}{2} \times 1 \times 4$$
$$= 8+2 = 10$$

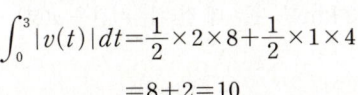 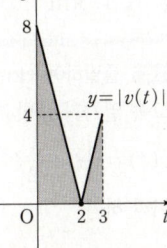

G 124 정답 8 *점이 움직인 거리 ──────── [정답률 52%]

(**정답 공식:** 운동 방향이 바뀌는 순간에서의 속도는 0이다.)

> **단서1** 운동 방향이 바뀌는 시각에서의 속도는 0이야.
> 수직선 위를 움직이는 점 P의 시각 t에서의 속도 $v(t)$가 $v(t)=3t^2-12t+9$이다. 점 P가 $t=0$일 때 원점을 출발하여 처음으로 운동 방향을 바꾼 순간의 위치를 A라 하자. 점 P가 A에서 방향을 바꾼 순간부터 다시 A로 돌아올 때까지 움직인 거리를 구하시오. (4점) **단서2** 점 P가 A에서 방향을 바꾼 순간부터 다시 A로 돌아올 때까지 움직인 거리는 점 P가 $t=1$부터 $t=3$까지 이동한 거리의 2배임을 알 수 있어.

1st 점 P가 운동 방향을 바꾸는 순간의 시각을 구하자.

점 P가 운동 방향을 바꿀 때의 속도 $v(t)$는 0이므로

$v(t)=3t^2-12t+9=0$에서

$3(t^2-4t+3)=0, 3(t-1)(t-3)=0$

$\therefore t=1$ 또는 $t=3$ ──→ $v(t)=0$인 서로 다른 양수 t의 값이 2개이니까 점 P는 원점을 출발한 후 운동 방향을 두 번 방향을 바꾸게 돼.

한편, 시각 t에 따라 속도함수의 부호를 구하면

$0 \le t < 1$에서 $v(t)>0$, $1<t<3$에서 $v(t)<0$, $t>3$에서 $v(t)>0$

즉, 점 P는 $t=1$일 때 처음으로 운동 방향을 바꾸고 $t=3$일 때 다시 운동 방향을 바꾼다.

2nd 점 P가 A에서 운동 방향을 바꾼 순간부터 다시 A로 돌아올 때까지 움직인 거리를 구하자.

이때, 점 P가 A에서 방향을 바꾼 순간부터 다시 A로 돌아올 때까지 움직인 거리는 점 P가 $t=1$부터 $t=3$까지 이동한 거리의 2배이다.

따라서 구하는 값은 점 P는 A($t=1$)에서 $t=3$인 지점까지 갔다가 다시 A로 돌아오므로 다시 A로 돌아올 때까지 점 P가 이동한 거리는 A에서 $t=3$인 지점까지의 거리를 2번 이동한 것과 같게 돼.

시각 $t=a$에서 $t=b$까지의 점 P가 움직인 거리는 $\int_a^b |v(t)|dt$

$$2\int_1^3 |v(t)|dt = 2\int_1^3 \{-v(t)\}dt$$
$$= 2\int_1^3 (-3t^2+12t-9)dt = 2\Big[-t^3+6t^2-9t\Big]_1^3$$
$$= 2 \times \{(-27+54-27)-(-1+6-9)\} = 8$$

🧩 **다른 풀이:** 점 P가 A에서 방향을 바꾸고 다시 A로 돌아올 때의 시각을 구하고, 정적분을 이용하여 움직인 거리 구하기

점 P가 A에서 방향을 바꾸고 다시 A로 돌아올 때의 시각을

$t=a$ (단, $a>1$)라 하면 $\int_1^a v(t)dt=0$이므로

같은 지점으로 돌아오므로 시각 $t=1$에서 $t=a$까지의 점 P의 위치의 변화량은 0이야.

$$\int_1^a v(t)dt = \int_1^a (3t^2-12t+9)dt = \Big[t^3-6t^2+9t\Big]_1^a$$
$$= a^3-6a^2+9a-4 = (a-1)^2(a-4)=0$$

$\therefore a=4 (\because a>1)$

즉, $t=4$일 때 점 P가 다시 A로 돌아옴을 알 수 있어.

따라서 구하는 값은 점 P가 처음으로 A를 지나는 시각 $t=t_1$, A를 출발한 후 운동 방향을 바꾸는 시각 $t=t_2$, 다시 A로 돌아온 시각 $t=t_3$까지 움직인 거리는

$\int_1^4 |v(t)|dt$ ── $\int_{t_1}^{t_3} |v(t)|dt = \int_{t_1}^{t_2} \{-v(t)\}dt + \int_{t_2}^{t_3} v(t)dt$

$$= -\int_1^3 v(t)dt + \int_3^4 v(t)dt$$

시각 $t=1$에서 $t=3$까지 $v(t)<0$이므로 시각 $t=1$에서 $t=3$까지는 $-v(t)$를 적분해야 해. **주의**

$$= -\int_1^3 (3t^2-12t+9)dt + \int_3^4 (3t^2-12t+9)dt$$
$$= -\Big[t^3-6t^2+9t\Big]_1^3 + \Big[t^3-6t^2+9t\Big]_3^4$$
$$= -\{(27-54+27)-(1-6+9)\} + \{(64-96+36) - (27-54+27)\}$$
$$= 8$$

G 125 정답 ⑤ *점이 움직인 거리 ⟶ [정답률 73%]

정답 공식: 시각 t에서의 속도가 $v(t)$인 점이 구간 $[a, b]$에서 움직인 거리는 구간 $[a, b]$에서 $v(t)$의 그래프와 t축으로 둘러싸인 부분의 넓이이다.

원점을 동시에 출발하여 수직선 위를 움직이는 **두 점 P, Q의 시각 $t(t \geq 0)$에서의 속도가 각각**   **단서** 속도를 미분하면 가속도가 되고, 속도를 적분하면 움직인 거리를 구할 수 있어.

$$f(t) = t^2 - t, \ g(t) = -3t^2 + 6t$$

일 때, [보기]에서 옳은 것만을 있는 대로 고른 것은? (4점)

[보기]

ㄱ. 점 P는 출발 후 운동 방향을 1번 바꾼다.
ㄴ. $t=2$에서 두 점 P, Q의 가속도를 각각 p, q라 할 때, $pq < 0$이다.
ㄷ. $t=0$부터 $t=3$까지 점 Q가 움직인 거리는 8이다.

① ㄱ   ② ㄷ   ③ ㄱ, ㄴ
④ ㄴ, ㄷ   ⑤ ㄱ, ㄴ, ㄷ

1st 점 P가 출발 후 운동 방향을 바꾼 횟수를 구해.

ㄱ. 점 P의 시각 t에서의 속도가 $f(t) = t^2 - t = t(t-1)$이므로
점 P는 $t=1$에서 운동 방향을 1번 바꾼다. (참)
$f(1)=0$이고 $t=1$의 좌우에서 속도 $f(t)$의 부호가 음에서 양으로 바뀌므로 점은 $t=1$에서 운동 방향을 바꾸게 돼.

2nd 두 점 P, Q의 가속도의 식은 $f(t)$, $g(t)$를 t에 대하여 미분하여 얻어내.

ㄴ. 두 점 P, Q의 시각 $t(t \geq 0)$에서의 속도가 각각
$$f(t) = t^2 - t, \ g(t) = -3t^2 + 6t$$이므로
두 점 P, Q의 시각 t에서의 가속도는 각각
$$f'(t) = 2t - 1, \ g'(t) = -6t + 6$$ ⟶ 속도를 시각 t에 대하여 미분하면 가속도야.
$t=2$에서 $p = f'(2) = 3$이고, $q = g'(2) = -6$이므로
$$pq = 3 \times (-6) = -18 < 0$$ (참)

3rd 점 Q가 움직인 거리를 구해보자.
⟶ 속도 $v(t)$에 대하여 $t=a$에서 $t=b$까지 움직인 거리는 $\int_a^b |v(t)| dt$야.

ㄷ. $t=0$부터 $t=3$까지 점 Q가 움직인 거리는

$$\int_0^3 |g(t)| dt = \int_0^2 g(t) dt + \int_2^3 \{-g(t)\} dt$$ $g(t)$의 그래프는 그림과 같다.

움직인 거리는 음수가 될 수 없기 때문에 $|g(t)|$를 정적분해야 해. **주의**

$$= \int_0^2 (-3t^2 + 6t) dt + \int_2^3 (3t^2 - 6t) dt$$
$$= \left[-t^3 + 3t^2\right]_0^2 + \left[t^3 - 3t^2\right]_2^3$$
$$= -2^3 + 3 \times 2^2 + \{(3^3 - 3 \times 3^2) - (2^3 - 3 \times 2^2)\}$$
$$= 4 + 4 = 8 \text{ (참)}$$

따라서 옳은 것은 ㄱ, ㄴ, ㄷ이다.

G 126 정답 63 *점이 움직인 거리 ⟶ [정답률 67%]

정답 공식: 속도의 그래프를 그린 뒤, t축과 이루는 넓이를 구한다.

어떤 전망대에 설치된 엘리베이터는 1층에서 출발하여 꼭대기층까지 올라가는 동안, 출발 후 처음 2초까지는 $3 \ \text{m/초}^2$의 가속도로 올라가고 2초 후부터 10초까지는 등속도로 올라가며 10초 후부터는 $-2 \ \text{m/초}^2$의 가속도로 올라가서 멈춘다. 이 엘리베이터가 출발하여 멈출 때까지 움직인 거리는 몇 m인지 구하시오. (3점)
단서 시간에 따른 가속도가 주어졌고 가속도를 적분하면 속도를 구할 수 있지? 다시 속도를 적분하면 움직인 거리를 구할 수 있어.

1st 적절하게 t의 구간을 나눠서 속도에 대한 식을 세우자.
t초일 때, 엘리베이터의 속도를 $v(t)$, 가속도를 $a(t)$라 하자.

(i) $0 \leq t \leq 2$일 때,
$a(t) = 3(\text{m/초}^2)$이므로
$$v(t) = \int_0^t 3 dt = 3t (\text{m/초})$$

(ii) $2 < t \leq 10$일 때,
$t=2$(초)일 때의 속도로 등속도운동을 하므로
$$v(t) = v(2) = 3 \cdot 2 = 6(\text{m/초})$$

(iii) $t > 10$일 때,
$v(10) = 6$이고 $a(t) = -2(\text{m/초}^2)$이므로   ⟶ 속도를 $v(t)$, 가속도를 $a(t)$라 하면
$$v(t) = 6 + \int_{10}^t (-2) dt = -2t + 26(\text{m/초})$$ $v(t) = v(t_0) + \int_a^b a(t) dt$
감속운동을 할 때, 멈춘 시간은 $-2t + 26 = 0$에서 $t = 13$(초)이다.
즉, (i)~(iii)에 의해 $v(t)$의 그래프는 그림과 같다.

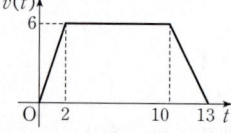

주의 속도함수의 그래프와 움직인 거리의 관계를 알고 있어야 해.

따라서 멈출 때까지 움직인 거리는 t축과 직선으로 둘러싸인 부분의 넓이이므로 사다리꼴의 넓이이다.

$$\therefore (\text{구하는 거리}) = \frac{1}{2} \times (8 + 13) \times 6 = 63(\text{m})$$

🎲 **다른 풀이**: t의 구간별로 $v(t)$를 구하고, 각 구간별로 정적분을 하여 총 거리 구하기

$$v(t) = \begin{cases} 3t & (0 \leq t \leq 2) \\ 6 & (2 < t \leq 10) \\ -2t + 26 & (10 < t \leq 13) \end{cases} \text{이므로}$$

엘리베이터가 움직인 총 거리를 S라 하면
$$S = \int_0^2 3t dt + \int_2^{10} 6 dt + \int_{10}^{13} (-2t + 26) dt$$
$$= \left[\frac{3}{2} t^2\right]_0^2 + \left[6t\right]_2^{10} + \left[-t^2 + 26t\right]_{10}^{13}$$ ⟶ 속도함수 $v(t)$에 대하여 구간 (b, c)에서 움직인 거리는 $S = \int_b^c |v(t)| dt$
$$= \frac{3}{2} \times 2^2 + (6 \times 10 - 6 \times 2) + (-13^2 + 26 \times 13 + 10^2 - 26 \times 10)$$
$$= 63(\text{m})$$

G 127 정답 ③ *점이 움직인 거리 ⟶ [정답률 75%]

정답 공식: $\int_0^a v(t) dt = 3$을 만족시키는 a의 값과 그때의 속력을 구한다.

고속 열차가 출발하여 3 km를 달리는 동안은 시각 t분에서의 속력이
단서 속력을 적분하면 이동거리를 알 수 있지? 즉, 3 km를 이동하는 데 걸리는 시간부터 구해 봐.

$$v(t) = \frac{3}{4} t^2 + \frac{1}{2} t \ (\text{km/분})$$

이고 그 이후로는 속력이 일정하다. 출발 후 5분 동안 이 열차가 달린 거리는? (2점)

① 17 km   ② 16 km   ③ 15 km   ④ 14 km   ⑤ 13 km

1st 출발하여 3 km를 가는 데 걸리는 시간을 구해.
고속 열차가 출발 후 3 km를 달리는 동안의 속력이
$$v(t) = \frac{3}{4} t^2 + \frac{1}{2} t$$이므로 출발 후 3 km를 가는 데 걸리는 시간을 $a(\text{분})$이라 하자.

$$3=\int_0^a v(t)dt=\int_0^a\left(\frac{3}{4}t^2+\frac{1}{2}t\right)dt \quad\longrightarrow \int_0(\text{속력})dt=(\text{이동 거리})$$

$$\left[\frac{1}{4}t^3+\frac{1}{4}t^2\right]_0^a=3$$

$$\frac{1}{4}a^3+\frac{1}{4}a^2=3,\ a^3+a^2-12=0$$

$$(a-2)(a^2+3a+6)=0 \qquad \therefore a=2\ (\because a>0)$$

2nd 이후 속력이 일정하므로 출발 후 5분 동안 열차가 달린 거리를 구해.

또, 그 후에는 속력이 일정하므로 2분
에서 5분까지의 속력은

$$v(2)=\frac{3}{4}\cdot 2^2+\frac{1}{2}\cdot 2=4$$

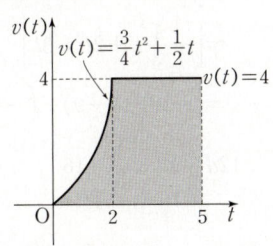

즉, $y=v(t)$의 그래프는 그림과 같다.
따라서 고속 열차가 출발 후 5분 동안 움
직인 거리는 그림의 어두운 부분의 넓이
와 같으므로

→ 2분에서 5분, 즉 3분 동안 움직인 거리
$$3+3\times 4=15(\text{km})$$
↳ 출발한 후 2분 동안 움직인 거리

ㄷ. 출발 후 다시 출발점으로 돌아온다는 것은 위치가 0이라는 의미이다.

그런데 $\int_0^4 v(t)dt=0$이므로 $t=4$인 순간의 동점 P의 위치는 출발
점이다. (참) ──→ 구간 $[0,2]$에서 위치의 변화량은

따라서 옳은 것은 ㄷ이다. $\int_0^2 v(t)dt=\frac{1}{2}\times 2\times 2=2$,
구간 $[2,4]$에서 위치의 변화량은
$\int_2^4 v(t)dt=\left(-\frac{1}{2}\right)\times 2\times 2=-2$

✿ 그래프에서의 점의 위치와 움직인 거리 [개념·공식]

수직선 위를 움직이는 점 P의 시각 t에서의 속도를 $v(t)$라 할 때

① $\int_a^b v(t)dt$ ➡ $t=a$에서 $t=b$까지 점 P의 위치의 변화량

② $\int_a^b |v(t)|dt$ ➡ $t=a$에서 $t=b$까지 점 P가 움직인 거리

➡ $y=v(t)$의 그래프와 t축 및 두 직선 $t=a$, $t=b$로 둘러싸인 도형의 넓이

G 128 정답 ② *그래프를 이용한 점의 위치와 움직인 거리 [정답률 80%]

[정답 공식: $v(t)$의 부호가 바뀌는 지점에서 점 P는 방향을 바꾼다. 4초까지의 적분값이 0이면 점 P는 출발점에 있다.]

원점을 출발하여 수직선 위를 7초 동안 움직이는 점 P의 t초 후의
속도 $v(t)$가 다음 그림과 같을 때, [보기]의 설명 중 옳은 것을 모
두 고르면? (1.5점)

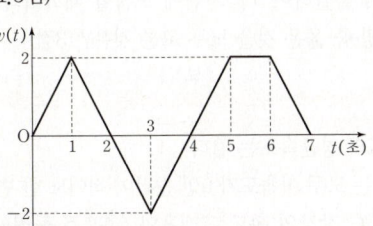

[보기]

ㄱ. 점 P는 출발하고 나서 1초 동안 멈춘 적이 있었다.

ㄴ. 점 P는 움직이는 동안 방향을 4번 바꿨다.

ㄷ. 점 P는 출발하고 나서 4초 후 출발점에 있었다.

단서 ㄱ, ㄴ은 단순히 그래프만 읽어주면 돼. 문제는 ㄷ이야. 출발한지 4초 후에 출발점에 있으려면 구간 $[0,4]$에서 $v(t)$의 정적분의 값이 0이 되어야 해.

① ㄱ   ② ㄷ   ③ ㄱ, ㄴ
④ ㄱ, ㄷ   ⑤ ㄴ, ㄷ

1st 주어진 그래프에서 [보기]의 내용들 중 옳은 것을 골라.

ㄱ. 1초 동안 멈춰있으려면 $v(t)=0$인 구간의 길이가 1이 되는 t의 구간
이 존재해야 한다.
그런데 주어진 그림에 의하면 $v(t)=0$인 t의 값이 연속적으로 나타
나는 경우는 없다. (거짓)

ㄴ. 방향이 바뀐다는 것은 $v(t)$의 값이 양에서 음으로, 혹은 음에서 양으
로 바뀐다는 의미이다.
주어진 그림을 보면 $v(t)=0$인 t의 값은 $t=2$ 또는 $t=4$이고 이 시
각의 좌우에서 $v(t)$의 부호가 바뀌므로 점 P는 운동 방향을 2번 바
꾼다. (거짓)

G 129 정답 ③ *그래프를 이용한 점의 위치와 움직인 거리 ⋯ [정답률 68%]

[정답 공식: 시각 t에서의 속도가 $v(t)$인 점이 구간 $[a,b]$에서 움직인 거리는 구간 $[a,b]$에서 $v(t)$의 그래프와 t축으로 둘러싸인 부분의 넓이이다.]

원점을 출발하여 수직선 위를 움직이는 점 P의 시각 $t(t\geq 0)$에서
의 속도 $v(t)$의 그래프가 그림과 같다.

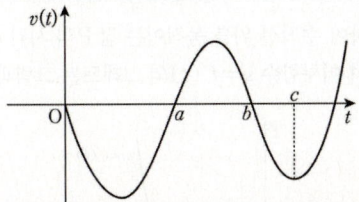

단서1 처음으로 운동 방향을 바꾸는 것은 속도 함수 $v(t)$의 부호가 처음으로 바뀔 때이므로 $t=a$에서 처음으로 운동 방향이 바뀌어.

점 P가 출발한 후 처음으로 운동 방향을 바꿀 때의 위치는 -8이
고 점 P의 시각 $t=c$에서의 위치는 -6이다.

단서2 점 P의 시각 $t=c$에서의 위치는 적분을 이용하면 $\int_0^c v(t)dt$야.

$$\int_0^b v(t)dt=\int_b^c v(t)dt$$

일 때, 점 P가 $t=a$부터 $t=b$까지 움직인 거리는? (4점)

단서3 점 P가 $t=a$부터 $t=b$까지 움직인 거리는 $\int_a^b |v(t)|dt$야.

① 3   ② 4   ③ 5
④ 6   ⑤ 7

1st 그래프에서 각 영역의 넓이를 적분으로 표현하자.

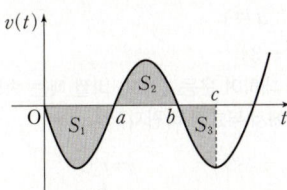

구간 $[0,a]$에서 속도 함수 $v(t)$의 그래프와 t축으로 둘러싸인 부분의
넓이를 S_1, 구간 $[a,b]$에서 속도 함수 $v(t)$의 그래프와 t축으로 둘러싸
인 부분의 넓이를 S_2, 구간 $[b,c]$에서 속도 함수 $v(t)$의 그래프와 t축
으로 둘러싸인 부분의 넓이를 S_3라 하면

$$\int_0^a |v(t)|dt=S_1,\ \int_a^b |v(t)|dt=S_2,\ \int_b^c |v(t)|dt=S_3$$

2nd S_1의 값을 구하자.

점 P가 출발한 후 시각 $t=a$에서 처음으로 운동 방향을 바꾸므로

> 처음으로 운동 방향을 바꾸는 것은 속도 함수 $v(t)$의 부호가 처음으로 바뀌는 시점이야.

$$-8=\int_0^a v(t)dt=-S_1$$

> $\int_a^b |v(t)|dt=S_1$이므로 S_1은 양의 값이야. 즉, 넓이는 양수임에 주의해야 해.
> **주의**

$\therefore S_1=8$

3rd 점 P가 $t=a$부터 $t=b$까지 움직인 거리를 구하자.

점 P의 시각 $t=c$에서의 위치가 -6이므로

$$\int_0^c v(t)dt=\int_0^a v(t)dt+\int_a^b v(t)dt+\int_b^c v(t)dt$$에서

$-6=(-8)+S_2-S_3$ $\int_a^c f(x)dx+\int_c^b f(x)dx=\int_a^b f(x)dx$

$\therefore S_2-S_3=2 \cdots \bigcirc$

또한, $\int_0^b v(t)dt=\int_b^c v(t)dt$이므로

$-8+S_2=-S_3$ $\therefore S_2+S_3=8 \cdots \bigcirc\!\bigcirc$

$\bigcirc$, $\bigcirc\!\bigcirc$을 연립하여 풀면 $S_2=5$, $S_3=3$

따라서 $t=a$부터 $t=b$까지 점 P가 움직인 거리는

$$\int_a^b |v(t)|dt=\int_a^b v(t)dt=S_2=5$$

구간 $[a,b]$에서 $v(t)\geq 0$이지?

G 130 정답 **16** *그래프를 이용한 점의 위치와 움직인 거리 … [정답률 77%]*

> **정답 공식:** 주어진 그래프는 점 P의 속도를 나타낸다. $f'(t)<0$인 부분에서 점 P는 운동 방향의 반대 방향으로 움직인다. 즉, 함수 $y=f'(t)$의 그래프와 x축으로 둘러싸인 부분의 넓이를 구한다.

원점을 출발하여 수직선 위를 움직이는 점 P의 시각 t에서의 위치 $f(t)$에 대하여 이차함수 $y=f'(t)$의 그래프는 그림과 같다.

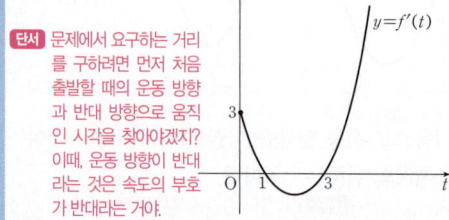

> **단서** 문제에서 요구하는 거리를 구하려면 먼저 처음 출발할 때의 운동 방향과 반대 방향으로 움직인 시각을 찾아야겠지? 이때, 운동 방향이 반대라는 것은 속도의 부호가 반대라는 거야.

점 P가 출발할 때의 운동 방향에 대하여 반대 방향으로 움직인 거리를 d라 할 때, $12d$의 값을 구하시오. (3점)

1st 그래프를 이용하여 이차함수 $f'(t)$를 구하자.

주어진 그래프에 의해 이차함수 $f'(t)$는 두 점 $(1, 0)$, $(3, 0)$을 지나므로

$f'(t)=a(t-1)(t-3)\ (a>0)$

$y=f'(t)$의 그래프가 점 $(0, 3)$을 지나므로

$f'(0)=3a=3$ $\therefore a=1$

$\therefore f'(t)=(t-1)(t-3)$

2nd 위치함수 $f(t)$에 대하여 운동 방향이 바뀔 때는 속도함수 $f'(t)=0$이 되는 t의 값의 좌우에서 부호가 바뀌지?

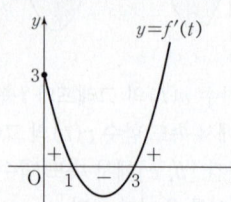

주어진 그래프를 보면 위치함수 $f(t)$의 속도함수 $f'(t)$에 대하여

$t=1$의 좌우에서 $+ \to -$이고, $t=3$의 좌우에서 $- \to +$

따라서 점 P가 출발할 때의 운동 방향에 대하여 반대 방향으로 움직인 구간은 $1\leq t\leq 3$이다.

$\therefore d=\int_1^3 |f'(t)|dt$

> 시각 $t=a$에서 $t=b$까지 점이 움직인 거리는 속도 $v(t)$에 대하여 $\int_a^b |v(t)|dt$

$=\int_1^3 |(t-1)(t-3)|dt$

$=\int_1^3 (-t^2+4t-3)dt$

$=\left[-\dfrac{1}{3}t^3+2t^2-3t \right]_1^3$

$=(-9+18-9)-\left(-\dfrac{1}{3}+2-3 \right)=\dfrac{4}{3}$

$\therefore 12d=12\times \dfrac{4}{3}=16$

G 131 정답 **⑤** *그래프를 이용한 점의 위치와 움직인 거리 … [정답률 77%]*

> **정답 공식:** A, B, C가 이동한 경로는 같다. 속도를 시간에 대해 미분하면 가속도를 얻는다.

다음은 '가' 지점에서 출발하여 '나' 지점에 도착할 때까지 직선 경로를 따라 이동한 세 자동차 A, B, C의 시간 t에 따른 속도 v를 각각 나타낸 그래프이다.

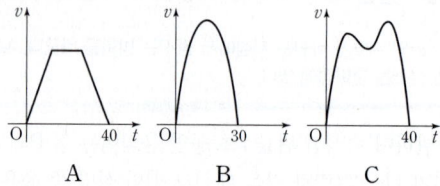

'가' 지점에서 출발하여 '나' 지점에 도착할 때까지의 상황에 대한 [보기]의 설명 중 옳은 것을 모두 고른 것은? (3점)

[보기]

> **단서1** 가속도가 0이라는 것은 속도의 변화량이 0이라는 거야. 속도의 변화량은 주어진 속도 그래프의 접선의 기울기로 알 수 있어.

ㄱ. A와 C의 평균속도는 같다.

ㄴ. B와 C는 모두 가속도가 0인 순간이 적어도 한 번 존재한다.

ㄷ. A, B, C 각각의 속도 그래프와 t축으로 둘러싸인 영역의 넓이는 모두 같다.

> **단서2** 속도 그래프와 t축으로 둘러싸인 넓이는 각 자동차가 움직인 거리를 의미해.

① ㄱ   ② ㄷ   ③ ㄱ, ㄴ

④ ㄴ, ㄷ   ⑤ ㄱ, ㄴ, ㄷ

1st 속도, 가속도에 관한 정의를 생각해 봐.

ㄱ. '가' 지점에서 '나' 지점까지의 거리를 l이라 하면, A와 C가 도착할 때까지 걸린 시간이 각각 40이므로 A와 C의 평균 속도는 $\dfrac{l}{40}$로 같다.

(속도)$=\dfrac{(이동\ 거리)}{(시간)}$ (참)

ㄴ. B, C의 속도를 미분했을 때 0이 되는 t가 존재하고 이 t값에서 가속도는 0이다.

> 가속도의 의미는 속도의 변화량이잖아. 즉, 속도의 변화량이 0인 점을 찾으면 돼.
> 참고로 A의 그래프에서 가속도가 0인 구간은 속도의 그래프가 x축과 평행인 구간이야.

즉, 가속도가 0인 순간이 B는 한 번, C는 세 번 존재한다. (참)

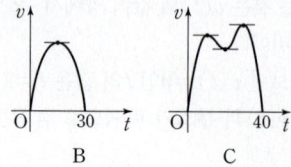

ㄷ. 속도 그래프와 t축으로 둘러싸인 영역의 넓이는 이동한 총 거리를 나타내고, A, B, C 모두 '가' 지점에서 '나' 지점까지 직선 경로를 따라

시각 $t=a$에서 $t=b$까지 실제 움직인 거리는 $\int_a^b |v(t)| dt$

같은 거리를 이동한 것이므로 세 영역의 넓이는 모두 같다. (참)
따라서 옳은 것은 ㄱ, ㄴ, ㄷ이다.

✿ 속도와 가속도　　　　　　　　　　　　　　　개념·공식

수직선 위를 움직이는 점 P의 시각 t에서의 위치 x가 $x=f(t)$일 때, 시각 t에서의 점 P의 속도 v와 가속도 a는

① $v=\dfrac{dx}{dt}=f'(t)$

② $a=\dfrac{dv}{dt}=v'(t)$

2nd 어떤 구간에서 극댓값을 찾아 최댓값을 구하자.

ㄴ. 시각 x에서 두 물체 A, B의 높이의 차를 $h(x)$라 하면

$$h(x)=\int_0^x \{f(t)-g(t)\} dt$$

실수 함수 $h(x)$는 두 물체 A, B의 높이의 차이기 때문에 두 함수 $f(t)$, $g(t)$의 정적분을 이용하여 나타내야 해.

(i) $0\leq x\leq b$일 때,
　　$h'(x)=f(x)-g(x)\geq 0$이고
(ii) $b<x\leq c$일 때,
　　$h'(x)=f(x)-g(x)<0$이므로
$h(x)$는 $x=b$에서 극댓값을 가지고 최댓값을 가진다. (참)

ㄷ. 문제의 조건에서 $\int_0^c f(t)dt=\int_0^c g(t)dt$이므로 $t=c$일 때, 물체 A와 물체 B는 같은 높이에 있다. (참)
따라서 옳은 것은 ㄱ, ㄴ, ㄷ이다.

Ⓖ

Ⓖ 132 정답 ⑤ ＊그래프를 이용한 점의 위치와 움직인 거리 ── [정답률 45%]

[**정답 공식:** $\left|\int_0^t \{f(t)-g(t)\}dt\right|$이 시각 t에서의 두 물체 A, B의 높이의 차이다.]

같은 높이의 지면에서 동시에 출발하여 지면과 수직인 방향으로 올라가는 두 물체 A, B가 있다. 그림은 시각 $t(0\leq t\leq c)$에서 물체 A의 속도 $f(t)$와 물체 B의 속도 $g(t)$를 나타낸 것이다.

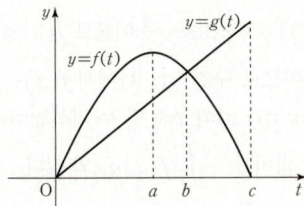

$\int_0^c f(t)dt=\int_0^c g(t)dt$이고 $0\leq t\leq c$일 때, 옳은 것만을 [보기]에서 있는 대로 고른 것은? (4점)

［보기］
ㄱ. $t=a$일 때, 물체 A는 물체 B보다 높은 위치에 있다.
ㄴ. $t=b$일 때, 물체 A와 물체 B의 높이의 차가 최대이다.
ㄷ. $t=c$일 때, 물체 A와 물체 B는 같은 높이에 있다.

① ㄴ　　　　　② ㄷ　　　　　③ ㄱ, ㄴ
④ ㄱ, ㄷ　　　⑤ ㄱ, ㄴ, ㄷ

단서 [보기]는 전부 물체의 어떤 시각에서의 위치를 비교하고 있지? 이때, 속도가 $v(t)$인 어떤 물체의 출발한지 t초 후의 위치는 $\int_0^t v(t)dt$임을 이용하면 돼.

1st t초 후의 물체의 위치를 정적분의 값으로 비교해.
물체의 시각 t에서의 속도가 $v(t)$일 때, 시각 x에서의 물체의 위치는 $\int_0^x v(t)dt$야.

ㄱ. $t=a$일 때, 물체 A의 높이는

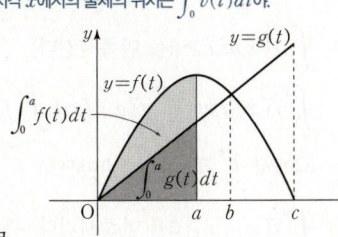

$\int_0^a f(t)dt$이고, 물체 B의 높이는 $\int_0^a g(t)dt$이다.
그런데 주어진 그림에서
$\int_0^a f(t)dt>\int_0^a g(t)dt$이므로
(A가 올라간 거리)>(B가 올라간 거리)
따라서 $t=a$일 때, 물체 A가 물체 B보다 높은 위치에 있다. (참)

Ⓖ 133 정답 ④ ＊그래프를 이용한 점의 위치와 움직인 거리 ── [정답률 49%]

[**정답 공식:** 주어진 적분식을 정리하면, $\int_0^d |v(t)|dt=-\int_a^c v(t)dt+\int_c^d v(t)dt$ 이다.]

다음은 원점을 출발하여 수직선 위를 움직이는 점 P의 시각 $t(0\leq t\leq d)$에서의 속도 $v(t)$를 나타내는 그래프이다.

단서 주어진 그래프를 이용하여 각 구간별 움직인 거리와 위치를 파악하면서 [보기]의 참, 거짓을 따져.

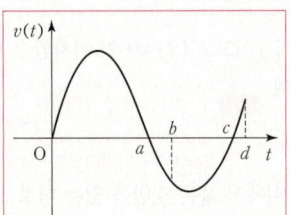

$\int_0^a |v(t)|dt=\int_a^d |v(t)|dt$일 때, [보기]에서 옳은 것을 모두 고른 것은? (단, $0<a<b<c<d$이다.) (4점)

［보기］
ㄱ. 점 P는 출발하고 나서 원점을 다시 지난다.
ㄴ. $\int_0^c v(t)dt=\int_c^d v(t)dt$
ㄷ. $\int_0^b v(t)dt=\int_b^d |v(t)|dt$

① ㄴ　　　　　② ㄷ　　　　　③ ㄱ, ㄴ
④ ㄴ, ㄷ　　　⑤ ㄱ, ㄴ, ㄷ

1st 네 부분의 넓이를 지정하여 풀어.

그림과 같이 속도 $v(t)$의 그래프와 t축으로 둘러싸인 부분의 각각의 넓이를 S_1, S_2, S_3, S_4라 하면

네 부분의 넓이는 각 구간에서 점 P가 움직인 거리야.

$\int_0^a |v(t)|dt=\int_a^d |v(t)|dt$이므로
$S_1=S_2+S_3+S_4$

2nd ㄱ, ㄴ, ㄷ의 참, 거짓을 각각 조사해.

ㄱ. 원점을 다시 지나려면 $S_1\leq S_2+S_3$이어야 하는데, $S_1=S_2+S_3+S_4$이므로 $S_1>S_2+S_3$이다.
따라서 다시 원점을 지나지 않는다. (거짓)

ㄴ. $\int_0^c v(t)dt=S_1-S_2-S_3$, $\int_c^d v(t)dt=S_4=S_1-S_2-S_3$

↳시각 $t=c$에서의 위치를 의미해. ↳시각 $t=c$에서 $t=d$까지 위치의 변화량이야.

$\therefore \int_0^c v(t)dt=\int_c^d v(t)dt$ (참)

ㄷ. $\int_0^b v(t)dt=S_1-S_2$, $\int_b^d |v(t)|dt=S_3+S_4$

↳시각 $t=b$에서의 위치지? ↳시각 $t=b$에서 $t=d$까지 움직인 거리야.

> **함정** 알아야 하는 정적분 값을 넓이 S_1, S_2, S_3, S_4로 나타내는 것이 이 문제의 핵심이야.

이때, 조건에서 $S_1=S_2+S_3+S_4$이므로

$S_1-S_2=S_3+S_4$

$\therefore \int_0^b v(t)dt=\int_b^d |v(t)|dt$ (참)

따라서 옳은 것은 ㄴ, ㄷ이다.

G 134 정답 ③ *곡선과 x축으로 둘러싸인 부분의 넓이 [정답률 32%]

> **정답 공식:** 최고차항의 계수가 1이고 $f'(2)=0$인 이차함수 $f(x)$는 $f(x)=x^2-4x+k$ (단, k는 상수)라 놓을 수 있다.

최고차항의 계수가 1이고 $f'(2)=0$인 이차함수 $f(x)$가 모든 자연수 n에 대하여

단서1 $\int_4^1 f(x)dx$, $\int_4^2 f(x)dx$, $\int_4^3 f(x)dx$, …이 모두 0 이상이어야 해. 직선 $x=4$를 기준으로 좌우에서 정적분의 값이 모두 0 이상이 나오도록 생각하자.

$\int_4^n f(x)dx \ge 0$을

만족시킬 때, [보기]에서 옳은 것만을 있는 대로 고른 것은? (4점)

[보기]

ㄱ. $f(2)<0$ **단서2** $f(2) \ge 0$인 경우 주어진 조건이 성립하는지 조사해.

ㄴ. $\int_4^3 f(x)dx > \int_4^2 f(x)dx$ **단서3** 정적분 $\int_4^3 f(x)dx$, $\int_4^2 f(x)dx$의 값을 구하여 크기를 비교해.

ㄷ. $6 \le \int_4^6 f(x)dx \le 14$

① ㄱ ② ㄱ, ㄴ ③ ㄱ, ㄷ
④ ㄴ, ㄷ ⑤ ㄱ, ㄴ, ㄷ

1st 이차함수 $f(x)$에 대하여 정적분과 넓이의 관계를 이용하여 $f(2)$의 값의 범위를 구하자.

이차함수 $y=f(x)$의 그래프의 꼭짓점에서의 미분계수가 0이다.

최고차항의 계수가 1이고 $f'(2)=0$인 이차함수 $f(x)$의 그래프는 직선 $x=2$에 대한 대칭이므로 실수 k에 대하여 $f(x)=x^2-4x+k$라 하자.

↳함수 $y=f(x)$의 그래프의 꼭짓점의 y좌표가 $f(2)>0$, $f(2)=0$, $f(2)<0$일 때로 나눠 생각하자.

ㄱ. (i) $f(2)=0$이면 $f'(2)=0$이므로 $f(x)=(x-2)^2$이다.

이때, $\int_4^2 f(x)dx=-\frac{8}{3}<0$

(ii) $f(2)>0$이면 $x>2$일 때 $f(x)>0$이므로

정적분과 넓이의 관계에 의하여 $\int_2^4 f(x)dx>0$이다.

$\therefore \int_4^2 f(x)dx=-\int_2^4 f(x)dx<0$

(i), (ii)에 의하여 $f(2)<0$이다. (참)

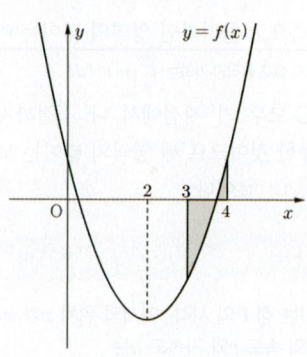

2nd 정적분 $\int_4^3 f(x)dx$, $\int_4^2 f(x)dx$의 값을 각각 구하여 크기를 비교하자.

ㄴ. $\int_4^3 f(x)dx = \left[\frac{1}{3}x^3-2x^2+kx\right]_4^3 = -k+\frac{5}{3}$

$-k+\frac{5}{3} \ge 0$이므로 $k \le \frac{5}{3}$ … (*)

$\int_4^2 f(x)dx = \left[\frac{1}{3}x^3-2x^2+kx\right]_4^2 = -2k+\frac{16}{3}$이므로

$\int_4^3 f(x)dx - \int_4^2 f(x)dx = k-\frac{11}{3}$이고,

$k \le \frac{5}{3}$에서 $k-\frac{11}{3} \le -2$이므로 0보다 작다.

$\therefore \int_4^3 f(x)dx < \int_4^2 f(x)dx$ (거짓)

3rd $\int_4^3 f(x)dx \ge 0$, $\int_4^5 f(x)dx \ge 0$임을 찾고, $\int_4^6 f(x)dx$의 값의 범위를 구하자.

ㄷ. (*)에 의하여 $f(3)=k-3 \le -\frac{4}{3}$이므로 $f(3)<0$이다.

$f(3)=f(1)<0$이므로 구간 $[1, 3]$에서 $f(x)<0$이고, $n=1$ 또는 $n=2$일 때 곡선 $y=f(x)$와 x축 및 두 직선 $x=n$, $x=3$으로 둘러싸인 부분의 넓이가 $-\int_n^3 f(x)dx$와 같다.

$\therefore \int_3^n f(x)dx = -\int_n^3 f(x)dx > 0$ … ㉠

$\int_4^5 f(x)dx = \left[\frac{1}{3}x^3-2x^2+kx\right]_4^5 = k+\frac{7}{3}$이고,

$k+\frac{7}{3} \ge 0$이므로 $k \ge -\frac{7}{3}$ … (**)

한편, $f(5)=k+5 \ge \frac{8}{3}$이므로 $f(5)>0$이다.

따라서 구간 $[5, \infty)$에서 $f(x)>0$이다.

그러므로 6 이상의 모든 자연수 n에 대하여 곡선 $y=f(x)$와 x축 및 두 직선 $x=5$, $x=n$으로 둘러싸인 부분의 넓이가 $\int_5^n f(x)dx$와 같다. 즉 $\int_5^n f(x)dx>0$ … ㉡

$\int_4^n f(x)dx = \int_4^3 f(x)dx + \int_3^n f(x)dx$이고,

㉠에서 $\int_3^n f(x)dx>0$이므로 $\int_4^3 f(x)dx \ge 0$이어야

$\int_4^n f(x)dx \ge 0$을 만족시킨다.

$\int_4^n f(x)dx = \int_4^5 f(x)dx + \int_5^n f(x)dx$이고,

㉡에서 $\int_5^n f(x)dx>0$이므로 $\int_4^5 f(x)dx \ge 0$이어야

$\int_4^n f(x)dx \ge 0$을 만족시킨다. 즉,

$\int_4^3 f(x)dx \ge 0$이고, $\int_4^5 f(x)dx \ge 0$이면

함수 $f(x)$가 주어진 조건을 만족시킨다.

따라서 (*), (**)에 의하여 $-\dfrac{7}{3} \le k \le \dfrac{5}{3}$ … ㉢

$\displaystyle\int_4^6 f(x)dx = \left[\dfrac{1}{3}x^3 - 2x^2 + kx\right]_4^6 = 2k + \dfrac{32}{3}$ 이므로

㉢에서 부등식의 성질에 의하여

$-\dfrac{14}{3} \le 2k \le \dfrac{10}{3},\ 6 \le 2k + \dfrac{32}{3} \le 14$

이므로 $6 \le \displaystyle\int_4^6 f(x)dx \le 14$ (참)

따라서 옳은 것은 ㄱ, ㄷ이다.

참고 그림: $f(2) \ge 0$일 때, $\displaystyle\int_4^3 f(x)dx \ge 0$인지 확인하기

(i) $f(2) > 0$인 경우　　　　(ii) $f(2) = 0$인 경우

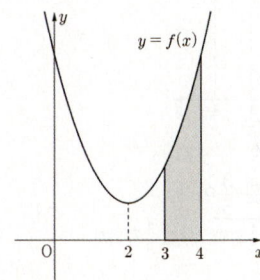　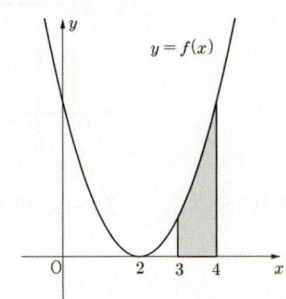

G 135 정답 ① ＊주어진 조건을 만족시키는 도형의 넓이 … [정답률 31%]

[정답 공식: 점 O를 원점으로 하는 좌표평면을 도입하여 포물선 C_1의 방정식을 통해 6등분된 부분의 넓이를 구할 수 있다.]

> 그림과 같이 중심이 O이고 반지름의 길이가 2인 원의 둘레를 6등분하는 점을 각각 A, B, C, D, E, F라 하자. 두 점 A, B에서 두 직선 OA, OB에 접하는 포물선 C_1을 그리고, 두 점 B, C에서 두 직선 OB, OC에 접하는 포물선 C_2를 그린다. 이와 같은 방법으로 포물선 C_3, C_4, C_5, C_6을 그릴 때, 6개의 포물선으로 둘러싸인 부분의 넓이는? (4점)
>
> **단서** 주어진 그림의 포물선을 회전이동시키면 모두 포개지니까 한 포물선에서 어두운 부분의 넓이를 구하면 돼. 한편, 정적분을 이용하여 넓이를 구하기 위해 직선 CF를 x축으로 하고, 점 O를 원점으로 하는 좌표평면에서 포물선 C_1의 방정식을 구해.
>
>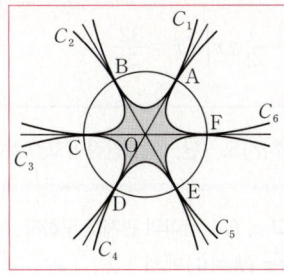
>
> ① $2\sqrt{3}$　② $\dfrac{5\sqrt{3}}{2}$　③ $3\sqrt{3}$　④ $\dfrac{7\sqrt{3}}{2}$　⑤ $4\sqrt{3}$

1st 포물선 C_1의 방정식을 구하자.

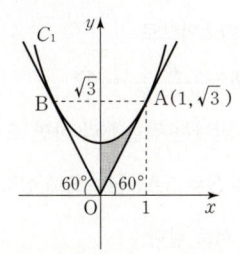

포물선 C_1은 직선 $x=0$에 대해 대칭이므로 포물선의 방정식을 $y = ax^2 + b$

> 직선 $x=0$, 즉 y축에 대하여 대칭이므로 일차항은 존재하지 않아야 해. ←

라 하자.

이때, 직선 OA, OB와 원 $x^2 + y^2 = 4$의 교점이 포물선 C_1의 접점이다.

한편, 직선 OA는 원점을 지나고 기울기가 $\tan 60°$이므로 직선의 방정식은 $y = \sqrt{3}x$

> x축의 양의 방향과 이루는 각의 크기가 θ인 직선의 기울기는 $\tan\theta$야.

함정 직선과 x축의 양의 방향이 이루는 각의 크기 θ를 알면 $\tan\theta$로 직선의 기울기를 구할 수 있지.

이때, 교점은 점 A(1, $\sqrt{3}$)이므로 $\sqrt{3} = a + b$
또, $x=1$에서의 접선의 기울기는 $\sqrt{3}$이고

$y' = 2ax$이므로 $\sqrt{3} = 2a$　∴ $a = \dfrac{\sqrt{3}}{2}$

따라서 $a = b = \dfrac{\sqrt{3}}{2}$이므로

> OA는 원의 반지름의 길이이므로 2이지? 이때, 점 A에서 x축에 내린 수선의 발을 A′이라 하면 직각삼각형 OA′A에서 $\overline{OA'} = 2\cos 60° = 1$, $\overline{AA'} = 2\sin 60° = \sqrt{3}$ 이므로 A(1, $\sqrt{3}$)이야.

포물선 C_1의 방정식은 $y = \dfrac{\sqrt{3}}{2}x^2 + \dfrac{\sqrt{3}}{2}$

2nd 접선과 포물선으로 둘러싸인 부분의 넓이를 구해.

접선 $y = \sqrt{3}x$, $y = -\sqrt{3}x$와 포물선 C_1로 둘러싸인 부분은 직선 $x=0$에 대하여 대칭이고 다른 포물선들에 둘러싸인 부분과 모두 합동이다.

따라서 구하는 어두운 부분의 넓이는 두 직선 $y = \sqrt{3}x$, $x=0$과 포물선 C_1에 둘러싸인 부분의 넓이의 12배이다.

따라서 구하는 넓이를 S라 하면

$\begin{aligned} S &= 12\int_0^1 \left(\dfrac{\sqrt{3}}{2}x^2 + \dfrac{\sqrt{3}}{2} - \sqrt{3}x\right)dx \\ &= 12\left[\dfrac{\sqrt{3}}{6}x^3 + \dfrac{\sqrt{3}}{2}x - \dfrac{\sqrt{3}}{2}x^2\right]_0^1 \\ &= 2\sqrt{3} \end{aligned}$

G 136 정답 ③ ＊도형을 세 부분으로 나누는 경우 … [정답률 39%]

[정답 공식: 곡선 $y = f(x)$와 직선 $y = g(x)$ 및 두 직선 $x=a$, $x=b$로 둘러싸인 부분의 넓이 S는 $S = \displaystyle\int_a^b |f(x) - g(x)|dx$이다.]

> 좌표평면 위에 네 점 O(0, 0), A(1, 0), B(1, 1), C(0, 1)을 꼭짓점으로 하는 정사각형 OABC가 있다. 곡선 $y = x^4$과 직선 $y = k$ $(0 < k < 1)$에 의해 정사각형 OABC를 네 영역으로 나눌 때, 그림과 같이 네 영역의 넓이를 각각 S_1, S_2, S_3, S_4라 하자.
> 이때, $|S_1 - S_3| + |S_2 - S_4|$의 최솟값은? (4점)
>
> **단서** 곡선 $y = x^4$과 직선 $y = k$의 교점의 x좌표를 알아야 정적분을 이용하여 넓이를 구할 수 있으므로, 교점의 x좌표를 a라 놓고 S_1, S_2, S_3, S_4를 각각 a에 대한 식으로 나타내자.
>
> ① $\dfrac{2}{5}$　② $\dfrac{1}{2}$　③ $\dfrac{3}{5}$　④ $\dfrac{2}{3}$　⑤ $\dfrac{3}{4}$

1st 곡선 $y = x^4$과 직선 $y = k$가 $x = a$인 점에서 만난다고 할 때, S_1, S_2, S_3, S_4를 a에 대한 식으로 나타내봐.

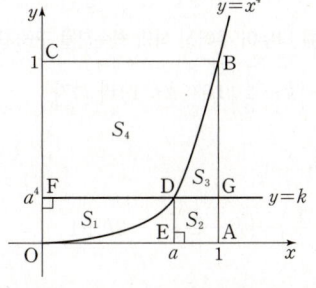

그림과 같이 곡선 $y=x^4$과 직선 $y=k$의 교점을 $\underline{\text{D}(a,\,a^4)}$라 하고, $\underbrace{}_{a^4=k\text{가 돼.}}$

점 D에서 x축, y축에 내린 수선의 발을 각각 $\text{E}(a,\,0)$, $\text{F}(0,\,a^4)$이라 하자. 직선 $y=k$와 직선 $x=1$의 교점을 $\underline{\text{G}(1,\,a^4)}$이라 하면

$$S_1=(\square \text{OEDF의 넓이})-\int_0^a x^4 dx$$

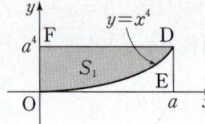 점 $\text{D}(a,\,a^4)$은 직선 $y=k$ 위의 점이므로 $a^4=k$지? 즉, 점 G도 직선 $y=k$ 위의 점이니까 $\text{G}(1,\,k)$, 즉 $\text{G}(1,\,a^4)$이야.

$$=a\times a^4-\Big[\frac{1}{5}x^5\Big]_0^a=a^5-\frac{1}{5}a^5=\frac{4}{5}a^5$$

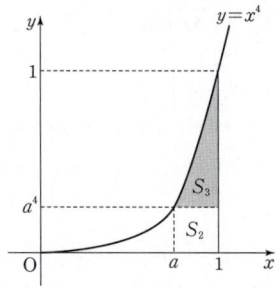

$$S_2=(\square\text{OAGF의 넓이})-S_1$$

$$=1\times a^4-\frac{4}{5}a^5=a^4-\frac{4}{5}a^5$$

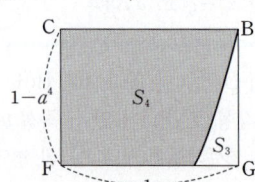

$$S_3=\int_0^1 x^4 dx-S_2=\Big[\frac{1}{5}x^5\Big]_0^1-\Big(a^4-\frac{4}{5}a^5\Big)$$

$$=\frac{1}{5}-a^4+\frac{4}{5}a^5$$

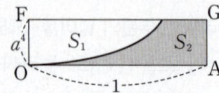

$$S_4=(\square\text{FGBC의 넓이})-S_3$$

$$=1\times(1-a^4)-\Big(\frac{1}{5}-a^4+\frac{4}{5}a^5\Big)=\frac{4}{5}-\frac{4}{5}a^5$$

2nd $|S_1-S_3|+|S_2-S_4|$의 식을 정리하자.

$$|S_1-S_3|+|S_2-S_4|$$

$$=\Big|\frac{4}{5}a^5-\Big(\frac{1}{5}-a^4+\frac{4}{5}a^5\Big)\Big|+\Big|a^4-\frac{4}{5}a^5-\Big(\frac{4}{5}-\frac{4}{5}a^5\Big)\Big|$$

$$=\Big|a^4-\frac{1}{5}\Big|+\Big|a^4-\frac{4}{5}\Big|$$

이때, $a^4=k$이므로

$$|S_1-S_3|+|S_2-S_4|=\Big|k-\frac{1}{5}\Big|+\Big|k-\frac{4}{5}\Big|$$

3rd k의 값의 범위를 나누어 주어진 식의 최솟값을 구하자.

$f(k)=\Big|k-\dfrac{1}{5}\Big|+\Big|k-\dfrac{4}{5}\Big|\ (0<k<1)$라 하자.

(i) $0<k<\dfrac{1}{5}$일 때,

$$f(k)=-\Big(k-\frac{1}{5}\Big)-\Big(k-\frac{4}{5}\Big)=-2k+1$$

(ii) $\dfrac{1}{5}\le k<\dfrac{4}{5}$일 때,

$$f(k)=k-\frac{1}{5}-\Big(k-\frac{4}{5}\Big)=\frac{3}{5}$$

(iii) $\dfrac{4}{5}\le k<1$일 때,

$$f(k)=k-\frac{1}{5}+k-\frac{4}{5}=2k-1$$

(i) ~ (iii)에서 함수 $y=f(k)\,(0<k<1)$의 그래프는 그림과 같다.

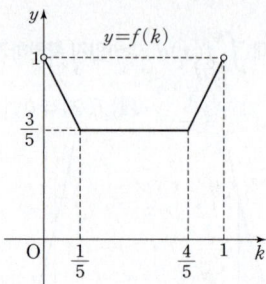

따라서 $|S_1-S_3|+|S_2-S_4|$의 최솟값은 $\dfrac{3}{5}$이다.

$\underbrace{}_{\dfrac{1}{5}\le k\le\dfrac{4}{5}\text{일 때, 최솟값 }\dfrac{3}{5}\text{을 가져.}}$

G 137 정답 28 ＊넓이를 이용한 정적분의 활용 ···· [정답률 34%]

┌ **정답 공식:** 곡선 $y=f(x)$ 위의 점 $\text{A}(a,f(a))$에서 접선의 방정식은 ┐
└ $y-f(a)=f'(a)(x-a)$ ┘

함수 $f(x)=-x^2+kx\ (k>0)$의 그래프 위에 있는 제 1사분면 위의 점 $\text{A}(a,f(a))\ \Big(a>\dfrac{k}{2}\Big)$에서의 접선의 방정식을 $y=g(x)$

단서1 그래프 위의 점 $\text{A}(a,f(a))$에서 접선의 방정식은 $y-f(a)=f'(a)(x-a)$

라 하고, 직선 $y=g(x)$의 x절편을 b라 하자. 점 A에서 x축에 내린 수선의 발을 H라 하고, 삼각형 AOH의 넓이를 S라 할 때, 두 함수 $f(x)$, $g(x)$가 다음 조건을 만족시킨다.

단서2 두 함수의 그래프와 삼각형 AOH를 그리는 것이 어렵지 않아.

┌─────────────────────────────────┐
(가) $\int_a^b g(x)dx=S$ **단서3** 직선 $y=g(x)$가 x축과 만나는 점을 B라 하면 $\triangle\text{ABH}=\triangle\text{AOH}$

(나) $\int_0^a\Big\{f(x)-\dfrac{1}{2}ax\Big\}dx=\dfrac{32}{3}$
└─────────────────────────────────┘

$g(-k)$의 값을 구하시오. (단, O는 원점이고, k는 상수이다.) (4점)

1st $y=g(x)$를 구하고 a, b, k 사이의 관계를 구하자.

함수 $f(x)=-x^2+kx\ (k>0)$에서

$$f'(x)=-2x+k$$

곡선 $y=f(x)$ 위의 점 $\text{A}(a,f(a))$에서의 접선의 방정식 $g(x)$는

$$g(x)=(-2a+k)(x-a)-a^2+ka=(-2a+k)x+a^2$$

곡선 $y=f(x)$ 위의 점 $\text{A}(a,f(a))$에서의 접선의 방정식은 $y-f(a)=f'(a)(x-a)$ 즉, $y=f'(a)(x-a)+f(a)$

직선 $y=g(x)$의 x절편이 b이므로

$$0=(-2a+k)b+a^2,\ b=\frac{a^2}{2a-k}\cdots\text{㉠}$$

직선 $y=g(x)$가 x축과 만나는 점을 B라 하면 조건 (가)에서

$$\int_a^b g(x)dx=\triangle\text{ABH}=S=\triangle\text{AOH}$$이므로 삼각형 ABH의 넓이와 삼각형 AOH의 넓이는 서로 같다.

점 H의 좌표는 $(a, 0)$이고 $\overline{OH}=\overline{BH}$이므로

$b=2a \cdots$ ㉡

밑변의 길이가 같은 삼각형의 넓이가 같으므로 높이가 같아.
즉, 삼각형 AOB는 이등변삼각형이 돼.

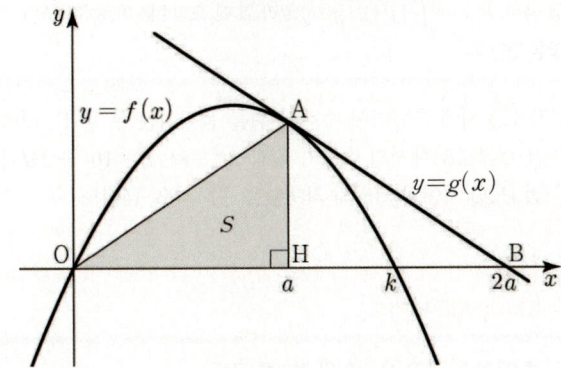

㉠, ㉡에 의해 $\dfrac{a^2}{2a-k}=2a$에서 $k=\dfrac{3}{2}a \cdots$ ㉢

2nd 조건 (나)를 이용하여 a, b, k의 값을 구하자.

$f(x)=-x^2+kx=-x^2+\dfrac{3}{2}ax$이므로

조건 (나)에서

$\displaystyle\int_0^a \left\{f(x)-\dfrac{1}{2}ax\right\}dx$

$=\displaystyle\int_0^a \left(-x^2+\dfrac{3}{2}ax-\dfrac{1}{2}ax\right)dx$

$=\displaystyle\int_0^a (-x^2+ax)dx$

$=\left[-\dfrac{1}{3}x^3+\dfrac{1}{2}ax^2\right]_0^a=\dfrac{a^3}{6}=\dfrac{32}{3}$

$a^3=64=4^3$

$\therefore a=4$, $k=6 (\because$ ㉢$)$

3rd $g(-k)$의 값을 구해.

따라서 $g(x)=-2x+16$이므로

$g(-k)=g(-6)=12+16=28$

G 138 정답 ④ *조건을 이용한 함수의 추론 ────── [정답률 35%]

정답 공식: $0<\dfrac{f(y)}{y}<\dfrac{f(x)}{x}$이고 $\dfrac{f(x)}{x}$는 원점과 점 $(x, f(x))$를 잇는 직선의 기울기이다. 좌표평면 위에 조건을 만족하는 그래프를 그린다. 이때, 이 그래프는 위로 볼록해야 한다.

다항함수 $f(x)$가 다음 두 조건을 만족한다.

(가) $f(0)=0$

(나) $0<x<y<1$인 모든 x, y에 대하여 $0<xf(y)<yf(x)$

단서 조건 (나)의 부등식의 각 변을 xy로 나눈 다음 각 변을 두 점을 지나는 직선의 기울기로 생각해 봐.

세 수

$A=f'(0)$, $B=f(1)$, $C=2\displaystyle\int_0^1 f(x)dx$

의 대소 관계를 옳게 나타낸 것은? (4점)

① $A<B<C$　　② $A<C<B$　　③ $B<A<C$

④ $B<C<A$　　⑤ $C<A<B$

1st 먼저 함수 $f(x)$의 개형의 특징을 찾아내.

조건 (나)에서 $0<x<y<1$인 모든 x, y에 대하여 $0<xf(y)<yf(x)$이므로 각

변을 xy로 나누면 $0<\dfrac{f(y)}{y}<\dfrac{f(x)}{x}$,

$\dfrac{f(y)-f(0)}{y-0}<\dfrac{f(x)-f(0)}{x-0}$

즉 원점과 점 $(x, f(x))$를 지나는 직선의
기울기가 원점과 점 $(y, f(y))$를 지나는 직선의 기울기보다 항상 커야

하므로 구간 $(0, 1)$에서 $f(x)$의 그래프는 위로 볼록한 다항함수의 그래프이다. **함정** $\dfrac{f(x)}{x}$, $\dfrac{f(y)}{y}$가 각각 원점 $(0, 0)$과 두 점 $(x, f(x))$, $(y, f(y))$를 지나는 두 직선의 기울기임을 알아채야 해.

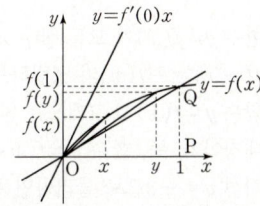

따라서 $f(0)=0$을 동시에 만족하는 다항함수 $f(x)$의 그래프의 개형은 그림과 같다.

2nd A, B, C의 대소를 따지자.

주어진 그림에서 삼각형 OPQ의 넓이는 $\dfrac{1}{2}f(1)$이므로

$\dfrac{1}{2}f(1)<\displaystyle\int_0^1 f(x)dx$

$\therefore f(1)<2\displaystyle\int_0^1 f(x)dx \Rightarrow B<C \cdots$ ㉠

원점 O를 지나는 접선의 방정식은 $y=f'(0)x$이고, 직선 $y=f'(0)x$와

직선 $x=1$ 및 x축으로 둘러싸인 도형의 넓이는 $\dfrac{1}{2}f'(0)$이다.

따라서 그림에서 $\dfrac{1}{2}f'(0)>\displaystyle\int_0^1 f(x)dx$가 성립한다.

즉, $f'(0)>2\displaystyle\int_0^1 f(x)dx$에서 $A>C \cdots$ ㉡

$\therefore B<C<A (\because$ ㉠, ㉡$)$

G 139 정답 41 *넓이를 이용한 정적분의 활용 ──── [정답률 31%]

정답 공식: 평행이동을 이용하여 정의된 함수의 그래프를 그리고, 함수의 그래프와 x축 사이의 넓이를 이용해 정적분의 값을 구한다.

닫힌구간 $[-1, 1]$에서 정의된 연속함수 $f(x)$는 정의역에서 증가하고 모든 실수 x에 대하여 $f(-x)=-f(x)$가 성립할 때, 함수 $g(x)$가 다음 조건을 만족시킨다. 단서 1 모든 실수 x에 대하여 $f(-x)=-f(x)$이면 연속함수 $f(x)$는 원점에 대하여 대칭인 함수야.

(가) 닫힌구간 $[-1, 1]$에서 $g(x)=f(x)$이다.

(나) 닫힌구간 $[2n-1, 2n+1]$에서 함수 $y=g(x)$의 그래프는 함수 $y=f(x)$의 그래프를 x축의 방향으로 $2n$만큼, y축의 방향으로 $6n$만큼 평행이동한 그래프이다. (단, n은 자연수이다.) 단서 2 함수 $y=g(x)$의 그래프는 함수 $y=f(x)$의 그래프를 평행이동하면서 구간마다 끝나는 지점에서 닫힌구간 $[-1, 1]$에서 정의된 그래프를 반복해서 이어나가면 돼.

$f(1)=3$이고 $\displaystyle\int_0^1 f(x)dx=1$일 때, $\displaystyle\int_3^6 g(x)dx$의 값을 구하시오. (4점) 단서 3 함수 $y=g(x)$의 그래프를 그려서 함수 $y=g(x)$의 그래프와 x축 및 두 직선 $x=3$, $x=6$으로 둘러싸인 도형의 넓이를 이용하여 정적분의 값을 구해.

1st 함수 $y=f(x)$의 그래프가 원점에 대하여 대칭인 그래프임을 이용하여 함수 $y=f(x)$의 그래프와 y축 및 직선 $y=-3$으로 둘러싸인 부분의 넓이를 구하자.

문제의 조건에서 $\int_0^1 f(x)dx=1$이고,

함수 $y=f(x)$가 모든 실수 x에 대하여

$f(-x)=-f(x)$가 성립하므로

함수 $y=f(x)$의 그래프는 원점에 대하여

대칭이다. 즉, 함수 $y=f(x)$의 그래프와 y축 및

직선 $y=-3$으로 둘러싸인 부분을 A라 하면 그

림에서 색칠된 부분 A의 넓이는

$$1\times 3-\int_{-1}^0 |f(x)|dx=3-\int_0^1 f(x)dx$$

$$=3-1=2$$

2nd 조건을 이용하여 닫힌구간 $[3, 6]$에서 함수 $y=g(x)$의 그래프를 그리고, $\int_3^5 g(x)dx$의 값을 구하자.

함수 $f(x)$는 구간 $[0, 1]$에서 $f(x)\geq 0$이고 증가함수이다.

또한, 함수 $y=g(x)$의 그래프는 함수 $y=f(x)$의 그래프를 자연수 n에

대하여 구간 $[2n-1, 2n+1]$에서 x축의 방향으로 $2n$만큼, y축의 방향

으로 $6n$만큼 평행이동한 것이므로 구간 $[3, 6]$에서 $g(x)>0$이다.

즉, 닫힌구간 $[3, 6]$에서 $\int_3^6 g(x)dx=\int_3^6 |g(x)|dx$는 곡선 $y=g(x)$

와 x축 및 두 직선 $x=3$, $x=6$으로 둘러싸인 부분의 넓이이다.

따라서 함수 $y=g(x)$의 그래프와 구하는 부분을 그림으로 나타내면 다음과 같다.

> $n=1$일 때, 닫힌구간 $[1, 3]$에서 $y=g(x)$의 그래프는 주어진 $y=f(x)$의 그래프를 x축의 방향으로 2만큼, y축의 방향으로 6만큼 평행이동하여 그려.
> $n=2$일 때, 닫힌구간 $[3, 5]$에서 $y=g(x)$의 그래프는 주어진 $y=f(x)$의 그래프를 x축의 방향으로 4만큼, y축의 방향으로 12만큼 평행이동하여 그려.
> $n=3$일 때, 닫힌구간 $[5, 7]$에서 $y=g(x)$의 그래프는 주어진 $y=f(x)$의 그래프를 x축의 방향으로 6만큼, y축의 방향으로 18만큼 평행이동하여 그려.

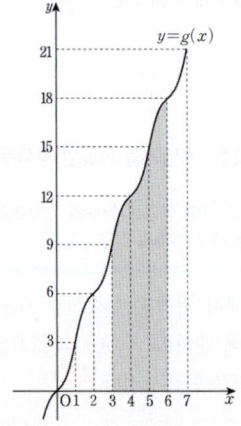

먼저, 닫힌구간 $[3, 5]$에서 함수 $y=g(x)$의 그래프는 함수 $y=f(x)$의

그래프를 x축의 방향으로 4만큼, y축의 방향으로 12만큼 평행이동한 것

이므로

$$\int_3^5 g(x)dx=\underline{2\times 12}$$

$$=24$$

> 함수 $y=g(x)$의 그래프와 직선 $x=5$, $y=12$로 둘러싸인 부분을 함수 $y=g(x)$의 그래프와 직선 $x=3$, $y=12$로 둘러싸인 부분에 붙이면 구하는 부분은 가로의 길이가 2, 세로의 길이가 12인 직사각형 모양이 돼.

또한, 닫힌구간 $[5, 7]$에서 함수 $y=g(x)$의 그래프는 함수 $y=f(x)$의

그래프를 x축의 방향으로 6만큼, y축의 방향으로 18만큼 평행이동한 것

이므로

$$\int_5^6 g(x)dx=\underline{1\times 15+2}$$

$$=17$$

> 가로의 길이가 1, 세로의 길이가 15인 직사각형의 넓이와 함수 $y=f(x)$의 그래프와 y축 및 직선 $y=-3$으로 둘러싸인 부분 A의 넓이의 합과 같아.

$$\therefore \int_3^6 g(x)dx=\int_3^5 g(x)dx+\int_5^6 g(x)dx$$

$$=24+17$$

$$=41$$

G 140 정답 64 *적분을 이용한 점의 위치 ········ [정답률 38%]

> **정답 공식**: $h(x)=\int_0^x \{f(t)-g(t)\}dt$라 할 때, 도함수를 이용하여 $|h(x)|$의 최댓값을 구한다.

원점을 동시에 출발하여 수직선 위를 움직이는 두 점 P, Q의 시각 $t(0\leq t\leq 8)$에서의 속도가 각각 $2t^2-8t$, t^3-10t^2+24t이다. 두 점 P, Q 사이의 거리의 최댓값을 구하시오. (4점)

> **단서** 시각 $t=x$에서의 두 점 P, Q의 위치는 각각 $\int_0^x (2t^2-8t)dt$, $\int_0^x (t^3-10t^2+24)dt$야. 즉, 두 점 P, Q 사이의 거리는 $\left|\int_0^x (2t^2-8t)dt-\int_0^x (t^3-10t^2+24)dt\right|$이므로 이것의 최댓값을 구하면 돼.

1st x초 후의 두 점 P, Q 사이의 거리를 구해.

$f(t)=2t^2-8t$, $g(t)=t^3-10t^2+24t$라 하면 두 점 P, Q가 원점을 출

발하여 x초 후의 두 점 사이의 거리는 → 시각 $t=x$에서의 점 P의 위치

$$\left|\int_0^x f(t)dt-\int_0^x g(t)dt\right|$$

→ 시각 $t=x$에서의 점 Q의 위치

$$=\left|\int_0^x \{f(t)-g(t)\}dt\right|$$

2nd $h(x)=\int_0^x \{f(t)-g(t)\}dt$라 하고 $h(x)$의 극값을 구해.

함수 $h(x)$를 $h(x)=\int_0^x \{f(t)-g(t)\}dt$라 하자.

$$h'(x)=f(x)-g(x)$$

> **주의** 두 점 사이의 거리를 나타내는 함수를 $h(x)$라 정한 거야. $h(x)$의 개형을 구하여 $|h(x)|$의 최댓값을 찾아야겠지.

$$=(2x^2-8x)-(x^3-10x^2+24x)$$

$$=-x^3+12x^2-32x$$

$$=-x(x-4)(x-8)$$

즉, $x=0, 4, 8$에서 $h'(x)=0$이므로 구간 $[0, 8]$에서 $h(x)$의 증가와

감소를 표로 나타내면 다음과 같다.

x	0	$\cdots$	4	$\cdots$	8
$h'(x)$	0	$-$	0	$+$	0
$h(x)$	0	$\searrow$	$h(4)$	$\nearrow$	$h(8)$

3rd $|h(x)|$의 최댓값은 극값 중에 존재하므로 그 값을 구해.

함수 $|h(x)|$의 최댓값은 구간 $[0, 8]$에서 함수 $h(x)$의 경곗값과 극값

중에 존재하므로 각각 따져 주자.

$$h(x)=\int_0^x \{(2t^2-8t)-(t^3-10t^2+24t)\}dt$$

$$=\int_0^x (-t^3+12t^2-32t)dt$$

$$=-\frac{1}{4}x^4+4x^3-16x^2$$

$x=4$일 때,

> 구간 $[0, 8]$에서의 함수 $y=h(x)$의 그래프는 그림과 같으므로 $h(x)$의 최댓값은 $|h(4)|$야.

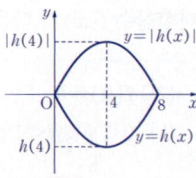

$$|h(4)|=\left|-\frac{1}{4}\cdot 4^4+4\cdot 4^3-16\cdot 4^2\right|$$

$$=|(-1+4-4)\times 4^3|$$

$$=64$$

$x=8$일 때,

$$|h(8)|=\left|-\frac{1}{4}\cdot 8^4+4\cdot 8^3-16\cdot 8^2\right|$$

$$=|(-2+4-2)\times 8^3|$$

$$=0$$

따라서 $|h(x)|$는 $x=4$에서 최댓값이 64이므로 두 점 P, Q 사이의 거

리의 최댓값은 64이다.

원점에서 출발하여 수직선 위를 움직이는 점 P의 시각 t에서의 속도가 $v(t)$일 때,

① 시각 x에서의 점 P의 위치는 $\int_0^x v(t)dt$

② 시각 a부터 시각 b까지 점 P의 위치의 변화량은 $\int_a^b v(t)dt$

③ 시각 a부터 시각 b까지 점 P가 움직인 거리는 $\int_a^b |v(t)|dt$

G 141 정답 35   *적분을 이용한 점의 위치   [정답률 36%]

정답 공식: 속도 함수 $v(t)$의 그래프를 좌표평면 위에 나타내고 각 구간에서의 적분값을 구한다. $\left|\int_0^t v(t)dt\right|$의 최댓값을 구한다.

원점 O를 출발하여 수직선 위를 16초 동안 움직이는 점 P의 t초 후의 속도 $v(t)$가

$$v(t)=\begin{cases} \dfrac{1}{2}t-1 & (0 \le t < 2) \\ -t^2+10t-16 & (2 \le t < 8) \\ 2-\dfrac{1}{4}t & (8 \le t \le 16) \end{cases}$$

일 때, 선분 OP의 길이의 최댓값을 구하시오. (4점)

단서 선분 OP의 최댓값은 점 P가 원점에서 가장 멀리 떨어져 있을 때를 의미해.

1st 속도 $v(t)$의 그래프를 그려보자.

속도 $v(t)=\begin{cases} \dfrac{1}{2}t-1 & (0 \le t < 2) \\ -t^2+10t-16 & (2 \le t < 8) \\ 2-\dfrac{1}{4}t & (8 \le t \le 16) \end{cases}$ 의 그래프는 그림과 같다.

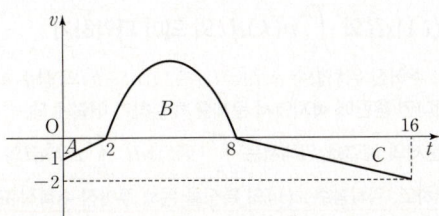

2nd 세 영역의 정적분값은 그 구간에서 점 P의 위치야.
이때, 세 영역 A, B, C의 정적분값을 구해 보자.

> 점 P가 원점을 출발하여 a시간 동안 $v(t)$의 속도로 움직일 때 점 P의 위치는 $\int_0^a v(t)dt$

$A = -\left(1 \times 2 \times \dfrac{1}{2}\right) = -1$

$B = \int_2^8 (-t^2+10t-16)dt = \left[-\dfrac{1}{3}t^3+5t^2-16t\right]_2^8$

$= \left(-\dfrac{512}{3}+320-128\right) - \left(-\dfrac{8}{3}+20-32\right)$

$= 36$

$C = -\left(\dfrac{1}{2} \times 8 \times 2\right)$

$= -8$

주의 속도를 나타내는 그래프를 그리고, 수직선 위의 점 P의 움직임을 파악하여 선분 OP의 길이가 최대가 되는 시각 t를 찾을 수 있어야 해.

즉, $0 \le t < 2$에서 $A=-1$이므로 수직선 상에서 점 P는 원점에서 왼쪽으로 1만큼 이동, $2 \le t < 8$에서 $B=36$이므로 점 P는 오른쪽으로 36만큼 이동, $8 \le t \le 16$에서 $C=-8$이므로 점 P는 왼쪽으로 8만큼 이동한다.

따라서 선분 OP의 길이의 최댓값은 원점에서 가장 멀어지는 순간이므로 $t=8$초일 때이다.

$\therefore$ (구하는 최댓값) $= 36-1 = 35$

＊점 P의 t초 후의 위치 $f(x)$ 구하기

원점을 출발하여 t초 후의 점 P의 위치를 $S(t)$라 하고 $S(t)$의 개형을 좀 더 자세히 알아 볼까?

속도 $v(t)$는 구간 $[0, 2)$, $[2, 8)$, $[8, 16]$에서 각각 일차, 이차, 일차함수이므로 위치 $S(t)$는 각각의 구간에서 이차, 삼차, 이차함수가 되겠지?

즉, 위치 $S(t)$의 그래프를 대략적으로 그리면 그림과 같음을 알 수 있어.

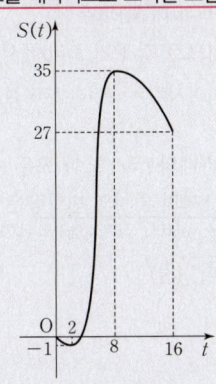

$\therefore S(t) = \int v(t)dt$

$=\begin{cases} \dfrac{1}{4}t^2-t & (0 \le t < 2) \\ -\dfrac{1}{3}t^3+5t^2-16t+\dfrac{41}{3} & (2 \le t < 8) \\ 2t-\dfrac{1}{8}t^2+27 & (8 \le t \le 16) \end{cases}$

G 142 정답 ③   *점이 움직인 거리   [정답률 39%]

정답 공식: 속도함수 $v(t)$에 대하여 시각 $t=a$부터 $t=b$까지의 점 P의 위치의 변화량은 $\int_a^b v(t)dt$이고, 점 P가 움직인 거리는 $\int_a^b |v(t)|dt$이다.

수직선 위를 움직이는 점 P의 시각 t에서의 위치 $x(t)$가 두 상수 a, b에 대하여

$$x(t)=t(t-1)(at+b) \ (a \ne 0)$$

단서 1 위치함수 $x(t)=t(t-1)(at+b)$에서 $x(0)=0$, $x(1)=0$이지? 이 값의 의미를 생각해봐.

이다. 점 P의 시각 t에서의 속도 $v(t)$가 $\int_0^1 |v(t)|dt=2$를

단서 2 $\int_0^1 |v(t)|dt$는 점 P가 $t=0$에서 $t=1$까지 움직인 거리를 뜻해.

만족시킬 때, [보기]에서 옳은 것만을 있는 대로 고른 것은? (4점)

[보기]

ㄱ. $\int_0^1 v(t)dt=0$

단서 3 $\int_0^1 v(t)dt$는 점의 $t=0$에서 $t=1$까지의 위치의 변화량을 의미해.

ㄴ. $|x(t_1)|>1$인 t_1이 열린구간 $(0, 1)$에 존재한다.

단서 4 점 P가 $t=0$일 때 원점에서 출발하여 $t=1$일 때 다시 원점으로 돌아오는 동안 원점에서의 거리가 1보다 클 때가 있는지를 물어보는 거야. 점 P가 $t=0$에서 $t=1$까지 움직인 총 거리가 2임을 이용하여 참, 거짓을 따져봐.

ㄷ. $0 \le t \le 1$인 모든 t에 대하여 $|x(t)|<1$이면 $x(t_2)=0$인 t_2가 열린구간 $(0, 1)$에 존재한다.

단서 5 $0 \le t \le 1$인 모든 시각 t에서 원점으로부터 점 P까지의 거리가 1보다 작을 때, 점 P가 원점을 지나지 않고도 $t=0$에서 $t=1$까지 움직인 거리가 2가 될 수 있을지 생각해봐.

① ㄱ   ② ㄱ, ㄴ   ③ ㄱ, ㄷ

④ ㄴ, ㄷ   ⑤ ㄱ, ㄴ, ㄷ

1st 점 P의 $t=0$, $t=1$일 때의 위치를 이용하여 위치의 변화량을 구해.

$x(t)=t(t-1)(at+b)\,(a\neq0)$에서 $x(0)=0$, $x(1)=0$이므로

> **함정** $x(t)=t(t-1)(at+b)\,(a\neq0)$에서 상수 a, b의 값을 구하려고 했다면 문제 해결에 접근하기 어려워. 위치함수 $x(t)$에서 $x(0)=0$, $x(1)=0$이라는 사실에 집중해서 해석해야 해.

점 P의 위치는 $t=0$일 때 <u>수직선의 원점</u>이고, $t=1$일 때도 수직선의 원점이다.
　수직선 위를 움직이는 점 P의 위치함수 $x(t)$에 대하여 $x(0)=0$이라는 것은 시각 t에서 점 P의 위치가 원점이라는 거야.

또한, $\displaystyle\int_0^1 |v(t)|dt=2$이므로 점 P가 $t=0$에서 $t=1$까지 움직인 거리가 2이다.
　속도함수 $v(t)$에 대하여 시각 $t=a$부터 $t=b$까지 점 P가 움직인 거리는 $\displaystyle\int_a^b |v(t)|dt$야.

ㄱ. 점 P의 위치가 $t=0$일 때와 $t=1$일 때 모두 수직선의 원점이므로 <u>점 P의 $t=0$에서 $t=1$까지 위치의 변화량은 0이다.</u>
　속도함수 $v(t)$에 대하여 시각 $t=a$부터 $t=b$까지 점 P의 위치의 변화량은 $\displaystyle\int_a^b v(t)dt$야.

즉, $\displaystyle\int_0^1 v(t)dt=0$이다. (참)

2nd 점 P의 $t=0$, $t=1$일 때의 위치가 0인 사실과 $t=0$에서 $t=1$까지 움직인 거리가 2임을 이용하여 ㄴ, ㄷ의 진위를 파악해.

ㄴ. $0<t_1<1$에서 $|x(t_1)|>1$인 t_1이 존재하면 시각 t_1에서 점 P와 원점 사이의 거리는 1보다 크게 된다.
이때, <u>원점을 출발한 점 P가 $t=1$일 때 다시 원점으로 돌아오므로 점 P가 $t=0$에서 $t=1$까지 움직인 거리는 2보다 커야 한다.</u>

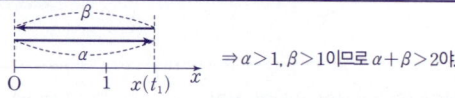

$\Rightarrow \alpha>1$, $\beta>1$이므로 $\alpha+\beta>2$야.

그런데 점 P가 $t=0$에서 $t=1$까지 움직인 거리가 2라 했으므로 이러한 t_1은 존재하지 않는다. (거짓)

ㄷ. $0\le t\le1$인 모든 시각 t에서 점 P와 원점 사이의 거리가 1보다 작을 때, 점 P가 $t=0$에서 $t=1$까지 움직인 거리가 2가 되려면 <u>점 P는 $0<t<1$에서 적어도 한 번은 원점을 지나가야 한다.</u>
　점 P가 원점에서 출발하여 $0<t<1$에서 한 번도 원점을 지나지 않을 때, 점 P와 원점 사이의 거리의 최댓값을 k라 하면 $|x(t)|<1$이니까 $k<1$이야.
　그런데 $t=1$일 때 점 P가 다시 원점에 돌아오므로 점 P가 움직인 거리는 $2k$가 되겠지? 따라서 $2k<2$이므로 $t=0$에서 $t=1$까지 점 P가 움직인 거리는 2가 될 수 없어.

즉, $0\le t\le1$인 모든 시각 t에 대하여 $|x(t)|<1$이면 $x(t_2)=0$인 t_2가 열린구간 $(0,1)$에 존재한다. (참)

따라서 옳은 것은 ㄱ, ㄷ이다.

> **다른 풀이:** 위치함수를 미분하면 속도함수이고, 위치함수의 그래프의 개형이 그려지는 3가지 경우를 따지고, 위치가 0인 시각 t가 열린구간 $(0,1)$에 존재함 보이기

ㄱ. 점 P의 시각 t에서의 위치함수 $x(t)$에 대하여
$x(t)=t(t-1)(at+b)\,(a\neq0)$이므로 $x(0)=0$, $x(1)=0$이야.
한편, 위치함수를 미분하면 속도함수가 되지?
즉, $x'(t)=v(t)$이므로

$\displaystyle\int_0^1 v(t)dt=\int_0^1 x'(t)dt=\Big[x(t)\Big]_0^1$

$=x(1)-x(0)=0-0=0$ (참)

ㄴ. 삼차함수 $x(t)=t(t-1)(at+b)$에 대하여 $y=x(t)$의 그래프는
$t=0$, $t=1$, $t=-\dfrac{b}{a}$에서 t축과 만나므로 $a>0$이라 하면 $y=x(t)$
의 그래프의 개형은 다음의 3가지 경우가 있어.

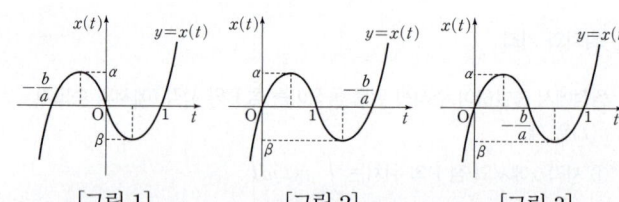

[그림 1]　　　　[그림 2]　　　　[그림 3]

$|x(t_1)|>1$인 t_1이 열린구간 $(0,1)$에 존재한다면 [그림 1]에서는 $|\beta|>1$, [그림 2]에서는 $|\alpha|>1$, [그림 3]에서는 $|\alpha|>1$ 또는 $|\beta|>1$이야.

이때, $t=0$에서 $t=1$까지 점 P가 움직인 거리는
<u>[그림 1]에서는 $2|\beta|>2$, [그림 2]에서는 $2|\alpha|>2$이고,</u>
[그림 1]과 [그림 2]에서 점 P는 원점을 출발한 후 원점에서 각각 최대 $|\beta|$만큼, $|\alpha|$만큼 멀어졌다가 운동 방향을 바꾸어 $t=1$일 때 다시 원점으로 돌아오므로 점 P가 $t=0$에서 $t=1$까지 움직인 거리는 각각 $2|\beta|$, $2|\alpha|$가 되는 거야.
[그림 3]에서는 $2|\alpha|+2|\beta|>2$야.

즉, 3가지 경우 모두 $t=0$에서 $t=1$까지 점 P가 움직인 거리가 2라는 것에 모순이므로 $|x(t_1)|>1$인 t_1은 열린구간 $(0,1)$에 존재하지 않는다. (거짓)

ㄷ. $0\le t\le1$인 모든 t에 대하여 $|x(t)|<1$이면 ㄴ의 3가지 경우 모두 $|\alpha|<1$이고 $|\beta|<1$이야.

그러면 $t=0$에서 $t=1$까지 점 P가 움직인 거리는
[그림 1]에서는 $2|\beta|<2$, [그림 2]에서는 $2|\alpha|<2$가 되어
$t=0$에서 $t=1$까지 점 P가 움직인 거리가 2라는 것에 모순이 돼.
그런데 [그림 3]에서는 $t=0$에서 $t=1$까지 점 P가 움직인 거리가 $2|\alpha|+2|\beta|<4$이므로 $t=0$에서 $t=1$까지 점 P가 움직인 거리가 2가 될 수 있어.

즉, $0\le t\le1$인 모든 t에 대하여 $|x(t)|<1$이면 [그림 3]에서와 같이 $x(t_2)=0$인 t_2가 열린구간 $(0,1)$에 존재해. (참)

따라서 옳은 것은 ㄱ, ㄷ이야.

> **수능 핵강**
>
> ＊$\displaystyle\int_0^1 |v(t)|dt$와 $\displaystyle\int_0^1 v(t)dt$의 의미 파악하기
>
> 이 문제에서 주어진 위치함수 $x(t)=t(t-1)(at+b)$의 상수 a, b의 값을 구하려고 한다면 혼란에 빠지면서 문제를 해결하기 어렵게 돼.
>
> 따라서 이 문제의 해결을 위해서는 $\displaystyle\int_0^1 |v(t)|dt$, $\displaystyle\int_0^1 v(t)dt$의 의미가 무엇인지 이해하고, 위치함수 $x(t)$의 특징을 통해 주어진 수학적 표현을 언어적 표현으로 바꾸어 생각해야 해. 즉, 점 P의 수직선 위에서의 운동에 대한 정확한 개념 이해가 무엇보다 중요하다는 걸 보여주고 있어.

> ❁ **그래프에서의 점의 위치와 움직인 거리**　　　개념·공식
>
> 수직선 위를 움직이는 점 P의 시각 t에서의 속도를 $v(t)$라 할 때
> ① $\displaystyle\int_a^b v(t)dt \Rightarrow t=a$에서 $t=b$까지 점 P의 위치의 변화량
> ② $\displaystyle\int_a^b |v(t)|dt \Rightarrow t=a$에서 $t=b$까지 점 P가 움직인 거리
> 　　$\Rightarrow y=v(t)$의 그래프와 t축 및 두 직선 $t=a$, $t=b$로 둘러싸인 도형의 넓이

G 143 정답 ④ ● 2등급 대비 [정답률 25%]

＊평면에 의하여 잘려진 단면을 좌표평면 위에 나타낸 후 정적분을 이용하여 단면의 넓이 구하기 [유형 02]

반지름의 길이가 1, 중심이 O인 원을 밑면으로 하고 높이가 $2\sqrt{2}$인 원뿔이 평면 α 위에 놓여있다. (단, 원뿔의 한 모선이 평면 α에 포함된다.)

그림과 같이 원뿔을 평면 α와 평행하고 원뿔의 밑면의 중심 O를 지나는 평면으로 자를 때 생기는 단면의 일부분은 포물선이다. 이때, 단면의 넓이는? (4점)

단서1 이 문제의 핵심은 단면이 포물선이라는 거야. 포물선의 방정식은 이차함수로 나타낼 수 있으니까 단면과 밑면이 만나는 지름의 양 끝점을 잇는 직선을 x축으로 하고 점 O를 지나고 x축에 수직이면서 단면 위에 있는 직선을 y축으로 설정해 봐.

단서2 그래프가 x축과 두 점에서 만나는 이차함수의 식을 구한 후 정적분을 이용하여 단면의 넓이를 구하자.

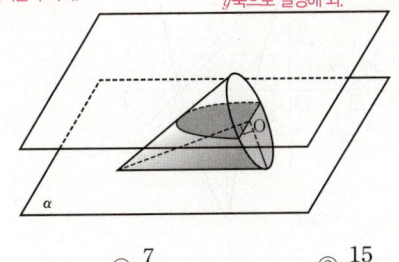

① $\dfrac{13}{8}$ ② $\dfrac{7}{4}$ ③ $\dfrac{15}{8}$

④ 2 ⑤ $\dfrac{17}{8}$

왜 2등급? 원뿔을 자른 단면이 나타내는 도형의 방정식을 구한 후 정적분을 이용하여 단면의 넓이를 구하는 문제이다.
넓이를 구해야 하는 부분인 단면을 좌표평면 위에 나타낸 후 단면의 일부분이 포물선임을 이용하여 단면이 나타내는 포물선의 방정식, 즉 이차함수의 식을 구하는 과정이 복잡하다.

 단서+발상

단서1 구간 $[a, b]$에서 $f(x) \ge 0$인 함수 $f(x)$에 대하여 함수 $y=f(x)$의 그래프와 두 직선 $x=a$, $x=b$ 및 x축으로 둘러싸인 도형의 넓이는 구간 $[a, b]$에서 함수 $f(x)$의 정적분의 값과 같음을 알아야 한다. **발상**
그럼, 포물선의 단면이 나타내는 함수의 식을 구해야 하는데 포물선은 이차함수의 식으로 나타낼 수 있으므로 주어진 단면을 좌표평면으로 옮겨서 단면이 x축과 만나는 두 점과 꼭짓점의 좌표를 이용하여 이차함수의 식을 구한다. **개념**
한편, 주어진 그림에서 포물선의 꼭짓점이 y축 위에 있을 때의 이차함수의 식이 간단해지므로 꼭짓점의 좌표를 y축 위에 두고 생각하자. **적용**

단서2 단면을 좌표평면 위에 옮겼다면 포물선, 즉 이차함수의 그래프의 함수식을 구해야 하는데 원뿔의 밑면과 단면이 만나는 두 점의 좌표를 이용하여 이차함수의 식을 세우고 꼭짓점의 좌표를 이용하여 이차함수의 식을 완성해야 한다. 그 다음 이차함수의 그래프와 x축으로 둘러싸인 부분의 넓이를 정적분을 이용하여 구한다. **해결**

주의 이차함수의 그래프는 포물선이고 단면의 일부분이 포물선이므로 단면이 나타내는 도형의 방정식을 이차함수로 나타낼 수 있어야 한다.

[핵심 정답 공식: x축과 두 점 $(a, 0)$, $(b, 0)$에서 만나는 이차함수의 식은 $y=k(x-a)(x-b)(k \ne 0)$으로 놓을 수 있다.**]**

1st 좌표축을 도입하여 포물선의 방정식을 유도하자.

그림과 같이 원뿔의 꼭짓점을 A, 밑면의 지름의 양 끝점을 각각 B, C라 하자.
또, 포물선이 원뿔의 밑면과 만나는 두 점을 E, F, 포물선이 원뿔의 모선과 만나는 점을 D라 하면 직각삼각형 ABO에서

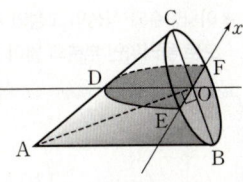

$\overline{AB}=\sqrt{\overline{OA}^2+\overline{OB}^2}=\sqrt{(2\sqrt{2})^2+1^2}=3$이고,
삼각형 CAB에서 $\overline{AB}\,/\!/\,\overline{DO}$, $\overline{OB}=\overline{OC}$
　이것에 의해서 두 삼각형 CAB, CDO는 닮음비가 2:1인 닮은 삼각형이야.
이므로 $\overline{DO}=\dfrac{1}{2}\overline{AB}=\dfrac{3}{2}$

이때, 직선 EF를 x축으로, 직선 DO를 y축으로 하고 포물선을 좌표평면에 나타내면 그림과 같다. 포물선의 x절편이 -1, 1이므로 포물선의 방정식을 $y=a(x+1)(x-1) \cdots \bigcirc$이라 하자.
　x축과 두 점 $x=a$, $x=b$에서 만나는 포물선은 0이 아닌 상수 k에 대하여 $y=k(x-a)(x-b)$로 둘 수 있어.

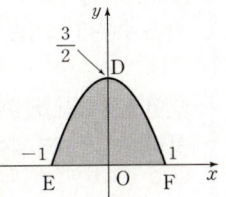

이때, 포물선의 꼭짓점의 좌표가 $\left(0, \dfrac{3}{2}\right)$이므로 $\bigcirc$에 대입하면

함정 도형을 단면으로 생각하여 좌표축을 설정하고 포물선의 식을 구하는 것이 이 문제의 핵심이야.

$\dfrac{3}{2}=a(0+1)(0-1)$　∴ $a=-\dfrac{3}{2}$

즉, 포물선의 방정식은

$y=-\dfrac{3}{2}(x+1)(x-1)=-\dfrac{3}{2}x^2+\dfrac{3}{2}$

2nd 정적분을 이용하여 넓이를 구해.

따라서 구하고자 하는 단면의 넓이를 S라 하면

$S=\displaystyle\int_{-1}^{1}\left(-\dfrac{3}{2}x^2+\dfrac{3}{2}\right)dx$
　$f(x)=-\dfrac{3}{2}x^2+\dfrac{3}{2}$이라 하면
　$f(-x)=-\dfrac{3}{2}(-x)^2+\dfrac{3}{2}=-\dfrac{3}{2}x^2+\dfrac{3}{2}=f(x)$

$=2\displaystyle\int_{0}^{1}\left(-\dfrac{3}{2}x^2+\dfrac{3}{2}\right)dx$
　이므로 $y=f(x)$의 그래프는 y축에 대하여 대칭이야.
　즉, $\displaystyle\int_{-a}^{a}f(x)dx=2\int_{0}^{a}f(x)dx$가 성립해.

$=2\left[-\dfrac{1}{2}x^3+\dfrac{3}{2}x\right]_{0}^{1}=2\left(-\dfrac{1}{2}+\dfrac{3}{2}\right)=2$

1등급 대비 특강

＊ **단면을 좌표평면 위에 나타내기**

주어진 단면의 일부분이 포물선이므로 이 포물선을 이차함수로 나타낼 수 있고, 이차함수로 나타내기 위해서는 좌표평면을 도입해야 해. 좌표평면을 도입하려면 x축, y축과 같은 기준이 필요한데, 단면이 원뿔을 자르는 평면 위에 있으므로 이 평면 위에 x축과 y축을 잡을 수 있어. 따라서 단면의 직선 부분을 x축으로 잡고 이차함수의 식으로 나타내자.

✱이차함수와 직선의 교점의 개수를 이용한 접점의 좌표를 이용하여 곡선과 직선으로 둘러싸인 부분의 넓이 구하기 [유형 03]

단서1 절댓값이 포함된 함수의 그래프와 기울기 -1인 직선이 만나도록 위치 관계를 예상해 보자.

실수 $t\left(\sqrt{3}<t<\dfrac{13}{4}\right)$에 대하여 두 함수 $f(x)=|x^2-3|-2x$, $g(x)=-x+t$의 그래프가 만나는 서로 다른 네 점의 x좌표를 작은 수부터 크기순으로 x_1, x_2, x_3, x_4라 하자. $x_4-x_1=5$일 때,

단서2 각 점의 x좌표가 연립한 방정식의 해임을 이용할 수 있어.

닫힌구간 $[x_3,\ x_4]$에서 두 함수 $y=f(x)$, $y=g(x)$의 그래프로 둘러싸인 부분의 넓이는 $p-q\sqrt{3}$이다. $p\times q$의 값을 구하시오.

단서3 정적분을 이용하여 도형의 넓이를 구할 수 있어.

(단, p, q는 유리수이다.) (4점)

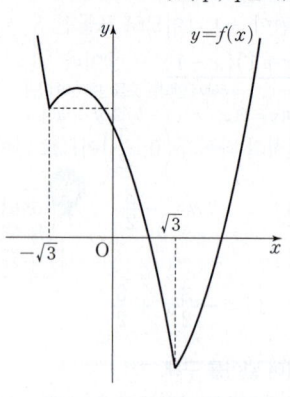

🟢 **2등급?** 함수의 그래프와 직선이 만나는 점의 개수를 이용하여 접점의 x좌표를 구하고, 정적분값으로 넓이를 구하는 문제이다. 그래프의 개형이 문제에서 그림으로 주어져 있기 때문에 보다 수월하게 풀 수 있었기 때문에 그래프가 주어지지 않았을 경우에는 직접 절댓값이 있는 이차함수 꼴의 그래프의 개형을 그릴 수 있어야 한다.

💡 단서+발상

단서1 $|x|<3$에서 $f(x)=-x^2-2x+3$이고 $|x|\geq3$에서 $f(x)=x^2-2x-3$이다. $f(x)$와 $g(x)$의 그래프의 교점이 4개가 되도록 하는 t의 범위는 $\sqrt{2}<t<\dfrac{13}{4}$이다. (적용)

단서2 교점의 x좌표를 작은 수부터 나열하였으므로 x_1과 x_4는 $f(x)=x^2-2x-3$과 $g(x)$의 교점이다. 두 근의 차가 5임을 이용해서 이때의 t와 x_1, x_4의 값을 구할 수 있다. (발상)

단서3 구한 t의 값을 바탕으로 x_2와 x_3의 값도 구해준다. $|x|=\sqrt{3}$이 되는 점을 기준으로 구간을 두 개로 나누어 각각의 정적분을 이용해 넓이를 구하고, 이를 더해주면 된다. (해결)

🔴 도형의 넓이는 항상 양수이므로 정적분 값에 절댓값을 취해 주어야 한다.

🟩 **핵심 정답 공식**: 닫힌구간 $[a, b]$에서 직선 $x=a$, $x=b$, 곡선 $y=f(x)$, $y=g(x)$로 둘러싸인 도형의 넓이는 $\displaystyle\int_a^b|f(x)-g(x)|dx$

━━━━━━━━━━━ [문제 풀이 순서] ━━━━━━━━━━━

1st 함수 $f(x)$를 범위에 따라 식으로 표현해봐.

$x^2-3\geq0$이면 $x\geq\sqrt{3}$ 또는 $x\leq-\sqrt{3}$이고, $x^2-3<0$이면 $-\sqrt{3}<x<\sqrt{3}$이다.

↳ 함수 $f(x)=|x^2-3|-2x$의 그래프를 그리기 위해 $x^2-3\geq0$일 때와 $x^2-3<0$일 때로 범위를 나눠서 생각해.

따라서

$f(x)=\begin{cases}x^2-2x-3 & (x\leq-\sqrt{3} \ \text{또는} \ x\geq\sqrt{3}) \\ -x^2-2x+3 & (-\sqrt{3}<x<\sqrt{3})\end{cases}$ 이다.

2nd 곡선 $y=f(x)$와 직선 $y=-x+t$의 위치 관계를 꼼꼼히 파악하자.

$f(\sqrt{3})=-2\sqrt{3}$, $f(-\sqrt{3})=2\sqrt{3}$이므로 기울기가 -1이고 y절편이 $\sqrt{3}$인 직선 ㉠은 두 점 $(-\sqrt{3}, 2\sqrt{3})$, $(\sqrt{3}, 0)$을, 기울기가 -1이고 y절편이 3인 직선 ㉡은 두 점 $(0, 3)$, $(3, 0)$을 지나고, 기울기가 -1이고 y절편이 $\dfrac{13}{4}$인 직선 ㉢은 곡선 $y=f(x)$와 접한다.

$3<\dfrac{13}{4}<2\sqrt{3}$이므로 두 함수 $f(x)=|x^2-3|-2x$, $g(x)=-x+t\left(\sqrt{3}<t<\dfrac{13}{4}\right)$의 그래프는 다음과 같다.

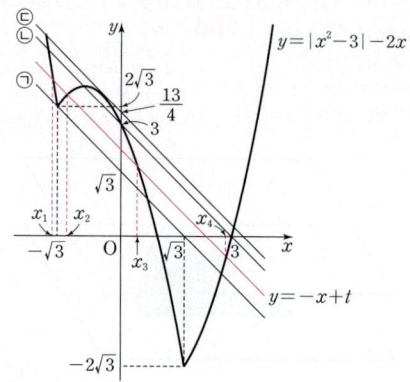

3rd x_1, x_4의 값을 각각 구하고, t의 값을 구하여 x_2, x_3의 값을 각각 구해.

x_1, x_4는 이차방정식 $x^2-2x-3=-x+t$, $x^2-x-t-3=0$의 두 근이다.

이차방정식의 근과 계수의 관계에 의하여 두 근의 합 $x_1+x_4=1$이고, 주어진 조건에서 $x_4-x_1=5$이므로 두 식을 빼면 $2x_1=-4$

$\therefore x_1=-2$, $x_4=3$

또한, 두 근의 곱 $x_1x_4=-t-3=-6$에서 $t=3$이므로 $y=g(x)=-x+3$이다. $\cdots$ (㉡의 직선)

x_2, x_3은 이차방정식 $-x^2-2x+3=-x+3$의 두 근이다.

↳ $t=3$이므로 x_2, x_3은 직선 $y=-x+3$과 이차함수 $y=-x^2-2x+3$의 그래프와의 교점의 x좌표야.

$x^2+x=x(x+1)=0$이므로 $x_2=-1$, $x_3=0$이다. $(\because x_2<x_3)$

4th 닫힌구간 $[0, 3]$에서 두 함수 $y=f(x)$, $y=g(x)$의 그래프로 둘러싸인 부분의 넓이를 구해.

$x_3=0$, $x_4=3$이므로 닫힌구간 $[x_3,\ x_4]$는 $[0, 3]$이고, 구하고자 하는 부분의 넓이는

$\displaystyle\int_0^3|f(x)-g(x)|dx=\int_0^3\{g(x)-f(x)\}dx$

$\displaystyle=\int_0^{\sqrt{3}}\{(-x+3)-(-x^2-2x+3)\}dx$

↳ 구간 $[0, 3]$에서 직선 $y=g(x)$가 함수 $y=f(x)$의 그래프보다 위쪽에 있어.

$\displaystyle\qquad+\int_{\sqrt{3}}^3\{(-x+3)-(x^2-2x-3)\}dx$

$\displaystyle=\int_0^{\sqrt{3}}(x^2+x)dx+\int_{\sqrt{3}}^3(-x^2+x+6)dx$

↳ 곡선 $y=f(x)$가 $[0, \sqrt{3}]$에서는 $y=-x^2-2x+3$이고, $[\sqrt{3}, 3]$에서는 $y=x^2-2x-3$이야.

$=\left[\dfrac{1}{3}x^3+\dfrac{1}{2}x^2\right]_0^{\sqrt{3}}+\left[-\dfrac{1}{3}x^3+\dfrac{1}{2}x^2+6x\right]_{\sqrt{3}}^3$

$=\sqrt{3}+\dfrac{3}{2}+\left(-9+\dfrac{9}{2}+18\right)-\left(-\sqrt{3}+\dfrac{3}{2}+6\sqrt{3}\right)$

$=\dfrac{27}{2}-4\sqrt{3}=p-q\sqrt{3}$

$\therefore p\times q=\dfrac{27}{2}\times4=54$

＊이차함수의 그래프와 직선의 교점이 4개인 경우 유추하기

함수 $y=f(x)$가 범위에 따라 다른 식을 함수로 가지지만 결과적으로는 이차함수의 그래프의 형태의 일부분이야. 일반적인 이차함수의 그래프와 직선이 만나는 점이 많아야 2개임을 감안하면 구간에 따라 다른 식을 함수로 갖는 곡선 $y=f(x)$와 직선이 만나는 점이 4개인 상황을 알고 있어야 하고, 대략적인 그래프를 그려서 문제를 해결할 수 있어야 해. 이 문제같은 경우는 그래프가 주어져서 조금 쉬웠어.

My Top Secret 서울대 선배의 **❶** 등급 대비 전략

두 근의 차는 근의 공식을 이용하면 간단히 구할 수 있어. 이차방정식 $ax^2+bx+c=0$의 두 근이 $\dfrac{-b\pm\sqrt{b^2-4ac}}{2a}$이므로 두 근의 차는 $\dfrac{\sqrt{b^2-4ac}}{a}$가 돼!

G 145 정답 15 ●1등급 대비 [정답률 17%]

＊복잡한 도형을 좌표평면 위에 나타내어 정적분을 이용하여 넓이 구하기 [유형 02＋12]

[그림 1]은 무대 디자이너 길섭이가 야외공연 무대디자인 공모전에 출품한 작품이다. [그림 1]의 중앙 무대를 확대하면 [그림 2]와 같고, 중앙 무대를 디자인하는 과정은 다음과 같다.

(1) 한 변의 길이가 2인 정사각형 ABCD를 그리고 각 변의 중점을 각각 E, F, G, H라 한다.
(2) 변 BC를 좌표평면 위의 x축과 평행하게 놓고 두 점 B, C를 지나며 점 H를 꼭짓점으로 하는 이차함수의 그래프와 두 점 A, D를 지나며 점 F를 꼭짓점으로 하는 이차함수의 그래프를 그린다.
(3) 변 AB를 좌표평면 위의 x축과 평행하게 놓고 (2)와 같은 방법으로 세 점 A, B, G를 지나는 이차함수와 세 점 C, D, E를 지나는 이차함수의 그래프를 추가로 그린다.

단서1 구해야 하는 도형이 많이 복잡하지? 그림과 같이 합동인 8개의 부분으로 나눠서 넓이를 구해 봐.

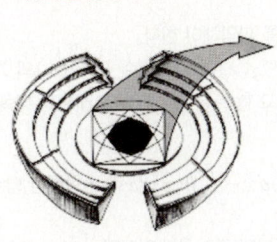
[그림 1]

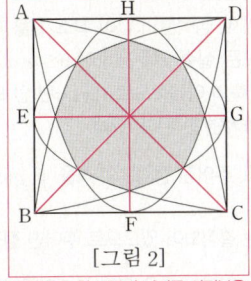
[그림 2]

단서2 위에서 나누어진 8개의 부분은 서로 합동이므로 한 부분의 넓이를 정적분을 이용하여 구하면 어두운 부분 전체의 넓이를 구할 수 있어.

[그림 2]의 어두운 부분의 넓이를 $\dfrac{p\sqrt{2}+q}{3}$라 할 때, $p-q$의 값을 구하시오. (단, p, q는 정수이다.) (4점)

왜 1등급? 복잡한 도형을 좌표평면에 나타내어 도형의 방정식을 구한 후 정적분을 이용하여 도형의 넓이를 구하는 문제이다.
넓이를 구하는 부분을 적당히 나누어 합동인 도형으로 나타내고 한 도형의 넓이를 정적분을 이용하여 구한 후 전체 넓이를 구하는 과정이 복잡하다.

단서＋발상

단서1 먼저, 넓이를 구하는 부분의 모양을 파악해야 한다.
그림의 네 개의 이차함수의 그래프는 정사각형 ABCD의 두 대각선의 교점을 중심으로 회전시켜 모두 겹쳐질 수 있다. 따라서 정사각형 ABCD의 두 대각선과 마주 보는 두 변의 중심을 연결한 선분, 즉 $\overline{\text{EG}}$, $\overline{\text{HF}}$로 나누어진 8개의 도형은 모두 합동이다. 발상

단서2 나누어진 8개의 도형에서 한 도형의 넓이를 구한 후 전체 넓이를 구해야 한다.
이때, 구하는 한 도형의 넓이는 직선, x축으로 둘러싸인 도형의 넓이와 이차함수의 그래프, x축으로 둘러싸인 도형의 넓이의 합으로 구할 수 있다. 따라서 직선의 방정식과 이차함수의 그래프가 나타내는 식을 구해 정적분을 이용하여 넓이를 구한다. 적용

주의 복잡한 도형의 넓이를 구할 때는 간단한 도형으로 나누어 넓이를 구한다.

핵심 정답 공식: 정사각형의 두 대각선의 교점을 원점으로 하는 좌표평면으로 옮기고 합동인 8개의 부분으로 나누어 넓이를 구한다.

-------------------- [문제 풀이 순서] --------------------

1st 세 점을 지나는 이차곡선의 방정식을 구하자.
주어진 정사각형의 대각선의 교점을 원점으로 하고, 변 AD를 x축에 평행하게 좌표평면에 나타내자.
세 점 H, B, C를 지나는 이차함수의 그래프를 $f(x)=ax^2+b$라 하면 정사각형 ABCD의 한 변의 길이가 2이므로 $f(0)=1$, $f(1)=-1$에서

y축에 대하여 대칭이므로 일차항은 존재하지 않아.

$b=1$, $a+b=-1$
$\therefore a=-2$
$\therefore f(x)=-2x^2+1$

주의 그림이 복잡해보이지만 모양이 같은 도형 8개로 이루어져 있어. 이 중에서 넓이를 구하기 쉬운 도형을 골라서 적분한 후 8배 하면 되겠지.

2nd 어두운 부분은 8개의 합동인 도형이므로 1개의 도형의 넓이를 구하자.

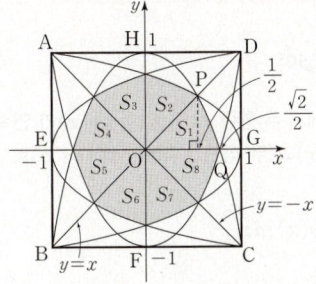

그림과 같이 두 직선 $y=x$, $y=-x$에 의해 8개로 나눠지는 도형은 모두 합동이다.
이때, x축, 직선 $y=x$와 곡선 $y=f(x)$에 의해 둘러싸인 부분의 넓이를 S_1이라 하자.
그림과 같이 $x>0$인 부분에서 직선 $y=x$와 곡선 $y=f(x)$의 교점을 P, 곡선 $y=f(x)$와 x축의 교점을 Q라 하자.
점 P의 x좌표를 구하면
$x=-2x^2+1$에서
$(2x-1)(x+1)=0$
$\therefore x=\dfrac{1}{2}$ $(\because x>0)$
$\therefore \text{P}\left(\dfrac{1}{2}, \dfrac{1}{2}\right)$

이제 $f(x)=0$인 x의 값을 이용하여 점 Q의 좌표를 구하면

$-2x^2+1=0$에서

$x=\dfrac{1}{\sqrt{2}}=\dfrac{\sqrt{2}}{2}\ (\because x>0)$

구간 $\left[0,\dfrac{1}{2}\right]$에서 직선 $y=x$와 x축으로 둘러싸인 부분의

$\therefore\ \mathrm{Q}\left(\dfrac{\sqrt{2}}{2},\ 0\right)$

넓이와 구간 $\left[\dfrac{1}{2},\dfrac{\sqrt{2}}{2}\right]$에서 곡선 $y=-2x^2+1$과 x축으로 둘러싸인 부분의 넓이의 합이야.

$\therefore\ \underline{S_1}=\displaystyle\int_0^{\frac{1}{2}}x\,dx+\int_{\frac{1}{2}}^{\frac{\sqrt{2}}{2}}(-2x^2+1)\,dx$

$\quad=\left[\dfrac{x^2}{2}\right]_0^{\frac{1}{2}}+\left[-\dfrac{2}{3}x^3+x\right]_{\frac{1}{2}}^{\frac{\sqrt{2}}{2}}$

$\quad=\dfrac{1}{8}+\left(-\dfrac{\sqrt{2}}{6}+\dfrac{\sqrt{2}}{2}\right)-\left(-\dfrac{1}{12}+\dfrac{1}{2}\right)$

$\quad=\dfrac{\sqrt{2}}{3}+\dfrac{1}{8}-\dfrac{5}{12}$

$\quad=\dfrac{\sqrt{2}}{3}-\dfrac{7}{24}$

$\therefore$ (구하는 넓이)$=8S_1=8\left(\dfrac{\sqrt{2}}{3}-\dfrac{7}{24}\right)$

$\qquad\qquad\qquad=\dfrac{8\sqrt{2}-7}{3}=\dfrac{p\sqrt{2}+q}{3}$

따라서 $p=8,\ q=-7$이므로

$p-q=8-(-7)=15$

1등급 대비 특강

✻ 여러 개의 합동인 도형으로 나누어 도형의 넓이 구하기

구하는 부분의 넓이가 여러 개의 이차함수의 그래프로 둘러싸인 부분의 넓이이므로 이차함수의 정적분을 활용해야 해. 이때, 정사각형 ABCD의 한 변에 평행한 직선을 x축으로 하고 네 개의 그래프가 나타내는 도형의 방정식을 구하면 두 그래프가 나타내는 도형의 방정식은 x에 대한 이차식으로 표현이 가능하지만 나머지 두 그래프가 나타내는 도형의 방정식은 y에 대한 이차식으로 표현되므로 문제의 어두운 부분의 넓이를 한 번에 구하기는 어려워. 따라서 넓이를 구하는 도형을 여러 개의 합동인 도형으로 나누어 도형의 넓이를 구해야 해.

✿ 두 곡선 사이의 넓이　　　　　　　　**개념·공식**

닫힌구간 $[a,\ b]$에서 두 함수 $y=f(x),\ y=g(x)$가 연속일 때, 두 곡선 $y=f(x),\ y=g(x)$와 두 직선 $x=a,\ x=b\,(a<b)$로 둘러싸인 도형의 넓이 S는

$$S=\int_a^b|f(x)-g(x)|\,dx$$

✻주어진 정적분의 값이 최소가 되도록 하는 상수 구하기 [유형 03 + 12]

두 함수 $f(x)$와 $g(x)$가

$$f(x)=\begin{cases}0 & (x\le 0)\\ x & (x>0)\end{cases},\ g(x)=\begin{cases}x(2-x) & (|x-1|\le 1)\\ 0 & (|x-1|>1)\end{cases}$$

이다. 양의 실수 $k,\ a,\ b\,(a<b<2)$에 대하여, 함수 $h(x)$를

$$h(x)=k\{f(x)-f(x-a)-f(x-b)+f(x-2)\}$$

라 정의하자. 모든 실수 x에 대하여 $0\le h(x)\le g(x)$일 때,

$\displaystyle\int_0^2\{g(x)-h(x)\}\,dx$의 값이 최소가 되게 하는 $k,\ a,\ b$에 대하여 $60(k+a+b)$의 값을 구하시오. (4점)

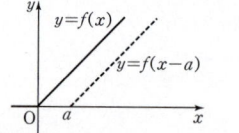 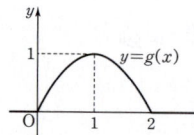

단서1 $f(x-a),\ f(x-b),\ f(x-2)$는 모두 함수 $f(x)$의 그래프를 평행이동한 거야. 범위를 나누어서 함수 $h(x)$를 찾아봐.

단서2 $\displaystyle\int_0^2\{g(x)-h(x)\}\,dx$에서 $\displaystyle\int_0^2 g(x)\,dx$의 값은 이미 정해져 있어. 즉, $\displaystyle\int_0^2\{g(x)-h(x)\}\,dx$의 값이 최소가 되려면 $\displaystyle\int_0^2 h(x)\,dx$의 값이 최대가 되어야 하겠지?

왜 1등급? 함수 $f(x)$가 어떤 구간에서 $f(x)\ge 0$일 때, 이 구간에서의 정적분의 값은 이 구간에서 함수 $y=f(x)$의 그래프와 x축으로 둘러싸인 부분의 넓이와 같음을 이용하여 주어진 정적분의 값이 최소가 될 때의 상수를 구하는 문제이다.

함수 $g(x)$가 결정되어 있기 때문에 $\displaystyle\int_0^2 g(x)\,dx$의 값도 결정되어 있으므로 주어진 정적분의 값이 최소가 되려면 $\displaystyle\int_0^2 h(x)\,dx$의 값이 최대가 되어야 하는 조건을 파악하는 것이 어렵다.

💡 단서+발상

단서1 먼저, 함수 $h(x)$는 함수 $f(x)$를 이용하여 정의된 것이므로 함수 $h(x)$를 함수 $f(x)$의 식으로 간단히 나타내야 한다. **발상**

이때, 함수 $y=f(x-a)$의 그래프는 함수 $y=f(x)$의 그래프를 x축의 방향으로 a만큼 평행이동한 것이므로 $x\le a$일 때와 $x>a$일 때 서로 다르게 정의된다. $f(x-b)$와 $f(x-2)$도 마찬가지이다. 따라서 함수 $h(x)$는 $x\le 0$일 때, $0<x\le a$일 때, $a<x\le b$일 때, $b<x\le 2$일 때, $x>2$일 때로 나누어 정의된다. **개념**

단서2 이제, 정적분의 값이 최소가 될 때를 파악해야 한다.

모든 실수 x에 대하여 $0\le h(x)\le g(x)$이므로 함수 $y=h(x)$의 그래프는 x축의 아래쪽으로 내려가면 안 되고 함수 $y=g(x)$의 그래프의 위쪽으로 올라가면 안 된다. **개념**

또, 주어진 정적분의 식을 $\displaystyle\int_0^2 g(x)\,dx-\int_0^2 h(x)\,dx$로 변형하면 함수 $g(x)$는 결정되어 있으므로 주어진 정적분의 값이 최소이려면 $\displaystyle\int_0^2 h(x)\,dx$가 최대가 되어야 함을 알고 그때의 함수 $y=h(x)$의 그래프를 그려야 한다. **해결**

주의 k의 값의 범위를 설정하지 않으면 최댓값을 구할 수 없으므로 $0<a<1<b<2$임을 이용하여 k의 값의 범위를 나눈다.

핵심 정답 공식: 주어진 함수 $g(x)$에 대하여 $\displaystyle\int_0^2 g(x)\,dx$의 값은 일정하다.

즉, $\displaystyle\int_0^2\{g(x)-h(x)\}\,dx$의 값이 최소이려면 $\displaystyle\int_0^2 h(x)\,dx$의 값이 최대가 되어야 한다.

1st $f(x-a), f(x-b), f(x-2)$의 식을 구해 함수 $h(x)$의 그래프의 개형을 유추하자.

$f(x)=\begin{cases}0\ (x\leq0)\\x\ (x>0)\end{cases}$이므로

$f(x-a)=\begin{cases}0\quad(x\leq a)\\x-a\ (x>a)\end{cases}$
→ $f(x)=\begin{cases}0\ (x\leq0)\\x\ (x>0)\end{cases}$에서 x 대신에 $x-a$를 대입하면
$f(x-a)=\begin{cases}0\quad(x-a\leq0)\\x-a\ (x-a>0)\end{cases}$
∴ $f(x-a)=\begin{cases}0\quad(x\leq a)\\x-a\ (x>a)\end{cases}$

$f(x-b)=\begin{cases}0\quad(x\leq b)\\x-b\ (x>b)\end{cases}$
← $f(x)$에서 x 대신에 $x-b$를 대입해.

$f(x-2)=\begin{cases}0\quad(x\leq2)\\x-2\ (x>2)\end{cases}$
← $f(x)$에서 x 대신에 $x-2$를 대입해.

이때, $0<a<b<2$이므로 다음과 같이 구간을 나누어 $h(x)$를 찾자.

(i) $x\leq0$일 때,
$\begin{aligned}h(x)&=k\{f(x)-f(x-a)-f(x-b)+f(x-2)\}\\&=k(0-0-0+0)\\&=0\end{aligned}$

(ii) $0<x\leq a$일 때,
$\begin{aligned}h(x)&=k\{f(x)-f(x-a)-f(x-b)+f(x-2)\}\\&=k(x-0-0+0)\\&=kx\end{aligned}$

(iii) $a<x\leq b$일 때,
$\begin{aligned}h(x)&=k\{f(x)-f(x-a)-f(x-b)+f(x-2)\}\\&=k\{x-(x-a)-0+0\}\\&=ka\end{aligned}$

(iv) $b<x\leq2$일 때,
$\begin{aligned}h(x)&=k\{f(x)-f(x-a)-f(x-b)+f(x-2)\}\\&=k\{x-(x-a)-(x-b)+0\}\\&=k(a+b-x)\end{aligned}$

(v) $x>2$일 때,
$\begin{aligned}h(x)&=k\{f(x)-f(x-a)-f(x-b)+f(x-2)\}\\&=k\{x-(x-a)-(x-b)+(x-2)\}\\&=k(a+b-2)\end{aligned}$

(i)~(v)에서 $h(x)=\begin{cases}0&(x\leq0)\\kx&(0<x\leq a)\\ka&(a<x\leq b)\\k(a+b-x)&(b<x\leq2)\\k(a+b-2)&(x>2)\end{cases}$
→ $g(2)=2\times(2-2)=0$

그런데 $g(2)=0$이고, 모든 실수 x에 대하여 $0\leq h(x)\leq g(x)$이므로 $h(2)=0$이어야 한다.
→ $0\leq h(x)\leq g(x)$이고 $g(2)=0$이므로 $0\leq h(2)\leq g(2)$
$0\leq h(2)\leq0$ ∴ $h(2)=0$

즉, $h(2)=k(a+b-2)=0$이고 $k>0$이므로 $a+b=2$이다.
따라서 함수 $h(x)$의 그래프의 개형은 [그림 1]과 같다.

함정 $a+b=2$인 걸 통해 함수 $h(x)$의 그래프가 등변사다리꼴 모양으로 나오는 걸 알아내는 게 중요해.

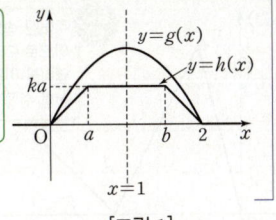

함수 $y=h(x)(0\leq x\leq2)$의 그래프는 $x=1$에 대하여 대칭인 등변사다리꼴 모양이야.

[그림 1]

2nd $\int_0^2\{g(x)-h(x)\}dx$의 값이 최소가 되기 위한 조건을 생각해.

이때, $\int_0^2 g(x)dx$의 값은 일정하므로 $\int_0^2\{g(x)-h(x)\}dx$의 값이 최소가 되려면 $\int_0^2 h(x)dx$의 값이 최대가 되어야 한다.
→ $\int_0^2 g(x)dx=\int_0^2 x(2-x)dx=\left[x^2-\frac{1}{3}x^3\right]_0^2=\frac{4}{3}$

따라서 모든 실수 x에 대하여 $0\leq h(x)\leq g(x)$이므로 [그림 2]와 같이 사다리꼴 모양의 $h(x)$의 그래프가 $g(x)$의 그래프에 내접할 때 $\int_0^2 h(x)dx$의 값이 최대가 된다.

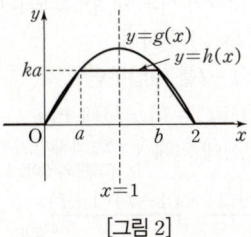

[그림 2]

즉, 사다리꼴의 두 꼭짓점 (a, ka)와 (b, ka)가 $y=g(x)$의 그래프 위의 점이어야 하므로
→ $g(a)=ka$, $g(b)=ka$여야 해.
$ka=a(2-a)$, $k=2-a$
→ $a>0$이므로 양변을 a로 나누었어.
∴ $a=2-k(0<a<1)\cdots$ ㉠

이때, $a+b=2$이므로 ㉠을 대입하면
$(2-k)+b=2$
∴ $b=k\cdots$ ㉡

$\int_0^2 h(x)dx$의 값은 사다리꼴의 넓이와 같으므로
(사다리꼴의 넓이)$=\frac{1}{2}\times\{$(윗변의 길이)$+$(아랫변의 길이)$\}\times$(높이)
$\begin{aligned}\int_0^2 h(x)dx&=\frac{1}{2}\times\{(b-a)+2\}\times ka\\&\quad\text{윗변의 길이}\quad\quad\text{아랫변의 길이}\\&=\frac{1}{2}\times\{(k-2+k)+2\}\times k(2-k)\ (\because ㉠, ㉡)\\&=k^2(2-k)\\&=-k^3+2k^2\end{aligned}$

3rd $\int_0^2 h(x)dx$의 최댓값을 구하자.

$S(k)=-k^3+2k^2(1<k<2)$로 놓으면
→ $a=2-k(0<a<1)$이므로 $0<2-k<1$ ∴ $1<k<2$
$S'(k)=-3k^2+4k$에서
$-3k^2+4k=0, -k(3k-4)=0$
∴ $k=\frac{4}{3}(\because 1<k<2)$

$S(k)$의 증가와 감소를 표로 나타내면 다음과 같다.

k	(1)	$\cdots$	$\frac{4}{3}$	$\cdots$	(2)
$S'(k)$		$+$	0	$-$	
$S(k)$		↗	극대	↘	

즉, 함수 $S(k)$는 $k=\frac{4}{3}$에서 극대이자 최대이므로 $k=\frac{4}{3}$일 때 $\int_0^2 h(x)dx$의 값은 최대가 되고,

$\int_0^2\{g(x)-h(x)\}dx$의 값은 최소가 된다.

∴ $60(k+a+b)=60\times\left(\frac{4}{3}+2\right)=200$
→ $k=\frac{4}{3}, a+b=2$

다른 풀이: 이차함수의 대칭성을 이용하여 $g(x)$의 식을 구하고, 사다리꼴 넓이 공식을 이용하여 $\int_0^2 h(x)dx$의 최댓값 구하기

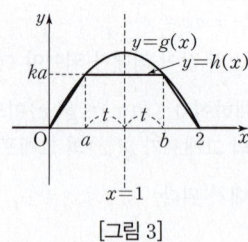

[그림 3]

$x=a$, $x=b$는 $x=1$에 대하여 서로 대칭이므로 [그림 3]과 같이 $a=1-t$, $b=1+t$ $(0<t<1)$라 하자.

$g(x)=x(2-x)$에 $x=1-t$를 대입하면

$g(1-t)=(1-t)(2-1+t)=(1-t)(1+t)$

이므로 사다리꼴 넓이 공식에 의해 ⟶ 윗변의 길이 : $2t$
⟶ 아랫변의 길이 : 2

$$\int_0^2 h(x)dx=\frac{1}{2}\times\underline{(2t+2)}\times\underline{(1-t)(1+t)}$$
↘ 높이

$$=(1+t)^2(1-t) \quad (0<t<1)$$

$R(t)=(1+t)^2(1-t) \ (0<t<1)$라 하면

$R'(t)=2(1+t)(1-t)-(1+t)^2$

$\qquad=(1+t)(1-3t)$

$R'(t)=0$에서 $(1+t)(1-3t)=0$

$\therefore t=\dfrac{1}{3} \ (\because 0<t<1)$

$R(t)$의 증가와 감소를 표로 나타내면 다음과 같아.

t	(0)	$\cdots$	$\dfrac{1}{3}$	$\cdots$	(1)
$R'(t)$		$+$	0	$-$	
$R(t)$		↗	극대	↘	

즉, 함수 $R(t)$는 $t=\dfrac{1}{3}$에서 극대이자 최대이므로 $t=\dfrac{1}{3}$에서

$\int_0^2 h(x)dx$의 값은 최대가 되고,

$\int_0^2 \{g(x)-h(x)\}dx$의 값은 최소가 돼.

따라서 $a=1-t=1-\dfrac{1}{3}=\dfrac{2}{3}$, $b=1+t=1+\dfrac{1}{3}=\dfrac{4}{3}$이고

$\underline{ka=(1-t)(1+t)}$에서 $k=\dfrac{\frac{2}{3}\times\frac{4}{3}}{\frac{2}{3}}=\dfrac{4}{3}$이므로
⟶ $g(1-t)=ka$지?

$60(k+a+b)=60\times\left(\dfrac{4}{3}+\dfrac{2}{3}+\dfrac{4}{3}\right)=200$

My Top Secret　　서울대 선배의 **❶등급 대비 전략**

어떤 구간에서의 함수 $f(x)$의 정적분의 값은 이 구간에서 $f(x)\geq 0$이면 양수이고 이 구간에서 $f(x)<0$이면 음수야.

또, 정적분의 기하학적 의미는 그래프와 x축으로 둘러싸인 부분의 넓이이므로 정적분을 구해야 하는 구간에서의 함수의 그래프가 곡선이 아닌 직선이라면 정적분의 값을 정적분의 정의를 이용하여 구하는 것보다는 도형의 넓이로 구하는 것이 더 간단해.

이때, 함수 $f(x)$가 구간 $[a,b]$에서 $f(x)\geq 0$이고 구간 $[b,c]$에서 $f(x)\leq 0$이라면 $\int_a^c f(x)dx$의 값은 함수 $y=f(x)$의 그래프와 두 직선 $x=a$, $x=b$ 및 x축으로 둘러싸인 부분의 넓이에서 함수 $y=f(x)$의 그래프와 두 직선 $x=b$, $x=c$ 및 x축으로 둘러싸인 부분의 넓이를 빼서 구해야 함에 주의해야 해.

G 147 정답 ①　　　　　　　⭐2등급 대비 [정답률 22%]

＊움직인 거리를 정적분으로 나타내어 새로운 함수 구하기 [유형 14]

원점을 출발하여 수직선 위를 움직이는 점 P의 시각 $t(0\leq t\leq 5)$에서의 속도 $v(t)$가 다음과 같다.

$$v(t)=\begin{cases} 4t & (0\leq t<1) \\ -2t+6 & (1\leq t<3) \\ t-3 & (3\leq t\leq 5) \end{cases}$$

$0<x<3$인 실수 x에 대하여 점 P가

▸ **단서1** 각 구간에서 점 P가 움직인 거리는 각각 $\int_0^x v(t)dt, \int_x^{x+2}v(t)dt,$ $\int_{x+2}^5 v(t)dt$야.

　시각 $t=0$에서 $t=x$까지 움직인 거리,
　시각 $t=x$에서 $t=x+2$까지 움직인 거리,
　시각 $t=x+2$에서 $t=5$까지 움직인 거리

중에서 최소인 값을 $f(x)$라 할 때, 옳은 것만을 [보기]에서 있는 대로 고른 것은? (4점)

　　　　　　[보기]
ㄱ. $f(1)=2$
ㄴ. $f(2)-f(1)=\int_1^2 v(t)dt$
ㄷ. 함수 $f(x)$는 $x=1$에서 미분가능하다.

▸ **단서2** $x=1$에서의 좌미분계수와 우미분계수를 구해 비교해봐야겠지?

①ㄱ　　②ㄴ　　③ㄱ,ㄴ　　④ㄱ,ㄷ　　⑤ㄴ,ㄷ

왜2등급? x의 값에 따라 각 구간에서 점 P가 움직인 거리를 구해 그 중 움직인 거리가 최소인 것을 새로운 함수로 정의하고 이 함수에 대한 함숫값과 미분가능성을 묻는 문제이다.

시각 $t(0\leq t\leq 5)$에서 점 P의 속도는 항상 양수이고 점 P의 임의의 구간에서 움직인 거리는 이 구간에서 $v(t)$의 그래프와 t축으로 둘러싸인 부분의 넓이와 같으므로 각 구간에서의 점 P가 움직인 거리를 넓이를 이용하여 구할 수 있어야 한다.

💡 **단서+발상**

단서1 점 P가 시각 $t=a$에서 $t=b$까지 움직인 거리는 구간 $[a,b]$에서 속도의 절댓값, 즉 속력의 정적분 값임을 알아야 한다. **개념**

그런데 이 문제에서는 $0\leq t\leq 5$일 때 $v(t)\geq 0$이므로 주어진 속도를 정적분하여 점 P가 움직인 거리를 바로 구할 수 있다. **적용**

단서2 함수 $f(x)$의 $x=a$에서의 미분가능성은 $x=a$에서의 좌미분계수와 우미분계수를 비교하여 따지거나 그래프를 이용하여 따져볼 수 있다. **개념**

문제에서는 $x=1$에서의 함수 $f(x)$의 미분가능성을 묻고 있기 때문에 $x<1$일 때의 $f(x)$, $x>1$일 때의 $f(x)$를 각각 구해 미분가능성을 따진다. **해결**

주의 함수 $f(x)$는 각 구간에서의 점 P가 움직인 거리 중 최솟값이므로 함수 $f(x)$를 찾을 때는 $A-B>0$이면 $A>B$임을 이용한다.

핵심 정답 공식: 시각 t에서의 속도가 $v(t)$인 점이 구간 $[a,b]$에서 움직인 거리는 구간 $[a,b]$에서 $v(t)$의 그래프와 t축으로 둘러싸인 부분의 넓이이다.

--------------- [문제 풀이 순서] ---------------

1st 속도 $v(t)$의 그래프부터 그리자.

문제의 주어진 조건을 이용하여 $v(t)$의 그래프를 그리면 다음과 같다.

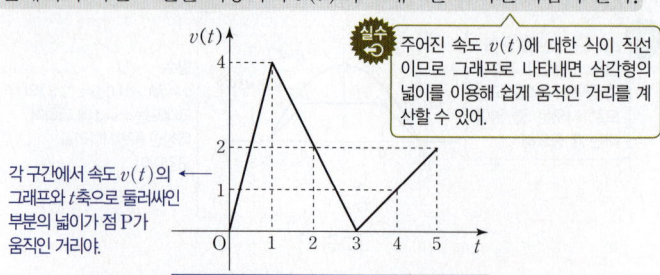

각 구간에서 속도 $v(t)$의 그래프와 t축으로 둘러싸인 부분의 넓이가 점 P가 움직인 거리야.

주어진 속도 $v(t)$에 대한 식이 직선이므로 그래프로 나타내면 삼각형의 넓이를 이용해 쉽게 움직인 거리를 계산할 수 있어.

ㄱ. $x=1$일 때,

$t=0$에서 $t=1$까지 움직인 거리는

$$\underbrace{\frac{1}{2}\times 1\times 4=2}_{\displaystyle\int_0^1 v(t)dt}$$

$t=1$에서 $t=3$까지 움직인 거리는

$$\underbrace{\frac{1}{2}\times 2\times 4=4}_{\displaystyle\int_1^3 v(t)dt}$$

$t=3$에서 $t=5$까지 움직인 거리는

$$\underbrace{\frac{1}{2}\times 2\times 2=2}_{\displaystyle\int_3^5 v(t)dt}$$

$\therefore f(1)=2$ (참)

ㄴ. $x=2$일 때,

$t=0$에서 $t=2$까지 움직인 거리는

$$\underbrace{\frac{1}{2}\times 3\times 4-\frac{1}{2}\times 1\times 2=5}_{\displaystyle\int_0^2 v(t)dt}$$

$t=2$에서 $t=4$까지 움직인 거리는

$$\underbrace{\frac{1}{2}\times 1\times 2+\frac{1}{2}\times 1\times 1=\frac{3}{2}}_{\displaystyle\int_2^4 v(t)dt}$$

$t=4$에서 $t=5$까지 움직인 거리는

$$\underbrace{\frac{1}{2}\times(1+2)\times 1=\frac{3}{2}}_{\displaystyle\int_4^5 v(t)dt}$$

따라서 $f(2)=\frac{3}{2}$이므로 $f(2)-f(1)=\frac{3}{2}-2(\because\ \text{ㄱ})=-\frac{1}{2}$

그런데 $\displaystyle\int_1^2 v(t)dt=\frac{1}{2}\times(4+2)\times 1=3$이므로

$f(2)-f(1)\neq\displaystyle\int_1^2 v(t)dt$ (거짓)

3rd $0<x<1$, $1\leq x<3$일 때로 나누어 함수 $f(x)$를 구해.

ㄷ. (i) $0<x<1$일 때,

함수 $f(x)$는 $t=0$에서 $t=x$까지 움직인 거리이므로

$$f(x)=\frac{1}{2}\times x\times 4=2x^2$$

(ii) $1\leq x<3$일 때,

함수 $f(x)$는 $t=x+2$에서 $t=5$까지 움직인 거리이므로

$$f(x)=2\times 2\times\frac{1}{2}-\frac{1}{2}\times(x-1)^2=2-\frac{1}{2}(x-1)^2$$

(i), (ii)에서 좌미분계수와 우미분계수를 구하면

$$\lim_{x\to 1-}f'(x)=\lim_{x\to 1-}4x=4$$

$$\lim_{x\to 1+}f'(x)=\lim_{x\to 1+}\{-(x-1)\}=0$$

따라서 함수 $f(x)$는 $x=1$에서 (좌미분계수)$\neq$(우미분계수)이므로 미분계수가 존재하지 않는다. (거짓)

따라서 옳은 것은 ㄱ이다.

1등급 대비 특강

✳ 속도 $v(t)$가 구간별로 다르게 정의되어 있는 경우, 움직인 거리의 최솟값을 효과적으로 구하기

적분 구간이 변수이고 속도 $v(t)$가 구간별로 다르게 정의되어 있기 때문에 각 구간에서의 움직인 거리를 구하여 그 중 최솟값을 구하기가 어려울 수 있어. 따라서 각 구간에서의 움직인 거리가 어느 정도 크기의 값을 갖는지 조사한 뒤 최솟값이 될 수 있는 것을 찾는 것이 더 간단하게 $f(x)$를 구하는 방법이야.

즉, $t=0$에서 $t=x$까지 움직인 거리를 A, $t=x$에서 $t=x+2$까지 움직인 거리를 B, $t=x+2$에서 $t=5$까지 움직인 거리를 C라 하면 $x=1$일 때 A=2, B=4, C=2임을 이용하여 $x\leq 1$일 때와 $x>1$일 때의 A, B, C의 값의 범위를 각각 구해서 $f(x)$를 찾아.

 My Top Secret　　　서울대 선배의 **①** 등급 대비 전략

함수 $g(x)$가 증가함수이면 $a<b$일 때 $g(a)<g(b)$이고 감소함수이면 $a<b$일 때, $g(a)>g(b)$야. 따라서 적분 구간이 변수인 함수 $\displaystyle\int_x^{x+k} h(t)dt$가 증가하는 구간과 감소하는 구간을 파악하면 $x=a$와 $x=b$에서의 $\displaystyle\int_x^{x+k} h(t)dt$의 함숫값의 대소 비교를 좀 더 쉽게 구할 수 있어. 이때, $\dfrac{d}{dx}\displaystyle\int_x^{x+k} h(t)dt=h(x+k)-h(x)$이므로 $h(x+k)-h(x)$의 부호를 이용하면 함수 $\displaystyle\int_x^{x+k} h(t)dt$가 증가하는 구간과 감소하는 구간을 구할 수 있어.

G

경찰대, 삼사 중요 기출 문제 [어려운 3점+4점+5점]

G 148 **정답 17** ✳곡선과 x축으로 둘러싸인 부분의 넓이 … [정답률 42%]

정답 공식: 함수 $f(x)$를 x축의 방향으로 -1만큼 평행이동한 함수는 $f(x+1)$이므로 임의의 실수 n에 대하여 $\displaystyle\int_{n+1}^{n+2} f(x)dx=\displaystyle\int_n^{n+1} f(x+1)dx$가 성립한다.

양수 a와 함수 $f(x)$가 다음 조건을 만족시킨다.

(가) $0\leq x<1$일 때, $f(x)=2x^2+ax$이다.

(나) 모든 실수 x에 대하여 $f(x+1)=f(x)+a^2$이다.
단서 2 $f(x)=f(x-1)+a^3$으로 변형하여 그래프의 평행이동을 이용해봐. 이때, 함수 $f(x)$가 정의되는 구간을 신경써야 해.

함수 $f(x)$가 실수 전체의 집합에서 연속일 때, 곡선 $y=f(x)$와 x축 및 직선 $x=3$으로 둘러싸인 부분의 넓이를 구하시오. (4점)
단서 1 함수 $f(x)=2x^2+ax$는 $0\leq x<1$에서만 정의되어 있으므로 $f(1)$의 값은 구할 수 없어. 그런데 함수 $f(x)$가 실수 전체의 집합에서 연속이므로 $x=1$에서도 연속이야. 즉, $f(1)=\displaystyle\lim_{x\to 1-}f(x)$임을 이용해.

1st 함수 $f(x)$가 연속일 조건을 이용하여 양수 a의 값을 구하자.

조건 (가)에서 $0\leq x<1$일 때, $f(x)=2x^2+ax$이므로

$f(0)=0$

조건 (나)의 $f(x+1)=f(x)+a^2$의 양변에 $x=0$을 대입하면

$f(1)=f(0)+a^2=0+a^2=a^2$

이때, 함수 $f(x)$가 실수 전체의 집합에서 연속이므로 $x=1$에서도 연속이어야 한다. 　함수 $f(x)$가 $x=k$에서 연속이면 $\displaystyle\lim_{x\to k-}f(x)=\lim_{x\to k+}f(x)=f(k)$

즉, $\displaystyle\lim_{x\to 1-}f(x)=f(1)$에서 $\displaystyle\lim_{x\to 1-}(2x^2+ax)=a^2$이어야 하므로

$2+a=a^2$, $a^2-a-2=0$

$(a+1)(a-2)=0$ 　　$\therefore a=2$ $(\because a>0)$

따라서 $0\leq x<1$일 때, $f(x)=2x^2+2x$

2nd 조건 (나)를 이용하여 함수 $y=f(x)$의 그래프를 그려봐.

조건 (나)의 $f(x+1)=f(x)+a^2=f(x)+4$에서
　　　　　　　　　　　　　　　↳ $a=2$이니까 $a^2=2^2=4$
$f(x)=f(x-1)+4$
$f(x+1)=f(x)+4$에서 x 대신 $x-1$을 대입한 거야.

따라서 $0\leq x-1<1$, 즉 $1\leq x<2$일 때,

$f(x)=2(x-1)^2+2(x-1)+4$
$f(x)=f(x-1)+4$이고, $f(x-1)$은 $f(x)=2x^2+2x$에 x 대신에 $x-1$을 대입하면 돼.

즉, 함수 $y=2(x-1)^2+2(x-1)+4$ $(1\leq x<2)$의 그래프는 함수 $y=2x^2+2x$ $(0\leq x<1)$의 그래프를 x축의 방향으로 1만큼, y축의 방향으로 4만큼 평행이동한 것이다.

한편, $f(x)=f(x-1)+4$에서

$\underline{f(x-1)=f(x-2)+4}$ … ㉠
$f(x)=f(x-1)+4$에서 x 대신 $x-1$을 대입한 거야.

또, $f(x-1)=f(x)-4$ … ㉡이므로

㉠-㉡을 하여 정리하면 $f(x)=f(x-2)+8$

따라서 $0\leq x-2<1$, 즉 $2\leq x<3$일 때,

$f(x)=2(x-2)^2+2(x-2)+8$

즉, 함수 $y=2(x-2)^2+2(x-2)+8$ $(2\leq x<3)$의 그래프는 함수 $y=2x^2+2x$ $(0\leq x<1)$의 그래프를 x축의 방향으로 2만큼, y축의 방향으로 8만큼 평행이동한 것이다.

따라서 구간 $0\leq x<3$에서 함수 $y=f(x)$의 그래프는 그림과 같다.

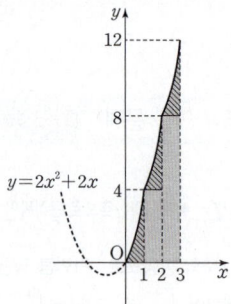

3rd 곡선 $y=f(x)$와 x축 및 직선 $x=3$으로 둘러싸인 부분의 넓이를 구하자.

곡선 $y=f(x)$와 x축 및 직선 $x=3$으로 둘러싸인 부분의 넓이를 S라 하면

$S=3\displaystyle\int_0^1 (2x^2+2x)dx+1\times 4+1\times 8$

$=3\left[\dfrac{2}{3}x^3+x^2\right]_0^1+12=3\times\left(\dfrac{2}{3}+1\right)+12$

$=5+12=17$

넓이를 구해야 하는 도형의 모양은 $0\leq x<1$에서 곡선 $y=f(x)$와 x축 및 직선 $x=1$로 둘러싸인 부분이 평행이동으로 인해 반복해서 2번 더 그려지고, 이 반복된 도형 아래에는 직사각형이 2개 있어.

다른 풀이: 함수의 그래프의 평행이동의 정적분 성질을 이용하여 **구간별 정적분 계산하기**

2nd에서 $f(x+1)=f(x)+4$라 했으므로 임의의 실수 n에 대하여

$\displaystyle\int_{n+1}^{n+2} f(x)dx=\int_n^{n+1} f(x+1)dx$

함수 $f(x+1)$의 그래프는 함수 $f(x)$를 x축의 방향으로 -1만큼 평행이동한 것이므로 적분구간이 닫힌구간 $[n+1, n+2]$에서 닫힌구간 $[n, n+1]$로 변하는 거야.

$=\displaystyle\int_n^{n+1}\{f(x)+4\}dx$

$=\displaystyle\int_n^{n+1} f(x)dx+\int_n^{n+1} 4dx$

$=\displaystyle\int_n^{n+1} f(x)dx+\left[4x\right]_n^{n+1}$

$=\displaystyle\int_n^{n+1} f(x)dx+4$
$4(n+1)-4n=4$

가 성립해.

따라서 곡선 $y=f(x)$와 x축 및 직선 $x=3$으로 둘러싸인 부분의 넓이를 S라 하면

$S=\displaystyle\int_0^3 f(x)dx=\int_0^1 f(x)dx+\int_1^2 f(x)dx+\int_2^3 f(x)dx$

$=\displaystyle\int_0^1 f(x)dx+\left(\int_0^1 f(x)dx+4\right)+\left(\int_0^1 f(x)dx+8\right)$

$=3\displaystyle\int_0^1 f(x)dx+12$ $\quad\int_2^3 f(x)dx=\int_1^2 f(x)dx+4=\left(\int_0^1 f(x)dx+4\right)+4$

$=3\displaystyle\int_0^1 (2x^2+2x)dx+12=3\left[\dfrac{2}{3}x^3+x^2\right]_0^1+12$

$=3\times\left(\dfrac{2}{3}+1\right)+12=5+12=17$

G 149 정답 ② *곡선과 직선으로 둘러싸인 부분의 넓이 … [정답률 58%]

정답 공식: 곡선 $y=f(x)$와 직선 $y=g(x)$ 및 두 직선 $x=a$, $x=b$로 둘러싸인 부분의 넓이 S는 $S=\displaystyle\int_a^b |f(x)-g(x)|dx$이다.

곡선 $y=|x^2-2x|$와 직선 $y=3$으로 둘러싸인 부분의 넓이는? (4점)

단서 함수 $y=|x^2-2x|$의 그래프와 직선 $y=3$을 좌표평면 위에 그리고 교점의 x좌표를 구한 후 정적분을 이용하여 넓이를 구하자.

① 7 ② 8 ③ 9
④ 10 ⑤ 11

1st 주어진 곡선과 직선을 좌표평면 위에 나타내자.

함수 $y=|x^2-2x|$의 그래프는 함수 $y=x^2-2x$의 그래프에서 x축의 아랫부분을 x축에 대하여 대칭이동하여 그린 것이므로

곡선 $y=|x^2-2x|$와 직선 $y=3$을 좌표평면 위에 나타내면 그림과 같다.

(i) $x^2-2x\geq 0$일 때, $x(x-2)\geq 0$에서 $x\leq 0$ 또는 $x\geq 2$
즉, $x\leq 0$ 또는 $x\geq 2$이면 $y=x^2-2x$

(ii) $x^2-2x<0$일 때, $x(x-2)<0$에서 $0<x<2$
즉, $0<x<2$이면 $y=-x^2+2x$

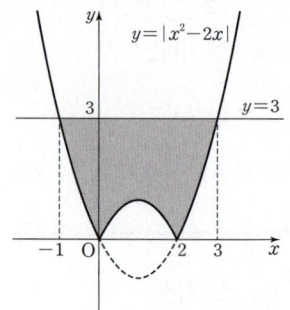

2nd 주어진 곡선과 직선 $y=3$으로 둘러싸인 부분의 넓이를 구하자.

이때, 함수 $y=|x^2-2x|$의 그래프와 직선 $y=3$의 교점의 x좌표를 구하기 위해 연립하면

$x\leq 0$ 또는 $x\geq 2$에서

$x^2-2x=3$, $x^2-2x-3=0$, $(x+1)(x-3)=0$
$0<x<2$에서 $y=-x^2+2x$와 $y=3$의 교점의 x좌표를 구하기 위해 연립하면 $-x^2+2x=3$, $x^2-2x+3=0$의 실근이 존재하지 않음을 알 수 있어.

$\therefore x=-1$ 또는 $x=3$

구하는 부분의 넓이를 세 구간 $[-1, 0]$, $[0, 2]$, $[2, 3]$으로 나눠서 구할 수도 있으나 계산이 많아져 실수할 수 있어.

따라서 구하는 부분의 넓이를 S라 하면

$S=\displaystyle\int_{-1}^3 \{3-(x^2-2x)\}dx-2\int_0^2 |x^2-2x|dx$

$\displaystyle\int_{-1}^3 \{3-(x^2-2x)\}dx$의 값은 함수 $y=x^2-2x$의 그래프와 직선 $y=3$으로 둘러싸인 부분의 넓이야. 즉, 구하는 부분의 넓이는 함수 $y=x^2-2x$의 그래프와 직선 $y=3$으로 둘러싸인 부분의 넓이에서 함수 $y=x^2-2x$의 그래프와 x축으로 둘러싸인 부분의 넓이를 2번 빼서 구할 수 있어.

$=\displaystyle\int_{-1}^3 (3-x^2+2x)dx-2\int_0^2 (-x^2+2x)dx$

$=\left[3x-\dfrac{1}{3}x^3+x^2\right]_{-1}^3-2\left[-\dfrac{1}{3}x^3+x^2\right]_0^2$

$=\left\{(9-9+9)-\left(-3+\dfrac{1}{3}+1\right)\right\}-2\left\{\left(-\dfrac{8}{3}+4\right)-0\right\}$

$=9+\dfrac{5}{3}-\dfrac{8}{3}=8$

정답 공식: 구간 $[a, b]$에서 곡선 $y=f(x)$와 직선 $y=g(x)$로 둘러싸인 부분의 넓이는 $\int_a^b |f(x)-g(x)|dx$이다.

그림과 같이 실수 $k(0<k<6)$에 대하여 직선 $y=x+k$가 곡선 $y=x^2$과 만나는 두 점을 각각 P, Q라 하고, 직선 $y=x+k$가 y축
단서1 두 식을 연립한 $x+k=x^2$의 두 근이 두 점 P, Q의 x좌표가 돼.
과 만나는 점을 R이라 하자. 곡선 $y=x^2$과 y축 및 선분 PR로 둘
단서2 $x=0$을 대입하면 $y=k$이므로 점 R의 좌표는 $(0, k)$가 돼.
러싸인 부분의 넓이를 A, 곡선 $y=x^2$과 y축 및 선분 QR로 둘러싸인 부분의 넓이를 B, 곡선 $y=x^2$과 두 직선 $y=x+k$, $x=3$으로 둘러싸인 부분의 넓이를 C라 하자. $B-C=\dfrac{3}{2}$일 때, $k \times A$의 값은? (단, 점 P의 x좌표는 점 Q의 x좌표보다 작다.) (4점)
단서3 좌변을 정적분으로 나타낼 수 있어.

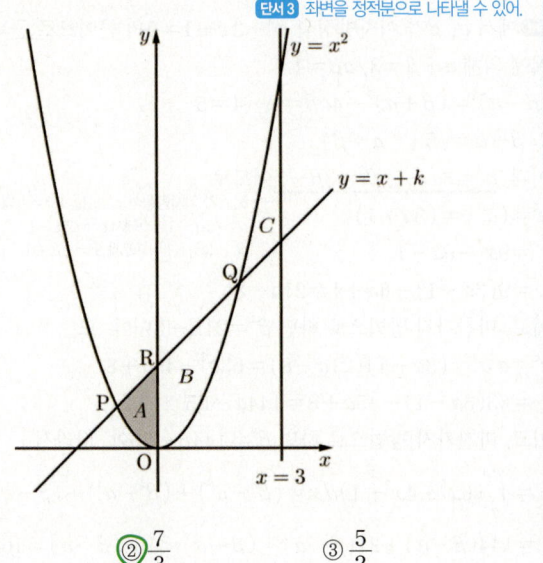

① $\dfrac{13}{6}$ ② $\dfrac{7}{3}$ ③ $\dfrac{5}{2}$

④ $\dfrac{8}{3}$ ⑤ $\dfrac{17}{6}$

1st $B-C=\dfrac{3}{2}$임을 이용하여 상수 k의 값을 구하자.

곡선 $y=x^2$ 위의 점 Q의 좌표를 (a, a^2)이라 하면

$$B=\int_0^a |x^2-(x+k)|dx=\int_0^a \{(x+k)-x^2\}dx,$$

구간 $[0, a]$에서 곡선 $y=x^2$이 직선 $y=x+k$보다 아래쪽에 있으므로 $|x^2-(x+k)|=(x+k)-x^2$
주의

$C=\int_a^3 |x^2-(x+k)|dx=\int_a^3 \{x^2-(x+k)\}dx$로 나타낼 수 있다.

$-\int_a^3 \{x^2-(x+k)\}dx=\int_a^3 \{(x+k)-x^2\}dx$

$B-C=\int_0^a \{(x+k)-x^2\}dx-\int_a^3 \{x^2-(x+k)\}dx$

$=\int_0^a \{(x+k)-x^2\}dx+\int_a^3 \{(x+k)-x^2\}dx$

$=\int_0^3 \{(x+k)-x^2\}dx$ $\int_a^c f(x)dx+\int_c^b f(x)dx=\int_a^b f(x)dx$

그래프를 이용해 $B-C=\int_0^3 \{(x+k)-x^2\}dx$을 바로 구할 수도 있어.

$=\left[\dfrac{1}{2}x^2+kx-\dfrac{1}{3}x^3\right]_0^3$

$=\dfrac{9}{2}+3k-9=3k-\dfrac{9}{2}$

이때, $B-C=\dfrac{3}{2}$이므로

$3k-\dfrac{9}{2}=\dfrac{3}{2}$, $3k=6$

$\therefore k=2$

2nd 넓이 A의 값을 구하여 $k \times A$를 계산해.

직선 $y=x+2$와 곡선 $y=x^2$의 교점의 x좌표를 구하기 위해 두 식을 연립하면

$x+2=x^2$에서 $x^2-x-2=0$

$(x+1)(x-2)=0$

$\therefore x=-1$ 또는 $x=2$

점 P의 x좌표가 점 Q의 x좌표보다 작으므로 점 P의 x좌표는 -1이다.

$A=\int_{-1}^0 |x^2-(x+2)|dx=\int_{-1}^0 \{(x+2)-x^2\}dx$

구간 $[a, b]$에서 곡선 $y=f(x)$와 직선 $y=g(x)$로 둘러싸인 부분의 넓이는 $\int_a^b |f(x)-g(x)|dx$

$=\left[\dfrac{1}{2}x^2+2x-\dfrac{1}{3}x^3\right]_{-1}^0=-\left(\dfrac{1}{2}-2+\dfrac{1}{3}\right)=\dfrac{7}{6}$

$\therefore k \times A=2 \times \dfrac{7}{6}=\dfrac{7}{3}$

❖ 곡선과 직선 사이의 넓이   개념·공식

① 포물선과 직선이 서로 다른 두 점에서 만날 때의 넓이
⇒ 포물선 $y=ax^2+bx+c(a \neq 0)$와 직선 $y=mx+n$이 서로 다른 두 점에서 만날 때, 교점의 x좌표를 α, $\beta(\alpha<\beta)$라 하자. 포물선과 직선 사이의 넓이를 S라 하면

$$S=\dfrac{|a|}{6}(\beta-\alpha)^3$$

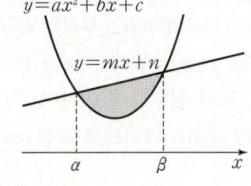

② 삼차곡선과 접선 사이의 넓이
⇒ 삼차곡선 $y=ax^3+bx^2+cx+d(a \neq 0)$와 그 접선 $y=mx+n$이 서로 다른 두 점에서 만날 때, 교점의 x좌표를 α, $\beta(\alpha<\beta)$라 하자. 곡선과 접선 사이의 넓이를 S라 하면 $S=\dfrac{|a|}{12}(\beta-\alpha)^4$

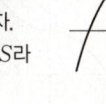

G 151 정답 ④ *두 곡선으로 둘러싸인 부분의 넓이 [정답률 48%]

정답 공식: 곡선 $y=f(x)$와 두 직선 $x=\alpha$, $x=\beta$ 및 x축으로 둘러싸인 부분의 넓이는 $\int_{\alpha}^{\beta}|f(x)|\,dx$이다.
또한, 두 곡선 $y=f(x)$, $y=g(x)$와 두 직선 $x=\alpha$, $x=\beta$로 둘러싸인 부분의 넓이는 $\int_{\alpha}^{\beta}|f(x)-g(x)|\,dx$이다.

> **단서1** 두 곡선의 방정식을 연립하여 교점의 x좌표를 구해.
>
> 두 곡선 $y=x^3+4x^2-6x+5$, $y=x^3+5x^2-9x+6$이 만나는 점의 x좌표를 α, $\beta(\alpha<\beta)$라 할 때, 곡선 $y=6x^5+4x^3+1$과 두 직선 $x=\alpha$, $x=\beta$와 x축으로 둘러싸인 부분의 넓이는 $a\sqrt{5}$이다. 자연수 a의 값은? (4점) **단서2** 정적분을 이용해 넓이를 구하면 돼. 이때, 곡선 $y=6x^5+4x^3+1$과 두 직선 $x=\alpha$, $x=\beta$로 둘러싸인 부분 중 x축 아래에 있는 부분이 있는지 확인해야 해.
>
> ① 160 ② 162 ③ 164 ④ 166 ⑤ 168

1st 두 곡선의 방정식을 연립하여 교점의 x좌표를 구하자.

두 곡선 $y=x^3+4x^2-6x+5$, $y=x^3+5x^2-9x+6$이 만나는 점의 x좌표를 구하기 위해 연립하여 풀면
$$x^3+4x^2-6x+5=x^3+5x^2-9x+6$$
$$x^2-3x+1=0 \quad \therefore x=\frac{3\pm\sqrt{5}}{2} \rightarrow \alpha=\frac{3-\sqrt{5}}{2}, \beta=\frac{3+\sqrt{5}}{2}$$
즉, 두 곡선의 교점의 x좌표인 α, β의 값은 모두 0보다 크다. … ㉠

2nd 정적분을 이용하여 곡선 $y=6x^5+4x^3+1$과 두 직선 $x=\alpha$, $x=\beta$와 x축으로 둘러싸인 부분의 넓이를 구해.

한편, $f(x)=6x^5+4x^3+1$이라 하면 $f'(x)=30x^4+12x^2$
즉, 모든 실수 x에 대하여 $f'(x)\geq 0$이므로 $f(x)$는 증가함수이다.
이때, $f(0)=1$이므로 곡선 $y=f(x)$는 $x>0$에서 항상 x축 위에 그려진다.
$\rightarrow$ $f(x)$가 증가함수이고 $f(0)=1$이므로 $x>0$인 모든 x에 대하여 $f(x)\geq 1>0$이야. … ㉡

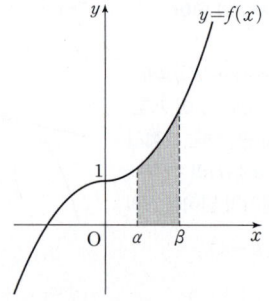

따라서 ㉠, ㉡에 의해 이 곡선과 두 직선 $x=\alpha$, $x=\beta$ 및 x축으로 둘러싸인 부분은 위의 그림의 어두운 부분과 같으므로 구하는 부분의 넓이를 S라 하면
$$S=\int_{\alpha}^{\beta}(6x^5+4x^3+1)\,dx=\left[x^6+x^4+x\right]_{\alpha}^{\beta}$$

> **[인수분해 공식]**
> $A^2-B^2=(A+B)(A-B)$
> $A^3+B^3=(A+B)(A^2-AB+B^2)$
> $A^3-B^3=(A-B)(A^2+AB+B^2)$

$$=\beta^6+\beta^4+\beta-(\alpha^6+\alpha^4+\alpha)$$
$$=(\beta^6-\alpha^6)+(\beta^4-\alpha^4)+(\beta-\alpha)$$
$$=(\beta^3+\alpha^3)(\beta^3-\alpha^3)+(\beta^2+\alpha^2)(\beta^2-\alpha^2)+(\beta-\alpha)$$
$$=(\beta+\alpha)(\beta-\alpha)(\beta^2-\alpha\beta+\alpha^2)(\beta^2+\alpha\beta+\alpha^2)$$
$$\qquad\qquad +(\beta^2+\alpha^2)(\beta+\alpha)(\beta-\alpha)+(\beta-\alpha)$$

> **주의**
> 문제에서 말하는 곡선 $y=6x^5+4x^3+1$과 두 직선 $x=\alpha$, $x=\beta$ 및 x축으로 둘러싸인 부분의 넓이는 $\int_{\alpha}^{\beta}|6x^5+4x^3+1|\,dx$를 의미하는 거야. 그런데 $\alpha\leq x\leq\beta$에서 $y=6x^5+4x^3+1$이 양수임을 확인했기 때문에 이렇게 쓸 수 있는 거야.

3rd 근과 계수의 관계를 이용해 S의 값을 계산하자.

α, β가 이차방정식 $x^2-3x+1=0$의 근이므로 근과 계수의 관계에 의해
$$\alpha+\beta=3, \ \alpha\beta=1$$
따라서 $\beta^2+\alpha^2=(\beta+\alpha)^2-2\beta\alpha=9-2=7$이고
$(\beta-\alpha)^2=(\beta+\alpha)^2-4\alpha\beta=9-4=5$에서
$\beta-\alpha=\sqrt{5}\ (\because \alpha<\beta)$이므로
$$S=(\beta+\alpha)(\beta-\alpha)(\beta^2-\alpha\beta+\alpha^2)(\beta^2+\alpha\beta+\alpha^2)$$
$$\qquad\qquad +(\beta^2+\alpha^2)(\beta+\alpha)(\beta-\alpha)+(\beta-\alpha)$$
$$=3\times\sqrt{5}\times6\times8+7\times3\times\sqrt{5}+\sqrt{5}$$
$$=144\sqrt{5}+21\sqrt{5}+\sqrt{5}=166\sqrt{5}$$
$$\therefore a=166$$

톡톡 풀이: **3rd** 에서 이차방정식 $x^2-3x+1=0$의 두 근을 α, β일 때, 근과 계수의 관계를 활용하여 $\beta-\alpha$의 값을 구하고 S의 값 다르게 구하기

3rd 에서 α, β가 이차방정식 $x^2-3x+1=0$의 근이므로 근과 계수의 관계에 의해 $\alpha+\beta=3$, $\alpha\beta=1$
$(\beta-\alpha)^2=(\beta+\alpha)^2-4\alpha\beta=9-4=5$
$\therefore \beta-\alpha=\sqrt{5}\ (\because \alpha<\beta)$
이때, $\alpha^2=3\alpha-1$, $\beta^2=3\beta-1$이므로
$\rightarrow$ α, β가 이차방정식 $x^2-3x+1=0$의 근이므로 $\alpha^2-3\alpha+1=0$에서 $\alpha^2=3\alpha-1$ $\beta^2-3\beta+1=0$에서 $\beta^2=3\beta-1$
$$\alpha^4=(\alpha^2)^2=(3\alpha-1)^2$$
$$=9\alpha^2-6\alpha+1$$
$$=9(3\alpha-1)-6\alpha+1=21\alpha-8$$
이고, 마찬가지 방법으로 하면 $\beta^4=21\beta-8$이야. 또,
$$\alpha^6=\alpha^2\alpha^4=(3\alpha-1)(21\alpha-8)=63\alpha^2-45\alpha+8$$
$$=63(3\alpha-1)-45\alpha+8=144\alpha-55$$
이고, 마찬가지 방법으로 하면 $\beta^6=144\beta-55$야. 따라서
$$S=\int_{\alpha}^{\beta}(6x^5+4x^3+1)\,dx=(\beta^6-\alpha^6)+(\beta^4-\alpha^4)+(\beta-\alpha)$$
$$=144(\beta-\alpha)+21(\beta-\alpha)+(\beta-\alpha)=166(\beta-\alpha)=166\sqrt{5}$$
$$\therefore a=166$$

G 152 정답 ② *역함수의 그래프로 둘러싸인 부분의 넓이 [정답률 51%]

정답 공식: 함수 $y=f(x)$의 그래프와 그 역함수 $y=f^{-1}(x)$의 그래프는 직선 $y=x$에 대하여 대칭이다.

> 함수 $f(x)=x^3+6x^2+13x+8$의 역함수를 $g(x)$라고 하자. 두 곡선 $y=f(x)$, $y=g(x)$와 직선 $y=-x+8$로 둘러싸인 도형의 **단서** 역함수 관계인 두 함수의 그래프의 교점은 각 함수의 그래프와 직선 $y=x$의 교점과 같아. 넓이는? (4점)
>
> ① 36 ② 40 ③ 44 ④ 48 ⑤ 52

1st 넓이를 구해야 할 도형을 그려보자.

역함수의 그래프는 직선 $y=x$에 대하여 대칭이므로 두 곡선 $y=f(x)$와 $y=g(x)$의 교점은 곡선 $y=f(x)$와 직선 $y=x$의 교점과 같다.
$$x^3+6x^2+13x+8=x$$
$$x^3+6x^2+12x+8=(x+2)^3=0$$
$$\therefore x=-2$$
따라서 두 곡선 $y=f(x)$와 $y=g(x)$의 교점은 $(-2, -2)$이다.

> **함정**
> 두 곡선 $y=f(x)$와 $y=g(x)$의 교점은 왜 $(-2, -2)$뿐일까? 함수 $y=f(x)$의 그래프를 그리기 위해 미분해보면 $f'(x)=3x^2+12x+13=3(x+2)^2+1>0$이므로 함수 $y=f(x)$는 증가하는 함수임을 알 수 있어. 그렇기 때문에 역함수가 존재하는 거고!

두 곡선 $y=f(x)$, $y=g(x)$와 직선 $y=-x+8$로 둘러싸인 도형의
넓이를 S라 하면 이 도형은 직선 $y=x$에 대하여 대칭이므로
넓이 S는 곡선 $y=f(x)$와 두 직선 $y=x$, $y=-x+8$로 둘러싸인 도형의
넓이를 2배 한 값이다.

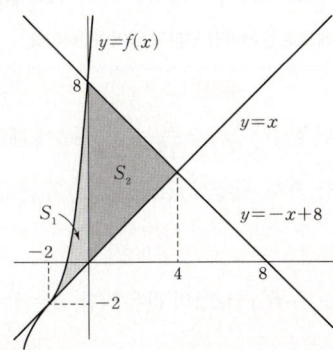

2nd 넓이 S를 구하자.

곡선 $y=f(x)$와 직선 $y=x$, y축으로 둘러싸인 도형의 넓이를 S_1, 두
직선 $y=-x+8$, $y=x$와 y축으로 둘러싸인 도형의 넓이를 S_2라 하면
$S=2(S_1+S_2)$이다.

$S_1=\displaystyle\int_{-2}^{0}\left|f(x)-x\right|dx$
<u>구간 $[a,b]$에서 곡선 $y=f(x)$와 직선 $y=g(x)$로 둘러싸인 부분의 넓이는 $\int_a^b|f(x)-g(x)|dx$</u>

$\quad=\displaystyle\int_{-2}^{0}\{f(x)-x\}dx$

$\quad=\displaystyle\int_{-2}^{0}(x^3+6x^2+12x+8)dx$

$\quad=\left[\dfrac{1}{4}x^4+2x^3+6x^2+8x\right]_{-2}^{0}$

$\quad=-(4-16+24-16)=4$

또한, 두 직선 $y=x$와 $y=-x+8$의 교점이 $(4,4)$이므로
<u>$x=-x+8$, $2x=8$ $\therefore x=4$</u>
삼각형의 넓이 S_2는

$S_2=\dfrac{1}{2}\times8\times4=16$

$\therefore S=2(S_1+S_2)=2(4+16)=40$

G 153 정답 ② *두 도형의 넓이가 같은 경우 ········· [정답률 42%]

> **정답 공식**: 곡선 $y=f(x)$와 x축 및 두 직선 $x=a$, $x=b$로 둘러싸인 부분의 넓
> 이는 $\int_a^b|f(x)|dx$이다.

> 두 함수 $f(x)=x^4(x-a)$, $g(x)=k(x-1)(x-b)$의 그래프가
> 직선 $y=x-1$에 접한다. 함수 $f(x)$의 그래프와 x축으로 둘러싸
> 인 부분의 넓이가 함수 $g(x)$의 그래프와 x축으로 둘러싸인 부분
> 의 넓이와 같을 때, 세 상수 a, b, k에 대하여 abk의 값은?
> > **단서2** 두 함수의 그래프를 그린 후, 정적분을 이용하여 각 함수의
> > 그래프와 x축으로 둘러싸인 부분의 넓이를 구해야 해.
> (단, $b>1$) (5점)
> ① $-2-\sqrt{5}$ ② $-1-\sqrt{5}$ ③ $-\sqrt{5}$
> ④ $1-\sqrt{5}$ ⑤ $2-\sqrt{5}$
> > **단서1** 함수 $y=f(x)$의 그래프와 직선 $y=x-1$이 $x=t$인 점에서 접하면 $x=t$에서의
> > 함숫값과 미분계수가 각각 같음을 이용하여 접점의 좌표를 구해.
> > 또, 이차함수 $y=g(x)$의 그래프와 직선 $y=x-1$의 위치 관계를 따져서 접점의
> > 좌표를 찾아봐.

1st 함수 $f(x)=x^4(x-a)$의 그래프와 직선 $y=x-1$이 접함을 이용하여 함
수 $f(x)$의 식을 구하자.

함수 $f(x)=x^4(x-a)$와 직선 $y=x-1$의 접점의 좌표를 $(t, t-1)$이
라 하면 →함수 $y=f(x)$의 그래프와 직선 $y=x-1$이 점 $(t, t-1)$을 지나므로
<u>$t^4(t-a)=t-1$에서 $t^5-at^4=t-1$ ··· ㉠</u>

또한, $f(x)=x^4(x-a)$에서
$f'(x)=4x^3(x-a)+x^4=5x^4-4ax^3$이므로
<u>$f'(t)=5t^4-4at^3=1$ ··· ㉡</u>
함수 $y=f(x)$의 그래프와 직선 $y=x-1$이 점 $(t, t-1)$에서 접하면
$x=t$에서의 미분계수가 직선의 기울기와 같아.

㉠에서 $a=\dfrac{t^5-t+1}{t^4}$이고, ㉡에서 $a=\dfrac{5t^4-1}{4t^3}$이므로

$\dfrac{t^5-t+1}{t^4}=\dfrac{5t^4-1}{4t^3}$, $4t^8-4t^4+4t^3=5t^8-t^4$

$t^8+3t^4-4t^3=0$, $t^3(t^5+3t-4)=0$

$t^3(t-1)(t^4+t^3+t^2+t+4)=0$

이때, $t\neq0$이어야 하고, $t^4+t^3+t^2+t+4=0$을 만족시키는 실수 t는 존
재하지 않으므로 ··· (*)
└→$t=0$이면 접점의 좌표가 $(0, -1)$이어야 해.
그런데 $f(0)=0$이지? 따라서 $t\neq0$이야.

$t=1$

따라서 $t=1$을 ㉠에 대입하면 $a=1$이므로
$f(x)=x^4(x-1)=x^5-x^4$

2nd 함수 $g(x)=k(x-1)(x-b)$의 그래프와 직선 $y=x-1$이 접함을 이용
하여 $g'(1)$의 값의 조건을 찾아내자.

한편, 이차함수 $g(x)=k(x-1)(x-b)$의 그래프와 직선 $y=x-1$은
모두 점 $(1, 0)$을 지나므로 $k>0$이면 이차함수 $y=g(x)$의 그래프와 직
<u>선 $y=x-1$은 접할 수 없다.</u>
즉, $k<0$이어야 한다.

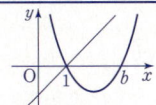

또한, 함수 $y=g(x)$의 그래프와 직선 $y=x-1$의 접점의 좌표는 $(1, 0)$
이고, $g(x)=k(x-1)(x-b)$에서
$g'(x)=k(x-b)+k(x-1)$이므로
<u>$g'(1)=k(1-b)=1$</u>

$\therefore k=\dfrac{1}{1-b}$ $(\because b\neq1)$ ··· ㉢
→함수 $g(x)$의 $x=1$에서의 미분계수가
직선 $y=x-1$의 기울기인 1이 되어야 해.

3rd 두 함수의 그래프와 x축으로 둘러싸인 부분의 넓이가 서로 같음을 이용하
여 상수 b, k의 값을 구하자.

두 함수 $y=f(x)$, $y=g(x)$의 그래프와 직선 $y=x-1$을 좌표평면 위
에 그리면 다음과 같다.

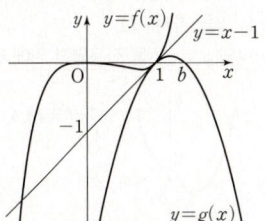

함수 $y=f(x)$의 그래프와 x축으로 둘러싸인 부분의 넓이는

$\displaystyle\int_0^1|x^5-x^4|dx=\int_0^1(-x^5+x^4)dx$

$\quad=\left[-\dfrac{1}{6}x^6+\dfrac{1}{5}x^5\right]_0^1$

$\quad=-\dfrac{1}{6}+\dfrac{1}{5}$

$\quad=\dfrac{1}{30}$ ··· ㉣

> **실수** 곡선 $y=f(x)$와 x축 및 두 직선
> $x=0$, $x=1$로 둘러싸인 부분의 넓이
> 는 양수가 나와야 하므로
> $\int_0^1|f(x)|dx$로 계산해야 해. 닫힌구
> 간 $[0, 1]$에서 곡선 $y=f(x)$가 x축
> 아래에 있으므로
> $\int_0^1|f(x)|dx=\int_0^1\{-f(x)\}dx$야.

또한, 함수 $y=g(x)$의 그래프와 x축으로 둘러싸인 부분의 넓이는

$$\int_1^b k(x-1)(x-b)dx$$

$$=k\int_1^b\{x^2-(1+b)x+b\}dx$$

$$=k\left[\frac{1}{3}x^3-\frac{1+b}{2}x^2+bx\right]_1^b$$

$$=k\left\{\frac{b^3}{3}-\frac{b^2(1+b)}{2}+b^2-\left(\frac{1}{3}-\frac{1+b}{2}+b\right)\right\}$$

$$=-\frac{k}{6}(b^3-3b^2+3b-1)=\frac{-k(b-1)^3}{6}\cdots\text{⑩}$$

ⓒ과 ⑩의 값이 같으므로

포물선 $y=a(x-\alpha)(x-\beta)$
$(a\neq0,\ \alpha<\beta)$와 x축으로 둘러싸인
부분의 넓이를 S라 하면
$$S=\frac{|a|(\beta-\alpha)^3}{6}$$

$\dfrac{1}{30}=\dfrac{-k(b-1)^3}{6}$에서

$$k(b-1)^3=-\frac{1}{5}$$

$$\frac{1}{1-b}\times(b-1)^3=-\frac{1}{5}\ (\because\text{ⓒ})$$

$$(b-1)^2=\frac{1}{5},\ b-1=\pm\frac{1}{\sqrt5}$$

$$\therefore b=1+\frac{1}{\sqrt5}\ (\because b>1)$$

$b=1+\dfrac{1}{\sqrt5}$을 ⓒ에 대입하면

$$k=\frac{1}{1-\left(1+\frac{1}{\sqrt5}\right)}=-\sqrt5$$

$$\therefore abk=1\times\left(1+\frac{1}{\sqrt5}\right)\times(-\sqrt5)$$
$$=-1-\sqrt5$$

수능 핵강

* $t^4+t^3+t^2+t+4=0$을 만족시키는 t의 값이 존재하지 않는 이유

(*)에 대해 좀 더 자세히 알아보자.
$t^4+t^3+t^2+t+4=0$을 $t^4+t^3+t+4=-t^2$으로 변형하면 이 방정식의
실근은 두 곡선 $y=t^4+t^3+t+4$와 $y=-t^2$의 교점의 t좌표와 같아.
$h(t)=t^4+t^3+t+4$라 하면 $h'(t)=4t^3+3t^2+1$이고
$h'(t)=0$에서 $4t^3+3t^2+1=0$
$(t+1)(4t^2-t+1)=0$
$\therefore t=-1\ (\because 4t^2-t+1>0)$
즉, 함수 $h(t)$는 $t=-1$에서 극솟값

t	$\cdots$	-1	$\cdots$
$h'(t)$	$-$	0	$+$
$h(t)$	$\searrow$	극소	$\nearrow$

$h(-1)=1-1-1+4=3$을 가지므로
두 곡선 $y=t^4+t^3+t+4$와 $y=-t^2$을 좌표평면 위에 나타내면 다음과 같아.

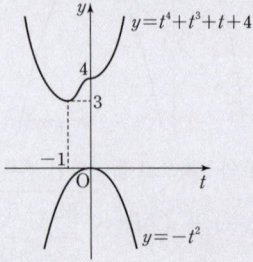

따라서 위의 그림에서와 같이 두 곡선의 교점은 없으므로 방정식
$t^4+t^3+t^2+t+4=0$을 만족시키는 t의 값은 존재하지 않아.

ⓖ 154 정답 ① *함수와 그 역함수의 그래프로 둘러싸인 부분의 넓이 [정답률 58%]

정답 공식: 역함수 관계에 있는 두 함수 $y=f(x)$, $y=g(x)$의 그래프는
직선 $y=x$에 대하여 대칭이므로 $\int_b^{2b}\{g(x)-f(x)\}dx$의 값은 직선 $y=x$와
함수 $y=f(x)$의 그래프로 둘러싸인 부분의 넓이의 2배이다.

단서1 함수 $f(x)$가 증가함수인지 감소함수인지 판단하자.

$x\geq0$에서 정의된 함수 $f(x)=\dfrac{x^2}{12}+\dfrac{x}{12}+a$에 대하여 $f(x)$의

역함수를 $g(x)$라 하자. 방정식 $f(x)=g(x)$의 근이 b, $2b(b>0)$

단서2 두 함수 $f(x)$, $g(x)$가 역함수 관계이므로 직선 $y=x$에 대하여 대칭이야.
방정식 $f(x)=g(x)$의 근은 방정식 $f(x)=x$의 근과 관련이 있겠지?

일 때, $\displaystyle\int_b^{2b}\{g(x)-f(x)\}dx$의 값은? (단, a는 상수이다.) (4점)

단서3 역함수 관계인 두 함수 $y=f(x)$, $y=g(x)$의 그래프로 둘러싸인 부분의
넓이는 직선 $y=x$와 함수 $y=f(x)$의 그래프로 둘러싸인 부분의 넓이를
이용하여 구할 수 있어.

① $\dfrac{2}{9}$ ② $\dfrac{1}{3}$ ③ $\dfrac{4}{9}$ ④ $\dfrac{5}{9}$ ⑤ $\dfrac{2}{3}$

1st 두 함수 $f(x)$, $g(x)$가 역함수 관계임을 이용하여 a, b의 값을 구하자.

$f(x)=\dfrac{x^2}{12}+\dfrac{x}{2}+a$에서 $f'(x)=\dfrac{1}{6}x+\dfrac{1}{2}$이고,

$x\geq0$에서 $f'(x)>0$이므로 $x\geq0$에서 정의된 함수 $f(x)$는 증가함수이다.
두 함수 $f(x)$, $g(x)$는 역함수 관계이므로
(두 함수 $y=f(x)$, $y=g(x)$의 그래프는 직선 $y=x$에 대하여 대칭이야.)
두 함수 $y=f(x)$, $y=g(x)$의 그래프의 교점의 x좌표는 함수
$y=f(x)$의 그래프와 직선 $y=x$의 교점의 x좌표와 같다. 즉, 방정식
$f(x)=g(x)$의 실근은 방정식 $f(x)=x$의 실근과 같다.

이차방정식 $\dfrac{x^2}{12}+\dfrac{x}{2}+a=x$, 즉 $x^2-6x+12a=0$의 두 근이

b, $2b$이므로 근과 계수의 관계에 의하여

$b+2b=6$에서 $3b=6$ $\therefore b=2$

[이차방정식의 근과 계수의 관계]
이차방정식 $ax^2+bx+c=0$의
두 근을 α, β라 하면
$\alpha+\beta=-\dfrac{b}{a}$, $\alpha\beta=\dfrac{c}{a}$

$b\times2b=12a$에서 $12a=8$ $\therefore a=\dfrac{2}{3}$

$\therefore f(x)=\dfrac{x^2}{12}+\dfrac{x}{2}+\dfrac{2}{3}$

2nd 직선 $y=x$와 함수 $y=f(x)$의 그래프로 둘러싸인 부분의 넓이를 이용하여
$\displaystyle\int_b^{2b}\{g(x)-f(x)\}dx$의 값을 구하자.

$\displaystyle\int_b^{2b}\{g(x)-f(x)\}dx$의 값은 두 함수 $y=g(x)$, $y=f(x)$의 그래프로
둘러싸인 부분의 넓이와 같고, 이 부분의 넓이는 두 함수 $y=x$, $y=f(x)$의
그래프로 둘러싸인 부분의 넓이의 2배이다.

함정

$\therefore\displaystyle\int_b^{2b}\{g(x)-f(x)\}dx$

$=2\displaystyle\int_2^4\{x-f(x)\}dx$

함수 $f(x)$의 식을 이용하여 역함수 $g(x)$의 식을 구할 필요는
없어. 역함수 관계에 있는 두 함수의 그래프로 둘러싸인 부분의
넓이는 직선 $y=x$와 함수 $y=f(x)$의 그래프로 둘러싸인
부분의 넓이를 이용하는 것이 훨씬 간편해.

주의 구간 $[2, 4]$에서 직선 $y=x$가 함수 $y=f(x)$의 그래프보다 위쪽에 있음을 확인해야 해.

$=2\displaystyle\int_2^4\left\{x-\left(\dfrac{x^2}{12}+\dfrac{x}{2}+\dfrac{2}{3}\right)\right\}dx=2\displaystyle\int_2^4\left(-\dfrac{x^2}{12}+\dfrac{x}{2}-\dfrac{2}{3}\right)dx$

$=2\times\left[-\dfrac{x^3}{36}+\dfrac{x^2}{4}-\dfrac{2}{3}x\right]_2^4$

자연수 n에 대하여
$\displaystyle\int_a^b x^n dx=\left[\dfrac{1}{n+1}x^{n+1}\right]_a^b$

$=2\times\left\{-\dfrac{1}{36}(4^3-2^3)+\dfrac{1}{4}(4^2-2^2)-\dfrac{2}{3}(4-2)\right\}$

$=2\times\dfrac{1}{9}=\dfrac{2}{9}$

$-\dfrac{56}{36}+\dfrac{108}{36}-\dfrac{48}{36}=\dfrac{4}{36}=\dfrac{1}{9}$

> **정답 공식**: $\int_{t-1}^{t+2}|f(x)|\,dx$는 함수 $y=|f(x)|$의 그래프와 x축 및 두 직선 $x=t-1$, $x=t+2$로 둘러싸인 부분의 넓이이다.

함수 $f(x)=\begin{cases}2(x-2) & (x<2)\\4(x-2) & (x\geq2)\end{cases}$ 와 실수 t에 대하여 함수 $g(t)$를

$$g(t)=\int_{t-1}^{t+2}|f(x)|\,dx$$

단서 함수 $g(t)$는 함수 $y=|f(x)|$의 그래프와 x축 및 두 직선 $x=t-1$, $x=t+2$로 둘러싸인 부분의 넓이야.

라 하자. $g(t)$가 $t=a$에서 최솟값 b를 가질 때, $a+b$의 값은? (4점)

① 6　② 7　③ 8　④ 9　⑤ 10

1st t의 값의 범위를 나누어 함수 $g(t)$의 식을 구하자.

함수 $y=|f(x)|$의 그래프는 다음과 같다.

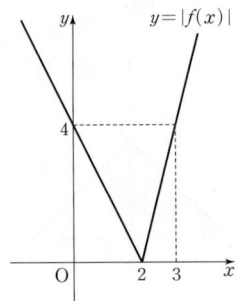

(i) $t+2\leq2$, 즉 $t\leq0$일 때,

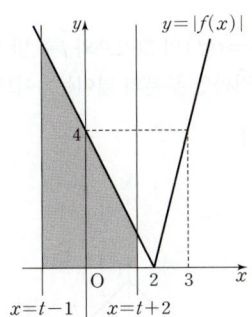

$\int_{t-1}^{t+2}|f(x)|\,dx$의 값은 위의 그림에서 색칠한 사다리꼴 또는
삼각형의 넓이와 같으므로

→ 함수 $y=f(x)$의 그래프와 x축 및 두 직선 $x=t-1$, $x=t+2$로 둘러싸인 부분은 $t<0$일 때 사다리꼴이고, $t=0$일 때 삼각형이야.

$\int_{t-1}^{t+2}|f(x)|\,dx=\dfrac{1}{2}\times2\{-(t-3)-t\}\times3$

→ $|f(t-1)|=-2(t-1-2)=-2(t-3)$
$|f(t+2)|=-2(t+2-2)=-2t$이므로
(윗변의 길이)+(아랫변의 길이)$=-4t+6$

$=\dfrac{1}{2}\times(-4t+6)\times3=3(-2t+3)$

$=-6t+9$

(ii) $t-1<2$이고 $t+2>2$, 즉 $0<t<3$일 때,

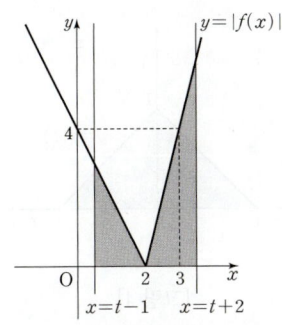

$\int_{t-1}^{t+2}|f(x)|\,dx$의 값은 위의 그림에서 색칠한 두 삼각형의 넓이의
합과 같으므로

$\int_{t-1}^{t+2}|f(x)|\,dx$

$=\dfrac{1}{2}\times\{2-(t-1)\}\times\{-2(t-3)\}+\dfrac{1}{2}\times\{(t+2)-2\}\times4t$

$=(t-3)^2+2t^2=3t^2-6t+9=3(t^2-2t+1-1)+9$

$=3(t-1)^2+6$

(iii) $t-1\geq2$, 즉 $t\geq3$일 때,

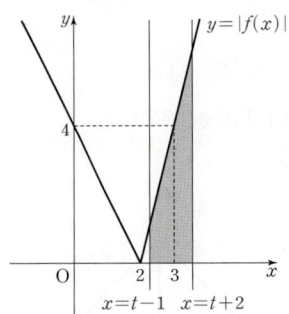

$\int_{t-1}^{t+2}|f(x)|\,dx$의 값은 위의 그림에서 색칠한 사다리꼴 또는
삼각형의 넓이와 같으므로

→ 함수 $y=|f(x)|$의 그래프와 x축 및 두 직선 $x=t-1$, $x=t+2$로 둘러싸인 부분은 $t>3$일 때 사다리꼴이고, $t=3$일 때 삼각형이야.

$\int_{t-1}^{t+2}|f(x)|\,dx=\dfrac{1}{2}\times4\{(t-3)+t\}\times3$

→ $|f(t-1)|=4(t-1-2)=4(t-3)$,
$|f(t+2)|=4(t+2-2)=4t$이므로
(윗변의 길이)+(아랫변의 길이)$=8t-12$

$=\dfrac{1}{2}\times(8t-12)\times3=3(4t-6)$

$=12t-18$

(i), (ii), (iii)에 의하여

$$g(t)=\begin{cases}-6t+9 & (t\leq0)\\3(t-1)^2+6 & (0<t<3)\\12t-18 & (t\geq3)\end{cases}$$

2nd $a+b$의 값을 구하자.

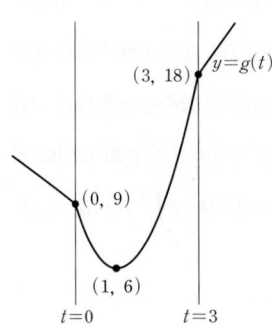

함수 $y=g(t)$의 그래프는 위의 그림과 같으므로
함수 $g(t)$는 $t=1$에서 최솟값 6을 갖는다.
따라서 $a=1$, $b=6$이므로 $a+b=7$

G 156 정답 ② *넓이를 이용한 정적분의 활용 ····· [정답률 43%]

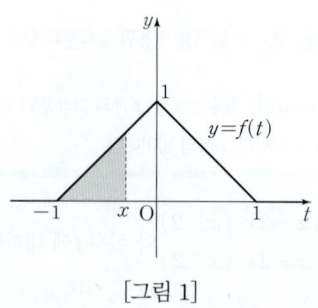

[그림 1]

정답 공식: 함수 $f(x)$가 닫힌구간 $[a, b]$에서 연속일 때,
$\dfrac{d}{dx}\displaystyle\int_a^x f(t)dt = f(x)$ (단, $a < x < b$)이다.

함수
$$f(x) = \begin{cases} 1+x & (-1 \le x < 0) \\ 1-x & (0 \le x \le 1) \\ 0 & (|x| > 1) \end{cases}$$

> **단서 1** 함수 $y=f(x)$의 그래프가 문제에 제시되어 있으므로 $f(x)$에 대한 정적분을 삼각형의 넓이를 이용하여 생각해봐.

에 대하여 함수 $g(x)$를

$$g(x) = \int_{-1}^{x} f(t)\{2x - f(t)\}dt$$

> **단서 2** t에 대한 적분이니까 이 식에서 x는 상수 취급하면 돼. 즉, 식을 전개하여 x를 적분기호 밖으로 빼내어 정리한 후 정적분과 미분의 관계를 이용해야 해.

라 할 때, 함수 $g(x)$의 최솟값은? (5점)

> **단서 3** $y=g'(x)$의 그래프를 그려보고 함수 $g(x)$가 최솟값을 갖는 경우를 유추해.

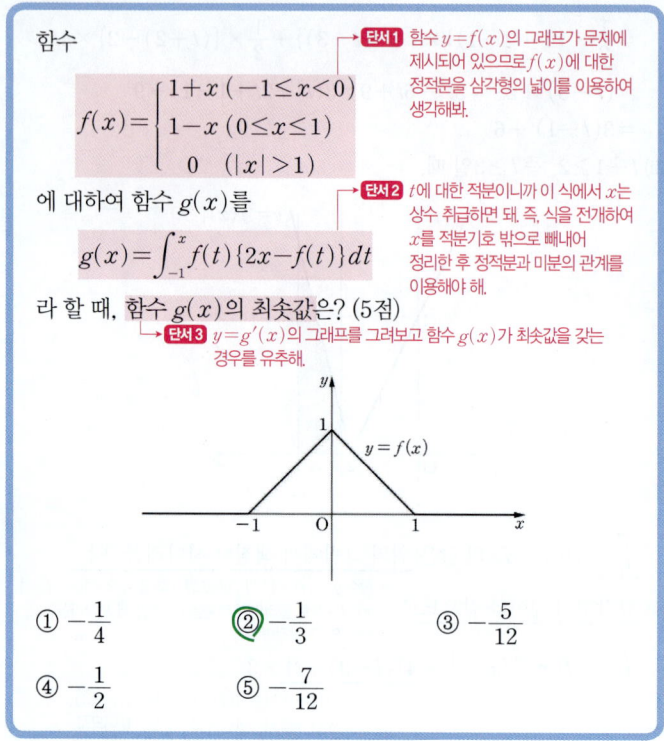

① $-\dfrac{1}{4}$ ② $-\dfrac{1}{3}$ ③ $-\dfrac{5}{12}$

④ $-\dfrac{1}{2}$ ⑤ $-\dfrac{7}{12}$

1st 정적분과 미분의 관계를 이용해 함수 $g'(x)$를 구하자.

$g(x) = \displaystyle\int_{-1}^{x} f(t)\{2x - f(t)\}dt$

$\qquad = 2x\displaystyle\int_{-1}^{x} f(t)dt - \int_{-1}^{x}\{f(t)\}^2 dt$

위의 등식의 양변을 x에 대하여 미분하면

$g'(x) = 2\displaystyle\int_{-1}^{x} f(t)dt + 2xf(x) - \{f(x)\}^2 \cdots ㉠$

이때, 주어진 함수 $y=f(x)$의 그래프에서 모든 실수 x에 대하여 $f(x) \ge 0$이므로 $\displaystyle\int_{-1}^{x} f(t)dt$는 함수 $y=f(t)$의 그래프와 t축 및 두 직선 $t=-1$, $t=x$로 둘러싸인 부분의 넓이와 같다.

따라서 이를 이용하여 ㉠에 있는 $2\displaystyle\int_{-1}^{x} f(t)dt$의 값을 x의 값의 범위를 나누어 구해보자.

(ⅰ) $-1 \le x < 0$일 때,

[그림 1]에서 함수 $y=f(t)$의 그래프와 t축 및 두 직선 $t=-1$, $t=x$로 둘러싸인 부분의 넓이는

$\dfrac{1}{2} \times \{x-(-1)\} \times (1+x) = \dfrac{1}{2}(1+x)^2$이므로

> 어두운 부분의 넓이는 밑변의 길이와 높이가 각각 $1+x$인 삼각형의 넓이와 같아.

$2\displaystyle\int_{-1}^{x} f(t)dt = (1+x)^2$이다.

넓이를 이용하지 않고, 정적분을 직접 계산하면 다음과 같아.

$2\displaystyle\int_{-1}^{x} f(t)dt = 2\int_{-1}^{x}(1+t)dt = 2\left[t + \dfrac{1}{2}t^2\right]_{-1}^{x}$

$\qquad = 2\left\{\left(x + \dfrac{1}{2}x^2\right) - \left(-1 + \dfrac{1}{2}\right)\right\}$

$\qquad = x^2 + 2x + 1 = (x+1)^2$

(ⅱ) $0 \le x \le 1$일 때,

[그림 2]에서 함수 $y=f(t)$의 그래프와 t축 및 두 직선 $t=-1$, $t=x$로 둘러싸인 부분의 넓이는

$\dfrac{1}{2} \times 2 \times 1 - \dfrac{1}{2} \times (1-x) \times (1-x) = 1 - \dfrac{1}{2}(1-x)^2$이므로

> 어두운 부분의 넓이는 밑변의 길이가 2, 높이가 1인 삼각형의 넓이에서 밑변의 길이와 높이가 각각 $1-x$인 삼각형의 넓이를 빼면 돼.

$2\displaystyle\int_{-1}^{x} f(t)dt = 2 - (1-x)^2$이다.

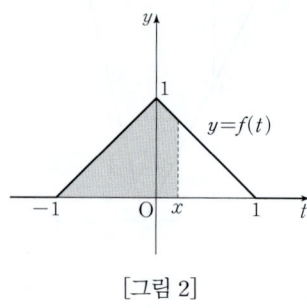

[그림 2]

(ⅲ) $x < -1$일 때,

[그림 3]에서 함수 $y=f(t)$의 그래프와 t축 및 두 직선 $t=-1$, $t=x$로 둘러싸인 부분의 넓이는 0이므로

$2\displaystyle\int_{-1}^{x} f(t)dt = 0$이다.

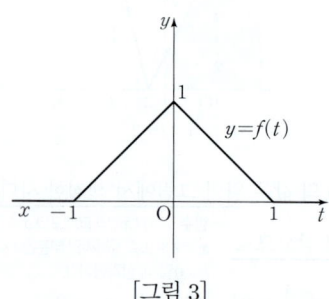

[그림 3]

(ⅳ) $x > 1$일 때,

[그림 4]에서 함수 $y=f(t)$의 그래프와 t축 및 두 직선 $t=-1$, $t=x$로 둘러싸인 부분의 넓이는 밑변의 길이가 2, 높이가 1인 삼각형의 넓이인

$\dfrac{1}{2} \times 2 \times 1 = 1$이므로 $2\displaystyle\int_{-1}^{x} f(t)dt = 2$이다.

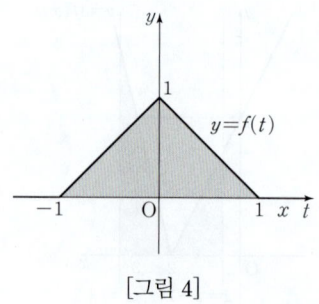

[그림 4]

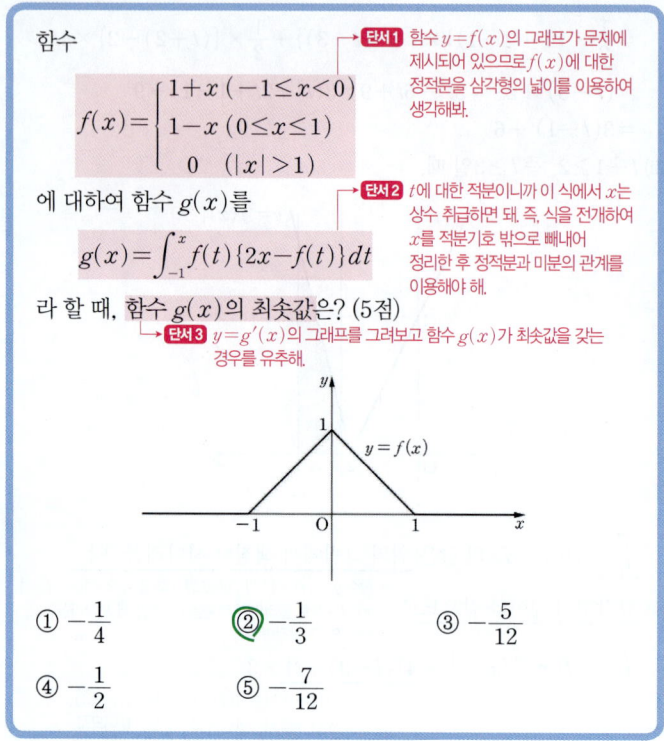

(i)~(iv)를 정리하면 다음과 같다.

$$2\int_{-1}^{x}f(t)dt=\begin{cases}(1+x)^2 & (-1\le x<0)\\-(1-x)^2+2 & (0\le x\le1)\\0 & (x<-1)\\2 & (x>1)\end{cases}\quad\cdots\ ㉡$$

또한, ㉠에 있는 $2xf(x)$, $\{f(x)\}^2$을 x의 값의 범위에 따라 구하면

$$2xf(x)=\begin{cases}2x(1+x) & (-1\le x<0)\\2x(1-x) & (0\le x\le1)\\0 & (|x|>1)\end{cases}\quad\cdots\ ㉢$$

$$\{f(x)\}^2=\begin{cases}(1+x)^2 & (-1\le x<0)\\(1-x)^2 & (0\le x\le1)\\0 & (|x|>1)\end{cases}\quad\cdots\ ㉣$$

이다. 따라서 ㉠에 ㉡, ㉢, ㉣을 대입하여 정리하면

$$g'(x)=\begin{cases}2x(1+x) & (-1\le x<0)\\-2x(2x-3) & (0\le x\le1)\\0 & (x<-1)\\2 & (x>1)\end{cases}$$

2nd 함수 $y=g'(x)$의 그래프를 이용하여 $g(x)$의 최솟값을 구하자.

함수 $y=g'(x)$의 그래프를 그리면 [그림 5]와 같다.

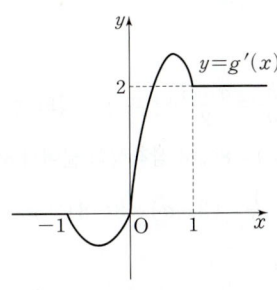

[그림 5]

즉, $g'(0)=0$이고, $x=0$의 좌우에서 $g'(x)$의 부호가 음($-$)에서 양($+$)으로 바뀌므로 함수 $g(x)$는 $x=0$에서 극솟값이면서 최솟값을 가진다.

> **함정** 함수 $g(x)$를 직접 구하지 않고 도함수 $g'(x)$를 이용하여 함수 $g(x)$가 최소가 되는 점을 찾을 수 있어야 해. $g'(x)$를 통해 함수 $y=g(x)$의 그래프는 감소하다 증가하는 형태라는 것을 알 수 있으므로 함수 $g(x)$는 극솟값을 갖는 점에서 최솟값을 가져.

따라서 구하는 함수 $g(x)$의 최솟값은 $g(0)$이므로

$$g(0)=\int_{-1}^{0}f(t)\{0-f(t)\}dt=-\int_{-1}^{0}\{f(t)\}^2dt$$
$$=-\int_{-1}^{0}(1+t)^2dt=-\int_{-1}^{0}(t^2+2t+1)dt\quad\underset{\rightarrow -1\le t\le0에서}{f(t)=1+t야.}$$

평행이동을 이용하여 정적분의 값을 간단히 구하면

$$-\int_{-1}^{0}(1+t)^2dt=-\int_{0}^{1}t^2dt=-\left[\frac{1}{3}t^3\right]_{0}^{1}=-\frac{1}{3}$$

$$=-\left[\frac{1}{3}t^3+t^2+t\right]_{-1}^{0}$$
$$=-\left\{-\left(-\frac{1}{3}+1-1\right)\right\}$$
$$=-\frac{1}{3}$$

> **정답 공식:** 수직선 위를 움직이는 점 P의 시각 t에서의 속도가 $v(t)$일 때, 시각 a부터 시각 b까지 점 P가 움직인 거리는 $\int_{a}^{b}|v(t)|dt$이다.

수직선 위를 움직이는 점 P의 시각 $t(t>0)$에서의 가속도 $a(t)$가
$$a(t)=3t^2-8t+3$$
이다. 점 P가 시각 $t=1$과 시각 $t=\alpha(\alpha>1)$에서 운동 방향을

단서1 운동 방향이 바뀐다는 의미는 속도에서는 부호 변화가 있는 순간이므로 $v(t)=0$인 점이 $t=1$과 $t=\alpha$임을 기억해 해.

바꿀 때, 시각 $t=1$에서 $t=\alpha$까지 점 P가 움직이는 거리는 $\dfrac{q}{p}$

단서2 시각 $t=1$에서 $t=\alpha$까지 점 P가 움직이는 거리는 $\int_{1}^{\alpha}|v(t)|dt$

이다. $p+q$의 값을 구하시오. (단, p와 q는 서로소인 자연수이다.)
(4점)

1st 가속도 $a(t)$로부터 속도 $v(t)$를 구하자.

$a(t)=3t^2-8t+3$이므로
$$v(t)=t^3-4t^2+3t+C \text{ (단, } C\text{는 적분상수)}$$
$\rightarrow v'(t)=a(t)$이므로 $v(t)$는 $a(t)$를 부정적분해서 구하면 돼.

이때, 점 P가 시각 $t=1$, $t=\alpha(\alpha>1)$에서 운동 방향을 바꾸므로 $v(1)=0$, $v(\alpha)=0$이다.

$v(1)=0$에서 $1-4+3+C=0$이므로 $C=0$이다.

$\therefore v(t)=t^3-4t^2+3t$

또한, $v(\alpha)=0$에서 $\alpha^3-4\alpha^2+3\alpha=\alpha(\alpha-1)(\alpha-3)=0$이므로 $\alpha=3(\alpha>1)$이다.

2nd 속도 $v(t)$를 적분하여 움직인 거리를 구하자.

시각 $t=1$에서 $t=3$까지 점 P가 움직이는 거리는

$\rightarrow$ 점 P의 시각 t에서의 속도가 $v(t)$일 때, $t=\alpha$, $t=\beta(\alpha<\beta)$에서 점 P가 움직인 거리는 $\int_{\alpha}^{\beta}|v(t)|dt$

$$\int_{1}^{3}|v(t)|dt=\int_{1}^{3}|t^3-4t^2+3t|dt$$

$\rightarrow 1\le t\le3$에서 $v(t)\le0$이므로 $|v(t)|=-v(t)$야.

$$=\int_{1}^{3}(-t^3+4t^2-3t)dt$$

$\rightarrow$ 자연수 n에 대하여 $\int_{a}^{b}x^n dx=\left[\frac{1}{n+1}x^{n+1}\right]_{a}^{b}$

$$=\left[-\frac{1}{4}t^4+\frac{4}{3}t^3-\frac{3}{2}t^2\right]_{1}^{3}$$
$$=-\frac{1}{4}(3^4-1^4)+\frac{4}{3}(3^3-1^3)-\frac{3}{2}(3^2-1^2)$$
$$=-\frac{1}{4}\times80+\frac{4}{3}\times26-\frac{3}{2}\times8$$
$$=-20+\frac{104}{3}-12=\frac{8}{3}$$

따라서 $p=3$, $q=8$이므로 $p+q=11$

🔧 톡톡 풀이: 삼차함수의 정적분 공식 이용하기

삼차함수 $v(t)$에 대하여 방정식 $v(t)=0$의 해는 $t=1$, $t=3$ $(\because t>0)$이므로 시각 $t=1$에서 $t=3$까지 점 P가 움직이는 거리는

$$\int_{1}^{3}|v(t)|dt=\left|\frac{1}{6}(3-1)^3\right|\times\left|\frac{1+3}{2}-0\right|=\frac{8}{6}\times2=\frac{8}{3}$$

$\rightarrow \int_{\alpha}^{\beta}f(x)dx=\int_{\alpha}^{\beta}a(x-\alpha)(x-\beta)(x-\gamma)dx=\frac{a}{6}(\beta-\alpha)^3\left|\frac{\alpha+\beta}{2}-\gamma\right|$

따라서 $p=3$, $q=8$이므로 $p+q=11$

정답 공식: 원점을 출발하여 수직선 위를 움직이는 점 P의 시각 $t(t \geq 0)$에서의 속도를 $v(t)$라 하면 시각 $t=0$에서 $t=k$까지 점 P가 움직인 거리는 $\int_0^k |v(t)| dt$이고, 점 P의 위치의 변화량은 $\int_0^k v(t) dt$이다.

원점을 출발하여 수직선 위를 움직이는 점 P의 시각 $t(t \geq 0)$에서의 속도는

$$v(t) = |at - b| - 4 \ (a > 0, \ b > 4)$$

단서1 함수 $v(t)$는 $t = \dfrac{b}{a}$를 기준으로 꺾인 직선으로 이루어져 있으므로 정적분을 직접 구하기보다 삼각형의 넓이를 이용하여 움직인 거리 또는 위치의 변화량을 생각하도록 해.

이다. 시각 $t=0$에서 $t=k$까지 점 P가 움직인 거리를 $s(k)$,

단서2 $s(k) = \int_0^k |v(t)| dt$야.

시각 $t=0$에서 $t=k$까지 점 P의 위치의 변화량을 $x(k)$라 할 때,

단서3 $x(k) = \int_0^k v(t) dt$야.

두 함수 $s(k)$, $x(k)$가 다음 조건을 만족시킨다.

> (가) $0 \leq k < 3$이면 $s(k) - x(k) < 8$이다.
> (나) $k \geq 3$이면 $s(k) - x(k) = 8$이다.
>
> **단서4** $k \geq 3$일 때, 시각 $t=3$부터는 시각 $t=0$에서 $t=k$까지 점 P가 움직인 거리와 위치의 변화량의 차이가 항상 일정하다는 뜻이야. 이를 이용해 주어진 $y=v(t)$의 그래프에서 $t=3$이 어디에 위치하는지 찾을 수 있어.

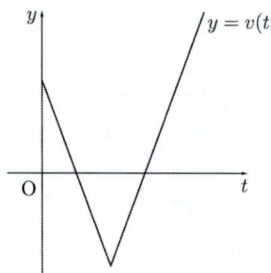

시각 $t=1$에서 $t=6$까지 점 P의 위치의 변화량을 구하시오.

(단, a, b는 상수이다.) (4점)

1st 함수 $|v(t)| - v(t)$를 구하고, 그 그래프를 유추해봐.

원점을 출발하여 수직선 위를 움직이는 점 P의 시각 $t(t \geq 0)$에서의 속도 $v(t)$에 대하여 시각 $t=0$에서 $t=k$까지 점 P가 움직인 거리는 $s(k) = \int_0^k |v(t)| dt$이고, 시각 $t=0$에서 $t=k$까지 점 P의 위치의 변화량은 $x(k) = \int_0^k v(t) dt$이므로

$$s(k) - x(k) = \int_0^k |v(t)| dt - \int_0^k v(t) dt = \int_0^k \{|v(t)| - v(t)\} dt$$

이다. 이때,

$v(t) \geq 0$이면 $|v(t)| - v(t) = 0$이고,

$v(t) < 0$이면 $|v(t)| - v(t) = -2v(t)$이므로

$$|v(t)| - v(t) = \begin{cases} 0 & (v(t) \geq 0) \\ -2v(t) & (v(t) < 0) \end{cases}$$ 이다.

$v(t)$가 0보다 크거나 같은 부분은 0으로, 0보다 작은 부분은 $v(t)$에 -2를 곱하여 함수 $y = |v(t)| - v(t)$의 그래프의 개형을 그리면 돼.

따라서 주어진 $y = v(t)$의 그래프에서 $t = \alpha$, $t = \beta$ $(\alpha < \beta)$에서 $v(t) = 0$이라 할 때, 함수 $y = |v(t)| - v(t)$의 그래프의 개형을 그리면 [그림 1]과 같다.

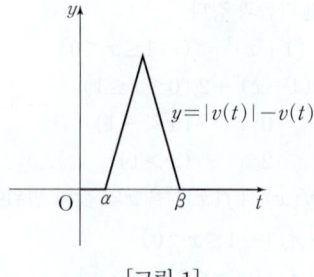

[그림 1]

2nd 함수 $s(k) - x(k)$의 의미를 찾고, $v(t)$를 구해.

함수 $|v(t)| - v(t)$를 0부터 k까지 정적분한 함수 $s(k) - x(k)$에 대하여

k의 값이 0부터 α까지일 때는 $s(k) - x(k)$의 값이 0이고, k의 값이 α부터 β까지 변할 때는 $s(k) - x(k)$의 값이 점점 커지다가, k의 값이 β 이후일 때는 $s(k) - x(k)$의 값이 삼각형의 넓이로 일정하게 돼.

대하여 조건 (가), (나)에 의해

$0 \leq k < 3$이면 $s(k) - x(k) < 8$이고, $k \geq 3$이면 $s(k) - x(k) = 8$이므로 $k = 3$ 이후로 $s(k) - x(k)$의 값이 일정하다.

즉, $\beta = 3$임을 알 수 있다.

한편, $v(t) = |at - b| - 4$에서 $t = \dfrac{b}{a}$일 때 $v\left(\dfrac{b}{a}\right) = -4$이므로

$-2v\left(\dfrac{b}{a}\right) = 8$이다.

즉, [그림 1]에서 $t = \dfrac{b}{a} = \dfrac{\alpha + \beta}{2}$일 때 삼각형의 높이가 8이고,

$k \geq 3$이면 $s(k) - x(k) = 8$에서 삼각형의 넓이가 8이어야 하므로

$\dfrac{1}{2} \times (\beta - \alpha) \times 8 = 8$, $\dfrac{1}{2} \times (3 - \alpha) \times 8 = 8 \ (\because \beta = 3)$

$3 - \alpha = 2$ $\therefore \alpha = 1$

따라서 $t = \dfrac{\alpha + \beta}{2} = \dfrac{1+3}{2} = 2$에서 $v(2) = -4$이고,

$v(1) = 0$, $v(3) = 0$이므로

$t < 2$일 때, 두 점 $(1, 0)$, $(2, -4)$를 지나는 직선의 방정식은

$y = \dfrac{-4-0}{2-1}(t-1)$에서 $y = -4t + 4$

$t \geq 2$일 때, 두 점 $(2, -4)$, $(3, 0)$을 지나는 직선의 방정식은

$y = \dfrac{0-(-4)}{3-2}(t-3)$에서 $y = 4t - 12$

$$\therefore v(t) = \begin{cases} -4t + 4 & (0 \leq t < 2) \\ 4t - 12 & (t \geq 2) \end{cases}$$

즉, 함수 $y = v(t)$의 그래프를 그리면 [그림 2]와 같다.

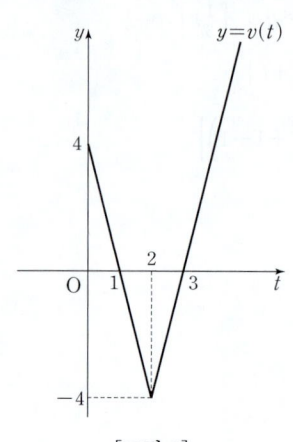

[그림 2]

3rd 시각 $t=1$에서 $t=6$까지 점 P의 위치의 변화량을 구해.

따라서 시각 $t=1$에서 $t=6$까지 점 P의 위치의 변화량은
$v(6)=4\times6-12=12$이므로 [그림 2]에서 $1\leq t\leq3$에서 삼각형의 넓이를 $S_1=\frac{1}{2}\times2\times4=4$,

$3\leq t\leq6$에서 삼각형의 넓이를 $S_2=\frac{1}{2}\times3\times12=18$이라 하면

시각 $t=1$에서 $t=6$까지 점 P의 위치의 변화량은 $-S_1+S_2=-4+18=14$야.

$$\int_1^6 v(t)dt=\int_1^2(-4t+4)dt+\int_2^6(4t-12)dt$$
$$=\Big[-2t^2+4t\Big]_1^2+\Big[2t^2-12t\Big]_2^6$$
$$=\{(-8+8)-(-2+4)\}+\{(72-72)-(8-24)\}$$
$$=14$$

G 159 정답 34 ＊곡선과 직선으로 둘러싸인 부분의 넓이 ⋯ [정답률 31%]

> **정답 공식:** 점의 x좌표, y좌표가 $\sin\theta$, $\cos\theta$에 대한 식으로 주어지면 $\sin^2\theta+\cos^2\theta=1$을 이용하여 x,y 사이의 관계식을 구한다.

세 집합 A,B,C는

$$A=\Big\{(2+2\cos\theta,\,2+2\sin\theta)\,\Big|\,-\frac{\pi}{3}\leq\theta\leq\frac{\pi}{3}\Big\},$$

단서1 $x=2+2\cos\theta, y=2+2\sin\theta$로 놓고 삼각함수의 성질 $\sin^2\theta+\cos^2\theta=1$을 이용해서 x,y 사이의 관계식을 구해.

$$B=\Big\{(-2+2\cos\theta,\,2+2\sin\theta)\,\Big|\,\frac{2\pi}{3}\leq\theta\leq\frac{4\pi}{3}\Big\},$$

단서2 $x=-2+2\cos\theta, y=2+2\sin\theta$로 놓고 삼각함수의 성질 $\sin^2\theta+\cos^2\theta=1$을 이용해서 x,y 사이의 관계식을 구해.

$$C=\{(a,b)\,|\,-3\leq a\leq3,\,b=2\pm\sqrt{3}\,\}$$

단서3 두 집합 A,B의 원소인 점들을 좌표평면 위에 나타내면 위에서 구한 x,y 사이의 관계식을 만족시키는 도형의 일부가 될 거야.

이다. 좌표평면에서 집합 $A\cup B\cup C$의 모든 원소가 나타내는 도형을 X라 하고, 도형 X와 곡선 $y=-\sqrt{3}x^2+2$가 만나는 점의 y좌표를 c라 하자. 집합 X로 둘러싸인 부분의 넓이를 α, 곡선 $y=-\sqrt{3}x^2+2$와 직선 $y=c$로 둘러싸인 부분의 넓이를 β라 하자. $\alpha-\beta=\dfrac{p\pi+q\sqrt{3}}{3}$일 때, $p+q$의 값을 구하시오.

단서4 곡선과 직선으로 둘러싸인 부분이므로 정적분을 이용하여 넓이를 구할 수 있어.

(단, p,q는 정수이다.) (5점)

1st 집합 A,B,C의 의미를 각각 확인한 후 집합 $A\cup B\cup C$의 모든 원소가 나타내는 도형 X를 그리자.

함정 집합 A,B,C의 원소가 순서쌍 (x,y)의 형태로 되어 있기 때문에 좌표평면 위에 있는 점들의 집합으로 나타내는 도형을 바르게 찾아야 문제를 해결할 수 있어.

(i) 집합 A가 의미하는 것을 확인하자.

$(x,y)=(2+2\cos\theta,\,2+2\sin\theta)$에서
$x=2+2\cos\theta,\,y=2+2\sin\theta$이므로
$x-2=2\cos\theta,\,y-2=2\sin\theta$
$(x-2)^2+(y-2)^2=(2\cos\theta)^2+(2\sin\theta)^2$
$\qquad\qquad\qquad\quad=4\underline{(\cos^2\theta+\sin^2\theta)}$
$\qquad\qquad\qquad\quad=4$ ↳ $\sin^2\theta+\cos^2\theta=1$

$\therefore (x-2)^2+(y-2)^2=4$

즉, 점 (x,y)의 집합은 점 $(2,2)$를 중심으로 하고 반지름의 길이가 2인 원을 나타낸다.

이때, $-\dfrac{\pi}{3}\leq\theta\leq\dfrac{\pi}{3}$에서 $\dfrac{1}{2}\leq\cos\theta\leq1$이므로

$3\leq2+2\cos\theta\leq4$, 즉 $3\leq x\leq4$이다.

또, $-\dfrac{\pi}{3}\leq\theta\leq\dfrac{\pi}{3}$에서 $-\dfrac{\sqrt{3}}{2}\leq\sin\theta\leq\dfrac{\sqrt{3}}{2}$이므로

$2-\sqrt{3}\leq2+2\sin\theta\leq2+\sqrt{3}$, 즉 $2-\sqrt{3}\leq y\leq2+\sqrt{3}$이다.

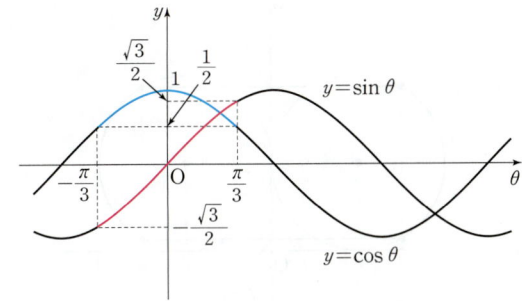

따라서 집합 A는 점 $(2,2)$를 중심으로 하고 반지름의 길이가 2인 원에서 $3\leq x\leq4$, $2-\sqrt{3}\leq y\leq2+\sqrt{3}$을 만족시키는 원의 일부이다.

(ii) 집합 B가 의미하는 것을 확인하자.

$(x,y)=(-2+2\cos\theta,\,2+2\sin\theta)$에서
$x=-2+2\cos\theta,\,y=2+2\sin\theta$이므로
$x+2=2\cos\theta,\,y-2=2\sin\theta$
$(x+2)^2+(y-2)^2=(2\cos\theta)^2+(2\sin\theta)^2$
$\qquad\qquad\qquad\quad=4(\cos^2\theta+\sin^2\theta)$
$\qquad\qquad\qquad\quad=4$

$\therefore (x+2)^2+(y-2)^2=4$

즉, 점 (x,y)의 집합은 점 $(-2,2)$를 중심으로 하고 반지름의 길이가 2인 원을 나타낸다.

이때, $\dfrac{2\pi}{3}\leq\theta\leq\dfrac{4\pi}{3}$에서 $-1\leq\cos\theta\leq-\dfrac{1}{2}$이므로

$-4\leq-2+2\cos\theta\leq-3$, 즉 $-4\leq x\leq-3$이다.

또, $\dfrac{2\pi}{3}\leq\theta\leq\dfrac{4\pi}{3}$에서 $-\dfrac{\sqrt{3}}{2}\leq\sin\theta\leq\dfrac{\sqrt{3}}{2}$이므로

$2-\sqrt{3}\leq2+2\sin\theta\leq2+\sqrt{3}$, 즉 $2-\sqrt{3}\leq y\leq2+\sqrt{3}$이다.

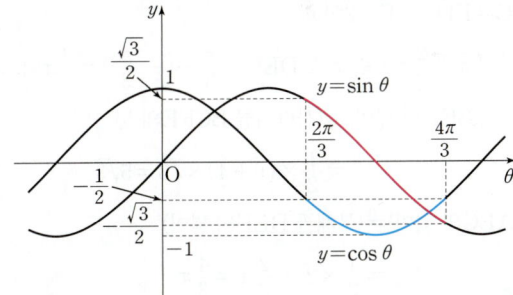

따라서 집합 B는 점 $(-2,2)$를 중심으로 하고 반지름의 길이가 2인 원에서 $-4\leq x\leq-3$, $2-\sqrt{3}\leq y\leq2+\sqrt{3}$을 만족시키는 원의 일부이다.

(iii) 집합 C가 의미하는 것을 확인하자.

점 (x,y)에서 $-3\leq x\leq3$, $y=2\pm\sqrt{3}$이므로
집합 C는 x축에 평행한 두 직선 $y=2-\sqrt{3}$, $y=2+\sqrt{3}$에서 $-3\leq x\leq3$인 부분이다.

(i)~(iii)에 의해 좌표평면 위에 집합 $A\cup B\cup C$의 모든 원소가 나타내는 도형 X를 나타내면 [그림 1]과 같다.

$-4\leq x\leq-3$에서 원 $(x+2)^2+(y-2)^2=4$의 일부, $-3\leq x\leq3$에서 직선 $y=2\pm\sqrt{3}$, $3\leq x\leq4$에서 원 $(x-2)^2+(y-2)^2=4$의 일부로 그려진 부분이 도형 X야.

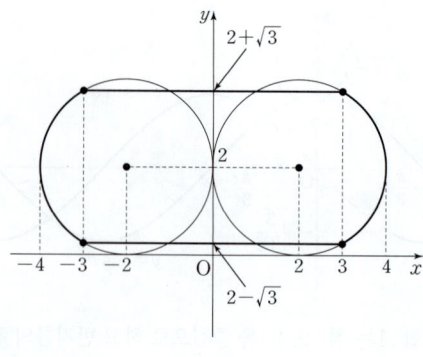

[그림 1]

2nd 집합 X로 둘러싸인 부분의 넓이 α를 구하자.

집합 X로 둘러싸인 부분의 넓이 α를 구하기 위해
[그림 2]와 같이 점 A, B, C, D, E, F를 정하고 각 점의 좌표를 구하면
$A(-3, 2+\sqrt{3})$, $B(-2, 2)$, $C(-3, 2-\sqrt{3})$,
$D(3, 2+\sqrt{3})$, $E(2, 2)$, $F(3, 2-\sqrt{3})$이다.

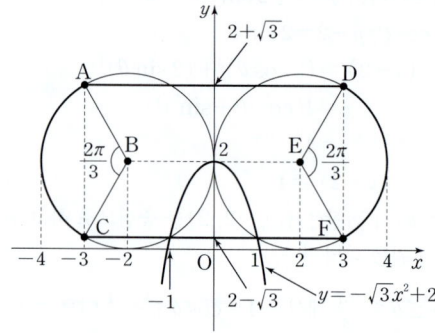

[그림 2]

집합 X로 둘러싸인 부분의 넓이는 사다리꼴 ABED, 사다리꼴 BCFE,
부채꼴 ABC, 부채꼴 DEF의 넓이의 합이다.
$\overline{AD}=\overline{CF}=3-(-3)=6$, $\overline{BE}=2-(-2)=4$,
$\overline{BA}=\overline{BC}=\overline{ED}=\overline{EF}=2$이고
$\angle ABC=\dfrac{4}{3}\pi-\dfrac{2}{3}\pi=\dfrac{2}{3}\pi$, $\angle DEF=\dfrac{\pi}{3}-\left(-\dfrac{\pi}{3}\right)=\dfrac{2}{3}\pi$이므로

(사다리꼴 ABED의 넓이)=(사다리꼴 BCFE의 넓이)
$$=\dfrac{1}{2}\times(6+4)\times\sqrt{3}=5\sqrt{3}$$

(부채꼴 ABC의 넓이)=(부채꼴 DEF의 넓이)
$$=\dfrac{1}{2}\times2^2\times\dfrac{2}{3}\pi=\dfrac{4}{3}\pi$$

반지름의 길이가 r, 중심각의 크기가 θ(라디안)인 부채꼴의 넓이를 S라 하면 $S=\dfrac{1}{2}r^2\theta$야.

$\therefore \alpha=5\sqrt{3}+5\sqrt{3}+\dfrac{4}{3}\pi+\dfrac{4}{3}\pi=10\sqrt{3}+\dfrac{8}{3}\pi$

3rd 곡선 $y=-\sqrt{3}x^2+2$와 직선 $y=c$로 둘러싸인 부분의 넓이를 정적분을
이용하여 구하자.

도형 X와 곡선 $y=-\sqrt{3}x^2+2$가 만나는 점의 y좌표를 c라 했으므로
[그림 2]에서 $c=2-\sqrt{3}$임을 확인할 수 있다.
곡선 $y=-\sqrt{3}x^2+2$와 직선 $y=2-\sqrt{3}$의 교점의 x좌표를 구하기 위해
두 식을 연립하면 $-\sqrt{3}x^2+2=2-\sqrt{3}$에서
$x^2=1$ $\therefore x=-1$ 또는 $x=1$
즉, 곡선 $y=-\sqrt{3}x^2+2$와 직선 $y=2-\sqrt{3}$의 교점의 x좌표는
-1, 1이고, 구간 $[-1, 1]$에서 곡선 $y=-\sqrt{3}x^2+2$가 직선
$y=2-\sqrt{3}$보다 위쪽에 있거나 만나므로 곡선과 직선으로 둘러싸인
부분의 넓이 β를 구하자.

$\beta=\displaystyle\int_{-1}^{1}|(-\sqrt{3}x^2+2)-(2-\sqrt{3})|\,dx$

$=\displaystyle\int_{-1}^{1}\{(-\sqrt{3}x^2+2)-(2-\sqrt{3})\}\,dx$

$=\displaystyle\int_{-1}^{1}(-\sqrt{3}x^2+\sqrt{3})\,dx=2\displaystyle\int_{0}^{1}(-\sqrt{3}x^2+\sqrt{3})\,dx$

$y=-\sqrt{3}x^2+\sqrt{3}$의 그래프는 y축에 대하여 대칭이야.

$=2\left[-\dfrac{\sqrt{3}}{3}x^3+\sqrt{3}x\right]_0^1=2\left(-\dfrac{\sqrt{3}}{3}+\sqrt{3}\right)=\dfrac{4\sqrt{3}}{3}$

포물선 $y=-\sqrt{3}x^2+2$와 직선 $y=2-\sqrt{3}$이 두 점에서 만나고, 그 두 점의 x좌표가 -1, 1이므로 포물선과 직선으로 둘러싸인 부분의 넓이를 구하는 공식을 이용하면
$\dfrac{|-\sqrt{3}|}{6}\{1-(-1)\}^3=\dfrac{\sqrt{3}}{6}\times8=\dfrac{4\sqrt{3}}{3}$

$\therefore \alpha-\beta=10\sqrt{3}+\dfrac{8}{3}\pi-\dfrac{4\sqrt{3}}{3}=\dfrac{8\pi+26\sqrt{3}}{3}$

따라서 $p=8$, $q=26$이므로 $p+q=8+26=34$

G 160 정답 32 ＊두 곡선으로 둘러싸인 부분의 넓이 ··· [정답률 36%]

정답 공식: 곡선 $y=f(x)$와 직선 $y=g(x)$가 $x=a$에서 접하면 $f(x)-g(x)$는 $(x-a)^2$을 인수로 갖는다.

단서2 직선 l이 함수 $y=f(x)$의 그래프와 서로 다른 두 점에서 접하면 직선 l의 방정식과 함수 $f(x)$의 식을 연립한 방정식은 서로 다른 두 중근을 가지게 돼. 이를 이용해 $f(x)-($직선 l의 방정식$)$의 식을 구해야 해.

직선 l이 함수 $f(x)=x^4-2x^2-2x+3$의 그래프와 서로 다른 두 점에서 접할 때, 직선 l과 곡선 $y=f(x)$로 둘러싸인 영역의 넓이가 A이다. $30A$의 값을 구하시오. (5점)

단서1 직선 l과 곡선 $y=f(x)$의 교점의 x좌표를 α, β라 하면 직선 l과 곡선 $y=f(x)$로 둘러싸인 부분의 넓이는 $\displaystyle\int_{\alpha}^{\beta}|f(x)-($직선 l의 방정식$)|\,dx$야.

1st 직선 l과 곡선 $y=f(x)$가 서로 다른 두 점에서 접할 조건을 이용해 관계식을
세워.

직선 l의 방정식을 $y=g(x)$라 하자.
직선 l과 곡선 $y=f(x)$가 서로 다른 두 점에서 접하므로 이 두 점의
x좌표를 α, β $(\alpha<\beta)$라 하면

방정식 $f(x)=g(x)$, 즉 $f(x)-g(x)=0$은 두 중근 $x=\alpha$, $x=\beta$를 가져.

$f(x)-g(x)=(x-\alpha)^2(x-\beta)^2 \cdots \bigcirc$
즉, $f(x)=x^4-2x^2-2x+3$에서 $\bigcirc$에 의해
$x^4-2x^2-2x+3-g(x)=(x-\alpha)^2(x-\beta)^2$
$\qquad\qquad\qquad\qquad\quad =(x^2-2\alpha x+\alpha^2)(x^2-2\beta x+\beta^2)$
이 식은 항등식이고 등식의 좌변에서 x^3의 계수가 0이므로
$0=-2(\alpha+\beta)$, $\alpha+\beta=0$ $\therefore \beta=-\alpha \cdots \bigcirc\!\!\!\!\!\!\bigcirc$

$(x^2-2\alpha x+\alpha^2)(x^2-2\beta x+\beta^2)$에서 x^3이 나오는 항만 분배법칙을 이용해 전개하면
$x^2\times(-2\beta x)+(-2\alpha x)\times x^2=-2\beta x^3-2\alpha x^3=-2(\alpha+\beta)x^3$

따라서 $\bigcirc$에 $\bigcirc\!\!\!\!\!\!\bigcirc$을 대입하면
$f(x)-g(x)=(x-\alpha)^2(x+\alpha)^2=(x^2-\alpha^2)^2$
$\qquad\qquad\quad =x^4-2\alpha^2 x^2+\alpha^4 \cdots \bigcirc\!\!\!\!\!\!\bigcirc\!\!\!\!\!\!\bigcirc$

이때, $g(x)$는 1차 이하의 다항함수이고, $f(x)$는 사차함수이므로 다항
식 $f(x)-g(x)$의 이차항의 계수는 $f(x)$의 이차항의 계수와 같다.
즉, $f(x)-g(x)$의 x^2의 계수는 -2이므로 $\bigcirc\!\!\!\!\!\!\bigcirc\!\!\!\!\!\!\bigcirc$에서
$-2\alpha^2=-2$, $\alpha^2=1$ $\therefore \alpha=\pm1$
그런데 $\bigcirc\!\!\!\!\!\!\bigcirc$에서 $\alpha=1$이면 $\beta=-1$이 되어 $\alpha<\beta$라는 조건에 모순이므로
$\alpha=-1$, $\beta=1$이다.
$\therefore f(x)-g(x)=x^4-2x^2+1 \cdots \bigcirc\!\!\!\!\!\!\bigcirc\!\!\!\!\!\!\bigcirc\!\!\!\!\!\!\bigcirc$

2nd 직선 l과 곡선 $y=f(x)$로 둘러싸인 부분의 넓이를 정적분을 통해 구하자.
사차함수 $y=f(x)$의 최고차항의 계수가 양수이고 직선 l과 곡선
$y=f(x)$가 x좌표가 각각 -1, 1인 점에서 접하므로 직선 l과 곡선
$y=f(x)$의 개형을 그리면 다음과 같다.

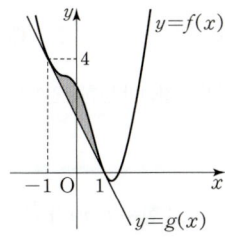

따라서 구하는 영역의 넓이 A는

→ 곡선 $y=f(x)$와 직선 $y=g(x)$로 둘러싸인 부분의 넓이는 $\int_{-1}^{1}|f(x)-g(x)|\,dx$야.

$$A=\int_{-1}^{1}\{f(x)-g(x)\}dx$$

그런데 그림에서 곡선이 직선보다 위쪽에 있으니까 $f(x)-g(x)>0$이지? 따라서 절댓값을 사용하지 않고 바로 $\int_{-1}^{1}\{f(x)-g(x)\}dx$라 나타낸 거야.

$$=\int_{-1}^{1}(x^4-2x^2+1)dx$$

$$=2\int_{0}^{1}(x^4-2x^2+1)dx$$

$$=2\left[\frac{1}{5}x^5-\frac{2}{3}x^3+x\right]_{0}^{1}$$

→ $f(x)$가 우함수, 즉 $f(-x)=f(x)$이면 $\int_{-a}^{a}f(x)dx=2\int_{0}^{a}f(x)dx$가 성립해.

일반적으로 다항함수에서 짝수 차수의 항과 상수항만의 합으로 이루어져 있으면 우함수이므로 x^4-2x^2+1은 우함수야.

$$=2\left(\frac{1}{5}-\frac{2}{3}+1\right)=\frac{16}{15}$$

즉, $\int_{-1}^{1}(x^4-2x^2+1)dx=2\int_{0}^{1}(x^4-2x^2+1)dx$ 가 성립해.

$$\therefore 30A=30\times\frac{16}{15}=32$$

G 161 정답 ⑤ ────────── ★1등급 대비 [정답률 14%]

* 서로 다른 두 점에서 접하는 두 함수의 그래프로 둘러싸인 영역의 넓이와 함수의 그래프와 x축으로 둘러싸인 영역의 넓이 구하기 [유형 03+04]

함수 $f(x)=x^4-6x^3+12x^2-8x+1$과 이차함수 $g(x)$는 어떤 실수 a에 대하여 다음 조건을 만족시킨다.

단서1 두 함수 $f(x)$와 $g(x)$가 $x=a$인 점과 $x=a+1$인 점에서 함숫값과 미분계수가 같다는 것은 $x=a$인 점과 $x=a+1$인 점에서 두 곡선 $y=f(x)$와 $y=g(x)$가 접한다는 의미야.

(가) $f(a)=g(a)$, $f'(a)=g'(a)$
(나) $f(a+1)=g(a+1)$, $f'(a+1)=g'(a+1)$

두 곡선 $y=f(x)$와 $y=g(x)$로 둘러싸인 영역의 넓이를 S_1, 곡선 $y=g(x)$와 x축으로 둘러싸인 영역의 넓이를 S_2라 할 때, $\dfrac{S_2}{S_1}$의 값은? (5점)

단서2 두 곡선 $y=f(x)$와 $y=g(x)$로 둘러싸인 영역의 넓이를 구할 때에는 곡선 중 어느 것이 위쪽에 있는지 그래프를 그려 확인해봐야 해.

① 20   ② 25   ③ 30   ④ 35   ⑤ 40

왜 1등급? 식이 주어진 사차함수 $f(x)$와 식이 주어지지 않은 이차함수 $g(x)$가 주어진 조건을 만족시킬 때, 두 함수 $y=f(x)$, $y=g(x)$의 그래프로 둘러싸인 부분의 넓이를 구하는 문제이다.

조건을 해석하여 두 함수의 그래프가 서로 다른 두 점에서 접한다는 것을 찾아내고, 두 함수의 접점의 x좌표를 통해 이차함수 $g(x)$의 식을 구하는 과정이 복잡하다.

단서+발상

단서1 먼저, 두 함수 $f(x)$와 $g(x)$에 대하여 $x=a$, $x=a+1$에서의 함숫값과 미분계수가 각각 같으므로 두 함수 $y=f(x)$, $y=g(x)$의 그래프에서 $x=a$, $x=a+1$에서의 접선이 서로 같다. **발상**

따라서 두 함수는 $x=a$, $x=a+1$에서 같은 직선에 접하므로 두 함수의 그래프는 $x=a$, $x=a+1$에서 서로 접한다. **적용**

단서2 두 곡선 $y=f(x)$와 $y=g(x)$가 만나는 점의 x좌표가 a, $\beta\,(a<\beta)$일 때 두 곡선 $y=f(x)$와 $y=g(x)$로 둘러싸인 영역의 넓이는 $\int_{a}^{\beta}|f(x)-g(x)|\,dx$ 이다. **개념**

이때, 정적분을 계산하기 위해 절댓값 기호를 풀어주어야 하므로 $f(x)-g(x)$의 부호를 판단해야 한다. 따라서 곡선 $y=f(x)$와 $y=g(x)$ 중 어느 곡선이 위쪽에 있는지를 판단하여 정적분을 계산해야 한다. **적용**

주의 두 함수 $y=f(x)$와 $y=g(x)$의 그래프가 $x=a$, $x=a+1$에서 접하므로 방정식 $f(x)-g(x)=0$이 $x=a$, $x=a+1$에서 중근을 가진다는 것을 이용하여 a의 값과 $g(x)$를 구할 수 있어야 한다.

핵심 정답 공식 : $h(x)=f(x)-g(x)$라 하면 조건 (가), (나)에서 $h(a)=h(a+1)=0$, $h'(a)=h'(a+1)=0$이므로 $h(x)=(x-a)^2\{x-(a+1)\}^2$이다.

------------------ [문제 풀이 순서] ------------------

1st 두 조건 (가), (나)를 이용해 $f(x)-g(x)$의 식을 세운 후 $g(x)$의 식을 구하자.

두 조건 (가), (나)에 의해 $x=a$인 점과 $x=a+1$인 점에서 두 곡선 $y=f(x)$와 $y=g(x)$가 접하므로 방정식 $f(x)=g(x)$, 즉 $f(x)-g(x)=0$은 두 중근 $x=a$와 $x=a+1$을 갖는다.

두 곡선 $y=f(x)$, $y=g(x)$가 $x=k$에서 접한다.
⇔ 두 곡선 $y=f(x)$, $y=g(x)$가 $x=k$인 점에서 공통접선을 갖는다.
⇔ 방정식 $f(x)=g(x)=0$이 중근 $x=k$를 갖는다.
⇔ 다항함수 $f(x)-g(x)$가 $(x-k)^2$ 꼴의 인수를 갖는다.

이때, $f(x)$는 사차함수이고, $g(x)$는 이차함수이므로 $f(x)-g(x)$의 최고차항의 계수는 $f(x)$의 최고차항의 계수와 같다.

$f(x)=x^4-6x^3+12x^2-8x+1$이므로 $f(x)-g(x)$의 최고차항의 계수는 1이겠지?

$$\therefore f(x)-g(x)=(x-a)^2\{x-(a+1)\}^2$$
$$=(x^2-2ax+a^2)\{x^2-2(a+1)x+(a+1)^2\}\quad\cdots\text{㉠}$$

이때, $f(x)-g(x)$의 x^3의 계수가 -6이므로 ㉠의 우변에서 x^3의 계수를 구하면

→ $f(x)$는 사차함수이고, $g(x)$는 이차함수이므로 $f(x)-g(x)$의 x^3의 계수는 $f(x)$의 x^3의 계수인 -6이 돼.

$$-6=-2(a+1)-2a$$
$$4a=4\qquad\therefore a=1$$

따라서 $f(x)-g(x)=(x-1)^2(x-2)^2\quad\cdots\text{㉡}$이고 $f(x)=x^4-6x^3+12x^2-8x+1$이므로

$$x^4-6x^3+12x^2-8x+1-g(x)=(x-1)^2(x-2)^2$$
$$\therefore g(x)=x^4-6x^3+12x^2-8x+1-\underline{(x^2-3x+2)^2}$$
$$=x^4-6x^3+12x^2-8x+1-(x^4-6x^3+13x^2-12x+4)$$
$$=-x^2+4x-3$$

$(a+b+c)^2$
$=a^2+b^2+c^2+2ab+2bc+2ca$

2nd 두 곡선 $y=f(x)$, $y=g(x)$의 위치 관계를 파악한 후 S_1, S_2를 정적분을 이용해 구하자.

사차함수 $f(x)$의 최고차항의 계수가 양수, 이차함수 $g(x)$의 최고차항의 계수가 음수이고 두 곡선 $y=f(x)$, $y=g(x)$는 x좌표가 각각 1, 2인 점에서 접하므로 그래프의 개형은 그림과 같다.

$$S_1=\int_{1}^{2}\{f(x)-g(x)\}dx$$
$$=\int_{1}^{2}(x-1)^2(x-2)^2dx\ (\because\text{㉡})$$
$$=\int_{1}^{2}(x^4-6x^3+13x^2-12x+4)dx$$
$$=\left[\frac{1}{5}x^5-\frac{3}{2}x^4+\frac{13}{3}x^3-6x^2+4x\right]_{1}^{2}$$
$$=\frac{32}{5}-24+\frac{104}{3}-24+8-\left(\frac{1}{5}-\frac{3}{2}+\frac{13}{3}-6+4\right)=\frac{1}{30}$$

한편, 함수 $g(x)=-x^2+4x-3=-(x-1)(x-3)$이 x축과 만나는
교점의 x좌표는 1, 3이므로

$S_2=\displaystyle\int_1^3 g(x)dx$ → $g(x)=-(x-1)(x-3)$이므로 포물선과 x축
              사이의 넓이 공식을 사용하면

$=\displaystyle\int_1^3 (-x^2+4x-3)dx$ $\displaystyle\int_1^3 g(x)dx=\frac{|-1|}{6}(3-1)^3=\frac{1}{6}\cdot 8=\frac{4}{3}$로

$=\left[-\dfrac{1}{3}x^3+2x^2-3x\right]_1^3$ 계산할 수도 있어.

$=-9+18-9-\left(-\dfrac{1}{3}+2-3\right)=\dfrac{4}{3}$

$\therefore \dfrac{S_2}{S_1}=\dfrac{4}{3}\div\dfrac{1}{30}=\dfrac{4}{3}\times 30=40$

 쉬운 풀이: 함수의 그래프의 평행이동을 이용하여 정적분 구하기

$S_1=\displaystyle\int_1^2 \{f(x)-g(x)\}dx$는 함수 $y=f(x)-g(x)$의 그래프와 두 직
선 $x=1$, $x=2$로 둘러싸인 부분의 넓이와 같아.

그런데 이 넓이는 함수 $\underline{y=f(x)-g(x)}$의 그래프를 x축의 방향으로
$\underline{-1}$만큼 평행이동시킨 그래프와 두 직선 $x=1-1=0$, $x=2-1=1$로
둘러싸인 부분의 넓이와 같으므로

$y=(x-1)^2(x-2)^2$ $\xrightarrow[-1만큼 평행이동]{x축의 방향으로}$ $y=(x+1-1)^2(x+1-2)^2=x^2(x-1)^2$

$S_1=\displaystyle\int_1^2 \{f(x)-g(x)\}dx=\int_1^2 (x-1)^2(x-2)^2 dx$

$=\displaystyle\int_0^1 x^2(x-1)^2 dx=\int_0^1 (x^4-2x^3+x^2)dx$

$=\left[\dfrac{1}{5}x^5-\dfrac{1}{2}x^4+\dfrac{1}{3}x^3\right]_0^1$

$=\dfrac{1}{5}-\dfrac{1}{2}+\dfrac{1}{3}=\dfrac{1}{30}$

(이하 동일)

My Top Secret   서울대 선배의 **❶** 등급 대비 전략

미분가능한 두 함수 $y=f(x)$, $y=g(x)$의 그래프가 접한다는 것
은 두 함수의 식을 연립한 방정식 $f(x)-g(x)=0$이 중근을 갖는
다는 것과 같은 의미야. 이때, 이 중근을 α라 하면 $f(x)-g(x)$는
$(x-\alpha)^2$으로 나누어떨어져.
즉, 두 함수 $y=f(x)$, $y=g(x)$의 그래프가 $x=\alpha$, $x=\beta$인 서로 다른
두 점에서 접하면 방정식 $f(x)-g(x)=0$이 서로 다른 두 중근 α, β를
가지니까 $f(x)-g(x)=k(x-\alpha)^2(x-\beta)^2$ (k는 0이 아닌 상수)의
형태가 돼.

G 162 정답 35 ————— ⭐**1등급 대비** [정답률 12%]

*함수의 그래프를 이용해 길이가 일정한 닫힌구간에서의 함수의 최솟값 구하기
[유형 04+12]

실수 전체의 집합에서 정의된 함수 $f(x)$가 다음 조건을 만족시킨다.
단서1 $f(-x)+f(x)=0$에서 $f(-x)=-f(x)$이므로 $f(x)$는 원점에 대하여 대칭인
함수야. 즉, 조건 (가), (나)를 이용해 함수 $y=f(x)$의 그래프를 그려 봐.

(가) $x\geq 0$일 때, $f(x)=x^2-2x$이다.

(나) 모든 실수 x에 대하여 $f(-x)+f(x)=0$이다.

실수 t에 대하여 닫힌구간 $[t, t+1]$에서 함수 $f(x)$의 최솟값을
$g(t)$라 하자. 좌표평면에서 두 곡선 $y=f(x)$와 $y=g(x)$로 둘러
싸인 부분의 넓이는 $\dfrac{q}{p}$이다. $p+q$의 값을 구하시오. (단, p와 q는
서로소인 자연수이다.) (4점)
단서2 함수 $y=f(x)$의 그래프를 따라가면서
t의 값에 따라 $f(x)$의 최솟값이 어디서
나타나는지 찾아야 해.

왜 1등급? 조건을 만족시키는 함수 $f(x)$에 대하여 길이가 일정한
닫힌구간에서의 함수 $f(x)$의 최솟값을 새로운 함수로 나타낸 후 두 함수의
그래프로 둘러싸인 부분의 넓이를 구하는 문제이다.
함수 $y=f(x)$의 그래프에서 $g(t)$를 t의 범위에 따라 $f(t)$의 평행이동 꼴로
나타내는 경우를 구하는 과정이 복잡하다.

단서+발상

단서1 조건 (나)의 $f(-x)+f(x)=0$에서 $f(-x)=-f(x)$이므로 $f(x)$는 원점에
대하여 대칭인 함수이다. **발상**
따라서 $x\geq 0$일 때의 $f(x)$의 식을 알고 있으므로 이를 원점에 대하여 대칭
이동시켜 $x<0$에서의 $f(x)$를 구할 수 있다. **적용**

단서2 닫힌구간 $[t, t+1]$에서 함수 $f(x)$의 최솟값은 구간 양 끝점에서의 함숫값
인 $f(t)$와 $f(t+1)$, 열린구간 $(t, t+1)$에서의 극솟값을 비교했을 때 이 중
가장 작은 값이다. **발상**
따라서 닫힌구간 $[t, t+1]$에서 $f(t)$가 $f(t+1)$보다 클 때와 작을 때로
나누어 보고 열린구간 $(t, t+1)$에서 극값을 가질 때와 갖지 않을 때로 나누어
함수 $f(x)$의 최솟값 $g(t)$를 구할 수 있다. **적용**

주의 함수 $y=f(x)$의 그래프를 그려 $f(x)$의 증가와 감소를 따져보면 $f(t)$ 또는
$f(t+1)$이 최솟값이 아닌 경우가 존재한다.

핵심 정답 공식: 주어진 조건을 이용해 $f(x)$의 그래프를 그리고, t의 범위에 따라
$y=g(t)$의 그래프를 그린다. 이후 두 곡선의 교점의 좌표를 구한 뒤 적분을 이용해
넓이를 구한다.

- - - - - - - - - - - - - - - - - [문제 풀이 순서] - - - - - - - - - - - - - - - -

1st t의 값을 변화시키면서 함수 $f(x)$의 최솟값이 어디서 형성되는지 찾자.
조건 (나)에서 $f(-x)+f(x)=0$, 즉 $f(-x)=-f(x)$이므로 함수
$f(x)$는 원점에 대하여 대칭인 함수이다.

$\therefore f(x)=\begin{cases} x^2-2x & (x\geq 0) \\ -x^2-2x & (x<0) \end{cases}$ → $x<0$에서의 함수 $f(x)$의 식은 $y=x^2-2x$를
원점에 대하여 대칭이동한 식이므로
$-y=(-x)^2-2(-x)$ $\therefore y=-x^2-2x$

닫힌구간 $[t, t+1]$에서 함수 $f(x)$의 최솟값을 $g(t)$라 하였으므로
길이가 1인 구간을 움직이면서 그 구간 안에서 $f(x)$의 최솟값을 찾아야
한다. → 구간 $[t, t+1]$의 길이는 항상 $(t+1)-t=1$이지?

(i) $t\leq -\dfrac{3}{2}$인 경우 [그림 1]과 같이 $x=t$일 때 함수 $f(x)$가 최솟값을
가지므로 $g(t)=f(t)$이다.
→ 닫힌구간 $[t, t+1]$의 중점인 $x=\dfrac{2t+1}{2}$이 -1보다 작거나 같은 범위야.
이 경우에는 $f(t)$에서 최솟값을 가져.

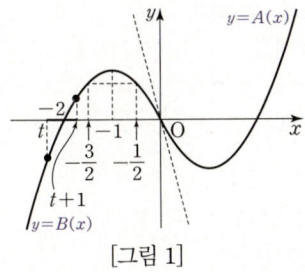

[그림 1]

(ii) $-\frac{3}{2}<t\le 0$인 경우 [그림 2]와 같이 $x=t+1$일 때 함수 $f(x)$가 최솟값을 가지므로 $g(t)=f(t+1)$이다. → $y=f(x+1)$의 그래프는 $y=f(x)$의 그래프를 x축의 방향으로 -1만큼 평행이동한 것임을 알 수 있어.

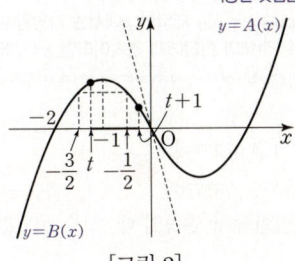

[그림 2]

(iii) $0<t\le 1$인 경우 [그림 3]과 같이 $f(x)$의 최솟값은 -1이므로 $g(t)=-1$이다.

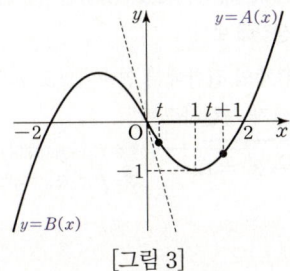

[그림 3]

(iv) $t>1$인 경우 [그림 4]와 같이 $x=t$일 때 함수 $f(x)$가 최솟값을 가지므로 $g(t)=f(t)$이다.

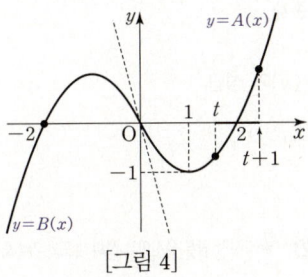

[그림 4]

즉, $f(x)=\begin{cases} x^2-2x & (x\ge 0) \\ -x^2-2x & (x<0) \end{cases}$에서

$A(x)=x^2-2x$, $B(x)=-x^2-2x$라 하면

$$g(t)=\begin{cases} B(t) & \left(t\le -\frac{3}{2}\right) \\ B(t+1) & \left(-\frac{3}{2}<t\le -1\right) \\ A(t+1) & (-1<t\le 0) \\ -1 & (0<t\le 1) \\ A(t) & (t>1) \end{cases}$$

→ (ii)의 경우 $t+1\le 0$, 즉 $t\le -1$이면 $f(t)=B(t)$이므로 $f(t+1)=B(t+1)$이고 $t+1>0$, 즉 $t>-1$이면 $t+1>0$이므로 $f(t+1)=A(t+1)$이야.

2nd 두 곡선 $y=f(x)$와 $y=g(x)$로 둘러싸인 부분의 넓이를 구하자.

두 곡선 $y=f(x)$와 $y=g(x)$로 둘러싸인 부분은 [그림 5]와 같다.

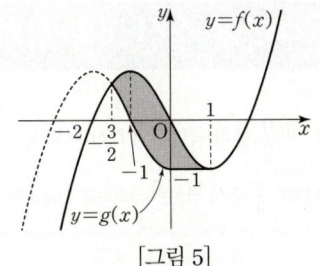

[그림 5]

구하는 부분의 넓이는

$$\int_{-\frac{3}{2}}^{-1}\{B(x)-B(x+1)\}dx+\int_{-1}^{0}\{B(x)-A(x+1)\}dx+\int_{0}^{1}\{A(x)-(-1)\}dx$$

$$=\int_{-\frac{3}{2}}^{-1}[-x^2-2x-\{-(x+1)^2-2(x+1)\}]dx+\int_{-1}^{0}[-x^2-2x-\{(x+1)^2-2(x+1)\}]dx+\int_{0}^{1}(x^2-2x+1)dx$$

$$=\int_{-\frac{3}{2}}^{-1}(2x+3)dx+\int_{-1}^{0}(-2x^2-2x+1)dx+\int_{0}^{1}(x^2-2x+1)dx$$

$$=\left[x^2+3x\right]_{-\frac{3}{2}}^{-1}+\left[-\frac{2}{3}x^3-x^2+x\right]_{-1}^{0}+\left[\frac{1}{3}x^3-x^2+x\right]_{0}^{1}=\frac{23}{12}=\frac{q}{p}$$

→ $=\frac{1}{4}+\frac{4}{3}+\frac{1}{3}$

$\therefore p+q=12+23=35$

톡톡 풀이: 합동인 도형을 평행이동하여 더 간단하게 두 곡선 $y=f(x)$, $y=g(x)$로 둘러싸인 부분의 넓이 구하기

[그림 6]에서 $S_1=S_2$, $T_1=T_2$이므로 어두운 부분의 넓이는

(한 변의 길이가 1인 정사각형의 넓이)

$+\left(\text{가로, 세로의 길이가 각각 } 1, \frac{3}{4}\text{인 직사각형의 넓이}\right)$

$+\left(\text{곡선 } y=-x^2-2x\text{와 직선 } y=\frac{3}{4}\text{으로 둘러싸인 부분의 넓이}\right)$

[그림 6]

와 같아. 따라서 구하는 부분의 넓이는

$$1^2+1\times\frac{3}{4}+\int_{-\frac{3}{2}}^{-\frac{1}{2}}\left(-x^2-2x-\frac{3}{4}\right)dx$$

$$=1+\frac{3}{4}+\left[-\frac{1}{3}x^3-x^2-\frac{3}{4}x\right]_{-\frac{3}{2}}^{-\frac{1}{2}}=\frac{23}{12}=\frac{q}{p}$$

$\therefore p+q=12+23=35$

My Top Secret 서울대 선배의 1등급 대비 전략

구간의 길이가 일정한 닫힌구간에서의 최댓값이나 최솟값은 평행이동을 이용하여 구하면 쉽게 구할 수 있어. 양수 a에 대하여 닫힌구간 $[t, t+a]$에서 함수 $f(x)$의 최솟값을 $g(t)$라 할 때, 먼저 함수 $y=f(x)$의 그래프와 함수 $y=f(x+a)$의 그래프를 그린 뒤, 두 점 $(t, f(t))$와 $(t-a, f(t))$를 연결한 선분을 모든 실수 t에 대하여 그려봐.

여기서 나타낸 영역의 경계를 기준으로 했을 때 아랫부분이 $g(t)$가 돼. 마찬가지 방법으로 하면 함수 $f(x)$의 최댓값을 $h(t)$라 할 때 위에서 만들어진 영역의 경계를 기준으로 했을 때 윗부분이 $h(t)$가 되는 거야.

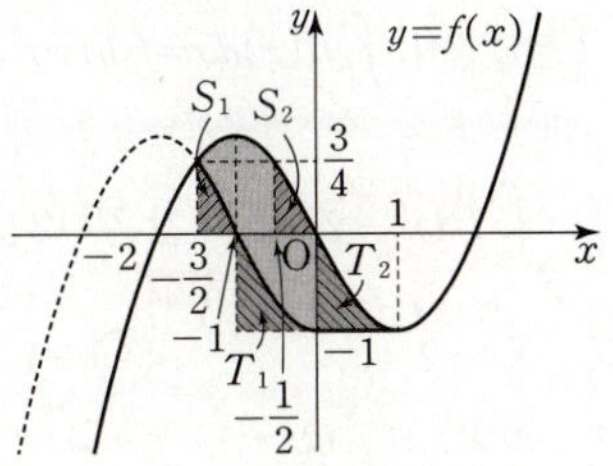

1회 01 정답 ⑤ * $\frac{0}{0}$ 꼴의 극한값의 계산 (무리식) ─── [정답률 91%]

[정답 공식: 근호가 포함된 $\frac{0}{0}$ 꼴의 극한은 유리화를 이용하여 식을 정리한다.]

> $\lim\limits_{x\to2}\dfrac{3x-6}{\sqrt{x+2}-2}$의 값은? (2점) **단서** 분모에 무리식이 있으니까 유리화해야지?
>
> ① 8 　　② 9 　　③ 10
> ④ 11 　　⑤ 12

1st 분모를 유리화하여 식을 정리하자.

$$\lim_{x\to2}\frac{3x-6}{\sqrt{x+2}-2}=\lim_{x\to2}\frac{3(x-2)(\sqrt{x+2}+2)}{(\sqrt{x+2}-2)(\sqrt{x+2}+2)}$$
$\frac{0}{0}$ 꼴이고
$$=\lim_{x\to2}\frac{3(x-2)(\sqrt{x+2}+2)}{(\sqrt{x+2})^2-2^2}$$
분모에 무리식이 있으니까 유리화하자.
$$=\lim_{x\to2}\frac{3(x-2)(\sqrt{x+2}+2)}{x+2-4}$$
$$=\lim_{x\to2}\frac{3(x-2)(\sqrt{x+2}+2)}{x-2}$$
$$=\lim_{x\to2}3(\sqrt{x+2}+2)=3(\sqrt{2+2}+2)=12$$

1회 02 정답 ② *함수의 정적분 ─── [정답률 95%]

[정답 공식: $\int_a^b f'(x)dx=f(b)-f(a)$]

> $\int_0^1 (3x^2-2)dx$의 값은? (3점)
> **단서** $n\neq-1$인 실수일 때, $\int_a^b x^n dx=\left[\frac{1}{n+1}x^{n+1}\right]_a^b$임을 이용해.
> ① -2 　　② -1 　　③ 0
> ④ 1 　　⑤ 2

1st 다항함수의 정적분을 계산해.

$$\int_0^1(3x^2-2)dx=\left[x^3-2x\right]_0^1$$
$f(x)$의 부정적분 중 하나가 $F(x)$일 때,
$$=(1-2)-0=-1$$
$\int_a^b f(x)dx=\left[F(x)\right]_a^b=F(b)-F(a)$

1회 03 정답 ③ *$h\to0$일 때의 변형된 미분계수의 정의 ─── [정답률 90%]

[정답 공식: $f'(a)=\lim\limits_{h\to0}\dfrac{f(a+h)-f(a)}{h}$]

> 함수 $f(x)=x^3-x$에 대하여 $\lim\limits_{h\to0}\dfrac{f(1+3h)-f(1)}{2h}$의 값은? (3점)
> **단서** 분모에 $3h$가 있어야 하므로 분모, 분자에 $\frac{3}{2}$를 곱해야 해.
> ① 2 　　② $\frac{5}{2}$ 　　③ 3
> ④ $\frac{7}{2}$ 　　⑤ 4

1st $\lim\limits_{h\to0}\dfrac{f(a+h)-f(a)}{h}=f'(a)$임을 이용하자.

$$\lim_{h\to0}\frac{f(1+3h)-f(1)}{2h}=\lim_{h\to0}\frac{f(1+3h)-f(1)}{3h}\times\frac{3}{2}$$
분모를 $3h$로 만들고 분수식 전체에 $\frac{3}{2}$을 곱해야 해.
$$=\frac{3}{2}f'(1)\cdots\text{㉠}$$

2nd 미분계수 $f'(1)$을 계산하자.

함수 $f(x)=x^3-x$에서
$$f'(x)=3x^2-1$$
$$\therefore f'(1)=3\times1^2-1=2$$
따라서 ㉠에서
$$\frac{3}{2}f'(1)=\frac{3}{2}\times2=3$$

1회 04 정답 ④ *연속이 되도록 하는 미정계수의 결정 [정답률 94%]

[정답 공식: 함수 $f(x)$는 $x\neq3$을 제외한 x에서는 다항함수이므로 연속이다. 즉, 함수 $f(x)$가 실수 전체의 집합에서 연속이려면 $x=3$에서 연속이어야 한다.]

> 함수
> $$f(x)=\begin{cases}x^2+3 & (x\neq3)\\ a & (x=3)\end{cases}$$
> **단서** $x=3$에서만 연속이면 돼. 즉, $\lim\limits_{x\to3}f(x)=f(3)$이어야 해.
> 가 실수 전체의 집합에서 연속일 때, 상수 a의 값은? (3점)
> ① 9 　　② 10 　　③ 11
> ④ 12 　　⑤ 13

1st 연속의 정의를 생각해 보자.

함수 $f(x)$가 실수 전체의 집합에서 연속이므로 $x=3$에서도 연속이다.
즉, $f(3)=\lim\limits_{x\to3}f(x)$가 성립하므로
$$a=f(3)=\lim_{x\to3}(x^2+3)=12$$
함수 $f(x)$에 대하여 $f(a)=\lim\limits_{x\to a}f(x)$이면 함수 $f(x)$는 $x=a$에서 연속이라고 해.

🔅 **함수의 연속** 개념·공식

함수 $f(x)$가 $x=a$에서 연속이기 위해서는 다음의 세 가지 조건을 만족해야 한다.
(i) $\lim\limits_{x\to a}f(x)$가 존재
(ii) $f(a)$가 존재
(iii) $\lim\limits_{x\to a}f(x)=f(a)$가 성립

1회 05 정답 ② *수직선 위를 움직이는 점의 속도와 가속도 ─── [정답률 89%]

(정답 공식: 위치함수를 미분하면 속도함수이다.)

> 수직선 위를 움직이는 점 P의 시각 t에서의 위치 x가 $x=-t^2+4t$이다. $t=a$에서 점 P의 속도가 0일 때, 상수 a의 값은? (4점)
> **단서** 속도가 0이면 점 P가 멈춘 상태야. 앞으로 진행하다가 뒤로 진행 방향을 바꾸려면 순간적으로 멈추게 돼. 그때 속도가 0인 거지.
> ① 1 　　② 2 　　③ 3
> ④ 4 　　⑤ 5

1st 위치 x를 t에 대하여 미분하자.

$x=-t^2+4t$를 시간 t에 대하여 미분하면
$$\frac{dx}{dt}=-2t+4$$
점 P의 속도야. $0\leq t<2$일 때, (속도)>0이고 $t>2$일 때, (속도)<0이야. 즉, 출발하여 2초가 될 때까지는 앞으로 진행하다가 $t=2$에서 멈추고 진행방향을 바꾸어 2초 이후에는 뒤로 진행하는 것을 뜻해.
$t=a$에서 점 P의 속도가 0이므로
$$-2a+4=0$$
$$\therefore a=2$$

1회 06 정답 ② ＊극값을 이용한 미정계수의 결정 ····· [정답률 84%]

(정답 공식: $f'(x)=0$에서 극댓값을 가지는 x의 값을 찾는다.)

함수 $f(x)=x^3-9x^2+24x+a$의 극댓값이 10일 때, 상수 a의 값은? (4점) **단서** 상수항만 미지수이므로 $f'(x)$를 구하면 극대가 되는 x의 값을 구할 수 있어.

① -12　　② -10　　③ -8
④ -6　　⑤ -4

1st $f'(x)$를 구하여 극대인 점을 찾아.

함수 $f(x)=x^3-9x^2+24x+a$에서
$f'(x)=3x^2-18x+24=3(x-2)(x-4)$
이때, 함수 $f(x)$는 최고차항의 계수가 양수이므로
$x=2$에서 극대이고 극댓값이 10이므로
$f(2)=8-36+48+a=10$
$\therefore a=-10$

▶ $x=2, x=4$에서 극대·극소가 되고 $2<4$이므로 $x=2$에서 극대야. 그래프의 개형은 그림과 같겠지?

$y=f(x)$

수능 핵강

＊ 최고차항의 계수의 부호에 따른 삼차함수의 그래프의 개형

삼차함수 $f(x)$가 $f'(x)=a(x-\alpha)(x-\beta)(\alpha<\beta)$일 때, $y=f(x)$의 그래프의 개형은 최고차항의 계수 a의 부호에 따라 다음과 같아.

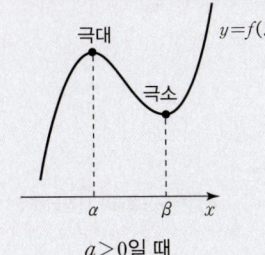

$a>0$일 때　　　　　$a<0$일 때

1회 07 정답 ② ＊넓이에 대한 극한의 활용 ····· [정답률 53%]

(정답 공식: 넓이를 구하는 삼각형의 밑변과 높이를 x축 또는 y축과 평행하도록 잡아서 넓이를 t에 대하여 나타낸다.)

그림과 같이 원 $x^2+y^2=1$과 곡선 $y=\sqrt{x+1}$이 직선 $x=t$ $(0<t<1)$과 제1사분면에서 만나는 점을 각각 P, Q라 하자. 삼각형 OPQ의 넓이를 $S(t)$라 할 때, $\lim\limits_{t\to 0+}\dfrac{S(t)}{t^2}$의 값은? (단, O는 원점이다.) (4점) **단서** 원과 곡선이 직선과 만나는 점을 각각 P, Q로 정했으므로 점 P, Q의 좌표를 t로 나타내고 삼각형 OPQ의 넓이 $S(t)$도 t로 나타내야 해.

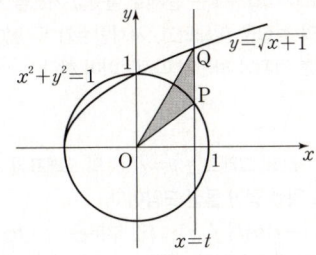

① $\dfrac{1}{8}$　② $\dfrac{1}{4}$　③ $\dfrac{3}{8}$　④ $\dfrac{1}{2}$　⑤ $\dfrac{5}{8}$

1st 두 점 P, Q의 좌표를 각각 t로 나타내자.

원 $x^2+y^2=1$과 곡선 $y=\sqrt{x+1}$이 직선 $x=t$와 각각 만나므로 두 점 P, Q의 x좌표는 t이다.

$x^2+y^2=1$과 $x=t$에서 $t^2+y^2=1$이고 $y=\pm\sqrt{1-t^2}$
점 P의 y좌표가 양수이므로 $y=\sqrt{1-t^2}$
$\therefore$ P$(t, \sqrt{1-t^2})$
$y=\sqrt{x+1}$과 $x=t$에서 $y=\sqrt{t+1}$이므로
Q$(t, \sqrt{t+1})$

→ 두 도형의 방정식을 연립하여 구한 x, y의 값은 두 도형의 교점의 x좌표, y좌표야.

2nd 삼각형 OPQ의 넓이 $S(t)$를 t로 나타내자.

삼각형 OPQ에서 $\overline{PQ}$를 밑변으로 하면 높이는 t이다.
$\overline{PQ}=\sqrt{t+1}-\sqrt{1-t^2}$이므로
$S(t)=\dfrac{1}{2}\times t\times(\sqrt{t+1}-\sqrt{1-t^2})$

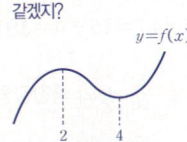 **함정** (삼각형 OPQ의 넓이)$=\dfrac{1}{2}\times\overline{PQ}\times|($점 Q의 x좌표$)|$ 라고 생각하면 넓이 구하는 식을 구해내기 쉬워져!

3rd $\lim\limits_{t\to 0+}\dfrac{S(t)}{t^2}$의 값을 구하자.

$\therefore \lim\limits_{t\to 0+}\dfrac{S(t)}{t^2}=\lim\limits_{t\to 0+}\dfrac{\sqrt{t+1}-\sqrt{1-t^2}}{2t}$

$=\dfrac{1}{2}\lim\limits_{t\to 0+}\dfrac{(\sqrt{t+1}-\sqrt{1-t^2})(\sqrt{t+1}+\sqrt{1-t^2})}{t(\sqrt{t+1}+\sqrt{1-t^2})}$

$=\dfrac{1}{2}\lim\limits_{t\to 0+}\dfrac{t^2+t}{t(\sqrt{t+1}+\sqrt{1-t^2})}$ → $\sqrt{\ }$가 포함된 $\dfrac{0}{0}$ 꼴은 유리화를 생각하자.

$=\dfrac{1}{2}\lim\limits_{t\to 0+}\dfrac{t+1}{\sqrt{t+1}+\sqrt{1-t^2}}$

$=\dfrac{1}{2}\times\dfrac{1}{1+1}=\dfrac{1}{4}$

1회 08 정답 ② ＊구간에 따라 다르게 정의된 함수의 정적분 ····· [정답률 68%]

(정답 공식: $\int_k^2 f(x)dx$를 구간에 따라 나누어 두 정적분의 합으로 나타낸다.)

함수 $f(x)=\begin{cases}x^2-2 & (x\le 1)\\2x-3 & (x>1)\end{cases}$에 대하여 $\int_k^2 f(x)dx=\dfrac{4}{3}$를 만족시키는 상수 k의 값은? (단, $k<1$) (4점)

① -4　　② -3　　③ -2
④ -1　　⑤ 0　　**단서** $k<1$이므로 $\int_k^2 f(x)dx=\int_k^1 f(x)dx+\int_1^2 f(x)dx$ 로 놓고 계산하면 돼.

1st $k<1$이라 했으므로 적분구간을 나누어 정적분하자.

$\int_k^2 f(x)dx=\int_k^1 f(x)dx+\int_1^2 f(x)dx$ → $x=1$을 기준으로 $f(x)$의 식이 바뀌고, $k<1$이므로 적분구간을 나누어 정적분 해야 해.

$=\int_k^1 (x^2-2)dx+\int_1^2 (2x-3)dx$

$=\left[\dfrac{1}{3}x^3-2x\right]_k^1+\left[x^2-3x\right]_1^2$

$=\dfrac{1}{3}-2-\dfrac{1}{3}k^3+2k+4-6-1+3$

$=-\dfrac{1}{3}k^3+2k-\dfrac{5}{3}$

$=\dfrac{4}{3}$

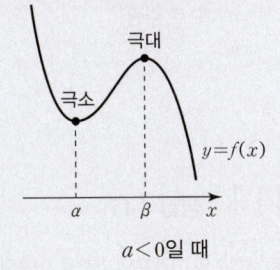

$y=2x-3$

$\therefore \int_1^2 (2x-3)dx=0$

$\dfrac{1}{3}k^3-2k+3=0$, $k^3-6k+9=0$

$(k+3)(k^2-3k+3)=0$

$\therefore k=-3$ ($\because k$는 실수)

```
-3 | 1    0   -6    9
   |     -3    9   -9
     1   -3    3    0
```

1회 09 정답 45 ★점이 움직인 거리 ──────── [정답률 75%]

정답 공식: 시각 t에서의 속도가 $v(t)$인 점이 구간 $[a, b]$에서 움직인 거리는 구간 $[a, b]$에서 $v(t)$의 그래프와 t축으로 둘러싸인 부분의 넓이이다.

단서1 속도가 주어졌지? 속도를 적분하면 거리를 알 수 있어.

원점을 출발하여 수직선 위를 움직이는 점 P의 시각 t에서의 속도를 $v(t)=3t^2-6t$라 하자. 점 P가 시각 $t=0$에서 $t=a$까지 움직인 거리가 58일 때, $v(a)$의 값을 구하시오. (3점)

단서2 움직인 거리가 주어질 때의 상수 a를 구하면 돼. 정적분을 이용해야겠지?

1st 점 P가 움직인 거리는 속도의 절댓값의 정적분으로 풀어.

점 P가 원점을 출발하여 $t=0$에서 $t=a$까지 움직인 거리가 58이므로 $a>2$

$$\int_0^a |3t^2-6t|\,dt = -\int_0^2 (3t^2-6t)dt + \int_2^a (3t^2-6t)dt$$
$$= -\left[t^3-3t^2\right]_0^2 + \left[t^3-3t^2\right]_2^a$$
$$= a^3-3a^2+8=58$$

그림에서 $t=2$를 경계로 $v(t)$의 값이 음수와 양수로 나누어지지? 그냥 적분하면 음의 값을 그대로 계산하는 거니까 절댓값을 붙인 거야. 음의 값이 나오는 구간에서는 '−'를 붙여서 양수로 만들어야 해.

2nd a에 대한 삼차방정식을 풀자.

$$a^3-3a^2-50=0$$
$$(a-5)(a^2+2a+10)=0$$
$\therefore a=5$

```
5 | 1  -3   0  -50
  |     5  10   50
    1   2  10 |  0
```

$$\therefore v(5)=3\times5^2-6\times5$$
$$=75-30=45$$

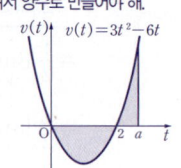
$v(t)$ $v(t)=3t^2-6t$

2nd 조건 (나)의 극한값으로 $f'(x)$를 구하자.

삼차함수 $f(x)=5x^3+bx^2+cx+d$ (단, c, d는 상수)라 하면
$$f'(x)=15x^2+2bx+c$$

조건 (나)에서
$$\lim_{x\to0}\frac{f'(x)}{x}=\lim_{x\to0}\frac{15x^2+2bx+c}{x} \cdots \text{㉠}$$

$x\to0$일 때 극한값이 존재하고 (분모)→ 0이므로 (분자)→ 0이어야 한다.

즉, $\lim_{x\to0}(15x^2+2bx+c)=0$에서 $c=0$

$c=0$을 ㉠에 대입하면
$$\lim_{x\to0}\frac{15x^2+2bx}{x}=\lim_{x\to0}(15x+2b)=2b=4$$
$\therefore b=2$

따라서 $f'(x)=15x^2+4x$이므로
$$f'(1)=15+4=19$$

∞/∞ 꼴의 극한값의 계산 ─ 개념·공식

① (분자의 차수)>(분모의 차수)
  ⇒ ∞ 또는 −∞로 발산
② (분자의 차수)=(분모의 차수)
  ⇒ 최고차항의 계수의 비
③ (분자의 차수)<(분모의 차수)
  ⇒ 0으로 수렴

1회 10 정답 19 ★미분을 이용한 함수의 결정 ── [정답률 41%]

정답 공식: $f(x)$를 n차식이라고 가정할 때, 조건 (나)에서 $n\neq1$임을 안다. 조건 (가)에서 극한값이 0이 아닌 값으로 존재하므로 분자와 분모의 차수가 같아야 한다.

최고차항의 계수가 1이 아닌 다항함수 $f(x)$가 다음 조건을 만족시킬 때, $f'(1)$의 값을 구하시오. (3점)

(가) $\lim_{x\to\infty}\dfrac{\{f(x)\}^2-f(x^2)}{x^3f(x)}=4$
단서1 ∞/∞ 꼴의 극한의 수렴 조건을 이용해.

(나) $\lim_{x\to0}\dfrac{f'(x)}{x}=4$
단서2 $x\to0$일 때 분모→0이므로 분자→0이어야 수렴하겠지.

1st 유리함수의 극한이 0이 아닌 값으로 수렴하기 위한 필요충분조건은 분모와 분자의 차수가 같을 때야.

조건 (가)에서 $\lim_{x\to\infty}\dfrac{\{f(x)\}^2-f(x^2)}{x^3f(x)}=4$이므로 분모와 분자의 차수가 같아야 한다. 함수 $f(x)$의 차수를 n이라 하면 (분모의 차수)$=n+3$이고, $f(x)$의 최고차항의 계수가 1이 아니므로 (분자의 차수)$=2n$이다.

주의 분자의 차수가 더 크면 ∞ 또는 −∞로 발산하고, 분모의 차수가 더 크면 0으로 수렴하기 때문이야.

즉, $n+3=2n$에서
$n=3$
(분모): $x^3\times x^n=x^{n+3}$
(분자): $(x^n)^2=x^{2n}$

따라서 함수 $f(x)$는 삼차함수이다.

함수 $f(x)$의 최고차항의 계수를 $a(a\neq0)$라 하고, 조건 (가)에 의해 분모, 분자의 최고차항의 계수의 비를 구하면 3차항

$$\dfrac{a^2-a}{a}=4$$
$a^2-5a=0$
$\lim_{x\to\infty}\dfrac{\{f(x)\}^2-f(x^2)}{x^3f(x)}$의 값은 분모, 분자의 최고차항인 6차항의 계수의 비야.

$\therefore a=5 \ (\because a\neq0)$

1회 11 정답 147 ─── ⭐2등급 대비 [정답률 21%]

★사차함수의 그래프의 개형을 이용하여 조건을 만족시키는 사차함수 구하기 [유형 21+24]

최고차항의 계수가 1이고, $f(0)=3$, $f'(3)<0$인 사차함수 $f(x)$가 있다. 실수 t에 대하여 집합 S를
단서2 $x=a$에서 그래프가 뾰족한지를 파악해.
$$S=\{a|\text{함수 } |f(x)-t|\text{가 } x=a\text{에서 미분가능하지 않다.}\}$$
라 하고, 집합 S의 원소의 개수를 $g(t)$라 하자. 함수 $g(t)$가 $t=3$과 $t=19$에서만 불연속일 때, $f(-2)$의 값을 구하시오. (4점)
단서1 함수 $f(x)$의 그래프를 직선 $y=t$를 기준으로 그 아랫부분에 있는 그래프를 직선 위로 꺾어올린 것이야.

왜 2등급? 절댓값 기호를 사용한 함수에서의 미분가능하지 않은 점의 성질을 통해 사차함수의 그래프와 식을 구하는 문제로 절댓값 기호를 사용한 함수의 특징과 미분가능하지 않은 점의 성질을 이해하고, 사차함수가 두 점에서만 불연속이려면 그 그래프는 어떤 형태를 가져야 하는지 따져보아야 한다.

단서+발상

단서1 함수 $y=|f(x)-t|$의 그래프는 $y=f(x)$의 그래프를 x축에 평행한 직선 $y=t$를 기준으로 위로 접어 올린 모양이다.
한편, 함수 $|f(x)-t|$에서 $f(x)<t$인 부분은 $2t-f(x)$가 되므로 이 부분에서 도함수는 $-f'(x)$가 된다. 개념

단서2 함수 $f(x)-t$는 항상 미분가능하므로 함수 $|f(x)-t|$의 미분가능하지 않은 점은 위로 접어 올리는 부분에서만 고려하면 된다. 발상
즉, $f(x)=t$를 만족시키는 점에서 미분계수가 0이 아니면 그 점에서 증가하거나 감소하게 되어 접어 올렸을 때 뾰족한 점이 생기므로 미분가능하지 않다. 그런데 미분계수가 0이면 접어 올렸을 때 뾰족한 점이 생기지 않고, 접어 올리지 않을 수도 있다. 개념

따라서 함수 $|f(x)-t|$의 미분가능하지 않은 점은 $f(x)=t$이고 $f'(x)\neq0$인 점이다. 즉 $f(x)=t$인 x 중 $f'(x)=0$인 x를 제외한 나머지의 개수가 $g(t)$이다. **적용**

주의 $f'(3)<0$을 통해 방정식 $f(x)=19$가 삼중근을 가지는 경우와 방정식 $f(x)=3$이 음수인 중근을 갖는 경우를 모두 걸러낼 수 있다.

핵심 정답 공식: 사차함수의 그래프의 개형을 이용하여 t의 값에 따라 $y=|f(x)-t|$의 그래프에서 미분가능하지 않은 점의 개수를 파악해본다. 조건을 만족하는 그래프의 개형이 무엇인지 파악한다.

-------------------- **[문제 풀이 순서]** --------------------

1st 사차함수의 그래프 개형이 여러 개가 있으므로 어느 한 경우에 대하여 구체적으로 생각해 보자. **주의** 그래프의 개형을 미리 파악하고 문제를 접근하면 쉽게 풀 수 있어.

최고차항의 계수가 양수인 사차함수의 그래프의 개형은 (i)~(iv)와 같이 4가지이다.
이때, 임의의 실수 a, b, c를 양수라 하자.

(i)의 경우 : 곡선 $y=f(x)$와 직선 $y=a$의 교점은 접점이므로 꺾어올려도 미분가능해. ∴ $g(a)=0$

두 직선 $y=a$와 $y=b$ 사이에서 꺾어올리면 꺾어올린 두 점이 뾰족해져.

뾰족한 점이 4개.

$y=c$와 접하므로 $y=c$를 기준으로 꺾어올려도 뾰족해지지 않지만 그 좌우의 곡선과 직선 $y=c$와의 교점 2개가 뾰족한 점이 돼.

이므로 사차함수의 각각의 극점에서 함수 $g(t)$는 불연속인 점을 가진다. 즉, $t=a$, b, c일 때 함수 $g(t)$는 불연속이므로 (i)의 경우에서 불연속점은 3개이다.

2nd 마찬가지 방법으로 (ii)~(iv)의 그래프 개형 중 불연속인 점이 2개이고 조건을 만족하는 경우를 골라내자.

(ii)의 경우 :

불연속점 1개

(함수 $g(t)$는 불연속인 점 1개)

(iii)의 경우 :

불연속점 2개

실수 불연속인 점 2개인 것만 확인하고 넘기면 안 돼!

(함수 $g(t)$는 불연속인 점이 2개이지만 $f'(3)>0$)

$f(0)=3$이면 $x=0$에서 극소이므로 $x=3$에서 증가상태에 있어.

(iv)의 경우 :

따라서 $t=a$, b일 때 함수 $g(t)$는 불연속이고 $f(0)=3$, $f'(3)<0$을 만족하는 것은 (iv)의 경우이다.

$x=0$에서 극소점이고 $x=3$에서 감소상태에 있을 수 있으므로 가능해.

3rd $t=3$, $t=19$에서 극소, 극대임을 이용해.

이때, $t=3$, $t=19$에서 불연속이므로 (iv)의 그래프에서 $a=3$, $b=19$이다.
즉, 극솟값이 3, 극댓값이 19이고, $f(0)=3$, $f'(3)<0$이므로 함수 $y=f(x)$의 그래프는 그림과 같다.

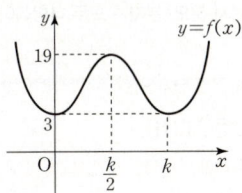

$$\therefore f(x)=x^2(x-k)^2+3$$
이때, $f\left(\dfrac{k}{2}\right)=19$이므로
$$f\left(\dfrac{k}{2}\right)=\dfrac{k^2}{4}\times\dfrac{k^2}{4}+3=19$$
$$\therefore k=4$$
따라서 함수 $f(x)=x^2(x-4)^2+3$이므로
$$f(-2)=(-2)^2(-2-4)^2+3=147$$

1등급 대비 **특강**

✳ 그래프의 개형을 통해 함수의 식 유추하기

최고차항의 계수가 1인 사차함수라고 했지? 그러면 그래프 개형을 그려보는 거야. 그리고 x축에 평행한 선을 그어보면서 불연속인 점이 몇 개인지를 찾아보는 거지. 문제에서 $t=3$, $t=19$ 두 점에서만 불연속이라고 했으니까 함수 $f(x)$는 극솟값이 둘 다 3을 가지고 극댓값이 19인, 극대인 점을 지나고 y축에 대하여 평행인 직선에 대하여 대칭인 그래프인 것을 알 수 있어.
그런데 $f(0)=3$이고, $f'(3)<0$이니까 첫 번째 극소인 점은 점 $(0, 3)$이란 걸 알 수 있지. 대칭성에 의해 두 번째 극소인 점의 x좌표를 $2a$라 두면 $y=x^2(x-2a)^2+3$이 나와. 여기에 극대인 점 $(a, 19)$의 좌푯값을 대입해 보면 $a=2$가 나오겠지? 그러면 $f(-2)=147$이 나오게 돼. 문제에 주어진 집합을 잘 해석하는 게 중요해.

My Top Secret 서울대 선배의 **1**등급 대비 전략

다항함수의 그래프의 개형은 그리 많지 않으므로 정확히 이해하고 암기해 둘 필요가 있어.
먼저, 이차함수는 극값을 하나만 갖는 간단한 형태야. 또, 삼차함수의 경우 점대칭임을 이용하여 극값을 가질 때와 갖지 않을 때로 나누어 그래프를 그릴 수 있고, 사차함수는 미분계수가 0이 되는 점의 개수를 바탕으로 그래프를 그릴 수 있어.
이때, 사차함수 $f(x)$에서 미분계수가 0이 되는 점이 1개이면 하나의 극값을 갖고, 미분계수가 0이 되는 점이 2개이면 방정식 $f(x)=t$가 삼중근을 갖도록 하는 t가 존재해.
또한, 사차함수 $f(x)$에서 미분계수가 0이 되는 점이 3개이면 극값이 3개이고, 이 경우는 극대 또는 극소가 되는 두 점의 함숫값이 같거나 다른 경우로 나누어 볼 수 있어.

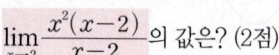
2회01 정답 ④ *$\frac{0}{0}$ 꼴의 극한값의 계산(분수식) [정답률 95%]

[정답 공식: $\frac{0}{0}$ 꼴의 극한에서 분모, 분자가 모두 다항식이면 분모, 분자를 각각 인수분해하여 약분한다.]

$$\lim_{x \to 2} \frac{x^2(x-2)}{x-2}$$의 값은? (2점)

단서 $\frac{0}{0}$ 꼴의 함수의 극한은 분자, 분모를 0으로 만드는 인수를 약분해야 해!

① 1 ② 2 ③ 3
④ 4 ⑤ 5

1st 분모, 분자를 $x-2$로 나누자.

$$\lim_{x \to 2} \frac{x^2(x-2)}{\underline{x-2}} = \lim_{x \to 2} x^2 = 4$$

분자, 분모를 0으로 만드는 인수 $x-2$를 약분해. $x \neq 2$이기 때문에 약분할 수 있어.

2회02 정답 ④ *연속이 되도록 하는 미정계수의 결정 [정답률 93%]

[정답 공식: $f(x)$가 $x=a$에서 연속이려면 $f(a) = \lim\limits_{x \to a} f(x)$이다.]

함수 $f(x) = \begin{cases} \dfrac{x^2+x-2}{x-1} & (x \neq 1) \\ k & (x=1) \end{cases}$가 $x=1$에서 연속일 때, 상수

k의 값은? (3점) 단서 $\lim\limits_{x \to 1} f(x) = f(1)$이어야 해.

① 0 ② 1 ③ 2
④ 3 ⑤ 4

1st 함수 $f(x)$가 $x=1$에서 연속이 되도록 k의 값을 결정하자.

함수 $f(x)$가 $x=1$에서 연속이므로 $\lim\limits_{x \to 1} f(x) = f(1)$ → $x=1$에서 연속이려면 $x=1$에서의 함숫값과 극한값이 같아야 해.

$\therefore k = f(1) = \lim\limits_{x \to 1} \dfrac{x^2+x-2}{x-1} = \lim\limits_{x \to 1} \dfrac{(x-1)(x+2)}{x-1}$

$= \lim\limits_{x \to 1} (x+2) = 3$ $\frac{0}{0}$ 꼴의 극한식은 인수분해하여 약분해서 계산해.

2회03 정답 ⑤ *함수의 좌극한과 우극한 [정답률 93%]

[정답 공식: x가 특정한 값에 가까워질 때 함숫값이 가까워지는 값을 그래프에서 찾아본다.]

함수 $y = f(x)$의 그래프가 그림과 같다.

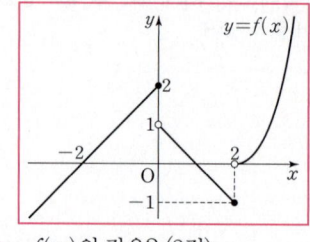

단서 x가 2보다 큰 쪽에서 2에 한없이 가까워질 때 $f(x)$의 값은 어디로 가까워지는지 살펴봐. 또, x가 0보다 작은 쪽에서 0에 한없이 가까워질 때 $f(x)$의 값은 어디로 가까워지는지 살펴보자.

$$\lim_{x \to 2+} f(x) + \lim_{x \to 0-} f(x)$$의 값은? (3점)

① -2 ② -1 ③ 0
④ 1 ⑤ 2

1st 주어진 $x=2$에서의 우극한값과 $x=0$에서의 좌극한값을 각각 구해 봐.

$\lim\limits_{x \to 2+} f(x) = 0$, $\lim\limits_{x \to 0-} f(x) = 2$이므로

$x=2$에서의 우극한값 $x=0$에서의 좌극한값

$$\lim_{x \to 2+} f(x) + \lim_{x \to 0-} f(x) = 2$$

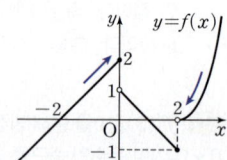

2회04 정답 ① *미분과 적분의 관계 [정답률 75%]

[정답 공식: 양변을 미분한 뒤 식을 정리해 $f(x)$의 식을 구하고, $f(1)=0$임을 이용해 $f(x)$의 적분상수를 결정한다.]

상수함수가 아닌 다항함수 $f(x)$가 모든 실수 x에 대하여

단서 구하는 것이 $f(3)$의 값이니까 주어진 등식에서 $f(x)$를 이끌어 내기 위해 양변을 x에 대하여 미분한 후 $f'(x)$를 구해서 다시 적분해 봐.

$$\int_1^x f(t)\,dt = \{f(x)\}^2$$

을 만족시킬 때, $f(3)$의 값은? (3점)

① 1 ② 2 ③ 3
④ 4 ⑤ 5

1st 주어진 등식의 양변을 x에 대하여 미분해.

$\dfrac{d}{dx} \int_1^x f(t)\,dt = f(x)$

$\int_1^x f(t)\,dt = \{f(x)\}^2 \cdots$ ㉠의 양변을 x에 대하여 미분하면

$\{f(x)\}^2 = f(x) \times f(x)$이므로 $\{f(x)\}^2$을 미분하면 $f'(x) \times f(x) + f(x) \times f'(x) = 2f'(x)f(x)$

$f(x) = 2f(x)f'(x)$에서

$f(x)\{1 - 2f'(x)\} = 0$

이때, 함수 $f(x)$는 상수함수가 아닌 다항함수이고 모든 실수 x에 대하여

위의 등식이 성립해야 하므로 $f(x) \neq 0$이고, $f'(x) = \dfrac{1}{2}$이다.

$f(x) = 0$이면 $f(x)$는 상수함수야.

$f'(x) = \dfrac{1}{2}$의 양변을 x에 대하여 부정적분하면

$\int f'(x)\,dx = \int \dfrac{1}{2}\,dx$

$\therefore f(x) = \dfrac{1}{2}x + C$ (단, C는 적분상수) $\cdots$ ㉡

2nd 함수 $f(x)$의 식을 완성하여 $f(3)$의 값을 구해.

㉠의 양변에 $x=1$을 대입하면

$\int_1^1 f(t)\,dt = \{f(1)\}^2$에서

$\{f(1)\}^2 = 0$ $\therefore f(1) = 0$ $\int_a^a f(x)\,dx = 0$

㉡에 $x=1$을 대입하면

$\dfrac{1}{2} + C = 0$ $\therefore C = -\dfrac{1}{2}$

따라서 ㉡에 의해 $f(x) = \dfrac{1}{2}x - \dfrac{1}{2}$이므로

$$f(3) = \dfrac{3}{2} - \dfrac{1}{2} = 1$$

🔖 미분과 적분의 관계 개념·공식

① $\int \left\{ \dfrac{d}{dx} f(x) \right\} dx = f(x) + C$ (단, C는 적분상수)

② $\dfrac{d}{dx} \left\{ \int f(x)\,dx \right\} = f(x)$

2회 05 정답 ④ *곡선과 직선으로 둘러싸인 부분의 넓이 ··· [정답률 67%]

> **정답 공식:** 구간 $[a, b]$에서 곡선 $y=f(x)$와 직선 $y=g(x)$로 둘러싸인 부분의 넓이는 $\int_a^b |f(x)-g(x)|dx$이다.

곡선 $y=x^3-3x^2+x$와 직선 $y=x-4$로 둘러싸인 부분의 넓이는? (4점)
단서 곡선과 직선을 좌표평면에 나타내어 곡선이 위에 있는지, 직선이 위에 있는지를 먼저 확인해야 해.

① $\dfrac{21}{4}$ ② $\dfrac{23}{4}$ ③ $\dfrac{25}{4}$ ④ $\dfrac{27}{4}$ ⑤ $\dfrac{29}{4}$

1st 곡선과 직선을 좌표평면에 나타내자.

곡선 $y=x^3-3x^2+x$와 직선 $y=x-4$가 만나는 점의 x좌표는
방정식 $x^3-3x^2+x=0$의 해는 0과 서로 다른 두 양수야. 따라서 곡선 $y=x^3-3x^2+x$는 원점을 지나고 x축의 양의 방향과 두 점에서 만나.
$x^3-3x^2+x=x-4$에서 $x^3-3x^2+4=0$
$(x+1)(x-2)^2=0$
$\therefore x=-1$ 또는 $x=2$
따라서 곡선과 직선은 그림과 같이 $x=-1$에서 만나고 $x=2$에서 접한다.

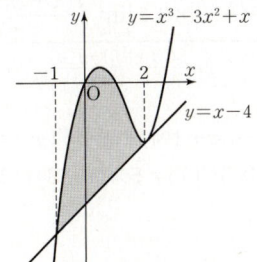

2nd 곡선과 직선으로 둘러싸인 부분의 넓이를 구하자.

곡선 $y=x^3-3x^2+x$와 직선 $y=x-4$로 둘러싸인 부분의 넓이를 S라 하면

$$S=\int_{-1}^{2}\{(x^3-3x^2+x)-(x-4)\}dx$$
→ 두 곡선으로 둘러싸인 부분의 넓이는 위쪽에 있는 곡선의 방정식에서 아래쪽에 있는 곡선의 방정식을 빼서 정적분해야 해.

$$=\int_{-1}^{2}(x^3-3x^2+4)dx=\left[\frac{1}{4}x^4-x^3+4x\right]_{-1}^{2}$$

$$=(4-8+8)-\left(\frac{1}{4}+1-4\right)=\frac{27}{4}$$

2회 06 정답 ③ * 최대, 최소를 이용한 미정계수의 결정 ··· [정답률 67%]

> **정답 공식:** 닫힌구간 $[a, b]$에서의 다항함수 $f(x)$의 최댓값은 $f(a), f(b)$와 극댓값 중 가장 큰 값이고 최솟값은 $f(a), f(b)$와 극솟값 중 가장 작은 값이다.

닫힌구간 $[0, 5]$에서 정의된 함수 $f(x)=x^3-9x^2+15x+a$의 최솟값이 -15일 때, 최댓값은? (단, a는 상수이다.) (4점)
단서 삼차함수의 최댓값, 최솟값은 주어진 조건에서 증가와 감소를 조사하여 그래프를 그린 후 판단해야 해.
① 15 ② 16 ③ 17 ④ 18 ⑤ 19

1st 함수 $f(x)$의 증가와 감소를 나타내는 표를 그리자.

$f(x)=x^3-9x^2+15x+a$에서
$f'(x)=3x^2-18x+15=3(x-1)(x-5)$
최고차항의 계수가 양수이므로 $x=1$에서 극대, $x=5$에서 극소야.
따라서 $f'(x)=0$에서 $x=1$ 또는 $x=5$이므로 함수 $f(x)$의 증가와 감소를 표로 나타내면 다음과 같다.

x	0	⋯	1	⋯	5
$f'(x)$		+	0	−	0
$f(x)$	a		$a+7$(극대)		$a-25$(극소)

2nd 최솟값을 이용하여 a의 값을 구하고 주어진 구간에 주의하여 최댓값을 구해.

함수 $f(x)$는 닫힌구간 $[0, 5]$에서 $x=5$일 때 최솟값 -15를 가지므로
$f(5)=a-25=-15$
→ 상수 a에 대하여 $a, a+7, a-25$ 중에서 $a-25$의 값이 가장 작아.
$\therefore a=10$

따라서 표에 의하여 $f(1)$이 최댓값이므로 닫힌구간 $[0, 5]$에서 함수
다항함수 $f(x)$가 닫힌구간 $[a, b]$에서 극값을 가질 때 극댓값, 극솟값 $f(a), f(b)$ 중에서 가장 큰 값이 최댓값, 가장 작은 값이 최솟값이야.
$f(x)$의 최댓값은 $f(1)=a+7=17$이다.

2회 07 정답 ② *부정적분과 함수의 연속성 ········· [정답률 74%]

> **정답 공식:** $f'(x)=\begin{cases}g(x) & (x>a) \\ h(x) & (x<a)\end{cases}$이면 $f(x)=\begin{cases}\int g(x)dx & (x>a) \\ \int h(x)dx & (x<a)\end{cases}$이다.

함수 $f(x)$의 도함수 $y=f'(x)$의 그래프가 그림과 같고, $f(0)=2$일 때, $f(4)$의 값은? (4점)
단서 모든 실수 x에 대하여 함수 $f'(x)$가 연속이므로 함수 $f(x)$는 모든 실수 x에서 미분가능해.

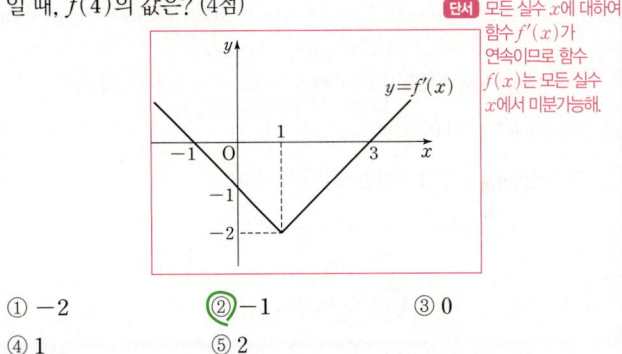

① -2 ② -1 ③ 0 ④ 1 ⑤ 2

1st 도함수 $y=f'(x)$의 그래프를 식으로 나타내고 함수 $f(x)$를 구해.

함수 $y=f'(x)$의 그래프는 $x<1$일 때,
두 점 $(-1, 0)$, $(0, -1)$을 지나고
$x\geq 1$일 때, $(1, -2)$, $(3, 0)$을 지나므로
→ 두 점 $P(x_1, y_1)$, $Q(x_2, y_2)$를 지나는 직선의 방정식은 $y-y_1=\dfrac{y_2-y_1}{x_2-x_1}(x-x_1)$이야.

$f'(x)=\begin{cases}-x-1 & (x<1) \\ x-3 & (x\geq 1)\end{cases}$

$\therefore f(x)=\begin{cases}-\dfrac{1}{2}x^2-x+C_1 & (x<1) \\ \dfrac{1}{2}x^2-3x+C_2 & (x\geq 1)\end{cases}$
(C_1, C_2는 적분상수)
x의 값에 따라 식이 달라지니까, 각각 적분할 때, 서로 다른 적분상수를 가지게 돼.

2nd $f(0)$의 값과 연속성을 이용하여 $f(x)$의 식을 완성하고 $f(4)$의 값을 구해.

이때, $f(0)=2$이므로

$-\dfrac{1}{2}\times 0^2-0+C_1=2$ $\therefore C_1=2$

$\therefore f(x)=-\dfrac{1}{2}x^2-x+2 \, (x<1)$

또, $f(x)$가 모든 실수 x에 대하여 미분가능하므로 연속이다.
즉, $x=1$에서 함수 $f(x)$는 연속이어야 하므로
$\lim\limits_{x\to 1^-}f(x)=\lim\limits_{x\to 1^+}f(x)$에서
→ 도함수 $y=f'(x)$의 그래프에서 함숫값을 가지니까 함수 $f(x)$는 모든 실수 x에 대해서 미분가능해. 그래서 함수 $f(x)$는 모든 실수 x에 대해서 연속이야.

$\lim\limits_{x\to 1^-}\left(-\dfrac{1}{2}x^2-x+2\right)=\lim\limits_{x\to 1^+}\left(\dfrac{1}{2}x^2-3x+C_2\right)$

$-\dfrac{1}{2}\times 1^2-1+2=\dfrac{1}{2}\times 1^2-3\times 1+C_2$ $\therefore C_2=3$

따라서 $f(x)=\dfrac{1}{2}x^2-3x+3 \, (x\geq 1)$이므로

$f(4)=\dfrac{1}{2}\times 4^2-3\times 4+3=-1$

✱ 구간에 따라 서로 다른 다항함수로 정의된 함수의 연속성

두 다항함수 $h(x)$, $g(x)$에 대하여

$f(x)=\begin{cases}h(x) & (|x|\le a) \\ g(x) & (|x|>a)\end{cases}$의 모든 실수 x에서의 연속성은 $x=\pm a$에서의

극한값과 함숫값이 서로 같은지 확인하자.

2회 08 정답 ⑤ ✱미분을 이용한 미정계수의 결정 ········· [정답률 43%]

[**정답 공식:** $f(a)=f(b)=f(c)=k$라 두고, $h(x)=f(x)-k$가 $x=a, b, c$를 근 으로 가짐을 이용해 $h(x)$의 식을 세워 이로부터 $f(x)$를 구한다.]

삼차항의 계수가 양수인 삼차함수 $f(x)$가 있다. 세 실수 a, b, c ($a<b<c$)에 대하여 $f(a)=f(b)=f(c)$가 성립할 때, 옳은 것 을 [보기]에서 모두 고른 것은? (4점) 단서1 삼차함수이기 때문에 서로 다른 세 실수에 대한 함숫값이 같을 수 있어. 즉, $f(a)=f(b)=f(c)=k$라고 해볼까?

[보기]

ㄱ. $f'(a)>0$ 단서2 그래프의 개형을 그려 보고 $x=a$에서의 접선을 그어봐. 그 기울기의 부호를 쉽게 알 수 있어.

ㄴ. $f'(a)+f'(b)>0$

ㄷ. $f'(a)=f'(c)$이면 $b=\dfrac{a+c}{2}$이다.

① ㄱ ② ㄱ, ㄴ ③ ㄱ, ㄷ ④ ㄴ, ㄷ ⑤ ㄱ, ㄴ, ㄷ

1st 삼차방정식의 세 근을 이용하여 삼차함수를 표현하자.

$f(a)=f(b)=f(c)=k$로 놓으면

$f(a)-k=f(b)-k=f(c)-k=0$

이때, 삼차방정식 $f(x)-k=0$은 서로 다른 세 실수 a, b, c를 근으로 가진다. 즉,

$f(x)-k=a(x-a)(x-b)(x-c)$ $(a>0)$

2nd 미분하여 $f'(x)$를 구하자. 삼차항의 계수가 양수라 했어.

$f'(x)=a(x-b)(x-c)+a(x-a)(x-c)+a(x-a)(x-b)$ ··· ㉠

ㄱ. ㉠에 $x=a$를 대입하면

$f'(a)=\underline{a(a-b)(a-c)}>0$ ($\because a<b<c$) (참) $a>0, a-b<0, a-c<0$

ㄴ. $f'(b)=a(b-a)(b-c)$이므로

$f'(a)+f'(b)=a(a-b)(a-c)+a(b-a)(b-c)$

$=a(a-b)^2>0$ (참)

ㄷ. $f'(a)=a(a-b)(a-c)$이고

$f'(c)=a(c-a)(c-b)$이므로

$a(a-b)(a-c)=a(c-a)(c-b)$

$a-b=-(c-b)$ ($\because a\ne 0, a\ne c$)

$\therefore b=\dfrac{a+c}{2}$ (참) $a-b=-c+b, 2b=a+c$

따라서 옳은 것은 ㄱ, ㄴ, ㄷ이다.

🔍 쉬운 풀이: 조건을 만족시키는 삼차함수의 그래프를 그려서 $x=a$에서의 미분계수의 부호 확인하기

ㄱ. $f(x)$는 삼차항의 계수가 양수이고 $a<b<c$ 이므로 $y=f(x)$의 그래프의 개형은 오른쪽과 같아. 따라서 $x=a$에서의 접선의 기울기는 양 수이므로 $f'(a)>0$이야.

(이하 동일)

2회 09 정답 25 ✱미분계수의 정의 ·············· [정답률 66%]

[**정답 공식:** $\dfrac{1}{n}=h$로 치환한 뒤, 미분계수를 이용할 수 있도록 극한식을 변형한다.]

함수 $f(x)=2x^4-3x+1$에 대하여

$\displaystyle\lim_{n\to\infty}n\left\{f\left(1+\dfrac{3}{n}\right)-f\left(1-\dfrac{2}{n}\right)\right\}$의 값을 구하시오. (3점)

단서 $\dfrac{1}{n}=h$로 치환하여 미분계수의 꼴이 되도록 극한식을 변형해.

1st 구하는 극한식을 적절히 변형하여 계산하자.

$\dfrac{1}{n}=h$라 하면 $n\to\infty$일 때, $h\to 0$이다.

$\therefore \displaystyle\lim_{n\to\infty}n\left\{f\left(1+\dfrac{3}{n}\right)-f\left(1-\dfrac{2}{n}\right)\right\}$

$=\displaystyle\lim_{h\to 0}\dfrac{1}{h}\{f(1+3h)-f(1-2h)\}$

$=\displaystyle\lim_{h\to 0}\dfrac{f(1+3h)-f(1)+f(1)-f(1-2h)}{h}$

$=\displaystyle\lim_{h\to 0}\dfrac{f(1+3h)-f(1)}{3h}\times 3+\lim_{h\to 0}\dfrac{f(1-2h)-f(1)}{-2h}\times 2$

$=3f'(1)+2f'(1)$ $\displaystyle\lim_{\square\to 0}\dfrac{f(a+\square)-f(a)}{\square}=f'(a)$

$=5f'(1)$ ··· ㉠

이때, 함수 $f(x)=2x^4-3x+1$에 대하여 $f'(x)=8x^3-3$이므로

㉠에 의하여 구하는 값은 $5f'(1)=5\times(8-3)=25$

2회 10 정답 12 ✱곡선과 직선이 접할 때 미정계수의 결정 ··· [정답률 71%]

(**정답 공식:** 곡선 $y=f(x)$ 위의 점 $(t, f(t))$에서의 접선의 기울기는 $f'(t)$이다.)

상수 a, b와 함수 $f(x)=x^2-2x+a$에 대하여 직선 $y=2x+b$가 곡선 $y=f(x)$와 점 A에서 접한다. 곡선 $y=f(x)$가 y축과 만나 는 점을 B라 할 때, 삼각형 OAB의 넓이는 8이다. $a+b$의 값을 구하시오. (단, $a>0$이고, O는 원점이다.) (3점)

단서 곡선 위의 점 A에서의 접선의 기울기가 2야.

1st 점 A의 좌표를 구하자.

곡선 $y=f(x)$와 직선 $y=2x+b$의 접점 A의 x좌표를 t라 하면

A(t, t^2-2t+a)

$f(x)=x^2-2x+a$에서 $f'(x)=2x-2$이므로

$f'(t)=2$에서 $2t-2=2$, $2t=4$

$\therefore t=2$

따라서 점 A의 좌표는 $\underline{(2, a)}$이다. $a>0$이므로 점 A는 제1사분면 위의 점이야.

2nd 삼각형 OAB의 넓이를 이용하여 a의 값을 구해.

이때, 곡선 $y=f(x)$가 y축과 만나는 점 B의 좌표는 $\underline{(0, a)}$이고 삼각형 OAB의 넓이가 8 이므로

점 B는 y축 위의 점이므로 x좌표가 0이야. 즉, 곡선의 방정식에 $x=0$을 대입하면 $y=a$야.

$\triangle OAB=\dfrac{1}{2}\times\overline{AB}\times\overline{OB}$

$=\dfrac{1}{2}\times 2\times a=8$

$\therefore a=8$

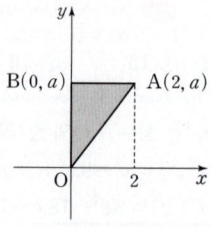

3rd b의 값을 구하고 $a+b$의 값을 계산해.

따라서 점 A의 좌표가 $(2, 8)$이고 점 A는 직선 $y=2x+b$ 위의 점이므 로 $8=2\times 2+b$에서 $b=4$

$\therefore a+b=8+4=12$

* 미분가능하고 각 구간별로 다르게 정의된 함수의 정적분의 값 구하기 [유형 16]

> 실수 전체의 집합에서 미분가능한 함수 $f(x)$가 다음 조건을 만족시킨다. **단서1** 미분가능하니까 $f(x)$는 연속함수야. 미분가능성과 ❶을 연관지어 생각해봐.
>
> (가) 모든 실수 x에 대하여 $1 \leq f'(x) \leq 3$이다. ❶
> (나) 모든 정수 n에 대하여 함수 $y=f(x)$의 그래프는
> 점 $(4n, 8n)$, 점 $(4n+1, 8n+2)$, 점 $(4n+2, 8n+5)$,
> 점 $(4n+3, 8n+7)$을 모두 지난다.
> (다) 모든 정수 k에 대하여 닫힌구간 $[2k, 2k+1]$에서 함수
> $y=f(x)$의 그래프는 각각 이차함수의 그래프의 일부이다.
>
> **단서2** 구하는 것이 $\int_3^6 f(x)dx$의 값이니까 구간 $[3, 6]$에서의 $f(x)$의 식을 구하면 돼.
>
> $\int_3^6 f(x)dx=a$라 할 때, $6a$의 값을 구하시오. (4점)

🔴**왜 1등급?** 조건을 만족시키는 함수 $f(x)$의 식을 구간을 나누어 구하고 구간에 따라 다르게 정의된 함수인 $f(x)$의 정적분의 값을 구하는 문제로 구간 $[2k, 2k+1]$에서의 함수 $f(x)$는 이차함수이지만 이 구간을 제외한 구간에서의 함수 $f(x)$가 어떤 함수인지 주어지지 않았기 때문에 함수의 모양이 바뀌는 점에서의 미분가능성과 함수 $f(x)$의 미분계수의 범위를 이용하여 구간 $[2k, 2k+1]$을 제외한 구간에서의 함수 $f(x)$를 구해야 한다.

💡 **단서 + 발상**

단서1 구하는 것은 구간 $[3, 6]$에서의 함수 $f(x)$의 정적분의 값이므로 이 구간에서의 함수 $f(x)$의 식만 찾으면 된다. **발상**
따라서 조건 (가), (나)를 이용하여 구간 $[3, 4]$, 구간 $[5, 6]$에서의 함수 $f(x)$의 식을 먼저 구하고 함수 $f(x)$가 미분가능한 함수임을 이용하여 구간 $[4, 5]$에서의 함수 $f(x)$의 식을 구한다. **적용**

단서2 함수 $g(x)= \begin{cases} h(x) & (a \leq x \leq b) \\ i(x) & (b \leq x \leq c) \end{cases}$ 에 대하여 구간 $[a, c]$에서의 함수 $g(x)$의 정적분의 값은 $\int_a^c g(x)dx=\int_a^b h(x)dx+\int_b^c i(x)dx$임을 이용하여 정적분의 값을 구하면 된다. **해결**

주의 구하는 것이 구간 $[3, 6]$에서의 함수 $f(x)$의 정적분의 값이므로 이 구간에서의 함수 $f(x)$의 식에 집중해야 한다.

> **핵심 정답 공식:** 구간 $[4k+1, 4k+2]$에서의 평균변화율이 3이고, 구간 $[4k+3, 4k+4]$에서의 평균변화율이 1이므로 두 구간에서는 $f(x)$가 직선이어야 한다. 따라서 $x=4k+1$, $x=4k+2$에서의 미분계수가 3, $x=4k+3$, $x=4k+4$에서의 미분계수가 1이다. 이를 이용해 구간 $[4k+2, 4k+3]$, 구간 $[4k, 4k+1]$에서의 이차함수의 식을 정할 수 있다.

--------------- [문제 풀이 순서] ---------------

1st 미분가능한 함수 $f(x)$의 그래프가 지나는 점과 이차함수로 나타나는 구간을 찾아.

조건 (나)에 $n=0, 1, 2, \cdots$를 차례로 대입하면 함수 $y=f(x)$의 그래프가 지나는 점은 $(0, 0)$, $(1, 2)$, $(2, 5)$, $(3, 7)$, $(4, 8)$, $(5, 10)$, $(6, 13)$, $(7, 15)$, $\cdots$이다.
또, 조건 (다)에 $k=1, 2, 3, 4, \cdots$를 차례로 대입하면 함수 $y=f(x)$의 그래프는 닫힌구간 $[2, 3]$, $[4, 5]$, $[6, 7]$, $[8, 9]$, $\cdots$ $[2k, 2k+1]$에
구간 $[3, 4]$, $[5, 6]$, $\cdots$에서 연속이고 미분가능해야 해.
서 각각 이차함수의 그래프의 일부를 나타낸다.

2nd 구하는 정적분의 적분 구간인 $3 \leq x \leq 6$에서 함수 $f(x)$를 구해 보자.
$\int_3^6 f(x)dx$를 구해야 하니까 구간 $[3, 6]$에서의 $f(x)$만 찾으면 돼.
구간 $[4, 5]$에서 함수 $f(x)$의 그래프는 이차함수의 그래프의 일부이므로
$f(x)=ax^2+bx+c$ ($4 \leq x \leq 5$)라 하면 $f(4)=8$, $f(5)=10$을 만족한다.
$f(x)$의 그래프가 두 점 $(4, 8)$, $(5, 10)$을 지나니까!
$\therefore 16a+4b+c=8 \cdots$ ㉠
$25a+5b+c=10 \cdots$ ㉡

한편, $y=f(x)$의 그래프는 두 점 $(3, 7)$과 $(4, 8)$을 지나는데 두 점을 잇는 직선의 기울기는 1이다. 그런데 조건 (가)에서 $1 \leq f'(x) \leq 3$이고 $f(x)$가 실수 전체에서 미분가능하므로 $y=f(x)$의 그래프는 닫힌구간 $[3, 4]$에서 곡선이 될 수 없다. $\cdots$ (*) $\frac{8-7}{4-3}=1$

즉, $3 \leq x \leq 4$에서 $f(x)=(x-3)+7=x+4$이다.

함정 미분가능하다는 건 그래프가 꺾인 곳 없이 매끄럽게 이어진 걸 의미하니까 꼭 곡선일 거라고 단정하지는 말아야 해!

이때, 구간 $[4, 5]$에서 $f(x)=ax^2+bx+c$이므로
$f'(x)=2ax+b$이고
$f'(4)=1$을 만족해야 $x=4$에서 미분가능하므로
$f'(4)=8a+b=1 \cdots$ ㉢

구간 $[3, 4]$에서 $f'(x)=1$이므로 $f(x)$의 $x=4$에서의 좌미분계수는 1이야. 이때, $f(x)$가 $x=4$에서 미분가능해야 하니까 $x=4$에서의 우미분계수 $f'(4)=8a+b$는 1이 되어야 해.

㉠, ㉡, ㉢을 연립하면 $a=1$, $b=-7$, $c=20$
즉, $4 \leq x \leq 5$에서 $f(x)=x^2-7x+20$

마찬가지로, 함수 $f(x)$의 그래프는 두 점 $(5, 10)$, $(6, 13)$을 지나고, 두 점을 잇는 직선의 기울기는 3이므로 조건 (가)에 의해 함수 $f(x)$의 그래프는 닫힌구간 $[5, 6]$에서 직선이 되어야 한다. $\frac{13-10}{6-5}=3$
즉, $5 \leq x \leq 6$에서 $f(x)=3(x-5)+10=3x-5$이다.

$$\therefore f(x)= \begin{cases} x+4 & (3 \leq x < 4) \\ x^2-7x+20 & (4 \leq x < 5) \\ 3x-5 & (5 \leq x < 6) \end{cases}$$

3rd 정적분의 값을 계산하자.
$$a=\int_3^6 f(x)dx$$
$$=\int_3^4 (x+4)dx+\int_4^5 (x^2-7x+20)dx+\int_5^6 (3x-5)dx$$
$$=\left[\frac{1}{2}x^2+4x\right]_3^4+\left[\frac{1}{3}x^3-\frac{7}{2}x^2+20x\right]_4^5+\left[\frac{3}{2}x^2-5x\right]_5^6$$
$$=\frac{15}{2}+\frac{53}{6}+\frac{23}{2}=\frac{167}{6}$$
$$\therefore 6a=6 \times \frac{167}{6}=167$$

🔴 **1등급 대비** **특강**

* **닫힌구간 $[3, 4]$에서의 함수 $y=f(x)$의 그래프의 모양**

(*)와 같이 닫힌구간 $[3, 4]$에서 곡선이 될 수 없는 이유를 알아보자. 아래 그림과 같이 함수 $y=f(x)$의 그래프가 열린구간 (a, b)에서 직선이 아닌 미분가능한 곡선이라 하자. 두 점 $(a, f(a))$, $(b, f(b))$를 잇는 직선의 기울기를 m이라 하면, 곡선 $y=f(x)$에서 $f'(c)>m$ 혹은 $f'(c)<m$인 적당한 c가 구간 (a, b)에 반드시 존재해.

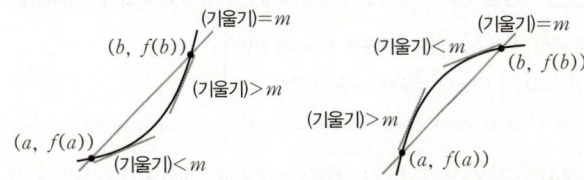

따라서 두 점 $(3, 7)$, $(4, 8)$을 지나는 함수 $y=f(x)$의 그래프가 곡선이면 구간 $[3, 4]$에서 $f'(x)>1$, $f'(x)=1$, $f'(x)<1$인 x가 존재하겠지? 하지만 조건 (가)에서 $1 \leq f'(x) \leq 3$이므로 함수 $y=f(x)$의 그래프는 곡선이 아니라 직선이야.

3회**01** 정답 ① *$h \to 0$일 때의 미분계수의 정의 [정답률 94%]

(정답 공식: 미분계수의 정의로부터 $f'(1)$의 값을 구한다.)

> 함수 $f(x)=x^2+5$에 대하여 $\lim\limits_{h \to 0} \dfrac{f(1+h)-f(1)}{h}$ 의 값은? (2점)
>
> 단서 $f'(1)$의 정의야.
>
> ① 2   ② 3   ③ 4
> ④ 5   ⑤ 6

1st 미분계수의 정의에서 $f'(a)=\lim\limits_{h \to 0}\dfrac{f(a+h)-f(a)}{h}$임을 이용하자.

함수 $f(x)=x^2+5$에서 $f'(x)=2x$이므로

$\lim\limits_{h \to 0}\dfrac{f(1+h)-f(1)}{h}=f'(1)=2$ ⟶ 자연수 n에 대하여 $(x^n)'=nx^{n-1}$

3회**02** 정답 ⑤ *함수의 좌극한값과 우극한값 [정답률 95%]

(정답 공식: 주어진 그래프로부터 두 개의 극한값을 각각 계산한다.)

> 정의역이 $\{x \mid -2 \le x \le 2\}$인 함수 $y=f(x)$의 그래프가 그림과 같을 때, $\lim\limits_{x \to -1-} f(x)+\lim\limits_{x \to 1+} f(x)$의 값은? (3점)
>
> 단서 $x \to -1-$는 x가 -1의 왼쪽에서 -1로 가까이 갈 때의 함숫값이고 $x \to 1+$는 x가 1의 오른쪽에서 1로 가까이 갈 때의 함숫값이야.
>
>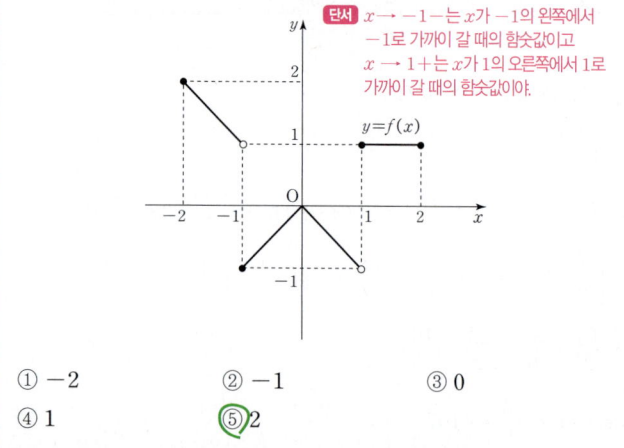
>
> ① -2 ② -1 ③ 0
> ④ 1 ⑤ 2

1st 그래프에서 각 점에서의 좌극한값과 우극한값을 구하자.

$x=-1$에서의 좌극한값과 $x=1$에서의 우극한값을 각각 구하면

$\lim\limits_{x \to -1-} f(x)=1, \lim\limits_{x \to 1+} f(x)=1$

$\therefore \lim\limits_{x \to -1-} f(x)+\lim\limits_{x \to 1+} f(x)=1+1=2$

⟶ x가 -1의 왼쪽에서 -1로 가까이 가면 $f(x)$는 1에 가까이 가고 x가 1의 오른쪽에서 1로 가까이 가면 $f(x)$는 1에 가까이 가.

3회**03** 정답 ① *정적분의 값을 이용한 미정계수의 결정 [정답률 87%]

> 정답 공식: 함수 $f(x)$의 부정적분을 $F(x)$라 하면
> $\int_a^b f(x)dx=\Big[F(x)\Big]_a^b=F(b)-F(a)$이다.

> $\int_0^1 (4x-3)dx+\int_1^k (4x-3)dx=0$일 때, 양수 k의 값은? (3점)
>
> 단서 피적분함수 $4x-3$이 공통으로 들어가 있으므로 정적분의 성질을 이용하여 간단히 한 후 풀자.
>
> ① $\dfrac{3}{2}$ ② 2 ③ $\dfrac{5}{2}$ ④ 3 ⑤ $\dfrac{7}{2}$

1st 정적분의 성질을 이용하여 식을 간단히 하자.

$\underbrace{\int_0^1 (4x-3)dx+\int_1^k (4x-3)dx}_{\int_a^b f(x)dx+\int_b^c f(x)dx=\int_a^c f(x)dx}=\int_0^k (4x-3)dx$

$=\Big[2x^2-3x\Big]_0^k$

$=2k^2-3k$ ⟶ $\int_a^b f(x)dx=\Big[F(x)\Big]_a^b=F(b)-F(a)$

$2k^2-3k=0$에서 $k(2k-3)=0$

$\therefore k=\dfrac{3}{2} (\because k>0)$

3회**04** 정답 ③ *함수의 증가·감소와 극대·극소 [정답률 68%]

(정답 공식: 주어진 도함수로부터 삼차함수 $y=f(x)$의 그래프의 개형을 유추한다.)

> 그림은 삼차함수 $f(x)$의 도함수 $f'(x)$의 그래프이다. 함수 $f(x)$에 대한 설명 중 [보기]에서 옳은 것만을 있는 대로 고른 것은? (3점)
>
> 단서 도함수 $y=f'(x)$의 그래프에서 삼차함수 $y=f(x)$의 그래프의 개형을 유추해 봐.
>
>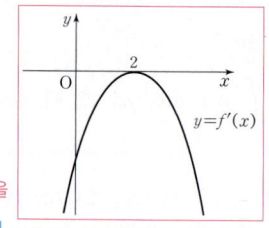
>
> [보기]
> ㄱ. 함수 $f(x)$는 $x=0$에서 감소상태에 있다.
> ㄴ. 함수 $f(x)$는 $x=2$에서 극댓값을 갖는다.
> ㄷ. 함수 $y=f(x)$의 그래프는 x축과 오직 한 점에서 만난다.
>
> ① ㄱ   ② ㄴ   ③ ㄱ, ㄷ
> ④ ㄴ, ㄷ   ⑤ ㄱ, ㄴ, ㄷ

1st 도함수 $f'(x)$의 부호에 따라 함수 $f(x)$의 증가, 감소를 파악하자.

ㄱ. 함수 $f(x)$에 대하여 $x=0$에서 $f'(0)<0$이므로 함수 $f(x)$는 $x=0$에서 감소상태에 있다. (참)

ㄴ. 함수 $f(x)$는 $x=2$에서 $f'(2)=0$이지만 $x \ne 2$인 모든 실수 x에 대하여 $f'(x)<0$으로 $x=2$의 좌우에서 $f'(x)$의 부호가 바뀌지 않으므로 함수 $f(x)$는 $x=2$에서 극댓값을 갖지 않는다. (거짓)

[도함수를 이용한 극댓값의 판정]
함수 $f(x)$의 도함수 $f'(x)$에 대하여 $f'(a)=0$이고 $x=a$의 좌우에서 $f'(x)$의 부호가 $(+)$에서 $(-)$로 바뀌면 함수 $f(x)$는 $x=a$에서 극댓값을 가져.

ㄷ. 삼차함수 $f(x)$에 대하여 $x=2$에서 $f'(2)=0$이고, 모든 실수 x에 대하여 $f'(x) \le 0$이므로 함수 $f(x)$는 모든 실수 x에서 감소함수이다. 따라서 함수 $f(x)$의 그래프는 x축과 오직 한 점에서 만난다. (참)

$\lim\limits_{x \to -\infty} f(x)=\infty, \lim\limits_{x \to \infty} f(x)=-\infty$이고 실수 전체에서 함수 $f(x)$는 감소함수이므로 구간 $(-\infty, \infty)$에서 $y=f(x)$의 그래프는 x축과 오직 한 점에서 만나.

따라서 옳은 것은 ㄱ, ㄷ이다.

🔷 다른 풀이: 증가와 감소를 나타내는 표로 나타내어 삼차함수 $y=f(x)$의 그래프 그리기

$f'(x)$는 $x=2$에서 중근을 가지는 이차함수지?

따라서 $f'(x)=a(x-2)^2 (a<0)$이라 하고 주어진 그래프를 이용하여

도함수 $y=f'(x)$의 그래프가 위로 볼록하므로 이차함수 $f'(x)$의 최고차항의 계수는 음수야.

함수 $f(x)$의 증가와 감소를 표로 나타내어 삼차함수 $f(x)$의 개형을 그리자.

x	$\cdots$	2	$\cdots$
$f'(x)$	$-$	0	$-$
$f(x)$	↘		↘

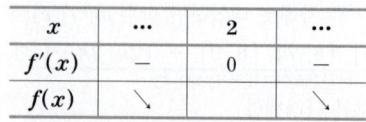

따라서 옳은 것은 ㄱ, ㄷ이야.

3회 05 정답 ③ ＊$y=\{f(x)\}^n$꼴의 함수에서의 미분계수 ── [정답률 85%]

정답 공식: n이 자연수일 때, 미분가능한 함수 $f(x)$에 대하여 함수 $y=\{f(x)\}^n$의 도함수는 $y'=n\{f(x)\}^{n-1}\times f'(x)$이다.

> 함수 $f(x)=-(4x^2+k)^3$에 대하여 $f'(-1)=24$일 때, 모든 상수 k의 값의 곱은? (4점) **단서** 함수 $f(x)$의 도함수 $f'(x)$의 $x=-1$에서의 함숫값이야.
>
> ① 9   ② 12   ③ 15
> ④ 18   ⑤ 21

1st 함수 $f(x)$의 도함수를 구하자.

$f(x)=-(4x^2+k)^3$에서 ┌─ $\{-(4x^2+k)^3\}'=-3(4x^2+k)^2\times(4x^2+k)'$

$f'(x)=-3(4x^2+k)^2\times 8x=-24x(4x^2+k)^2 \cdots \bigcirc$

2nd $f'(-1)=24$임을 이용하여 상수 k의 값을 구하자.

이때, $f'(-1)=24$이고

$\bigcirc$에 의하여 $f'(-1)=24\times(4+k)^2$이므로

$24\times(4+k)^2=24$에서 $(4+k)^2=1 \cdots \bigcirc\!\!\bigcirc$

$\underline{k^2+8k+15=0}$ ┌─ k에 대한 이차방정식의 해를 직접 구하지 않고도
$(k+3)(k+5)=0$ 근과 계수의 관계에 의하여 모든 상수 k의 값의 곱은
$\therefore k=-3$ 또는 $k=-5$ 15임을 알 수 있어.

따라서 모든 상수 k의 값의 곱은 $(-3)\times(-5)=15$이다.

🧭 **다른 풀이:** $A^2=B$이면 $A=B$ 또는 $A=-B$임을 이용하여 k에 대한 **이차방정식의 해 구하기**

$\bigcirc\!\!\bigcirc$에서 $4+k=1$ 또는 $4+k=-1$

$\therefore k=-3$ 또는 $k=-5$

(이하 동일)

3회 06 정답 ④ ＊곡선 밖의 한 점에서 그은 접선의 방정식 ──── [정답률 78%]

정답 공식: 곡선 밖의 점에서 접선을 긋는 경우 접점의 좌표를 $(t, f(t))$라 하고 접선의 방정식을 구해서 접선이 지나는 점의 좌표를 대입한다.

> 점 $(0, 3)$에서 곡선 $y=-2x^2+4x-1$에 그은 두 접선의 기울기의 합은? (4점) **단서** 점 $(0, 3)$은 곡선 위의 점이 아니므로 곡선 위의 임의의 점에서 그은 접선이 점 $(0, 3)$을 지난다고 생각해 봐.
>
> ① 2   ② 4   ③ 6   ④ 8   ⑤ 10

1st 점 $(0, 3)$에서 그은 접선의 접점의 x좌표를 구하자.

$f(x)=-2x^2+4x-1$이라 하면 $f'(x)=-4x+4$

이때, 점 $(0, 3)$에서 곡선 $y=f(x)$에 그은 접선의 접점을 $(t, -2t^2+4t-1)$이라 하면 접선의 기울기는 $f'(t)=-4t+4$이므로
        ┌─ 곡선 $y=f(x)$ 위의 점 $(t, f(t))$에서 그은 접선의 기울기는 $f'(t)$야.
접선의 방정식은 $y=(-4t+4)(x-t)-2t^2+4t-1 \cdots \bigcirc$이다.
    ┌─ 점 (a, b)를 지나고 기울기가 m인 직선의 방정식은 $y=m(x-a)+b$

한편, 접선이 점 $(0, 3)$을 지나므로

$\bigcirc$에 $x=0$, $y=3$을 대입하면

$(-4t+4)(0-t)-2t^2+4t-1=3$에서

$2t^2-4=0$, $t^2-2=0$

$(t+\sqrt{2})(t-\sqrt{2})=0$

$\therefore t=-\sqrt{2}$ 또는 $t=\sqrt{2}$

2nd 두 접선의 기울기의 합을 구하자.

따라서 점 $(0, 3)$에서 곡선 $y=f(x)$에 그은 두 접선의 기울기는 각각 $f'(-\sqrt{2})=4\sqrt{2}+4$, $f'(\sqrt{2})=-4\sqrt{2}+4$이므로 두 접선의 기울기의 합은 $(4\sqrt{2}+4)+(-4\sqrt{2}+4)=8$이다.

3회 07 정답 ② ＊도형을 두 부분으로 나누는 경우 ──── [정답률 58%]

정답 공식: 구간 $[a, b]$에서 두 곡선 $y=f(x)$, $y=g(x)$로 둘러싸인 부분의 넓이는 $\int_a^b |f(x)-g(x)|\,dx$이다.

> 곡선 $y=x^2+2x$와 x축으로 둘러싸인 부분의 넓이가 두 곡선 $y=x^2+2x$, $y=ax(x^2-4)$로 둘러싸인 부분의 넓이의 $\dfrac{3}{2}$배일 때, 상수 a의 값은? (4점) **단서** 그림에서 두 곡선 $y=x^2+2x$, $y=ax(x^2-4)$의 위치를 친절하게 주어졌네? 넓이 구하는 공식을 바로 적용해.
>
>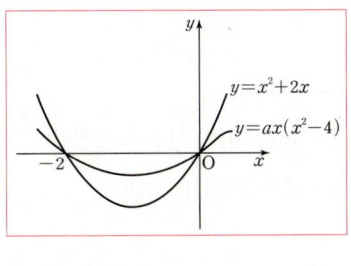
>
> ① $-\dfrac{4}{9}$ ② $-\dfrac{1}{9}$ ③ $\dfrac{2}{9}$
> ④ $\dfrac{5}{9}$ ⑤ $\dfrac{17}{9}$

1st 곡선 $y=x^2+2x$와 x축으로 둘러싸인 부분의 넓이, 두 곡선 $y=x^2+2x$, $y=ax(x^2-4)$로 둘러싸인 부분의 넓이를 각각 구하자.

곡선 $y=x^2+2x$와 x축으로 둘러싸인 부분의 넓이를 S_1이라 하면

$S_1=\displaystyle\int_{-2}^{0}|x^2+2x|\,dx=\int_{-2}^{0}(-x^2-2x)\,dx$
          └─ 구간 $[-2, 0]$에서 $x^2+2x\le 0$이야.

$\quad =\left[-\dfrac{1}{3}x^3-x^2\right]_{-2}^{0}=-\left(-\dfrac{8}{3}-4\right)=\dfrac{4}{3}$

또, 두 곡선 $y=x^2+2x$, $y=ax(x^2-4)$로 둘러싸인 부분의 넓이를 S_2라 하면
          ┌─ 구간 $[-2, 0]$에서 $ax(x^2-4)\ge x^2+2x$야.

$S_2=\displaystyle\int_{-2}^{0}(ax^3-4ax-x^2-2x)\,dx$

$\quad =\displaystyle\int_{-2}^{0}\{ax^3-x^2-(4a+2)x\}\,dx$

$\quad =\left[\dfrac{a}{4}x^4-\dfrac{1}{3}x^3-(2a+1)x^2\right]_{-2}^{0}$

$\quad =-\left\{4a+\dfrac{8}{3}-4(2a+1)\right\}=4a+\dfrac{4}{3}$

2nd 넓이의 조건을 만족시키는 상수 a의 값을 구하자.

S_1이 S_2의 $\dfrac{3}{2}$배이므로 $S_1=\dfrac{3}{2}S_2$에서

$\dfrac{4}{3}=\dfrac{3}{2}\left(4a+\dfrac{4}{3}\right)$, $6a=-\dfrac{2}{3}$

$\therefore a=-\dfrac{1}{9}$

🌸 **곡선과 x축으로 둘러싸인 부분의 넓이** 개념·공식

> 함수 $f(x)$가 닫힌구간 $[a, b]$에서 연속일 때, 함수 $y=f(x)$의 그래프와 x축 및 두 직선 $x=a$, $x=b$로 둘러싸인 부분의 넓이를 S라 하면
>
> ① 구간 $[a, b]$에서 $f(x)\ge 0$일 때, $S=\displaystyle\int_a^b f(x)\,dx$
>
> ② 구간 $[a, b]$에서 $f(x)\le 0$일 때, $S=\displaystyle\int_a^b \{-f(x)\}\,dx$
>
> ③ 구간 $[a, b]$에서 $f(x)\ge 0$, $f(x)\le 0$인 구간이 모두 존재할 때, $S=\displaystyle\int_a^b |f(x)|\,dx$

정답 공식: $a=0$, $a \neq 0$인 경우를 나누고, $a \neq 0$인 경우에는 판별식 D를 이용해 $f(a)$의 그래프를 그리고, 보기의 진위를 판정한다.

실수 a에 대하여 집합

단서1 a가 최고차항의 계수이므로 $a \neq 0$, $a=0$인 경우로 나누어 생각하자.

$$\{x \mid ax^2 + 2(a-2)x - (a-2) = 0, \ x는 실수\}$$

의 원소의 개수를 $f(a)$라 할 때, 옳은 것만을 [보기]에서 있는 대로 고른 것은? (4점)

단서2 방정식 $ax^2 + 2(a-2)x - (a-2) = 0$의 실근의 개수를 뜻해. $f(a)$의 식을 구하여 그래프를 그리자.

[보기]

ㄱ. $\lim\limits_{a \to 0} f(a) = f(0)$

ㄴ. $\lim\limits_{a \to c+} f(a) \neq \lim\limits_{a \to c-} f(a)$인 실수 c는 2개이다.

ㄷ. 함수 $f(a)$가 불연속인 점은 3개이다.

① ㄴ　　　② ㄷ　　　③ ㄱ, ㄴ

④ ㄴ, ㄷ　　　⑤ ㄱ, ㄴ, ㄷ

1st $a=0$, $a \neq 0$일 때로 나누어서 $f(a)$를 구해.

$ax^2 + 2(a-2)x - (a-2) = 0$에서

(i) $a=0$일 때,

$-4x + 2 = 0$에서 $x = \dfrac{1}{2}$

$\therefore f(0) = 1$

(ii) $a \neq 0$일 때, → 방정식의 근이 한 개이므로 주어진 집합의 원소의 개수는 한 개야.

$\dfrac{D}{4} = (a-2)^2 + a(a-2) = 2(a-1)(a-2)$

i) $\dfrac{D}{4} > 0$, 즉 $a > 2$, $a < 1$이면 서로 다른 두 개의 실근

$\therefore f(a) = 2$

ii) $\dfrac{D}{4} = 0$, 즉 $a=1$ 또는 $a=2$이면 중근

$\therefore f(a) = 1$

iii) $\dfrac{D}{4} < 0$, 즉 $1 < a < 2$이면 허근

$\therefore f(a) = 0$

이차방정식 $ax^2 + bx + c = 0$의 판별식은 $D = b^2 - 4ac$이고

(i) $D > 0$이면 이차방정식은 서로 다른 두 실근을 가져.

(ii) $D = 0$이면 이차방정식은 중근을 가져.

(iii) $D < 0$이면 이차방정식은 서로 다른 두 허근을 가져.

2nd $f(a)$의 그래프로 ㄱ, ㄴ, ㄷ의 참, 거짓을 따지자.

(i), (ii)로부터 $f(a)$의 그래프를 그리면 그림과 같다.

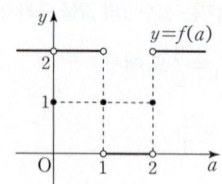

ㄱ. $\lim\limits_{a \to 0} f(a) = 2$, $f(0) = 1$이므로

$\lim\limits_{a \to 0} f(a) \neq f(0)$ (거짓) → $\lim\limits_{a \to 0+} f(a) = 2$, $\lim\limits_{a \to 0-} f(a) = 2$ 이므로 $\lim\limits_{a \to 0} f(a) = 2$

ㄴ. $\lim\limits_{a \to c+} f(a)$는 $a \to c$일 때의 우극한값이고,

$\lim\limits_{a \to c-} f(a)$는 $a \to c$일 때의 좌극한값이므로

우극한값과 좌극한값이 같지 않은, 즉 극한값이 존재하지 않는 c의 값은 1, 2로 2개이다. (참)

→ (i) $x=1$에서 $\lim\limits_{a \to 1-} f(a) = 2$, $\lim\limits_{a \to 1+} f(a) = 0$
(ii) $x=2$에서 $\lim\limits_{a \to 2-} f(a) = 0$, $\lim\limits_{a \to 2+} f(a) = 2$

ㄷ. 함수 $f(a)$는 $a=0, 1, 2$에서 연속이 아니므로 불연속인 점은 3개이다. → 그래프를 보면 $a=0, 1, 2$에서 끊어져 있으니까 이 세 점에서 불연속이야. (참)

따라서 옳은 것은 ㄴ, ㄷ이다.

정답 공식: 분자를 인수분해해 식을 정리한 뒤 극한값을 계산한다.

$$\lim_{x \to 2} \frac{x^2 + 9x - 22}{x-2}의 값을 구하시오. (3점)$$

단서 $\dfrac{0}{0}$꼴이므로 분모, 분자를 0이 되도록 하는 인수를 약분해!

1st 분자를 인수분해한 후에 극한값을 계산해.

$$\lim_{x \to 2} \frac{x^2 + 9x - 22}{x-2} = \lim_{x \to 2} \frac{(x-2)(x+11)}{x-2}$$

→ $x-2$가 분자, 분모의 공통인수이므로 약분하자.

$$= \lim_{x \to 2}(x+11) = 13$$

정답 공식: 구간 $[0, 2]$에서 $f(x) \leq 0$이고, 구간 $[2, 3]$에서 $f(x) \geq 0$이므로 $f(2) = 0$이다.

이차함수 $f(x)$가 $f(0) = 0$이고 다음 조건을 만족시킨다.

(가) $\displaystyle\int_0^2 |f(x)| dx = -\int_0^2 f(x) dx = 4$

(나) $\displaystyle\int_2^3 |f(x)| dx = \int_2^3 f(x) dx$

단서 함수 $f(x)$에 대하여 $f(x) < 0$인 구간에서의 정적분의 값은 음수이고 $f(x) > 0$인 구간에서의 정적분의 값은 양수니까 주어진 조건을 이용하면 함수 $y = f(x)$의 그래프가 x축과 만나는 점의 x좌표를 구할 수 있어.

$f(5)$의 값을 구하시오. (3점)

1st 각 적분 구간에서 $f(x)$의 부호를 결정해.

조건 (가)에서 $\displaystyle\int_0^2 |f(x)| dx = \int_0^2 \{-f(x)\} dx$이므로 구간 $[0, 2]$에서 $f(x) \leq 0$이다.

함수 $f(x)$에 대하여 구간 $[a, b]$에서 $f(x) < 0$이면 $\displaystyle\int_a^b f(x) dx < 0$이야.

함정 조건 (가), (나)에 의해 구간 $[0, 2]$와 구간 $[2, 3]$에서의 함수 $f(x)$의 부호를 각각 알아낼 수 있어야 해.

또, 조건 (나)에서 $\displaystyle\int_2^3 |f(x)| dx = \int_2^3 f(x) dx$이므로 구간 $[2, 3]$에서 $f(x) \geq 0$이다.

즉, 조건 (가), (나)에 의해 $f(2) \leq 0$, $f(2) \geq 0$이므로 $f(2) = 0$이다. 또한, $f(0) = 0$이므로 이차함수 $y = f(x)$의 그래프의 개형은 그림과 같다.

함수 $f(x)$의 그래프는 두 조건 (가), (나)에서 점 $(2, 0)$을 지나고 $f(0) = 0$에서 원점을 지남을 알 수 있어. 그런데 구간 $[0, 2]$에서 $f(x) \leq 0$이니까 함수 $f(x)$의 그래프는 아래로 볼록해야 해.

즉, 양수 a에 대하여

$$f(x) = ax(x-2) = ax^2 - 2ax라 할 수 있다.$$

2nd 조건 (가)의 정적분의 값을 이용하여 함수 $f(x)$의 식을 결정해.

그런데 조건 (가)에 의하여 $-\displaystyle\int_0^2 f(x) dx = 4$이므로

$\displaystyle\int_0^2 f(x) dx = -4$에서

$$\int_0^2 f(x) dx = \int_0^2 (ax^2 - 2ax) dx$$

$$= a\left[\frac{1}{3}x^3 - x^2\right]_0^2 = -\frac{4}{3}a = -4$$

$\therefore a = 3$

따라서 $f(x) = 3x(x-2)$이므로

$f(5) = 3 \times 5 \times 3 = 45$

*절댓값 기호를 사용한 함수의 미분가능성을 통해 도함수의 식 구하기 [유형 23]

사차함수 $f(x)$가 다음 조건을 만족시킬 때, $\dfrac{f'(5)}{f'(3)}$의 값을 구하시오. (4점)

→단서1 $x=1$이면 함숫값이 0이 돼. 즉, $y=f(x)-f(1)$의 그래프는 $x=1$에서 x축을 지나게 돼.

(가) 함수 $f(x)$는 $x=2$에서 극값을 갖는다.
(나) 함수 $|f(x)-f(1)|$은 오직 $x=a(a>2)$에서만 미분가능하지 않다.

→단서2 $a>2$이므로 $a\neq1$이겠지.

🟢2등급❓ 절댓값 기호를 사용한 함수의 미분가능하지 않은 점에 대한 정보를 통해 함수의 그래프의 개형을 유추하여 도함수의 함숫값을 구하는 문제로 조건이 주어진 사차함수에 대하여 절댓값 기호를 사용한 함수가 한 점에서만 미분가능하지 않도록 하는 그래프의 개형을 따져보아야 한다.

💡 **단서+발상**

단서1 $g(x)=f(x)-f(1)$이라 하면 $g(1)=f(1)-f(1)=0$이므로 개념 함수 $y=g(x)$의 그래프는 $x=1$에서 x축과 만난다. 적용

단서2 함수 $|g(x)|$가 $x=a$에서만 미분가능하지 않다는 뜻은 $x\neq a$인 모든 실수 x에서는 $|g(x)|$가 미분가능하다는 뜻이다. 개념
이때, $a>2$에서 $a\neq1$이므로 $x=1$에서 함수 $|g(x)|$는 미분가능하다. 이를 이용하여 $y=g(x)$의 그래프의 개형을 유추하자. 적용

주의 함수 $|g(x)|$는 $x=a$에서만 미분가능하지 않으므로 나머지 점에서는 미분가능하다. 즉, $|g(1)|=0$인데 $x=1$에서 $g(x)$가 미분가능해야 하므로 $g'(1)=0$이다.

핵심 정답 공식: 조건 (나)를 만족하는 사차함수 $f(x)$의 개형을 구해 $f(x)$의 식을 세운 뒤, 조건 (가)에서 $f'(2)=0$임을 이용해 a의 값을 구한다. $f'(x)$를 구해 $x=3$, $x=5$를 대입하여 주어진 식의 값을 구한다.

------------------------ [문제 풀이 순서] ------------------------

1st 절댓값이 있는 함수의 미분가능성에 대해 생각해 보자.

일반적으로 함수 $y=g(x)$의 경우 $y=|g(x)|$의 그래프를 그리면 x축과 만나는 점에서 뾰족한 모양이 되면서 미분가능하지 않다.
예를 들면, $y=x^2-1$에 절댓값이 붙은 $y=|x^2-1|$을 그려보면 다음과 같다.

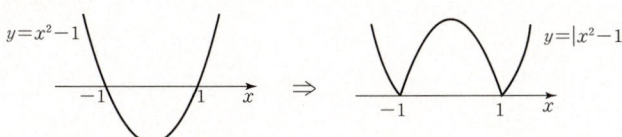

그러나 $h(x)=x^3$과 같이 $x=0$에서 삼중근을 가지는 경우 $y=|h(x)|$의 그래프는 $x=0$에서 부드러운 곡선 모양이다. 즉, 미분가능하다.

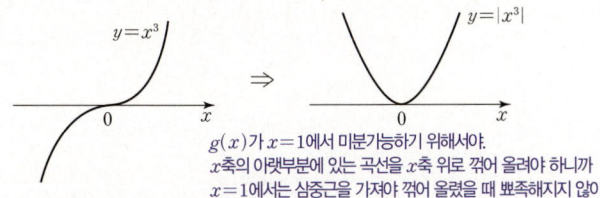

$g(x)$가 $x=1$에서 미분가능하기 위해서야.
x축의 아랫부분에 있는 곡선을 x축 위로 꺾어 올려야 하니까
$x=1$에서는 삼중근을 가져야 꺾어 올렸을 때 뾰족해지지 않아.

2nd 조건을 만족하는 그래프의 개형을 유추해.

$g(x)=f(x)-f(1)$이라 할 때, $g(1)=0$이고 조건 (나)를 만족하기 위해서 $g(x)$는 $x=1$에서 삼중근을 갖고 $x=a(a>2)$에서 나머지 한 근을 가져야 한다.

또, 조건 (가)에서 $g'(2)=f'(2)=0$이므로 $g(x)$는 $x=2$에서 극값을 가진다. 따라서 $y=g(x)$의 그래프는 다음 두 가지 경우에 해당한다.

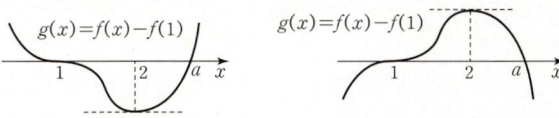

(최고차항의 계수가 양수일 때) (최고차항의 계수가 음수일 때)

따라서 $f'(x)$의 최고차항의 계수를 k라 하면
$$g'(x)=f'(x)=k(x-1)^2(x-2)$$
$$\therefore \frac{f'(5)}{f'(3)}=\frac{k\times16\times3}{k\times4\times1}=12$$

1등급 대비 특강

＊a의 값 구하기

함수 $|f(x)-f(1)|$이 미분가능하지 않은 점의 x좌표, 즉 a의 값을 구해 보자.
$g(x)=f(x)-f(1)$은 $x=1$에서 삼중근을 갖고 $x=a$에서 나머지 한 근을 가져야 하므로
$g(x)=k'(x-1)^3(x-a)$(단, k'은 0이 아닌 상수)
$$\begin{aligned}g'(x)&=3k'(x-1)^2(x-a)+k'(x-1)^3\\&=k'(x-1)^2\{3(x-a)+x-1\}\\&=k'(x-1)^2(4x-3a-1)\end{aligned}$$
그런데 조건 (가)에 의해 $f'(2)=0$이고, $g'(x)=f'(x)$이므로 $g'(2)=0$
$$g'(2)=k'(4\times2-3a-1)=0 \qquad \therefore a=\frac{7}{3}$$

👩 **My Top Secret**   서울대 선배의 ❶등급 대비 전략

다항함수 $f(x)$에 대하여 $f(x)$가 $(x-\alpha)^n$으로 나누어떨어진다면, $f'(x)$는 $(x-\alpha)^{n-1}$으로 나누어떨어져.
그래서 이 문제에서 $f(x)-f(1)$이 $(x-1)^3$으로 나누어떨어지므로 $f'(x)$는 $(x-1)^2$으로 나누어떨어지는 걸 알 수 있어.
또한, $f'(2)=0$이니까 $f'(x)$는 $x-2$로도 나누어떨어지지.
따라서 $f'(x)$는 삼차함수이니까 a를 구하지 않고 $f'(x)=k(x-1)^2(x-2)$ (k는 0이 아닌 상수)로 나타낼 수 있는 거야.

모의고사 3회

A 함수의 극한

01 ③ 02 2 03 11 04 ② 05 ④ 06 21 07 ② 08 ⑤ 09 ① 10 ②
11 ① 12 ③ 13 ⑤ 14 ② 15 ① 16 ③ 17 ⑤ 18 ④ 19 ③ 20 ①
21 ④ 22 ④ 23 ② 24 ② 25 ④ 26 ② 27 ⑤ 28 ① 29 ② 30 ④
31 ② 32 ② 33 ② 34 ④ 35 ④ 36 ③ 37 ④ 38 ② 39 ④ 40 ④
41 ② 42 ⑤ 43 ⑤ 44 ③ 45 ① 46 ④ 47 ④ 48 ⑤ 49 ② 50 ③
51 ① 52 ④ 53 ① 54 ② 55 ② 56 ⑤ 57 ④ 58 ⑤ 59 ③ 60 ①
61 ⑤ 62 ④ 63 ① 64 ③ 65 ③ 66 5 67 11 68 27 69 3 70 ③
71 16 72 ① 73 ① 74 ② 75 ③ 76 ② 77 ④ 78 ① 79 30 80 ②
81 21 82 ④ 83 5 84 ③ 85 ② 86 ⑤ 87 ① 88 ③ 89 ⑤ 90 7
91 13 92 ① 93 ③ 94 64 95 ③ 96 ② 97 10 98 7 99 ③ 100 ④
101 ④ 102 ① 103 ⑤ 104 ② 105 2 106 12 107 ④ 108 3 109 ② 110 ①
111 ③ 112 ② 113 ⑤ 114 ④ 115 ④ 116 ② 117 ② 118 ③ 119 5 120 ②
121 ① 122 ① 123 ① 124 ① 125 ① 126 ③ 127 ④ 128 15 129 ① 130 ⑤
131 ③ 132 ④ 133 26 134 ⑤ 135 ① 136 ④ 137 ④ 138 ④ 139 ④ 140 ⑤
141 ④ 142 ⑤ 143 ④ 144 ① 145 ⑤ 146 ④ 147 8 148 ④ 149 ① 150 ③
151 27 152 ① 153 ② 154 ③ 155 ② 156 ④ 157 36 158 13 159 14 160 5
161 ① 162 7 163 ② 164 ③ 165 16 166 60 167 10 168 ② 169 ④ 170 9
171 ④ 172 ④ 173 6 174 ② 175 ② 176 ⑤ 177 ② 178 ③ 179 ② 180 ①
181 ④ 182 ② 183 ⑤ 184 ④ 185 2 186 ① 187 ① 188 2 189 ② 190 ②
191 50 192 ① 193 1 194 ② 195 ④ 196 10 197 ③ 198 ④ 199 25 200 226
201 ② 202 16 203 ⑤ 204 42 205 ① 206 28 207 141 208 4 209 ① 210 ①
211 ③ 212 ③

B 함수의 연속

01 ⑤ 02 ① 03 ③ 04 ③ 05 ① 06 13 07 ⑤ 08 ③ 09 ③ 10 ①
11 ① 12 ① 13 ③ 14 ③ 15 ④ 16 ② 17 ① 18 ② 19 ④ 20 ②
21 6 22 ③ 23 ④ 24 ④ 25 ④ 26 ① 27 ① 28 ① 29 ⑤ 30 6
31 ④ 32 ⑤ 33 ⑤ 34 ① 35 24 36 ① 37 ⑤ 38 ⑤ 39 ④ 40 ①
41 ③ 42 ③ 43 ① 44 4 45 ① 46 ② 47 ① 48 24 49 ④ 50 15
51 ⑤ 52 ⑤ 53 ⑤ 54 ④ 55 ① 56 ⑤ 57 ② 58 ⑤ 59 ① 60 ④
61 ③ 62 ③ 63 ① 64 ③ 65 ④ 66 ② 67 2 68 ⑤ 69 ⑤ 70 ②
71 ④ 72 ② 73 ④ 74 ④ 75 13 76 ⑤ 77 ⑤ 78 ② 79 ③ 80 ⑤
81 ⑤ 82 ⑤ 83 ② 84 ③ 85 3 86 ④ 87 36 88 ④ 89 ④ 90 ④
91 ① 92 ④ 93 ② 94 ⑤ 95 ④ 96 ① 97 24 98 ① 99 ① 100 ④
101 14 102 ④ 103 ② 104 21 105 ④ 106 16 107 ② 108 ④ 109 ④ 110 ④
111 ③ 112 56 113 13 114 ③ 115 ① 116 8 117 8 118 ③ 119 20 120 ①
121 ② 122 ① 123 ⑤ 124 ① 125 19 126 ③ 127 ④ 128 19 129 96 130 60
131 65 132 ① 133 48 134 ⑤ 135 40 136 ④ 137 ① 138 ③ 139 ① 140 ①
141 ④ 142 5 143 ② 144 ⑤

C 미분계수와 도함수

01 24 02 17 03 41 04 ④ 05 21 06 ① 07 ④ 08 ③ 09 ⑤ 10 10
11 ④ 12 ② 13 2 14 ② 15 ⑤ 16 ① 17 ① 18 ① 19 ④ 20 112
21 12 22 20 23 ④ 24 ② 25 13 26 21 27 15 28 7 29 30 30 4
31 ① 32 35 33 56 34 ④ 35 ③ 36 ② 37 ⑤ 38 ① 39 ④ 40 ①
41 7 42 50 43 58 44 ⑤ 45 8 46 5 47 ⑤ 48 ⑤ 49 ⑤ 50 ①
51 ③ 52 ③ 53 10 54 ① 55 ② 56 ④ 57 ② 58 28 59 92 60 ②
61 ③ 62 11 63 13 64 3 65 32 66 ① 67 ⑤ 68 51 69 ④ 70 ⑤
71 ③ 72 ① 73 ① 74 14 75 ① 76 28 77 ⑤ 78 ⑤ 79 ④ 80 ①
81 ④ 82 ④ 83 ① 84 ④ 85 ⑤ 86 ③ 87 ⑤ 88 ⑤ 89 ④ 90 ④
91 ④ 92 ⑤ 93 ② 94 ① 95 ④ 96 ④ 97 ③ 98 24 99 ① 100 ①
101 28 102 ① 103 ④ 104 ⑤ 105 ① 106 ① 107 ④ 108 ① 109 ① 110 ⑤
111 ① 112 ① 113 14 114 28 115 385 116 ③ 117 27 118 14 119 ① 120 ①
121 24 122 ⑤ 123 ① 124 ③ 125 17 126 ⑤ 127 ② 128 ② 129 ⑤ 130 ③
131 ③ 132 ④ 133 186 134 ⑤ 135 ① 136 ④ 137 ⑤ 138 ② 139 ③ 140 ⑤
141 2 142 ② 143 36 144 ② 145 ⑤ 146 ① 147 16 148 ⑤ 149 ② 150 ⑤
151 ⑤ 152 ② 153 ② 154 ④ 155 ② 156 ① 157 ④ 158 5 159 32 160 ⑤
161 9 162 ③ 163 61 164 ① 165 ⑤ 166 65 167 ① 168 ② 169 13 170 486
171 154 172 105 173 64 174 39 175 ② 176 31 177 ④ 178 ② 179 3

D 도함수의 활용 (1)

01 28 02 21 03 ③ 04 3 05 ④ 06 25 07 ② 08 7 09 ⑤ 10 22
11 50 12 20 13 ③ 14 ④ 15 ① 16 ⑤ 17 12 18 10 19 12 20 ③
21 ① 22 11 23 ① 24 ⑤ 25 97 26 ④ 27 ① 28 ② 29 48 30 ③
31 16 32 ① 33 ④ 34 45 35 ③ 36 ① 37 ⑤ 38 ① 39 ① 40 2
41 ② 42 ④ 43 ④ 44 ② 45 ④ 46 20 47 ② 48 ④ 49 ⑤ 50 22
51 ② 52 ⑤ 53 ② 54 ④ 55 ③ 56 ③ 57 ⑤ 58 10 59 ③ 60 ③
61 5 62 5 63 ④ 64 ③ 65 ③ 66 ② 67 28 68 ⑤ 69 20 70 ④
71 32 72 80 73 32 74 ② 75 ② 76 ③ 77 ④ 78 ③ 79 8 80 ①
81 ② 82 ④ 83 6 84 ① 85 ③ 86 13 87 ① 88 ① 89 ① 90 17
91 11 92 ③ 93 ③ 94 11 95 ② 96 16 97 14 98 42 99 ② 100 20
101 ④ 102 ① 103 ① 104 ⑤ 105 ⑤ 106 ④ 107 ⑤ 108 6 109 ③ 110 ⑤
111 ⑤ 112 8 113 59 114 10 115 10 116 ⑤ 117 ② 118 8 119 ① 120 ①
121 ⑤ 122 ① 123 ⑤ 124 ② 125 4 126 41 127 ⑤ 128 ⑤ 129 ① 130 ②
131 ⑤ 132 2 133 15 134 ④ 135 ① 136 ② 137 ① 138 ② 139 6 140 ③
141 ① 142 ② 143 ⑤ 144 ① 145 ① 146 ③ 147 9 148 ⑤ 149 ① 150 16
151 ⑤ 152 19 153 25 154 ① 155 ⑤ 156 42 157 240 158 ② 159 ③ 160 ①
161 29 162 32 163 35 164 121 165 200 166 380 167 64 168 ⑤ 169 ④ 170 74
171 ③ 172 ⑤ 173 ① 174 ② 175 ② 176 36 177 ⑤

E 도함수의 활용 (2)

01 13 02④ 03② 04 22 05① 06① 07① 08① 09③ 10⑤
11④ 12① 13⑤ 14⑤ 15 12 16⑤ 17③ 18 16 19 11 20 32
21 527 22③ 23 3 24③ 25③ 26 7 27④ 28③ 29② 30⑤
31 13 32③ 33 12 34 33 35 160 36④ 37⑤ 38 4 39⑤ 40⑤
41① 42⑤ 43② 44 21 45⑤ 46④ 47④ 48④ 49 15 50②
51⑤ 52 19 53 21 54 13 55④ 56③ 57 15 58① 59⑤ 60 32
61 11 62⑤ 63 3 64⑤ 65 34 66⑤ 67① 68② 69③ 70 4
71② 72 32 73 14 74 10 75⑤ 76⑤ 77④ 78⑤ 79③ 80 13
81 64 82 15 83④ 84③ 85③ 86 16 87③ 88④ 89 16 90⑤
91① 92② 93② 94⑤ 95 30 96 6 97 8 98 22 99① 100①
101④ 102 6 103③ 104③ 105③ 106① 107 27 108 12 109③ 110③
111⑤ 112 35 113④ 114① 115① 116① 117② 118④ 119③ 120③
121 36 122 18 123① 124① 125② 126③ 127③ 128 31 129① 130 39
131 40 132 243 133③ 134③ 135③ 136 5 137 35 138 65 139④ 140 82
141 296 142① 143 13 144 108 145 58 146 108 147 61 148 51 149 19 150 483
151 82 152⑤ 153 81 154 729 155 38 156 2 157 12 158⑤ 159② 160①
161② 162 90 163② 164④ 165① 166 36

F 부정적분과 정적분

01 13 02④ 03 35 04① 05 304 06 4 07① 08 2 09 5 10 12
11⑤ 12④ 13② 14 16 15 6 16 17 17⑤ 18 53 19 14 20 23
21 5 22 33 23 33 24 20 25 4 26 8 27④ 28④ 29⑤ 30①
31 12 32④ 33③ 34 8 35 15 36 15 37 13 38② 39 16 40②
41 9 42① 43① 44① 45 7 46 35 47③ 48 2 49③ 50④
51④ 52② 53④ 54④ 55② 56③ 57④ 58 12 59 9 60⑤
61① 62③ 63③ 64② 65① 66② 67④ 68④ 69 9 70③
71① 72① 73④ 74② 75 24 76② 77③ 78② 79② 80 110
81 2 82 16 83⑤ 84⑤ 85 86 86 200 87⑤ 88④ 89 198 90④
91④ 92⑤ 93 18 94⑤ 95① 96② 97④ 98② 99 10 100②
101① 102① 103 9 104① 105⑤ 106 16 107 24 108② 109② 110⑤
111 16 112⑤ 113② 114① 115② 116③ 117 25 118② 119② 120 9
121① 122① 123② 124① 125 4 126 43 127④ 128⑤ 129 27 130 17
131③ 132② 133 14 134③ 135⑤ 136③ 137 5 138 132 139⑤ 140④
141③ 142① 143 40 144① 145 20 146② 147④ 148④ 149 9 150⑤
151 4 152 32 153② 154④ 155⑤ 156① 157① 158 17 159 4 160⑤
161② 162⑤ 163② 164⑤ 165⑤ 166 8 167 8 168② 169④ 170⑤
171② 172① 173② 174③ 175⑤ 176 12 177④ 178② 179② 180 96
181① 182⑤ 183① 184② 185① 186 16 187① 188② 189⑤ 190 340
191① 192⑤ 193② 194⑤ 195② 196 7 197⑤ 198 13 199① 200⑤
201 15 202③ 203④ 204④ 205④ 206④ 207 40 208⑤ 209 66 210②
211④ 212① 213 9 214 114 215 24 216 30 217 182 218 4 219 137 220 37
221⑤ 222④ 223② 224 54 225 32 226 39 227 10 228 16 229⑤ 230 16
231 80 232⑤ 233 251 234 432 235 80 236② 237④ 238② 239③ 240④
241 13 242⑤ 243② 244② 245 36 246 57 247③ 248 29 249 21 250④
251 21 252 56 253 11

G 정적분의 활용

01④ 02 2 03② 04③ 05③ 06① 07⑤ 08② 09② 10 8
11 32 12 25 13① 14② 15④ 16③ 17⑤ 18 14 19 40 20④
21④ 22 25 23④ 24 32 25⑤ 26④ 27 36 28③ 29④ 30④
31 13 32⑤ 33 14 34 4 35 43 36① 37① 38⑤ 39 12 40⑤
41 4 42② 43① 44 2 45③ 46 80 47 140 48③ 49② 50④
51② 52③ 53④ 54② 55② 56④ 57 40 58 200 59④ 60 17
61 54 62⑤ 63③ 64① 65③ 66② 67② 68⑤ 69④ 70④
71④ 72④ 73④ 74① 75③ 76 32 77② 78④ 79 45 80 186
81② 82③ 83⑤ 84⑤ 85① 86② 87⑤ 88③ 89 6 90 16
91④ 92③ 93③ 94 12 95② 96⑤ 97 16 98 18 99③ 100①
101④ 102 20 103③ 104③ 105③ 106 80 107① 108③ 109④ 110⑤
111④ 112④ 113② 114① 115① 116② 117 102 118 17 119④ 120⑤
121⑤ 122④ 123 10 124 8 125⑤ 126 63 127③ 128② 129③ 130 16
141 35 142③ 143④ 144 54 145 15 146 200 147① 148 17 149② 150②
151④ 152② 153② 154① 155② 156② 157 11 158 14 159 34 160 32
161⑤ 162 35

〈고3 수학Ⅱ 실전 기출 모의고사〉

1회 2027학년도 수능대비 ①
01⑤ 02② 03③ 04④ 05② 06② 07② 08② 09 45 10 19
11 147

2회 2027학년도 수능대비 ②
01④ 02④ 03⑤ 04① 05④ 06③ 07② 08⑤ 09 25 10 12
11 167

3회 2027학년도 수능대비 ③
01① 02⑤ 03① 04③ 05③ 06④ 07② 08④ 09 13 10 45
11 12